"十三五"国家重点出版物出版规划项目

锻 压 手 册

第2卷

冲 压

第4版

中国机械工程学会塑性工程分会 组编
郭 斌 郎利辉 主编

机 械 工 业 出 版 社

《锻压手册　第2卷　冲压》自1993年第1版问世以来，已经走过了近30个年头。其间，第2版、第3版及第3版修订本分别于2002年、2008年和2013年出版。多年来，本手册作为中国第一本由冲压行业高水平专家编写的系统而全面的冲压领域的工具书，以其详实的内容、丰富的数据资料和很强的实用性而受到广大读者的欢迎，为我国冲压行业的发展发挥了重要作用。

《锻压手册　第2卷　冲压》第4版适应新时代新形势对冲压技术的要求，保持了实用性，体现了先进性，相较上版手册，增加了板材热冲压成形、流体介质与弹性介质成形、旋压、非金属与复合材料成形和冲压过程数字化与智能化等内容，补充和加强了技术迭代和提高的内容，并对部分内容进行了调整与更新。本手册共分12篇，详细介绍了冲压工艺基础、分离、弯曲、拉深成形、板材热冲压成形、流体介质与弹性介质成形、旋压、特种冲压工艺、非金属与复合材料成形、冲模、汽车覆盖件成形、冲压过程数字化与智能化。

本手册可供锻压行业的工程技术与科研人员使用，也可供高等院校相关专业师生参考。

图书在版编目（CIP）数据

锻压手册. 第2卷，冲压/中国机械工程学会塑性工程分会组编；郭斌，郎利辉主编. —4版. —北京：机械工业出版社，2021.5

“十三五”国家重点出版物出版规划项目

ISBN 978-7-111-68377-3

Ⅰ.①锻…　Ⅱ.①中…②郭…③郎…　Ⅲ.①锻压-技术手册②冲压-技术手册　Ⅳ.①TG31-62

中国版本图书馆CIP数据核字（2021）第101596号

机械工业出版社（北京市百万庄大街22号　邮政编码100037）
策划编辑：孔　劲　　　　责任编辑：孔　劲　王春雨
责任校对：樊钟英　张　薇　封面设计：马精明
责任印制：郜　敏
盛通（廊坊）出版物印刷有限公司印刷
2021年9月第4版第1次印刷
184mm×260mm · 71印张 · 2插页 · 2505千字
0001—1900册
标准书号：ISBN 978-7-111-68377-3
定价：289.00元

电话服务	网络服务
客服电话：010-88361066	机　工　官　网：www.cmpbook.com
010-88379833	机　工　官　博：weibo.com/cmp1952
010-68326294	金　　书　　网：www.golden-book.com
封底无防伪标均为盗版	机工教育服务网：www.cmpedu.com

《锻压手册》第 4 版 指导委员会

《锻压手册》第4版 编写委员会

《锻压手册　第 2 卷　冲压》第 4 版编写人员

主　　编	郭　斌　郎利辉	
副 主 编	李建军　蒋浩民　钟志平　詹　梅	
秘　　书	于海平　李小强	
篇负责人	第 1 篇	郭　斌　赵　军
	第 2 篇	钟志平　赵　震
	第 3 篇	詹　梅
	第 4 篇	李春峰　万　敏
	第 5 篇	王国峰　华　林
	第 6 篇	苑世剑　郎利辉
	第 7 篇	单德彬　夏琴香
	第 8 篇	郭　斌　曾元松
	第 9 篇	郎利辉
	第 10 篇	陈　军　邱　枫
	第 11 篇	邱　枫　张晓胜
	第 12 篇	李建军　李光耀

编写人员（按姓氏笔画排序）

于连仲　于高潮　于海平　万　敏　凡晓波　王小松　王义林
王月林　王礼良　王传杰　王华昌　王克环　王国峰　王春举
王晨磊　王新云　王新华　亓　昌　邓　燕　邓将华　石　磊
白昱璟　毕文珍　华　林　庄新村　刘　伟　刘　军　刘　钢
刘　强　刘郁丽　刘艳雄　刘德贵　闫　石　闫　彦　关世伟
纪登鹏　苏　光　杜　颂　杜贵江　李　亚　李　恒　李　烨
李　铭　李小强　李东升　李占华　李光耀　李志强　李明哲
李建军　李细锋　李春峰　李保永　李继贞　李硕本　杨　姝
杨玉英　连昌伟　肖　华　肖小亭　肖刚锋　肖振沿　吴公明
吴彦骏　吴晓春　邱　枫　何祝斌　闵峻英　迟彩楼　张　文
张　琦　张　鹏　张丹荣　张正杰　张凯锋　张晓胜　张晓巍
陈　军　陈长青　陈国清　陈新平　邵　杰　苑世剑　尚建勤
罗爱辉　金　锋　金俊松　金朝海　周庆军　周贤宾　郑志镇
郑凯伦　单德彬　郎利辉　孟　宝　孟庆格　赵　冰　赵　军
赵　震　赵长财　赵彦启　荣　焯　胡伟丽　胡志力　胡建平
柳玉起　钟　勇　钟志平　侯红亮　娄燕山　秦中环　贾向东
夏琴香　徐　杰　徐文臣　徐永超　徐永谦　徐伟力　郭　斌
涂光祺　黄　遐　黄明辉　黄学颖　曹秒艳　崔令江　崔晓磊
章志兵　梁卫抗　彭　群　彭必占　董国疆　蒋少松　蒋浩民
韩　飞　韩　非　韩　聪　韩金全　韩静涛　储家佑　曾元松
湛利华　谢文才　雷　鸣　詹　梅　蔡中义　蔡昭恒　潘　华
薛　耀　魏青松

前言

《锻压手册》是机械工程学会塑性工程分会组织编写的一部反映行业最新技术发展的大型工具书，于1993年出版了第1版。随着锻压技术的不断发展，2002年修订出版了第2版，2008年修订出版了第3版，2013年出版了第3版修订本，均受到了广大读者和社会各界的好评，在生产、科研和教学领域起到了十分重要的指导和参考作用。手册发展到今天，凝结了我国锻压行业几代人的劳动和心血。近年来，新技术、新工艺不断出现，塑性加工知识体系和结构发生了显著变化，塑性加工技术取得了空前的进展，加之相关标准的制定、修订和替换，同时塑性加工行业科研技术人员也发生着代际变化，作为锻压行业的权威工具书，为了跟上技术发展的步伐，继续保持其实用性、先进性、可靠性、综合性、延续性的特色，更好地为广大技术人员服务，决定对手册进行第4版修订，使《锻压手册》这一成果继续发展并传承下去。

《锻压手册　第2卷　冲压》自出版以来，深受广大读者的欢迎，对我国冲压技术的发展和冲压生产水平的提高起到了重要的作用。在此，对历次参加编写并付出辛勤劳动的各位编委和编写人员表示衷心的感谢。

本手册第3版及其修订本出版以来，正值我国大力发展先进制造技术和装备制造业的黄金时期，冲压技术和冲压行业得到了迅猛发展，许多新的研究成果不断出现，多种新的成形技术在产业中担任着重要角色，如热冲压、液力成形、旋压、非金属与复合材料成形、冲压过程的数字化和智能化等，显示出很大的技术经济优势。尤其是数字化和智能化技术与传统冲压技术相结合，使冲压技术的面貌开始发生很大变化。计算机技术和物联网技术在冲压加工领域中的应用日益广泛，大大提高了生产效率和产品的质量，降低了成本，缩短了生产周期，提升了企业的竞争力。当前，冲压企业对进一步发展智能、精密、高效、节能和环保型的冲压技术，提升技术水平和创新能力的需求更加迫切。为此，本版在上一版的基础上进行了较大幅度的修订，修订的内容主要有以下几方面：

1）增加了板材热冲压成形、流体介质与弹性介质成形、旋压、非金属与复合材料成形和冲压过程数字化与智能化等内容，以适应技术进步的需要。

2）在某些成形技术领域，补充和加强了技术迭代和提高的内容，如冷/滚弯成形、微冲压成形、冲锻等，期望对广大技术工作者开拓思路，掌握冲压技术发展动向和推进新技术的应用有所裨益。

3）部分内容做了调整、增删或更新，如汽车覆盖件成形、拉深和成形、冲裁和切割等，使本手册在体系结构和取材上更趋于合理。

本手册在修订过程中，希望尽量反映国内外最新冲压技术成果，且方便实用，但是，也深切地感到还存在许多需要改进和提高之处，敬请广大读者批评指正，提出宝贵意见。

在此，向所有热心提供资料的人士表示衷心的感谢。

编　者

目　　录

第4篇 拉深与成形

第5篇 板材热冲压成形

第6篇 流体介质与弹性介质成形

第7篇 旋 压

第8篇 特种冲压工艺

第9篇 非金属与复合材料成形

第10篇 冲　　模

第11篇 汽车覆盖件成形

第12篇 冲压过程数字化与智能化

第1篇　冲压工艺基础

概　述

冲压是一种金属塑性加工方法，它主要用于板料零件的加工，多在常温下进行。冲压是利用模具和冲压设备对金属（或非金属）板料施加压力，使其产生塑性变形或分离，从而获得具有一定形状、尺寸和性能的零件的加工方法。因此，冲压设备、模具和板料是构成冲压加工的三个基本要素。此外，冲压加工可分为两类工序：分离工序和成形工序。

本篇主要从板材冲压理论基础、冲压成形性能测试方法和冲压成形用材料等方面展开介绍。第1章重点介绍冲压生产的技术特点和概况以及冲压技术的发展。第2章重点介绍板材冲压成形中的各向异性、屈服准则、失稳模型、弯曲弹复和尺度效应问题的基础理论，从而为板料的冲压工艺研究及其应用奠定理论基础。第3章围绕冲压成形性能测试方法，重点介绍板料冲压性能试验及材料特性值、冲压成形极限的评价方法、板料力学试验方法和板料成形试验方法，为冲压工艺中的材料选择提供依据。第4章针对冲压成形用材料，重点介绍冲压生产中常用的各种金属板料在成分和力学性能方面的特点与实用知识，还给出了冲压加工中常用的金属板、带材的标准及规格，以供读者参照。

第1章

绪论

燕山大学　李硕本

1.1　冲压生产技术特点

冲压加工是金属塑性加工的基本方法之一，它主要用于加工板料零件，所以也常被称为板料冲压。由于这种方法多在常温下进行，所以也叫作冷冲压。虽然上述两种叫法都不能十分确切地把冲压加工的内容充分地表达清楚，但在机械工程领域里已经得到广泛的认可。

冲压加工时，冲压设备给出的力（总体力）作用在模具上，继而通过模具的作用，把这个总体力按一定的顺序，根据冲压成形的要求分散地作用在板料毛坯的不同部位，使其产生必要的应力状态和相应的塑性变形。实际上，不但利用模具的工作部分对板料毛坯的作用使其产生塑性变形，而且也是利用模具工作部分对毛坯的作用，实现对其产生的塑性变形进行控制，达到冲压成形的目的。因此，可以认为冲压设备、模具和板料毛坯是构成冲压加工的三个基本要素（见图 1-1-1）。对这三个基本要素的研究，也就是冲压技术的主要内容。

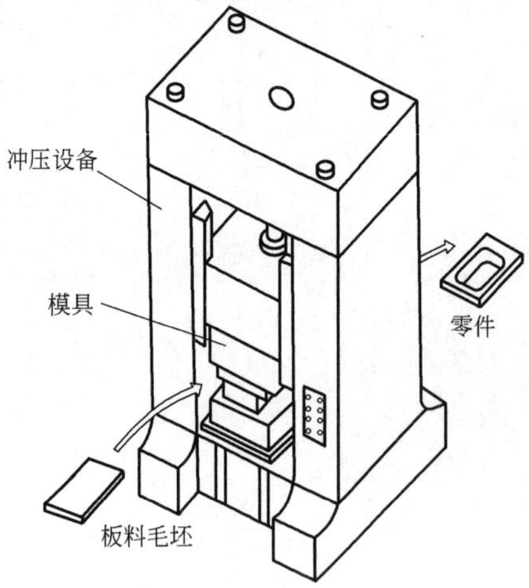

图 1-1-1　冲压加工示意图

与其他塑性加工方法相比，冲压加工具有许多十分明显的特点。

冲压加工是靠冲压设备和模具实现对板料毛坯的塑性加工过程。它利用冲压设备与模具的简单的运动完成相当复杂形状零件的制造过程，而且不需要操作工人的过多参与，所以冲压加工的生产效率很高，产品质量稳定，一般情况下，冲压加工的生产效率为每分钟数十件。又由于冲压加工中的操作十分简单，为操作过程的机械化与自动化提供了十分有利的条件。因此，对某些工艺技术成熟的冲压件，生产效率可达每分钟数百件，甚至超过一千件（如需要量很大的一些标准件、易拉罐等）。

冲压加工用的原材料多为冷轧板料和冷轧带材。原材料的良好表面质量是用大量生产的方式、高效而廉价的方法获得的。在冲压加工中这些良好的表面质量又不致遭到破坏，所以冲压件的表面质量好，而成本都很低廉。这个特点，在汽车覆盖件的生产上表现得十分明显。

利用冲压加工方法，可以制造形状十分复杂的零件，能够把强度好、刚度大、重量轻等相互矛盾的特点融为一体，形成十分合理的结构形式。图 1-1-2 即是这种合理结构形式的零件实例。它是用冲压加工方法制造的槽形带轮。

图 1-1-2　冲压加工方法制造的槽形带轮

冲压加工时，一般不需要对毛坯加热，而且也不像切削加工那样把一部分金属切成切屑，造成原材料的损耗，所以它是一种节约能源和资源的具有环保意义的加工方法。

冲压产品的质量与尺寸精度都是由冲模保证的，基本上不受操作人员的素质与其他偶然性因素的影响，所以冲压产品的质量稳定，产品的质量管理工作简单，也容易实现自动化与智能化生产。

冲压件的尺寸精度与表面质量好，通常都不需要后续的加工即可直接用于装配或作为成品零件直接使用。

由于冲压加工方法具有前述的许多优点，现在它已经成为金属制品加工中的一种非常重要的制造方法。

1.2　冲压生产概况

在生产中，冲压加工的制品，在原材料种类、板材的厚度、零件的形状与尺寸大小、精度要求、批量大小等方面，在非常大的范围内变化，所以冲压加工方法、所用冲压设备与模具的种类繁多，而且各有特点。例如在航空航天工业、汽车制造业、电动机制造业、电器与仪表制造业、化工与容器制造业等领域中的冲压加工都各具特点，所用的冲压设备、模具也不相同。但是，概括所有的冲压加工方法，从工艺本质角度出发，仍然可以归纳为两大类：分离工序与成形工序。

分离工序是使冲压件与板料，或者使冲压件与半成品的某个部分，沿一定的轮廓曲线实现相互分离的冲压加工方法。成形工序是使平板毛坯或冲压半成品的某个部分或整体改变形状的冲压加工方法。分离工序与成形工序的概况与特点，分别列于表 1-1-1、表 1-1-2 及表 1-1-3 中。分离工序有：剪切、冲裁、冲孔、修边、剖切、精密冲裁等。成形工序有：弯曲（压弯、滚弯、卷弯、拉弯等）、拉深、胀形、翻边、缩口、扩口、卷边、校形等。

表 1-1-1　分离工序

工序名称	简　图	特点及应用范围
剪切(切断)		沿不封闭的直线分离,应用于冲压毛坯的下料、板料剪切成条料或形状简单零件的加工
冲裁(落料)	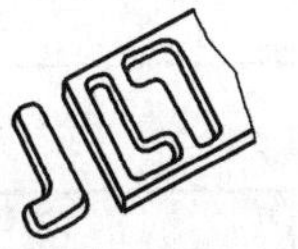	沿封闭的轮廓曲线实现分离,用以加工各种形状的平板形冲压件
冲孔		在零件上加工各种形状的孔
修边	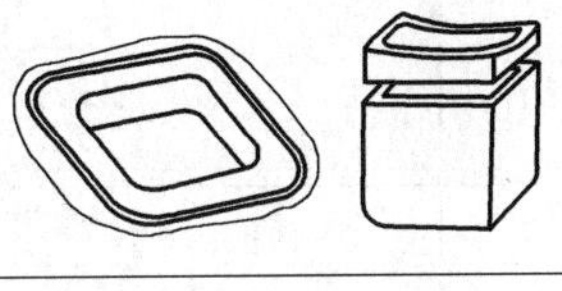	在冲压半成品的平面或曲面上沿一定的轮廓曲线修切边缘
剖切	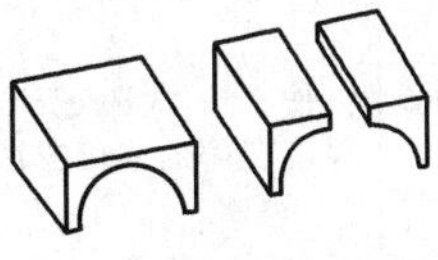	把经过整体成形获得的半成品,沿一定的轮廓剖切成两个或更多个冲压件
冲孔-压弯		沿不封闭的轮廓曲线冲孔,同时也完成压弯的复合加工方法

表 1-1-2　弯曲工序

工序名称	简　图	特点及应用范围
压弯	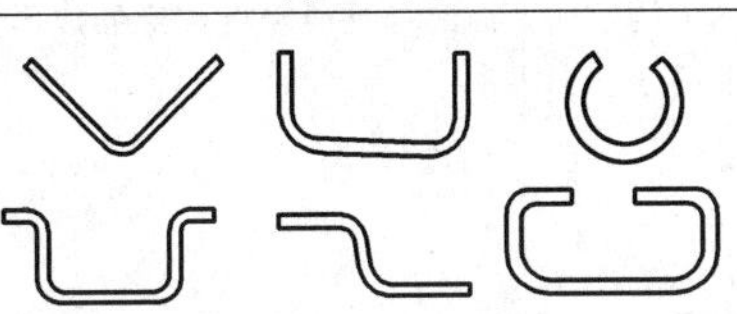	用冲模将板料毛坯沿直线压弯成各种形状,可以制造形状很复杂的零件

（续）

工序名称	简　图	特点及应用范围
滚弯		沿直线用辊子(2~4 个)实现板料的逐步弯曲加工，常用于各种容器直筒部分的成形
卷弯	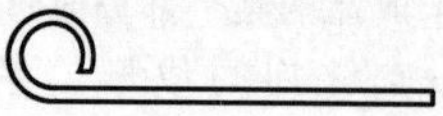	用模具对毛坯的一端施加压力使之弯曲的加工方法，常用于铰链的制造等
辊形	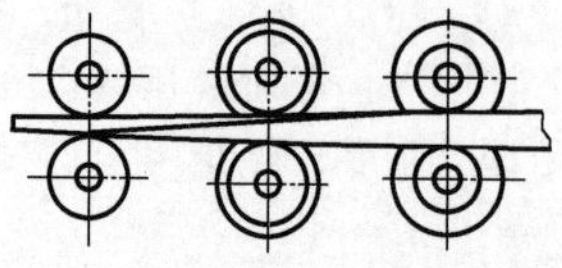	用多对成形辊，沿纵向使带料逐渐弯曲的方法，用于型材、管材和各种异形管的制造
拉弯	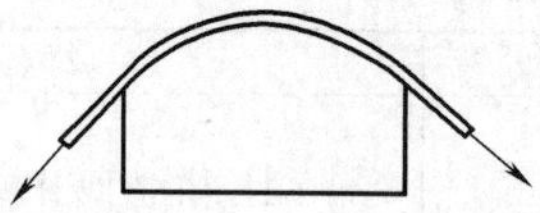	在施加拉力的条件下实现弯曲加工，多用于大曲率半径和精度要求高的零件的成形
扭曲	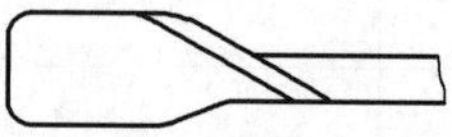	使毛坯的局部变形且扭转成一定的角度，其变形性质不同于一般弯曲

表 1-1-3　成形工序

工序名称	简　图	特点及应用范围
拉深	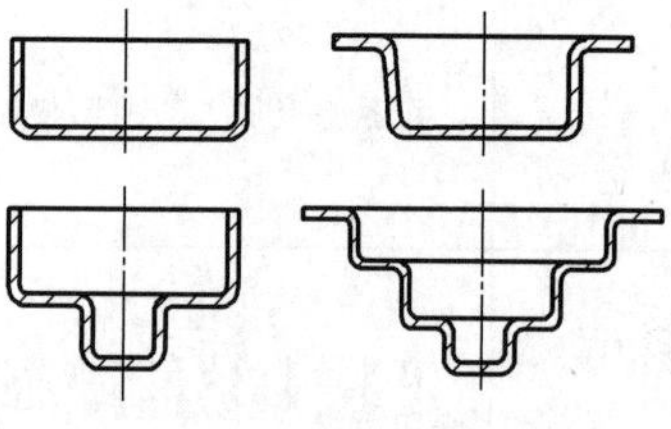	各种形状的直壁空心零件的冲压成形，可以采用多次拉深工序制造高度很大的空心零件
胀形	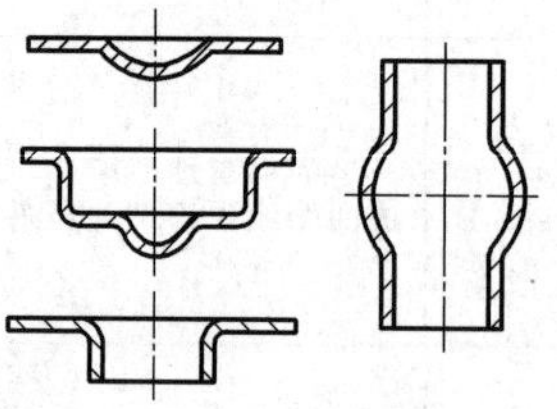	使平板毛坯或空心毛坯的局部发生变形，并使板材厚度变薄的成形方法
平面翻边	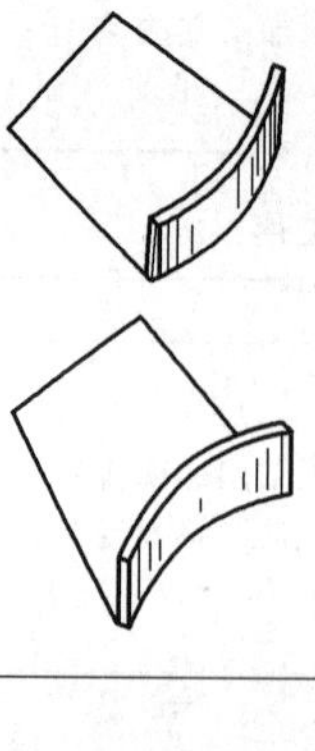	沿封闭或不封闭的轮廓曲线在毛坯或半成品的平面部分翻成竖直边缘的成形方法

（续）

工序名称	简　　图	特点及应用范围
曲面翻边		在毛坯或半成品的曲面部分翻成与曲面垂直(法向)的竖直边缘的成形方法
缩口	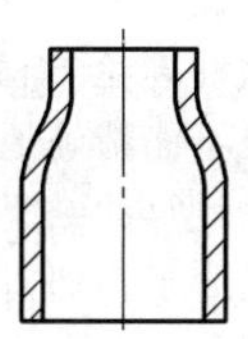	在空心毛坯的一端缩小口部直径的成形方法
扩口	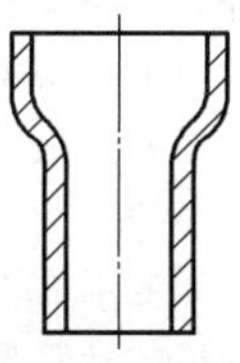	在空心毛坯的一端使口部尺寸扩大的成形方法
卷边	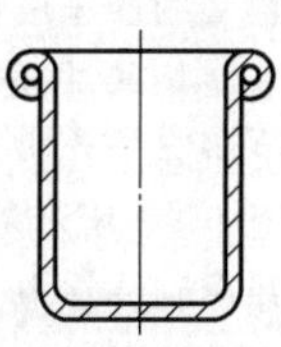	在空心毛坯的开口端部或管材的一端把端头卷弯成小曲率半径的曲面形状，达到增大零件刚度和不使开口处板边缘外露的目的
校形(整形)	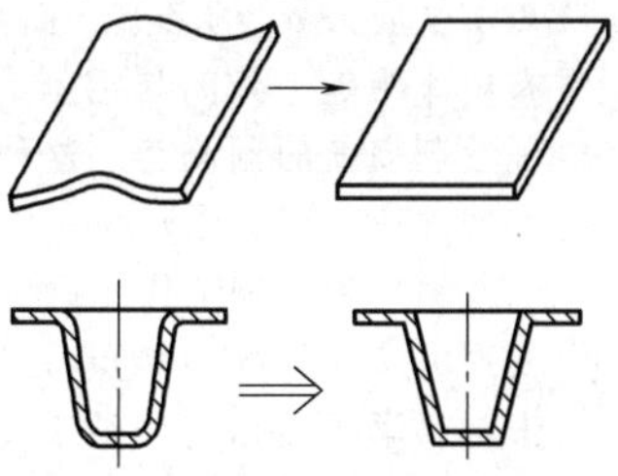	用模具表面对毛坯的局部或整体施加法向接触压力的方法达到提高零件尺寸精度或获得细微而明显(如小圆角半径等)过渡形状的目的
旋压	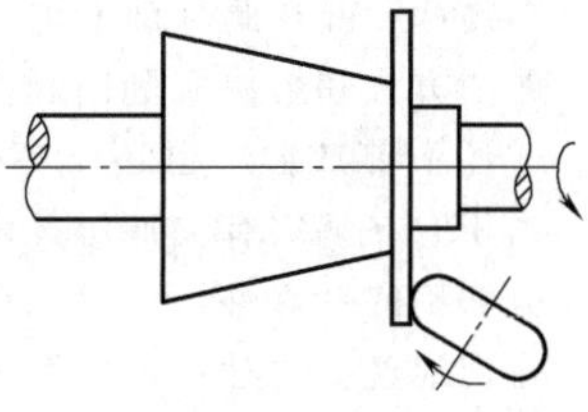	在毛坯旋转的同时，用一定形状的滚轮施加压力使毛坯的局部变形逐步地扩展到整体，达到使毛坯全部成形的目的。多用于回转体零件(轴对称)的成形

由于冲压加工具有前述的许多突出的特点和在技术与经济方面明显的优越性，现在它在汽车与拖拉机工业、电机电器与仪表工业、航空与航天工业、国防工业、轻工业、家用电器制造业等部门占据十分重要的地位。据冲压工业界的统计，现代汽车工业中，冲压件的生产总值，约占 59%。图 1-1-3 中所示的汽车外表面零件，几乎全部都是由冲压件构成。从图 1-1-4 也可明显看出冲压件在日常家庭生活用具方面所处的地位。

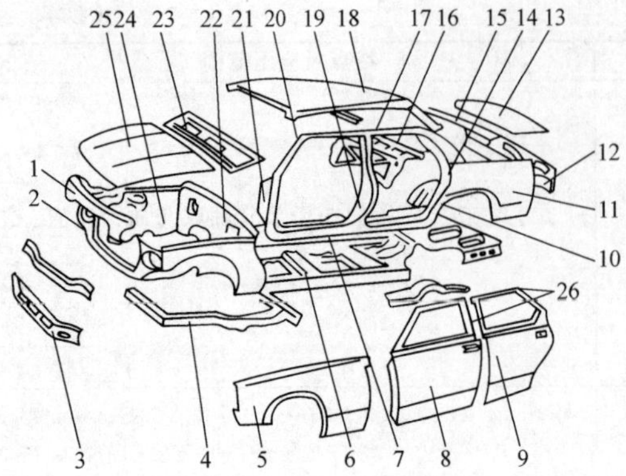

图 1-1-3　轿车中的冲压件

1—发动机罩前支撑板　2—散热器固定框架　3—前裙板　4—前框架　5—前翼子板　6—地板总成　7—门槛　8—前门　9—后门　10—车轮挡泥板　11—后翼子板　12—后围板　13—行李舱盖　14—后立柱（“C”柱）　15—后围上盖板　16—后窗台板　17—上边梁　18—顶盖　19—中立柱（“B”柱）　20—前立柱（“A”柱）　21—前围侧板　22—前围板　23—前围上盖板　24—前挡泥板　25—发动机罩　26—门窗框

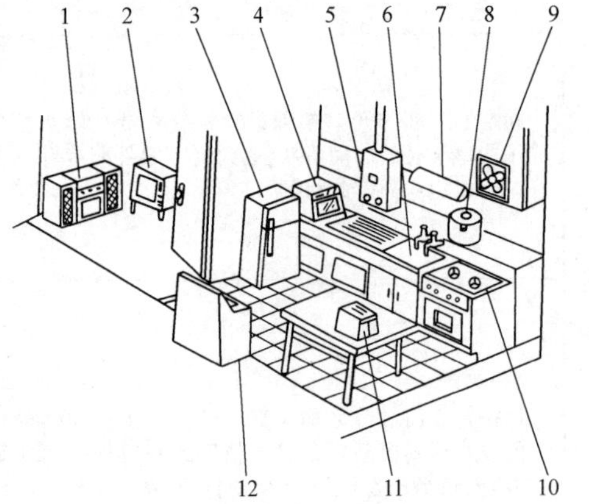

图 1-1-4　冲压加工的家庭用品

1—立体声音响装置　2—电视机　3—电冰箱　4—微波炉　5—热水器　6—洗碗池　7—荧光灯　8—电饭锅　9—换气扇　10—燃气灶　11—烤面包机　12—洗衣机

1.3　冲压技术的发展

近数十年来，冲压生产技术发展十分迅猛。尤其是材料科学、计算机科学和现代力学的成果融入冲压技术之后，对冲压技术发展的促进作用十分强劲，以至于近期出现了许多崭新的技术成果。

在近期冲压技术可望在以下几个方面得到发展。

1. 冲压工艺理论工作的进展方面

应用传统的塑性力学方法，对冲压加工中的各种成形工艺问题，在进行适当简化了的应力与应变分析的基础上，可以概略地完成为冲压工艺设计所必需的工艺参数（如力学参数、成形极限、最佳成形条件等）的确定工作。这样的理论工作虽然还不够准确，也不完美，但是，在深入地认识冲压成形过程中毛坯的塑性变形的性质与特点、明确某些成形中的规律、确定成形极限与成形力等重要工艺参数和解决冲压生产中出现的实际问题等方面，起到了相当大的作用。但是，由于传统的塑性力学在理论上的严密性和实际冲压加工中毛坯的受力与变形的复杂性之间存在着很难克服的不相适应的问题，致使这种理论方法不能确切地描述冲压变形过程，当然也不能精确地对变形参数与重要的工艺参数做出理论计算的结果。另一方面，这种理论工作的不足也阻碍了人们对冲压变形的本质与成形规律的深入认识。

近期迅速发展的各种塑性变形有限元理论与计算方法对冲压成形技术的发展起了很大的推动作用。利用有限元方法不但可以对某个具体的冲压成形过程中毛坯的应力与应变进行分析与计算，得到相应的力学与变形有关的工艺参数，而且也可以通过系统的分析与计算和科学的概括与整理，总结出具有普遍意义的冲压成形规律。另外，通过有限元计算，还可以使某些冲压变形问题的认识得到深化，使过去理论研究工作方法很难了解的问题得到全新的认识。图 1-1-5 所示就是用有限元方法对冲裁过程进行研究并得到许多新的认识的实例。通过有限元计算不仅确切地了解到在非常窄小变形区内垂直应力 σ_y 与水平应力 σ_x 的分布，而且利用平均应力 σ_m 的分布规律明确了分离与毛刺的形成机理，成功地进行了毛刺高度的预测等。这种研究方法可能为冲压技术的理论研究工作开辟一个崭新的方向。

另一种理论工作的内容是根据冲压加工中毛坯变形的实际情况与特点，经过深入而切合实际的探索与科学的概括与归纳工作，明确冲压加工中具有普遍意义的共性规律和某种冲压变形所具有的个性与规律，并在此基础上进一步寻求处理生产实际问题的方法和解决实际问题的措施。虽然这种理论工作还不够成熟，也还没有引起普遍的重视，但是，由于它在解决有关冲压技术的实际问题方面具有十分明确的针对性，使得它在实用上收效较大。可以肯定地说，这是一种值得重视并大力发展的理论研究工作。可供说明这种研究工作实用意义的实例很多，例如按照变形性质与绝对值最大应力的性质（拉应力或压应力）进行的冲压成形的分类理论，不但可以更加方便、更加深入与清晰地认识冲压成形的本质、不同冲压成形工艺中成形极限的含义与特点等，而且也为进行冲压成形的体系化的研究方法

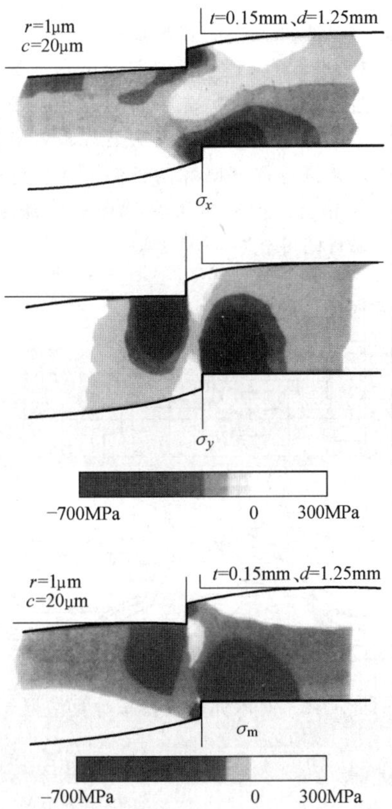

图 1-1-5　利用有限元方法研究冲裁过程的结果

提供了一个理论基础。变形趋向性规律的理论不但可以作为一个基本的准则应用于冲压工艺过程设计中，解决变形工序顺序的安排问题，改变了过去从事这项工作中的混淆不清的局面，而且也为分析冲压生产中出现的某些质量问题产生的原因和寻求解决方法，提供一个有效的理论武器。在高盒形件的多次拉深时，变形区外边缘位移速度相等的准则的理论研究成果，已经成为高盒形件多次拉深工序设计与半成品形状与尺寸确定的基础，改变了过去工艺设计工作中无据可依的局面等，都足以说明这种理论研究工作的意义。

2. 冲压生产过程自动化方面

冲压自动化不仅可以大幅度地提高劳动生产率，改善劳动条件，降低成本，而且能够有效地保证冲压生产中的人身安全，从根本上改变冲压生产面貌。因此，多年来，冲压生产自动化一直被认为是冲压技术发展的重要方向。早期的冲压生产自动化主要是在一台冲压设备上实现带料或条料自动送料、自动出件和整理、废料的自动处理等。显然，这样的自动化也都是在大批量生产条件下实现的。由于冲压设备是非常简单的直线往复运动，冲压件的复杂形状是靠模具实现的，所以为实现冲压生产过程自动化，提供了一个十分有利的条件。这些因素促使冲压生产自动化技术在近期内得以迅猛发展，其结果已经使冲压生产过程自动化技术在各种不同的生产条件下都形成了较为成熟的固定形式。

在小型零件的大量生产条件下，主要采用专用压力机或专用的多工位自动化冲模。当压力机装备有自动送料装置，可以实现冲压生产过程的全面自动化。在生产批量不大时，为了减少更换模具、原材料等操作时间的消耗，多采用由计算机控制的冲压中心。冲压中心的主体是装备有快换模装置（QDC）的压力机。压力机、模具库、材料库、计算机和传送装置等构成一个完整的系统。这个系统由计算机集中控制。由计算机接受和储存有关冲压过程的全部指令，包括模具与原材料代码、冲压设备的调节参数、送料装置的工作状态与参数（送料距、导向宽度等）、冲压件数目等。计算机按上述的各项指令发出信号，逐步地完成模具的选取、运送、安装与调整压力机等项操作，做好冲压前的全部准备。另一方面，进行原材料的选取与运送后，进行送料装置的调整。在这些准备工作全部完成之后，计算机发出指令，开动压力机，进行冲压加工。当冲压件数目达到预定数值时，压力机自动停车并开始下一个冲压件加工前的准备与调整等工作。

在大量生产中，中型冲压件冲压加工的合理方式是应用可以自动送料和自动地完成工序间传送冲压半成品的多工位压力机。由于这种冲压方式的自动化程度高，生产成本低，近来已逐步向较大尺寸零件的冲压加工发展。

在大型零件（如汽车覆盖件）的大量生产当中，经济而高效率的形式是由 5~6 台压力机组成的自动冲压生产线。在自动冲压生产线上，冲压成形半成品，利用机械手从压力机取出后，经传送带等装置实现工序间（即压力机之间）的运送。组成冲压生产线的压力机，都装有活动工作台和快换模装置（QDC）。这样做可以在冲压设备工作时间内进行冲模的更换，使为了更换冲压件而必须完成的换模与调整的时间消耗大幅度减少。采用自动冲压生产线，可以实现大型薄板零件冲压加工的全面自动化。因此，它的生产率是很高的。虽然，在自动线上更换模具还要求人工操作，但是，由于采用活动工作台与快换模技术，使全部生产线的换模与调整时间缩短到 3~5min。在冲压自动线上应用机器人代替机械手与传送带等完成工序间的送料、从模具取出半成品并送入下一道工序的冲模上，是近年来出现并迅速发展的新技术。机器人的应用不但可以使调整工作得以简化，提高半成品传送工作的精度与可靠性，而且也可使压力机之间的工作环境得到改善，改变由于传送带装置占用过大的空间而影响工人进行调整、安装等工作的局面。

应用计算机技术实现的冲压过程智能化控制是近期出现、正开始步入实用阶段的冲压自动化新技术。在冲压过程智能化控制时，把在线实时测试的各种力、变形与毛坯形状等参数输入到计算机，经计算机的计算与处理得到板材性能参数和表示毛坯状态的参数。然后由冲压工艺知识库给出最佳冲压工艺参数的指令，由计算机控制执行机构按最佳工艺参数完成冲压过程。这种技术已开始在弯曲、拉深中得到初步的应用。

3. 冲压设备方面

冲压设备是保证实现先进冲压技术的基本条件。大量应用于冲压生产的通用压力机，除在提高速度、精度和安全性方面有许多技术上的进步之外，在提高压力机使用性能方面也有改进，如为保证冲模与压力机安全而设的滑块力给定装置、提高气垫功能的压力与行程调整装置、快换模装置等。另外，由于工业发展的需要，也涌现出各种用途的专用压力机、适用各种生产部门特殊需要的多工位（专用的）压力机、带活动工作台与快换模装置的压力机、带有专用或通用自动送料（带料与条料）装置的压力机和适合于多品种小批量生产条件的回转头压力机等。

4. 模具技术方面

冲压加工是由模具完成的，所以模具技术直接影响冲压技术水平。模具技术包括模具设计、模具制造和模具材料与热处理三个方面。在模具设计与制造方面，已成功地应用计算机技术、进行设计与制造工作的CAD/CAM方法，取得了显著的经济效益。在模具材料方面，除了已经相当成熟地应用优质冲模合金钢和硬质合金外，近期已有成功地应用陶瓷冲模进行硬质薄合金板材的冲裁研究成果的报道。

计算机技术已经相当深入地渗透到冲压生产技术进步之中，除了CAD/CAM、FMS和冲压中心等的应用之外，在冲压变形过程分析方面已应用计算机技术进行数值模拟，用以判断复杂形状冲压件的形状与冲模设计（冲压方向、压料面形状、毛坯形状、拉深筋、凹模圆角半径等）的合理性。利用数值模拟方法也可以实现冲压件成形缺陷的预测，避免成形中产生的破坏、起皱和回弹引起的尺寸精度等问题。在汽车覆盖件的冲压生产中应用数值模拟方法不仅可以减少试模过程中人力与物力的消耗，获得很大的经济效益，而且可以大幅度地缩短生产准备周期，使产品改型工作的速度加快，有利于市场竞争。图1-1-6所示为有限元数值模拟方法计算汽车后车门冲压过程中某一个局部横断面形状曲线变化与伸长应变分布的结果。其计算结果与实测值相当接近，可以用来进行局部破坏的预测，并且可以根据数值模拟结果，必要时也可在计算机上修改模具，提高模具设计的可靠性。

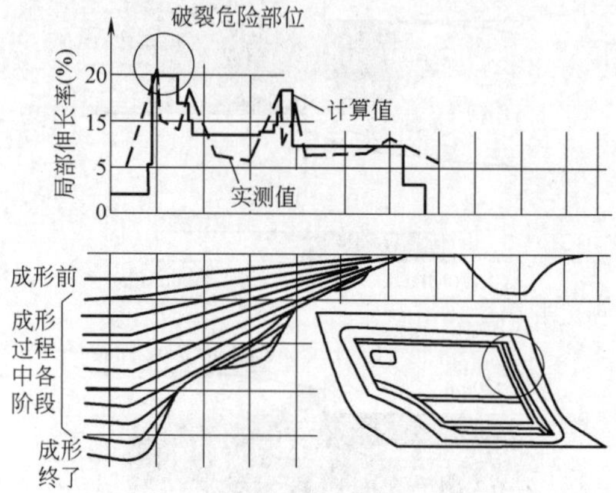

图1-1-6　有限元数值模拟计算结果

参考文献

[1]　新素形材．新素形材センター．1988．
[2]　湯川伸樹，等．打抜き加工の有限要素解析［J］．塑性と加工，1998，39（454）．
[3]　李硕本，等．各种冲压变形的分析与成形方法的分类［J］．机械工程学报，1980，16（1）．
[4]　李硕本，等．冷冲压变形的趋向性与控制［J］．锻压技术，1978（1）．
[5]　李硕本，等．关于冲压工艺过程设计的若干问题［J］．锻压技术，1997（2）．
[6]　李硕本，等．高盒形件多次拉深变形的分析与工艺计算［J］．科学研究报告，1979（23）．
[7]　赵军，等．板材冲压过程智能化控制技术［J］．塑性工程学报，1994，6（24）．
[8]　柳本润．智能化技术［J］．塑性と加工，1995，36（415）．
[9]　杨明．智能化技术［J］．塑性と加工，1996，37（427）．
[10]　真鍋健一，等．薄板プレス成形の智能化技术［J］．塑料と加工，1993，34（387）．
[11]　户田宗敬．プレス成形のCAE［J］．塑性と加工，1989，30（337）．

第2章

板材冲压理论基础

哈尔滨工业大学　郭　斌　刘　伟
燕山大学　赵　军　于高潮

板材最突出的几何特征是其面内尺寸远大于厚度。因此，与体积成形不同，板材的冲压成形存在一些特殊问题。例如，因板材的多道次轧制生产过程而导致其存在明显的各向异性；因冲压过程中板材面内的单向或双向拉应力而导致其破裂失稳；因冲压过程中板材的面内压应力而导致其破裂失稳等；再者，板材的冲压多为室温冷成形，流动应力大，存在加工硬化，且冲压件的尺寸和形状精度依赖于冲压工艺和模具设计，面内无后续切削加工，这些特征导致弹复的预测和控制成为冲压件生产的另一重要问题。另外，近年来在极小或极大冲压件的研发过程中，发现了与常规尺寸冲压件相异的成形规律，从而引出了冲压工艺的尺度效应问题。本章旨在简要介绍这些问题的基本概念和基础理论知识。

2.1　各向异性

冲压成形所用的板材，是经过多次辊轧和热处理所得的，由于轧制时出现纤维性组织和结晶的择优取向形成的织构，金属板材的力学性能和塑性变形常表现出明显的方向性差异，对板材的塑性变形行为有显著的影响。在板材冲压成形或分析计算中，必须考虑这一因素。

2.1.1　板材的各向异性

1. 各向异性系数的定义

板材在不同方向上塑性变形行为的差异用各向异性系数来表征。通常，该系数可通过板材条状试样的单向拉伸实验测得。一般以宽度方向的应变与厚度方向的应变的比值来表示，称为各向异性系数 r，也称为厚向异性系数或塑性应变比。

$$r=\frac{\varepsilon_{22}}{\varepsilon_{33}} \tag{1-2-1}$$

式中　ε_{22}，ε_{33}——宽度和厚度方向的应变。

在实际应用中，由于板材试样的厚度相对宽度而言很小（通常相差一个数量级以上），两个方向应变的相对测量误差差别很大。因此，根据板材拉伸变形前后的几何尺寸（见图1-2-1）变化和材料体积不可压缩假设，常用式（1-2-2）来计算板材的厚向异性系数：

$$r=\frac{\ln\dfrac{w}{w_0}}{\ln\dfrac{l_0\cdot w_0}{l\cdot w}} \tag{1-2-2}$$

式中　w_0，w——变形前和变形后的宽度；

l_0，l——分别为变形前和变形后的标距长度，长度 l_0 根据相关标准确定。

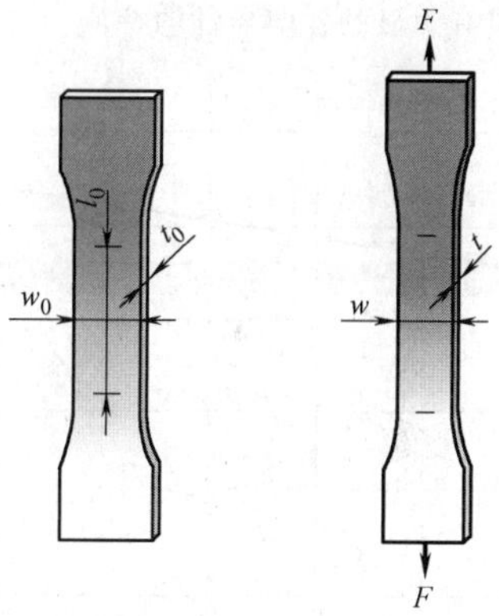

图1-2-1　试样的几何尺寸

2. 平均各向异性系数和面内各向异性系数

沿板材平面内的不同方向，一般有不同的厚向异性系数（r）值。如果沿着与轧制方向呈 θ 角度的方向切取拉伸试样，则得到该方向上的 r 值。工程上，常取 r_0、r_{45}、r_{90}（即0°、45°、90°）三个方向上的平均值作为整个板材的厚向异性系数，称为平均各向异性系数 $\bar{r}$ 或塑性应变比加权平均值：

$$\bar{r}=r_n=\frac{r_0+2r_{45}+r_{90}}{4} \tag{1-2-3}$$

材料变形时各向异性系数会发生变化，图1-2-2给出了低碳钢在不同变形程度下厚向异性系数的变化。可以看出，在45°方向，各向异性系数随着变形的进行发生了明显变化。因此，工程上通常用材料长度方向发生 20%应变时所确定的 r 值进行比较。

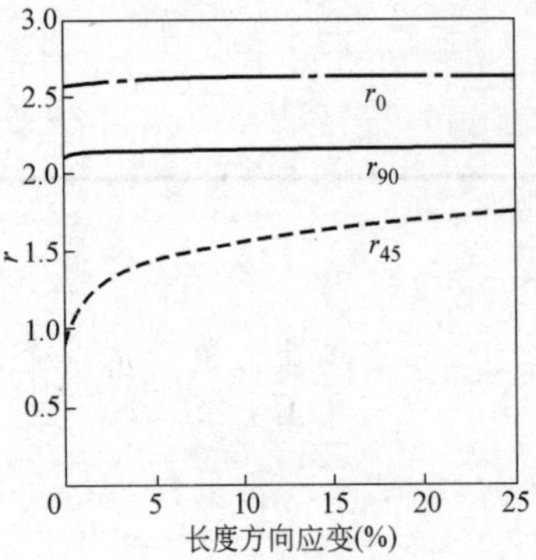

图 1-2-2　各向异性系数随变形程度的变化（材料：低碳钢）

为衡量板面内的各向异性，可以用面内各向异性系数 Δr 来描述，也称为塑性应变比各向异性度。

$$\Delta r=\frac{r_0+r_{90}-2r_{45}}{2} \tag{1-2-4}$$

图 1-2-3 所示为镇静钢板沿着与轧制方向呈不同角度时的面内各向异性系数。可以看到板材面内沿不同方向具有明显的各向异性的特征。

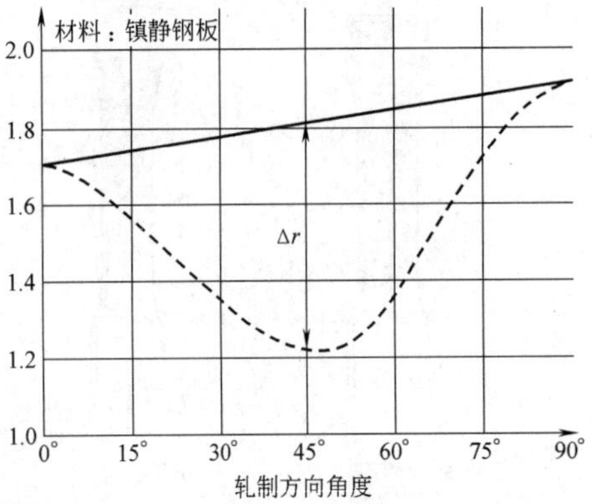

图 1-2-3　板材面内不同方向上面内各向异性系数的变化

3. 各向异性系数对板材屈服行为的影响

对于各向异性板材，根据 Hill 1948 正交各向异性屈服条件：

$$\sigma_1^2-\frac{2r}{1+r}\sigma_1\sigma_2+\sigma_2^2=R_{\mathrm{eL}}^2 \tag{1-2-5}$$

以 $\frac{\sigma_1}{R_{\mathrm{eL}}}$、$\frac{\sigma_2}{R_{\mathrm{eL}}}$ 为坐标轴的屈服轨迹为一椭圆，椭圆的长轴 a 与短轴 b 分别为

$$a=\sqrt{1+r} \tag{1-2-6}$$

$$b=\sqrt{\frac{1+r}{1+2r}} \tag{1-2-7}$$

当各向异性系数 r 值不同时，该屈服椭圆的长轴和短轴发生变化。r 值越大，长轴越长，短轴越短，说明板材在同号应力状态下的变形抵抗力越大，而在异号应力状态下的变形抵抗力越小。$r=0$ 时，椭圆恰成一圆。$r=1$ 时，即为米塞斯屈服椭圆（Mises），屈服行为无各向异性，如图 1-2-4 所示。

4. 各向异性对板材冲压的影响

r 值的大小，表明板材在相同的受力条件下，平面方向和厚度方向上的变形难易程度的比较。如果 $r>1$，板材以宽度方向应变为主，板材的抗减薄能力好；如果 $r<1$，则以厚度方向应变为主，板材较易发生减薄。如果 $r=1$，表示板材不存在各向异性，即变形时宽度方向和厚度方向的应变相等。

所以，板材成形时，从传力区的抗拉强度看，r 值越大，抗拉强度越大，对成形越有利。从变形区的变形抵抗力看，异号应力状态时，r 值越大，变形抵抗力越小，对成形越有利。筒形零件拉深成形时，筒壁和法兰分别是传力区和变形区，恰好满足这两个条件。所以，r 值大的板材，拉深极限变形程度也大，r 值是判断板材拉深性能好坏的重要指标。图给出了用锌、铝、铜、钢、钛等不同的板材所做的极限拉深比 $\left(\text{Limit Drawing Ratio, LDR}=\frac{D}{d}\right)$ 测试，说明了 r 值与极限拉深比之间的关系，如图 1-2-5 所示。

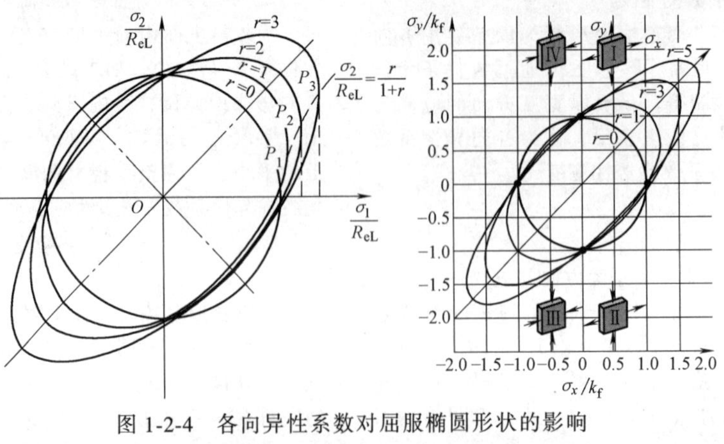

图 1-2-4　各向异性系数对屈服椭圆形状的影响

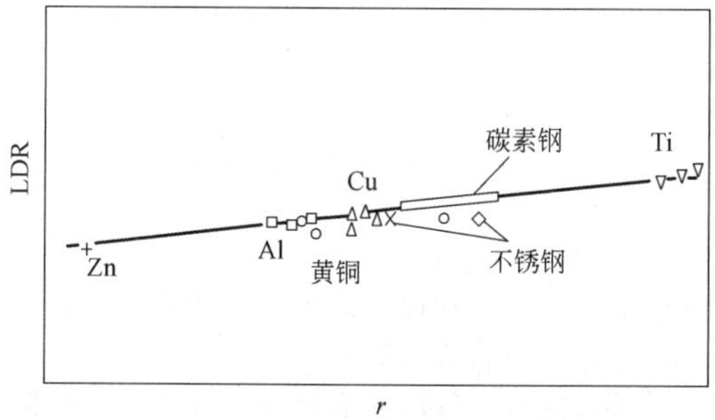

图 1-2-5　r 值对极限拉深比的影响

复杂形状的曲面件（如汽车覆盖件）拉深成形时，r 值越大，板坯中间部分在拉应力作用下越不易在厚度方向上发生减薄，即减薄量小，而在板面内与拉应力相互垂直方向上的压缩变形比较容易，即表现为法兰区和悬空区板坯起皱的趋向性降低，有利于冲压加工的进行和质量的提高。相反，r 值越小，表示板材厚度方向的变形越容易，即越容易减薄，容易对冲压加工产生不利影响。

筒形零件拉深形成的制耳现象和面内各向异性系数 Δr 有关。Δr 值越大，制耳的高度也越大，这时必须增大切边余量，材料消耗增加。面内各向异性对冲压变形和冲压件的质量都是不利的，所以生产中都尽量设法降低板的 Δr 值，而且国家对板材的 Δr 值也有一定的限制。表 1-2-1 给出了常用板材的 r 值及 Δr 值。此外，面内各向异性系数 Δr 能够引起拉深、翻边、胀形等冲压成形板坯变形的不均匀分布。其结果不但可能因为局部变形程度的加大而使总体的极限变形程度减小，而且还可能造成冲压件的壁厚不等，降低冲压件的质量。

表 1-2-1　常用板材的 r 值及 Δr 值

材　料	r_0	r_{45}	r_{90}	$\bar{r}$	Δr
沸腾钢	1.23	0.91	1.58	1.16	0.51
脱碳沸腾钢	1.88	1.63	2.52	1.92	0.57
钛镇静钢	1.85	1.92	2.61	2.08	0.31
铝镇静钢	1.68	1.19	1.90	1.49	0.60
钛	4.00	5.49	7.05	5.51	—
铜　O①材	0.90	0.94	0.77	0.89	-0.10
铜　$\frac{1}{2}$H②材	0.76	0.87	0.90	0.85	-0.04
铝　O 材	0.62	1.58	0.52	1.08	-1.01
铝　$\frac{1}{2}$H 材	0.41	1.12	0.81	0.87	-0.51
不锈钢	1.02	1.19	0.98	1.10	-0.19
黄铜　2 种 O 材	0.94	1.12	1.01	1.05	-0.14
黄铜　3 种 $\frac{1}{4}$H 材	0.94	1.00	1.00	0.99	-0.03

① O 意思是软质，铜 O 材指软质铜材。

② H 意思是硬质，铜 $\frac{1}{2}$H 材指半硬质的铜材。

5. 双轴各向异性系数

在双向应力状态下，材料的屈服行为也不是对称的，这一现象也是塑性各向异性引起的。因此，采用双轴各向异性系数定量描述这一现象。该系数的数学含义为屈服轨迹在双向等拉应力状态点法线的斜率。与单向拉伸类似，双轴各向异性系数（r_b）可根据主应变的比值来定义：

$$r_b = \varepsilon_{22} / \varepsilon_{11} \tag{1-2-8}$$

式中　ε_{11}、ε_{22}——面内沿轧制方向和垂直轧制方向的两个主应变。

双轴各向异性系数可以采用压缩实验、双向拉伸实验或液压胀形实验来测试获得。例如，对一组圆盘形试样施加法向压力，由于塑性各向异性的存在，在压缩过程中圆盘形试样将变为椭圆形。通过测量椭圆形试样的长短半轴的长度，即可计算出相应的主应变分量，见图 1-2-6。

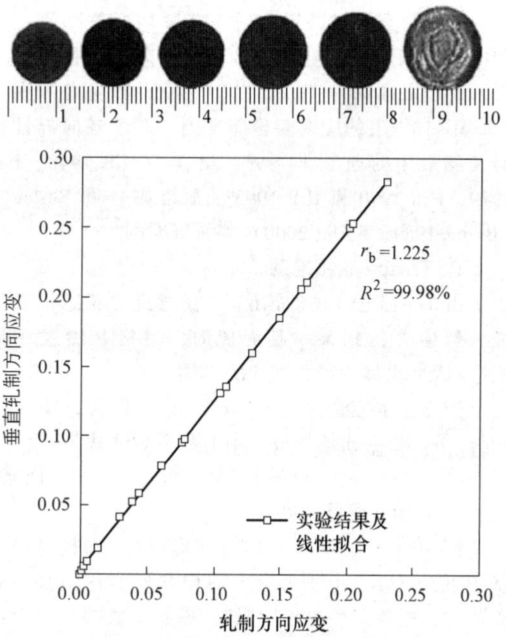

图 1-2-6　圆盘压缩过程中的应变

（实验材料：6111-T4 铝合金）

图 1-2-7 给出了双向拉伸试验机上主应变的确定方法。该试验方法的缺点在于试验时的变形程度较小（一般小于 5%）。

2.1.2　屈服准则

屈服准则又称为塑性条件或屈服条件，用于描述不同应力状态下材料进入塑性状态并使塑性变形继续进行的条件。判定这一条件可用某一函数来描述，称为屈服函数。屈服函数的表达式常常是根据弹性向塑性转变过程中的一些物理现象提出的。

屈服函数通常采用两种方式来定义：一种是基

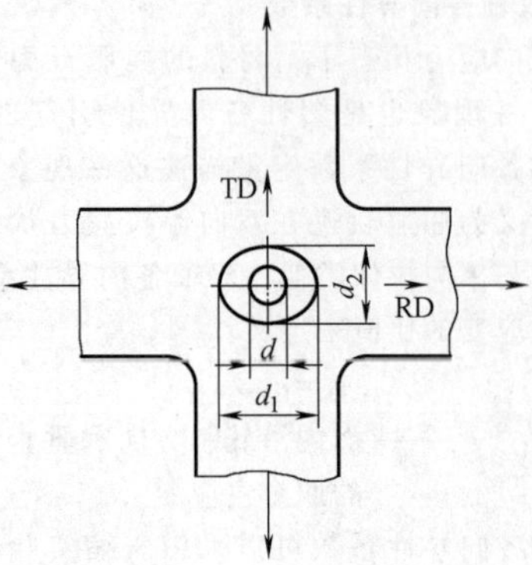

图 1-2-7　双向拉伸试验中试样上应变分量的测量

于屈服发生时的物理量（如能量、应力等）达到某一临界值时发生塑性屈服，采用相对应的数学模型描述；另一种是根据实验数据建立近似的解析函数来描述，这类屈服函数是一种唯象函数。

选择恰当的屈服函数对工艺分析、仿真研究拟和成形过程是至关重要的。对于各向同性材料，最常用的屈服准则是 Tresca 提出的最大剪应力准则和 Von Mises 提出的应变变化能准则。对于各向异性材料，最常用的屈服准则是 Hill 类（Hill 1948、Hill 1979、Hill 1990 和 Hill 1993 屈服准则）和 Barlat 类（Barlat 1989、Barlat 2000）等屈服准则。

1. Tresca 屈服准则

由 Tresca 于 1864 提出："任意应力状态下只要最大剪应力达到某一临界值时，材料开始发生屈服"，因此也称为最大剪应力准则。

当三个主应力满足 $\sigma_1>\sigma_2>\sigma_3$ 条件时，即 $\sigma_1=\sigma_{\max}$，$\sigma_3=\sigma_{\min}$，该屈服准则的数学表达式为：

$$\sigma_1-\sigma_3=R_{\mathrm{eL}} \tag{1-2-9}$$

2. Mises 屈服准则

由 Mises（米塞斯）1913 年提出："在任意应力状态下，只要三个主剪应力的均方根值达到某一临界值时，材料开始发生屈服"。屈服函数的形式为：

$$\frac{1}{\sqrt{2}}\sqrt{(\sigma_1-\sigma_2)^2+(\sigma_2-\sigma_3)^2+(\sigma_3-\sigma_1)^2}=R_{\mathrm{eL}} \tag{1-2-10}$$

3. Hill 1948 屈服准则

Hill 于 1948 年最早提出一个各向异性屈服准则，假设材料具有三个相互垂直的各向异性对称面，该屈服准则可以表示为如下的二次函数形式：

$$2f(\sigma_{ij})\equiv F(\sigma_{22}-\sigma_{33})^2+G(\sigma_{33}-\sigma_{11})^2+H(\sigma_{11}-\sigma_{22})^2+2L\sigma_{23}^2+2M\sigma_{31}^2+2N\sigma_{12}^2=1 \tag{1-2-11}$$

式中　f——屈服函数；

F,G,H,L,M,N——与材料的各向异性相关的常数。

$$F=\frac{r_0}{r_{90}(r_0+1)},\ G=\frac{1}{r_0+1},$$

$$H=\frac{r_0}{r_0+1},\ L=M=N=\frac{(r_0+r_{90})(1+2r_{45})}{2r_{90}(r_0+1)}$$

对于仅厚向具有各向异性、面内各向同性材料（$r_0=r_{90}=r$），Hill 1948 屈服准则形式如下：

$$\sigma_1^2-\frac{2r}{1+r}\sigma_1\sigma_2+\sigma_2^2=\sigma_u^2 \tag{1-2-12}$$

式中　σ_u——单向拉伸屈服应力（MPa），沿板面内任意方向都相同。

实践中，Hill 1948 屈服准则中的参数主要采用三个各向异性系数 r_0、r_{45}、r_{90} 以及单向拉伸屈服应力 σ_u 的平均值来确定。因为该屈服准则的数学形式简单，系数的物理意义明确，因而广泛用于钢板的成形。但是，由于该屈服准则的确定只采用 4 个力学参数，所以不能准确描述板面内的单轴屈服应力和单轴塑性各向异性系数的变化，也不能描述双向等拉屈服应力。研究表明：该屈服函数在处理厚向异性系数 $r<1$ 的材料时与试验结果不符。

4. Hill 1990 屈服准则

1990 年 Hill 针对 Hill1948 屈服准则不能描述铝合金等材料（$r<1$）的塑性变形行为，给出了适用面更大的含有剪应力分量的屈服函数形式：

$$\varphi=|\sigma_{11}+\sigma_{22}|^m+(\sigma_b^m/\tau^m)\,|(\sigma_{11}-\sigma_{22})^2+4\sigma_{12}^2|^{m/2}+|\sigma_{11}^2+\sigma_{22}^2+2\sigma_{12}^2|^{(m/2)-1}\cdot\{-2a(\sigma_{11}^2-\sigma_{22}^2)+b(\sigma_{11}-\sigma_{22})^2\}=(2\sigma_b)^m \tag{1-2-13}$$

式中　σ_b——双向等拉屈服应力（MPa）；

τ——纯剪切变形（$\sigma_1=-\sigma_2$）时的屈服应力；

a，b——材料常数；

m——指数，m 通过解下列方程得到：

$$m=\frac{\ln[2(r_{45}+1)]}{\ln\dfrac{2\sigma_b}{\sigma_{45}}} \tag{1-2-14}$$

常数 a、b 可通过下式计算得到：

$$\begin{cases}a=\dfrac{(r_0-r_{90})\left[1-\dfrac{(m-2)r_{45}}{2}\right]}{r_0+r_{90}-(m-2)r_0r_{90}}\\[2ex] b=\dfrac{m[2r_0r_{90}-r_{45}(r_0+r_{90})]}{r_0+r_{90}-(m-2)r_0r_{90}}\end{cases}$$

比例系数 σ_b/τ 还可以表示成系数 r_{45} 的函数：

$$\left(\frac{\sigma_b}{\tau}\right)^m=1+2r_{45} \tag{1-2-15}$$

通过采用 5 个参数 σ_{45}、σ_b、r_0、r_{45}、r_{90}，或者 6 个参数 σ_0、σ_{90}、σ_b、r_0、r_{45}、r_{90} 可以确定 Hill 1990 屈服函数。通常可以采用三个方向的单向拉伸试验和一个等双拉试验来确定。

5. Barlat 1989 屈服准则

1989 年，Barlat 提出一个专用于平面应力状态的屈服准则，能够更合理地描述有较强织构的各向异性板材屈服行为，屈服函数形式为

$$f=a\mid k_1+k_2\mid^M+a\mid k_1-k_2\mid^M+(2-a)\mid 2k_2\mid^M=2\sigma_u^M \tag{1-2-16}$$

式中　M——指数，M 为一个整数，对于体心立方晶格材料，取 $M=6$，对于面心立方晶格材料，应取 $M=8$；

σ_u——单向拉伸屈服应力（MPa）；

k_1，k_2——应力张量的不变量，可以通过式（1-2-17）计算：

$$k_1=\frac{\sigma_{11}+h\sigma_{22}}{2};\ k_2=\left[\left(\frac{\sigma_{11}-h\sigma_{22}}{2}\right)^2+p^2\sigma_{12}^2\right]^{1/2} \tag{1-2-17}$$

式中　a、h、p——与材料相关的参数。

该屈服准则只能用于平面应力状态。

6. Barlat 2000 屈服准则

2000 年以来，汽车市场和航空市场中出现的激烈竞争促使新材料不断研发，为了准确描述这些合金钢、铝合金和镁合金等材料的各向异性行为，出现了一些包含更多参数的各向异性屈服准则。其中，Barlat 2000 屈服准则获得了广泛的应用，该屈服准则的形式为

$$(m\sigma_1+n\sigma_2)^{2k}+(p\sigma_1+q\sigma_2)^{2k}+(r\sigma_1+s\sigma_2)^{2k}=2\sigma_u^{2k} \tag{1-2-18}$$

式中的常数 m、n、p、q、r 和 s 可通过下式计算得到：

$$m=\frac{\left(-\dfrac{\sigma_u}{\sigma_b}+4\right)}{3},n=\frac{\left(\dfrac{\sigma_u}{\sigma_b}-4\right)}{3},p=2\,\frac{\left(\dfrac{\sigma_u}{\sigma_b}-1\right)}{3},$$

$$q=\frac{\left(\dfrac{\sigma_u}{\sigma_b}+2\right)}{3},r=\frac{\left(-\dfrac{\sigma_u}{\sigma_b}-2\right)}{3},s=2\,\frac{\left(\dfrac{\sigma_u}{\sigma_b}+1\right)}{3}$$

式中　σ_u——单向拉伸屈服应力（MPa）；

σ_b——双向等拉屈服应力（MPa）。

7. Banabic-Balan-Comsa（BBC2005）屈服准则

2005 年，Banabic 及其同事共同开发了一个具有 8 个参数的屈服准则，在描述板材各向异性行为方面具有更强的适用性，屈服函数定义如下：

$$\overline{\sigma}=[a(\Lambda+\Gamma)^{2k}+a(\Lambda-\Gamma)^{2k}+b(\Lambda+\Psi)^{2k}+b(\Lambda-\Psi)^{2k}]^{\frac{1}{2k}} \tag{1-2-19}$$

其中的整数指数 k 和材料种类相关，对于体心立方材料，$k=3$；对于面心立方材料，$k=4$。a、b 为材料参数，a、$b>0$，而 Γ、Λ 和 Ψ 为取决于应力张量面内分量的函数：

$$\Gamma=L\sigma_{11}+M\sigma_{22}$$
$$\Lambda=\sqrt{(N\sigma_{11}-P\sigma_{22})^2+\sigma_{12}\sigma_{21}} \tag{1-2-20}$$
$$\Psi=\sqrt{(Q\sigma_{11}-R\sigma_{22})^2+\sigma_{12}\sigma_{21}}$$

其中的 L、M、N、P、Q 和 R 也都是材料参数。因此，BBC 2005 屈服函数的表达式中有 9 个材料参数：k、a、b、L、M、N、P、Q 和 R。

8. 屈服准则的比较与选择

（1）屈服准则的比较　目前，最常使用的屈服准则是 Hill 1948、Hill 1990、Barlat 1989 和 Barlat 2000。通常，只有同时采用单轴和双轴拉伸实验数据，可以获得 7 个以上的力学参数，才能保证屈服准则更好的预测结果，较好地描述一般材料的各向异性特征。

例如，采用这 4 个屈服准则预测的归一化屈服轨迹和实验结果对比，可以看到：Barlat 2000 和 Hill 1990 屈服准则的预测结果最好，而 Hill 1948 和 Barlat 1989 的预测结果不令人满意，特别是在双拉区域，见图 1-2-8。

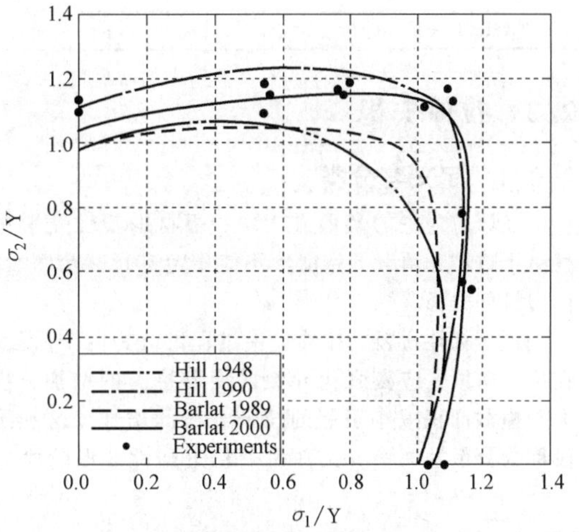

图 1-2-8　不同屈服准则预测的屈服轨迹与实验结果对比（材料：3103-O 铝合金）

Hill 1948 屈服准则形式简单，经常用于钢板的成形。Hill 1990 能够对铝合金等 $r<1$ 的材料较好地描述。Barlat 屈服准则能有效模拟板材拉深成形过程法兰的塑性流动规律，可以模拟法兰出现 2 个、4 个、6 个制耳的现象，全面反映面内各向异性现象。但由于该屈服准则只有 3 个各向异性 r 值确定，对屈服应力的描述不是很准确。Barlat 2000 屈服准则对双向等拉状态的描述比上述几种屈服准则更准确，实验证明，该屈服准则适用于二元铝镁合金和商用铝合金。

（2）屈服准则确定所需的力学参数　表 1-2-2 给出了确定几个典型屈服准则需要用到的力学参数。根据该表，可以估计建立不同的屈服准则需要的实

验量和成本。主要问题是，是否需要双轴的屈服应力和双轴的各向异性系数，因为这需要采用专用的测试设备（十字拉伸实验，液压胀形实验或者是圆盘压缩实验）。

（3）屈服准则在数值模拟程序中的实现　在有限元程序中，如何选择屈服准则，主要看其描述各向异性行为的精度以及计算效率。表 1-2-3 给出了主要的有限元商业软件及其中的各向异性屈服准则。其中 Barlat 2000、Vegter 和 BBC 2005 屈服准则已被集成到 ABAQUS 和 LS-DYNA 中。

表 1-2-2　确定不同屈服准则所需要的力学性能参数

屈服准则	σ_0	σ_{30}	σ_{45}	σ_{75}	σ_{90}	σ_b	r_0	r_{30}	r_{45}	r_{75}	r_{90}	r_b
Hill 1948	Y						Y		Y		Y	
Hill 1990	Y		Y		Y	Y			Y			
Barlat 1989	Y						Y				Y	
Barlat 2000	Y		Y		Y	Y	Y		Y		Y	
BBC 2005	Y		Y		Y	Y	Y		Y		Y	Y

表 1-2-3　主要的有限元商业软件中所采用的屈服准则

软件	Hill 1948	Hill 1990	Barlat 1989	Barlat 2000	BBC 2005
ABAQUS	Y	Y	Y		
AUTOFORM	Y	Y	Y		Y
LS-DYNA	Y	Y	Y	Y	
OPTRIS	Y		Y		
PAM STAMP	Y	Y			
STAMP PACK	Y	Y			

2.2　拉伸失稳

2.2.1　定义与分类

在以拉为主的变形方式中，板材的塑性变形过程由于过度变薄，导致变形不能稳定进行甚至断裂，称为拉伸失稳。

对于韧性材料，拉伸失稳过程可分为两个阶段。在第一阶段，应变强化导致的变形抗力的增加，将大于横截面积减小引起的拉伸载荷的增加。这一阶段称为分散性失稳，又称为“稳定塑性变形阶段”，其显著特点是需要增大外力才能使试样继续发生塑性变形。在第二阶段，材料加工硬化所引起的变形抗力的增加，已不足以抵消试样横截面积减小导致的拉伸载荷的增加。这个阶段称为集中性失稳，又称为“非稳定塑性变形阶段”，其特点是虽然真实应力在继续增加，但是变形所需外力在减小。第二阶段的极限状态则是材料的分离——断裂。

目前已有的理论模型如图 1-2-9 所示。最早的模型是由 Swift 和 Hill 在假设板材均匀的前提下提出的，即所谓 Swift 分散性失稳模型和 Hill 集中性失稳

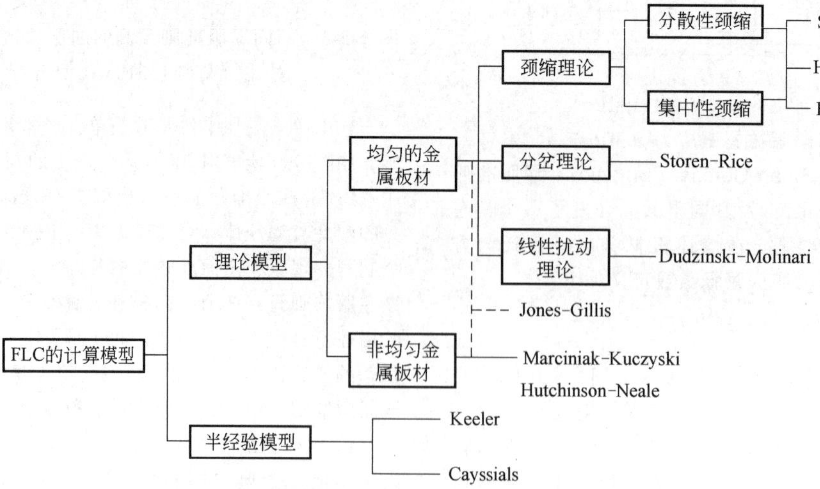

图 1-2-9　拉伸失稳模型分类

模型。此后，Hora 对 Swift 模型进行了改进，提出了修正的最大载荷准则（Modified Maximum Force Criterion，MMFC），简称为 MMFC。Marciniak 提出了一个能同时从几何和结构两个方面考虑金属板材不均匀性的理论模型。Storen 与 Rice 基于分岔理论提出了 Storen-Rice 模型。Dudzinski 与 Molinari 利用线性扰动方法分析应变集中，并计算极限应变。

由于这些理论分析模型十分复杂，需要很好的连续介质力学和数学方面的基础，同时理论分析结果并不总能与实验结果较好吻合，因此近年来提出了一些半经验模型。下面几节将简要介绍最常用的成形极限理论预测模型，特别是基于缩颈失稳现象的 Swift 和 Hill 模型，M-K 模型以及 MMFC 模型。

2.2.2　Swift 分散性失稳模型

对于单向拉伸过程，当外载荷达到最大值时，发生缩颈现象。如图 1-2-10 所示，从数学的角度，这一临界失稳条件可以表示为

$$\mathrm{d}F=0 \quad 或 \quad \frac{\mathrm{d}\sigma}{\mathrm{d}\varepsilon}=\sigma \tag{1-2-21}$$

根据材料遵循的应变硬化规律得

$$\sigma=k\bar{\varepsilon}^n \tag{1-2-22}$$

则拉伸失稳条件表示为

$$\bar{\varepsilon}=n \tag{1-2-23}$$

因此，当等效应变等于应变硬化指数 n 值时材料开始出现缩颈。

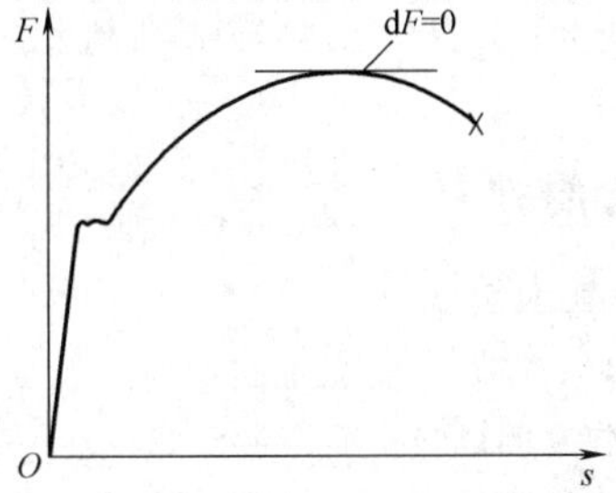

图 1-2-10　板材单向拉伸的力-变形曲线

实际冲压成形过程，板材多数部位是在双向拉应力下的变形。对于双向拉伸过程，Swift 提出的失稳条件为：板材单元体在两个互相垂直的拉力作用下，两个轴的拉力都达到最大值时，板材产生塑性拉伸失稳。这一临界失稳条件可以表示为：

$$\mathrm{d}F_1=\mathrm{d}F_2=0 \tag{1-2-24}$$

$$或\frac{\mathrm{d}\sigma_i}{\mathrm{d}\varepsilon_i}=\frac{(1+\alpha)(4-7\alpha+4\alpha^2)}{4(1-\alpha+\alpha^2)^{3/2}}\sigma_i \tag{1-2-25}$$

而失稳发生时的极限应变理论计算公式如下：

$$\varepsilon_1^*=\frac{2(2-\alpha)(1-\alpha+\alpha^2)}{(1+\alpha)(4-7\alpha+4\alpha^2)}n \tag{1-2-26}$$

$$\varepsilon_2^*=\frac{2(2\alpha-1)(1-\alpha+\alpha^2)}{(1+\alpha)(4-7\alpha+4\alpha^2)}n \tag{1-2-27}$$

$$\varepsilon_3^*=-\frac{2(1-\alpha+\alpha^2)}{4-7\alpha+4\alpha^2}n \tag{1-2-28}$$

计算不同应力比 $\alpha=\dfrac{\sigma_2}{\sigma_1}$（$0\leqslant\alpha\leqslant1$）条件下的极限应变值 ε_1^* 和 ε_2^*，并将计算结果表示在以 ε_1、ε_2 分别为横纵坐标的图上，即得到 Swift 失稳模型的极限应变曲线，如图 1-2-11 所示。

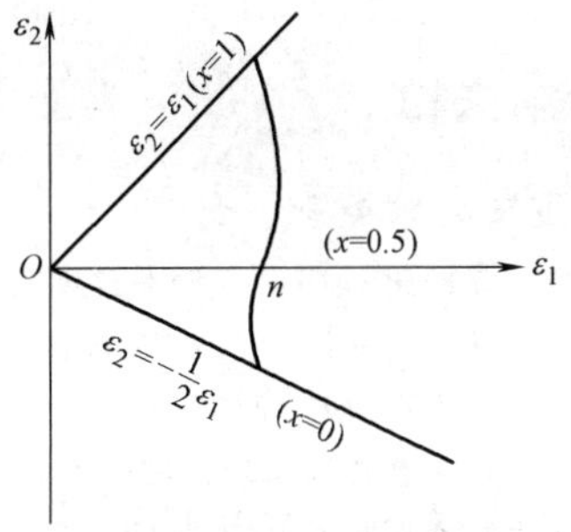

图 1-2-11　分散性失稳极限曲线

2.2.3　Hill 集中性失稳模型

对于单向拉伸实验，局部缩颈沿着与加载方向成一定角度的方向上发展。Hill 认为板材在双向拉应力下产生塑性失稳的条件是：在失稳处的剖面上，材料的应力强化率与板厚的减缩率相平衡。此时，其他部位的材料因应力保持不变甚至降低而停止变形，缩颈区的应变只取决于板材的减薄。因此，Hill 失稳模型的条件为：

$$\frac{\mathrm{d}\sigma_1}{\sigma_1}=\frac{\mathrm{d}\sigma_2}{\sigma_2}=-\mathrm{d}\varepsilon_3 \tag{1-2-29}$$

$$或\frac{\mathrm{d}\sigma_i}{\mathrm{d}\varepsilon_i}=\frac{1+\alpha}{2(1-\alpha+\alpha^2)^{\frac{1}{2}}}\sigma_i \tag{1-2-30}$$

各个方向的极限应变表达式为：

$$\varepsilon_1^*=\frac{1+(1-\alpha)r}{1+\alpha}n \tag{1-2-31}$$

$$\varepsilon_2^*=\frac{\alpha-(1-\alpha)r}{1+\alpha}n \tag{1-2-32}$$

$$\varepsilon_1^*+\varepsilon_2^*=-\varepsilon_3^*=n \tag{1-2-33}$$

$r=1$ 时，计算不同应力比 $\alpha=\dfrac{\sigma_2}{\sigma_1}$（$0\leqslant\alpha\leqslant1$）条件下的极限应变值 ε_1^* 和 ε_2^*，并以 ε_1、ε_2 分别为横纵坐标轴建立坐标系（见图 1-2-12），则 Hill 失稳模型的极限应变曲线表示为一条直线。该直线平行于第二象限的等分线，与横坐标的交点为（n，0）。显然，Hill 失稳模型的极限应变只取决于应变硬化指数 n 值。

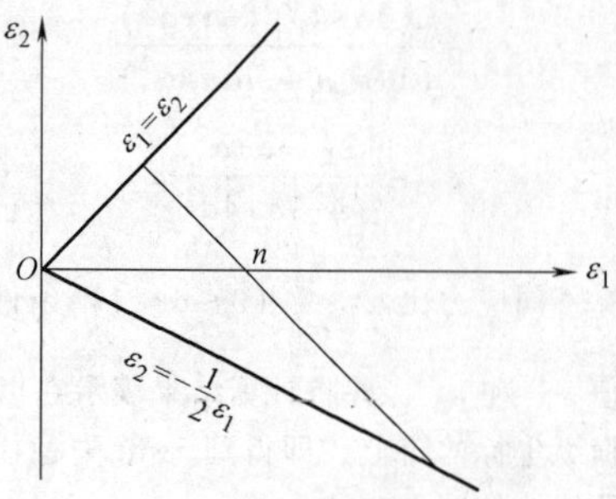

图 1-2-12　集中性失稳极限曲线

2.3　压缩失稳

2.3.1　定义与分类

板材冲压成形过程中，起皱是主要的成形质量问题之一。而且，在实际生产中进行冲压工艺设计和模具设计时，难以准确预测到在什么部位会出现什么形式的起皱，经常给模具调试带来很大困难。

起皱是薄板冲压成形中变形进入不稳定状态的主要表现形式之一。薄板在冲压成形时，为使板材产生塑性变形，模具对板料施加外力，在板内产生复杂的应力状态。由于板厚尺寸与其他两个方向尺寸相比很小，即相对厚度（t/D 或 t/L）很小。因此，板材在厚度方向是不稳定的。当材料内压应力使板厚方向达到失稳极限时，材料不能维持稳定变形而产生的塑性失稳称为压缩失稳。

压缩失稳产生起皱，按照诱发的应力状态不同可以分为：压应力诱发的失稳、剪应力诱发的失稳、不均匀拉应力诱发的失稳和面内弯曲应力诱发的失稳。此外，起皱按照失稳发生的部位不同可以分为外皱和内皱两种。

2.3.2　板条单向受压失稳模型

板条在压力的作用下变形，当压应力超过屈服极限时，材料由弹性变形进入塑性变形状态。当压力达到某一临界值时，板条失去保持其原来直线形状的能力，而发生挠曲，以弯曲形状保持平衡，该状态下的压力称为临界压力 P_{cr}。这时板条产生的内力矩与外力矩平衡，由此可以求得临界压力 P_{cr} 为

$$P_{cr}=\frac{\pi^2 E_t I}{L^2} \tag{1-2-34}$$

式中　E_t——折减弹性模量（GPa），它反映了材料的弹性模量 E（弯曲卸载）和硬化模量或切线模量 D（弯曲加载）的综合效应，$E_t=\frac{4ED}{(E^{1/2}+D^{1/2})^2}$；

I——挠曲板条的惯性矩（mm^4），对于宽为 b，厚为 t 的板条，$I=\frac{bt^3}{12}$。

得到板条压缩失稳时的临界压应力 σ_{cr} 为

$$\sigma_{cr}=\frac{\pi^2}{12}E_t\left(\frac{t}{L}\right)^2 \text{ 或 } \sigma_{cr}=\frac{\pi^2}{12}D\left(\frac{t}{L}\right)^2 \tag{1-2-35}$$

研究表明，塑性失稳时，实际临界载荷要比折减模量载荷低，比较接近切线模量载荷。采用切线模量载荷作为计算受压失稳的临界载荷更具有实际意义。此外，板料抵抗失稳起皱的能力与其相对厚度的平方 $(t/L)^2$ 成正比。

2.3.3　拉深成形法兰区失稳模型

板材拉深时法兰变形区的起皱以及曲面零件拉深成形时悬空区的起皱，是压应力诱发的失稳起皱。成形过程中变形区板料在径向拉应力，切向压应力的平面应力状态下变形，当切向应力达到失稳临界值时，板料将产生失稳起皱。这种塑性失稳的临界应力计算问题十分复杂，为了简化计算很少采用力的平衡法，而通常采用能量法求解。例如，板材拉深时法兰变形区起皱的临界状态是切向压应力所释放的能量与起皱所需的能量平衡。因此，在不需要压边力时的临界失稳压应力 σ_{cr} 为

$$\sigma_{cr}=0.46E_t\left(\frac{t}{b}\right)^2 \tag{1-2-36}$$

临界失稳压应力与材料的折减模量、相对厚度有关。材料的弹性模量 E 和硬化模量 D 越大，相对厚度 t/b 越大，临界失稳压应力的值越大，起皱的可能性就越小。

2.4　弯曲弹复

2.4.1　基本概念

弯曲包括平面弯曲和空间弯曲。本节着重讲述平面弯曲弹复问题。平面弯曲是指一个平面内的弯曲，也称为单曲率弯曲，包含纯弯曲、拉力下的弯曲和压力下的弯曲。然而，真正的纯弯曲问题并不多见，一般都是拉力下的弯曲或压力下的弯曲。例如：型材拉弯工艺、大型直缝焊管 JCOE 或 UOE 成形工艺、管件扩径矫圆工艺、管件缩径矫圆工艺等，这些均属于拉力下的弯曲或压力下的弯曲。平面弯曲对象可包括板材、管材、棒材以及各种异形截面型材。为表达准确、方便，给出如下概念定义：

梁：将在弯曲平面内被弯曲对象的长度尺寸远大于其截面高度尺寸的板材、管材、棒材、型材等统称为梁。

微梁段：将能够完整反映梁的截面几何信息，沿梁的截面形心线所截取的长度尺寸无穷小的一段梁称为微梁段。

平面曲梁：截面形心曲线在一个空间平面内的曲梁称为平面曲梁。

直梁平面弯曲：施加于直梁上的所有外载荷的综合作用导致该梁变形后截面形心曲线在一个空间平面内的弯曲称为直梁平面弯曲。

曲梁平面弯曲：施加于平面曲梁上的所有外载荷的综合作用仅导致该梁产生在初始截面形心曲线所在空间平面内的弯曲变形称为曲梁平面弯曲。

平面弯曲：直梁平面弯曲与曲梁平面弯曲统称为平面弯曲。

弯曲平面：在平面弯曲问题中，截面形心曲线所在的空间平面称为弯曲平面。

2.4.2　基本假设

平面弯曲弹复理论引入以下基本假设：

① 小变形假设：平面弯曲变形前后曲率的变化较小，弯曲变形较小；

② 平截面假设：梁的任意截面弯曲变形后仍保持为平面，且截面不发生畸变；

③ 单向应力状态假设：梁的任意截面上的应力应变状态近似为单向拉伸或单向压缩，且忽略截面尺寸的变化；

④ 常规弹塑性材料模型假设：梁是连续均质的弹塑性体，且弹性变形为线弹性，符合胡克定律；塑性流动符合稳定材料条件和经典弹塑性理论的卸载规律。

2.4.3　符号系统

为了使各种弯曲情况下的弹复方程简化统一，建立以下符号系统。定义参考坐标系，以微梁段横截面几何中心为参考坐标系原点 O，如图 1-2-13 所示。竖直向上方向为 z 坐标轴正向，反之为负。M 为加载时的弯矩，是代数量，其值由微梁段横截面上的应力对几何中心层取矩对横截面面积积分确定，当弯矩 M 使直梁微梁段凸向 z 坐标轴正向时规定为正，反之为负。T 为加载时的切向力，是代数量，其值由微梁段横截面上的应力对面积的积分确定。

曲率通常用 K 来表示，且曲率的绝对值等于曲率半径的倒数，规定曲率与 M 同向时为正，反之为负。定义初始几何中心曲率半径为 ρ_0，曲率为 K_0。平面弯曲加载时几何中心层的曲率半径为 ρ，曲率为 K；当量应变中性层的曲率半径为 ρ_ε，曲率为 K_ε。平面弯曲弹复后几何中心层的曲率半径为 ρ_p，曲率为 K_p；当量应变中性层的曲率半径为 $\rho_{\varepsilon p}$，曲率为 $K_{\varepsilon p}$。平面弯曲反向加载弹性变形时几何中心层的曲率半径为 ρ_e，曲率为 K_e；当量应变中性层的曲率半径为 $\rho_{\varepsilon e}$，曲率为 $K_{\varepsilon e}$。几何中心层的曲率与当量应变中性层的曲率总是同号。

图 1-2-14 为图 1-2-13 所示微梁段加载、卸载弹复后和反向加载弹性变形时的示意图，即反向拉弯加载后的弹塑性挠曲方向与初始挠曲方向相反，而卸载弹复后微梁段的挠曲方向与初始挠曲方向相同的情况，按上述符号定义可知：M 为负，K_0 为负，K、K_ε 为正，K_p、$K_{\varepsilon p}$ 为负，K_e、$K_{\varepsilon e}$ 为负。

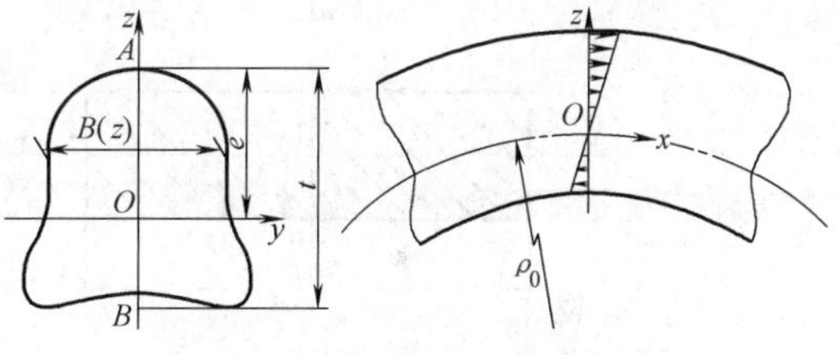

图 1-2-13　微梁段截面及其坐标系

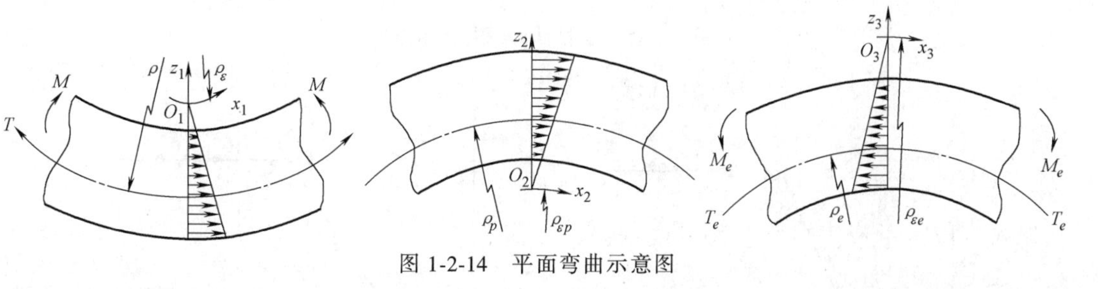

图 1-2-14　平面弯曲示意图

2.4.4　平面弯曲弹复方程的统一表述

为方便研究曲梁平面弯曲弹复问题，本文对微梁段的初始曲率 $1/\rho_0$ 用初始当量应变 ε_0 来予以考虑，且 ε_0 满足以下关系

$$\varepsilon_0=\frac{z}{\rho_0}\quad e\text{-}t\leqslant z\leqslant e \tag{1-2-37}$$

进而引入微梁段当量应变 ε_{eq} 的概念，即考虑初始挠曲在内的微梁段线素长度的相对变化量为当量应变 ε_{eq}，其值为截面真实应变 ε_{tr} 与初始当量应变 ε_0 之代数和，即

$$\varepsilon_{eq}=\varepsilon_{tr}+\varepsilon_0 \tag{1-2-38}$$

根据经典弹塑性理论的卸载规律和应变可叠加性，分别推导出曲梁不同加载和变形情况下的弹复方程，根据以上符号定义，平面弯曲弹复方程可统一表示为

$$K_p=\frac{K_\varepsilon-\dfrac{M}{EI_y}}{\dfrac{K_\varepsilon}{K}-\dfrac{T}{EA}} \tag{1-2-39}$$

根据以上符号定义，加载后的应变 ε 可表示为

$$\varepsilon=\begin{cases} z(K_\varepsilon-K_0)+\left(\dfrac{K_\varepsilon}{K}-1\right) & \text{同向弯曲} \\ -z(K_\varepsilon-K_0)+\left(\dfrac{K_\varepsilon}{K}-1\right) & \text{反向弯曲} \end{cases} \tag{1-2-40}$$

设应力 σ 是应变 ε 的函数，即

$$\sigma=f(\varepsilon)=f(K_\varepsilon,z) \tag{1-2-41}$$

根据截面载荷的平衡条件有

$$T=\int_A \sigma \mathrm{d}A \tag{1-2-42}$$

$$M=\int_A \sigma\cdot z\mathrm{d}A \tag{1-2-43}$$

通常情况下 T 或 ε 已知或可根据几何中心层的变形求出，则可由式（1-2-40）或式（1-2-42）求出 K_ε。T 和 M 均为 K_ε 的函数，以上方程联立即可求出卸载弹复后的几何中心层曲率 K_p。在该求解过程中，式（1-2-41）与加载历史有关，因此 K_p 的求解也反映了加载历史对平面弯曲弹复的影响，式（1-2-39）是平面弯曲弹复问题的通解。平面弯曲弹复方程适用于广义梁平面弯曲的各种情况，对于具体问题，只需将屈服准则和本构方程与上式联立，即可求得相应问题的解。

2.4.5　平面弯曲弹复方程的应用实例

1. 型材拉弯

依据以上平面弯曲弹复方程，建立型材平面拉弯的弹复方程并进行不同加载方式下拉弯的力学解析，从而可确立完整的型材拉弯弹复解析的理论体系。以下选用两种典型的型材：矩形截面型材和 U 形截面型材，如图 1-2-15 所示，给定型材的材料和几何参数，计算先拉后弯和先弯后拉加载方式下的拉弯弹复，并与拉弯物理实验和有限元模拟对比。

矩形截面型材拉弯弹复后的曲率对比结果如图 1-2-16 所示；U 形截面型材拉弯弹复后的曲率对比结果如图 1-2-17 所示。由图 1-2-16 和图 1-2-17 可以看出物理实验和有限元模拟获得的拉弯弹复规律与理论解析规律一致，结果数据与理论曲线也吻合地较好。从而佐证了平面弯曲弹复方程的正确性和理论解析结果的精确性。

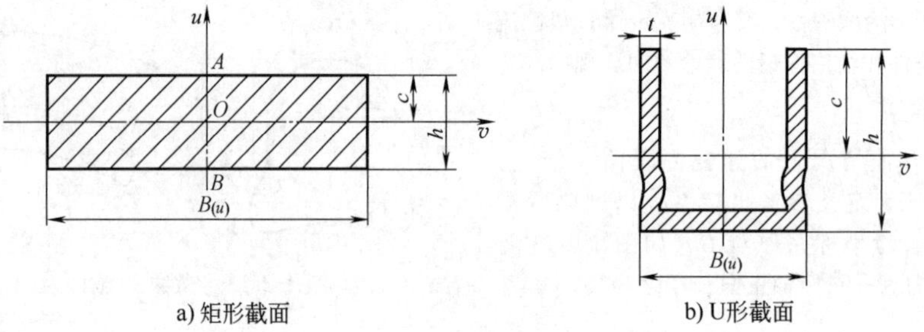

图 1-2-15　型材截面的几何示意图

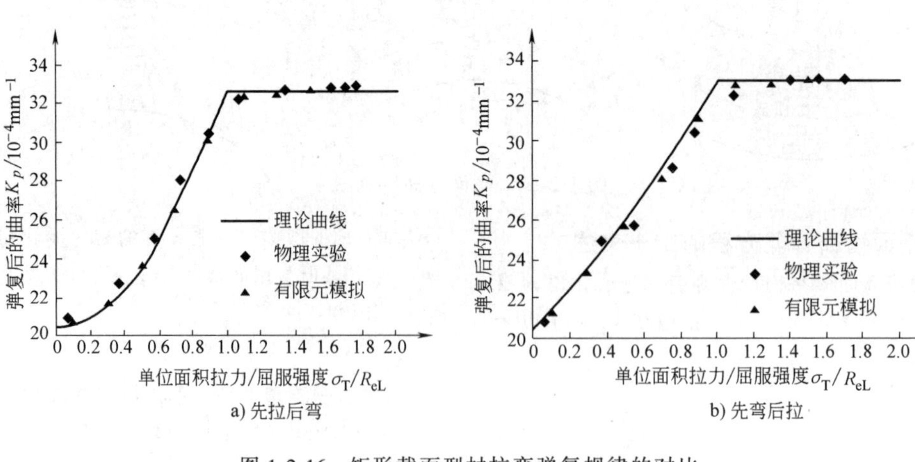

图 1-2-16　矩形截面型材拉弯弹复规律的对比

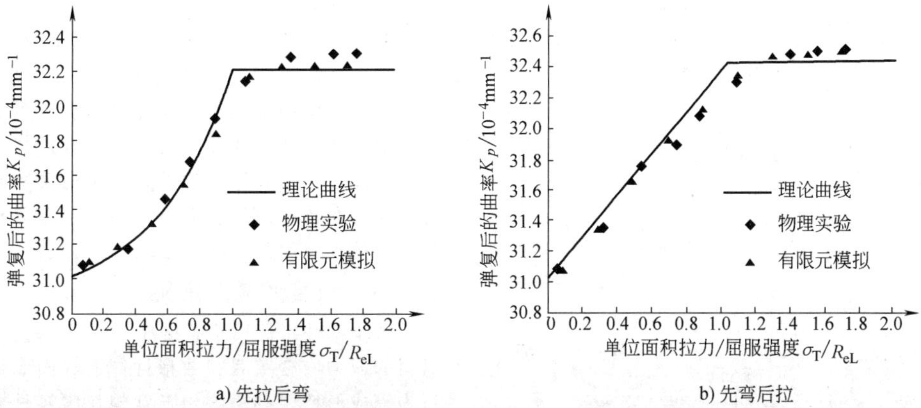

a) 先拉后弯　　b) 先弯后拉

图 1-2-17　U 形截面型材拉弯弹复规律的对比

2. 大型直缝焊管压力矫直

大型直缝焊管主要用于长距离连续输送天然气、原油和成品油等产品。由于焊接热应力、成形设备及模具整体直线度等因素的影响，时常会有最终成形的焊管的整体直线度不满足要求的情况，需对其进行矫直。

大型直缝焊管压力矫直可近似为纯弯曲变形。基于以上小曲率平面弯曲弹复理论，建立小曲率曲管反向纯弯曲时的弹复方程

$$K_p = K - \frac{M}{EI} \tag{1-2-44}$$

初始曲率为 K_0 微梁段在弯矩 M 的作用下反向纯弯曲，若卸载弹复后微梁段的几何中心层曲率降为零即 $K_p = 0$，那么弯矩 M 即为将初始曲率为 K_0 微梁段矫直所需的理论矫直弯矩。由式（1-2-44）可知平面曲梁微段的弹复方程将转化为

$$K = \frac{M}{EI} \tag{1-2-45}$$

由式（1-2-43）可建立曲管反向纯弯曲时弯矩-曲率关系

$$M = f(K, K_0) \tag{1-2-46}$$

联立式（1-2-45）和式（1-2-46），可求解理论矫直曲率 K 和理论矫直弯矩 M。将该弯矩施加于管件，理论上可将其一次性完全矫直。

在多次三点弯曲压力矫直工艺中，矫直弯矩为锯齿形折线，而理论矫直弯矩是一条光滑曲线。所以，需使锯齿形折线逼近光滑曲线，如图 1-2-18 所示。

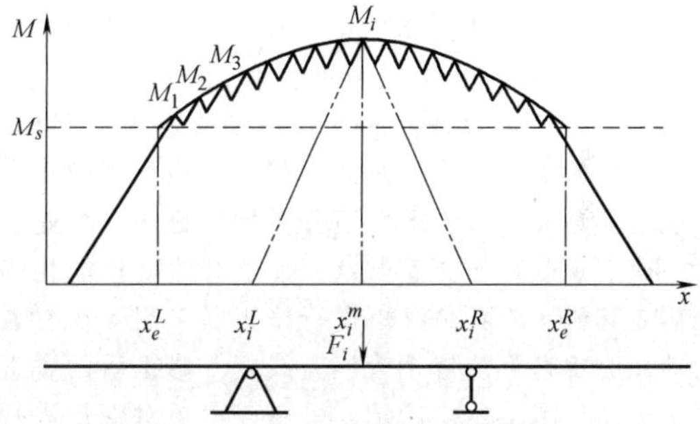

图 1-2-18　定量矫直方法示意图

以小尺寸管坯为矫直对象，其材料为 20 钢，壁厚为 4mm，外径为 76mm，管长为 1000mm，初始挠度为 9.5mm。具体矫直实施过程如下：

1）实测管坯初始挠度曲线分布，并选用合适的函数方程对实测挠度点进行拟合，管坯曲线拟合结果如图 1-2-19 所示。

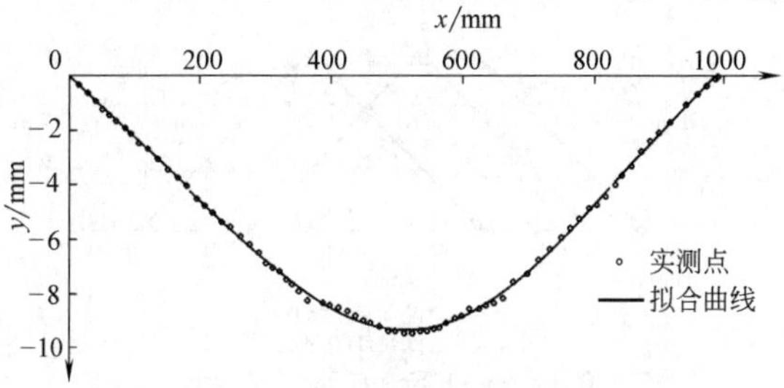

图 1-2-19　管坯初始挠度曲线拟合结果

2）运用曲率求解公式，可得初始曲率分布，管坯的初始曲率分布如图 1-2-20 所示。

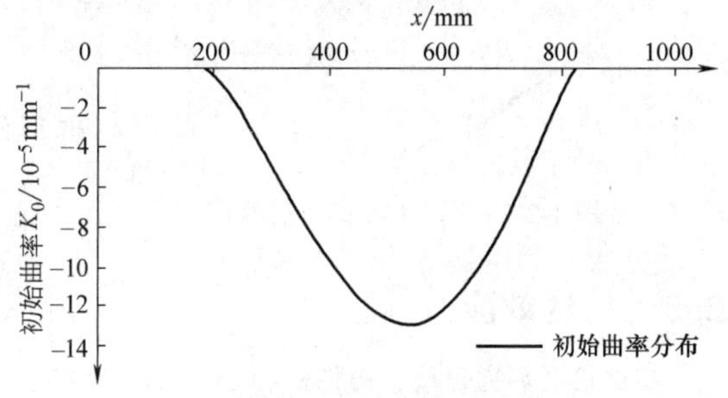

图 1-2-20　管坯的初始曲率分布

3）将初始曲率及管坯的材料性能参数、几何尺寸代入式（1-2-45）和式（1-2-46），获得了管件矫直所需的理论矫直弯矩，如图 1-2-21 所示。

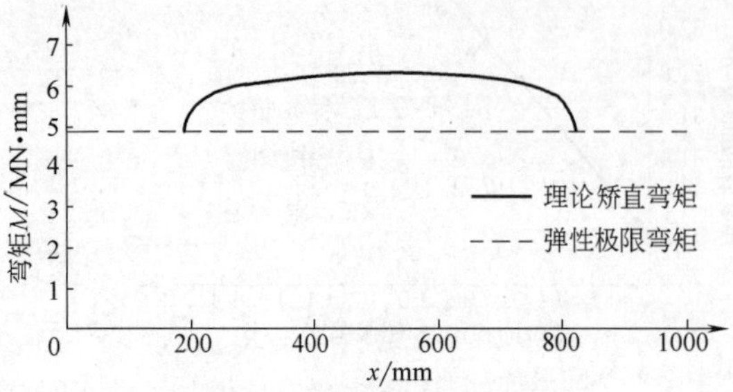

图 1-2-21　管坯的理论矫直弯矩

4）当矫直次数趋于无限多次时，实际加载的锯齿形折线弯矩的矫直效果才能与理论矫直弯矩相当，即能够将待矫管件完全矫直，如图 1-2-18 所示。但在实际生产中为提高矫直效率，则需减少矫直次数。为达到提高矫直效率同时又保证矫直精度的目标，采用较少的矫直次数去获得与理论弯矩相当的矫直效果，就必须对锯齿形弯矩分布加以修正。为此引入一个宏观载荷修正系数 λ，基于弯曲变形能相等可确定其值，进而对弯矩进行修正。采用 4 次三点弯曲压力矫直工艺修正管坯直线度，修正后的矫直弯矩分布如图 1-2-22 所示，采用该弯矩对管坯进行矫直，管坯矫直后的挠度分布如图 1-2-23 所示。矫直后管坯直线度达到 1.5%以内。

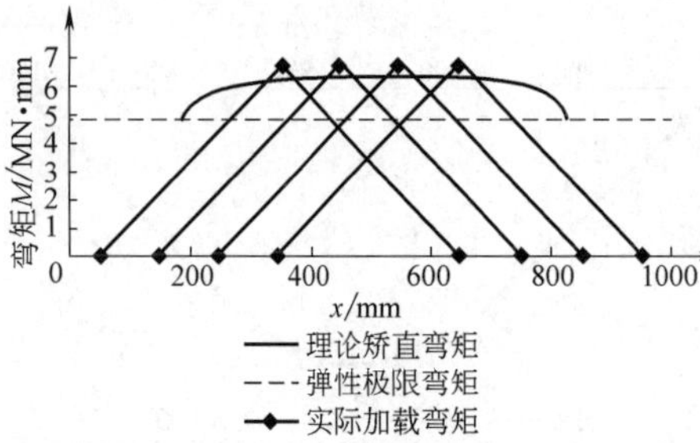

图 1-2-22　管坯实际加载弯矩

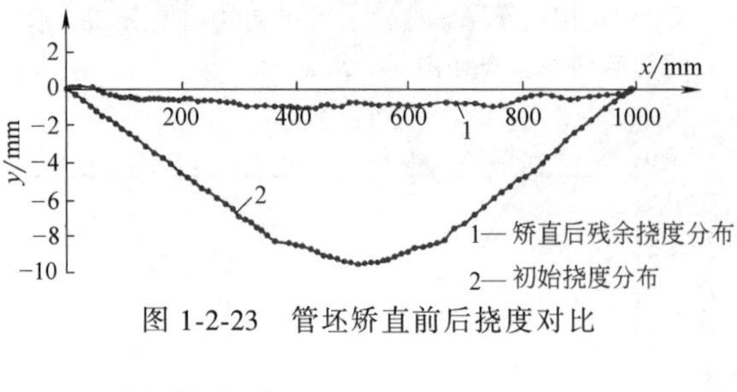

图 1-2-23　管坯矫直前后挠度对比

2.5　尺度效应

在微机电系统领域，构件的特征尺寸一般在毫米至微米量级，薄板厚度一般在亚毫米至微米量级，晶粒尺寸在微米至纳米量级；在航空航天领域，构件向超大型化发展，重型运载火箭箭体直径达到 10m 级，大型轰炸机机翼整体壁板长度约 30m。但是，无论是微小型构件还是超大型构件的成形，材料变形性能以及界面摩擦行为等物理规律与构件尺寸密切相关，常规尺寸构件成形中通常被忽略的物理效应，在超常规尺寸条件下将产生显著影响，因而必须认真对待并予以考虑。

2.5.1　尺度效应的定义

由于构件特征尺寸的超常（超小或超大），导致材料的应力应变关系、成形性能、界面摩擦和流动行为等成形特性都呈现出与常规尺度零件成形过程不同的现象，称为尺度效应。

对于微小型构件成形，材料尺度效应的影响使材料流动应力显著降低，出现“越小越弱”现象；而成形模具与被加工构件接触界面的摩擦力呈现“越小越强”现象。对于超大尺寸构件成形，由于拼焊板、不等厚板、三明治板等非均质特性材料的逐渐应用，超大尺寸坯料的成分偏析、微观缺陷等越发严重，各向异性对材料成形性能、塑性流动行为、微观组织结构演变等更为复杂，尺度效应严重影响构件尺寸精度和性能的一致性。

2.5.2　尺度效应的分类

从诱导因素划分：尺度效应有的是由材料内部晶粒尺寸、晶界和界面约束等内在因素引起的，称为内在尺度效应；有的是与试样外形尺寸相关，称为外在尺度效应；有的与变形过程的应变梯度有关，称为二阶尺度效应。从产生结果划分：尺度效应主要包括力学性能，成形极限和摩擦等三类尺度效应。

1. 力学性能尺度效应

力学性能尺度效应主要采用拉伸和微弯曲实验来研究。例如，大部分的金属薄板材料微拉伸过程应力应变关系表现为“越小越弱”的尺度效应。如图 1-2-24 所示为铜合金薄板单向微拉伸实验结果，随着试样比例因子由 1 减少至 0.1 时，薄板厚度由 1mm 减少至 0.1mm，材料的流动应力降低了约 50MPa。这是因为，随着试样尺寸的逐渐减小，材料内部的晶粒尺寸基本保持不变，当板厚较大时，厚度方向上的晶粒数量很大，晶粒取向趋于均匀分布，属于多晶体变形；随着板厚逐渐减小，板厚方向的晶粒数逐步减少，当比例因子减少至 0.1 时，薄板厚度方向上仅有 2~3 个晶粒，材料表面层软化效应显著，导致材料流动应力降低。

（1）力学性能尺度效应受到外部试样尺寸和界面约束的共同作用影响　对于不锈钢薄板材料，单向微拉伸过程随着不锈钢薄板厚度的减小，流动应力显著增加，即表现为“越小越强”的尺度效应。这是由于不锈钢表面存在致密硬化膜，薄板厚度越小，表面硬化膜所占的比例越大，硬化效应越明显，导致流动应力越大。

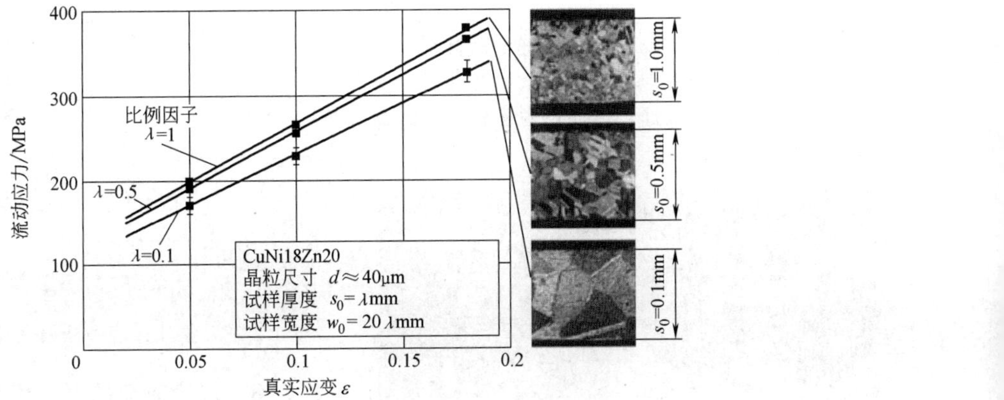

图 1-2-24　不同尺寸因子试样的流动应力应变关系

（2）力学性能尺度效应受到外部试样尺寸和内部晶粒尺寸共同作用影响　如图 1-2-25 所示为三点微弯曲和微拉伸实验中金属薄板的屈服强度随板厚和晶粒尺寸比（t/D）的变化规律。当晶粒尺寸小于板厚时，随着试样厚度的减小，屈服强度降低。当晶粒尺寸大于板厚时，随着晶粒尺寸的增大，屈服强度反倒升高。

（3）力学性能尺度效应受外部试样尺寸和模具几何特征共同影响　图 1-2-26 所示为薄板微冲裁过程的最大抗剪强度随几何比例因子 λ 的变化规律。微冲裁过程中材料被限制冲裁间隙之间的一个微小环形区域内变形，随着比例因子的减小，薄板厚度方向上晶粒数目明显减小，有限区域内晶粒变形受到更大的局限，剪切变形过程中晶粒间的滑移与协调更加困难，使材料变形抗力增加，导致微冲裁过程中的最大抗剪强度随几何比例因子 λ 减小而增大。

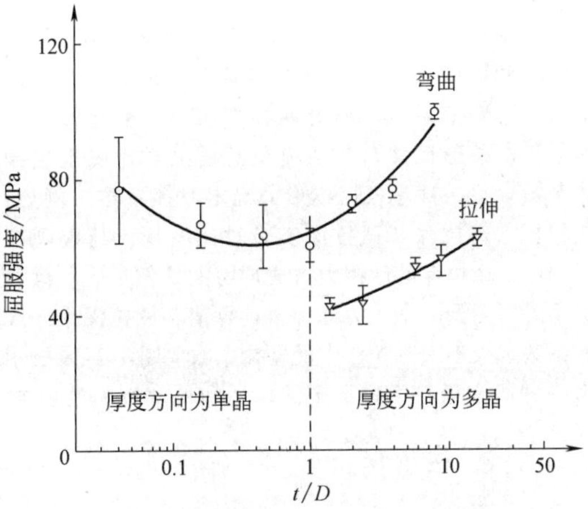

图 1-2-25　微弯曲和微拉伸屈服强度随板厚与晶粒尺寸比（t/D）变化

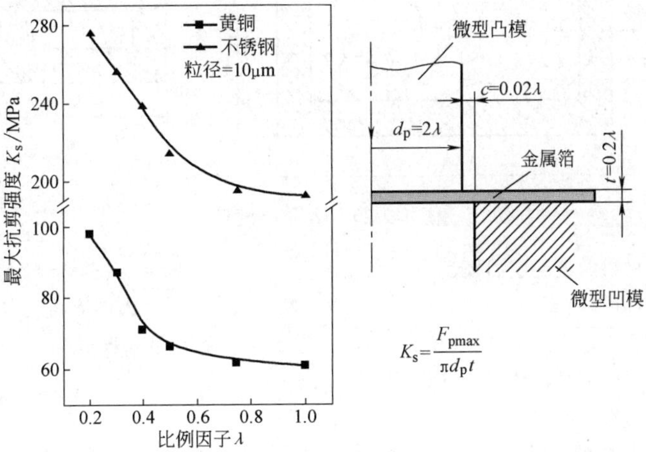

图 1-2-26　微冲裁最大抗剪强度的变化规律

2. 成形极限尺度效应

与薄板宏观板材成形相比，微成形的成形极限产生了明显变化。图 1-2-27 所示为杯形件宏观拉深和微拉深对比实验结果，宏观拉深件成形质量良好，而微拉深件的法兰有轻微起皱，成形极限降低。此外，薄板微成形过程成形极限受到试样几何尺寸与晶粒尺寸的影响，薄板厚度方向晶粒数量越少，成形极限越低。

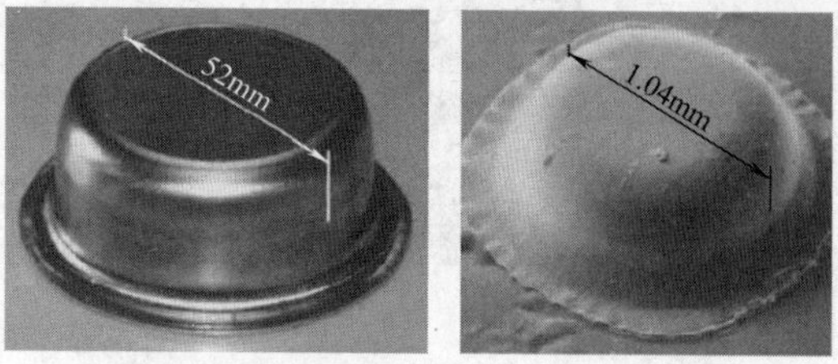

图 1-2-27　宏观拉深件与微拉深件对比

3. 摩擦尺度效应

通常在微成形过程中，在采用液体润滑剂时，摩擦系数随试样尺寸的减小而显著增加。目前，确定微成形摩擦系数主要有两种方法：一种是根据成形零件的外形尺寸与数值模拟的结果对比确定出摩擦系数；另一种是根据成形力确定摩擦系数。例如，纯铝板宏观拉深和微拉深实验对比发现，与宏观拉深相比，微拉深的摩擦力占成形力的比例更大。微拉深实验所测到的冲头力远大于计算值，微拉深中的摩擦系数远大于宏观拉深中的摩擦系数。图 1-2-28 所示为一种研究板料微成形中的摩擦和尺度效应的新方法，随着试样尺寸的微型化，名义冲头载荷显著增加，摩擦系数增加了两倍多。

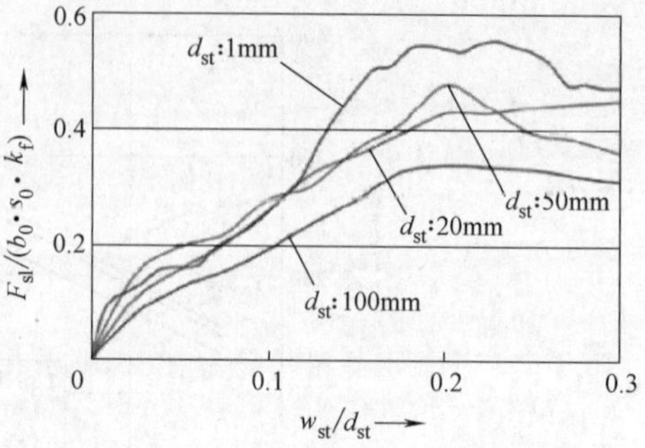

图 1-2-28　拉深过程中凸模载荷随凸模尺寸的变化

2.5.3　尺度效应的理论模型

1. 流动应力尺度效应模型

对于流动应力尺度效应现象可以采用表面层模型解释，如图 1-2-29 所示。当试件在常规尺度下时，由于表面层晶粒所受到的约束和内部晶粒相比要少，且位错无法在试样表面塞积，材料的加工硬化能力降低，从而导致材料的流动应力降低。因此，表层晶粒的屈服应力较内层晶粒要小。当试件尺寸减小到一定程度时，表层晶粒所占的比例和内部晶粒相当，对金属屈服应力的影响就会显著增加并表现出来，这时屈服应力不再是和尺寸无关的，而是表层晶粒所占比例的函数，流动应力随表层晶粒所占比例的增加而降低。

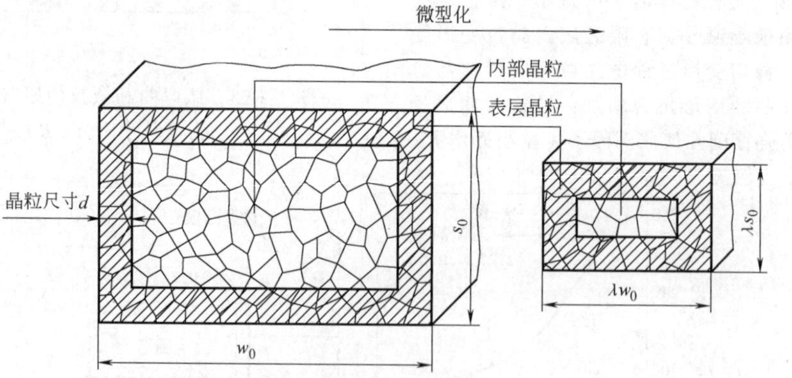

图 1-2-29　表面层模型

基于表面层模型的材料的流动应力模型为

$$\sigma = \frac{N_s\sigma_s + N_i\sigma_i}{N} \tag{1-2-47}$$

式中　N_s、N_i——表面、内部晶粒数；

N——晶粒总数，$N = N_s + N_i$；

σ_s——表面晶粒的流动应力，符合单晶体流动应力模型；

σ_i——内部晶粒的流动应力，符合多晶体流动应力模型。

σ_s 与 σ_i 可以表示为

$$\sigma_s = m\tau_R \tag{1-2-48}$$

$$\sigma_i = m\tau_R + kd^{-\frac{1}{2}} \tag{1-2-49}$$

基于表面层模型的材料表面晶粒数为

$$N_s = \frac{wt-(w-2d)(t-2d)}{S} \quad (1\text{-}2\text{-}50)$$

式中　w、t——箔材的宽度、厚度（mm）；

d——箔材晶粒尺寸（mm）；

S——单个晶粒的面积（mm^2）。

晶界尺寸因子 η 表述为

$$\eta = \frac{N_s}{N} = \frac{2d}{t}\left(1+\frac{t}{w}-\frac{4d}{w}\right) \quad (1\text{-}2\text{-}51)$$

对于单向拉伸而言，内部晶粒密度随着晶粒尺寸的增加而降低，表层晶粒密度随着晶粒尺寸的增加而增加。图 1-2-30 所示为晶界尺寸因子随试样尺寸和晶粒尺寸变化规律，随着试样尺寸的减小或晶粒尺寸的增加，晶界尺寸因子逐渐降低。

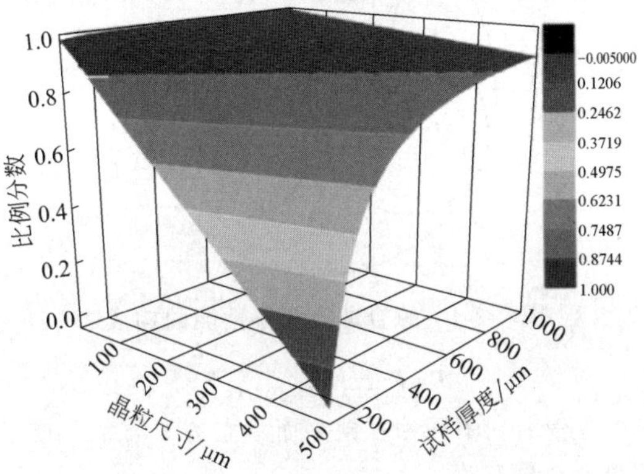

图 1-2-30　晶界尺寸因子随试样尺寸和晶粒尺寸变化规律

2. 摩擦尺度效应理论模型

描述摩擦尺度效应的理论模型可以采用 Engel 等提出的“开放的和封闭的润滑坑”模型来解释，如图 1-2-31 所示。随着试件尺寸的减小，模具表面的封闭润滑坑所占比例显著减小，而开放润滑坑的尺寸是一定的，因而随着试件尺寸的减小，开放润滑坑所占比例增大；因为试件边缘处在成形压力下无法保留润滑剂，当试件尺寸减小到表面凹坑无法储存润滑剂时，导致润滑作用消失，此时摩擦系数最大。

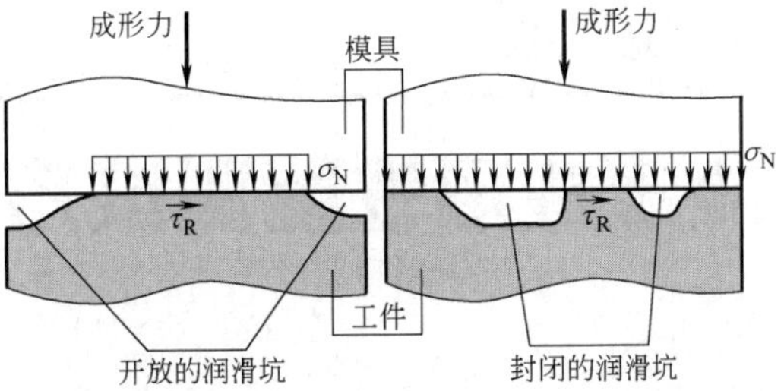

图 1-2-31　开放的和封闭的润滑坑模型

参考文献

[1] GEIGER M, MESSNER A, ENGEL U. Production of microparts-size effects in bulk metal forming, similarity theory [J]. Production Engineering, 1997, 4 (1): 55-58.

[2] BANABIC D. 金属板材成形工艺本构模型及数值模拟 [M]. 何祝斌，林艳丽，刘建光，译. 北京：科学出版社，2015.

[3] 杨玉英. 大型薄板成形技术 [M]. 北京：国防工业出版社，1996.

[4] 胡世光，陈河峥，李东升，等. 钣料冷压成形的工程解析 [M]. 2 版. 北京：北京航空航天大学出版社，2009.

[5] 赵军，殷璟，马瑞，等. 小曲率平面弯曲弹复方程 [J]. 中国科学（技术科学），2011，41（10）：1342-1352.

[6] ZHAO J, ZHAI R X, QIAN Z P, et al. A study on springback of profile plane stretch-bending in the loading method of pretension and moment [J]. International Journal of Mechanical Sciences, 2013, 75: 45-54.

[7] 赵军，宋晓抗，曹宏强，等. 大型直缝焊管多次三点弯曲压力矫直控制策略 [J]. 哈尔滨工业大学学报，2014，46（1）：90-96.

[8] 宋晓抗，赵军. 大型直缝焊管压力矫直载荷修正系数优化 [J]. 哈尔滨工业大学学报，2014，11：90-94.

第3章

冲压成形性能测试方法

宝山钢铁股份有限公司　蒋浩民　陈新平　韩　非　连昌伟　李　亚　纪登鹏
同济大学　闵峻英

3.1　板料冲压性能概述

经过100多年的发展，板料冲压性能的研究已经进入了由经验技术向工程科学过渡的阶段，而且有了初步体系化的理论内容。随着先进的计算机工具、微电子技术及测试仪器与手段的引入，其理论将更趋完善。

3.1.1　板料冲压成形性能的含义与构成

1. 板料冲压性能的含义

板料冲压性能是指板料对各种冲压加工方法的适应能力，包括加工的简便程度，工件的质量、精度、强度、刚度，极限变形程度、定形性、贴模性，模具寿命及加工能源消耗等。显然，这些指标更好，表明板料的冲压性能更优。

冲压加工方法多种多样，其基本工序可以分为两大类：分离工序和成形工序。由于两类基本加工工序的变形机理不同，所以，其冲压性能的具体含义、构成与要求也不同。

上述冲压性能之间的关系存在各种情况：有的相互一致，呈正相关关系；有的互为制约，表现出某种负相关关系；有的相互之间互不影响，表现为不相关关系。因此，不能期望板材的冲压性能高，则各种评价的指标同时都为最佳值。

2. 板料冲压成形性能的构成

本节仅介绍板料冲压成形性能，其冲压分离性能参见第2篇有关章节。

成形性能为材料在特定条件下变成所需最终形状的塑性变形能力。板料的冲压成形性能可分为：

1）贴模性能（Fitting Behaviour）。

2）成形性能（Formability）。

3）定形性能（Shape Fixability）。

这些性能的总体，构成所谓综合的冲压成形性能，或者叫作广义的冲压成形性能（Universal Formability），如图1-3-1所示。当然，不破裂是基本前提。

广义冲压成形性能可以用一隐函数来描述：

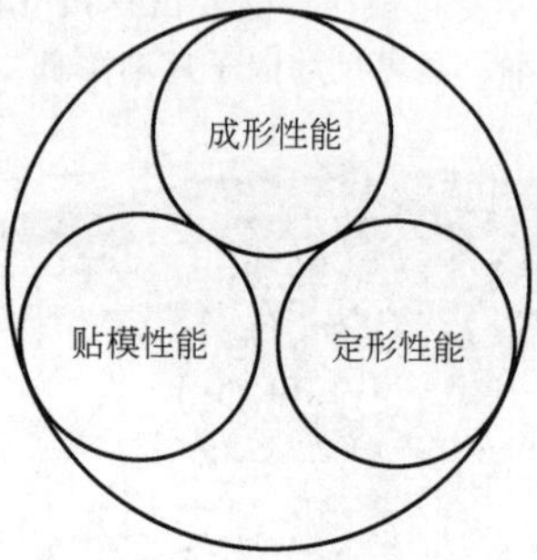

图1-3-1　综合冲压成形性能的构成

$$F=F(f_1, f_2, \cdots, f_6)$$

它是针对不同冲压缺陷而建立的6类冲压成形性能的指标参数：

1）抗断裂性。

2）边缘抗断裂性。

3）抗皱性。

4）形状固定性。

5）延展性。

6）抗失稳性。

广义冲压成形性能在虚拟冲压工程环境下有所发展，其中在汽车覆盖件拉深模具设计与制造方面已得到了部分应用，但其广义冲压成形性能的概念、内容及理论研究仍在发展过程中。

通常，把材料开始出现破裂时的极限变形程度作为板料冲压成形性能的判定尺度，并用这种尺度的各种物理量作为评定冲压成形性能的材料特性（评定参数或性能指标）。这可视为狭义的冲压成形性能。

即便是狭义的冲压成形性能，也要依据冲压成形工序的不同分类来进行研究。只有针对冲压成形中各种工序的基本变形特点和具有相同应力应变特点的同一类冲压成形，应用个别或共同的分析方法与措施，才能解决板料冲压性能问题。

根据板料冲压成形的力学特性与成形工艺的不同可以划分为三类四域的理论。表1-3-1归纳了与这种冲压成形区域划分相对应的冲压成形性能的基本分类情况。这一分类方法把冲压成形性能分为拉深性能、翻边性能、胀形性能与弯曲性能 4 种；而对其判定尺度是根据材料所受到的拉应力或伸长变形超过材料破裂极限相应允许值而分为 α 破裂、β 破裂及弯曲破裂的。

表 1-3-1　冲压成形性能的分类

极限因素	压缩变形	拉伸变形	弯曲变形
α 破裂①	拉深性能	胀形性能	—
β 破裂②	—	翻边性能	—
弯曲破裂③	—	—	弯曲性能

① α 破裂：由于板料所受拉应力超过材料抗拉强度（即 $\sigma_{拉}>R_m$）时引起的破裂。

② β 破裂：由于板料的伸长变形超过材料局部允许的伸长率（即 $\delta>[\delta]$）时引起的破裂。

③ 弯曲破裂：由于弯曲变形区外层材料的拉应力过大（即 $\sigma_\theta>[\sigma_\theta]$）时引起的破裂。

根据把冲压成形基本工序依其变形区的应力应变特点分为拉伸类、压缩类及复合类三个基本类别的理论，可以把冲压成形的分类与冲压成形性能的分类建立一定的对应关系，见表 1-3-2。这一分类方法把冲压成形性能分为拉伸类成形性能、压缩类成形性能和复合类成形性能 3 种；其对成形极限的判定不是仅仅对单个基本工序而言的，有一定程度的综合性与系统性。

3.1.2　板料冲压性能试验及材料特性值

板料冲压性能试验方法通常分为两种类型：力学试验和成形试验。各种试验方法及获得的材料特性值如下。

1. 力学试验

（1）简单拉伸试验　得到的试验值有：下屈服强度 R_{eL}、抗拉强度 R_m、屈强比 R_{eL}/R_m、屈服伸长率 A_s、均匀伸长率 A_u、总伸长率 A、均匀宽度应变 u、断口宽度应变 φ、极限变形能力 $\bar{\varepsilon}_f$（ε_x、ε_y、ε_t）、硬化指数 n 与各向异性系数 r 及 Δr 等。

简单拉伸试验获得的材料特性值对冲压成形缺陷的一般影响规律见表 1-3-3。

表 1-3-2　冲压成形性能的分类

冲压成形类别	成形性能类别	提高极限变形程度的措施
拉伸类冲压成形（翻边、胀形等）	拉伸类成形性能（翻边性能、胀形性能等）	1. 提高材料的塑性 2. 减少变形不均匀程度 3. 消除变形区局部硬化层和应力集中
压缩类冲压成形（拉深、缩口等）	压缩类成形性能（拉深性能、缩口性能等）	1. 降低变形区的变形抗力、摩擦阻力 2. 防止变形区的压缩失稳（起皱） 3. 提高传力区的承载能力
复合类冲压成形（弯曲、曲面零件拉深成形等）	复合类成形性能（弯曲性能、拉深胀形性能等）	根据所述成形类别的主次，分别采取相应措施

表 1-3-3　材料特性值对冲压成形缺陷的影响

成形不良现象		材料特性值						
		下屈服强度 $R_{eL}(YP)$	抗拉强度 $R_m(TS)$	伸长率 A	n	r	弹性模量 E	极限变形能力
破裂	α 破裂（拉深）			○	○	⊙		
	α 破裂（胀形）	△	△	⊙	⊙	○		
	β 破裂（翻边）	△	△	○	⊙	○		⊙
	弯曲破裂		△	⊙	○			⊙
面形状	起皱（法兰边）	⊙	△		△	○		
	起皱（壁部）	⊙	△		○	○	△	
	面歪扭畸变	⊙	○		○	△	○	
	其他的形状不良（线偏移、放射状、平面内凹等）	○	○		○		△	
尺寸精度	角度变化	⊙	△		○		△	
	壁部翘曲	⊙	△		○		△	
	扭曲	⊙	△		○		△	
	棱线翘曲	⊙	△		○		△	
	形状定形不良	⊙	△		○	△	△	

注：⊙—影响程度大；○—影响程度中；△—影响程度小。

(2) 十字试样双向拉伸试验　用以获得板料双向任意比例加载下的应力应变曲线，绘制屈服轨迹，拟合获得屈服模型参数。

(3) 液压胀形试验　用以获得板料在等双拉状态下的应力应变曲线。

(4) 剪切试验　用以获得板料在剪切状态下的应力应变曲线。

(5) 循环加载试验　用以获得板料弹性模量随应变量递增的衰减规律，以及在拉压循环加载下的应力应变曲线，拟合获得动态硬化模型参数。

2. 成形试验

成形试验是用模拟生产实际中的某种冲压成形工艺的方法测量出相应的工艺参数。例如 Swift 的拉深试验测出极限拉深比 LDR、TZP 试验测出对比拉深力的 *T* 值、Erichsen 试验测出极限胀形深度 *Er* 值、K · W · I 扩孔试验测出极限扩孔率 λ 及福井伸二的球底锥形件拉深试验测出 *CCV* 值等。

3.1.3　冲压成形极限的评价方法

作为对冲压成形极限即狭义冲压成形性能的评价，已形成了如下一系列的方法：

1) 数值模拟分析。

2) 实物试验。

3) 模拟成形试验。其模拟的模型有：

① 对实际形状进行简化的简易模型。

② 对部分实形进行复制的复制模型。

③ 对几何尺寸进行缩小的相似模型。

4) 小型成形性试验（杯形类零件成形试验）。

5) 材料试验。

3.2　板料力学试验方法

3.2.1　单向拉伸试验

板材冲压性能拉伸试验方法如下：

试验设备：拉力试验机（机械式或液压式）。最近，我国已研制成功用简单拉伸试验方法测量板材冲压性能多种特性值的快速自动装置。

板材形状与尺寸：从待试验的板材上截取并加工成图 1-3-2 所示的试样。

拉伸试样的长度按标准（如 GB/T 228.1—2010《金属材料　拉伸试验　第 1 部分：室温试验方法》）确定。

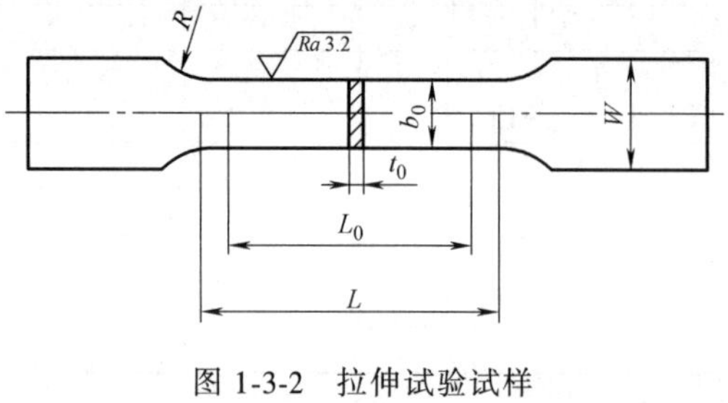

图 1-3-2　拉伸试验试样

试样的宽度，根据原材料的厚度采用 10mm、15mm、20mm 和 30mm 四种，宽度尺寸偏差不宜大于 0.02mm。

应当指出，拉伸试样的尺寸和尺寸精度对所得的试验结果（拉伸试验值）具有不可忽视的影响。由于现在用作评价板材冲压性能的拉伸试样尺寸的标准还需完善，在这项工作中应予以充分的注意。

在拉伸试验时，利用测量装置测量拉伸力 F 与拉伸行程（试样伸长值）ΔL，根据所测数值可以在 F 与 ΔL 坐标系中得到拉伸力 F 随伸长值而变化的曲线 F-ΔL 曲线，称之为拉伸曲线（如图 1-3-3）。

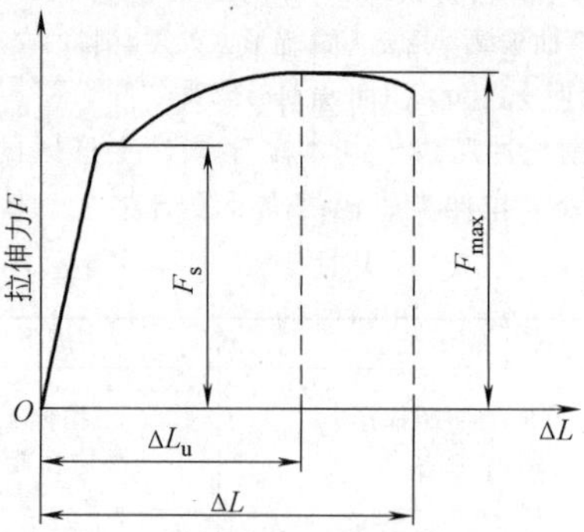

图 1-3-3　拉伸曲线

如果用拉伸试验的原始断面积 S_0 去除拉伸力 F，即可得到拉伸过程的名义应力 σ。同时，把试样伸长值 ΔL 换算成伸长率 $A=\dfrac{\Delta L}{L_0}=\dfrac{L-L_0}{L_0}$，即可在 σ 与 A 的坐标系里得到名义应力与伸长率表示的拉伸曲线（见图 1-3-4）。

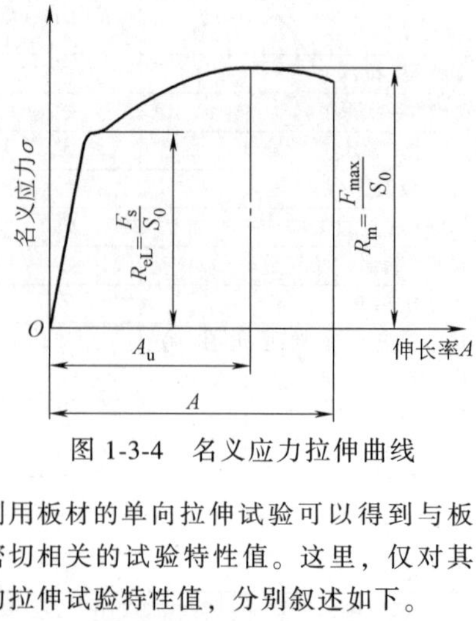

图 1-3-4　名义应力拉伸曲线

利用板材的单向拉伸试验可以得到与板材冲压性能密切相关的试验特性值。这里，仅对其中较为重要的拉伸试验特性值，分别叙述如下。

1. 屈服强度（R_{eL} 或 $R_{p0.2}$）

如果板料拉伸曲线不具有明显的屈服平台，可以取残余应变 0.2%时的名义应力 $R_{p0.2}$。屈服强度一般与拉伸类成形性能成反比关系，包括性能的稳定性方面。

2. 抗拉强度（R_m）

在拉伸过程中，当拉伸力达到最大值 F_{max} 时，试样的均匀拉伸变形阶段结束，称这种状态为塑性拉伸失稳。在塑性拉伸失稳时，出现缩颈。抗拉强度 R_m 较高者其冲压成形性能较高，但冲压成形力更大。

3. 屈强比（R_{eL}/R_m）

一般情况下，可以认为，当屈强比较小时，进行冲压变形的范围较大，而且在曲面零件冲压成形时，容易获得较大的拉应力使成形的形状得以稳定（定形），也就是减小回弹和消除松弛。屈强比除了影响拉伸（成形）回弹外，还与拉伸类成形极限成负相关关系。

4. 均匀伸长率（A_u）

均匀伸长率较大时，板料具有较大的塑性变形稳定性，不易产生局部的过大变形而导致破裂。因此，板材的均匀伸长率大，对拉伸类成形有利，在一定条件下能成正相关关系。总伸长率 A 也有这种关系。

5. 硬化指数（n）

大多数金属板材的硬化规律接近于幂函数 $\sigma=K\varepsilon^n$ 的关系（见图 1-3-5），所以可用指数 n 表示其硬化性能。n 值大的板材，在冲压成形时加工硬化剧烈，也就是说，变形抗力增加较快，抗皱性能较好。

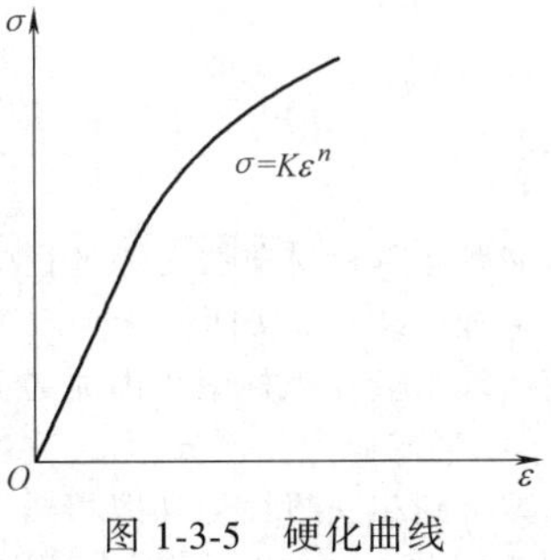

图 1-3-5　硬化曲线

利用拉伸试验确定 n 值的方法很多。两点法是测量并计算出拉伸过程中某两点的真实应力 σ 与应变 ε，利用公式 $\sigma=K\varepsilon^n$ 计算出 n 与 K 的数值。两点法的取值点对所得结果有直接影响，取值点必须是在均匀变形范围内，因此，通常取为 $A_1=5\%$ 和 $A_2=A_u$。有直接利用两个取值点的 F 和 L 值来计算 n 值的公式，还有用阶梯形拉伸试样的拉伸来计算 n 值的公式等。

6. 板厚方向性系数（r）

板厚方向性系数也称 r 值。r 值是在拉伸过程中板材试样的宽向应变 ε_b 与厚向应变 ε_t 的比值 $\left(r=\dfrac{\varepsilon_b}{\varepsilon_t}\right)$。$r$ 值大时，表明板材在厚度方向上的应变比较困难，比板平面方向的变形小，在伸长类成形中，板材的变薄量小，这有利于这类冲压成形。但试验和理论分析都证明，当板材的 r 值较大时，它的拉伸性能也好，板材的极限拉伸系数更小。

由于板材的 r 值常具有方向性，也就是说，在板平面不同方向上的 r 值常不一样。这时可以按平均值计算：$\bar{r}=(r_0+2r_{45}+r_{90})/4$，其中，$r_0$、$r_{45}$ 与 r_{90} 分别是与板材轧制方向成 0°、45°与 90°的方向上截取的拉伸试样测得的 r 值。

一般认为，r 值在拉伸过程中不发生变化，故可在伸长率为 10%～20%之间测量计算。

板平面方向性系数 $\Delta r=(r_0+r_{90}-2r_{45})/2$，板平面方向性系数 Δr 大时，板材的方向性强，结果会引起塑性变形分布的不均，造成圆筒形拉深件的厚度不均和制耳现象严重等问题。因此，Δr 过大，对冲压成形不利。

应当注意，不少冲压板材的板厚方向性系数 r 越大，其板平面方向性系数 Δr 的绝对值也越大。r 越大时，其极限拉深系数越小；但 $|\Delta r|$ 越大时，拉深制耳越严重。因此，在选择材料的 r 值时，需考虑它对拉深成形的有利影响和不利影响的两面性。

另外，r 值对拉伸类冲压成形也有关系，也是其评定参数之一。

3.2.2　十字试样双向拉伸试验

十字试样双向拉伸试验用以获得板料双向任意比例加载下的应力应变曲线，绘制屈服轨迹，拟合获得屈服模型参数。十字试样双向拉伸试验方法如下。

试验设备：双向拉伸试验机（机械式或液压式）。图 1-3-6 所示为一种典型的电动机驱动的双向拉伸试验机。

试件形状与尺寸：从待试验的板材上截取并加工成图 1-3-7 所示的十字形双向拉伸试样。

拉伸试样的尺寸按标准（如 GB/T 36024—2018《金属材料　薄板和薄带　十字形试样双向拉伸试验方法》）确定。

试样的厚度 a 应当与待测板材的厚度一致。臂的宽度 B 的建议值≥30mm，需注意四个臂上应当满足 $a\leqslant0.08B$，宽度 B 的误差需不大于±0.1mm。如果不满足，则板材厚度可以减薄以满足 $a\leqslant0.08B$。每个臂上

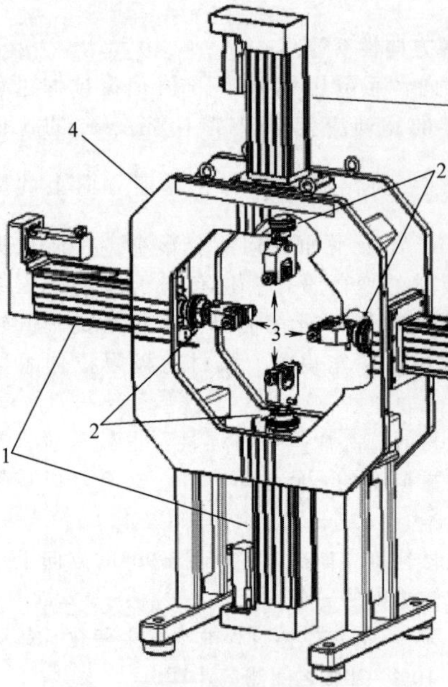

图 1-3-6　电动机驱动的双向拉伸试验机

1—电动机驱动　2—载荷传感器　3—夹具　4—机架

需要开7条缝，其中一条缝应当开在试件的中心线处（即与 x 轴、y 轴重合），误差控制在±0.1mm 以内。在中心线的两侧各有3条缝，它们的间隙需要控制在 $B/8$，误差控制在±0.1mm 以内。所有缝的长度 L 应当一致，精确到±0.1mm，并满足缝的长度 $B \leqslant L \leqslant 2B$。缝的末端与中心的距离一致，为 $B_{Sx}/2$ 和 $B_{Sy}/2$，误差控制在 $B/2$±0.1mm。缝的宽度 w_s 应尽可能小，最好小于0.3mm。夹持段长度 C 可随试验机任意改变，标准的长度为 $B/2 \leqslant C \leqslant B$。

在双向拉伸试验中，通过双向拉伸试验机测得载荷（F_x 和 F_y），并通过应变片或 DIC 技术可获得真实应变 ε_x、ε_y，计算得到 x 向和 y 向的真实应力分量为

$$\sigma_x = \frac{F_x}{aB_{Sy}} e^{\varepsilon_x} \tag{1-3-1a}$$

$$\sigma_y = \frac{F_y}{aB_{Sx}} e^{\varepsilon_y} \tag{1-3-1b}$$

计算得到 x 向和 y 向的真实塑性应变分量 ε_x^p、ε_y^p 为

$$\varepsilon_x^p = \varepsilon_x - \frac{\sigma_x}{C_x} \tag{1-3-2a}$$

$$\varepsilon_y^p = \varepsilon_y - \frac{\sigma_y}{C_y} \tag{1-3-2b}$$

其中 C_x 和 C_y 分别为 σ_x-ε_x 和 σ_y-ε_y 曲线弹性段的斜率。

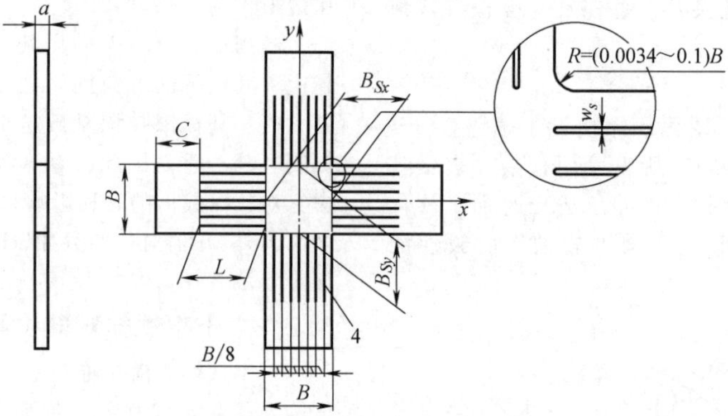

图 1-3-7　十字形双向拉伸试样

根据以上计算绘制 σ_x-ε_x^p 和 σ_y-ε_y^p 曲线，如图1-3-8所示。

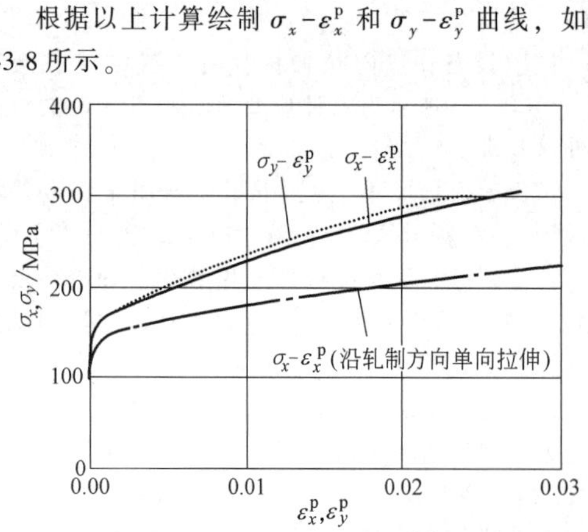

图 1-3-8　真实应力-真实塑性应变曲线

根据该曲线计算板材塑性变形过程中的塑性功 W。塑性功 W 等于某一真实塑性应变下真实应力-真实塑性应变曲线与应变坐标轴所围成的面积。改变加载比例 F_x：F_y 或应力比例 σ_x：σ_y，进行双向拉伸试验，计算得到相同塑性功（即相同真实塑性应变）条件下 x 向和 y 向的应力值（σ_0，0），（σ_x，σ_y），（0，σ_{90}）。将其绘制于 σ_y-σ_x 坐标轴内，将塑性功相同的点通过光滑的曲线连接即得到该材料的屈服轨迹，如图1-3-9所示。

3.2.3　液压胀形试验

液压胀形试验可以获得大应变范围内的等双拉状态下的应力应变曲线。液压胀形试验方法如下：

试验设备：液压胀形机

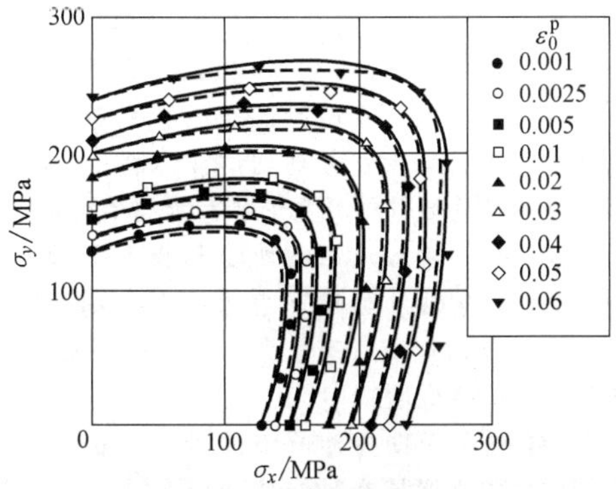

图 1-3-9　屈服轨迹

试验形状与尺寸：从待试验的板材上截取并加工圆形（建议）或多边形的试样，尺寸无严格标准但需满足试样夹紧要求。

液压胀形试验按标准（如 ISO 16808 Metallic materials-Sheet and strip-Determination of biaxial stress-strain curve by means of bulge test with optical measuring systems）进行。

在液压胀形试验中，通过试验获得液体压力，并通过 DIC 拍摄的板材变形过程计算得到板料中心处的局部曲率、真实应变和真实厚度。通过液体压力、板厚和曲率半径能够计算得到真实应力。选取试样开裂前的最后一张图片的圆拱顶端作为计算真实应力和真实厚向应变的位置，通过半径分别为 $r_1=(0.125\pm0.025)\times d_{die}$ 和 $r_2=(0.05\pm0.01)\times d_{die}$ 的范围内的点拟合曲率，如图 1-3-10 所示。

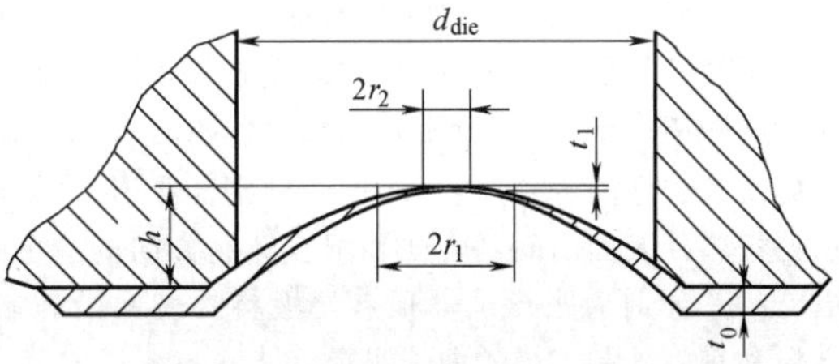

图 1-3-10　计算成形阶段的真实应力与真实应变示意图

目前，国内外学者针对液压胀形试验的应力和试样厚度计算方法进行了研究，表 1-3-4 和表 1-3-5 为目前几种计算液压胀形试样拱顶最高点（简称试样顶点）板料真实厚度与该点承受主次应力计算方法的总结与对比。

表 1-3-4　几种胀形试样顶点真实厚度计算方法

计算方法	计算公式		应变测量方式
Young 等(1981)	$t=t_0\cdot\exp(\varepsilon_t)$	$\varepsilon_t=2\ln\dfrac{R_\varepsilon}{R'_\varepsilon}$	引伸计
Yoshida 等（2013）		$\varepsilon_t=2\ln\dfrac{R_\varepsilon}{L_\varepsilon},L_\varepsilon=R^0\cdot\arcsin\dfrac{R'_\varepsilon}{R^0}$	
ISO 16808（2014）		$\varepsilon_t=\varepsilon_1^0-\varepsilon_2^0$	DIC
Min 等(2017)	三次方程计算，$t^3+\dfrac{a}{d}t^2+\dfrac{b}{d}t+\dfrac{c}{d}=0$		

其中　$a=-\dfrac{1}{2}[2(R_1^0+R_2^0)\exp(\varepsilon_1^0+\varepsilon_2^0)+(5R_1^0+R_2^0)\exp(2\varepsilon_1^0)+(5R_2^0+R_1^0)\exp(2\varepsilon_2^0)]$

$b=R_1^0\cdot R_2^0[3\exp(2\varepsilon_1^0)+3\exp(2\varepsilon_2^0)+2\exp(\varepsilon_1^0+\varepsilon_2^0)]$

$c=-8R_1^0\cdot R_2^0\cdot t_0\cdot\exp(\varepsilon_V^e)$

$$d=\frac{1}{48R_1^0R_2^0}\begin{bmatrix}2(5(R_1^0)^2+5(R_2^0)^2+6R_1^0R_2^0)\exp(\varepsilon_1^0+\varepsilon_2^0)\\+(35(R_1^0)^2+3(R_2^0)^2+10R_1^0R_2^0)\exp(2\varepsilon_1^0)\\+(35(R_2^0)^2+3(R_1^0)^2+10R_1^0R_2^0)\exp(2\varepsilon_2^0)\end{bmatrix}$$

表 1-3-5　几种胀形试件顶点应力计算方法

计算方法	计算公式		曲率半径测量方式
Young 等(1981)	$\sigma_1=\sigma_2=\dfrac{p\cdot R^0}{2t}$	$R^0=\dfrac{R_a^2+h^2}{2h}$	球径计
Yoshida 等(2013)	$\sigma_1=\sigma_2=\dfrac{p(R^0-t)^2}{2t\left(R^0-\dfrac{t}{2}\right)}$		
ISO 16808(2014)	$\sigma_1=\sigma_2=\dfrac{p\cdot R^0}{2t},R^0=2\Big/\left(\dfrac{1}{R_1^0}+\dfrac{1}{R_2^0}\right)$		DIC
Min 等(2017)	$\sigma_1=\dfrac{p\cdot R_2^0(R_1^0-t)(R_2^0-t)}{t\left(R_2^0-\dfrac{1}{2}\right)(R_1^0+R_2^0)},\sigma_2=\dfrac{p\cdot R_1^0(R_1^0-t)(R_2^0-t)}{t\left(R_1^0-\dfrac{1}{2}\right)(R_1^0+R_2^0)}$		

其中，σ_1 和 σ_2 分别为沿板料轧制方向和垂直轧制方向的应力；p 为液压胀形时内部介质的压力；R^0 为拟合获得的胀形试样球形的曲率半径（假设沿板料轧制方向和垂直轧制方向的曲率半径相等）；t 和 t_0 分别为试样顶点处板料的真实厚度和原始厚度；ε_1、ε_2 和 ε_t 分别为沿板料轧制方向和垂直轧制方向及厚度方向的应变；ε_V^e 为弹性体积应变；R_a 和 h 分别为球径计的腿和位移传感器触点在水平和垂直方向上的距离；R_ε 和 R'_ε 分别是球径计标距的长度和变形后两条腿之间的长度；ε_1^0 和 ε_2^0 分别为胀形试样顶点处板料外表面沿轧制方向和垂直轧制方向的应变；R_1^0 和 R_2^0 分别为胀形试样顶点处板料外表面沿轧制方向和垂直轧制方向的曲率半径。

一些各向异性硬化屈服准则的建立需要同时用到单向拉伸应力应变曲线和等双拉状态应力应变曲线；此外，在特定的应力比下，液压胀形试验可以获得塑性应变比或得到其与等效塑性应变的关系。因此液压胀形试验对于拟合本构模型参数，预测板材的成形具有重要意义。

3.2.4　剪切试验

剪切试验可以获得板料在简单剪切状态下的应力应变响应关系及断裂极限应变。剪切试验方法如下。

试样形状与尺寸及试验设备：从待试验的板材上截取并加工特殊形状的剪切试样，尺寸无严格标准但需使测试区域的材料变形状态为简单剪切状态，并尽可能减少边缘效应对剪切变形带区域变形状态及应变分布均匀性的影响（边缘效应：试样测试区域的边缘为单向拉伸状态，会在边缘区域形成应力状态梯度及应变梯度）。

较为传统的单向拉伸剪切试样多通过设计开口形状使试样中心区域在轴向拉伸变形时会形成单个或者两个剪切带，从而结合测试手段获得板料在简单剪切变形中的应力-应变响应关系与断裂极限应变。剪切试样可以直接在通用的单轴单向拉伸试验机上进行测试试验。单轴拉伸剪切试样的形状及尺寸设计旨在最小化边缘效应对剪切变形带变形状态及应变分布均匀性的影响。现有标准及文献中几种常见的单轴拉伸剪切试样的形状与尺寸如图 1-3-11~图 1-3-14 所示。

其中图 1-3-11 和图 1-3-12 为单剪切区域拉伸试样，图 1-3-13 和图 1-3-14 为双剪切区域拉伸试样。

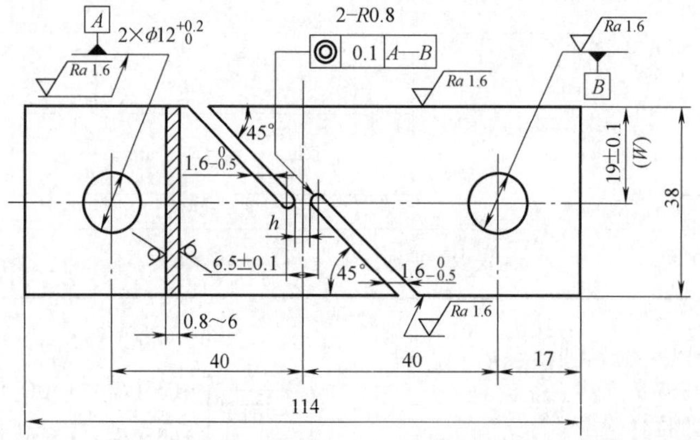

图 1-3-11　HB 6736—1993《金属板材剪切试验方法》中的剪切试样

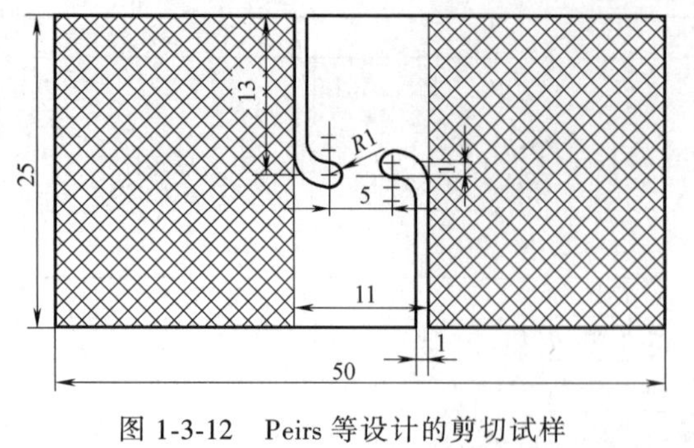

图 1-3-12　Peirs 等设计的剪切试样

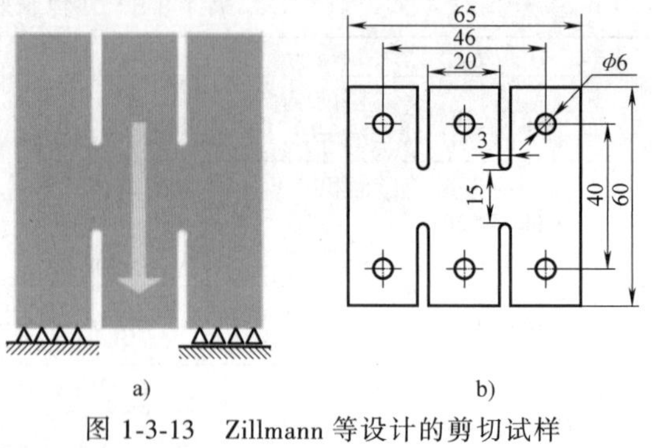

图 1-3-13　Zillmann 等设计的剪切试样

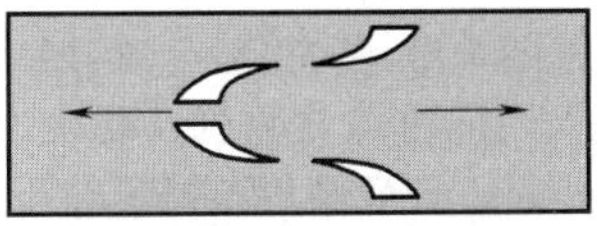

图 1-3-14　Shouler 和 Allwood 设计的剪切试样

近年来，出现了一些新型的用于测试板料简单剪切变形行为的试验装置及试样，如 Marciniak 教授最先提出、Tekkaya 教授发展的面内扭转剪切试验。该试验利用图 1-3-15 所示特殊设计的试验工装来实现板料测试区域的剪切变形，将试样装夹在试验装置上，内压边圈区域固定，外压边圈区域通过蜗轮蜗杆装置施加扭矩，使得试样在内、外压边部分之间的环形变形区域受到环绕周向的剪切变形。

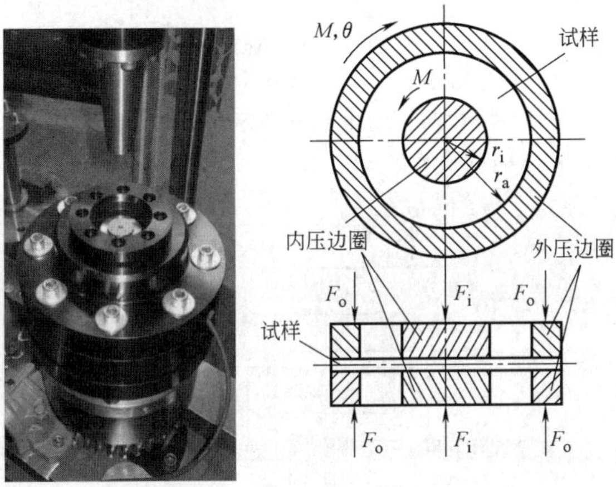

图 1-3-15　面内扭转剪切试验装置

M—扭矩　θ—转角　F_o—外压边力　F_i—内压边力

用于面内扭转剪切变形的试样有三种：平板试样、双桥试样、带槽试样。平板试样和带槽试样可以有效避免其他试样在变形时边缘效应的影响，能获得的切应变比传统的拉伸剪切试样大很多；带槽试样可以避免平板试样试验时断裂发生在内部夹紧装置的边部，能有效地使最大的剪切变形带位于试样的槽部区域。

利用传感器记录的扭矩数据可以计算出变形区域的切应力，假设试样的切面上切应力与切应变分布均匀，则切应力 τ 等于剪切试样所承受的载荷 F 除以试样的剪切变形面积 A。

$$\tau=\frac{F}{A}=\frac{F}{lt} \tag{1-3-3}$$

式中　l——试样剪切面的长度（mm）；

t——板料的厚度（mm）。

对于面内扭转平板剪切试样，假设材料各向同性，切应力在环向一周的应力相等，则切应力 τ 为

$$\tau(r)=\frac{M}{2\pi tr^2} \tag{1-3-4}$$

式中　M——试验机扭转时外部施加的转矩（N·mm）；

r——剪切环面的半径（mm）。

结合数字图像相关技术（Digital Image Correlation Techniques，简称 DIC 技术）可测量试样变形区域的实时切应变分布，提取出特定区域的应变历史。

利用测得的切应力、切应变数据，再结合屈服模型可以转化获得大塑性应变下的等效应力-应变曲线，可用于板料硬化模型的验证，或者直接输入到有限元仿真模型中能提高板料成形过程的预测精度。利用 DIC 技术可获得剪切状态下的断裂极限应变，为先进断裂准则的标定与验证提供必要的试验数据。因此剪切试验对于板料力学性能测试及板料成形过程模拟精度的提高具有重要意义。

3.2.5　循环加载试验

1. 单向加载卸载试验

部分金属材料在加卸载试验中存在明显的滞弹性行为，即应变落后于应力，使弹性模量随着应变和应力发生变化，弹性模量是决定材料回弹的重要参数。加卸载试验可以获得卸载弹性模量与塑性应变的关系。

板料冲压性能加卸载试验方法如下：

试验设备：拉力试验机（机械式或液压式）

试验形状与尺寸：从待试验的板材上截取并加工如图 1-3-2 所示的板材单向拉伸试样，采用和单拉试验一样的试样尺寸。

拉伸试样的长度按标准（如 GB/T 228.1—2010《金属材料　拉伸试验　第 1 部分：室温试验方法》）确定。

试样的宽度，根据原材料的厚度采用 10mm、15mm、20mm 和 30mm 四种，宽度尺寸偏差不宜大于 0.02mm。

应当指出，加卸载试样的尺寸和尺寸精度对所得的试验结果（卸载弹性模量）具有不可忽视的影响。在这项工作中应予以充分的注意。

加卸载试验按标准以单向拉伸试验为基础，增加不同应变下的卸载再加载循环过程。应变应采用适合试样尺寸的引伸计测量，精度达微米级，应变率可根据试验要求调整。在待试验的板材上分别沿轧制方向、与轧制方向成 45°以及垂直于轧制方向获取三个方向的试样进行试验，每种方向重复 3 次试验，验证试验的可重复性。每隔一定的工程应变（可按照试验要求设置）将力卸载到零，然后进行反复加载卸载过程，直至试件拉断。

在加卸载试验中，获取拉伸机加载力除以原始

截面积即可计算得到工程应力，同时通过引伸计计算得到板料中心处的延伸率和真实应变。图 1-3-16 所示为某高强度钢的加载卸载应力-应变曲线。

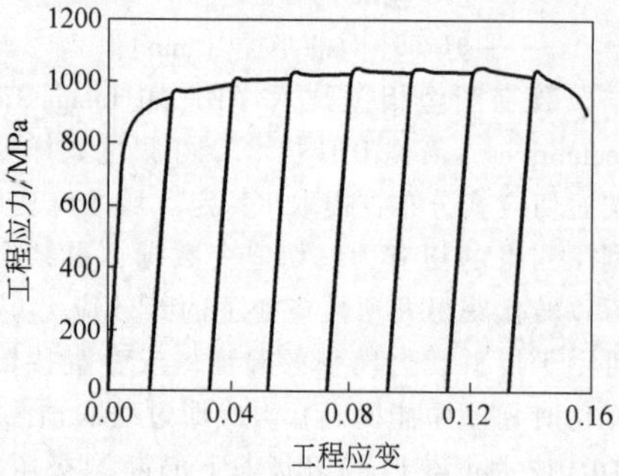

图 1-3-16　加载卸载试验工程应力-应变曲线图

为了研究卸载弹性模量，可以定义一个平均弹性模量 E_{av}，是指在某个应力范围内应力应变曲线的斜率，如图 1-3-17 中虚线所示。Yoshida 教授提到了四种应力范围来计算平均弹性模量，工程应用中可以采用其中的一种应力范围即 $0.25\sigma_0 \leqslant \sigma \leqslant 0.75\sigma_0$ 来计算平均弹性模量，其中 σ_0 为卸载点的真实应力。最后通过数学拟合可以获得平均弹性模量和塑性应变的关系。

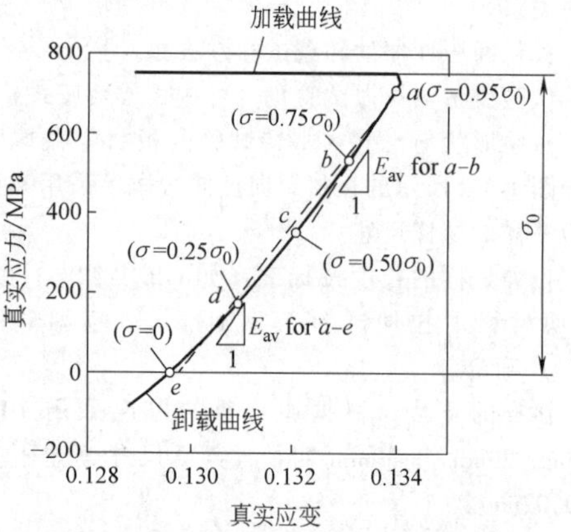

图 1-3-17　某高强钢的卸载应力-应变曲线示意图

工程中常用拟合软件（如 Origin 软件）拟合两者的关系，并计算出关系方程的参数，进而用于回弹仿真的参数设置中。研究表明高强度钢材料的弹性模量随着塑性应变的增加而减少的趋势十分明显，因此有必要将弹性模量衰减考虑到回弹仿真中去。

2. 加载-反向加载试验

在塑性变形中，反向变形的流变应力小于初始方向应变的流变应力，而且在应力反向后加工硬化率有短暂的上升，这种现象称为包辛格效应。研究包辛格效应需要借助循环加载反加载成形试验，最常见的试验方法是单轴拉伸-压缩试验。

拉伸压缩试验系提供在单轴应力-应变下金属材料硬化行为的相关数据，反映金属材料随动硬化过程中的瞬态行为、永久软化以及硬化停滞等特征，如图 1-3-18 所示。此数据对于材料冲压成形、回弹预测以及本构模型的建立是必要的。

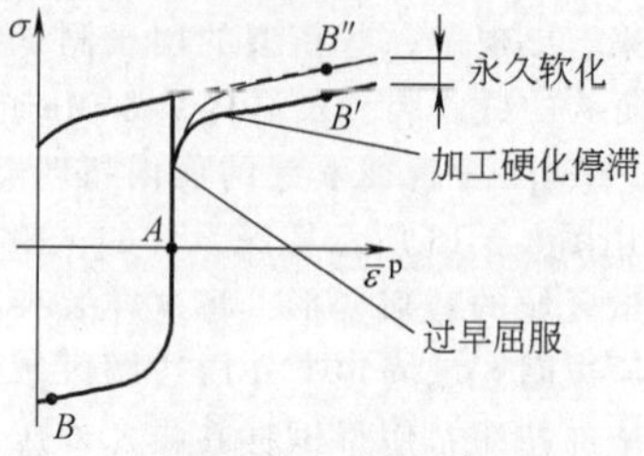

图 1-3-18　反映包辛格效应的加载卸载曲线（反向曲线旋转了 180°）

试验设备：普通试验机和防失稳装置，为避免压缩失稳使得应变范围较小的问题，需要在试样厚度方向施加载荷，图 1-3-19 所示是一种典型的单轴拉伸-压缩试验装置。

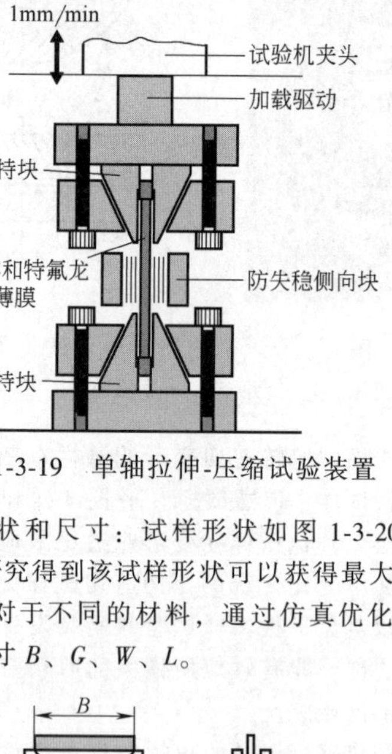

图 1-3-19　单轴拉伸-压缩试验装置

试样形状和尺寸：试样形状如图 1-3-20 所示，Boger 等人研究得到该试样形状可以获得最大的极限压缩应变，对于不同的材料，通过仿真优化可以确定相应的尺寸 B、G、W、L。

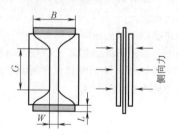

图 1-3-20　试样形状和尺寸

通过拉伸-压缩循环加载的载荷可以计算应力，结合 DIC 技术可以获取应变，以其真实应力-应变曲线和单向拉伸的真实应力-应变曲线为基础，采用一定的算法拟合获得所需要的硬化模型参数，先进的硬化模型描述了材料包辛格效应等多种加载-反向加载出现的力学行为特征，可用于精确的回弹仿真中。

3.3　板料成形试验方法

在板料成形试验时，试件所受到的应力状态和所产生的变形都与真实的冲压加工工艺相同，所以，利用工艺试验不仅可以评定板材的冲压性能，而且可以得到某些冲压工艺参数，用于制订冲压工艺。

常见的板料成形试验方法如下。

3.3.1　拉深性能试验

这是为确定板材拉深性能而进行的一种工艺试验，有以下两种方法。

1. 确定最大拉深程度法

此方法即为 Swift 于 1954 年提出的求极限拉深比的实验，也叫 Swift 拉深试验。其试验装置如图 1-3-21 所示。试验方法是用不同直径的圆形坯料，在图示的装置中进行拉深成形，取试件侧壁不致破裂时可能拉深成功的最大坯料直径 $D_{0\max}$ 与冲头直径 d_p 之比值，称为极限拉深比（LDR），即

$$LDR=\frac{D_{0\max}}{d_p} \tag{1-3-5}$$

LDR 越大，板材的拉深性能越好。

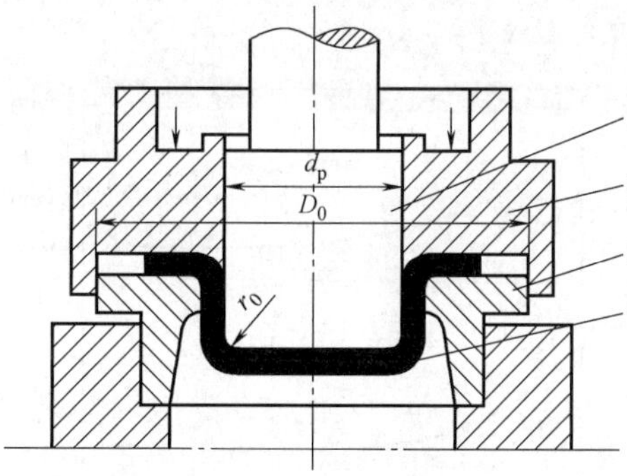

图 1-3-21　Swift 试验装置

1—冲头　2—压边圈　3—凹模　4—试件

我国习惯用极限拉深系数 m_c 表示拉深成形的极限变形程度，它是极限拉深比的倒数，故有

$$m_c=\frac{1}{LDR}=\frac{d_p}{D_{0\max}} \tag{1-3-6}$$

显然，其意义是：m_c 越小，表明拉深变形程度越大，拉深性能越好。

表 1-3-6 列出了 Swift 拉深试验的标准条件。

Swift 拉深试验能比较直接地反映板材的拉深成形性能，但也受试验条件（如间隙、压边及润滑等）的影响，使试验结果的可靠性有所降低。它的最大缺点是需制备较多的试件、经过多次试验。

表 1-3-6　Swift 拉深试验标准条件

项目	标准	备选
凹模	平面型	平面型
冲头	平底	平底
适用板厚(t_0)/mm	0.3~1.2	0.45~1.9
冲头直径/mm	$32^{+0}_{-0.05}$	$50^{+0}_{-0.05}$
冲头圆角半径/mm	6(t_0) 标准 4.5±0.1	6(t_0) 标准 5.0±0.1
凹模圆角半径/mm	10(t_0)	10(t_0)
模具加工精度	工具钢 700HV（60HRC）以上，表面粗糙度 0.25~0.5μm	
间隙/mm	1.4~2.0	
压边力	必要的最低值×(1.75~1.5)	
拉深速度/(mm/s)	35	
润滑油	矿物油(93.3℃ Redwood 70~80s)90% + 石蜡(含氯 35%)10%	
试验值	以 0.635mm 为单位改变毛坯外径,不产生破裂时的最大坯料直径与冲头直径之比(即 LDR)	

2. 拉深力对比试验法

拉深力对比试验也叫 TZP 法。这种试验方法是由 W · Engelhardt 和 H · Gross 等人于 1958 年发明的。其试验原理是：在一定的拉深变形程度下，取一定的毛坯直径 D_0 与冲头直径 d_p 的比值为$\frac{D_0}{d_p}=\frac{52}{30}$时，最大拉深力与在试验中已经成形的试件侧壁的拉断力之间的关系作为判断拉深成形性能的依据。试验过程如图 1-3-22 所示。其特点之一是可一次试验成功。当试验进行到拉深力达到峰值 $F_{\max}$ 时，随即加大压边力，使试件的法兰边固定，消除以后继续变形和被拉入凹模的可能。然后，再加大冲头力直到试件侧壁被拉断，并测出拉断时的力 F。

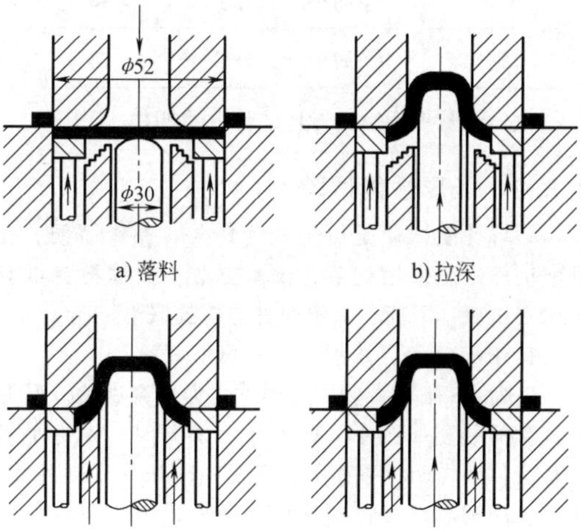

a) 落料　b) 拉深　c) 夹紧　d) 破裂

图 1-3-22　TZP 试验法

图 1-3-23 所示为拉深力对比试验中力的变化曲线。

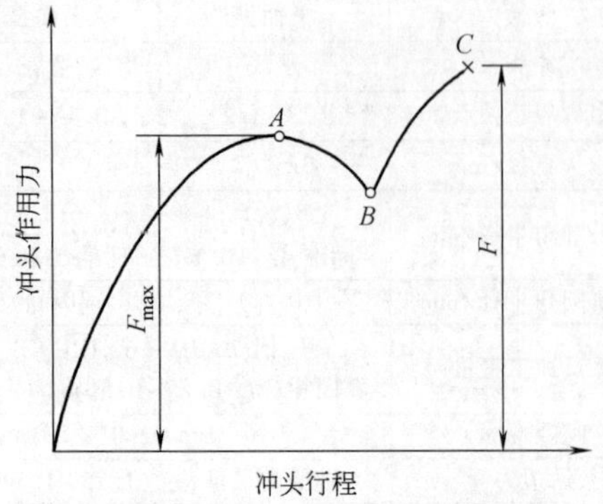

图 1-3-23　TZP 试验中力-行程曲线

根据测到的最大拉深力 F_{max} 与试件最终被拉断的力 F，可得到一个表示板材拉深性能的材料特性值 T，T 值按式（1-3-5）计算。

$$T=\frac{F-F_{max}}{F}\times 100\% \tag{1-3-7}$$

T 值越大，板材的拉深性能越好。

TZP 法的试验工具如图 1-3-24 所示，图表给出了具体尺寸。

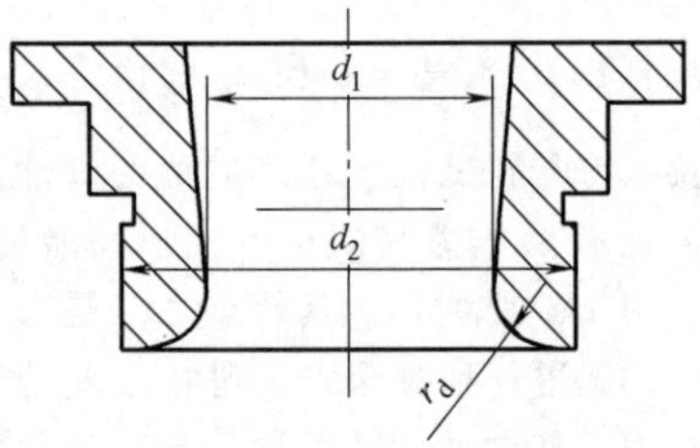

（单位:mm）

坯料厚度	d_1	d_2	r_d
0.5～1.5	32.4±0.05	$51.9^{+0.04}_{+0.02}$	4
1.5～2.0	36.5±0.05	$51.8^{+0.08}_{+0.02}$	4

图 1-3-24　TZP 试验中的凹模

3.3.2　胀形性能试验

胀形性能试验是历史较为悠久、操作简便、在目前仍然广泛采用的工艺试验方法，又称杯突试验或压穴试验。下面，介绍两种主要的胀形试验。

1. Erichsen（埃里克森）胀形试验

Erichsen 胀形试验，我国称之为杯突试验。其胀形试验的装置如图 1-3-25 所示。试验时，先将平板坯料试件放在凹模平面上，用压边圈压住试件外圈，然后，用球形冲头将试件压入凹模。由于坯料外径比凹模孔径大很多，所以，其外环不发生切向压缩变形，而与冲头接触的试件中间部分坯料受到双向拉应力作用而实现胀形变形。

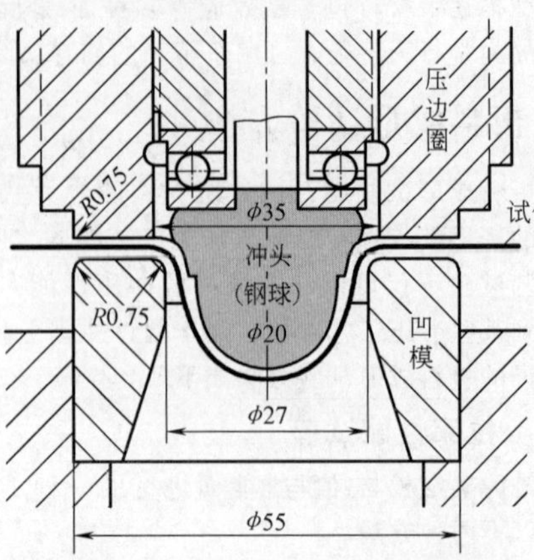

图 1-3-25　Erichsen 胀形试验装置

在胀形中当试件出现裂缝时冲头的压入深度称为胀形深度或 Erichsen 试验深度，计为 E_r 值。E_r 值作为评定板材胀形成形能力的一个材料特性值。实际上，胀形是典型的拉伸类成形工序，故 E_r 值也是评定拉伸类冲压成形性能的一个材料特性值。很明显，E_r 值越大，胀形性能及拉伸类成形性能越好。

但是，E_r 值的影响因素很多，如板料的厚度、压边力大小、润滑条件及模具的表面粗糙度等。图 1-3-26 及图 1-3-27 所示为压边力及坯料外径对 E_r 值影响的一般规律。

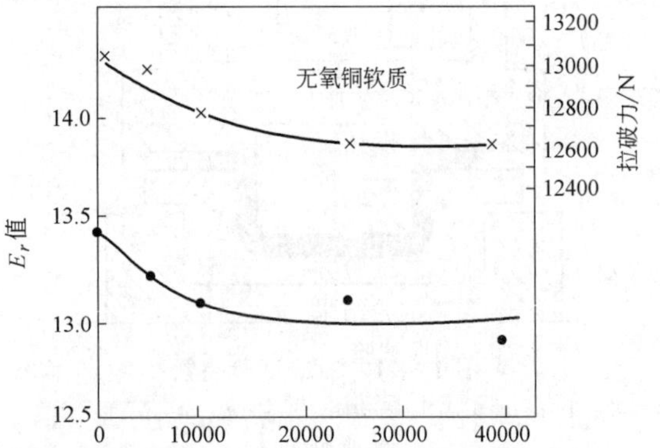

图 1-3-26　E_r 值随压边力的变化

此外，由于试验设备的不同、操作方法不同以及对裂纹判断之差异等都会影响试验的结果。

2. 瑞典式纯胀形试验

在 Erichsen 胀形试验条件下，试件法兰边或多或少总会有某种变形，即法兰边金属会有少许流向凹模内。于是，中间部分材料的胀形成分就不单一。为此，在瑞典提出了一种纯胀形试验方法，如图 1-3-28 所示，在凹模与压边圈相应位置上设置了三角形肋槽，以阻止法兰部分材料流入凹模，使球

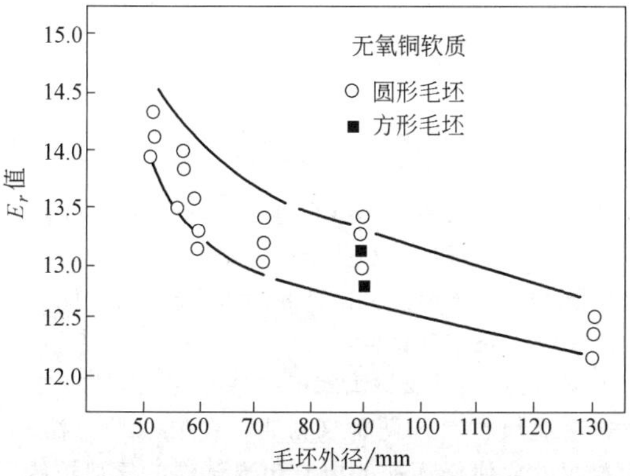

图 1-3-27　E_r 值与坯料外径的关系

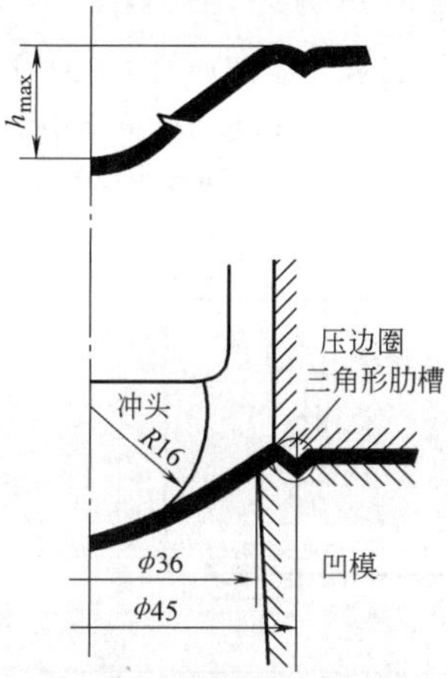

图 1-3-28　瑞典式纯胀形试验法

形冲头下面的材料只产生胀形变形。

与 Erichsen 试验相对应，纯胀形试验结果得到最大胀形深度 h_{max}。h_{max} 越大，表明板材的胀形性能越好。

但是，这种工艺试验方法尚未普及。其原因是各种因素仍然会对试验结果产生影响，不能从根本上取代 Erichsen 胀形试验。

3.3.3　翻边性能试验

翻边是最常用、最典型的冲压成形方式之一。目前，主要采用扩孔试验来评估板材的翻边性能。下面介绍三种常用的扩孔试验。

1. K · W · I 扩孔试验

K · W · I 扩孔试验是由德国的 Siebal 和 Pomp 在 1929—1930 年建议，后经 K · W · I 研究所正规化后于 1965 年提出的。

其试验方法是：用有预加工小孔（小孔直径规定为扩孔冲头直径的 30%）的平板坯料进行扩孔，至孔口边缘因孔径扩大而出现裂纹时停止。用极限扩孔率 λ 值作为表征板材翻边性能的材料特征值（见图 1-3-29）。

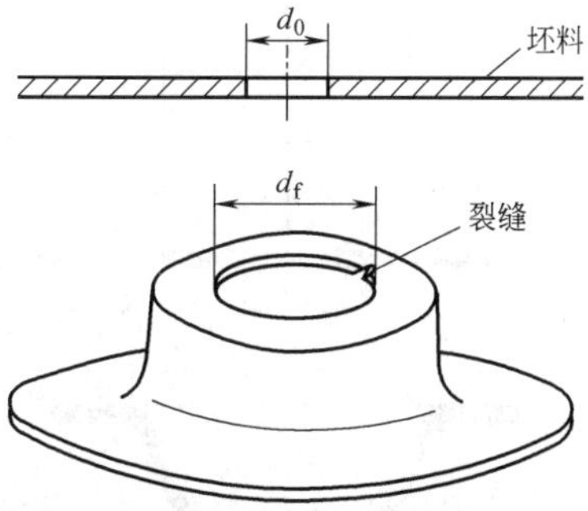

图 1-3-29　扩孔试验

极限扩孔率 λ 值按式（1-3-8）计算。

$$\lambda=\frac{d_f-d_0}{d_0}\times 100\% \tag{1-3-8}$$

式中　d_f——开始出现裂纹时的孔口直径；

d_0——预加工小孔孔径。

显然，λ 值越大，板材的翻边性能越好。

若试验停止时，孔口扩张为非圆形状，需测出孔径的最大值与最小值，然后用其平均值作为开始出现裂纹时的孔口直径进行计算。

K · W · I 扩孔试验装置及有关尺寸如图 1-3-30 所示。

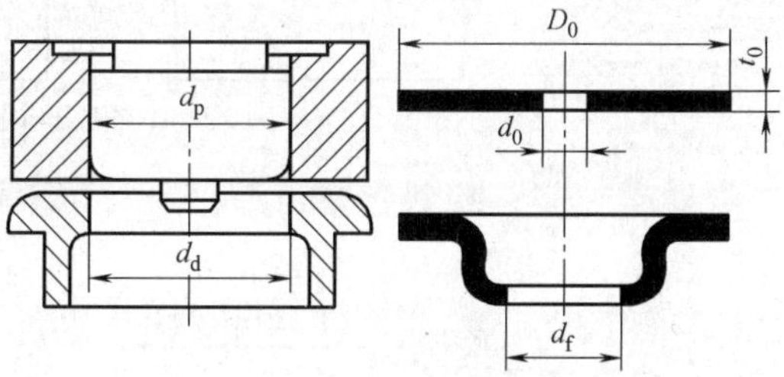

（单位：mm）

冲头直径	预加工小孔孔径	凹模孔径	坯料直径	坯料厚度
55	16.5	61	>90	>2
40	12.0	44	>70	<2
25	7.5	27	<70	0.2~0.1
12	4.0	14	>25	0.2~0.1

图 1-3-30　K · W · I 扩孔试验装置及尺寸

2. 福井-吉田扩孔试验

鉴于板材冲压成形性能的不断提高，某些塑性很高的板材在标准的 K · W · I 扩孔试验装置上进行扩孔试验时，孔口边缘可能不会产生裂纹。因此，为了加大各种板材的试验差值，提高试验精度，日本的福井伸二、吉田清太于 1958 年提出了另一种形式的扩孔试验——球形冲头扩孔试验。

球形冲头扩孔试验装置及尺寸如图 1-3-31 所示。其中，预加工小孔孔径取为冲头直径的 20%～25%。为了减小试验误差，规定该小孔须经铰孔或其他切削加工。

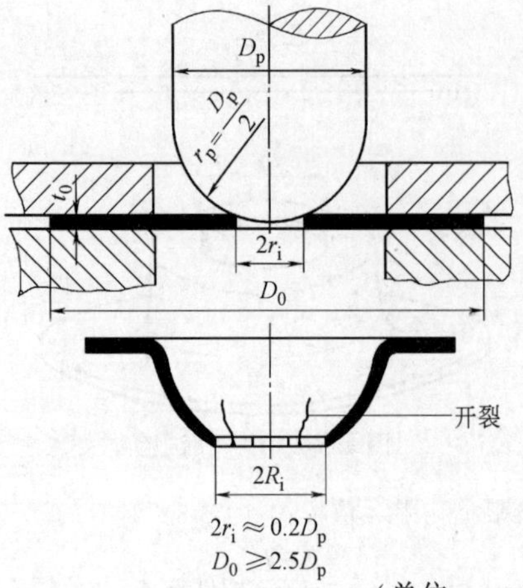

（单位：mm）

t_0	D_p
0.5 以下	10～20
0.5～2.0	30～50
2.0 以上	50～100

图 1-3-31　球形冲头扩孔试验装置及尺寸

该试验依然用极限扩孔率 λ 来表征板材的翻边性能，即

$$\lambda=\frac{R_i-r_i}{r_i}\times 100\% \qquad (1\text{-}3\text{-}9)$$

式中　R_i——开始出现裂纹时的孔口半径（mm）；

r_i——预加工小孔半径（mm）。

同样，λ 值越大，板材的翻边性能越好。

3. 60°锥扩孔试验

60°锥扩孔试验按国家标准进行（GB/T 24524—2009《金属材料　薄板和薄带　扩孔试验方法》）。试样尺寸应使任何孔的中心距离试件的任何边缘不小于 45mm，相邻孔的中心距离不小于 90mm。如图 1-3-32 所示。

60°锥扩孔试验示意图如图 1-3-33 所示，其中，圆锥形凸模顶角为 60°±1°，D_d 应不小于 40mm，凹模肩部圆角半径 R 一般在 2mm 到 20mm 之间，推荐使用半径为 5mm。

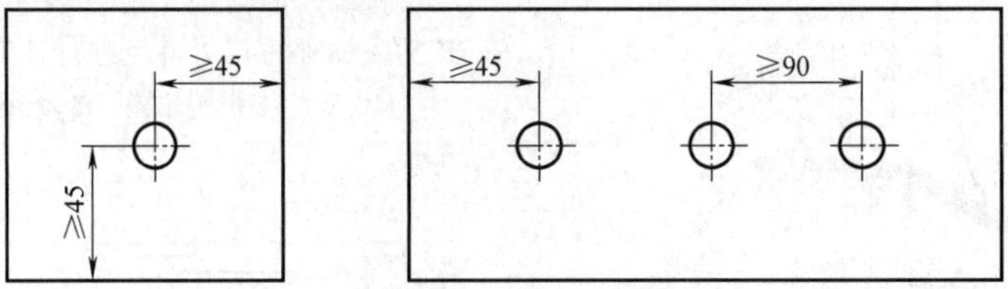

图 1-3-32　试样尺寸

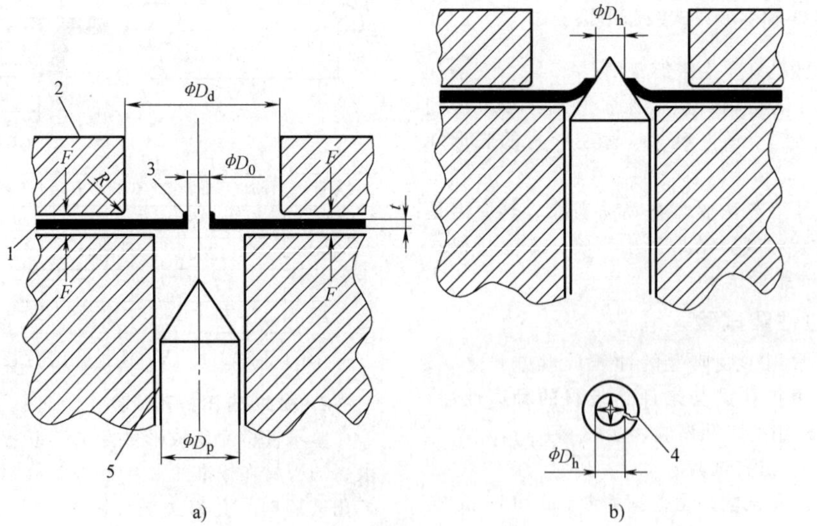

图 1-3-33　扩孔试验示意图

1—试样　2—凹模　3—冲孔毛边　4—裂纹　5—凸模

该试验同样采用极限扩孔率 λ 来表征板材的翻边性能，用保留一位小数的平均直径分别按式（1-3-8）计算 3 个（或更多）试样中每一个试样的极限扩孔率。

$$\lambda=\frac{D_h-D_0}{D_0}\times 100\% \qquad (1\text{-}3\text{-}10)$$

式中　λ——极限扩孔率（%）；

D_h——破裂后的圆孔平均直径（mm）；

D_0——冲制圆孔的初始直径（$D_0=10\text{mm}$）。

用 3 个（或更多）试样的试验结果计算平均极限扩孔率 $\overline{\lambda}$，$\overline{\lambda}$ 值越大，板材的翻边性能越好。

3.3.4　弯曲性能试验

弯曲性能中，除关注成形极限之外，其成形精度问题（包括尺寸与形状）较之其他成形工序要更为突出。关于弯曲性能的试验方法也比较多。下面，仅介绍最小弯曲半径试验与反复弯曲试验。

1. 最小弯曲半径试验

弯曲外表面不致产生破坏时的最小弯曲半径是板料弯曲性能的主要评定尺度，一般用相对于板料厚度 t 的比值表示，即 $r_{\min}/t$。此比值越小，表明板材的弯曲性能越好。

（1）压弯法　如图 1-3-34a 所示，试件置于两个支柱辊子上，用规定的压板逐渐加大压力进行压弯。支柱辊子与试件接触面应光滑。支柱辊子为圆柱面且半径大于 10mm，两支柱辊子之间的内距离 L 是

$$L=2r+3t_0 \tag{1-3-11}$$

假如包括芯轴的压板能与试件一起穿过两支柱辊子之间，则能进行 180° 的弯曲，即板料弯成两侧平行。

也可按图 1-3-34b 所示的方法进行 180°弯曲，它是用厚度为两倍于弯曲半径的垫板使两侧压弯成平行。

贴合弯曲可按图 1-3-34c 所示的方法进行，取消 180°弯曲中的垫板，逐渐加压，使试件两侧压扰。

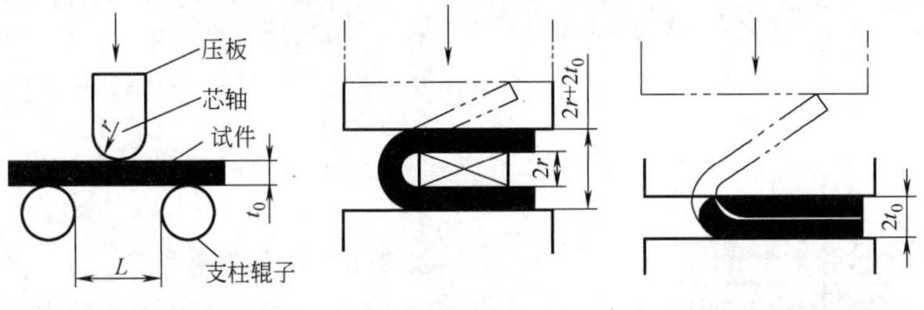

a) 基本压弯法　　b) 180°压弯　　c) 贴合压弯法

图 1-3-34　压弯试验法

（2）卷弯法　卷弯法是将试件的一边固定，在另一边规定的位置上施加压力，使之逐渐弯曲。弯曲半径由芯轴控制，如图 1-3-35a 所示；或由模块控制，如图 1-3-35b 所示。

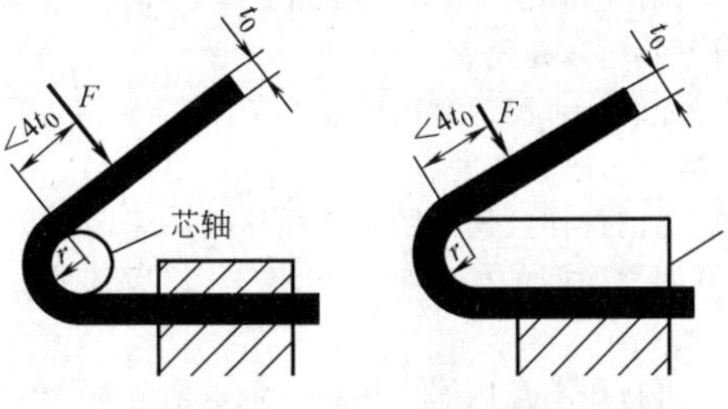

a) 用轴卷弯　　b) 用模块卷弯

图 1-3-35　卷弯试验法

（3）模弯法　用弯曲模在冲床或液压机上进行弯曲试验，不仅可以测出最小弯曲半径，而且可以测出弯曲力及弯曲弹复值等实用数据。

具体可参照现行金属弯曲试验标准 GB/T 232—2010。

2. 反复弯曲试验

这一弯曲性能试验方法，是将金属板料夹紧在专用试验设备的钳口内，左右反复折弯 90°，直至弯裂为止。折弯的弯曲半径 r 越小、弯曲次数越多，表明板料的弯曲性能越好。

反复弯曲试验主要适用于测定厚度 $t\leqslant 5\text{mm}$ 板料的弯曲性能。

反复弯曲试验装置及试验方法如图 1-3-36 所示，可参照国家标准 GB/T 235—2013 的规定。

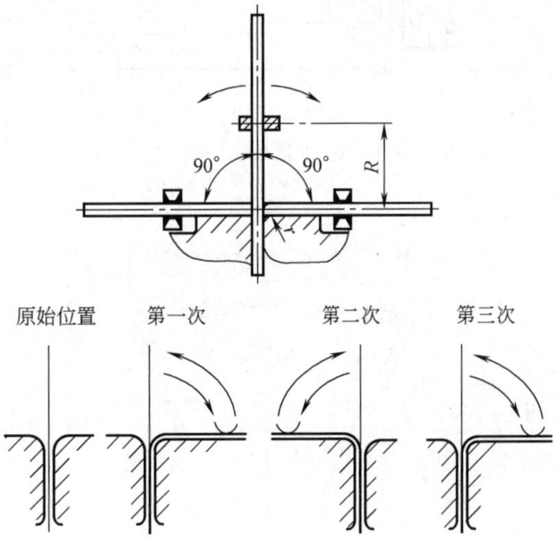

图 1-3-36　反复弯曲试验

$R=25\sim40\text{mm}$

3.3.5　球底锥形件拉深试验

判断板材对于球面零件及一些大型覆盖件加工

成形适应能力，可以采用一种模拟这种变形特点的试验方法，即球底锥形件的拉深试验法。

试验的装置如图 1-3-37 所示。用球形冲头和锥角 θ 为 60°的凹模，在不用压边的条件下进行拉深成形，并取冲头直径 d_p 与试件外径 D_0 的比值为 $\frac{d_p}{D_0}=0.35$。当拉深试件出现破裂时，取出试件测量其口部直径，称此值为 CCV 值。

$$CCV=\frac{D_{max}+D_{min}}{2} \quad 或 \quad CCV=\frac{D_0+D_{90}+2D_{45}}{4} \tag{1-3-12}$$

式中　D_{max}、D_{min}——拉深试件破裂时口部的最大直径与最小直径（mm）；

D_0、D_{90}、D_{45}——分别为板材的纵向（轧制方向）、横向与 45°方向处口部直径（mm）。

破裂后试件如图 1-3-38 所示。

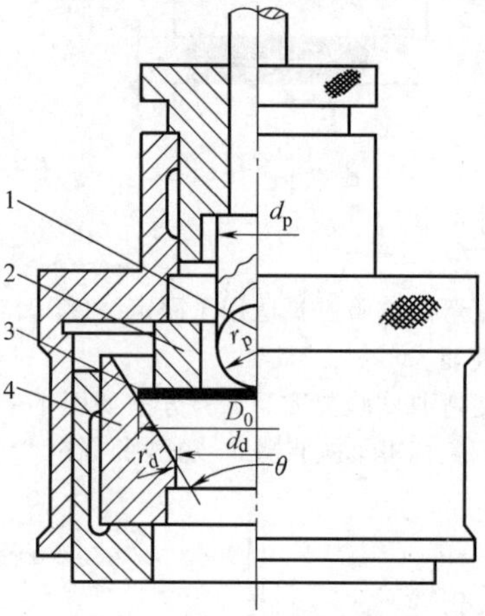

图 1-3-37　球底锥形件拉深试验法图

1—球形冲头　2—支撑板　3—试件　4—凹模

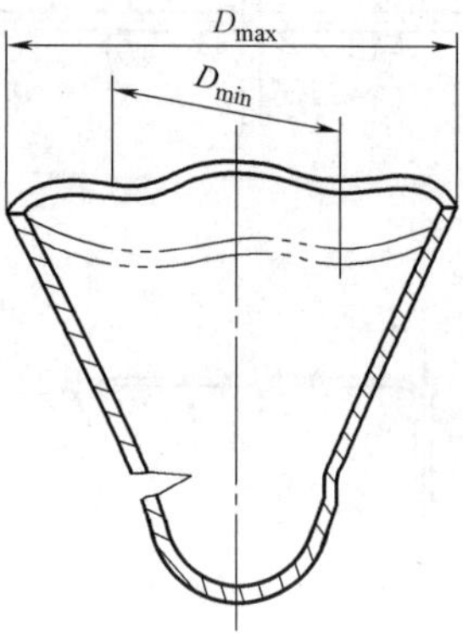

图 1-3-38　破裂后的球底锥形件

表 1-3-7 列出了该试验装置的标准。根据板料厚度分为 4 种形式，表中各参数符号与图 1-3-37 相对应。

表 1-3-7　球底锥形件拉深试验装置的尺寸

模具类型	13 型	17 型	21 型	27 型
公称板厚/mm	0.5~0.8	0.8~1.0	1.0~1.3	1.3~1.6
凹模开口角度 θ/(°)	60			
凹模孔直径 d_d/mm	14.60	19.95	24.40	32.00
凹模圆角半径 r_d/mm	3.0	4.0	6.0	8.0
冲头直径 d_p/mm	12.70	17.46	20.64	26.99
钢球半径 r_p/mm	$0.5d_p$			
试件直径 D_0/mm	36	50	60	78

试验结果中 CCV 值越小，即试件破裂时口部直径越小，反映板材可能产生的变形越大，也就表明板材的复合成形的冲压性能越好。

在 Swift 拉深试验中，有时用球形冲头代替平底冲头，所得的结果也是一种复合类成形性能的材料特性值。故在进行 Swift 拉深试验及测量 LDR 时，应加以区分这两种不同条件下的试验结果：

LDR（平冲头）——反映拉深成形性能；

LDR（球冲头）——反映复合成形性能。

3.3.6　拉皱试验

拉皱试验是日本吉田清太提出的，故称之为 YBT 试验。它是沿方形或三角形坯料的对角线方向进行拉伸，测取拉伸过程中坯料起皱高度，用以反映不均匀拉力条件下成形大尺寸零件（如汽车覆盖件）时板料的冲压成形性能。试件的主要尺寸如图 1-3-39 所示。

拉皱试验的试验过程（见图 1-3-40）是：

1）试件拉伸到 $\lambda_{75}=1\%$ 或 $\lambda_{101}=2\%$ 时，测其载荷作用下的起皱高度 h_1。

2）卸载，再测起皱高度 h_2，则 $\Delta h=h_1-h_2$ 是由弹复而减少的起皱高度。

3）将已拉伸且起皱的试件压缩到一定高度数值（以工具两平面间的恒定间隙为准），然后卸载，测出其高度 h_3。

4）再行压缩至压缩力达到一定数值（如 20kN）时，卸载测出 h_4，则有：

$\Delta h'=h_2-h_3$ 为起皱高度压缩后的减少量；

$\Delta h''=h_3-h_4$ 为载荷对起皱高度减少量的影响值。

5）在专用的两平板间作类似过程 1）的拉伸，变形到 $\lambda_{75}=1\%$。

6）解除载荷及平板约束，然后测量出残余应力下的起皱高度 h_5（起皱宽度 $W=25$mm）、h_6（起皱宽度 $W=50$mm）。

拉皱试验可以用于研究、预测复杂形状大型零件在冲压成形时由于承受不均匀拉应力而产生的起皱缺陷、贴模问题及形状定形性问题。

拉皱试验中影响起皱发生、发展及弹复的因素

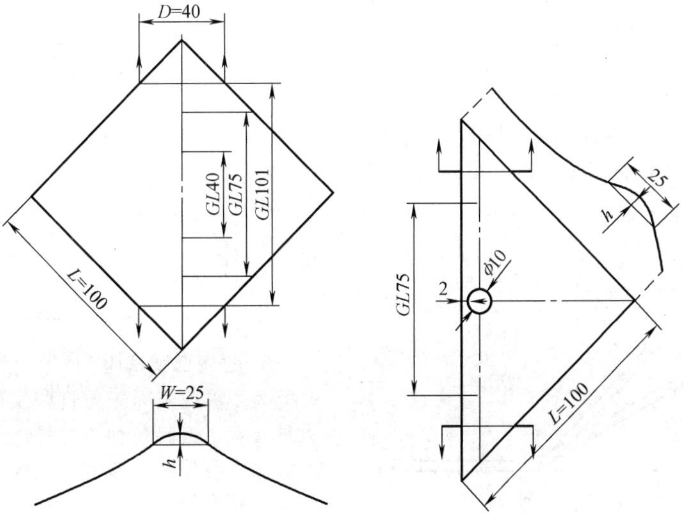

a) 方形试件　　b) 三角形试件

图 1-3-39　拉皱试验试件标准

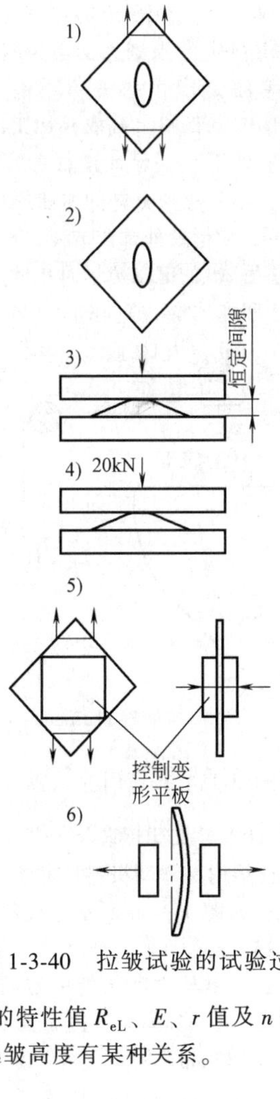

图 1-3-40　拉皱试验的试验过程

主要是材料的特性值 R_{eL}、E、r 值及 n 值，复合参数 r/R_{eL} 也与起皱高度有某种关系。

拉皱试验在世界各国引起了广泛重视，认为有理论意义及实用价值。但目前尚未形成标准，且有关 YBT 的特征参数及它与实际成形性能的关系还有待更深入的研究。

3.3.7　回弹试验

1. V 形件回弹试验

V 形件回弹试验采用的弯曲模以尽量简单为宜，通过取锐角、直角、钝角不同的角度可以研究弯曲角对回弹的影响，固定弯曲角不变，改变凹模的开口度，可以研究凹模开口度对回弹的影响。

试验设备由冲压机（机械式或液压式）和 V 形件冲压模具组成。图 1-3-41 所示为一种典型的 V 形件试验模具。从待试验的轧制板材上截取并加工成一定长和宽的矩形弯曲件毛坯，保证试件的平直度且避免试件产生残余应力，厚度应为板料的原始厚度。

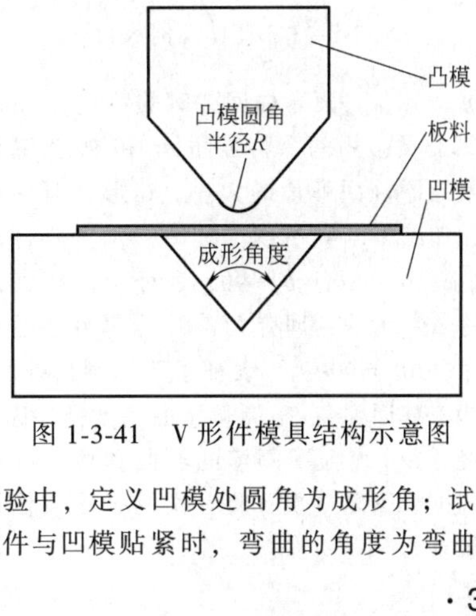

图 1-3-41　V 形件模具结构示意图

试验中，定义凹模处圆角为成形角；试验过程中，试件与凹模贴紧时，弯曲的角度为弯曲角；弯曲试验结束后测量成形试件的实际角度获得的角度为测量角；测量角与成形角的差为回弹角。图 1-3-42 为角度示意图。用 $\Delta\alpha$ 表示回弹角的大小，R/t 表示相对弯曲半径。角度测量可以采用角度测量仪，测量精度应达到为 0.15°。为保证试验结果的精度，同种试验条件重复试验 3 次，测量 3 次，最终的平均值作为试验结果。

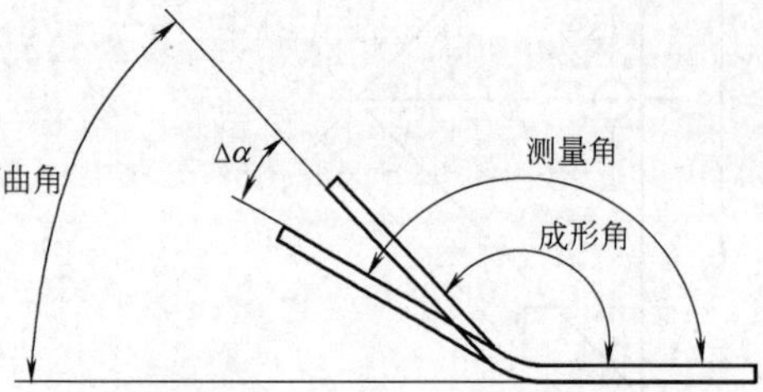

图 1-3-42　角度示意图

2. U 形件回弹试验

U 形件是金属板材成形中典型的零部件，车身覆盖件截面通常呈现 U 形，其侧壁卷曲是最常见的成形缺陷，影响着零件装配。侧壁卷曲回弹来源于 U 形件侧壁所经历的复杂的弯曲反弯曲拉延变形。通常采用 Numisheet'2011 benchmark 的 U 形件试验标准，如图 1-3-43 所示。

试验设备由冲压机（机械式或液压式）和 U 形件冲压模具组成。图 1-3-43 所示为 U 形件试验模具。从待试验的轧制板材上截取并加工成长 350 mm 和宽 45 mm 的矩形弯曲件毛坯，保证试件的平直度且避免试件表面缺陷，厚度应为板料的原始厚度。

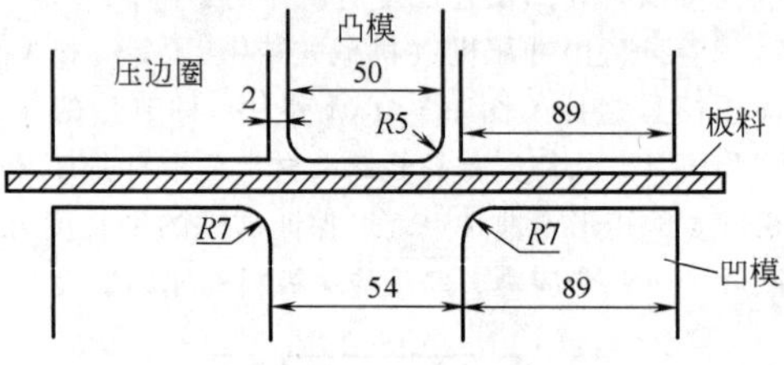

图 1-3-43　模具几何尺寸

根据 U 形件冲压弯曲回弹时的特点，Numisheet'2011 学术委员会用两个特征角 θ_1 和 θ_2 侧壁卷曲曲率来定量地评价回弹量的大小。U 形件弯曲回弹角度示意图如图 1-3-44 所示。其中，θ_1 为零件底部与侧壁间的夹角，$\Delta\theta_1=\theta_1-90$，表征了凸模圆角处的回弹，称 $\Delta\theta_1$ 为法兰回弹角；θ_2 为零件法兰与侧壁间的夹角，$\Delta\theta_2=90-\theta_2$，表征了凹模圆角处的回弹，称 $\Delta\theta_2$ 为直壁回弹角；ρ 是侧壁曲率半径，称为弯曲曲率半径，$1/\rho$ 表征了侧壁的卷曲程度。试验过程中，相同试验重复 3 次，将 3 次的平均值作为最终的试验结果。

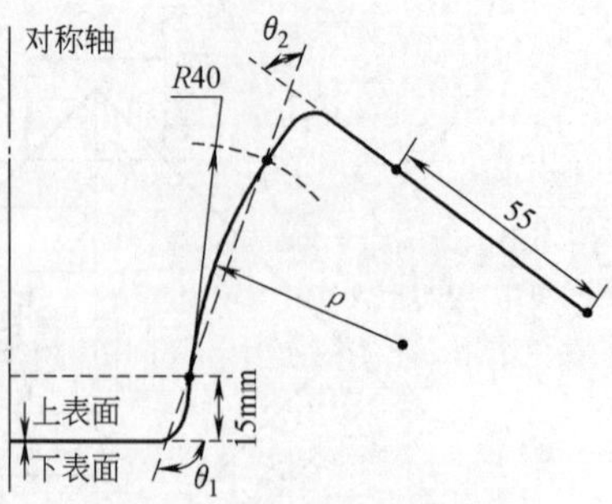

图 1-3-44　回弹评价方法

3. 拉弯回弹试验

为了再现实际工业过程发生的回弹现象，研究人员开发了板料拉伸力可控、模具圆角半径可控以及摩擦力可控的拉弯回弹试验。拉弯试验装置由两个互相垂直的液压执行器和一个圆柱体组成，其中圆柱体模拟实际成形过程中板料流经的模具圆角，圆柱体可以被设置为自由状态、驱动状态和固定状态以调整模具和试样之间的摩擦状态，如图 1-3-45 所示。前向的执行器提供恒定的位移速率，同时反向的执行器提供恒定的限制力，当板料经过圆柱体时发生弯曲反弯曲变形。

从待试验的轧制板材上截取并加工成长 508mm、宽 50mm 的矩形件毛坯，保证试件的平直度且避免试件表面缺陷，厚度应为板料的原始厚度。

试验结束时，成形后的试样被释放发生回弹现象。通过测量回弹前后 $\Delta\theta$ 的值以衡量回弹量。拉弯回弹试验被广泛应用于回弹试验和相关的回弹仿真中。

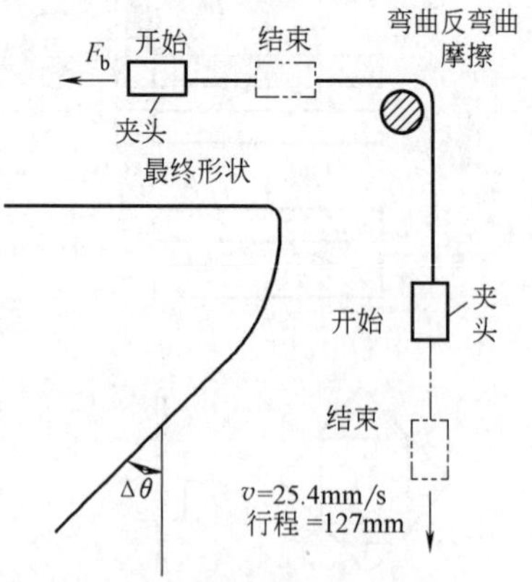

图 1-3-45　拉弯回弹试验图

4. 拉延筋 U 形件回弹试验

采用的模具结构尺寸和板料尺寸按照 Numisheet'2005 中的标准，如图 1-3-46 所示，板料长宽分别为 1066.8 mm 和 254 mm。

压边圈和上凹模具之间保持一定的间隙，间隙一般比板料厚度大 0.42mm，压边力为 637kN，模具的冲压深度可达 245mm。

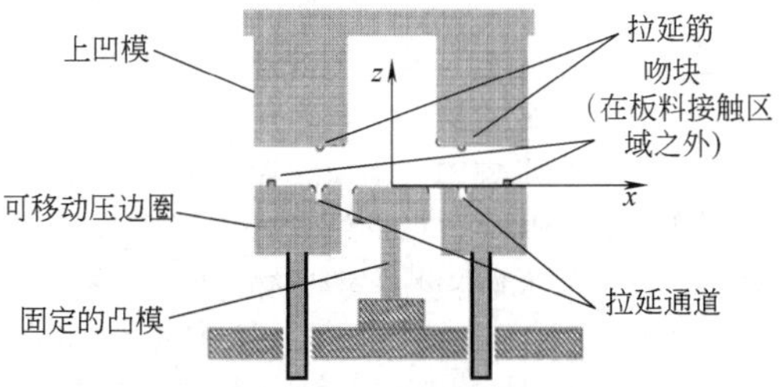

图 1-3-46　带有拉延筋的 U 形件回弹试验模具

通过侧壁角度、侧壁曲率半径这两个回弹量可以衡量板材回弹程度，如图 1-3-47。

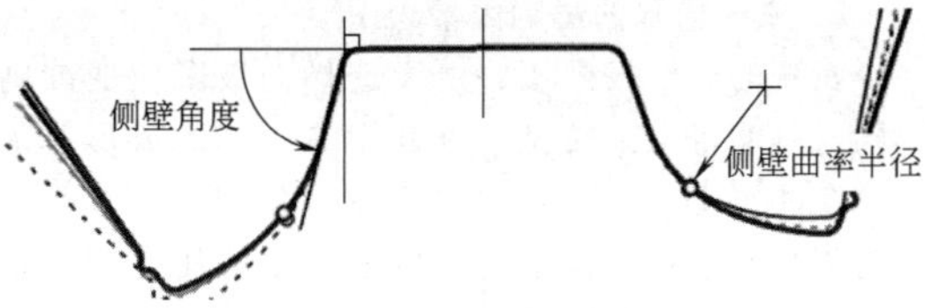

图 1-3-47　回弹量测量示意图

3.3.8　成形极限图试验

1. 成形极限图试验

成形极限图（FLD）或成形极限曲线（FLC）是板料冲压成形性能发展过程中的不同于上面那些完全模拟工艺的另一种试验方法。

实验室成形极限曲线的测定包括两个部分：试验和缩颈极限应变的测定。常用的获取成形极限图的试验方法有 Marciniak 试验和 Nakazima 试验。Marciniak 试验使用圆柱形平底冲头，而 Nakazima 试验使用半球形或球形圆顶冲头，如图 1-3-48 所示。试验采用宽度不同几何形状对称的试样，如图 1-3-49 所示，测得的应变路径（主真实应变 ε_1 比次真实应变 ε_2）范围从单向拉伸到等双拉。

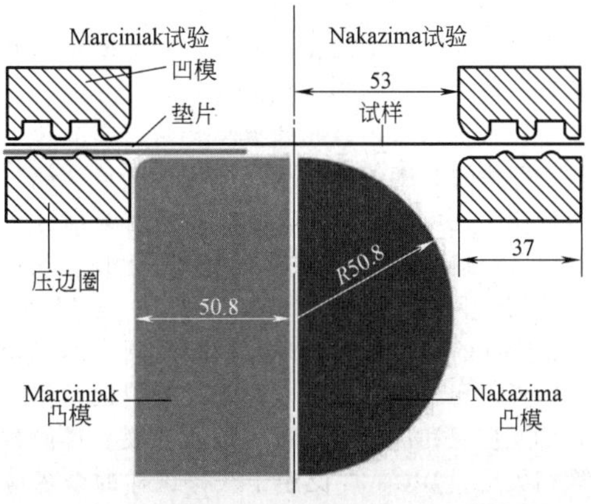

图 1-3-48　Marciniak 和 Nakazima 试验原理图

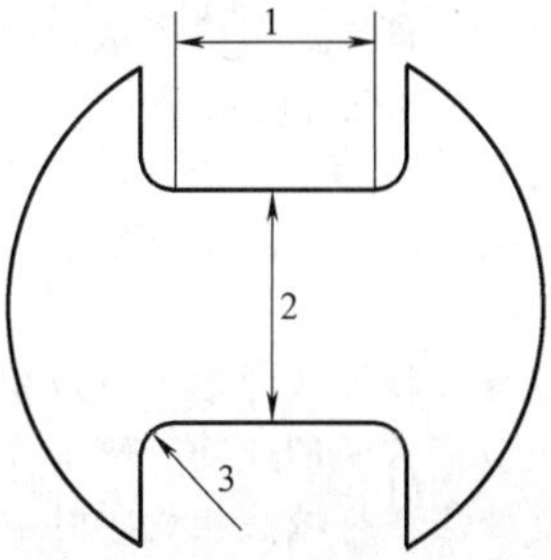

图 1-3-49　Marciniak 和 Nakazima 成形极限试样几何形状

1—平行部分长度　2—平行部分宽度

3—过渡弧半径：$R=20\sim30$mm

此外，采用液压胀形的方法也可以获得成形极限图，如图 1-3-50 所示。该试验采用打孔的试样，通过调整试样上孔的大小和位置，实现应变路径从单向拉伸到等双拉的变化。

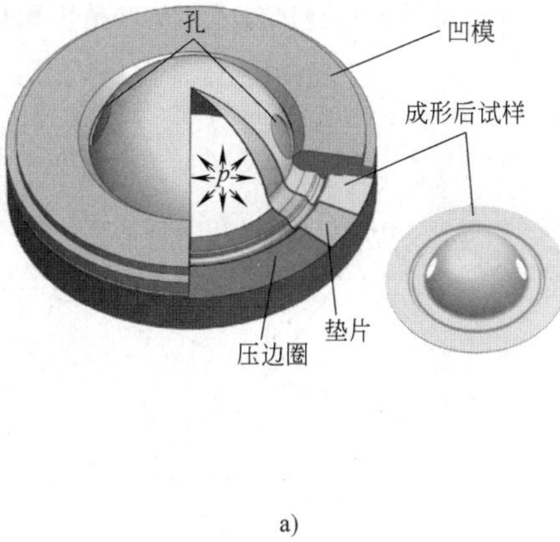

a)

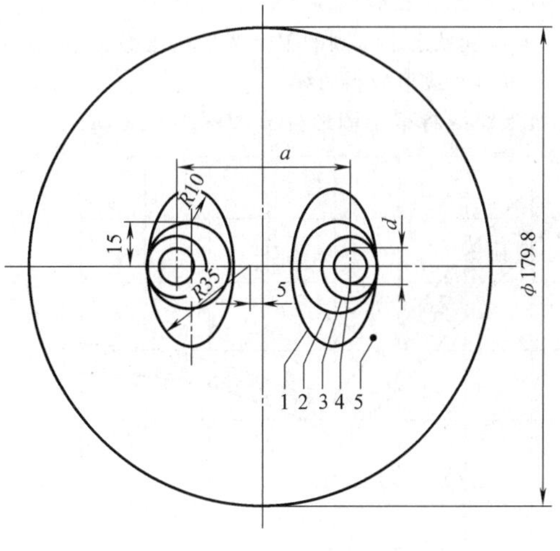

b)

图 1-3-50　液压胀形试验方法

确定局部缩颈的开始时刻及此刻的主、次应变是测定缩颈极限应变的重要部分。局部缩颈的开始意味着分散性失稳向集中性失稳转化，变形开始集中到某一狭窄条带内，此处板厚开始急剧减薄形成凹槽。凹槽的宽度约等于板材厚度的 1 或 2 倍。数字图像相关法（DIC）出现之前，采用网格分析法（CGA）测量极限应变。试验前在试样上预先制作出圆形的密集网格，考虑到试样尺寸，一般以 ϕ2mm 或 ϕ2.5mm 的网格较为合适。试验后圆形网格变形为椭圆形，测量临界椭圆（例如，与裂缝相邻的椭圆）的主应变和次应作为成形极限应变。目前数字图像相关法（DIC）广泛用于获得试样的全场应变信息及其应变演变过程。采用 DIC 方法判断缩颈开始时刻的方法主要分为以下三类：

（1）空域法　该方法考虑了试样断裂后的应变分布，但忽略了试样变形的过程。

（2）时域法　该方法需绘制出应变、应变速率或应变加速度的曲线，以曲线突变的时刻为缩颈开始的时刻。

（3）时空法　该方法考虑平行或垂直于裂缝的线上的点在主应变方向的应变、位置或位移随时间的变化。与空域法和时域法相比，时空法提供了更加准确和稳定的预测结果。

成形极限图的试验方法如下所述：

1）在平直无变形的板料表面印制选定的、尺寸精确的网格或随机斑点。

2）采用 Marciniak 或 Nakazima 方法对板料进行变形直至破裂、停止试验。

3）测量变形后试样的应变，材料不发生失效所能承受的最大应变被定义为成形极限。

4）改变试样尺寸，使测量的应变路径范围从单向拉伸到双向拉伸（胀形）。

5）不同应变状态下得到的单个成形极限数据点连接起来即可得到成形极限曲线。

成形极限曲线将整个图形分成如图 1-3-51 所示的三个区：安全区、破裂区及临界区。

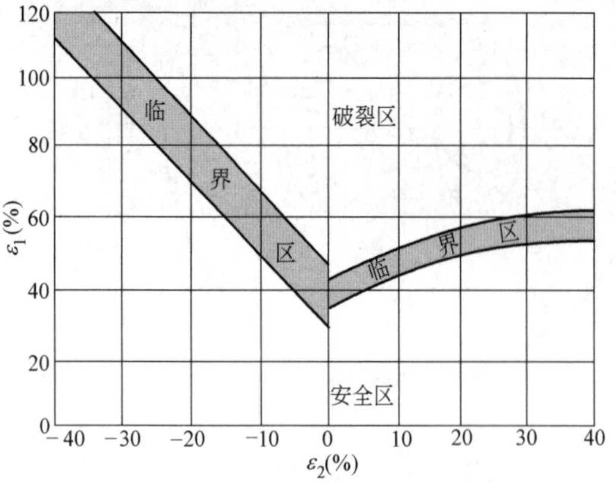

图 1-3-51　成形极限图及其用法

这种特定的工艺试验——成形极限图试验的理论、方法已有很多的研究，其目的是要科学地测量出冲压板料在变形中的一组或一条可划分为上述三区的极限曲线，从而，提供给设计者选定板材冲压变形在临界区以下而又不必有过大的安全余裕度。

图 1-3-51 所示的右半部分（拉-拉应变部分），是由 Stuart. P. Keller 提出的；而左半部分（拉-压变形部分），是由 Gorton. M. Goodwin 补充提出的。故这种成形极限图（曲线）又被称为 Keller-Goodwin 成形极限图。

2. 成形极限的影响因素

实测的成形极限图，由于选择的极限应变准则不同，可能得出破裂型、缩颈型等不同的成形极限图。在冲压生产中一旦工件出现破裂或缩颈，都将成为废品或潜在的废品。所以适用于冲压生产的成形极限图应该是缩颈型的。

成形极限曲线的高低受到很多变形因素的影响。在获取成形极限图时应考虑变形因素的影响：

1）试样弯曲会导致厚度方向应力或应变的不均匀。例如，Tharrett 等认为，当试样厚向所有层的应力超过缩颈应力极限时，缩颈才能发生。

2）Nakazima 试验中弯曲导致试件的非线性应变路径，从而影响测量得到的成形极限应变。

3）增加厚向压力，可获得更高的成形极限图。

4）Nakazima 试验中摩擦引起的试件表面切应力较小，对成形极限影响不大；但当摩擦引起的试件表面切应力较大时，对成形极限会产生显著影响，如渐进成形中的摩擦力。

3. 简易成形极限图

生产中也可以采用简易成形极限图。建立简易成形极限图的原理是：将成形极限曲线由曲线简化成由几个特征点相连接所构成的折线，如图 1-3-52 所示。

A 点是单向拉伸试验点，*B* 点是平面应变试验

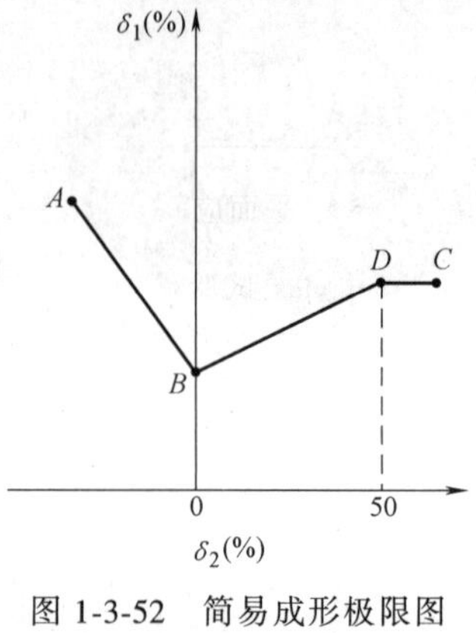

图 1-3-52　简易成形极限图

点，C 点是双向等拉试验点，D 点是由 C 点作平行于 δ_2 坐标轴的直线，其值为 $\delta_2=50\%$。

A 点的位置由单向拉伸试验确定。由于拉伸试验过了缩颈点后，试件通常不会很快断裂，由分散性失稳得到的变形量不大，用作成形极限特征点时，需按式（1-3-10）求出局部失稳时的极限应变数值

$$\begin{cases}\varepsilon_1=(1+r)\,n\\ \varepsilon_2=-rn\end{cases}\tag{1-3-13}$$

式中　ε_1、ε_2——长轴和短轴的真实应变；

r——实测出的板材厚向异性系数；

n——实测出的板材加工硬化指数。

按上式计算出 ε_1 和 ε_2 之后再换算成相对应变 δ_1、δ_2。

C 点双向等拉的应变值建议由液压胀形法测出。

B 点平面应变极限值的测定方法有以下两种：

1）以特制的模具和试件测得：所用凹模如图 1-3-53 所示，凸模如图 1-3-54 所示，试件尺寸如图 1-3-55 所示。

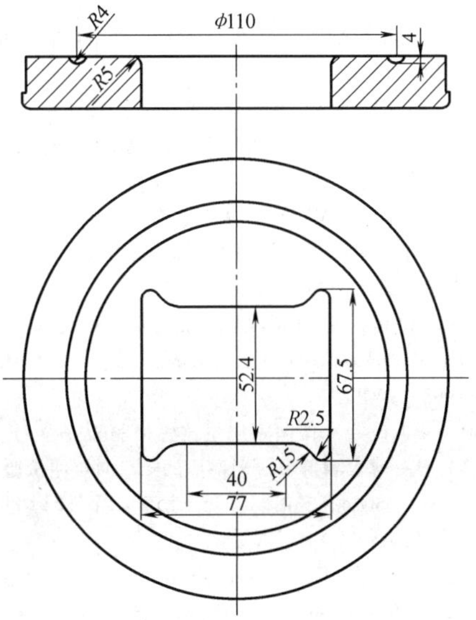

图 1-3-53　平面应变试验用凹模

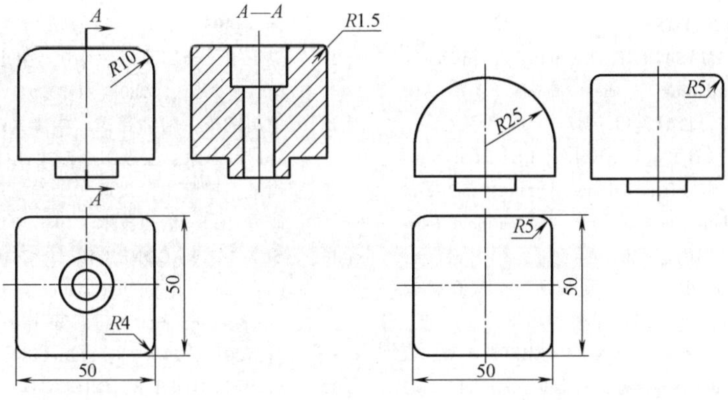

a)　　b)

图 1-3-54　平面应变试验用凸模的两种形式

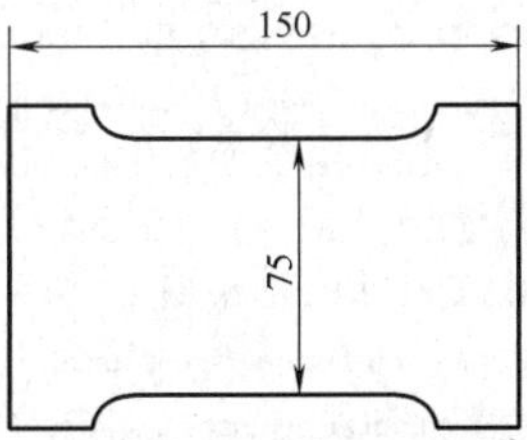

图 1-3-55　平面应变试验用试件

2）采用 Marciniak 试验测得平面应变极限值，所用矩形薄带试样宽度 PS 计算公式如下：

$$PS=7.6\overline{R}=7.4R_\theta-18.1n+\left[21.2\frac{k}{1000}-4.5\left(\frac{k}{1000}\right)^2\right]+(22.2t-7.2t^2)+78.3 \tag{1-3-14}$$

式中　$\overline{R}$——平均 R 值，$\overline{R}=\dfrac{R_0+2R_{45}+R_{90}}{4}$，

$$\overline{R}=\frac{R_0+2R_{45}+R_{90}}{4};$$

R_θ——试样宽度方向的 R 值；

n、k——Hollomon 本构模型参数；

t——试样厚度（mm）。

参考文献

[1]　李硕本，等. 冲压工艺理论与新技术［M］. 北京：机械工业出版社，2002.

[2]　卢险峰. 冲压工艺模具学［M］. 北京：机械工业出版社，1998.

[3]　MARCINIAK Z. 板材可成形性评价［J］. 徐秉业，陈森灿，编译. 锻压技术，1985（1）.

[4]　YOSHIDA K. Classification and Systematization of Sheet Metal Press-Forming Process［J］. SPIPCR，1959

(1514-53).

[5] 吉田清太. なじみ线図とえの応用 [J]. 理化学研究所報告, 1980 (56-1).

[6] XU Y, CHEN M. Material Windows Database for Stamping Analysis [J]. IDDRG, Ann Arbor, 2000.

[7] 李硕本, 等. 各种冲压变形的分析与成形方法的分类 [J]. 机械工程学报, 1980 (16-1).

[8] 卢险峰. 冲压工艺模具学 [M]. 2 版. 北京: 机械工业出版社, 2006.

[9] KEELER S P. Understanding Sheet Metal Formability Part 3-Process related to forming [J]. MECHINIRY, 1968 (74-8).

[10] 中华人民共和国国家质量监督检验检疫总局. 金属材料—薄板和薄带—十字形试样双向拉伸试验方法: GB/T 36024—2018 [S]. 北京: 中国标准出版社, 2018.

[11] Metallic materials—Sheet and strip—Determination of biaxial stress-strain curve by means of bulge test with optical measuring systems: ISO 16808: 2014 [S]. 2014.

[12] YOUNG R F, BIRD J E, DUNCAN J L. An Automated Hydraulic Bulge Tester. J. Applied Metalworking [J]. 1981, (2), 11-18.

[13] YOSHIDA F, HAMASAKI H, UEMORI T. Modeling of Anisotropic hardening of sheet metals [J]. AIP Conf. Proc. 2013, 1567, 482-487.

[14] MIN J, STOUGHTON T B, CARSLEY J E, et al. Accurate characterization of biaxial stress-strain response of sheet metal from bulge testing [J]. International Journal of Plasticity, 2016, 1-22.

[15] 中国航空工业总公司第六二一研究所. 金属板材剪切试验方法: HB 6736—1993 [S]. 1993.

[16] PEIRS J, VERLEYSEN P, VAN PAEPEGEM W, et al. Determining the stress-strain behaviour at large strains from high strain rate tensile and shear experiments [J]. International Journal of Impact Engineering, 2011, 38 (5): 406-415.

[17] ZILLMANN B, CLAUSMEYER T, Bargmann S, et al. Validation of simple shear tests for parameter identification considering the evolution of plastic anisotropy [J]. Tech. Mech, 2012, 32 (2-5): 622-630.

[18] SHOULER D R, ALLWOOD J M. Design and use of a novel sample design for formability testing in pure shear [J]. Journal of Materials Processing Technology, 2010, 210 (10): 1304-1313.

[19] TEKKAYA A E, PÖHLANDT K, Lange K. Determining stress-strain curves of sheet metal in the plane torsion test [J]. CIRP Annals-Manufacturing Technology, 1982, 31 (1): 171-174.

[20] YIN Q, SOYARSLAN C, GÖNER A, et al. A cyclic twin bridge shear test for the identification of kinematic hardening parameters [J]. International Journal of Mechanical Sciences, 2012, 59 (1): 31-43.

[21] YIN Q, SOYARSLAN C, ISIK K, et al. A grooved in-plane torsion test for the investigation of shear fracture in sheet materials [J]. International Journal of Solids and Structures, 2015, 66: 121-132.

[22] ABEDINI A, Butcher C, RAHMAAN T, et al. Evaluation and calibration of anisotropic yield criteria in shear Loading: Constraints to eliminate numerical artefacts [J]. International Journal of Solids and Structures, 2017.

[23] YOSHIDA F, UEMORI T, FUJIWARA K. Elastic-plastic behavior of steel sheets under in-plane cyclic tension-compression at large strain [J]. International Journal of Plasticity, 2002, 18 (5-6): 633-659.

[24] BOGER R K, WAGONER R H, BARLAT F, et al. Continuous, large strain, tension/compression testing of sheet material [J]. International Journal of Plasticity, 2005, 21 (12): 2319-2343.

[25] В П. Романовский. Спровочник по ХотоянойШтамповке [J]. Изнательство《МАШИНОСТРОЕНИЕ》, 1979.

[26] 新プレス加工データブック编集委员会. 新プレス加工データブック [M]. 东京: 日刊工業新聞社, 1993.

[27] 黒崎靖. 金属薄板の绞り. 張出レ性評価尺度 [J]. 塑性と加工, 1980 (21-230).

[28] 中川威雄, 阿部邦雄, 林豊共. 薄板のプレス加工 [M]. 东京: 实教出版株式會社, 1977.

[29] 周敏, 周贤宾, 梁炳文. 方板单轴对角拉伸起皱的研究 [J]. 锻压技术, 1986 (4).

[30] SUN L, WAGONER R H. Complex unloading behavior: Nature of the deformation and its consistent constitutive representation [J]. International Journal of Plasticity, 2011, 27 (7): 1126-1144.

[31] STOUGHTON T B, GREEN D, IADICOLA M. Specification For BM3: Two-Stage Channel/Cup Draw [C] //AIP Conference Proceedings. AIP, 2005, 778 (1): 1157-1172.

[32] OLIVEIRA M C, ALVES J L, CHAPARRO B M, et al. Study on the influence of work-hardening modeling in springback prediction [J]. International Journal of Plasticity, 2007, 23 (3): 516-543.

[33] MARCINIAK Z, KUCZYNSKI K. Limit strains in the processes of stretch-forming sheet metal [J]. International Journal of Mechanical Sciences, 1967, (9): 609-620.

[34] NAKAZIMA K, KIKUMA T, HASUKA K. Study on the formability of steel sheets [J]. Yawata Technical Report. 1968, 264: 8517-8530.

[35] 中华人民共和国国家质量监督检验检疫总局. 金属材料—薄板和薄带—成形极限曲线的测定　第 2 部分: 实验室成形极限曲线的测定: GB/T 24171.2—2009 [S]. 北京: 中国标准出版社, 2009.

[36] BANABIC D, LAZARESCU L, PARAIANU L, et al. Development of a new procedure for the experimental de-

termination of the Forming Limit Curves [J]. CIRP Annals-Manufacturing Technology, 2013, 62: 255-258.

[37] 胡世光, 陈鹤峥. 钣料冷压成形的工程解析 [M]. 北京: 北京航空航天大学出版社, 2004.

[38] SUTTON M A, ORTEU JJ, SCHREIER H W. Image Correlation for Shape, Motion and Deformation Measurements [M]. New York: Springer, 2009.

[39] HUANG G, SRIRAM S, YAN B. Digital image correlation technique and its application in forming limit curve determination [J]. Proceedings of the IDDRG Conference, Olofstr? m, 2008: 153-162.

[40] VOLK W, HORA P. New algorithm for a robust user-independent evaluation of beginning instability for the experimental FLC determination [J]. International Journal of Material Forming, 2011 (4): 339-346.

[41] MERKLEIN M, KUPPERT A, GEIGER M. Time dependent determination of forming limit diagrams [J]. CIRP Annals- Manufacturing Technology, 2010, 59: 295-298.

[42] HOTZ W, MERKLEIN M, KUPPERT A, et al. Time dependent FLC determination-Comparison of different algorithms to detect the onset of unstable necking before fracture [J]. Key Engineering Materials, 2013, 549: 397-404.

[43] WANG K, CARSLEY J E, HE B, et al. Measuring forming limit strains with digital image correlation analysis [J]. Journal of Materials Processing Technoloyg, 2014, 214: 1120-1130.

[44] MIN J, STOUGHTON T B, CARSLEY J E, et al. A Method of Detecting the Onset of Localized Necking Based on Surface Geometry Measurements [J]. Experimental Mechanics, 2017 (57): 521-535.

[45] MIN J, STOUGHTON T B, CARSLEY J E, et al. An improved curvature method of detecting the onset of localized necking in Marciniak tests and its extension to Nakazima tests [J]. International Journal of Mechanical Sciences, 2017, 123: 238-252.

[46] MIN J, STOUGHTON T B, CARSLEY J E, et al. Comparison of DIC methods of determining forming limit strains [J]. Procedia Manufacturing, 2016 (7): 668-674.

[47] BUTLER R D. Relationship between Sheet-Metal Formability and Certain Mechanical Properties [J]. SMI, 1960 (9).

[48] KEELER S P. Understanding Sheet Metal Formability Part 3- Process related to forming [J]. MACHINIRY, 1968, 74 (8).

[49] 胡世光. 板料冷压成形原理 [M]. 北京: 国防工业出版社, 1979.

[50] THARRETT M R, STOUGHTON T B. Stretch-Bend Forming Limits of 1008 AK Steel [J]. Sae Technical Papers, 2003.

[51] ZHANG L, MIN J, CARSLEY J E, et al. Experimental and theoretical investigation on the role of friction in Nakazima testing [J]. International Journal of Mechanical Sciences, 2017, 133: 217-226.

[52] JACKSON K, ALLWOOD J. The mechanics of incremental sheet forming [J]. Journal of Materials Processing Tech, 2009, 209 (3): 1158-1174.

[53] CHEN H Z, FOGG B. A method of construction simple forming diagram [J]. SMI, 1982 (6).

[54] CHEN H Z, FOGG B. A method of obtaining nearplane strain deformation in sheet metal [J]. SMI, 1982 (3).

[55] 梁炳文, 陈孝戴, 王志恒. 板金成形性能 [M]. 北京: 机械工业出版社, 1999.

[56] YANG Q B, MIN J Y, CARSLEY J E, et al. Prediction of plane-strain specimen geometry to efficiently obtain a forming limit diagram by Marciniak test [J]. Journal of Iron & Steel Research International, 2018, 25 (5): 539-545.

第4章 冲压成形用材料

燕山大学　赵　军　黄学颖

宝山钢铁股份有限公司　蒋浩民　钟　勇　韩　非　孟庆格　连昌伟　毕文珍　李　亚

4.1 金属板材料的分类

机械工程材料分为钢铁材料（黑色金属）、非铁金属（有色金属）和非金属材料三大类别。由于冲压加工主要以金属板料为对象，因此，本章主要介绍冲压生产中常用的各种金属板料在成分、力学性能方面的特点与实用知识，供冲压技术人员参照。至于非金属板料及它们的冲压性能问题，只做基本知识性简述。本节主要介绍冲压加工中常用的金属板、带材的标准及规格。

4.1.1 按基体金属种类与化学成分分类

1. 黑色金属

（1）概述　金属元素可分为黑色金属和有色金属两大类，其中黑色金属是指铁、锰、铬3种金属及其合金，其他为有色金属。在铁碳二元系中，把含碳量小于2.11%的合金称为钢。

常用的冲压材料有各种钢板、不锈钢板、铝板、铜板及其他非金属板材类。其中钢板按制造工艺可分为热轧钢板、热轧酸洗钢板和冷轧钢板；按表面形态可分为涂镀钢板和普通钢板；按用途可分为汽车钢板、桥梁钢板、锅炉钢板、造船钢板、装甲钢板、屋面钢板、结构钢板、电工钢板（硅钢片）和弹簧钢板等类别。汽车冲压是冲压行业中最重要的分支，汽车冲压件也是冲压行业销售额占比最大的一类产品。因此，本节将以汽车钢板为主介绍现有冲压钢板的分类、牌号和用途。

（2）按使用用途分类

1）深冲用钢：深冲用钢按用途可分为一般用、冲压用、深冲压用、特深冲压用和超深冲压用，具有良好的冲压性能、焊接性能以及较高的尺寸精度，因而被广泛用于制造各种汽车零部件。常用材料为低碳钢、超低碳钢和IF钢。此类钢材可能存在时效现象，因此建议用户尽快使用。

深冲用钢的牌号、用途及牌号说明见下表1-4-1。

表1-4-1　深冲用钢的牌号、用途及牌号说明（Q/BQB 408—2018）

序号	牌号	用途	牌号说明
1	DC01/SPCC/SPCC-X/ BLC	一般用	牌号命名规则:DC0× D:冲压用钢(Drawing) C:冷轧板(Cold Rolled Plate) 0×:表示材料的等级,从01到07等级依次递增 牌号命名规则:SPCX S:钢(Steel) P:板(Plate) C:冷轧板(Cold Rolled Plate) X:字母,表示材料的等级及用途,C表示一般用,D表示冲压用,E表示深冲压用,F表示特深冲压用,G表示超深冲压用
2	DC03/SPCD/BLD	冲压用	
3	DC04/SPCE/BUSD	深冲用	
4	DC05/SPCF/BUFD	特深冲用	
5	DC06/SPCG/BSUFD	超深冲用	
6	DC07	特超深冲用	

2）深冲用高强度钢：深冲用高强度钢用途、性能要求和使用特性与深冲用钢相近，主要区别在于深冲用高强度钢在深冲用钢的基础上添加了一定量的强化元素（如磷等）以提高材料的强度，从而实现更高的零部件抗凹性和轻量化等性能。常用材料为含磷高强度钢、高强无间隙原子（IF）钢和烘烤硬化（BH）钢。此类钢材的时效现象与深冲用钢相似。

深冲用高强度钢的钢种、牌号、用途及牌号说明见表1-4-2。

3）冲压结构用钢：冲压结构用钢钢板及钢带综合力学性能（强度、伸长率等）及工艺性能（弯曲）良好，尺寸精度高，并具有良好的焊接性能，适用于简单加工的构件。可用作汽车的一些结构部件，如车厢边框及中底板和各种加强板等。

冲压结构用钢的牌号、用途及牌号说明见下表 1-4-3。

4）结构用低合金高强度钢：低合金高强度钢是指在低碳钢中通过单一或复合添加铌、钛、钒等微合金元素，形成碳氮化合物粒子析出进行强化，同时通过微合金元素的细化晶粒作用，以获得较高的强度。这类钢具有良好的成形性能和较高的强度，主要用于汽车座椅、横梁等结构件。

结构用低合金高强度钢的牌号、用途及牌号说明见表 1-4-4。

表 1-4-2 深冲用高强度钢的钢种、牌号、用途及牌号说明

（Q/BQB 419—2018、GB/T 20564.1—2017、GB/T 20564.3—2017）

序号	钢种	牌号	用途	牌号说明
1	加磷高强度钢	HC180P	一般用	牌号命名规则：HC×××P HC：冷轧高强度（High-Strength Cold Rolling）钢 ×××：屈服强度下限值 P：含 P 强化
2		HC220P	结构用	
3		HC260P	结构用	
4		HC300P	结构用	
5	高强度无间隙原子钢	CR180IF	冲压用或深冲压用	牌号命名规则：CR×××IF CR：冷轧（Cold Rolled）钢 ×××：屈服强度下限值 IF：无间隙原子（Interstitial-Free）
6		CR220IF	一般用或冲压用	
7		CR260IF	结构用或一般用	
8	高强度烘烤硬化钢	CR180BH	冲压用	牌号命名规则：CR×××BH CR：冷轧（Cold Rolled）钢 ×××：屈服强度下限值 BH：烘烤硬化（Bake Hardening）
9		CR220BH	一般用或冲压用	
10		CR260BH	结构用或一般用	
11		CR300BH	结构用	

表 1-4-3 冲压结构用钢的牌号、用途及牌号说明（Q/BQB 410—2018）

序号	牌号	用途	牌号说明
1	St37-2G	结构件	牌号命名规则：St××-yG St：钢（Steel） ××：屈服强度级别，37、44、52 分别代表抗拉强度不小于 365MPa、430MPa、510MPa -y：保证项目，2 保弯曲或顶锻，3 保冲击韧性 G：冷轧钢板
2	St44-3G	结构件	
3	St52-3G	结构件、加强件	
4	B240ZK	结构件	牌号命名规则：B×××AB B：宝钢（Baosteel） ×××：屈服强度下限 A：字母，V 表示高强度低合金，屈服强度与抗拉强度差值无规定；X—V 表示屈服强度最小值与抗拉强度最小值差别 70MPa；Y—V 表示屈服强度最小值与抗拉强度最小值差别 100MPa；Z—V 表示屈服强度最小值与抗拉强度最小值差别 140MPa B：字母，表示氧化物或硫化物夹杂控制，K 表示镇静、细晶粒；F—K 表示硫化物控制
5	B280VK	结构件	

表 1-4-4 结构用低合金高强钢的牌号、用途及牌号说明（GB/T 20564.4—2010）

序号	牌号	用途	牌号说明
1	CR260LA	结构件	牌号命名规则：CR×××LA CR：冷轧（Cold Rolled）钢 ×××：屈服强度下限值 LA：低合金（Low Alloy）
2	CR300LA	结构件	
3	CR340LA	结构件	
4	CR380LA	结构件、加强件	
5	CR420LA	结构件、加强件	

5）先进高强度钢：在传统高强度钢基础上，引入马氏体、贝氏体、奥氏体等高强度相结构，借助这些高强度相的强化作用，在不对成分体系做显著改变的前提下，可以实现材料性能的大幅度提高。这类以相变强化为主要强化机制的高强度钢被称为先进高强度钢（AHSS，Advanced High-Strength Steel），强度级别可覆盖 450～1700MPa 的范围。先进高强度钢性能优越、易用性好，可有效实现汽车的轻量化和节能减排，同时还可提高汽车的被动安全性，是汽车轻量化用材发展最重要的技术路径。

先进高强度钢的主要种类有双相（DP，Dual Phase）钢、马氏体钢（MS，Martensitic Steel）、相变诱导塑性钢（TRIP，Transformation Induced Plasticity Steel）、复相钢（CP，Complex Phase Steel）、孪

晶诱导塑性（TWIP，Twinning Induced Plasticity）钢等。

先进高强度钢的钢种、牌号、用途及牌号说明见表 1-4-5。

表 1-4-5　先进高强度钢的钢种、牌号、用途及牌号说明（GB/T 20564—2017）

序号	钢种	牌号	用途	牌号说明
1	双相(DP)钢	CR260/450DP	结构件、加强件、车轮	牌号命名规则:CR×××/×××DP CR:冷轧(Cold Rolled)钢 ×××/×××:屈服强度下限值/抗拉强度下限值 DP:双相(Dual Phase)钢
2		CR290/490DP	结构件、加强件、车轮	
3		CR340/590DP	结构件、加强件、车轮	
4		CR420/780DP	加强件、防撞件	
5		CR500/780DP	加强件、防撞件	
6		CR550/980DP	加强件、防撞件	
7		CR700/980DP	—	—
8		CR820/1180DP	—	—
9	复相(CP)钢	CR550/590CP	车身结构件、底盘件、座椅滑轨	牌号命名规则:CR×××/×××CP CR:冷轧(Cold Rolled)钢 ×××/×××:屈服强度下限值/抗拉强度下限值 CP:复相钢(Complex Phase Steel)
		CR500/780CP		
		CR700/980CP		
10	马氏体(MS)钢	CR500/780MS	加强件、防撞件	牌号命名规则:CR×××/×××MS CR:冷轧(Cold Rolled)钢 ×××/×××:屈服强度下限值/抗拉强度下限值 MS:马氏体(Martensitic)钢
11		CR700/900MS	加强件、防撞件	
12		CR700/980MS	加强件、防撞件	
13		CR860/1100MS	加强件、防撞件	
14		CR950/1180MS	加强件、防撞件	
15		CR1030/1300MS	加强件、防撞件	
16		CR1150/1400MS	加强件、防撞件	
17		CR1200/1500MS	加强件、防撞件	
18	相变诱导塑性(TRIP)钢	CR380/590TR	复杂结构件、加强件	牌号命名规则:CR×××/×××TR CR:冷轧(Cold Rolled)钢 ×××/×××:屈服强度下限值/抗拉强度下限值 TR:相变诱导塑性(Transformation Induced Plasticity)钢
19		CR400/690TR	复杂结构件、加强件	
20		CR420/780TR	复杂结构件、加强件	
21		CR450/980TR	复杂结构件、加强件	
22	淬火分配(QP)钢	CR550/980QP	复杂结构件、加强件	牌号命名规则:CR×××/×××QP CR:冷轧(Cold Rolled)钢 ×××/×××:屈服强度下限值/抗拉强度下限值 QP:淬火配分(Quenching & Partitioning)钢
23		24CR650/980QP	复杂结构件、加强件	
24		25CR700/1180QP	复杂结构件、加强件	
25	孪晶诱导塑性(TWIP)钢	CR400/950TW	高度复杂结构件、加强件	牌号命名规则:CR×××/×××TW CR:冷轧(Cold Rolled)钢 ×××/×××:屈服强度下限值/抗拉强度下限值 TW:孪晶诱导塑性(Twinning Induced Plasticity)钢

6）精冲用钢：精冲是指精密冲裁（冲压）的简称，是在普冲的基础上发展起来的一种特殊的分离工艺，是一种能够获得剪切面光洁、尺寸精密的板料塑性成形技术。精冲是一种高质量、高效率、高附加值的加工工艺，其技术经济效益十分显著。

常见的精冲用钢按钢种类型，可分为碳素钢、碳素工具钢、合金结构钢、合金工具钢、弹簧钢，后几种可统称为合金钢。

目前精冲用钢的供货方式主要有热轧酸洗、热轧酸洗+球化退火、冷轧轧硬、冷轧+球化退火。

7）冷冲压用热连轧钢板：除高扩孔钢外，冷冲压用热轧钢板与对应冷轧钢板的材料、性能和使用要点较为类似。高扩孔（HE，High Hole Expansion Ratio）钢的显微组织主要为铁素体和贝氏体组织；或主要为强化的铁素体单相组织或贝氏体单相组织。这种钢具有较高的抗拉强度、较高的成形性能和良好的凸缘翻边成形性能。高扩孔钢有时也称为铁素体贝氏体钢（FB）或高凸缘翻边高强度钢（SF）。

冷冲压用热连轧钢板的钢种、牌号、用途及牌号说明见表 1-4-6。

8）热冲压用钢板：

① 热冲压用钢的种类及级别。目前，热冲压钢的种类主要有 22MnB5、20MnB5、8MnCrB3、27MnCrB5、37MnB4 等，其典型硼钢化学成分见表 1-4-7，典型硼钢力学性能见表 1-4-8。热冲压保压淬火后由全马氏体组织构成，如图 1-4-1 所示。

表 1-4-6　冷冲压用热连轧钢板的钢种、牌号、用途及牌号说明

（GB/T 711—2017、Q/BQB 310—2018、Q/BQB 312—2018）

<table>
<tr><th>序号</th><th>钢种</th><th>牌号</th><th>用途</th><th>牌号说明</th></tr>
<tr><td>1</td><td>一般用钢</td><td>DC01</td><td>一般用</td><td rowspan="6">牌号命名规则:DC0×
D:冷成形用钢板及钢带
C:轧制条件为冷轧
0×:数字序列号</td></tr>
<tr><td>2</td><td>冲压用钢</td><td>DC03</td><td>冲压用</td></tr>
<tr><td>3</td><td>深冲用钢</td><td>DC04</td><td>深冲用</td></tr>
<tr><td>4</td><td>特深冲用钢</td><td>DC05</td><td>特深冲用</td></tr>
<tr><td>5</td><td>超深冲用钢</td><td>DC06</td><td>超深冲用</td></tr>
<tr><td>6</td><td>特超深冲用钢</td><td>DC07</td><td>特超深冲用</td></tr>
<tr><td>7</td><td rowspan="4">高强度钢</td><td>SAPH310</td><td rowspan="4">结构件</td><td rowspan="4">牌号命名规则:SAPH×××
S:钢(Steel)
A:汽车结构用(Automotive structure)
P:板(Plate)
H:热轧(Hot Rolled)
×××:抗拉强度下限值</td></tr>
<tr><td>8</td><td>SAPH370</td></tr>
<tr><td>9</td><td>SAPH400</td></tr>
<tr><td>10</td><td>SAPH440</td></tr>
<tr><td>11</td><td rowspan="4">高凸缘翻边钢</td><td>SAPH440SF</td><td>结构件、加强件</td><td rowspan="4">牌号命名规则:SAPH×××SF
S:钢(Steel)
A:汽车结构用(Automotive structure)
P:板(Plate)
H:热(Hot Rolled)
×××:抗拉强度下限值
SF:高凸缘翻边(Strech-Flanging)钢</td></tr>
<tr><td>12</td><td>SAPH540SF</td><td>结构件、加强件</td></tr>
<tr><td>13</td><td>SAPH590SF</td><td>结构件、加强件</td></tr>
<tr><td>14</td><td>SAPH780SF</td><td>结构件、加强件</td></tr>
<tr><td>15</td><td rowspan="2">铁素体贝氏体(FB)钢</td><td>FB590</td><td>车身结构件、加强件、座椅滑轨</td><td rowspan="2">牌号命名规则:FB×××
FB:铁素体贝氏体(Ferritic Bainite)钢
×××:抗拉强度下限值</td></tr>
<tr><td>16</td><td>FB780</td><td>车身结构件、加强件、座椅滑轨</td></tr>
<tr><td>17</td><td rowspan="3">双相(DP)钢</td><td>BR330/580DP</td><td rowspan="3">结构件、加强件</td><td rowspan="2">牌号命名规则:BR×××/×××DP
BR:宝钢热轧(Baosteel Hot Rolling)
×××/×××:屈服强度下限值/抗拉强度下限值
DP:双相(Dual Phase)钢</td></tr>
<tr><td>18</td><td>BR450/780DP</td></tr>
<tr><td>19</td><td>DP600</td><td>牌号命名规则:DP×××
DP:双相(Dual Phase)钢
×××:抗拉强度下限值</td></tr>
<tr><td>20</td><td rowspan="2">相变诱导塑性(TRIP)钢</td><td>BR400/590TR</td><td>结构件、加强件</td><td rowspan="2">牌号命名规则:BR×××/×××TR
BR:宝钢热轧(Baosteel Hot Rolling)
×××/×××:屈服强度下限值/抗拉强度下限值
TR:相变诱导塑性(Transformation Induced Plasticity)钢</td></tr>
<tr><td>21</td><td>BR450/780TR</td><td>结构件、加强件</td></tr>
<tr><td>22</td><td rowspan="3">高扩孔(High Hole Expansion Ratio)钢</td><td>BR300/450HE</td><td>结构件、加强件</td><td rowspan="3">牌号命名规则:BR×××/×××HE
BR:宝钢热轧(Baosteel Hot Rolling)
×××/×××:屈服强度下限值/抗拉强度下限值
HE:高扩孔(Hole Expansion Ratio)钢</td></tr>
<tr><td>23</td><td>BR440/590HE</td><td>结构件、加强件</td></tr>
<tr><td>24</td><td>BR600/780HE</td><td>结构件、加强件</td></tr>
<tr><td>25</td><td>马氏体(MS)钢</td><td>BR900/1200MS</td><td>结构件、加强件</td><td>牌号命名规则:BR×××/×××MS
BR:宝钢热轧(Baosteel Hot Rolling)
×××/×××:屈服强度下限值/抗拉强度下限值
MS:马氏体(Martensitic)钢</td></tr>
<tr><td>26</td><td rowspan="3">复相(CP)钢</td><td>BR660/760CP</td><td>结构件、加强件</td><td rowspan="2">牌号命名规则:BR×××/×××CP
BR:宝钢热轧(Baosteel Hot Rolling)
×××/×××:屈服强度下限值/抗拉强度下限值
CP:复相钢(Complex Phase Steel)</td></tr>
<tr><td>27</td><td>BR720/950CP</td><td>结构件、加强件</td></tr>
<tr><td>28</td><td>CP800</td><td>结构件、加强件</td><td>牌号命名规则: CP×××
CP:复相钢(Complex Phase Steel)
×××:抗拉强度下限值</td></tr>
</table>

表 1-4-7 典型硼钢的化学成分

钢种	C	Si	Mn	Cr	Al	B	N	Ti
22MnB5	0.22	0.24	1.20	0.20	0.03	0.003	0.006	0.040
20MnB5	0.16	0.40	1.05	0.23	0.04	0.001	—	0.034
8MnCrB3	0.07	0.21	0.75	0.37	0.05	0.002	0.006	0.048
27MnCrB5	0.25	0.21	1.24	0.34	0.03	0.002	0.004	0.042
37MnB4	0.33	0.31	0.81	0.19	0.03	0.001	0.006	0.046

表 1-4-8 典型硼钢力学性能

钢种	马氏体开始转变温度/℃	临界冷却速度/(K/s)	屈服强度/MPa		抗拉强度/MPa	
			热冲压前	热冲压后	热冲压前	热冲压后
22MnB5	410	27	457	1010	608	1478
20MnB5	450	30	505	967	637	1354
8MnCrB3	—	—	447	751	520	882
27MnCrB5	400	20	478	1097	638	1611
37MnB4	350	14	580	1378	810	2040

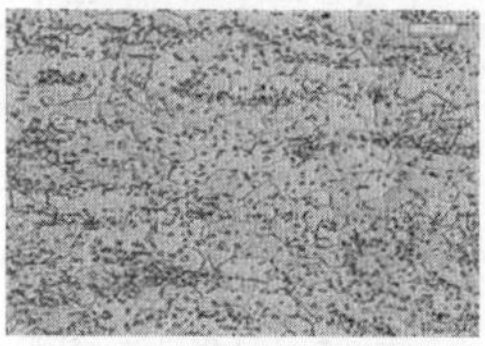

a) 热冲压前(铁素体+珠光体)

b) 热冲压后(马氏体)

图 1-4-1 典型热冲压钢 22MnB5 的组织

② 热冲压钢的镀层。

a. 无镀层。无镀层钢板是最早开发并投入应用的热冲压原材料，钢板制造难度相对较低，但在加热、冲压过程中会引起冲压钢板表面脱碳和氧化起皮，如图 1-4-2 所示。脱碳会降低钢板表面的强度，氧化皮则增大了钢板与模具的摩擦系数、降低模具的使用寿命，同时氧化皮导致模具需要定时清理，

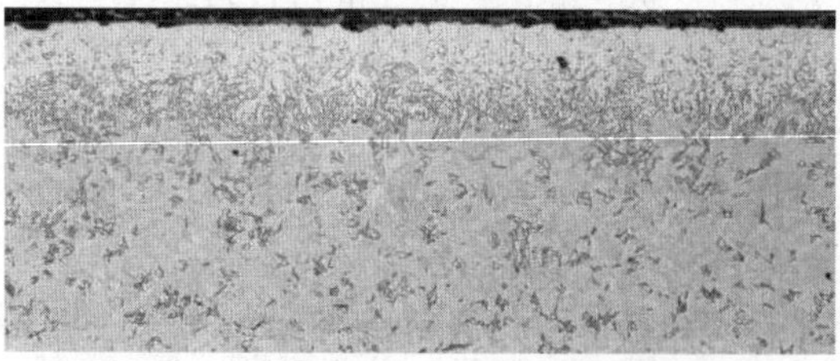

a) 表面脱碳

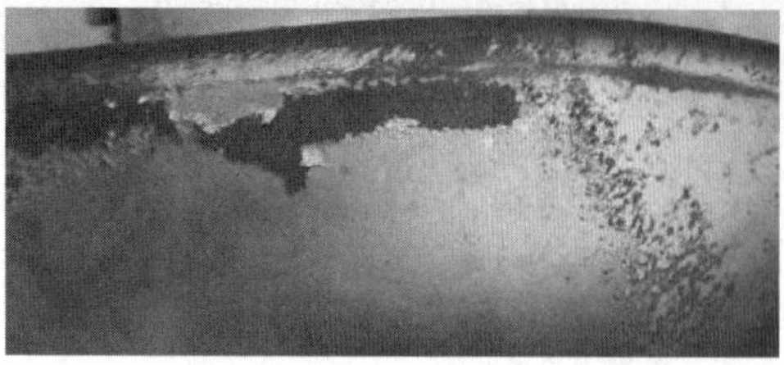

b) 表面氧化

图 1-4-2 无镀层热冲压钢冲压后表面脱碳和表面氧化

大大降低了生产效率。为满足冲压件的后续处理要求，需要通过喷丸去除表面生成的氧化皮。

b. Al-Si 镀层。Al-Si 镀层具有加热时无氧化皮脱落，冲压后无须喷砂，成形精度高，无须 N_2 保护，较好的耐蚀性等特点，现已广泛应用于热冲压钢中。Al-Si 镀层最早由阿赛洛公司开发成功，目前能生产 Al-Si 镀层热冲压钢的公司主要有阿赛洛、新日铁，宝钢等。

热冲压钢用 Al-Si 镀层的成分为（质量百分数）：9%~11% Si 和 2%~4% Fe，其余为 Al，合金的熔点为 580~600℃，图 1-4-3 所示为浸镀后典型的组织。

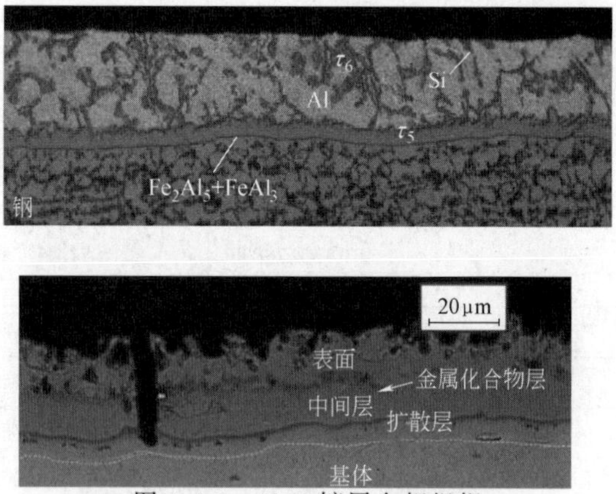

图 1-4-3 Al-Si 镀层金相组织

c. GI、GA 镀层。GI、GA 作为热冲压钢镀层，具有较好的保护性能，能够很好地防止加热过程中钢的氧化起皮和脱碳，热冲压后的 GI、GA 镀层具有良好的焊接性能和涂镀性能。研究人员已经开发出适合热冲压板的 GI、GA 镀层，如宝钢、奥钢联、阿赛洛等公司均能生产 GI、GA 热冲压钢镀层。

使用锌基镀层热冲压用钢最大的缺点和隐患是“液态锌引起的脆性”，即锌脆（LME）。

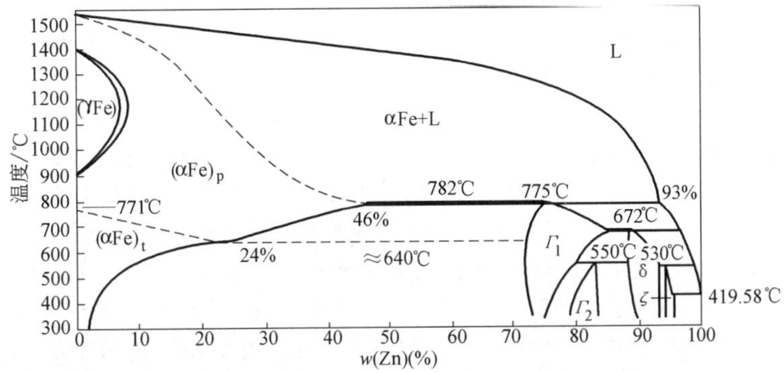

图 1-4-4　Fe-Zn 二元相图

从图 1-4-4 可以看出，为了避免宏观裂纹的产生，要求模具中零件的成形温度应低于 782℃ 或者使材料在成形时 Zn-Fe 合金层中的 Fe 含量超过 70%。宝钢通过开发新的热冲压技术，有效控制了热冲压典型零件侧壁微裂纹（<10μm），如图 1-4-5 所示。

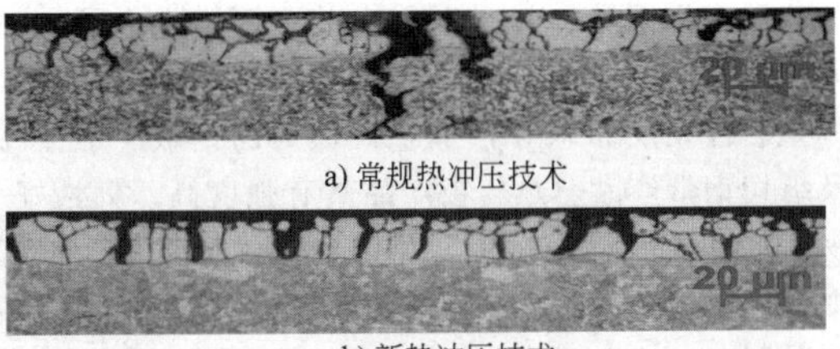

a) 常规热冲压技术

b) 新热冲压技术

图 1-4-5　常规热冲压技术与新热冲压技术零件侧壁裂纹对比

d. 其他镀层技术。目前，除了 Al-Si 和 GI、GA 镀层外，业内也相继开发出了不同镀层技术，如 Lenze F-J 等开发了 X-tec 镀层技术，日本研究了防氧化油涂层，德国蒂森公司开发了 Gamma Protect 镀层技术，该镀层为电镀 Zn-10Ni 层。另外，为了提高镀层的耐蚀性德国蒂森公司通过电镀、离子沉积等方法在铝硅镀层表面镀一层锌来提高镀层的耐蚀性。日本今井和仁等通过表面氧化、与氧化剂接触、与 Zn 和氧化剂接触、阳极电解、阴极电解或者 ZnO 溶胶涂布等方法在锌层上镀一层阻挡层，可以将锌层的加热范围扩展至 700~1000℃。表 1-4-9 为目前已开发出的镀层主要性能对比。

2. 有色金属

狭义的有色金属又称为非铁金属，是铁、锰、铬以外的所有金属的统称。广义的有色金属还包括有色合金。有色合金是以一种有色金属为基体（通常质量分数大于 50%），加入一种或几种其他元素而构成的合金。

表 1-4-9　不同镀层的性能对比

镀层	热冲压性能			镀层性能		
	耐磨性	直接成形	间接成形	耐蚀性	涂镀性	焊接性
Al-Si	0	+	-	0	0	0
GI	+	-	+	+	0^{p}	0^{p}
GA	+	0	0	+	0	0
无	-	0	+	-	0^{p}	0^{p}
X-tec	0	+	+	#	0^{p}	0^{p}
Gamma Protect	+	0	0	+	0	0

注："+"—较好；"0"——般；"-"—较差；"#"—没有数据；"p"—喷丸。

（1）铝合金　纯铝具有银白色金属光泽、耐大气腐蚀、易于加工成形、具有面心立方晶格、无同素异构转变、无磁性等特点。以铝为基，添加其他元素的合金称为铝合金。主要合金元素有铜、硅、镁、锌、锰，次要合金元素有镍、铁、钛、铬、锂等。铝合金密度低，但强度比较高，接近或超过优质钢，且塑性好，可加工成各种型材；具有优良的导电性、导热性和耐蚀性，工业上被广泛使用，使用量仅次于钢。常用冲压铝合金有：

1000 系：不含有其他元素，又称为纯铝板，常见牌号有 1050、1060、1070。

2000 系：是一种可热处理强化的铝合金，以 Cu 和 Mg 为主要的添加元素，其强化相为 $CuAl_2$ 或 $CuMgAl_2$。该系合金表现出良好的可锻性，而且具有较高的强度和一定的烤漆硬化性，耐蚀性比其他系列的铝合金差，主要应用于航空领域。常见牌号有 2017、2022、2024 和 2036。

3000 系：Mn 元素为其主要合金元素，Mn 质量分数为 1%～1.5%，防锈功能较好，又称为防锈铝板，主要应用于汽车底板和家电产品中，常见牌号有 3003、3004、3005、3105。

4000 系：Si 元素为其主要合金元素，Si 质量分数为 4.5%～6%，具有耐热耐磨的特性，主要用于建筑和机械零件等。

5000 系：Mg 是主要的合金元素，质量分数为 3%～5%，抗拉强度高，伸长率高，具有良好的耐蚀性和焊接性。常见牌号有 5005、5052、5083。

6000 系：合金中主要的合金元素是 Mg 和 Si，属于热处理可强化铝合金。具有较高的强度、较好的塑性和优良的耐蚀性。常见牌号有 6009、6010、6016、6061、6063、6082。

7000 系：主要合金元素是 Zn，高硬度、高强度，属于超硬铝，常见牌号有 7005、7039、7075。

（2）镁合金　镁合金是以镁为基加入其他元素组成的合金。其特点是：密度小、比强度高、弹性模量大、消振性好、承受冲击载荷能力比铝合金强、耐有机物和碱腐蚀的性能好。主要合金元素有铝、锌、锰、铈、钍及少量锆或镉等。目前使用最广的是镁铝合金，其次是镁锰合金和镁锌锆合金。常用的镁合金牌号有 AZ31、AZ40、AM50、AM60 等。

（3）钛合金　纯钛密度小，比强度高，塑性、低温韧性和耐蚀性好。具有同素异构体，低于 882℃时呈密排六方晶格结构，称为钛；在 882℃以上呈体心立方晶格结构，也称为钛。利用钛的上述两种结构的不同特点，添加适当的合金元素，使其相变温度及相含量逐渐改变而得到不同组织的钛合金（Titanium Alloys）。钛合金强度高而密度小，力学性能好，韧性和耐蚀性很好。按退火组织，钛合金分为三类：α 合金，（α+β）合金和 β 合金。我国分别以 TA、TB、TC 表示，其中 TA0～TA4 为纯钛。

α 合金主要添加元素是 Al，还有 Sn 和 B，代表牌号有 TA5、TA7。

β 合金主要添加元素是 Mo、Cr、V、Al，代表牌号有 TB2、TB3 和 TB4。

α+β 合金主要添加元素是 Al、V、Mo、Cr，代表牌号有 TC4。

（4）铜合金　纯铜具有面心立方晶格、无同素异构转变、无磁性、具有优良的导电性和导热性、具有良好的耐蚀性和塑性。以纯铜为基体加入一种或几种其他元素所构成的合金称为铜合金。常用的合金元素为 Zn、Sn、Al、Mn、Ni、Fe、Be、Ti、Zr、Cr 等，铜合金既提高了强度，又保持了纯铜特性。铜合金分为黄铜、青铜、白铜三大类。

黄铜是以锌为主要添加元素的铜合金，一些特殊黄铜中，还添加 Sn、Al、Mn、Ni、Fe、Pb 等元素，常见牌号有 H59、H62、H68、H70、H80、HPb63-3、HSn62-1。

白铜是以镍为主要添加元素的铜合金。

青铜原指铜锡合金，后除黄铜、白铜以外的铜合金均称为青铜，并常在青铜名字前冠以第一主要添加元素的名称，常用的青铜有锡青铜（QSn4-3、QSn6.5-0.4）、铝青铜（QA15、QA17）、铍青铜（QBe2、QBe1.7）等。

4.1.2　按生产工艺分类

钢板的一般生产流程为：炼铁→炼钢→连铸→热轧→酸洗→冷轧→热处理→涂镀。从热轧工序开始即可产出成品。根据生产工序的不同，钢板产品可分为热轧板、热处理板、热轧形变热处理板、冷轧板、涂镀层板等几大类。

1. 热轧板

热轧板是指钢坯在高温下经轧制、层流冷却、卷曲后成为钢卷，并根据用户的不同需求，经过不同的精整作业线（平整、矫直、横切或纵切、检验、称重、包装及标志等）加工而成为的钢板、平整卷及纵切钢带产品。热轧板产品具有强度高、韧性好，易于加工成形及良好的可焊接性等优良性能，被广泛应用于船舶、汽车、桥梁、建筑、机械、压力容器等制造行业。热轧钢卷交货状态可分为直发卷、平整卷、分卷和纵切卷。

把热轧钢板加热到所要求的温度后并且保持一定时间，然后用选定的冷却速度和冷却方法进行冷却，从而得到所需要的组织和性能，这样生产出来的钢板称为热处理板。

2. 冷轧板

是以热轧卷为原料，酸洗除去表面氧化皮后，在室温下进行轧制并经过热处理的产品。冷轧板表面质量好、厚度更薄、尺寸精度高，其力学性能和工艺性能都优于热轧薄钢板，多用于汽车制造、电器产品等。

3. 涂镀层板

涂镀层板是涂层板和镀层板的简称。

涂层板，也称为彩涂板、有机涂层板或预涂钢板，是以热镀锌板、热镀铝锌板、电镀锌板冷轧板等为基板经表面预处理（化学脱脂及化学转化处理）之后在表面涂敷一层或几层有机涂料随后经过烘烤固化而成的产品。彩涂板因具有优良的成形性能、耐久性能和丰富多彩的颜色而被广泛地应用于建筑家电、家具等行业。

镀层板是指以冷轧钢板或者热轧酸洗钢板作为基板，在表面镀一层防腐金属的产品。镀层主要作用是在钢板的后续加工和使用过程中增加产品抵抗氧化和腐蚀的能力。最常用的镀层金属为锌，另外还有 Al-Si、Zn-Al、Al、Zn-Al-Mg、Sn 等。常用的镀层工艺有热浸镀、电镀等。镀层板广泛用于汽车、家电、建筑、运输行业。

4.1.3　按应用行业分类

1. 汽车板

汽车板是指汽车用钢板，主要用于汽车车身的制造。构成车身的部件大致分为覆盖件、结构件、底盘件及加强件等。作为汽车车身用板材，除了要求良好的力学性能、成形性能外，还应具有良好的表面质量和涂装性能、良好的板形和尺寸精度、以及良好的性能均匀性和稳定性，以满足汽车车身在加工和服役过程中的复杂要求。

汽车板有多种分类方式。从用途划分为：外板、内板、结构件板；从成分设计可划分为：低碳钢、超低碳钢、低合金钢；从生产工艺特点划分为热轧钢板、冷轧钢板和涂镀层钢板；从强度角度可划分为：软钢板、高强度钢、超高强度钢等；从微观组织角度可划分为：双相钢、马氏体钢、复相钢等；从强化机理角度可划分为：传统高强度钢、先进高强度钢。

2. 家电板

家电板是指家电行业用钢板，主要用于白色家电、黑色家电、米色家电和绿色家电的结构和外板制造。作为家电用板材，以 1.0mm 以下的薄规格为主，要求除了良好的力学性能、尺寸精度、表面质量、板形和成形性能外，还应具有良好的涂装性能和功能性，以满足家电加工和服役过程中的复杂要求。

家电板有多种分类方式。从家电应用部位划分为：外板、内板、结构件板等；从成分设计可划分为：低碳钢、超低碳钢、低合金钢和合金钢等；从生产工艺特点划分为热轧酸洗钢板、冷轧钢板、涂镀层钢板和特殊处理（如印花）钢板等；从强度角度可划分为：深冲钢板、冲压钢板、一般用钢板和高强度钢板；从冶金机理角度可划分为：IF 钢板、低碳铝镇定钢板、析出强化钢、不锈钢板等；从家电钢板用途还可划分为：搪瓷钢板、耐候钢板、耐热钢板、耐指纹钢板、自洁钢板等。

3. 航空板

主要指飞机所用材料，最主要的是机体结构材料。机翼蒙皮因上下翼面的受力情况不同，分别采用抗压性能好的超硬铝及抗拉和疲劳性能好的硬铝；机身采用抗拉强度高、耐疲劳的硬铝作为蒙皮材料。机身格框一般采用超硬铝，承受较大载荷的加强框采用高强度结构钢或钛合金。

4. 船体结构用钢

船体结构用钢又称为船板钢，主要指用于制造远洋、沿海和内河航运船舶船体、甲板等船板材料。钢种包括一般强度船板钢（A～E 共 4 个等级）、高强度船板钢（AH32～EH40 共 12 个等级）、超高强度船板钢（AH42～FH69）。

5. 锅炉钢板

锅炉钢板主要是用来制造过热器、主蒸汽管和锅炉火室受热面的热轧中厚板材料，主要材质有优质结构钢及低合金耐热钢，由于锅炉钢板处于中温（350℃左右）高压状态下工作，除承受较高压力外，还受到冲击、疲劳载荷及水和气的腐蚀，对锅炉钢板的性能要求主要是有良好的焊接及冷弯性能、一定的高温强度和耐碱性腐蚀、耐氧化等。常见的牌号有 Q245R、Q345R、15CrMoR。

6. 压力容器钢

压力容器钢是用于制造石油、化工、气体分离和储运气体的压力容器或其他类似设备的钢种。包括碳素钢、碳锰钢、微合金钢、低合金高强度钢以及低温用钢，主要钢号有 Q245R、Q345R、Q370R。

4.2　钢板与钢带

4.2.1　钢铁产品牌号表示方法

1. 常用钢号表示方法

国家标准规定，钢铁产品牌号表示方法总规则是：钢铁产品的命名采用汉语拼音字母、化学元素符号及阿拉伯数字相结合的方法表示。一些常见化学元素及相应符号见表 1-4-10。

表 1-4-10　一些常见化学元素及相应符号

铁	Fe	碳	C
铬	Cr	镍	Ni
硅	Si	锰	Mn
铝	Al	磷	P
钨	W	钼	Mo
钒	V	钛	Ti
铜	Cu	硼	B
钴	Co	氮	N
铌	Nb	钽	Ta
钙	Ca	锕	Ac
稀土	RE	铍	Be

常用钢号表示方法的一些例子见表 1-4-11。

2. 中外常用牌号近似对照

本标准与相关标准相近牌号对照表见表 1-4-12～表 1-4-15。

4.2.2　板（带）料尺寸规格

1. 钢板、钢带品种及常用规格

尺寸规格见表 1-4-16～表 1-4-17。

2. 冷轧/热轧薄/厚钢板的尺寸/厚度允差

尺寸规格见表 1-4-18～表 1-4-23。

表 1-4-11　常用钢号表示方法

类别	钢号举例	类别	钢号举例
普通碳素结构钢	Q195 Q215A、Q215B Q235B、Q235D Q255A、Q255B Q275	先进高强钢	HC820/1180DP CP800 BR900/1200MS
		弹簧钢	85、65Mn 60Si2Mn 50CrV
优质碳素结构钢	08、10、50Mn	轴承钢	GCr6、GCr9、GCr15
碳素工具钢	T7 T8A T8Mn T10A	合金工具钢	Cr06、Crl2MoV、3Cr2W8V
		不锈耐酸钢和耐热钢	12Cr13、20Cr13
		高速工具钢	Wl 8Cr4V W6Mo5Cr4V2
合金结构钢	12CrNi3 20Mn2 40CrNiMo	电工钢	D11、D12 D21、D32
低合金高强度结构钢	Q355 Q390	低合金高强度钢	HC550LA HC800LA

表 1-4-12　冷轧深冲用钢牌号对照

Q/BQB 408—2018	JIS G3141:2017	JFS A2001:2014	VDA 239-100:2016	EN10130:2006	GB/T 5213—2019	ASTM A1008M-16
DC01/SPCC/BLC	SPCCT	JSC270C	CR1	DC01	DC01	CS Type C
DC03/SPCD/BLD	SPCD	JSC270D	CR2	DC03	DC03	CS Type A,B
DC04/SPCE/BUSD	SPCE	JSC270E	CR3	DC04	DC04	DS Type A,B
DC05/SPCF/BUFD	SPCF	JSC270F	CR4	DC05	DC05	DDS
DC06/SPCG/BSUFD	SPCG	JSC260G	CR5	DC06	DC06	EDDS
DC07	—	—	—	DC07	DC07	—

表 1-4-13　冷轧碳素结构钢牌号对照

Q/BQB 410—2018	JFS A2001:2014	DIN 1623:2009	Q/BQB 410—2018	JFS A2001:2014	DIN 1623:2009
B240ZK	JSC390W	—	S235G	—	—
B280VK	JSC440W	—	St44-3G、S245G	—	S245G
St37-2G、S215G	—	S215G	St52-3G、S325G	—	S325G

表 1-4-14　冷轧普通高强度钢钢板及钢带

Q/BQB 419—2018	GB/T 20564	EN 10268:2006+A1:2013	ASTM A1008M-16	VDA 239-100:2016
HC180P,B180P2	—	—	—	—
HC220P,B220P2	—	—	—	—
HC260P,HC300P	—	—	—	—
HC220I	CR220IS	HC220I	—	—
HC260I	CR260IS	HC260I	—	—
HC180Y	CR180IF	HC180Y	—	CR180IF
B170P1	—	—	—	—
HC220Y	CR220IF	HC220Y	—	CR210IF
B210P1	—	—	—	—
HC260Y	CR260IF	HC260Y	—	CR240IF
B250P1	—	—	—	—
B140H1	CR140BH	—	—	—
HC180B	CR180BH	HC180B	BHS Grade180	CR180BH
B180H1,B180H2	—	—	—	—
HC220B	CR220BH	HC220B	BHS Grade210	CR210BH
HC260B	CR260BH	HC260B	BHS Grade240	CR270BH
	—	—	BHS Grade280	—

（续）

Q/BQB 419—2018	GB/T 20564	EN 10268:2006+A1:2013	ASTM A1008M-16	VDA 239-100:2016
HC300B	CR300BH	HC300B	BHS Grade300	—
HC260LA	CR260LA	HC260LA	—	CR240LA
	—	—	—	CR270LA
HC300LA	CR300LA	HC300LA	HSLAS grade 310 class 2	CR300LA
HC340LA	CR340LA	HC340LA	HSLAS grade 340 class 2	CR340LA
B340LA	—	—	—	—
HC380LA	CR380LA	HC380LA	HSLAS grade 380 class 2	CR380LA
HC420LA	CR420LA	HC420LA	HSLAS grade 410 class 2	CR420LA
B410LA	—	—	—	—
HC460LA	—	HC460LA	HSLAS grade 450 class 1	CR460LA
HC500LA	—	HC500LA	HSLAS grade 480 class 2	—
HC550LA	—	—	HSLAS-F grade 550	—

表 1-4-15　冷轧先进高强度钢牌号对照

Q/BQB 418—2018	GB/T 20564	EN 10338:2015	VDA 239-100:2016	JFS A2001:2014
HC250/450DP	CR260/450DP	HCT450X	—	—
HC290/490DP	CR300/500DP	HCT490X	CR290Y490T-DP	—
HC340/590DP	CR340/590DP	HCT590X	CR330Y590T-DP	JSC590Y
B340/590DP	—	—	—	—
B400/780DP	—	—	—	—
HC420/780DP	CR420/780DP	HCT780X	CR440Y780T-DP	JSC780Y
HC500/780DP	—	HCT980X	—	—
HC550/980DP	CR550/980DP	HCT980XG	CR590Y980T-DP	JSC980Y
HC550/980DP-EL	—	—	—	JSC980YL
HC650/980DP	—	—	—	—
HC700/980DP	—	—	CR700Y980T-DP	JSC980YH
HC820/1180DP	—	HCT1180X	—	JSC1180Y
HC700/900MS	CR700/900MS	—	—	—
HC700/980MS	CR700/980MS	—	—	—
HC860/1100MS	CR860/1100MS	—	CR860Y1100T-MS	—
HC950/1180MS	CR950/1180MS	—	—	—
HC1030/1300MS	CR1030/1300MS	—	CR1030Y1300T-MS	—
HC1150/1400MS	CR1150/1400MS	—	—	—
HC1200/1500MS	CR1200/1500MS	—	CR1220Y1500T-MS	—
HC1350/1700MS	—	—	CR1350Y1700T-MS	—
HC380/590TR	CR380/590TR	—	—	—
HC400/690TR	CR400/690TR	HCT690T	CR400Y690T-TR	—
HC420/780TR	CR420/780TR	HCT780T	CR450Y780T-TR	—
HC350/600CP	—	HCT600C	—	—
HC570/780CP	—	HCT780C	CR570Y780T-CP	—
HC780/980CP	—	HCT980C	CR780Y980T-CP	—
HC900/1180CP	—	—	CR900Y1180T-CP	—
HC600/980QP	—	—	—	—
HC600/980QP-EL	—	—	—	—
HC820/1180QP	—	—	—	—
HC820/1180QP-EL	—	—	—	—

表 1-4-16　钢板品种与常用规格举例

分类	品种	名称	厚度/mm
普通钢板	热轧普通厚钢板（t>4mm）	汽车大梁用钢板	2. 5~10
		锅炉钢板	4. 5~120
	热轧普通薄钢板（t≤4mm）	普通碳素钢钢板	0. 3~120
		低合金钢钢板 花纹钢板	1. 0~120 3. 0~7
	冷轧普通薄钢板（t≤4mm）	镀锌薄钢板	0. 3~2. 0
		桥梁用钢板	4. 5~50
		造船用钢板	1. 0~120
优质钢板	与上述三个品种相对应	碳素结构钢钢板	0. 5~120
		合金结构钢钢板	1. 0~50
		高速工具钢钢板	1. 0~8
		弹簧钢板	1. 0~20
		不锈钢板	0. 5~20
复合钢板		不锈复合厚钢板	6~30
		塑料复合薄钢板	0. 35~2. 0
		犁铧用三层钢板	7~9

表 1-4-17　钢带品种及常用规格举例

类　别	品　种	名　称	厚度/mm
普通钢带	热轧普通钢钢带 冷轧普通钢钢带	普通碳素钢钢带 镀锡钢带 软管用钢带	2. 5~6（热轧） 0. 05~4（冷轧） 0. 08~0. 6（冷轧） 0. 25~0. 7（冷轧）
		碳素结构钢钢带	2. 5~7（热轧） 0. 05~3（冷轧）
		合金结构钢钢带	
优质钢带	与上述两个品种相对应	高速工具钢钢带	0. 25~3（冷轧）
		弹簧钢带	1~1. 5（冷轧）
		不锈钢带	5~6（热轧） 0. 05~3（冷轧） 2. 5~9（热轧） 0. 05~2. 5（冷轧）

表 1-4-18　钢板厚度允差（GB/T 708—2019）　　（单位：mm）

钢板厚度	A	B	C	
	高级精度	较高精度	普通精度	
	冷轧优质钢板	普通和优质钢板		
		冷轧和热轧	热轧	
	全部宽度		宽度<1000	宽度>1000
0. 2~0. 4	±0. 03	±0. 04	±0. 06	±0. 06
0. 45~0. 5	±0. 04	±0. 05	±0. 07	±0. 07
0. 55~0. 60	±0. 05	±0. 06	±0. 08	±0. 08
0. 70~0. 75	±0. 06	±0. 07	±0. 09	±0. 09
1. 0~1. 1	±0. 07	±0. 09	±0. 12	±0. 12
1. 2~1. 25	±0. 09	±0. 11	±0. 13	±0. 13
1. 4	±0. 10	±0. 12	±0. 15	±0. 15
1. 5	±0. 11	±0. 12	±0. 15	±o. 15
1. 6~1. 8	±0. 12	±0. 14	±0. 16	±0. 16
2. 0	±0. 13	±0. 15	+0. 15 −0. 18	±0. 18

（续）

钢板厚度	A	B	C	
	高级精度	较高精度	普通精度	
	冷轧优质钢板	普通和优质钢板		
		冷轧和热轧	热轧	
	全部宽度		宽度<1000	宽度>1000
2.2	±0.14	±0.16	+0.15 -0.19	±0.19
2.5	±0.15	±0.17	+0.16 -0.20	±0.20
2.8~3.0	±0.16	±0.18	+0.17 -0.22	±0.22
3.2~3.5	±0.18	±0.20	+0.18 -0.25	±0.25
3.8~4.0	±0.20	±0.22	+0.20 -0.30	±0.30

表 1-4-19　热轧厚钢板的尺寸（GB/T709—2006）　（单位：mm）

厚度	宽度									
	600~1200	1200~1500	1500~1600	1600~1700	1700~1800	1800~2000	2000~2200	2200~2500	2500~2800	2800~3000
	最大长度									
4.5~5.5	12000	12000	12000	12000	12000	6000	—	—	—	—
6~7	12000	12000	12000	12000	12000	10000	—	—	—	—
8~10	12000	12000	12000	12000	12000	12000	9000	9000	—	—
11~15	12000	12000	12000	12000	12000	12000	9000	8000	8000	8000
16~20	12000	12000	12000	10000	10000	9000	8000	7000	7000	7000
21~25	12000	11000	11000	10000	9000	8000	7000	6000	6000	6000
26~30	12000	10000	9000	9000	9000	8000	7000	6000	6000	6000
32~34	12000	9000	8000	7000	7000	7000	7000	7000	6000	5000
36~40	10000	8000	7000	7000	6500	6500	5500	5500	5000	—
42~50	9000	8000	7000	7000	6500	6000	5000	4000	—	—
52~60	8000	6000	6000	6000	5500	5000	4500	4000	—	—

表 1-4-20　碳素钢热轧钢带尺寸（GB/T 3524—2015）

厚度/mm	宽度/mm
≤12.0	≤600

表 1-4-21　碳素钢冷轧钢带的分类（GB/T 11253—2019）

按尺寸精度分		按力学性能分		按边缘状态分		按表面精度分	
名称	符号	名称	符号	名称	符号	名称	符号
普通精度钢带	P	软钢带	R	切边钢带	Q	较高级表面	FB
宽度精度较高钢带	K	半软钢带	BR	不切边钢带	BQ	高级表面	FC
厚度精度较高钢带	H						
宽度和厚度精度较高钢带	KH	冷硬钢带	Y	—	—	—	—

表 1-4-22　碳素钢冷轧钢带尺寸（GB/T 11253—2019）

厚度/mm	宽度/mm
≤4.0	≤600

表 1-4-23　窄钢板及钢带的宽度允许偏差（GB/T 11253—2019）　　（单位：mm）

<table>
<tr><th rowspan="2">钢带宽度</th><th colspan="2">允许偏差</th></tr>
<tr><th>不切边</th><th>切边</th></tr>
<tr><td>250～350</td><td>+3.0
−2.0</td><td rowspan="3">+1.0
0</td></tr>
<tr><td>>350～450</td><td>±4.0</td></tr>
<tr><td>>450～<650</td><td>±5.0</td></tr>
</table>

4.2.3　性能规格

1. 化学成分（见表 1-4-24～表 1-4-34）

表 1-4-24　碳素结构钢的化学成分（GB/T 700—2006）

<table>
<tr><th rowspan="2">牌号</th><th rowspan="2">统一数字代号①</th><th rowspan="2">等级</th><th rowspan="2">厚度(或直径)/mm</th><th rowspan="2">脱氧方法</th><th colspan="5">化学成分(质量分数,%)不大于</th></tr>
<tr><th>C</th><th>Si</th><th>Mn</th><th>P</th><th>S</th></tr>
<tr><td>Q195</td><td>U11952</td><td>—</td><td>—</td><td>F、Z</td><td>0.12</td><td>0.30</td><td>0.50</td><td>0.035</td><td>0.040</td></tr>
<tr><td rowspan="2">Q215</td><td>U12152</td><td>A</td><td rowspan="2">—</td><td rowspan="2">F、Z</td><td rowspan="2">0.15</td><td rowspan="4">0.35</td><td rowspan="2">1.20</td><td rowspan="2">0.045</td><td>0.050</td></tr>
<tr><td>U12155</td><td>B</td><td>0.045</td></tr>
<tr><td rowspan="4">Q235</td><td>U12352</td><td>A</td><td rowspan="2">—</td><td rowspan="2">F、Z</td><td>0.22</td><td rowspan="4">1.40</td><td rowspan="2">0.045</td><td>0.050</td></tr>
<tr><td>U12355</td><td>B</td><td>0.20②</td><td>0.045</td></tr>
<tr><td>U12358</td><td>C</td><td rowspan="2">—</td><td>Z</td><td rowspan="2">0.17</td><td rowspan="7">0.35</td><td>0.040</td><td>0.040</td></tr>
<tr><td>U12359</td><td>D</td><td>TZ</td><td>0.035</td><td>0.035</td></tr>
<tr><td rowspan="5">Q275</td><td>U12752</td><td>A</td><td>—</td><td>F、Z</td><td>0.24</td><td rowspan="5">1.50</td><td>0.045</td><td>0.050</td></tr>
<tr><td rowspan="2">U12755</td><td rowspan="2">B</td><td>≤40</td><td rowspan="2">Z</td><td>0.21</td><td rowspan="2">0.045</td><td rowspan="2">0.045</td></tr>
<tr><td>>40</td><td>0.22</td></tr>
<tr><td>U12758</td><td>C</td><td rowspan="2">—</td><td>Z</td><td rowspan="2">0.20</td><td>0.040</td><td>0.040</td></tr>
<tr><td>U12759</td><td>D</td><td>TZ</td><td>0.035</td><td>0.035</td></tr>
</table>

① 表中为镇静钢、特殊镇静钢牌号的统一数字，沸腾钢牌号的统一数字代号如下：

Q195F-U11950；

Q215AF-U12150，Q215BF-U12153；

Q235AF-U12350，Q235BF-U12353；

Q275AF-U12750。

② 经需方同意，Q235B 的碳含量可不大于 0.22%。

表 1-4-25　深冲用钢化学成分（Q/BQB 408—2018）

牌　号	化学成分(熔炼分析)(质量分数,%)					
	C	Mn	P	S	Alt	Ti
SPCC\SPCC-X	≤0.15	≤0.60	≤0.10	≤0.025	—	—
SPCD	≤0.10	≤0.45	≤0.030	≤0.025	≥0.015	—
SPCE	≤0.08	≤0.40	≤0.025	≤0.020	≥0.015	—
SPCF	≤0.008	≤0.30	≤0.020	≤0.020	≥0.015	—
SPCG	≤0.006	≤0.25	≤0.020	≤0.020	≥0.015	—
DC01	≤0.10	≤0.50	≤0.035	≤0.025	≥0.015	—
DC03	≤0.08	≤0.45	≤0.030	≤0.025	≥0.015	—
DC04	≤0.08	≤0.40	≤0.025	≤0.020	≥0.015	—
DC05	≤0.008	≤0.30	≤0.020	≤0.020	≥0.015	≤0.20
DC06	≤0.006	≤0.30	≤0.020	≤0.020	≥0.015	≤0.20
DC07	≤0.006	≤0.25	≤0.020	≤0.020	≥0.015	≤0.20

（续）

牌　　号	化学成分(熔炼分析)(质量分数,%)					
	C	Mn	P	S	Alt	Ti
BLC	≤0.10	≤0.50	≤0.035	≤0.025	≥0.015	—
BLD	≤0.08	≤0.45	≤0.030	≤0.025	≥0.015	—
BUSD	≤0.010	≤0.40	≤0.025	≤0.020	≥0.015	≤0.20
BUFD	≤0.008	≤0.30	≤0.020	≤0.020	≥0.015	≤0.20
BSUFD	≤0.006	≤0.30	≤0.020	≤0.020	≥0.015	≤0.20

表 1-4-26　深冲用高强度钢成分（Q/BQB 419—2018、GB/T 20564.1—2017、GB/T 20564.3—2017）

牌号	化学成分(熔炼分析)(质量分数,%)							
	C 不大于	Mn 不大于	P 不大于	S 不大于	Alt 不小于	Si 不大于	Ti 不大于	Nb 不大于
B180P2	0.08	0.8	0.12	0.025	0.015	—	—	—
HC180P	0.05	0.6	0.08	0.025	0.015	—	—	—
B220P2	0.10	1.0	0.12	0.025	0.015	—	—	—
HC220P	0.07	0.7	0.08	0.025	0.015	—	—	—
HC260P	0.08	0.7	0.10	0.025	0.015	—	—	—
HC300P	0.10	0.7	0.12	0.025	0.015	—	—	—

牌号	化学成分(质量分数,%)						
	C	Si	Mn	P	S	Nb①	Alt
	不大于						不小于
CR140BH	0.02	0.05	0.50	0.04	0.025	0.10	0.010
CR180BH	0.04	0.10	0.80	0.08	0.025	—	0.010
CR220BH	0.06	0.30	1.00	0.10	0.025	—	0.010
CR260BH	0.08	0.50	1.20	0.12	0.025	—	0.010
CR300BH	0.10	0.50	1.50	0.12	0.025	—	0.010

牌号	化学成分(质量分数,%)							
	C	Si	Mn	P	S	Ti②	Nb②	Alt
	不大于							不小于
CR180TF	0.01	0.30	0.80	0.08	0.025	0.12	0.09	0.010
CR220TF	0.01	0.50	1.40	0.10	0.025	0.12	0.09	0.010
CR260TF	0.01	0.80	2.00	0.12	0.025	0.12	0.09	0.010

① 可用 Ti 部分或全部代替 Nb，此时 Ti 和 Nb 的总含量≤0.10%。

② Nb、Ti 可单独或组合添加，V 和 B 也可以添加，但这 4 种元素总和不得超过 0.22%。

表 1-4-27　冲压结构用钢成分（Q/BQB 410—2018）

牌　　号	化学成分(熔炼分析)(质量分数,%)					
	C	Mn	Si	P	S	Alt
St37-2G、S215G	≤0.18	≤1.50	—	≤0.030	≤0.025	≥0.015
S235G	≤0.18	≤1.60	—	≤0.030	≤0.025	≥0.015
St44-3G、S245G	≤0.20	≤1.60	—	≤0.030	≤0.025	≥0.015
St52-3G、S325G	≤0.20	≤1.60	—	≤0.030	≤0.025	≥0.015
B240ZK	≤0.15	≤1.50	≤0.4	≤0.030	≤0.025	≥0.015
B280VK	≤0.15	≤2.00	≤0.5	≤0.030	≤0.025	≥0.015

表 1-4-28　结构用低合金高强度钢成分（GB/T 20564.4—2010）

牌号	化学成分(熔炼分析)(质量分数,%)							
	C 不大于	Si 不大于	Mn 不大于	P 不大于	S 不大于	Alt 不小于	Ti① 不大于	Nb① 不大于
HC260LA	0.10	0.5	0.6	0.025	0.025	0.015	0.15	—
HC300LA	0.10	0.5	1.0	0.025	0.025	0.015	0.15	0.09

（续）

牌号	化学成分(熔炼分析)(质量分数,%)							
	C 不大于	Si 不大于	Mn 不大于	P 不大于	S 不大于	Alt 不小于	Ti① 不大于	Nb① 不大于
HC340LA	0.10	0.5	1.1	0.025	0.025	0.015	0.15	0.09
HC380LA	0.10	0.5	1.6	0.025	0.025	0.015	0.15	0.09
HC420LA	0.10	0.5	1.6	0.025	0.025	0.015	0.15	0.09

① 可以单独或复合添加 Ti 和 Nb。也可添加 V 和 B，此时这些合金元素的总含量≤0.22%。

表 1-4-29 先进高强度钢成分——双相钢（GB/T 20564.2—2017）

牌号	化学成分(熔炼分析)(质量分数,%)					
	C	Si	Mn	P	S	Alt
	不大于					不小于
CR260/450DP	0.15	0.60	2.50	0.040	0.015	0.010
CR290/490DP	0.15	0.60	2.50	0.040	0.015	0.010
CR340/590DP	0.15	0.60	2.50	0.040	0.015	0.010
CR420/780DP	0.18	0.60	2.50	0.040	0.015	0.010
CR500/780DP	0.18	0.60	2.50	0.040	0.015	0.010
CR550/980DP	0.23	0.60	3.00	0.040	0.015	0.010
CR700/980DP	0.23	0.60	3.00	0.040	0.015	0.010
CR820/1180DP	0.23	0.50	3.00	0.040	0.015	0.010

注：根据需要可添加 Cr、Mo、B 等合金元素。

表 1-4-30 先进高强度钢成分——相变诱导塑性钢

牌号	化学成分(熔炼分析)(质量分数,%)					
	C	Si	Mn	P	S	Alt
	不大于					不小于
CR380/590TR	0.30	2.2	2.5	0.12	0.015	0.015~2.0
CR400/690TR						
CR420/780TR						
CR450/980TR						

注：据需要可添加 Ni、Cr、Mo、Cu 等合金元素，此时 Ni+Cr+Mo≤1.5%，Cu<0.20%。

表 1-4-31 先进高强度钢成分——复相钢

牌号	化学成分(熔炼分析)(质量分数,%)					
	C	Si	Mn	P	S	Alt
	不大于					不小于
CR350/590CP	0.18	1.8	2.2	0.080	0.015	2.0
CR500/780CP	0.24					
CR700/980CP	0.28					

注：允许添加其他合金元素，如 Nb、V、Ti、Cr、Mo、B 等。

表 1-4-32 先进高强度钢成分——马氏体钢

牌号	化学成分(熔炼分析)(质量分数,%)					
	C	Si	Mn	P	S	Alt
	不大于					不小于
CR500/780MS	0.30	2.2	3.0	0.020	0.025	0.010
CR700/900MS						
CR700/980MS						
CR860/1100MS						
CR950/1180MS						
CR1030/1300MS						
CR1150/1400MS						
CR1200/1500MS						

注：允许添加其他合金元素，如 Ni、Cr、Mo、Cu 等，但 Ni+Cr+Mo≤1.5%，Cu<0.20%。

表 1-4-33　先进高强度钢成分——QP 钢

牌号	化学成分(熔炼分析)(质量分数,%)					
	C	Si	Mn	P	S	Alt
	不大于					不小于
CR550/980QP	0.30	2.0	3.00	0.10	0.015	0.015-2.00
CR650/980QP						
CR700/1180QP						

注：允许添加其他合金元素，如 Ni、Cr、Mo、Nb、Cu 等。

表 1-4-34　先进高强度钢成分——TWIP 钢

牌号	化学成分(熔炼分析)(质量分数,%)					
	C	Si	Mn	P	S	Alt
	不大于					不小于
CR400/950TW	1.00	2.00	32.00	0.080	0.015	4.00

注：允许添加其他合金元素，如 Ni、Cr、Mo、Nb、Cu 等。

2. 国内外冷轧/热轧钢板/钢带成分（见表 1-4-35～表 1-4-45）

表 1-4-35　宝钢冷轧钢板/钢带成分（Q/BQB 408—2018）

牌号	化学成分(熔炼分析)(质量分数,%)					
	C	Mn	P	S	Alt	Ti
DC01①	≤0.10	≤0.50	≤0.035	≤0.025	≥0.015	—
DC03①	≤0.08	≤0.45	≤0.030	≤0.025	≥0.015	—
DC04①	≤0.08	≤0.40	≤0.025	≤0.020	≥0.015	—
DC05	≤0.008	≤0.30	≤0.020	≤0.020	≥0.015	≤0.20②
DC06	≤0.006	≤0.30	≤0.020	≤0.020	≥0.015	≤0.20②
DC07	≤0.006	≤0.25	≤0.020	≤0.020	≥0.015	≤0.20②

① 允许添加 Nb 或 Ti。

② 允许用 Nb 代替部分 Ti，此时 Nb 和 Ti 的总含量应不大于 0.20%。

表 1-4-36　ASTM 冷轧钢板/钢带成分（ASTM A1008/A1008M-15）

化学成分(质量分数,%)														
牌号	C	Mn	P	S	Al	Si	Cu	Ni	Cr②	Mo	V	Cb	Ti③	N	B
CS Type A④⑤⑥⑦	0.10	0.60	0.025	0.035	…①	…	0.20⑧	0.20	0.15	0.06	0.008	0.008	0.025	…	…
CS Type B④	0.02～0.15	0.60	0.025	0.035	…	…	0.20⑧	0.20	0.15	0.06	0.008	0.008	0.025	…	…
CS Type C④⑤⑥⑦	0.08	0.60	0.10	0.035	…	…	0.20⑧	0.20	0.15	0.06	0.008	0.008	0.025	…	…
DS Type A⑤⑨	0.08	0.50	0.020	0.020	0.01min	…	0.20	0.20	0.15	0.06	0.008	0.008	0.025	…	…
DS Type B	0.02～0.08	0.50	0.020	0.020	0.02min	…	0.20	0.20	0.15	0.06	0.008	0.008	0.025	…	…
DDS⑥⑦	0.06	0.50	0.020	0.020	0.01min	…	0.20	0.20	0.15	0.06	0.008	0.008	0.025	…	…
EDDS⑩	0.02	0.40	0.020	0.020	0.01min	…	0.10	0.10	0.15	0.03	0.10	0.10	0.15	…	…

① 表格中出现“…”，表示没有要求，但是应该报告分析结果。

② 当碳含量小于或等于 0.05%时，铬的选择最大允许为 0.25%。

③ 对于含碳 0.02%或以上的钢材，生产者可选择钛，以 3.4N+1.5S 或 0.025%中的较小者为准。

④ 当需要应用铝脱氧钢时，允许商品钢（CS）中铝总含量达到 0.01%。

⑤ 指定 B 型，以避免碳含量低于 0.02%。

⑥ 可以选择作为真空脱气或化学稳定的钢材，或两者兼有，在于在生产商的选择。

⑦ 如果碳含量小于或等于 0.02%，则可以选择使用钒，Nb 或钛或它们的组合作为稳定元素，由生产商选择。在这种情况下，钒或 Nb 的适用限量不得超过 0.01%，钛的含量不得超过 0.15%。

⑧ 规定铜钢时，铜限值是最低要求；未规定铜钢时，铜限值为最大要求。

⑨ 如果采用连续退火工艺生产，则生产者可以选择使用稳定钢。

⑩ 将作为真空脱气和稳定钢供给。

表 1-4-37　JIS 冷轧钢板/钢带成分（JIS G3141：2009）　（质量分数,%）

牌号	C	Mn	P	S	牌号	C	Mn	P	S
SPCC	≤0.15	≤0.60	≤0.100	≤0.050	SPCF	≤0.08	≤0.45	≤0.030	≤0.030
SPCD	≤0.12	≤0.50	≤0.040	≤0.040	SPCG①	≤0.02	≤0.25	≤0.020	≤0.020
SPCE	≤0.10	≤0.45	≤0.030	≤0.030					

注：根据需要可以增加表 30 以外的合金元素。

① 根据买卖双方的协议，可以改变 Mn、P 或 S 的上限值。

表 1-4-38　VDA 冷轧钢板/钢带成分——低碳钢（VDA 239-100：2016）　（质量分数,%）

等级	C	Si	Mn	P	S	Al	Ti	Cu
CR1	0.12	0.50	0.60	0.055	0.035	0.010	0.30	0.20
CR2	0.10	0.50	0.50	0.025	0.020	0.010	0.30	0.20
CR3	0.08	0.50	0.50	0.025	0.020	0.010	0.30	0.20
CR4	0.06	0.50	0.40	0.025	0.020	0.010	0.30	0.20
CR5	0.02	0.50	0.30	0.020	0.020	0.010	0.30	0.20

表 1-4-39　VDA 冷轧钢板/钢带成分-高强 IF 钢（VDA 239-100：2016）　（质量分数,%）

等级	C	Si	Mn	P	S	Al	Ti	Nb	Cu
CR160IF	0.01	0.30	0.60	0.060	0.025	0.010	0.12	0.09	0.20
CR180IF	0.01	0.30	0.70	0.060	0.025	0.010	0.12	0.09	0.20
CR210IF	0.01	0.30	0.90	0.080	0.025	0.010	0.12	0.09	0.20
CR240IF	0.01	0.30	1.60	0.10	0.025	0.010	0.12	0.09	0.20

表 1-4-40　VDA 冷轧钢板/钢带成分——BH 钢（VDA 239-100：2016）　（质量分数,%）

等级	C	Si	Mn	P	S	Al	Cu
CR180BH	0.06	0.50	0.70	0.060	0.025	0.015	0.20
CR210BH	0.08	0.50	0.70	0.085	0.025	0.015	0.20
CR240BH	0.10	0.50	1.00	0.100	0.030	0.015	0.20
CR270BH	0.11	0.50	1.00	0.110	0.030	0.015	0.20

表 1-4-41　VDA 冷轧钢板/钢带成分——低合金高强度钢（VDA 239-100：2016）

（质量分数,%）

等级	C	Si	Mn	P	S	Al	Ti	Nb	Cu
CR210LA	0.10	0.50	1.00	0.080	0.030	0.015	0.15	0.10	0.20
CR240LA	0.10	0.50	1.00	0.030	0.025	0.015	0.15	0.09	0.20
CR270LA	0.12	0.50	1.00	0.030	0.025	0.015	0.15	0.09	0.20
CR300LA	0.12	0.50	1.40	0.030	0.025	0.015	0.15	0.09	0.20
CR340LA	0.12	0.50	1.50	0.030	0.025	0.015	0.15	0.09	0.20
CR380LA	0.12	0.50	1.60	0.030	0.025	0.015	0.15	0.09	0.20
CR420LA	0.12	0.50	1.65	0.030	0.025	0.015	0.15	0.09	0.20
CR460LA	0.13	0.60	1.70	0.030	0.025	0.015	0.15	0.10	0.20

表 1-4-42　VDA 冷轧钢板/钢带成分——双相钢（VDA 239-100：2016）　（质量分数,%）

等级	C	Si	Mn	P	S	Al	Ti+Nb	Cr+Mo	B	Cu
CR290Y490T-DP	0.14	0.50	1.80	0.050	0.010	0.015~1.0	0.15	1.00	0.005	0.20
CR330Y590T-DP	0.15	0.80	2.50	0.050	0.010	0.015~1.5	0.15	1.40	0.005	0.20
CR440Y780T-DP	0.18	0.80	2.50	0.050	0.010	0.015~1.0	0.15	1.40	0.005	0.20
CR590Y980T-DP	0.20	1.00	2.90	0.050	0.010	0.015~1.0	0.15	1.40	0.005	0.20
CR700Y980T-DP	0.23	1.00	2.90	0.050	0.010	0.015~1.0	0.15	1.40	0.005	0.20

表 1-4-43　VDA 冷轧钢板/钢带成分——马氏体钢（VDA 239-100：2016）　（质量分数,%）

等级	C	Si	Mn	P	S	Al	Ti+Nb	Cr+Mo	B	Cu
CR860Y1100T-MS	0.13	0.50	1.20	0.020	0.025	0.010	0.15	1.00	0.010	0.20
CR1030Y1300T-MS	0.28	1.00	2.00	0.020	0.025	0.010	0.15	1.00	0.010	0.20
CR1220Y1500T-MS	0.28	1.00	2.00	0.020	0.025	0.010	0.15	1.00	0.010	0.20
CR1350Y1700T-MS	0.35	1.00	3.00	0.020	0.025	0.010	0.15	1.00	0.010	0.20

表 1-4-44　VDA 冷轧钢板/钢带成分——TRIP 钢（VDA 239-100：2016）　（质量分数,%）

等级	C	Si	Mn	P	S	Al	Ti+Nb	Cr+Mo	B	Cu
CR400Y690T-TR	0.24	2.0	2.20	0.050	0.010	0.015~2.0	0.20	0.60	0.005	0.20
CR450Y780T-TR	0.25	2.2	2.50	0.050	0.010	0.015~2.0	0.20	0.60	0.005	0.20

表 1-4-45　VDA 冷轧钢板/钢带成分——复相钢（VDA 239-100：2016）　（质量分数,%）

等级	C	Si	Mn	P	S	Al	Ti+Nb	Cr+Mo	B	Cu
CR570Y780T-CP	0.18	1.00	2.50	0.050	0.010	0.015~1.0	0.15	1.00	0.005	0.20
CR780Y980T-CP	0.23	1.00	2.70	0.050	0.010	0.015~1.0	0.15	1.00	0.005	0.20
CR900Y1180T-CP	0.23	1.00	2.90	0.050	0.010	0.015~1.0	0.15	1.00	0.005	0.20

3. 材料的力学性能

表 1-4-46~表 1-4-51 列出了宝钢企业标准（Q/BQB）的冷轧低碳钢板与碳素结构钢板的力学性能指标。高强度钢板是对普通钢板加以强化处理而得到的新型钢板。通常采用的金属强化的方法有：固溶强化、析出强化、细晶强化、组织强化、相态强化及复合组织强化、时效强化、加工强化等。表 1-4-52~表 1-4-60 列出了不同强度级别的宝钢企业标准（Q/BQB）高强度钢板的力学性能指标。

表 1-4-46　冷轧碳素钢板的力学性能

牌号	拉伸试验									r_m④⑤	
	屈服强度①②③ R_{eL} 或 $R_{p0.2}$/MPa	抗拉强度/MPa 不小于	伸长率③ A_{50}(%)不小于							不小于	
			公称厚度/mm								
			<0.25	0.25~<0.30	0.30~<0.40	0.40~<0.60	0.60~<1.0	1.0~<1.6	≥1.6	0.5~1.0	>1.0~1.6
SPCC	—	270	25	28	31	34	36	37	38	—	—
SPCD	140~220	270	27	30	33	36	38	39	40	—	—
SPCE	130~200	270	29	32	35	38	40	41	42	—	—
SPCF	120~190	270	—	—	37	40	42	43	44	—	—
SPCG	110~180	270	—	—	—	42	44	45	46	1.5	1.4

① 当屈服现象不明显时采用 $R_{p0.2}$，否则采用 R_{eL}。
② 除 SPCC 牌号外，当厚度大于 0.40mm 且不大于 0.60mm 时，屈服强度的规定值允许增加 20MPa；当厚度不大于 0.40mm 时，屈服强度的规定值允许增加 40MPa。
③ 试样为 JIS Z 2241 规定的 No.5 试样，试样方向为纵向。
④ 厚度<0.5mm 和厚度>1.6mm 时，r_m 值不做要求。
⑤ $r_m=(r_{90}+2r_{45}+r_0)/4$。

表 1-4-47　特定牌号冷轧碳素钢板的力学性能

牌号	拉伸试验								
	屈服强度①/MPa	抗拉强度/MPa	伸长率② A_{50}(%)不小于						
			公称厚度/mm						
			<0.25	0.25~<0.30	0.30~<0.40	0.40~<0.60	0.60~<1.0	1.0~<1.6	≥1.6
SPCC-XS	160~240	270~370	26	29	32	35	37	38	39
SPCC-XM	180~260	280~380	25	28	31	34	36	37	38
SPCC-XL	220~300	300~400	24	27	30	33	35	36	37

注：如用户对硬度有特殊要求，可按 Q/BQB 408—2019 附录 B 表 B.1 推荐参考值执行。
① 当屈服现象不明显时采用 $R_{p0.2}$，否则采用 R_{eL}。
② 试样为 JIS Z 2241 规定的 No.5 试样，试样方向为纵向。

表 1-4-48　冷轧低碳钢板的力学性能

牌号	拉伸试验									r_{90}③ 不小于	n_{90}③ 不小于
	屈服强度①/MPa	抗拉强度/MPa 不小于	伸长率② A_{80}(%)不小于								
			公称厚度/mm								
			0.25~<0.30	0.30~<0.40	0.40~<0.60	0.60~<1.0	1.0~<1.6	≥1.6		0.5~1.0	>1.0~1.6
DC01④	140~260	270~410	24	26	28	30	32	34		—	—
DC03	140~220	270~370	—	30	32	34	35	36		1.3	—
DC04	130~200	270~350	—	34	36	38	39	40		1.6	0.18
DC05	120~180	270~330	—	35	38	40	40	41		1.9	0.20
DC06	110~170	260~330	—	37	39	41	42	43		2.1	0.22
DC07	100~150	250~310	—	40	42	44	—	—		2.5	0.23

① 无明显屈服时采用 $R_{p0.2}$，否则采用 R_{eL}。当厚度大于 0.50mm 且不大于 0.70mm 时，屈服强度规定值允许增加 20MPa；当厚度不大于 0.50mm 时，屈服强度规定值允许增加 40MPa。

② 试样为 GB/T 228.1 规定的 P6 试样，试样方向为横向。

③ r_{90} 值和 n_{90} 值的要求仅适用于厚度不小于 0.50mm 的产品；当厚度>2.0mm 时，r_{90} 值允许降低 0.2，当产品厚度>2.5mm，r_{90} 值不做要求。

④ DC01 的屈服强度上限值仅适用于产品制造完成之日起的 8 天内。

表 1-4-49　冲压用冷轧钢板的力学性能

牌号	拉伸试验						r_{90}③ 不小于	n_{90}③ 不小于
	屈服强度①/MPa	抗拉强度/MPa 不小于	伸长率② A_{50}(%)不小于					
			公称厚度 mm					
			<0.60	0.60~<1.0	1.0.~<1.6	≥1.6	0.5~1.0	>1.0~1.6
BLC	150~260	270	36	38	40	42	—	—
BLD	130~220	270	39	41	43	45	1.5	0.18
BUSD	120~200	270	41	43	45	47	1.7	0.20
BUFD	120~180	270	43	45	47	49	2.0	0.21
BSUFD	110~170	260	45	47	49	51	2.2	0.22

① 当屈服现象不明显时采用 $R_{p0.2}$，否则采用 R_{eL}。

② 试样为 JIS Z 2241 规定的 No.5 试样，试样方向为横向。

③ r_{90} 值和 n_{90} 值的要求仅适用于厚度不小于 0.50mm 的产品。当厚度>2.0mm 时，r_{90} 值允许降低 0.2。厚度>2.5 mm 时，r 值不做要求。

表 1-4-50　冷轧碳素结构钢板的力学性能（德标）

牌号	拉伸试验		
	屈服强度①/MPa	抗拉强度/MPa 不小于	伸长率② A_{80}(%)不小于
St37-2G、S215G	215	360~510	22
S235G	235	390~540	20
St44-3G、S245G	245	430~580	18
St52-3G、S325G	325	510~680	16

① 当屈服现象不明显时采用 $R_{p0.2}$，否则采用 R_{eH}。

② 试样为 GB/T 228 中的 P6 试样，试样方向为横向。

表 1-4-51　冷轧碳素结构钢板的力学性能（宝钢企标）

牌号	拉伸试验						
	屈服强度①/MPa	抗拉强度/MPa 不小于	伸长率② A_{50}(%)不小于				
			公称厚度 mm				
			0.60~<0.8	0.8~<1.0	1.0~<1.2	1.2~<1.6	≥1.6
B240ZK	240~360	390	≥30	≥31	≥32	≥33	≥34
B280VK	280~400	440	≥27	≥28	≥29	≥30	≥31

① 当屈服现象不明显时采用 $R_{p0.2}$，否则采用 R_{eL}。

② 试样为 JIS Z 2241 规定的 No.5 试样，试样方向为横向。

表 1-4-52　冷轧普通高强度钢板的力学性能

牌号	拉伸试验			r_{90} ④⑤ 不小于	n_{90} ④ 不小于	烘烤硬化值⑥ (BH2)/MPa 不小于
	屈服强度①/MPa	抗拉强度/MPa 不小于	伸长率② A_{80}(%)不小于			
HC180Y	180~240	≥340	34	1.7	0.19	—
HC220Y	220~280	≥360	32	1.5	0.17	—
HC260Y	260~320	≥380	28	—	—	—
HC220I	220~270	300~400	34	1.4	0.18	—
HC260I	260~300	320~420	32	1.4	0.17	—
HC180B	180~230	290~360	34	1.6	0.17	30
HC220B	220~270	320~400	32	1.5	0.16	30
HC260B	260~320	360~440	29	—	—	30
HC300B	300~360	390~480	26	—	—	30
HC260LA③	260~330	350~430	26	—	0.14	—
HC300LA③	300~380	380~480	23	—	0.14	—
HC340LA③	340~420	410~510	21	—	0.12	—
HC380LA③	380~480	440~570	19	—	0.12	—
HC420LA③	420~520	470~600	17	—	0.11	—
HC460LA③	460~580	510~660	15	—	0.10	—
HC500LA③	500~620	550~700	14	—	—	—
HC550LA③	550~700	≥620	11	—	—	—

① 当屈服现象不明显时采用 $R_{p0.2}$，否则采用 R_{eL}。
② 试样为 JIS Z 2241 规定的 No. 5 试样，试样方向为横向。
③ 试样为 GB/T 228.1 规定的 P6 试样，试样方向为横向。
④ r 值和 n 值仅适用于厚度不小于 0.50mm 的产品。
⑤ 当产品公称厚度大于 1.5mm 时，r_{90}值允许降低 0.2；当产品公称厚度大于 2.5mm，r_{90}值的规定不再适用。
⑥ 厚度大于 1.2mm 时，BH2 值需另行协商。

表 1-4-53　冷轧普通高强度钢板的力学性能

牌号	拉伸试验				r_{90} ④⑤ 不小于	n_{90} ④ 不小于	烘烤硬化值⑥ (BH2)/MPa 不小于
	屈服强度①/MPa	抗拉强度/MPa 不小于	伸长率②(%) 不小于				
			A_{50}	A_{80}			
B140H1②	140~230	≥270	41	—	1.8	0.20	30
B180H1②	180~280	≥340	35	—	1.6	0.18	30
B180H2③	180~280	≥340	—	32	1.6	0.18	30
B180P2③	180~280	≥340	—	30	—	—	—
B220P2③	220~320	≥380	—	28	—	—	—
HC180P③	180~230	280~360	—	34	1.6	0.17	—
HC220P③	220~270	320~400	—	32	1.3	0.16	—
HC260P③	260~320	360~440	—	29	—	—	—
HC300P③	300~360	400~480	—	26	—	—	—
B340LA②	340~450	≥440	22	—	—	—	—
B410LA②	410~560	≥590	16	—	—	—	—

① 当屈服现象不明显时采用 $R_{p0.2}$，否则采用 R_{eL}。
② 试样为 JIS Z 2241 规定的 No. 5 试样，试样方向为横向。
③ 试样为 GB/T 228.1 规定的 P6 试样，试样方向为横向。
④ r 值和 n 值仅适用于厚度不小于 0.50mm 的产品。
⑤ 当产品公称厚度大于 1.5mm 时，r_{90} 值允许降低 0.2；当产品公称厚度大于 2.5mm，r_{90} 值的规定不再适用。
⑥ 厚度大于 1.2mm 时，BH2 值需另行协商。

表1-4-54 无间隙原子高强度冷轧钢板的力学性能

牌号	拉伸试验					r_{90}③ 不小于	n_{90}③ 不小于
	屈服强度①/MPa	抗拉强度/MPa 不小于	伸长率②(%)不小于				
			<1.0	1.2~<1.6	≥1.6		
B170P1	170~260	340	36	38	40	1.7	0.19
B210P1	210~310	390	32	34	36	1.6	0.18
B250P1	250~360	440	30	32	34	—	—

① 当屈服现象不明显时采用 $R_{p0.2}$，否则采用 R_{eL}。

② 试样为 JIS Z 2241 规定的 No.5 试样，试样方向为横向。

③ 当产品公称厚度大于 1.5mm 时，r_{90} 值允许降低 0.2。当产品公称厚度大于 2.5mm，r_{90} 值的规定不再适用。

表1-4-55 双相高强度冷轧钢板的力学性能

牌号	拉伸试验①②③			n 值 不小于
	屈服强度/MPa	抗拉强度 R_m/MPa 不小于	伸长率 A_{50}(%)不小于	
HC250/450DP	250~320	450	28	0.16
HC290/490DP	290~390	490	26	0.15
HC340/590DP	340~440	590	22	0.14
HC420/780DP	420~550	780	15	—
HC500/780DP	500~650	780	12	—
HC550/980DP	550~720	980	9	—
HC650/980DP	650~900	980	8	—
HC700/980DP	700~920	980	8	—
HC820/1180DP	820~1150	1180	5	—

① 无明显屈服时采用 $R_{p0.2}$，否则采用 R_{eL}。

② 试样为 JIS Z 2241 规定的 No.5 试样，试样方向为横向。如用户有特殊要求可协商确定。

③ 当产品公称厚度大于 0.50mm，但小于等于 0.70mm 时，伸长率允许下降 1%。

表1-4-56 双相高强度冷轧钢板的力学性能（宝钢企标）

牌号	拉伸试验				
	屈服强度①②/MPa	抗拉强度/MPa 不小于	伸长率② A_{50}(%)不小于		
			公称厚度 mm		
			<1.0	1.0~<1.6	≥1.6
B340/590DP	340~500	590	16	18	20
B400/780DP	400~590	780	—	14	16

① 无明显屈服时采用 $R_{p0.2}$，否则采用 R_{eL}。

② 试样采用 JIS Z 2241 规定的 No.5 试样，试样方向为横向。

表1-4-57 马氏体高强度冷轧钢板的力学性能

牌号	拉伸试验①②		
	屈服强度 $R_{p0.2}$/MPa	抗拉强度/MPa 不小于	伸长率 A_{50}(%)不小于
HC700/900MS	700~900	900	4
HC700/980MS	700~960	980	4
HC860/1100MS	860~1100	1100	4
HC950/1180MS	950~1200	1180	4
HC1030/1300MS	1030~1300	1300	4
HC1150/1400MS	1150~1400	1400	3
HC1200/1500MS	1200~1500	1500	3
HC1350/1700MS	1350~1700	1700	3

① 无明显屈服时采用 $R_{p0.2}$，否则采用 R_{eL}。

② 试样采用 JIS Z 2241 规定的 No.5 试样，试样方向为横向。

表 1-4-58　相变诱导塑性高强度冷轧钢板的力学性能

牌号	拉伸试验①②③			n 值不小于
	屈服强度 $R_{p0.2}$/MPa	抗拉强度 R_m/MPa 不小于	伸长率 A_{50}(%)不小于	
HC380/590TR	380~480	590	28	0.20
HC400/690TR	400~520	690	26	0.19
HC420/780TR	420~570	780	23	0.16

① 无明显屈服时采用 $R_{p0.2}$，否则采用 R_{eL}。
② 试样采用 JIS Z 2241 规定的 No. 5 试样，试样方向为横向。
③ 当产品公称厚度大于 0.50mm，但小于等于 0.70mm 时，伸长率允许下降 1%。

表 1-4-59　复相高强度冷轧钢板的力学性能

牌号	拉伸试验①②		
	屈服强度/MPa	抗拉强度/MPa 不小于	伸长率 A_{50}(%)不小于
HC570/780CP	570~780	780	11
HC780/980CP	780~950	980	7
HC900/1180CP	900~1100	1180	6

① 无明显屈服时采用 $R_{p0.2}$，否则采用 R_{eL}。
② 试样为 JIS Z 2241 规定的 No. 5 试样，试样方向为纵向。

表 1-4-60　淬火延性高强度冷轧钢板的力学性能

牌号	拉伸试验①②		
	屈服强度/MPa	抗拉强度/MPa 不小于	伸长率 A_{50}(%)不小于
HC600/980QP	600~850	980	15
HC600/980QP-EL	600~850	980	20
HC820/1180QP	820~1100	1180	8
HC820/1180QP-EL	820~1100	1180	14

① 无明显屈服时采用 $R_{p0.2}$，否则采用 R_{eL}。
② 试样为 JIS Z 2241 规定的 No. 5 试样，试样方向为横向。

表 1-4-61 为国家标准（GB/T 13237—2013）规定的优质碳素结构钢板的力学性能指标。

表 1-4-62 为国家标准（GB/T 700—2006）规定的碳素结构钢板的力学性能指标。

表 1-4-61　优质碳素结构钢板的力学性能

牌号	抗拉强度①② R_m/MPa	以下公称厚度(mm)的伸长率③ A_{80}(L_0=80mm, b=20mm)(%)					
		0.6	>0.6~1.0	>1.0~1.5	>1.5~2.0	>2.0~2.5	>2.5
08Al	275~410	≥21	≥24	≥26	≥27	≥28	≥30
08	275~410	≥21	≥24	≥26	≥27	≥28	≥30
10	295~430	≥21	≥24	≥26	≥27	≥28	≥30
15	335~470	≥19	≥21	≥23	≥24	≥25	≥26
20	355~500	≥18	≥20	≥22	≥23	≥24	≥25
25	375~490	≥18	≥20	≥21	≥22	≥23	≥24
30	390~510	≥16	≥18	≥19	≥20	≥21	≥22
35	410~530	≥15	≥16	≥18	≥19	≥19	≥20
40	430~550	≥14	≥15	≥17	≥18	≥18	≥19
45	450~570	—	≥14	≥15	≥16	≥16	≥17
50	470~590	—	—	≥13	≥14	≥14	≥15

（续）

牌号	抗拉强度①② R_m/MPa	以下公称厚度(mm)的伸长率③ A_{80}(L_0=80mm, b=20mm)(%)					
		0.6	>0.6~1.0	>1.0~1.5	>1.5~2.0	>2.0~2.5	>2.5
55	490~610	—	—	≥11	≥12	≥12	≥13
60	510~630	—	—	≥10	≥10	≥10	≥11
65	530~650	—	—	≥8	≥8	≥8	≥9
70	550~670	—	—	≥6	≥6	≥6	≥7

① 拉伸试验取横向试样。

② 在需方同意的情况下，25、30、35、40、45、50、55、60、65 和 70 牌号钢板和钢带的抗拉强度上限值允许比规定值提高 50MPa。

③ 经供需双方协商，可采用其他标距。

表 1-4-62　碳素结构钢板的力学性能

牌号	等级	屈服强度① R_{eH}/MPa 不小于 厚度(或直径)/mm						抗拉强度② R_m/MPa	伸长率 A/(%)不小于 厚度(或直径)/mm					冲击试验(V 形缺口)	
		≤16	>16~40	>40~60	>60~100	>100~150	>150~200		≤40	>40~60	>60~100	>100~150	>150~200	温度/℃	冲击吸收能量(纵向)/J 不小于
Q195		195	185	—	—	—	—	315~430	33	—	—	—	—	—	—
Q215	A	215	205	195	185	175	165	335~450	31	30	29	27	26	—	—
	B													+20	27
Q235	A	235	225	215	215	195	185	370~500	26	25	24	22	21	—	—
	B													+20	27③
	C													0	
	D													-20	
Q275	A	275	265	255	245	225	215	410~540	22	21	20	18	17	—	—
	B													+20	27
	C													0	
	D													-20	

① Q195 的屈服强度值仅供参考，不作为交货条件。

② 厚度大于 100mm 的钢材，抗拉强度下限允许降低 20N/mm²。宽带钢（包括剪切钢板）抗拉强度上限不作为交货条件。

③ 厚度小于 25mm 的 Q235B 级钢材，如供方能保证冲击吸收能量值合格，经需方同意，可不做检验。

4. 板料的冲压性能

宝钢标准对弯曲性能的要求见表 1-4-63。

表 1-4-63　先进高强度钢的弯曲性能

牌号	180°弯曲试验，弯曲直径不小于(a=试样厚度)
B340/590DP	$2a$
B400/780DP	$6a$
HC700/900MS	$6a$
HC700/980MS	$6a$
HC860/1100MS	$8a$
HC950/1180MS	$8a$
HC1030/1300MS	$8a$
HC1150/1400MS	$8a$
HC1200/1500MS	$8a$
HC1350/1700MS	$8a$

注：弯曲试验规定值适用于横向试样，弯曲试样宽度 b ≥35mm。仲裁试验时试样宽度为 35mm。供方如能保证，可不进行弯曲试验。

国家标准（GB/T 700—2006）规定的碳素结构钢板的弯曲性能指标见表 1-4-64。

表 1-4-64　碳素结构钢板的弯曲性能

牌号	试样方向	冷弯试验 180° $B=2a$① 钢材厚度(或直径)②/mm	
		≤60	>60~100
		弯心直径 d	
Q195	纵	0	—
	横	$0.5a$	
Q215	纵	$0.5a$	$1.5a$
	横	a	$2a$
Q235	纵	a	$2a$
	横	$1.5a$	$2.5a$
Q275	纵	$1.5a$	$2.5a$
	横	$2a$	$3a$

① B 为试样宽度，a 为试样厚度（或直径）。

② 钢材厚度（或直径）大于 100mm 时，弯曲试验由双方协商确定。

表 1-4-65 和表 1-4-66 分别列出了部分材料的 n 值、K 值和 r 值。

表 1-4-65　部分材料的 n 值和 K 值

材料	n	K/MPa
08F	0.185	708.76
08Al(ZF)	0.252	553.47
08Al(HF)	0.247	521.27
08Al(Z)	0.233	507.73
08Al(P)	0.25	613.13
10	0.215	583.84
20	0.166	709.06
5A02	0.164	165.64
2Al2	0.192	366.29
T2	0.455	538.37
H62	0.513	773.38
H68	0.435	759.12
QSn6.5-0.1	0.492	864.49
Q235	0.236	630.27
SPCC	0.212	569.76
SPCD	0.249	497.63
1Cr18Ni9Ti①	0.347	1093.61
1035	0.286	112.43

① 现行标准已不列，市场仍在售。

表 1-4-66　部分材料的 r 值

材料	r_0	r_{45}	r_{90}	r	Δr
沸腾钢	1.23	0.91	1.58	1.16	0.51
脱碳沸腾钢	1.88	1.63	2.52	1.92	0.57
钛镇静钢	1.85	1.92	2.61	2.08	0.31
铝镇静钢	1.68	1.19	1.90	1.49	0.60
钛	4.00	5.49	7.05	5.51	—
铜 O 材	0.90	0.94	0.77	0.89	-0.10
铜 1/2H 材	0.76	0.87	0.90	0.85	-0.04
铝 O 材	0.62	1.58	0.52	1.08	-1.01
铝 1/2H 材	0.41	1.12	0.81	0.87	-0.51
不锈钢	1.02	1.19	0.98	1.10	-0.19
黄铜 2 种 O 材	0.94	1.12	1.01	1.05	-0.14
黄铜 3 种 1/4H 材	0.94	1.00	1.00	0.99	-0.03

如图 1-4-6~图 1-4-9 介绍的几种板材的实测成形极限图都是缩颈型的，并且是在简单加载条件下得出的，可供生产中参考。

说明：

1）图中某些国外牌号的板材，不一定能与国产板材一一对应，其化学成分和力学性能不完全相同，成形极限曲线必然有差异。

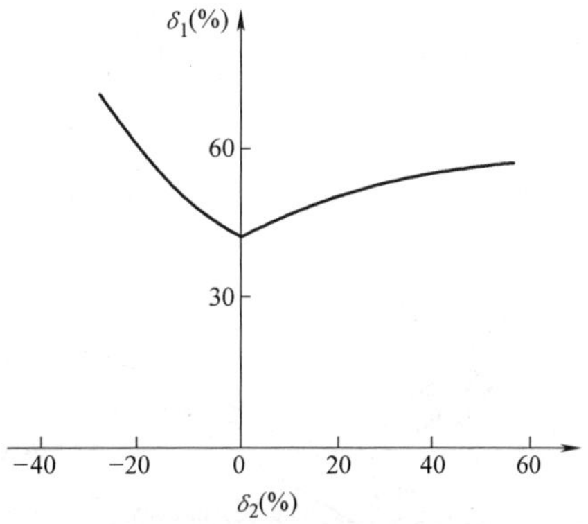

图 1-4-6　国产 08F 钢板成形极限图（板厚 1mm）

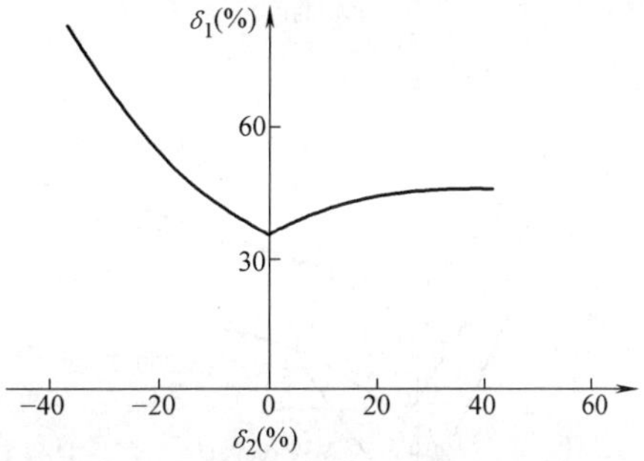

图 1-4-7　国产 15 钢板成形极限图（板厚 1mm）

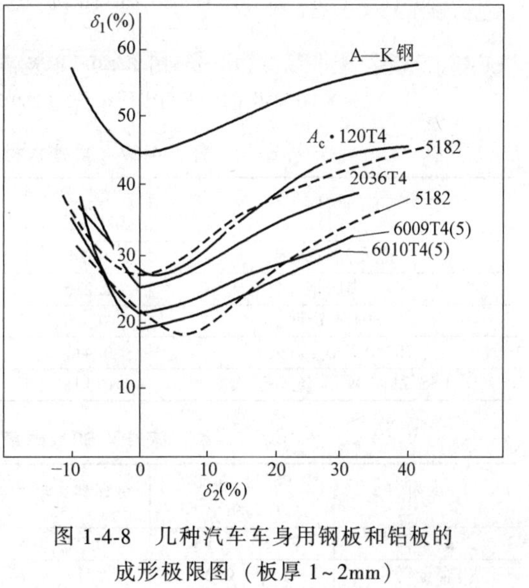

图 1-4-8　几种汽车车身用钢板和铝板的成形极限图（板厚 1~2mm）

2）成形极限曲线的高低除直接取决于材料种类外，还受到很多变形因素影响。因此，在使用已有的成形极限图时，应考虑变形因素的影响。所列各图均系在室温下、小应变速率、简单加载条件、试样曲率半径 80~100mm、板材厚度 0.5~2mm 条件下得出的（热处理状态查有关牌号）。

3）所列各图成形极限曲线均是用同一种工艺试验方法——Hecker 所介绍的方法测出的。

根据实测的 n、r 数值而计算出的某些板材单向拉伸集中失稳时极限值见表 1-4-67。碳素钢及合金钢的冲压性能见表 1-4-68。

4.2.4　国外常用冲压钢板/钢带规格

1. 美国普通强度/高强度冷轧/热轧钢板/钢带/镀锌钢板的牌号、化学成分、力学性能（见表 1-4-69～表 1-4-77）

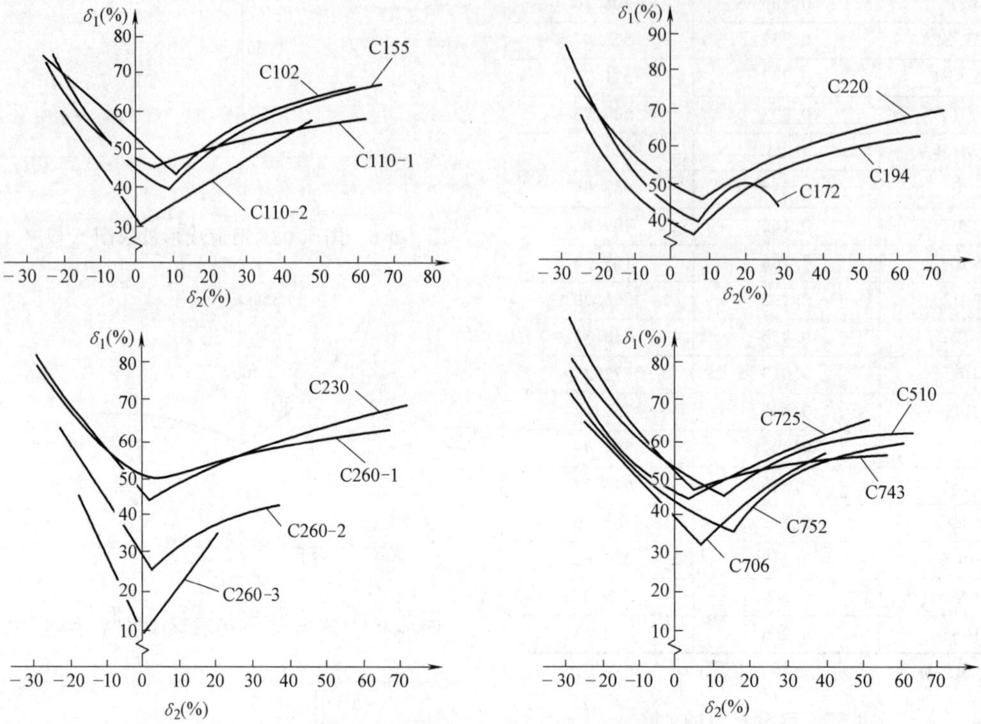

图 1-4-9　铜及铜合金板材的成形极限图

注：C110-2 及 C260-2 为半硬状态；C260-3 为硬状态；其余为退火状态；板厚 0.5～0.8mm。

表 1-4-67　某些板材单向拉伸集中失稳时极限值

板材	n	r	真实应变		相对应变	
			ε_1	ε_2	δ_1	δ_2
优质深拉深钢	0.24	1.78	0.67	−0.43	0.95	−0.35
沸腾钢	0.215	0.91	0.41	−0.20	0.51	−0.18
304 不锈钢	0.45	0.98	0.89	−0.44	1.44	−0.36
70/30 黄铜（退火）	0.415	0.85	0.77	−0.33	1.16	−0.30
BSS. ZL72 硬铝（充分退火）	0.148	0.675	0.24	−0.10	0.28	−0.095

表 1-4-68　碳素钢及合金钢的冲压性能

钢组	极限拉深比 *LDR*	极限翻边系数 K_{fe}	胀形深度 h/d		最小弯曲半径 r_{min}
			平冲头	球冲头	
碳素钢	1.85～2.15	0.77～0.65	0.28～0.38	0.45～0.60	(0.3～1.0)t
合金钢	1.85～2.06	0.77～0.70	0.20～0.34	0.40～0.55	(0.5～1.5)t

表 1-4-69　美国普通强度各冲压级冷轧钢板 CS、DS、DDS、EDDS 的化学成分

（质量分数，除特殊说明外均为不大于）（ASTM A1008M：2007）　　（%）

钢　种	C	Mn	P	S	Al	Si	Cu	Ni	Cr	Mo	V	Nb	Ti	N	B
CS-A	0.01	0.60	0.030	0.035	—	—	0.20	0.20	0.15	0.06	0.008	0.008	0.025	—	—
CS-B	0.02～0.15	0.60	0.030	0.035	—	—	0.20	0.20	0.15	0.06	0.008	0.008	0.025	—	—
CS-C	0.08	0.60	0.10	0.035	>0.01	—	0.20	0.20	0.15	0.06	0.008	0.008	0.025	—	—

（续）

钢　种	C	Mn	P	S	Al	Si	Cu	Ni	Cr	Mo	V	Nb	Ti	N	B
DS-A	0.08	0.50	0.020	0.030	>0.01	—	0.20	0.20	0.15	0.06	0.008	0.008	0.025	—	—
DS-B	0.02~0.15	0.50	0.020	0.030	>0.01	—	0.20	0.20	0.15	0.06	0.008	0.008	0.025	—	—
DDS	0.06	0.50	0.020	0.025	>0.01	—	0.20	0.20	0.15	0.06	0.08	0.08	0.025	—	—
EDDS	0.02	0.40	0.020	0.020	>0.01	—	0.10	0.10	0.15	0.03	0.10	0.10	0.15	—	—

表 1-4-70　美国普通强度各冲压级冷轧钢板 CS、DS、DDS、EDDS 的力学性能①②

（ASTM A1008/A1008M：2007）

钢种	屈服强度最小值③		伸长率 A_{50}③	r_m④	n⑤
	ksi	MPa			
CS-(A,B,C)	20~40	140~275	≥30	⑥	⑥
DS-(A,B)	22-35	150~240	≥36	1.3~1.7	0.17~0.22
DDS	17~29	115~200	≥38	1.4~1.8	0.20~0.26
EDDS	15~25	105~170	≥40	1.7~2.1	0.23~0.27

① 力学性能适用于全部厚度，随着厚度的减小，屈服强度增大，而伸长率降低、成形性能指标下降。

② 典型力学性能是正常值，当提供特殊用途时可以选择超出该范围的指标。

③ 屈服强度和伸长率的测量根据试验方法和 A370 标准选择轧向试样。

④ r_m 值的测量根据试验方法 E517。

⑤ n 值的测量根据试验方法 E646。

⑥ 无限制。

表 1-4-71　美国高强度冷轧钢板及钢带 SS、HSLAS、HSLAS-F 的化学成分①②

（ASTM A1008/A1008M：2007）　　（质量分数,%）

钢种	C	Mn	P	S	Al	Si	Cu	Ni	Cr	Mo	V	Nb	Ti	N
SS③														
25[170]	0.20	0.60	0.035	0.035	—	—	0.20	0.20	0.15	0.06	0.008	0.008	0.025	—
30[205]	0.20	0.60	0.035	0.035	—	—	0.20	0.20	0.15	0.06	0.008	0.008	0.025	—
33[230]类型 1	0.20	0.60	0.035	0.035	—	—	0.20	0.20	0.15	0.06	0.008	0.008	0.025	—
33[230]类型 2	0.15	0.60	0.20	0.035	—	—	0.20	0.20	0.15	0.06	0.008	0.008	0.025	—
40[275]类型 1	0.20	0.60	0.035	0.035	—	—	0.20	0.20	0.15	0.06	0.008	0.008	0.025	—
40[275]类型 2	0.15	0.60	0.20	0.035	—	—	0.20	0.20	0.15	0.06	0.008	0.008	0.025	—
50[340]	0.20	0.70	0.035	0.035	—	—	0.20	0.20	0.15	0.06	0.008	0.008	0.025	—
60[410]	0.20	0.70	0.035	0.035	—	—	0.20	0.20	0.15	0.06	0.008	0.008	0.025	—
70[480]	0.20	0.70	0.035	0.035	—	—	0.20	0.20	0.15	0.06	0.008	0.008	0.025	—
80[550]	0.20	0.60	0.035	0.035	—	—	0.20	0.20	0.15	0.06	0.008	0.008	0.025	—
HSLAS④														
45[310]类别 1	0.22	1.65	0.04	0.04	—	—	0.20	0.20	0.15	0.06	<0.005	<0.005	<0.005	—
45[310]类别 2	0.15	1.65	0.04	0.04	—	—	0.20	0.20	0.15	0.06	<0.005	<0.005	<0.005	—
50[340]类别 1	0.23	1.65	0.04	0.04	—	—	0.20	0.20	0.15	0.06	<0.005	<0.005	<0.005	—
50[340]类别 2	0.15	1.65	0.04	0.04	—	—	0.20	0.20	0.15	0.06	<0.005	<0.005	<0.005	—
55[380]类别 1	0.25	1.65	0.04	0.04	—	—	0.20	0.20	0.15	0.06	<0.005	<0.005	<0.005	—
55[380]类别 2	0.15	1.65	0.04	0.04	—	—	0.20	0.20	0.15	0.06	<0.005	<0.005	<0.005	—
60[410]类别 1	0.26	1.65	0.04	0.04	—	—	0.20	0.20	0.15	0.06	<0.005	<0.005	<0.005	—
60[410]类别 2	0.15	1.65	0.04	0.04	—	—	0.20	0.20	0.15	0.06	<0.005	<0.005	<0.005	—
65[450]类别 1	0.26	1.65	0.04	0.04	—	—	0.20	0.20	0.15	0.06	<0.005	<0.005	<0.005	—
65[450]类别 2	0.15	1.65	0.04	0.04	—	—	0.20	0.20	0.15	0.06	<0.005	<0.005	<0.005	—
70[480]类别 1	0.26	1.65	0.04	0.04	—	—	0.20	0.20	0.15	0.06	<0.005	<0.005	<0.005	—
70[480]类别 2	0.15	1.65	0.04	0.04	—	—	0.20	0.20	0.15	0.06	<0.005	<0.005	<0.005	—

（续）

钢种	C	Mn	P	S	Al	Si	Cu	Ni	Cr	Mo	V	Nb	Ti	N
HSLAS-F⑤														
50[340]/60[410]	0.15	1.65	0.020	0.025	—	—	0.20	0.20	0.15	0.06	<0.005	<0.005	<0.005	—
70[480]/80[550]	0.15	1.65	0.020	0.025	—	—	0.20	0.20	0.15	0.06	<0.005	<0.005	<0.005	—
SHSF⑥	0.15	1.50	0.12	0.030	—	—	0.20	0.20	0.15	0.06	0.08	0.08	0.08	—
BHS⑥	0.15	1.50	0.12	0.030	—	—	0.20	0.20	0.15	0.06	0.08	0.08	0.08	—

①“—”表示无特殊要求，但成分报告中须注明。

② 当合金有要求时，Cu 为最低加入量，无要求时，Cu 为最高加入量。

③ 根据客户要求 SS 钢的钛含量允许添加 $w(\text{Ti}) \leqslant 3.4w(\text{N})+1.5w(\text{S})$ 或 $w(\text{Ti}) \leqslant 0.025\%$。

④ HSLAS 和 HSLAS-F 单独或复合添加 Cr、Ni、V、Ti、Mo，只提供微合金元素的选择。

⑤ 选择添加 N 元素时，应严格限制 N 含量，同时考虑固氮的微合金元素 V、Ti 的添加。

⑥ 当 $w(\text{C}) \leqslant 0.02\%$ 时，允许添加 $w(\text{V}) \leqslant 0.10\%$，$w(\text{Cr}) \leqslant 0.10\%$，$w(\text{Ti}) \leqslant 0.15\%$。

表 1-4-72　美国高强度冷轧钢板钢带 SS、HSLAS、HSLAS-F 力学性能

（ASTM A1008/A1008M：2007）

钢种	屈服强度最小值		抗拉强度最小值		伸长率 A(%)
	ksi	MPa	ksi	MPa	
SS					
25[170]	25	170	42	290	26
30[205]	30	205	45	310	24
33[230]类型 1/类型 2	33	230	48	330	22
40[275]	40	275	52	360	20
50[340]	50	340	65	410	18
60[410]	60	410	75	480	12
70[480]	70	480	85	540	6
80[550]	80	550	82	565	
HSLAS					
45[310]类别 1	45	310	60	410	22
45[310]类别 2	45	310	55	380	22
50[340]类别 1	50	340	65	450	20
50[340]类别 2	50	340	60	410	20
55[380]类别 1	55	380	70	480	18
55[380]类别 2	55	380	65	450	18
60[410]类别 1	60	410	75	520	16
60[410]类别 2	60	410	70	480	16
65[450]类别 1	65	450	80	550	15
65[450]类别 2	65	450	75	520	15
70[480]类别 1	70	480	85	585	14
70[480]类别 2	70	480	80	550	14
HSLAS-F					
50[340]	50	340	60	410	22
60[410]	60	410	70	480	18
70[480]	70	480	80	550	16
80[550]	80	550	90	620	14

表 1-4-73　美国热轧钢板与钢带 CS 和 DS 牌号及化学成分

（ASTM A1011/A1011M：2007）　　　　（质量分数,%）

钢种	C	Mn	P	S	Al	Si	Cu	Ni	Cr	Mo	V	Nb	Ti	N	B
CS-A	0.10	0.60	0.030	0.035	—	—	0.20	0.20	0.15	0.06	0.008	0.008	0.025	—	—
CS-B	0.02~0.15	0.60	0.030	0.035	—	—	0.20	0.20	0.15	0.06	0.008	0.008	0.025	—	—
CS-C	0.08	0.60	0.10	0.035	—	—	0.20	0.20	0.15	0.06	0.008	0.008	0.025	—	—

（续）

钢种	C	Mn	P	S	Al	Si	Cu	Ni	Cr	Mo	V	Nb	Ti	N	B
CS-D	0.10	0.70	0.030	0.035	—	—	0.20	0.20	0.15	0.06	0.008	0.008	0.025	—	—
DS-A	0.08	0.50	0.020	0.030	>0.01	—	0.20	0.20	0.15	0.06	0.008	0.008	0.025	—	—
DS-B	0.02~0.08	0.50	0.020	0.030	>0.01	—	0.20	0.20	0.15	0.06	0.008	0.008	0.025	—	—

注：1. “—”表示无特殊要求，但成分报告中须注明。

2. 当 w(C)≤0.05%时，w(Cr)≤0.25%。

3. w (C)>0.02%，允许添加 w (Ti)≤3.4w (N)+1.5w (S)或 w (Ti)≤0.025%。

4. 类型 B 的 w(C) 应该高于 0.02%。

5. 当 w (C)≤0.02%时，允许添加 w (V)≤0.10%，w(Cr)≤0.10%，w (Ti)≤0.15%。

6. 要求铝脱氧时，w (Alt)≥0.01%。

7. 可以选择真空脱气、成分均匀化处理。

8. 当为合金钢时，合金元素采用最低加入量，非合金钢时，合金元素采用最高加入量。

表 1-4-74　美国热轧钢板与钢带牌号及化学成分

（ASTM A1011/A1011M：2007）　　（质量分数,%）

钢种	C	Mn	P	S	Al	Si	Cu	Ni	Cr	Mo	V	Nb	Ti	N
SS														
30[205]	0.25	0.90	0.035	0.04	—	—	0.20	0.20	0.15	0.06	0.008	0.008	0.025	—
33[230]	0.25	0.90	0.035	0.04	—	—	0.20	0.20	0.15	0.06	0.008	0.008	0.025	—
36[250]类型 1	0.25	0.90	0.035	0.04	—	—	0.20	0.20	0.15	0.06	0.008	0.008	0.025	—
36[250]类型 2	0.25	1.35	0.035	0.04	—	—	0.20	0.20	0.15	0.06	0.008	0.008	0.025	—
40[275]	0.25	0.90	0.035	0.04	—	—	0.20	0.20	0.15	0.06	0.008	0.008	0.025	—
45[310]	0.25	1.35	0.035	0.04			0.20	0.20	0.15	0.06	0.008	0.008	0.025	—
50[340]	0.25	1.35	0.035	0.04	—	—	0.20	0.20	0.15	0.06	0.008	0.008	0.025	—
60[410]	0.25	1.35	0.035	0.04	—	—	0.20	0.20	0.15	0.06	0.008	0.008	0.025	—
70[480]	0.25	1.35	0.035	0.04	—	—	0.20	0.20	0.15	0.06	0.008	0.008	0.025	—
80[550]	0.25	1.35	0.035	0.04	—	—	0.20	0.20	0.15	0.06	0.008	0.008	0.025	—
HSLAS														
45[310]类别 1	0.22	1.35	0.04	0.04	—	—	0.20	0.20	0.15	0.06	<0.005	<0.005	<0.005	—
45[310]类别 2	0.15	1.35	0.04	0.04	—	—	0.20	0.20	0.15	0.06	<0.005	<0.005	<0.005	—
50[340]类别 1	0.23	1.35	0.04	0.04	—	—	0.20	0.20	0.15	0.06	<0.005	<0.005	<0.005	—
50[340]类别 2	0.15	1.35	0.04	0.04	—	—	0.20	0.20	0.15	0.06	<0.005	<0.005	<0.005	—
55[380]类别 1	0.25	1.35	0.04	0.04	—	—	0.20	0.20	0.15	0.06	<0.005	<0.005	<0.005	—
55[380]类别 2	0.15	1.35	0.04	0.04	—	—	0.20	0.20	0.15	0.06	<0.005	<0.005	<0.005	—
60[410]类别 1	0.26	1.50	0.04	0.04	—	—	0.20	0.20	0.15	0.06	<0.005	<0.005	<0.005	—
60[410]类别 2	0.15	1.50	0.04	0.04	—	—	0.20	0.20	0.15	0.06	<0.005	<0.005	<0.005	—
65[450]类别 1	0.26	1.50	0.04	0.04	—	—	0.20	0.20	0.15	0.06	<0.005	<0.005	<0.005	—
65[450]类别 2	0.15	1.50	0.04	0.04	—	—	0.20	0.20	0.15	0.06	<0.005	<0.005	<0.005	—
70[480]类别 1	0.26	1.65	0.04	0.04	—	—	0.20	0.20	0.15	0.16	<0.005	<0.005	<0.005	—
70[480]类别 2	0.15	1.65	0.04	0.04	—	—	0.20	0.20	0.15	0.16	<0.005	<0.005	<0.005	—
HSLAS-F														
50[340]/60[410]	0.15	1.65	0.020	0.025	—	—	0.20	0.20	0.15	0.06	<0.005	<0.005	<0.005	—
70[480]/80[550]	0.15	1.65	0.020	0.025	—	—	0.20	0.20	0.15	0.16	<0.005	<0.005	<0.005	—
UHSS-1														
90[620]/100[690]类型 1	0.125	2.00	0.020	0.025	—	—	0.20	0.20	0.15	0.40	<0.005	<0.005	<0.005	—
90[620]/100[690]类型 2	0.15	2.00	0.020	0.025	—	—	0.20	0.20	0.15	0.40	<0.005	<0.005	<0.005	—

表 1-4-75　美国热轧钢板与钢带牌号及力学性能（ASTM A1011/A1011M：2007）

钢种	屈服强度最小值/ksi[MPa]	抗拉强度最小值/ksi[MPa]	伸长率 A_{50}(%)不小于 厚度/in[mm]			伸长率 A_{200}(%)
			0.230[6.0]~0.097[2.5]	0.097[2.5]~0.064[1.6]	0.064[1.6]~0.025[0.65]	<0.230[6]
CS-(A,B,C,D)	30~50[205~340]		25			
DS-(A,B)	30~50[205~310]		28			
SS						
30[205]	30[205]	49[340]	25	24	21	19
33[230]	33[230]	52[360]	23	22	18	18
36[250]类型 1	36[250]	53[365]	22	21	17	17
36[250]类型 2	36[250]	58~80[400~550]	21	20	16	16
40[275]	40[275]	55[380]	21	20	15	16
45[310]	45[310]	60[410]	19	18	13	14
50[340]	50[340]	65[450]	17	16	11	12
55[380]	55[380]	70[480]	15	14	9	10
60[410]	60[410]	75[480]	14	13	8	9
70[480]	70[480]	85[550]	13	12	7	8
80[550]	80[550]	95[620]	12	11	6	7
HSLAS			>0.097[2.5]	≤0.097[2.5]		
45[310]类别 1	45[310]	60[410]	25	23		
45[310]类别 2	45[310]	55[380]	25	23		
50[340]类别 1	50[340]	65[450]	22	20		
50[340]类别 2	50[340]	60[410]	22	20		
55[380]类别 1	55[380]	70[480]	20	18		
55[380]类别 2	55[380]	65[450]	20	18		
60[410]类别 1	60[410]	75[520]	18	16		
60[410]类别 2	60[410]	70[480]	18	16		
65[450]类别 1	65[450]	80[550]	16	14		
65[450]类别 2	65[450]	75[520]	16	14		
70[480]类别 1	70[480]	85[585]	14	12		
70[480]类别 2	70[480]	80[550]	14	12		
HSLAS-F						
50[340]	50[340]	60[410]	24	22		
60[410]	60[410]	70[480]	22	20		
70[480]	70[480]	80[550]	20	18		
80[550]	80[550]	90[620]	18	16		
UHSS						
90[620]类型 1，类型 2	90[620]	100[690]	16	14		
100[690]类型 1，类型 2	100[690]	110[670]	14	12		

表 1-4-76　美国普通强度各冲压级冷轧钢板 CS、FS、DDS、DDSC、EDDS 的化学成分

（ASTM A653M：2005）　　　　（质量分数，%）

钢种	C	Mn	P	S	Al	Si	Cu	Ni	Cr	Mo	V	Nb	Ti	N
CS-A	0.10	0.60	0.030	0.035	—	—	0.20	0.20	0.15	0.06	0.008	0.008	0.025	—
CS-B	0.02~0.15	0.60	0.030	0.035	—	—	0.20	0.20	0.15	0.06	0.008	0.008	0.025	—

（续）

钢种	C	Mn	P	S	Al	Si	Cu	Ni	Cr	Mo	V	Nb	Ti	N
CS-C	0.08	0.60	0.10	0.035	—	—	0.20	0.20	0.15	0.06	0.008	0.008	0.025	—
FS-A	0.10	0.50	0.020	0.035	—	—	0.20	0.20	0.15	0.06	0.008	0.008	0.025	—
FS-B	0.02~0.10	0.50	0.020	0.030	—	—	0.20	0.20	0.15	0.06	0.008	0.008	0.025	—
DDS	0.06	0.50	0.020	0.025	>0.01	—	0.20	0.20	0.15	0.06	0.10	0.10	0.15	—
DDSC	0.02	0.50	0.020~0.10	0.025	>0.01	—	0.20	0.20	0.15	0.06	0.10	0.10	0.15	—
EDDS	0.02	0.40	0.020	0.020	>0.01	—	0.20	0.20	0.15	0.06	0.10	0.10	0.15	—

注：1. “—”表示无特殊要求，但成分报告中须注明。
2. 当 $w(C)>0.02\%$时，在保证 $w(Ti)\leqslant 3.4w(N)$ 条件下允许添加 $w(Ti)\leqslant 0.025\%$。
3. 要求铝脱氧时，对于 CS、FS 来说 $w(Alt)\geqslant 0.01\%$。
4. 根据客户要求，允许选择真空脱气、成分均匀化处理。
5. 当 $w(C)\leqslant 0.02\%$时，允许添加 $w(V)\leqslant 0.10\%$，$w(Cr)\leqslant 0.10\%$，$w(Ti)\leqslant 0.15\%$。
6. 对于 CS-B、FS-B，$w(C)\geqslant 0.02\%$。
7. 可以不经过真空脱气、成分均匀化处理。
8. 需要真空脱气、成分均匀化处理。

表 1-4-77　美国普通强度各冲压级冷轧钢板 CS、FS、DDS、EDDS 的力学性能①②（ASTM A653M：2005）

名称	屈服强度最小值		伸长率 A_{50}(%)	r_m③	n④
	ksi	MPa			
CS-A	25~55	170~380	≥20	⑤	⑤
CS-B	30~55	205~380	≥20	⑤	⑤
CS-C	25~60	170~410	≥15	⑤	⑤
FS-A、B	25~45	170~310	≥26	1.0~1.4	0.17~0.21
DDS-A	20~35	140~240	≥32	1.4~1.8	0.19~0.24
DDS-C	25~40	170~280	≥32	1.2~1.8	0.17~0.24
EDDS⑥	15~25	105~170	≥40	1.6~2.1	0.22~0.27

① 典型力学性能是正常值，当提供特殊用途时可以选择超出该范围的指标。
② 力学性能适用于全部厚度，随着厚度的减小，屈服强度增大，而伸长率降低、成形性能指标下降。屈服强度和伸长率的测量根据试验方法和 A370 标准选择轧向试样。
③ r_m 值的测量根据试验方法 E517。
④ n 值测量的根据试验方法 E646。
⑤ 无限制。
⑥ 无时效。

2. 德国普通强度/高强度冷轧/热轧钢板/钢带/镀锌钢板的牌号、化学成分、力学性能（见表 1-4-78~表 1-4-80）

3. 日本普通强度/高强度冷轧/热轧钢板/钢带/镀锌钢板的牌号、化学成分、力学性能（见表 1-4-81~表 1-4-88）

表 1-4-78　德国普通强度各冲压级冷轧钢板及钢带化学成分和力学性能（DIN EN 10130：2006）

钢种	欧盟型号	表面质量	拉伸应变痕	化学成分(质量分数,%),不大于					R_{eL} /MPa	R_m /MPa	A_{80} (%) 不小于	r_{90} 不小于	n_{90} 不小于
				C	P	S	Mn	Ti					
DC01	1.0330	A	—	0.12	0.045	0.045	0.60	—	280	270~410	28	—	—
		B	3 个月不出现										
DC03	1.0347	A	6 个月	0.10	0.035	0.035	0.45	—	240	270~370	34	1.3	—
		B	6 个月										
DC04	1.0338	A	6 个月	0.08	0.030	0.030	0.40	—	210	270~350	38	1.6	0.180
		B	6 个月										
DC05	1.0312	A	6 个月	0.06	0.025	0.025	035	—	180	270~330	40	1.9	0.200
		B	6 个月										
DC06	1.0873	A	无限制	0.02	0.020	0.020	0.25	0.3①	170	270~330	41	2.1	0.220
		B	无限制										

（续）

钢种	欧盟型号	表面质量	拉伸应变痕	化学成分(质量分数,%),不大于					R_{eL} /MPa	R_m /MPa	A_{80} (%) 不小于	r_{90} 不小于	n_{90} 不小于
				C	P	S	Mn	Ti					
DC07	1.0898	A	无限制	0.01	0.020	0.020	0.20	0.2①	150	270~310	44	2.5	0.230
		B	无限制										

注：根据客户要求，DC01、DC03、DC04、DC05 的屈服强度下限可以考虑到 140MPa，DC01 的屈服强度上限 280MPa 只保证 8 天内有效。DC06 的屈服强度下限为 120MPa，而 DC07 的屈服强度低至 100MPa。

① 表示其中 Ti 可以被 Nb 代替，但是 C 和 N 元素必须完全固定。

表 1-4-79　德国普通强度各冲压级冷轧钢板及钢带表面质量要求（DIN EN 10130：2006）

质量等级	表面特征
FD(05)	产品两个表面中较好的一面不低于 FC 表面的要求,并经油石研磨后不存在辊印、压痕等产生的明显亮点,另一面至少达到 FC 表面的要求。两个表面不得存在明显残碳、灰尘、油斑等影响洁净度的缺陷
FC(04)	产品两个表面中较好的一面与 FB 等级相比对缺陷进一步限制,即不能影响涂漆后或镀层后的外观质量。另一面必须至少达到 FB 表面的要求
FB(03)	允许存在不影响成形性能及涂、镀附着力的缺陷,如无手感少量小气泡、小划痕、小辊印轻微划伤、轻微氧化色及轻微乳化液斑
FA	适合于客户对表面质量没有规定和要求的产品

表 1-4-80　德国热镀锌板的等级和力学性能（DIN 10142：2000）

钢种级别			热镀锌类型	屈服强度 $R_{p0.2}(R_{el})$/MPa	抗拉强度 R_m/MPa	伸长率 A_{80}(%) 不小于	r_{90} 不小于	n_{90} 不小于
钢种	钢号	冲压等级						
DX51D	1.0226		+Z	—	270~500	22	—	—
DX51D	1.0226	CQ	+ZF				—	—
DX52D	1.0350		+Z	140~300	270~420	26	—	—
DX52D	1.0350	DQ	+ZF				—	—
DX53D	1.0355		+Z	140~210	270~380	30	—	—
DX53D	1.0355	DDQ	+ZF					
DX54D	1.0306		+Z	140~220	270~350	36	1.6	0.18
DX54D	1.0306	SDDQ	+ZF			34	1.4	
DX56D	1.0322		+Z	120~180	270~350	39	1.9	0.21
DX56D	1.0322	EDDQ	+ZF			37	1.7	0.20

注：当厚度大于 1.5mm 时，r_{90} 降低 0.2；当厚度小于 0.7mm 时，r_{90} 降低 0.2，n_{90} 降低 0.01，A_{80} 降低 0.2%。

表 1-4-81　日本普通强度各冲压级冷轧钢板及钢带化学成分（JIS G3141：2009）　（质量分数,%）

钢种	C	Mn	P	S
SPCC	<0.15	<0.60	<0.100	<0.050
SPCD	<0.12	<0.50	<0.040	<0.040
SPCE	<0.10	<0.45	<0.030	<0.030
SPCF	<0.08	<0.45	<0.030	<0.030
SPCCa	<0.02	<0.25	<0.020	<0.020

表 1-4-82　日本普通强度各冲压级冷轧钢板及钢带力学性能①（JIS G3141：2009）

钢种	屈服强度/MPa	抗拉强度/MPa	伸长率 A_{50}(%)						
			厚度/mm						
	≥0.25	≥0.25	0.25~0.30	0.30~0.40	0.40~0.60	0.60~1.0	1.0~1.6	1.6~2.5	≥2.5
SPCC	—	—	—	—	—	—	—	—	—
SPCT	—	>270	>28	>31	>34	>36	>37	>38	>39
SPCD	<240	>270	>30	>33	>36	>38	>39	>40	>41

（续）

钢种	屈服强度/MPa	抗拉强度/MPa	伸长率 A_{50}(%)						
	厚度/mm								
	≥0.25	≥0.25	0.25～0.30	0.30～0.40	0.40～0.60	0.60～1.0	1.0～1.6	1.6～2.5	≥2.5
SPCE	<220	>270	>32	>35	>38	>40	>41	>42	>43
SPCF②	<210	>270	—	—	>40	>42	>43	>44	>45
SPCG②	<190	>270	—	—	>42	>44	>45	>46	—

① SPCC 为无特殊要求，但成分报告中须注明。

② SPCF、SPCG 的非时效期为出厂 6 个月内。SPCG 的 r 值要求≥1.5（板厚 0.5～1.0mm）或≥1.4（板厚 1.0～1.6mm）。

表 1-4-83　日本汽车用高强度可成形冷轧钢板及钢带力学性能（JIS G3135：2006）

钢种	抗拉强度/MPa	屈服强度/MPa	伸长率(%)		烤漆硬化量/MPa	拉伸试验片	弯曲性能		
			厚度 t/mm				弯曲角度	弯曲半径	弯曲试验片
			0.6～1.0	1.0～2.3					
SPFC340	>340	>175	>34	>35	—	5 号试样，垂直于轧制方向	180°	—	3 号试样，垂直于轧制方向
SPFC370	>370	>205	>32	>33	—			—	
SPFC390	>390	>235	>30	>31	—			—	
SPFC440	>440	>265	>26	>27	—			—	
SPFC490	>490	>295	>23	>24	—			—	
SPFC540	>540	>325	>20	>21	—			0.5t	
SPFC590	>590	>355	>17	>18	—			1.0t	
SPFC490Y	>490	>225	>24	>25	—			—	
SPFC540Y	>540	>245	>21	>22	—			0.5t	
SPFC590Y	>590	>265	>18	>19	—			1.0t	
SPFC780Y①	>780	>365	>13	>14	—			3t	
SPFC980Y①	>980	>490	>6	>7	—			4t	
SPFC340H②③	>340	>185	>34	>34	>30			—	

① SPFC780Y 的伸长率适用板厚 t 的范围为 0.6mm≤t<1.0mm，1.0mm<t≤2.3mm；SPFC980Y 的伸长率适用于 0.8mm≤t<1.0mm，1.0mm<t≤2.0mm。

② SPFC340H 的伸长率适用板厚 t 的范围为 1.0mm≤t≤2.3mm。

③ SPFC340H 生产后在常温条件下 3 个月内不发生时效。

表 1-4-84　日本普通强度各冲压级热轧钢板及钢带化学成分（JIS G3131：2010）（质量分数,%）

钢种	C	Mn	P	S
SPHC	≤0.15	≤0.60	≤0.045	≤0.035
SPHD	≤0.10	≤0.45	≤0.035	≤0.035
SPHE	≤0.10	≤0.40	≤0.030	≤0.030
SPHF	≤0.08	≤0.35	≤0.025	≤0.025

注：按照客户要求，成分 Mn、P 的上限值可以变化。

表 1-4-85　日本普通强度各冲压级热轧钢板及钢带的力学性能（JIS G3131：2010）

钢种	抗拉强度/MPa	伸长率 A_{50}(%)(5 号试样,轧制方向)						弯曲性能(3 号试样,轧制方向)		
		厚度/mm						弯曲角度	内侧半径	
		1.2～<1.6	1.6～<2.0	2.0～<2.5	2.5～<3.2	3.2～<4.0	≥4.0		厚度<3.2mm	厚度≥3.2mm
SPHC	≥270	≥27	≥29	≥29	≥29	≥31	≥31	180°	紧密贴合	厚度的 0.5 倍
SPHD	≥270	≥30	≥32	≥33	≥35	≥37	≥39	—	—	—
SPHE	≥270	≥32	≥34	≥35	≥37	≥39	≥41	—	—	—
SPHF	≥270	≥37	≥38	≥39	≥39	≥40	≥42	—	—	—

注：SPHC、SPHD、SPHE、SPHF 的抗拉强度上限分别为 440MPa、420MPa、400MPa、380MPa。两端夹持段性能不适用于本表。

表 1-4-86　日本热镀锌热轧钢板的牌号、化学成分和力学性能（JIS G3302：2010）

牌号	化学成分(质量分数,%)不大于				屈服强度/MPa	抗拉强度/MPa	伸长率 A_{50}(%)不小于					试样方向
							公称厚度/mm					
	C	Mn	P	S	不小于	不小于	1.6~2.0	>2.0~2.5	>2.5~3.2	>3.2~4.0	>4.0~6.0	
SGHC	0.15	0.80	0.05	0.05	205	270	—	—	—	—	—	5号试样,轧制方向
SGH340	0.25	1.70	0.20	0.05	245	340	20	20	20	20	20	
SGH400	0.25	1.70	0.20	0.05	295	400	18	18	18	18	18	5号试样,轧制方向或垂直于轧制方向
SGH440	0.25	2.00	0.20	0.05	335	440						
SGH490	0.25	2.00	0.20	0.05	365	490	16	16	16	16	16	
SGH540	0.30	2.00	0.20	0.05	400	540						

表 1-4-87　日本 JFE 公司热镀锌热轧钢板标准牌号

基板类别	热镀锌热轧板牌号	热镀锌铁合金热轧板牌号	热镀铝锌合金热轧板牌号
参考标准	JIS G3302	JIS G3302	JIS G3321
一般用(CQ)	JFE-HB-GZ	JFE-HB-GA	JFE-HB-GL
加工用	JFE-HC-GZ	JFE-HC-GA	—
冲压用(DQ)	JFE-HD-GZ	JFE-HD-GA	—
深冲用(DDQ)	JFE-HE-GZ	JFE-HE-GA	—
结构用	JFE-H400-GZ JFE-H490-GZ	JFE-H400-GA JHC-H490-GA	JFE-H400-GL
高强度钢类一般加工用	JFE-HA310-GZ JFE-HA370-GZ JFE-HA400-GZ JFE-HA440-GZ JFE-HA490-GZ JFE-HA590-GZ	JFE-HA310-GA JFE-HA370-GA JFE-HA400-GA JFE-HA440-GA JFE-HA490-GA JFE-HA590-GA	—
高强度钢类高延伸凸缘深冲用	JFE-HA440SF-GZ	JFE-HA440SF-GA	—
高强度低屈强比例	JFE-HA590Y-GZ	JFE-HA590Y-GA	—

表 1-4-88　日本热镀锌冷轧钢板的牌号、化学成分和力学性能（JIS G3302：2010）

牌号	化学成分(质量分数,%)不大于				屈服强度/MPa	抗拉强度/MPa	伸长率 A_{50}(%)不小于						试样方向
							公称厚度/mm						
	C	Mn	P	S	不小于	不小于	≥0.25~<0.40	≥0.40~<0.60	≥0.60~<1.0	≥1.0~<1.60	≥1.60~<2.50	≥2.5	
SGCC	0.15	0.80	0.05	0.05	205	270	—	—	—	—	—	—	5号试样,轧制方向
SGCH	0.18	1.20	0.08	0.05	—	—	—	—	—	—	—	—	
SGCD 1	0.12	0.60	0.04	0.04	—	270	—	34	36	37	38	—	
SGCD 2	0.10	0.45	0.03	0.03	—	270	—	36	38	39	40	—	
SGCD3	0.08	0.45	0.03	0.03	—	270	—	38	40	41	42	—	
SGCD4	0.06	0.45	0.03	0.03	—	270	—	40	42	43	44	—	
SGC340	0.25	1.70	0.20	0.05	245	340	20	20	20	20	20	20	5号试样,轧制方向和垂直于轧制方向
SGC400	0.25	1.70	0.20	0.05	295	400	18	18	18	18	18	18	
SGC440	0.25	2.00	0.20	0.05	335	440	18	18	18	18	18	18	
SGC490	0.30	2.00	0.20	0.05	365	490	16	16	16	16	16	16	
SGC570	0.30	2.00	0.20	0.05	560	570	—	—	—	—	—	—	

注：合同双方可协商调整交货产品的 C、Mn、P 和 S 成分。

4.3　不锈钢板

4.3.1　深冲用奥氏体不锈钢的力学性能及成形性能

表 1-4-89 列出了 0.6mm 厚度的部分典型冲压用奥氏体型不锈钢板的实际力学性能和成形性能数据。

4.3.2　冲压用铁素体不锈钢的力学性能及成形性能

表 1-4-90 列出了常用不锈钢板的化学成分，详见国家标准 GB/T 3280—2007。

表 1-4-91 列出了 0.6mm 厚度的部分典型冲压用铁素体型不锈钢板的实际力学性能和成形性能数据。

表 1-4-89　奥氏体不锈钢板的实际力学性能和成形性能

JIS 记号	成分系	Md_{30}/℃	R_{eL}/MPa	R_m/MPa	A(%)	n	r	杯突值/mm	CCV/mm	LDR/mm	λ(%)
SUS 301	0.10C-17Cr-7Ni	45.7	305	710	62.0	0.60	1.02	14.5	27.3	2.200	50.0
SUS 304	0.06C-18Cr-8Ni	15.0	295	689	59.5	0.52	1.04	13.1	27.5	2.275	52.0
SUS 304	0.06C-18Cr-9Ni	7.0	290	650	61.0	0.46	0.97	12.6	27.5	2.300	57.0
SUS 304J1	0.01C-17Cr-7Ni-2Cu	43.5	264	579	65.0	0.56	0.95	13.6	26.8	2.475	63.0
SUS 305J1	0.01C-18Cr-12Ni	−34.4	249	551	53.4	0.40	0.95	11.9	—	2.300	—
SUS XM7	0.03C-18Cr-9Ni-5Cu	−46.7	280	560	48.1	0.37	1.04	12.5	27.7	2.300	97.0

表 1-4-90　常用不锈钢板的化学成分

牌号	C	Si	Mn	P	S	Ni	Cr	Mo	N
06Cr19Ni10	≤0.080	≤0.75	≤2.00	≤0.045	≤0.030	8.00~10.50	18.00~20.00	—	≤0.10
022Cr19Ni10	≤0.030	≤0.75	≤2.00	≤0.045	≤0.030	8.00~12.00	18.00~20.00	—	≤0.10
06Cr17Ni12Mo2	≤0.030	≤0.75	≤2.00	≤0.045	≤0.030	10.00~14.00	16.00~18.00	2.00~3.00	≤0.10
022Cr17Ni12Mo2	≤0.030	≤0.75	≤2.00	≤0.045	≤0.030	10.00~14.00	16.00~18.00	2.00~3.00	≤0.10
10Cr17	≤0.12	≤1.00	≤1.00	≤0.040	≤0.030	≤0.75	16.00~18.00	—	—
12Cr13	≤0.15	≤1.00	≤1.00	≤0.040	≤0.030	≤0.60	11.50~13.50	—	—

表 1-4-91　铁素体型不锈钢板的实际力学性能和成形性能

JIS 记号	成分系	R_{eL}/MPa	R_m/MPa	A(%)	n	r	杯突值/mm	CCV/mm	LDR/mm	λ(%)
SUS430	0.06C-17Cr	365	521	25.5	0.19	1.25	8.5	28.5	2.275	51.0
SUS434	0.06C-17Cr-1Mo	386	564	25.6	0.18	1.45	9.2	—	2.250	50.0
SUS430J1L	低 C,N-17Cr-0.5Nb-0.4Cu	349	500	30.0	0.20	1.70	9.6	27.2	2.425	85.0
SUS430LX	低 C,N-17Cr-0.3Ti	335	485	29.7	—	1.71	9.5	—	—	—
SUS444	低 C,N-19Cr-2Mo-0.1Ti-0.3Nb	400	585	28.0	0.20	1.60	8.3	27.6	2.350	90.0
SUS410L	低 C,1Si-1M-12Cr-0.6Ni	307	460	34.6	0.22	1.45	8.8	27.9	2.300	65.0
SUH409L	低 C,N-11Cr-0.3Ti	273	440	33.0	0.25	1.75	10.1	27.6	2.450	85.0

4.3.3 航空航天用耐热不锈钢板材的主要特性及用途

1. 国产常用不锈钢板材的牌号、主要特性及用途（见表 1-4-92）

表 1-4-92　国产常用不锈钢板材的牌号、主要特性及用途举例

类型	不锈钢牌号	供应状态	特性及用途
马氏体型不锈钢	12Cr03	软态	具有良好的耐蚀性、机械加工性，一般用途，刃具类
马氏体型不锈钢	20Cr13	软态	淬火状态下硬度高，耐蚀性良好，可做汽轮机叶片
马氏体型不锈钢	30Cr13	软态	比 20Cr13 淬火后硬度高，做刃具、喷嘴、阀座及阀门导向条
马氏体型不锈钢	40Cr13	软态	做较高硬度及高耐磨性的热油泵轴，阀片、阀门轴承、医疗器械及弹簧等零件
马氏体型耐热钢	13Cr11Ni2W2MoV	软态	具有良好的韧性和氧化性能，在淡水和湿空气中有较好的耐蚀性
马氏体型不锈钢	14Cr17Ni2	软态	具有较高强度的耐硝酸及有机酸腐蚀的零件、容器和设备
奥氏体型不锈钢	06Cr19Ni10	软态、冷作硬化	作为不锈耐热钢使用最广泛，食品用设备，一般化工设备，原子能工业用设备
奥氏体型不锈钢	12Cr18Ni9	软态、冷作硬化	经冷加工有高的强度，但伸长率比 12Cr17Ni7 稍差，建筑用装饰部件

（续）

类型	不锈钢牌号	供应状态	特性及用途
奥氏体型不锈钢	1Cr18Ni9Ti	软态	做焊芯、抗磁仪表、医疗器械、耐酸容器及设备衬里输送管道等设备和零件
奥氏体-铁素体型不锈钢	1Cr18Ni11Si4AlTi	软态、冷作硬化	制作抗高温浓硝酸介质的零件和设备
奥氏体型不锈钢	12Cr18Mn9Ni5N	软态、冷作硬化	节镍钢种，代替牌号为 12Cr18Ni9

2. 美国常用不锈钢板材的牌号、主要特性及用途（见表 1-4-93）

表 1-4-93　美国常用不锈钢板材的牌号、主要特性及用途举例

类型	不锈钢牌号	供应状态	特性及用途
304 类	304 QQ-S-766	退火	不用于 454℃ 以上，不允许进行硬钎焊和熔焊
表面状态 2D	301 MIL-S-5059	退火、1/4 硬、1/2 硬、3/4 硬、全硬	在退火状态下，301 与 302 可以互换，规定 301 为冷作状态下材料
—	304L MIL-S-4043	退火	使用温度可达 427℃，用于不需要热处理的焊接件
—	321 MIL-S-6721	退火	用于熔焊和硬钎焊件，或用于 454℃ 以上
—	347 MIL-S-6721	退火	—
表面状态 2D	17-7PH MIL-S-25043	退火	热处理前很容易成形，热处理变形小
—	PH15-7Mo AMS-5520	退火	高强度钢

4.4　铝及其合金板

4.4.1　铝及其合金板的牌号举例及力学性能（见表 1-4-94、表 1-4-95）

表 1-4-94　常用铝合金板的中外牌号近似对照举例

合金类别	中国（GB）	苏联（ГОСТ）	美国（AA、ASTM）	法国（NF）	德国（DIN）	日本（JIS）	英国（B. S.）
工业纯铝	1070A 1060 1090A 8A06	АД00 А0 АД0 АД	1070 1060 1050 1080	A7 A5	A199.7 A199.6 A199.5 A199.8	A1070P A1060P A1050P A1080P	SIA SIB SIA
防锈铝	5A03 5B05 3A21	АМГ3 АМГ5П АМЦ	5154 5056 3033		AlMg4 AlMg5（AlMg4.5Mn） Al-Mn	A3154P A5056P A3003TE　A3203	NS5 NS6 N3
硬铝	2A01 2A10 2A11 2A12	Д18Д В65 Д1 Д16	2117 2017 2017 2024	A-UAG1	AlCu2.3Mg0.3 AlCuMg1 AlCuMg1 AlCuMg2	A2117P A2017P A2017P A2024P	 HS14 HS13
锻铝	2A50 2A80 2A90 2A14	АК6 АК4 АК2 АК8	2618　2018 2014	A-U2N A-U4N	AlCuSiMn	A2N01FD A2N01FH　A2018FD A2014FD　A2014FH	HF16 HF15
特殊铝	4A01	АК	4032　4043		AlSi5	A4032FD　A4032	N21

表 1-4-95　铝板材的力学性能

牌号	交货状态								
	软态（O）			1/2 硬（HX2）			硬态（HX8）		
	厚度/mm	R_{eL}/MPa	A（%）	厚度/mm	R_{eL}/MPa	A（%）	厚度/mm	R_{eL}/MPa	A（%）
2A11	0.3～2.5	≤230	12	—	—	—	—	—	—
2A12	0.3～4.0	≤220	14	—	—	—	—	—	—

4.4.2　铝及其合金板的厚度、宽度公差（见表 1-4-96）

表 1-4-96　铝及其合金板的厚度、宽度公差　（单位：mm）

板料厚度	板料宽度								宽度公差
	400 500	600	800	1000	1200	1400	1500	2000	
	厚度公差								
0.3	−0.05	−0.05	−0.08	−0.10	−0.12	−0.14	−0.14	−0.27	
0.4	−0.05	−0.06	−0.10	−0.12	−0.12	−0.17	−0.17	−0.27	
0.5	−0.05	−0.08	−0.12	−0.12	−0.13	−0.17	−0.17	−0.28	
0.6	−0.05	−0.10	−0.15	−0.15	−0.16	−0.25	−0.25	−0.30	
0.8	−0.08	−0.10	−0.10	−0.15	−0.16	−0.25	−0.25	−0.35	
1.0	−0.10	−0.15	−0.20	−0.20	−0.22	−0.26	−0.26		宽度≤1000 者为$^{+5}_{-3}$
1.2	−0 10	−0.15	−0.20	−0.20	−0.22	−0.29	−0.29		宽度>1000 者为$^{+10}_{-5}$
1.5	−0.15	−0.15	−0.20	−0.20	−0.24	−0.34	−0.34		
1.8	−0.15	−0.20	−0.25	−0.25	−0.28				
2.0	−0.15	−0.25	−0.30	−0.30	−0.33				
2.5	−0.20								
3.0	−0.25								

4.4.3　铝合金板的工程应用

常用部分有代表性的汽车、航空用铝合金牌号及成分见表 1-4-97，详见 GB/T 3190—2020。常见铝合金在民用飞机上的应用实例见表 1-4-98。

1. 常用部分有代表性的汽车、航空用铝合金牌号及成分

表 1-4-97　常用部分有代表性的汽车、航空用铝合金牌号及成分　（质量分数,%）

牌号	Si	Fe	Cu	Mn	Mg	Cr	Ni	Zn	Ti	Al
2002	0.35~0.80	≤0.30	1.5~2.5	≤0.20	0.50~1.0	≤0.20	—	≤0.20	≤0.20	余量
2024	≤0.50	≤0.50	3.6~4.9	0.30~0.90	1.2~1.8	≤0.10	—	≤0.25	—	余量
2036	≤0.50	≤0.50	2.2~3.6	0.10~0.40	0.30~0.60	≤0.10	—	≤0.25	≤0.15	余量
5052	≤0.25	≤0.40	≤0.10	≤0.10	2.2~2.8	0.15~0.35	—	≤0.15	—	余量
5754	≤0.40	≤0.40	≤0.10	≤0.50	2.6~3.6	≤0.30	—	≤0.20	≤0.15	余量
5182	≤0.20	≤0.35	≤0.15	0.20~0.50	4.0~5.0	≤0.10	—	≤0.25	≤0.10	余量
6009	0.60~1.0	≤0.50	0.15~0.60	0.20~0.80	0.40~0.80	≤0.10	—	≤0.25	≤0.10	余量
6010	0.80~1.2	≤0.50	0.15~0.60	0.20~0.80	0.60~1.0	≤0.10	—	≤0.25	≤0.10	余量
6111	0.60~1.1	≤0.40	0.50~0.90	0.10~0.45	0.50~1.0	≤0.10	—	≤0.15	≤0.10	余量
6016	1.0~1.5	≤0.50	≤0.20	≤0.20	0.25~0.60	≤0.10	—	≤0.20	≤0.15	余量
6061	0.40~0.80	≤0.70	0.15~0.40	≤0.15	0.8~1.2	0.04~0.35	—	≤0.25	≤0.15	余量
7075	≤0.40	≤0.50	1.2~2.0	≤0.30	2.1~2.9	0.18~0.28	—	5.1~6.1	≤0.20	余量
7178	≤0.50	≤0.70	1.6~2.4	≤0.30	2.4~3.1	0.15~0.40	—	6.3~7.3	≤0.20	余量

2. 常见铝合金在民用飞机上的应用实例

表 1-4-98　常见铝合金在民用飞机上的应用实例

型号	机身		机翼			尾翼	
	蒙皮	桁条	部位	蒙皮	桁条	垂直尾翼蒙皮	水平尾翼蒙皮
L-1011	2024-T3	7075-T6	上　下	7075-T6 7075-T6	7075-T6 7075-T6	7075-T6	7075-T6
DC-3-80	2024-T3	7075-T6	上　下	7075-T6 2024-T3	7075-T6 7075-T6	7075-T73	7075-T73
DC-10	2024-T3	7075-T6	上　下	7075-T6 2024-T3	7075-T6 7178-T6	7075-T5	7075-T6
B-7373	2024-T3	7075-T7	上　下	7178-T6 2024-T3	7075-T6 2024-T3	7075-T6	7075-T6

4.5　镁及其合金板

4.5.1　镁及其合金板的牌号举例及力学性能

表 1-4-99 为部分常见变形镁合金新、旧国家标准牌号与美国牌号对照表。详细成分及性能参见 GB/T 5153—2016《变形镁及镁合金牌号和化学成分》。各种变形镁合金板材的室温力学性能见表 1-4-100。

表 1-4-99　部分常见变形镁合金新、旧国家标准牌号与美国牌号对照表

类型	合金系	镁合金牌号		
		中国(新)	中国(旧)	美国
变形镁合金	Mg-Mn 系	M2M	MB1	M1
		ME20M	MB8	M2
	Mg-Al-Zn 系	AZ40M	MB2	AZ31
		AZ61M	MB5	AZ61
		AZ62M	MB6	AZ63
		AZ80M	MB7	AZ80
	Mg-Zn-Zr 系	ZK61M	MB15	ZK60

表 1-4-100　各种变形镁合金板材的室温力学性能

牌号	供货状态	板材厚度/mm	抗拉强度/MPa 不小于	规定非比例强度/MPa 不小于		伸长率 A(%)不小于	
				延伸 $R_{p0.2}$	压缩 $R_{pc0.2}$	$5D$	50mm
M2M	O	0. 80~3. 00	190	110	—	—	6. 0
		>3. 00~5. 00	180	100	—	—	5. 0
		>5. 00~10. 00	170	90	—	—	5. 0
	H112	10. 00~12. 50	200	90	—	—	4. 0
		>12. 50~20. 00	190	100	—	4. 0	—
		>20. 00~32. 00	180	110	—	4. 0	—
AZ40M	O	0. 80~3. 00	240	130	—	—	12. 0
		>3. 00~10. 00	230	120	—	—	12. 0
	H112	10. 00~12. 50	230	140	—	—	10. 0
		>12. 50~20. 00	230	140	70	8. 0	—
		>20. 00~32. 00	230	140	—	8. 0	—
AZ41M	H18	0. 50~0. 80	290	—	—	—	2. 0
	O	0. 50~3. 00	250	150	—	—	12. 0
		>3. 00~5. 00	240	140	—	—	12. 0
		>5. 00~10. 00	240	140	—	—	10. 0
	H112	10. 00~12. 50	240	140	—	—	10. 0
		>12. 50~20. 00	250	150	—	6. 0	—
		>20. 00~32. 00	240	140	80	10. 0	—
ME20M	H18	0. 50~0. 80	260	—	—	—	2. 0
	H24	0. 50~3. 00	250	160	—	—	8. 0
	O	>3. 00~5. 00	240	140	—	—	7. 0
		>5. 00~10. 00	240	140	—	—	6. 0
		0. 50~3. 00	230	120	—	—	12. 0
		>3. 00~5. 00	220	110	—	—	10. 0
	H112	>5. 00~10. 00	220	110	—	—	10. 0
		10. 00~12. 50	220	110	—	—	10. 0
		>12. 50~20. 00	210	110	—	10. 0	—
		>20. 00~32. 00	210	110	70	7. 0	—
		>32. 00~70. 00	200	90	50	6. 0	—

注：板材厚度>12. 5~14. 0mm 时，规定非比例强度圆形试样平行部分直径取 10. 0mm，板材厚度>14. 5~70. 0mm 时，规定非比例强度圆形试样平行部分直径取 12. 5mm。

4.5.2　镁及其合金板的状态和规格（见表 1-4-101）

表 1-4-101　镁及其合金板的状态和规格（GB/T 5154—2010）

牌号	供应状态	规格		
		厚度/mm	宽度/mm	长度/mm
Mg99.00	H18	0.20	3.0～6.0	≥100
M2M AZ40M	O	0.80～10.00	400～1200	1000～3500
	H112、F	>8.00～70.0	400～1200	1000～3500
AZ41M	H18、O	0.40～2.00	≤1000	≤2000
	O	>2.00～10.00	400～1200	1000～3500
	H112、F	>8.00～70.00	400～1200	1000～2000
AZ31B	H24	>0.40～2.00	≤600	≤2000
		>2.00～4.00	≤1000	≤2000
		>8.00～32.00	400～1200	1000～2000
		>32.00～70.00	400～1200	1000～3500
	H26	6.30～50.00	400～1200	1000～2000
	O	>0.40～1.00	≤600	≤2000
		>1.00～8.00	≤1000	≤2000
		>8.00～70.00	400～1200	1000～2000
	H112、F	>8.00～70.00	400～1200	1000～2000
ME20M	H18、O	0.40～0.80	≤1000	≤2000
	H24、O	>0.80～10.00	400～1200	1000～3500
	H112、F	>8.00～32.00	400～1200	1000～3500
	H112、F	>32.00～70.00	400～1200	1000～2000

4.6　铜及其合金板

4.6.1　铜及其合金板的牌号、状态和规格（见表 1-4-102）

表 1-4-102　铜及其合金板的牌号、状态和规格（GB/T 2040—2017）

牌号	状态	规格		
		厚度/mm	宽度/mm	长度/mm
T2、T3、TP1、 TP2、TU1、TU2	M20	4～80	≤3000	≤6000
	O60、H01、H02、H04、H06	0.2～12	≤3000	≤6000
TFe0.1	O60、H01、H02、H04	0.2～5	≤610	≤2000
TFe2.5	O60、H02、H04、H06			
TCd1	H04	0.5～10	200～300	800～1500
TCr0.5	H04	0.5～15	≤1000	≤2000
TCr0.5-0.2-0.1	H04		100～600	≥300
H95	O60、H04	0.2～1.0	≤3000	≤6000
H96、H80	O60、H04		≤3000	≤6000
H90、H85	O60、H02、H04			
H66、H65	O60、H01、H02、H04、H06、H08	0.2～10	≤3000	≤6000
H70、H68	M20	4～60		
	O60、H01、H02、H04、H06、H08	0.2～10		

（续）

<table>
<tr><th rowspan="2">牌号</th><th rowspan="2">状态</th><th colspan="3">规格</th></tr>
<tr><th>厚度/mm</th><th>宽度/mm</th><th>长度/mm</th></tr>
<tr><td rowspan="2">H63、H62</td><td>M20</td><td>4~60</td><td rowspan="11">≤3000</td><td rowspan="11">≤6000</td></tr>
<tr><td>O60、H02、H04、H06</td><td>0.2~10</td></tr>
<tr><td rowspan="2">H59</td><td>M20</td><td>4~60</td></tr>
<tr><td>O60、H04</td><td>0.2~10</td></tr>
<tr><td rowspan="2">HPb59-1</td><td>M20</td><td>4~60</td></tr>
<tr><td>O60、H02、H04</td><td>0.2~10</td></tr>
<tr><td>HPb60-2</td><td>H04、H06</td><td>0.5~10</td></tr>
<tr><td>HMn58-2</td><td>O60、H02、H04</td><td>0.2~10</td></tr>
<tr><td rowspan="2">HSn62-1</td><td>M20</td><td>4~60</td></tr>
<tr><td>O60、H62、H04</td><td>0.2~10</td></tr>
<tr style="display:none"></tr>
<tr><td>HMn55-3-1、
HMn57-3-1、
HAl60-1-1、
HAl67-2.5、
HAl66-6-3-2、
HNi65-5</td><td>M20</td><td>4~40</td><td>≤1000</td><td>≤2000</td></tr>
<tr><td rowspan="2">QSn6.5-0.1</td><td>M20</td><td>9~50</td><td rowspan="2">≤600</td><td rowspan="2">≤2000</td></tr>
<tr><td>O60、H01、H02、H04、H06、H08</td><td>0.2~12</td></tr>
<tr><td>QSn6.5-0.4、
QSn4-3、
QSn4-0.3、
QSn7-0.2</td><td>O60、H04、H06</td><td>0.2~12</td><td>≤600</td><td>≤2000</td></tr>
<tr><td>QSn8-0.3</td><td>O60、H01、H02、H04、H06</td><td>0.2~5</td><td>≤600</td><td>≤2000</td></tr>
<tr><td>BAl6-1.5</td><td>H04</td><td rowspan="2">0.5~12</td><td rowspan="2">≤600</td><td rowspan="2">≤1500</td></tr>
<tr><td>BAl13-3</td><td>O60、H02、H04、H06</td></tr>
<tr><td>BZn15-20</td><td>O60、H02、H04、H06</td><td>0.5~10</td><td>≤600</td><td>≤1500</td></tr>
<tr><td>BZn18-17</td><td>O60、H02、H04</td><td>0.5~5</td><td>≤600</td><td>≤1500</td></tr>
<tr><td>BZn18-26</td><td>H02、H04</td><td>0.25~2.5</td><td>≤610</td><td>≤1500</td></tr>
<tr><td rowspan="2">B5、B19、BFe10-1-1、
BFe30-1-1</td><td>M20</td><td>7~60</td><td>≤2000</td><td>≤4000</td></tr>
<tr><td>O60、H06</td><td>0.5~10</td><td>≤600</td><td>≤1500</td></tr>
<tr><td>QAl5</td><td>O60、H04</td><td rowspan="4">0.4~12</td><td rowspan="4">≤1000</td><td rowspan="4">≤2000</td></tr>
<tr><td>QAl7</td><td>H02、H04</td></tr>
<tr><td>QAl9-2</td><td>O60、H04</td></tr>
<tr><td>QAl9-4</td><td>H04</td></tr>
<tr><td>QCdl</td><td>H04</td><td>0.5~10</td><td>200~300</td><td>800~1500</td></tr>
<tr><td>QCr0.5、
QCr0.5-0.2-0.1</td><td>H04</td><td>0.5~15</td><td>100~600</td><td>≥300</td></tr>
<tr><td>QMn1.5</td><td>O60</td><td rowspan="2">0.5~5</td><td rowspan="2">100~600</td><td rowspan="2">≤1500</td></tr>
<tr><td>QMn5</td><td>O60、H04</td></tr>
<tr><td>QSi3-1</td><td>O60、H04、H06</td><td>0.5~10</td><td>100~1000</td><td>≥500</td></tr>
<tr><td>QSn4-4-2.5、
QSn4-4-4</td><td>O60、H02、H01、H04</td><td>0.8~5</td><td>200~600</td><td>800~2000</td></tr>
<tr><td>BMn40-1.5</td><td>O60、H04</td><td rowspan="2">0.5~10</td><td rowspan="2">100~600</td><td rowspan="2">800~1500</td></tr>
<tr><td>BMn3-12</td><td>O60</td></tr>
</table>

4.6.2　铜及其合金板的力学性能（见表 1-4-103）

表 1-4-103　铜及其合金板的力学性能（GB/T 2040—2017）

牌号	状态	拉伸试验			硬度试验	
		厚度/mm	抗拉强度 R_m/MPa	伸长率 $A_{11.3}$(%)	厚度/mm	维氏硬度 HV
T2、T3、TP1、TP2、TUI、TU2	M20	4~14	≥195	≥30	—	—
	O60	0.3~10	≥205	≥30	≥0.3	≤70
	H01		215~295	≥25		60~95
	H02		245~345	≥8		80~110
	H04		295~395	—		90~120
	H06		≥350	—		≥110
TFe0.1	O60	0.3~5	255~345	≥30	≥0.3	≤100
	H01		275~375	≥15		90~120
	H02		295~430	≥4		100~130
	H04		335~470	≥4		110~150
TFe2.5	O60	0.3~5	≥310	≥20	≥0.3	≤120
	H01		265~450	≥5		115~140
	H02		415~500	≥2		125~150
	H04		460~515	—		135~155
TCd1	H04	0.5~10	≥390	—	—	—
TQCr0.5、TCr0.5-0.2-0.1	H04	—	—	—	0.5~15	≥100
H95	O60	0.3~10	≥215	≥30	—	—
	H04		≥320	≥3		
H90	O60	0.3~10	≥245	≥35	—	—
	H02		330~440	≥5		
	H04		≥390	≥3		
H85	O60	0.3~10	≥260	≥35	≥0.3	≤85
	H02		305~380	≥15		80~115
	H04		≥350	≥3		≥105
H80	O60	0.3~10	≥265	≥50	—	—
	H04		≥390	≥3		
H70、H68	M20	4~14	≥290	≥40	—	—
H70 H68 H66 H65	O60	0.3~10	≥290	≥40	≥0.3	≤90
	H01		325~410	≥35		85~115
	H02		355~440	≥25		100~130
	H04		410~540	≥10		120~160
	H06		520~620	≥3		150~190
	H08		≥570	—		≥180
H63 H62	M20	4~14	≥290	≥30	—	—
	O60	0.3~10	≥290	≥35	≥0.3	≤95
	H02		350~470	≥20		90~130
	H04		410~630	≥10		125~165
	H06		≥585	≥2.5		≥155

（续）

牌号	状态	拉伸试验			硬度试验	
		厚度 /mm	抗拉强度 R_m /MPa	伸长率 $A_{11.3}$(%)	厚度 /mm	维氏硬度 HV
H59	M20	4~14	≥290	≥18	—	—
	O60	0.3~10	≥290	≥10	≥0.3	—
	H04		≥410	≥5		≥130
HPb59-1	M20	4~14	≥370	≥18	—	—
	O60	0.3~10	≥340	≥255	—	—
	H02		390~490	≥12		
	H04		≥440	≥5		
HPb60-2	H04	—	—	—	0.5~2.5	165~190
					2.6~10	—
	H06	—	—	—	0.5~1.0	≥180
HMn58-2	O60	0.3~10	≥380	≥30	—	—
	H02		440~610	≥25		
	H04		≥585	≥3		
HSn62-1	M20	4~14	≥340	≥20	—	—
	O60	0.3~10	≥295	≥35	—	—
	H02		350~400	≥15		
	H04		≥390	≥5		
HSn88-1	H02	0.4~2	370~450	≥14	0.4~2	110~150
HMn55-3-1	M20	4~15	≥490	≥15	—	—
HMn57-3-1	M20	4~8	≥440	≥10	—	—
HAl60-1-1	M20	4~15	≥440	≥15	—	—
HAl67-2.5	M20	4~15	≥390	≥15	—	—
HAl66-6-3-2	M20	4~8	≥685	≥3	—	—
HNi65-5	M20	4~15	≥290	≥35	—	—
QSn6.5-0.1	M20	9~14	≥290	≥38	—	≤120
	O60	0.2~12	≥315	≥40	≥0.2	110~155
	H01	0.2~12	390~510	≥35		110~155
	H02	0.2~12	490~610	≥8		150~190
	H04	0.2~3	590~690	≥5		180~230
		>3~12	540~690	≥5		180~230
	H06	0.2~5	635~720	≥1		200~240
	H08	0.2~5	≥690	—		≥210
QSn6.5-0.4 QSn7-0.2	O60	0.2~12	≥295	≥40	—	—
	H04		540~690	≥8		
	H06		≥665	≥2		
QSn4-0.3 QSn4-3	O60	0.2~12	≥290	≥40	—	—
	H04		540~690	≥3		
	H06		≥635	≥2		
QSn8-0.3	O60	0.2~5	≥345	≥40	≥0.2	≤120
	H01		390~510	≥35		100~160
	H02		490~610	≥20		150~205
	H04		590~705	≥5		180~235
	H06		≥685	—		≥210

（续）

牌号	状态	拉伸试验			硬度试验	
		厚度 /mm	抗拉强度 R_m /MPa	伸长率 $A_{11.3}$(%)	厚度 /mm	维氏硬度 HV
QSn4-4-2.5 QSn4-4-4	O60 H01 H02 H04	0.8~5	≥290 390~690 420~510 ≥635	≥35 ≥10 ≥9 ≥5	≥0.8	—
QMn1.5	O60	0.5~5	≥205	≥30	—	—
QMn5	O60 H04	0.5~5	≥290 ≥440	≥30 ≥3	—	—
QAl5	O60 H04	0.4~12	≥275 ≥585	≥33 ≥2.5	—	—
QAl7	H02 H04	0.4~12	585~740 ≥635	≥10 ≥5	—	—
QAl9-2	O60 H04	0.4~12	≥440 ≥585	≥18 ≥5	—	—
QAl9-4	H04	0.4~12	≥585	—	—	—
QSn3-1	O60 H04 H06	0.5~10	≥340 585~735 ≥685	≥40 ≥3 ≥1	—	—
B5	M20	7~14	≥215	≥20	—	—
	O60 H04	0.5~10	≥215 ≥370	≥30 ≥10	—	—
B19	M20	7~14	≥295	≥20	—	—
	O60 H04	0.5~10	≥290 ≥390	≥25 ≥3	—	—
BFe10-1-1	M20	7~14	≥275	≥20	—	—
	O60 H04	0.5~10	≥275 ≥370	≥25 ≥3	—	—
BFe30-1-1	M20	7~14	≥345	≥15	—	—
	O60 H04	0.5~10	≥370 ≥530	≥20 ≥3	—	—
BMn3-12	O60	0.5~10	≥350	≥25	—	—
BMn40-1.5	O60 H04	0.5~10	390~590 ≥590	— —	—	—
BAl6-1.5	H04	0.5~12	≥535	≥3	—	—
BAl13-3	TH04	0.5~12	≥635	≥5	—	—
BZn15-20	O60 H02 H04 H06	0.5~10	≥340 440~570 540~690 ≥640	≥35 ≥5 ≥1.5 ≥1	—	—
BZn18-17	O60 H02 H04	0.5~5	≥375 440~570 ≥540	≥20 ≥5 ≥3	≥0.5	— 120~180 ≥150
BZn18-26	H02 H04	0.25~2.5	540~650 645~750	≥13 ≥5	0.5~2.5	145~195 190~240

4.7　钛及其合金板

4.7.1　钛及其合金板的牌号、供应状态及规格（见表 1-4-104）

表 1-4-104　钛及其合金板的牌号、供应状态及规格（GB/T 3621—2007）

牌号	制造方法	供应状态	规格		
			厚度/mm	宽度/mm	长度/mm
TA1、TA2、TA3、TA4、TA5、TA6、TA7、TA8、TA8-1、TA9、TA9-1、TA10、TA11、TA15、TA17、TA18、TC1、TC2、TC3、TC4、TC4ELI	热轧	热加工状态(R)、退火状态(M)	>4.75~60.0	400~3000	1000~4000
	冷轧	冷加工状态(Y)、退火状态(M)、固溶状态(ST)	0.30~6	400~1000	1000~3000
TB2	热轧	固溶状态(ST)	>4.0~10.0	400~3000	1000~4000
	冷轧	固溶状态(ST)	1.0~4.0	400~1000	1000~3000
TB5、TB6、TB8	冷轧	固溶状态(ST)	0.30~4.75	400~1000	1000~3000

注：工业纯钛板材供货的最小厚度为 0.3mm。

4.7.2　钛及其合金板的力学性能

1. 钛及其合金板的室温横向力学性能（见表 1-4-105）

表 1-4-105　钛及其合金板的室温横向力学性能

牌号	状态	板材厚度/mm	抗拉强度 R_m/MPa	规定非比例延伸强度 $R_{p0.2}$/MPa	伸长率 A(%)≥
TA1	M	0.3~25.0	≥240	140~310	30
TA2	M	0.3~25.0	≥400	275~450	25
TA3	M	0.3~25.0	≥500	380~550	20
TA4	M	0.3~25.0	≥580	485~655	20
TA5	M	0.5~1.0	≥685	≥585	20
		>1.0~2.0			15
		>2.0~5.0			12
		>5.0~10.0			12
TA6	M	0.8~1.5	≥685	—	20
		>1.5~2.0			15
		>2.0~5.0			12
		>5.0~10.0			12
TA7	M	0.8~1.5	735~930	≥685	20
		1.5~2.0			15
		>2.0~5.0			12
		>5.0~10.0			12
TA8	M	0.8~10	≥400	275~450	20
TA8-1	M	0.8~10.0	≥240	140~310	24
TA9	M	0.8~10.0	≥400	275~450	20
TA9-1	M	0.8~10.0	≥240	140~310	24
TA10 A类	M	0.8~10.0	≥485	≥345	18
TA10 B类		0.8~10.0	≥345	≥275	25
TA11	M	5.0~12.0	≥895	≥825	10
TA13	M	0.5~2.0	540~770	460~570	18
TA15	M	0.8~1.8	930~1130	≥855	12
		>1.8~4.0			10
		>4.0~10.0			8
TA17	M	0.5~1.0	685~ 835	—	25
		1.1~2.0			15
		2.1~4.0			12
		4.1~10.0			10

（续）

牌号	状态	板材厚度/mm	抗拉强度 R_m/MPa	规定非比例延伸强度 $R_{p0.2}$/MPa	伸长率 A(%)≥
TA18	M	0.5~2.0	590~735	—	25
		>2.0~4.0			20
		>4.0~10.0			15
TB2	ST	1.0~3.5	≤980	—	20
	STA		1320		8
TB5	ST	0.8~1.75	705~945	690~835	12
		>1.75~3.18			10
TB6	ST	1.0~5.0	≥1000	—	6
TB8	ST	0.3~0.6	825~1000	795~965	6
		>0.6~2.5			8
TC1	M	0.5~1.0	590~735	—	25
		>1.0~2.0			25
		>2.0~5.0			20
		>5.0~10.0			20
TC2	M	0.5~1.0	≥685	—	25
		>1.0~2.0			15
		>2.0~5.0			12
		>5.0~10.0			
TC3	M	0.8~2.0	≥880	—	12
		>2.0~5.0			10
		>5.0~10.0			10
TC4	M	0.8~2.0	≥895	≥830	12
		>2.0~5.0			10
		>5.0~10.0			10
		>10.0~25.0			8
TC4ELI	M	0.8~25.0	≥860	≥795	10

注：1. 厚度不大于 0.64mm 的板材，伸长率按实测值。

2. 正常供货按 A 类，B 类适用于复合板复材，当需方要求并在合同中注明时，按 B 类供货。

2. 钛及其合金板的高温力学性能（见表 1-4-106）

表 1-4-106　钛及其合金板的高温力学性能（GB/T3621—2007）

合金牌号	板材厚度/mm	试验温度/℃	抗拉强度/MPa≥	持久强度(100h)/MPa
TA6	0.8~10	350	420	390
		500	340	195
TA7	0.8~10	350	490	440
		500	440	195
TA11	5.0~12	425	620	—
TA15	0.8~10	500	635	440
		550	570	440
TA17	0.5~10	350	420	390
		400	390	360
TA18	0.5~10	350	340	320
		400	310	280
TC1	0.5~10	350	340	320
		400	310	295
TC2	0.5~10	350	420	390
		400	390	360
TC3、TC4	0.8~10	400	590	540
		500	440	195

4.7.3　钛及其合金板的尺寸及其允许偏差

1. 钛及其合金板的厚度及其允许偏差（见表 1-4-100）

表 1-4-107　钛及其合金板的厚度及其允许偏差
（GB/T3621—2007）（单位：mm）

厚度	宽度		
	400~1000	>1000~2000	>2000
0.3~0.5	±0.05	—	—
>0.5~0.8	±0.07	—	—
>0.8~1.1	±0.09	—	—
>1.1~1.5	±0.11	—	—
>1.5~2.0	±0.15	—	—
>2.0~3.0	±0.18	—	—
>3.0~4.0	±0.22	—	—
>4.0~6.0	±0.35	±0.40	—
>6.0~8.0	±0.40	±0.60	±0.80
>8.0~10.0	±0.50	±0.60	±0.80
>10.0~15.0	±0.70	±0.80	±1.00
>15.0~20.0	±0.70	±0.90	±1.10
>20.0~30.0	±0.90	±1.00	±1.20
>30.0~40.0	±1.10	±1.20	±1.50
>40.0~50.0	±1.20	±1.50	±2.00
>50.0~60.0	±1.60	±2.00	±2.50

2. 钛及其合金板的宽度和长度及其允许偏差（见表 1-4-108）

表 1-4-108　钛及其合金板的宽度和长度及其允许偏差
（GB/T3621—2007）（单位：mm）

厚度	宽度	宽度允许偏差	长度	长度允许偏差
0.3~4.0	400~1000	$^{+10}_{0}$	1000~3000	$^{+15}_{0}$
>4.0~20.0	400~3000	$^{+15}_{0}$	1000~4000	$^{+20}_{0}$
>20.0~60.0	400~3000	$^{+20}_{0}$	1000~4000	$^{+25}_{0}$

4.8　冲压用非金属材料

非金属材料中只有一部分（如塑料、橡胶、木材、石棉、云母、纺织纤维制品、纸制品及皮革制品等）用于冲压加工，而且主要是用于冲压的分离工序。

非金属材料的组织结构及性能与金属材料不同，现就其冲裁加工中的一些特点，简要说明如下。

4.8.1　云母板

云母板的绝缘性能相当优良，故广泛用作电气绝缘零件。在冲裁加工时，需用卸料器稳妥地压住坯料，而且，冲裁间隙要取得很小。另外，冲裁时不使用润滑剂，否则将削弱云母板的绝缘性能。

4.8.2　纸、布与皮革

这类材料十分柔软，故冲裁加工时模具刃口不能做成直角刃口，而应当将其加工成锋利的刃口形状。

这类材料的冲裁加工，也可用聚氨酯冲裁模来实现。比如，用聚氨酯冲裁模冲切 0.3mm 厚度的农用拖车上的轴端盖内的纸板垫圈，该零件上还均布 3 个 ϕ7mm 的小孔，用复合模可一次冲成，工件质量和经济性比用上述的尖刃冲头冲切或普通冲裁方法都好。

4.8.3　塑料与酚醛塑料（树脂）板

塑料的冲切变形机理与金属的冲裁机理完全不同。塑料冲裁的显著特点之一是回弹非常大。

塑料分为两大类：热固性塑料和热塑性塑料。酚醛塑料是热固性塑料的典型代表。酚醛塑料板是使纤维质原料（纸和布等）浸在环氧树脂里叠合起来，在热态下加压而制作成的积层板。

酚醛塑料板主要用作绝缘板材和电器零件，冲压加工用得较多，但也只限于落料和冲孔。其落料或冲孔模除了冲裁间隙小外，与一般金属材料的冲裁模相同。不过，必须注意：须在有一定温度并处在保温状态下冲压；由于工件冲切断面质量不好，通常采用冲裁后的整修来获得平滑的切口断面。

4.8.4　复合钢板

树脂与钢板叠合而构成的复合钢板是冲压新材料中的一种，它包括轻型叠层板和防振钢板两种结构。由于这类钢板是树脂在中间，钢板在树脂的上、下两面，因此，冲裁时上、下钢板先被冲头与凹模切断，然后树脂才被切断。所以，在冲裁复合钢板时一定要使用压料板。间隙较小时冲裁结果更好。此外，采用高速切断时断面质量更好。

防振钢板冲裁时，用小间隙则工件尺寸比凹模尺寸要稍大些，用大间隙则工件断面垂直度较差。因而，都应采用压料措施，且压料力应较大，日本推荐其单位压料力为 70~100MPa。

4.9　冲压用新材料及其性能

汽车、电子、家用电器及日用五金等工业的发展，极大地推动着现代金属薄板的发展，尤其要求能有不同新特性的冲压用板材的不断出现。

当代材料科学的发展，已经做到根据应用的要求，设计并制造出崭新的材料，因此，很多冲压用的新型板材便应运而生。

针对节能问题，使产品轻型化并降低成本，板材的厚度正在由厚向薄的方向发展。

针对安全问题，使产品或零部件强度提高，板材的组织正朝着由单相向双相或添加磷、钛、铜、铬等元素方向发展。

为了更有效地解决锈蚀问题，使产品在更长使用期内不出现安全事故，板材正在进一步由单一体层向有镀（涂）层的一层薄膜与两层薄膜的方向发展。

为了防振、降噪和减少公害，板材正在向由单层向叠层（复合层、夹层）方向发展。

总之，在现用传统板材的强度与功能不能满足新需求的情况下，新型板材主要在朝强度更高、功能更优的方向发展。其发展趋势可用表 1-4-109 加以概括。

表 1-4-109　新型板材发展趋势

内容	发展趋势	效果与目的
厚度 强度	厚→薄 低→高	产品轻型化、节能和降低成本
组织	单相↗双相 单相↘加磷，加钛	提高强度、伸长率和冲压性能
板层	单层↗涂层、叠加 单层↘复合层，夹层	耐腐蚀，外表外观好，冲压性能 提高抗振动，减噪声
功能	单一→多个 一般→特殊	实现新功能

现今已研制出或正在开发的冲压用新板材很多（尤其在国外）。这些新板材的名称及分类尚未统一。下面仅介绍其中三种。

4.9.1　叠层复合板

作为冲压加工中用的叠层复合板，主要有叠层不同金属的金属复合板以及两块金属板之间夹持树脂层的树脂夹层板，如图 1-4-10 所示。

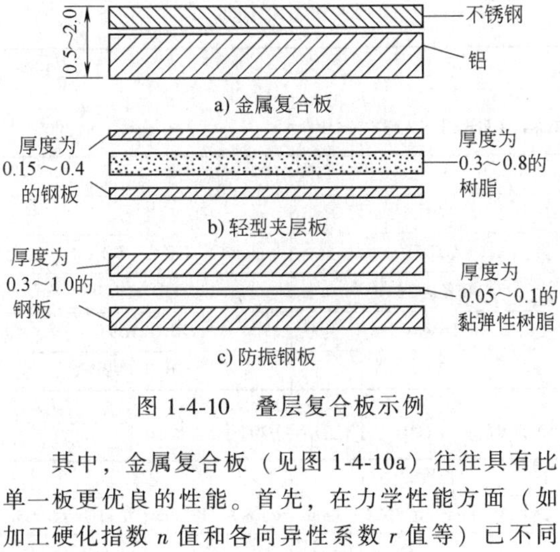

图 1-4-10　叠层复合板示例

其中，金属复合板（见图 1-4-10a）往往具有比单一板更优良的性能。首先，在力学性能方面（如加工硬化指数 n 值和各向异性系数 r 值等）已不同于两块原始板。其次，在物理化学性能方面，尤其在耐蚀性、导热性、导磁性等方面，还可有针对性地选择组合。这类叠合复合板已经开发及正在开发的有不少种。

轻型夹层板（见图 1-4-10b）为了轻量化，中间树脂夹层比较厚且硬（用尼龙等）。而防振钢板（见图 1-4-10c）中间夹层的黏弹性树脂则比较软且薄。

现今，国外重点开发研制的叠合复合板材是轻型夹层板和防振钢板。它们均是在两层薄钢板之间夹持树脂夹层，形成所谓“三明治”型复合板材。这种叠合复合板材具有被复合之单体材料所不具有的优点。但是，其冲压成形性能比单体材料较差的也不少，在单体材料成形过程中所预想不到的成形缺陷问题也时有发生。因此，世界各国都在对此进行研究。

比如，有研究表明：防振型复合钢板的 n 值、r 值及均匀伸长率等均与塑料夹层的性质关系不大，大体上和表层钢板的 n 值、r 值及均匀伸长率相同。但极限拉深比随夹层厚度的增加而减小，耐起皱能力随厚度的增加而下降，而胀形高度和扩孔率 λ 基本上不受塑料夹层性能影响，主要取决于表层钢板的冲压性能。对轻型夹层板的成形缺陷问题，如比较严重的弯曲开裂规律与对策、弹复现象更为严重的原因及防止措施等，已有不少研究报告。

20 世纪末，复合板在冲压成形性能方面的优越性及特点，已经从有关理论分析计算和实验测试中得到了很多证明和解释。例如，用 3 种不同的金属板，分别为 SUS430、铝及 SUS304 构成了层板的复合板，试验测试了各种板及其复合板的成形极限曲线，还进行了数值解析，计算出了其成形极限曲线的预测值，并将结果进行了比较，如图 1-4-11 所示。

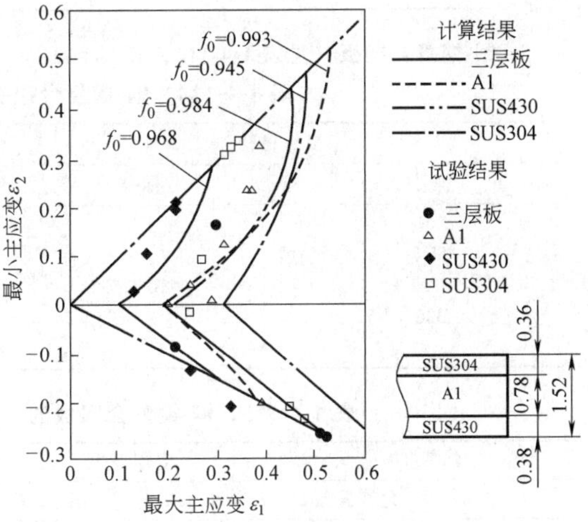

图 1-4-11　3 层金属复合板及单一板的成形极限图

从其结果可以看出：冲压成形性较差的材料（比如 SUS430）如果与成形性能良好的材料（铝、SUS304）叠层复合，其成形性能会有显著的提高。

4.9.2　复合材料板

1. 钛-钢复合板（见表 1-4-110~表 1-4-113）

表 1-4-110　钛-钢复合板的分类和代号（GB/T 8547—2019）

生产方式			代号	用途分类
轧制复合板	轧制复合板	1 类	R1	0 类：高结合强度的复合板，如过渡接头、法兰等 1 类：复材作为设计强度部分复合板，如管板 2 类：复材不作为设计强度部分复合板，如防腐衬里
		2 类	R2	
	爆炸-轧制复合板	1 类	BR1	
		2 类	BR2	
爆炸复合板		0 类	B0	
		1 类	B1	
		2 类	B2	

表 1-4-111　钛-钢复合板的材料（GB/T 8547—2019）

复材	基材
GB/T 3621 中 TA1G、TA2G、TA3G、TA9、TA10	GB/T 700、GB/T 711、GB/T 712、GB/T 713、GB/T 3274、GB/T 3531、NB/T 47008、NB/T 47009

表 1-4-112　钛-钢复合板的性能（GB/T 8547—2019）

拉伸试验		剪切试验		弯曲试验	
抗拉强度 R_m	伸长率 A (%)	抗剪强度 τ_b/MPa		弯曲角 α/(°)	弯曲直径 D/mm
		0 类复合板	其他类复合板		
$>R_{mj}$	不小于基材或复合板标准中较低一方的规定值	≥196	≥140	内弯 180，外弯 105	内弯时按基材标准规定，不够 2 倍时取 2 倍；外弯时为复合板厚度的 3 倍

注：1. 爆炸-轧制复合板的伸长率可以由供需双方协商确定。

2. 剪切强度适用于复层厚度 1.5mm 及其以上的复合板。

3. 基材为锻制品时不做弯曲试验。

表 1-4-113　钛-钢复合板的结合率（GB/T8547—2019）

0 类	1 类	2 类
面积结合率为 100%，但不包括不大于 25mm 的起爆点缺陷	面积结合率大于 98%；单个不结合区的长度不大于 75mm，其面积不大于 $45cm^2$	面积结合率大于 95%；单个不结合区面积不大于 $60cm^2$

2. 铜-钢复合钢板（见表 1-4-114、表 1-4-115）

表 1-4-114　铜-钢复合钢板的材料（GB/T 13238—1991）

复层材料		基层材料	
牌号	标准号	牌号	标准号
TU1 T2 B30	GB/T 5231	Q235	GB/T 700
		Q245R、Q345R	GB 713
		16Mn	GB/T 1591
		20	GB/T 699

表 1-4-115　铜-钢复合钢板的尺寸及允许偏差（GB/T 13238—1991）

总厚度		复层厚度		长度		宽度	
公称尺寸/mm	允许偏差	公称尺寸/mm	允许偏差	公称尺寸/mm	允许偏差/mm	公称尺寸/mm	允许偏差/mm
8~30	+12% -8%	2~6	±10%	≥1000	+25 -10	≥1000	+20 -10

3. 镍-钢复合板（表 1-4-116～表 1-4-118）

表 1-4-116　镍-钢复合板的材料（YB/T 108—1997）

复层材料		基层材料	
典型牌号	标准号	典型牌号	标准号
N6、N8	GB/T 5235	Q235A、Q235B	GB/T 700
		Q245R、Q345R	GB713
		Q345	GB/T 1591
		20	GB/T 699

表 1-4-117　镍-钢复合板的力学性能和工艺性能（YB/T 108—1997）

拉伸试验		剪切试验	弯曲试验（α=180°）		结合度试验（α=180°）
抗拉强度 R_m	伸长率 A(%)	抗剪强度 τ_b/MPa	外弯曲	内弯曲	分离率 C(%)
$\geqslant R_{mj}$	大于基材和复材标准值中较低的值	≥196	弯曲部位的外侧不得有裂纹		3 个结合度试样中的 2 个试样 C 值不大于 50

表 1-4-118　镍-钢复合板的总厚度、复层厚度及允许偏差（YB/T 108—1997）

总厚度		复层厚度	
公称尺寸/mm	允许偏差	公称尺寸/mm	允许偏差
6～10	±9%	≤2	双方协议
>10～15	±8%	>2～3	±12%
>15～20	±7%	>3	±10%

参考文献

[1] CRIGORIEVA R, DRILLET P, MATIGNE J, et al. Study of phase transformations in Al-Si coating during the Austenitization step [C]. Genava: Galvatech, 2011.

[2] 德里耶，斯佩纳，克费尔斯坦. 涂覆的钢带材、其制备方法、其使用方法、由其制备的冲压坯料、由其制备的冲压产品和含有这样的冲压产品的制品：200680056246. 4 [P]. 2009-11-18.

[3] GRIGORIEVA R, DRILLET P, MATAIGNE J. Study of Cracks Propagation Inside the Steel on Press Hardened Steel Zinc Based Coatings [C]. Genava: Galvatech, 2011.

[4] KUBASCHESKI O. Iron-Binary Phase Diagrams [M]. New York: Springer-Verlag New York Inc, 1982: 87-88.

[5] LEE C W, FAN D W, et al. Liquid-Metal-Induced Embrittlement of Zn-Coated Hot Stamping Steel [J]. METALLURGICAL AND MATERIALS TRANSACTIONS A. 2012, In Press.

[6] F-J L, S S, J B, et al. Development tendencies as to processing of press hardening under application of coated steel [C]. Kassel: Proceedings of the 1st International, 2008.

[7] KONDRATIUK J, KUHN P, KÖYER M, et al. A New Coating Solution for Hot Press Forming [C]. Genava: Galvatech, 2011.

[8] JANKO B, U T, NORBERT R et al. Hydrogen in Hot Forming Steels-Mechanisms and coating Design [J]. 6th international conference of CHS2, 2017.

[9] BARBARA L, ANSGAR A, SABINE H. Method for producing a steel component by hot forming and steel component produced by hot forming: US 2012/0085466 A1 [P]. 2012-4-12.

[10] 徐雅琦. 同质化竞争条件下家电用钢的应对思考 [J]. 世界钢铁，2014 (2): 68-71.

[11] 宋拥政. 中国锻压协会. 冲压技术基础 [M]. 北京：机械工业出版社. 2013.

[12] 胡正寰，夏巨谌. 金属塑性成形手册：上册 [M]. 北京：化学工业出版社，2009.

[13] 中国锻压协会. 航空航天钣金冲压件制造技术 [M]. 北京：机械工业出版社，2013.

[14] 刘胜新. 实用金属材料手册 [M]. 北京：机械工业出版社，2011.

第2篇　分　离

概　述

冲裁与切割是使材料与基体完全或部分分离的冲压基本工序。

切割是将材料分离成条料、块料、一定形状的毛坯，或将毛坯去除部分材料得到所需的工件，因此既可得到其他冲压工序所需的毛坯，也可直接得到所需的工件。按照材料形态的不同，可以分为板料、管料、型材的剪切与切割；按照分离所采用工具的不同，又可分为刀刃剪切与高能束切割。

冲裁是借助模具使冲压件与板料沿一定的轮廓线分离，形成材料完全或部分脱离基体的冲压工序。冲裁既可以将板料落料制成平板零件或为其他冲压工序准备毛坯，也可在已成形的冲压件上进行冲孔、切口、剖切、修边等冲压加工。按照冲裁时材料分离的应力状态、变形方式以及冲压件的精度，可分为普通冲裁和精密冲裁，普通冲裁即本篇第 2 章所述的冲裁。按照冲裁时材料分离和压力机运行的速度，可分为高速冲裁与非高速冲裁。

综上，本篇按剪切与切割、冲裁、精密冲裁、高速冲裁共 4 章分述。

第1章

剪切与切割

西安交通大学　娄燕山　储家佑
哈尔滨工业大学　郭　斌
昆山登云科技职业学院　胡伟丽

剪切和冲裁同属分离工序，有着相同的变形过程和应力应变状态，但又各具有特点。剪切是将板料剪成条料、块料或一定形状的毛坯，以供其他冲压工序应用，因此它主要是毛坯准备工序。在有些情况下，也可剪成各种零件。

剪切所用的设备是剪板机，由于应用的剪切设备不同，剪切方法可分为四类：平剪、斜剪、滚剪及振动剪。

1.1 平刃剪切

1. 平刃剪切特点

应用平刃剪板机，在上下平行的刃口间进行剪切（见图 2-1-1）。这种剪板机行程小，剪切力大，适用于剪切厚度大、宽度小的板料，且只能沿直线剪切。

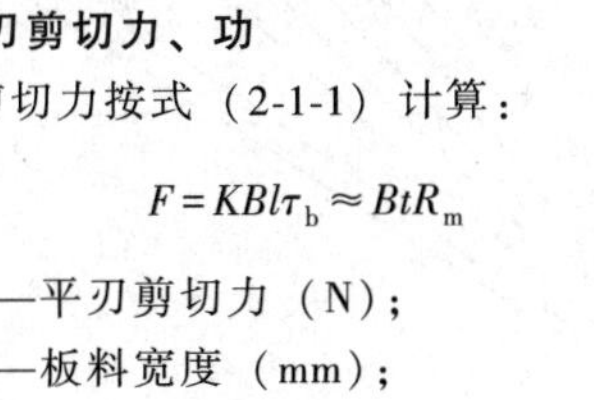

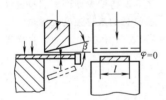

图 2-1-1　平刃剪切示意图

2. 平刃剪切力、功

平刃剪切力按式（2-1-1）计算：

$$F = KBl\tau_b \approx BtR_m \qquad (2\text{-}1\text{-}1)$$

式中　F——平刃剪切力（N）；

B——板料宽度（mm）；

t——板料厚度（mm）；

τ_b——材料抗剪强度（MPa）；

R_m——材料抗拉强度（MPa）；

K——安全系数。

安全系数 K 是考虑剪刃磨钝、间隙的波动和不均匀、材料力学性能的波动和板厚超差等因素，有使剪切力增加的趋势，一般可取 $K=1.3$。

在剪切过程中，剪切力是随着刃口切入材料深度 h 而变化的。剪切所需的功应为 F-h 曲线下所包容的面积，可按式（2-1-2）计算

$$A = \int_0^{h_k} F\mathrm{d}h \qquad (2\text{-}1\text{-}2)$$

因 $F=f(h)$ 的函数关系不能用方程式表示，式（2-1-2）无法积分，因此实际计算时可用以下的分析方法求得。

将 F-h 曲线下的面积 $ABCD$ 简化为矩形面积 $AB'C'D'$（见图 2-1-2）并使两者相等。因此剪切功可以矩形面积 $AB'C'D'$ 代替，并用式（2-1-3）来计算。

$$W = \int_0^{h_k} F\mathrm{d}h = F_p t = mFt \qquad (2\text{-}1\text{-}3)$$

式中　W——平刃剪切功（J）；

F——最大剪切力（N）；

t——板料厚度（mm）；

F_p——平均剪切力（N）；

m——平均剪切力与最大剪切力的比值。

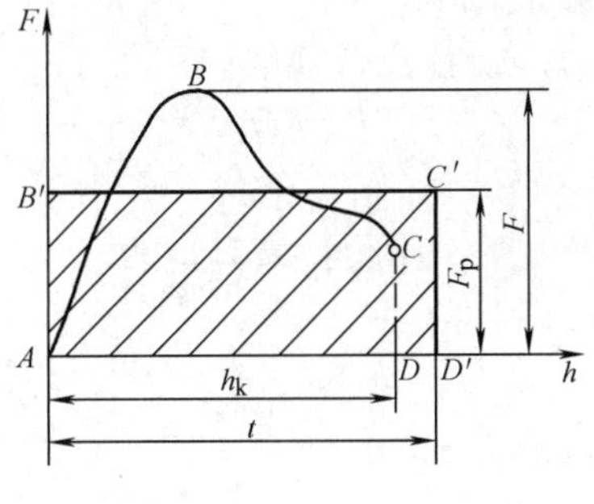

图 2-1-2　剪切功分析计算法示意图

从试验可知，m 值大致介于 0.30~0.76 之间，视材料性质与供应状态而定，可由表 2-1-1 查取。

表 2-1-1　不同材料的 m 值

材　　料	m	材　　料	m
一般材料	0.63	铝(硬)、铜(硬) 硅钢片(软) 钢板(软)w(C)<0.2%~0.3%	0.50
硬质材料(弹簧钢)	0.45		
轧制硬质材料	0.30		
铝(软)	0.76		
铅、锡(软)、锌(软)、铜 黄铜(软) 钢板(软)w(C)<0.2% 钢板(硬)w(C)<0.1%	0.64	锌(硬)黄铜(硬) 钢板(软)w(C)=0.3%~0.6% 钢板(硬)w(C)=0.2%~0.3%	0.45
		钢板(硬)w(C)>0.4% 钢板(软)w(C)>0.6%	0.40

1.2　斜刃剪切

1. 斜刃剪切特点

应用上刀口呈倾斜的斜刃剪板机，在上下刀口间进行剪切（见图 2-1-3）。由于剪刃是斜的，剪切时刃口与材料的接触长度比板料宽度小得多。这种剪板机行程大，剪力小，工作平稳，适用于剪切厚度小、宽度大的板料。斜剪也只能沿直线剪切。

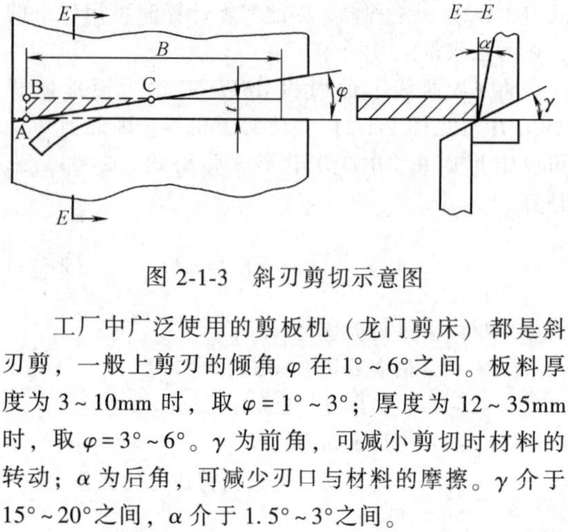

图 2-1-3　斜刃剪切示意图

工厂中广泛使用的剪板机（龙门剪床）都是斜刃剪，一般上剪刃的倾角 φ 在 1°~6°之间。板料厚度为 3~10mm 时，取 φ=1°~3°；厚度为 12~35mm 时，取 φ=3°~6°。γ 为前角，可减小剪切时材料的转动；α 为后角，可减少刃口与材料的摩擦。γ 介于 15°~20°之间，α 介于 1.5°~3°之间。

2. 斜刃剪切力、功

斜刃剪切力按下式计算：

$$F_s = KA\tau_b$$

由于

$$A = A_{\triangle ABC} \approx \frac{t^2}{2\tan\varphi}$$

因此

$$F_s = K\frac{t^2\tau_b}{2\tan\varphi}$$

取 K=1.3，则

$$F_s = \frac{0.65t^2\tau_b}{\tan\varphi} = \frac{0.5t^2R_m}{\tan\varphi} \tag{2-1-4}$$

式中　F_s——斜刃剪切力（N）；

A——剪切面积（mm^2）；

t——板料厚度（mm）；

τ_b——材料抗剪强度（MPa）；

R_m——材料抗拉强度（MPa）；

φ——上刃口倾斜角（°）；

K——安全系数，可取为 1.0~1.3。

剪板机标定的主要规格是 $t\times B$，前者为最大允许剪切材料厚度，后者为最大允许剪切板料宽度。例如 Q3×1000 型剪板机的最大允许剪切料厚为 3mm，料宽为 1000mm。

由于剪板机设计时，一般是按剪切中等硬度材料（R_m=500MPa 左右的 25、30 钢）来考虑的。如果剪切的材料 R_m 更高，则最大允许剪切板料厚度应按式（2-1-5）进行换算：

$$t_{max} \leqslant \sqrt{\frac{500}{R'_m}}\,t \tag{2-1-5}$$

式中　t——剪板机标定的允许剪切厚度（mm）；

t_{max}——换算所得最大允许剪切厚度（mm）；

R'_m——硬材料的抗拉强度（MPa）。

也可用换算线图（见图 2-1-4）直接查得。

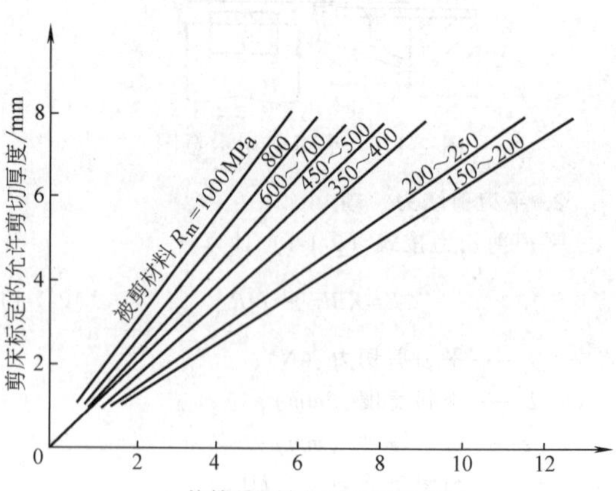

图 2-1-4　最大允许剪切厚度换算线图

斜刃剪切时刀口与材料的接触长度只与料厚及倾角有关，而且剪切过程的大部分时间内，该接触长度不变。因此，在剪切的整个行程中，剪切力大体上是一个稳定值，如图 2-1-5 所示。

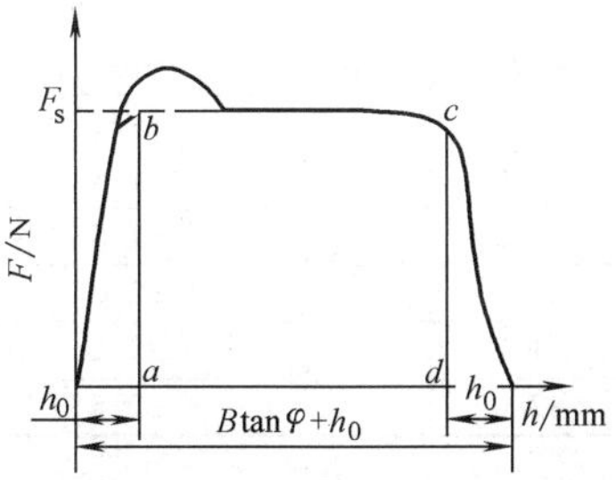

图 2-1-5　斜刃剪的剪切力曲线

斜刃剪剪切功可按下式计算：

薄板：
$$W_s=\frac{F_s h}{1000}=\frac{F_s B\tan\varphi}{1000} \tag{2-1-6}$$

厚板：
$$W_s=\frac{F_s h}{1000}=\frac{F_s(B\tan\varphi+h_0)}{1000} \tag{2-1-7}$$

式中　W_s——斜刃剪切功（J）；

F_s——斜刃剪切力（N）；

h——剪切行程（mm）；

B——板料宽度（mm）；

φ——上刃口倾斜角（°）；

h_0——当出现最大剪切力时，刀口切入材料的深度（mm），可由表 2-1-2 查得。

表 2-1-2　各种材料的剪切强度与相对切入深度 h_0/t

材料	退火的			硬化的		
	τ_b/MPa	$\frac{h_0}{t}$(%)		τ_b/MPa	$\frac{h_0}{t}$(%)	
		t<4mm	t>4mm		t<4mm	t>4mm
酸洗钢和 08 钢	250~280	60~55	—	320~350	50	—
10F、15F、Q195A	280~300	55~50	—	350~380	50	—
20、Q215A	300~320	50	45	380~420	45	38
25、Q235A	320~350	47	40	420~450	40	28
30、Q255A	350~380	45	33	450~500	35	22
35、Q275	400~450	40	27	500~550	30	17
硅钢	350~400	—	—	500~550	—	—
不锈钢	520	—	—	560	—	—
T1、T2、T3 纯铜	180~220	55	—	250~280	30	—
H62、H68 黄铜	220~280	60~55	50	350~400	30~20	20
铝	70~90	65~55	60	110~150	50~40	30
硬铝	140~180	50~38	35	260~380	35~25	25
镍	350	—	—	480	—	—
德银	280~360	—	—	450~560	—	—
白铜	260	—	—	400	—	—
锌	120	50	—	200	25	—
铅	20~30	50	—	—	—	—
锡	30~40	40	—	—	—	—

3. 斜剪条料的质量和精度

斜剪时由于 φ 角的存在，有使剪下部分材料向下弯的现象（见图 2-1-3），而且随着 φ 角的增大，弯曲现象越严重。前角 γ 则使剪下的材料向外弯曲（见图 2-1-6），而且 γ 愈大，这种弯曲愈严重。因此，φ 角和 γ 角的存在，使被剪的材料处于复杂的变形状态，剪下的材料有一定程度的畸变。材料越厚、越窄，这种畸变越严重。

在剪板机上剪切条料的精度和表面质量与许多因素有关，其中主要的是刀口形式，剪切方法，条料宽度、厚度以及刀口状况等。

采用龙门式、开式剪板机从板材上剪下来的剪切件（含产品零件、冲压用块料或条料）的剪切宽度、直线度、垂直度的公差可从表 2-1-3、表 2-1-4、表 2-1-5 查得。剪切毛刺高度允许值按表 2-1-6 查得。

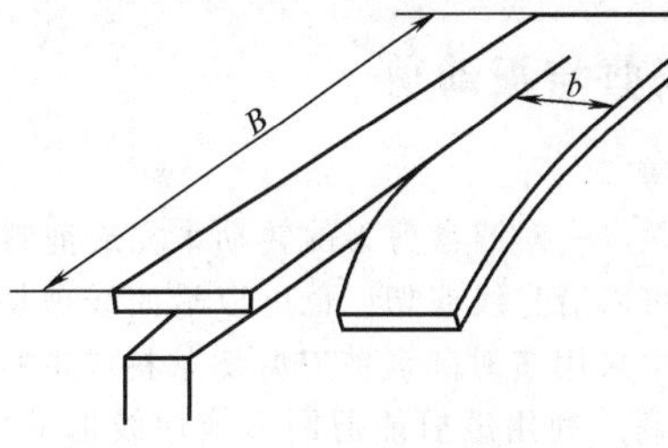

图 2-1-6　斜剪条料时产生的弯月形

表 2-1-3　剪切宽度公差　　（单位：mm）

剪切宽度	材料厚度							
	≤2		>2~4		>4~7		>7~12	
	A 级	B 级	A 级	B 级	A 级	B 级	A 级	B 级
≤120	±0.4	±0.8	±0.5	±1.0	±0.8	±1.5	±1.2	±2.0
>120~315	±0.6		±0.7		±1.0		±1.5	
>315~500	±0.8	±1.2	±1.0	±1.5	±1.2	±2.0	±1.8	±2.5
>500~1000	±1.0		±1.2		±1.5		±2.0	
>1000~2000	±1.2	±1.8	±1.5	±2.0	±1.7	±2.5	±2.2	±3.0
>2000~3150	±1.5		±1.7		±2.0		±2.5	

注：剪切宽度的精度等级分为 A 和 B 两级。

表 2-1-4　剪切直线度的公差　　（单位：mm）

剪切长度	材料厚度							
	≤2		>2~4		>4~7		>7~12	
	A 级	B 级	A 级	B 级	A 级	B 级	A 级	B 级
≤120	0.2	0.3	0.2	0.3	0.4	0.5	0.5	0.8
>120~315	0.3	0.5	0.3	0.5	0.8	1.0	1.0	1.6
>315~500	0.4	0.8	0.5	0.8	1.0	1.2	1.2	2.0
>500~1000	0.5	0.9	0.6	1.0	1.5	1.8	1.8	2.5
>1000~2000	0.6	1.0	0.8	1.6	2.0	2.4	2.4	3.0
>2000~3150	0.9	1.6	1.0	2.0	2.4	2.8	3.0	3.6

注：1. 剪切直线度的精度等级分为 A 和 B 两级。

2. 本表适用于剪切宽度为板厚的 25 倍以上及宽度为 30mm 以上的金属剪切件。

表 2-1-5　剪切垂直度的公差　　（单位：mm）

剪切短边长度	材料厚度							
	≤2		>2~4		>4~7		>7~12	
	A 级	B 级	A 级	B 级	A 级	B 级	A 级	B 级
≤120	0.3	0.4	0.5	0.7	0.7	1.0	1.2	1.4
>120~315	0.5	1.0	1.0	1.2	1.5	1.8	2.0	2.2
>315~500	0.8	1.4	1.4	1.6	1.8	2.0	2.2	2.4
>500~1000	1.2	1.8	1.8	2.0	2.2	2.4	2.6	3.0
>1000~2000	2.0	2.6	3.0	4.0	4.0	5.5	—	—

注：剪切垂直度的精度等级分为 A 和 B 两级。

表 2-1-6　剪切毛刺高度允许值　　（单位：mm）

材料厚度		≤0.3	>0.3~0.5	>0.5~1.0	>1.0~1.5	>1.5~2.5	>2.5~4.0	>4.0~6.0	>6.0~8.0	>8.0~12.0
精度等级	E	≤0.03	≤0.04	≤0.05	≤0.06	≤0.08	≤0.10	≤0.12	≤0.14	≤0.16
	F	≤0.05	≤0.06	≤0.08	≤0.12	≤0.16	≤0.20	≤0.25	≤0.30	≤0.35
	G	≤0.07	≤0.08	≤0.12	≤0.18	≤0.32	≤0.35	≤0.40	≤0.60	≤0.70

注：剪切毛刺高度的精度等级分为 E、F、G 三级。

1.3　滚剪与振动剪

1. 滚剪

滚剪是以一对圆盘剪刀的转动来完成剪料工作的。滚剪可以沿直线剪切，也可以沿曲线剪切。在大量生产中采用多对圆盘剪刀剪切条料或带料，生产率相当高。利用滚剪能剪圆形或曲线形的特点，某些小批生产的大型冲压件，可用它代替冲模下料或切边，但剪切质量及生产率都不高。

按照圆盘的配置方法可分为三种，如图 2-1-7 所示。直配置适用于将板料剪裁成条料，或将方坯料剪切成圆坯料；斜直配置适用于剪裁圆形坯料或圆内孔；斜配置适用剪裁任意曲线轮廓的坯料。

滚剪时，上下剪刃的间隙取决于被剪切板料的厚度，一般取 0.05~0.2mm。用滚剪剪切曲线轮廓毛坯时，其曲率半径有一定的限制，最小曲率半径

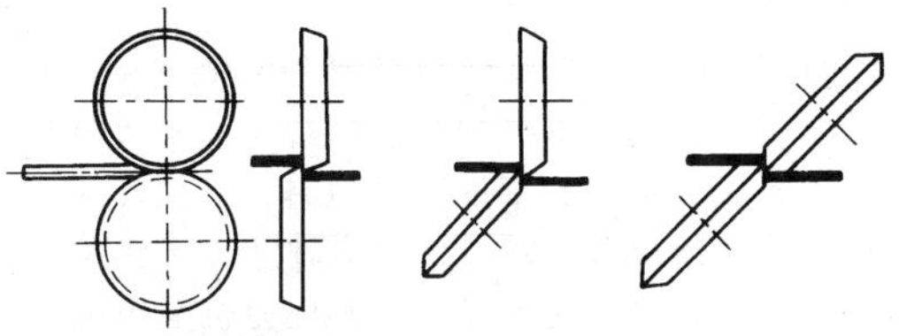

图 2-1-7　滚剪形式

与剪刀直径、板料厚度有关。圆盘剪剪裁的最小曲率半径可查表 2-1-7。

表 2-1-7　圆盘剪剪裁的最小曲率半径

（单位：mm）

剪刀直径	材料厚度		
	<1	1.5~2.5	3~6
75	40	45	50
90	50	75	85
100	50	75	90
125	50	90	90

滚剪剪切条料的最小宽度偏差见表 2-1-8。

表 2-1-8　滚剪剪切条料的最小宽度偏差

条料宽度/mm	板料厚度/mm		
	~0.5	>0.5~1	>1~2
~20	-0.05	-0.08	-0.10
>20~30	-0.08	-0.10	-0.15
>30~50	-0.10	-0.15	-0.20

选用圆盘剪板机时，主要的额定工艺参数是允许剪切的最大厚度。用圆盘剪来剪切曲线轮廓的毛坯时，还需知道剪板机允许剪切的最大直径和最小曲率半径。例如 Q23—4×1000 型双盘剪板机，可剪的最大板厚为 4mm，最大直径为 1000mm。

2. 振动剪

振动剪又称短步剪，其工作原理是以电动机通过偏心机构使上剪刀以每分钟 2000~2500 次频率振动，行程很小（2~3mm）。振动剪上、下剪刀都具有较大的倾角 10°~15°（交角 $\varphi=20°\sim30°$），剪刀较窄且两刀尖常在接触状态，重叠量为 0.2~1.0mm。下剪刀固定在刀杆上，预先可按要求调好上、下剪刀的重叠量和合适的间隙。图 2-1-8 为振动剪示意图。

振动剪在剪切材料时，是一小段一小段地剪下来的，由于剪切过程不连续，所以生产率很低，且剪切质量差，裁件边缘粗糙，有微小的锯齿形，零件精度较低（IT9~IT11）。振动剪可根据划线或样板剪切直线或曲线轮廓的外形或内孔。但由于振动剪结构简单，便于制造，对剪切不同形状、尺寸的零

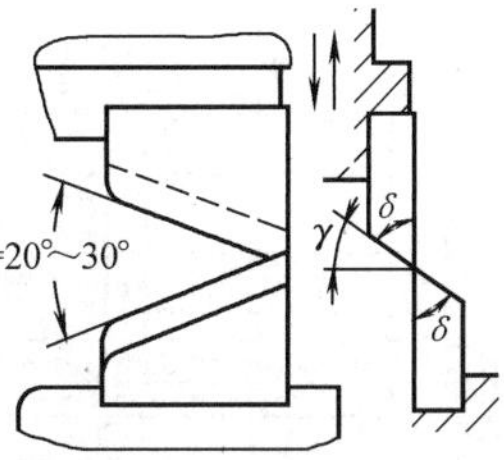

图 2-1-8　振动剪示意图

件或毛坯的适应性好，非常适用于小批量生产。

1.4　管材与型材的剪切

1.4.1　管材的剪切

管材剪切方法大致可以分为塑性加工和机械加工（切削或磨削）两大类。与切削或磨削方法相比，管材塑性加工剪切具有加工速度快，生产效率高，切口毛刺小，少无切屑等优点，但模具结构比较复杂。塑性加工剪切方法按是否产生切屑又可分为有切屑的冲切法和无切屑的剪切法，按管材是否静止不动可分为静止剪切法和移动式剪切法。在剪切工艺上，薄壁管（管壁厚 3mm 以下）和厚壁管着重解决的问题各不相同。薄壁管剪切时为防止管壁被压扁而采取的工艺措施比较复杂，而厚壁管重点在于保证剪切断面精度。下面分别介绍几种常用的管材剪切方法。

1. 冲切法

冲切法如图 2-1-9 所示，凹模作用于管材的外侧，沿其圆周方向开有较窄的沟槽，采用板状 V 形尖头的凸模在此沟槽内进行冲切。此方法由于不使用芯棒，可以实现高速化，且生产中往往采用移动式冲切方式，即只需移动管材即可进行下次冲切。

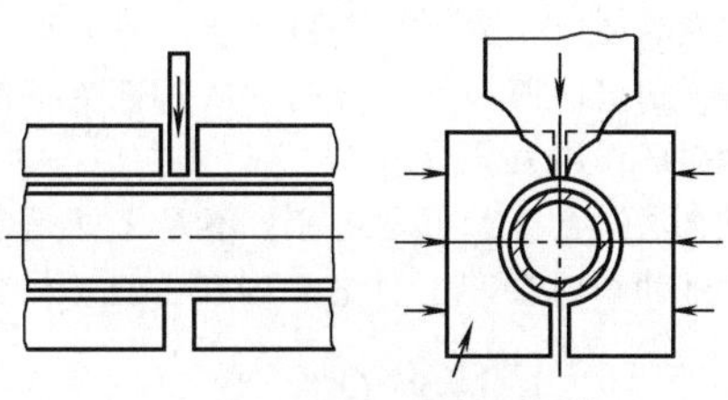

图 2-1-9　管材冲切法

对于单层冲切法，随着管材的厚度增加，特别是采用移动式冲切方式时，冲切后切屑随凸模上升，阻碍管材的进给，往往影响连续生产。为此，采用图 2-1-10 所示的结构，在凹模内安装了弹性挡料销（相当于普通冲裁中的打料杆）即可解决这一问题。

图 2-1-11 是冲切法所用凸模形状。采用图 b 所示凸模切断时，管子上部的 1/4 废料先被切断并掉入管子内。对于厚度小于 3mm、直径小于 50mm 的薄壁管，所用凸模的厚度及凹模之间的缝隙取 3~4mm。

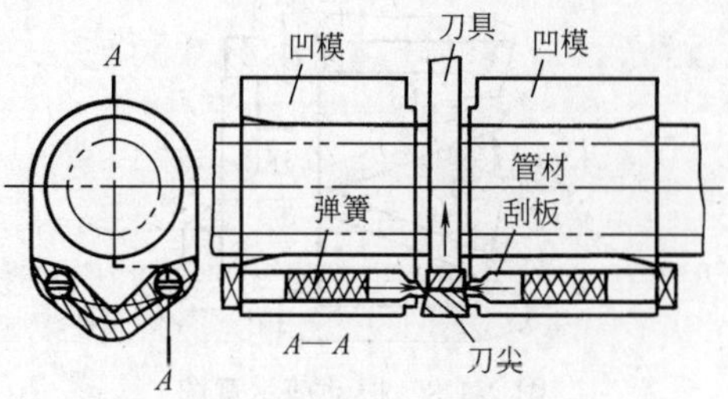

图 2-1-10　厚壁管冲切法

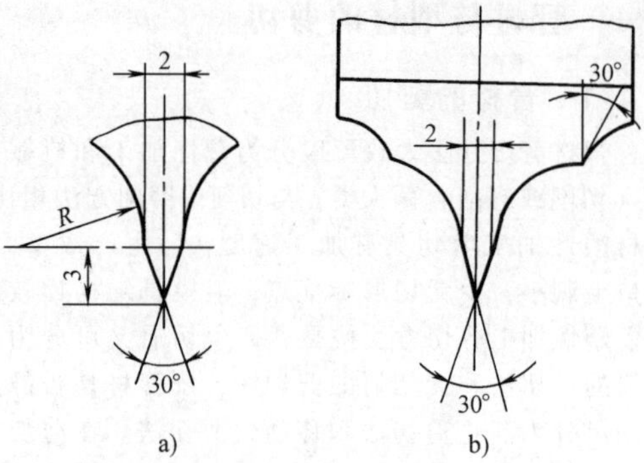

图 2-1-11　冲切法凸模形状

冲切法冲切薄壁管时，将出现管子被压扁和管壁歪斜的缺陷。对于前者主要采取预先将管子压成桃形的措施；后者主要和刀刃尖端角度有关，刀刃顶角越小则管材歪斜也越小，但如果管材偏厚时，刀刃产生崩刃的危险就增大。一般刀刃顶角的角度不小于 30°。

2. 双重冲切法

图 2-1-12 所示的为双重冲切法。这种方法是先在第一道工序中利用刨刀在水平方向将管材刨出一切口，然后在第二道工序中利用活动薄刀刃切入切口。由于切屑向两侧外部流出，从而避免了使管材产生歪斜的作用力。

此方法适合于大批量生产，不足之处是刨切切口及底部冲切时会产生少量毛刺和歪斜。另外，由

图 2-1-12　双重冲切法

于第一道工序的切口加工所限制，对管壁太厚的管材不适用。因为有切屑而使材料利用率下降，所以更适合于长度大的管材切断。但是如果剪切铝制窗框这类挤压型材或轧制的槽形型材，由于在其断面上已有开口的部分，就可以用这种开口来代替第一道切口工序，这样就可以在普通压力机上用剪切模一道工序完成冲切。另外，对具有封闭曲线断面的管材，也可以先用切削或磨削的方法加工出切口，然后再采用冲切法切断，用这种方法可以放宽对管材壁厚的限制。

3. 移动式双重冲切法

图 2-1-13 所示为移动式双重冲切法，先由第一旋转刀刃在管材上冲一缺口，紧接着第二旋转刀刃完成管材的冲切，此两旋转刀刃被装在由推力球轴承带动的、与管材进给速度同步旋转的刀架上。实际上，当最大进管速度为 140mm/s 时，可实现每分钟冲切 150 根管子的高速冲切生产（最短管长 910mm）。

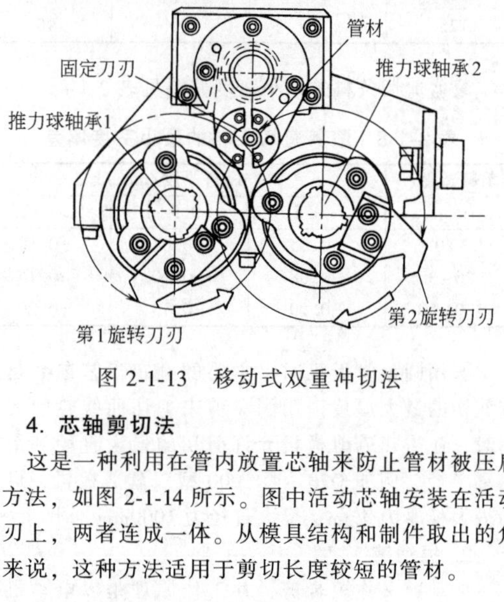

图 2-1-13　移动式双重冲切法

4. 芯轴剪切法

这是一种利用在管内放置芯轴来防止管材被压扁的方法，如图 2-1-14 所示。图中活动芯轴安装在活动刀刃上，两者连成一体。从模具结构和制件取出的角度来说，这种方法适用于剪切长度较短的管材。

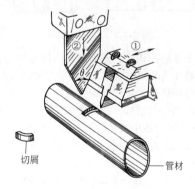

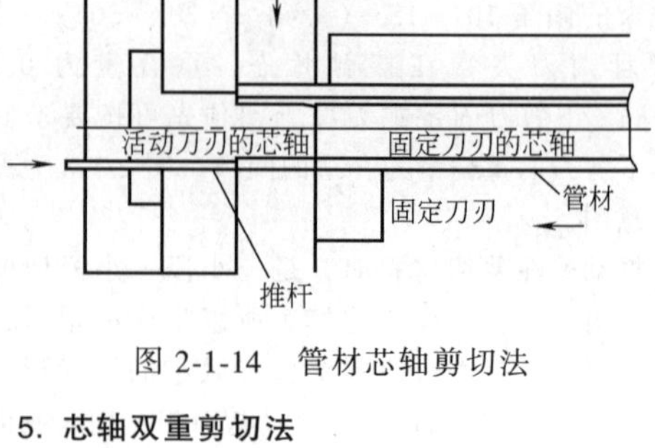

图 2-1-14　管材芯轴剪切法

5. 芯轴双重剪切法

此方法是为了消除切口面左右两端部的缺陷而提出的。所谓芯轴双重剪切法就是在芯轴放置在管

中的状态下，利用使模具相对地上下左右微微错动以及偏心旋转的办法，一部分一部分地进行剪切，以防止产生上述缺陷。

由于芯轴的使用，必然存在制件不易顶出的问题。为此，可采用如图 2-1-15 所示的机构（Vulcan Tools 公司专利），将活动芯轴巧妙地装在送料侧的固定芯轴上，并设有在剪切终了后能及时返回规定位置的机构，然后利用送进的料来顶出制件，此方法称为梭式送料法。如果管子内径与固定芯轴基座外径之间的间隙过大，右侧筒形送料器与管材的接触不均匀，管材送入时易造成弯曲。为此，通常管子内径与固定芯轴基座外径之间的间隙取管子壁厚的 1.5 倍以下，而固定芯轴基座长度 4.2~6m，这样就意味着在此长度上的管子坯料的弯曲和内径精度满足上述间隙值的要求，所以说此方法更适合于内径精度高、弯曲较小的管子，如低碳钢管。

近年来，汽车排气管大多采用不锈钢管。与低碳钢管相比，电焊不锈钢管热传导率低，弯曲过大，无法使用上述设备进行剪切。

为此，将上述设备中固定芯轴基座反装到左边，使送料和取料在同一方向进行，同时送料器不采用筒状而使用实心锥体。这样送料时靠锥体斜面导入，管子端部和送料器不需紧密配合，固定芯轴基座外径只需取管径的 75% 即可。改进后的设备可以剪切包括不锈钢管在内的各种精度较低的管材。

上述设备均采用批处理方式生产，ϕ50mm 左右的钢管每分钟可剪切 30~80 个。

6. 活动芯轴剪切法

为提高管材的剪切精度，可在管内放置芯轴来防止管材被压扁，其中之一就是上述的芯轴双重剪切法。但是，此方法活动刀刃的移动量受限，不适合于厚壁管剪切。为此，常采用如图 2-1-16 所示的活动芯轴剪切法，管材的供给或送进料由活动芯轴侧进行，这样就可以使用通常的模具和设备进行剪切。

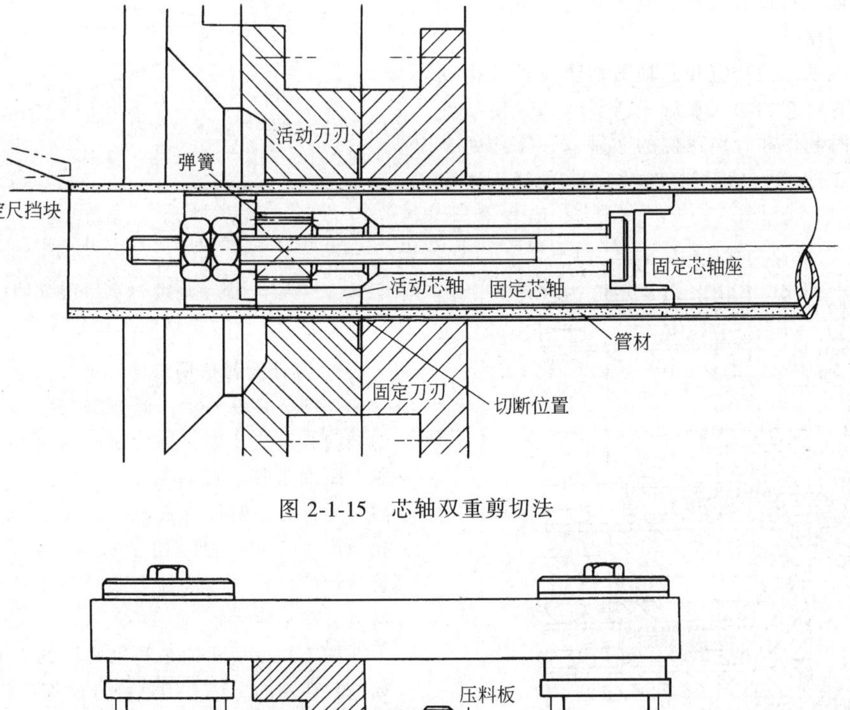

图 2-1-15　芯轴双重剪切法

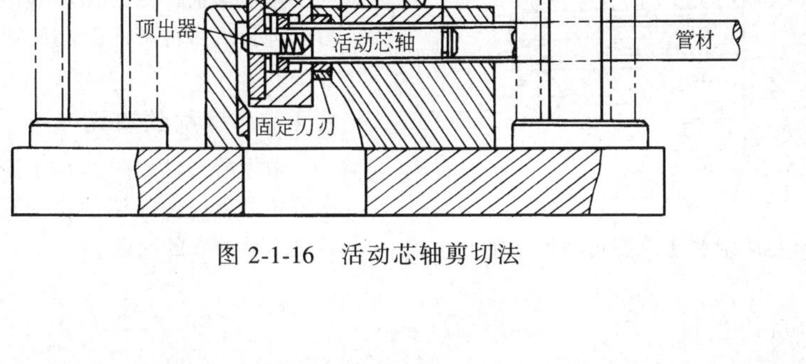

图 2-1-16　活动芯轴剪切法

此方法的关键是活动芯轴的采用。虽然芯轴可以活动，但剪切时由于剪切摩擦力的作用可防止活动芯轴后退。而且，为了防止送料时因跳动而引起芯轴后退，在活动芯轴上安装 O 形环或者带有弹簧的钢球压在管子内壁，即使管材产生轻微的后退也能够在下次送料时进行补正。

此方法的要点是芯轴和模具之间间隙值的取法。因为剪切使管材切口的歪斜被限制在芯轴和模具之间，如果间隙值取得过大，则切口的歪斜就加大。反之，如果间隙值过小，则送料困难。为此，将活动刀刃一侧的间隙值取得比固定刀刃一侧的间隙值大一些，或靠活动刀刃一侧的芯轴端部倒角以便于送料。但是如果因管材本身的尺寸精度不高而需放大间隙，切口就会产生较大的歪斜。因此，此方法只适用于内径精度较高的管材剪切。

7. 变直径芯轴剪切法

此方法是在活动芯轴法的基础上进行改进，使其更适合于内径精度较低的管材剪切，并可大大提高切口面的精度。

图 2-1-17 所示为变直径芯轴剪切法模具结构及工艺过程。管材⑨的送入靠滚子①导入，为便于管材送入，此时制件和管坯两侧的芯轴③、④均处于缩径状态（工序 1）。然后往气缸⑦、⑧内通入压缩空气推动楔面⑤、⑥移动，从而使芯轴直径变大而与管材内径紧密配合（工序 2）。在此状态下活动刀刃下落进行剪切（工序 3），剪切后活动刀刃侧气缸⑧卸压，楔面⑥靠弹簧压力返回到初始位置而使芯轴直径缩小，制件和芯轴④之间产生间隙，由气孔②通入压缩空气而使制件脱模。最后，活动刀刃上升，管坯侧气缸卸压、芯轴③直径缩小，开始重复送料。

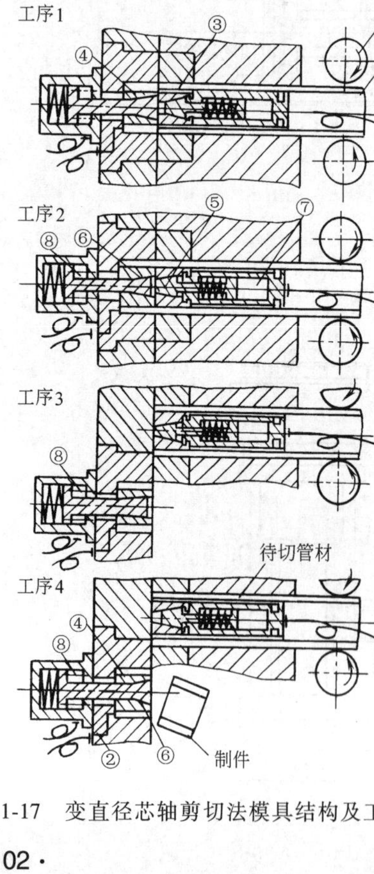

图 2-1-17　变直径芯轴剪切法模具结构及工艺过程

图 2-1-18 所示为芯轴与管材内径的间隙值 G 和管材内径变化关系。活动芯轴剪切时（$G=0.2$mm，$G=0.4$mm），芯轴与管材内径之间间隙值越大，制件压扁程度越严重。与此相比，变直径芯轴法（$G=0$mm）剪切后制件切口面几乎接近圆形。

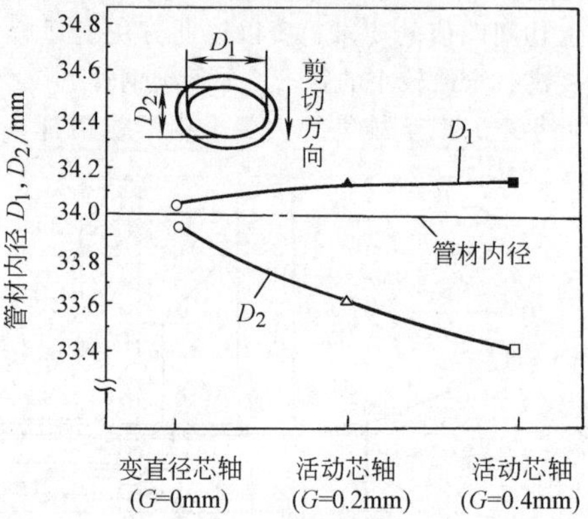

图 2-1-18　芯轴与管材内径的间隙值与管材内径变化关系

8. 其他管材剪切法

如图 2-1-19 所示，此方法与深拉深或挤压加工的圆筒修边法相似，称为旋转辊剪切法，主要用于管子断面加工。旋转辊的运动机构与辊轧机相同。剪切时只有一侧装入芯轴，因而管子直径会有些变化或产生歪斜，但是由于沿全周慢慢地进行剪切，管材切口面较好。这种方法只适用于剪切圆柱形管材且管壁不能太厚。

图 2-1-20 所示的是利用旋转的 V 形滚轮压入管壁进行切断的方法。用这种方法切断管材圆度较好，但切口面易倾斜，切薄壁管时会产生毛刺，切厚壁管时在管子外周产生隆起。

对于厚壁管，也有采用将管材表面刻出 V 字槽后，再利用回转弯曲引起的疲劳破坏将管子切断的方法。

1.4.2　型材的剪切

常用的型材如图 2-1-21 所示。型材剪切的特点是剪切过程中不能使型材的形状改变，这是设计模具时必须遵守的原则。

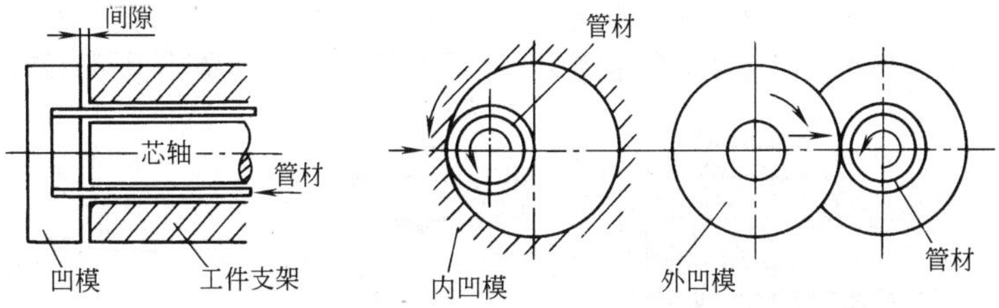

图 2-1-19　旋转辊剪切法

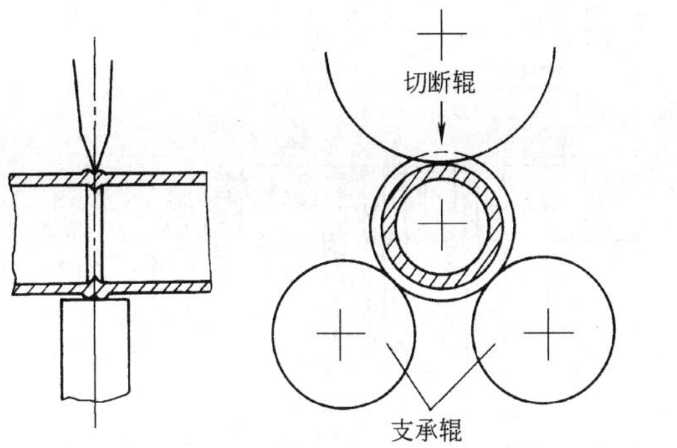

图 2-1-20　利用旋转辊的冲切

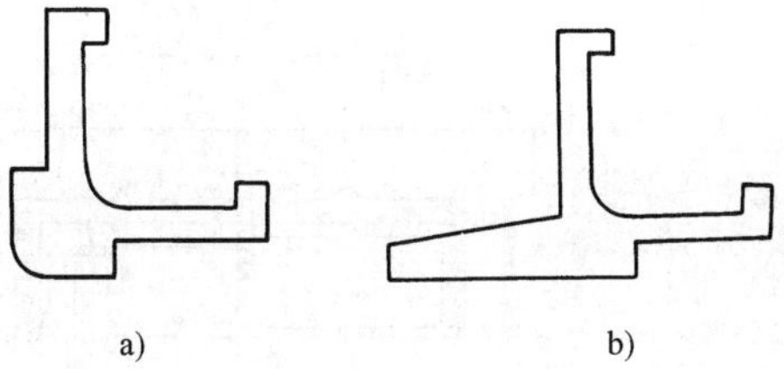

图 2-1-21　常用的型材

冲切图 2-1-21a 所示型材常用的切断模结构如图 2-1-22 所示。模具具有和型材形状相同的定模 1 和动模 2。静止状态，定模和动模同位，为了型材送进通畅，动模和定模的型孔比型材各部分尺寸放大 0.3~0.5mm。剪切时，借助于压力机滑块下行，推动动模下行而将型材切断分离。

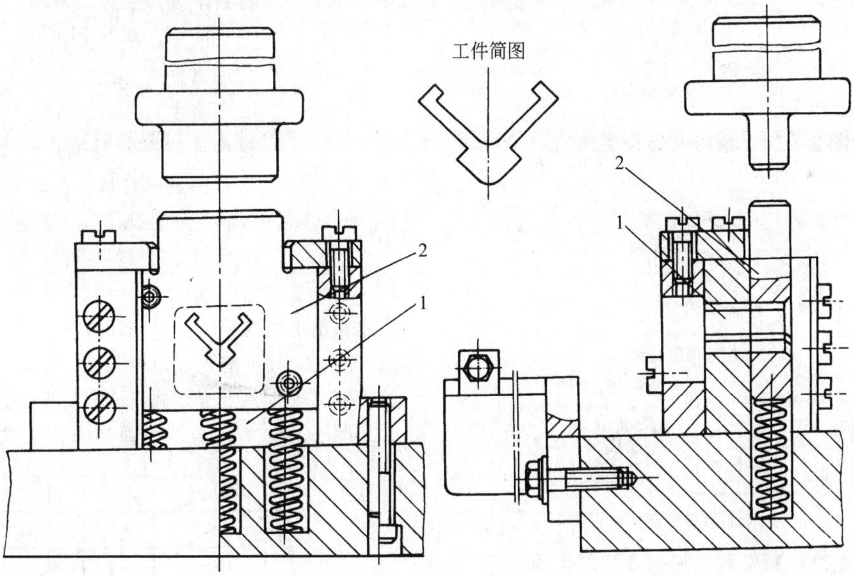

图 2-1-22　型材切断模（一）

1—定模　2—动模

冲切图 2-1-21b 所示型材常用的切断模结构如图 2-1-23 所示。模具具有和型材一部分形状相同的上模 3 和下模 4 及压板 1，剪切时，借助压力机滑块下行，上压板 2 通过压板 1 首先压紧型材，压力机滑块继续下行时，上模 3 与下模 4 刃口使型材切断分离。

另外，对于图 2-1-24 所示的零件，可成功地采用轴向加压精密剪切新技术，精确地剪切出相对长度很小的薄件，其方法是预先用挤压、拉拔或轧制等工艺制成所需断面形状的型材，然后在一定的轴向压力下剪切成所需的精密零件。图 2-1-25 所示是与通常用板料精冲方法生产的片状零件的对比。该项新技术的最大优点在于材料利用率很高，剪切件尺寸精确，棱角清晰，无塌角，而且剪切件的相对厚度越大越有利，这些正好弥补了精冲件的不足，它可在一定范围内取代板料精冲法。

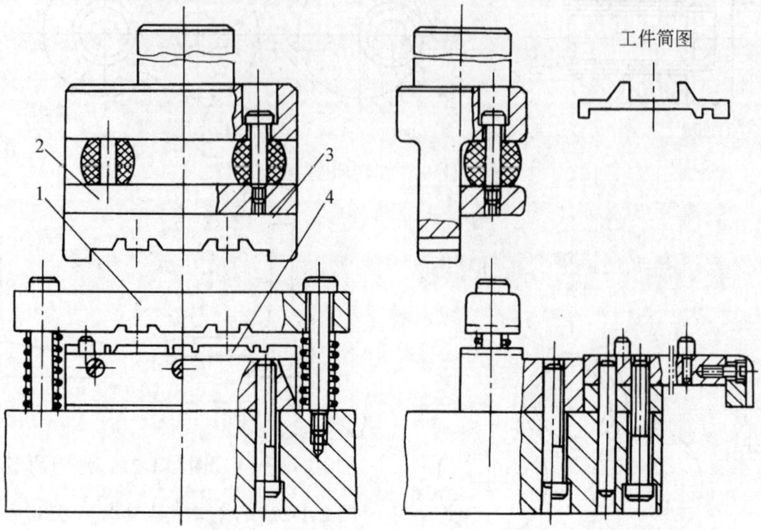

图 2-1-23　型材切断模（二）

1—压板　2—上压板　3—上模　4—下模

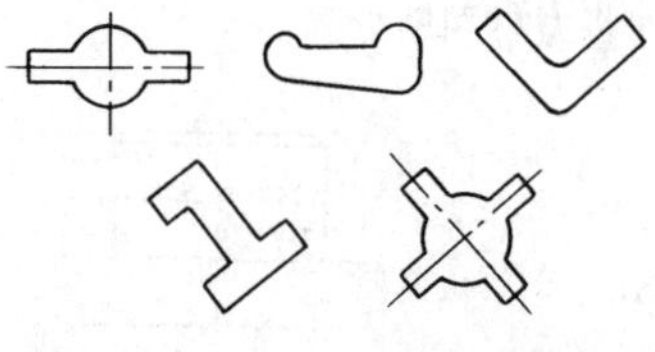

图 2-1-24　精密成形件实例

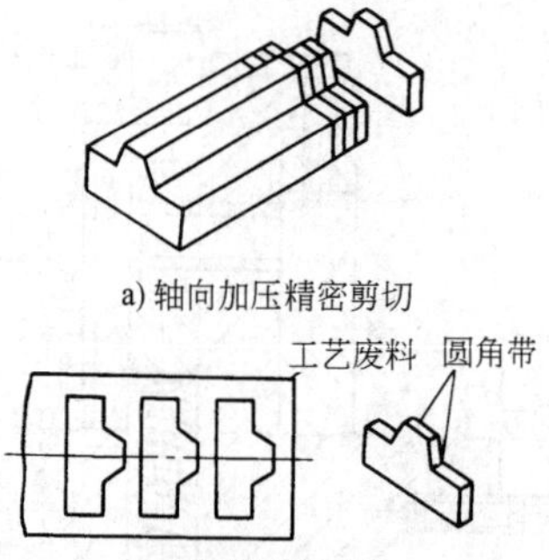

图 2-1-25　精密剪切加工方法的比较

片状零件的轴向加压精密剪切的主要矛盾是整体畸变，为此，需要施加足够大的轴向压力。矩形截面型材精密剪切所需的最小轴向压力可用下式估算

$$p_x \geqslant \frac{1}{2} R_{eL} \left(\frac{c_1}{c_2} \frac{H}{L} - \frac{2}{\sqrt{3}} \right) \tag{2-1-8}$$

$$F_x = p_x A_0 \tag{2-1-9}$$

式中　p_x ——平均轴向单位压力（MPa）；

F_x ——总轴向力（N）；

R_{eL} ——材料下屈服强度（MPa）；

A_0 ——型材的原始横截面积（mm^2）；

H ——矩形高度（mm）；

L ——矩形宽度（mm）；

c_1 ——材料抗剪强度与抗拉强度的比值，对于常用金属材料，可取 $c_1 \approx 0.7 \sim 0.8$；

c_2 ——材料下屈服强度与抗拉强度的比值，对于常用金属材料，可取 $c_2 \approx 0.5 \sim 0.8$。

对于复杂断面型材，可以把它看成是由若干矩形的或非矩形的简单断面组合而成的，后者又可以按其相当的剪切高度简化成矩形截面，然后分区计算并叠加，即可求得整个复杂截面型材所需的轴向压力。

图 2-1-26 所示为不同剪切方向上实际测得的剪

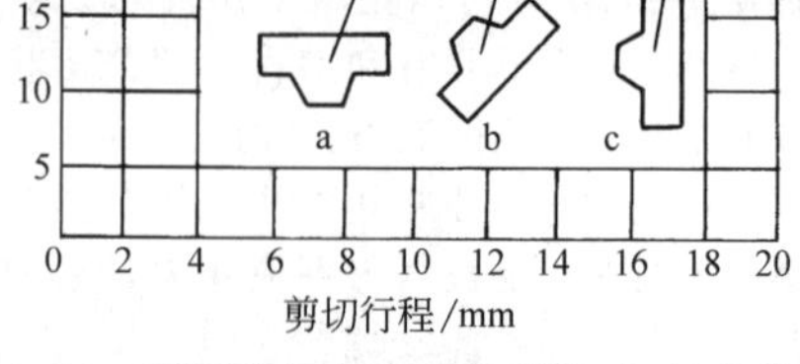

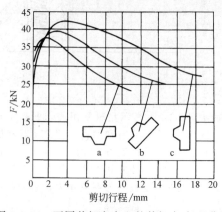

图 2-1-26　不同剪切方向上的剪切力-行程曲线

切力-行程曲线，从图中曲线可以看出：当 H/L 最小时，F 亦最低。

因而，为保证剪切质量，并尽可能减小力能消耗，应正确选定型材的剪切方向。一般来说，最有利的断面取向应是使实际的 H/L 最小。

1.5　激光切割

1.5.1　概述

激光切割和打孔是一种利用高能量束的加工方法，将激光束聚焦在材料表面使其瞬时急剧熔化和汽化，并产生强烈的冲击波，使熔化的材料产生爆炸式的喷溅和去除，从而实现材料的切割和打孔。激光切割与数控系统相结合，使激光切割柔性化和自动化获得了广泛的应用。激光切割零件如图 2-1-27 所示。它是一种无接触加工工艺，与常规的冲压分离工艺相比，激光切割与打孔有很多的优点：

图 2-1-27　激光切割零件实例

1）在大规模生产中制造成本低，材料浪费少，没有任何模具损耗，可节约大量模具加工费用和模具调整时间，生产准备周期短。

2）在大规模制造中生产效率高，能根据生产流程进行编程控制，自动化程度高。对多品种小批量生产，易于实现柔性加工。

3）对加工对象的适应性强，不受零件形状和尺寸限制，几乎对所有金属材料和非金属材料（如钢材、耐热合金、高熔点材料、陶瓷、宝石、玻璃、硬质合金和复合材料等）都可以冲裁加工。特别是对坚硬材料孔的加工，其最小孔径可达 0.001mm，孔的深径比可达 50~100。不受电磁干扰，对制造模具和生产环境的要求大大降低。能实现微细加工。

4）属无接触切割技术，激光束可以通过空气、惰性气体或者光学透明介质，故可对隔离室或真空室内的工件进行加工。

5）加工质量高，冲裁件无塌角、毛刺、弯曲和斜角，断面光洁，尺寸精度可控制在 0.1~0.3mm 范围内，对材料力学性能无影响，一般不需要后续加工。

6）劳动条件好，加工过程无噪声和污染，不产生任何有害的射线。

激光切割的主要缺点有：设备一次性投资大，另外激光切割功耗高。工业激光效率可能在 5%~45%之间。任何特定激光器的功耗和效率将根据输出功率和操作参数而变化。这取决于激光的类型以及激光与手头工作的匹配程度。所需的激光切割功率（称为热输入）取决于材料类型、厚度、使用的工艺（反应性/惰性）和所需的切割速率。表 2-1-9 列出了常用材料不同厚度时激光切割所需要的热输入量。

表 2-1-9　CO_2 激光切割时，不同材料不同厚度时所需要的热输入量　（单位：W）

材料种类	材料厚度				
	0.51mm	1.0mm	2.0mm	3.2mm	6.4mm
不锈钢	1000	1000	1000	1500	2500
铝合金	1000	1000	1000	3800	10000
低碳钢	—	400	—	500	—
钛合金	250	210	210	—	—
胶合板	—	—	—	—	650
硼/环氧树脂	—	—	—	3000	—

激光切割速率：最大的激光切割速率（生产率）受多种因素的限制，比如激光能量、材料厚度、工艺种类、材料属性等。常用工业激光切割系统（≥1kW）能够切割 0.51~13mm 厚度的碳钢。一般来讲，激光切割的效率能够达到标准锯切的 30 倍。表 2-1-10 列出了 CO_2 激光切割不同厚度材料时的速度。

表 2-1-10　CO_2 激光切割的速度　（单位：cm/s）

工件材料	材料厚度					
	0.51mm	1.0mm	2.0mm	3.2mm	6.4mm	13mm
不锈钢	42.3	23.28	13.76	7.83	3.4	0.76
铝合金	33.87	14.82	6.35	4.23	1.69	1.27

（续）

工件材料	材料厚度					
	0.51mm	1.0mm	2.0mm	3.2mm	6.4mm	13mm
低碳钢	—	8.89	7.83	6.35	4.23	2.1
钛合金	12.7	12.7	4.23	3.4	2.5	1.7
胶合板	—	—	—	—	7.62	1.9
硼/环氧树脂	—	—	—	2.5	2.5	1.1

1.5.2　激光切割和打孔机床

激光切割和打孔机床除了一般机床所需的支撑构件、运动部件及相应的运动控制装置以外，主要还具有激光加工系统，它由激光器、聚焦系统和电气系统三部分组成。

1. 激光器

产生激光束的器件称为激光器。激光切割和打孔机最常用的是 CO_2 激光器和固体激光器，它们的工作原理分别如图 2-1-28 和图 2-1-29 所示。

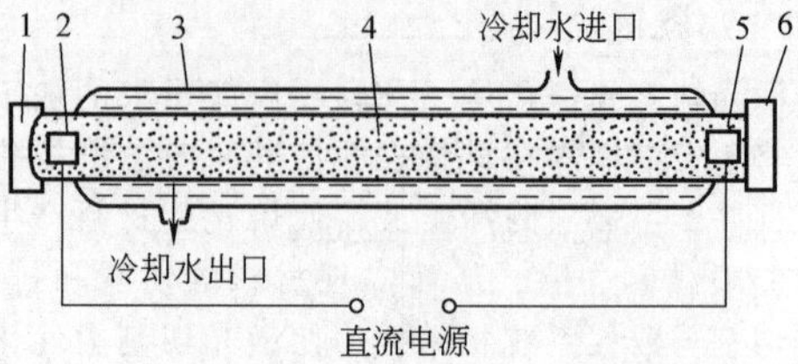

图 2-1-28　CO_2 激光器工作原理

1—反射凹镜　2、5—电极　3—放电管　4—CO_2 气体　6—反射平镜（红外材料）

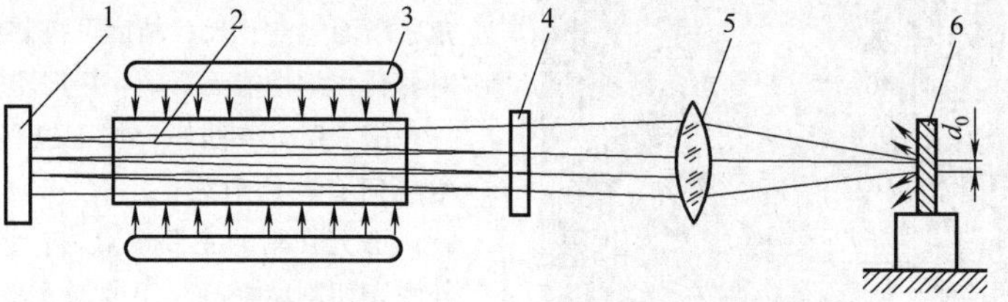

图 2-1-29　固体激光器工作原理

1—全反射镜　2—激光工作物质　3—光泵　4—部分反射　5—透镜　6—工件

2. 聚焦系统

聚焦系统的作用是把激光束通过光学系统精确地聚焦至工件上，如图 2-1-30 所示。

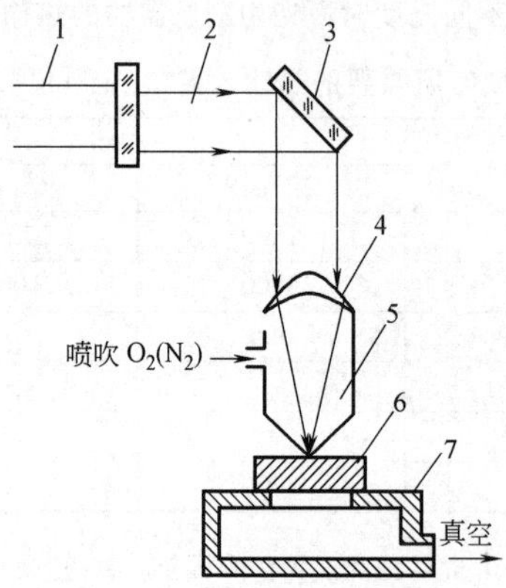

图 2-1-30　透射式聚焦系统

1—CO_2 激光器　2—激光束　3—全反射镜　4—砷化镓　5—喷嘴　6—工件　7—工作台

3. 电气系统

电气系统包括激光器电源和控制系统两部分，其作用是为激光器提供能量并对输出方式（连续或脉冲、重复频率等）进行控制。此外还对工件或激光束的移动采取计算机数控。

根据激光加工机床的用途，需采用不同的激光器和技术参数，见表 2-1-11。

SJ-2400 数控激光切割机床的主要技术规格示于表 2-1-12。该机床采用大功率的 CO_2 激光器为能源，主要用于零件的自动切割。该机床切割几种典型材料的激光切割参数详见表 2-1-13。

1.5.3　激光切割工艺参数

（1）激光切割速度　它随激光功率和喷气压力的增大而增加，而随被切割材料厚度的增加而降低。切割 6mm 厚度碳素钢钢板的速度达到 2.5m/min；切割 15.6mm 厚的胶合板速度为 4.5mm/min；切割 35mm 厚的丙烯酸酯板的速度则达到 27m/min。

（2）切割宽度　一般在 0.5mm 左右，它与被切割材料性质和厚度、激光功率大小、焦距及焦点位置、激光束直径、喷吹气体压力及流量等因素有关，其影响程度大致与被打孔直径的影响相似，切割精度可达±0.02～0.01mm。

（3）切割厚度　它主要取决于激光输出功率。切割碳素钢时，1kW 级激光器的极限切割厚度为 9mm，1.5kW 级为 12mm，2.5kW 级为 19mm；2.5kW 级切割不锈钢的最大切割厚度则为 15mm。对于厚板切割则需配置 3kW 以上的高功率激光器。

表 2-1-11　激光加工机床的功能

工作物质		激光波长/μm	发散角/rad	输出方式	输出能量或功率	主要用途
固体	红宝石	0.69	<0.001	脉冲	几十焦耳	打孔、焊接
	钕玻璃	1.06	<0.001	脉冲	几十焦耳	打孔、焊接
	掺钕钇铝	1.06	<0.001	脉冲、连续	几十焦耳	打孔、切割
	石榴石	1.06	<0.001	脉冲、连续	100~1000W	焊接、刻槽
气体	二氧化碳	1.06	<0.001	脉冲、连续	几个焦耳 几十瓦至几千瓦	切削、打孔 焊接、热处理

表 2-1-12　SJ-2400 数控激光切割机床的主要技术规格

参数项目	规　格	参数项目		规　格
加工板料尺寸/mm×mm	2300×1300	工作台行程 Y/mm		1400
加工钢板厚/mm	6	工作台尺寸/mm×mm		2500×1600
零件加工精度	0.5mm/1000mm	Z 轴自动调节距离/mm		180
切缝宽度/mm	0.2~0.4	进给速度/(m/min)		0.05~0.1;0.1~1;0.2~2;0.4~4
断面表面粗糙度 Ra/μm	25	输入方式		8 位纸带,光电阅读,200 行/s
激光器种类	电激励封离式 CO_2 激光器	耗电量	激光电源/kVA	6
输出功率/W	500~600		数控箱/kW	2
冷却方式	水冷		制冷/kW	5.5
最佳工作电流/mA	40~45		油泵电动机/kW	7.5
总气压/MPa	0.8		水泵电动机/kW	0.4
工作气体	CO_2 : N_2 : H_2 = 1 : 2 : 8	聚焦透镜		单晶砷化镓,焦距 f = 80cm
工作台行程 X/mm	2400	机床外形尺寸/mm×mm×mm		16000×4000×2500

表 2-1-13　几种典型材料的激光切割参数

材料	厚度/mm	切割速度/(m/min)	辅助气体及压力/MPa	
30CrMnSiA	1.5	2	O_2	0.12
	2	1.5	O_2	0.12
	2.5	1.3	O_2	0.15
	3	1.2	O_2	0.15
	4	1	O_2	0.2
	5	0.6	O_2	0.2~0.24
	6	0.5	O_2	0.25
20 钢	2	1.4	O_2	0.12
	4	1	O_2	0.15~0.2
2Cr13Ni4Mn9	1.5	1.5~1.7	O_2	0.11~0.12
钛合金(TC1)	0.8	1.3	压缩空气	0.12
聚氯乙烯板	4	1.7	压缩空气	0.15
松木板	5	2.1	压缩空气	0.15
五层胶木板	5	2.1	压缩空气	0.15
七层胶木板	1.2	0.6	压缩空气	0.15
有机玻璃	10	1.2	压缩空气	0.15

1.5.4　激光切割工艺特点

1）辅助气体提高切割效率和切口质量：由于金属表面的激光反射率可高达 95%，使激光能量不能有效地射入金属表面。喷吹氧气或压缩空气能促进金属表面氧化，可提高对激光的吸收率，进而提高切割效率。增加吹氧压力还可使切缝减小，切割石英时，吹氧可防止再粘结。切割易燃材料时，可喷惰性气体防止燃烧。切割带有金属夹层的易燃材料，宜采用压缩空气。当吹气压力未超过某一数值时，增加压力可增大切割厚度。

2）对于熔点低、分解点低及导热性差的塑料、纤维、木材、布料等，一般应采用长焦距的锗透镜来聚焦激光束。

1.6　高压水射流切割

1.6.1　概述

水切割也称水射流切割或水刀切割，是利用高压水流实现材料切割或分离目的的一种特殊加工方法。它利用增压器将水加压到10~400MPa，甚至更高的压力，使水获得压力能，从细小的喷嘴喷射而出，将压力能转化为动能，从而形成直径约为0.2~0.3mm的高速射流，其流速随着水的压力升高而加快，可达700~1000m/s（声速的2~3倍）。水切割正是利用这种高速射流的动能对工件的冲击破坏作用，达到切割成形的目的。

利用高压水为人们的生产服务始于19世纪70年代左右，用于开采金矿、剥落树皮等。Norman Franz博士是超高压水刀切割工具的第一人，被公认为是水刀之父。1979年，Mohamed Hashish博士在普通水刀中添加石榴石作为砂料，以增加水刀切割能量来切割金属和其他硬质材料。凭借这种方法，水刀（含有砂料）能够切割几乎任何材料，Hashish博士被公认为加砂水刀之父。

与激光、离子束、电子束一样，高压水射流切割也属于高能束加工范畴。由于水切割是冷态切割，切割过程中不产生热变形、加工应力等，在很多行业都可得到应用。在美国，几乎所有的汽车和飞机制造厂都有应用。

切除与切断机理：高速射流本身具有较高的刚性，在与靶物碰撞时，产生极高的冲击动压并形成涡流，从微观上看相对于射流平均速度存在着超高速区和低速区，因而高压水射流表面上虽为圆柱模型，而内部实际上存在刚性高和刚性低的部分。刚性高的部分产生的冲击动压使传播时间减少，增大了冲击强度，宏观上起到快速楔劈作用，而低刚度部分相对于高刚度部分形成柔性空间，起吸屑、排屑作用，这两者的结合正好使得其切割材料时犹如一把轴向“锯刀”加工。高速水射流破坏材料的过程是一个动态断裂过程，对于脆性材料（如岩石）等主要是以裂纹破坏及扩散为主；而对于塑性材料符合最大的拉应力瞬时断裂准则，即一旦材料中某点的法向拉应力达到或超过某一临界值时，该点即发生断裂。

较之激光、等离子、线切割等传统的切割方法，水射流切割技术确实有其独特、显著的优势。

1. 切割品质优异

水射流切割是一种冷加工方式，“水刀”不磨损且半径很小，能加工具有锐变轮廓的小圆弧。加工本身无热量产生且加工力小，加工表面不会出现热影响区，切口处材料的组织结构不会发生变化，也几乎不存在热和机械的应力与应变，切割缝隙及切割斜边都很小，无须二次加工，无裂缝、无毛边、无浮渣，因此其切割品质优良。

2. 几乎没有材料和厚度的限制

无论是金属类，如普通钢板、不锈钢、铜、钛、铝合金，或是非金属类，如石材、陶瓷、玻璃、橡胶、纸张及复合材料，皆可使用。

3. 节省成本

水切割所产生横向及纵向的作用力极小，不会产生热效应或变形或细微的裂缝，无须二次加工，既可钻孔也可切割，降低了切割时间及制造成本。

4. 清洁环保无污染

在切割过程中不产生弧光、灰尘及有毒气体，操作环境整洁，符合严格的环保要求。

1.6.2　高压水射流加工系统

典型的高压水射流加工系统如图2-1-31所示，其关键部分主要由超高压水射流发生器（高压泵）、数控加工平台、喷射切割头三大部分组成。

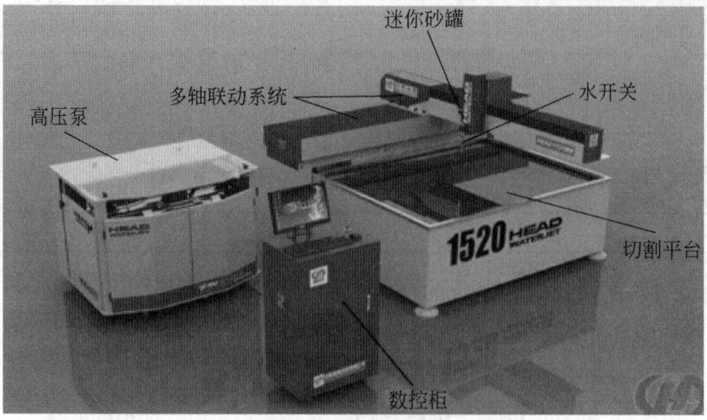

图2-1-31　高压水射流加工系统

1. 超高压水射流发生器（高压泵）

作为水刀的动力源，常见的是液压马达驱动增压器产生超高压水射流。将普通自来水的压力提升到几十兆帕到几百兆帕（1MPa≈10bar），通过束流喷嘴射出，具有极高的动能。

2. 数控加工平台

数控水刀主要以切割平面板材为主。切割平台选用滚动直线导轨和滚珠丝杠作为传动机构，在数控程序和控制电动机的精密控制下精确进行 X 轴和 Y 轴方向的单独运动或两轴联动，带动切割头实现直线和任意曲线切割。

3. 喷射切割头

高压泵只有通过束流喷嘴才能实现切割功能。喷嘴孔径大小，决定了压力高低和流量大小。同时，喷嘴还具有聚能作用。喷射切割头有两种基本形式：一种是完成纯水切割的，一种是完成含磨料切割的。含磨料切割的切割头，是在纯水切割头的基础上，加上磨料混合腔和硬质喷管构成的。

1.6.3 激光切割工艺参数

众所周知，水射流技术因其本身的特点及优势在工业切割、清洗领域应用已十分广泛。

纯水高压水射流切割：主要用于切割相对较软的材料，例如塑料、纺织品、纸、密封材料、金属箔、胶合板等。图 2-1-32 是纯水高压水射流切割加工产品的例子。这类材料的切割速度非常快，切割速率通常受限于工作平台的移动速度，而不是喷射切割头的切割能量。例如切割纸张和塑料箔的速度可达 200m/min，切割地毯的速度可达 15～30m/min。纯水高压水射流切割的另外一个应用领域是密封件制造。压力成形的效率更高，但是模具加工的成本也非常高，所以密封件的压力加工只适用于大批量生产。但是，水射流切割可以用于小批量生产，比如用于限量版跑车的汽缸盖密封件加工。

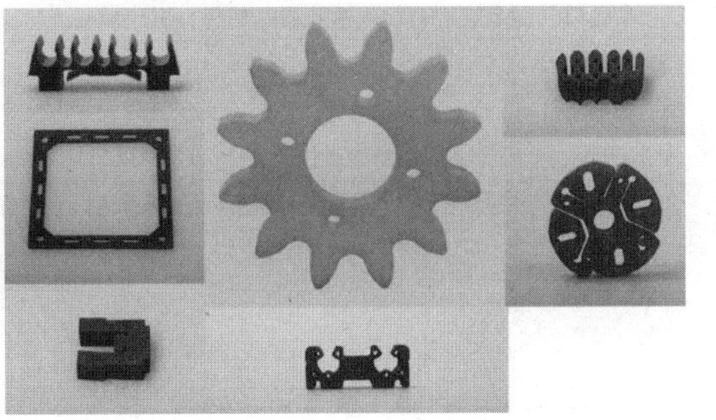

图 2-1-32　纯水高压水射流切割加工零件

磨砂水射流切割：主要用来加工比较硬的材料，例如金属、玻璃、石头、混凝土、玻璃复合材料、陶瓷和硬质材料（氧化铝、氧化硅）。磨砂高压水射流加工的零件如图 2-1-33 所示。磨砂水射流切割系统相对复杂，除了供应高压水之外，还要掺入磨砂。高压水流通过水孔后，流入混合室。由于水射流流速度极快，产生真空，从而把空气和磨砂的混合物通过入口吸入混合室。进入混合室磨砂的量由进料器控制。

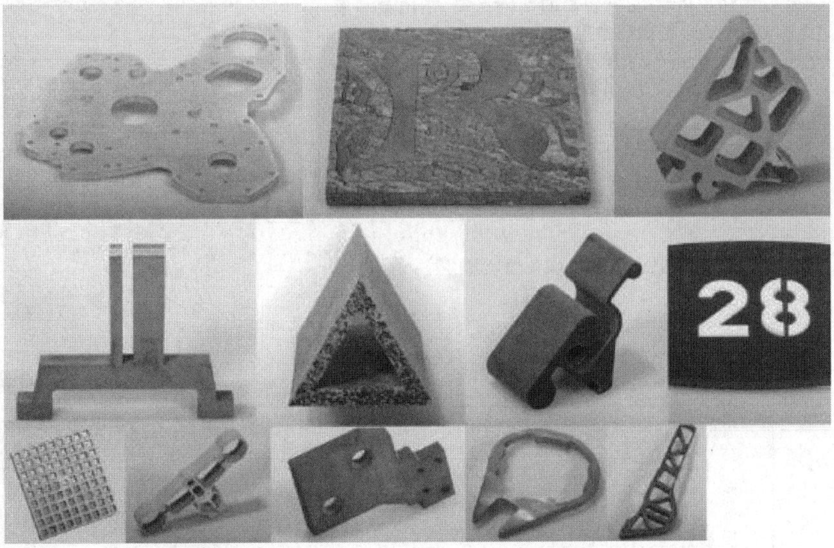

图 2-1-33　磨砂高压水射流加工零件

纯水应用于造纸业、橡胶业的切割等，而磨砂水切割则可应用于石材业、陶瓷业、航空航天业、汽车制造业、金属加工业。尤其值得一提的是汽车制造业，随着近几年我国汽车工业的迅猛发展，国内外各大汽车生产厂商产量的急剧扩大，车型的不断更新，生产周期的缩短，磨砂水射流加工在汽车制造等领域得到广泛的应用。

1.6.4　高压水射流切割质量

高压水射流切割质量用来描述切口的边缘和锥度的大小。工件的进给率与边缘质量直接相关。当水射流穿过切口时，射流的曲率会随着进给率的增加而增大。降低进给率能提高边缘的光洁程度、减小锥度，使切口的质量显著提高。切口的质量一般定义为5个等级，等级数字越高，切口质量越好，见表2-1-14。

表2-1-14　水射流切割切口的质量等级认定

切口质量	切口特征	示例
5	质量等级最高，没有水射流切割留下的条纹，精度最高	
4	非常好，整个厚度方向只有细微的水射流切割条纹	
3	质量可以，水射流切割产生的条纹只在厚度的后半部分出现，这种质量比较常用，既有比较高的加工精度，又有较高的切割速率，是质量和经济性综合考虑的结果	
2	质量一般，水射流切线条纹明显	
1	质量差，极少用到	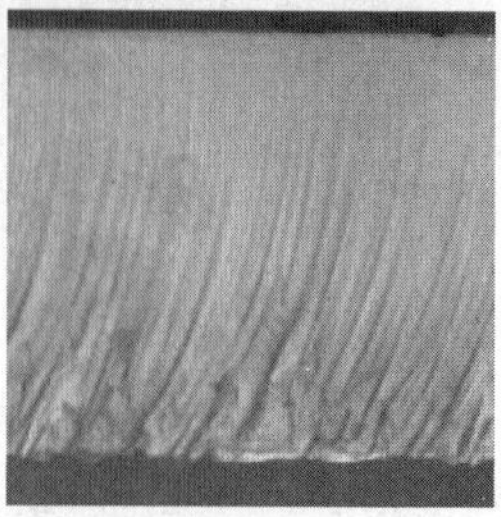

表 2-1-15 给出了边缘锥度和零件精度的高精度（质量等级 5）和正常精度（质量等级 3）的进给率。表中的参考数据是根据零件切割时在高精度数控工作平台上进行的。

表 2-1-15　不同厚度材料水射流切割速度选择

材料厚度	边缘锥度		零件精度	
	5 级	3 级	5 级	3 级
0.12	0.002	0.005	0.003	0.005
0.25	0.0025	0.0075	0.005	0.010
0.5	0.003	0.01	0.007	0.015
0.75	0.0035	0.012	0.010	0.020
1	0.004	0.014	0.015	0.030
1.5	0.006	0.016	0.020	0.040
2	0.008	0.018	0.025	0.045
3	0.01	0.02	0.030	0.050
4	0.012	0.02	0.035	0.055

参考文献

[1] 西安交通大学锻压教研室. 冲压工艺学 [M]. 西安: 西安交通大学出版社, 1965.

[2] 第四机械工业部标准化研究所. 冷压冲模设计 [M]. 北京: 第四机械工业部标准化研究所, 1981.

[3] 日本塑性加工学会. 压力加工手册 [M]. 江国屏, 等译. 北京: 机械工业出版社, 1984.

[4] 《冲压加工技术手册》编委会. 冲压加工技术手册 [M]. 谷维忠, 等译. 北京: 轻工业出版社, 1988.

[5] 陈金德, 等. 成形件的轴向加压精密剪切 [J]. 模具技术, 1984 (2).

[6] 王焱山, 等. 锻压工艺标准应用手册 [M]. 北京: 机械工业出版社, 1998.

[7] 太远重机学院锻压教研组. 冷冲压: 上册 [M]. 太原: 太原重型机械学院出版社, 1974.

[8] 《钣金冲压工艺手册》编委会. 钣金冲压工艺手册 [M]. 北京: 国防工业出版社, 1989.

[9] Abrasive Waterjet Cutting: Application and Capability. Waterjet Cutting Machine: A Global Strategic Business [R]. Report Global Industry Analysts Inc. 2010.

[10] KONG M C, AXINTE D A. Capability of advanced abrasive waterjet machining and its applications [J]. Applied Mechanics and Materials, 2012, 110-116: 1674-1682.

第2章

冲裁

北京机电研究所有限公司　赵彦启
中机精冲科技（福建）有限公司　肖振沿
太仓久信精密模具股份有限公司　钟志平

2.1　冲裁过程变形分析

冲裁是借助模具使板料分离的一种基本工序。冲裁的用途极广，既可以制成平板零件或为弯曲、拉深、成形等工序准备毛坯，也可以在已成形的冲压件上进行切口、剖切、修边等冲压加工。

经过冲裁后，板料分离成两部分，即冲落部分和带孔部分。从板料上冲下所需外部形状的零件（或毛坯）叫落料，在工件上冲出所需形状的孔（冲去的为废料）叫冲孔。

为了认识冲裁的本质，掌握变形规律，必须对剪切区受力状态、冲裁变形过程、剪切裂纹的形成与发展、剪切力-行程曲线、剪切面特征带和剪切区材料的加工硬化诸方面情况有一个全面的了解。

2.1.1　剪切区应力状态分析

冲裁时，将材料置于凹模上，凸模下降使材料变形，直至全部分离。在无压紧装置冲裁时，材料所受的力如图 2-2-1 所示，主要包括：

P_p、P_d——凸模与凹模对材料垂直作用的压力；

F_p、F_d——凸模与凹模对材料水平作用的压力；

μP_p、μP_d——凸模与凹模端面对材料的摩擦力；

μF_p、μF_d——凸模与凹模侧面对材料的摩擦力。

由于凸模与凹模之间存在间隙 c，使凸模与凹模的垂直作用力 P_p 与 P_d 不在一直线上，而存在力臂 a，故产生弯矩 M。此弯矩使材料在冲裁时产生穹弯，并与侧压力 F_p、F_d 所形成的抗弯矩 M' 在冲裁过程中的每一瞬时维持平衡。材料穹弯的结果，使模具与材料仅在刃口附近的狭小区域内保持接触，接触面宽度约为板料厚度的 0.2~0.4 倍，且凸模与凹模作用于材料的垂直压力呈不均匀分布，随着向模具刃口靠近而急剧增大（见图 2-2-1）。

冲裁时的剪切变形区是以凸模和凹模刃口连线为中心的纺锤形区域（见图 2-2-2a）。在此区域材料的应力和应变近似于纯剪切，但各点的数值不同。随着凸模不断切入板料，变形区将发生错移（见图 2-2-2b）。

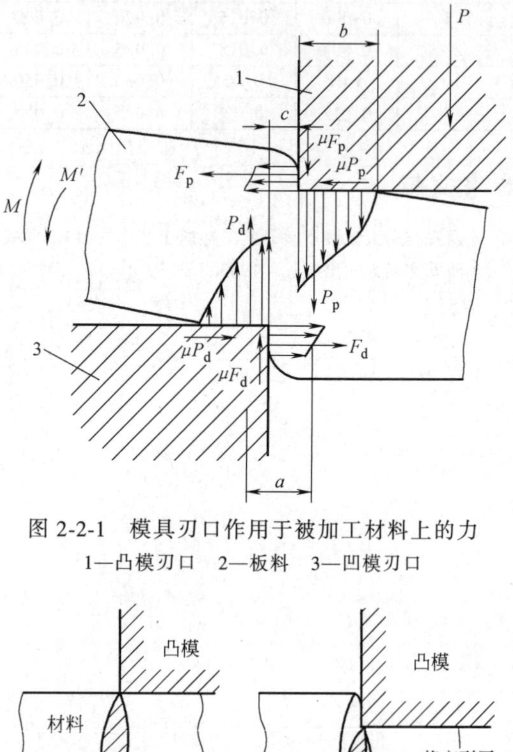

图 2-2-1　模具刃口作用于被加工材料上的力
1—凸模刃口　2—板料　3—凹模刃口

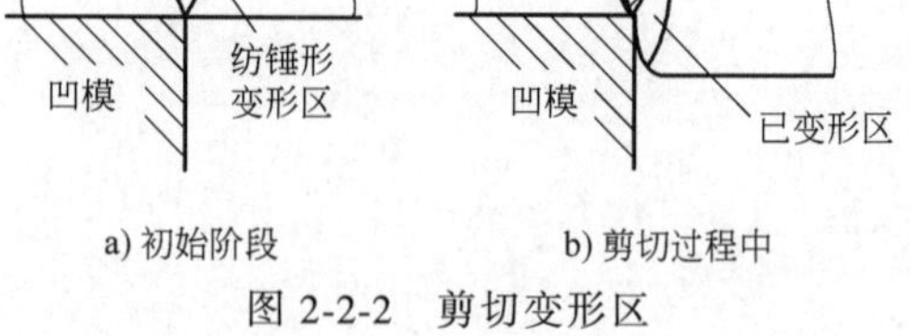

图 2-2-2　剪切变形区

冲裁时，由于板料弯曲的影响，剪切区的应力状态是复杂的，且与变形过程有关，对于无卸料板压紧材料的冲裁，塑性变形阶段的应力状态如图 2-2-3 所示。

只有当两主应力的绝对值相等（$|\sigma_1|=|\sigma_3|$）时，才是纯剪切。而实际上纯剪切的条件是较难实现的。故在一般情况，剪切的同时，还伴随着纤维

的弯曲和拉伸。

从 A、B、C、D、E 各点的应力状态可看出，凸模与凹模端面（即 B 与 D 点处）的静水压力高于侧面（A、E 点处）。

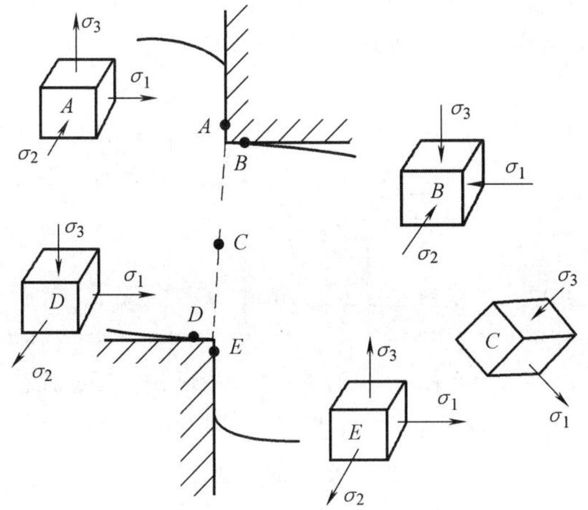

图 2-2-3 剪切区应力状态图

2.1.2 冲裁变形过程

图 2-2-4 是冲裁变形过程示意图，冲裁模主要工作部分是凸模和凹模，两者之间具有单面间隙 c，板料置于凹模之上，凸模下降，不断切入材料，使材料发生变形，经由弹性变形阶段、塑性变形阶段和断裂阶段而告终。

第一阶段：弹性变形阶段（见图 2-2-4a）。由于凸模施加的压力尚小，材料产生弹性压缩且有穹弯，并略有挤入凹模洞口的现象。凹模洞口内材料略呈锅底形弯曲，凹模上部材料则向上翘。间隙越大，弯曲和上翘越严重。但材料内的应力未超过它的弹性极限，所以一旦压力去掉，仍可恢复原来形状。

第二阶段：塑性变形阶段（见图 2-2-4b）。凸模压力继续增加，当材料内的应力超过屈服强度时便进入塑性变形阶段。与凸模端面边缘接触区 b（见图 2-2-1）产生压缩环带，同时，材料沿凸模运动方向，在凸模和凹模刃口侧面处产生塑性剪切，由于凸模与凹模之间存在间隙，同时还伴随纤维的弯曲和拉伸（显然，间隙越大，弯曲和拉伸也大）。随着塑性变形程度逐渐增大，变形区材料硬化加剧，冲裁变形力也相应增大。当抗剪面积减小到某瞬间，凸、凹模刃口附近的材料内应力达到抗剪强度时，便出现微裂纹，冲裁变形力达到最大值，塑性变形阶段结束。

第三阶段：断裂分离阶段（见图 2-2-4c）。随着凸模切入材料深度增加，抗剪面积相应地逐渐变小，先后在凹模与凸模刃口侧面产生的裂纹沿着最大切应力方向向材料内层扩展，在间隙合理的情况下，上、下裂纹相互重合，材料随即分离。

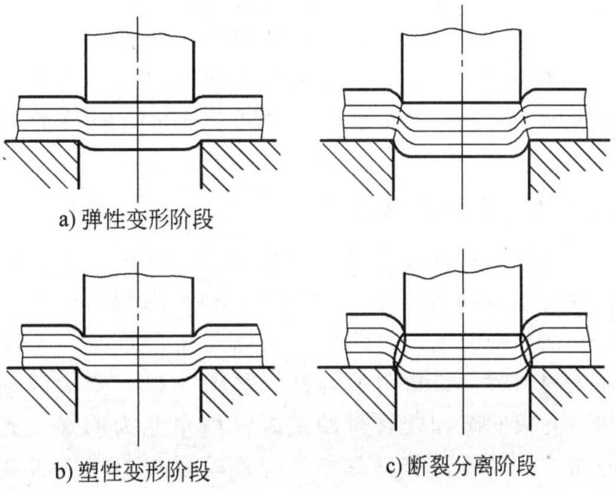

图 2-2-4 冲裁变形过程

2.1.3 剪切力-行程曲线

冲裁过程的剪切力-行程曲线与材料塑性有着密切关系，材料塑性不同，冲裁力曲线也有不同形状和不同的最大压力持续时间。图 2-2-5 为塑性材料的剪切力-行程曲线与被加工材料冲裁过程的相应关系。0A 段为弹性变形阶段，剪切力很小。AC 段为塑性变形阶段，随着凸模压入材料深度的增加，剪切力急剧地增加，在切刃深入到一定深度后，载荷的上升就缓慢下来，这是由于在剪切过程中，受剪面积是逐渐减小的，但只要材料加工硬化的影响超过受剪面积减小的影响，剪切力就会继续上升；当两者的影响达到平衡的瞬间，剪切力达到极大值；以后是受剪面积的减小超过加工硬化的影响，于是剪切力下降。断裂后，剪切力急剧下降。塑性好的材

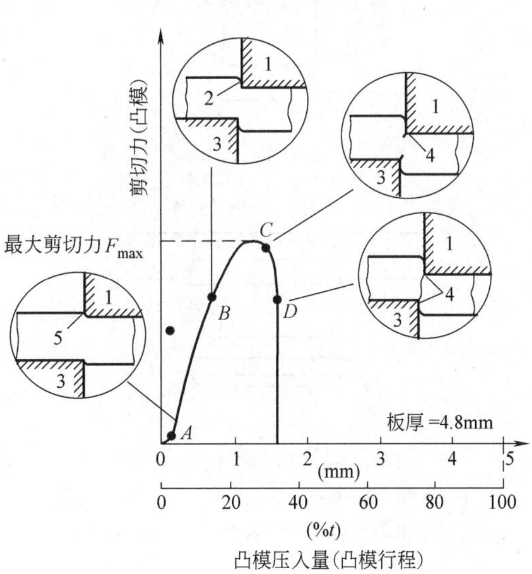

图 2-2-5 剪切线图和被加工材料的变形

1—凸模 2—剪切面 3—凹模 4—裂纹 5—塌角

料或不易破坏的加工条件下，在最大力出现后才发生裂纹（图 2-2-5，*C* 点）；塑性差的材料，裂纹发生在剪切力上升区内。*CD* 段相应为断裂阶段，一旦出现微裂纹，剪切力就骤然下降。当上、下两裂纹相遇重合时（图 2-2-5，*D* 点），材料即被剪断分离。

2.1.4　剪切面特征带

与冲裁过程各变形阶段相对应，冲出的工件断面具有明显的特征带（见图 2-2-6），即塌角、光亮带、断裂带和毛刺。塌角（也称圆角带）是当凸模压入材料时，刃口附近的材料被牵连拉入变形的结果。在大间隙和软材料冲裁时，塌角尤为明显。光亮带（也称塑剪带）是塑性变形阶段刃口切入板料后，材料被模具侧面挤压而形成的表面。光亮带光滑、垂直，是剪切面上精度和质量最高的部分，通常光亮带占全断面 的 1/3~1/2。塑性好的材料，其光亮带大。光亮带的大小还与凸模与凹模间的间隙及模具刃口的磨损程度等条件有关。断裂带（也称粗糙带）是在断裂阶段由刃口处的裂纹在拉应力作用下，不断扩展而形成的撕裂面。表面粗糙无光泽，略呈锥度，不与板面垂直。塑性差的材料，断裂带大。毛刺是伴随裂纹的出现而产生的。毛刺的大小，决定于裂纹的起点。当间隙不合适，或刃口变钝时，会产生较大毛刺。

剪切面上各个特征带在整个断面上所占的比例，不是一成不变的，它随材料的性能、厚度、模具间隙、润滑、刃口锋利程度等冲裁条件的不同而变化。

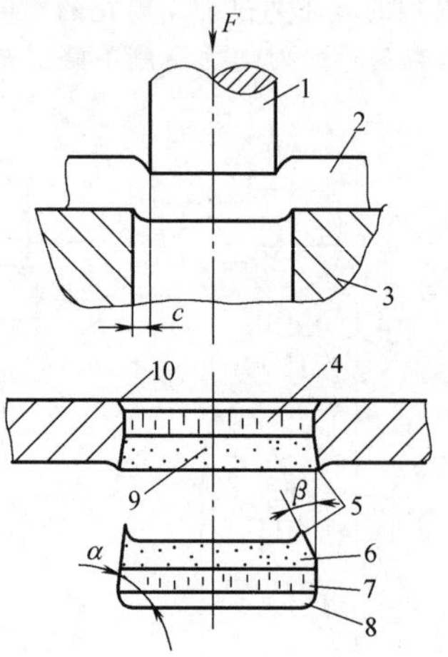

图 2-2-6　剪切断面特征带

1—凸模　2—板料　3—凹模　4、7—光亮带　5—毛刺　6、9—断裂带　8、10—塌角

2.1.5　剪切区材料的加工硬化

在冲裁过程中，由于经塑性变形后进入断裂分离，工件断面因加工硬化而硬度上升，其值达母材的 2~3 倍。因塑性变形量是从塌角面向毛刺面逐渐增大的，所以毛刺面一侧硬度高于塌角面（见图 2-2-7a）。径向硬度的分布则随离剪切边缘的距离加大而逐渐递减（见图 2-2-7b）。高速冲裁时，加工硬化范围很小，但硬度上升幅度高（见图 2-2-8）。

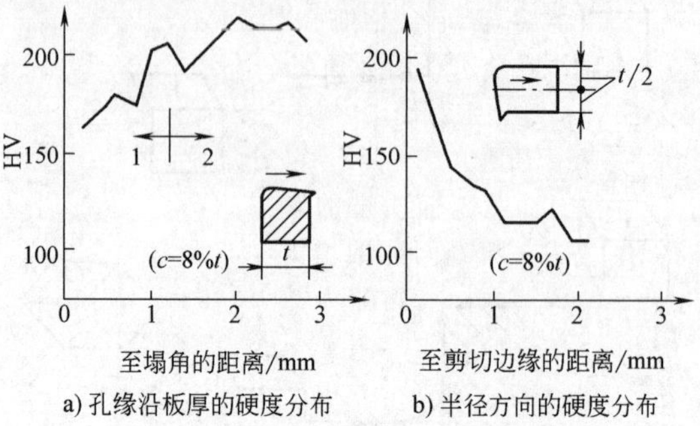

图 2-2-7　剪切面的硬度分布

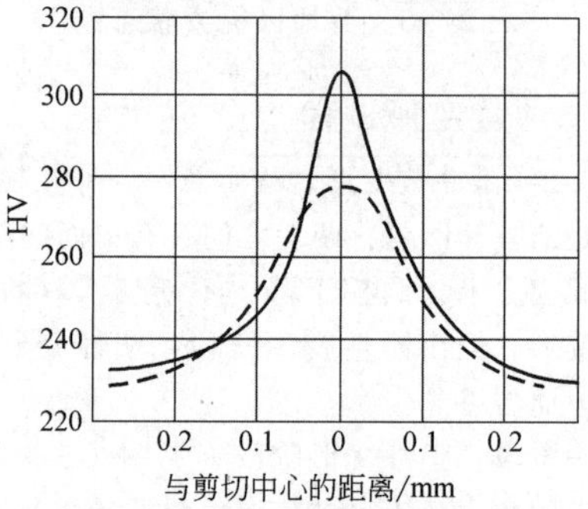

图 2-2-8　剪切区的硬度分布

（冲压切入：25%*t*　高速切入：30%*t*）

2.2　冲裁间隙

冲裁间隙系指凸模与凹模刃口间缝隙的距离，用符号 *c* 表示（见图 2-2-9）。考虑到间隙的确切含义和实际作用，并适应制模方法和间隙测量方法的要求，采用单面间隙为宜。

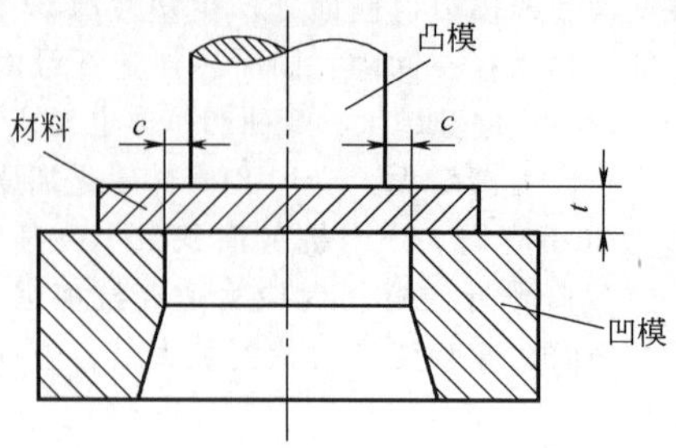

图 2-2-9　冲裁间隙示意图

间隙是冲裁工艺与模具设计中的一个极其重要的参数。要对间隙的合理与否做出正确的评价，必

须首先研究间隙对冲裁件质量（包括断面质量、尺寸精度、弯曲度）、模具寿命、力能消耗等的影响规律，并有一个定性定量的全面认识。

2.2.1　间隙对冲裁件质量的影响

冲裁件质量是评价合理间隙的主要依据，在研究了间隙对冲裁件质量的影响规律之后，就可根据零件技术要求，有针对性地恰当选取合理间隙。

冲裁件质量包括断面质量、尺寸精度、弯曲度三个方面，现分别讨论。

1. 断面质量

间隙对冲裁断面质量的影响如图 2-2-10 所示。由图可看出：随着间隙的增大，光亮带逐渐减小，塌角、毛刺增大。在间隙为 20%t 之前，毛刺高度小，且变化不大，该区为毛刺稳定区。在较小间隙时，间隙稍有变化，对光亮带影响颇大，当间隙大到一定数值（14～24）%t，间隙对光亮带影响就较小。间隙增大时，断裂面倾斜度也变大。间隙合适时，上、下裂纹相遇重合于一线，这时剪切面光洁整齐，光亮带约占板厚的 1/3，塌角、毛刺和斜度也不大（见图 2-2-11b），可以满足一般冲裁件的要求。间隙过大或过小，裂纹都不能很好地吻合（见图 2-2-12），间隙过小时，凸模刃口处的裂纹向外错开（见图 2-2-12a），上、下裂纹中间包围的材料将被第二次剪切，并在剪切面上形成第二光亮带和夹层（见图 2-2-11a）。

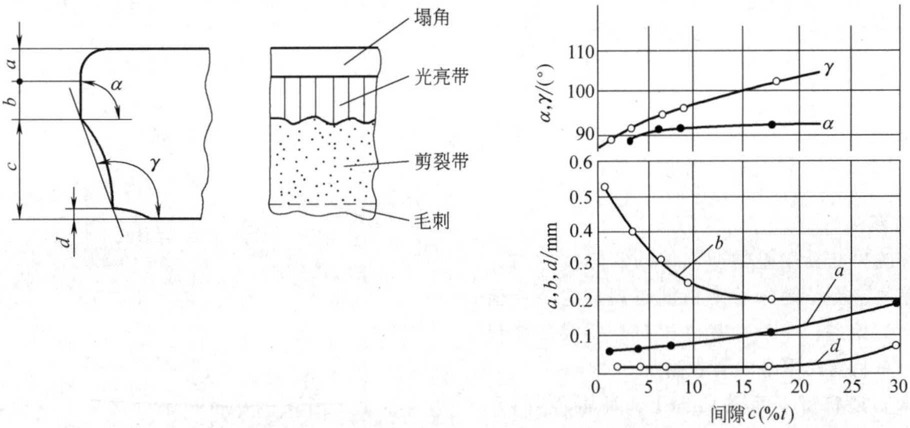

图 2-2-10　间隙对冲裁断面质量的影响

a—塌角　b—光亮带　c—断裂带　d—毛刺　α—光亮带斜角　γ—断裂带斜角

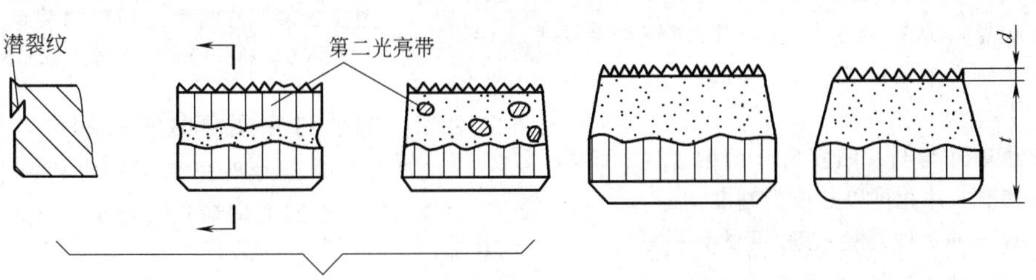

a)　　b)　　c)

图 2-2-11　间隙对冲裁断面的影响

间隙过大时，凸模刃口处的裂纹向里错开（见图 2-2-12c），材料受到很大拉伸，光亮带小，毛刺、塌角、斜度均增大，有时还会出现凹陷（见图 2-2-11c）。

间隙过小时，是挤出的毛刺，间隙过大时，是拉长的毛刺。当凸模与凹模的刃口变钝后，就会出现根部肥大的毛刺，如图 2-2-13，这种毛刺难以消除，一旦出现，应即刻刃磨。

间隙合适，刃口锋利时，毛刺很小，但不论普通冲裁还是精密冲裁（除双面冲裁法即无毛刺剪切法），要完全避免毛刺是不可能的。一般冲压件都带有不同程度的毛刺，但毛刺的高度超过一定限度，将影响产品的质量和使用性能。故实际生产中，应规定毛刺的允许高度（可查 GB/T 33217—2016《冲压件毛刺高度》），作为零件质量检验指标之一。另外，对于质量要求严格的冲压件，采取有效的去毛刺方法还是必要的。

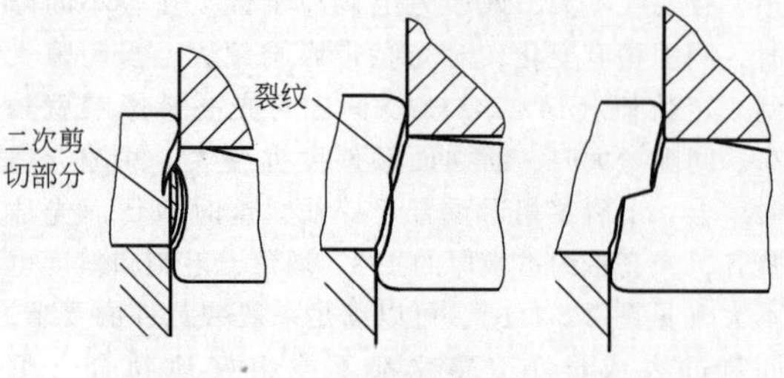

图 2-2-12　间隙对剪裂纹重合的影响

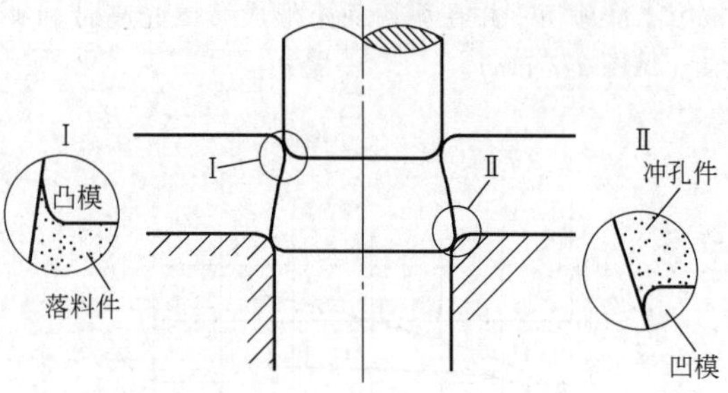

图 2-2-13　钝刃口对毛刺的影响

2. 尺寸精度

冲裁件的尺寸精度是指冲裁件的实际尺寸与公称尺寸的差值，差值越小，则精度越高。这个差值包括两方面的偏差，一是冲裁件相对凸模或凹模尺寸的偏差，一是模具本身的制造偏差。

在模具制造精度一定的前提下，冲裁件与凸、凹模尺寸产生偏差的原因是，工件从凹模内推出（落料件）或从凸模上卸下（冲孔件）时，由于材料在冲裁过程中所受到挤压变形、纤维伸长、穹弯等产生弹性恢复造成的。另外，凸、凹模在冲裁力作用下发生弹性变形及磨损，也使冲裁件尺寸产生变化。

在测量冲裁件与凸、凹模尺寸的偏差时，落料件以凹模为基准，冲孔件以凸模为基准。即：

落料：ΔD=冲裁件外径-凹模孔的直径

冲孔：ΔD=冲孔直径-凸模外径

理想情况是：落料时使工件外径与凹模孔径一致，冲孔时使冲孔直径与凸模外径一致（即 ΔD 均为零），这时尺寸精度最高。

但由于上述原因，偏差是不可避免的。影响偏差值的因素有：冲裁间隙，刃口锋利程度，材料性质、厚度和轧制方向，工件形状与尺寸。其中冲裁间隙是主要影响因素。不同间隙情况下，会出现正、负偏差，一般来说，回弹的结果使冲孔件孔径变小（为负值）、落料件外径变大（为正值）；间隙很大时，回弹的结果使冲孔件孔径变大（ΔD 为正值），落料件外径变小（ΔD 为负值）。

3. 弯曲度

在冲裁过程中，凸模下面的材料由于受到弯矩作用而产生穹弯，若变形达到塑性弯曲的范围，冲裁结束后即使回弹，工件也会保留一些弯曲的残余变形。

弯曲度与间隙的关系如图 2-2-14 所示。通常间隙越大，弯曲越明显，但有时在小间隙情况下，由于冲裁件比凹模孔径大，冲裁件对凹模侧面有挤压作用，也会出现较大的弯曲度。弯曲度还与材料性质和厚度有关。

为了减少弯曲度，可在凸模下加反向压板。当冲压件平整度要求高时，须另加校平工序。

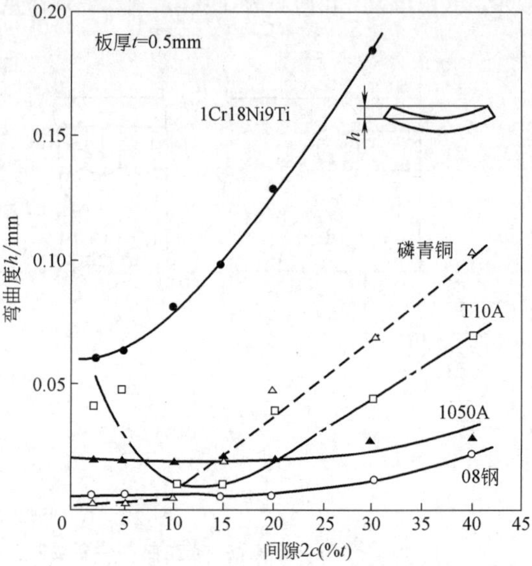

图 2-2-14　弯曲度与间隙的关系

注：1Cr18Ni9Ti 现行标准已不列，现场仍在。

2.2.2　间隙对冲模寿命的影响

模具寿命是以冲出合格工件的数量来计算的，一种是两次刃磨间的寿命，一种是全部磨损后的总寿命。

冲裁模磨损过程可分为三个阶段（见图 2-2-15）：初期磨损、中期磨损和晚期磨损。

初期磨损——磨损主要集中在刃尖处，由于此

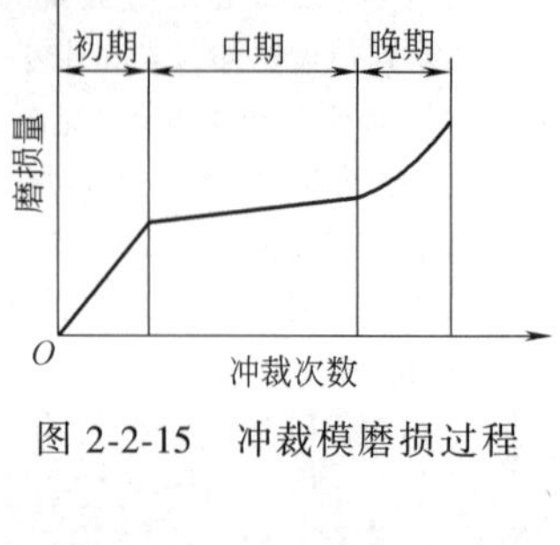

图 2-2-15　冲裁模磨损过程

处有过大的压力集中，锋利的刃尖易产生卷刃或崩刃，磨损较快。

中期磨损——也称为稳定磨损，刃口略具圆角，压力集中有所缓和，进入正常摩擦磨损，磨损缓慢。中期磨损周期越长，则模具寿命越高。

晚期磨损——也称为过度磨损，摩擦磨损达到了疲劳极限，进入磨损急剧增长阶段，磨损很快，这时应进行刃磨。

按凸模和凹模的磨损部位可分为：端面磨损和侧面磨损。

影响模具寿命的主要因素有：模具材料的化学成分、硬度及表面强化处理、模具工作部分精加工面的表面粗糙度、模具间隙、模具结构合理性、被加工材料的约束方法和上、下模导向方式、被加工材料化学成分、力学性能和软硬状态、材料表面处理（无机、半有机、有机物质的绝缘覆膜等）、润滑和冷却条件、冲裁件轮廓的棱角和圆角半径、压力机的精度和刚度以及冲裁速度等。

此外，不均匀的间隙对模具寿命也是不利的，与均匀间隙相比，磨损显著增加。

大量生产实践表明：采用大间隙，可以大幅度提高模具寿命，一般可比小间隙时提高 2～3 倍，有的高达 6～7 倍，经济效益十分显著。但间隙过大，不仅工件断面质量下降，毛刺和弯曲度也会变大。

2.2.3　间隙对力能消耗的影响

从省力节能角度出发，选用中等和大间隙会收到良好效果，这时冲裁力、卸料力、推件力和冲裁功都较小。

1. 冲裁力

一般来说，间隙增大，剪切区压应力降低，拉应力增大，裂纹容易产生，抗剪强度就变小。而冲裁力与抗剪强度成正比例，故冲裁力也随间隙的增大而成比例地减小。但当间隙大到一定值时，由于上、下裂纹不重合，抗剪强度下降甚微，甚至有回升趋势（见图 2-2-16）。

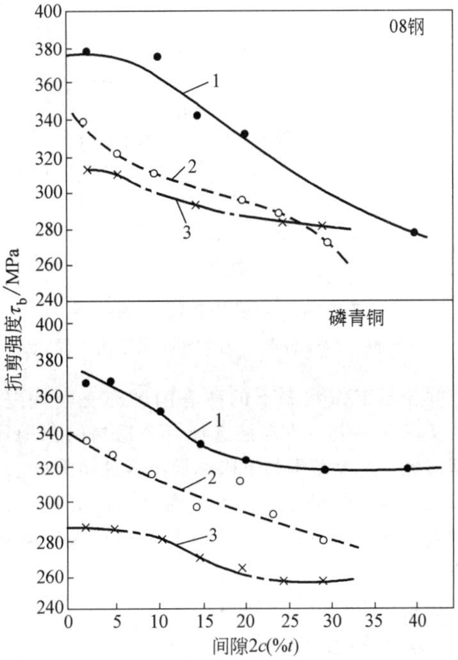

图 2-2-16　抗剪强度与间隙、板厚度的关系

1—t=0.5mm(D_d/t=40)　2—t=1.0mm(D_d/t=20)　3—t=1.6mm(D_d/t=12.5)

2. 卸料力和推件力

图 2-2-17 所示为间隙和卸料力的关系曲线，无论是软钢、不锈钢、黄铜或铝合金，当间隙为料厚的 20%左右时，卸料力具有最小值。间隙小于料厚的 10%或大于料厚的 30%时，卸料力均急剧增加。当间隙等于料厚的 10%～15%时，冲裁完后，由于冲裁件尺寸因拉伸变形产生回弹而缩小，不再堵塞在凹模中，使推件力接近于零。

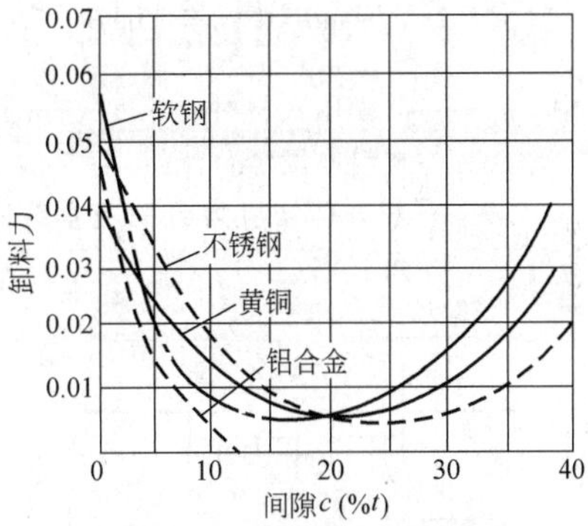

图 2-2-17　卸料力和间隙关系

3. 冲裁功

冲裁功是指力-行程曲线（示功图）下面所包围的面积。冲裁功是选定或校核压力机主电动机功率的主要依据。

冲裁功随间隙的变化而略有波动，间隙过小或过大，冲裁功都会增加。间隙合适时，使上、下裂纹相遇重合，冲裁功最小（见图 2-2-18）。

2.2.4　合理间隙的确定

凸、凹模间隙对冲裁件断面质量、尺寸精度、模具寿命和力能消耗均有很大影响，设计模具时一定要选用一个合理的间隙。综上所述，权衡间隙对冲件质量、尺寸精度、模具寿命和力能消耗的影响规律，并不存在一个符合所有要求的理想间隙值。而且模具使用时会磨损，间隙不可能固定不变，总是在一定范围内变动。另外，模具在装配状态下的

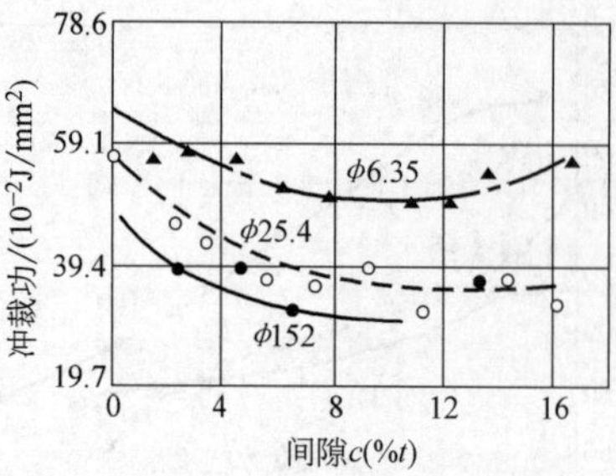

图 2-2-18　冲裁功和间隙的关系

材料：3.3mm 厚黄铜板材固定圆孔冲裁

静态间隙与工作状态下的动态间隙亦有一些差别。故在实际生产中，通常是选择一个适当的范围作为合理间隙。这个范围的下限称最小合理间隙 $c_{\min}$，上限称最大合理间隙 $c_{\max}$。考虑到模具的磨损会使间隙增大，故设计与制造新模具时要采用最小合理间隙值。

确定合理间隙的方法有：

1. 理论确定法

理论确定法的主要依据是保证裂纹重合，有良好的剪断面。图 2-2-19 为冲裁过程开始产生裂纹的瞬时状态。从图中的 ABC 可求得间隙 c：

$$c=(t-h_0)\tan\beta=t\left(1-\frac{h_0}{t}\right)\tan\beta \qquad (2\text{-}2\text{-}1)$$

式中　h_0——凸模压入材料的深度（mm）；

t——材料厚度（mm）；

β——最大剪切应力方向与垂线间的夹角（°）。

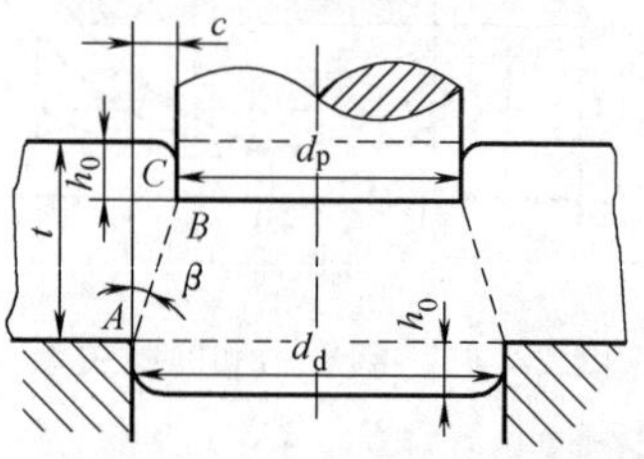

图 2-2-19　冲裁过程中产生裂纹的瞬时状态

由式（2-2-1）可以看出：$c=f(t,\ h_0/t,\ \beta)$，而 h_0/t，β 又与材料性质有关，见表 2-2-1。因此，影响间隙值的主要因素是材料性质和厚度。材料越硬越厚，合理间隙值越大。

表 2-2-1　h_0/t 与 β 值

材料	h_0/t		β/(°)	
	退火	硬化	退火	硬化
软钢、纯铜、软黄铜	0.5	0.35	6	5
中硬钢、硬黄铜	0.3	0.2	5	4
硬钢、硬青铜	0.2	0.1	4	4

目前，在生产中不常使用理论方法计算合理间隙，而广泛应用图表或经验公式。

2. 经验确定法

我国过去采用的间隙值是以尺寸精度为主要依据选用的，经使用证明一般偏小，适用范围不够广泛。有些场合按这种间隙值制造的模具，冲出制件的断面出现双光亮带，且有较大毛刺。又因模具与材料之间的摩擦大，发热严重，使材料与刃口发生粘结，加速了刃口的磨损，降低了模具寿命。还常出现凹模胀裂，凸模折断的异常损坏。

根据近年来的研究成果和生产经验，并参考分析美国、德国、日本和苏联等国的间隙标准，已于 2010 年对国家标准 GB/T 16743—1997《冲裁间隙》进行了修订，现行为 GB/T 16743—2010。该标准的原则是“按质定隙”，根据冲裁件尺寸精度、断面质量、模具寿命和力能消耗等主要因素，将金属材料的冲裁间隙分成三类，以适应不同技术要求的冲裁件，做到有针对性地合理选用间隙。本标准还对冲裁类别做了进一步细分，放宽了冲裁间隙选择值，规定了生产中常用冲裁间隙的取值范围。这样可在保证冲裁件尺寸精度和断面质量的前提下，达到相应的模具寿命。

选用冲裁间隙时，应针对冲裁件技术要求、使用特点和生产条件等因素，首先按表 2-2-2 确定拟采用的间隙类别，然后按表 2-2-3 相应选取该类间隙的比值，经计算便可得到合适的间隙数值。

表 2-2-2　金属板料冲裁间隙分类

项目名称	类别和间隙值				
	Ⅰ类	Ⅱ类	Ⅲ类	Ⅳ类	Ⅴ类
剪切面特征	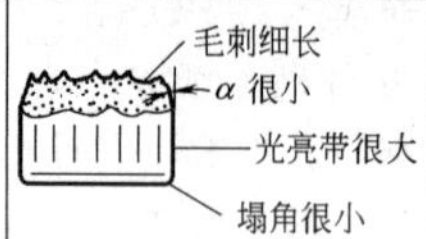	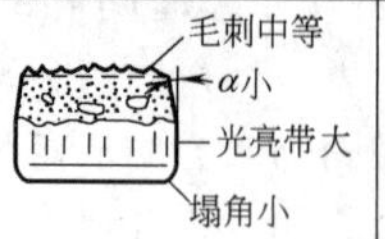	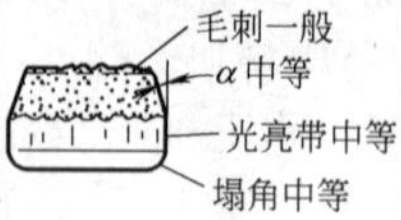	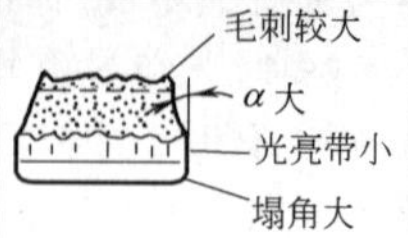	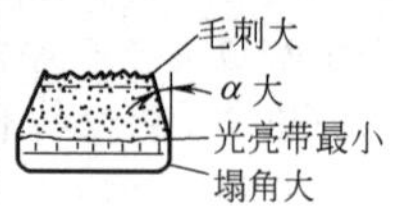
塌角高度 R	(2~5)%t	(4~7)%t	(6~8)%t	(8~10)%t	(10~20)%t
光亮带高度 B	(50~70)%t	(35~55)%t	(25~40)%t	(15~25)%t	(10~20)%t

（续）

项目名称		类别和间隙值				
		Ⅰ类	Ⅱ类	Ⅲ类	Ⅳ类	Ⅴ类
断裂带高度 F		$(25\sim45)\%t$	$(35\sim50)\%t$	$(50\sim60)\%t$	$(60\sim75)\%t$	$(70\sim80)\%t$
毛刺高度 h		细长	中等	一般	较高	高
断裂角 α		—	4°~7°	7°~8°	8°~11°	14°~16°
平面度		好	较好	一般	较差	差
尺寸精度	落料件	非常接近凹模尺寸	接近凹模尺寸	稍小于凹模尺寸	小于凹模尺寸	小于凹模尺寸
	冲孔件	非常接近凸模尺寸	接近凸模尺寸	稍大于凸模尺寸	大于凸模尺寸	大于凸模尺寸
冲裁力		大	较大	一般	较小	小
卸、推料力		大	较大	最小	较小	小
冲裁功		大	较大	一般	较小	小
模具寿命		低	较低	较高	高	最高

表 2-2-3　金属板料冲裁间隙值

材料	抗剪强度 τ_b/MPa	初始间隙（单边间隙）（$\%t$）				
		Ⅰ类	Ⅱ类	Ⅲ类	Ⅳ类	Ⅴ类
低碳钢 08F、10F、10、20、Q235A	>210~400	1.0~2.0	3.0~7.0	7.0~10.0	10.0~12.5	21.0
45 钢、不锈钢 1Cr18Ni9Ti①、40Cr13、膨胀合金（可伐合金）4J29	>420~560	1.0~2.0	3.5~8.0	8.0~11.0	11.0~15.0	23.0
高碳钢 T8A、T10A、65Mn	≥590~930	2.5~5.0	8.0~12.0	12.0~15.0	15.0~18.0	25.0
纯铝 1060、1050A、1035、1200、铝合金（软态）3A21、黄铜（软态）H62、纯铜（软态）T1、T2、T3	≥65~255	0.5~1.0	2.0~4.0	4.5~6.0	6.5~9.0	17.0
黄铜（硬态）H62、铅黄铜 HPb59-1 纯铜（硬态）T1、T2、T3	≥290~420	0.5~2.0	3.0~5.0	5.5~8.0	8.5~11.0	25.0
铝合金（硬态）2A12、锡磷青铜 QSn4-4-2.5、铝青铜 QA17、铍青铜 TBe2	≥225~550	0.5~1.0	3.5~6.0	7.0~10.0	11.0~13.5	20.0
镁合金 MB1、MB8	≥120~180	0.5~1.0	1.5~2.5	0.5~4.5	5.0~7.0	16.0
电工硅钢	190	—	2.5~5.0	5.0~9.0	—	—

① 现行标准不再列出，行业仍在采用。

Ⅰ类冲裁间隙适用于冲裁件剪切面、尺寸精度要求高的场合；Ⅱ类冲裁间隙适用于冲裁件剪切面、尺寸精度要求较高的场合；Ⅲ类冲裁间隙适用于冲裁件剪切面、尺寸精度要求一般的场合。因残余应力小，能减小破裂现象，适用于继续塑性变形的工件的场合；Ⅳ类冲裁间隙适用于冲裁件剪切面、尺寸精度要求不高时，应优先采用较大间隙，以利于提高冲模寿命的场合；Ⅴ类冲裁间隙适用于冲裁件剪切面、尺寸精度要求较低的场合。

当冲裁件断面质量、尺寸精度要求高时，应采用小间隙，但模具寿命较短。当冲裁件断面质量、尺寸精度要求一般时，则采用中等间隙，这时力能消耗小，模具寿命较长。当冲裁件断面质量、尺寸精度要求不高时，宜优先采用大间隙，其突出的优点是模具寿命最长；且冲裁件在凹模内胀力小，可采用直筒口凹模，从而有可能用线切割同时割出凸、凹模，“一坯两用”可节省昂贵的模具钢；加之卸料力小，可简化卸料装置；冲裁力低，改善了模具工作条件等，有着明显的经济效益。

冲裁间隙只能根据主要影响因素列出数据表。但考虑生产条件差别大，工艺因素活跃，有时还得结合实际生产情况，灵活处理问题，酌情增减间隙值，GB/T 16743—2010 总结了这方面的经验。

该标准还推荐了常用非金属材料的冲裁间隙值，见表 2-2-4。

另外，推荐两类冲裁间隙值。在无线电、仪表、精密机械等部门，由于对冲裁件尺寸精度要求较高，可采用表 2-2-5 所列的较小间隙值；而汽车、农业机械及五金日用品等部门，由于冲裁件尺寸公差范围较大，可采用表 2-2-6 所列的较大间隙值。

表 2-2-4　非金属材料冲裁间隙值

材料	初始间隙(单边间隙)(%t)
酚醛层压板、石棉板、橡胶板、有机玻璃板、环氧酚醛玻璃布	1.5~3.0
红纸板、胶纸板、胶布板	0.5~2.0
云母片、皮革、纸	0.25~0.75
纤维板	2.0
毛毡	0~0.2

表 2-2-5　冲裁模初始单面间隙 c　（单位：mm）

材料厚度/mm	软铝		纯铜、黄铜、软钢		硬铝合金、中硬钢		硬钢	
	c_{min}	c_{max}	c_{min}	c_{max}	c_{min}	c_{max}	c_{min}	c_{max}
0.2	0.004	0.006	0.005	0.007	0.006	0.008	0.007	0.009
0.3	0.006	0.009	0.008	0.010	0.009	0.012	0.010	0.013
0.4	0.008	0.012	0.010	0.014	0.012	0.016	0.014	0.018
0.5	0.010	0.015	0.012	0.018	0.015	0.020	0.018	0.022
0.6	0.012	0.018	0.015	0.021	0.018	0.024	0.021	0.027
0.7	0.014	0.021	0.018	0.024	0.021	0.028	0.024	0.031
0.8	0.016	0.024	0.020	0.028	0.024	0.032	0.028	0.036
0.9	0.018	0.027	0.022	0.031	0.027	0.036	0.031	0.040
1.0	0.020	0.030	0.025	0.035	0.030	0.040	0.035	0.045
1.2	0.025	0.042	0.036	0.048	0.042	0.054	0.048	0.060
1.5	0.038	0.052	0.045	0.060	0.052	0.068	0.060	0.075
1.8	0.045	0.063	0.054	0.072	0.063	0.081	0.072	0.090
2.0	0.050	0.070	0.060	0.080	0.070	0.090	0.080	0.100
2.2	0.066	0.088	0.077	0.099	0.088	0.110	0.099	0.121
2.5	0.075	0.100	0.088	0.112	0.100	0.125	0.112	0.138
2.8	0.084	0.112	0.098	0.126	0.112	0.140	0.126	0.154
3.0	0.090	0.120	0.105	0.135	0.120	0.150	0.135	0.165
3.5	0.122	0.158	0.140	0.175	0.158	0.192	0.175	0.210
4.0	0.140	0.180	0.160	0.200	0.180	0.220	0.200	0.240
4.5	0.158	0.202	0.180	0.225	0.202	0.245	0.225	0.270
5.0	0.175	0.225	0.200	0.250	0.225	0.275	0.250	0.300
6.0	0.240	0.300	0.270	0.330	0.300	0.360	0.330	0.390
7.0	0.280	0.350	0.315	0.385	0.350	0.420	0.385	0.455
8.0	0.360	0.440	0.400	0.480	0.440	0.520	0.480	0.560
9.0	0.435	0.495	0.450	0.540	0.495	0.585	0.540	0.630
10.0	0.450	0.550	0.500	0.600	0.550	0.650	0.600	0.700

注：1. 初始间隙的最小值相当于间隙的公称数值。

2. 初始间隙的最大值是考虑到凸模和凹模的制造公差所增加的数值。

3. 在使用过程中，由于模具工作部分的磨损，间隙将有所增加，因而间隙的使用最大数值要超过表列数值。

表 2-2-6　冲裁模初始单面间隙 c　（单位：mm）

材料厚度/mm	08、10、35、09Mn、Q235		Q355(16Mn)		40、50		65Mn	
	c_{min}	c_{max}	c_{min}	c_{max}	c_{min}	c_{max}	c_{min}	c_{max}
<0.5	极小间隙							
0.5	0.020	0.030	0.020	0.030	0.020	0.030	0.020	0.030
0.6	0.024	0.036	0.024	0.036	0.024	0.036	0.024	0.036

（续）

材料厚度 /mm	08、10、35、09Mn、Q235		Q355(16Mn)		40、50		65Mn	
	c_{min}	c_{max}	c_{min}	c_{max}	c_{min}	c_{max}	c_{min}	c_{max}
0.7	0.032	0.046	0.032	0.046	0.032	0.046	0.032	0.046
0.8	0.036	0.052	0.036	0.052	0.036	0.052	0.032	0.046
0.9	0.045	0.063	0.045	0.063	0.045	0.063	0.045	0.063
1.0	0.050	0.070	0.050	0.070	0.050	0.070	0.045	0.063
1.2	0.063	0.090	0.066	0.090	0.066	0.090	—	—
1.5	0.066	0.120	0.085	0.120	0.085	0.120	—	—
1.75	0.110	0.160	0.110	0.160	0.110	0.160	—	—
2.0	0.123	0.180	0.130	0.190	0.130	0.190	—	—
2.1	0.130	0.190	0.140	0.200	0.140	0.200	—	—
2.5	0.180	0.250	0.190	0.270	0.190	0.270	—	—
2.75	0.200	0.280	0.210	0.300	0.210	0.300	—	—
3.0	0.230	0.320	0.240	0.330	0.240	0.330	—	—
3.5	0.270	0.370	0.290	0.390	0.290	0.390	—	—
4.0	0.320	0.440	0.340	0.460	0.340	0.460	—	—
4.5	0.360	0.500	0.340	0.480	0.390	0.520	—	—
5.5	0.470	0.640	0.390	0.550	0.490	0.660	—	—
6.0	0.540	0.720	0.420	0.600	0.570	0.750	—	—
6.5	—	—	0.470	0.650	—	—	—	—
8.0	—	—	0.600	0.840	—	—	—	—

2.3　冲裁模刃口尺寸的计算

凸模和凹模刃口的尺寸和公差，直接影响冲裁件的尺寸精度，合理的间隙值也靠它来保证。因此，正确计算凸模和凹模刃口的尺寸和公差，是冲裁模设计中的一项重要工作。计算时须综合考虑模具的磨损规律、冲裁变形规律、冲裁件的精度要求和模具制造特点。

从生产实践中可以发现：

由于凸模与凹模之间存在间隙，使落下的料或冲出的孔都带有锥度。且在冲裁过程中落料件的大端尺寸（光亮带）等于凹模尺寸，冲孔件的小端尺寸（光亮带）等于凸模尺寸（见图 2-2-20）。

在测量和使用中，落料件外径（被包容尺寸）是以大端尺寸为基准，冲孔件孔径（包容尺寸）是以小端尺寸为基准。

冲裁时凸模与凹模要与工件或废料发生摩擦，磨损的结果使凸模尺寸变小，凹模尺寸变大，故间隙总是增大的。

2.3.1　尺寸计算原则

计算凸模与凹模刃口尺寸和公差时，应遵循下述原则：

1）设计落料模时，应以凹模尺寸为基准，靠缩小凸模尺寸获得间隙；设计冲孔模时，应以凸模尺寸为基准，靠扩大凹模尺寸获得间隙。

2）根据冲裁模在使用过程中的磨损规律：凹模的磨损使落料件轮廓尺寸增大，故设计落料模时，必须使凹模内径的公称尺寸接近或等于工件的最小极限尺寸；凸模的磨损使冲孔件孔径尺寸减小，故设计冲孔模时，必须使凸模外径接近或等于工件的最小极限尺寸。

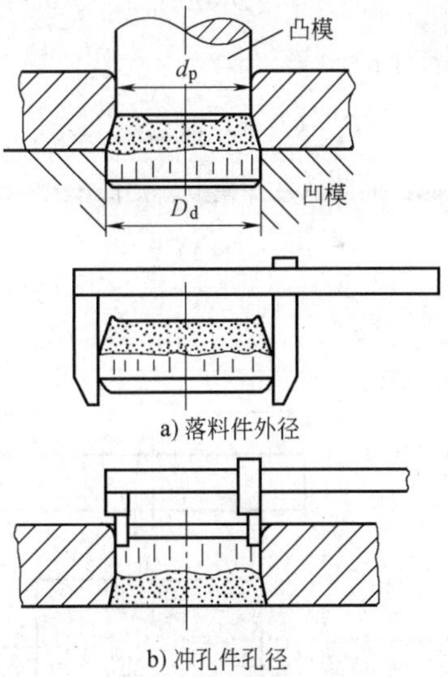

图 2-2-20　工件与模具的尺寸关系

3）无论是落料还是冲孔，模具经磨损后间隙总是增大的，为了使模具在合理间隙范围内有较大的磨损量，新模具应取最小合理间隙值 c_{min}。

4）选择冲模刃口制造公差时，应考虑工件的公差要求。如果对刃口公差要求过高（即制造公差过小），会使模具制造困难，增加生产成本，延长制模周期。如果要求过低（即制造公差过大），则生产出来的工件可能不合格或降低模具的寿命。

模具刃口尺寸的公差等级应随冲裁件尺寸公差的等级相应确定，见表 2-2-7。

表 2-2-7　工件公差和模具公差的关系

模具公差	材料厚度 t/mm											
	0.5	0.8	1.0	1.5	2	3	4	5	6	8	10	12
IT6～IT7	IT8	IT8	IT8	IT10	IT10	—	—	—	—	—	—	—
IT7～IT8	—	IT9	IT10	IT10	IT12	IT12	IT12	—	—	—	—	—
IT9	—	—	—	IT14	IT14	IT14	IT14	IT14	IT14	IT14	IT14	IT14

若工件尺寸没有标注公差，可作为未注公差按 IT14 来处理。而模具可按 IT11 制造（对于非圆形件）或按 IT6～IT7 制造（对于圆形件）。

2.3.2　尺寸计算方法

凸模和凹模的加工分为分开加工和配合加工两种方式。

1. 凸模和凹模分开加工时其尺寸与公差的确定

凸模和凹模分开加工时，需要分别计算和标注凸模和凹模的尺寸和公差。

落料时，间隙取在凸模上，则凹模尺寸：

$$D_d=(D-x\Delta)_{0}^{+\delta_d} \tag{2-2-2}$$

凸模尺寸：

$$D_p=(D-x\Delta-2c_{min})_{-\delta_p}^{0} \tag{2-2-3}$$

冲孔时，间隙取在凹模上，则凸模尺寸：

$$d_p=(d+x\Delta)_{-\delta_p}^{0} \tag{2-2-4}$$

凹模尺寸：

$$d_d=(d+x\Delta+2c_{min})_{0}^{+\delta_d} \tag{2-2-5}$$

式中　D_d、D_p——落料凹模和凸模的刃口尺寸（mm）；

d_p、d_d——冲孔凸模和凹模的刃口尺寸（mm）；

D、d——落料件外径和冲孔件孔径的公称尺寸（mm）；

δ_d、δ_p——凹模和凸模的制造公差（mm）；

x——系数，工件公差等级为 IT10 或更小时取 $x=1$，工件公差等级为 IT11～IT13 时取 $x=0.75$，公差等级为 IT14 时取 $x=0.5$；

Δ——工件的公差（mm）；

c_{min}——最小合理单面间隙（mm）。

落料和冲孔时刃口部分各尺寸关联如图 2-2-21 所示。

取系数 x 是为了使冲裁件的实际尺寸尽量接近冲裁件公差带的中间尺寸。

为了保证新模具的间隙小于最大合理单面间隙（c_{max}），凸模和凹模的制造公差必须满足以下条件：

$$|\delta_p|+|\delta_d|\leqslant 2(c_{max}-c_{min})$$

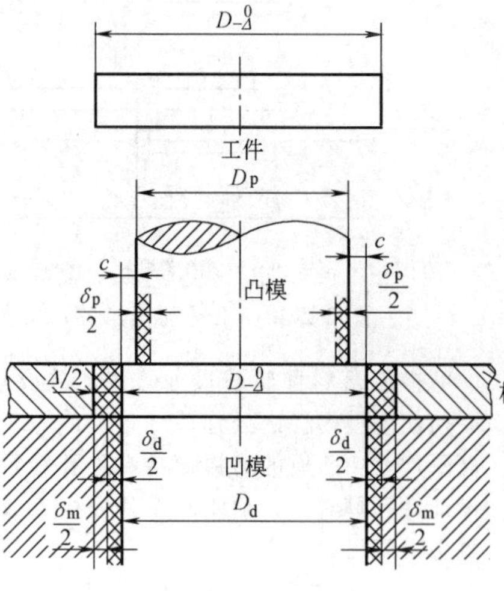

a) 落料模

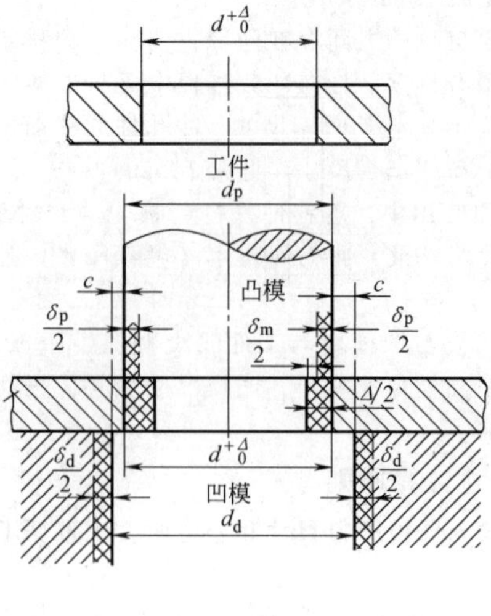

b) 冲孔模

图 2-2-21　刃口部分各尺寸关联图

注：图中 δ_m 表示允许磨损量

2. 凸、凹模配合加工时其尺寸与公差的确定

所谓配合加工就是在凸模和凹模中选定一件为基准件，制造好后用它的实际尺寸来配作另一件，使它们之间达到最小合理间隙值。落料时，先做凹模，以它为基准件配作凸模，保证最小的合理间隙值；冲孔时，先做凸模，以它为基准件配作凹模，保证最小的合理间隙值。因此凸模和凹模配合加工时，只需在基准件上标注尺寸和公差，而在另一件上注明“刃口尺寸按凹模（或凸模）配作，保证单面间隙××”即可。

图 2-2-22 为落料件和凹模尺寸。凹模磨损后落料件分为三类：A 类尺寸增大，B 类尺寸减小，C 类尺寸不变。

图 2-2-23 为冲孔件和凸模尺寸。随着凸模的磨损，冲孔件也分为三类：A 类尺寸增大，B 类尺寸减小，C 类尺寸不变。所以对于复杂形状的落料件或冲孔件，其基准件的刃口尺寸均可按以下三式计算：

1）磨损后尺寸增大：$A_i=(A_{max}-x\Delta)^{+\delta_i}_{0}$

2）磨损后尺寸减小：$B_i=(B_{min}+x\Delta)^{0}_{-\delta_i}$

3）磨损后尺寸不变：$C_i=(C_{min}+0.5\Delta)^{+\delta_i}_{-\delta_i}$

式中　i——基准件代号（凹模为 d，凸模为 p）；

A_i,B_i,C_i——基准件尺寸（mm）；

A_{max}、B_{min}、C_{min}——相应的工件极限尺寸（mm）；

Δ——工件公差（mm）；

x——系数，工件公差等级为 IT10 或更高取 $x=1$，工件差等级为 IT11～IT13，取 $x=0.75$；工件公差等级为 IT14，取 $x=0.5$；

δ_i——模具制造公差（mm）。

分析表明，无论是分开加工法还是配合加工法，基准件（凸模或凹模）尺寸和公差的计算均可用以上三个公式。

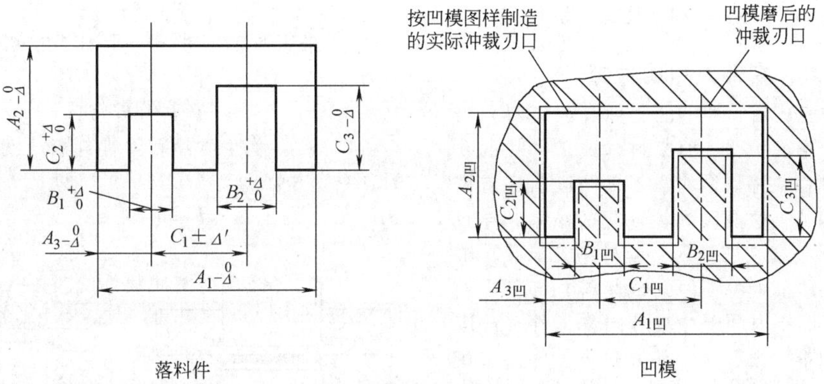

图 2-2-22　落料件和凹模尺寸

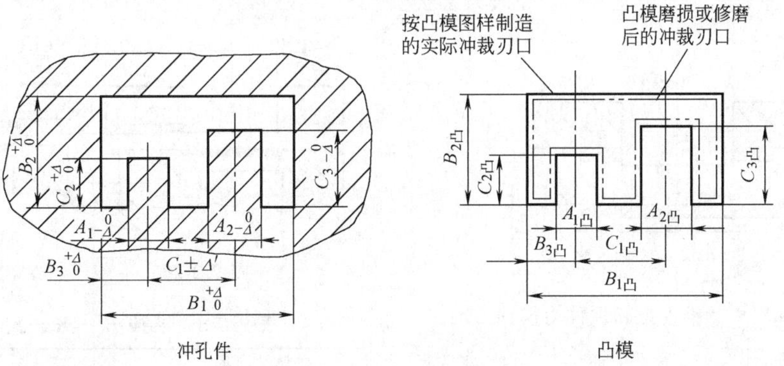

图 2-2-23　冲孔件和凸模尺寸

2.4　冲裁力和冲裁功

2.4.1　冲裁力的计算

冲裁力 F 的大小取决于冲裁内外周边的总长度、材料的厚度和抗拉强度，并和材料的屈强比有关，可按式（2-2-6）计算：

$$F=fLtR_m \tag{2-2-6}$$

式中　f——系数，取决于材料的屈强比，可从图 2-2-24 查得，一般 f 为 0.6～0.7；

L——冲裁内外周边的总长（mm）；

t——材料厚度（mm）；

R_m——材料的抗拉强度（MPa）。

上述计算方法由 Timmerbeil 提出。$f=1-t'/t$，t' 为出现最大冲裁力（即上述计算式中冲裁力 F）时凸模压入材料的深度，它和材料的屈强比有关。采用上述公式计算的冲裁力比较符合实际，被纳入德国标准。另外，原材料提供的力性能均包括材料的抗拉强度 R_m 和屈服强度 R_{eL}，用它们的比值从图 2-2-24 中求得 f，进而可算出冲裁力，使用方便。

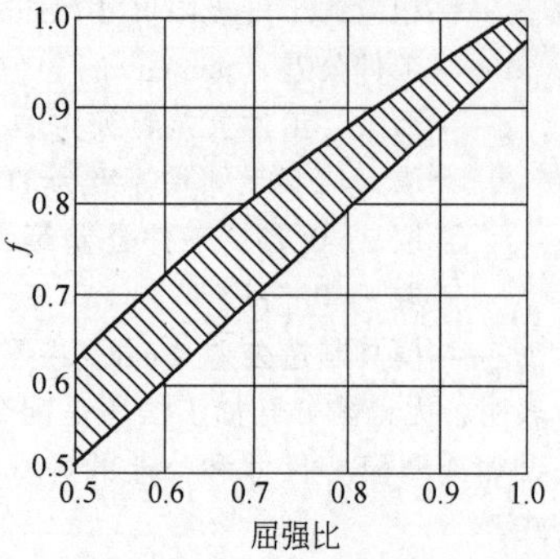

图 2-2-24　f 与材料屈强比的关系

2.4.2　卸料力、推件力和顶件力

当冲裁工作完成后，冲下的工件（或废料）沿径向发生弹性变形而扩张，而废料（或工件）的孔则沿径向发生弹性收缩。同时，工件与废料还有恢复弹性穹弯的趋势。这两种弹性恢复的结果，导致工件（或废料）梗塞在凹模内，废料（或工件）箍紧在凸模上。从凸模上将工件（或废料）卸下来的力叫卸料力；从凹模内顺着冲裁方向将工件（或废料）推出的力叫推件力；逆冲裁方向将工件（或废料）从凹模洞口顶出的力叫顶件力（见图 2-2-25）。很显然，这些力在选择压力机吨位和设计模具时都必须加以考虑。

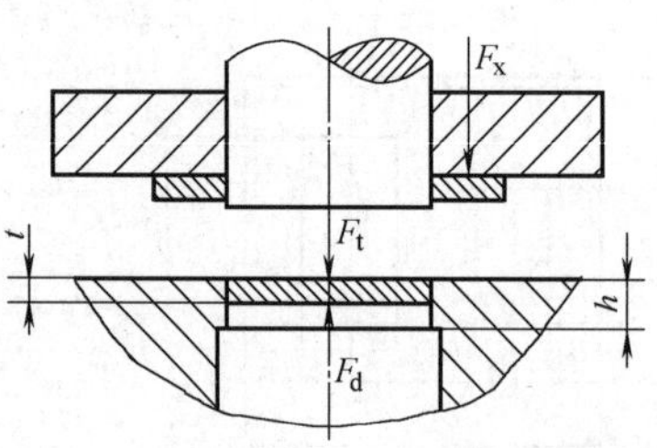

图 2-2-25　卸料力、推件力和顶件力作用方向

影响这些力的因素很多，主要有：材料的力学性能和厚度、工件形状和尺寸、模具间隙、排样的搭边大小及润滑情况等。由于这些因素的影响规律很复杂，难以准确计算。生产中，常用下列经验公式计算：

$$F_x=K_xF$$
$$F_t=nK_tF \qquad (2\text{-}2\text{-}7)$$
$$F_d=K_dF$$

式中　F_x、F_t、F_d——卸料力、推件力和顶件力（N）；

K_x、K_t、K_d——卸料力系数、推件力系数和顶件力系数，其值可查表 2-2-8；

F——冲裁力（N）；

n——同时梗塞在凹模内的工件数，$n=\dfrac{h}{t}$；

h——凹模直壁洞口高度（mm）；

t——料厚（mm）。

在选择压力机规格时，这些力在总冲裁力中是否考虑进去，需视不同模具结构形式区别对待（见图 2-2-26）。

1）采用刚性卸料板（见图 2-2-26a）的总冲裁力为

$$F_z=F+F_t$$

2）采用刚性顶件、弹性卸料的倒装式模具（见图 2-2-26b）的总冲裁力为

$$F_z=F+F_x$$

3）采用弹性卸料板（见图 2-2-26c）的总冲裁力为

$$F_z=F+F_x+F_t$$

4）采用弹性顶件和弹性卸料（见图 2-2-26d）的总冲裁力为

$$F_z=F+F_x+F_d$$

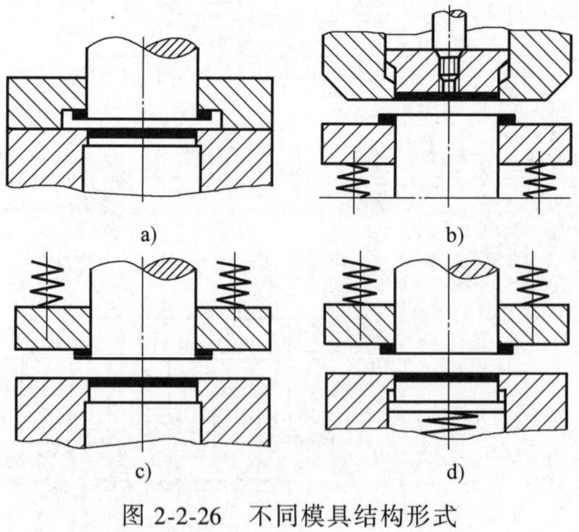

图 2-2-26　不同模具结构形式

表 2-2-8　系数 K_x、K_t、K_d 的数值

材料及厚度		K_x	K_t	K_d
钢	≤0.1mm	0.065~0.075	0.1	0.14
	>0.1~0.5mm	0.045~0.055	0.065	0.08
	>0.5~2.5mm	0.04~0.05	0.055	0.06
	>2.5~6.5mm	0.03~0.04	0.045	0.05
	>6.5mm	0.02~0.03	0.025	0.03
铝、铝合金		0.025~0.08	0.03~0.07	
纯铜、黄铜		0.02~0.06	0.03~0.09	

注：K_x 在冲多孔、大搭边和轮廓复杂时取上限值。

2.4.3　压料力

压料力 F_y 是对板料的强制约束力，是提高工件断面质量、减少穹弯的有效方法。凹模面上的压料力靠弹性可动压料板提供。凸模端面上的压料力靠可动背压板提供。压料力大小，可按式（2-2-8）近似计算：

$$F_y = (0.10 \sim 0.20)F \tag{2-2-8}$$

式中　F_y——压料力（N）；

F——冲裁力（N）。

系数取值视材料性能而定，硬料或加工硬化系数大的材料取大值，软料取小值。

比较 F_x、F_d 和 F_y，F_y 最大。因此，设计模具时，如果需要压料，只要按 F_y 来设计弹性压料装置，不仅可以实现压料，也能提供可靠、足够的卸料力和顶件力。如果不需要压料，则按 F_x 和 F_d 分别设计相应的卸料装置和顶件装置即可。

2.4.4　侧向力

侧向力 F_c 一方面引起凸、凹模侧面磨损，另一方面，当冲裁线不封闭（如单面冲裁或侧刃冲裁）时，使凸模受横向力作用易发生不需要的弯曲变形，甚至断裂。此种情况下，必须设计后支撑，提供与 F_c 大小相近、方向相反的横向反力，维持凸模横向受力基本平衡。一般情况下，侧向力 F_c 可按式（2-2-9）近似计算：

$$F_c = (0.30 \sim 0.38)F \tag{2-2-9}$$

式中　F_c——侧向力（N）；

F——冲裁力（N）。

2.4.5　降低冲裁力的方法

在冲裁高强度材料或厚料、大尺寸工件时，所需冲裁力如果超过车间现有压力机规格，就必须采取措施降低冲裁力。一般采用如下几种方法：

1. 加热冲裁

材料在加热状态下剪切强度明显下降，所以能有效降低冲裁力。这种方法的缺点是：材料加热后产生氧化皮，且因加热，劳动条件差。故一般只适用于厚板或表面质量及尺寸精度要求不高的工件。

表 2-2-9 所列为钢在加热状态下的抗剪强度。计算加热冲裁力时，τ_b 按实际冲压温度取值。由于散热的原因，冲压温度通常比加热温度低 150~200℃。另外，需考虑热胀冷缩对工件尺寸的影响，以及热冲时由于材料变软，模具间隙应比冷冲时适当缩小。

表 2-2-9　钢在加热状态的抗剪强度

材料牌号	加热到以下温度时 τ_b/MPa					
	200℃	500℃	600℃	700℃	800℃	900℃
Q195、Q215、10、15	360	320	200	110	60	30
Q235、Q255、20、25	450	450	240	130	90	60
Q275、30、35	530	520	330	160	90	70
Q295、40、45、50	600	80	380	190	90	70

2. 阶梯布置凸模

在多凸模的冲裁中，将凸模做成不同高度，采用阶梯布置，可使各凸模不同时接触材料，避免各凸模最大冲裁力同时出现，从而降低了冲裁力。

阶梯布置凸模的冲裁力计算，应按相同高度的凸模最大冲裁力之和来确定。

采用阶梯布置凸模时应考虑以下原则：

1）凸模高度差 h 的值与材料的抗拉强度有关（见表 2-2-10）。

表 2-2-10　凸模高度差 h 与材料抗拉强度 R_m 的关系

材料抗拉强度 R_m/MPa	h/mm
<200	0.8t
200~500	0.6t
>500	0.4t

注：t 为材料厚度。

2）各阶梯凸模的分布应注意对称和接近压力中心。

3）首先开始工作的凸模应该是端部带有导正销的凸模（见图 2-2-27）。或者把大凸模做长一些，小凸模做短一些。这样可避免小凸模由于受材料流动挤压力的作用，而产生折断或倾斜的现象。而且小凸模做短后刚性好，不易产生纵向失稳，可以提高其使用寿命。

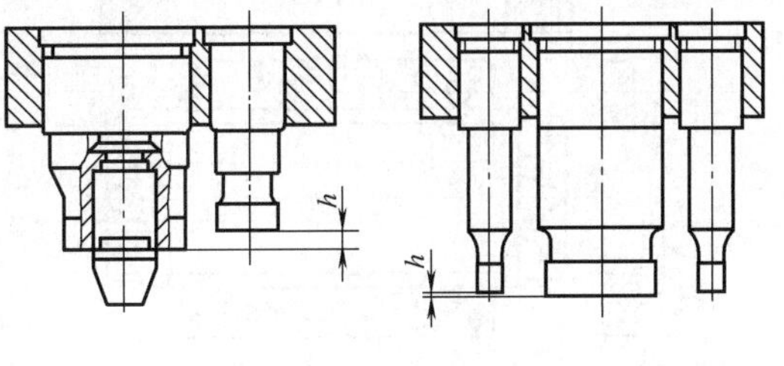

图 2-2-27　阶梯布置凸模

3. 斜刃口模具冲裁

用平刃口模具冲裁时，整个工件周边同时发生剪切作用，故在冲裁大型和厚板工件时，冲裁力往往很大。

采用斜刃口模具冲裁时，与斜剪相仿，整个刃口不是与工件周边同时接触，而是逐步地冲切材料，因此冲裁力显著降低，且可减轻冲裁时的振动和噪声。

采用斜刃口冲裁时，为了获得平整的工件，落料时凸模应为平刃，把斜刃做在凹模上，这样冲出的工件平整而废料弯曲（见图 2-2-28a、b、c）；冲孔时凹模应为平刃，把斜刃做在凸模上，这样冲出的孔件平整而废料弯曲（见图 2-2-28d、e、f）。设计斜刃时，应将斜刃对称布置，以免冲裁时凹模（或凸模）承受单向侧压力而发生偏移，啃坏刃口。

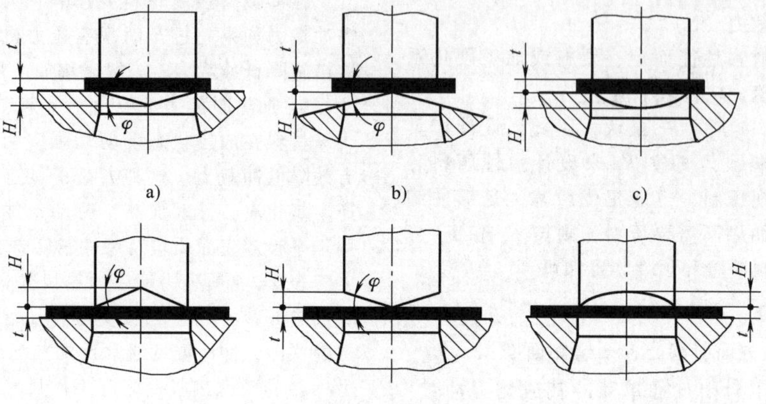

图 2-2-28　各种斜刃形式

斜刃冲裁的减力系数决定于刃口的斜角 φ（见表 2-2-11）。

表 2-2-11　斜刃减力系数

材料厚度/mm	斜刃高度 H/mm	斜角/(°)	K
<3	$2t$	<5	0.3～0.4
3～10	t	<8	0.6～0.65

每个斜刃的冲裁力按式（2-2-10）计算：

$$F_s = KF \tag{2-2-10}$$

式中　F_s——斜刃冲裁力（N）；

K——减力系数（见表 2-2-11）；

F——平刃冲裁力（N）。

对于大型冲裁模，要做斜刃模时，斜刃应做成对称布置的波浪式（见图 2-2-29）。

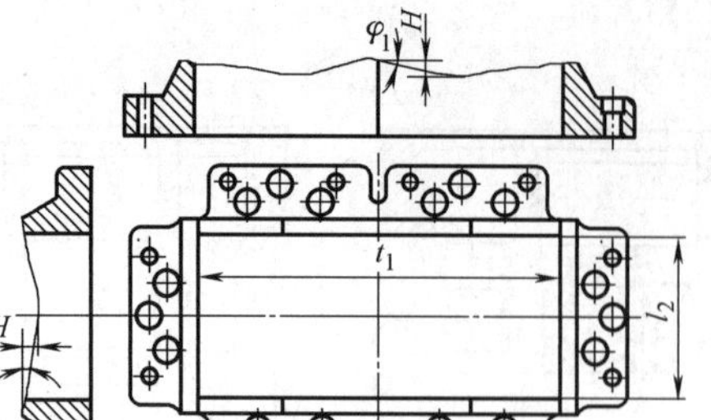

图 2-2-29　矩形件斜刃冲裁模

斜刃冲模虽降低了冲裁力，但增加了模具制造和修磨的困难，刃口也容易磨损，故一般仅用于大型工件及厚板冲裁。

2.4.6　冲裁功

1. 平刃冲裁功

平刃口模具的冲裁功可由式（2-2-11）计算：

$$A = \frac{xFt}{1000} \tag{2-2-11}$$

式中　A——平刃冲裁功（J）；

F——最大冲裁力（N）；

t——材料厚度（mm）；

x——平均冲裁力与最大冲裁力的比值，由材料种类及厚度决定，其值列于表 2-2-12。

2. 斜刃冲裁功

斜刃口模具的冲裁功可按式（2-2-12）计算：

$$A_s = x_1 F_s \frac{t+H}{1000} \tag{2-2-12}$$

式中　A_s——斜刃冲裁功（J）；

F_s——斜刃冲裁力（N）；

H——斜刃高度（mm）；

t——材料厚度（mm）；

x_1——系数，对于软钢可近似取为：当 $H=t$ 时，$x_1 \approx 0.5 \sim 0.6$，当 $H=2t$ 时，$x_1 \approx 0.7 \sim 0.8$。

表 2-2-12　x 的数值

材料	材料厚度/mm			
	<1	1~2	2~4	>4
软钢(τ_b=250~350MPa)	0.65~0.70	0.60~0.65	0.50~0.60	0.35~0.45
中等硬度钢(τ_b=350~500MPa)	0.55~0.60	0.50~0.55	0.42~0.50	0.30~0.40
硬钢(τ_b=500~700MPa)	0.40~0.45	0.35~0.40	0.30~0.35	0.15~0.30
铝、钢(退火的)	0.70~0.75	0.65~0.70	0.55~0.65	0.40~0.50

2.5　材料的经济利用

2.5.1　排样

在大批大量生产中，原材料费用往往占冲压件成本的 60%之多，所以减少材料（尤其是有色金属和贵重材料）的消耗，对降低冲压件的成本有着显著的经济效果。

冲裁件在条料上的布置方法叫排样。排样合理与否不仅直接影响材料的经济利用，还会影响模具结构与寿命、冲压生产率、工件精度、生产操作方便与安全等。

通常用材料利用率作为衡量材料经济利用程度的指标。

单个零件的材料利用率：

$$\eta_1=\frac{n_1A}{Bh}\times100\% \tag{2-2-13}$$

单个零件的材料利用率：

$$\eta_2=\frac{n_2A}{LB}\times100\% \tag{2-2-14}$$

单个零件的材料利用率：

$$\eta_3=\frac{n_3A}{L_0B_0}\times100\% \tag{2-2-15}$$

式中　A——冲裁件面积（mm^2）；

B——条料宽度（mm）；

h——送料进距（mm）；

n_1——1 个进距内冲件数；

n_2——1 条条料上冲件总数；

n_3——1 张板料上冲件总数；

L——条料长度（mm）；

L_0——板料长度（mm）；

B_0——板料宽度（mm）。

条料冲裁时，所产生的废料包括工艺废料和结构废料两种（见图 2-2-30）。工件之间和工件与条料侧边之间存在的搭边，定位需要切去的料边与定位孔以及料头和料尾废料，均称为工艺废料。由于工件结构形状的需要，如工件内孔的存在而产生的废料，称为结构废料。

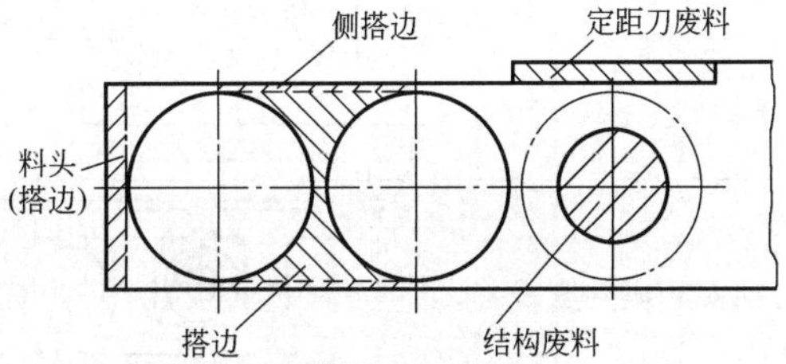

图 2-2-30　废料种类

排样方法按有、无废料可分为三种：

1）有废料排样。沿工件全部外形冲裁。工件与工件之间，工件与条料侧边之间都存在搭边废料（见图 2-2-31a）。

2）少废料排样。沿工件的部分外形冲裁，只局部有搭边与余料（见图 2-2-31b）。

3）无废料排样。工件与工件之间，工件与条料侧边之间均无搭边废料，条料以直线或曲线的切断而得到工件（见图 2-2-31c）。

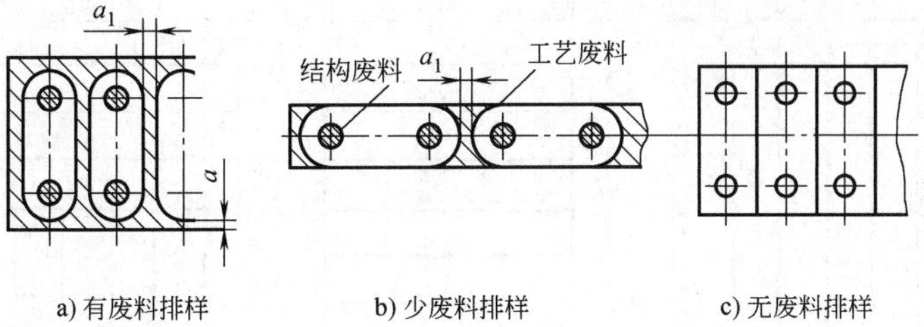

a) 有废料排样　　b) 少废料排样　　c) 无废料排样

图 2-2-31　排样方法

有废料、少废料和无废料排样的形式，按工件的外形特征又可分为直排、斜排、直对排、斜对排、混合排、多行排及裁搭边等，见表 2-2-13。由板料裁成条料的裁板方法可分为纵裁、横裁和组合裁。纵裁是沿板料长度 L_0 方向剪切；横裁是沿板料宽度 B_0 方向剪切；组合裁则是既沿 L_0 方向，又沿 B_0 方向剪切，使余料最少（见图 2-2-32）。

表 2-2-13　排样形式的分类

排样形式	有废料排样	少、无废料排样
直排	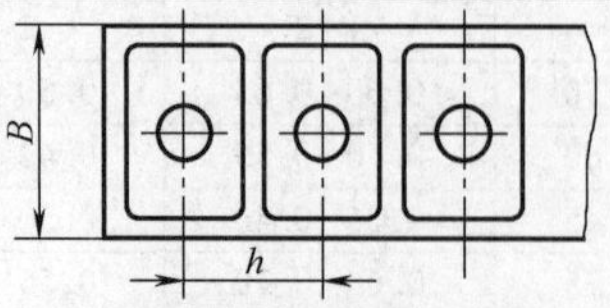	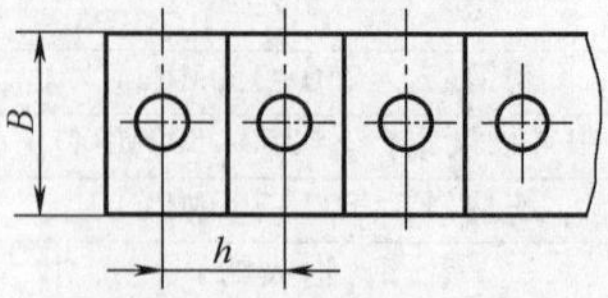
斜排	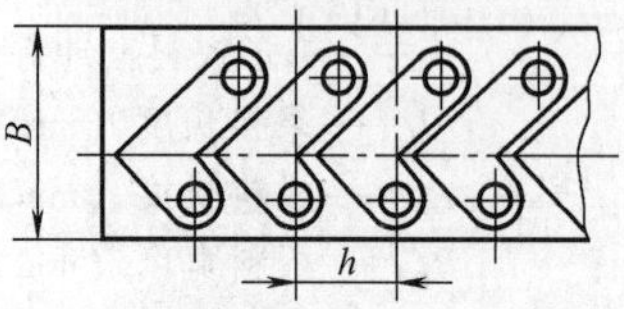	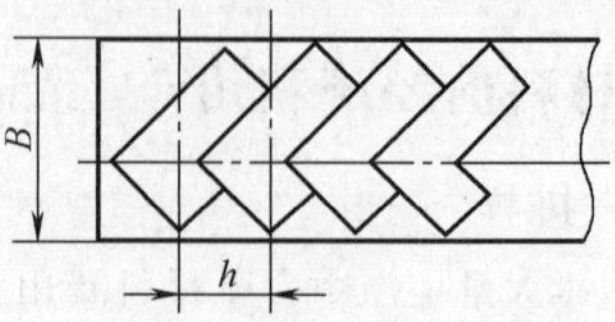
直对排	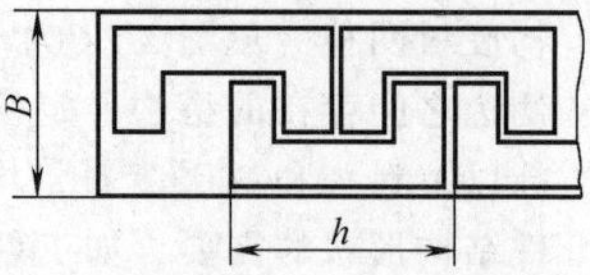	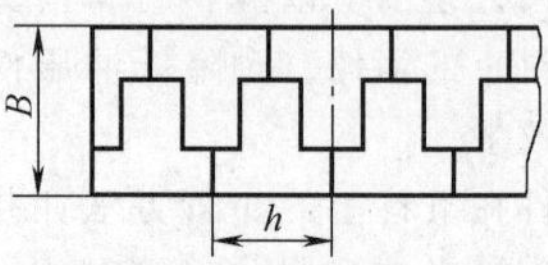
斜对排	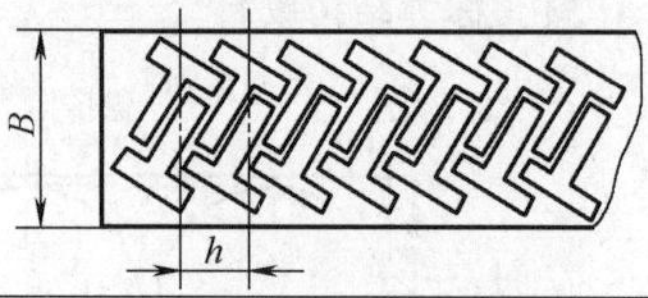	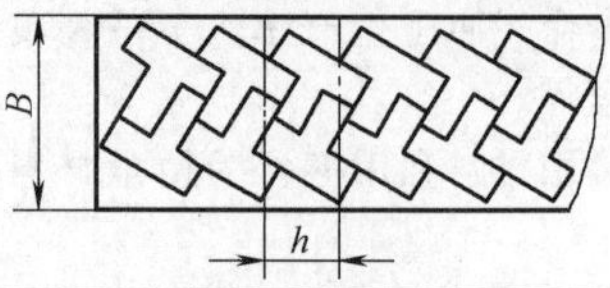
混合排	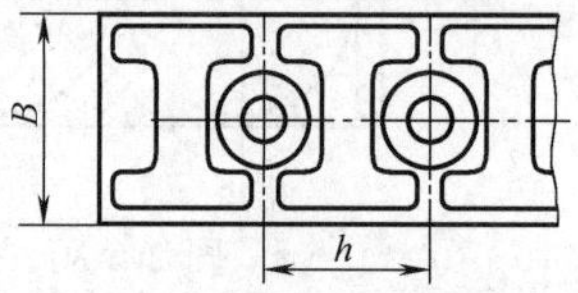	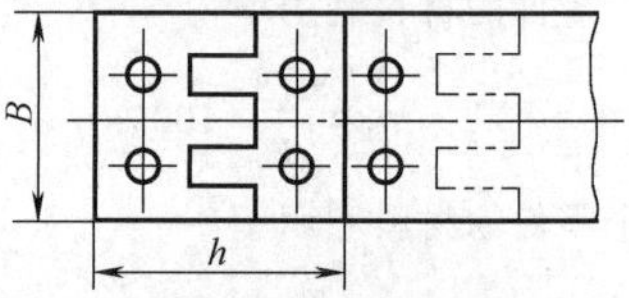
多行排	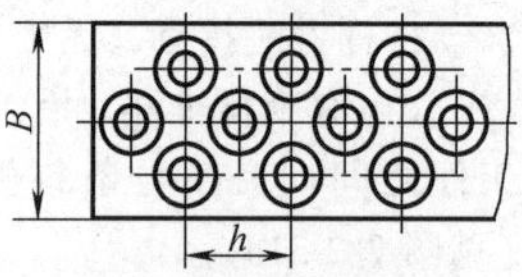	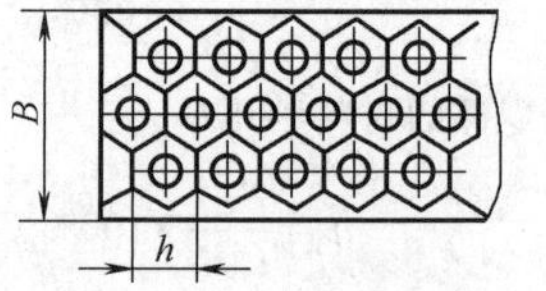
搭边排	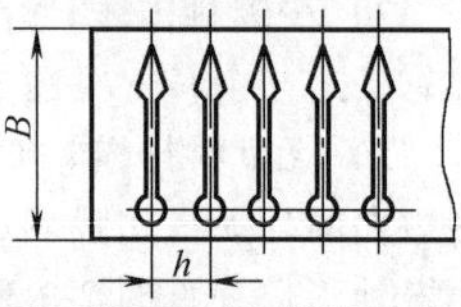	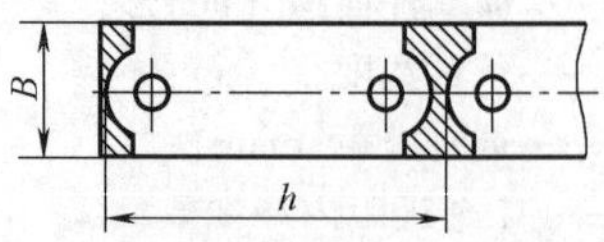

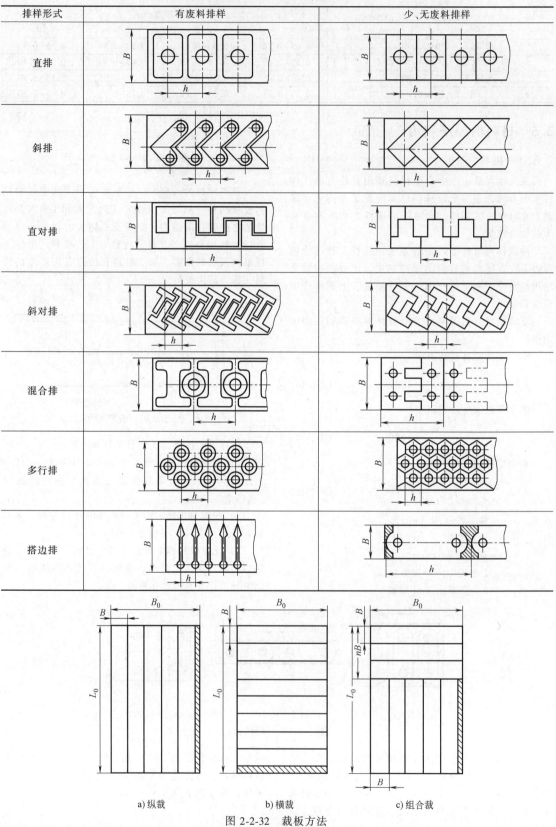

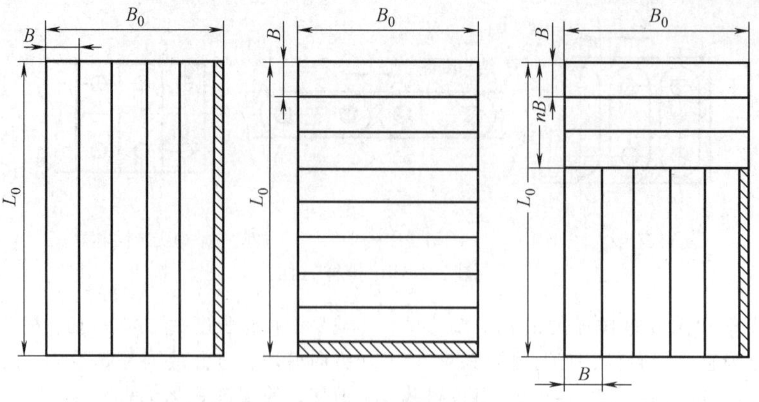

a) 纵裁　　b) 横裁　　c) 组合裁

图 2-2-32　裁板方法

2.5.2　节约原材料的途径

1. 修改工件形状

在保证工件的主要技术要求的条件下，适当修改工件形状，以利于合理排样，从而节省材料消耗，提高材料利用率。图 2-2-33 所示工件原来形状的材料利用率为 38%，在保证孔距 50mm 与 60mm 的条件下，将工件形状稍加修改后，材料利用率提高到 79%。图 2-2-34 所示为电话机上的接触弹簧，原来形状的材料利用率为 41%，在保证孔距 38mm 与 15.5mm 的前提下将工件形状做了某些修改，使材料利用率提高到 92.5%，而且一次冲两件，生产率也提高一倍。

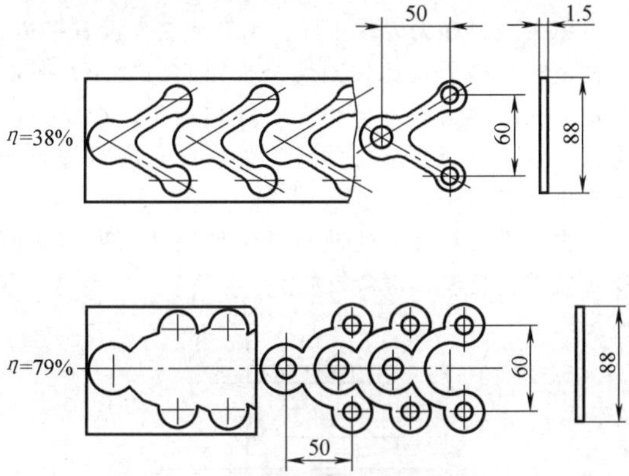

图 2-2-33　修改工件的形状实例

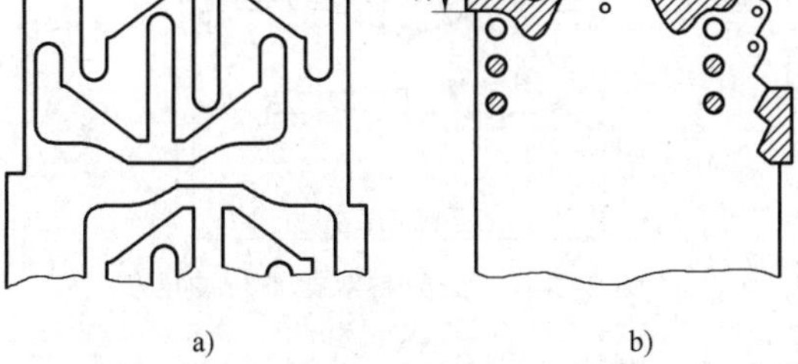

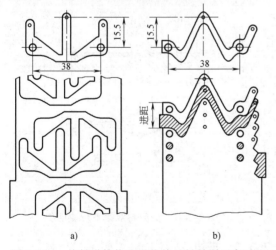

图 2-2-34　接触弹簧修改形状前后材料利用率对比

2. 套冲排样

很多带孔工件的结构废料是不可避免的，但采用套冲排样，就有可能将一个工件的冲孔废料用来制造另一个尺寸较小的工件（套冲相同材料及厚度的工件）。图 2-2-35 所示为座板、垫圈套冲的排样法。图 2-2-36 所示为利用大工件三个孔的结构废料套冲两种规格垫圈的排样法。

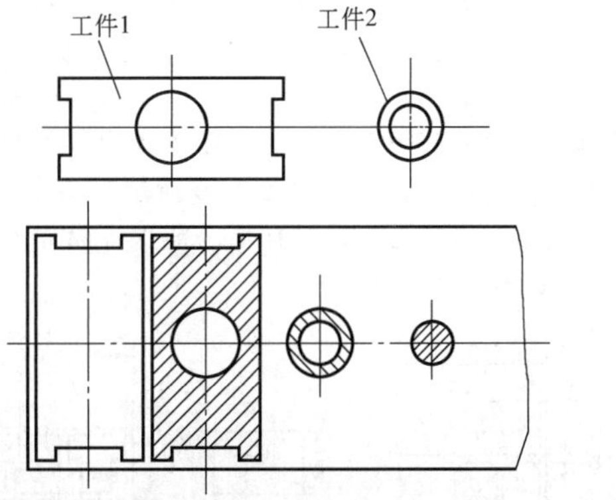

图 2-2-35　座板、垫圈套冲排样

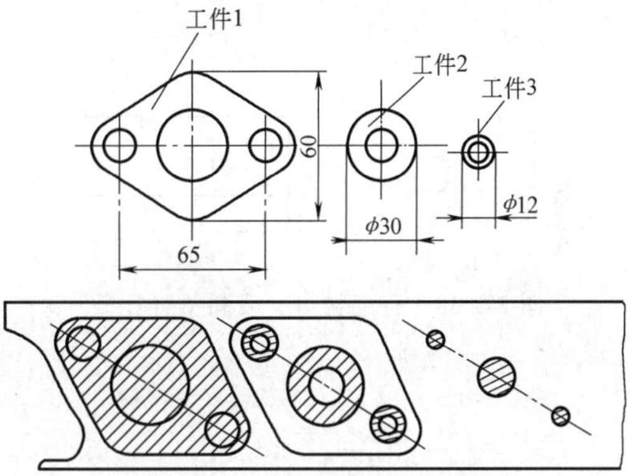

图 2-2-36　三个零件套冲排样

3. 混合排样

当某些工件在排样时，自身不能相互嵌入其空当，就会产生较大的工艺废料，而采用混合排样，便可利用工艺废料冲出较小的工件（用于材料及厚度相同的不同工件）。图 2-2-37 即为混合排样的例子。

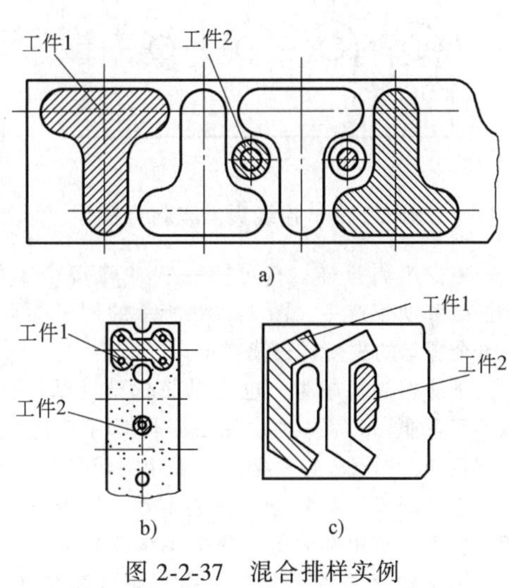

图 2-2-37　混合排样实例

4. 少、无废料排样

采用少废料或无废料排样，对节省材料具有显著效果。同时，还兼有生产率高、简化模具结构、降低冲裁力等优点。图 2-2-38 所示工件采用有废料排样时，材料利用率为 75%，而改为少废料排样时材料利用率可达 89% 。图 2-2-39 所示为接线头，材料是纯铜，采用无废料排样后，能保证材料利用率近于 100%。

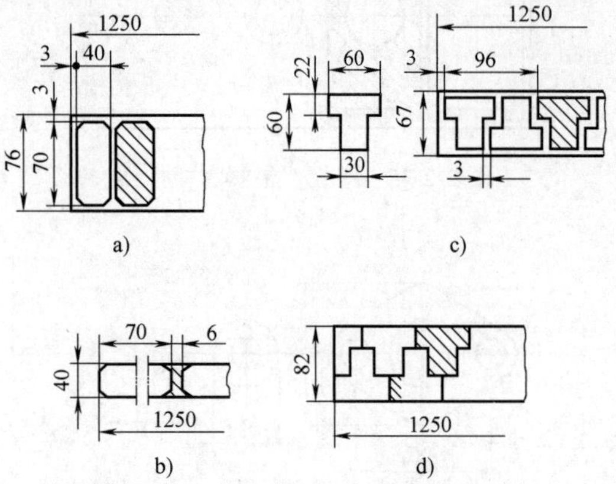

图 2-2-38 有废料与少废料排样比较

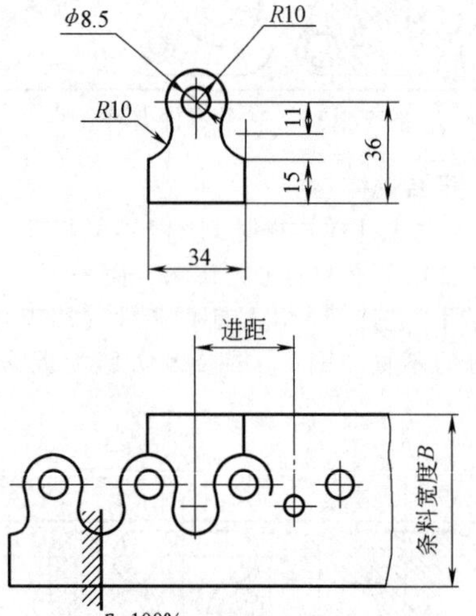

图 2-2-39 接线头无废料排样

采用少废料排样，有可能一次冲裁多个工件，从而提高劳动生产率。图 2-2-40 所示的例子为同时冲裁 6 个螺母的少废料连续冲压。

由于冲切周边减少，也可以简化模具结构，模具成本可降低 30%～40%。图 2-2-41 所示为电气开关的灭弧片，形状较为复杂，若采用封闭外形落料，会使凸模与凹模形状复杂，制造困难，热处理时易于变形，模具使用寿命低。现采用少废料双排平行冲压，不仅材料节省，生产率高，而且简化了凸、凹模形状，制造容易，并可提高模具使用寿命。

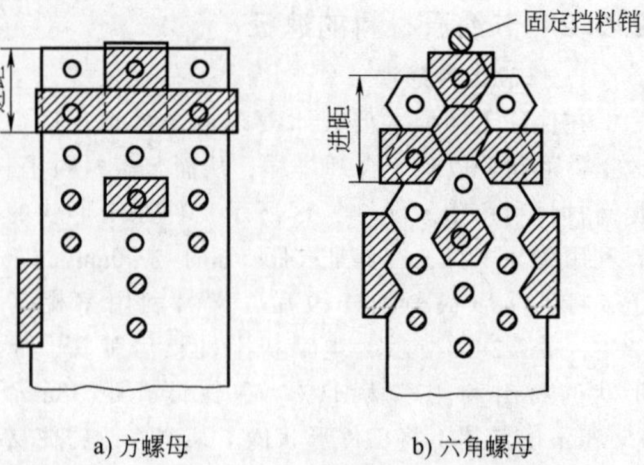

图 2-2-40 同时冲裁 6 个螺母的少废料连续冲压

用少废料和无废料排样，少有或完全没有搭边，使冲裁时切割周长比按封闭外形落料时要小，所以冲裁力和卸料力相应降低。一般情况下，冲压力能降低 50%，甚至更多。同样工件可比有废料排样选用较小规格的压力机。

少、无废料排样的缺点是工件尺寸精度和断面质量较差，且模具寿命较低。

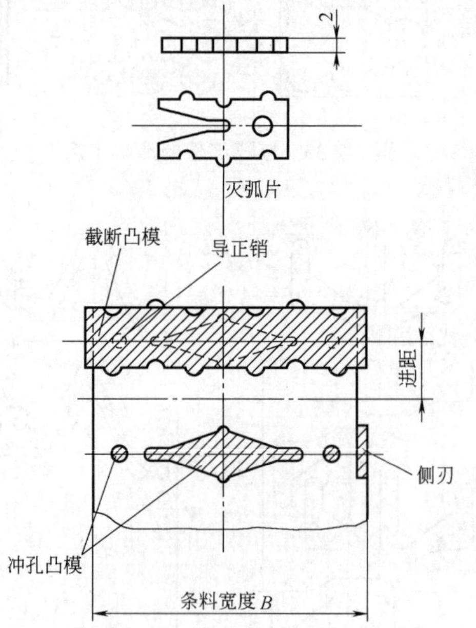

图 2-2-41 少废料双排平行冲压

2.5.3 搭边

在条料上冲裁时，工件之间及工件与条料侧边之间通常留有余料，称为搭边。搭边的作用是补偿送料误差，保证冲出合格的工件；保持条料有一定的刚度，利于送进；避免废料丝拉入凸模与凹模的间隙中，以保证模具有足够的寿命。

搭边的大小，对冲裁过程以及工件质量有很大影响。搭边过大，材料利用率低，同时还增加了卸料力。过小的搭边，会在冲裁过程中拉断，致使工件上产生毛刺和影响送料工作，有时断裂的搭边还会拉入模具间隙中，损坏模具刃口，降低模具寿命。

搭边的大小与下列因素有关：

(1) 材料的力学性能　硬材料强度和刚度大，搭边可小些；软材料或脆性材料，搭边要大些；尤其是非金属材料搭边更应大些。

(2) 工件的形状与尺寸　工件尺寸大，有尖锐的复杂形状，搭边应取大些；工件间邻接处窄长时，搭边也应取大。

(3) 材料厚度　薄材料刚度差，易拉入凹模，搭边应大些；厚材料侧压力大，搭边也应大些。材料厚度在 0.5~1mm 时，搭边值最小。

(4) 卸料板形式　对于装有弹性卸料板的模具，可较之刚性卸料板的模具取小些的搭边。

(5) 送料及挡料方式　用手工送料，有侧压板导向时，搭边可小些。

普通钢板冲裁时的搭边值可查表 2-2-14，适用于大件，其他材料需乘系数，见表 2-2-15；表 2-2-16 适用于中小件。

表 2-2-14　普通钢板冲裁时的搭边值　(单位：mm)

材料厚度	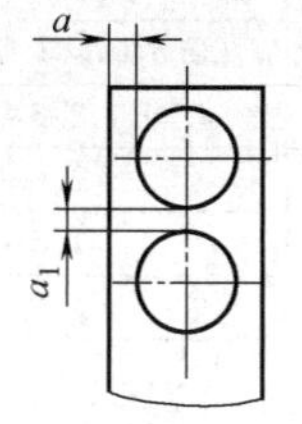		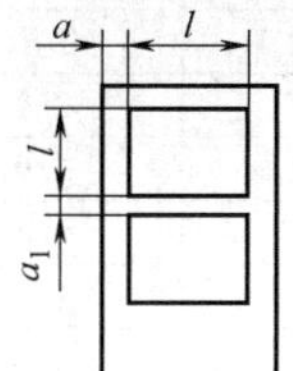						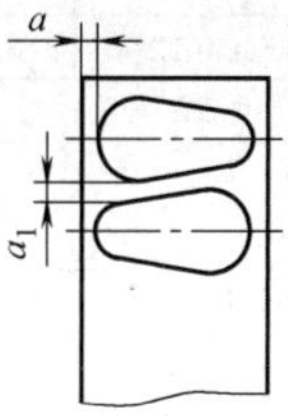		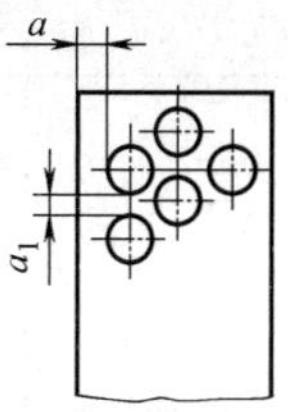	
	圆形		非圆形						往复送料		自动送料	
			l<100		l >100~200		l >200~300					
	a	a_1	a	a_1	a	a_1	a	a_1	a	a_1	a	a_1
>0.5	2.0	1.5	2.5	2.0	3.0	2.5	3.5	3.0	3.5	3.0	3.0	2.0
>0.5~1	2.0	1.5	2.5	2.0	2.5	2.0	3.0	2.5	3.0	2.0	3.0	2.0
>1~2	2.0	1.5	2.5	2.0	2.5	2.0	3.0	2.5	3.5	3.0	3.0	2.0
>2~3	2.5	2.0	3.5	3.0	4.0	3.0	3.5	3.0	4.0	3.5	3.0	2.0
>3~4	3.0	2.5	4.0	3.5	4.0	3.5	4.5	4.0	5.0	4.0	4.0	3.0
>4~5	4.0	3.0	5.0	4.0	5.0	4.0	5.5	4.5	6.0	5.0	5.0	4.0
>5~6	4.5	3.5	5.5	4.5	5.5	4.5	6.0	5.0	7.0	6.0	6.0	5.0
>6~8	6.0	5.0	6.0	5.0	6.0	5.0	6.5	5.5	8.0	7.0	7.0	6.0
>8	7.0	6.0	8.0	7.0	9.0	8.0	9.0	8.0	9.0	8.0	8.0	7.0

表 2-2-15　修正系数 K_{yd}

材料名称	系数	材料名称	系数
高碳硬钢板	0.8	纯铜板	1.4
中碳半硬钢板	0.9	铝板	1.5
软钢板	1.2	纸板	1.5~2.0

表 2-2-16　中小零件搭边值　(单位：mm)

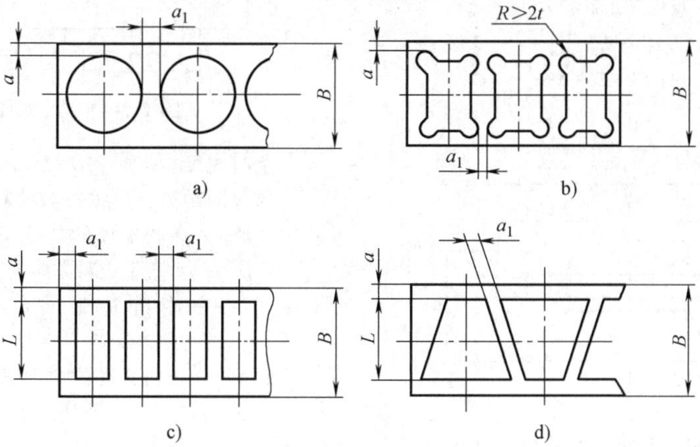

（续）

卸料板方式	条料厚度 t/mm	用于图 a、b，$R>2t$		用于图 c、d，$L\leqslant50$		用于图 c、d，$L>50$	
		a	a_1	a	a_1	a	a_1
弹性卸料板	0.25	1.2	1.0	1.5	1.2	1.8~2.6	1.5~2.5
	>0.25~0.5	1.0	0.8	1.2	1.0	1.5~2.5	1.2~2.2
	>0.5~1.0	—	—	—	—	1.8~2.6	1.5~2.5
	>1.0~1.5	1.3	1.0	1.5	1.2	2.2~3.2	1.8~2.8
	>1.5~2.0	1.5	1.2	1.8	1.5	2.4~3.4	2.0~3.0
	>2.0~2.5	1.9	1.5	2.2	1.8	2.7~3.7	2.2~3.2
	>2.5~3.0	2.2	1.8	2.4	2.0	3.0~4.0	2.5~3.5
	>3.0~3.5	2.5	2.0	2.7	2.2	3.3~4.3	2.8~3.8
	>3.5~4.0	2.7	2.2	3.0	2.5	3.5~4.5	3.0~4.0
	>4.0~5.0	3.0	2.5	3.5	3.0	4.0~5.0	3.5~4.5
	>5.0~12①	$0.6t$	$0.5t$	$0.7t$	$0.6t$	$(0.8\sim1)t$	$(0.7\sim0.9)t$
固定卸料板	0.25	1.5	1.2	2.2	1.8	2.2~3.2	
	>0.25~0.5	1.2	1.0	2.0	1.5	2.0~3.0	
	>0.5~1.0	1.0	0.8	1.5	1.2	1.5~2.5	
	>1.0~1.5	1.2	1.0	1.8	1.2	1.8~2.8	
	>1.5~2.0	1.5	1.2	2.0	1.5	2.0~3.0	
	>2.0~2.5	1.8	1.5	2.2	1.8	2.2~3.2	
	>2.5~3.0	2.0	1.8	2.5	2.2	2.5~3.5	
	>3.0~3.5	2.2	2.0	2.8	2.5	2.8~3.8	
	>3.5~4.0	2.5	2.2	3.0	2.8	3.0~4.0	
	>4.0~5.0	2.8	2.5	3.5	3.0	3.5~4.5	
	>5.0~12①	$0.6t$	$0.5t$	$0.7t$	$0.6t$	$(0.75\sim0.9)t$	

注：1. 直边冲裁件（图 c、d），其长度 L 在 50~100mm 内，a 值取比较小；L 在 100~200mm 内 a 取中间值；L 在 200~300mm 内，a 取较大值。

2. 正反面冲的条料，宽度 B 大于 50mm 时，a 取较大值。

3. 对于硬纸板、硬橡胶、纸胶板等材料以及自动送料的冲裁件，应按表列的数值乘以系数 1.3。

① 相应材料在此厚度时，搭边值为厚度 t 的函数。

2.5.4　条料宽度的计算

在排样方法及搭边值确定之后，就可计算条料宽度和导尺间距离。

条料宽度的确定与模具是否采用侧压装置或侧刃有关。确定的原则是，最小条料宽度要保证冲裁时工件周边有足够的搭边值；最大条料宽度能在导尺之间顺利送进，并与导尺之间有一定间隙。

（1）有侧压装置（见图 2-2-42）

条料宽度：$B_{-\Delta}^{\ 0}=(D+2a+\Delta)_{-\Delta}^{\ 0}$

导尺间距离：$A=B+z=D+2a+\Delta+z$

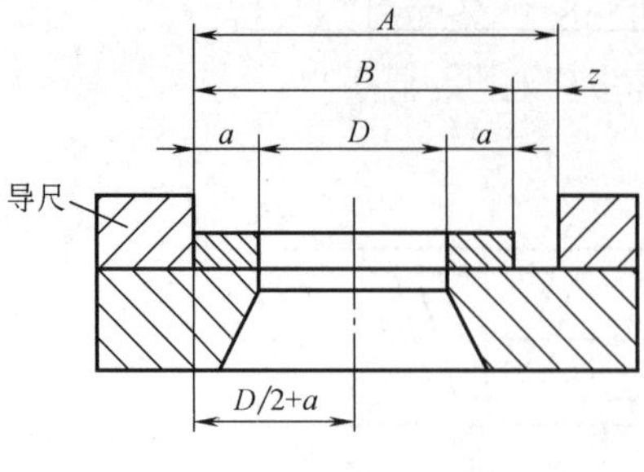

图 2-2-42　有侧压冲裁模

（2）无侧压装置（见图 2-2-43）

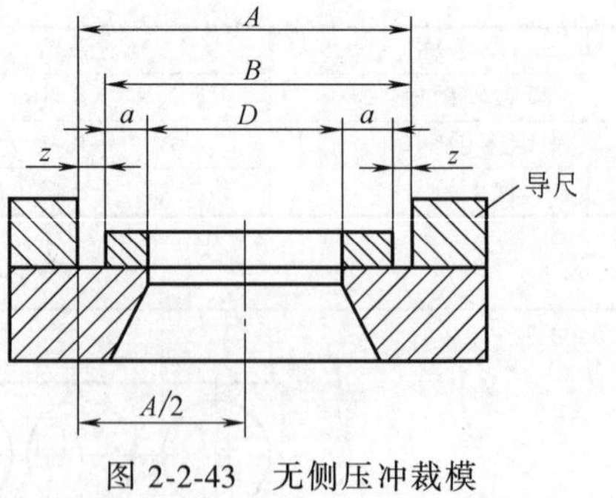

图 2-2-43　无侧压冲裁模

条料宽度：$B_{-\Delta}^{\ 0}=[D+2(a+\Delta)+z]_{-\Delta}^{\ 0}$

导尺间距离：$A=B+z=D+2(a+\Delta+z)$

式中　B——条料宽度的公称尺寸（mm）；

D——垂直于送料方向的工件最大尺寸（mm）；

a——侧搭边值（mm），查表 2-2-14 或表 2-2-16；

Δ——条料宽度的单向偏差（mm）；

z——条料与导尺间的最小间隙（mm），查表 2-2-17。

表 2-2-17　送料最小间隙 z　（单位：mm）

条料导向方式		无侧压装置			有侧压装置	
条料宽度		100 以下	100~200	200~300	100 以下	100 以上
材料厚度	0~0.5	0.5	0.5	1	5	8
	0.5~1	0.5	0.5	1	5	8
	1~2	0.5	1	1	5	8
	2~3	0.5	1	1	5	8
	3~4	0.5	1	1	5	8
	4~5	0.5	1	1	5	8

（3）有侧刃装置（见图 2-2-44）

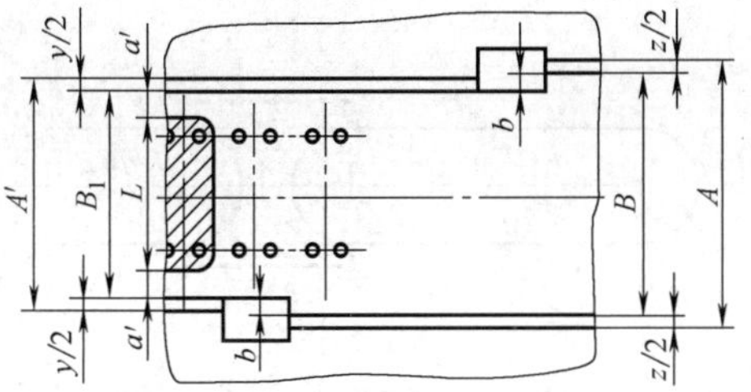

图 2-2-44　有侧刃的冲裁模

条料宽度：$B_{-\Delta}^{\ 0}=(L+2a'+nb)_{-\Delta}^{\ 0}=(L+1.5a+nb)_{-\Delta}^{\ 0}$ $(a'=0.75a)$

导尺间距离：

$$A=L+1.5a+nb+z$$

$$A'=L+1.5a+y$$

式中　L——垂直于送料方向的工件尺寸（mm）；

n——侧刃数；

Δ——条料宽度的单向偏差（mm）；

b——侧刃裁切的条边宽度（mm），见表 2-2-18；

y——冲切后的条料宽度与导尺间的间隙（mm），见表 2-2-18。

表 2-2-18　b，y 值

（单位：mm）

条料厚度 t	b		y
	金属材料	非金属材料	
≤1.5	1.5	2	0.10
>1.5~2.5	2.0	3	0.15
>2.5~3	2.5	4	0.20

2.6　冲裁件的工艺性

冲裁件的工艺性是指冲裁件对冲压工艺的适应性。冲裁件的工艺性对冲裁件质量，材料经济利用、生产率、模具制造及使用寿命等都有很大 影响。因此，冲裁件的结构要素必须合理设计，精度要求也要恰当。

2.6.1　冲裁件的形状和尺寸

1. 冲裁件的形状

冲裁件的形状应尽可能简单、对称、排样废料少。在许可情况下，把冲裁件设计成少、无废料排样的形状，如图 2-2-45 所示。

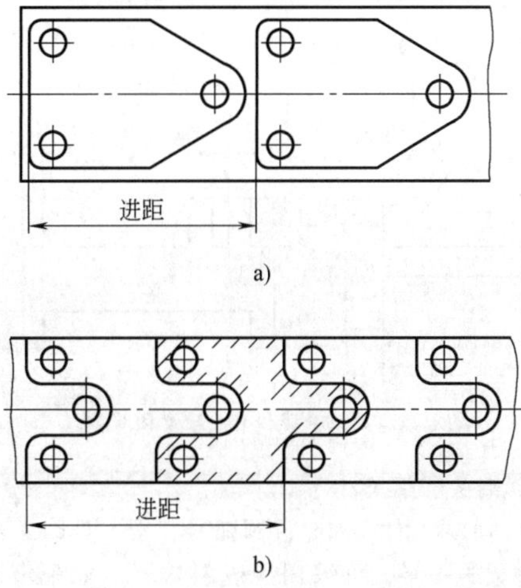

图 2-2-45　冲裁件形状对工艺性影响实例

2. 冲裁件的圆角

冲裁件各直线或曲线的连接处，应有适当的圆角，其数值见表 2-2-19。在用一道工序冲裁时，拐角处应尽量设计成较大的圆角，如图 2-2-46 所示。如果冲裁件有尖角，不仅给冲裁模的制造带来困难，而且模具也容易损坏。只有在采用少废料、无废料排样或镶拼模具结构时，才允许工件有尖锐的清角。

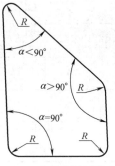

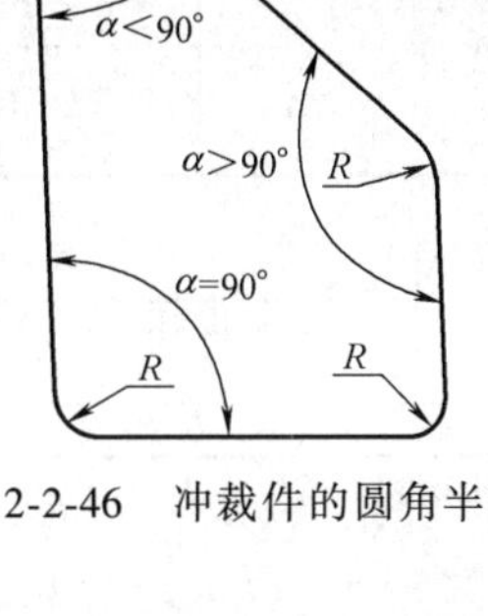

图 2-2-46　冲裁件的圆角半径

表 2-2-19　冲裁件圆角半径的最小值

连接角度	α>90°	α<90°	α>90°	α<90°
简图	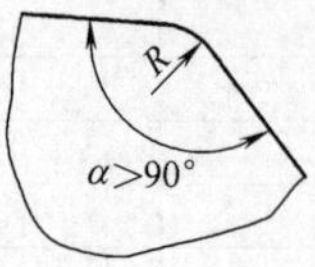	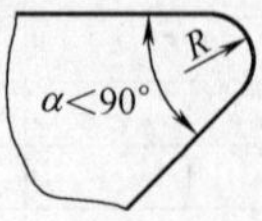	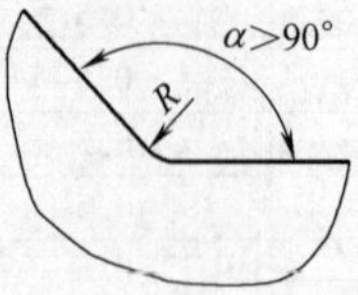	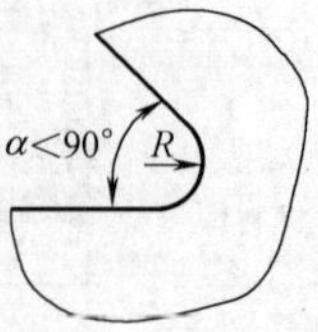
低碳钢	0.30t	0.50t	0.35t	0.60t
黄铜、银	0.24t	0.35t	0.20t	0.45t
高碳钢、合金钢	0.45t	0.70t	0.50t	0.90t

注：t—材料厚度。

3. 冲裁件的悬臂和窄槽

冲裁件凸出的悬臂和凹入的窄槽不宜太小（见图 2-2-47），否则会降低模具寿命和工件质量。一般情况下，B 应不小于 1.5t。当工件材料为黄铜、铝、软钢时，$B\geqslant 1.3t$；高碳钢时，$B\geqslant 1.9t$。当材料厚度 $t<1$ 时，按 $t=1$mm 计算。切口与槽长的关系为 $L\leqslant 5B$。

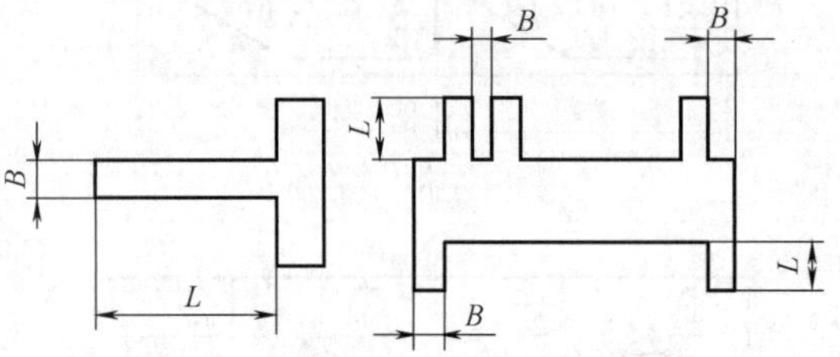

图 2-2-47　冲裁件的悬臂和窄槽

4. 端头圆弧尺寸

腰圆形冲裁件，如允许圆弧半径 R（见图 2-2-48）大于料宽的一半，可采用少废料排样。如限定圆弧半径等于工件宽度的一半，就不能采用少废料排样，否则会有台肩产生。

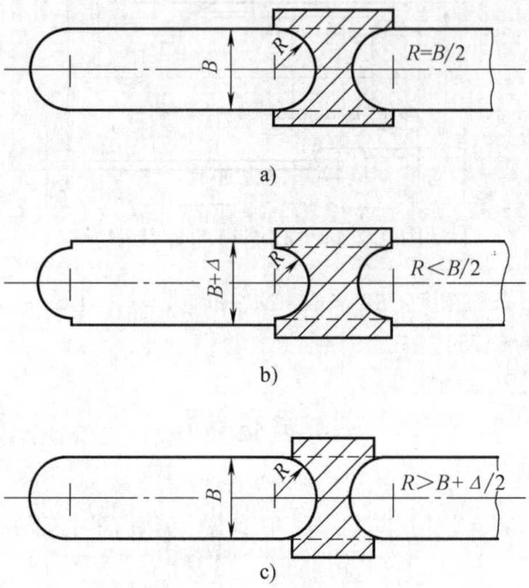

图 2-2-48　端头圆弧和宽度尺寸的关系

5. 冲孔极限尺寸

冲孔时，由于受到凸模强度和稳定性的限制，孔的尺寸不宜过小，其数值与孔的形状、材料的力学性能、材料厚度等有关。自由凸模冲孔的最小尺寸见表 2-2-20。带保护套凸模冲孔的最小尺寸见表 2-2-21。

表 2-2-20　自由凸模冲孔的最小尺寸

材料	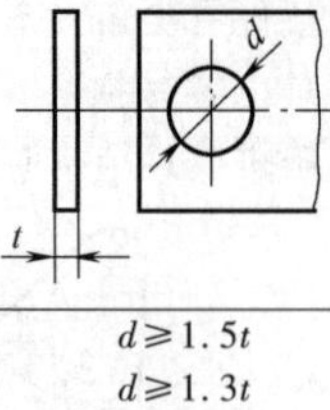	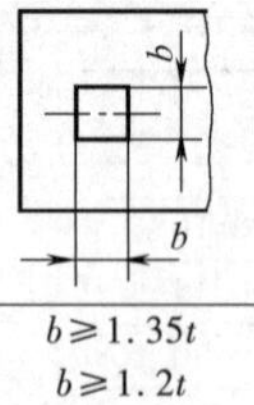	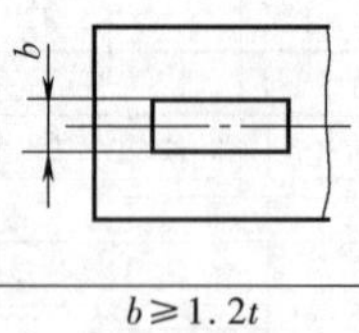	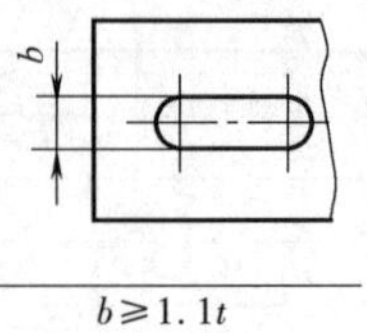
钢 τ_b>685MPa	$d\geqslant 1.5t$	$b\geqslant 1.35t$	$b\geqslant 1.2t$	$b\geqslant 1.1t$
钢 τ_b=390~685MPa	$d\geqslant 1.3t$	$b\geqslant 1.2t$	$b\geqslant 1.0t$	$b\geqslant 0.9t$
钢 $\tau_b\approx$390MPa	$d\geqslant 1.0t$	$b\geqslant 0.9t$	$b\geqslant 0.8t$	$b\geqslant 0.7t$
黄铜、铜	$d\geqslant 0.9t$	$b\geqslant 0.8t$	$b\geqslant 0.7t$	$b\geqslant 0.6t$
铅、锌	$d\geqslant 0.8t$	$b\geqslant 0.7t$	$b\geqslant 0.6t$	$b\geqslant 0.5t$

表 2-2-21　带保护套凸模冲孔的最小尺寸　（单位：mm）

材料	圆形(d)	长方孔宽(b)	材料	圆形(d)	长方孔宽(b)
硬钢	0.5t	0.4t	铝	0.3t	0.28t
软钢及黄铜	0.35t	0.3t	酚醛层压布(纸)板	0.3t	0.25t

注：t—材料厚度。

6. 冲裁件孔间距与孔边距

冲裁件的孔与孔之间，孔与边缘之间的距离 a（见图 2-2-49），受模具强度和冲裁件质量的限制，其值不能过小，宜取 $a \geqslant 2t$，并不得小于 3～4mm。必要时可取 $a=(1\sim1.5)t$（$t<1$mm 时，按 $t=1$mm 计算），但模具寿命会因此降低或结构复杂程度增加。

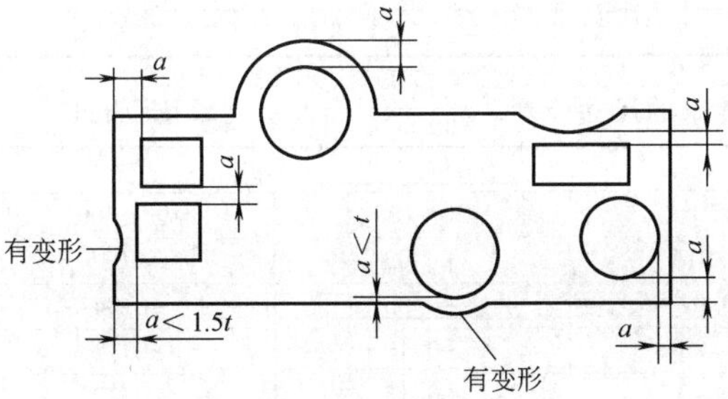

图 2-2-49　冲裁件孔边距

7. 在弯曲件或拉深件上冲孔

在弯曲件或拉深件上冲孔时，其孔边与工件直壁之间的距离不能小于图 2-2-50 所示数值。如距离过小，孔边进入工件底部的圆角部分，冲孔时凸模将受到水平推力而折断，工件尺寸精度也会受影响。

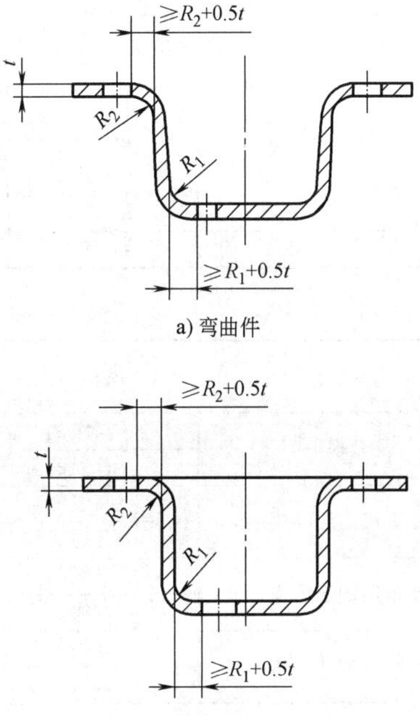

a) 弯曲件

b) 拉深件

图 2-2-50　孔边与工件直壁之间的距离

2.6.2　冲裁件的精度和表面粗糙度

1. 冲裁件的精度

表 2-2-22～表 2-2-24 所提供的冲裁件实用尺寸精度，是在合理间隙情况下，对铝、铜、软钢等常用材料冲裁加工的数据。精度要求特别高的工件，需要考虑进行整修等精密冲裁。如果板材增厚，塌角的绝对值就增大，对精度甚为不利。因此表中的板厚是以 6mm 为限。表 2-2-25 为孔对外缘轮廓的尺寸公差。

表 2-2-22　冲裁件外径尺寸的标准公差　（单位：mm）

材料厚度	普通冲裁精度				精密冲裁精度				整修精度		
	工件外径										
	10 以下	10～50	50～150	150～300	10 以下	10～50	50～150	150～300	10 以下	10～50	50～150
0.2～0.5	0.08	0.10	0.14	0.20	0.025	0.03	0.05	0.08	—	—	—
0.2～1.0	0.12	0.16	0.22	0.30	0.03	0.04	0.06	0.10	0.012	0.015	0.025
1.0～2.0	0.18	0.22	0.30	0.50	0.04	0.06	0.08	0.12	0.015	0.02	0.03
2.0～4.0	0.24	0.28	0.40	0.70	0.06	0.08	0.10	0.15	0.025	0.03	0.04
4.0～6.0	0.30	0.35	0.50	1.00	0.10	0.12	0.15	0.20	0.04	0.05	0.06

表 2-2-23　冲孔件内径尺寸的标准公差　（单位：mm）

材料厚度	普通冲裁精度			精密冲裁精度			整修精度	
	工件内径							
	10 以下	10～50	50～150	10 以下	10～50	50～150	10 以下	10～50
0.2～1	0.05	0.08	0.12	0.02	0.04	0.08	0.01	0.015
1～2	0.06	0.10	0.16	0.03	0.06	0.10	0.015	0.02
2～4	0.08	0.12	0.20	0.04	0.08	0.12	0.025	0.03
4～6	0.10	0.15	0.25	0.06	0.10	0.15	0.04	0.05

表 2-2-24　孔间距离的标准公差　（单位：mm）

材料厚度	普通冲裁精度			精密冲裁精度		
	中心距离					
	50 以下	50~150	150~300	50 以下	50~150	150~300
1 以下	±0.1	±0.15	±0.2	±0.03	±0.05	±0.08
1~2	±0.12	±0.20	±0.3	±0.04	±0.06	±0.10
2~4	±0.15	±0.25	±0.35	±0.06	±0.08	±0.12
4~6	±0.2	±0.30	±0.4	±0.08	±0.10	±0.15

表 2-2-25　孔对外缘轮廓的尺寸公差　（单位：mm）

模具形式和定位方法	模具精度	工件尺寸		
		<30	30~100	100~200
复合模	高级的	±0.015	±0.02	±0.025
	普通的	±0.02	±0.03	±0.04
有导正销的连续模	高级的	±0.05	±0.10	±0.12
	普通的	±0.10	±0.15	±0.20
无导正销的连续模	高级的	±0.10	±0.15	±0.25
	普通的	±0.20	±0.30	±0.40
外形定位的冲孔模	高级的	±0.08	±0.12	±0.18
	普通的	±0.15	±0.20	±0.30

2. 冲裁件的表面粗糙度

冲裁件的表面粗糙度 Ra 一般在 12.5μm 以下，具体数值可参考表 2-2-26。冲裁件的断面光亮带宽度视被冲裁材料的厚度、力学性能及模具间隙和刃口锋利程度而定，具体数值可参考表 2-2-27。

3. 毛刺高度

冲裁件毛刺，系指板料切断和冲裁时留在冲裁件断面口上的毛刺。冲裁件毛刺高度的极限值按照表 2-2-28 的规定（GB/T 33217—2016）。

表 2-2-26　一般冲裁件剪断面的近似表面粗糙度

材料厚度 t/mm	<1	>1~2	>2~3	>3~4	>4~5
表面粗糙度 Ra/μm	3.2	6.3	12.5	25	50

表 2-2-27　各种材料冲裁件剪断面光亮带占料厚的百分比

材料	占料厚的百分比(%)		材料	占料厚的百分比(%)	
	退火	硬化		退火	硬化
w(C)= 0.1%钢板	50	38	硅钢	30	—
w(C)= 0.2%钢板	40	28	青铜板	25	17
w(C)= 0.3%钢板	33	22	黄铜	50	20
w(C)= 0.4%钢板	27	17	纯铜	55	30
w(C)= 0.6%钢板	20	9	杜拉铝	50	30
w(C)= 0.8%钢板	15	5	铝	50	30
w(C)= 1.0%钢板	10	2	—	—	—

表 2-2-28　冲裁件毛刺高度的极限值　（单位：mm）

材料抗拉强度/MPa	加工精度级别	冲压件的材料厚度										
		≤0.1	>0.1~0.2	>0.2~0.3	>0.3~0.4	>0.4~0.7	>0.7~1.0	>1.0~1.6	>1.6~2.5	>2.5~4.0	>4.0~6.5	>6.5~10.0
>100~250	f	0.02	0.02	0.03	0.05	0.09	0.12	0.17	0.25	0.36	0.60	0.95
	m	0.03	0.03	0.05	0.07	0.12	0.17	0.25	0.37	0.54	0.90	1.42
	g	0.04	0.05	0.07	0.10	0.17	0.23	0.34	0.50	0.72	1.20	1.90
>250~400	f	0.02	0.02	0.03	0.04	0.06	0.09	0.12	0.18	0.25	0.36	0.50
	m	0.02	0.02	0.04	0.05	0.08	0.13	0.18	0.26	0.37	0.54	0.75
	g	0.03	0.03	0.05	0.07	0.11	0.17	0.24	0.35	0.50	0.73	1.00

（续）

材料抗拉强度/MPa	加工精度级别	冲压件的材料厚度										
		≤0.1	>0.1~0.2	>0.2~0.3	>0.3~0.4	>0.4~0.7	>0.7~1.0	>1.0~1.6	>1.6~2.5	>2.5~4.0	>4.0~6.5	>6.5~10.0
>400~630	f	0.02	0.02	0.02	0.03	0.04	0.05	0.07	0.11	0.20	0.22	0.32
	m	0.02	0.02	0.03	0.04	0.05	0.07	0.11	0.16	0.30	0.33	0.48
	g	0.02	0.02	0.04	0.05	0.08	0.10	0.15	0.22	0.40	0.45	0.65
>630~900	f	0.02	0.02	0.02	0.02	0.02	0.03	0.04	0.06	0.09	0.13	0.17
	m	0.02	0.02	0.02	0.02	0.03	0.04	0.06	0.09	0.13	0.19	0.26
	g	0.02	0.02	0.02	0.03	0.04	0.05	0.08	0.12	0.18	0.26	0.35
>900	f	0.02	0.02	0.02	0.02	0.02	0.03	0.04	0.06	0.08	0.12	0.15
	m	0.02	0.02	0.02	0.02	0.02	0.04	0.06	0.08	0.12	0.16	0.22
	g	0.02	0.02	0.02	0.02	0.03	0.04	0.07	0.11	0.15	0.22	0.31

注：f 级（精密级）适用于较高要求的冲裁件；m 级（中等级）适用于中等要求的冲裁件；g 级（粗糙级）适用于一般要求的冲裁件。

2.7　非金属材料的冲裁

2.7.1　材料品种

在冷冲压中常见的非金属材料可分为两大类：

第一类是作为衬垫用的纤维性材料，如纸、纸板、皮革、毛毡、橡胶、棉布、毛织品等。

第二类是绝缘与绝热材料，如塑料、石棉、云母等，而塑料又分热固性塑料与热塑性塑料。热固性塑料是由热固性树脂加适当填料，在一定温度下，经过一定时间的保温与加压而成的层状板材，如各种胶木、纤维板、胶合层板等。固化后的塑料质地坚硬而不溶于溶剂中，也不能用加热方法使之软化，高温下则分解破坏。热塑性材料包括聚氯乙烯、聚苯乙烯、聚丙烯、聚甲醛、聚酰胺、聚苯醚、聚碳酸酯、氯化聚醚、ABS 塑料等，热塑性塑料的特点是遇热软化，冷却后又坚硬。

2.7.2　材料特性和冲裁方法

冲裁方法除了特殊的以外，没有所谓非金属专用的冲裁方法，多数是使用金属材料的冲裁方法。但是，非金属在力学性能、化学成分上与金属材料有很大的差异，所以掌握好这些问题之后，拟定适当的冲裁方法和剪切条件是很重要的。特别是高分子材料，其特性受温度和变形速度的影响很大，要特别注意。表 2-2-29 为对剪切断面质量改善有效果的冲裁方法。

表 2-2-29　为对剪切断面质量改善有效果的冲裁方法

冲裁方法		适用材料	注意事项
加热冲裁		热塑性、热固性塑料	加热温度、加热速度、材料的搭边宽度及支承条件（也有低温较好的材料）
切刀冲裁		纸、橡胶、皮革、软木、胶合板、热塑性塑料	使用无沟槽的下垫，刃口形状，硬度，使用有沟槽的下垫
精密冲裁	整修	热固性、热塑性塑料	切削余量及间隙
	精密冲裁	热塑性塑料	刃口圆角及间隙
	高速冲裁	热塑性塑料	冲裁速度、间隙
	精密冲裁	热固性、热塑性塑料	压板形状、模具结构
	对向凹模冲裁法		
特殊冲裁法	振动式上、下冲裁 超声波振动冲裁 加压冲裁 加热冲裁	热固性塑料	需要专用压力机或特殊的模具结构

现按材料特性分类加以介绍。

1. 热固性塑料的冲裁

热固性塑料是一种板状层压制品，如酚醛纸胶板、酚醛布胶板、环氧酚醛玻璃布胶板等。由于这些材料是脆性材料，为避免冲裁时引起分层和崩裂，所有夹纸（布）胶板厚度大于 1.5mm 时，均需加热冲裁。而且一般使用带压边圈的普通冲裁模进行冲裁。在冲裁中所产生的主要缺陷是鼓凸、变色和裂纹。适当地选择加热温度、加热时间与凸、凹模间隙，能够大大地减小切断面的缺陷。以冲裁酚醛树脂为例，冲小孔时其孔径变小到一定程度时，鼓凸高度会急剧增加，间隙变小，鼓凸同样变大，而且变色层增大。夹纸（布）塑料冲裁的加热规范见表 2-2-30。使材料过热或延长保温时间，不仅不能提高塑性，反而在材料表面上呈现小气泡。

表 2-2-30　夹纸（布）塑料冲裁时加热规范

材料名称	加热温度/℃	加热时间
酚醛纸胶板和酚醛布胶板	80~90	按材料厚度每 1mm 为 5~8min
环氧酚醛玻璃布胶板	110~130	按材料厚度每 1mm 为 3~5min

为改善酚醛层压板切断面的质量，一般可用整修方法。此外还可使用上、下压板将被冲材料夹紧进行冲裁，或者应用振动式上、下冲裁，超声波冲裁等冲裁方法。

2. 热塑性塑料的冲裁

热塑性塑料件冲裁既有平板冲裁也有成形件的修边或冲孔。在冲裁过程中冲裁速度、温度、冲裁间隙对切断面质量均有影响。由于热塑性塑料远比金属软，所以刃口的磨损或模具寿命几乎不成问题。

热塑性塑料用刃口切断（见图 2-2-51）能得到相当好的剪切面。这时关键问题是选择刃口形状和衬垫。首先，刃口必须锋利，刃口的角度应介于 15°~45°之间（见图 2-2-52）。如果过大，材料的弹性增大，且剪切抗力也变大。这时可采用图 2-2-52d 那样的二级阶梯刃口。同时，由于衬垫损坏快，可以采用带槽的衬垫。另外，使用在槽中埋入聚氨酯等柔软体的埋槽式衬垫时（见图 2-2-53），可以得到更好的剪切面，尺寸精度也相当好。

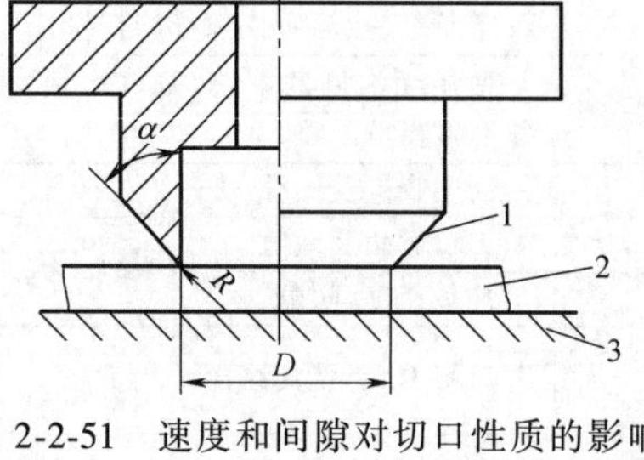

图 2-2-51　速度和间隙对切口性质的影响

1—刀刃　2—材料　3—下衬垫

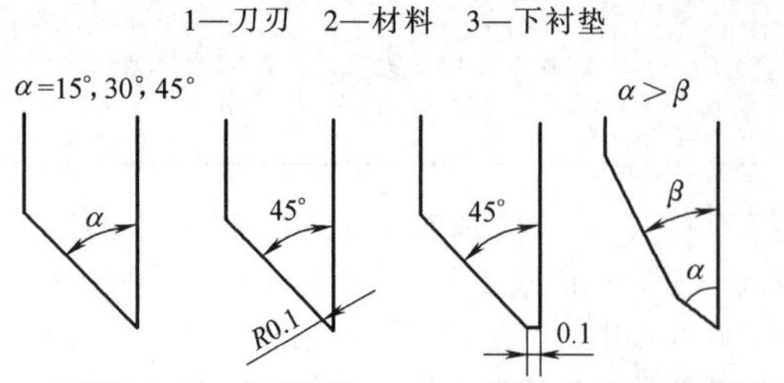

a) 锋利　b) 带圆角　c) 倒角　d) 二级阶梯形

图 2-2-52　防止刃口磨损所采取的刃口形状

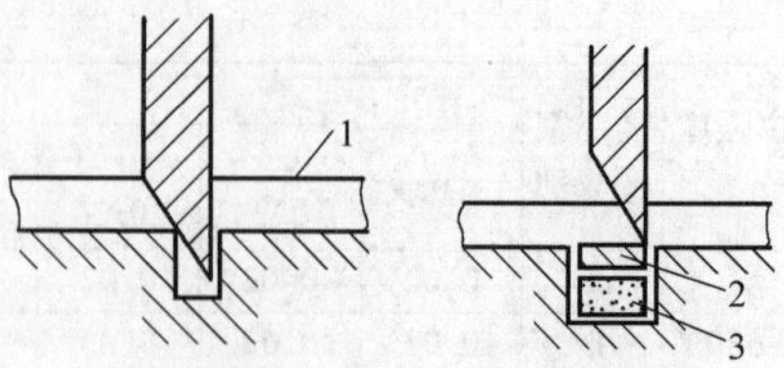

a) 带槽衬垫　b) 埋槽式衬垫

图 2-2-53　切断型衬垫的方法

1—板材　2—刚体盖　3—软弹性体

3. 纤维性材料的冲裁

由于该种材质较软，因此必须采用管形凸模进行冲裁。这种凸模有三种形式，如图 2-2-54 所示。为防止管形凸模的刃口变钝和崩裂，在被冲材料的下面垫以硬质木料、有色金属、硬纸板或精制层压板。

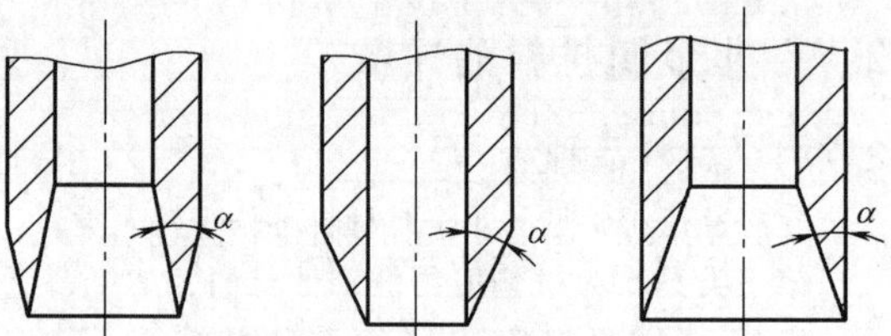

图 2-2-54　管形凸模刃口形式

管形凸模 α 角的值见表 2-2-31，冲模的典型结构如图 2-2-55 所示。

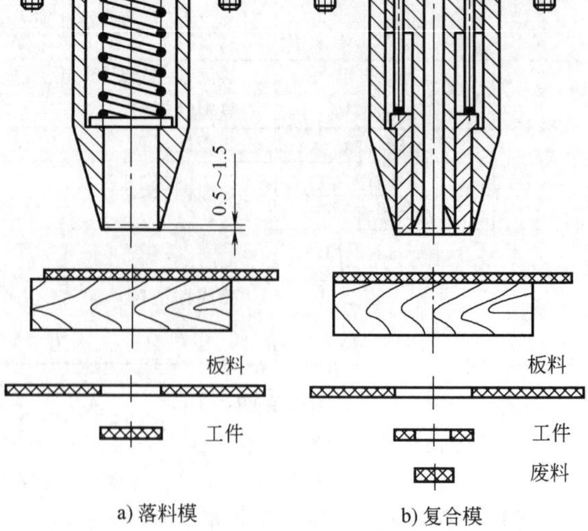

a) 落料模　b) 复合模

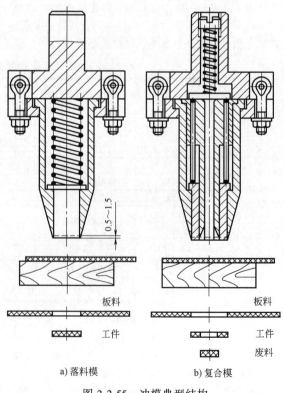

图 2-2-55　冲模典型结构

表 2-3-31　管形凸模 α 角的数值

材料名称	α/(°)	材料名称	α/(°)
烘热的硬橡胶	8~12	石棉	20~25
皮、毛毡、棉布等纺织品	10~15	纤维板	25~30
纸、纸板、马粪纸	15~20	红纸板、纸胶板、布胶板	30~40

4. 非金属材料加热冲裁时的加热温度和加热时间

对于厚度大于 1mm 的脆性材料或层压材料，为了避免冲裁时崩裂和分层，需加热冲裁。加热温度和加热时间见表 2-2-32 和表 2-2-33。

表 2-2-32　非金属材料冲裁时的加热温度　（单位：℃）

材料名称	材料厚度 t /mm	加热温度					
		毛坯加热温度		凹模加热温度		卸料板加热温度	
		圆形与简单形工件	复杂形工件	圆形与简单形工件	复杂形工件	圆形与简单形工件	复杂形工件
夹纸胶板	>1~1.5	—	—	60~80	90~100	70~90	90~100
	>1.5~2	80~90	90~120	100~120	100~105	70~100	95~100
	≤3	90~100	100~130	110~120	105~115	100	110~115
夹布胶板	1.5~3	—	70~90	50~70	80~90	50~60	80~90
玻璃纤维板	>1.5~3	60~70	70~90	80~90	80~90	—	80~90

表 2-2-33　非金属材料冲裁时的加热时间

加热方式		材料厚度 t/mm		
		≤1	>1~2	>2~3
		厚度每增加 1mm 时的保温时间/min		
在 130℃的电炉内加热		2.5~3.0	2.5~2.8	3.2~3.5
用红外线加热		1.2~1.5	1.5~1.8	1.8~2.2
接触加热	夹在 150~160℃的加热板间	1.2~1.4	0.8~1	0.7~0.8
	在加热平台上单面加热	4.5~5	5~6	6~8

注：1. 每增加 1mm 料厚时，则保温时间按表值增加一倍。
2. 成批生产时，加热时间应根据试验确定。

对于 1mm 厚的有机玻璃，加热温度为 60~80℃，加热时间取 1.5min，在模具加热温度为 90~110℃下冲裁。对于硬橡胶板，在毛坯加热温度 60~80℃下冲裁。对于乙烯塑料、赛璐珞、多聚乙烯热塑性塑料等，当断面表面粗糙度要求严时，可在热水槽内加热，保温 1.5~2.5h，水槽温度为 80~90℃。

2.7.3　冲模工作部分尺寸计算

非金属材料冲模工作部分尺寸计算与金属材料冲裁模刃口尺寸计算方法相似。但非金属材料冲裁要考虑材料的弹性变形，在一般情况下，当工件离开凹模后外形胀大，离开凸模后内形缩小。还要考虑到原材料加热冲裁后工件要产生冷却收缩和干燥收缩，使工件的尺寸缩小。因此，凸模与凹模工作部分尺寸需按下式计算。

落料时：$D_d=\left(D-\dfrac{\Delta}{2}+\delta_H\right)_0^{+\delta_d}$

冲孔时：$d_p=\left(d+\dfrac{\Delta}{2}+\delta_B\right)_{-\delta_p}^{0}$

式中　D、d——工件外形与孔的公称尺寸（mm）；

δ_p、δ_d——凸模和凹模的制造公差（mm）；

Δ——工件的公差（mm）；

δ_H——加热落料时的平均收缩量（mm），$\delta_H=AD-\delta_y$；

δ_B——加热冲孔时的平均收缩量（mm），$\delta_B=Cd+\delta_y$；

A、C——温度的收缩系数；

δ_y——由于材料弹性变形引起的尺寸变化（mm）。

A、C、δ_y 的平均值见表 2-2-34。

表 2-2-34　A、C、δ_y 值

材料名称	材料厚度/mm	A	C	δ_y/mm
胶纸板	1	0.002	0.0025	0.03
	1.5	0.0022	0.003	0.05
	2.0	0.0025	0.0035	0.07
	2.5	0.0027	0.004	0.10
	3.0	0.003	0.005	0.12
夹布胶木	2.0	0.002	0.0026	0.08
	2.5	0.0025	0.003	0.12
	3.0	0.0028	0.0036	0.15

2.8　其他冲裁方法

2.8.1　聚氨酯橡胶模冲裁

聚氨酯橡胶模属于结构简单，制造方便，成本

低廉的简易冲模，它是普通橡皮模冲裁的发展，二者原理相似，不同之处是聚氨酯橡胶代替了普通橡皮作为工作介质。聚氨酯橡胶是一种高分子弹性体，它具有强度高（为丁腈橡胶的1~4倍）、弹性好、耐磨（为天然橡胶的5~10倍）、耐油（为天然橡胶的5~6倍）、耐老化以及抗撕裂性能好，并且具有良好的机械加工性能。其使用寿命远远超过天然橡胶。

用聚氨酯橡胶模冲裁时，落料外形尺寸由金属凸模保证，凹模使用聚氨酯橡胶；冲孔尺寸由金属凹模保证，凸模使用聚氨酯橡胶。

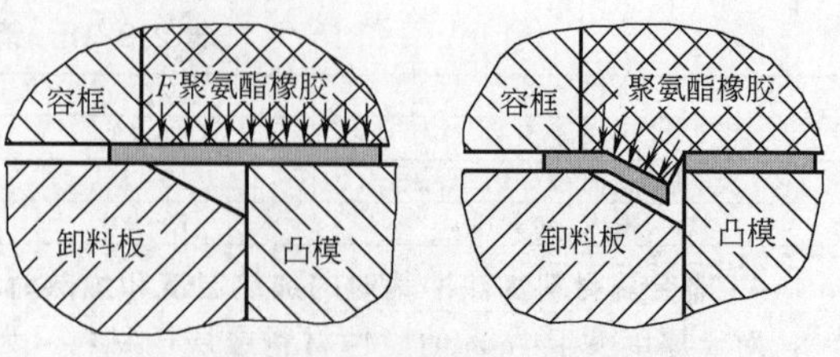

图 2-2-56　聚氨酯橡胶的冲裁过程

1. 冲裁原理

聚氨酯橡胶模对板料进行冲裁时，容框内的聚氨酯橡胶处于密闭状态，它受力压缩后，具有液体的静压性，各方向所产生的压强是相等的，当它向周围释放弹性压力时，迫使材料沿金属凸模或凹模刃口周边产生弯曲和拉伸，在拉力和剪切力复合作用下，待应力超过材料抗剪强度时，便产生断裂分离，从而获得合格的工件，其冲裁过程如图 2-2-56所示。

2. 冲裁件工艺性

聚氨酯橡胶模可以在板料上冲裁任何复杂的外形、内孔和型槽。同时，还可以进行复合工序，如落料、冲孔和压波纹；落料、冲孔和压文字、压印等。还可以同时压制各种凹槽和筋。它特别适宜于冲裁0.3mm以下的薄料，而且冲出的工件没有毛刺或毛刺很小。被冲材料一般为黑色金属和有色金属，如碳素钢、不锈钢、合金钢、铜、黄铜、各种青铜、铝和铝合金等，对非金属材料、塑料薄膜等的冲压效果也很好。

该方法的缺点是：所需材料的搭边宽度大（为3~5mm），生产率不高，冲裁材料的表面要擦拭干净，不能冲厚板和小孔，冲裁件剪切面上有较大的拉入圆角等。表 2-2-35 为聚氨酯橡胶模冲压加工所能达到的板料厚度。

表 2-2-35　聚氨酯橡胶模冲压加工的板料厚度　（单位：mm）

材料	落料、冲孔	弯曲	成形	拉深
结构钢	≤1.0~1.5	≤2.5~3.0	≤1.0~1.5	≤1.5~2.0
合金钢	≤0.5~1.0	≤1.5~2.0	≤0.5~1.0	—
铜及其合金	≤1.0~2.0	≤3.0~4.0	≤2.5~3.0	≤2.5~3.0
铝及其合金	≤2.0~2.5	≤3.5~4.0	≤3.0~3.5	≤2.5~3.0
钛合金	≤0.8~1.0	≤1.0~1.5	≤0.5~1.0	—
非金属材料	≤1.5~2.0	—	—	—

当材料厚度一定时，工件的孔径越小，冲裁所需的单位压力就越大，冲裁也就越困难。聚氨酯橡胶模冲裁允许的最小孔径按式（2-2-16）确定：

$$d_{\min}=\frac{4t\tau_b}{p}\approx\frac{3tR_m}{p} \tag{2-2-16}$$

式中　$d_{\min}$——最小冲孔直径（mm）；

τ_b——材料的抗剪强度（MPa）；

R_m——材料的抗拉强度（MPa）；

t——材料厚度（mm）；

p——聚氨酯橡胶在密闭状态下允许的最大单位压力（MPa）。

当材料厚度一定时，最小冲孔直径 $d_{\min}$ 与聚氨酯橡胶的单位压力成反比，见表 2-2-36 所示。

表 2-2-36　最小冲孔直径　（单位：mm）

聚氨酯橡胶单位压力 p/MPa	材料厚度							
	0.05~0.2		0.3~0.5		0.6~0.8		0.9~1.2	
	TBe2	1Cr18Ni9Ti[①]	TBe2	1Cr18Ni9Ti[①]	TBe2	1Cr18Ni9Ti[①]	TBe2	1Cr18Ni9Ti[①]
50	1.5~4.5	2.5~7.5	8.0~13.5	11.5~19.5	16.0~21.5	23.0~31.5	24.0~31.5	35.0~46.0
100	0.75~2.5	1.0~3.5	4.0~7.0	6.0~10.0	8.0~11.0	12.0~16.0	12.0~16.0	17.5~23.0
1000	0.15~0.5	0.2~0.7	0.8~1.5	1.2~2.0	1.5~2.0	2.5~3.0	2.5~3.0	3.5~4.0

① 现行标准已不列，现场仍在使用。

3. 冲裁力的计算

聚氨酯橡胶模冲裁所需的单位压力，不仅与被冲材料的力学性能、厚度有关，而且与工件外形复杂程度、孔的大小和形状、聚氨酯橡胶的性能以及凸模或凹模压入橡胶内的深度等因素有关。

聚氨酯橡胶的单位压力可按下列公式计算：

落料时：$p=\dfrac{1.4t\tau_b}{H}\approx\dfrac{tR_m}{H}$

冲圆孔时：$p=\dfrac{4t\tau_b}{d}\approx\dfrac{3tR_m}{d}$

冲窄槽时：

$$p=\frac{2t(a+b)\tau_b}{ab}\approx\frac{1.4t(a+b)R_m}{ab} \tag{2-2-17}$$

式中　H——凸模或凹模压入橡胶内的深度，大致可取 2~3mm，塑性好的材料取大值。

d——圆孔直径（mm）；

a、b——槽的长和宽（mm）；

冲裁力按式（2-2-18）计算：

$$F=KpA \tag{2-2-18}$$

式中　A——冲裁件平面面积；

K——安全系数，取 1.2~1.4。

4. 模具设计要点

（1）模具典型结构　目前应用的聚氨酯橡胶冲裁模分单工序和复合工序两种。按聚氨酯橡胶安装在上模或下模的位置又分上装式和下装式两种。

（2）聚氨酯橡胶垫　冲裁用聚氨酯橡胶的性能应满足：邵氏硬度>90~95HSA；抗拉强度 R_m= 25~35MPa；撕裂强度>6.5MPa；永久变形≤5%~10%；耐挠曲 18 万次无裂纹；疲劳强度要足够大等。

装在容框内的聚氨酯橡胶垫的厚度取 15~20mm，工作时总压缩量不应大于 30%。图 2-2-57 是常用聚氨酯橡胶的压缩特性曲线。

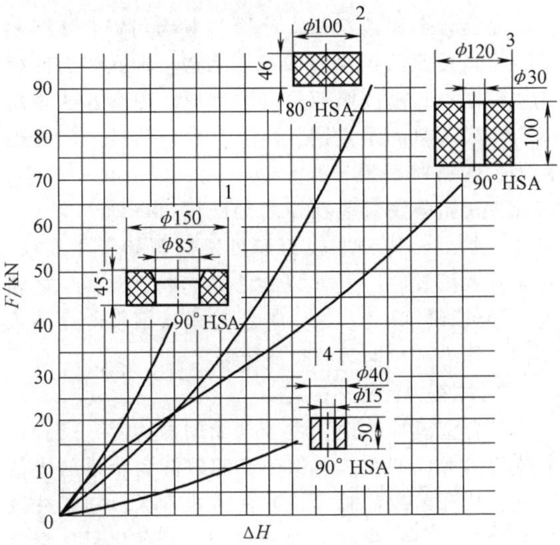

图 2-2-57　聚氨酯橡胶压缩特性曲线

（3）容框　容框的型孔应与凸模外形相近，容框尺寸每边比凸模大 0.5~1.5mm。料厚为 0.05mm 时，单边间隙取 0.5mm；料厚为 0.1~0.2mm 时，取 1~1.5mm。单边间隙在可能的情况下取较小值，可减少工件之间搭边，提高材料利用率。另外，容框型孔尺寸应比聚氨酯橡胶垫尺寸稍小，以保证二者之间压紧配合，单边过盈量取 0.1~0.2mm（见图 2-2-58）。在冲裁过程中，由于容框要承受很大的拉力，因此容框必须具有足够的强度，当单位压力不大时，一般采用 45 钢，淬火回火后硬度为 40~45HRC，若单位压力较大时，则应采用高强度合金结构钢，如 30CrMnSiA 等。

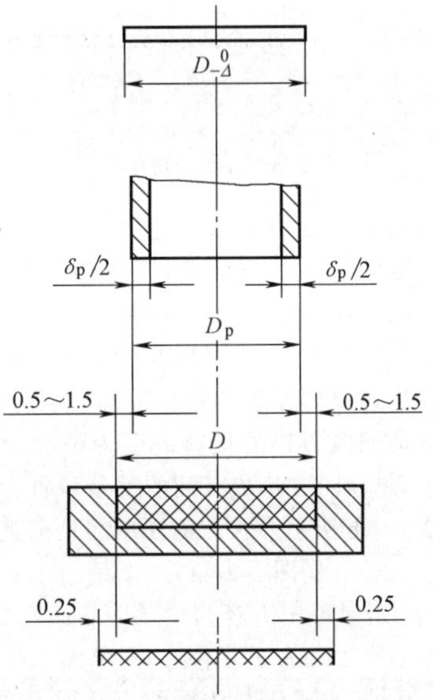

图 2-2-58　容框与聚氨酯橡胶垫及凸模的尺寸关系

（4）压边圈和顶杆　用聚氨酯橡胶模冲裁时，压边圈和顶杆（或推杆）不仅起卸料和顶料（或推料）作用，而且还要用它们保证聚氨酯橡胶能够完全受到密闭压缩。此外，还有利于提高聚氨酯橡胶的使用寿命。图 2-2-59 是有压边圈和顶杆时的冲裁与没有时的对比，从图示可看出，如果没有压边圈和顶杆，就有部分聚氨酯橡胶敞开，冲裁时呈球状，使板料在凸凹模刃口处产生较大的伸长变形，导致工件断面质量降低。

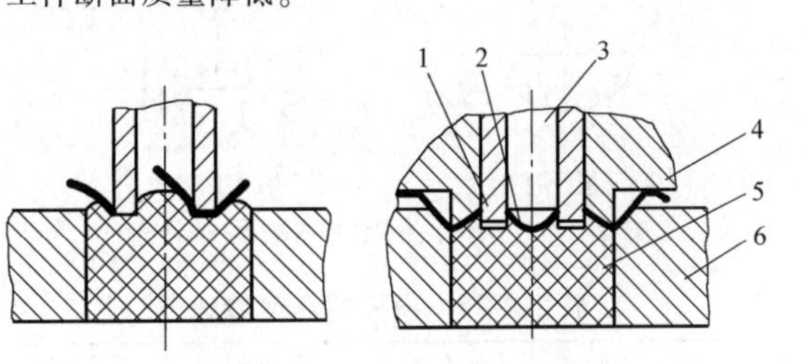

a)　b)

图 2-2-59　压边圈和顶杆的作用

1—凸凹模　2—工件　3—顶杆

4—压边圈　5—聚氨酯橡胶　6—容框

压力圈结构取决于工件形状，工件形状规则时，按工件形状制作其内孔和外形。若工件形状不规则，外形可做成圆形或矩形，内孔按 H8/h7 与凸、凹模外形配作（见图 2-2-60），内孔与外缘的最小距离取 2~2.5mm，压边圈与容框的间隙取约 0.1 mm。

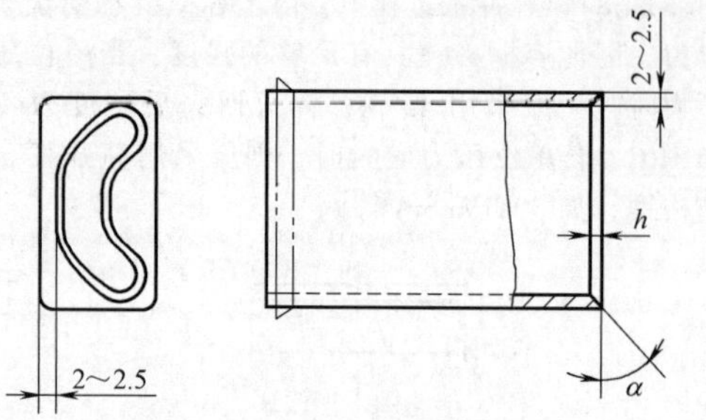

图 2-2-60　压边圈结构

压边圈的 h 与 α 值要选择适当，否则得不到合格工件。冲裁 0.3mm 以下的板料，h 值一般取 0.3~0.8mm，α 角取 18°~30°为宜，材料薄取小值，材料厚取大值。压边圈外形须倒圆角 $R=0.5\sim0.8$mm，以免条料在压边圈与容框接触处分离。

为了保证凹模刃口处板料的受力情况合理（使应力集中于刃口处），形成有利的冲裁条件，顶杆应设计成图 2-2-61b 所示形状。顶杆端部几何形状根据孔的大小分三种（见图 2-2-62）：Ⅰ型用于直径大于 5mm 的工件，Ⅱ型用于直径为 2.5~5mm 的工件，Ⅲ型用于直径小于 2.5mm 的工件 。其参数 α 与 H 值见表 2-2-37。当同一个凸凹模内同时有几种不同直径的顶杆时，为使不同孔径的刃口内聚氨酯橡胶垫的变形程度一致，以保证各刃口剪切力相近，端部不同形状顶杆的橡胶冲压深度应相等，如图 2-2-62 所示。

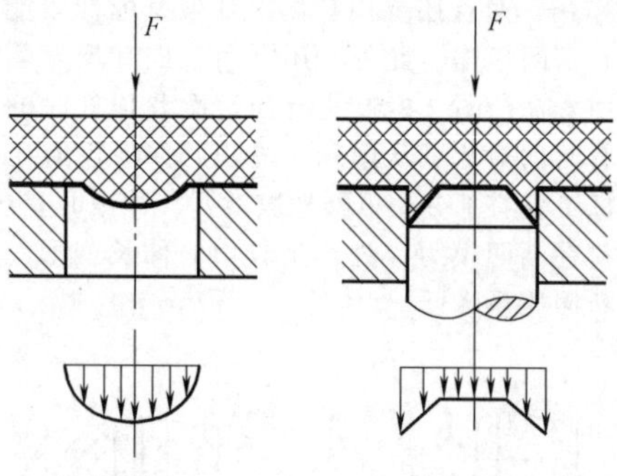

图 2-2-61　有、无顶杆时的压力分布

表 2-2-37　顶杆的几何参数

工件厚度/mm	α/(°)	H/mm	R/mm
<0.1	45~55	0.4~0.6	0.5
0.1~0.3	55~65	0.6~1.0	0.5
0.3~0.6	65~70	1.2	0.5

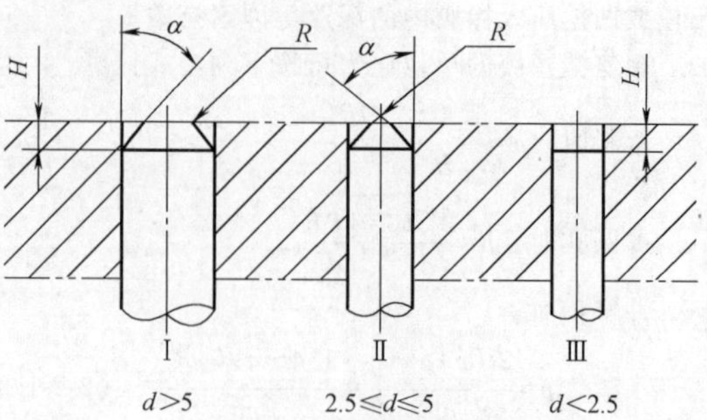

图 2-2-62　顶杆的形状

（5）凸模与凹模工作部分尺寸计算　聚氨酯橡胶模冲裁时，工件外形尺寸和孔径分别由金属凸模或凹模刃口尺寸确定，相应按下列公式计算：

落料：$D_p=(D-x\Delta)_{-\delta_p}^{\ 0}$

冲孔：$d_d=(d+x\Delta)_{\ 0}^{+\delta_d}$

式中　D_p——落料凸模的刃口尺寸（mm）；

d_d——冲孔凹模的刃口尺寸（mm）；

D——落料件外形的公称尺寸（mm）；

d——冲孔件孔径的基本尺寸（mm）；

Δ——工件公差（mm）；

x——系数，一般为 0.5~0.7；

δ_p、δ_d——凸模和凹模的制造公差（mm）。

2.8.2　锌合金模冲裁

锌合金模也是一种简易冲模，并有合金可以熔炼回收、反复应用的优点。锌合金模冲裁属于软模冲硬料，凸、凹模间隙通过合金软模的磨损自动获得，并能不断自动调整。

1. 冲裁原理

用锌合金模落料时，凸模一般仍用钢制，凹模用锌合金按照凸模浇注或挤压而成。冲孔时，凹模仍用钢制，凸模按照凹模浇注而成。图 2-2-63 是用锌合金模落料的示意图，由于凸模与凹模之间的硬度差，落料时凹模刃口形成圆角，应力集中较小，因此，初始裂纹只能在锋利的凸模刃口处产生，一直向下扩展，待到凹模刃口处刚刚开始产生裂纹，还来不及扩展时，上方裂纹已经扩展到此，与之相迎，导致板料分离。这一冲裁过程与钢模普通冲裁不同，称为“单向裂纹扩展分离”。

2. 冲裁力计算

锌合金模冲裁时，由于初始间隙为零，且合金软模刃口形成圆角，类似于小间隙圆角凹模的光洁冲裁，故开始冲裁时，其冲裁力非常大，随着冲裁次数增多，当间隙被自动调整到合理值以后，会有所下降。根据生产经验，锌合金模具冲裁力比普通钢模冲裁力约大 50%。在选择冲压设备时，冲裁力可按下式计算。

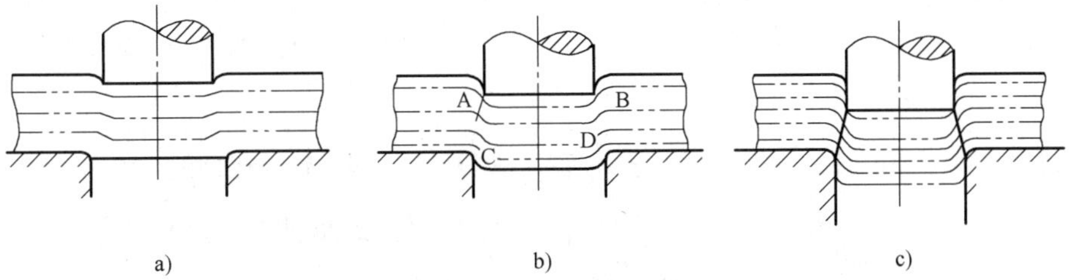

图 2-2-63　锌合金模冲裁时板料分离过程

实际冲裁力：$F_x = CLtR_m$

式中　F_x——锌合金模冲裁力（N）；

C——系数，一般取 $C=1.5\sim2$。

L——冲裁件轮廓周长（mm）；

t——材料厚度（mm）；

R_m——材料抗拉强度（MPa）；

3. 模具设计要点

（1）模用锌合金的成分和性能　模用锌合金必须具有一定强度和硬度；工艺性要好，易加工制造；熔炼过程中性能稳定，无毒性，具有良好的重熔性，熔点低，价格便宜。

目前国内外模用锌合金系采用高纯度锌（99.995%）和工业铜、铝和镁，按一定比例配制而成。模用锌合金的化学成分见表 2-2-38，物理力学性能见表 2-2-39。

这种材料的力学性能相当于低碳钢或铸铁，可铸性类似青铜，易切削性类似铝合金。它具有熔点低，制模时复制性好，可以采用砂型、石膏型、金属型进行铸造成形或挤压成形，所需设备比较简单。

表 2-2-38　模用锌合金化学成分

国别	化学成分(质量分数,%)							
	Zn	Cu	Al	Mg	Pb	Cd	Fe	Sn
中国	92.12	3.42	3.56	0.02	—	—	—	—
日本(牌号 ZAS)	其余	2.85~3.35	3.9~4.3	0.03~0.06	< 0.003	< 0.001	< 0.002	< 0.002

表 2-2-39　模用锌合金的物理力学性能

密度/(g/cm^3)	熔点/℃	凝固收缩率(%)	热膨胀系数/K^{-1}	导热系数/[W/(m·K)]	抗拉强度/MPa	抗压强度/MPa	抗剪强度/MPa	布氏硬度 HBW
6.7	380	1.1~1.2	27×10^{-6}	100	240~290	550~600	240	100~115

（2）凸模与凹模刃口尺寸计算　仍然按落料件外形尺寸取决于凹模尺寸、冲孔件孔径取决于凸模尺寸的原则来考虑，但只设计钢模刃口尺寸。同时，考虑到冲裁过程中主要是合金软模刃口磨损，冲裁间隙是由合金软模磨损自动获得，故初始间隙为零，钢模刃口尺寸按下式计算。

落料：$D_p = (D - x\Delta)_{-\delta_p}^{0}$

冲孔：$d_d = (d + x\Delta)_{0}^{+\delta_d}$

式中　D_p——落料凸模的刃口尺寸（mm）；

d_d——冲孔凹模的刃口尺寸（mm）；

D——落料件外形的基本尺寸（mm）；

d——冲孔件孔径的基本尺寸（mm）；

Δ——工件公差（mm）；

x——系数，与工件公差等级有关。精度要求低于 IT14 时，$x=0.5$；精度要求高于 IT13 时，$x=0.75$；

δ_p、δ_d——凸模和凹模的制造公差（mm）。

（3）凸模与凹模外形尺寸　锌合金凸模长度按冲模结构确定，直径按下式计算：

$$d = 4t\frac{R_m}{R_{mc}}$$

式中　t——材料厚度（mm）；

R_m——被冲材料抗拉强度（MPa）；

R_{mc}——锌合金抗压强度（MPa），见表 2-2-39；

由于锌合金的强度较低，凹模多采用图 2-2-64 所示的简式结构，且尺寸一般都比钢凹模大，凹模高度 H 最小为 30mm，最小壁厚 B 为 40mm，视被冲

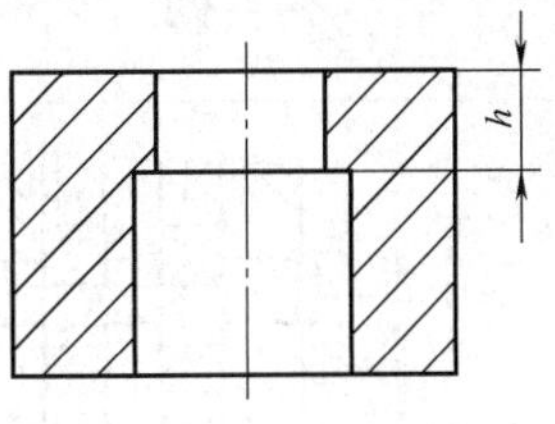

图 2-2-64　凹模结构形式

材料的厚度的增加而加大。设计时可按图 2-2-65 和表 2-2-40 确定。

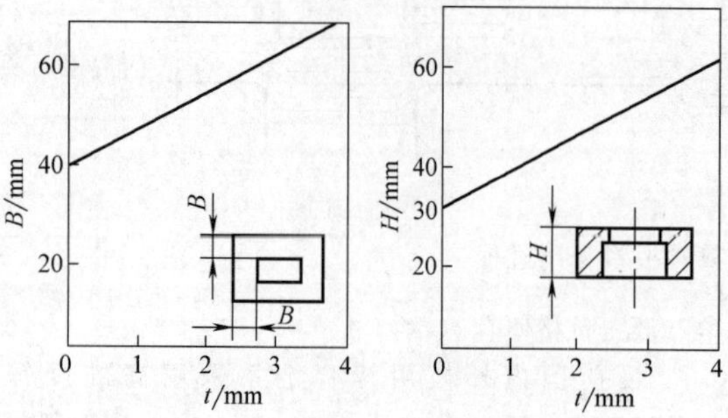

图 2-2-65　凹模尺寸与材料厚度的关系

表 2-2-40　锌合金凹模刃口高度

（单位：mm）

材料厚度 t	≤1	≤2	≤3	≤4
刃口高度 h	5~8	8~12	12~15	15~20

（4）搭边　锌合金模冲裁时，被冲材料搭边除了可以保证冲裁件质量外，还能均衡合金凹模孔口的压力，避免挤伤刃口，并减小凹模塌角，故搭边应比钢模冲裁时大，取（2~3）t，t 为料厚，硬料、非金属取上限，软料取下限。

2.9　提高冲裁件精度的方法

用普通冲裁所得到的工件，剪切面上有塌角、断裂带和毛刺，还带有明显的锥度，表面粗糙度为 $Ra6.3 \sim Ra12.5\mu m$，同时冲裁件尺寸精度较低，一般为 IT10~IT11，在通常情况下，已能满足零件的技术要求。

但当冲裁件的剪切面作为基准面、配合面、装配接合面或运动面时，对冲裁件的断面质量和尺寸精度就会有更高要求，这时必须采用提高冲裁件质量和精度的工艺方法（见表 2-2-41），才能达到要求。

表 2-2-41　提高冲裁件质量和精度的几种工艺

类别	工艺名称	简图	方法要点	主要优缺点
精整	整修	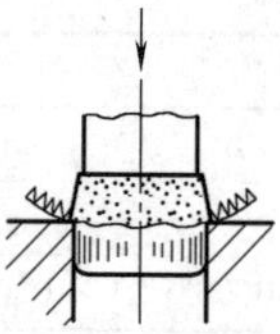	切除不光洁表面，单边间隙 0.006~0.01mm 或负间隙，按材料厚度和形状决定整修余量和次数	精度高，表面粗糙度值小，塌角和毛刺小。定位要求高，不易除屑。效率低于精冲
	挤光	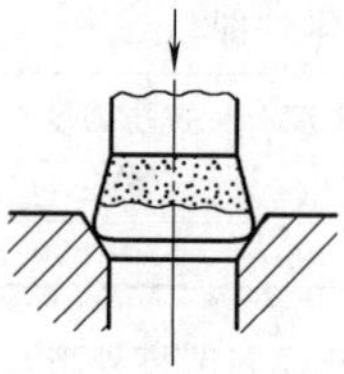	锥形凹模挤光，余量单边小于 0.04~0.06mm。凸、凹模的间隙一般取（0.1~0.2）t（t 为材料厚度）	质量低于整修和精冲，只适用于软材料，效率低于精冲
	负间隙冲裁	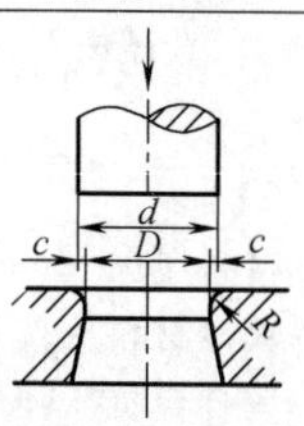	凸模尺寸大于凹模尺寸（0.05~0.3）t，凹模圆角（0.05~0.1）t	表面粗糙度值较小，适用于软的有色金属及合金软钢
半精冲	小间隙圆角刃口冲裁	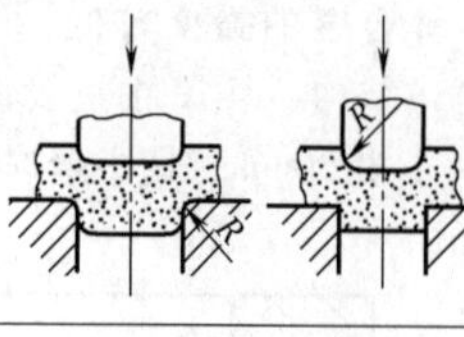	间隙小于 0.02mm 落料：凹模刃口圆角半径为 0.1t 冲孔：凸模刃口圆角半径为 0.1t	表面粗糙度值较小，塌角和毛刺较大
	上下冲裁	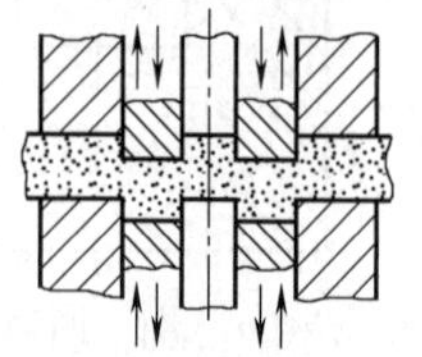	第一步压凸，凸模压入深度（0.15~0.30）t 第二步反向冲下工件	上下侧无毛刺，仍有塌角和断裂面，动作复杂

（续）

类别	工艺名称	简图	方法要点	主要优缺点
半精冲	同步剪挤式冲裁	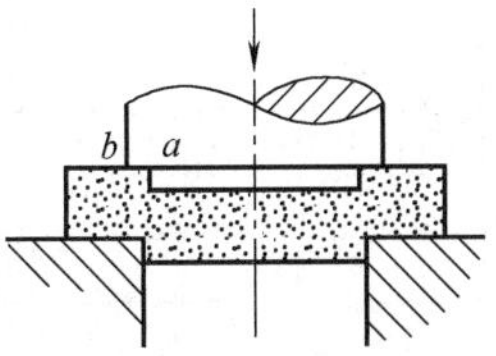	凸模切入板(0.15~0.35)t,凸模 ab 面随即挤压板料 凸、凹模单边间隙 0.01 ~ 0.05mm,刃口角半径为 0.02 ~0.05mm	剪切面平滑,表面粗糙度值小。对材料的性能和厚度有较大的适应性,无须专用精冲设备
精冲	齿圈齿板精冲	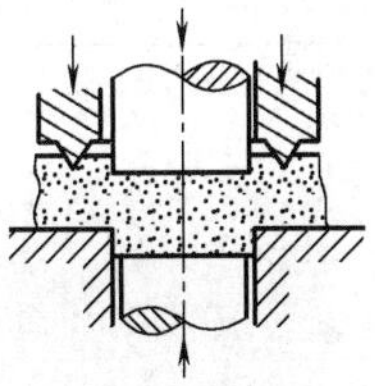	见本篇第 3 章	
	对向凹模精冲	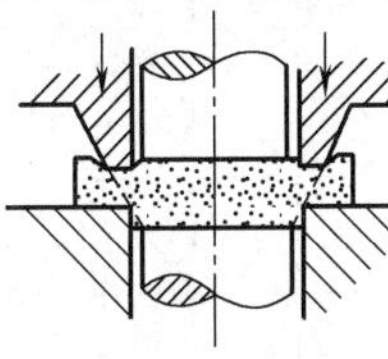	见本篇第 3 章	
	平面压边精冲	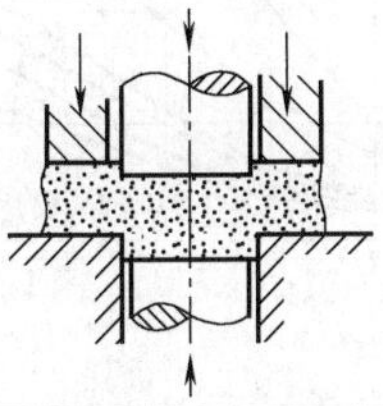	见本篇第 3 章	

以下简述精整和半精冲的几种方法。有关精冲方法在第 3 章做详细介绍。

2.9.1　整修

整修是利用整修模沿冲裁件外缘或孔壁刮去一层薄的切屑，以除去普通冲裁时在断面上留下的塌角、毛刺和断裂带等，从而获得光滑而垂直的断面和准确尺寸的零件。一般经整修后的零件，其公差可达 IT6 ~ IT7，表面粗糙度可达 $Ra0.4 \sim Ra0.8\mu m$。整修方法如图 2-2-66 所示。整修落料件的外形称为外缘整修（见图 2-2-66a）；整修冲孔件的内形称为内缘整修（见图 2-2-66b），整修的机理与冲裁完全不同，整修与切削加工相似。

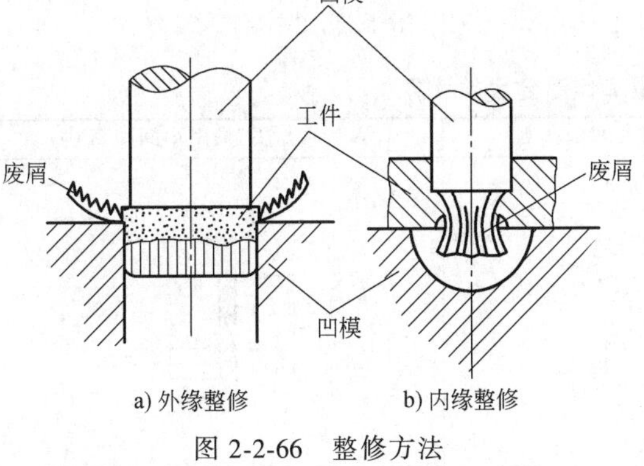

a) 外缘整修　　b) 内缘整修

图 2-2-66　整修方法

1. 整修余量

整修余量必须选择合适，过大过小都会降低整修零件的质量。整修余量和零件的材料、厚度、形状有关，也和整修前加工情况有关。如整修前采用大间隙冲裁，则为了切去断面上较大锥度的断裂带，整修余量就需要大些；而采用小间隙冲裁时，为了切去二次剪切所形成的中间粗糙带及潜在的裂纹，并不需要很大的整修余量。内缘整修时，若为钻孔，则其整修余量可比冲孔情况小一些。如果整修孔的同时，孔距的精度也有要求，那么整修余量应加大。采用大间隙冲裁时整修余量见表 2-2-42。而采用小间隙冲裁时整修余量可查图 2-2-67。

根据冲裁毛坯时模具间隙的大小，模具工作部分尺寸的计算方法分成两种。落料模的尺寸计算见表 2-2-43，冲孔模的尺寸计算见 2-2-44。

2. 整修次数

整修次数与工件的材料厚度和形状有关。对于厚度在 3mm 以下，外形简单、圆滑的工件一般只需

表 2-2-42　整修的双向余量 y　（单位：mm）

材料厚度	黄铜、软钢		中硬钢		硬钢	
	最小	最大	最小	最大	最小	最大
0.5~1.6	0.10	0.15	0.15	0.20	0.15	0.25
>1.6~3.0	0.15	0.20	0.20	0.25	0.20	0.30
>3.0~4.0	0.20	0.25	0.25	0.30	0.25	0.55
>4.0~5.2	0.25	0.30	0.30	0.35	0.30	0.40
>5.2~7.0	0.30	0.35	0.40	0.45	0.45	0.50
>7.0~10.0	0.35	0.40	0.45	0.50	0.55	0.60

注：1. 最小的余量用于整修形状简单的工件，最大的余量用于修形状复杂或有尖角的工件。

2. 在多次整修中，第二次以后整修采用表中最小数值。

3. 钛合金的整修余量为（0.2~0.3）t。

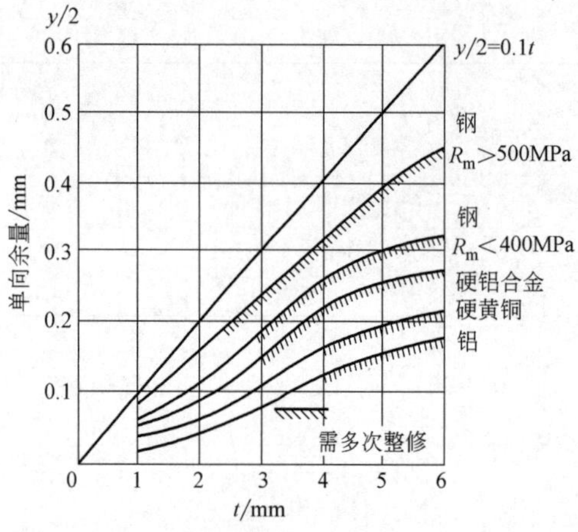

a) 落料

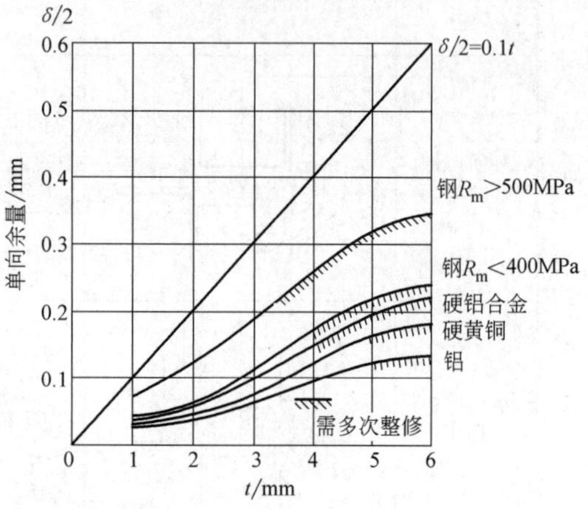

b) 冲孔

图 2-2-67　采用小间隙冲裁时的整修余量

一次整修；厚度大于 3mm 或有尖角的工件需进行二次或多次整修，否则会形成撕裂现象。二次整修余量的分布如图 2-2-68 所示。整修次数可按工件的材料厚度及形状的复杂程度由表 2-2-45 查取。

3. 整修力

整修时所需的力可按式（2-2-19）近似计算：

$$F_x = L(\delta + 0.1tn)\tau_b \qquad (2\text{-}2\text{-}19)$$

式中　L——整修周边长度（mm）；

δ——总切除余量（mm）；

n——同时卡在凹模内的零件数；

t——材料厚度（mm）；

τ_b——材料抗剪强度（MPa）。

4. 整修模工作部分尺寸计算

整修模工作部分尺寸计算公式见列表 2-2-46。

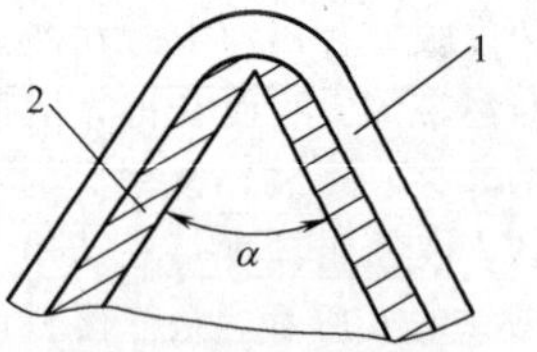

图 2-2-68　多次整修余量

1—第一次整修　2—第二次整修

表 2-2-43　整修前落料模工作部分尺寸计算

	第一种方法，采用大间隙落料	第二种方法，采用小间隙落料
整修方法	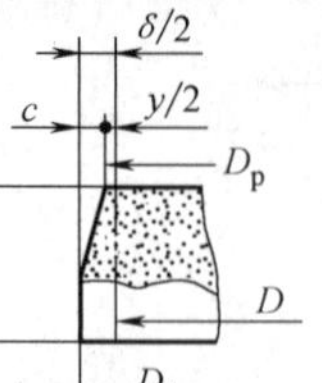	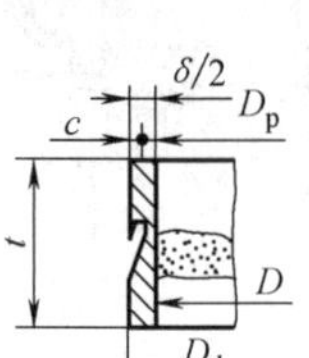

（续）

落料凹模尺寸	$D_d=(D+y+2c)^{+\delta_d}_{0}$	$D_d=(D+\delta)^{+\delta_d}_{0}$
落料凸模尺寸	$D_p=(D+y)^{0}_{-\delta_p}$	$D_p=(D+\delta-2c)^{0}_{-\delta_p}$
单边间隙	$c=(0.06\sim0.08)t$	$c=(0.02\sim0.04)t$
整修余量	y 按表 2-2-42 查取	δ 见图 2-2-67b
总切除余量	$\delta=2c+y$	

注：c—冲裁单边间隙；

y—整修余量，见表 2-2-42；

D—整修件的公称尺寸；

t—整修件的厚度；

δ_p、δ_d—凸模和凹模的制造偏差，δ_p、$\delta_d=(0.8\sim1.2)(c_{max}-c_{min})$。

表 2-2-44　整修前冲孔模工作部分尺寸计算

	第一种方法，采用大间隙冲孔	第二种方法，采用小间隙冲孔
整修方法	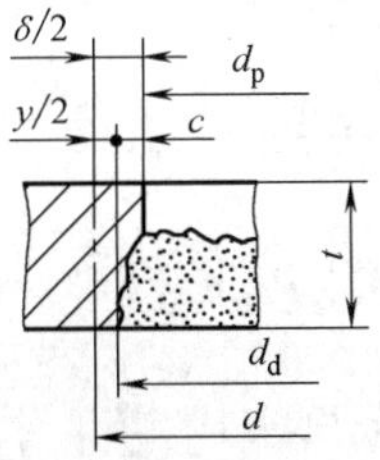	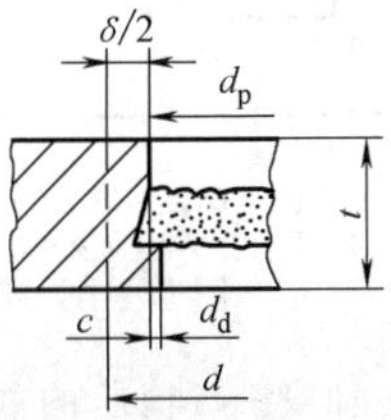
冲孔凸模尺寸	$d_p=(d-y-2c)^{0}_{-\delta_p}$	$d_p=(d-\delta)^{0}_{-\delta_p}$
冲孔凹模尺寸	$d_d=(d-y)^{+\delta_d}_{0}$	$d_d=(d-\delta+2c)^{+\delta_d}_{0}$
单边间隙	$c=(0.06\sim0.08)t$	$c=(0.02\sim0.04)t$
整修余量	y 按表 2-2-42 查取	δ 见图 2-2-67b
总切除余量	$\delta=2c+y$	

注：d—整修孔的公称尺寸；其余同表 2-2-43。

表 2-2-45　整修工序次数

工件轮廓的复杂性	材料厚度/mm	
	<3	>3
平滑无尖角的外形轮廓	1	2
复杂有尖角的外形轮廓	2	3~4

表 2-2-46　整修模工作部分尺寸计算

工作部分尺寸	外缘整修	内缘整修
整修凹模尺寸	$D'_d=(D_{max}-0.75\Delta)^{+\delta_d}_{0}$	凹模一般只起支承毛坯的作用，型腔形状及尺寸可不做严格规定
整修凸模尺寸	$D'_p=(D_{max}-0.75\Delta-2c')^{0}_{-\delta_p}$	$d_p=(d_{min}+0.75\Delta+\varepsilon_\gamma)^{0}_{-\delta_p}$

注：D_{max}—整修件的最大极限尺寸（mm）；

d_{min}—整修件的最小极限尺寸（mm）；

Δ—整修件的公差（mm）；

c'—整修模单边间隙，$2c'=0.01\sim0.025$mm；

δ_d、δ_p—凸、凹模制造公差（mm），$\delta_p=0.2\Delta$，$\delta_d=0.25\Delta$；

ε_γ—整修后孔的收缩量，铝：$\varepsilon_\gamma=0.005\sim0.01$mm，黄铜：$\varepsilon_\gamma=0.007\sim0.012$mm，软钢：$\varepsilon_\gamma=0.008\sim0.015$mm。

5. 其他整修方法

(1) 挤光整修　挤光的外缘整修是将普通冲裁得到的毛坯强迫推入带有圆角或锥形凹模（见图 2-2-69）洞口内，采用表面塑性变形的办法，以获得整齐而光洁的断面。单边挤光余量小于 0.04～0.06mm。这种工艺一般只适用于软材料，其质量比切削整修工艺略低。

凹模工作部分尺寸的确定与整修模相同，但由于这种方法工件的弹性变形较大（如尺寸在 30mm 内的工件，其弹性变形量可达 0.01～0.025mm），而且随整修工件的厚度增加而增加，所以确定凹模尺寸时，应予考虑。凸模比凹模尺寸大 (0.1～0.2)t。

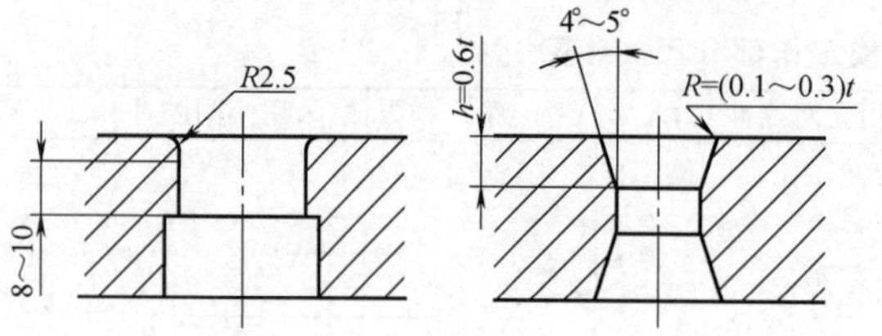

a) 带圆角凹模　　b) 锥形凹模

图 2-2-69　挤光凹模

用芯轴或滚珠精压的内缘整修（见图 2-2-70）。其加工过程是利用凸模的压力，使硬度很高（63～66HRC）的钢质滚珠（或芯轴）强行通过工件上尺寸比要求值小一些的孔，将孔表面压平。它不但可以利用滚珠加工圆形孔。而且可以利用芯轴加工带有缺口等非圆形孔。

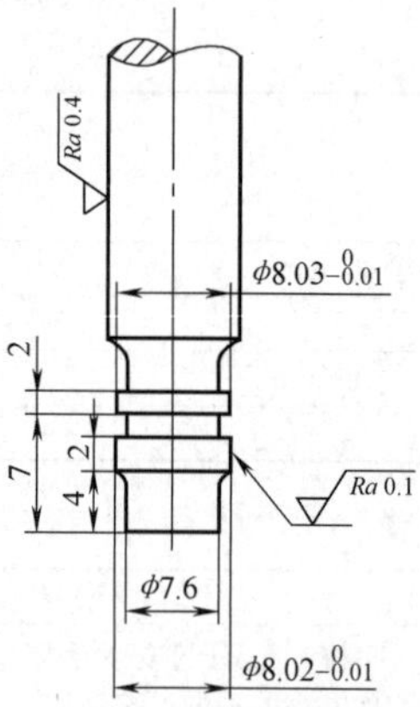

图 2-2-70　冲孔兼精压凸模

(2) 叠料整修　用一般整修方法，因间隙极小，要求模具制造精度高，而且还有一个最佳整修余量的选择问题。所以通过一次整修不一定能得到光滑的表面，采用叠料整修可避免上述问题。叠料整修是将两件毛坯重叠在一起，且凸模直径大于凹模直径，凸模是隔着一件毛坯对正在进行整修的毛坯加压。当整修进行到毛坯板厚的 2/3～3/4 时，再送入第二件毛坯，进行下一次整修行程（见图 2-2-71）。由于整修时凸模不进入凹模，所以模具制造容易。适于整修的材料与加工余量范围均较一般整修方法宽。其缺点是在下一行程的毛坯进入之后，就必须除去切屑，所以要有相应的措施，可采用在凹模端面上加工出 10°～15°的前角或断屑槽，以及用高压空气吹掉切屑；另一个缺点是毛刺大。

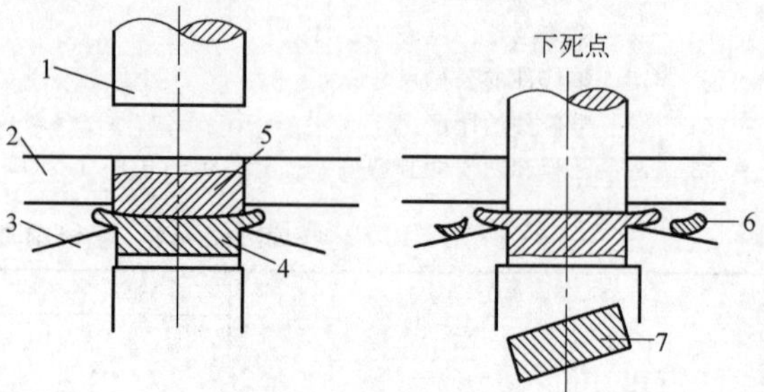

图 2-2-71　叠料整修

1—凸模　2—导向板　3—凹模（带前角）
4—最初的坯件修整到板厚的 2/3～3/4
5—下一次修整的重叠坯件　6—切屑　7—制件

(3) 振动整修　对于凸轮、齿轮一类具有复杂外形的小型高精度零件，还可以在带振动滑块的特种振动压力机上进行振动整修，在这种压力机的滑块上装第二台电动机，以保证连接在这个滑块上的凸模产生振动。安放在整修凹模上的零件，当压力机每次行程送进 0.05～0.06mm 时，每分钟承受 1200～2000 次短促的冲击。振动整修的变形只在被加工金属的较小体积内扩展，避免了前导裂纹的扩展和撕裂现象的发生，同时还由于冲模刃口振动刮削的作用，使剪切面光洁并减小零件的变形。整修后零件的尺寸精度可达 0.01～0.05mm，表面粗糙度为 Ra0.4～Ra0.8μm。

2.9.2　负间隙冲裁

负间隙冲裁法如图 2-2-72 所示，其冲裁的实质是冲裁-整修的复合工艺过程。由于凸模尺寸大于凹模尺寸，冲裁过程出现的裂纹方向与普通冲裁相反，形成一个倒锥形毛坯。凸模继续下压，将毛坯压入凹模内，切去部分余量，获得较高质量的断面，相当于整修过程。

一般使凸模的尺寸比凹模的尺寸大 (0.1～0.2)t。对于圆形工件，凸模比凹模大出的周边是均匀的。而对于有凹进及凸出的工件，在凸出的角部应比其他位置大出一倍，即为 (0.2～0.4)t，对于凹进的部位应减少一半，即为 (0.05～0.1)t，如图 2-2-73 所示。

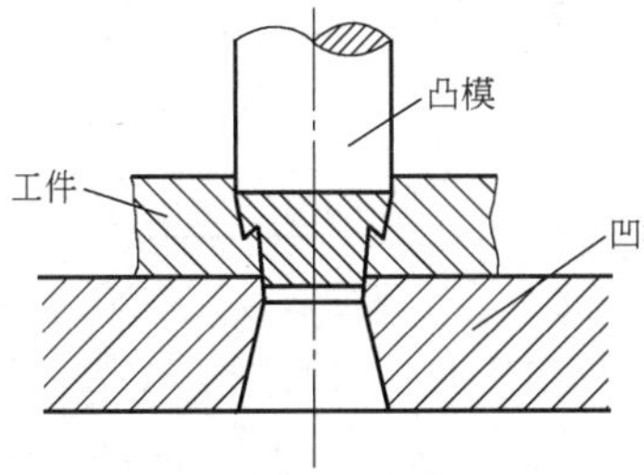

图 2-2-72　负间隙冲裁

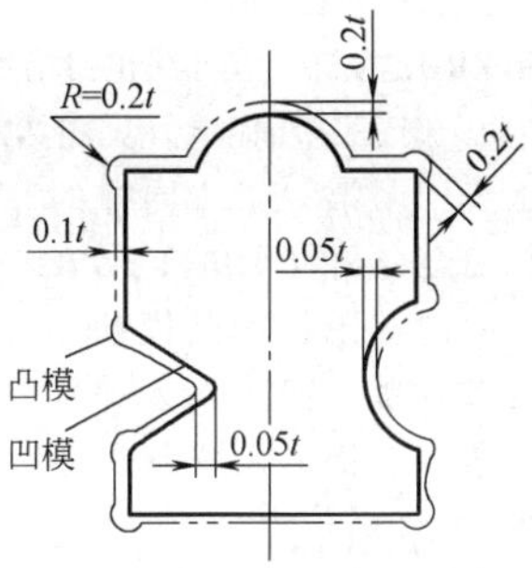

图 2-2-73　非圆形工件凸模与凹模周边间隙分布情况

为了使剪切面的表面粗糙度值较小，可以在凹模刃边做出 0.1~0.3mm 的圆角。由于凸模尺寸大于凹模，故在冲裁完毕时，凸模不应进入凹模孔内，而应与凹模上表面保持 0.1~0.2mm 距离。此时毛坯尚未全部压入凹模，要待下一个零件冲裁时，再将它全部压入。工件由凹模洞口落下后，因弹性变形，其尺寸将增大 0.2~0.06mm。故设计凹模工作部分尺寸时要相应减少这个变形量。

用此法冲裁工件的表面粗糙度可达 $Ra0.4$ ~ $Ra0.8\mu m$，尺寸精度可达 IT9~IT11。但对于料厚 $t \leqslant 1.5mm$ 的大尺寸薄板件，容易产生明显的拱弯。另外，负间隙冲裁只适用于塑性好的软材料，如软铝、铜、软钢等。主要用于冷挤压板料毛坯的精密下料和一些轮廓形状简单的平板零件。

负间隙冲裁力要比普通冲裁力大得多，凹模承受的压力较大，容易引起开裂。采用良好的润滑，可以防止材料粘模，延长模具寿命。

负间隙冲裁力 F_t 可用式（2-2-20）估算：

$$F_t = CF \qquad (2\text{-}2\text{-}20)$$

式中　F——普通冲裁力（N）；

C——系数，按不同材料选取，铝：$C=1.3$~1.6，黄铜：$C=2.25$~2.8，软钢：$C=2.3$~2.5。

2.9.3　小间隙圆角刃口冲裁

落料时，凹模刃口带小圆角或椭圆角（见图 2-2-74），凸模为普通形式；冲孔时凸模刃口带圆角，而凹模为普通形式。凸模与凹模间的双面间隙小于 0.01~0.02mm，且与材料厚度无关。由于凹模刃口为圆角及采用极小间隙，提高了冲裁区的静水压，减少了拉应力，加之圆角刃口还可减小应力集中，因此，起到了抑制裂纹产生的作用，从而获得光亮的剪切面。

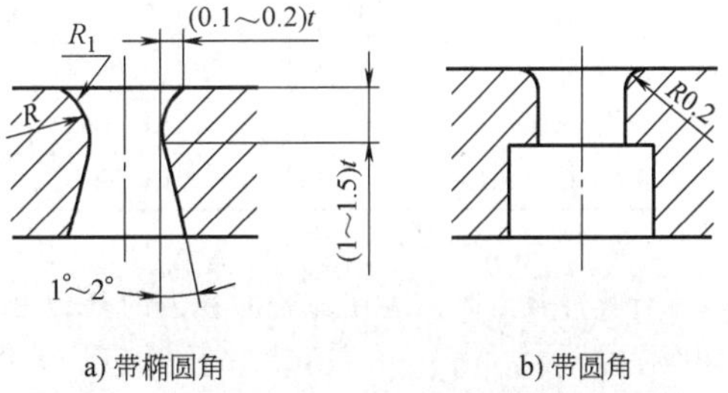

图 2-2-74　小间隙圆刃口凹模结构形式

图 2-2-74 是带椭圆角或圆角凹模的两种形式。图 2-2-74a 是带椭圆角凹模，其圆弧与直线连接处应光滑且均匀一致，不得出现棱角。圆角半径详见表 2-2-47，这是冲制直径等于 $\phi25mm$ 工件所得的结果。其他尺寸可选表中数值的 2/3，在试冲过程中视需要再增大圆角。为了制造方便，也可采用图 2-2-74b 所示的凹模，其圆角半径一般取 $R=0.1t$（t 为料厚），或按表 2-2-48 选取。

小间隙圆角刃口冲裁适用于塑性好的材料，如软铝、纯铜、黄铜及软钢（05F、08F）等。工件最好能具有均匀平滑的轮廓，直角或尖角处必须用圆角过渡，以防撕裂。

表 2-2-47　椭圆角凹模圆角半径的 R_1 值

（工件直径 $\phi=25mm$）

（单位：mm）

材料	材料状态	材料厚度	圆角半径 R_1
软钢	热轧	4.0	0.5
		6.4	0.8
		9.6	1.4
	冷轧	4.0	0.25
		6.4	0.8
		9.6	1.1
铝合金	软	4.0	0.25
		6.4	0.25
		9.6	0.4
	硬	4.0	0.25
		6.4	0.25
		9.6	0.4
铜	软	4.0	0.25
		6.4	0.25
		9.6	0.4
	硬	4.0	0.25
		6.4	0.25
		9.6	0.4

表 2-2-48 圆角凹模 R 的值

（单位：mm）

材料	料厚			
	1	2	3	5
铝	0.25	—	0.25	0.50
铜(T2)	0.25	—	0.50	(1.00)
软钢	0.25	(0.5)	(1.00)	—
黄铜(H70)	(0.25)	—	(1.00)	—
不锈钢(06Cr19Ni10)	(0.25)	(0.5)	(1.00)	—

注：表中加括号的数据为参考值。

在计算冲裁力时，应在普通冲裁力的基础上加大50%。

零件的加工精度可达 IT9~IT11，表面粗糙度可达 $Ra0.4\sim1.6\mu m$。零件从凹模孔口推出后，由于弹性变形，其尺寸会增加 0.02~0.05mm，在模具设计时要予以补偿。

2.9.4 上下冲裁

上下冲裁法（或称往复冲裁）的冲裁过程如图 2-2-75 所示。它是用两个凸模从上、下两次冲裁工件，首先从上往下冲裁（图 2-2-75a），当上凸模切入材料 15%~30%料厚时，即行停止。然后用下凸模反向对材料进行向上的冲裁（图 2-2-75b、c、d）。该方法的变形机理类似于普通冲裁，仍然是产生剪裂纹，存在断裂带。但由于经过上、下两次冲裁，可以获得上、下两个光亮带，从而增大了光亮带在整个断面上的比例，并可消除毛刺，从而使冲裁件的断面质量有较大的提高（见图 2-2-76）。

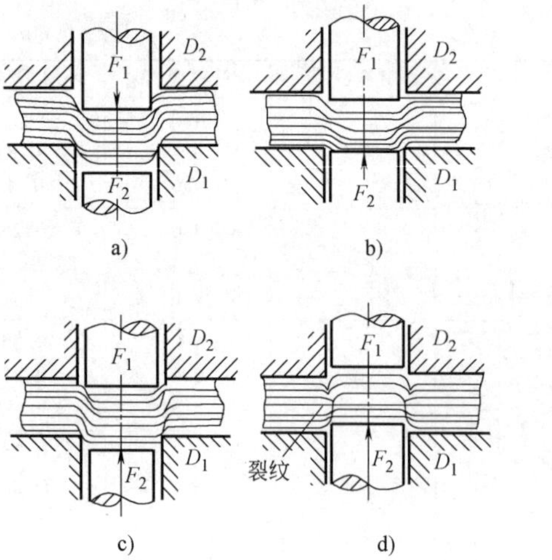

图 2-2-75 上下冲裁法的冲裁过程

1）在第一工步压凹时，材料并未被剪断，而只是在冲裁区压出凹坑（图 2-2-77b）。

2）在第二工步，再从与第一工步相反的冲裁方向把压凹的坯料冲回到冲裁区仍未断裂的状态（图 2-2-77d）。但由于模具结构较复杂，冲裁时间增加且对冲压设备有特殊要求，故目前在生产上较少应用。为了避免使用专用压力机，该方法也可借助三工位连续模在单动压力机上分三工步完成（见图 2-2-77）：

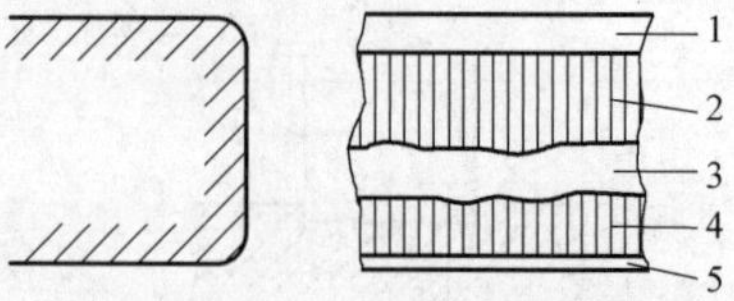

图 2-2-76 上下冲裁时的剪切断面

1、5—塌角 2、4—光亮带 3—断裂带

在第三工步，用第一工步同样的冲裁方向进行冲裁，使坯料完全分离（见图 2-2-77f）

压凹和反向冲裁阶段的凸模切入，深度主要根据材料的厚度和性能。凸模切入深度，不论在压凹时还是反向冲裁时，都必须限制在冲裁区尚未达到被撕裂的程度。

2.9.5 同步剪挤式冲裁

同步剪挤式冲裁法（即台阶式凸模冲裁）的工作过程如图 2-2-78 所示。当凸模切入板料后，材料依据本身的塑性发生剪切变形，直至凸模的 *ab* 面与板面接触为止（见图 2-2-78a、b），此时板料并未产生剪裂纹，该阶段持续的长短主要取决于材料的塑性和凹模刃口的状况。随着凸模的继续压入，凸模的 *ab* 面压住并挤入板料，被挤压材料在剪切区 *P* 建立一个足够大的静水压力，以抑制剪裂纹的产生，使塑性剪切变形得以延续到剪切的全过程。当凸模端面刚好进入凹模洞口时，则板料的精密分离最终完成（见图 2-2-78c、d）。

在上述剪切过程中，恰到好处地利用了材料本身具有的塑性，然后及时地施加足够大的静水压力来抑制剪裂纹的产生。随着凸模 *ab* 面的逐渐挤入，静水压力将越来越大，正好补偿了板料在剪切过程中塑性的逐渐降低。在凸模的工作部分中，如 *ao* 段的主要功能是控制开始增加静水压力的时间，而 *ab* 面的主要功能则是控制静水压力的大小，改变它们的大小，就能适应各种性能和厚度的板料。

采用同样原理，也可以实现精密冲孔，如图 2-2-79 所示。这时，冲孔废料必须从凹模上方排出。

该方法的技术关键是合理确定落料凸模（或冲孔凹模）工作部分的形状和尺寸，根据材料塑性的不同，可按如下推荐值选取。

ao 段长度为 $(0.15\sim0.35)t$；

ab 面水平宽度 $K=(0.1\sim0.4)t$；

ab 面与水平面之间的夹角为 0°~20°；

凸模（或凹模）的 *ao* 段与凹模（或凸模）之间

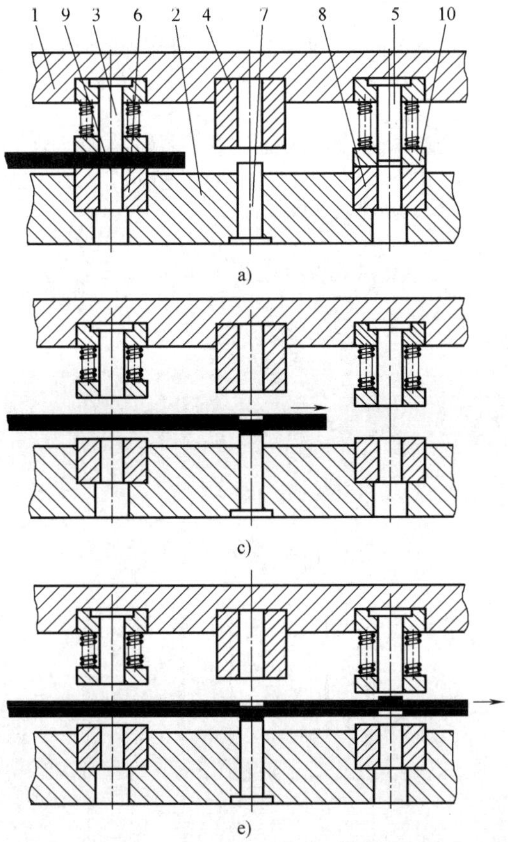

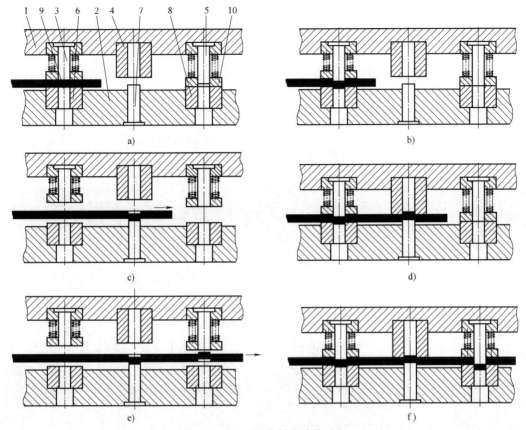

图 2-2-77　三级往复式冲裁过程

1—上模座　2—下模座　3—压凹凸模　4—反顶凹模　5—分离冲裁凸模
6—压凹凹模　7—反顶凸模　8—分离冲裁凹模　9—压凹压料板　10—分离冲裁压板

的单边间隙为 0.01～0.05mm；

落料凹模（或冲孔凸模）的刃口圆角半径为 0.05～0.2mm。

采用此方法，在普通压力机上，用导板模分别对纯铜、铝合金、黄铜、08 钢、25 钢（热轧钢）、锌合金进行过试验，均获得完全光滑的剪切面。另外，比较难精冲的铅黄铜，用此法进行冲裁，工件剪切面的光亮带也能接近 0.9t（t 为料厚）。

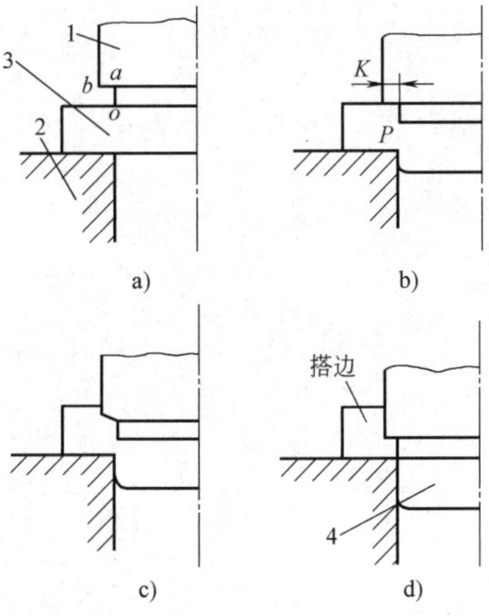

图 2-2-78　同步剪挤式落料的工作过程

1—凸模　2—凹模　3—板料　4—工件

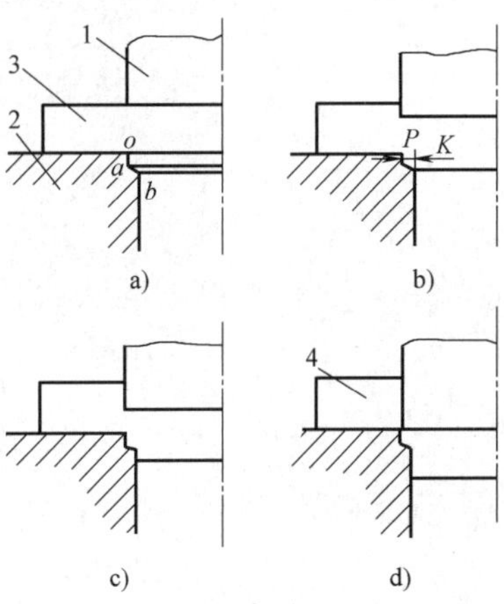

图 2-2-79　同步剪挤式冲孔的工作过程

1—凸模　2—凹模　3—板料　4—工件

参考文献

[1] 肖景容，姜奎华．冲压工艺学［M］．北京：机械工业出版社，2013.

[2] 李硕本．冲压工艺学［M］．北京：机械工业出版社，1982.

[3] 全国锻压标准化委员会．冲裁间隙：GB/T 16743—2010［S］．北京：中国标准出版社，2010.

[4] 全国锻压标准化委员会．冲压件毛刺高度：GB/T 33217—2016［S］．北京：中国标准出版社，2016.

[5] 郭成，储家佑．现代冲压技术手册［M］．北京：中国标准出版社，2005.

[6] 张秉璋．板料冲压模具设计［M］．西安：西北工业大学出版社，1997.

第3章

精密冲裁

上海交通大学 赵 震 庄新村
北京机电研究所 彭 群 杜贵江
武汉理工大学 华 林 刘艳雄

精密冲裁简称精冲，包含强力压边精冲、平面压边精冲、对向凹模精冲和往复成形精冲等多种具体工艺形式，它可加工齿轮、棘轮、链轮、凸轮、法兰盘、夹板、杠杆、拨叉、摩擦片、离合器片、阀板、棘爪等各种扁平类零件。精冲可取代传统的切削加工，具有优质、高效、低耗的特点，技术经济效果显著，是一种先进制造技术，广泛应用于仪器、仪表、办公机械、计算机、电器、开关、纺织机械、起重运输机械、工量具、液压元件、汽车、摩托车、拖拉机、农机、兵器和航空器等领域。

本章主要介绍强力压边精冲，简称精冲。在本章的最后两节，扼要地介绍平面压边精冲、对向凹模精冲和往复成形精冲。

3.1 精冲工艺过程分析

3.1.1 精冲工艺全过程

如图 2-3-1 所示为精冲工艺的全过程：图 2-3-1a 为起始位置；图 2-3-1b 为模具闭合，V 形压边圈和反压板压紧材料；图 2-3-1c 为材料在完全压紧的条件下开始冲裁；图 2-3-1d 为冲裁结束，工件和废料分别进入凹模及凸凹模；图 2-3-1e 为模具开启，压力释放；图 2-3-1f 为卸料、顶件；图 2-3-1g 为顶出工件，开始送料；图 2-3-1h 为吹出工件及废料；图 2-3-1i 为结束送料，完成一个循环，准备下一次冲裁。

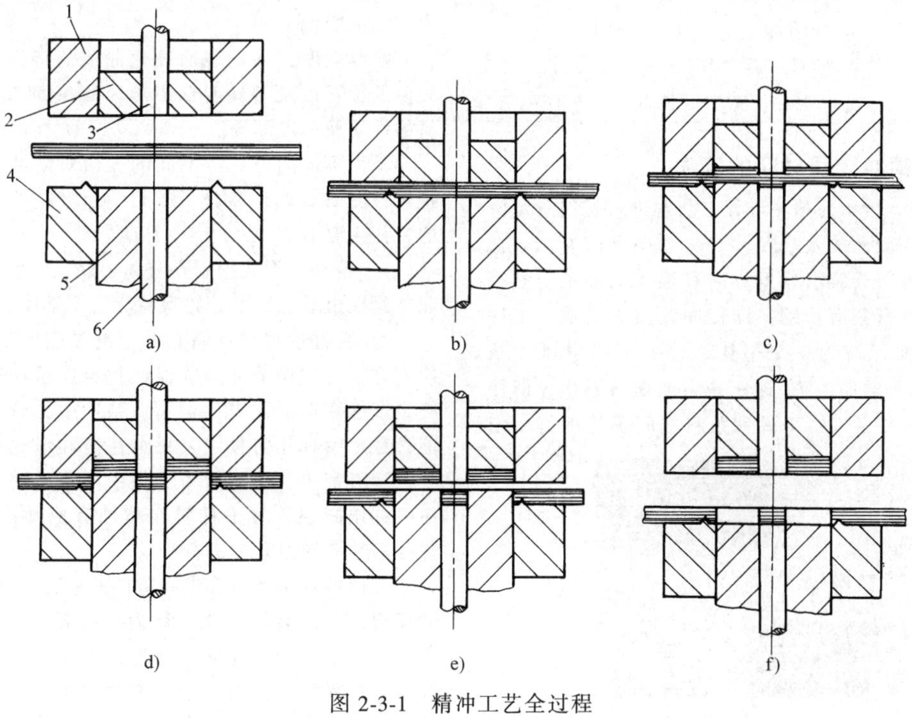

图 2-3-1 精冲工艺全过程

1—凹模 2—反压板 3—冲孔凸模 4—V 形压边圈 5—凸凹模 6—顶杆

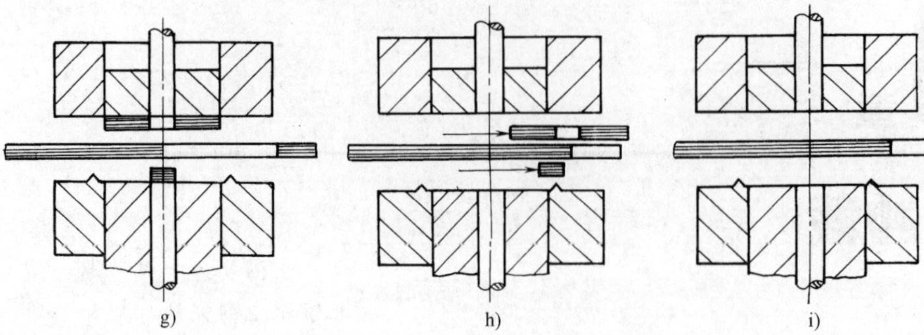

图 2-3-1　精冲工艺全过程（续）

3.1.2　精冲工艺力能-行程图

图 2-3-2 所示为典型的精冲工艺力能-行程图。虚线表示普通冲裁力曲线。

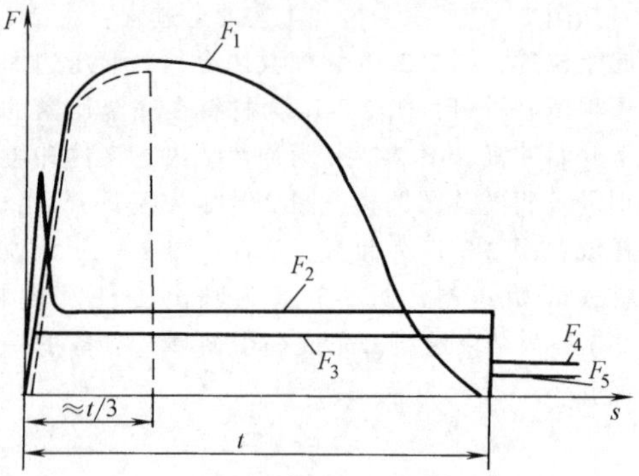

图 2-3-2　精冲工艺力能-行程图

F_1—冲裁力　F_2—压边力　F_3—反压力

F_4—卸料力　F_5—顶件力

3.1.3　精冲过程材料的流动

图 2-3-3 所示为精冲过程中凸模进入材料一定深度时变形区剖面的宏观照片。从图中可以看出：精冲变形区材料纤维沿厚度方向有很大的伸长，沿径向材料纤维密集有压缩；即使冲裁接近完成，工件和条料仍然保持为一个整体。这一事实也可以从图 2-3-2 所示的曲线 F_1 即精冲力能曲线看出，即使在接近精冲终了时，工件和条料之间仍然保持一定的强度，继续冲裁时凸模还需要给出足够的冲裁力，直到精冲过程结束时为止。

图 2-3-3　精冲变形区剖面宏观照片

3.1.4　精冲过程剪切面的加工硬化

精冲过程的塑性变形主要集中在以凸模和凹模刃口所限的空间内，会形成剪切面表层的加工硬化。图 2-3-4 所示为典型的精冲件剪切表面及内层硬化曲线。

从图 2-3-4 所示可以看出：

1）剪切表面由于剧烈的塑性变形而发生加工硬化，其硬度超过心部原始硬度一倍多。

2）剪切表面的硬化曲线呈半梨状，在凹模侧最低，沿厚度方向逐渐增加，硬度的极大值靠近凸模处。

3）塑性变形区和弹性变形区之间存在一个过渡的塑性变形影响区，影响区内的硬度分布由表层向内层逐渐降低。

实验表明，剪切表面硬化曲线的特征、硬度最大值的位置以及塑性变形影响区的深度都因精冲材料的性质及厚度而异。

采用不同的方法从不同的方面对精冲工艺全过程进行测试、观察和分析，归纳起来精冲工艺过程的特征主要有：

1）精冲从形式上看是分离工序，但实际上工件和条料在最后分离前始终保持为一个整体。

2）精冲过程中材料自始至终是塑性变形过程。换言之，为实现精冲必须保证材料在精冲过程中始终是塑性变形而不产生撕裂。精冲中无论是工艺力能参数、模具几何尺寸、材料性能和球化处理以及工艺润滑剂等，一切努力都集中围绕一个核心问题——抑制撕裂，阻止材料在精冲完成前产生撕裂，保证塑性变形过程的进行。

普通冲裁是通过合理间隙的选取，使材料在凸、凹模刃口处的裂纹重合，称为控制撕裂。可以明显地看出，精冲和普通冲裁在形式上十分类同，但就其工艺过程的特征及制定工艺时的出发点和指导思想而言却迥然不同。

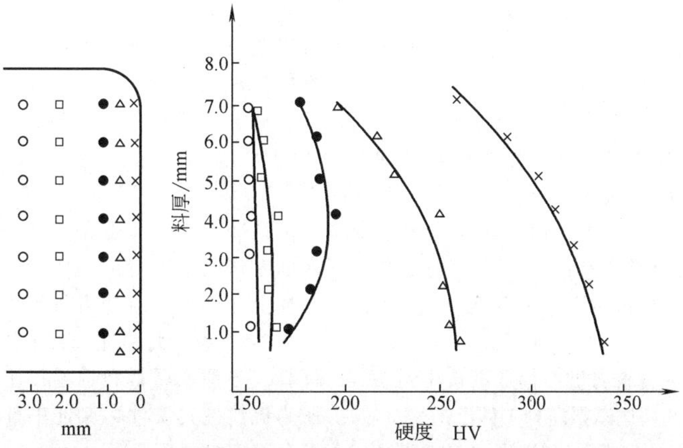

图 2-3-4　精冲件剪切表面及内层硬化曲线

材料：16Mn　料厚：8mm　原始硬度：160HV

×—剪切表面　△—距表面 0.5mm　●—距表面 1mm　□—距表面 2mm　○—距表面 3mm

精冲时为抑制材料产生撕裂，保证塑性变形过程的进行，采取了以下措施：

① 冲裁前 V 形压边圈先压住材料，防止剪切变形区以外的材料在剪切过程中随凸模流动。

② 压边圈和反压板的夹持作用，再结合小的冲裁间隙使材料在冲裁过程中始终保持和冲裁方向垂直，避免弯曲翘起而在变形区产生拉应力，从而构成塑性剪切的条件。

③ 必要时将凹模或凸模刃口倒圆角，以减少刃口处的应力集中，避免或者延缓裂纹的产生，改善变形区的应力状态。

④ 利用压边力和反压力提高变形区材料的球形应力张量即静水压，以提高材料的塑性。

⑤ 材料预先进行球化处理，或采用专门适于精冲的材料。

⑥ 采用适于不同材料的工艺润滑剂。

3）精冲过程的塑性变形集中在狭窄的间隙区内，在其周围存在塑性变形的影响区。

4）剪切面表层的加工硬化沿凸模侧面增高，由表及里而降低。

5）变形区的材料纤维沿厚度方向有很大伸长，沿径向纤维密集有压缩。

3.1.5　精冲变形模式

精冲的变形模式如图 2-3-5 所示。精冲过程材料的变形和发展过程描绘如下：图 2-3-5a 表示精冲开始时的状况，图 2-3-5b 表示凸模进入材料一定深度 x 时的情况。

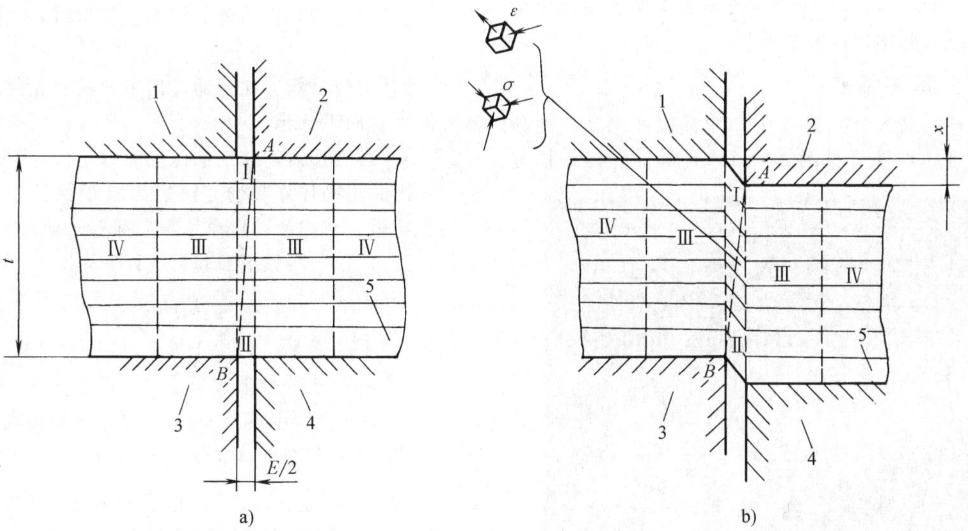

图 2-3-5　精冲变形区域及变形过程

1—压边圈　2—凸模　3—凹模　4—反压板　5—工件　Ⅰ、Ⅱ—塑性变形区　Ⅲ—塑性变形影响区　Ⅳ—弹性变形区

图 2-3-5 中 A、B 二点分别表示凸模和凹模的刃口，AB 连线将间隙分为Ⅰ、Ⅱ两部分。塑性变形主要集中在间隙区，即Ⅰ、Ⅱ为塑性变形区。间隙两侧为刚性平移的传力区，分为两部分，即：靠近Ⅰ、Ⅱ区的塑性变形影响区Ⅲ和弹性变形区Ⅳ。精冲成形始终在以 AB 为对角线的矩形范围中进行，例如当凸模进入材料一定深度 x 时，A 点以上的部分和 B 点以下的部分均已完成变形，精冲继续进行时，塑性变形将在缩短了的以 AB 为对角线的矩形中进行，如图 2-3-5b 所示。

在精冲过程中Ⅰ区间的材料将被凸模逐渐挤压到条料上，Ⅱ区间的材料将被凹模逐渐挤压到工件上。

随着精冲过程的进行，AB 距离和矩形变形区逐渐缩小，一部分材料将转移到 A、B 以外的已变形区，当 AB 距离达最小值时，材料全部转移，精冲过程完毕。

实际生产中，精冲件出现的倒锥现象，即凸模侧大凹模侧小，就是以上所述Ⅰ区的材料随凸模刃口 A 向下转移到条料（或孔），Ⅱ区的材料随凹模刃口 B 向上转移到工件的结果。

变形区材料的变形程度，随变形区的逐渐缩小而增加，因此最先转移到已变形区的材料变形程度最低，然后逐渐增加，这些变形程度不同的材料逐次转移到工件表面。这就是实际生产中精冲件剪切面从凹模侧到凸模侧变形程度逐渐增加的原因。

图 2-3-5 还给出了精冲塑性变形区的变形力学简图，其中主应力简图为三向压应力状态，主应变简图为平面应变状态，$\varepsilon_1=-\varepsilon_2$，$\varepsilon_3=0$，即将精冲过程视为纯剪切的变形过程。实际生产中，精冲凸模和凹模的间隙过小时，有时在精冲剪切面上出现内凹的波纹，这是由于间隙过小时将使厚度方向拉应变 ε_1 增加。由于 $\varepsilon_1+\varepsilon_2=0$，导致垂直工作表面的压应变增加，从而出现内凹的现象。

3.1.6　精冲结果

精冲的最大特点是能生产冲裁表面光洁、无断裂和撕裂的零件（见图 2-3-6），且零件的尺寸精度和表面质量要优于普通冲裁。精冲突破了普通冲裁的工艺极限，开辟了板料成形的新应用。但要得到最优的冲裁质量，则应将工艺、模具、材料、压力机、润滑剂等因素进行统筹考虑。

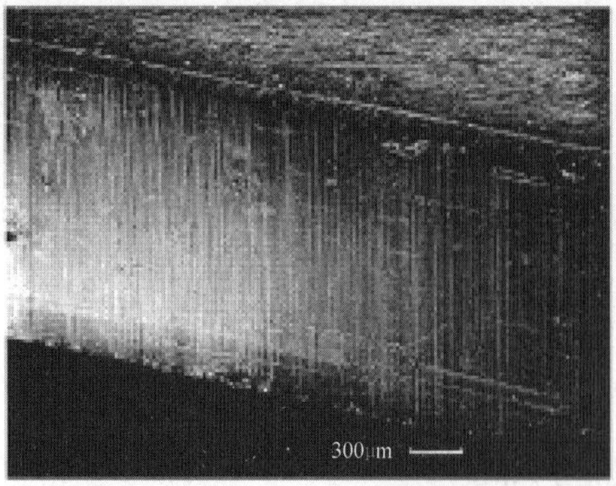

图 2-3-6　精冲件的扫描电镜图

3.2　精冲工艺的力能参数

精冲工艺过程是在冲裁力、压边力和反压力三者同时作用下进行的。冲裁结束，卸料力将废料从凸模上卸下来，顶件力将工件从凹模内顶出，详见图 2-3-2，模具复位完成整个工艺过程，因此正确地计算、合理地调整和选定以上诸力，对于选用精冲压力机、模具设计、保证工件的质量以及提高模具寿命都有重要意义。

3.2.1　精冲工艺力的计算

1. 冲裁力 F_1

冲裁力 F_1 的大小取决于冲裁件内外周边的总长度、材料的厚度和抗拉强度。可按经验公式计算：

$$F_1=f_1L_t tR_m \tag{2-3-1}$$

式中　f_1——系数，取决于材料的屈强比；

L_t——内外周边的总长（mm），$L_t=L_e+L_i$，L_e 为外周边长度，L_i 为内周边长度；

t——材料厚度（mm）；

R_m——材料的抗拉强度（MPa）。

考虑到精冲时模具的间隙小，刃口有圆角，材料处于三向压应力状态，相比普通冲裁提高了变形抗力，因此取系数 $f_1=0.9$，故精冲时的冲裁力为

$$F_1=0.9L_t tR_m \tag{2-3-2}$$

2. 压边力 F_2

V 形压边圈的作用有三：

1）防止剪切区以外的材料在剪切过程中随凸模流动；

2）夹持材料，在精冲过程中使材料始终和冲裁方向垂直而不翘起；

3）在变形区建立三向压应力状态。

因此正确计算和选定压边力对于保证工件的剪切面质量，节能和提高模具寿命都有密切关系。

压边力 F_2 按以下经验公式计算：

$$F_2=f_2L_e 2hR_m \tag{2-3-3}$$

式中　f_2——系数，取决于 R_m，可从表 2-3-1 查得；

L_e——工件外周边长度（mm）；

h——V 形齿高（mm），查表 2-3-12 或表 2-3-13；

R_m——材料的抗拉强度（MPa）。

表 2-3-1　系数 f_2 的确定

R_m/MPa	200	300	400	600	800
f_2	1.2	1.4	1.6	1.9	2.2

3. 反压力 F_3

反压力也是影响精冲件质量的重要因素，它主要影响工件的尺寸精度、平面度、塌角和孔的剪切面质量。增加反压力可以改善上述质量指标，但反压力过大会增加凸模的负载，降低凸模寿命。因此和压边力一样均需在实际工艺过程中，在保证工件质量的前提下尽量调到下限值。

反压力可按以下经验公式计算：

$$F_3 = pA \tag{2-3-4}$$

式中　A——工件的平面面积（mm^2）；

p——单位反压力（MPa），p 一般为 20~70MPa。

反压力按式（2-3-4）计算波动范围较大，也可用另一经验公式计算：

$$F_3 = 20\% F_1 \tag{2-3-5}$$

4. 总压力 F_t

工件完成精冲所需的总压力 F_t 是选用精冲压力机的主要依据

$$F_t = F_1 + F'_2 + F_3 \tag{2-3-6}$$

式中　F_1——冲裁力（N）；

F'_2——保压压边力（N）；

F_3——反压力（N）。

为什么实现精冲所需的总压力不是 F_1、F_2 与 F_3 之和呢？原因在于精冲过程中，V 形压边圈压入材料所需的压边力 F_2 远大于精冲过程中为保证工件剪切面质量要求 V 形压边圈保持的压力 F'_2，一般 $F'_2=(30\% \sim 50\%)F_2$。为提高精冲压力机的有效负载能力，目前大多数精冲压力机的压边系统都安装了无级调节的自动卸压装置。精冲开始时，首先在压边力 F_2 作用下 V 形压边圈压入材料，完成压边后，压机自动卸压到预先设定的保压压边力 F'_2，再进行冲裁。因此实现精冲所需的总压力 F_t 是 F_1、F'_2 与 F_3 之和。强调这一点十分重要，它有以下两层意思。

1）编制精冲工艺选用精冲设备时，用上式计算总压力可以充分发挥设备的潜力。

2）使用设备时，通过调试，利用压边部分自动卸压，可降低精冲工艺过程的电能消耗。在大设备上精冲大零件时，F_2 和 F'_2 差值的数值大，节能效果更显著。

5. 卸料力 F_4 和顶件力 F_5

精冲完毕，在滑块回程过程中不同步地完成卸料和顶件。

压边圈将废料从凸模上卸下，反压板将工件从凹模内顶出。

卸料力 F_4 和顶件力 F_5 按以下经验公式计算：

$$F_4 = (5\% \sim 10\%)F_1 \tag{2-3-7}$$

$$F_5 = (5\% \sim 10\%)F_1 \tag{2-3-8}$$

3.2.2　精冲工艺功的计算

完成精冲工艺过程所耗的功包括精冲本身的变形功和施加保压压边和反压所耗的功，即

$$A_t = A_1 + A_2 \tag{2-3-9}$$

式中　A_t——完成精冲工艺所耗的总功；

A_1——精冲的变形功；

A_2——精冲过程中施加保压压边和反压所耗的功。

A_t 可用如图 2-3-2 所示各曲线所围的面积求得。

A_1 是 F_1-s 曲线所围的面积。

$$A_1 = KF_1 t \tag{2-3-10}$$

式中　K——系数，$K=0.6 \sim 0.7$。

由于 F'_2、F_3 在精冲过程中是定值，A_2 是 F'_2+F_3 和 t 构成的矩形面积，即

$$A_2 = (F'_2 + F_3)t \tag{2-3-11}$$

因此，$A_t = A_1 + A_2 = (KF_1 + F'_2 + F_3)t$

额定载荷下的 A_t 是选定精冲压力机的重要依据。

3.3　精冲件结构工艺性

精冲件的工艺性是指该零件在精冲时的难易程度。在一般情况下，影响精冲件工艺性的因素有：零件的几何形状、零件的尺寸公差和几何公差、剪切面质量、材料及厚度。其中，零件几何形状是主要影响因素。

零件几何形状对工艺性的影响称为精冲件的结构工艺性。精冲件的几何形状，在满足技术要求的前提下，应力求简单，尽可能是规则的几何形状，避免尖角。正确设计精冲件有利于提高产品质量，提高模具寿命，降低生产成本。

精冲件的尺寸极限，如最小孔径、最小槽宽等都比普通冲裁的小。这是由于精冲设备具有良好的刚性和导向精度；精冲过程的速度相对较低，冲击小；精冲模架的刚性好、导向精度高；被冲零件在压边圈、反压板在滑配状态下长距离的导向和支撑下，避免了纵向失稳，提高了承载能力。因此，虽然精冲时模具零件承受的载荷要比普通冲裁大 30%~50%甚至更多，但由于上述各种有利因素，精冲件内外形轮廓的极限尺寸都比普通冲裁的小，从而有利于扩大精冲工艺的使用范围。

实现精冲的零件尺寸极限范围主要取决于模具的强度，也和剪切面质量、模具寿命等有关。

精冲件圆角半径、槽宽、悬臂、环宽、孔径、孔边距、齿轮模数的极限范围，根据精冲的难易程度分为三级：

S_1 表示容易；

S_2 表示中等；

S_3 表示困难。

模具寿命随精冲难度的增加而降低。

在 S_3 的范围内，模具工作零件用高速工具钢（$R_{p0.2}$ = 3000MPa）制造，被精冲的材料 R_m ≤ 600MPa。

除 S_3 以外，一般不适于精冲。

3.3.1　圆角半径

精冲难易程度与圆角半径、料厚的关系如图 2-3-7 所示。

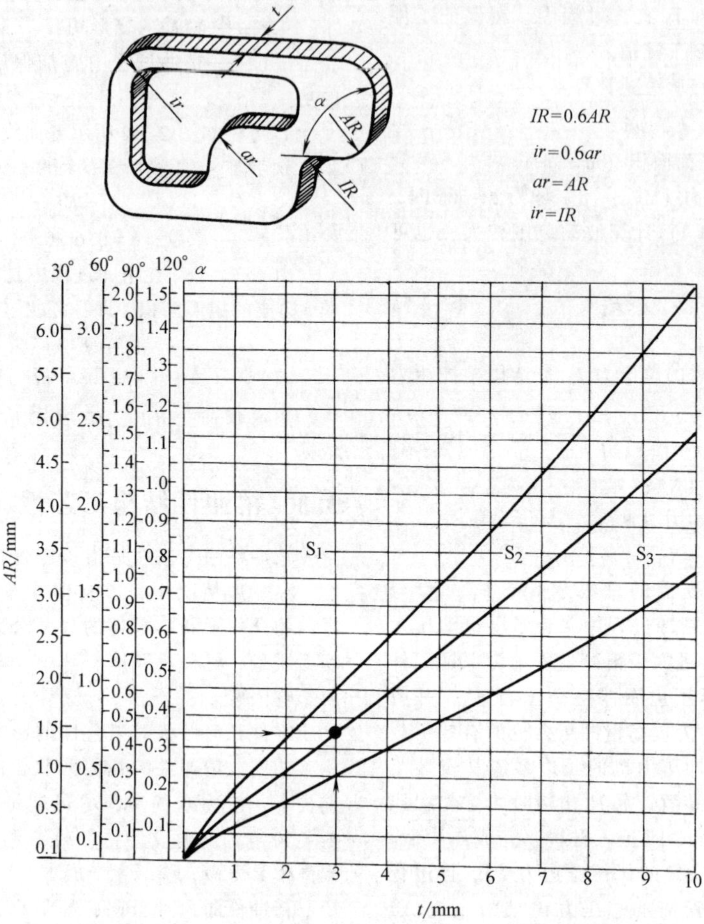

图 2-3-7　精冲难易程度与圆角半径、料厚的关系

精冲件内外轮廓的拐角处必须采用圆角过渡，以保证模具的寿命及零件的质量。圆角半径在允许范围内尽可能取得大些。它和零件角度、零件材料、厚度及其强度有关。

例如，已知零件角度 30°，材料厚度为 3mm，圆角半径为 1.45mm，由图 2-3-7 查得其加工难易程度在 S_2 和 S_3 之间。

3.3.2　槽宽和悬臂

精冲件槽的宽度和长度、悬臂的宽度和长度取决于零件的材料和强度，应尽可能增大其宽度，减小其长度，以提高模具寿命。

精冲难易程度与槽宽、悬臂和料厚的关系如图 2-3-8 所示。

例如，已知零件槽宽 a、悬臂 b 为 4mm，材料厚度 5mm，由图 2-3-8 查得其加工难易程度为 S_3。

3.3.3　环宽

精冲难易程度与环宽和料厚的关系如图 2-3-9 所示。

例如，已知零件环宽 6mm，材料厚度 6mm，由图 2-3-9 查得其加工难易程度在 S_2 和 S_3 之间。

3.3.4　孔径和孔边距

精冲难易程度与孔径、孔边距和料厚的关系如图 2-3-10 所示。

例如，已知零件孔径 3.5mm，材料厚度 5mm，由图 2-3-10 查得其精冲难易程度为 S_3。

3.3.5　齿轮模数

精冲难易程度与齿轮模数和料厚的关系如图 2-3-11 所示。

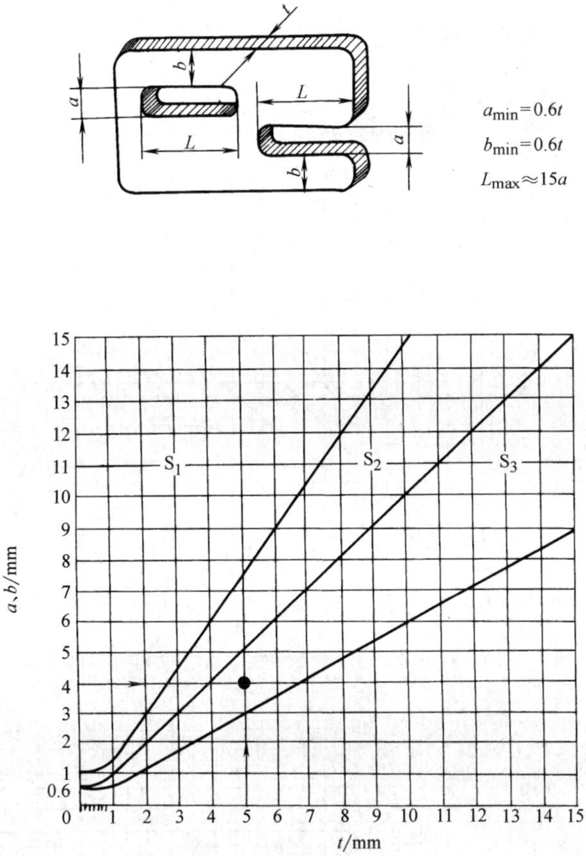

图 2-3-8　精冲难易程度与槽宽、悬臂和料厚的关系

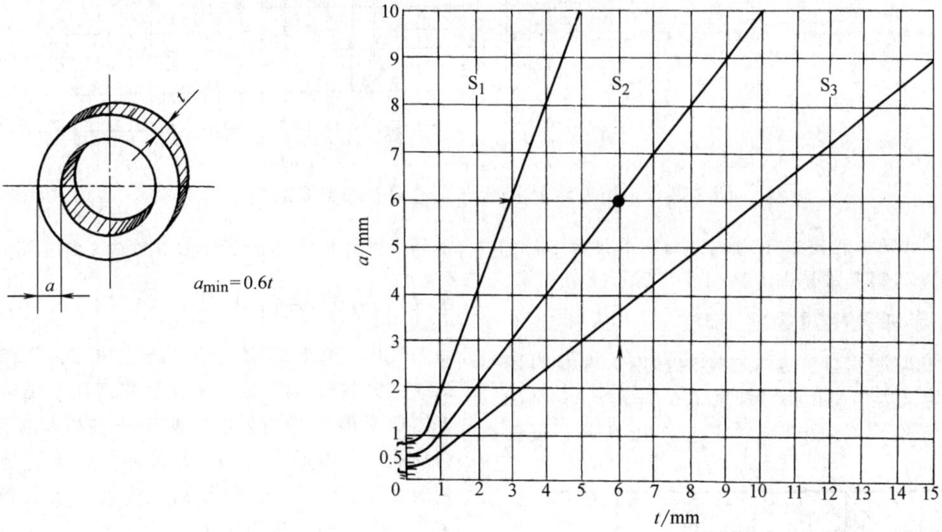

图 2-3-9　精冲难易程度与环宽和料厚的关系

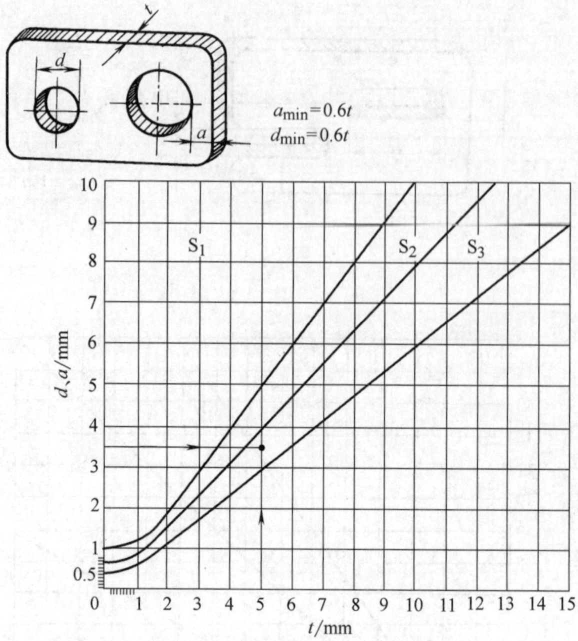

图 2-3-10　精冲难易程度与孔径、孔边距和料厚的关系

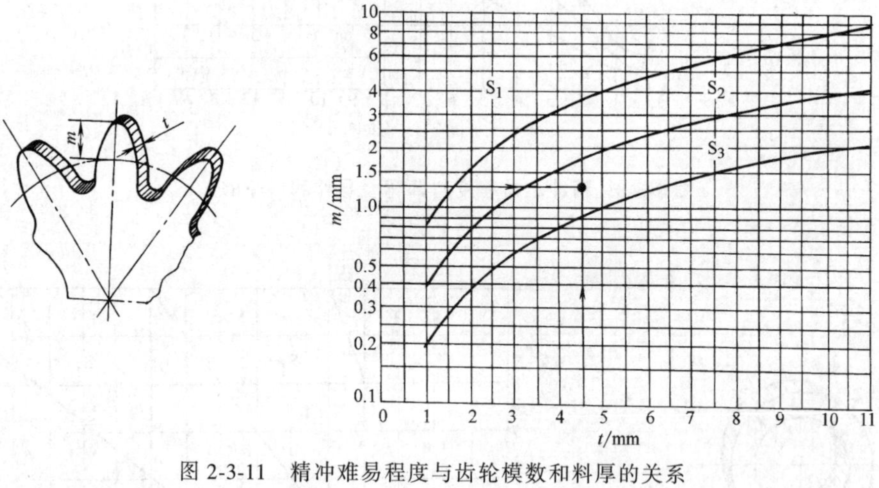

图 2-3-11　精冲难易程度与齿轮模数和料厚的关系

例如，已知齿轮模数 1.4mm，材料厚度 4.5mm，由图 2-3-11 查得其难易程度为 S_3。

3.3.6　半冲孔相对深度

半冲孔时冲孔凸模进入材料的深度 h 和材料厚度 t 之比定义为半冲孔相对深度 C，$C=h/t$，它是衡量半冲孔变形程度的指标，如图 2-3-12 所示。低碳

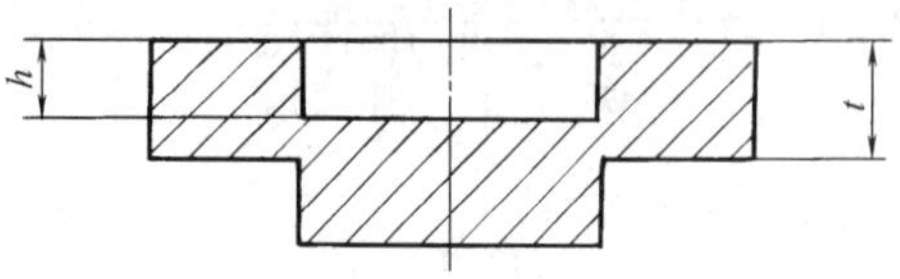

图 2-3-12　半冲孔

钢的半冲孔极限相对深度 $C_b=70\%$，详见第 3.4 节。

3.4　精冲复合工艺

现代意义上的精冲已突破了冲孔、落料等分离工序，更多的与图 2-3-13 所示的挤压、压扁、翻孔等体积成形工艺相复合，实现一些以往需要装配、切削加工才能形成的功能。精冲复合工艺是精冲工艺的发展和延伸，就产品对象而言，已从等厚度的精冲件发展到不等厚度的精冲件，从二维平面精冲件发展到三维精冲件；就工艺而言，已从单一的分离工艺发展为板料成形分离复合工艺，从单一的板材加工工艺发展为体积成形和冲压工艺的复合。

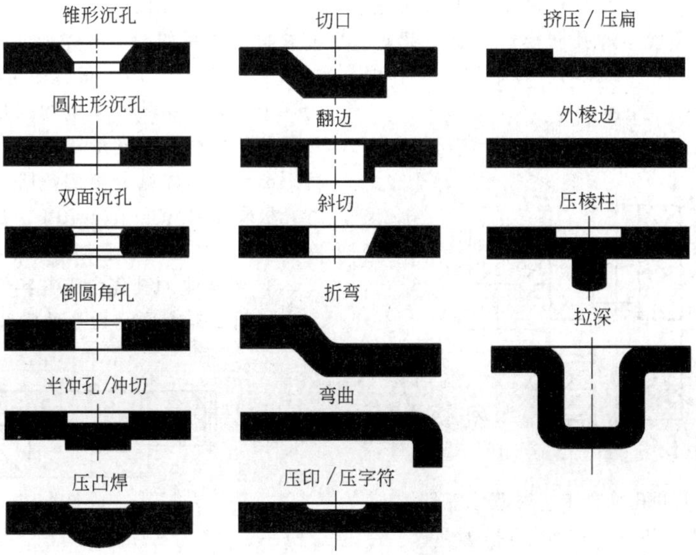

图 2-3-13 精冲复合的成形工艺

图 2-3-14 所示为两个典型的三维精冲件，采用了精冲、挤压、弯曲、翻边、压筋、压扁、压印和半冲孔等复合工艺。这些零件的技术要求为：

材料抗拉强度 R_m：640~880MPa

剪切面表面粗糙度 Ra：0.8~0.4μm

尺寸公差：IT8~IT7 级

两孔同轴度：0.05mm

弯曲角度偏差：±10′

三维精冲件是精冲复合工艺发展的产物，它使精冲件由二维扁平类零件扩展到三维空间尺寸要求的零件，扩大了精冲技术的应用范围，具有重要意义。和铸、锻毛坯切削加工件相比，三维精冲件结构紧凑、强度高且制造成本低，是替代传统切削加工的先进制造技术，具有广阔的应用前景。

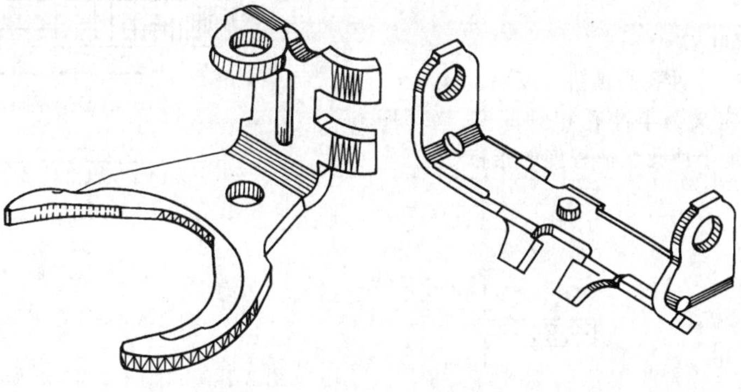

图 2-3-14 典型三维精冲件

3.4.1 半冲孔

半冲孔是在工件上冲出凸台的工艺之一。

1. 半冲孔工艺过程分析

在普通冲裁过程中，当凸模进入材料厚度 1/3 左右时，工件就已经和条料分离，显然在此情况下不可能采用半冲孔工艺。半冲孔工艺是利用精冲过程中工件和条料始终保持为整体这一特点而派生出来的一种工艺，其变形过程和零件轮廓附近有齿圈压边的精冲过程是基本相同的（见图 2-3-15）。虽然半冲孔的周边无齿圈压边，但半冲孔的变形部位距工件边缘较远，由于外部材料的刚性作用及精冲件外围齿圈压边的作用，可防止半冲孔剪切区外的材料在变形过程中随凸模流动。凸凹模和反压板、半冲孔凸模和顶杆的夹持作用使材料在半冲孔过程中始终保持和冲裁方向垂直而不翘起。再则因半冲孔凸模和凹模之间的小间隙，构成了变形区材料获得纯剪切的条件。另外，在半冲孔凸模、顶杆、凸凹模和反压板的强压作用下，半冲孔变形区的材料处于三向压应力状态，提高了材料的塑性，避免了半冲孔零件的凸台部分和本体分离或产生撕裂。

如图 2-3-16 所示为半冲孔变形区金属的宏观流线照片。可以看出，即使半冲孔凸模进入材料超过 3/4 厚度，变形区的材料产生了剧烈的变形，凸台和本体部分仍然保持为一个整体。

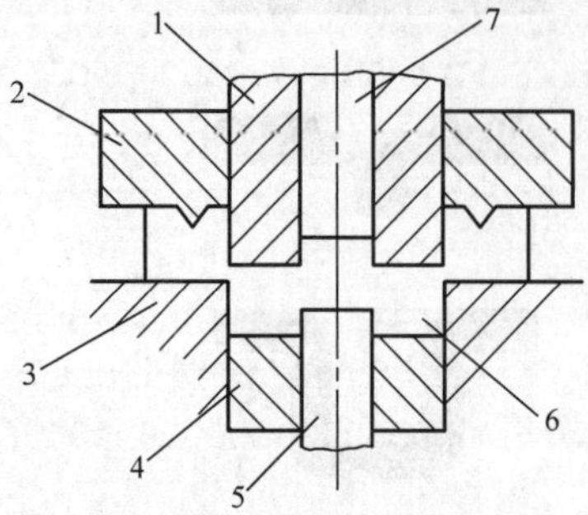

图 2-3-15　精冲半冲孔复合工艺过程示意图

1—凸凹模　2—V 形压边圈　3—凹模　4—反压板　5—半冲孔凸模　6—工件　7—顶杆

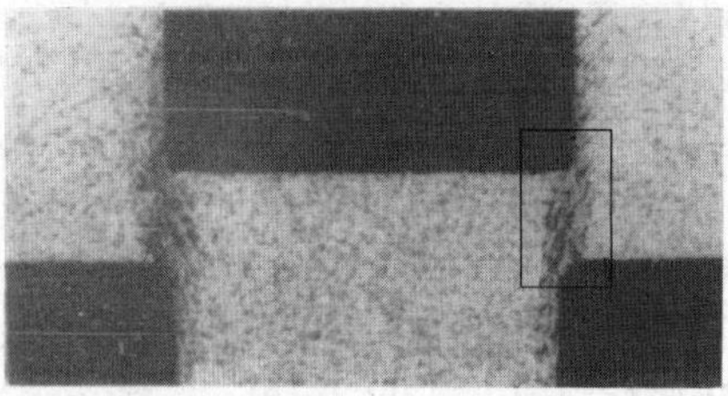

图 2-3-16　半冲孔变形区金属的宏观流线

2. 半冲孔相对深度 C

在半冲孔过程中，半冲孔凸模进入材料的深度 h 与材料厚度 t 之比，定义为半冲孔相对深度，如图 2-3-17 所示，它是衡量半冲孔变形程度的指标。

$$C=\frac{h}{t} \tag{2-3-12}$$

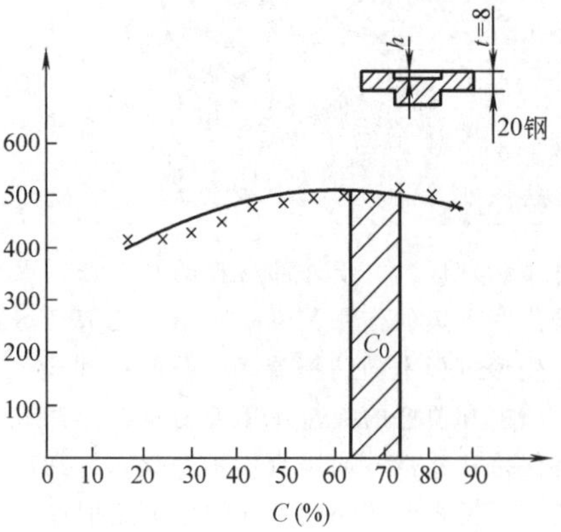

图 2-3-17　半冲孔相对深度 C 和连接处抗剪强度 τ_b 的关系

试样材料：20 钢　$R_m=400\text{MPa}$　料厚：$t=8\text{mm}$

半冲孔凸、凹模间隙 0.03mm

半冲孔的 C 值和凸台同本体连接处的抗剪强度 τ_b 之间的关系如图 2-3-17 所示。对于塑性较好的材料，在 C 值很大、$t-h$ 很薄的情况下，凸台和本体仍为一个整体，并保持一定的强度。但是，考虑到连接部分的材料由于变形剧烈硬化而变脆，在冲击载荷下凸台和本体有分离的危险，因此推荐软钢的半冲孔极限相对深度 $C_0=70\%$，视零件结构，一般可在 65%~75%之间取值，如图 2-3-17 所示。

3. 精冲半冲孔复合工艺实例

如图 2-3-18 所示为几种典型的精冲半冲孔零件。

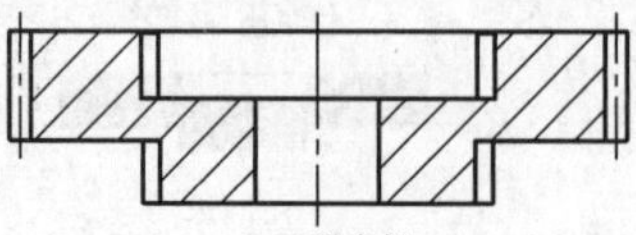

a) 双联齿轮

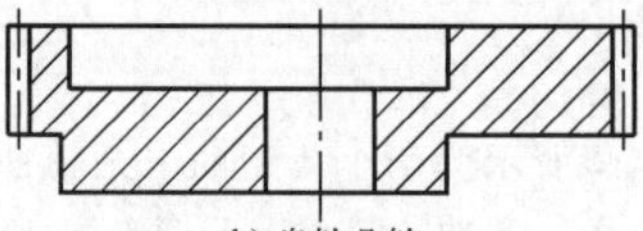

b) 齿轮凸轮

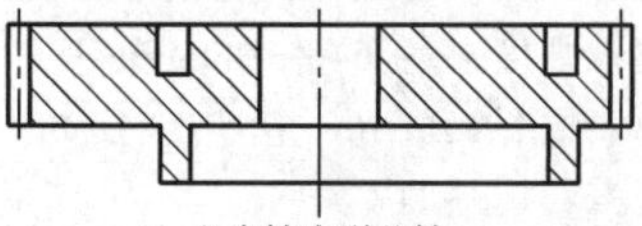

c) 齿轮内形凸轮

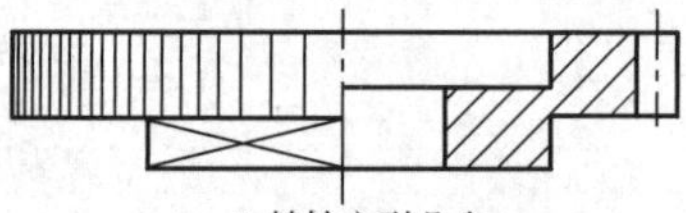

d) 棘轮方形凸台

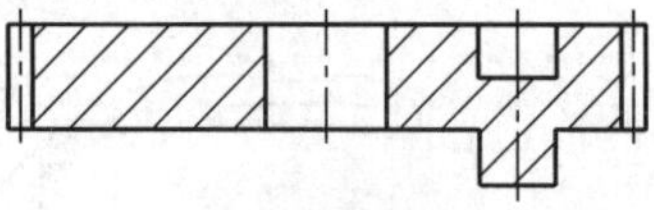

e) 齿轮偏心轴

图 2-3-18　精冲半冲孔零件

图 2-3-19b 和图 2-3-20b 所示的是由两个精冲半冲孔件组合而成的零件。这类结构一般适合于较大的零件，它是铸、锻件精冲化的典型实例。

图 2-3-19a 所示为链轮零件原来的结构形状，它采用铸造或锻造毛坯，通过许多道机械加工工序完成。而图 2-3-19b 所示是由两个精冲半冲孔件组成的零件，两个零件各只需一道冲压工序完成，且两件共用一套模具，其中一件只需将冲孔凸模相应地减短即可。

如图 2-3-20a 所示为原来的双联齿轮零件结构形状，它同样采用铸造或锻造毛坯，通过许多道机加工工序完成。而图 2-3-20b 所示也是由两个精冲半冲孔件组成的零件。

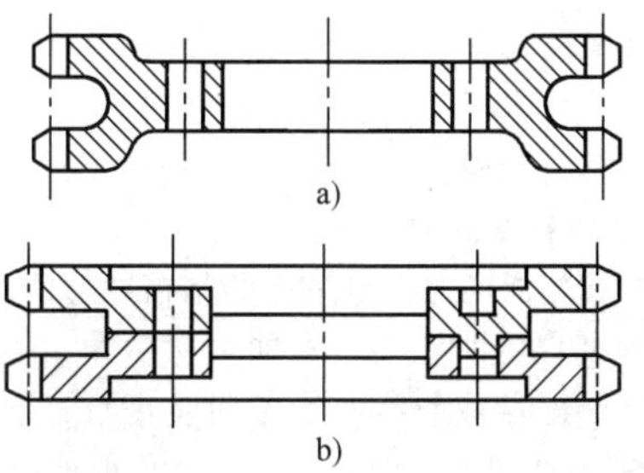

图 2-3-19　精冲半冲孔组合件

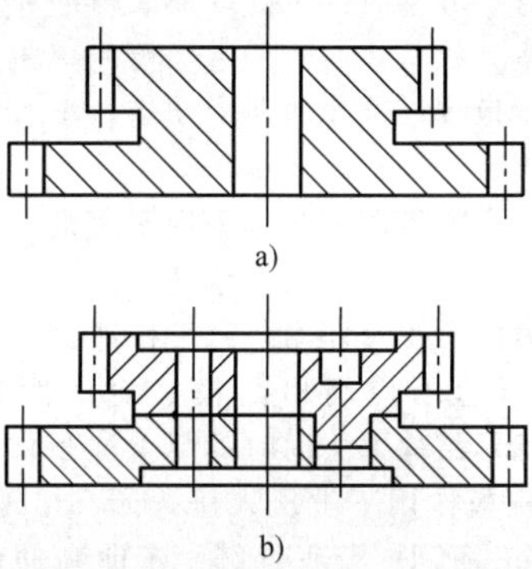

图 2-3-20　精冲半冲孔组合件

实践表明，精冲半冲孔组合件具有与原结构零件相同的功能。但和传统工艺相比，可以大幅提高生产效率，技术经济效果十分显著。

此外，以上实例表明：对于许多扁平形状的零件，有可能用相应的精冲半冲孔件来组合。精冲件组合时，连接的方式除采用螺栓、铆钉及点焊等常用方法外，还可采用精冲件本身的凸台代替铆钉进行铆接，如图 2-3-21 所示。

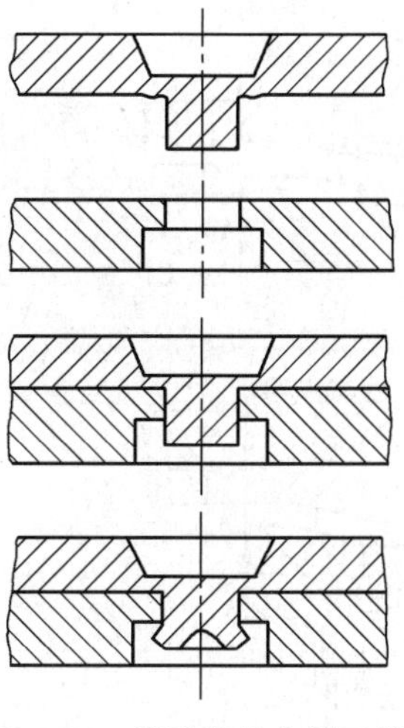

图 2-3-21　半冲孔凸台用于铆接

3.4.2　挤压

精冲和挤压的复合，使成形零件表面局部凸起，以生产出挤压型凸台。

1. 挤压工艺过程分析

如图 2-3-22 所示为精冲挤压复合工艺过程示意图，主要通过挤压凸模 6 和凸凹模 2 的凹模型腔来实现正挤压过程，外形的精冲和一般精冲完全一样。在模具结构上，挤压凸模 6 必须低于凹模 4，以保证外形精冲后挤压凸台和工件之间有足够的连接厚度。

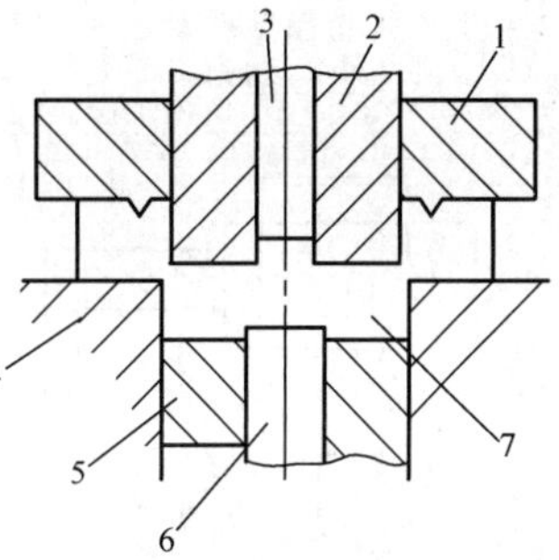

图 2-3-22　精冲挤压复合工艺过程示意图

1—V 形压边圈　2—凸凹模　3—顶杆　4—凹模　5—反压板　6—挤压凸模　7—工件

2. 变形程度 φ

$$\varphi=\frac{S_0-S}{S_0}\times100\%$$

当挤压凸模和凹模的模孔为圆形时，则

$$\varphi=\frac{D_0^2-D^2}{D_0^2}\times100\%$$

式中　S_0——挤压凸模端面积（mm^2）；

S——凸凹模孔端面积（mm^2）；

D_0——挤压凸模直径（mm^2）；

D——凸凹模孔直径（mm^2）。

精冲时的挤压许用变形程度应比普通挤压取得低些，这是由于精冲的挤压和普通正挤压在变形条件上存在很大区别。普通正挤时坯料置于挤压凹模内，挤压凸模的四周是凹模，坯料被挤压凹模和凸模封闭，加压时它只能从下部的凹模孔挤出。而精冲时的挤压，挤压凸模周围是被凸凹模和反压板夹持的精冲坯料本身，即使在精冲坯料上施加较大的顶件反压力，其刚性也远不如挤压凹模，因此挤压凸模下面的材料，只能被认为处于半封闭状态。当挤压变形程度超过某一数值，即单位挤压力超过某一数值时，挤压凸模下面的材料，除了挤入凸凹模的凹模孔内，还向四周流动。

3. 精冲挤压复合工艺实例

图 2-3-23 为凸柱构件，凸模和凹模的断面形状

不同，且凸模面积大于凹模面积。凸柱高度 $H \approx S$，凸柱直径 $D \approx S$ 为宜，可用作定位或铆接。

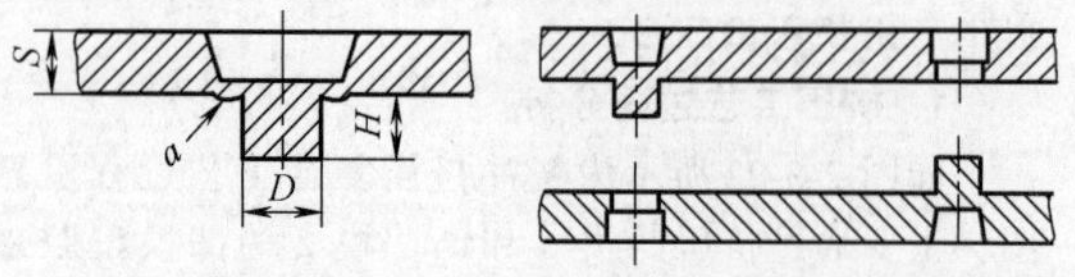

a) 凸柱件　　b) 铆接组合件

图 2-3-23　凸柱构件

图 2-3-24 为塑钢自动门窗半齿轮，料厚 $S=8\text{mm}$，可用连续复合模精冲。其工艺顺序为：冲孔、切口→定位→挤压凸台→落料。

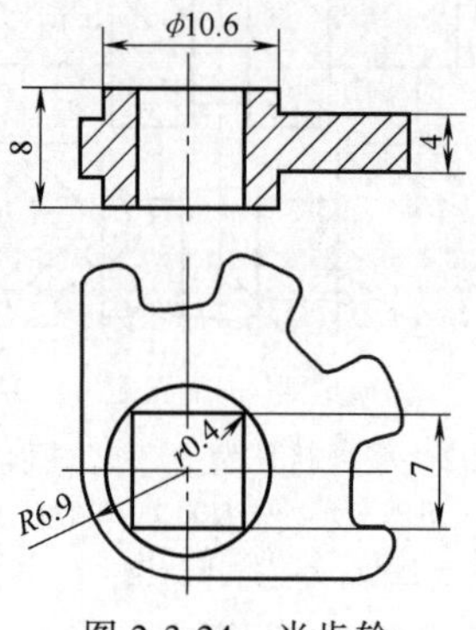

图 2-3-24　半齿轮

3.4.3　弯曲

精冲弯曲复合工艺的关键是如何根据零件弯曲形状特征、技术要求、生产批量来选择复合的形式，进而确定模具结构。

1. 精冲和弯曲同时进行

精冲和弯曲同时进行采用的是精冲弯曲复合模。

(1) 切口弯曲　切口弯曲可弯锐角、直角和其他形状，比较容易和精冲复合同时进行，既可实现内形弯曲（见图 2-3-25a、b），也可实现外形弯曲（见图 2-3-25c）。

(2) 浅 Z 形弯曲　对于弯曲高度 $h<t$，弯曲角度 $\alpha<75°$ 的 Z 形弯曲件，也可采取精冲和弯曲同时进行的方案，如图 2-3-26 所示。精冲弯曲复合模的凸模和反压板按工件弯曲形廓制造，压边圈和凹模保持平面形状。

从图 2-3-26 可以看出，采用平直的条料，通过精冲弯曲复合模一次冲压出精冲弯曲零件的必要条件是反压力应大于弯曲力。由于精冲要求先压边后精冲，即压边圈应高出凸模一定的距离，采用图 2-3-26 所示结构无法同时满足上述条件，合模时条料在反压板作用下被压入压边圈，出现了冲裁，如图 2-3-26b 所示；行程继续，弯曲和冲裁同时进行，最后凸模和反压板压靠完成弯曲和部分精冲，如

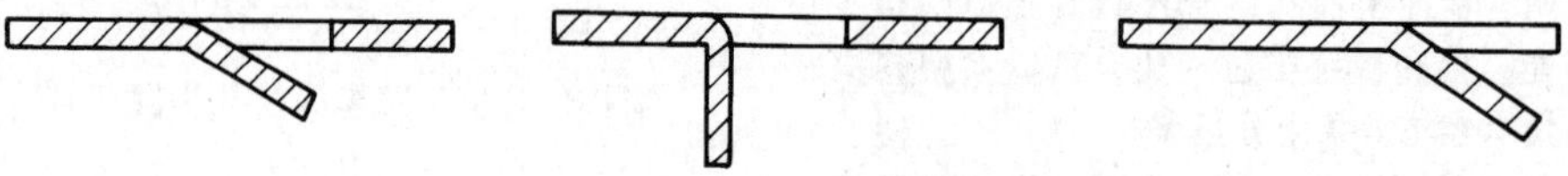

a)　　b)　　c)

图 2-3-25　精冲切口弯曲复合工艺

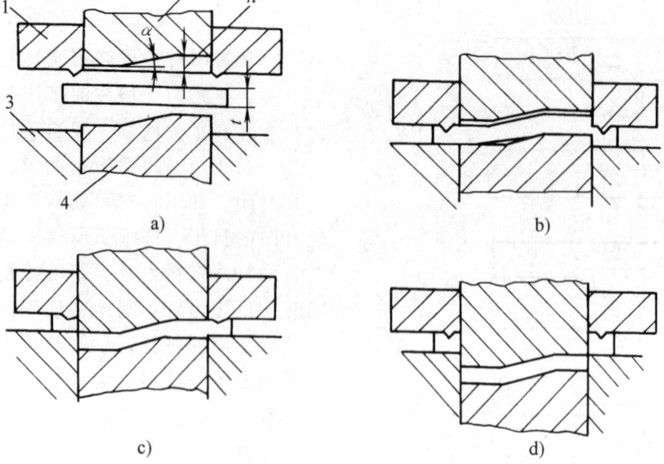

a)　　b)　　c)　　d)

图 2-3-26　精冲和弯曲同时进行过程示意图

1—V 形压边圈　2—凸模　3—凹模　4—反压板　t—料厚　h—弯曲高度　α—弯曲角度

图 2-3-26c 所示；反压板在凸模推动下后退直至完成精冲，如图 2-3-26d 所示。从图 2-3-26b 所示可以看出，模具闭合材料已被四周的压边圈和凹模夹紧，而此时工件的弯曲尚未完成，弯曲继续进行时，材料向内转移受到四周压边的限制，将在剪切区产生拉应力甚至撕裂，降低剪切面质量。这是该方案的主要缺点，但此结构采取平直的压边圈和凹模，不仅制造和维修方便，且精冲后的废料仍保持平直有利于自动送料。

2. 先弯曲后精冲

先弯曲后精冲的复合模如图 2-3-27 所示。图 a 为模具开启，图 b 为模具闭合。复合模的压边圈和凹模、反压板和凸模分别按零件的内外形廓制造，即闭合时，压边圈和凹模，反压模和凸模之间的距离都相隔一个料厚。但应注意的是，不能使凸模和凹模闭合时其刃口之间也相隔一个料厚，否则精冲时凸模必须进入凹模一段距离 $\Delta\gamma\left[=\left(\frac{1}{\cos\alpha}-1\right)t\right]$，才能使零件的斜边分离。正确的设计是模具闭合时，使凸模和凹模的平刃口和斜刃口都相切合缝，条料完成弯曲精冲时可防止凸模进入凹模。

先弯曲后精冲的零件弯曲区剪切面的质量不高，但大多零件弯曲区剪切面都不是工作表面，不要求高的剪切面质量。用该方法生产的弯曲精冲件和采用先精冲后弯曲生产的零件相比，前者在弯曲区两侧有关联的内外形尺寸可以更精确。

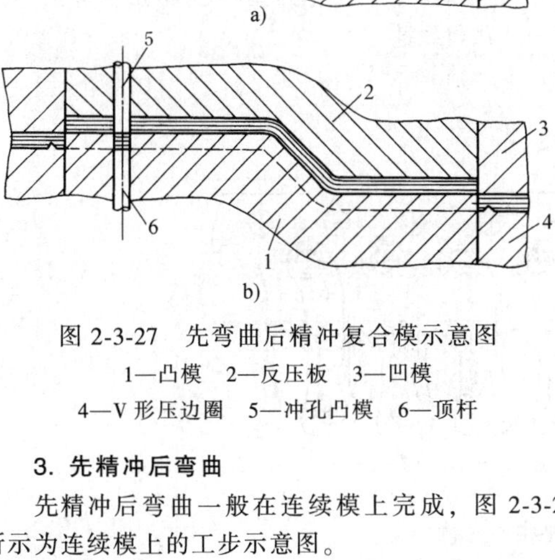

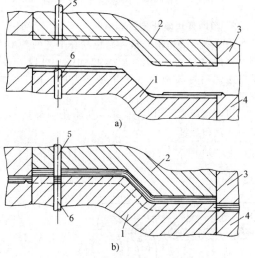

图 2-3-27　先弯曲后精冲复合模示意图

1—凸模　2—反压板　3—凹模

4—V 形压边圈　5—冲孔凸模　6—顶杆

3. 先精冲后弯曲

先精冲后弯曲一般在连续模上完成，图 2-3-28 所示为连续模上的工步示意图。

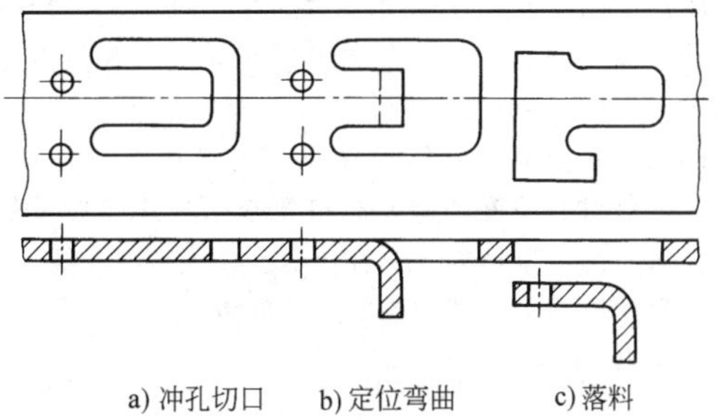

图 2-3-28　精冲弯曲连续模上的工步图

3.4.4　压印

压印可以和精冲复合进行，一般的复合形式为外轮廓精冲内表面压印，在复合模上一次成形，如图 2-3-29 所示。

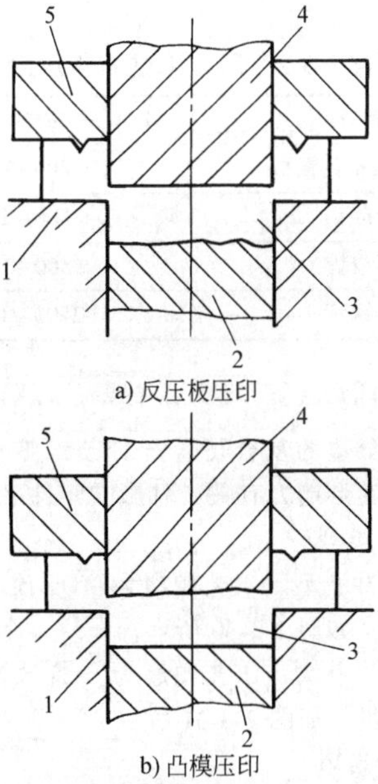

图 2-3-29　精冲压印复合工艺过程示意图

1—凹模　2—反压板　3—工件

4—凸模　5—V 形压边圈

压印是指在工件的表面上压出较浅的凹凸花纹、标记、文字、符号或刻度等。凹下的深度和凸起的高度都比较小，一般为 0.1～0.3mm。硬币、证章和各种标牌、印记均是压印的典型产品。

压印面在工件的塌边侧时，由反压板压印，如图 2-3-29a 所示；压印面在工件的毛刺侧时，由凸模压印，如图 2-3-29b 所示。应尽可能采用反压板压印，以利于模具的刃磨和维修。无论用反压板压印还是用凸模压印，都应使反压力大于压印力，才能使精冲和压印复合。

应该指出，普通压印既要求压力机的刚性好，封闭高度的重复精度高（多数用精压机），又要求材料的厚度公差小，否则会影响压印质量和模具寿命。而精冲压印复合时，材料在凸模和反压板之间完成压印后，在凸模和反压板夹持下继续进行外形的精冲，故对材料厚度公差无严格要求，且压印质量好，模具寿命高，生产效率高。

压印所需力按式（2-3-13）计算

$$F=Aq \tag{2-3-13}$$

式中　F——压印所需力（N）；

A——压印部位的投影面积（mm^2）；

q——压印所需的单位面积压力（MPa）。

q 值与压印的方式和压印的材料等因素有关。压印凹下的线条时，q 值按压印材料的屈服强度取值，取 $q=R_{eL}$。压印凸起的线条或起伏的花纹时，q 值参考表 2-3-2 确定。

表 2-3-2　压印单位面积压力

情 况	q/MPa
t<1.8mm 黄铜板	800~900
低碳钢	1500~2000
银或镍	1500~1800
不锈钢	2500~3000

3.4.5　翻边

精冲与翻边的复合可生产带凸缘零件，与材料厚度和材料变形能力有关，且影响零件平面度。

1. 工艺类型

（1）预冲孔型　工艺顺序为：① 预冲孔→②翻边→③落料，如图 2-3-30 所示。

（2）半冲孔型　工艺顺序为：① 半冲孔→②精冲孔→③落料，如图 2-3-31 所示。

2. 注意事项

1）工艺设计时，应使翻边方向和冲孔方向相反，以确保翻边的外侧为塌边侧，否则会产生裂纹。

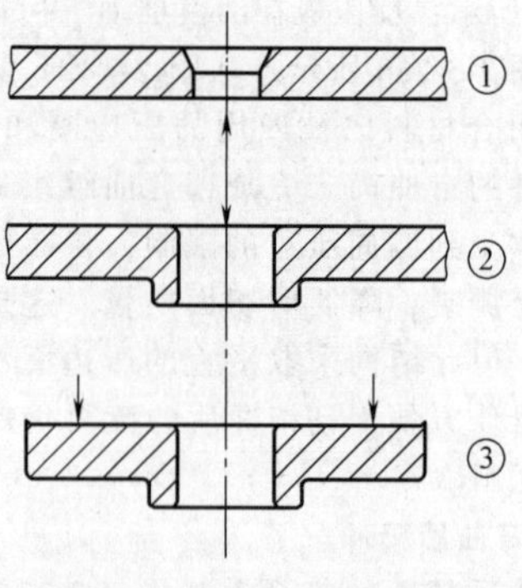

图 2-3-30　预冲孔型翻边工艺过程

2）翻边凸模易出现冷焊现象，应考虑凸模材料与表面涂镀。

3）预冲孔直径 d_0 和翻边高度 H，必要时应由试验确定。

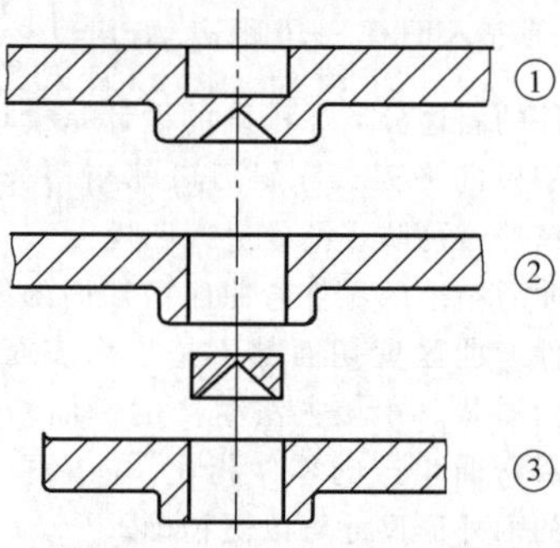

图 2-3-31　半冲孔型翻边工艺过程

3. 精冲翻边复合工艺实例

如图 2-3-32 所示为精冲翻边复合工艺的典型实例。零件材料为 15 钢，R_m = 420MPa，料厚 6mm。采用连续精冲模通过 6 个工步来完成，其工艺顺序是：

切口和冲定位孔→压扁→预冲孔→翻边→空步→冲孔和落料

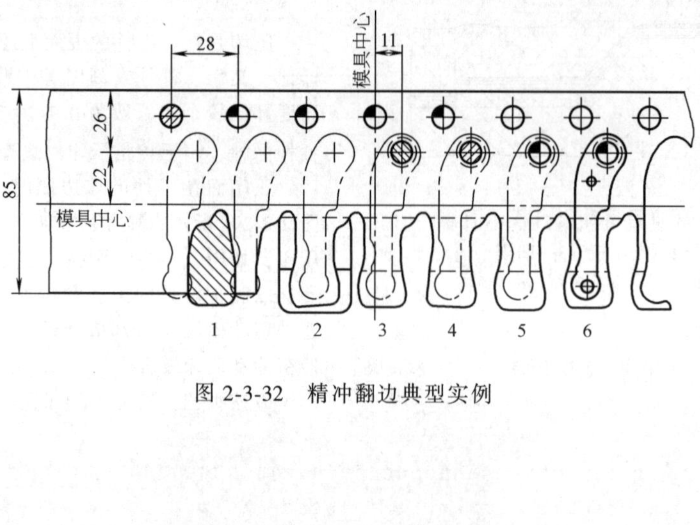

图 2-3-32　精冲翻边典型实例

3.4.6　压扁

压扁指材料在两个平行平面压块之间受压缩，使金属向外流动而高度减小的过程。其他尺寸（宽度、直径）按体积不变定律增大，从而获得所需工件的形状和尺寸。

精冲压扁复合工艺是获得不等厚精冲件的一种方法，一般在连续模上进行，如图 2-3-33 所示。

该工艺需首先冲出定位孔，通过定位销保证每一工步的送料精度；其次需要在材料局部压扁的周围预先切口，以便材料压扁时易于流动。由于局部压扁要比将条料局部变厚容易实现，因此在多数情况下，条料的厚度均按工件的最大厚度来选取。工件的其他厚度通过压扁来获得。

由于压扁精冲是在连续模上进行，条料经压扁硬化后不可能进行退火，因此压扁精冲一般只适于硬化指数较低的低碳钢等材料。

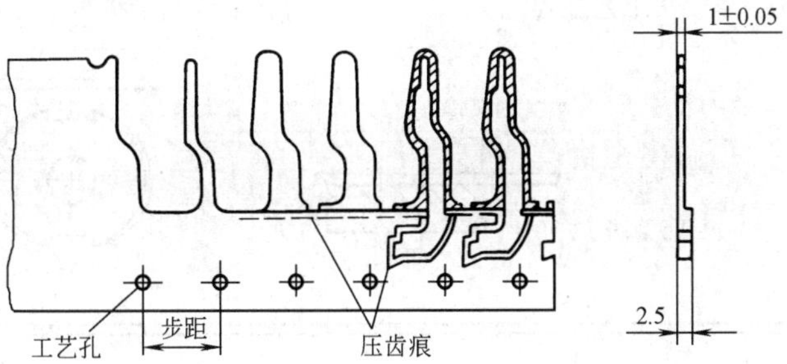

图 2-3-33　精冲压扁复合工艺

压扁精冲工艺的技术关键是压扁后材料的硬化对后续精冲表面质量的影响。图 2-3-34 给出了 20 钢的相对压扁量 $\left(\dfrac{t-t_1}{t}\times100\%\right)$ 与加工硬化的实验结果，材料的厚度和强度（硬度）是制定该工艺方案以及设计精冲模具的主要原始数据。

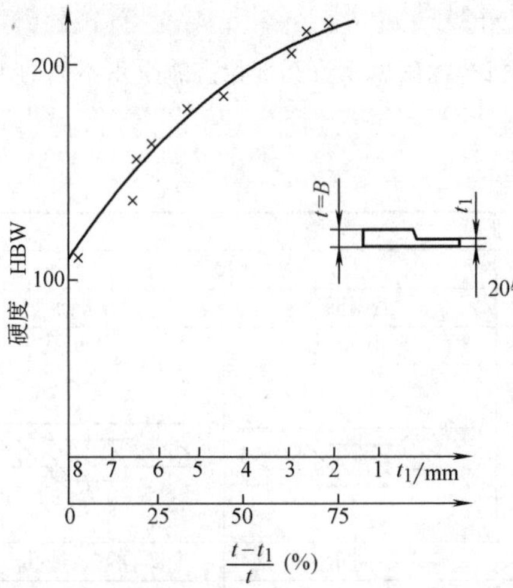

图 2-3-34　20 钢相对压扁量与加工硬化的关系

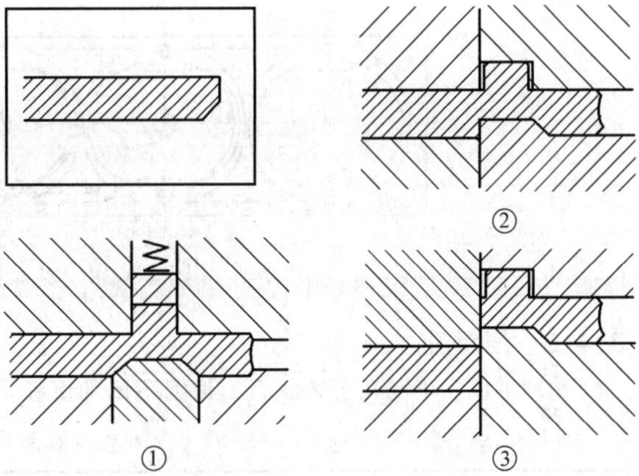

图 2-3-35　挤压棱角工艺过程

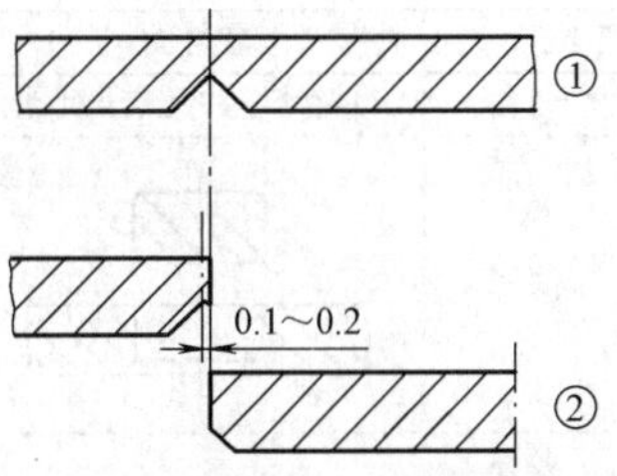

图 2-3-36　齿形挤压棱角工艺过程

3.4.7　压棱角

精冲与压棱角复合，可加工出外棱角零件。压棱角时与料厚、力学性能和材料的变形能力有关，而且影响零件的平面度和冲裁面质量。

1. 工艺类型

(1) 挤压型　如图 2-3-35 所示，其工艺顺序为：

①挤压棱角同时材料反向流动；②在冲裁状态下夹紧材料反向流动；③落料（要注意凹模有一个凸起的台阶，凸模在这一区域要进入凹模中）。

如图 2-3-36 所示为挤压的另一种方式，即用尖齿形压入，它取决于精冲机所持有的齿圈力大小，其工艺顺序为：

①齿形压入（使用齿圈力）；②落料。

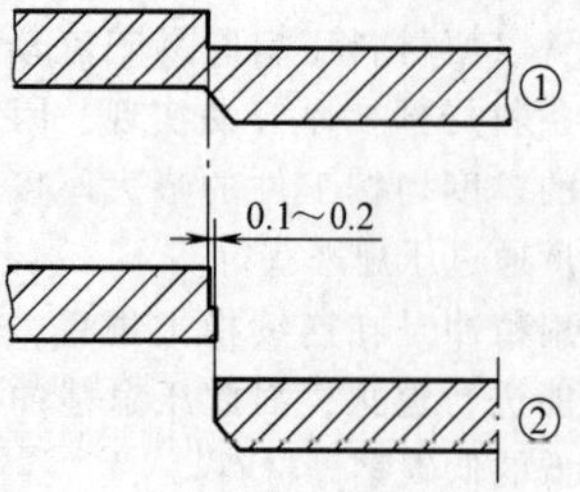

图 2-3-37　半冲孔挤压棱角工艺过程

（2）半冲孔型　如图 2-3-37 所示，当外棱角位于塌角侧时，可用半冲孔方法进行，其工艺顺序为：

①半冲孔；②落料。

2. 精冲压棱角复合工艺实例

图 2-3-38 所示为支承板压棱角工艺过程，材料为不锈钢，料厚 $S=3.8\text{mm}$，抗拉强度 $R_m=560\text{MPa}$，工艺顺序为：

①切口、冲定位孔；②预冲中心孔；③压棱角；④空位；⑤冲孔、落料。

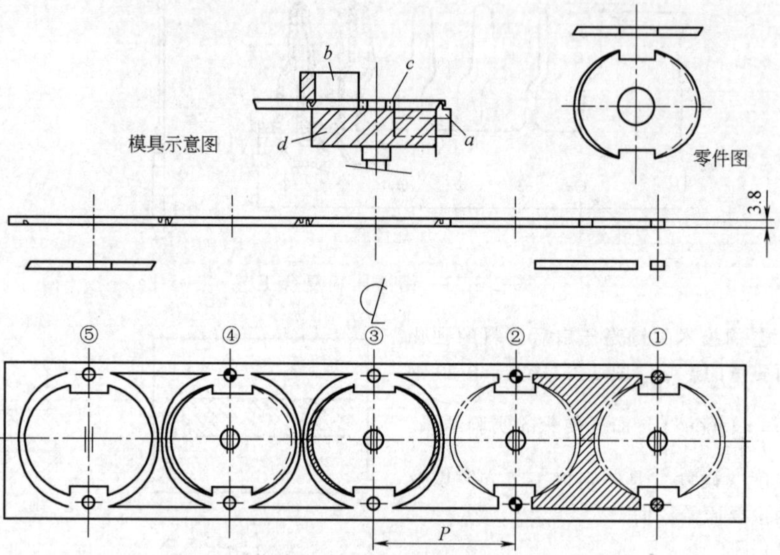

图 2-3-38　支承板压棱角工艺过程

3.4.8　压沉孔

精冲可以和压沉孔工艺复合。根据不同的沉孔形式和沉孔深度以及沉孔部位，需采用不同的工序（见表 2-3-3）。

表 2-3-3　压沉孔工艺

沉孔形式		圆锥形			
沉孔深度(%t)		15		40	
沉孔部位		塌角面	毛刺面	毛刺面	塌角面
工序	名称	1. 落料、冲孔、压沉头	1. 冲孔、压沉头	1. 压沉孔	1. 压沉孔
	简图	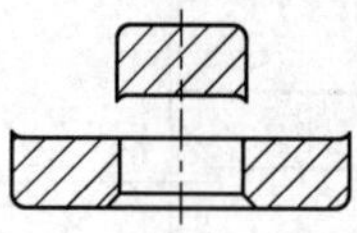	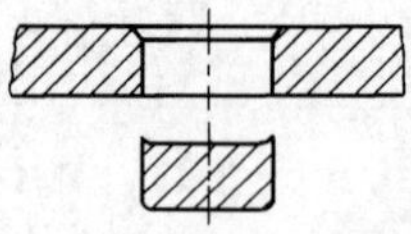	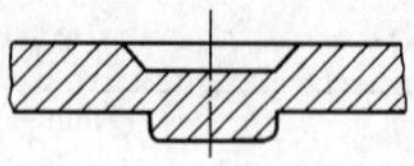	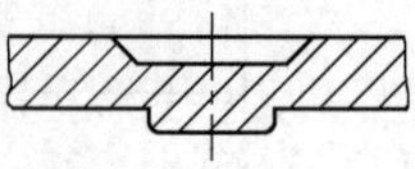
	名称		2. 落料	2. 冲孔	2. 落料、冲孔
	简图		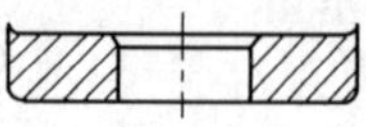	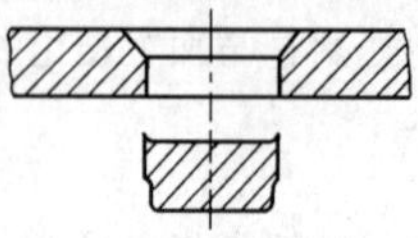	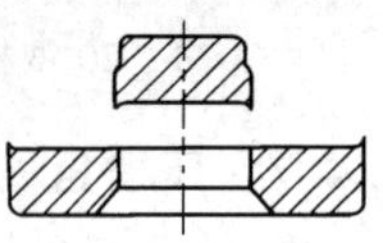
	名称			3. 落料	
	简图			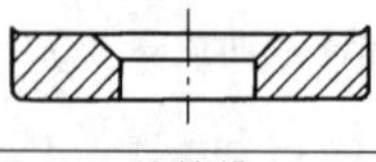	
模具		复合模	连续模	连续模	连续模

（续）

沉孔形式		圆锥形		圆柱形	
沉孔深度(%t)		60		60	
沉孔部位		毛刺面	塌角面	毛刺面	塌角面
工序	名称	1. 冲孔	1. 冲孔	1. 冲孔	1. 冲孔
	简图	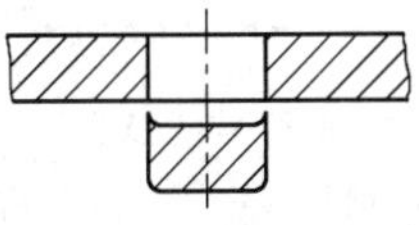	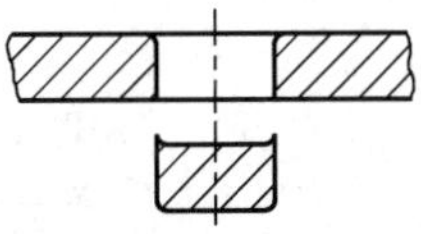	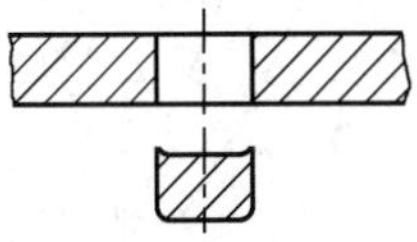	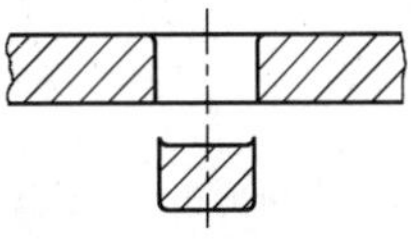
	名称	2. 压沉孔	2. 压沉孔	2. 压沉孔	2. 压沉孔
	简图	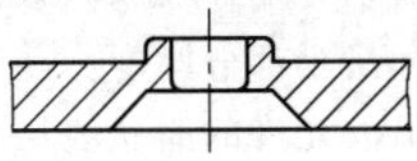	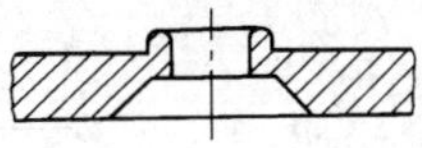	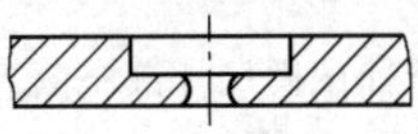	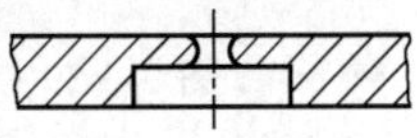
	名称	3. 冲孔	3. 落料、冲孔	3. 冲孔	3. 落料、冲孔
	简图	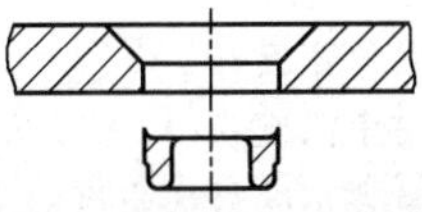	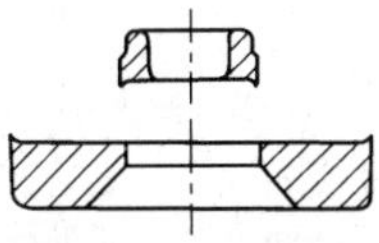	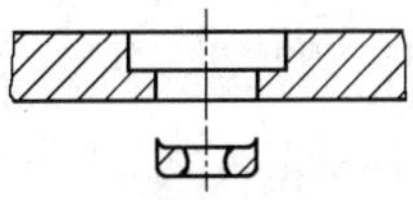	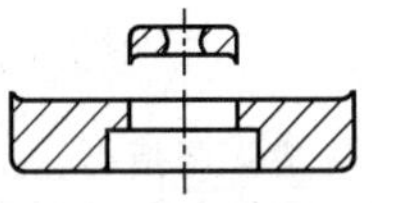
	名称	4. 落料		4. 落料	
	简图	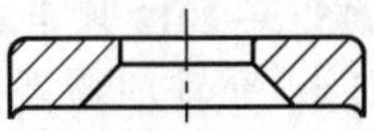		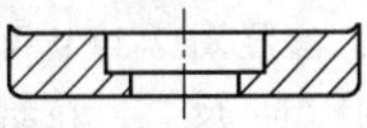	
模具		连续模	连续模	连续模	连续模

3.5　精冲件质量及影响因素

3.5.1　尺寸公差

精冲件可达到的尺寸公差取决于以下因素：模具的制造精度、刃口状态、压力机、润滑剂、工件材料的种类、金相组织和厚度以及精冲件几何形状的复杂程度。根据 JB/T 9175.2—2013 精密冲裁件质量标准的规定，精冲件可达到的尺寸公差等级见表 2-3-4。

表 2-3-4　精冲件可达到的尺寸公差等级

材料厚度/mm	抗拉强度极限 600MPa		
	内形公差	外形公差	孔距公差
0.5～1	IT6～IT7	IT7	IT7
1～2	7	7	7
2～3	7	7	7
3～4	7	8	7
4～5	7～8	8	8
5～6	8	9	8
6～8	8～9	9	8
8～10	9～10	10	8
10～12	9～10	10	9
12～16	10～11	10	9

它综合了精冲技术和模具制造技术的水平，是目前精冲工艺实际达到的经济公差，因此它是设计精冲零件、编制精冲工艺和设计精冲模具的重要依据。但表 2-3-4 中数据并不能反映精冲件尺寸的散布规律以及精冲件尺寸和模具尺寸的关系。

图 2-3-39 给出了两组精冲试样尺寸的散布图。图中 0 点为凹模某一直径方向的实际尺寸，横坐标 x_i 为尺寸组中心，即各组边界的平均值，纵坐标 φ_{xi} 为概率密度，ε 表示系统误差。试样的尺寸均按相应的同一部位量得，即排除了模具制造误差的影响。图 2-3-39 表明：

1）精冲零件的尺寸散布基本符合正态分布规律。

2）尺寸的散布范围窄，精度高，定量地说明了精冲件尺寸一致性好，4mm 厚软钢精冲件极限偏差为 10.6μm，达到标准公差 IT6 级；8mm 厚零件极限偏差为 19.1μm，达到标准公差 IT7 级。

3）两组尺寸全部小于凹模尺寸（定凹模尺寸为 0 点），其系统误差 ε 分别等于 −5μm 和 −7μm。

比较表 2-3-4 和如图 2-3-39，可以看出两者之间的差别，约相差两个标准公差等级。

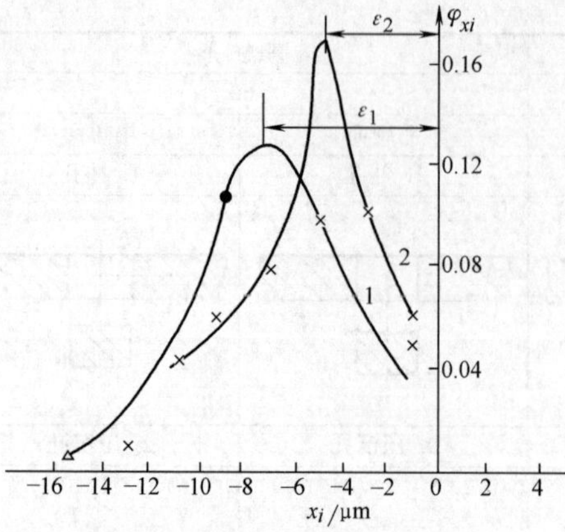

图 2-3-39　精冲试样尺寸散布图

材料：20 钢　直径：20mm

1—料厚：8mm　间隙：0.057mm

压边力：82kN　反压力：30kN

2—料厚：4mm　间隙：0.027mm

压边力：38kN　反压力：15kN

应强调指出，在实际制定精冲工艺方案或设计精冲模具时，必须充分理解上述差别的含义，前者是规定的经济公差，后者是实际可能达到的极限偏差，应灵活运用表 2-3-4 而不受其限制。例如已知模具工作零件的实际尺寸，参照图 2-3-39 可以知道精冲实际能够达到的尺寸公差；反之，在给定的精冲件尺寸公差等级高于表 2-3-4 所规定的等级时，可参照图 2-3-39 分析所需模具工作零件的尺寸公差等级，进而确定该零件实现精冲的可能性。

3.5.2　剪切面质量

精冲件剪切面质量包括表面粗糙度、表面完好率和允许的撕裂等级三项内容。

精冲时可达到的剪切面表面粗糙度取决于以下因素：工作零件的表面粗糙度、刃口状态、润滑剂、压力机、工件材料的种类、金相组织及厚度。

精冲裁件的剪切面表面粗糙度根据 GB/T 1031 规定，用轮廓算术平均偏差 *Ra* 值评定。

精冲件可达到的剪切面表面粗糙度 *Ra* 为 0.2~3.6μm，一般为 0.63~2.5μm。

剪切面表面粗糙度测量方向如图 2-3-40 所示。

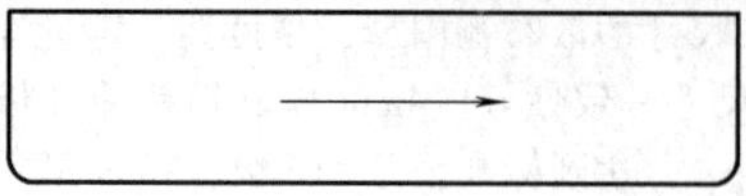

图 2-3-40　剪切面表面粗糙度测量方向

测量位置：沿剪切面厚度的中心部位。

测量方向：垂直于剪切方向。

精冲剪切面状况及其采用符号如图 2-3-41 所示。

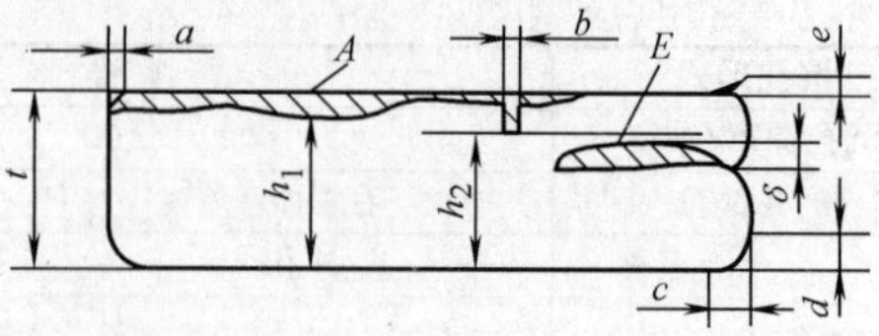

图 2-3-41　剪切面状况符号意义

图 2-3-41 中符号的意义：

t——材料厚度；

h_1——剪切终端存在表层剥落时，光洁剪切面最小部分厚度；

h_2——剪切终端存在鳞状表层剥落时，光洁剪切面最小部分厚度；

b——最大允许的鳞状表层剥落宽度（所有 b 的总和不得大于相关轮廓部分的 10%）；

a——表层剥落深度；

e——毛刺高度；

c——塌角宽度；

d——塌角深度；

δ——撕裂带的最大宽度；

E——撕裂带；

A——剪切终端表层剥落带。

JB/T 9175.2—2013 规定表面完好率分五个等级，见表 2-3-5，允许的撕裂分四个等级，见表 2-3-6。

表 2-3-5　精冲件表面完好率等级

级别	Ⅰ	Ⅱ	Ⅲ	Ⅳ	Ⅴ
t_1	100	100	90	75	50
t_2	100	90	75	—	—

表 2-3-6　精冲件允许的撕裂等级

级别	1	2	3	4
δ/mm	0.3	0.6	1	2

关于精冲件剪切面表面粗糙度的代号，按 GB/T 1031 中的符号 $\surd$ 表示。

$\surd$ 用于剪切面不允许有表层剥落和撕裂时，例如：$\sqrt{Ra\ 0.63}$ 表示剪切面表面粗糙度 *Ra* 为 0.63μm，表面完好率为Ⅰ级，无撕裂。

$\surd^{\times}$ 用于允许剪切面有表层剥落或撕裂时，在符号的右上方横线上用Ⅱ、Ⅲ、Ⅳ、Ⅴ分别表示表面完好率的等级，用 1、2、3、4 分别表示允许撕裂的等级，例如：

$\overset{\text{Ⅱ}}{\sqrt{Ra\ 12.5}}$ 表示剪切面表面粗糙度 *Ra* 为 1.25μm，表面完好率为Ⅱ级。

$\overset{2}{\sqrt{Ra\ 3.2}}$ 表示剪切面表面粗糙度 Ra 为 3.2μm，允许 2 级撕裂。

精冲件剪切面质量标注实例如图 2-3-42 所示。

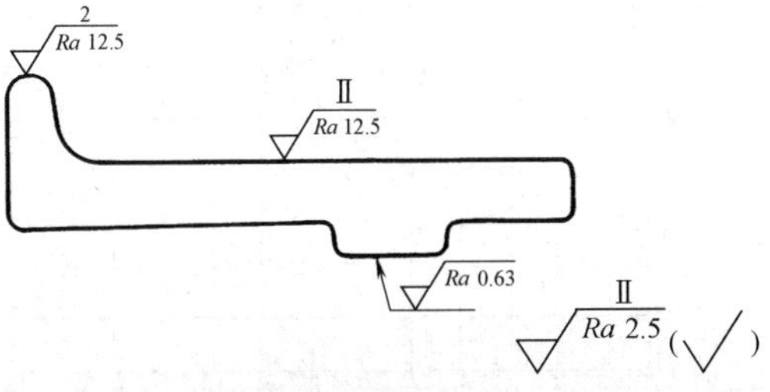

图 2-3-42　标注实例

在实际生产中，建议采用标准样件作为评定精冲件表面完好率和允许撕裂的依据。标准样件由企业组织生产的有关部门从试冲的零件中选定。

1. 影响表面粗糙度的因素

凸凹模的表面粗糙度和刃口状态是影响剪切面表面粗糙度的主要因素，模具工作表面的 Ra 值越小，工件剪切面的 Ra 值也相应减小。虽然电加工在模具表面产生的纵向波纹不会反映在精冲件的剪切面上，即此时工件的 Ra 值小于模具的 Ra 值，但仍需仔细研磨光刃口上电加工留下的痕迹，防止它在工件的剪切面上产生划痕。

润滑剂也是影响剪切面表面粗糙度的重要因素。良好的润滑剂形成一种耐压耐温的薄膜附着在金属表面上，将新生的剪切面和模具工作表面隔开，借以减少摩擦，散发热量，达到提高模具寿命和剪切面质量的目的。反之，如果润滑剂在高压下被挤走，或在高温下分解挥发，结果剪切面和模具工作表面在高温高压下直接接触，将产生干摩擦，容易引起“焊合”，导致模具的粘着磨损和工件剪切面擦伤，使 Ra 值增加。

在目前采用的精冲速度范围内，冲裁速度本身不会直接影响剪切面的表面粗糙度。冲裁速度主要通过精冲的变形功和摩擦功产生的变形热而对剪切面质量产生影响。当材料较厚而精冲速度又高时，如不采取强制冷却和有效润滑，很容易产生“焊合”现象。冲裁速度、材质和料厚、润滑剂三者是围绕着精冲变形热而互相影响，相互制约。强度高且厚度大的材料宜采用较低的冲裁速度。

当模具工作表面的表面粗糙度和润滑条件一定时，材料的强度和厚度对剪切面表面粗糙度 Ra 值的影响如图 2-3-43 所示。

2. 影响表面完好率的因素

前已阐明，精冲时剪切变形区材料的塑性流动而引起的加工硬化沿厚度方向增加，在工件的毛刺侧附近达到最高值，此时材料的塑性将沿厚度方向逐渐降低，最后如果塑性过低就会出现表层剥落。JB/T 9175.2—2013 规定用剪切终端表层剥落的多少来确定表面完好率的等级。因此，影响表面完好率的因素，实际上是影响剪切终端表层剥落的因素，包括冲裁间隙、压边圈齿形参数、刃口圆角、压边力、反压力、搭边以及原材料等。其中，冲裁间隙是影响表面完好率的主要因素。

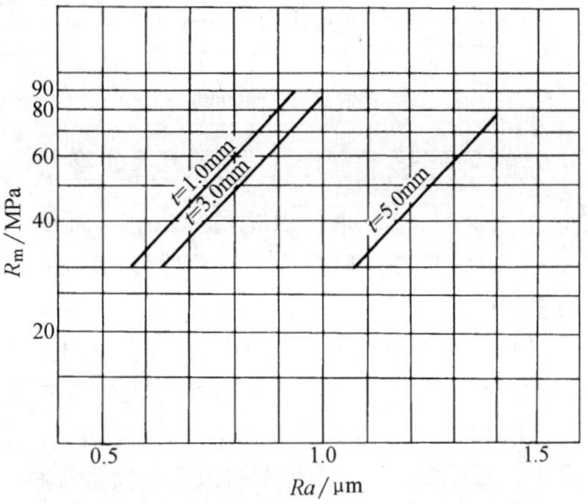

图 2-3-43　剪切面 Ra 值与材料的 R_m 和料厚 t 的关系

分析间隙的影响时，不能静止地看待间隙（间隙和原始料厚的关系），而应从精冲过程中瞬时料厚和间隙的关系来分析问题。瞬时间隙是指间隙和瞬时厚度之比。显然，瞬时间隙随精冲过程的进行而逐渐增加。建立瞬时间隙的概念，有利于分析精冲过程及其对剪切终端表层剥落的影响。

综上分析表明精冲是不定常过程，无论是材料的塑性和模具的瞬时间隙在精冲过程中都是变化的，而且是材料的塑性不断降低，瞬时间隙不断增大。这种不利于精冲的变化趋势是精冲工艺本身的特点所决定的。因此，对每一种材料都存在精冲的极限厚度，详见本章第 3.6 节。

3.5.3　剪切面垂直度

精冲件剪切面呈倒锥现象是精冲的特征之一，它是精冲过程中材料随模具刃口流动又始终保持为一个整体而产生的。

如图 2-3-44 给出了可达到的剪切面垂直度公差，一般内形的垂直度比外形的高。剪切面垂直度和材料厚度、强度、模具结构、刃口状态以及力能参数等有关。

采用双齿圈有利于提高剪切面的垂直度。

3.5.4　平面度

精冲裁过程中 V 形齿圈压入材料，在压边圈和凹模、反压板和凸模强力夹持下进行，本身就具有

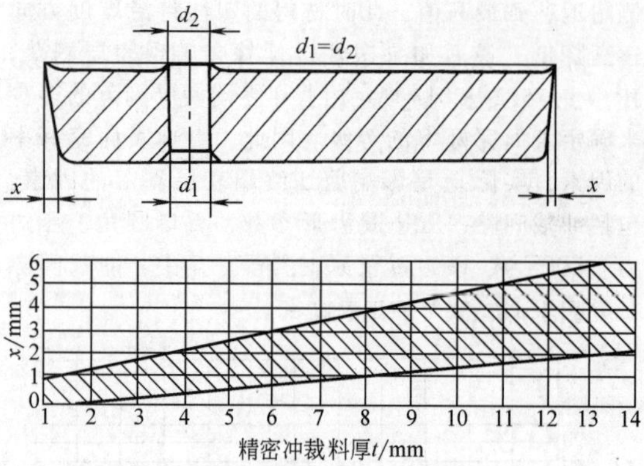

图 2-3-44　精冲件剪切面垂直度公差

校平作用，因此精冲件具有较高的平面度。如图 2-3-45 所示为在一般条件下精冲件每 100mm 距离上的平面度公差。

精冲件的平面度与材料厚度、原始的平面度、内部的残余应力、力学性能及精冲工艺的力能参数有关。增加反压力对改善平面度效果显著。此外，厚度大、强度低、压边力大都对改善平面度有利。

3.5.5　塌角和毛刺

精冲件存在塌角和毛刺。

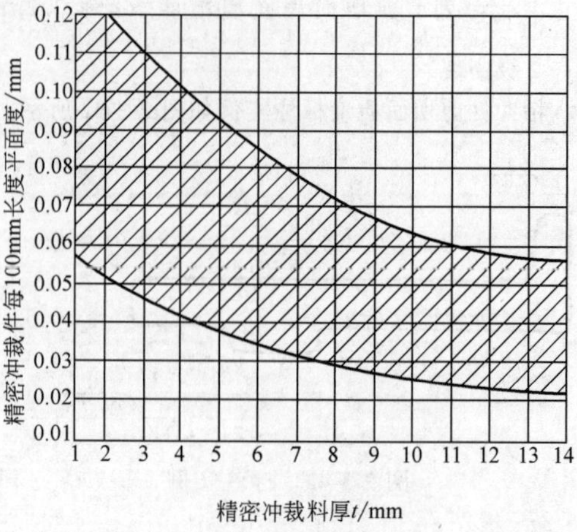

图 2-3-45　精冲件的平面度公差

1. 塌角

在给定材料厚度和材料种类的条件下，圆角半径 R 和夹角 α 越小，塌角的宽度 c 和深度 d 越大。如果给定零件的 R 和 α，则减小材料厚度和提高强度，会使塌角的深度和宽度减小。

如图 2-3-46 给出了最小允许圆角处最大塌角的标准值（适用于 R_m 在 450MPa 以下的材料）。

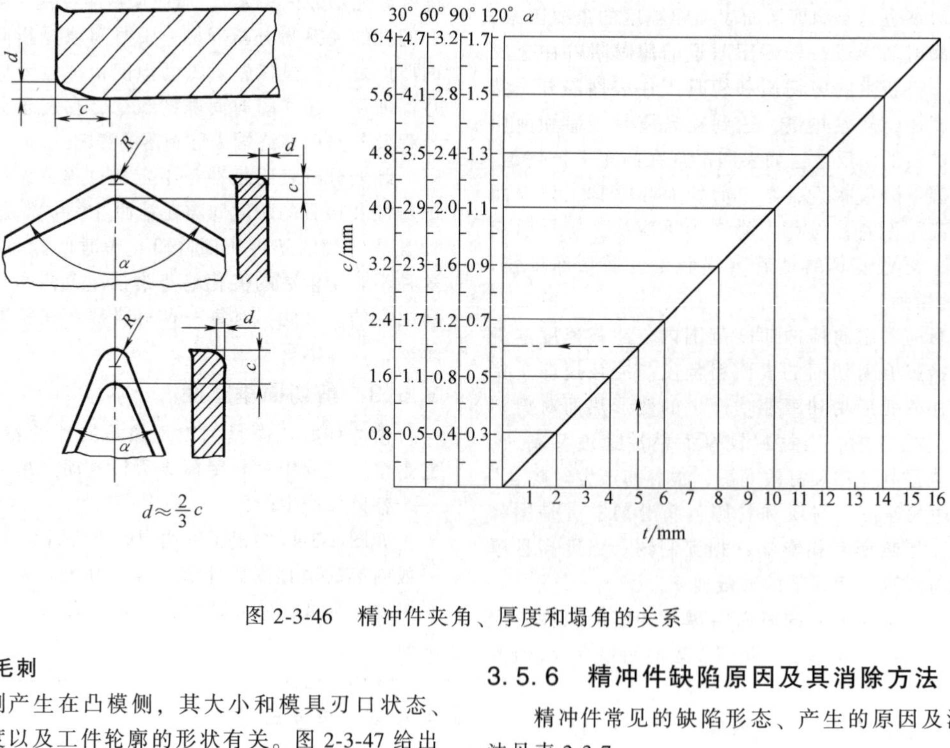

图 2-3-46　精冲件夹角、厚度和塌角的关系

2. 毛刺

毛刺产生在凸模侧，其大小和模具刃口状态、磨损程度以及工件轮廓的形状有关。图 2-3-47 给出了凸模刃口圆角半径对毛刺高度的影响。

3.5.6　精冲件缺陷原因及其消除方法

精冲件常见的缺陷形态、产生的原因及消除方法见表 2-3-7。

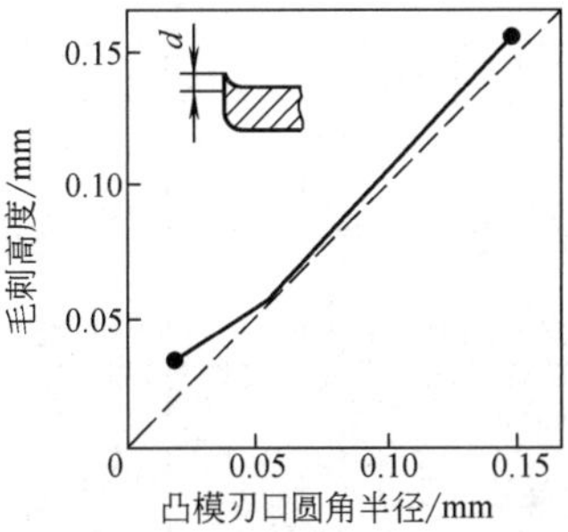

图 2-3-47　凸模刃口圆角半径对毛刺高度的影响

材料：20 钢　厚度：3.3mm　凹模直径：16mm　凹模刃口圆角半径：0.01mm　间隙：1.2%t

压边力：40kN　反压力：0

表 2-3-7　缺陷形态、原因及消除方法

缺陷形态	产生原因	消除方法
表面质量差 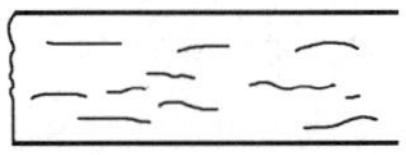	1. 材料不合适 2. 凹模孔表面粗糙 3. 润滑不充分 4. 润滑剂不合适 5. 凹模圆角半径太小	1. 球化退火或更换材料 2. 当凸、凹模间隙允许时研磨凹模孔 3. 改进润滑结构 4. 更换润滑剂 5. 适当增大凹模圆角半径
中间撕裂带 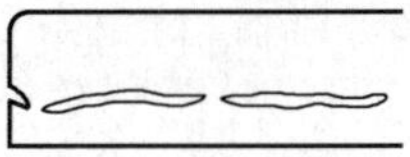	1. 压边力太小 2. 凹模圆角太小或不均匀 3. 材料不合适 4. 搭边太小 5. 压边圈齿形参数不合适 6. 零件拐角夹角太小	1. 增大压边力 2. 修正凹模圆角半径 3. 球化退火或更换材料 4. 增加送料长度或增加条料宽度 5. 修正齿形参数或双面压齿 6. 适当加大拐角处凹模圆角半径或在该处采用双面齿圈
剪切终端表层剥落 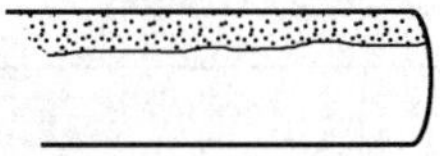	凸模和凹模的间隙太大	重新制造凸模或凹模减小间隙
剪切面呈现不正常锥形 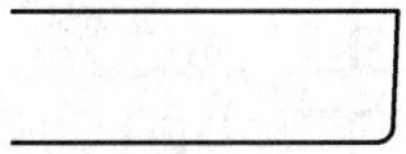	1. 凹模圆角半径太大 2. 凹模弹性变形	1. 重磨凹模刃口，减小圆角半径 2. 镶拼凹模增加预压量，整体凹模增加预紧套
工件靠凸模侧有毛边，剪切面呈锥形 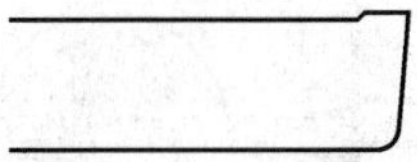	凸模与凹模的间隙太小	增加凸模与凹模的间隙（加工特殊性质的材料时，即使间隙合适也可能出现一定程度的毛边）
剪切面呈波纹状和锥形 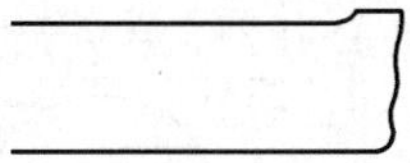	1. 凹模圆角半径太大 2. 凸模与凹模间隙太小	1. 重磨凹模、减小圆角半径 2. 重新加工凸模以增加凸模与凹模的间隙
剪切面带波纹状，剪切终端表层剥落 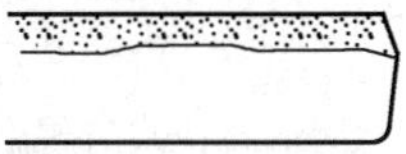	1. 凹模圆角半径太大 2. 凸模和凹模的间隙太大	1. 重磨凹模、减小圆角半径 2. 重新制造凸模或凹模减小间隙

（续）

缺陷形态	产生原因	消除方法
工件毛刺过大 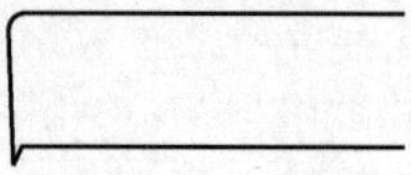	1. 凸模与凹模间隙太小，凸模刃口已钝 2. 凸模与凹模间隙合适，凸模刃口已钝 3. 凸模进入凹模太深	1. 增加间隙，重磨凸模 2. 重磨凸模 3. 增加封闭高度
一侧剪切终端表层剥落，另一侧呈波纹状有毛边 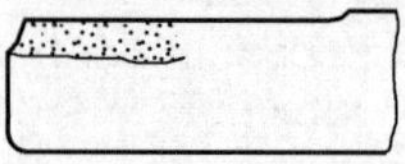	凸模和凹模间隙不均	调整凸模和凹模间隙
塌角过大 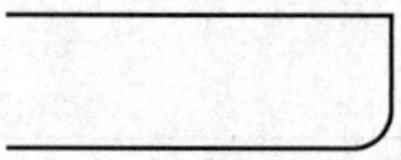	1. 凹模圆角太大 2. 反压力太小 3. 工件轮廓上拐角的夹角太小	1. 重磨凹模，减小圆角半径 2. 增加反压力 3. 采用双面齿
工件不平中间拱起 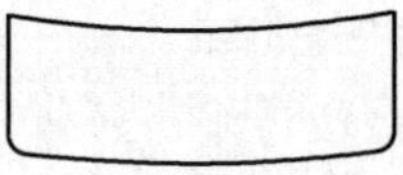	1. 反压力太小 2. 凸模表面存油太多	1. 增加反压力 2. V 形齿圈上开溢油槽，减少润滑油使用量
工件沿长度方向弯曲 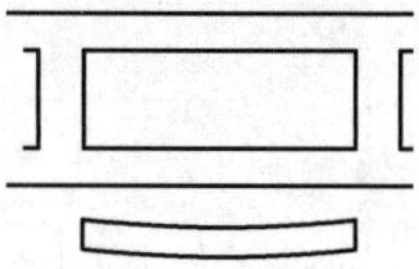	1. 原材料不平 2. 材料内部有残余应力	1. 增加校直工序 2. 消除应力退火
工件扭曲 	1. 材料内部有应力 2. 条料轧制纤维方向不合适 3. 反压板顶出工件不一致	1. 消除应力 2. 更换材料 3. 检查反压板厚度平行度，以及顶杆长度

3.6　精冲材料

3.6.1　精冲对材料的基本要求

（1）塑性好　材料的断后伸长率和断面收缩率高，则其变形能力强。精冲时，变形区的材料易于流动而不断裂。

（2）变形抗力低　材料的屈服强度和抗拉强度低。

（3）润滑剂附着性优良　有利于实现精冲过程的工艺润滑，提高模具寿命。

（4）组织结构好　精冲对材料的组织有较高的要求。同样的材料，热处理不同，材料的塑性和金相组织均不相同，对精冲件的质量有明显的影响。对碳钢和合金钢而言，碳化物的形态和分布至关重要，以球化完全、弥散良好、分布均匀的细球状碳化物组织为最佳。

如图 2-3-48 所示为不同金相组织对精冲过程影响的示意图。左边为片状珠光体组织，精冲时处于分离面上脆而硬的片状碳化物被模具刃口切断时，

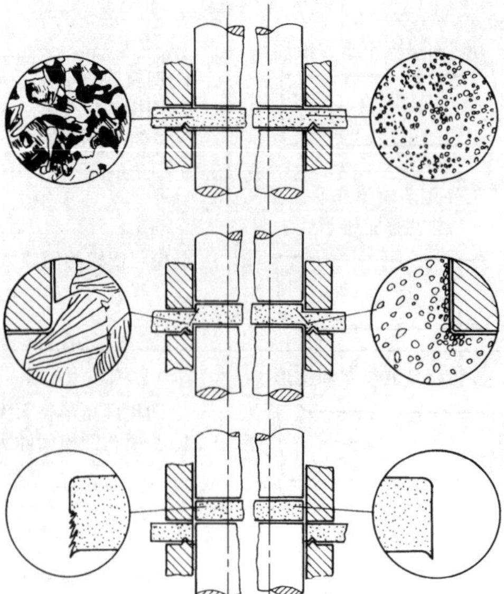

图 2-3-48　不同金相组织对精冲过程的影响

很容易在该处产生微裂纹扩展而引起撕裂，并加速模具刃口的磨损。右边所示为球状珠光体组织，精冲时处在分离面上脆而硬的球状碳化物被模具刃口挤入软的铁素体基体内，避免了切断碳化物引起的微裂纹和撕裂，从而获得完整的剪切面。此外，还改善了模具刃口的工作条件，有利于提高模具寿命。

由于球化处理需要增加成本，对材料组织要求越高，成本也越高。实际生产中应根据零件形状的复杂程度和剪切面质量级别，合理选用相应的材料组织。在满足零件技术要求的前提下应选用最便宜的材料，以求得性能和经济的平衡。

下面以 20 钢、45 钢和 15CrMn 钢为例，说明材料的组织对精冲件剪切面质量的影响，以及精冲对材料的要求。

上述三种钢材，对精冲而言可分为三种组织状态：

组织 1——一般热轧组织

组织 2——半精冲性质

组织 3——精冲性质

用上述三种材料的三种组织，在同样条件下用同一模具生产的零件见表 2-3-8。

表 2-3-8　零件示例

材料	组织	抗拉强度/MPa	伸长率（%）	金相图片（×675×5/10）	精密冲裁结果
20 钢（厚 5mm）	组织 1 热轧	510	29	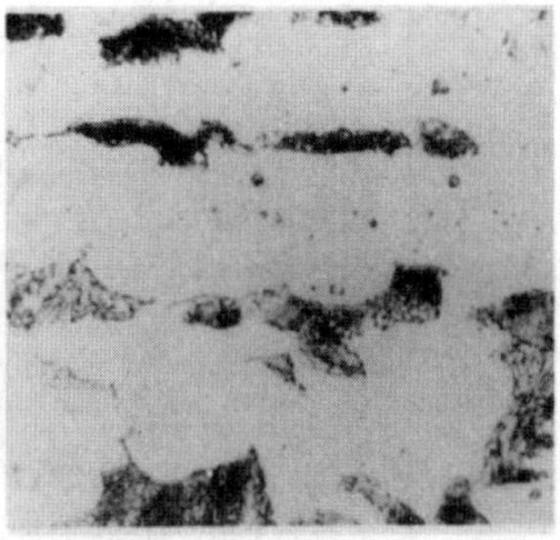 铁素体加片状珠光体	 简单平滑轮廓可获完整剪切面，圆角半径小的拐角处有撕裂
	组织 2 半精密冲裁性质	440	31	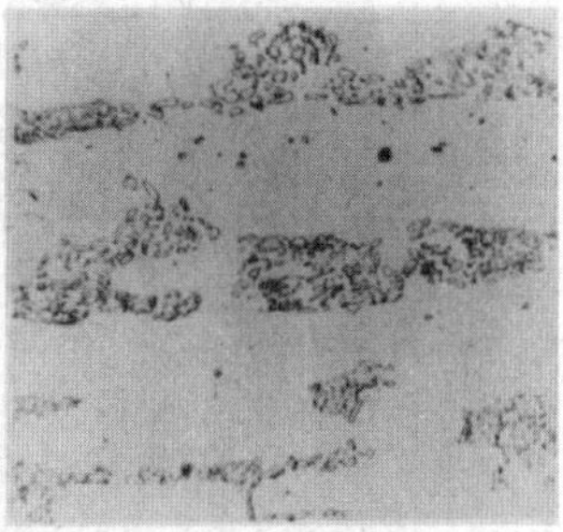 球状珠光体加片状珠光体	 圆角半径小的拐角处也能获得完整的剪切面
	组织 3 精密冲裁性质	410	35	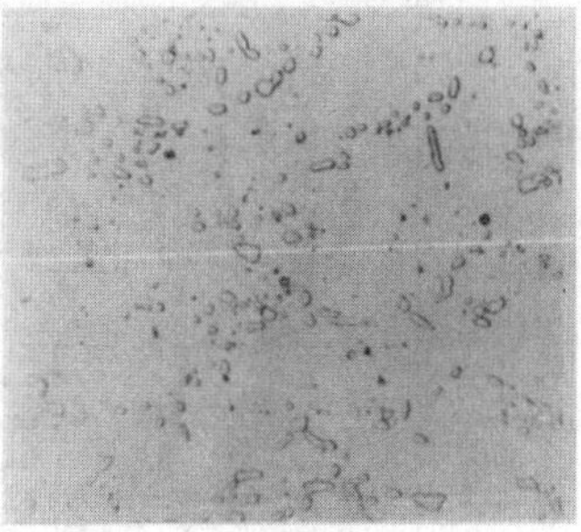 弥散良好的球状珠光体，为最佳精密冲裁组织	 复杂轮廓均可获得完整剪切面，模具寿命最高

（续）

材料	组织	抗拉强度/MPa	伸长率（%）	金相图片（×675×5/10）	精密冲裁结果
15CrMn	组织 1 热轧（厚 5.5mm）	580	22	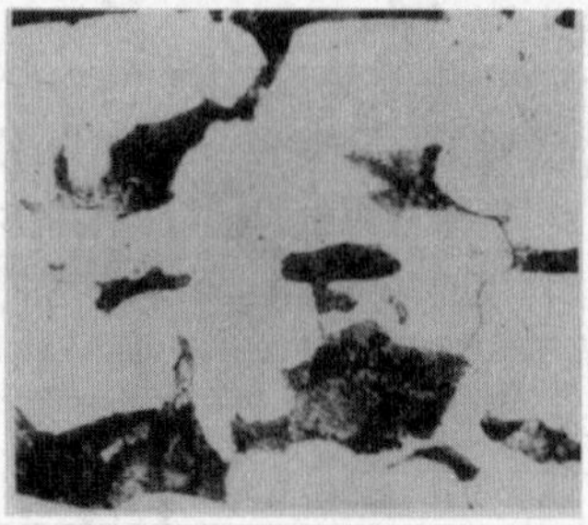 铁素体加片状珠光体	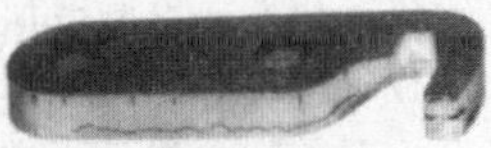 可获得完整剪切面，但热轧材料表面氧化物在剪切面上留下痕迹
	组织 2 半精密冲裁性质（厚 5.5mm）	520	28	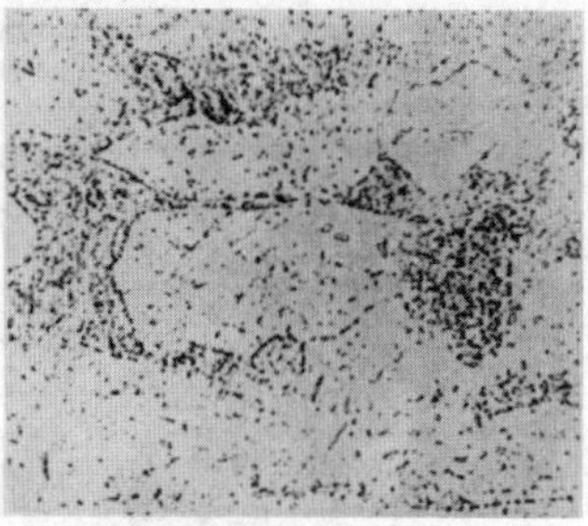 细晶粒球状珠光体部分稠密弥散	 可获得完整剪切面
	组织 3 精冲性质（厚 5mm）	470	29	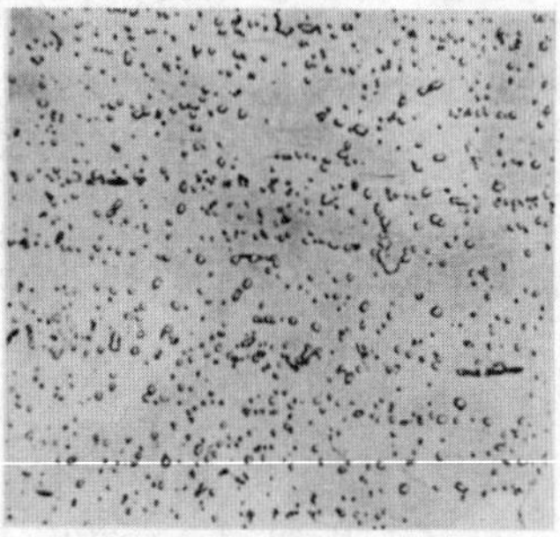 弥散良好的细晶粒球状珠光体，为最佳精密冲裁组织	 复杂轮廓均可获得完整剪切面，模具寿命最高
45 钢	组织 1 热轧（厚 5.3mm）	730	18	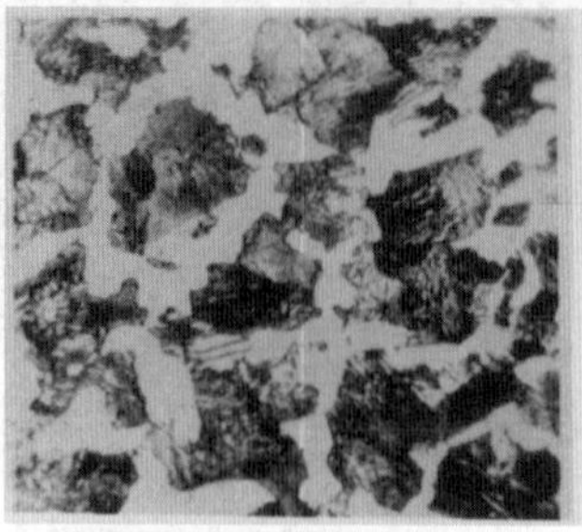 铁素体加片状珠光体	 剪切面有撕裂，材料表面氧化皮在剪切面上划出痕迹

（续）

<table>
<tr><th>材料</th><th>组织</th><th>抗拉强度/MPa</th><th>伸长率（%）</th><th>金相图片（×675×5/10）</th><th>精密冲裁结果</th></tr>
<tr><td rowspan="2">45 钢</td><td>组织 2
半精密冲裁性质(厚 5.3mm)</td><td>540</td><td>31</td><td>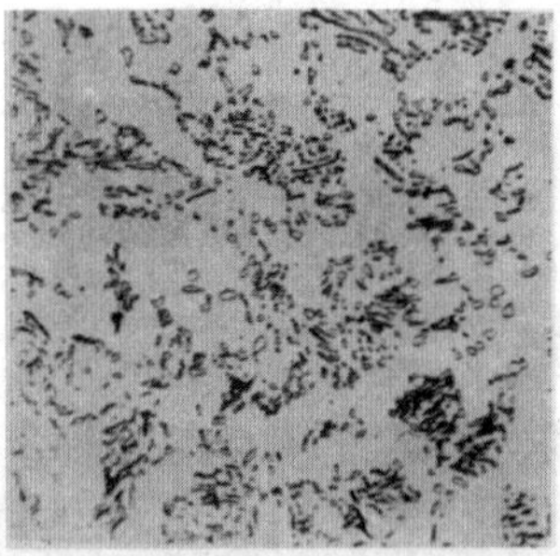
球状珠光体加残余片状珠光体</td><td>
简单平滑轮廓可获完整剪切面,圆角半径小的拐角处有撕裂</td></tr>
<tr><td>组织 3
精密冲裁性质(厚 4.5mm)</td><td>500</td><td>35</td><td>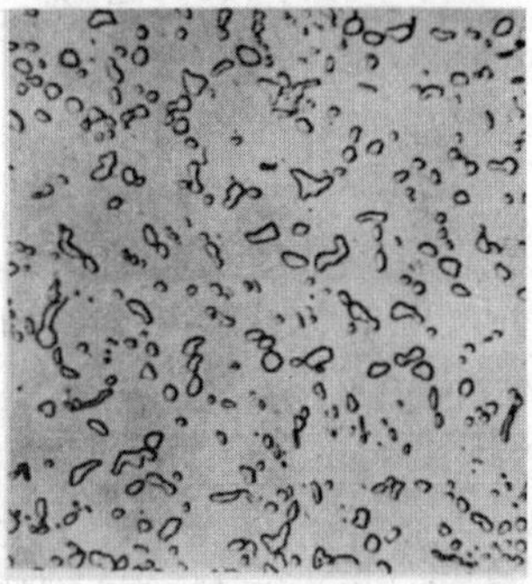
弥散良好的球状珠光体,为最佳精密冲裁组织</td><td>
可获得完整剪切面,模具寿命最高</td></tr>
</table>

从表 2-3-8 可以看出：

1）15CrMn 具有良好的精冲性能，不经球化处理直接采用热轧材料即可获得完整光洁的剪切面。

2）45 钢必须具有弥散良好的球化组织才能获得完整的剪切面。

3）对于拐角处允许有撕裂的零件，可直接采用热轧的 20 钢或球化不完全的 45 钢。

4）必须清除热轧材料表面的氧化物，防止它影响剪切面质量和降低模具寿命。

3.6.2　适于精冲的材料

1. 钢

大约 95%的精冲零件是钢件，其中大部分是低碳钢。适于精冲的主要钢种见表 2-3-9。

表 2-3-9　适于精冲的主要钢种

材料	可精冲的大约最大厚度/mm	精冲适应性	材料	可精冲的大约最大厚度/mm	精冲适应性
08	15	1	T8A	3	3
10	15	1	T10A	3	3
15	12	1	15Mn	8	2
20	10	1	Q355	8	2
25	10	1	15CrMn	5	2
30	10	1	20MnMo	8	2
35	8	2	20CrMo	4	2
40	7	2	GCr15	6	3
45	7	2	1Cr18Ni9	3	2
50	6	2	06Cr13	6	2
55	6	2	12Cr13	5	2
60	4	2	40Cr13	4	2
70	3	3	42CrMo	8	2
35CrMo	8	2	35CrMoS	6	2

注：1—理想的精冲材料；2—适合精冲的材料；3—精冲困难的材料。

未列入表 2-3-9 的钢种，可参考表中含碳量接近的钢种。但对于含硫、磷较高的非镇静钢，即使是低碳钢，精冲时也会出现问题，选材时需慎重。表中，可精冲的大约最大厚度是一个范围，它与材料的状态、工件的技术要求以及模具寿命有关。

2. 铜和铜合金

铜和铜合金的精冲性能取决于化学成分和冷轧的程度。

锌含量（质量分数，余同）在 38%以下时，合金为单一的 α 相者塑性好。因此，所有含锌量低于 37%（含铜量高于 63%）的黄铜均能精冲，含铜量越高效果越好。锌含量超过 38%时，合金出现 β 相，组织为 α+β 双相不均体，精冲性能差，H59 黄铜就属于这种组织。

铝青铜中含铝量较低时塑性好，可以精冲；含铝量超过 10%时，塑性差；含铝量超过 10%的铝青铜不适于精冲。

铅黄铜塑性差不适于精冲。

铜及铜合金的精冲适应性见表 2-3-10。

表 2-3-10　适于精冲的主要铜和铜合金

材料	精冲适应性
T2,T3,T4,TU1,TU2	1
H96,H90,H80,H70,H68	1
H62	2
HSn70-1,HSn62-1	2
HNi65-5	2
QSn4-3	2
QBe2,QBe1.7	3
QAl 7	2

注：1—良好的；2—中等的；3—困难的。

3. 铝和铝合金

铝和铝合金同样可以精冲，其化学成分和冷轧程度影响精冲性能，其精冲适应性见表 2-3-11。

各种纯度的铝都很软，具有良好的塑性，容易实现精冲，但受冷轧产生的加工硬化限制。

铝锰合金为非时效硬化铝合金，在软态下具有良好的精冲性能；在半硬和硬态下，塑性降低，影响精冲质量。

铝镁合金根据镁的不同含量，牌号为 5A02、5A03 和 5A06。这类合金在软态时伸长率最低为 15%，均可以精冲。在半硬和硬态时塑性降低。

表 2-3-11　铝及铝合金的精冲适应性

材料	精冲适应性
1070A，1060，1050A，1035，1200，2A06,2A07,3A21	1
5A02,5A03	2
2A11,2A12	3

注：1—良好的；2—中等的；3—困难的。

3.7　精冲模具

精冲模具是一种特殊结构的模具，具有以下特点：

有 V 形压边圈，材料在压边圈和凹模、反压板和凸模的夹持下进行冲裁，工艺要求同时施加压边力、反压力和冲裁力。因此，精冲模具受力比普通冲裁模大，刚性要求更高。

凸模和凹模之间的间隙小，大约是料厚的 1%。

冲裁完毕模具开启时，反压板将工件从凹模内顶出，压边圈将废料从凸模上卸下，不需要另设顶件和卸料装置。由于上出料，凸凹模孔的深度不需要通过凸凹模的整个高度，可使凸凹模和模座更坚固。

3.7.1　典型结构

1. 活动凸模式精冲模

模具结构的特点是：凸模相对模座是活动的、凸模靠模座和压边圈的内孔导向。凹模和压边圈分别固定在上、下模座上，凸模通过压边圈和凹模保持相对的位置，因此要求凸模和压边圈之间的间隙更小，只有使凸模有较长的导向和正确定位才能保证对中。如果凸模轮廓的最大尺寸超过了凸模的高度，准确对中就不易保证。因此，活动凸模式模具主要适用于中、小型零件的精冲。

图 2-3-49~图 2-3-51 所示为活动凸模式精冲模的典型结构。图 2-3-49 中的凹模和压边圈部分都分别嵌入上下模座的圆锥形凹槽内；如图 2-3-50 和图 2-3-51 所示是另一种类型，凹模和压边圈分别平置在上、下模上，它们通过闭锁销联系在一起。

2. 固定凸模式精冲模

这种模具结构的特点是：凸模固定在模座上，压边圈通过传力杆和模座、凸模保持相对运动，如图 2-3-52 和图 2-3-53 所示。

固定凸模式精冲模适合加工的零件包括大型或窄长的零件、不对称的复杂零件、内孔较多的零件、冲裁力较大的厚零件、需要连续模精冲的零件等。

固定凸模式精冲模如图 2-3-52 所示。在传力杆 18 及顶杆 8 的作用下，压力垫 3 向下移动，在模座的下面出现很大的空洞，而全部冲裁力都作用在空洞的上方，使凸凹模产生弯曲，这是十分不利的。在冲裁力的不断作用下，凸凹模的下部有由于弯曲而拉裂的危险。为避免产生这种情况，在冲裁力较大时，需采用专用结合环，如图 2-3-52b 所示，以改善下模座的支撑条件，避免出现大空洞而使凸凹模产生弯曲。

如图 2-3-53 所示是固定凸模式精冲模另一种典型结构，凹模和压边圈不采用图 2-3-52 所示的圆锥

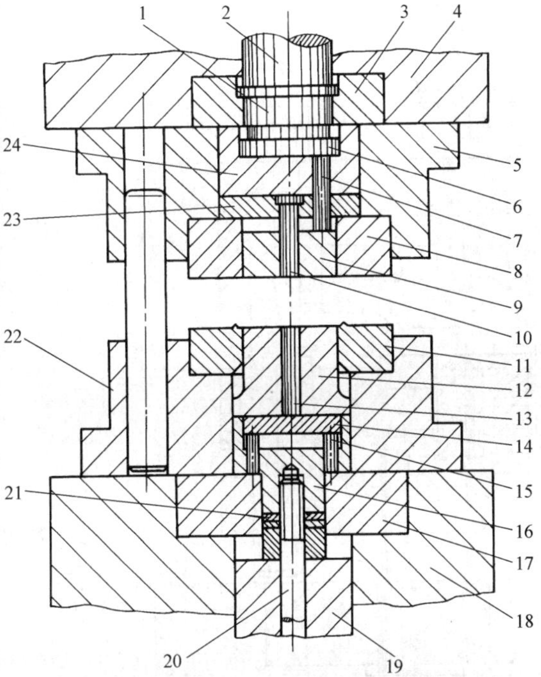

图 2-3-49　活动凸模式模具典型结构

1、6—压力垫　2—反压力液压柱塞　3—接合环　4—压力机上工作台　5—上模座　7、13—顶杆　8—凹模　9—反压板　10—冲孔凸模　11—压边圈　12—凸凹模　14—桥板　15—传力杆　16—凸模座　17—接合环　18—液压工作台　19—滑块上工作台　20—拉杆　21—垫圈　22—下模座　23—冲孔凸模固定板　24—上垫板

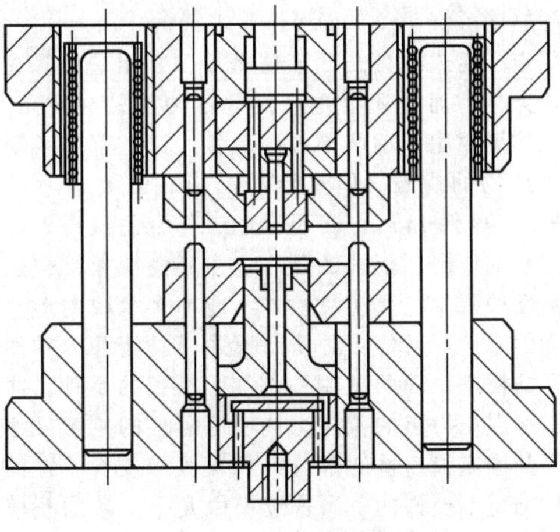

图 2-3-50　活动凸模式模具典型结构

面定位结构，而采用闭锁销将二者联系在一起。

无论是活动凸模式或固定凸模式结构，凹模和压边圈与上、下模座的连接都有两种方式。一种是凹模和压边圈都分别嵌入模座的圆锥形凹槽内，如图 2-3-49 和图 2-3-52 所示，这种结构的优点是维修需要多次拆装时，上下模仍能准确对中，重复精度高，结构紧凑，封闭高度小，工作零件尺寸小；缺点是结构复杂，制造困难。另一种结构是凹模和压边圈分别平置于模座或压边圈座上，通过闭锁销结构使凹模和压边圈对中，如图 2-3-50、图 2-3-51 和图 2-3-53 所示，该结构容易加工和装配，目前被广泛采用。

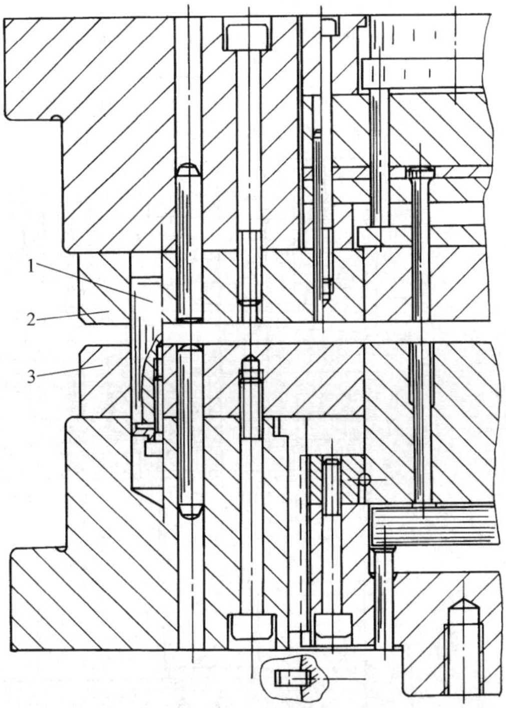

图 2-3-51　活动凸模式模具典型结构

1—闭锁销　2—凹模　3—压边圈

不同的模具结构形式，要求压力机工作台结构相应匹配。活动凸模式模具要求压力机的工作台为中心部位，固定四周由环形液压缸、柱塞构成的浮动液压工作台。固定凸模式模具要求压力机的工作台中部有柱塞液压缸。

活动凸模式模具的凸凹模直接固定在上述工作台中心部位，支撑条件好，压边圈和模座固定在四周的浮动工作台上，压边圈的运动比固定凸模式模具的压边圈平稳。后者需要通过许多根传力杆推动，传力杆的高度有误差，就会使凸凹模受侧弯。此外，活动凸模式模具的压边圈和凸凹模之间的间隙极小而导向部分又长，在凸凹模支撑良好、压边圈运动平稳的条件下，压边圈将防止凸凹模失稳，不受侧向力而起到保护凸凹模的作用。这一点，对于精冲小零件的细而长的凸凹模尤其显得重要。另外，活动凸模式模具刃磨凸凹模后，只需根据修磨量更换垫圈（如图 2-3-49 中件 21，是压力机的附件，它有

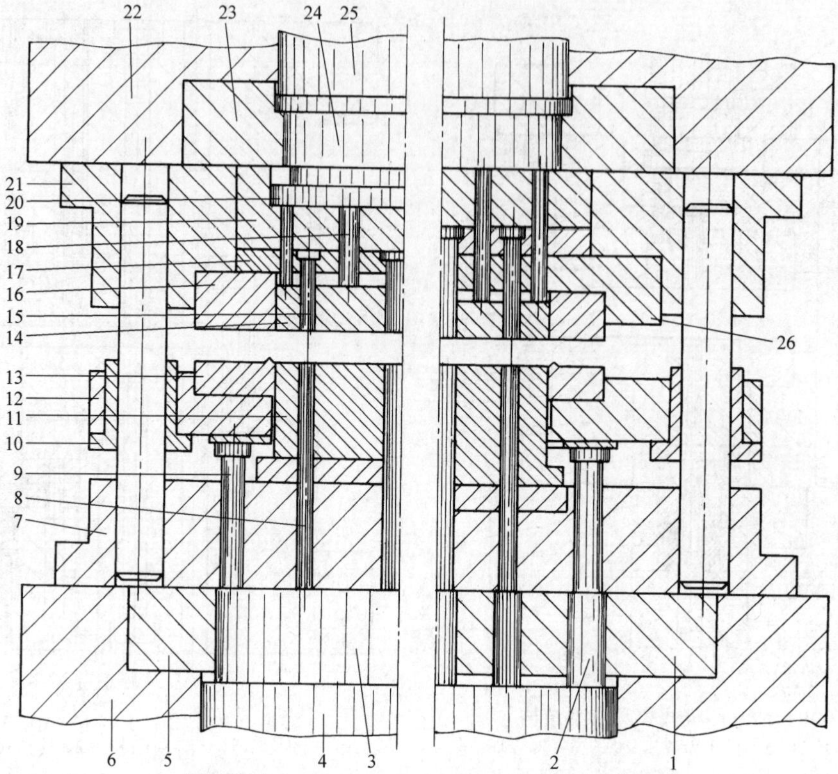

a) 典型结构　　　　b) 采用专用结合环

图 2-3-52　固定凸模式精冲模典型结构

1—专用结合环　2、9、18—传力杆　3、20、24—压力垫　4、25—压边力柱塞　5、23—结合环　6—压力机工作台　7、21—模座　8—顶杆　10—导套　11—凸凹模　12、26—座圈　13—压边圈　14—反压板　15—冲孔凸模　16—凹模　17—冲孔凸模固定板　19—上垫板　22—上工作台

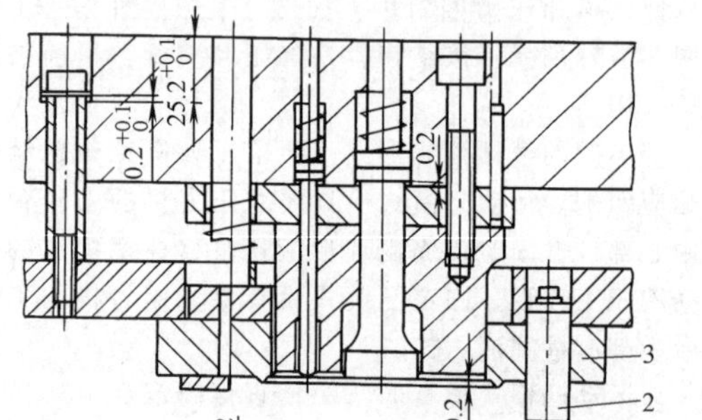

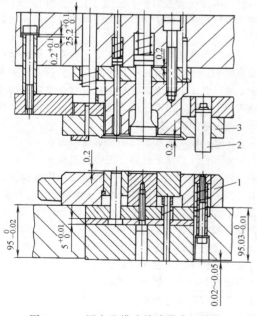

图 2-3-53　固定凸模式精冲模典型结构

1—凹模　2—闭锁销　3—压边圈

各种厚度可供选择）即可继续进行精冲，十分方便；而固定凸模式模具凸凹模修磨后，需相应地修磨各个传力杆，而且还要重新调整压力机的封闭高度，其工作量要比活动凸模式模具大。以上都是活动凸模式结构的优点。但是活动凸模式需要通过桥板（图 2-3-49 件 14）将四周浮动工作台的液压力传递给中心部位凸凹模内的顶杆。由于受桥板结构强度和刚性的限制，活动凸模式不能冲多孔或内形轮廓较大的零件。另外，活动凸模式模具精冲的零件尺寸受凸模座尺寸的限制。例如，窄长的零件，冲裁力虽然在压力机的范围之内，但零件的轮廓尺寸超过了凸模座，超过的部分凸凹模没有支撑，在模具结构上是不允许的。当连续模中几个工步的凸模分布距离很长，安排在活动凸模式模具的凸模座上更是不可能的，这些是活动凸模式模具的缺点。

从精冲模具结构的发展来看，由于精冲技术向大型和复合工艺发展，大型精冲模具和多工位连续精冲模将不断增加，因此固定凸模式精冲模的比重将会日益增加。

图 2-3-54 所示是连续精冲模的典型结构，多工

位连续精冲工艺过程的主要特点是在条料开始和结束冲裁的阶段会产生偏心冲裁力，因此模具设计时在结构上必须采取措施，防止偏心力使压机的滑块导轨和反压缸的柱塞产生偏斜。图 2-3-54 中的闭锁销 3、平衡杆 7 就是为了实现上述目的而设置的。此外，还设置了导料销 2、定位销 1 和凸模定位销 6 用来控制条料的导向精度和步距精度。

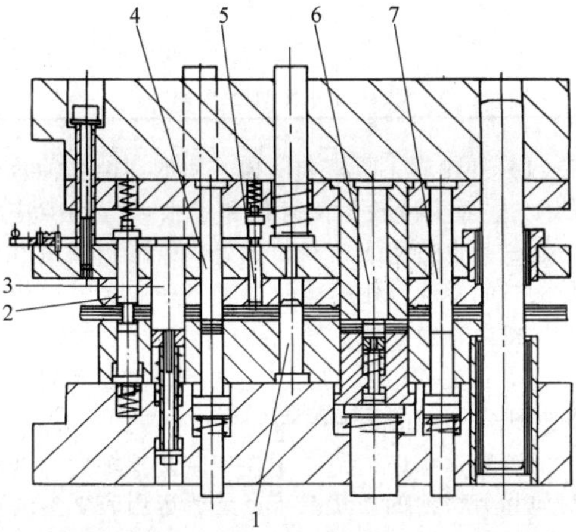

图 2-3-54 连续精冲模

1—定位销 2—导料销 3—闭锁销 4—冲孔凸模 5—弹顶杆 6—凸模定位销 7—平衡杆

3.7.2 排样与搭边

排样的原则和普通冲裁相同，如果工件不要求材料的轧制方向，则应是保证工艺过程需要和工件剪切面质量的前提下使废料最少。对于外形两侧剪切面质量要求有差异的工件，排样时应将要求高的一侧放在进料方向，以便冲裁时搭边最充分。

图 2-3-55 所示为排样的实例，零件带齿的一侧要求高，另一侧要求低，因此将齿形一侧放在进料方向。

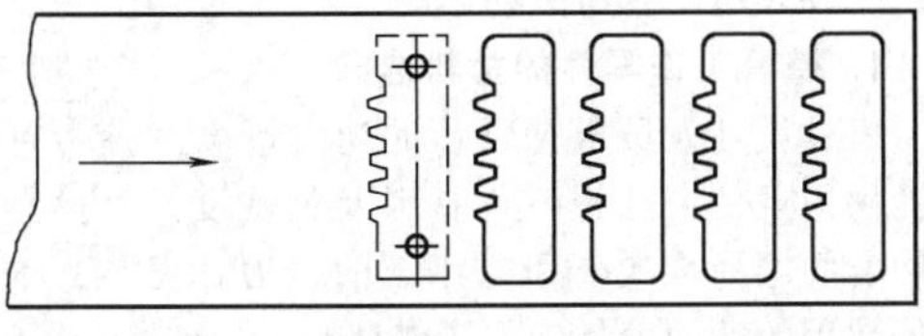

图 2-3-55 排样

精冲由于采用了 V 形齿圈压边，搭边的宽度比普通冲裁大，图 2-3-56 给出了精冲所需搭边的最小值。

3.7.3 V 形齿圈尺寸

V 形齿圈是精冲最大的特点之一。对于料厚小于 4mm 的板料，通常只在压板上安装单面齿圈，其

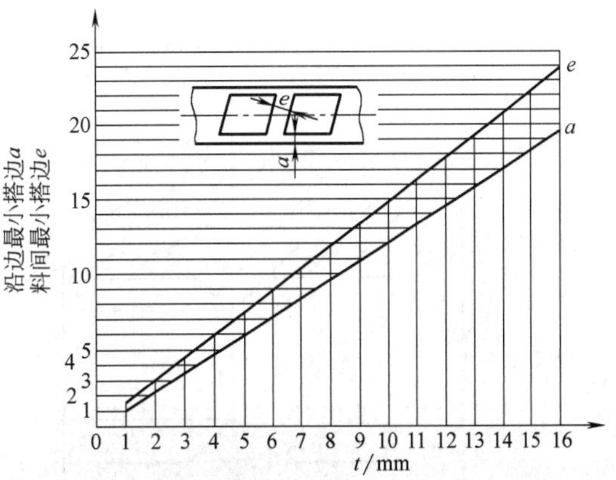

图 2-3-56 搭边

尺寸见表 2-3-12。对于更厚的板料，通常采用双面齿圈，即在压板上和凹模上同时安装齿圈，其尺寸见表 2-3-13。还有一些特殊情况，只在凹模侧安装齿圈。但近来凹模侧安装单面齿圈被越来越多地用于厚板精冲。齿圈通常与剪切线相距一定的距离，且形状一致，但在冲裁小零件或小孔时，不需要 V 形齿圈的形状与剪切线形状严格一致，如图 2-3-57 所示。V 形齿圈在冲裁开始之前就压入了板料，以阻止剪切区以外的材料在冲裁过程中随凸模流动；同时，V 形齿圈还增大了材料所受的压应力，提高了材料的塑性变形能力。压入材料的 V 形齿不仅提高了零件的断面质量，还减少了塌角，提高了零件的尺寸精度。特殊情况下，精冲过程中也可不使用 V 形齿圈。

表 2-3-12 单面 V 形齿圈尺寸

（单位：mm）

料厚 t	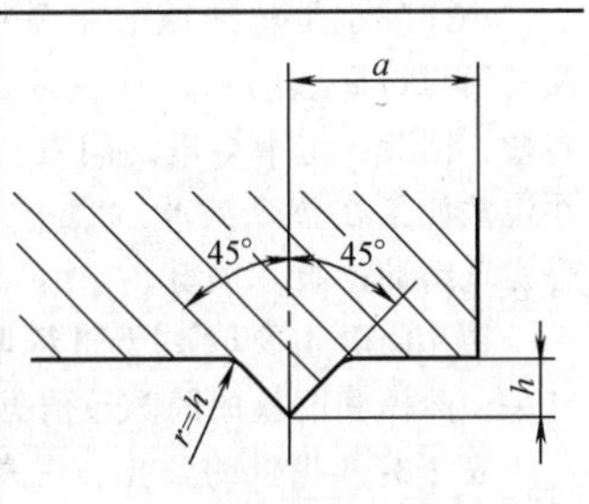	
	a	h
0.5~1	1	0.3
1~1.5	1.3	0.4
1.5~2	1.6	0.5
2~2.5	2	0.6
2.5~3	2.4	0.7
3~3.5	2.8	0.8
3.5~4	3.2	0.9

表 2-3-13　双面 V 形齿圈尺寸

（单位：mm）

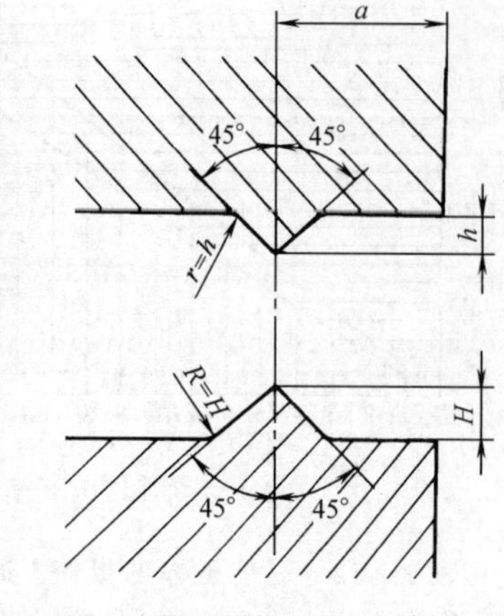

料厚 t	a	h	H
4~5	2.5	0.6	0.9
5~6	3	0.8	1.1
6~8	3.5	1.1	1.4
8~10	4.5	1.2	1.6
10~12	5.5	1.6	2
12~15	7	2.2	2.6

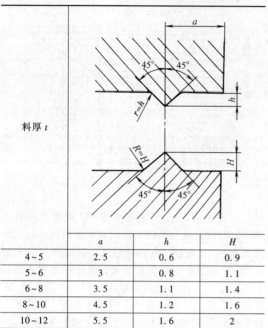

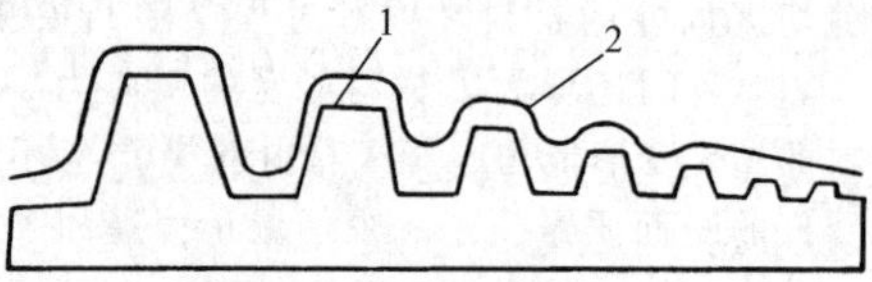

图 2-3-57　V 形齿圈

1—切口　2—V 形齿圈

3.7.4　间隙

小间隙也是精冲模的主要特征。因间隙的大小及其沿刃口周边的均匀性直接影响精冲零件剪切面质量，因此，选取合理的间隙，保证四周间隙均匀，并设法使其在整个精冲过程中，保持间隙均匀恒定是实现精冲的技术关键。

精冲间隙主要取决于材料厚度，也和工件形状有关。凸模和凹模的间隙数值见表 2-3-14。

表 2-3-14 提供的数据，是基于具有最佳精冲组织的碳钢，在剪切面表面完好率为 I 级，模具寿命高的基础上制定的。

表 2-3-14　凸模和凹模的间隙（%t）

料厚 t/mm	外形	内形(孔,直径 d)		
		$d<t$	$d=(1-5)t$	$d>5t$
0.5	0.5	1.2	1.0	0.5
1		1.2	1.0	0.5
2		1.2	0.5	0.25
3		1.0	0.5	0.25
4		0.8	0.37	0.25
6		0.8	0.25	0.25
10		0.7	0.25	0.25
15		0.5	0.25	0.25

（1）外轮廓　凸模和凹模之间的间隙是冲裁料厚的 1%。对于齿轮，在齿顶和齿根部分间隙应加倍，这一条也适用于有缺口的零件。带沟槽或其他类似缺口的零件，外轮廓的相应部分不带 V 形齿圈的，均按内轮廓处理。

（2）内轮廓　孔的直径、长度、宽度和料厚一样也是决定间隙的重要因素。

应特别指出，在实际工作中，必须结合精冲件的材质和剪切面的质量要求，灵活运用表 2-3-14 中的数据。对于不易精冲的材料，间隙应取得更小一些。对于根据精冲件质量标准，允许剪切面有一定缺陷的零件，间隙可选取稍大一些。间隙大意味着模具寿命长，便于加工。

对于外轮廓剪切面质量局部要求高其他部分要求低的零件，同样可按上述原则，在不同部位选取不同的间隙。在这种情况下，必须防止凸模和压边圈之间也具有不同的间隙，在模具结构上应确保凸模和压边圈四周仍然保持百分之百的良好导向。

3.7.5　精冲模具制造

精冲模具（特别是其工作零部件）在成形过程中的表现取决于其制造方式。热处理、机加工、修整以及涂层等都会对模具工作零件，尤其是受应力作用的外表层产生持久的影响。

1. 模具工作零件的材料选择

模具设计人员根据预计的受力情况并参考标准中提供的规范，选择零件材料及其硬度。对模具零件硬度的选择取决于所需承载的压力。表 2-3-15 给出了常用的精冲模具工作零件材料。

表 2-3-15　模具主要零件材料及硬度

模具零件名称	模具材料	硬度
凹模	粉末高速钢、W6Mo5Cr4V2	60~64HRC
	Cr12MoV	58~62HRC
凸模、凸凹模	粉末高速钢、W6Mo5Cr4V2、Cr12MoV	58~62HRC
齿圈压板、反压板	Cr12MoV、CrWMn	56~60HRC
垫板	Cr12MoV、9Mn2V、9SiCr、T10A	56~60HRC

（续）

模具零件名称	模具材料	硬度
平衡杆、传力杆	T10A、Cr12MoV、CrWMn、9Mn2V	56~60HRC
导正销、定位销	Cr12MoV、T10A	52~56HRC
小导套、小导柱、闭锁销	Cr12MoV、T10A	56~60HRC
	GCr15	58~62HRC
护齿板、调整片	Cr12MoV	56~60HRC
固定板	Cr12MoV	56~60HRC
	45	40~44HRC
限位块、导料板	45、50、40Cr	40~44HRC
上模座、下模座		28~32HRC

2. 工作零件的涂层

涂层技术已越来越受到重视，运用 PVD 涂层技术可有效提高精冲模具工作零件的性能和寿命。目前市场上有许多种的涂层方法，涂层的化学成分和结构具有多样性。一些涂层系统已被广泛接受，表 2-3-16 给出了一些实例以及主要属性。

表 2-3-16　一些涂层系统的属性

涂层材料	微观硬度 HV	摩擦系数	涂层内应力/GPa	最高使用温度/℃
TiCN	3000	0.4	-4.0	400
TiAlN	3300	0.3~0.35	-1.3~1.5	900
AlCrN	3200	0.35	-3	1100

对精冲模涂层并不意味着就可以成功地进行生产，整个模具制造链对涂层的附着力、涂层基底以及模具表层的工作效率都存在决定性的作用和持久的影响。

3.7.6　润滑

试验表明，精冲过程的摩擦主要在两个部位：

1）新生的剪切面和模具的工作面。

2）紧靠模具刃口的端面和对应凸模的表面，如图 2-3-58a 所示粗线部位。

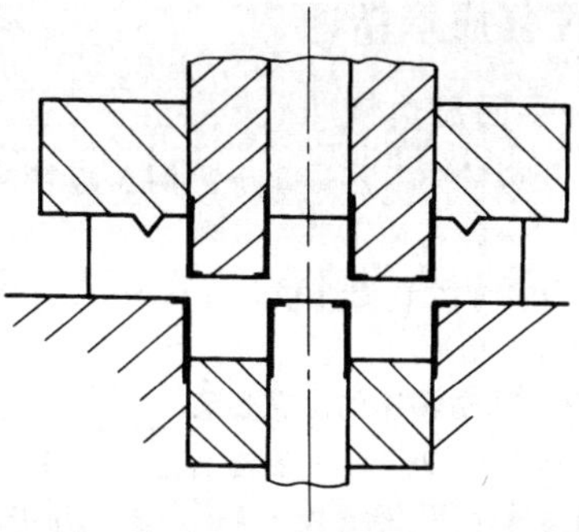

a)

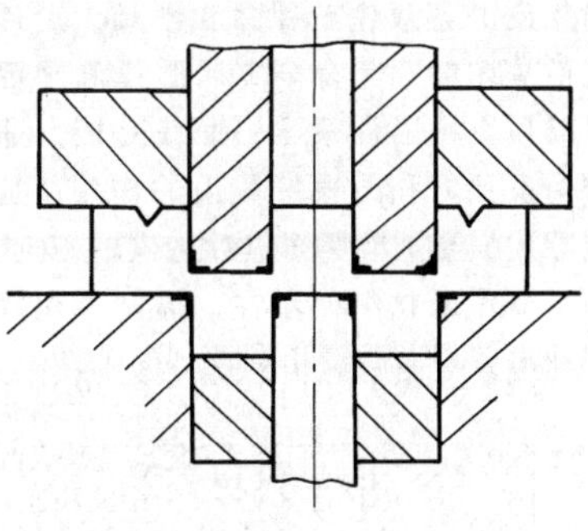

b)

图 2-3-58　精冲过程中材料与模具工作表面产生摩擦、磨损的部位

精冲模具的磨损主要集中在模具刃口周围的端面和侧面，如图 2-3-58b 所示的粗线部分。离开刃口区，在模具工作面的端面上虽然垂直方向作用的压力很大，但没有材料的相对位移不存在摩擦，因此不产生磨损。在模具工作面的侧面上虽然和新生的剪切面（它由随模具刃口转移的表面层材料和内部材料构成）有很大的相对位移存在摩擦，如图 2-3-58a 所示，但由于侧向力不是成形力，只是模具约束材料弹性变形的约束反力，远小于作用在刃口区的冲裁力，因此精冲过程中模具刃口区以外的侧面，如果润滑措施得当，基本上不产生磨损或磨损很小。正因为如此，实际生产中，当精冲到一定数量模具刃口变钝时，只需修磨刃口，模具仍可继续使用。

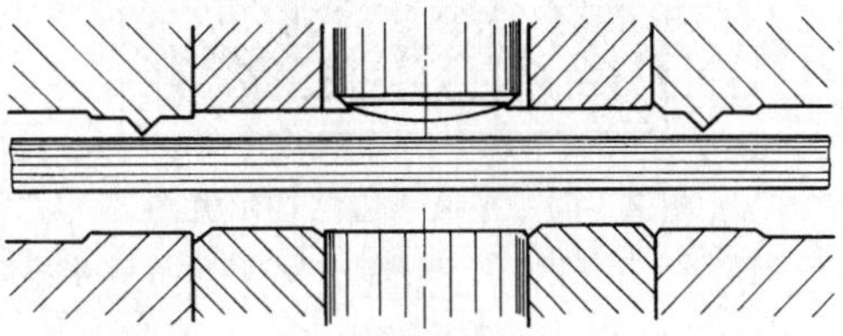

a) 精冲前

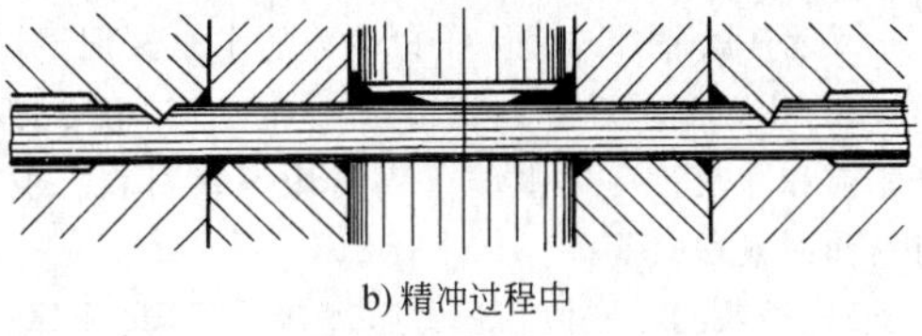

b) 精冲过程中

图 2-3-59　利于储存润滑剂的精冲模具结构

如图 2-3-59 所示是精冲模具储存润滑剂的结构，

它们紧靠着模具的刃口，保证精冲时有更多的润滑剂进入工件剪切面和模具工作面之间。

图中靠近凸凹模刃口的压边圈内侧、靠近凹模刃口的反压板外侧、靠近冲孔凸模的反压板内侧都有倒角，顶杆和冲孔凹模间保持较大的间隙，这些都是为了储存润滑剂而设计的结构。另外，压边圈和凹模工件部分的外侧都采用下沉的台阶面，目的是避免精冲时将条料上的润滑剂挤走，而影响下一次精冲时润滑的数量。

3.8　平面压边精冲、对向凹模精冲和往复成形精冲

3.8.1　平面压边精冲

平面压边精冲工艺是介于齿圈压板精冲和普通冲裁之间的一种精冲工艺，其制造成本比齿圈压板低，但制件质量比普通冲裁高。

平面压边精冲的工艺过程及特点：

1. 平面压边精冲的工艺过程

平面压边精冲模具的结构和原理如图 2-3-60 所示。其过程是：平面压板 5 先以较大力压紧坯料，然后凸模下行冲裁工件，同时反顶块对工件施加与冲裁方向相反的力顶住工件并和凸模、工件同时下行；当工件从坯料上完全分离后凸模和平面压板上行，然后反顶块将工件顶出，冲裁完成。通过较大的压边力、反顶力和凸模冲裁力的作用，加之极小的模具间隙，提高了剪切面附近金属的三向压应力，从而提高了变形区材料的塑性，抑制了裂纹的产生和发展，冲出剪切面质量相对较好的工件。

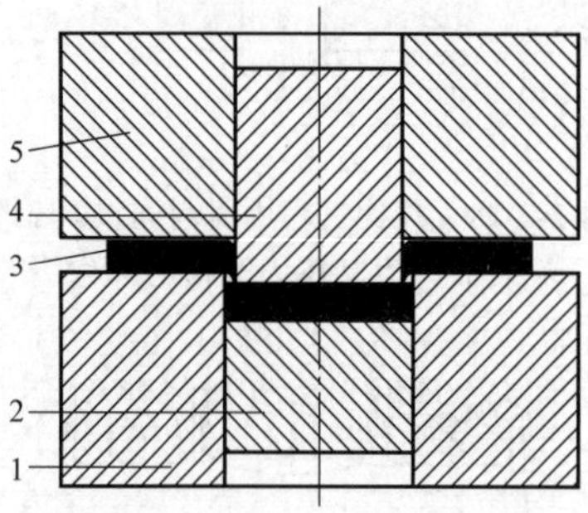

图 2-3-60　平面压边结构示意图

1—凹模　2—反顶块　3—坯料　4—凸模　5—平面压板

2. 平面压边精冲与强力压边冲裁的区别

平面压边精冲与强力压边精冲的主要区别是：

1）压边圈上没有 V 形齿圈，为平面形状，冲裁开始前和冲裁过程中平面压边圈均压紧材料，保持材料和冲裁方向垂直。

2）冲裁间隙取值和强力压边精冲不同，间隙值更小。

3. 平面压边精冲工艺的优点

1）压板没有齿圈，模具结构简单，制造成本低。

2）可用于普通压力机上，类似于普通冲裁的结构，应用简单。

3）由于平面压边对材料无横向阻碍，因此其加工质量比精冲稍差，但比普通冲裁好得多，工艺成本也比精冲低。

3.8.2　对向凹模精冲

1. 对向凹模精冲过程

对向凹模精冲是在强力压边精冲基础上发展起来的。对于材料塑性较差、厚度较厚、采用强力压边精冲方法难以加工的零件，对向凹模精冲是成形方法之一。

如前所述，强力压边精冲过程材料沿整个厚度产生相对剪切位移，变形区材料的变形程度随相对位移的增加而增加，直到最后出现塑性枯竭，产生撕裂。因此，塑性存在差异的各种材料具有不同的可精冲最大厚度，实质上这就是各种材料强力压边精冲的极限变形程度，见表 2-3-9。如表中给出 T8A、T10A 等高碳钢板，强力压边精冲最大厚度为 3mm。而对向凹模精冲由于变形机理不同，用这种方法精冲 T8A、T10A 的极限厚度可达 10mm，远超过强力压边精冲，扩大了精冲的工艺范围，在实际生产中已取得良好效果。但就可加工零件的结构工艺性而言，对向凹模精冲的复杂程度不能和强力压边精冲相比，另外冲内形时通常需预冲孔，增加了生产工序。

对向凹模精冲模结构的最大特点是有两个凹模。一个带凸起的凹模，简称凸起凹模，一个平凹模，简称凹模，其结构与强力压边精冲模类似，只是将后者的 V 形压边圈改为凸起凹模，如图 2-3-61 所示。

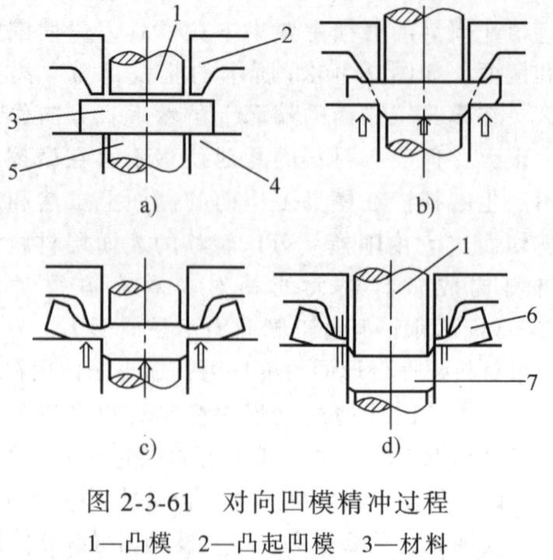

图 2-3-61　对向凹模精冲过程

1—凸模　2—凸起凹模　3—材料

4—凹模　5—顶杆　6—废料　7—工件

对向凹模精冲过程如图 2-3-61 所示。图 a 为起始位置；图 b 表示模具闭合，凸起凹模和凹模挤压材料，废料开始向四周转移，部分材料进入凹模；图 c 表示凸起凹模和凹模挤压材料终止，连皮减薄至料厚的 20%~30%，废料完成向四周转移，大量材料进入凹模，少量材料进入凸起凹模；图 d 为在凸起凹模和平凹模夹持下，凸模动作冲去连皮，完成整个对向凹模精冲过程。

2. 对向凹模精冲过程的变形特征

从上述对向凹模精冲过程可以看出，从凸起凹模和凹模挤压材料开始至终了，整个过程中凸模和凸起凹模之间未产生相对运动，塑性变形主要发生在废料中。这一点和强力压边精冲截然不同，只是在最后阶段，材料在凸起凹模和凹模夹持下，凸模动作进行冲裁时，才和强力压边精冲过程相同。

对向凹模精冲过程按不同的变形特征可分为四个阶段：

（1）集中剪切变形阶段　如图 2-3-62a 所示，也称为单向剪切变形阶段，材料沿凹模刃口 A 至凸起凹模外刃口 C 方向的剪切变形是对向凹模精冲变形过程的主要特征，它几乎贯穿了整个变形过程。

（2）双向剪切变形阶段　如图 2-3-62b 所示，AC 方向的剪切变形和过凸起凹模内刃口 B 的剪切变形同时进行。

（3）类镦粗变形阶段　如图 2-3-62c 所示，凸起凹模和凹模间的材料类似于镦粗变形。

（4）冲切分离阶段　如图 2-3-62d 所示，连皮在凸起凹模和凹模夹持下，凸模动作进行冲切分离。

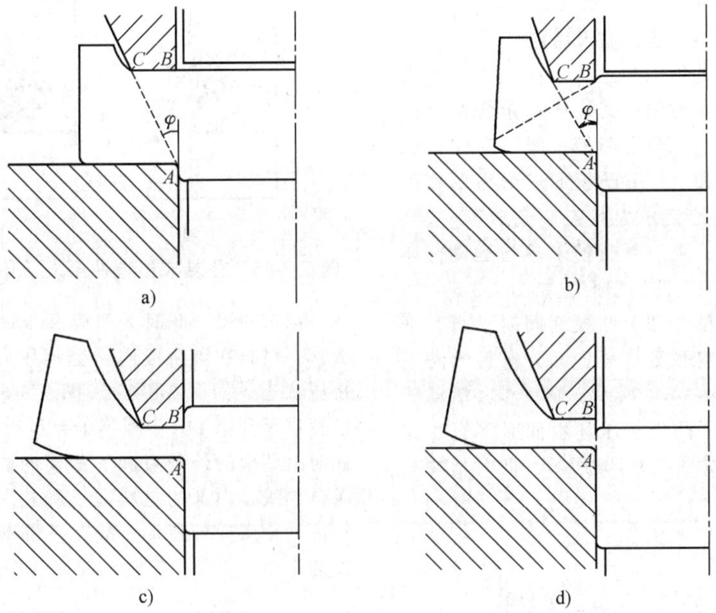

图 2-3-62　对向凹模精冲过程变形特征

3. 对向凹模精冲工艺的特点

根据上述对向凹模精冲过程的变形特征，从形成工件光洁剪切面的原理来看，对向凹模具有以下特点：

1）塑性变形主要产生在废料内。

2）工件塌角小。

3）工件毛刺小。

4）可精冲内形。

4. 对向凹模精冲工艺参数

对向凹模精冲模的几何参数如下，参阅图 2-3-63。

凸起凹模斜角 α：25°

凸起凹模凸起高度 h：$(1\sim1.2)t$

凸起凹模顶部宽度 b：$(30\sim40)\%t$

凸模顶面和凸起凹模顶面距离 a：$\approx25\%t$

凸模和凸起凹模间隙 c_1：0.01~0.03mm

凸模和凹模间隙 c_2：0.01~0.03mm

连皮厚度 δ：$(20\sim30)\%t$

凸起凹模冲压力 $F_1=tLR_m$

t——材料厚度（mm）；

L——周边总长（mm）；

R_m——材料的抗拉强度。

凸模冲裁力：$F_2=(0.4\sim0.5)F_1$

反压力：$F_3=(0.1\sim0.2)F_1$

凸起凹模总冲压力：$F_{1t}=F_1+F_3$

凸模总冲裁力：$F_{2t}=F_2+F_3$

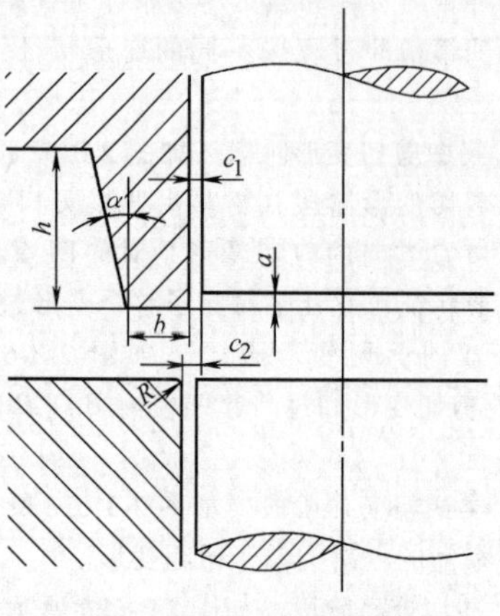

图 2-3-63　对向凹模模具几何参数

3.8.3　往复成形精冲

1. 往复成形精冲的工艺过程及特点

（1）往复成形精冲的工艺过程　如图 2-3-64 为往复精冲的工艺过程示意图。其构成中包含两个凸模，即上凸模和下凸模；两个凹模，即活动凹模和固定凹模。活动凹模和上、下凸模的成形力单独可调，并可实现锁定或给定压力状态。成形第一步，活动凹模 2 下行运动，上、下凸模未参与运动，坯料的部分材料开始流向上凹模型腔，如图 2-3-64b 所示；第二步，活动凹模 2 和上凸模 3 同时下行，下凸模 4 向下运动，坯料受到挤压，部分材料流向下凹模的型腔中，如图 2-3-64c 所示；第三步，活动凹模 2 锁定不动，上、下凸模挤压坯料同时下行，完成剩余坯料的精冲，如图 2-3-64d 所示，此时精冲全部完成。

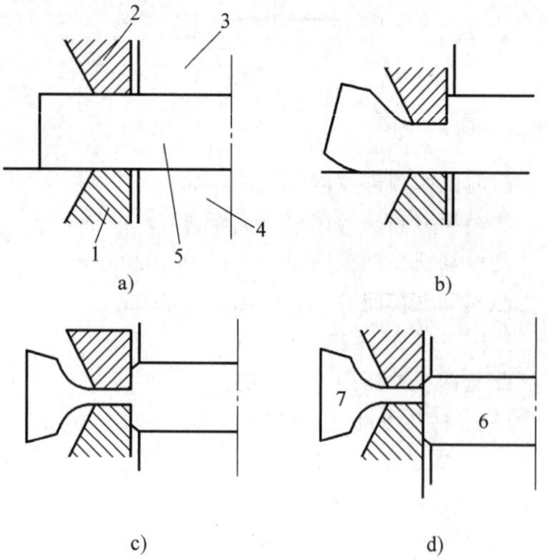

图 2-3-64　往复式精冲工艺过程示意图

1—固定凹模　2—活动凹模　3—上凸模
4—下凸模　5—坯料　6—工件　7—废料

（2）往复成形精冲的特点　往复成形精冲的每一阶段均遵循强力压边精冲原理，在变形区内建立三向压应力，以获得光洁的剪切面，实现材料冲裁厚度的最大化，提升精冲能力。

2. 往复成形精冲材料流动规律

往复成形精冲成形过程中的材料流动示意如图 2-3-65 ~ 图 2-3-67 所示。

第一阶段，如图 2-3-65a、图 2-3-65b 显示的分别是采用有限元模拟进行到第 40 步和第 80 步时的材料流动情况。在该阶段，随着上凹模的下行切入，坯料内部的材料呈现涡流，而外部的材料顺着上凹模内顶点和下凹模的外顶点形成的斜面朝外流动。此时材料处于挤压状态，有利于充分利用材料的塑性，抑制裂纹的产生。

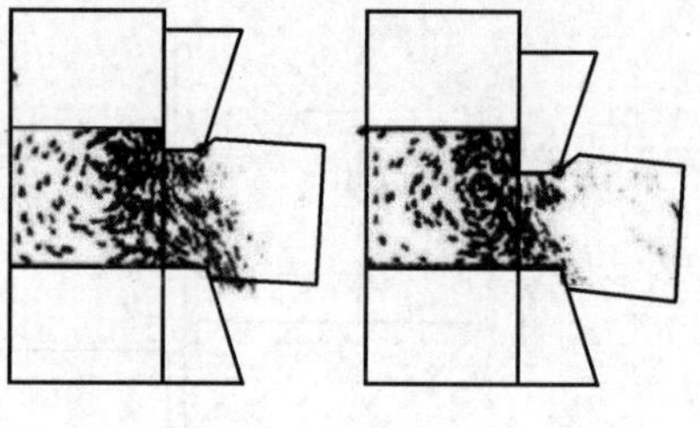

a)　　b)

图 2-3-65　往复成形精冲第一阶段材料的流动情况

第二阶段，此时上凸模和上凹模同时下行参与成形，材料在该阶段同样受到压应力的作用，处于挤压状态。如图 2-3-66a、图 2-3-66b 显示的分别为模拟进行到第 110 步和第 150 步时的材料流动情况。此时上凹模的外顶点和下凹模的内顶点之间出现一条分界线，内部的材料向下和左斜下方向内流，而外部的金属向外流动，故在下部剪切区也阻碍了裂纹的产生，下部也呈现出较好的挤压断面。

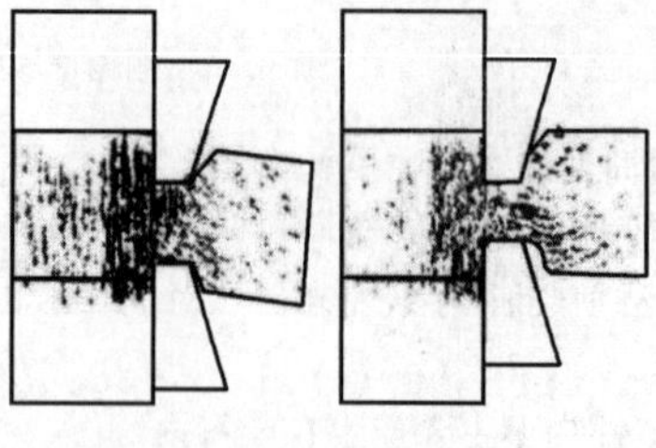

a)　　b)

图 2-3-66　往复成形精冲第二阶段材料的流动情况

第三阶段，如图 2-3-67a、图 2-3-67b 所示分别为模拟进行到第 220 步和第 300 步时的材料流动情况。此时上、下凸模同时挤压坯料，内部坯料在上、下凸模的挤压下发生流动，而外部的材料由于上、下凹模的夹持而保持不动。此时材料流动将会有明显的流动分界面，同时在最后阶段，材料将发生断裂，废料被挤出。

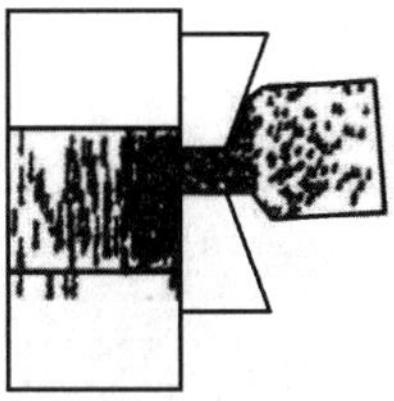

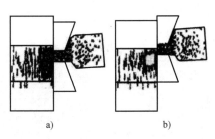

图 2-3-67　往复成形精冲第三阶段材料的流动情况

3. 往复成形精冲工艺试验

试验针对 ϕ30mm 的圆形件设计往复成形精冲模具，并采用直径为 ϕ48～ϕ90mm、厚度为 12mm 的圆形钢坯料，进行往复成形精冲工艺试验。对于该坯料的往复成形精冲试验的具体的加工行程为：①上凹模下行 4mm，完成上成形精冲；②上凹模、上凸模及下凸模下行 4mm，完成下成形精冲；③上凸模及下凸模继续下行 4mm，上凹模不动但保持一定的承压力，下凸模也保持一定的承压力，完成最后连皮的强力压边精冲，由此实现了整个往复成形精冲工艺过程。

试验模具设计的可精冲最大厚度为 20mm，如图 2-3-68 所示为上（下）凹模凸起环的简要结构形状，具有凸起环结构是往复成形精冲模具凹模区别于其他精冲模具的一个重要特征。凸起环参与材料变形区三向静水压力的建立，因此，凸起环结构的设计影响着整个往复成形精冲模具设计的成功与否。凸起环环壁尺寸过小则容易损坏，若过大，又会由于其环面挤压过多的材料而导致精冲力的迅速上升，从而造成设备及能源的浪费。L 为凸起环的顶部宽度，是凹模的重要尺寸，取坯料厚度的 1/4～1/2 为宜。β 为凸起环的斜角，也是凹模的重要尺寸，它对模具的寿命及设备的选用有重要影响，一般取 40°～70°为宜。

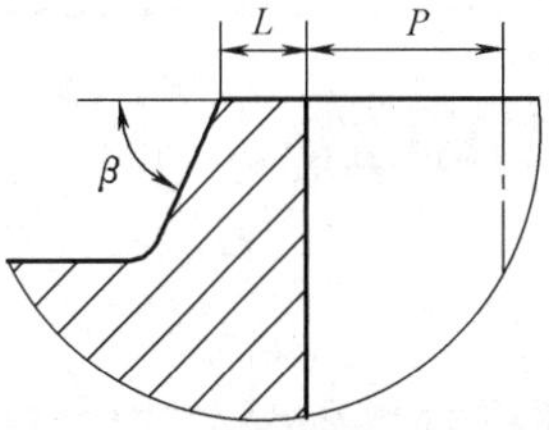

图 2-3-68　上（下）凹模凸起环结构

据相关资料，35 钢采用强力压边精冲工艺可冲厚度极限为 8mm，但该工艺实验，试制出 12mm 厚的合格精冲样件，提高了 35 钢的精冲厚度极限。

参考文献

[1] 涂光祺. 精密冲裁技术［M］. 北京：机械工业出版社，2006.

[2] SCHMIDT R A，BIRZER F，HÖFEL P，et al. 冷成形与精冲：冷成形工艺、材料性能、零件设计手册［M］. 赵震，向华，庄新村，译. 北京：机械工业出版社，2008.

[3] 周开华. 简明精冲手册［M］. 2 版. 北京：国防工业出版社，2006.

[4] 邓明，吕林. 精冲——技术解析与工程运用［M］. 北京：化学工业出版社，2017.

[5] 涂光祺，袁庆祥，牛金旺. 精冲变形过程分析及压边圈齿形参数的研究［J］. 锻压技术，1981（2）：9-15.

[6] 彭群，李荣洪，邓鹏飞，等. 厚板精冲技术的工艺研究［J］. 材料科学与工艺，2004，12（4）：342-344.

第4章

高速冲裁

广东工业大学　肖小亭

4.1　高速冲裁的特点

4.1.1　概述

相对于普通冲裁而言，高速冲裁是借助于高速压力机实施的冲裁工艺，是高速冲压技术中最常采用的工艺之一。在冲压生产过程中，压力机每分钟行程次数称之为冲压速度，目前人们普遍将冲压速度分成如下四类：

低速冲压　　≤200 次/min

中速冲压　　>200~400 次/min

高速冲压　　>400~1200 次/min

超高速冲压　>1200 次/min

压力机的冲压速度和公称压力及滑块行程长度等参数有关，吨位越大的压力机冲压速度越低。所以，上述冲压速度的定义，通常是指中小型压力机的每分钟行程次数。不同的国家和企业对此划分也不完全相同，难以用一个简单的数字作为划分是否是高速压力机的标准。如日本有一些公司把 600kN 以下的小型压力机分为下述 4 个速度等级：超高速>1000 次/min；高速>400~1000 次/min；次高速>250~400 次/min；常速≤250 次/min。而目前国内一些企业所说的高速冲压，多半是指中小型压力机在中速范围之内。

使用高速压力机进行高速、自动、连续冲压生产，可取消后续设备和二次送料，是提高冲压生产率的一个重要途径。诚然，冲压速度的提高，势必给冲裁工艺、冲压设备、模具寿命和冲裁件的质量等带来影响。大量实验数据表明，当压力机行程次数达到 400 次/min 时，机器便会出现共振现象，造成其在运转中的不平衡现象明显增强，出现剧烈晃动，滑块下死点动态性能急剧恶化。因而必须在压力机结构上采取普通压力机所不具备的特殊结构和特殊措施才能保证压力机的平稳运行。另外，实现高速冲压，不但需设备本身具有高的加工精度和全自动化数字化功能，其配套的周边设备、模具的结构设计、材料选用等均需考虑由于高速条件下温度、振动等效应带来的影响，工艺设计时的排样和出料、定位和导料等也都必须考虑速度因素，才能发挥高速冲压需要达到高生产率、获得高精度零件、并保证模具和设备的使用寿命长、制品的材料利用率高的优点。

4.1.2　特点

高速冲裁必须采用专用的高速压力机及相适应的送料和收料机构，生产过程自动化，所以，与普通冲裁相比高速冲裁具有如下特点：

1. 生产率高

在高速冲裁过程稳定条件下，可以大大减少冲压设备的台套数，减少操作工人和冲压车间的生产面积，故对减少投资成本和优化经济效益等具有积极作用，所以，高速冲裁生产率高，是板料冲压加工的发展方向。

2. 断面质量好

高速冲裁变形过程材料的分离形式主要以剪切为主。实践表明，高速冲裁时，凸模压入的塌角明显减小，冲裁剪切断面明显变得平滑而竖直。即使凸、凹模之间只取相当于料厚 1% 的小间隙也不会出现二次光亮带，因而能得到无锥度的剪切断面。图 2-4-1、图 2-4-2 及图 2-4-3 为低速冲裁和高速冲裁时的断面质量对比。

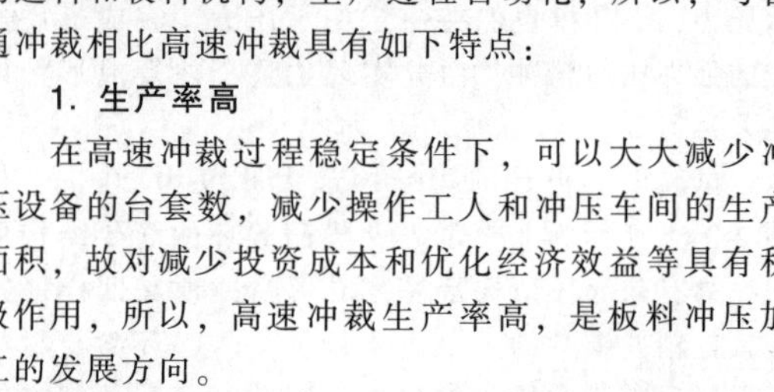

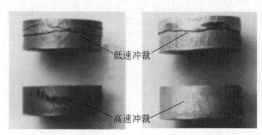

a) 中碳钢　　b) 铝合金 2024-T42

图 2-4-1　不同材料在不同速度下冲裁时的断面质量对比

另外，在高速冲裁条件下，冲压件剪切断面上的毛刺高度也受到一定的控制。冲裁速度对毛刺的影响如图 2-4-4 所示。

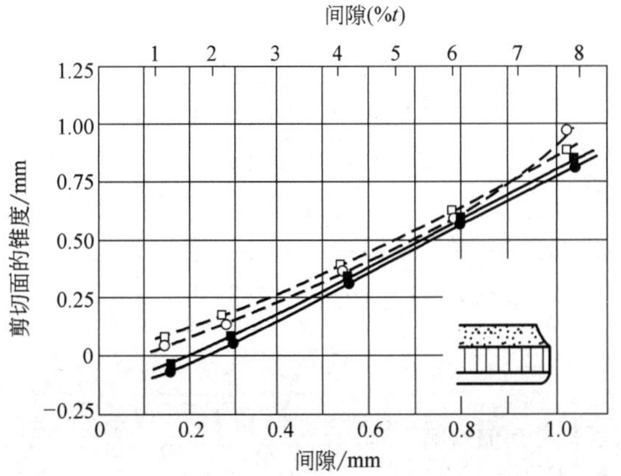

图 2-4-2　冲裁速度和间隙对冲裁件剪切面锥度的影响

　□—落料件 ⎫
　○—冲孔件 ⎭低速冲裁

　■—落料件 ⎫
　●—冲孔件 ⎭高速冲裁（9.5m/s）

被加工材料：6.35mm 厚软钢 ［含碳量：
0.22%（质量分数）］ 冲裁直径：$\phi25.4$mm

a) 间隙：1%t　b) 间隙：2.5%t　c) 间隙：5%t　d) 间隙：10%t

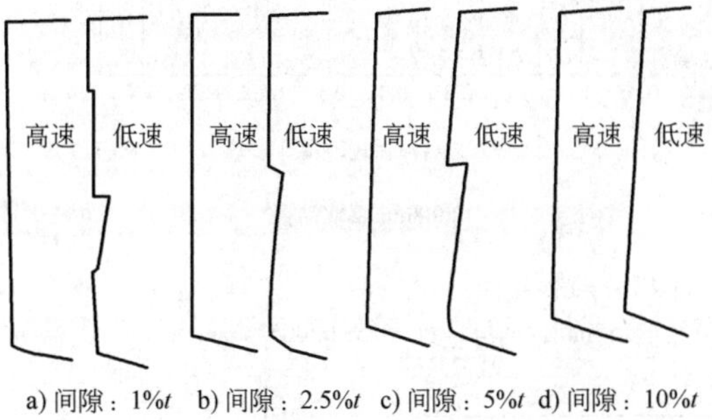

图 2-4-3　高、低速冲裁工件剪切面状态的形象比较
被加工材料：软钢；厚度：8mm；凸模直径：15mm

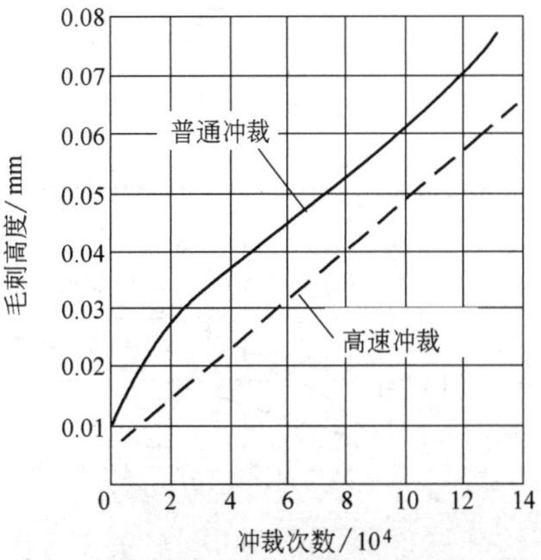

图 2-4-4　冲裁速度对冲压件毛刺高度的影响

3. 模具磨损减小

测试表明，冲裁速度的提高对模具磨损有明显的减缓作用。图 2-4-5 所示是通过在压力机上变换冲裁速度所测得的数据，表明快速冲裁比慢速冲裁的模具磨损小。同样图 2-4-6 所示是在高速压力机上用较高速度冲裁与普通冲床上低速冲裁时，模具磨损程度的对比数据，也表明高速冲裁比低速冲裁的模具磨损小。

4. 冲裁力增加

金属变形力学试验研究表明，金属材料变形抗力随变形速度的加快而增加。因此，提高冲裁速度时，冲裁力会因剪切强度的提高而增大。图 2-4-7a、b 分别示出采用铝板和软钢板做试验所得出的关于冲裁速度对冲裁力的影响结果。从该图可以明显看出，冲裁力是随冲裁速度的提高而增大的。同时，随着冲裁速度的提高，其相应的最大冲裁力出现位置前移。这说明，提高冲裁速度后，冲裁力会明显增大。但凸模与工件的接触行程会变短，其冲裁能量则不一定增大。

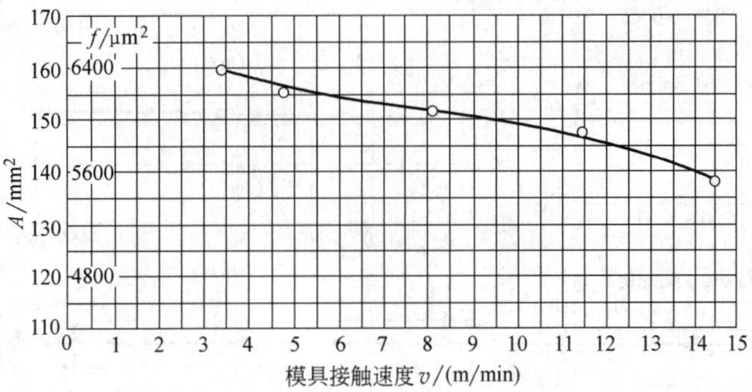

图 2-4-5　冲裁速度对模具磨损的影响

图 2-4-8 表示，横坐标上的剪切速度为 v，纵坐标为抗剪强度 τ_b，把在材料试验机上用非常慢的速度（$v = 0.004$m/s）进行冲裁，同在压力机上用相当

快的速度进行冲裁做比较，后者的剪切强度只不过增加 10% ~ 20%，在实际操作中一般是可以接受的。

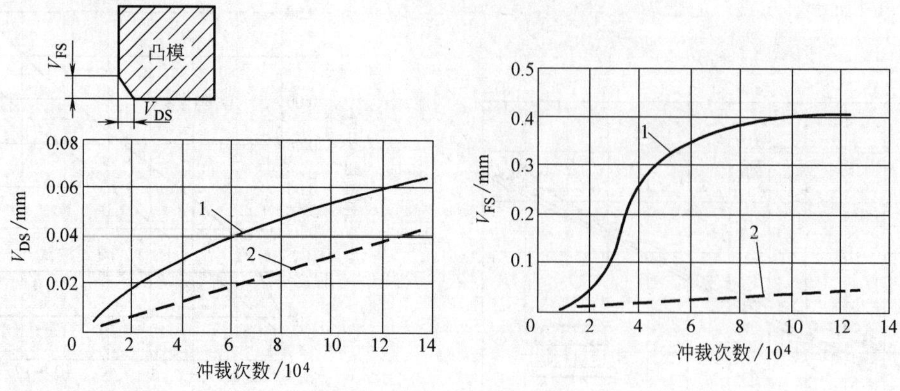

图 2-4-6　凸模速度对模具磨损的影响

1—普通冲裁　2—高速冲裁（8m/s）

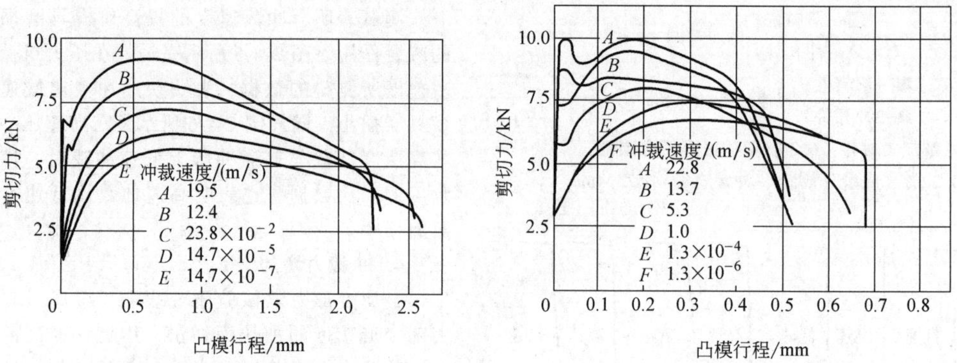

a) 3.2mm厚铝板　　b) 0.8mm厚软钢板

图 2-4-7　冲裁速度对冲裁力的影响

［w(C) = 0.045%］凸模直径：9.53mm；凹模孔径：9.58mm；间隙：(0.025±0.005) mm

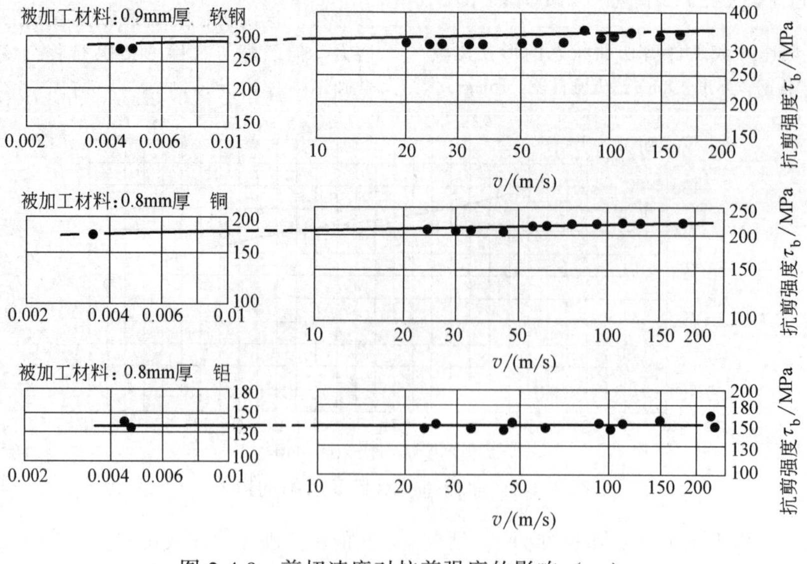

图 2-4-8　剪切速度对抗剪强度的影响（一）

剪切形状：直径 11.8mm 的圆形；间隙：0.05mm（单边）

但是，以高速进行剪切的情况就显然不同了。图 2-4-9 是表示速度提高时的抗剪强度变化的图解。和低速时相比提高了 50%以上。为了提高剪切面质量，使用高速冲裁时，必须注意抗剪强度（剪切力）的增加。凸模的剪切工作行程随剪切速度的上升而减小，所以剪切过程中所需的能量不一定增大。

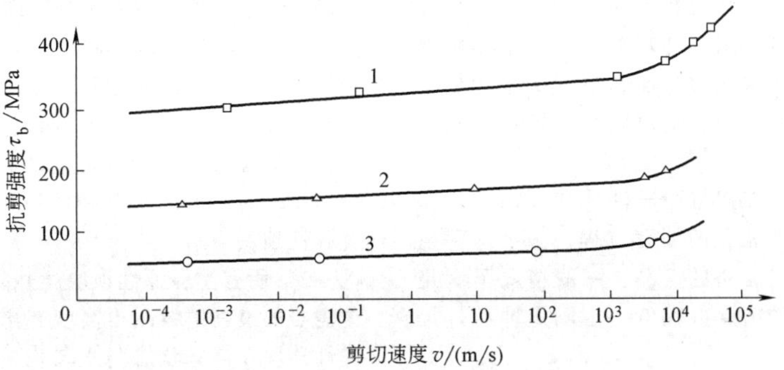

图 2-4-9　剪切速度对抗剪强度的影响（二）

凸模直径：9.53mm；凹模孔径：9.58mm；间隙：0.025±0.005mm

1—软钢（板厚 0.79mm）　2—铜（板厚 3.18mm）　3—铝（板厚 3.18mm）

冲裁力明显增大，给高速冲裁工艺及工装带来一些特殊的问题，例如：①高速大力冲击所引发的模具温升，特别在凸、凹模的刃口部位和各种上、下导向部位，有可能导致烧蚀；②凸模高速冲裁板料所引发的噪声；③凸模的折损率明显上升；④模具结构的总体刚性趋弱所引发的振动和噪声等。

5. 搭边值有所增加

高速冲裁时，冲压速度越高，应该使用较大的冲裁搭边值。因为高速冲裁时废料的回跳不同于其他普通冲压，在决定允许的最小冲裁搭边值时必须考虑的一个重要因素，过小的冲裁废料容易引起废料回跳，尤其是非封闭型的小的冲裁废料回跳问题需要特别注意。在排样时要综合考虑废料冲裁的工艺分布（改善小的冲裁废料形状）及可能的废料回跳问题，尽量使用较大的冲裁搭边值，以保证送料平稳。

6. 惯性力影响因素增大

采用高速冲裁时，一方面，因滑块（含装在滑块上的模具）运动部分质量所产生的惯性力与运动速度的平方成正比地增大。另一方面送料速度的增加，也会使料带上的部分结构可能会受到惯性力的影响而发生变形，如：在与送料方向垂直的方向上有细长窄小结构时，容易由于高速送进时的惯性力而引起变形或断裂。因此，提高冲裁速度后，惯性力的影响应予以认真对待。试验数据也表明，当压力机行程次数高达 400 次/min 时，压力机便会出现共振现象，压力机在运转中的不平衡现象明显增强，出现剧烈的晃动，滑块下死点动态性能急剧恶化，从而影响到稳定滑块下死点的到位精度及送料机构的到位精度。

7. 凸模头部激磁化可能性增大

实践表明，在高速冲压加工中，凸模很容易微磁化。当被加工材料为磁性材料时，这种微磁力能吸附废料上跳，影响冲裁作业的正常进行，甚至酿成事故。

8. 对模具性能、功能的要求提高

要保证高精度、高效率的高速冲裁工艺的实践，必然有赖于模具本身性能和功能方面的提高。例如，模具本身的设计、制造精度要更高，一般需达到微米级；凸凹模及易损件应有优良的互换性和更换便捷性；模具零件的拆装重复精度要高；模具使用寿命要长；模具应具有精密、高速的自动送料功能和灵敏的自动监视和检测功能等。

4.2　高速冲裁模具设计与制造要点

4.2.1　概述

由于高速冲裁具有以上特点，根据产品的精度要求，分析其影响因素，确定好设计原则，才能保证设计和制造的高速冲裁模具质量好、寿命长。

高速冲裁时影响冲压件尺寸精度和断面质量的因素主要包括：①冲压件原材料：性能（材料的弹复量等），表面状况，厚度和尺寸精度等；②压力机：精度，刚度和送料精度等；③模具：刃口尺寸，凸凹模间隙，进距误差，定位精度，各种导向精度，零件制造与装配精度等。

根据对冲压件尺寸精度的影响因素，可确定其精度设计的几个基本原则：①重要尺寸精度要求的冲裁尽量安排在冲压的前部，这样可以最大可能减小模具制造与装配积累的位置误差、送料进距积累误差、定位积累误差对冲裁精度的影响；②重要尺寸精度要求的冲裁工位的邻近处尽量安排多一些定位，可以提高冲裁的位置精度；③有相关尺寸精度要求的冲裁尽量安排在相邻工位冲压或同一工位冲压；④有对称尺寸精度要求的冲裁尽量安排在同一或相邻工位及同一产品切废料冲压；⑤特殊的尺寸精度及冲裁断面质量要求的冲裁可以考虑采用两次冲压的方式，即第一次正常冲压，第二次小冲切余量精冲；⑥尽量安排多一些定位以及在模具全长上均匀分布定位工位。

冲压件尺寸精度方程与冲压件冲裁表面质量精度方程是模具刃口件相关的精度方程，满足这两组精度方程才能加工出合格的产品，一般情况下满足冲压件冲裁表面质量精度方程就一定满足冲压件尺寸精度方程。

（1）确定冲压件尺寸精度方程

$$\delta_i=\delta_j+\delta_{jm}+\sum\delta_{ij}+\delta_\Delta \qquad (2\text{-}4\text{-}1)$$

式中　δ_i——冲压件可能的各不同部位尺寸公差；

δ_j——模具基准零件制造公差；

δ_{jm}——模具基准零件的储备量，包括刃口的磨损量及修模量；

$\sum\delta_{ij}$——模具累积进距误差；

δ_Δ——冲压件的尺寸公差余量。

（2）确定冲压件冲裁断面质量精度方程

$$\delta_{zmax}=\delta_j+\delta_b+\sum\delta_i+\delta_{jb} \qquad (2\text{-}4\text{-}2)$$

式中　δ_{zmax}——冲裁工位刃口单边间隙允许偏差值；

δ_j——模具基准零件制造公差；

δ_b——模具配合零件的制造误差；

$\sum\delta_i$——模具累积刃口位置误差；

δ_{jb}——冲压设备动态精度误差引起的刃口位置误差。

4.2.2　模具设计要点

高速冲裁模具设计除与普通冲压模具设计程序相同外，以下方面需要特别注意。

1. 确保送料通顺

与普通冲裁不同，高速冲裁时，因为增加了高速的滑块冲击作用和送料机构的快速送进环节，模具中条料进给及冲压过程中不顺畅，将严重影响冲压过程的稳定性、安全性及冲压件的质量等。因此，防止冲压过程中条料粘模、阻碍，保证冲压过程的通顺性是排样设计的最基本的原则。推荐高速冲压的通顺性设计的一些基本的原则及技巧。

1）在模具长度及宽度方向上合理布置浮料弹性顶块：对于薄料或其他原因引起的条料送进方向强度与刚度不足时，排样时要留有尽可能多的布置弹性顶块的位置；对于有可能的轻微的粘模或阻碍工位，排样时要考虑布置弹性顶块或在其相邻工位布置弹性顶块空间。

2）所有浮料弹性顶块浮升高度要比模具内各工位需要的最高送料凸出高度高出0.5mm以上；浮料弹性顶块在浮升状态与送料板（固定脱料板）形成的送料空间比条料通过需要的空间≥0.5mm，以保证条料的顺利送进。

3）当高速冲压排样时有向下方向的弯曲、拉伸、挤锻成形等工位时，要注意全长各工位不同方向成形高度，并综合考虑决定条料送进的弹顶浮料最大高度。

4）在成形工位时，为防止冲压件可能包覆或卡粘在凸模或凹模上，在弹压（顶）装置或送料板上必须有可靠的脱料装置。尤其对于材料厚度小于0.15mm时，弹压板上定位针容易粘料，对应位置要有可靠的脱料装置。

5）对于材料厚度不大于0.10mm时，冲压的通顺性关键在于条料的有效连接带的连接强度与刚度，排样设计双带连接或连接带上压加强筋是提高条料的连接带的连接强度与刚度的有效方法，并且建议采用拉料方式，对于材料厚度不大于0.06mm时，一定要采用拉料方式。

2. 合理选取模具间隙

因高速冲裁间隙尚无国家标准，一般情况下，参考精密冲裁模具选择间隙。表2-4-1为部分企业在保证高的精度及稳定性条件下，总结的高一次刃磨寿命的经验值，供参考。

表2-4-1　不同材料冲裁间隙

材料种类	普通黄铜类（含H65、H62及其他类型黄铜）			磷铜			软态的纯铜、铝及铝合金		
材料厚度 t/mm	0.15～2.50	0.08～0.15	0.04～0.08	0.15～2.50	0.08～0.15	0.04～0.08	0.15～2.50	0.10～0.15	<0.10
冲裁间隙 z	(8～10)%t	(6～8)%t	0.008～0.010mm	(10～12)%t	(6～8)%t	0.008～0.010mm	(6～8)%t	(4～6)%t	材料厚度小于0.10mm的软态的纯铜、铝及铝合金材料冲裁可以使用无间隙冲裁方式
材料厚度 t 越大	z取小值	z取小值	z取大值	z取小值	z取小值	z取大值	z取小值	z取小值	
材料厚度 t 越小	z取大值	z取大值	z取小值	z取大值	z取大值	z取小值	z取大值	z取大值	

（续）

材料种类	普通黄铜类（含 H65、H62 及其他类型黄铜）			磷铜			软态的纯铜、铝及铝合金		
材料硬度越大	z 取大值	z 取大值	z 取大值	z 取大值	z 取大值	z 取大值	z 取大值	z 取大值	材料厚度小于 0.10mm 的软态的纯铜、铝及铝合金材料冲裁可以使用无间隙冲裁方式
材料硬度越小	z 取小值	z 取小值	z 取小值	z 取小值	z 取小值	z 取小值	z 取小值	z 取小值	
毛刺要求小时	z 取小值，当材料厚度在 0.5~2.5mm 范围时 z 取（5~7）%t	z 取小值，最小不小于 0.008mm	z 取小值，最小不小于 0.003mm	z 取小值，当材料厚度在 0.5~2.5mm 范围时 z 取（7~9）%t	z 取小值，最小不小于 0.010mm	z 取小值，最小不小于 0.003mm	z 取小值，当材料厚度在 0.5~2.5mm 范围时 z 取（4~6）%t	z 取小值，最小不小于 0.006mm	

注：z—冲裁间隙（双边）；t—材料厚度。
半硬及软态钢带冲裁间隙可以与硬态的普通黄铜的设计标准一样。
硬态钢带及不锈钢冲裁间隙可以与硬态磷铜的设计标准一样。
硬态的纯铜、铝及铝合金材料冲裁间隙推荐采用与普通黄铜一样的设计标准。

其他材料冲裁间隙设计按其力学性能、制件要求、厚度可以类比设计。如：对于精度要求非常高及毛刺要求非常小（毛刺高度小于 0.010mm）或冲裁剪切断面光亮带有要求的金属材料高速冲裁间隙（双边）可根据材料的硬度参考以下方法选择：①硬度小于 100HBW 时，厚度在 0.2~1.0mm 范围内，按照内、外形冲裁间隙分别取（2~3）%t 和 2%t，厚度小于 0.2mm 时，冲裁间隙推荐取 0.01mm；②硬度在 100~150HBW 时，厚度在 0.2~1.0mm 范围内，按照内、外形冲裁间隙分别取（4~5）%t 和（3~4）%t，厚度小于 0.2mm 时，冲裁间隙推荐取 0.02~0.04mm；③硬度超过 150HBW 时，可按第②条加大 20%~30%，试冲后再做调整。

3. 合理分配模具的精度参数

高速冲裁模具精度设计直接影响高速冲压生产的安全、冲压产品质量和模具寿命等。精度设计包括：模具零部件制造及装配精度、导向精度及工艺精度等方面的设计。

（1）模具零部件制造及装配精度设计　为保证高速冲裁过程的稳定性，模具零部件制造及装配精度，模具零件的制造公差 δ 与冲裁单边间隙允许值 δ_{zmax} 应满足如下关系：

$$\delta=\delta_{zmax}/n \tag{2-4-3}$$

式中　δ——模具零件的制造公差；

z——冲裁双边间隙；

δ_{zmax}——单边间隙允许值，$\delta_{zmax}=(1/10\sim1/8)z$；

n——影响因素数，一般情况，$n=5$，当采用下模板与弹压板的镶件孔配合加工方式时 $n=3$。

（2）模具导向精度设计

1）模架外导柱导向及弹压板内导柱导向精度设计。使用标准系列模架，外导柱导向使用高精度滚珠导套导柱副，内导柱导向使用标准高精度滚珠导套导柱副，高精度滚珠导套导柱副装配为负间隙（-0.003~0.005mm）。

2）条料送进（步进）方向导向精度设计。

①进距精度设计

$$\delta_p=K\beta/2n^{\frac{1}{3}} \tag{2-4-4}$$

式中　δ_p——进距误差；

K——系数，间隙成正比，$K=0.85\sim1.0$；

β——冲压件沿条料送进方向尺寸精度提高 2~3 级后的公差值；

n——模具总工位数（包括空工位，对于冲裁部分的进距精度，可以只计算至最后一个冲裁工位）。

当采用下模板与弹压板的镶件孔同加工的方式时，进距精度最主要的影响因素转化为下模板与弹压板的镶件孔加工的累计误差。现代精密线切割加工在 400mm 长模具加工镶件孔的累计误差可以控制为 0.01~0.02mm，高精度线切割加工在 400mm 长模具加工镶件孔的累计误差甚至可以控制为 0.005~0.010mm。

② 定位精度设计。在高速冲裁的多工位级进模中，条料的定位精度设计直接影响冲压件的精度及冲压速度，推荐：

$$\delta_\Sigma=K_1\delta_p n^{\frac{1}{2}} \tag{2-4-5}$$

式中　K_1——定位精度系数。

单载体并每个工位均有导正销时，$K_1=1/4\sim1/2$；

双载体并每个工位均有导正销时，$K_1=1/5\sim1/3$；

当载体并隔一工位均有导正销时，$K_1=1/2$；

当载体并隔两工位均有导正销时，$K_1=1/4$。

(3) 模具制造工艺精度设计　当前高速冲压模具零部件制造工艺方式主要有数控铣削、精密平面磨削、高精度光学曲线磨削、坐标磨削、精密线切割加工（WC）、精密电火花加工（EDM），一般零部件制造精度为±0.005mm，重要零部件制造精度为±0.0025mm，所有镶嵌件装配精度为-0.003~0mm的过盈配合或±0.0025mm（双边）的过渡配合，当采用下模板与弹压板的镶件孔同加工的精度控制在±0.0025mm（双边）时，可以满足模具零件互换性制造公差 δ 的要求。

4. 可靠的结构设计

由于高速的特点，其模具的结构设计须采取以下措施

(1) 采取有效的防松措施　由于在高速运转和冲击下，模具必然伴随振动，模具各连接部分的螺钉与销钉、导正销和镶件等，都容易受振而出现松动。因此，在模具结构设计中，应相应采取有效的防松措施。例如，图 2-4-10 所示是紧固螺钉和销钉的防松结构，在紧固螺钉 1 肩下垫入一弹簧垫圈 2，在销钉 4 的下方拧入一个止动螺钉 3，就能有效防止螺钉松动和销钉松动掉落。图 2-4-11 所示是卸料螺钉的防松结构，它除防松动外，其弹簧 2 的压力调整和卸料螺钉 3 的取出都比较方便，因而磨刃口也较方便。图 2-4-12 所示是卸料板镶件的固定和防松结构，主要使用紧固螺钉 4 和弹簧垫圈 3、止动螺钉 5、锥销 6 来防止镶件 2 的松动和脱落。图 2-4-13 所示是连续模导料钉的固定和防松结构，其中，限位销 2 的长度应保证装配后止动螺钉 1 低于模具表面 0.1~0.5mm。这种结构既可防止导料钉 3 松动，也方便磨刃口。

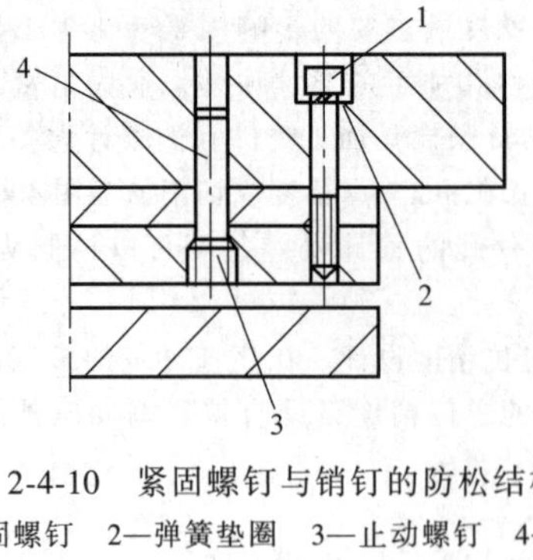

图 2-4-10　紧固螺钉与销钉的防松结构

1—紧固螺钉　2—弹簧垫圈　3—止动螺钉　4—销钉

除采用防松结构外，还应注意连接部分的紧固螺钉不能太小，最小的紧固螺钉为 M4，运动部分的最小紧固螺钉为 M5。

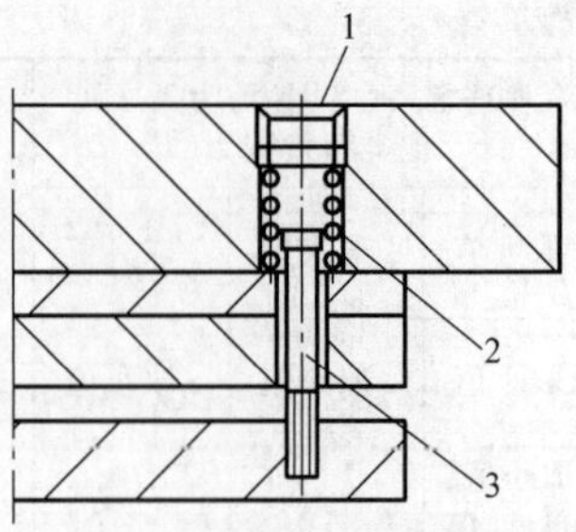

图 2-4-11　卸料螺钉的防松结构

1—止动螺钉　2—弹簧　3—卸料螺钉

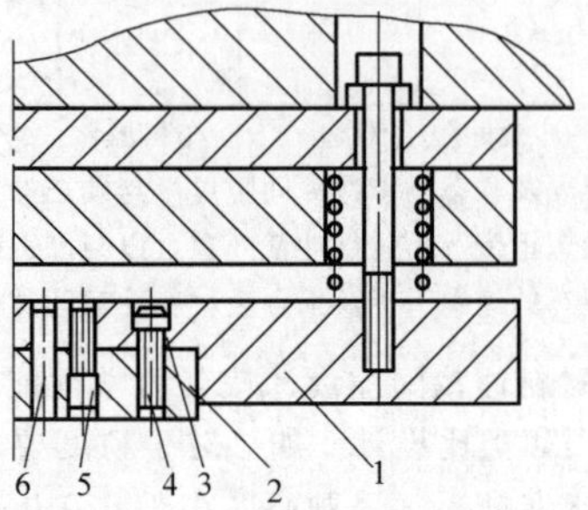

图 2-4-12　卸料板镶件的固定和防松

1—卸料板　2—镶件　3—弹簧垫圈
4—紧固螺钉　5—止动螺钉　6—锥销

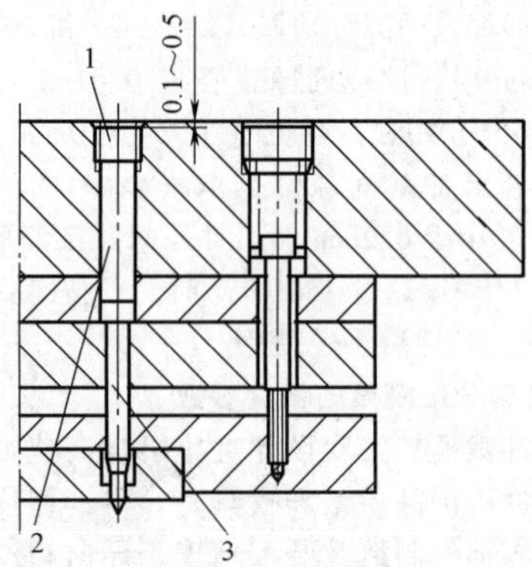

图 2-4-13　连续模导料钉固定防松结构

1—止动螺钉　2—限位销　3—导料钉

(2) 采用刚性好和精度高的模架　模架的微小变形，会使模具精度与使用寿命降低。因此，在高速冲模设计中，通常采用对称布置的四导柱（或六导柱）滚珠导套结构、用强度较高的预硬钢（如 50 钢、日本的 S55C 等）制造、加厚上下模座、以及在凸凹模固定板与卸料板之间采用辅助导向结构（见图 2-4-14）等措施，保证模架的高精度。需要注意的是，由于高速冲压时，活动部分往下的惯性力极大，所以实际中应尽量减轻上模重量，以减小惯性力和振动，从而保证上模下死点的到位精度。所以在模具结构设计时，为减轻上模的重量，能够安排

在下模的机构就不要设计在上模上。同时，上模座等零件可选用密度小的高强度铝合金或塑料制造。

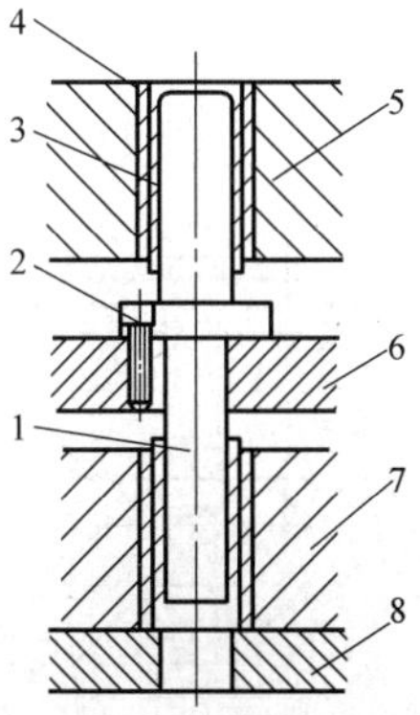

图 2-4-14　辅助导向结构

1—小导柱　2—螺钉　3—滚珠保持圈　4—小导套　5—凸模固定板　6—卸料板　7—凹模固定板　8—垫板

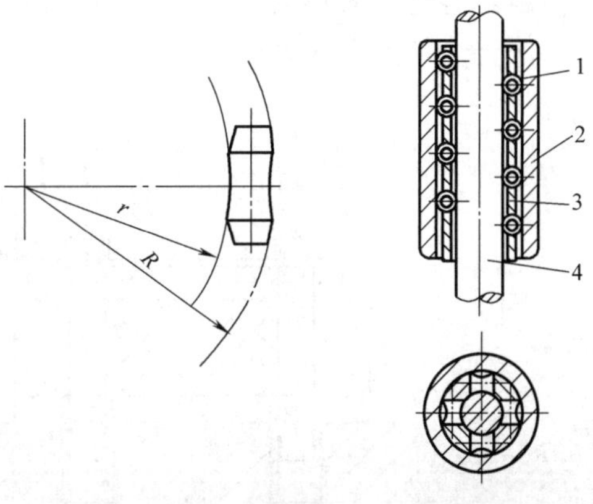

a) 滚柱与导柱、导套的配合关系　b) 滚柱导套的装配图

图 2-4-15　新型滚柱导套

1—滚柱　2—导套　3—滚柱保持圈　4—导柱

对要求特别精密且寿命长的模具，还可采用新型的滚柱导向装置，图 2-4-15 所示就是一种新型滚柱导套的结构示意图，这种滚柱由三段圆弧组成，中间一段凹圆弧与导柱外圆相配合，两端凸圆弧与导套内圆相配合。一般滚珠导套，使用久了，导柱与导套表面往往磨出凹槽而产生间隙，影响导向精度，采用这种新型滚柱导套后，以线接触代替点接触，能进一步提高导向精度，并延缓导向装置的磨损。

(3) 采用浮动导料结构　常规冲压时，带料是在接触凹模表面时送进的，这样不仅会在板料表面与凹模之间产生粘吸，而且会在带料送进过程中产生较大的摩擦阻力，从而影响送料精度。另外对冲压件含有冲裁、成形、弯曲等工序的多工位级进模，带料送进必须浮离凹模平面一定高度。因此，在高速运行下的多工位级进模应使用带料悬浮的导料结构。

图 2-4-16 所示为带料浮顶机构的几种常用形式，图 a 是普通柱式浮钉；图 b 是空心式浮钉，专设在导正孔位置上，与导正销相配合（H7/b6），对导正销起保护作用，对带料起导正作用，且浮钉具有弹性，使带料导正孔不易变形，导正平稳，适用于薄料；图 c 是托盘式浮钉，用于带料刚性较差，没有成形的部位，增大托起面积，可以提高带料的刚性。

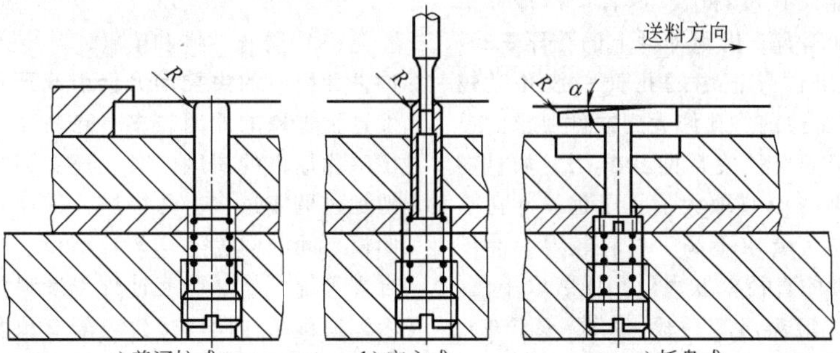

a) 普通柱式　b) 空心式　c) 托盘式

图 2-4-16　带料浮顶机构的几种形式

多工位级进模中常用的浮动导料装置是带导向槽的浮动导料销（见图 2-4-17a），带料可以通过导向槽向前送进，且使带料呈悬浮状态。卸料板与浮钉相应的让位凹坑深度 T，T 须保证带料在送进过程中不发生任何变形，图 2-4-17b 中 T 太深，带料被压入凹坑，图 2-4-17c 中 T 太浅，带料被硬性拉入导向槽内，图 2-4-17b、c 都使带料产生变形。因此在结构设计时，必须注意各尺寸的协调，其尺寸可按下列各式计算：

$$\begin{cases} T=h_1+(0.3\sim0.5)\text{mm} \\ h_1=(1.5\sim3)\text{mm} \\ h_2=t+(0.6\sim1)\text{mm} \\ h=\text{冲压件最大高度}+(1.3\sim3.5)\text{mm} \\ (D-d)/2=(3\sim5)t \end{cases} \tag{2-4-6}$$

式中　T——卸料板凹坑深度（mm）；

h_1——导料销头部高度（mm）；

h_2——导料销导料槽的宽度（mm）；

h——导料销浮动高度（mm）；

t——带料厚度（mm）；

d——导料销导料槽处直径（mm）；

D——导料销直径（mm）。

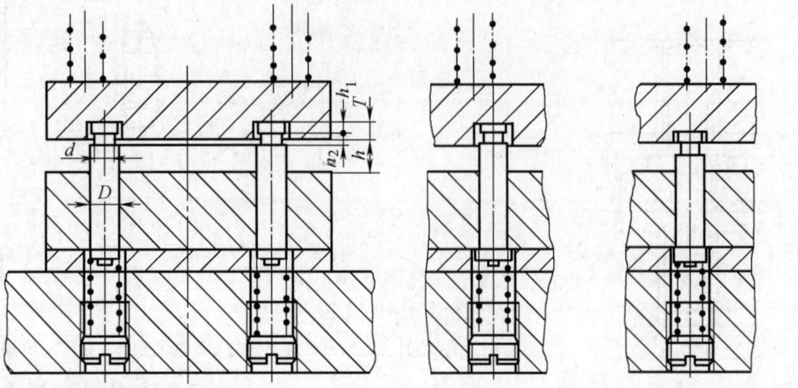

a) 带导向槽的浮动导料结构　b) 卸料板凹坑深度太深　c) 卸料板凹坑深度太浅

图 2-4-17　带导向槽的浮动导料结构及常见故障

（4）采用双重定位结构　在高速多工位连续模冲压生产过程中，由于存在逐级送料过程中累积的送料误差、高速冲压带来的振动和材料成形过程中所带来的带料窜动，通常的自动送料机构难以保证定位准确的要求。所以，在模具结构设计中应在自动送料粗定位的基础上，再辅以精定位结构设计，构成双重定位结构。通常的做法是在带料上冲出导正孔；而在模具上设置导正销，以达到精定位的目的。一般在第一工位就先冲出导正孔，在第二工位开始设置导正销，并在以后的工位中，根据工位数优先在容易窜动的部位设置合适数量的导正销。导正孔位置，应尽可能设在废料上，或者借用冲件上的孔，以免额外增加料宽。借用冲件上的孔导正时，应先在其孔位上冲出供导正用的孔（一般孔径较小），再在最后一道工位前将孔修大到冲件要求的尺寸。导正孔与导正销的直径关系见表 2-4-2。如材料面积足够，导正孔直径 D 宜取大值，以延长冲孔凸模的寿命。如冲件精度要求不高，材料较厚，冲压工位数不多时，两者的直径差取大值，反之取小值。导正销的工作直径段应露出卸料板（0.8~1.5）%t，两者的配合间隙应在 0.005~0.01mm 之间。凹模上的导正销让位孔一般都应做成通孔，以利排除可能产生的废料，让位孔与导正销的双面间隙常取（0.12~0.2）%t。

表 2-4-2　导正孔直径 D、导正销直径 d 与材料厚度 t 的关系

材料厚度 t/mm	导正孔直径 D/mm	导正销直径 d
1.0~1.6	2.5~4.0	D-(0.08~0.1)mm
0.5~1.0	2.0~2.5	D-(0.04~0.08)mm
0.2~0.5	1.6~2.0	D-(0.02~0.04)mm
0.06~0.2	1.6~2.0	D-(0.008~0.02)mm

（5）防止冲件和废料回升　在高速冲压生产中，冲件和废料的失控回升会引起严重的不良后果。诱发这种现象的原因较多，除在高速冲压下凸模头部微磁化加重的诱因之外，还有诸如与冲床共振、润滑油过稠或过多、凸模进入凹模过浅，以及凸模与凹模之间的间隙不均匀或凸模、凹模形状设计不甚合理等都可能是引起冲件或废料失控回升的直接原因。模具结构设计中，应采取预防措施，常用的一些结构措施见表 2-4-3。

表 2-4-3　预防冲件或废料回升的结构措施

序号	图示	机构功能简介
1	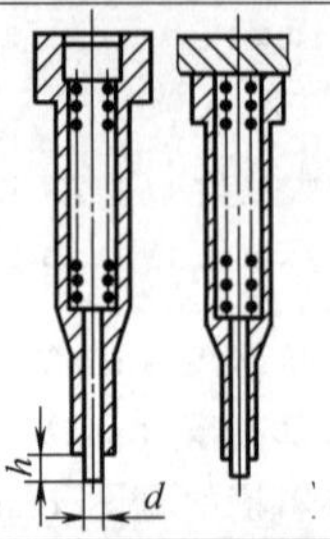	在凸模内装设弹性顶料销，其直径 d=1~3mm，当冲件外形尺寸大且料厚时取大值，反之取小值。顶料销伸出套外的长度 h=(3~5)t，顶料销头部制成球形

（续）

序号	图示	机构功能简介
2	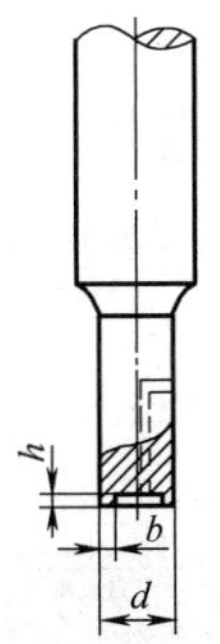	在凸模中心钻 φ0. 3 ~ φ0. 8mm 的气孔，利用压缩空气使冲件或废料与凸模分离
3	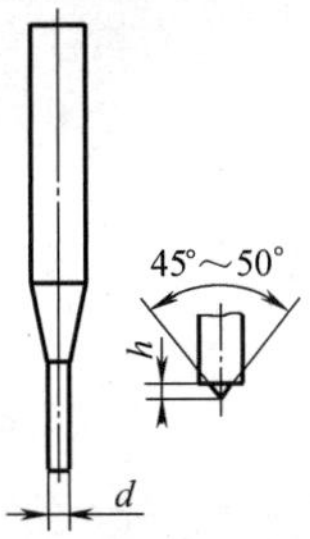	在凸模端面做成 45° ~ 50°的锥尖，其高度 h 为凸模直径 d 的 1/2。这样，凸模工作时是首先定位，然后冲裁。由于锥尖定位时即破坏了凸模与冲件或废料之间的真空吸附，所以不再随凸模回升
4	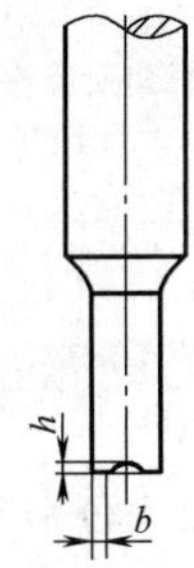	凸模端面制成内凹圆弧，弧深 h 为材料厚度的 1/3 ~ 1/2，单边缘宽 b 取材料厚度的 1. 5 ~ 2 倍
5	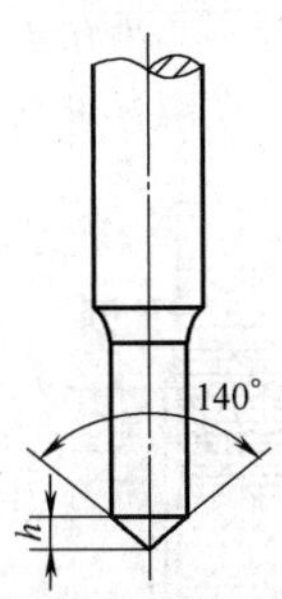	凸模端面制成锥台，锥角为 140°左右，锥台高 h 为材料厚度的 1/4 ~ 1/3，使凸模工作过程变为定位—压窝—冲裁
6	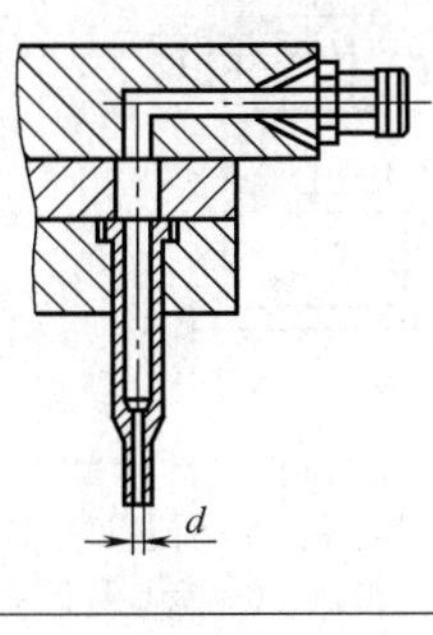	对于凸模直径 d>20mm 的情况，可在凸模端面的中心区做出凹坑，并钻通气孔（通大气）。凹坑深为材料厚度的 1/4，单边缘宽为材料厚度的 2. 5 ~ 3 倍

（续）

序号	图示	机构功能简介
7	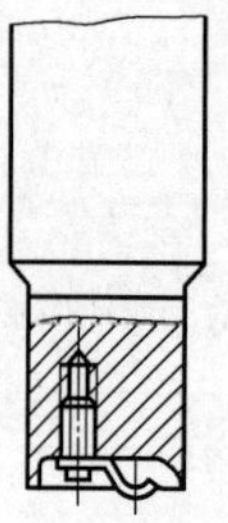	对于大型凸模,其端面也可制成凹坑,内装弹簧片,利用弹力防止冲件或废料回升
8	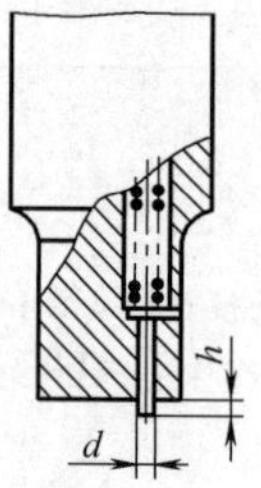	对大型凸模,还可在其一定的偏心位置装入弹性顶料销,顶料销伸出凸模端面长度及直径取值,均可参照本表序号 1 进行
9	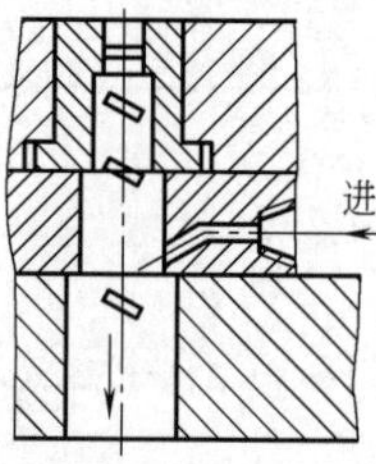	凹模垫板侧面开进气口,接通压缩空气,使凹模漏料口处产生负压作用,将冲件或股料下吸

注：对于废料太小，外周边开放的情况，可谋求改变凸模的形状，使凹模对废料形成四周约束。

（6）采用冲件集件机构（集件器）　由于高速冲压的生产率高，若冲件与废料由凹模型孔中落下混杂在一起，会为冲后留下极大的分拣工作量，显然是不理想的。所以，通常应在高速冲模上采用冲件集件机构（集件器），其冲件导出管固定在下模座上，常见固定方式有以下两种。

① 灯头插口式，如图 2-4-18 所示。该固定形式装拆方便，也有利于模具的安装、运输。

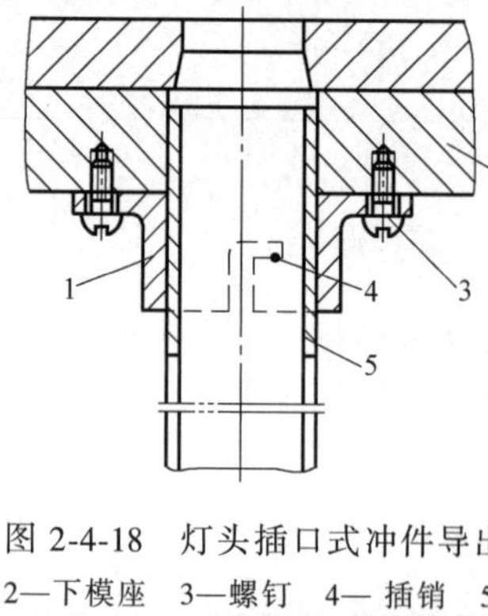

图 2-4-18　灯头插口式冲件导出管

1—插座　2—下模座　3—螺钉　4— 插销　5—冲件导出管

② 螺钉顶紧式，如图 2-4-19 所示。冲件导出管 3 用螺钉 4 顶紧在下模座上。由按钮 1 和衬垫 2 组成的弹性锁键，可随冲件的步步推压而沿导出管壁的滑槽下移。这种结构可以做到冲件的有序导出而不

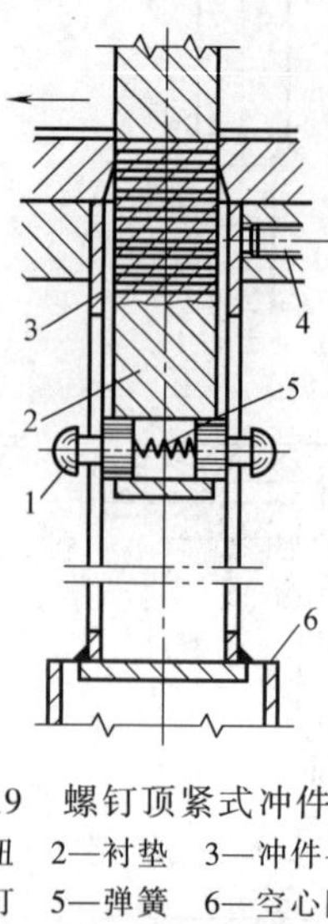

图 2-4-19　螺钉顶紧式冲件导出管

1—按钮　2—衬垫　3—冲件导出管

4—螺钉　5—弹簧　6—空心防护罩

致散乱。采用分段套装的导出管时，可以定时调换末段的导出管而无须压力机停车。

(7) 方便安装监测装置　要保证高速冲压作业的正常、平稳进行，及时发现各种可能干扰生产正常进行的非正常现象，是必须把握的一个重要环节。因此，需要在模具上装设各种监视和检测装置，例如冲压过载检测装置、带料厚度检测装置、送料步距异常检测装置、凸模折断等模具异常情况的检测装置和模具润滑情况的检测装置等。在模具设计时，要妥善考虑这些装置的安装位置和固定方式，排除可能的干扰。

(8) 方便保证模具的高精度　高速冲模的精度比普通冲模的高。但是，所谓模具精度，不应该只是模具设计图样上的符号和数据，而是真正体现在模具实物中的实测精度数据。是要通过设计、加工、装配才能最终获得，并通过使用维护才能持久保持的精度数据。所以，模具设计应是对想象中的模具做具体构思的过程，而又不应是局限于一独立层面的思索过程。它应该思索到各个加工制造环节，尽可能为保证实物模具的高精度提供优势和方便。这里可以举两个例子：

① 如图 2-4-20 所示的凹模镶件 1 和 2 的精度要求通常都是很高的（一般在 0.002mm 以内），同时，它一方面要保证凹模型孔的成形尺寸精度，另一方面又要保证其在模具中的装配精度，显然，兼顾起来会增加制造过程的难度。但若如图示增加两个工艺镶件后，便可降低原来对镶件和镶件孔的精度要求，而靠调整工艺镶件来保证模具的精度，从而为保证模具精度提供了方便。

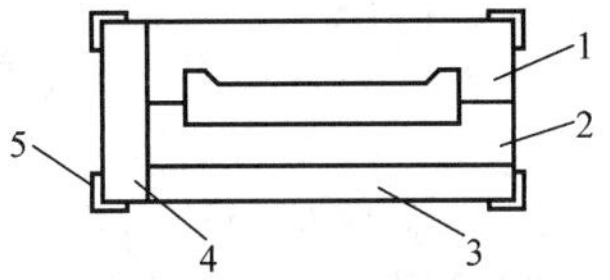

图 2-4-20　工艺镶件的设计
1—凹模镶件 1　2—凹模镶件 2
3—工艺镶件 1　4—工艺镶件 2　5—镶孔

② 又如设计镶件结构时，应同时考虑好便于准确检验的方法，有时还需要设计好基准孔，将加工基准和检验基准统一起来，以提高检验精度。图 2-4-21 所示是由圆弧和直线组成的冲压件，为方便其（或凸、凹模）圆弧位置尺寸的检验，在各圆弧圆心处设计基准孔作为加工和检验的基准，从而保证了检验精度的真实性。

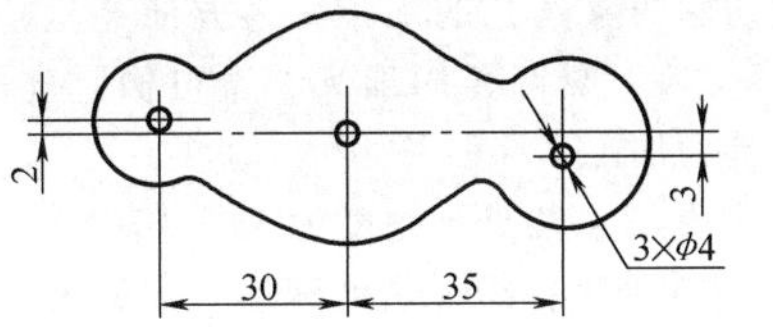

图 2-4-21　加工和检验基准一致的设计

(9) 全方位提高模具寿命　不言而喻，用于高速冲压的模具必须要有高寿命才有投入实际生产的意义。所以，必须把握好设计等各个技术环节的质量关，全方位地注重提高模具的使用寿命，例如，注意把握冲件的结构工艺性；认真做好模具各种结构的设计和计算，并相互协调；合理选用模具材料，特别是凸、凹模及其他活动零件的用材，并严格其热处理效果等。同时应切实做好前面提到的多条要点提到的内容。

4.2.3　模具制造要点

1. 模具材料选择

高速冲裁要求模具材料具备高的耐磨性、高冲击韧度以及耐疲劳断裂性能，以保证高速冲压过程模具寿命。目前用于高速冲裁模具典型零件的材料选择见表 2-4-4。

表 2-4-4　高速冲裁模具典型零件的材料选择

序号	零件名称	材料	备注
1	凸模	一般情况下，冲针及定位针的材料选用 SKD11、SKH51 等，更多情况下推荐使用 SKH51	要求：韧性及耐磨性非常好，抗折弯能力非常强，不易崩碎；热处理硬度为 61～63HRC
2	凹模	SKD11、XW-5、SKH9、SKH6、SKH55、SKH59、ASP23、YG15、YG20 等，更多情况下推荐使用高速钢或硬质合金：SKH9、SKH6、W18Cr4V、W9Cr4V、ASP23、ASP60、V-4、V-10、YG20 等	ASP23、ASP60、V-4、V-10、YG20 尤其适合于用作不锈钢、硅钢片、普通钢带、铁料等高黏度材料的冲裁刃口的材料
3	导向零件	DF2、SKD11、XW-5、SKH9、ASP23、W18Cr4V、W9Cr4V 等	以抗耐磨性为主导地位
4	模板	SKD11、DF2 或 DF3	DF2 属于微变形钢，其热处理变形非常小，有利于高精度模具的制造并且残余内应力 非常小，热处理硬度为 58～60HRC

注：高合金工具钢使用热处理硬度为 60～62HRC，高速钢使用热处理硬度为 62～64HRC。

2. 主要模具零件制造工艺路线

1）板块类零件（如弹压板、模板零件等）制造工艺路线：铣加工→平面磨加工→钻、铣、攻螺纹加工→热处理→时效处理（超过 24h）→平面磨加工→慢走丝线切割加工→平面磨加工→（坐标磨加工）→清洗及省、抛光型腔。

① 铣加工：开坯板料（原材料供应商出厂已退火的 DF2）六面铣加工，加工余量单边 0.5~1.0mm。

② 平面磨加工：使用大平面磨床六面磨加工，加工余量单边 0.2~0.3mm。

③ 钻、铣、攻螺纹加工：使用铣床、钻床进行后续线切割的穿丝孔的加工（为方便穿丝，一般为 ϕ1mm 左右）、螺钉孔的加工、避位槽、避位盲孔、盲型孔等的加工。

④ 热处理：热处理硬度为 58~60HRC。

⑤ 时效处理：经过热处理后，为最大可能地减小残余应力，要进行超过 24h 的时效处理。

⑥ 平面磨加工：热处理后使用平面磨床进行精密磨削加工，以消除热处理带来的变形。

⑦ 线切割加工→（坐标磨加工）：将弹压板与下模板用两个螺钉找齐（当设计弹压板与下模板主型孔一同线切割的）固定，使用慢走丝线切割，弹压板、下模板的其他型孔分别使用慢走丝线切割加工；对于超高精度模具并拥有坐标磨加工设备时，慢走丝线切割加工弹压板、下模板后，可用坐标磨对其型孔进行高精密加工。

⑧ 电火花加工：某些必要部位电火花加工。

⑨ 清洗及抛光型腔：将所有尖棱位倒圆、倒角及型腔的清洗、抛光。

2）小型模具零件主要制造工艺方式：模具小零件一般有四种典型制造工艺。

① 铣加工→平面磨加工→钻、铣、攻螺纹加工→热处理→时效处理（超过 24h）→平面磨加工→线切割加工→电火花加工→清洗及省、抛光型腔。这种工艺方式适合于使用退火状态的原材料的一些需要做丝孔的固定上模的工夹套、成形类上模零件、导向元件（镶嵌于弹压板内）、下模漏料（剪口垫）等类零件的加工。

② 铣加工→热处理→时效处理（超过 24h）→平面磨加工→线切割加工→平面磨加工→电火花加工→清洗及省、抛光型腔。这种工艺方式适合于使用退火状态的原材料的一些不需要做丝孔的所有模具小零件的加工。

③ 线切割加工→平面磨加工→电火花加工→清洗及省、抛光型腔。这种工艺方式适合于使用淬火状态（硬态）的原材料的所有型腔类模具小零件的加工。

④ 平面磨加工→光学磨加工。该工艺适合于使用淬火状态的原材料的所有非型腔类模具小零件的加工，光学磨加工尤其适合于高精度、表面高光洁要求的细小零件的加工。

4.3　典型零件的高速冲裁

高速冲裁已被越来越广泛地应用在板料冲压领域，尤其在电子零件类、IC 集成电路引线框架类、电机铁心类、电器铁心类、热交换器翅片类、汽车零件类、家电零件类等。

4.3.1　电机定转子铁心高速冲裁工艺与模具结构

1. 概述

铁心是电机产品的重要部件，一般由 0.35mm、0.5mm 厚的硅钢片制成。在电机生产的全部环节中，铁心冲片生产是关键。目前电机铁心实现了高速精密冲裁和铁心自动叠铆。带料经开卷装置、校平装置、送料装置、材料润滑装置、高速精密压力机、大型精密级进模等一体化的高速运行，以及自动冲压导正钉孔、转子片叠铆工艺孔、转子片记号孔、转子片计量孔、转子片槽形、转子片台阶孔、转子片叠铆点、转子片内孔、转子片落料叠铆和扭槽、定子片缺口、定子片记号孔、定子片计量孔、定子片槽形、定子片叠铆点、定子片内孔、定子片落料叠铆等多工位与多工序的交叉连续冲压，可一次完成多套定转子铁心制品，并在冲压过程中铁心制品自动输出。图 2-4-22 为某产品高速冲裁自动叠层电机铁心高速冲裁排样示意图。

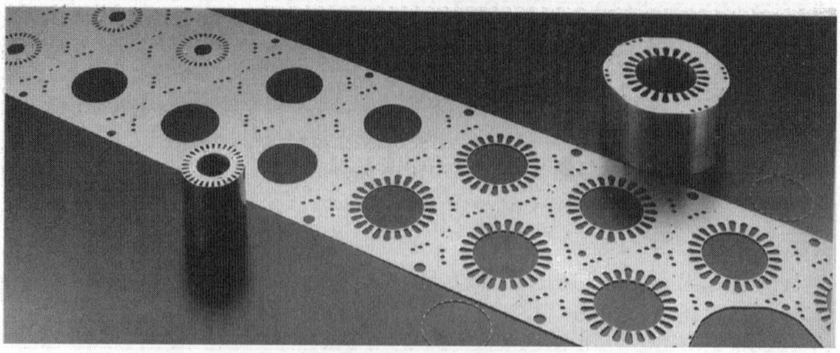

图 2-4-22　自动叠层电机铁心高速冲裁排样示意图

下面介绍风扇定子、转子铁心自动叠装硬质合金多工位级进模。

2. 铁心自动叠装技术

（1）叠装技术原理　利用带材在冲压分离时分别形成的工件和废料孔，将工件视作被包容件，废料孔视作包容件，在冲裁间隙和材料弹性变形适当条件下，将同一基本尺寸的被包容件嵌入包容件，形成过盈连接而达到两者紧固的目的。因此，根据上述带材冲压工艺的特定因素，只需在铁心的定、转子冲片的适当部位冲出一定尺寸和几何形状且与本体不分离的叠压点（即产生包容面和被包容面），在叠压点的凸、凹过盈配合和叠装凸模顶杆的作用下，就能把铁心冲片连接成所需高度的铁心，这便是自动叠铆的基本原理。

（2）转子铁心自动扭角　采用电子控制和机械传动相结合的驱动方式，利用扭角（即转子斜槽所要求的螺旋角）在叠层上均布和叠装点斜面相对滑移原理来完成。在冲压过程中，转子铁心落料的活动凹模，在电子控制的脉冲信号下，通过步进电动机带动蜗轮副促使落料凹模绕轴线转一定角度，使冲片在落料的同时，也旋转一定角度，达到上述叠装点斜面相对滑移，并在落料凸模叠装顶杆的作用下，形成转子铁心的叠装扭角或斜槽工序。

（3）铁心叠装模形式　采用全密叠形式，铁心在一副模具内连续一次完成叠装结合力要求，也称模内密叠式。

（4）定转子铁心自动叠装模　在级进模上，除冲轴孔，转子、定子槽孔外，增设转子、定子叠压的冲压工位，并将原转子、定子的落料工位改变成带叠片分台（或称分组）功能的叠装工位。在转子铁心斜槽工位还设置自动扭转机构。因此，该模在高速压力机上使用具有自动冲压、自动叠装、扭角、分台、保护等功能。从卷料至铁心自动叠装成形在一副模具内分 9 个工位连续一次完成。

（5）叠压点的几何形状　一般采用图 2-4-23 所示几何形状。按冲片平面形状分圆形、长方形、长圆形、长圆弧形等。按断面形状分为 V 形、圆 V 形、阶梯形、圆弧形等。在不同的冲片上可选用不同形状的叠压点。

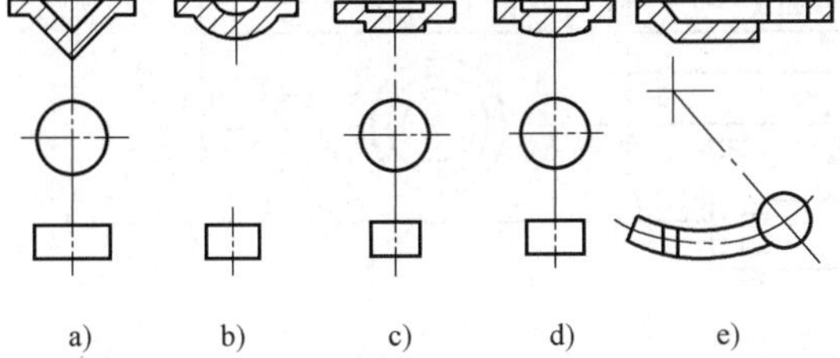

图 2-4-23　叠压点几何形状

1）全密叠定子铁心采用圆 V 形叠压点形状，如图 2-4-24 所示。在冲片上冲切两段圆弧形切口，并同时冲压成 V 形凸台。

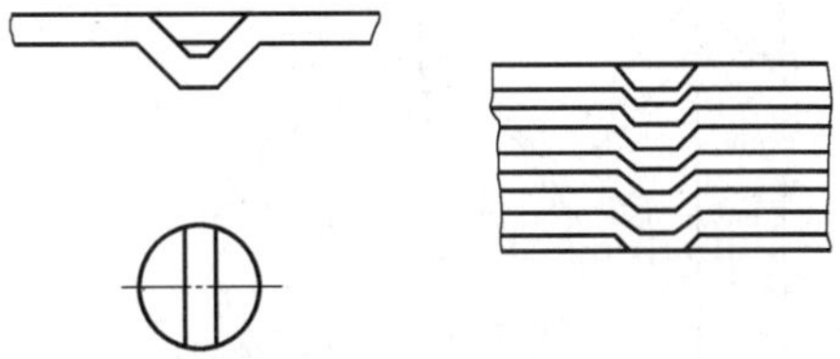

图 2-4-24　定子叠压点

2）全密叠转子铁心采用圆弧形叠压点形状，如图 2-4-25 所示。在冲片上先冲一个小圆孔，在另一工位上冲切两条弧形切口，同时冲压成长圆弧形凸台。

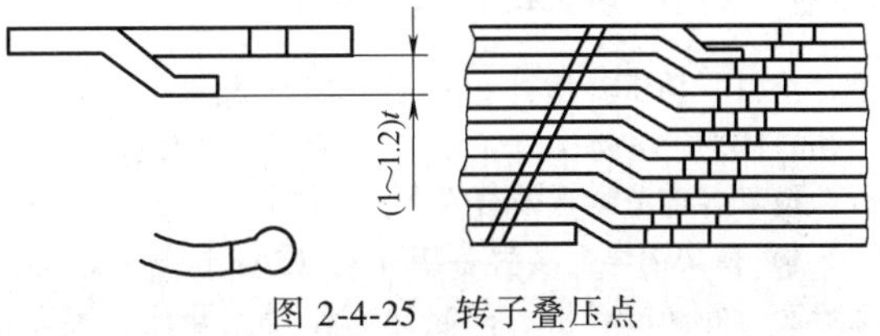

图 2-4-25　转子叠压点

风扇的转子冲片如图 2-4-26，定子冲片如图 2-4-27 所示，均为厚 0.5mm 的硅钢片，叠压后铁心高度均为 25mm。

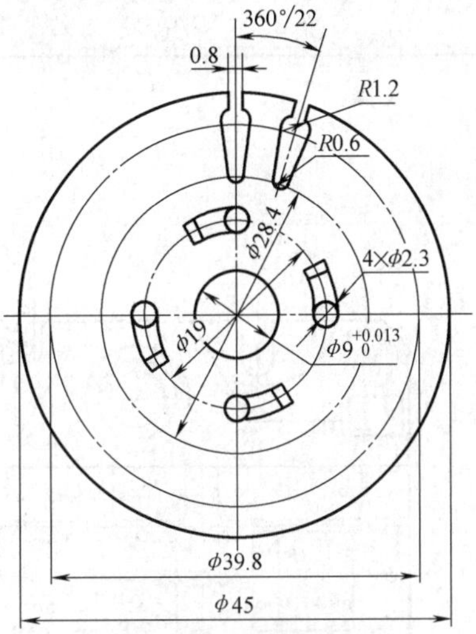

图 2-4-26　转子冲片

3. 铁心冲压工艺过程及模具结构特点

根据产品的要求，料宽为 83mm，进距为 80.5mm，冲压工艺过程及排样如图 2-4-28 所示。上、下模组装图如图 2-4-29 及图 2-4-30 所示。

从排样图可清晰看出 9 个工位的功能分别是：①冲导正孔、转子槽孔；②冲定子槽孔、转子工艺孔；③冲转子切口分离孔；④转子切口成形；⑤转

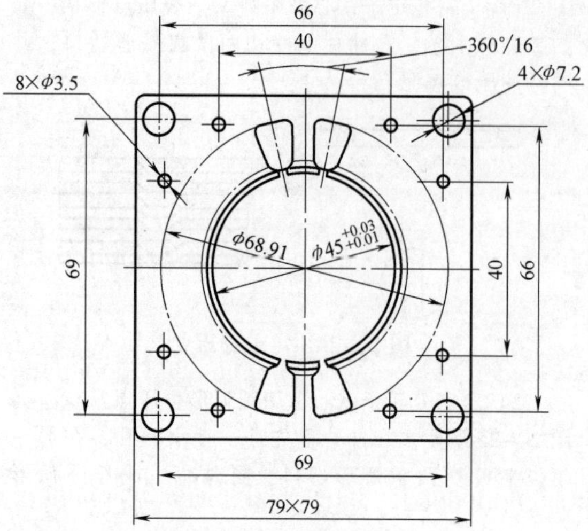

图 2-4-27　定子冲片

子片落料、叠压斜槽；⑥冲定子切口分离孔；⑦定子切口成形；⑧空工位；⑨定子片落料及叠压。

模具各部分特点及技术要点：

1）模架的导向装置采用 4 对 ϕ50m 的导柱、滚珠导套，并和卸料板一同起导向作用。导柱、滚珠和导套的配合，取过盈量为 0.016~0.018mm。导正销与卸料板、导正板上的导正孔径配合间隙，应控制在 0.003~0.005mm 内，保证进距精度和使用性能。

2）冲槽凸模的固定结构采用浮动式，与固定板呈小间隙配合，并用环形板锁紧定位，与凹模的间隙由导向板控制。

3）冲槽凹模结构采用硬质合金分块式镶拼结构，各拼块尺寸精度在±0.002mm 以内，以保证镶块备件的互换性。

4）凸、凹模材料均采用国产 YG20C 硬质合金，其特性适宜于高速冲裁硅钢片。冲槽凹模有效刃口高度为 8mm，刃口斜度选用 6′，凸凹模起始双面间隙取材料厚度的 8%。每次刃磨量平均为 0.08mm，刃磨寿命 100 万次以上，总寿命可达 8000 万次以上。

5）进距精度采用 14 只导正销精确定位，进距精度可达±0.003mm。

6）铁心的叠装形式采用全密叠，使铁心叠装后的结合力达到 80~120N。

7）铁心叠装的分台采用活动式抽板机构，在电气控制柜的脉冲指令下，使每台铁心高度达到设计要求的 25mm。

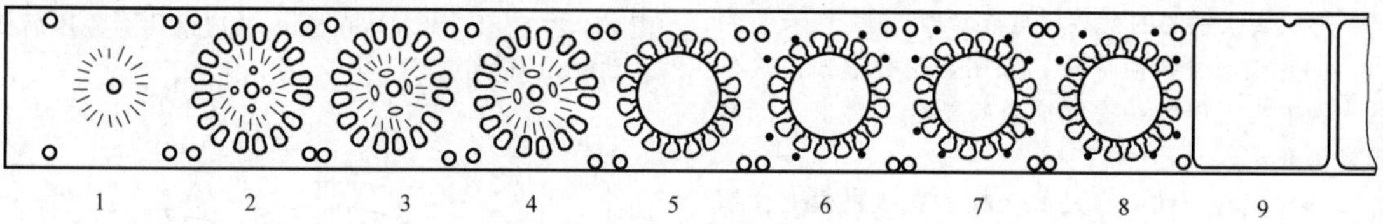

图 2-4-28　工位布置及排样图

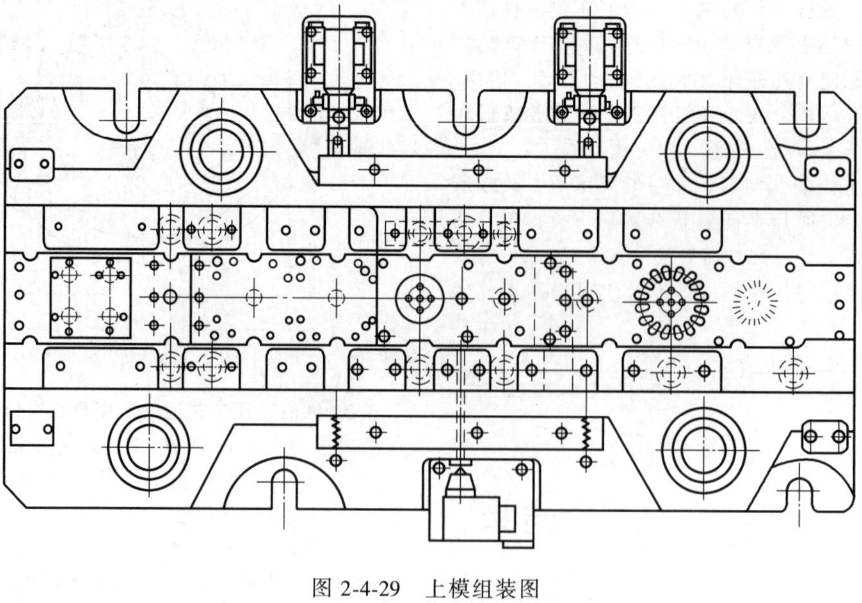

图 2-4-29　上模组装图

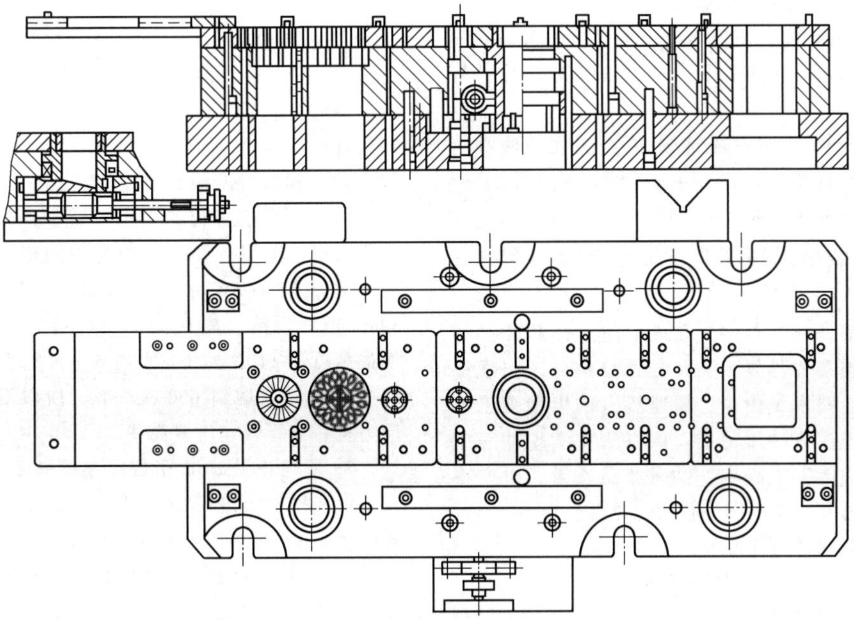

图 2-4-30　下模组装图

8）转子铁心的斜槽扭转机构采用电气控制和机械传动相结合的结构形式。在冲压过程中，活动的转子凹模在脉冲信号作用下，通过步进电动机带动蜗轮副，促使凹模绕轴心线旋转一定角度，使冲片在落料的同时旋转一个角度，形成转子铁心的斜槽扭转工序。图 2-4-31 所示为转子铁心叠装扭角的传动原理图。图 2-4-32 为转子铁心叠装扭角凹模的旋转机构简图。

9）上、下模座及主要零件选材及制造技术要求

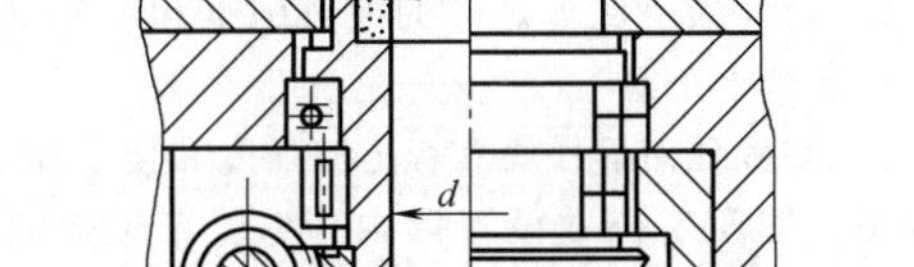

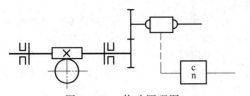

图 2-4-31　传动原理图

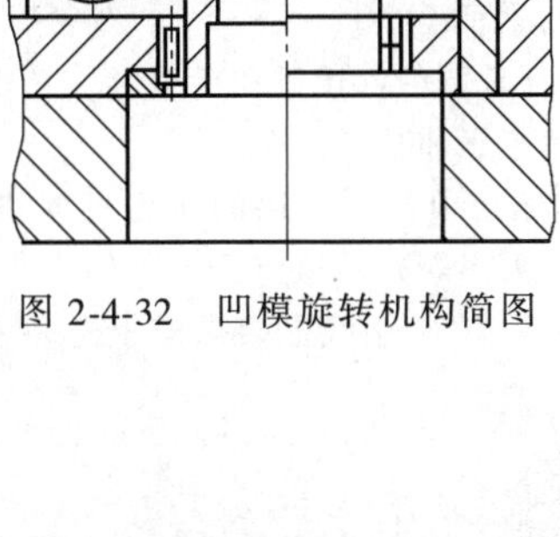

图 2-4-32　凹模旋转机构简图

上、下模座采用 45 钢，要求淬火，精磨组装后模架的平行度和垂直度要求均在 0.01mm 内。导柱、导套材料采用 GCr15 钢，淬火硬度为 62～66HRC，精磨或研磨后，表面粗糙度 $Ra \leqslant 0.1\mu m$，圆度和同轴度均在 0.002mm 内。滚珠通过检测筛选，直径的尺寸公差和圆度公差要求达到 0.002mm 以内。卸料板采用 40Cr 钢。导向板及固定板采用 CrWMn 钢。收紧圈采用 GCr15 钢。

10）铁心叠装结合面最佳过盈量。全密叠形式铁心叠装结合是在模内进行的，为此，上、下冲片的凸台和凹孔间过盈配合的确定、叠压力的调整等，是决定铁心自动叠装能否达到预定结合力的关键。经多次实践，过盈量在 0.005mm 内最佳。

11）收紧圈尺寸要求。收紧圈是铁心自动叠装模的关键零件之一，其内成形尺寸加工成与落料叠压凹模一致为最佳，这样产生较适中的背压力，以达到铁心结合力和各项技术要求。

12）卷料侧面导向结构采用浮动圆柱导销，便于进行模内清理。

13）弹簧的选用。弹压卸料板装置宜采用标准的矩形截面圆柱螺旋弹簧，确保高速冲压时弹簧的使用寿命和稳定性。

14）防止废料回升。在定子槽形凸模上设置顶料杆，有效预防槽形废料上浮。

15）安全检测装置。模具的检测工位上，设置误送进检测销，当高速压力机冲压时，若出现异常现象，压力机应立即停车，避免损坏模具和设备。

4. 定、转子铁心自动叠装模的经济效益

1）模具的性能、使用寿命、制造周期与国际同类模具的技术水平基本相同，达到模具国产化，替代进口。

2）引进同类模具每副价格20万美元，通常情况下，国产模具每副价格仅为进口模具的三分之一。模具的国产化可为国家节省大量外汇。

4.3.2 引线框架高速冲裁工艺与模具结构

1. 概述

引线框架是分立器件、集成电路内部芯片同外部电器设备连接的导线，又是支撑结构件。引线框架先进的制造技术是由中、高速压力机借助多工位硬质合金级进模来冲压完成。该方法在实现冲压生产自动化，降低生产成本，提高产品质量、生产率和经济效益诸方面显示出显著的优越性。

对引线框架材料的要求：

1）热胀系数与芯片材料相接近。

2）导热、导电性能好。

3）强度高且引线弯曲等冲压性能好。

4）电镀性能、焊接性能好。

5）材料的内在和外观质量好，且价格便宜。

常用引线框架的材料有Fe-Ni-Co型可伐合金；Fe-Ni42型合金；Cu-KA、Cl220R-2C型磷无氧铜、KFC、CCZ-F、KLF-1、CDA194等高强度铜合金材料。其中铜合金材料因具有优异的导热、导电性，可代替价格昂贵的可伐合金，用作一般用途的分立器件和集成电路引线框架，应用十分广泛。冲压用材料均以卷料形式供货，材料厚度一般为0.2～0.8mm。

引线框架种类繁多，从结构形式上分成单列扁平型、双列直插型、四列弯曲型；带散热板或铆接散热板型。从引脚数的多少分，国内已生产8、10、12、14、16、18、24、40、42、48脚的引线框架；国外还有64、72、86、96、108引脚的引线框架。引线框架的冲裁排样，也从单排向多排多制件发展。

引线框架冲裁中，模具内的电磁阀控制切断刀剪切已成形的制件组成条状。此外，也有冲压完毕不经切断而仍卷绕成卷，经过局部电镀后再切断成条状。这两种冲压生产方式，均由工艺的需要来确定。

冲压时合理地选择压力机冲速，对制件的质量提高和模具的使用寿命延长，均有很大作用，合适的冲速既能得到质量高，特别是冲裁毛刺小的制件，又能提高模具一次刃磨的冲压次数。

2. 冲压速度与下列因素有关

（1）制件材料的性能　软性材料较硬性材料冲速要高。

（2）制件的形状　简单形状较复杂形状冲速可高些。对于带有细狭长形结构的制件，冲速提高后振动加大，模具工作零件如凸、凹模等易损坏，故冲速宜略低些。

（3）送料进距的大小　进距越小，冲速可越高。

（4）压力机行程的大小　从国外进口的中、高速压力机，工作行程一般均为固定值，而且都比较小。例如FP-60SW-II型压力机，滑块行程有10～50mm五种规格，其中10mm的一种，其滑块行程速度最高可达1100次/min，而50mm行程的滑块行程速度最高只能达到650次/min。所以滑块行程小的压力机，其行程速度要高些。

3. 双列8引脚IC引线框架排样图

引线框架级进模的排样图，是模具结构设计构思的第一步，它能反映出制件整个冲压工艺过程。排样合理与否，既影响模具的制造和使用，又影响制件质量，一般凭设计人员的经验决定，但应尽量遵循下列原则：

1）保持模具的整体平衡，模具的压力中心尽可能接近压力机滑块中心，且冲裁面积大的部分安置在模具的中间位置，使整个模具受力均衡，有效地保护冲模的工作零件和导向零件，提高模具的使用寿命。压力机滑动部分也由于受扭曲力的影响较少，因而可以减少磨损。

2）工位（一）用于冲压导正用工艺孔，在冲压中也可利用制件本身的小孔。工位（二）一般用导正销插入卷料进行导正，以保证卷料送进的进距精度。

3）压印、切断工位一般设置在模具的最后工位，以免影响冲压工艺的连续性与准确性。

4）相同形状的孔应尽量安置在同一工位，相互对称为理想状态，便于拼块的制造和冲压中受力均衡。

5）考虑冲压后引线的扭曲方向，尽量使引线框架的各条引脚的形状一致或相近。

6）有时为了保证足够的模壁强度和装配空间，可以设置若干个空工位。

7）在保证模具拼块具有足够强度和便于加工的前提下，冲压工位数设置以少为宜，工位数愈少，相应的拼块数就少，既可简化模具制造，又可减少拼块装配的累积误差。

8）为保证制件的质量和平整度，必要时应在适当工位设置精压和整形工序。

9）排样必须与所选用的压力机规格（台面尺寸、漏料孔大小等）相适应。

双列8引脚IC引线框架排样中先冲导正孔，然后检测，接着逐次冲出内、外引线，再压印、切断，共 16 个工位，工位连续模的排样图如图 2-4-33 所示。

4. 双列 8 引脚 IC 引线框架级进模结构的主要特点

双列 8 引脚 IC 引线框架连续下模装配简图如图 2-4-34 所示，上模装配简图如图 2-4-35 所示。

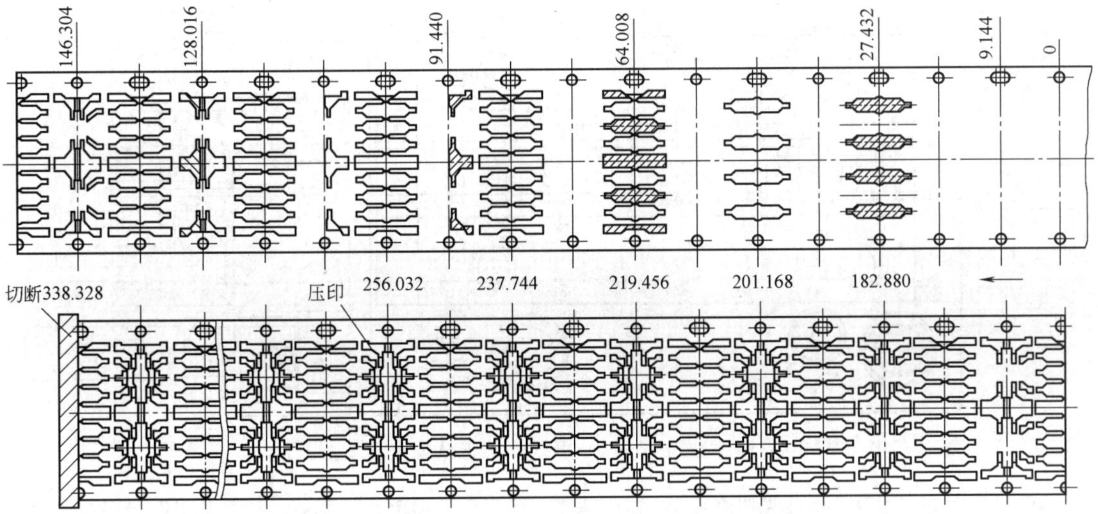

图 2-4-33　双列 8 引脚 IC 引线框架连续模排样图

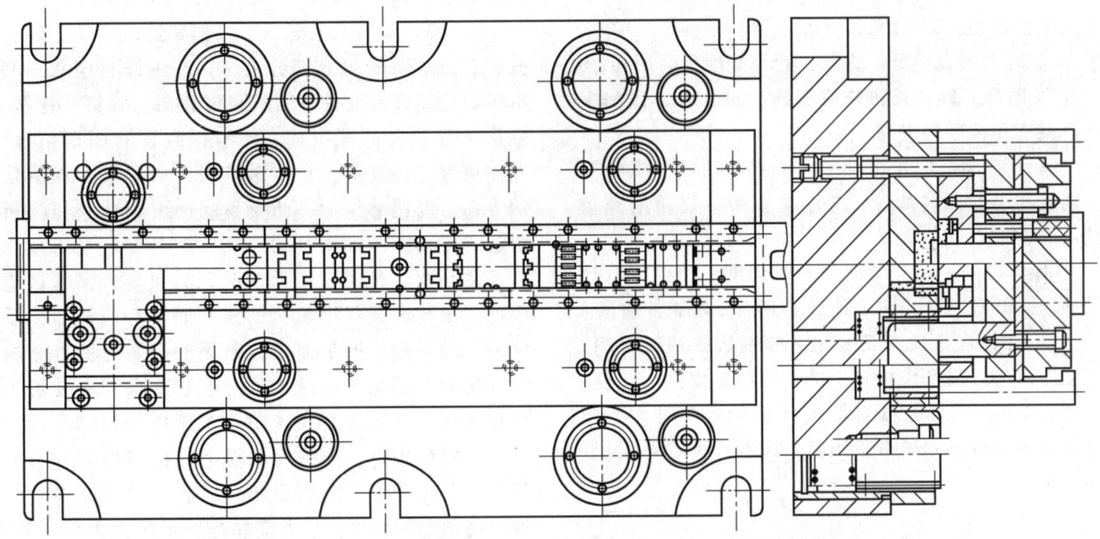
图 2-4-34　双列 8 引脚 IC 引线框架连续模下模装配简图

该副模具结构的主要特点有：

1）该副模具采用联合导向形式，即在上、下模座间设置四对导柱和滚珠导套，对称分布在模具两侧，作为模架的导向。为便于修磨凹模刃口，将导柱安装在上模座内。级进模内部，在凸模座板、卸料座板、凹模座板三者之间，另设置四对小导柱、导套作为模具的精密内导向。由于卸料板在整副模具中所处的地位十分重要，而冲压过程中的行程又很小，因此，小导柱、导套采用面接触形式的精密滑动导向，导柱、导套的间隙控制在 0.005mm 左右，冲压时输入润滑油，产生的油膜填充了导柱、导套的间隙，即达到所谓“无间隙滑动导向”的要求。润滑油可起润滑作用，以减少导柱、导套的磨损及避免高速冲压中导向件出现表面烧伤的现象。导柱与导套选用轴承钢制造，导套内壁开有螺旋形油槽，淬火硬度为 62～65HRC。

2）凹模采用拼块型及直槽式或框套式固定法。拼块型结构使零件的型孔加工由内形加工变为外形加工，可以使用平面磨床、光学曲线磨床磨削零件型面，制造精度高。凹模拼块用钨钴类硬质合金制造。拼块的拼接，应从加工性、强度、制造和装配方便、准确定位和有效地锁紧等诸方面考虑。在选

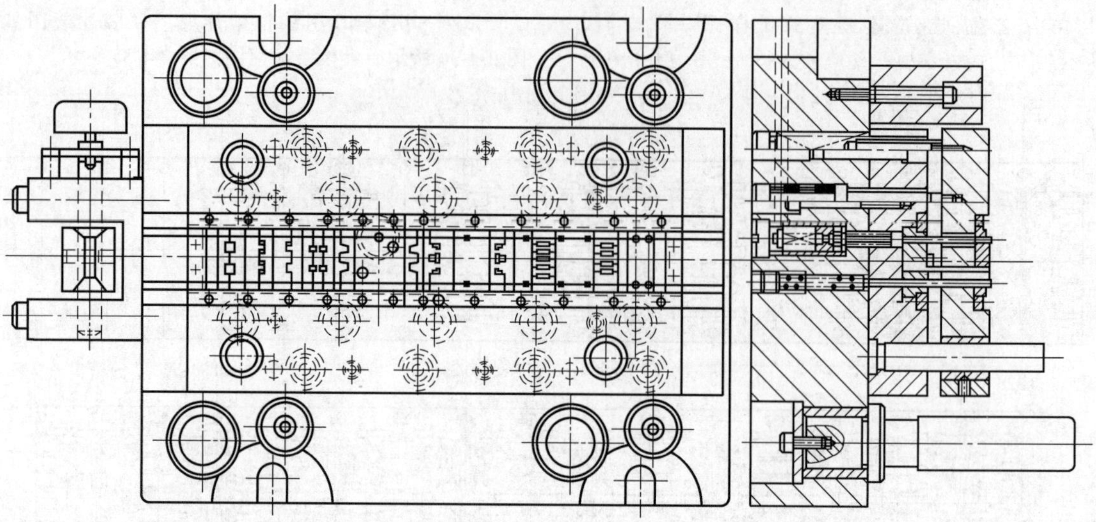

图 2-4-35　双列 8 引脚 IC 引线框架连续模上模装配简图

择拼合面位置时，需注意下列几个问题：

① 拼块的数量，在情况许可的前提下越少越好，且以竖向分割为佳，以便于加工和装配，减少装配累积误差。对于狭长形孔，宽小于 1mm，深大于 2mm 时，则以横分割为宜，否则磨削型孔困难。

② 凹模、卸料板拼块应取同一拼合面，以利于模具制造和精度的提高。

③ 宜在型孔圆角半径的中心部位分割，多处圆角则宜在小的圆角处分，并尽量在带有直角的圆角处及对称中心处分割。

④ 细长的型孔，考虑到凸模强度，往往可以分段冲压，但必须防止出现接缝毛刺而影响制件质量。

3）卸料板拼块及其固定。卸料板拼块的材料、拼接方法与凹模拼块相同，拼块的固定也类似凹模，如图 2-4-36，同样分成直槽式和框套式两种。不同之处是凹模拼块用导料板压紧，卸料板拼块靠压块、螺钉吊紧。

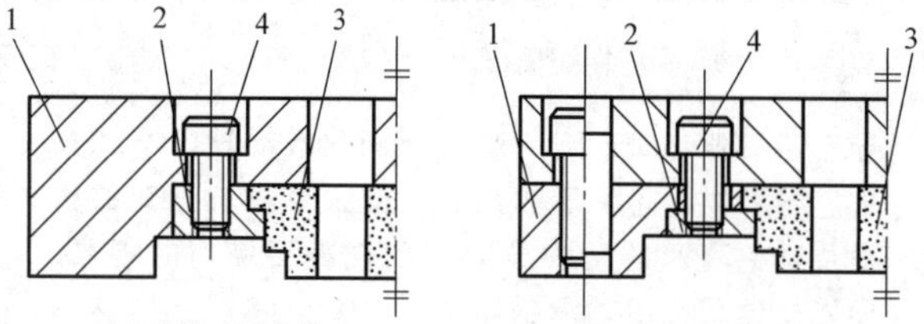

a) 直槽式固定法　　b) 框套式固定法

图 2-4-36　卸料板拼块的固定

1—卸料板座　2—压块　3—卸料板拼块　4—螺钉

4）凸模及其固定。凸模材料同样选用钨钴类硬质合金制造，由光学曲线磨床磨削加工保证精度，刃口直线长度为 15mm 左右，凸模尾端固定部分为简单的矩形，与凸模固定拼块成 0.006mm 间隙配合，处于“浮动”状态，有利于凸模自然导入卸料板内，且方便凸模的装配及维修更换。凸模固定拼块的方法，则与卸料板拼块的固定方法类似。

5）弹压卸料板装置。引线框架连续模中，卸料板装置是重要的组成部分之一，它由卸料座板、卸料板拼块、弹性元件、卸料限位套筒、螺钉、螺塞、弹顶柱及导向件等组成。卸料板装置的制造精度、导向精度、强度等，直接影响制件的质量和模具使用寿命。高速冲压中，凸模易受冲击载荷及压力机引起的振动影响而啃伤刃口，特别是细、窄长形强度差的凸模。若遇到意外情况，例如卷料误送进造成冲残缺孔或废料上跳至凹模表面等，均使凸模受侧向力的影响，产生崩刃或断裂的现象。所以凸模的导向和保护是十分重要的。这就要求卸料装置不仅在冲压前期压紧材料，防止冲压中的位移，冲压后起卸料作用外，尚需对凸模进行精密导向和有效保护，避免受侧向力的影响。因此，弹压卸料板装置，必须制造精度高、导向精准、弹压力大而平稳、有足够的刚性和一定的硬度，在工作中无变形且长久保持稳定。图 2-4-37 所示是弹压卸料板装置的两种常用形式。这两种弹压卸料板装置的特点是：在模具装配过程中，凸模始终不受侧向压力的影响而处于自由状态，即先装妥限位套筒部分，然后再装弹性元件。另外，弹顶柱、弹顶螺钉、限位套筒的工作面，均可靠磨削加工保证零件高度一致，因而使装配后的卸料座板保持水平位置，以达到平稳的工作。弹性元件常采用弹力大的矩形截面强力弹簧。拧动螺塞可调节所需弹压力。为了提高冲压后引线框架的平整度，弹压力大些好。弹顶柱的设置数量应保证弹压力均匀作用到卸料板上，设置位置尽量靠近冲模中心线部分。为了有效保护凸模刃口，一般凸模工作端面缩入卸料板 0.2~0.3mm。在修磨凸模刃口时，可以相应磨削弹顶板或弹顶螺钉及限位套筒的端面，使凸模的缩入量始终保持一定。

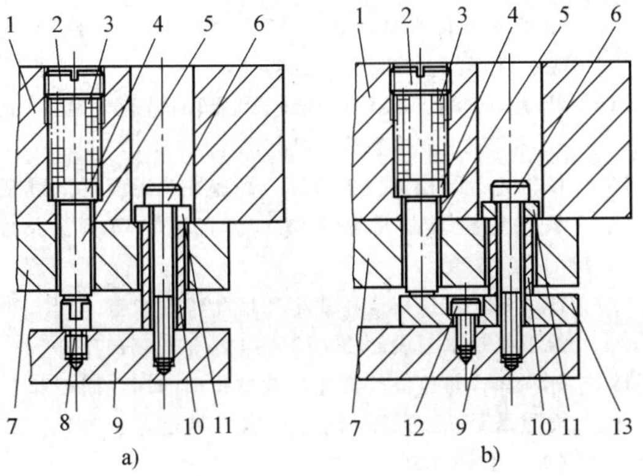

图 2-4-37　弹压卸料板装置

1—上模座　2—螺塞　3—弹簧　4—垫片
5—弹顶柱　6、12—螺钉　7—凸模座板
8—弹顶螺钉　9—卸料座板　10—套筒
11—垫圈　13—弹顶板

6）模具闭合高度的限位柱。在上、下模座的适当位置对称设置 4 对限位柱，它有两个作用：其一是在调整模具闭合高度时，有一个参考面，凸模不致进入凹模过深。其二是在模具入库存放时，借助上、下限位柱接触支撑，防止弹性元件因长时间承担整个上模重量而产生疲劳失去弹性。

7）采用活动型侧压装置。级进模导料板内的侧压装置，通常使用的是簧片压块或弹簧压块的侧压形式。由于它始终将卷料推向基准导料板，与导料面的摩擦阻力增大而阻碍了卷料的送进，对于辊轴式送料装置，尤其是薄的卷料容易 2 卷曲而失控。图 2-4-38 所示的活动型侧压装置，能消除以上弊病。压力机的辊轴送料装置将卷料推送时，推块 8 放松侧压，使卷料自由通过导料板送进一个进距，送料完毕，上模下降，推杆 5 碰到摆块 11，使摆块绕圆柱销 7 的轴心摆动，促使导料板内的推块 8 做水平移动，从而将卷料向基准导料板 10 压紧，然后卸料板压紧卷料，凸模进入凹模完成冲压工作。上模回升后又放松侧压而利于卷料送进，如此往复循环。

8）送料进距精度的控制。在冲压过程中，进距精度的高低直接影响制件的尺寸精度。高速压力机一般靠自动送料装置实现送料进距的粗定位，高速精密送料装置的进距精度可达±0.05mm 左右。当上模下降，送料装置释料的瞬时，则依靠导正销进行精确定位，一般可以设置多对导正销来消除卷料送进中的误差，通过导正销精定位后，进距精度可达±0.003mm。导正销常用的结构形式如图 2-4-39 所示。

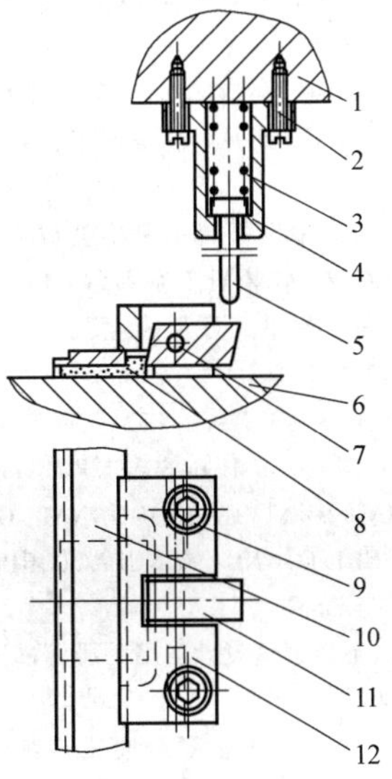

图 2-4-38　活动型侧压装置

1—上模座　2、9—螺钉　3—弹簧　4—弹簧套
5—推杆　6—凹模座板　7—圆柱销　8—推块
10—导料板　11—摆块　12—推块座

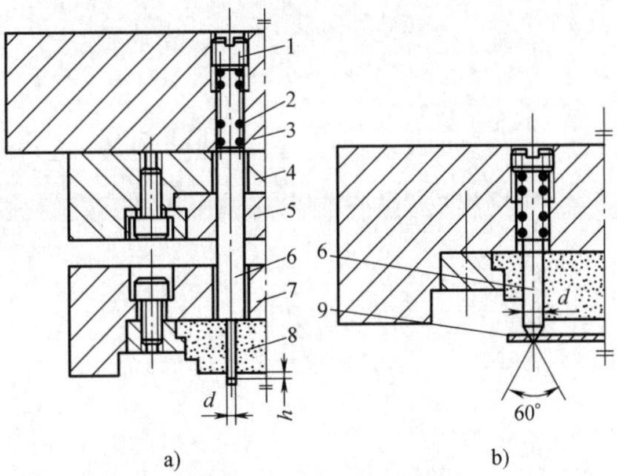

图 2-4-39　柔性导正销

1—螺塞　2—弹簧　3—上模座　4—凸模座板
5—凸模固定拼块　6—导正销　7—卸料座板
8—卸料板拼块　9—制件

参考文献

[1]　储家佑. 精密冲裁文集：第二辑［M］. 西安：机械工业部第二设计研究院，1981.

[2]　张毅. 现代冲压技术［M］. 北京：国防工业出版社，1994.

[3]　范宏才. 现代锻压机械［M］. 北京：机械工业出版社，1994.

[4]　《冲压加工技术手册》编委会. 冲压加工技术手册［M］. 谷维忠，等译. 北京：轻工业出版社，1988.

[5]　张春水，等. 高效精密冲模设计与制造［M］. 西安：

西安电子科技大学出版社，1989.
[6]　储家佑. 冲压自动生产中的监测装置 [J]. 模具通讯，1981 (5).
[7]　机械电子部桂林电器科学研究所. 国外模具引进技术资料汇编 [G]. 桂林：机械电子部桂林电器科学研究所，1982.
[8]　张顺福，等. 中国模具工业协会成立十周年纪念册 [M]. 北京：中国模具工业协会，1994.
[9]　孙宝琦，等. 模具用硬质合金及其进展 [J]. 模具工业，1996 (12).
[10]　SONG S H，CHOI W C. FEM Investigation on Thermal Effects on Force in High-Speed Blanking of Mild Steel [J]. INTERNATIONAL JOURNAL OF PRECISION ENGINEERING AND MANUFACTURING，2016，17 (5)：631-635.
[11]　郑家贤. 冲压模具设计实用手册 [M]. 北京：机械工业出版社，2007.
[12]　赵中华，等. 冲裁速度对冲压件断面质量的影响 [J]. 塑性工程学报，2010 (8).
[13]　Soumya Subramonian，Taylan Altan，Craig Campbell，et al. Determination of forces in high speed blanking using FEM and experiments [J]. Journal of Materials Processing Technology，2013，213：2184-2190.
[14]　陈旭明，肖小亭. 高速冲压及模具技术 [M]. 北京：化学工业出版社，2007.
[15]　周大隽，等. 冲模结构设计要领与范例 [M]. 北京：机械工业出版社，2005.
[16]　杨占尧，张松青，朱绘丽. 高速冲裁中废料上跳现象的危害及消除措施 [J]. 机械工程师，2001 (1)：49-50.
[17]　雷小友. 防止高速冲裁小孔堵废料的措施 [J]. 建筑工程技术与设计，2017 (14)：5766-5767.
[18]　陈明和，胡道春. 高速冲裁过程中的韧性断裂和断面质量研究进展 [J]. 中国机械工程，2016，27 (9)：1263-1271.

第3篇　弯　曲

概　述

弯曲是一种最常见的金属成形工艺，因其具有工艺简单、柔性高、效率高且易于与其他工艺复合等特点，被广泛地应用于航空、航天、兵器、船舶、汽车等领域零部件的制造。近年来，随着弯曲工艺的不断创新和发展，工艺种类和可加工零部件的类型不断得到丰富，其在金属塑性成形领域的作用变得更加重要。

弯曲是将板料、棒料、管材或型材等弯成具有一定的曲率、一定角度、形成一定形状零件的冲压工艺。按照弯曲工艺特点，具体可分为板材弯曲、管材弯曲、型材弯曲和辊弯成形等4类。近年来，高性能、轻量化、高可靠性已经成为工业产品不断追求的目标，这就使得零件的结构设计越来越复杂。为此，弯曲工艺也在不断地进行工艺技术和理论创新，并应用于各类复杂曲面构件的成形过程，进一步推动了弯曲成形理论和技术的完善和发展。

针对弯曲工艺的多样性和复杂性，深入研究揭示弯曲成形过程中坯料变形规律，掌握弯曲成形缺陷、精度和性能控制方法，是提升弯曲成形质量的关键。本篇在第3版《锻压手册　冲压》中“弯曲”章节的基础上，大量吸收近年新取得的研究成果，较系统地归纳了当前弯曲成形方法，并对各弯曲工艺原理、弯曲变形特征及常见缺陷与控制进行了总结，以期提升我国弯曲成形制造水平，并进一步推动弯曲工艺的发展。

本篇共4章：第1章主要阐述了常见的板材弯曲成形工艺及其原理、弯曲力及回弹的计算和常见缺陷及控制措施等内容；第2、3章分别针对管材和型材阐述了常用及特种弯曲方法、弯曲变形特点和主要缺陷控制方法等相关内容；第4章阐述了辊弯成形产品及适用范围、工艺和轧辊设计等内容。

第1章

板材弯曲

广州市华冠精冲零件有限公司　王新华
北京科技大学　韩静涛
石家庄铁道大学　李占华

1.1　概述

把平板毛坯、型材或管材等弯成一定曲率、一定角度、形成一定形状零件的冲压工艺称为弯曲。

图3-1-1所示为V形件弯曲的变形过程。在弯曲过程中，板料的内弯曲半径及支点距离随着凸模下行而逐渐减小，直到行程终了时，板料才与凸模的工作表面完全接触。

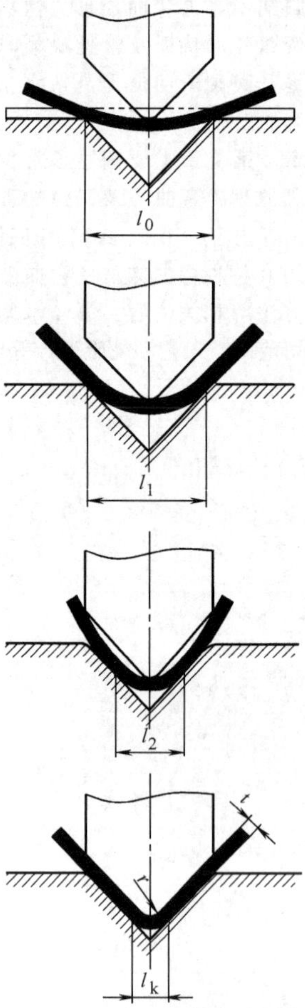

图3-1-1　板材弯曲过程

板料在弯曲过程中变形区内切向的应力状态如图3-1-2所示。当毛坯上作用有外弯曲力矩 M 时，毛坯的曲率发生变化。毛坯上曲率发生变化的部分（见图3-1-2中 $ABCD$ 部分）是变形区。毛坯变形区内靠近曲率中心的一侧（简称内层）的金属在切向压应力的作用下产生压缩变形；远离曲率中心一侧（简称外层）的金属在切向拉应力的作用下产生伸长变形。

金属板的弯曲过程可分为三个阶段：

1）弹性弯曲阶段。当外弯曲力矩的数值不大时，在毛坯变形区的内、外表面引起的应力小于材料的屈服强度 R_{eL}，此时仅在毛坯内部引起弹性变形。这一阶段变形区内的切向应力分布如图3-1-2Ⅰ所示。

2）弹-塑性弯曲阶段。当外弯曲力矩的数值继续增大时，毛坯的曲率半径随着变小，毛坯变形区的内、外表面首先由弹性变形状态过渡到塑性变形状态，以后塑性变形由内、外表面向中心逐步扩展。应力分布如图3-1-2Ⅱ所示。

3）纯塑性弯曲阶段。当外弯曲力矩继续增大时，毛坯变形区的材料完全处于塑性变形状态，其应力分布如图3-1-2Ⅲ所示。

毛坯断面上的应力，由外层的拉应力过渡到内层的压应力，中间必定有一层金属的切向应力为零，称为应力中性层。其曲率半径用 ρ_σ 表示。同样，应变的分布也是由外层的拉应变过渡到内层的压应变，其间必定有一层金属的应变为零，弯曲变形时其长度不变，称为应变中性层。其曲率半径用 ρ_ε 表示。在弹性弯曲或弯曲变形程度较小时，应力中性层与应变中性层相重合，位于板厚的中央；当弯曲变形程度较大时，应力中性层和应变中性层都从板厚的中央向受压纤维一边移动。

板材弯曲变形的几个特性：

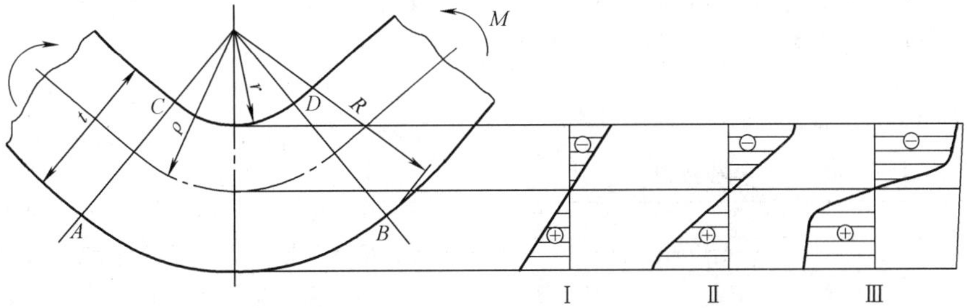

图 3-1-2　弯曲毛坯变形区内切向应力分布

Ⅰ—弹性弯曲　Ⅱ—弹-塑性弯曲　Ⅲ—纯塑性弯曲

1. 最小弯曲半径

最小弯曲半径是板材弯曲的重要工艺参数。当弯曲半径太小时，就会产生外层纤维断裂现象。因此，弯曲件的内弯曲半径不能小于材料允许的最小弯曲半径。详见 1.2 节。

2. 回弹

板材弯曲时，由于同时存在弹性变形和塑性变形，当外载荷去除后，弹性变形部分回复，因此弯曲后工件的尺寸与模具尺寸不完全一致，这种现象称为回弹。有关回弹的详细内容见 1.3 节。

3. 应变中性层位置

应变中性层位置是计算弯曲部分展开长度的依据，详见 1.4 节。

4. 窄板横截面的畸变

从弯曲件变形区的横断面来看（见图 3-1-3）：对于窄板（$b \leqslant 3t$），弯曲时，外层受拉，引起板料宽度和厚度的收缩；内层受压，使板宽和板厚增加，所以弯曲变形结果，板料横截面变为梯形，并有微小的翘曲（见图 3-1-3a）。对于宽板（$b > 3t$），弯曲时，横截面几乎没有畸变，因为横向的变形被宽度大的材料抵抗力所阻止，材料不易流动，因此横截面形状变化不大，仍为矩形（见图 3-1-3b）。

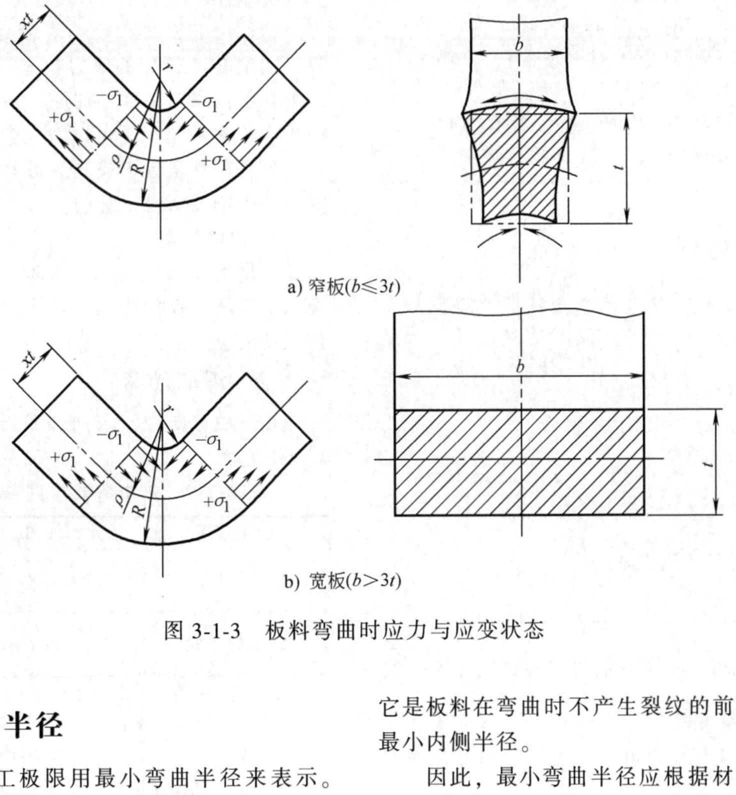

图 3-1-3　板料弯曲时应力与应变状态

1.2　最小弯曲半径

弯曲工艺的加工极限用最小弯曲半径来表示。它是板料在弯曲时不产生裂纹的前提下所能弯曲的最小内侧半径。

因此，最小弯曲半径应根据材料外侧纤维的许可变形来确定。影响最小弯曲半径的因素主要有：材料的塑性、纤维方向、弯曲方向、料厚、断面状态、弯曲角和弯曲方法等。

表 3-1-1 列出了常用材料的最小弯曲半径值。

表 3-1-1　最小弯曲半径数值

材　料	退火状态		冷作硬化状态	
	弯曲线的位置			
	垂直纤维	平行纤维	垂直纤维	平行纤维
铝	$0.1t$	$0.35t$	$0.5t$	$1.0t$
纯铜	$0.1t$	$0.35t$	$1.0t$	$2.0t$
软黄铜	$0.1t$	$0.35t$	$0.35t$	$0.8t$
半硬黄铜	$0.1t$	$0.35t$	$0.5t$	$1.2t$
磷铜	—	—	$1.0t$	$3.0t$
冷轧低碳钢板（R_m = 280 ~ 400MPa，A = 24% ~ 27%）	$0.1t$	$0.4t$	$0.4t$	$0.8t$
Q215（R_m = 340 ~ 440MPa，A = 22% ~ 26%）	$0.1t$	$0.5t$	$0.5t$	$1.0t$
Q275（R_m = 410 ~ 520MPa，A = 18% ~ 23%）	$0.2t$	$0.6t$	$0.6t$	$1.2t$
Q420（R_m = 500 ~ 620MPa，A = 16% ~ 19%）	$0.3t$	$0.8t$	$0.8t$	$1.5t$
45,50	$0.5t$	$1.0t$	$1.0t$	$1.7t$
55,60	$0.7t$	$1.3t$	$1.3t$	$2.0t$

注：1. 当弯曲线与纤维方向成一定角度时，可采用垂直和平行纤维方向二者的中间值。

2. 在冲裁或剪切后没有退火的毛坯弯曲时，应作为硬化的金属选用。

3. 弯曲时应使有毛刺的一边处于弯角的内侧。

4. 表中 t 为板料厚度，R_m 为抗拉强度，A 为伸长率。

1.3　弯曲时的回弹

如前所述，弯曲时塑性变形与弹性变形同时存在，当外载荷去除后，工件因回弹使其尺寸与模具尺寸不一致（见图 3-1-4）。

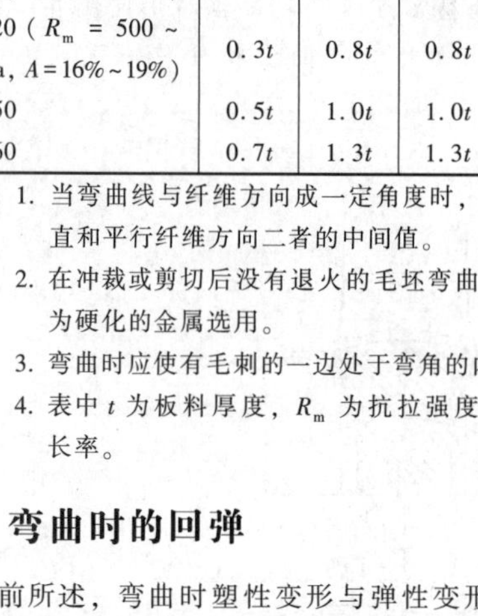

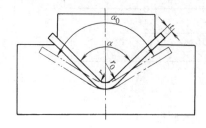

图 3-1-4　由于回弹而引起的制件与模具尺寸不一致

回弹一般以角度的变化来表示；当用大圆角半径弯曲时，除需求出回弹角外，还应求出弯曲半径的变化。

1.3.1　影响回弹的主要因素

1. 材料的力学性能

材料的屈服强度 R_{eL} 越高，弹性模量 E 越小，加工硬化越激烈（k 值和 n 值大），则回弹越大。

2. 相对弯曲半径 r/t

当 r/t 小时，弯曲毛坯外表面上的总切向变形程度大，虽然弹性变形的数值也随着增大，但弹性变形在总的变形当中所占的比例却减小，因此，回弹角与弯曲角的比值 $\Delta\alpha/\alpha$ 和曲率半径回弹值与曲率半径的比值 $\Delta\rho/\rho$ 都随着弯曲半径的减小而变小。

3. 弯曲角 α

弯曲角 α 越大，则表示变形区的长度越大，回弹角也就越大，但它对曲率半径的回弹没有影响。

4. 弯曲方式和模具结构

不同的弯曲方式和模具结构，对于弯曲件的弯曲过程、受力状况以及对毛坯变形区和非变形区的影响都较大，因此回弹值也不同。

5. 弯曲力

在实际生产中，多采用带一定校正成分的弯曲方法，让压力机给出的力超过弯曲变形所需的力。这时弯曲变形区的应力状态和应变的性质都和纯弯曲有一定的差别，而且施加的力越大，这个差别也越显著。当校正力很大时，可能完全改变毛坯变形区应力状态的性质，并使非变形区也转化成为变形区。

6. 摩擦

弯曲毛坯表面和模具表面之间的摩擦，可以改变弯曲毛坯各部分的应力状态，尤其在一次弯成多个部位的曲率时，摩擦的影响更加显著。一般认为，摩擦在大多数情况下可以增大弯曲变形区的拉应力，可使零件形状接近于模具的形状。但是，在拉弯时，摩擦的影响通常是不利的。

7. 板厚偏差

如果毛坯的厚度偏差大时，对于一定的模具来说，其实际工作间隙是忽大忽小的，因而回弹值也是波动的。

1.3.2　近似计算

在自由弯曲中，求回弹角近似值的简化公式见表 3-1-2。

表 3-1-2　自由弯曲求回弹角的近似公式

弯曲方式	回弹角 β(单面)计算公式
V 形件弯曲	$\tan\beta = 0.375\dfrac{l}{Kt}\cdot\dfrac{R_{eL}}{E}$
Π 形件弯曲	$\tan\beta = 0.75\dfrac{l_1}{Kt}\cdot\dfrac{R_{eL}}{E}$

注：K—系数，决定于中性层的位置，等于 $1\times x$，x 值可从表 3-1-5 中查得；

l—支点的距离，即凹模口的宽度；

l_1—弯曲力臂，$l_1 = r_凸 + r_凹 + 1.25t$。

在带压料的弯曲中，回弹的数值不仅视 r/t、l/t 和 α 的数值而定，而且还视压力机的调整和金属的冷作硬化程度而定。

1.3.3　经验数据

对于碳素钢板做 V 形弯曲时，回弹角 β 和 r/t 的关系如图 3-1-5～图 3-1-8 所示。

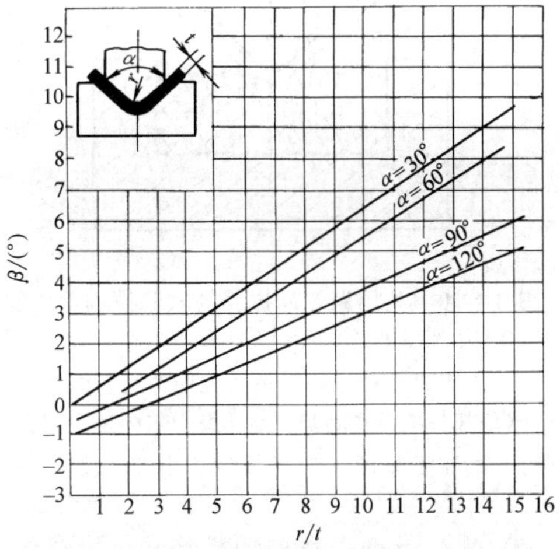

图 3-1-5　冷轧低碳钢板在弯曲时的回弹角 β

$\alpha=30°$时，$\beta=0.75r/t-0.39$

$\alpha=60°$时，$\beta=0.58r/t-0.80$

$\alpha=90°$时，$\beta=0.43r/t-0.61$

$\alpha=120°$时，$\beta=0.36r/t-1.26$

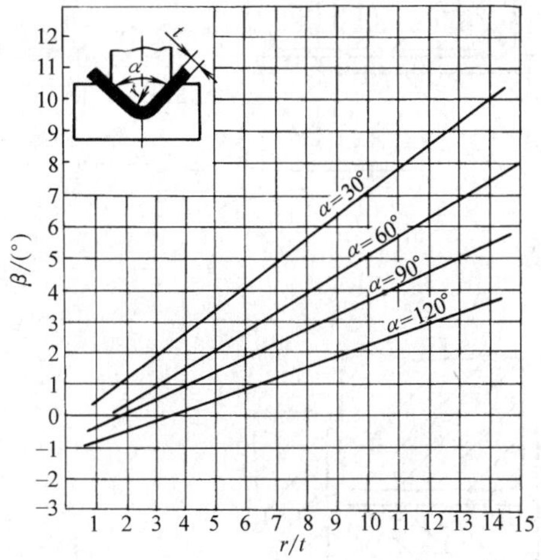

图 3-1-6　Q215 钢在弯曲时的回弹角 β

$\alpha=30°$时，$\beta=0.69r/t-0.23$

$\alpha=60°$时，$\beta=0.64r/t-0.65$

$\alpha=90°$时，$\beta=0.43r/t-0.36$

$\alpha=120°$时，$\beta=0.37r/t-0.58$

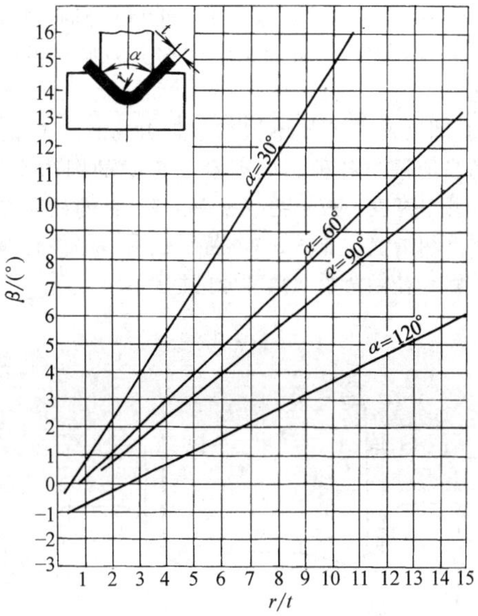

图 3-1-7　Q275 钢在弯曲时的回弹角 β

$\alpha=30°$时，$\beta=1.59r/t-1.03$

$\alpha=60°$时，$\beta=0.95r/t-0.94$

$\alpha=90°$时，$\beta=0.78r/t-0.79$

$\alpha=120°$时，$\beta=0.46r/t-1.36$

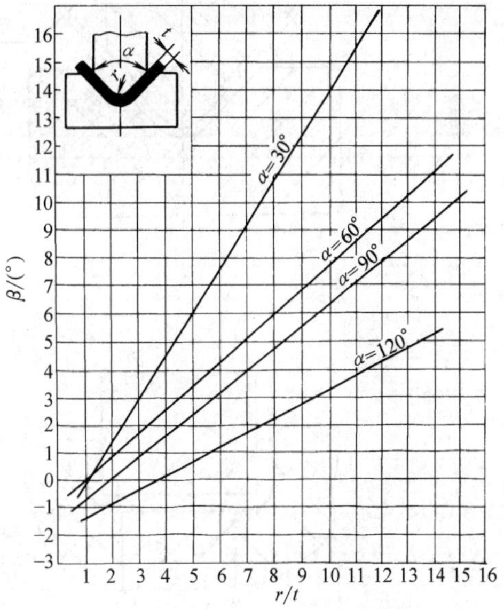

图 3-1-8　Q420 钢在弯曲时的回弹角 β

$\alpha=30°$时，$\beta=1.51r/t-1.48$

$\alpha=60°$时，$\beta=0.84r/t-0.76$

$\alpha=90°$时，$\beta=0.79r/t-1.62$

$\alpha=120°$时，$\beta=0.51r/t-1.71$

1.3.4　减小回弹的主要措施

1）在接近纯弯曲的条件下，可以根据回弹值的计算或经验数据，对弯曲模工作部分的形状做必要的修正。

2）利用弯曲毛坯不同部位回弹方向不同的规律，适当地调整各种影响因素（模具的圆角半径、间隙、开口宽度、校正力、压料力等），使相反方向的回弹互相抵消。如图 3-1-9 所示，利用零件底部产生的回弹来补偿两个圆角部分的回弹。

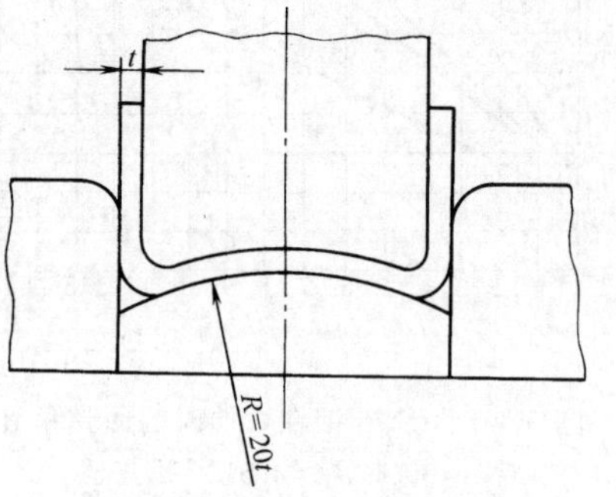

图 3-1-9　弧形凸模的补偿作用

3）利用聚氨酯橡胶的软凹模代替金属的刚性凹模进行弯曲，如图 3-1-10 所示。

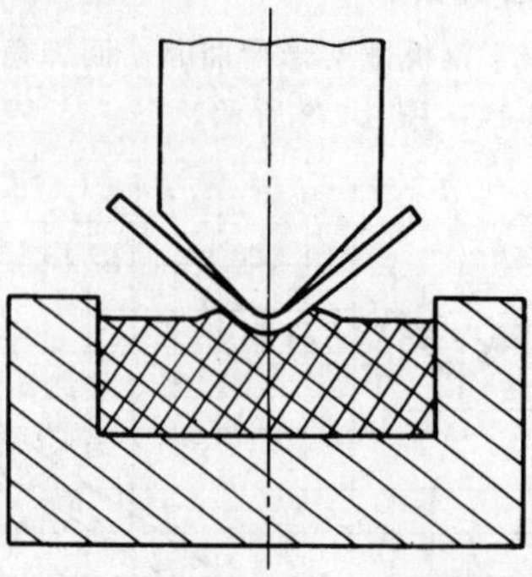

图 3-1-10　利用聚氨酯橡胶的软凹模进行弯曲

4）把弯曲凸模或压料板做成局部突起的形状，或减小圆角部分的模具间隙，使凸模力集中地作用在引起回弹的弯曲变形区，改变其应力状态，如图 3-1-11 所示。

5）采用带摆动块的凹模结构，如图 3-1-12 所示。

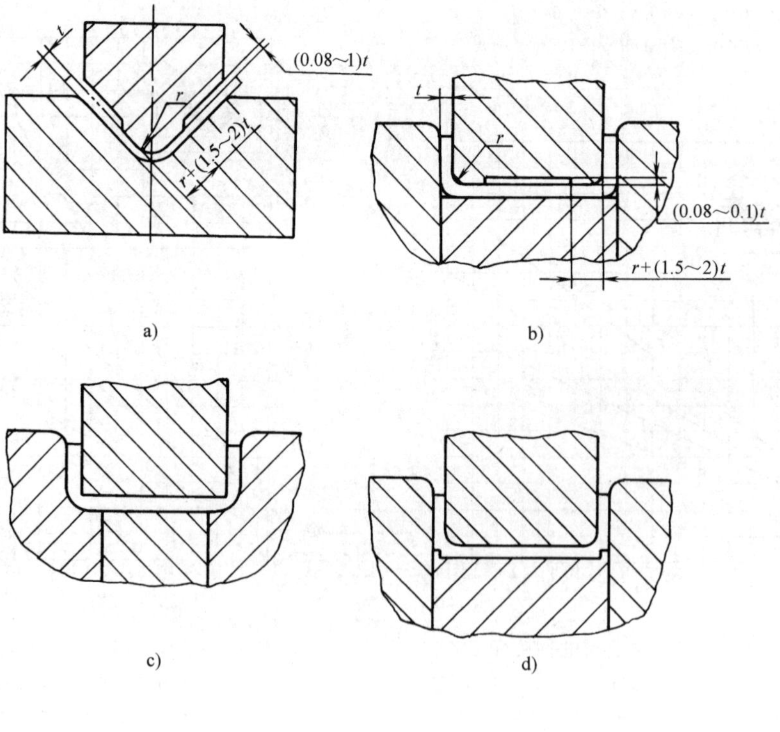

图 3-1-11　改变应力状态的弯曲方法

6）采用纵向加压法，在弯曲过程完成之后，用模具的突肩在弯曲毛坯的纵向加压，使弯曲变形区内毛坯断面上的应力都成为压应力，如图 3-1-13 所示。

7）采用拉弯方法，主要用于长度和曲率半径都比较大的零件。

8）采用提高制件结构刚性的办法，如图 3-1-14～图 3-1-17 所示。

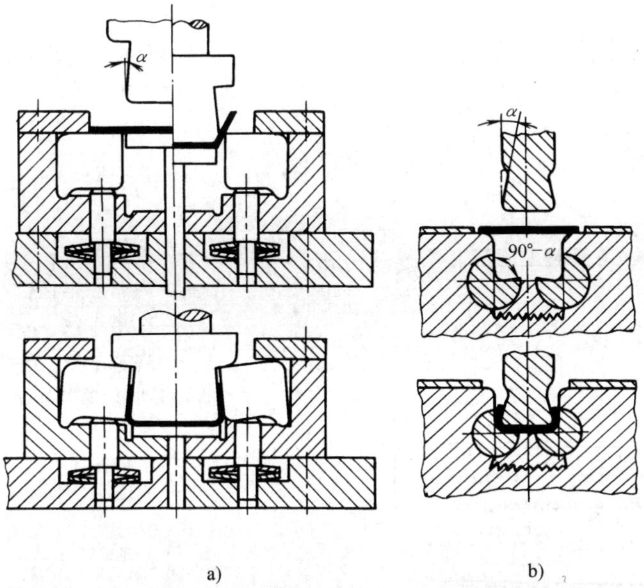

图 3-1-12　带摆动块的凹模结构

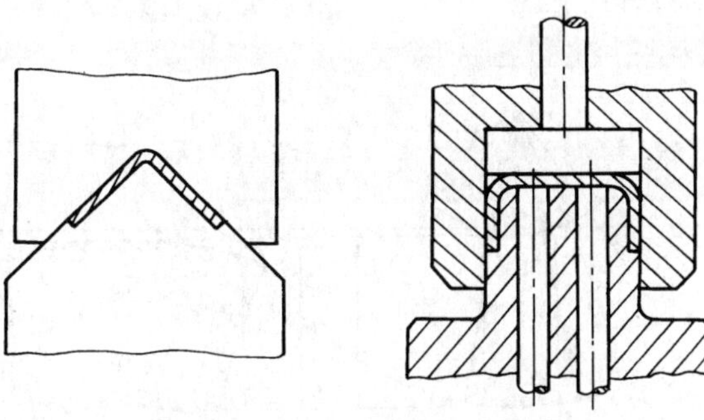

图 3-1-13　纵向加压力的弯曲

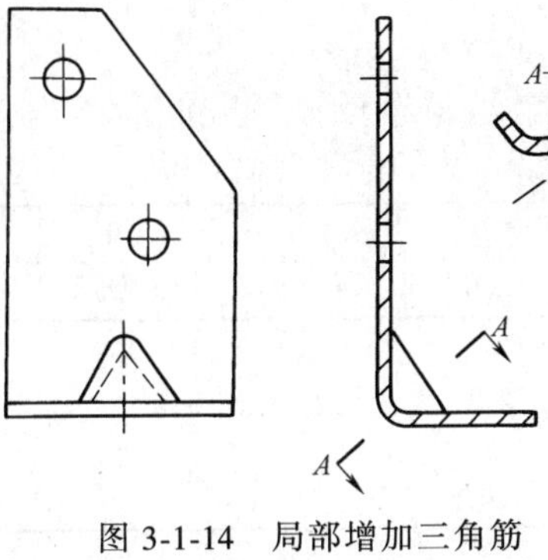

图 3-1-14　局部增加三角筋

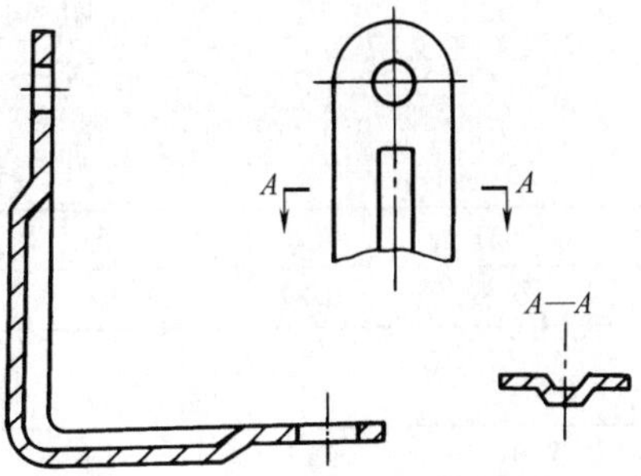

图 3-1-15　增加条形筋

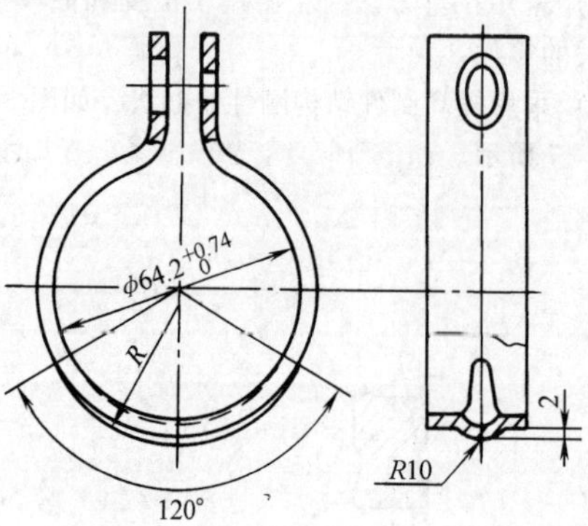

图 3-1-16　在环箍上压筋

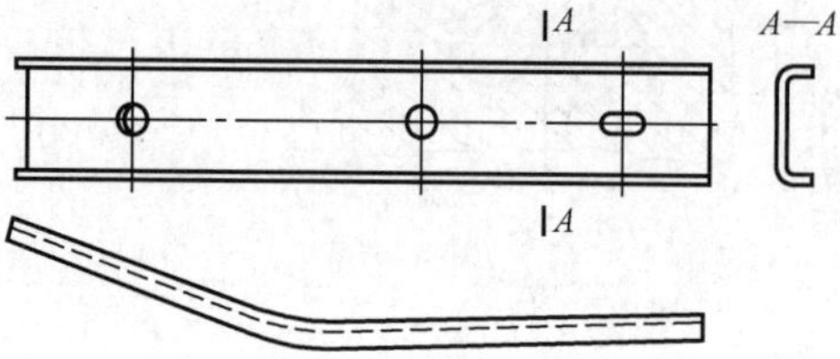

图 3-1-17　Π 形结构

1.4　弯曲毛坯展开长度的计算

弯曲件的毛坯长度，是根据应变中性层在弯曲前后长度不变的原则来计算的。

1.4.1　中性层位置的确定

1. 板料弯曲时中性层的位置

板料纯弯曲（见图 3-1-18）时，其中性层曲率半径为

$$\rho=\frac{R+r}{2}\alpha\beta=(r+0.5t\alpha)\alpha\beta$$

式中　R——外弯曲半径；

r——内弯曲半径；

α——变薄系数，$\alpha=t_1/t$，见表 3-1-3；

β——加宽系数，$\beta=B_{cp}/B$，见表 3-1-4。

一般计算时，常用下述简化公式

$$\rho=r+xt$$

式中　x——中性层位移系数，其理论值为

$$x=\frac{\rho-r}{t}=\frac{\alpha^2}{2}-\frac{r}{t}(1-\alpha)$$

由于 x 值受弯曲形式、模具结构、弯曲半径、料厚及材质等因素影响，通常采用经验数据进行计算。表 3-1-5 列出了 V 形压弯 90°角时中性层位移系数 x 的经验值。

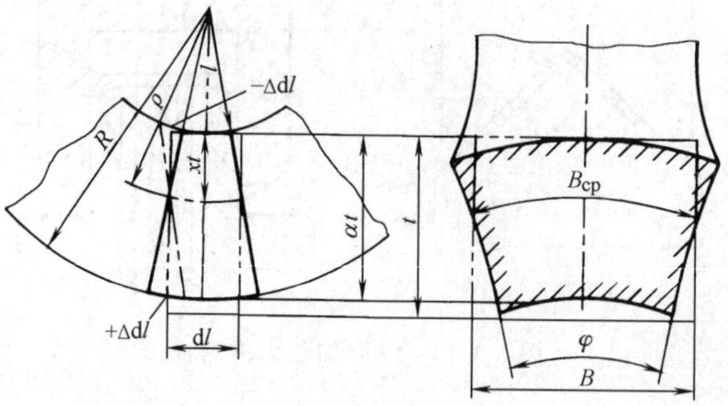

图 3-1-18　板料在弯曲中的变形

—·—弯曲前　——弯曲后

表 3-1-3　变薄系数 α

r/t	0.1	0.25	0.5	1.0	2.0	3.0	4.0	5.0	>10
α	0.82	0.87	0.92	0.96	0.985	0.992	0.995	0.998	1

表 3-1-4　加宽系数 β

板料宽度 B	$\geqslant 3t$	$2.5t$	$2t$	$1.5t$	t	$0.5t$
加宽系数 β	1.0	1.005	1.01	1.025	1.05	1.09

表 3-1-5　V 形压弯 90°角时中性层位移系数 x 的经验值

r/t	0.3	0.4	0.5	0.6	0.7	0.8	0.9	1.0	1.1	1.2
x	0.18	0.22	0.24	0.25	0.26	0.28	0.29	0.30	0.32	0.33
r/t	1.3	1.4	1.5	1.6	1.8	2.0	2.5	3.0	4.0	≥5.0
x	0.34	0.35	0.36	0.37	0.39	0.40	0.43	0.46	0.48	0.50

注：表中数值适用于低碳钢、90°角 V 形校正压弯。

2. 板料卷圆时中性层的位置

板料端部卷圆（见图 3-1-19）时，其中性层曲率半径为

$$\rho = r + xt$$

式中　x——中性层位移系数，由表 3-1-6 查得。

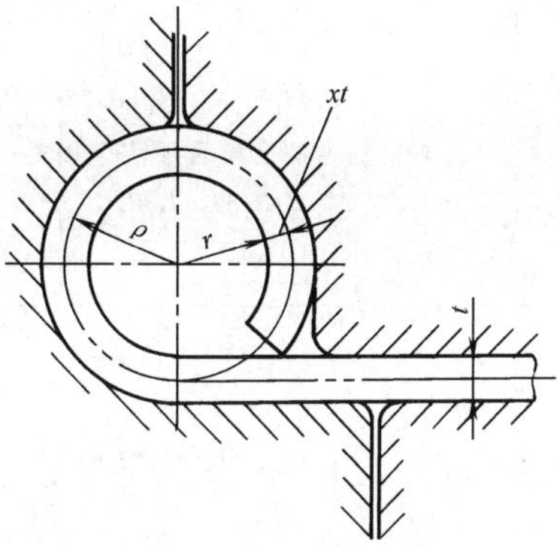

图 3-1-19　板料端部卷圆

1.4.2　求毛坯展开长度的公式及图表

1）弯曲半径 $r<0.5t$ 时，求毛坯展开长度的计算公式，见表 3-1-7。

2）弯曲半径 $>0.5t$ 时，求毛坯展开长度的计算公式，见表 3-1-8。

3）求毛坯展开长度的图表。

① U 形件弯曲，求圆弧展开长度 l，见表 3-1-9。

② 弯曲 90°角时，求中性层圆弧展开长度 l 见表 3-1-10。

③ 弯曲 90°和 180°角时，求差值 v 见表 3-1-11 和表 3-1-12。

表 3-1-6　卷圆时中性层位移系数 x 值

r/t	0.5	0.6	0.7	0.8	0.9	1.0	1.1	1.2	1.3	1.4	1.5	1.6	1.8	2.0	2.5	≥3.0
x	0.72	0.70	0.69	0.67	0.65	0.63	0.61	0.59	0.57	0.56	0.55	0.54	0.53	0.52	0.51	0.50

注：表中数值适用于低碳钢。

表 3-1-7　在 $r<0.5t$ 的弯曲中，求毛坯展开长度的公式

弯曲形式	简　图	计算公式
	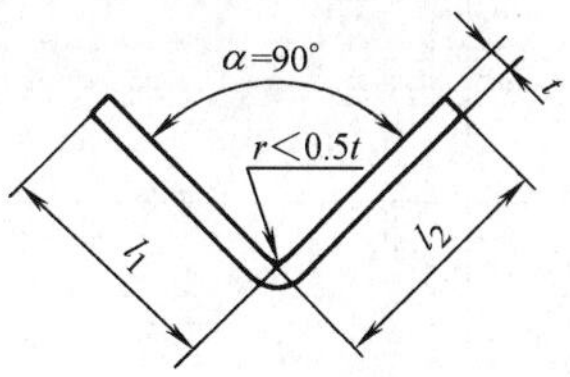	$L=l_1+l_2+0.5t$
单角弯曲	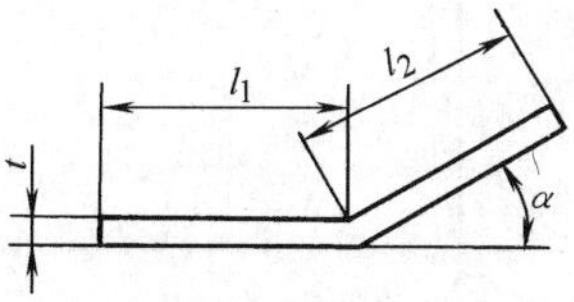	$L=l_1+l_2+\dfrac{\alpha}{90^\circ}\times 0.5t$
	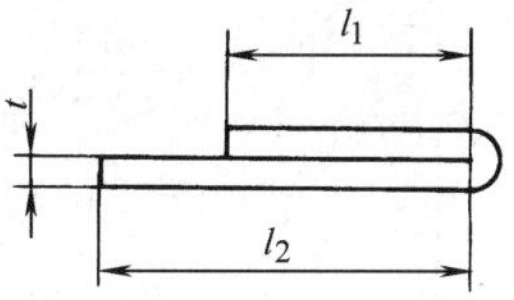	$L=l_1+l_2+t$

（续）

弯曲形式	简　图	计算公式
双角弯曲	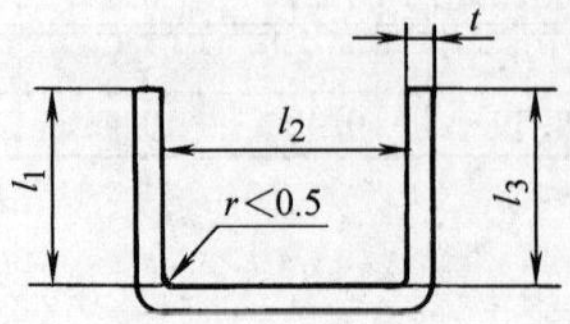	$L=l_1+l_2+l_3+0.5t$
三角弯曲	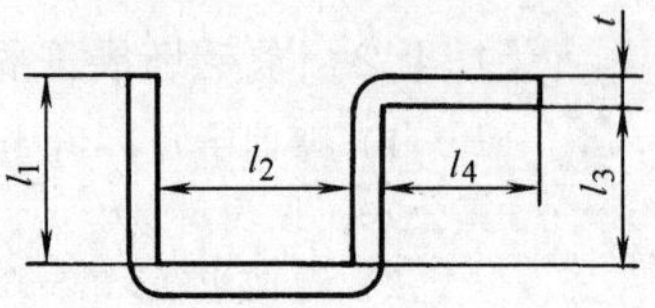	同时弯三个角时： $L=l_1+l_2+l_3+l_4+0.75t$ 先弯两个角后弯另一角时： $L=l_1+l_2+l_3+l_4+t$
四角弯曲	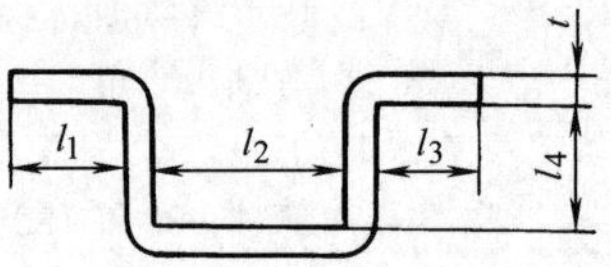	$L=l_1+l_2+l_3+2l_4+t$

表 3-1-8　在 $r>0.5t$ 的弯曲中，求毛坯展开长度的公式

弯曲形式	简　图	计算公式
单角弯曲(切点尺寸)	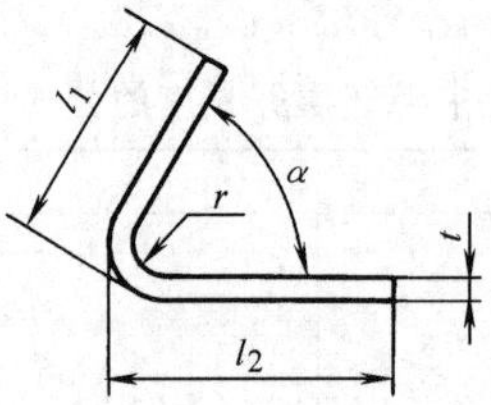	$L=l_1+l_2+\frac{\pi(180°-\alpha)}{180°}(r+xt)-2(r+t)$
单角弯曲(交点尺寸)	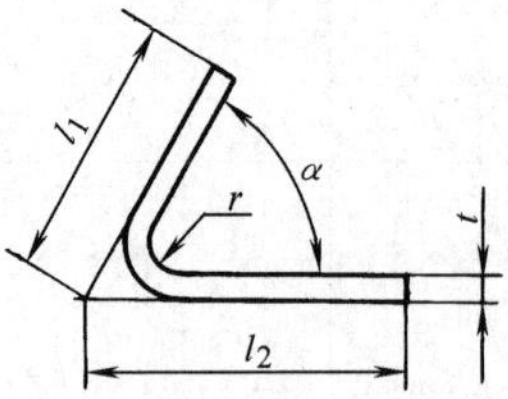	$L=l_1+l_2+\frac{\pi(180°-\alpha)}{180°}(r+xt)-2\cot\frac{\alpha}{2}(r+t)$
单角弯曲(中心尺寸)	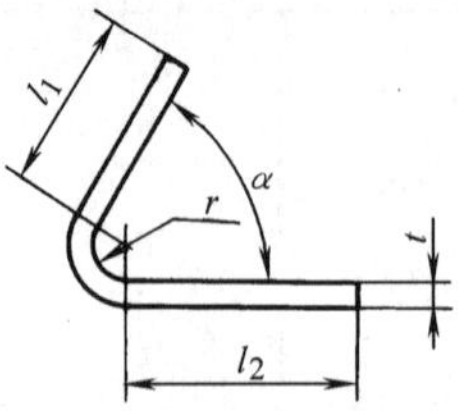	$L=l_1+l_2+\frac{\pi(180°-\alpha)}{180°}(r+xt)$

（续）

弯曲形式	简　图	计算公式
双直角弯曲	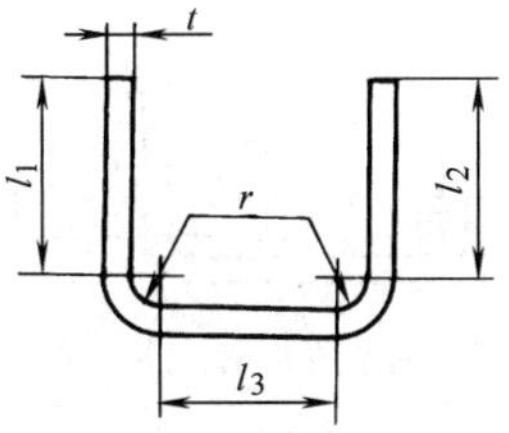	$L=l_1+l_2+l_3+\pi(r+xt)$
四直角弯曲	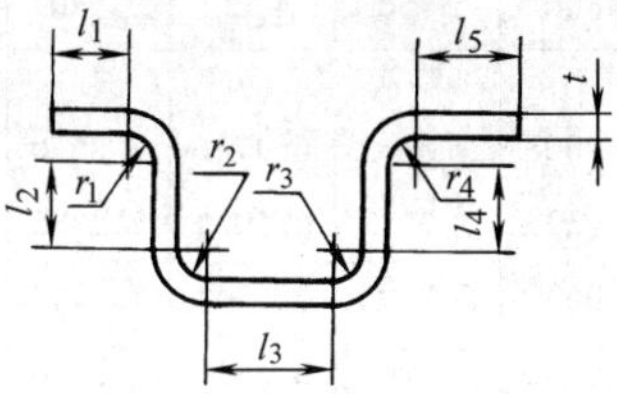	$L=l_1+l_2+l_3+l_4+l_5+\dfrac{\pi}{2}(r_1+r_2+r_3+r_4)+$ $\dfrac{\pi}{2}(x_1+x_2+x_3+x_4)t$
半圆弯曲	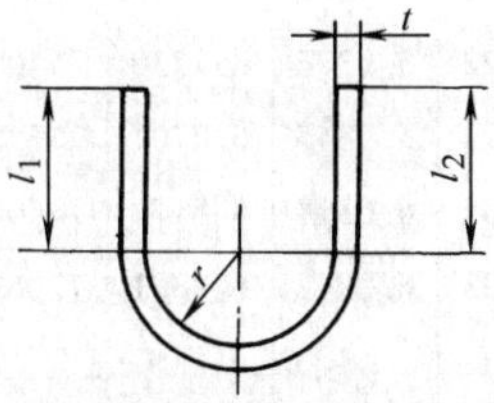	$L=l_1+l_2+\pi(r+xt)$
铰链卷圆	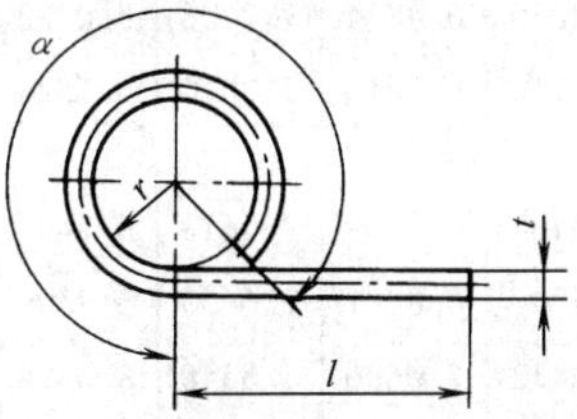	$L=l+\dfrac{\pi\alpha}{180°}(r+xt)$
吊环卷圆	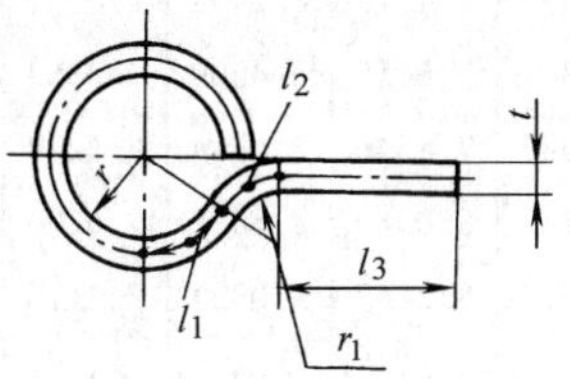	$L=1.5\pi(r+xt)+l_1+l_2+l_3$

注：1. 系数 x 见表 3-1-5 和表 3-1-6。

2. α 为角度（°）。

表 3-1-9　U 形弯曲 90°时圆角部分中性层长度 L　　(单位：mm)

$$L=a+b+c+2l$$

$$l=\frac{\pi}{2}\left(r+\frac{t}{4}\right)$$

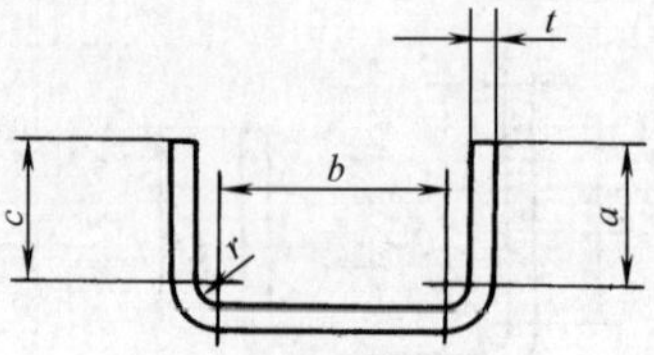

圆角的弧长 l

t	r										
	0.50	1.00	1.50	2.00	2.50	3.00	3.50	4.00	4.50	5.00	6.00
0.50	0.9738	1.7592	2.5446	3.3300	4.1154	4.9008	5.6862	6.4716	7.2570	8.0424	9.6132
0.56	1.0053	1.7907	2.5761	3.3615	4.1469	4.9323	5.7177	6.5031	7.2885	8.0739	9.6447
0.63	1.0367	1.8221	2.6075	3.3929	4.1783	4.9637	5.7491	6.5345	7.3199	8.1053	9.6761
0.75	1.0838	1.8692	2.6546	3.4400	4.2254	5.0108	5.7962	6.5816	7.3670	8.1524	9.7232
0.88	1.1309	1.9163	2.7017	3.4871	4.2725	5.0579	5.8433	6.6287	7.4141	8.1995	9.7703
1.00	1.1781	1.9635	2.7489	3.5343	4.3197	5.1051	5.8905	6.6759	7.4613	8.2467	9.8175
1.13	1.2252	2.0106	2.7960	3.5814	4.3668	5.1522	5.9376	6.7230	7.5084	8.2938	9.8646
1.25	1.2723	2.0577	2.8431	3.6285	4.4139	5.1993	5.9847	6.7701	7.5555	8.3409	9.9117
1.38	1.3194	2.1048	2.8902	3.6756	4.4610	5.2464	6.0318	6.8172	7.6026	8.3880	9.9588
1.50	1.3823	2.1677	2.9531	3.7385	4.5239	5.3093	6.0947	6.8801	7.6655	8.4509	10.0217
1.75	1.4765	2.2619	3.0473	3.8327	4.6181	5.4035	6.1889	6.9743	7.7597	8.5451	10.1159
2.00	1.5708	2.3562	3.1416	3.9270	4.7124	5.4978	6.2832	7.0686	7.8540	8.6394	10.2102
2.25	1.6650	2.4504	3.2358	4.0212	4.8066	5.5920	6.3774	7.1628	7.9482	8.7336	10.3044
2.50	1.7750	2.5604	3.3458	4.1312	4.9166	5.7020	6.4874	7.2728	8.0582	8.8436	10.4144
2.75	1.8692	2.6546	3.4400	4.2254	5.0108	5.7962	6.5816	7.3670	8.1524	8.9378	10.5086
3.00	1.9635	2.7489	3.5343	4.3197	5.1051	5.8905	6.6759	7.4613	8.2467	9.0321	10.6029
3.50	2.1677	2.9531	3.7385	4.5239	5.3093	6.0947	6.8801	7.6655	8.4509	9.2363	10.8071
4.00	2.3562	3.1416	3.9270	4.7124	5.4978	6.2832	7.0686	7.8540	8.6394	9.4248	10.9956
4.50	2.5604	3.3458	4.1312	4.9166	5.7020	6.4874	7.2728	8.0582	8.8436	9.6290	11.1998
4.75	2.6546	3.4400	4.2254	5.0108	5.7962	6.5816	7.3670	8.1524	8.9378	9.7232	11.2940
5.00	2.7489	3.5343	4.3197	5.1051	5.8905	6.6759	7.4613	8.2467	9.0321	9.8175	11.3883
5.50	2.9531	3.7385	4.5239	5.3093	6.0947	6.8801	7.6655	8.4509	9.2363	10.0217	11.5925
6.00	3.1416	3.9270	4.7124	5.4978	6.2832	7.0686	7.8540	8.6394	9.4248	10.2102	11.7810
6.50	3.3458	4.1312	4.9166	5.7020	6.4874	7.2728	8.0582	8.8436	9.6290	10.4144	11.9852
7.00	3.5343	4.3197	5.1051	5.8905	6.6759	7.4613	8.2467	9.0321	9.8175	10.6029	12.1737
8.00	3.9270	4.7124	5.4978	6.2832	7.0686	7.8540	8.6394	9.4248	10.2102	10.9956	12.5664
9.00	4.3197	5.1051	5.8905	6.6759	7.4613	8.2467	9.0321	9.8175	10.6029	11.3883	12.9591
10.00	4.7124	5.4978	6.2832	7.0686	7.8540	8.6394	9.4248	10.2102	10.9956	11.7810	13.3518

表 3-1-10　V 形弯曲 90°时圆角部分中性层长度　　(单位：mm)

t	r														
	0.1	0.2	0.3	0.5	0.8	1.0	1.2	1.5	2	2.5	3	4	5	6	8
0.15	0.28	0.34	0.57	0.90	1.37	1.69	2.00	2.47							
0.20	0.35	0.41	0.58	0.92	1.41	1.73	2.04	2.51	3.30						
0.25	0.46	0.48	0.60	0.94	1.44	1.76	2.08	2.55	3.34	4.12					
0.3	0.50	0.55	0.61	0.96	1.46	1.79	2.11	2.59	3.38	4.16	4.95				
0.4		0.70	0.64	1.00	1.51	1.84	2.17	2.65	3.46	4.24	5.03	6.60			
0.5		0.85	0.67	1.02	1.55	1.88	2.22	2.72	3.52	4.32	5.12	6.68	8.25		
0.6		1.00	0.70	1.05	1.58	1.92	2.26	2.76	3.59	4.38	5.18	6.75	8.33	9.90	
0.8				1.10	1.63	1.99	2.34	2.85	3.68	4.51	5.31	6.91	8.48	10.05	13.19
0.9				1.13	1.65	2.02	2.37	2.89	3.72	4.56	5.38	6.98	8.56	10.13	13.27
1.0				1.16	1.69	2.04	2.40	2.92	3.77	4.60	5.43	7.04	8.64	10.21	13.35
1.2					1.74	2.09	2.45	2.99	3.85	4.68	5.52	7.16	8.76	10.37	13.51
1.5					1.83	2.18	2.53	3.06	3.95	4.82	5.65	7.32	8.97	10.56	13.74
1.75						2.25	2.59	3.13	4.02	4.90	5.75	7.41	9.09	10.74	13.92
2.0						2.32	2.67	3.20	4.08	4.98	5.84	7.54	9.20	10.87	14.07
2.5							2.83	3.34	4.22	5.10	6.00	7.74	9.42	11.09	14.40
3.0								3.49	4.35	5.24	6.13	7.90	9.64	11.31	14.64
3.5									4.50	5.36	6.26	8.05	9.80	11.50	14.82
4.0									4.65	5.52	6.40	8.17	9.96	11.69	15.08
4.5										5.66	6.53	8.28	10.12	11.85	15.27
5.0										5.81	6.68	8.44	10.21	12.01	15.47
5.5											6.82	8.57	10.32	12.15	15.63
6											6.97	8.71	10.48	12.25	15.80
7												9.00	10.73	12.50	16.11
8												9.30	11.02	12.79	16.34
9													11.32	13.06	16.55
10													11.62	13.35	16.88

（续）

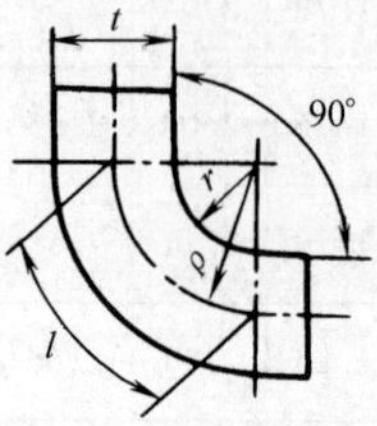

t	r 10	12	15	20	25	30	35	40	45	50	63	80	100
0.15													
0.20													
0.25													
0.3													
0.4													
0.5													
0.6													
0.8													
0.9													
1.0	16.49												
1.2	16.65												
1.5	16.89	20.03	24.74										
1.75	17.08	20.22	24.94										
2.0	17.28	20.48	25.13	32.99									
2.5	17.59	20.80	25.53	33.38	41.23								
3.0	17.92	21.11	25.92	33.77	41.63								
3.5	18.18	21.49	26.23	34.16	42.02	49.87							
4.0	18.41	21.74	26.55	34.56	42.41	50.27	58.12	65.97					
4.5	18.64	21.95	26.86	34.87	42.80	50.66	58.51	66.37	74.22				
5.0	18.85	22.18	27.17	35.19	43.20	51.05	58.97	66.76	74.61	82.47			
5.5	19.03	22.43	27.40	35.58	43.51	51.44	59.30	67.15	75.01	82.86			
6	19.29	22.62	27.61	35.85	43.83	51.84	59.69	67.54	75.40	83.25			
7	19.60	23.00	28.07	36.36	44.55	52.40	60.48	68.33	76.18	84.04	104.46		
8	19.92	23.37	28.48	36.82	45.4	53.15	61.14	69.12	76.97	84.82	105.24	131.95	
9	20.18	23.70	28.86	37.24	45.63	53.63	61.76	69.74	77.75	85.61	106.03	132.73	
10	20.42	24.03	29.23	37.70	46.02	54.35	62.36	70.69	78.38	86.39	106.81	133.52	164.93

表 3-1-11 弯曲角 90°时求差值 v （单位：mm）

t	r														
	0.1	0.2	0.3	0.5	0.8	1.0	1.2	1.5	2	2.5	3	4	5	6	8
0.15	+0.02	-0.01	-0.03	-0.10	-0.23	-0.31	-0.40	-0.53							
0.20	+0.03	+0.01	-0.02	-0.08	-0.19	-0.27	-0.36	-0.49	-0.70						
0.25	+0.04	+0.02	0.00	-0.06	-0.16	-0.24	-0.32	-0.45	-0.66	-0.88					
0.3	+0.04	+0.03	+0.01	-0.04	-0.14	-0.21	-0.29	-0.41	-0.62	-0.84	-1.05				
0.4		+0.06	+0.04	+0.00	-0.09	-0.16	-0.23	-0.35	-0.54	-0.76	-0.97	-1.40			
0.5		+0.08	+0.07	+0.02	-0.05	-0.12	-0.18	-0.28	-0.48	-0.68	-0.88	-1.32	-1.75		
0.6			+0.10	+0.05	-0.02	-0.07	-0.14	-0.24	-0.41	-0.62	-0.82	-1.25	-1.67	-2.10	
0.8				+0.10	+0.03	-0.01	-0.06	-0.15	-0.32	-0.49	-0.69	-1.09	-1.52	-1.95	-2.81
0.9				+0.13	+0.06	+0.02	-0.03	-0.11	-0.27	-0.44	-0.62	-1.02	-1.44	-1.87	-2.73
1.0				+0.16	+0.09	+0.04	+0.00	-0.08	-0.23	-0.40	-0.57	-0.96	-1.36	-1.79	-2.65
1.2					+0.14	+0.09	+0.05	-0.01	-0.15	-0.31	-0.48	-0.84	-1.24	-1.63	-2.49
1.5					+0.23	+0.18	+0.13	+0.06	-0.05	-0.18	-0.27	-0.68	-1.01	-1.44	-2.26
1.75						+0.25	+0.19	+0.13	+0.03	-0.10	-0.25	-0.58	-0.91	-1.26	-2.08
2.0						+0.32	+0.27	+0.20	+0.08	-0.02	-0.16	-0.46	-0.80	-1.13	-1.93
2.5							+0.43	+0.34	+0.22	+0.11	+0.01	-0.26	-0.58	-0.91	-1.61
3.0								+0.49	+0.35	+0.24	+0.13	-0.10	-0.36	-0.69	-1.36
3.5									+0.50	+0.36	+0.26	+0.05	-0.21	-0.50	-1.18
4.0									+0.65	+0.51	+0.40	+0.17	-0.04	-0.31	-0.92
4.5										+0.66	+0.52	+0.28	+0.09	-0.15	-0.73
5.0										+0.81	+0.68	+0.44	+0.21	+0.02	-0.53
5.5											+0.82	+0.57	+0.32	+0.15	-0.37
6											+0.97	+0.70	+0.47	+0.25	-0.20
7												+1.00	+0.73	+0.51	+0.11
8												+1.30	+1.03	+0.80	+0.34
9													+1.32	+1.06	+0.55
10													+1.62	+1.35	+0.89

（续）

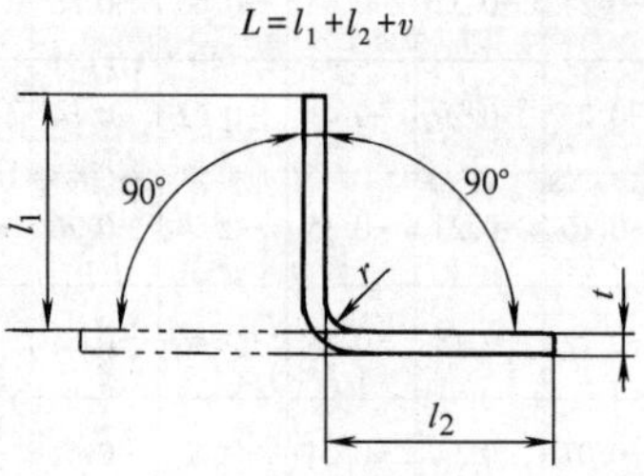

t	r												
	10	12	15	20	25	30	35	40	45	50	63	80	100
0.15													
0.2													
0.25													
0.3													
0.4													
0.5													
0.6													
0.8													
0.9													
1.0	−3.51												
1.2	−3.35												
1.5	−3.11	−3.97	−5.26										
1.75	−2.92	−3.78	−5.06										
2.0	−2.72	−3.58	−4.87	−7.01									
2.5	−2.41	−3.20	−4.47	−6.62	−8.77								
3.0	−2.08	−2.89	−4.08	−6.23	−8.37	−10.51	−12.66						
3.5	−1.82	−2.51	−3.77	−5.84	−7.98	−10.13	−12.27						
4.0	−1.59	−2.26	−3.45	−5.44	−7.59	−9.73	−11.88	−14.03					
4.5	−1.36	−2.04	−3.14	−5.13	−7.20	−9.34	−11.49	−13.63	−15.88				
5.0	−1.15	−1.82	−2.83	−4.81	−6.08	−8.95	−11.09	−13.24	−15.39	−17.53			
5.5	−0.96	−1.59	−2.60	−4.42	−6.49	−8.60	−10.70	−12.85	−14.99	−17.14			
6	−0.73	−1.38	−2.39	−4.11	−6.17	−8.16	−10.31	−12.46	−14.60	−16.75			
7	−0.41	−0.99	−1.93	−3.64	−5.45	−7.59	−9.52	−11.67	−13.82	−15.96	−21.54		
8	−0.08	−0.63	−1.52	−3.18	−4.89	−6.97	−8.86	−10.88	−13.03	−15.18	−20.76	−28.05	
9	+0.19	−0.30	−1.14	−2.73	−4.44	−6.37	−8.24	−10.26	−12.25	−14.39	−19.97	−27.27	
10	+0.42	+0.03	−0.77	−2.30	−3.98	−5.65	−7.64	−9.31	−11.62	−13.61	−19.19	−26.48	−35.07

表 3-1-12　弯曲角 180°时求差值 v　（单位：mm）

$L=a+b+v$

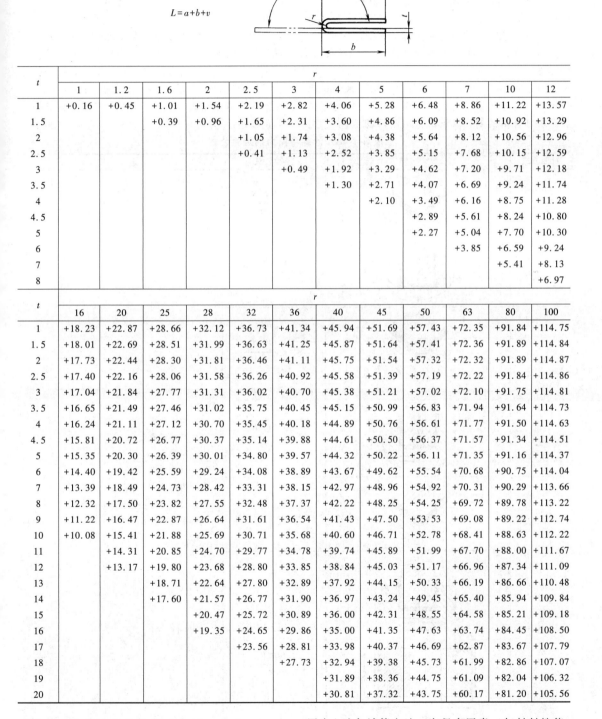

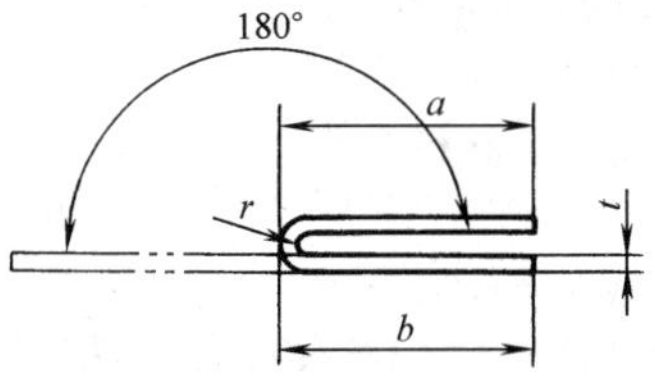

t	r											
	1	1.2	1.6	2	2.5	3	4	5	6	7	10	12
1	+0.16	+0.45	+1.01	+1.54	+2.19	+2.82	+4.06	+5.28	+6.48	+8.86	+11.22	+13.57
1.5			+0.39	+0.96	+1.65	+2.31	+3.60	+4.86	+6.09	+8.52	+10.92	+13.29
2					+1.05	+1.74	+3.08	+4.38	+5.64	+8.12	+10.56	+12.96
2.5					+0.41	+1.13	+2.52	+3.85	+5.15	+7.68	+10.15	+12.59
3						+0.49	+1.92	+3.29	+4.62	+7.20	+9.71	+12.18
3.5							+1.30	+2.71	+4.07	+6.69	+9.24	+11.74
4								+2.10	+3.49	+6.16	+8.75	+11.28
4.5									+2.89	+5.61	+8.24	+10.80
5									+2.27	+5.04	+7.70	+10.30
6										+3.85	+6.59	+9.24
7											+5.41	+8.13
8												+6.97
t	r											
	16	20	25	28	32	36	40	45	50	63	80	100
1	+18.23	+22.87	+28.66	+32.12	+36.73	+41.34	+45.94	+51.69	+57.43	+72.35	+91.84	+114.75
1.5	+18.01	+22.69	+28.51	+31.99	+36.63	+41.25	+45.87	+51.64	+57.41	+72.36	+91.89	+114.84
2	+17.73	+22.44	+28.30	+31.81	+36.46	+41.11	+45.75	+51.54	+57.32	+72.32	+91.89	+114.87
2.5	+17.40	+22.16	+28.06	+31.58	+36.26	+40.92	+45.58	+51.39	+57.19	+72.22	+91.84	+114.86
3	+17.04	+21.84	+27.77	+31.31	+36.02	+40.70	+45.38	+51.21	+57.02	+72.10	+91.75	+114.81
3.5	+16.65	+21.49	+27.46	+31.02	+35.75	+40.45	+45.15	+50.99	+56.83	+71.94	+91.64	+114.73
4	+16.24	+21.11	+27.12	+30.70	+35.45	+40.18	+44.89	+50.76	+56.61	+71.77	+91.50	+114.63
4.5	+15.81	+20.72	+26.77	+30.37	+35.14	+39.88	+44.61	+50.50	+56.37	+71.57	+91.34	+114.51
5	+15.35	+20.30	+26.39	+30.01	+34.80	+39.57	+44.32	+50.22	+56.11	+71.35	+91.16	+114.37
6	+14.40	+19.42	+25.59	+29.24	+34.08	+38.89	+43.67	+49.62	+55.54	+70.68	+90.75	+114.04
7	+13.39	+18.49	+24.73	+28.42	+33.31	+38.15	+42.97	+48.96	+54.92	+70.31	+90.29	+113.66
8	+12.32	+17.50	+23.82	+27.55	+32.48	+37.37	+42.22	+48.25	+54.25	+69.72	+89.78	+113.22
9	+11.22	+16.47	+22.87	+26.64	+31.61	+36.54	+41.43	+47.50	+53.53	+69.08	+89.22	+112.74
10	+10.08	+15.41	+21.88	+25.69	+30.71	+35.68	+40.60	+46.71	+52.78	+68.41	+88.63	+112.22
11		+14.31	+20.85	+24.70	+29.77	+34.78	+39.74	+45.89	+51.99	+67.70	+88.00	+111.67
12		+13.17	+19.80	+23.68	+28.80	+33.85	+38.84	+45.03	+51.17	+66.96	+87.34	+111.09
13			+18.71	+22.64	+27.80	+32.89	+37.92	+44.15	+50.33	+66.19	+86.66	+110.48
14			+17.60	+21.57	+26.77	+31.90	+36.97	+43.24	+49.45	+65.40	+85.94	+109.84
15				+20.47	+25.72	+30.89	+36.00	+42.31	+48.55	+64.58	+85.21	+109.18
16				+19.35	+24.65	+29.86	+35.00	+41.35	+47.63	+63.74	+84.45	+108.50
17					+23.56	+28.81	+33.98	+40.37	+46.69	+62.87	+83.67	+107.79
18						+27.73	+32.94	+39.38	+45.73	+61.99	+82.86	+107.07
19							+31.89	+38.36	+44.75	+61.09	+82.04	+106.32
20							+30.81	+37.32	+43.75	+60.17	+81.20	+105.56

1.4.3　用试验方法确定毛坯展开长度

对于形状复杂、弯角个数多和精度要求高的弯曲件，通常需用试验方法最后确定毛坯的展开长度。因为上述各计算方法，有很多因素（如材料性能、模具情况及弯曲方式等）没有考虑，因而可能产生较大的误差，所以只能用于形状简单、弯角个数少和精度要求不高的弯曲件。

用试验方法确定毛坯展开长度的步骤如下。

1）先按上述公式或图表求出毛坯展开长度。

2）按计算的展开尺寸做出毛坯（材料牌号及厚度均按图样）。

3）将上述毛坯放到弯曲模具上进行试冲。

4）对压出的制件进行测量，看其尺寸是否符合图样要求。

如有出入，就需要根据制件测量结果来修正毛坯尺寸，再做出新的毛坯，重复第 3）、4）步骤，直至压出合格的制件。压出合格制件的毛坯尺寸，就是正确的毛坯展开尺寸。

1.5 弯曲力的计算

弯曲力是设计冲压工艺、选择压力机和设计模具时的重要依据。

由于弯曲力的大小不仅与毛坯尺寸、材料力学性能、凹模支点间的距离、弯曲半径以及模具间隙等因素有关，而且与弯曲方式也有很大关系，因此，很难用理论分析的方法进行准确的计算。所以，在生产中通常采用表 3-1-13 所列的经验公式进行弯曲力的概略计算。

表 3-1-13 计算弯曲力的经验公式

弯曲方式	简 图	经验公式	备 注
自由弯曲		$F=\frac{0.8Bt^2R_m}{r+t}$	式中 F—总弯曲力(N) B—弯曲件宽度(mm) t—料厚(mm) R_m—抗拉强度(MPa) r—内弯曲半径(mm) A—校对部分投影面积(mm^2) q—单位校正压力(MPa),其值见表 3-1-14 当 E>50t 时,按 50t 计算校正面积
	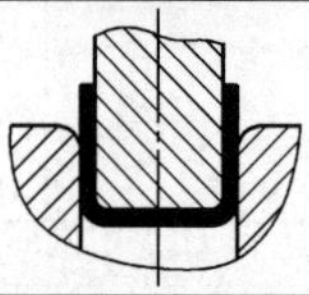	$F=\frac{0.9Bt^2R_m}{r+t}$	
带压料的弯曲		$F=\frac{1.4Bt^2R_m}{r+t}$	
	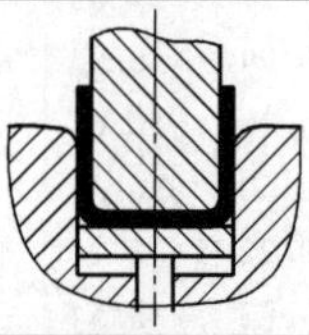	$F=\frac{1.6Bt^2R_m}{r+t}$	
带校正的弯曲	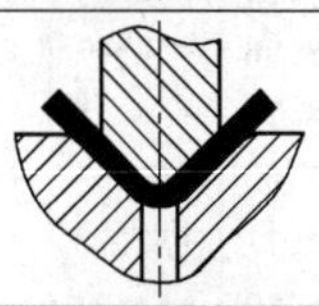	$F=\frac{1.4Bt^2R_m}{r+t}+Aq$	
	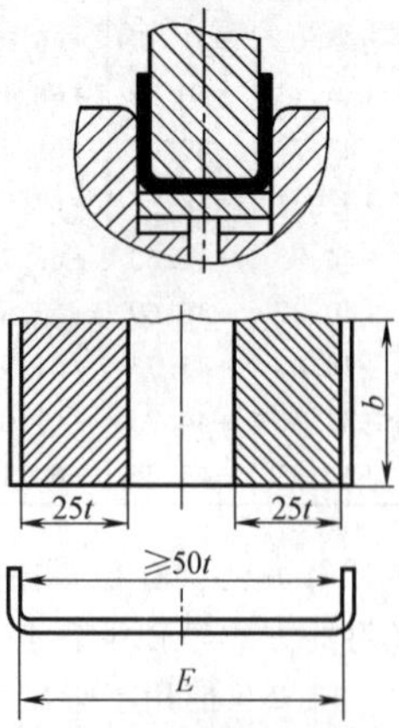	$F=\frac{1.6Bt^2R_m}{r+t}+Aq$	

表 3-1-14　单位校正压力 q 值　　　　（单位：MPa）

材　　料	材料厚度/mm			
	<1	1~3	3~6	6~10
铝	15~20	20~30	30~40	40~50
黄铜	20~30	30~40	40~60	60~80
10~20 钢	30~40	40~60	60~80	80~100
25~30 钢	40~50	50~70	70~100	100~120

1.6　弯曲模工作部分尺寸

1. 凸模、凹模的宽度尺寸（表 3-1-15）

表 3-1-15　凸模、凹模工作部分尺寸计算　　　　（单位：mm）

工件尺寸标注方式	工 件 简 图	凹 模 尺 寸	凸 模 尺 寸
用外形尺寸标注	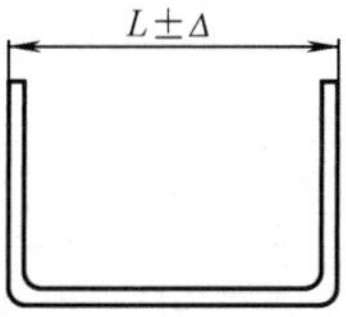	$L_{\text{凹}}=\left(L-\frac{1}{2}\Delta\right)^{+\delta_{\text{凹}}}_{0}$	$L_{\text{凸}}$ 按凹模尺寸配制，保证双面间隙为 $2z$ 或 $L_{\text{凸}}=(L_{\text{凹}}-2z)^{0}_{-\delta_{\text{凸}}}$
	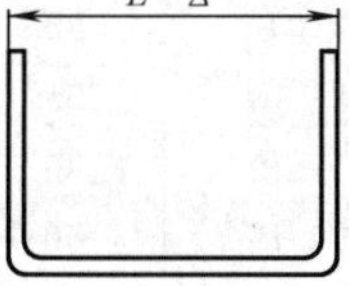	$L_{\text{凹}}=\left(L-\frac{3}{4}\Delta\right)^{+\delta_{\text{凹}}}_{0}$	
用内形尺寸标注	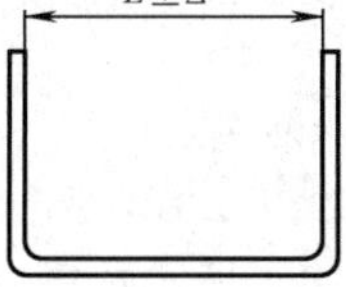	$L_{\text{凹}}$ 按凸模尺寸配制，保证双面间隙为 $2z$ 或 $L_{\text{凹}}=(L_{\text{凸}}+2z)^{+\delta_{\text{凹}}}_{0}$	$L_{\text{凸}}=\left(L+\frac{1}{2}\Delta\right)^{0}_{-\delta_{\text{凸}}}$
	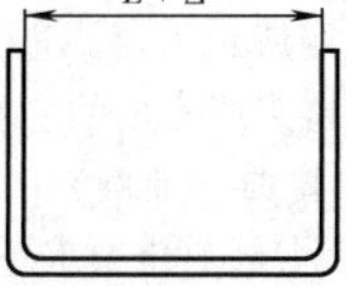		$L_{\text{凸}}=\left(L+\frac{3}{4}\Delta\right)^{0}_{-\delta_{\text{凸}}}$

注：$L_{\text{凸}}$、$L_{\text{凹}}$—弯曲凸、凹模宽度尺寸（mm）；
z—弯曲凸、凹模单边间隙（mm）；
L—弯曲件外形或内形的基本尺寸（mm）；
Δ—弯曲件的尺寸偏差（mm）；
$\delta_{\text{凸}}$、$\delta_{\text{凹}}$—弯曲凸、凹模制造公差，采用 IT7~IT9 级。

2. 凸模与凹模的间隙

当 $t \leqslant 1.5$mm 时　　$z=t$

当 $t>1.5$mm 时　$z=t+\delta_t$

式中　t——材料厚度（mm）；

z——单边间隙（mm）；

δ_t——料厚上偏差（mm）。

3. 凹模深度及圆角半径（表 3-1-16）

表 3-1-16　凹模深度及圆角半径　　（单位：mm）

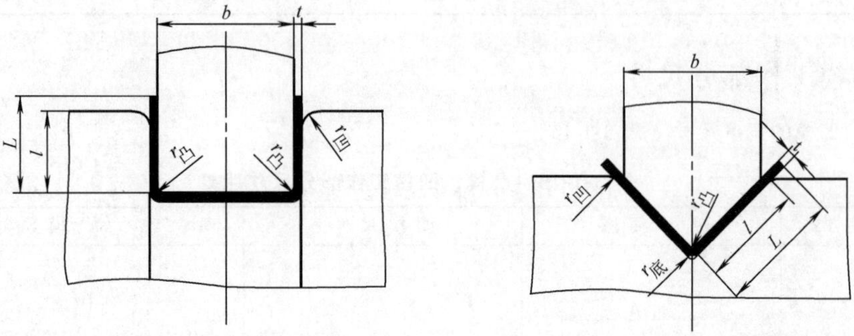

边长 L	$t=0\sim0.5$		$t=0.5\sim2.0$		$t=2.0\sim4.0$		$t=4.0\sim7.0$	
	l	$r_凹$	l	$r_凹$	l	$r_凹$	l	$r_凹$
10	6	3	10	3	10	4		
20	8	3	12	4	15	5	20	8
35	12	4	15	5	20	6	25	8
50	15	5	20	6	25	8	30	10
75	20	6	25	8	30	10	35	12
100			30	10	35	12	40	15
150			35	12	40	15	50	20
200			45	15	55	20	65	25

1.7　复杂形状零件的弯曲

板材弯曲的基本形式见表 3-1-17。对于形状复杂的弯曲件，一般需要采用二次或多次弯曲成形。本节着重介绍常见的几种复杂形状零件的弯曲。

表 3-1-17　弯曲的基本形式

序号	符号	名　称	说　明
1	V	V 形弯曲	两边倾斜的单角弯曲
2	W	W 形弯曲	连续的几个 V 形弯曲
3	L	L 形弯曲	单边单角弯曲
4	U	U 形弯曲	两个 L 形弯曲的复合
5	⎍	Ω 形弯曲	四角弯曲
6	O	O 形弯曲	圆筒形件的弯曲
7	S	S 形弯曲	两个反方向的 U 形弯曲的组合
8	Z	Z 形弯曲	两个反方向的 V 形弯曲或 L 形弯曲的组合
9	P	P 形弯曲（卷圆）	端头卷圆

1. 用多次 V 形弯曲制造复杂零件

图 3-1-20 所示为用多次 V 形弯曲制造复杂零件的实例。

2. Ω 形件的弯曲

图 3-1-21 所示为 Ω 形件弯曲用模具，图 3-1-21a 所示为用二道工序完成的，图 3-1-21b、c 所示为用一道工序完成的。

3. O 形件弯曲

图 3-1-22 所示为圆筒形（O 形）件弯曲用模具，图 3-1-22a、b 所示为用二道工序完成的，图 3-1-22c 所示为用一道工序完成的。

4. P 形弯曲（卷圆）

1）对于卷圆质量要求不高时，通常用预弯和卷圆两道工序来完成，如图 3-1-23 和图 3-1-24 所示。

2）对于卷圆质量要求较高时，图 3-1-25 所示的零件应由三道工序完成。其中工序 1 与图 3-1-24 相同。

在图 3-1-23、图 3-1-24 和图 3-1-25 中，模具工作部分的放大图如图 3-1-26 所示。

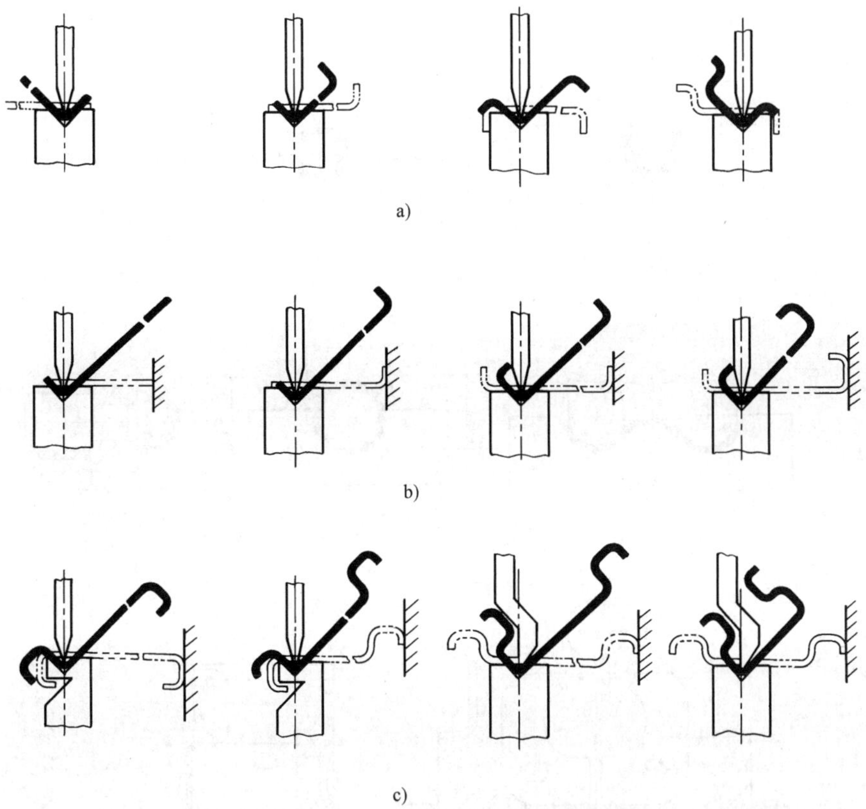

图 3-1-20 用多次 V 形弯曲制造复杂零件举例

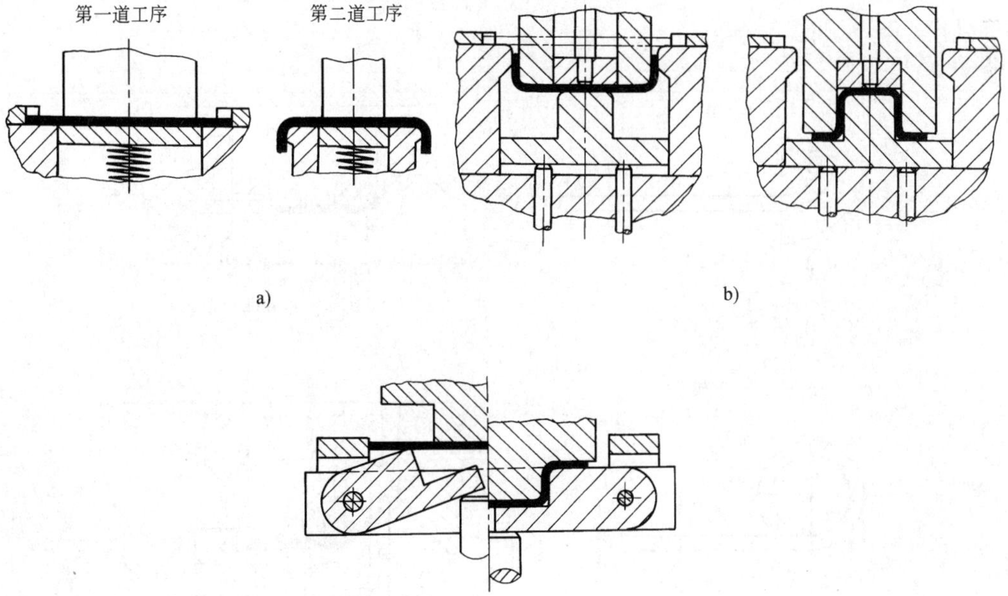

图 3-1-21 Ω 形件弯曲模

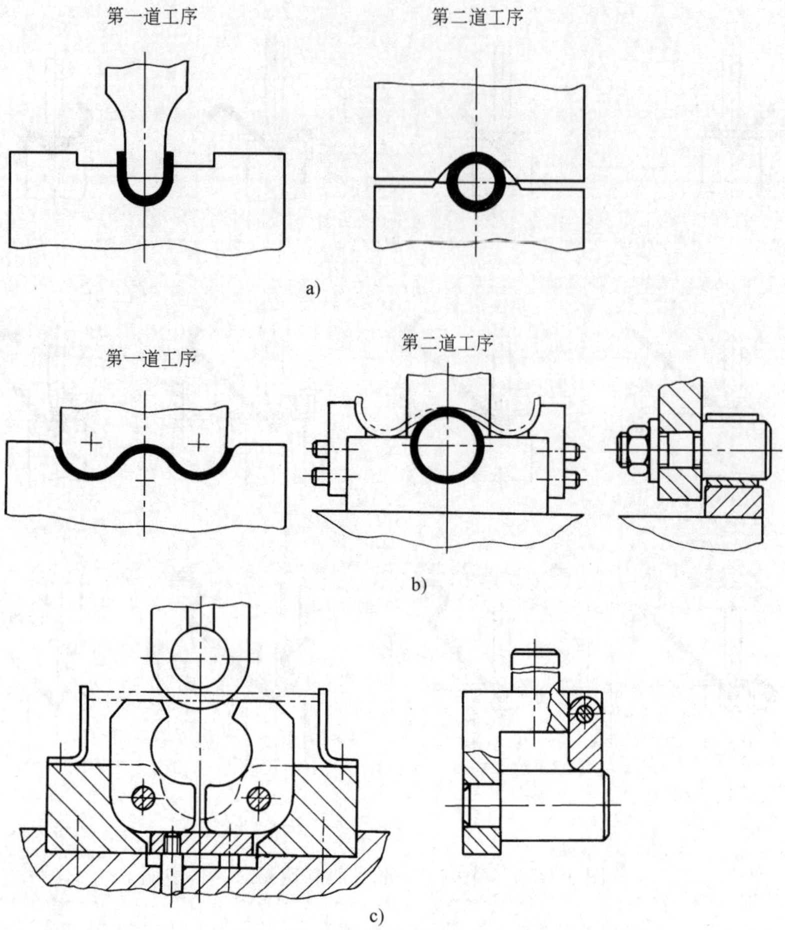

图 3-1-22　O 形件弯曲模

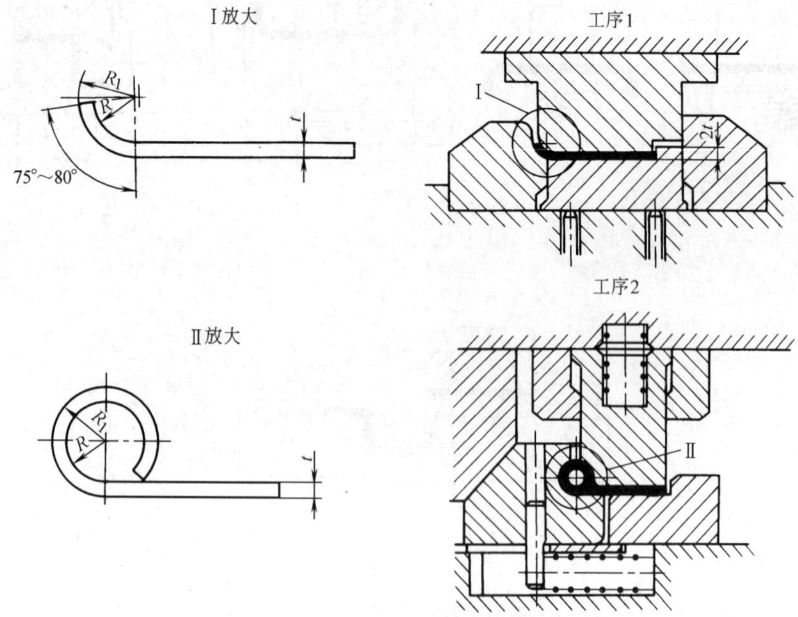

图 3-1-23　铰链卷圆的模具

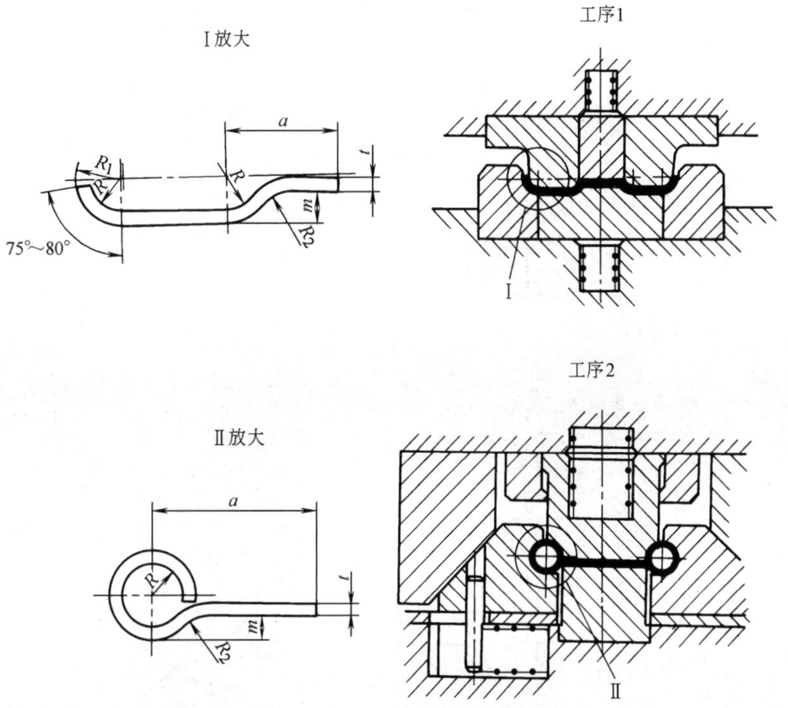

图 3-1-24　吊环卷圆的模具

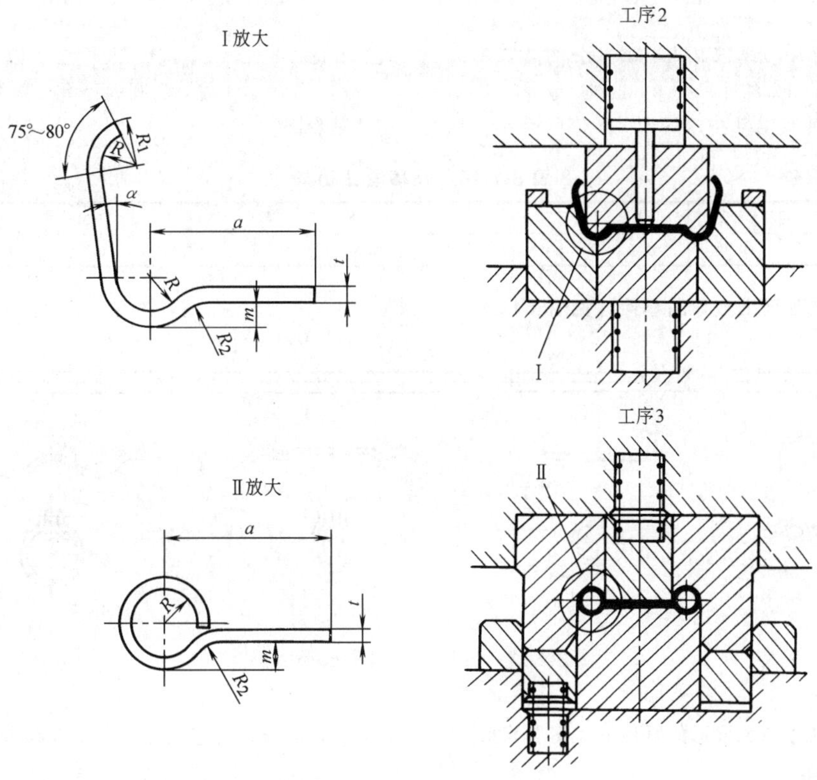

图 3-1-25　由三道工序完成的模具（工序 1 与图 3-1-24 同）

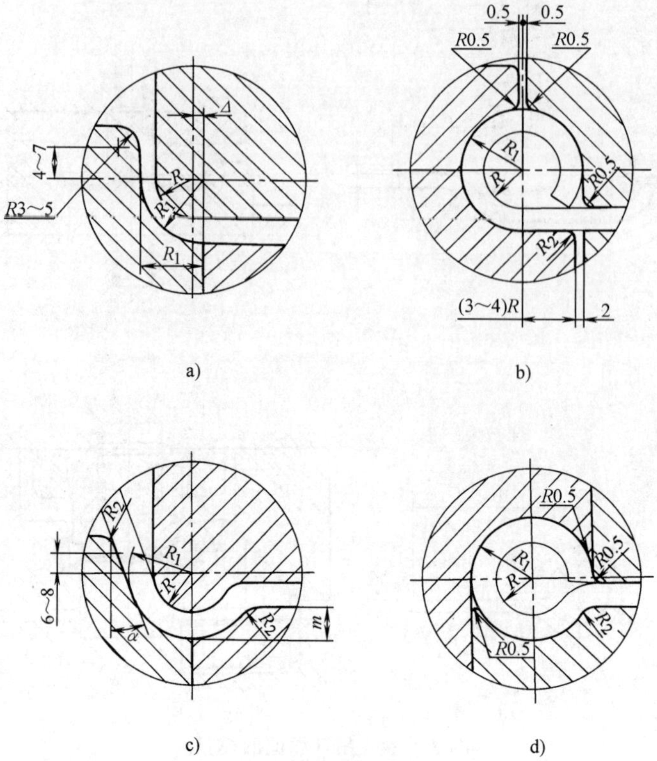

图 3-1-26　预弯及卷圆模的工作部分

在预弯工序中，端部 75°～80°部分的圆弧不易成形，故将凹模的圆弧中心向里偏移 Δ（图 3-1-26a），使其局部挤压成形。Δ 值的大小，见表 3-1-18。

3）当 $r/t \geqslant 4$ 或对卷圆内径有公差要求时，可采用芯轴卷圆。

表 3-1-18　偏移量 Δ 值表　　（单位：mm）

料厚 t	1	1.5	2	2.5	3	3.5	4	4.5	5	5.5	6
偏移量 Δ	0.3	0.35	0.4	0.45	0.48	0.50	0.52	0.60	0.60	0.65	0.65

5. 用二道工序弯曲成形的零件（见图 3-1-27）

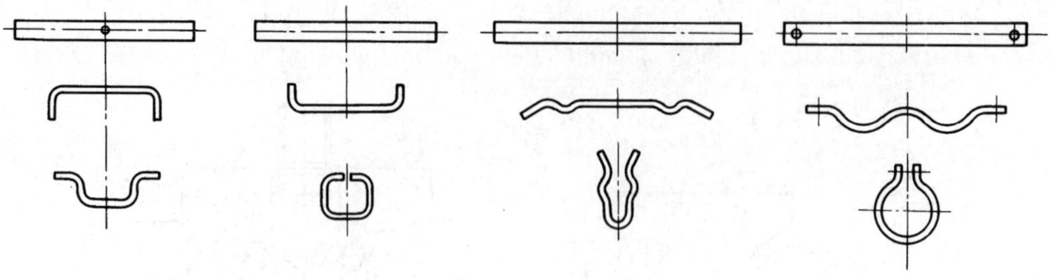

图 3-1-27　二道工序弯曲成形举例

6. 用三道工序弯曲成形的零件（见图 3-1-28）

7. 连续弯曲

对于批量大、尺寸较小的弯曲件，可采用冲裁、弯曲、切断连续工艺成形（见图 3-1-29）。

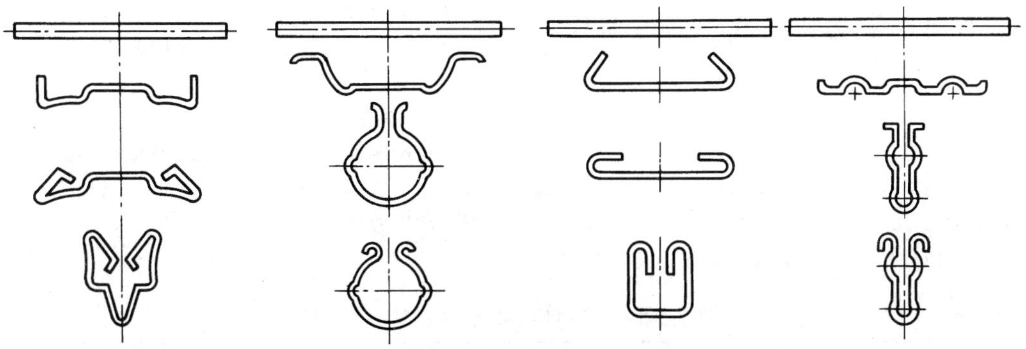

图 3-1-28　三道工序弯曲成形举例

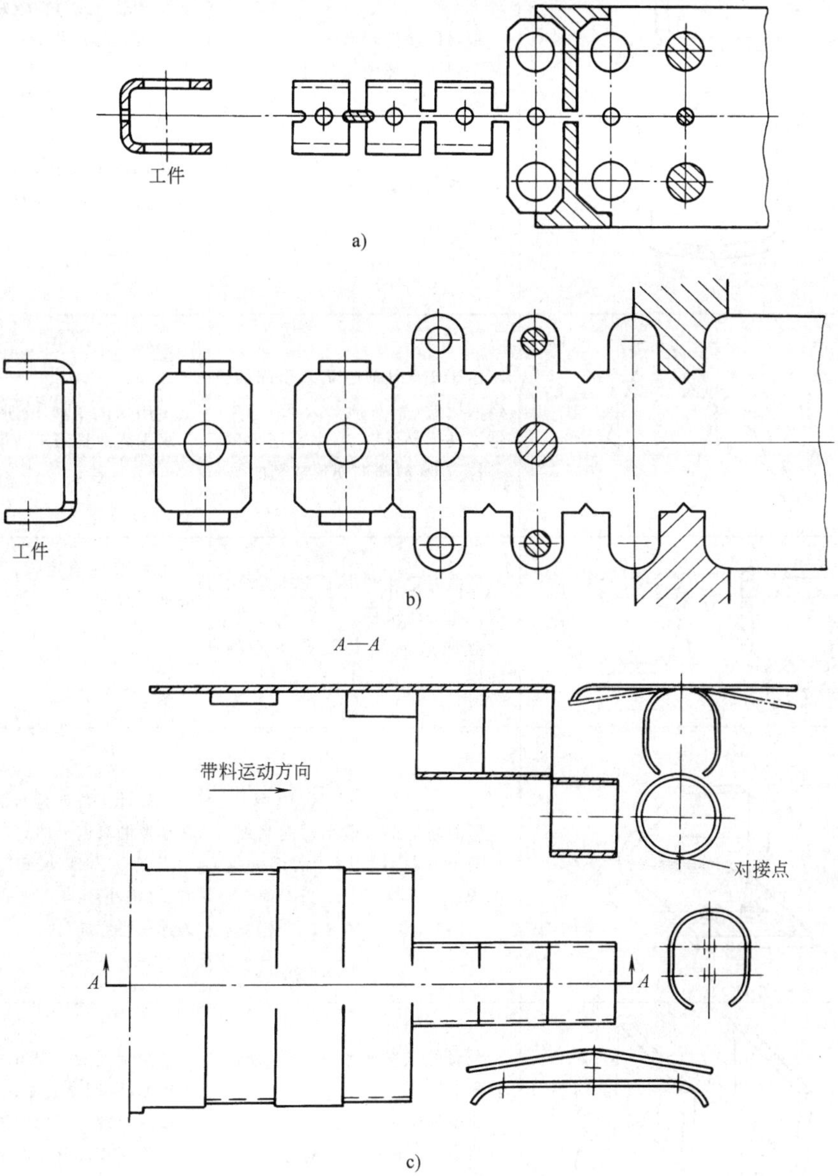

图 3-1-29　连续弯曲成形的实例

1.8　弯曲件常见缺陷及提高弯曲件精度的措施

表 3-1-19 列出了弯曲件常见缺陷及其产生原因和消除方法。

弯曲件的精度，主要是指其形状及尺寸的准确性和稳定性。

影响弯曲件精度的主要因素，除了弯曲件本身的结构和材料因素外，还与冲压工艺和模具等工艺因素有关。现仅就提高弯曲件精度的工艺措施分述如下：

1. 冲压工艺方面

在编制冲压工艺前，应审查弯曲件结构的工艺性，如遇有不利于弯曲的形状，应与设计人员研究，设法加以改善。

表 3-1-19　弯曲件常见缺陷及其消除方法

缺陷	简　图	产 生 原 因	消 除 方 法
裂口	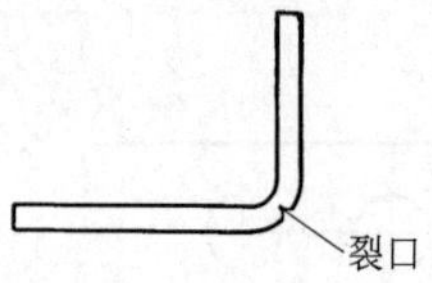	凸模弯曲半径过小 毛坯毛刺的一面处于弯曲外侧 板材的塑性较低 下料时毛坯硬化层过大	适当增大凸模圆角半径 将毛刺一面处于弯曲内侧 用经退火或塑性较好的材料 弯曲线与纤维方向垂直或成 45°方向
底部不平	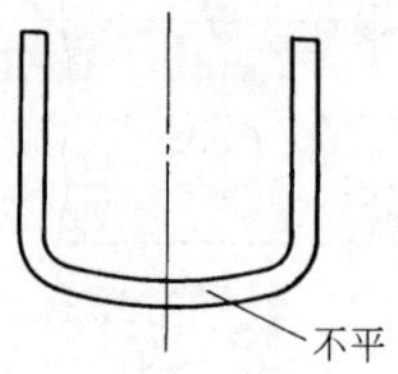	压弯时板料与凸模底部没有靠紧	采用带有压料顶板的模具，在压弯开始时顶板便对毛坯施加足够的压力
翘曲	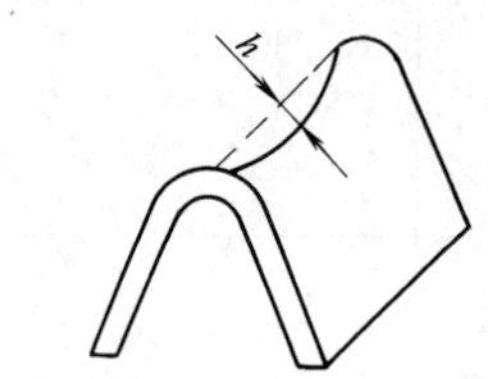	由于变形区应变状态引起的，横向应变（沿弯曲线方向）在中性层外侧是压应变，中性层内侧是拉应变，故横向便形成翘曲	采用校正弯曲，增加单位面积压力 根据翘曲量修正凸模与凹模
孔不同心	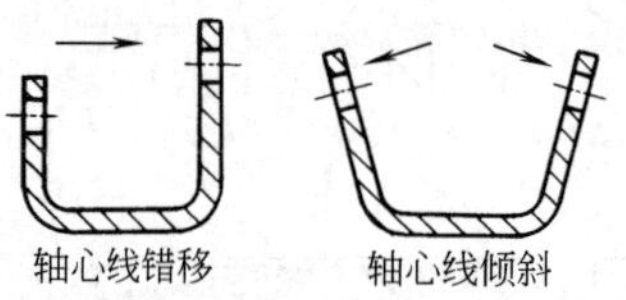	弯曲时毛坯产生了滑动，故引起孔中心线错移 弯曲后的弹复使孔中心线倾斜	毛坯要准确定位，保证左右弯曲高度一致 设置防止毛坯窜动的定位销或压料顶板 减小工件弹复
弯曲线和两孔中心线不平行	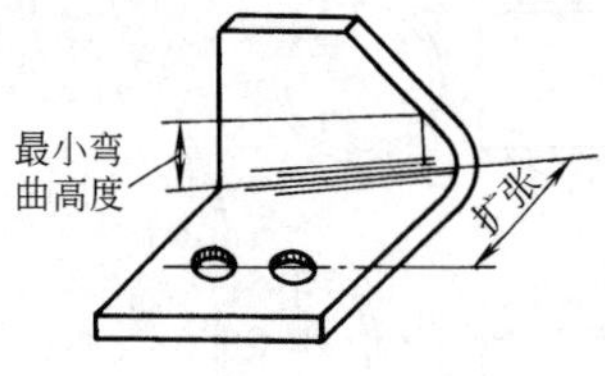	弯曲高度小于最小弯曲高度，在最小弯曲高度以下的部分出现张口	在设计工件时应保证大于或等于最小弯曲高度 当工件出现小于最小弯曲高度时，可将小于最小弯曲高度的部分去掉后再弯曲
表面擦伤	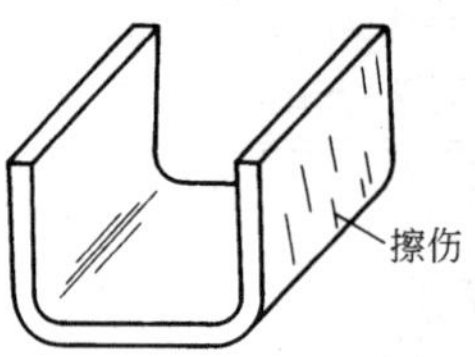	金属的微粒附在工作部分的表面上 凹模的圆角半径过小 凸模与凹模间的间隙过小	适当增大凹模圆角半径 提高凸、凹模表面光洁程度 采用合理凸模与凹模间的间隙值 清除工作部分表面脏物

（续）

缺陷	简　　图	产生原因	消除方法
尺寸偏移	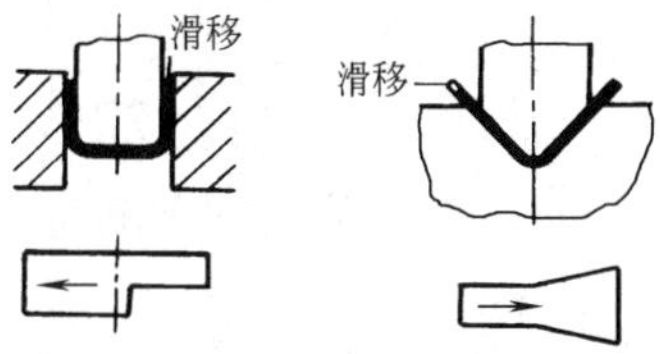	毛坯在向凹模滑动时，两边受到的摩擦阻力不相等，故发生尺寸偏移。不对称形状件压弯较为显著	采用压料顶板的模具 毛坯在模具中定位要准确 在有可能的情况下，采用对称性弯曲
孔变形	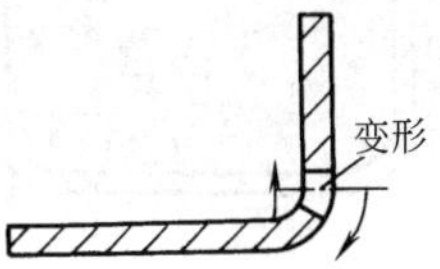	孔边距弯曲线太近，在中性层内侧为压缩变形，而外侧为拉伸变形，故孔发生了变形	保证从孔边到弯曲半径 r 中心的距离大于一定值 在弯曲部位设置辅助孔，以减轻弯曲变形应力
弯曲角度变化	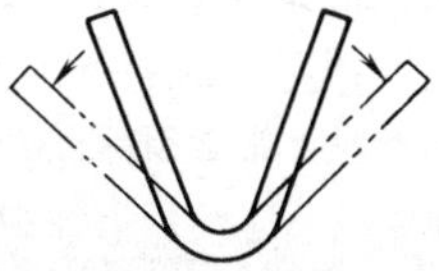	塑性弯曲时伴随着弹性变形，当压弯的工件从模具中取出后便产生了弹性恢复，从而使弯曲角度发生了变化	以校正弯曲代替自由弯曲 以预定的弹复角度来修正凸凹模的角度
弯曲端部鼓起	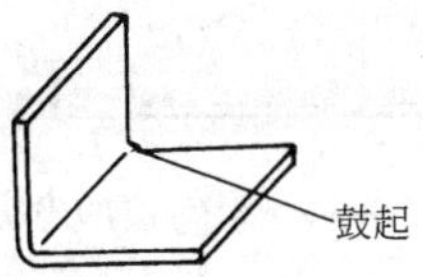	弯曲时中性层内侧的金属层，纵向被压缩而缩短，宽度方向则伸长，故宽度方向边缘出现突起，以厚板小角度弯曲为明显	在弯曲部位两端预先做成圆弧切口将毛坯毛刺一边放在弯曲内侧

在编制冲压工艺时，主要应注意如下几点。

1）由于钢板在轧制方向的伸长率大于垂直于轧制方向的，因此，在毛坯下料时就应考虑到尽可能在垂直于轧制方向进行弯曲。若两个方向都进行弯曲时，应斜一个角度（45°）下料，避免弯曲线与轧制方向平行。

2）在考虑制件的定位时，应选择精度高、尺寸稳定、操作方便的定位方式，尽量利用制件本身的形状和孔定位，必要时增加工艺孔定位。对于非对称形状的制件，还要注意定位的方向性，防止坯料（半成品）放反而产生废品。

3）当弯曲边高度由于结构上的原因而必须小于“最小弯边高度”时，可采取先加高弯边高度、待弯曲后再切去多余材料的办法。

4）当考虑到某道工序可能有较大的变形时，制件上的高精度尺寸应放在后面工序完成。

5）对于非对称的弯曲件，可将弯曲件不对称形状组合成对称的形状，采取成双弯曲后再切开的办法（见图 3-1-30），这样坯料在弯曲时受力均匀，有利于克服偏移。

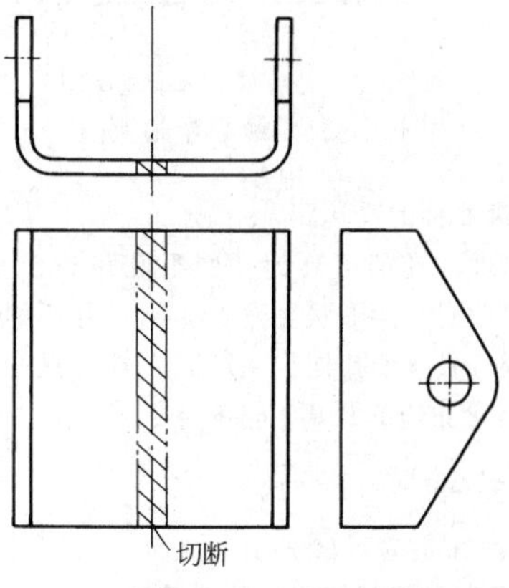

图 3-1-30　采用成双弯曲来改善受力状况

2. 模具方面

1）在模具设计时，采用压料装置，使毛坯在压紧状态下逐渐弯曲成形。

2）在模具设计时，采用合理的定位板（外形定位）或定位销（孔定位），必要时增设工艺孔定位，使毛坯在模具中定位可靠，而且在弯曲过程中始终不脱开定位件。

3）在模具结构上考虑消除回弹的措施（参阅第 3 篇 1.3 节），并考虑模具调整和维修的可能性。

4）为了减小回弹和底部不平等缺陷，在行程结束时，应使工件在模具中得到校正，即凹模或压料板应处于“镦死”状态，必要时圆角部位也要镦死。

5）对于 U 形弯曲件，可采用较小的间隙，甚至负间隙（$z<t$）弯曲。

6）在制造和调整模具时，注意凸模和凹模对称部位的圆角半径大小和表面粗糙度的一致性（见图 3-1-33）。

1.9 弯曲件的工艺性

具有良好工艺性的弯曲件，不仅能得到良好的质量，而且能简化工艺和模具，降低生产成本。弯曲件的工艺性主要表现在如下几个方面。

1. 弯曲半径

弯曲件的圆角半径不宜过大和过小。过大时因受回弹的影响，弯曲件的精度不易保证；弯曲件圆角半径过小时容易产生裂纹。因此，弯曲件的内弯曲半径应大于表 3-1-1 所列的最小弯曲半径的数值。

2. 弯曲件直边高度

当弯曲直角时，为了保证工件的弯曲质量，弯曲件的直边高度 h 必须大于或等于最小弯边高度 h_{min}（见图 3-1-31），即

$$h \geqslant h_{min} = r+2t$$

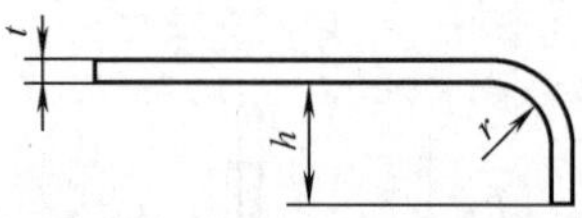

图 3-1-31 最小弯边高度

3. 弯曲件的孔边距

当弯曲有孔的毛坯时，如果孔位过于靠近弯曲区，则弯曲时孔的形状会发生变化。为了避免这种缺陷的出现，必须使孔处于变形区之外（见图 3-1-32），从孔边到弯曲边的距离 l 应符合下式：

当 $t<2\text{mm}$ 时 $l \geqslant r+t$

当 $t \geqslant 2\text{mm}$ 时 $l \geqslant r+2t$

4. 弯曲件形状和尺寸的对称性

弯曲件的形状和尺寸应尽可能对称（见图 3-1-33），弯曲件的高度不应相差太大。

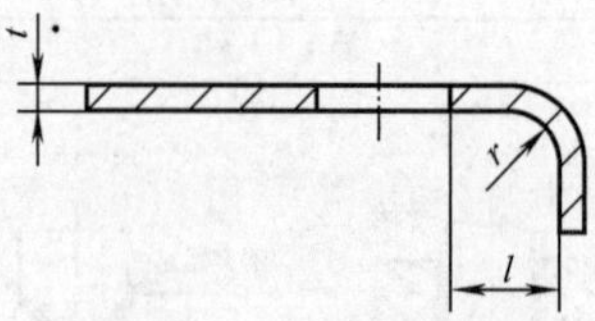

图 3-1-32 弯曲件的孔边距

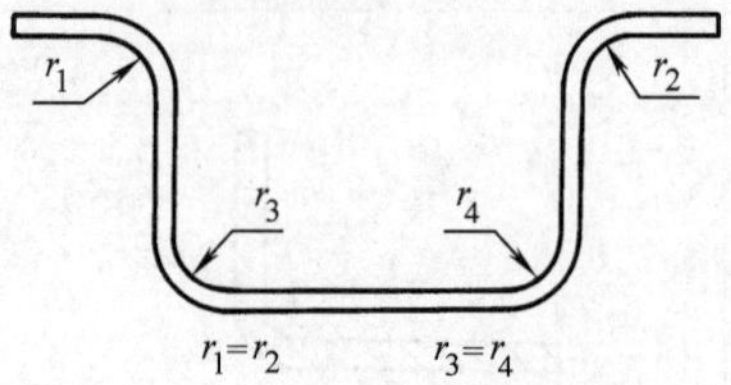

图 3-1-33 弯曲件的对称性

图 3-1-34 所示的零件，由于弯曲边高度相差太大，结果在小端处产生畸形的歪扭。如果这种结构在设计时难以改善时，则必须保证 $h>r+2t$。

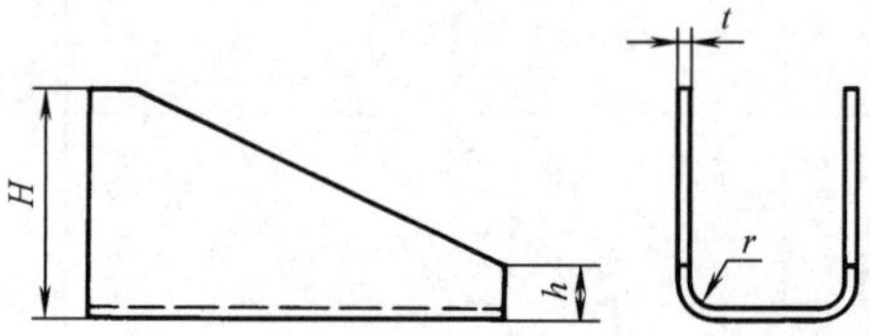

图 3-1-34 带斜边的弯曲件

图 3-1-35 所示的零件，由于 b 与 c 两边高度相差太大，在弯曲时受力不均，工件会被拉向 b 边，尺寸不易保证。

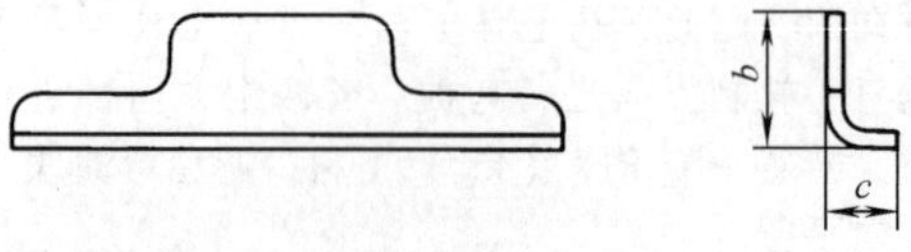

图 3-1-35 对称性不良的弯曲件

5. 局部弯曲边缘

在局部弯曲某一段边缘时，为了防止在交接处由于应力集中而产生撕裂，必须预先冲卸荷孔（见图 3-1-36a）或切槽（见图 3-1-36b），或将弯曲线位移一定距离（见图 3-1-36c）。

6. 弯曲件的宽度

窄板弯曲时，变形区的截面形状发生畸变，内表面的宽度 $b_1>b$，外表面的宽度 $b_2<b$。当 $b<3t$ 时，尤为明显，如图 3-1-37 所示。

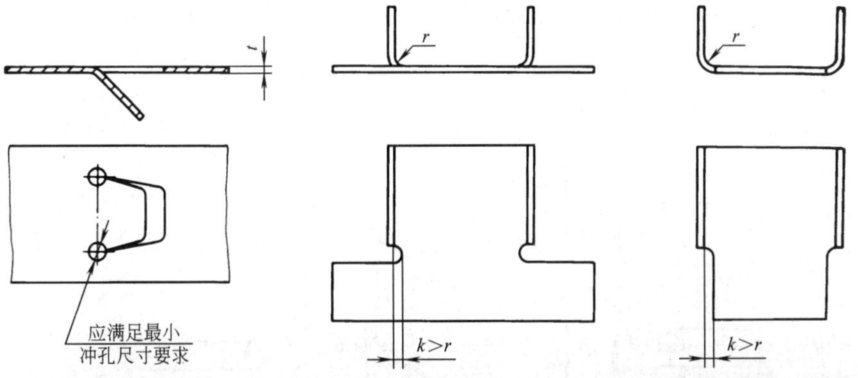

图 3-1-36　防止弯曲边交接处应力集中的措施

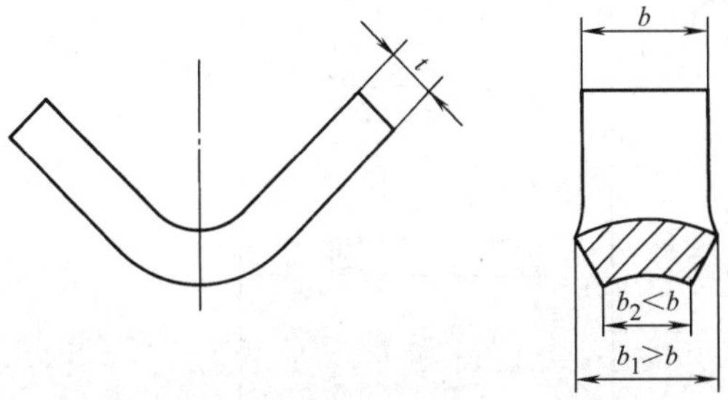

图 3-1-37　弯曲时变形区的宽度变化

如果弯曲件的宽度 b 精度要求较高，不允许有图 3-1-37 所示 $b_1>b$ 的鼓起现象时，应在弯曲线上预先做出工艺切口，如图 3-1-38 所示。

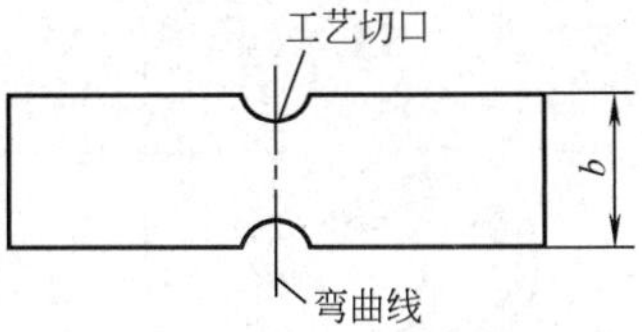

图 3-1-38　弯曲毛坯的工艺切口

7. 弯曲件的精度

弯曲件的精度与材料厚度公差有密切关系，精度要求较高的弯曲件必须减少材料厚度公差。一般弯曲件长度的未注公差尺寸的极限偏差见表 3-1-20，弯曲件角度的自由公差见表 3-1-21。

表 3-1-20　弯曲件未注公差的长度尺寸的极限偏差

（单位：mm）

长度尺寸		3~6	>6~18	>18~50	>50~120	>120~260	>260~500
材料厚度	≤2	±0.3	±0.4	±0.6	±0.8	±1.0	±1.5
	>2~4	±0.4	±0.6	±0.8	±1.2	±1.5	±2.0
	>4	—	±0.8	±1.0	±1.5	±2.0	±2.5

表 3-1-21　弯曲件角度的自由公差

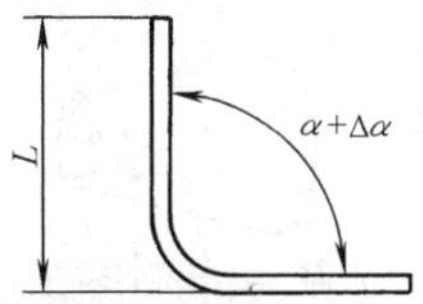

L/mm	<6	>6~10	>10~18	>18~30	>30~50	>50~80	>80~120	>120~180	>180~260	>260~360
Δα	±3°	±2°30′	±2°	±1°30′	±1°15′	±1°	±50′	±40′	±30′	±25′

1.10　滚弯（卷板）

1.10.1　概述

滚弯（卷板）是将板料置于 2~4 个辊轴中，随着辊轴的回转，使板料沿辊轴弯曲成形的加工方法，如图 3-1-39 所示。

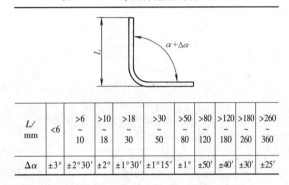

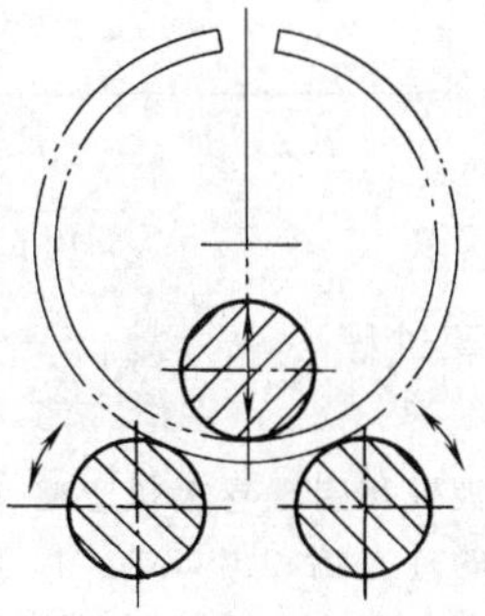

图 3-1-39　滚弯（卷板）

滚弯一般用于大弯曲半径的零件，被广泛地用于圆筒形和圆锥形零件的加工。此外，由于辊轴的位置可相对于板料的送进量做适当的变化，所以，也可以制作四边形、椭圆形，以及其他非圆断面的筒形件，还可以用于圆筒形及非圆断面筒形件的突缘加工等，如图 3-1-40 所示。

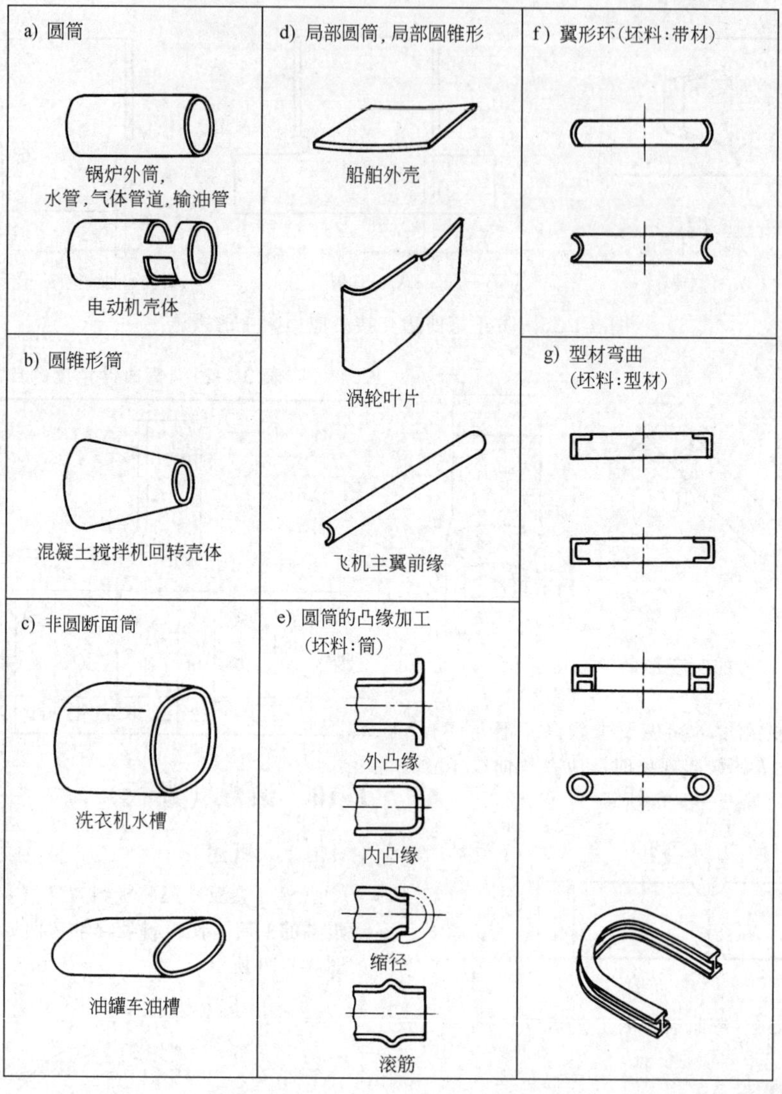

图 3-1-40 滚弯制件的实例

1.10.2 滚弯过程

1. 预弯

在三辊卷板机和四辊卷板机上将平板料弯成圆筒形时，板料的进入端和出口端，由于变形不足而残留下平直部分。直边在矫圆时难以完全消除。故一般应对板料端头进行预弯，消除直边。常用的预弯方法如图 3-1-41 所示。

2. 滚弯

各种卷板机的滚弯过程如图 3-1-42 所示。

3. 矫圆

将辊筒调到所需的最大矫正曲率位置，滚弯 1~2 圈，使整圈曲率均匀一致，然后逐渐卸除载荷，使工件在逐渐减少的矫正载荷下多次滚卷而矫圆。

1.10.3 锥体卷制

卷制圆锥体的板坯，需预先切成其展开的扇形。

使上辊与侧辊斜交（不平行），并使辊压线始终与扇形坯料的母线重合，就能卷成锥体。

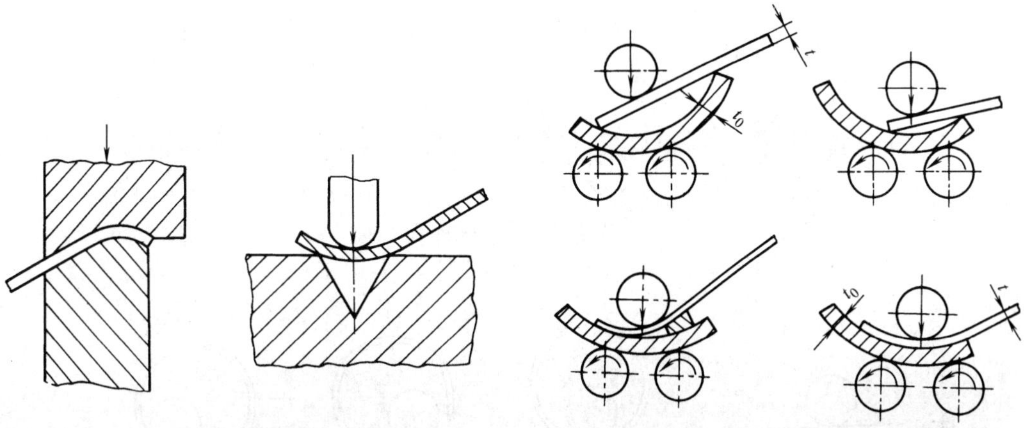

a) 适用于各种板厚　　b) 适用于$t_0 \geqslant 2t$，$t \leqslant 24$，不超过设备能力的60%

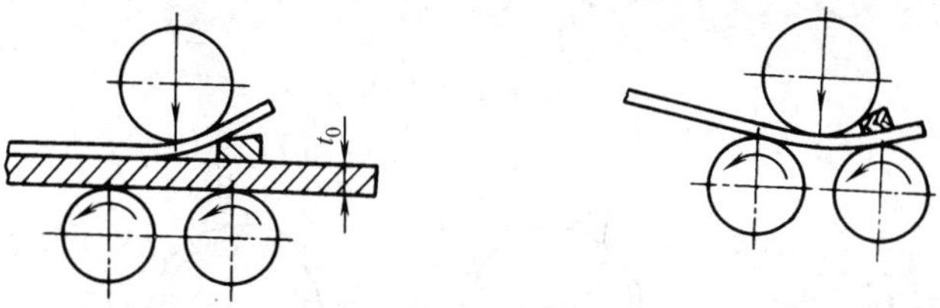

c) 适用于$t_0 \geqslant 2t$，$t \geqslant 24$，不超过设备能力的60%　　d) 适用于薄板

图 3-1-41　常用预弯方法

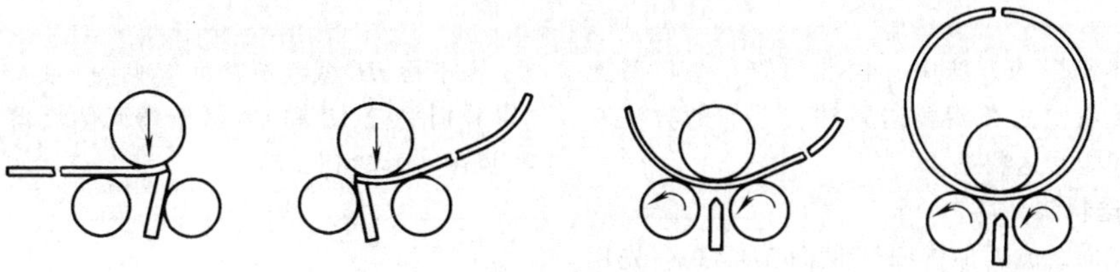

a) 带弯边垫板的对称三辊卷板机

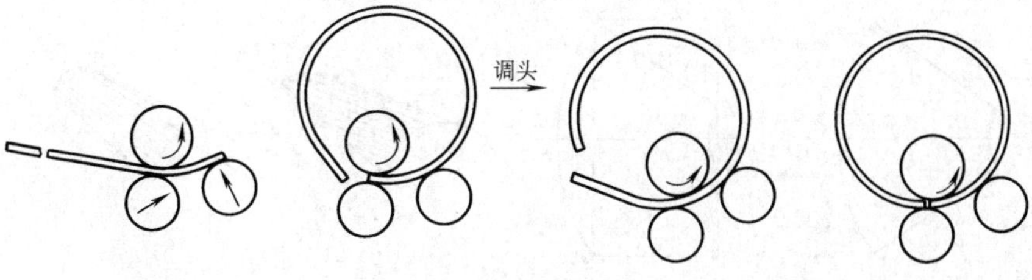

b) 不对称三辊卷板机

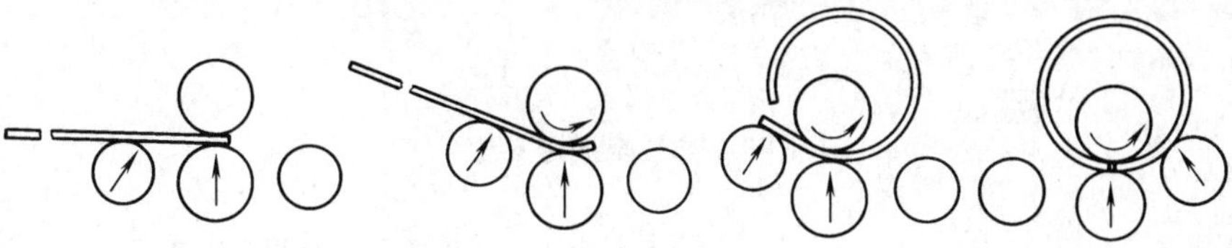

c) 四辊卷板机

图 3-1-42　各种卷板机的滚弯过程

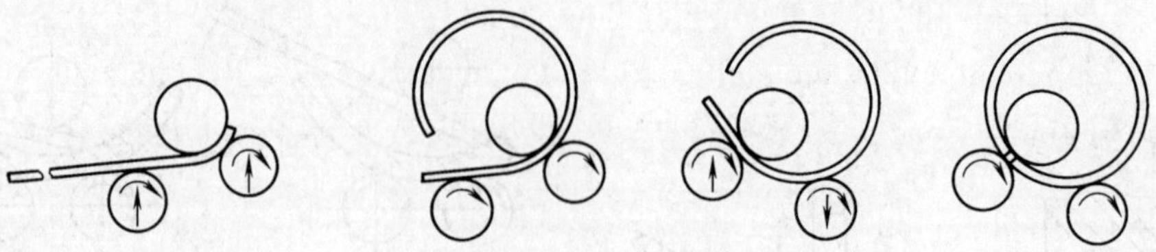

d) 偏心三辊卷板机

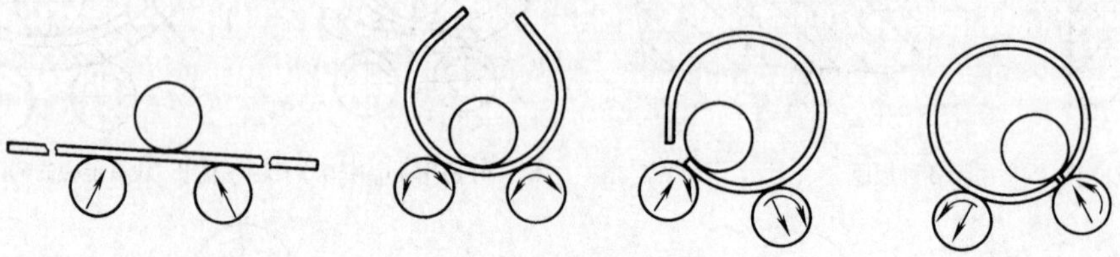

e) 对称下调式三辊卷板机

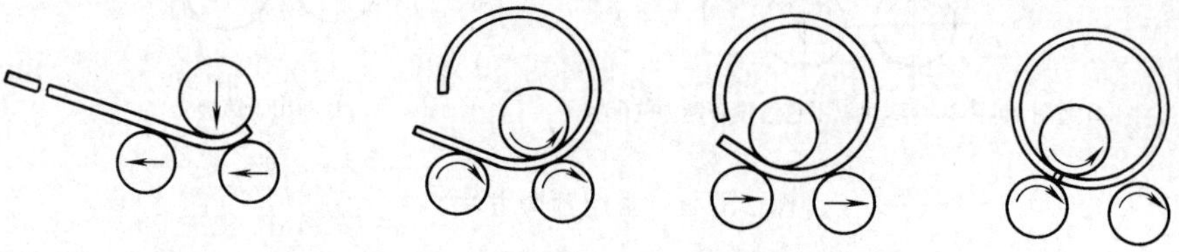

f) 水平下调式三辊卷板机

图 3-1-42　各种卷板机的滚弯过程（续）

滚弯锥体常用的方法中，较准确的有小口减速法、双速四辊卷制法和旋转送料法，近似的方法有分区滚弯法和矩形送料法。

1. 矩形送料法

以三个柱面组成近似锥面（见图 3-1-43）：先用上辊平行 *HK* 线卷成柱面（见图 3-1-43c），然后将上辊分别平行 *AB* 和 *CD* 线滚弯两侧后得到近似锥面图（见图 3-1-43d）。

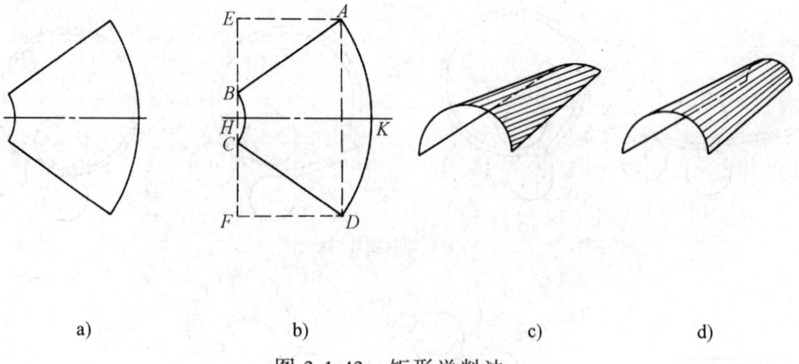

a)　　b)　　c)　　d)

图 3-1-43　矩形送料法

2. 分区滚弯法

如图 3-1-44 所示，以跨区时的移动来近似地调速。步骤为：①上辊对准 5-5′线进行滚弯，至大端到 4 为止；②上辊对准 4-4′线进行滚弯，至大端到 3 为止；③仿照以上步骤弯完各区。

3. 旋转送料法

如图 3-1-45 所示，在毛坯的大口和小口边加导向轮，使之旋转送进而使辊压线基本与母线重合。

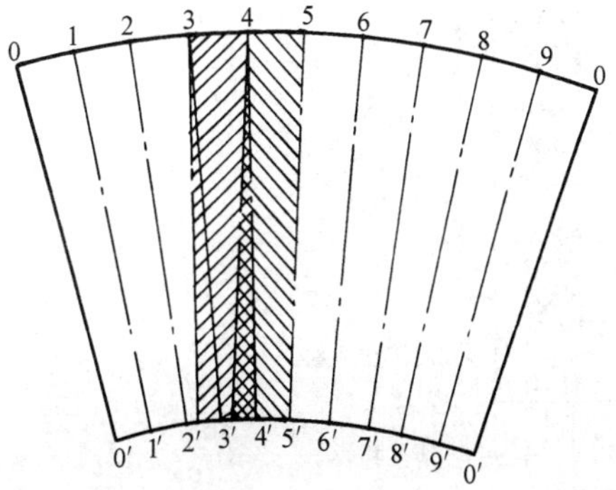

图 3-1-44 分区滚弯法

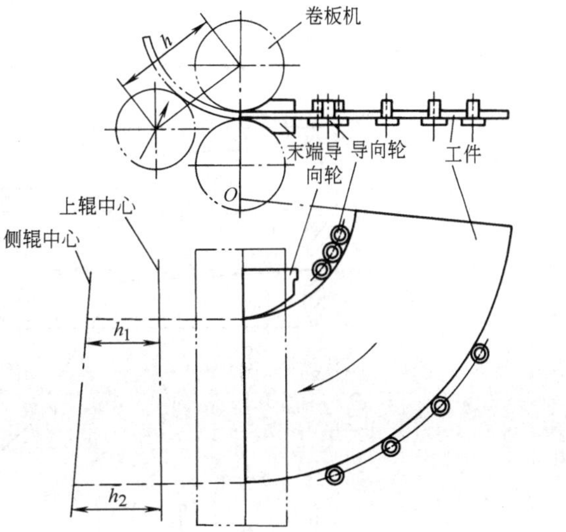

图 3-1-45 旋转送料法

4. 小口减速法

如图 3-1-46 所示，在毛坯小口处加摩擦减速装置，使坯料小口送进阻力增加而减速。

5. 双速四辊滚弯法（见图 3-1-47）

将四辊卷板机的上、下辊和侧辊分别用两套传动装置传动，用上、下辊带动毛坯的大口，侧辊带动毛坯的小口，通过传动装置的适当调速使大口和小口送进的角速度一样，卷成比较准确的锥体。

1.10.4 二轴滚弯（二辊卷板）

二辊卷板机是由一个刚性辊轴和一个弹性辊轴进行工作的。当刚性辊压入具有一定硬度和高弹性的弹性辊时，弹性辊呈径向的凹陷变形，送入二辊之间的板材借助弹性材料变形的反力而被弯曲，驱动弹性滚轴，从而实现板材连续弯曲，如图 3-1-48 所示。弹性辊由聚氨酯橡胶制造，硬度为邵氏硬度 85～95HSA。

辊轴压下量与制件直径之关系如图 3-1-49 所示。当压下量达到某一临界值之后，即使再增加压下量，制件直径的变化也是非常小的。所以，取较临界压下量稍多一些的变形量即为合理压下量。当压下量小于临界压下量时，制件直径尺寸不够稳定，故一般不采用。

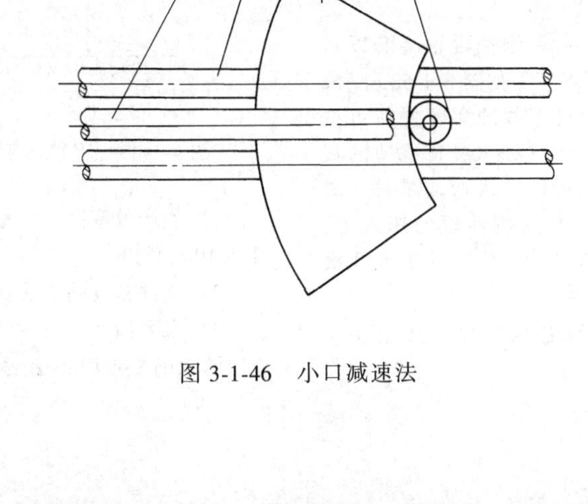

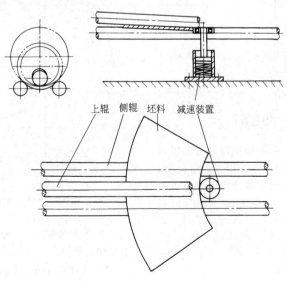

图 3-1-46 小口减速法

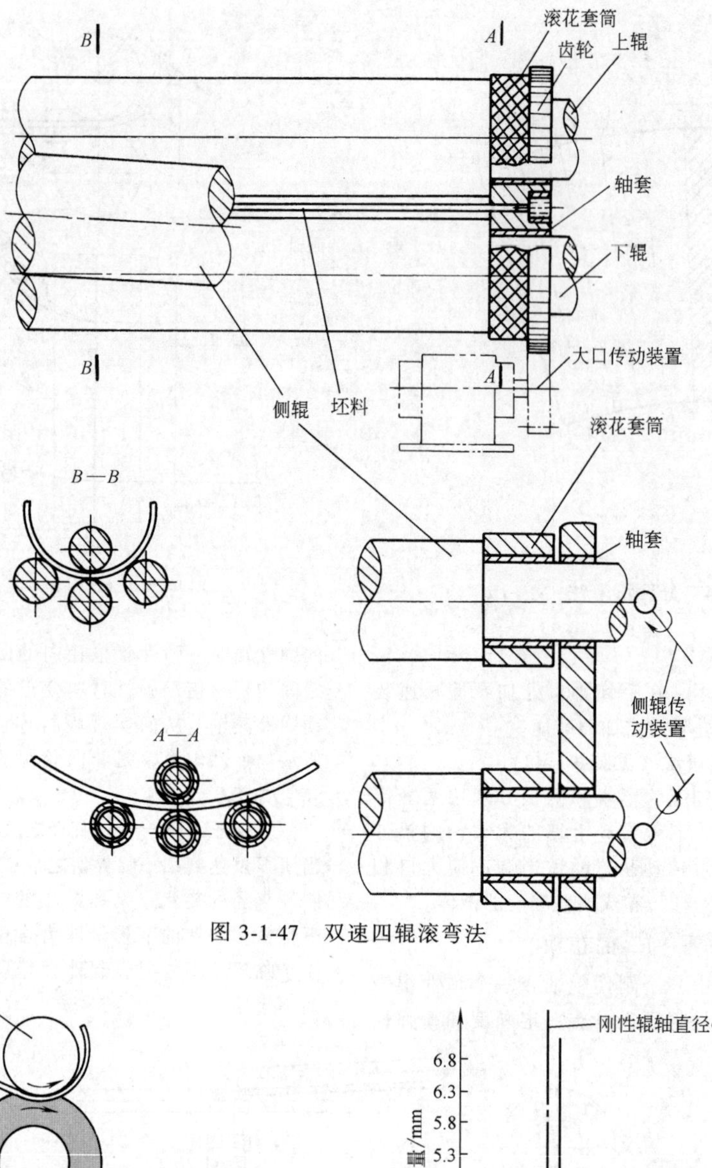

图 3-1-47　双速四辊滚弯法

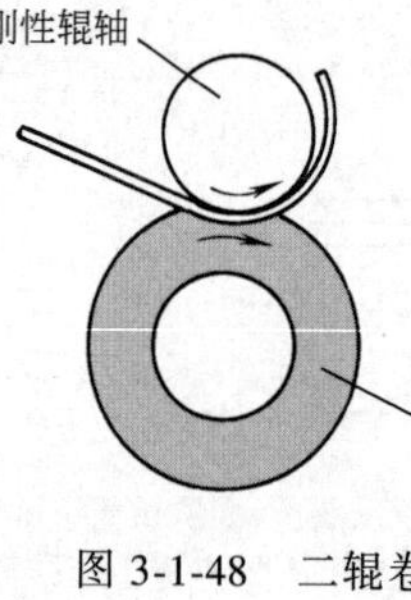

图 3-1-48　二辊卷板

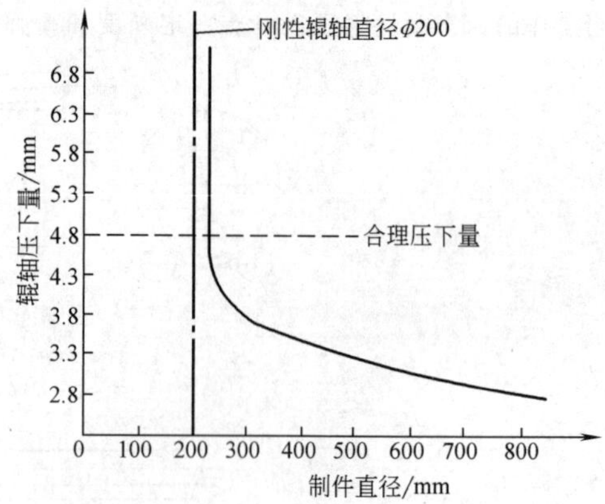

图 3-1-49　辊轴压下量与制件直径的关系

为了改变制件的直径，可在刚性辊轴上套以适当直径的导向辊来进行滚弯加工，如图 3-1-50 所示。

在二辊卷板机上弯曲板材零件的实际操作可按两种方式进行：对于塑性好的（$\delta>30\%$）或薄的板材（厚度小于 1.5～4mm），可以一次弯成零件；对于塑性差的或厚的板材，应加大刚性辊的压入力，预先弯好板材的进口端和出口端，然后一次或几次（可进行中间退火）弯成零件。

二辊卷板与三辊或四辊卷板相比，其主要优点有：

1）生产效率高。一般可达 100～350 件/h，最高可达 1000 件/h。

2）制件精度高、表面质量好。

3）大大减少了滚弯件进入端和出口端的平直段。薄板的平直段不会超过料厚，厚板的平直段也

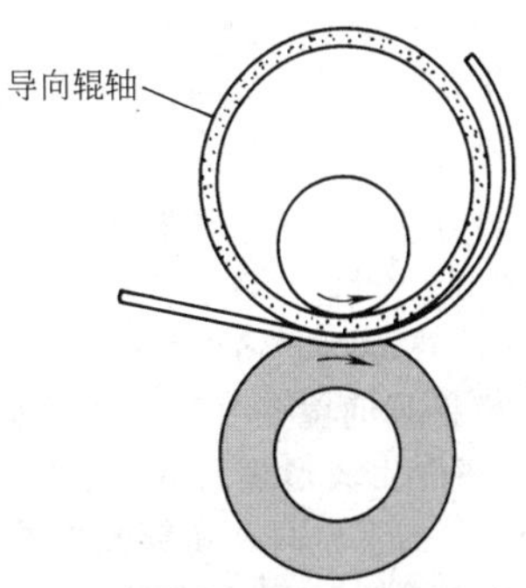

图 3-1-50　用导向辊加工大直径圆筒件

不超过四倍的料厚。因而，一般都不需在滚弯前对端头进行预弯。

4）板坯即使是经过冲孔、切口、起伏成形等加工，也不致产生折裂及不规则挠曲。

二辊卷板的缺点是：

1）由于相对于制件直径的每一个变化都需要制作导向辊，故不适于多品种小批量生产。

2）制件的尺寸受到一定的限制。现有的二辊卷板机的加工范围为：板厚在 6.3mm 以内（软钢），弯曲直径为 $\phi76\sim\phi460$mm。

1.11　连续拉弯

1.11.1　连续拉弯成形原理与特点

1. 成形原理

连续拉弯成形基本原理是以薄带材为坯料，使其通过具有一定圆角半径的凸模与凹模的间隙，在两侧拉力作用下将带材连续拉出而弯曲成形的加工方法。该方法可用于成形一定或可变曲率与螺旋角的薄带类弯曲制件。

连续拉弯成形模具结构由凸模、凹模构成，如图 3-1-51、图 3-1-52 所示，带材以一定成形角 α_f（带长方向与模具法向夹角）置于两模具间，α_f 与弯曲制件的自然螺旋角相关，当 α_f 为零时可进行无螺旋角弯曲制件的成形。凹模自初始位置 P_1 下压至 P，保证预定模具间隙 T，T 与制件最终成形直径相关。自上料侧对带材施加沿带材运行方向反向的后拉力 F，保持带材稳定送料。在带材 O_P 侧施加拉力将其以匀速方式拉出，带材在 A、B、C 局部区域弯曲力及两侧拉力作用下，实现连续弯曲成形。过程中带材经历了正、反向弯曲，残余应力与稳定性得到改善，可使制件在不经稳定化热处理情况下直接应用而表现出很高的稳定性。

2. 优点

与传统的薄带弯曲制件成形方式相比，连续拉弯成形具有如下特点：

1）生产效率高。可实现带材连续弯曲成形。

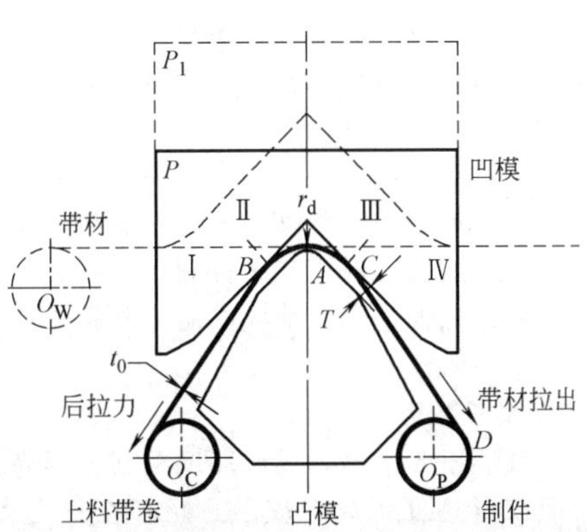

图 3-1-51　连续拉弯成形原理示意图

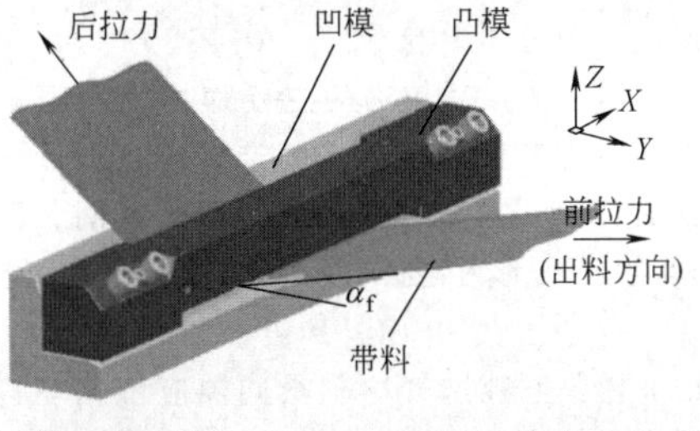

图 3-1-52　连续拉弯成形原理模型图

2）成形更具通用性与一般意义。可用于成形自然曲率（卷层不受任何约束时的曲率）存在几何干涉的精密薄带弯曲制件；成形曲率易于调整，范围大，坯料长度、宽度不受限制。

3）缩短了生产周期。与传统方式相比由于去除了稳定化热处理工序而缩短了生产周期。

4）设备占地空间小。带材的开卷与收卷采用带卷形式，结构简单，收料方便。

5）模具制造成本低，易于修整，使用寿命长。

6）带材成形一致性与成形精度高。

1.11.2　适用材料

适用于连续拉弯成形的坯料材质，包括碳素钢、不锈钢、钴合金、铜合金等。由于成形依赖于材料的弹性，该方法原则上可用于具有一定弹性极限的冷成形材质。理论上材料的长度与宽度不受限制，可满足广泛的成形应用需求，但材料的厚度不宜过厚，一般应小于 0.3mm。边部断面应呈光滑的圆弧形，以减轻带材边部与模具间的摩擦，防止模具过度磨损而过早失效，或带材沿边部断裂。

1.11.3　成形方式与工艺参数确定

1. 成形方式

（1）单次成形　依据成形直径预置成形间隙，并考虑材料、回弹等因素的影响，对模具间隙进行修正，将带材一次性连续拉弯成形。单次成形加工效率高，可得到较高的成形稳定性，但成形力与制件螺旋角较大时，带材偏移难以控制，成形精度与表面质量难以保证。

（2）多道次成形　采用逐次减小的模具间隙序列，使带材成形直径逐步减小，由于各道次弯曲变形程度降低，成形力减小，这有利于提高成形过程稳定性与制件表面质量，在成形制件直径小或螺旋角大时，效果明显。

2. 主要参数确定

（1）成形速度　提高成形速度有利于提高生产效率。但成形速度提高对成形直径存在一定影响，从 3J21 合金成形试验来看，成形速度小于 1000mm/min 时成形速度对成形直径影响很小，这有利于成形直径的精确控制。成形速度进一步提高，成形直径增速加快，但总体影响不大。

（2）后拉力　后拉力的主要作用为保证带材的稳定送料及保持送料方向。其选择应在保证以上作用的同时，处于对直径影响的不敏感区间，以提高控制精度与成形精度，因此后拉力的设定不宜过大。

（3）模具间隙选择　模具间隙应依据坯料材质与成形直径等合理选择。图 3-1-53 给出了 3J21 合金及 304 不锈钢材料成形直径随模具间隙的关系曲线。很明显，成形小直径制件需要小的成形间隙，但模具间隙与成形直径间并非单纯的线性关系，模具间隙较小时，成形直径增速平缓，模具间隙较大时成形直径增速加快，模具间隙较小时成形强度高的材料有更小的成形直径。

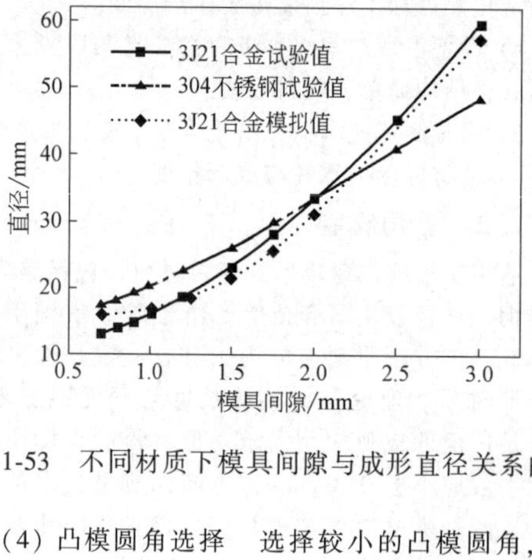

图 3-1-53　不同材质下模具间隙与成形直径关系曲线

（4）凸模圆角选择　选择较小的凸模圆角，有利于减小最小极限成形直径。但凸模圆角过小易使模具磨损加剧，且加工困难。选取时应综合考虑以上因素，建议选取值 $r_d = 0.5\text{mm}$。

1.11.4　模具结构

成形模具为连续拉弯成形设备的核心部件，主要由凸模、凹模、测量装置及固定装置组成，其结构见图 3-1-54。凹模与设备工作台固定连接，凸模在保证与凹模模具间隙条件下与之凹模固定连接，凸模圆角 r_d 部位为成形模具的关键成形作用区域（见图 3-1-51），与带材间存在较强烈的摩擦，易发生磨损，可采用镶块结构，以便于更换。

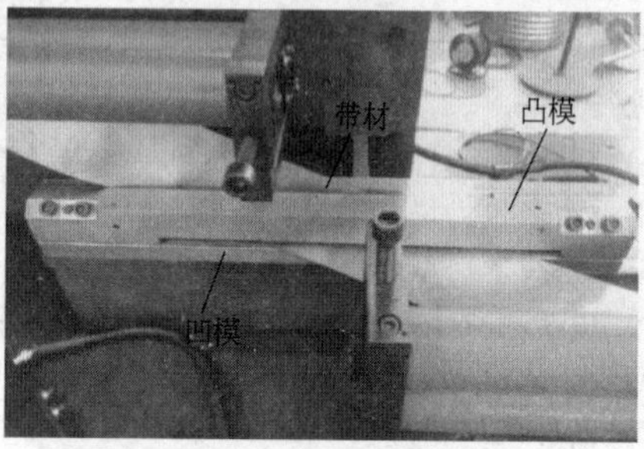

图 3-1-54　成形模具结构

模具设计主要考虑凸模圆角、模具长度与锥口角度。一般取凸模与凹模间进出料锥口角度 $\theta_d = 15°$。成形具有一定螺旋角的制件时，螺旋角越大，带材成形线越长，模具长度 L_d 应随之增加，模具最小长度可依据下式确定，并应进行长度方向刚度的校核。

$$L_d = \frac{b}{\cos\alpha_f} + 2c_d$$

式中　b——带材宽度（mm）；

c_d——带材安全偏移量（mm）。

1.11.5　典型零件连续拉弯成形

1. 卫星一维伸杆弹性卷筒连续拉弯成形

（1）弹性卷筒零件　弹性卷筒外形呈螺旋状，如图 3-1-55 所示，螺旋角为 55°～68°，收拢后长度一般小于 150mm，自驱动展开后可达 15m 以上，长距离伸展情况下对顶端载荷仍具有极高的定位精度。可用于卫星伸杆、卫星天线及其他长距离精密输送的场合。采用连续拉弯所得弹性卷筒，已作为我国首颗自主研制的电磁监测试验卫星“张衡一号”空间展开系统的核心部件获得应用。

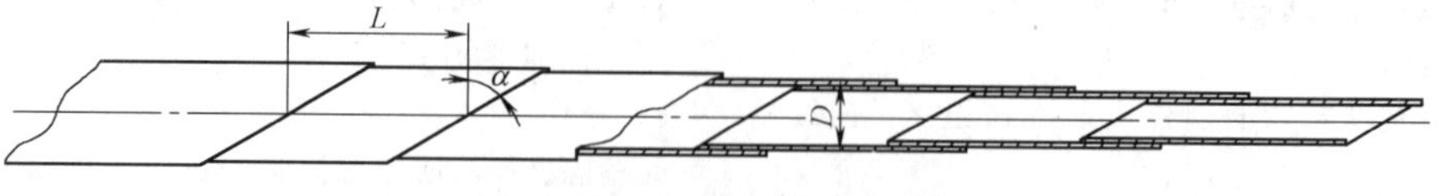

图 3-1-55　弹性卷筒结构示意图

(2) 弹性卷筒成形　弹性卷筒的优异性能依赖于其各卷层等自然曲率的特性，采用传统冷弯曲成形后再稳定化处理的方式，由于层间包覆，制件直径增加，热处理后直径精度大幅降低，无法满足成形精度需求。利用连续拉弯成形可方便解决以上问题，并同时满足制件的稳定性需求。

以连续拉弯工艺单次成形时，成形力与侧向力很大，成形质量难以保证，选用多道次成形的方式更为适宜。其工艺路线为：

备料→上料与引料→参数调整→连续拉弯成形→多道次成形→出件→清洗→立定处理→后续处理→清洗。

多道次成形的关键在于确定成形道次及各道次成形间隙序列，需依据成形尺寸、成形力与成形质量技术要求等确定，适当增加成形次数与采用合理的模具间隙序列有助于减小各道次的成形力，提高制件质量与服役稳定性。

连续拉弯成形所得弹性卷筒实物如图 3-1-56 所示，经测试模拟太空环境 24 次温度循环条件下，弹性卷筒直径、驱动力、弯曲刚度等性能均无明显变化。经 1 年期收拢储存后，弹性卷筒各性能变化率小于 4%，说明制件具有很高的稳定性与持续工作能力。

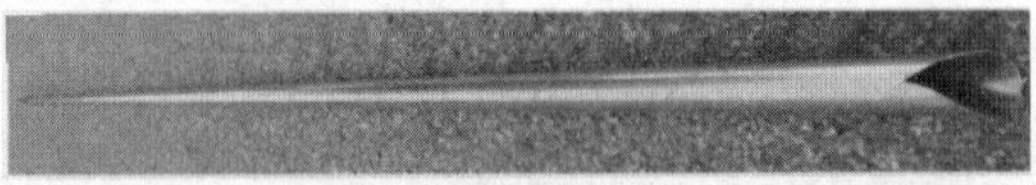

a) 整体视图

b) 局部视图

c) 局部细节图

图 3-1-56　弹性卷筒制件实物图

2. 恒力弹簧连续拉弯成形

恒力弹簧是一种各位置自然曲率具有较高的一致性，工作输出载荷可基本保持恒定的新型弹簧。由于其成形角为零，无侧向力存在，成形简单，可采用单次连续拉弯成形获得。所得制件如图 3-1-57 所示。经测试，所得恒力弹簧各卷层自然直径波动量小于 0.1mm，具有很高的成形稳定性。

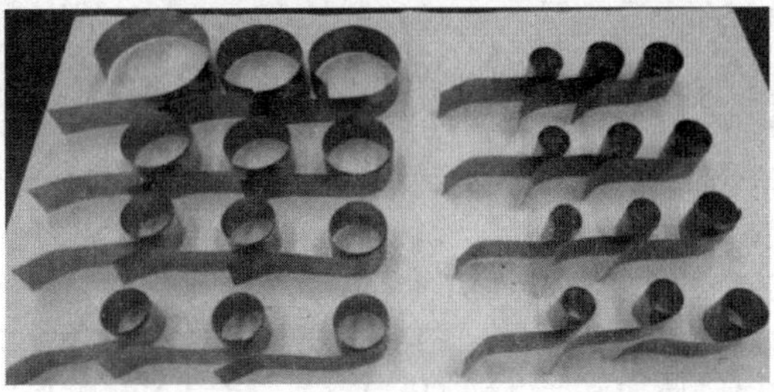

图 3-1-57　恒力弹簧成形结果实例

参考文献

[1]　李占华. 电磁监测卫星伸杆机构弹性卷筒技术研究[D]. 北京：北京科技大学，2017.

[2]　LI Z H, HAN J T, YU C Y, et al. Numerical and experimental investigation on forming stacer using compositing stretch and press bending process [J]. The International Journal of Advanced Manufacturing Technology, 2017, 92 (9): 2525-2533.

[3]　韩静涛，张从发，李占华，等. 一种高性能弹射形弹簧弹性卷筒的生产方法：201410474629.X [P]. 2015.

第2章 管材弯曲

西北工业大学　李恒　詹梅　刘郁丽

管材弯曲件在传输气体和液体工作介质和作为承力构件方面具有独特作用，因此在航空、航天、汽车、能源、动力机械等领域均占有越来越重要的地位。近年来，由于上述领域对高性能轻量化构件迫切需求，管材弯曲件的应用呈快速增长的趋势。管材弯曲明显不同于板材，由于其具有空心、薄壁等特点，弯曲成形加工时容易产生起皱、拉裂、截面畸变等诸多缺陷，而且壁厚也会发生变化。故其成形加工方法、力和弯矩的施加、产品的缺陷及其防止措施等都与板材弯曲有很大差别。

管材弯曲已由平面弯曲向三维空间弯曲发展，管材截面由原来的圆管发展到异型管，甚至向变截面复杂弯曲管件方面发展，管材规格向极大和极小发展，管材也从钢管拓展为铝合金管、镁合金管和钛合金管等。由于管件的用途不同，对其成形精度和性能要求也不一样，这些都决定了管材弯曲工艺的多样性和复杂性。

2.1　管材常用弯曲方法

基于管材弯曲变形的特殊性，一般圆管和矩形管弯曲成形时的主要难点在于：

1）弯曲外侧管壁过度减薄或开裂。

2）截面形状畸变严重。

3）弯曲内侧失稳起皱。

因此，在圆管和矩形管弯曲时常采用许多与板材弯曲不同的方法，如：芯轴的应用、充填料、充内压等。对管材进行弯曲成形，应在充分考虑管材的横截面形状特点和影响弯曲成形质量等各种因素的基础上，注重解决以下问题：

1）根据管件的材料、精度要求、成形极限及相对弯曲半径、相对壁厚大小选择合适的弯曲方法。

2）采用适当的施加外力或外力矩的方法及采取必要的工艺措施，使管件的截面形状畸变和壁厚变化量尽可能小。

3）采用的弯曲模具及设备尽可能简单、通用，操作方便、安全。

4）应保证一定的生产率，加工成本尽可能低。

尽管管材弯曲过程的基本受力及应力应变特点相同，但生产中出于对弯管特定性能的需要以及种种实际情况，产生、发展了多种弯曲方法，分类方式也多种多样，根据不同的分类方式可以将弯曲方法分为以下几类（见表3-2-1）。

表3-2-1　管材弯曲方法

分类方式	弯曲方法
按弯曲方式分类	绕弯、辊弯、推弯、压弯、拉弯、自由弯等
按是否加热	冷弯、温弯、热弯
按有无填充物分类	有芯（填料）弯曲，无芯（填料）弯曲
按管材几何形状分类	圆管弯曲、扁管弯曲、矩形管弯曲、单脊管、双脊管
按管件材料分类	钢管弯曲、铝合金管弯曲、镁合金管弯曲、钛合金管弯曲、复合管弯曲
按规格分类	大曲率半径弯曲、小曲率半径弯曲

生产中为了满足管材特定的形状要求或为了降低弯曲成形工艺难度，有时也采用其他特殊的弯曲方法，如振动冲击弯曲、锥形芯轴扩管弯曲等。随着塑性弯曲成形技术的发展，出现了一些新的弯曲方法，各种方法还可以相互融合，如热应力弯管法、数控加热绕弯、自由弯曲和电磁场辅助弯曲等。

2.1.1　压弯

在压力加工机床上利用模具对管材进行弯曲成形，称为管材压弯。

压弯是最早用于管材弯曲加工的工艺方法，管材压弯与板材压弯非常相似，典型的管材压弯过程如图3-2-1所示。压弯模具主要包括凹模和凸模，凹模侧面为与管材弧面相同的成形面，在压弯过程中对管材起支撑作用，凸模的一侧表面为与管材弧面相同的成形面，另一侧表面与机床配合，成形过程中机床通过凸模对管材施加压力使管材弯曲变形。为提高压弯成形件的质量，压弯模具中常采用带摆动装置的凹模。

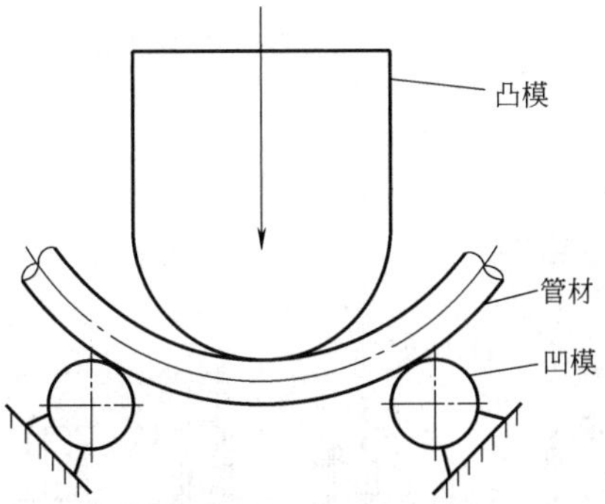

图 3-2-1　管材压弯示意图

压弯成形零件的特点是短而小，不适合拉弯或辊弯成形。压弯工艺既可以弯制带直段的管件，又可以弯制弯头。管材压弯成形的优点在于其简单易行，无需特殊的成形设备，设备和模具的投资较小，生产率高。管材压弯成形的缺点是成形精度不高，成形质量一般较差，常常在压弯部分产生严重的截面畸变，且回弹不宜控制。管材压弯成形一般用于形状简单、壁厚较大管材的平面弯曲，同时弯曲角不宜过大，通常不超过 120°。目前管材压弯成形的主要问题是如何控制回弹和减小截面畸变。

压弯法常用于精度要求不高的厚壁管和弯曲半径较大的场合。这种弯曲方法一般局限于在同一平面内的弯曲。目前，压弯弯制的弯头已经获得广泛应用。

通常对外径大于 10mm 的薄壁管，在弯曲前需装入填充物。对充填物性质的要求是：

1）取放方便，且在管中可密实充填。

2）应具有足够的强度或刚性。

3）具有和被弯管相同或更好的柔性或塑性。

实际生产中所使用的材料有：

1）芯轴（塞子、成形芯轴、钢球、层压板及钢丝绳等）。

2）粒状物质（砂、盐等）。

3）流体（作为压力介质的水、油）。

4）低熔点合金。

5）聚氨酯、塑料、薄钢板等。

2.1.2　辊弯

管材辊弯成形是将管材通过系列辊轮（最典型是三个辊轮），利用辊轮对管材施加压力从而加工成一定弯曲半径和弯曲角度的弯管件的一种成形工艺。

辊弯成形工作原理如图 3-2-2a 所示，管材辊弯所用的辊轮具有与弯曲管坯截面形状相吻合的工作表面。通过改变三个辊轮的间隔，就可实现不同曲率半径的弯曲。辊弯法对弯曲半径有一定的限制，仅适用于曲率半径较大的厚壁管件，尤其对弯制环形或螺旋线形弯管件比较方便。

辊弯工艺很简单，只需制作一组合适的辊轮即可，但由于辊弯成形变形自由度很大，辊弯一次与辊弯两次的曲率半径也大不一样，且由于辊轮间距相对较大，弯曲开始段和接近结束段存在曲率过渡区，因此该方法仅适用于弯曲曲率半径较大、成形精度要求不高的管材的弯曲。为减轻辊弯工艺复杂性，提高辊弯生产率，生产中常采用靠模压下的控制方法或采用数控辊弯。

三辊推弯是一种在传统辊弯工艺上结合数控机床发展的辊弯成形工艺，其工作原理如图图 3-2-2b 所示，管坯材料受弯曲模、压力辊和弯曲辊共同约束，并受顶推装置作用实现管材进给，通过弯管机转臂旋转实现管材弯曲成形。该方法具有辊弯成形的优点，但成形精度低于数控绕弯成形。

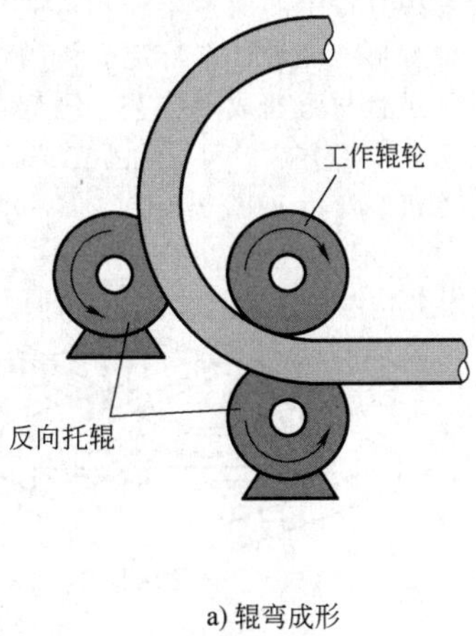

a) 辊弯成形

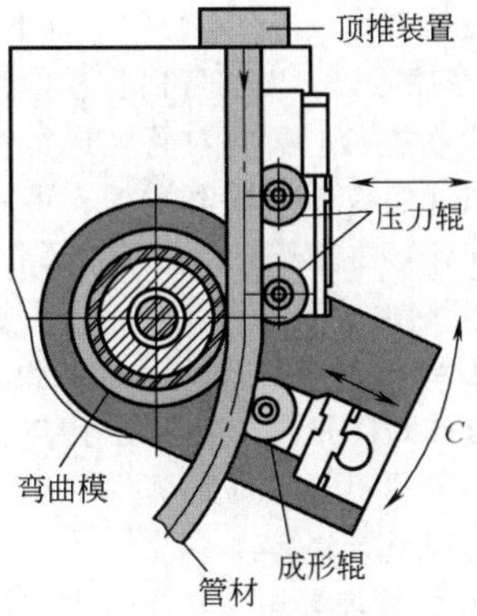

b) 三辊推弯

图 3-2-2　管件辊弯成形过程示意图

2.1.3　推弯

管材推弯成形是借助专用设备将管材推入弯曲模具实现管材弯曲成形的一种工艺。

管材推弯是一般借助于压力机或专用推弯机实现，主要用于推制管件的弯头，工作原理如图 3-2-3 所示。把拟弯曲的管坯放在导向套 2 内，在凸模推力的作用下，管坯 3 在通过凹模内弯曲的孔道时，被弯曲成形中的形状。在弯曲成形过程中管坯的端头容易塌瘪，所以要在管坯内放置一个芯子 4，它随同弯曲的管坯一起被凸模推出。为了得到平齐的弯管端头，应把弯曲前管子的内侧面端部制成如图所示的斜面，同时可避免前件与后件互相嵌入。这种方法适用于制造没有直线段且弯曲半径较小的弯头。模具设计时应充分考虑管材内侧的变形趋势，预留足够的间隙，防止因管材壁厚变化对模具造成破坏。该方法同样适用于矩形管材。根据推弯的工艺特点，可将推弯成形分类为型模式冷推弯管和芯轴式热推弯管。如图 3-2-4 所示，型模式冷推弯，管坯内放置柔性材料芯轴，管坯在推杆作用下，型模限制管坯材料流动而成形；芯轴式热推弯管，通常采用感应加热，并在牛角芯轴推动作用下使管坯材料沿着模具流动形成弯管零件。

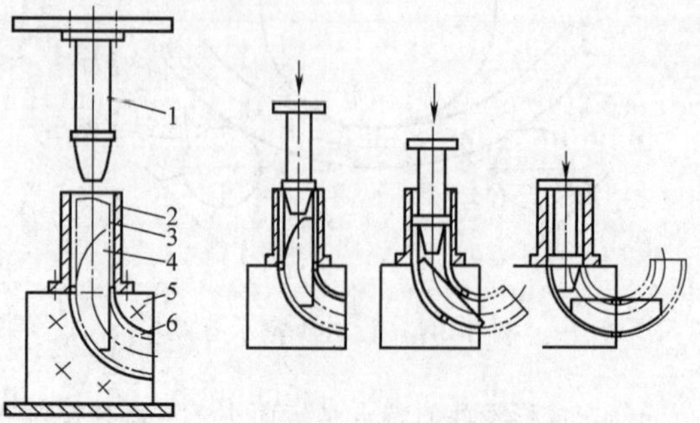

图 3-2-3　推弯模及推弯过程
1—凸模　2—导向套　3—管坯　4—芯子
5—凹模　6—成形后的管件

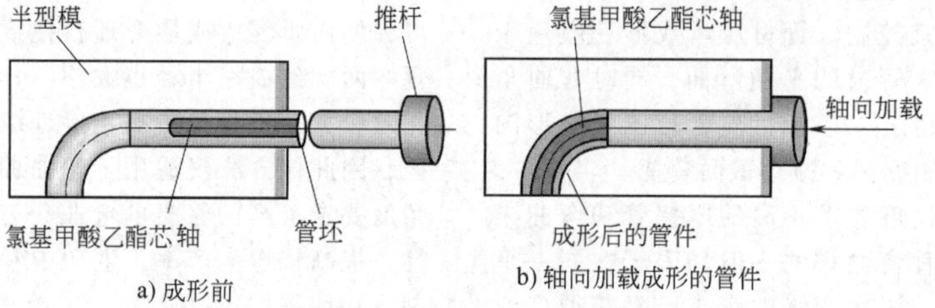

图 3-2-4　型模式冷推弯管

管材推弯成形方法适合弯制壁厚较小且质量要求较高的弯管接头，由于管坯全部通过弯曲凹模，难以制造带有直线段的弯管件以及批量进行空间弯曲，在推弯过程中，管件主要受到轴向压应力，因此一般不会出现壁厚减薄和断裂等缺陷，但是如果芯模尺寸设置不当则容易出现失稳起皱缺陷。

对于型模式冷推弯管工艺，还应注意以下几点：

1）为了减少摩擦阻力，延长弯曲型模的使用寿命，提高弯头的表面质量，必须对管坯进行润滑处理。实践证明，在管坯表面涂刷润滑油，再涂上一层石墨粉，则可保证弯曲过程中有良好的润滑作用。

2）为将管坯顺利地放入导向套中，压力机的行程应足够大，一般要求其行程应为管坯长度的 2.5 倍以上。同时，考虑到冷推弯管的工艺特点，其推进速度不宜太高。液压机能较好地满足上述两方面要求，因而是较为理想的设备。

3）弯曲过程中，管坯端头在轴向推力作用下容易塌瘪，管坯相对厚度越小，塌瘪现象越明显。为此，可在管坯内放置一个芯子，它在弯曲过程中将随同管弯头一起被压住推出。对于薄壁弯头，为防止推弯过程中失稳起皱，应考虑在管坯内装入填充物。实践证明，在管坯内装入聚氨酯橡胶棒，不仅操作方便，而且防皱效果良好。

2.1.4　绕弯

管材绕弯是通过多模具相互配合运动使得管坯沿着模具设定的曲率半径和弯曲角度发生局部连续弯曲变形，加工具有特定规格的弯管零件的精确高效先进管材弯曲成形工艺。绕弯是金属管材最常用的弯曲成形方法，可分为手工绕弯（见图 3-2-5）和弯管机绕弯（见图 3-2-6）。其中数控绕弯是传统手

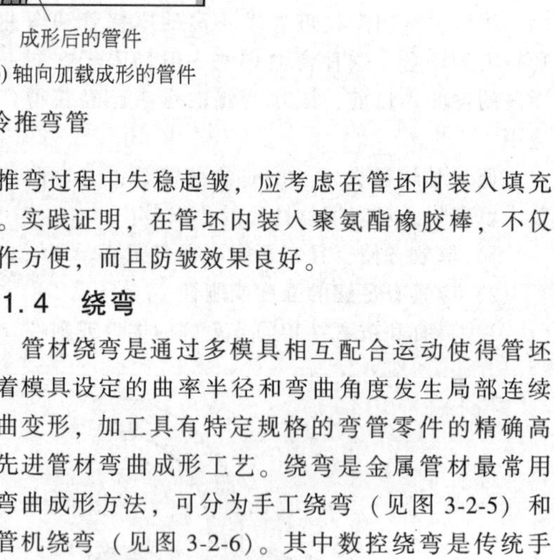

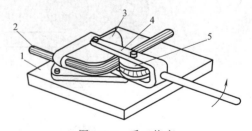

图 3-2-5　手工绕弯
1—平台　2—管坯　3—定模　4—杠杆　5—滚轮

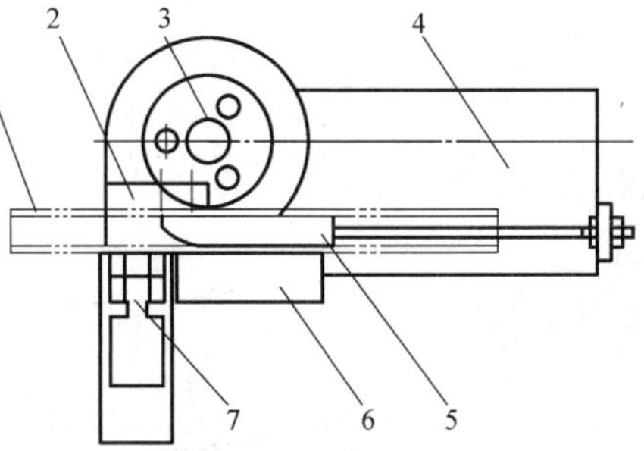

图 3-2-6　弯管机绕弯

1—管坯　2—镶块　3—弯曲模　4—弯管机

5—芯轴　6—压块　7—夹块

工绕弯工艺结合机床工业和数控技术而发展的一种新工艺。相对于传统弯管的低效率和质量不稳定，数控弯管可以预置控制程序，准确地完成夹持、进给和弯曲成形，从而大大提高了弯曲加工的效率和精度。

管件数控弯曲过程如图 3-2-7 所示，绕弯成形模具一般由弯曲模（镶块装配在弯曲模上）、夹持模、压力模、防皱模及带多个柔性芯头的芯模等五种模具构成，在特定情况下，还需在管材后端添加顶推装置。弯曲过程中，管材受到夹持模和弯曲模镶块的牵引作用使管材绕弯曲模一起转动，管材绕过弯曲切点并与弯曲模内槽面接触发生弯曲变形而形成所需弯曲半径，管材前端夹持段部分带动管材待弯段逐渐进入弯曲状态，并沿着一定的轨迹运动，形成预设弯曲角度。然后芯模后撤，夹持模和压力模依次松开，弯曲管材发生卸载回弹，从而完成一次完整的弯曲变形过程。

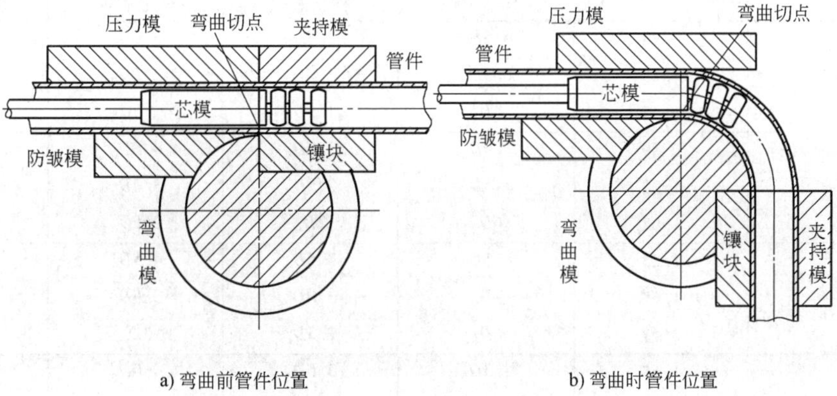

图 3-2-7　管件数控弯曲过程示意图

对于圆管在弯曲后有截面椭圆化的趋势，利用模具型腔容易使截面畸变后最大直径 D_{max} 得到控制，然而模具对最小直径 D_{min} 的控制效果不大。因此，绕弯工艺还常常配合使用内部充填和芯轴等工艺措施。

采用芯轴弯曲时，芯轴的形状、尺寸及工作位置，对弯曲件质量均有很大影响。当采用柱塞式芯轴时，芯轴的尺寸和工作位置如图 3-2-8 所示。为了取放芯轴方便并使芯轴起到维持管形不变和防皱作用，芯轴直径 d 应比管内径 D_1 小 0.5～1.5mm，即 $d=D_1-(0.5\sim1.5)$ mm。芯轴长度 L 一般取其直径 d 的 3～5 倍，即 $L=(3\sim5)d$。

芯轴的头部球面球心应比弯曲模中心线超前一段距离 e'。一般情况下，e 的初始值应根据管材直径、弯曲半径及芯轴的尺寸大小初步确定，然后再视生产的实际情况进行适当的调整。e 值可由式（3-2-1）初步确定：

$$e=\sqrt{2(\rho+D_1/2)\delta+\delta^2} \tag{3-2-1}$$

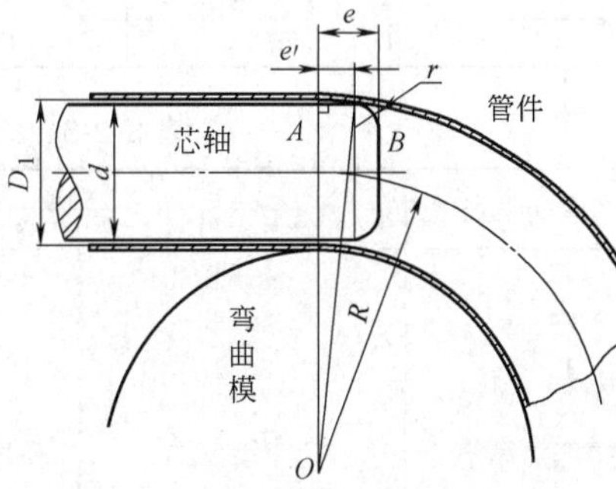

图 3-2-8　芯轴的工作位置确定

式中　D_1——管材内径（mm）；

ρ——中性层曲率半径（mm）；

δ——管材内径与芯轴之间的间隙（mm），$\delta=D_1-d$（d 为芯轴直径）。

有芯轴弯曲时，e 值的大小对管材弯曲质量有很大影响。e 值过大管材弯曲外侧受拉严重，使壁厚变薄增加，甚至发生破裂；e 值过小管材弯曲外侧受不到应有支撑，截面畸变严重，同时弯曲内侧面易发生起皱，起不到芯轴应有的作用。使用芯轴时，常常在管材内部施加润滑，以减小芯轴与管材内表面的摩擦，避免划伤和磨损。图 3-2-9 为绕弯中使用芯轴效果的实例，图中 R 为中性层曲率半径；D_0 为管材原始外径；D_{max} 为椭圆畸变后的最大直径；D_{min} 为椭圆畸变后的最小直径。管材外径为中 25.4mm，壁厚 0.94mm，材料为镇静钢和不锈钢，图示为实测数据的平均值。表 3-2-2 给出了绕弯成形圆管的最小弯曲半径。若模具与芯轴配合使用则能成形出弯曲半径为 2 倍管径甚至更小的矩形管弯曲件，如波导管等。表 3-2-3 为矩形管绕弯的最小弯曲半径。表 3-2-4 为日本所采用的绕弯最小弯曲半径。

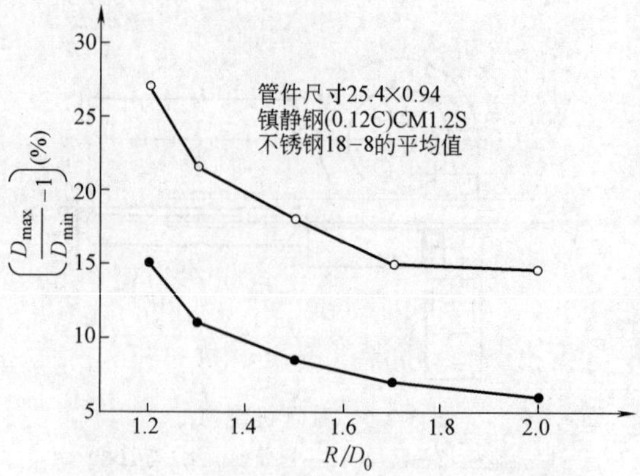

图 3-2-9　绕弯中芯轴对椭圆度的抑制效果

表 3-2-2　圆管绕弯的最小弯曲半径（钢管、铝管）

外径/in	壁厚/mm	无芯轴	有芯轴		模具与球形芯轴配合使用
			柱状芯轴	球形芯轴	
1/2~7/8	0.89	$6.5D_0$	$2.5D_0$	$3.0D_0$	$1.5D_0$
	1.25	$6.5D_0$	$2.0D_0$	$2.5D_0$	$1.25D_0$
	1.65	$4D_0$	$1.5D_0$	$1.75D_0$	$1D_0$
$1\sim1\frac{1}{2}$	0.89	$9.0D_0$	$3.0D_0$	$4.5D_0$	$2.0D_0$
	1.25	$7.5D_0$	$2.5D_0$	$3.0D_0$	$1.75D_0$
	1.65	$6D_0$	$2D_0$	$2.5D_0$	$1.5D_0$
$1\frac{5}{8}\sim2\frac{1}{8}$	1.25	$8.5D_0$	$3.5D_0$	$4.5D_0$	$2.25D_0$
	1.65	$7D_0$	$3.0D_0$	$3.5D_0$	$1.75D_0$
	2.11	$6D_0$	$2.5D_0$	$3D_0$	$1.5D_0$
$2\frac{1}{4}\sim3$	1.65	$8.5D_0$	$3.5D_0$	$4.0D_0$	$2.5D_0$
	2.11	$7D_0$	$3.0D_0$	$3.5D_0$	$2.25D_0$
	2.77	$6D_0$	$2.5D_0$	$3D_0$	$2D_0$
$3\frac{1}{2}\sim4$	2.11	$9D_0$	$3.5D_0$	$4.5D_0$	$3.0D_0$
	2.77	$8D_0$	$3.0D_0$	$4D_0$	$2.5D_0$

表 3-2-3　矩形管绕弯的最小弯曲半径

高度/in	最小弯曲半径/mm			
	$t=2.11$	$t=1.65$	$t=1.24$	$t=0.89$
1/2	1.28	44.45	47.63	50.0
3/4	50.8	50.8	63.5	76.2
1	76.2	76.2	88.9	101.6
$1\frac{1}{8}$	76.2	76.2	88.9	101.6
$1\frac{1}{4}$	88.9	88.9	101.6	—
$1\frac{1}{2}$	114.3	114.3	127.0	—
$1\frac{3}{4}$	152.4	165.1	177.8	—
2	177.8	215.9	228.6	—
$2\frac{1}{2}$	228.6	266.7	—	—
3	304.8	381.0	—	—

表 3-2-4　绕弯的最小弯曲半径（日本）

管材外径 D/in	壁厚 t/mm	最小弯曲半径 有芯轴/mm		最小弯曲半径 无芯轴/mm	
		弯曲角		弯曲角	
		90°	180°	90°	180°
3/8	0.71	2	2.3	3.3	6.7
	0.81	2	2.3	3.3	4.7
	0.89	1.7	2	3	4.7
	1.25	1.5	2	2.7	4
1/2	0.81	2	2.25	3	4
	0.89	1.8	2.0	3	4
	1.25	1.5	1.8	2.8	3.5
	1.65	1.5	1.8	2.5	3.5
5/8	0.89	1.6	2	3.2	4
	1.25	1.4	2	2.8	4
	1.65	1.2	1.8	2.4	3.6
3/4	0.89	1.8	2	3	4
	1.25	1.7	1.9	3	4
	1.65	1.5	1.7	2.7	3.3
	2.12	1.3	1.5	2.7	3.3
7/8	0.89	1.9	2	2.9	4
	1.25	1.6	1.9	2.9	3.7
	1.65	1.4	1.8	1.6	3.7
	2.12	1.3	1.6	2.6	3.3
1	1.25	1.6	1.9	3	4.5
	1.65	1.5	1.8	3	4
	2.12	1.25	1.8	2.75	4
	2.77	1.25	1.65	2.75	3.75
$1\frac{1}{8}$	1.25	1.7	2.1	3.3	4.4
	1.65	1.6	2	3.1	4
	2.12	1.4	1.9	3	4
	2.77	1.4	1.7	2.9	3.6
	3.05	1.4	1.6	2.7	3.6
$1\frac{1}{4}$	1.25	1.8	2.1	3.2	4.0
	1.65	1.7	2	3.1	3.8
	2.12	1.5	1.9	3	3.6
	2.77	1.4	1.7	2.9	3.6
	3.05	1.4	1.6	2.7	3.6
$1\frac{3}{8}$	1.25	1.8	2.1	3.3	4.4
	1.65	1.7	2	3.1	4
	2.12	1.6	1.9	3	4
	2.77	1.5	1.7	2.9	3.6
	3.05	1.5	1.6	2.7	3.6
$1\frac{1}{2}$	1.25	1.8	2.1	3.2	4.7
	1.65	1.75	1.9	3	4.3
	2.12	1.5	1.8	2.8	4.3
	2.77	1.4	1.7	2.8	4
	3.05	1.4	1.6	2.7	4
$1\frac{3}{4}$	1.25	2	2.1	3.1	4.5
	1.65	1.7	1.9	3	4.25
	2.12	1.5	1.6	3	4.25
	2.77	1.3	1.6	3.9	4
	3.05	1.2	1.5	2.6	4
2	1.25	2	2.1	3.25	4.6
	1.65	1.75	1.9	3	4.3
	2.12	1.75	1.6	3	4.3
	2.77	1.7	1.6	3	4
	3.05	1.6	1.5	2.9	4
$2\frac{1}{4}$	1.25	1.9	2.1	4.4	5.3
	1.65	1.8	1.9	3.1	4.2
	2.12	1.8	1.9	3	4.2
	2.77	1.7	1.8	3	4
	3.05	1.7	1.8	2.9	4
$2\frac{1}{2}$	1.65	1.8	1.9	3.2	4
	2.12	1.75	1.9	3	4
	3.05	1.7	1.8	2.8	3.8
3	1.65	1.8	1.9	3.2	4
	2.12	1.75	1.9	3	4
	3.05	1.7	1.8	2.8	3.8
$3\frac{1}{2}$	1.65	2.1	2.3		
	2.12	2	2.2		
	3.05	2	2.1		
4	1.65	2.25	2.4		
	2.12	2.1	2.25		
	3.05	2	2.1		
5	1.65	2.5	2.5		
	2.12	2.4	2.45		
	3.05	2.3	2.4		

弯曲工艺中使用芯轴能较好地维持管材截面形状，但不可避免地降低了工作效率。为解决上述矛盾，可采用反向预变形弯管法，其原理是在管材进入弯曲变形区前，使管材内、外侧分别产生与弯曲变形截面畸变方向相反的预变形，而弯曲后截面畸变和预变形相互抵消，使管材截面基本保持原形，

以满足截面畸变程度要求。下面以圆管为例，说明这种弯管方法的工作原理。

图 3-2-10a 所示为采用反变形辊轮的情形。管材 5 置于弯曲型轮 1 与反变形轮 3 之间，并用夹块 2 压紧在弯曲模上。反变形轮将管材压紧以产生反向预变形（图中 *A—A* 剖视）。导向轮 4 的凹槽为半圆形，起引导管材进入弯曲型轮和防止管材偏摆的作用。当弯曲型轮旋转时，管材便绕弯曲型轮逐渐弯曲成形。由于弯曲前管材截面受到了与弯曲畸变方向相反的预变形，使弯曲成形后预变形量与截面畸变量互相抵消，而弯曲后管材截面基本上保持圆形（图中 *B—B* 剖视）。图 3-2-10b 所示为采用反变形滑槽弯管的情形，与图 3-2-10a 相比仅以反变形滑槽代替反变形轮。

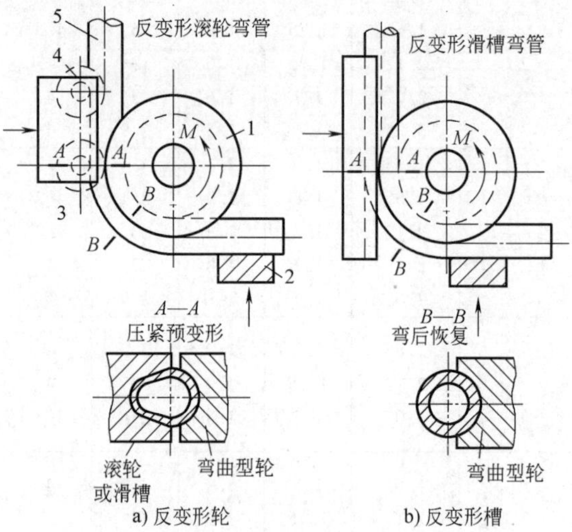

a) 反变形轮　　b) 反变形槽

图 3-2-10　利用反变形绕弯工作原理

1—弯曲型轮　2—夹块　3—反变形轮　4—导向轮　5—管材

在通常情况下，只要反变形轮（槽）尺寸适当，可使管件截面的椭圆度极小。因此反变形轮（槽）的形状尺寸直接影响弯管质量。反变形轮（槽）一般采用双圆弧卵形，轮（槽）深 H 比管材半径稍大，弯曲型轮的凹槽可采用半圆形或卵形，反变形轮（槽）的槽形与管材的相对弯曲半径有关，可参见表 3-2-5，表中代号如图 3-2-11 所示。

表 3-2-5　反变形槽的形状尺寸

相对弯曲半径	r_1	r_2	r_3	H
1.5~2	$0.5D_0$	$0.95D_0$	$0.37D_0$	$0.56D_0$
>2~3.5	$0.5D_0$	$1.0D_0$	$0.4D_0$	$0.54D_0$
>3.5	$0.5D_0$	—	$0.5D_0$	$0.5D_0$

反变形法和采用芯轴相比，具有以下优点：

1）省去了芯轴的调整准备工作，生产率高。

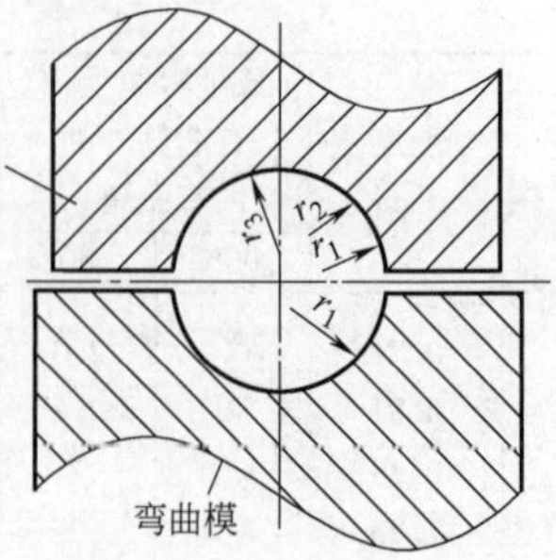

图 3-2-11　反变形轮

2）管内不需要润滑，同时可避免管件内部划伤。

3）不需要复杂、昂贵而寿命低的芯轴，从而降低生产成本。

实践证明，这种成形方法不仅适用于圆管弯曲，同样可适用于椭圆管、矩形管、方管等异型管。

绕弯一般在立式或卧式弯管机上进行，模具调节方法简单，具有很强的适用性。对管件弯曲成形质量要求不高时，可以采用简单的无芯弯管；对管件的截面畸变和壁厚减薄等有更高的要求时，在有芯弯管的基础上有时还要采取顶推的方式，即在管件的尾部加上顶推装置，以减少外侧壁厚的减薄，提高管件弯曲成形质量。

2.1.5　数控绕弯

随着数控技术、数控机床制造技术的发展，数控弯管技术已经得到了很快的发展和广泛应用。数控弯管成形技术是一种先进的塑性成形技术。与其他弯管方式相比，数控弯管技术具有精确成形、快速形成批量生产能力、质量稳定、效率高等特点和易于实现数字化和高技术化的技术优势。

目前，数控弯管成形过程主要是以绕弯成形方式来实现的，其成形设备主要由弯曲头组件、小车、床身、液压动力机构、电气柜及操作控制台等组成，结构如图 3-2-12 所示。弯曲头组件由夹块、压块、弯曲模、防皱块和芯轴构成，是完成管弯曲的模具装置（见图 3-2-13）。夹块的作用是将管坯的一端在弯曲模上固定，保持一定的夹紧力，使管坯弯曲模、夹块三位一体地转动，从而使管坯弯曲成所需的半径。压块不仅支撑管坯的外半部，同时可在助推装置的作用下在弯曲成形过程中与管坯一起沿纵向移动，在管坯外侧施加一定的助推力，从而改变管坯截面上的应力分布，使中性层外移，以减少外侧壁的变薄量；因此可通过调节压块对管材的助推力以控制管壁的变化。防皱块可以防止管内侧壁紧靠切点处的变形区在弯曲过程中因受压应力的作用而形成皱纹，特别是在大直径薄壁管的小半径弯曲过程中必须使用防皱块。芯轴在弯曲过程中从内壁支撑，防止管坯在弯曲出现截面扁化和起皱的缺陷。

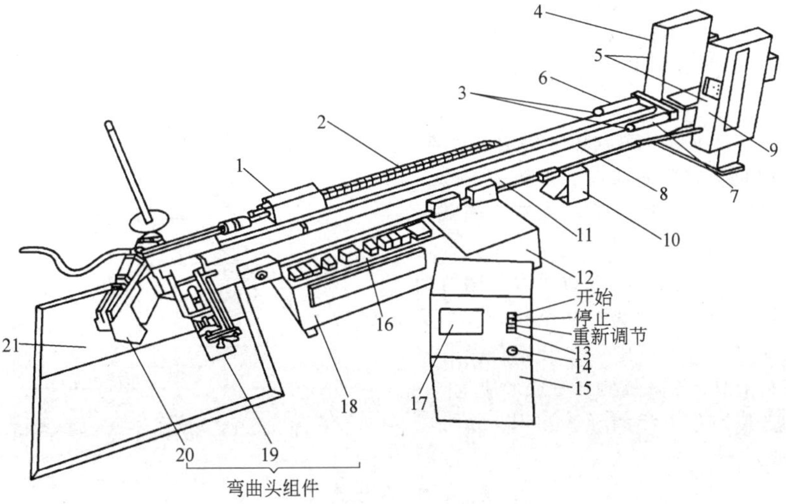

图 3-2-12　数控弯管机组成结构

1—小车　2—小车电缆套　3—小车驱动电动机　4—主回路开关　5—电气柜　6—Y 轴小车驱动　7—B 轴小车驱动　8—轨道　9—液压动力操作面　10—油/气体冷却器　11—机床床身　12—液压动力部件　13—手动开关　14—紧急开关　15—操作者控制台　16—液压集合管　17—触摸荧光屏　18—液压存储箱　19—固定臂　20—弯曲臂　21—安全垫

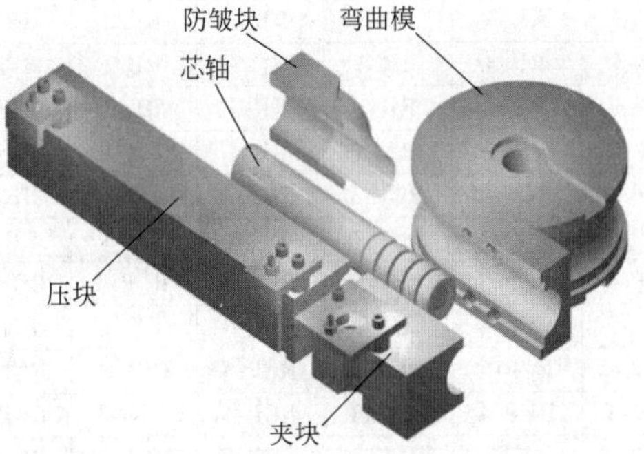

图 3-2-13　弯曲模块相对位置示意图

模具设计主要包括模具长度和芯模参数的设计，设计知识准则如下所述：

1）模具长度对成形质量的影响较小，但是必须满足基本的要求，如压力模长度必须能够达到使管子后端在弯曲时不过度翘曲的要求；防皱模长度必须能够达到足以起到抵制管内侧起皱的长度，且长度足够以配合防皱模在弯管设备上的安装；夹紧模长度在合理的范围内尽可能小，以达到省力的要求。对于大直径薄壁铝合金管小弯曲半径弯曲成形，模具除包括防皱模、夹紧模、芯模、压力模、弯曲模之外，还应包括夹塞块以防止大直径薄壁管弯曲时管前端被夹瘪，并可增加夹持管的摩擦力防止管件在弯曲过程中打滑。

为此，模具长度选取经验知识为：

$$L_p=(2D_0\sim3D_0)+\pi R_b\beta/180°$$

$$L_w=2D_0\sim3D_0$$

$$L_c=1.5D_0\sim4D_0$$

$$L_m=3D_0\sim4D_0$$

式中　β——弯曲角度（°）。

D_0——管材原始外径；

2）芯模对成形质量影响很大，故必须设计合理的芯模参数，芯模参数的设计选取遵循以往获得的经验公式、解析公式或仿真优化综合分析。

目前在薄壁管数控弯曲生产中一般采用球窝结构芯轴从管件内部提供支撑，该芯轴结构如图 3-2-14 所示。球窝结构芯轴包括芯轴体和芯头，芯轴体的位置可以通过螺纹调整，芯头连接在芯轴体

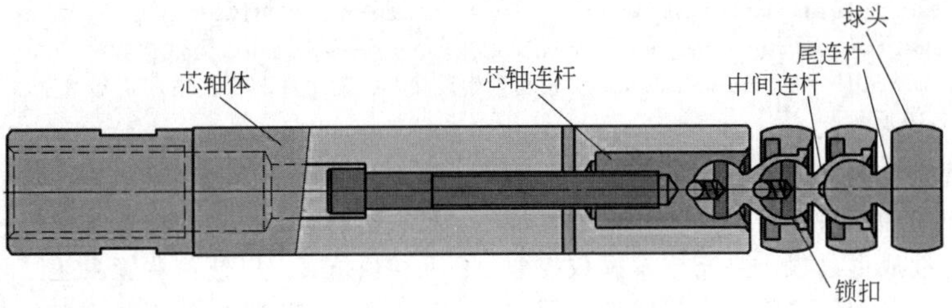

图 3-2-14　球窝结构芯轴示意图

上，芯头个数可选。芯轴体的主要作用是防止管件内侧因压缩失稳而起皱，对防止弯管截面畸变也有所贡献，芯头的主要作用防止弯管截面畸变过大。芯轴尺寸、位置和芯头个数对薄壁管弯曲成形质量影响很大，芯轴尺寸过小以及芯轴体伸出量不足时，芯轴难以有效地防止管件弯曲段内侧因压缩失稳而起皱；芯头个数少时，芯轴难以有效地减小横截面畸变，如图 3-2-15 所示；芯轴尺寸过大、芯轴伸出量过大和芯头过多时，芯轴将严重妨碍管件随弯曲模转动，管件外侧可能出现鹅头，甚至拉裂。为了获得合格的弯管零件，在生产中需要合理选择芯轴尺寸、位置和芯头个数，有效控制弯管成形质量。

芯头个数的选取也可以参照经验知识，如可以参照表 3-2-6 选取。

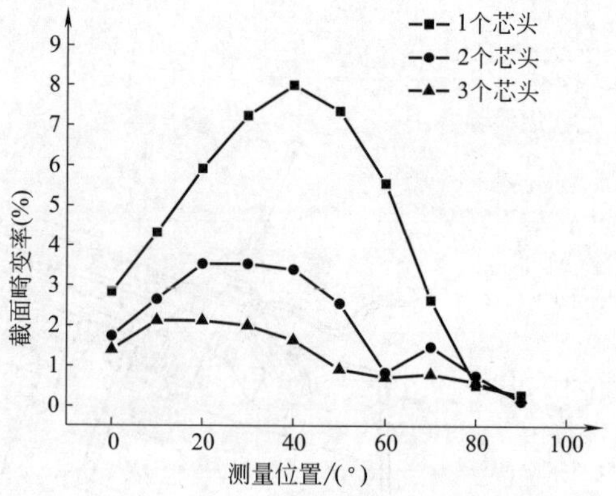

图 3-2-15　芯头个数对截面畸变率的影响

表 3-2-6　芯模选取表

外径/壁厚	中性线半径	1×D		1.5×D		2×D		2.5×D		3×D	
	弯曲角	90°	180°	90°	180°	90°	180°	90°	180°	90°	180°
20	铁	RR-1	RR-1	RR-1	RR-1	RR-1	RR-1	P	P	P	P
	有色金属	RR-1	RR-2	RR-1	RR-2	RR-1	RR-2	RR-1	RR-2	RR-1	RR-2
30	铁	RR-2	RR-3	RR-2	RR-3	RR-2	RR-3	RR-1	RR-2	RR-1	RR-2
	有色金属	RR-3	RR-3	RR-3	RR-3	RR-3	RR-3	RR-3	RR-3	RR-2	RR-3
40	铁	RR-3	RR-3	RR-3	RR-3	RR-3	RR-3	RR-3	RR-3	RR-2	RR-3
	有色金属	RCP-3	RCP-4	RCP-3	RCP-4	RR-3	RR-4	RR-3	RR-3	RR-3	RR-3
50	铁	RCP-3	RCP-4	RCP-3	RCP-4	RR-3	RR-4	RR-3	RR-4	RR-3	RR-3
	有色金属	RCP-4	RCP-5	RCP-4	RCP-5	RCP-4	RCP-5	RCP-3	RCP-4	RR-3	RR-4
60	铁	RCP-4	RCP-5	RCP-4	RCP-5	RCP-3	RCP-4	RR-3	RR-4	RR-3	RR-4
	有色金属	RCP-4	RCP-5	RCP-4	RCP-5	RCP-4	RCP-5	RCP-4	RCP-5	RCP-3	RCP-4
70	铁	RCP-4	RCP-5	RCP-4	RCP-5	RCP-3	RCP-4	RCP-3	RCP-4	RR-3	RR-4
	有色金属	J-4	J-5	J-4	J-5	RCP-4	RCP-5	RCP-4	RCP-5	RCP-4	RCP-5
80	铁	RCP-4	RCP-5	RCP-4	RCP-5	RCP-3	RCP-4	RCP-3	RCP-4	RCP-3	RCP-4
	有色金属	J-4	J-5	J-4	J-5	J-4	J-5	RCP-4	RCP-5	RCP-4	RCP-5
90	铁	J-4	J-5	J-4	J-5	RCP-4	RCP-5	RCP-4	RCP-5	RCP-4	RCP-5
	有色金属	J-4	J-5	J-4	J-5	J-4	J-5	J-4	J-5	RCP-4	RCP-5
100	铁	J-4	J-5	J-4	J-5	J-4	J-5	RCP-4	RCP-5	RCP-4	RCP-5
	有色金属	J-5	J-6	J-4	J-5	J-4	J-5	J-4	J-5	J-4	J-5
125	铁	J-4	J-5	J-4	J-5	J-4	J-5	J-4	J-5	RCP-4	RCP-5
	有色金属	J-5	—	J-5	J-6	J-4	J-5	J-4	J-5	J-4	J-5
150	铁	J-4	J-5	J-4	J-5	J-4	J-5	J-4	J-5	J-4	J-5
	有色金属	—	—	J-5	—	J-5	J-6	J-4	J-5	J-5	J-6

注：D—管材外径；

P—plug，不带芯头，适用于厚壁管大弯曲半径弯曲；

RR—Unversal flexing for standard tube&pipe，带柔性芯头的，适用于一般情况；

RCP—Roberts close pitch for thin-walled tubes，带紧密连接芯头的芯模，适用于薄壁管弯曲；

J—Roberts inserted for very thin-walled tubes，带超紧密连接芯头的柔性芯模，适用于超薄壁管弯曲。四种芯模形式如图 3-2-16 所示。

从以上可以看出，数控弯管精确成形过程，需要多种模具协同作用和严格配合，是一个多因素综合作用下的复杂塑性成形过程，要充分发挥数控弯管精确成形技术的优势和效益就要实现对该过程和模具的优化设计与精确控制。这就要求结合理论分析和实验研究，对数控弯管成形过程进行三维有限元建模仿真，以便使弯管工艺过程和模具的优化设计，建立在对管弯曲失稳起皱，截面畸变，弯曲回

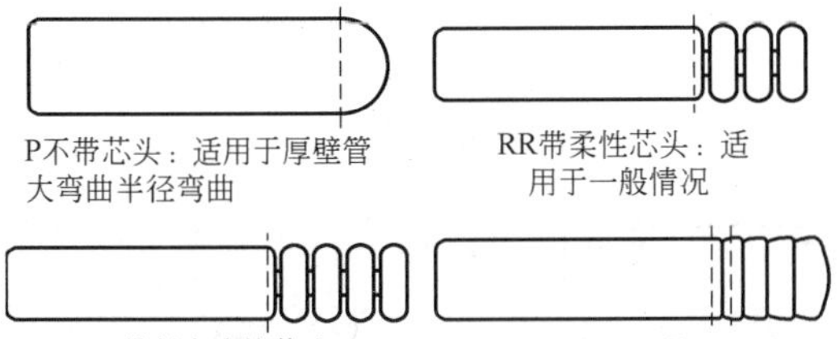
P不带芯头：适用于厚壁管大弯曲半径弯曲
RR带柔性芯头：适用于一般情况
RCP带紧密连接芯头：适用于薄壁管弯曲
J带超紧密连接芯头：适用于超薄壁管弯曲

图 3-2-16　不同种类的芯模形式示意图

弹和壁厚变化的定量预测和分析的基础上，我国从 20 世纪 90 年代中期以来对不同规格管材数控弯曲精确成形技术进行了较为系统深入的研究开发，并取得了重要进展。包括掌握管材数控弯曲精确成形失稳起皱、截面畸变、回弹等缺陷的形成机理、关键影响因素、影响规律以及相关的模拟预测、分析及成形极限确定方法和关键技术；发展了管材数控弯曲过程的计算机建模仿真与实现虚拟成形的方法和软件；提出了管材数控弯曲成形质量以及中性层偏移的调控方法；研究解决了小弯曲半径管件数控弯曲精密成形的关键技术；实现了难度很大的管材数控弯曲精确成形，包括 ϕ8mm×1mm×57mm、ϕ50mm×1mm×75mm 等规格不锈钢弯管，ϕ38mm×1mm×38mm、ϕ50mm×1mm×75mm、ϕ100mm×1.5mm×150mm 等规格的铝合金金，ϕ6mm×0.5mm×12mm、ϕ12mm×0.9mm×24mm、ϕ20mm×1.5mm×60mm 等规格的高强 TA18 钛管，ϕ76.2mm×1.072mm×114.3mm 大直径薄壁纯钛管以及 ϕ60mm×1mm×180mm 大直径薄壁 TC4 钛管，如图 3-2-17 所示。这些研究工作为解决我国在大直径薄壁铝合金管、钛合金薄壁管小弯曲半径数控精确成形方面所面临的迫切技术难题打下基础。

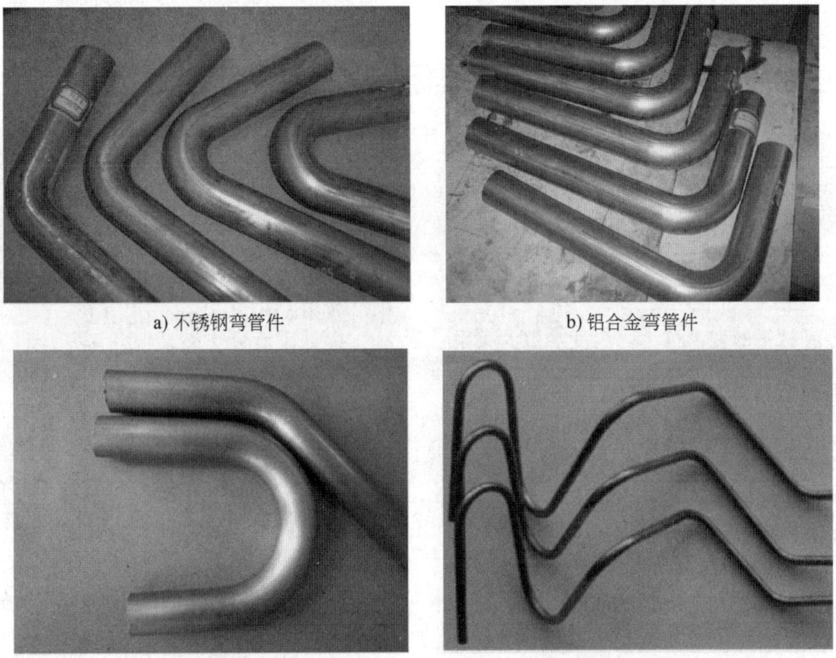

a) 不锈钢弯管件　b) 铝合金弯管件　c) 大直径薄壁纯钛弯管件　d) 高强钛合金弯管件

图 3-2-17　数控弯管样件

2.2　管材特种弯曲方法

2.2.1　局部感应加热无模弯曲

常用的管材冷弯曲成形及其截面形状主要通过模具实现。近年来利用感应加热的无模弯管技术也得到了迅速发展。该种工艺方法不采用模具，仅通过合理地成形与控制必要的温度场参数，通过弯曲机构实现管材的连续弯曲变形。

无模弯曲成形原理如图 3-2-18a 所示，这种方法称为回转式。管坯 2 由送料装置 1 推进，经感应圈 5 对管件进行局部的连续加热，支承辊 3 起送料导向和弯曲支撑作用，摇臂 6 夹紧管件端部，并可绕定心转动。支承辊 3 和摇臂 6 联合作用形成弯曲力矩，使管件弯曲。用冷却装置 4 控制变形区内必要的温度分布（温度场），从而实现仅在局部加热区产生变形的连续弯曲成形。变形区内金属材料的变形抗力与温度参数关系如图 3-2-19 所示。另外一种较实用的无模弯曲方式如图 3-2-18b 所示，称为侧压式。通过调整侧压轮的位置实现不同曲率的弯曲。这种成形方式设备条件较复杂，可用比较完善的自动控制成形。

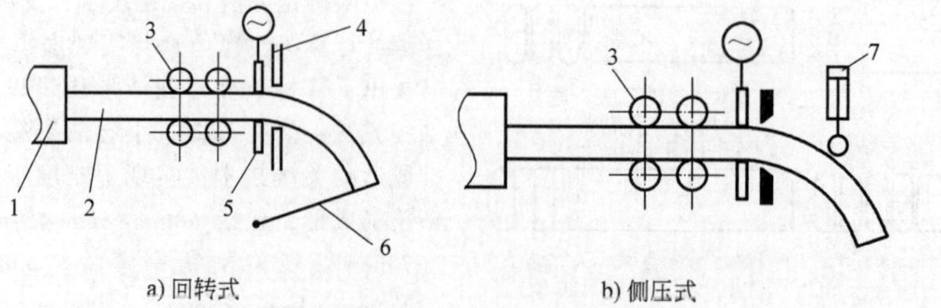

图 3-2-18　中频热推弯管机弯曲成形原理

1—送料装置　2—管坯　3—支承辊　4—冷却装置　5—感应圈　6—摇臂　7—施力装置

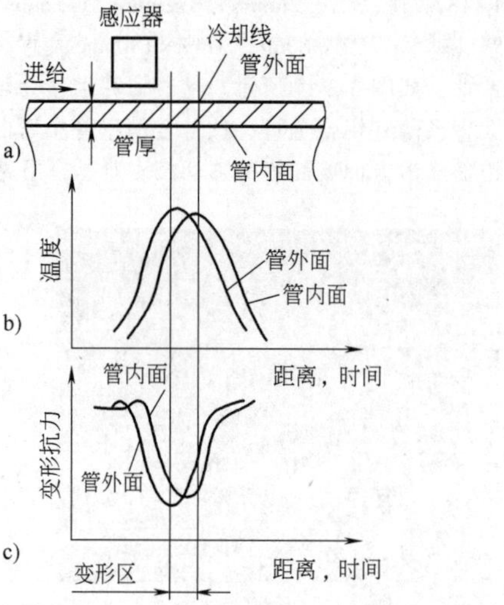

图 3-2-19　金属材料的变形抗力与温度参数的关系

无模弯曲时，虽然有力和弯矩在变形区作用，但并不是直接的外力作用，外力仅作用于强度较高的毛坯常温部分。无论是变形弯矩或轴向压力，都是以分布在整个管材或型材截面上的内力的形式传递，变形区内各个截面的内外表面不受任何外力作用，这就为弯曲成形时截面形状的维持提供了根本的保证。

无模弯曲工艺有其特有的施加外载方式。虽然在材料向前送进的同时，导向辊与夹持部分之间的毛坯全长度上均产生弯曲力矩作用，但是，由于利用加热冷却装置形成的合理温度场，使变形区内金属在弯曲力矩作用下产生局部变形，达到使热区变形、冷区传力的目的。这样就完全避免了其他弯曲方法中，模具直接与坯料接触造成的局部压塌和表面划伤等缺陷。弯曲件截面畸变的控制是使变形区始终保持在足够小的范围内，变形区内坯料的截面形状完全靠与之毗邻的两侧冷端自身截面刚度来维持。实践证明用这种工艺成形的管件，截面畸变极小，可获得绕弯中施加芯轴的效果。

无模弯曲工艺有如下优点：

1）比传统工艺方法（不加填充时）维持弯曲件截面形状能力强，适宜于各种异形管和型材的弯曲，弯曲件截面畸变小，制件尺寸精度（回弹量极小）易于保证。

2）可弯曲曲率半径很小的制件（即可提高管件弯曲成形极限）。

3）工艺确定后生产稳定性易于保证，且可方便实现三维变曲率弯曲。

4）无需模具，易于实现生产柔性化。

无模弯曲原理是使较窄变形区，在被弯曲管件全长方向上逐步推移，使弯曲角度不断累加的弯曲成形过程。成形中处于变形区两端相距极近的常温部分管材，既起到了模具限制变形区内管材截面尺寸增加的作用，同时又可起到对变形区内管材截面尺寸减小的支承作用，类似于常规弯曲中充填和芯轴的效果。

这种成形工艺的关键在于变形区的控制，对于一般碳素钢来讲，变形区温度控制在700~850℃是适宜的，变形区宽度建议取4~6倍管壁厚度，感应线圈与管材间留有适当的间隙，以便解决管材在加热弯曲时顺利通过和提高加热效率间的矛盾。实践和理论分析证明变形区入口端可不采用冷却装置，出口端可采用喷水、喷水雾和喷气等冷却形式，建议采用喷水、喷水雾的形式，这样可实现快速冷却，有利于成形。

基于冷却装置的灵活性，实际生产中还可以通过分别调整变形区宽度和内外侧的温度，来达到控制起皱和避免壁厚减薄发生的目的，具体做法见表3-2-7。

表 3-2-7　起皱和壁厚减薄控制策略

缺陷形式	解决方案
起皱	(1)弯曲内侧加强冷却 (2)提高弯曲外侧温度及高温区宽度 (3)上述(1)与(2)方式并用
壁厚过度减薄	(1)弯曲外侧加强冷却 (2)提高弯曲内侧温度及高温区宽度 (3)上述(1)与(2)方式并用

2.2.2　数控加热弯曲

基于数控弯曲工艺，融入不均匀温度场，形成了目前广泛应用的管材数控加热弯曲成形技术。该工艺中对管材不直接加热，而是通过对与管材接触的部分弯曲成形模具加热，由此来促进管材温度上升。若在压力模、防皱模以及弯曲模上表面开设加热孔和测温孔，若有芯轴支撑时在芯轴尾端开设加热孔和测温孔，在受到温控系统的作用之下可以对电阻加热棒进行充分利用，从而实现加热棒到模具、模具到管材的有效热量传递，具体过程如图 3-2-20 所示。当管材待弯部分的温度达到某一程度时，管材将能够受到局部热力加载的作用，促进数控弯曲成形的实现。这一弯曲成形方式具有很多独特的优势，其中最主要的优势为可大批量生产、精度较高、质量稳定性较高等，可以实现镁合金、大直径薄壁纯钛管、TC4 钛管、高强 TA18 钛管等难变形材料、难成形结构的高质量成形。

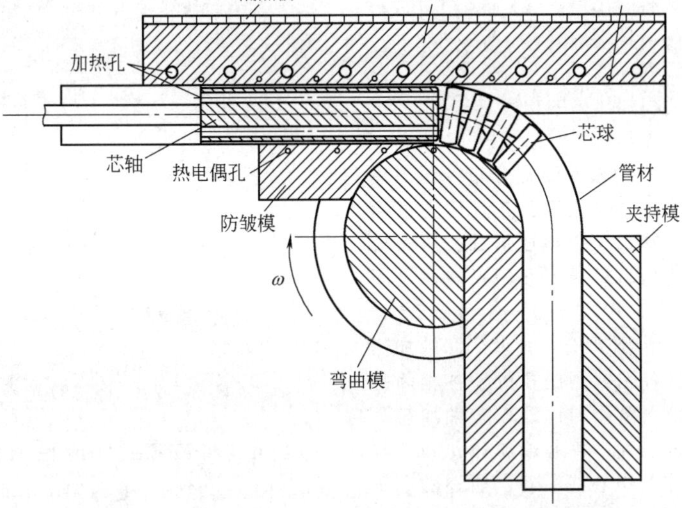

图 3-2-20　管材数控加热弯曲成形方式的基本描述图

为了克服现有技术难以实现大直径薄壁钛管数控热弯成形的不足，提高直径 $D>40$mm 的薄壁钛管弯曲成形质量和成形极限，需采用数控热弯成形技术。本节给出了一种薄壁钛管数控加热弯曲成形模具设计方法。

薄壁钛管数控加热弯曲成形模具如图 3-2-21，包括压力模、夹持模、镶块、弯曲模、防皱模和芯模；所述的芯模包括芯轴和芯球；压力模的一侧表面为凹弧形的压力模成形面，另一侧表面是与机床配合的装配面。具体特征如下：

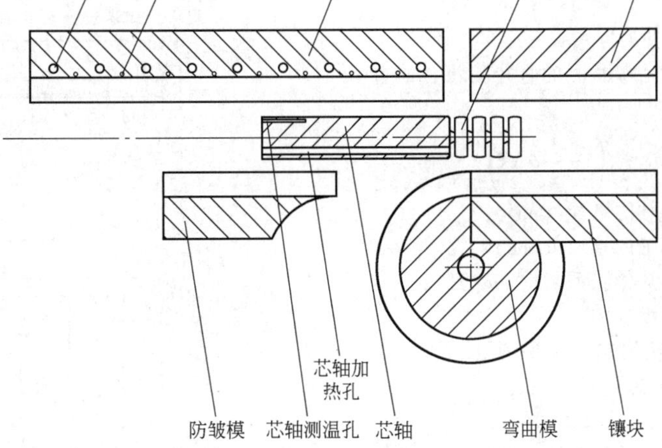

图 3-2-21　热弯模具示意图

1）在压力模的上表面，沿该压力模的长度方向均布多个压力模加热孔，在各相邻的两个压力模加热孔之间有压力模测温孔；压力模加热孔和压力模测温孔的数量根据压力模的质量、加热时间、加热温度及加热棒功率通过式（3-2-2）确定。

$$n_{ph}=\frac{c_p m_p \Delta T}{W_p t_p}$$
$$n_{pt}=n_{ph}-1 \tag{3-2-2}$$

式中 n_{ph}——压力模加热孔的数量（个）；
n_{pt}——压力模测温孔的数量（个）；
c_p——压力模材料的比热容（J/kg·℃）；
m_p——压力模的质量（kg）；
ΔT——升高的温度（℃）；
W_p——单个压力模加热棒的功率（W）；
t_p——压力模的加热时间（s）。

2）压力模加热孔和压力模测温孔分布在压力模的压力模成形面与机床配合面之间，并且压力模测温孔较压力模加热孔更靠近压力模成形面；压力模加热孔的中心线与所述压力模成形面的弧底面之间的距离为 20~50mm。

3）在芯轴的端面上沿圆周均布有多个芯轴加热孔和芯轴测温孔，并且各芯轴测温孔位于各相邻的芯轴加热孔之间；芯轴测温孔的位置较芯轴加热孔的位置更靠近芯轴的外表面；各芯轴加热孔和芯轴测温孔的中心线与芯轴的中心线平行；所述的芯轴加热孔和芯轴测温孔的数量根据芯轴的质量、加热时间、加热温度及加热棒功率通过式（3-2-3）确定。

$$n_{mt}=n_{mh}=\frac{c_m m_m \Delta T}{W_m t_m} \tag{3-2-3}$$

式中 n_{mh}——芯轴加热孔数量（个）；
n_{mt}——芯轴测温孔数量（个）；
c_m——芯轴材料的比热容（J/kg·℃）；
m_m——芯轴的质量（kg）；
ΔT——升高的温度（℃）；
W_m——单个芯轴加热棒的功率（W）；
t_m——芯轴的加热时间（s）。

4）芯轴的直径比室温弯曲时的直径稍小，通过式（3-2-4）确定。

$$d(1-\alpha\Delta T)\leqslant d_h\leqslant d\left(1-\frac{1}{2}\alpha\Delta T\right) \tag{3-2-4}$$

式中 d——室温弯曲芯轴的直径（mm）；
d_h——加热弯曲芯轴的直径（mm）；
α——芯轴材料的热膨胀系数（mm/℃）；
ΔT——为升高的温度（℃）。

压力模加热孔和芯轴加热孔为贯通孔，压力模测温孔和芯轴测温孔为不通孔。

2.2.3 激光弯曲

管材激光弯曲成形工艺过程如图 3-2-22 所示。利用激光束照射加热管材表面，实现管材的加热，使得其内部产生非均匀的热场，从而影响应力应变状态而发生弯曲变形。由于管材激光弯曲成形过程不需要模具，也无接触条件定义，因此生产周期短，工艺柔性大，成形后不易回弹，适用于弯制室温条件下仍然难以发生变形的材料类型。但是，通常来说采用激光弯曲需要达到较高的加热温度，最高时管材变形温度甚至可以达到 1000℃，很容易引起管材出现氧化现象和组织变化，影响其使用性能；激光弯曲的成形角度范围小，单次弯曲角度仅为 0.1°左右，导致其效率低和成本高昂，不适于连续批量生产。

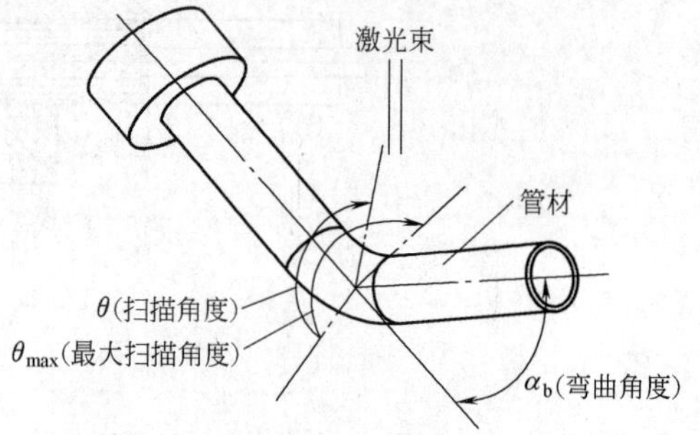

图 3-2-22 管材激光弯曲成形原理

2.2.4 小或零圆角半径弯曲

图 3-2-23 所示是适用于小曲率半径（$R<1.5D_0$）弯曲成形的方法。由管材的一端插入芯轴，防止管件起皱和截面畸变。管材另一端配以压杆，弯曲时在管材轴向施加压力，以减小弯曲外侧的拉应力和拉伸变形，防止管材外部开裂。这种方法成形的管件，弯曲内侧壁厚可达（1.5~2.0）t（t 为管材原始壁厚），弯曲外侧壁厚可基本维持不变。这种弯曲工艺中，芯轴的位置、间隙及轴向压力的大小是控制成形的关键。

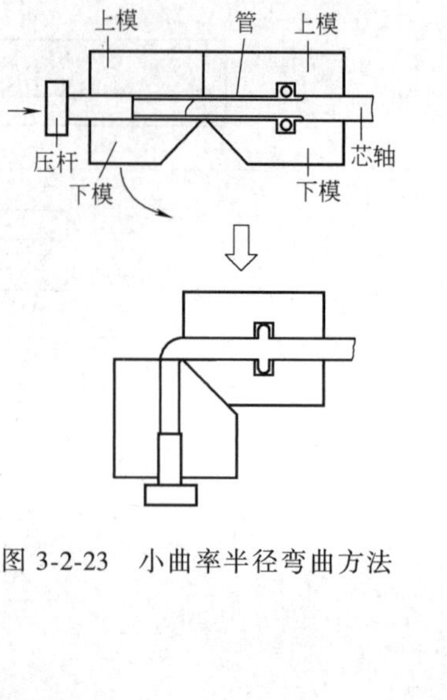

图 3-2-23 小曲率半径弯曲方法

在通常的合金管材的弯曲成形中，使用芯轴或填充技术，可实现曲率半径是管材直径 1~2 倍的弯曲成形，更小曲率半径弯曲时，由于外侧壁开裂、内侧壁起皱及严重的截面畸变，成形无法进行。

与通常的弯曲概念不同，20 世纪 90 年代中后期出现的剪切弯曲技术，改变了原有的成形机理，可弯曲出圆角半径几乎为零的管件。这种成形方法的原理如图 3-2-24 所示，剖分式金属模具限制管径的扩张。成形时上下模具向不同的方向运动，使管材产生剪变形，同时管材内部充压，防止扁塌和起皱，在管材轴向再施加压力，辅助金属流动。Z 形管件弯曲时相邻的变形区产生的是相反的变形，这种变形方式有明显的互相削弱变形强度的作用，受压部分材料容易向受拉部分转移，使成形成为可能。

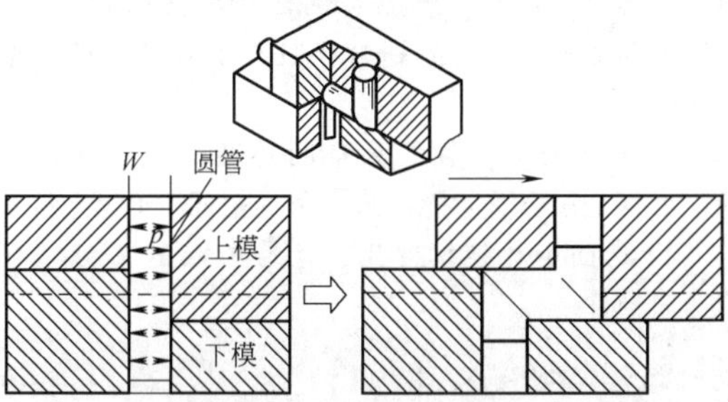

图 3-2-24　剪切弯曲过程

由于薄壁钛管室温变形抗力大、塑性低，室温成形难度较大，因此，管材差温剪切弯曲成形技术为实现极小弯曲半径薄壁钛管的制造提供了新的思路。图 3-2-25 为薄壁钛管差温剪切弯曲成形过程，融合了管材剪切弯曲成形技术和管材不同区域差温控制技术的优势，成形前加热薄壁钛管，提高了难变形材料剪切、弯曲变形的能力；冷却气流降低了管材竖直段传力区的温度，增加了传力区的承载能力，提高了管材弯曲的成形极限。该技术具有高效省力、成本低和提升难变形材料成形性的优点。

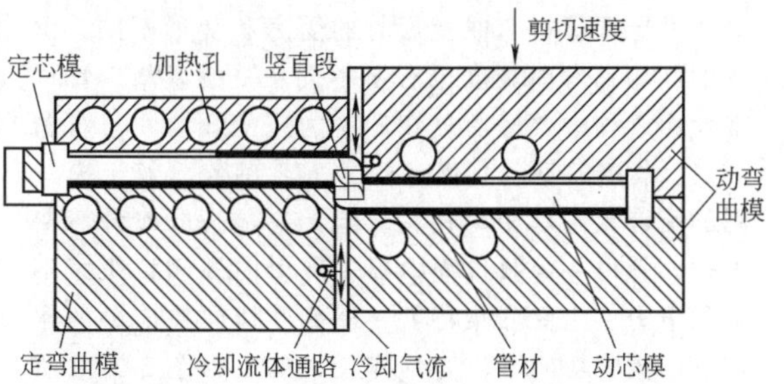

图 3-2-25　薄壁钛管差温剪切弯曲示意图

2.2.5　浮动芯轴扩管弯曲

这种弯曲方法的原理如图 3-2-26 所示，借助于一浮动球形芯轴进行扩管和重新分配材料，而弯矩的施加是借助于推管力和控制轮。如果对控制轮施加平面运动控制与无模弯曲一样，这种工艺可以很方便地实现三维弯曲成形。浮动球对管材有扩径作用，可改变变形区应力状态，重新分配材料，使成形管材壁厚较均匀，截面形状变化小。但浮动球与固定杆间存在较大悬空部分，成形较小曲率半径管件时容易起皱。

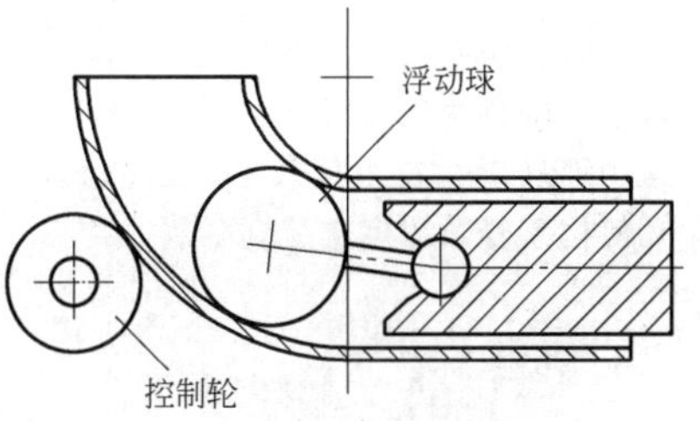

图 3-2-26　浮动芯轴扩管弯曲

2.2.6　自由弯曲

自由弯曲是一种能够实现空间无直段复杂空心弯曲件的三维自由弯曲技术，复杂构件的三维自由弯曲能实现管材、型材、线材在各种弯曲半径条件下的精确无模成形，是一种针对复杂异形截面弯曲件的高效精确制造，具有明显竞争优势的柔性成形工艺。自由弯曲成形技术首次由日本 3 位研究人员 Makoto Murata、Shinji Ohashi、Hideo Suzuki 共同提出，并以 3 人姓氏的首字母组成该技术的名称，所以曾一度称之为 MOS Bending 技术。其自由弯曲成形系统主要分为三轴、五轴和六轴系统。

三轴自由弯曲系统关键部分如图 3-2-27 所示。该系统主要由弯曲模、球面轴承、导向机构和推进机构 4 部分组成，其中弯曲模与球面轴承相接触的球面半径相同。其工艺原理是：管材在推进机构的连续推动作用下依次通过导向机构和弯曲模，在管材通过弯曲模时，球面轴承在 X/Y 平面内做偏心运动，而弯曲模随着球面轴承的偏心运动发生转动，当球面轴承在 X/Y 平面内偏离平衡位置为 u 时，管材在弯曲部位产生偏心距 u，进而实现弯曲成形。

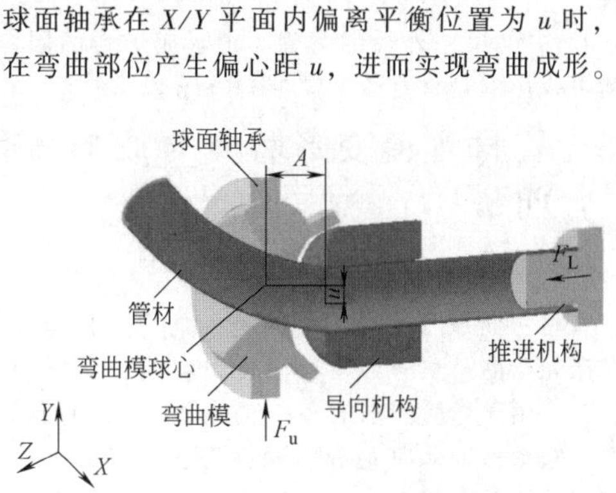

图 3-2-27　三轴自由弯曲系统关键部位示意图

图 3-2-28 为五轴自由弯曲系统。五轴自由弯曲系统基本原理与三轴相同，即通过推进机构轴向送料与弯曲模的平动和转动过程相结合来弯管，而弯曲模的主动运动轨迹则决定了弯管的形状。五轴自由弯曲系统与三轴自由弯曲系统主要差别在于：三轴自由弯曲系统中弯曲模随着球面轴承的运动而运动，其运动自由度受到一定限制，在弯管过程中弯曲模通常无法保持与管材截面的实时垂直，进而导致弯曲后的管材截面畸变程度较大，表面质量较差。同时，由于三轴自由弯曲系统中弯曲模只能随球面轴承的运动而转动，自由度较小，因此其所能弯曲的构件几何构型复杂程度也受到限制。

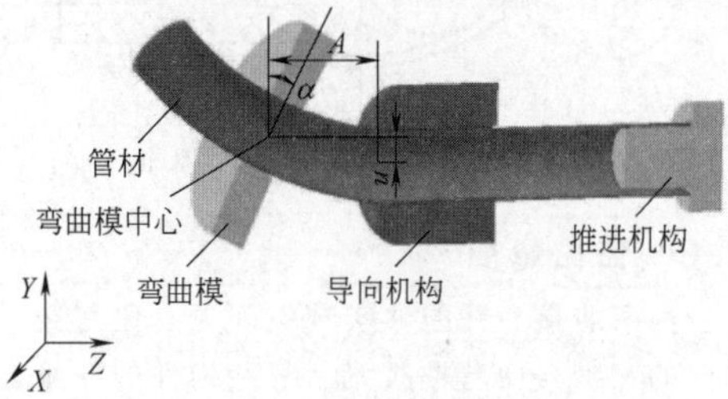

图 3-2-28　五轴自由弯曲系统示意图

图 3-2-29a 为基于并联机器人的六轴自由弯曲系统实物图，图 3-2-29b 为六轴并联机器人运动原理示意图。六轴自由弯曲系统从基本原理上来说与三轴和五轴自由弯曲系统相似，均是通过控制弯曲模的运动轨迹以实现不同形状管材的弯曲。五轴自由弯曲系统中弯曲模运动轨迹的改变通过 4 个伺服电动机对弯曲模的同步驱动来实现，而在六轴自由弯曲系统中，弯曲模运动轨迹的改变则通过并联机器人在各轴的合成运动来实现。通过 Stewart-Gough Platform 并联机构的合成运动，最终实现对弯曲模复杂运动轨迹的控制。同时，六轴自由弯曲系统相对于三轴和五轴自由弯曲系统所具有的一个显著优势还在于其可以实现管材的轴线扭曲弯制，满足更加复杂构型空心构件弯曲成形的要求。

三维自由弯曲成形技术除了能满足常规空心构件的弯曲成形外，特别适合于具有下列特征的弯曲构件的成形：

1）结构复杂、轴线为空间复杂曲线的弯曲构件，如带直段弯管、螺旋形弯管、空间弯管等。

2）弯曲半径连续变化，且最小低至 $2.5D \sim 3D$ 的弯曲构件。

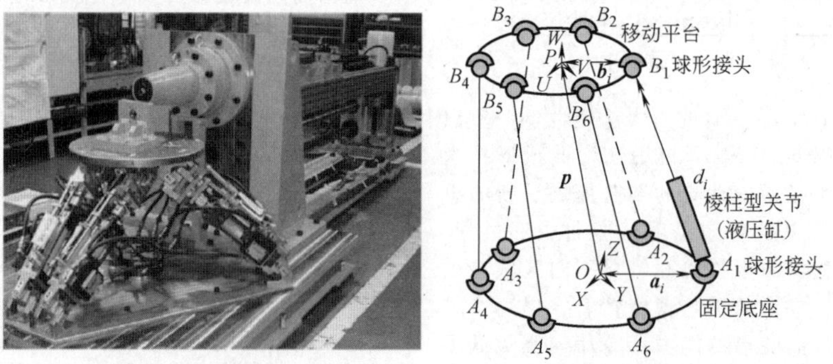

a) 实物图　　b) 原理示意图

图 3-2-29　六轴自由弯曲系统

3）弯曲角度在 0°～360°之间任意变化的弯曲构件。

4）中小尺寸外径的弯管，由于成形力的限制，目前可成形的管材直径一般在 110mm 以下。

2.3　管材弯曲变形特点与成形质量问题

2.3.1　圆管弯曲

管材弯曲成形有辊弯、推弯、压弯、拉弯、热弯、激光弯曲、热应力弯曲、自由弯曲及绕弯等多种方法。由于弯管需求的多样性，管材截面有圆管、扁管、矩形截面和其他异型截面等多种形式，弯管材料涵盖钢管、铝合金管、镁合金管、钛合金管以及复合管等。不同的弯曲方式、不同截面和不同管材具有不同的弯曲加载方式和成形特点，而不同加载条件导致管材弯曲变形时的受力和变形不同，出现的问题和弯曲难度也有所不同。一般说来，管材在弯曲过程中要经历复杂的应力应变场，并与弯曲方式、材料特性、几何参数、工艺参数以及工模具间的配合状态等密切相关。但无论是采取何种弯曲方式，管材在弯曲过程中都表现出内外侧拉压区不均匀应力、应变分布特征，外侧受切向拉应力的作用，内侧受切向压应力的作用，抽象为图 3-2-30 所示的典型应力应变状态。

对于数控弯曲，管材变形是在模具严格配合和协调作用下，通过模具-管材不同部位间动态接触作用完成的，这导致数控弯管拉压变形区应力/应变均呈现不均匀、非对称的特点。由于管材弯曲外侧区域材料受到切向拉应力作用发生拉伸变形，弯曲内侧区域材料受到切向压应力作用发生压缩变形，工艺参数选取不当时，管材极易出现外侧壁厚过度减薄、内侧起皱及严重的截面扁化、回弹等成形质量和成形精度问题，如图 3-2-31 所示。

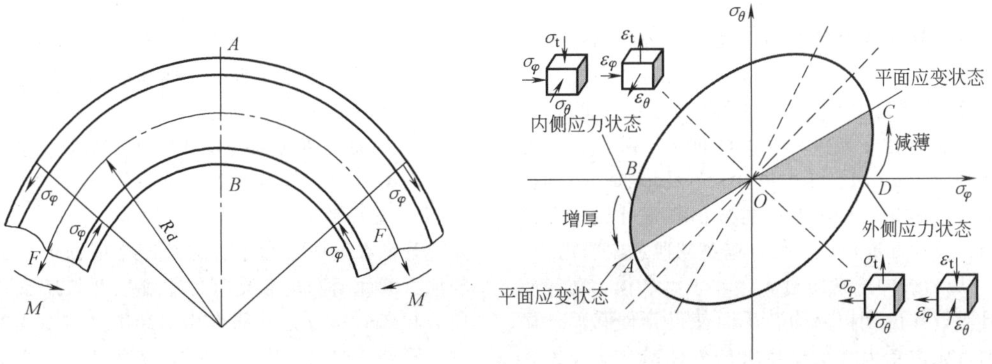

图 3-2-30　管材弯曲变形时典型应力应变分布示意图

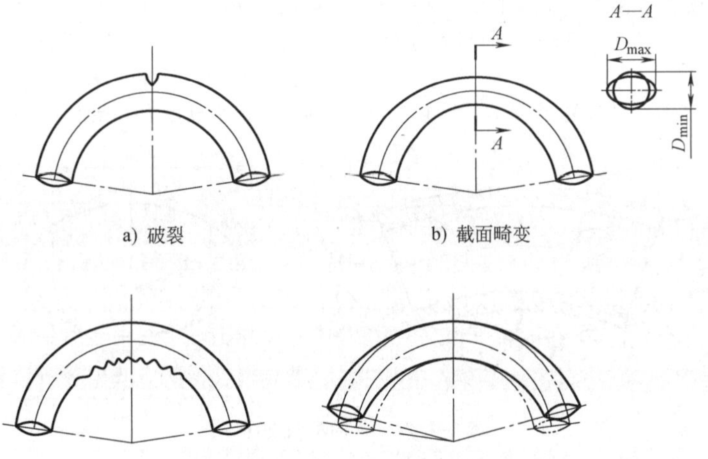

a) 破裂　　b) 截面畸变

c) 起皱　　d) 回弹

图 3-2-31　管材数控弯曲主要成形缺陷

1. 外侧壁厚减薄拉裂

由管件弯曲应力应变状态分析可知，弯曲中性层外侧由于受到切向拉应力作用产生拉伸变形，外层纤维被拉长，壁厚减薄；中性层内侧由于受到切向压应力作用而使壁厚增厚，且位于弯管最内侧和最外侧的管壁壁厚变化最大。管件壁厚的减薄与其弯曲变形程度有关，管件的弯曲变形程度取决于相对弯曲半径 R/D 的大小。相对弯曲半径越小，表示弯曲变形程度越大，中性层外侧纤维单位长度的伸长量也就越大。当变形程度过大时，外侧管壁会因纤维过度伸长而破裂，如图 3-2-32。

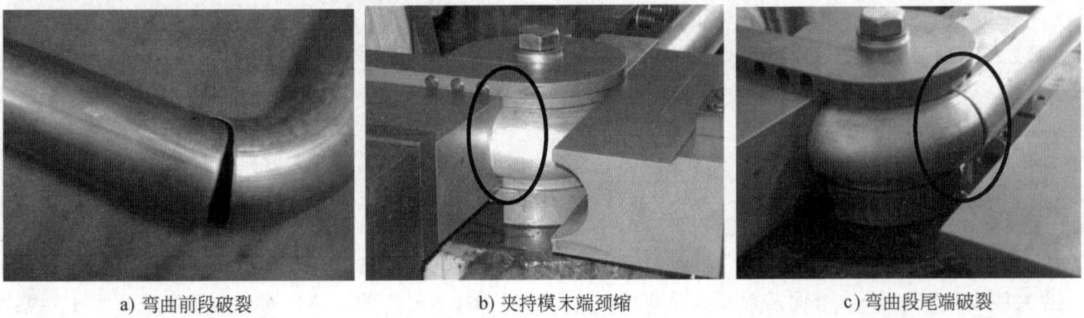

a) 弯曲前段破裂　　b) 夹持模末端颈缩　　c) 弯曲段尾端破裂

图 3-2-32　弯曲前后段破裂

管件壁厚的减薄会降低管件承受内压的能力，影响管件的使用性能。因此，生产中常采取必要措施以控制管壁的减薄率。以铝合金管数控弯曲减薄拉裂为例，介绍数控弯曲过程中的减薄拉裂特征。可能导致管材在数控弯曲中出现管壁破裂的主要原因有：

1）压力模速度与弯曲速度的匹配百分比过小，压力模不能对管件提供足够大的推力，甚至当匹配百分比小于 100%时，压力模对管件的摩擦力方向与弯管成形方向相反，非但不能减小弯管外侧所受的拉应力，反而起反作用，使得壁厚减薄急剧恶化。

2）压力模的压紧力过大，会增大芯模、防皱模等模具对管件的摩擦阻力，反而使得管件圆弧外侧受到的拉应力增大，造成弯管的外侧减薄。压紧力越大，阻力也越大，减薄也越严重。

3）管件与防皱模、芯轴之间润滑不良，使得模具对管件的摩擦阻力加大，进而造成弯曲阻力过大，使得弯管外侧减薄率大。

4）芯轴伸出量过大，增加弯管弯曲成形阻力，从而使得弯管外侧减薄率大。

5）芯轴尺寸太大，管件套入后过紧，增加弯管弯曲成形阻力，使得弯管外侧减薄率大，容易发生拉裂。

6）压力模压力大，但是夹持模压力不够；压力模、夹持模或者管件表面、模具表面摩擦过小，造成打滑断裂。

7）弯曲速度过大，管件发生不均匀变形，也易发生断裂。

2. 截面畸变

管件在弯曲过程中必然会产生截面形状畸变的现象，截面畸变现象是管件中性层两侧所受切向拉应力和切向压应力共同作用的结果。如图 3-2-33 所示，管件弯曲过程中，在弯矩 M 作用下，弯曲变形区中性层外侧受切向拉应力，内侧受切向压应力。外侧切向拉应力的合力 F_1 向下，内侧切向压应力的合力 F_2 向上，二者共同作用使弯曲变形区的截面法向直径减小，横向直径增加，弯管截面形成畸变。通常变形程度越大，截面畸变越严重。

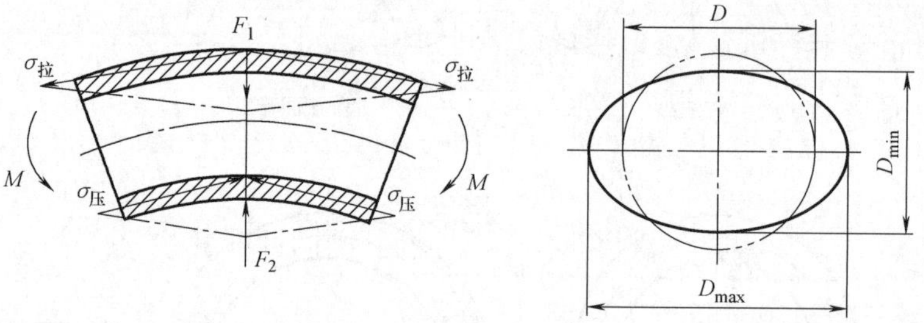

图 3-2-33　截面畸变示意图

以铝合金管数控弯曲截面畸变为例，通过仿真模拟发现，小弯曲半径条件下铝合金薄壁管数控弯曲需要采用带芯球的芯模，且芯球个数至少为 2 个或以上，否则会因为芯模对管件内壁的支撑面不够而出现如图 3-2-34 所示的严重截面畸变甚至截面塌陷。在合理设置芯模尺寸参数和适当调整工艺参数的条件下，纯钛薄壁管材在小半径数控弯曲过程中的截面畸变远远小于 5%，完全满足航空技术标准的技术要求，并与标准要求的截面畸变上限 10%还有较大的安全空间。因而在小弯曲半径条件下，纯钛薄壁管数控弯曲过程中的过度截面畸变的缺陷容易解决。

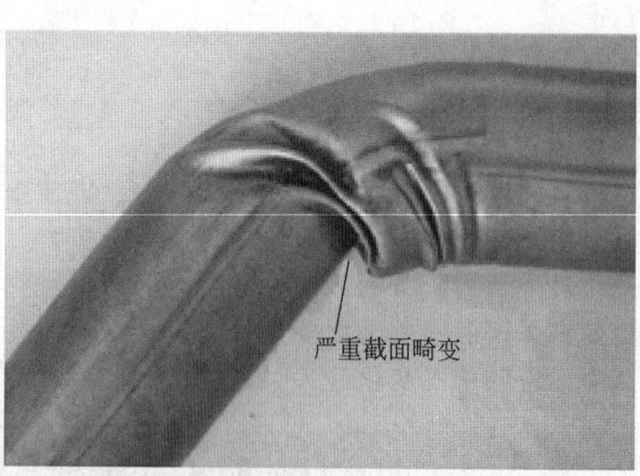

图 3-2-34　严重截面畸变甚至截面塌陷

3. 内侧失稳起皱

对于管材纯弯过程，其起皱现象一旦发生，则发生在弯曲段中央并对称分布（见图 3-2-35）。但如图 3-2-36 所示，在薄壁数控弯管中起皱发生部位表现为多样性，可能发生在直线段、弯曲段、全段（包括直线段和弯曲段）、弯曲段前端以及弯曲段上下侧不对称等多种部位。这正是由于数控弯管多模具约束下导致弯管受力和变形的不均匀导致的。图 3-2-36 所示为数控弯管典型起皱管件。可以看出，起皱波形发生在管材弯曲切点后的直线段和切点前的部分弯曲段，而弯曲段部分则由于与弯曲模内槽和活动芯头接触而被“熨平”，但通过肉眼仍可明显看到起皱发生的痕迹，而在实际弯管过程中观察不到起皱的发生。

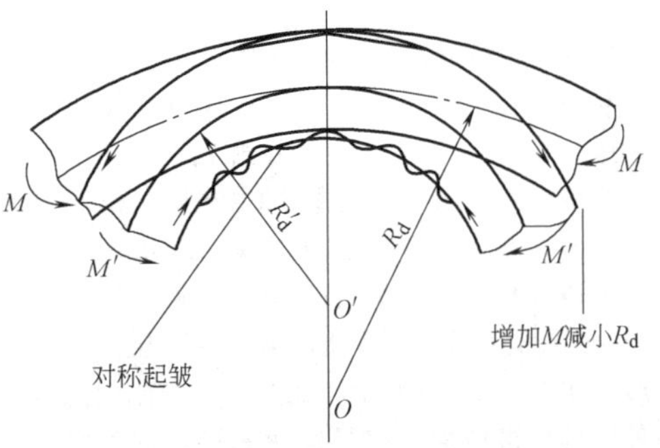

图 3-2-35　纯弯成形起皱特点

以大直径薄壁铝合金管数控弯曲为例，通过实验研究发现，小弯曲半径条件下铝合金薄壁管数控弯曲成形过程中发生的失稳起皱可分为以下 4 种：弯曲段整段起皱、弯曲段中心起皱、弯曲段后端起皱和弯曲段不对称起皱。其中，弯曲段不对称起皱出现概率较大，消除较为困难。

4. 回弹和伸长

弯管时，管的两端受到弯矩 M 和轴向力 F 的作用发生弯曲，如图 3-2-37 所示，在变形区内，管的外侧由于受到拉应力，纵向纤维伸长，管壁变薄，内侧受压，纵向纤维缩短，管壁增厚。由于弯曲时内外区内、外纵向应力方向不一致，因而弹性恢复时方向也相反，即外区受压应力而缩短，内区受拉应力而伸长，弯管内外侧材料回弹效应相互叠加，都是使得弯管角度减小，半径增加，从而使得弯管的回弹相对于别的成形方式更为显著。

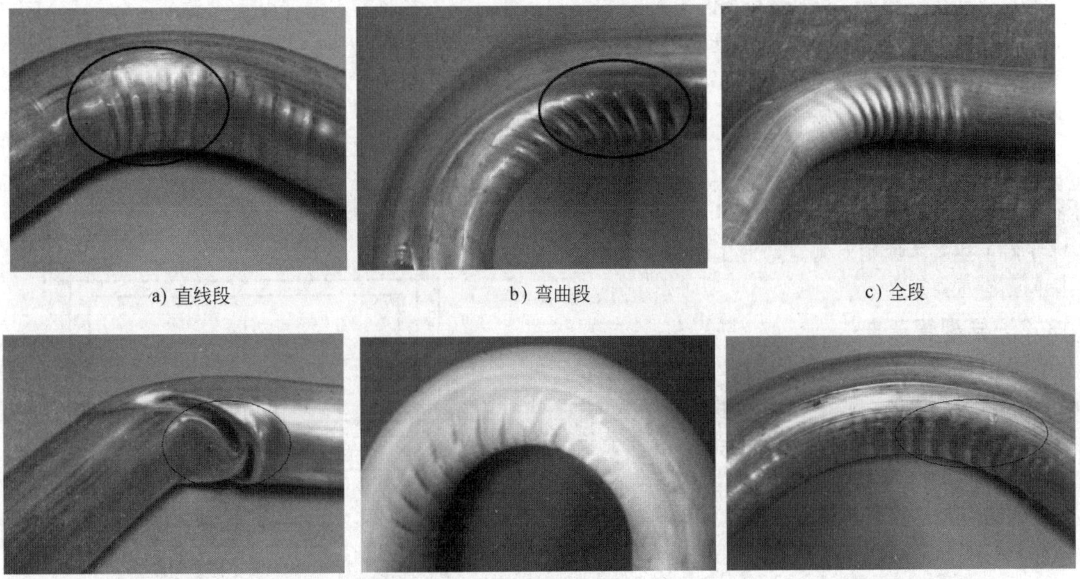

a) 直线段　b) 弯曲段　c) 全段

d) 弯曲前端　e) 弯曲段上半侧　f) 弯曲段下半段

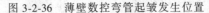

图 3-2-36　薄壁数控弯管起皱发生位置

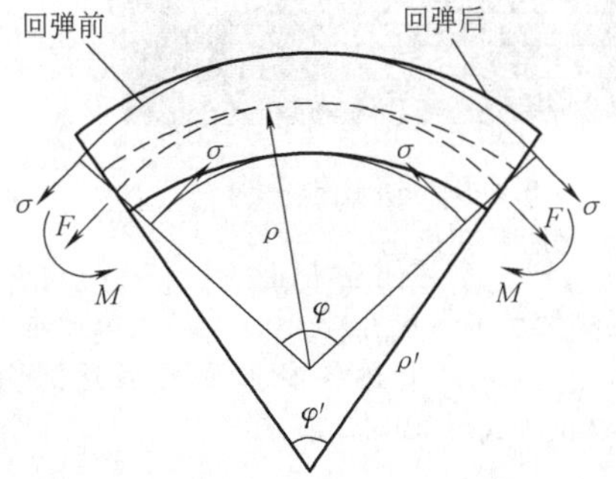

图 3-2-37　管材弯曲段的回弹示意图

管材弯曲过程中，管材弯曲段受到沿切向方向的拉应力作用，变形结束后，管材轴线长度发生一定的伸长，管材轴线长度的增大称为伸长量，如图 3-2-38 所示。管材弯曲伸长量不仅与管材弯曲段有关，还与两端直线段有关。由于材料本身伸长率不是决定变形伸长的唯一因素，还要考虑弯曲变形中的复杂成形参数，因此目前对于管材弯曲伸长的理论解析很少，很难通过理论求解。

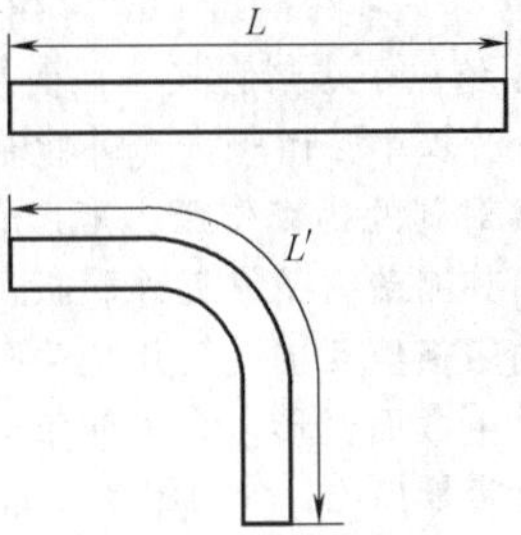

图 3-2-38　伸长率计算方法示意图

回弹和伸长是管件不可避免的问题，回弹和伸长会降低管件装配精度，影响导管的连接。生产中采用回弹和伸长补偿的方法提高管件精度。一般根据经验或理论公式来预测回弹大小，多次试弯后得到弯曲角与回弹角和伸长量的对应关系，再采取补偿回弹和伸长的方法来解决此类问题。

5. 弯曲变形程度与成形极限

管材弯曲时的变形程度可用相对弯曲半径 R/D_0 表示，R/D_0 越小，表示弯曲变形程度越大，成形越困难。管材弯曲的成形极限，一般是用一定相对厚度 t_0/D_0 条件下的最小相对弯曲半径 R/D_0 来表示。它与材料的性质、变形区应力状态、截面畸变要求程度及弯曲方法等许多因素有关，是一个极其复杂的问题。

管材弯曲成形极限，一般应包含以下几方面：

1）弯曲外侧的最大伸长变形不能超过材料所允许的极限值，该值一般需由试验确定；或外侧壁的最大减薄量在设计许可的范围内。

2）弯曲内侧区内所受切向压力，不超过管壁因压力过大而产生失稳起皱所允许的极限值，为防止起皱，生产中常常采用填充措施。

了解上述基本原则对制定弯曲工艺和解决生产实际问题有重要意义。

2.3.2　异型管弯曲

矩形管、双脊矩形管和双层管等异型截面管，在航空、航天、通信、卫星和微波测量等领域中得到了广泛应用。其弯管材料涵盖钢管、铝合金管、铜管等，不同的弯曲方式、不同的管件规格、不同截面形状导致弯曲时易出现截面畸变、起皱、回弹等缺陷。

1. 矩形管弯曲

与圆管相比，矩形管形状不能自支撑且存在更多棱边，在弯曲过程中棱边两侧金属的流动受到限制，这使得矩形管弯曲更易产生缺陷。由于矩形管空心、薄壁的特点（见图 3-2-39）以及在绕弯成形过程中内外腹板切向受到的指向截面中性层的合力，如图 3-2-40a 所示，其弯曲成形极易产生严重的截面变形，如图 3-2-40b 所示。此外，绕弯成形过程需要多种模具严格匹配，如果绕弯成形中约束条件、芯模参数等选取不合理，也会导致弯曲件产生严重的截面变形。当截面变形超过误差允许的范围时，一方面通信设备的电磁传输性能会受到影响；另一方面弯管的强度、刚度等力学性能也会受到严重的影响。随着科技的发展，电子工业和通信领域对矩形波导管弯曲件的电磁传输性能提出了更高的要求，进而对控制矩形管截面变形提出了更高的要求。特别是通信等领域对微波传输通道空间复杂化、功率损耗小和结构紧凑的越来越高的要求，弯管截面形状的精度需不断提高，而控制截面变形已成为提高矩形管弯曲成形精度的关键手段。

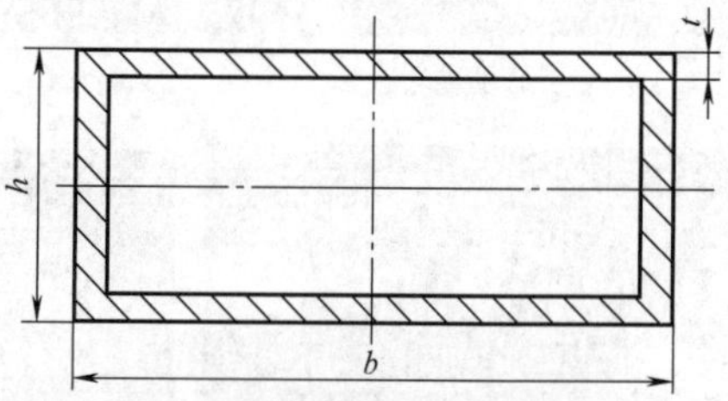

图 3-2-39　矩形管横截面示意图

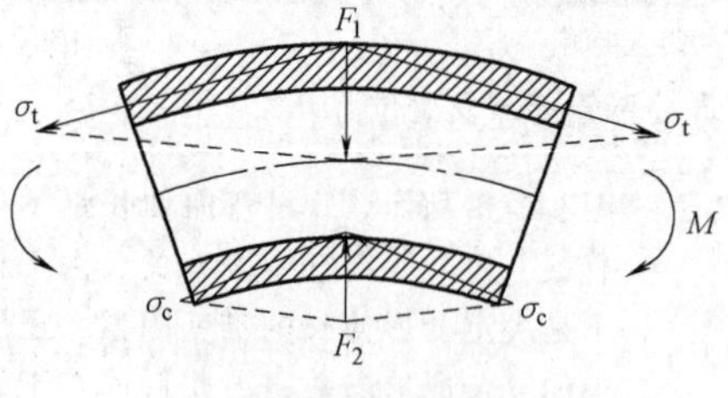

a) 矩形管截面受力示意图

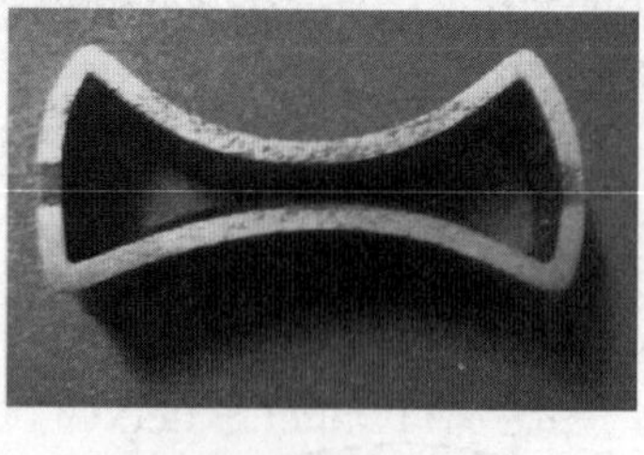

b) 矩形管绕弯截面变形图

图 3-2-40　矩形管绕弯截面受力示意图及变形图

图 3-2-41 给出了矩形管某一截面绕弯前后变形示意图。绕弯过程中，由于内、外腹板所受的切向应力以及模具对其的约束作用，矩形管内、外腹板出现凹陷，而其侧壁由于靠近外腹板侧切向受到拉应力而靠近内腹板侧切向受到压应力的作用而出现鼓形，进而产生截面变形。为了便于对矩形管绕弯截面变形进行定量描述，分别用 δ_{h_i}、δ_{b_i} 表示矩形管截面对应节点间的高度变形率和宽度变形率，最大截面高度变形率用 δ_{hmax} 表示，而最大截面宽度变形率用 δ_{bmax} 表示。上述各变形率的表达式分别如式（3-2-5）~式（3-2-8）所示。

$$\delta_{h_i}=\frac{|h-h_i|}{h}\times 100\% \tag{3-2-5}$$

$$\delta_{b_i}=\frac{|b-b_i|}{b}\times 100\% \tag{3-2-6}$$

$$\delta_{hmax}=\max(\delta_{h_i}) \quad (3\text{-}2\text{-}7)$$

$$\delta_{bmax}=\max(\delta_{b_i}) \quad (3\text{-}2\text{-}8)$$

式中　h、b——分别为变形前矩形管截面的高度和宽度（mm）；

h_i、b_i——分别为变形后矩形管特征截面上某节点处高度和宽度（mm）；定义 $\delta=\max(\delta_{hmax},\delta_{bmax})$ 为矩形管绕弯成形过程的最大截面变形率。

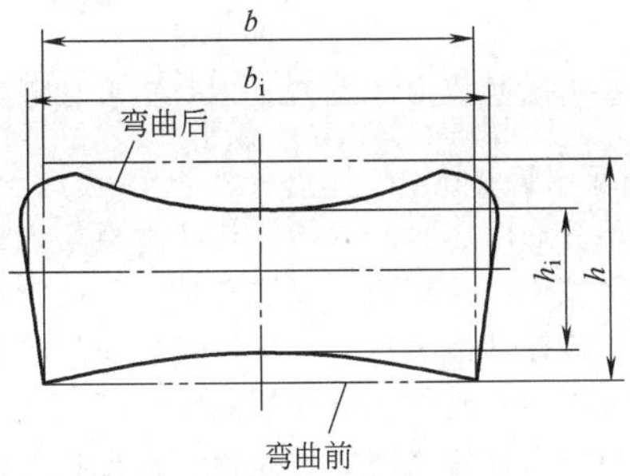

图 3-2-41　矩形弯管某一截面变形前后示意图

由于薄壁矩形管空心、壁薄和弯曲成形特点，使得薄壁矩形管易发生内侧起皱问题，如图 3-2-42 所示。由图可知，内腹板失稳起皱产生的部位表现出了多样性，即：可能发生在弯曲段、弯曲段前端以及弯曲段后端直线段等多种部位。这正是由于薄壁矩形管数控绕弯成形过程中诸多模具没有协同作用和严格配合，而引起其弯曲时受力和变形不均匀所致。弯曲段后端直线段起皱的原因是管坯与防皱块间隙过大所致，这种情况下起皱波纹常常不会向前扩展，保持在这一区域。弯曲前端起皱主要是因为芯轴与管坯摩擦较大或者夹紧力过小导致弯曲过程中管坯打滑所造成的。芯轴与管坯间隙过大则会在整个弯曲变形区起皱。

以上分析表明，薄壁矩形管数控绕弯成形和圆管数控绕弯成形一样容易产生不均匀塑性变形而导致其起皱现象呈现不对称局部分布和多样性特点；除了由于管坯与夹块相对滑动产生的前端失稳起皱外，管坯起皱现象均只发生在弯曲初期，这正是由于薄壁矩形管数控局部渐进弯曲变形机理决定的。

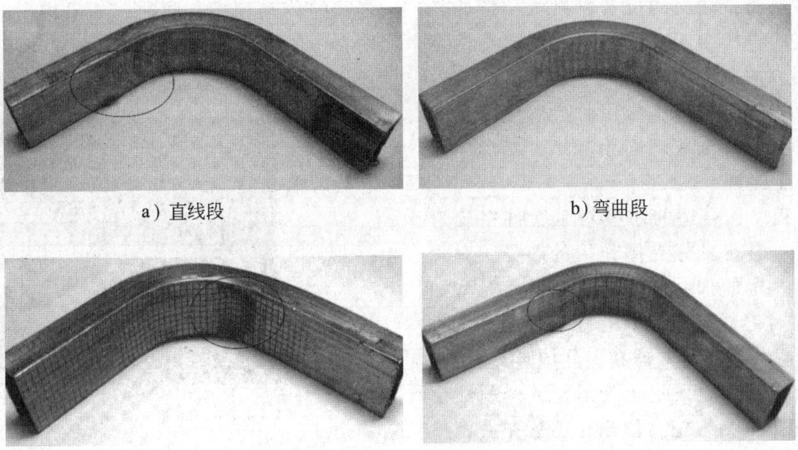

a）直线段　b）弯曲段　c）弯曲前端　d）弯曲后端

图 3-2-42　薄壁矩形管数控弯曲起皱发生位置

2. 双脊矩形管弯曲

双脊矩形管的截面形状与矩形管类似，区别仅在于管坯双侧宽面上脊槽的存在。根据矩形管沿不同面弯曲成形时弯曲结构形式的定义，双脊矩形管弯曲时的基本结构方式可以分为如图 3-2-43 所示的 E 型弯曲和 H 型弯曲两种形式。E 弯时管件沿宽面弯曲，脊槽位于管坯内外腹板上，弯曲所需力矩较小；H 弯时管件沿窄面弯曲，脊槽位于双侧侧壁上，弯曲所需力矩较大。

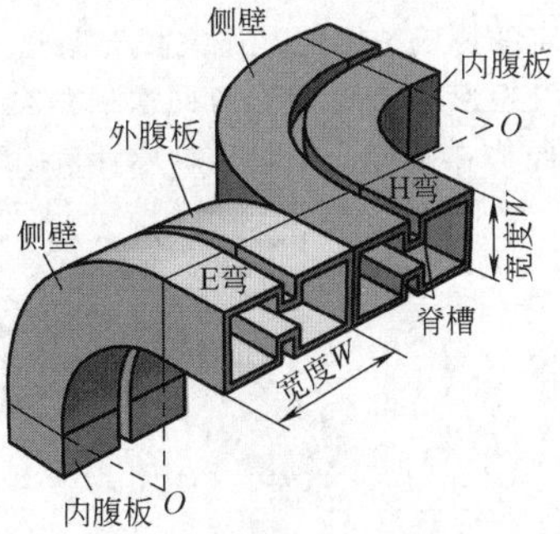

图 3-2-43　双脊矩形管 E 弯和 H 弯示意图

由于双脊矩形管截面形状复杂，存在两个脊槽，从而使得双脊矩形管在 E 弯过程中存在较多棱边以及面内和面外弯曲。棱边两侧金属的流动在弯曲过程中受到限制，使双脊矩形管弯曲后的变形行为比较复杂；双脊矩形管内外腹板以及脊底部属于面外弯曲，在切应力的合力的作用下发生凹陷；双脊矩形管侧壁属于面内弯曲，由于受到双脊矩形管内外腹板的约束作用，在弯曲过程中双脊矩形管侧壁外凸；由于脊槽尺寸小，在与双脊矩形管腹板的协调作用下，外脊槽出现外扩，内脊槽则产生内缩。总而言之，在 E 弯成形过程中双脊矩形管的截面变形表现为双脊矩形管内外腹板和脊底部凹陷，双脊矩形管侧壁外凸，外脊槽外扩，内脊槽内缩。其中，脊槽部位变形尤其严重，如图 3-2-44 所示。

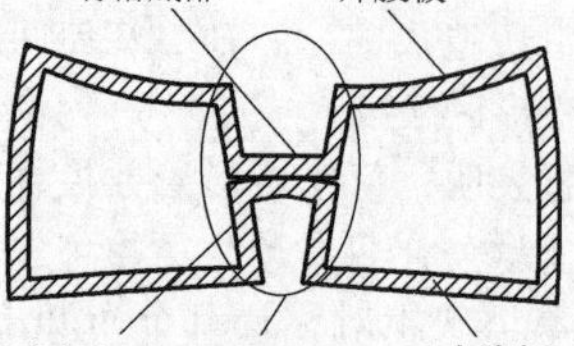

图 3-2-44　截面变形示意图

双脊矩形管 H 弯时，管坯内外腹板属于面外弯曲，侧壁属面内弯曲，截面的抗弯刚度大，弯曲较为困难。侧壁上的脊槽由于尺寸较小，难以在绕弯模具上加工出相应的凸台，因此得不到模具的有效支撑，当受到管坯侧壁的挤压作用时会发生严重的内缩变形，同时双侧脊槽底部间距减小，变形严重时底部甚至会发生接触。

E 弯成形过程中，合适的芯模对于管件精确弯曲成形非常重要，具有良好支撑作用的芯模，对管件的截面变形有一定的抑制作用。考虑引入新型的可变形的 PVC 弹性芯模填充在双脊矩形管内部，对管件整体提供支撑作用。但考虑在实际成形过程中，PVC 芯模在弯曲过程中也发生了变形，致使刚性模具移除后 PVC 芯模不易被施力取出，仍留在弯管件内，此时芯模与管坯发生同步回弹；随后将 PVC 芯模移除后，管坯自身仍会再次回弹，上述过程即为采用 PVC 芯模弯曲成形全过程中的两次回弹。在回弹过程中，弹性芯模自身的弹复变形对管件截面变形也有一定的影响。因此，研究填充新型 PVC 材料芯模的双脊矩形管 E 弯成形与两次回弹全过程的截面变形已经势在必行，是双脊矩形管精确弯曲成形技术研究和发展中亟待解决的关键问题。

图 3-2-45 所示即为填充 PVC 芯模的双脊矩形管弯曲后管件实验结果。从图中可以看出：实验得到的弯管件都没有产生明显的截面变形缺陷，成形质量良好。

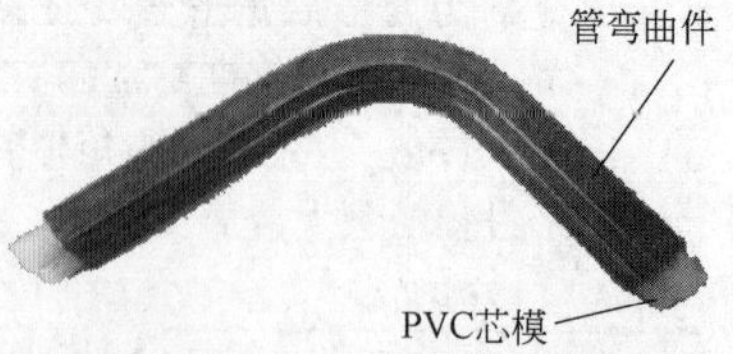

图 3-2-45　填充 PVC 芯模的双脊矩形管弯曲件

3. 双层管弯曲

双层管如图 3-2-46 所示，其结构主要内外层管件和中间填充物质组成。双层管件，其内管承担主要的介质传输功能及压力，内外管的间隙起着隔热或防泄漏功能，改善管道外部的整体环境温度。填充介质作为内外管之间的支撑物，自身具备优异的耐高温能力，能保证内外管的间隙，并降低内外管之间的传热速率。同时，如果内管发生破裂泄漏，内管中的燃油等传输介质不会立即污染到外部构件，增加了管路系统安全性。

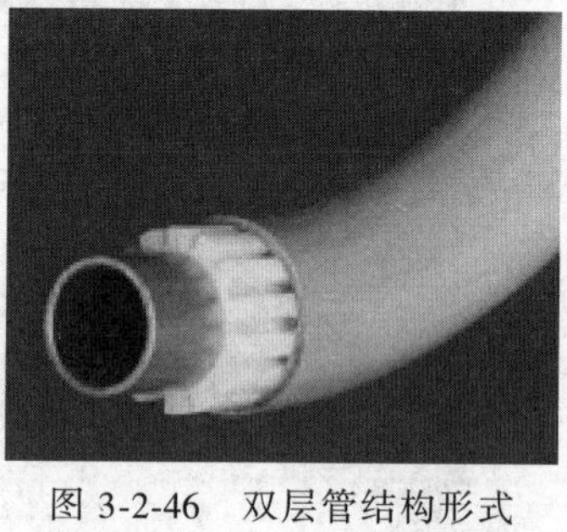
图 3-2-46　双层管结构形式

双层管数控弯曲精确成形需要多种模具协同作用和严格配合，是一个多因素多约束多界面交互多因素条件下的复杂成形过程，同时内外管件有着不同的壁厚因子、相对弯曲半径和边界约束条件，故内外管件及填充介质的不均匀变形行为复杂且成形精度难以控制，容易出现截面畸变、起皱、回弹、偏心错移（见图 3-2-47）和填充介质畸变等缺陷。

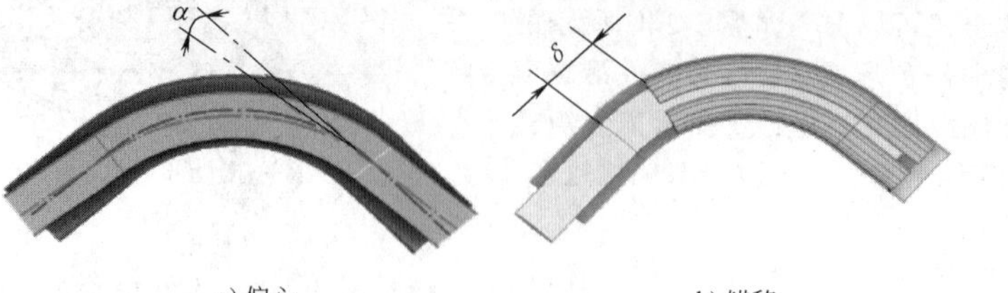

a) 偏心　　b) 错移

图 3-2-47　成形缺陷

通过选用聚四氟乙烯（PTFE）等高分子填充材料，可以有效控制截面畸变，如图 3-2-48 所示。

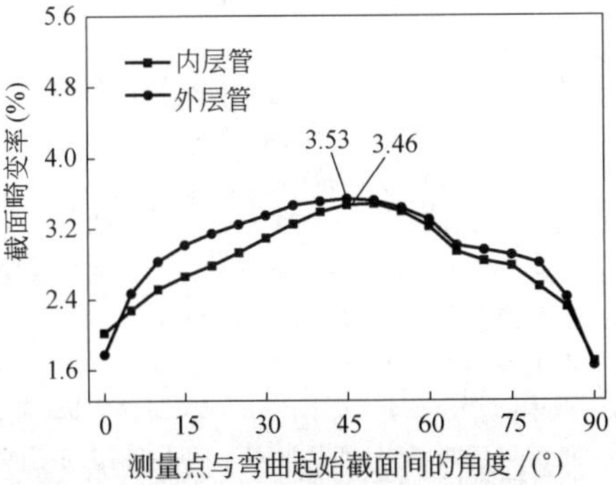

图 3-2-48　PTFE 材料填充介质

双层管弯曲后还需考虑内外两管的同轴度。同轴度是影响双层管弯曲成形质量的重要因素，对于双层管性能的高低起着非常重要的作用。

在同一横截面上，内外管轴线到弯曲中心的距离 ρ 由管材内、外脊线点到弯曲中心 R_0 的平均距离确定。设弯曲前内外管轴向重合，即外管轴线到弯曲中心的距离等于内管轴线到弯曲中心的距离。设弯曲后外管轴线到弯曲中心的距离为 ρ_1，内管轴线到弯曲中心的距离为 ρ_2，弯曲后内外管轴线将不再重合，用弯曲后 ρ_1 与 ρ_2 的差值 $\Delta\rho$ 表示同轴度，如图 3-2-49 所示，$\Delta\rho$ 越小，则同轴度越高。同轴度的计算方法如式（3-2-9）。

$$\Delta\rho = |\rho_1 - \rho_2| \tag{3-2-9}$$

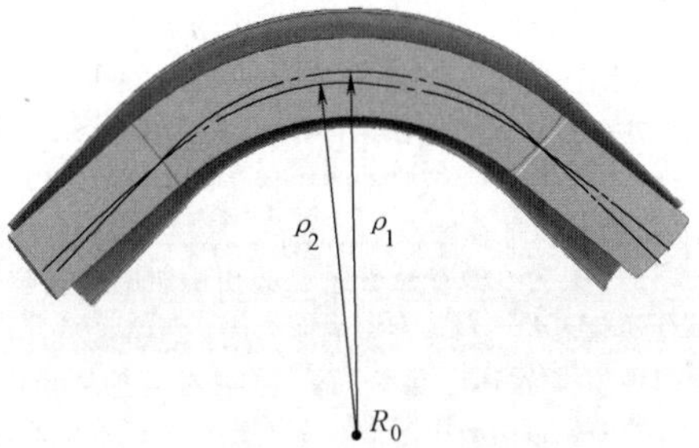

图 3-2-49　双层管弯曲同轴度

在管材弯曲段每隔 5°过弯曲中心作横截面，获取不同材料填充介质填充时双壁间隙管内弯管的同轴度，结果如图 3-2-50 所示。PTFE 材料作为填充介质时，比聚氯乙烯（PVC）作为填充介质，可以更有效控制同轴度。

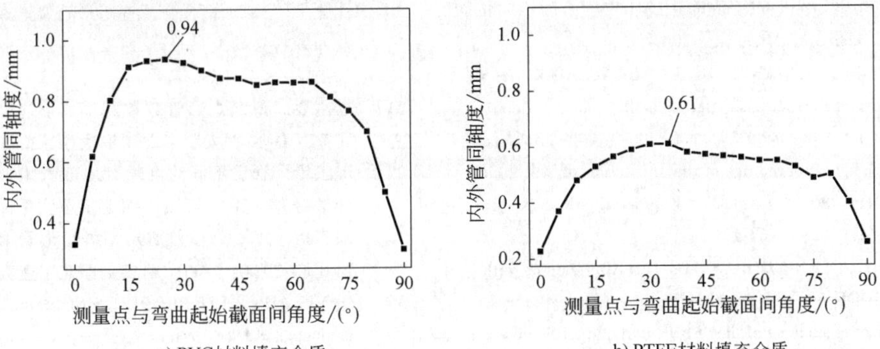

a) PVC材料填充介质　　b) PTFE材料填充介质

图 3-2-50　内外管同轴度

参考文献

[1] YANG H, LI H, ZHANG Z, et al. Advances and Trends on Tube Bending Forming Technologies [J]. 中国航空学报（英文版），2012, 25 (1): 1-12.

[2] 李硕本. 冲压工艺学 [M]. 北京：机械工业出版社，1982.

[3] 王同海. 管材塑性加工技术 [M]. 北京：机械工业出版社，1998.

[4] LI H, YANG H, ZHAN M, et al. Role of mandrel in NC precision bending process of thin-walled tube [J]. International Journal of Machine Tools and Manufacture, 2007, 47 (7): 1164-1175.

[5] 金国明. 弯管芯棒的选取和使用 [J]. 锻压技术，1999, 24 (2): 33-35.

[6] GILLANDERS J. Pipe and tube bending manual [M]. Gulf Pub. Co, 1984: 16-61, 87-99.

[7] LI H, MA J, LIU B Y, et al. An insight into neutral layer shifting in tube bending [J]. International Journal of Machine Tools & Manufacture, 2017, 126 (11): 51-70.

[8] LI H, YANG H, ZHANG Z. 5. 16-Hot Tube-Forming [J]. Comprehensive Materials Processing, 2014, 10 (4): 321-350.

[9] WU W Y, ZHANG P, ZENG X. Bendability of the wrought magnesium alloy AM30 tubes using a rotary draw bender [J]. Materials Science and Engineering: A. 2008, 486 (1): 596-601.

[10] 张志勇. 大直径薄壁纯钛管数控热弯变形行为研究 [D]. 西安：西北工业大学. 2014: 1-24.

[11] 陶智君. 大直径薄壁 TC4 钛管数控温热弯曲成形性研究 [D]. 西安: 西北工业大学, 2017: 2-10.

[12] 杨合, 张志勇, 李恒, 等. 大直径薄壁纯钛管数控加热弯曲成形模具及成形方法: CN102527848A [P]. 2012-07-04.

[13] 杨合, 李恒, 杨恒, 等. 一种钛管数控差温加热弯曲成形模具及方法: CN105537342A [P]. 2016-05-04.

[14] LI W C, YAO Y L. Laser bending of tubes: mechanism, analysis, and prediction [J]. Journal of Manufacturing Science & Engineering. 2001, 123 (4): 674-681.

[15] 闫晶, 吴为. 薄壁钛管差温剪切弯曲减薄及扁化特性实验研究 [J]. 精密成形工程, 2016 (2): 1-7.

[16] 郭训忠, 马燕楠, 徐勇, 等. 三维自由弯曲成形技术及在航空制造业中的潜在应用 [J]. 航空制造技术, 2016, 518 (23): 16-24.

[17] MURATA M, KUBOKI T. CNC Tube Forming Method for Manufacturing Flexibly and 3-Dimensionally Bent Tubes [M] //60 Excellent Inventions in Metal Forming. Springer Berlin Heidelberg, 2015: 363-368.

[18] GANTNERP, BAUERH, GANTNER P, et al. FEA-simulation of bending processes with LS-DYNA [C] // Proceedings of 8th International LS-DYNA Users Conference. Dearborn, Michigan, 2004.

[19] GANTNERP P, HARRISON D K, SILVA A K D, et al. The development of a simulation model and the determination of the die control data for the free-bending technique [J]. Proceedings of the Institution of Mechanical Engineers Part B Journal of Engineering Manufacture, 2007, 221 (2): 163-171.

[20] GOTO H, ICHIRYU K, SAITO H. Applications with a new 6-DOF bending machine in tube forming processes [C] //Proceedings of the JFPS International Symposium on Fluid Power. Tokyo, 2008: 183-188.

[21] 鄂大辛, 周大军. 金属管材弯曲理论及成形缺陷分析 [M]. 北京: 北京理工大学出版社, 2016.

[22] 李恒. 多模约束下薄壁管数控弯曲成形过程失稳起皱行为研究 [D]. 西安: 西北工业大学, 2007: 3-4, 26-63, 159-160.

[23] YAN J, YANG H. Forming limits under multi-index constraints in NC bending of aluminum alloy thin-walled tubes with large diameters [J]. Science China Technological Sciences, 2010, 53 (2): 326-342.

[24] 闫晶. 铝合金大直径薄壁管数控弯曲成形规律研究 [D]. 西安: 西北工业大学. 2010: 62-87.

[25] LI H, YANG H, YAN J, et al. Numerical study on deformation behaviors of thin-walled tube NC bending with large diameter and small bending radius [J]. Computational Materials Science, 2009, 45: 921-934.

[26] 宋飞飞. 高强 TA18 钛管数控连续整体多弯成形精度研究 [D]. 西安: 西北工业大学, 2013.

[27] 田玉丽. 6061-T4 薄壁铝管数控弯曲壁厚减薄和回弹规律研究 [D]. 西安: 西北工业大学, 2012: 10-24.

[28] 国防科学技术委员会. 中华人民共和国航空行业标准导管弯曲半径: HB-4-55-2002 [S]. 2003.

[29] 董洁. 矩形管绕弯截面变形对材料参数的敏感性研究 [D]. 西安: 西北工业大学, 2016: 4-35.

[30] 沈化文. 3A21 铝合金薄壁矩形管绕弯成形截面变形及回弹特性研究 [D]. 西安: 西北工业大学, 2013: 10-24.

[31] 赵刚要. 薄壁矩形管数控绕弯成形起皱及成形极限研究 [D]. 西安: 西北工业大学, 2010: 2-35.

[32] 陈玉珍. 脊受不同约束时 H96 双脊矩形管 E 弯截面变形研究 [D]. 西安: 西北工业大学, 2017: 2-20.

[33] 刘春梅. PVC 芯模对 H96 双脊矩形管 E 弯全过程截面变形的影响 [D]. 西安: 西北工业大学, 2015.

[34] DAVIS AIRCRAFT PRODUCTS CO. Inc. Davis aircraft products and Davis restraint systems are certified FAA repair stations [Z/OL]. http: //www.davisaircraftproducts.Com/products/wolfbend-double-wall-tube-system.html.

第3章

型材弯曲

北京航空航天大学　李小强　金朝海　周贤宾　李东升

型材指经塑性加工成形的具有一定断面形状和尺寸的直条金属。型材按生产方式可以分为热轧型材、冷弯型材、冷轧型材、冷拔型材、挤压型材、锻压型材、热弯型钢、焊接型材及特殊轧制型材等。

3.1　型材常用弯曲成形方法

目前生产中，常见的型材弯曲方法有以下几种：压弯、滚弯、拉弯和绕弯，且以滚弯和拉弯最为常用。本章将重点探讨型材滚弯和拉弯成形工艺。

3.1.1　压弯成形

1. 压弯成形特点及适用范围

在压力加工机床上利用弯曲模对型材进行弯曲成形的工艺方法，称为压弯成形，如图 3-3-1 所示。为提高压弯成形件的质量，压弯模具中常采用带摆动装置的凹模。压弯工艺最大的优点在于其简单易行，无须特殊的成形设备，设备和模具的投资较小，生产率高。但压弯成形件的精度一般较差，常常在弯曲部位产生严重的塌瘪，且回弹不易控制。这种方法一般用于形状简单的短小零件和壁厚较大的型材的平面弯曲，弯曲角不易过大，通常不超过 120°。

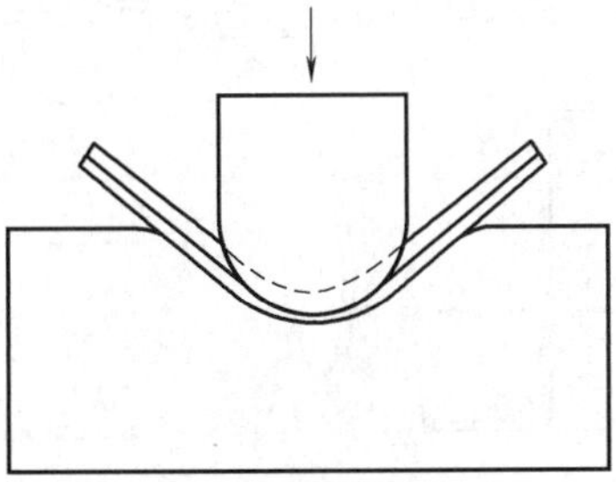

图 3-3-1　压弯

2. 压弯成形技术要点

铝合金型材一般是在退火状态压弯成形，在新淬火状态下进行校形。塑性差的材料（如镁合金、钛合金）可在加热状态下压弯成形。为使压弯过程中型材与弯曲模贴合良好，需采取下列工艺措施：

（1）预成形　预成形一般采取手工成形，先将型材敲出初步的弧度和角度。

（2）中间热处理　对一些弯曲半径小于 3mm 的铝合金型材零件，在退火状态仍不能达到最终成形要求时，可通过中间热处理以消除冷作硬化后继续进行弯曲，直到符合要求。

（3）使用特型弯曲模　所谓特型弯曲模是指带有顶板的专用弯曲模。使用这种弯曲模能保证零件各部分间相互位置更精确，因此，对准确度要求较高的型材零件，应采用这种模具，如图 3-3-2。

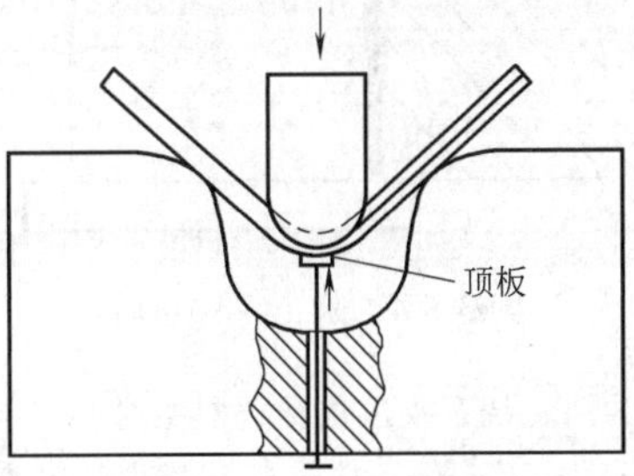

图 3-3-2　带有顶板的弯曲模

3.1.2　绕弯成形

1. 绕弯成形特点及适用范围

绕弯是指用侧压轮或者侧压块将型材压住，绕着弯曲模逐渐弯曲成形的过程，如图 3-3-3 所示。型材由夹紧滑块压紧在可转动的弯曲模具上，在模具旋转和随动侧压块的共同作用下实现型材的弯曲成形。采用这种方式进行绕弯时，可在型材的尾部施加拉力，成为有拉力作用下的绕弯，控制轴向拉力可有效避免内侧壁的起皱和减小成形后的回弹，因此可实现较小曲率半径型材的弯曲成形。当在垂直弯曲平面的方向施加上下导向时，还可进行三维弯曲成形。绕弯工艺还有一种方式是型材由夹紧模或夹紧滑块压紧在固定不动的弯曲模具上，通过回转模或活动压块围绕弯曲模回转，实现型材的弯曲成形。这种方法生产效率高，弯曲角可达到 180°左右。

但弯曲半径不易太小，否则弯曲件内侧面可能产生皱褶。

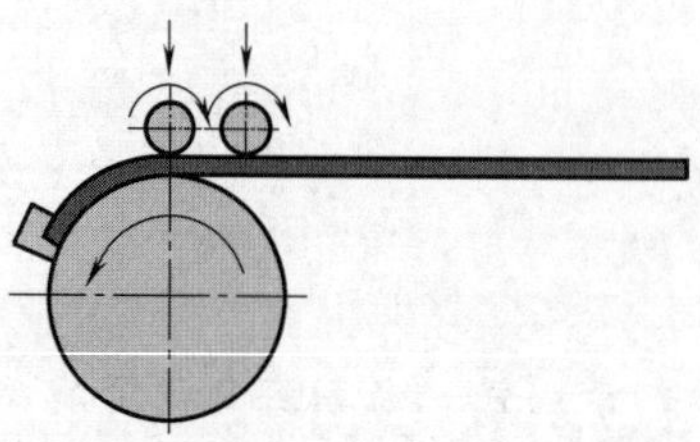

图 3-3-3 绕弯

2. 绕弯模设计要求

1）截面与被绕弯型材截面相符合。

2）对于截面复杂和绕弯包角大于 180°的绕弯模，模具应设计为可拆卸结构。

3）模具材料选用铸铁、铸铝、钢等材料。

4）不对称型材的绕弯容易出现扭转现象，在模具设计上应采用限制零件扭转的装置，如图 3-3-4 所示。

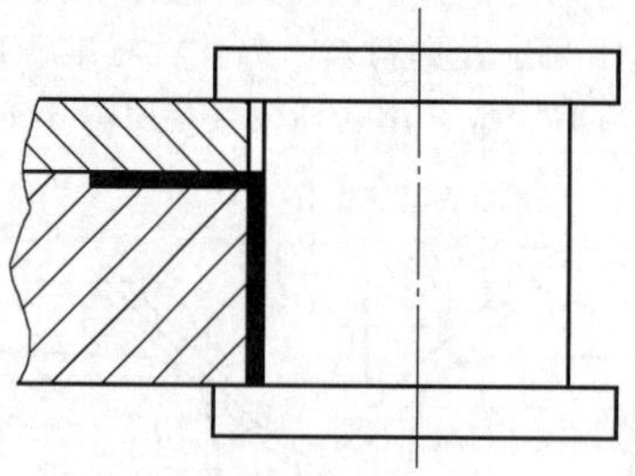

图 3-3-4 防止零件扭转

5）为防止绕弯收边角材、槽型材缘条与腹板之间出现塌肩现象，在设计绕弯模垫板尺寸时应考虑使腹板得到可靠的支撑，如图 3-3-5 所示。

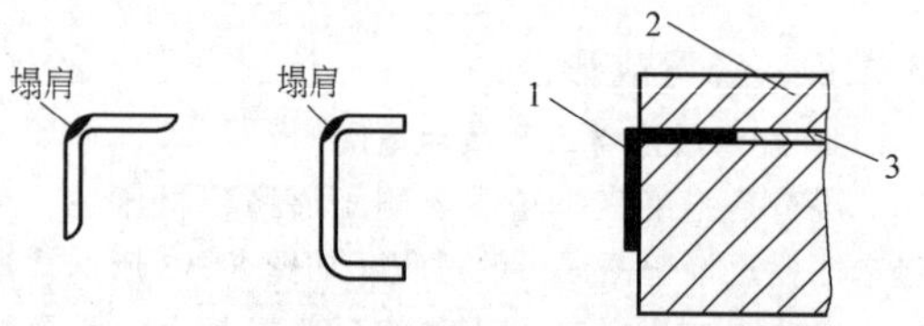

图 3-3-5 绕弯成形中出现的塌肩及避免措施

1—零件 2—绕弯模 3—垫板

3.1.3 滚弯成形

1. 滚弯成形特点及适用范围

型材在滚轮或滚轴的压力和摩擦力作用下，向前推进并产生弯曲变形的成形过程称为滚弯。滚弯按滚轮的个数和布置方式分为三轮滚弯、四轮滚弯和多轮滚弯，如图 3-3-7 所示。以三轮滚弯成形为例，型材置于弯曲滚轮之间，主动滚轮带动型材送进，弯曲力矩可以随着滚轮之间的距离而变化，型材的曲率半径主要取决于上滚轮与两个下滚轮的垂直中心距和两个下滚轮之间的水平距离。滚弯成形通用性好，回弹量可以通过逐次调整弯曲轮的位置而补偿。四轮滚弯因为能够支持型材的下部，因此可以提高型材截面形状的准确度。

滚弯成形适用于曲率半径较大、截面形状简单的型材零件的成形，尤其是等曲率、对称截面型材的成形。滚弯成形的优点是设备简单，不需要制作专用模具，具有柔性制造的特点；缺点是型材两端部不能弯曲成形，原因与板料滚弯类似，弯曲滚轮与导轮之间有一定的水平中心距，导致型材的两端保留直线段。

通过调整机床，缩短弯曲滚轮的中心距，或几个零件合并起来滚弯而后分开，可以缩短两端直线段的距离。

另外，工件在成形中，内壁容易起皱失稳。截面也容易产生畸变，工件的剖面角度会发生改变，其原因是滚弯机导轮以外的变形区缘条上表面没有受任何约束，弯曲滚轮对型材作用力的合力不通过弯曲中心。处理该问题的方法之一是采用六轮滚弯机进行滚弯，斜扭问题解决了，剖面的角度也就保持不变。但弯曲非对称截面型材时，仍容易在弯曲平面内出现扭曲变形。

2. 典型零件工艺过程分析

零件材料：铝合金

材料型号：7075-O

型材厚度：1.27mm

型材毛坯件长度：7000.0mm

滚弯成形后弯曲半径的尺寸公差：±0.76mm

零件的截面尺寸及滚弯成形形状如图 3-3-6 所示。

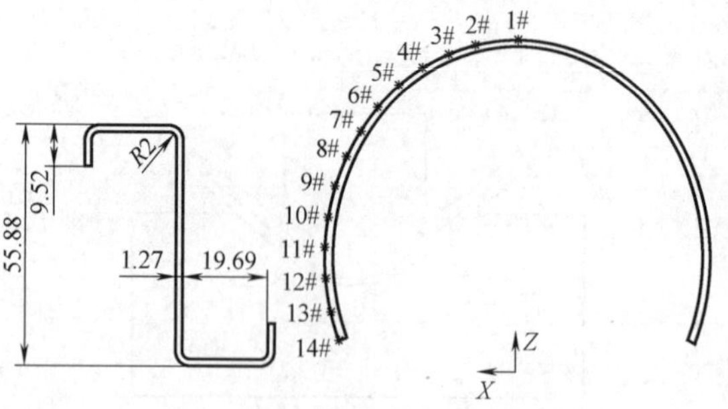

图 3-3-6 零件的截面尺寸及滚弯成形形状

该零件的特点是外形尺寸大，截面形状复杂，外形精度要求高，成形后半径回弹大。根据零件的特点并结合企业的生产实际，确定该零件的工艺路线为：下料→去毛刺→校平→滚弯→热处理→校形→检验，详情见表 3-3-1。

表 3-3-1　Z 形框滚弯成形工艺路线表

工序名称	工序内容	说明
下料	按工件展开长度切断	剪床
去毛刺，校平	去毛刺，沿长度方向校平	工作台
滚弯	按工件成形形状滚弯	数控四轴型材滚弯机
热处理	淬火	淬火温度：487.7~488.7℃
校形	修整外形圆弧及截面角度	检验模
检验	按成形要求检验	样板

3. 滚轮的构造与设计

型材滚弯机所用的工艺装备是上、下导轮与弯曲滚轮。对于斜角为零或斜角很小的角材或丁字形型材，可采用通用滚轮进行滚弯。对于斜角较大与剖面形状复杂的型材，可采用专用滚轮进行滚弯。型材内边缘与滚轮之间的合理间隙值选取范围为 0.1 ~0.2mm。滚轮的截面形状必须符合型材截面。

滚轮的直径按如下原则确定：

1）应适当增大上下导轮的直径，以使型材和导轮间具有较大的接触面积，改善型材在导轮间的支持状况。

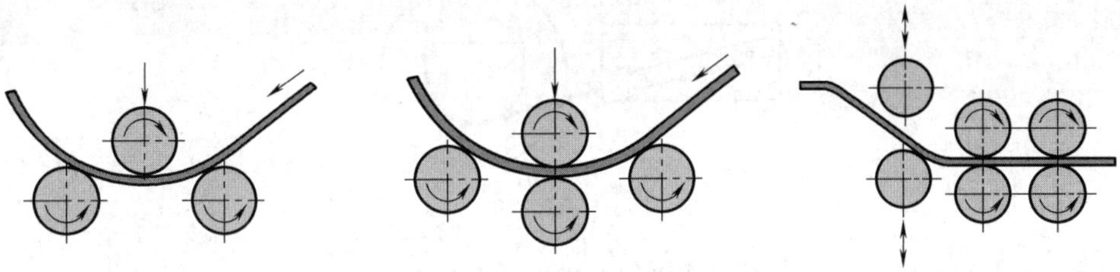

a) 三轮滚弯　　b) 四轮滚弯　　c) 多轮滚弯

图 3-3-7　滚弯

2）应尽量减少弯曲轮和导轮之间的中心距，以便缩短型材在其间的悬空段长度。

3）为提高滚轮制造工艺性，可采用组合式结构。

4. 数控滚弯机回弹量的控制

步骤如下：

1）先理论分析计算得出一个回弹量的近似值。

2）按近似值调节机床进行实验。

3）检验零件。

4）修正近似值，得到实验值。

3.1.4　拉弯成形

1. 拉弯成形特点及适用范围

拉弯是将型材两端夹紧在夹持装置（夹钳）中，在施加拉力的同时绕模具进行弯曲的加工方法。拉弯成形的优点是零件回弹量小、残余应力小、生产效率高，在型材弯曲加工中应用最为广泛。型材拉弯成形是拉伸与弯曲变形的有机结合，通过施加切向拉力，目标是将型材截面内的应力分布都变为拉应力，如图 3-3-8 所示，以减少回弹，提高成形精度。另一方面，在型材弯曲的同时施加切向拉力有助于克服内侧可能产生的起皱失稳。拉弯工艺多用于开口截面型材的弯曲成形，也可用于封闭截面型材的成形，既可生产等曲率弯曲件，也可加工变曲率弯曲件。拉弯成形的最大弯曲角一般小于 180°。

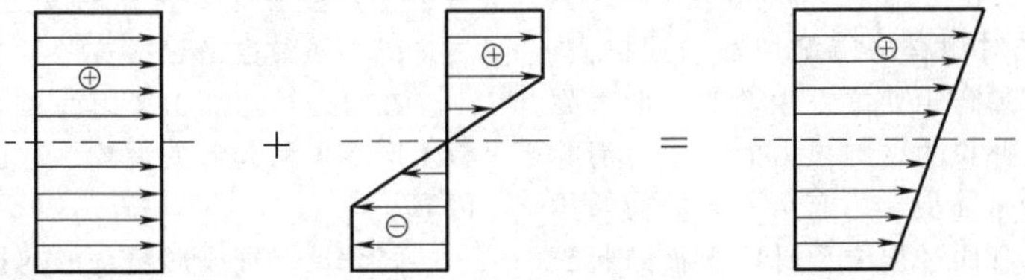

a) 拉伸应力　　b) 弯曲应力　　c) 拉弯应力

图 3-3-8　型材拉弯工艺原理

从使用的设备看，拉弯成形通常可以分为直进台面拉弯成形、转臂式拉弯成形及转台式拉弯成形三种方式，如图 3-3-9 所示。直进台面式拉弯成形过程中模具上移，通过拉弯机夹钳绕模具的旋转，使型材产生弯曲变形。转臂式拉弯成形过程中模具固定不动，两侧支臂带动夹钳绕工作台旋转实现型材的弯曲成形。转臂式拉弯应用灵活，可成形多种类型零件，尤其适用于成形几何尺寸大、直线段较长且对称的型材零件。转台式拉弯通过工作台面带动模具旋转，从而实现型材的拉伸和弯曲。转台式拉弯中，可使用侧压轮或侧压块将型材压住，使型材边缘得到刚性支持，称为拉弯加压成形。侧压有利于减小材料的变形抗力，防止截面畸变，减小回弹，并可成形双曲度、带扭转和“S”形型材零件。

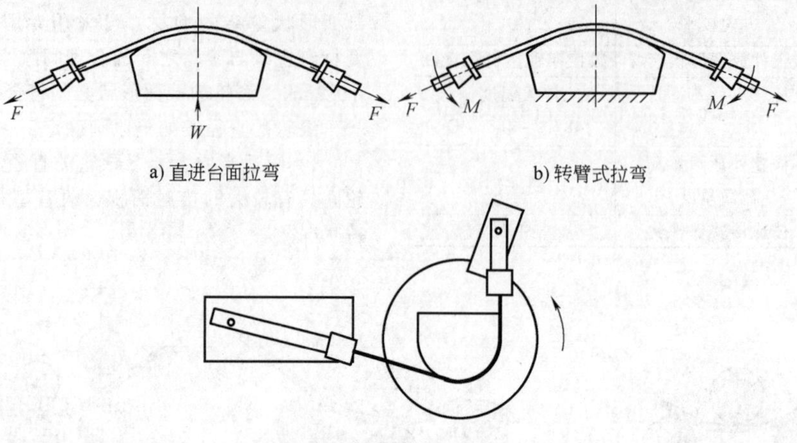

图 3-3-9　常见拉弯方式

2. 拉弯方式及参数选择

从变形量的控制方式上讲，型材拉弯成形可分为两种，一种是通过控制拉伸力来控制型材的变形，称之为力控制拉弯成形（传统的拉弯工艺）；另外一种是通过控制夹钳的运动轨迹来控制其变形，称之为位移控制拉弯成形。位移控制拉弯成形需要先进的数控拉弯设备才能实现，将在下一节讨论。

传统的力控制拉弯成形，根据加载方式和次序的不同，有多种拉弯方式。

（1）先拉后弯（即 P－M 法）　首先对型材两端施加轴向预拉力，然后在张紧状态下施加弯矩使之发生弯曲变形直到贴模。

（2）先弯后拉（即 M－P 法）　首先对型材施加弯矩使之发生弯曲直到贴模，然后施加轴向补拉力。

（3）先拉后弯再补拉（即 P－M－P 法）　这种方法最为常用，首先对型材两端施加轴向预拉力，然后在张紧状态下施加弯矩使之发生弯曲变形直到贴模，最后施加轴向补拉力。预拉力的作用为消除型材供应状态的初始扭曲变形，产生一定的初始拉伸变形，并可以防止弯曲过程中型材内腹板的起皱失稳。补拉力的作用是进一步减小回弹，提高成形精度。

三种拉弯方式在卸载后的回弹率比较如图 3-3-10 所示。

$$\Delta = 1-\frac{R}{R'} \tag{3-3-1}$$

式中　Δ——回弹率；

R——卸载前曲率半径（mm）；

R'——卸载后曲率半径（mm）。

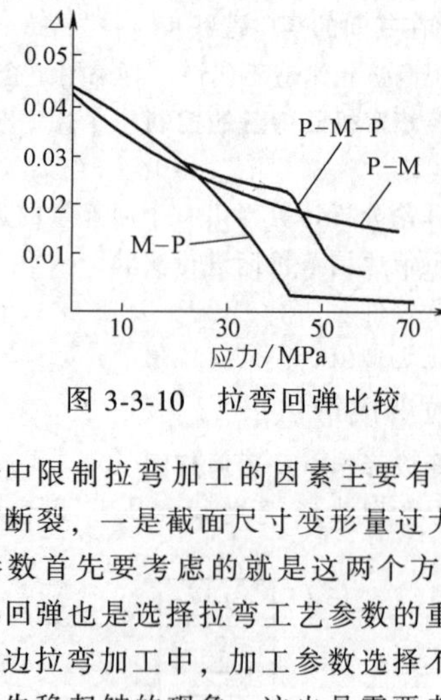

图 3-3-10　拉弯回弹比较

生产中限制拉弯加工的因素主要有以下两点：一是拉弯断裂，一是截面尺寸变形量过大。确定拉弯工艺参数首先要考虑的就是这两个方面。此外，尽量减小回弹也是选择拉弯工艺参数的重要依据之一。在收边拉弯加工中，加工参数选择不当会在腹板上产生失稳起皱的现象，这也是需要考虑的重要因素。

在满足拉弯成形精度的前提下，型材的拉伸量应尽量小。根据型材零件的相对弯曲半径和弯角的大小，确定拉弯次数和每次的拉伸量。

一次拉弯——一次拉弯适用于变形较小的中小型型材零件的拉弯，预拉伸应力一般在材料屈服应力的 0.8～1.2 倍之间选取（对应的预拉量通常取 1%左右较合适）。典型铝合金型材一次拉弯的最小相对弯曲半径见表 3-3-2。一次拉弯补拉伸率见表 3-3-3。

表 3-3-2　2024-O、7075-O 一次拉弯最小弯曲半径

相对弯曲半径	弯曲角 α					
	30°	60°	90°	120°	150°	180°～220°
$\frac{R}{H}$	10	15	23	27	34	38

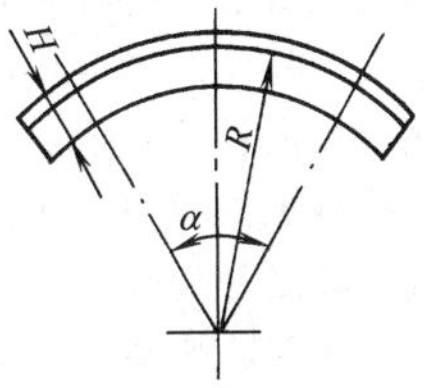

表 3-3-3　一次拉弯补拉伸率

α/(°)	材料	R/H						
		≥100	75	50	40	35	30	24
90	2024	3.0	3.2	3.8	4.2	4.5	4.9	5.6
	7075	1.5	2.6	2.8	3.0	3.1	3.3	4.4
120	2024	3.5	3.9	4.4	4.8	5.2	5.6	—
	7075	3.0	3.2	3.4	3.6	3.7	3.9	—
150	2024	4.1	4.4	5.0	5.5	5.8	—	—
	7075	3.6	3.7	4.0	4.2	4.4	—	—
180 以上	2024	4.7	5.0	5.7	6.1	—	—	—
	7075	4.2	4.3	4.6	4.8	—	—	—

二次拉弯——对铝合金型材而言，如果零件的相对弯曲半径较小，或对零件的精度和表面质量有较高的要求，或型材零件的刚度较大，合理的制造方法是使用同一模具分两次拉弯。第一次拉弯时使用退火型材坯料，按 P-M 加载方式，预拉 1%左右，然后弯曲。坯料贴模后即取下，送去淬火。在新淬火状态下，按 M-P 加载方式进行第二次拉弯成形。此时将预成形的零件先弯曲，贴模后施加拉力。第二次拉弯结束时，夹头附近材料的伸长量可控制在 1.5%～3%范围内。大多数零件经两次拉弯后回弹量显著减少，经少量手工整修甚至不需整修即可交付检验。二次拉弯具有准确度高、手工修整量少、残余应力较低的优点。淬火后的第二次拉弯必须在材料新淬火孕育期内完成。为了延长淬火后的孕育期，新淬火的零件应置入冷藏设备内。淬火后的拉伸率见表 3-3-4。

表 3-3-4　2024、7075 淬火后的拉伸率

α/(°)	R/H				
	30～15	10	8	6	5
90	1.3	1.7	1.8	2	2.4
120	1.4	1.8	2.0	2.2	2.5
150	1.5	1.9	2.1	2.3	2.6
180	1.6	2.0	2.2	2.4	2.8

3. 数控拉弯装备及轨迹设计

国外对于数控拉弯装备及其控制系统的研究起步很早，控制系统经过几十年的积累和完善，已经具有很强的功能性和通用性。多个公司都开发了先进的型材拉弯装备，并且配备有强大的数控系统，具有力控制、位移控制、示教模式、屈服强度探测等多种功能，可控制设备快速高效地对型材进行弯曲成形，设备性能优良，安全可靠，广受用户青睐。数控拉弯主要是针对转臂式拉弯机。

位移控制拉弯成形是以精确控制夹头位置（或拉弯轨迹）代替控制拉伸力来操纵整个加工过程的拉弯工艺，可提高拉弯加工的效率，同时解决拉弯加工可重复精度差的问题，是数控拉弯机的核心功能。力控制模式的最大优点是对机床的控制实现起来比较简单，只需控制液压缸中的压力即可实现。而精确控制夹头位置的拉弯模式则须综合考虑拉伸臂（或转台）的位置、液压缸活塞的伸长量以及模具工作面的曲率等。位移控制模式下的拉弯过程，主要靠调整拉伸量和包覆角的对应关系来精确控制夹钳的位移轨迹。数控拉弯轨迹的确定目前主要有三种方式。

(1) 自学习方式　自学习方式将力控制模式下的夹钳轨迹自动记录下来，保存为位移控制模式的零件程序，用于后续零件的生产，以降低材料性能波动带来的影响。这种方式仍然需要依赖工人的操作经验及实际试拉来完成，效率较低，灵活性差。

（2）在线检测方式　利用机床的检测装置获取零件的加工参数，对机床自动获得的加工参数进行必要的人工补充、修正并保存为 PRP 数控文件，然后调用数控文件进行自动拉弯加工。在线检测装置是数控拉弯机的核心技术之一，其技术原理尚未对外公开。经过分析数控文件，可以大致知其工作原理。如图 3-3-11 所示，先使两拉伸臂处于准备拉弯的位置，将检测装置的传感电缆从模具夹头中心绕过模具工作面固定在模具的另一端。启动控制软件中的数据采集功能，然后按照拉弯过程运行。在此过程中检测装置能获得拉弯中的部分加工参数。事实上，所谓的传感电缆只不过是一根没有弹性的绳子，随着检测过程的进行从检测装置中伸出和缩回。每隔一定的时间，检测装置记录一次拉伸臂的转角和传感电缆的伸缩量并将其记录在 PRP 文件中。在拉弯过程中，根据 PRP 文件记录的数据控制拉弯夹头的伸缩量，从而达到通过控制拉伸量控制拉弯过程的目的。

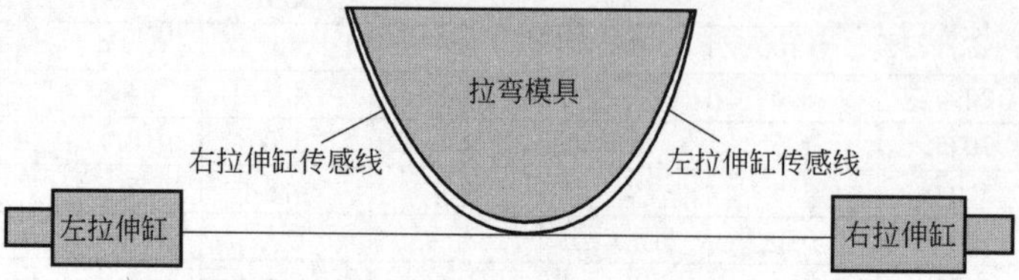

图 3-3-11　检测装置获取拉弯位移控制工艺参数

（3）离线方式　为了避免通过多次试验确定拉弯工艺参数，很多公司都在开发型材拉弯专用的工艺设计与仿真软件，如型材 2D 拉弯仿真软件 PS2F。PS2F 软件系统结构如图 3-3-12 所示，该软件可根据零件参数及工艺数据，对其拉弯过程进行模拟仿真并优化，能够计算回弹量，对模具型面进行补偿，并生成能够控制拉弯机动作的零件程序。

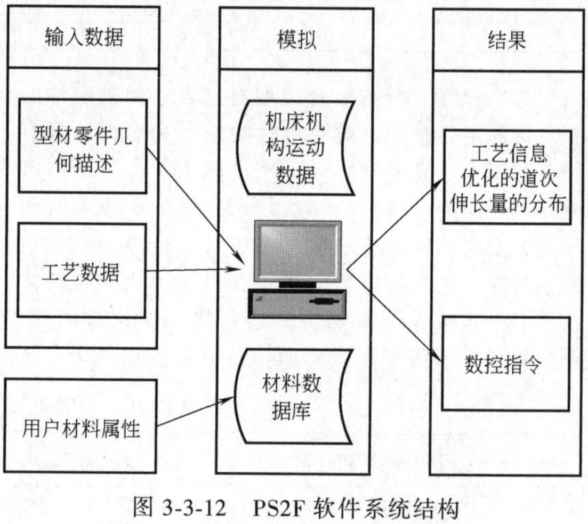

图 3-3-12　PS2F 软件系统结构

国内主要是北京航空航天大学通过多年的研究开发了型材拉弯工艺设计软件 PSBPD，该系统能够快速进行型材 2D 拉弯轨迹设计以及拉弯设备数控代码生成，并且提供了与 CAD 软件、有限元仿真软件的接口，实现了设计、仿真、制造等的集成。PSBPD 系统轨迹设计应用如图 3-3-13 所示。

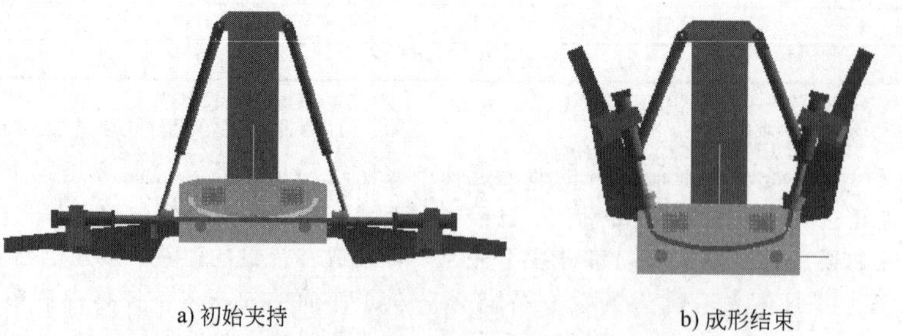

a) 初始夹持　　b) 成形结束

图 3-3-13　PSBPD 系统轨迹设计典型应用

上述三种确定拉弯轨迹的方式中，第三种离线方式最为优越，以完全数字化的方式进行，并可以事先考虑回弹补偿。自学习方式和在线检测方式都需要事先制作拉弯模具，存在一定局限性。

4. 拉弯零件的坯料长度

拉弯零件的坯料长度可按式（3-3-2）计算：

$$L_M = 0.99(L+2A)+2B \qquad (3\text{-}3\text{-}2)$$

式中　L_M——坯料长度（mm）；

L——零件的展开长度（mm）；

A——由切割线至夹头端面的过渡段长度，为 40～60mm；

B——夹持端的长度，可取 30～50mm；

0.99——系数，0.99 是考虑坯料在拉弯过程中的伸长。

5. 拉弯模具设计

(1) 拉弯模设计基本要求　满足使用性能的前提下，要求：①选材经济；②模具重量轻；③易加工；④加工费用低；⑤易安装拆卸；⑥方便再次修模。

(2) 拉弯模选材　拉弯模成形部分一般要求选用耐磨性好且强度高的材料，合金结构钢 Cr12MoV 和 42CrMo（对应美国牌号 4140）较理想。此外，普通碳素钢相对比较经济，如 Q235A，也具有一定的使用寿命，在产品批量不是很大的情况下可以使用。对于尺寸较大的拉弯模，可以选用球墨铸铁制造。

(3) 拉弯模结构　根据拉弯模设计要求，典型拉弯模结构由数层合并而成，用螺栓连接，如图 3-3-14 所示。对于较笨重的模具，可以进行局部镂空减重处理。

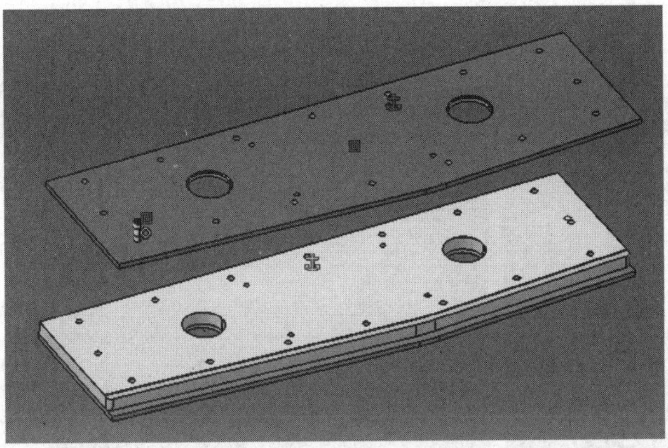

a) 分层结构

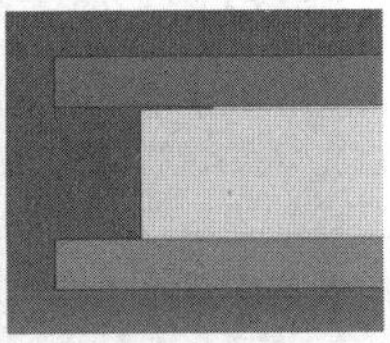

b) 剖面示意

图 3-3-14　典型的分层结构拉弯模具

此外，模具结构上还需考虑以下因素：

1) 模具的有效长度应较零件切割长度每边增加 10mm；两端圆角半径不宜小于 20mm。

2) 工作中拉弯夹头应能自由进入模具的后方，必要时模具两端开出缺口形状。

3) 模具的剖面形状应符合型材剖面的特点，间隙 δ 一般取 0.2~0.5mm。

4) 模具纵向轮廓根据回弹补偿确定，建议一定的过弯量（端部可考虑 2mm 间隙的过弯量）。

5) 安装孔相对型面位置及模具径向尺寸如图 3-3-15 所示。

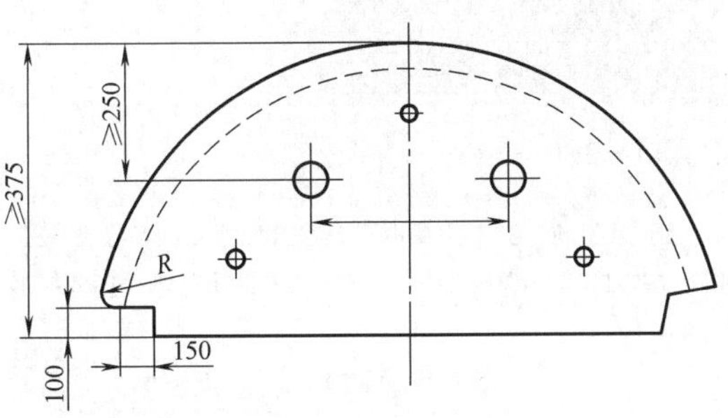

图 3-3-15　安装孔位置

6. 拉弯夹钳设计

(1) 夹钳设计基本要求　夹头内的夹块（夹钳）必须按型材的剖面更换。由于型材在拉弯过程中受到很大的轴向拉力，夹块的齿面应保持可靠地咬住型材坯料，均匀传递拉力。夹块与型材表面尽可能均匀接触，并使拉力的合力近似地通过型材剖面的形心。满足使用性能的前提下，要求：①重量轻；②成本低；③安装拆卸方便；④工作齿磨损或失效后易更换。

(2) 夹钳材料选择　夹钳要求选用耐磨性好且强度高的材料，Cr12MoV 和 42CrMo 较理想。热处理硬度要求达到 50~55HRC。

(3) 夹钳结构设计　夹钳结构通常采用三种形式：整体式（见图 3-3-16）、镶块式（见图 3-3-17）和通用底座式（见图 3-3-18）。整体式夹钳锥度整体组成加工，然后进行整体热处理，缺点是工作齿失效后整体报废和更换。镶块式夹钳锥度仍然整体组成加工，但工作部分采用可更换镶块结构，优点是工作齿磨损后仅更换镶块即可，仅镶块需要进行热处理。通用底座式夹钳将与夹头龙骨连接的锥形件做成通用底座，夹块和通用底座先连接成为整体，然后连接到龙骨上，优点是更换不同截面型材时只需加工和更换相应工作部分的夹持块即可。综合考虑，夹头设计上可采用通用底座+镶块式结构。

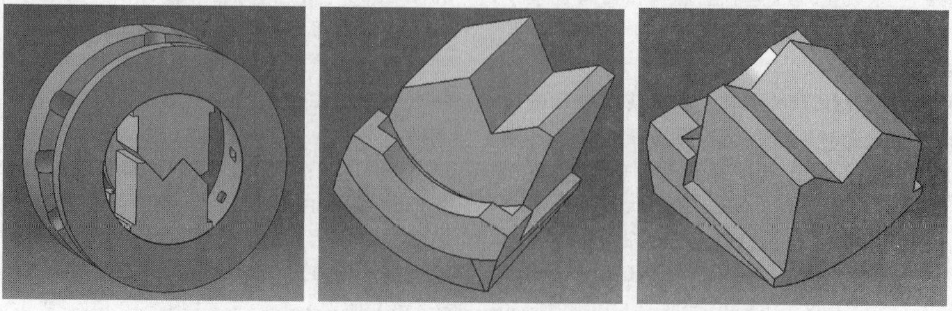

图 3-3-16　整体式夹钳结构

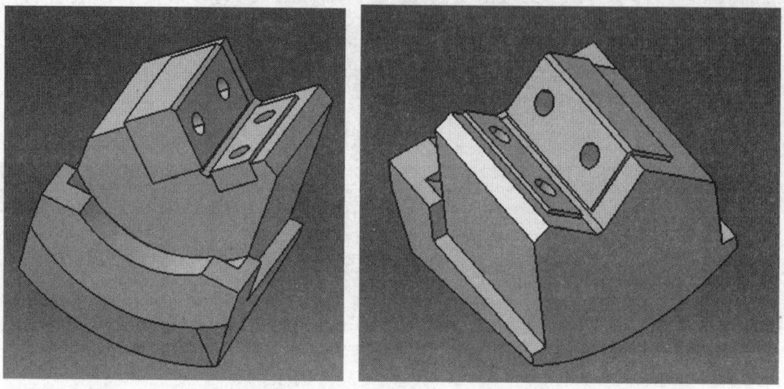

图 3-3-17　镶块式夹钳结构

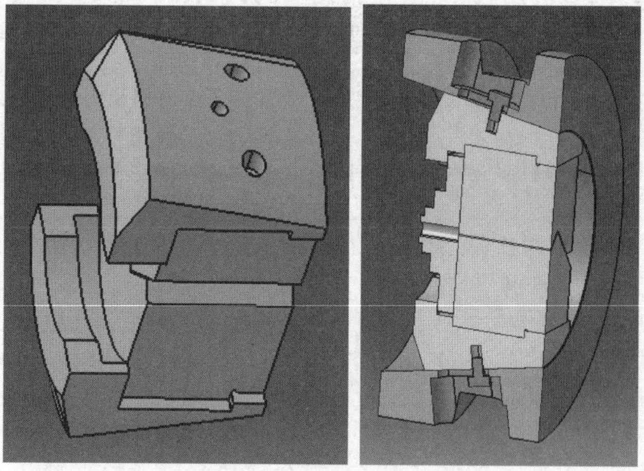

图 3-3-18　通用底座夹钳结构

7. 几种特殊形状零件的拉弯

(1) 带正反曲率零件的拉弯　可在张臂式拉弯机或转台式拉弯机上实现。在张臂式拉弯机上实现时通常分为两种情况：不带侧压装置的拉弯和带侧压装置的拉弯，分别如图 3-3-19 和图 3-3-20 所示。不带侧压装置的拉弯典型工艺流程是先拉出第一个曲度，然后装上反向拉弯模，反转成形第二个曲度，最后补拉。带侧压装置的拉弯典型工艺方法有三种：

1）先拉后弯，随后按凸模用侧压缸压弯，最后补拉，如图 3-3-20a 所示。该法只能用于中部凹入较小的零件。

2）先预拉，用侧压缸按辅助凸模弯曲，随后再按拉弯模弯曲，最后补拉，如图 3-3-20b 所示。

3）先拉后弯，凹模由侧压缸压紧坯料后，按凹模弯曲（反转张臂），最后补拉，如图 3-3-20c 所示。

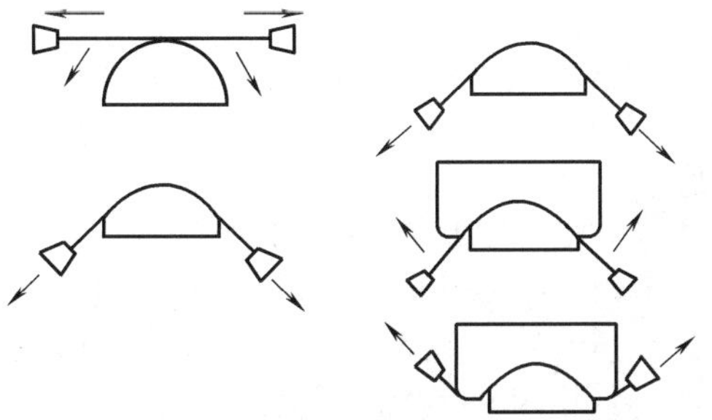

图 3-3-19　不带侧压装置的正反曲率拉弯

在转台式拉弯机上实现时典型工艺流程是通过工作台的正反转，分工步完成反向曲率零件的拉弯，如图 3-3-21 所示。

（2）变角度零件的拉弯　型材截面角度变化的零件的拉弯可视其角度变化大小采取以下措施。

1）若角度变化小于 3°时，可直接在拉弯曲度的同时一起拉出。为保证角度最终符合技术要求，在拉弯后可进行适量的手工修正。

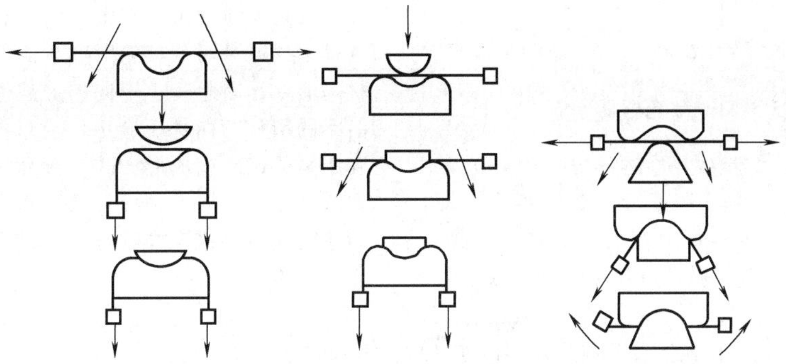

图 3-3-20　带侧压装置的正反曲率拉弯

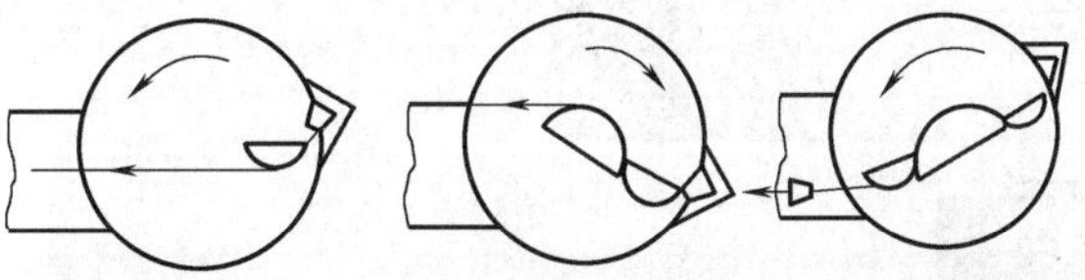

图 3-3-21　在转台式拉弯机上成形正反曲率零件

2）若角度变化超过 3°，为保证拉弯成形的质量，减少角度手工修正量，可在拉弯前按其不同的角度变化预制斜角；考虑到拉弯过程中角度会在一定范围内发生变化，预制的斜角应根据不同类型的零件按表 3-3-5 选择。为使零件角度与拉弯模相吻合，在弯曲结束卸载前，可按弯曲模敲修零件。

表 3-3-5　拉弯前预制斜角的选择

弯曲形式	收边		放边	
零件斜角形式	开斜角	闭斜角	开斜角	闭斜角
预制角偏差方向	偏小	偏大	偏大	偏小

3）在转台式拉弯机上，可在拉弯的同时制出零件斜角，且准确度可达±30′。

（3）变截面型材的拉弯　一般的型材拉弯都是在等截面、等厚度下进行的，但对下列类型的变厚度型材，采取必要的措施也可进行拉弯。

1）均匀地由小变大的型材截面。可在转台式拉弯机上拉弯。由小截面端开始拉弯，初始用较小的拉力，随着截面尺寸的增大而逐渐加大拉力，直到最后成形。

2）均匀变厚度“S”形零件。可采用成对组合拉弯方法，且截面尺寸小的一端作为组合端，如图 3-3-22 所示。

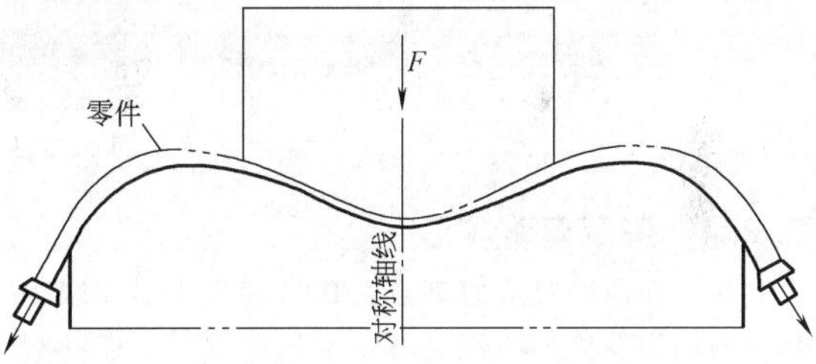

图 3-3-22　“S”形变截面型材零件的拉弯

3.2　型材特种弯曲成形方法

3.2.1　中频感应局部加热弯曲

这种工艺方法适用于型材的弯曲成形。将中频感应圈套在毛坯上，依靠中频感应电流加热型材待弯曲部分，并利用喷水冷却装置，使加热控制在狭窄的区域，当达到所需的变形温度后，随即通过回转臂施加弯矩，使加热部分弯曲，通过喷水冷却控制变形区，从而得到所需形状的零件。这种弯曲方法不需要模具，具有劳动强度低、适应性强等优点。

3.2.2　热应力弯曲

热应力弯曲是一种不施加外力，仅利用型材内部温度分布不均匀所产生的热应力来实现型材弯曲

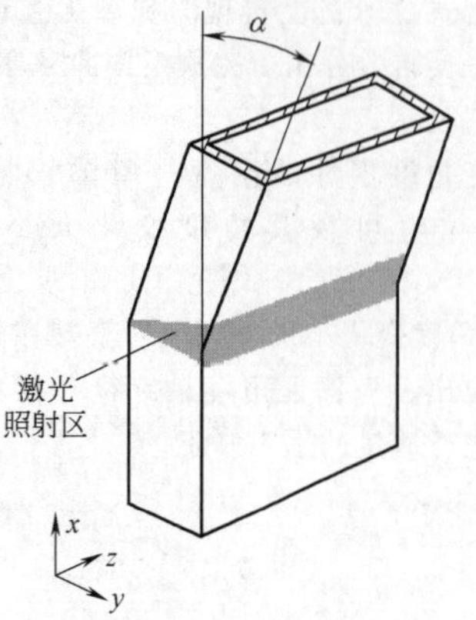

图 3-3-23 激光弯曲

的成形方法，具有无外力、无模具等优点。通常，产生热应力的方法是对工件进行局部加热或冷却。激光加热弯曲是典型的热应力弯曲方法之一，其原理如图 3-3-23 所示，利用激光束加热型材一侧的局部区域，使之局部温度升高，从而产生热应力。当热应力足够大时，型材会在加热局部受压屈服。这部分材料冷却后产生收缩变形，从而导致型材发生弯曲。

3.2.3 弹性垫辊压弯曲

橡皮等弹性垫上辊压弯曲是一种典型的柔性弯曲方式，其成形原理如图 3-3-24 所示，型材置于橡皮垫上，刚性辊轮沿着型材长度方向（图中 X 方向）滚动并沿竖直方向（图中 Z 方向）做进给运动，使型材发生弯曲变形。在滚轮沿型材长度方向的滚动过程中，通过调节滚轮对型材的下压量可以控制型材的曲率，因此基于不同的加载路径可以得到各种曲率的型材弯曲件。应用该成形方法，加载路径的确定是关键。该成形方式与滚弯相似，但表现出很强的柔性，其缺点是成形效率低，需要滚轮反复滚动才能成形，并且橡胶材料经过反复受压之后性能变化，使用寿命有一定的限制。

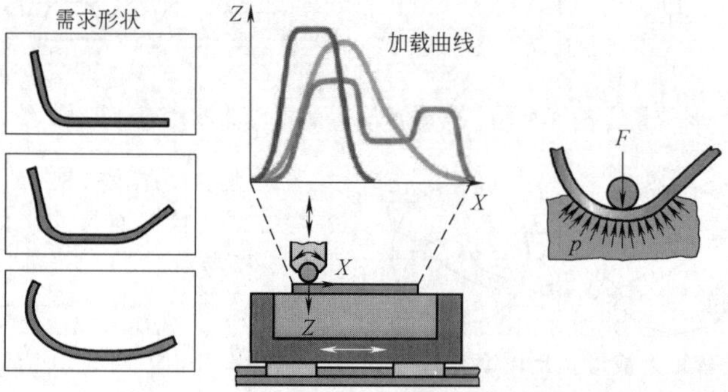

图 3-3-24 弹性垫上辊压弯曲成形

3.2.4 挤压弯曲成形

挤压弯曲的成形原理是在挤压过程中，控制出口型材的运动方向，使型材发生弯曲变形。控制型材弯曲变形的方法很多，最直接的方法是在挤压模出口处给型材施加一定的弯曲力，改变出口型材的流动方向和控制型材弯曲变形程度，如图 3-3-25 所示。该方法可以实现等曲率弯曲，也可实现空间非等曲率弯曲和绕挤压轴的扭转变形。图 3-3-26 所示为用挤压弯曲法生产的汽车保险杠的例子。

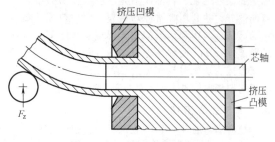

图 3-3-25 挤压弯曲成形法

图 3-3-26 挤压弯曲法生产的汽车保险杠

挤压弯曲法属于温热成形，挤压与弯曲工序合一，减少了生产环节。与传统的冷弯曲方法比较，成形中材料温度较高，基本上不存在弯曲回弹，残余应力小，且截面畸变很小，因此成形零件可以达到较高的精度。另外，挤压弯曲后的零件材料性能不会受到弯曲的影响，有利于进行后续的成形加工。

3.2.5　型材热拉弯蠕变成形

对于钛合金等常温下难成形材料，通常采用热拉弯工艺对其进行成形。采用自阻加热、辐射加热等方法将坯料加热到热成形的温度区间，然后使用数控拉弯机对坯料进行拉伸、弯曲并贴模，贴模后夹钳保持不动，使工件在高温条件下保持贴模状态一定时间，以完成蠕变过程，蠕变过程工件外形轮廓不变，内部产生高温应力松弛效应，应力大幅度减小，完成蠕变后控制工件温度以一定速率冷却，冷却到一定温度后卸载工件（见图 3-3-27）。

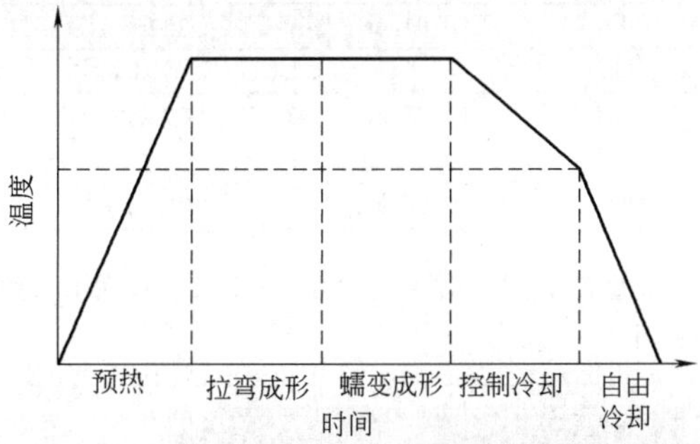

图 3-3-27　热拉弯成形工艺中型材温度变化曲线

热拉弯成形过程中应严格控制工艺参数。对于 TC4 一般成形温度为 676～787℃，推荐在预拉、拉弯和保温阶段均保持同一温度，期间温度变化不要超过 30℃，最好不要超过 15℃。应变速率：$\leqslant 0.05s^{-1}$（推荐 $5\times10^{-5}\sim5\times10^{-3}s^{-1}$）。总应变量：0.5%～15%（一般 0.5%～3%）。保温蠕变时间：5～120min，具体时间根据型材的应力松弛性能决定，其工艺原理如图 3-3-28 所示。

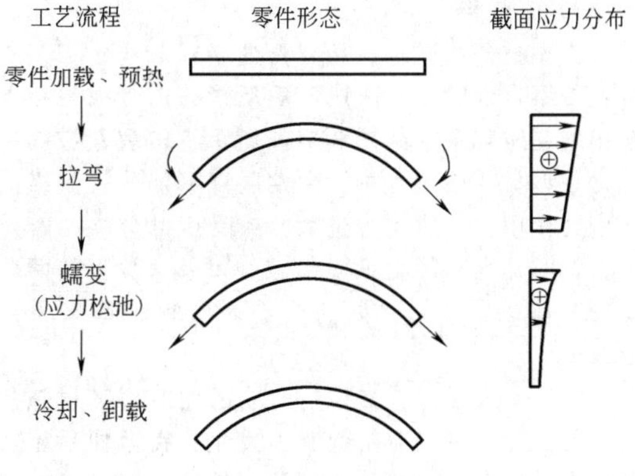

图 3-3-28　型材热拉弯成形工艺原理

挤压型材种类很多，挤压件的宽厚比一般在 1∶1 到 10∶1 之间。图 3-3-29 为 U 形型材截面尺寸，其截面积为 $2620.15mm^2$。

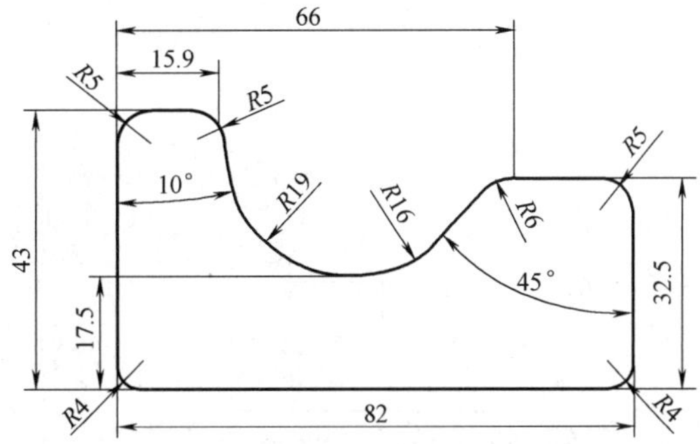

图 3-3-29　U 形型材

图 3-3-30 为 T 形型材截面尺寸，其截面面积为 $2746.423mm^2$。

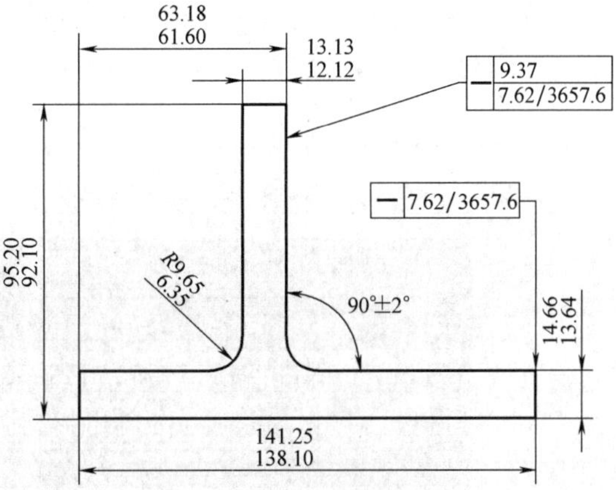

图 3-3-30　T 形型材

图 3-3-31 为 L 形型材挤压型材截面尺寸，其截面面积为 $1155.48156mm^2$。表 3-3-6 为针对该 L 形型材的热拉弯工艺参数。这种工艺过程的特点是被自阻加热的 L 形型材向有陶瓷涂层的模具包覆。在 L 形型材和模具之间使用陶瓷毯和硅胶护套来防止挤压件的电流分流。这两层绝缘材料具有热绝缘和电绝缘特性。此外，绝缘垫层也可为单独一层，但应同时具有电绝缘和热绝缘特性。目前，一种名为 kaowool 的耐火陶瓷纤维纸材料具有热绝缘和电绝缘双重性能。

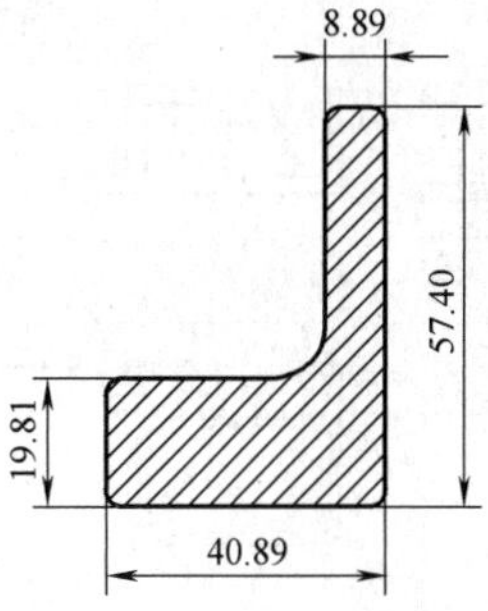

图 3-3-31　L 形型材

表 3-3-6　L 形型材热拉弯成形工艺参数

参数		成形条件	
		示例一	示例二
模具	模具温度/℃	室温	室温
	模具绝缘	陶瓷棉和二氧化硅护套	陶瓷棉和二氧化硅护套
型材	预热温度/℃	704	732
	成形温度/℃	704	732
成形参数	拉伸力/kN	250	180
	预拉量(%)	1.5	1.0
	平均应变速率/s^{-1}	$<3\times10^{-4}$	$<1\times10^{-4}$
	应力松弛时间/min	15	30
	贴模间隙	成形零件端部最大贴模间隙<3.175mm	成形零件端部最大贴模间隙<3.175mm

从表 3-3-7 可以看出，成形前后型材的拉伸性能几乎没有变化，微观组织、富氧层厚度和结构均匀性也没有明显变化，因此，新工艺并未引起型材力学性能和微观组织的变化。

表 3-3-8 为国外某热拉弯机额定拉力与对应机床能力。

表 3-3-7　成形前后材料性能对比

性能	成形前	成形后	
		L 形型材	
		样本 1	样本 2
抗拉强度/MPa	136	135	135
屈服强度/MPa	122	121	121
断后伸长率(%)	14	13	14
断面收缩率	33	30	28
富氧层厚度	无	0.0127mm	0.01905mm
微观结构	正常	正常	正常

表 3-3-8　钛合金热拉弯机床能力

额定拉力/kN	最大拉伸长度	最大型材截面尺寸
300	6706mm	$3226cm^2$
400	6706mm	$4516cm^2$
750	6706mm	$7742cm^2$
2000	9144mm	$19355cm^2$
2000	9652mm	$19355cm^2$

典型的热拉弯蠕变复合成形机床及成形出的零件如图 3-3-32 所示。

图 3-3-32　典型的热拉弯蠕变复合成形机床及成形出的零件

3.3　型材弯曲主要缺陷及克服方法

同板材相比，型材的一个重要特点就是截面形状多种多样，如图 3-3-33 所示。型材弯曲成形与板材弯曲不同，由于具有一定的截面形状，从而也常常产生许多特殊的质量问题，如截面畸变、起皱、扭曲等。

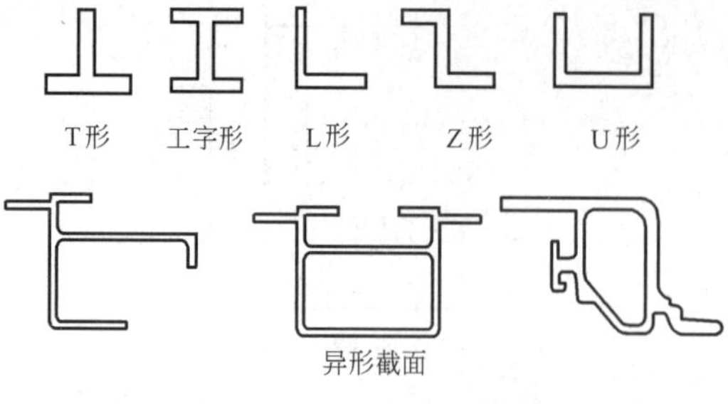

图 3-3-33　常见型材截面形状

3.3.1　起皱

当型材截面较高，相对弯曲半径较小，工艺参数设置不合理时，弯曲成形后型材的内缘或腹板上会出现起皱现象，如图 3-3-34 所示。出现起皱的原因是在型材弯曲过程中，中性层以下部分受到纵向压应力作用，当压应力过大，或受压部分缺少有效的支撑时，容易产生纵向起皱。如果从腹板的两侧加以足够的约束，可防止失稳时腹板朝厚度方向起皱。

在拉弯成形中，如果在弯曲的同时对型材施加足够的拉伸，可以避免起皱的发生；在弯曲后施加补拉力，也有一定的消皱效果。另外可在模具上采用限位槽，或使用芯轴填充等措施来防止起皱。

3.3.2　截面畸变

截面畸变是型材弯曲成形中经常遇到的问题。型材截面的抗变形能力与型材截面形状密切相关。

封闭截面型材弯曲过程中，当腹板宽度较大，壁厚较薄，内部没有支撑或者支撑较弱时，容易引起上缘的塌陷现象，造成型材的截面畸变，如图 3-3-35 所示。其他截面形状的型材弯曲过程中，也有类似的现象。

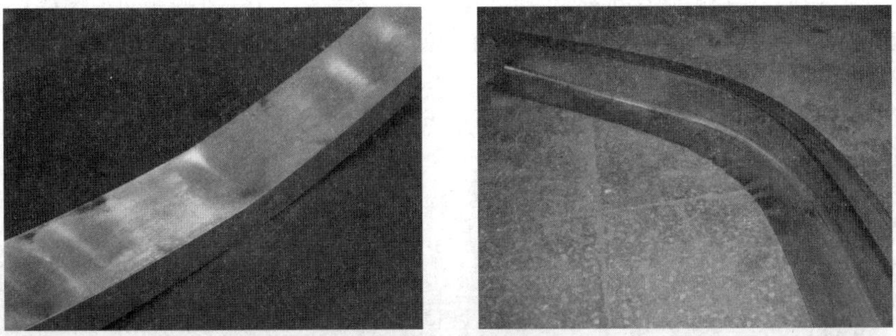

图 3-3-34　起皱

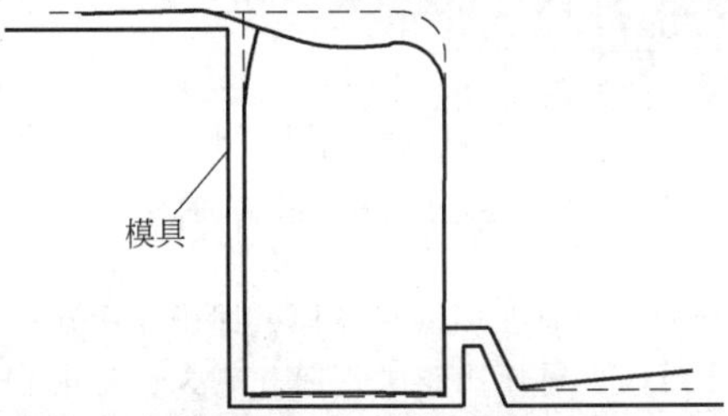

图 3-3-35　截面畸变

截面畸变的产生非常难控制，同时也使得对回弹的控制更加复杂。

目前消除或减少截面畸变的方法，一是根据型材零件结构工艺性确定型材截面形状，二是生产过程中对型材进行支撑（加芯轴或者填充物体）。

1. 提高型材零件结构工艺性

减少截面畸变首先要考虑型材零件的结构工艺性，这是最经济的方法，主要途径如下（见图 3-3-36）。

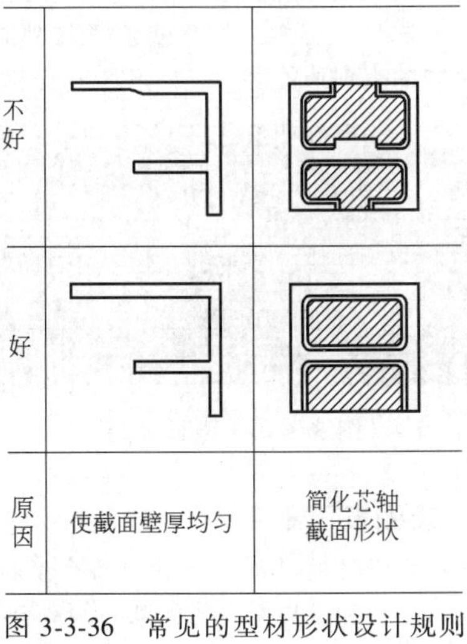

图 3-3-36　常见的型材形状设计规则

1）合理选择型材截面。型材规格多种多样，对结构上无特殊要求的，优先选用成形性能好、截面形状简单具有对称性的型材，如角材、T 型材、π 型材；型材内表面尽量光滑，以方便于芯轴等填充物的塞入和取出；封闭截面型材内圆角半径尽量设计得大些；型材截面尽量对称设计，防止弯曲中扭转变形的发生。

2）合理确定零件的外形，优先选用平面和等曲率结构形式。

2. 型材填充芯轴

型材内部放入芯轴（层压板、薄钢板）或填充物可有效地防止截面畸变。芯轴具有和未变形型材内表面相同或者相近的形状，变形前插入型材内部，弯曲时随型材一起弯曲或对型材的弯曲部位提供支撑，成形结束后从型材内部抽出。常用的芯轴形式有：

1）层叠式芯轴，如图 3-3-37a 所示，可以由薄钢板或者聚氯乙烯（PVC）、尼龙（Nylon）等化学材料组成，在二维弯曲中广泛应用。一层一层的薄板叠在一起，置入型材内部，随型材一起弯曲，弯曲过程中层和层之间可以相对滑动，并且由于每一层的厚度很小，弯曲时，每层材料都处于弹性变形状态。由于芯轴和型材内壁之间存在一定的间隙，型材截面畸变量受间隙大小的影响。此种芯轴的缺点是由于弯曲后型材内壁与芯轴的紧密挤压，导致不容易抽出。而且，生产过程中，工作效率较低。

2）链接式芯轴，如图 3-3-37b 所示。芯轴由许多单元链接而成，每一个链单元的外形都跟型材内壁相近，芯轴可以随型材弯曲变形。减少截面畸变的效果非常明显。缺点是制造困难，成本高。

3）塑料芯轴，利用聚乙烯等塑性做成芯轴，有好的滑动性能，便于塞入和拔出。弯曲中处于弹性弯曲状态，如图 3-3-37c 所示。塑料芯轴的缺点是弹性模量和硬度比较低，对型材截面畸变的约束力较小，特别是当弯曲半径较小时更加显著。另外，此种聚合材料的使用寿命较短。

4）刚性芯轴，如图 3-3-37d 所示。不随型材一起弯曲，与管材绕弯成形中所用的芯轴类似。金属刚性芯轴插入型材内腔至弯曲变形发生部位，弯曲中对型材上腹板提供刚性支持，可有效防止畸变的发生。此种芯轴适用于等曲率型材的弯曲。

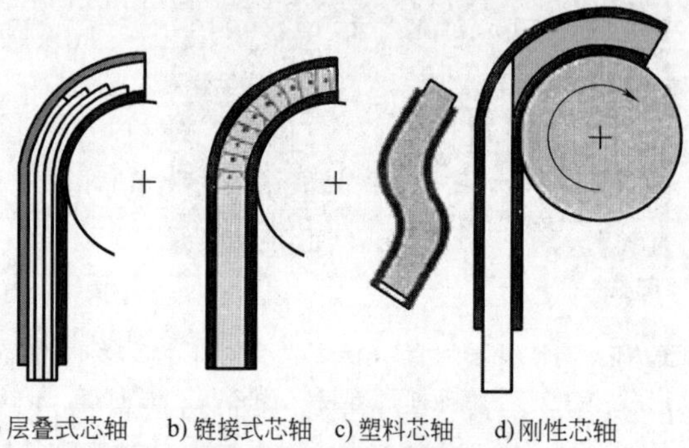

图 3-3-37　芯轴种类

3. 填充物体

除了加芯轴外，对于封闭截面型材，还可以填充一些易清除的材料对型材内壁进行支撑，如图 3-3-38 所示，此种方法简单易行。

最为常用的填充材料有低熔点合金和湿沙。对于填充低熔点合金，弯曲前将型材内部充满低熔点合金，弯曲成形后加热，使合金熔化流出。此种方法的缺点是低熔点合金一般比较软，在型材弯曲中的支撑作用较弱。如果填充沙子，效果会更差些。并且需要较多的手工劳动，效率低。

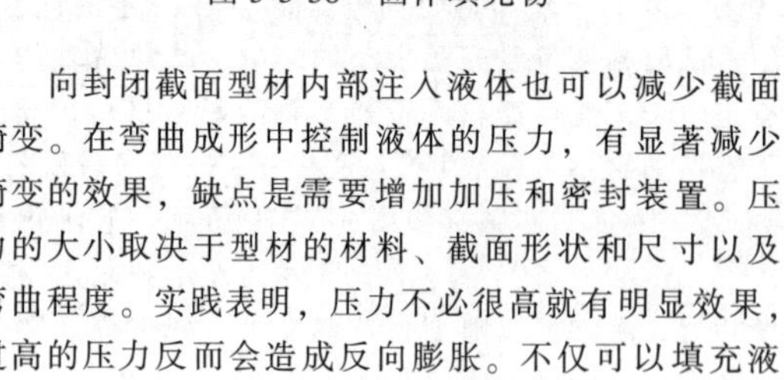

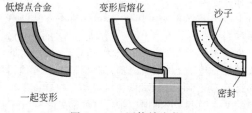

图 3-3-38　固体填充物

向封闭截面型材内部注入液体也可以减少截面畸变。在弯曲成形中控制液体的压力，有显著减少畸变的效果，缺点是需要增加加压和密封装置。压力的大小取决于型材的材料、截面形状和尺寸以及弯曲程度。实践表明，压力不必很高就有明显效果，过高的压力反而会造成反向膨胀。不仅可以填充液体，也可以填充气体来减少截面畸变。

3.3.3　回弹

弯曲成形是塑性变形的一种方式，卸载时外层纤维因弹性恢复缩短，内层纤维因弹性恢复伸长，结果使弯曲件曲率和角度发生显著变化，这种现象称为弹性回弹。型材变形过程均要经过弹性变形再到塑性变形，回弹是材料变形时表现出来的一种力学特性，因而无法消除，只能尽量控制回弹量。对于一次拉弯，为了获得理想的零件轮廓精度，通常情况下在模具设计时必须考虑回弹补偿，如图 3-3-39 所示。

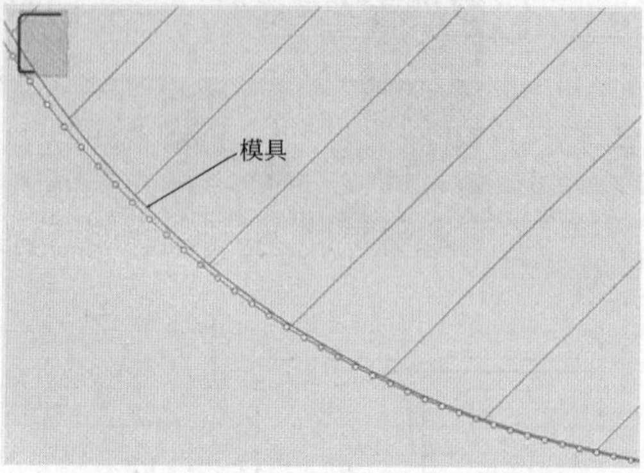

图 3-3-39　模具回弹补偿

根据经验总结，型材越厚，回弹半径越小；屈服应力越高，屈强比越大，回弹越大；自由弯曲回弹量大，校正弯曲回弹量小；形状复杂、相互牵扯多的回弹量小；冷作硬化后回弹量大；型材的外形尺寸大，截面形状复杂，外形精度要求高的，成形后回弹半径大。

3.3.4　壁厚减薄与破裂

在弯曲半径过小，或是为减小回弹防止内壁起皱而增加附加的切向拉力等情况下，型材截面尤其是外侧壁处存在较大的拉应力，从而使外侧壁厚出现过度减薄，甚至破裂，如图 3-3-40 所示。当型材截面较高，弯曲半径较小时，变薄现象更为严重。在型材弯曲成形过程中，外侧壁减薄破裂是型材弯曲成形极限的表现形式之一。

图 3-3-40　型材破裂

3.3.5　缘板表面不平

拉弯模具设计时其剖面形状应符合型材剖面的特点，型材腹板和模具之间的间隙必须取合适的值，模槽深度过大或过小都会导致型材缘板不平整发生（塌陷或隆起），如图 3-3-41 和图 3-3-42 所示。

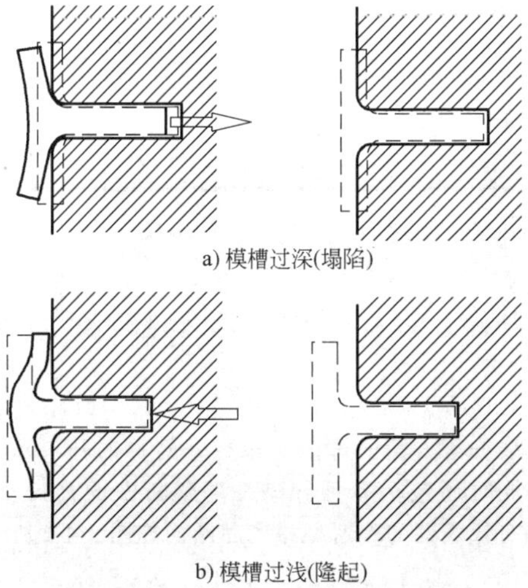

图 3-3-41　T 形型材缘板不平整缺陷

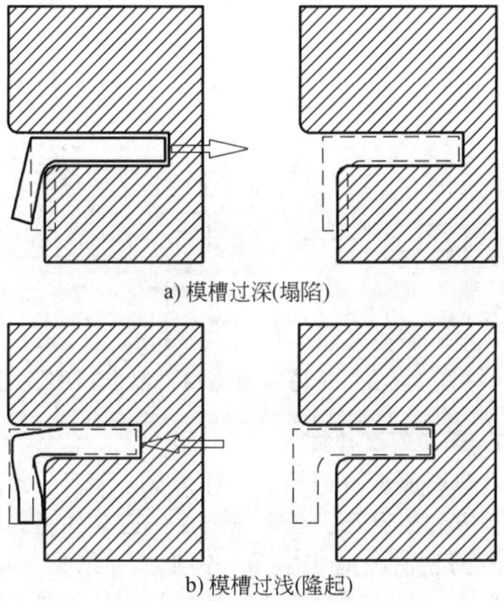

图 3-3-42　角形型材缘板不平整缺陷

3.3.6　截面收缩变窄

拉弯零件拉伸量较大时，型材的宽度和高度方向上尺寸减小，产生截面变窄，容易导致截面尺寸超差及截面畸变等质量问题，这时需要增大坯料的截面尺寸并选择适当的拉伸量加以克服，如图 3-3-43 所示。

3.3.7　翘曲和扭曲

对于截面形状不对称的型材，在成形时除了存在破裂、起皱和回弹等共性问题外，还可能发生翘曲和扭曲。原因是合力的作用点不在或不平行于任一中心主惯性平面。一旦产生扭转变形，就会使整个型材变形，精度不够，不能满足使用要求。为此在拉伸型材和弯曲型材时，应使夹钳钳块的拉力中心与型材截面的形心重合，避免额外的弯矩使型材纵向翘曲。弯曲时，还应尽量使弯曲力的作用点通

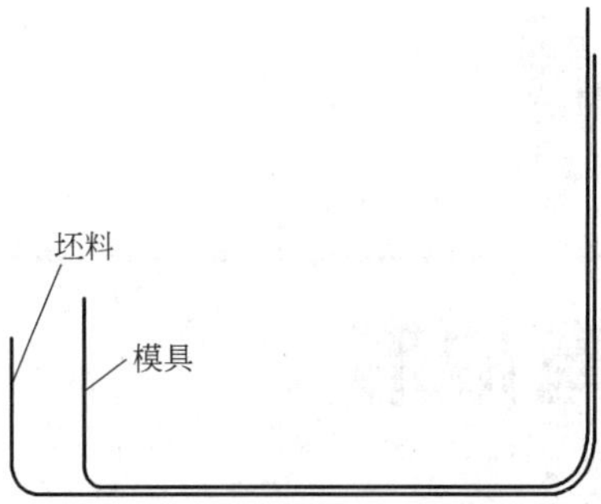

图 3-3-43　增大坯料的宽度以补偿横向尺寸的收缩

过弯心，避免产生扭转变形，如图 3-3-44 所示。腹板与缘条均须加以约束，以防止产生任何微小的斜扭变形。

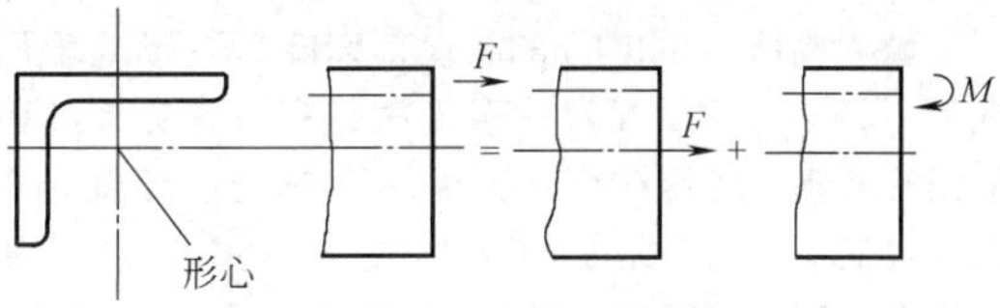

图 3-3-44　外力作用点不通过截面的形心，产生额外的弯矩

此外，对于二次拉弯，应尽量降低第一道次拉弯零件内部的残余应力，过大的残余应力将导致严重的淬火扭翘变形（见图 3-3-45），极大影响零件的再次装卡作业。

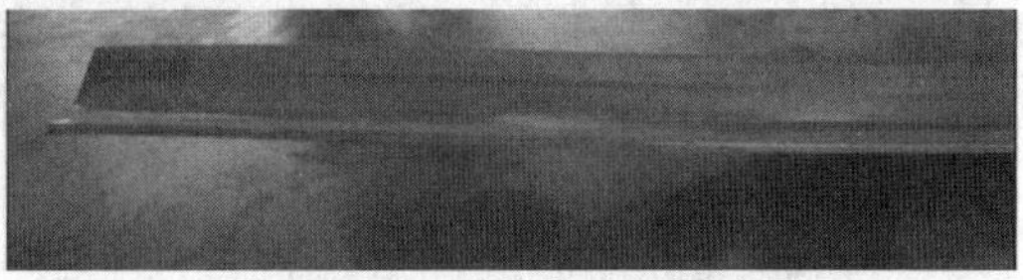

图 3-3-45　型材淬火扭翘变形

参考文献

[1]　《航空制造工程手册》总编委会. 航空制造工程手册(飞机钣金工艺)[M]. 北京：航空工业出版社，1992.

[2]　中国机械工程学会锻压学会编. 锻压手册（冲压）[M]. 2 版. 北京：机械工业出版社，2002.

[3]　VOLLERTSEN F. Extrusion, channel, and profile bending: a review [J]. Journal of Materials Processing Technology. 1999, 87: 1-27.

[4]　中国冶金百科全书总编辑委员会，《金属塑性加工》卷编辑委员会，冶金工业出版社《中国冶金百科全书》编辑部. 中国冶金百科全书：金属塑性加工[M]. 北京：冶金工业出版社，1999.

[5]　周养萍. 型材滚弯成形研究 [D]. 西安：西安理工大学，2007.

[6]　MINAKAWA K, KESKAR A, BARB A. Method and apparatus for creep forming of and relieving stress in an elongated metal bar: U. S. Patent Application 11/432, 046 [P]. 2007-11-15.

第4章

辊弯成形

北京科技大学　韩静涛　北方工业大学　韩飞

4.1　辊弯成形产品及其使用范围

4.1.1　辊弯成形产品分类

辊弯成形（Roll Forming，又称冷弯成形或辊压成形）是通过顺序配置的多道次具有特定轮廓型面的成形轧辊，把卷材或单张板材逐渐地进行横向弯曲，以制成特定断面的金属型材，工作原理如图 3-4-1 所示。辊弯成形是一种高效、节材、节能、环保的金属板材成形技术，拥有广阔的应用领域，已成为大批量生产中最常用的金属板材加工方法之一。辊弯成形产品在建筑行业、汽车制造、农机制造、船舶制造和交通运输、石油化工及日常用品制造等许多领域，得到了广泛的应用，在国民经济建设中起着重要的作用。此外，在辊弯成形过程中，可以很容易将冲裁、打孔、压印、纵弯等辅助加工手段引入。

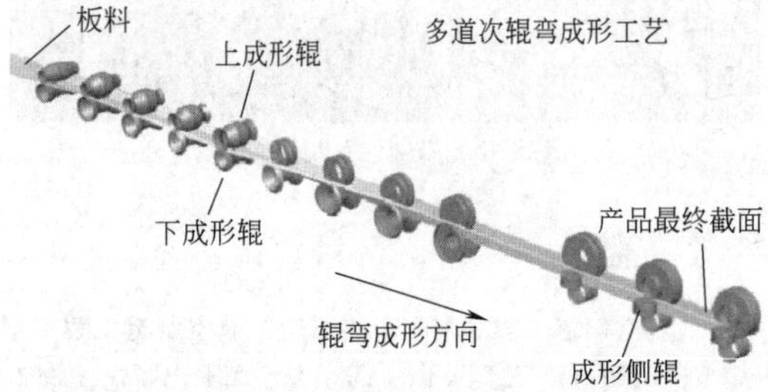

图 3-4-1　辊弯成形工作原理

辊弯成形产品主要有 C 形型钢、薄槽钢、薄 V 形型钢、薄 Z 形型钢、带缘 Z 形型钢、帽形型钢等轻质型钢，瓦楞钢板、波纹钢板等宽幅截面材，钢板桩、道路护栏等大型截面材，以及窗框等小型截面材，圆形、角形钢管等。一般来说，按照断面形状划分，冷弯型材产品综合起来大致可以分为开口断面型材和闭口断面型材两大类。

1. 开口断面型材

这类冷弯型材产品是最通用、最常见的，易于制造，包括辊弯的等边和非等边角钢、等边和非等边槽钢、内卷边角钢、内卷边槽钢、帽形型钢、卷边和非卷边的 Z 形型材、T 形型材以及各种用于结构和装饰等方面的许多对称或非对称的开口断面型材，同时还包括多种异型、复杂断面的开口型材。一些有代表性的冷弯型材产品断面如图 3-4-2 所示。

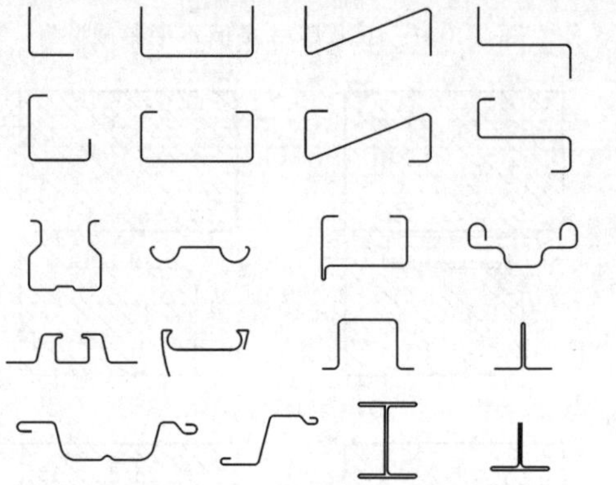
图 3-4-2　开口断面型材产品断面图

2. 闭口断面型材

闭口断面型材产品，又称为空心型材，最为常见的是方、矩形管、圆管等产品，还有各种异形的闭口断面型材，如工字形、梯形、半圆形、菱形、椭圆形等，以及多种特殊和异型复杂的闭口断面型材。一些有代表性的冷弯型材产品断面如图 3-4-3 所示。

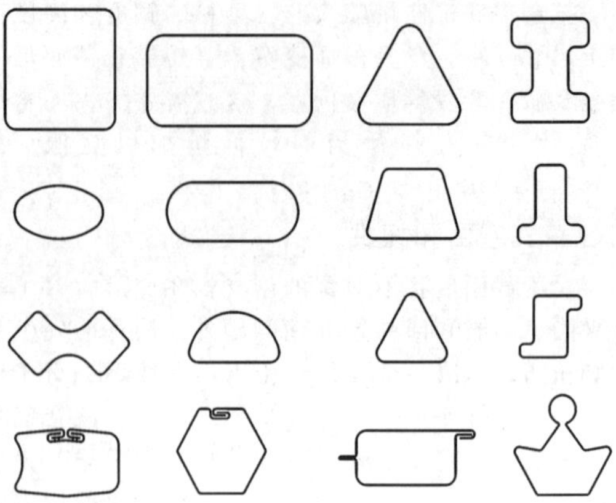
图 3-4-3　闭口断面型材产品断面图

冷弯型材是经济断面型材，由于具有断面均匀、形状任意多变、力学性能良好、材料利用率高、能源消耗低、经济效益高和绿色环保等特点，在汽车、航空、建筑等国民经济领域得到了广泛的应用，从普通的导轨、门窗等结构件到一些为特殊用途而制造的专用型材，类型极其广泛。

4.1.2　辊弯成形的主要特征

辊弯成形是一种节材、节能、高效的金属板料成形技术。利用这一工艺，不但可以生产出高质量的型材产品，而且能够缩短产品开发的周期、提高生产率，从而提高企业的市场竞争力。在刚过去的半个世纪里，辊弯成形已经发展为最有效的金属板材成形技术。在北美，带钢 35%~45%是由辊弯成形加工为产品与其他成形技术相比，辊弯成形生产效率高、产品表面质量好、材料利用率高、尺寸精度高，同时生产线还可以集成其他的加工工艺，如冲孔、焊接等，适合于大批量、连续生产，生产噪音低、无环境污染。具体来讲其特征主要体现在以下几个方面：

1）辊弯成形可以制造出一般热轧难以生产的复杂断面、品种多样的薄壁冷弯型材，从而在金属消耗最少的情况下，获得最大的刚度，能最大限度地满足结构设计的要求。尤其是变截面辊弯，可以获得截面形状沿轴向发生变化的更加复杂断面的型材。

2）辊弯成形可以加工带钢、有色金属合金，及其带有涂覆层的板、带材。常用的板、带材厚度可以由 0.1mm 到 20mm，宽度可达 2000mm。产品的长度从理论上讲可以是任意的，不受设备条件限制。

3）辊弯成形过程中，板、带材连续运行，其弯曲变形是连续的，因此具有较高的生产效率。

4）辊弯成形的产品形状、尺寸精度高，其表面可以保持板、带材原有的良好表面质量，因此，具有优良的产品质量。

5）辊弯成形过程一般是在室温状态下进行，其能源消耗低于热轧型材，因此，能源消耗少。

6）辊弯成形采用连续变形方式，适合大规模生产。在大规模生产中，成形辊的费用比冲模少，而使用寿命却比冲模长得多，从而减少了工具的成本。

7）成形辊设计、制造可以借助于 CAD、CAM 来实现。

8）辊弯工艺过程便于实现自动化。

4.1.3　辊弯成形的使用范围

辊弯型钢具有断面经济合理、节省材料、品种繁多、产品表面光洁、外观好、尺寸精确等优点，因而应用广泛，涉及的领域有建筑、汽车制造、农业、机械制造、管道输送等。据中国钢结构协会冷弯型钢分会最新调查资料表明，冷弯型钢的用户主要集中于钢结构、汽车、集装箱、公路护栏、钢模板、铁道车辆、桥架、钢板桩、输电铁塔等 9 大行业。

1. 辊弯成形在建筑业中的应用

辊弯成形产品在建筑业中的应用极其广泛，可用于各种厂房的承载结构，如屋顶、墙架柱、框架、公路护栏板、钢板桩、门窗等。在发达国家建筑业中，辊弯成形产品已占据其建筑用钢的 40%~70%。应用于建筑业的辊弯型钢主要是用于梁柱的方矩形管、檩条的 C 形和 Z 形型钢、屋面板、墙面板和楼承板。

2. 辊弯成形在汽车中的应用

辊弯成形产品在汽车工业中也得到了广泛的应用。主要应用在小轿车、大客车、卡车、消防车、混凝土搅拌车、集装箱汽车、农用汽车等的受力骨架中，如车的主梁、横梁、顶梁、支柱和门窗。大断面的辊弯成形产品一般作为承载结构，如宽架、大梁等；小断面的主要用于车身的骨架、底盘等。汽车上使用的辊弯型钢有角钢、槽钢、异形断面的辊弯型钢等。

3. 辊弯成形在农业中的应用

辊弯成形产品在农业中的应用也非常广泛。主要应用于收割机、播种机、割草机等的构架、横梁等，还应用于蔬菜大棚的顶棚架。在农业中应用的辊弯型钢主要有槽钢、矩形管、P 形型钢、角钢等。

4. 辊弯成形在管道输送中的应用

辊弯成形在管道输送中的应用主要是生产高频焊管。辊弯成形技术应用于高频焊管方面可以粗略地划分为 3 个阶段，即早期的辊弯成形技术（roll forming）；20 世纪 60 年代后期的排辊成形技术（cage forming）；20 世纪 90 年代后期的 FFX 成形技术（flexible forming excellent）。

工程技术的进步、新型产品设计的需要，都对辊弯成形产品的品种规格提出了更多的要求。从目前技术发展的趋势看，辊弯成形产品的品种规格，是向着大型化和小型精密化两个方向发展。

大型断面的辊弯成形产品的使用量日趋增加，如在建筑业方面，由于大型结构件的需要，大断面尺寸的厚壁方矩形管用于结构的制作，应用逐步广泛。这种断面的型材，具有良好的断面性能，在一些特定结构的条件下，可以替代某些大型热轧型材，不仅结构合理，而且重量轻，节省钢材。国外已经有 700mm×700mm、壁厚达 36mm 的方形辊弯成形产品在应用。在机械制造方面，需要大规格厚壁型材的数量也日益增多。

随着深加工技术的进步，用户需要小型辊弯成形产品的品种规格也越来越多。例如，汽车制造行业制作车厢、车架等构件外，在大量生产的小轿车中，过去许多采用冲压方法生产的一些零部件，已经开始使用辊弯成形型材制作。这类型材不仅断面复杂，而且尺寸的精度要求很高，远远高于构件标准的规定。

为了适应汽车、机械、电气等行业对于小型高精度辊弯成形产品的需要，新建设的辊弯成形机组，多为专业化的设备，并且有的是专门为该行业产品的配套厂，可以更好地为其服务与配合。

4.2　辊弯成形工艺设计

4.2.1　辊弯成形的主要工艺参数

成形工序主要是在辊弯成形机组进行，该机组是生产冷弯型材的主要设备。成形机组一般由多架装配具有一定形状的成形辊组成，其机架主要有水平辊机架和立辊机架。水平辊机架是主动的，承担变形的主要任务；立辊是被动的，设立于两架水平辊间或成组设立，主要作用是导向，也参与部分变形，并防止变形带钢回弹。在成形过程中涉及的主要工艺参数如下。

1. 板宽

为了计算板料宽度，即料卷宽度，将最终截面划分为直线体素和曲线体素。假设理论中性轴沿弯曲体素从厚度中心向内移动（见图 3-4-4a）。中性层的新位置用弯曲允许量 k 来表示。举例来说，低碳退火钢，弯曲半径等于材料厚度，k 值约为 0.33。即新中性层，与弯曲体素内表面的距离是材料厚度的 0.33 倍，而不是 0.5 倍。

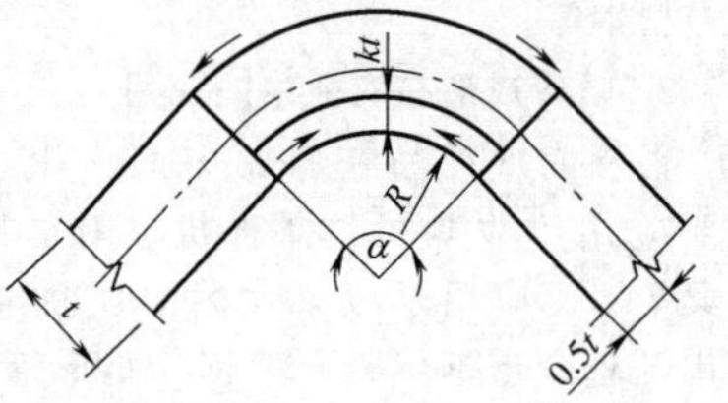

a) 理论方法

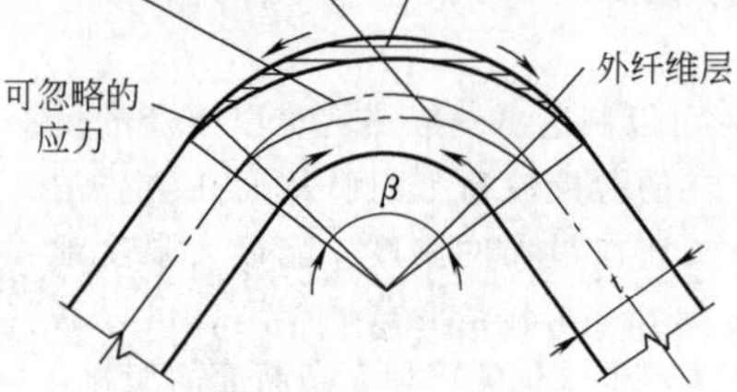

b) 弯曲的实际变薄

图 3-4-4　系数 k 在计算板料尺寸时补偿弯曲线上实际长度的改变

实际上，材料在弯角处总是变薄，如图 3-4-4b 所示。弯曲应力超过屈服强度，在弯曲体素的末端不会迅速地降为零。这种改变是逐渐的，即直线体素也有轻微的厚度改变。然而，用于曲线体素的经验系数 k 计算所得板宽是精确的，虽然引入了直线体素长度和厚度不变的假设。

经验系数 k 的主要影响因素是内圆角、材料厚度、材料的力学特性。

R/t 越大，k 越接近于 0.5。

屈服强度和抗拉强度越大，断后伸长率越低，k 值越接近于 0.5。长期以来，k 值用于计算冲压成形件的板料尺寸。作者建立了 k 值计算公式，在 roll former's guide 软件中使用，见式（3-4-1）。

$$k=0.567\frac{\dfrac{R_i}{t}+0.25}{1.2\dfrac{R_i}{t}+1}\times\left(1+\frac{Y^{2.5}}{250U^{1.41}}\right) \tag{3-4-1}$$

式中　R_i——内弯角半径（mm）；

t——材料厚度（mm）；

Y——屈服强度（MPa）；

U——抗拉强度（MPa）。

每一个断面由直线和曲线组成。人工计算曲线单元的板带宽度过程如下（见图 3-4-5）：

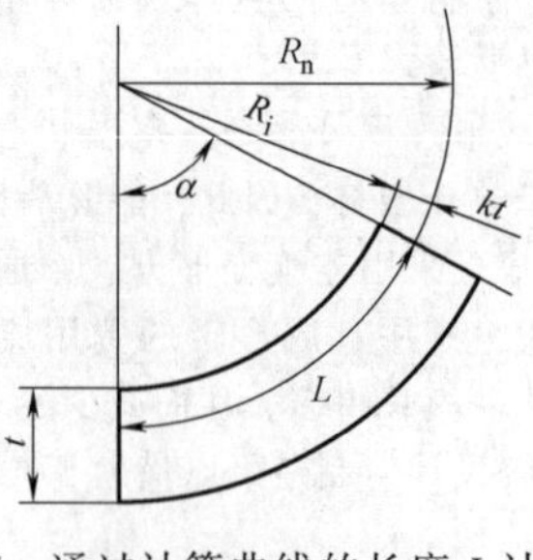

图 3-4-5　通过计算曲线的长度 L 计算板宽

t—厚度　k—弯曲允许量　R_i—内弯曲半径

R_n—中性层半径，$R_n=R_i+k\times t$

L—弯曲单元长度　α—弯曲角度（°）

用于计算弯曲单元板宽 L 的公式是

$$L=\frac{\pi}{180°}(R_i+kt)\alpha \tag{3-4-2}$$

如果 H 和 α 给定（见图 3-4-6），则有

$$\tan\frac{\alpha}{2}=\frac{a_i}{R_1}=\frac{a_0}{R_1+t}=\frac{b_0}{R_2+t}$$

$$a_i=R_1\tan\frac{\alpha}{2};\ b_0=(R_2+t)\tan\frac{\alpha}{2};\ a_0=(R_1+t)\tan\frac{\alpha}{2}$$

$$a_i+b_0=\tan\frac{\alpha}{2}(R_1+R_2+t)$$

如果 $R_1=R_2=R$，那么 $a_i+b_0=(2R+t)\tan\dfrac{\alpha}{2}$

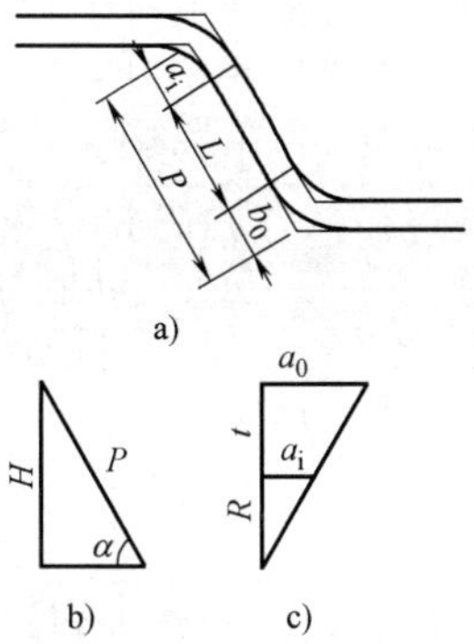

图 3-4-6　板料尺寸计算

在板宽计算时，假设成形过程直线长度不变。如果直线段长度在图中没有直接给出，要进行计算。

2. 成形机架间距

成形机架间距的确定也要考虑到带钢边缘不发生塑性变形、机架的结构设计以及导向装置的安装等多方面的要求。在同一机组里，机架间距可以相同，也可不同。对于连续式辊弯机组，其水平辊机架间距 l 可由所生产的最大管径 $D_{\max}$ 确定。

$$l=kD_{\max}=(5.7\sim10)D_{\max} \tag{3-4-3}$$

3. 成形辊轴径和底径

成形辊轴径可根据下面经验公式确定。

$$\Phi_{平}=k_1D_{\max} \tag{3-4-4}$$

其中，系数 k_1 的取值范围见表 3-4-1。

表 3-4-1　系数 k_1

$D_{\max}$/mm	≤35	35~350	350~660
k_1	1.15~1.20	0.75~1.00	0.58~0.72

立辊直径一般按该设备所生产钢管最大直径 $D_{\max}$ 的一半。

第一架下成形辊底径一般取相应轴径的 1.9~2.1 倍，随后的各机架的下成形辊底径应逐架增加 0.5%~0.65%，以便使成形机架间的带钢保持一定的张力。上成形辊底径要根据下成形辊底径和上下辊的传动比来确定。但当采用下成形辊单独传动时，上成形辊底径的选择只需考虑满足强度的需要。立辊的底径应根据水平辊机架间距、孔型系统、结构形式等确定，一般为所生产钢管最大直径的 1~2 倍。

4. 成形力和成形力矩

成形辊的辊缝间隙对成形力有很大影响。一般当辊缝间隙与带钢厚度之比大于 0.3 时，成形辊所受的成形力保持在一个较稳定的低值，此值可用式（3-4-5）计算。

$$F=\alpha R_{eL}t^2 \tag{3-4-5}$$

式中　F——成形力（N）；

α——修正系数，随成形辊形状和尺寸的变化而变化，其值在 1.5~3.0 之间；

R_{eL}——带钢的屈服强度（MPa）；

t——板厚（mm）。

成形力的精确计算可以在弹塑性力学的基础上用数值法（如差分法、有限元法）求得。但这种方法由于过于复杂，加之某些边界条件不甚清楚，因而仍处于研究阶段。

成形力矩可以分解为变形力矩、摩擦力矩和空转力矩。分别对着 3 种力矩进行分析和计算后叠加即可得到成形所需的总力矩。

5. 成形底线

从成形机的第一架至最后一架，各架下成形辊孔型的最低点的连线称为成形底线。成形底线的分布大致有 4 种（见图 3-4-7）：

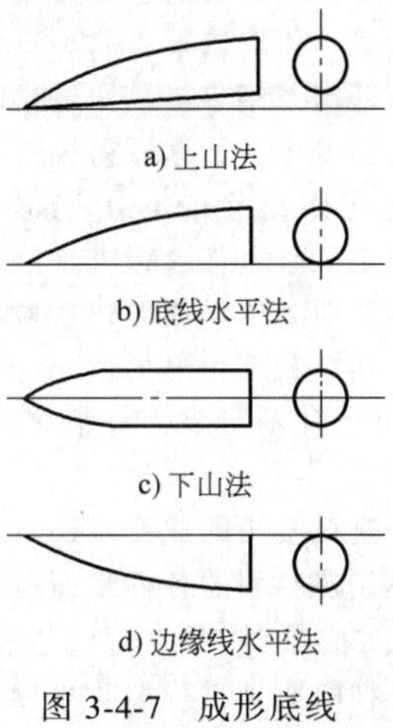

图 3-4-7　成形底线

（1）上山法　底线在成形过程中逐渐上升。

（2）底线水平法　底线在成形过程中是一条水平线。

（3）下山法　底线在成形过程中逐渐下降，或者在预成形各架中逐渐下降，至封闭孔型后底线保持水平。

（4）边缘线水平法　边缘线（各架边缘点的连线）在成形过程中保持水平，或者成形底线按下山法演变。

在辊弯成形过程中，一般采用下山法，因为下山法在降低边缘成形高度从而减小边缘纵向变形的同时，还最大程度地减小了带钢横断面上纵向延伸的不均匀性。

6. 成形速度

辊式成形机组的成形速度为 0.5~250m/min，常用的速度范围为 25~30m/min。影响最佳成形速度的主要原因有：原材料的成分、屈服强度和硬度、厚度、成形操作的难易程度、成形型材的定尺剪切、成形机架数、需要的辅助加工，以及润滑剂（冷却剂）的应用。

钛合金复杂型材一般采用较低的成形速度 0.5m/min。与此相对应，对于厚度小于 0.9mm，定尺长度很长（25m 左右）的铝和退火低碳钢在成形比较平缓时可以采用较高的成形速度 245m/min。当采用高速成形时，通常无法进行冲孔、压印、焊接等辅助加工，要求逐架进行润滑。使用飞剪或飞锯定尺时，往往不能达到成形所允许的最大速度。大多数辊弯产品的定尺是通过滑动剪切（或锯切）机座定尺的。成形速度越高，滑动机座就需移动越长的距离，才能保证准确定尺。因此实际允许的最大成形速度往往依赖于剪切周期的大小。

4.2.2　各种断面形状与成形道次数的关系

辊弯成形设计最重要的也是最难的问题，即要确定成形道次数。长期以来人们为寻找科学计算成形道次数的方法做了很多尝试。最早的方法是在一个简单的直线模型中，计算最初板料边到最终产品边的距离，这个距离除以 tan1 ~ tan1.5（0.0175 ~ 0.062），为要求成形的总的轧机长度。总轧机长度除以道次间距，即为所需成形道次数。该计算给初级设计者计算简单截面情况提供了一个指导，但是该方法较为粗糙且不可靠，有很多重要因素没有考虑。

因此，为获得实用的成形道次数确定法，调查了企业中实际制造时用的各种断面型材形状与其成形道次数的关系，整理如下：

首先，各种断面型材按形状可分为四类：对称断面，非对称断面，宽幅断面和圆管。其次，用横轴表示各类断面实际成形的弯角数 n，考虑断面型材立边长度、板厚、断面弯曲角数等因子决定的形状因子函数，在纵坐标轴上表示成形道次数 N。这种整理方法的关键是，依据收集数据的曲线倾向，考虑一定的分散范围来确定形状因子函数。

1. 对称断面成形道次数确定方法

如图 3-4-8 所示是对称断面成形道次数 N 与形状因子函数的关系。这里所示形状因子函数 Φ_1，是断面总弯曲角数 n，板厚 t 及左右立边长度和 F 之积 Fnt 定义的断面形状表示值。形状因子函数不包括底部腹板宽，这是由于考虑到底部腹板只送断面型材，不参与弯曲。如图所示，虽然数据很分散，但可以说成形道次数 N 与形状因子函数 Fnt 有关。图中以点画线作为分界，左侧断面型材立边前端向外侧，类似帽形型材的断面型材较多，而右侧断面型材立边前端向内侧，类似 C 形型材的断面型材较多。可见，对称断面型材分为 C 形型材与帽形型材两类，可分别用各自曲线表示形状因子函数 Fnt 与成形道次数 N 的关系。对于这两种对称断面，通过图中两条实线可计算出准确的成形道次数。

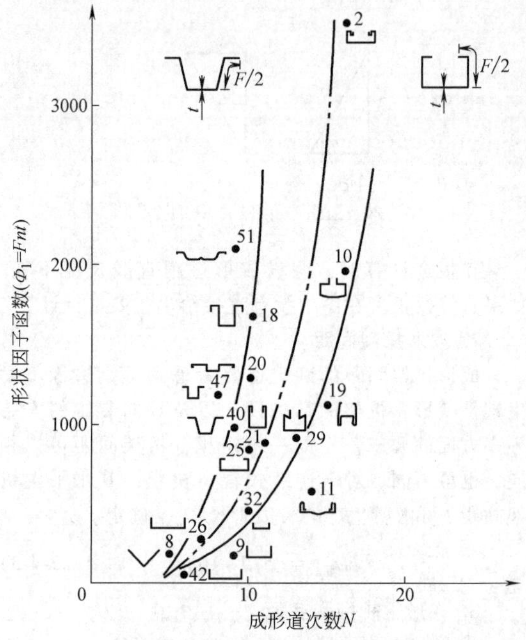

图 3-4-8　对称断面的形状因子函数与成形道次数的关系

2. 非对称断面成形道次数确定方法

非对称断面型材成形方法，如图 3-4-9 所示，分为断面不倾斜成形法 a 和断面倾斜成形法 b。通常，多采用断面不倾斜成形法 a，理由如下：

由于非对称断面型材辊弯成形设计有 a、b 两种方法，用以下方法定义形状因子函数。首先，采用断面不倾斜法 a，断面左右的立边长度 F_1，F_2，左右弯曲角数 n_1，n_2 及板厚 t 的乘积之和，$F_1n_1t+F_2n_2t$ 作为形状因子函数。

采用断面倾斜成形法 b 的断面形状因子函数如图 3-4-9 所示，除断面顶点 P 的弯曲角数 1 分为左右各 0.5 以外，其他计算方法与 a 相同。图 3-4-9 以上述方法表示了形状因子函数 Φ_2 与成形道次数 N 的关系。图中空心记号为采用方法 a 所得值，黑点记号为采用方法 b 所得值。虽有一点偏差，但也能将二者近似拟合为一条曲线。

3. 宽幅断面成形道次数确定方法

与前述的对称、非对称断面型材以立边弯曲为主体成形有所不同，宽幅断面型材以使板实现设计的宽幅为主要成形过程。由此，对于形状因子宽幅断面应考虑与板的幅宽相关的要素。具体来说，就是加工前薄钢板宽 W_1 与制品宽 W_2 的比值 W_1/W_2，波高 h，波数 n 等。

宽幅断面型材的形状因子函数 Φ_3 可确定为这些因子之乘积即 W_1nh/W_2。此形状因子函数不包括板厚，是由于实际数据过少。

图 3-4-10 是利用上述形状因子函数 Φ_3，整理的与各种宽幅断面型材成形道次数 N 的关系。图中虚线周围黑点 w-1～w-4 是依据 1977 年以前所得，实线周围空心点 w-5～w-8 是来源于近期数据，w-9 数据源于作者。

尽管 w-1 和 w-7 数据代表的截面形状几乎相同，但它们所需要的成形道次数却不相同，这反映了轧辊设计技术的进步。

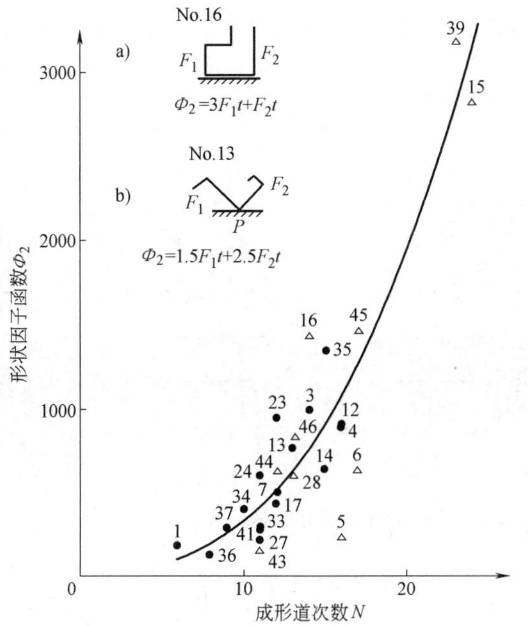

图 3-4-9　非对称断面的形状因子函数与成形道次数

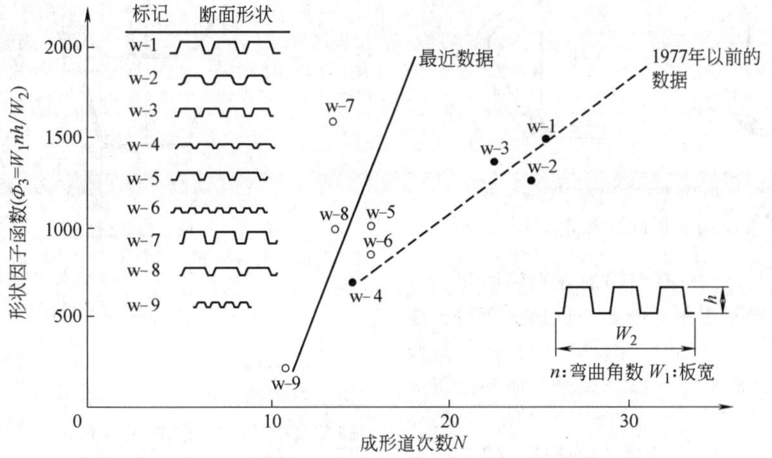

图 3-4-10　宽幅断面的形状因子函数与成形道次数

4.2.3　弯曲方法

1. 定长度成形

每个道次在弯曲体素（L）的全长上弯曲，弯曲半径逐渐减小（见图 3-4-11）。

利用式（3-4-2）确定 L 后，可以根据该道次的总弯曲角 α 来计算每个道次的内圆角半径 R_i，其中 k 是弯曲允许量，t 是材料厚度。

$$R_i = 57.2958\frac{L}{\alpha} - kt$$

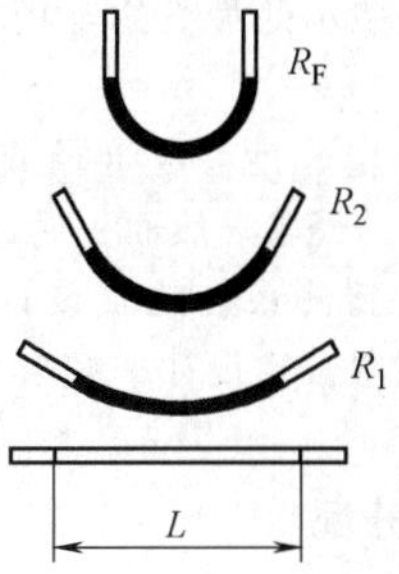

图 3-4-11　定长度成形

2. 定半径成形

每个道次有一个或多个体素以最终半径进行弯曲（见图 3-4-12）。轧辊设计者选择在给定道次中参与弯曲的体素。被弯曲段可以从曲线体素的一端开始，在后续的道次把相邻的直线体素弯曲（见图 3-4-12a）。也可以从要弯曲体素的两端开始，然后弯曲相邻的体素，最后弯曲中间体素（见图 3-4-12b）。另一种方法是先弯曲中心体素到最终圆弧半径，然后弯曲相邻体素，直到最终完成成形（见图 3-4-12c），或者混合应用弯曲顺序（见图 3-4-12d）。

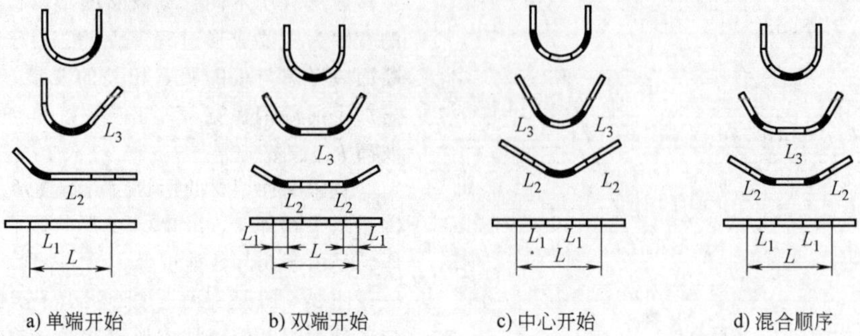

图 3-4-12　3 个道次的定半径弯曲

3. 混合应用定长度与定半径

虽然少用，但偶尔情况下设计者会先用定长度法成形直到某一点，在该点轧辊可以完全到达弯角线内侧，然后在接下来的成形中转换为定半径法成形（见图 3-4-13）。

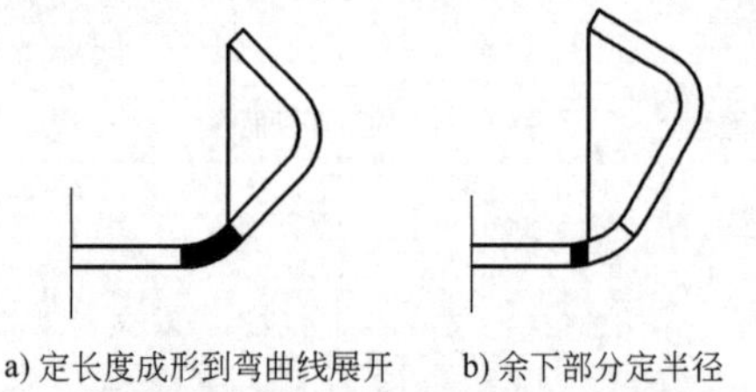

图 3-4-13　混合应用定长度法和定半径法成形

除了少数情况外，没有明确的规则说明哪种方法一定要用或一定不能用。例如，盲角成形时，建议用定长度法。盲角成形时，凸模不能到达弯角线内侧。因而，不可能只有一部分线段弯曲到指定的半径。

当几个弯角线同时成形时，如侧墙、屋顶或其他许多截面，定长度方法也比较受欢迎。在最初的几个道次，定长度法的大半径允许材料滑进滑出，而定半径方法则用小的最终的半径容易限制材料的流动。

究竟是选择定长度、定半径或混合成形方法，经常依靠设计者的经验。然而，通过测量使用过的，磨损的轧辊，去猜测最初轧辊设计者使用的方法，来重新生成轧辊图，比设计一整套轧辊更复杂、更难、更耗时间。

4.2.4　角度分配

1. 对称断面成形弯曲角度分配

辊式成形弯曲角度分配式的推导，如图 3-4-14 所示，假设立边端部水平面投影轨迹用三次曲线表示时，板材弯曲角度分配是最佳的。

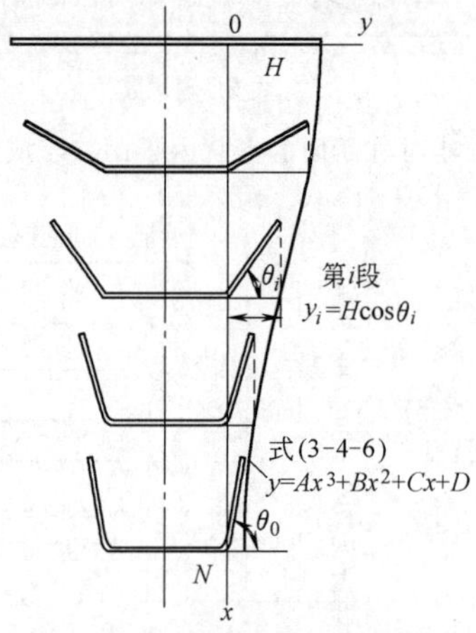

图 3-4-14　轧辊弯曲角分配的推导

图示槽形断面成形，假设全成形道次数 N，立边最终弯曲角度 θ_0，立边长度 H，第 i 道次立边弯曲角度为 θ_i，三次曲线的表达式与边界条件如下式。并且，各机架间距为等间距。

$$y=Ax^3+Bx^2+Cx+D \tag{3-4-6}$$

在 $x=0$ 及 $x=N$　处　$\dfrac{\mathrm{d}y}{\mathrm{d}x}=0$

在 $x=0$ 处 $y=H$，在 $x=N$ 处 $y=H\cos\theta_0$

在 $x=i$　处 $y_i=H\cos\theta_i$

由此可得第 i 道次辊式成形弯曲角度 θ_i 为

$$\cos\theta_i=1+(1-\cos\theta_0)\left[2\left(\frac{i}{N}\right)^3-3\left(\frac{i}{N}\right)^2\right] \tag{3-4-7}$$

这样就可以将各成形道次从 1 到 N 的变形角由上式中的总变形道次数 N 确定出来。取 $i=1$, 2, …, n 代入式（3-4-7），可得各道次的辊式成形弯曲角度。全成形道次数 N 使用图 3-4-8 确定的值。

为了调整轧辊角度分配，将变动指数 k 代入式（3-4-7）得到式（3-4-8）。

$$\cos\theta_i = 1+(1-\cos\theta_0)\left\{2\left(\frac{i}{N}\right)^{3+k}-3\left(\frac{i}{N}\right)^{2+k}\right\} \tag{3-4-8}$$

若赋予 k 正值 0.1，0.2，…，则成形前段部分弯曲角度增量小，即变为较细弯曲角度分配，但后段部分变为较粗的弯曲角度分配。若赋予 k 负值 -0.1，-0.2，…，则正相反。若机架间距为不等间距，将上述变动指数的值直接代入，以考虑间距的影响。

非对称轧辊弯曲角度分配基本与对称断面相同，均采用式（3-4-7）、式（3-4-8）。

2. 宽幅断面弯曲角度分配

波纹钢板、瓦楞钢板等宽幅断面型材的轧辊设计法基本分为两类。一是所有波同时成形的全波同时成形法；另一类是逐次由断面中央开始成波的顺序成形法。

宽幅断面型材的轧辊设计一般为逐次顺序成形法。原因是，逐次顺序成形法在靠近断面中央的波成形时，不成形的板缘侧不受轧辊限制，不会发生多余的变形。另外，逐次波成形法对于成形中的故障处理及轧辊设计错误等也容易采取应对措施。而全波同时成形法对于各波变形量的设定很难。

（1）全波同时成形法　图 3-4-15 所示为采用全波同时成形法瓦楞钢板时轧辊设计法。

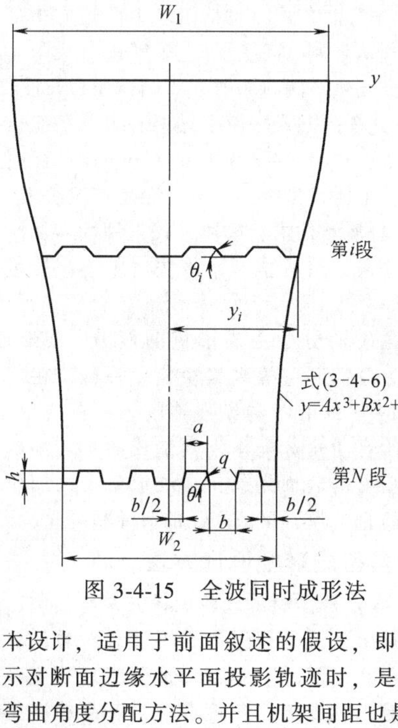

图 3-4-15　全波同时成形法

本设计，适用于前面叙述的假设，即用三次曲线表示对断面边缘水平面投影轨迹时，是最合适的板材弯曲角度分配方法。并且机架间距也是等间距，断面成形全成形道次数设为 N，钢板的原料板半幅宽 $W_1/2$，成品半幅宽 $W_2/2$，第 i 道次制品半幅 y_i，三次曲线表达式与边界条件与之前相同。

可由式（3-4-9）得第 i 道次制品半幅 y_i 的值：

$$y_i = \left(\frac{W_1-W_2}{2}\right)\left[2\left(\frac{i}{N}\right)^3-3\left(\frac{i}{N}\right)^2\right]+\frac{W_1}{2} \tag{3-4-9}$$

最终断面形状，若断面单侧波数为 k（偶数），波的尺寸分别为 a、b，波斜边长 q，可求第 i 道次制品半幅宽的几何关系，见式（3-4-10），弯曲角度 θ_i 如式（3-4-11）所示。

$$y_i = k(a+b+2q\cos\theta_i) \tag{3-4-10}$$

$$\cos\theta_i = \frac{1}{2q}\left(\frac{y_i}{k}-a-b\right) \tag{3-4-11}$$

式（3-4-11）中的 y_i 与式（3-4-9）联立，可求弯曲角度 θ_i。

将钢板的原料板半幅宽 $W_1/2$，制品半幅宽 $W_2/2$，全成形道次数 N，断面尺寸 a、b、q 及波数 k（偶数）代入式（3-4-9）、式（3-4-10），由式（3-4-11）求得各道次弯曲角度 θ_i。

（2）顺序成形法　图 3-4-16 所示为用顺序成形法对波纹钢板断面型材成形时的轧辊设计。

首先，如图所示，完成 1 个波、3 个波、5 个波时制品半幅宽为 y_α、y_β、y_γ。仍然采用前面叙述的假设用三次曲线表示对宽幅断面型材边缘水平面的投影轨迹，第 i 道次制品半幅宽 y_i 如式（3-4-10）所示。

这里的 y_i 与上述 y_α、y_β、y_γ 比较，在确定 y_i 值范围后，利用式（3-4-12a～d）计算第 i 道次弯曲角度 θ_i。

当 $y_\alpha \leqslant y_i < W_1/2$ 时，$y_i = W_1/2-a(1-\cos\theta_i)$ (3-4-12a)

当 $y_\beta \leqslant y_i < y_\alpha$ 时，

$$y_i = W_1/2-a(1-\cos\theta_0)-2a(1-\cos\theta_i) \tag{3-4-12b}$$

当 $y_\gamma \leqslant y_i < y_\beta$ 时，

$$y_i = W_1/2-3a(1-\cos\theta_0)-2a(1-\cos\theta_i) \tag{3-4-12c}$$

当 $W_2/2 \leqslant y_i < y_\gamma$ 时，

$$y_i = W_1/2-5a(1-\cos\theta_0)-2a(1-\cos\theta_i) \tag{3-4-12d}$$

式（3-4-12）中，设第 i 道次弯曲角度 θ_i，波的斜边长度为 a，最终弯曲角度为 θ_0，且满足关系 $\theta_0>\theta_i>0$。

此时，若将变动指数 k 代入式（3-4-9）就可以调整各波成形道次弯曲角度的分配。

$$y_i = \left(\frac{W_1-W_2}{2}\right)\left[2\left(\frac{i}{N}\right)^{3+k}-3\left(\frac{i}{N}\right)^{2+k}\right]+\frac{W_1}{2} \tag{3-4-13}$$

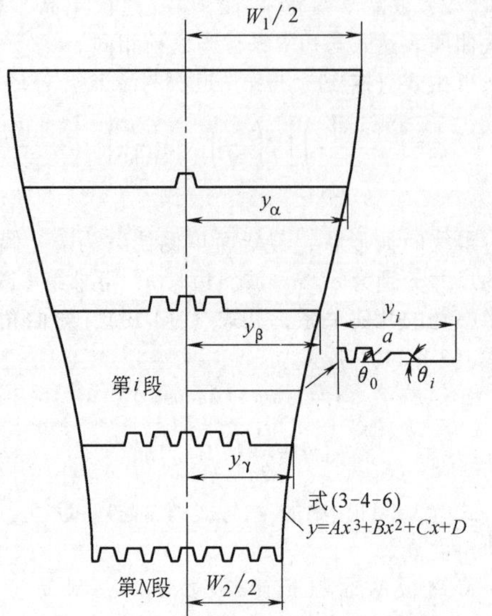

图 3-4-16　顺序成形法

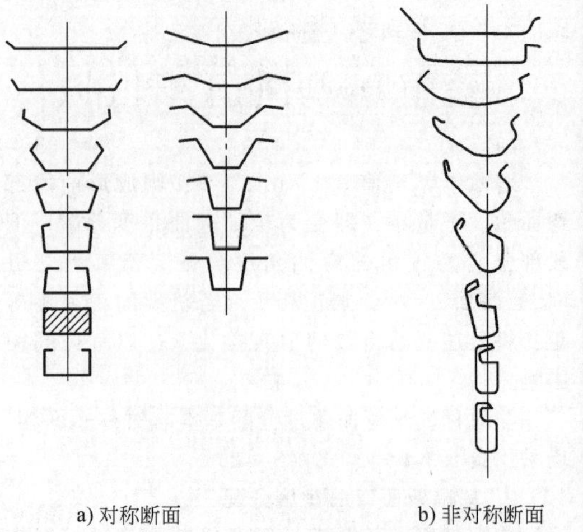

图 3-4-17　基本中心线的选取

4.3　辊弯成形轧辊设计

4.3.1　辊花图的设计

辊花图是各成形机架变形带坯横截面形状的重叠图，因而辊花图是描述辊弯成形过程中，带钢从平带坯变形为所需型材的变形行为的示意图。在辊花图设计过程中，首先要确定的是成形工作断面的取向，弯曲的次数，弯曲角的分配和弯曲的方式等。

成形工作断面的取向受多种因素影响。空弯是指仅由上辊或下辊进行的弯曲。它对断面尺寸精度有很大影响。成形工作断面的取向应尽可能避免空弯。回弹也是辊弯成形中常见的问题，成形断面的取向应有助于利用立辊过弯以克服回弹。

在多数情况下，成形断面取向与型材基本中心线或基本成形面的选择有关。基本中心线是通过工作全长的一条直线，其位置在整个变形过程中，相对于机架中心不变，对称型材的基本中心线就是对称中心线。非对称型材的基本中心线最好是开始成形时的中心线，以防止工件在进一步变形时发生横向位移，如图 3-4-17 所示。

选择基本中心线的原则是使成形断面两边的水平力相抵消，从而使金属自由成形而不会受到牵拉。应该使型材断面最深处处于基本成形线。型材的表面质量要求较高的部分或涂敷面应处于上下辊速差较小的地方。成形时应尽量使型材的翼缘向上弯曲。这样可以使型材断面更接近要求并简化辊型。型材断面的取向还应考虑到其他工序（如冲孔）的要求。此外，如有可能，还应使断面取向有利于冷却润滑剂的排出，以防止型材锈蚀。

对于复杂断面型材，弯曲的次序是重要的设计内容之一。理想情况下，从断面中心向两边逐渐弯曲，这样可以使已弯曲成形部分不会进一步发生变形，但是，考虑到多种其他因素的影响，如避免空弯，减少金属移动，改善材料流动的平滑性等，也采用其他的弯曲次序。

H. C. 特里舍夫斯基将弯曲的次序分为 4 类：

1）同时弯曲方式，适用于单张或连续成形工艺生产开口对称型材、Z 形型材、波纹板及不对称程度小的槽钢。

2）顺序弯曲方式，包括由坯料两边向中部顺序进行成形和从坯料中心向两边顺序进行成形，适用于单张或连续生产闭口型材、半闭口型材及波纹板。

3）联合弯曲方式，使上述两种方式的组合，这种方式适合生产有 2~5 个弯曲部位的不对称型材、闭口型材及半闭口型材，但不适合生产波纹板。

4）弯曲整形方式，这种方式先用大弯曲半径预弯出各弯曲角，然后整形，该法适用于高质量波纹板的弯曲。

弯曲角度的分配由成形机的能力、成形道次、机架间距、总变形量等因素决定。一般，在成形初期取较小的弯曲角以避免强迫咬入；在成形中期，应避免由于弯曲角分配不均而造成的带坯局部异常变形以及型材的表面划伤；在成形后期采用较小的变形量以防止回弹，保证产品的尺寸精度。

4.3.2　典型成形辊设计方法

1. 对称 U 形型材的轧辊设计方法与实例

图 3-4-18 表示的是作为轧辊设计对象的对称窗框截面的形状与尺寸。本节对成形工序研究，成形道次数确定，轧辊弯曲角度分配，产品精度研究以及成形工序图研究进行论述。

(1) 成形工序研究　此断面成形工序，由图 3-4-19 所示帽形成形与使其弯曲的 C 形成形二道工序组合而成，工序图的求法，由最终断面顺次倒推成形工序比较容易。

(2) 成形道次数的确定　由图 3-4-18 所示形状与尺寸可知弯曲的总边长 $F=2(10+22+40)\,\text{mm}=144\text{mm}$，全部弯曲角数 $n=6$，板厚 $t=1.6\text{mm}$，则形状因子函数 $\Phi_1=Fnt=1382\text{mm}^2$，将其与图 3-4-8 断面曲线对照，可得全部成形道次数为 15。若考虑产品精度对策多给出 1 道次，则此断面成形实际成形道次数 $N=14$。

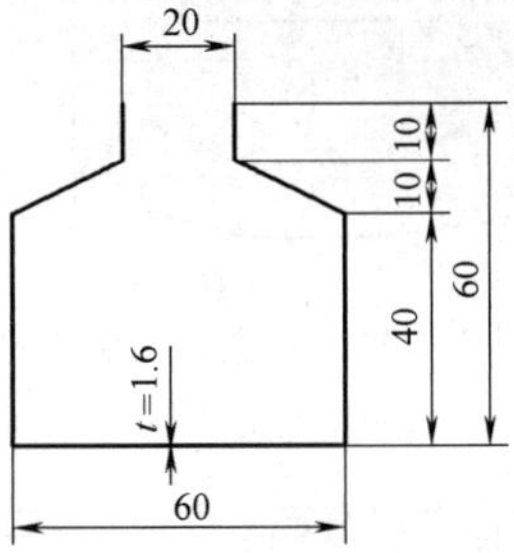

图 3-4-18　窗框型材形状与尺寸

此断面成形工序分为帽形成形和 C 形成形，分别分配成形道次数为帽形成形 6 道次，C 形成形 8 道次，道次数分配法如下：

首先，由帽形成形的最终断面形状可得全部弯曲的边长 $F=2(10+22)\,\text{mm}=64\text{mm}$，全部弯曲角数 $n=4$，板厚 $t=1.6\text{mm}$，由这些值可得形状因子函数 $\Phi_1=Fnt=410\text{mm}^2$，将其与图 3-4-8 左侧帽形断面曲线对照，可得成形道次数为 7。此时，与上述理由相同，可确定帽形断面实际成形道次数 $N=6$。因此，延续帽形成形的 C 形成形即为 14 道次中剩余的 8 道次。

(3) 轧辊弯曲角度分配　轧辊弯曲角度分配，帽形成形与 C 形成形分别进行。首先，帽形成形的全成形道次数 $N=6$，最终弯曲角度 $\theta_0=75°$，代入式 (3-4-9) 可得如图 3-4-19 所示各道次弯曲角度 θ_h。

$$\theta_h=19°\rightarrow36°\rightarrow51°\rightarrow63°\rightarrow72°\rightarrow75°$$

由于边沿成形只在帽形成形后 3 道次进行，所以将成形道次数 $N=3$，最终弯曲角度 $\theta_0=75°$ 代入式 (3-4-9) 可得如图所示各道次弯曲角度 θ_L。

$$\theta_L=36°\rightarrow63°\rightarrow75°$$

在 C 形成形部分 $N=8$，$\theta_0=90°$ 代入式 (3-4-9) 可得如图 3-4-19 所示各道次弯曲角度 θ_C。

$$\theta_C=17°\rightarrow33°\rightarrow47°\rightarrow60°\rightarrow72°\rightarrow81°\rightarrow88°\rightarrow90°$$

(4) 产品精度研究　对于此窗框截面，精度对策关注的是去除切口变形，去除 C 形断面切口变形适合的过弯轧辊角度由式 (3-4-14) 可得

$$\theta_{opt}=\left(0.8\frac{H}{tF_2}+92.5\right)\pm0.5 \qquad (3\text{-}4\text{-}14)$$

此断面，板厚 $t=1.6\text{mm}$，立边高 $H=40\text{mm}$，假设多出立边部分的边沿宽 F_2 为 32mm（10mm + 22mm），将这些代入式 (3-4-14)，得到适合的过弯轧辊的角度 $\theta_{opt}\approx93°$。

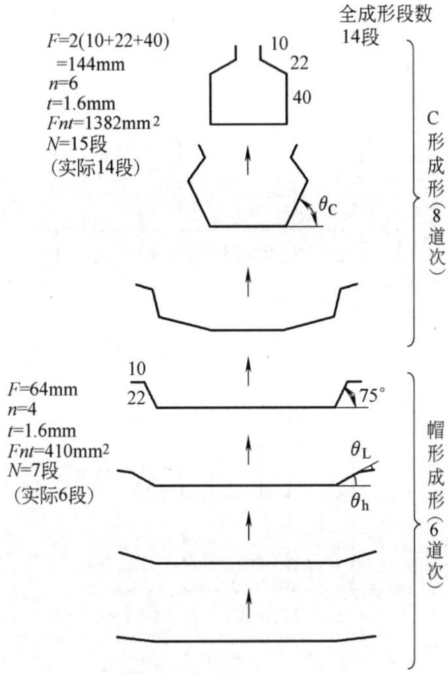

图 3-4-19　窗框型材弯曲方案图

一般而言，塑性弯曲和任何一种塑性变形一样，在外力作用下板材产生的变形由塑性变形和弹性变形两部分组成。当外力去除以后，弹性变形会完全消失，而塑性变形保留下来。辊弯成形是典型的增量成形工艺，成形过程中，板材在轧辊作用下发生弹性、塑性变形；当板材离开轧辊后，弹性变形恢复，弹性能被释放，塑性变形被保留，在此阶段板材易发生回弹。因此，辊弯成形过程也可看作板材进行反复加载-卸载的受力过程，是通过多次小变形累积而达到最终变形量。辊弯成形工艺的回弹是整个变形过程积累下来的效应，它的能量来自于在每一步成形过程中所储存的弹性变形能，在板材成形结束时，随着载荷的释放或消失，成形过程中所积累的弹性变形能要释放出来，导致零件整体形状发生改变，最终导致零件成形后截形发生改变。

(5) 成形工序图的再研究　利用上述计算值描绘各道次断面，重新审视成形工序图的全流程。由图来看最让人担心的是，成形后段过程中，上轧辊弯不到断面弯曲角而成为盲角。在轧辊成形中，对付这样盲角最普遍的方法是如图 3-4-20 所示底面部分的反弯曲成形法。即如图所示使用反弯曲打开断

面，使上轧辊能够挤压到弯曲角部。其他应付盲角的方法有，把成形后段立边弯曲角度 $\theta_C=81°$，88°，90°道次的上轧辊制成如图 3-4-21 所示压紧轧辊，在斜边上施加压缩力使其帮助盲角弯曲。图 3-4-22 的轧辊花型图即是考虑这些因素描绘而成的。

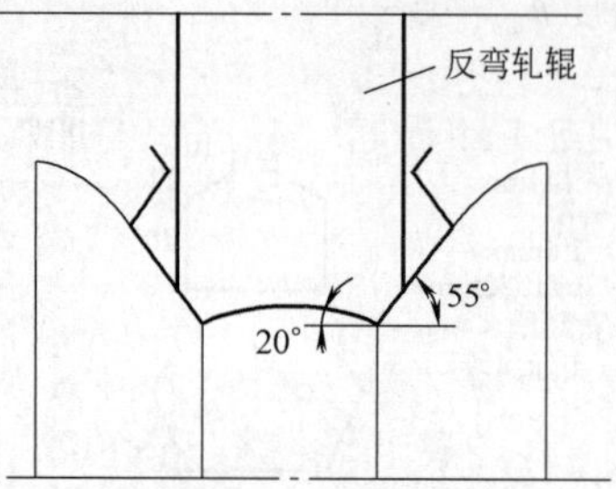

图 3-4-20　盲角成形的处理方法（1）

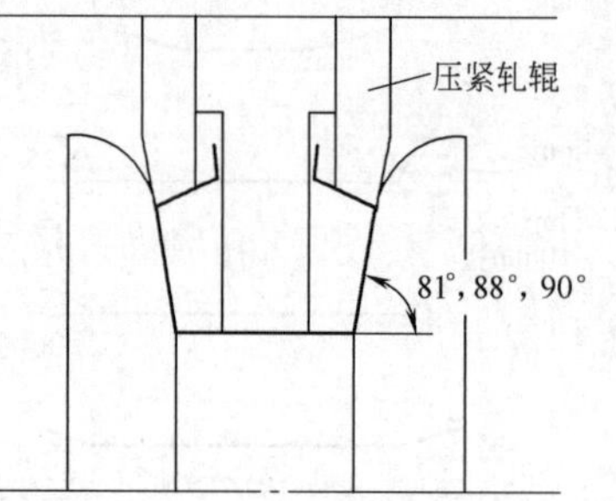

图 3-4-21　盲角成形的处理方法（2）

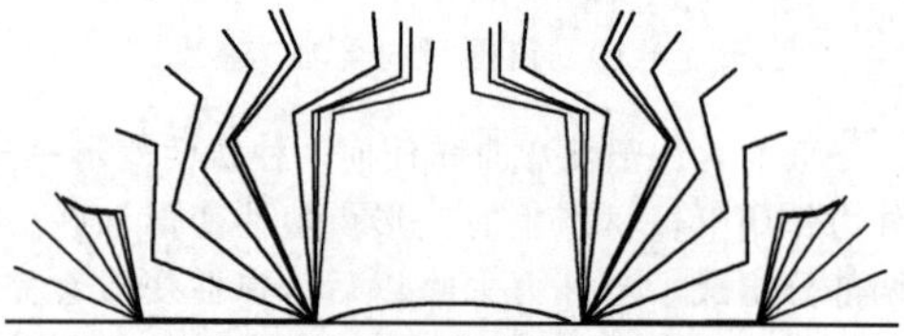

图 3-4-22　窗框型材的辊花图

2. 非对称 U 形型材的轧辊设计方法

图 3-4-23 为设计对象轨道框架断面形状和尺寸。

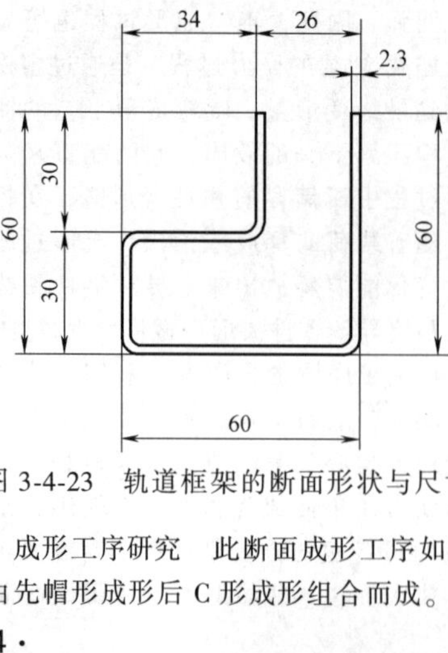

图 3-4-23　轨道框架的断面形状与尺寸

（1）成形工序研究　此断面成形工序如图 3-4-24 所示，由先帽形成形后 C 形成形组合而成。

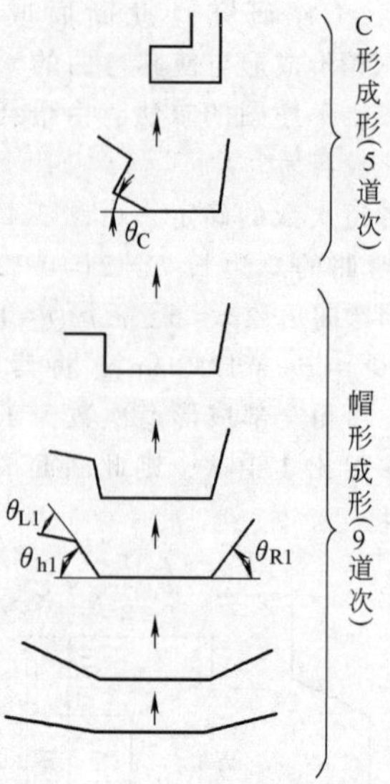

图 3-4-24　轨道框架断面的成形工序图

（2）成形道次数确定　由图 3-4-23 断面形状与尺寸可求断面形状因子函数 Φ_2 如下。

断面左侧的成形边长 $F_1=30\text{mm}+34\text{mm}+30\text{mm}=94\text{mm}$，弯曲角数 $n_1=3$，板厚 $t=2.3\text{mm}$。右侧立边长 $F_2=60\text{mm}$，弯曲角数 $n_2=1$，板厚 $t=2.3\text{mm}$，则形状因子函数 $\Phi_2=F_1n_1t+F_2n_2t=(30+34+30)\times3\times2.3\text{mm}^2+60\times1\times2.3\text{mm}^2=786.6\text{mm}^2$。将其与图 3-4-9 非对称断面型材成形道次数确定图对照可得成形道次数为 15。

考虑作为产品精度对策多给出 1 道次，则实际成形道次数 $N=14$。

然后，分配断面帽形成形与 C 形成形道次数，帽形成形为 9 道次，C 形成形为 5 道次。分配法，由帽形成形道次求法开始，图示帽形成形形状为非对称帽形。这个非对称帽型断面可以有两种算法：

1）将断面看作为以左侧为形状特征，按对称帽形断面确定成形道次数。

2）按实际断面，对断面左右分别求 Fnt，由其和求道次数。

由方法 1 求得 10 道次（实际为 9 道次），由方法 2 求得 11 道次（实际为 10 道次）。因确定方法不同，而产生差异，所以不清楚设计应采用哪个值。而对于本设计，采取在帽形成形后，分配给 C 形成形较多道次的方法，因此，分配帽形成形为 9 道次，C 形成形为 14−9=5 道次。

3）轧辊弯曲角度分配。图 3-4-24 成形工序各部分弯曲角度确定方法如下。首先，帽形成形时断面左侧立边弯曲角度 θ_{h1}，边沿弯曲角度 θ_{L1} 的最终弯曲角度均为 90°，由式（3-4-9）可求得

$$\theta_{h1}=15°\to29°\to42°\to54°\to65°\to$$
$$75°\to83°\to88°\to90°$$

由于边沿长度较短，所以此成形所需道次为 5 道次计算。

$$\theta_{L1}=26°\to48°\to69°\to84°\to90°$$

帽形成形断面右侧立边，最终道次（第 9 道次）的弯曲角度为 88°，以避免之后的 C 形成形发生表面擦痕。此外，右侧相对于左侧形状较为简单，若左右两侧用相同道次数成形，则断面有可能向复杂断面一侧倾斜，为避免这种情况，可减少右侧成形道次数，此时求 7 道次的 θ_{R1} 的角度，轧辊角度的数组为 19°→36°→52°→66°→77°→85°→88°，由于此道次数为 9 道，所以轧辊角度分配时，66°与 85°轧辊使用 2 次：

$$\theta_{R1}=19°\to36°\to52°\to66°\to66°\to77°\to85°\to85°\to88°$$

由 $N=5$ 得出 C 形成形断面左侧弯曲角度 θ_C 如下：

$$\theta_C=26°\to50°\to69°\to84°\to90°$$

C 形成形断面右侧立边弯曲角度从 9 道次至 13 道次，以帽形成形最终弯曲角 $\theta_{R1}=88°$ 完成成形，只有最终道次（14 道次）为 90°。

4）产品精度研究。此断面设计无法避免盲角的产生。因此，为提高左侧下角的弯曲精度需要采用插入辅助轧辊或芯子，与外侧压辊并用等方法。

3. 宽幅波纹板的轧辊设计方法

如图 3-4-25 所示为瓦楞钢板断面，本节将以 4 波同时成形方式进行设计说明。

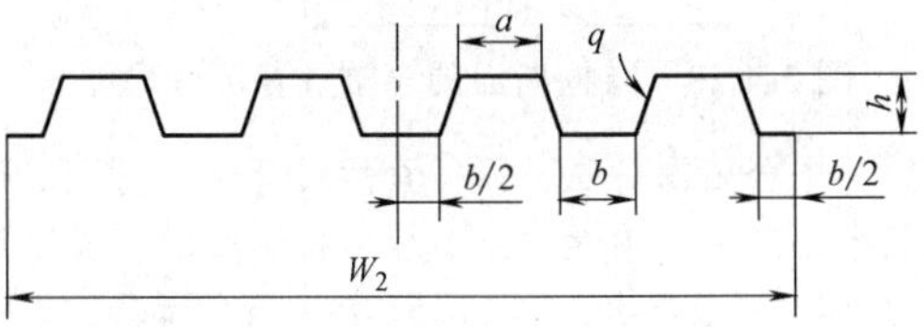

图 3-4-25　瓦楞钢板断面形状及尺寸

$a=68$　$q=50.1$　$b=68$　$h=50$　$W_2=650$

（1）成形道次数确定　如图 3-4-25 所示瓦楞钢板的形状与尺寸可知其截面的形状因子 Φ_3，钢板原料板宽 $W_1=926$mm，产品幅宽 $W_2=650$mm，断面高度 $h=50$mm，弯曲角数为 16，由各值的乘积可得宽幅断面型材的形状因子函数 $\Phi_3=926\text{mm}\times50\text{mm}\times16/650\text{mm}=1140$mm，将其与图 3-4-10 所示最新数据直线对照可以确定成形道次数约为 16 道。

若考虑图 3-4-10 作为产品精度对策多给出 1 个道次，则实际成形道次数 $N=15$。

（2）轧辊弯曲角度分配　由平板到最终断面的各道次过程中，将 $W_1=926$mm，$W_2=650$mm，$N=15$ 代入式（3-4-9）可得产品半幅宽 y_i 见表 3-4-2。

表 3-4-2　瓦楞钢板断面的产品半幅宽与弯曲角度

成形编号 i	产品半幅宽/mm	弯曲角度/(°)	成形编号 i	产品半幅宽/mm	弯曲角度/(°)
1	461.3	19.2	9	373.6	59.5
2	456.4	23.1	10	360.8	63.7
3	448.7	28.1	11	349.2	67.3
4	438.9	33.6	12	339.4	70.3
5	427.3	39.2	13	331.7	72.7
6	414.5	44.7	14	326.8	74.1
7	400.9	50.0	15	325.0	75
8	387.2	54.9	—	—	—

将断面单侧波数 $k=2$，断面各部尺寸 $a=68$mm，$b=68$mm，波斜边长 $q=50.1$mm 及表 3-4-2 产品半幅宽值代入式（3-4-12）可得到各道次弯曲角度 θ_i 见表 3-4-2。

图 3-4-26 的波纹钢板断面以顺序成形方式设计进行说明。

1）成形过程的研究。本断面如图 3-4-16 成形工序图所示先由断面中部完成第 1 个波成形，中心波成形后完成顺序进行中波两侧的 2 个波成形，是从断面中央依次增加波的工序成形。

2）成形道次数确定。图 3-4-26 所示的断面总波数为 7，各波有 4 个弯曲角，则总弯曲角数 $n=28$。钢板原料板宽 $W_1=888$mm，产品板幅宽 $W_2=650$mm，断面高度 $h=25$mm。因此本波纹钢板断面形状因子函数 $\Phi_3=W_1hn/W_2=956$mm，将此值与图 3-4-10 实线直线吻合，可确定成形道次数 N 约为 16（实际为 15 道）。

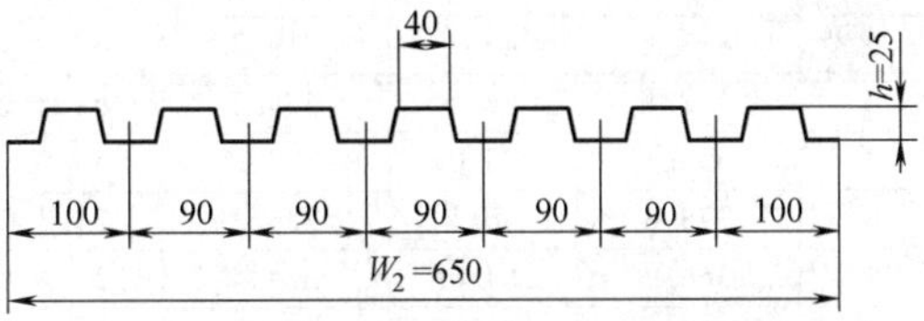

图 3-4-26　波纹钢板断面的形状与尺寸

3）轧辊弯曲角度。将钢板原料板宽 $W_1=888$mm，产品幅度 $W_2=650$mm，成形道次数 $N=15$ 代入式（3-4-11）得各道次产品半幅宽 y_i 见表 3-4-3。另一方面，图 3-4-16 所示 1 个波、3 个波、5 个波成形时半幅 y_α、y_β、y_γ 依据其几何特征可求得为 427mm、393mm、359mm。将这些值与表 3-4-3 产品半幅宽比较，可得到两者最接近时的 i 值，i 的值即为 1 波、3 波、5 波的各波成形完成时的成形道次序号。

由 $y_i=423.1$mm、$y_i=390.4$mm、$y_i=355.9$mm 最接近 y_α、y_β、y_γ 可得，中心的 1 波成形时在 $i=1\sim4$ 的 4 个道次进行。中心波两侧的两个波成形在

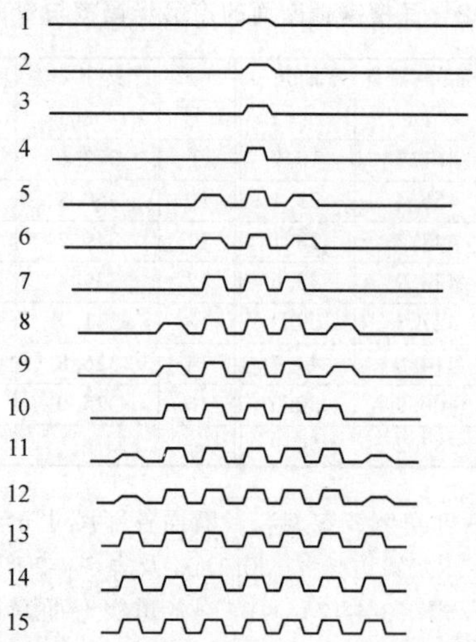

图 3-4-27 波纹板断面的成形工序图

$i=5\sim7$ 的3个道次进行。旁边两个波的成形在 $i=8\sim10$ 的3个道次进行。最后，两端的两个波在 $i=11\sim15$ 的5个道次进行。因此，各道次板的弯曲角度以式（3-4-13）可得表3-4-3所示结果，图3-4-27为本设计的成形工序图。

表 3-4-3 产品半幅宽

成形编号 i	$k=0$		$k=0.2$	
	产品半幅宽 /mm	弯曲角度 /(°)	产品半幅宽 /mm	弯曲角度 /(°)
1	442.5	20.8	443.1	16.0
2	438.2	41.6	440.1	33.9
3	431.6	62.6	435.0	52.5
4	423.1	75.0	428.0	75.0
5	413.1	45.7	419.2	33.9
6	402.1	62.7	409.1	52.3
7	390.4	75.0	398.0	75.0
8	378.6	46.6	386.3	31.3
9	366.9	64.6	374.4	53.4
10	355.9	75.0	362.7	75.0
11	345.9	44.0	351.8	32.0
12	337.4	57.7	342.0	50.6
13	330.8	67.0	334.0	62.6
14	326.5	72.7	328.1	70.6
15	325.0	75.0	325.0	75.0

4）成形工序图的再研究。对于各波成形第一道次的弯曲角度，研究表3-4-3与图3-4-27，中心波成形 $i=1$ 为20.8°，第3个波成形 $i=5$ 为45.7°，第5个波成形 $i=8$ 为46.6°，第7个波成形 $i=11$ 为44.0°，以这样剧烈的弯曲角度开始成形工序，这样的成形很容易成为导致肋波缺陷产生以及无法得到标准断面尺寸的原因。

因此，弯曲角度分配要进行如下改变。例如，赋予式（3-4-15）的变形指数 $k=0.2$，重新计算，得到产品半幅宽，弯曲角度见表3-4-3，与修正前结果比较，各波成形初始道次的弯曲角度减小，但是相反，各波完成前道次的角度增大。

4.3.3 轧辊孔型设计

成形工序图的研究结束以后，开始绘制轧辊车削用图纸（轧辊图纸）。在绘制轧辊图纸的时候，除了现在使用的成形机的说明书以外，还必须对开卷机、人口导向机构、切断机、出料辊道以及成形机的前后辅助装置给予充分的注意。本章将对绘制轧辊图纸所涉及的各道次的断面尺寸计算法、成形线轧辊驱动直径的确定和轧辊图纸的制图方法进行说明。

1. 板料展开宽度的计算

首先，在计算之前，如图3-4-28左侧部分所示，将窗框断面分为直线部分与弯角部分，并分别标注从①到⑦的序号。

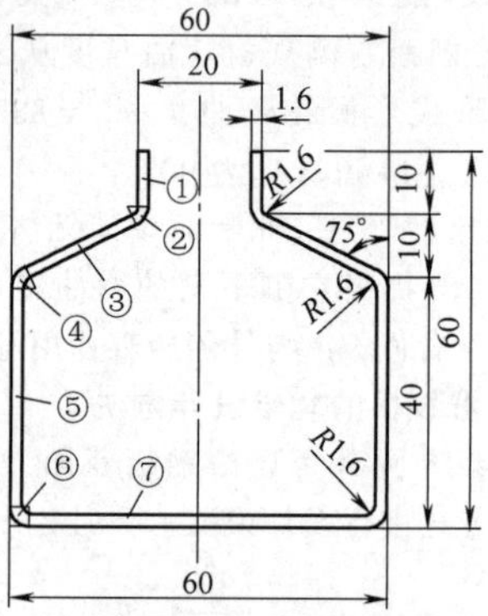

图 3-4-28 窗框断面的分割及各部分尺寸

关于弯角部分②、④、⑥的尺寸计算方法，假设板中心有一个中性层，中性层投影线的弧长采用式（3-4-2）来求出，k 取0.5。R 为弯角部分的内侧半径。直线部分①、③、⑤、⑦的尺寸采用下式求取。这样求出的数值见表3-4-4。全部板宽是①~⑦的和的2倍。另外，本断面是以冷轧钢板（SPCC）为对象的，因此，如果是铝合金、铜合金等易拉伸的板，则从板表面到中性层的距离应采用（0~0.2）t。

$$①=10-1.6\tan\frac{75°}{2}$$

表 3-4-4 窗框断面的各部分尺寸

（单位：mm）

项目	①	②	③	④
尺寸	8.77	3.14	18.68	3.14
项目	⑤	⑥	⑦	总板宽
尺寸	34.35	3.77	26.80	197.30

轧辊设计中，随着弯角的角度变化，尺寸计算方法如下进行。假设第 2 道次的成形边为 $\theta_h=36°$时弯曲成形所得，采用图 3-4-29 来进行说明如下。

首先，厚 1.6mm 的板按 36°弯折时，弯角部分的中性层长可以从式（3-4-2）中求出；表 3-4-4 的④和上一步之间的差 δ 的一半可按式（3-4-15）求得；上一步的值可按图 3-4-29 划斜线部分分到圆弧的两端。

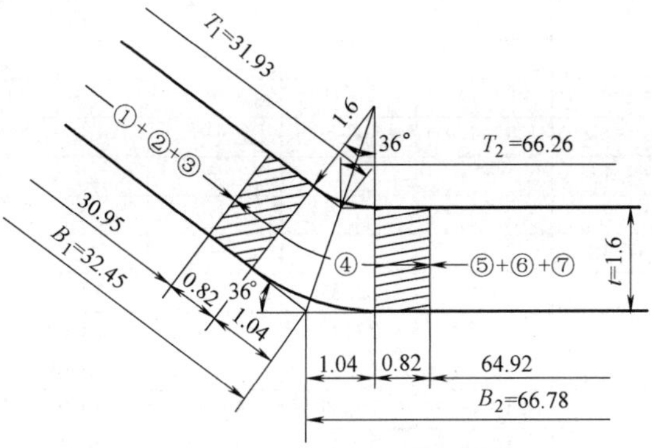

图 3-4-29　第 2 道次成形中断面各部分的长度计算

进行完上述的处理之后，断面外侧和内侧的尺寸 B_1、B_2、T_1、T_2 按式（3-4-16）所示求出。

$$\frac{\delta}{2}=\frac{1}{2}(④-\lambda_i) \tag{3-4-15}$$

$$B_1=①+②+③+\frac{\delta}{2}+(R+t)\tan\frac{\theta_i}{2} \tag{3-4-16a}$$

$$B_2=(R+t)\tan\frac{\theta_i}{2}+\frac{\delta}{2}+⑤+⑥+⑦ \tag{3-4-16b}$$

$$T_1=①+②+③+\frac{\delta}{2}+R\tan\frac{\theta_i}{2} \tag{3-4-16c}$$

$$T_2=R\tan\frac{\theta_i}{2}+\frac{\delta}{2}+⑤+⑥+⑦ \tag{3-4-16d}$$

在以上式子中，$i=2$，$R=1.6$mm，$t=1.6$mm，$\theta_i=36°$，且式子中的①至⑦使用表 3-4-4 的数值。图 3-4-29 所标注的尺寸为上述计算的结果。从第 1 道次到最后一道次各断面的内侧、外侧边的尺寸都是采用这种方法计算的。

为了计算位于各道次的断面内侧、外侧边长，图 3-4-30 将窗框断面左侧的一半帽形成形的第 1 道次～第 3 道次，边沿成形中的第 4 道次～第 6 道次，以及 C 形成形的第 7 道次～第 14 道次分别画出，如图所示于各边标注了符号。表 3-4-5 是对图 3-4-30 的各个符号从第 1 道次到最后一道次的各边尺寸的计算结果。

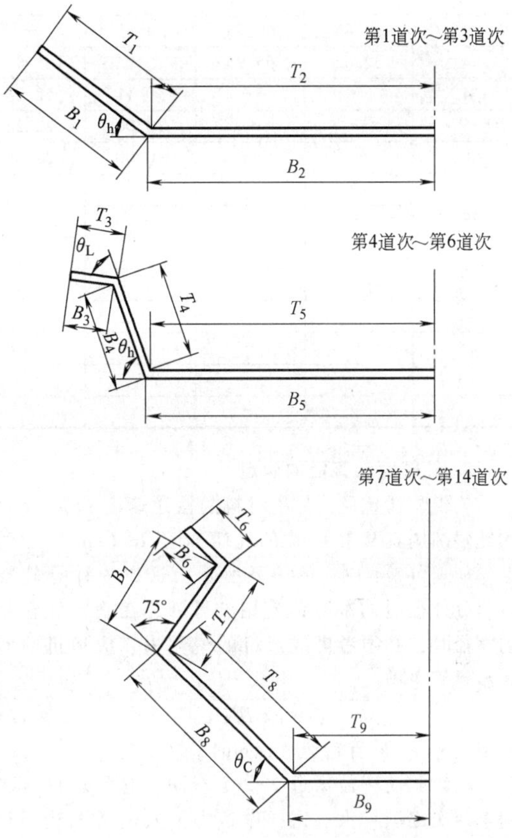

图 3-4-30　第 1 道次～第 14 道次成形中的断面内外侧各部分符号

表 3-4-5　第 1 道次～第 14 道次成形中的断面内外侧边长

断面内测各部分尺寸(上轧辊侧)									
i	T_1	T_2	T_3	T_4	T_5	T_6	T_7	T_8	T_9
1	32.03	66.36	—	—	—	—	—	—	—
2	31.93	66.26	—	—	—	—	—	—	—
3	31.85	66.18	—	—	—	—	—	—	—
4	—	—	10.63	21.77	66.15	—	—	—	—
5	—	—	10.98	22.36	66.14	—	—	—	—
6	—	—	11.23	22.37	66.15	—	—	—	—
7	—	—	—	—	—	11.23	22.37	37.34	28.57
8	—	—	—	—	—	11.23	22.37	37.24	28.46
9	—	—	—	—	—	11.23	22.37	37.18	28.40

（续）

断面内测各部分尺寸(上轧辊侧)									
i	T_1	T_2	T_3	T_4	T_5	T_6	T_7	T_8	T_9
10	—	—	—	—	—	11.23	22.37	37.13	28.35
11	—	—	—	—	—	11.23	22.37	37.12	28.34
12	—	—	—	—	—	11.23	22.37	37.14	28.36
13	—	—	—	—	—	11.23	22.37	37.17	28.39
14	—	—	—	—	—	11.23	22.37	37.18	28.40
断面内测各部分尺寸(下轧辊侧)									
i	B_1	B_2	B_3	B_4	B_5	B_6	B_7	B_8	B_9
1	32.30	66.63	—	—	—	—	—	—	—
2	32.45	66.78	—	—	—	—	—	—	—
3	32.62	66.95	—	—	—	—	—	—	—
4	—	—	10.11	22.23	67.13	—	—	—	—
5	—	—	10.00	22.23	67.30	—	—	—	—
6	—	—	10.00	22.37	67.38	—	—	—	—
7	—	—	—	—	—	10.00	22.37	38.82	29.81
8	—	—	—	—	—	10.00	22.37	38.95	28.94
9	—	—	—	—	—	10.00	22.37	39.10	29.09
10	—	—	—	—	—	10.00	22.37	39.29	29.28
11	—	—	—	—	—	10.00	22.37	39.51	29.50
12	—	—	—	—	—	10.00	22.37	39.73	29.72
13	—	—	—	—	—	10.00	22.37	39.94	29.93
14	—	—	—	—	—	10.00	22.37	40.00	30.00

2. 轧辊驱动直径的确定

轧辊驱动直径，是指材料的输送速度 v（m/min）和轧辊圆周速度相一致的轧辊直径 D（mm）上的点，如式（3-4-17）的关系所示。这作为计算轧辊各部分外径时的基准值使用。另外，在确定轧辊驱动直径时，必须考虑成形机的说明书、成形机的前后装置等事项。

$$v=\pi DN \tag{3-4-17}$$

式中　N——轧辊转速（r/min）。

轧辊驱动直径每道次设定不同；通常从首道次到末道次逐渐增大。这样做是为了通过增大轧辊驱动直径来提高轧辊的圆周速度，以便成形中的材料具有拉力。

一般来说，对于轧辊驱动直径的增加量，钢板取 0.5mm。如果是铝合金、铜板之类的易拉伸材料，或者说断面刚性低的断面材料成形的情况下，各道次的轧辊驱动直径比第一道次的直径渐次增加约 1%。

轧辊驱动直径在孔型基准线的位置，根据断面的不同而各异。一般说来，选在受力最大的弯角的断面位置。但是对所有断面的设计都套用此方法是行不通的。对于圆管断面，在开放孔型的初成形的下辊选取管子的底部；上辊没有特殊规定。在导向片的封闭孔型成形中，下辊在管子的底部；上辊分别选取导向片辊和板端的交点处。

3. 轧辊孔型设计的作图

假设窗框断面的轧辊孔型设计按照如下条件进行。

1）使用上下强制驱动的辊弯成形机。上轴与下轴的转速比（上轴/下轴）从第 1 道次到第 6 道次取 1，第 7 道次以后减少 0.5（第 7 道次以后因为断面增高，上轧辊直径要相应增大。这是为了保持上辊的圆周速度与下辊的圆周速度一致，从而使上辊的转速下降。）

2）轧辊轴径 30mm，定距套外径取 50mm；第 1 道次的轧辊驱动直径取 120mm；轧辊驱动直径渐次增大 0.5mm；第 11 道次的轧辊采取反弯曲法实现直角成形；最末道次的前道次设置为过弯曲轧辊 93°。

在以上的条件下，轧辊的宽度和外径的求解如下进行。

（1）轧辊宽度的确定　轧辊宽度的尺寸，由图 3-4-31 的成形工程图确定。图 3-4-31 是根据表 3-4-5 的数值绘制出的各道次的断面图。

在确定轧辊宽度的尺寸时，把上下的轧辊分为若干片。对于类似断面材料的成形，除了使轧辊的共用成为可能，以下事项也很重要。

1）有利于使轧辊的车削加工相对容易进行。

2）减轻单个轧辊重量，有利于轧辊的组装作业。

接下来，轧辊的求法按图 3-4-32 所示用第 4 道

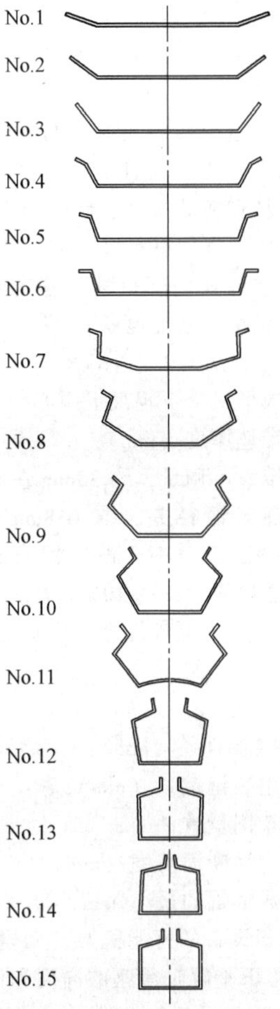

图 3-4-31　窗框断面的成形工序图

次成形的轧辊进行说明。

3）如图 3-4-32a 所示，上轧辊分为 T_1 和 T_2 两部分，下轧辊分为 $B_1 \sim B_4$ 四部分。

4）如图 3-4-32b 所示，上下轧辊的全宽取 200mm，然后各分片轧辊的宽度尺寸 T_1、T_2 分别取 100mm；B_1、B_2 和 B_3、B_4 按两部分算分别取 100mm。

全部的尺寸确定以后，开始求轧辊的详细尺寸。详细尺寸的求法如下所示。

如图 3-4-32b 右侧所示各值为表 3-4-5 的第 4 道次的断面尺寸值（实际的轧辊图纸并没有标注这些）。利用这些数值如下求出左侧轧辊宽度方向上的①③⑤⑦⑨各部分尺寸。

①　21. 77cos63° = 9. 883mm

③　100−66. 15−① = 23. 967mm

⑤　22. 23cos63° = 10. 092mm

⑦（175−161. 114）/2tan（63°−36°）= 13. 626mm，⑦式中的 175 是⑧这一部分的直径赋予了 175 所得。另外，116. 114mm 是下列所示⑥的值。

⑨　100−67. 13−⑤−⑦ = 9. 152mm

（2）轧辊直径的确定　图 3-4-32b 的上辊、下辊所标外径 121. 5mm 是第 4 道次的轧辊驱动直径。本轧辊外径 121. 5mm 是第 1 道次取 120. 0mm 之后，每道次递增 0. 5mm 而得到的数值。

由于从第 1 道次到第 6 道次的上、下辊转数比取 1 : 1，所以上下辊的驱动直径相同；而第 7 道次以后转数比取 0. 5，所以第 7 道次的下轧辊驱动直径为 123mm，上轧辊的驱动直径为 246mm。这以后各道次的驱动直径为下辊一侧递增 0. 5mm、上辊一侧递增 1mm 所得数值。

图 3-4-32b 的轧辊外径②④⑥⑧按如下求得。

②　121. 5mm−2×21. 77sin63° = 82. 706mm

④　②−2×③tan（63°−36°）= 58. 282mm

⑥　121. 5mm+2×22. 23sin63° = 161. 114mm

⑧　175. 00mm

本设计中，上下辊均为强制驱动，但像本断面那样薄板材就没有这个必要，上辊可无驱动。再者，如果是板厚 2. 3mm 以上的轧辊无驱动时，由于材料的变形抗力较大，会造成材料送进速度变化之类的问题，所以要上下轧辊均强制驱动。

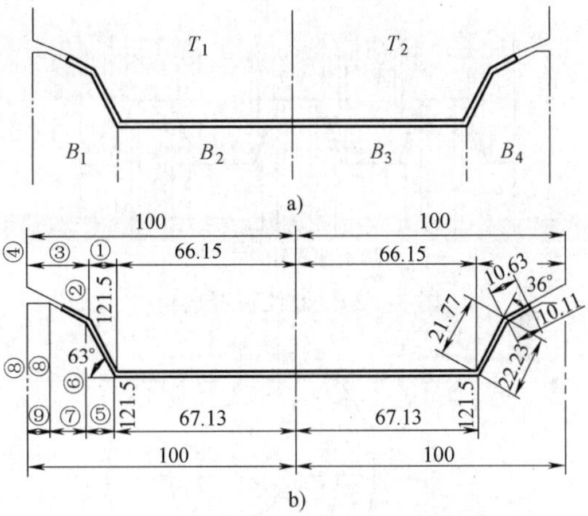

图 3-4-32　第 4 道次成形辊的详细尺寸计算

4. 释放间隙

轧辊轮廓表面上各点直径不同必然引起速度差，这会产生很多问题。不同直径的成形部位，或者轧辊只接触板料的一个面，会产生摩擦，使产品速度不一致，增加成形功率要求。

为了减少摩擦，设计轧辊常用“释放”间隙的方法。如图 3-4-33 所示，上辊释放了 2°～3°。只在断面的下部接触区驱动，减小了上辊和产品间的摩擦，从而成形线高度处板料的驱动更有效、均匀。

释放间隙也可以类似地用于波纹板成形用轧辊（见图 3-4-34）。如上所述，不改变截面尺寸，释放间隙有类似的效果。

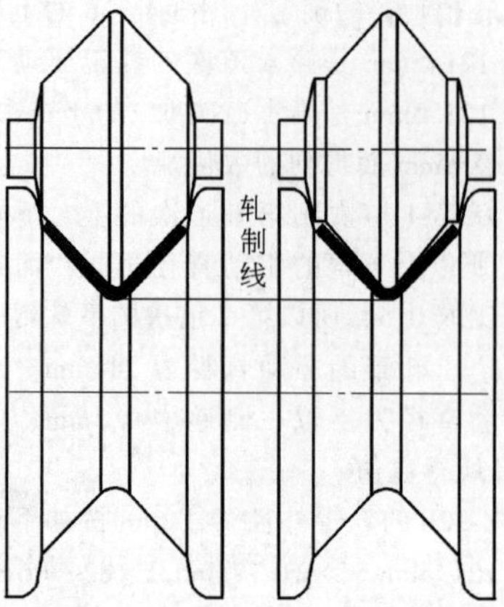

图 3-4-33　轧辊常用“释放”间隙的方法

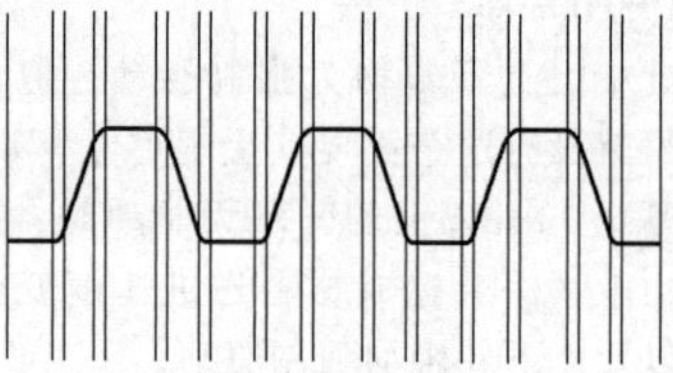

a) 原始轧辊

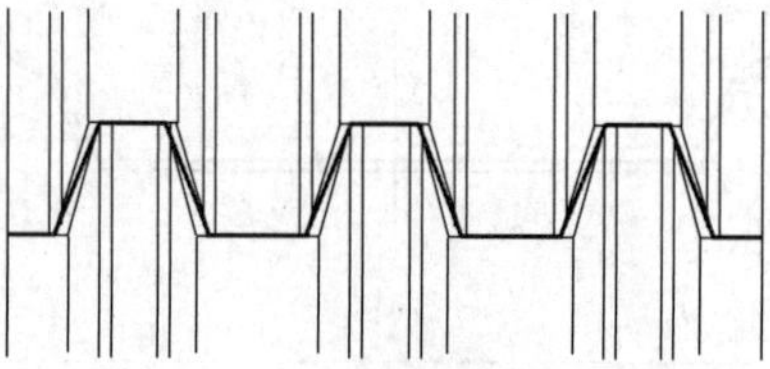

b) 有释放角的成形辊

图 3-4-34　波纹板释放角

4.3.4　轧辊结构设计

（1）辊型参数设计　在辊花图的基础上可以得到成形辊的尺寸。对于小尺寸型材，成形辊应尽可能贴近带坯，但过分接触也会造成擦伤。对每一成形辊不仅要从个体上，而且应从整个变形过程来决定成形辊与带坯在何处接触、何处增大压力和尺寸、何处减少成形辊，以使材料进入下一道次。

对准基本中心线的辊径称为基准辊径。对于整体辊式的成形机组，基准辊径 D_0 为

$$D_0 = H-(t+\alpha+\beta) \tag{3-4-18}$$

式中　H——成形机上下辊最大中心距（mm）；

t——带坯厚度（mm）；

α——辊缝可调量，约 30mm 左右；

β——逐架辊径差，取 0.8mm 或（0.5%～1%）D_0，对于波纹板成形，最终 3～5 道次取（5%～10%）D_0。

对于组合辊式的辊弯机组，基准辊径 D_0 为（见图 3-4-35）

$$D_0 = d_0+2(h+a+b+c) \tag{3-4-19}$$

式中　d_0——辊轴直径（mm）；

h——组装键键高（mm）；

a——车削量（mm）；

b——产品断面高度（mm）；

c——成形辊的最小保留厚度（mm）。

对于带侧辊设备的万能机架（四辊机架），基准辊径 D_0 要考虑下平辊轴承座的高度和侧辊底座的高度，其 D_0 = 2 倍下平辊轴心线至侧辊下沿的高度。D_0 在机架设备设计中确定。

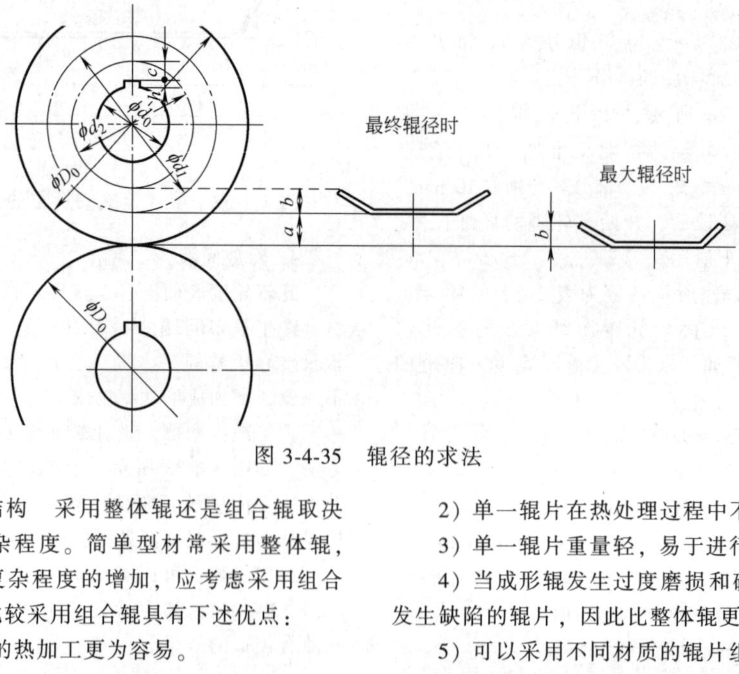

图 3-4-35　辊径的求法

（2）成形辊结构　采用整体辊还是组合辊取决于型材断面的复杂程度。简单型材常采用整体辊，但随着型材断面复杂程度的增加，应考虑采用组合辊，与整体辊相比较采用组合辊具有下述优点：

1）单一辊片的热加工更为容易。

2）单一辊片在热处理过程中不易开裂。

3）单一辊片重量轻，易于进行操作和装配。

4）当成形辊发生过度磨损和破坏时，只需更换发生缺陷的辊片，因此比整体辊更经济。

5）可以采用不同材质的辊片组成成形辊。

6）可用数量有限的辊片组合成多种形状的成形辊，实现柔性轧辊，一辊多用。

7）组合辊可以实现整体辊不能做到的细微调整。

图 3-4-36 描述了组合辊的某些优点，在图中上下辊均是由 8 片辊片组合而成，这样除了便于制造外，在试车后还可通过垫片及其他方式进行细微调整，以保证生产时的型材尺寸精度。在使用过程中，中间辊片的磨损速度较高，这种装置允许单独更换或采用耐磨材料制造中间辊片。

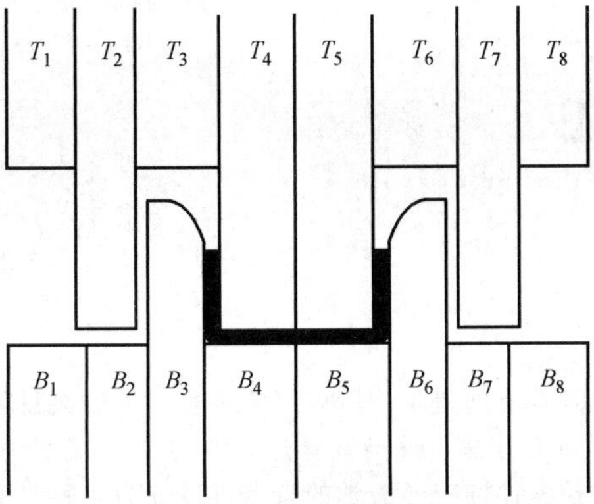

图 3-4-36　组合成形辊

由于以上这些优点，冷弯型材生产几乎不用整体辊。组合辊主要不足之处在于：当存在大轴向力时，易在辊片分割处撑开，增大了整个辊面宽度，造成弯曲型材宽度超差。因此需要加大轴向锁紧螺母锁紧力来克服此缺陷。

参考文献

[1] 王先进，涂厚道. 冷弯型材生产及应用［M］. 北京：冶金工业出版社，1995.

[2] 韩飞，刘继英，艾正青，等. 辊弯成形技术理论及应用研究现状［J］. 塑性工程学报，2010，17（5）：53-60.

[3] 小奈弘，刘继英. 冷弯成形技术［M］. 北京：化学工业出版社，2008.

[4] 乔治·哈姆斯. 冷弯成形技术手册［M］. 刘继英，艾正青，译. 北京：化学工业出版社，2009.

[5] 晏培杰，韩静涛，王会凤. 开发中的冷弯成形新技术［J］. 锻压技术，2012，37（1）：6-9.

[6] 韩飞，牛丽丽，王允，等. 超高强钢辊弯成形回弹机理分析及控制研究［J］. 机械工程学报，2018，54（2）：131-137.

[7] HALMOS G T，DOBREV A. Roll design［C］. SME Conference Proceeding，1993.

第4篇　拉深与成形

概　述

万敏

拉深也称拉延，是利用模具使冲裁后得到的平板毛坯变成为开口的空心零件的冲压加工方法。

用拉深工艺可以制成筒形、阶梯形、锥形、球形、盒形和其他不规则形状的薄壁零件。如果与其他冲压成形工艺配合，还可以制造形状极为复杂的零件。因此在汽车、飞行器、电器、仪表、电子等工业部门的冲压生产中，拉深工艺均占有相当重要的地位。

在冲压生产中，拉深件的种类很多。由于其几何形状特点不同，虽然它们的冲压过程都称作拉深，但是变形区的位置、变形的性质、变形的分布以及毛坯各部位的应力状态和分布规律却有相当大的、甚至是本质的差别。所以工艺参数、工序数目与顺序的确定方法、模具设计原则与方法等都不一样。各种拉深件按变形力学的特点可以分为4种典型的零件，如直壁回转体（圆筒形件）、直壁非回转体（椭圆形件、盒形件等）、曲面回转体（圆锥形件、球形件等）、曲面非回转体（方锥形件等）。

在板料冲压范围内，广义上的成形是指除分离工序以外的所有工序。狭义上的成形是指用各种不同性质的局部变形来改变毛坯形状的各种工序。这些局部变形的方法主要有胀形、翻边、缩口、扩口、校形等。

第1章

圆筒形零件的拉深

哈尔滨工业大学　杨玉英

1.1　拉深时的变形特点

1. 拉深过程

如图 4-1-1a、c 所示，平板或空心毛坯 3，在凸模 1 的作用下，置于凹模 4 和压边圈 2 之间的毛坯环形部分（$D_0 \sim d_p$，$d_{n-1} \sim d_n$）产生塑性变形并不断地被凸模拉入凸模与凹模之间的间隙内而形成零件。将平板毛坯拉深成空心零件的拉深过程（见图 4-1-1a）称首次拉深，将较大直径的空心毛坯拉深成直径更小的空心零件称再次拉深（图 4-1-1c）。首次拉深过程中毛坯的变形情况如图 4-1-1b 所示。由图可知变形发生在 $D_5 \sim d_1$ 的环形部分（D_5 为拉深过程中毛坯的瞬时外径；d_1 为初次拉深后所得直筒部分的平均直径），并称此区为法兰变形区。毛坯在变形区的变形圆周方向（后称切向）是压缩变形，径向为伸长变形。显然毛坯的最外边缘的切向变形绝对值最大，其值 $|\varepsilon_\theta| = 1 - d_1/D_0$。

对于再次拉深，变形区为 $d_{n-1} \sim d_n$ 的环形部分，拉深过程中在较长一段时间内变形区的宽度 $a = (d_{n-1} - d_n)/2$ 保持不变，只是待变形区的高度 h_2 不断减小，已变形区 h_1 不断增加。当 $h_2 = 0$ 之后变形区的宽度 a 逐渐减小，直至变形结束。变形区内的变形性质与首次拉深相同，切向为压缩变形，径向为伸长变形。

2. 应力与应变

拉深过程中毛坯内的应力状态如图 4-1-2 所示。假设同一变形瞬间变形区内各点的变形抗力相同，等于平均变形抗力 σ_{sm}。变形区的切向压应力（$\sigma_\theta < 0$）为

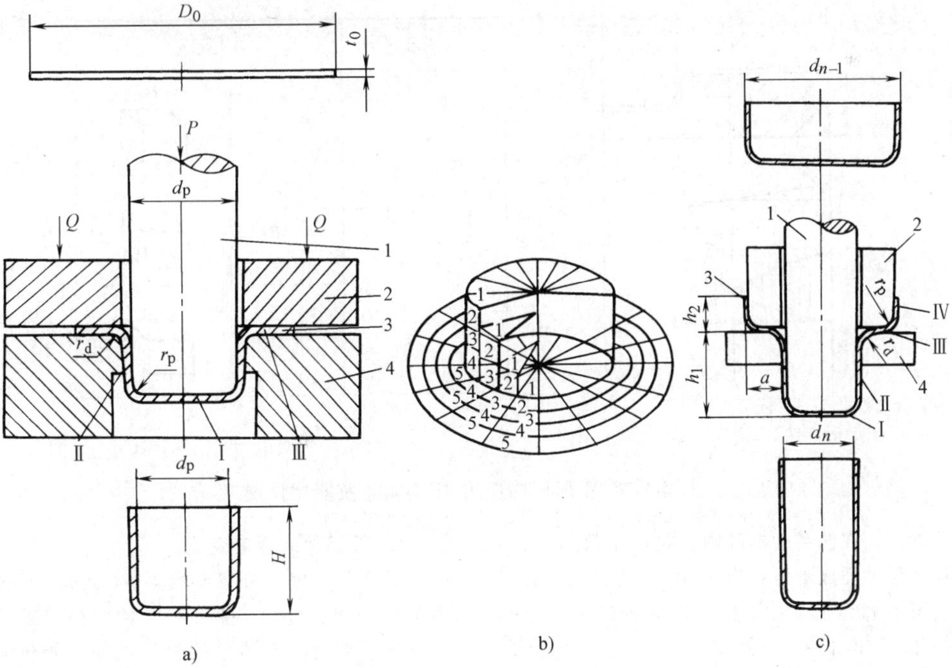

图 4-1-1　拉深过程

1—凸模　2—压边圈　3—毛坯　4—凹模

Ⅰ—小变形区　Ⅱ—侧壁传力区（已变形区）　Ⅲ—变形区　Ⅳ—待变形区

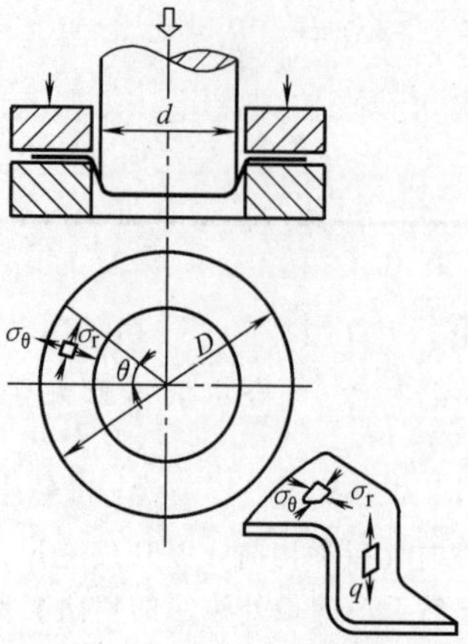

图 4-1-2　拉深过程毛坯的应力状态

$$\sigma_\theta = 1.1\sigma_{sm}\left(\ln\frac{R'}{R}-1\right) \qquad (4\text{-}1\text{-}1)$$

径向拉应力（$\sigma_r>0$）为

$$\sigma_r = 1.1\sigma_{sm}\ln\frac{R'}{R} \qquad (4\text{-}1\text{-}2)$$

式中　R——所求径向应力处的半径。

其他符号如图 4-1-3a 所示。

厚度方向，由于压边圈引起的应力 σ_t 与 σ_r、σ_θ 相比很小，可忽略不计（$\sigma_t=0$）。σ_r、σ_θ 二应力在变形区内的分布规律以绝对值的形式反映到图 4-1-3a 中，由图可知径向拉应力 σ_r 在凹模口处达到最大值，记为 σ_{r0}。

$$\sigma_{r0} = 1.1\sigma_{sm}\ln\frac{1}{m_1} \qquad (4\text{-}1\text{-}3)$$

式中　m_1——首次拉深系数。

而切向应力在变形区外缘绝对值达最大值，记为 $\sigma_{\theta 0}$。

$$\sigma_{\theta 0} = 1.1\sigma_{sm} \qquad (4\text{-}1\text{-}4)$$

两应力绝对值相等的交点位置 $R_t=0.61R'$。直径为 $2R_t$ 的圆将变区分成内外两部分。虽然这两部分都处于径向受拉切向受压的应力状态，但由于两个应力值间的比例关系不同使变形性质也不同。在 $R>R_t$ 处（外部），$|\sigma_\theta|>|\sigma_r|$，$\sigma_t=0$，绝对值最大的主应力为压应力，因此为压缩类成形。毛坯的变形切向缩短（$\varepsilon_\theta<0$），径向和厚度方向伸长（$\varepsilon_r>0$，$\varepsilon_t>0$）；$R=R_t$ 处（交点处），$|\sigma_\theta|=|\sigma_r|$，$\sigma_t=0$。该处为平面变形 $\varepsilon_\theta=-\varepsilon_r$，$\varepsilon_t=0$；$R<R_t$ 处（内部），$|\sigma_\theta|<|\sigma_r|$，$\sigma_t=0$，绝对值最大的主应力为拉应力，因此为伸长类成形，毛坯的变形为径向伸长（$\varepsilon_r>0$），切向和厚度方向缩短（$\varepsilon_\theta<0$，$\varepsilon_t<0$）。变形区内的应力、应变情况如图 4-1-3b 所示。

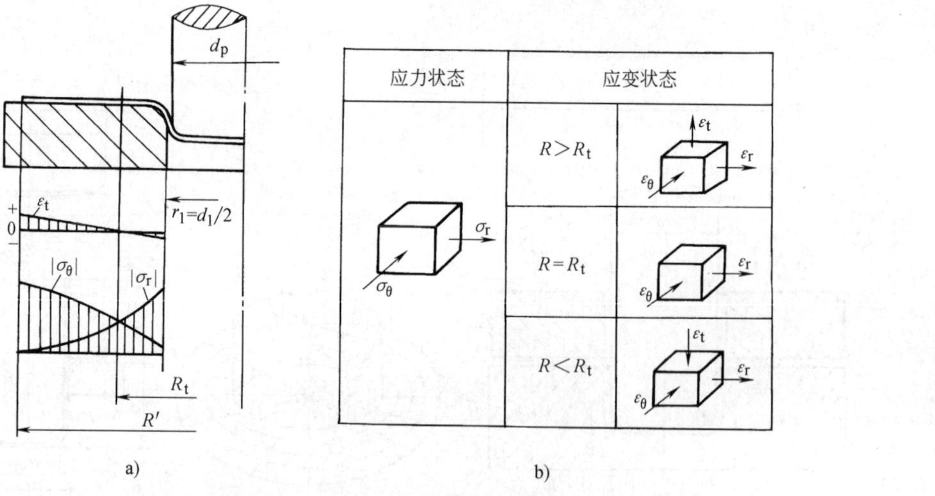

图 4-1-3　变形区内应力-应变状态及变化情况

应该指出，在法兰变形区内，拉深系数 $m>0.61$ 时，仅存在压缩类成形区；当 $m<0.61$ 时，同时存在压缩类成形区和伸长类成形区，但后者仅占较小的比例。例如 $m=0.5$ 时，伸长类成形区仅约占 20%，而且随着拉深过程的进行伸长类成形区逐渐减小，至 $r_1/R'=0.61$ 时，该区完全消失。因此，拉深变形区的变形性质基本上属于压缩类成形。

3. 拉深件的厚度变化

拉深件的厚度分布如图 4-1-4 所示。根据对变形区的应变分析可知，变形一开始凹模口处的坯料变薄最大。靠近凸模圆角的材料拉深开始包向凸模圆角时沿凸模圆角发生弯曲及胀形变形，使其厚度继续减薄。在凸模圆角与直壁交界处形成了拉深件第一个厚度极小值（A 点）。它是拉深变形时传力区的最危险部位，通常称危险断面；而凹模圆角发生反复弯曲后再度减薄形成拉深件厚度的第二个极小值（B 点）。毛坯变形区的外部在增厚，越远离毛坯中心厚度增加越大。因此，拉深件的口部最厚。拉深件危险断面处减薄率为 10%～18%，口部的增厚率为 20%～30%。

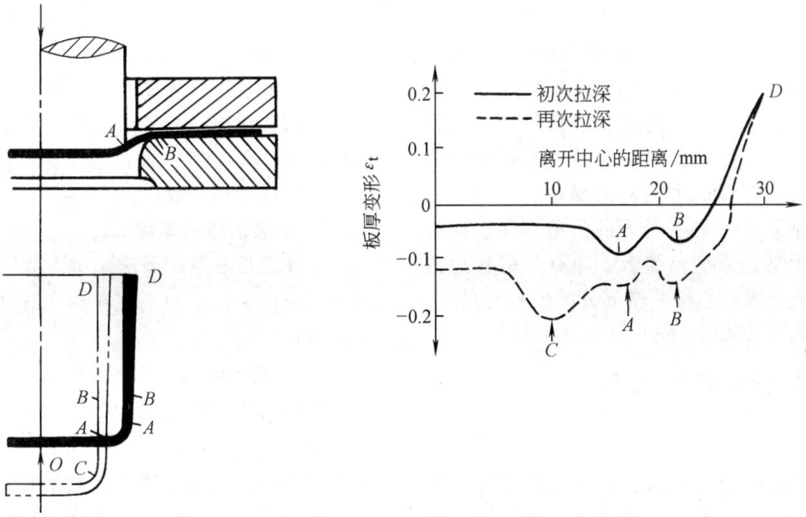

图 4-1-4　拉深件厚度变化

4. 传力区的承载能力

拉深过程中，筒壁传力区是已经历过变形的已变形区，凸模通过它将力传给法兰变形区。传力区所受的轴向拉应力 q 可通过对凹模圆角部分坯料的受力分析（见图 4-1-2）写出式（4-1-5）。

$$q=\left(\sigma_r+\frac{2\mu Q}{\pi d_1 t}\right)(1+1.6\mu)+\frac{R_m}{r_d/t+1} \tag{4-1-5}$$

式中　μ——摩擦系数；

d_1——坯料筒部的平均直径。

其他符号见图 4-1-1。

由式（4-1-3）和式（4-1-5）可知，传力区的轴向拉应力 q 取决于拉深系数 m_1、材料性能、模具几何参数、压边力、润滑条件等。当轴向拉应力 q 过大时，传力区可能产生塑性变形或在危险断面处被拉断。拉深过程中，发生拉断的危险时刻是在拉深变形的初始阶段，即最大拉深力出现之前或最大拉深力出现时。如果在最大拉深力出现之后还没拉断，拉深过程可顺利进行到底。因此保证拉深过程顺利进行的条件是使传力区的最大轴向拉应力 q_{max} 小于危险断面的抗拉强度 R_m，即 $q_{max}<R_m$。通常把 $q=R_m$ 作为拉深时传力区所能承受的极限应力，并称 $\pi d_1 t R_m$ 为传力区的承载能力。显然，当拉深力超过传力区的承载能力时，拉深过程将无法进行下去。

另外筒壁传力区的轴向拉应力 q 还可用式（4-1-6）求得。

$$q=\left(\sigma_{sm}\ln\frac{D}{d}+\frac{\mu Q}{\pi R t}+\frac{\sigma_{sm}t}{2r_1}\right)(1+1.6\mu) \tag{4-1-6}$$

式中　μ——摩擦系数；

t——板厚；

r_1——凹模口圆弧半径；

R——坯料半径。

板料的真实应力关系为

$$\sigma=\sigma_{sm}\varepsilon^n \tag{4-1-7}$$

圆筒内对应的主应变为

$$\varepsilon_1=(q/\sigma_{sm})^{1/n} \tag{4-1-8}$$

板料拉深成形过程中，当塑性应变达到一定值后，塑变区出现微观空洞，随应变量增大，空洞逐渐扩大而汇合，当塑性等效应变达到一定值时，就出现颈缩失稳，这时最大主应变 ε_{max} 为

$$\varepsilon_{max}=\frac{2}{\sqrt{3}}(1+\rho+\rho^2)^{1/2}n \tag{4-1-9}$$

式中　$\rho=\varepsilon_{min}/\varepsilon_{max}$；

n——板料硬化指数。

利用这一失稳判据，进行板料拉深成形工艺和模具的设计。在板料整个成形过程，危险点的积累应变值要控制在板料成形极限 ε_{max} 以内，即

$$\sum\varepsilon_i\leqslant\varepsilon_{max} \tag{4-1-10}$$

5. 变形特点

由前面对拉深毛坯的应力、应变分析可知，毛坯变形区在径向拉应力作用下产生伸长变形，在切向压应力作用下产生压缩变形，称此类变形为拉深变形。在变形区的绝大部分中，绝对值最大的主应力是压应力，因此拉深变形属于压缩类成形。

压缩类成形的极限参数（极限拉深系数）受毛坯传力区的承载能力及变形区压缩失稳的限制，因此提高传力区的抗拉强度或降低变形区的变形抗力、摩擦阻力等，都可达到提高传力区承载能力的效果，从而使拉深成形的极限变形程度提高。如通过建立不同的温度条件而改变传力区和变形区的强度性能的拉深方法（局部加热拉深，局部深冷拉深等），拉深时采用不均匀局部润滑、用液体或橡胶代替刚体凹模的拉深方法；又如多次拉深时的中间退火是降低变形抗力，提高变形能力的有效措施。另外，采取各种有效措施防止毛坯变形区的失稳起皱，同样可提高拉深成形的极限变形参数。如有效的压边方法，有利于防止起皱的模具工作部分的形状与尺寸，合理的具有较高抗失稳能力的中间毛坯形状等。

1.2　拉深系数及拉深次数

1.2.1　拉深系数

拉深系数是拉深后零件的直径 d 与拉深前毛坯直径 D_0 之比，即 $m=d/D_0$。拉深系数反映了毛坯外边缘在拉深后切向压缩变形的大小。因此它是表示拉深工艺变形程度的参数。它的倒数称为拉深程度，也称拉深比，表示为 $k=1/m=D_0/d$。

首次拉深系数为

$$m_1=d_1/D_0 \tag{4-1-11}$$

式中　d_1——第一道拉深工序后得到的圆筒件的直径。

第二道及以后各道拉深系数可用下边类似方法表示

$$m_n=d_n/d_{n-1} \tag{4-1-12}$$

式中　m_n——第 n 道拉深工序的拉深系数；

d_n——第 n 道拉深工序后得到的圆筒形件的直径；

d_{n-1}——第 n 道拉深工序所用的圆筒形毛坯直径。

在制订拉深工艺过程时，为了减少工序数目，通常采用尽可能小的拉深系数。但是当拉深系数过小时，变形区内的径向拉应力 σ_r 增大，毛坯侧壁传力区内轴向拉应力 q 也增大，当它大到足以使其本身产生不允许的塑性变形甚至破坏时，即变形区由原来的弱区转化为强区，而传力区由原来的强区转化为弱区时，使拉深变形成为不可能。因此，要保证拉深过程顺利地进行，必须保证变形区为弱区，传力区为强区，而且强弱程度的差别越大，拉深过程就越稳定。

在保证变形区为弱区的条件下，所能采用的最小拉深系数称为极限拉深系数，用 $[m_1]$、$[m_2]$、$[m_3]$ 等表示。

影响极限拉深系数的因素有如下。

1. 板材的内部组织和力学性能

一般来说，板材塑性好、组织均匀、晶粒大小适当、屈强比小、板平面方向性系数 γ 小而板厚方向性系数 γ 值大时，板料的拉深性能好，可以采用较小的极限拉深系数。

2. 毛坯的相对厚度 t/D_0

毛坯的相对厚度 t/D_0 小时，容易起皱，防皱压板的压力加大，引起的摩擦阻力也大，因此极限拉深系数相应地加大。

3. 冲模工作部分的圆角半径 r_p、r_d

凸模圆角半径 r_p 过小时，拉深毛坯的直壁部分与底部的过渡区的弯曲变形加大，使危险断面的强度受到削弱，使极限拉深系数增加。凹模圆角半径 r_d 过小时，毛坯沿凹模圆角滑动的阻力增加，毛坯侧壁传力区内的拉应力相应地加大，其结果也是提高了极限拉深系数值。

4. 润滑条件及模具情况

润滑条件良好、模具工作表面光滑、间隙正常都能减小摩擦阻力改善金属的流动情况，使极限拉深系数减小。

5. 拉深方式

采用压边圈拉深时，因不易起皱，极限拉深系数可取小些。不用压边圈时，极限拉深系数可取大些。

6. 拉深速度

一般情况下，拉深速度对极限拉深系数的影响不大，但速度敏感的金属（如钛合金、不锈钢、耐热钢等）拉深速度大时，极限拉深系数应适当地加大。

总之，凡是能增加毛坯侧壁传力区拉应力及减小危险断面强度的因素均使极限拉深系数加大；相反，凡是可以降低毛坯侧壁传力区拉应力及增加危险断面强度的因素都有助于使变形区成为相对的弱区，所以能够降低极限拉深系数。

采用压边圈拉深无法兰圆筒形零件时的极限拉深系数见表 4-1-1～表 4-1-3。不用压边圈拉深无法兰圆筒形零件时的极限系数见表 4-1-4。图 4-1-5 所示为拉深钢板极限拉深系数的诺模图。

表 4-1-1　无法兰筒形件用压边圈拉深时的拉深系数

拉深系数	毛坯相对厚度 $t/D_0\times100$					
	2～1.5	<1.5～1.0	<1.0～0.6	<0.6～0.3	<0.3～0.15	<0.15～0.08
$[m_1]$	0.48～0.50	0.50～0.53	0.53～0.55	0.55～0.58	0.58～0.60	0.60～0.63

（续）

拉深系数	毛坯相对厚度 $t/D_0 \times 100$					
	2~1.5	<1.5~1.0	<1.0~0.6	<0.6~0.3	<0.3~0.15	<0.15~0.08
$[m_2]$	0.73~0.75	0.75~0.76	0.76~0.78	0.78~0.79	0.79~0.80	0.80~0.82
$[m_3]$	0.76~0.78	0.78~0.79	0.79~0.80	0.80~0.81	0.81~0.82	0.82~0.84
$[m_4]$	0.78~0.80	0.80~0.81	0.81~0.82	0.82~0.83	0.83~0.85	0.85~0.86
$[m_5]$	0.80~0.82	0.82~0.84	0.84~0.85	0.85~0.86	0.86~0.87	0.87~0.88

注：1. 凹模圆角半径大时 $[r_d=(8\sim15)t]$，拉深系数取小值，凹模圆角半径小时 $[r_d=(4\sim8)t]$，拉深系数取大值。

2. 表中拉深系数适用于 08、10S、15S 钢与黄铜 H62、H68。当拉深塑性更大的金属时（05、08Z 及 10Z 钢、铝等），应比表中数值减小（1.5~2)%。而当拉深塑性较小的金属时（20、25、Q215、Q235、酸洗钢、硬铝、硬黄铜等），应比表中数值增大（1.5~2)%（符号 S 为深拉深钢；Z 为最深拉深钢）。

表 4-1-2　其他金属材料的拉深系数

材料名称	牌　号	第一次拉深 $[m_1]$	以后各次拉深 $[m_n]$
铝和铝合金	2A06-O、1A30-O、5A21-O	0.52~0.55	0.70~0.75
硬铝	2A12-O、2A11-O	0.56~0.58	0.75~0.80
黄铜	H62	0.52~0.54	0.70~0.72
	H68	0.50~0.52	0.68~0.72
纯铜	T2、T3、T4	0.50~0.55	0.72~0.80
无氧铜		0.50~0.58	0.75~0.82
镍、镁镍、硅镍		0.48~0.53	0.70~0.75
铜镍合金		0.50~0.56	0.74~0.84
白铁皮		0.58~0.65	0.80~0.85
酸洗钢板		0.54~0.58	0.75~0.78
不锈钢	12Cr13	0.52~0.56	0.75~0.78
	Cr18Ni	0.50~0.52	0.70~0.75
	1Cr18Ni9Ti①	0.52~0.55	0.78~0.81
	06Cr18Ni11Nb、14Cr23Ni18	0.52~0.55	0.78~0.80
镍铬合金	Cr20Ni80Ti	0.54~0.59	0.78~0.84
合金结构钢	30CrMnSiA	0.62~0.70	0.80~0.84
可伐合金		0.65~0.67	0.85~0.90
钼铱合金		0.72~0.82	0.91~0.97
钽		0.65~0.67	0.84~0.87
铌		0.65~0.67	0.84~0.87
钛及钛合金	TA2、TA3	0.58~0.60	0.80~0.85
	TA5	0.60~0.65	0.80~0.85
锌		0.65~0.70	0.85~0.90

注：1. 凹模圆角半径 $r_d<6t$ 时拉深系数取大值；凹模圆角半径 $r_d \geqslant (7\sim8)t$ 时拉深系数取小值。

2. 材料相对厚度 $\frac{t}{D_0}\times100 \geqslant 0.62$ 时拉深系数取小值；材料相对厚度 $\frac{t}{D_0}\times100<0.62$ 时拉深系数取大值。

① 此产品现行标准已不列，但仍有使用。

表 4-1-3　各种不锈钢的拉深系数（0.5mm 板）

材料牌号	名义化学成分	凸模圆角半径 r_p（t 为板厚）				
		$2t$	$4t$	$8t$	$16t$	$32t$
SUS430	18Cr-0.1C	0.9	0.85	0.80	0.75	0.65
SUS301	17Cr-7Ni-0.1C	0.75	0.65	0.55	0.45	0.45
SUS302 SUS304	18Cr-8Ni-0.1C 18Cr-8Ni	0.85	0.75	0.65	0.55	0.50
SUS321 SUS347 SUS316	18Cr-8Ni-Ti-0.06C 18Cr-9Ni-Nb-0.06C 18Cr-12Ni-2.5Mo-0.06C	0.90	0.80	0.70	0.65	0.60

（续）

材料牌号	名义化学成分	凸模圆角半径 r_p（t 为板厚）				
		$2t$	$4t$	$8t$	$16t$	$32t$
SUS305	18Cr-13Ni-高 C	0.80	0.70	0.60	0.50	0.45
SUS309 SUS310	22Cr-12Ni-0.06C 25Cr-20Ni-0.06C	0.90	0.85	0.80	0.75	0.70

表 4-1-4　无法兰圆筒形件不用压边圈拉深时的拉深系数

材料相对厚度 t/D_0(%)	各次拉深系数					
	$[m_1]$	$[m_2]$	$[m_3]$	$[m_4]$	$[m_5]$	$[m_6]$
0.40	0.90	0.92	—	—	—	—
0.60	0.85	0.90	—	—	—	—
0.80	0.80	0.88	—	—	—	—
1.0	0.75	0.85	0.90	—	—	—
1.5	0.65	0.80	0.84	0.87	0.90	—
2.0	0.60	0.75	0.80	0.84	0.87	0.90
2.5	0.55	0.75	0.80	0.84	0.87	0.90
3.0	0.53	0.75	0.80	0.84	0.87	0.90
3 以上	0.50	0.70	0.75	0.78	0.82	0.85

注：此表适用于 08、10 及 15Mn 等材料。

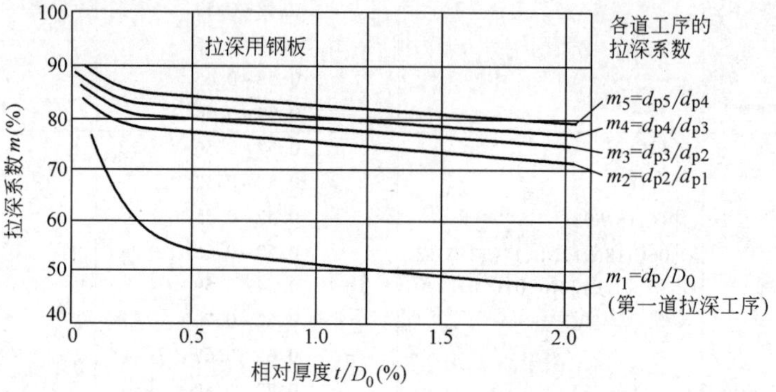

图 4-1-5　拉深钢板极限拉深系数的诺模图

在多工序拉深中，再次拉深时，拉深系数的选取直接影响着拉深件质量及拉深工序的数目。由于首次拉深后材料产生硬化，使变形区变形抗力增加，致使以后再次拉深时，拉深的变形程度不能达到首次拉深时的变形程度，即再次拉深的极限拉深系数大于首次拉深的极限拉深系数。

如果材料经中间退火处理，再次拉深的极限拉深系数的选取与不经退火处理的再次拉深极限拉深系数的选取是不同的。图 4-1-6 所示是中间退火和不经中间退火两种情况下，首次拉深系数对再次拉深的极限拉深系数的影响。对于图示的几种材料参照图 4-1-6 可以方便地选取首次拉深系数及再次拉深系数。

应该指出，在实际生产中不是在所有的情况下都采用极限拉深系数，因为接近极限值的拉深系数能引起毛坯在凸模圆角部位的过分变薄，而且在以后的拉深工序中这部分变薄严重的缺陷会转移到成

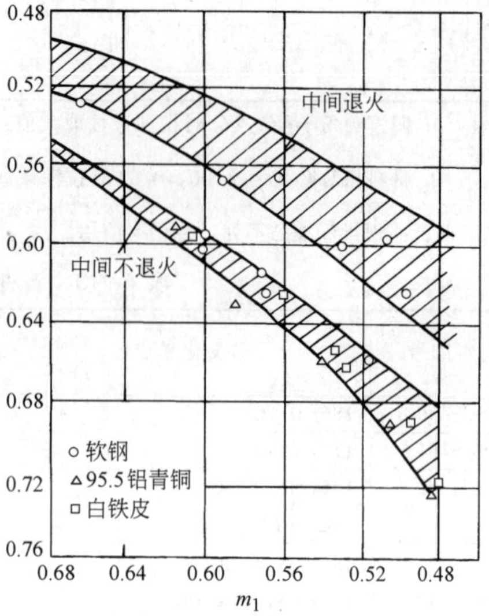

图 4-1-6　中间退火使再次拉深极限的提高［Swift］

品零件的侧壁上去，降低零件的质量。所以当对零件有较高的要求时，必须采用稍大于极限值的拉深系数。

1.2.2　拉深次数

拉深零件的高度与其直径的比值不同，零件的拉深系数 d/D_0 也不同。当零件拉深系数 d/D_0 小于首次极限拉深系数时，由于最大拉深力超过了毛坯侧壁传力区的承载能力（$F_{max}>\pi dtR_m$），如图 4-1-7 所示，毛坯传力区危险断面处就被拉断，因此拉深无法进行到底。在这种情况下必须进行两道或多道拉深。例如采用两道拉深时（见图 4-1-7）每道拉深力比一道拉深有所下降，而且第一道拉深所得的半成品的直径 d_1 大于成品零件的直径 d，使第一道拉深工序毛坯侧壁传力区的承载能力提高到 $\pi d_1 tR_m>\pi dtR_m$，因此用一道工序不能拉深成功的零件可用两道工序或多道工序拉深成形。

下面介绍拉深次数及中间工序半成品直径的确定方法。

1. 计算法

选定首次极限拉深系数［m_1］及以后各道极限拉深系数的平均值［m_n］，利用式（4-1-13）进行计算。

$$n=\frac{\lg d_n-\lg([m_1]D_0)}{\lg[m_n]}+1 \qquad (4\text{-}1\text{-}13)$$

式中　n——拉深次数；

d_n——零件直径。

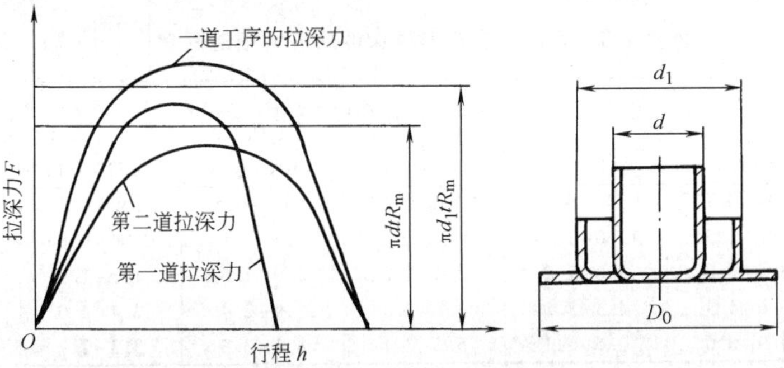

图 4-1-7　多道工序拉深时力的关系

如果得出的 n 为带小数的值，则要进位取整数。例如 $n=3.4$，则取 $n=4$。计算出拉深次数之后，应根据拉深系数逐渐增大的原则合理分配拉深系数，即 $m_1<m_2<m_3<\cdots<m_n$，并按 $m=d_n/D_0=m_1\cdot m_2\cdot\cdots\cdot m_n$ 进行核对，最后确定各次拉深系数 m_1，m_2，…，m_n。进而得到各道工序的半成品直径 $d_1=m_1D_0$，$d_2=m_2d_1$，…，$d_n=m_nd_{n-1}$。

2. 推算法

知道极限拉深系数后，根据零件直径 d 和平板毛坯的直径 D_0 与厚度 t，从第一道拉深工序开始逐步向后推算。其方法是：根据材料及相对厚度 t/D_0，查表 4-1-1 得到［m_1］，［m_2］，…，［m_n］，即可求出

$$d_1=[m_1]D_0$$
$$d_2=[m_2]d_1$$
$$\vdots$$
$$d_n=[m_n]d_{n-1}$$

一直算到得出的直径小于或等于零件直径即 $d_n\leqslant d$。如果 $d_n=d$，那么拉深次数及各次拉深工序的中间半成品的直径即被确定。如果 $d_n<d$，可将前几次的拉深系数适当调大一些，并使 $d_n=d=m_1\cdot m_2\cdot\cdots\cdot m_nD_0$。当调整后的 m_1，m_2，…，m_n 确定之后，再重新算出各工序的中间半成品直径：$d_1=m_1D_0$，$d_2=m_2d_1$，…，$d_n=m_nd_{n-1}$。

3. 查图法

无法兰圆筒形件的拉深次数及各工序的中间毛坯直径还可用查图法直接确定（见图 4-1-8）。其查法如下。

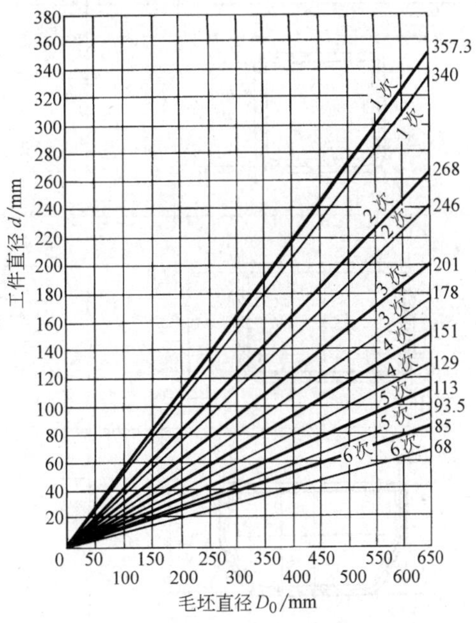

图 4-1-8　确定拉深次数及半成品尺寸的线图

先在图中横坐标上查到相当毛坯直径 D_0 的点，由此点向上作垂线。再从纵坐标上找到相当零件直径 d 的点，由此点作水平线与上述垂线相交。根据交点位置便可确定拉深次数。垂线与各斜线交点的纵坐标即为各次拉深后的中间半成品的直径。如果相当于零件直径的水平线与相对应的毛坯直径的垂线交点不在斜线上而位于两斜线之间，则应取较大的拉深次数，并按照计算法分配拉深系数的原则，对各次拉深系数及各次拉深后中间半成品的直径做适当调整。图 4-1-8 中粗斜线用于材料厚度为 0.5～2.0mm 的情况，细斜线用于材料厚度为 2～3mm 的情况。此线图适用于酸洗钢板的无法兰圆筒形零件的拉深。

4. 查表法

根据零件的相对高度 h/d 和毛坯的相对厚度 t/D_0 直接查表 4-1-5 求得拉深次数。之后，选定各次拉深系数并按 $m_1 < m_2 < \cdots < m_n$ 及 $d/D_0 = m_1 \cdot m_2 \cdot \cdots \cdot m_n$ 的原则，确定 m_1，m_2，…，m_n。从而得到 $d_1 = m_1 D_0$，$d_2 = m_2 d_1$，…，$d_n = d = m_n d_{n-1}$。

1.2.3　多次拉深中间各工序半成品高度

拉深次数及各中间工序半成品直径确定之后，进一步确定各工序拉深凸模的圆角半径。最后按照表 4-1-6 给出的计算公式，可求出各工序的拉深高度。

表 4-1-5　无法兰圆筒形拉深件的最大相对高度 $\left[\dfrac{h}{d}\right]$

拉深次数 n	毛坯相对厚度 $\dfrac{t}{D_0}\times100$					
	2～1.5	<1.5～1	<1～0.6	<0.6～0.3	<0.3～0.15	<0.15～0.08
1	0.94～0.77	0.84～0.65	0.70～0.57	0.62～0.5	0.52～0.45	0.46～0.38
2	1.88～1.54	1.60～1.32	1.36～1.1	1.13～0.94	0.96～0.83	0.9～0.7
3	3.5～2.7	2.8～2.2	2.3～1.8	1.9～1.5	1.6～1.3	1.3～1.1
4	5.6～4.3	4.3～3.5	3.6～2.9	2.9～2.4	2.4～2.0	2.0～1.5
5	8.9～6.6	6.6～5.1	5.2～4.1	4.1～3.3	3.3～2.7	2.7～2.0

注：1. 大的 $\dfrac{h}{d}$ 比值适用于在第一道工序内大的凹模圆角半径 $\left(由\dfrac{t}{D_0}\times100=2\sim1.5\ 时的\ r_d=8t\ 到\ \dfrac{t}{D_0}\times100=0.15\sim0.08\ 时的\ r_d=15t\right)$，小的比值适用于小的凹模圆角半径（$r_d=4\sim8t$）。

2. 表中拉深次数适用于 08 及 10 钢的拉深件。

表 4-1-6　圆筒形拉深件的拉深高度计算公式

工件形状	拉深工序	计算公式
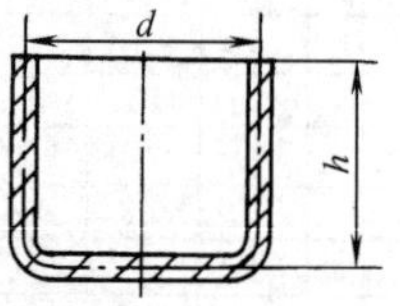	1	$h_1=0.25(D_0k_1-d_1)$
	2	$h_2=h_1k_2+0.25(d_1k_2-d_2)$
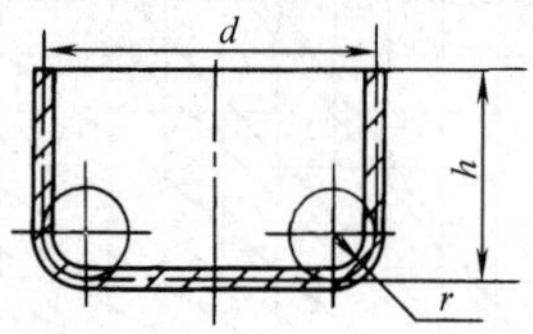	1	$h_1=0.25(D_0k_1-d_1)+0.43\dfrac{r_1}{d_1}(d_1+0.32r_1)$
	2	$h_2=0.25(D_0k_1k_2-d_2)+0.43\dfrac{r_2}{d_2}(d_2+0.32r_2)$ $r_1=r_2=r$ 时 $h_2=h_1k_2+0.25(d_1k_2-d_2)-0.43\dfrac{r}{d_2}(d_1-d_2)$
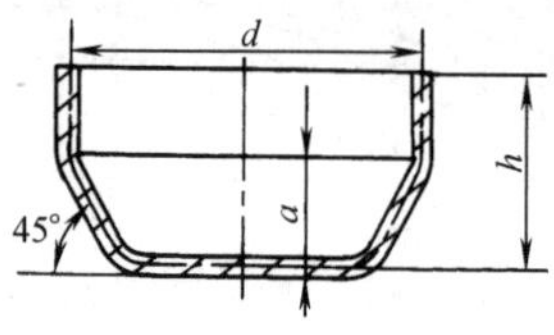	1	$h_1=0.25(D_0k_1-d_1)+0.57\dfrac{a_1}{d_1}(d_1+0.86a_1)$
	2	$h_2=0.25(D_0k_1k_2-d_2)+0.57\dfrac{a_2}{d_2}(d_2+0.86a_2)$ $a_1=a_2=a$ 时 $h_2=h_1k_1+0.25(d_1k_2-d_2)-0.57\dfrac{a}{d_2}(d_1-d_2)$

（续）

工件形状	拉深工序	计算公式
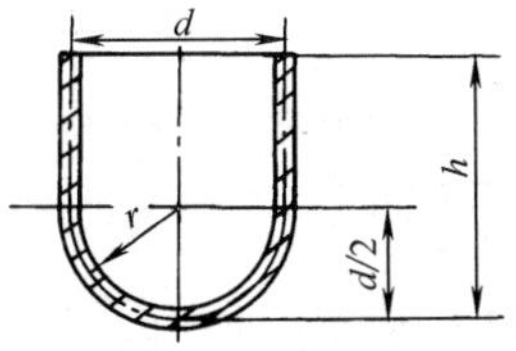	1	$h_1=0.25D_0k_1$
	2	$h_2=0.25D_0k_1k_2=h_1k_2$

注：D_0—毛坯直径（mm）；

d_1、d_2—第 1、2 工序拉深的工件直径（mm）；

k_1、k_2—第 1、2 工序拉深的拉深比$\left(k_1=\dfrac{1}{m_1},\ k_2=\dfrac{1}{m_2}\right)$；

r_1、r_2—第 1、2 工序拉深件底部圆角半径（mm）；

h_1、h_2—第 1、2 工序拉深的拉深高度（mm）。

另外，也可用简化的方法确定各工序的拉深高度。工序件高度的简化计算如下。

1. 底角半径较小的筒形件（见图 4-1-9）

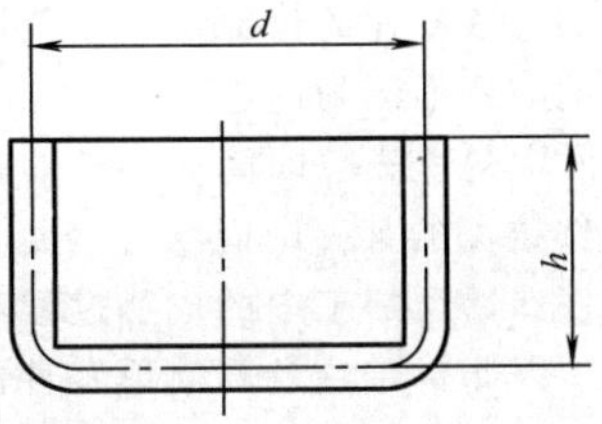

图 4-1-9　小圆角筒形件

小圆角筒形件的高度 h 可以用式（4-1-14）计算。

$$h=c_1d \tag{4-1-14}$$

式中　d——工序件的直径；

c_1——系数，可由图 4-1-10a、b 查得。

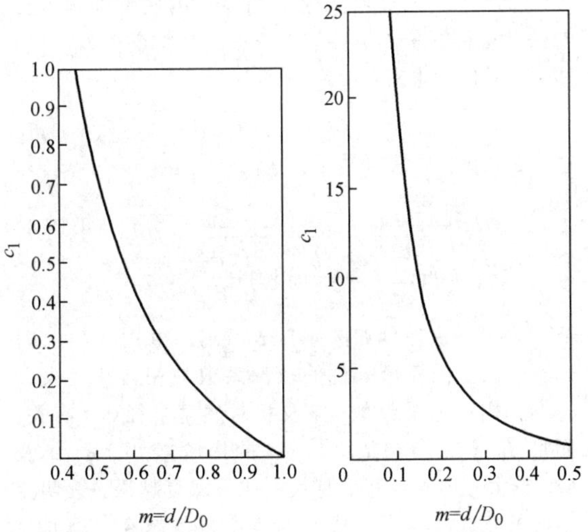

图 4-1-10　系数 c_1 曲线图

2. 底角半径较大的筒形件（见图 4-1-11）

大圆角圆筒形件工序件的高度可用式（4-1-15）计算。

$$h=(c_1+c_2)d \tag{4-1-15}$$

其中的 c_1 可从图 4-1-10 查得，而 c_2 可从图 4-1-12 查得。

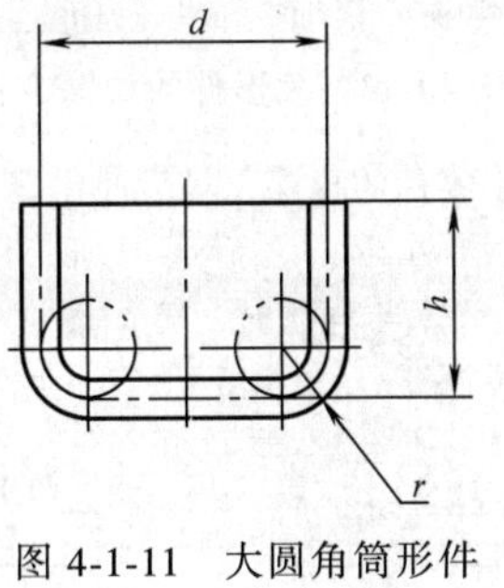

图 4-1-11　大圆角筒形件

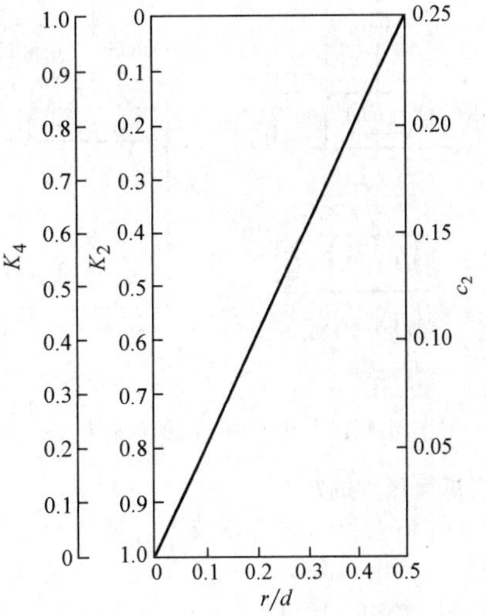

图 4-1-12　系数 K_2、K_4、c_2 曲线图

1.2.4　拉深方法

1. 低筒形件拉深

低筒形件的拉深，一般采用如图 4-1-13 所示的方法进行拉深。对于很浅的筒形件，用落料拉深模进行拉深或者用带挤边的拉深模拉深（见图 4-1-13a）。对于较深且要求较高的拉深件可采用如下方法：拉深、校形、修边模修边（见图 4-1-13b）；拉深后进行摆动修边或车床修边（见图 4-1-13c）。

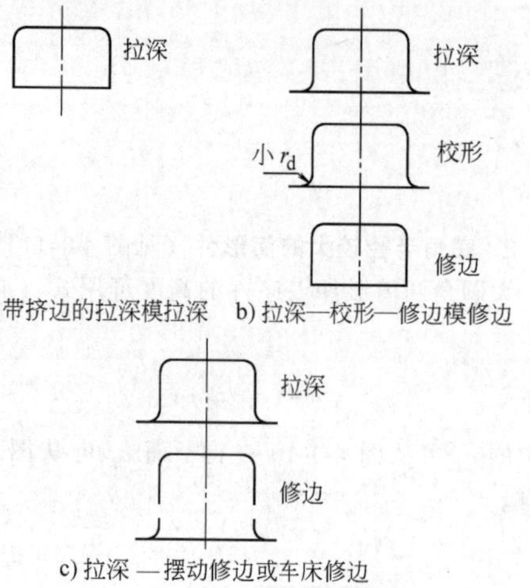

图 4-1-13　筒形件的拉深方法

对于极小零件的拉深，料薄时考虑凸模的强度，需先拉深成圆锥形，之后再成形为筒形件，如图 4-1-14a 所示。当料厚时，可如图 4-1-14b 所示直接进行落料拉深。

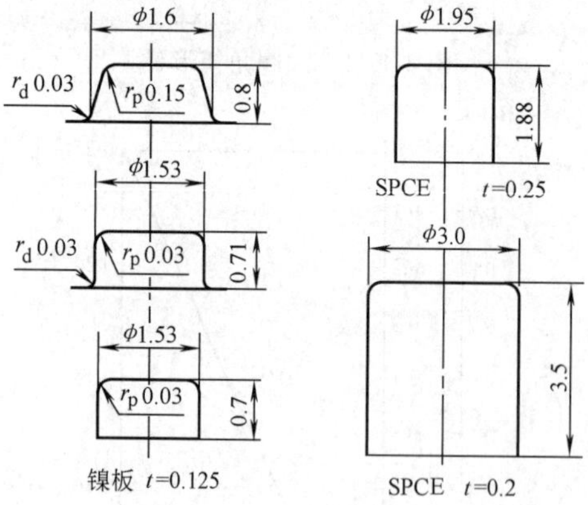

a) 薄料的拉深　　b) 厚料的拉深

图 4-1-14　极小零件的拉深方法

2. 高筒形件的拉深

对于高筒形件的多次拉深，可采用图 4-1-15 所示的方法。其中，图 4-1-15a 所示是不带法兰的再次拉深，最后修边，图 4-1-15b 所示是带有小法兰边的，最后修边；图 4-1-15c 所示是再次拉深用反拉深，最后修边。

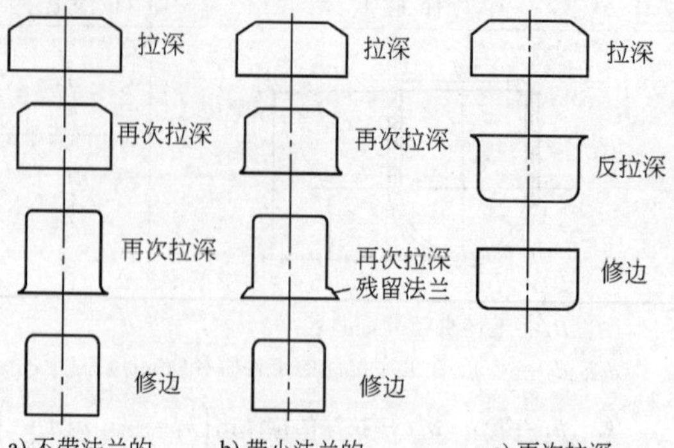

a) 不带法兰的再次拉深　b) 带小法兰的再次拉深　c) 再次拉深用反拉深

图 4-1-15　高筒形件的多次拉深方法

1.3　带法兰圆筒形零件的拉深

1.3.1　拉深系数及成形极限

带法兰圆筒形零件的拉深与无法兰圆筒形零件的拉深，它们在变形区内的应力状态与变形特点是相同的。实际上，带法兰圆筒形零件的拉深是无法兰圆筒形零件拉深的某一中间状态（见图 4-1-16）。但是两种零件在冲压加工中的成形过程和计算方法是有差别的。因此对带法兰圆筒形零件的拉深，进行工艺过程计算时，不能随意采用无法兰圆筒形零件首次拉深时的极限拉深系数。

带法兰圆筒形零件的拉深系数 m_F 用式（4-1-16）表示。

$$m_F = d/D_0 \tag{4-1-16}$$

式中　d——零件圆筒形部分的直径；

D_0——毛坯直径。

变换一下式（4-1-16）。当零件的底部圆角半径与法兰根部圆角半径都等于 r 时，毛坯直径 D_0 可由式（4-1-17）求得

$$D_0 = \sqrt{d_F^2 + 4dh - 3.44rd} \tag{4-1-17}$$

式（4-1-17）代入式（4-1-16）：

$$m_F = \frac{1}{\sqrt{\left(\frac{d_F}{d}\right)^2 + 4\frac{h}{d} - 3.44\frac{r}{d}}} \tag{4-1-18}$$

式中各物理量如图 4-1-16 所示。由式（4-1-18）知，带法兰圆筒形零件的拉深系数与相对法兰直径 d_F/d、相对拉深高度 h/d 及相对底角半径 r/d 有关。而且 d_F/d 的影响最大，r/d 的影响较小。d_F/d 及 h/d 越大，即法兰宽度越大，成形深度越深，表明变形区的宽度就越大，成形的难度也就越高。因此只有 d_F/d 和 h/d 两个参数结合起来才能反映带法兰圆筒形零件拉深成形的难易程度。当 d_F/d 和 h/d 超过

一定值时，毛坯侧壁传力区就会被拉断，在这种情况下则需要进行多次拉深。

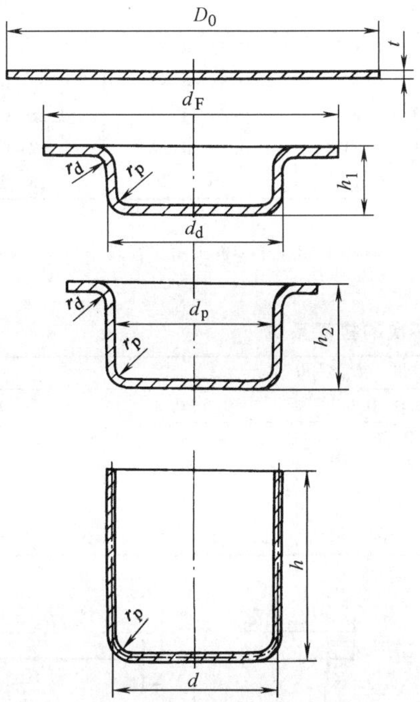

图 4-1-16　圆筒形件拉深过程

带法兰圆筒形零件首次拉深的成形极限可以用首次拉深极限拉深系数 [m_{F1}] 表示，也可用首次拉深的极限拉深相对高度 [h/d] 表示。带法兰圆筒形零件首次拉深的极限拉深系数 [m_{F1}] 及极限拉深相对高度 [h_1/d_1] 见表 4-1-7 和表 4-1-8。以后各次拉深的极限拉深系数见表 4-1-9，或者参照表 4-1-1 选取。

1.3.2　带法兰筒形件的多次拉深

1. 多次拉深的判断方法

（1）利用极限拉深系数进行判断　根据零件所用毛坯的相对厚度 t/D_0 及相对法兰直径 d_F/d_1 查表 4-1-7，如果零件的拉深系数 $m_F=d/D_0$ 小于由表 4-1-7 所查得的极限拉深系数值，则不能一次拉深成功，需进行多次拉深。

（2）利用极限相对高度 [h_1/d_1] 进行判断　根据零件的 d_F/d 和 t/D_0 查表 4-1-8。如果零件的相对高度 h/d 大于表 4-1-8 查得 [h_1/d_1] 值，则该零件不能一次拉深成功，需进行多次拉深。

（3）利用图 4-1-17 所给曲线进行判断　由零件的相对高度 h/d 和相对法兰直径 d_F/d 所决定的点，如果位于相应的 $t/D_0\times100$ 的曲线下侧，即可一次拉深成功。如果位于曲线上侧，则必须进行多次拉深。

对于带法兰筒形件的多次拉深，由于法兰宽度不同，其成形方法及工序计算方法也不相同。

表 4-1-7　带法兰圆筒形件第一次拉深时的拉深系数 [m_{F1}]

相对法兰直径 $\frac{d_F}{d_1}$	毛坯相对厚度 $\frac{t}{D_0}\times100$				
	>0.06~0.2	>0.2~0.5	>0.5~1.0	>1.0~1.5	>1.5
≤1.1	0.59	0.57	0.55	0.53	0.50
>1.1~1.3	0.55	0.54	0.53	0.51	0.49
>1.3~1.5	0.52	0.51	0.50	0.49	0.47
>1.5~1.8	0.48	0.48	0.47	0.46	0.45
>1.8~2.0	0.45	0.45	0.44	0.43	0.42
>2.0~2.2	0.42	0.42	0.42	0.41	0.40
>2.2~2.5	0.38	0.38	0.38	0.38	0.37
>2.5~2.8	0.35	0.35	0.34	0.34	0.33
>2.8~3.0	0.33	0.33	0.32	0.32	0.31

注：适用于 08、10 钢。

表 4-1-8　带法兰圆筒形件第一次拉深的最大相对高度 $\left[\frac{h_1}{d_1}\right]$

法兰相对直径 $\frac{d_F}{d}$	毛坯相对厚度 $\frac{t}{D_0}\times100$				
	>0.06~0.2	>0.2~0.5	>0.5~1	>1~1.5	>1.5
≤1.1	0.45~0.52	0.50~0.62	0.57~0.70	0.60~0.80	0.75~0.90
>1.1~1.3	0.40~0.47	0.45~0.53	0.50~0.60	0.56~0.72	0.65~0.80
>1.3~1.5	0.35~0.42	0.40~0.48	0.45~0.53	0.50~0.63	0.58~0.70
>1.5~1.8	0.29~0.35	0.34~0.39	0.37~0.44	0.42~0.53	0.48~0.58

（续）

法兰相对直径 $\frac{d_F}{d}$	毛坯相对厚度 $\frac{t}{D_0}\times100$				
	>0.06～0.2	>0.2～0.5	>0.5～1	>1～1.5	>1.5
>1.8～2.0	0.25～0.30	0.29～0.34	0.32～0.38	0.36～0.46	0.42～0.51
>2.0～2.2	0.22～0.26	0.25～0.29	0.27～0.33	0.31～0.40	0.35～0.45
>2.2～2.5	0.17～0.21	0.20～0.23	0.22～0.27	0.25～0.32	0.28～0.35
>2.5～2.8	0.13～0.16	0.15～0.18	0.17～0.21	0.19～0.24	0.22～0.27
>2.8～3.0	0.10～0.13	0.12～0.15	0.14～0.17	0.16～0.20	0.18～0.22

注：1. 适用于 08、10 钢。

2. 较大值相应于零件圆角半径较大情况，即 r_d、r_p 为（10～20）t；较小值相应于零件圆角半径较小情况，即 r_d、r_p 为（4～8）t。

表 4-1-9　带法兰圆筒形件以后各次的拉深系数

拉深系数 [m_n]	材料相对厚度 $t/D_0\times100$				
	2～1.5	<1.5～1.0	<1.0～0.6	<0.6～0.3	<0.3～0.15
[m_2]	0.73	0.75	0.76	0.78	0.80
[m_3]	0.75	0.78	0.79	0.80	0.82
[m_4]	0.78	0.80	0.82	0.83	0.84
[m_5]	0.80	0.82	0.84	0.85	0.86

注：在应用中间退火的情况下，可以将以后各次的拉深系数减小 5%～8%。

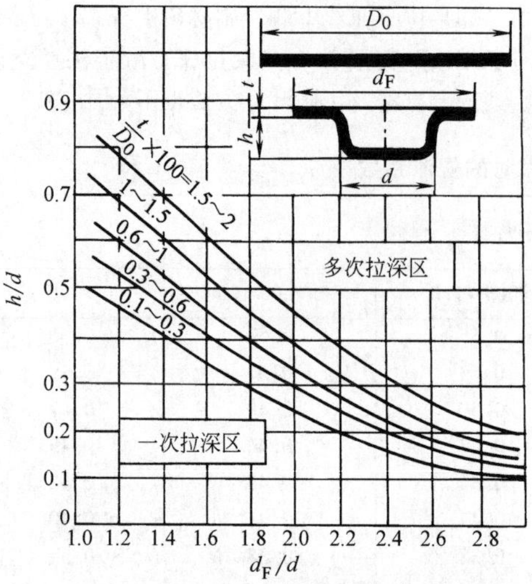

图 4-1-17　带法兰拉深件成形极限曲线

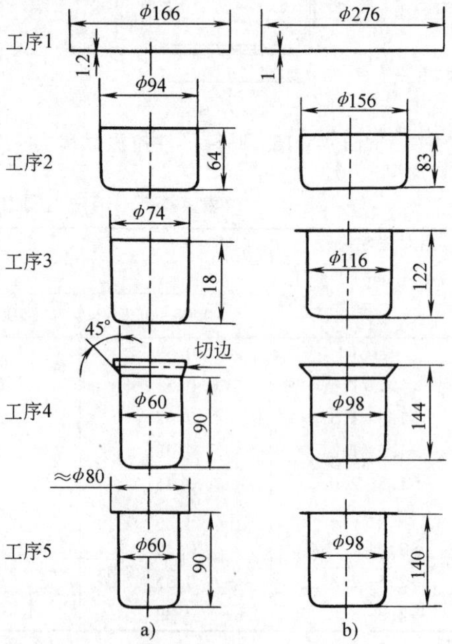

图 4-1-18　窄法兰圆筒形件的拉深程序

2. 带法兰圆筒形件多次拉深方法

（1）窄法兰圆筒形件（$d_F/d=1.1\sim1.4$）　窄法兰圆筒形件的拉深方法如图 4-1-18 所示。一种在前几次拉深中不留法兰，先拉深成无法兰筒形件。而在以后拉深中形成锥形法兰，最后再校平法兰（见图 4-1-18a）。另一种是在缩小直径的过程中留下法兰根部圆角部分（r_d），在整形的前一工序把法兰压成圆锥形，在最后整形时把法兰压平（见图 4-1-18b）。

（2）宽法兰筒形件（$d_F/d>1.4$）　宽法兰筒形件多次拉深时，一定遵守第一次就要拉深成零件要求的法兰直径（加上修边余量），在以后的拉深工序中法兰直径保持不变的原则，如图 4-1-19 所示。

固定高度多次拉深方法如图 4-1-20 所示。图 4-1-20a 所示是第一次拉深后得到根部与底部的圆角半径很大的中间毛坯，在以后各道拉深工序中高度基本保持不变，不断缩小圆筒部分的直径和圆角半径。这种方法只能用于毛坯相对厚度较大的情况。当毛坯厚度小时，可采用如图 4-1-20b 所示的方法。

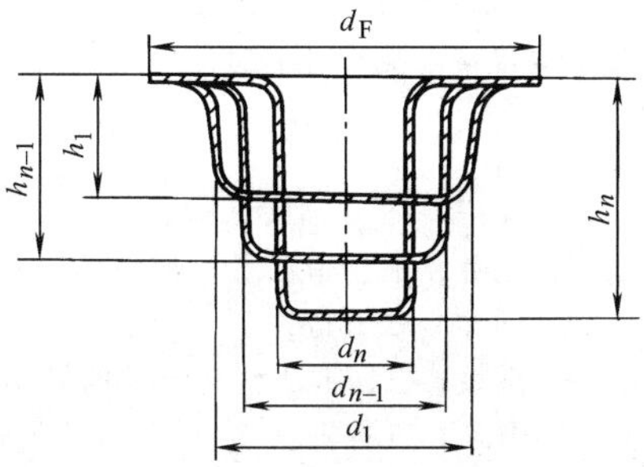

图 4-1-19　带法兰圆筒形件的拉深工序

最初主要靠胀形成形到图面深度，以后各道保持不变。每道工序都用较大的凹模圆角半径 r_d，且前一道 r_d 保留在法兰上，不在下一道被拉深，最后用胀形方法整形。

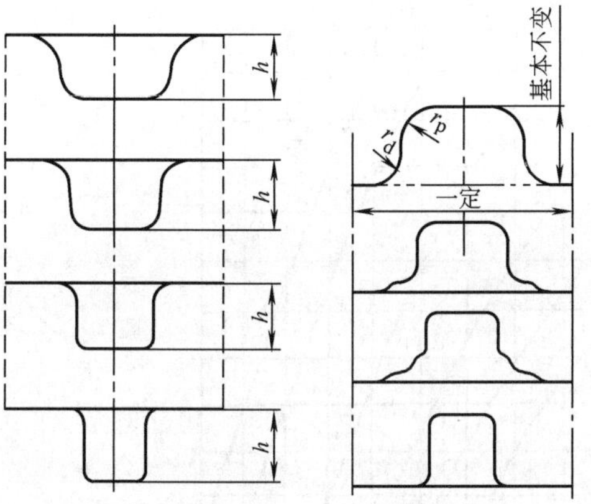

a) 圆筒直径逐渐减小　　b) 圆筒直径每道减小$2r_d$

图 4-1-20　固定高度多次拉深方法

变高度拉深方法如图 4-1-21 所示。一般料比较薄时，都采用这种方法。图 4-1-21a 所示的方法是第一次拉成零件要求的法兰直径，以后各道拉深工序逐渐缩小圆筒部分的直径，增加其高度。用这种方法制成的零件表面质量较差，容易在直壁部分和法兰边上残留有中间工序的痕迹。所以最后要加一道需力较大的校形工序。图 4-1-21b 所示的方法，最初用较大的凹模圆角半径 r_d 拉深至要求的法兰直径，以后各道都用较大的凹模圆角半径 r_d，且前一道 r_d 保留在法兰上，不在下一道被拉深，使其直径减小、高度增加，最后用胀形方法整形。

当法兰直径过大，圆角半径过小时，可先以适当的圆角半径成形，然后整形到零件要求的尺寸，如图 4-1-22a 所示。当法兰直径过大时，可用大直径的球形凸模进行胀形成形，在较大范围内聚料及均化变形，再用第二道工序成形到所要求的尺寸，如图 4-1-22b 所示。该方法适用于材料厚度较厚，深度与直径相近的情况。

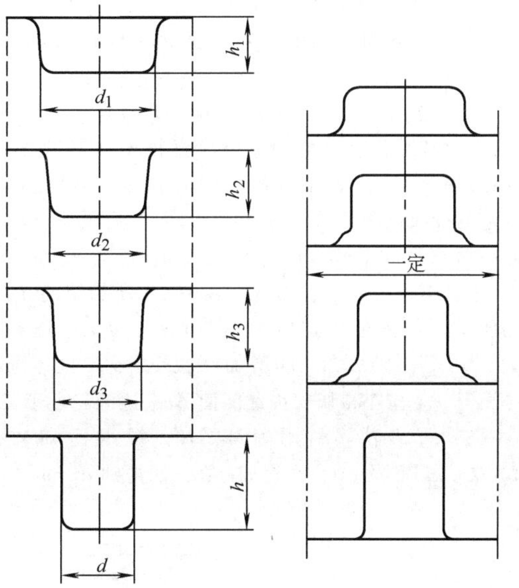

a) 圆筒直径逐渐减小　　b) 圆筒直径每道减小$2r_d$

图 4-1-21　变高度拉深方法

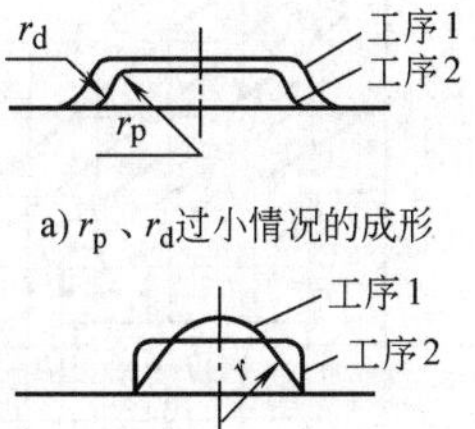

a) r_p、r_d过小情况的成形

b) 利用材料胀形性能成形

图 4-1-22　大法兰小直径零件拉深方法

3. 带法兰筒形件多次拉深工序的计算

（1）窄法兰筒形件工序计算方法　窄法兰筒形件工序用无法兰筒形件的计算方法进行计算。

（2）宽法兰筒形件工序计算方法　宽法兰筒形件多次拉深中，拉深系数 m_F 与相对法兰直径 d_F/d_1 有关。当 d_1 不确定时，d_F/d_1 为未知数，就无法利用表 4-1-7 确定 m_{F1} 值。但是，当 d_1 一旦确定后，以后各道拉深由于法兰直径 d_F 不变，只是由 d_1 逐渐拉深成 d_n（工件直径），完全与无法兰筒形件拉深相同。因此带宽法兰筒形件的多次拉深工序尺寸计算的关键是如何确定第一道拉深直径 d_1。

确定第一道拉深直径的方法：

1）试凑法。利用图 4-1-23 所示的曲线，逐渐试凑得到合适的第一道拉深直径。其方法是：先假定一个圆筒形部分直径 d_1，然后根据已知的 d_F、D_0、t 从两侧曲线分别求出相对高度 h/d_1 之值。如果从两侧求得的相对高度 h/d_1 相等，即可选假定的直径 d_1

作为第一次拉深直径（如图中带箭头虚线所示）。如不相等，可再重新假定一个 d_1 重复上述做法，直到所假定的 d_1 从两侧求得的相对高度 h/d_1 相等为止。

2）逼近法。用表 4-1-7 根据已知数据 d_F、$t/D_0\times100$，用逼近法求出第一道拉深直径 d_1。其做法是：先给定一个 d_1，则有一个 d_F/d_1，由表 4-1-7 查出相对应的极限拉深系数 $[m_{F1}]$，给定 d_1 后就有一个实际拉深系数 $m_{F1}=d_1/D_0$。比较 $[m_{F1}]$ 与 m_{F1} 的值，即 $\Delta m_F=[m_{F1}]-m_{F1}$，当 $\Delta m_F\geqslant0$ 时，所给定的 d_1 即为所求。d_1 值的给定由大逐渐减小，d_F/d_1 逐渐增大。$[m_{F1}]$ 随 d_F/d_1 的增加而减小，m_{F1} 也逐渐减小，但 m_{F1} 减小得快，因此能使 Δm_F 逐渐趋近于零。

3）查表法。利用表 4-1-10，根据已知数据 d_F/D_0、t/D_0 及 r/t，查得 m_1 值，便得到 $d_1=m_1D_0$。

4. 带法兰筒形件的高度 *h* 计算

工序件高度 h（见图 4-1-24）可用式（4-1-19）简化高度计算

$$h=d(c_2-c_3+c_4+c_5) \tag{4-1-19}$$

式中　c_2——系数，根据带法兰筒形件的 r_p/d 值从图 4-1-12 查得；

c_3——系数，根据带法兰筒形件的 d_F/d 值从图 4-1-25 查得；

c_4——系数，根据带法兰筒形件的至本工序的总拉深系数 d/D_0 值从图 4-1-26 和图 4-1-27 查得；

c_5——系数，根据带法兰筒形件的 r_d/d 值从图 4-1-28 查得。

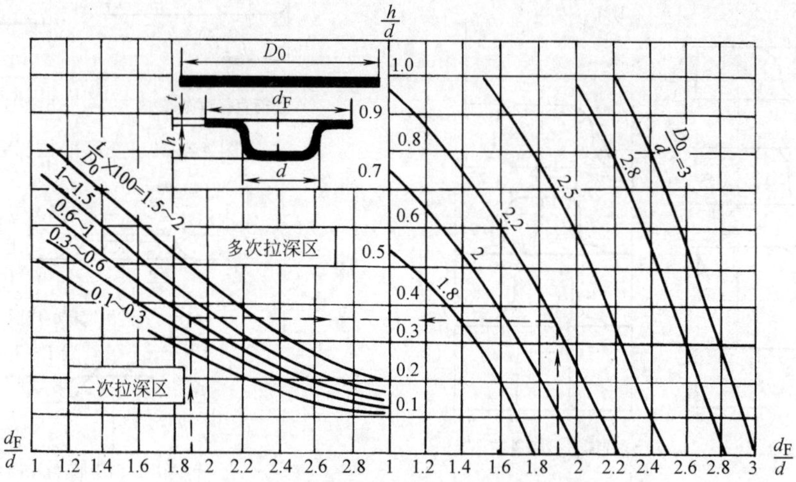

图 4-1-23　带法兰筒形件拉深用计算曲线

表 4-1-10　无法兰或有法兰筒形件用压边圈拉深的拉深系数（适用 08、10 钢）

拉深系数			$t/D_0\times100$									
			1.5		1.0		0.6		0.3		0.1	
			r/t									
			10	4	12	5	15	6	18	7	20	8
$[m_1]$	d_F/D_0	0.48	0.48									
		0.50	0.48	0.50								
		0.51	0.48	0.50	0.51							
		0.53	0.48	0.50	0.51		0.53					
		0.54	0.48	0.50	0.51	0.54	0.53					
		0.55	0.48	0.50	0.51	0.54	0.53	0.55	0.55			
		0.58	0.48	0.50	0.51	0.54	0.53	0.55	0.55	0.58	0.58	
		0.60	0.48	0.50	0.50	0.53	0.53	0.55	0.54	0.58	0.57	0.60
		0.65	0.48	0.49	0.49	0.52	0.52	0.54	0.53	0.56	0.55	0.58
		0.70	0.47	0.48	0.48	0.51	0.51	0.53	0.52	0.54	0.53	0.56
		0.75	0.45	0.47	0.46	0.49	0.49	0.51	0.50	0.52	0.51	0.54
		0.80	0.43	0.45	0.45	0.47	0.47	0.49	0.48	0.50	0.49	0.52
		0.85	0.41	0.43	0.42	0.45	0.44	0.46	0.45	0.48	0.47	0.49
		0.90	0.38	0.39	0.39	0.41	0.41	0.43	0.42	0.44	0.43	0.45
		0.95	0.33	0.34	0.35	0.37	0.37	0.38	0.38	0.39	0.38	0.40
		0.97	0.31	0.32	0.33	0.34	0.35	0.36	0.36	0.37	0.36	0.38
		0.99	0.30	0.31	0.32	0.33	0.33	0.34	0.33	0.34	0.34	0.35

（续）

拉深系数		$t/D_0\times100$									
		1.5		1.0		0.6		0.3		0.1	
		r/t									
		10	4	12	5	15	6	18	7	20	8
以后各次拉深	$[m_2]$	0.73	0.75	0.75	0.76	0.76	0.78	0.78	0.79	0.79	0.80
	$[m_3]$	0.76	0.78	0.78	0.79	0.79	0.80	0.80	0.81	0.81	0.82
	$[m_4]$	0.78	0.80	0.80	0.81	0.81	0.82	0.82	0.83	0.83	0.84
	$[m_5]$	0.80	0.82	0.82	0.84	0.83	0.85	0.84	0.85	0.85	0.86

注：1. 随材料塑性高低，表中数值应酌情增减。

2. r 指凸模圆角半径 r_p 及法兰根部圆角半径 r_d，即 $r=r_p=r_d$。

3. ——上方为直筒件（$d_F=d_1$）。

4. ——与〰〰之间为弧面法兰件（$d_F\leqslant d_1+2r$），此区工件计算半成品尺寸 h_1 应加注意。

5. 随 d_F/D_0 数值增大，r/t 值可相应减小，满足 $2r\leqslant h_1$，保证筒部有直壁。

6. 查用时，可用插入法，也可用偏大值。

7. 多次拉深首次形成法兰时，为考虑多拉入材料，$[m_1]$ 增大 0.02。

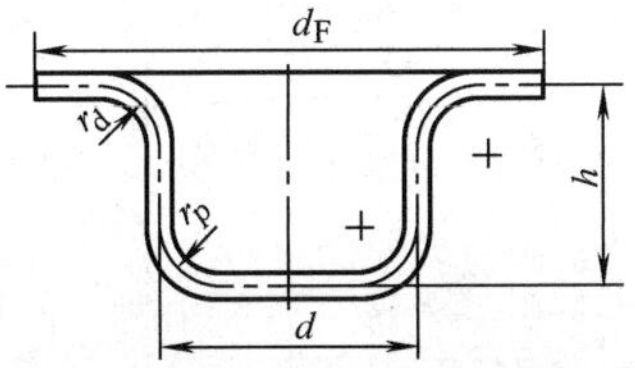

图 4-1-24　带法兰圆筒形件

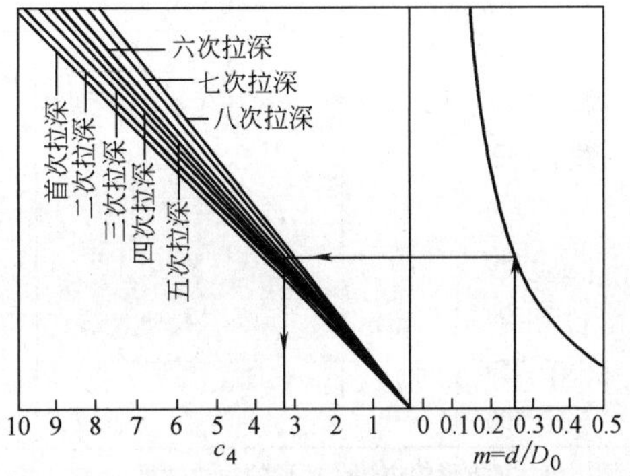

图 4-1-27　系数 c_4 曲线图

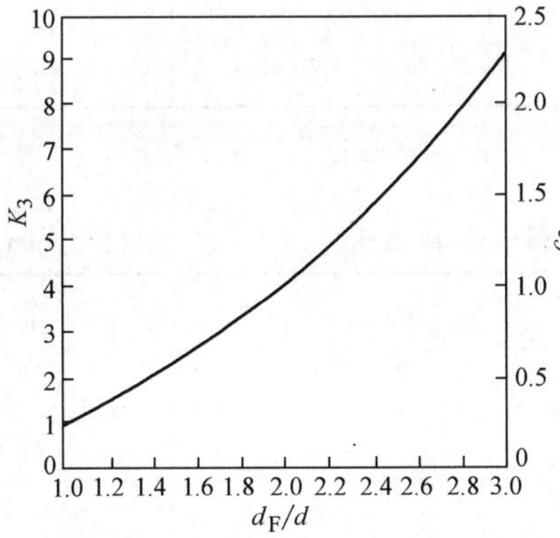

图 4-1-25　系数 K_3、c_3 曲线图

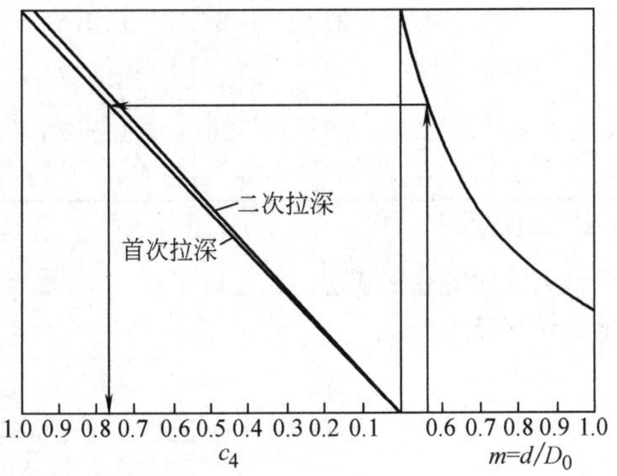

图 4-1-26　系数 c_4 曲线图

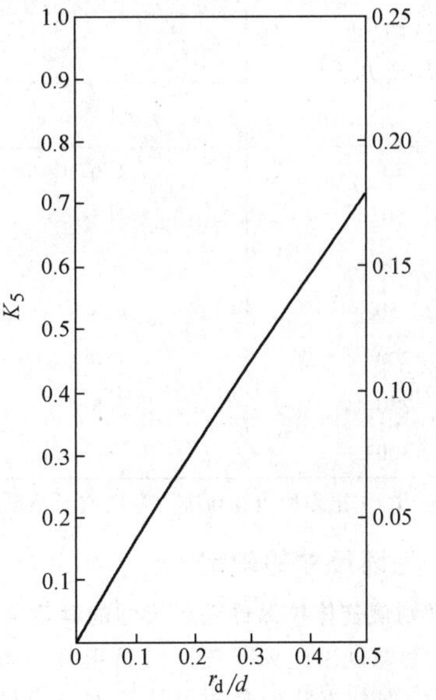

图 4-1-28　系数 K_5、c_5 曲线图

1.4　拉深件毛坯尺寸的确定

在工艺过程设计时，可以不计毛坯厚度的变化，概略地按拉深前后面积不变的原则进行毛坯尺寸的计算。

1.4.1　修边余量的确定

由于材料的性能及模具的几何形状等因素在不同方向上存在着一定的差别，拉深后零件的边缘是不平齐的，尤其经多次拉深工序得到的零件，边缘质量就更差。所以在大多数情况下，必须加大零件的高度，拉深后经修边工序保证零件的质量。修边余量 Δh 或 Δd_F（见图 4-1-29）决定于板料性能、拉深件几何形状、拉深次数等。对于圆筒形零件其值可参照表 4-1-11 或表 4-1-12 选取。

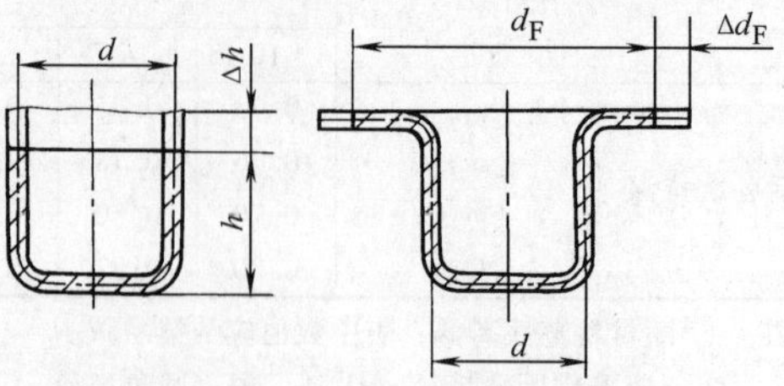

a) 无法兰拉深件　　b) 带法兰拉深件

图 4-1-29　修边余量

表 4-1-11　无法兰拉深件的修边余量 Δh　　（单位：mm）

拉深件高度 h	零件相对高度 h/d、h/B、$h/2b$			
	0.5~0.8	>0.8~1.6	>1.6~2.5	>2.5~4
10	1	1.2	1.5	2
20	1.2	1.6	2	2.5
50	2	2.5	3.3	4
100	3	3.8	5	6
150	4	5	6.5	8
200	5	6.3	8	10
250	6	7.5	9	11
300	7	8.5	10	12

注：B—正方形的边长或矩形的短边宽度。
b—椭圆形的短半轴。

表 4-1-12　带法兰拉深件的修边余量 Δd_F 或 ΔB_F　　（单位：mm）

法兰尺寸（d_F 或 B_F）	相对法兰尺寸 $\frac{d_F}{d}$ 或 $\frac{B_F}{B}$			
	<1.5	>1.5~2	>2~2.5	>2.5~3
25	1.6	1.4	1.2	1
50	2.5	2	1.8	1.6
100	3.5	3	2.5	2.2
150	4.3	3.6	3	2.5
200	5	4.2	3.5	2.7
250	5.5	4.6	3.8	2.8
300	6	5	4	3

注：B、B_F—正方形边宽和法兰宽度或者矩形的短边边宽和短边法兰宽度。

1.4.2　毛坯尺寸的确定

1. 规则旋转体拉深件毛坯尺寸的确定

（1）毛坯直径计算方法　进行毛坯计算时，首先将拉深件划分成若干个便于计算的具有简单几何形状的组成部分，分别求出各部分的表面积 A_i，相加后得到零件的总面积 $\sum A_i$，之后用式（4-1-20）计算出毛坯直径 D_0。

$$D_0=\sqrt{\frac{4}{\pi}\sum A_i}=1.13\sqrt{\sum A_i} \qquad (4\text{-}1\text{-}20)$$

例如图 4-1-30 所示的圆筒形零件，可划分为三部分，各部分的面积分别为

$$A_1=\pi d(H-r_p)$$

$$A_2=\frac{\pi}{4}[2\pi r_p(d-2r_p)+8r_p^2]$$

$$A_3=\frac{\pi}{4}\ (d-2r_p)^2$$

$\sum A_i=A_1+A_2+A_3$ 并代入式（4-1-20），整理后得

$$D_0=\sqrt{(d-2r_p)^2+2\pi r_p(d-2r_p)+8r_p^2+4d(H-r_p)}$$

另外，由表 4-1-13 给出的各种旋转体零件的表面积计算公式，计算出所求零件的总面积利用式（4-1-20）求出毛坯直径。也可以利用表 4-1-14 给出的求毛坯直径的公式，直接计算所求零件的毛坯直径。

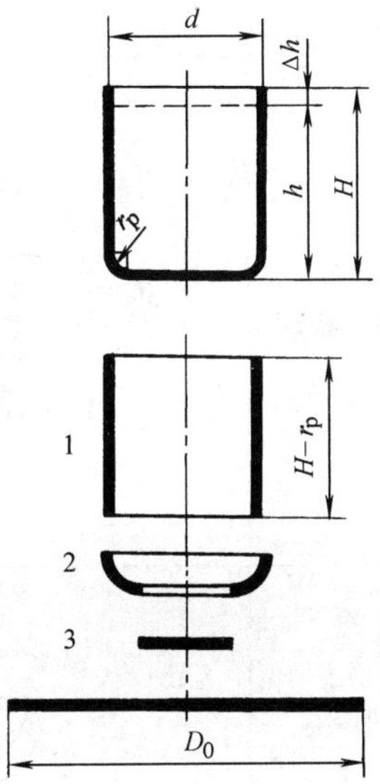

图 4-1-30　圆筒形拉深件毛坯尺寸计算

表 4-1-13　各种常用旋转体零件的表面积的计算公式

序　号	名　称	简　图	面　积 A
1	圆形	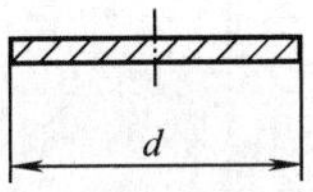	$A=\frac{\pi d^2}{4}=0.785d^2$
2	环形	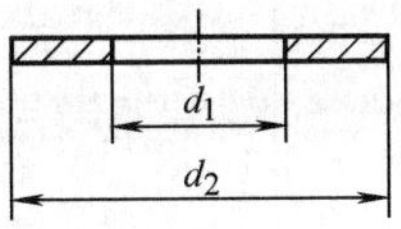	$A=\frac{\pi}{4}(d_2^2-d_1^2)=0.7854(d_2^2-d_1^2)$
3	圆筒形	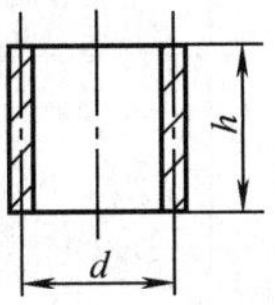	$A=\pi dh$
4	斜边筒形	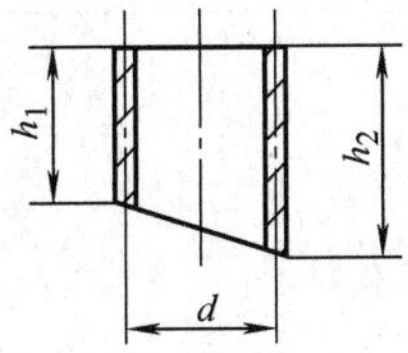	$A=\frac{\pi d}{2}(h_1+h_2)$
5	圆锥形	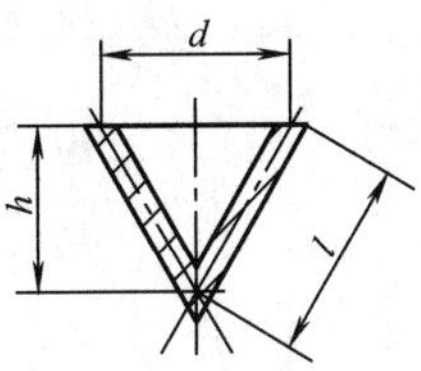	$A=\frac{\pi d}{4}\sqrt{d^2+4h^2}=\frac{\pi dl}{2}$

（续）

序　　号	名　称	简　图	面　积 A
6	截头锥形	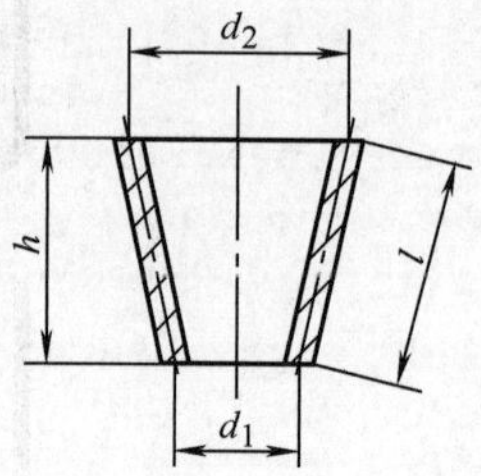	$l=\sqrt{h^2+\left(\frac{d_2-d_1}{2}\right)^2}$ $A=\frac{\pi l}{2}(d_1+d_2)$
7	半球面	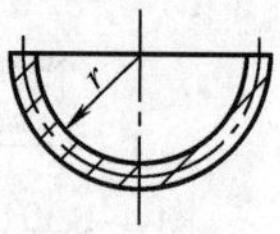	$A=2\pi r^2=6.28r^2$
8	半球形底杯	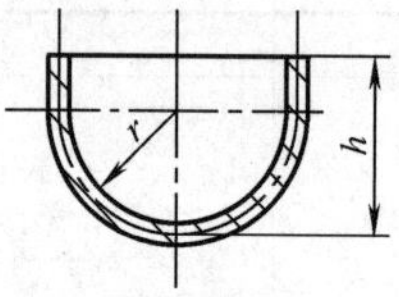	$A=2\pi rh=6.28rh$
9	球面体	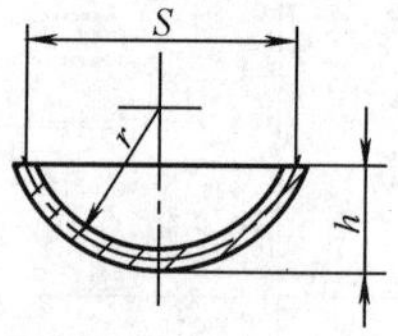	$A=\frac{\pi}{4}(S^2+4h^2)$ 或 $A=2\pi rh=6.28rh$
10	凸形球杯	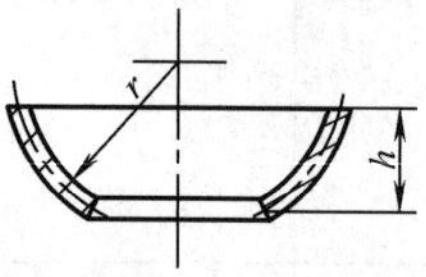	$A=2\pi rh=6.28rh$
11	带法兰球面体	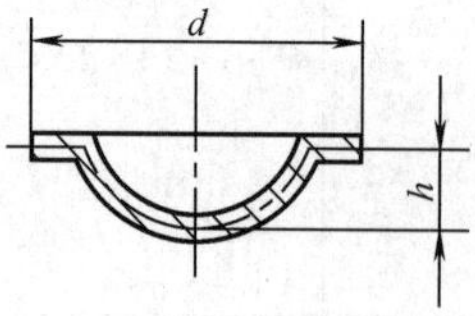	$A=\pi\left(\frac{d^2}{4}+h^2\right)$
12	四分之一的凸形球环	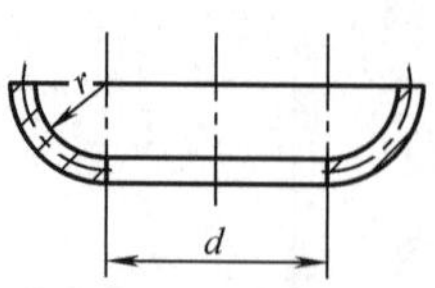	$A=\frac{\pi r}{2}(\pi d+4r)=4.94rd+6.28r^2$

（续）

序　　号	名　　称	简　　图	面　积 A
13	四分之一的凹形球环	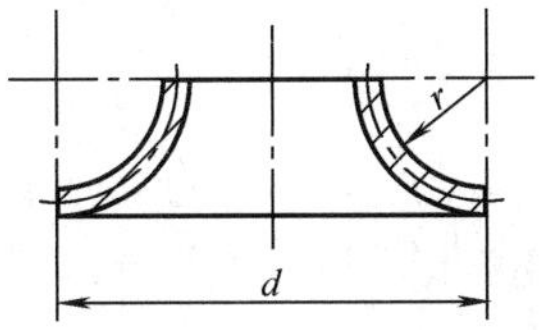	$A=\dfrac{\pi r}{2}(\pi d-4r)=4.94rd-6.28r^2$
14	凸形球环	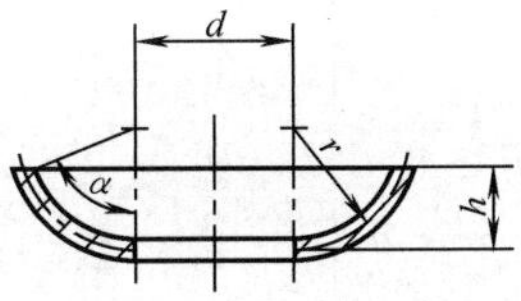	$A=\pi(dl+2rh)$ 式中　$h=r(1-\cos\alpha)$，$l=\dfrac{\pi r\alpha}{180°}$
15	凸形球环	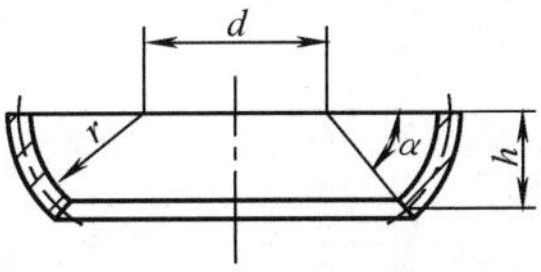	$A=\pi(dl+2rh)$ 式中　$h=r\sin\alpha$，$l=\dfrac{\pi r\alpha}{180°}$
16	凸形球环	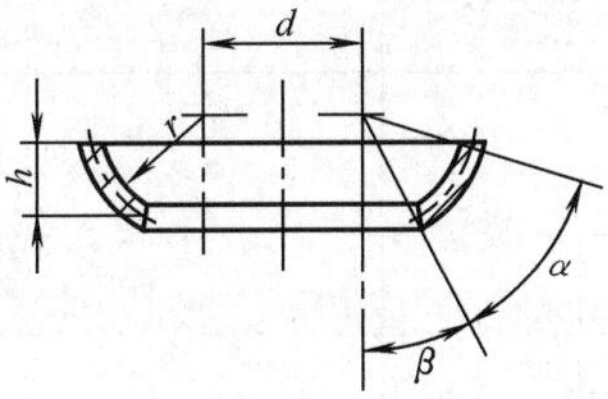	$A=\pi(dl+2rh)$ 式中　$h=r[\cos\beta-\cos(\alpha+\beta)]$ $l=\dfrac{\pi r\alpha}{180°}$
17	凹形球环	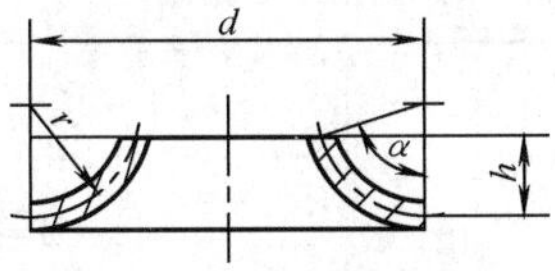	$A=\pi(dl-2rh)$ 式中　$h=r(1-\cos\alpha)$ $l=\dfrac{\pi r\alpha}{180°}$
18	凹形球环	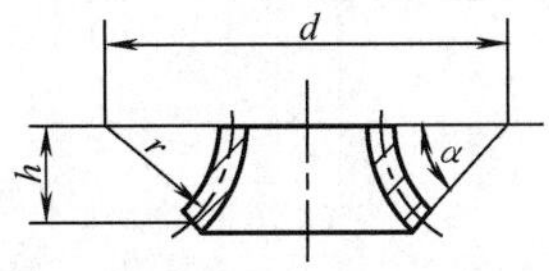	$A=\pi(dl-2rh)$ 式中　$h=r\sin\alpha$，$l=\dfrac{\pi r\alpha}{180°}$
19	凹形球环	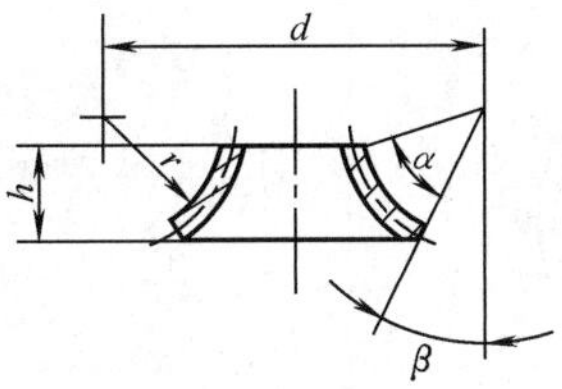	$A=\pi(dl-2rh)$ 式中　$h=r[\cos\beta-\cos(\alpha+\beta)]$ $l=\dfrac{\pi r\alpha}{180°}$

（续）

序　　号	名　　称	简　　图	面　积　A
20	截头锥体	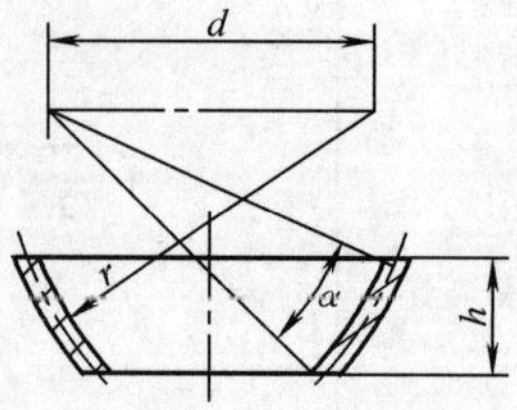	$A=2\pi r\left(h-d\dfrac{\pi\alpha}{360°}\right)$
21	半圆截面环	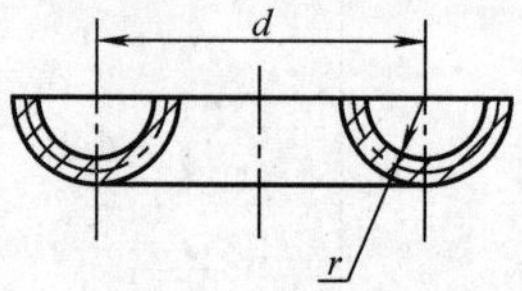	$A=\pi^2 dr=9.87rd$
22	旋转抛物面	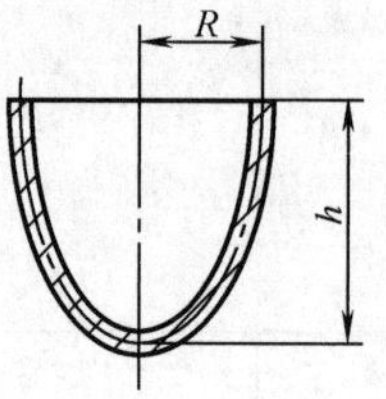	$A=\dfrac{2\pi}{3P}\sqrt{(R^2+P^2)^3}-P^3$ 式中　$P=\dfrac{R^2}{2h}$
23	截头旋转抛物面	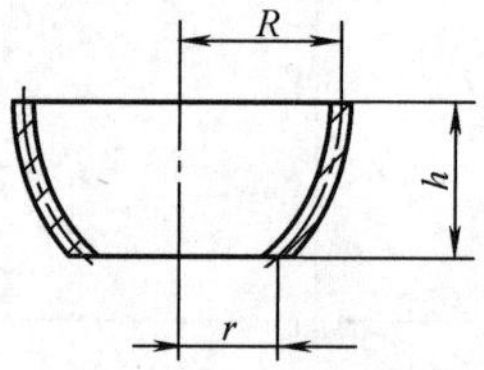	$A=\dfrac{2\pi}{3P}[\sqrt{(P^2+R^2)^3}-\sqrt{(P^2+r^2)^3}]$ 式中　$P=\dfrac{R^2-r^2}{2h}$
24	带边杯体	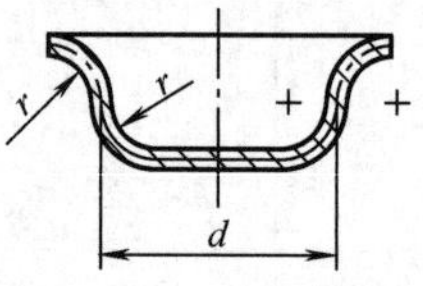	$A=\pi^2 rd+\dfrac{\pi}{4}(d-2r)^2$
25	凸形筒	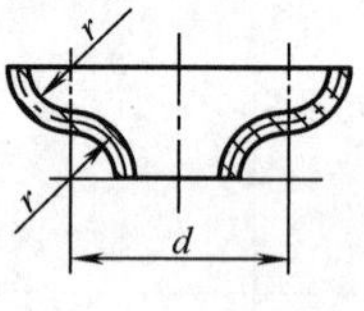	$A=\pi^2 rd=9.87rd$
26	鼓形筒	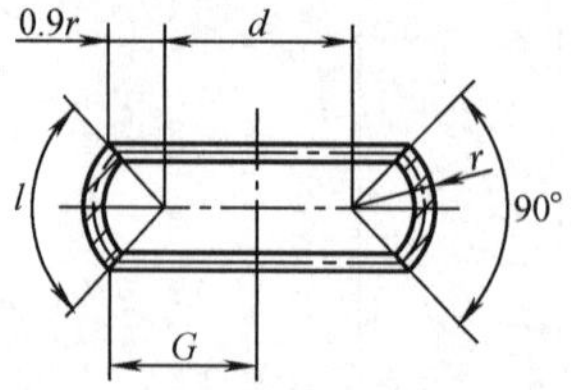	$A=2\pi Gl=\pi^2 Gr=9.87Gr$ 式中　$G=\dfrac{d}{2}+0.9r$ $l=\dfrac{\pi r}{2}$

（续）

序　　号	名　　称	简　　图	面　积 A
27	鼓形筒	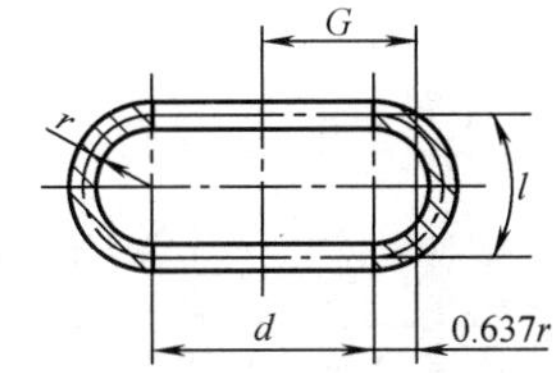	$A=2\pi Gl=2\pi^2 Gr=19.74Gr$ 式中　$G=\dfrac{d}{2}+0.637r$ $l=\pi r$
28	凹形筒	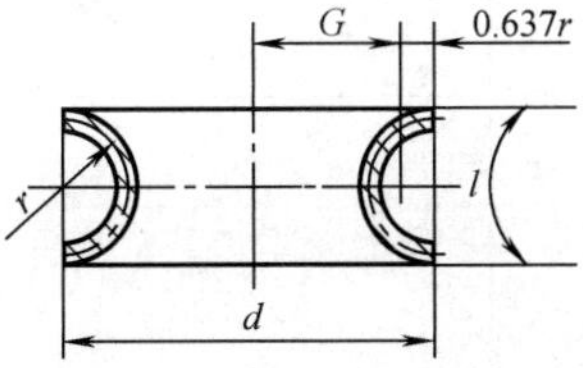	$A=2\pi Gl=2\pi^2 Gr=19.74Gr$ 式中　$G=\dfrac{d}{2}-0.637r$ $l=\pi r$

表 4-1-14　各种常用旋转体毛坯直径的计算公式

序　　号	简　　图	毛坯直径 D_0
1	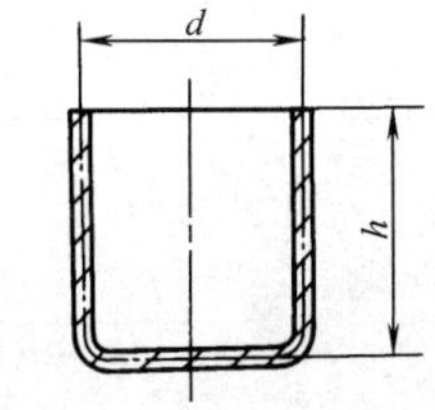	$D_0=\sqrt{d^2+4dh}$
2	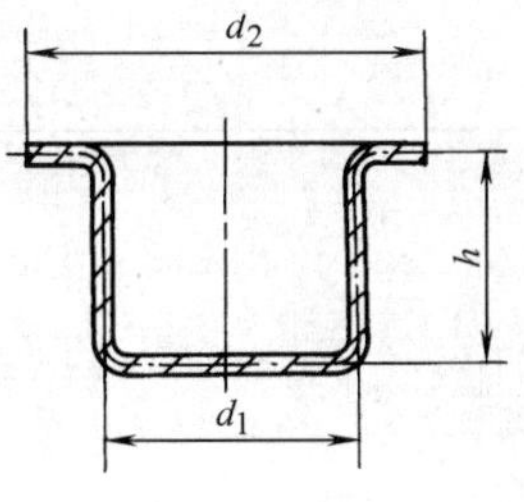	$D_0=\sqrt{d_2^2+4d_1h}$
3	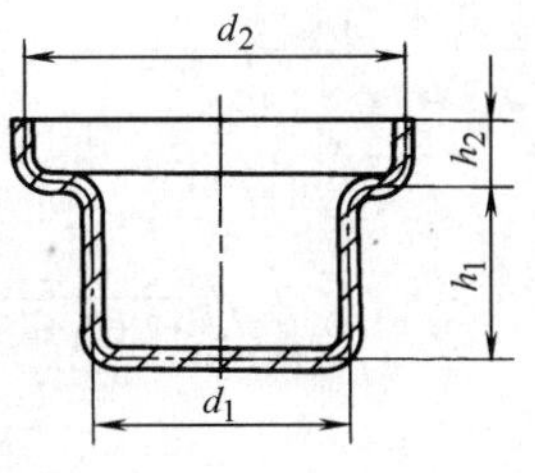	$D_0=\sqrt{d_2^2+4(d_1h_1+d_2h_2)}$
4	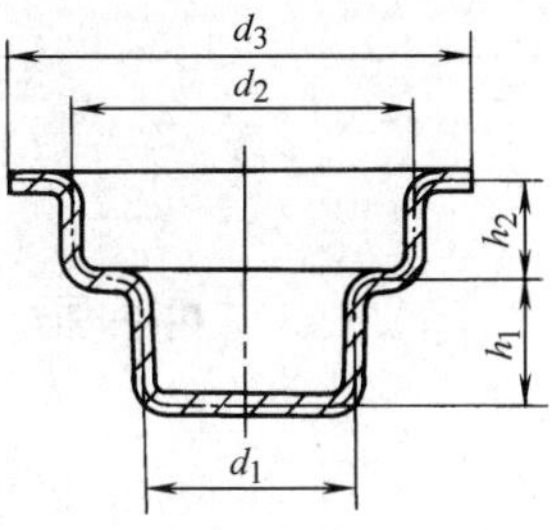	$D_0=\sqrt{d_3^2+4(d_1h_1+d_2h_2)}$

（续）

序　号	简　图	毛坯直径 D_0
5	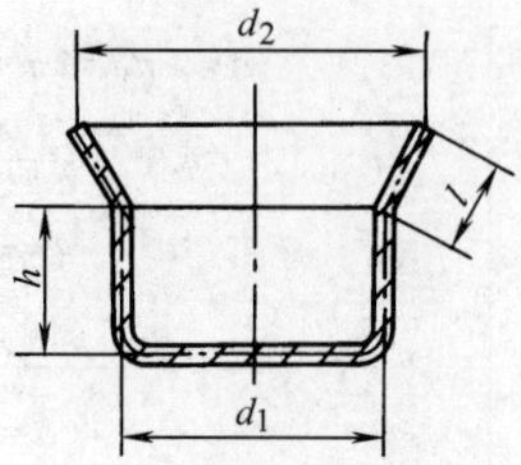	$D_0=\sqrt{d_1^2+4d_1h+2l(d_1+d_2)}$
6	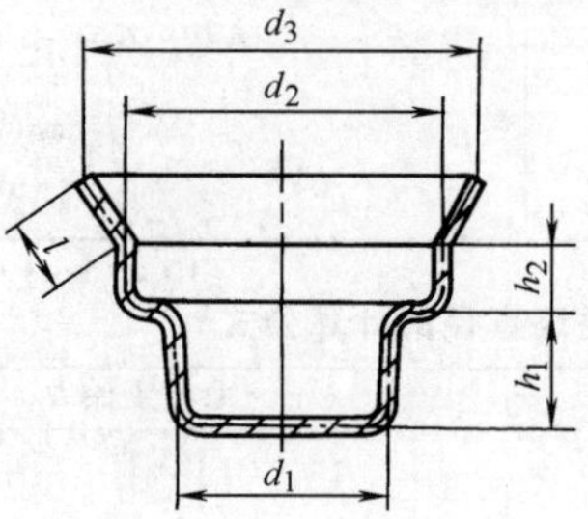	$D_0=\sqrt{d_2^2+4(d_1h_1+d_2h_2)+2l(d_2+d_3)}$
7	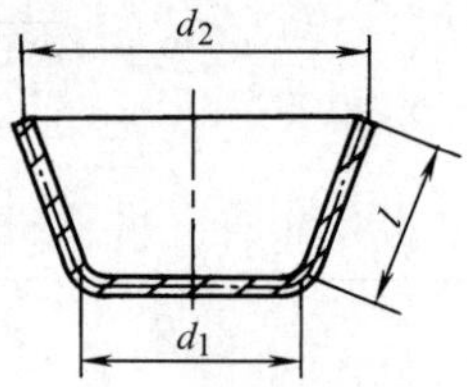	$D_0=\sqrt{d_1^2+2l(d_1+d_2)}$
8	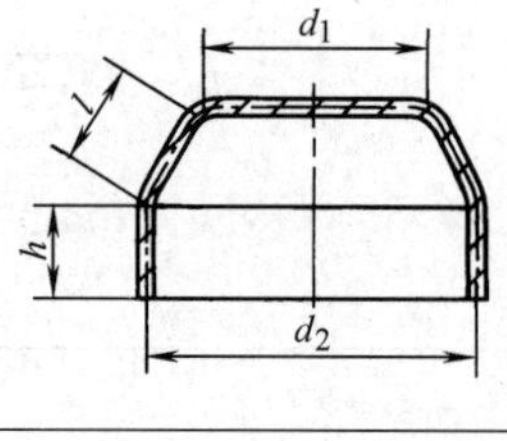	$D_0=\sqrt{d_1^2+2l(d_1+d_2)+4d_2h}$
9	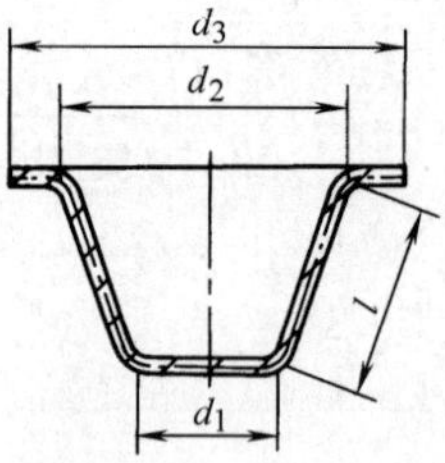	$D_0=\sqrt{d_1^2+2l(d_1+d_2)+d_3^2-d_2^2}$
10	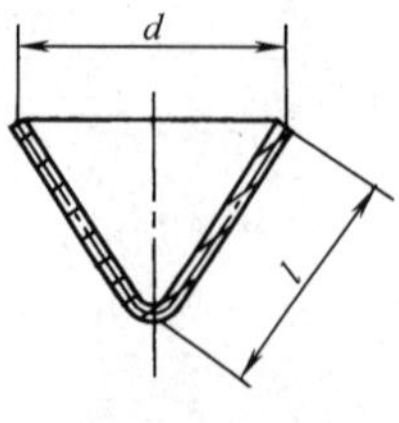	$D_0=\sqrt{2dl}$

（续）

序　号	简　图	毛坯直径 D_0
11	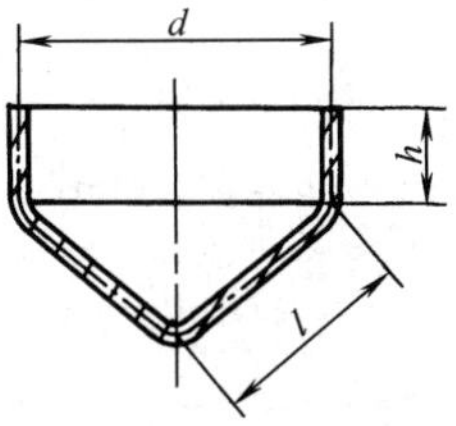	$D_0=\sqrt{2d(l+2h)}$
12	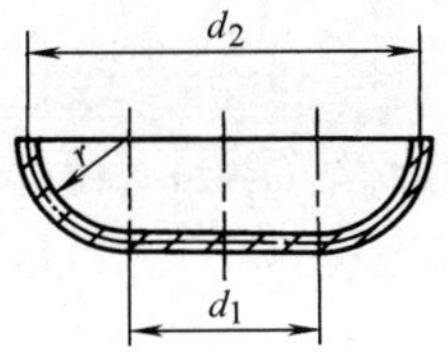	$D_0=\sqrt{d_1^2+2r(\pi d_1+4r)}$
13	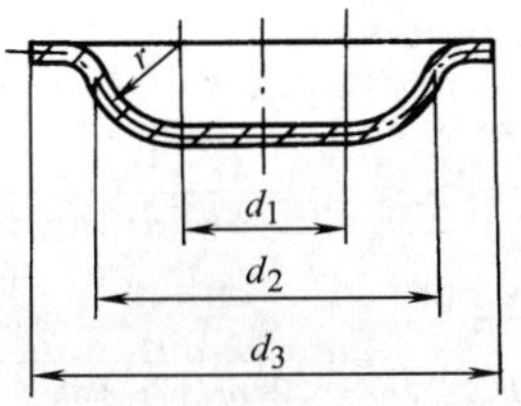	$D_0=\sqrt{d_1^2+6.28rd_1+8r^2+d_3^2-d_2^2}$
14	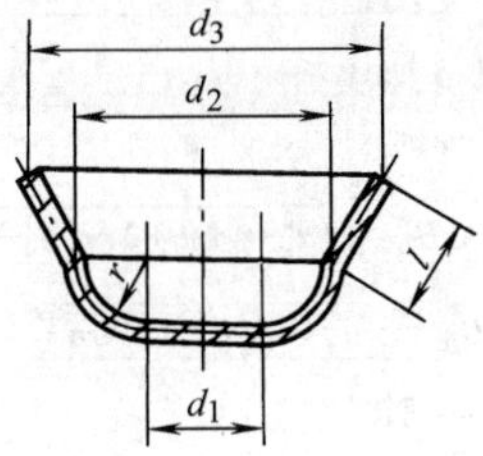	$D_0=\sqrt{d_1^2+2\pi rd_1+8r^2+2l(d_2+d_3)}$
15	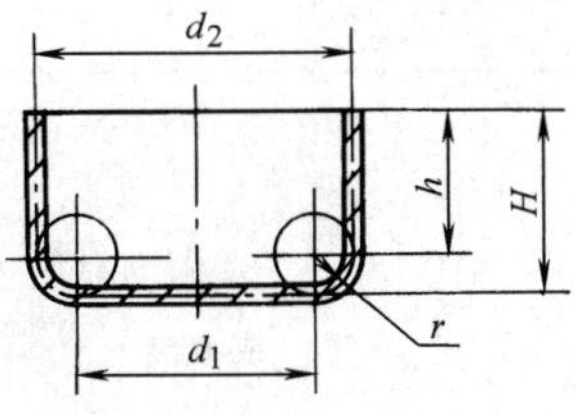	$D_0=\sqrt{d_1^2+4d_2h+6.28rd_1+8r^2}$ 或　$D_0=\sqrt{d_2^2+4d_2H-1.72rd_2-0.56r^2}$
16	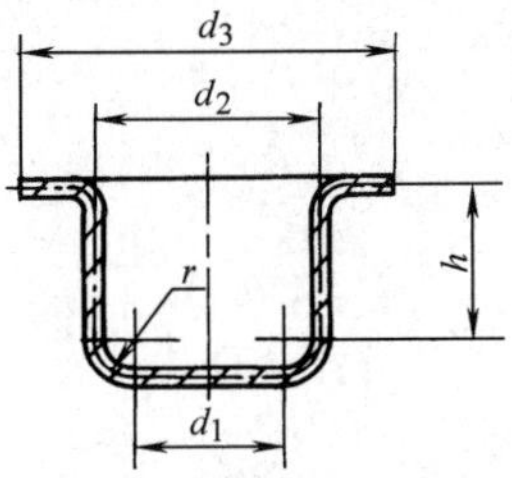	$D_0=\sqrt{d_1^2+2\pi rd_1+8r^2+4d_2h+d_3^2-d_2^2}$

（续）

序　号	简　图	毛坯直径 D_0
17	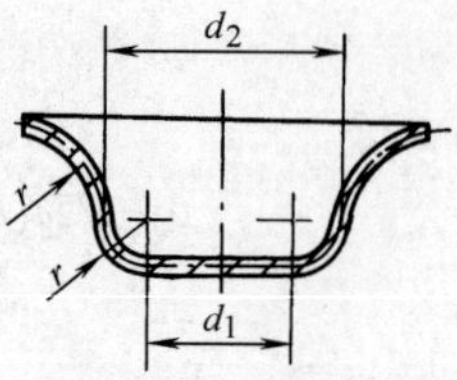	$D_0=\sqrt{d_1^2+2\pi r(d_1+d_2)+4\pi r^2}$
18	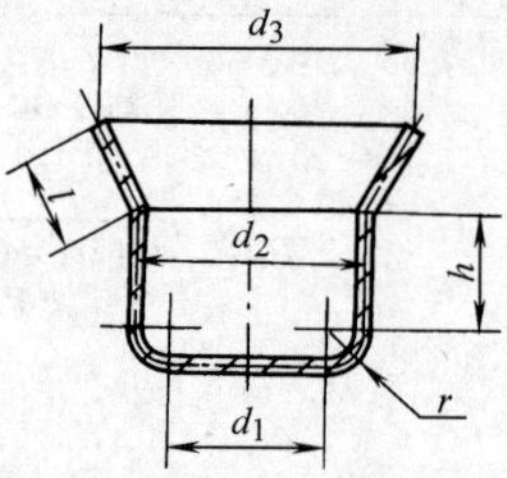	$D_0=\sqrt{d_1^2+2\pi rd_1+8r^2+4d_2h+2l(d_2+d_3)}$
19	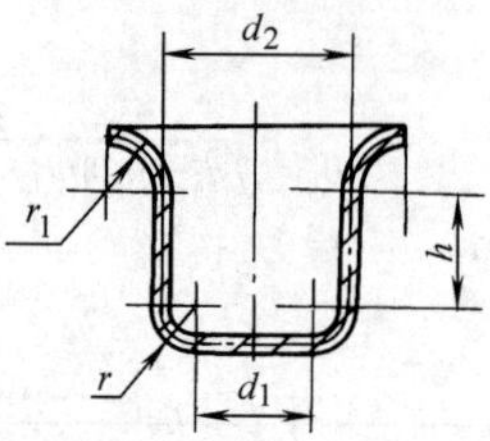	当 $r_1=r$ 时 $D_0=\sqrt{d_1^2+4d_2h+2\pi r(d_1+d_2)+4\pi r^2}$ 当 $r_1\neq r$ 时 $D_0=\sqrt{d_1^2+6.28rd_1+8r^2+4d_2h+6.28r_1d_2+4.56r^2}$
20	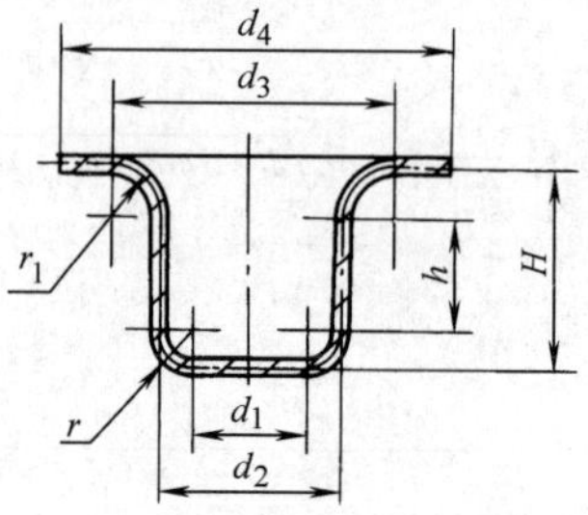	当 $r_1=r$ 时 $D_0=\sqrt{d_1^2+4d_2h+2\pi r(d_1+d_2)+4\pi r^2+d_4^2-d_3^2}$ 或　$D_0=\sqrt{d_4^2+4d_2H-3.44rd_2}$ 当 $r_1\neq r$ 时 $D_0=\sqrt{d_1^2+6.28rd_1+8r^2+4d_2h+6.28r_1d_2+4.56r_1^2+d_4^2-d_3^2}$
21	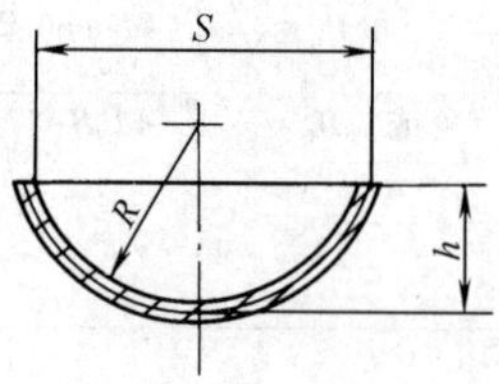	$D_0=\sqrt{8Rh}$ 或 $D_0=\sqrt{S^2+4h^2}$
22	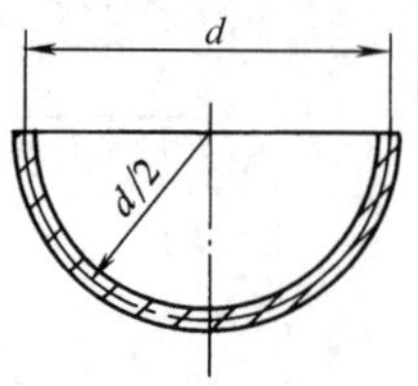	$D_0=\sqrt{2d^2}=1.414d$

（续）

序　　号	简　　图	毛坯直径 D_0
23	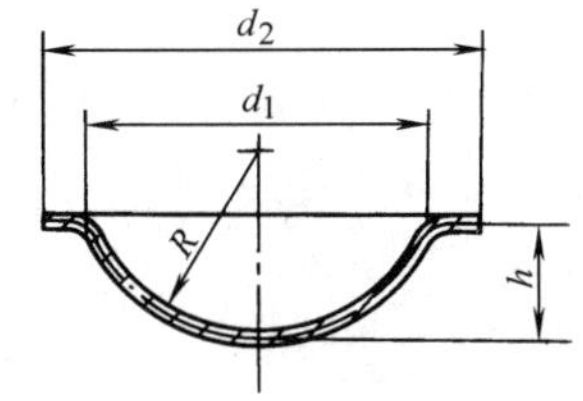	$D_0=\sqrt{d_2^2+4h^2}$
24	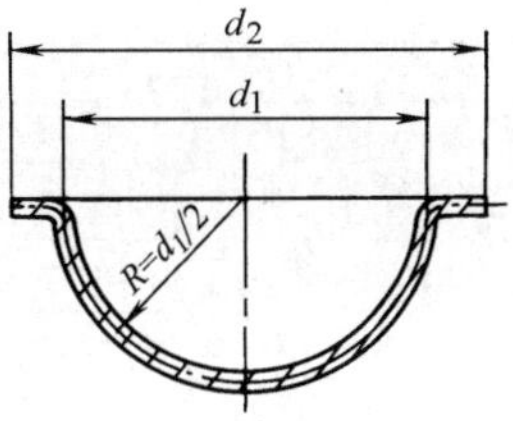	$D_0=\sqrt{d_1^2+d_2^2}$
25	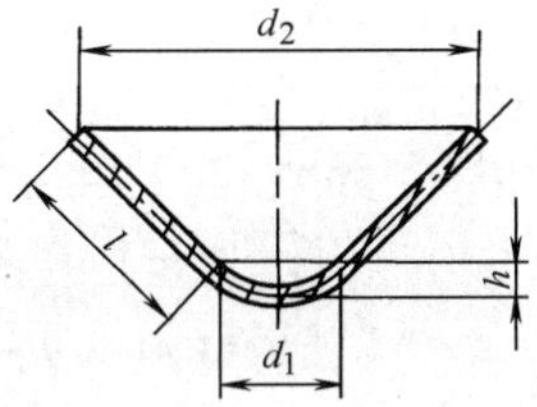	$D_0=\sqrt{d_1^2+4h^2+2l(d_1+d_2)}$
26	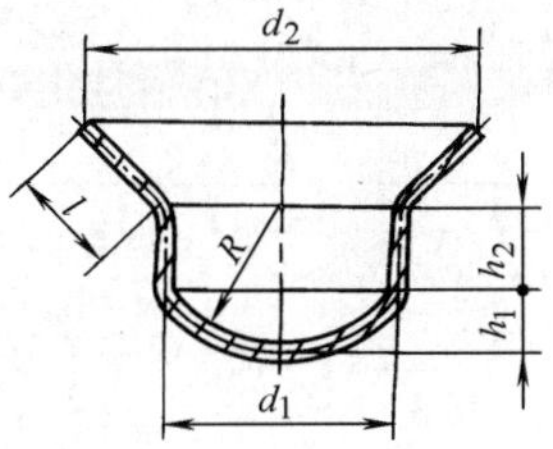	$D_0=\sqrt{d_1^2+4\left[h_1^2+d_1h_2+\frac{l}{2}(d_1+d_2)\right]}$
27	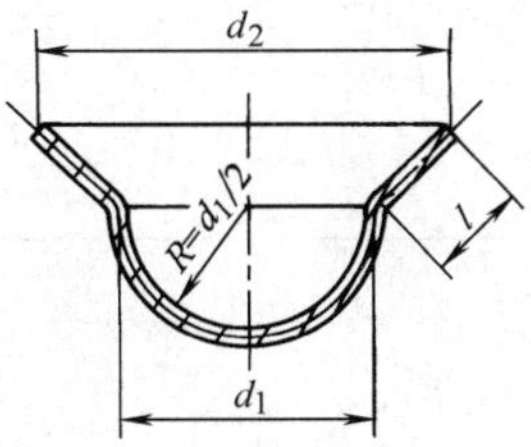	$D_0=1.414\sqrt{d_1^2+l(d_1+d_2)}$
28	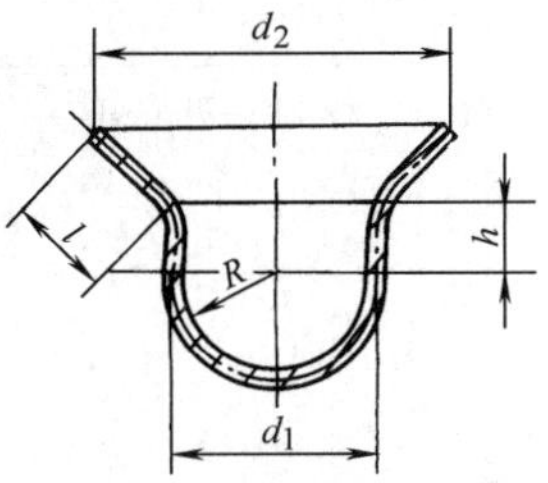	$D_0=1.414\sqrt{d_1^2+2d_1h+l(d_1+d_2)}$

（续）

序　号	简　图	毛坯直径 D_0
29	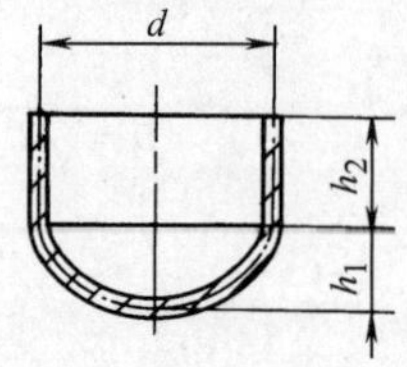	$D_0=\sqrt{d^2+4(h_1^2+dh_2)}$
30	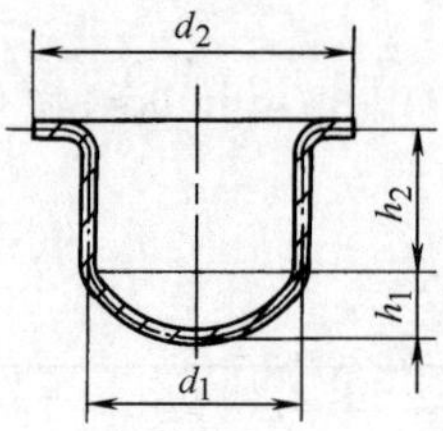	$D_0=\sqrt{d_2^2+4(h_1^2+d_1h_2)}$
31	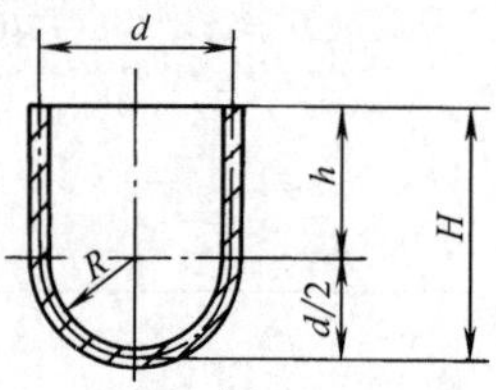	$D_0=1.414\sqrt{d^2+2dh}$ 或　$D_0=2\sqrt{dH}$
32	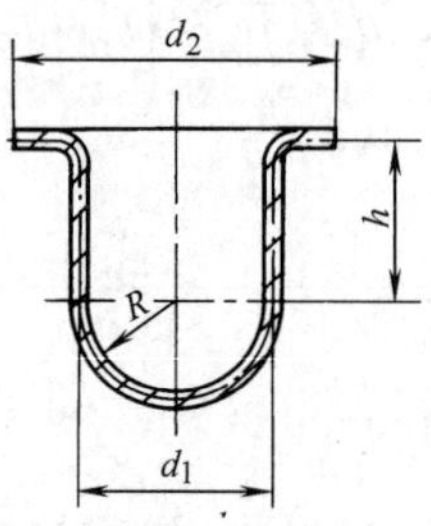	$D_0=\sqrt{d_1^2+d_2^2+4d_1h}$
33	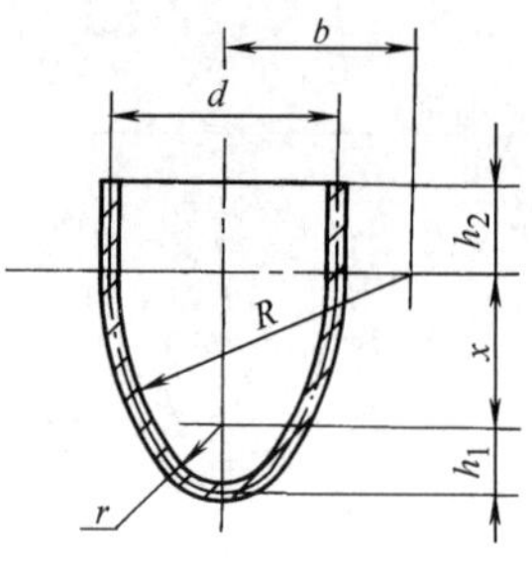	$D_0=\sqrt{8R\left[x-b\left(\arcsin\frac{x}{R}\right)\right]+4dh_2+8rh_1}$

（续）

序　　号	简　　图	毛坯直径 D_0
34	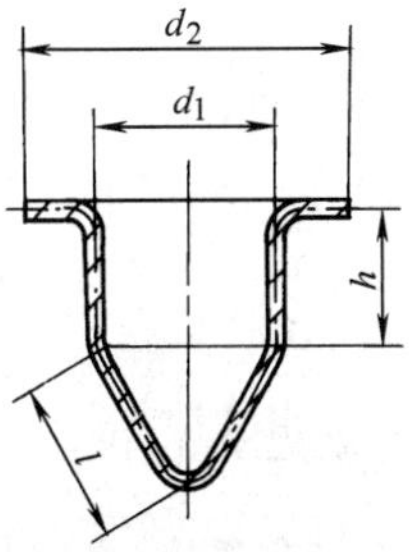	$D_0=\sqrt{d_2^2-d_1^2+4d_1\left(h+\frac{l}{2}\right)}$
35	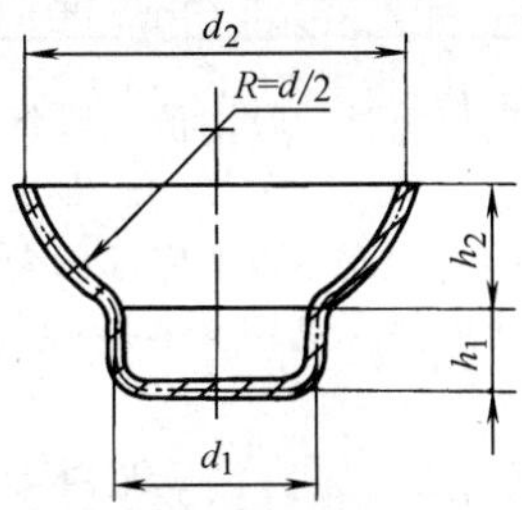	$D_0=\sqrt{d_1^2+4d_1h_1+4d_2h_2}$

注：1. 尺寸按工件材料厚度中心层尺寸计算。

2. 对于厚度小于 1mm 的拉深件，可不按材料厚度中心层尺寸计算，而根据工件外形尺寸计算。

3. 对于部分未考虑工件圆角半径的计算公式，在计算有圆角半径的工件时计算结果要偏大，因而可不计入修边余量值，或选用较小的修边余量值。

（2）毛坯直径的近似计算　对于平底筒形件的毛坯直径，可用下面的经验公式进行近似计算

$$D_0=Kd \tag{4-1-21}$$

式中　K——与拉深程度有关的系数，由表 4-1-15 选取。

这种零件还可根据相对高度 h/d 参照表 4-1-16 对毛坯直径及拉深次数进行粗略估算。

表 4-1-15　平底筒形件之 K 值

$\frac{h}{d}$	K	$\frac{h}{d}$	K
0.2	1.34	1.9	2.93
0.3	1.48	2.0	3.00
0.4	1.61	2.1	3.06
0.5	1.73	2.2	3.13
0.6	1.84	2.3	3.18
0.7	1.95	2.4	3.26
0.8	2.05	2.5	3.31
0.9	2.19	2.6	3.38
1.0	2.24	2.7	3.42
1.1	2.32	2.8	3.50
1.2	2.41	2.9	3.54
1.3	2.49	3.0	3.60
1.4	2.57	4.0	4.12
1.5	2.64	5.0	4.58
1.6	2.72	6.0	5.00
1.7	2.79	7.0	5.38
1.8	2.86	8.0	5.74

表 4-1-16　相对高度 h/d、毛坯直径 D_0 与拉深次数的近似关系

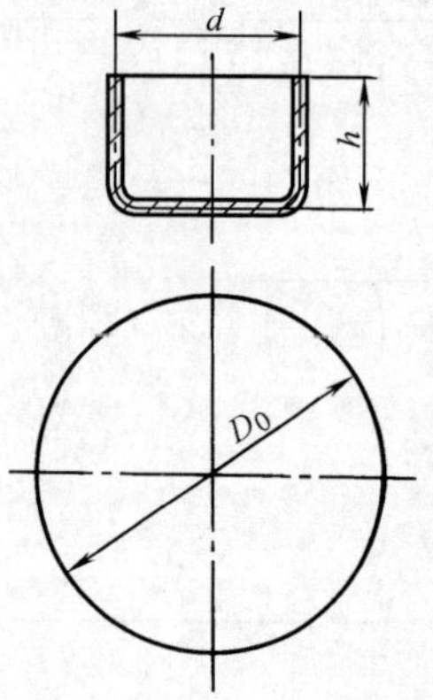

h 与 d 的关系	D_0	拉深次数
$h<\frac{3}{5}d$	$d+1.5h$	1
$h=\left(\frac{3}{5}\sim1.2\right)d$	$2h$	2
$h=(1.2\sim2)d$	$d+h$	3
$h=(2\sim3)d$	$h+\frac{d}{2}$	4
$h=(4\sim5)d$	h	5
$h=(6\sim7)d$	$h-d$	6

（3）拉深件不需修边时，毛坯直径的计算　考虑到毛坯在拉深过程中的变薄，毛坯直径可用式（4-1-22）计算。

$$D_0=1.13\sqrt{\frac{\sum A_i}{K_1}} \qquad (4\text{-}1\text{-}22)$$

式中　K_1——面积变化系数，一般 $K_1=1.0\sim1.1$。

它与零件的形状、模具的几何参数、压边力的大小、拉深次数及拉深速度等有关。形状简单，进行一次拉深时，取小值；形状复杂，多次拉深时取大值。

（4）根据零件的底部圆角大小的近似计算　小圆角筒形件（见图 4-1-9）毛坯直径按式（4-1-23）计算。

$$D_0=Kd \qquad (4\text{-}1\text{-}23)$$

式中　K——系数，根据筒形件的 h/d 值从图 4-1-31a、b 中查得。

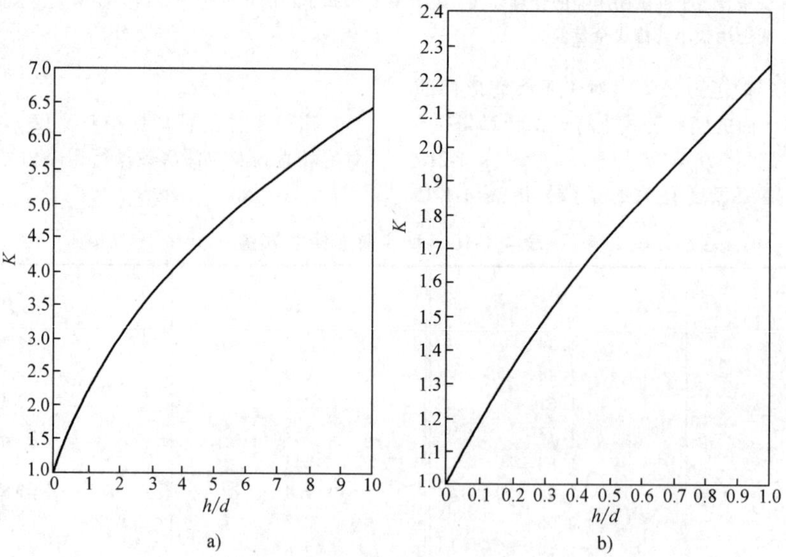

图 4-1-31　系数 K 曲线图

大圆角筒形件（见图 4-1-11）毛坯直径按式（4-1-24）计算。

$$D_0=d\sqrt{K_1+K_2} \qquad (4\text{-}1\text{-}24)$$

式中　K_1——系数，根据筒形件的 h/d 值从图 4-1-32 中查得。

K_2——系数，根据筒形件的 r_p/d 值从图 4-1-12 中查得。

（5）对于带法兰圆筒形件（见图 4-1-24）毛坯直径的计算

$$D_0=d\sqrt{K_1+K_3-K_4-K_5} \qquad (4\text{-}1\text{-}25)$$

式中　K_1——系数，根据带法兰筒形件的 h/d 值从图 4-1-32 中查得；

K_3——系数，根据带法兰筒形件的 d_F/d 值从图 4-1-25 中查得；

K_4——系数，根据带法兰筒形件的 r_p/d 值从图 4-1-12 中查得；

K_5——系数，根据带法兰筒形件的 r_d/d 值从图 4-1-28 中查得。

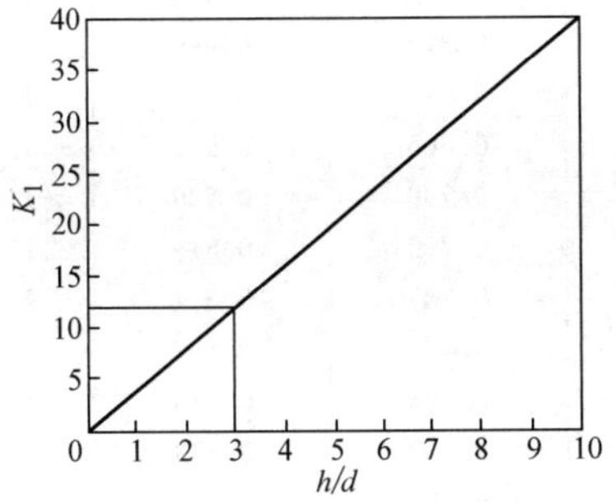

图 4-1-32　系数 K_1 曲线图

2. 复杂形状旋转体拉深件毛坯尺寸确定

根据久里金-帕普施（Гюльден Паппуш）法则：由任意形状的母线绕同一平面内的轴线旋转，所形成的旋转体表面积等于母线长度与其形心的旋转轨迹长度的乘积（见图 4-1-33）。

$$A=2\pi sl \tag{4-1-26}$$

式中　A——母线形成的旋转体表面积；

s——母线形心与旋转轴的距离；

l——母线长度。

任意形状母线长度 l 可用式（4-1-27）计算。

$$l=nr \tag{4-1-27}$$

式中　r——母线曲率半径；

n——系数，可查表 4-1-17。

圆弧线段形心位置的确定方法：

对于图 4-1-33a 的形式：$s=c\pm ar$

对于图 4-1-33b 的形式：$s=c\pm br$

式中　c——弧线曲率中心到旋转轴的距离；

a、b——系数，由表 4-1-17 选取。

公式中正负号的取法：当曲率中心在圆弧与旋转轴线之间时取正号（见图 4-1-33a、b 中左边图），当曲率中心在圆弧与旋转轴线的一侧时取负号（见图 4-1-33a、b 中右边图）。

计算复杂形状拉深件的毛坯直径时，将拉深件的轮廓线（板厚的中心线）按直线和圆弧分成若干段落，分别求出每一段的长度和形心位置。然后，按式（4-1-28）计算毛坯直径 D_0。

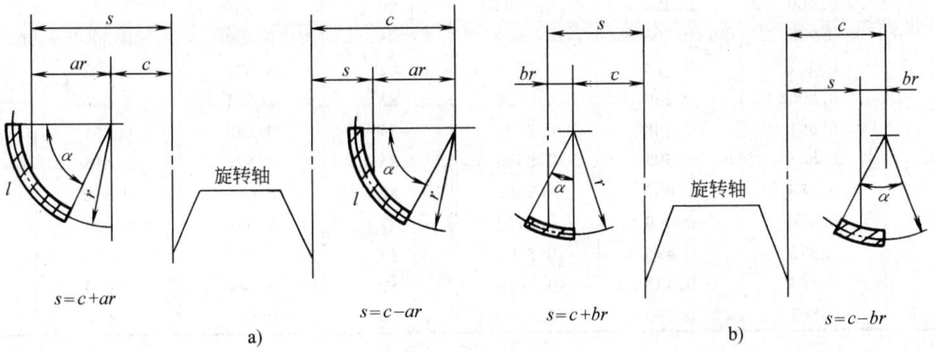

图 4-1-33　圆弧形心位置

表 4-1-17　系数 a、b 及 n 值

α/(°)	a	b	n	α/(°)	a	b	n
1	1	0.009	0.0175	9	0.996	0.073	0.1571
2	1	0.017	0.0349	10	0.996	0.087	0.1745
3	1	0.026	0.0524	11	0.994	0.095	0.1920
4	0.999	0.035	0.0698	12	0.993	0.104	0.2094
5	0.999	0.043	0.0873	13	0.992	0.113	0.2269
6	0.998	0.052	0.1047	14	0.990	0.122	0.2443
7	0.998	0.061	0.1222	15	0.989	0.130	0.2618
8	0.997	0.070	0.1396	16	0.987	0.139	0.2793

（续）

α/(°)	a	b	n	α/(°)	a	b	n
17	0.985	0.147	0.2967	54	0.858	0.437	0.9425
18	0.984	0.156	0.3142	55	0.853	0.444	0.9599
19	0.982	0.164	0.3316	56	0.848	0.451	0.9774
20	0.980	0.173	0.3491	57	0.843	0.458	0.9848
21	0.978	0.181	0.3665	58	0.838	0.464	1.0123
22	0.976	0.190	0.3840	59	0.832	0.471	1.0297
23	0.974	0.198	0.4014	60	0.827	0.478	1.0472
24	0.972	0.206	0.4189	61	0.822	0.484	1.0647
25	0.969	0.215	0.4363	62	0.816	0.490	1.0821
26	0.966	0.223	0.4538	63	0.810	0.497	1.0996
27	0.963	0.231	0.4712	64	0.805	0.503	1.1170
28	0.961	0.240	0.4887	65	0.799	0.509	1.1345
29	0.958	0.248	0.5061	66	0.793	0.515	1.1519
30	0.955	0.256	0.5236	67	0.787	0.521	1.1694
31	0.952	0.264	0.5411	68	0.781	0.527	1.1868
32	0.949	0.272	0.5585	69	0.775	0.533	1.2043
33	0.946	0.280	0.5760	70	0.769	0.538	1.2217
34	0.942	0.288	0.5934	71	0.763	0.544	1.2392
35	0.939	0.296	0.6109	72	0.757	0.550	1.2566
36	0.936	0.304	0.6283	73	0.750	0.555	1.2741
37	0.932	0.312	0.6458	74	0.744	0.561	1.2915
38	0.929	0.320	0.6632	75	0.738	0.566	1.3090
39	0.925	0.327	0.6807	76	0.731	0.572	1.3265
40	0.921	0.335	0.6981	77	0.725	0.577	1.3439
41	0.917	0.343	0.7156	78	0.719	0.582	1.3614
42	0.913	0.350	0.7330	79	0.712	0.587	1.3788
43	0.909	0.358	0.7505	80	0.705	0.592	1.3963
44	0.905	0.366	0.7679	81	0.699	0.597	1.4137
45	0.901	0.373	0.7854	82	0.692	0.602	1.4312
46	0.896	0.380	0.8029	83	0.685	0.606	1.4486
47	0.891	0.388	0.8203	84	0.678	0.611	1.4661
48	0.887	0.395	0.8378	85	0.671	0.615	1.4835
49	0.883	0.402	0.8552	86	0.665	0.620	1.5010
50	0.879	0.409	0.8727	87	0.658	0.624	1.5184
51	0.873	0.416	0.8901	88	0.651	0.628	1.5359
52	0.868	0.423	0.9076	89	0.644	0.633	1.5533
53	0.864	0.430	0.9250	90	0.637	0.637	1.5708

$$D_0 = \sqrt{8\sum ls} \qquad (4\text{-}1\text{-}28)$$

式中　l——每一线段的长度；

s——同一线段形心离旋转轴的距离。

对于两端都不在横轴或纵轴上的圆弧，计算时可将圆弧的一端延伸至轴上（纵轴或横轴），然后减去延伸部分的相应值即可。例如图 4-1-34 中，$\widehat{AB}$ 的两端均不在轴上，计算时可将 A 端延伸交横轴或将 B 端延伸交纵轴。图中 α、θ、r 及 c 为已知数，而 $\widehat{AB}$ 的长度 l 及形心至旋转轴的距离 s 为未知数，乘积 ls 可按以下方法求得：将 A 端延伸交横轴于 P 点，设 $\widehat{PB}$ 的长度为 l_1，形心至旋转轴距离为 s_1，$\widehat{PA}$ 的长度为 l_2，形心至旋转轴距离为 s_2。由式（4-1-27）得

$$l_1 = n_1 r \text{ 及 } l_2 = n_2 r$$

由圆弧线的形心位置确定方法得

$$s_1 = a_1 r + c \text{ 及 } s_2 = a_2 r + c$$

由表 4-1-17 查出 n_1、n_2 和 a_1、a_2 之后，最后可求出 $\widehat{AB}$ 的 $ls = l_1 s_1 - l_2 s_2$。

图 4-1-35 所示为一个复杂旋转体拉深件毛坯直径的计算例子。按照上述方法进行计算，其结果见表 4-1-18，毛坯直径 D_0 为

$$D_0 = \sqrt{8\sum ls} = \sqrt{8\times 11710}\,\text{mm} = 306\text{mm}$$

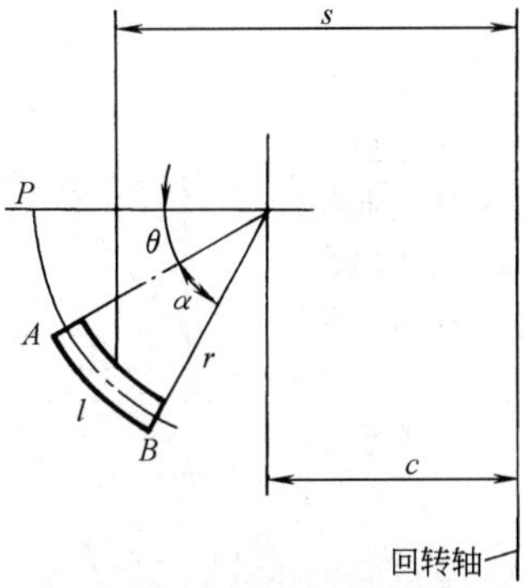

图 4-1-34　两端不在纵横轴上的圆弧

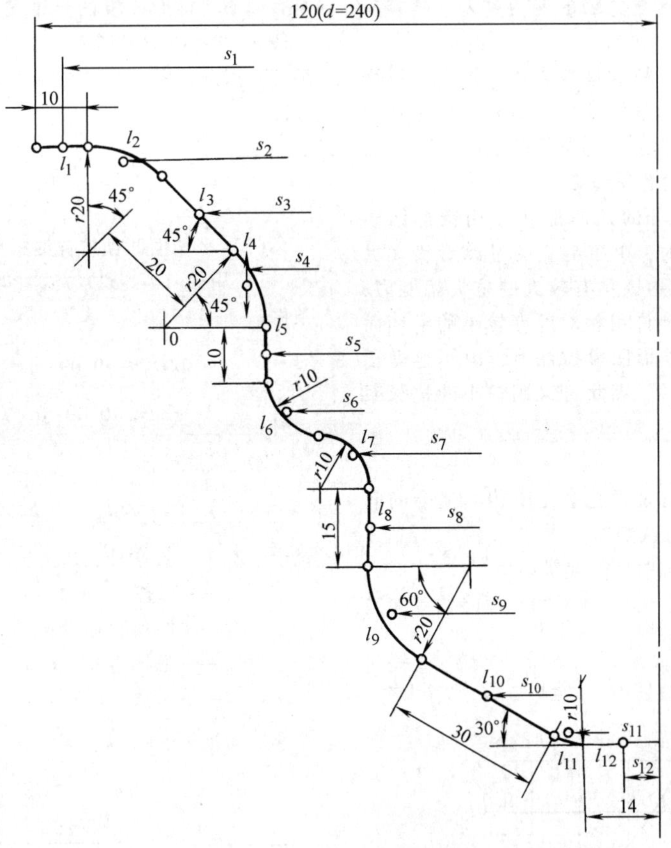

图 4-1-35　计算毛坯直径举例

表 4-1-18　计算 *l*、*s*、*ls* 值

曲线段	*l*	*s*	*ls*	曲线段	*l*	*s*	*ls*
1	10	115	1150	7	15.7	59.6	935
2	15.7	102.5	1609	8	15	56	840
3	20	89	1780	9	21	62.5	1103
4	15.7	78	1225	10	30	33	990
5	10	76	760	11	5.2	16.6	86
6	15.7	72.4	1137	12	14	7	98

1.5　拉深起皱及防止措施

在拉深过程中，假如毛坯的相对厚度较小、拉深系数较小，拉深毛坯的法兰变形区在切向压应力的作用下很可能发生失稳起皱现象。毛坯严重起皱后，由于不能通过凸模与凹模之间的间隙而被拉破，造成废品。即使轻微起皱的毛坯可能勉强通过，但也还会在零件的侧壁上遗留下起皱的痕迹，影响拉深件的表面质量。因此，拉深过程中的起皱现象是不允许的，必须设法消除。

1.5.1　影响起皱因素及起皱条件

1. 影响起皱的因素

(1) 毛坯的相对厚度 t/D_0　毛坯的相对厚度 t/D_0 越小，拉深变形区抗失稳的能力越差，越容易起皱。

(2) 拉深系数 m　拉深系数越小，拉深变形程度越大，切向压应力的数值越大。另外，拉深系数越小，变形区的宽度越大，抗失稳的能力变小。因此，拉深系数越小，越容易起皱。

(3) 凹模工作部分的几何形状　用锥形凹模（见图 4-1-36a）拉深时，由于毛坯的过渡形状（见图 4-1-36b）使毛坯变形区具有较大的抗失稳能力，与平端面凹模相比可允许用相对厚度较小的毛坯而不致起皱。另外，用锥形凹模拉深时，由于建立了对拉深变形有利的条件，因此可采用较小的拉深系数而不起皱。

2. 起皱条件

准确地判断拉深时是否起皱是个相当复杂的问题，生产中可用下述方法判断。

(1) 锥形凹模拉深时极限起皱条件

1) 用式（4-1-29）、式（4-1-30）概略估算起皱条件。

$$t/D_0 \leqslant 0.03(1-m) \qquad (4\text{-}1\text{-}29)$$

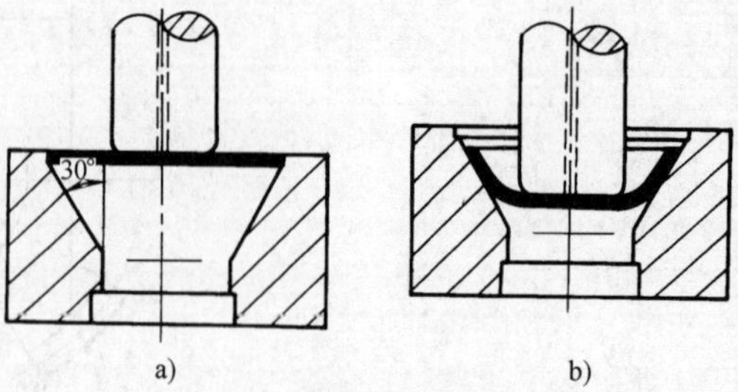

图 4-1-36　锥形拉深凹模

$$t/d \leqslant 0.03(K-1) \qquad (4\text{-}1\text{-}30)$$

2) 根据式（4-1-31）和图 4-1-37 所示曲线判断是否起皱。锥形凹模的半锥角 $\varphi=30°\sim60°$ 比较好，一般 $\varphi=20°\sim30°$ 成形力最小，所以选用 $\varphi=30°$ 左右最好。因此，图 4-1-37 中给出 $\varphi=30°\sim60°$ 时的起皱极限。

$$\frac{t}{d} \leqslant A_1+B_1\left(\frac{D_0}{d}-1\right) \qquad (4\text{-}1\text{-}31)$$

(2) 平端面凹模拉深时极限起皱条件

1) 用式（4-1-32）、式（4-1-33）概略估算起皱条件。

$$t/D_0 \leqslant (0.09\sim0.17)(1-m) \qquad (4\text{-}1\text{-}32)$$

$$t/d \leqslant (0.09\sim0.17)(K-1) \qquad (4\text{-}1\text{-}33)$$

2) 试验式。

$$(t/d_d)_{\lim}=K(Z_0-1) \qquad (4\text{-}1\text{-}34)$$

式中　Z_0——拉深比，$Z_0=D_0/d_d$；
　　t——板厚（mm）；
　　d_d——凹模直径（mm）；
　　D_0——毛坯直径（mm）；
　　K——系数，可查表 4-1-19。

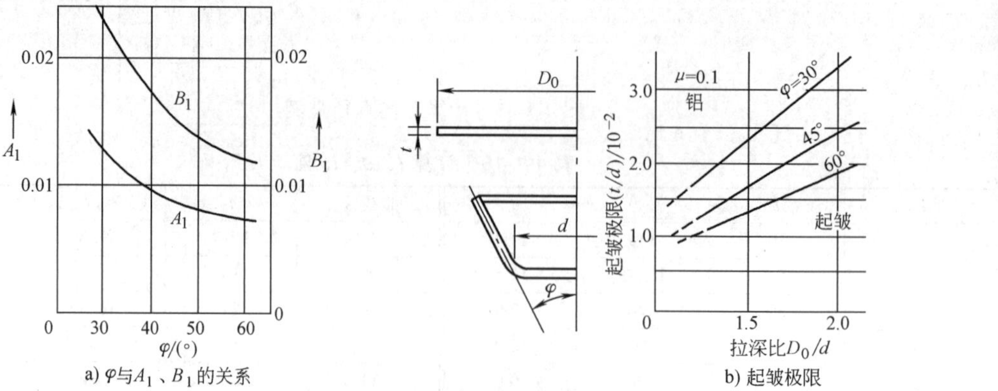

图 4-1-37　锥形凹模拉深时起皱的极限条件

表 4-1-19　不同材料的 K 值

试　验　者	K 值	材　　料
Sachs	1/6	—
Esser and Arend	1/8.7	退火钢、黄铜、低碳钢
Senior Johnson	1/6.3	镇静钢、7/3 黄铜、铝
宫川	7/80	铝

（3）利用表 4-1-20 判断是否起皱。

1.5.2　压边力的确定方法

防皱压边圈的压边力 Q 用式（4-1-35）计算。

$$Q=Aq \tag{4-1-35}$$

式中　A——压边面积（mm^2）；

q——单位压边力（MPa）。

表 4-1-20　采用或不采用压边圈的条件

拉 深 方 法	第一次拉深		以后各次拉深	
	$t/D_0\times100$	m_1	$t/d_{n-1}\times100$	m_n
用压边圈	<1.5	<0.6	<1	<0.8
可用可不用	1.5~2.0	0.6	1~1.5	0.8
不用压边圈	>2.0	>0.6	>1.0	>0.3

影响单位压边力的因素有：相对凹模直径 δ（$\delta=2r_2/t$）、拉深比 K、拉深过程中压边力的变化、摩擦因数 μ 及润滑油的黏度等。它们对单位压边力的影响规律如图 4-1-38 和图 4-1-39 所示。

单位压边力的确定方法有以下几种。

1）查表或查图法。由表 4-1-21 或表 4-1-22 可查得单位压边力的大小。

另外，单位压边力也可由图 4-1-40 直接查得。例如：材料为半硬铝板，厚度 1.5mm，抗拉强度 $R_m=140$MPa，工件直径 $d=100$mm，毛坯直径 $d_0=168$mm，拉深系数 $m=d/d_0\approx0.6$。由图 4-1-40 可得到单位压边力 $q=0.5$MPa。

2）计算法。可以利用以下各公式计算得到单位压边力 q（单位为 10MPa），式中符号如图 4-1-38e 所示。

$$q=(0.02\sim0.025)[(R_0/r_1-1)^2+r_1/100t]R_m \tag{4-1-36}$$

$$q=0.25[(D_0/d_1-1)^2+0.005d_1/t]R_m \tag{4-1-37}$$

$$q=96\times10^{-6}(R_0/r_2-1.1)R_0R_m \tag{4-1-38}$$

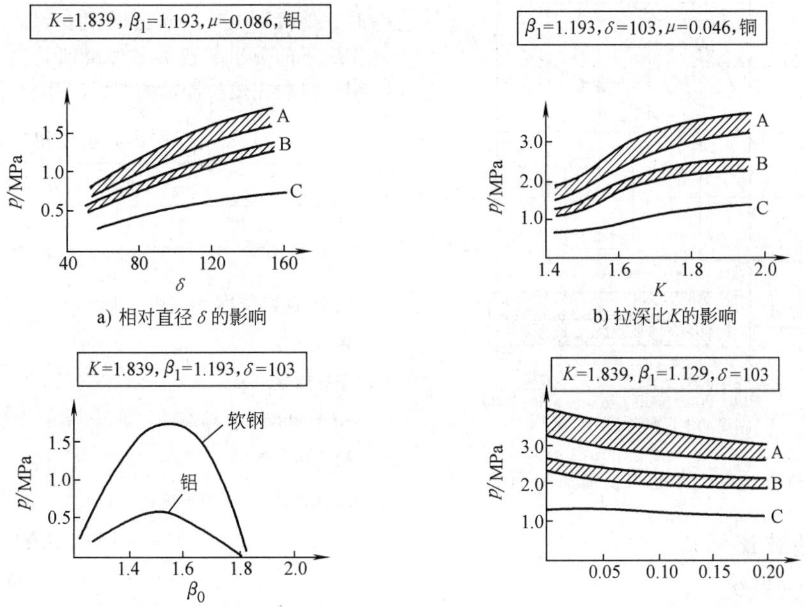

a) 相对直径 δ 的影响　b) 拉深比 K 的影响

c) 拉深过程中压边力的变化　d) 摩擦因数 μ 的影响

图 4-1-38　各因素对单位压边力的影响

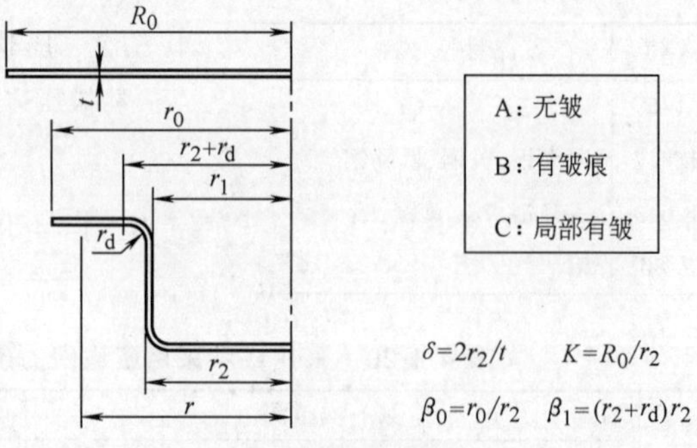

e) 图中符号示意图

图 4-1-38　各因素对单位压边力的影响（续）

表 4-1-21　各种材料拉深时的单位压边力

材　　料	单位压边力 q/MPa	材　　料	单位压边力 q/MPa
铝(退火状态)	0.8~1.2	可伐合金 4J29(退火状态)	3.0~3.3
(硬态)	1.2~1.4	钼(退火状态)	4.0~4.5
黄铜(退火状态)	1.5~2.0	低碳钢 t<0.5mm	2.5~3.0
(硬态)	2.4~2.6	t>0.5mm	2.0~2.5
铜(退火状态)	1.2~1.8	不锈钢 1Cr18Ni9Ti①	4.5~5.5
(硬态)	1.8~2.2	镍铬合金 Cr20Ni80	3.5~4.0
康铜 BMn40-1.5(硬态)	2.6~2.9		

① 现行标准不列，但仍在用。

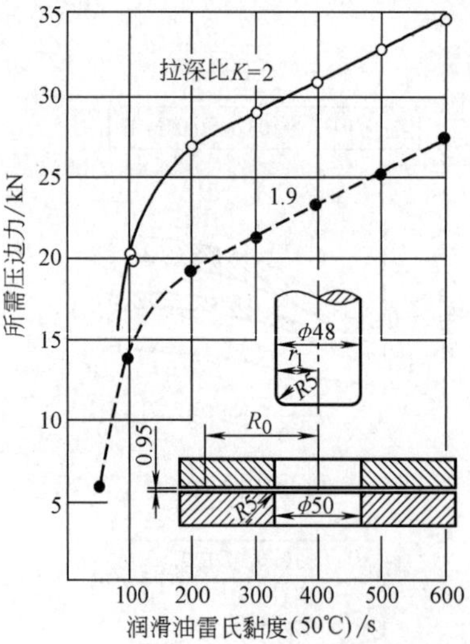

图 4-1-39　润滑油雷氏黏度与所需压边力的关系

1.5.3　压边装置

1. 刚性压边装置

用于双动压力机上的刚性压边圈的工作原理如图 4-1-41 所示。拉深凸模固定在压力机的内滑块上，压边圈固定在外滑块上。在每次冲压行程开始时，外滑块带动压边圈下降，压在毛坯外边缘上并在此位置停止不动，随后内滑块带动凸模下降并开始进行拉深变形。当冲压过程结束后，紧跟着内滑块回升，外滑块也带着压边圈回复到最上位置。这时工作台下的顶出装置将零件由模具内顶出。有时也利用外滑块完成拉深前的落料工作（见图 4-1-41）。

表 4-1-22　不同压力机使用的单位压边力

在单动压力机上拉深时	
材　　料	单位压边力 q/MPa
铝	0.8~1.2
纯铜、硬铝(退火的或刚淬火的)	1.2~1.8
黄铜	1.5~2.0
压轧青铜	2.0~2.5
20 钢、08 钢、镀锡钢板	2.5~3.0
软化耐热钢	2.8~3.5
高合金钢、高锰钢不锈钢	3.0~4.5
在双动压力机上拉深时	
工作复杂程度	单位压边力 q/MPa
难加工件	3.7
普通加工件	3.0
易加工件	2.5

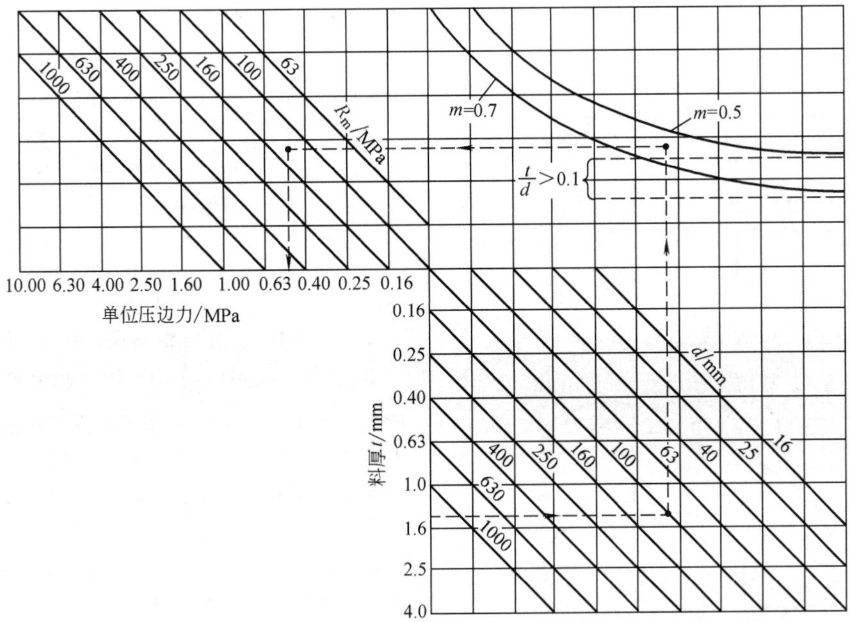

图 4-1-40　单位压边力

（当 $t/d>0.1$ 时，直接引水平线与 R_m 相交）

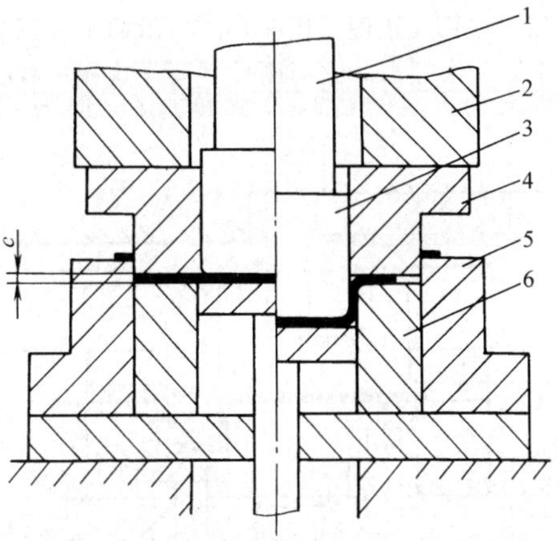

图 4-1-41　双动压力机用拉深模刚性压边原理

1—内滑块　2—外滑块　3—拉深凸模　4—落料凸模兼压边圈　5—落料凹模　6—拉深凹模

刚性压边圈的压边作用是通过调整压边圈与凹模平面之间的间隙 c 获得的。考虑到毛坯法兰在拉深过程中的增厚现象，在调整模具时都使间隙 c 稍大于料厚（见图 4-1-41），一般取 $c=(1.03\sim1.07)t$。

刚性压边圈的形式有如下几种。

（1）平面压边圈　常用的如图 4-1-42a 所示的平面压边圈，靠调整间隙保证可靠的压边效果。在拉深带小法兰或浅球形以及形状复杂的拉深件时，常采用带有拉深筋的压边圈（见图 4-1-42b）。拉深筋的结构形式较多，根据拉深件的形状、尺寸及精度要求可采用不同结构形状的拉深筋。

（2）带锥面的压边圈　供应的板料有一定的厚度公差，当用薄板料拉深时，毛坯边缘仍有起皱的可能。为了使压边圈可靠地工作，有时把压边圈做成带有一定的锥面（见图 4-1-43）。但是，这种压边圈加工起来困难，因此应用还不广泛。

（3）锥形压边圈　图 4-1-44 所示是锥形压边圈的工作原理：在双动压力机的外滑块带动下，压边圈先使毛坯的法兰部分变成为锥形，并压紧在凹模的锥面上。随后凸模下降，完成拉深工作。锥形压边圈使毛坯产生的变形，在某种程度上相当于先完成了一道拉深工序，因此用这种结构的压边圈时，极限拉深系数可降低到很小的数值，甚至能达到 0.35。

锥形压边圈的作用效果决定于角度 α 的大小，α 越大其作用越显著。但是，当毛坯的相对厚度较小时，如用过大的 α 角，在压边圈使毛坯外缘成形的过程中，可能引起起皱现象。所以在厚度很薄的零件成形时，锥形压边圈的作用并不十分明显。表 4-1-23 中给出了 α 角的数值和可能达到的极限拉深系数，在实际生产中应用时，要采用稍大于表中的数值。

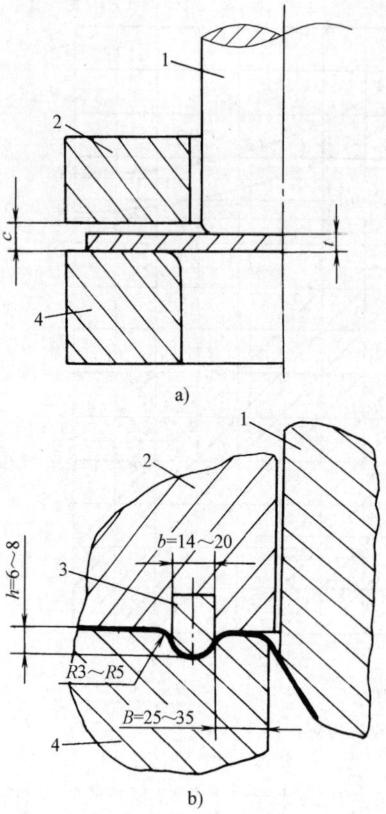

图 4-1-42　刚性压边圈及拉深筋的结构形状

1—凸模　2—压边圈　3—拉深筋　4—凹模

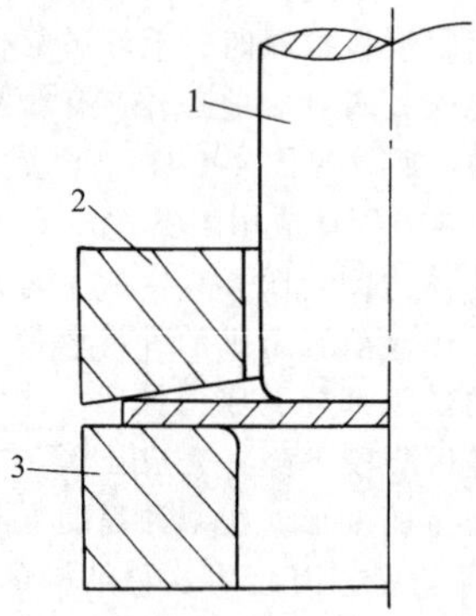

图 4-1-43　锥面结构刚性压边圈

1—凸模　2—压边圈　3—凹模

表 4-1-23　刚性锥形压边圈的角度及极限拉深系数

t/D_0	0.02	0.015	0.01	0.008	0.005	0.003	0.0015
$[m_1]$	0.35	0.36	0.38	0.40	0.43	0.50	0.60
$\alpha/(°)$	60	45	30	23	17	13	10

2. 弹性压边装置

装在单动压力机上的弹性压边装置如图 4-1-45

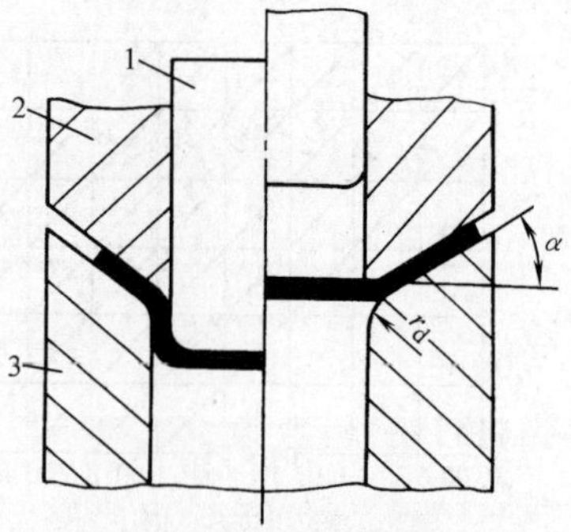

图 4-1-44　刚性锥形压边圈的工作原理

1—凸模　2—压边圈　3—凹模

所示。弹簧的作用力通过顶杆传到压边圈上，并把毛坯的法兰边压紧，起到防皱作用。弹性压边圈有以弹簧作用的弹簧垫，以橡胶作用的橡胶垫、借助于压缩空气或空气液压联动作用的气垫等。三种压边圈的压边力与行程的关系如图 4-1-46 所示。由图 4-1-46 可知，气垫的压边力随行程变化很小，可认为不变，因此压边效果较好。弹簧垫和橡胶垫的压边力随行程的增加上升的较大，故对拉深较深的零件不利，但结构简单、制造容易适用于中小型零件的拉深。

弹性压边圈的形式有以下几种。

（1）平面压边圈　图 4-1-45 所示的平面压边圈多用于第一次拉深。它同刚性平面压边圈一样，在

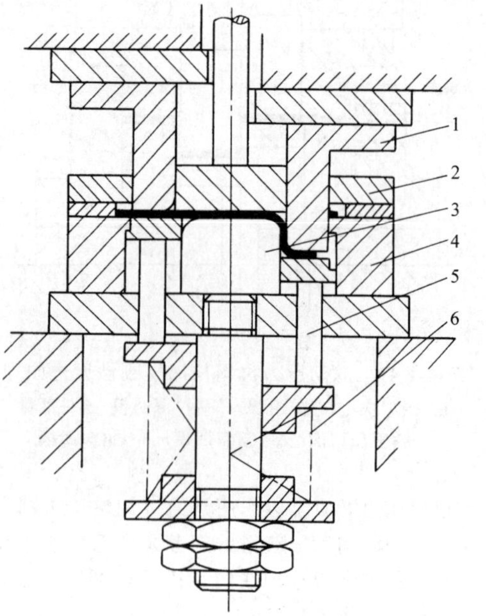

图 4-1-45　单动压力机用拉深模弹性压边原理

1—冲裁凸模兼拉深凹模　2—卸料板

3—拉深凸模　4—冲裁凹模　5—顶杆　6—弹簧

拉深复杂形状零件时，根据需要也可装有不同结构形式的拉深筋。

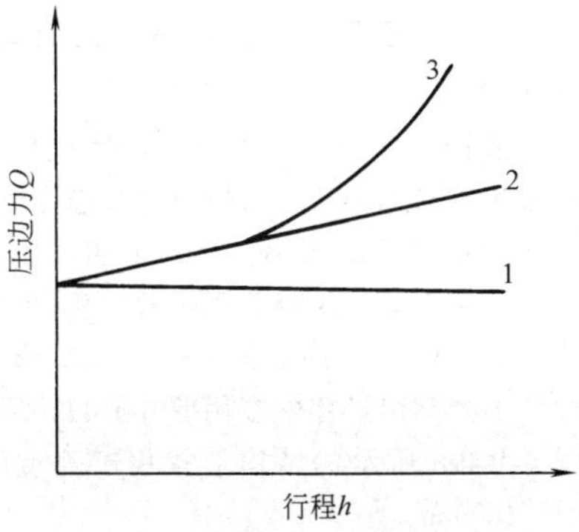

图 4-1-46　压边力与行程的关系

1—气垫　2—橡胶垫　3—弹簧垫

（2）带限位装置的压边圈　拉深带有较宽法兰且材料较薄的零件时，为防止压边圈将毛坯压得过紧或者需要在整个拉深过程中使压边力保持均衡，常采用带限位装置的压边圈（见图 4-1-47）。图 4-1-47a 所示适用于第一道拉深工序，图 4-1-47b 所示适用于第二道及以后各道拉深工序。装在压边圈或凹模上的支柱、垫板、垫环等都能起到限制距离的作用。限制距离 s 的大小，根据工件的形状及材料的不同，一般取为：

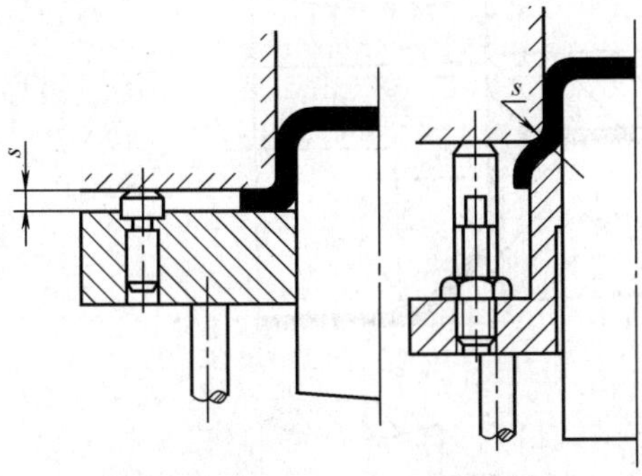

a) 第一道拉深　　b) 以后各道拉深

图 4-1-47　带限位装置的压边圈

拉深带法兰工件时：$s=t+(0.05\sim0.1)\text{mm}$；

拉深铝合金工件时：$s=1.1t$；

拉深钢制工件时：$s=1.2t$。

（3）弧面压边圈　第一道拉深工序中，材料的相对厚度（$t/D_0\times100$）小于 0.3，法兰宽度较小而且法兰根部圆角半径（r_d）较大时，可采用如图 4-1-48 所示的弧面压边圈。

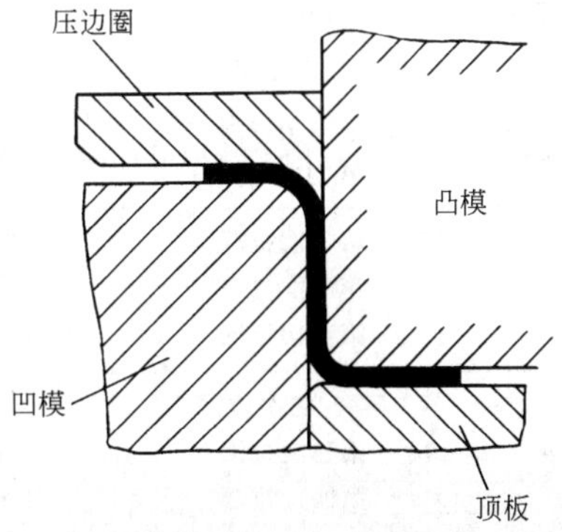

图 4-1-48　弧面压边圈

1.6　拉深模工作部分的结构设计

拉深模工作部分（凸模、凹模及压边圈）的结构形状与尺寸不仅对拉深时毛坯的变形过程有重要影响，而且也是影响拉深件质量的重要因素。因此应当根据不同的拉深方法，变形程度、零件形状、尺寸与精度等要求，合理地设计拉深模工作部分的结构形状与尺寸。

1.6.1　拉深模间隙

拉深凹模与凸模直径之差的一半称间隙（或称单面间隙），即 $c=\dfrac{d_d-d_p}{2}$（d_d 为凹模直径，d_p 为凸模直径）。由于拉深过程中板材不可避免地有增厚现象，所以间隙值通常取得大于毛坯的原始厚度。除最后一道工序外，都可以取较大的间隙，以利于拉深过程的进行。

1. 不用压边圈时拉深模的间隙 c

$$c=(1\sim1.1)t_{max}$$

式中　t_{max}——材料厚度的最大尺寸（mm）。

末次拉深取小值，其他各次拉深取大值。

2. 采用压边圈时拉深模的间隙 c

1）一般情况下圆筒形件拉深时，间隙可大致按表 4-1-24 选取。

表 4-1-24　拉深模间隙（单面）

材料	间　隙　c		
	第一次拉深	中间各次拉深	最后拉深
低碳钢	$(1.3\sim1.5)t$	$(1.2\sim1.3)t$	$1.1t$
黄铜、铝	$(1.3\sim1.4)t$	$(1.15\sim1.2)t$	$1.1t$

2）板材厚度公差小或工件要求较高时，应选取较小的间隙值，可按表 4-1-25 选取。

表 4-1-25　有压边圈拉深时的间隙值

总拉深次数	拉深工序	单面间隙 c
1	一次拉深	$(1\sim1.1)t$
2	第一次拉深	$1.1t$
	第二次拉深	$(1\sim1.05)t$
3	第一次拉深	$1.2t$
	第二次拉深	$1.1t$
	第三次拉深	$(1\sim1.05)t$
4	第一、二次拉深	$1.2t$
	第三次拉深	$1.1t$
	第四次拉深	$(1\sim1.05)t$
5	第一、二、三次拉深	$1.2t$
	第四次拉深	$1.1t$
	第五次拉深	$(1\sim1.05)t$

3）对于精度要求高的拉深件，为使其拉深后弹复小并降低表面粗糙度值可采用负间隙进行拉深。在这种情况下取 $c=(0.90\sim0.95)t$。

3. 间隙的取法

拉深模间隙的取法取决于拉深件尺寸的标注方法。间隙的取向规定如下。

1）拉深件标注外形尺寸时，以凹模为基准，间隙取在凸模上，即减小凸模尺寸得到间隙。

2）拉深件标注内形尺寸时，以凸模为基准，间隙取在凹模上，即间隙靠扩大凹模尺寸得到。

对于多次拉深工序，只有最后一道拉深工序的拉深模的间隙遵守上述规定。其他各道拉深工序的模具间隙取向没有规定。

1.6.2　凸模、凹模工作部分结构形状与尺寸

1. 结构形状

当毛坯的相对厚度大，不用压边圈也可以拉深时，可以采用锥形凹模或类似锥形的曲面凹模。

当毛坯的相对厚度较小，必须采用压边圈进行拉深时，应采用图 4-1-49 所示的模具结构。

多次拉深中间工序凸模、凹模的过渡形式有两种：尺寸较小的圆筒形零件多用图 4-1-49a 所示的结构；而图 4-1-49b 所示的结构形式用于大型的零件（直径大于 100mm）。

对于图 4-1-49b 所示的这种斜面过渡形状的结构，除具有一般的锥形凹模的特点外，还能减轻毛坯的反复弯曲变形，提高冲压件的质量。用这种结构时要使相邻的前后两道工序冲模的形状与尺寸具有正确的尺寸关系：前道工序凸模锥顶的直径小于后续工序凹模的直径，即 $d'_1<d_2$（见图 4-1-50b）。如取图 4-1-50a 所示的关系，则在毛坯的 A 部可能产生不必要的反复弯曲。凸模与凹模的锥角 α（见图 4-1-49b）越大，对拉深变形越有利，但当毛坯的相对厚度较小时，过大的 α 角可能引起毛坯的起皱，角度 α 的值可参照表 4-1-26 选取。

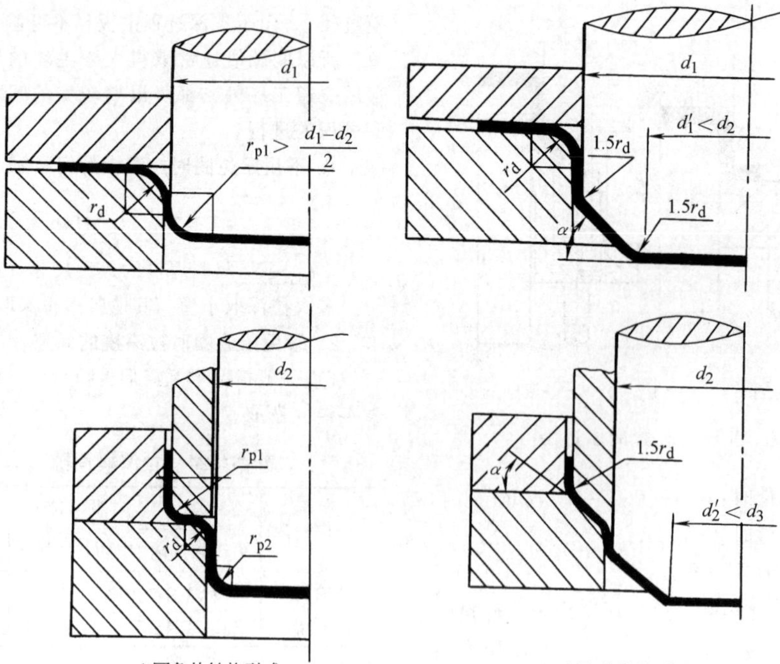

a) 圆角的结构形式　　b) 斜角的结构形式

图 4-1-49　拉深模工作部分的结构形状与尺寸

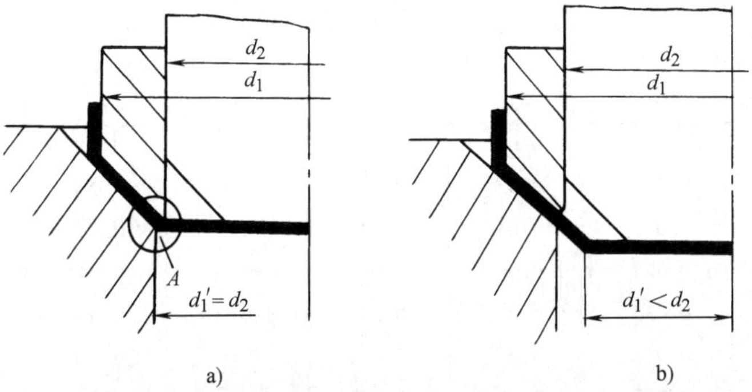

图 4-1-50　斜角尺寸的确定

表 4-1-26　料厚与角度的关系

材料厚度/mm	角度 α/(°)
0.5~1	30~40
1~2	40~50

多次拉深时，为了保证零件底部平整，最后一道拉深工序中凸模圆角应按图 4-1-51 所示的尺寸关系设计。

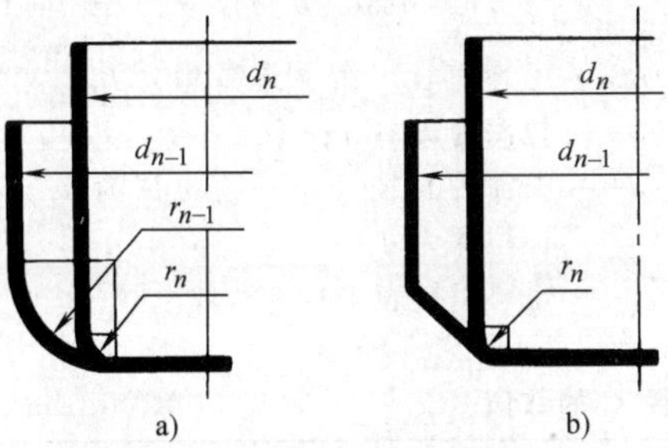

图 4-1-51　最后拉深工序中毛坯底部尺寸的变化

2. 凸模、凹模的尺寸与公差

进行拉深模的凸模和凹模工作部分尺寸计算时，拉深件有关尺寸的公差只在最后一道拉深时考虑。最后一道拉深工序模具工作部分尺寸按表 4-1-27 中给出的公式进行计算。圆形拉深模的凸模与凹模的制造偏差见表 4-1-28。

非圆形拉深模的凸模和凹模的制造公差可根据拉深工件的公差选定。若拉深件的公差为 IT12、IT13 级以上者，凸模和凹模制造公差采用 IT8、IT9 级精度；若拉深件的公差为 IT14 级以下者，则凸模和凹模的制造公差采用 IT10 级精度。若采用配作时，只在凸模或凹模上标注公差，另一方则按间隙配作。例如，拉深件标注的是外形尺寸，就在凹模上标注公差，凸模按间隙配作；拉深件标注的是内形尺寸，就在凸模上标注公差，凹模按间隙配作。

表 4-1-27　拉深模工作部分尺寸计算公式

尺寸标注方式	凹模尺寸 D_d	凸模尺寸 d_p
标注外形尺寸 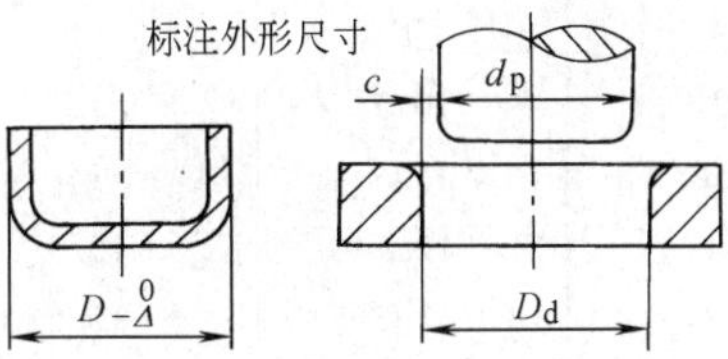	$D_d=(D-0.75\Delta)+\delta_d$	$d_p=(D-0.75\Delta-2c)-\delta_p$
标注内形尺寸 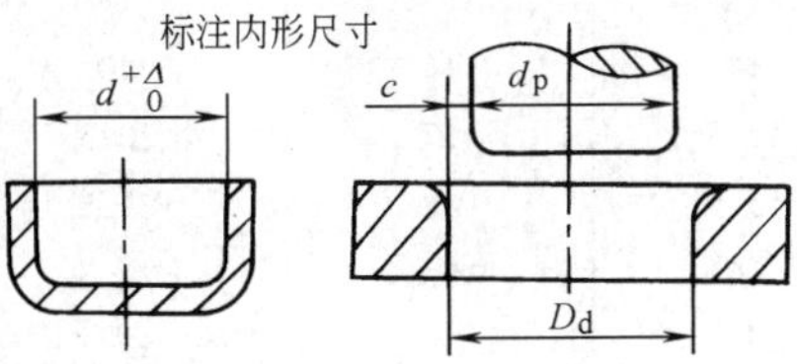	$D_d=(d+0.4\Delta+2c)+\delta_d$	$d_p=(d+0.4\Delta)-\delta_p$

注：D_d—凹模尺寸；d_p—凸模尺寸；D—拉深件外形公称尺寸；d—拉深件内形公称尺寸；c—凸、凹模的单面间隙；δ_d—凹模制造公差；δ_p—凸模制造公差；Δ—拉深件公差。

表 4-1-28　圆形拉深模凸模、凹模的制造偏差　（单位：mm）

材料厚度	工件直径的公称尺寸							
	≤10		>10~50		>50~200		>200~500	
	δ_d	δ_p	δ_d	δ_p	δ_d	δ_p	δ_d	δ_p
0.25	0.015	0.010	0.02	0.010	0.03	0.015	0.03	0.015
0.35	0.020	0.010	0.03	0.020	0.04	0.020	0.04	0.025
0.50	0.030	0.015	0.04	0.030	0.05	0.030	0.05	0.035
0.80	0.040	0.025	0.06	0.035	0.06	0.040	0.06	0.040
1.00	0.045	0.030	0.07	0.040	0.08	0.050	0.08	0.060
1.20	0.055	0.040	0.08	0.050	0.09	0.060	0.10	0.070
1.50	0.065	0.050	0.09	0.060	0.10	0.070	0.12	0.080
2.00	0.080	0.055	0.11	0.070	0.12	0.080	0.14	0.090
2.50	0.095	0.060	0.13	0.085	0.15	0.100	0.17	0.120
3.50	—	—	0.15	0.100	0.18	0.120	0.20	0.140

注：1. 表列数值用于未精压的薄钢板。

2. 如果用精压钢板，则凸、凹模的制造公差等于表列数值的 20%~25%。

3. 如果用有色金属，则凸模及凹模的制造公差等于表列数值的 50%。

1.6.3　凸模和凹模的圆角半径

1. 凹模圆角半径 r_d

凹模圆角半径 r_d 对拉深过程有很大的影响。在拉深过程中，板材在凹模圆角部位滑动时产生较大的弯曲变形。当由凹模圆角区进入直壁部分时，又被重新拉直。假如凹模圆角半径过小，则板料在经过凹模圆角部位时的变形阻力、摩擦阻力及在模具间隙里通过的阻力都要增大，结果势必引起总拉深力的增大和模具寿命的降低。因此在生产中一般应尽量避免采用过小的凹模圆角半径。

凹模圆角半径 r_d 可按下面经验公式确定。

$$r_d = 0.8\sqrt{(D-d)t} \tag{4-1-39}$$

式中　D——毛坯直径（第一道拉深为 D_0，第二道拉深为 D_1…）；

d——拉深件直径（第一道拉深为 d_1，第二道拉深为 d_2…）。

r_d——也可以按表 4-1-29 选取。

表 4-1-29　拉深凹模圆角半径 r_d 的数值　（单位：mm）

$D-d$	材料厚度					
	~1	>1~1.5	>1.5~2	>2~3	>3~4	>4~5
~10	2.5	3.5	4	4.5	5.5	6.5
>10~20	4	4.5	5.5	6.5	7.5	9
>20~30	4.5	5.5	6.5	8	9	11
>30~40	5.5	6.5	7.5	9	10.5	12
>40~50	6	7	8	10	11.5	14
>50~60	6.5	8	9	11	12.5	15.5
>60~70	7	8.5	10	12	13.5	16.5
>70~80	7.5	9	10.5	12.5	14.5	18
>80~90	8	9.5	11	13.5	15.5	19
>90~100	8	10	11.5	14	16	20
>100~110	8.5	10.5	12	14.5	17	20.5
>110~120	9	11	12.5	15.5	18	21.5
>120~130	9.5	11.5	13	16	18.5	22.5
>130~140	9.5	11.5	13.5	16.5	19	23.5
>140~150	10	12	14	17	20	24
>150~160	10	12.5	14.5	17.5	20.5	25

当拉深件直径 $d>200$mm 时，拉深凹模圆角半径应按式（4-1-40）确定。

$$r_{dmin}=0.039d+2 \tag{4-1-40}$$

拉深凹模圆角半径 r_d 还可根据拉深件的材料种类和厚度由表 4-1-30 选取。

表 4-1-30　拉深凹模圆角半径 r_d 值

材料	厚度 t/mm	r_d
钢	<3	$(10\sim6)t$
	3~6	$(6\sim4)t$
	>6	$(4\sim2)t$
铝、黄铜、纯铜	<3	$(8\sim5)t$
	3~6	$(5\sim3)t$
	>6	$(3\sim1.5)t$

各次拉深工序的凹模圆角半径 r_d 的取值关系，应该使首次拉深工序的 r_d 最大，以后各次逐渐减小。可根据下式关系取定

$$r_{dn}=(0.6\sim0.9)r_{dn-1} \tag{4-1-41}$$

2. 凸模圆角半径 r_p

凸模圆角半径 r_p 在拉深过程中对毛坯危险断面强度的影响很大。r_p 过小时，毛坯在这个部位上受到过大的弯曲变形，会引起危险断面附近的毛坯厚度局部的严重变薄，降低危险断面的强度，使极限拉深系数增大。在多工序拉深时，后续工序的压边圈的圆角半径等于前道工序的凸模的圆角半径，所以当 r_p 过小时，在后续的拉深工序里毛坯沿压边圈的滑动阻力也要增大，对拉深过程的进行也是不利的。但当凸模和凹模的圆角半径过大时，在拉深初期阶段处于压边圈作用之外，且不与模具表面接触的毛坯宽度（r_p+r_d）加大，因而这部分毛坯很容易起皱。尤其当毛坯相对厚度较小时，这种现象更加突出。因此在设计模具时，应该根据具体条件选取合适的圆角半径 r_p。

凸模圆角半径 r_p 可根据下述原则选取。

1）一般情况下，除最末次拉深工序外，可取 $r_p=r_d$。

2）末次拉深工序中，凸模圆角半径应与拉深件的圆角半径相等。但对于厚度 $t<6$mm 的材料，r_p 不得小于 $(2\sim3)t$；对于 $t>6$mm 的材料，r_p 不得小于 $(1.5\sim2)t$。如果工件要求的圆角半径小于上述允许值，应在最后一次拉深工序后，进行整形达到工件的要求。

3）相邻两道工序的圆角半径，应满足图 4-1-49a 所示的尺寸关系，即前道工序冲成的中间毛坯的形状应符合后续工序的要求。

1.6.4　拉深凸模的出气孔尺寸

拉深凸模的出气孔如图 4-1-52 所示。其尺寸可由表 4-1-31 查得。

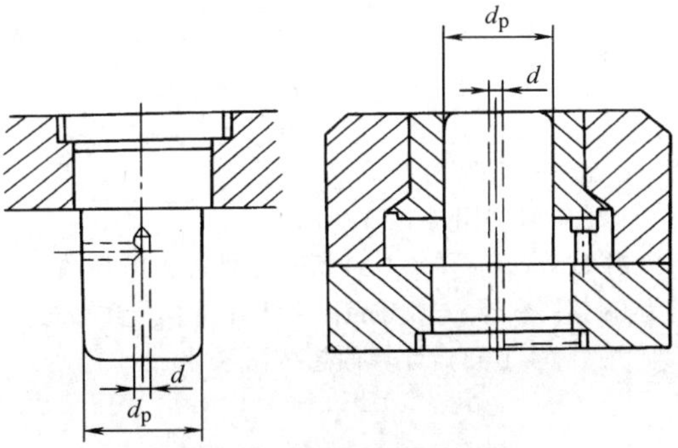

图 4-1-52　拉深凸模出气孔

表 4-1-31　拉深凸模出气孔尺寸

（单位：mm）

凸模直径 d_p	出气孔直径 d
≥50	5
>50~100	6.5
>100~200	8
>200	9.5

1.7　回转体阶梯形零件的拉深

回转体阶梯零件拉深时，毛坯变形区的应力状态和变形特点都和圆筒形件相同，而冲压工艺过程、工序次数的确定、工序顺序的安排等却和圆筒形件有较大的差别。

1. 阶梯形零件的一次成形

如果阶梯形零件的相对厚度较大 $t/D_0>0.01$，而阶梯之间直径之差和零件的高度较小时，可以一次拉深成形。

对于判断一次能否拉深成形，有两种实质相同的方法。

（1）按相对高度判断　满足下式条件时可以一次拉深成形，不满足时则需多次拉深成形。

$$\frac{h_1+h_2+\cdots+h_n}{d_n}\leqslant\frac{h}{d_n} \tag{4-1-42}$$

式中　h_1，h_2，…，h_n——每个阶梯的高度（见图 4-1-53）；

d_n——最小阶梯的直径；

h——直径为 d_n 的圆筒形件一次拉深的极限高度，可查表 4-1-5 得到。

（2）按假想拉深系数（m_j）判断　用阶梯形零件的假想拉深系数 m_j 与圆筒形件的第一次拉深的极限拉深系数［m_1］相对比，如果 $m_j>$［m_1］，则可

一次拉深成形；如果 $m_j<[m_1]$ 则需多次拉深。假想拉深系数 m_j 可用下式计算

$$m_j=\frac{\frac{h_1}{h_2}\frac{d_1}{D_0}+\frac{h_2}{h_3}\frac{d_2}{D_0}+\cdots+\frac{h_{n-1}}{h_n}\frac{d_{n-1}}{D_0}+\frac{d_n}{D_0}}{\frac{h_1}{h_2}+\frac{h_2}{h_3}+\cdots+\frac{h_{n-1}}{h_n}+1} \tag{4-1-43}$$

式中　D_0——毛坯直径。

其他符号如图 4-1-53 所示。

例 1　试确定图 4-1-54 所示零件的拉深系数，材料为 08 钢，料厚 $t=1.5$mm，毛坯直径 $D_0=103$mm。

由式（4-1-43）计算假想拉深系数

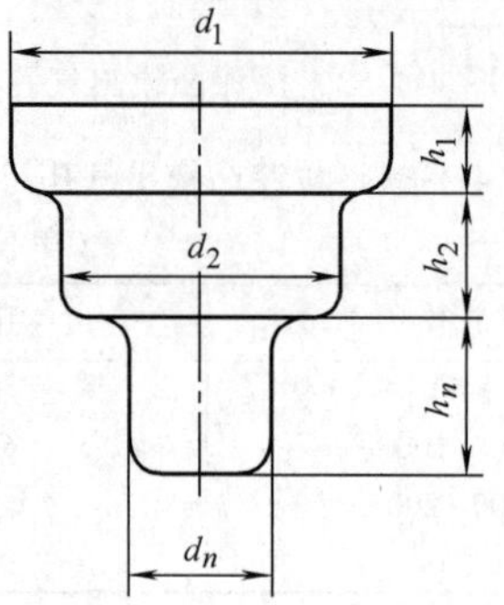

图 4-1-53　阶梯形零件

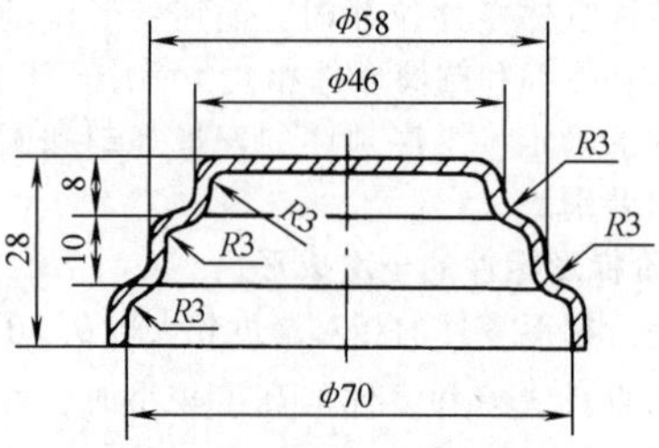

图 4-1-54　阶梯形拉深件

$$m_j=\frac{\frac{10}{10}\times\frac{71.5}{103}+\frac{10}{8}\times\frac{56.5}{103}+\frac{44.5}{103}}{\frac{10}{10}+\frac{10}{8}+1}=0.554$$

$$\frac{t}{D_0}\times100=\frac{1.5}{103}\times100=1.46$$

由表 4-1-1 查得第一次拉深的极限拉深系数 $[m_1]=0.50\sim0.53$，故 $m_j>[m_1]$，所以该零件可一次拉深成形。

还可以由式（4-1-42）计算

$$\frac{h_1+h_2+h_3}{d_n}=\frac{28}{46}=0.61$$

因 $t/D_0\times100=1.46$，查表 4-1-5 得一次拉深极限高度 $[h_1/d_1]=0.65$，由于 $0.61<0.65$，所以可一次拉深成形。显然两种方法判断结果相同。

2. 阶梯形零件多次拉深

如果阶梯形零件由上述的方法判断结果不能一次拉深成形，需多次拉深的话，可能有两种情况。

1）当每相邻阶梯的直径比 $\frac{d_2}{d_1}$，$\frac{d_3}{d_2}$，…，$\frac{d_n}{d_{n-1}}$ 均大于相应的圆筒形件的极限拉深系数时，则可以在每道拉深工序里成形一个阶梯。拉深顺序是由大直径阶梯到小直径阶梯依次拉出（见图 4-1-55）。拉深工序数目等于零件阶梯数加上形成最大阶梯直径所需的工序数目。

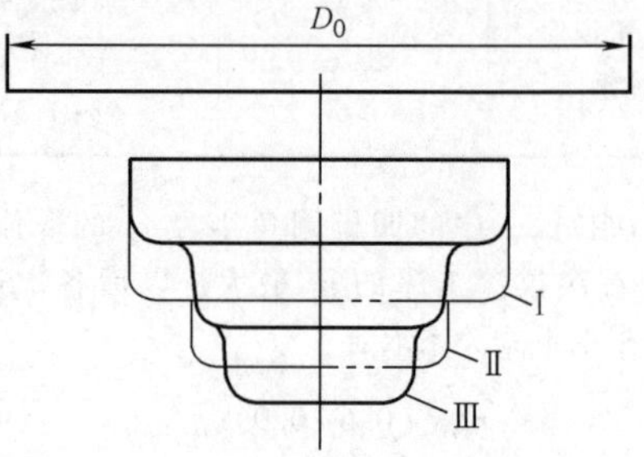

图 4-1-55　由大阶梯到小阶梯的拉深

2）当某相邻的两个阶梯直径的比值小于相应圆筒形零件的极限拉深系数时，例如 $d_2/d_1<[m_2]$，在这个阶梯成形时应按带法兰零件拉深的方法。拉深顺序，先成形这个阶梯（d_2），然后由此阶梯向小阶梯直径依次成形，即由 d_2 依次拉出 d_n 之后，再由此向大阶梯直径依次成形。如图 4-1-56 所示，$d_2/d_1<m_2$，通过工序Ⅰ至工序Ⅲ先拉出 d_2，之后通过工序Ⅳ拉出 d_n，最后通过工序Ⅴ拉出最大直径阶梯 d_1 来。

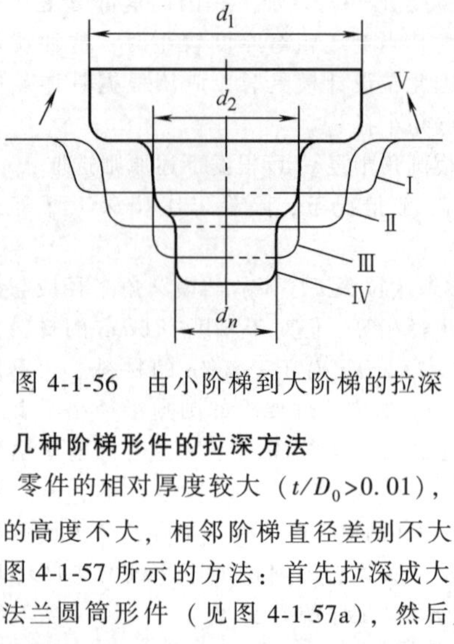

图 4-1-56　由小阶梯到大阶梯的拉深

3. 几种阶梯形件的拉深方法

1）零件的相对厚度较大（$t/D_0>0.01$），而且每个阶梯的高度不大，相邻阶梯直径差别不大时，可以采用图 4-1-57 所示的方法：首先拉深成大圆角半径的带法兰圆筒形件（见图 4-1-57a），然后用校形

工序得到零件的形状与尺寸（见图 4-1-57b）。

2）当拉深大、小直径差大，阶梯部分带锥形的零件时，先拉深出大直径，再在拉深小直径的过程中成形出侧壁锥形（见图 4-1-58）。

3）当拉深大、小直径差大，阶梯部分带曲面锥形的零件时，可采用图 4-1-59a 所示的方法：首先将大直径部分按图样尺寸拉深出来，同时将头部制成与图样近似的 R，然后再拉深成小直径。或者采用图 4-1-59b 所示的方法，首先将大直径按图样尺寸拉深出来，然后用多次拉深形成与曲面锥形近似的阶梯形状，最后经整形达到要求形状和尺寸。

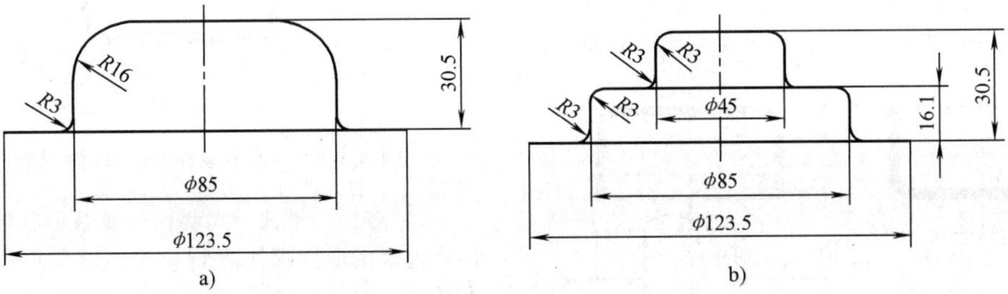

图 4-1-57　电喇叭底座的拉深

（材料：低碳钢；厚度：1.5mm）

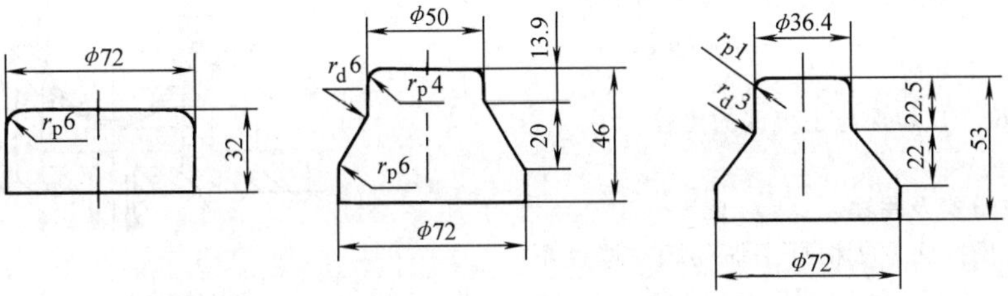

图 4-1-58　带锥形阶梯零件的拉深

（毛坯直径 $D=118$mm；$t=0.8$mm）

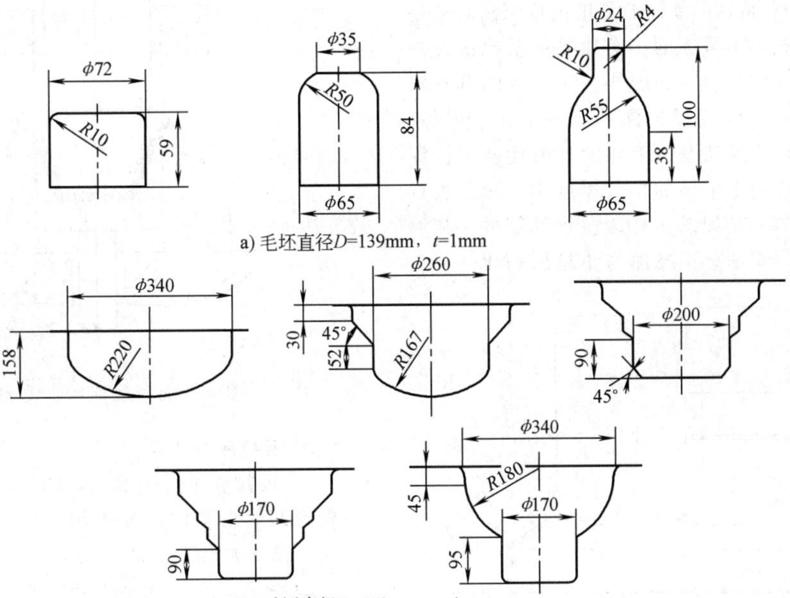

a) 毛坯直径D=139mm，t=1mm

b) 毛坯直径D=550mm，t=1mm

图 4-1-59　带曲面阶梯零件的拉深

1.8　其他拉深方法

1.8.1　反拉深

反拉深方法只能用在第二道及以后各道的拉深。图 4-1-60 所示是反拉深的原理。由图中可知，反拉深与正拉深的差别，在于凸模对毛坯的作用方向正好相反。反拉深时，凸模从毛坯的底部反向压下，使毛坯的内表面成为外表面，外表面变成内表面。

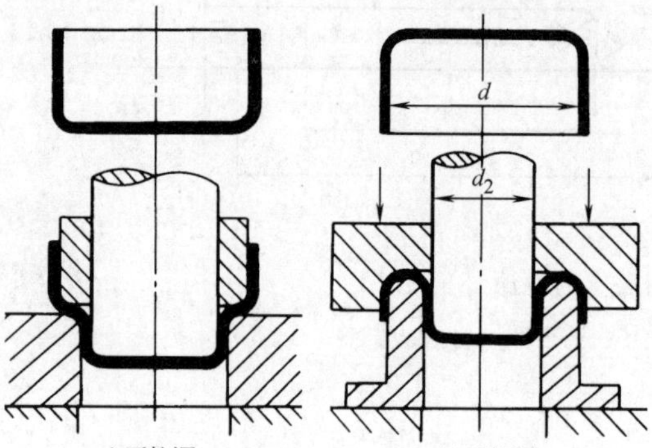

图 4-1-60　反拉深与正拉深的比较

1. 反拉深的分类及用途

（1）分类　反拉深方法根据毛坯的相对厚度不同，可分为两类。

1）用压边圈的反拉深法。

2）不用压边圈的反拉深法。

（2）用途

1）一些形状特殊的零件如果用正拉深法时常是很困难的，甚至是不可能的，而如果用反拉深方法可使加工难度大为降低。如图 4-1-61 所示的具有双重侧壁的零件，只能用反拉深的方法加工。但是，这种无凹模的反拉深法是以毛坯的外壁代替了拉深凹模，因此仅适用于毛坯的相对厚度小，而且板材的塑性高的材料。又如图 4-1-62 所示的零件，其形状很适合于反拉深法。反拉深与正拉深相比，不仅可以减少工序数目，而且还能提高零件的质量。

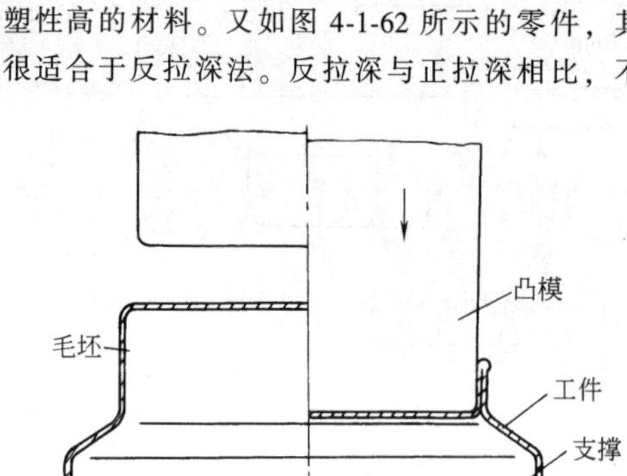

图 4-1-61　无凹模的反拉深法

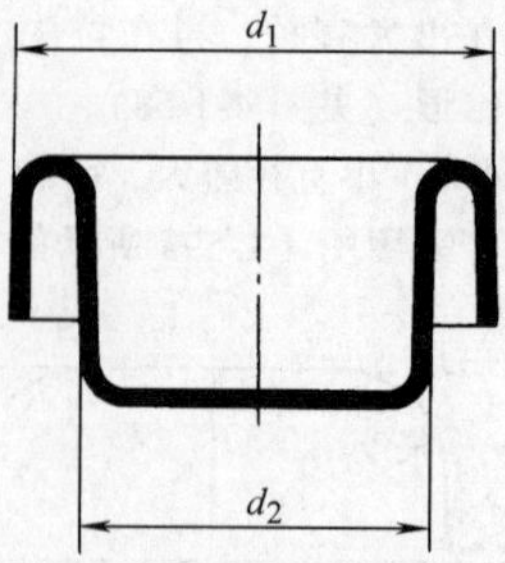

图 4-1-62　适于反拉深的零件形状举例

2）球面、锥面、抛物面等复杂形状的旋转体零件，也常用反拉深法进行拉深，而且均能达到理想的效果。图 4-1-63 所示是球形零件反拉深示意图。图 4-1-64 所示是锥形件反拉深示意图。

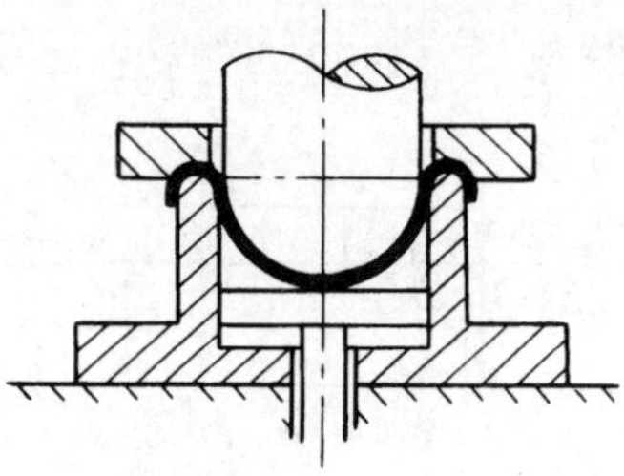

图 4-1-63　反拉深成形

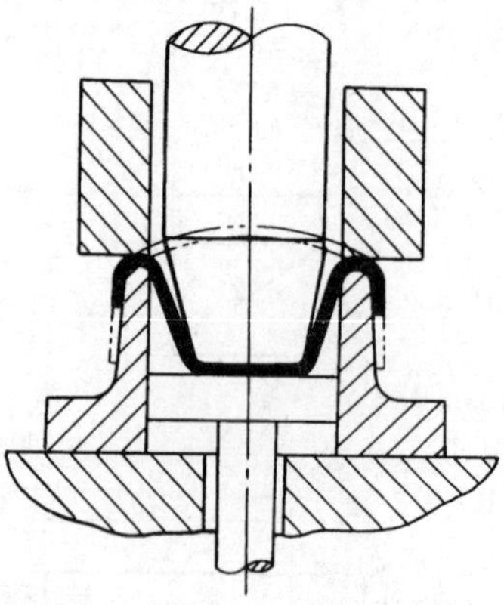

图 4-1-64　反向拉深底部锥形

2. 反拉深的特点

1）反拉深时由于毛坯与凹模间的包角为 180°，材料沿凹模滑动时的摩擦阻力大，因此不易起皱。但是，拉深力比正拉深大 10%～20%。

2）从毛坯的应力状态和变形特点看，反拉深与正拉深没有本质的差别。反拉深时，毛坯侧壁反复弯曲的次数少，因此引起材料的硬化程度低于正拉深。拉深系数可比正拉深低 10%~15%。

3）反拉深时凹模的圆角半径 r_d 受到零件尺寸的限制，不能过大，其值不能超过 $(d_1-d_2)/(2\times2)$。但也不能过小。所以反拉深法不适用于直径小而厚度大的零件。反拉深后的圆筒最小直径为

$$d=(30\sim60)t$$

反拉深凹模最小圆角半径为

$$r_d>(2\sim6)t$$

4）使用双动压力机时，可使正拉深与反拉深结合。如图 4-1-65 所示，先用外滑块上的凹模进行正拉深（见图 4-1-65a），然后用内滑块上的凸模进行反拉深（见图 4-1-65b）。这样一副模具一次行程完成两道拉深。

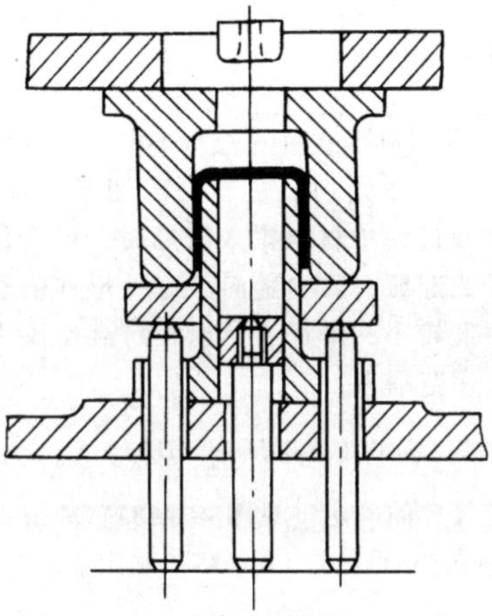

a) 第一次拉深

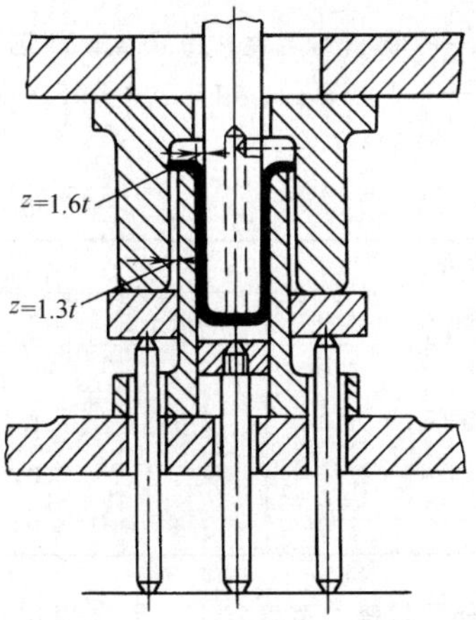

b) 第二次拉深

图 4-1-65　用于双动压力机上的反拉深法模具

1.8.2　带料连续拉深

带料连续拉深是种典型的多工序冲压工艺。多用于小型的带法兰或不带法兰的空心零件的拉深成形，工件的侧壁可以具有各种形状的孔或槽。图 4-1-66 所示是几种典型的带料连续拉深的形式。

带料连续拉深是在带料上完成零件的全部工序，而且每一工序的半成品不能与带料分离，直至最后一道工序零件才与带料分离。显然，连续拉深的筒形件无论是否带有法兰，其变形特点与带法兰筒形件的拉深是相同的。

连续拉深工艺受工件尺寸及材料性能的限制。由于最后成形工序的凸模强度及带料搭边强度的限制，连续拉深件的外形尺寸（直径或边长）一般不超过 50mm；带料厚度一般为 0.1~2mm。材料太厚，最后几道拉深工序的凸模由于直径小而强度不足，材料太薄则搭边强度不足难以保证送进步距。另外，由于连续拉深是在工序间没有退火的情况下进行的，因此每道工序的拉深系数不宜太小，而且所用材料塑性要好，冷作硬化不敏感，如纯铝、铝合金、纯铜、黄铜、铜合金、低碳钢、合金钢以及精密合金等。

1. 带料连续拉深方法

带料连续拉深方法有两种，一是无工艺切口的带料连续拉深，即材料变形的区域不与带料分开；二是有工艺切口的带料连续拉深，即材料变形的区域与带料部分的分开。

（1）无工艺切口整带料连续拉深　如图 4-1-66d 所示，无工艺切口整带料连续拉深与有工艺切口的相比可以减少材料的消耗，省掉切口工序简化了模具结构。但是，在拉深过程中由于带料边缘容易起皱，影响变形过程的顺序进行，势必要增加拉深次数。因此这种方法仅适用于材料塑性较好的小型零件。可加工的尺寸范围为

$$\left.\begin{aligned}&H/d\leqslant2.5,d_F/d\leqslant1.5\\&\text{或者 }H/d<1.5,d_F/d<3\end{aligned}\right\}\qquad(4\text{-}1\text{-}44)$$

式中　H、d、d_F——零件的高度、直径、法兰直径。

整带料连续拉深方法与宽法兰筒形件多次拉深相同，为了保证以后各道拉深工序的顺利进行，第一道拉深工序拉入凹模的材料面积应比工件所需材料面积多 10%~15%，多出的材料在以后各道拉深过程中逐渐转移到法兰上。

工艺尺寸的计算

1）毛坯直径按式（4-1-45）计算。

$$D_0=D_1+b\qquad(4\text{-}1\text{-}45)$$

式中　D_1——未考虑修边余量的计算毛坯直径；

b——修边余量，根据表 4-1-32 选取。

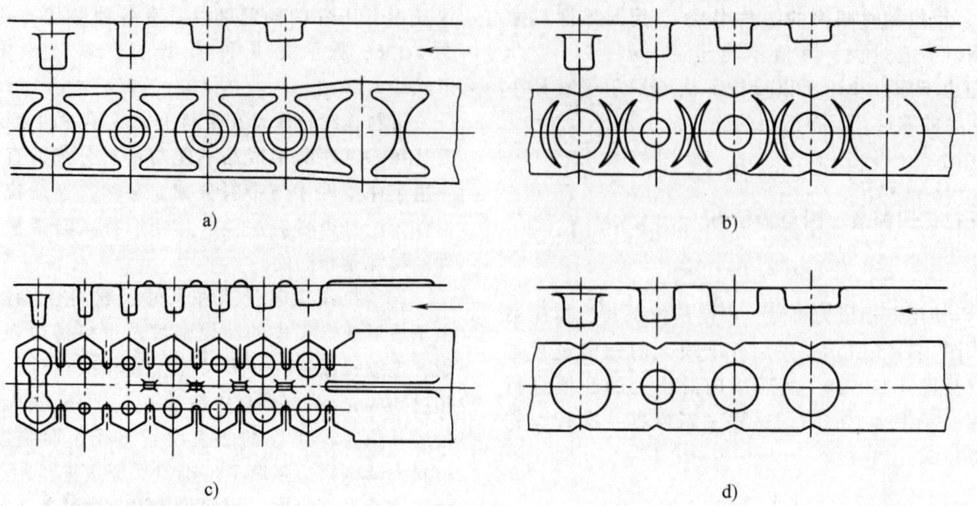

图 4-1-66　带料连续拉深典型形式

2）带料宽度按式（4-1-46）确定。

$$B=(1.1\sim1.2)D_0+2b_1 \tag{4-1-46}$$

式中　b_1——侧搭边宽度，由表 4-1-33 查得。

3）进料步距的确定。带料在连续拉深过程中不断地在纵向缩短，因此进料步距要小于毛坯直径。进料步距可按式（4-1-47）确定。

$$L=(0.8\sim0.9)D_0 \tag{4-1-47}$$

（2）有工艺切口的带料连续拉深　这种带料连续拉深是用不同形式的切口将毛坯变形的区域与带料部分地分开，使之尽可能地减小带料不变形部分对毛坯拉深变形的影响。切口的形式有图 4-1-67 所示的几种，其中图 4-1-67a、图 4-1-67d、图 4-1-67g 三种形式采用的比较普遍。

1）a 种切口形式（见图 4-1-67a）。连续拉深时采用了切口，比无切口更有利于变形过程的进行。但是在拉深过程中材料拉入凹模时，仍会使带料侧边搭边弯曲起皱，影响送料。这种形式的切口适用于材料厚度较小、带宽法兰但相对高度不大的筒形件。即适用范围为

$$t<0.1, d_F/d>1.5, H/d\leqslant5$$

工艺尺寸的确定（见图 4-1-68a）如下：

① 带料宽度由式（4-1-48）确定。

$$B=D_0+2b_2 \tag{4-1-48}$$

式中　b_2——侧搭边宽度，由表 4-1-33 选取；

D_0——毛坯直径，由式（4-1-45）求出。

表 4-1-32　修边余量 b　（单位：mm）

计算毛坯直径 D_1	材料厚度 t								
	0.2	0.3	0.5	0.6	0.8	1.0	1.2	1.5	2
≤10	1.0	1.0	1.2	1.5	1.8	2.0	—	—	—
>10~30	1.2	1.2	1.5	1.8	2.0	2.2	2.5	3.0	—
>30~50	1.2	1.5	1.8	2.0	2.2	2.5	2.8	3.0	3.5
>50	—	—	2.0	2.2	2.5	3.0	3.5	4.0	4.5

表 4-1-33　带料连续拉深侧搭边、相邻切口搭边宽度　（单位：mm）

毛坯直径 D_0	相邻切口搭边宽度 n	侧搭边宽度	
		无工艺切口拉深 b_1	有工艺切口拉深 b_2
<10	1.0~1.5	1.0~1.5	1.5~2.0
10~30	1.5~2.0	1.5~2.0	2.0~2.5
>30	2.0~2.5	2.0~2.5	2.5~3.0

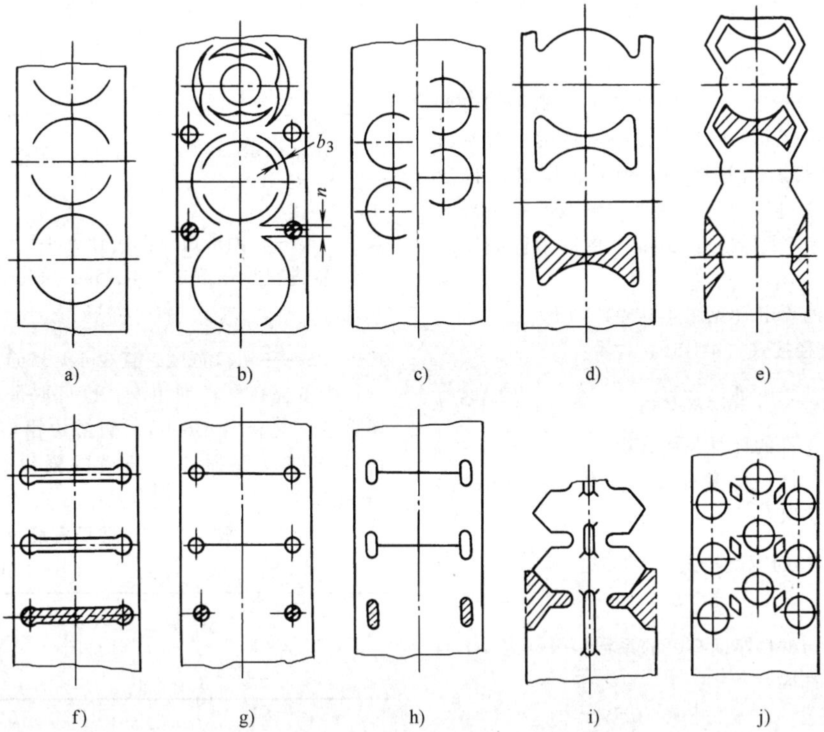

图 4-1-67　带料连续拉深工艺切口形式

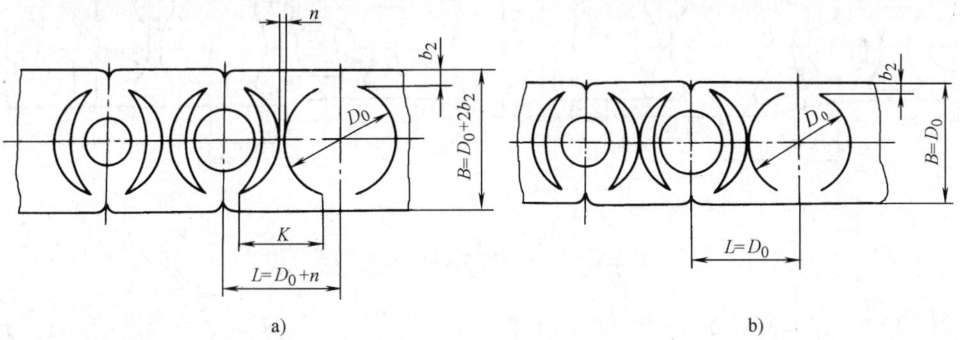

图 4-1-68　a 种工艺切口的工艺尺寸

② 进料步距按式（4-1-49）计算。

$$L=D_0+n \tag{4-1-49}$$

式中　n——相邻切口搭边宽度，查表 4-1-33 得到。

③ 切口间宽度，由式（4-1-50）确定。

$$K=(0.5\sim0.7)D_0 \tag{4-1-50}$$

由于相邻切口搭边宽度（n）对拉深过程影响不大，可使带料宽度和进料步距等于毛坯直径（即 $n=0$，$B=L=D_0$），如图 4-1-68b 所示。侧搭边值 b_2 可根据强度条件取表 4-1-33 中的下限值。这样一来，每个工件可减少材料消耗 27%，因此在采用 a 种切口形式时，应尽量用 $n=0$ 的形式。

2）b 种切口形式（见图 4-1-67b）。这种切口形式，带料在拉深过程中其宽度和送进步距可保持不变，可以用在套销定位的送料情况。但模具制造复杂，材料消耗多，只有在零件质量要求高时才使用，一般情况下很少采用。

带料的两切口间距 $b_3=0.75\sim1.25$mm（见图 4-1-67b）。

切口间的搭边宽度 $n=2.5$mm。

3）c 种切口形式（见图 4-1-67c）。这种切口形式常用在单排或双排的单头焊片的连续拉深成形。其切口尺寸的确定方法同 a 种切口形式。

4）d 种切口形式（见图 4-1-67d）。这种切口形式克服了 a 种切口带料侧搭边在拉深过程中弯曲起皱的缺点，且带料送进顺利。但是，切口用料较多，带料在拉深过程中宽度减小，侧边不能用来定位。适用于材料较厚（$t>0.3$mm）的圆形件的连续拉深。

工艺尺寸的确定（见图 4-1-69）如下。

① 毛坯直径按式（4-1-51）计算。

$$D_0=K_1D_1 \tag{4-1-51}$$

式中　D_1——工件的计算毛坯直径；

K_1——与材料厚度有关的系数，查表 4-1-34 选取。

② 成形切口的宽度按式（4-1-52）确定。

$$C=K_2D_0 \tag{4-1-52}$$

式中　K_2——与材料厚度有关的系数，根据表 4-1-34 选取。

表 4-1-34　K_1 和 K_2 值

材料厚度/mm	<1.0	1.0~1.5	>1.5
K_1	1.10	1.07	1.05
K_2	1.07~1.10	1.04~1.07	1.02~1.04

③ 带料宽度按式（4-1-53）计算。

$$B=C+2b_2 \tag{4-1-53}$$

式中　b_2——侧搭边宽度，查表 4-1-33 选取。

④ 进料步距按式（4-1-54）确定。

$$L=D_0+n \tag{4-1-54}$$

式中　n——切口宽度，查表 4-1-35 选取。

为了提高材料利用率，也可取带料宽度等于毛坯直径（见图 4-1-69b）。侧搭边由表 4-1-33 得到，切口宽度以保证切口凸模的强度为限，一般取 $n=1.5$mm。

表 4-1-35　切口宽度 n

（单位：mm）

材料厚度 t	n
<1	$3t$
1~2	$2t$

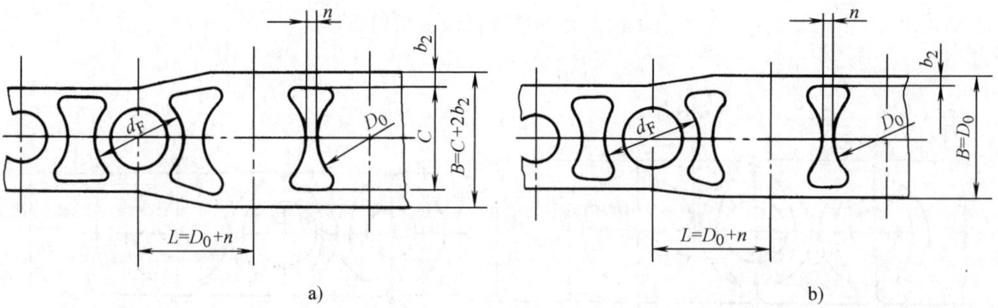

图 4-1-69　d 种工艺切口工艺尺寸

5）图 4-1-67f、g、h 所示的三种切口形式（冲孔切口），用于拉深矩形工件，图 4-1-67i 所示的压筋切口形式多用于双头筒形件（双头空心铆钉）或多排连续拉深的场合。压筋起预先储料的作用，可以保证双筒中心距不变。压筋尺寸应按照保证双筒中心距不变及保证首次拉深拉入凹模材料比所需材料多 10%左右来选定。图 4-1-67j 所示的切口形式用于多排的连续拉深。

2. 拉深系数及相对拉深高度

带料连续拉深时总拉深系数的计算方法与带法兰筒形件单个毛坯多次拉深的计算方法相同。总的拉深系数用式（4-1-55）计算。

$$m_0=\frac{d}{D_0}=m_1\cdot m_2\cdot\cdots\cdot m_n \tag{4-1-55}$$

带料连续拉深所允许的总拉深系数与模具的结构有关，带推件装置的模具允许的总拉深系数较小。总拉深系数的允许值见表 4-1-36。

（1）无工艺切口的整带料连续拉深　整带料连续拉深的第一次拉深系数见表 4-1-37，以后各次拉深系数见表 4-1-38。首次拉深的最大相对高度见表 4-1-39。

（2）有工艺切口的带料连续拉深　有工艺切口的带料连续拉深的首次拉深系数，以后各次拉深系数及首次拉深的最大相对高度分别见表 4-1-40 ~ 表 4-1-43。

表 4-1-36 总拉深系数（m_0）

材 料	抗拉强度 R_m/MPa	伸长率 A(%)	总拉深系数 m_0		
			不带推件装置		带推件装置
			$t\leqslant1.0$	$t=1.0\sim2.0$	
钢 08F、10F	300~400	28~40	0.40	0.32	0.16
黄铜、纯铜	300~400	28~40	0.35	0.28	0.2~0.24
软铝	80~110	22~25	0.38	0.30	0.18~0.24
不锈钢镍带	400~550	20~40	0.42	0.36	0.26~0.32
精密合金	500~600	—	0.42	0.36	0.28~0.34

表 4-1-37 无工艺切口的第一次拉深系数［m_1］（材料：08、10）

相对法兰直径 d_F/d_1	毛坯相对厚度 $t/D_0\times100$			
	>0.2~0.5	>0.5~1.0	>1.0~1.5	>1.5
≤1.1	0.71	0.69	0.66	0.63
>1.1~1.3	0.68	0.66	0.64	0.61
>1.3~1.5	0.64	0.63	0.61	0.59
>1.5~1.8	0.54	0.53	0.52	0.51
>1.8~2.0	0.48	0.47	0.46	0.45

表 4-1-38 无工艺切口的以后各次拉深系数［m_n］

拉深系数［m_n］	毛坯相对厚度 $t/D_0\times100$			
	>0.2~0.5	>0.5~1.0	>1.0~1.5	>1.5
［m_2］	0.86	0.84	0.82	0.80
［m_3］	0.88	0.86	0.84	0.82
［m_4］	0.89	0.87	0.86	0.85
［m_5］	0.90	0.89	0.88	0.87

注：本表适用于 08 钢和 10 钢。

表 4-1-39 无工艺切口的第一次拉深的最大相对高度［h_1/d_1］

相对法兰直径 d_F/d_1	毛坯相对厚度 $t/D_0\times100$			
	>0.2~0.5	>0.5~1.0	>1.0~1.5	>1.5
≤1.1	0.36	0.39	0.42	0.45
>1.1~1.3	0.34	0.36	0.38	0.40
>1.3~1.5	0.32	0.34	0.36	0.38
>1.5~1.8	0.30	0.32	0.34	0.36
>1.8~2.0	0.28	0.30	0.32	0.35

注：本表适用于 08 钢和 10 钢。

表 4-1-40 有工艺切口的第一次拉深系数［m_1］（材料：08、10）

相对法兰直径 d_F/d_1	毛坯相对厚度 $t/D_0\times100$				
	>0.06~0.2	>0.2~0.5	>0.5~1.0	>1.0~1.5	>1.5
≤1.1	0.64	0.62	0.60	0.58	0.55
>1.1~1.3	0.60	0.59	0.58	0.56	0.53
>1.3~1.5	0.57	0.56	0.55	0.53	0.51
>1.5~1.8	0.53	0.52	0.51	0.50	0.49
>1.8~2.0	0.47	0.46	0.45	0.44	0.43
>2.0~2.2	0.43	0.43	0.42	0.42	0.41
>2.2~2.5	0.38	0.38	0.38	0.38	0.37
>2.5~2.8	0.35	0.35	0.35	0.35	0.34
>2.8~3.0	0.33	0.33	0.33	0.33	0.33

表 4-1-41　有工艺切口的以后各次拉深系数 $[m_n]$（材料：08 钢、10 钢）

拉深系数 $[m_n]$	毛坯相对厚度 $t/D_0 \times 100$				
	>0.06~0.2	>0.2~0.5	>0.5~1.0	>1.0~1.5	>1.5
$[m_2]$	0.80	0.79	0.78	0.76	0.75
$[m_3]$	0.82	0.81	0.80	0.79	0.78
$[m_4]$	0.85	0.83	0.82	0.81	0.80
$[m_5]$	0.87	0.86	0.85	0.84	0.82

表 4-1-42　有工艺切口的各次拉深系数

材　料	拉深次数					
	1	2	3	4	5	6
	拉深系数$[m]$					
黄　铜	0.63	0.76	0.78	0.80	0.82	0.85
软钢、铝	0.67	0.78	0.80	0.82	0.85	0.90

表 4-1-43　有工艺切口首次拉深的最大相对高度 $[h_1/d_1]$

相对法兰直径 d_F/d_1	毛坯相对厚度 $t/D_0 \times 100$		
	>2	2~1	<1
1.1	0.75~0.60	0.65~0.50	0.60~0.48
1.5	0.60~0.48	0.52~0.40	0.48~0.38
2.0	0.45~0.38	0.40~0.32	0.34~0.28
2.5	0.32~0.26	0.30~0.24	0.26~0.20

3. 凸、凹模圆角半径的确定

带料连续拉深的凹模圆角半径 r_d 可比普通拉深选取得小一些。各次拉深的凹模圆角半径可按表 4-1-44 选取。

表 4-1-44　带料连续拉深凹模圆角半径 r_d

工　序	毛坯相对厚度 $t/D_0 \times 100$		
	>2	2~1	<1
第一次拉深	$(2\sim4)t$	$(3\sim5)t$	$(4\sim6)t$
以后各次拉深	$(0.6\sim0.7)r_{dn-1}$	$(0.65\sim0.7)r_{dn-1}$	$(0.7\sim0.8)r_{dn-1}$

凸模圆角半径 r_p：第一次拉深，当 $t/D_0 \times 100>1$ 时，取与凹模相同的圆角半径，即 $r_{p1}=r_{d1}$；当$t/D_0 \times 100<1$ 时，取 $r_{p1}=(1.2\sim1.5)\ r_{d1}$。以后各次拉深取前一道的 0.5~0.7 倍，即 $r_{pn}=(0.5\sim0.7)r_{pn-1}$。

如果最后一道拉深凸模与凹模的圆角半径大于工件的圆角半径时，可增加校正工序，每校正一次，圆角半径可减小 1/5~1/2。

4. 小型空心零件整带料连续拉深的简易计算方法

对于料厚 $t=0.25\sim0.5$mm，外径 $d_0 \leqslant 10$mm 的小型零件采用无切口整带料连续拉深时，可采用如下简易的经验公式进行计算

$$d=d_0+0.1a^2 \tag{4-1-56}$$

$$h=h_0(1-0.05a) \tag{4-1-57}$$

$$B=d_1+(1.2\sim1.5)b_1 \tag{4-1-58}$$

$$L=(1\sim1.2)d_1 \tag{4-1-59}$$

式中　d——所计算道次的凸模直径；
h——所计算道次的拉深件高度；
d_0——工件的内径；
h_0——工件的高度；
B——带料宽度；
L——进料步距；
d_1——首次拉深的外径；

b_1——侧搭边宽度，查表 4-1-33；

a——常数，（$n-1$）次拉深 $a=1$，（$n-2$）次拉深 $a=2\cdots$，以此类推。

举例：如图 4-1-70a 所示纯铜管壳的工艺计算。

1）按式（4-1-58）和式（4-1-59）由末道逐次向前反推计算出每道拉深尺寸，一直推算到相对拉深高度等于或小于第一次拉深允许的相对拉深高度，计算结果见表 4-1-45。

表 4-1-45　示例计算结果　（单位：mm）

拉深次序	$d=d_0+0.1a^2$	$h=h_0(1-0.05a)$
11	$d_n=4.39+0.1\times0^2=4.39(4.4)$	$h_n=11(1-0.05\times0)=11$
10	$d_{n-1}=4.39+0.1\times1^2=4.49(4.5)$	$h_{n-1}=11(1-0.05\times1)=10.45(11.2)$
9	$d_{n-2}=4.39+0.1\times2^2=4.79(4.8)$	$h_{n-2}=11(1-0.05\times2)=9.9(10.7)$
8	$d_{n-3}=4.39+0.1\times3^2=5.29(5.3)$	$h_{n-3}=11(1-0.05\times3)=9.35(10.2)$
7	$d_{n-4}=4.39+0.1\times4^2=5.99(6.0)$	$h_{n-4}=11(1-0.05\times4)=8.8(9.6)$
6	$d_{n-5}=4.39+0.1\times5^2=6.89(6.9)$	$h_{n-5}=11(1-0.05\times5)=8.25(9.1)$
5	$d_{n-6}=4.39+0.1\times6^2=7.99(8.0)$	$h_{n-6}=11(1-0.05\times6)=7.7(8.5)$
4	$d_{n-7}=4.39+0.1\times7^2=9.29(9.3)$	$h_{n-7}=11(1-0.05\times7)=7.15(7.9)$
3	$d_{n-8}=4.39+0.1\times8^2=10.79(10.8)$	$h_{n-8}=11(1-0.05\times8)=6.6(7.3)$
2	$d_{n-9}=4.39+0.1\times9^2=12.49(12.5)$	$h_{n-9}=11(1-0.05\times9)=6.05(6.5)$
1	$d_{n-10}=4.39+0.1\times10^2=14.39(14.4)$	$h_{n-10}=11(1-0.05\times10)=5.5(5.6)$

检查相对拉深高度 h/d。

先计算出带料宽度。

$B=d_1+(1.2\sim1.5)b_1=15.4+1.5\times1.5=17.65$（取 18）

（$d_1=d_{n-10}+2t=14.4+2\times0.5=15.4$；$b_1$ 查表 4-1-33）

$$t/D_0\times100=0.5/18\times100=2.8$$

$$d_F/d=18/14.4=1.25$$

由表 4-1-39 得

$$h_1/d_1=0.40$$

$$\frac{h_{n-10}}{d_{n-10}}=\frac{5.6}{14.4}=0.39<0.40$$

所以计算到（$n-10$）道即可结束。故 $n=11$（道次）。如果相对高度不符合要求要继续计算$n-11\cdots$

2）送料步距。

$$L=(1\sim1.2)d_1=1.1\times15.4=16.94(\text{取}17)。$$

3）作出连续拉深工艺图：如图 4-1-70b 所示。

5. 有工艺切口带料连续拉深工序计算举例

例 2　单孔焊片的计算（见图 4-1-71）。

1）毛坯尺寸的工艺计算（见图 4-1-72）。

$$D_1=\sqrt{d_1^2+6.28r_1d_1+8r_1^2+4d_2h+6.28r_2d_2+4.56r_2^2+d_F^2-d_3^2}$$

$$=\sqrt{1.5^2+6.28\times0.5\times1.5+8\times0.5^2+4\times2.5\times1.8+6.28\times1.25\times2.5+4.56\times1.25^2+6^2-5^2}\text{mm}$$

$$=\sqrt{64.71}\text{mm}=8.05(8.1)\text{mm}$$

$$D_0=D_1+b=8.1\text{mm}+1.2\text{mm}=9.3(9.5)\text{mm}$$

2）总拉深系数。

$$m_0=d/D_0=2.5/9.5=0.26$$

查表 4-1-36 得允许的总拉深系数 $[m_0]=0.2$，由于 $m_0>[m_0]$，所以可进行连续拉深。

3）带料宽度（见图 4-1-71）。

$$B=D_0+17\text{mm}+2b_1+1.5\text{mm}$$

$$=(9.5+17+2\times2+1.5)\text{mm}=32\text{mm}$$

4）进料步距。

$$L=D+n=(9.5+2)\text{mm}=11.5\text{mm}$$

5）各次拉深直径（凸模尺寸）。

$$d_1=9.5\times0.63\text{mm}=5.99(6.5)\text{mm}$$

$$d_2=6.5\times0.76\text{mm}=4.94(4.9)\text{mm}$$

$$d_3=5\times0.78\text{mm}=3.9(4.0)\text{mm}$$

$$d_4=4\times0.80\text{mm}=3.2\text{mm}$$

$$d_5=3.2\times0.82\text{mm}=2.6\text{mm}$$

$$d_6=2.6\times0.85\text{mm}=2.2\text{mm}$$

$$d_7=2.2\times0.96\text{mm}=2.1\text{mm}(\text{兼校正})$$

$$d_8=2.1\text{mm}(\text{校正})$$

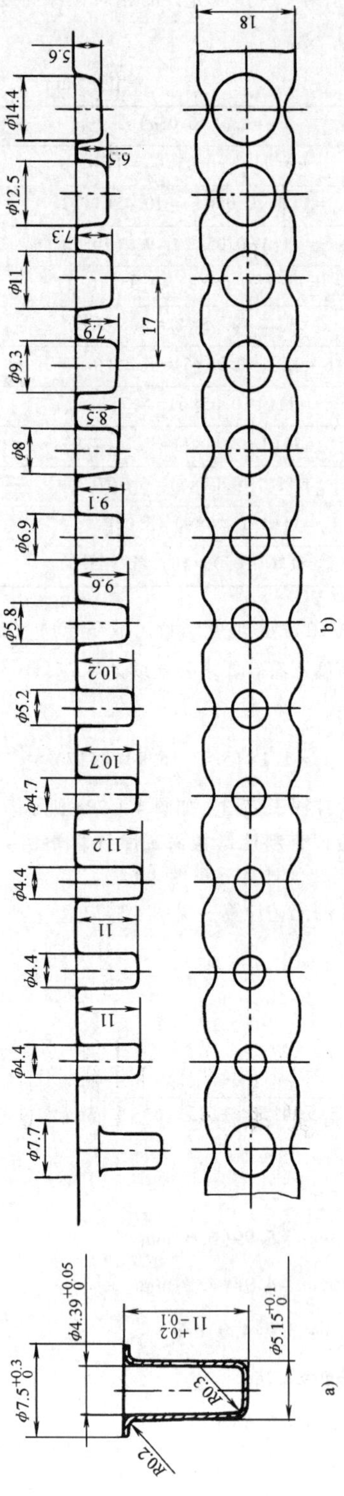

图 4-1-70　纯铜管壳工艺图

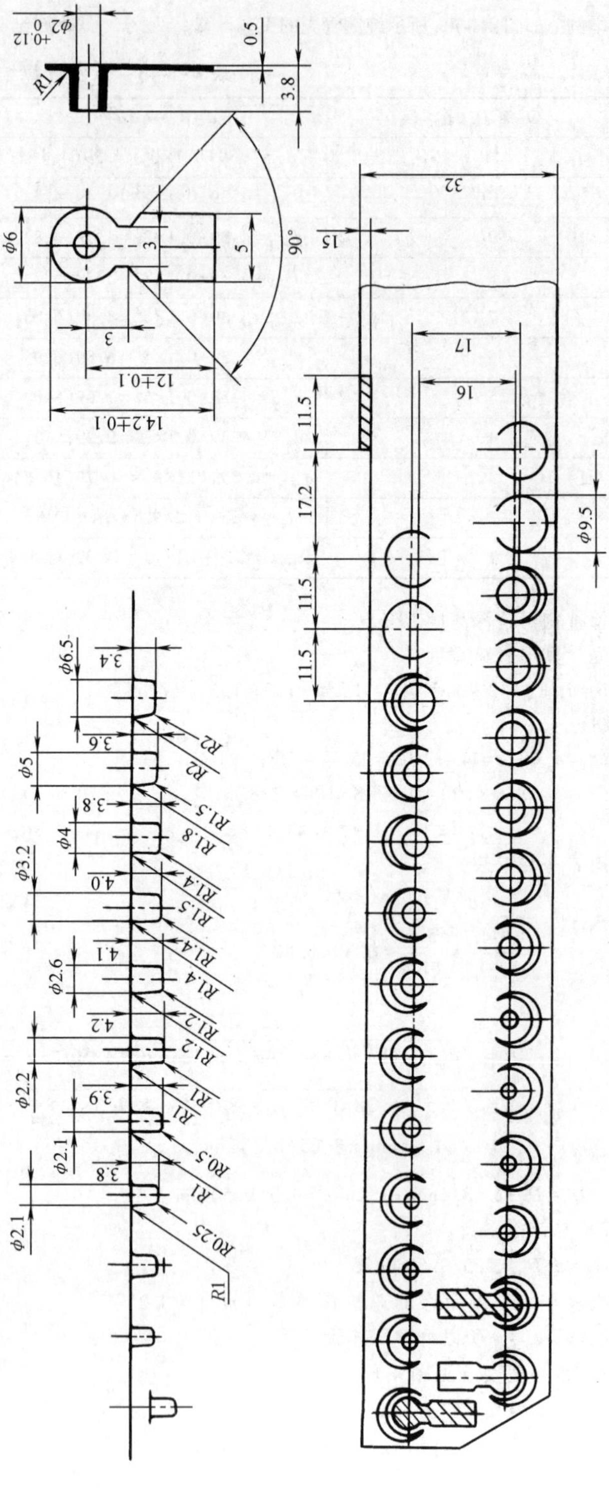

图 4-1-71　单孔焊片连续拉深工艺图

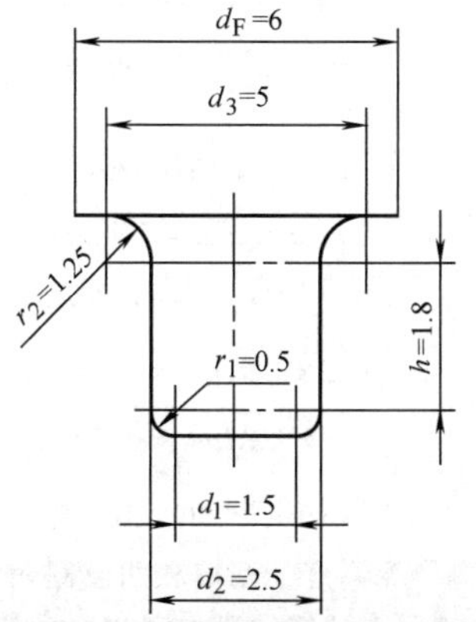

图 4-1-72　毛坯尺寸计算用图

6）各次拉深凸模、凹模圆角半径。

$$r_{p1}=r_{d1}=2\text{mm}$$

$$r_{d2}=(0.6\sim0.7)r_{d1}=0.7\times2\text{mm}=1.4(1.8)\text{mm}$$

$$r_{p2}=(0.5\sim0.7)r_{p1}=0.7\times2\text{mm}=1.4(1.5)\text{mm}$$

同理 $r_{d3}=1.6\text{mm}$，$d_{d4}=1.4\text{mm}$，$r_{d5}=1.2\text{mm}$

$$r_{d6}=r_{d7}=r_{d8}=1\text{mm}$$

$$r_{p3}=r_{p4}=1.4\text{mm},\ r_{p5}=1.2\text{mm},\ r_{p6}=1\text{mm},\ r_{p7}=0.5\text{mm}$$

$$r_{p8}=0.25\text{mm}$$

7）各次拉深高度（按料厚中线计算）。第一次拉深高度（见图 4-1-73）。

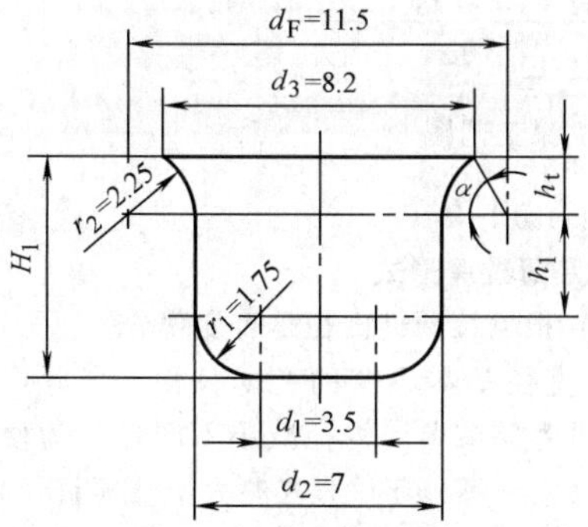

图 4-1-73　第一次拉深高度计算图

$$\cos\alpha=0.5(d_F-d_3)/r_2=0.5(11.5-8.2)/2.25=0.734$$

$$\alpha=42°,h_t=r_2\sin\alpha=2.25\sin42°=1.5$$

弧长 $L=\pi r2\alpha/180°=\pi\times2.25\times42°/180°\text{mm}=1.66\text{mm}$

$$d_t^2=\frac{4}{\pi}A_t=\frac{4}{\pi}\pi(d_FL-2r_2h_1)$$

$$=4(11.5\times1.66-2\times2.25\times1.5)\text{mm}^2$$

$$=49.4\text{mm}^2$$

$$h_1=\frac{D_0^2-(d_1^2+6.28r_1d_1+8r_1^2+d_t^2)}{4d_2}$$

$$=\frac{9.5^2-(3.5^2+6.28\times1.75\times3.5+8\times1.75^2+49.4)}{4\times7}\text{mm}$$

$$=-1.22\text{mm}$$

式中　A_t——弧长为 L 的旋转体的表面积；

d_t——与 A_t 相应的假想毛坯直径。

$$H_1=(-1.22+2.25+1.75)\text{mm}$$

$=2.78\ (2.9)\text{mm}$。同理，$H_2=3.1\text{mm}$。

第三次拉深高度（见图 4-1-74）

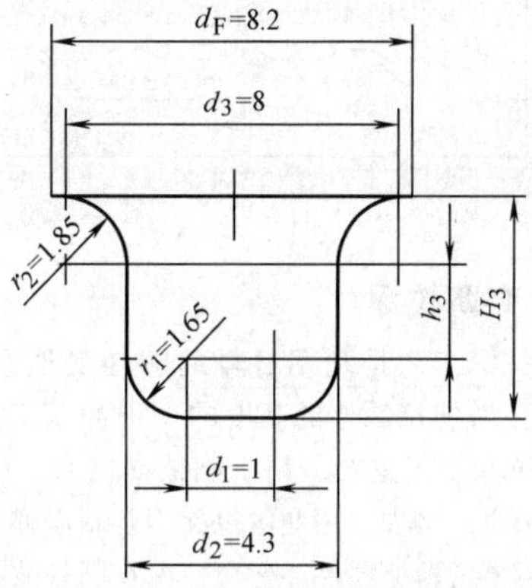

图 4-1-74　第三次拉深高度计算图

$$h_3=\frac{D_0^2-(d_1^2+6.28r_1d_1+8r_1^2+6.28r_2d_2+4.56r_2^2+d_F^2-d_3^2)}{4d_2}$$

$$=\frac{9.5^2-(1^2+6.28\times1.65\times1+8\times1.65^2+6.28\times1.85\times4.3+4.56\times1.85^2+8.2^2-8^2)}{4\times4.3}\text{mm}=-0.68\text{mm}$$

$$H_3=(-0.68+1.85+1.65)\text{mm}=2.82(3.3)\text{mm}$$

同理，$H_4=3.5\text{mm}$、$H_5=3.6\text{mm}$、$H_6=3.7\text{mm}$、$H_7=3.4\text{mm}$、$H_8=3.3\text{mm}$。

注：（　）内的尺寸为调整后的实际尺寸。

例 3　方孔焊片的工艺计算（见图 4-1-75）。

1）毛坯尺寸的计算。

$$D_1=9.6\text{mm}$$

$$D_0=D_1+b=9.6\text{mm}+1.2\text{mm}=10.8\ (11)\ \text{mm}$$

2）进料步距。

$$L=D=11\text{mm}$$

3）对角线尺寸计算。

$$c=\sqrt{2}\times1.1\text{mm}=1.55\text{mm}$$

$$d=2(c+r)=2(1.5+0.5)\text{mm}=4\text{mm}$$

4）第（$n-1$）道拉深直径计算。

$$d_{n-1}=1.41B-0.82r+2\delta$$

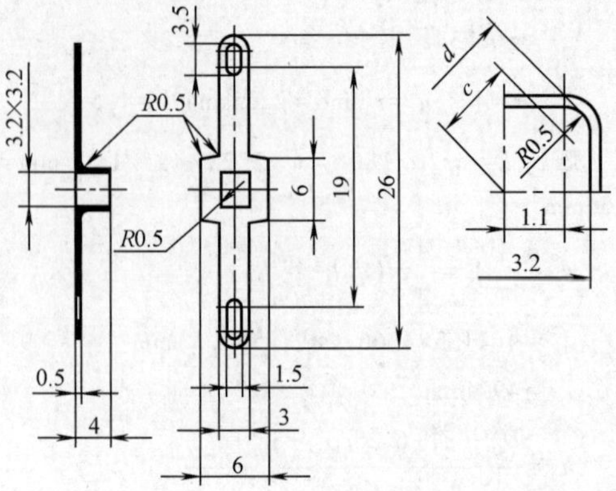

图 4-1-75 方孔焊片工件图

取 $\delta=0.1r=0.1\times0.5\text{mm}=0.05\text{mm}$，代入上式得

$$d_{n-1}=1.41\times3.2\text{mm}-0.82\times0.5\text{mm}+2\times0.05\text{mm}=4.2\text{mm}$$

5）圆筒部分各道拉深直径的计算。

$d_1=11\times0.67\text{mm}=7.4\text{mm}$，

$d_2=7.4\times0.85\text{mm}=6.3\text{mm}$

$d_3=6.2\times0.87\text{mm}=5.4\text{mm}$，

$d_4=5.4\times0.87\text{mm}=4.7\text{mm}$

$d_5=4.7\times0.88\text{mm}=4.2\text{mm}=d_{n-1}$

6）各道拉深高度、凸模和凹模圆角半径的计算方法与例 1 相同，计算结果如图 4-1-76 所示。

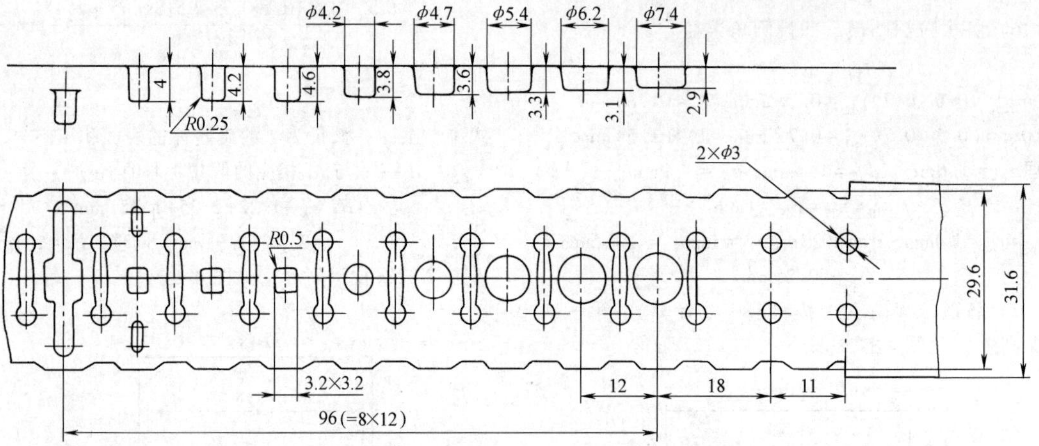

图 4-1-76 黄铜方孔焊片连续拉深工艺图

1.8.3 变薄拉深

变薄拉深工艺是利用材料的塑性变形减小拉深件的壁厚，增加拉深件的高度的一种冲压工艺方法。

变薄拉深工艺主要适用于制造高度大、壁薄而底厚的圆筒形件。例如，用变薄拉深工艺制造弹壳、雷管套、高压容器等薄壁零件。变薄拉深在制备波纹管、多层电容等的薄壁管状毛坯时也是重要的工艺方法。

变薄拉深工艺的特点：

1）变薄拉深时，材料的变形较大，金属晶粒细密，制件的强度高。

2）变薄拉深件的表面粗糙度 *Ra* 数值低，可达 0.4μm 以内。

3）变薄拉深件壁厚偏差低，可达±0.01mm 以内，而且上下均匀一致。

4）变薄拉深件的残余应力较大，储存时有的可自行开裂，需以低温回火消除。

5）没有起皱问题，不需压料装置，模具结构可以简化。

变薄拉深常用的材料：铜、白铜、黄铜、磷青铜、德银、铝、铝合金、软钢、不锈钢、可伐合金（铁镍钴合金）等。

1. 变薄拉深形式

（1）根据拉深件内径是否变化分

1）直径基本不变的变薄拉深。变薄拉深过程中，只是壁厚减薄，内径减小不明显（为便于凸模顺利地套入毛坯，坯件直径略大于凸模直径），这是一种经常采用的方式。

2）直径缩小的变薄拉深。变薄拉深过程中，壁厚减薄的同时直径也在缩小，目前也有不少应用。

（2）根据所采用的凹模数目分

1）单模变薄拉深。如图 4-1-77 所示，凸模的一次行程只通过一个凹模。

2）多模变薄拉深。如图 4-1-78 所示，凸模一次行程通过两个或两个以上的直径不同的凹模。这种方式变形所需的轴向拉应力一部分是由筒壁本身提供，另一部分由筒壁与凸模之间的摩擦力获得，因而筒壁内拉应力减小了 μq。所以能提高一次行程的变形程度，得到较大的变薄效果。

2. 变薄拉深变形特点

（1）受力情况　变薄拉深时，毛坯变形区是处于凹模孔内锥形部分的金属。变形区的金属受力情况如图 4-1-77 所示。其应力状态为轴向受拉其他两个方向受压的三向应力状态。而传力区是已从凹模内被拉出的厚度为 t_n 的侧壁部分和底部。变薄拉深时最大变形程度是受传力区强度的限制。

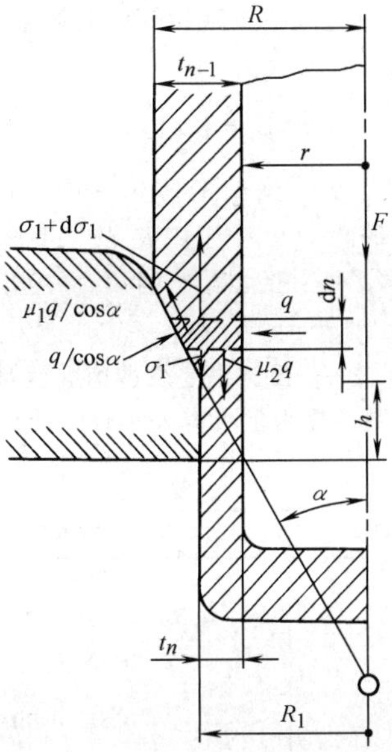

图 4-1-77　单模变薄拉深受力状态

多模变薄拉深时，各凹模锥形部分内金属（变形区）的受力状态基本上是一样的。但在多模变薄拉深时，于两模之间的一段距离 l（称模间距，见图 4-1-78）上作用着的摩擦力是个很有用的因素，且 l 越大越好。

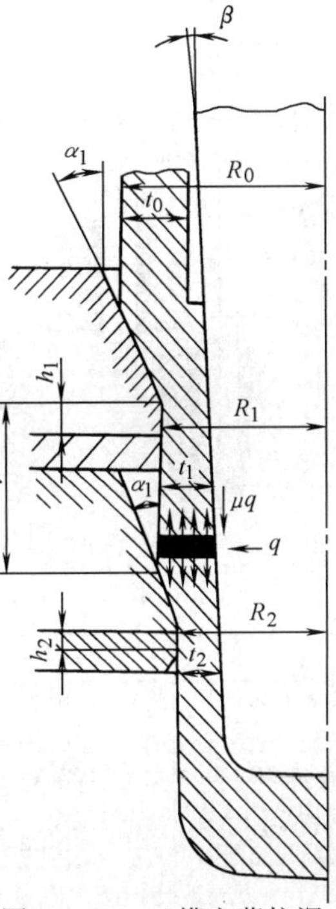

图 4-1-78　双模变薄拉深

图 4-1-79 所示是单模变薄拉深时力-行程曲线。图 4-1-80 所示是双模变薄拉深时力-行程曲线。

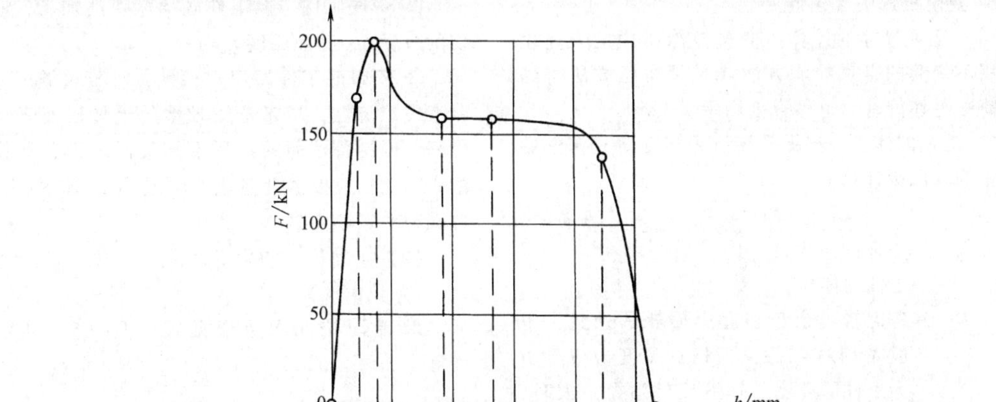

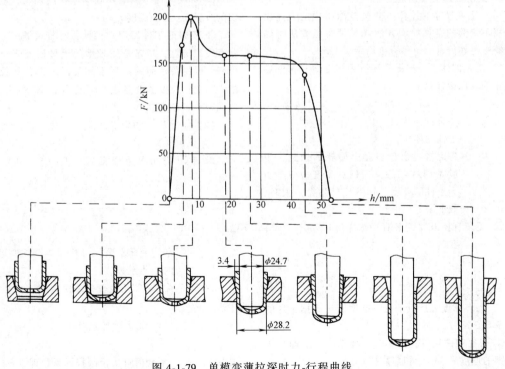

图 4-1-79　单模变薄拉深时力-行程曲线

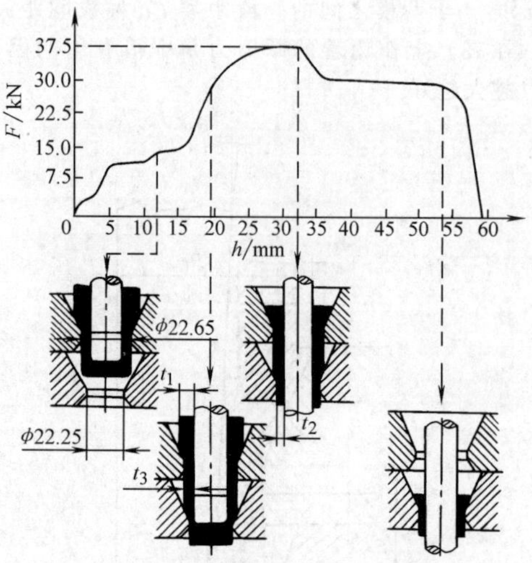

图 4-1-80　双模变薄拉深时力-行程曲线

(2) 变形程度表示方法

1) 断面收缩率 ε_F。

$$\varepsilon_F=(A_{n-1}-A_n)/A_{n-1}=1-A_n/A_{n-1} \quad (4\text{-}1\text{-}60)$$

式中　A_{n-1}、A_n——分别表示变薄前后拉深件横剖面的断面积。

2) 变薄系数 φ。变薄拉深的变薄系数可用变薄前后断面积比值表示。

$$\varphi_n=A_n/A_{n-1} \quad (4\text{-}1\text{-}61)$$

在内径基本不变的变薄拉深中，式 (4-1-61) 可作如下变换。

$$\varphi_n=A_n/A_{n-1}=(\pi dt_n)/(\pi dt_{n-1})=t_n/t_{n-1} \quad (4\text{-}1\text{-}62)$$

式中　t_n、t_{n-1}——变薄后、变薄前的壁厚。

变薄系数的极限值可查表 4-1-46 选择。

表 4-1-46　变薄系数的极限值 [φ]

材　　料	首次变薄系数[φ_1]	中间各次变薄系数[φ_m]	末次变薄系数[φ_n]
铜、黄铜(H68,H80)	0.45~0.55	0.58~0.65	0.65~0.73
铝	0.50~0.60	0.62~0.68	0.72~0.77
低碳钢、拉深钢板	0.53~0.63	0.63~0.72	0.75~0.77
中等硬度钢[w(C)=0.25%~0.35%]	0.70~0.75	0.78~0.82	0.85~0.90
不锈钢	0.65~0.70	0.70~0.75	0.75~0.80

注：1. 厚料取较小值，薄料取较大值。

2. 将 [φ_1] 作为以后各工序的变薄系数时，须验算拉深件筒壁在变薄过程中是否会断裂。

3. 变薄拉深的工艺计算

(1) 毛坯尺寸的计算　变薄拉深所用的毛坯多数是用不变薄的普通拉深方法或是用挤压方法得到的圆筒形毛坯。有时也可直接用平板毛坯。

1) 毛坯的体积。根据毛坯体积与变薄拉深件的体积相等的原则计算。

$$V_0=KV_1 \quad (4\text{-}1\text{-}63)$$

式中　V_0——毛坯的体积；

V_1——工件的体积；

K——考虑修边余量和退火损耗的系数，一般 K=1.1~1.2，当相对高度 H/d_p（H 为工件的高度，d_p 为工件内径）大时，取上限。

2) 毛坯直径 D_0。毛坯直径按式 (4-1-64) 计算。

$$D_0=1.13\sqrt{\frac{V_0}{t_0}} \quad (4\text{-}1\text{-}64)$$

式中　t_0——毛坯厚度。

3) 毛坯厚度 t_0。对于毛坯厚度应该根据工件的要求确定。

① 带底工件且对底部无其他要求时，t_0 即为工件底部的厚度 t，按工件底厚选取 $t_0=t$。

② 带底工件，但工件底部需切削加工，应考虑切削余量 δ，毛坯厚度 $t_0=t+\delta$。

③ 不带底工件即切底工件，对于这类工件应充分考虑经济性，尽量选用较薄的毛坯以提高材料利用率。但制备较薄的筒形毛坯又需增加普通拉深次数。因此，应根据批量大小对比各种方案后，选取合理的毛坯厚度。

(2) 工序尺寸的确定

1) 拉深次数。

① 变薄拉深次数根据式 (4-1-65) 进行概略计算。

$$n=\frac{\lg t_n-\lg t_0}{\lg\varphi} \quad (4\text{-}1\text{-}65)$$

式中　t_n——工件壁厚；

φ——平均变薄系数，可查表 4-1-46 中间工序的变薄系数。

② 制备毛坯所需不变薄拉深次数用式 (4-1-66) 计算。

$$n'=\frac{\lg d'_p-\lg(m_1D_0)}{\lg m}+1 \quad (4\text{-}1\text{-}66)$$

式中　m_1——不变薄首次极限拉深系数即 [m_1]；

m——不变薄平均极限拉深系数即 $[m]$；

d'_p——末次不变薄拉深件的外径，即变薄拉深用的筒形毛坯的外径。

d'_p可按式（4-1-67）推算。

$$d'_p=(1/C^n)d_p+2t_0 \quad (4\text{-}1\text{-}67)$$

式中　d_p——工件内径；

C——系数，为保证拉深时凸模能方便地放入毛坯，通常将凸模直径选得比前次半成品直径（本次毛坯直径）稍小些，一般取 $C=0.97\sim0.99$。

总拉深次数为

$$N=n+n' \quad (4\text{-}1\text{-}68)$$

2）各次变薄拉深工序拉深件壁厚的确定。由表 4-1-46 查出 φ_1，φ_2，…，φ_n 代入式（4-1-62）得

$$t_1=t_0\varphi_1$$

$$t_2=t_1\varphi$$

$$\vdots$$

$$t_n=t_{n-1}\varphi_n$$

3）确定各变薄拉深工序的直径。为了使凸模能顺利地进入毛坯内，凸模直径比毛坯直径小 1%~3%（头几次变薄工序取大值，以后逐次减小；壁厚时取大值，壁薄取小值）。

$$\left.\begin{aligned} d_{p(n-1)}&=d_p(1+0.01\sim0.03)\\ d_{p(n-2)}&=d_{p(n-1)}(1+0.01\sim0.03)\\ &\vdots\\ d_{p(1)}&=d_{p(2)}(1+0.01\sim0.03)\end{aligned}\right\} \quad (4\text{-}1\text{-}69)$$

式中　$d_{p(1)}$，$d_{p(2)}$，…，$d_{p(n-1)}$——各工序半成品的内径（即工序凸模直径）。

4）确定各变薄拉深工序半成品高度。分两种情况（见图 4-1-81）。

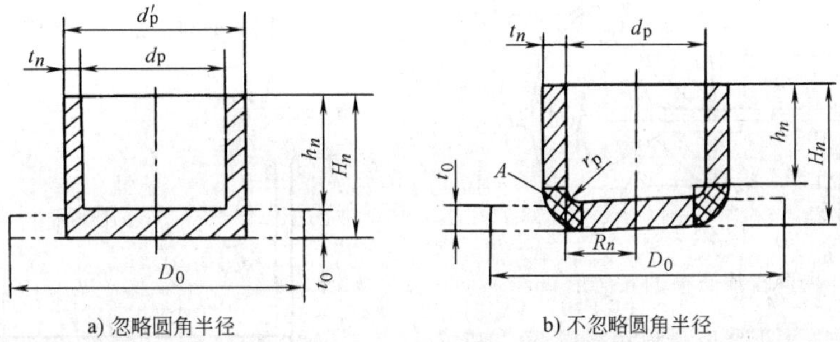

图 4-1-81　变薄拉深件的高度计算

① 忽略凸模圆角半径时（$r_p=0$）。

$$h_n=\frac{t_0(D_0^2-d_{pn}^2)}{2t_n(d_{pn}+d'_{pn})} \quad (4\text{-}1\text{-}70)$$

式中　h_n——所求工序的半成品高度；

d_{pn}——所求工序的半成品内径；

d'_{pn}——所求工序的半成品外径；

t_n——所求工序的半成品壁厚。

该工序半成品的总高度

$$H_n=h_n+t_0$$

② 不忽略凸模圆角半径时（$r_p\neq0$）。

$$h_0=\frac{t_0[D_0^2-(d_{pn}-2r_p)^2]-8R_nA}{4t_n(d_{pn}+t_n)} \quad (4\text{-}1\text{-}71)$$

式中　A——圆弧区的面积；

R_n——圆弧区面积的重心到旋转轴之间的距离。

该工序半成品的总高度

$$H_n=h_n+r_p+t_0$$

4. 变薄拉深模具工作部分形状与尺寸

（1）凹模　变薄拉深用的凹模几何形状如图 4-1-82 所示，其主要尺寸见表 4-1-47。工作部分的表面粗糙度要小，为 $Ra0.2\sim Ra0.05\mu m$。凹模材料在大量生产时，最好用硬质合金，如 YG8~YG15。成批生产时用 CrWMn · Cr12MoV，淬火硬度为 65~67HRC。

表 4-1-47　变薄拉深凹模的几何尺寸

d/mm	≤10	>10~20	>20~30	>30~50	>50
h/mm	0.9	1	1.5~2	2~2.5	2.5~3
α/(°)	6~10				
α_1/(°)	10~30				

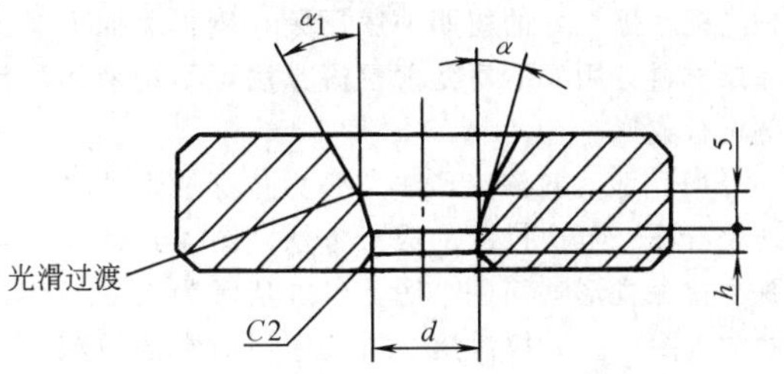

图 4-1-82　变薄拉深凹模的几何形状

在大量生产中常用多模连续变薄拉深，变薄程

度在几个凹模内的分配，一种观点是递增分配，如两层凹模时：上模占 20%～25%，下模占 75%～80%；三层凹模时：上模占 20%～25%，中模占 30%～35%，下模占 40%～45%。另一种观点是递减分配。有试验表明，当总变薄系数较大，但小于单模的极限变薄系数时，按递增分配有利；当总变薄系数小时，接近多模的极限变薄系数时，按递减分配有利。

（2）凸模　凸模的几何形状如图 4-1-83 所示。当工件较长采用液压设备拉深时，宜用浮动形式，便于与凹模自动对中。凸模沿纵向带有 500∶0.02 的锥度，便于工件脱模。凸模圆角半径 r_p 的径向圆跳动量不大于 0.005mm。否则在较高的工件变薄时，容易出现斜壁或开裂。凸模材料常用于 T10A、CrWMn，淬火硬度为 63～65HRC，略低于凹模。工作部分的表面粗糙度与凹模相同。

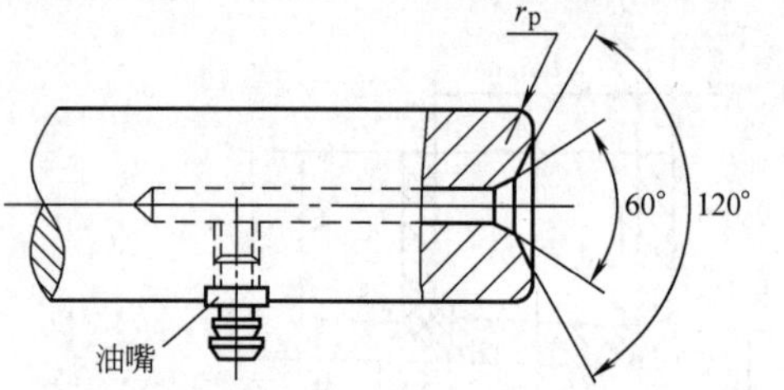

图 4-1-83　变薄拉深凸模的几何形状

在变薄拉深时，工件紧紧地抱在凸模上，一般用刮件环卸件。对于不锈钢脱模压力约为 1500～2000MPa，不宜用刮件环卸件，应在凸模上加一油嘴，借液压卸下工件。凸模油嘴接头处接上三通阀，一头通油一头通空气，在套坯件时通气断油，拉深时进油断气。卸件应在拉深结束时立即进行，否则工件冷却后卡得更紧不易卸下来。

5. 新变薄拉深方法

如前所述，一般的变薄拉深工序，金属毛坯在凸模和凹模之间强制地被拉拔，在变形部位容易发生破断、工具磨耗、发热等。因此必须使用大量的兼作冷却的润滑剂，但将会造成环境的污染。如用预先把摩擦性好的树脂薄膜压装在钢板表面上的预涂层材料，用如下新变薄拉深方法可不用液体润滑剂进行成形。

（1）张力拉深成形法　张力拉深成形法基本上还是拉深、再次拉深的成形方法。图 4-1-84 所示为张力拉深成形法简图，图 4-1-85 所示为其变形部位的放大图。张力拉深第一道工序用通常的拉深方法成形杯形件，之后在再次拉深工序中，材料通过小的凹模圆角（R_d）时受到强制地拉弯、反弯曲变形使侧壁变薄。影响壁厚减薄的因素见表 4-1-48，主要影响参数有 R_d、R_h、B_{HF}。这种方法利用预涂层材料靠有机膜的润滑效果，可以使成形性大幅度提高。

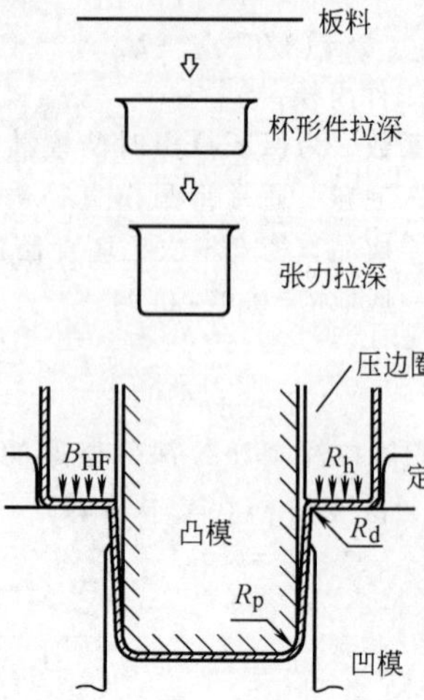

图 4-1-84　张力拉深成形法简图

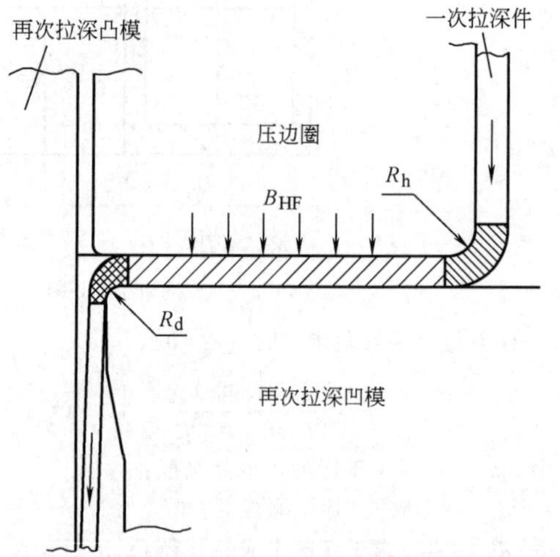

图 4-1-85　张力拉深变形部位放大图

表 4-1-48　张力拉深成形法的变形参数

张力拉深成形的板厚减薄	
拉弯、反弯曲（直接因素）	后张力（间接因素）
凹模圆角半径（R_d）	拉深的变形抗力 压边力引起的摩擦抗力（B_{HF}） 压边圈圆角半径的弯曲抗力（R_h）

1）圆筒形件侧壁的板厚变形。图 4-1-86 所示为圆筒形件再次拉深后侧壁的板厚变形。在 $R_d/t_0=6.4$ 的普通拉深条件下，接近底部的侧壁部分基本

上与原板厚相等。沿侧壁向上板厚慢慢增加，在口部板厚急剧增加。在最小的 $R_d/t_0=1.1$ 的条件下，约 4/5 的侧壁产生了均匀的减薄。在所有条件下，侧壁上部板厚都增加，主要是第一道工序拉深成的杯形件侧壁上部就有增厚，再次拉深时其口部通过压边圈圆角（R_h）时，后张力的作用已急剧减小，侧壁减薄作用降低了。

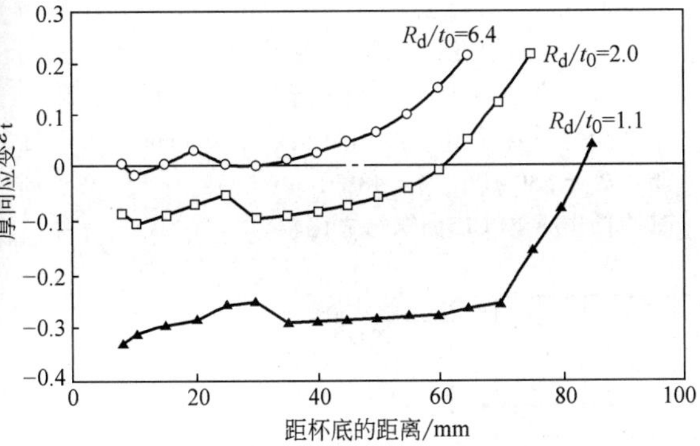

图 4-1-86　筒形件再次拉深后侧壁的厚向应变

2）再次拉深凹模圆角（R_d）的影响。张力拉深成形法是以板厚减薄为目的，靠凹模圆角（R_d）减小，使侧壁减薄。图 4-1-87 所示为凹模圆角（R_d）对板厚减薄率的影响。凹模圆角半径（R_d）大于 3 倍以上板厚，即在普通再次拉深条件下，平均板厚有所增加。当 $R_d/t_0<3$ 的张力拉深时，侧壁的变薄变得显著。$R_d/t_0=1$ 成形时，极易产生破坏。因此，R_d/t_0 的下限为 $R_d/t_0=1.1$。

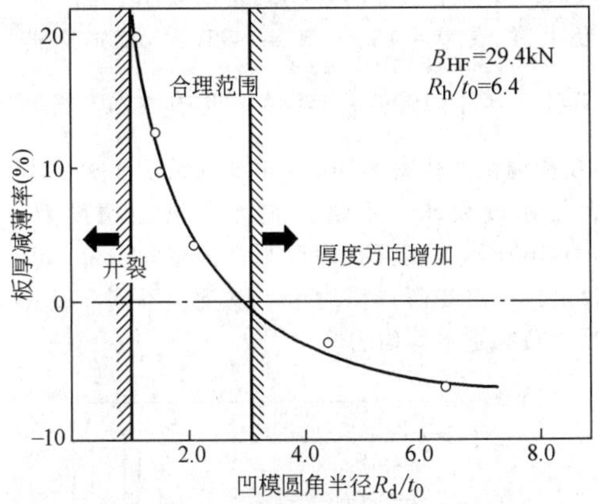

图 4-1-87　凹模圆角半径（R_d/t_0）对板厚减薄率的影响

3）压边圈圆角半径（R_h）的影响。压边圈圆角半径（R_h）对板厚减薄率的影响如图 4-1-88 所示。随着圆角半径（R_h）减小板厚减薄率有所增加。当 $R_h<4$mm 时弯曲变形剧烈，容易产生材料在压料面的不良流入，相反 R_h 过大变为无约束状态，又容易发生起皱。显然，R_h 的变化对板厚减薄率 5%左右，不像 R_d 那么显著。

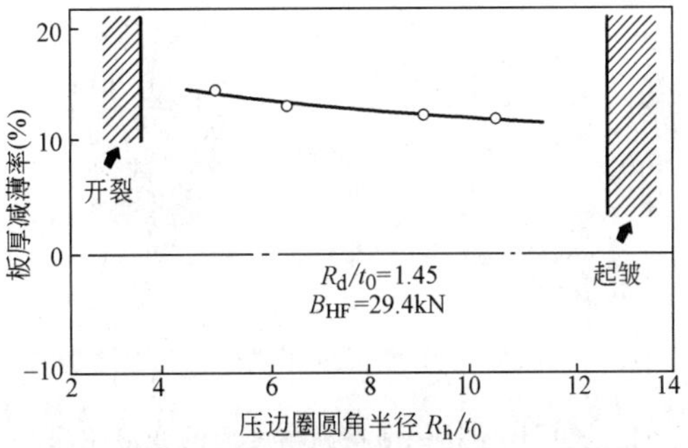

图 4-1-88　压边圈圆角半径（R_h/t_0）对板厚减薄率影响

4）压边力（B_{HF}）的影响。图 4-1-89 所示是压边力对板厚变薄率的影响。可以看出，不管凹模圆角（R_d）大还是小，都随着压边力（B_{HF}）增加，板厚减薄率有增大倾向。其影响情况与 R_h 的相同，都不像 R_d 那么显著。尽管如此，考虑起皱和破坏时压边力的控制范围还是大的。另外，与普通变薄拉深不同，压边力对侧壁减薄的最终控制其作用是很重要的。

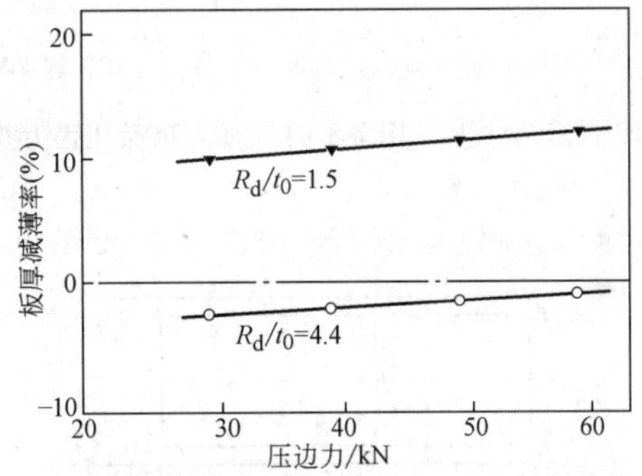

图 4-1-89　压边力（B_{HF}）对板厚变薄率的影响

（2）张力拉深-变薄拉深成形法　张力拉深-变薄拉深成形法的基本原理如图 4-1-90 所示。材料在再次拉深凹模圆角被强制的弯曲、反弯曲变形，之后继续在变薄拉深凹模进行变薄拉深实现侧壁的变薄。把这种成形方法称作“张力拉深-变薄拉深成形法”。一般的变薄拉深，材料在与工具接触面的高压下被成形，因此在没有液体润滑剂情况下加工是很困难的。用本方法，利用预涂层材料的有机膜润滑特性，加上与张力拉深成形法的组合，在没有液体润滑剂情况下可以获得高的变薄率和板厚精度。图 4-1-91 所示是张力拉深和张力拉深-变薄拉深成形法各自的板厚分布及其精度的情况。

（3）不锈钢变薄拉深

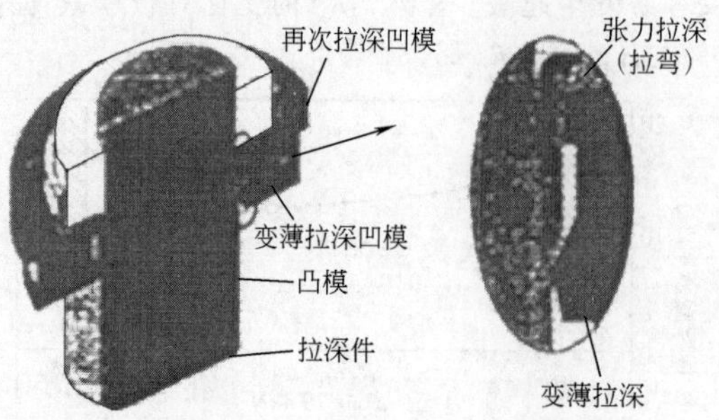

图 4-1-90　张力拉深-变薄拉深成形法的基本原理图

1）奥氏体不锈钢薄壁高精度筒的变薄拉深。由于奥氏体不锈钢优良的耐热性、耐腐蚀性、磁特性等，被广泛地应用于汽车排气系统零件、控制阀、电子产品等。对于壁厚薄、直径精度高的制品，由于时效开裂、模具划伤、急剧地加工硬化等，使塑性成形很困难。所以，至今基本上采用切削加工制作。然而，筒壁厚度 0.3mm 以下的薄壁圆筒，如用切削加工制作又会受到刚度的限制。对于图 4-1-92 所示的制品（圆筒部的壁厚为 0.3mm，在长度 $L=50\sim60$mm 上外径公差为 ±0.025mm、内径公差为 ±0.015mm 的精度），试用变薄拉深方法得到。先用普通拉深方法成形图 4-1-93 所示的杯形件，并用它作为变薄拉深毛坯。所用材料厚度 0.6mm，力学性能：$R_m=530$MPa，$A=48\%$，$n=0.35$，$r=0.48$。同时用低碳钢 SPCC 和铜与之比较。

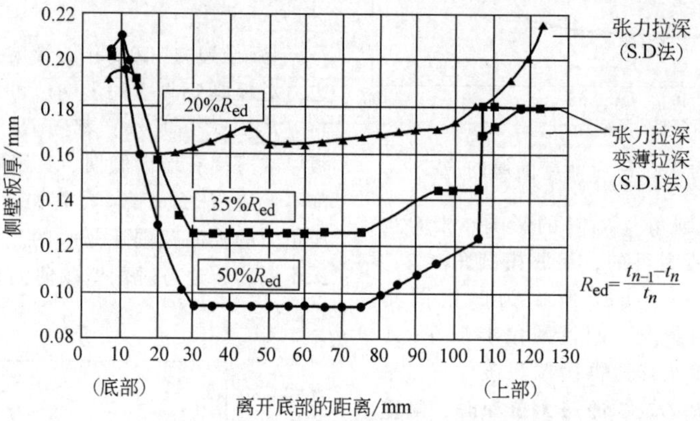

图 4-1-91　张力拉深和张力拉深-变薄拉深成形法的板厚分布及其精度

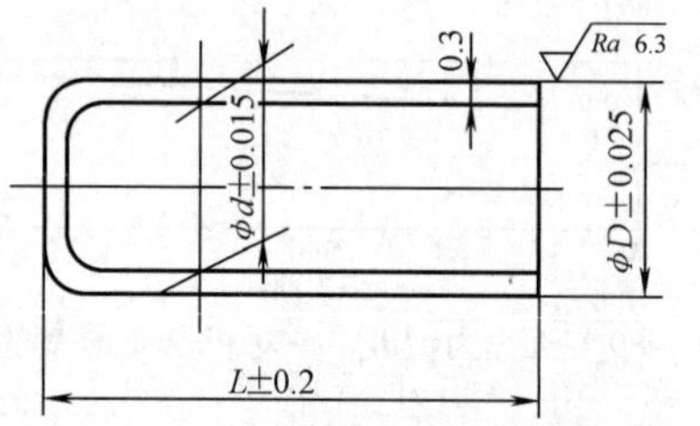

图 4-1-92　制品的形状与精度

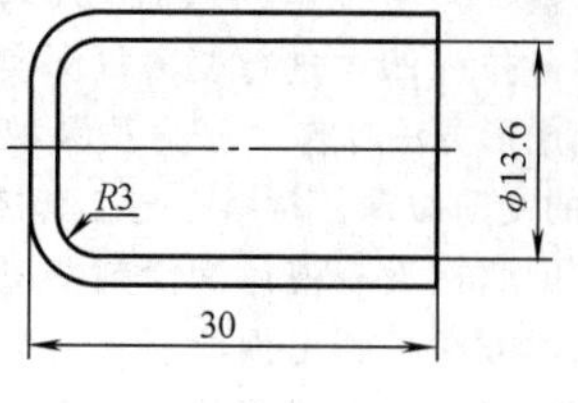

图 4-1-93　变薄拉深用杯形件毛坯

① 一次变薄拉深与外径精度。凹模半角 θ 对外径偏差的影响如图 4-1-94 所示。低碳钢 SPCC 和铜，凹模半角 $\theta=5°\sim20°$ 均可达到外径精度要求，不锈钢在任何半角下均达不到精度要求，但存在最佳的半角值 $\theta=15°$。图 4-1-95 所示为变薄率 $\left[\Delta T=\left(1-\frac{T_1}{T_0}\right)\times100\%\right]$ 与外径精度的关系。低碳钢 SPCC 和铜在变薄率为 30%～60% 的情况下外径偏差均满足精度要求，不锈钢则无法满足精度要求。图 4-1-96 所示为变薄拉深后制件的壁厚分布。从中可看出，一次变薄拉深对于不锈钢，不同变薄率下壁厚分布都是不均匀的。

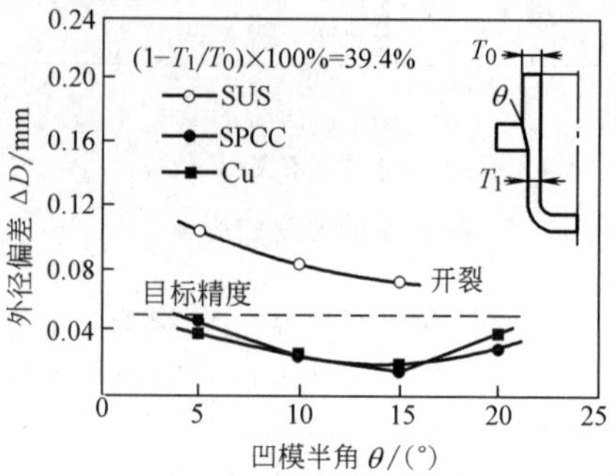

图 4-1-94　凹模半角 θ 对外径偏差的影响

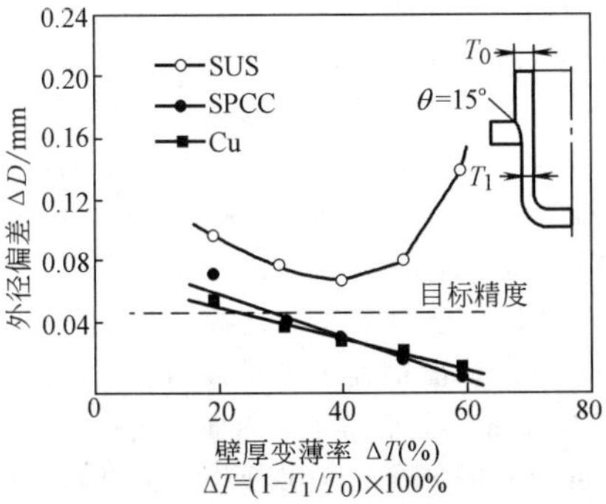

图 4-1-95　壁厚变薄率与外径精度的关系

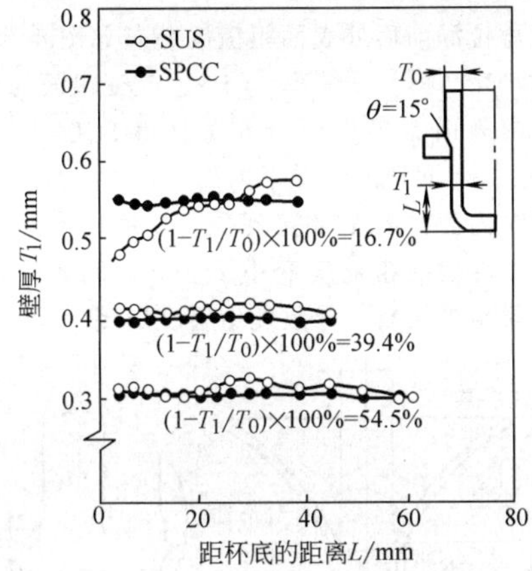

图 4-1-96　变薄拉深后杯形件的壁厚分布

② 二次变薄拉深与外径精度。SUS 不锈钢在一次变薄拉深过程中，圆筒部发生了不均匀伸长，致使圆筒壁厚分布不均匀，外形精度达不到制品的要求精度。在第一次变薄拉深之后，进行第二次变薄拉深，两次变薄拉深对外径精度的影响如图 4-1-97 所示。可以看出，在第一次变薄拉深和第二次变薄拉深的板厚变薄率分别为 20%～30%和 35%～45%的条件下，外形精度最好，且满足了制件的精度要求。二次变薄拉深对筒壁厚度均匀性的影响如图 4-1-98 所示。用两次变薄拉深不仅提高了外形精度，而且筒壁厚度变得均匀。

综上所述，对于 SUS 系材料，变薄拉深工序存在最佳的变薄率，并且用两次变薄拉深工序可以达到薄壁筒件的目标精度（外径公差为±0.025mm，内径公差为±0.015mm）。

2）内面变薄拉深。多次拉深主要对于细长容器的成形，由于其高的生产率，广泛用于汽车电器产品零件的成形。拉深制品不是简单作为容器使用，而是作为功能性的产品使用。内表面的凸凹引起疲劳破坏，如内部充填液体，内表面粗糙度及表面积的增加促进化学反应，构成腐蚀等问题；容器内装入有相对移动的零件，表面粗糙度及硬度又很重要。

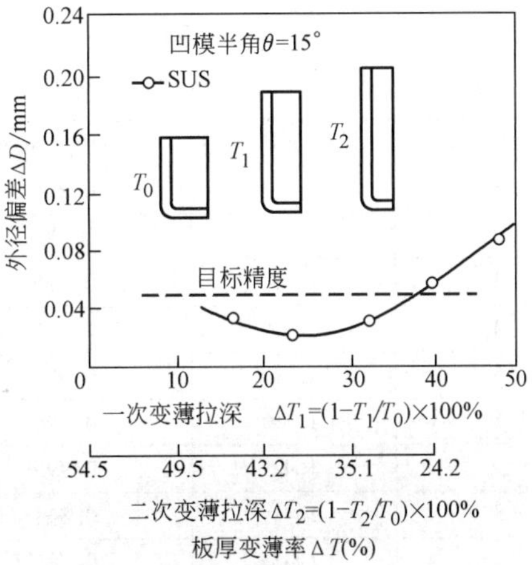

图 4-1-97　两次变薄拉深对外径精度的影响

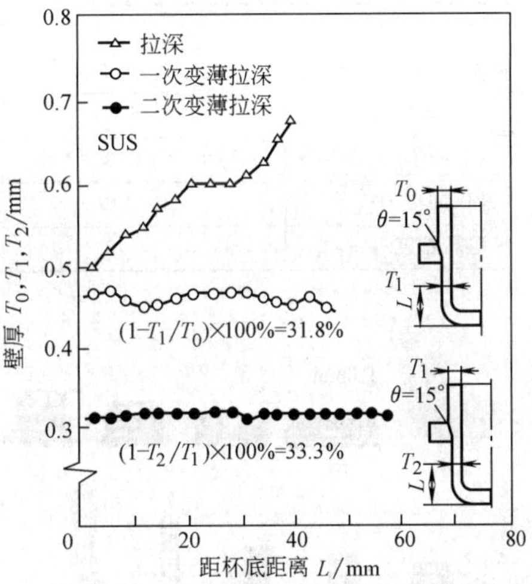

图 4-1-98　二次变薄拉深与筒壁厚度

所以近年来对形状、壁厚、表面性质等都有很高的要求。以提高多次拉深不锈钢制品的内面性质为目的，出现了对内面侧壁进行轻度的变薄拉深方法——内面变薄拉深。

① 多次拉深不锈钢制品的表面粗糙度。用 9 次拉深的不锈钢筒，其拉深比和间隙见表 4-1-49。毛坯直径和初始厚度分别为 50mm 和 1.0mm，不锈钢板 SUS305 的材料特性见表 4-1-50（各特性值均为 0°、45°、90°三个方向的平均值），润滑剂为氯系冲压油涂在板的两面。模具表面粗糙度最大为 Rz=0.8μm。9 次拉深成的带法兰圆筒如图 4-1-99 所示，用它进行内面变薄拉深。表面粗糙度的测量，将圆筒侧壁从开口端沿轴向每 5mm 分割，测量方向沿周向。内面和外面平均最大高度变化如图 4-1-100 所示。可以看出，内面表面粗糙度比外面的大，外面表面粗糙度从第 3 次到第 7 次基本一致，内面表面

粗糙度值随拉深次数增加变大，第 8 及第 9 次由于变薄拉深表面粗糙度值下降了。

表 4-1-49　9 次拉深的拉深比和间隙

拉深次数	拉深比	间隙/mm
1	1.23	0.895
2	1.33	1.00
3	1.33	0.995
4	1.34	0.995
5	1.36	0.995
6	1.39	0.990
7	1.42	0.995
8	1.41	0.845
9	1.43	0.795

表 4-1-50　不锈钢板 SUS305 的材料特性

屈服强度/MPa	213
抗拉强度/MPa	502
伸长率(%)	47.7
r 值	0.95
维氏硬度 HV	139
平均晶粒度/μm	20

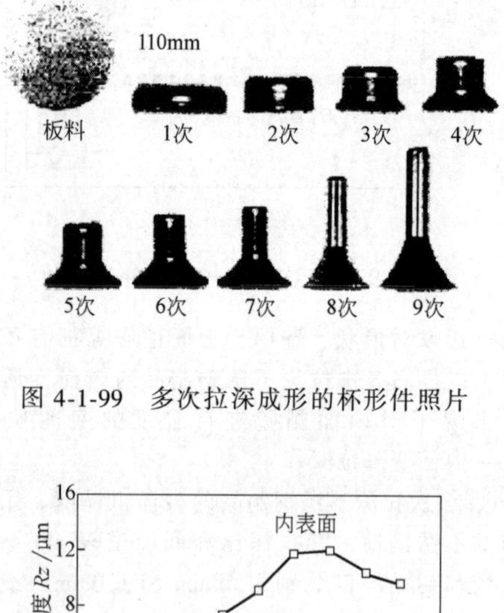

图 4-1-99　多次拉深成形的杯形件照片

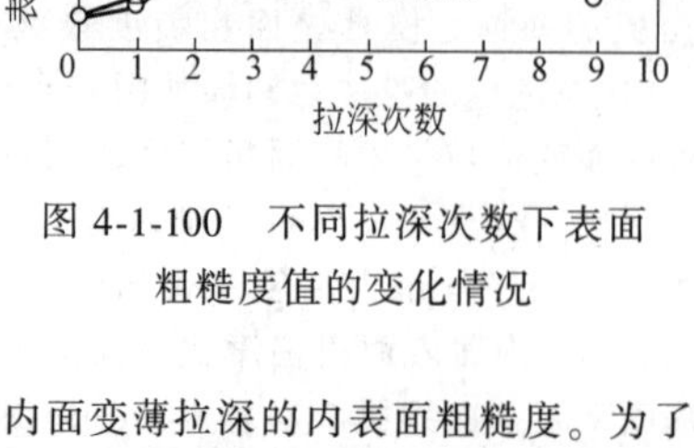

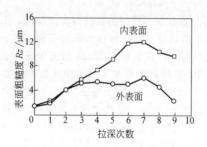

图 4-1-100　不同拉深次数下表面粗糙度值的变化情况

② 内面变薄拉深的内表面粗糙度。为了降低内表面的表面粗糙度值，进行如图 4-1-101 所示的内面变薄拉深。将多次拉深的筒插入凹模模腔，用直径比筒内径大的凸模对筒壁挤压加工。凹模模腔内径做成使拉深筒能插入的最小值。内面变薄拉深的加工条件见表 4-1-51。涂 TiN 凸模，变薄率 $r=5\%$、运动黏度 $\nu=186\text{mm}^2/\text{s}$ 内面变薄拉深时，全长有少许伸长，内面没有烧接现象，且除去凸模端部达不到的底部附近，全部得到了平滑表面。没有涂 TiN 凸模，$\nu=186\text{mm}^2/\text{s}$，变薄率对内面变薄拉深前后内表面粗糙度的分布如图 4-1-102 所示。除凸模端部达不到的底部附近，在全范围的内表面粗糙度改善为 $Rz\leqslant 2\mu\text{m}$。当凸模不涂层，$r=5\%$、$\nu=186\text{mm}^2/\text{s}$ 时，内面变薄拉深前后外表面粗糙度分布如图 4-1-103 所示。涂 TiN 凸模，变薄率 $r=5\%$，改变内面的润滑状态时，内表面粗糙度的分布如图 4-1-104 所示。涂 TiN 凸模，无润滑的情况下内面也发生了烧接，使用润滑剂时内面没有了烧接现象。使用运动黏度高的润滑剂，内表面粗糙度变小了一些。因为低黏度润滑剂油膜易被切断，导致发生轻度烧接。

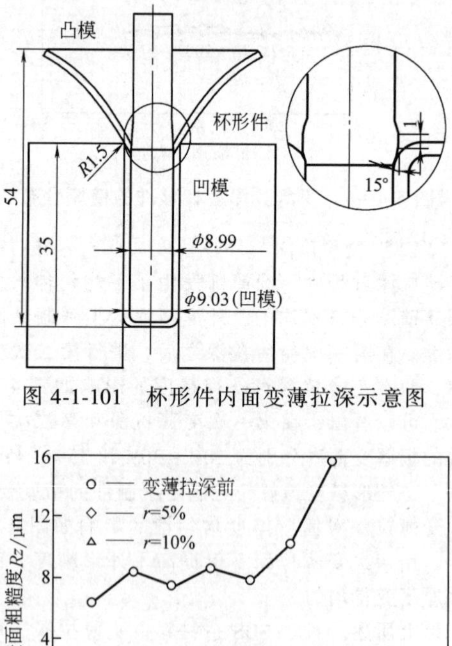

图 4-1-101　杯形件内面变薄拉深示意图

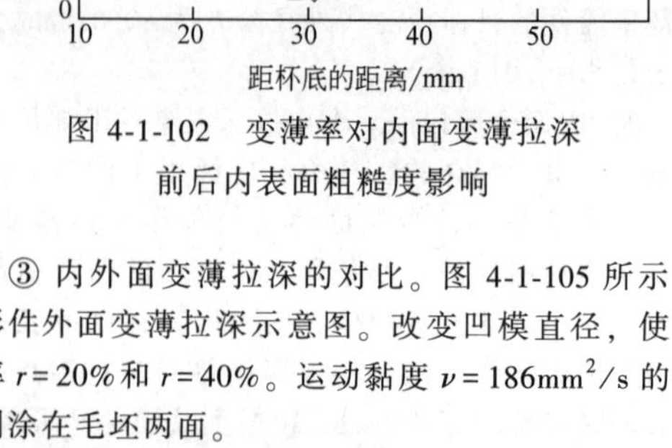

图 4-1-102　变薄率对内面变薄拉深前后内表面粗糙度影响

③ 内外面变薄拉深的对比。图 4-1-105 所示为杯形件外面变薄拉深示意图。改变凹模直径，使变薄率 $r=20\%$ 和 $r=40\%$。运动黏度 $\nu=186\text{mm}^2/\text{s}$ 的润滑剂涂在毛坯两面。

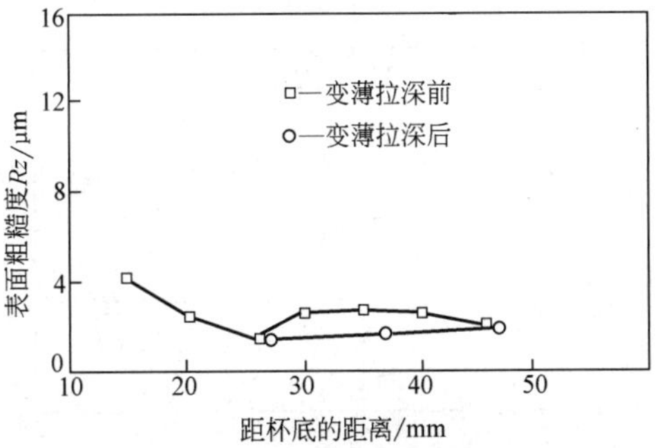

图 4-1-103　内面变薄拉深前后外表面粗糙度分布（$r=5\%$，$\nu=186\text{mm}^2/\text{s}$，凸模无涂层）

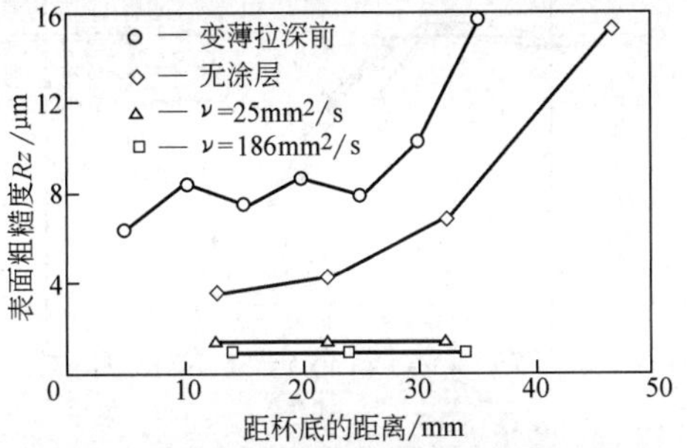

图 4-1-104　润滑状态对内表面粗糙度分布的影响（$r=5\%$，凸模涂 TiN）

表 4-1-51　内面变薄拉深的成形条件

减薄率(%)	5、10
杯形件平均侧壁厚度/mm	0.80
凸模涂层	TiN、Non
油膜的运动黏度 ν/(mm^2/s)	25、186(40℃)
凸模表面粗糙度 Rz/μm	0.5
模腔表面粗糙度 Rz/μm	1.6
凸模速度/(mm/min)	10
凸模距凹模表面距离/mm	33
模腔材料	SKD11

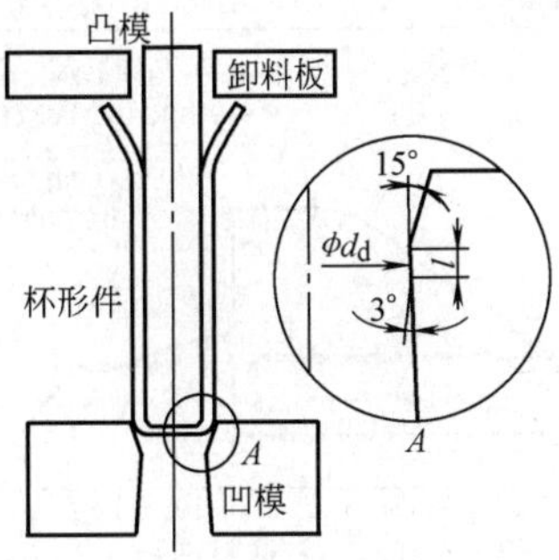

图 4-1-105　杯形件外面变薄拉深示意图

内面和外面变薄拉深表面粗糙度的对比如图 4-1-106 所示。对于内面表面粗糙度，内面变薄拉深使它大大改善；而外面变薄拉深在 $r=20\%$ 时对其稍有改善，$r=40\%$ 时对其有大的改善，但仍不如内面变薄拉深改善的大。对于外面表面粗糙度，在所有条件下都有改善，由于毛坯外面的表面粗糙度值本来小，所以它的降低量也就小。

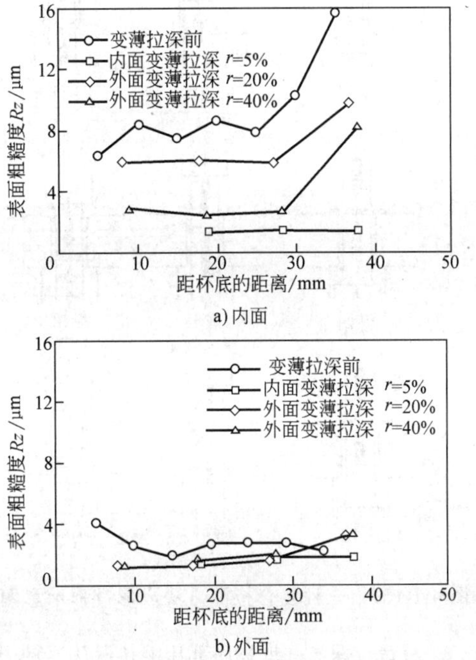

图 4-1-106　内面和外面变薄拉深表面粗糙度的对比

综上得到以下结论：①多次拉深制品表面粗糙度值内面比外面大，随着拉深次数增加，内面表面粗糙度增加，外面基本不变。变薄拉深使表面粗糙度稍有改善；②内面变薄拉深，用低的变薄率可使多次拉深不锈钢容器的内面表面粗糙度值降下来；③与内面变薄拉深相比，外面变薄拉深即使用较高的变薄率，使内表面粗糙度值降低程度也不如小变薄率的内面变薄拉深。

1.8.4　复合拉深法

根据汽车用筒形零件的制作方法，为了轻量化和减少工序数，提出了利于材料流动和提高强度的复合拉深法。

复合拉深法（或称底部压缩拉深法）是在进行拉深成形时，与上凸模对置的反向凸模向毛坯底部施加反向压力，而且反向加载时间可以发生变化的拉深方法。根据反向加载时间不同，有三种复合拉深方法：①恒力加载法（constant force loading），拉深开始的同时反向凸模向毛坯底部施加压力，直至成形结束。②行程控制加载法（stroke control loading），拉深开始同时施加压力，在成形途中去掉压力，以后只靠上凸模拉深成形。③确定行程加载法（pinpoint loading），在拉深过程中的某时刻开始施加压力，在之后达到所需行程时刻结束压力。三种复合拉深方法的成形过程如图 4-1-107 所示。

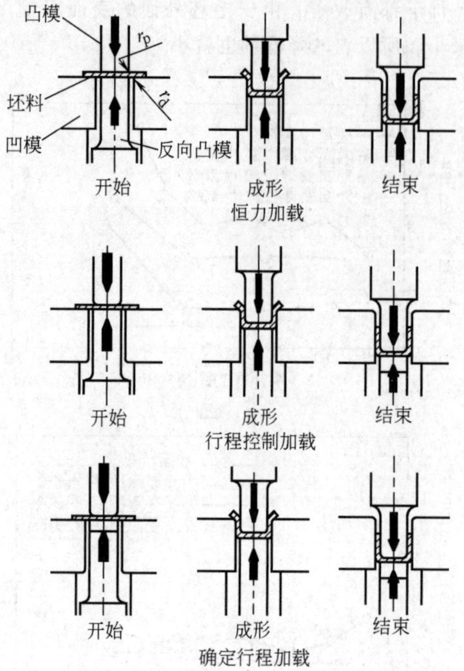

图 4-1-107　三种复合拉深方法成形过程示意图

1. 复合拉深法（或称底部压缩拉深法）**的力学特性**

复合拉深法的拉深比（D_R）和变薄率（IR）的表示方法：

拉深比：　　$D_R = D/d_p$

式中　D——毛坯直径；

d_p——上凸模直径。

变薄率：　　$IR = (t_0 - c_1)/t_0$

式中　t_0——毛坯厚度；

c_1——间隙。

（1）恒力加载法（constant force loading）图 4-1-108 所示为恒力加载法的力-行程曲线。上凸模拉深开始的同时，反向凸模也同时开始加载，当达到要求力后，反向凸模的力保持一定。显然，上凸模的力中也包含了反向凸模力的成分。因此，可近似地认为二者的差是上凸模拉深的力。图 4-1-109 所示为恒力加载法的反向凸模的力与底部板厚的关系。由图可知在约大于 6kN 后随着反向凸模力 F_c 的增加底部板厚以指数关系减少。随着变薄率（IR）的增加，反向凸模力变小，可成形的底部板厚的减少也变小。例如，$IR = 5\%$ 时可成形的反向凸模力 $F_c = 12.6\text{kN}$，底部板厚减薄到 0.95mm，而 $IR = 15\%$ 时可成形的反向凸模力下降至 $F_c = 9.6\text{kN}$，底部板厚约为 1.5mm。总之，恒力加载法，变薄率（IR）的增减影响成形极限（不破坏可拉深成的最小底部板厚）。

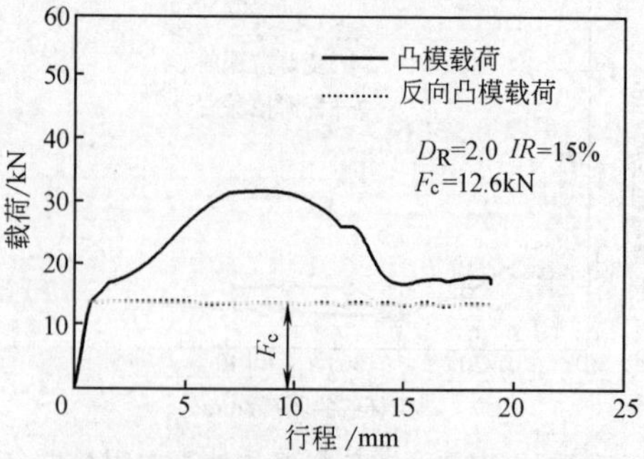

图 4-1-108　恒力加载法的力-行程曲线

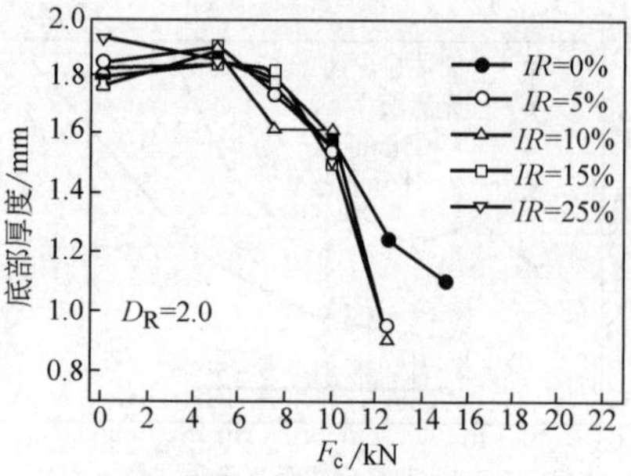

图 4-1-109　底部厚度与反向凸模加载（恒力加载）的关系

（2）行程控制加载法（stroke control loading）图 4-1-110 所示为行程控制加载法的力-行程曲线。反向凸模的载荷 F_c 去除后，上凸模继续拉深。从反向凸模加载开始到去除的这段行程称行程长度 L_c。图 4-1-111 所示为行程控制加载法反向凸模力 F_c 与底部板厚的关系。底部板厚减小比恒力加载法要大，但反向凸模力 F_c 大。随着反向凸模力 F_c 的增加和行程长度 L_c 的减小，底部板厚减小出现最小值。所以，行程控制加载法存在使底部板厚减小的最佳反向凸模力 F_c 和行程长度 L_c。

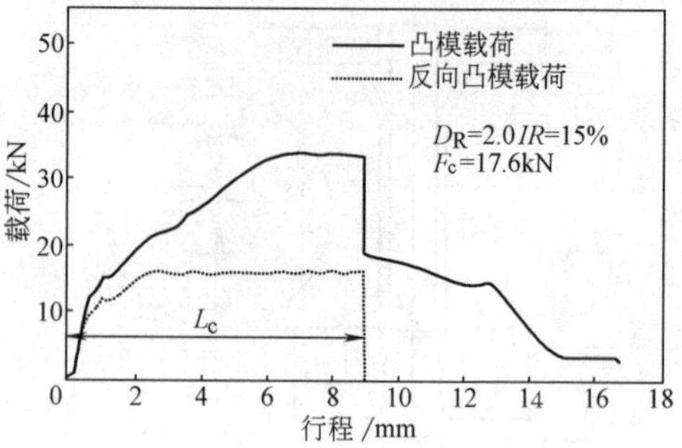

图 4-1-110　行程控制加载法的力-行程曲线

（3）确定行程加载法（pinpoint loading）图 4-1-112 所示为确定行程加载法的力-行程曲线。在拉深行程途中的某处反向凸模开始加载，至所确定的

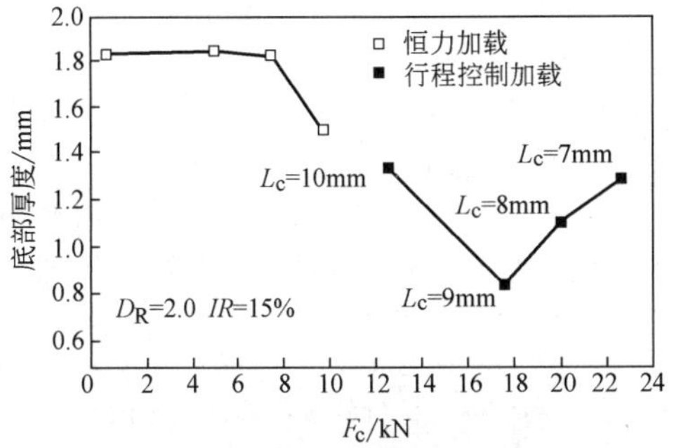

图 4-1-111　行程控制加载法反向凸模力 F_c 与底部板厚的关系

行程长度 L_c 处迅速卸载。反向凸模开始加载行程称压缩开始点 L_s。从压缩开始点到反向凸模卸载，在这一段由上凸模拉深的力和反向凸模力所包围部分的面积称成形功量（成形功参数 W_f）。图 4-1-113 所示为确定行程加载法的压缩开始点 L_s、行程长度 L_c 及底部板厚的关系。可知，随着压缩开始点 L_s、行程长度 L_c 的增加，底部板厚在减少，而且两个参数对底部板厚减少是相互影响的。图 4-1-114 所示为成形功参数（W_f）与底部板厚的关系，它们有良好的相关性。而且 W_f 大于某值后，压缩开始点 L_s、行程长度 L_c 无论如何变化也无法成形。

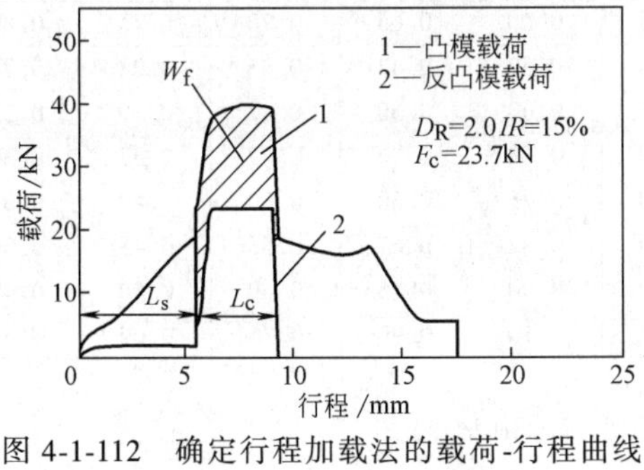

图 4-1-112　确定行程加载法的载荷-行程曲线

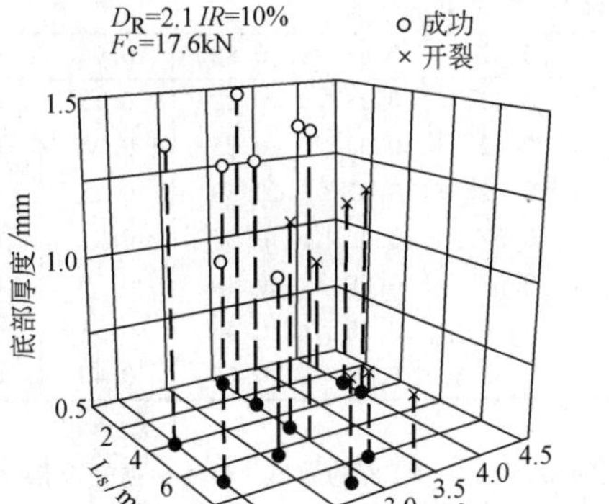

图 4-1-113　确定行程加载法压缩开始点 L_s、行程长度 L_c 及底部板厚的关系

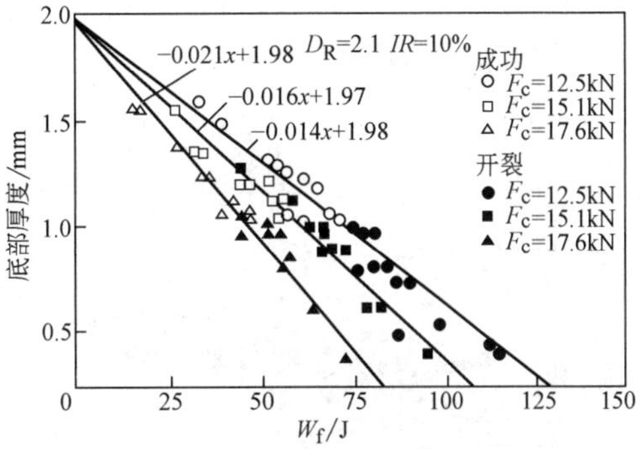

图 4-1-114　成形参数与底部板厚的关系

2. 复合拉深法（底部压缩拉深法）的成形特性

图 4-1-115 所示为拉深比、变薄率相等情况下，三种加载方法用极限条件成形后底部板厚及高度的变化。为了比较，把底部不压缩的普通拉深的结果一并示出。与普通拉深相比，底部变薄对恒力加载法约 25%，对行程控制加载法约 40%，对确定行程加载法约 60%。三种加载方法，确定行程加载法底部向侧壁流动最大，高度也最高。图 4-1-116 所示为不同加载方法的板厚分布变化。图 4-1-117 所示为不同加载方法制件断面的硬度变化。确定行程加载法与其他方法相比，在底部及圆角部的硬度明显增加，

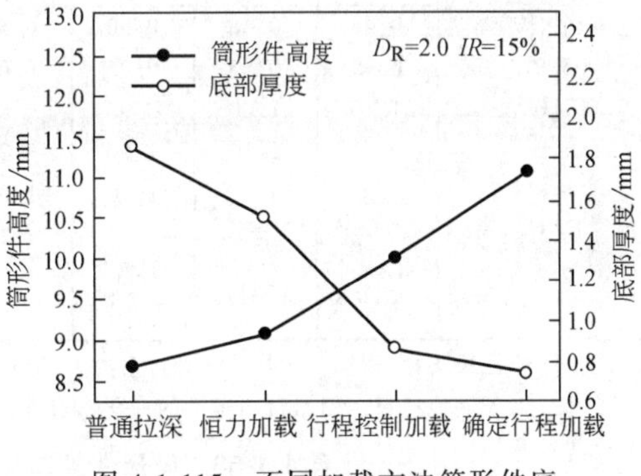

图 4-1-115　不同加载方法筒形件底部板厚及高度的变化

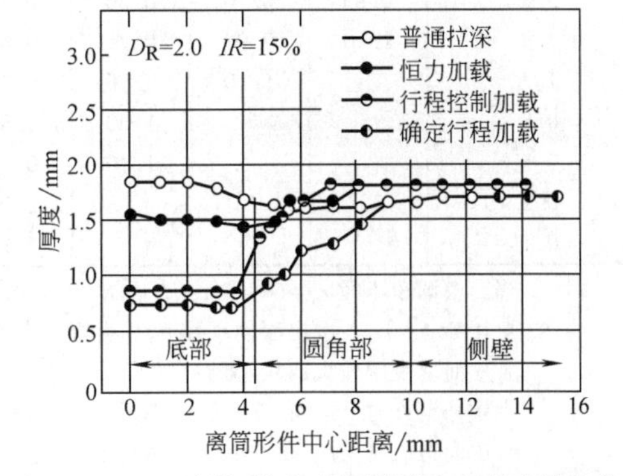

图 4-1-116　不同加载方法板厚随中心距离的变化

显然是加工硬化所致。因此，使用本方法可以提高产品的强度和减少工序数。

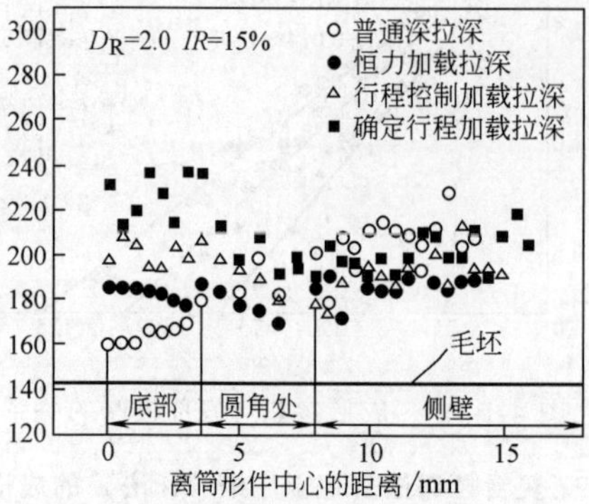

图 4-1-117　不同加载方法制件维氏硬度随中心距离的变化

1.9　拉深力和拉深功

1.9.1　拉深力

拉深力是确定拉深件所需压力机吨位的重要依据。在实际生产中常用一些经验公式确定拉深力。

1. 圆筒形拉深件的最大拉深力

（1）第一次拉深的拉深力

$$F_{max}=\pi d_{p1}tR_mK_1 \tag{4-1-72}$$

（2）第二次及以后各次拉深力

$$F_{max}=\pi d_{p2}tR_mK_2 \tag{4-1-73}$$

式中　d_{p1}、d_{p2}——第一次和第二次拉深后工件的直径（mm）；

t——毛坯厚度（mm）；

R_m——材料的抗拉强度（MPa）；

K_1、K_2——系数，分别查表 4-1-52 及表 4-1-53。

2. 带法兰拉深件的拉深力

（1）带法兰筒形件第一次拉深力

$$F_{max}=\pi d_ptR_mK_F \tag{4-1-74}$$

（2）带法兰圆锥形件及球壳零件第一次最大拉深力

$$F_{max}=\pi d_ktR_mK_F \tag{4-1-75}$$

式中　d_p——圆筒部分的直径（mm）；

d_k——锥形件的最小直径（锥顶直径），或者是球壳的半径（mm）；

K_F——系数，可查表 4-1-54。

表 4-1-52　筒形件第一次拉深时的系数 K_1（08~15 钢）

相对厚度 $t/D_0\times100$	第一次拉深系数 m_1									
	0.45	0.48	0.50	0.52	0.55	0.60	0.65	0.70	0.75	0.80
5.0	0.95	0.85	0.75	0.65	0.60	0.50	0.43	0.35	0.28	0.20
2.0	1.10	1.00	0.90	0.80	0.75	0.60	0.50	0.42	0.35	0.25
1.2		1.10	1.00	0.90	0.80	0.68	0.56	0.47	0.37	0.30
0.8			1.10	1.00	0.90	0.75	0.60	0.50	0.40	0.33
0.5				1.10	1.00	0.82	0.67	0.55	0.45	0.36
0.2					1.10	0.90	0.75	0.60	0.50	0.40
0.1						1.10	0.90	0.75	0.60	0.50

注：1. 当凸模圆角半径 $r_p=(4\sim6)t$ 时，系数 K_1 应按表中数值增加 5%。

2. 对于其他材料，根据材料塑性的变化，对查得值修正（随塑性降低而增加）。

表 4-1-53　筒形件第二次拉深时的系数 K_2 值（08~15 钢）

相对厚度 $t/D_0\times100$	第二次拉深系数 m_2									
	0.7	0.72	0.75	0.78	0.80	0.82	0.85	0.88	0.90	0.92
5.0	0.85	0.70	0.60	0.50	0.42	0.32	0.28	0.20	0.15	0.12
2.0	1.10	0.90	0.75	0.60	0.52	0.42	0.32	0.25	0.20	0.14
1.2		1.10	0.90	0.75	0.62	0.52	0.42	0.30	0.25	0.16
0.8			1.00	0.82	0.70	0.57	0.46	0.35	0.27	0.18
0.5			1.10	0.90	0.76	0.63	0.50	0.40	0.30	0.20
0.2				1.00	0.85	0.70	0.56	0.44	0.33	0.23
0.1				1.10	1.00	0.82	0.68	0.55	0.40	0.30

注：1. 当凸模圆角半径 $r_p=(4\sim6)t$，表中 K_2 值应加大 5%。

2. 对于第 3、4、5 次拉深的系数 K_2，由同一表格查出其相应的 m_n 及 $t/D_0\times100$ 的数值，但需根据是否有中间退火工序而取表中较大或较小的数值：

无中间退火时　K_2 取较大值（靠近下面的一个数值）；

有中间退火时　K_2 取较小值（靠近上面的一个数值）。

3. 对于其他材料，根据材料的塑性变化，对查得值修正（随塑性降低而增大）。

表 4-1-54　带法兰拉深件第一次拉深时系数 K_F 值（08~15 钢）

d_F/d_p	拉深系数 d_p/D_0										
	0.35	0.38	0.40	0.42	0.45	0.50	0.55	0.60	0.65	0.70	0.75
3.0	1.0	0.9	0.83	0.75	0.68	0.56	0.45	0.37	0.30	0.23	0.18
2.8	1.1	1.0	0.90	0.83	0.75	0.62	0.50	0.42	0.34	0.26	0.20
2.5		1.1	1.0	0.90	0.82	0.70	0.56	0.46	0.37	0.30	0.22
2.2			1.1	1.0	0.90	0.77	0.64	0.52	0.42	0.33	0.25
2.0				1.1	1.0	0.85	0.70	0.58	0.47	0.37	0.28
1.8					1.1	0.95	0.80	0.65	0.53	0.43	0.33
1.5						1.1	0.90	0.75	0.62	0.50	0.40
1.3							1.0	0.85	0.70	0.56	0.45

注：对法兰进行压边时，K_F 值增大 10%~20%。

3. 变薄拉深的拉深力（圆筒形件）

$$F_{max}=\pi d_n(t_{n-1}-t_n)R_m K_3 \quad (4\text{-}1\text{-}76)$$

式中　d_n——圆筒的外径（mm）；

t_{n-1}、t_n——变薄拉深前、后圆筒的壁厚（mm）；

K_3——系数，钢为 1.8~2.25；黄铜为 1.6~1.8。

1.9.2　拉深功及功率

1. 拉深功

拉深功也是选择压力机的重要依据之一，压力机的压力负荷是受曲轴或传动齿轮的强度限制的，而功率负荷是受飞轮的动能，电动机的功率或其允许的过载程度限制的。因此在选择压力机时，压力大小及功的大小应综合考虑。

（1）圆筒形件的拉深功　拉深力与凸模工作行程的关系如图 4-1-118 所示。拉深功应是曲线下的面积（影线部分）。为了求解方便，用下述经验公式计算拉深功

$$A=cF_{max}h\times10^{-3} \quad (4\text{-}1\text{-}77)$$

式中　A——拉深功（J）；

F_{max}——最大拉深力（N）；

h——拉深深度（mm）；

c——系数，与拉深系数有关，可查表 4-1-55。

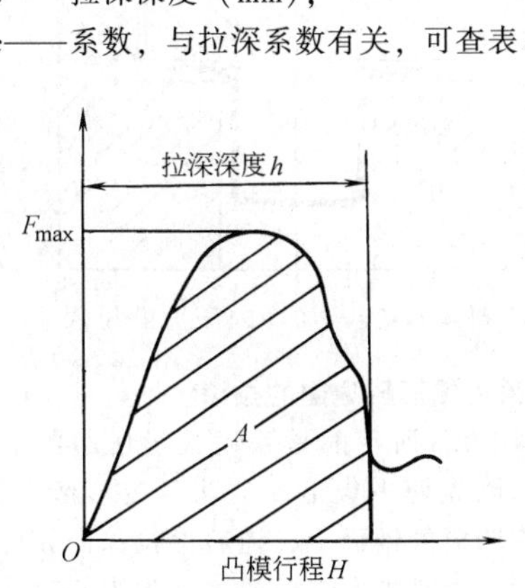

图 4-1-118　拉深力-行程图

（2）变薄拉深的拉深功

$$A=F_{max}h\times1.2\times10^{-3} \quad (4\text{-}1\text{-}78)$$

式中　F_{max}——变薄拉深最大拉深力（N）；

h——拉深深度（mm）；

1.2——安全系数。

表 4-1-55　系数 c 与拉深系数的关系

拉深系数 m	0.55	0.60	0.65	0.70	0.75	0.80
系数 c	0.8	0.77	0.74	0.70	0.67	0.64

2. 功率

选择压力机电动机的功率按式（4-1-79）计算。

$$P=KAn/(1000\times60\times\eta_1\times\eta_2) \quad (4\text{-}1\text{-}79)$$

式中　P——压力机电动机功率（kW）；

K——不平衡系数，$K=1.2\sim1.4$；

A——拉深功（J）；

η_1——压力机效率，$\eta_1=0.6\sim0.8$；

η_2——电动机效率，$\eta_2=0.9\sim0.95$；

n——压力机每分钟行程次数。

1.10　提高拉深变形程度的方法

实际生产中常用的提高拉深变形程度的方法可归纳为两类。

1.10.1　降低传力区轴向拉应力的方法

1. 软凹模拉深

用液体或橡胶代替刚体凹模进行的拉深工序称软凹模拉深，如图 4-1-119 所示。在进行拉深变形时，具有高压的液体或橡胶将毛坯紧紧地压在凸模的侧表面上，因而增大了毛坯传力区——侧壁与凸模表面的有效摩擦，从而减轻了毛坯侧壁内的拉应力。另外，在软凹模拉深时，也使毛坯与凹模的摩擦损失有相当程度的降低，又进一步降低了传力区的轴向拉应力，因此，极限拉深系数比普通拉深时小得多，通常可达 0.4~0.45。

充液拉深是软凹模拉深的另一特殊形式（见图 4-1-120）。拉深前，于凹模内充满水或润滑油。拉深时，凸模下降并压入凹模，在凹模腔内形成高压。高压液体将毛坯紧紧地压在凸模表面上，造成

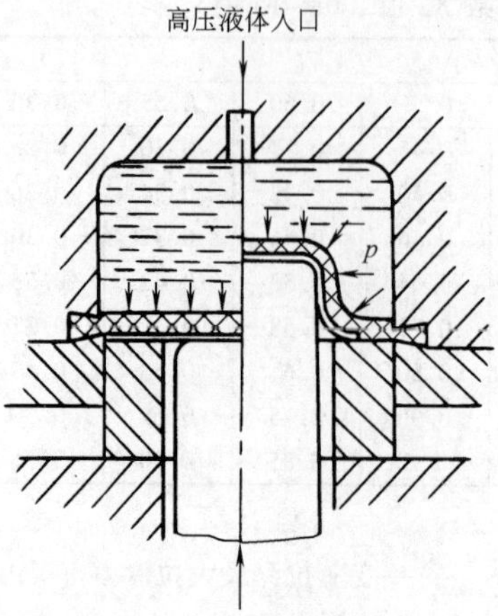

图 4-1-119　软凹模拉深

对拉深变形有利的摩擦，同时液体通过毛坯外表面与凹模之间的空隙排除，使毛坯与凹模表面脱离接触，造成极好的压力下实现强制润滑的条件，从而降低了毛坯与凹模之间的有害摩擦，使传力区的轴向拉应力减小。因而有效地降低了极限拉深系数，通常可达到 0.35~0.4。

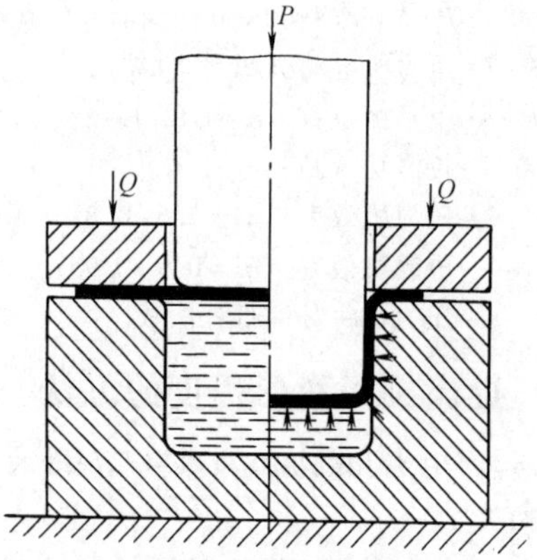

图 4-1-120　充液拉深

2. 局部加热变形区的差温拉深

局部加热拉深法，如图 4-1-121 所示，在拉深过程中，使压边圈和凹模之间的毛坯变形区加热到一定的温度，使变形区的变形抗力降低，从而大大降低了传力区的轴向拉应力。变形区毛坯加热的同时在凹模圆角部分和凸模内通水冷却，保护毛坯传力区的原有强度。因此，用这种方法可以使极限拉深系数降低到 0.3~0.35，即用一道工序可以代替普通拉深方法的 2~3 道工序。在各种高盒形件的拉深时，局部加热法的效果更为显著。由于加热温度受到模具钢耐热能力的限制，所以，目前这个方法主要用于铝、镁、钛等轻合金零件的冲压加工，对钢板应用得不多。

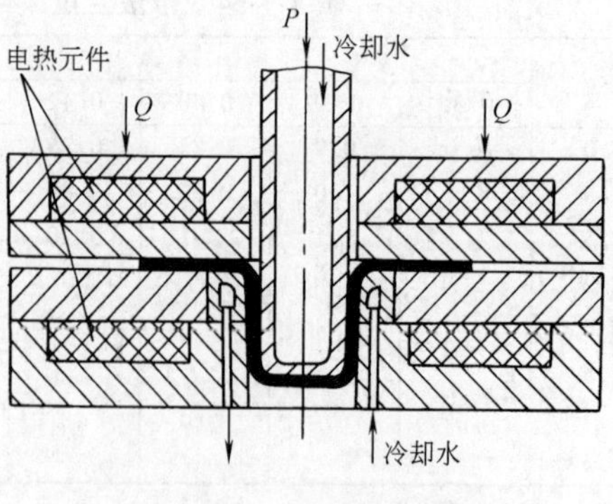

图 4-1-121　局部加热拉深

在局部加热拉深时，毛坯的加热温度决定于材料的种类，对于铝合金可以取 310~340℃；对黄铜（H62）可取 480~500℃；对于镁合金可取 300~350℃。

3. 加径向压力的拉深方法

如图 4-1-122 所示，拉深凸模对坯料作用的同时，由高压液体在坯料变形区的四周施加径向压力。由于径向压力的作用，使变形区内的径向拉应力数值减小，在外边缘形成三向受压的应力状态，因而降低了传力区的轴向拉应力。所以，该方法的极限变形程度可以得到较大的提高。另外，高压液体由坯料与模具接触面之间的泄漏也形成了良好的强制润滑作用，所以同样有利于拉深过程的进行。用这种方法进行拉深时，极限拉深系数可能降低到 0.35 以下。高压液体可以由高压容器供给或在模具内由压力机的作用形成。后一种方法可能得到几百兆帕的径向压力。

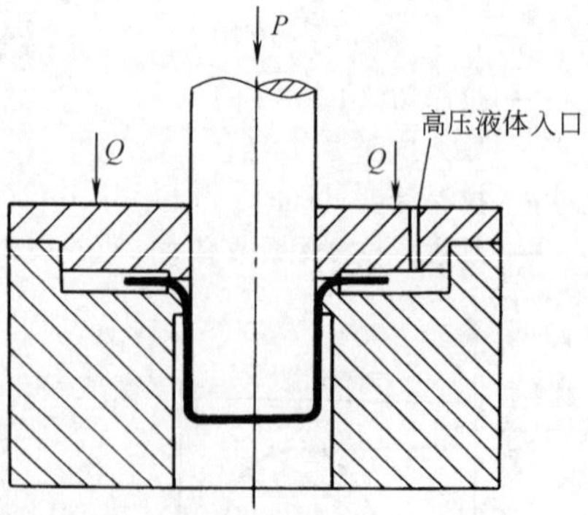

图 4-1-122　加径向压力的拉深法

4. 采用锥形压边圈的拉深

图 4-1-123 所示的是采用锥形压边圈的拉深过程。压边圈先使平板毛坯的法兰变形区变成锥形，并压紧在凹模的锥面上，随后由拉深凸模完成拉深工作。用压边圈成形锥形的过程相当于完成了一道无压边的锥形件拉深工序，因此可提高变形程度。

另外，由锥形压边圈拉深时的受力状态可知（见图 4-1-124），由于采用了锥形压边圈，凹模圆角

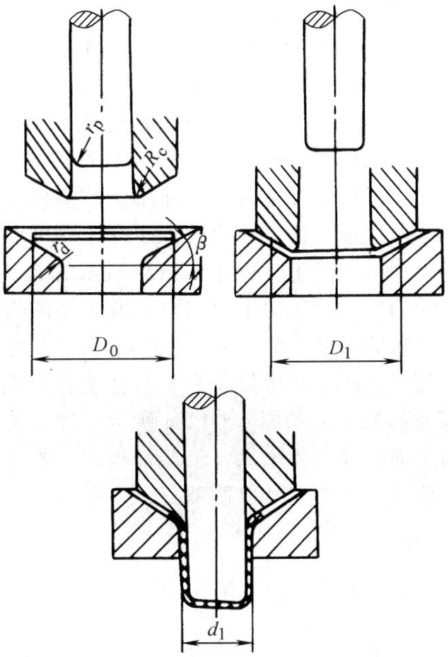

图 4-1-123　用锥形压边圈拉深模拉深过程

处的包容角 α 由平端面凹模的 $\alpha=\pi/2$ 减小为 $\alpha=\frac{\pi}{2}-\beta$，因而毛坯滑过凹模圆角时的摩擦阻力系数也

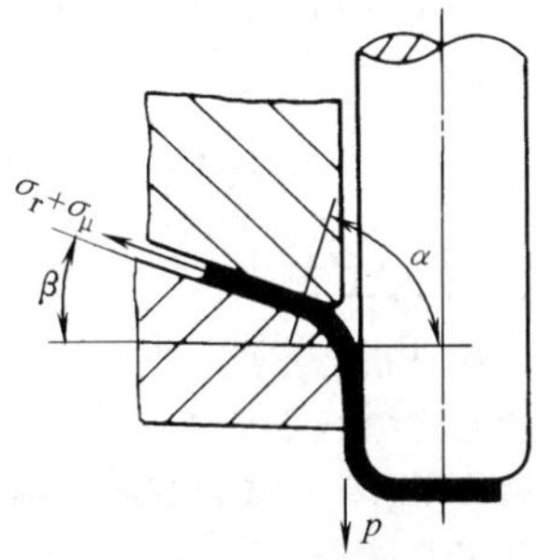

图 4-1-124　锥形压边圈拉深受力状态

由 $e^{\mu\pi/2}$ 减小为 $e^{\mu\left(\frac{\pi}{2}-\beta\right)}$，使传力区的拉应力 p 随着 β 的增加而减小。所以采用这种结构的模具进行拉深，可使极限拉深系数降低到很小的数值。

采用锥形压边圈拉深时，极限拉深系数可按式（4-1-80）确定。

$$[m']=K[m_1] \tag{4-1-80}$$

式中　$[m']$——采用锥形压边圈拉深的极限拉深系数；

K——与锥角 β 和相对厚度有关的系数，可查表 4-1-56 得到；

$[m_1]$——用平面压边圈拉深的极限拉深系数。

表 4-1-56　K 值

$t/D_0\times100$	β										
	8°	10°	12°	15°	20°	25°	30°	35°	40°	45°	50°	60°
1.5	0.852	0.849	0.846	0.841	0.835	0.826	0.821	0.812	0.805	0.797	0.792	0.781
1.3	0.892	0.889	0.886	0.883	0.875	0.867	0.856	0.851	0.845	0.837		
1.1	0.921	0.919	0.915	0.911	0.906	0.893	0.884	0.877	0.869			
0.9	0.945	0.943	0.939	0.934	0.927	0.916	0.909					
0.7	0.963	0.959	0.957	0.951	0.943	0.934						
0.5	0.988	0.973	0.970	0.960								

采用锥形压边圈的模具设计时的注意事项如下。

1）模具圆角半径可以同平面压边圈拉深模一样选取。

2）压边圈的 β 角要小于或等于凹模的 β 角。

应该指出，当毛坯相对厚度较小时，用过大的 β 角，可能引起起皱。因此，对于厚度很薄的零件成形时不宜用此种方法。

1.10.2　提高传力区危险断面承载能力方法

局部冷却的拉深方法，如图 4-1-125 所示。在拉深过程进行时，毛坯的传力区和处于低温的凸模接触，并且被冷却到 -170～-160℃。在这样低的温度下低碳钢的强度可能提高到 2 倍，而 18-8 型不锈钢的强度能提高到 2.3 倍。由于毛坯的底部与侧壁的冷却而使强度的提高，使传力区的承载能力得到很大的加强，所以极限拉深系数可以显著地降低，可达到 0.35 左右。

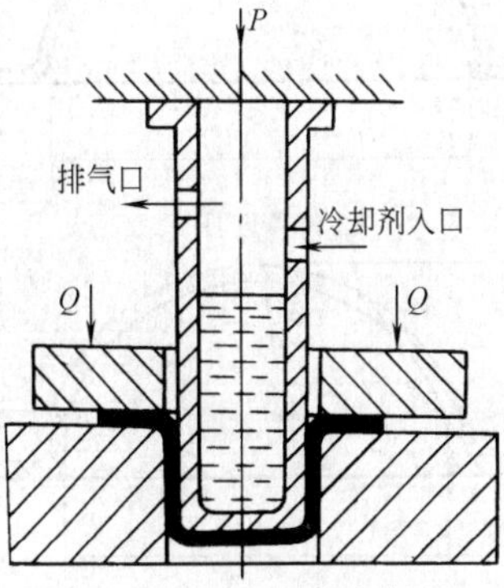

图 4-1-125　局部冷却拉深

常采用的深冷方法，是在空心凸模内添加液态氮或液态空气，其汽化温度是 -195～-183℃。目前，局部冷却拉深法的应用受到生产率不高和冷却方法麻烦等缺点的限制，在生产中的应用还很不普遍，

主要用于不锈钢、耐热钢等特种金属或形状复杂而高度大的盒形零件。

1.11　拉深件工艺性及质量分析

1.11.1　拉深件的工艺性

拉深件工艺性是指该零件在拉深加工中的难易程度。良好的工艺性应该保证材料消耗少、工序数目少、模具结构简单、产品质量稳定、操作简单等。一般情况下对工艺性影响最大的是几何形状、尺寸和精度要求。拉深件工艺性应包括以下几方面。

1. 拉深件结构工艺性

1）轴对称零件在圆周方向上的变形是均匀的，而且模具加工也最方便，所以其工艺性最好。其他形状零件的工艺性较差，对于非轴对称零件应尽量避免急剧的轮廓变化。

2）过高或过深的空心零件需要多次冲压工序，所以应尽量减小其高度。

3）在零件的平面部分，尤其是在距离边缘较远位置上的局部凹坑与突起的高度不宜过大。

4）应尽量避免曲面空心零件的尖底形状，尤其高度大时其工艺性更差。

生产中常有这种情况，对冲压件的几何形状和尺寸作某些修改，使其使用性能不变，却可以使冲压加工得到很大简化。如图 4-1-126 所示的消声器后盖件，结构修改后使冲压加工由 8 道工序降为 2 道工序。材料消耗也减少了 50%。图 4-1-127 所示的半球形拉深件，在根部增加高为 h 的直壁后有效地解决了起皱问题。又如图 4-1-128a 所示工件，其上部尺寸与下部尺寸相差太大，工艺性极差。要使它符合工艺要求，可将它分成两部分，分别制出，然后再连接起来（见图 4-1-128b）。

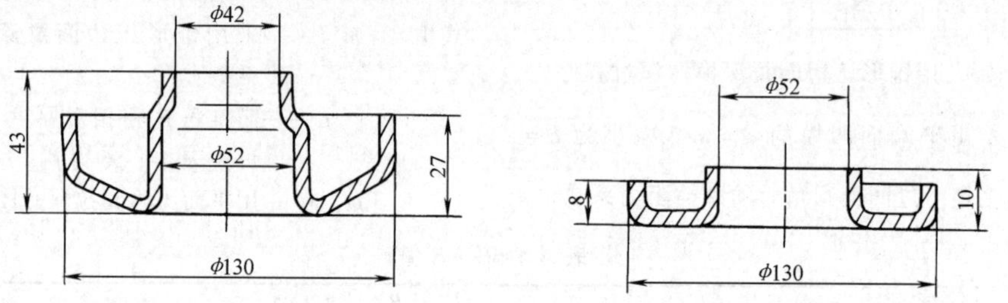

图 4-1-126　消声器后盖的改进

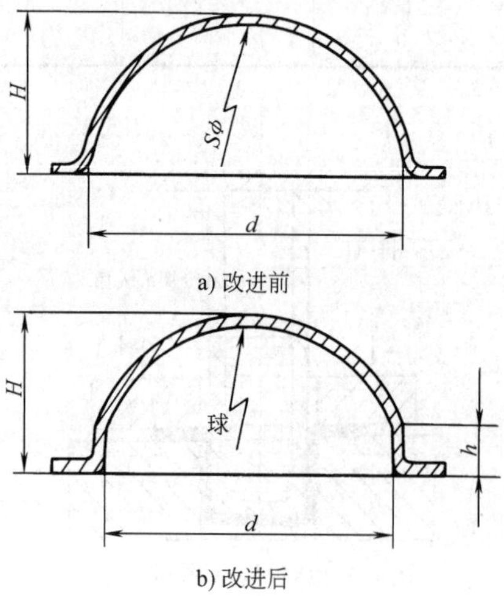

图 4-1-127　半球形件的改进

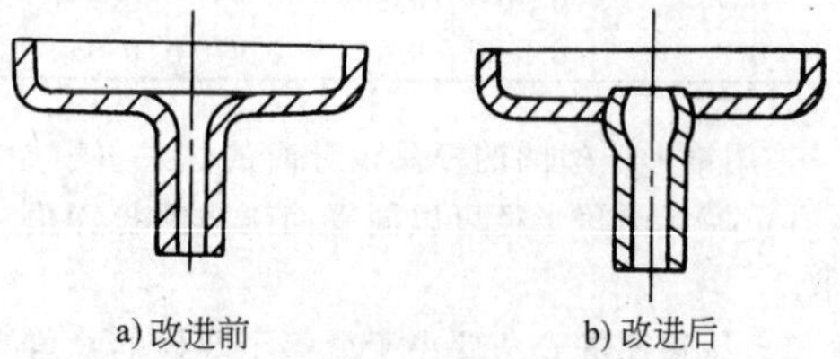

图 4-1-128　拉深件工艺性比较

2. 拉深件的圆角半径要适合（见图 4-1-129）

拉深件的圆角半径应尽量大些以利于成形和减少拉深次数。

1）拉深件底与壁间的圆角半径 r_p 应满足 $r_p \geqslant t$。为使拉深工序顺利进行，一般应该使 $r_p \geqslant (3\sim5)t$。增加整形工序时，可取 $r_p \geqslant (0.1\sim0.3)t$。

2）拉深件法兰与壁间的圆角半径 r_d 应满足 $r_d \geqslant 2t$，为使拉深工序顺利进行，一般应使 r_d 为 $(4\sim8)t$。增加整形工序时，可取 r_d 为 $(0.1\sim0.3)t$。

3）盒形件四壁间的转角半径 r 应该满足 $r \geqslant 3t$。

3. 拉深件的精度要求要合适

1）经多次拉深的零件内外壁上或带法兰零件的法兰表面，应允许有拉深过程中所产生的印痕。

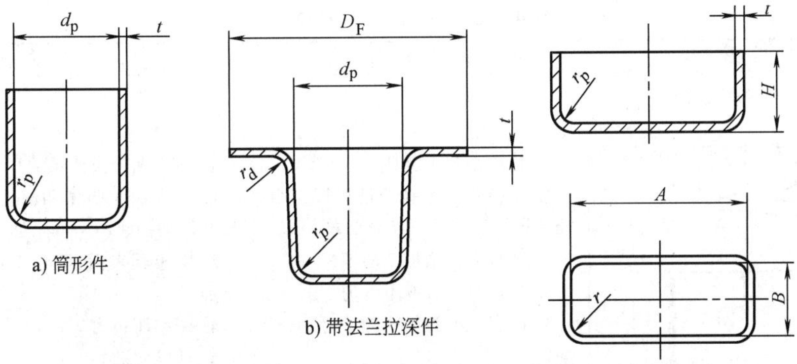

a) 筒形件　b) 带法兰拉深件　c) 盒形件

图 4-1-129　拉深件的圆角半径

2）由于拉深时各处的变形不同，拉深后厚度发生变化，筒形件上部增厚约 18%，底部圆角部位厚度减小约 9%（见图 4-1-130），这种现象应该允许。

3）拉深件直径方向上的精度不应高于表 4-1-57 所列数值。

4）带法兰拉深件高度方向上的精度不应高于表 4-1-58 所列数值。

5）设计拉深件时，应明确注明必须保证外形尺寸或内形尺寸，不能同时标注内、外形尺寸。

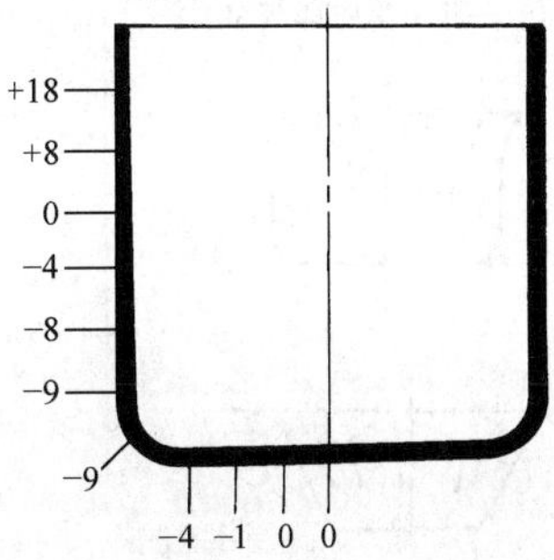

图 4-1-130　圆筒形拉深件壁厚的变化

1.11.2　拉深件的质量分析

中小型拉深件常见缺陷形式、产生的原因及解决的办法见表 4-1-59。

表 4-1-57　拉深件直径的极限偏差　（单位：mm）

材料厚度	拉深件直径的公称尺寸 d			附　图
	≤50	>50~100	>100~300	
0.5	±0.12	—	—	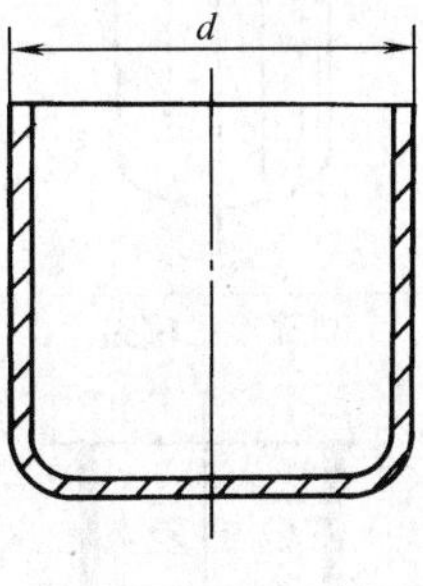
0.6	±0.15	±0.20	—	
0.8	±0.20	±0.25	±0.30	
1.0	±0.25	±0.30	±0.40	
1.2	±0.30	±0.35	±0.50	
1.5	±0.35	±0.40	±0.60	
2.0	±0.40	±0.50	±0.70	
2.5	±0.45	±0.60	±0.80	
3.0	±0.50	±0.70	±0.90	
4.0	±0.60	±0.80	±1.00	
5.0	±0.70	±0.90	±1.10	
6.0	±0.80	±1.00	±1.20	

注：拉深件外形要求取正偏差；内形要求取负偏差。

表 4-1-58　带法兰拉深件高度的极限偏差　（单位：mm）

材料厚度	拉深件高度的公称尺寸 H					附　图
	≤18	>18~30	>30~50	>50~80	>80~120	
≤1	±0.3	±0.4	±0.5	±0.6	±0.7	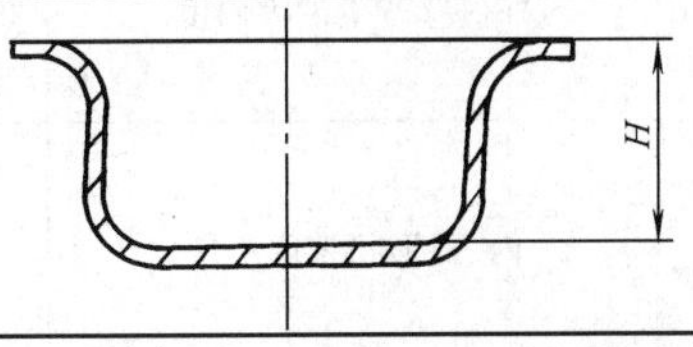
>1~2	±0.4	±0.5	±0.6	±0.7	±0.8	
>2~3	±0.5	±0.6	±0.7	±0.8	±0.9	
>3~4	±0.6	±0.7	±0.8	±0.9	±1.0	
>4~5	—	—	±0.9	±1.0	±1.1	
>5~6	—	—	—	±1.1	±1.2	

注：本表为未经整形所达到的数值。

表 4-1-59　拉深件的质量分析

序号	缺陷形式	产生原因	解决办法
1	破裂或过度变薄 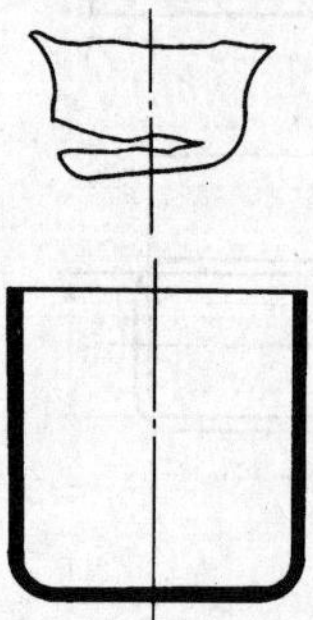	1. 拉深系数不合适 2. 凹模圆角半径及凸模圆角半径的形状与尺寸不符合要求 3. 冲模表面精加工的不好 4. 压边力太大或不均匀 5. 凸、凹模之间间隙太小或不均匀 6. 上一道工序拉深高度小	1. 适当加大拉深系数 2. 适当加大凹模和凸模的圆角半径，并使其均匀一致 3. 对模具表面、圆角半径及压料面进行精加工 4. 调整压边力 5. 调整间隙 6. 调整上一道拉深高度
2	法兰皱纹及内部皱纹 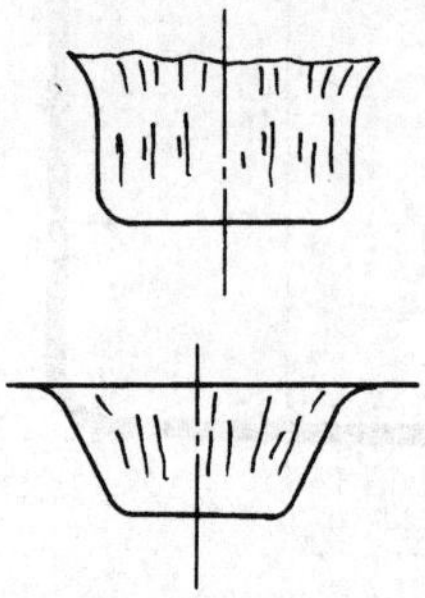	1. 压边力小 2. 凹模圆角半径大 3. 间隙大	1. 增加压边力，对悬空部位大的制件可采用拉深筋 2. 减小凹模圆角半径 3. 相对厚度在 0.3 以下时，将间隙减小
3	制件侧壁纵向划痕和粘接 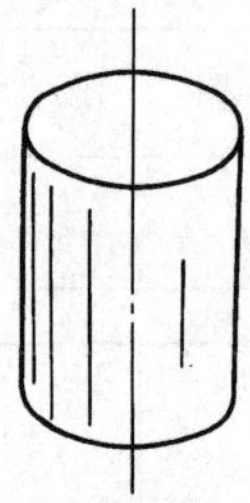	1. 模具侧壁承受过大载荷而划伤 2. 被加工材料为黏性材料，尤其对镍铬不锈钢在加工中忽视了冲模承受负荷问题	注意选择冲模材料，推荐使用碳化钨制造冲模并进行精加工。生产批量大时，在适当时间用金刚石粉研磨凹模面
4	口部形状畸变 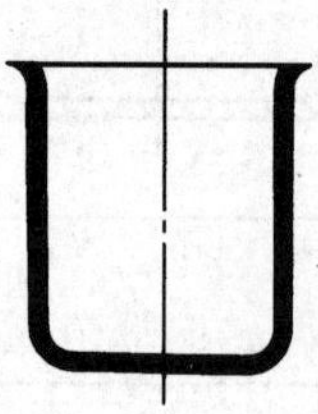	拉深后期在凹模圆角弯曲的毛坯，变为拉深件直壁时，由于拉应力小，而未被反弯拉直	加大压边力，增设拉深筋
5	外侧壁产生的大斜度	毛坯在拉深过程中产生圆周方向的收缩变形，使板厚发生变化，靠近边缘的侧壁变厚，传力区底部变薄	一般第一次拉深的凸模与凹模的间隙取 1.1t 在后道工序不进行整形和带变薄量的拉深时，间隙取为板厚
6	内、外形状精度不良		再拉深时进行整形加工（直径减少 0.3mm，板厚减少 0.1mm 以下）；再拉深时进行带小变薄量的拉深（稍减小直径，板厚减小 0.1mm 以上）

1.12　拉深过程中的热处理与润滑

1.12.1　退火

拉深工序是一种压缩类成形，其极限变形程度取决于传力区危险断面的承载能力。由于拉深变形，变形区的冷作硬化使变形抗力不断提高，往往经过几道拉深之后，变形区的抗力高到可能使传力区转化为弱区，而使拉深不能继续进行。另外，材料在拉深过程中产生的内应力，使一些应力敏感的材料容易产生纵向开裂或者在产品放置期间发生时效开裂。显然，硬化越明显及对应力越敏感的材料，不经中间退火所能拉深的次数越少。因此，为了消除材料在拉深过程中产生的内应力及冷作硬化，需要进行半成品的工序间退火和成品退火。表 4-1-60 给出了各种材料不进行中间退火的拉深次数。

中间退火的方式有高温退火和低温退火。

1. 高温退火

把金属加热至高于上临界点（Ac_3）30~40℃，以便产生完全的再结晶。高温退火时，金属的软化效果较好，但是可能得到晶粒粗大的组织，影响零件的力学性能。各种材料高温退火的规范见表 4-1-61。

2. 低温退火

低温退火即再结晶退火。把金属加热至再结晶温度，可消除硬化，恢复塑性，并能消除内应力。这是一般常用的方法。各种材料低温退火规范见表 4-1-62。

表 4-1-60　无须中间退火所能完成的拉深工序次数

材　料	不用退火的工序次数	材　料	不用退火的工序次数
08、10、15	3~4	不锈钢 1Cr18Ni9Ti①	1
铝	4~5	镁合金	1
黄铜 H68	2~4	钛合金	1
纯铜	1~2		

① 现行标准已不列，但仍在使用。

表 4-1-61　各种金属的退火规范

材料名称	加热温度/℃	加热时间/min	冷　却
08、10、15	760~780	20~40	在箱内空气中冷却
Q195、Q215A	900~920	20~40	在箱内空气中冷却
20、25、30、Q235A、Q255A	700~720	60	随炉冷却
30CrMnSiA	650~700	12~18	在空气中冷却
1Cr18Ni9Ti	1150~1170	30	在气流中或水中冷却
纯铜 T1、T2	600~650	30	在空气中冷却
黄铜 H62、H68	650~700	15~30	在空气中冷却
镍	750~850	20	在空气中冷却
铝	300~350	30	由 250℃起在空气中冷却
杜拉铝	350~400	30	由 250℃起在空气中冷却
钼	875~900	30	随炉冷却 40min 后取出
精密合金带	875	30	随炉冷却 40min 后取出
铁镍合金	850~875	20~30	随炉冷却 30~40min 后取出
镁镍合金	850	15~20	随炉冷却 30min 后取出
康铜	725~850	15~40	随炉冷却 30~40min 后取出
无氧铜带	500~550	20	

表 4-1-62　各种材料低温退火（再结晶退火）规范

材料名称	加热温度/℃	冷　却	材料名称	加热温度/℃	冷　却
08、10、15、20	600~650	在空气中冷却	镁合金 MB1、MB8	260~350	保温 60min
纯铜 T1、T2	400~450	在空气中冷却	钛合金 TA1	550~600	在空气中冷却
黄铜 H62、H68	500~540	在空气中冷却	钛合金 TA5	650~700	在空气中冷却
铝	220~250	保温 40~45min			

1.12.2　酸洗

为了去除材料退火时产生的氧化皮，需要酸洗净化。酸洗是将退火的拉深件放在加热的稀酸液中浸蚀。在酸洗前先用苏打水去油，酸洗后用冷水冲洗，再用温度为 60~80℃弱碱溶液中和残留的酸液，最后用热水洗涤并烘干。各种材料用酸洗溶液的成分见表 4-1-63。如果采用光亮退火，由于是在有中性或还原介质的电炉内退火，不会产生氧化皮，所以不需要酸洗。

应该指出，退火、酸洗都是延长生产周期、增加成本和产生环境污染的工序，因此应尽可能避免或减少这类辅助工序。通常通过增加拉深次数的办法减少退火工序。

1.12.3　润滑

在拉深过程中，毛坯与模具的表面直接接触，并且相互作用着很大的压力。毛坯在凹模表面滑动时，产生很大的摩擦力。摩擦对拉深过程是很不利的，一方面容易使工件破坏，另一方面还会降低模具寿命，因此应想法减小摩擦。在拉深中使用有效的润滑剂，可以减少材料与模具的摩擦，降低变形阻力，同时具有冷却的作用；还可以保护工件表面不被划伤，提高工件的表面质量。拉深时润滑条件与摩擦因数间的关系见表 4-1-64。

对拉深用润滑剂的要求如下。

1）能够形成坚固的薄膜，并能承受较大的压力。

2）与金属表面有很好的附着性，可形成均匀分布的润滑层，并且摩擦因数小。

3）容易由工件表面清洗掉。

4）具有不损坏模具及工件表面的力学性能与化学性能。

5）化学性能稳定，并对人体没有毒害。

6）原料能有充分保证，且价格低廉。

生产中常用的润滑剂配方见表 4-1-65~表 4-1-68。

表 4-1-63　酸洗溶液的成分

工件材料	溶液成分	分量	说明
低碳钢	硫酸或盐酸 水	10%~20% 其余	—
高碳钢	硫酸 水	10%~15% 其余	预浸
	苛性钠或苛性钾	50~100g/L	最后酸洗
不锈钢	硝酸 盐酸 硫化胶 水	10% 1%~2% 0.1% 其余	得到光亮的表面
铜及其合金	硝酸 盐酸 炭黑	200 质量份 1~2 质量份 1~2 质量份	预浸
	硝酸 硫酸 盐酸	75 质量份 100 质量份 1 质量份	光亮酸洗
铝及锌	苛性钠或苛性钾 食盐 盐酸	100~200g/L 13g/L 50~100g/L	闪光酸洗

注：表格分量一列中的百分数均为质量分数。

表 4-1-64　拉深时的摩擦因数

润滑条件	拉深材料		
	08 钢	铝	硬铝合金
无润滑剂	0.18~0.20	0.25	0.22
矿物油润滑剂(全系统损耗用油、锭子油)	0.14~0.16	0.15	0.16
含附加料的润滑剂(滑石粉、石墨等)	0.06~0.10	0.10	0.08~0.10

表 4-1-65　拉深低碳钢用的润滑剂

简称号	润滑剂成分	含量(质量分数,%)	附注
5 号	锭子油 鱼肝油 石墨	43 8 15	用这种润滑剂可得到最好的效果,硫黄应以粉末状态加进去

（续）

简　称　号	润滑剂成分	含量(质量分数,%)	附　注
5 号	油酸	8	用这种润滑剂可得到最好的效果,硫黄应以粉末状态加进去
	硫黄	5	
	绿肥皂	6	
	水	15	
6 号	锭子油	40	硫黄应以粉末状态加进去
	黄油	40	
	滑石粉	11	
	硫黄	8	
	酒精	1	
9 号	锭子油	20	将硫黄溶于温度约为 160℃ 的锭子油内。其缺点是保存时间太久时会分层
	黄油	40	
	石墨	20	
	硫黄	7	
	酒精	1	
	水	12	
10 号	锭子油	33	润滑剂很容易去除,用于重的压制工作
	硫化蓖麻油	1.5	
	鱼肝油	1.2	
	白垩粉	45	
	油酸	5.6	
	苛性钠	0.7	
	水	13	
2 号	锭子油	12	这种润滑剂比以上的略差
	黄油	25	
	鱼肝油	12	
	白垩粉	20.5	
	油酸	5.5	
	水	25	
8 号	钾肥皂	20	将肥皂溶入温度为 60~70℃ 的水里。是很容易溶解的润滑剂,用于半球形及抛物线形工件的拉深中
	水	80	
—	乳化液	37	可溶解的润滑剂,加 3% 的硫化蓖麻油后,可改善其效用
	白垩粉	45	
	焙烧苏打	1.3	
	水	16.7	

表 4-1-66　拉深钛合金用的润滑剂

材料及拉深方法	润　滑　剂	备　注
钛合金(BT1、BT5)不加热镦头及拉深	石墨水胶质制剂(B-0、B-1)	用排笔刷子涂在毛坯的表面上,在 20℃ 的温度下干燥 15~20s
	氯化乙烯漆	用稀释剂溶解的方法来清除
钛合金(BT1、BT5)加热镦头及拉深	石墨水胶质制剂(B-0、B-1)	
	耐热漆	用甲苯和二甲苯油溶解涂凹模及压边圈

表 4-1-67　拉深有色金属及不锈钢用的润滑剂

材料名称	润滑方法
铝	植物油(豆油)、工业凡士林
铝合金	植物油乳浊液、废航空润滑油
纯铜、黄铜及青铜	菜油或肥皂与油的乳浊液(将油与浓的肥皂水溶液混合起来)

（续）

材料名称	润滑方法
镍及其合金	肥皂与水的乳浊液
20Cr13 不锈钢	锭子油、石墨、钾肥皂与水的膏状混合剂
1Cr18Ni9Ti 不锈钢、耐热钢	氯化石蜡油、氯化乙烯漆、地沥青+50%（质量分数）酸化石蜡油

表 4-1-68　低碳钢变薄拉深时用的润滑剂

润滑方法	成分含量	备注
接触镀铜化合物：		将胶先溶解在热水中，然后再将其余成分溶进去，将镀过铜的毛坯保存在热的肥皂溶液中，由该溶液内将毛坯取出进行拉深
硫酸铜	4.5~5kg	
食盐	5kg	
硫酸	7~8kg	
木工用胶	0.2kg	
水	80~100kg	
先在磷酸盐内予以磷化，然后在肥皂乳浊液内予以皂化		磷化配方： 马日夫盐[$Mn(H_2PO_4)_2\cdot 2H_2O$]0.030~0.033kg/kg，氧化铜 3×10^{-4}~5×10^{-4}kg/kg，96~98℃保持 15~20min

参考文献

[1]　李硕本．冲压工艺学［M］．北京：机械工业出版社，1982．

[2]　AIDA．プレスハンドブック［M］．东京：アイダエンジニアリング株式会社，1997．

[3]　プレス加工デ-ダブック编集委员会．プレス加工デ-ダブック［M］．东京：日刊工业新闻社，1979．

[4]　王孝培．冲压设计资料［M］．北京：机械工业出版社，1983．

[5]　王祖唐．金属塑性变形极限判据［J］．应用力学学报，2002，19（2）：104-106．

[6]　日本材料学会．塑性加工学［M］．陶永发，等译．北京：机械工业出版社，1983．

[7]　第四机械工业部标准化研究所．冷压冲模设计［Z］．北京，1981．

[8]　彭建声．冷冲压技术问答［M］．北京：机械工业出版社，1981．

[9]　冲模设计手册编写组．冲模设计手册［M］．北京：机械工业出版社，1988．

[10]　吉田弘美．冲压技术 100 例［M］．第一汽车制造厂车身分厂技术科，译．长春：吉林人民出版社，1977．

[11]　今津胜宏．プレコ-ト材を活用レたドライ加工［J］．塑性と加工，2005，46（528）．

[12]　安部洋平，森谦一朗村尾卓，大久保不二男，内面レごき加工によるる多段ステンレス深绞り容器の内面粗さの改善［J］．塑性と加工，2004，45（518）．

[13]　峰功一，岩崎功．オ-ステナイト系ステンレス材料の薄肉筒形状の绞りしごき加工［J］．塑性と加工，1998，39（448）．

[14]　村中贵幸，後藤善弘，伊藤则雄，冈田将人，阪口键一．材料流动および强度向上のための复合深较り法の提案［J］．塑性と加工，2004，45（521）．

第2章

直壁非回转体件拉深

北京航空航天大学　孟宝　万敏
哈尔滨工业大学　李春峰

2.1　扁圆及椭圆形件拉深

如图 4-2-1a 所示的零件称为扁圆形零件，它是由两端的半圆弧及中间的两个直壁构成。扁圆形又可看成是由圆形在直径上分开的两个半圆沿分开方向延伸而成的（见图 4-2-1b）。图 4-2-2 所示是椭圆形件。

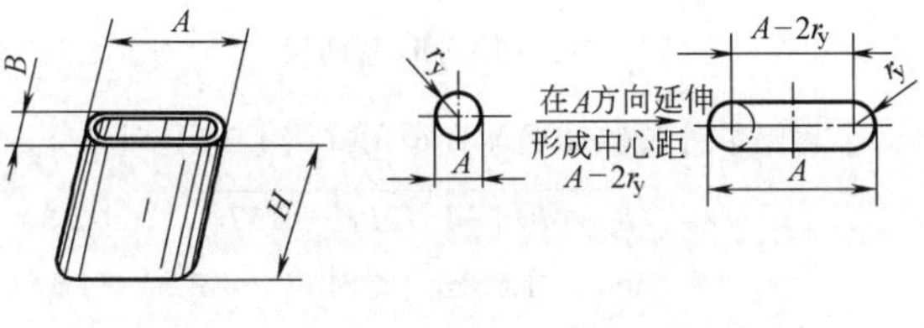

图 4-2-1　扁圆形件

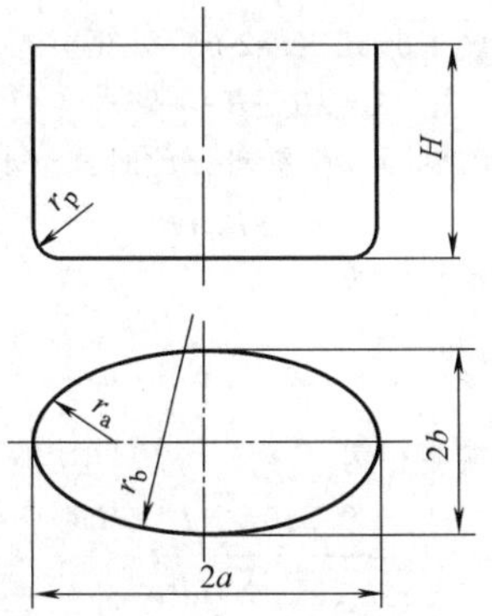

图 4-2-2　椭圆形件

从成形的角度分析，这两种形状零件的成形性具有共同的特点：

1）在扁圆形的圆弧部分和椭圆形的长轴两端部分变形比较剧烈，变形量较大，而在扁圆形的直壁部分和椭圆形的短轴两端部分变形比较缓和，变形量较小。因而在变形过程中，变形沿变形区的周边分布是不均匀的，这与圆筒形零件拉深变形所不同。

2）由于变形分布不均匀，变形小的部分对变形大的部分有减轻与带动作用。又由于两部分的变形速度不同，变形小的部分又可使变形大的部分的传力区的拉应力降低。因而这类零件的极限变形程度高于直径为 $2r_y$ 或 $2r_a$ 的圆筒形件的极限变形程度。而且，A/r_y 和 a/b 越大，上述特点越明显。反之，扁圆形直壁的变形对圆弧部分的变形及椭圆形短轴两端的变形对长轴处圆弧的变形的影响越小，当 $A/r_y=2$，$a/b=1$ 时都变为圆筒形。

这种变形不均匀性对成形的影响类似盒形件成形，但低于盒形件（参见低盒形件拉深的变形特点）。

2.1.1　低扁圆、低椭圆形件的拉深

低扁圆形件、低椭圆形件是指能一次拉深成形的直壁非回转体零件，包含一次拉深后还需进行整形的零件。

1. 低扁圆形件的拉深工艺计算

（1）拉深系数　扁圆形拉深件一般是尺寸较小（$A<50$mm、$B<20$mm、$H<70$mm）、料厚较薄（$t=0.3\sim0.8$mm）、材料较软（铝、铜、黄铜等）的一些小型外壳。本节提出的方法主要用于这类小型的扁圆形外壳。

1）拉深系数表示方法：扁圆形件的拉深系数用长轴两端的圆弧半径与该处的毛坯半径之比表示。

首次拉深系数：$m_1=r_{y1}/R_0$

以后各次拉深系数：$m_n=r_{yn}/r_{yn-1}$（$n\geqslant2$）

2）极限拉深系数：扁圆形件的极限拉深系数除与材料、相对厚度有关外，还与拉深件的相对宽度 A/r_y 有关，反映它们之间关系的拉深特性曲线如图 4-2-3 所示。对于其他材料可选用的首次极限拉深系数见表 4-2-1。

表 4-2-1　扁圆形件首次拉深系数 [m_1]

材料	$t_0/L\times100$ 或 $t_0/D_0\times100$		
	0.1~0.3	0.3~1	1~2
1070A,1060,1050A	0.61~0.57	0.57~0.53	0.53~0.49
H62M,H68M,纯铜	0.58~0.54	0.54~0.50	0.50~0.46

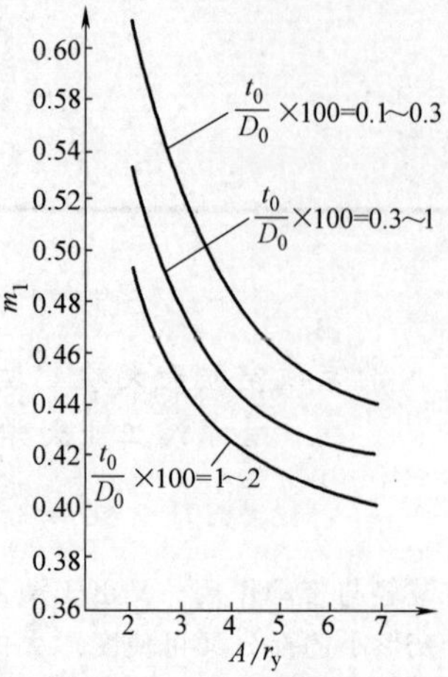

图 4-2-3　10 钢扁圆形件有压边拉深特性曲线

(2) 毛坯形状与尺寸的确定方法　低扁圆形件拉深时，毛坯形状与尺寸的计算方法主要根据相对宽度 A/r_y 及拉深系数 m 来确定。毛坯形状按图 4-2-4 选取，图中各区域的毛坯计算方法如下：

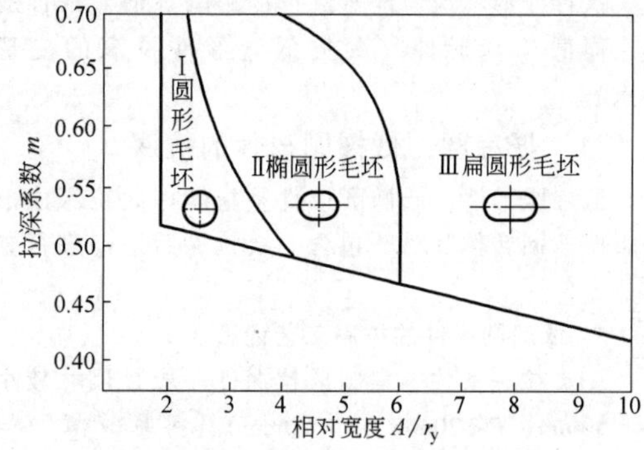

图 4-2-4　毛坯形状

1) 区域Ⅰ的圆形毛坯。毛坯直径 D_0 用式 (4-2-1) 计算 (见图 4-2-5)。

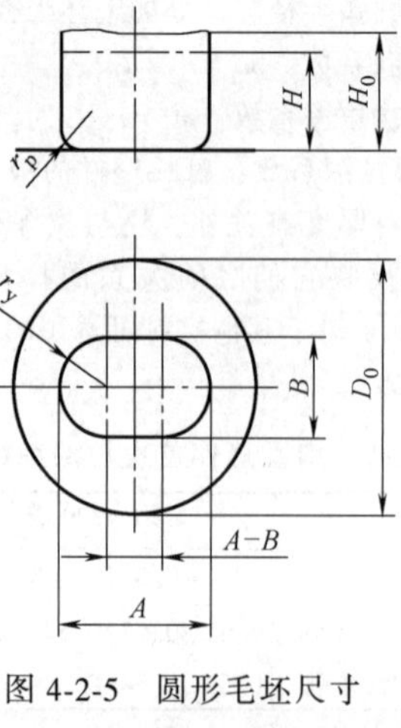

图 4-2-5　圆形毛坯尺寸

$$D_0=\sqrt{B^2+4BH_0-1.7Br_p-0.57r_p^2+1.72(A-B)(2H_0+B-0.86r_p)} \tag{4-2-1}$$

若 $r_p \leqslant 0.5$mm，可忽略，此时式 (4-2-1) 写成

$$D_0=\sqrt{B^2+4BH_0+1.72(A-B)(2H_0+B)} \tag{4-2-2}$$

2) 区域Ⅱ的椭圆形毛坯 (见图 4-2-6)

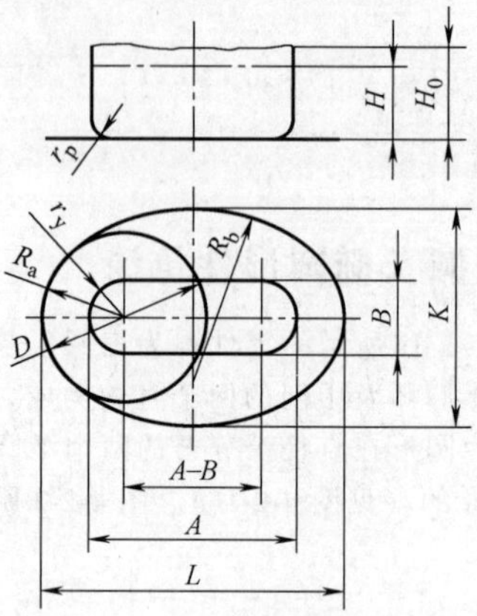

图 4-2-6　椭圆形毛坯尺寸

扁圆形件长轴端毛坯直径用式 (4-2-3) 计算。

$$D=\sqrt{B^2+4BH_0-1.72Br_p-0.57r_p^2} \tag{4-2-3}$$

若 $r_p \leqslant 0.5$mm，可忽略，此时式 (4-2-3) 写成

$$D=\sqrt{B^2+4BH_0} \tag{4-2-4}$$

毛坯长度 L 按式 (4-2-5) 计算。

$$L=D+(A-B) \tag{4-2-5}$$

毛坯宽度 K 按式 (4-2-6) 计算。

$$K=2H_0+B-0.86r_p \tag{4-2-6}$$

若 $r_p \leqslant 0.5$mm，可忽略，此时式 (4-2-6) 写成

$$K=2H_0+B \tag{4-2-7}$$

长轴两端半径为

$$R_a=\frac{D}{2} \tag{4-2-8}$$

短轴两端半径为

$$R_b=\frac{0.25(K^2+L^2)-LR_a}{K-2R_a} \tag{4-2-9}$$

3) 区域Ⅲ采用如图 4-2-7 所示的长圆形毛坯形状。

长轴两端处毛坯直径 D，按式 (4-2-3) 或式 (4-2-4) 计算。毛坯长度 L 按式 (4-2-5) 计算。毛坯宽度按式 (4-2-6) 或式 (4-2-7) 进行计算。

连接的圆弧半径 R_c (见图 4-2-7) 用式 (4-2-10) 计算。

$$R_c=\frac{5D+3K}{8} \tag{4-2-10}$$

上述各式的尺寸符号均指扁圆形外壳体的外形

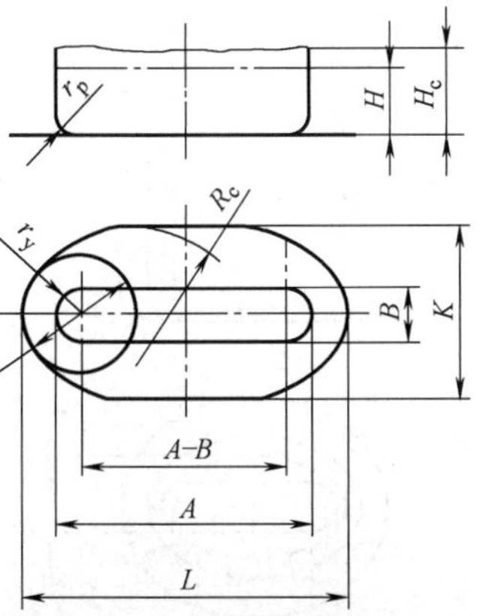

图 4-2-7　长圆形毛坯尺寸

尺寸。H_0 可按式（4-2-11）计算。

$$H_0=(1.05\sim1.10)H \qquad (4\text{-}2\text{-}11)$$

2. 低椭圆形件的拉深工艺计算

（1）拉深系数

1）拉深系数表示方法。椭圆形件的拉深系数用椭圆长轴两端圆弧半径 r_a 与其毛坯的半径 R_a 之比表示。即 $m_t=r_a/R_a$。

第一次拉深系数：

$$m_{t1}=r_a/R_{a0} \qquad (4\text{-}2\text{-}12)$$

以后各次拉深系数：

$$m_{tn}=r_{an}/r_{an-1}(n\geqslant2) \qquad (4\text{-}2\text{-}13)$$

2）极限拉深系数。椭圆形件的极限拉深系数除受材料性能和相对厚度的影响之外，还与椭圆形件的椭圆度（轴比）a/b（a 为椭圆的长半轴，b 为椭圆的短半轴）有关。图 4-2-8 是不同材料椭圆形件的拉深特性曲线。

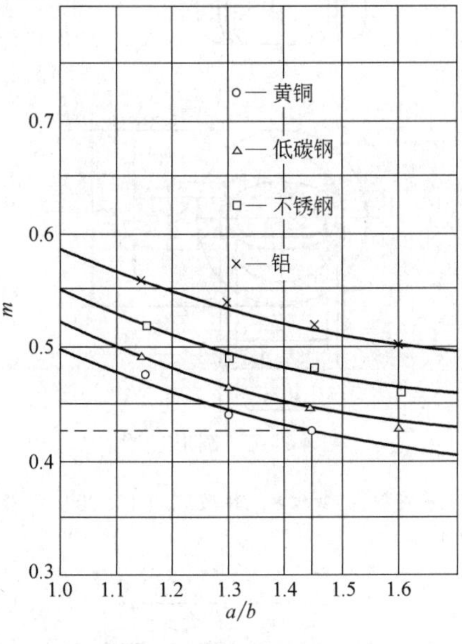

图 4-2-8　不同材料椭圆形件的拉深特性曲线

椭圆形件的极限拉深系数可用式（4-2-14）计算

$$[m_t]=c\sqrt{\frac{a}{b}}[m_1] \qquad (4\text{-}2\text{-}14)$$

式中　$[m_t]$——椭圆形件的极限拉深系数；

c——与材料性能有关的系数，$c=1.04\sim1.08$，材料的拉深性能较好时，取小值，反之取大值；

$[m_1]$——圆筒形件的间隙拉深系数，可查表 4-1-1 或表 4-1-2，表中相对厚度用 $t_0/2a_0\times100$ 代替 $t_0/D_0\times100$。

（2）毛坯形状与尺寸的确定方法（见图 4-2-9）

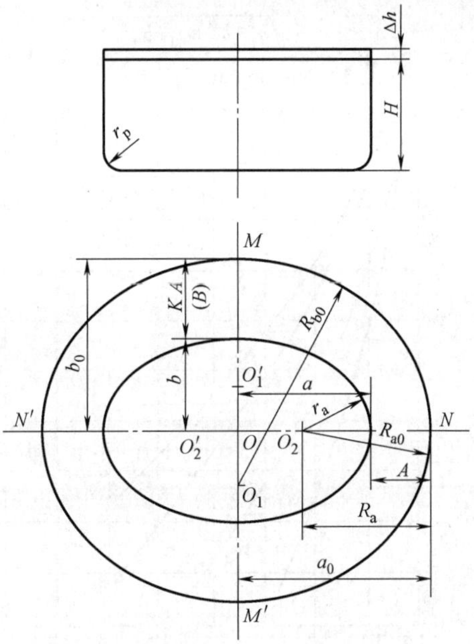

图 4-2-9　毛坯形状与尺寸确定方法

1）按圆筒形件拉深将椭圆的长轴两端展开，即按式（4-2-15）求出毛坯半径 R_a。

$$R_a=\sqrt{2r_aH_0+r_a^2}-0.43r_p \qquad (4\text{-}2\text{-}15)$$

式中　H_0——修边前高度，$H_0=H+\Delta h$（Δh 为修边余量，查表 4-1-11）；

r_p——椭圆形件的底角半径。

2）求出拉深系数：$m_t=r_a/R_a$。

3）根据 a/b 和 m_t 数值，由图 4-2-10 查出 K 值，得出椭圆形毛坯的长轴及短轴部分变形区宽度。

$$\left.\begin{aligned}A&=R_a-r_a=r_a\left(\frac{1}{m_t}-1\right)\\B&=KA\end{aligned}\right\} \qquad (4\text{-}2\text{-}16)$$

4）由式（4-2-17）求出毛坯的长半轴 a_0 和短半轴 b_0。

$$\left.\begin{aligned} a_0 &= a + r_a\left(\frac{1}{m_t} - 1\right) \\ b_0 &= b + K r_a\left(\frac{1}{m_t} - 1\right) \end{aligned}\right\} \tag{4-2-17}$$

5）用几何作图法画出毛坯形状如图 4-2-9 所示。

由图 4-2-9 可以看出，由作图法得到的毛坯长轴处的曲率中心并非与 r_a 的中心重合，而是向椭圆中心移动一段距离，而毛坯的曲率中心移动后，毛坯长轴部分的曲率半径由式（4-2-18）计算。

$$R_{a0} = \frac{\sqrt{a_0^2 + b_0^2} - a_0 + b_0}{2\cos[\arctan(b_0/a_0)]} \tag{4-2-18}$$

短轴部分的曲率半径由式（4-2-19）确定。

$$R_{b0} = \frac{\sqrt{a_0^2 + b_0^2} + a_0 - b_0}{2\sin[\arctan(b_0/a_0)]} \tag{4-2-19}$$

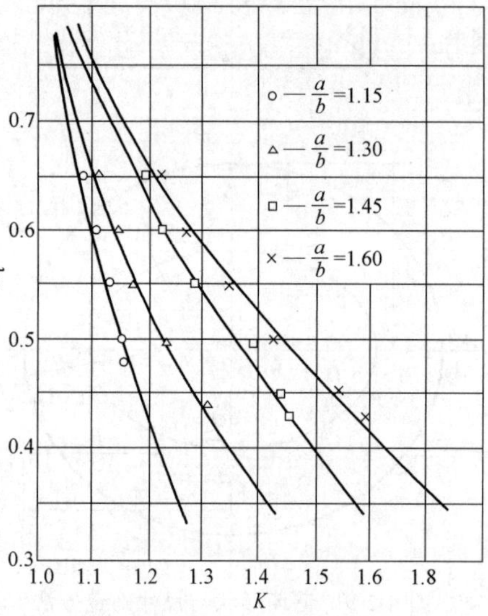

图 4-2-10　合理 K 值曲线

因此，椭圆形件毛坯形状除用几何作图法外，还可用下面方法直接做出：在长轴和短轴上分别取曲率中心 O_1、O'_1 和 O_2、O'_2，使 $O_1M = O'_1M' = R_{b0}$，$O_2N = O'_2N' = R_{a0}$，并以 R_{a0} 和 R_{b0} 为半径做出四段圆弧形成椭圆形毛坯（见图 4-2-9）。两种方法确定的毛坯形状完全相同。

2.1.2　高扁圆形件多次拉深

1. 中间工序过渡形状分析

高扁圆形件多次拉深的成败关键在于合适的中间工序半成品的过渡形状与尺寸。合适的过渡形状与尺寸能够使变形区的变形沿其周边分布基本均匀。对于高扁圆形件多次拉深，合适的过渡形状有两种。

（1）椭圆形过渡（见图 4-2-11）　这是一种较好的过渡形状。如果中间工序半成品的尺寸合适，可使材料在各处的变形分布大体相同。

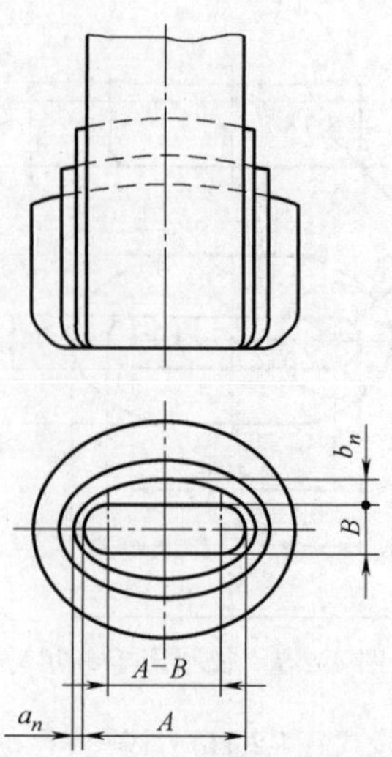

图 4-2-11　椭圆形过渡

（2）圆形过渡（见图 4-2-12）　所谓圆形过渡就是经过圆筒形件的多次拉深将圆筒形拉深成扁圆形。这种过渡形状的优点：简化模具设计与制造；便于自动送料；可提高变形效率，减少拉深次数。其缺点是边距 b_x 大，而且 b_x 与 a_x 差值大，对变形不利，但可以采用如下方法克服：

1）$(n-2)$ 次的 d_{n-2} 应尽量接近于 $(n-1)$ 次的 A_{n-1}。

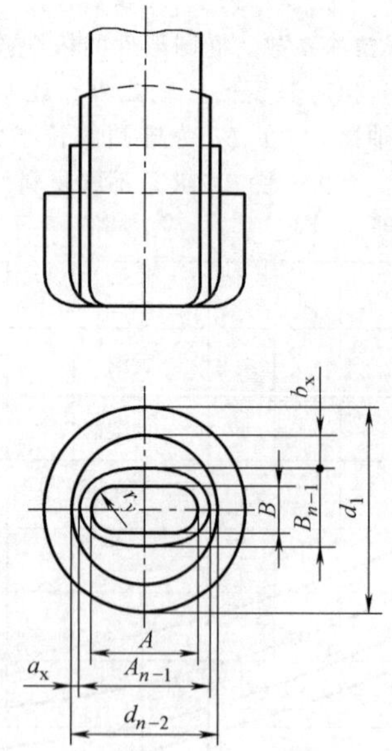

图 4-2-12　圆形过渡

拉深系数 $m_x \geqslant 0.8$，并按式（4-2-20）计算（见图 4-2-13）：

$$m_x = \frac{r_y}{r_y + a_x} = \frac{r_y}{r_y + \dfrac{d_{n-2} - A_{n-1}}{2}} \tag{4-2-20}$$

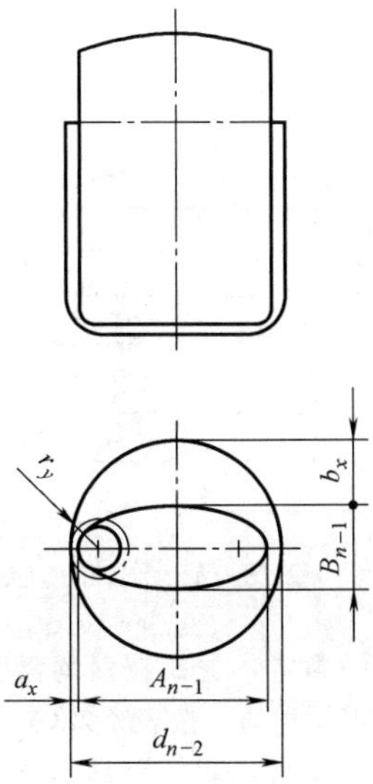

图 4-2-13　计算符号图

2）（$n-1$）次的拉深凹模洞口设计成锥形，锥度为 100°~140°，洞口直径按式（4-2-21）计算（见图 4-2-14）：

$$D_{n-1}=d_{n-2}+(1\sim3)\mathrm{mm} \qquad (4\text{-}2\text{-}21)$$

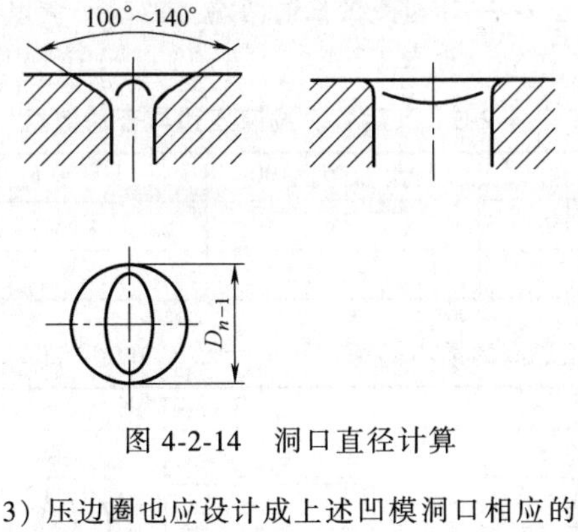

图 4-2-14　洞口直径计算

3）压边圈也应设计成上述凹模洞口相应的形状（见图 4-2-15）：

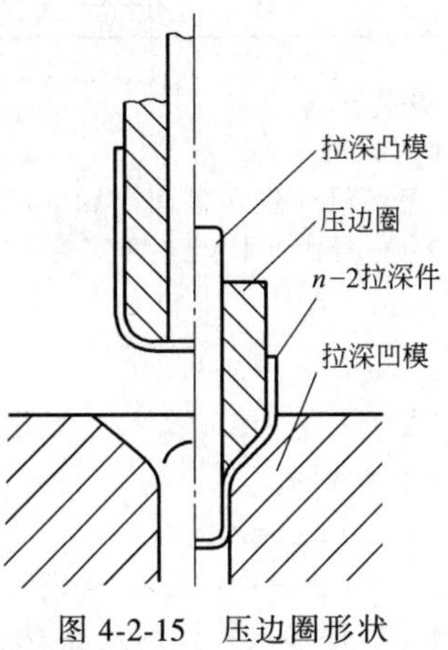

图 4-2-15　压边圈形状

4）d_{n-2} 的凸模圆角半径 r_{pn-2} 按式（4-2-22）计算（见图 4-2-16）：

$$r_{pn-1}=(0.2\sim0.4)(d_{n-2}-B_{n-1}) \qquad (4\text{-}2\text{-}22)$$

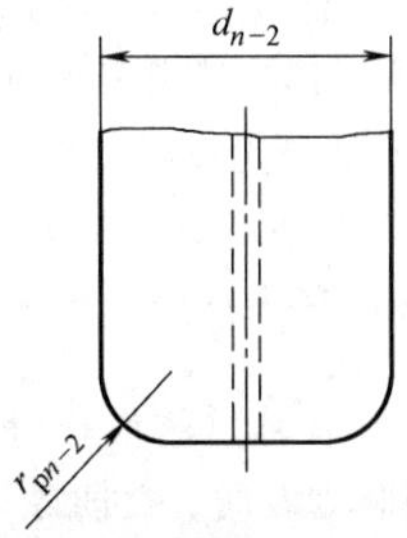

图 4-2-16　d_{n-2} 凸模

注：资料由朱汝道高级工程师提供。

5）（$n-1$）次的拉深凸模设计成如图 4-2-17 所示的圆头形状。

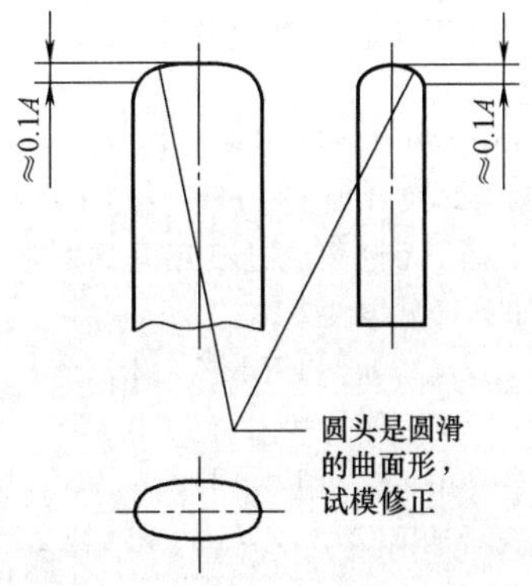

图 4-2-17　（$n-1$）次的圆头凸模

6）圆形过渡的适用范围：

相对高度 $H_0/A>0.9$；

拉深系数 $m_x\geq0.8$。

2. 整形拉深工序的选用

扁圆形件在正常拉深中常伴有显著的弹性变形，影响尺寸精度。对于有外观要求以及尺寸精度要求高的扁圆形外壳，需采用整形拉深工序。

（1）整形拉深工序的设计要点

1）拉深变形程度不能大，用 m_n 表示两圆弧端的拉深系数，一般取 $m_n=0.8\sim0.9$（见表 4-2-2）。

表 4-2-2　整形拉深工序的拉深系数 m_n

$t_0/B\times100$	2.0~5.0	5.0~8.0
m_n	0.85~0.90	0.80~0.85

注：本表适用于软铝、纯铜、H62M、H68M 黄铜、08、10 钢和马口铁等材料。

2）拉深一般用负间隙，设计时采用负间隙系数 n_r（圆角处）、n_a（直壁处）作为计算依据，$n_r=\dfrac{t_0-t_r}{t_0}$，$n_a=\dfrac{t_0-t_a}{t_0}$（t_0 为毛坯厚度；t_r 为整形后工件处

的壁厚；t_a—整形后工件直壁处壁厚）。而且 n_r 和 n_a 的选取是很关键的，选取时应考虑以下几个因素：

① 产品的要求。只要求直壁外观好看时，选 $n_a = 0.2 \sim 0.35$（拉深次数少者取小值，反之取大值），$n_r = 0.1$；两者都有外观要求时，则 n_r 和 n_a 都可在 0.2～0.35 范围内选取，但 n_a 应比 n_r 大 0.05～0.1。

② 拉深系数。各次拉深系数越小，n_r 和 n_a 应取得越大。

③ 过渡形状。各种过渡形状对负间隙系数 n_r、n_a 都有影响。椭圆过渡时，负间隙系数可取得小一些；而圆形过渡时，应取大一些。

④（n-1）次凸模的形状。平顶凸模取大一点，圆头凸模可取小一些。例如，平顶凸模 $n_a = 0.3$，则圆头凸模 $n_a = 0.2$。

应该指出，影响 n_r 和 n_a 的因素很多，情况又复杂，很难考虑周全，应该允许通过生产试验进行修正。

（2）整形拉深工序的毛坯形状（n-1 道）　整形拉深工序的毛坯尺寸即是整形前一道工序（n-1 道）的半成品尺寸。无论圆形过渡还是椭圆形过渡，其计算方法如下（见图 4-2-18）。

$r_{an-1} = r_{yn}/m_n$，m_n 可查表 4-2-2。

$$a_{n-1} = r_{an-1} - r_{yn}$$

$$b_{n-1} = (1.5 \sim 2) a_{n-1}$$

$$A_{n-1} = A_n + 2a_{n-1}, \ B_{n-1} = B_n + 2b_{n-1}$$

$$r_{bn-1} = \frac{0.2(A_{n-1}^2 + B_{n-1}^2) - A_{n-1} r_{an-1}}{B_{n-1} - 2r_{an-1}}$$

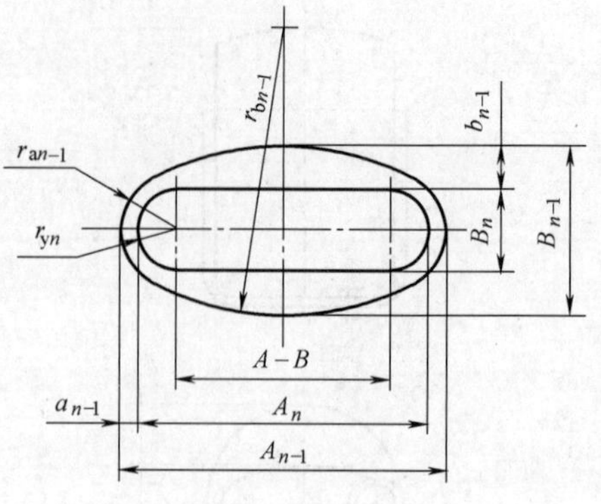

图 4-2-18　整形工序形状

（3）压边的确定　首次拉深均需要压边，以后各次拉深是否需要压边，按表 4-2-3 规定，介于表中数据之间的为可用可不用，视具体情况而定。对于圆形过渡的（n-1）次的压边条件还应符合式（4-2-23）规定。

$$a_x = c + 0.1\text{mm} \qquad (4\text{-}2\text{-}23)$$

式中　a_x——（n-2）次与（n-1）次长轴两端圆弧间的距离；

c——压边圈在长轴两端处的最小壁厚，可查表 4-2-4。

表 4-2-3　以后各次拉深压边与否的数据

压边方式	圆形 $t_0/D_0 \times 100$	非圆形 b_n
压边	<1	$>6t_0$
不压边	>1.5	$<4t_0$

表 4-2-4　圆形过渡（n-1）次压边圈的最小壁厚　（单位：mm）

序号	A_{n-1} 尺寸	壁厚 c	压边圈简图
1	<10	0.3～0.5	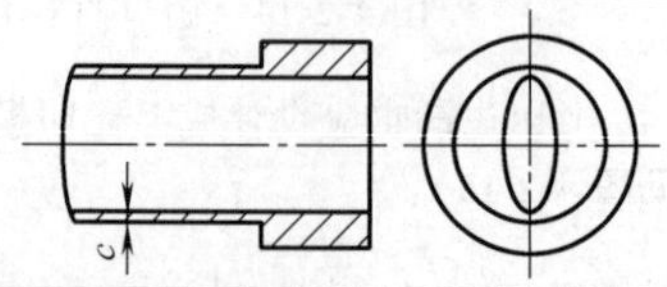
2	10～20	0.5～0.75	
3	20～50	0.75～1	
4	>50	>1	

3. 高扁圆形件多次拉深工艺计算

（1）椭圆过渡　整形拉深工序前（n-1）道工序形状为椭圆形，因此（n-1）道以前各工序的计算相当于高椭圆筒的多次拉深工序的计算。参见本章 2.3 节。

（2）圆形过渡

1）圆形过渡的工艺计算。

① 圆形毛坯尺寸包含负间隙因素的毛坯尺寸，可将式（4-2-1）及式（4-2-2）改写成如下形式：

$$D_0 = \sqrt{B^2 + 4BH_0(1-n_r) - 1.7Br_p - 0.57r_p^2 + 1.72(A-B)[2H_0(1-n_a) + B - 0.86r_p]} \qquad (4\text{-}2\text{-}24)$$

和

$$D_0 = \sqrt{B^2 + 4BH_0(1-n_r) + 1.72(A-B)[2H_0(1-n_a) + B]} \qquad (4\text{-}2\text{-}25)$$

② 计算 d_{n-2}。根据（n-1）次的 A_{n-1} 尺寸计算出（n-1）次的 d_{n-1}，使 d_{n-2} 尺寸尽量接近 A_{n-1}。按式（4-2-26）计算 d_{n-2}。

$$d_{n-2} = A_{n-1} + 2a_x \qquad (4\text{-}2\text{-}26)$$

其中 a_x 根据式（4-2-23）和表 4-2-4 确定。

③ 按圆筒形件多次拉深的计算方法，计算出

d_1、d_2 等各次拉深的直径，直至接近 d_{n-2} 为止。各次拉深系数查表 4-2-1 及表 4-1-1。然后依据已算出的 d_{n-2} 为准，对各直径做适当调整。

④ 用表 4-2-5 所列公式近似计算各次拉深高度。

表 4-2-5　各次拉深高度

序号	工序名称	公　式	简图
1	圆形过渡第一次拉深高度 H_1	$H_1=\dfrac{D_0^2-d_1^2+1.72d_1(r_{p1}+t_0)+0.56(r_{p1}+t_0)^2}{4d_1}$ 式中　$r_{p1}=(9\sim10)t_0$ 条件：毛坯形状为圆形	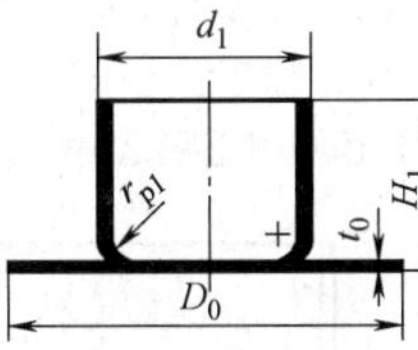
2	圆形过渡的各次圆筒形拉深高度 H_n	$H_n=\dfrac{D_0^2-d_n^2+1.72d_n(r_{pn}+t_n)+0.56(r_{pn}+t_0)^2}{4d_n}$ 条件：毛坯形状为圆形	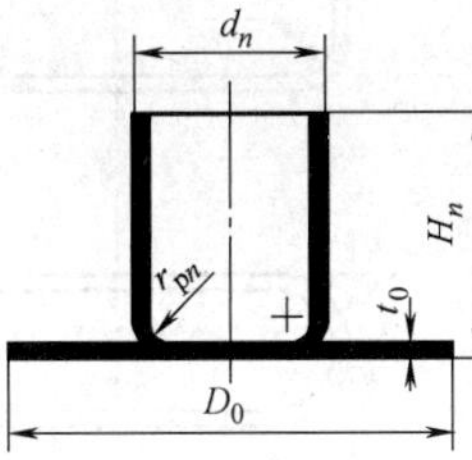
3	圆形过渡的 $(n-1)$ 次（整形前工序）的拉深高度 H_{n-1}	$H_{n-1}=m_nH_0-0.5r_{yn}\left(\dfrac{1}{m_n^2}-1\right)$ 条件：1）H_{n-1} 是测量圆弧端外 2）$(n-1)$ 次为椭圆形	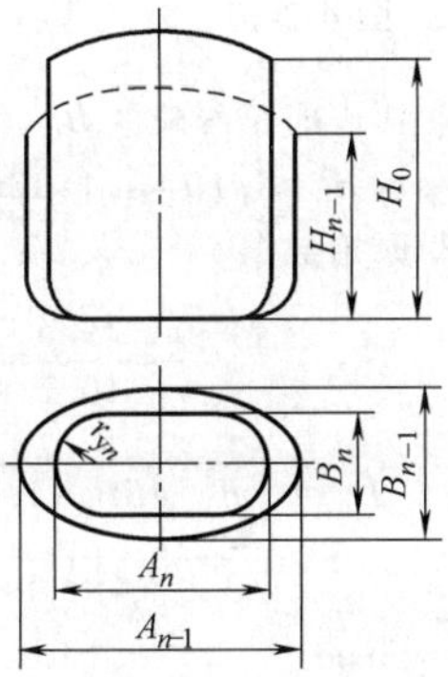

⑤ 验算 a_x 是否符合式（4-2-23）及表 4-2-4 的规定；验算 m_x 是否满足 $m_x\geqslant0.8$。m_x 值应按照式（4-2-20）进行计算。

2）设计计算程序。

① 根据产品的精度及外观要求，决定是否需要整形拉深工序。

② 计算切边前的拉深高度。

$$H_0=(1.05\sim1.15)H$$

③ 计算原始数据。

相对高度 H_0/A

相对宽度 A/r_y

相对厚度 $t_0/B\times100$

④ 有整形工序的，要确定负间隙系数（n_r、n_a）。

⑤ 把负间隙部分的高度转化为正间隙的高度：$H_a=(1-n_a)H_0$；$H_r=(1-n_r)H_0$。

⑥ 选用圆形过渡形状，需满足以下条件：

$$\frac{H}{A}>0.9;\ m_x>0.8$$

⑦ 计算毛坯直径 D_0。

⑧ 计算毛坯相对厚度：$t_0/D_0\times100$。

⑨ 有整形工序的要计算（$n-1$）道工序尺寸。

⑩ 计算 d_{n-2} 的尺寸。

⑪ 计算第一次、第二次……各次拉深直径与高度。

⑫ 在接近（$n-1$）次（有整形工序）或 n 次（无整形工序）时，要进行比较，看是否需要再进行一次拉深，或对上述拉深尺寸进行调整。

⑬ 验算 m_x、m_n、a_x 等是否合适。

应该指出，上述计算程序中，各尺寸均是按工件的外形尺寸进行计算的。如果产品图标注内形尺寸，需将（$n-1$）次工序尺寸转化为外形尺寸，即

$$A'_{n-1}=A_{n-1}+2(1-n_r)t_0$$
$$B'_{n-1}=B_{n-1}+2(1-n_a)t_0$$

$$r'_{n-1}=r_{bn-1}+(1-n_a)t_0$$
$$r'_{n-1}=r_{n-1}+(1-n_r)t_0$$

3）计算举例（见图 4-2-19）　零件技术条件：①底及四壁平整，光洁。②直壁平面最小壁厚>0.22mm，圆弧面壁厚允许<0.35mm。

设计计算程序：

① 决定采用整形工序。

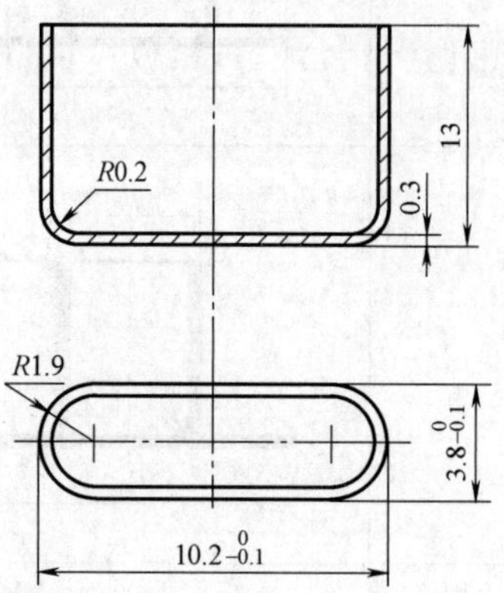

图 4-2-19　外壳零件（材料 H62M）

② 切边前拉深高度 H_0。

$$H_0=1.1H=1.1\times13\text{mm}=14.3\text{mm}$$

③ 原始数据。

$$\frac{H_0}{A}=\frac{14.3}{10.2}\approx1.41$$

$$\frac{A}{r_y}=\frac{10.2}{1.9}\approx5.3$$

$$x=\frac{B}{A}=\frac{3.8}{10.2}\approx0.37$$

$$\frac{t_0}{B}\times100=\frac{0.3}{3.8}\times100\approx7.9$$

$r_{yn}=1.86\text{mm}$，$A_n=10.12\text{mm}$，$B_n=3.72\text{mm}$

④ 整形负间隙的确定。

$$n_a=0.2$$
$$z_a=(1-n_a)t_0=0.8\times0.3\text{mm}=0.24\text{mm}$$
$$n_r=0,z_r=t_0=0.3\text{mm}$$

⑤ 负间隙 z_a 处的转化高度 H_a。

$$H_a=(1-n_a)H_0=0.8\times14.3\text{mm}=11.44\text{mm}$$

⑥ 选择过渡形状。

根据条件

$$\frac{H_0}{A}=1.41>0.9$$

$$m_x=\frac{1.14r_y}{1.14r_y+a_x}=\frac{1.14\times1.9}{1.14\times1.9+0.5}\approx0.81>0.8$$

式中，$a_x=c+0.1\text{mm}$，查表 4-2-4，取 $c=0.4\text{mm}$。因此采用圆形过渡。

⑦ 选择毛坯为圆形。

⑧ 计算毛坯尺寸。

直边平面为负间隙，圆弧端为正间隙，且 $r_y=0.5\text{mm}$，略而不计，则

$$D_0=\sqrt{B^2+4BH_0+1.72(A-B)[2H_0(1-n_a)+B]}$$
$$=\sqrt{3.8^2+4\times3.8\times14.3+1.72(10.2-3.8)[3.8+2\times14.3(1-0.2)]}\text{mm}=\sqrt{525.49}\text{mm}=22.92\text{mm}$$

取 $D_0=23\text{mm}$。

⑨ 计算相对厚度。

$$\frac{t_0}{D_0}\times100=\frac{0.3}{23}\times100\approx1.3$$

⑩ 整形前工序即（$n-1$）次的计算。

采用椭圆形（见图 4-2-20），取 $m_n=0.8$，则

$$r_a=\frac{r_{yn}}{m_n}=\frac{1.86}{0.8}\text{mm}=2.325\text{mm}\approx2.3\text{mm}$$
$$a=r_a-r_{yn}=(2.3-1.86)\text{mm}=0.44\text{mm}$$
$$b=1.5a=1.5\times0.44\text{mm}=0.66\text{mm}$$

所以

$$A_{n-1}=A_n+2a=(10.12+2\times0.44)\text{mm}=11\text{mm}$$
$$B_{n-1}=B_n+2b=(3.72+2\times0.66)\text{mm}=5.04\text{mm}\approx5\text{mm}$$
$$r_b=\frac{0.25(A_{n-1}^2+B_{n-1}^2)-A_{n-1}r_a}{B_{n-1}-2r_a}$$
$$=\frac{0.25(11^2+5^2)-11\times2.3}{5-2\times2.3}\text{mm}=28\text{mm}$$
$$z_a=t_0=0.3\text{mm},$$
$$z_r=(1\sim1.05)t_0=(1\sim1.05)\times0.3\text{mm}=0.3\sim0.31\text{mm}$$

$$H_{n-1}=m_nH_0-0.5r_{yn}\left(\frac{1}{m_n^2}-1\right)$$
$$=0.8\times14.3\text{mm}-0.5\times1.86\left(\frac{1}{0.8^2}-1\right)\text{mm}\approx10.9\text{mm}$$

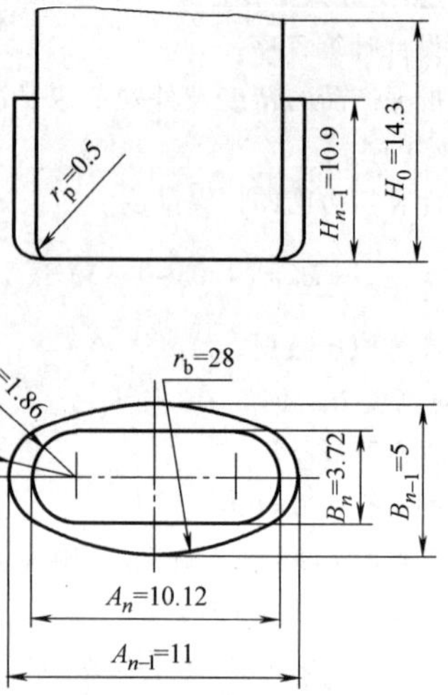

图 4-2-20　椭圆形毛坯

⑪（$n-2$）次拉深的计算（用压边圈）（见图 4-2-21）。

$$d_{n-2}=A_{n-1}+2a_x=(11+2\times0.5)\text{mm}=12\text{mm}$$

式中，$a_x=c+0.1\text{mm}$，c 查表 4-2-4，取 $c=0.4\text{mm}$。

⑫ 第一次拉深的计算。

按圆形拉深计算（见图 4-2-21），查表 4-2-1，取 $m_1=0.5$，则

$$d_1=m_1D_0=0.5\times23\text{mm}=11.5\text{mm}$$

$$z_1=(1.05\sim1.15)t_0=0.32\sim0.35\text{mm}$$

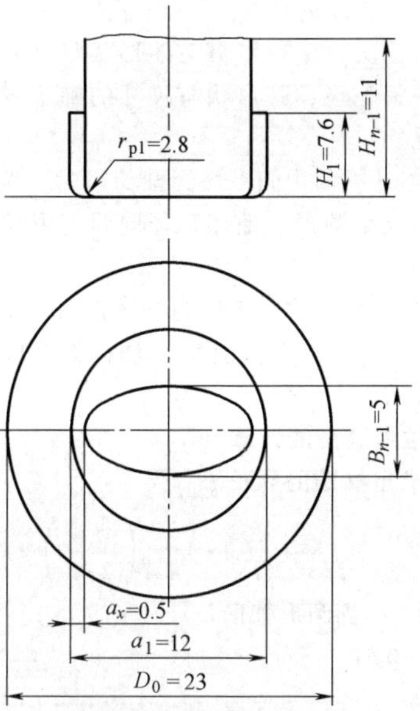

图 4-2-21　用压边圈

⑬ 比较 d_1 和 d_{n-2}，两者一致，取

$$r_{p1}=0.4(d_{n-2}-B_{n-1})=0.4(12-5)\text{mm}=2.8\text{mm}$$

$$H_1\approx\frac{D_0^2-d_1^2+1.72d_1(r_{p1}+t_0)+0.56(r_{p1}+t_0)^2}{4d_1}$$

$$\approx\frac{23^2-11.5^2+1.72\times11.5(2.8+0.3)+0.56(2.8+0.3)^2}{4\times11.5}\text{mm}$$

$$\approx10\text{mm}$$

⑭ 验算。

用 d_1 与 A_{n-1} 进行验算：

$$a_x=(d_1-A_{n-1})/2=(11.5-11)/2\text{mm}=0.25\text{mm}$$

压边圈的强度满足：

$$m_x=\frac{r_a}{r_a+a_x}=\frac{2.3}{2.3+0.25}\approx0.9>0.8$$

2.1.3　高椭圆形件多次拉深

高椭圆形件在多次拉深过程中变形沿变形区周边的分布也是不均匀的。在曲率半径较小的长轴两端处变形较大，在短轴两端处变形较小，而且随着长短轴比 a/b 的增加，不均匀程度加大。因此，对于高椭圆形件的多次拉深同样要选择合适的中间工序的半成品零件过渡形状与尺寸，使其满足均匀变形的条件（见高盒形件的拉深）。

1. 过渡形状

（1）椭圆形到椭圆形的过渡方法　中间工序采用椭圆形向椭圆形过渡的情况其形状与尺寸的计算方法有如下两种。

1）K 值法。K 值法确定中间工序的形状时，其方法与低椭圆筒形件的毛坯形状与尺寸的确定方法相同。对于高椭圆筒形件工艺计算是由末道工序向前推算，即先确定倒数第二道（$n-1$ 道）拉深工序的形状与尺寸，然后确定 $n-2$，$n-3$…直至第一道拉深工序。

长轴处的拉深系数按式（4-2-27）计算。

$$m_{\text{t}n-j}=\frac{r_{\text{a}n-j}}{r_{\text{a}n-j}+n'_{n-j}}=0.75\sim0.85 \tag{4-2-27}$$

式中　$m_{\text{t}n-j}$——所求工序的拉深系数，角标 j 为向前推算的工序号，$j=0$，1，2…，$j=0$ 即末道，$j=1$，2…即为（$n-1$）道，（$n-2$）道，…；

$r_{\text{a}n-j}$——椭圆长轴处的曲率半径（mm），如图 4-2-22；

n'_{n-j}——长轴处变形区的宽度（mm）。

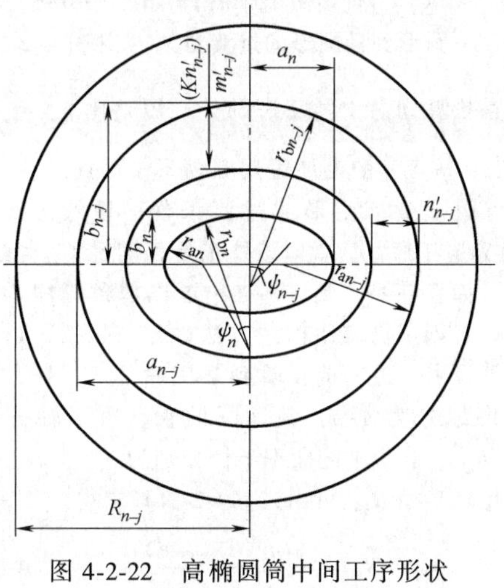

图 4-2-22　高椭圆筒中间工序形状与尺寸确定方法

根据拉深系数选取原则（见下节拉深系数法）选定 $m_{\text{t}n-j}$ 之后得到长轴处变形区宽度 n'_{n-j}，根据长、短轴比 $\frac{a_{n-j}}{b_{n-j}}$，由曲线（见图 4-2-10）查出合理的 K 值，可以得到短轴处变形区宽度 $m'_{n-j}=Kn'_{n-j}$。因此，得出长半轴 a_{n-j} 和短半轴 b_{n-j}，用几何作图法做出（$n-j$）道的椭圆形状。或者利用式（4-2-28）和式（4-2-29）求出长轴处曲率半径 $r_{\text{a}n-j}$ 和短轴处的曲率半径 $r_{\text{b}n-j}$，直接作出（$n-j$）道的椭圆形状。

$$r_{an-j}=\frac{\sqrt{a_{n-j}^2+b_{n-j}^2}-a_{n-j}+b_{n-j}}{2\cos\arctan(b_{n-j}/a_{n-j})} \tag{4-2-28}$$

$$r_{bn-j}=\frac{\sqrt{a_{n-j}^2+b_{n-j}^2}+a_{n-j}-b_{n-j}}{2\sin\arctan(b_{n-j}/a_{n-j})} \tag{4-2-29}$$

2）拉深系数法。为保证均匀变形条件，使长、短轴处的拉深系数相同，设 $m_a=\frac{r_{an-j}}{r_{an-j}+n'_{n-j}}$、$m_b=\frac{r_{bn-j}}{r_{bn-j}+m'_{n-j}}$分别为长、短轴处的拉深系数，令：

$$\frac{r_{an-j}}{r_{an-j}+n'_{n-j}}=\frac{r_{bn-j}}{r_{bn-j}+m'_{n-j}}=0.75\sim0.85 \tag{4-2-30}$$

m_a 或 m_b 与材料性能、拉深条件、拉深道次等有关。选取时应遵循以下原则：

① 拉深性能好，拉深道次少选小值，反之取大值。

② 接近末道拉深时取大值，随着工序的向前推算逐渐减小。当选定 m_a 或 m_b 后，由式（4-2-30）求得 n'_{n-j}、m'_{n-j}，于是得到（$n-j$）道的长半轴 a_{n-j} 和短半轴 b_{n-j}，然后用作图法做出（$n-j$）道工序的椭圆形状（见图 4-2-22）；同样，或者利用式（4-2-28）和式（4-2-29）求出长、短轴处曲率半径 r_{an-j} 和 r_{bn-j}，直接做出（$n-j$）道工序椭圆。

（2）圆形到椭圆形的过渡方法（见图 4-2-22） 当向前推算到某中间工序的长、短轴比 $f_{n-j}=\frac{a_{n-j}}{b_{n-j}}\leqslant1.3$ 时，该工序的毛坯可用圆筒形。因此，称 $f_{n-j}\leqslant1.3$ 为圆形到椭圆形的过渡条件。显然，当做出（$n-1$）道工序之后就应该检查是否满足 $f_{n-j}\leqslant1.3$ 的条件。如果满足，则（$n-1$）道以前各工序均应为圆形。否则，仍需用前述方法确定（$n-2$）道的形状。假设由 n 道向前推算到某工序的 $f_{n-j}\leqslant1.3$，将该工序编号为 $n-i$，其椭圆的长、短半轴分别为 a_{n-i}、b_{n-i}，长短轴的曲率半径分别为 r_{an-i}、r_{bn-i}，该工序毛坯半径 R_{n-i} 可由式（4-2-31）求得。

$$R_{n-i}=\frac{r_{bn-i}a_{n-i}-r_{an-i}b_{n-i}}{r_{bn-i}-r_{an-i}} \tag{4-2-31}$$

2. 拉深次数

由于中间工序是由末道工序向前推算得到的，一旦推算到某工序可以用平板毛坯进行一次拉深时，拉深次数也自然就被确定了。问题是如何判断（检查）何时可用平板毛坯进行首次拉深。

（1）首次拉深的判断（检查） 检查要从（$n-1$）道工序就开始进行。检查方法与所计算的中间工序的形状有关。有两种情况。

1）当所计算的中间某工序为圆筒形时，检查方法与圆筒形件拉深相同，即用首次极限拉深系数判断。

2）当计算的中间某工序为椭圆形时，用椭圆筒件的极限拉深系数判断。其方法：先用式（4-2-15）求出长轴端毛坯半径 R_a，并计算出该道工序的椭圆筒拉深系数 $m_{tn-j}=\frac{r_{an-j}}{R_a}$。再用式（4-2-14）求出椭圆筒的首次极限拉深系数［m_t］。如果 $m_{tn-j}\geqslant[m_t]$，该工序可以用平板毛坯进行第一次拉深。如果 $m_{tn-j}<[m_t]$，则不能用平板毛坯进行第一次拉深，应该继续进行前一工序的计算。

（2）首次拉深用平板毛坯形状与尺寸 首次拉深用的平板毛坯，其形状与尺寸的确定方法同样分两种情况。

1）当计算的中间工序为圆筒形时，所用的平板毛坯显然也是圆形。毛坯直径同圆筒形拉深的计算方法。

2）当计算的中间工序为椭圆形时，所用的平板毛坯也是椭圆形。尺寸计算方法同低椭圆形件拉深的计算方法。

3. 拉深高度的计算

1）求出椭圆的周长 L_{n-j} 尺寸：

$$L_{n-j}=4r_{bn-j}\phi+4r_{an-j}\left(\frac{\pi}{2}-\phi\right) \tag{4-2-32}$$

式中 ϕ——椭圆形辅助角。

当 $j=0$ 时，

$$\phi=\arctan\left(\frac{a_n-r_{an}}{r_{bn}-b_n}\right)\cdot\frac{\pi}{180^\circ} \tag{4-2-33}$$

当 $j=1$，2，…时，

$$\phi=\arctan\left(\frac{b_{n-j}}{a_{n-j}}\right)\cdot\frac{\pi}{180^\circ} \tag{4-2-34}$$

2）将椭圆周长等量代换成圆筒形周长，并求出圆筒直径 d_{2n-j}（见图 4-2-23）：

$$L_{n-j}=\pi d_{2n-j}$$

$$d_{2n-j}=\frac{L_{n-j}}{\pi} \tag{4-2-35}$$

3）求出毛坯直径 D_0（见图 4-2-23）：

$$D_0=\sqrt{d_{1n}^2+4d_{2n}h+6.28r_{pn}d_{1n}+8r_{pn}^2} \tag{4-2-36}$$

4）求出各工序的拉深高度：（见图 4-2-23）选定椭圆筒形件的各工序底角半径（凸模圆角半径），选取方法与筒形件的拉深凸模圆角半径的选取方法相同。然后，用式（4-2-37）计算拉深高度：

$$h_{n-j}=\frac{D_0^2-d_{1n-j}^2-6.28r_{pn-j}d_{1n-j}-8r_{pn-j}^2}{4d_{2n-j}} \tag{4-2-37}$$

$$H_{n-j}=h_{n-j}+r_{pn-j} \tag{4-2-38}$$

或者

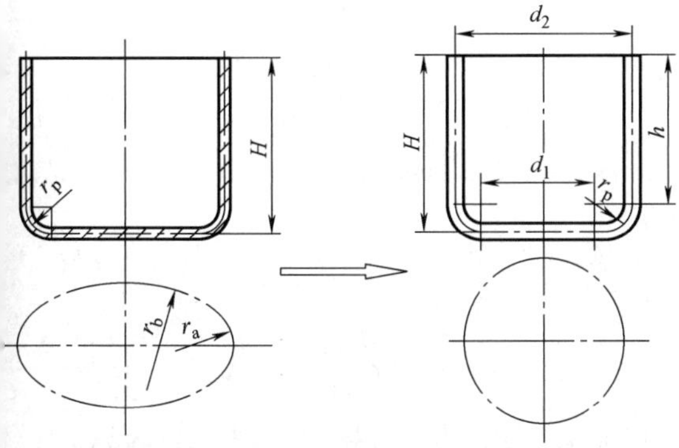

图 4-2-23　椭圆形件高度计算方法

$$H_{n-j}=\frac{D_0^2-d_{2n-j}^2+1.72r_{pn-j}d_{2n-j}+0.56r_{pn-j}^2}{4d_{2n-j}} \tag{4-2-39}$$

4. 高椭圆形件多次拉深工艺计算程序

计算由末道工序向前推算（见图 4-2-24）。

（1）计算倒数第二道（$n-1$ 道）工序形状与尺寸

1）计算长轴端变形区宽度 n'_{n-1}。首先根据拉深系数选取原则确定拉深系数 m_{tn}，再利用式（4-2-40）求出 n'_{n-1}。

$$n'_{n-1}=\frac{r_{an}(1-m_{tn})}{m_{tn}} \tag{4-2-40}$$

2）计算短轴端变形区宽度 m'_{n-1}。先计算出长、短轴比 $f_n=\frac{a_n}{b_n}$，由长短轴比和 m_n 查图 4-2-10 曲线，得出合理 K 值，然后求出短轴端变形区宽度 $m'_{n-1}=Kn'_{n-1}$。

3）确定（$n-1$）道工序椭圆的长、短半轴。

$$\left.\begin{aligned}a_{n-1}&=a_n+n'_{n-1}\\b_{n-1}&=b_n+m'_{n-1}\end{aligned}\right\} \tag{4-2-41}$$

4）做出（$n-1$）道工序椭圆形状。

① 根据长、短轴，用几何作图法做出（$n-1$）道椭圆形状。

② 或者用式（4-2-28）和式（4-2-29）求出椭圆长、短轴两端的曲率半径 r_{an-1} 和 r_{bn-1}，并直接做出（$n-1$）道椭圆的形状。

5）求（$n-1$）道工序拉深高度。

① 利用式（4-2-32）求出（$n-1$）道椭圆的周长 L_{n-1}。

② 利用式（4-2-35）求出椭圆周长等量代换成圆筒形周长后的圆筒直径 $d_{2n-1}=\frac{L_{n-1}}{\pi}$。

③ 利用式（4-2-36）计算出毛坯直径 D_0。

④ 求出 L_{n-1} 之后求出 d_{2n-1}，并给定 r_{pn-1}。

⑤ 利用式（4-2-37）、式（4-2-38）或式（4-2-39）求出（$n-1$）道工序拉深高度 h_{n-1} 和 H_{n-1}。

（2）检查能否用平板毛坯拉成（$n-1$）道

1）计算长轴处展开毛坯半径：

$$R_{an-1}=\sqrt{2r_{an-1}H_{n-1}+r_{an-1}^2}-0.43r_{pn-1} \tag{4-2-42}$$

2）计算长轴端的拉深系数：

$$m_{tn-1}=\frac{r_{an-1}}{R_{an-1}}$$

3）计算（$n-1$）道椭圆的首次极限拉深系数 $[m_t]$：

$$[m_t]=c\sqrt{b_{n-1}/a_{n-1}}\cdot[m_1]$$

4）对比 m_{tn-1} 和 $[m_t]$：当 $m_{tn-1}\geqslant[m_t]$ 时，可用平板毛坯进行第一次拉深；当 $m_{tn-1}<[m_t]$ 时，则不能进行第一次拉深，应继续进行前一道（$n-2$）工序的计算。

（3）$n-2$、$n-3$……各道工序计算　计算方法与（$n-1$）道完全相同，只是各公式中的符号分别换成 $n-2$、$n-3$……（见图 4-2-24）

（4）确定首次拉深用平板毛坯形状与尺寸　确定首次拉深用平板毛坯形状与尺寸分两种情况。

1）首次拉深工序形状为圆筒形。毛坯用圆形，其确定方法同圆筒形件拉深。

2）首次拉深工序形状为椭圆形。毛坯形状用椭圆形，确定方法与低椭圆形件拉深用的毛坯计算方法相同。

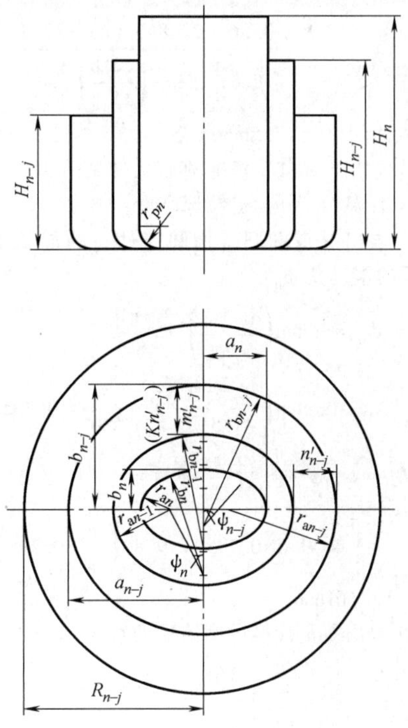

图 4-2-24　高椭圆筒中间工序形状与尺寸确定方法

举例：试制订如图 4-2-25 所示的高椭圆筒形件的工艺程序（本题用 K 值法按板厚中心尺寸进行计算）。

（5）求（$n-1$）道工序形状与尺寸

1）选取拉深系数。取 $m_{tn}=0.75$，长轴端变形区的宽度 n'_{n-1} 为

$$n'_{n-1}=\frac{r_{an}(1-m_{tn})}{m_{tn}}=\frac{9.8(1-0.75)}{0.75}\text{mm}\approx 3.27\text{mm}$$

2）计算长、短轴比：

$$f_n=\frac{a_n}{b_n}=\frac{32.3}{19}=1.7$$

根据 $m_{tn}=0.75$、$f_n=1.7$，查图 4-2-10 曲线得到 $K=1.15$。所以短轴短变形宽度：

$$m'_{n-1}=Kn'_{n-1}=1.15\times3.27\text{mm}\approx3.76\text{mm}$$

3）计算（$n-1$）道椭圆的长半轴和短半轴：

$$a_{n-1}=a_n+n'_{n-1}=(32.3+3.27)\text{mm}\approx35.6\text{mm}$$

$$b_{n-1}=b_n+m'_{n-1}=(19+3.76)\text{mm}\approx22.8\text{mm}$$

4）求出长、短轴端的曲率半径：

$$r_{bn-1}=\frac{\sqrt{a_{n-1}^2+b_{n-1}^2}+a_{n-1}-b_{n-1}}{2\sin[\arctan(b_{n-1}/a_{n-1})]}=\frac{\sqrt{35.6^2+22.8^2}+35.6-22.8}{2\sin\left[\arctan\left(\frac{22.8}{35.6}\right)\right]}\text{mm}=51\text{mm}$$

$$r_{an-1}=\frac{\sqrt{a_{n-1}^2+b_{n-1}^2}-a_{n-1}+b_{n-1}}{2\cos[\arctan(b_{n-1}/a_{n-1})]}=\frac{\sqrt{35.6^2+22.8^2}-35.6+22.8}{2\cos\left[\arctan\left(\frac{22.8}{35.6}\right)\right]}\text{mm}=17.5\text{mm}$$

5）做出（$n-1$）道椭圆形状（见图 4-2-25）。

6）计算（$n-1$）道拉深高度：

① 求出 n 道椭圆（椭圆筒件）的周长 L_n 和 n 道椭圆的辅助角 ϕ_n：

$$\phi_n=\arctan\left(\frac{a_n-r_{an}}{r_{bn}-b_n}\right)\cdot\frac{\pi}{180°}=\arctan\left(\frac{32.3-9.8}{41.5-19}\right)\cdot\frac{\pi}{180°}=0.785\text{rad}$$

$$L_n=4r_{bn}\phi_n+4r_{an}\left(\frac{\pi}{2}-\phi_n\right)=\left[4\times41.5\times0.785+4\times9.8\times\left(\frac{\pi}{2}-0.785\right)\right]\text{mm}\approx161\text{mm}$$

② 求出等量代换的圆筒形的直径 d_{2n}：

$$d_{2n}=\frac{L_n}{\pi}=\frac{161}{3.14}\text{mm}\approx51.3\text{mm}$$

$r_{pn}=4\text{mm}$，$d_{1n}=(51.3-8)\text{mm}=43.3\text{mm}$

③ 求出毛坯直径 D：

$$D=\sqrt{d_{1n}^2+4d_{2n}h+6.28r_{pn}d_{1n}+8r_{pn}^2}=\sqrt{43.3^2+4\times51.3\times54+6.28\times4\times43.3+8\times4^2}\text{mm}=\sqrt{14171.4}\text{mm}\approx119\text{mm}$$

④ 求出（$n-1$）道椭圆的周长 L_{n-1} 和（$n-1$）道椭圆的辅助角：

$$\phi_{n-1}=\arctan\left(\frac{b_{n-1}}{a_{n-1}}\right)\cdot\frac{\pi}{180°}=\arctan\left(\frac{22.8}{35.6}\right)\cdot\frac{\pi}{180°}=0.57\text{rad}$$

$$L_{n-1}=4r_{bn-1}\phi_{n-1}+4r_{an-1}\left(\frac{\pi}{2}-\phi_{n-1}\right)=[4\times51\times0.57+4\times17.5\times(1.57-0.57)]\text{mm}=186.28\text{mm}$$

⑤ 求 d_{2n-1} 和 d_{1n-1}：

$$d_{2n-1}=\frac{L_{n-1}}{\pi}=\frac{186.28}{3.14}\text{mm}\approx59.32\text{mm}$$

取 $r_{pn-1}=6\text{mm}$，则：

$$d_{1n-1}=(59.32-2\times6)\text{mm}=47.32\text{mm}$$

⑥ 求出（$n-1$）道的拉深高度 H_{n-1}：

$$H_{n-1}=\frac{D^2-d_{2n-1}^2+1.72r_{pn-1}d_{2n-1}+0.56r_{pn-1}^2}{4d_{2n-1}}=\frac{119^2-59.32^2+1.72\times6\times59.32+0.56\times6^2}{4\times59.32}\text{mm}=47.52\text{mm}$$

7）检查能否用平板毛坯进行第一次拉深。因（$n-1$）道形状为椭圆形，因此要用椭圆的极限拉深系数来判断（检查）。

① 求出长轴的拉深系数，长轴端毛坯半径：

$$R_{an-1}=\sqrt{2r_{an-1}H_{n-1}+r_{an-1}^2}-0.43r_{pn-1}=(\sqrt{17.5^2+2\times17.5\times47.52}-0.43\times6)\text{mm}=41.8\text{mm}$$

$$m_{tn-1}=\frac{r_{an-1}}{R_{an-1}}=\frac{17.5}{41.8}=0.419$$

② 椭圆形件的极限拉深系数 $[m_t]$ 用下式求出：

$$[m_t]=c\sqrt{b_{n-1}/a_{n-1}}\cdot[m_1]$$

先求出毛坯相对厚度 $\frac{t}{D}\times100=\frac{1}{119}\times100\approx0.84$，由表 4-1-1 查得圆筒形件的第一次极限拉深系数 $[m_1]=0.53\sim0.55$，取 $[m_1]=0.55$，并取 $c=1.08$，则有

$$[m_t]=c\sqrt{b_{n-1}/a_{n-1}}\cdot[m_1]=1.08\sqrt{\frac{22.8}{35.6}}\times0.55=0.48$$

因为 $m_{tn-1}=0.419<[m_t]$，所以不能用平板毛坯进行第一次拉深，应继续计算（$n-2$）工序的尺寸。

（6）求（$n-2$）道工序形状与尺寸

1）选取拉深系数。取 $m_{tn-1}=0.7$，长轴端变形区的宽度 n'_{n-2} 为

$$n'_{n-2}=\frac{r_{an}(1-m_{tn-1})}{m_{tn-1}}=\frac{1.75\times(1-0.7)}{0.7}\text{mm}=0.75\text{mm}$$

2）计算长、短轴比。$f_{n-1}=\dfrac{a_{n-1}}{b_{n-1}}=\dfrac{35.6}{22.8}\approx1.56$，根据 $m_{tn-1}=0.7$、$f_{n-1}=1.56$，查图 4-2-10 曲线得 $K=1.14$。所以短轴端变形区宽度 $m'_{n-2}=Kn'_{n-2}=1.14\times7.5\text{mm}=8.55\text{mm}$。

3）计算（$n-2$）道椭圆的长半轴和短半轴：

$$a_{n-2}=a_{n-1}+n'_{n-2}=(35.6+7.5)\text{mm}=43.1\text{mm}$$

$$b_{n-2}=b_{n-1}+m'_{n-2}=(22.8+8.55)\text{mm}\approx31.4\text{mm}$$

4）求（$n-2$）道椭圆长、短轴端的曲率半径：

$$r_{bn-2}=\frac{\sqrt{a_{n-2}^2+b_{n-2}^2}+a_{n-2}-b_{n-2}}{2\sin[\arctan(b_{n-2}/a_{n-2})]}=\frac{\sqrt{43.1^2+31.4^2}+43.1-31.4}{1.18}\text{mm}=49.2\text{mm}$$

$$r_{an-2}=\frac{\sqrt{a_{n-2}^2+b_{n-2}^2}-a_{n-2}+b_{n-2}}{2\cos[\arctan(b_{n-2}/a_{n-2})]}=\frac{\sqrt{43.1^2+31.4^2}-43.1+31.4}{1.62}\text{mm}=25.7\text{mm}$$

5）做出（$n-2$）道椭圆形状（见图 4-2-25）。

6）求（$n-2$）道拉深高度 H_{n-2}。

① 求出（$n-2$）道椭圆（椭圆筒件）的周长 L_{n-2}。

辅助角 ϕ_{n-2}：

$$\phi_{n-2}=\arctan\left(\frac{a_{n-2}}{b_{n-2}}\right)\cdot\frac{\pi}{180°}=\arctan\left(\frac{31.4}{43.1}\right)\cdot\frac{\pi}{180°}=0.63\text{rad}$$

$$L_{n-2}=4r_{bn-2}\phi_{n-2}+4r_{an-2}\left(\frac{\pi}{2}-\phi_{n-2}\right)=[4\times49.2\times0.63+4\times25.7\times(1.57-0.63)]\text{mm}\approx220.62\text{mm}$$

② 求出 d_{2n-2} 和 d_{1n-2}。

$$d_{2n-2}=\frac{L_{n-2}}{\pi}=\frac{220.62}{3.14}\text{mm}=70.26\text{mm}$$

取 $r_{pn-2}=8\text{mm}$，则有

$$d_{1n-2}=(70.26-16)\text{mm}=54.26\text{mm}$$

③ 求 H_{n-2}。

$$H_{n-2}=\frac{119^2-70.26^2+1.72\times8\times70.26+0.56\times64}{4\times70.26}\text{mm}=36.4\text{mm}$$

④ 检查能否用平板毛坯进行第一次拉深：因（$n-2$）道形状为椭圆形，因此要用椭圆的极限拉深系数来检查。

a）求长轴端毛坯半径。

$$R_{an-2}=\sqrt{2r_{an-2}H_{n-2}+r_{an-2}^2}-0.43r_{pn-2}=(\sqrt{25.7^2+2\times25.7\times36.4}-0.43\times8)\text{mm}=46.87\text{mm}$$

b）求（$n-2$）道拉深系数。

$$m_{tn-2}=\frac{r_{an-2}}{R_{an-2}}=\frac{25.7}{46.87}\approx0.548$$

c）求椭圆极限拉深系数。

$$[m_t]=c\sqrt{b_{n-2}/a_{n-2}}\cdot[m_1]=1.08\sqrt{31.4/43.1}\times0.55=0.51$$

因为 $m_{tn-1}=0.548>[m_t]=0.51$，所以可以用平板毛坯进行第一次拉深。

（7）平板毛坯形状与尺寸的确定

1）求出长轴处变形区宽度，用 N'_{n-2} 表示：

$$N'_{n-2}=R_{an-2}-r_{an-2}=(46.87-25.7)\text{mm}=21.17\text{mm}$$

2）求出长、短轴比：

$$f_{n-2}=\frac{a_{n-2}}{b_{n-2}}=\frac{43.1}{31.4}\approx1.37$$

根据 $m_{tn-2}=0.548$、$f_{n-2}=1.37$，查图 4-2-10 曲线得 $K=1.24$，短轴处变形区宽度为

$$M'_{n-2}=KN'_{n-2}=1.24\times21.17\text{mm}\approx26.25\text{mm}$$

3）求出毛坯长、短半轴：

长半轴：$a_0=a_{n-2}+N'_{n-2}=(43.1+21.17)\text{mm}=64.27\text{mm}$

短半轴：$b_0=b_{n-2}+M'_{n-2}=(31.4+26.25)\text{mm}=57.65\text{mm}$

汇总所有结果见表 4-2-6。

表 4-2-6　示例计算结果　（单位：mm）

第一道拉深	a_{n-2}	43.1	r_{an-2}	25.7	r_{pn-2}	8.0
	b_{n-2}	31.4	r_{bn-2}	49.2	H_{n-2}	36.4
第二道拉深	a_{n-1}	35.6	r_{an-1}	17.5	r_{pn-1}	6.0
	b_{n-1}	22.8	r_{bn-1}	51.0	H_{n-1}	47.5
第三道拉深	a_n	32.3	r_{an}	9.8	r_{pn}	4.0
	b_n	19.0	r_{bn}	41.5	H_n	58.0

（8）画出工序图（见图 4-2-25）

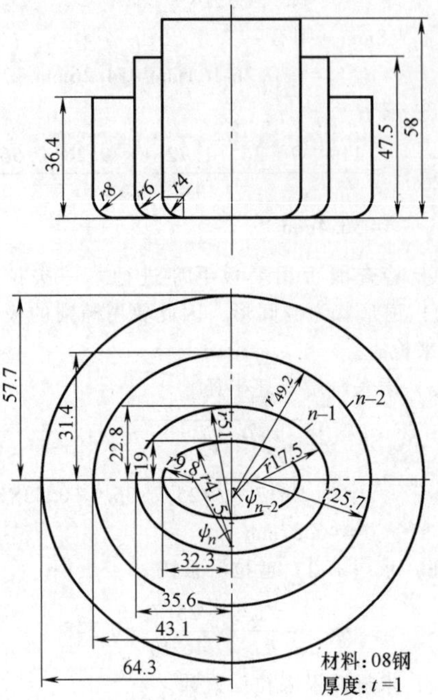

图 4-2-25　高椭圆筒中间工序计算示例

2.2　盒形件拉深

盒形件属于非回转体零件，包括方形盒件、矩形盒件和椭圆形盒件等，根据矩形盒件几何形状的特点，可将其侧壁分为长度是 $A-2r$ 与 $B-2r$ 的两对直边部分及 4 个半径为 r 的转角部分（见图 4-2-26）。盒形件拉深时，由于其几何形状的非回转特性，变形沿变形区周边的分布是不均匀的，直边区变形小，转角区变形大，而且变形区内的变形非常复杂。

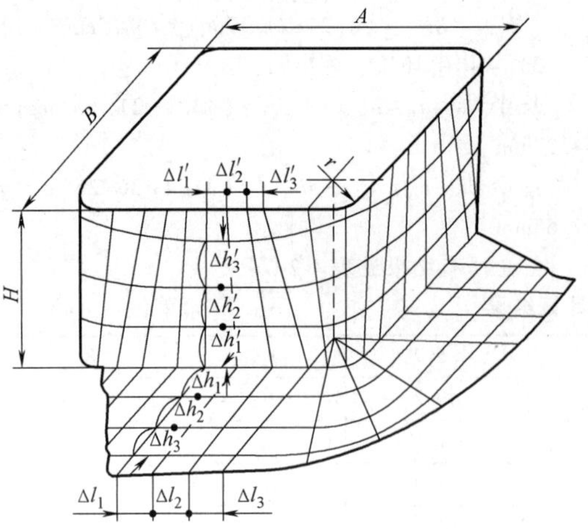

图 4-2-26　盒形件拉深变形特点

根据盒形件能否一次拉深成形，可将盒形件分为两类：凡是能一次拉深成形的盒形件称为低盒形件；凡是需经多次拉深才能成形的盒形件称为高盒形件。两类盒形件拉深时的变形特点有较大的差别，因此在工艺过程设计和模具设计中需要解决的问题和解决问题的方法也不尽相同。

2.2.1　低盒形件拉深

低盒形件是指一次能拉深成形的直壁非回转体零件，或虽需两次拉深，但第二次仅用来整形的零件。

1. 低盒形件拉深的变形特点

1）盒形件一次拉深成形时，零件表面网格发生了明显变化（如图 4-2-26），由此表明法兰变形区直边处产生了切向收缩变形，使圆角处的应变强化得到缓和，从而降低了圆角部分传力区的轴向拉应力，相对提高了传力区的承载能力。

2）盒形件拉深时，法兰变形区圆角处的拉深阻力大于直边处的拉深阻力，圆角处的变形程度大于直边处的变形程度。因此，变形区内金属质点的位移量在直边处大于圆角处。而位移量是在相同时间内完成的，因此两处的位移速度就不同。然而变形区是一连续的整体，变形时相互牵制，这种位移速度差必然引起切应力，称这种切应力为位移速度差诱发切应力，以便与通常所说的切应力相区别。显然，诱发切应力在两处交界的地方达到最大值，并由此向直边处和圆角处的中心线逐渐减小。变形区内应力状态与切应力分布情况可定性地用图 4-2-27 示意。由图 4-2-27 可知，圆角部分传力区内轴向拉应力减小了一个切应力值，从而也相对地提高了传力区的承载能力。

由于上述两种原因，盒形件的成形极限高于直径为 $2r$ 的圆筒形件的成形极限。

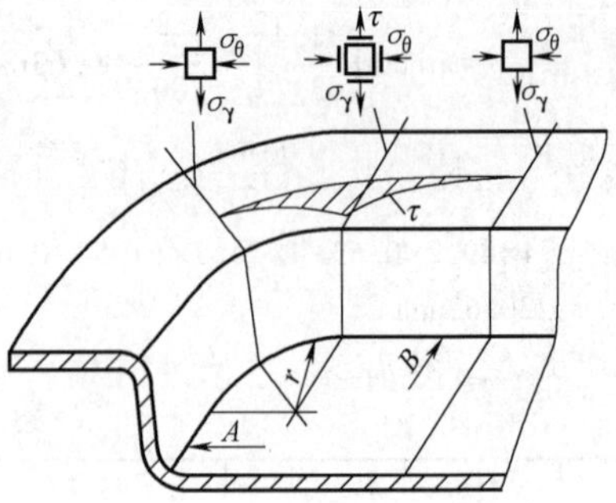

图 4-2-27　变形区内的应力状态

3）图 4-2-27 所示的切应力形成的弯矩引起变形区平面内的弯曲变形，从而使变形区内的变形变得相当复杂。板平面内的弯曲变形使变形区直边处外缘和圆角处内缘形成起皱的危险区，同时还可能引起盒形件壁裂的产生。

矩形盒的几何特征可以用相对圆角半径 r/B 表示，$0<r/B\leqslant0.5$。当 $r/B=0.5$ 时为圆筒形零件。矩形盒拉深时，变形区的变形分布与相对圆角半径 r/B 和毛坯形状有关。相对圆角半径不同，变形区直边处与圆角处之间的应力的相互影响不同。在实际生产中，应根据矩形盒的相对圆角半径 r/B 和相对高度 H/r 来设计毛坯和拉深工艺。

2. 毛坯形状的确定

盒形件拉深时，确定毛坯形状与尺寸的原则是在保证零件质量的前提下，尽可能节约原材料，并且有利于提高成形极限。

(1) 修边余量　盒形件拉深时，变形区内毛坯各点的切向压缩变形及纵向伸长变形沿变形区周边上应力应变分布不均匀，而且零件的几何参数、材料性能、模具结构等因素对这种不均匀变形的影响非常复杂。所以，目前还不能精确地计算出毛坯形状和尺寸，使零件的口部非常平齐。因此，一般情况下盒形件拉深结束后都需要进行修边。修边余量见表 4-2-7。

表 4-2-7　盒形件的修边余量

拉深次数	1	2	3	4
修边高度 ΔH	$(0.03\sim0.08)H_0$	$(0.04\sim0.06)H_0$	$(0.05\sim0.08)H_0$	$(0.06\sim0.1)H_0$

盒形件拉深用毛坯高度计算可用式 (4-2-43) 表示

$$H=H_0+\Delta H \qquad (4\text{-}2\text{-}43)$$

式中　H_0——盒形件高度；

ΔH——盒形件修边余量，查表 4-2-7。

(2) 合理的毛坯形状　由于盒形件拉深时变形的不均匀性及各因素对变形影响的复杂性，想找到一种理想的毛坯形状适用于各种几何参数的零件是不可能的。只能对不同几何参数范围给出相应的较为合理的毛坯形状。合理毛坯形状分为三类：A 型毛坯、B 型毛坯及 C 型毛坯。三种类型毛坯所适用的范围如图 4-2-28 及表 4-2-8 所示。因此，对不同几何参数的盒形件，可从图 4-2-28 或表 4-2-8 中选用一次拉深成形时的合理毛坯类型。

表 4-2-8　盒形件合理毛坯分区表

r/B		<0.08	0.05~0.13	0.13~0.17	0.27~0.35	>0.35
H/r	<1.8	A_1	A_1	A_1/A_2	A_2/A_3	A_3(C)
	1.8~4	A_1	A_1/B	B/C	C	—
	4~6	B′	B/C	C	—	—
	>6	B′(C)	C	—	—	—

注：H/r 及 r/B 较大者选用“/”下方的类型。

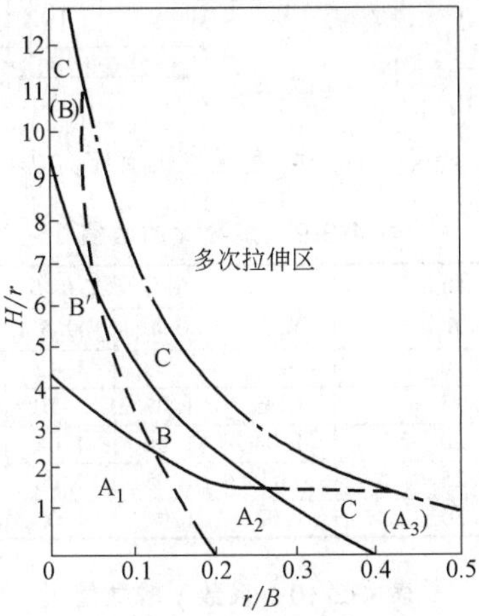

图 4-2-28　盒形件合理毛坯选用图

(3) 合理毛坯形状与尺寸的确定

1) A 型毛坯的确定方法。A 型毛坯根据盒形件的相对高度 H/r 和相对转角半径 r/B 不同又可分成 A_1、A_2、A_3 三种类型。

① A_1 型毛坯可用几何作图法将盒形件直壁的直边部分和圆角部分分别在底平面上展开，使毛坯角部具有光滑过渡的轮廓（见图 4-2-29）。计算与作图方法如下：

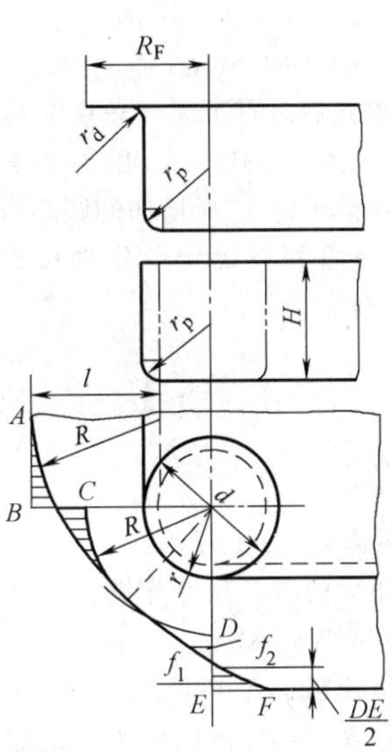

图 4-2-29　A_1 型毛坯确定方法

a. 直边部分按弯曲变形计算，其展开长度 l 由式（4-2-44）确定：

无凸缘时　$l=H+0.57r_p$　（4-2-44）

带凸缘时　$l=H+R_F-0.43(r_d+r_p)$　（4-2-45）

b. 圆角部分按 1/4 圆筒形件拉深变形计算，展开的角部毛坯半径 R 用以下各式进行计算：

无凸缘时　若 $r=r_p$，则 $R=\sqrt{2rH}$　（4-2-46）

若 $r\neq r_p$，则 $R=\sqrt{r^2+2rH-0.86r_p(r+0.16r_p)}$　（4-2-47）

带凸缘时

$$R=\sqrt{R_F^2+2rH-0.86r_p(r_d+r_p)+0.14(r_d^2+r_p^2)} \quad (4\text{-}2\text{-}48)$$

c. 做出从圆角部分到直边部分呈阶梯形过渡的平面毛坯 $ABCDEF$。

d. 从过渡线段 BC、DE 的中点分别向半径为 R 的圆弧作切线，并用圆弧圆滑过渡，使 $f_1=f_2$，最后得到如图 4-2-29 所示的角部毛坯轮廓线。

根据盒形件几何尺寸的不同，A_1 型毛坯可有如图 4-2-30 所示的三种角部形状。

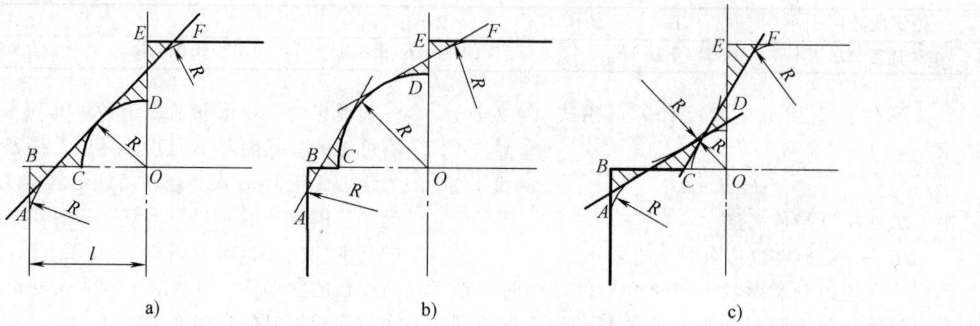

图 4-2-30　A_1 型毛坯的角部形状

② A_2 型毛坯（图 4-2-31）计算与作图方法可按下列程序进行：

a. 接前述 A_1 型毛坯尺寸计算方法分别算出直边部分的展开尺寸 l 和圆角部分的角部毛坯半径 R。

b. 做出从圆角部分到直边部分的阶梯形过渡的平面毛坯。

c. 求出修正后的角部毛坯半径 R_1。

$$R_1=xR \quad (4\text{-}2\text{-}49)$$

式中　x——系数，可由表 4-2-9 查得，也可按式（4-2-50）计算：

$$x=0.0185(R/r)^2+0.982 \quad (4\text{-}2\text{-}50)$$

d. 求出修正后由直边展开长度上切去的条形宽度 h_a 和 h_b（见图 4-2-31）。h_a 和 h_b 的大小可根据角部毛坯半径 R 扩大到 R_1 所增加的圆环面积与切去的条形面积相等的关系确定。分别按式（4-2-51）、式（4-2-52）确定：

$$h_a=y\frac{R^2}{A-2r} \quad (4\text{-}2\text{-}51)$$

$$h_b=y\frac{R^2}{B-2r} \quad (4\text{-}2\text{-}52)$$

系数 y 可由表 4-2-10 查得。

e. 按修正后的展开尺寸作图，即将半径增大到 R_1，将长度 l 减小 h_a 和 h_b。

f. 根据修正后的毛坯长度、宽度和角部半径，分别用半径为 R_a 和 R_b 的圆弧平滑地过渡连接，从而得到所求的 A_2 型毛坯形状和尺寸。

圆弧半径 R_a 和 R_b 可分别等于边长为 A 和 B 的方盒形件的圆形毛坯半径（计算方法见 A_3 型毛坯）。

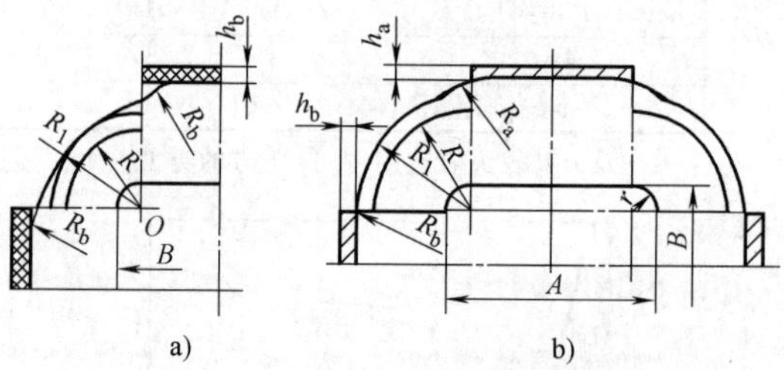

图 4-2-31　A_2 型毛坯的确定方法

表 4-2-9　系数 x 的数值

相对转角半径	相对高度 H/B			
r/B	0.3	0.4	0.5	0.6
0.10	—	1.09	1.12	1.16
0.15	1.05	1.07	1.10	1.12
0.20	1.04	1.06	1.08	1.10
0.25	1.035	1.05	1.06	1.08
0.30	1.03	1.04	1.05	—

表 4-2-10　系数 y 的数值

相对转角半径	相对高度 H/B			
r/B	0.3	0.4	0.5	0.6
0.10	—	0.15	0.20	0.27
0.15	0.08	0.11	0.17	0.20
0.20	0.06	0.10	0.12	0.17
0.25	0.05	0.08	0.10	0.12
0.30	0.04	0.06	0.08	—

③ A_3 型毛坯用于相对尺寸处于图 4-2-28 中 A_3 区的盒形件。

对于宽度为 B、高度为 H（计入修边余量）的方盒形件，毛坯形状采用圆形（见图 4-2-32）。毛坯直径根据盒形件表面积与毛坯面积相等的条件计算

当 $r=r_p$ 时：

$$D_0=1.13\sqrt{B^2+4B(H-0.43r)-1.72r(H+0.33r)} \tag{4-2-53}$$

当 $r\neq r_p$ 时：

$$D_0=1.13\sqrt{B^2+4B(H-0.43r_p)-1.72r(H+0.5r)-4r_p(0.11r_p-0.18r)} \tag{4-2-54}$$

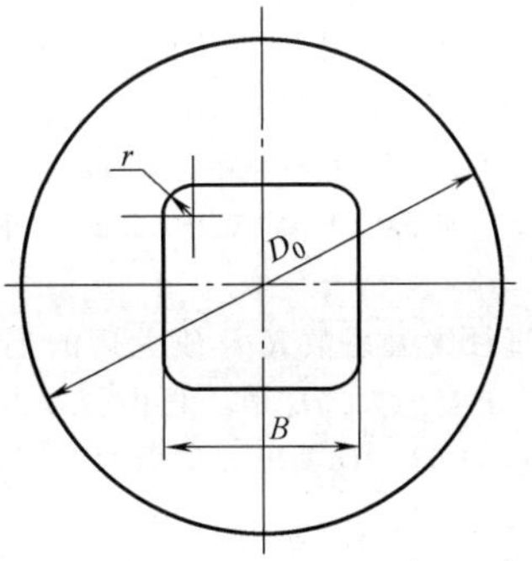

图 4-2-32　方盒形件 A_3 型毛坯确定方法

对于长度为 $A\times B$、高度为 H（计入修边余量）的矩形盒形件，可以把它看作由分成两半的宽度为 B 的方盒件和宽度为 B、长度为 $(A-B)$ 的中间部分组成的。毛坯形状是由两个半径为 R_0 的半圆和两条平行线构成的扁圆形，如图 4-2-33 所示。毛坯长度为

$$L=D_0+(A-B) \tag{4-2-55}$$

式中　D_0——边长为 B 的方盒形件的毛坯直径，用式（4-2-53）或式（4-2-54）进行计算。

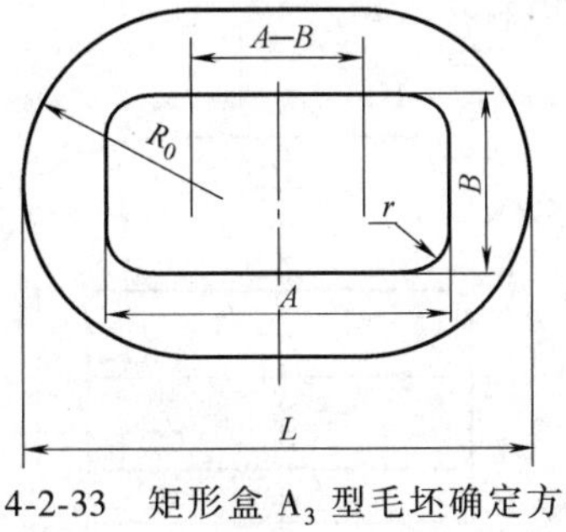

图 4-2-33　矩形盒 A_3 型毛坯确定方法

2）B（B′）型毛坯的确定方法

① B 型毛坯用于相对尺寸处于图 4-2-28 中 B 区的盒形件。对于边长为 B 的方盒形件或边长为 $A\times B$ 的矩形盒，四个角部的毛坯形状及尺寸确定方法如下。

a. 将盒形件的直边与圆角分别展开，如图 4-2-34 所示。角部毛坯半径 R_0 由式（4-2-56）给出：

$$R_0=K\sqrt{r^2+2rH} \tag{4-2-56}$$

式中　K——考虑材料由角部向直边部流动的系数，可由图 4-2-35 查得。

b. 在角部的对称中心线上取 O' 点，使 $OO'=3R_0$，以 O'为中心、$2R_0$ 为半径作弧与以 O 为圆心的弧相切于 M 点（见图 4-2-34）。

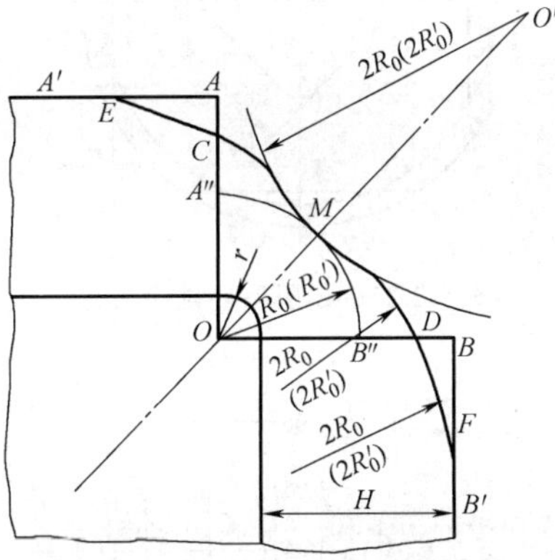

图 4-2-34　B（B′）型毛坯确定方法

c. 用半径为 $2R_0$ 的两个圆弧与以 O'为圆心的弧相切，并分别过 C 点及 D 点，使 $A''C=2AC$、$B''D=2BD$。

d. 用半径为 $2R_0$ 的两个圆弧分别过 C 点及 D 点，并分别与直边轮廓线相切于 E 及 F 点。

e. $A'ECMDFB'$即为所求的盒形件一个角部的毛坯形状。

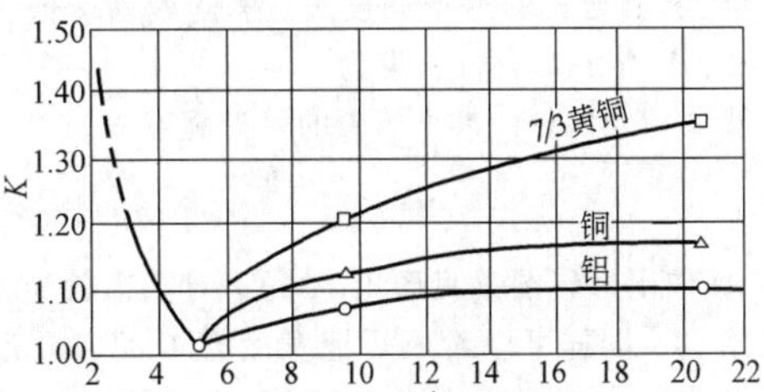

图 4-2-35　K 值修订系数

② B′型毛坯用于相对尺寸处于图 4-2-28 中 B′区内的盒形件。其形状的确定方法与 B 型毛坯完全相同。角部毛坯半径 R_0' 用式（4-2-57）确定。

$$R_0'=K_1K\sqrt{r^2+2rH} \tag{4-2-57}$$

式中　K_1——修正系数，与相对转角半径 r/B 有关，当 $r/B\geqslant0.13$ 时，$K_1=2$，当 $r/B<0.13$ 时，$K_1=2\sim2.5$。

B′型毛坯的角部尺寸，将 B 型毛坯中的尺寸 R_0

及 $2R_0$ 换为 R'_0 及 $2R'_0$ 即可（见图 4-2-34）。

3）C 型毛坯的确定方法　C 型毛坯也称圆切弓形毛坯，即在圆形毛坯上对应于盒形件 4 个角部切去弦高为 h 的四个弓形，如图 4-2-36 所示。

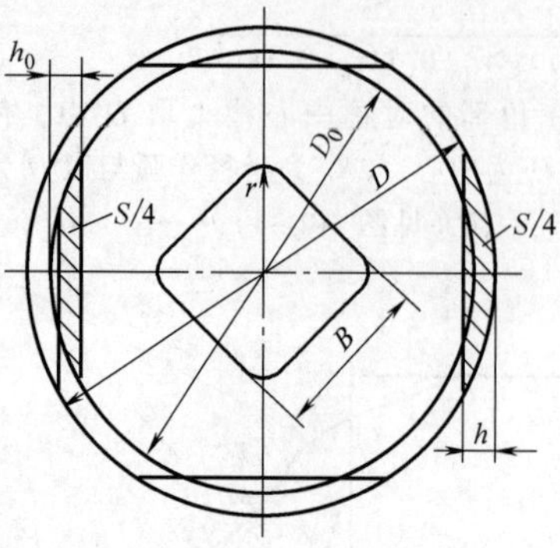

图 4-2-36　C 型毛坯确定方法

毛坯厚度在变形前后仍近似地视为不变，根据变形前后总面积相等的条件，由盒形件（高度计入修边余量）的总面积求出圆形毛坯直径 D_0。为了保证切去弓形后的 C 型毛坯总面积与计算出的圆形毛坯面积相等，假想地在直径为 D_0 的圆形毛坯上切去 4 个弓形，弦高为 h_0，并计算出 4 个弓形的总面积 S。将 S 加到直径为 D_0 的圆形毛坯上，得到直径增大为 D 的圆形毛坯。然后再从该毛坯上切去总面积为 S 的 4 个弓形，弦高为 $h<h_0$。于是得到总面积不变的 C 型毛坯。C 型毛坯确定方法如下。

① 由式（4-2-53）或式（4-2-54）求出毛坯直径 D_0。

② 求直径放大系数 K 及放大后的毛坯直径 D。根据表 4-2-11 查出 h_0/D_0 值，再由图 4-2-37a 查出 K 值。由式（4-2-58）计算出放大后的毛坯直径 D。

$$D=KD_0 \tag{4-2-58}$$

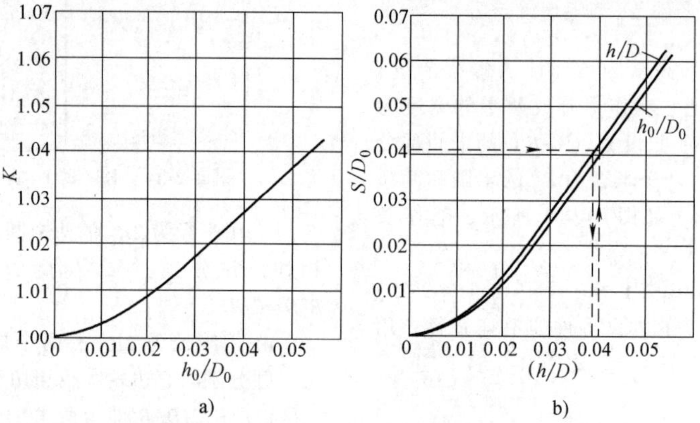

图 4-2-37　K 值、h/D 值的选用曲线

③ 求出切去的弓形高度 h。根据 h_0/D_0 值，由图 4-2-37b 查出 h/D 值，设为 a。

由式（4-2-59）求出切去的弓形高度 h。

$$h=aD \tag{4-2-59}$$

④ 作出毛坯图（见图 4-2-36）。对于边长为 $A\times B$ 的矩形盒，同样可以看成是把宽度为 B 的方盒形件分为两半，中间用宽度为 B、长度为（$A-B$）的部分相连。毛坯形状是由两个半径为 $R=D/2$ 的半圆切弓形的部分和两条平行边组成，如图 4-2-38 所示。半径 R 和切去的弓高 h 的求法与圆形毛坯切弓形的方法相同。

表 4-2-11　h_0/D_0 选用表

r/B	h_0/D_0
0～0.1	0.05～0.045
0.1～0.25	0.045～0.04
0.25～0.5	0.04～0

注：r/B 较大，H/r 较小者取小值，反之取大值。

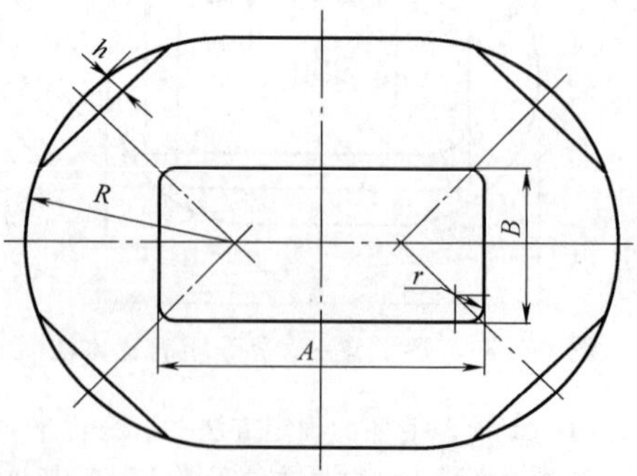

图 4-2-38　矩形盒的 C 型毛坯

3. 低盒形件拉深时的成形极限

（1）破坏形式　盒形件拉深时的成形极限是指在一次拉深成形中，在传力区不破坏的条件下，变形区所能达到的最大变形程度，因此它是表示盒形件能否一次拉深成形的判据。在拉深成形中，毛坯的破坏形式有如图 4-2-39 所示的拉深破裂（凸模圆

角处的破裂）和侧壁破裂（简称壁裂）两种。在圆筒形件拉深中，几乎只产生拉深破坏，在盒形件拉深中两种破坏形式都经常出现，而且要根据最先产生的破裂来规定成形极限。

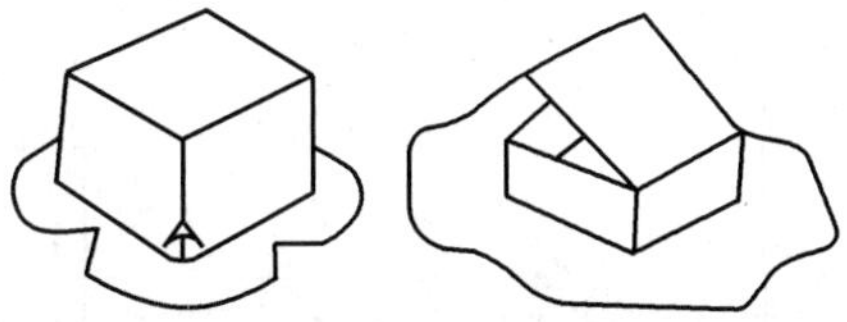

a) 壁裂　　b) 拉深破裂

图 4-2-39　盒形件拉深破坏形式

拉深破裂极限取决于法兰变形区的阻力和侧壁传力区的承载能力，所以各种成形条件都会通过上述两方面因素对成形极限产生影响。影响变形区阻力条件的有压边力、润滑条件、相对凹模圆角半径 r_d/t、相对转角半径 r/B 及毛坯尺寸与形状等；影响侧壁传力区承载能力条件的有模具间隙、相对凸模圆角半径 r_p/t 等。

对于由侧壁破裂决定的成形极限（下称壁裂极限），主要影响因素有：

1）法兰变形区直边处与圆角处的阻力条件，即压边力的分布、润滑情况。适当增加直边阻力或减小圆角处阻力对提高壁裂极限都能收到较好的效果。

2）相对凹模圆角半径 r_d/t 及相对转角半径 r/B。如果 r_d/t 过小，材料通过凹模圆角时经过反复弯曲，侧壁产生过度变薄，则容易在侧壁产生破裂。r_d/t 及 r/B 对壁裂的影响如图 4-2-40 所示。由图可知，当 $r_d/t<2$ 时多产生壁裂破坏。

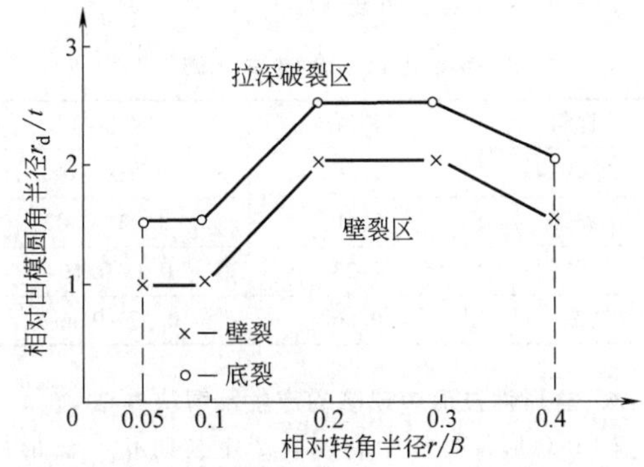

图 4-2-40　r_d/t 及 r/B 与破坏形式的关系

3）毛坯形状的影响主要指切角毛坯，其切角量对壁裂极限有较大的影响，切角量对壁裂极限的影响如图 4-2-41 所示。切角毛坯如图 4-2-42 所示。

（2）成形极限　盒形件拉深的成形极限可用一

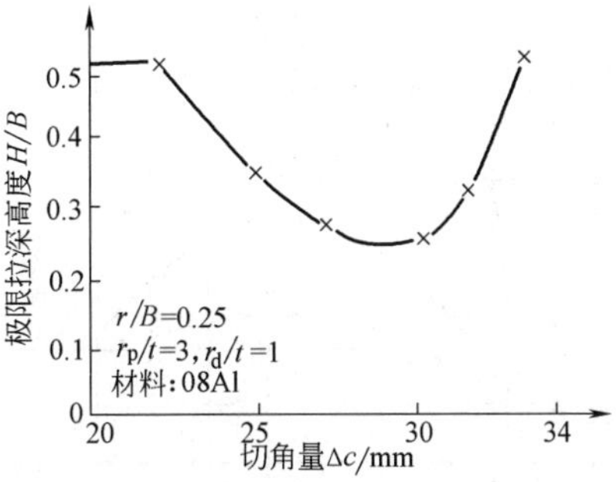

图 4-2-41　切角量对壁裂极限的影响

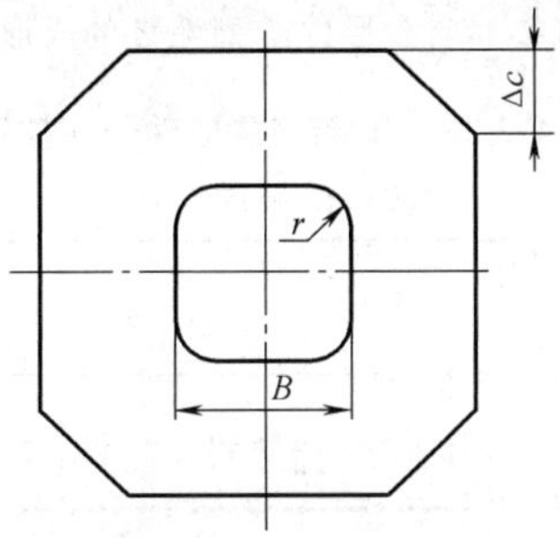

图 4-2-42　切角毛坯

次成形所能得到的极限高度［H/r］或［H/B］（H 为盒形件第一次成形的最大高度）表示，也可用极限拉深系数［m_h］表示。

1）极限高度［H/r］（［H/B］）。图 4-2-43 及图 4-2-44 所给出的是几种常用材料盒形件不同毛坯形状下的一次拉深的相对极限高度。表 4-2-12 及表 4-2-13 给出的是低碳钢盒形件一次拉深的相对极限高度。

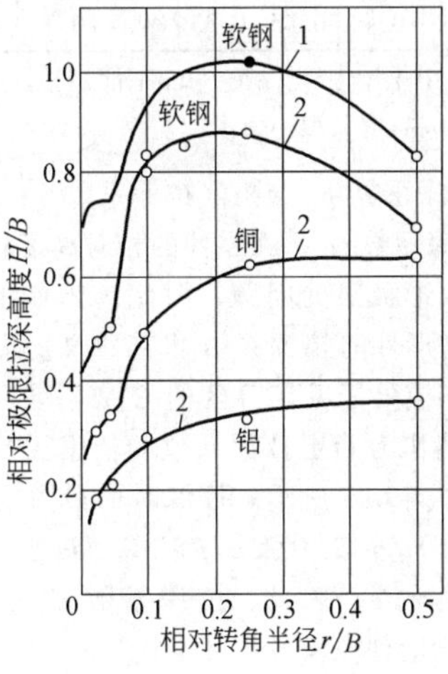

图 4-2-43　几种材料盒形件的成形极限

1—切圆角毛坯　2—方形毛坯

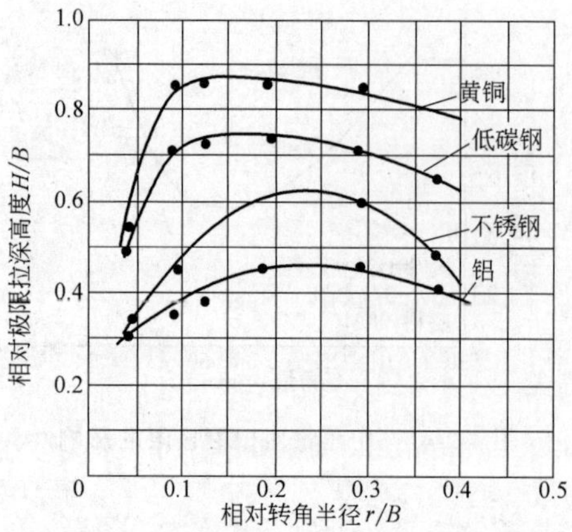

图 4-2-44　盒形件 C 型毛坯的成形极限

表 4-2-12　低碳钢盒形件一次拉深的相对极限高度 [H/r]

相对转角半径 r/B	0.4	0.3	0.2	0.1	0.05
相对极限高度 [H/r]	2~3	2.8~4	4~6	8~12	10~15

表 4-2-13　低碳钢盒形件一次拉深的相对极限高度 [H/B]

相对转角半径 r/B	相对厚度 t/D×100			
	2.0~1.5	1.5~1.0	1.0~0.5	0.5~0.2
0.30	1.2~1.0	1.1~0.95	1.0~0.9	0.9~0.85
0.20	1.0~0.9	0.9~0.82	0.85~0.7	0.8~0.7
0.15	0.9~0.75	0.8~0.7	0.75~0.65	0.7~0.6
0.10	0.8~0.6	0.7~0.55	0.65~0.5	0.6~0.45
0.05	0.7~0.5	0.6~0.45	0.55~0.4	0.5~0.35
0.02	0.5~0.4	0.45~0.35	0.4~0.3	0.35~0.25

注：表中数值，当 $B<100\text{mm}$ 时，取大值；当 $B>100\text{mm}$ 时，取小值。

2）拉深系数 m_h 与极限拉深系数 $[m_h]$。

① 拉深系数 m_h。在零件的相对高度较大的情况下才涉及成形极限的问题。因此，只有在这种情况下，讨论盒形件的拉深系数才有意义。显然，这时所用的毛坯应处于毛坯分区的 C 型毛坯区，所以要用 C 型毛坯作为确定拉深系数的依据。拉深系数定义方法如图 4-2-45 所示。拉深时的最大变形程度可以认为曲线 $mfgn$ 变为弧 $m'f'g'n'$，fdg 变为 $f'g'$，近似地取 $cde=fdg$。因此，拉深系数 $m_h=f'g'/cde=f'g'/fdg$。盒形件拉深系数可用式（4-2-60）确定：

$$m_k=\frac{r}{0.5D-h-0.71+1.41r} \tag{4-2-60}$$

式中　D——放大后的毛坯直径；

h——切去的弓形高度。

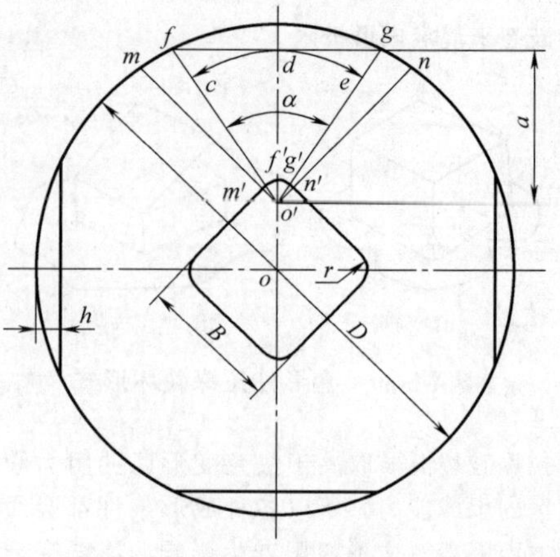

图 4-2-45　拉深系数的定义方法

② 极限拉深系数 $[m_h]$。对于盒形件拉深，影响极限拉深系数的因素多，规律复杂，因此可供实用的盒形件极限拉深系数的资料较少。根据盒形件拉深的变形特点可以找到盒形件的极限拉深系数 $[m_h]$ 与圆筒形件的极限拉深系数 $[m_1]$ 之间的关系。对于不同相对转角半径的盒形件，其极限拉深系数 $[m_h]$ 可用式（4-2-61）确定。

$$[m_h]=\left(K\sqrt{\frac{r}{B}}+b\right)[m_1] \tag{4-2-61}$$

式中　K、b——与材料拉深性能有关的常数，见表 4-2-14；

$[m_1]$——同种材料的圆筒形件的极限拉深系数，见表 4-1-1。

表 4-2-14　K 值与 b 值

材料	K 值	b 值
低碳钢	1.50	−0.07~0
黄铜	1.56	−0.12~0.02
不锈钢	1.23	0.1~0.16
铝	0.86	0.37~0.45

4. 盒形件拉深中缺陷的产生及解决办法

（1）盒形件拉深中裂纹的产生与防止　盒形件拉深中会产生各种不同的裂纹，由于裂纹产生的部位及变形状态不同，形成裂纹的原因及解决方法也就不同。为了更好地防止裂纹的发生，必须对裂纹的类型及性质有一个正确的认识。通过网格法对裂纹产生部位的变形状态进行分析，可以深入地了解裂纹性质。对盒形件拉深中经常遇到的几种裂纹形式，将其产生的原因及解决办法归纳见表 4-2-15。

表 4-2-15　裂纹产生原因及解决办法

序号	裂纹发生部位及名称	裂纹处的应力状态	产生原因		解决办法
1	在凸模圆角区，称为拉深破裂 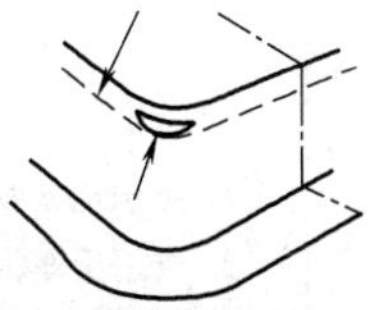	平面应变状态 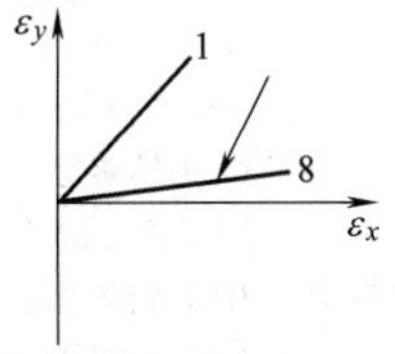	制件形状	1. 拉深深度过大 2. 断裂部位圆角半径 r_p 过小 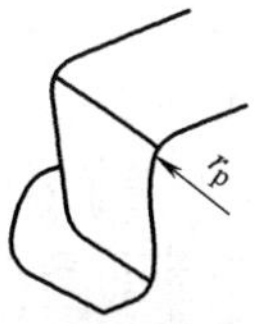 3. 断裂部位转角半径 r 过小 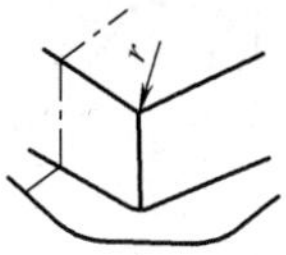	1. 分多道工序进行拉深 2. 增大 r_p，并增加整形工序
			冲压条件	1. 压边力过大 2. 冲模表面润滑不好 3. 毛坯尺寸过大 4. 毛坯定位不准 5. 拉深速度过快	1. 适当减小压边力 2. 使用高黏度润滑油 3. 适当剪切角部 4. 检查定位销位置 5. 调整拉深速度
			模具	1. 冲模表面粗糙 2. 冲模表面局部接触 3. 冲模表面平行度不好(包括压力机) 4. 拉深筋位置、形状不合适	1. 研磨 2. 局部进行精加工或增加冲模刚性 3. 用垫片调整 4. 减弱拉深筋作用
			材料	1. 拉深性能不好 2. 厚度不够	改用 CCV 值小、r 值大的材料
2	在转角处侧壁上靠近法兰根部，称为侧壁破裂 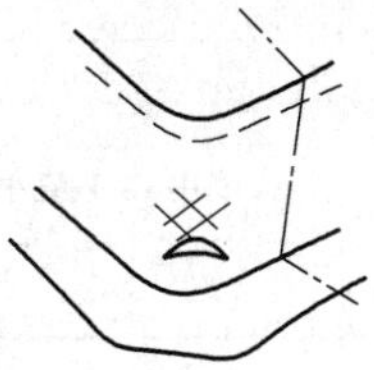	变形路径：从一拉一压的变形到平面应变 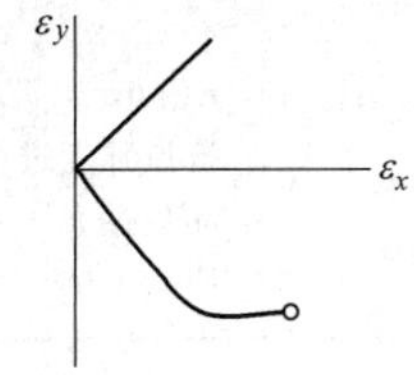	制件形状	1. 拉深深度过大 2. 法兰根部圆角半径 r_d 过小 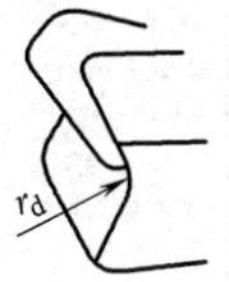 3. 转角半径 r 过小 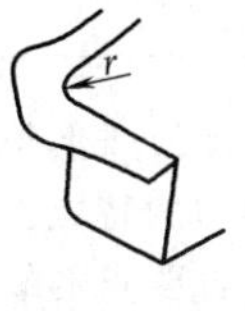	1. 分多道工序进行拉深 2. 增大 r_d，并增加整形工序

（续）

序号	裂纹发生部位及名称	裂纹处的应力状态	产生原因		解决办法
2	在转角处侧壁上靠近法兰根部，称为侧壁破裂 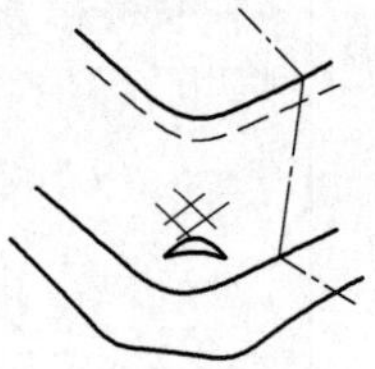	变形路径：从一拉一压的变形到平面应变 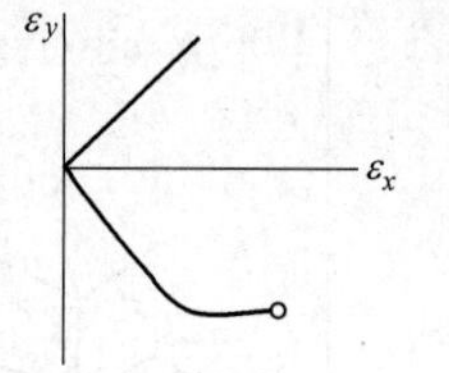 	冲压条件	1. 压边力分布不合适 2. 冲模表面润滑不好 3. 毛坯形状不合适 4. 托杆的接触不好	1. 增加直边压边力，减小圆角部位压边力 2. 改善圆角部位冲模表面质量 3. 无拉深筋的拉深要减小转角部毛坯；有拉深筋的拉深，法兰小些较好 4. 调整托杆长度
			模具	1. 冲模表面粗糙 2. 冲模表面局部接触 3. 冲模表面平行度不好（包括压力机） 4. 拉深筋位置、形状不合适	1. 研磨 2. 局部进行精加工，增加冲模刚性 3. 用垫片调整 4. 减弱转角部位拉深筋作用
			材料	1. 铝镇静钢 2. 抗拉强度过小 3. 晶粒过大 4. 变形极限小 5. 厚度不够	1. 改用沸腾钢 2. 改用更厚的材料
3	直边侧壁的中间部位，称为直边侧壁裂纹 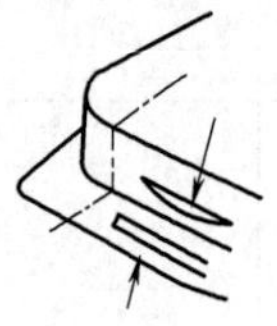	平面应变状态 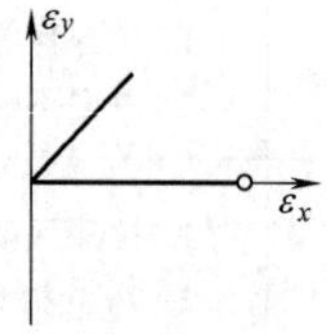 	制件形状	1. 拉深深度过大 2. 法兰根部圆角半径 r_d 过小 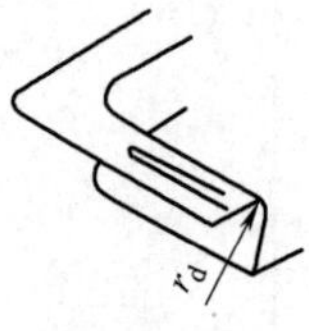 	增大 r_d，并增加整形工序
			冲压条件	1. 压边力过大 2. 冲模表面润滑不好	1. 适当减小压边力 2. 使用高黏度润滑油
			模具	1. 冲模表面粗糙 2. 冲模表面局部接触 3. 冲模表面平行度不好（包括压力机） 4. 拉深筋位置、形状不合适	1. 研磨 2. 局部进行精加工，增加冲模刚性 3. 用垫片调整 4. 减弱拉深筋作用
			材料	1. r 值小 2. 抗拉强度过小 3. 晶粒过大 4. 厚度不够	改用 CCV 值小的材料

（2）盒形件拉深中形状不良的产生与防止　由于盒形件拉深时变形分布不均匀的特点，在拉深过程中往往出现形状、尺寸不符合要求的缺陷。当对制件形状、尺寸及外观要求严格时，这些缺陷是不允许的。常见的几种缺陷产生原因及消除办法见表 4-2-16。

表 4-2-16　缺陷产生原因及解决办法

序号	缺陷名称	产 生 原 因	解 决 办 法
1	底面变形 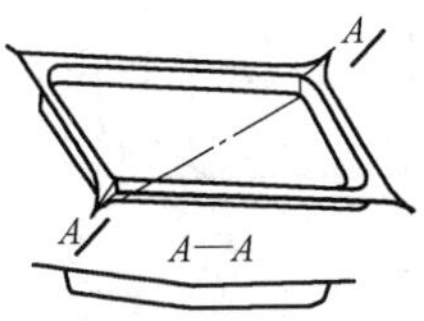	圆形变形大，直边变形小，造成转角的底面也产生变形使对角线方向发生翘曲	1. 四角处进行润滑 2. 减小圆角部分的压料力 3. 减小直边部分凹模圆角半径 4. 用胀形方法加工 5. 改用低屈服强度材料
2	侧壁松弛 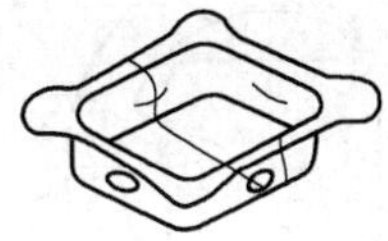	直边材料流入比转角材料流入大，由多余材料形成侧壁的松弛	1. 压紧直边部，对于强度高的材料尤应如此 2. 减弱转角部位压料面的压力，采用良好的润滑以及使转角处的凹模圆角半径 r_d 比直边加大 50%左右。从而尽可能加大转角部位的材料流入量 3. 外移转角处的托杆 4. 直边部采用拉深筋
3	侧壁凹陷 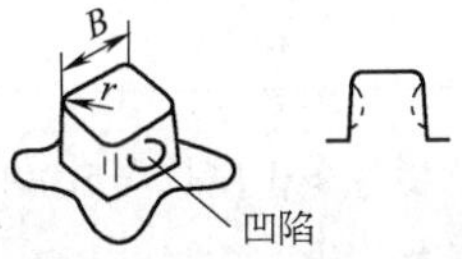	一般产生在长度为厚度 50 倍以上的接近极限拉深件侧壁 圆角部位切向压缩变形大，角部材料有向直边侧壁移动的倾向，硬化严重的材料更易产生侧壁凹陷	1. 在直边部位的压料面上加拉深筋，但这会使制件侧壁上出现拉深筋划痕 2. 增加整形工序，第一道工序拉深出接近图样尺寸，只使凸模长度和宽度稍小点，第二道使材料不流动四周压住，比第一道多拉深 2%~5%。达到图样要求

2.2.2　高盒形件拉深

当零件的相对高度 H/r 超过一次成形的极限高度，即 $\frac{H}{r}>\left[\frac{H}{r}\right]$ 时，或者拉深系数 m_h 小于极限拉深系数 $[m_h]$，即 $m_h<[m_h]$ 时，这类盒形件不能一次拉深成形，必须经过多次拉深才能拉到合格的零件，这类需多次拉深的盒形件称高盒形件。高盒形件多次拉深的变形情况，不仅与圆筒形件多次拉深不同，而且与低盒形件一次拉深中的变形也有很大差别。所以在确定其变形参数以及处理工序数目、工序顺序和模具设计等问题都必须考虑高盒形件多次拉深的变形特点。

1. 高盒形件多次拉深的变形特点

在盒形件再次拉深时所用的中间毛坯是已经形成直立侧壁的空心体，其变形情况如图 4-2-46 所示。毛坯的底部和已经进入凹模高度为 h_2 的侧壁是不应产生塑性变形的传力区；与凹模端面接触的宽度为 b 的环形法兰边是变形区。高度为 h_1 的直立侧壁是不变形区。在拉深过程中随着凸模的向下运动，高度 h_2 不断增大，而高度 h_1 则逐渐减小，直到全部板料都进入凹模并形成零件的侧壁。假如毛坯变形区内圆角部分和直边部分的拉深变形（指切向压缩和径向伸长变形）大小不同，必然引起变形区各部分在宽度 b 的方向上产生不同的伸长变形。由于这种沿毛坯周边在宽度方向上产生的不均匀伸长变形受到高度为 h_1 的不变形区（侧壁）的阻碍，在伸长变形较大的部位上要产生附加压应力，而在伸长变形较小的部位上要产生附加拉应力。附加应力的作用可能引起对拉深过程的进行和对拉深件质量都很不利的结果：在受附加压应力作用的部位上产生材料的堆聚或横向起皱；在受附加拉应力作用的部位发生板材的破裂或厚度的过度变薄等。因此，保证拉深变形区内各部分的伸长变形基本一致，不产生材料的局部堆聚和材料的过度变薄等条件是盒形件多次拉深过程中每道拉深工序所用半成品形状和尺寸的确定基础，而且也是模具设计、确定工序顺序、冲压方法和其他变形工艺参数的主要依据。

毛坯全部周边上各点在变形区宽度方向上的伸长变形引起的纵向尺寸变化相同，不产生附加应力，因而不发生材料的局部堆聚和局部过度拉深或破裂的条件是

$$\varepsilon_1=\varepsilon_2=\varepsilon_3=\cdots=\varepsilon_n \tag{4-2-62}$$

其中，ε_1，ε_2，ε_3，…，ε_n 是毛坯变形区周边各个部位上板料在其本身宽度方向上相对伸长变形的平均值。

假如上一条件得到保证，则在单位时间内毛坯周边上各个点上的变形区侧壁高度 h_1 的减少量相同，而且已成形的侧壁高度 h_2 的增大量也必然相同。

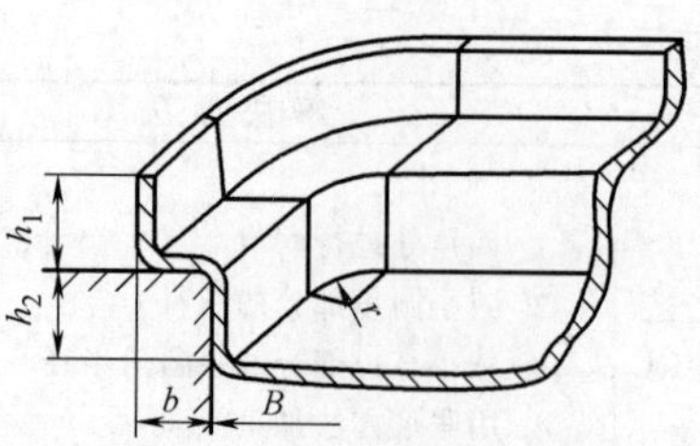

图 4-2-46　盒形件再次拉深时的变形分析

2. 拉深方法

(1) 高方形盒件多次拉深　图 4-2-47 为高方形盒多工序拉深时各中间工序的半成品形状和尺寸的确定方法。采用直径为 D_0 的圆形毛坯，每道中间拉深工序都冲压成圆筒形的半成品，最后一道拉深工序得到成品零件的形状和尺寸。计算是由倒数第二道工序，即 $n-1$ 道工序开始。$n-1$ 道拉深工序所得半成品的直径用式（4-2-63）计算。

$$D_{n-1}=1.41B-0.82r+2\delta \qquad (4\text{-}2\text{-}63)$$

式中　D_{n-1}——$n-1$ 道拉深工序后所得圆筒形半成品的内径（mm）；

B——方盒形件的宽度（mm）（按内表面计算）；

r——方盒形件角部的内转角半径（mm）；

δ——由 $n-1$ 道拉深后得到的半成品圆角部分内表面到盒形件内表面之间距离，简称角部壁间距离（mm）。

角部壁间距离 δ 直接影响毛坯变形区拉深变形程度的大小和分布的均匀程度。当采用图 4-2-47 所示的成形过程时，可以保证沿毛坯变形区周边产生适度且均匀变形的角部壁间距离 δ 为

$$\delta=(0.2\sim0.25)r \qquad (4\text{-}2\text{-}64)$$

其他各道工序的计算，可以参照圆筒形零件的拉深方法，相当于由直径 D_0 的平板毛坯拉深成直径为 D_{n-1}、高度为 H_{n-1} 的圆筒形零件。方盒形件多工序拉深的最后一道工序，即由直径为的 D_{n-1} 圆筒形半成品拉深成方盒形件的拉深过程中，在拉深的初始阶段，从凸模端面与圆筒形毛坯底部接触开始，凸模端部 4 个转角处的材料首先产生局部胀形，随后才产生变形区范围的拉深变形。成形初期，如果凸模端部 4 个转角处的材料局部胀形程度过大，会造成盒形件拉深的早期破坏，使拉深不能顺利地进行。成形初期的胀形程度与相对转角半径 r/B 及相对角部壁间距离 δ/r 有关。随着 r/B 及 δ/r 的增加，胀形程度减小。

但是角部壁间距离 δ 较大时，由于变形的不均匀，容易引起角部材料的积聚，又会导致传力区的晚期破坏。

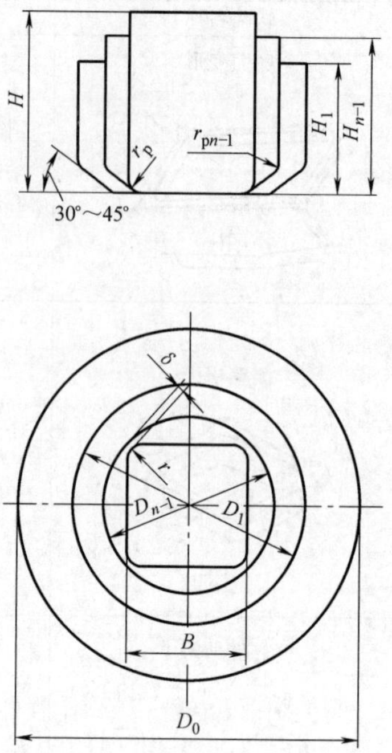

图 4-2-47　高方盒形件多工序拉深成品的形状与尺寸

因此，从可成形的角度分析，角部壁间距离 δ/r 与相对转角半径 r/B 之间有如图 4-2-48 所示的关系。如果从可以成形的角度确定 $n-1$ 道工序的角部壁间距离 δ 时，按式（4-2-65）选取。

$$\delta=(0.1\sim0.4)r \qquad (4\text{-}2\text{-}65)$$

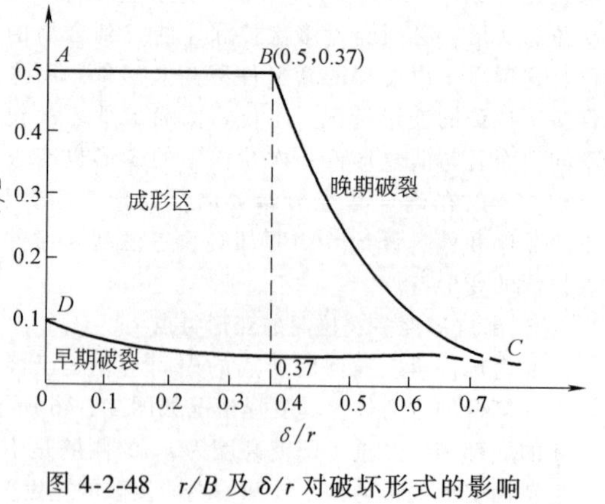

图 4-2-48　r/B 及 δ/r 对破坏形式的影响

$n-1$ 道工序凸模端部形状对成形过程及成形件质量有很大的影响。为避免早期破坏，保证零件质量可采用：①当 $\delta/r\leqslant0.25$ 及 $r/B<0.3$ 时，$n-1$ 道工序的凸模应该做成由端面向侧壁用 30°～45°斜面过渡（见图 4-2-47），最后一道拉深凹模及压边圈的形状应与之相适应。②当 $\delta/r>0.25$，

$r/B \geqslant 0.1$ 或者 $r/B \geqslant 0.3$ 时，$n-1$ 道工序的凸模也可不用斜面过渡。

高方盒形件多工序拉深实例：

1）图 4-2-49 所示是纯铝电器元件外罩及多工序拉深的工序图；图 4-2-50 所示是该零件最后一道拉深模具结构简图。

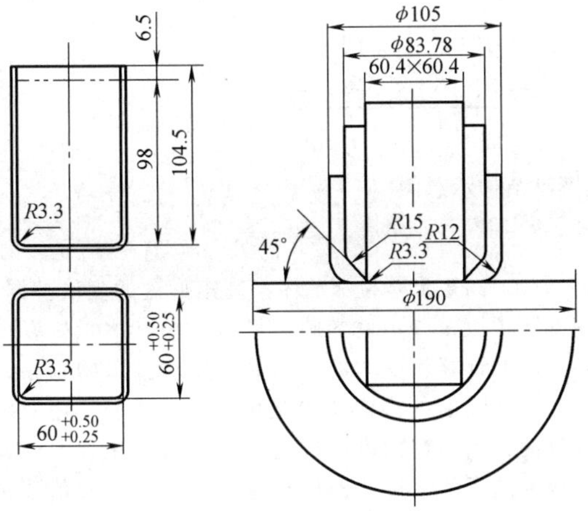

图 4-2-49　外罩件工序图

材料：纯铝 1060　厚度：$t=1$mm

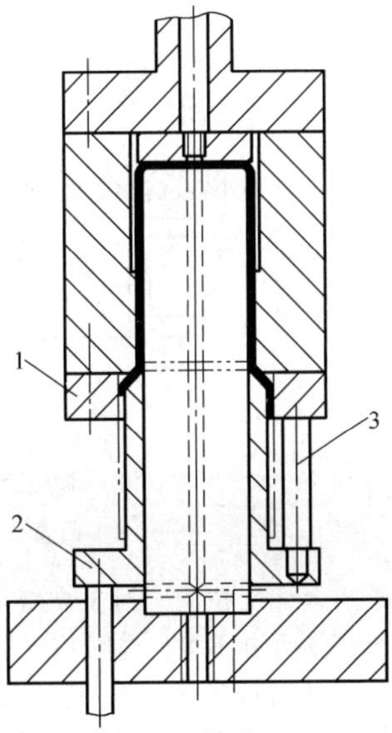

图 4-2-50　外罩件模具工作部分简图

1—压边承力圈　2—压边圈　3—限位柱

2）图 4-2-51 所示是铝质洗衣机内筒零件多工序拉深工序图；如图 4-2-52 所示是该零件两次拉深用的模具结构简图。

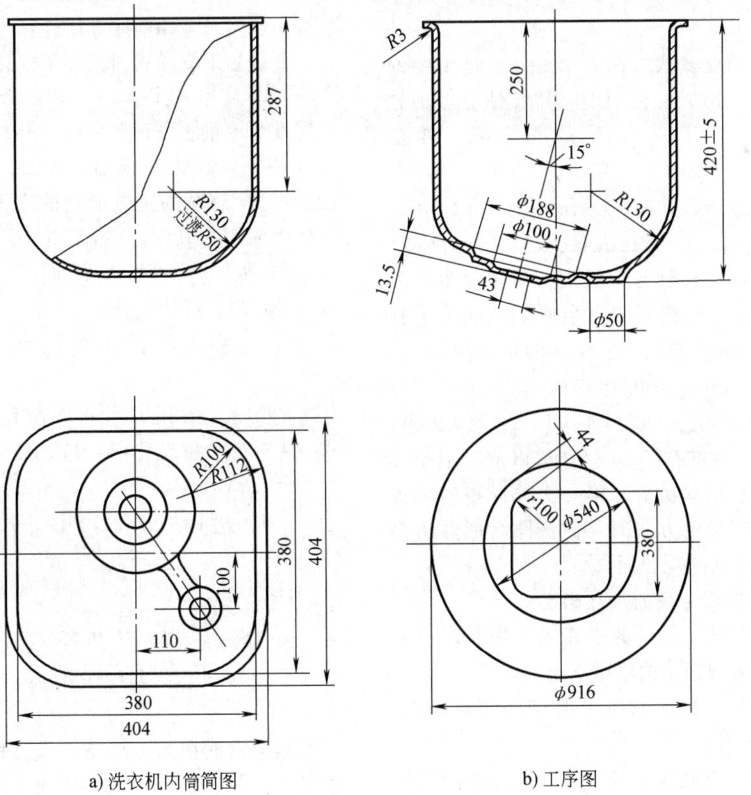

a) 洗衣机内筒简图　　b) 工序图

图 4-2-51　洗衣机内筒工序图

材料：纯铝 1060　厚度：$t=1.5$mm

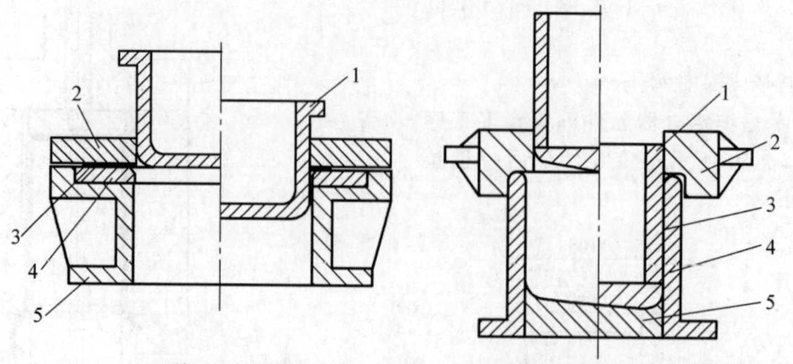

a) 第一次拉深模　　b) 第二次拉深模(反拉模)

图 4-2-52　洗衣机内桶模具结构示意图

1—凸模　2—压边圈　3—毛坯　4—凹模　5—底座

(2) 高矩形盒多次拉深　对于高矩形盒的多次拉深，由于长、宽两边不等，在对应于长边中心与转角中心的变形区内拉深变形差别较大，而且随着矩形盒长宽比 A/B 的增加，这种差别增大。为了保证高矩形盒的顺利拉深成形，必须遵循均匀变形原则。因此可以把保证均匀变形条件的合理角部壁间距离公式［式 (4-2-65)］运用到高矩形盒的多次拉深。只要把矩形盒的两边视为两个正方盒的边长，在保证同一角部壁间距离下，得出高矩形盒多次拉深的倒数第二道 $n-1$ 工序的形状与尺寸（见图 4-2-53）。

显然，高矩形盒多次拉深的 $(n-1)$ 道工序的形状是由四段圆弧构成的椭圆形，其长轴与短轴处的曲率半径分别用 r_{an-1} 及 r_{bn-1} 表示，并用式 (4-2-66)、式 (4-2-67) 确定。

$$r_{an-1}=0.705B-0.41r+\delta \tag{4-2-66}$$

$$r_{bn-1}=0.705A-0.41r+\delta \tag{4-2-67}$$

曲率中心分别在长轴与短轴上，即转角角平分线与长、短轴的交点。椭圆的长半轴 a_{n-1} 和短半轴 b_{n-1} 可分别用式 (4-2-68)、式 (4-2-69) 计算。

$$a_{n-1}=r_{an-1}+0.5(A-B) \tag{4-2-68}$$

$$b_{n-1}=r_{bn-1}-0.5(A-B) \tag{4-2-69}$$

高矩形盒多工序拉深，$(n-1)$ 道以前各中间工序的形状与尺寸、拉深次数、第一次拉深用的平板毛坯形状与尺寸的确定方法等与高椭圆筒形件的多次拉深工艺计算方法完全相同。

3. 高盒形件拉深毛坯的尺寸确定

毛坯尺寸是根据盒形件的表面积（按料厚中心线计算）和毛坯面积相等的原则求出。

(1) 高方盒形件拉深毛坯　毛坯形状为圆形，其直径计算方法如下。

1) 转角半径 r 与底角半径 r_p 相等 $(r=r_p)$ 时，利用式 (4-2-53) 进行计算。

2) $r\neq r_p$ 时，利用式 (4-3-54) 进行计算。

(2) 高矩形盒拉深毛坯　高矩形盒的多次拉深，在确定了 $(n-1)$ 道椭圆筒形状与尺寸之后，以前各工序的计算就变为高椭圆筒的多次拉深的工序计算。高椭圆筒的多次拉深是由 $(n-1)$ 道工序向前推算的，当计算到可以进行第一道拉深工序时，其半成品的形状与尺寸即已确定。若将其按 K 值法进行展开，可得到合理的毛坯形状与尺寸。因此，无须事先计算高椭圆筒的毛坯。对于高矩形盒多工序拉深，也无须事先计算毛坯的形状和尺寸。但是对其 $(n-1)$ 道工序尺寸必须正确计算。$(n-1)$ 道工序的椭圆形状与尺寸用前述方法计算，其高度用面积法求出，使高矩形盒的表面积与高椭圆筒的表积相等。

对于尺寸为 $A\times B\times H$ 的矩形盒，可以看作由两半个宽度为 B 的正方形和中间 $(A-B)$ 长、$(B-2r_p)$ 宽及 $(H-r_p)$ 高的⨅形部分组成。显然，矩形盒的表面积由 $B\times B\times H$ 的正方形盒的表面积与中间⨅形部分的表面积组成。

中间⨅形部分表面积用 S_1 表示，用式 (4-2-70) 进行计算。

$$S_1=(A-B)[2(h-r_p)+\pi r_p+(B-2r_p)] \tag{4-2-70}$$

$B\times B\times H$ 的正方形盒表面积用 S_2 表示，可用式 (4-2-71) 和式 (4-2-72) 求出。

$r=r_p$ 时：

$$S_2=B^2+4B(H-0.43r)-1.72r(H+0.33r) \tag{4-2-71}$$

$r\neq r_p$ 时：

$$S_2=B^2+4B(H-0.43r)-1.72r(H+0.5r)-4r_p(0.11r_p-0.18r) \tag{4-2-72}$$

矩形盒面积为 $\sum S=S_1+S_2$。相当于圆形毛坯的直径 D_0 采用式 (4-2-73) 求出。

$$D_0=\sqrt{\frac{4\sum S}{\pi}}=\sqrt{\frac{4}{\pi}(S_1+S_2)} \tag{4-2-73}$$

再由式（4-2-32）计算出（$n-1$）道椭圆的周长 L_{n-1}，并将其等量代换成圆筒形件的周长，求出圆筒形的直径 d_{2n-1}。选定底角半径 r_{pn-1} 之后，可用式（4-2-74）求出（$n-1$）道工序椭圆筒的高度 H_{n-1}。

$$H_{n-1}=\frac{D_0^2-D_{2n-1}^2+1.72d_{2n-1}r_{pn-1}+0.56r_{pn-1}^2}{4d_{2n-1}} \tag{4-2-74}$$

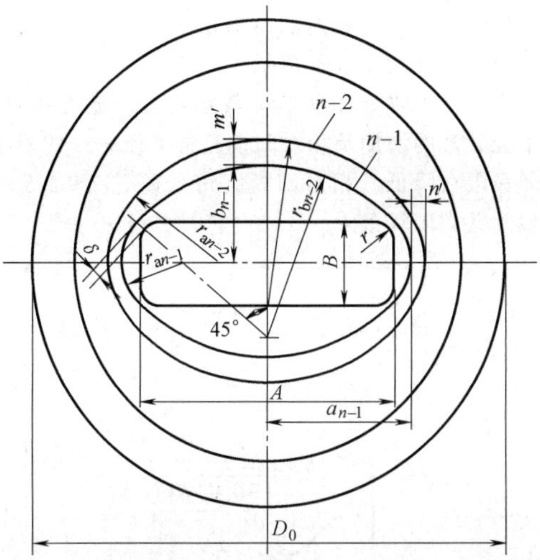

图 4-2-53　高矩形盒多工序拉深中间工序形状与尺寸

实例：如图 4-2-54 所示为防触电保护器下盖零件图，中间工序及毛坯的形状与尺寸如图 4-2-55 所示。

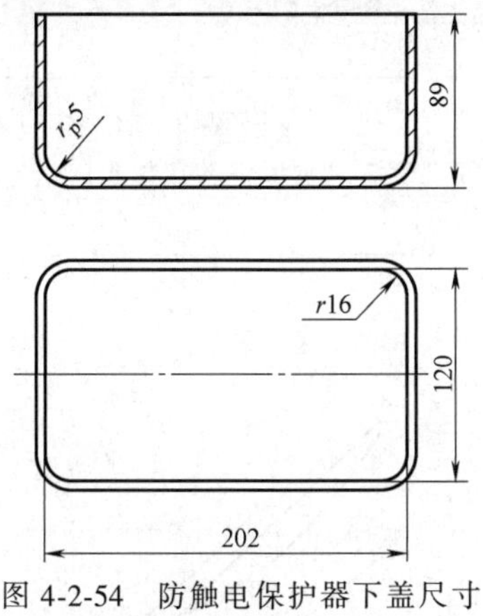

图 4-2-54　防触电保护器下盖尺寸

材料：SPCC　料厚：$t=1$mm

2.2.3　带法兰盒形件拉深

1. 拉深过程及分类

带法兰盒形件的拉深从直观上看与无法兰盒形件拉深是相同的，只是没有把法兰全部拉入凹模，是无法兰盒形件拉深的某中间状态。但是，如果分析其成形过程，就会发现二者并非完全相同。

（1）拉深过程　首先分析一下如图 4-2-56 所示

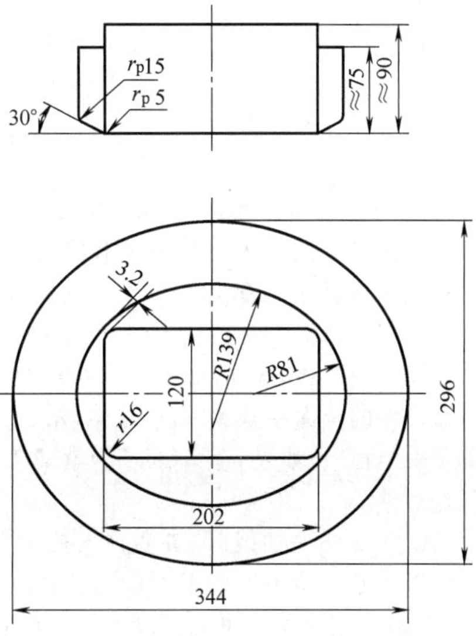

图 4-2-55　防触电保护器下盖工序图

的拉深力曲线与不同瞬间对应的盒形件的形状，可知对于一定相对法兰半径的盒形件（见图 4-2-56a），当达到所需高度 h_a 时，已经越过了拉深力的峰值（见图 4-2-56 中曲线 Ⅰ 上的 A 点），这种带法兰盒形件可一直拉深成无法兰盒形件。如果拉深到所需深度时，还未达到拉深力曲线上的峰值，这时可能有两种情况：一种是既未达到拉深力峰值，也未超过传力区的承载能力（见图 4-2-56 中曲线 Ⅱ 上 B 点），对应的盒形件如图 4-2-56b 所示；另一种情况是拉深力虽未达到其峰值，但超过了传力区的承载能力（见图 4-2-56 中曲线 Ⅱ 上 C 点），对应的盒形件如图 4-2-56c 所示。这两种情况，显然前者能顺利成形，而后者则不能。

对于图 4-2-56a 所示的带法兰盒形件可用无法兰盒形件的成形工艺方法进行设计和计算。但对于图 4-2-56b、c 所示的情况则不能与无法兰盒形件的成形一样考虑。因为如果把图 4-2-56b、c 所示的成形极限仍然用无法兰盒形件的极限拉深系数［m_h］表示时，二者拉深系数相同，但由于深度不同，一个能成形，另一个则不能成形。因此不考虑相对拉深深度 h/r 或不考虑相对法兰半径（宽度）R_F/r，而只用拉深系数表示成形极限，对于这类带法兰盒形件不适用。这类带法兰盒形件成形的难易，在很大程度上取决于相对深度 h/r 和相对法兰半径 R_F/r。

因此，相对法兰半径 R_F/r、相对成形深度 h/r 及相对转角半径 r/B 是带法兰盒形件的三个很重要的参数。

（2）分类　根据法兰宽度和成形深度区分这类盒形件的方法，能够反映这类盒形件成形的难易程度。因此，无论是考虑成形深度后按法兰宽度分成宽法兰盒形件和窄法兰盒形件两类，还是考虑法兰宽度后按成形深度分成带法兰高盒形件和带法兰低盒形件两类，都是可行的。为了与成形极限相对应，本节采用后一种分类方法。

1）带法兰低盒形件。

① 盒形件的拉深曲线相当于图 4-2-56 中的曲线Ⅰ，其最大拉深力低于传力区的承载能力。这类零件可一直拉深成无法兰盒形件，带法兰盒形件只是某一中间状态。这类带法兰盒形件可用拉深系数来判断，如设无法兰盒形件的极限拉深系数为 $[m_h]$，带法兰盒形件的拉深系数为 m_F（$m_F=r/R_0$，R_0 为毛坯角部圆角半径），如果 $m_F \geqslant [m_h]$，就属于这类带法兰低盒形件。

② 如图 4-2-56 中曲线Ⅱ的 B 点所对应的盒形件，其最大拉深力超过传力区的承载能力，必然有 $m_F<[m_h]$，但带法兰盒形件的相对深度 h/r 小于带法兰盒形件的极限相对深度 $[H/r]$，即 $h/r \leqslant [H/r]$，也可一次拉深成形。因此如果同时满足 $m_F<[m_h]$ 及 $h/r \leqslant [H/r]$ 的带法兰盒形件属于这一类情况。

2）带法兰高盒形件。如果带法兰盒形件的成形深度使拉深力虽未达到最大拉深力，但已超过传力区的承载能力，即 $h/r>[H/r]$。这种盒形件不能由一次拉深成形，称带法兰高盒形件（相当于图 4-2-56 中曲线Ⅱ上的 C 点所对应的盒形件）。这类零件的判断条件为：$m_F<[m_h]$ 及 $h/r>[H/r]$。

带法兰盒形件的分类与判断条件总结如下：

带法兰低盒形件（可一次拉深成形）。

① $m_F \geqslant [m_h]$

② $m_F<[m_h]$ 但 $h/r \leqslant [H/r]$；

带法兰高盒形件（需多次拉深成形）。

$m_F<[m_h]$ 且 $h/r>[H/r]$。

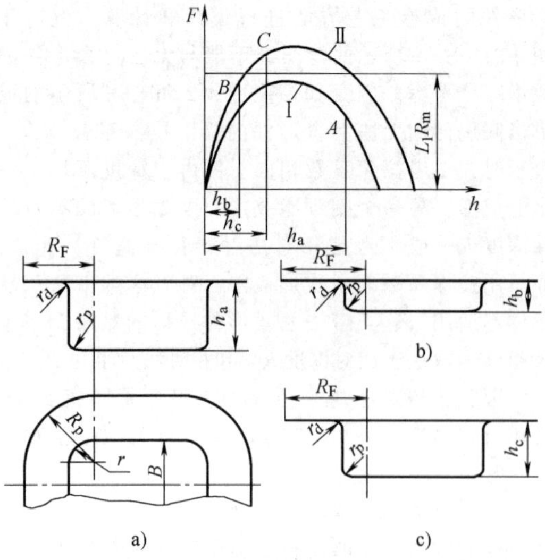

图 4-2-56　带法兰盒形件拉深过程

2. 成形极限

成形极限是指一次拉深成形中材料在不破坏的条件下所能得到的最大变形程度。因此，首次拉深的成形极限是判断能否用平板毛坯一次拉深成形的判据。

带法兰盒形件首次拉深的成形极限用相对极限成形高度 $[H/B]$（$[H/r]$）表示。对于低碳钢，当相对凹模圆角半径 $r_d/t \geqslant 3$ 时，成形极限高度如图 4-2-57 所示；当相对凹模圆角半径 $r_d/t<3$ 时，成形极限高度如图 4-2-58 所示。

由图 4-2-57 及图 4-2-58 所示可知，随着相对转角半径 r/B 的增加及相对凹模圆角半径 r_d/t 的减小，成形极限在降低。相对凹模圆角半径 $r_d/t \leqslant 2.5$ 时，一般为壁裂破坏极限。

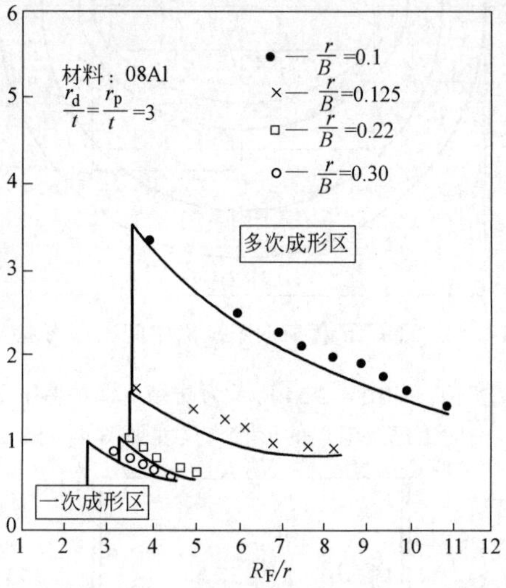

图 4-2-57　带法兰盒形件的拉深极限（$r_d/t \geqslant 3$）

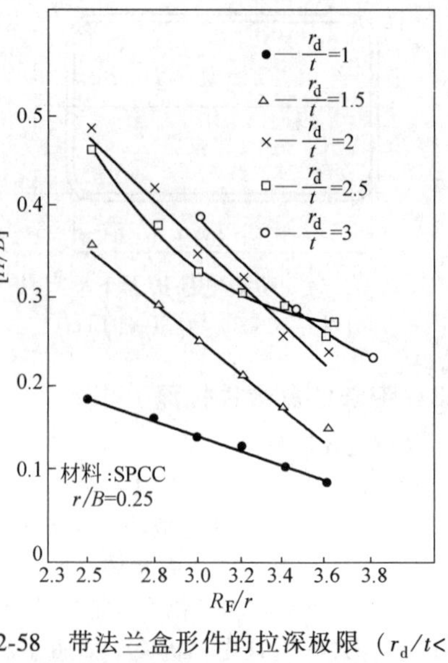

图 4-2-58　带法兰盒形件的拉深极限（$r_d/t<3$）

对于带法兰盒形件，根据 R_F/r、h/r、r/B 及 r_d/t 等参数，利用图 4-2-57 及图 4-2-58 可以判断能否用平板毛坯进行一次拉深成形。即如果位于曲线上方需多次成形，位于下方可一次成形。

3. 带法兰盒形件的拉深方法

（1）带法兰低盒形件的拉深　带法兰低盒形件的拉深方法与无法兰盒形件的拉深方法相同，只是拉深到中途达到所需尺寸时，即完成拉深工序。对于高度稍高、法兰宽度稍大或者零件圆角半径较小的带法兰盒形件，可增加凹模圆角半径 r_d/t 及凸模圆角半径 r_p/t，提高成形极限达到所需深度，然后用整形方法校正到零件的尺寸。如图 4-2-59 所示的零件是一个宽法兰盒形件，工艺设计时应充分利用铝镇静钢（08Al）的拉深性和胀形性。第一道用较大的 r_d/t 和 r_p/t 进行拉深，达到所需深度（见图 4-2-60），然后用胀形办法整形到零件尺寸（见图 4-2-59）。

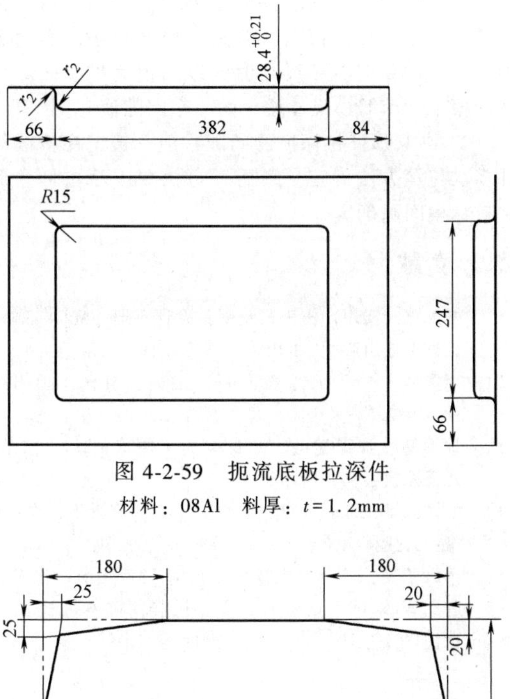

图 4-2-59　扼流底板拉深件

材料：08Al　料厚：$t=1.2$mm

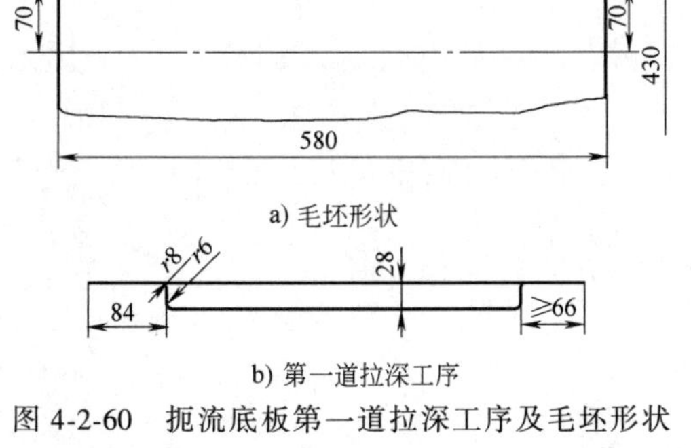

图 4-2-60　扼流底板第一道拉深工序及毛坯形状

（2）带法兰高盒形件的多次拉深　带法兰高盒形件的再次拉深须满足以下 4 个要求：

1）根据面积不变原则，对工序间金属的分配进行精确计算。

2）再次拉深时法兰外形尺寸不允许减小。

3）拉深时应尽可能地使法兰处金属均匀地移动。

4）盒形件的各处都应保持相等的高度。

图 4-2-61 所示是带法兰盒形件再次拉深的工序图。再次拉深时，盒形件的法兰外形尺寸不再变小；盒体长度和宽度尺寸同时减小，减小值应相同，即 $B_1-B_2=A_1-A_2$；法兰宽度加大，增加值为：$l_2-l_1=(B_1-B_2)/2$。

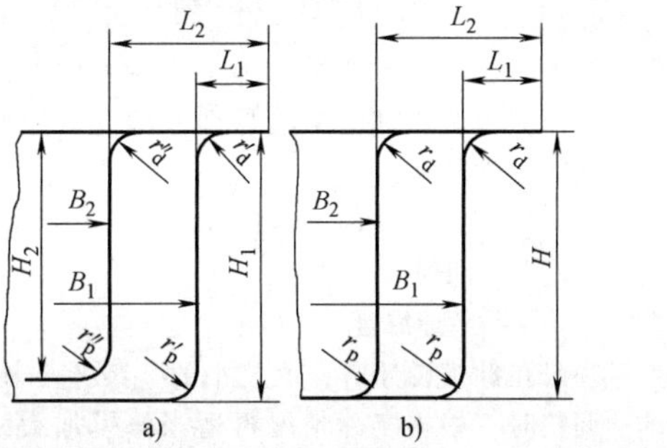

图 4-2-61　带法兰盒形件再次拉深工序简图

再次拉深时，若底角半径 r_p 和法兰根部圆角半径 r_d 保持不变，而仅减小角部转角半径 r 时，盒形件高度 H 保持不变，如图 4-2-61b（不考虑实际产生的角部材料变薄）。

再次拉深时，若在角部转角半径 r 减小的同时，底部和法兰根部的圆角半径 r_p 和 r_d 也有所减小的话（图 4-2-61a），那么其高度的减小值为

$$\Delta H=H_1-H_2=0.43(r'_p-r''_p)+0.43(r'_d-r''_d) \tag{4-2-75}$$

式中符号含义如图 4-2-61 所示。

再次拉深时，当盒形件角部由大转角半径的圆柱体表面转变为小半径的圆柱体表面时，角部多余的金属将向高度方向转移，这样将造成废品。为克服上述缺点，应设法使角部的多余金属向侧壁转移。因此计算工序尺寸时，角部应按图 4-2-62 所示尺寸关系确定。使 xy 近似等于 $\widehat{x'y'}$，这样可使角部的变形明显地减小。这时，$\dfrac{R_{y'}}{R_y}=\dfrac{\alpha}{90°}$，当 $\alpha=45°$时，$R_{y'}=0.5R_y$；当 $\alpha=30°$时，$R_{y'}=0.33R_y$。

2.2.4　模具工作部分形状和尺寸

1. 凸、凹模工作部分形状与尺寸

1）对于只需一次拉深成形的低盒形件，凸模工

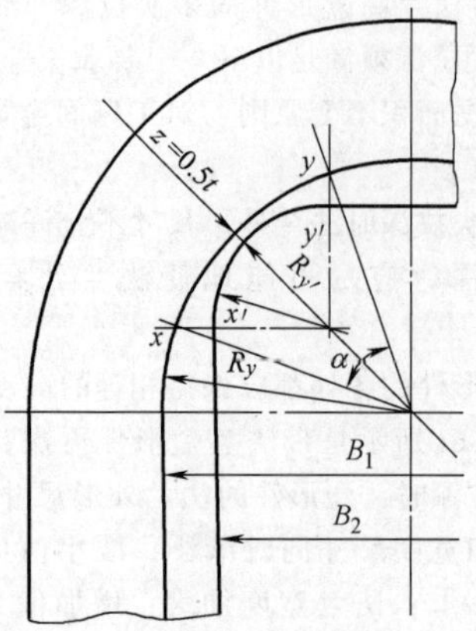

图 4-2-62　带法兰盒形件再次拉深时角部工序尺寸的确定

作部分形状与尺寸均应取为等于成品零件的内表面尺寸。而凹模工作部分形状与尺寸的选取原则基本上与圆筒形件相似，即

$$r_d=(4\sim10)t \tag{4-2-76}$$

式中　r_d——凹模圆角半径；

t——毛坯厚度。

一般在冲模设计时，取较小的 r_d 数值，在冲模试冲调整时，根据实际情况再适当修模加大，直到合适为止。

2）对于需多次拉深成形的高盒形件，最初几道拉深工序所用模具工作部分形状与尺寸按圆筒形件多工序拉深方法确定。但是在（$n-1$）道拉深工序后所得半成品的底面与盒形件底面尺寸相同，并用 30°~45°斜面过渡到半成品的侧壁，如图 4-2-63 所示。（$n-1$）道工序的凸模做成与此相同的形状与尺寸。最后一道拉深工序的凹模与压边圈的工作部分也要做成与半成品尺寸相适应的斜面。对于 r/B、δ/r 较大的盒形件，（$n-1$）道拉深工序后所得半成品的底面与侧壁也可不用斜面过渡。

2. 盒形件拉深模间隙

1）低盒形件拉深模的间隙应该根据拉深过程中毛坯各部分壁厚变化情况确定。圆角部分间隙根据工件尺寸的精度要求选择。

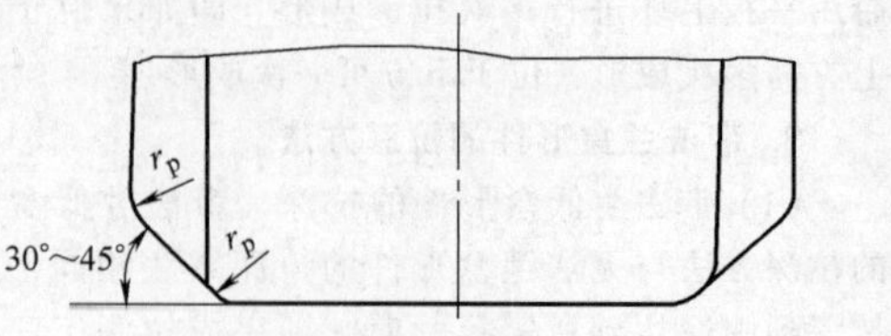

图 4-2-63　盒形件（$n-1$）道拉深工序后半成品形状

盒形件尺寸精度要求较高时

$$c=(0.9\sim1.05)t \tag{4-2-77}$$

盒形件尺寸精度要求不高时

$$c=(1.1\sim1.3)t \tag{4-2-78}$$

式中　c——单边间隙。

直边部分间隙比圆角部分小 0.1t 左右，而且应从圆角到直边间隙由大到小均匀地过渡。

间隙的取法：盒形件要求外形尺寸时，以凹模为准，间隙取在凸模上，即凸模尺寸减小一个间隙值；盒形件要求内形尺寸时，以凸模为准，间隙取在凹模上，即凹模尺寸增大的一个间隙值。

2）高盒形件拉深模的间隙，前几道工序按圆筒件多次拉深方法确定。最后一道拉深工序按低盒形件拉深模间隙确定方法确定。

参考文献

[1]　杨玉英．实用冲压工艺及模具设计手册［M］．北京：机械工业出版社，2005.

[2]　李硕本．冲压工艺学［M］．北京：机械工业出版社，1982.

[3]　日本塑性加工学会．プレヌ加工便览［M］．东京：丸善株式会社，1975.

[4]　中村威雄，等．板料加工冲压［M］．郭青山，译．天津：天津科学技术出社，1982.

[5]　言田弘美，等．冲压技术 100 例［M］．第一汽车制造厂车身分厂技术科，译．长春：吉林人民出版社，1977.

第3章

胀形

北京航空航天大学　韩金全　万敏

3.1　概述

3.1.1　胀形特点

胀形是利用压力将板材、管材或空心零件（带底或不带底）通过膨胀变形成为表面尺寸较大的零件的一种成形方法，可以是单独的成形工序，也可以和其他的变形方式相结合用于复杂形状零件的成形过程。

在胀形过程中，材料的变形主要是面内双向扩张，使表面积增加而厚度减薄，如图 4-3-1 所示。

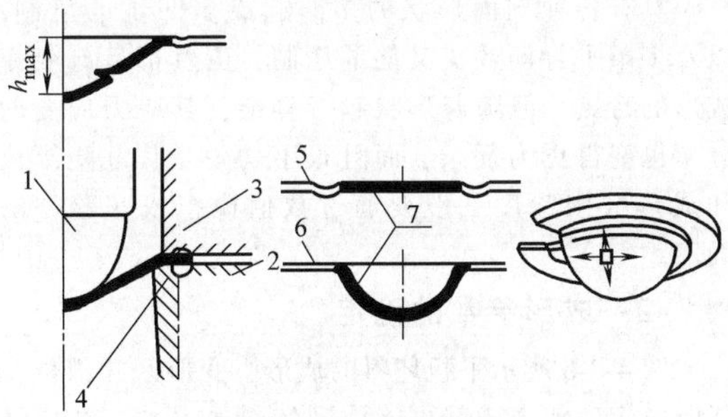

图 4-3-1　胀形示意图

1—凸模　2—凹模　3—压边圈　4—拉深埂
5—胀形前　6—胀形后　7—胀形变形部分

所以，从本质上说，胀形是坯料在双向拉应力作用下的一种伸长类成形工艺，成形缺陷主要是材料的破裂或过度变薄。

3.1.2　胀形种类

胀形的种类很多。从坯料形状看，有平板坯料局部胀形（包括压筋、压凸等）、空心球状坯料的整体胀形及带底或不带底的管状坯料胀形等。从所使用的模具及传压介质来看，有刚性模胀形，用橡胶、流体或黏性介质做半模的胀形以及无模胀形；橡胶模胀形与液压胀形比用刚性模胀形更为优越，并易于发挥材料的成形性能。从坯料所处的成形状态来看，有常规室温状态胀形和加热状态胀形，也有超塑性状态胀形。从成形方式看，有整体一次胀形和局部渐次胀形。从胀形所使用的能源来看，有普通机械、液压或气压胀形及高能率胀形。本节主要叙述一般胀形工艺问题。有关柔性半模胀形、高压液体胀形、温热胀形和高能率胀形等工艺问题，将在其他相关章节中详细叙述。

3.1.3　胀形件工艺性

1）胀形件的形状应尽可能对称、简单。轴对称的胀形件在圆周方向上的变形是均匀的，模具加工也比较容易，其工艺性最好。非轴对称的胀形件也应避免急剧的轮廓变化。

2）避免胀形部分过大的深径比（h/d）或深宽比（h/b），如图 4-3-2。过大的 h/d 或 h/b 将引起破裂。当深度过深时，为避免破裂，需增加预成形工序或中间热处理工序。材料在胀形中所能达到的极限伸长率可以概略地用下式来检查，即：

$$(L-L_0)/L_0 \times 100\% \leqslant 0.75\delta$$

式中　L——坯料胀形后变形处的最大尺寸（mm）；

L_0——该处胀形前的原始尺寸（mm）；

δ——材料的许可伸长率（%）。

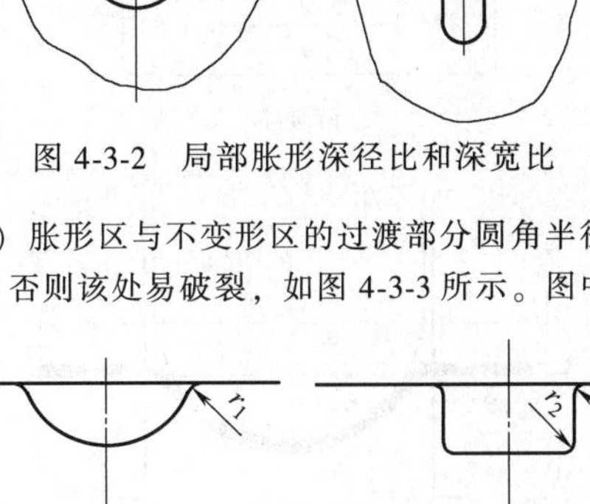

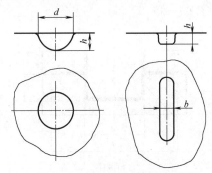

图 4-3-2　局部胀形深径比和深宽比

3）胀形区与不变形区的过渡部分圆角半径不能太小，否则该处易破裂，如图 4-3-3 所示。图中圆角

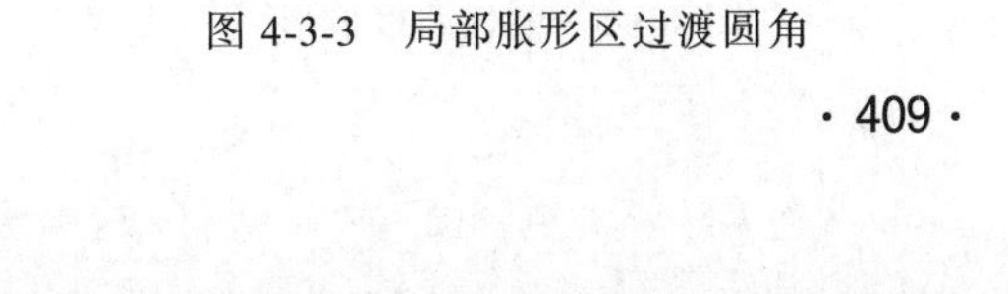

图 4-3-3　局部胀形区过渡圆角

半径一般取 $r_1 \geqslant (1\sim2)t_0$，$r_2 \geqslant (1\sim1.5)t_0$。

3.2　平板坯料的局部胀形

3.2.1　基本类型

平板坯料局部胀形与浅拉深或带有胀形性质的拉深等工艺的区别主要在于成形部分尺寸与坯料尺寸之比 d/D_0（见图 4-3-4），以及材料的应变强化率和压边力的大小，其分界点在 $d/D_0 = 0.38\sim0.35$ 之间。图中曲线以上为破裂区，以下为安全区。

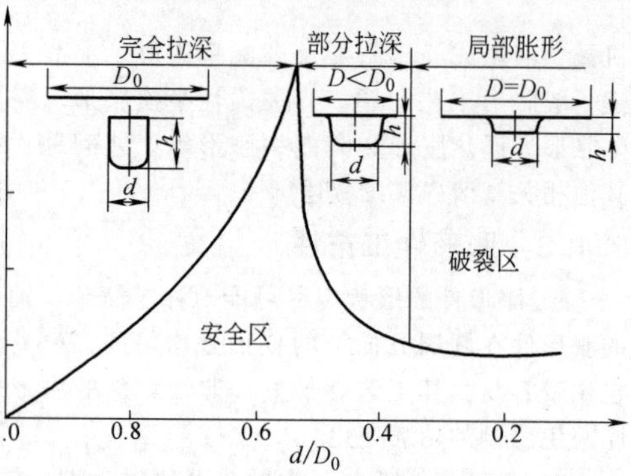

图 4-3-4　局部胀形与拉深的分界

当拉深带法兰的圆筒形零件时（见图 4-3-5），如果增大法兰直径 d_F，而不改变圆筒部分直径 d，则法兰部分的材料向凹模内的流入将更加困难。当比值 d_F/d 达到一定值后，法兰材料将基本不流入凹模。这时圆筒部分的成形主要靠凸模底部材料双向受拉变薄而成形。成形结束，d_F 不发生变化，成形高度与坯料的大小已不再有关。这种成形方法就是平板坯料的局部胀形。

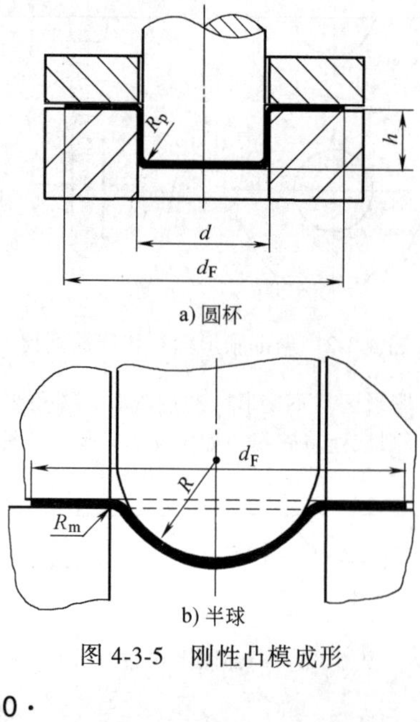

a) 圆杯

b) 半球

图 4-3-5　刚性凸模成形

根据制件的要求，利用局部胀形可以压制各种不同的形状。生产中常见的有双曲面局部胀形、压鼓、压窝或压坑等，起伏与压筋本质上也属于胀形类变形（见图 4-3-6）。局部胀形可以在平板坯料上进行，也可以在半成品的某一处进行；凸模底部形状根据制件的要求可以是平的（见图 4-3-6a），也可以是球形、突筋或其他曲面形状的（见图 4-3-6b）。

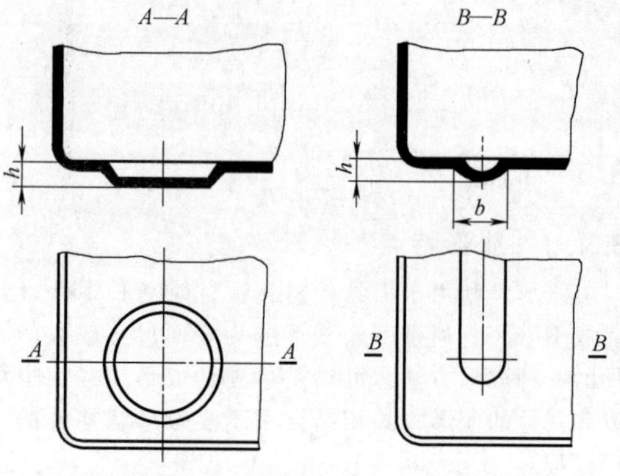

a) 压坑　　b) 压筋

图 4-3-6　局部胀形的典型形式

具有各种剖面形状的多凸起或多凹坑的压制，以及多条平行筋或交叉筋的压制，虽然都具有变薄成形的特点，但随着形状趋于复杂，其应力应变的分布也变得更为复杂，而且很不均匀。其危险部位和成形极限深度一般要通过数值模拟或实验方法确定。

3.2.2　成形参数的确定

图 4-3-5 所示平板坯料的成形，变形区的部位及其应力应变状态，都可能受到坯料的尺寸、冲压性能、模具几何参数、压边力等因素的影响而变化。坯料的实际变形状态，可以用成形的复合度表示：复合度为 1 时，即是平板坯料的局部胀形；复合度为 0 时，即是平板坯料的拉深；复合度介于 1 与 0 之间，即是平板坯料的胀形与拉深两种变形复合。复合度越大，胀形变形的成分就越多。一般也可以把 d_F/d 作为区分变形性质的估算指标。$d_F/d \geqslant 4$ 时，大致属于平板坯料的局部胀形；$d_F/d<4$ 时，大致属于平板坯料的拉深，按拉深工艺方法考虑。当然，这不可能十分严格地区分，其间经常出现过渡性质的变形（见图 4-3-4）。

在平板坯料上进行局部胀形时，可以通过以下方法来计算在一般几何条件下平头和圆头凸模胀形的高度。设 r_0 是模具半径、r_p 和 r_d 是模具圆角半径加一半材料厚度的数值，间隙忽略不计，如图 4-3-7 所示。

(1) 平头凸模胀形　一般取 $\theta \approx 60°$，$r_d = 1.5r_p$，

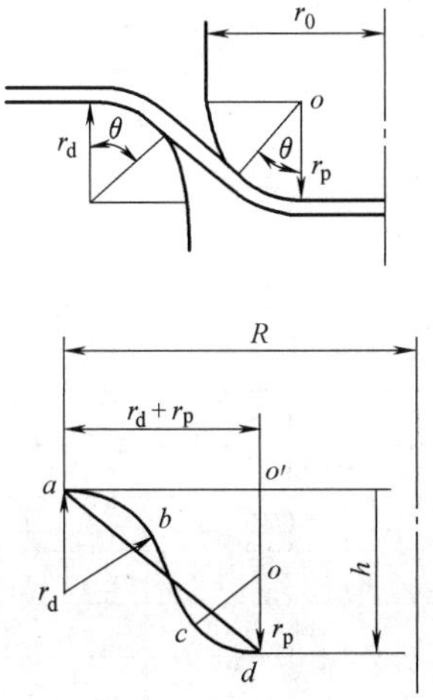

图 4-3-7　胀形高度计算示意图

根据实验可令 $R=r_0+\sqrt{G}r_d$，经过简化与推导可估算胀形高度 h 为

$$h=1.38R\sqrt{\frac{G(r_d+r_p)}{2r_0-r_p+r_d}} \qquad (4\text{-}3\text{-}1)$$

式中　R——塑性变形范围的半径（mm）(见图 4-3-7)；

G——表示材料的力学性能：$G=\frac{0.36}{1+\mu}(1-m+\varepsilon_B)$；

m——压延系数；

ε_B——极限伸长率；

μ——摩擦系数。

该式适用于 $r_p/r_0\leqslant 0.2$ 情况。

（2）圆头凸模胀形　取 $\theta\approx 45°$，$r_0=r_p$，根据实验可令 $R=r_0+\sqrt{G}r_d$，

圆头凸模胀形高度 h 为：$h=1.23R\sqrt{G}$

式中　R——塑性变形范围的半径（mm）（见图 4-3-7）；

G——表示材料的力学性能，G 可用下式表示：

$$G=\frac{0.36}{1+\mu}(1-m+\varepsilon_B)$$

式中　m——压延系数；

ε_B——极限伸长率；

μ——摩擦系数。

G，m，ε_B 见表 4-3-1。

表 4-3-1　几种材料的 m，ε_B 与 G 值

材料	$\mu=0.15$			$\mu=0.08$		
	3A21-O	5A02-O	2A12-O	30CrMnSi	10 钢	1Cr18Ni9Ti①
m	0.55	0.55	0.55	0.50	0.50	0.50
ε_B	0.24	0.17	0.13	0.14	0.25	0.29
G	0.216	0.194	0.182	0.213	0.250	0.263

① 标准已不列，但仍在用。

平头凸模与圆头凸模胀形，μ 为摩擦系数，在一般润滑的情况下，对于钢 μ 可取 0.08，铝合金可取 $\mu=0.15$。

由以上的估算式可以看出，在平板坯料上进行局部胀形的深度取决于材料的性能、凸模的几何形状及润滑条件等因素。如图 4-3-5a 所示的胀形深度，当凸模圆角半径 R_p 很小时，变形的分布很不均匀，并且集中在凸模圆角附近，胀形深度很可能要比估算式所计算的结果小很多。较大的 R_p、较好的润滑、较大的加工硬化指数 n，都有利于使变形趋于均匀，提高总的胀形深度。用球形凸模（$R_p=d/2$）对低碳钢、软铝等进行压凸或压坑时，可能达到的极限深度为 $h\approx d/3$。而用平端面凸模时，可能达到的深度取决于凸模的圆角半径 R_p，其数值参考见表 4-3-2。

表 4-3-2　平端面凸模胀形深度

软钢	$h\leqslant(0.15\sim0.20)d$
铝	$h\leqslant(0.1\sim0.15)d$
黄铜	$h\leqslant(0.15\sim0.22)d$

对于软钢板，当压制具有圆滑过渡形状的加强筋时，可能达到的压筋深度 h 为其宽度 b 的 30% 左右。

压凸（或压坑）时相邻间距及边距的极限值列于表 4-3-3。如果边距过小，成形时会牵动外边缘向内收缩。因此，对于轮廓边缘有平齐要求的工件，应预先留出相应的切边余量，在成形之后需要增加切边工序。

用刚性凸模压制加强筋时，可用下式估算成形力：

$$F=10^{-3}KLtR_m \qquad (4\text{-}3\text{-}2)$$

式中　F——成形力（kN）；

K——系数（$K=0.7\sim1$），视筋的宽度和深度而定，窄而深时取大值，宽而浅时取小值；

L——加强筋周长（mm）；

t——料厚（mm）；

R_m——材料抗拉强度（MPa）。

表 4-3-3　相邻间距及边距的极限值　（单位：mm）

例图	D	L	l
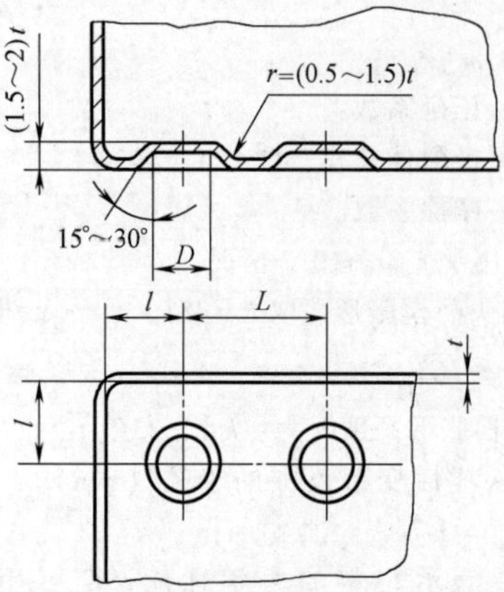	6.5	10	6
	8.5	13	7.5
	10.5	15	9
	13	18	11
	15	22	13
	18	26	16
	24	34	20
	31	44	26
	36	51	30
	43	60	35
	48	68	40
	55	78	45

在曲柄压力机上用薄料（$t<1.5$mm）对小零件（面积 $S<2000\text{mm}^2$）进行压筋之外的局部胀形时，其压力可用如下经验公式计算：

$$F=10^{-3}KSt^2 \qquad (4\text{-}3\text{-}3)$$

式中　K——系数，对钢为 200～300N/mm^4，对黄铜为 50～200N/mm^4；

S——局部胀形面积（mm^2）；

t——材料厚度（mm）。

假如用液体、气体、橡胶或聚氨酯代替刚性凸模，就会实现如图 4-3-8 所示的软凸模胀形，所需的单位压力 p 可以从胀形变形区内板料的平衡条件求得。对于球面胀形，单位压力可按式（4-3-4）近似计算：

$$p=2t\sigma_0/R \qquad (4\text{-}3\text{-}4)$$

式中　p——单位胀形压力（MPa）；

σ_0——材料的变形抗力（MPa），可近似取为 R_m；

t——材料厚度（mm）；

R——球面半径（mm）。

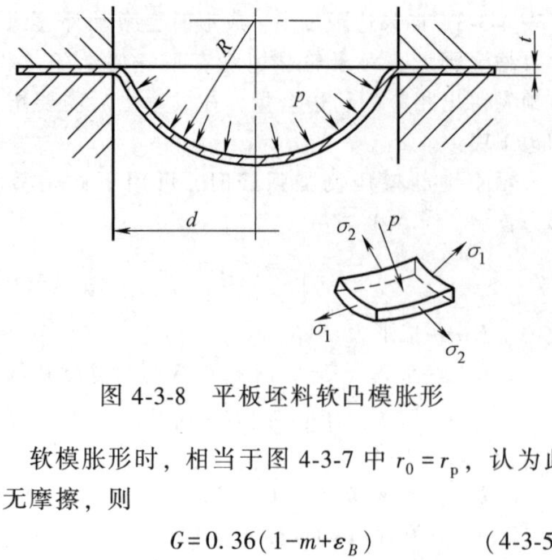

图 4-3-8　平板坯料软凸模胀形

软模胀形时，相当于图 4-3-7 中 $r_0=r_p$，认为此时无摩擦，则

$$G=0.36(1-m+\varepsilon_B) \qquad (4\text{-}3\text{-}5)$$

式中　m——压延系数；

ε_B——极限伸长率。

胀形高度 h 按 $h=1.23R\sqrt{G}$ 估算，h 和 R 如图 4-3-9 所示。

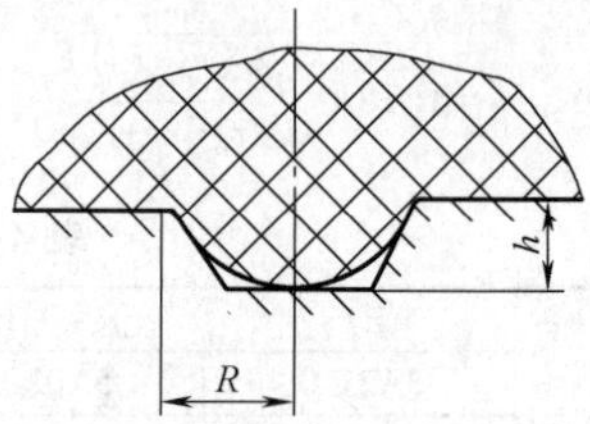

图 4-3-9　软模胀形高度示意图

3.2.3　局部胀形常见困难的排除方法

1）当有内部局部胀形的制件深度超过材料的允许极限变形程度时，仅靠位于凸模底部材料的变薄难以保证胀形高度，为避免局部变形量过大而胀裂，在可能的情况下，宜先成形内部的胀形部位，以局部胀形为主，又有拉深成分，可减轻中心部位的变薄程度，获得较大的局部成形深度。如图 4-3-10 所示的汽车驻车制动器零件，内部较深的凸鼓先成形，以期从外部补料，然后再翻制外缘和切边。这种成形方法的坯料展开一般靠试冲方法最后确定。

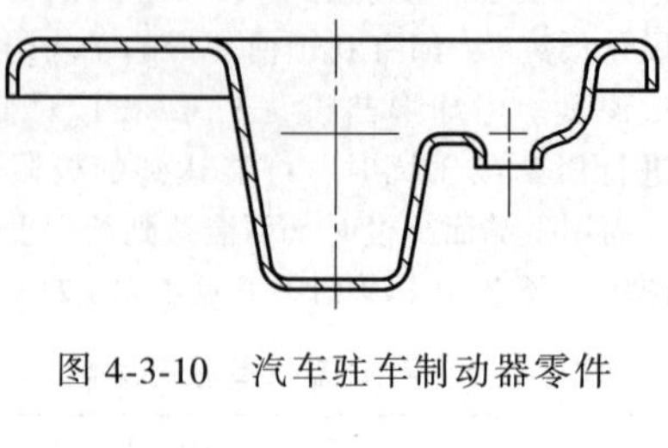

图 4-3-10　汽车驻车制动器零件

2）对于深度超过允许值，而成形部位难以从外部获取金属的零件，可采用多道次成形，先利用胀形储料，如图 4-3-11 所示。第一道工序为较大的半

球形胀形（见图 4-3-11a），以达到为后续工序储料和均匀化变形的作用。图中的 d 和 h 可按面积相等原则近似估算。

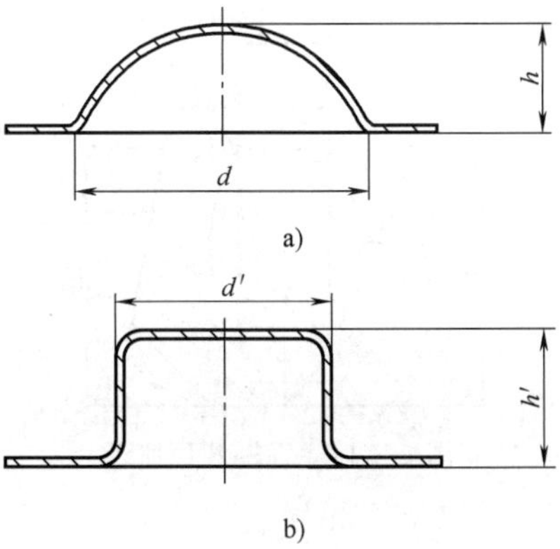

图 4-3-11　胀形储料

3.3　空心坯料胀形

空心坯料的胀形，可以是坯料的局部胀形（见图 4-3-12a），也可以是整体胀形（见图 4-3-12b）。空心坯料可以是带底的，也可以是不带底的。带底的坯料如果已经经过几次拉深，金属已有严重的加工硬化，当胀形变形程度较大时，应事先进行退火处理。胀形坯料如果是用氧乙炔焊、氩弧焊等方法焊成，对塑性好的材料（如 3A21），焊缝可在胀形前用滚轮辗压，使成形后的零件更好地符合凹模内形。但对塑性较差或加工硬化突出的材料（如 30CrMnSi 等），事先应避免敲平焊缝。胀形前是否对焊缝进行处理，取决于材料性质。3A21、20 钢等可在焊接后直接进行胀形，而 30CrMnSi、5A02 等一般需焖火处理。

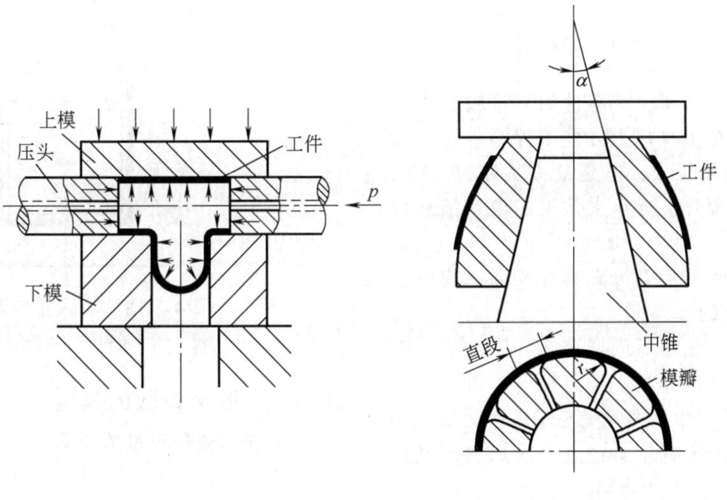

图 4-3-12　空心坯料胀形

3.3.1　几种主要胀形方法

胀形可以在机械压力机、液压机、旋压机或其他专用设备上进行。生产中广泛采用刚性模胀形、弹性软模胀形、液压胀形、气胀成形与高能率胀形等方法。

1. 刚性模胀形

图 4-3-12b 所示为典型的刚性模胀形。刚性模胀形时，模瓣和毛坯之间有着较大的摩擦力，材料的切向应力和应变的分布很不均匀。成形之后零件表面上有时会有明显的直线段和棱角，在设计模具时，应该注意以下几点：

（1）模瓣数目　增加模瓣数目，有利于避免或减小直线段和棱角，提高周向变形的均匀性。胀形变形程度小、精度要求较低时，采用较少的模瓣；变形程度较大，精度要求较高时，采用较多的模瓣。但是当模瓣超过 8～12 块时，其影响便不明显。生产中模瓣数目最多采用 8～12 块，一般情况下，不少于 6 块。

（2）模瓣圆角　模瓣边缘应制成圆角，如图 4-3-12b 所示。圆角半径 r 一般取为坯料厚度的 1.5～2 倍。

（3）中锥半锥角　中锥的半锥角 α 一般选用 8°、10°、12°或 15°，主要由压力机的行程决定。较小的半锥角有利于提高侧向胀形力，但增大工作行程。

2. 弹性软模胀形

弹性软模胀形时采用橡胶、聚氨酯或 PVC（聚氯乙烯）等材料做成凸模，而凹模为钢质。胀形时利用软凸模受压变形迫使板材向凹模型腔贴靠。根据需要，钢质凹模可以做成整体式或可分式（见图 4-3-13）。

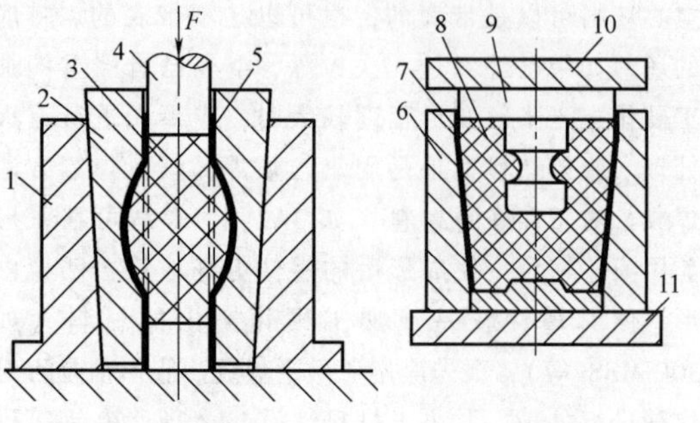

图 4-3-13　弹性软凸模胀形

1—紧固套　2—可分式凹模　3、8—软凸模　4—压头　5、7—坯料　6—整体式凹模　9—模芯　10—上模板　11—下模板

软凸模的压缩量与硬度对零件的胀形精度影响很大。压缩量一般在 10% 以上才能确保零件在开始胀形时具有足够的预压力，但是最大不超过 35%，否则软凸模很容易损坏。近年来常采用聚氨酯橡胶制作凸模。

为了使坯料在胀形后充分贴模，要在凹模壁上的适当部位开设排气孔。

对于不同材料，胀形后的回弹量各不相同。有的材料，如钛合金，回弹量不可忽视（约占公称尺寸的 0.35%）。但是，由于回弹量与零件形状密切相关，针对不同形状的零件，要经过多次试模和修模之后才能比较稳定地生产出合格产品。

3. 液压胀形

液压胀形是用液体在压力下直接迫使毛坯成形，或通过橡胶囊迫使毛坯成形，如图 4-3-14 和图 4-3-15 所示。其优点是液体传力均匀，无摩擦，材料能在最有利的情况下变形，工艺简便，成本低廉，适用于生产表面质量和精度要求较高的复杂形状中、大型零件。

液压橡胶囊胀形时将橡胶囊内打入高压液体，橡胶作为传压介质。这种方法的优点是密封问题较容易解决，每次成形时压入和排出的液体量小，工作场地清洁，生产率比直接加压胀形法高。缺点是橡胶囊的制作比较麻烦，压力和使用寿命有一定限制。

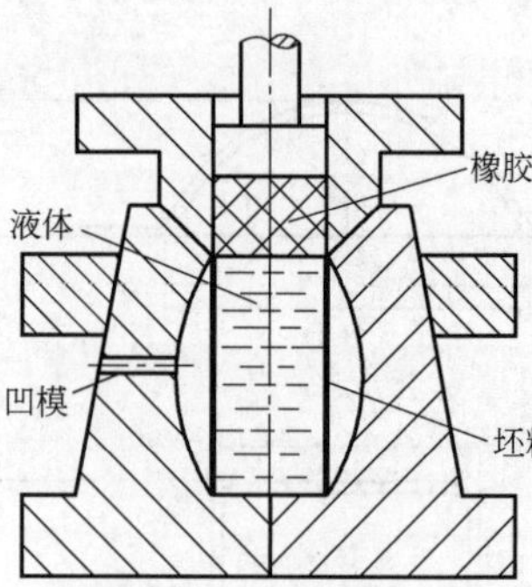

图 4-3-14　直接液压胀形

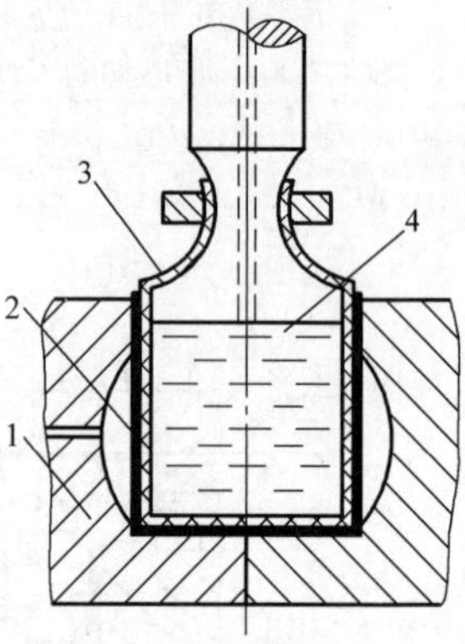

图 4-3-15　液压橡胶囊胀形

1—凹模　2—坯料　3—橡胶囊　4—液体

3.3.2　胀形参数的确定

1. 胀形变形程度的计算

胀形的主要特点是变形材料受双向拉伸，变形程度受材料成形极限的限制。常用胀形系数 K 来表示圆筒形坯料胀形的变形程度：

$$K = d_{max} / d_0 \tag{4-3-6}$$

式中　d_{max}——胀形后的最大直径；

d_0——坯料原始直径。

胀形系数可近似地用材料的伸长率 A 表示为

$$A = (d_{max} - d_0) / d_0 = K - 1$$

或写成

$$K = 1 + A \tag{4-3-7}$$

表 4-3-4 列出了一些材料的极限胀形系数和伸长率的试验值，供参考。

表 4-3-4　极限胀形系数

材　料	厚度/mm	伸长率 A(%)	极限胀形系数
高塑性铝合金（如 3A21 等）	0.5	25	1.25
	1.0	28	1.28
	1.5	32	1.32
	2.0	32	1.32

（续）

材　　料	厚度/mm	伸长率 A(%)	极限胀形系数
低碳钢（如 08F、10 钢及 20 钢）	0.5	20	1.20
	1.0	24	1.24
耐热不锈钢	0.5	26~32	1.26~1.32
	1.0	28~34	1.28~1.34
黄铜（如 H62、H68 等）	0.5~1.0	35	1.35
	1.5~2.0	40	1.40

如果在对坯料施加径向压力的同时，也在轴向加压送进（见图 4-3-16），可以增大胀形的变形程度。增大的数值要由特定的工艺试验决定，一般可比表 4-3-4 所列的 A 值提高 10%以上。

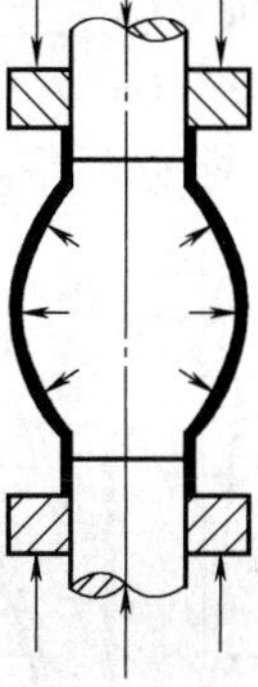

图 4-3-16　轴向加压胀形示意图

对坯料的变形区进行局部加热可显著提高胀形系数。表 4-3-5 列出了铝管坯料在不同条件下胀形时的极限胀形系数。

表 4-3-5　铝管坯料极限胀形系数试验值

胀 形 条 件	极限胀形系数
用橡胶的简单胀形	1.2~1.25
用橡胶并对管坯轴向加压胀形	1.6~1.7
变形区加热至 200~250℃胀形	2.0~2.1

胀形后的零件壁厚变化可按塑性变形时体积不变原理计算。

凸形零件：

$$t_{\min}=t_0\frac{d_0}{d_{\max}}=\frac{t_0}{K} \tag{4-3-8}$$

式中　t_0——坯料的原始厚度；

$t_{\min}$——胀形后最大变形处的厚度。

凹形零件：

$$t_{\min}=t_0\sqrt{\frac{d_0}{d_{\max}}}=\frac{t_0}{\sqrt{K}} \tag{4-3-9}$$

波纹管的变形程度也可用胀形系数来表示：

$$K=D/d$$

式中　D——波纹管的外径；

d——坯料的外径。

波纹管的极限胀形系数一般取 1.3~1.5。当胀形系数超过材料的极限胀形系数时，必须采用多次胀形，中间增加退火工序以恢复材料的塑性。

2. 胀形坯料尺寸计算

胀形区坯料尺寸如图 4-3-17 所示。

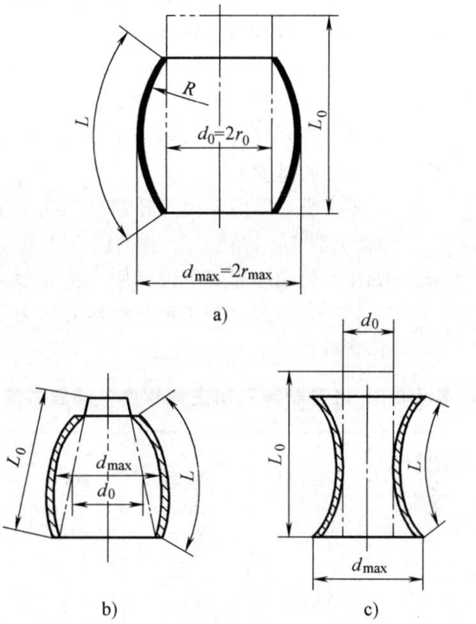

图 4-3-17　胀形区坯料尺寸

坯料直径：

$$d_0=d_{\max}/K \tag{4-3-10}$$

胀形时坯料尺寸计算，为便于材料流动，减少变薄现象，胀形时坯料两端允许自由收缩。坯料长度按式（4-3-11）计算：

$$L_0=L(1+C\varepsilon)+B \tag{4-3-11}$$

式中　L_0——坯料长度（mm）；

L——工件或母线长度（mm）；

C——系数，一般取 0.3~0.4；

B——切边余量（mm），平均取 5~15mm；

ε——胀形伸长率，$\varepsilon=\dfrac{d_{\max}-d_0}{d_0}$。

如果胀形区位于管坯中间的某一区段（见

图 4-3-13a)，当管坯两端不固定时，其变形区长度可按式（4-3-11）计算。管坯总长度等于胀形变形区所需长度与零件直筒部分长度之和；管坯直径就是零件直筒部分直径。

波纹管的坯料长度可根据波纹母线的展开长度和坯料母线长度相等的原则初步估算，再根据试验结果修正。

对于两端轴向加压的管坯胀形（见图 4-3-16），坯料长度可适当增大。

3. 胀形力的计算

液压或橡胶胀形时，作用于坯料内壁上所需单位压力 p 可按如下方法计算。

（1）管状零件

当两端不固定，允许轴向自由收缩时：

$$p=(2t/D_{max})\sigma_{\theta} \qquad (4\text{-}3\text{-}12)$$

当两端固定，不产生轴向收缩时：

$$p=(2t/D_{max}+t/R)\sigma_{\theta} \qquad (4\text{-}3\text{-}13)$$

式中　p——胀形所需单位压力（MPa）；

t——管件壁厚（mm），做初压力估算时取坯料初始厚度 t_0；

D_{max}、R——零件胀形区的最大直径及纵向曲率半径（见图 4-3-17）；

σ_{θ}——在不同变形程度下的实际应力，参见表 4-3-6。一般可按单向拉伸实际应力曲线确定。

表 4-3-6　几种材料不同变形程度下的应力值

$\delta_{\theta}(\%)$	σ_{θ}/MPa		
	3A21-O	20 钢	1Cr18Ni9Ti
4	132.3	470.4	637
6	139.2	529.2	705.6
8	146	588	784
10	150.9	637	862.4
12	155.8	676.2	931
14	160.7	752.5	999.6
16	165.6	764.4	1078
18	170.5	803.6	1151.5
20	172.5	842.8	1225
22	179.3	862.4	1303.4

（2）半球形零件

$$p=(2t/R)\sigma_{\theta} \qquad (4\text{-}3\text{-}14)$$

筒形零件刚性分瓣凸模胀形时所需压力可做如下简化计算：

如图 4-3-18 所示，把任意胀形件简化成直径为 D、高为 H 的筒形件。

设凸模由 n 个分瓣组成，则在总压力 F 的作用下，每块凸模分瓣上的作用力为 F/n。取锥形分瓣的半锥角为 β、芯轴对凸模的反作用力为 F'、单位胀形力为 p，则每块分瓣对制件的胀形力为 $pH(D/2)\alpha$。此外，还考虑到摩擦力 $\mu(F/n)$ 和 $\mu F'$ 的影响，对每块分瓣可列出垂直方向和水平方向力的平衡方程。联立求解之后即可得到刚性分瓣凸模胀形时所需的总压力：

$$F=2\times10^{-3}\pi HtR_m[(\mu+\tan\beta)/(1-\mu^2-2\mu\tan\beta)] \qquad (4\text{-}3\text{-}15)$$

式中　μ——摩擦系数，一般 $\mu=0.15\sim0.20$；

β——芯轴半锥角，一般 $\beta=6°$、$8°$、$12°$、$15°$；

R_m——材料抗拉强度（MPa）；

t——材料厚度（mm）；

H——胀形高度（mm）；

F——总压力（kN）。

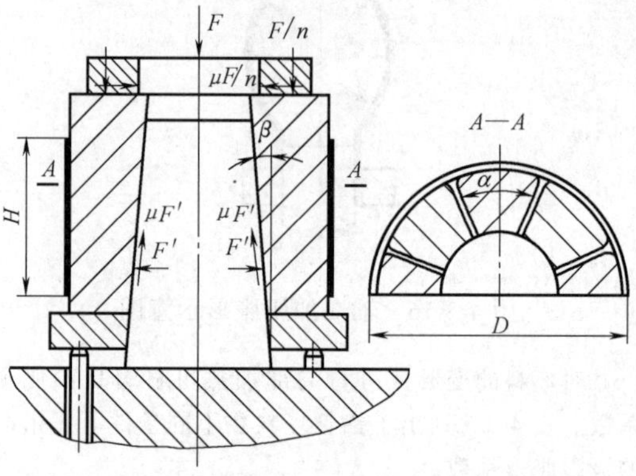

图 4-3-18　刚模胀形受力分析

参考文献

[1]　王孝培. 冲压设计［M］. 北京：机械工业出版社，1984.

[2]　周开华. 冲压零件展开尺寸计算［M］. 北京：国防工业出版社，1984.

[3]　李寿萱，等. 钣金成形原理与工艺［M］. 西安：西北工业大学出版社，1986.

[4]　唐荣锡，等. 飞机钣金工艺［M］. 北京：国防工业出版社，1983.

[5]　彭建声，冷冲压技术问答［M］. 北京：机械工业出版社，2002.

[6]　梁炳文. 冷冲压工艺手册［M］. 北京：北京航空航天大学出版社，2004.

第4章

曲面零件成形

哈尔滨工业大学　于连仲　于海平

4.1　概述

曲面零件包括球面、锥面、抛物面和其他复杂曲面形状零件。曲面零件的冲压成形，生产中也称之为拉深，但其变形区的受力状态、变形特点和直壁的圆筒件拉深明显不同。

4.1.1　曲面拉深件的分类

根据变形的特点曲面拉深件可以分为：

1. 轴对称的简单曲面零件

包括球面、锥面、抛物面及其他形状的轴对称曲面零件，这类零件坯料的变形，呈轴对称且沿坯料的周边均匀分布。

2. 非轴对称的复杂曲面零件

包括平面法兰的曲面零件、曲面法兰的曲面零件，这类零件坯料的变形，呈非轴对称且沿坯料的周边不均匀分布，同时在坯料的外周部分伴有剪切变形。

本章内容只限于轴对称的简单曲面零件，并取半球形件为例予以说明，所得结果同样适用于其他轴对称的简单曲面零件。至于非轴对称的复杂曲面零件，将在有关章节里介绍。

4.1.2　曲面零件的成形机理

圆筒形零件的几何特征，是具有垂直的圆柱面侧壁，坯料的变形区通常只限于压边装置约束下的法兰部分。曲面零件的几何特征，是具有倾斜的曲面侧壁，坯料的变形区具有明显的不与模具接触的悬空部分。坯料除法兰部分产生与圆筒件拉深相同的变形之外，其中间部分也产生适当的变形。

图4-4-1所示是半球形件拉深成形示意图。成形后平板坯料上某一点 D_0 与凸模表面的 D_1 点重合，假如坯料的厚度不变，即变形前后坯料的面积相等，则有 $d_0>d_1$。可见在成形过程中，坯料 D_0 点处的金属产生纬向压缩变形。这种变形与圆筒件拉深变形区的径向受拉、切向受压变形的特点完全相同，故称其为曲面零件的拉深成形机理。但是在成形的初始阶段，曲面凸模与坯料的接触面积有限，坯料产生拉深变形的同时，足以使中心附近的坯料产生厚度变薄的胀形变形，致使坯料贴模成形。坯料厚度的变薄必然引起面积的增大，从而使 D_0 点贴模的位置外移到 D_2，此时有直径 $d_2>d_1$，使 D_0 点处的纬向压缩变形得到一定程度的减小。当胀形变形足够大时，可以使 D_0 点处的金属不经纬向压缩于 D_3 点贴模，即此时 D_0 点的贴模，完全是由于坯料中间部分胀形变形的结果，称其为曲面零件的胀形成形机理。实际上曲面零件的成形，是坯料从凹模端面的拉入和凸模底部坯料的变薄所致，即曲面零件成形的机理，是坯料的拉深与胀形两种变形方式的复合。

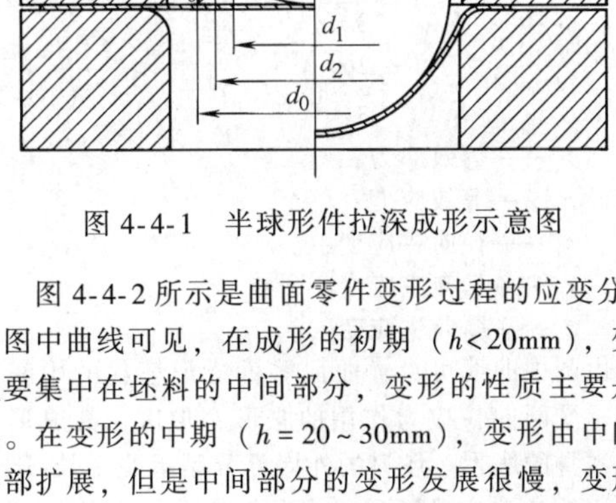

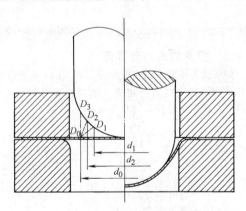

图4-4-1　半球形件拉深成形示意图

图4-4-2所示是曲面零件变形过程的应变分布。由图中曲线可见，在成形的初期（$h<20$mm），变形主要集中在坯料的中间部分，变形的性质主要是胀形。在变形的中期（$h=20\sim30$mm），变形由中间向外部扩展，但是中间部分的变形发展很慢，变形的性质是胀形与拉深。在变形的后期（$h=30\sim50$mm），变形基本发生在坯料外周部分，变形的性质主要是拉深。所以在曲面零件成形的过程中，初始阶段的变形方式一般是以胀形为主，终了阶段的变形方式一般是以拉深为主。

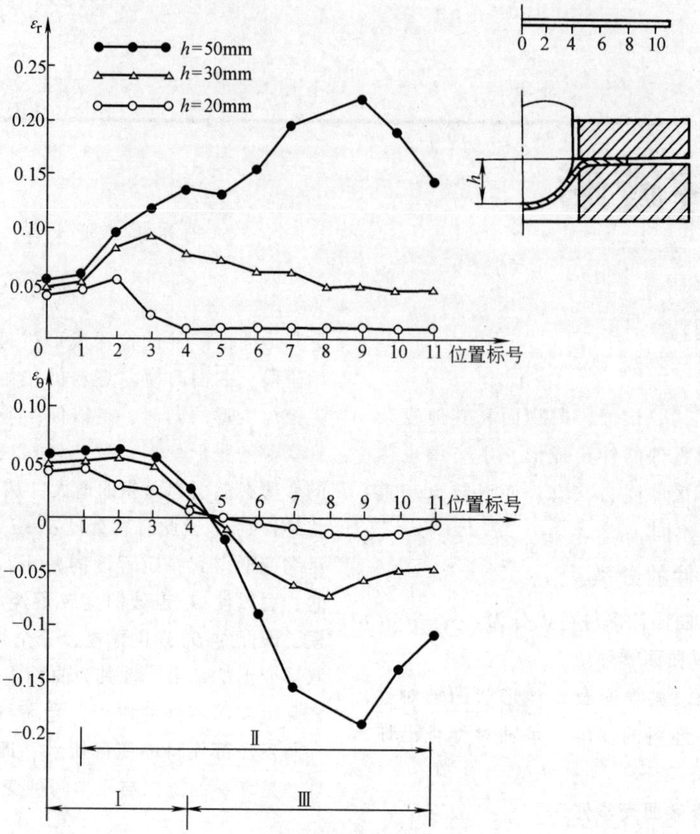

图 4-4-2　变形过程中的应变分布

4.1.3　变形的应力分界圆

如果认为板面内的主应力 σ_r、σ_θ 在厚度上是均匀分布的，就可以通过板面上的网格尺寸的变化，利用下式确定出其分布（见图 4-4-3）

$$\sigma_r=\frac{2\sigma_i}{3\varepsilon_i}(\varepsilon_r-\varepsilon_t) \tag{4-4-1}$$

$$\sigma_\theta=\frac{2\sigma_i}{3\varepsilon_i}(\varepsilon_\theta-\varepsilon_t) \tag{4-4-2}$$

式中　σ_i——等效应力；

ε_i——等效应变；

ε_r——径向主应变；

ε_θ——切向主应变；

ε_t——厚向主应变。

由图中曲线可见，曲面零件成形坯料的中间部分是承受两向拉应力作用的胀形变形区，其成形机理是本身的胀形。坯料的外周部分是承受一拉-压应力作用的拉深变形区，其成形机理是本身的拉深与内部的胀形。两区的交界（$\sigma_\theta=0$），称为应力分界圆，其半径存在有下述关系

$$\frac{r_\sigma}{r_1}=\frac{\mu Q}{\pi Rt\sigma_s}+\ln\frac{R}{r_1} \tag{4-4-3}$$

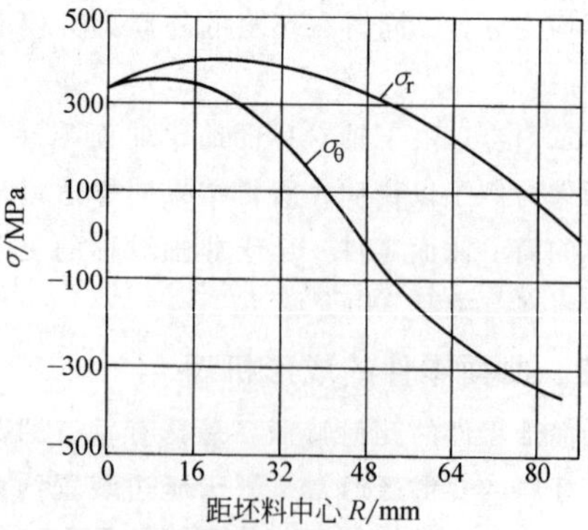

图 4-4-3　曲面零件应力分布

冷轧低碳钢板　厚度 1mm

球面直径 100mm　成形深度 46mm

压边力 21120N

式中　r_σ——应力分界圆半径；

r_1——凹模入口半径；

μ——摩擦系数；

Q——压边力；

R——坯料瞬时外径；

t——坯料厚度；

σ_s——坯料变形抗力。

由式（4-4-3）可见，应力分界圆的位置，即胀形与拉深两个变形区的分界，主要随压边力、润滑状态、变形抗力、坯料尺寸及瞬时外径而变化。如果压边力的数值不变，应力分界圆直径随坯料瞬时外径的减小而变小，故而经常是在成形的后期，曲面部分出现起皱现象。所以一般曲面零件成形，残留的法兰边宽度不能过小。

如图 4-4-4 所示，曲面零件成形时，应力分界圆外侧坯料的 *ABF* 部分，在纬向压应力的作用下极易失稳起皱。尤其是防止与模具不接触的悬空部分 *BF* 的起皱，经常是曲面零件拉深成形必须解决的问题。常见的防皱措施有：

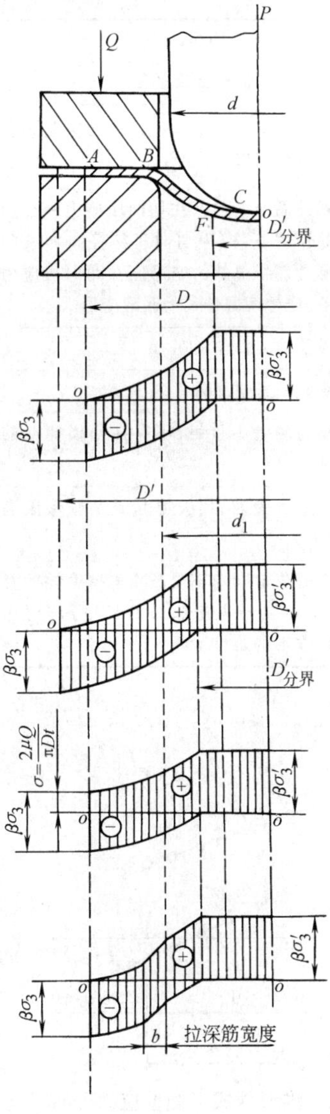

图 4-4-4　各种防皱措施对坯料内部应力的影响

1）使法兰部分的防皱措施与圆筒件相同。

2）悬空部分抗失稳的能力差，极易起皱。可以通过下列方法加以预防：

① 加大坯料直径（见图 4-4-4b）。

② 加大压边力（见图 4-4-4c）。

③ 采用拉深筋（见图 4-4-4d）。

4.1.4　成形的复合度

如前所述，曲面零件的成形机理是胀形与拉深两种变形的复合。如图 4-4-5 所示，从坯料变形的角度观察，所谓的复合成形，就是由中间部分坯料的变薄和凹模端面坯料的拉入两部分构成的。前者谓之胀形成分，可用断面上的截线长度 L_s 或面积 A_s 表达 。后者谓之拉深成分，可用截面上的拉入长度 $L_d(=L-L_s)$ 或拉入面积 $A_d(=A-A_s)$ 表达。并且可以用胀形成分所占的比率 L_s/L 或 A_s/A，评定胀形变形与拉深变形两种成分的复合程度。把比率 L_s/L 或 A_s/A，称为变形的复合度。如果胀形成分所占的比率 $L_s/L=1$ 时，该变形的复合度为 1，这种变形就是没有材料从凹模端面拉入的单纯胀形。如果胀形成分所占的比率 $L_s/L=0$ 时，该变形的复合度为 0，这种变形就是凸模底部材料不产生胀形的单纯拉深。实际上这种情况是不可能存在的，尤其是对于曲面形状的凸模，即使是在坯料可以全部拉入凹模的条件下，也要有相当成分的胀形成分存在。

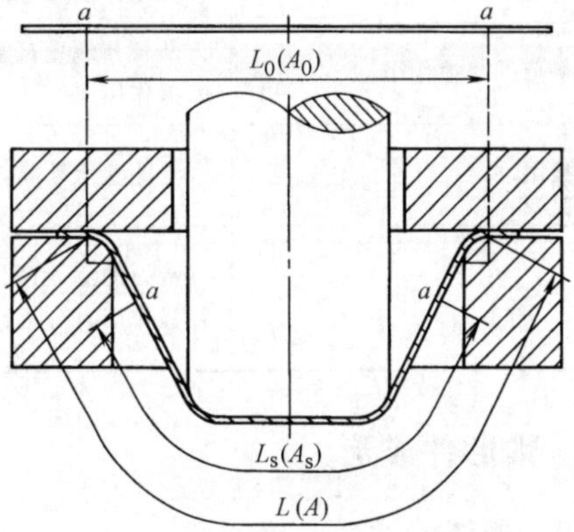

图 4-4-5　曲面零件成形的复合度

曲面零件成形的复合度应该是界于 0 与 1 之间，其大小与零件的几何形状、坯料尺寸、模具的结构形式、压边力、润滑状态和材料的冲压性能（*r* 值、*n* 值）等因素有关。例如，坯料的相对直径 D_0/d 增大时，变形的复合度也随之增大，即胀形变形成分逐渐增加；凸模形状由平底变为球形，变形的复合度随之增大；材料性能特别是 *r* 值与 *n* 值，对复合成形的影响较大。*r* 值对拉深成分影响很大，*n* 值对拉深成分与胀形成分两方面，都有相当大的影响。

4.1.5　变形的成形极限

应力分界圆内部的坯料，是承受两向拉应力作用的胀形变形区，其变形程度是受材料塑性不足破裂的限制。应力分界圆外部的坯料，是径向受拉、切向受压的拉深变形区，其变形程度是受变形区失稳起皱或传力区破裂的限制。所以曲面零件的成形极限，是受坯料胀形部分破裂、拉深部分起皱和传力区破裂的限制。

曲面零件的成形极限与零件的几何形状、模具的结构形式、润滑状态、材料冲压性能等因素有关。显然，凡是从材料或模具结构等方面，提高胀形变形或拉深变形的成形极限，都可能提高曲面零件的成形极限。但是，为了提高成形极限，则经常是设法降低成形过程的复合度，即以增加拉深成分效果比较明显。为了提高成形的稳定性和材料的利用率，则经常是设法提高成形过程的复合度，即以增加胀形成分更为有利。

另外，对于精度要求不高的曲面零件，有时可以采用预先允许起皱，然后再通过胀形消皱的成形工艺，可以有效地提高成形极限。

4.1.6　曲面零件成形的特点

对比直壁形状零件，曲面形状零件成形的特点，见表 4-4-1。

表 4-4-1　曲面零件成形的特点

比较内容	直壁零件	曲面零件
成形机理	拉深变形	拉深变形与胀形变形的复合
变形区位置	坯料外周部分的法兰拉深变形区	坯料外周部分的法兰拉深变形区及坯料中部的胀形变形区
变形区受力状态及变形特点	坯料变形区在切向压应力、径向拉应力的作用下,产生切向压缩、径向伸长的拉深变形	坯料外周的变形区在切向压应力和径向拉应力的作用下,产生切向压缩径向伸长的拉深变形。坯料中部的变形区在两向拉应力的作用下,产生两向伸长的胀形变形
材料冲压性能	要求 r 值,n 值影响不大	同时要求 r 值与 n 值
悬空部分	无明显的悬空部分	有明显的悬空部分
凸模侧壁的摩擦作用	凸模与侧壁接触,存在有凸模侧壁的摩擦作用	凸模与侧壁不接触,不存在凸模侧壁的摩擦作用
成形极限	受侧壁承载能力的限制	受侧壁承受能力、失稳起皱及胀形破裂的限制
成形难易	传力的危险断面受凸模侧壁摩擦的补强作用,比曲面零件成形容易	传力的危险断面不受凸模侧壁摩擦的补强作用,且存在易失稳起皱的悬空部分,比直壁零件成形的难度大

4.2　锥形件成形

4.2.1　概述

图 4-4-6 所示是锥形件成形侧壁应力分布。应力分界圆（$\sigma_\theta=0$ 处）将悬空部分坯料分成两部分。

应力分界圆内侧的胀形变形区（$\sigma_r>0$、$\sigma_\theta>0$）。胀形变形区与凸模侧壁不接触，不存在摩擦保持效应对凸模端面转角危险断面的补强作用，而且承担传力的凸模端面，又明显地小于凹模孔尺寸。因此锥形件成形比筒形件的拉深，更容易出现破裂。

应力分界圆外侧的拉深变形区（$\sigma_r>0$、$\sigma_\theta<0$）。拉深变形区处于不受凸模、凹模约束的自由状态，即进入凹模孔内的坯料在悬空状态下切向受压，极

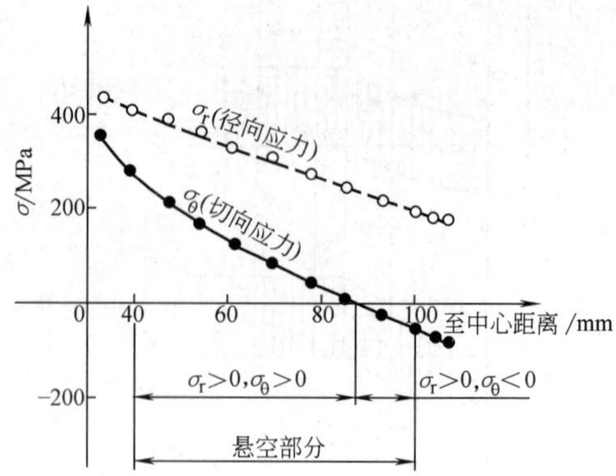

图 4-4-6　锥形件成形侧壁应力分布
凸模直径 $D_p=80$mm　凹模直径 $D_d=200$mm
成形深度 $h=36.8$mm

易发生失稳起皱。

所以，锥形件成形远比筒形件成形的难度大。锥形件成形的难易程度与其几何形状 h/d_1 及 d_1/d_2、坯料的相对厚度 t_0/d_1 或 t_0/d_2 与材料冲压性能 n 值、r 值等因素有关（见图 4-4-7）。

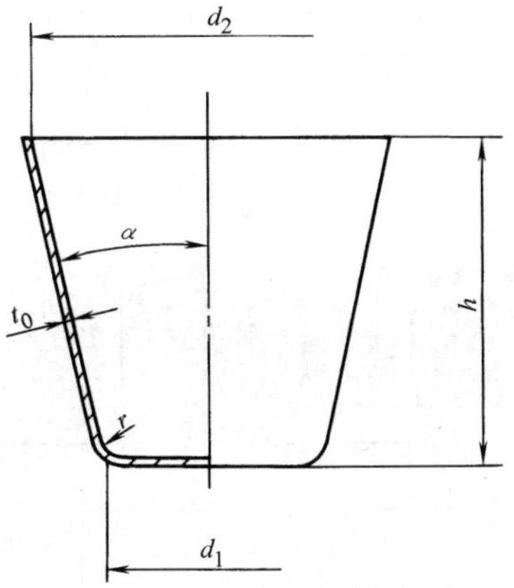

图 4-4-7　锥形件的几何尺寸

锥形件的成形性见表 4-4-2。

根据模具的结构形式，可以把锥形件成形的方法分为两类：用带压边装置的模具成形；用不带压边装置的模具成形。后者模具结构简单、加工方便，不要求使用结构复杂的双动压力机或带气垫装置的压力机，成本低廉。

4.2.2　成形极限

1. 用带压边装置模具的成形极限

图 4-4-8 所示是锥形件的成形范围。曲线 AB 是压边力不足悬空部分起皱的界限，曲线 CD 是压边力过大底部破裂的界限。两条曲线的下部，是锥形件一次拉深可能成形的范围，曲线交点是该范围内的最大成形高度 H_{max}。

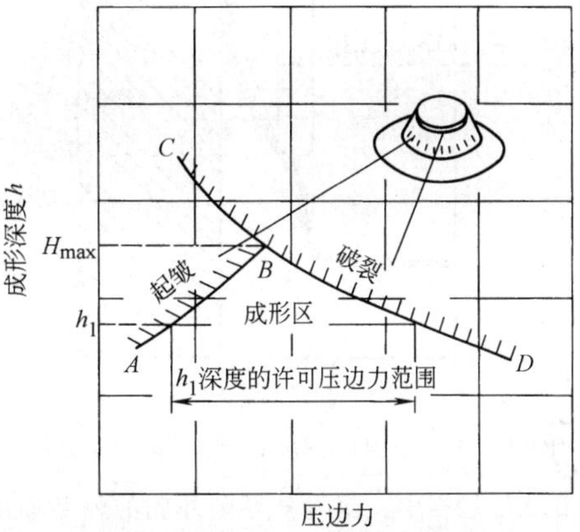

图 4-4-8　锥形件的成形范围

表 4-4-2　锥形件的成形性

形　状	简　图	成　形　性
浅锥形 $h \le (0.25 \sim 0.3)d_2$	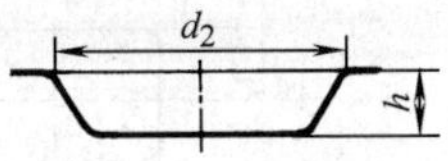	大部分可一次拉深成形
深度为最大直径 1/2 左右 $h=(0.4 \sim 0.55)d_2$	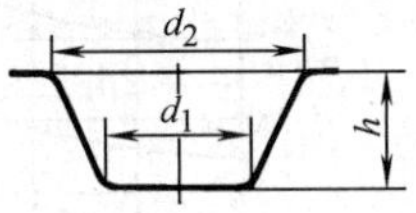	大部分可一次拉深成形。拉深系数用平均直径计算，采用圆筒件的拉深系数
大端与小端直径差小，深度相当大 $h=(0.8 \sim 1.5)d_2$	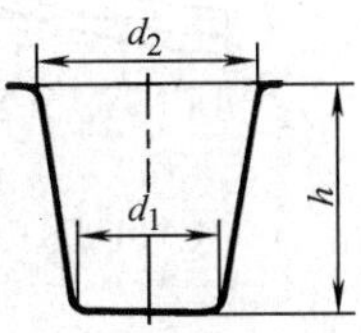	多次拉深成形，锥面容易残留冲压痕迹
极深的尖顶锥形	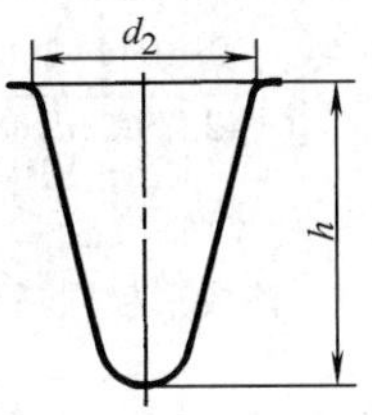	成形非常困难，需要多次拉深成形

理论分析与实验研究表明，锥形件成形时，凹模口内坯料的悬空部分，并不是一条直母线的圆锥形曲面，而是以应力分界圆为界的外凸、内凹的自由曲面[⊖]（见图 4-4-9）。

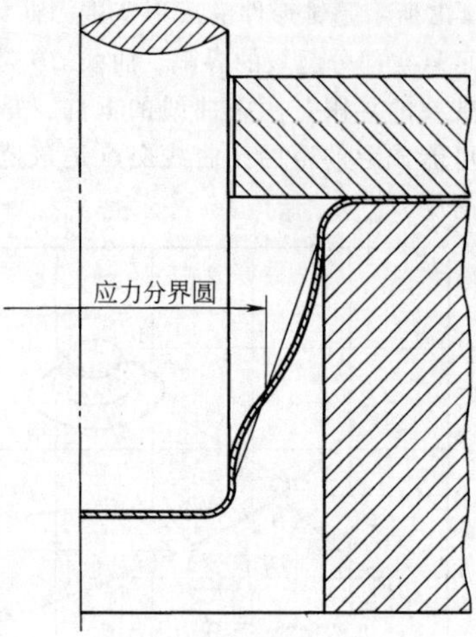

图 4-4-9　凹模口内坯料悬空部分的形状

在成形过程中，应力分界圆外侧的外凸曲面将向凹模侧壁靠贴。应力分界圆内侧的内凹曲面，将向凸模侧壁靠贴。因此模具的结构形式，必定会影响锥形件侧壁的成形效果。

图 4-4-10 所示是锥形件成形常用的模具结构形式。其中锥-锥形（锥形凸模、锥形凹模组配）模具（图 a），锥面的成形效果最好，其次是柱-锥形（柱形凸模、锥形凹模组配）模具（图 b），锥面成形效果最差的是锥-筒形（锥形凸模、筒形凹模组配）与柱-筒形（柱形凸模、筒形凹模组配）模具（图 c 与 d）。虽然可以利用增大成形的复合度，即增加胀形成分来改善锥面成形的效果，但是这样经常会受到危险断面承载能力的限制。所以锥-筒形、柱-筒形模具，只适用于成形锥面的形状精度要求不高或成形宽法兰的浅锥形件。

当模具的尺寸确定之后，对于各种材料都存在一最大的成形深度。试图通过改变冲压条件（润滑、压边力、拉深筋阻力等），继续提高锥形件一次拉深的成形极限，实际的效果并不明显。所以，在锥形件的结构与工艺过程设计时，都应该充分考虑其一次拉深的成形极限。

如果成形极限用坯料在悬空部分不起皱、底部不破裂的条件下，一次拉深所能得到的坯料最大相对直径 $[D_0/d_1]_{max}$，即用极限拉深比表示，则其数值如图 4-4-11 及表 4-4-3 所示，或者用下述函数式表示。

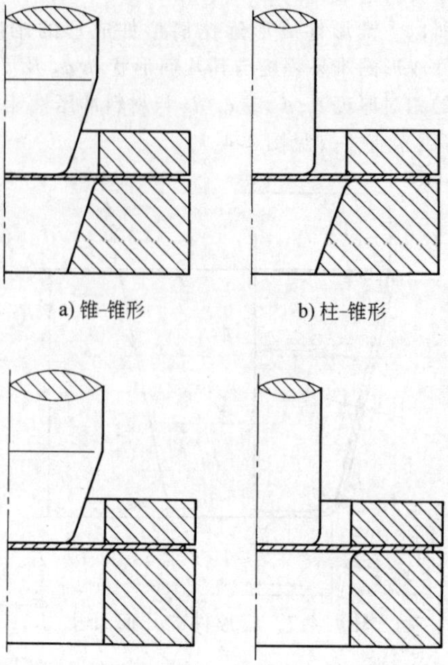

a) 锥-锥形　　b) 柱-锥形　　c) 锥-筒形　　d) 柱-筒形

图 4-4-10　锥形件成形常用的模具结构形式

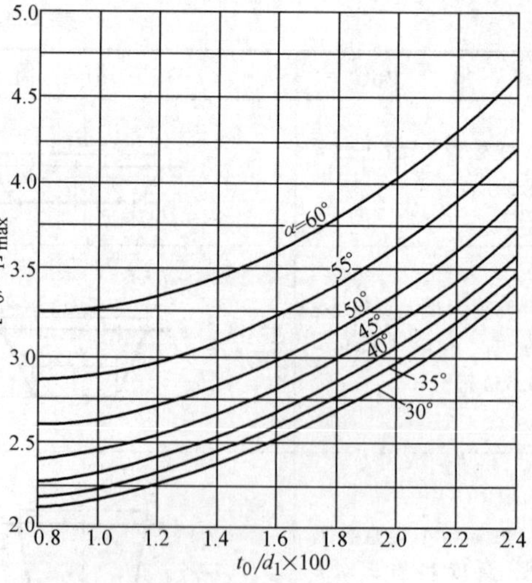

图 4-4-11　锥形件一次拉深成形极限

$$\ln\left[\frac{D_0}{d_1}\right]_{max}=\frac{0.4044+2.848t_0/d_1+2236(t_0/d_1)^2\cos\alpha}{42.79t_0/d_1\cos\alpha+0.5349\cos\alpha-2.142t_0/d_1} \tag{4-4-4}$$

该成形极限适用于带压边装置的柱形凸模、锥

⊖ 孙卫和. 锥形件拉深成形研究［D］. 哈尔滨：哈尔滨工业大学，1987. 11.

形凹模的柱-锥型模具（见图 4-4-10b），坯料尺寸用等面积法按料厚的中线展开确定。为保证拉深始终在有压边力的条件下进行，取最小法兰宽度 $B=1.2r_d$（见图 4-4-12）。对于无法兰的锥形件，可以在成形后经切边得到。

如果成形极限用坯料在悬空部分不起皱、底部不破裂的条件下，一次拉深所能得到的最大成形高度 H_{max} 来表示，则其成形极限如图 4-4-13 所示，也可用下述经验式估算

表 4-4-3　锥形件一次拉深成形极限 $[D_0/d_1]_{max}$

相对厚度 $t_0/d_1\times100$	半锥角 α						
	30°	35°	40°	45°	50°	55°	60°
0.8	2.10	2.17	2.27	2.40	2.58	2.84	3.25
0.9	2.13	2.20	2.29	2.42	2.60	2.86	3.26
1.0	2.16	2.23	2.32	2.45	2.63	2.88	3.27
1.1	2.21	2.27	2.37	2.49	2.66	2.91	3.29
1.2	2.26	2.32	2.41	2.54	2.71	2.95	3.33
1.3	2.31	2.38	2.47	2.59	2.76	3.01	3.38
1.4	2.38	2.44	2.53	2.66	2.83	3.07	3.44
1.5	2.45	2.51	2.61	2.73	2.90	3.14	3.51
1.6	2.52	2.59	2.68	2.81	2.98	3.22	3.59
1.7	2.61	2.68	2.77	2.89	3.07	3.31	3.69
1.8	2.70	2.77	2.86	2.99	3.16	3.41	3.79
1.9	2.79	2.87	2.96	3.09	3.27	3.52	3.90
2.0	2.90	2.97	3.07	3.20	3.38	3.64	4.02
2.1	3.01	3.08	3.18	3.32	3.50	3.76	4.16
2.2	3.13	3.20	3.31	3.44	3.63	3.90	4.30
2.3	3.25	3.33	3.44	3.58	3.77	4.04	4.46
2.4	3.39	3.47	3.58	3.72	3.92	4.20	4.62

当 $D_d<300$mm 时

$$H_{max}=(0.057r-0.0035)D_d+0.171D_p+0.58r_p+36.6t_0-12.1 \qquad (4\text{-}4\text{-}5)$$

当 $D_d\geqslant300$mm 时

$$H_{max}=AD_d-0.129D_p+0.354r_d+0.491r_p+3.1+H_d \qquad (4\text{-}4\text{-}6)$$

式中　r——厚向异性系数；

D_p、D_d——凸模、凹模直径（mm）；

r_p、r_d——凸模、凹模圆角半径（mm）；

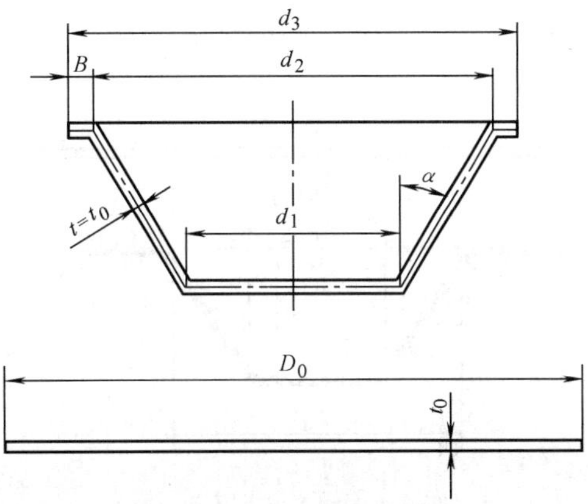

图4-4-12　坯料计算用图

t_0——坯料原始厚度（mm）；

A、H_d——系数，见表 4-4-4 和表 4-4-5。

表 4-4-4　A 值

润滑油	沸腾钢	铝镇静钢
机器油	0.162	0.163
工作油 660[#]	0.177	0.183

表 4-4-5　H_d 值

D_d/mm	沸腾钢	铝镇静钢
400	25	29
600	35	39

因为凹模直径在 $D_d=300$mm 左右时，起皱界限与破裂界限曲线的斜率变化较大，所以确定成形极限的经验公式，在此值前后形式不同。

2. 不带压边装置模具的成形极限

表 4-4-6、表 4-4-7 及图 4-4-14 给出不带压边装置，锥形件一次拉深成形的成形极限。表 4-4-6 是可能成形的坯料相对直径 D_0/d_1；表 4-4-7 是可能成形的相对高度 h/d_1；在图 4-4-14 中，如果锥形件的直径 d_1、高度 h、锥角 α 及材料厚度 t_0 的数值处于曲线的上方，则表示可以一次成形。由图中曲线可知，锥形件的成形极限，决定于坯料的相对厚度 t_0/d_1、零件的半锥角 α 及底部直径与坯料初始直径之比 d_1/D_0。比值 d_1/D_0 越小，锥形件的高度 h 越大，也就是变形区的宽度 $\frac{D_0-d_1}{2}$ 越大，变形过程中就越容易起皱。相对厚度 t_0/d_1 越小，半锥角的影响就越显著。上述各成形极限数值适用于板料厚度为 1~2mm 的锥形件。

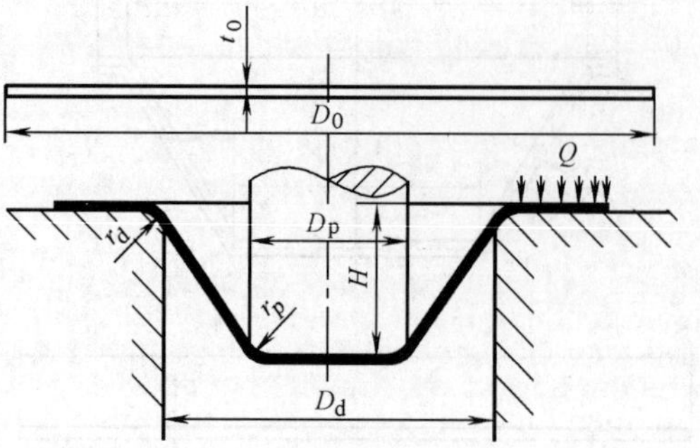

a) 坯料尺寸

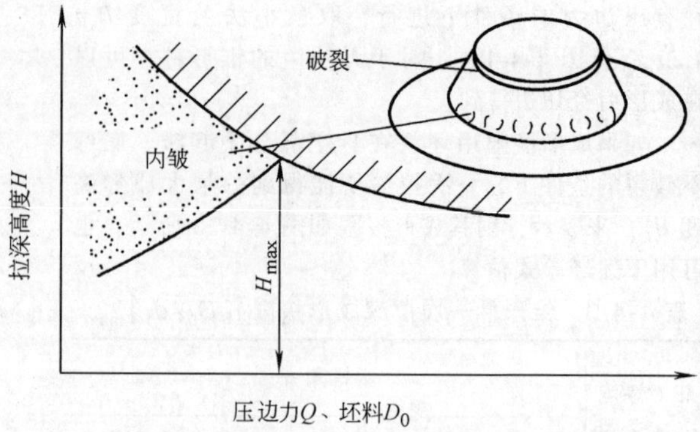

b) 最大成形高度H_{max}=(0.057r－0.0035)D_d+0.171D_p+0.58r_p+36.6t_0−12.1

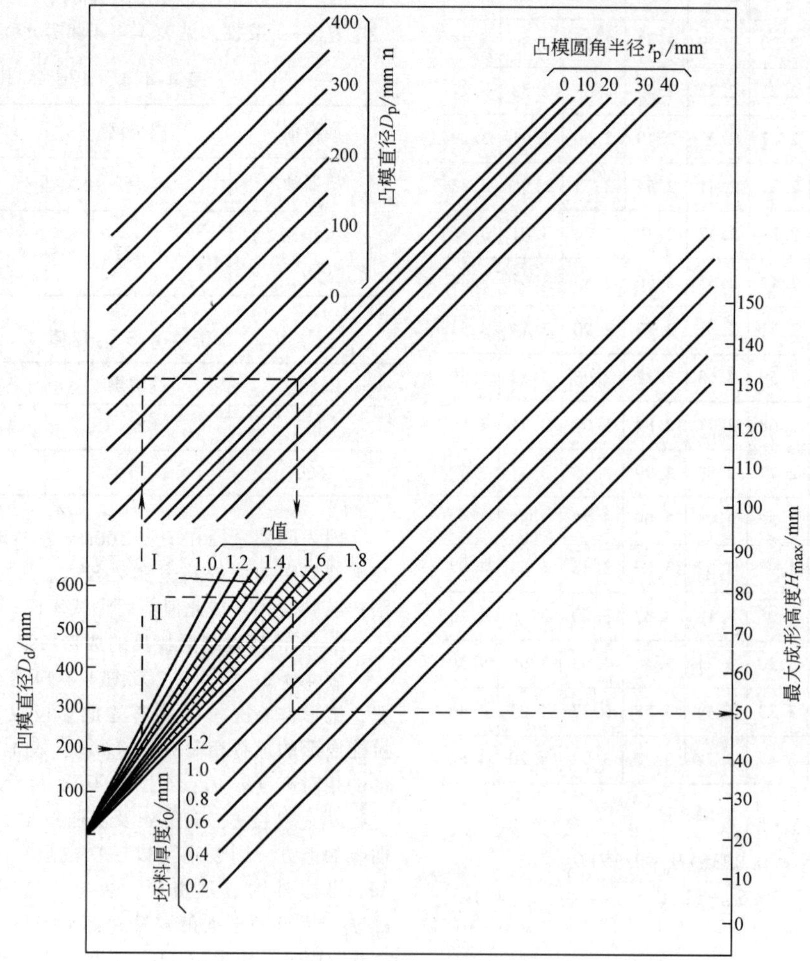

c) H_{max}计算图表

单位：mm

当t_0/D_0<0.002、D_p/D_d>0.5时不适用　Ⅰ—普通沸腾钢　Ⅱ—铝镇静钢

图 4-4-13　一次拉深最大成形高度 H_{max}

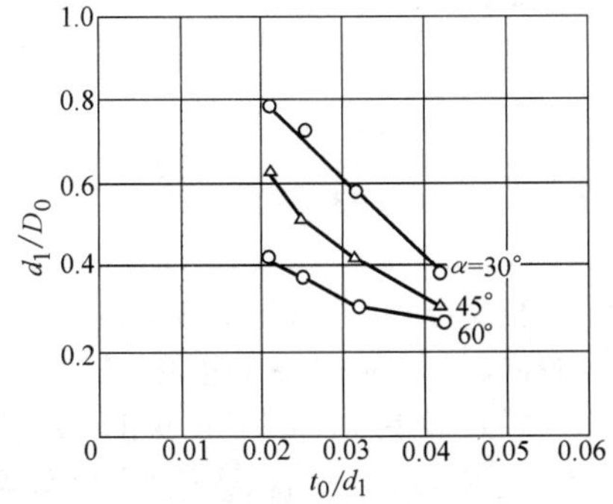

图 4-4-14　锥形件成形极限

表 4-4-6　可能成形的坯料相对直径 D_0/d_1

坯料相对厚度 t_0/d_1	半锥角 α		
	60°	45°	30°
0.021	2.34	1.59	1.27
0.025	2.55	1.91	1.37
0.032	3.19	2.34	1.70
0.042	3.60	3.19	2.55

表 4-4-7　可能成形的相对高度 h/d_1

坯料相对厚度 t_0/d_1	锥形件上口与底部直径比 d_2/d_1	锥形件相对高度 h/d_1
0.021	1.292	0.229
	1.333	0.229
	2.063	0.307
0.025	1.302	0.262
	1.667	0.333
	2.354	0.391
0.032	1.417	0.361
	2.021	0.510
	2.958	0.565
0.042	2.229	1.064
	2.729	0.865
	3.167	0.625

4.2.3　成形方法

1. 用带压边装置的模具成形

根据锥形件相对高度 h/d_2 的不同，可以分成表 4-4-8 所示的三种情况。

表 4-4-8　锥形件用带压边装置模具的成形方法

零件类型	成形特点	成形方法
1. 浅锥形件 $h/d_2<0.25$,一般半锥角(锥面母线与轴线的夹角) $\alpha=50°\sim80°$	浅锥形件的坯料变形程度小,定形能力差。为保证制件的形状、尺寸精度,必须加大径向拉应力提高胀形成分,即增大成形的复合度。因此无论制件有无法兰,均需按有法兰制件,用带压边装置的模具一次成形。无法兰的制件,成形后再经切边修正	1. 当坯料较厚时,用带压边装置的模具成形,无法兰的制件成形后再进行切边得到(见图 4-4-15)。可以通过加大压边力或加大坯料尺寸,增大径向拉应力 2. 当坯料较薄时,分为以下四种情况: (1)利用窄坎凹模成形无法兰锥形件(见图 4-4-16a) (2)利用宽坎凹模成形窄法兰锥形件(见图 4-4-16b) (3)利用反向锥度凹模成形宽法兰锥形件(见图 4-4-16c) 对于上述各种形式的凹模,同样可以通过加大坯料尺寸,增大径向拉应力 (4)利用软凸模(橡胶或液压)成形薄坯料浅锥形件。对于无法兰的制件,同样在成形后再行切边(见图 4-4-17)
2. 中锥形件 $h/d_2=0.3\sim0.7$,一般半锥角 $\alpha=15°\sim45°$	中等深度的锥形件坯料的变形程度不大,成形的主要工艺缺陷是悬空部分拉深变形区的失稳起皱,同样可以利用加大径向拉应力来防止	1. 当 $t/D_0\times100>2.5$ 时,坯料的相对厚度较大,不易失稳起皱,也可以用不带压边装置的模具一次成形,但需要在工作行程终了时对工件施加精压整形(见图 4-4-18) 2. 当 $t/D_0\times100=1.5\sim2$ 时,采用带有压边装置的模具一次成形。对于无法兰的锥形件,可在成形后再行切边 3. 当 $t/D_0\times100<1.5$ 或具有较宽的凸缘时,可用带压边装置的模具,经二次或三次成形。具体方法有以下两种: (1)近似形状过渡法(见图 4-4-19) (2)圆筒形状过渡法(见图 4-4-20)

（续）

零件类型	成形特点	成形方法
3. 深锥形件 $h/d_2>0.8$，一般半锥角 $\alpha<10°\sim30°$	深度较大的锥形件坯料的变形程度较大，只靠坯料与凸模接触的局部面积传递成形力，极易引起坯料局部过度变薄乃至破裂，所以需要经过多次过渡逐渐成形	1. 阶梯过渡法（见图 4-4-21） 2. 曲面过渡法（见图 4-4-23） 3. 圆筒过渡法（见图 4-4-26）

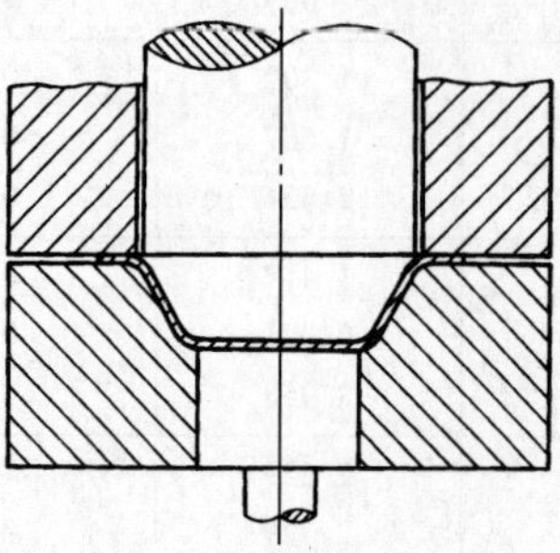

图 4-4-15　坯料较厚的锥形件成形

（1）近似形状过渡法（见图 4-4-19a）　首先拉深成近似形状 1，然后再由近似形状拉深成零件 2（二次成形）。确定近似形状的一般原则，是取近似形状的面积等于锥形件面积；为防止起皱近似形状与法兰采用圆筒形状过渡，用以增大径向的拉应力；由近似形状拉深成零件，法兰外径保持不变。该法适用于成形两端直径相差较大的锥形件。

（2）中锥形件的圆筒形状过渡法（见图 4-4-19b）　前一、二次拉深成无法兰或有法兰的圆筒形过渡坯料，最后一次拉深成锥形件（三次成形）。最后一次的拉深系数可用平均直径表示

$$m_{av}=\frac{d_{av}}{d_{n-1}} \tag{4-4-7}$$

$$d_{av}=\frac{d_1+d_2}{2} \tag{4-4-8}$$

式中　m_{av}——锥形件平均拉深系数；

d_{av}——锥形件平均直径；

d_{n-1}——末前道圆筒直径；

d_1——锥形件小端直径；

d_2——锥形件大端直径。

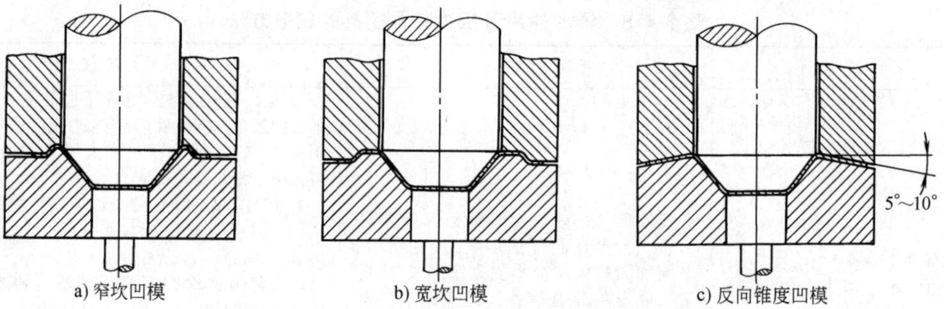

a) 窄坎凹模　b) 宽坎凹模　c) 反向锥度凹模

图 4-4-16　坯料较薄的锥形件成形

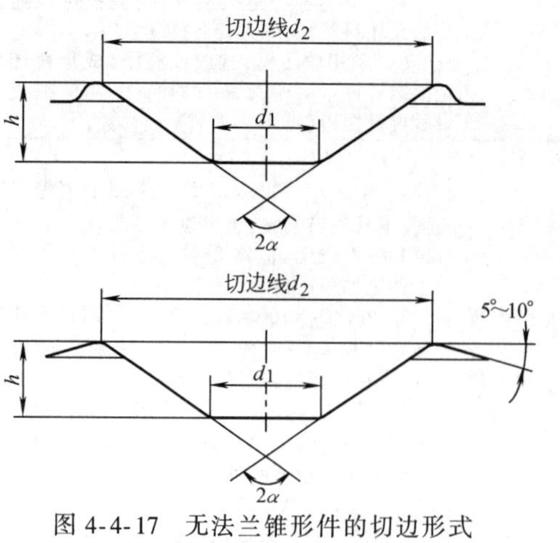

图 4-4-17　无法兰锥形件的切边形式

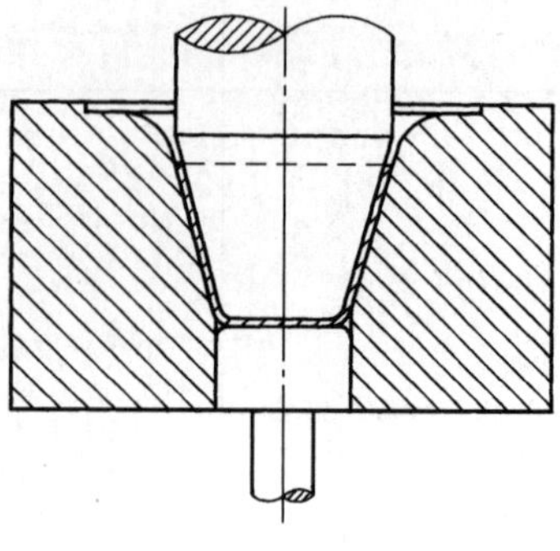

图 4-4-18　带有精压整形的一次成形

故而末前道圆筒直径可以按式（4-4-9）确定。

$$d_{n-1}=\frac{d_1+d_2}{2m_{av}} \tag{4-4-9}$$

其中锥形件的平均拉深系数 m_{av}，可按圆筒件选用（见表 4-1-1）。

锥形件小端与大端的直径比值 d_1/d_2，不应小于表 4-4-9 给出的数值。

表 4-4-9　锥形件的直径比

坯料相对厚度 $t/D_0\times100$	0.25	0.5	1.0	2.0
d_1/d_2	0.90	0.85	0.80	0.75

末道拉深方法（由圆筒转变成圆锥）：

当 $t/d_{n-1}\times100>1.5$ 时，用有压边的正拉深（见图 4-4-20a）；

当 $t/d_{n-1}\times100<1$ 时，用反拉深（见图 4-4-20b）；

介于两者之间时，可酌情处理。

（3）阶梯过渡法（见图 4-4-21）　首先将坯料拉深成阶梯形过渡件，其阶梯外形与锥形件的内形相切，最后胀形成锥形。阶梯过渡件的拉深工序次数、工艺程序与阶梯件的拉深相同。

阶梯过渡法成形的工序多，使用的模具数量多、结构较复杂。锥面壁厚不均，表面有明显的过渡压痕。表面质量要求高时，需增加抛光工序。对于加工硬化敏感的材料（如不锈钢、黄铜等），需要进行中间退火软化。

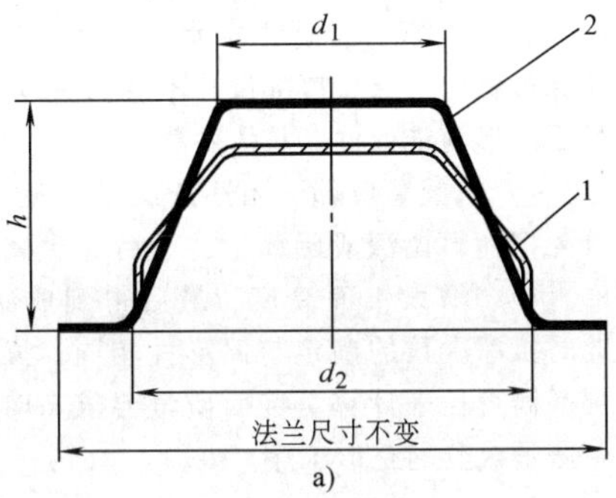

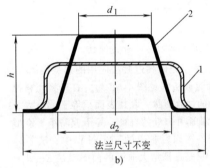

图 4-4-19　由过渡形状成形锥形件

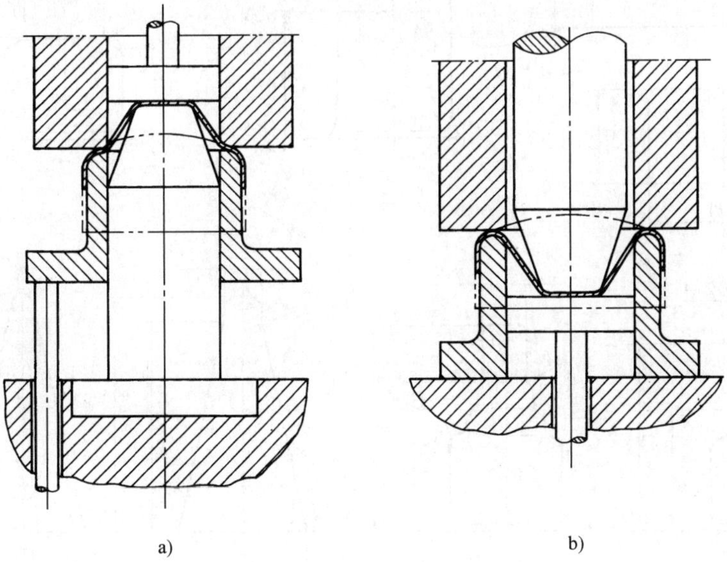

图 4-4-20　末道拉深方法

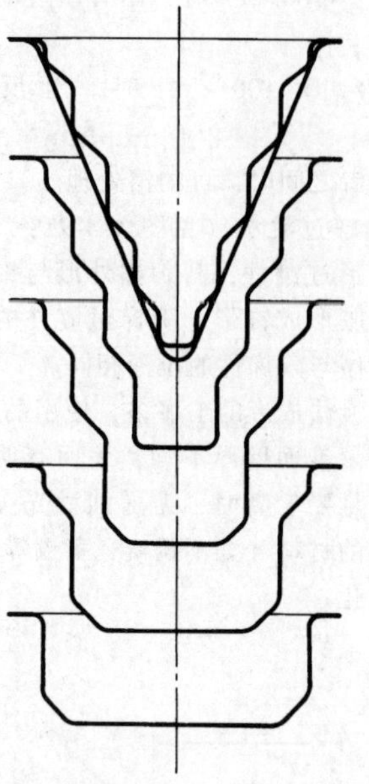

图 4-4-21　阶梯过渡法

图 4-4-22 所示是阶梯过渡法应用的典型实例。

（4）曲面过渡法（见图 4-4-23）　首先将坯料拉深成圆弧曲面的过渡形状，取其表面积等于或略大于锥形件面积，曲面开口处的直径，等于或略小于锥形件的大端直径。在以后各道的变形过程中，法兰外径尺寸不变，只是逐渐增大曲面的曲率半径 R（$R_1<R_2<\cdots<R_n$）和制件高度 h（$h_1<h_2<\cdots<h_n$），最后得到锥形件尺寸。

曲面过渡法的锥面壁厚较均匀，表面光滑无痕，模具数量少、结构比较简单。这种方法适用于成形尖顶的锥形件。

图 4-4-24 所示浮室下盖的锥形部分，相对高度 $h/d_2>0.8$，属于深锥形件。图 4-4-25 所示是采用曲面过渡法拉深的成形过程。第一次拉深成圆弧曲面形状，其面积等于或略大于成品锥形面积，曲面开口直径等于锥形大头直径。第二、三次拉深，逐渐增大圆弧曲率半径和制件高度。第四次拉深得到锥形。第五、六次拉深逐次减小锥顶圆弧半径，增大锥形部分高度，达到制件尺寸。锥形部分成形后，再经外缘翻边，得到零件的形状和尺寸。

（5）深锥形件圆筒过渡法　圆筒过渡法是将坯料先拉深成圆筒形，使其面积等于或略大于锥形件面积、直径等于锥形件的大端直径，在以后的过渡拉深过程中，保持口部尺寸不变而只改变底部尺寸，最后成形为锥形件。具体做法：

1）从圆筒口部开始逐渐成形（见图 4-4-26a）。首先把坯料拉深成圆筒形，然后逐次减小底部圆筒的直径、增大锥面高度，最后得到成品的锥形件。此时拉深次数的确定与筒形件相同，拉深系数按底部圆筒直径来计算。锥面质量要求高时，可以附加带胀形成分的整形工序。

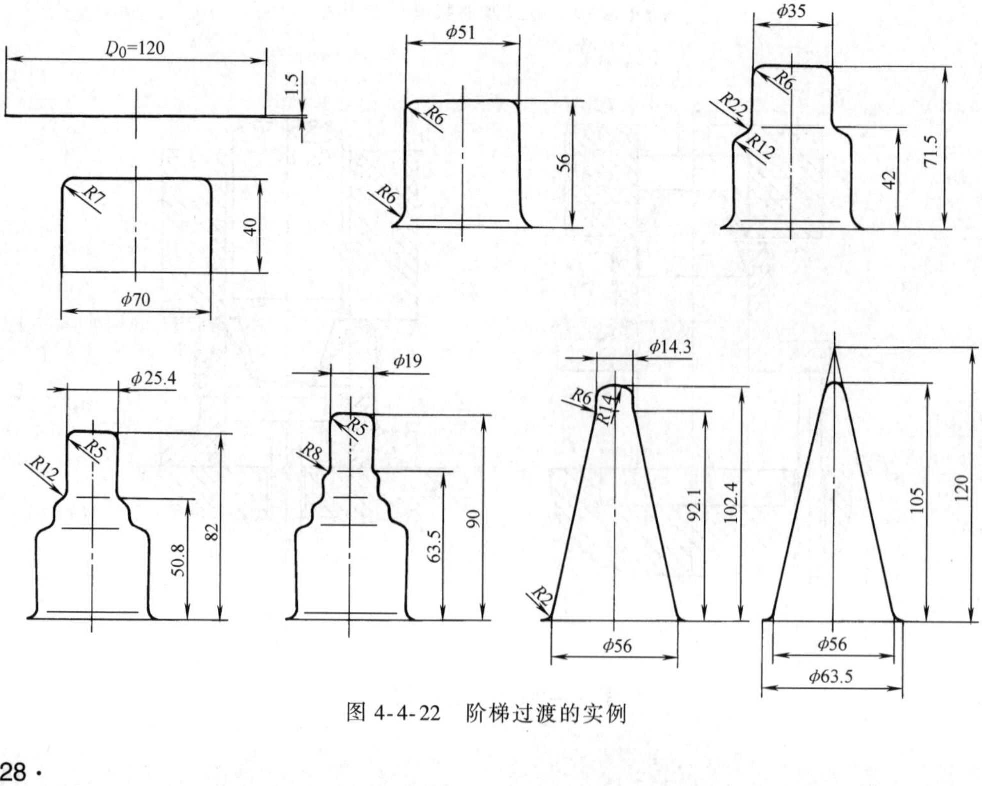

图 4-4-22　阶梯过渡的实例

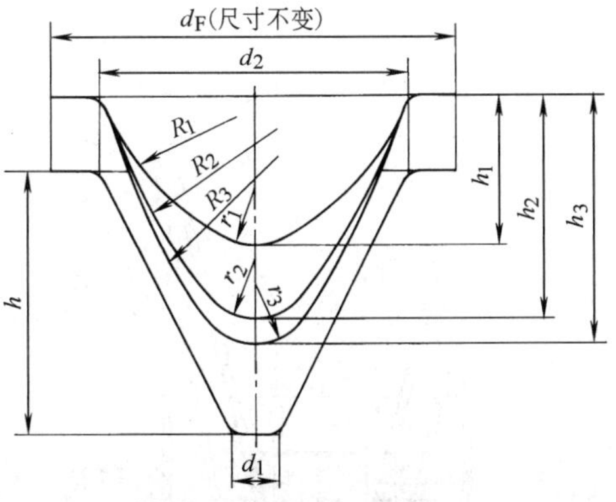

图 4-4-23　曲面过渡法

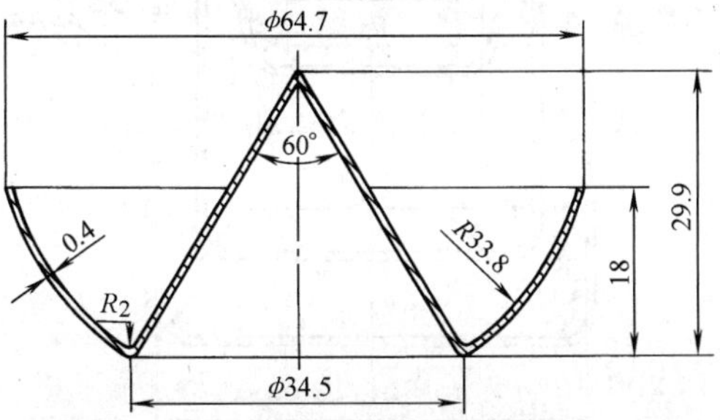

图 4-4-24　浮室下盖的锥形部分

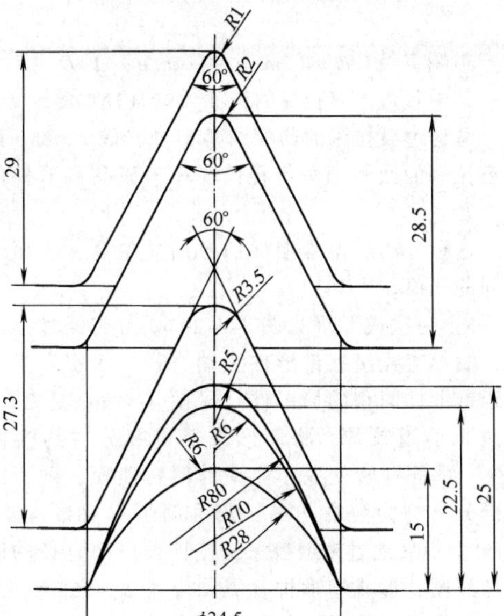

图 4-4-25　浮室下盖的拉深过程

该法所得锥形件的壁厚均匀程度、表面光滑性能，都高于阶梯过渡法，但低于曲面过渡法。

2）从圆筒底部开始逐渐成形（见图 4-4-26b）。首先把坯料拉深成圆筒形，然后从圆筒底部开始逐

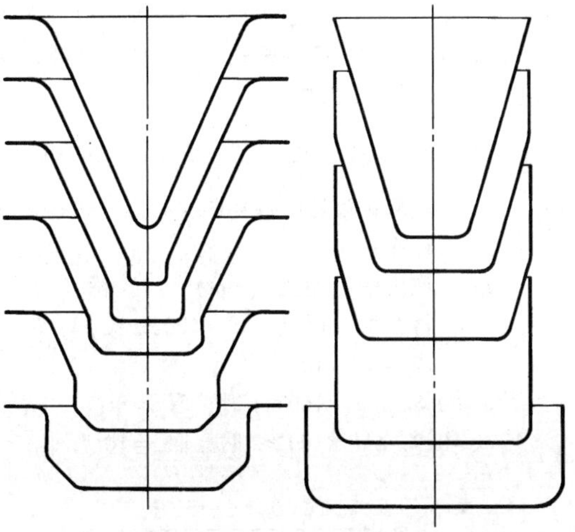

a) 从口部开始逐渐成形　b) 从底部开始逐渐成形

图 4-4-26　圆筒过渡法

渐成形锥面，在以后的各道拉深过程中，锥面的平均直径逐次减小、高度逐次增加，最后达到锥形件的尺寸。此时拉深系数可用平均直径计算

平均直径　$$d_{avn}=\frac{d_{1n}+d_{2n}}{2} \tag{4-4-10}$$

拉深系数　$$m_n=\frac{d_{avn}}{d_{avn-1}} \tag{4-4-11}$$

式中　n——拉深道次（n 为正整数）；

d_{1n}、d_{2n}——第 n 道拉深的小端、大端直径；

m_n——第 n 道拉深的拉深系数；

d_{avn}——第 n 道拉深的平均直径；

d_{avn-1}——第 $n-1$ 道拉深的平均直径。

根据平均直径确定的深锥形件的极限拉深系数见表 4-4-10。

表 4-4-10　深锥形件极限拉深系数

坯料相对厚度 $t/d_{n-1}\times100$	0.5	1.0	1.5	2.0
极限拉深系数 $m_n=d_{avn}/d_{avn-1}$	0.85	0.80	0.75	0.70

根据表 4-4-10 给出的深锥形件极限拉深系数、圆筒件直径（即锥形件的大端直径），通过式（4-4-11）即可确定各道次拉出的圆锥面平均直径 d_{avn}，再利用式（4-4-10）即可确定各道次锥形件的小端直径 d_{1n}。此时各道次锥形件的大端直径，都等于圆筒件直径（成品锥形件的大端直径）。

也可以利用下述方法，确定由圆筒过渡到锥形件的拉深次数 n。

首先将圆筒形过渡件与成品锥形件画在一起

（见图 4-4-27），即可确定出底部转角处的壁间距离 a（按内表面计算）。然后按式（4-4-12）计算成形锥面所需的过渡拉深次数。

$$n=\frac{a}{z} \tag{4-4-12}$$

式中　a——底部转角处壁间距离（mm）（按内表面计算）；

z——许用壁间距离（mm），与拉深系数 m、材料相对厚度 $t/d_n\times100$ 有关，一般可取 $z=(8\sim10)t$。

当 $m\leqslant0.8$，$t/d_n\times100\leqslant1$ 时，取 $z=8t$；

当 $m\geqslant0.9$，$t/d_n\times100\geqslant2$ 时，取 $z=10t$。

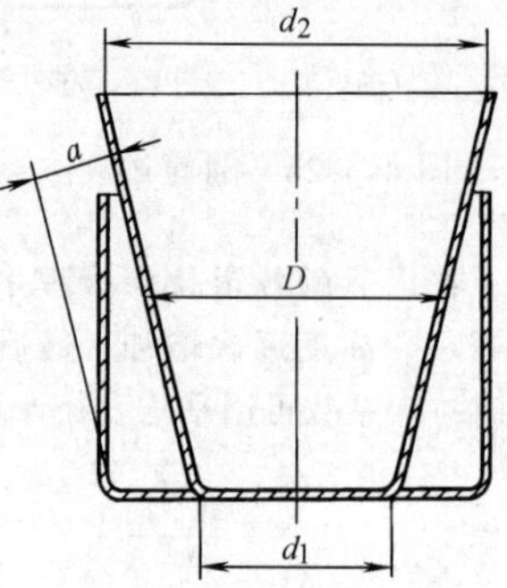

图 4-4-27　壁间距离

如果计算的拉深次数 n 不是整数，则应取进位后的整数值（例如计算出的 $n=2.3$，则应取拉深次数 $n=3$ 次），并对各道拉深系数进行调整。

确定拉深次数 n 后，即可用圆筒件的拉深系数确定每道拉深所得锥面的平均直径

$$d_{avn}=m_n d_{avn-1}$$

则每道拉深锥面小端直径应为

$$d_{1n}=2d_{avn}-d_{2n}$$

这里每道拉深锥面的大端直径 d_{2n}，都等于成品锥形件的大端直径 d_2，即

$$d_{2n}=d_2$$

例如，对于图 4-4-28 所示的由圆筒底部开始逐渐成形的锥形件，则有：

第一道过渡拉深

平均直径　$d_{av1}=m_1D$

小端直径　$d_1=(2m_1-1)D$

第二道过渡拉深

平均直径　$d_{av2}=m_2m_1D$

小端直径　$d_2=(2m_2m_1-1)D$

…

第 n 道过渡拉深

平均直径　$d_{avn}=(m_nm_{n-1}\cdots m_2m_1)D$

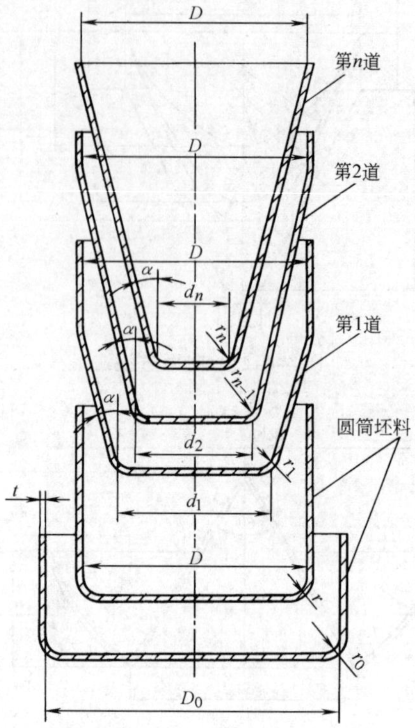

图 4-4-28　从底部开始成形举例

小端直径　$d_n=(2m_nm_{n-1}\cdots m_2m_1-1)D$

其中各道过渡拉深的锥面大端直径均等于 D。

每道过渡拉深的凸模圆角半径，取 $r\geqslant8t$。最后一道拉深的凸模圆角半径，取等于成品锥形件的圆角半径。

这种方法所得锥形件的锥面质量高，表面无工序间的压痕。

3）一次成形（见图 4-4-29）。首先经过多道拉深，制得直径接近锥形件大端直径、面积等于或略大于锥形件面积的筒形件（见图 4-4-29a 之 2）。再通过末前道拉深，将筒形件上口部分（约为筒高 30%）的侧壁转变成小曲率的回转曲面，剩下的筒壁部分（约为筒高 70%）仍为筒形（见图 4-4-29a 之 3）。最后通过末道拉深，在扩大口部直径的同时增加深度，形成锥形件（见图 4-4-29a 之 4）。经切边工序得到成品的锥形件（见图 4-4-29a 之 5）。

锥形件的锥度很小时，也可以先拉深成圆筒形，再在最后整形时加工成锥形（见图 4-4-29b）。

有时为了防止起皱，可先经多道拉深得到接近工件形状的圆筒，然后再用反拉深制得锥形件。对于薄壁深锥形件，为了避免破裂，反拉深可以分两次进行。

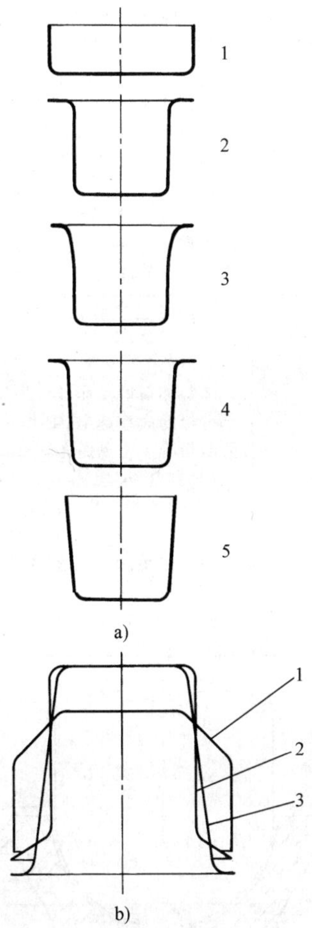

图 4-4-29　一次成形法

这种一次成形法，适用于直径差小、高度大的深锥形件，制件表面光洁平整，尤其是末道拉深采用反拉深时，制件表面质量更高。

2. 用不带压边装置的模具成形

锥形件的拉深变形过程，与其几何形状参数：相对高度、锥度及材料相对厚度有关。属于下述情况者，可以采用不带压边装置的模具成形。

1）制件的形状尺寸精度要求不高，而且坯料的相对直径 D_0/d_1 或锥形件的相对高度 h/d_1 之值，不超过表 4-4-6 或表 4-4-7 给出的极限值，或锥形件小端直径 d_1、高度 h、半锥角 α 及材料厚度 t 的数值，处于图 4-4-14 曲线的上方，都可以利用不带压边装置的模具一次成形。为了确保制件质量，应该采用带底凹模，在成形的后期进行镦压校形。

2）中锥形件（$h/d_2=0.3\sim0.7$）。对于材料相对厚度大（$t/d_2\times100>2.5$）的中锥形件，可以利用不带压边装置的模具一道拉深成形，但需精压整形（见图 4-4-18）。

3）深锥形件（$h/d_2>0.8$）。对于材料相对厚度 $t/d_2\times100>1$，大端直径 $d_2<50$mm 的小型深锥形件，可以用不带压边装置的模具，通过圆筒形过渡从圆筒口部逐渐成形。图 4-4-30 所示零件，即是利用图 4-4-31 所示的不带压边装置的模具，从圆筒口部逐渐成形的实例。

此外，对于某些无底的锥形件，可以采用带孔的坯料压制成形，或者利用管坯通过缩口成形。

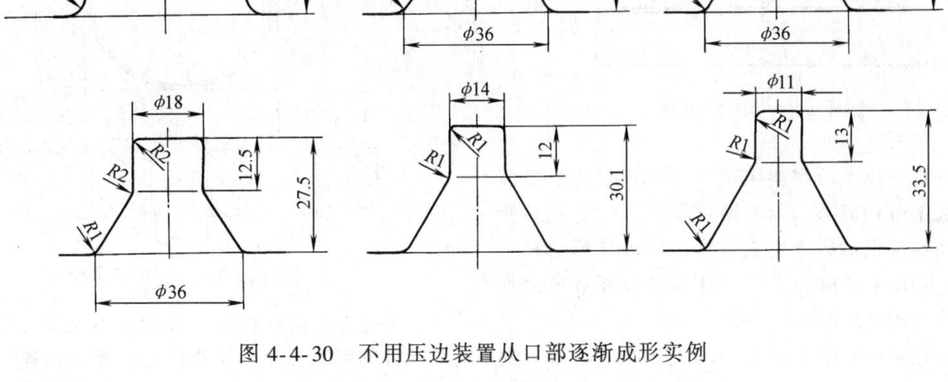

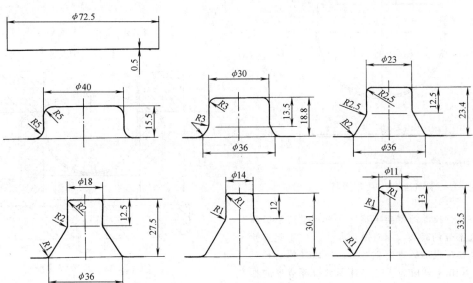

图 4-4-30　不用压边装置从口部逐渐成形实例

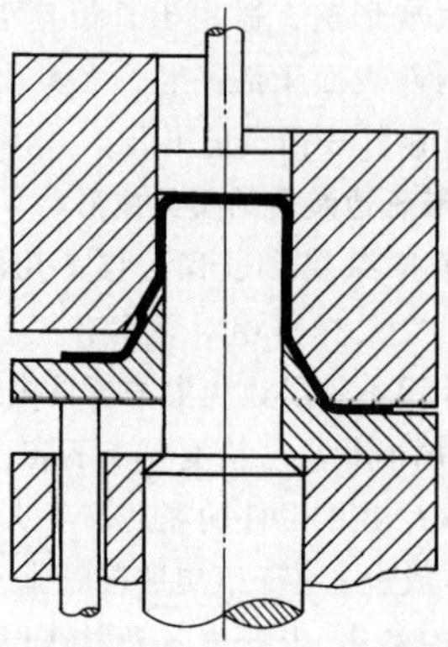

图 4-4-31　不带压边装置的拉深模

4.3　球形件成形

球形件拉深时，坯料与凸模的球形顶部局部接触，其余大部分处于悬空的不受模具约束的自由状态。因此限制成形的主要工艺问题，同样是局部接触部分的严重变薄乃至破裂，或者是凹模口内坯料曲面部分的失稳起皱。

4.3.1　半球形件

如果取半球形件和坯料的面积相等，就可以确定出半球形件的拉深系数 $m=0.71$。另外，半球形件的相对高度 $R/d=0.5$（见图 4-4-32）。即半球形件的拉深系数和相对高度，都是与零件直径大小无关的常数。所以，不能取拉深系数和相对高度作为判定半球形件拉深成形难易和设计工艺过程的依据。

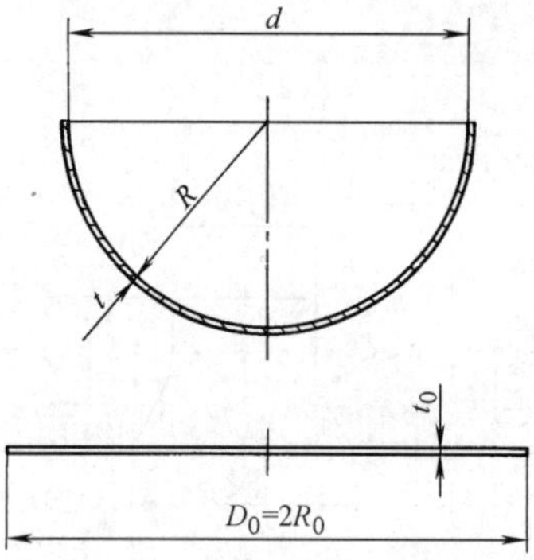

图 4-4-32　半球形件

半球形件拉深的主要困难，一般都是凹模口内坯料曲面部分的起皱。相对厚度越大，失稳起皱就越容易，拉深成形的难度就越大。所以坯料的相对厚度 $t/D_0\times100$，就成为决定半球形件拉深成形的难易、选定拉深方式的主要依据。

根据坯料相对厚度 $t/D_0\times100$ 的不同，可以分别采用表 4-4-11 所示的方法成形。

表 4-4-11　半球形零件成形方法

零件类型	成形方法
$t/D_0\times100>3$	可采用不带压边装置的简单模具，一次成形。为了提高制件的尺寸、形状精度，可以用带球形底部的凹模，在成形终了时通过精压整形（见图 4-4-33）。一般利用这种方法成形的零件，表面质量低，形状、尺寸精度不高
$t/D_0\times100=3\sim0.5$	采用带压边装置的模具拉深或用反拉深成形（见图 4-4-34）
$t/D_0\times100<0.5$	坯料相对厚度很小，凹模口内曲面部分极易失稳起皱，必须采用有效的防皱措施。常见的方法有： （1）拉深筋（见图 4-4-37a） （2）反锥形凹模（见图 4-4-37b） （3）反拉深（见图 4-4-34） （4）预拉深过渡成形（见图 4-4-38） （5）叠层拉深 （6）充液成形

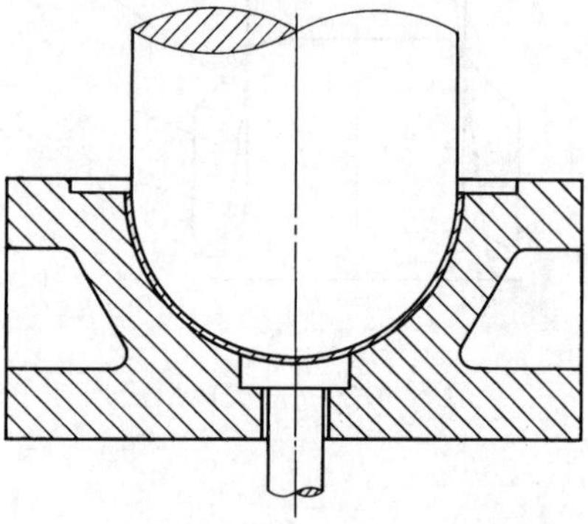

图 4-4-33　带校形的简单拉深模

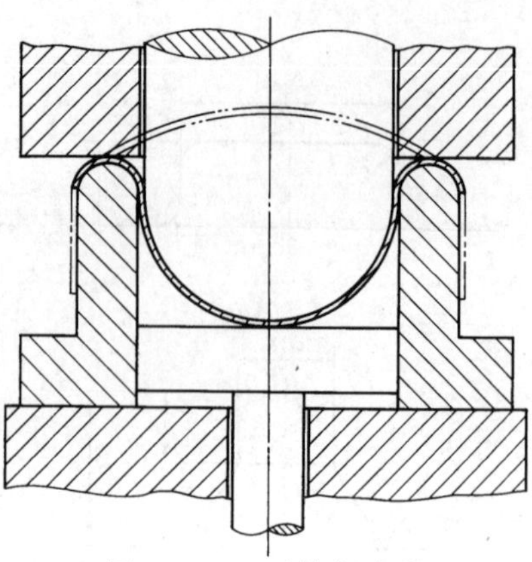

图 4-4-34　反拉深成形

半球形件拉深的压边装置，不仅要防止坯料法兰部分的起皱，而且还要防止凹模口内坯料曲面部分的起皱。

图 4-4-35 所示是用厚度为 2mm 和 1mm 的低碳钢板，拉深直径为 100mm 的半球形件时，作用在坯料法兰部分的必要初始单位压边力 q_0 曲线。图中曲线 q_0' 和 q_0''，分别是为了防止凹模口内坯料曲面部分起皱和坯料法兰部分起皱，所必需的初始单位压边力。由图中的曲线可见，为了防止这两部分起皱，所必需的初始单位压边力的数值，并不是在任何条件下都相等。为了保证拉深的正常进行，实际的单位压边力数值，始终都应该同时满足这两部分防皱的需要。

图 4-4-36 所示是采用平面压边装置拉深的半球形件，为了防止凹模口内坯料曲面部分起皱，必需的初始单位压边力 q_0 的试验曲线。该曲线适用于厚度为 0.5~2mm 的冷轧低碳钢板，由上述曲线确定的初始单位压边力 q_0 的数值见表 4-4-12。

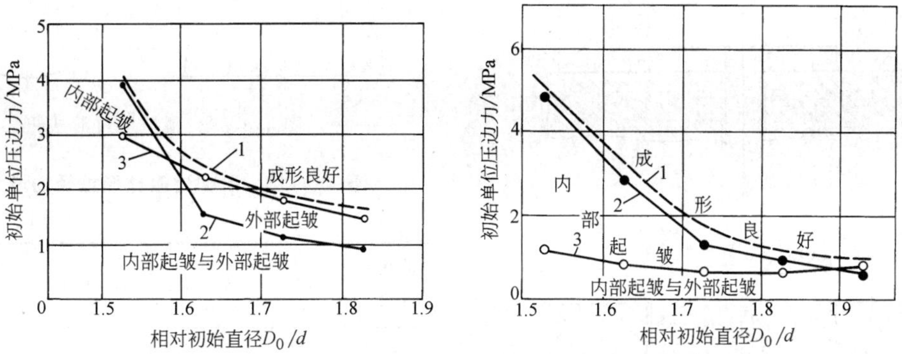

a) 坯料厚度t=2mm　　b) 坯料厚度t=1mm

图 4-4-35　初始单位压边力

1—必要初始压边力 q_0　2—内部起皱极限 q_0'　3—外部起皱极限 q_0''

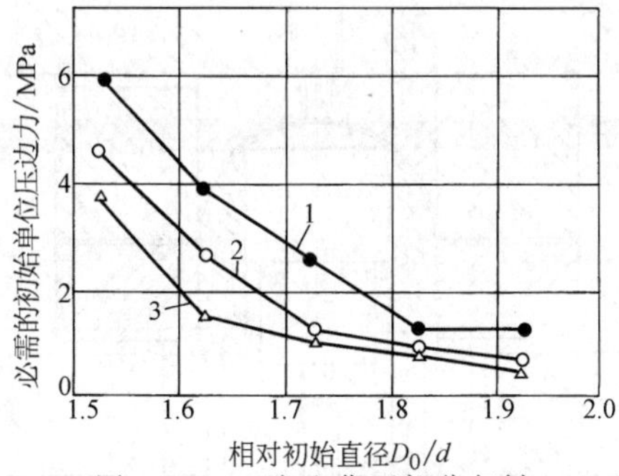

图 4-4-36　防止曲面部分起皱必需的初始单位压边力

1—t=0.5mm　2—t=1mm

3—t=1.2~2mm 冷轧低碳钢板

零件直径 d=100mm

表 4-4-12　防止坯料内部起皱必要的初始单位压边力 q_0（单位：MPa）

D_0/d	$t/D_0\times100$	
	0.3~0.6	0.6~1.3
1.5	5.0~6.0	3.0~3.5
1.6	3.5~4.5	1.7~2.2
1.7	1.5~3.0	1.0~1.5
1.8	0.7~1.5	1.0~1.2

注：表中数值适用于压边圈下无润滑、厚度为 0.5~2mm 冷轧低碳钢坯料。如果采用润滑，表中数值应该增大 50%~100%。

采用平面压边时，防止凹模口内坯料曲面部分起皱的压边力为

$$Q=\frac{\pi}{4}(D_0^2-d^2)q_0$$

式中　D_0——坯料初始直径（mm）；

d——半球形件直径（mm）；

q_0——初始单位压边力（MPa），按表 4-4-12 选用。

（1）采用拉深筋（见图 4-4-37a）　拉深筋可以提高法兰部分的变形阻力，增大径向拉应力，扩大应力分界圆的直径，即可增加变形的胀形成分，提高变形的复合度。故而使坯料曲面部分切向受压的宽度减小，同时也降低了切向压应力的数值，防止了凹模口内曲面部分坯料的起皱。

带拉深筋的压边装置，对坯料厚度波动、压力机调整和操作因素波动的影响不敏感，所以采用拉深筋防皱的工艺稳定性较高。

采用拉深筋防皱时，为了避免由于增大径向拉应力而可能导致胀形破裂，要求坯料选用高强度、高塑性和 n 值大的材料。坯料的相对厚度较小时，经预变形稍加冷作硬化也是有利的。但是，预先退火软化或工序间过早的退火软化，都会使带拉深筋模具的拉深条件恶化。

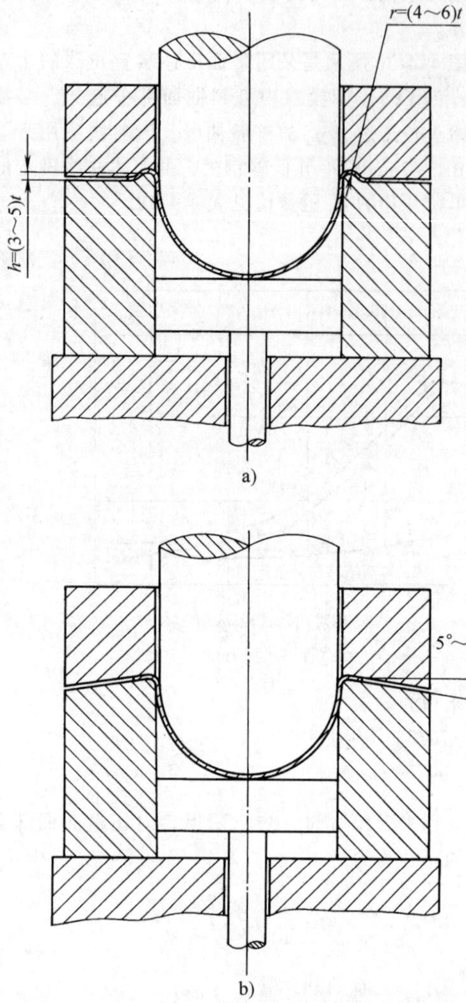

图 4-4-37　半球形件成形

（2）采用反锥形凹模（见图 4-4-37b）　采用反锥形凹模时，为了有效地增大径向拉应力，应该取用尽可能小的凹模圆角。一般可取凹模圆角半径 $r_d=(2\sim3)t$，反向锥角 $\alpha=5°\sim10°$。

（3）采用反拉深（见图 4-4-34）。首先拉深出带凸形底部的圆筒件，然后再用反拉深成形。

（4）采用预拉深过渡成形（见图 4-4-38）　经预拉深过渡成形的半球形件，壁厚不均，表面保留有过渡压痕，有时需要用旋压或胀形整形。胀形整形直径的增大量见表 4-4-13。

图 4-4-39 所示是实用的具有双动凸模的模具。首先是用外凸模成形半球形件口部的形状，继而用中间凸模成形底部的形状。图中所示是模具的闭合状态。

（5）采用叠层拉深　对于厚度很薄、精度要求不高的半球形件，可以将 2~3 块坯料重叠起来，一

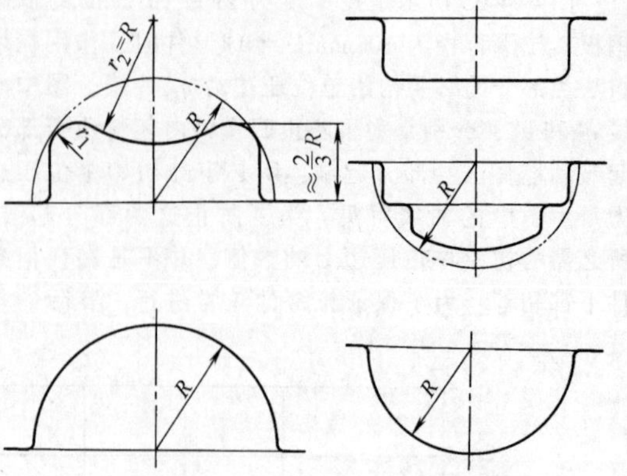

图 4-4-38　预拉深过渡成形

表 4-4-13　阶梯过渡整形直径的增大量

（单位：mm）

曲面侧壁直径	<50	50~100	100~150	150~200	>200
直径增大量	3~6.5	5~8	7~10	9~13	10~15

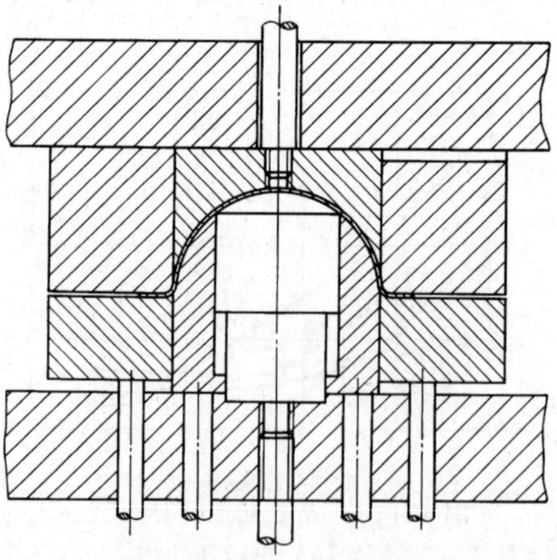

图 4-4-39　双动凸模模具

次拉深成形。叠层拉深既可以改善坯料总体的抗失稳能力，又可以提高生产效率。

对于精度要求较高的半球形件，可以采用多层（2~3 层）坯料经多次拉深成形。各道拉深的凹模孔尺寸逐渐增大，最后一道采用单层坯料拉深成形（见图 4-4-40）。

（6）采用充液成形　这是一种利用液体压力，驱使变形坯料按模具拉深成形的方法。可用于球形、抛物线形、锥形及其他形状零件的成形。

按成形方法充液成形可以分成：按凹模液压成形和按凸模液压成形两种。两者的变形特点及应用范围有所不同。液体压力来自压力机的工作行程或

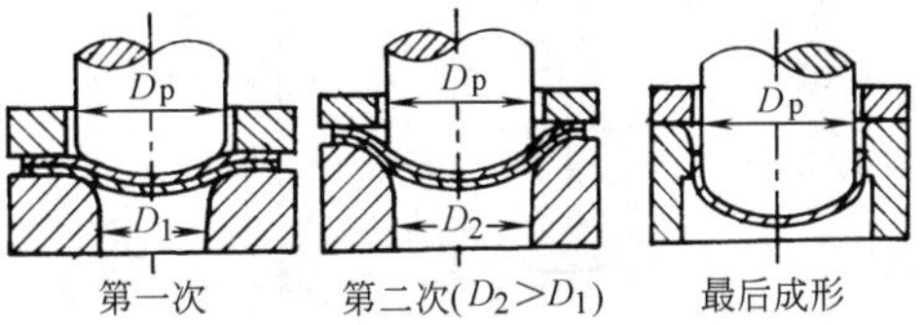

图 4-4-40　叠层拉深

高压泵，或来自两者的联合作用。液体拉深也可以和刚性的模具拉深结合使用。（详见第 6 篇第 2 章）

图 4-4-41 所示是在双动压力机上使用的，按凹模型腔成形半球形件的充液拉深模。工作液体是油，密封在橡胶囊内，液体压力是来自压力机的工作行程。

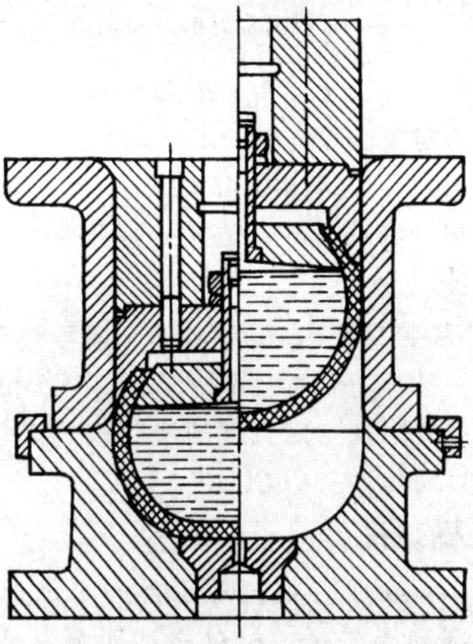

图 4-4-41　按凹模型腔成形的充液拉深模

图 4-4-42 所示是不用压力机的充液拉深模。可更换的半球形凹模，安装在用螺栓固定的上、下模板之间。根据生产批量的不同，凹模可用铸铁、层状塑料或硬木等材料制造。

半球形件充液成形，成形终了时刻的液体单位压力，可按式（4-4-13）估算。

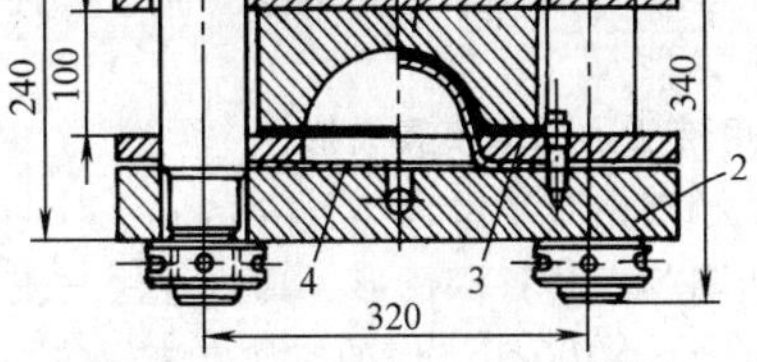

图 4-4-42　不用压力机的充液拉深模

1—上模板　2—下模板　3—压边圈

4—橡胶囊　5—凹模

$$q=3.2\frac{t}{d}R_m \quad (4\text{-}4\text{-}13)$$

式中　t——坯料厚度（mm）；

d——半球形件直径（mm）；

R_m——坯料的抗拉强度（MPa）。

从而液体拉深力可估算如下

$$F=Sq \quad (4\text{-}4\text{-}14)$$

或者

$$F=2.52dtR_m \quad (4\text{-}4\text{-}15)$$

式中　S——半球形件表面投影面积（mm^2）；

其他符号同前。

按凹模型腔液压成形的特点：不需要金属凸模与凹模配合；可以不使用压力机进行充液成形；坯料上压力分布比较均匀，半球形件可能一次成形；制件壁厚不均，半球形件的顶部变薄量较大。

按凸模形状液压成形时，液体压力把坯料紧紧地压靠在凸模上，可以阻止变形坯料过多地变薄，所以按凸模形状液压成形制件的壁厚，比按凹模型腔液压成形的均匀。

另外，在半球形件拉深的过程中，随着成形深度的增大，坯料的外径逐渐减小。如果压边力的数值不变，应力分界圆的直径也会逐渐地变小。当半球形件残留下的法兰边宽度过小时，经常会在成形后期，出现曲面部分的起皱现象。相反，如果半球形件带有高度为(0.1~0.2)d 的直边，或带有每边宽度为(0.1~0.15)d 的法兰边时，一般都不会明显增加成形的难度，反倒有利于防止曲面部分的起皱。所以，对于不带直边或不带法兰边的半球形件，为了保证制件的形状、尺寸精度，一般可以考虑附加工艺余料，成形后再予以切除。

4.3.2　浅球形件

高度小于球形半径的浅球形件（见图 4-4-43）的拉深方法，按其几何尺寸关系可以分为：

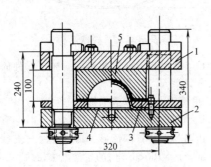

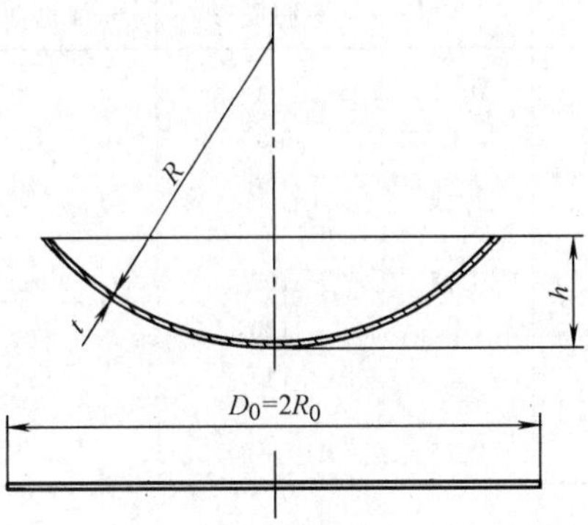

图 4-4-43　浅球形件

1）当坯料直径 $D_0 \leqslant 9\sqrt{Rt}$ 时，可以用带底的凹模一次成形（见图 4-4-44），坯料不致起皱。但是在变形过程中坯料容易窜动，而且成形后可能产生一定的回弹，所以成形的精度不高。如果球面半径较大，而零件的高度和坯料厚度较小时，必须按回弹量修正模具。

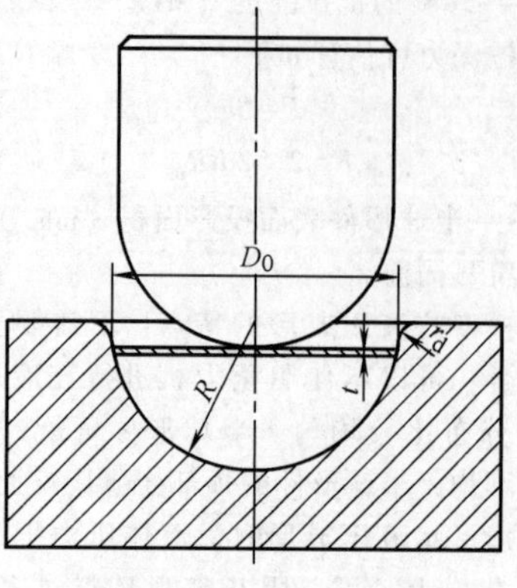

图 4-4-44 带底凹模

表 4-4-14 和图 4-4-45 给出不用压边成形浅球形件的成形极限。确定成形上极限值的条件，是制件上出现轻微的起皱痕迹，表面已经不再十分光滑。虽然用带底的凹模校形，表面质量可以得到一定程度上的改善。但是由于起皱，引起坯料上金属的分布明显不均。依靠用带底的凹模进行校形，不可能使已经分布不均的金属，由过多的部位转移到较少的部位上去，重新均匀分布。所以校形后的零件，表面并不会十分光滑。

成形的下极限条件，是制件不出现起皱痕迹，表面十分光滑。

表 4-4-14 不用压边成形球面零件的极限

（单位：mm）

球面半径 R	坯料厚度 t	可能成形的坯料最大直径 D_0	
		勉强成形	成形良好
50	0.75	83	73
	1	90	76
	2	130	120
75	0.75	102	93
	1	120	102
	2	145	130
25	0.75	—	50~55

上极限值用于成形质量要求不高的浅球形件，下极限值用于成形质量要求较高的浅球形件。

利用图 4-4-45 可得出确定浅球形件，不用压边成形极限的数学表达式：

曲面质量要求不高时

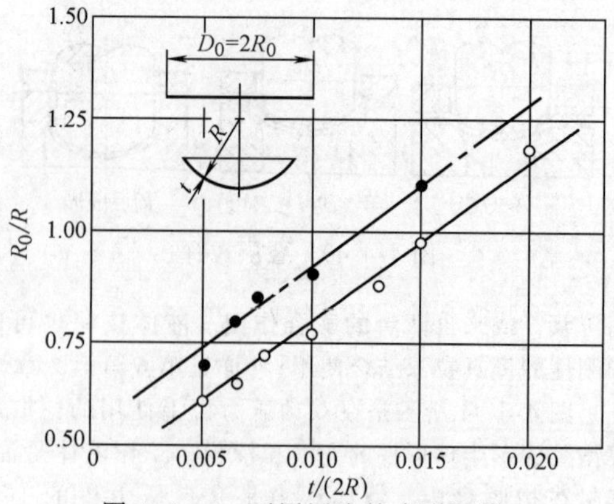

图 4-4-45 不用压边的成形极限

—·— 勉强成形的上极限值

—— 成形良好的下极限值

$$R_0 \leqslant 0.55R + 20t \qquad (4\text{-}4\text{-}16a)$$

曲面质量要求较高时

$$R_0 \leqslant 0.4R + 20t \qquad (4\text{-}4\text{-}16b)$$

上述图、表及公式，适用于厚度为 0.75~2mm 的浅球形件。

2）当坯料直径 $D_0 > 9\sqrt{Rt}$ 时，需要用带压边装置的模具，甚至还需要设置拉深筋，一次拉深成形。此时坯料需要附加一定宽度的法兰边（工艺余料），成形后再行切除。

4.3.3 椭球形件

如图 4-4-46 所示之椭球形件与半球形件相比，其凸模底部趋于平缓，相对高度明显减小（$h/d < 0.5$）。椭球形件拉深成形的复合度，明显小于半球形件，即其坯料变形中的胀形成分小于半球形件。椭球形件成形的难度有所减轻。

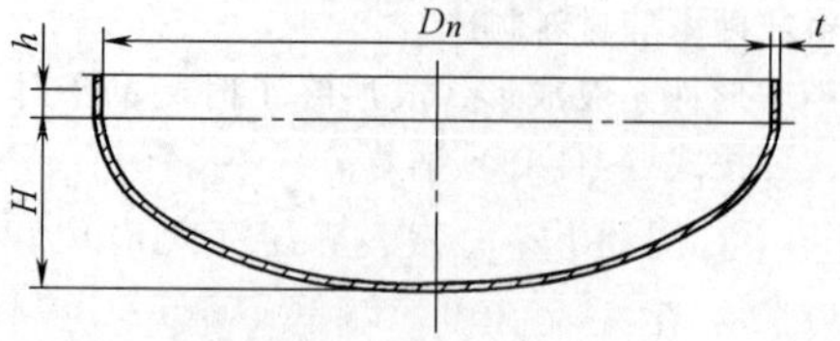

图 4-4-46 椭球形件

根据坯料的相对厚度的不同，椭球形件的拉深方法可分为：

1. 用带压边圈的模具成形

当坯料的相对厚度 $t/D_0 \times 100 \leqslant 1.1$ 时，需要采用带压边圈的模具拉深成形。具体方法与半球形件相对厚度 $t/D_0 \times 100 < 0.5$ 时的拉深方法相同。

2. 用不带压边圈的模具成形

当坯料的相对厚度 $t/D_0 \times 100 > 1.1$ 时，可以采用不带压边圈的模具拉深成形。生产中成功地采用如

图 4-4-47 所示的正、反复合拉深的方法成形。

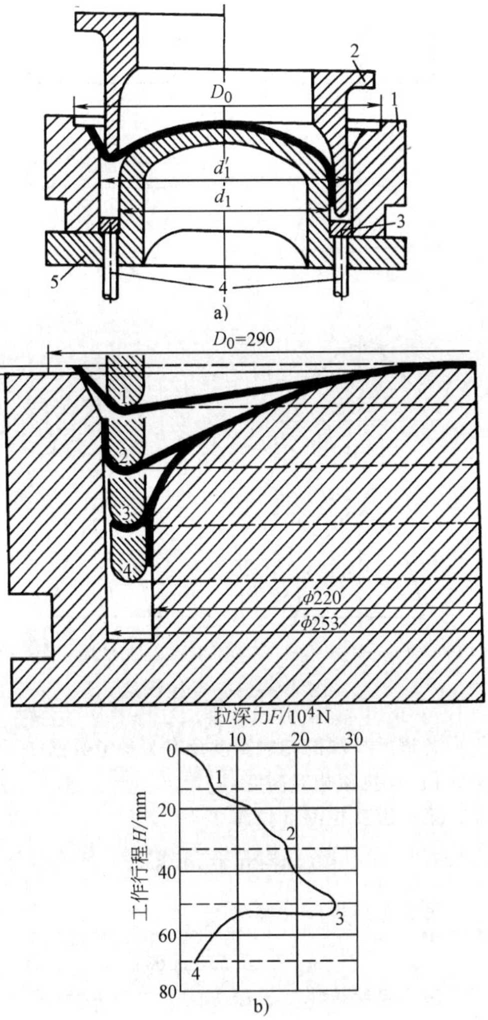

图 4-4-47　正、反复合拉深

1—正拉深凹模　2—凸凹模　3—顶件板

4—顶杆　5—反拉深凸模

坯料可以分成两部分：凸凹模模口内部的中间部分；凸凹模模口外部的外周部分。成形过程中，中间部分坯料靠自身的胀形变形与外周部分的拉深变形，逐渐贴靠凸模。外周部分坯料连续地通过凸凹模，经受正、反复合拉深变形。

图 4-4-47a 所示是不用压边的正、反复合拉深模具的结构原理图。图 4-4-47b 所示是这种拉深方法的力-行程曲线，并显示出与曲线上 1、2、3、4 诸点对应的坯料变形位置。

模具间隙确定如下：

凸凹模与凹模的单面间隙(1.3~1.5)t；

凸凹模与凸模的单面间隙(1.2~1.3)t。

这种拉深的特点是不需用压边装置，也不需用带拉深筋的凹模。正、反复合拉深是利用凸凹模在同一行程中依次连续地完成，零件壁厚比较均匀，表面光滑平整。

这种拉深方法，也成功地用于其他非圆形薄壁空心件的拉深成形。

4.4　抛物线形件成形

抛物线形件的相对高度 h/d 较大、顶部转角半径 r 较小，尤其是在坯料的相对厚度 $t/D_0\times100$ 较小时，成形的难度就更大（见图 4-4-48）。为了坯料的顺利贴模和防止起皱，应该提高胀形成分和加大径向拉应力。但是这样又经常受到坯料承载能力的限制，因此应该根据抛物线形件相对高度 h/d 和相对厚度 $t/D_0\times100$ 的不同，选用不同的拉深方法成形。

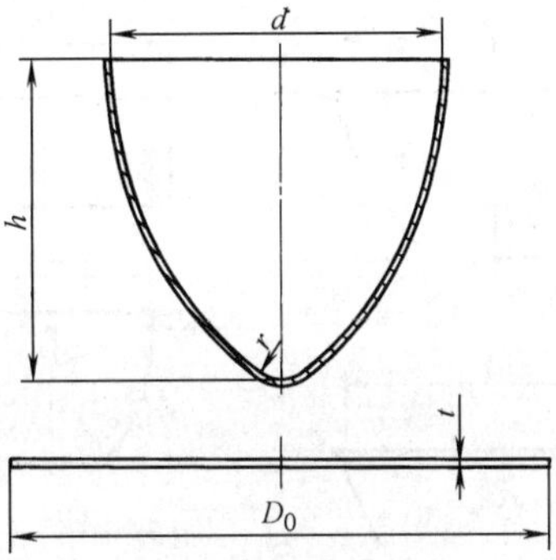

图 4-4-48　抛物线形件

4.4.1　浅抛物线形件（$h/d\leqslant0.5\sim0.6$）

浅抛物线形件的高度小，几何形状与半球形件相近，所以成形方法与半球形件相似。即根据相对厚度 $t/D_0\times100$，参照半球形件选用适当的拉深方法。

例如：汽车灯外罩（见图 4-4-49）$d=126\text{mm}$，$h=76\text{mm}$，$t=0.7\text{mm}$，材料 08 钢，坯料直径 $D_0=190\text{mm}$。由于相对高度 $h/d=76/126=0.603$，相对厚度 $t/D_0\times100=0.37$，属于半球形件的第三种情况。可以采用带两道拉深筋的压边装置的模具，在双动压力机上一道拉深成形。

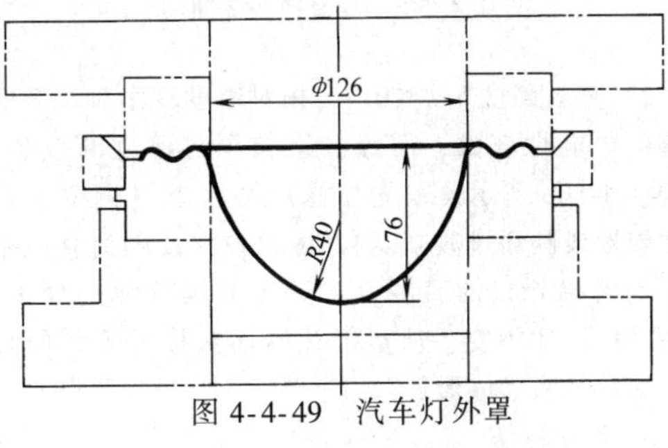

图 4-4-49　汽车灯外罩

4.4.2　深抛物线形件（$h/d>0.6$）

深抛物线形件的相对高度较大，特别是在坯料的相对厚度较小时，需经多道拉深过渡才可能成形。如果对某一中间过渡形状处理不当，就会引起波纹、皱折、破裂等缺陷。所以应该根据零件相对高度和坯料相对厚度的大小，分别选用适当的拉深方法。

1. 多道拉深法

1）相对高度 $h/d \leqslant 0.7$，相对厚度 $t/D_0 \times 100 > 0.3$ 时，失稳起皱的可能性较小，一般均可经三道拉深成形。如图 4-4-50a 所示，先按图样尺寸使口部拉深成近似的形状，然后在增加高度的同时，再使底部拉深成近似的形状，最后拉深成零件的形状。采用拉深筋压料，各道拉深的相对高度：

第一道拉深　$h_1/d = 0.46 \sim 0.54$；

第二道拉深　$h_2/d = 0.56 \sim 0.64$；

第三道拉深　$h_3/d = 0.65 \sim 0.70$。

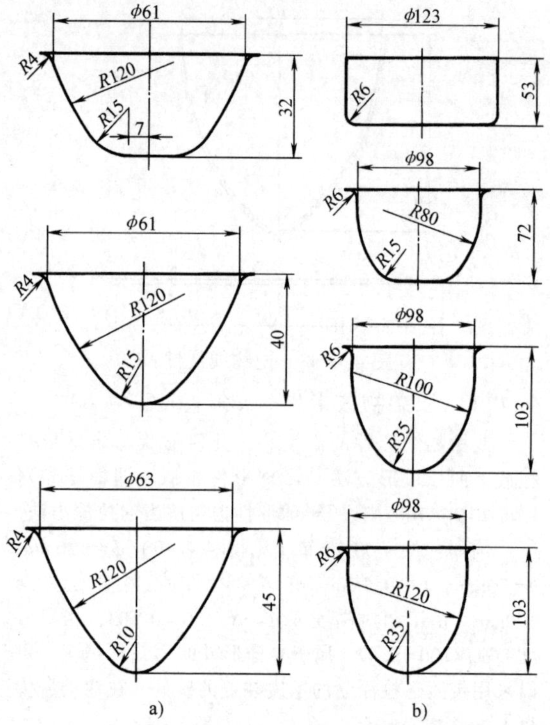

图 4-4-50　多道拉深成形

2）相对高度 $h/d \leqslant 0.7$，相对厚度较小时，失稳起皱的可能性较大，需经多道拉深过渡逐渐成形，如图 4-4-50b 所示。首先拉深成圆筒形（侧壁与底部用锥形或圆角过渡），再经多道拉深使圆筒直径接近零件大端开口的直径，然后在后续拉深过程中，保持开口尺寸不变，从口部开始逐次接近零件的形状。最后经胀形成形。

2. 反拉深法

相对高度 $h/d = 0.7 \sim 1$，相对厚度 $t/D_0 \times 100 < 0.3$ 时，多用反拉深成形。如果制件的高度大，首先用拉深得出圆筒形的过渡坯料，然后经多道反拉深，最后用拉深成形（见图 4-4-51）。

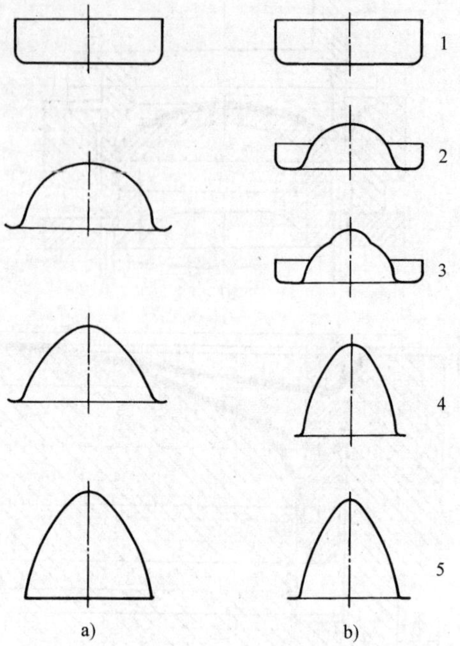

图 4-4-51　反拉深法

各道反拉深的相对高度及有关参考数据如下。

1）反拉深相对高度。

第一道反拉深（拉深 2）

$$h_1/d = 0.46 \sim 0.54;$$

第二道反拉深（拉深 3）

$$h_2/d = 0.58 \sim 0.68;$$

第三道反拉深（拉深 4）

$$h_3/d = 0.93 \sim 1。$$

2）反拉深凹模圆角半径。

外圆角半径　$R_{外} > 12t$；

内圆角半径　$R_{内} \geqslant 20t$。

3）首道拉深系数（拉深 1）宜取较大数值，一般可取 $m_1 = 0.70 \sim 0.75$。

如果制件的高度较小，有可能先用拉深得到圆筒形的过渡坯料，然后用反拉深，最后用胀形成形。

应用反拉深时，为了避免严重的局部变薄或破裂，应该适当地加大各道反拉深凸模的实际接触面积。

反拉深增加了径向拉应力，有利于防止起皱，制件表面质量好。

3. 阶梯拉深法

相对高度 $h/d > 1$ 时，可以采用阶梯拉深逐渐成形（见图 4-4-52）。首先用多道拉深得到直径等于零件大端直径的圆筒，然后可以根据圆筒件的拉深系数（表 4-1-1~表 4-1-4）计算，在大阶梯直径不变的情况下，拉深成近似形状的阶梯圆筒，使各阶梯的外形与零件的内形相切，最后胀形成形。阶梯拉深法制件壁厚不均，表面有过渡压痕，有时需经旋压整形。

4. 曲面增大法

相对高度 $h/d>1$ 时，也可以采用曲面增大法逐渐拉深成形（见图 4-4-53）。根据圆筒件拉深系数（表 4-1-1~表 4-1-4）计算，由制件口部逐渐增大曲面，最后成形。制件表面质量较好。

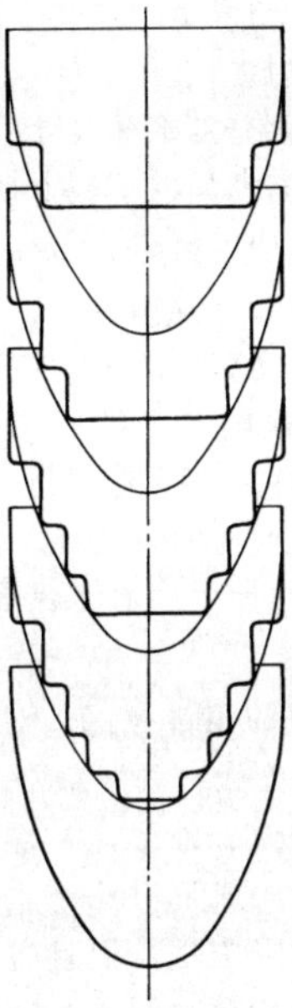

图 4-4-52　阶梯拉深法

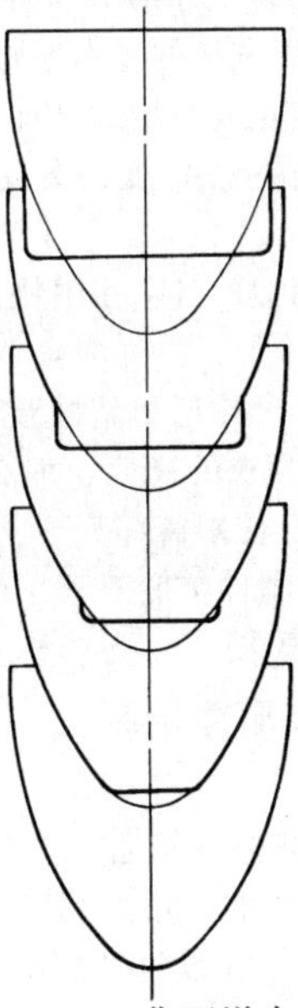

图 4-4-53　曲面增大法

5. 充液拉深法

充液拉深一般是在双动液压压力机上进行。图 4-4-54 所示是充液拉深动作过程的示意：放料 a、压边 b、成形初期 c、成形终止 d、凸模与压边回升悬空 e。

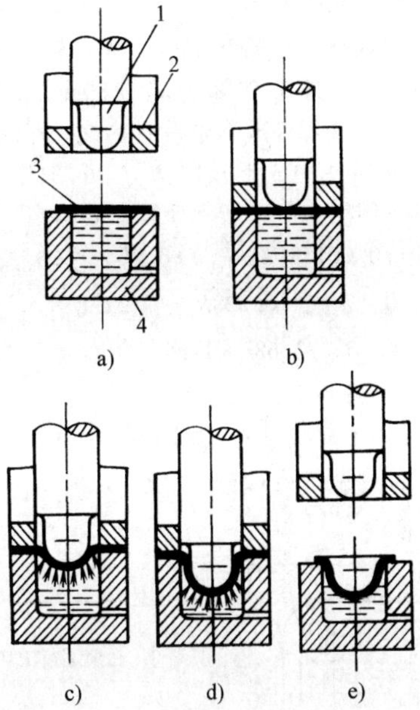

图 4-4-54　充液拉深程序

1—凸模　2—压边圈　3—坯料　4—液压室

拉深时在液体压力的作用下，坯料在模具间隙上形成的反向凸坎，可以起拉深筋的作用。同时，液体压力把坯料压靠到凸模上，摩擦阻力可以减小坯料厚度的变薄和改善坯料危险断面上的受力状态。另外，液体压力在坯料与凹模端面的泄漏，对坯料又可以起到强制的润滑作用。所以这种拉深可以明显地增大变形程度，制件壁厚均匀，表面光滑。如图 4-4-55 所示抛物线形件，相对高度 $h/d=1.2$，用这种方法一道拉深就可以成形，能替代 7~8 道普通拉深。

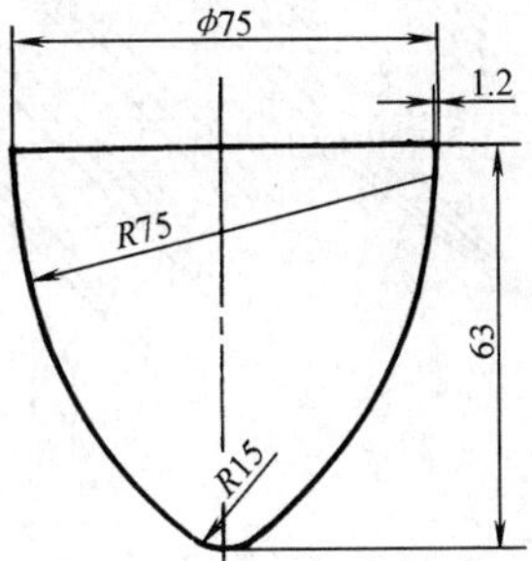

图 4-4-55　抛物线形充液拉深件

4.5　角锥形件的拉深

4.5.1　四角锥形件的拉深

1. 成形极限

图 4-4-56a 所示的四角锥形件的拉深，兼有圆锥形件成形特点和盒形件成形特点。角锥形件成形时，破坏与中间悬空部分的起皱多出现在转角部位（见图 4-4-56b）。不发生破坏和起皱的最大成形深度 H_{max} 是衡量该类零件成形难易的参数，即成形极限。

四角锥形件的成形极限 H_{max} 可用式（4-4-17）求出，也可用图 4-4-57 所示计算图表确定

$$H_{max}=\{0.00155(A-R_{eL})+0.204\}l_d-0.220l_p+0.174R_{cd}+0.228R_{cp}-0.227C_1+0.53r_p-0.68r_d+14.0 \tag{4-4-17}$$

式中　A——伸长率；

R_{eL}——下屈服强度（MPa）。

其他符号见图 4-4-56a。

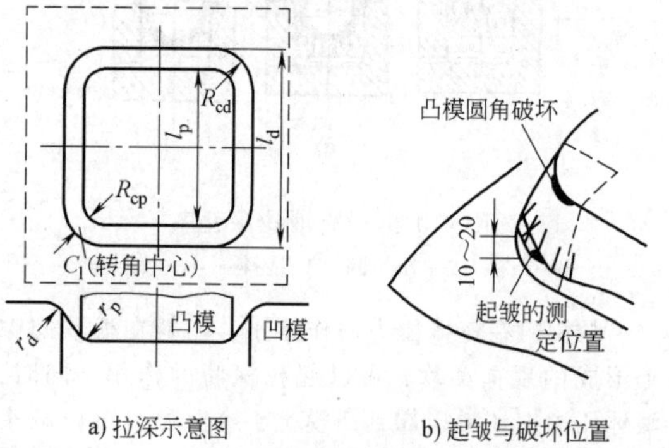

a) 拉深示意图　　b) 起皱与破坏位置

图 4-4-56　四角锥形件的拉深

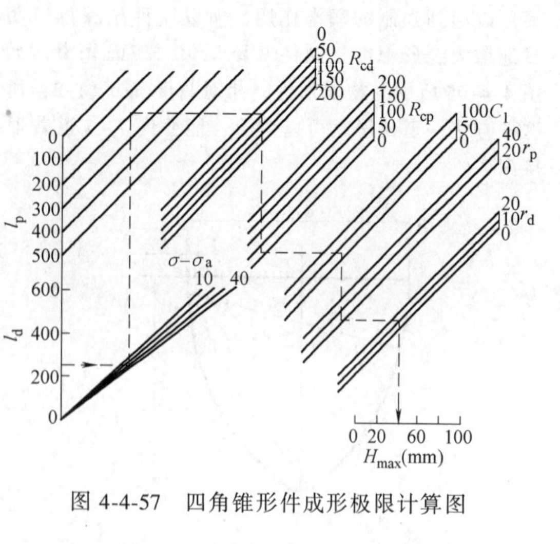

图 4-4-57　四角锥形件成形极限计算图

四角锥形件的成形极限除与材料性能有关外，零件的角部形状与尺寸对其影响也很显著。角部尺寸对成形极限的影响如图 4-4-58 所示。角部转角 θ 的影响如图 4-4-59 所示。

2. 成形方法

四角锥形件拉深方法与角锥的急缓程度有关。根据其急缓程度分为两种成形方法。

（1）缓慢倾斜的角锥拉深　这类零件如图 4-4-60 所示，其锥角大，相对深度小，一般一次拉深成形即可。对这类零件拉深成形的关键在于正确控制材料流入，特别是控制直边部分材料的流动速度，以抑制皱纹的发生。一般多采取如下方法：

1）增加压边力。

2）增加直边部分的毛坯尺寸。

3）设置拉深筋。如图 4-4-60 所示，在直边部位设置拉深筋，以增加进料阻力。一般多采用拉深筋、拉深槛（见图 4-4-61）等。

4）采用图 4-4-62 所示的阶梯拉深法。

5）尽量把凹模圆角半径 r_d 设计得小一些，在面积调试中逐渐修大，一般先设计成 $r_d=2t$（t 为料厚）。

6）压料面要精加工，不应有斑点，且使压料面加工成镜面程度。

（2）急剧倾斜的角锥拉深　对于图 4-4-63 所示的这种锥角小、深度大、侧壁急剧倾斜的角锥形件，要想制造出没有皱纹、外形非常漂亮的零件是相当困难的。这类零件的成形方法基本上是采用相似过渡的多工序逐渐成形方法，而且各工序中必须多少都带有一定的胀形成分。图 4-4-64 所示为常用的成形工序图，图 4-4-64a 所示为各工序的纵剖面形状，图 4-4-64b 所示为各工序的横剖面形状。

这类零件成形方法的基本原则是：

1）首先把重点放在增加制件的高度上。经前几道工序先拉深至一定高度，在此基础上逐渐形成锥角。

2）在基本相似的各工序中使头部逐渐接近与制品形状相似的角锥形，并逐渐减小锥角的角度。

3）如果头部已接近制品的形状，且能再在一道工序中达到制件要求的高度，那么该道工序在增加制件高度的同时，使圆筒部分形成角锥形。

4）为了满足制件精度要求，最后只用胀形变形达到制件的最终要求。

4.5.2　三角锥形件拉深

1. 成形极限

三角锥形件是指包箱角一类的零件，它由三个相互垂直的等腰直角三角形平面组成，如图 4-4-65 所示。三角锥形件相邻两平面的交角称为边角 R，三个平面汇合处的圆角称为底角 R_0。

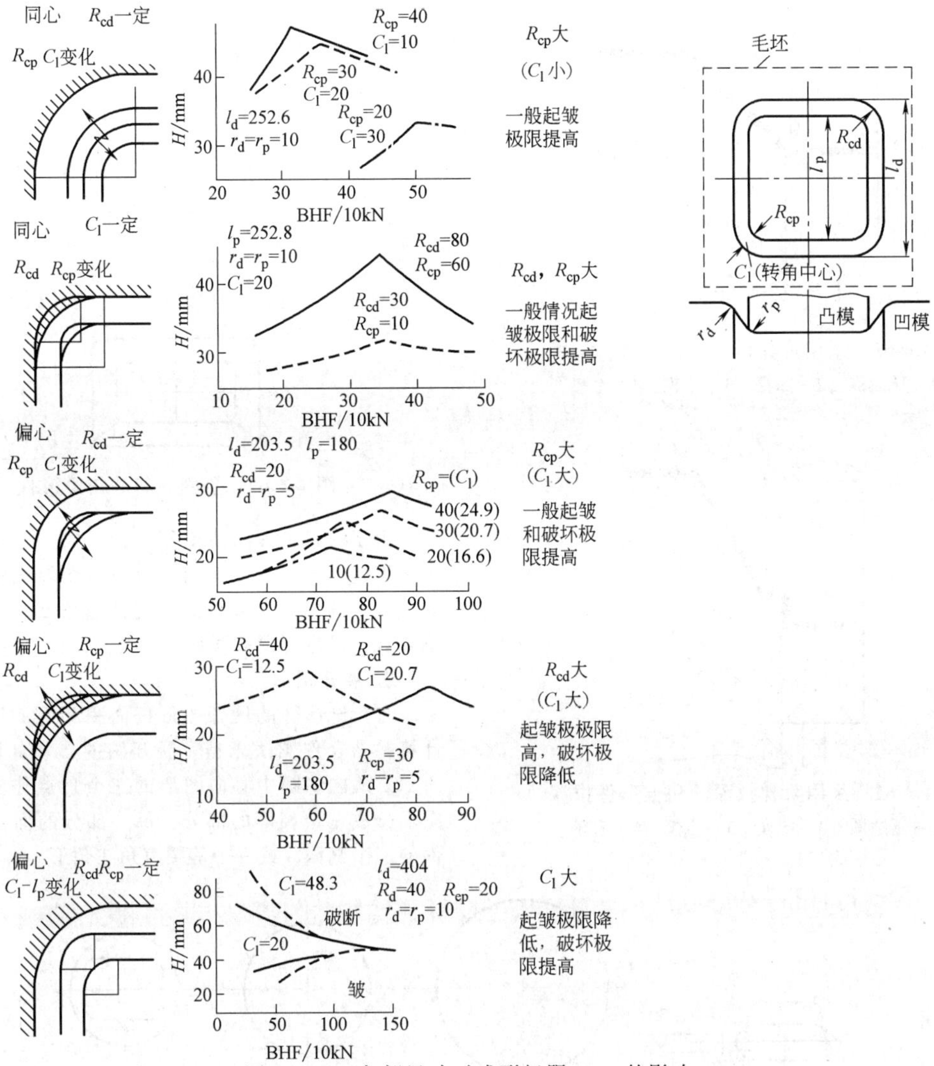

图 4-4-58　角部尺寸对成形极限 H_{max} 的影响

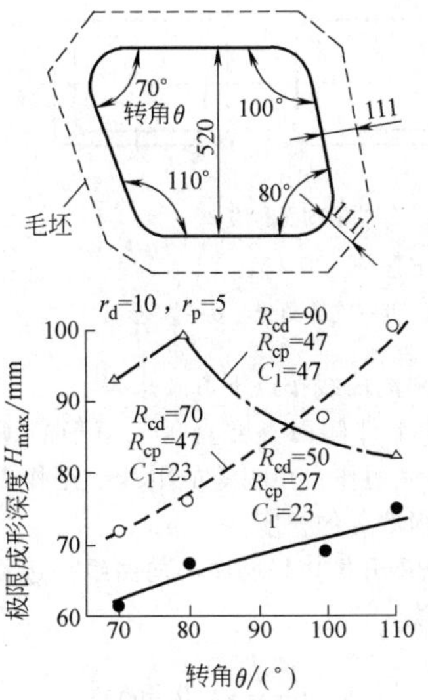

图 4-4-59　角部转角 θ 对成形极限 H_{max} 的影响

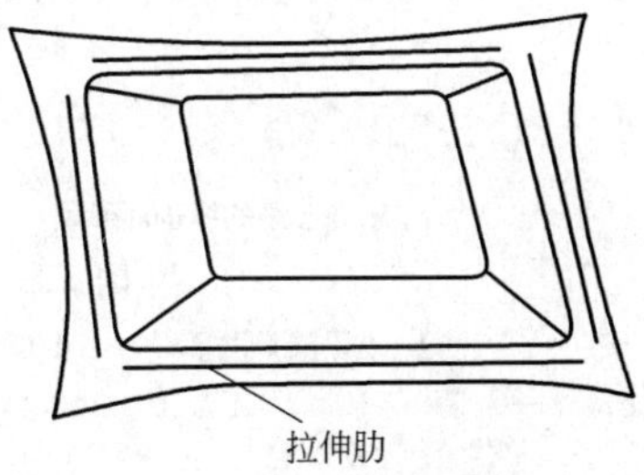

图 4-4-60　缓慢倾斜的角锥件

三角锥形件能否一次成形主要取决于底角 R_0 的大小，并与坯料相对厚度 $100t/d_0$ 有关，d_0 为三角锥形件展开图内切圆直径。图 4-4-66 所示为 R_0 的经验数据，位于曲线左下方可一次成形，如位于曲线右上方，则需两次或多次成形。

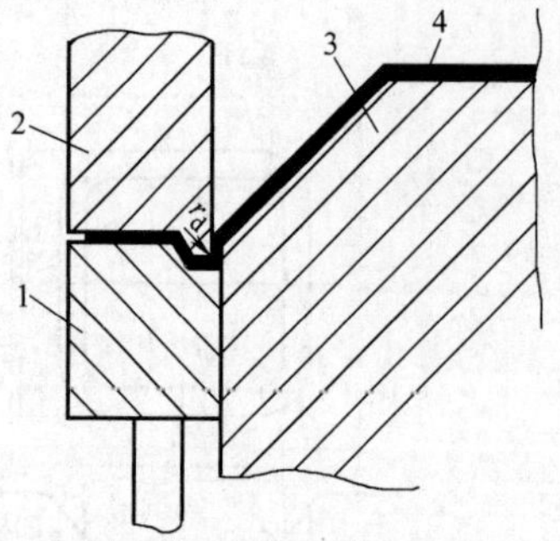

图 4-4-61　采用拉深槛的角锥形件拉深模

1—压边圈　2—凹模　3—凸模　4—毛坯

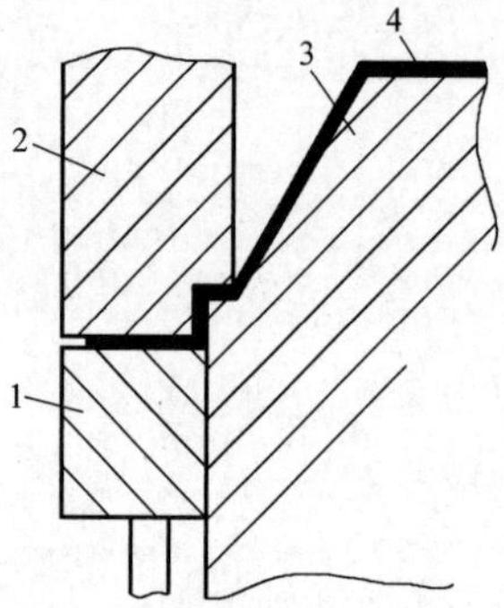

图 4-4-62　采用阶梯拉深的角锥形件拉深

1—压边圈　2—凹模　3—凸模　4—毛坯

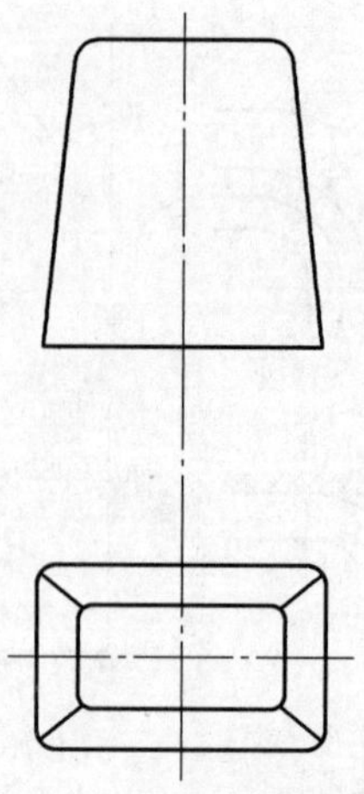

图 4-4-63　急剧倾斜的角锥形件

由于材料拉深时所受压应力不同，边角 R 在整个交界线上不是一个定值。边角沿交界线的变化约如图 4-4-67 所示。如拉深后工件边角变化太大，影响外观，可进行退火再整形一次。

2. 展开图形

三角锥形件的展开图形按面积相等的原则，由计算并结合作图法求得。展开图的形状如图 4-4-68 所示。从内切圆中心向图形的三个顶点作直线，把图形分成三个相等的部分，每一部分的面积等于工件的一个侧面，或一个等腰直角三角形。

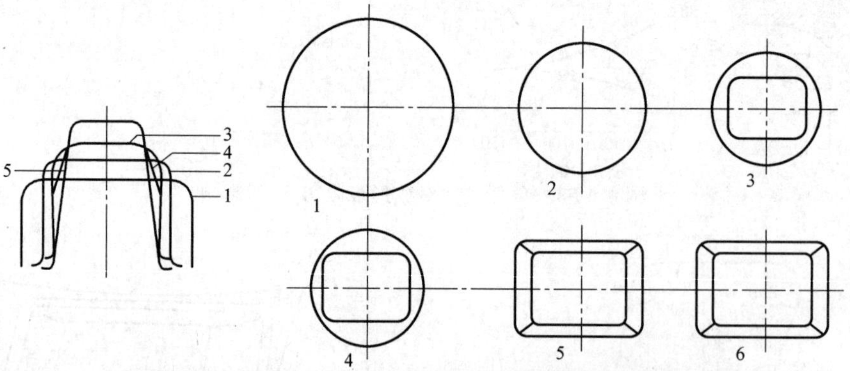

a) 各工序的纵剖面形状　　b) 各工序的横剖面形状

图 4-4-64　急剧倾斜角锥成形工序图

1、2—圆筒拉深　3—头部成角锥　4—头部角锥胀形　5—成形角锥　6—修边

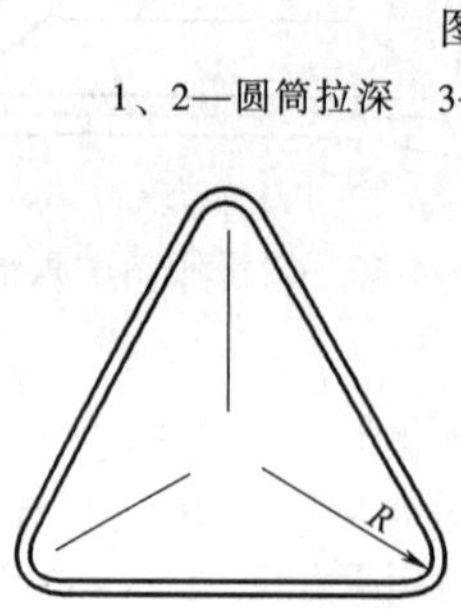

图 4-4-65　三角锥形件

展开图的曲线按以下方式求得：

1）从工件侧面等腰直角三角形的顶（即底角 R_0 处）向底边作夹角相等的射线，用作图法或计算求出每条射线 ρ 的长度。

2）从展开图内切圆中心向曲线一边作同数夹角相等的射线 ρ'。

$$\rho' = \frac{\sqrt{3}}{2}\rho = 0.866\rho \qquad (4\text{-}4\text{-}18)$$

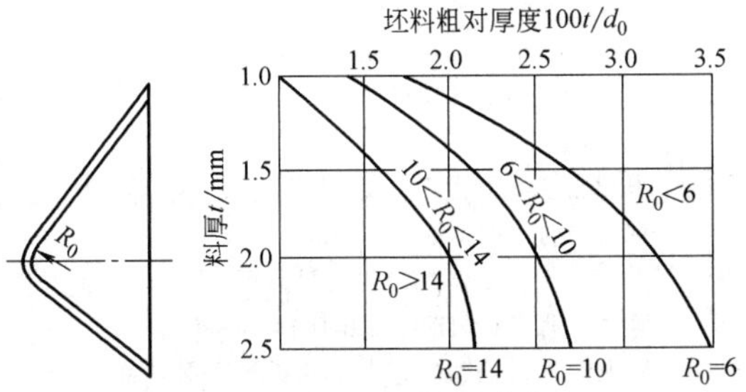

图 4-4-66　R_0 的经验数据

t 与 $100t/d_0$ 的交点，指出适宜一次成形的 R_0 值

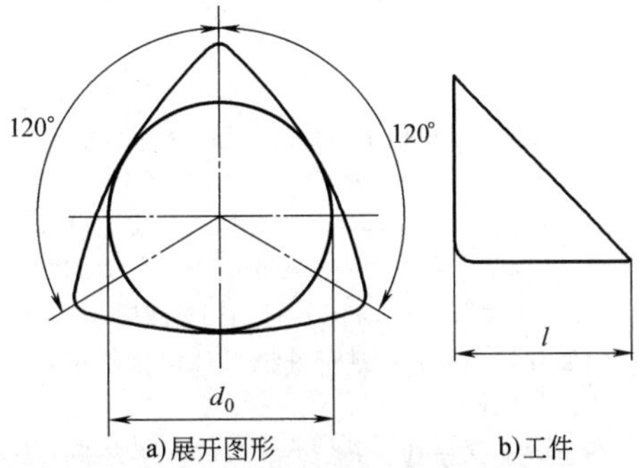

图 4-4-68　三角锥形件的展开图

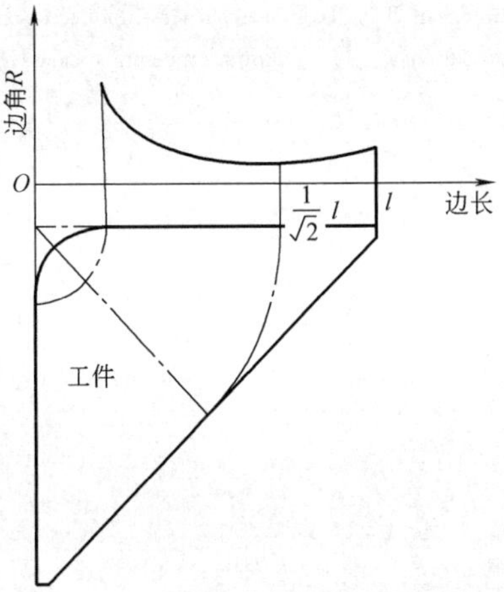

图 4-4-67　边角 R 沿交界线的变化

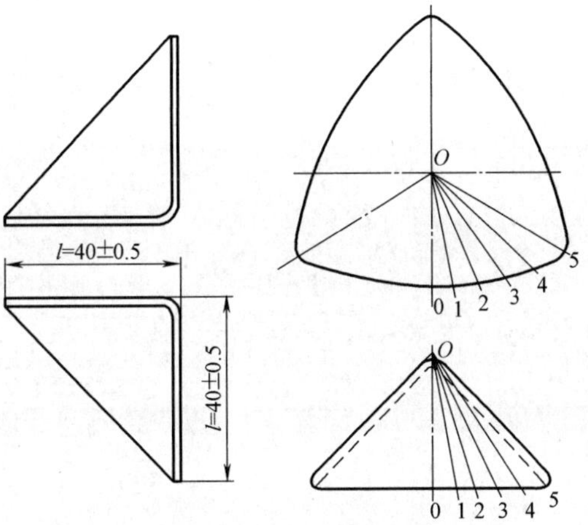

图 4-4-69　求三角锥形件展开图形

3）连接展开图射线末端，即得需要的曲线。由于等腰直角三角形的高（中间的一条射线）为$l/\sqrt{2}$，故展开图内切圆直径为

$$d_0=\sqrt{3}\,l/\sqrt{2}=\sqrt{1.5}\,l\approx1.2l$$

例　图 4-4-69 所示的包箱角，因拉深后还须切边，故求展开尺寸时，工件射线可简化为从三角形顶点作起。射线长度见表 4-4-15。

表 4-4-15　射线长度计算

工件射线	坯料射线
$\rho_0=\dfrac{l}{\sqrt{2}}=\dfrac{40}{\sqrt{2}}=28.3$	$\rho'_0=0.866\rho_0=0.866\times28.3\approx24.5$
$\rho_1=\rho_0/\cos9°=28.3/\cos9°=28.7$	$\rho'_1=0.866\rho_1=0.866\times28.7\approx24.9$
$\rho_2=\rho_0/\cos18°=28.3/\cos18°=29.7$	$\rho'_2=0.866\rho_2=0.866\times29.7\approx25.7$
$\rho_3=\rho_0/\cos27°=28.3/\cos27°=31.7$	$\rho'_3=0.866\rho_3=0.866\times31.7\approx27.5$
$\rho_4=\rho_0/\cos36°=28.3/\cos36°=35.0$	$\rho'_4=0.866\rho_4=0.866\times35.0\approx30.3$
$\rho_5=l=40$	$\rho'_5=0.866\rho_5=0.866\times40\approx34.6$

参考文献

[1]　李硕本. 冲压工艺学［M］. 机械工业出版社，1982.
[2]　李硕本，于连仲. 冲压基本理论研究论文集［C］. 哈尔滨：哈尔滨工业大学，1981.
[3]　李硕本，于连仲. 冷冲压单调变形与非单调变形应力计算［J］. 哈尔滨工业大学学报，1979 (1).
[4]　中川威雄. 板料冲压加工［M］. 郭青山，等译. 天

津：天津科学技术出版社，1982.
[5] 日本塑性加工学会. 压力加工手册 [M]. 江国屏，等译. 北京：机械工业出版社，1984.
[6] 李硕本，于连仲. 曲面零件成形的分析与工艺参数的确定 [J]. 锻压技术，1981 (3)：81-85.
[7] 岩松真之，等. AIDAプレスハンドブック [M]. 东京：アイダユンジニアリング株式会社，1978.
[8] プレス加工データブック编集委员会. プレス加工データブック [M]. 东京：日刊工業新聞社，1980.
[9] 于连仲，孙卫和. 锥形件极限拉深比的确定 [J]. 哈尔滨工业大学学报，1988 (6).
[10] 李硕本，于连仲，等. 不压边冲压球、锥面零件的成形极限 [J]. 模具通讯，1981 (5).
[11] 罗曼诺夫斯基 B.Л. 冷压手册 [M]. 迟家骏，译. 北京：中国工业出版社，1965.
[12] 第四机械工业部标准化研究所. 冲压冲模设计 [M]. 北京：第四机械工业部标准化研究所，1981.
[13] 王孝培. 冲压设计资料 [M]. 北京：机械工业出版社，1983.
[14] 国营北京电子管厂. 冷冲压与弯曲机模具 [M]. 北京：国防工业出版社，1982.
[15] 太田哲. 冲压模具结构与设计图解 [M]. 张玉良，等译. 北京：国防工业出版社，1980.
[16] 冲模设计手册编写组. 冲模设计手册 [M]. 北京：机械工业出版社，1988.
[17] 长春第一汽车制造厂工具分厂工装设计室. 冲模设计 [M]. 长春：吉林人民出版社，1976.
[18] Шофман ЛА, Теория и расчёты процессов хол-одной штамповки [J]. Машиностроение косква, 1964.

第5章

翻边

哈尔滨工业大学　李春峰　福州大学　邓将华

5.1 概述

翻边是在成形坯料的平面部分或曲面部分上，使板料沿一定的曲线翻成竖立边缘的成形方法。

翻边的种类很多，分类方法也不尽相同。按变形性质，翻边可分为伸长类翻边和压缩类翻边，具体如图4-5-1所示。伸长类翻边，坯料变形区为双向拉应力状态，沿切向作用的拉应力是最大主应力，在该方向发生伸长变形，其成形极限主要受变形区坯料边缘开裂的限制。压缩类翻边，坯料变形区为切向受压、径向受拉的应力状态，沿切向作用的压应力为绝对值最大主应力，在该方向发生压缩变形，变形区失稳起皱是限制其成形极限的主要因素。

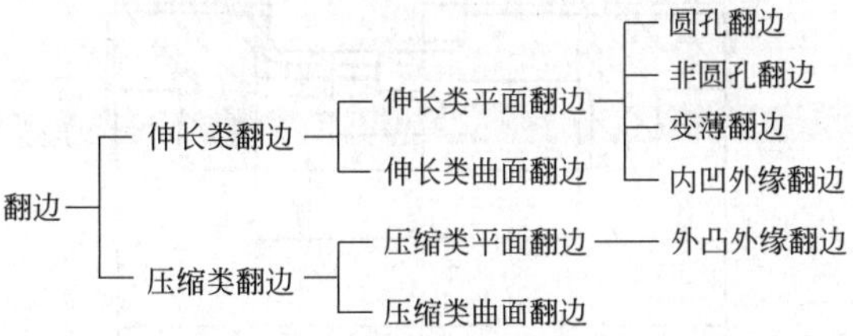

图4-5-1　翻边按变形性质分类

按工艺特点，翻边可分为孔翻边、外缘翻边和变薄翻边。按坯料状况，翻边可分为平面翻边和曲面翻边。当翻边是在平面坯料或坯料的平面部分进行时，叫作平面翻边。当翻边是在曲面坯料或坯料的曲面部分进行时，叫作曲面翻边。

5.2 平面翻边

5.2.1 圆孔翻边

1. 变形分析

圆孔翻边如图4-5-2所示。翻边前，坯料一般要预先制孔，直径为d_0。翻边时，坯料在凸模作用下，孔径d_0不断扩大，最后变为直径为d_1的竖边。翻边变形区是内径为d_0，外径为d_1的环形部分，为双向拉应力状态，且切向拉应力一般为最大主应力。孔边缘仅受切向拉应力作用，为单向应力状态。坯料变形区切向发生伸长变形，属伸长类翻边。变形坯料厚度变薄，孔边缘切向伸长变形最大，厚度变薄最严重。翻边后，孔边缘厚度t近似按下式确定：

$$t=t_0\sqrt{\frac{d_0}{d_1}} \qquad (4\text{-}5\text{-}1)$$

式中　t_0——变形坯料原始厚度（mm）。

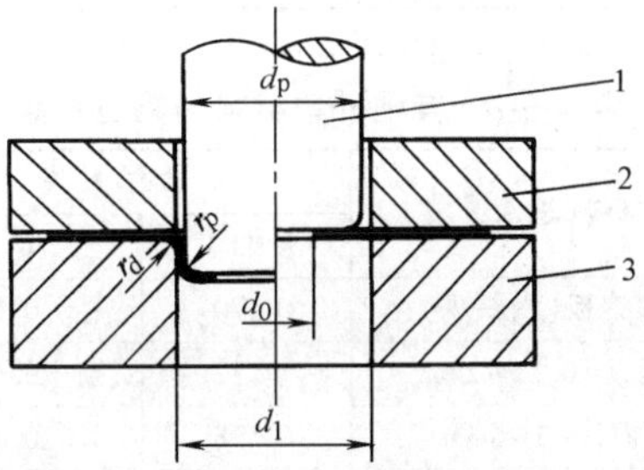

图4-5-2　圆孔翻边

1—凸模　2—压边圈　3—凹模

当变形程度过大时，孔边缘首先出现裂纹。翻边过程中，变形区在径向略有收缩，因此，翻边后零件的翻边高度较原变形区的环形部分宽度略有减小。

2. 成形极限

圆孔翻边的变形程度，一般用坯料预冲孔直径d_0与翻边后的孔径d_1的比值表示，称为翻边系数，即

$$K=\frac{d_0}{d_1} \qquad (4\text{-}5\text{-}2)$$

翻边系数越小，表示变形程度越大。将式（4-5-2）代入式（4-5-1），得

$$t=t_0\sqrt{K} \qquad (4\text{-}5\text{-}3)$$

可见，翻边系数越小，板料边缘变薄越严重。当翻边系数小到使孔的边缘濒于破裂时的翻边系数称为极限翻边系数，通常用K_{min}来表示，其理论值可根据板料成形的失稳理论导出。

$$K_{min}=e^{-(1+r)n} \qquad (4\text{-}5\text{-}4)$$

式中　r——板料的厚向异性指数；

　　　n——板料的硬化指数。

材料的 n 值与 r 值越大，则 K_{min} 越小，即翻边的极限变形程度越大。一些材料的 n 值与 r 值如表 4-5-1 所示。

表 4-5-1　一些材料的 n 值与 r 值

材料	3A21-O	5A02-O	2A12-O	10F	20	H62
n 值	0.21	0.16	0.13	0.23	0.18	0.38
r 值	0.44	0.63	0.64	1.30	0.60	1.00

极限翻边系数主要取决于毛坯金属材料的塑性，塑性指标值越大，极限翻边系数越小。极限翻边系数不仅与材料的种类及性能有关，而且与预制孔的加工性质和状态（钻孔或冲孔，有无毛刺）、预制孔的相对直径 d_0/t 和凸模工作部分的形状等因素有关。表 4-5-2 为低碳钢的极限翻边系数，表 4-5-3 为其他一些材料的翻边系数。

表 4-5-2　低碳钢的极限翻边系数 K

翻边方法	比值 d_0/t										
	100	50	35	20	15	10	8	6.5	5	3	1
球形凸模	0.70	0.60	0.52	0.45	0.40	0.36	0.33	0.31	0.30	0.25	0.20
	0.75	0.65	0.57	0.52	0.48	0.45	0.44	0.43	0.42	0.42	—
圆柱形凸模	0.80	0.70	0.60	0.50	0.45	0.43	0.40	0.37	0.35	0.30	0.25
	0.85	0.75	0.65	0.60	0.55	0.52	0.50	0.50	0.48	0.47	—

注：孔的加工方法采用钻后去毛刺，用冲孔模冲孔。

表 4-5-3　其他一些材料的翻边系数

材料(退火)	翻边系数	
	K 推荐	K_{min}
镀锌钢板(白铁皮)	0.70	0.65
软钢，t=0.25~2mm	0.72	0.68
软钢，t=3~6mm	0.78	0.75
碳钢	0.74~0.87	0.65~0.71
合金结构钢	0.80~0.87	0.70~0.77
镍铬合金钢	0.65~0.69	0.57~0.61
不锈钢、高温合金	0.65~0.69	0.57~0.61
钛合金 TA1(冷态)	0.64~0.68	0.55
TA1(加热 300~400℃)	0.45~0.50	0.40
TA5(冷态)	0.85~0.90	0.75
TA5(加热 500~600℃)	0.70~0.75	0.65
黄铜 H62，t=0.5~6mm	0.68	0.62
纯铜	0.72	0.63~0.69
软铝，t=0.5~5mm	0.70	0.64
硬铝	0.89	0.80

扩孔试验是比较材料圆孔翻边成形性能常用的试验方法。试验时，用带有内孔 d_0 的圆形毛坯在图 4-5-3 所示的模具上进行扩孔，直至孔边缘出现裂纹为止，测定此时的内孔直径 d_f，以下式计算极限扩孔系数 λ（也称 KWI）值：$\lambda=\dfrac{d_f-d_0}{d_0}\times100\%$

λ 值的大小可直接评价板材的翻边性能，该值越大，表明材料翻边性能越好。应当注意到 λ 值受板厚、内孔直径及孔边缘状态影响较大。扩孔试验参数见表 4-5-4。

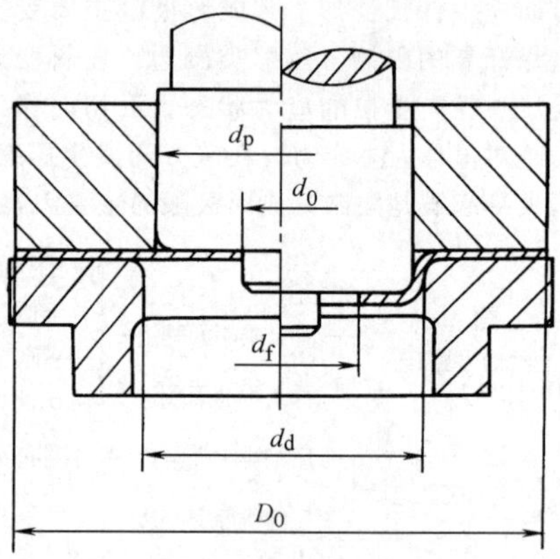

图 4-5-3　扩孔试验模具

表 4-5-4　扩孔试验参数

（单位：mm）

料厚 t_0	坯料直径 D_0	内孔直径 d_0	凸模直径 d_p	凹模直径 d_d
>2	>90	16.5	55	61
<2	>70	12.0	40	44
0.2~1.0	>50	7.5	25	27
	>25	4.0	12	14

影响圆孔翻边极限翻边系数的主要因素及提高变形程度的主要措施有：

(1) 孔边缘状态　圆孔翻边对孔边缘状态反应最敏感。对于冷轧低碳钢板，冲裁边缘的伸长变形能力比切削边缘降低 30%~80%。由于冲裁边缘产生的加工硬化层、表面的凸凹不平乃至微小裂纹的存在等原因，使其伸长变形能力相对于母材大大下降（见图 4-5-4）。不同材料切削边缘的伸长变形能力大体相同，而冲裁边缘的伸长变形能力却有相当大的差别。一般，冲裁边缘的伸长变形能力随材料塑性的提高而增加。

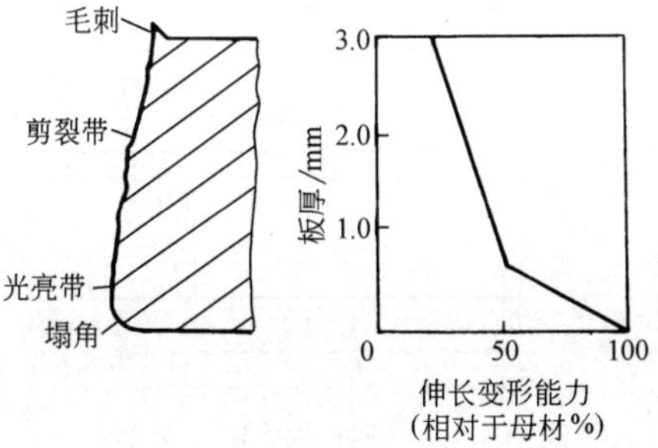

图 4-5-4　冲裁断面伸长变形能力分布

改善毛坯冲裁加工条件可有效地提高其以后的翻边变形能力。由图 4-5-5 可见，随着间隙的增加，扩孔极限下降，在 50% t 左右时，达最小值。以后，随着间隙的增加，扩孔极限再度上升。当冲裁模刃口变钝时，所得毛坯在以后的翻边中变形能力有所下降。

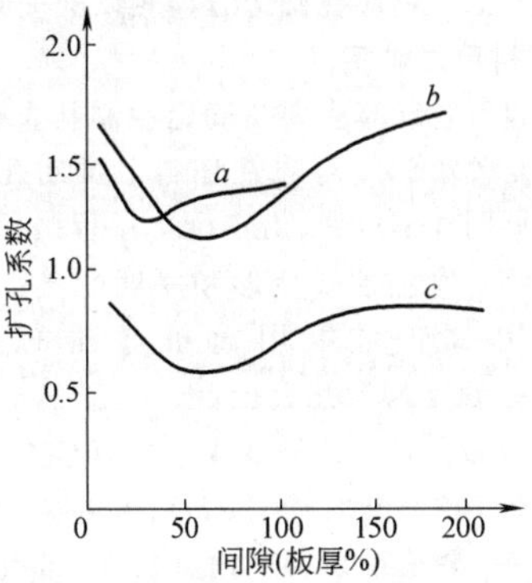

图 4-5-5　冲孔间隙对扩孔系数的影响

a—热轧钢板（t=3.2mm）　b—镇静钢（t=0.8mm）
c—沸腾钢（t=0.8mm）

为了提高冲裁边缘的翻边变形能力，可考虑以切削孔、钻孔代替冲孔（各种材料切削孔和冲孔的扩孔系数见表 4-5-5），也可对坯料退火以消除硬化。以铲刺或刮削的方法去除毛刺也可提高材料变形能力。试验结果表明，切削余料是料厚的 15%时就可恢复其拉伸变形能力。采用图 4-5-6 所示的压印法，从毛刺一侧压缩挤光剪裂带，可提高材料伸长率 1 倍左右，是改善孔边缘状态的有效方法。使翻边方向与冲孔方向相反，也可提高材料翻边变形能力。如图 4-5-7 所示，由坯料一侧预先稍加翻边，然后由相反一侧用圆锥凸模再翻边，可提高翻边极限。在允许边缘折痕的情况下，可能得到与切削边缘相同的翻边系数。

表 4-5-5　各种材料切削孔和冲孔的扩孔系数 λ

材料	板厚/mm	切削孔的 λ_m	冲孔的 λ_p	劣化率(%)
SUS304	0.8	1.90	0.74	61
SUS301	0.9	1.70	0.60	65
SUS316	1.0	1.91	1.04	46
SUS430	0.8	1.39	0.85	39
镇静钢	0.8	2.13	1.73	19
沸腾钢	0.8	2.06	1.23	40

注：1. 冲孔凸模直径 ϕ10mm，凹模直径 ϕ10.2mm。
2. 劣化率 = $(1-\lambda_p/\lambda_m)\times100$。

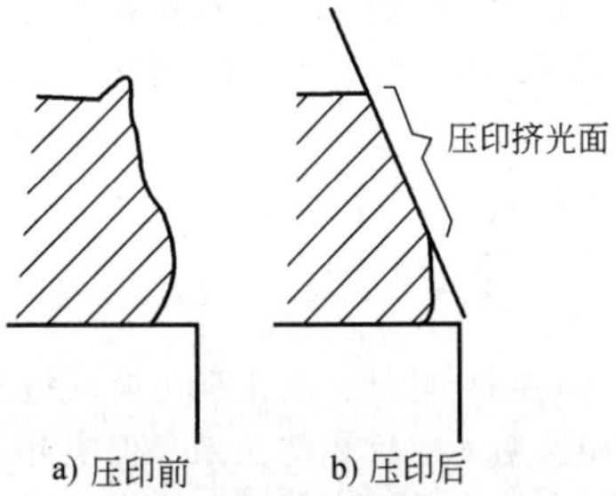

图 4-5-6　压印法

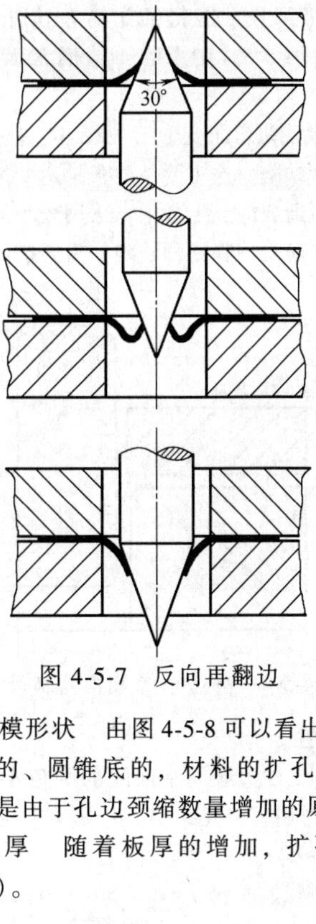

图 4-5-7　反向再翻边

（2）凸模形状　由图 4-5-8 可以看出，凸模是平底的、球底的、圆锥底的，材料的扩孔系数依次上升，这主要是由于孔边颈缩数量增加的原因。

（3）板厚　随着板厚的增加，扩孔系数提高（见图 4-5-8）。

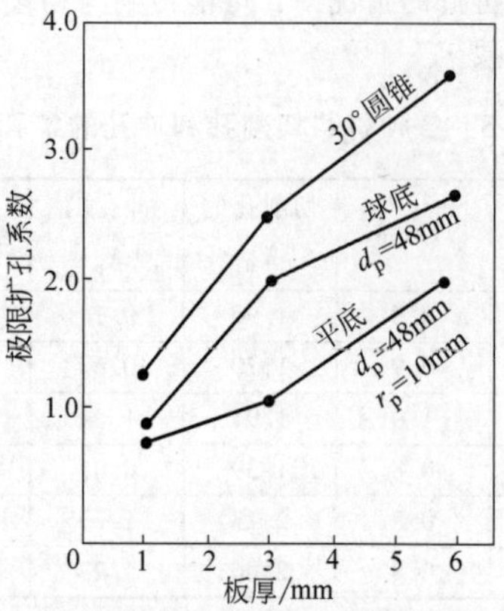

图 4-5-8　凸模形状及板厚对极限扩孔系数的影响（翻边坯料为切削孔）

（4）材料力学性能　由于圆孔翻边属伸长类成形，其破坏方式为边缘开裂，因此材料的塑性是限制其成形极限的主要因素。圆孔边缘切向伸长变形最大，其值为

$$\varepsilon_\theta=\frac{d_1-d_0}{d_0}=\frac{1}{K}-1\leqslant A \qquad (4\text{-}5\text{-}5)$$

由式（4-5-5）可见，圆孔翻边时的极限翻边系数与材料伸长率 A 成反比例关系。但实际上，由于伸长变形较小的邻区对具有最大伸长变形的边缘的影响，使后者塑性变形的稳定性得到加强，因而翻边时毛坯边缘部分可能得到比简单拉伸时大的伸长变形。即式（4-5-5）中用的 A 值通常大于在简单拉伸中所得到的均匀伸长率。

翻边边缘残留弯曲变形（见图 4-5-9）是圆孔翻边常出现的质量缺陷。这主要是由于翻边变形终了时，径向拉应力不足造成的。生产中，采用较小的翻边模间隙对直边施以挤薄是消除此种缺陷的有效措施。

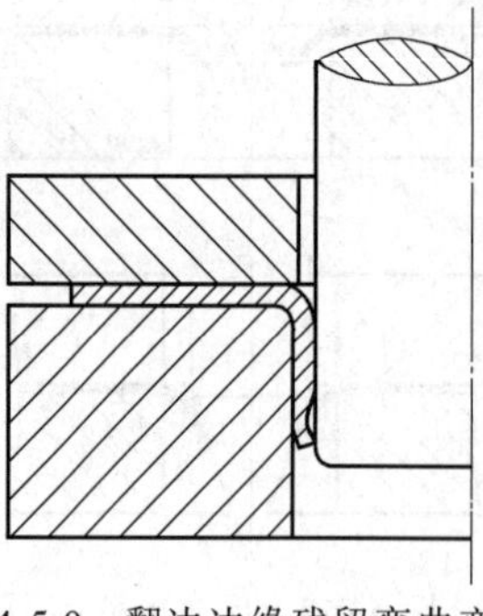

图 4-5-9　翻边边缘残留弯曲变形

3. 工艺性

1）翻边工件边缘与平面间的圆角半径。厚度在 2mm 以下的材料，$r=(2\sim4)t$；材料厚度在 2mm 以上时，$r=(1\sim2)t$。

螺纹的翻边底孔 $r=(0.5\sim1.0)t$，但应不小于 0.2mm。

2）最小翻边高度 H 为

$$H\geqslant1.5r$$

3）翻边时凸缘的最小宽度 B 为

$$B\geqslant H$$

式中　H、B 如图 4-5-10 所示。

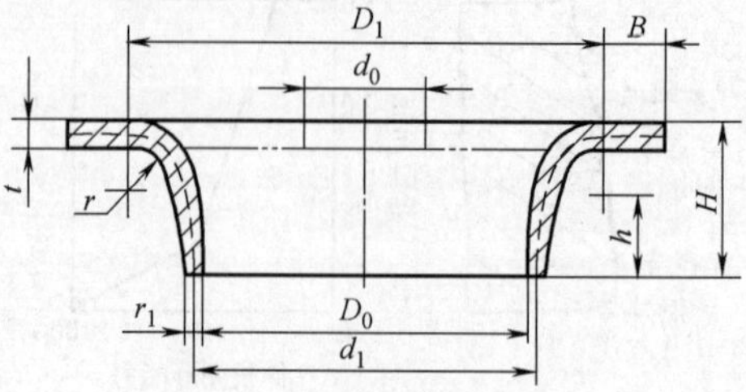

图 4-5-10　圆孔翻边尺寸关系

4）翻边的相对厚度。

当 $\frac{d_0}{t}>1.7\sim2$ 时，翻边有良好的圆筒壁；

当 $\frac{d_0}{t}<1.7\sim2$ 时，翻边时口部容易发生破裂。

翻边孔的表面粗糙度将直接影响工件的质量，如果孔边有毛刺，则将会导致翻边口部的破裂。在一般情况下，毛刺应在翻边方向相反的一面。

4. 坯料尺寸确定

翻边的工艺计算主要是确定预制孔直径的大小。当翻边高度较小时，可先在坯料上预制孔，然后直接翻边（见图 4-5-11）。由于翻边过程中，材料变形区主要在切向发生伸长变形和厚度变薄，而径向变形不大。因此，可以用简单弯曲的方法，按式（4-5-6）确定预制孔直径：

$$d_0=d_1-2(H-0.43r-0.22t) \qquad (4\text{-}5\text{-}6)$$

式中　d_0——预制孔直径（mm）；
d_1——翻边后所得竖边直径（mm）；
H——翻边后零件高度（mm）；
r——零件圆角半径（mm）；
t——坯料厚度（mm）。

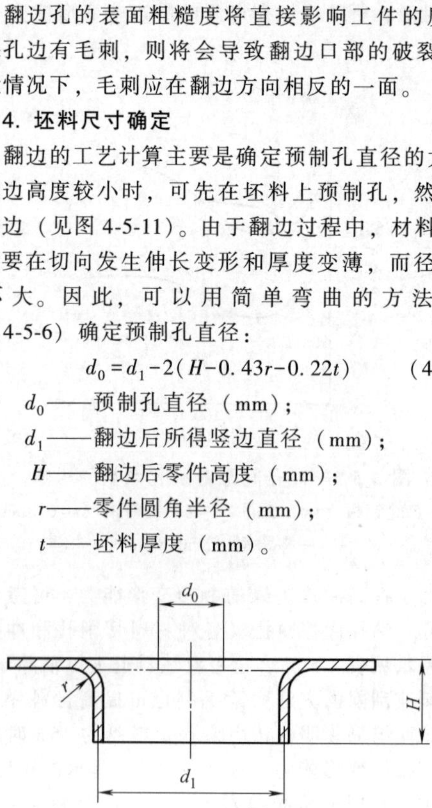

图 4-5-11　预制孔-翻边

当翻边高度过大，即翻边系数小于极限翻边系数时，已不能用上述直接翻边方法。此时可采用变薄翻边或拉深-冲底孔-翻边的方法（见图 4-5-12）。

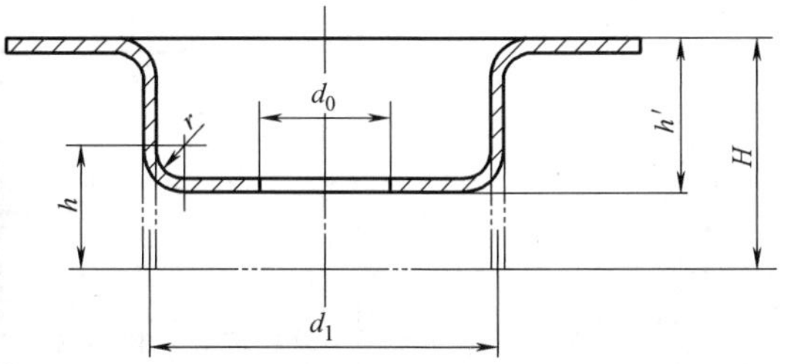

图 4-5-12　拉深-冲底孔-翻边

当采用拉深-冲底孔-翻边的工艺方法时，可先计算翻边所能达到的最大高度，然后根据翻边高度及制件高度来确定拉深高度。

可以达到的最大翻边高度 h 可由式（4-5-7）确定：

$$h=\frac{d_1}{2}(1-K)=0.57r \tag{4-5-7}$$

此时，预制孔直径 d_0 为

$$d_0=Kd_1 \tag{4-5-8}$$

拉深高度 h' 为

$$h'=H-h+r+t \tag{4-5-9}$$

5. 翻边力和压边力

翻边力一般不是很大，其与凸模形式及凸、凹模间隙有关，当使用平底凸模时，翻边力可按式（4-5-10）计算：

$$F=1.1\pi t(d_1-d_0)R_m \tag{4-5-10}$$

式中　R_m——材料抗拉强度（MPa）；

d_0——预制孔直径（mm）；

d_1——翻边后竖边直径（mm）；

t——材料厚度（mm）。

使用球底凸模时，翻边力按式（4-5-11）计算：

$$F=1.2\pi d_1 tmR_m \tag{4-5-11}$$

式中　m——系数，其值可以由表 4-5-6 确定。

翻边力也可按式（4-5-12）计算：

$$F=F_1+F_2=0.27\pi d_1 tR_{eL}+8\pi btR_m/\sqrt[4]{d_1} \tag{4-5-12}$$

其中，$b=0.5(d_1+2R-d_0)-0.5\pi R$，$R$ 为坯料圆角（mm），R_{eL} 为材料下屈服强度，其他符号与式（4-5-10）同。

无预制孔的翻边力比有预制孔的翻边力大 1.33~1.75 倍。

翻边时坯料往往需要压边。压边的作用是必须保证翻边时压边圈下面的坯料不产生流动和变形，其大小要根据要求和条件而定。当外法兰部分面积比较小，分析或发现外法兰部分有变形趋势时，压边力的计算可参照拉深压边力计算并取得偏大值。外法兰部分面积越大，所需压边力越小，甚至不需要压边。

表 4-5-6　m 值

翻边系数 K	m
0.5	0.20~0.25
0.6	0.14~0.18
0.7	0.08~0.12
0.8	0.05~0.07

翻边凸模形状和凸凹模间隙对翻边力有较大影响。试验凸模直径为 63mm，翻边系数为 0.5，低碳钢板厚度 2.0mm，使用各种形状凸模所得翻边力的数值如图 4-5-13 所示。由图可见，抛物线形状凸模翻边力最小，圆柱凸模翻边力最大。从图中还可看出，大间隙翻边比小间隙翻边的翻边力明显降低。

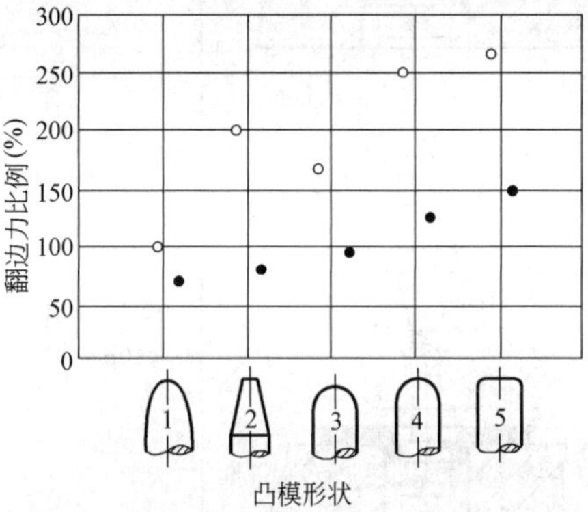

图 4-5-13　凸模形状及翻边间隙对翻边力的影响

1—抛物线形状凸模　2—锥形凸模　3—球形凸模　4—大圆角的圆柱形凸模　5—小圆角的圆柱形凸模

○—间隙 $z=10t$　●—间隙 $z=t$

6. 凸、凹模结构

图 4-5-14 所示为圆孔翻边模典型结构。翻边凸、凹模结构尺寸设计见表 4-5-7 。

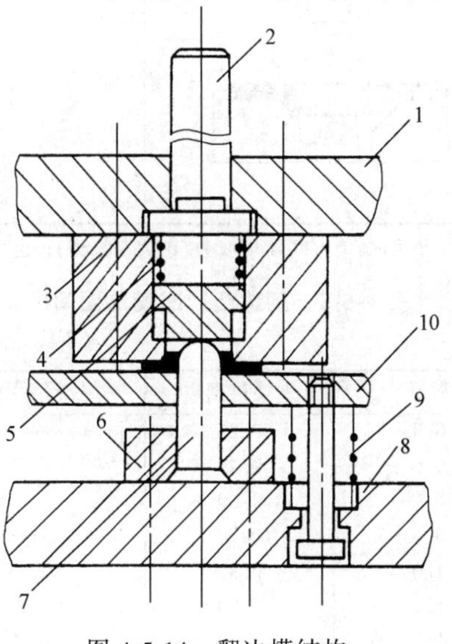

图 4-5-14　翻边模结构

1—上模板　2—模柄　3—凹模　4、9—弹簧　5—顶件器　6—凸模固定板　7—凸模　8—下模板　10—退件器

表 4-5-7　翻边凸、凹模结构尺寸

凸凹模结构	适用范围	凸凹模结构	适用范围
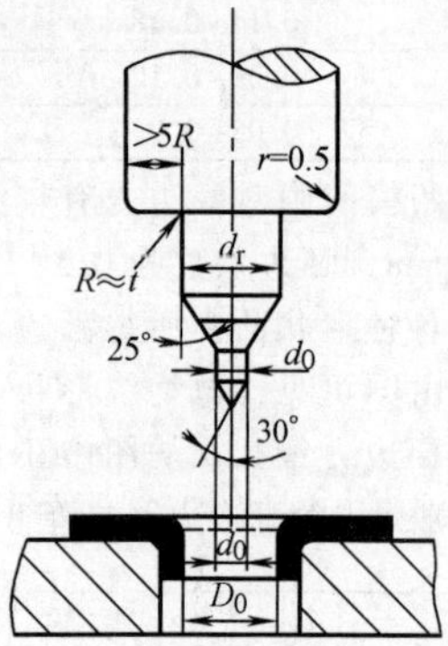	模具带有定位销，$D_0>10$mm	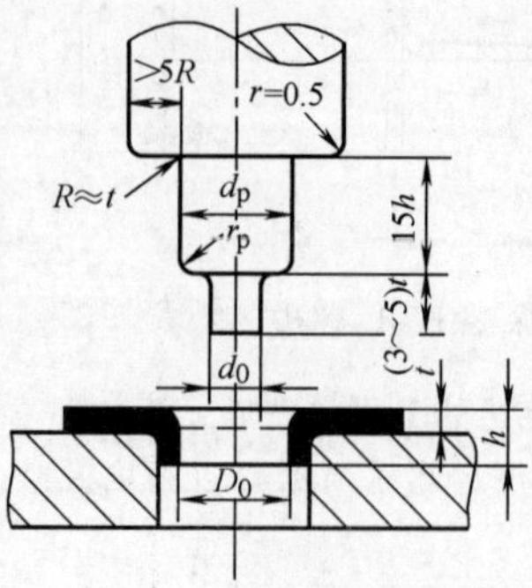	模具带有定位销，$D_0<$ 4mm，可同时完成冲孔和翻边工序
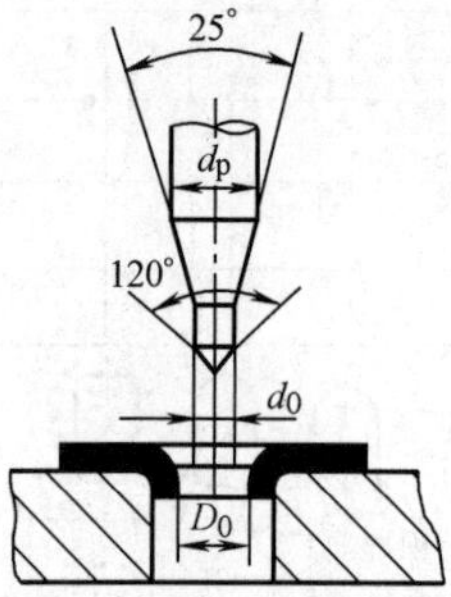	模具带有定位销，$D_0<10$mm	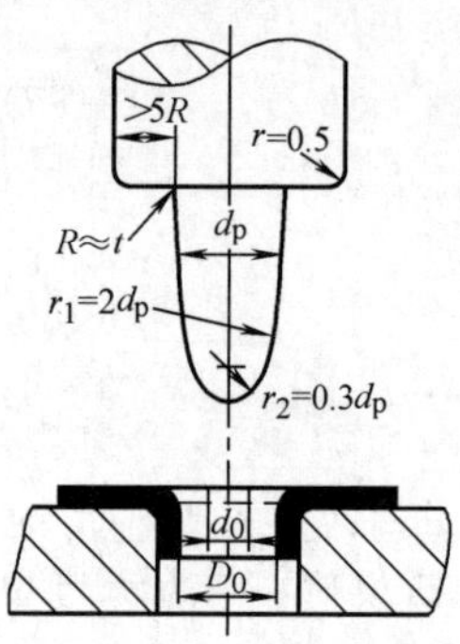	模具没有定位销，零件处于固定位置
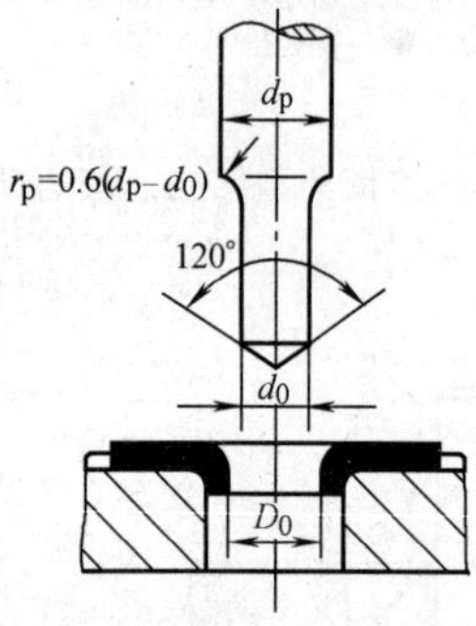	无预制孔，翻边精度要求不高	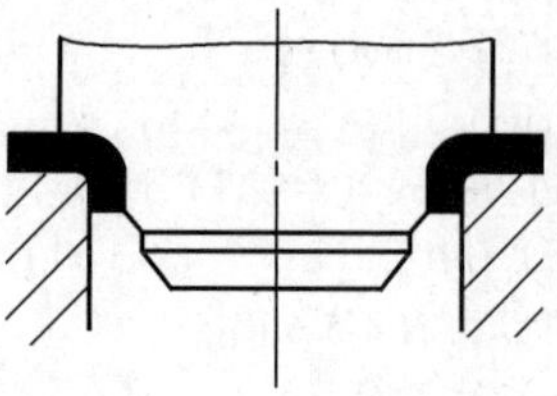	模具没有压边圈，翻边终了具整形功能

注：凸、凹模单边间隙可取为(0.75~0.85)t，也可按表 4-5-8 选取。

表 4-5-8　翻边凸、凹模单面间隙

（单位：mm）

料厚	平坯料翻边	拉深后翻边
0.3	0.25	—
0.5	0.45	—
0.7	0.60	—
0.8	0.70	0.60
1.0	0.85	0.75
1.2	1.00	0.90
1.5	1.30	1.10
2.0	1.70	1.50

5.2.2　非圆孔翻边

如图 4-5-15 所示的孔，其边缘由内凹曲线、外凸曲线及直线构成，在工艺计算时要分别考虑。对内凹曲线部分，可看作是圆孔的一部分，属伸长类翻边。当 $\alpha\leqslant180°$，由于邻近金属的影响，其变形程度较圆孔将有所提高。该部分翻边系数可由式（4-5-13）确定：

$$K'=\frac{K\alpha}{180°}\qquad(4\text{-}5\text{-}13)$$

式中　K——圆孔极限翻边系数，可查表 4-5-2、表

4-5-3；

α——曲线部分夹角（°）。

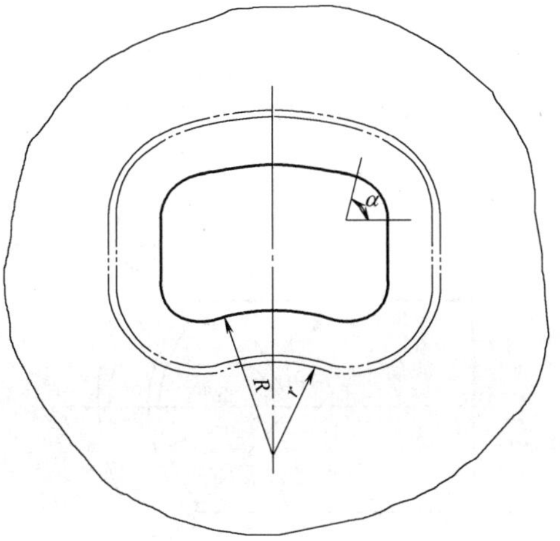

图 4-5-15　非圆孔翻边

当 $\alpha>180°$ 时，相邻部分金属的影响已不明显，此时应按圆孔翻边的极限翻边系数判断其变形的可能性。

对于低碳钢板，α 不同时的翻边系数也可由表 4-5-9 确定。

表 4-5-9　低碳钢材料的非圆孔翻边系数

α/(°)	坯料相对厚度 t/d_0						
	0.02	0.03	0.05	0.08～0.12	0.15	0.20	0.30
>180	0.80	0.60	0.52	0.50	0.48	0.46	0.45
165	0.73	0.55	0.48	0.46	0.44	0.42	0.41
150	0.67	0.50	0.43	0.42	0.40	0.38	0.375
135	0.60	0.45	0.39	0.38	0.36	0.35	0.34
120	0.53	0.40	0.35	0.33	0.32	0.31	0.30
105	0.47	0.35	0.30	0.29	0.28	0.27	0.26
90	0.40	0.30	0.26	0.25	0.24	0.23	0.225
75	0.33	0.25	0.22	0.21	0.20	0.19	0.185
60	0.27	0.20	0.17	0.17	0.16	0.15	0.145
45	0.20	0.15	0.13	0.13	0.12	0.12	0.11
30	0.14	0.10	0.09	0.08	0.08	0.08	0.08
15	0.07	0.05	0.04	0.04	0.04	0.04	0.04

外凸曲线部分类似于浅拉深，属压缩类翻边，此时的翻边系数实质上就是拉深系数，并用式（4-5-14）表示：

$$K''=\frac{r}{R} \tag{4-5-14}$$

式中　r——翻边线曲率半径（mm）；

R——孔边缘曲率半径（mm）；

K''的选用可参考拉深系数。

直边部分可近似按弯曲变形考虑。

在确定翻边前预制孔的形状和尺寸时，对这三部分应分别按圆孔翻边、拉深及弯曲设计。对内凹曲线部分的宽度应比直边部分宽度增大 5%～10%，以弥补其翻边后高度的减小。最后对计算结果适当修正，使各段圆滑连接。

5.2.3　外缘翻边

按变形性质，外缘翻边可分为内凹曲线翻边和外凸曲线翻边两种。

内凹曲线翻边（见图 4-5-16）属伸长类翻边，其翻边系数可由式（4-5-15）确定

$$K'=\frac{r}{R} \tag{4-5-15}$$

K'可参考表 4-5-9 选取。

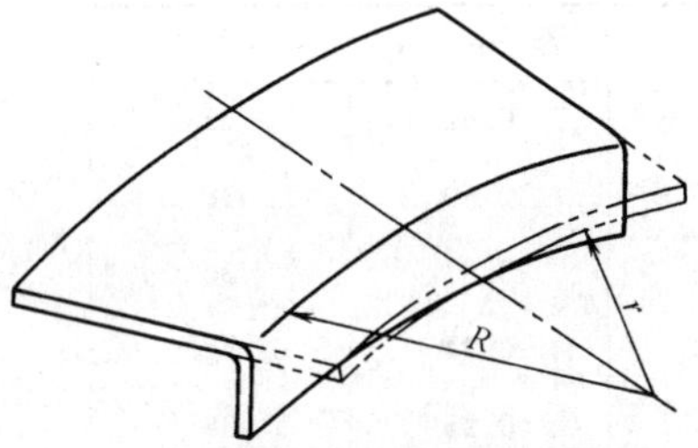

图 4-5-16　内凹曲线翻边

影响内凹曲线翻边成形极限的主要因素及提高成形极限采取的措施参考圆孔翻边部分。

内凹曲线翻边除易产生翻边边缘残留弯曲变形（见图 4-5-9），由于变形区切向的回弹造成平面部分翘起（见图 4-5-17）也是常见缺陷之一。在可能情况下，采用翻边与拉深或胀形的复合变形可减轻此种缺陷。

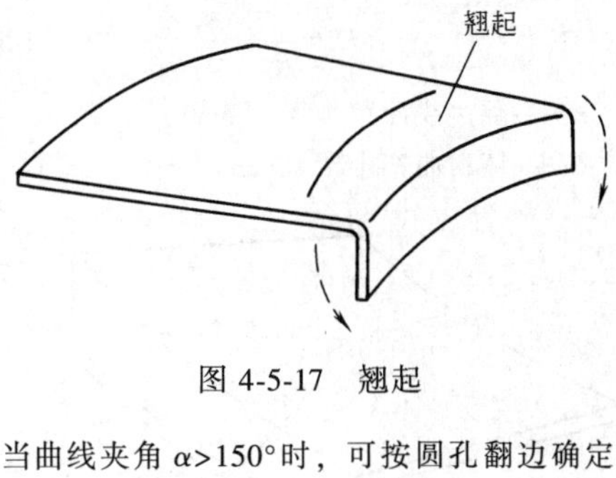

图 4-5-17　翘起

当曲线夹角 $\alpha>150°$ 时，可按圆孔翻边确定坯料尺寸。当 $150°>\alpha>60°$ 时（见图 4-5-18），为了得到平齐一致的翻边高度，已不能按曲率半径 r 确定毛坯尺寸。试验表明，随着翻边系数的减小，曲率半

径 ρ 及角度 β 增大。此时可参考表 4-5-10 进行坯料修正。

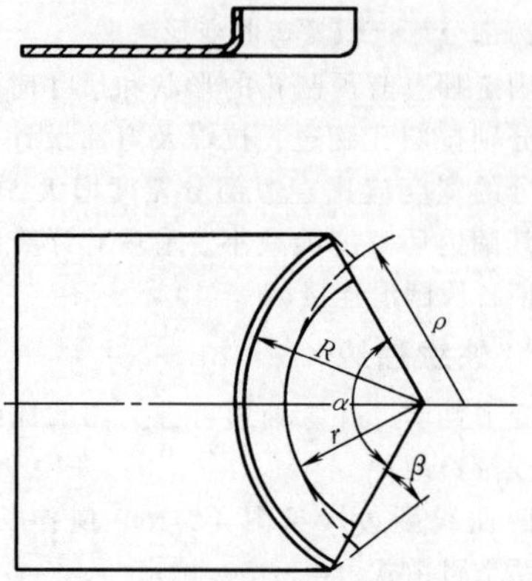

图 4-5-18　内凹曲线翻边坯料修正

表 4-5-10　内凹曲线翻边坯料修正值

α/(°)	翻边系数 K'	β/(°)	ρ/mm
150	0.62	25	
120	0.50	30	
120	0.37	30	20
120	0.34	47	26
90	0.25	38	65
85	0.40	38	32
70	0.43	32	35.0
60	0.25	30	+∞

注：材料 08 钢，料厚 1mm，R = 32.5mm。

当 α<60°时，曲率半径 ρ 变为无穷大，坯料的尺寸及形状可按弯曲变形进行计算。

外凸曲线翻边（见图 4-5-19）类似于无压边的拉深变形，属压缩类翻边，其翻边系数为

$$K''=\frac{r}{R} \tag{4-5-16}$$

式中　r——翻边线曲率半径（mm）；

R——坯料曲率半径（mm）。

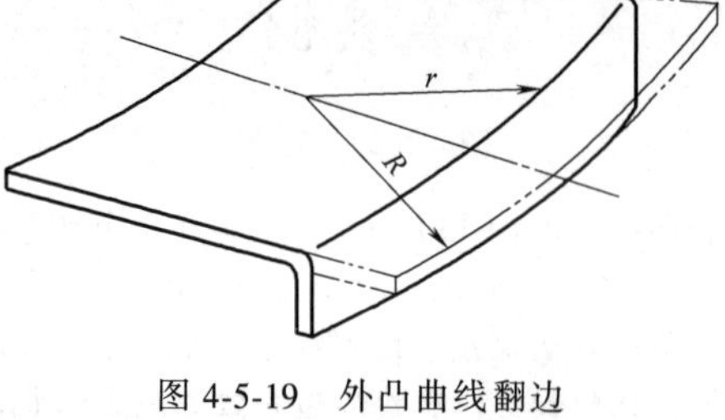

图 4-5-19　外凸曲线翻边

同样，由于变形分布不均匀，外凸曲线翻边也应进行坯料修正，修正方向与内凹曲线翻边相反（见图 4-5-20）。

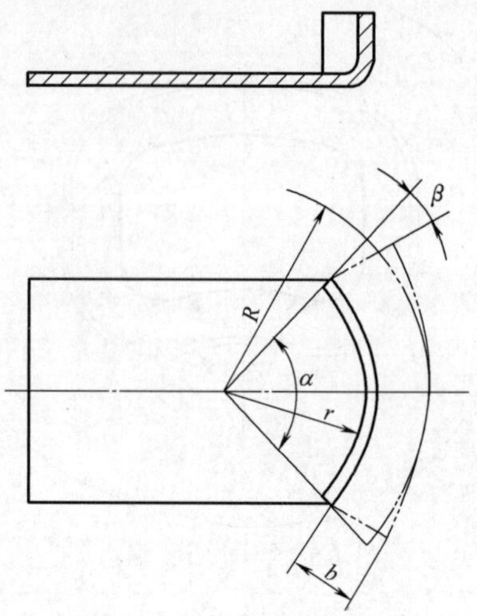

图 4-5-20　外凸曲线翻边坯料修正

当内凹曲线翻边的变形程度用 $E'=\frac{b}{R}$ 表示，外凸曲线翻边的变形程度用 $E''=\frac{b}{R}$（见图 4-5-20）表示时，各种材料的极限变形程度可由表 4-5-11 确定。

在计算外缘翻边的翻边力时，为简化计算，可看作带压边的单边弯曲，由式（4-5-17）确定。

$$F=1.25LtR_mK \tag{4-5-17}$$

式中　L——翻边线长度（mm）；

t——料厚（mm）；

R_m——材料抗拉强度（MPa）；

K——系数，近似为 0.2~0.3。

表 4-5-11　外缘翻边材料允许变形程度

材料		E'(%)		E''(%)	
		橡皮成形	刚模成形	橡皮成形	刚模成形
铝合金	1035-O	6	40	25	30
	1035-HX6	3	12	5	8
	3A21-O	6	40	23	30
	3A21-HX6	3	12	5	8
	5A02-O	6	35	20	25
	5A02-HX6	3	12	5	8
	2A12-O	6	30	14	20
	2A12-HX8	0.5	9	6	8
	2A11-O	4	30	14	20
	2A11-HX8	—	—	5	6

（续）

材料		$E'(\%)$		$E''(\%)$	
		橡皮成形	刚模成形	橡皮成形	刚模成形
黄铜	H62 软	8	45	30	40
	H62 半硬	4	16	10	14
	H68 软	8	55	35	45
	H68 半硬	4	16	10	14
钢	10	—	10	—	38
	20	—	10	—	22
	12Cr18Ni9 软	—	10	—	15
	12Cr18Ni9 硬	—	10	—	40
	17Cr18Ni9	—	10	—	40

5.2.4　变薄翻边

变薄翻边是在翻边时，在模具作用下使翻边的竖边变薄的翻边方法。变薄翻边不但能增加翻边高度，而且使零件表面光洁，尺寸精度高，厚度均匀。

变薄翻边时，变形程度与材料塑性有关，一道工序可达到的变形程度为 $t_1/t_2=0.4\sim0.5$，甚至更大。变薄翻边高度按体积不变原理计算。

变薄翻边常用于在平坯料或半成品的工件上冲制 M5 以下的小螺纹底孔，如图 4-5-21 所示。对于低碳钢、黄铜、纯铜和铝的普通螺纹底孔翻边有关尺寸可按表 4-5-12 选取。

表 4-5-12　普通螺栓螺纹底孔翻边有关尺寸

（单位：mm）

螺纹直径	t	d_0	d_1	h	d_3	r
M2	0.8	0.8	1.6	1.6	2.64	0.2
	1.0			2.0	2.9	0.4
M2.5	0.8	1	2.1	1.7	3.15	0.2
	1.0			2.1	3.4	0.4
M3	0.8	1.2	2.5	1.8	3.54	0.2
	1.0			2.2	3.8	0.4
	1.2			2.4	4.06	
	1.5			3.0	4.45	
M4	1.0	1.6	3.3	2.4	4.6	0.4
	1.2			2.8	4.86	
	1.5			3.3	5.25	
	2.0			4.2	5.9	0.6

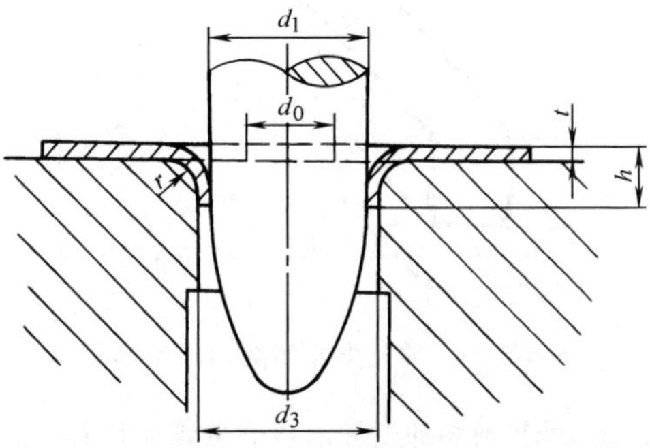

图 4-5-21　变薄翻边

5.3　曲面翻边

5.3.1　伸长类曲面翻边

1. 变形分析

伸长类曲面翻边是指在坯料或零件的曲面部分，沿其边缘向曲面的曲率中心相反的方向翻起与曲面垂直竖边的成形方法（见图 4-5-22）。

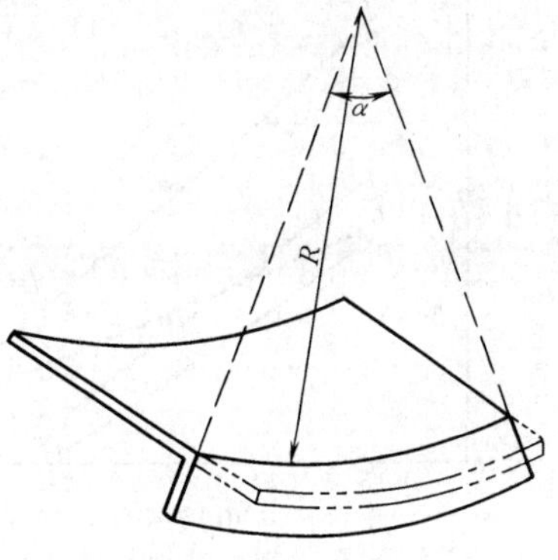

图 4-5-22　伸长类曲面翻边

翻边过程中，成形坯料的圆弧部分与直边部分的相互作用，是引起圆弧部分产生切向伸长变形，使直边部分产生剪切变形和使坯料底面产生切向压缩变形的最主要原因。因此，凡是对圆弧部分与直边部分之间相互作用有影响的因素，也必定会影响坯料的上述三个部分产生的三种形式的变形。当然，也一定会影响冲压件质量及其成形极限。

影响圆弧部分切向变形的主要因素有：翻边高度 h、直边部分长度 l、零件曲率半径 R 及模具几何形状等，有关尺寸如图 4-5-23 所示。

（1）翻边高度 h 的影响　如图 4-5-24 所示，翻边后在竖边高度上切向变形的分布，基本上接近于直线的规律，而其数值在竖边的边缘上具有最大值，在靠近坯料底面的位置上最小。随着比值 l/R 的增

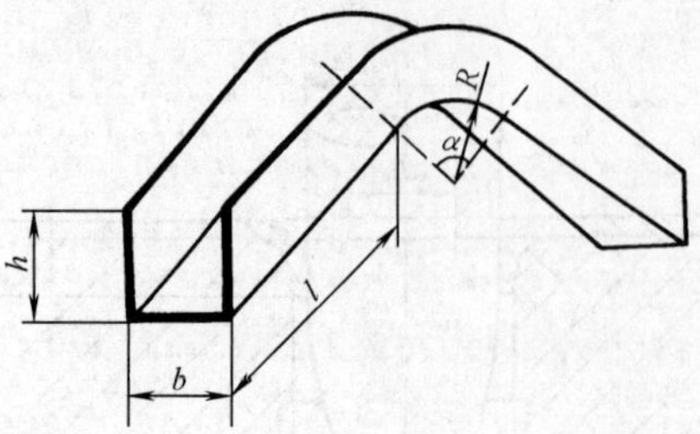

图 4-5-23　伸长类曲面翻边典型零件

大，翻边高度对切向变形的影响也越加显著。但是当比值 $l/R=0$ 时，即当不存在直边时，最大切向变形数值基本上保持不变（$R=70$）或者降低（$R=30$）。

（2）直边长度 l 的影响　由图 4-5-24 可见，随着 l/R 的增加，圆弧部分的切向变形显著增大。这主要由于直边长度 l 对直边部分剪切变形的影响，而导致了圆弧部分切向变形的变化。

（3）底面宽度 b 的影响　由图 4-5-25 可以看出，底面宽度 b 增大时，竖边切向伸长变形也增大。这种结果主要是由于底面宽度的不同对其本身的切向压缩变形的影响，而导致竖边切向伸长变形的变化。

（4）凹模曲率半径 R_d 的影响　图 4-5-26 是凹模曲率半径 R_d 不同时，零件圆弧部分对称中心线上切向应变及其分布曲线。由图可知，当凹模曲率半径大于凸模曲率半径时（$R_d>R_p$），切向变形有所降低。而当 $R_d<R_p$ 时，切向变形数值显著地增大。这主要是由于 $R_d>R_p$ 时，改善了毛坯在翻边时的变形条件。

2. 成形极限

伸长类曲面翻边的成形极限用极限相对翻边高度表示，即用坯料不产生破坏的条件下可能达到的最大翻边高度 h_{cr} 与圆弧部分的曲率半径 R 的比值 h_{cr}/R 表示。表 4-5-13 与图 4-5-27 为冷轧低碳钢板、黄铜及铝板的极限相对翻边高度。

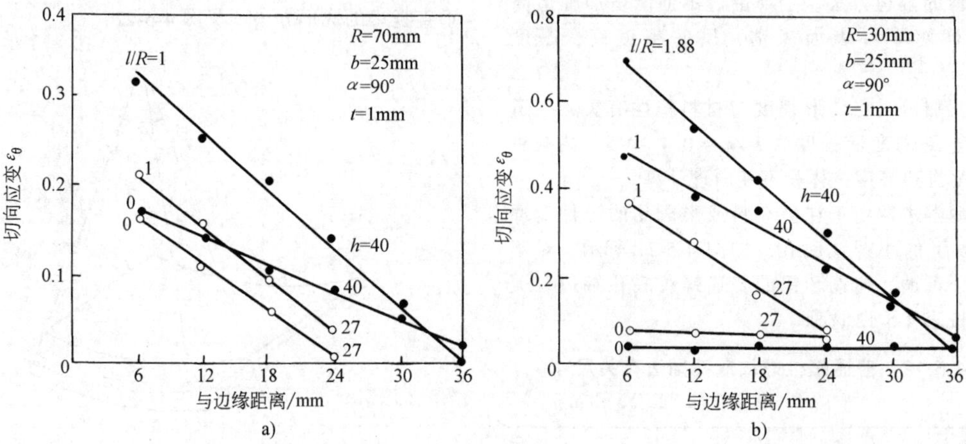

图 4-5-24　h 及 l 对切向变形的影响

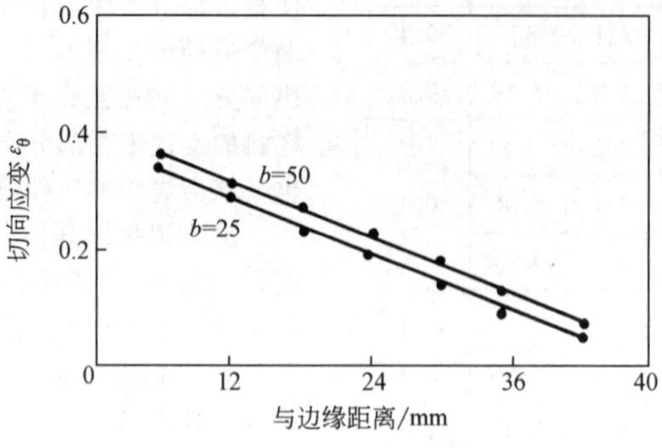

图 4-5-25　底面宽度 b 对切向变形的影响

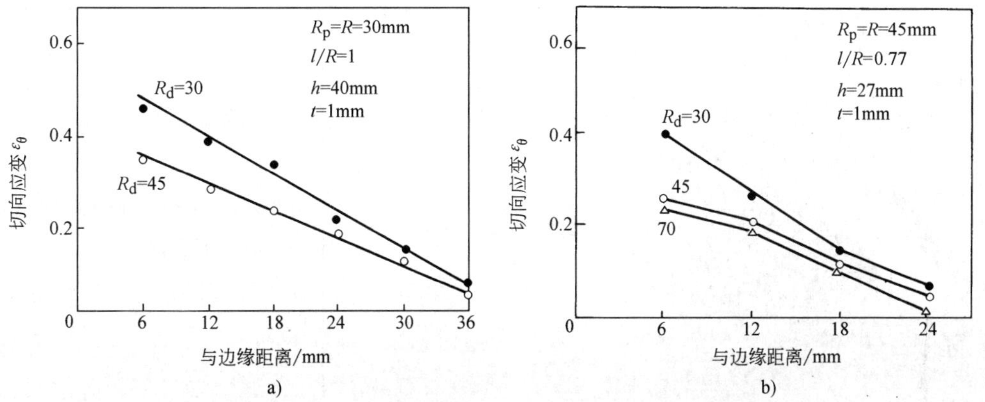

图 4-5-26　凹模曲率半径 R_d 对切向变形的影响

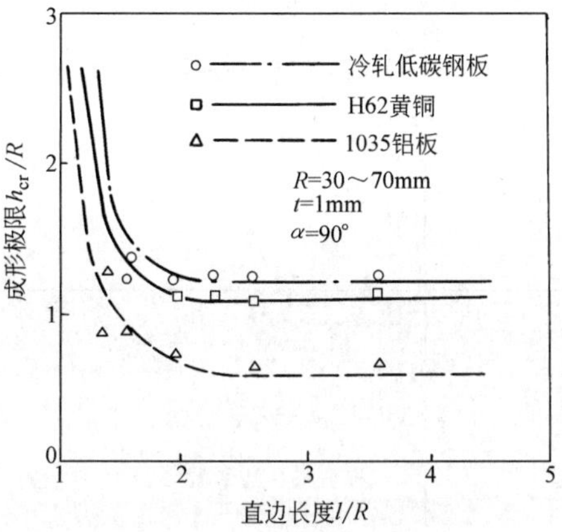

图 4-5-27　伸长类曲面翻边成形极限

表 4-5-13　伸长类曲面翻边成形极限 h_{cr}/R

材料	R/mm	$\frac{l}{R}$						
		0.6	0.8	1.0	1.2	1.4	1.8	>2
低碳钢板	30	—	—	—	1.33	1.3	1.25	1.25
	45	—	—	—	1.27	1.22	1.22	1.22
黄铜板 H62	30	—	—	—	1.25	1.2	1.16	1.16
	45	—	—	—	1.22	1.16	1.05	1.05
纯铝板	30	—	—	—	0.83	0.8	0.66	0.66
	45	—	1.38	—	0.77	0.77	0.77	0.77
	70	0.86	0.82	0.82	0.82	0.82	0.82	0.82

注：此表适于 $\alpha=90°$。

由图 4-5-27 可见，极限相对翻边高度 h_{cr}/R 的数值取决于直边部分的长度 l。当直边长度大于某一极限值后（$l>2R$），极限相对翻边高度 h_{cr}/R 成为一个基本不变的恒定数值。当直边部分长度小于某一极限值时，极限相对翻边高度 h_{cr}/R 的数值急剧地增大，并且当直边长度接近于零时，可能会出现翻边高度不受限制的情况，即成形任何高度的竖边也不致出现开裂的问题。

$\alpha=90°$时，伸长类曲面翻边的成形极限也可由下式确定。

低碳钢板：

当$\frac{l}{R}>1.2$时，$h_{cr}=(1.2\sim1.3)R$

当$\frac{l}{R}<1$时，$h_{cr}=\infty$

黄铜板：

当$\frac{l}{R}>1.2$时，$h_{cr}=(1\sim1.25)R$

当$\frac{l}{R}<1$时，$h_{cr}=\infty$

纯铝板：

当$\frac{l}{R}>0.8$时，$h_{cr}=(0.7\sim1.2)R$

当$\frac{l}{R}<0.5$时，$h_{cr}=\infty$

3. 伸长类曲面翻边零件常见缺陷及预防措施

伸长类曲面翻边零件常见缺陷及预防措施见表 4-5-14。

4. 模具设计原则

伸长类曲面翻边模具的基本构造如图 4-5-28 所示。在进行模具设计时应注意下面几点。

1）翻边后零件形状取决于凸模尺寸。所以凸模曲率半径 R_p>与圆角半径 r_p 应等于零件的相应尺寸。

2）为防止坯料侧壁起皱，提高零件质量，应取凸、凹模单边间隙值等于或略小于料厚。同时，为保证原设计间隙不变，应保证凹模与模座间的可靠固定。

3）底面的压边是必不可少的，这可有效地防止底面由于切向压应力引起的起皱。

表 4-5-14　伸长类曲边翻边常见缺陷及预防措施

质量缺陷	产生原因	预防措施
1. 边缘开裂 	圆弧部分切向伸长变形过大	1. 减小相对翻边高度，使之不超过 h_{cr}/R 2. 允许情况下，取 $R_d>R_p$
2. 侧边起皱 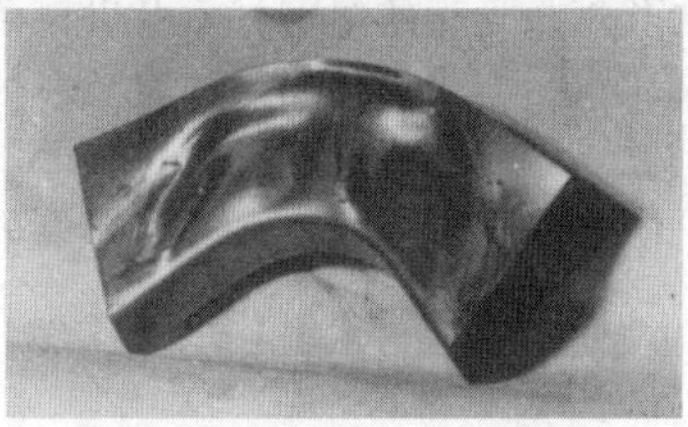	侧边切应力引起	取较小的凸、凹模间隙，一般取单面间隙 $z<t_0$
3. 底面起皱 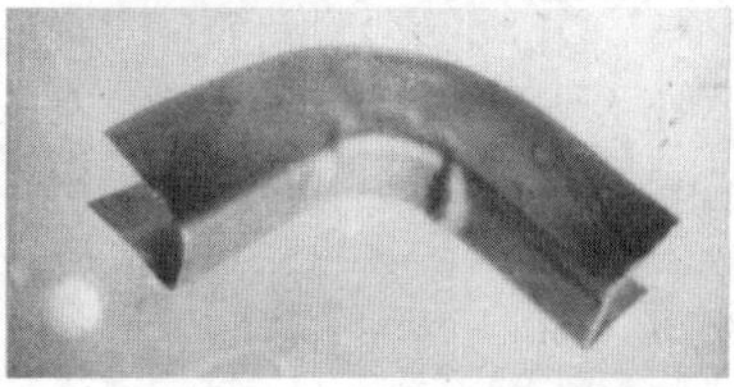	底面诱发压应力引起	采取底面压边装置

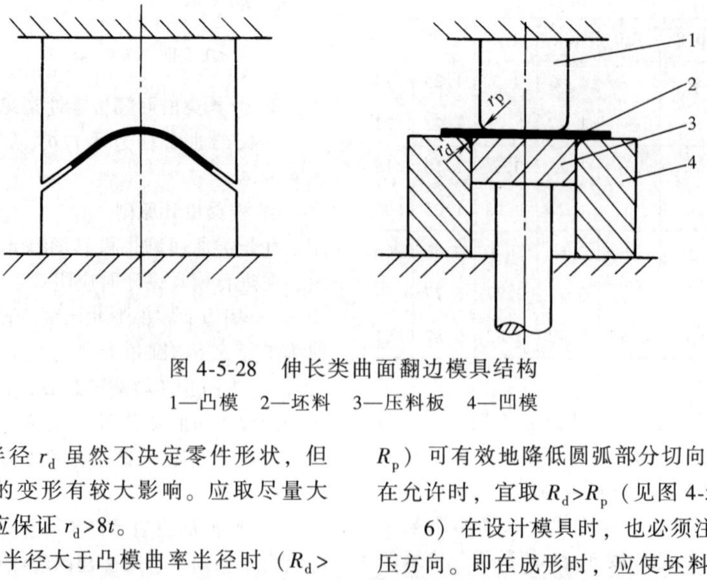

图 4-5-28　伸长类曲面翻边模具结构

1—凸模　2—坯料　3—压料板　4—凹模

4）凹模圆角半径 r_d 虽然不决定零件形状，但对成形过程中坯料的变形有较大影响。应取尽量大的圆角半径，一般应保证 $r_d>8t$。

5）当凹模曲率半径大于凸模曲率半径时（$R_d>R_p$）可有效地降低圆弧部分切向应变的数值。因而，在允许时，宜取 $R_d>R_p$（见图 4-5-29）。

6）在设计模具时，也必须注意凸模对坯料的冲压方向。即在成形时，应使坯料处于便于成形的位置。在对称形状零件翻边时，应使坯料或零件的对称轴线与凸模轴线相重合。如果零件的形状不是对称的，应使成形后零件在模具中的位置保证两直边部分与凸模轴线所成的角度相同，如图 4-5-30 所示的 N 向。如果两直边长度不等，可能出现较大的水平方向的侧向力。所以，在模具上应考虑设置侧向力的平衡装置。

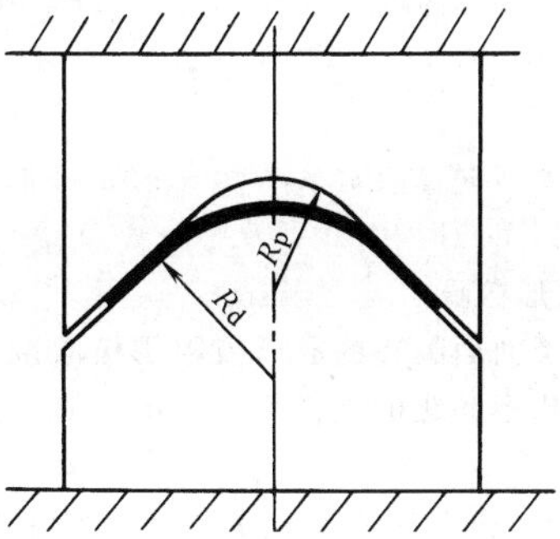

图 4-5-29　$R_d>R_p$ 时模具示意图

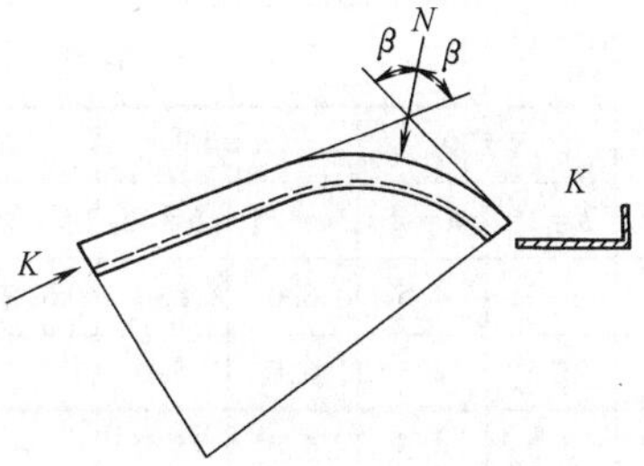

图 4-5-30　曲面翻边时冲压方向的选择

5.3.2　压缩类曲面翻边

1. 变形分析

压缩类曲面翻边是指在坯料或零件的曲面部分，沿其边缘向曲面的曲率中心方向翻起竖边的成形方法（见图 4-5-31）。翻边坯料变形区内绝对值最大的主应力是沿切向（翻边线方向）的压应力，在该方向产生压缩变形，并主要发生在圆弧部分，易在这里发生失稳起皱，这是限制压缩类曲面翻边成形极限的主要原因。因而，减小圆弧部分的压应力，防止侧边失稳起皱的发生，是提高压缩类曲面翻边成形极限的关键。与圆弧部分相毗连的直边部分，由于与圆弧部分的相互作用，发生了明显的剪切变形，而这一剪切变形又使圆弧部分的切向压缩变形发生了变化。因此，直边部分的存在与否及大小将直接影响压缩类曲面翻边的成形极限。

影响圆弧部分切向变形的主要因素有：坯料直边长度 l、零件底面宽度 b、翻边高度 h、曲率半径 R 及凹模曲率半径 R_d 等，有关尺寸如图 4-5-32 所示。

（1）直边长度 l 的影响　由图 4-5-33 可见，l 不

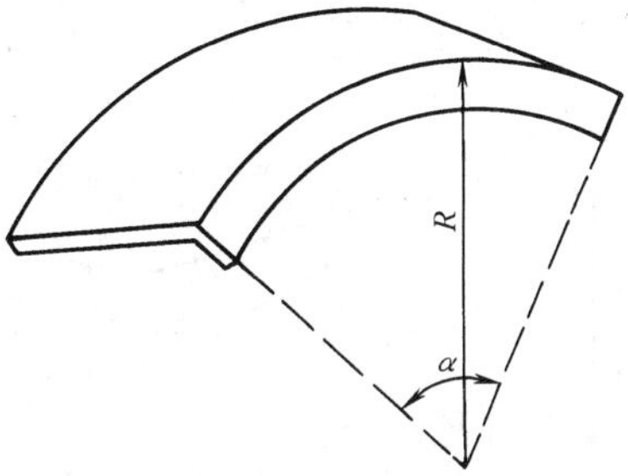

图 4-5-31　压缩类曲面翻边

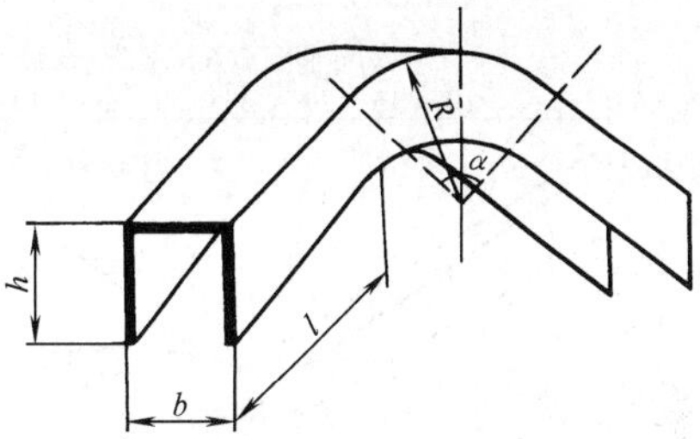

图 4-5-32　压缩类曲面翻边典型零件

同，侧边高度方向切向变形的分布趋势基本相同，但随着 l 的增大，可能出现的最大变形量却明显增加。这主要是由于 l 的变化改变了直边部分剪切变形对圆弧部分切向压缩变形的影响。

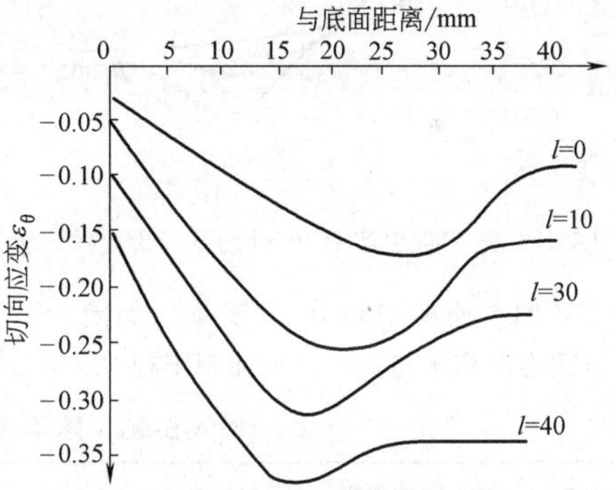

图 4-5-33　直边长度 l 对切向变形的影响

（2）底面宽度 b 的影响　如图 4-5-34 所示，随着 b 的增大，最大切向应变也增大。这主要由于 b 的变化，改变了其本身切向及宽向的应变大小，进而对侧边切向应变产生影响。

（3）翻边高度 h 的影响　如图 4-5-35 所示，当翻边高度较小时，圆弧部分的切向压缩变形随翻边高度的增大而线性增加，竖边边缘上压缩变形最大。当翻边高度较大时，圆弧部分切向压缩变形先线性增大，达最大值后又逐渐减小。翻边高度较大时，可能出现的最大切向压缩变形有所减小。

（4）曲率半径 R 的影响　如图 4-5-36 所示，随着 R 的增大，可能出现的最大切向应变减小，且沿

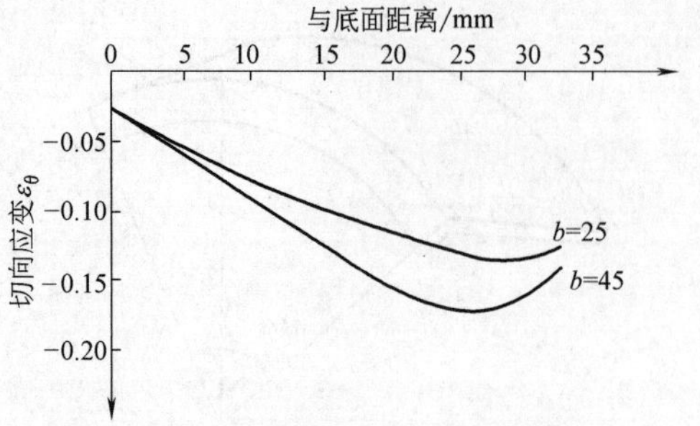

图 4-5-34　底面宽度 b 对切向变形的影响

高度方向分布更加均匀。

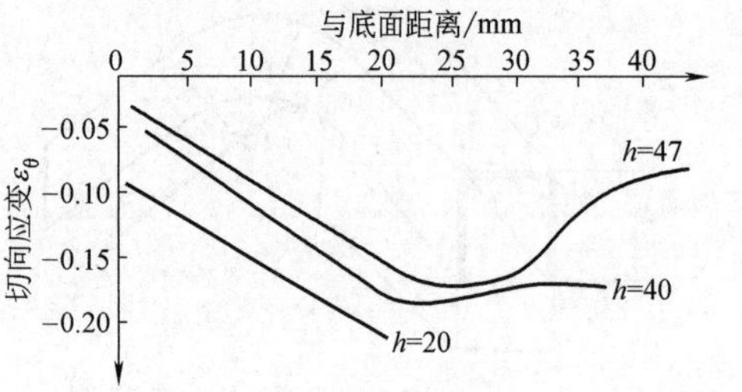

图 4-5-35　翻边高度 h 对切向变形的影响

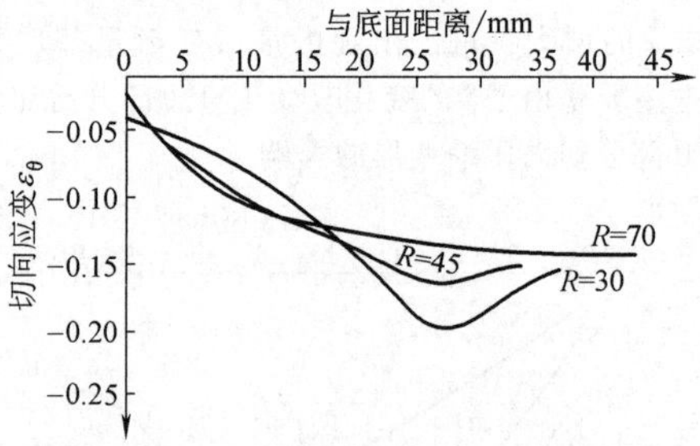

图 4-5-36　曲率半径 R 对切向变形的影响

（5）凹模曲率半径 R_d 的影响　如图 4-5-37 所示，当凹模曲率半径大于凸模曲率半径时（$R_d>R_p$）圆弧部分最大切向应变得到很大程度减轻，并使变形沿高度方向的分布趋于均匀。

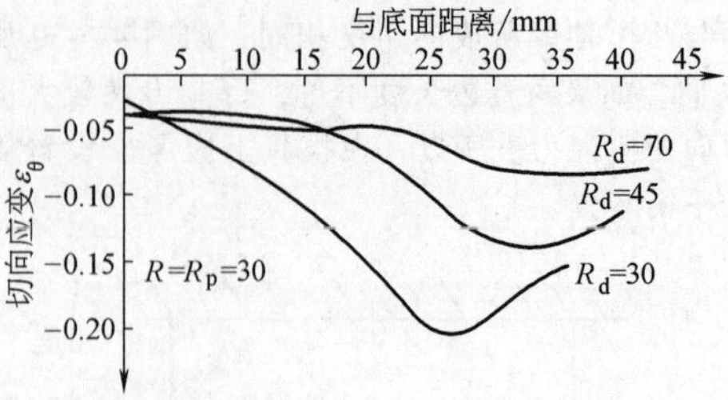

图 4-5-37　凹模曲率半径 R_d 对切向变形的影响

2. 成形极限

压缩类曲面翻边的成形极限用极限翻边高度表示，即侧边不起皱的条件下，可能得到的最大翻边高度 h_{cr}。

无两侧压边时，纯铝板的极限翻边高度见表 4-5-15。因翻边高度较小，直边长度 l 无明显影响。

表 4-5-15　铝板无侧压边极限翻边高度 h_{cr}

（单位：mm）

l	$R=30$		$R=45$		$R=70$	
	$b=25$	$b=45$	$b=25$	$b=45$	$b=25$	$b=45$
0	5.5	4.5	6.0	5.0	6.5	5.5
10	5.5	4.5	6.0	5.0	7.5	6.0
20	5.5	4.5	6.0	5.0	—	6.5
30	5.5	4.5	6.0	5.0	—	6.5

注：此表适于 $\alpha=90°$。

3. 压缩类曲面翻边常见缺陷及预防措施

压缩类曲面翻边常见缺陷及预防措施见表 4-5-16。

表 4-5-16　压缩类曲面翻边常见缺陷及预防措施

质量缺陷	产生原因	预防措施
1. 底面两圆角翘起 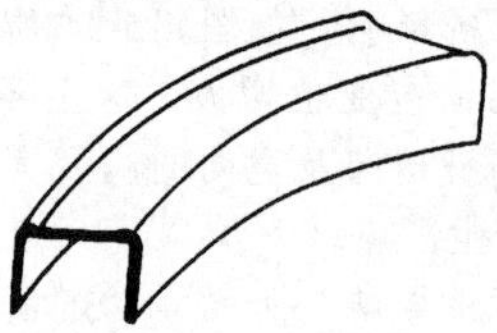	1. 底面压料力不足 2. 上模回程时，底面压料力没有及时卸除（特别是有两侧压边时）	1. 保证足够的底面压料力 2. 翻边结束后，上模回程时，及时卸除底面压料力 3. 加强凹模与坯料间润滑
2. 底面两端凸起 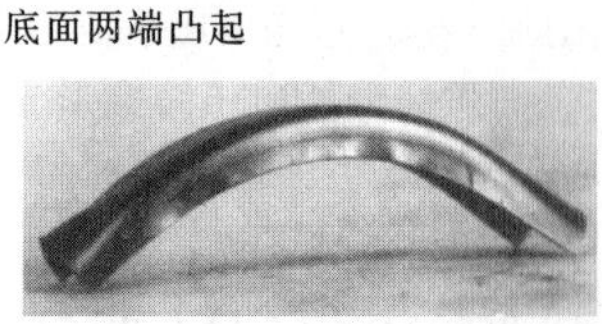	底面压料力不足	模具设计时，必须考虑底面压料装置，并保证足够压料力

（续）

质量缺陷	产生原因	预防措施
3. 侧边起皱 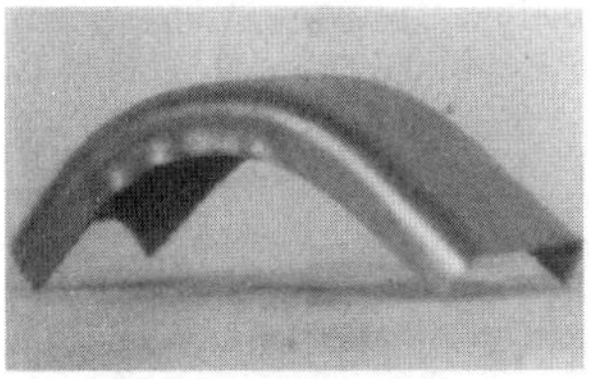	切向压应力所致	1. 选用较小的凸、凹模间隙，可使之等于料厚 2. 翻边高度较大时，应采用带两侧压边的模具结构 3. 可使凹模曲率半径大于凸模曲率半径
4. 侧边边缘畸形 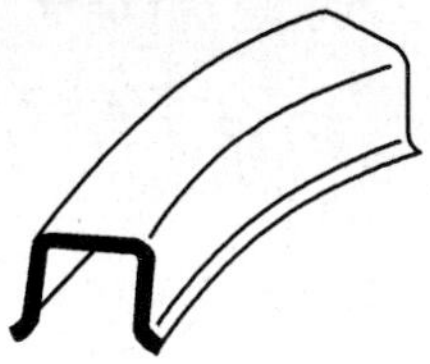	翻边接近结束时，径向拉应力不足而使坯料侧边边缘的弯曲变形保留下来	取较小的凸、凹模间隙及较大的凹模圆角半径
5. 翻边高度不均 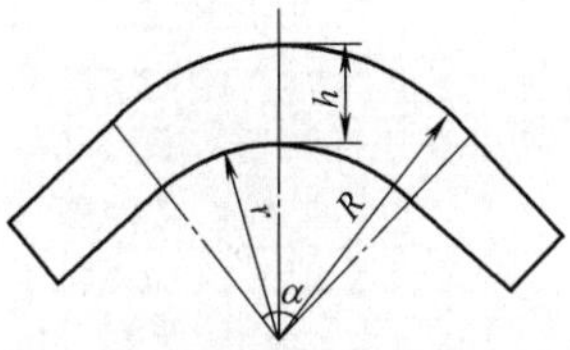	侧边的切向压缩变形和高度方向的伸长变形不均匀	坯料修正

4. 模具设计原则

压缩类曲面翻边模具基本结构见图 4-5-38。进行模具设计时，一般应注意以下几项原则：

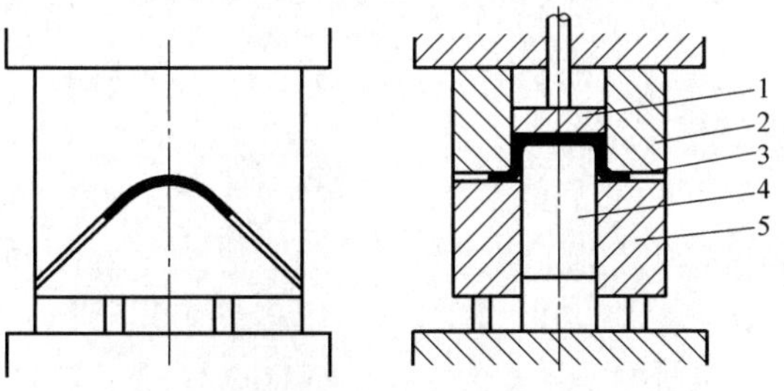

图 4-5-38　压缩类曲面翻边模具结构
1—压料板　2—凹模　3—坯料　4—凸模　5—侧压边

1）零件的形状取决于凸模尺寸。因此，应使凸模尺寸与零件相应尺寸相等。

2）凹模曲率半径尽管与零件形状无关，但对坯料的变形却有重要影响。从变形考虑，可取 $R_d>R_p$。

3）底面压料是压缩类曲面翻边必不可少的条件。除选择合理的结构形式外，还应保证足够的压料力。并应保证上模回程时，底面压料力能及时卸除。

4）当零件翻边高度较大时，应采用带两侧压边的模具结构，以防止变形过程中侧边的起皱。

5）模具应保证足够的刚度，特别是凹模与模板的可靠固定，以保证模具间隙不致在翻边过程中因侧向力的作用而增大。

6）模具设计时应注意冲压方向的选择，原则上可参考伸长类曲面翻边。

参考文献

[1]　李硕本．冲压工艺学［M］．北京：机械工业出版社，1982.

[2]　杨玉英，崔令江．实用冲压工艺及模具设计手册［M］．北京：机械工业出版社，2004.

[3]　王孝培．冲压手册［M］．3 版．北京：机械工业出版社，2011.

[4]　塑性加工学会．压力加工手册［M］．江国屏，等译．北京：机械工业出版社，1984.

[5]　中川威雄．板料冲压加工［M］．郭青山，等译．天津：天津科学技术出版社，1982.

[6]《冲压加工技术手册》编委会．冲压加工技术手册［M］．谷维中，等译．北京：中国轻工业出版社，1988.

[7]　《板金冲压工艺手册》编委会. 板金冲压工艺手册［M］. 北京：国防工业出版社，1989.

[8]　《简明冷冲压工手册》编写组. 简明冷冲压工手册［M］. 3 版. 北京：机械工业出版社，2003.

[9]　李硕本，杨玉英，李春峰. 伸长类曲面翻边的变形特点和模具设计的几项原则［J］. 电子工艺技术，1982，17（3）：3-10.

[10]　李春峰，李硕木，张献珍，等. 压缩类曲面翻边变形分析［J］. 电子工艺技术，1988，89（3）：4-7.

[11]　李春峰. 金属塑性成形工艺及模具设计［M］. 北京：高等教育出版社，2008.

[12]　李硕本，李春峰，郭斌. 冲压工艺理论与新技术［M］. 北京：机械工业出版社，2002.

[13]　肖景容，姜奎华. 冲压工艺学［M］. 机械工业出版社，2012.

第6章

缩口、扩口与校形

北京航空航天大学　万敏

6.1　缩口

6.1.1　概述

缩口是将管材或预先成形的空心件的开口端直径加以缩小的一种成形方法，如图 4-6-1 所示。根据不同使用要求，可制出端部为锥形、球形或其他形状的零件。缩口工艺被广泛用于国防、机械和日用品等工业中。图 4-6-2 为缩口工艺制取零件的实例。

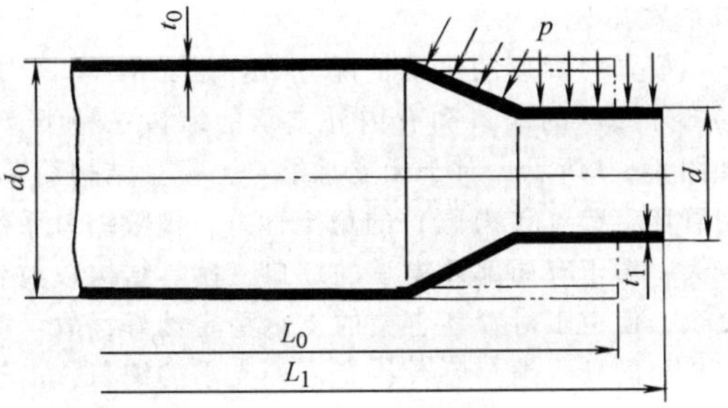

图 4-6-1　缩口工艺

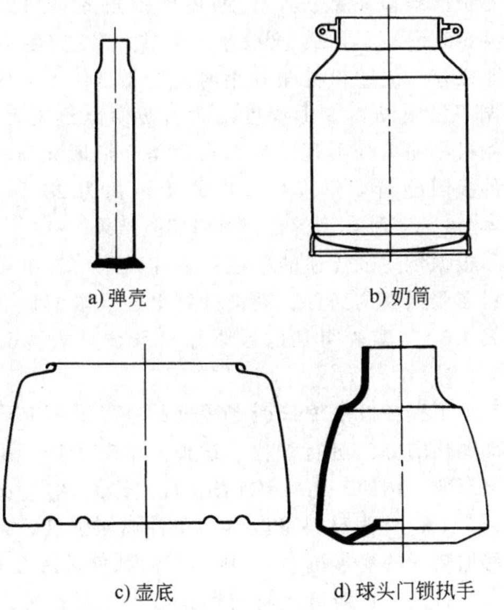

图 4-6-2　缩口实例

在生产中，根据零件的特点可以采用不同的缩口方式，如：

1. 整体凹模冲压缩口

这种方式适用于中小短件的缩口，如图 4-6-3 所示。当然，如果采用适当措施，例如采用斜楔式水平缩口模具等形式，它也可以用于稍长一些的管件的缩口。

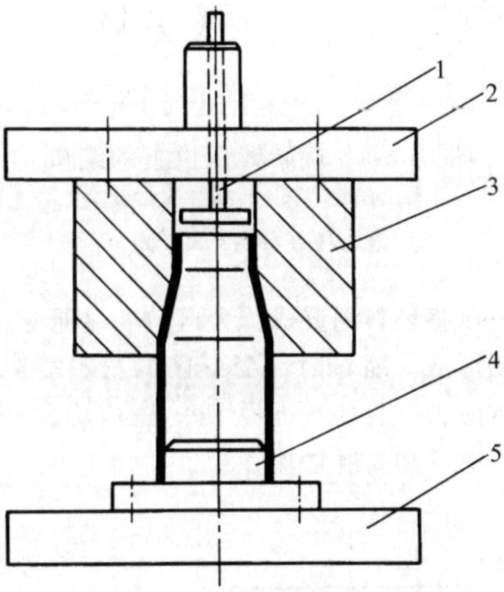

图 4-6-3　整体凹模冲压缩口

1—推料杆　2—上模板　3—凹模
4—定位器　5—下模板

2. 分瓣凹模旋转冲击缩口

这种方式多用于长管缩口。图 4-6-4 是将管端缩口成球形的工艺实例，分瓣凹模安装在快速短行程通用偏心压力机上，此时管材要一边送进一边旋转。图 4-6-5 是在专用设备上利用锥形分瓣凹模进行长管缩口的原理图。

对于大中型相对料厚小的空心坯料，采用旋压方式缩口往往比其他方式更有效。此外，也可采用磁脉冲方式进行缩口。本节主要给出常用的整体凹模冲压缩口的工艺方法。

6.1.2　缩口的变形分析

1. 变形特点

整体凹模冲压缩口过程如图 4-6-6 所示。在缩口

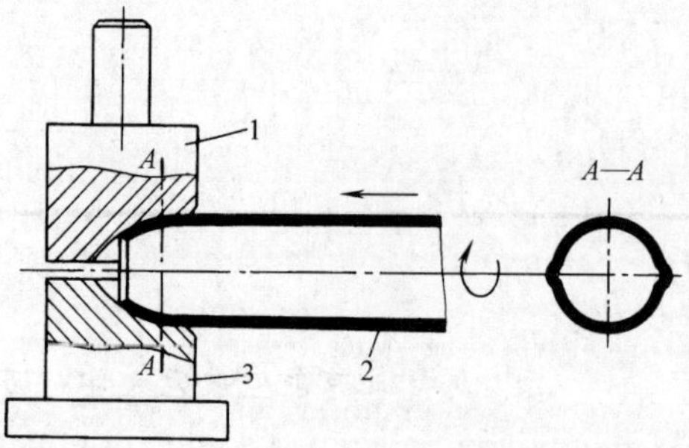

图 4-6-4　分瓣凹模旋转冲击缩口

1—上模板　2—零件　3—下模板

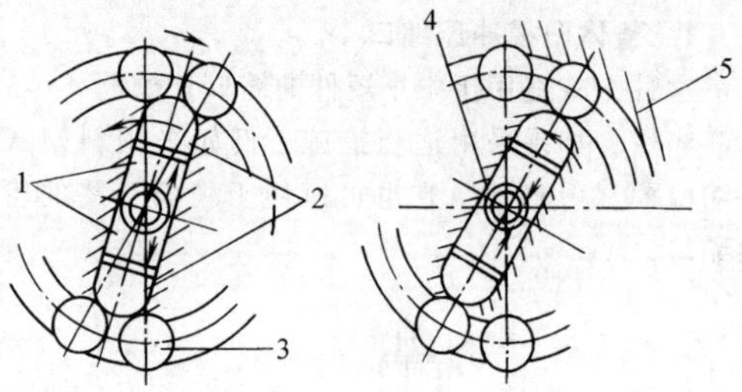

a)　　b)

图 4-6-5　旋转锻压机上的缩口

1—半模　2—撞块　3—滚子

4—传动轴　5—夹圈

过程中可以将坯料划分成传力区（待变形区）、变形区和已变形区。缩口时，变形区的材料受到切向和轴向的压应力，且主要是受切向压应力作用，使直径缩小，壁厚和高度增加。

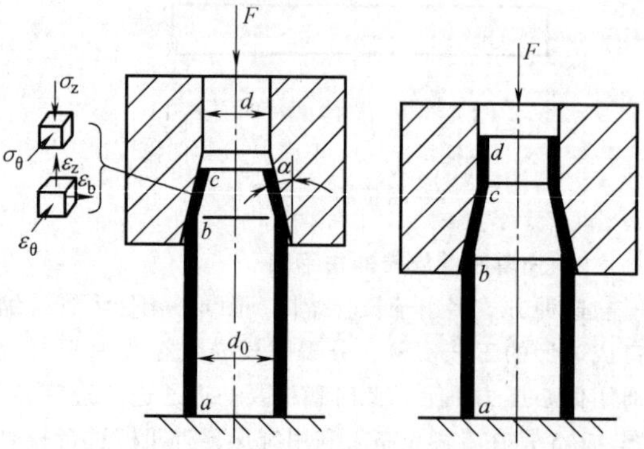

a)　　b)

图 4-6-6　冲压缩口成形过程

2. 缩口区壁厚变化

由于缩口过程中，变形区主要是切向压缩变形，会使变形区的材料增厚。增厚量最大的部位在口部边缘。口部边缘厚度可由式（4-6-1）确定。

$$t=t_0\sqrt{\frac{d_0}{d}} \tag{4-6-1}$$

式中　t_0、d_0——缩口前的端口壁厚与直径（mm）；

t、d——缩口后的端口壁厚与直径（mm）。

6.1.3　缩口的变形程度

1. 缩口变形程度的表示方法

缩口变形程度以切向压缩变形的大小来衡量，用缩口系数 K 表示。

$$K=\frac{d}{d_0} \tag{4-6-2}$$

式中　d_0——缩口前的端口直径（mm）；

d——缩口后的端口直径（mm）。

2. 成形极限

缩口时的极限变形量，受到毛坯在传力区和变形区的失稳起皱的限制。因此，一次缩口变形程度不能过大，即缩口系数不能过小，其极限变形程度用极限缩口系数 K_{min} 表示。

极限缩口系数 K_{min} 的大小与模具结构型式、凹模锥角、材料类型、相对料厚及摩擦系数等因素有关。一般来说，材料塑性好、相对料厚大、摩擦阻力小、模具对坯料直壁的支承稳定性好，则极限缩口系数就小。

模具对管坯的支承情况分为：无支承缩口、有局部外支承的缩口和有内外支承的缩口三种类型，如图 4-6-7 所示。对于无支承缩口，模具结构简单，但管坯直壁（传力区）的稳定性差，极限缩口系数较大；对于有局部外支承的缩口，模具结构较前者复杂，但由于对管坯直壁的支承稳定性好，故可获得较小的极限缩口系数；有内外支承的缩口，由于对管坯的支承稳定性最好，因此极限缩口系数可以更小。

极限缩口系数 K_{min} 与凹模半锥角 α 的关系如图 4-6-8 所示。可见，凹模半锥角过大或过小，均不利于缩口。当凹模锥角较小时，主要是传力区失稳限制了极限缩口变形程度；而当凹模锥角较大时，限制极限缩口变形程度的因素则是变形区失稳。最大的极限缩口变形发生在凹模半锥角为 20°附近。图 4-6-9 为三种典型的铝管缩口实验结果。

根据传力区传递的单位压力在极限情况下等于材料屈服强度的条件，理论计算出的极限缩口系数见表 4-6-1。实验得到的极限缩口系数见表 4-6-2～表 4-6-4。

为了提高极限缩口变形程度，可以采用变形区局部加热的方法进行缩口。这种方法对于铝、镁合金很有效。例如，当局部加热使应力比值 $R_{p0.2}/\sigma$ 提高到 2（$R_{p0.2}$ 为材料室温下的条件屈服强度，σ 为口部加热后的变形抗力），则缩口系数就可降至 0.1 左右。另外，在缩口坯料内填充适当填料也可以提高极限变形程度。

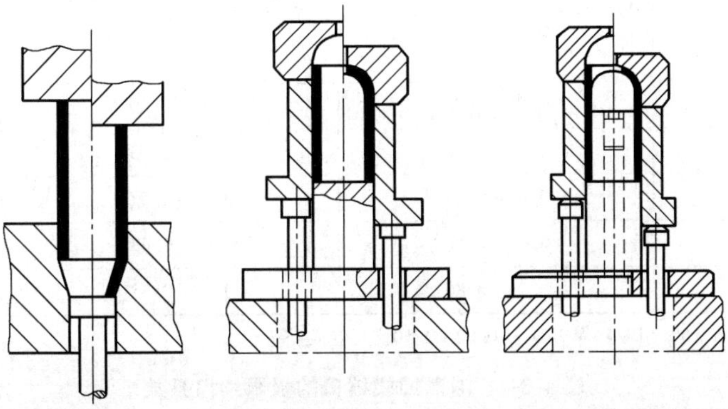

图 4-6-7　模具对管坯的支承情况

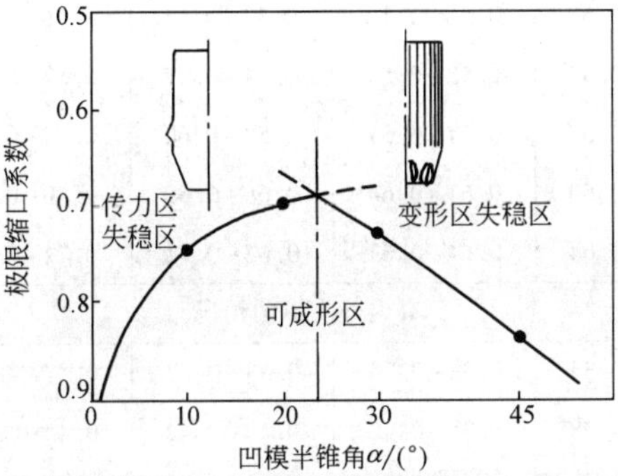

图 4-6-8　极限缩口系数与凹模半锥角的关系

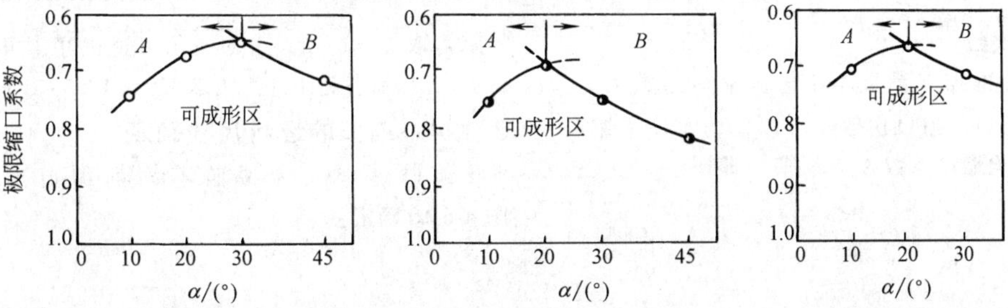

图 4-6-9　铝管缩口实验结果

A—传力区失稳区　*B*—变形区失稳区

表 4-6-1　理论计算出的极限缩口系数

摩擦系数 μ	材料屈强比				
	0.5	0.6	0.7	0.8	0.9
0.1	0.72	0.69	0.65	0.62	0.55
0.25	0.80	0.75	0.71	0.68	0.65

表 4-6-2　钢管的极限缩口系数

凹模半角 α	相对料厚 t_0/d_0					
	0.02	0.03	0.05	0.08	0.12	0.16
10°	0.75	0.72	0.69	0.67	0.65	0.63
20°	0.81	0.77	0.73	0.70	0.67	0.64

表 4-6-3　锥形凹模缩口的极限缩口系数

材料	模具结构型式		
	无支承	外支承	内外支承
软钢	0.70~0.75	0.55~0.60	0.30~0.35
黄铜(H62,H68)	0.65~0.70	0.50~0.55	0.27~0.32
铝	0.68~0.72	0.53~0.57	0.27~0.32
硬铝(退火)	0.73~0.80	0.60~0.63	0.35~0.40
硬铝(淬火)	0.75~0.80	0.68~0.72	0.40~0.43

注:缩口凹模半角 α 为 15°,相对料厚 t/D 为 0.02~0.10。

表 4-6-4　球形凹模缩口的极限缩口系数

材料抗拉强度 R_m/MPa	相对料厚 t_0/d_0					
	0.05	0.05~0.02	0.02~0.01	0.01~0.005	0.005~0.003	0.003~0.002
有外部支承的情况						
150	0.48~0.50	0.50~0.52	0.52~0.55	0.56~0.60	0.58~0.61	0.61~0.67
150~250	0.51~0.53	0.52~0.54	0.54~0.57	0.57~0.60	0.60~0.62	0.62~0.67
250~350	0.53~0.55	0.54~0.57	0.57~0.60	0.64~0.67	0.67~0.69	0.69~0.72
350~450	0.57~0.60	0.61~0.64	0.66~0.69	0.70~0.72	0.72~0.74	0.77~0.80
450	0.61~0.64	0.64~0.67	0.68~0.71	0.72~0.74	0.74~0.76	0.78~0.82
有内外支承的情况						
150	0.32~0.34	0.34~0.35	0.35~0.37	0.37~0.39	0.39~0.40	0.40~0.43
150~250	0.36~0.38	0.38~0.40	0.40~0.42	0.42~0.44	0.44~0.46	0.46~0.50
250~350	0.40~0.42	0.42~0.45	0.45~0.48	0.48~0.50	0.50~0.52	0.52~0.56
350~450	0.45~0.48	0.48~0.52	0.56~0.59	0.59~0.62	0.64~0.66	0.66~0.68
450	0.50~0.52	0.52~0.54	0.57~0.60	0.60~0.63	0.66~0.68	0.68~0.77

3. 缩口次数

如果零件的缩口系数小于极限缩口系数 K_{min}，则需要多次缩口。缩口次数 n 可以根据零件总缩口系数 K_z 与平均缩口系数 K_j 来估算，即

$$n=\frac{\lg K_z}{\lg K_j} \tag{4-6-3}$$

可取 $K_j=1.1K_{min}$。对于第一道工序，可取 $K_1=0.9K_j$，以后各道工序，可取 $K_n=(1.05\sim1.1)K_j$。

6.1.4　缩口的坯料尺寸确定

缩口坯料尺寸按照不同的缩口形式，由图 4-6-10 确定：

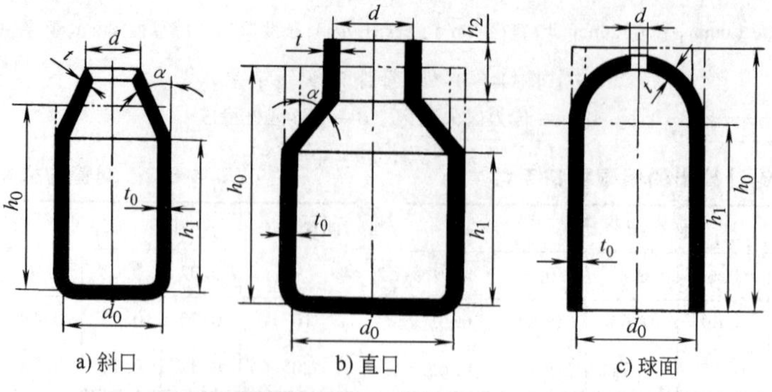

图 4-6-10　缩口形式

对于斜口的形式

$$h_0=(1\sim1.05)\left[h_1+\frac{d_0^2-d^2}{8d_0\sin\alpha}\left(1+\sqrt{\frac{d_0}{d}}\right)\right] \tag{4-6-4}$$

对于直口的形式

$$h_0=(1\sim1.05)\left[h_1+h_2\sqrt{\frac{d}{d_0}}+\frac{d_0^2-d^2}{8d_0\sin\alpha}\left(1+\sqrt{\frac{d_0}{d}}\right)\right] \tag{4-6-5}$$

对于球面的形式

$$h_0=h_1+\frac{1}{4}\left(1+\sqrt{\frac{d_0}{d}}\right)\sqrt{d_0^2-d^2} \tag{4-6-6}$$

式中符号如图 4-6-10。

6.1.5　缩口力的计算

如果忽略凹模入口处的弯曲应力、材料的加工硬化及壁厚的变化，缩口力为

$$F=k\left[1.1\pi d_0t_0R_{eL}\left(1-\frac{d}{d_0}\right)(1+\mu\cot\alpha)/\cos\alpha\right] \tag{4-6-7}$$

如果考虑了弯曲应力，则缩口力为

$$F=k\left\{1.1\pi d_0t_0R_{eL}\left(1-\frac{d}{d_0}\right)(1+\mu\cot\alpha)/\cos\alpha+1.82\sigma t^2[d+r_d(1-\cos\alpha)]/r_d\right\} \tag{4-6-8}$$

式中　F——缩口力（N）；

t_0、d_0——工件原始壁厚与直径（按中心层计）（mm）；

t、d——工件缩口后口部壁厚与直径（mm）；

μ——摩擦系数；

α——凹模半锥角（°）；

R_{eL}——材料屈服应力（MPa）；

σ——材料缩口的真实应力（MPa）；

r_d——凹模圆角半径（mm）；

k——速度系数，曲柄压力机取 $k=1.15$。

在实际生产中，对于无支承的缩口（见图 4-6-7 a），缩口力按以下经验公式计算。

$$F=(2.4\sim3.4)\pi t_0R_m(d_0-d) \tag{4-6-9}$$

式中　R_m——材料抗拉强度（MPa），其他符号与式（4-6-8）相同。

为了简化计算，图 4-6-11～图 4-6-15 给出了五种典型材料缩口力的图解曲线。

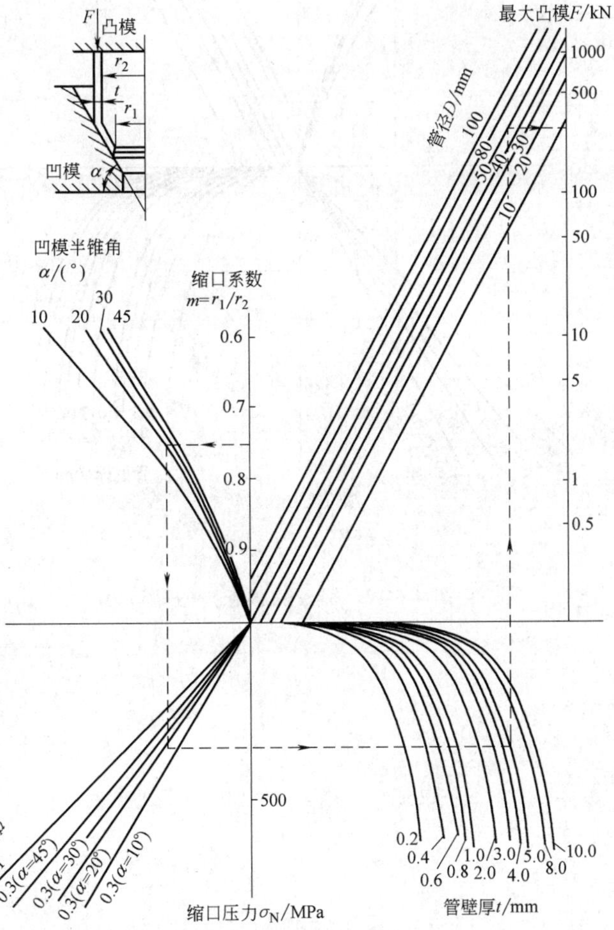

图 4-6-11　软钢的缩口力

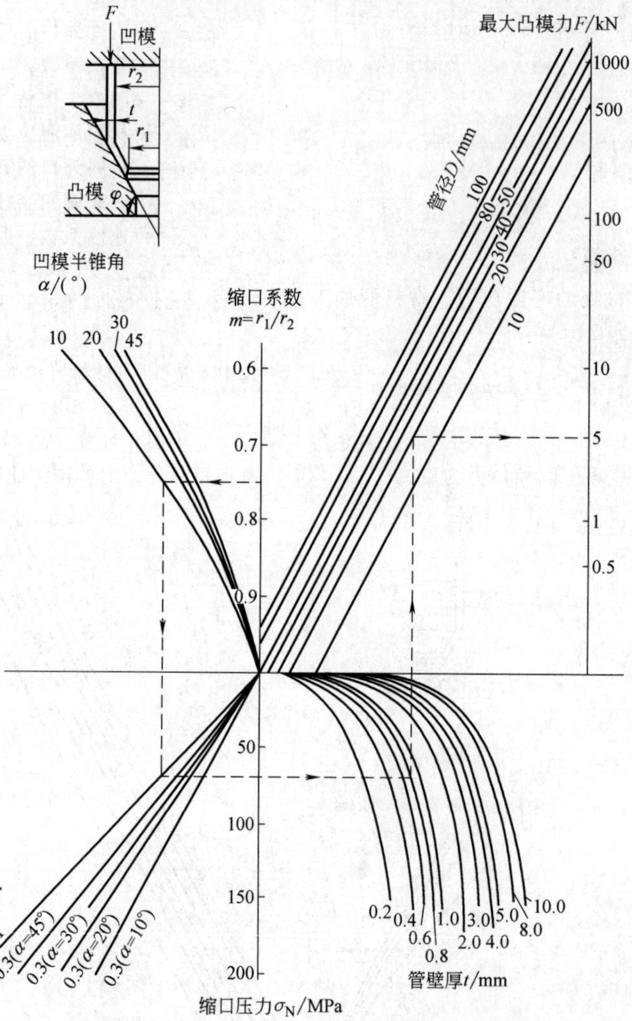

图 4-6-12　铝（软状态）的缩口力

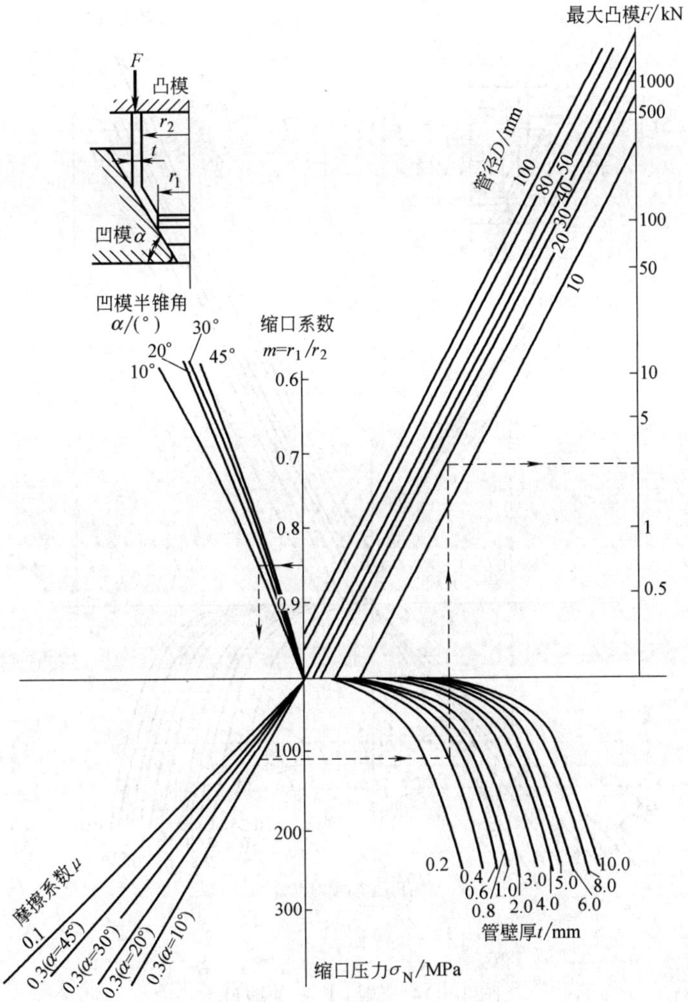

图 4-6-13　铝（半硬）的缩口力

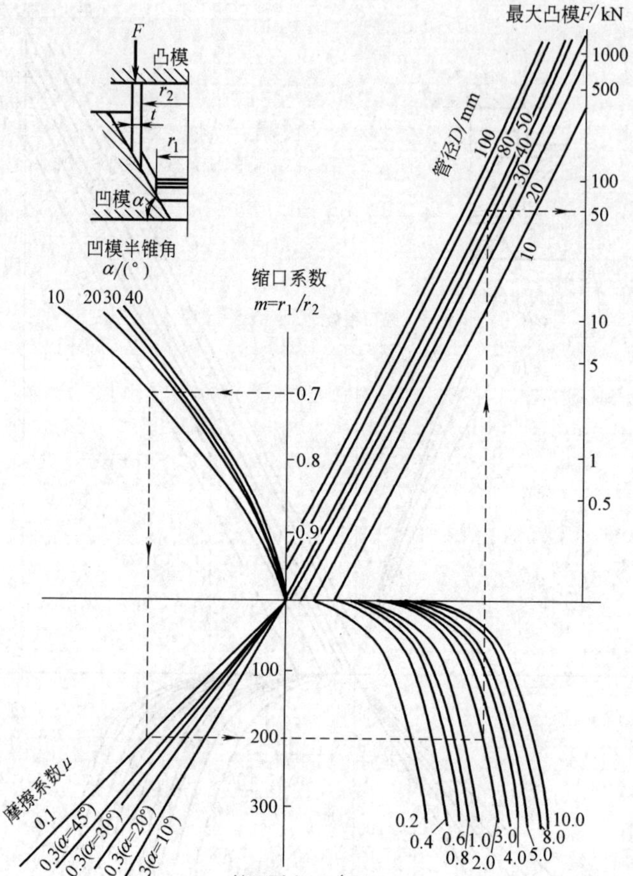

图 4-6-14　铜（软）的缩口力

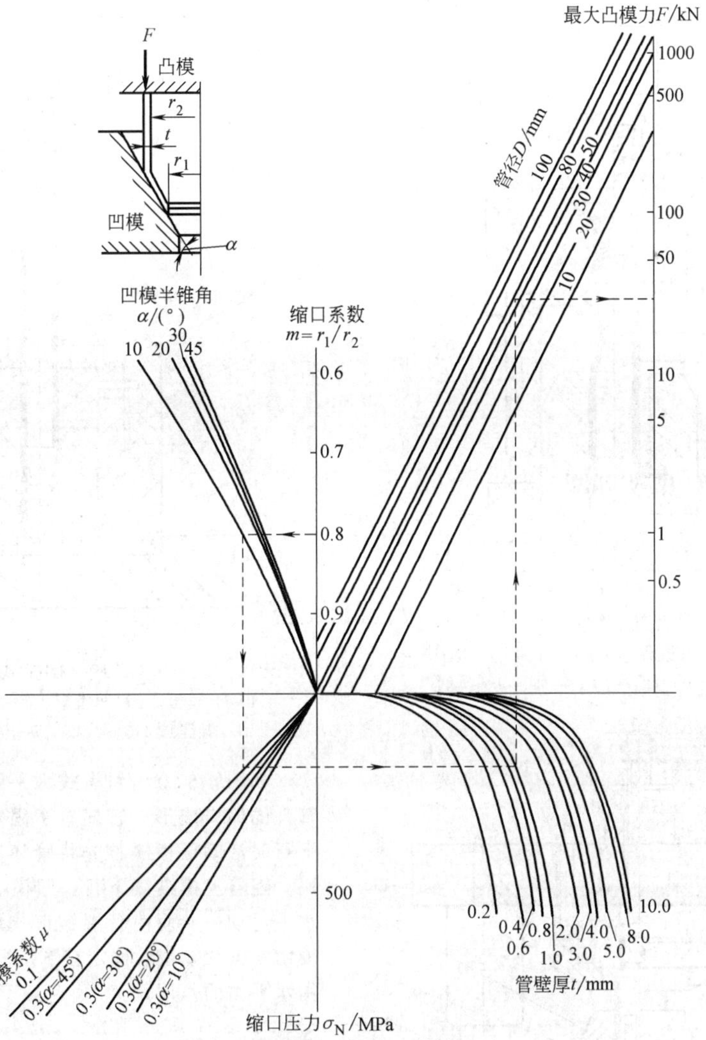

图 4-6-15　铜（半硬）的缩口力

6.1.6　缩口模具形式

1. 典型模具结构

图 4-6-16 为简单缩口模，适用于缩口变形程度较小、相对料厚较大的中小尺寸缩口件。

图 4-6-17 是口部有芯轴、外部有机械夹持装置的缩口模。缩口时，管件由上模的夹紧器 2 夹住，提高了传力区直壁的稳定性。夹紧器由两个或等分的三个模块组成，其夹紧动作由上模中的锥形套筒 5 实现。弹簧 3 起复位作用，使取件、放料方便。上模内装有芯轴 7，不仅可提高缩口部分的内径尺寸精度，而且上模回程时通过弹簧 8 作用可将管件从凹模 6 内推出。

如图 4-6-18 为通用模架缩口模。管坯放在支座 4 内起外支承作用，由弹性夹套 15 定位。凹模 11 由螺纹套 5 紧固在凹模固定座 12 上，更换凹模非常方便。对同一直径的管坯，若缩口直径不同时，只需更换相应的缩口凹模即可。若管坯直径不同，还需更换相应的支座。

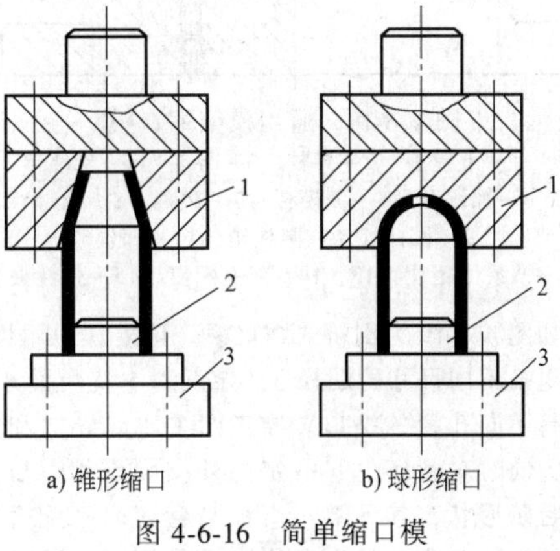

图 4-6-16　简单缩口模

1—凹模　2—定位器　3—下模板

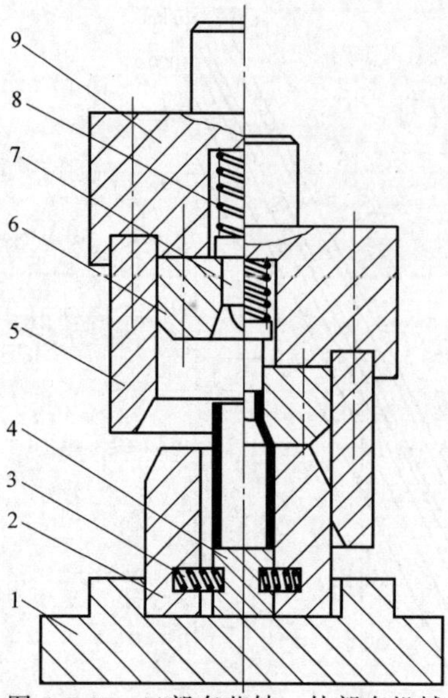

图 4-6-17　口部有芯轴、外部有机械夹持装置的缩口模

1—下模板　2—夹紧器　3、8—弹簧　4—垫块　5—锥形套筒　6—凹模　7—芯轴　9—模柄

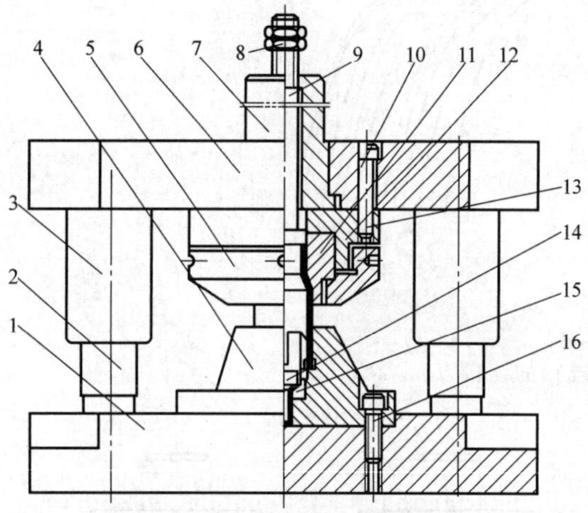

图 4-6-18　通用模架缩口模

1—下模板　2—导柱　3—导套　4—支座　5—螺纹套　6—上模板　7—模柄　8—螺母　9—推杆　10—圆柱销　11—凹模　12—凹模固定座　13、14、16—螺钉　15—弹性夹套

如图 4-6-19 为倒挤式缩口模。该模具通用性强，只要更换不同尺寸的凹模 3、导正圈 5 及凸模 6，就可进行不同孔径的缩口。导正圈主要起导向和定位作用，同时对管坯也起一定的外支承作用。凸模加工成台阶形状，其下部小直径与管坯内径配合，深入管坯内孔起定位导向及内支承作用。冲压时凸模大台阶对管坯加压，使管坯下端进入凹模缩口成形。该类模具主要用于较长管件的缩口，一般在液压机及摩擦压力机上进行。

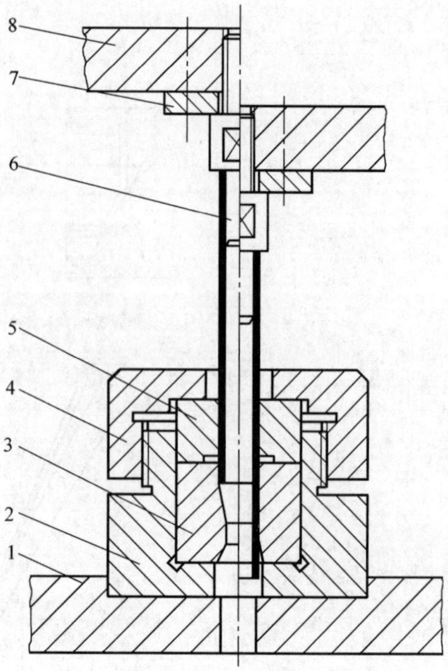

图 4-6-19　倒挤式缩口模

1—下模板　2—凹模套　3—凹模　4—紧固套　5—导正圈　6—凸模　7—垫板　8—上模板

如图 4-6-20 为斜楔式水平缩口模，适用于较长管件的缩口成形。管坯置于固定支承板 9 上，上模下行时活动压板 7 首先将管坯压紧，起到外支承作用。随着上模继续下行，凹模 3 在斜楔块 4 作用下水平运动，从而使管端缩口成形。上模回程时，凹模由斜楔块复位。固定在下模板 1 上的挡板 8，起平衡水平力的作用。

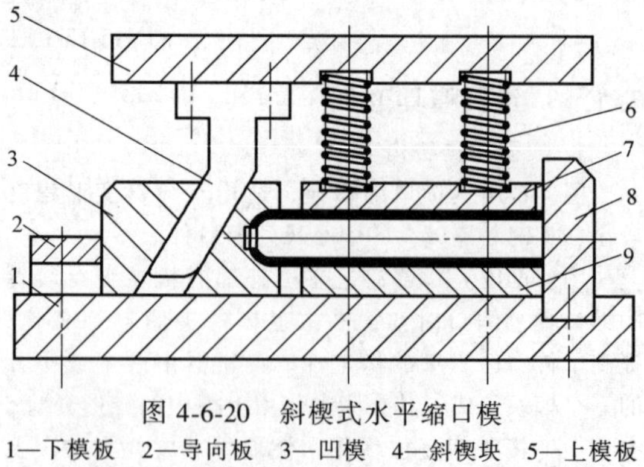

图 4-6-20　斜楔式水平缩口模

1—下模板　2—导向板　3—凹模　4—斜楔块　5—上模板　6—弹簧　7—活动压板　8—挡板　9—固定支承板

如图 4-6-21 为缩口封口复合模。管坯置于下封口凹模 2 上，并由定位器 3 定位，定位器兼起外支承作用。缩口凹模 6 由紧固套 4 通过螺纹紧固在模柄 8 上。在压力机滑块下降过程中，缩口凹模首先对管坯上部从直径 $\phi25$mm 缩小到 $\phi22$mm，最后上、下封口凹模 9、2 将管坯两端压成圆角，实现封口成

形。上模回程时，打杆 10 推动上封口凹模下行，把管件从上模中卸下。

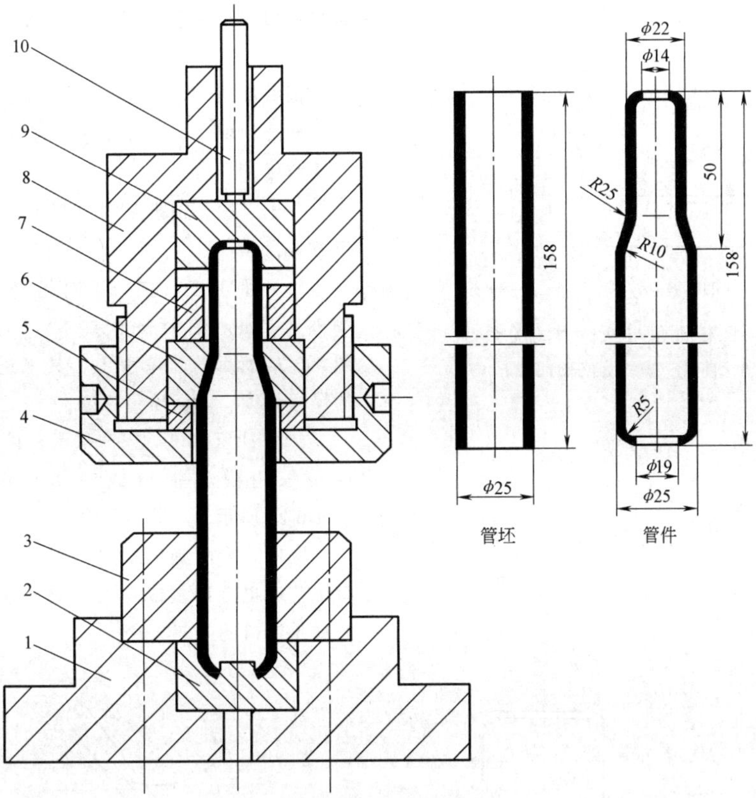

图 4-6-21　缩口封口复合模

1—下模板　2—下封口凹模　3—定位器　4—紧固套　5—垫板　6—缩口凹模　7—垫圈　8—模柄　9—上封口凹模　10—打杆

如图 4-6-22 为缩口镦头复合模。管坯套在定位柱 2 上定位后，在压力机滑块下降过程中，缩口凹模 4 先对管坯上部缩口成形，随后压柱 5 对缩口端施加轴向压力，而使管坯下端头镦压成形。压力机滑块回程时，卸料板 3 在顶杆 1 作用下将管件顶起。若管件卡在上模中，则由打杆 6 推动压柱，从而将管件卸下。

2. 凹模尺寸参数

缩口凹模工作部分的尺寸根据零件缩口部分的尺寸确定，但需考虑以下情况：

1）由于缩口加工后材料产生回弹现象，一般口部直径要比缩口凹模大 0.5%~0.8%，所以设计凹模时，可对口部的基本尺寸乘以（0.992~0.995）作为凹模实际标注尺寸，以便补偿回弹。

2）从工艺性的角度考虑，则希望凹模锥角尽量取最佳凹模锥角。所谓最佳凹模锥角是指缩口力最低的凹模锥角，可由图 4-6-23 确定，或由下式进行简单的估算获得：

$$\alpha_m = \arctan(\sqrt[3]{\mu}) \tag{4-6-10}$$

式中　α_m——最佳凹模半锥角（°）；

μ——摩擦系数。

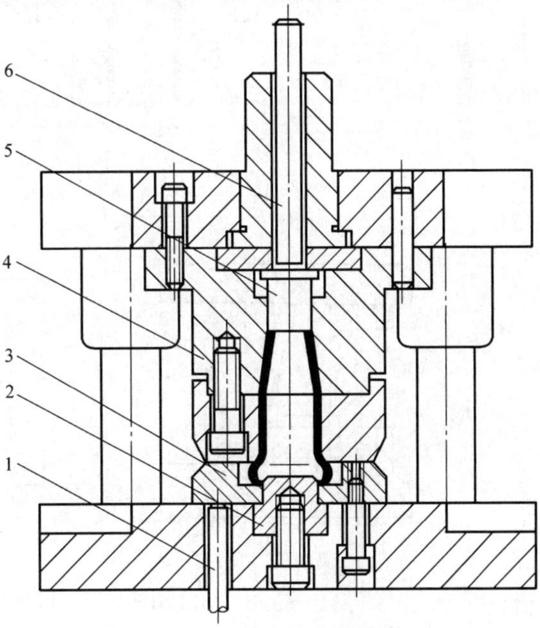

图 4-6-22　缩口镦头复合模

1—顶杆　2—定位柱　3—卸料板

4—缩口凹模　5—压柱　6—打杆

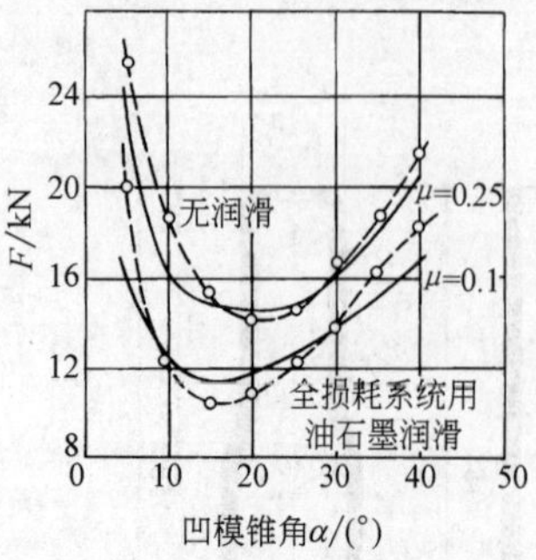

图 4-6-23　凹模锥角与缩口力的关系
（实线为理论曲线，虚线为实验曲线）

6.2　扩口

6.2.1　概述

扩口与缩口相反，它是使管材或预先成形的空心件的开口端直径扩大的一种成形方法，其中尤以管材扩口为最常见，是管材二次塑性加工的主要方法之一。

根据使用要求不同，可制出端部为锥形、筒形或其他形状的零件。管材扩口在管件连接中得到了广泛应用。

在生产中，根据零件的特点可以采用不同的扩口方式，如：

（1）手工工具扩口　对于直径小于 20mm、壁厚小于 1mm 的管材，如果产量不大，可采用图 4-6-24 所示的简单手工工具来进行扩口，但扩口的尺寸精度、表面质量不好。

（2）冲压扩口　当产量大，扩口质量要求高时，均需采用模具扩口或专用机及工具扩口，如图 4-6-25 所示。

同样，采用旋压扩口、磁脉冲扩口等方法在扩口工艺中也有许多成功的应用。本节主要给出常用的冲压扩口的工艺方法。

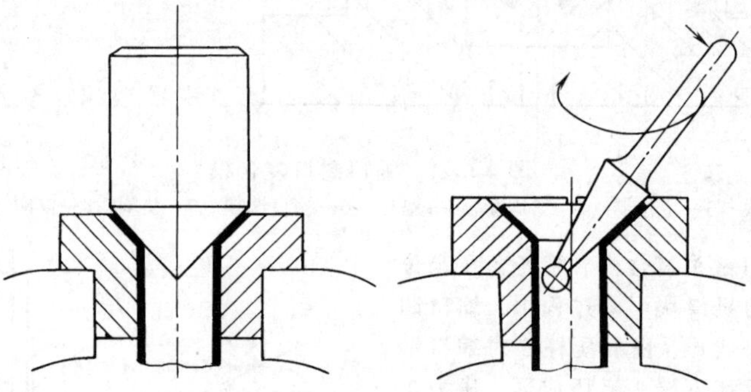

图 4-6-24　手工工具扩口

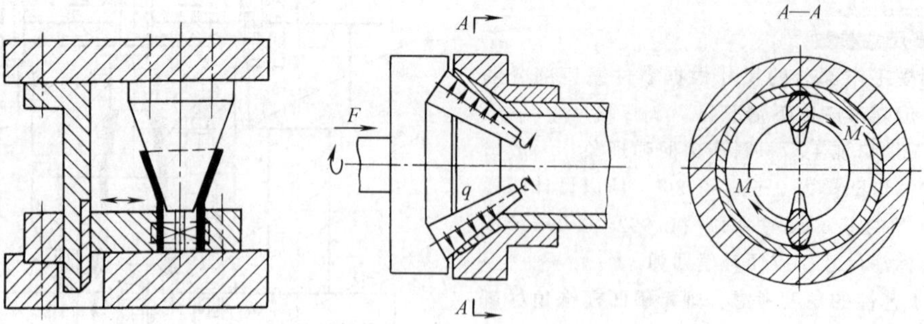

a) 模具扩口　　b) 专用机及工具扩口

图 4-6-25　模具与专用机及工具扩口

6.2.2　扩口的变形分析

1. 变形特点

冲压扩口过程如图 4-6-26 所示。在扩口过程中可以将坯料划分成传力区（待变形区）、变形区和已变形区。扩口时，变形区的材料受到切向拉应力和轴向压应力，且主要是受切向拉应力作用，使直径增加，壁厚和高度减小。

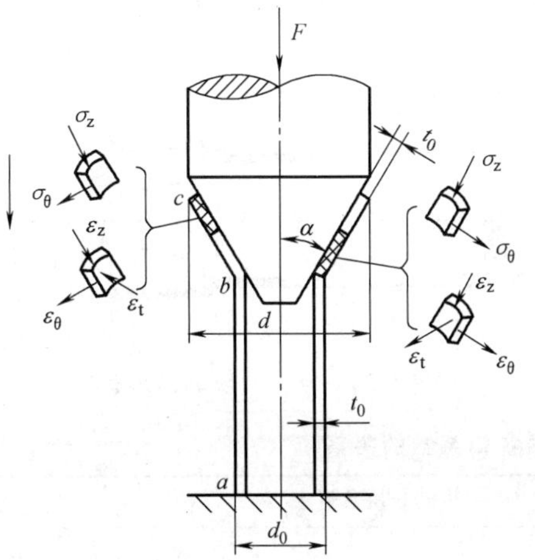

图 4-6-26　冲压扩口过程

2. 扩口区壁厚变化

由于扩口过程中，变形区主要是切向拉伸变形，会使变形区的材料减薄。壁厚减薄量与变形程度大小有关，并由扩口内缘向外缘线性变化，如图 4-6-27 所示。

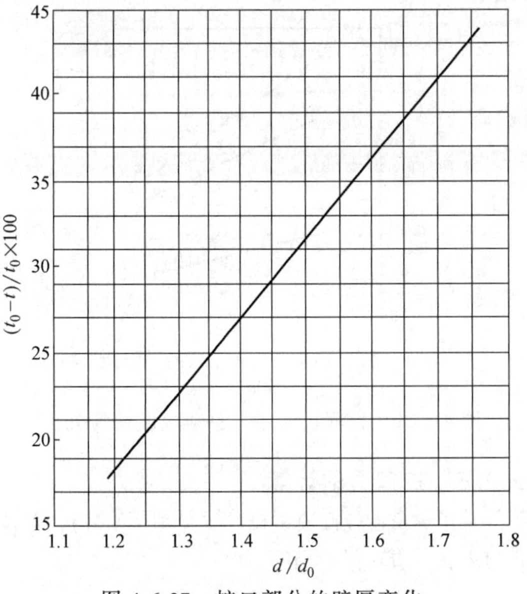

图 4-6-27　扩口部分的壁厚变化

扩口部分的壁厚变薄还与扩口方式有关，当采用冲压扩口时，扩口外缘的壁厚可按式（4-6-11）估算：

$$t=\frac{2t_0}{\frac{d}{d_0-t_0}\left(3-\frac{d}{d_0-t_0}\right)} \tag{4-6-11}$$

式中　t_0、d_0——扩口前的端口壁厚与直径（mm）；

t、d——扩口后端口壁厚与直径（mm）。

应当指出，当扩口外缘的壁厚小于零件要求壁厚时，应采取相应的工艺措施或更换管坯壁厚，以满足零件使用要求。

6.2.3　扩口的变形程度

1. 扩口变形程度的表示方法

扩口变形程度以最大切向变形来衡量，可用扩口率和扩口系数表示。

1）扩口率：

$$\varepsilon=\frac{d-d_0}{d_0} \tag{4-6-12}$$

2）扩口系数：

$$K=\frac{d}{d_0} \tag{4-6-13}$$

扩口系数与扩口率的关系为

$$K=1+\varepsilon \tag{4-6-14}$$

2. 成形极限

扩口时的极限变形量受到毛坯在变形区破裂和传力区失稳起皱的限制。因此，一次扩口变形程度不能过大，即扩口系数不能过大，其极限变形程度用极限扩口系数 K_{max} 表示。

极限扩口系数 K_{max} 的大小与材料类型、模具结构型式、凸模锥角、相对料厚等因素有关。一般来说，材料的伸长率越大，管件相对壁厚越大，管端口加工越光整，模具对管壁传力区的约束条件越好，扩口过程中变形梯度越合理，变形区材料变形抗力越小，则极限扩口系数就越大。

按传力区失稳理论计算的极限扩口系数 K_{max} 为

$$K_{max}=\frac{1}{\left[1-\frac{\sigma_K}{\sigma_m}\cdot\frac{1}{1.1\ (1+\tan\alpha/\mu)}\right]^{\tan\alpha/\mu}} \tag{4-6-15}$$

式中　σ_K——抗失稳的临界应力（MPa）；

σ_m——变形区平均变形抗力（MPa）；

α——凸模的半锥角（°）；

μ——摩擦系数。

从上式可知，比值 σ_K/σ_m 是影响极限扩口系数的重要因素之一，该比值的提高有利于提高极限扩口系数值。为此，可采用在管坯的传力区部位增加约束，提高抗失稳能力以及对扩口变形区局部加热等工艺措施来实现。

管坯相对壁厚 t_0/d_0 越大，允许的极限变形量也越大，可提高极限扩口系数。例如，钢管扩口时，其极限扩口系数与相对壁厚的经验关系式为

$$K_{max}=1.35+3\frac{t_0}{d_0} \tag{4-6-16}$$

式中　t_0、d_0——管材原始壁厚及直径（mm）。

表 4-6-5 为采用半锥角 $\alpha=20°$的刚性模扩口所得

到的钢管极限扩口系数 K_{max} 与相对壁厚 t_0/d_0 的实验数据。

表 4-6-5　极限扩口系数 K_{max} 与相对壁厚 t_0/d_0 的关系

t_0/d_0	0.04	0.06	0.08	0.10	0.12	0.14
K_{max}	1.45	1.52	1.54	1.56	1.58	1.60

管端扩口形状及模具结构形式也对极限扩口系数有影响。采用刚性锥形凸模的扩口比分块凸模的筒形扩口（见图 4-6-28）较为有利。这主要是由于变形梯度及轴向压应力的作用。而分块模中分块的数目又是一个不应忽视的因素。表 4-6-6 给出的是分块凸模扩口时，分块数目与极限扩口系数的实验数据。

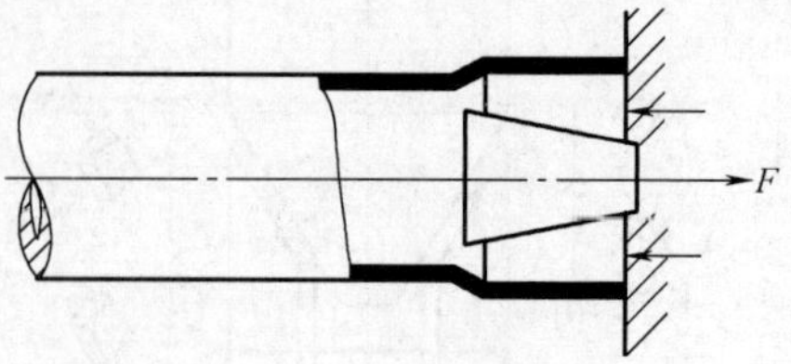

图 4-6-28　分块凸模的筒形扩口

表 4-6-6　凸模分块数目与极限扩口系数的关系

材料	温度	坯料形式	凸模分块数目				
			1	2	4	8	16
锻铝	室温	环	1.04	1.06	1.09	1.13	1.17
		管	1.05	1.08	1.12	1.16	1.18
	370℃	环	—	1.17	1.22	1.28	1.35
硬铝	室温	环	—	1.07	1.10	1.13	1.16
	410℃	环	—	1.17	1.38	1.39	1.47

管坯端口的加工质量也直接影响极限扩口系数。粗糙的管口在扩口时，往往由于应力集中现象而导致口部开裂，不利于扩口工艺。因此，一般要求管坯端口光整。

采用的扩口方法不同，其极限扩口系数也不一样。如对变形区采用局部加热扩口方法，就可显著提高扩口系数。

如果扩口坯料为拉深的空心开口件，那么还应考虑预成形的影响及材料方向性的影响。实验证明，随着预成形量的提高，极限扩口率减小（见图 4-6-29）。另外，实验还证明，工业纯铝的拉深筒扩口时，开裂总是发生在与板材轧制方向成 22.5°及 67.5°的方向上。当扩口变形达到一定值以后，变形便开始集中在上述两处，直至开裂破坏。

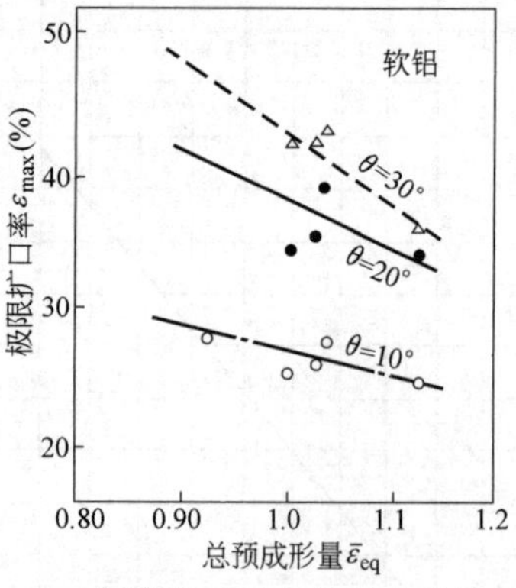

图 4-6-29　极限扩口率与总预成形量的关系

6.2.4　扩口的坯料尺寸确定

扩口坯料长度尺寸，可根据扩口的形状，按体积不变条件确定。对于图 4-6-30 所示的锥形扩口，其锥形部分所需的坯料长度可用式（4-6-17）计算：

$$l_0=\frac{l}{6}\left[2+K+\frac{t}{t_0}(1+2K)\right] \tag{4-6-17}$$

式中　K——扩口系数；

l——锥形母线长度（mm）；

t_0——扩口前坯料壁厚（mm）；

t——扩口后口部壁厚（mm），按式（4-6-11）计算。

6.2.5　扩口力的计算

采用锥形刚性凸模扩口时（见图 4-6-31），单位扩口力 p 可用式（4-6-18）计算：

$$p=1.15\sigma\cdot\frac{1}{3-\mu-\cos\alpha}\left(\ln K+\sqrt{\frac{t_0}{2R}}\sin\alpha\right) \tag{4-6-18}$$

式中　σ——材料变形抗力（MPa）；

α——凸模的半锥角（°）；

μ——摩擦系数；

K——扩口系数。

实际生产中为简化计算，常采用式（4-6-19）确定扩口力：

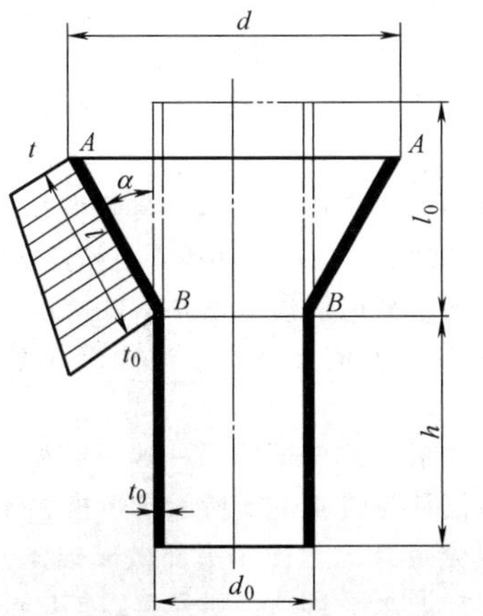

图 4-6-30　扩口坯料尺寸

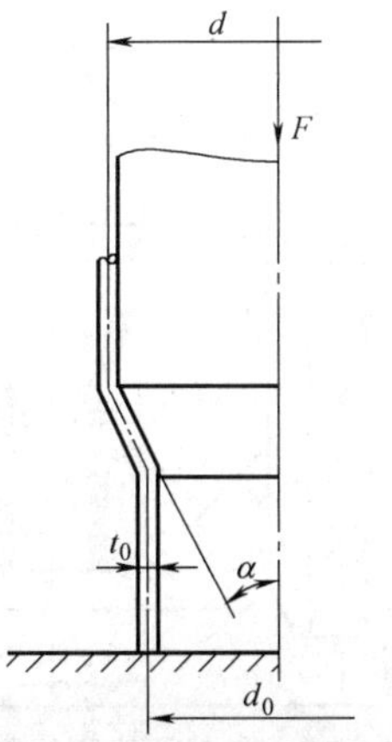

图 4-6-31　锥形刚性凸模扩口

$$F = b\pi d_0 t_0 R_{eL} \tag{4-6-19}$$

式中　F——扩口力（N）；

d_0——管坯直径（按中心层计）（mm）；

t_0——管坯壁厚（mm）；

R_{eL}——材料屈服强度（MPa）；

b——系数，其值取决于扩口系数，见表 4-6-7。

表 4-6-7　系数 b

扩口系数 K	1.05	1.11	1.18	1.25	1.33	≥1.42
系数 b	0.30	0.40	0.60	0.75	0.90	1.0

6.2.6　扩口模具形式

冲压扩口是利用刚性模具对坯料进行扩口加工，使用普通压力机或液压机，生产率高。根据扩口坯料的形状、尺寸、精度要求及生产批量的不同，应采用不同的模具结构形式。

简单扩口模如图 4-6-32 所示，适用于短管坯的扩口加工。如图 4-6-32a 所示的模具，由于扩口成形过程中管壁传力区外面没加约束，传力区易丧失稳定，故常用于管坯相对壁厚 t_0/d_0 较大时的扩口加工。如图 4-6-32b 所示的模具，由于凹模 7 对管壁传力区有约束作用，故管坯相对壁厚可相应小些。如图 4-6-32c 所示的模具，由于凹模 7 做成对开式，夹紧管坯和取出管件很方便，多用于铝合金管件。

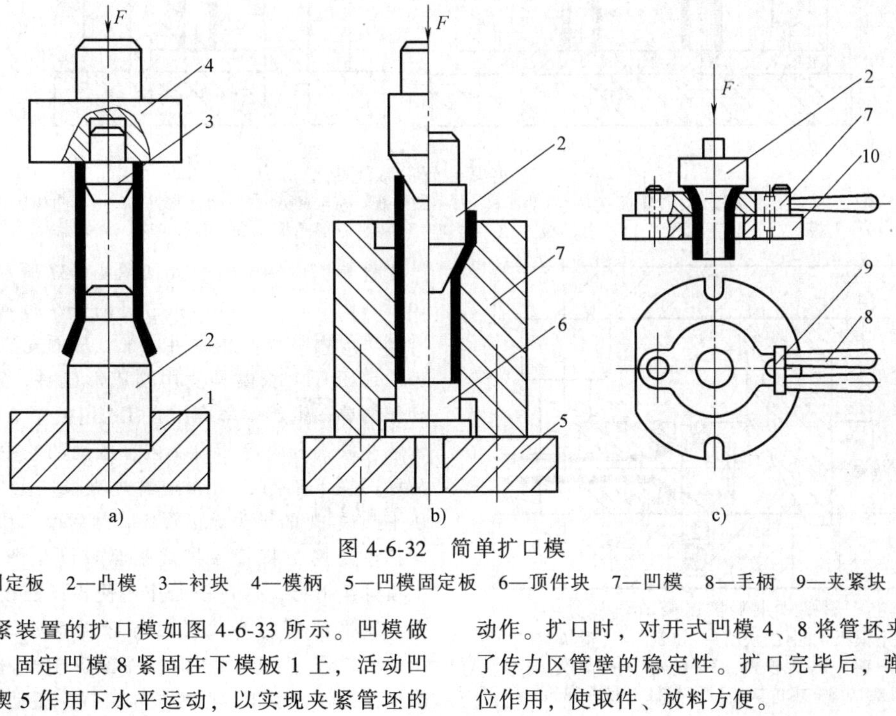

图 4-6-32　简单扩口模

1—凸模固定板　2—凸模　3—衬块　4—模柄　5—凹模固定板　6—顶件块　7—凹模　8—手柄　9—夹紧块　10—底座

有夹紧装置的扩口模如图 4-6-33 所示。凹模做成对开式，固定凹模 8 紧固在下模板 1 上，活动凹模 4 在斜楔 5 作用下水平运动，以实现夹紧管坯的动作。扩口时，对开式凹模 4、8 将管坯夹紧，提高了传力区管壁的稳定性。扩口完毕后，弹簧 9 起复位作用，使取件、放料方便。

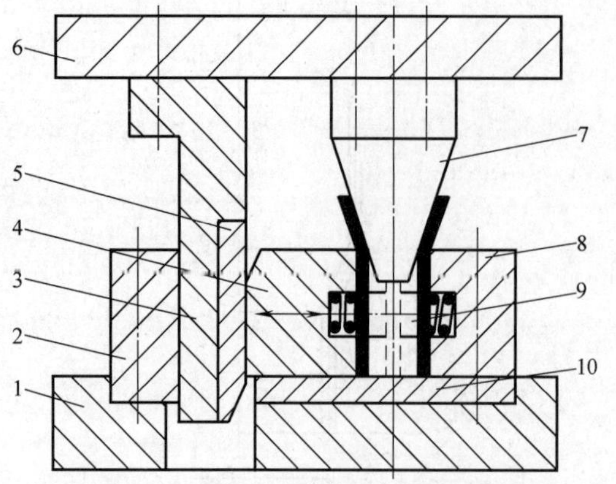

图 4-6-33　有夹紧装置的扩口模
1—下模板　2—挡块　3—斜楔座　4—活动凹模　5—斜楔
6—上模板　7—凸模　8—固定凹模　9—弹簧　10—垫板

图 4-6-34 所示为有夹紧装置的双工序扩口模。模具上一个工位进行预成形工序，另一个工位完成终成形工序。扩口凹模由活动凹模 4 和固定凹模 14 组成，活动凹模在斜楔 12 作用下与固定凹模合拢，从而将管坯夹紧。扩口完毕上模回程时，弹性卸料板 5 将管件卸下，而活动凹模则由弹簧复位。

斜楔式水平扩口模如图 4-6-35 所示，由于不受压力机闭合高度的限制，故适用于长管件的扩口加工。

斜楔式水平扩口模的另一典型结构如图 4-6-36 所示。该模具与图 4-6-35 所示扩口模相比，扩口凸模 6 做成分瓣式，芯杆 3 头部做成锥体，在斜楔 2 作用下芯杆做水平运动，则分瓣式扩口凸模沿径向运动，从而使管端扩口成形。该模具适用于管材直径 $d_0=4\sim20$mm，壁厚 $t_0=0.5\sim1$mm 的扩口加工。扩口部分的壁厚最大变薄率可达 10%~20%。

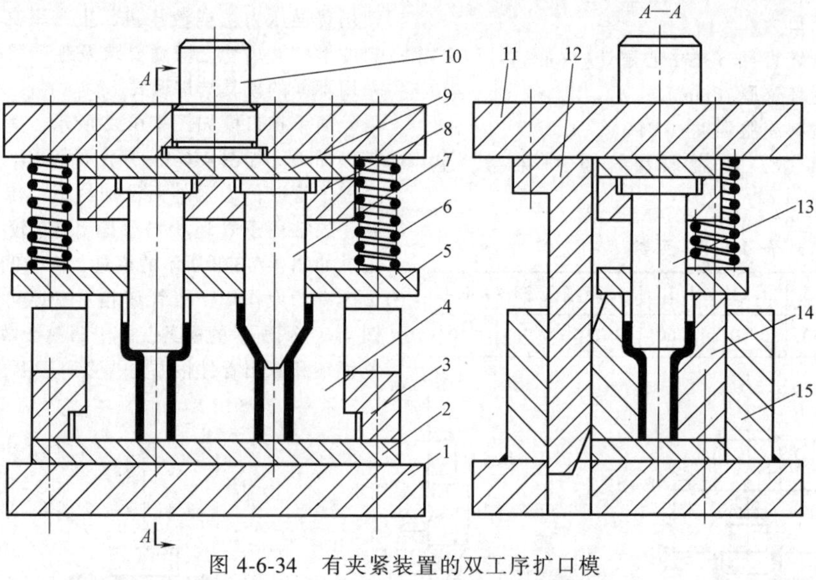

图 4-6-34　有夹紧装置的双工序扩口模
1—下模板　2—下模垫板　3—导板　4—活动凹模　5—卸料板　6—弹簧　7—预成形凸模　8—凸模固定板
9—上模垫板　10—模柄　11—上模板　12—斜楔　13—终成形凸模　14—固定凹模　15—挡板

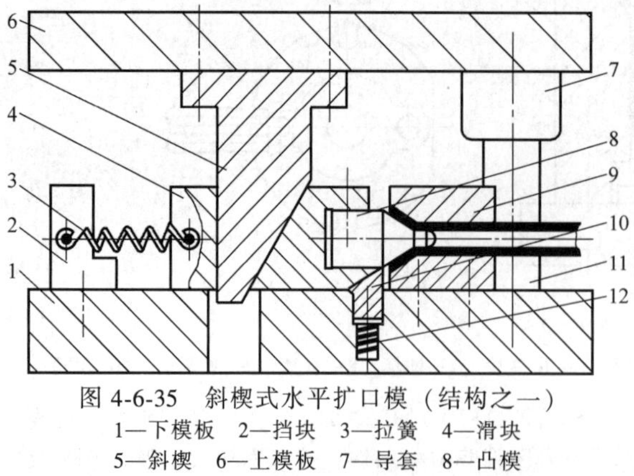

图 4-6-35　斜楔式水平扩口模（结构之一）
1—下模板　2—挡块　3—拉簧　4—滑块
5—斜楔　6—上模板　7—导套　8—凸模
9—凹模　10—定位块　11—导柱　12—弹簧

管端扩口压平复合模如图 4-6-37 所示。上模采用带斜楔的装置，可在压力机的一次行程中，先将管端扩成喇叭口，然后再压平，从而完成扩口和压平两道工序。该模具使用预成形管件，定位可靠，操作简单，生产效率高。在工作中，首先将预成形管坯 4 放入右固定凹模 2 内，搬动凸轮手柄 6 使左活动凹模 5 右行，从而把管坯夹紧。上模下行时，压平凸模 11 的导头导正管坯，然后由三块组成的环状扩口凸模 7 将管端扩成喇叭口（见图 4-6-37a）。上模继续下行，通过楔面作用使扩口凸模沿径向撑开，压平凸模的环状平面将管端喇叭口压平（见图 4-6-37b）。上模回程时，在橡皮 10 和拉簧 12 的作用下，使三块扩口凸模复位合拢。搬动凸轮手柄，左活动凹模 5 在拉簧 13 作用下向左复位，从而取出　　管件。

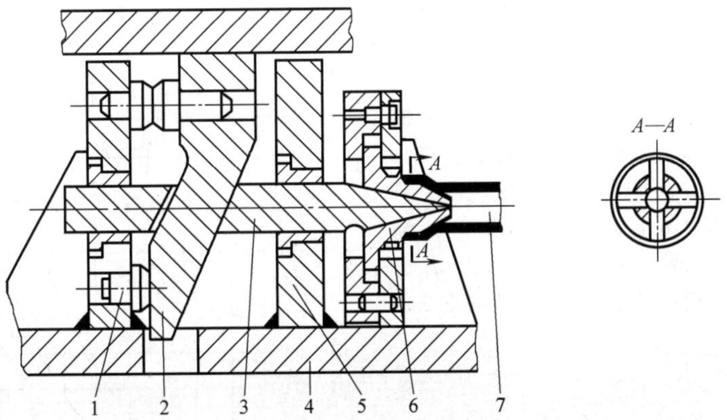

图 4-6-36　斜楔式水平扩口模（结构之二）

1—止动件　2—斜楔　3—芯杆　4—下模座　5—支架　6—扩口凸模　7—管件

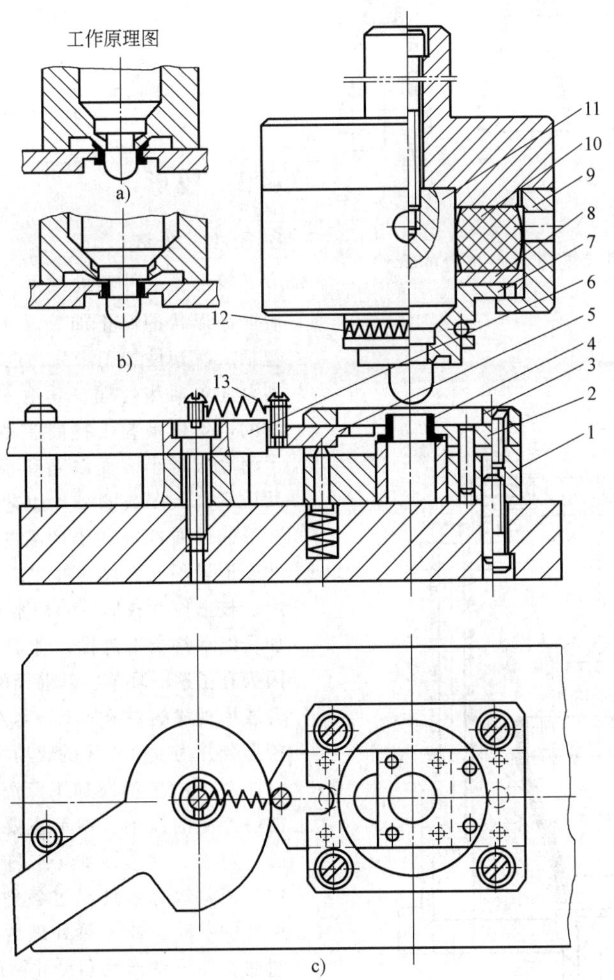

图 4-6-37　扩口压平复合模

1—垫块　2—右固定凹模　3—盖板　4—预成形管坯　5—左活动凹模　6—凸轮手柄　7—扩口凸模　8—垫板　9—压紧套　10—橡皮　11—压平凸模　12、13—拉簧在实际生产中，当管件两端直径相差较大时，可以采用扩口-缩口复合工序，将管件制成锥形或阶梯形零件，如图 4-6-38 所示。扩口-缩口复合模如图 4-6-39 所示，即管坯一端凸模进行扩口，而另一端同时位于凹模处，在同一压力作用下，管坯下面端部进行缩口变形。该复合工艺材料消耗少，模具成本低，工艺也较简单。为提高管件成形质量，可增加一道校形工序。图 4-6-40 所示为 15 钢扩口-缩口复合工序的相应扩口系数 d_2/d_0 和缩口比 d_0/d_1 的极限值，该数值与管坯相对厚度 t_0/d_0 和扩口或缩口角度的大小有关。

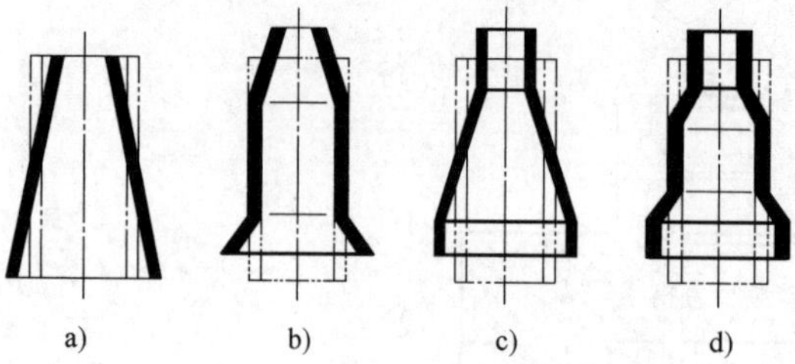

图 4-6-38　用扩口-缩口复合工序制造的管件

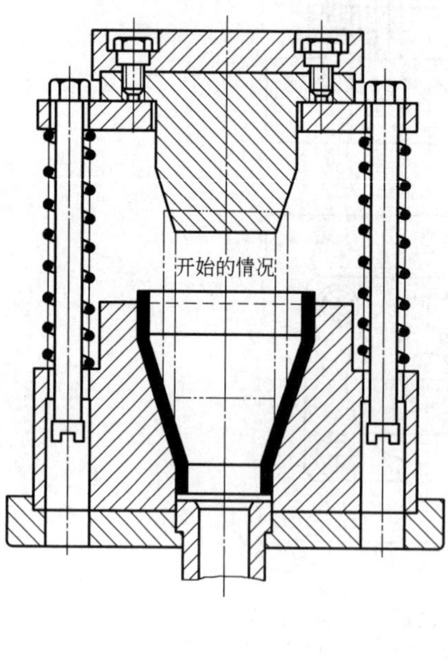

图 4-6-39　扩口-缩口复合模

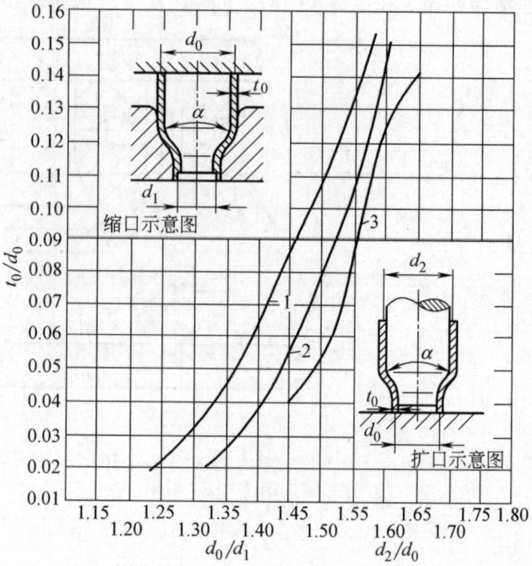

图 4-6-40　15 钢扩口-缩口复合工序极限值
1—缩口比，$\alpha=40°$　2—缩口比，$\alpha=20°$
3—扩口系数，$\alpha=40°$

6.3　校形

6.3.1　概述

校形是一种辅助成形工序，一般指的是对成形后产品形状的修正加工。这里所说的成形后产品既包括二次塑性加工产品，也包括一次塑性加工产品，甚至还包括热处理等其他方法加工的产品。校形的目的也不仅是为了提高产品形状与尺寸精度，还为了消除或减小表面缺陷和残余应力，提高和改善产品质量。大多数的校形工艺中所采用的应力状态和变形的性质都不同于产品的成形过程，校形时的塑性变形量不大，尺寸的变化不大。

校形作为成形后的补充加工，虽然使工序有所增加，但从整个工艺设计考虑却常常是经济、合理的。因为有了这一环节，其前面的成形工序就可以采用符合成形规律的要求加工。当然，目前也有不少成形与校形合并为一个工序的成功实例，使工序简化。

对于一次塑性加工产品，包括板材、型材和管材等产品的校形，本节主要给出板材校形的工艺方法。对于二次塑性加工或随后热处理的产品，校形用以消除钣金零件经过各种成形加工后几何形状与尺寸的缺陷，或经热处理后由于应力不均而产生的翘曲，使零件形状和尺寸精度达到设计与使用要求。按获得的零件类别，可将校形工艺分为平板零件校平和成形零件校形。常用的校形方法有机械校形、热校形和手工校形，其中机械校形又分为模具校形和设备校形。本节主要给出模具校形的工艺方法。

6.3.2　板材校平

1. 多辊校形

多辊校形的方法是将板材连续通过交错排列的辊子，如图 4-6-41 所示，进行曲率由大至小的反复反向弯曲变形来实现。其曲率变化如图 4-6-42 所示，其中 a、b 两点设为校形前板材上两处曲率，它们在通过各辊后，曲率便依次变为 1′、2′、3′……如果辊子位置调整合适，就会如图示一样，最后曲率都可以归到原点处，即曲率减至零，实现板材校平。

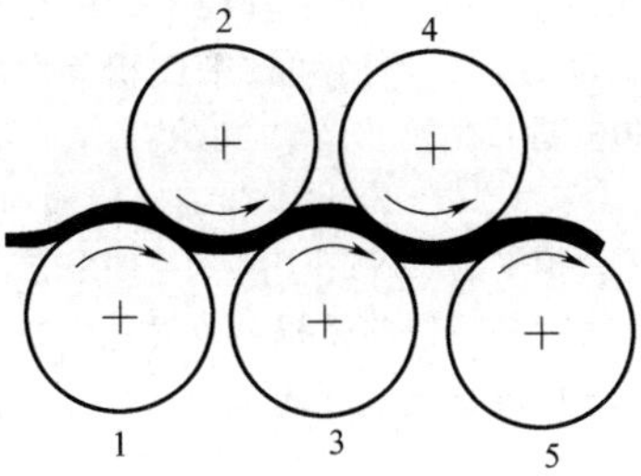

图 4-6-41　多辊校形
1、3、5—下辊　2、4—上辊

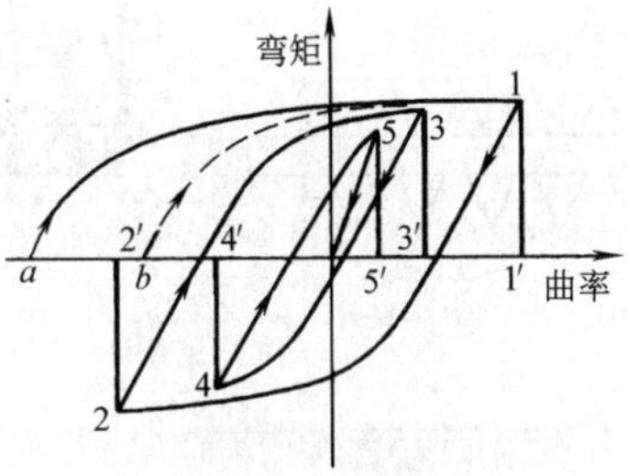

图 4-6-42　多辊校形曲率变化
注：a、b—校形前板材上两处曲率；
1，2，…，5—经各辊子时的弯矩曲率坐标点；
1′，2′，…，5′—经各辊子时的曲率。

应用多辊校直机校平十分广泛，不仅板材，也可对管材、线材等进行校形。对于连续自动化生产用的卷料，开卷后都要采用多辊校直机连续校平，然后送入压力机。另外，多辊校平还被认为是避免低碳钢板成形中出现滑移线（Lüders）的简便有效的方法而广为采用。

2. 拉力校形

拉力校形也是应用较广的一种校形方法，不仅用于板材，也用于型材。如图 4-6-43 所示是将板材两端用拉力校形机的夹头钳口夹紧，然后施加拉力，使板材产生 0.5% ~ 3% 的少量均匀塑性伸长变形（校正型材时，还常需伴有夹头转动，校正扭转变形），来达到校平目的。

拉力校形也被用来消除、缓解板料的残余应力。如厚壁板在铣削加工肋部之前，一般都需要采用拉力校形方法减小残余应力，以避免铣削中发生变形。

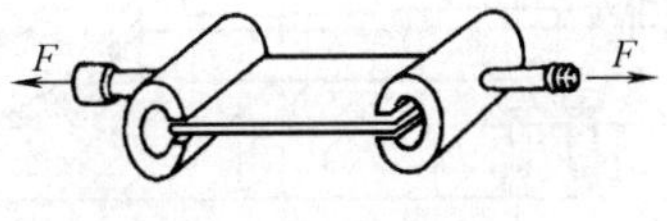

图 4-6-43　拉力校形

6.3.3　冲压件校形

1. 平板件校平

冲裁后的零件，由于所用的板料的平面度或者由于冲裁过程中受模具的作用，都可能使冲裁件具有平面度误差过大缺陷，尤其是在用不带弹性压料装置的连续模冲裁、用斜刃冲裁模落料等方法时，这种现象更为严重。当对零件的平面度有要求时，必须在冲裁后加校平工序。

根据板料厚度不同和零件表面平直度的要求，分平面模校平和齿形模校平两种形式。

（1）平面模校平　平面模校平是上下模为光面平板模，主要用于薄料零件或表面不允许有压痕的较厚料且表面平直度要求不高的零件。

在很大的校正压力作用下，模板中心部位会产生弹性凹陷变形。为此，有时需将平面模板预先做成中心微显凸形形状。

平面校平模的单位校平压力较小，对回弹大强度高的板料制成的零件，采用这种校平模往往得不到满意的效果。为避免受压力机台面和滑块的精度影响，一般都采用浮动式凸模或凹模结构的校平模，如图 4-6-44 所示。

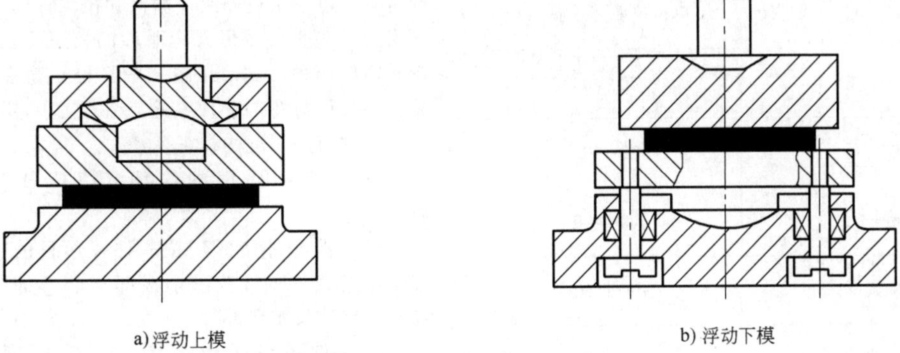

a) 浮动上模　　b) 浮动下模

图 4-6-44　浮动式结构的校平模

图 4-6-45 是带有自动弹出器的半自动通用校平模。主要依靠上模 1 及下模 2 使不平整的零件产生反向的弯曲变形以达到提高零件平面度的目的。这种校平方法主要用于平面度要求不高，由软金属（如铝、软钢、软黄铜等）制造的小型零件。

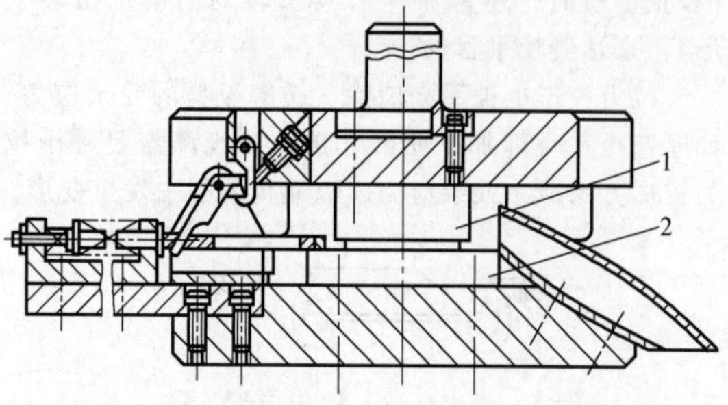

图 4-6-45　带有自动弹出器的通用校平模
1—上模　2—下模

（2）齿形模校平　齿形模校平分为尖齿校平模和平齿校平模，如图 4-6-46 所示。

尖齿校平模主要用于料厚 $t \geqslant 3mm$、表面上允许有细痕的平面度要求较高的零件；平齿校平模主要用于料厚 $t=0.3 \sim 1.0mm$ 的铝合金、黄铜、青铜等板料制成的零件，且表面不允许有深压痕。

齿形模的上下模齿尖应相互错开。当零件的表面不允许有压痕时，可以采用一面是平板，另一面是带齿模板的校平方法。

（3）校平力计算　用模具校平时的校平力取决于材料的力学性能、厚度和校平面积等因素，可按式（4-6-20）进行估算：

$$F=p \cdot S \tag{4-6-20}$$

式中　F——校平力（N）；

S——校平零件的面积（mm^2）；

p——单位校平力（MPa）。

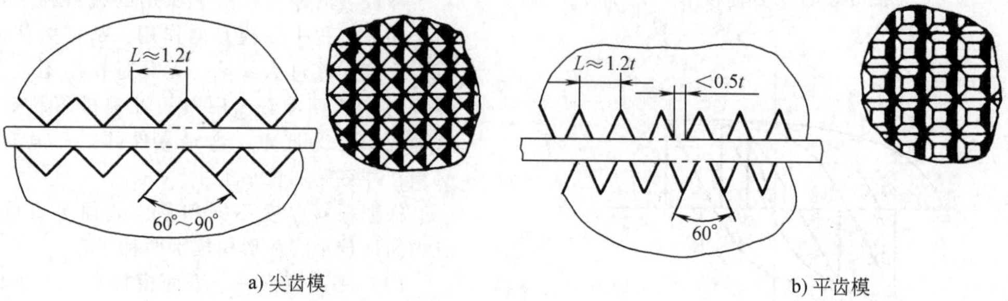

图 4-6-46　齿形模校平

用平面校平模时，可取 $p=50 \sim 100MPa$（一般铝合金为 50MPa，黄铜为 80MPa，软钢为 100MPa）；用齿形校平模时，可参考表 4-6-8 选取，尖齿模取下限、平齿模取上限。

表 4-6-8　单位校平力

材　料	单位校平力 p/MPa
软　钢	250~400
软　铝	20~50
硬　铝	300~400
软黄铜	100~150
硬黄铜	500~600

2. 成形件校形

在冲压成形零件校形工艺制定与模具设计时，应根据零件的几何形状特点和精度要求，正确地选定产生塑性变形的部位、变形量的大小和适当的应力状态。

不同的冲压成形件有不同的校形方法及模具设计特点，以下主要介绍弯曲件和拉深件的校形。

（1）弯曲件校形　弯曲件的校形方法主要有压校和镦校两种形式。压校一般只校正弯曲半径与弯角，并且可与弯曲工序结合起来进行；镦校则可兼顾弯曲件直边长度的校正。

弯曲件校形模的简图、特征及其用途见表 4-6-9。

（2）拉深件校形　拉深件校形目的主要包括：校平法兰边平面、校形小根部与底部的圆角半径、校直侧壁和校平底部等。

拉深件校形模的简图、特征及其用途，见表 4-6-10。

表 4-6-9　弯曲件校形模的简图、特征及其用途

校形方式	简　　图	特征与用途
压校	对称弯曲件 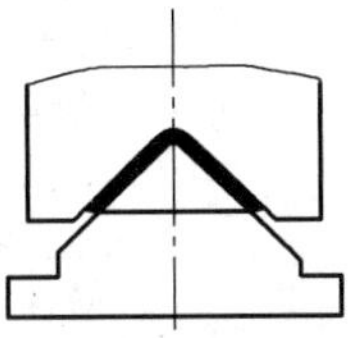	弯曲件两边整形面积相等
	不对称弯曲件 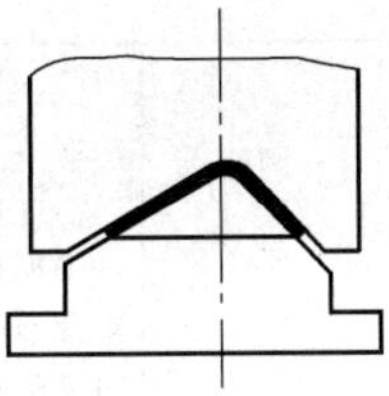	两边的面积相等时,应使两侧向力的水平分力接近平衡,避免模具受侧向力的影响而损坏
镦校	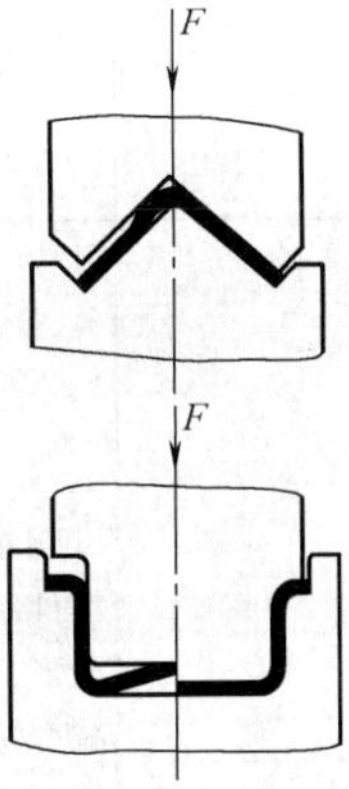	校形部位的展开长度稍大于零件相应部位的长度,使弯边长度方向上产生压缩变形,使零件断面内各点形成三向受压的应力状态 ,使零件得到正确的形状 用于尺寸精度高的弯曲件,不宜用于宽度不等或带孔的零件

表 4-6-10　拉深件校形模的简图、特征及其用途

校形方式	简　　图	特征与用途
变薄拉校	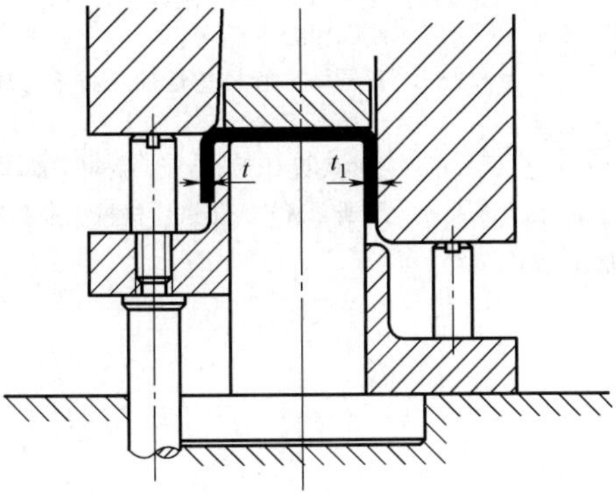	取稍大的拉深系数,把校形工序和最后一道工序结合在一起,以一道工序完成拉深与校形,凸凹模间隙 $z=(0.9\sim0.95)t$ 适用于不带凸缘且侧壁精度高的拉深件

（续）

校形方式	简　图	特征与用途
缩小凸缘直径的整形	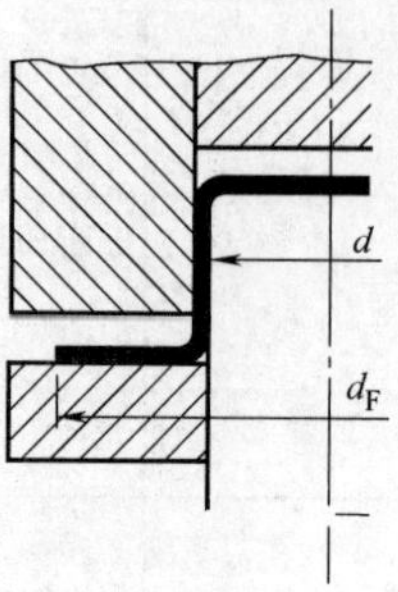	整形时零件高度不变，靠缩小尺寸 d_F 补充圆角半径减小所需的材料，当 $d_F \geqslant (2 \sim 2.5)d$ 时，靠侧壁和圆角处材料变薄来实现。零件上整形部位受拉伸作用，整形精度高，但伸长量一般控制在 2%～5%之间，防止零件破裂
减小高度的整形	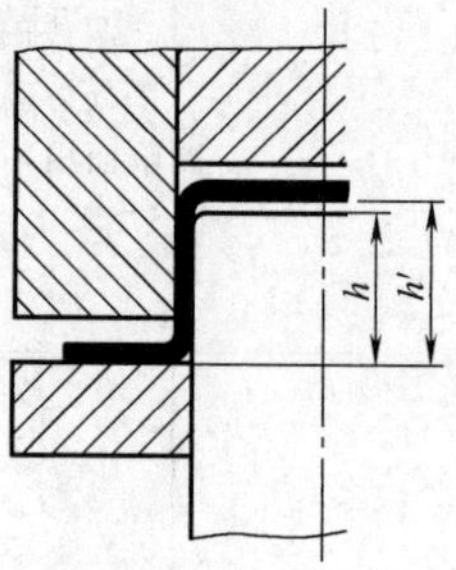	半成品高度 h' 大于零件高度 h，整形时侧壁受压缩作用，当 h' 过大时应防止因失稳和材料过剩使零件表面形成波纹，降低零件质量
拉深切底校形	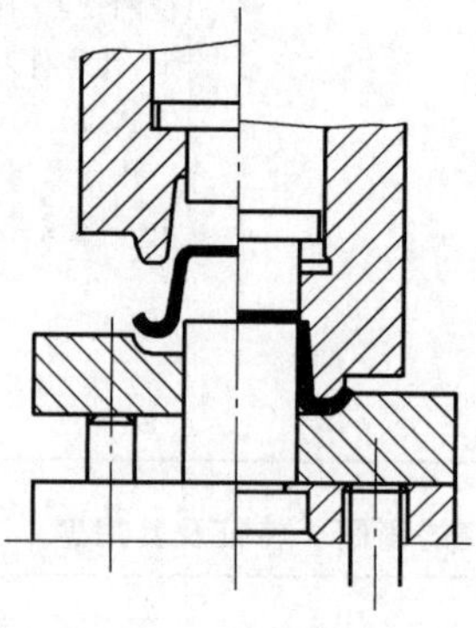	利用带刃口的校形凸模，整形时在切除零件底部的同时使壁部与圆角半径处拉伸校形，从而使壁部校直，提高拉深件质量，减少工序，适用于批量生产

参考文献

[1] 杨玉英．实用冲压工艺及模具设计手册［M］．北京：机械工业出版社，2005.

[2] 《板金冲压工艺手册》编委会．板金冲压工艺手册［M］．北京：国防工业出版社，1989.

[3] 《航空制造工程手册》总编委会．航空制造工程手册：飞机钣金工艺［M］．北京：航空工业出版社，1992.

[4] 李硕本．冲压工艺学［M］．北京：机械工业出版社，1982.

[5] 王同海．管材塑性加工技术［M］．北京：机械工业出版社，1998.

[6] 《冲模设计手册》编写组．模具设计手册：冲模设计手册［M］．北京：机械工业出版社，1999.

第7章

厚板成形

哈尔滨工业大学（威海）张鹏　王传杰

哈尔滨工业大学　郭斌

7.1 概述

厚板成形是指将金属厚板制作成大型零件的压制成形工艺，工件材料有碳素钢、合金钢、不锈钢以及非铁金属。传统的厚板成形工艺包括冲压成形和水火弯板成形。冲压成形工艺具有成形准确、操作方便、生产效率高、易于实现机械化与自动化等优点。水火弯板成形可以省力而正确地把低碳钢板弯曲成单向或双向曲面，与原来的加工方法比较，具有很大的优越性，如生产率高、劳动强度低、弯板质量好、设备简单、操作方便等。目前，国外已经应用在造船业上（日本享有专利权），我国大连、上海等地区的船厂也已经成功地应用在船壳板的加工上。

7.1.1 冲压成形

厚板冲压成形属塑性变形范畴，要求被加工材料具有较高的塑性、较低的屈强比和时效敏感性。一般要求碳素钢的伸长率 $A \geqslant 16\%$、屈强比 $\frac{R_{eL}}{R_m} \leqslant 0.70$，高合金钢的 $A \geqslant 14\%$、$\frac{R_{eL}}{R_m} \leqslant 0.80$，否则成形性能差，需采取一定的工艺措施。

1. 冷压

常温下进行的板材冲压成形称之为冷压，具有不需加热、无氧化皮、成形准确、操作方便、节约能源等优点。但材料在常温下变形，会出现冷作硬化，使其塑性指标降低，变形抗力增大，严重时使金属丧失继续变形的能力，故对板材的冷压成形必须加以控制，或进行工序前、工序间及最终热处理，以达到软化或消除残余应力的目的。

2. 热压

使金属材料在其再结晶温度以上所完成的冲压变形称之为热压，再结晶作用可消除金属变形过程中的残余应力，避免冷作硬化，增加材料的塑性，降低屈服强度，减少设备的能量消耗。但高温下操作，工作条件差，工件表面易产生氧化皮。另外，由于热压收缩率受很多因素的影响，工件的形状和尺寸精度不易控制。表 4-7-1 为常用材料的热压温度范围。

表 4-7-1　常用材料的热压温度范围　（单位：℃）

<table>
<tr><th>材料牌号</th><th>加热温度</th><th>始压温度</th><th>终压(不低于)</th></tr>
<tr><td>Q235-A,Q235-AR,15,20,20g,22g</td><td></td><td>900~1050</td><td>800</td></tr>
<tr><td>Q345(16Mn,16MnRE),Q390(15MnV,15MnTi),Q420(15MnVN)14MnMoV,18MnMoNb</td><td>950~1050</td><td></td><td>750</td></tr>
<tr><td>14MnMoVg</td><td>960~1000</td><td></td><td rowspan="2">850</td></tr>
<tr><td>18MnMoNbg,18MnMoNbR</td><td>1050~1100</td><td></td></tr>
<tr><td>Cr5Mo,12CrMo,15CrMo</td><td></td><td>900~1000</td><td>800</td></tr>
<tr><td>14MnMoVBRE,12MnCrNiMoVCu</td><td rowspan="3">1000~1100</td><td></td><td>850</td></tr>
<tr><td>14MnMoNb</td><td></td><td>750</td></tr>
<tr><td>06Cr13,12Cr13</td><td></td><td rowspan="3">850</td></tr>
<tr><td>12Cr1MoV</td><td rowspan="2">950~1000</td><td></td></tr>
<tr><td>17Mn4,19Mn5</td><td></td></tr>
<tr><td>19Mn6</td><td>940~980</td><td></td><td rowspan="2">800</td></tr>
<tr><td>SA299</td><td></td><td>900~1000</td></tr>
</table>

（续）

材料牌号	加热温度	始压温度	终压(不低于)
BHW35		950~1000	850
H62,H68	600~700		400
纯铝,5A02,3A21	350~420		250
Ti	420~560		350
Ti 合金	600~700		500

3. 厚板冲压的变形特点

1）厚板冲压毛坯在加工成形时，金属流动的制约力增加，存在着较大的变形抗力。为了获得较小的圆角半径和较准确的外轮廓尺寸，需要采用比一般薄板冲压成形大得多的冲压设备。如冲压 5~12mm 厚的耐热不锈钢板时，就需 3~10MN 的液压机。

2）在进行厚板拉深成形时，其起皱性减小，所需的压边力不大，同时由于厚板大都是热轧的，其内部的组织致密性比冷轧的薄板差，因此材料拉深性能下降，拉深系数一般都比薄板材大 15%~20%。

3）厚板拉深成形后在端部和法兰部位的厚度一般较板厚增大 10%~25%。

4）相对板厚直径 $d/t \geqslant 6$ 时，才能进行。

4. 厚板冲压存在的主要问题

1）冲件冲切面粗糙，可能出现参差不齐的台阶；冲件尺寸精度低，落料有明显的拱弯变形；冲件质量低，严重影响该工艺的推广应用。如何提高厚板冲件质量是亟待研究的关键问题。

2）冲模寿命低，特别是冲制硬钢或厚度大的板料，冲模寿命更低，因而阻碍该工艺的推广。

3）工艺上还存在一些有待进一步探索的难题，如原材料的预加工和置备，包括校平、下料及球化退火处理、清理、润滑以及条、片、块料的置备等。对于一般工厂由于受设备条件的制约，再加上工艺不成熟，都会存在一些困难。

4）冲压工艺的确定及冲模结构设计与制造，包括冲模工作零件的材料选用、热处理等，还有待探索。

5）厚板冲压工艺理论的研究尚未成熟，如提高厚板冲裁质量、降低厚板冲裁力的有效措施、消减厚板冲压噪声以及推广厚板热光洁冲裁技术等均有待专门进行研究以指导工厂实践。

7.1.2　水火弯板成形

水火弯板是用氧乙炔焰对钢板进行局部的线状加热，同时通水冷却，使钢板在加热线的厚度方向产生较大的温度梯度，使钢板在厚度方向产生较大的热塑变形差，由此造成钢板角变形的弯板方法。

1. 基本原理

如图 4-7-1 所示，用氧乙炔焰对钢板进行线状加热时，由于火焰移动速度较快，加热线周围的钢板又受到水的冷却，因此，只有加热线（也称火线）下的上半层钢板（图中阴影部分）受热膨胀，而这一膨胀受到周围钢板（基本上保持常温，没有膨胀趋势）的约束，因此产生热塑变形。当火焰移开后，图中阴影部分的金属冷却收缩，使整张钢板产生角变形。如此，在整张钢板上，加热若干条加热线后，由若干条加热线所生的角变形积累起来，即造成了整张钢板的弯曲变形。这就是水火弯板的原理。

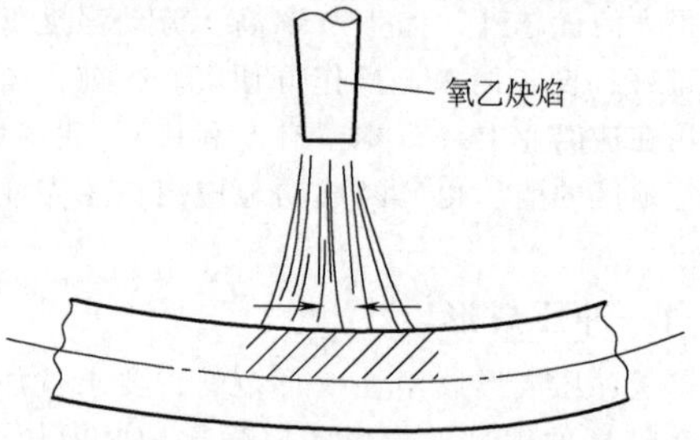

图 4-7-1　氧乙炔焰加热钢板原理示意图

根据加热冷却的方式，可以把水火弯板分为下列三种形式：

（1）自然冷却法　钢板在加热过程中不用水冷却，完全处于空气中自然冷却。

（2）正面加热、反面跟踪水冷法　在对钢板正面进行线状加热的同时，反面用水跟踪冷却，氧乙炔焰喷嘴与喷水口同在一条加热线上，但又彼此相隔一定距离（一般 $l=100\sim120$mm），如图 4-7-2 所示。

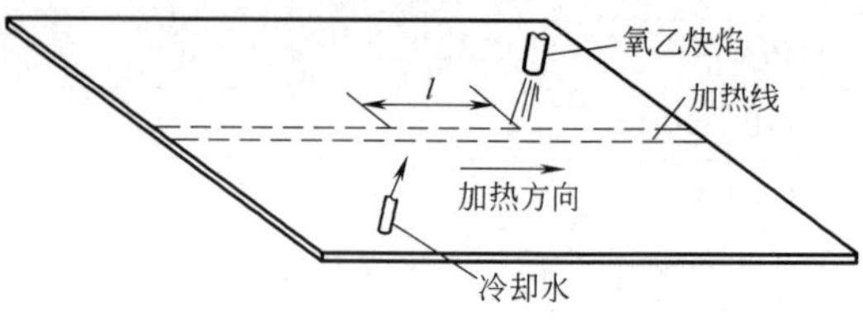

图 4-7-2　正面加热、反面跟踪水冷法示意图

（3）正面加热、正面水冷法　在对钢板正面加热的同时，正面用水跟踪冷却，冷却水可以按马蹄形环状分布，如图 4-7-3a 所示，即在焊炬（俗称龙头）上安一马蹄形冷却环，环的下方钻有一圈小孔，水从小孔中喷出。也可以进一步简化为一根冷却水管单独随后跟踪，如图 4-7-3b 所示，这样焊炬的改装就更为简单。

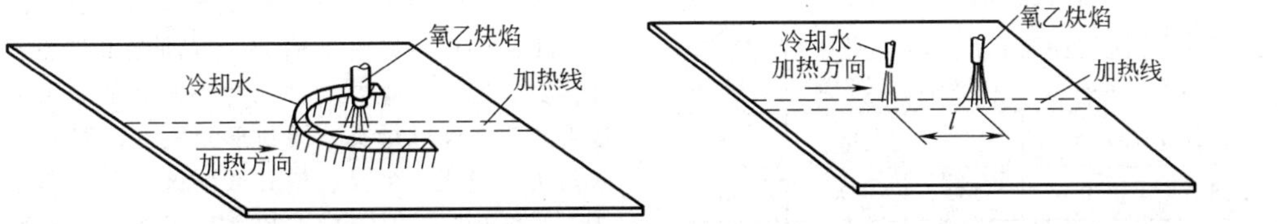

a) 正面用水跟踪冷却时冷却水按马蹄形环状分布示意图　　b) 简化为一根冷却水管单独随后跟踪冷却示意图

图 4-7-3　正面加热、正面水冷法示意图

上述三种方法，从生成的角变形大小来看，以正面加热、反面跟踪水冷法为最大，因为此法在钢板厚度方向产生的温度梯度最大，也即热塑变形差最大，所以，弯板的效果最好。但是，此法不甚实用，特别对大张钢板的施工很不方便。自然冷却法操作虽然方便，但产生的热塑变形差最小，如果火焰移动速度较慢，或者钢板厚度很薄时，几乎不产生角变形，此法效果差，一般也不采用。正面加热、正面水冷法所生的角变形虽然比正面加热、反面跟踪水冷法小一些，但焊炬改装简单，操作方便，是水火弯板的主要方法。

2. 水火弯板的规范和影响成形的因素

水火弯板时，选用的规范可参照如下数值。

1）喷嘴大小：喷嘴太小，则成形时间慢，生产效率低；喷嘴太大，钢板表面温度不易控制，一般对于厚度 3~6mm 的钢板，选用 350 号喷嘴较为合适。

2）乙炔工作压力：0.05~0.1MPa。

3）氧气工作压力：0.2~0.5MPa。

4）自来水：出水口孔径 5mm，出水压力不能过大，以不盖灭火焰为宜。

5）*A* 值（见图 4-7-4）：*A* 值过大，则收缩所产生的角变形小，不易成形，过小则加热温度不高。*A* 值在 25mm 左右为宜。

6）*B* 值：*B* 值影响不大，一般为 20mm。

7）加热温度：加热温度高于 700℃时，钢板表面易发生氧化，低于 600℃时，钢板不易成形。对船用低碳钢板而言，加热温度约 600~650℃，颜色呈暗红色。

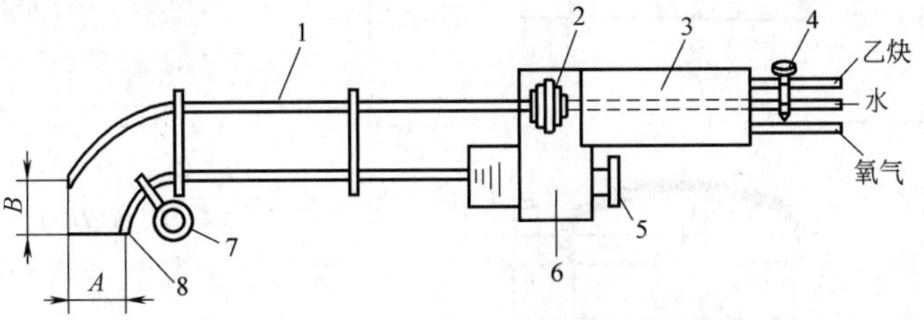

图 4-7-4　水火龙头

1—喷嘴（俗称头子）　2—乙炔气阀　3—手把　4—自来水阀　5—氧气阀　6—混合室　7—滚轮　8—自来水管子

进行水火弯板时，加热线长短、宽窄、分布位置和密度对钢板的弯曲成形有直接的影响（见表 4-7-2）。当加热线尺寸增大，则塑性变形区域大，成形显著，但在加工薄板时，容易失稳而导致波浪变形。反之，加热线尺寸过小，钢板不易成形。一般加热线长短视单向曲度钢板断面中心位置而定。3mm 厚的钢板，加热线宽度约 15~20mm；4~5mm 厚钢板，加热线宽度为 20~25mm。

加热线位置及密度根据弯曲度大小而定。对于 3mm 厚钢板，若弯曲挠度大于 60mm，则加热线中心距在 100~200mm 之间；弯曲挠度小于 50mm 时，中心距一般在 150~300mm 之间。为了防止钢板产生波浪变形，加热线中心距不宜小于 70mm。

钢板的大小对弯曲成形也有一定的影响，一般钢板尺寸愈大，所需加热线也愈多，对于 3mm 厚钢板，每组加热线可获弯曲挠度 4~5mm；对 4~5mm 厚钢板，每组加热线可获弯曲挠度 3~4mm。

表 4-7-2　加热线长短、宽窄、分布位置和密度对钢板的弯曲成形的影响

编号	名称	$t=3$	$t=4$	$t=5$
1	钢板尺寸/mm	2100×540	2300×618	2264×900
	加热线组数/对	15	23	28
	加热线尺寸/mm	180×15	200×20	270×20
	弯曲挠度/mm	67	80	83
	加热线中心距/mm	130	100	80
2	钢板尺寸/mm	2800×510	3000×900	3030×1000
	加热线组数/对	11	15	20
	加热线尺寸/mm	180×15	270×20	300×20
	弯曲挠度/mm	58	45	58
	加热线中心距/mm	200	170	140
3	钢板尺寸/mm	2500×650	2150×700	2200×550
	加热线组数/对	11	8	10
	加热线尺寸/mm	200×15	130×20	150×20
	弯曲挠度/mm	50	25	35
	加热线中心距/mm	200	250	200

水火弯板后，钢板长度有收缩现象，每组加热使纵向收缩约 0.5~1mm，横向收缩极微。水火弯板后，自由边缘不够平顺，有极微波浪变形，尚需做少量锤击修正。

7.2　典型厚板零件的成形

主要叙述厚板成形的典型零件——封头的冲压成形工艺要点。封头是锅炉、石油化工设备、核设施等受压容器的重要构件。封头按其形状可分为平底形封头、碟形封头、椭圆形封头、球形封头和球缺封头（见表 4-7-3）；按其壁厚区分可分为薄壁封头、厚壁封头、中厚封头和多层封头。封头冲压成形工艺主要包括封头坯料的计算、冲压时的压边条件、冲压力和压边力的计算等内容。

7.2.1　封头坯料尺寸计算

按封头中性层面积等于坯料面积的原则计算，各类封头坯料尺寸的计算经验公式见表 4-7-3，坯料计算系数 K 值见表 4-7-4。

7.2.2　压边界限

符合下列条件时封头冲压应采用压边装置。

$$D_p - D_i \geqslant nt \tag{4-7-1}$$

式中　D_p——封头坯料直径（mm）；

D_i——为封头内径（mm）；

n——系数，见表 4-7-5；

t——坯料厚度（mm）。

表 4-7-3　封头坯料计算经验公式

封头形状	简　　图	坯料直径(已包括工艺余量)
平底形	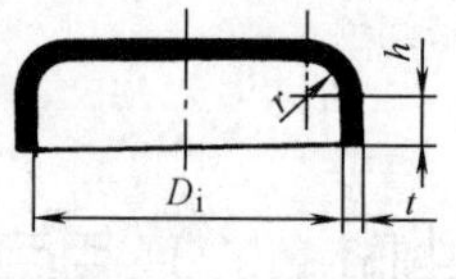	$D_p = D_i + r + 1.5t + 2h$
碟形及椭圆形	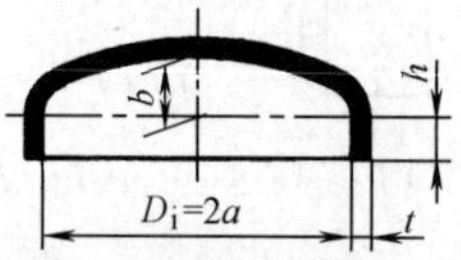	$D_p = K(D_i + t) + (2 \sim 2.5)h$ 式中　系数 K 值见表 4-7-4
球形	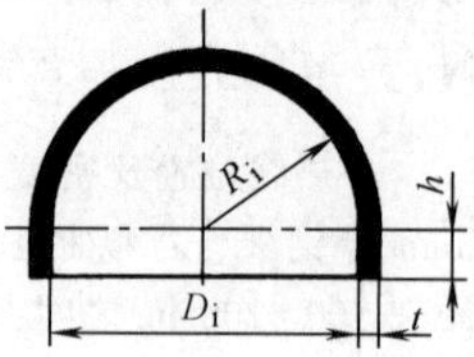	$D_p = 1.42(D_i + t) + 2h$
球缺形	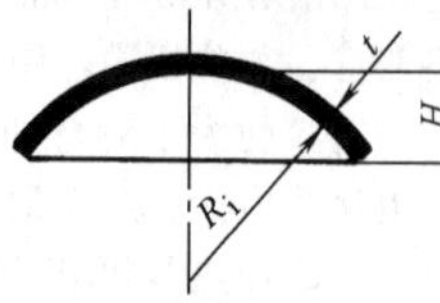	$D_p = \sqrt{8(R_i + 0.5t)(H + 0.5t)} + C$ 式中　$C \geqslant 4t$ 且 $C \geqslant 100$mm

注：$h > 5\% D_i$ 时，$2h$ 值应按 $h + 5\% D_i$ 代入。

表 4-7-4　坯料计算系数 K 值

a/b	1	1.1	1.2	1.3	1.4	1.5	1.6	1.7	1.8	1.9	2
K	1.42	1.38	1.34	1.31	1.29	1.27	1.25	1.23	1.22	1.21	1.19
a/b	2.1	2.2	2.3	2.4	2.5	2.6	2.7	2.8	2.9	3	—
K	1.18	1.17	1.16	1.16	1.15	1.14	1.13	1.13	1.12	1.12	—

表 4-7-5　系数 n 值

封头形状	封头内径/mm			
	159~650	700~1600	1700~2600	2800~3600
平底形	21~22			
碟形	20	19	18	17
椭圆形	19	18	17	16
球形	15	14	13	12

7.2.3　封头成形冲压力和压边力的计算

1. 冲压力

在模具间隙正常、下模圆角半径合适、润滑良好的条件下，封头冲压力按式（4-7-2）计算（见表 4-7-6）：

$$F=ek\pi(D_p-D_m)tR_m^t \tag{4-7-2}$$

式中　e——压边力影响系数，无压边时 $e=1.0$，有压边时 $e=1.25$；

k——封头形状影响系数，碟形和椭圆形封头 $k=1.4\sim1.5$，球形封头 $k=1.2\sim1.3$；小直径取下限，大直径取上限；

D_m——封头中径（mm）；

R_m^t——封头材料的高温强度（MPa）。

2. 压边力

$$F'=Sq=\frac{\pi}{4}[D_m^2-(D_d+2R_d)^2]q \tag{4-7-3}$$

式中　S——压边圈下的坯料面积（mm^2）；

R_d——下模圆角半径（mm）；

D_d——下模直径（mm）；

q——单位压边力，一般取 $q=(0.011\sim0.0165)R_m^t$。

需要指出的是压边力的计算值是指冲压开始时所施加的力，随着冲压过程的进行，压边力应逐渐减小。

表 4-7-6　部分材料的高温强度 R_m^t 参考值　　（单位：MPa）

材料牌号	t										
	600℃	650℃	700℃	750℃	800℃	850℃	900℃	950℃	1000℃	1050℃	1100℃
SA299	255(150)	182(108)	125(67)		88	74	58	46	32	29	
Q235-A，Q235-B	167	127	98	74	64		59	54	44	39	31
10，15	150(90)		108	74	72		62		49		34
20，25	158(74)		127	98			83		59		
16MnR	220(155)										
20g	216		119		83		72	59	49		37
20R											
18MnMoNb							76	57	46		
14MnMoV，20MnMoV							78	65			
1Cr18Ni9Ti	390(175)		275(155)		175(98)		83		49		20
06Cr19Ni10(304)	335(82)		235(74)		145(69)						

注：括号内数字为高温屈服强度 R_{eL} 或 $R_{p0.2}$。

7.2.4　封头冲压成形工艺要点

整体封头的成形属于拉深过程，由于坯料在拉深过程中各部分的应力应变状态不同，使成形后的封头各部分的壁厚也不相同。

影响封头壁厚变化的主要因素有：

1）材料强度越低，壁厚减薄量越大。

2）变形程度越大，封头底部越尖，减薄量越大。

3）模具间隙和下模圆角越小，减薄量越大。

4）成形温度越高，减薄量越大，工件加热不均匀，将导致局部减薄量增大。

5）压边力过大或过小，都将增大减薄量。

6）模具润滑状况不佳，减薄量增大。

1. 碳素钢和合金钢封头冲压成形

1）薄壁封头指 $D_p-D_i>45t$ 的封头。成形较难，如用一般冲压方法必然会出现鼓包、皱折或拉断等缺陷。

2）中厚壁封头指 $8t \leqslant D_p-D_i \leqslant 45t$ 的封头，用一般的冲压方法便可一次冲压成形。

3）厚壁封头指 $D_p-D_i<8t$ 的封头，多为球形封头。在冲压过程中，其直边急剧增厚，尤其是直边长度在 100mm 以上时增厚更为严重，其增厚率可达 10%以上，而封头球顶部则严重变薄，减薄量在 20%以上。因此在设计模具时，应适当增大模具间隙，或将坯料边缘按图 4-7-5 所示削薄后进行冲压。

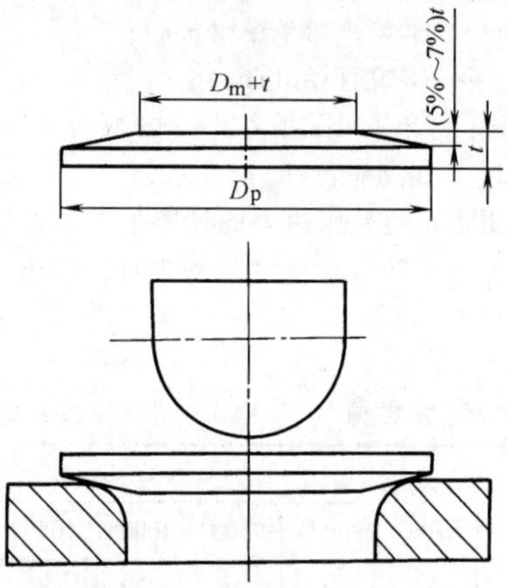

图 4-7-5　厚壁封头冲压

2. 多层封头冲压成形

由于产品设计上的要求，或在缺少适当厚度板料的情况下，需实施多层封头冲压法。常见的有重叠冲压法（见图 4-7-6a）和逐层包裹冲压法（见图 4-7-6b）。

重叠冲压法成形过程类似常规封头的冲压成形，而逐层包裹冲压法则有所不同。

1）逐层包裹冲压法是先冲压出第一层封头，不脱模，以此作为上模冲压第二层、第三层……每层只需更换相应的下模。

2）由逐层包裹冲压法又演变出另一种封头成形方法——包裹型上模。

在没有合适尺寸的封头上模可选用的情况下，用一个接近所需尺寸且小于这个尺寸的上模，先压制一个薄壁封头（$t<10$mm），封头的外径就是所需上模的外径，将冲压出的封头与上模焊接在一起，作为所需上模去冲压正式的产品封头。这种方法被很多封头制造单位采用，简便、实用。

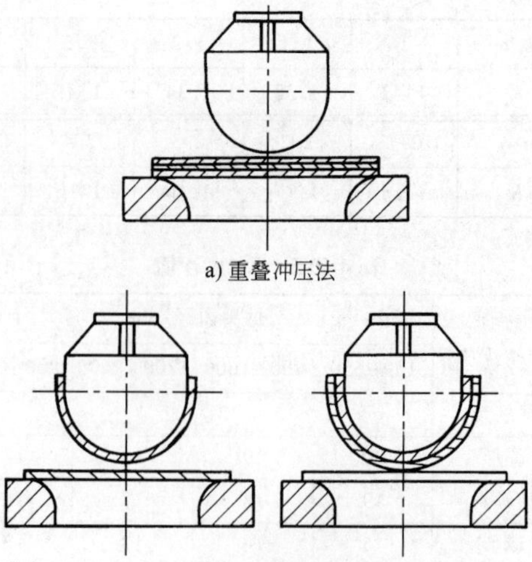

a) 重叠冲压法

b) 逐层包裹冲压法

图 4-7-6　多层封头冲压法

3. 不锈钢和非铁金属封头冲压成形

（1）主要工艺要点（见表 4-7-7）

表 4-7-7　不锈钢和非铁金属封头冲压工艺要点

封头材料	冲压工艺要点
不锈钢	1. 在条件允许时以冷压为宜，但当相对壁厚较小时，冷压易产生鼓包缺陷，可采用热压 2. 不锈钢冷却速度快，热压时操作时间要短 3. 热压时模具最好预热至 300～350℃ 4. 下模及压边圈工作表面应保持光洁 5. 有耐晶间腐蚀要求的封头，热压后进行奥氏体化处理
铝及铝合金	1. 一般采用冷压，厚度较大时可采用热压 2. 热压时模具最好预热至 250～300℃ 3. 下模及压边圈工作表面应保持光洁及良好润滑
钛及钛合金	1. 采用热压 2. 钛材易氧化，坯料加热时应涂以高温保护剂或采用夹板法冲压 3. 钛材硬化倾向大，要严格控制冲压温度范围 4. 钛材对切口等表面缺陷敏感性高，应避免有边缘缺口及表面划伤等缺陷 5. 冲压变形速度应小于 0.25m/min
铜及铜合金	1. 通常在退火状态下进行冷压 2. 模具工作表面要保持光洁及良好润滑
复合钢板	1. 热压温度范围按复层材料制订 2. 为防止分层，加热及保温时间适当缩短，冲压时必须采用压边圈，而且操作要快速

（2）不锈钢复合板封头的冲压　大多数复合板封头的材料是由不锈钢和碳钢板粘接而成。由于复合板的两种材料的线膨胀系数不同，因此冲压加热不能超过基层和复层允许的最高加热温度，同时，在加热过程中还要避免复层产生敏化现象，以保证其抗晶间腐蚀的能力。复合板封头热压成形主要解决的问题是加热问题。

1）加热温度的确定。复合板封头热压成形既要保证基层的力学性能，又要保证复层的耐蚀性。基层的加热温度，必须使其处于原始正火状态，而且加热过程中还要防止复层产生敏化现象。因此，加热温度既要高于复层的敏化温度（538～800℃），又不能过多地超过基层的正火温度（900～950℃）。

经试验和实际生产经验，封头始压温度定在 900～950℃，并严格控制终压温度，使其脱模温度不低于 800℃，脱模后迅速风冷至 538℃，则封头成形后不必再热处理。

2）炉温的控制。坯料装炉后，快速升温（300～400℃/h），加热至 800～835℃时均温，再以 200～250℃/h 速度升温，当温度升至 920～950℃时再均温加保温，保温时间可根据具体材料的厚度确定，一般是 1.1～1.4min/mm，为避免局部过热或过烧，须在炉内设置热电偶或采用远红外线测温仪，严格控制炉温。

3）不锈钢复合板封头热压成形的加温曲线参考图 4-7-7。

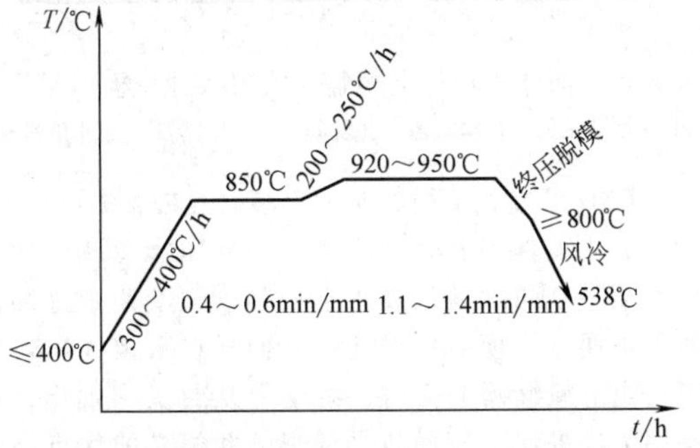

图 4-7-7　复合板封头热压成形的加温曲线

4. 封头冲压成形工艺实例

例 1　厚壁半球封头 $SR924\pm2.5$mm，壁厚 $t=195$mm，最小壁厚 $t_{min}\geqslant165$mm，$h=50$mm，材料为 SA299。

冲压工艺制定顺序：

1）审查确认半球封头图样，计算封头坯料尺寸。

$$D_p=1.42(D_i+t)+2h=1.42(1848+195)\text{mm}+2\times50\text{mm}\approx3000\text{mm} \tag{4-7-4}$$

2）坯料准备：坯料尺寸 $\phi3000$mm，厚壁封头须将坯料边缘削薄（见图 4-7-8）。

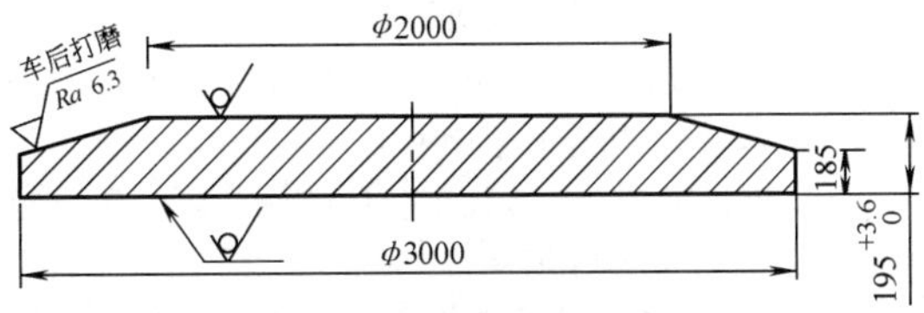

图 4-7-8　封头坯料

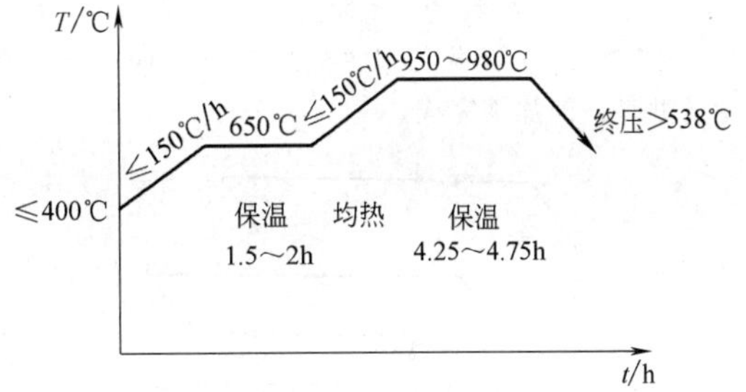

图 4-7-9　加热工艺图

3）根据封头材料、厚度及技术要求确定其冲压加热工艺图（见图 4-7-9）。

4）制定封头压制作业指导书（见表 4-7-8）。

表 4-7-8　封头压制作业指导书

规格	SR924±2.5×195（min165）	材料	SA299	数量	4	重量	10.8t/只

一、准备

1. 设备：全面检查调正加热炉、压机、起重机、吊具、铲车、冷风系统、测温系统，确认设备完好无异常。

2. 坯料、模具：核实坯料尺寸（$\phi3000\times195+3.6$）、模具规格。坯料上的钢印压制前应逐只进行记录。

3. 安装妥模具。

二、装炉加热

1. 坯料装炉：下面垫高，避免火焰直射坯料，每炉装 2 件，注意削边必须朝上，并在首炉压制的每只坯料上各装搭 2 只热电偶以控制加热温度，并做好温度曲线记录。

2. 按加热工艺图（图 4-7-9）进行操作，均匀加热，保证中性火焰加热。

三、压制

1. 到温后出炉，将封头坯料放在下模定位块中间，移动台车，上下模对准后开始压制。

2. 压制一步完成，热压时必须严格控制终压温度不低于 750℃，压制成形后待温度降至 500℃左右（工件呈暗褐色），方可移开吊走，防止变形。

3. 封头完全冷却后，应及时进行跟踪和数据移植，并清理封头内外面的氧化皮。

四、检验

1. 按国家标准及图样技术要求对封头作全面检查，合格后出具几何尺寸记录、测厚报告。

2. 由锅检所出具检验证明。

3. 提供封头加热曲线。

7.2.5 具有双曲度船体的隧道孔钢质船底板水火成形工艺

以具有双曲度船体的隧道孔钢质船底板为例（见图4-7-10），其弯曲工序如下：

1）钢板预先进行冷加工，使每肋位各自符合肋骨线型，如图4-7-11所示。

2）水火弯板。根据纵向弯曲挠度确定火线长短及火线位置，两把水火龙头同时作业。弯曲挠度f为85mm，加热线组数为30对，加热线宽度为20mm（见图4-7-12）。当纵向弯曲挠度符合纵向样板和肋骨线型时，即加工完成。

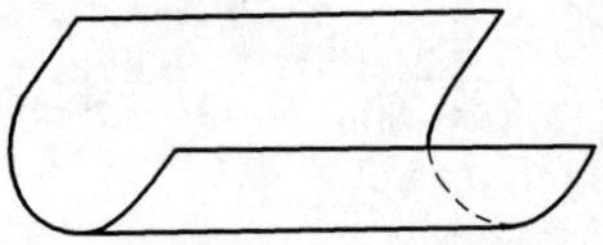

图4-7-10　具有双曲度船体的隧道孔钢质船底板

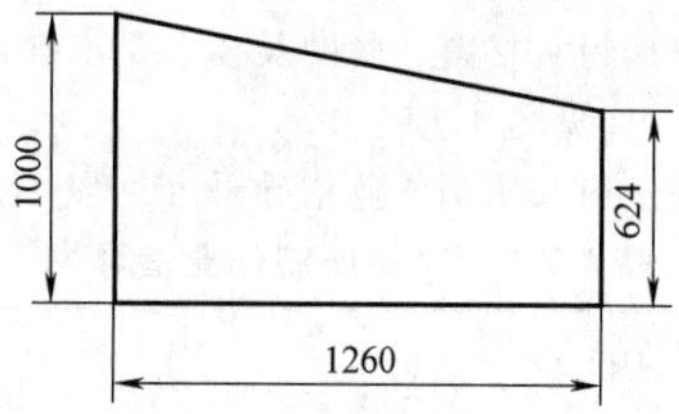

图4-7-11　预先进行冷加工钢板

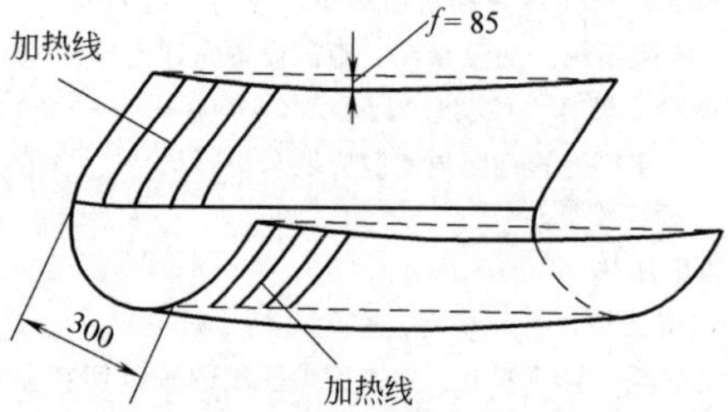

图4-7-12　水火弯板加热线参数

7.3 厚板热成形模具的设计

厚板热成形模具的设计要点：

1）设计上模与下模时，必须考虑工件热成形冷却后的收缩。

2）上模应有脱模斜度，工件脱模方法应简单、方便、可靠。

3）结构设计要考虑防止因受热变形而损坏模具。

4）考虑进出料的方便、迅速，定位装置要保证坯料定位准确。

5）尽量选用自润滑性好的材料制造上模与下模。

7.3.1 模具设计步骤

1）根据产品零件图绘制冲压工件图。

2）制定冲压温度规范（工件加热温度及脱模温度）。

3）计算和确定坯料尺寸。

4）核算是否需要压边。

5）计算拉深力和压边力。

6）选择模具结构型式，计算和确定模具主要参数，必要时核算模具强度。

7）绘制模具制造工作图。

1. 典型模具结构

（1）上模整体式封头冲压模（见图4-7-13）

这是最常用的一种模具，结构简单，制造容易。因采用卸料杆进行硬性脱模方式，对于壁厚稍薄的大直径封头脱模较困难，工件容易变形。

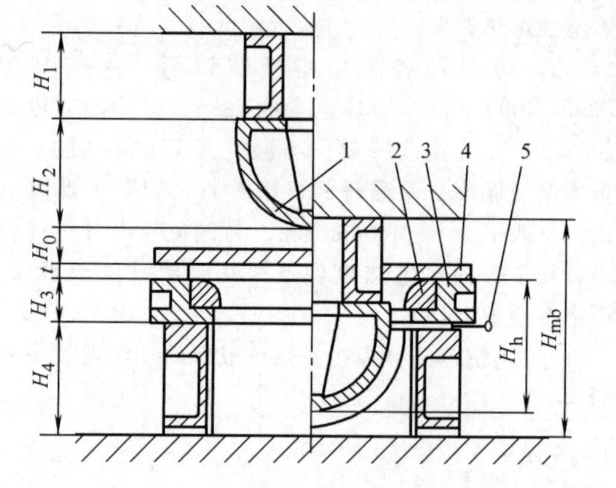

图4-7-13　上模整体式封头冲压模

1—上模　2—下模　3—下模座　4—压边圈　5—卸料板

（2）滑套式上模封头冲压模（见图4-7-14）

这种模具与上模整体式封头冲压模总体结构相同，唯一不同的是上模由上模体和滑套组成。冲压时封头通过下模后，滑套法兰便托在下模或压边圈上，当上模继续下行时，滑套便从封头中抽出，封头因无法裹住上模而自动脱离。此模具的优点是结构简单，自动脱模效果较好；缺点是上模及其行程较长。

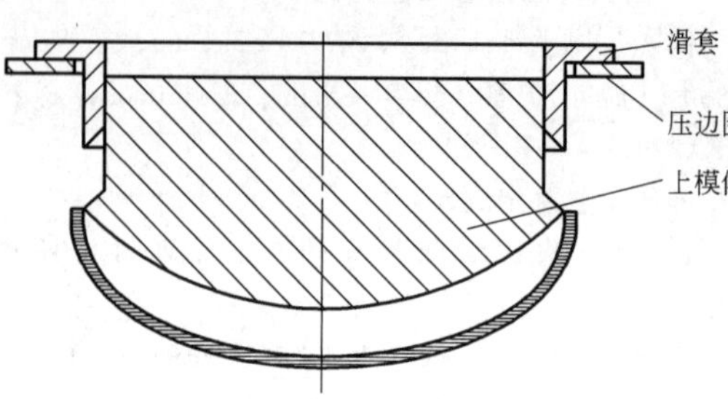

图4-7-14　滑套式上模封头冲压模

2. 模具设计

（1）整体式上模（见图 4-7-15）　设计上模直段及曲面部分的直径时，必须考虑到热压（或冷压）封头冷却（或脱模）后的收缩量（或回弹）。

1）封头冷压回弹率见表 4-7-9。

2）热压收缩率 δ 按式（4-7-5）计算。

$$\delta=\alpha\cdot\Delta t\times100\% \qquad (4\text{-}7\text{-}5)$$

式中　α——材料的线膨胀系数 [mm/(mm·℃)]；

Δt——脱模温度与室温之差值（℃）。

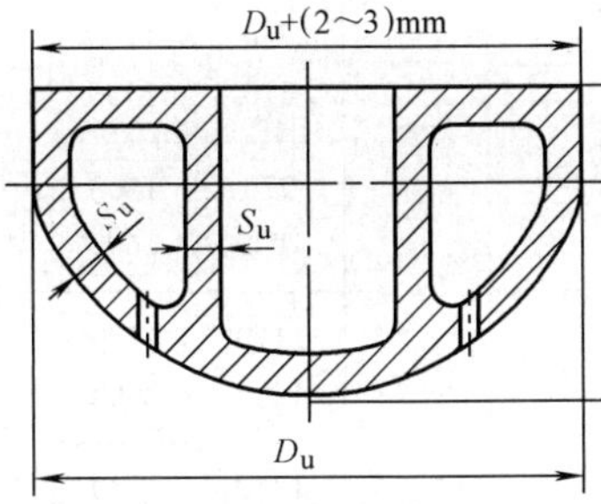

图 4-7-15　整体式上模

表 4-7-9　冷压回弹率

材料	碳钢	不锈钢	铝	铜
回弹率(%)	0.24～0.40	0.40～0.70	0.10～0.15	0.15～0.20

热压收缩率 δ 也可查表 4-7-10 而得。

表 4-7-10　封头热压收缩率 δ

封头直径/mm	<600	700～1200	1300～2000	>2000
δ(%)	0.5～0.6	0.6～0.7	0.7～0.85	0.85～1.0

注：1. 薄壁封头取下限，厚壁封头取上限。

2. 不锈钢封头按表值增加 30%～40%。

3. 需调质处理的封头，应减去热处理后的直径胀大量，其值为（0.05%～0.10%）D_i。

实践证明，封头曲面部分高度方向的热压收缩率与其直径方向的相近。

由于影响热压收缩率的因素很多（材料品种、封头直径及壁厚尺寸、脱模温度等），对某一直径的封头，理论计算将会得出许多不同尺寸的上模，实际生产中，只要妥善地控制各种封头的脱模温度，使其热压收缩率趋近一致，在封头尺寸公差范围的基础上，对于以内径为直径基准的封头，可将直径相同而壁厚不同的封头设计成一个（或两个）通用上模，对于以外径为直径基准的封头，则设计成一个（或两个）下模。

① 上模直径 D_u。以内径为准的封头热压模，其热压收缩率取在上模。

$$D_u=D_i(1+\delta) \qquad (4\text{-}7\text{-}6)$$

式中　δ——封头热压收缩率（查表 4-7-10）。

② 模曲面部分高度 H_u。

$$H_u=H_i(1+\delta) \qquad (4\text{-}7\text{-}7)$$

式中　H_i——封头曲面高度。

③ 模直段部分高度 H_{u0}。

$$H_{u0}=h_1+h_2+h_3+h_4$$

式中　h_1——封头直段高度；

h_2——修边余量，一般取 $h_2=(1\sim2)t$；

h_3——模具卸料杆厚度，取 $h_3=50\sim80$mm；

h_4——附加保险余量，一般为 $h_4=50\sim100$mm。

④ 上模大径 D_{u0}。整体式上模为了工件脱模顺利，应在上模直段部分做出约 30′的斜度，或将上模顶部直径加大 2～3mm，即

$$D_{u0}=D_u+(2\sim3)\text{mm} \qquad (4\text{-}7\text{-}8)$$

（2）下模　为减小下模壁厚并保护下模不被封头成形力胀裂，常设计成下模与下模座的组合形式。当冲压直径相同而壁厚不同的封头时，下模座可通用。表 4-7-11 为实用的下模、下模座设计系列。

表 4-7-11　下模、下模座设计系列

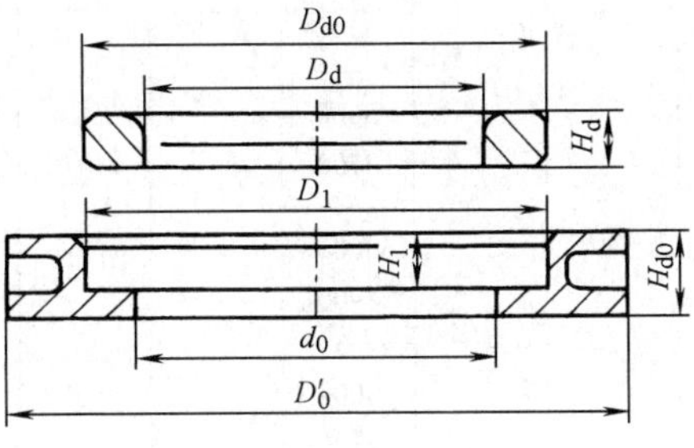

（续）

封头直径	下模					下模座						
	D_d 最大	D_{d0} 公称尺寸	D_{d0} 公差	H_d 公称尺寸	H_d 公差	D_1 公称尺寸	D_1 公差	H_1 公称尺寸	H_1 公差	d_0	D'_0	H_{d0}
400	480	629	-0.5	90	-0.3	630	+0.5	90	+0.3	510	900	140
500	590	759				760				610	1050	
600	720	899	-0.6			900	+0.6			740	1200	
700	850	1049		120		1050		120		870	1400	180
800	950	1149	-0.8			1150	+0.8			970	1500	
900	1050	1249				1250				1070	1600	
1000	1150	1398.5		180		1400		180		1170	1900	250
1100	1250	1498.5				1500				1270	2000	
1200	1350	1598.5				1600	+1.0			1370	2100	
1300	1450	1698.5				1700				1470	2200	
1400	1550	1798.5				1800				1570	2300	
1500	1650	1898.5				1900				1670	2400	
1600	1750	2048.5				2050				1770	2650	
1700	1850	2148.5				2150				1870	2750	
1800	1950	2248.5		230		2250		230		1970	2850	300
1900	2050	2348.5				2350				2070	2950	
2000	2150	2448				2450				2170	3050	
2100	2250	2548				2550				2270	3150	
2200	2350	2748	-1.0			2750				2370	3350	
2300	2450	2848				2850				2470	3450	
2400	2550	2948				2950				2570	3550	
2500	2650	3048				3050				2670	3650	
2600	2750	3148				3150				2770	3750	
2700	2850	3248				3250				2870	3850	
2800	2950	3398		300	-0.5	3400		300	+0.5	2970	4000	380
2900	3050	3498				3500				3070	4100	
3000	3150	3598				3600				3170	4200	
3100	3250	3698				3700				3270	4300	
3200	3350	3798				3800				3370	4400	
3300	3450	3898				3900				3470	4500	
3400	3550	3998				4000				3570	4700	
3500	3650	4098				4100				3670		
3600	3750	4198				4200				3870		

1）下模内径 D_d：

$$D_d = D_u + 2t + c \qquad (4\text{-}7\text{-}9)$$

式中　c——模具的双边间隙（mm），热冲压时取 $c=(0.1\sim0.2)t$，或按表 4-7-12 选取。

表 4-7-12　椭圆形封头热压模间隙值

材料厚度 t/mm	双边间隙			
	设计数据		磨损极限	
	间隙值 c/mm	间隙系数 c/t	间隙值 c/mm	间隙系数 c/t
4~5	0.4	0.10~0.08	0.8	0.20~0.15
6~8	0.7	0.12~0.09	1.3	0.21~0.16
10~12	1.2	0.12~0.10	2.1	0.21~0.17
14~18	1.7		3.0	
20~24	2.4		4.2	0.21~0.18
26~30	3.2	0.12~0.11	5.5	
32~36	4.0		7.0	0.22~0.20
38~44	5.0	0.13~0.12	8.5	
46~52	6.0	0.13~0.12	10.0	
54~60	7.0		12.0	0.23~0.20
62~70	8.5	0.14~0.12	14.0	
72~80	10.0	0.14~0.13	16.5	0.23~0.21
82~90	12.0	0.15~0.13	18.5	
92~100	15.0	0.16~0.15	21.0	
102~110	17.0	0.17~0.15	23.0	
112~120	19.0	0.17~0.16	26.0	

2）下模圆角半径 R_d：

采用压边装置时，$R_d=(2\sim3)t$；

不用压边装置时，$R_d=(3\sim6)t$。

当板厚较大时，可能 R_d 计算值较大，受下模高度尺寸的限制，这时可采用双半径或带斜坡的下模圆角（见图 4-7-16），并取 $R_d=100\sim200$mm，$\alpha=30°\sim40°$。R_d 和 α 的确定原则是：应用作图法，使双半径或带斜坡的凹模圆角曲率趋近 R_d 计算值的曲率。

3）下模工作直段高度 h_d：

$$h_d = 40\sim70\text{mm} \qquad (4\text{-}7\text{-}10)$$

4）下模全高 H_d：

$$H_d = 90\sim300\text{mm} \qquad (4\text{-}7\text{-}11)$$

5）下模外径 D_{d0}：

$$D_{d0} = D_d + (200\sim500)\text{mm} \qquad (4\text{-}7\text{-}12)$$

提示：如果封头尺寸是以外径为准，则热压收缩率放在下模，模具间隙放在上模。

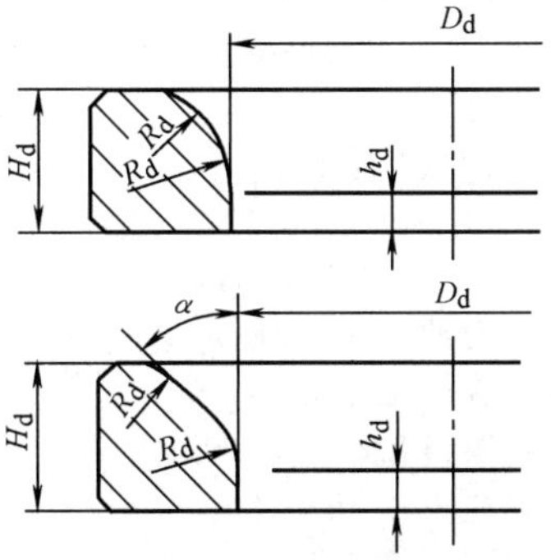

图 4-7-16　特殊圆角下模

（3）下模座（见表 4-7-11）

1）外径 D'_0　应大于封头坯料直径。

2）高度 H_{d0}：

$$H_{d0} = H_1 + (60\sim100)\text{mm} \qquad (4\text{-}7\text{-}13)$$

3）下口内径 d_0　应比与之相配套的所有下模的最大内径大 10~20mm。

（4）压边圈（见图 4-7-17）

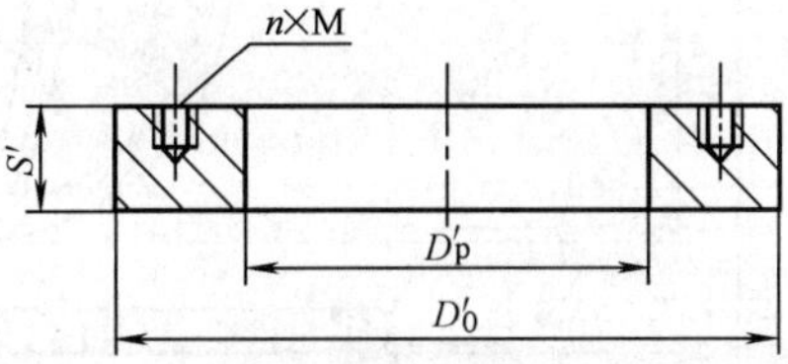

图 4-7-17　压边圈

1）内径 D'_p：

$$D'_p = D_d + 1.5R_d$$

$$\text{或 } D'_p = D_u + (40\sim80)\text{mm} \qquad (4\text{-}7\text{-}14)$$

2）外径 D'_0：

$$D'_0 = D_{d0}$$

3）厚度 S'可参考表 4-7-13 选取。

表 4-7-13　压边圈厚度 S'参考值

（单位：mm）

封头内径	<400	400~600	700~900	1000~1200
S'	50	70	90	120
封头内径	1300~1500	1600~1900	2000~2400	>2600
S'	150	180	200	240

（5）模具材料

上模和下模：铸铁；

下模座：铸铁或铸钢；

压边圈：铸铁。

（6）下模强度核算　下模在冲压时的受力情况，可假定为类似受压开口圆筒，冲压时下模内壁任一

点受法向力 σ_r 及切向力 σ_τ，而轴向力 σ_z 为零。

按力学原理，单层厚壁圆筒只受内压力时，法向应力 σ_r 就是总压力。

1）单位面积上的压力 p：

$$p=\frac{F}{\pi D_d H_d} \tag{4-7-15}$$

式中　F——总冲压力（MPa）；

D_d——模内径（mm）；

H_d——下模有效高度（mm）。

2）切向应力 σ_τ 为拉应力：

$$\sigma_\tau=\frac{r_d^2 p}{R_d^2-r_d^2}\left(1+\frac{R_d^2}{r_d^2}\right) \tag{4-7-16}$$

式中　r_d——下模工作内半径（mm）；

R_d——下模工作外半径（mm）。

3）强度条件。

$$\sigma_\tau \leqslant [\sigma] \tag{4-7-17}$$

$$[\sigma]=\frac{R_m}{n} \tag{4-7-18}$$

式中　$[\sigma]$——下模材料的许用应力（MPa）；

R_m——下模材料的抗拉应力（MPa）；

n——安全系数，一般 $n=2$。

7.3.2　设计计算实例

例 2　一球形封头内径 $D_i=1743$mm，壁厚 $t=152$mm，材料为 SA299，设计其冲压工艺及模具。

1）绘制封头图样（见图 4-7-18）。

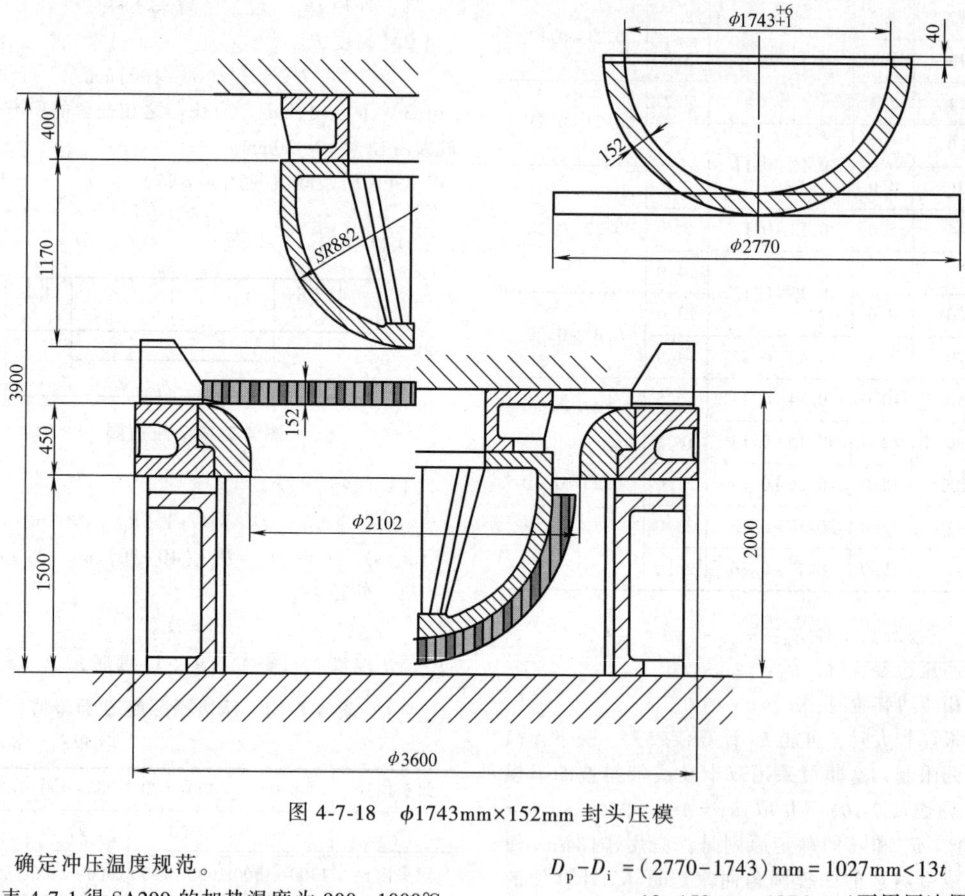

图 4-7-18　ϕ1743mm×152mm 封头压模

2）确定冲压温度规范。

查表 4-7-1 得 SA299 的加热温度为 900～1000℃，取 960℃，终压温度≥800℃，取 800℃。

3）计算确定坯料尺寸。查表 4-7-3 得：

$$D_p=1.42(D_i+t)+2h=1.42\times(1743+152)\text{mm}+2\times40\text{mm}\approx2770\text{mm} \tag{4-7-19}$$

4）压边圈选用条件（见表 4-7-5）：

$$D_p-D_i\geqslant13t \tag{4-7-20}$$

$$D_p-D_i=(2770-1743)\text{mm}=1027\text{mm}<13t=13\times152\text{mm}=1976\text{mm}(\text{不用压边圈})$$

结论不用压边圈。

5）冲压力计算：

$$F=ek\pi(D_p-D_m)tR_m^t=1\times1.3\times\pi\times(2770-1895)\times152\times66\text{N}=35849970\text{N}\approx35850\text{kN} \tag{4-7-21}$$

其中，冲压平均温度 $T=(960+800)/2$℃ $=880$℃；查表 4-7-6，R_m^t 取 66MPa。

6）压模设计。封头的直径和壁厚都比较大，采用整体式压模。

① 上模。

上模外径：

$$D_u=(1+\delta)D_i \quad (4\text{-}7\text{-}22)$$

查表 4-7-10，$\delta=0.7\%\sim0.85\%$，取 $\delta=0.85\%$。

$$D_u=(1+0.85\%)\times1743\text{mm}\approx1763\text{mm} \quad (4\text{-}7\text{-}23)$$

上模大径：

$$D_{u0}=D_u+(2\sim4)\text{mm}=(1763+3)\text{mm}=1766\text{mm} \quad (4\text{-}7\text{-}24)$$

上模高度：

$$\begin{aligned}H_0&=(1+\delta)h+h_1+h_2+h_3+h_4\\&=[(1+0.85\%)\times1743/2+40+150+70+30]\text{mm}\\&=1170\text{mm}\end{aligned} \quad (4\text{-}7\text{-}25)$$

② 下模。

下模圈与下模座的配合为圆锥配合，锥度为 1.5°（方便下模圈进出模座）。

下模圈内径：

$$D_d=D_u+2t+c=(1763+2\times152+35)\text{mm}=2102\text{mm} \quad (4\text{-}7\text{-}26)$$

下模圈圆角：

$$R_1=250\text{mm} \quad (4\text{-}7\text{-}27)$$

$$R_2=150\text{mm} \quad (4\text{-}7\text{-}28)$$

$$\alpha=30° \quad (4\text{-}7\text{-}29)$$

下模圈高度：

$$H_d=448\text{mm} \quad (4\text{-}7\text{-}30)$$

工作高度：

$$h_d\geqslant t=152\text{mm}，取\ h_d=158\text{mm} \quad (4\text{-}7\text{-}31)$$

下模圈壁厚：210mm

下模圈外径：

$$D_{d0}=D_d+500\text{mm}=2102\text{mm}+500\text{mm}=2602\text{mm} \quad (4\text{-}7\text{-}32)$$

取 $D_{d0}=2580\text{mm}$

下模圈、座配合锥度：

半角 = 0.75°

下模座内径：

$$D_n=D_{d0}+(1\sim2)\text{mm} \quad (4\text{-}7\text{-}33)$$

取 $D_n=(2580+1)\text{mm}=2581\text{mm}$

下模座外径：

$$D'_0=3600\text{mm} \quad (4\text{-}7\text{-}34)$$

下模座高度：

$$H_{d0}=450\text{mm} \quad (4\text{-}7\text{-}35)$$

③ 下模强度校核。

下模内壁单位面积上的压力：

$$p=F/(\pi D_d H_d) \quad (4\text{-}7\text{-}36)$$

下模的切向应力：

$$\sigma_\tau=p(1+R_d^2/r_d^2)r_d^2/(R_d^2-r_d^2) \quad (4\text{-}7\text{-}37)$$

强度条件：

$$\sigma_\tau\leqslant[\sigma] \quad (4\text{-}7\text{-}38)$$

校核：

下模圈

$$\begin{aligned}p&=35849970/(\pi\times2102\times448)\text{MPa}\\&=12.1\text{MPa}\end{aligned}$$

$$\begin{aligned}\sigma_\tau&=12.1\times(1+1290^2/1051^2)\times\\&\quad 1051^2/(1290^2-1051^2)\text{MPa}\\&=60\text{MPa}\end{aligned}$$

下模圈材料：QT 400—17，查手册得：

$$[\sigma]=400/2\text{MPa}=200\text{MPa}$$

$$\sigma_\tau=60\text{MPa}<[\sigma]=200\text{MPa}$$

下模圈符合强度条件。

下模座（材料：QT 400—17）

相当于套在下模圈上的加强环，与下模圈合在一起后整体强度更高，可省略强度校核。

7）绘制压模工作图（见图 4-7-18）。

7.4 其他厚板零件的成形及模具设计

7.4.1 瓜瓣类工件的成形

瓜瓣类工件的产品几何尺寸一般都比较大，过去采用压力机冲压工艺制作常受压力机尺寸的制约，现在一部分的瓜瓣工件（板厚 20mm 以下）已逐渐由旋压工艺所取代。下面只介绍一下瓜瓣类板件的冲压工艺及坯料尺寸的计算。

1. 瓜瓣封头

对于超出压力机能力范围的大型封头，可采用分瓣冲压的方法，即将整个封头分成若干个瓜瓣片，中央留一圆顶部分（见图 4-7-19）。

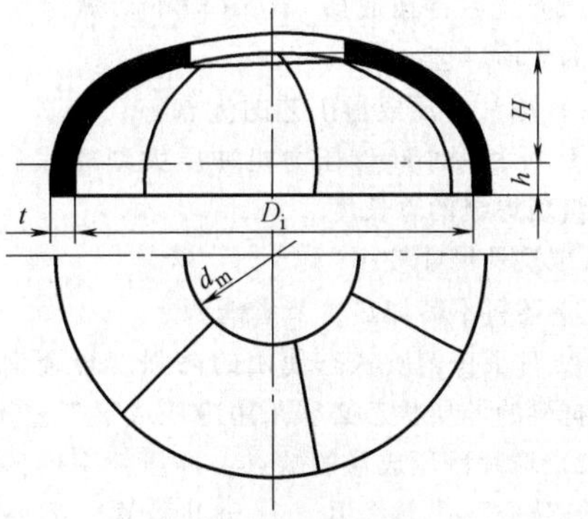

图 4-7-19　瓜瓣封头

（1）冲压工艺　一般采用热冲压。由于热压收缩率难以控制，故在设计模具时一般不予考虑，而是在成形后进行冷校正，以保证其形状和尺寸的精度要求。

（2）坯料尺寸的确定　通常采用放样法：已知椭圆封头长轴直径 a，短轴直径 b，直边高度 h，壁

厚 t，中央圆顶部分的投影直径 d_m。其坯料图的放样法如图 4-7-20 所示。

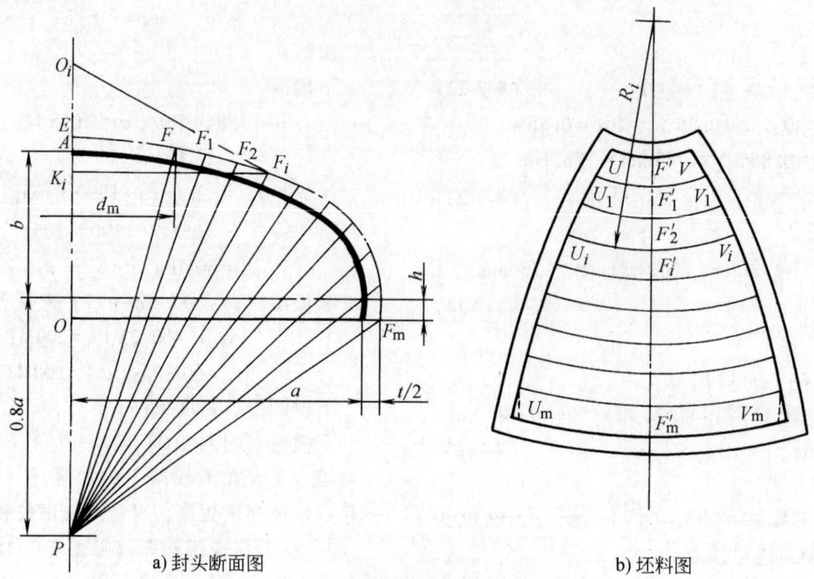

图 4-7-20　瓜瓣椭圆形封头坯料放样

2. 瓜瓣球体

球形容器的直径通常都很大，只能在制造厂制成瓜瓣球片，之后运抵使用现场组装焊接成一整体。球片的成形工艺可分为热压成形和冷压成形两种。

（1）球片热压成形

优点：生产效率高，材料变形均匀，无冷作硬化现象。

缺点：需要大型压力机，坯料加热需消耗能量，而且因为压力机开档尺寸及一次变形量限制了球片的最大长度尺寸，这就增加了产品组装时的焊接工作量（由于增加了球片瓣数）。

（2）球片冷压成形　在常温下对球片实施逐点压鼓的成形工艺。

1）球片冷压成形工艺的优点：

① 可利用小吨位压力机冲压大型球片，减少了产品组装焊缝的总长度。

② 模具尺寸较小。

③ 坯料不需加热，节省能源。

④ 对于在调质状态使用的高强度合金钢，为了保护材料的调质状态必须采用冷压成形工艺。

2）球片冷压成形的缺点：冲压效率低，一张球片的打鼓成形次数需几十次至几百次。另外，材料在冷态下变形产生冷作硬化。

球瓣坯料尺寸的确定，按球面三角形法作图计算（见图 4-7-21）。

1）求两点间的球面弧长。

① 两点间球面中心层弧长：

$$L=R\omega \tag{4-7-39}$$

② 两点间外球面弧长：

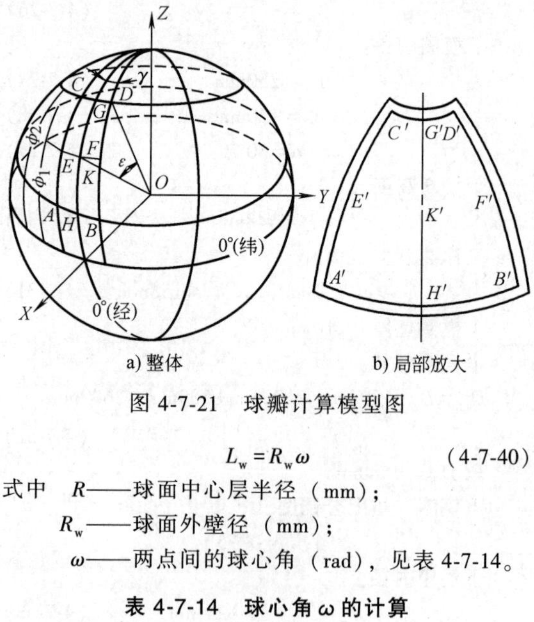

图 4-7-21　球瓣计算模型图

$$L_w=R_w\omega \tag{4-7-40}$$

式中　R——球面中心层半径（mm）；

R_w——球面外壁径（mm）；

ω——两点间的球心角（rad），见表 4-7-14。

表 4-7-14　球心角 ω 的计算

两点位置	条件	球心角 ω	说明
同一经线上	$\gamma=0$	$\omega=\lvert\phi_1-\phi_2\rvert$	γ—两点间经度差 $\gamma=\lvert\gamma_2-\gamma_1\rvert$ γ_1、γ_2—两点经度值 ϕ_1、ϕ_2—两点纬度值
同一纬线上	$\phi=\phi_1=\phi_2$	$\sin\omega/2=\cos\phi\sin\gamma/2$ 或 $\cos\omega=1-\cos^2\phi(1-\cos\gamma)$	
不同经纬线上	—	$\cos\omega=\cos\phi_1\cos\phi_2\cos\gamma+\sin\phi_1\sin\phi_2$	

2）作图。将求得的弧长 L 值当作直线长度，用三角形作图法作图。

① 定出点 G'、K'和 H'；

② 由点 K'和 H'定出点 B'，由点 K'和 G'定出点 D'；

③ 作 $B'D'$连线的垂直平分线，定出点 F'；

④ 对称侧用同样方法处理，定出点 A'、C'、E'；

⑤ 每相邻三点用大圆弧线划出外轮廓线；

⑥ 周边各放 5～15mm 工艺余量，即完成作图（如图 4-7-21b）。

3）修正。绘出的坯料经过试压后应修正周边各点的位置，以点 K 为基准，按 L_w 值修正点 G 和 H，再依次修正周边上其余六点的位置，使任何两点的距离均达到或十分接近 L_w 值。最后根据修正好的位置调整坯料的轮廓线，此时不用再放工艺余量。

4）球极顶的坯料直径：

$$D_p=\frac{1}{2}(D_w+t)\theta \tag{4-7-41}$$

式中　θ——球顶中心角（rad）。

D_w——D 点处的外表面直径。

7.4.2　瓦爿类工件

瓦爿类工件（如：圆筒形瓦爿、圆锥形瓦爿、卷板前的板边预弯等）的成形属于弯曲工序，根据工件形状、尺寸和设备条件等，可分为一次整体成形或逐次分段压弯（见表 4-7-15）。

表 4-7-15　瓦爿类工件成形

成形方法	简图	冲压力	适用范围	说明
整体成形	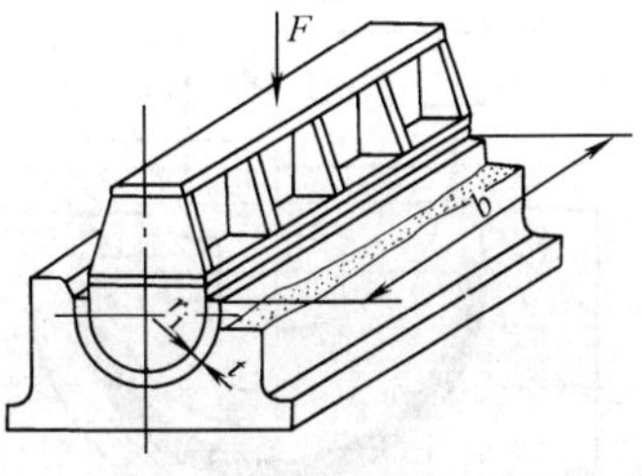	$F=2br_i\ln\left(1+\frac{t}{r_i}\right)R_m^t$	1. 超出卷板机能力的相对厚度较大的工件 2. 成批、大量生产	1. 采用一次热压成形 2. 为专用模具 3. 成形准确
扇形模压	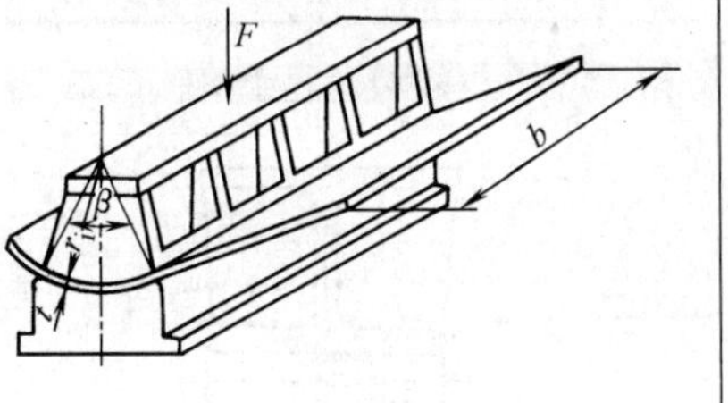	$F=2br_i\ln\left(1+\frac{t}{r_i}\right)R_m^t\sin\frac{\beta}{2}$	1. 筒体在卷板机上弯卷前预弯边 2. 单件小批生产	1. 冷压 2. 模具有一定的通用范围
分段压弯	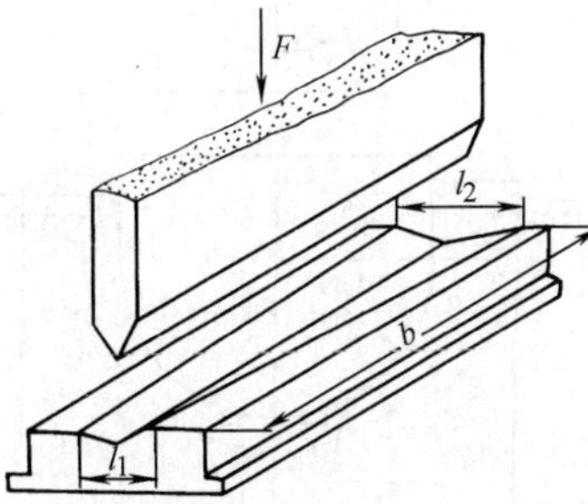	$F=\frac{2t^2b}{l_1+l_2}R_m^t$	1. 锥度较大的圆锥体成形 2. 卷板前预弯边	1. 冷压 2. 模具有一定的通用性

7.4.3　大口径厚壁管成形

用压力机制作大口径厚壁管是一种比较成熟的技术，在锅炉行业应用较多，适用于批量生产。其工作内容有两大步：第一，先将厚钢板压成圆筒形工件；第二，焊好其接缝后制成大口径厚壁管。

压制工艺过程如图 4-7-22 所示。

1）坯料——按厚壁管中性层展开长度计算，不放余量，直接成形。

2）预弯边——拼缝两侧预成形，成形内半径为 $1.1R_n$（R_n 为厚壁管内径）。

3）压 U 形——须保持工件的对称，防止两边错边或扭歪。

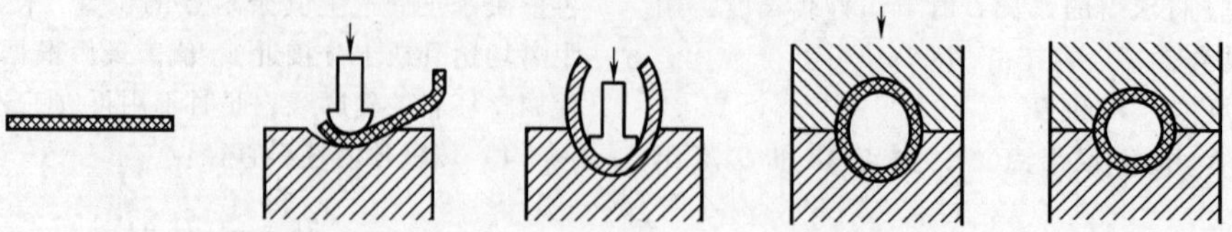

图 4-7-22 大口径厚壁管压制工艺过程

4）压 O 形——合拢拼缝，工件成扁圆。检查是否有错边现象，并校正。

5）整圆形——90°翻转压圆形，成形至尺寸。

7.4.4 压模设计

1. 瓜瓣热压模

图 4-7-23 所示为椭圆形封头瓜瓣压模的典型结构示意图。设计要点如下：

1）根据压机能力、材料尺寸规格及工件变形程度确定分瓣数量。

2）模具斜角 α 应根据各向分力相等和坯料能尽量放平来综合考虑。

3）模具的中心线必须与工件的压力中心线重合，以免压力机受偏心负荷，即投影面积

$$\text{Ⅰ}+\text{Ⅱ}=\text{Ⅲ}+\text{Ⅳ}；\ \text{Ⅰ}+\text{Ⅲ}=\text{Ⅱ}+\text{Ⅳ} \qquad (4\text{-}7\text{-}42)$$

4）模具型腔部分若需切削加工，应在模具结构上考虑加工工艺基准面。

5）模具材料一般为铸铁，也可选用铸钢或钢板焊接结构件。

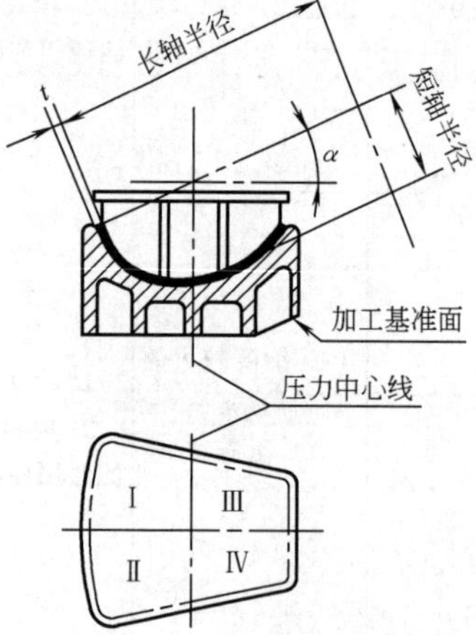

图 4-7-23 椭圆封头瓜瓣压模

2. 瓦爿热压模

图 4-7-24 所示为两种典型结构。

（1）设计参数

1）上模尺寸。

$$A_{am}=A_n(1+\delta) \qquad (4\text{-}7\text{-}43)$$

式中 A_n——工件内壁尺寸；

δ——热压收缩率，见表 4-7-10。

2）下模尺寸。

$$A_{xm}=A_{sm}+2t+c \qquad (4\text{-}7\text{-}44)$$

式中 c——模具双边间隙，取 $c=(0.05\sim0.10)t$；

$R_d=(1.5\sim2.5)t$。

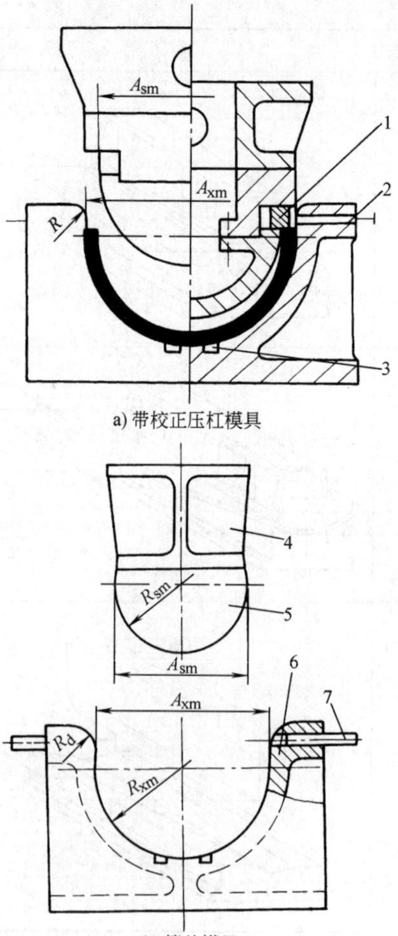

a) 带校正压杠模具

b) 简单模具

图 4-7-24 瓦爿热压模

1—压杠 2—卸料板 3—出料槽 4—托架 5—上模 6—下模 7—卸料棒

（2）模具材料

上模、下模及托架：铸铁或铸钢。

压杠及卸料板：碳素钢。

7.4.5　厚板拉深

1. 厚板冲压加工中的预成形压料拉深

预成形压料拉深主要是为了提高厚板在第一次拉深成形时的拉深性能。它可采用下面两种形式的模具来进行。

（1）外预成形压料拉深　采用如图 4-7-25 所示的模具。它的压料圈 5 具有外预成形作用的圆角半径，要求 $R_M \geqslant 5t$（t 为板材厚度），且预成形系数 $K=d_\varphi/D \geqslant 0.88 \sim 0.95$（$D$ 为坯料外径），压料圈与凹模的工作间隙应大于板材厚度的 10%~25%，这样就能通过预成形压料，限制压料力，减少金属流动的阻力，增大厚板的拉深性能。

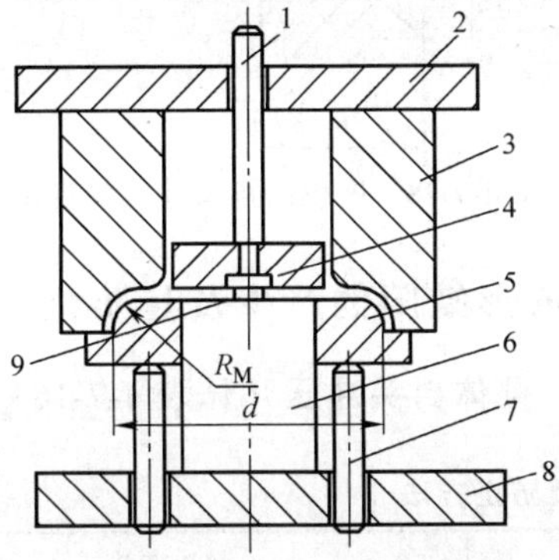

图 4-7-25　外预成形压料拉深

1—打杆　2—上模板　3—凹模　4—打板
5—压料圈　6—冲头　7—顶杆　8—下模板　9—定位销

（2）内预成形压料拉深　采用如图 4-7-26 所示的模具，它的压料圈 7 上有内预成形圈，要求内预成形圈的圆角半径 $R_M \geqslant 4t$，且 $R_M \leqslant d/4$，压料圈与凹模的工作间隙应大于板材厚度 10%~25%。在用这种预成形压料，凹模圆角大，压料力受到限制的情况下，最大限度地提高金属流动性和变形性，可一次实现用普通压料拉深不能一次完成的拉深目的。

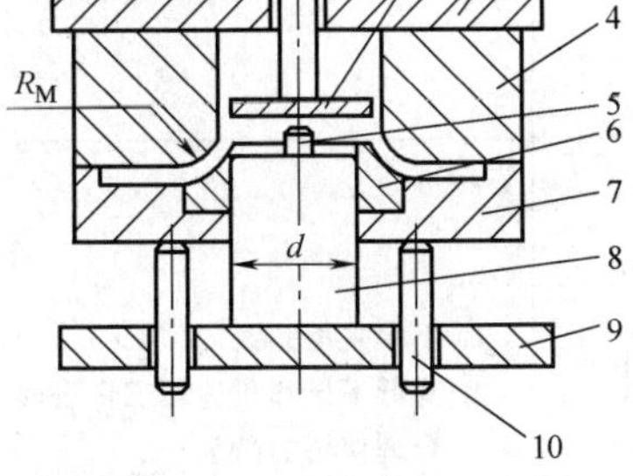

图 4-7-26　内预成形压料拉深

1—打杆　2—打板　3—上模板　4—凹模
5—定位销　6—内预成形圈　7—压料圈
8—冲头　9—下模板　10—顶杆

2. 厚板拉深模的间隙和凹模圆角半径

（1）厚板拉深模的间隙　厚板拉深时，金属沿圆周收缩重新流入凹模，在收缩过程中，由于施加的压边力不能过大，因此金属之间互相挤压，产生竖向变形，使得拉深后的筒形除底部圆角的直壁稍为变薄外，其余由下而上变厚，端部变厚最大（见图 4-7-27）。实践证明，这种变厚作用主要与圆板拉深时的拉深变形程度有关，即与拉深系数 m 有关。为了使板材拉深时能顺利入模，模具间隙必须大于板材的厚度（$c>t$）。

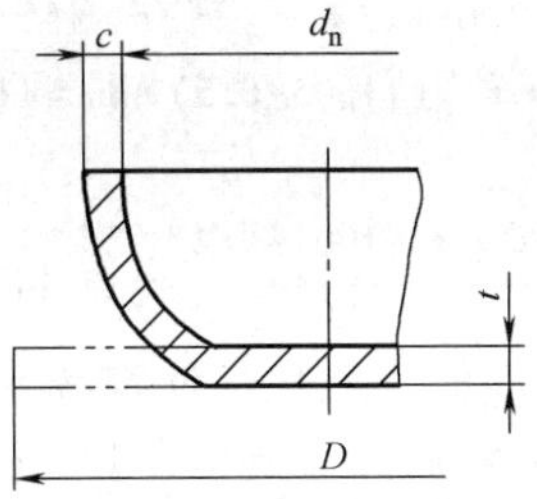

图 4-7-27　厚板拉深时壁厚分布

c 的大小可用经验公式来确定。

$$c=\frac{t\times(100+K/2)}{100} \tag{4-7-45}$$

式中　t——板材的厚度；

K——板材拉深后的变厚系数，$K=(0.6\sim0.7)\times(1-m)\times100$；

$m=d/D$——拉深系数。

0.6~0.7 为压边力压紧系数，压边力大时取 0.6，压边力小时取 0.7，第二次及以后多次拉深时取 0.6。

如果毛坯要几次拉深成功，则第 1 次和第 n 次拉深成形冲模间隙分别为：

$$c_1=\frac{t\times\ (100+K_1/2)}{100} \tag{4-7-46}$$

$$c_n=\frac{c_{n-1}\times(100+K_n/2)}{100}(\text{mm}) \tag{4-7-47}$$

其中，$K_1=(0.6\sim0.7)\times(1-m_1)\times100$；$K_n=0.6\times(1-m_n)\times100$；$m_n=\dfrac{d_n}{d_{n-1}}$。

上述计算公式没有考虑板材的厚度公差，为保证拉深模的间隙足够大，应在第 1 次计算出的数值上加上板材的厚度公差，即 $c_{1实}=c_1+\Delta$，Δ 为板材厚度的上公差。

在计算带法兰边厚板拉深件的拉深模间隙时，只计算其直筒部分有关数据就可以了。

例 3　用 $D=200$mm，$t=10$mm 的 NC20T 板材拉深成 $d_n=116$mm 的圆筒毛坯，试计算冲模的间隙。

$m=d_n/D=116/200=0.58$

已知 NC20T 的厚板极限拉深系数 $m_{材}\geqslant 0.6$，所以应分两次拉深。

设第 1 次拉深系数 $m_1=0.7$，则 $m_2=m_1/m=0.58/0.7=0.83$

$$K_1=0.7\times(1-m_1)\times100=0.7\times(1-0.7)\times100=21 \quad (4\text{-}7\text{-}48)$$

$$K_2=0.6\times(1-m_2)\times100=0.6\times(1-0.83)\times100=10.2 \quad (4\text{-}7\text{-}49)$$

$$c_1=\frac{t\times(100+K_n/2)}{100}=11.05\text{mm}$$

$$c_{1实}=c_1+\Delta=(11.05+0.5)\ \text{mm}=11.55\text{mm} \quad (4\text{-}7\text{-}50)$$

$$c_2=\frac{c_{1实}\times(100+K_2/2)}{100}=12.14\text{mm} \quad (4\text{-}7\text{-}51)$$

从计算可知，第 1 套拉深模的间隙应取 11.6mm，第 2 套拉深模的间隙为 12.2mm。

（2）厚板拉深模凹模的圆角半径　厚板拉深模凹模的圆角半径与板材厚度、坯料直径与坯件直径之差有关，其确定方法如下：

1）对厚度 3~4.5mm 的板材：

$$R=t\times\sqrt{D-d_n}\ \text{mm} \quad (4\text{-}7\text{-}52)$$

式中　D——坯料的直径；

d_n——拉深成形的直径，$d_n=mD$；

t——板材厚度。

2）对厚度≥5mm 的板材：

可按如图 4-7-28 所示的经验数值来确定。$m\leqslant0.7$ 时，取 $R_1=4t$，$R_2=8t$，$H=6t$，$L=8t$；$m>0.7$ 时，$R_1=3t$，$R_2=6t$，$H=6t$，$L=6t$。

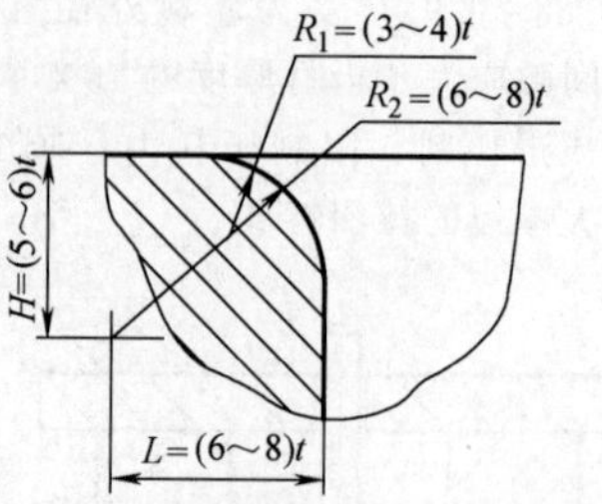

图 4-7-28　凹模圆角尺寸的确定图

7.5　成形缺陷的产生及其防止

7.5.1　整体封头冲压（见表 4-7-16）

表 4-7-16　整体封头拉深缺陷及防止方法

缺陷名称	产生原因	解决办法
起皱 	封头在拉深过程中变形区毛坯的周向压应力大于径向拉应力	1. 均匀加热 2. 加大压边力 3. 合理选取模具间隙和下模圆角 4. 采用薄壁封头压制方法
起泡 	1. 加热不均匀 2. 压边力太小或不均匀 3. 模具间隙和下模圆角太大	
直线拉痕压坑 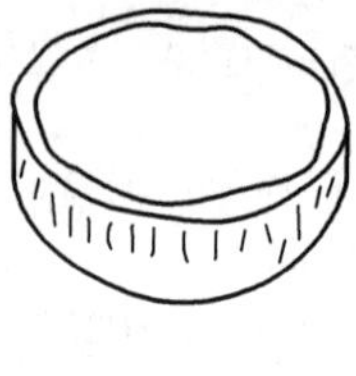	1. 下模、压边圈工作表面太粗糙或拉毛 2. 润滑不良 3. 坯料气割焊渣未清除	1. 下模采用铸铁 2. 降低下模和压边圈工作表面粗糙度值 3. 合理使用润滑剂 4. 清除坯料上焊渣杂物和模具的氧化皮

（续）

缺陷名称	产生原因	解决办法
外表面微裂痕 	1. 坯料加热规范不合理 2. 下模圆角太小 3. 坯料尺寸过大 4. 厚度大的铝材未加热	1. 合理制订加热规范 2. 适当加大下模圆角 3. 注意冲压操作温度 4. 加热铝材
纵向撕裂 	1. 坯料边缘不光滑或有缺口 2. 坯料加热规范不合理 3. 封头脱模温度太低	1. 仔细清理坯料边缘 2. 合理制订加热规范 3. 控制脱模温度
偏斜 	1. 坯料加热不均匀 2. 坯料定位不准 3. 压边力不均匀	1. 均匀加热 2. 仔细定位 3. 合理施加压边力
直径有椭圆 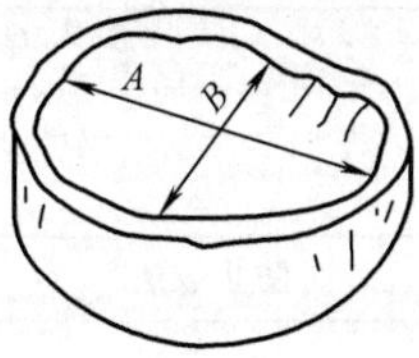	1. 脱模方法不好 2. 封头起吊转运温度太高 3. 间隙过大	1. 采用自动脱模结构的模具 2. 封头冷至 500℃ 以下再吊运 3. 合理选择间隙
直径大小不一 	1. 同批封头脱模温度不一致 2. 模具受热膨胀	1. 控制统一脱模温度 2. 大批压制时适当冷却模具
轴向拉断 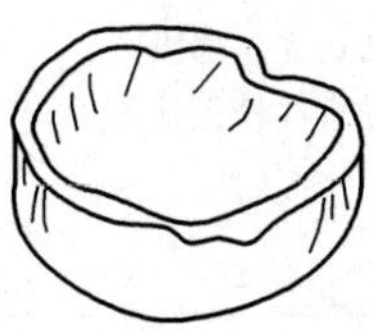	1. 压边力太大 2. 间隙过小 3. 下模圆角太小	1. 合理控制压边力 2. 合理选择间隙 3. 适当加大下模圆角
上口外翻、外周无直段、上口直段无增厚 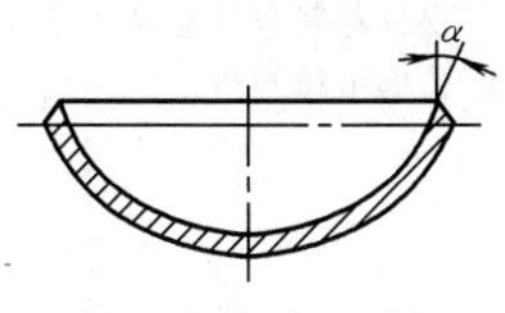	厚壁小直径椭圆形封头（以 ϕ1300mm × 130mm 椭圆形封头为例） 1. 下模入口圆角太大 2. 坯料太小 3. 上下模间隙过大	1. 减小下模入口圆角 2. 坯料放大 3. 缩小上下模间隙

（续）

缺陷名称	产生原因	解决办法
束腰 	厚壁球形封头 1. 下模入口圆角太小 2. 模具间隙过大	1. 按坯料厚度取 3~5 倍下模入口圆角 2. 间隙适当缩小

7.5.2　瓜瓣热压（见表 4-7-17）

表 4-7-17　瓜瓣热压缺陷及防止方法

缺陷名称	图例	产生原因	防止方法
不符合样板	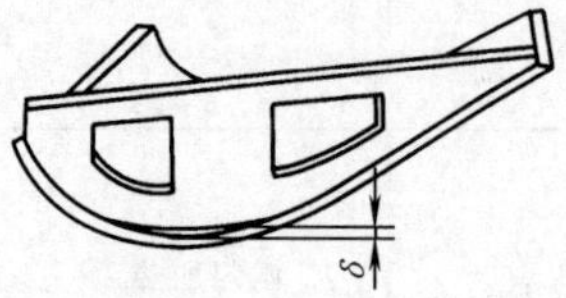	1. 冷却收缩不均匀 2. 工件脱模后放置不合理	1. 脱膜后注意合理放置 2. 进行冷校正
边缘皱折	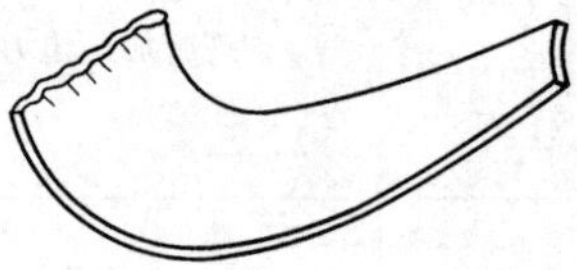	1. 坯料相对厚度小，一次变形量过大 2. 工件边缘未压住	1. 采用多次冷压成形 2. 进行冷校正

7.5.3　瓦爿热压（见表 4-7-18）

表 4-7-18　瓦爿热压缺陷及防止方法

缺陷名称	图例	产生原因	防止方法
形状不合样板	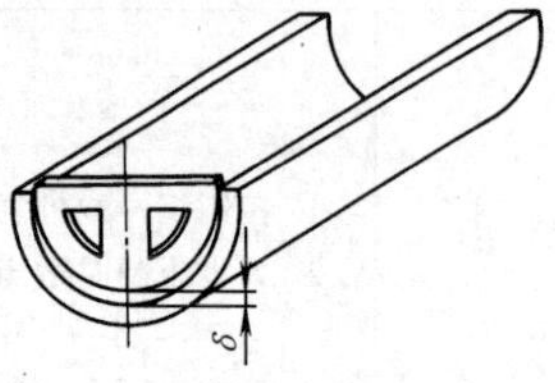	1. 冷却收缩不均匀 2. 冲压力太小 3. 热压后吊运变形	1. 进行冷校正 2. 加大冲压力
直边不直	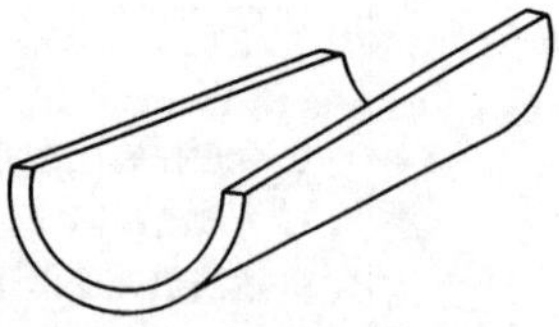	1. 脱模温度过高，工件从模具中吊运变形 2. 冷却收缩不均匀	1. 两边先局部压头 2. 进行冷校正
扭曲	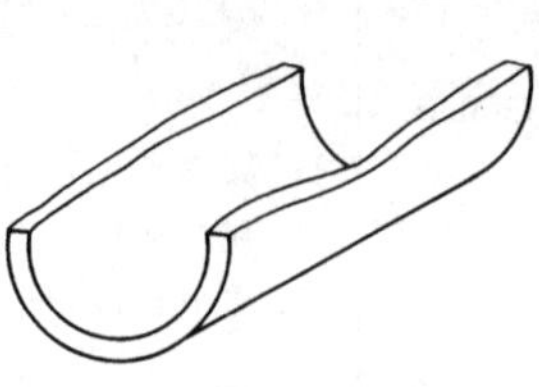	1. 坯料定位不准 2. 下模圆角不光滑	1. 保证坯料定位准确 2. 修磨下模圆角

7.5.4 封头翻孔（见表 4-7-19）

表 4-7-19 封头翻孔缺陷及防止方法

缺陷名称	图例	产生原因	防止方法
边缘撕裂	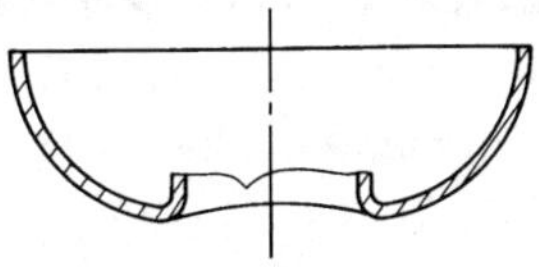	1. 翻孔系数过小 2. 坯料孔边缘不光洁 3. 加热温度太低或不均匀 4. 冷翻孔时材料硬化	1. 加大翻孔系数 2. 将坯料孔双面倒角修磨光滑 3. 合理选择加热温度并确保温度均匀 4. 改进翻孔上模形状
中心偏斜	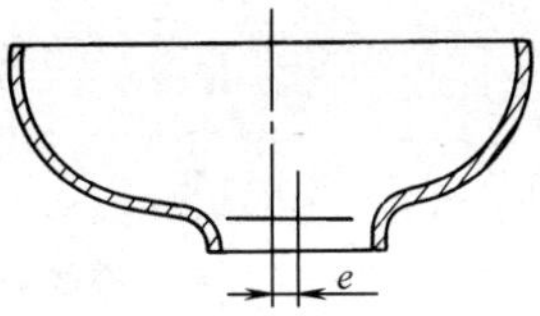	1. 翻孔时定位不准 2. 坯料孔开偏	1. 采用准确的定位方法 2. 使上模自动定中心

参考文献

[1] 中国机械工程学会．锻压手册：第 2 卷［M］．3 版．北京：机械工业出版社，2008.

[2] 卜国梁．水火弯板工艺［J］．焊接，1966（2）：53-56.

[3] 陈亮昌．厚板冲压加工工艺［J］．锻压技术，1983（1）：42-46.

[4] 张正修．厚板冲压技术［J］．模具技术，1997（6）：62-75.

第5篇　板材热冲压成形

概　述

板材热冲压成形，也称之为板材热成形，是将板材加热到再结晶温度以上某一适当温度，在温度场的影响下，板材的基体组织和力学性能发生变化，使得板材成形时的流动应力降低，进而提高板材的成形性。

近年来，随着航空航天、汽车等行业的快速发展，对零件形状、性能要求的多样化，传统的冷冲压技术无法满足高强钢、钛合金、陶瓷等板材的成形要求，冷冲压时容易产生破裂、回弹较大等缺陷，且需要比较大的成形力。相反，当采用热成形工艺时，高强钢、钛合金、铝合金乃至陶瓷等板材则具有良好的成形性。

板材热成形根据成形特点可以分为高强钢热冲压成形、蠕变时效成形、超塑成形、热成形，其中高强钢的热冲压成形技术，将板材热变形和模内热处理淬火技术紧密结合，成形并控性，将目前板材热冲压成形技术推向了一个高潮；根据成形材料可以分为金属板材与非金属板材的热成形；根据加热方式的不同，可以分为电流辅助热成形、激光热弯曲成形、等温热成形等。热成形零件具有以下优点：减小回弹、提高精度、减小零件成形过程损伤、降低残余应力、实现大变形制造和成形复杂的零件、成形设备吨位低，等等。

本篇面向实际的需求和应用，分为6章进行论述，分别为高强钢板材热冲压成形技术、钛合金板材热成形、铝合金板材热成形、超塑/扩散连接技术、蠕变时效成形以及其他热成形技术等。

第1章

高强钢板材热冲压

宝山钢铁股份有限公司　徐伟力　罗爱辉　吴彦骏　王晨磊　潘　华
周庆军　石　磊　张　文　肖　华　雷　鸣　张丹荣
武汉理工大学　华　林　胡志力
上海大学　吴晓春
福建工程学院　梁卫抗

1.1　热冲压原理及特点

1.1.1　技术原理

传统的1500MPa钢板热冲压成形工艺原理如图5-1-1所示，首先把常温下强度为500~600MPa的高强度硼合金钢板加热到930℃以上并保温一段时间，使之奥氏体均匀化，然后送入内部带有冷却系统的模具内冲压成形，并保压淬火，使奥氏体转变成马氏体，成形件因而得到强化和硬化，强度大幅度提高。经过模具内的冷却淬火，冲压件强度可以达到1500MPa左右，强度提高了250%以上，因此该项技术也被称为冲压硬化技术。钢板热冲压技术在国外主要有5个术语，即hot forming、hot stamping、press hardening、die quenching和hot pressing。国内有热冲压、热成形、热成型三个术语，从学术角度而言，热冲压这个术语更为严谨。

和一般热处理不同，热冲压具有如下显著特点：

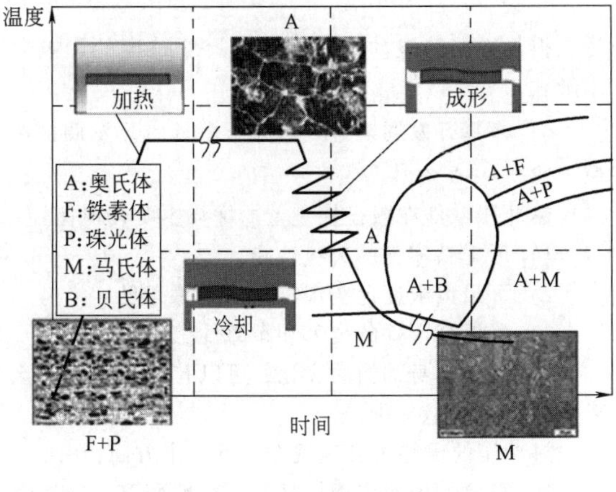

图5-1-1　传统的1500MPa钢板热冲压成形工艺原理

1）通过保压淬火可以得到较高尺寸精度的零件（一般车身零件装配面的公差要求在±0.5mm范围之内）。

2）热冲压需要一定的冷却速度以充分得到马氏体组织。图5-1-2所示是硼钢的奥氏体连续冷却转变图，如果冷却速度太慢，则会出现马氏体和贝氏体的混合组织，零件的强度往往不能达标。如果冷却速度太快，则零件的伸长率往往不能达标。

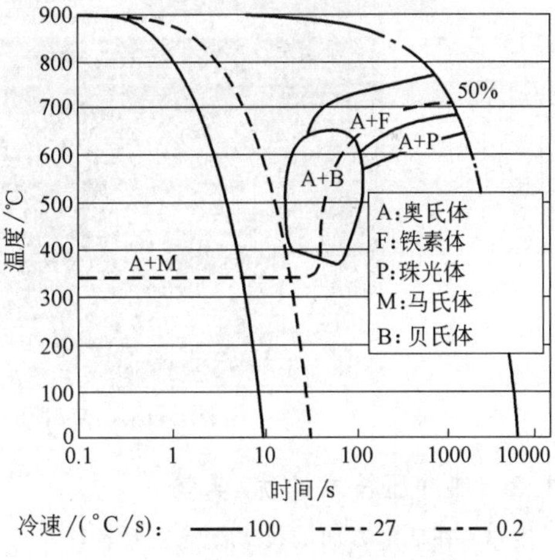

图5-1-2　硼钢的奥氏体连续冷却转变图

3）需要相对均匀的冷却速度，以获得相对均匀一致的金相组织和应力场分布，确保零件出模以后有较好的形状稳定性和较小的残余应力。

1.1.2　热冲压零件的典型应用

热冲压工艺主要适用于制造车身安全结构件，典型的热冲压车身零件有前/后门左/右防撞杆（梁）、前/后保险杠、A柱加强板、B柱加强板、C柱加强板、地板通道、车顶加强梁等，图5-1-3所示是车身中典型热冲压零件的分布情况。

热冲压也可以应用于图 5-1-4 所示的农业、矿山机械等领域，以提高主要工作部件的硬度和耐磨性。

热冲压技术还可以应用在防弹车、防爆盾牌、野外营房防护钢板的制造上，既可以实现轻量化，又可以满足高强性能的要求。

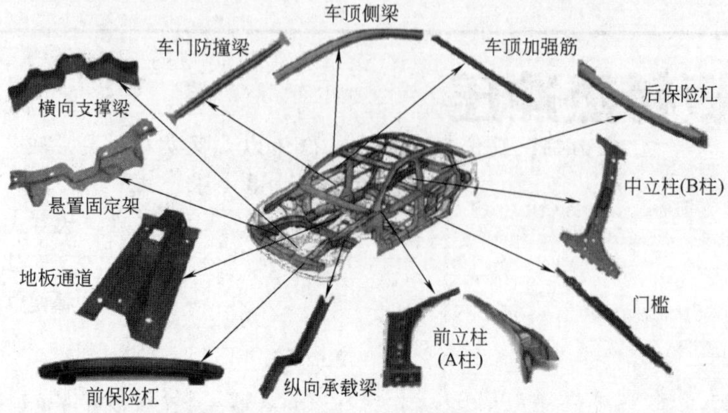

图 5-1-3　车身中典型热冲压零件的分布情况

图 5-1-4　热冲压在农业、矿山机械领域的应用

1.1.3　热冲压技术的优/劣势

热冲压在成形方面的技术优势主要表现在：

1）可显著减少压力机数量，降低压力机吨位。通常一台 800t 的高速压力机可以满足 90% 以上典型车身热冲压零件的成形需求，而一台 1200t 的高速压力机则能满足所有典型车身热冲压零件的成形需求。

2）可提高零件的冲压成形性。尽管热冲压的摩擦系数是冷冲压的 3~4 倍，但由于其是在高温下冲压成形，钢板屈服强度较低，因而其成形性大大优于同等强度钢板在冷冲压下的成形性。

3）可提高零件的尺寸精度。对于热冲压而言，回弹相对较小，而且也相对好控制，一旦调整好以后，板料性能的波动对最终零件尺寸精度的影响就不敏感了。

4）模具开发周期短。热冲压模具的开发调试周期一般在 4~5 个月。

热冲压零件在服役性能上的优势主要表现在：

1）可提高零件的碰撞性能。

2）可最大限度地实现零件的减薄高强。

3）可提高零件的硬度和耐磨性。

4）借助车身结构的优化，可以有效控制（乃至降低）综合制造成本。

热冲压的劣势主要表现在以下几个方面：

1）需要采用专用钢板材料。一般而言，冷冲压适用的钢板种类比较多，如 IF 钢、DP 钢、QP 钢、

TRIP 钢、CP 钢等，而热冲压只能采用硼钢。

2）热冲压生产节拍较慢。受制于加热及其保压淬火的需要，常见的生产节拍在每分钟 3~5 个冲程之内。

3）热冲压能耗较大。热冲压需要将钢板从室温加热到 930℃左右，并支持连续生产，因此需要大功率的加热炉（装机功率通常在数百千瓦以上）。

4）热冲压质量影响因素多。热冲压零件成形质量的影响因素较一般冷冲压多，如加热温度、保温时间、保压力、保压时间、外部冷却水入口温度、水压等。为得到高质量的热冲压零件，必须通过长期生产积累相关调试经验，从而实现对系统中上述因素的优化。

5）需要激光切割进行切边冲孔。热冲压以后的零件其抗拉强度一般在 1500MPa 以上，依靠传统的压力机和模具进行切边冲孔的技术难度很大，往往需要激光切割来离散地进行切边冲孔，生产效率低，成本高。

6）检测内容多。对于热冲压零件，除了冷冲压零件的检测要求以外，还要额外进行诸多内容的检测，包括零件破坏性检测，如金相组织、断面硬度、力学性能、脱碳层厚度等。

1.2 热冲压关键技术

1.2.1 热冲压零件设计

热冲压零件的设计需要考虑到零件服役性、成形性和低成本的要求。以车身零件为例，首先在整车环境中，通过碰撞、强度、刚度、NVH 等性能的分析和优化来确定热冲压零件的厚度和基本外形，然后通过冲压、焊接、涂装、尺寸链四大同步工程（SE）来设计、优化相关细节，从而冻结零件 CAD 模型，建立其 GD&T（Geometric Dimensioning and Tolerancing，几何尺寸与公差）图。

热冲压零件的同步工程，是热冲压零件优化设计中非常重要的一环。目前成熟可用的商业分析软件有 AutoForm、PamStamp 和 Dynaform。热冲压同步工程有 4 大关键要素，即工艺设计、高温应力应变曲线、摩擦特性、高温成形极限，它们对正确判断零件热冲压成形性有重要影响。

图 5-1-5 所示是典型 B 柱的热冲压工艺，和传统冷冲压工艺相比，压边圈尺寸明显变小了，而且采用局部活料芯来控制起皱。正确的热冲压工艺设计必须考虑实际量产的情况。

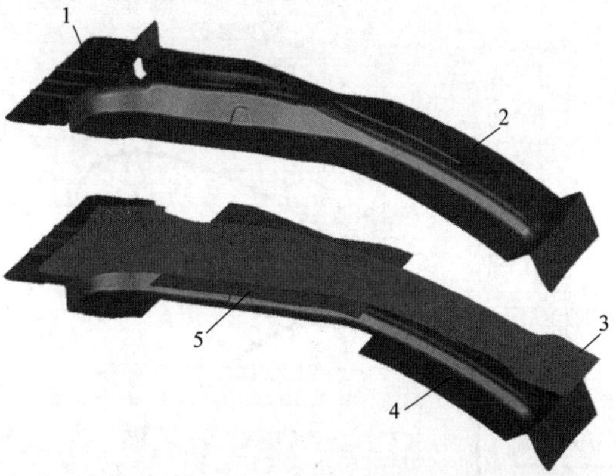

图 5-1-5　典型 B 柱热冲压工艺

1—活料芯　2—凹模　3—板料　4—凸模　5—压边圈

热冲压成形性和温度、应变速率是密切相关的，图 5-1-6 所示是通过反复试验获得的硼钢在不同变形温度、不同应变速率下的真实应力-应变曲线。

对钢板热冲压而言，摩擦系数是一个非常重要的输入参数。不同冲压温度、不同镀层材料、不同模具表面状态，热冲压摩擦系数也有差异。一般而言，钢板热冲压的摩擦系数在 0.3~0.6 之间。

高温成形极限是判断热冲压开裂失效的重要依据。目前还没有特别成熟可靠的试验方法和数据。

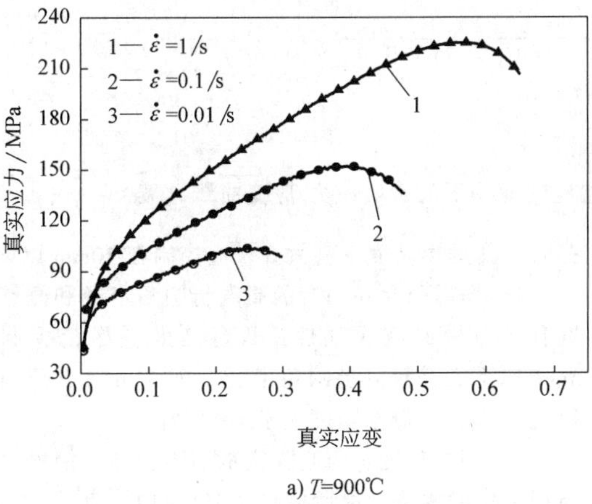

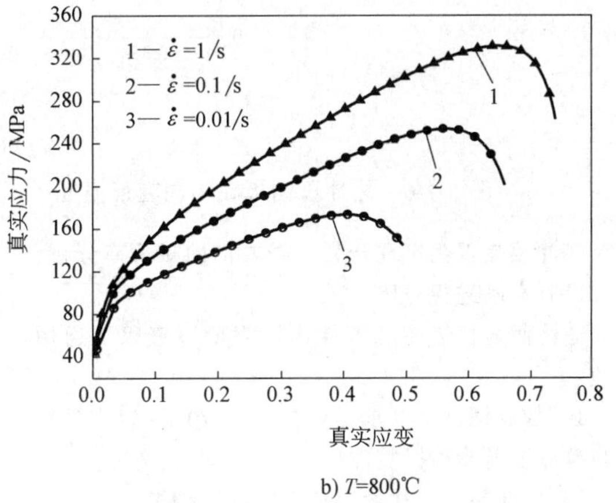

图 5-1-6　热冲压钢板在不同变形温度、不同应变速率下的真实应力-应变曲线

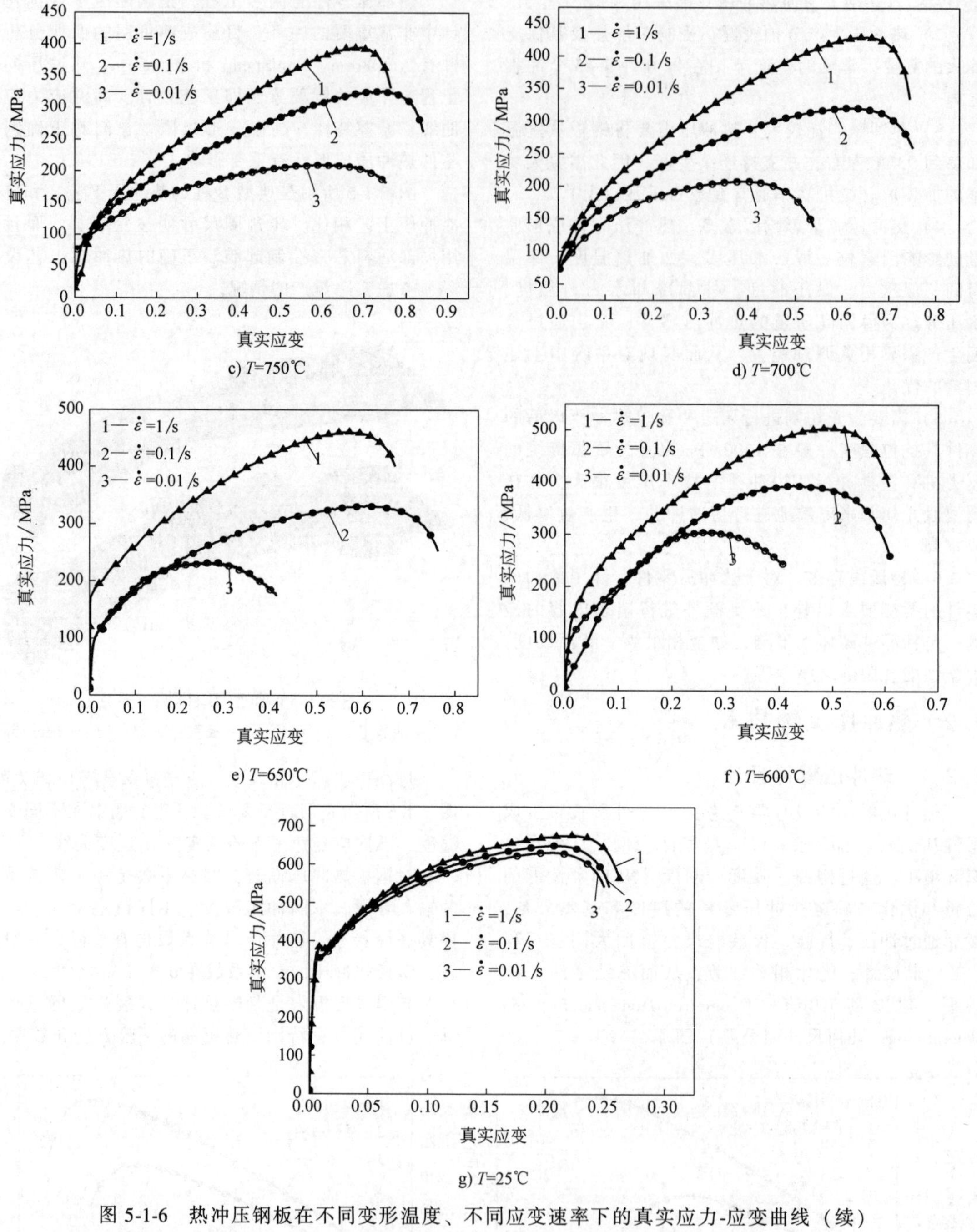

图 5-1-6　热冲压钢板在不同变形温度、不同应变速率下的真实应力-应变曲线（续）

判断热冲压是否会出现开裂，需要借助减薄率分析，并和已有案例进行对比。

总体而言，热冲压零件设计需要遵守以下通用规范：

1）拉延深度：要求尽量控制在 70mm 以内，具体拉延深度需要根据零件尺寸大小和厚度确定。

2）反向翻边：尽量避免反向翻边结构。

3）垂直翻边孔：尽量避免，确实需要设计此类孔时，其翻边高度不宜太高，应控制在 10mm 以内。

4）局部凸台：凸台的高度与圆角半径和侧壁斜度有关，为保证成形性，凸台高度应尽量控制在 5mm 以下，并且以上圆角半径大于 3mm、下圆角半径大于 5mm、侧壁角度大于 10°为宜。

5）切边角度：与高强度钢切边一样，钢板厚度与切边角度相关，尽量控制在 10°以内为宜。

6）零件起皱会严重影响热冲压模具寿命，因此，控制零件起皱是设计考虑的重要因素。热冲压与冷冲压不同，不能用过多的吸皱筋以及凸台、凹坑等局部特征来控制起皱。

7）零件整体过渡平缓，避免有急剧变化的特征。

1.2.2　热冲压模具设计

热冲压模具设计具有三大关键要素：

（1）考虑成形性、热胀冷缩效应和回弹补偿的工艺、型面设计　即根据热冲压 CAE 分析确定其工艺，考虑热冲压热胀冷缩效应给予 0.2%的补偿，再根据零件外形特征给予相应的回弹补偿，以此来确定最终模具型面。

（2）镶块的合理分块　热冲压模具需要分块以保证冷却足够而且均匀，并且具有良好的可制造性。镶块分块总体原则如下：

1）所钻的孔应尽量均匀，逼近模具型面。

2）单个镶块起吊、安装方便。

3）模具钢加工量尽可能少。

4）便于局部调整。

5）对于易磨损镶块，其尺寸尽可能小。

（3）冷却回路设计　对于冷却回路，也有三个关键因素，即冷却孔的直径、冷却孔与模具型面的距离、冷却回路的总体走向。

对于冷却孔的直径，既要考虑均匀足够的冷却效果，又要考虑钻孔的可行性，一般在 6～20mm 范围内。

对于冷却孔与模具型面的距离，理论上说，冷却孔越靠近模具型面，冷却效果越好，但模具的强度越差。可以通过模具强度 CAE 分析和保压淬火 CAE 分析对冷却孔的直径及其与模具型面的距离这两个关键要素进行相应的优化，达到冷却效果和模具强度的最佳匹配。

对于冷却回路的总体走向，要综合考虑均匀、足够的冷却效果和有效防止冷却水泄漏两方面的需要。图 5-1-7 所示是行业内常用的冷却回路的总体走向（上下通水式），这种冷却回路设计对防止冷却水泄漏比较有效，但在均匀、足够的冷却效果方面表现较差。在镶块交界处，模具型面有 40mm 左右的区域没有冷却水通过。图 5-1-8 所示是另一种常见的冷却回路，即直通式冷却回路。这种冷却回路冷却效果好，但镶块之间容易产生冷却水泄漏，镶块之间必须强力锁紧。

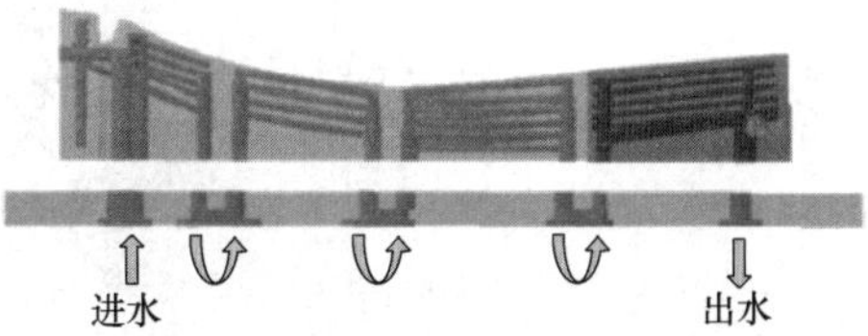

图 5-1-7　上下通水式冷却回路

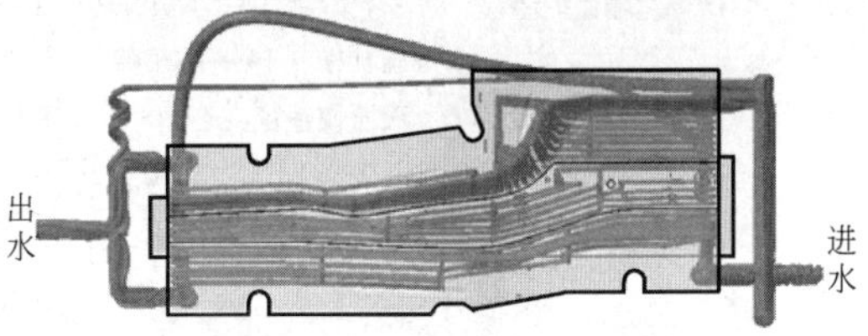

图 5-1-8　直通式冷却回路

图 5-1-9 所示是典型裸板 B 柱热冲压模具三维模型，值得注意的是，为了避免氧化皮堆积在模具上，需要凸模在下，凹模在上。如图 5-1-10 所示是典型 B 柱热冲压模具二维装配图及其关键部件名称。

1.2.3　模具钢材料及其热处理

热冲压模具的优劣对热冲压制造成本有直接的影响。对热冲压模具而言，既要求具有较高的寿命，不过早发生开裂和严重拉毛缺陷，又要求具有较高的使用效率，不致频繁停机打磨模具。热冲压模具钢的合理选用、热处理工艺及表面渗氮工艺对热冲压模具的服役表现具有重要影响。

热冲压模具钢按照性能可分为四类：

1）通用型热作模具钢，有 4Cr5MoSiV1（AISI H13）、瑞典 UDDEHOLM 钢厂的 DIEVAR、日立金属的 DAC 系列等。此类钢采用 Cr-Mo-V 系的合金化思路，适用于中等批量生产，且具有良好的综合性能，但热导率和耐磨性能不佳，生产效率不高，易过早发生磨损。

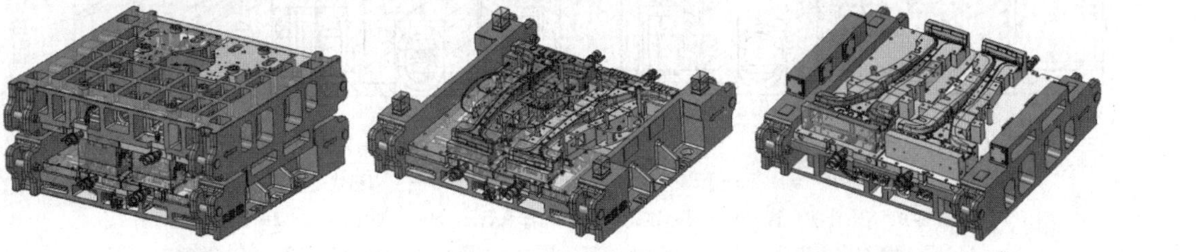

a) 三维装配模型　b) 下模三维模型　c) 上模三维模型

图 5-1-9　典型裸板 B 柱热冲压模具三维模型

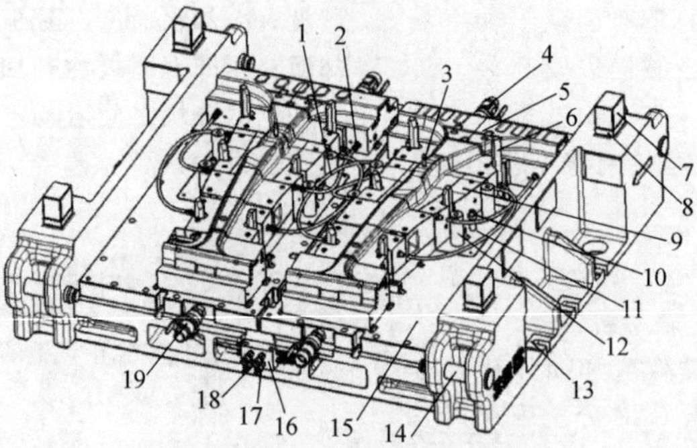

a) 下模关键部件及其名称

1—外接水管　2—外接水管接头　3—定位针　4—进水快速接头　5—凸模镶块　6—靠山
7—运输保护垫块　8—合模块　9—压边镶块　10—限位螺钉　11—压边安装座　12—压边间隙调整块
13—压板槽　14—起吊棒　15—下模镶块安装垫板　16—液压快速接头安装块
17—液压快速接头 (子体)　18—液压快速接头(母体)　19—出水快速接头

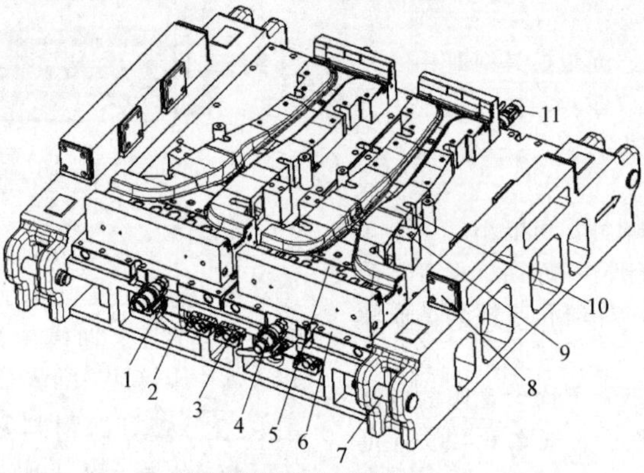

b) 上模关键部件及其名称

1—活料芯外接水管接头　2—外接水管　3—氮气表　4—进水快速接头　5—活料芯镶块　6—上模镶块安装垫板
7—起吊棒　8—模座导板　9—压边间隙调整块　10—凹模镶块　11—出水快速接头

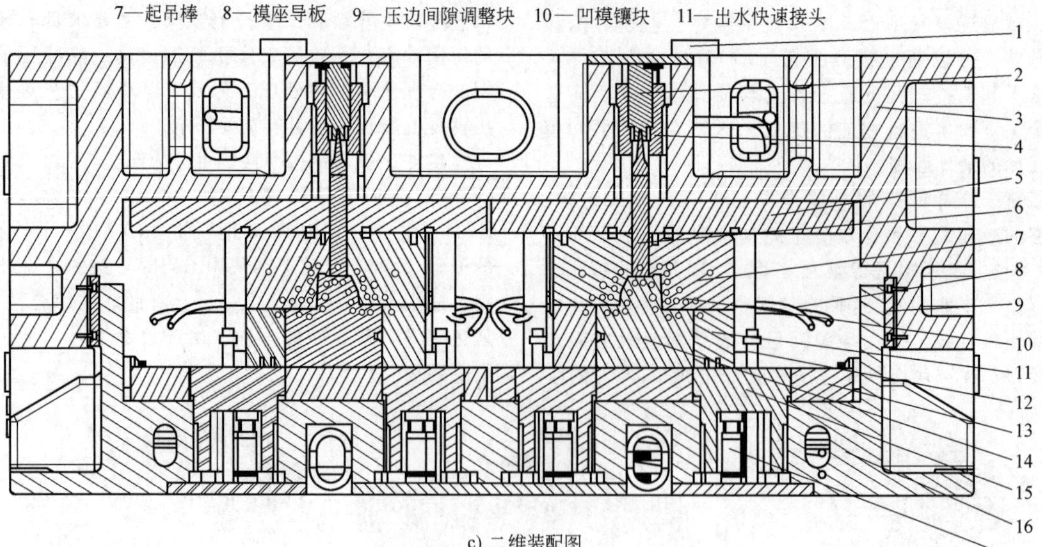

c) 二维装配图

1—锁模块　2—活料芯氮气缸　3—上模座　4—活料芯安装座　5—上模镶块安装垫板　6—活料芯镶块
7—凹模镶块　8—外接水管　9—模座导板　10—内部水管　11—压边镶块　12—压边限位螺钉
13—下模镶块安装垫板　14—凸模镶块　15—压边安装座　16—下模座　17—压边氮气缸

图 5-1-10　典型 B 柱热冲压模具二维装配图及其关键部件名称

2）高耐磨热作模具钢，有德国 KIND&CO 钢厂的 CR7V-L、国产的 SDH55 等。此类钢具有良好的耐磨性能，但韧性相对较低。

3）高热导率热作模具钢，有西班牙 ROVALMA 公司的 HTCS 系列、国产的 SDCM-SS 等。通过降低此类钢中硅和铬的含量，增加钼含量，并加入钨元素，可使其热导率得以提高，同时使其强度和硬度保持较高水平。高热导率热作模具钢适用于快节拍生产，但其耐磨性相对欠缺。

4）高热导率、高耐磨热作模具钢。有瑞典 UDDEHOLM 钢厂的 QRO90 SUPREME、国产的 SDHS2 等。此类钢具有良好的强韧性、抗热疲劳性能和热稳定性，能满足热冲压模具的性能要求，表现出优异的服役状态。此类钢中低含量的硅和铬可显著提高热导率，同时钼在回火过程中会析出具有良好热稳定性和耐磨性的钼系碳化物，起到二次硬化作用，使得模具钢的耐磨性和热稳定性得到提升。

根据热冲压模具钢的性能要求，通过不同的淬火、回火工艺，得到符合热冲压工况的强韧性配比，表 5-1-1 为常用热冲压模具钢热处理工艺。

表 5-1-1　常用热冲压模具钢热处理工艺

钢种	淬火温度/℃	回火温度/℃	冲击吸收功/J	硬度 HRC
DIEVAR	1000~1030	550~580	320~360	50~53
HTCS-130	1060~1100	540~600	180~230	50~53
CR7V-L	1030~1050	500~700	140~180	55~58
SDHS2	1020~1060	520~580	300~350	50~55
SDCM-SS	1050~1080	560~620	200~250	52~55
SDH55	1050~1080	520~600	250~300	55~58

和超高强钢冷冲压一样，热冲压也非常容易发生拉毛缺陷。因此热冲压模具服役一段时间后，需要对模具表面进行处理，以增强其抗拉毛性能。目前常用的热冲压模具表面处理技术有气体渗氮、离子渗氮、物理气相沉积（PVD），还有表面复合渗层技术，如表面钛氮共渗、碳氮共渗等。对于在真空下进行的表面处理，要求工件必须清洁干净，除油。PVD 工艺要求表面必须打磨抛光至镜面以获得良好的镀层；气体渗氮和离子渗氮对表面粗糙度要求没有 PVD 工艺高，但离子渗氮后表面粗糙度值会增大，建议表面处理前对模具工作面进行抛光处理。

不同表面处理技术特点见表 5-1-2。

表 5-1-2　不同表面处理技术特点

表面处理技术	优点	缺点
PVD	处理温度低，镀层硬度大，工件变形小，对表面粗糙度无影响	镀层属于物理结合，结合力差，脆性大，成本高，失效后无法焊接修复
气体渗氮	操作简单，成本低，渗层结合力高	处理周期长，工件变形大
离子渗氮	成本低，处理周期短，渗层组织可控，渗层结合力高	工艺要求高，工件边角脆性大，略增大表面粗糙度值

1.2.4　热冲压零件检测

对热冲压零件和冷冲压零件有相同的检测要求，如尺寸精度、表面质量、减薄率等，这些可以归结为常规检测。这里以尺寸精度检测为例说明常规检测的方法要求。零件必须满足基准孔、基准面、装配面、非装配面、切边线等的具体尺寸精度要求。对这些尺寸精度的检测，有检具测量和三坐标测量两种方法。

表面质量方面，要求包括：

1）零件表面应无叠料和严重起皱。

2）零件表面应无开裂、严重缩颈与拉伤，缩颈部位、拉伤部位减薄不大于 20%。

3）零件孔边及边线毛刺高度应不大于 0.3mm。

对于冷冲压零件，一般可以采用网格测量法来间接测量零件厚度，而对于热冲压零件，由于无法印制并保存网格，因此无法进行传统的网格应变测量，需要进行破坏性试样测量，可截取几个关键截面以测量厚度分布。

由于热冲压工艺存在高温加热和保压淬火强化的特点，同时又是重要的安全结构件，因此其有特殊检测要求，主要包括：力学性能、金相组织、特殊表面质量、镀层微裂纹、延迟开裂、服役功能（碰撞、疲劳、三点弯曲）等。只有这些特殊检测内容都合格后，热冲压零件才算是真正合格。

1. 力学性能检测

不同厂家，热冲压零件的力学性能检测标准也不一样。目前常见的检测标准是屈服强度大于 900MPa，抗拉强度大于 1300MPa。而对于伸长率，则规定 A80mm（80 标距）应不低于 4%，A50mm（50 标距）应不低于 5%。对于因尺寸较小无法获取标距为 50mm 的零件，A5.65 或 A11.3（比例试样）应不低于 6%。要检测这些性能，必须制作相应的拉伸试样，在可行的情况下，要尽可能多地获取拉伸试样，确保力学性能检测客观、全面。

不同规格的拉伸试样，测得的伸长率是不一样的，因此，在测量和记录时，必须表明标距。拉伸试样的选择既要考虑企业制定的检测标准，又要考虑在零件平坦部位实际取样的可行性。有些热冲压零件平坦部位比较小（如车门防撞梁），取样比较困难，这时就不能强求 50 标距或 80 标距，而应采用比例试样。另外，拉伸试样必须有较高的制作质量，最大限度地确保拉伸断裂发生在标距之内。对于断裂发生在标距外的拉伸试样，需采用人工方式来计算伸长率。需要指出的是，对于超高强度零件，特别是从变形后零件上取的试样，很容易发生在标距外断裂的情况。

为了更全面检测热冲压零件淬火强化后的力学特性，往往需要在零件上选取几个截面，测量其截面硬度。截面硬度试样的选取应在零件侧壁、底面等不同位置，试样数量不应少于 3 个，每个试样应检测至少 3 次截面硬度，以平均值作为该试验的截面硬度。截面硬度检测采用维氏硬度试验，用一个相对面夹角为 136°的正四棱锥体金刚石以规定的试验力压入试样表面，经保持规定时间后卸除试验力，根据测出的压痕表面积计算出维氏硬度值，如图 5-1-11 所示。推荐的维氏硬度试验力见表 5-1-3，一般汽车厂都采用 HV10/HV30 硬度值，规定 HV10/HV30 必须在 400～520 之间。硬度和强度的换算关系，可以参照 SAE J417。

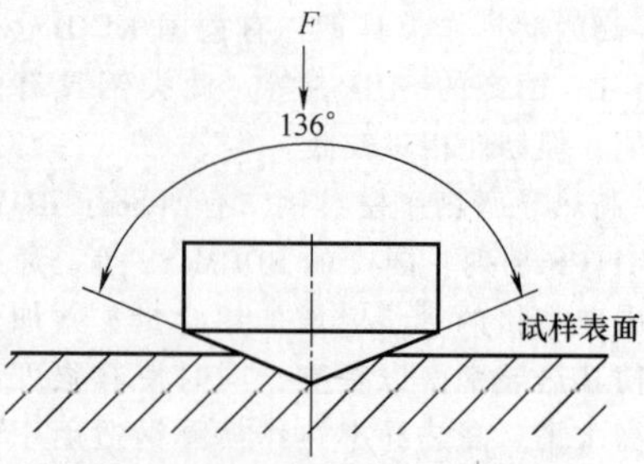

图 5-1-11　维氏硬度测量示意图

2. 金相组织检测

对于热冲压零件，还需要在零件上进行取样，观察其金相组织。主要检测两个内容，一个是马氏体含量，一般汽车厂都要求热冲压零件中马氏体含量（质量分数）大于 90%；另一个检测内容是零件表面的脱碳层厚度（主要针对裸板热冲压零件），关于脱碳层的检测可以参照 GB/T 224—2019，一般规定脱碳层厚度小于 0.1mm。

表 5-1-3　推荐的维氏硬度试验力

维氏硬度试验		小负荷维氏硬度试验		显微维氏硬度试验	
硬度符号	试验力/N	硬度符号	试验力/N	硬度符号	试验力/N
HV5	49.03	HV0.2	1.961	HV0.01	0.09807
HV10	98.07	HV0.3	2.942	HV0.015	0.1471
HV20	196.1	HV0.5	4.903	HV0.02	0.1961
HV30	294.2	HV1	9.807	HV0.025	0.2452
HV50	490.3	HV2	18.61	HV0.05	0.4903
HV100	980.7	HV3	29.42	HV0.1	0.9807

注：1. 维氏硬度试验可使用大于 980.7N 的试验力。
2. 显微维氏试验力为推荐值。

3. 特殊表面质量检测

热冲压工艺需要把钢板加热到 930℃以上再进行冲压，因此对其零件表面有特殊的检测要求。对于不同材料的热冲压件，表面质量要求见表 5-1-4。

表 5-1-4　热冲压件表面质量要求

序号	材料类型	表面质量要求
1	无镀层钢板	零件表面应无氧化皮，通过电泳后，进行划格试验，评判等级要求应小于 3 级，并应符合 GB/T 9286—1998 的规定
2	Al-Si 镀层板	冲压后零件表面镀层单侧厚度应为 15～50μm，可参考原材料镀层厚度，扩散层厚度不应大于 16μm 零件表面应无严重涂层脱落，材料流动量较大区域允许有轻微涂层脱落

4. 延迟开裂检测

热冲压零件在氢和应力作用下有发生延迟开裂的风险。与通常的冲压开裂、弯曲开裂不同，延迟开裂可发生在零件成形后及服役过程中，具有滞后性并且难以预测，对车辆结构和人员安全危害很大。影响延迟开裂的主要因素来自于材料、应力和环境三个方面。对汽车零件而言，采用的钢种不同，组织成分不一样，材料的延迟开裂敏感性必然存在差异。此外，汽车零部件往往形状结构复杂，加工工艺多样，不同的零件结构设计和加工制造工艺导致的残余应力状态不一样，也会影响零件的抗延迟开裂性能。

热冲压零件是马氏体组织，材料的延迟开裂敏感性较高。热冲压钢的延迟开裂性能评价可以从材料和零件两个层面分别进行。目前国内外对延迟开裂性能评价还没有统一的试验方法和标准，不同厂家采用的试验方法和技术要求不同，性能判定标准也不一样。理想的试验方法是在实际服役条件下开展零件试验，但由于周期太长、实施难度大而很少被采用。因此，在实际生产中主要采用试验室加速试验进行评价，常用的试验方法简介如下。

（1）材料的延迟开裂性能评价试验　对于材料

的延迟开裂性能评价，主要有两种方法，即恒应力/恒应变试验法和慢应变速率拉伸试验法。

1）恒应力/恒应变试验法。通过拉伸试验机对试样进行拉伸，或者借助弯曲试验装置通过应变控制对试样进行加载，给试样施加恒定的应力，试验过程中采用腐蚀溶液浸泡或电化学方法对试样充氢。根据试样在约定的时间和应力水平下是否发生开裂判断试样的延迟开裂性能是否满足要求。恒应力/恒应变试验需要采用平板加工试样，样板可以从热冲压零件的平面部分取样加工，也可采用平板模制备试验钢板，然后加工试样，如图 5-1-12 所示。这种试验方法简单，不需要复杂的试验设备，易于批量进行，因此在很多钢厂和车厂得到应用。其缺点是试验为定性结果，比较难以量化，而且试验结果相对比较分散。因此，同一条件的试验至少需要 3 个平行试样。

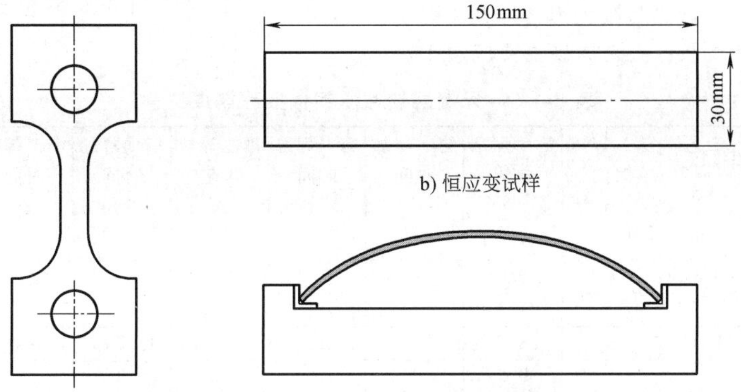

图 5-1-12 恒应力/恒应变试样示意图

2）慢应变速率拉伸试验法。采用慢应变速率拉伸试验机以恒定的应变速率拉伸试样，试验可以用预充氢试样或者在拉伸的过程中采用腐蚀溶液浸泡或电化学方法对试样充氢拉伸，直至将试样拉断。试样断裂后可以用断裂时间、断后伸长率、断裂应力等参数在充氢状态和未充氢条件下的相对变化来评价材料的延迟开裂敏感性。

与恒应力试验的试样相似，慢应变速率拉伸试样也可以从热冲压零件的平面部分取样加工，或采用平板模制备试验钢板，然后加工试样。试样形状见图 5-1-12a，拉伸速率一般为 $10^{-6} \sim 10^{-5} s^{-1}$。慢应变速率拉伸试验方法可参考 ISO 7539-7：2005 或 GB/T 15970.7—2017 进行。

慢应变速率拉伸试验法操作比较复杂，对试验设备和人员要求较高，但其优点是试验周期一般较短，试验输出结果信息量较大，更适合材料之间性能对比试验。

（2）零件的延迟开裂性能评价试验

1）浸泡试验。将热冲压钢零件直接浸泡在腐蚀溶液中，根据零件在约定的时间内是否发生开裂判断延迟开裂性能是否满足要求。目前应用比较多的试验溶液是 0.1mol/L 的盐酸溶液，也可采用稀硫酸溶液或酸性氯化钠溶液等介质。

2）循环腐蚀加速试验。将热冲压零件放在循环腐蚀试验箱，进行盐雾喷淋、干燥等条件的循环周期腐蚀，模拟汽车零件在服役环境条件下的腐蚀吸氢过程。根据零件在一定的循环腐蚀周期内是否发生开裂判断零件的延迟开裂性能是否满足要求。

5. 三点弯曲检测

对于车门防撞梁类的热冲压零件，需要检测其三点弯曲性能。三点弯曲试验示意图如图 5-1-13 所示，不同汽车厂的试验方法及其试验条件有所差别，但都是要考察载荷-位移曲线是否满足标准要求。

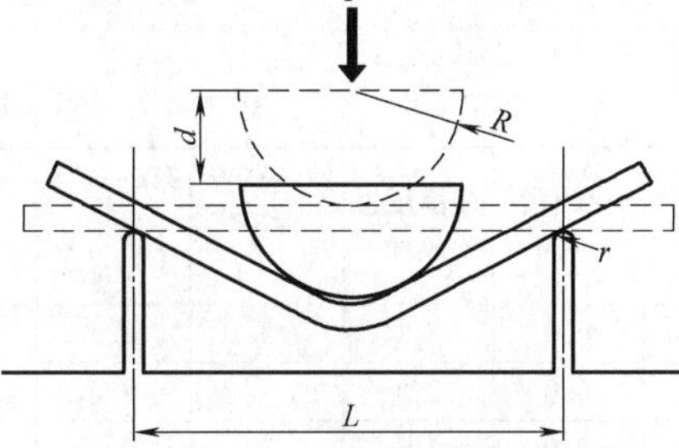

图 5-1-13 三点弯曲试验示意图

P—外加载荷 *L*—支撑点的跨距 *R*—加载压头圆柱半径
r—支撑头半径 *d*—加载位移

6. 碰撞检测

热冲压零件还需要进行零部件小总成级别和整车级别的碰撞检测，不同汽车厂有不同的试验方法和标准，总体上讲，碰撞以后的热冲压零件允许有微裂纹，但不允许脆断。

7. 疲劳检测

热冲压零件还需要进行零部件小总成级别和整

车级别的疲劳检测，不同汽车厂有不同的试验方法和标准。

1.2.5　热冲压焊接

焊接质量对热冲压零件的最终服役性能有重要影响。热冲压领域的焊接主要有两种方法，即点焊和激光焊接；焊接的对象也主要是两大类，即原材料和零件。本小节对两种焊接方法、两大类对象进行介绍。

1. 热冲压钢板的焊接

热冲压钢板主要是点焊和激光焊接。点焊主要应用于热冲压补丁板焊接；激光焊接主要应用于热冲压拼焊板的焊接。

（1）无镀层热冲压钢板的焊接　点焊该种材料相当于点焊普通的高强钢裸板，焊接性良好。但因母材所含合金的质量分数较传统的碳锰钢高，自身电阻率大，因此焊接时需要的焊接电流相对较低。焊接热影响区不会发生软化现象，焊好的补丁板经后续热冲压工序后，接头组织与母材一起重新奥氏体化并淬火，最终得到的接头组织和基体组织差异不显著，均为马氏体。表 5-1-5 是无镀层热冲压钢板推荐点焊工艺。

表 5-1-5　无镀层热冲压钢板推荐点焊工艺

板厚/mm	电极直径/mm	焊接压力/kN	第一焊接时间/cyc	第一焊接电流/A	第一冷却时间/cyc	第二焊接时间/cyc	第二焊接电流/A	第二冷却时间/cyc	第三焊接时间/cyc	第三焊接电流/A	保载时间/cyc
1.0	6.0	3.1	8	8.5	—	—	—	—	—	—	5
1.2	6.0	3.8	9	9.0	—	—	—	—	—	—	5
1.4	6.0	4.3	3	7.5	1	11	8	0	4	4	5
1.6	8.0	5.0	3	8.5	1	12	9	0	4	4.5	5
1.8	8.0	5.7	3	9.5	1	15	10	0	5	5	5
2.0	8.0	6.5	3	9.5	1	15	10	0	5	5	5

注：1cyc = 0.02s。

注意事项：

1）设计焊点位置时，不宜在热冲压过程中发生较大变形的区域布置焊点。

2）点焊所需的焊接电流较软钢低。

3）尽可能规避焊接飞溅的发生。

4）需较大的焊接压力。选择焊枪时，需保证焊枪能够提供并承受足够的焊接压力。

5）中频直流焊机和工频交流焊机均能满足其点焊需求。

试验研究表明，热冲压拼焊板的焊缝凹陷深度大于母材厚度（对于差厚板，取薄板侧母材厚度）的 10%以后，热冲压性能将受到显著影响。因此在实际批量拼焊热冲压钢板时建议采用填丝拼焊。

（2）铝硅镀层热冲压钢板的焊接

1）点焊。点焊该种材料类似于点焊高强钢镀锌板。其焊接性能与无镀层热冲压钢板相比，可焊区间变窄，电极寿命降低，总体焊接性能略差。表 5-1-6 是铝硅镀层热冲压钢板推荐点焊工艺。

表 5-1-6　铝硅镀层热冲压钢板推荐点焊工艺

板厚/mm	电极直径/mm	焊接压力/kN	第一焊接时间/cyc	第一焊接电流/A	第一冷却时间/cyc	第二焊接时间/cyc	第二焊接电流/A	第二冷却时间/cyc	第三焊接时间/cyc	第三焊接电流/A	保载时间/cyc
1.0	6.0	3.1	3	8.5	1	13	9.0	0	5	4.5	5
1.2	6.0	3.8	3	9.0	1	15	9.5	0	5	4.7	5
1.4	6.0	4.3	3	9.5	1	16	10.0	0	5	5.0	5
1.6	8.0	5.0	3	10.0	1	16	10.5	0	5	5.2	5
1.8	8.0	5.7	3	10.5	1	18	11.0	0	5	5.5	5
2.0	8.0	6.5	3	10.5	1	18	11.0	0	5	5.5	5

注：1cyc = 0.02s。

2）激光焊接。激光焊接（拼焊）时铝硅镀层受热熔化进入熔池，与铁形成脆硬的金属间化合物，使接头抗拉强度及伸长率下降。为了解决这个问题，目前有两种处理方法，即消融焊接和纯填丝激光焊。

① 消融焊接。为了提高拼焊板的接头性能，安赛乐米塔尔（安米）公司提出在激光拼焊前，用激光消融焊接区的铝硅镀层，如图 5-1-14 所示。具体为去除镀层中的顶层，避免过多的铝熔入熔池；保留镀层中的合金层，确保热冲压时焊接热影响区无脱碳、氧化，提高焊后接头的耐蚀及电泳性能。该公司为这种工艺在全球申请了专利，其在中国的专

利号为 CN200780013854.1。因为安米公司的方案只消融处理了镀层中的铝层，在此将这种方案称之为部分消融。

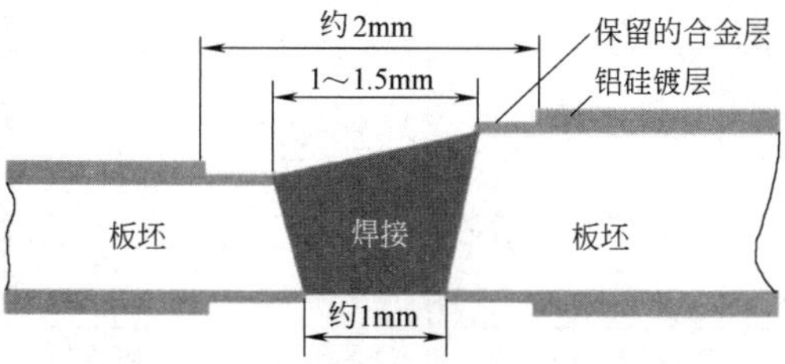

图 5-1-14　安米铝硅镀层板激光消融后的焊接区示意图

与之对应的就是镀层完全消融方案，也就是在焊前将铝硅镀层全部由待焊区钢板表面去除，降低因镀层元素进入熔池对接头力学性能的不利影响。试验表明，不消融、部分消融、完全消融三种焊前处理方法，本身对拼焊后的接头性能影响并不明显，但经过热冲压后，其性能表现差异较大；图 5-1-15 所示为 1.2mm 厚铝硅镀层板在不消融、部分消融、完全消融三种状态下焊接并进行热冲压后接头抗拉强度及伸长率的对比，可以看出不消融拼焊板热冲压后的接头强度明显低于部分消融及完全消融的接头性能；部分消融与完全消融的接头抗拉强度相近，后者的伸长率还优于前者。

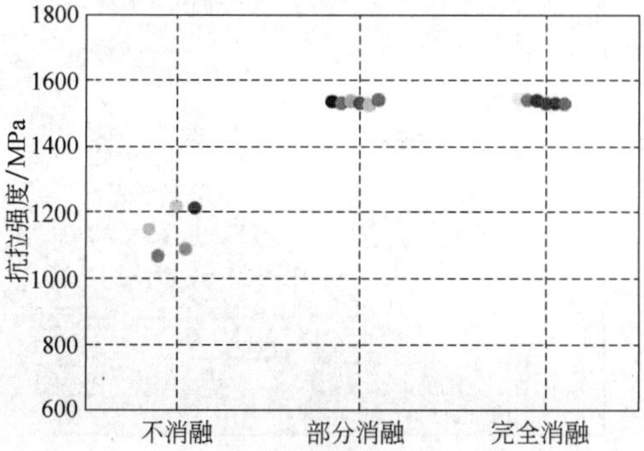

a) 接头抗拉强度

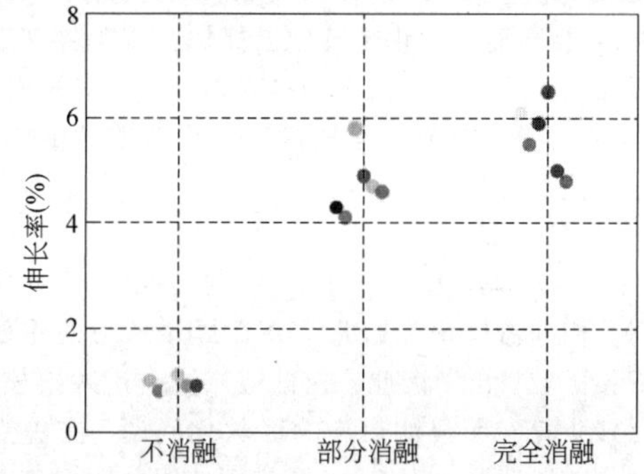

b) 接头伸长率

图 5-1-15　镀层经三种预处理后拼焊+平板热冲压处理的接头力学性能

② 纯填丝激光焊。为应对铝进入熔池给焊缝性能带来的影响，纯填丝激光焊是铝硅镀层板拼焊的另外一种焊接方法。这种方法不需要焊前对镀层进行任何处理，其原理是通过向焊缝中添加焊丝来稀释焊缝中铝所占比重，从而使铝对焊缝性能的影响降低到可接受的程度。这种方案的关键控制指示为焊丝的送丝量及焊丝的成分。

经过大量的试验及分析工作，国内已成功解决了 1500MPa+600MPa、1500MPa+1500MPa 铝硅镀层板的纯填丝激光焊问题，且可以批量、稳定地提供这种拼焊板。

2. 热冲压零件的焊接

无镀层热冲压零件在热冲压过程中表面因高温氧化产生氧化皮，虽然后续会采用抛丸或酸洗工序去氧化皮，但零件表面仍易残留氧化皮；铝硅镀层板热冲压后，铝硅合金层将变得更厚；另外，热冲压后的零件焊接接头组合方式为搭接接头。基于上述因素，采用点焊对热冲压后的零件进行焊接比激光焊更具有可制造性优势，且前者的生产成本更低。所以，热冲压后的零件一般都采用点焊进行焊接。

（1）无镀层热冲压零件的焊接　热冲压零件的抗拉强度可达 1200~1500MPa，点焊需要较大的焊接压力，以实现钢板间良好的贴合。该材料焊接性良好，母材所含合金的质量分数比较传统的碳锰钢高，自身电阻率大，因此焊接时需要的焊接电流相对较低。与热冲压之前相比，由于钢板间的贴合程度及残余氧化层的影响，其可焊区间相对较窄。此外，点焊后接头存在明显的热影响区软化问题，在焊点设计时须加以关注。表 5-1-7 是无镀层热冲压零件推荐点焊工艺。

注意事项：

1）点焊时所需的焊接电流相对较低。

2）避免焊接飞溅。

3）需更大的焊接压力，选择焊枪时，需保证焊枪能够提供并承受足够的焊接压力。

4）点焊前，务必将热冲压时产生的氧化物清理干净。

5）由于存在热影响区软化问题，焊点强度会有所损失，为了保证零件的承载能力，可局部增加焊点密度。

6）在保证焊点强度满足要求的条件下，应尽量减小焊接热输入量，以缓解热影响区软化问题。

7）由于存在热影响区软化问题，热冲压钢板零

表 5-1-7　无镀层热冲压零件推荐点焊工艺

板厚/mm	电极直径/mm	焊接压力/kN	第一焊接时间/cyc	第一焊接电流/A	第一冷却时间/cyc	第二焊接时间/cyc	第二焊接电流/A	第二冷却时间/cyc	第三焊接时间/cyc	第三焊接电流/A	保载时间/cyc
1.0	6.0	3.1	8	8.0	—	—	—	—	—	—	5
1.2	6.0	3.8	9	8.5	—	—	—	—	—	—	5
1.4	6.0	4.3	3	7.0	1	11	7.5	0	4	3.7	5
1.6	8.0	5.0	3	8.0	1	12	8.5	0	4	4.3	5
1.8	8.0	5.7	3	9.0	1	15	9.5	0	5	4.7	5
2.0	8.0	6.5	3	9.0	1	15	9.5	0	5	4.7	5

注：1cyc = 0.02s。

件点焊时必须保证足够的焊接法兰边，焊点热影响区与法兰边边缘须留有3～5mm的母材（见图5-1-16），从而对软化区域加以保护，避免将其直接暴露在外，图5-1-16所示的错误焊点应务必杜绝。

8）点焊该种材料，熔核内容易出现缩孔缺陷，可以通过提高焊接压力，增加保载时间等方法加以缓解。

（2）铝硅热冲压零件的焊接　点焊铝硅热冲压零件时，铝硅镀层率先熔化，并在焊接压力的作用下从焊接区域挤出，因此，铝硅镀层不会进入熔核。点焊后接头存在明显的热影响区软化问题，在焊点设计时须加以关注，表5-1-8是推荐的铝硅镀层热冲压零件点焊工艺，其他厚度的点焊工艺可以通过插值法获取。

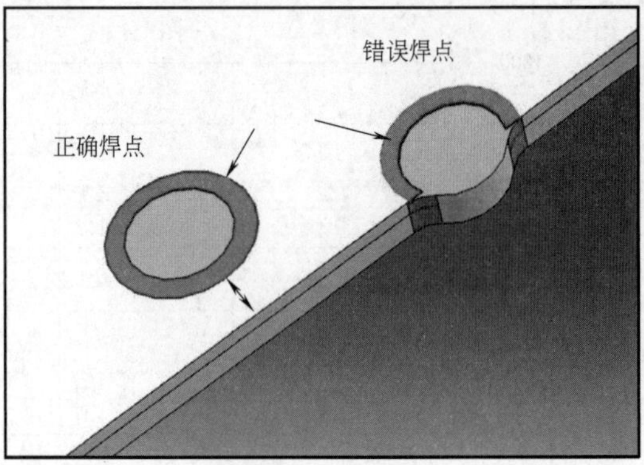

图 5-1-16　无镀层热冲压钢板（热冲压后）焊点位置示意图

表 5-1-8　推荐的铝硅镀层热冲压零件点焊工艺

板厚/mm	电极直径/mm	焊接压力/kN	第一焊接时间/cyc	第一焊接电流/A	第一冷却时间/cyc	第二焊接时间/cyc	第二焊接电流/A	第二冷却时间/cyc	第三焊接时间/cyc	第三焊接电流/A	保载时间/cyc
1.0	6.0	3.1	3	8.0	1	13	8.5	0	5	4.3	5
1.2	6.0	3.8	3	8.5	1	15	9.0	0	5	4.5	5
1.4	6.0	4.3	3	9.0	1	16	9.5	0	5	4.7	5
1.6	8.0	5.0	3	9.5	1	16	10.0	0	5	5.0	5
1.8	8.0	5.7	3	10.0	1	18	10.5	0	5	5.7	5
2.0	8.0	6.5	3	10.0	1	18	10.5	0	5	5.7	5

注：1cyc = 0.02s。

1.3　绿色先进热冲压技术

随着汽车的轻量化、电动化和智能化（俗称“三化”）的发展趋势，能最大限度实现减薄高强的热冲压技术面临发展机遇，但也面临高延展性先进超高强钢的开发成熟、超高强钢冷冲压技术的不断进步以及其他先进成形技术开发应用的挑战。开发绿色先进热冲压技术并进行产业化应用，是热冲压领域的发展方向。绿色意味着低成本、快节拍、单件低能耗等特征，而先进则意味着更高的服役性能。本节对冷切边冲孔、热切边冲孔、模具二次加工等绿色热冲压技术和补丁板热冲压、变厚度热冲压、变强度热冲压、激光拼焊热冲压、快速导电加热热冲压技术、热辊弯等先进热冲压技术进行介绍。

1.3.1　冷切边冲孔技术

热冲压零件通常采用激光切割工艺实现余料切除，但由于其单件生产周期长、相关设备维护费用高，导致制造成本高。近几年热冲压行业尝试采用压力机、模具来进行冷切边冲孔（简称冷冲切）工艺替代传统的激光切割工艺。由于热冲压零件具有1500MPa 的超高强度，在批量冷冲切过程中，由于冲击力大，冲切刀块易发生崩刃、磨损等问题，模具维修频次高，冲切断面质量难于保证，因而对冷冲切工艺模具结构、模具钢材料及热处理技术提出了很大挑战。

对于冷冲切技术，需要考虑三个关键要素，即冲裁间隙、刀块模具钢材料、压力机类型。

1）冲裁间隙：目前研究发现，1.08～1.1 倍料厚间隙，在冲切初期毛刺较小，且在连续冲切过程中毛刺高度比较稳定，刀块磨损也比较小，可以作为冷冲切合理的模具间隙范围。

2）刀块模具钢材料：受力相对简单部位的刀块，可以选用 SKD11、CALDIE、SKH9 等冷作模具钢材料，受力相对复杂部位的刀块，宜选用 ASP60 这样的粉末高速钢材料。

3）压力机类型：目前业内既有使用机械压力机的，又有采用液压机的。

需要指出的是，对于超高强的热冲压零件，冷冲切断面很容易产生延迟开裂，所以这种新技术需要谨慎使用。在真正量产使用之前，需要对冷冲切样件进行延迟开裂评估，对确认容易产生延迟开裂的部位，就不能采用冷冲切，即理想的方案是整体冷冲压+部分激光切割。

1.3.2　热切边冲孔技术

热切边冲孔（简称热冲切），即在热冲压的同时实现零件局部或全部切边、冲孔。该项技术的原理是将冲裁工序复合于热冲压过程中进行，使板料在高温状态下（即马氏体形成之前），完成切边、冲孔，再进行保压淬火。与冷冲切相比，热冲切时冲裁力小，对压力机吨位要求低；另外，热冲切过程与成形过程在同一副模具中完成，可以减少热冲压零件后续工序激光切割量或实现热冲压零件免激光切割，从而降低了热冲压零件制造成本。

然而，由于该项技术集成了冲压成形、热处理和冲裁三项工艺，对热冲压工艺模具设计、制造调试及热冲压现场生产提出了很高要求，涉及多项技术难点，包括兼顾热冲压成形性的热切边工艺及模具结构设计、废料处理、热切边质量、尺寸精度控制和自动化稳定生产等问题。对断面质量的影响因素主要有四个方面：

（1）温度对断面质量的影响　在进行热冲切工艺设计时建议选择较高的热冲切温度（700℃以上），以提高热冲切断面质量。

（2）模具间隙对热冲切件断面质量的影响　针对热冲压钢的热冲切，建议设计模具间隙为板厚的 8%～10%。

（3）冲切速度对断面质量的影响　不同的冲切速度对断面质量也有不同程度的影响。随着冲切速度的增加，热冲切件断面的圆角带、光亮带、毛刺比例呈现先增大后减小的趋势，而撕裂带比例则是先减小后增大。

（4）热冲切模具钢材料的选择　表 5-1-9 是几种可以作为热冲切刀块的模具钢材料的硬度和性能。事实上欧美及国内特钢厂都在加速研发这类小众的模具钢材料。

表 5-1-9　可作为热冲切刀块的模具钢材料的硬度和性能

冲切类型	模具钢材料	材料硬度　HRC	材料性能
热冲切	SKD61	40～45	高耐磨性、良好的韧性与抗高温疲劳性能
	SKD11	>62	良好的高温强度、韧性与抗高温疲劳性能、高耐磨性
	SDHS2	62～63	高硬度、高韧性
	UNIMAX	56～58	良好的耐磨性、良好的抗热疲劳性能、高硬度、高韧性

1.3.3　模具二次加工技术

随着热冲压零件应用的普及，控制其加工制造成本的重要性越来越突出，模具费用的分摊在零件制造成本中占有较大的比重。所以提高热冲压模具的使用寿命是降低零件制造成本的有效途径，模具二次加工技术由此而来。行业内现有的热冲压模具，一般寿命在 30 万次左右，无镀层板热冲压模具以及工艺难度大的模具，镶块寿命会急剧下降。随着冲压次数的增加，热冲压模具镶块的圆角特征以及起皱严重区域会逐渐磨损，导致产品尺寸型面不能符合要求，如图 5-1-17 所示。如果这时镶块工作区仍有足够的材料厚度，可以将镶块表面机械加工去除 2～3mm，获得新的工作表面，这样镶块的使用寿命得以延续，可以继续服役一段时间。

模具二次加工技术涉及以下关键要素：

1）要实现热冲压模具的二次加工，需要在模具设计之初就做好充分的技术准备。其关键技术有：模具冷却水系统的平衡设计、镶块的定位设计技术和模具镶块的热处理技术。

2）为了保证模具镶块二次加工后依然有足够的强度维持生产，需要对模具镶块的水道进行调整，

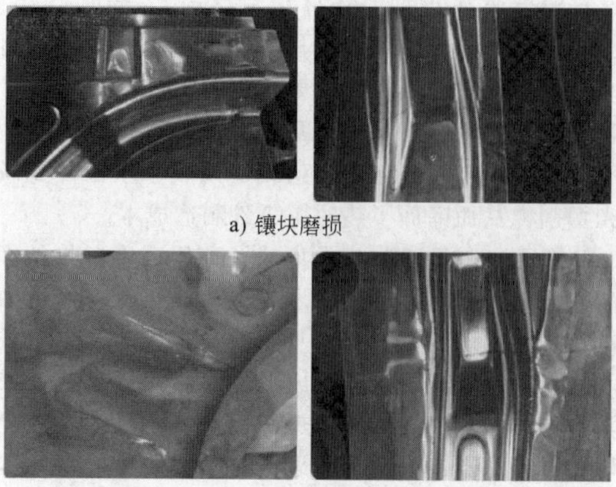

a) 镶块磨损

b) 对应产品状态

图 5-1-17　镶块磨损造成产品不良

使水道距离工作表面稍远，为二次加工预留余量，同时还要保证模具具有足够的冷却效率。二次加工模具的水系统不宜采用直通式的水路布局，因为二次加工极易破坏镶块之间的密封措施。

3）二次加工对于凸模是比较容易实施的，直接将原模具型面在 z 方向平移后，编程加工即可。对于凹模，侧壁部分由于角度极小，可加工的切削量不够，所以设计时需要把凹模镶块从中间分为两部分，在二次加工时，把镶块往中间靠拢后再加工，定位方式要充分考虑镶块的调整余量以及调整的便利性，并保证镶块两侧在调整后依然有足够的支撑效果，如图 5-1-18 所示。

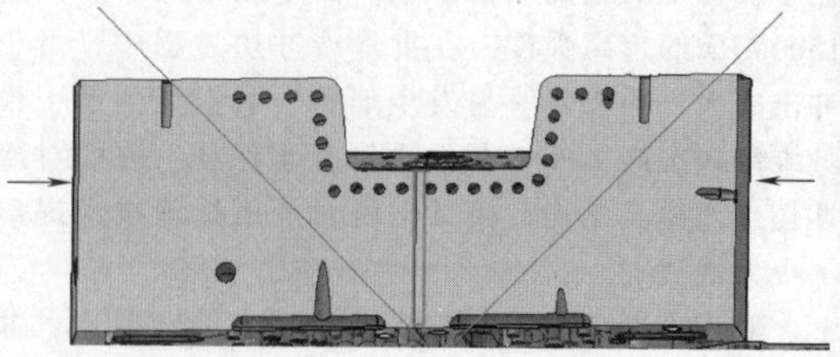

图 5-1-18　凹模镶块二次加工的镶块设计示例

4）热冲压模具二次加工前，需要对镶块进行必要的热处理，特别是表面有渗氮处理的镶块，需要进行退氮处理后再加工。加工后如有必要，需要进行二次热处理和表面渗氮处理。镶块的二次热处理技术难度较高，其工艺参数的选择和工艺过程的控制直接决定了镶块二次加工后的使用寿命。

5）此外，模具镶块的二次加工一般处于零件量产阶段，而二次加工涉及模具镶块的拆装、热处理、加工后研配等工序，一般需要耗时 2~3 周，所以需要零部件工厂提前备好足够的库存，保证模具修整期间的正常供货。

1.3.4　补丁板热冲压

作为先进热冲压技术之一，补丁板热冲压技术已在国内外热冲压零件上广泛应用。与传统热冲压工艺相比，其生产工艺的区别主要在于增加了补丁板与母板间的点焊焊接工序，如图 5-1-19 所示。

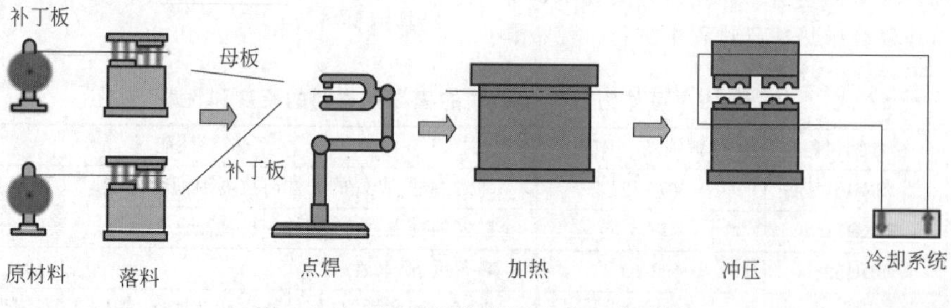

图 5-1-19　补丁板热冲压生产工艺过程

补丁板热冲压具备的主要技术优势有：

1）具有较高的弯曲和扭转刚度。

2）提高了局部的碰撞性能。

3）减少了模具工装开发数量。

4）简化了总成焊接工艺，降低了整体开发成本。

补丁板热冲压技术是一种复杂的热冲压过程，其技术要点涵盖了补丁板设计、焊点设计与焊接工艺、生产工艺方式与参数等方面。

1. 补丁板设计

补丁板热冲压零件的设计与优化是补丁板热冲压技术的应用基础。补丁板的大小、位置以及补丁板与母板的厚度搭配对碰撞性能的结果具有一定的影响，需要在兼顾提高服役性能和实现最大限度减重的要求下开展补丁板零件的设计，要点是：

1）在满足性能要求的零件简化模型基础上，搭建补丁板分析模型。

2）对补丁板焊点影响进行研究，确定影响规律。

3）对补丁板位置进行优化，确定补丁板位置。

4）对补丁板厚度进行分析，得到补丁板轻量化设计方案。

5）结合白车身或整车分析，验证所设计方案是否满足刚度和碰撞性能要求，同时对比补丁板与普通热冲压板和高强钢板的优势。

6）最终确定补丁板设计方案。补丁板的大小和位置以及厚度通常由碰撞性能设计要求来决定，为了确保补丁板热冲压零件的成形性，补丁板的边界需要特殊设计，如不宜设置在主体零件的圆角上，不宜将补丁板边界与主体零件边界完全齐平。图 5-1-20 所示是在原冷冲压设计基础上进行热冲压工艺应用替代并优化后的补丁板热冲压 B 柱。

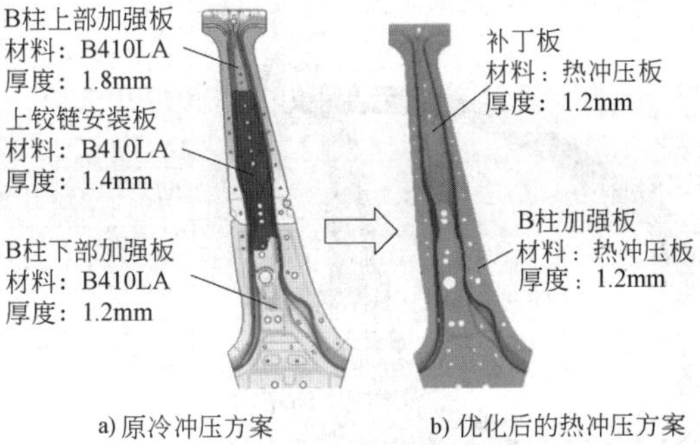

图 5-1-20　补丁板热冲压 B 柱设计方案

2. 焊点设计与焊接工艺

补丁板与母板间通过点焊焊接的工艺实现连接，且为了避免在热冲压过程中两块板连接失效或焊点失效等缺陷，需要结合零件特征以及成形性合理布置焊点数量与位置，焊点数量不宜太多，须按一定间距布置，且焊点不宜布置在圆角或成形应力过于集中的位置。同时，点焊焊接工序需要根据热冲压工艺及成形工艺，对焊接工艺进行优化调整，防止出现虚焊、脱焊或焊点成形开裂的问题。

3. 生产工艺方式与参数

对于不同形式的加热炉，需要根据补丁板边界与母板的大小，选择适合的补丁板坯料加热运动方式。对于多层箱式加热炉，补丁板坯料的放置方向对于工艺上没有影响。对于辊底式加热炉，需根据补丁板边界大小来确定补丁板坯料在加热炉中运动时的放置方向。比如，对于细长型且补丁板边界较大的零件，可以考虑补丁板向上的方式运动；对于补丁板边界较小的零件，可以考虑补丁板向上或补丁板向下的方式运动。

对于补丁板与母板间厚度差异大的零件而言，坯料的加热时间和加热温度需充分考虑补丁板与母板间的总厚度，且在模具保压淬火冷却过程中提前设计好冷却效率，确保补丁板区域的性能可以达到设计要求。

1.3.5　激光拼焊板热冲压

在汽车行业对热冲压零件轻量化和安全性能要求越来越高的背景下，出现了激光拼焊热冲压技术。与传统的等厚等强度热冲压零件相比，激光拼焊热冲压技术带来了更多的选择方案。其一是同材质差厚拼焊热冲压，可以对零件的性能富余区域进行厚度减薄设计，实现极致的轻量化效果；其二是不同材质的激光拼焊，可以实现同一个零件上不同部位的力学性能差异，以此来满足更高层次的碰撞安全性要求，同时也达到严格的碰撞法规要求。为此，国内外大型钢材供应商（阿赛洛、宝钢、新日铁等）纷纷开发了适用于激光拼焊使用的低强度热冲压钢板。图 5-1-21 是典型的激光拼焊热冲压 B 柱设计。

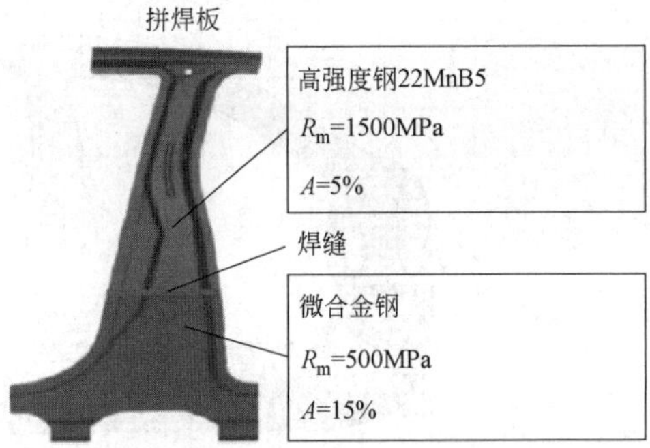

图 5-1-21　典型的激光拼焊热冲压 B 柱设计

1. 激光拼焊板热冲压的技术特征

激光拼焊板热冲压技术源于冷冲压行业的激光拼焊，是指将不同厚度的无镀层硼钢激光拼焊后进行热冲压。激光拼焊热冲压有天然的技术优势，因为冲压前对钢板进行了加热，材料组织奥氏体化，冲压后的焊缝材质与母材几乎完全一样。所以冷冲压激光拼焊存在的热影响区、焊缝脆性等缺陷问题，在热冲压环节被完美解决。

铝硅镀层激光拼焊板热冲压技术难度比较大，因为原材料表面存在铝硅涂层，如果采用传统方法，板料裁剪后直接拼焊，则原材料表面的镀层元素铝会融化进入焊缝区域，导致焊缝强度显著下降。为解决铝硅镀层激光拼焊问题，国内外钢厂都开展了深入的研究，当前主流方案是先去除焊缝附近铝硅镀层后拼焊，这样就可以避免铝元素进入焊缝的问题。当然，由于焊缝区域没有铝硅镀层的保护，其耐蚀性能会相对弱一些。

2. 激光拼焊板热冲压技术难点

激光拼焊板热冲压技术难点在于零件焊缝的设计，差厚拼焊的厚度差异不能太大，材料的分区、厚度设计根据车型的性能和轻量化指标确定。一般而言，焊缝是整个产品较薄弱的区域，冲压过程中焊缝还会存在偏移现象，所以产品的焊缝不宜设置在冲压变形剧烈、成形应变大的区域，同时还要避开定位孔、匹配面等关键装配位置，此外还要综合考虑拼焊料片的焊接定位方案，以及料片拆分后的材料利用率。

在激光拼焊板热冲压产品的实际开发过程中，前期的成形性分析非常关键，可以通过 CAE 分析判断焊缝的开裂风险，及时优化产品设计，而计算获得的焊缝偏移量也是模具设计工艺面的必要基础。模具和工艺设计需要尽可能考虑料片的定位准确性，并且控制料片在冲压过程中的窜动问题，差厚焊缝区域的过渡处理要考虑焊缝偏移量。料片拼焊的质量控制非常关键，料片拼焊质量不佳会直接导致产品焊缝开裂缺陷，或者后续零件使用性能下降，在服役过程中发生破坏。

3. 激光拼焊门环热冲压

激光拼焊门环热冲压是激光拼焊板热冲压技术最典型的应用，技术难度也最大。将传统的 A 柱、H 柱、B 柱、门槛四个零件合并成一个整体进行冲压（见图 5-1-22），减少了冲压模具数量及原设计的点焊搭接边，同时激光拼焊比点焊具有更高的连接强度和刚度。在实现整体轻量化的同时，可以最大限度地提高乘员舱的刚度、强度和碰撞安全性。

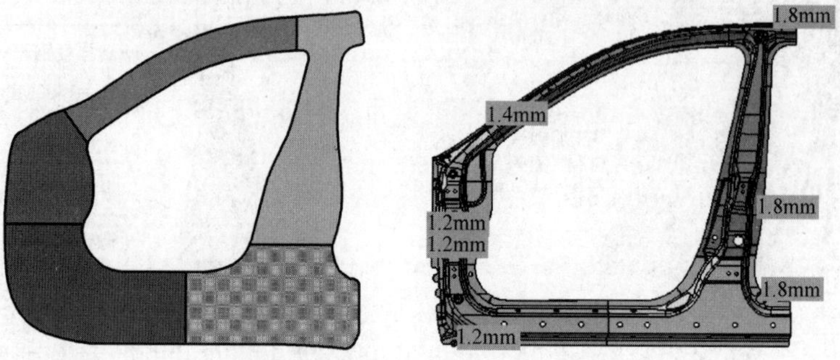

图 5-1-22　激光拼焊门环料片和产品设计图

激光拼焊门环热冲压的工艺路径是将不同厚度、不同强度级别的钢板落料裁剪，通过激光拼焊连接起来，然后进行整体热冲压。由于存在多张料片对拼，所以对料片的裁剪精度、激光拼焊的定位精度要求极高，整体门环的尺寸一般都达到 1500mm×1600mm，料片整体重量约 20kg，需要配备专用的加热炉和上下料机械手。

随着对汽车安全性要求的日趋严格和对节能轻量化的极致追求，热冲压整体门环将会在越来越多的车型上广泛应用。

1.3.6　变厚度板（VRB）热冲压

VRB 轧制技术实质上类似于传统轧制加工方法中的纵轧工艺。其与传统轧制方法的最大不同之处是在轧制过程中，轧辊的间距可以实时调整变化，从而使轧制出的薄板在沿着初始轧制方向上具有预先定制的变截面形状，如图 5-1-23 所示。

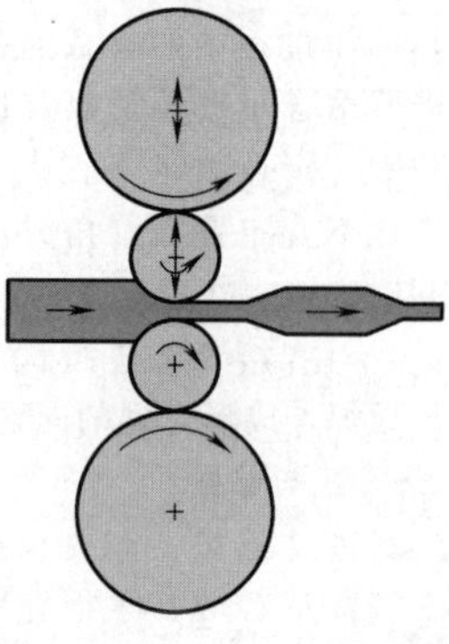

图 5-1-23　VRB 轧制原理

VRB 轧制是传统横向轧制和纵向周期性连续变化轧制的有机结合，其最大的特点是在轧制过程中，轧辊的辊缝必须按预先确定的钢板形状连续、周期性变化。而轧辊压下量的实时调整，使得轧辊的弯曲跟随发生变化，因此辊缝的调整变化必须和轧辊横向变形相协调。此外，还必须借助高性能计算机对轧辊的横向和纵向移动进行实时控制，以快速协调辊缝的连续变化和横向送进变化。

目前，在欧美新车型上，VRB 已经投入汽车工业的实际应用中。以目前占比最大的汽车零件 B 柱加强板为例（见图 5-1-24），B 柱（小总成）是影响汽车侧碰性能的关键敏感零件，理想的 B 柱设计既要防止侧碰时乘员区（乘员头部和胸部）发生过大的侵入位移以伤害乘员，又要让某些区域（和门槛加强板相连接区域）在侧碰时发生压溃变形以吸收能量（不能让这部分区域强度过强，或厚度过厚）。由于 VRB 本身的优点，VRB 热冲压工艺是新工艺中实现变强度 B 柱加强板零件轻量化效果最好的一种工艺方式。

VRB 轧制技术的充分利用将会在满足结构对强度、刚度以及寿命要求的情况下，从根本上改变结构设计的理念，为结构轻量化提供最佳的解决方案。由于利用柔性轧制技术可以轧制出“量身定做”特性的 VRB，在设计时可根据结构对每个零部件的力学要求，依据结构总体性能最优（例如应力场分布、碰撞性能体现、NVH 特性等），得到理想的轻量化要求。

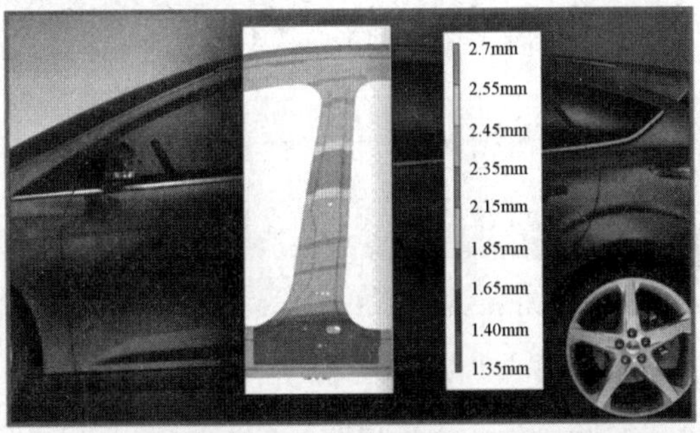

图 5-1-24　Ford 新福克斯车型 B 柱采用变厚度设计

图 5-1-25 所示是沃尔沃已经连续多年在 ECB 欧洲车身会议上展示的结合 VRB 和拼焊板的技术方案，作为其车身结构的重要亮点之一。沃尔沃已经展示含有该技术方案的车型包括 XC90（2014）、V90（2016）、XC60（2017），通过利用该技术可以有效提升其侧面碰撞安全性，并实现减重降本。图 5-1-26 所示为另一个在汽车工业上的应用实例，斯柯达在其科迪亚克车型上将 VRB 应用于地板横梁上，实现了减重 1.1kg。

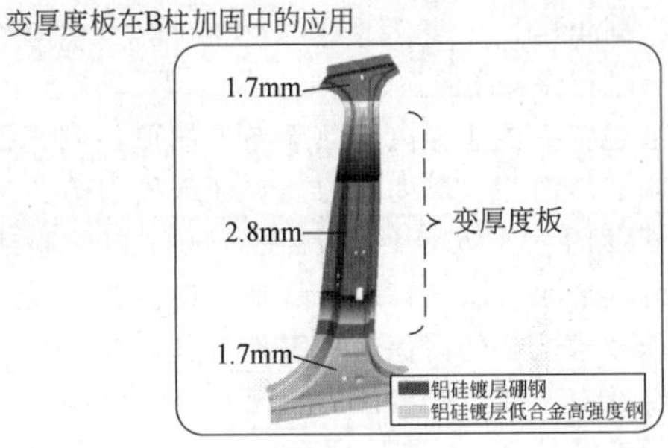

图 5-1-25　沃尔沃 XC90 车型 VRB B 柱

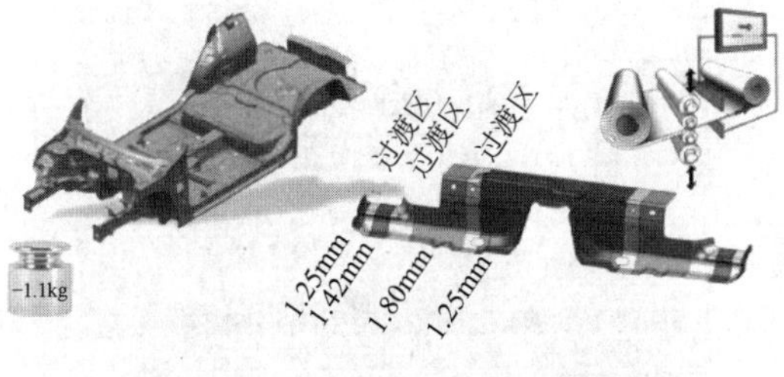

图 5-1-26　VRB 在地板横梁上的应用

对于 VRB 来说，原来基于等厚度板材所建立的模具设计及制造方法已经不再完全适用，需要针对 VRB 的具体变化特征来重新梳理相关冲压模具设计及制造技术。变截面薄板的冲压成形模具设计难度很高，但汽车制造业已经在车身覆盖件模具设计方面积累了大量的知识和经验，找到了解决问题的方法，可以使技术人员从共性之中挖掘具相同的本质，找到新的出路。

VRB 热冲压模具开发的设计输入是用户提供的产品 CAD 模型、依据工艺结构设计确定的 VRB 热冲压模具型面、根据热冲压工艺分析确定的热冲压模具结构形式和热冲压压力机参数。设计输入确定之后，对 VRB 热冲压模具的工艺型面、模具结构形式、坯料线和重力坯料线进行分析，充分考虑这些因素对模具结构参数化设计的影响。特别值得注意的是 VRB 冲压模具需要重视 VRB 在成形过程中的板料稳定性，可以通过对坯料靠山支架、定位销形式以及活料芯压料等多方面对板料成形状态进行综合优化，防止板料在成形过程中窜动导致的零件成形后厚度与设计不符。

1.3.7　变强度热冲压

变强度热冲压目前在欧美系车型中也有比较广泛的应用，特别是 B 柱和纵梁类零件，可以很好地兼顾安全结构件抵抗侵入位移和压溃吸能的服役要求。图 5-1-27 所示是某欧系车型所采用的变强度热冲压 B 柱。B 柱上部和车顶连接的部分要求屈服强度不小于 1000MPa，抗拉强度不小于 1500MPa，80 标距伸长率不小于 5%。B 柱下部和门槛加强板连接的部分，规定屈服强度为 380~550MPa，抗拉强度为 530~730MPa，80 标距伸长率不小于 15%。这样的变强度 B 柱设计是综合侧碰时压溃吸能、减小侵入位移和轻量化要求的结果。

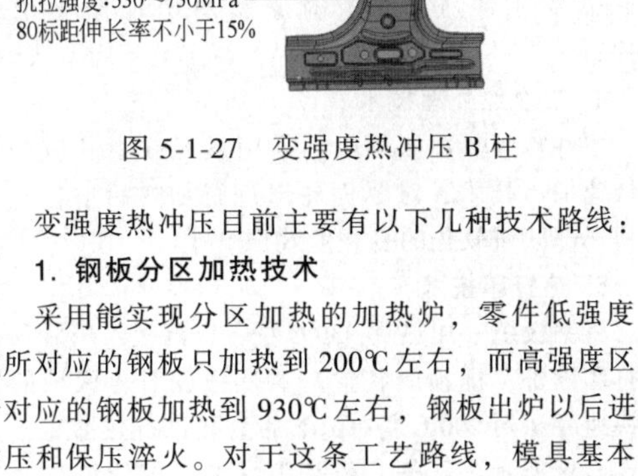

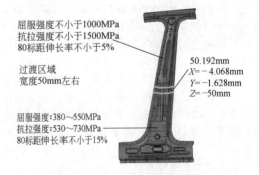

图 5-1-27　变强度热冲压 B 柱

变强度热冲压目前主要有以下几种技术路线：

1. 钢板分区加热技术

采用能实现分区加热的加热炉，零件低强度区域所对应的钢板只加热到 200℃左右，而高强度区域所对应的钢板加热到 930℃左右，钢板出炉以后进行冲压和保压淬火。对于这条工艺路线，模具基本上还是传统的热冲压模具，只是在零件低强度区域所对应的模具部分，其内部冷却管路可以布置得稀疏一些。这条工艺路线的优势是模具开发相对简单快捷，但加热炉比较复杂，需要沿着横向分割成两个加热空间并独立控制。

2. 模具分区加热/冷却技术

对于零件低强度区域所对应的模具部分，在内部布置加热管路来进行加热，防止保压阶段产生淬火强化，对于零件高强度区域所对应的模具部分，还是采用正常的热冲压模具，并在内部布置冷却管路来进行冷却，实现保压阶段的淬火强化。钢板统一加热到 930℃左右，钢板出炉以后进行冲压和保压淬火。对于这条工艺路线，加热炉比较简单，可以沿用传统装备，无须为变强度热冲压而专门配置特殊加热炉，但热冲压模具比较复杂，开发周期较长，费用也较高。

这条工艺路线的技术难点在于模具加热温控系统设计、加热区域温度和加热功率等关键工艺参数控制、模具隔热、模具活动部件间隙控制以及软区部分型面尺寸控制。这种变强度模具内同时存在加热系统和冷却系统，加热区的高温会导致模具镶块本身热膨胀变形，从而引起定位、活动部件间隙的变化。同时热传导也会对导向板、氮气缸等部件构成威胁，需要进行妥善的隔热处理。冲压后，高强度区域和低强度区域在零件取出时存在温度差异，在随后的空冷过程中冷却速度不一样，由于没有模具的约束，零件冷却收缩不均匀，会引起扭曲、变形等问题，需要对模具进行补偿优化才能符合产品的尺寸要求。

3. 激光拼焊技术

开发专用的低强度硼钢（热冲压后零件强度约为 600~700MPa）。通过激光拼焊的方式将传统的抗拉强度为 1500MPa 的硼钢拼接在一起，然后在传统的热冲压工艺条件下冲压，因为材质成分不同，保压冷却后组织转变形成了不同的金相组织，从而可以达到零件变强度的效果。对于这条工艺路线，加热炉和模具都可以沿用传统技术，但是需要在冲压之前，对原材料增加激光拼焊工序。

4. 二次热处理技术

零件整体热冲压以后，采用激光或者感应加热等快速加热技术，对零件局部进行加热后空冷，可获得局部区域软化的变强度效果。

5. 热打印技术

将钢板统一加热到 930℃左右，钢板出炉后利用热打印设备（即预冷装置）对低强度对应区域的钢板快速冷却到 200℃左右，然后直接进行热冲压，如图 5-1-28 所示。这条工艺路线可以沿用传统热冲压模具，原生产线装备基本可以沿用，只是增加一个预冷装置并配以自动化集成即可。

图 5-1-28 热打印技术示意图

1.3.8 快速导电加热热冲压技术

热冲压成形始于高强钢板料微观组织的均匀化，该过程需要加热来完成。目前热冲压成形常用的加热方式是辐射加热，该方法的加热速率慢（约为 6.5℃/s）、热效率低（只有 26%），而感应加热和导电加热也可以应用于热冲压成形加热。感应加热和导电加热都具有加热速率快和热效率高的优点。感应加热的加热速率能达到 200℃/s，热效率为 40%~60%，但是感应加热的应用受限于感应线圈的形状，并且当板料的温度达到材料的居里点后，相对磁导率降为 1，其加热速率和热效率大大降低。而导电加热的加热速率能达到 400℃/s，热效率达到 60%~80%，并且在整个加热过程保持高的加热速率和热效率。

通过解决快速导电加热装备的温度控制、板料热膨胀变形消除、温度均匀性和联动控制等关键问题，开发的汽车安全件全尺寸导电加热试验线如图 5-1-29 所示。图 5-1-30 所示是利用快速导电加热热冲压技术试制的前保险杠零件及其硬度分布，从中可以看出，保险杠零件的强度从电极夹持区到均温区是连续过渡的，维氏硬度从 157 HV10 逐渐过渡到 465 HV10；均温区的强度分布较为均匀，维氏硬度在 488~506 HV10。

图 5-1-29 汽车安全件全尺寸导电加热试验线实物图

1—伺服压力机 2—机器人 3—数字化加热电源 4—辐射保温装置 5—板料 6—导电加热装置 7—模具 8—带保温装置的机械手

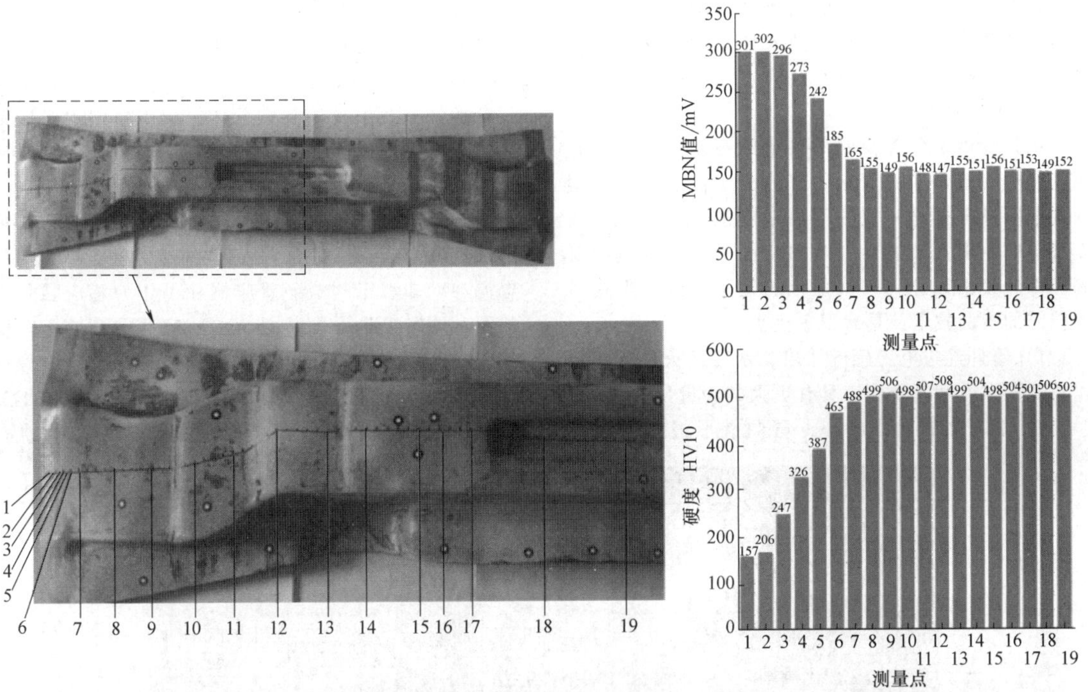

图 5-1-30　前保险杠零件及其硬度分布

1.3.9　热辊弯技术

1. 工艺原理

汽车的车身骨架一般采用钢板冲压加工而成，这些冲压件的减薄高强虽然可以实现车身轻量化，但往往会对车身刚度特性带来负面影响。如果采用减薄高强后的封闭截面管材，不仅可以实现轻量化，而且能确保零部件乃至车身的弯曲刚性和扭转刚性。带有弯曲特征的弯管类零件，在车身上有着广泛的应用。根据管材在弯曲过程中是否被加热，将其分为热弯曲和冷弯曲。目前对于管材冷弯曲的工艺研究已经非常成熟，其缺点也十分明显：管材在冷弯过程中塑性较差，常常会出现拉裂、起皱和壁厚不均匀等缺陷，而且会发生严重的截面变形和管材回弹现象；随着材料强度提升，这些质量缺陷愈加突出，成为制约管材零件采用更高强度材料的瓶颈因素。

热辊弯成形工艺是一种管材零件热弯曲成形工艺。热辊弯工艺通常采用热冲压材料，通过辊压等方式预先成形至所需的产品截面，再通过在线感应方式对局部进行加热，同时进行弯曲及淬火冷却强化，最终形成 1500MPa 超高强度管材零件。根据成形过程中材料状态的不同，热辊弯工艺所涉区域大致可分为原始区、感应加热区和淬火强化区，如图 5-1-31 所示。

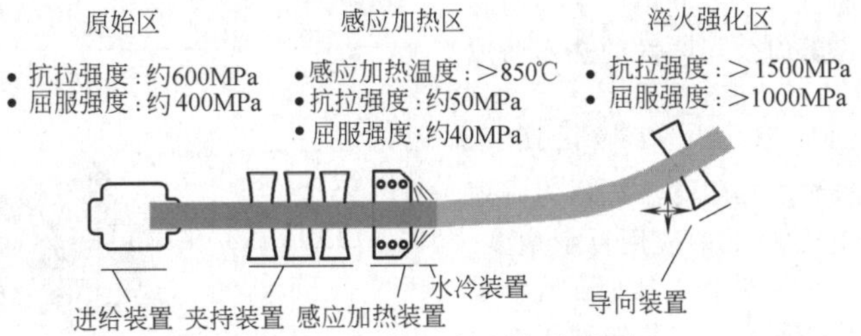

图 5-1-31　热辊弯工艺示意图

在原始区，材料为未热处理之前的硼钢，抗拉强度通常在 600MPa 左右，具有较好的成形性能，热辊弯工艺所需的直管通常采用辊压工艺进行加工。

在感应加热区，通过给感应线圈（一般是铜线圈）接通交变的电场，感应线圈产生交变的磁场，位于磁场中的管件受交变磁场的作用产生涡流，涡流生热，实现对被加热体的感应加热。对于热辊弯工艺，通常须将管件加热至奥氏体转化温度 850℃ 以上，在此温度下，材料强度下降，成形性能提升，大大降低了弯曲的工艺难度。

在淬火强化区，向感应加热后的管件表面喷冷却液，使其迅速冷却，发生马氏体相变转化，从而获得抗拉强度在 1500MPa 左右的最终管件。

2. 技术优势

高强度钢矩形管变曲率热弯曲技术，利用电磁感应加热使管件即将弯曲的部分处于高温状态，辊模在前端横向推进一定的距离来施加弯矩，通过改变推进的距离使其发生变曲率弯曲，弯曲过程中对高温部分喷水以达到淬火强化的效果。该技术相对于传统的弯曲技术，具有很多优点：

1）管件经过电磁感应加热和水冷淬火处理，可以达到高强度和高硬度，具有更大的轻量化潜力。

2）热弯曲的回弹量小，弯曲成形极限大大提升，可以精确地弯曲成复杂的形状。

3）残余应力小，不会发生延迟断裂。

4）无须更换弯曲模即可改变弯曲半径，可实现空心构件弯曲半径的连续变化，减少弯曲模具的数量，降低生产成本，提高生产效率。

3. 工艺装备

热辊弯工艺主要装备由感应加热装置与弯曲成形装置所构成，感应加热装置主要由感应器、高频电源与冷却水道构成。感应器除了作为感应强化的热源，同时也是冷却装置。在感应器的侧壁上需要钻斜向的喷水孔，在感应器中通入冷却水。为保证冷却水的导向性，感应器管厚不宜太小，图 5-1-32 所示是矩形截面管件的热弯曲感应加热装置。

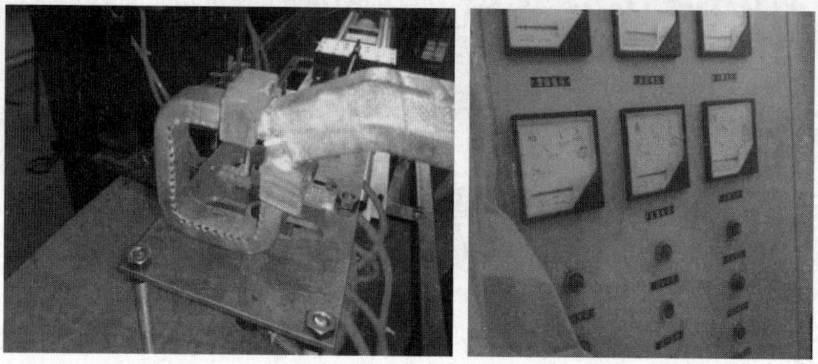

图 5-1-32　矩形截面管件的热弯曲感应加热装置

根据弯曲过程中管件零件的弯曲半径是否变化，将弯曲分为固定曲率弯曲和变曲率弯曲。相对于固定曲率弯曲，变曲率弯曲工艺能够生产变曲率弯曲件，以及对多种不同曲率的弯曲件进行一次成形，是目前热弯曲成形工艺的主要弯曲方式。变曲率弯曲装置的形式主要有两种，一种是采用多轴机器人来实时控制弯曲导向装置的空间位置，如日本新日铁住金公司开发的热弯曲成形装备；另一种是采用并联机床方式来实现导向机构在空间内的平动与转动自由度，如德国蒂森克虏伯公司开发的热弯曲成形装备。

4. 应用案例

从公开发表的资料来看，热辊弯工艺作为一项新的轻量化技术，目前在车身上的应用逐渐增多。本田讴歌汽车在其最新的 NSX 车型 A 柱加强管上采用热辊弯方案，如图 5-1-33 所示。与传统冲压件设计方式相比，热辊弯方案提升了 A 柱的结构强度，可以在性能提升的同时进一步降低 A 柱断面尺寸，在实现轻量化的同时将 A 柱盲区角度减小了 36%。马自达汽车在 2013 年 MPV 普力马（PREMACY）车型的第三排座椅下横梁上也采用了热辊弯管件设计，如图 5-1-34 所示。该部件由马自达与新日铁住金、

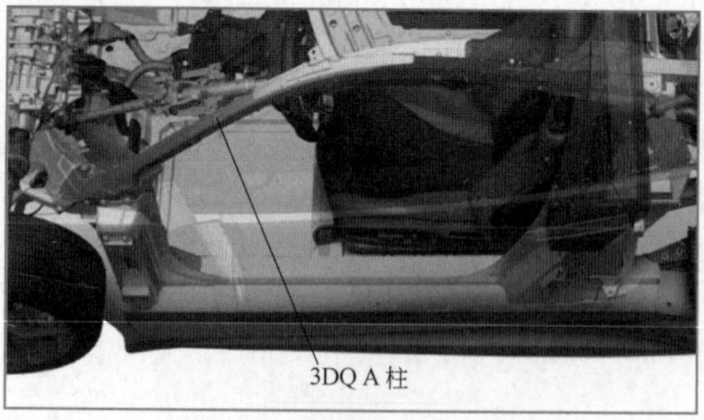

图 5-1-33　热辊弯 A 柱加强管

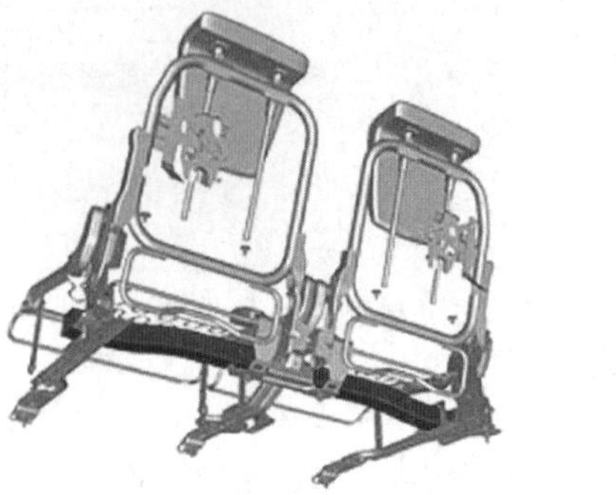

图 5-1-34　热辊弯座椅下横梁

住友钢管共同开发，在确保与原结构同等刚性及强度的同时，减重约 50%。

参考文献

[1] 王维. 变强度热冲压软区模具钢材料的研究 [D]. 上海：上海大学，2018.

[2] 李爽，吴晓春，黎欣欣，等. 钼钨系高导热率热作模具钢高温性能 [J]. 材料研究学报，2017，31 (1)：32-40.

[3] 陈士浩. 热冲压模具材料 SDCM 热处理工艺及性能研究 [D]. 上海：上海大学，2017.

[4] 李成良，黄远坚，温志红，等. 合金元素 Mo 和 V 对模具钢组织性能的影响 [J]. 金属材料与冶金工程，2017，45 (Z1)：5-10.

[5] 黄文明，杨浩鹏，吴晓春. 基于正交试验法的热冲压 SDCM 钢渗氮工艺优化 [J]. 材料导报：纳米与新材料专辑，2016，30 (S2)：590-596.

[6] 吴晓春，杨浩鹏. 模具钢表面处理的研究进展 [J]. 模具工业，2013，39 (9)：1-6.

[7] KIM C，KANG M J，PARK Y D. Laser welding of Al-Si coated hot stamping steel [J]. Procedia Engineering，2011，10 (7)：2226-2231.

第2章

钛合金板材热成形技术

中国航空制造技术研究院　尚建勤

2.1　钛合金板材热成形原理与特点

2.1.1　热成形原理

钛及钛合金（以下简称钛合金）板材热成形，即钛合金板材加热冲压，简称钛合金板材热成形，是指将钛合金坯料加热到一定温度［≈(0.3~0.5) $T_{熔点}$］，材料出现软化现象，冲压变形硬化与组织回复再结晶处于动态平衡状态，在温度场、应力场、应变场及时间因素的共同作用下，产生应力松弛、蠕变成形及塑性变形，最终获得高精度、高质量钛合金零件的一种成形方法。图 5-2-1 所示为 TC1 和 TC4 性能随温度和时间变化曲线。

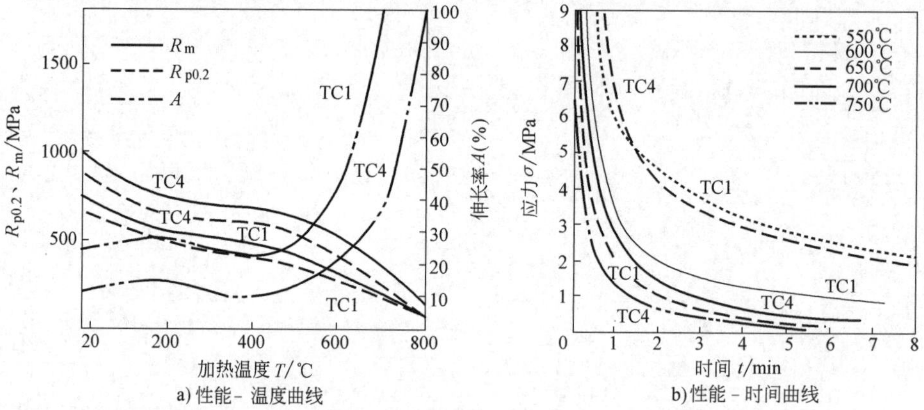

图 5-2-1　TC1 和 TC4 性能随温度和时间变化曲线

钛合金板材热成形分为：室温预成形或加热成形之后再热校形、加热状态下一次热成形兼热校形、蠕变成形三种成形方式。下面重点介绍（加）热成形、热校形和热成形兼热校形。

（加）热成形，即预成形，是指将坯料加热到适宜温度，再冲压成形的一种成形方法。在预成形时，坯料可以不加热在室温下成形，也可以在加热状态下成形，但坯料加热温度相对较低、成形时间相对较短；模具可以不加热在室温下使用，也可以在预热状态下使用；仅以获得零件基本形状为目标，零件材料变形量相对较小。因为预成形加热方式、成形方式和变形量等限制，钛合金板材热成形零件的内部残余应力较大，形状和尺寸精度较低，且存在开裂倾向，存在一定潜在使用风险。通常，钛合金板材热成形零件需要后续热校形及热处理。热成形包括闸压、落压、胀形、旋压、超塑、翻边、拉深、拉弯、滚弯、拉形等成形方式。

热校形，是指利用带有精确间隙的耦合模具，在更高温度、更高压力、更长时间条件下，对预成形的钛合金钣金零件实施二次热成形，以降低材料内部残余应力，减少变形回弹，提高形状尺寸准确度，使钛合金零件尺寸精度和性能满足设计使用的技术要求。钛合金板材热校形要求适宜的温度、压力及持续时间，三者缺一不可，任一项参数不适宜均不可。不过，对一些形状比较简单的钛合金零件的预成形件，可以利用专用夹具、加热装置或热处理炉对其进行热校形。

热成形兼热校形，是指在钛合金板材热成形的同时完成热校形，即在同一个热循环环境、同一台成形设备、同一套耦合成形模具、两个连续时间段中依次完成热成形和热校形，既达到热成形和热校形的综合效果，又节省了部分模具、减少部分热循环及其危害、降低了热成形成本。与钛合金板材热校形要求相同，热成形兼热校形要求适宜的温度、压力及持续时间，三者缺一不可。通常，对于一次成形能够完成热成形的零件，适宜采用这种热成形兼热校形方式。以下所讲热成形多指该热成形方式。

2.1.2　热成形特点

热成形显著改善了钛合金板材的成形性能，减少了钛合金板材变形回弹，提高了钛合金零件成形精度与质量，是一种有效的钛合金板材成形工艺。但同时也增加了一些特殊要求、辅助工序与成本。

1. 热成形优点

1）屈服强度、抗拉/抗压强度及变形抗力减小。

2）塑性和延展性提高，变形破裂倾向减小。

3）抗压失稳起皱性能增强，拉深性能改善。

4）热成形工艺性明显改善，零件复杂程度提高。

5）变形回弹量小，成形精度高，形状尺寸稳定。

6）内部残余应力小，零件开裂风险基本消除。

2. 热成形缺点

1）加热氧化，产生表面氧化皮、富氧层和污染层。

2）加热吸氢，增加氢脆风险。

3）加热时间过长，晶粒长大和性能降低趋势增加。

4）成形设备复杂，新增加热、温控、隔热及冷却系统。

5）模具限制多，材料必须具备一定的高温强度、硬度、抗氧化与生长性等，结构不能过于复杂，尺寸和重量不宜太大。

6）辅助工序多，增加了防氧化保护、去氧化皮与污染层、除氢等工序。

2.1.3　热成形应用

钛合金密度小、强度大、比强度高（见表 5-2-1）、耐腐蚀、耐热且耐低温、生物相容性好，已经成为重要航空航天材料——太空材料，被誉为第三金属、现代金属、战略金属、太空金属、海洋材料、生物材料，被广泛应用于航空、航天、化工、船舶、核电、兵器、冶金、能源、汽车、生物、医疗、体育、建筑等领域，其应用领域和数量日益扩大。

表 5-2-1　常见金属合金比强度

序号	材 料	热处理状态	抗拉强度 R_m/MPa	密度 ρ/(g/mm^3)	比强度 R_m/ρ
1	镁合金	热处理强化	245~275	1.7	15~16
2	铝合金	热处理强化	491~589	2.8	18~20
3	合金结构钢	热处理强化	1275~1472	7.9	16~19
4	高强度结构钢	热处理强化	1570~1766	8.0	20~23
5	α+β 型钛合金	退火或热处理强化	1030~1177	4.5	23~27
6	可热处理钛合金	热处理强化	1275~1373	4.5	27~29

常温钛合金板材屈服强度高，变形抗力大，屈强比大，均匀伸长率和断面收缩率低，塑性变形范围窄，单次变形量小；弹性模量小，模屈比小（弹性模量与屈服强度的比值），变形回弹大且不均匀；弯曲性能差，受压失稳倾向大，易起皱和皱裂；冷作硬化倾向大，对变形速度敏感度高，摩擦易冷焊和黏结，切口、缺口和其他表面缺陷敏感性高，易开裂、表面易擦伤；各向异性严重等。上述问题导致钛合金板材常温冲压成形十分困难。

加热状态［$\approx(0.3\sim0.5)T_{熔点}$］钛合金板材成形性能明显改善，强度下降，变形抗力减小，塑性增大（但是某些钛合金如 TA2、TC1、TC4 等在 285~455℃时塑性下降，如图 5-2-1 所示）；抗失稳起皱性能增强，回弹变小，缺口敏感性降低，成形性显著提高。如 TC4 板材在 750℃时变形抗力降低 65%、伸长率增加 300%，成形性能良好。

钛合金板材，由天然金红石（二氧化钛）或者钛铁矿石经硫酸分解制取二氧化钛，混合焦炭粉高温氯化处理生成四氯化钛，利用镁或钠高温热还原或者经过高温分解制取多孔状海绵钛（见图 5-2-2），粉碎后经真空熔炼合金化铸成钛锭，最终通过锻造、轧制及热处理而成，主要化学成分为钛元素。

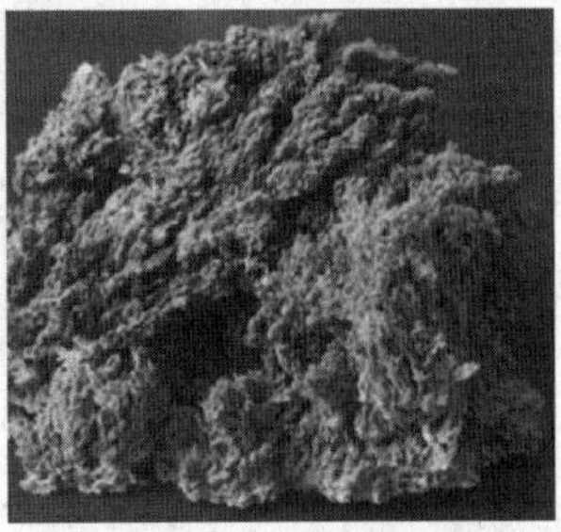

图 5-2-2　海绵钛

钛元素，原子序数 22，在化学元素周期表中位于第 4 周期、第ⅣB 族。纯钛呈银灰色，粉末呈深灰色。自然界不存在纯钛，仅以 $FeTiO_3$（钛铁矿）、TiO_2（金红石）、钙钛矿等氧化物形式存在。

钛在地壳中含量约 0.61%，居氧、硅、铝等元素之后列第十位，在地壳金属元素含量排序中居铝、铁、镁之后列第四位，是铜、镍、铅及锌储量总和的十倍以上，蕴藏量十分丰富。全球已经探明的钛矿石主要分布在澳大利亚、南非、加拿大、印度和中国，我国主要分布在攀枝花、西昌等地区，钛资源储量居世界首位，具有显著的钛开发应用潜力与优势。

钛自被发现到实现工业生产，经历了漫长的 160 年，1791 年英国矿物学家威廉·格格内戈尔和 1795 年德国化学家 M·H·克拉普罗特分别从钛铁矿和金红石发现并命名钛，1910 年美国化学家亨特采用钠还原 $TiCl_4$ 的方法制得纯度达 99.9%的金属钛，1940 年卢森堡科学家克劳尔法采用镁还原 TiCl4 的方法制得了纯钛，1948 年美国杜邦公司采用镁还原法制成 2t 海绵钛，从此开始了钛的工业化生产。全球海绵钛产量 1955 年激增到 2 万 t，1972 年产量达到了 20 万 t，迄今产能已达约 30 万 t，美、俄、日、英、法、意等国家均拥有相关研究机构和专业化生产厂家。2017 年我国海绵钛、钛加工材、板材产量分别为 9.3 万 t、5.54 万 t、3.05 万 t，板材占钛加工材比例高达 55%，显示出板材加工在钛合金应用中占有重要地位。

钛密度约 4.5g/mm^3，比钢轻 41%；比强度约 27（见表 5-2-1），几乎居金属材料之首，是一种重要的战略资源。国外，20 世纪 50 年代随着钛合金在航空航天以及军事上的应用，钛合金板材热成形技术也在飞速发展，并迅速进入工程化应用阶段，被广泛应用于众多工业领域。国内，钛合金板材热成形技术研究起步于 20 世纪 60 年代，经过五十多年的发展，我国热成形技术已经取得了突破性的进展，至今已先后经历了基础工艺技术开发、工程化应用研究、典型零件试制及批量工业生产等阶段。在工艺技术、模具材料、高温保护、高温润滑、表面处理、质量控制、相关检测、专用设备等方面均开展了系统的、卓有成效的工作，具备钛合金板材热成形的工业批产能力，可基本满足军用和民用需求。国内钛合金板材热成形技术在飞机、航空发动机、导弹、航天器、舰艇等方面的部分应用见表 5-2-2 和图 5-2-3。

表 5-2-2　国内钛合金板材热成形技术应用情况

序号	应用领域	零件类型
1	飞机	蒙皮、梁、框、口盖等
2	航空发动机	叶片、护罩、导管等
3	导弹	壳体、舵面、整流罩、内部钣金件等
4	航天器	贮箱、喷嘴、燃烧室壳体、支架等
5	舰艇	船体、声呐导流罩等

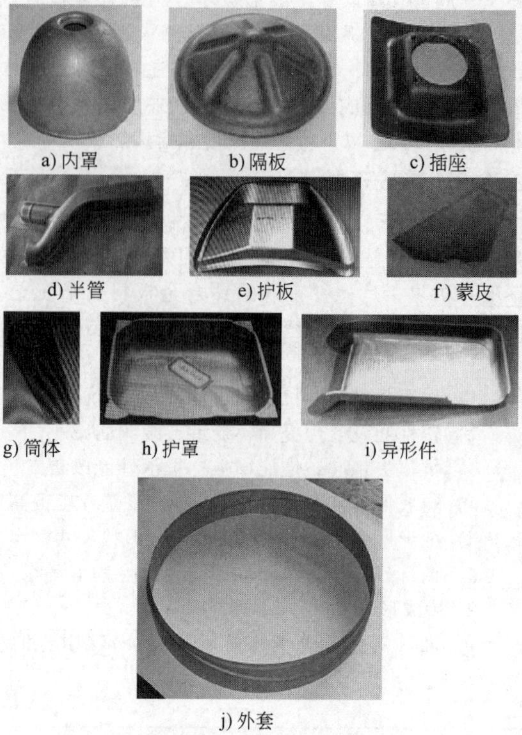

图 5-2-3　热成形钛合金钣金零件

2.2　钛合金板材热成形适用材料

2.2.1　热成形钛合金板材种类

钛合金在这里是指钛和钛合金，钛合金板即钛板材和钛合金板材。

钛合金依据其退火状态的显微组织特征分为 α 相合金（也称 α 型，用符号 TA 表示）、β 相合金（也称 β 型，用符号 TB 表示）及 α+β 两相合金（也称 α+β 型，用符号 TC 表示）三类。α 型合金为密排六方晶格，属于低温相；β 型合金为体心立方晶格，为高温相。国内常用钛合金板材主要化学成分见表 5-2-3。

α 型钛合金，主要以 α 相稳定元素如氧、氮、碳、铝、锡等为合金元素，室温为 α 单相组织，不能通过热处理强化，只能退火处理，如 TA1、TA2、TA7 等。α 型钛合金还可以细分为全 α 合金、α-Ti 基合金（包括近 α 合金、超 α 合金）、α+化合物合金。α-Ti 基合金含少量（质量分数<2%）β 相但保持 α 合金的主要特征。

β 型钛合金，含有一定数量的 β 相稳定元素（如能够无限溶入的钼、铌、钒、钽以及有限固溶的铬、铁、锰、镁等合金元素），如 TB1、TB2 等。β 型钛合金均为加热到 β 相区固溶处理后，将 β 相保留下来，室温时得到稳定的 β 单相组织。固溶处理之后可通过时效处理进行强化，即 β 型钛合金可以

表 5-2-3　国内常用钛合金板材主要化学成分

合金牌号	组分	主要化学成分							杂质元素
		Ti	Al	Mn	Zr	Mo	Sn	V	
TA1	工业纯钛	基	—	—	—	—	—	—	其余
TA2		基	—	—	—	—	—	—	其余
TA3		基	—	—	—	—	—	—	其余
TA7	Ti-5Al-2. 5Sn	基	4. 5~5. 5	—	—	—	2. 0~3. 0	—	其余
TA15	Ti-6Al-2Zr-1Mo-1V	基	5. 5~7. 1	—	1. 5~2. 5	0. 5~2. 0	—	0. 8~2. 5	其余
TC1	Ti-2Al-1. 5Mn	基	1. 0~2. 5	0. 8~2. 0	—	—	—	—	其余
TC2	Ti-3Al-1. 5Mn	基	2. 0~3. 5	0. 8~2. 0	—	—	—	—	其余
TC3	Ti-5Al-4V	基	4. 5~6. 0	—	—	—	—	3. 5~4. 0	其余
TC4	Ti-6Al-4V	基	5. 5~6. 8	—	—	—	—	3. 5~4. 5	其余

进行热处理强化。β 型钛合金也可以划分为热稳定合金和可热处理 β 合金；可热处理 β 合金可进一步细分为亚稳定合金和近 β 合金。与 α-Ti 合金类似，也有 β-Ti 合金，包括近 β 合金、超 β 合金。

α+β 型钛合金，经过退火处理后由 α 相和 β 相组成，固溶处理之后可通过时效处理进行强化，即 α+β 型钛合金可以热处理强化，但强化效果不如 β 型钛合金，如 TC3、TC4 热处理强化效果有限，不推荐采用热处理强化。此外，TC1 和 TC2 不能进行热处理强化。

不能采用热处理强化的钛合金唯一的热处理方式是退火，工序间退火可以恢复材料塑性，最终退火可以消除材料内部的残余应力。

针对需要进行退火的情况，可以和零件的热校形工序合并，但需要满足零件退火温度和保持时间的要求。厚度为 0. 8~3. 0mm 的钛合金材料退火规范见表 5-2-4；遵照此规范退火，如果零件在此高温氛围（包括热成形、热校形、热处理）中暴露总时长在 2. 5h 以内，则零件工序间退火次数不受限制。

表 5-2-4　钛合金材料退火规范

材料、牌号	工序间退火		最终退火	
	温度/℃	保持时间/min	温度/℃	保持时间/min
工业纯钛	550~600	10~30	500	30~60
TA7	750~800	10~30	550~600	30~60
TC1	650~700	10~30	550~600	30~60
TC2	650~700	10~30	550~600	30~60
TC3	750~800	10~30	550~600	30~60
TC4	750~800	10~30	550~600	30~60

不过，在下列情况下成形的钛合金零件无须消除应力（即最终退火热处理）：

1）各种退火状态的钛及钛合金板材，以及半径大于 40 倍板厚的冷弯曲成品零件。

2）喷丸成形和矫直的零件。

3）经拉深成形的工业纯钛零件。

4）图样无最终退火要求的拉深或辊弯的外蒙皮。

5）在高于 485℃以上成形的工业纯钛零件。

6）成形形状简单的 TC1、TC2 钛合金零件。

7）485℃以上成形的 TC3、TC4 钛合金零件。

8）局部成形区域及其周边超过 25mm 以外、温度不低于无须进行消除应力处理的最低成形温度时，局部成形的钛合金零件。

目前，钛合金板材热成形应用较多的国产钛合金牌号主要有 TA15、TC1、TC2 和 TC4 等，其特性及应用范围见表 5-2-5。

表 5-2-5　国产常用热成形钛合金牌号、特性及应用范围

牌号	类型	特　性	应用范围
TA15	α 型	具有中等的室温和高温强度、良好的热稳定性和焊接性，工艺塑性稍低于 TC4。长时间（3000h）工作温度可达 500℃，瞬时（不超过 5min）工作温度可达 800℃。450℃以下工作时，寿命可达 6000h。热成形加热温度一般为 680~780℃	可用于制造飞机结构和航空发动机中的各种承力构件
TC1	α 型	具有良好的工艺塑性、焊接性和热稳定性，长时间工作温度可达 350℃，一般在退火状态下使用，不能采用固溶时效处理进行强化。热成形加热温度一般为 550~650℃	可用于制造飞机结构和航空发动机中的各种板材冲压成形零件及蒙皮等

（续）

牌号	类型	特　性	应用范围
TC2	α 型	具有较满意的工艺塑性、焊接性和热稳定性,长时间工作温度可达 350℃,短时间使用温度为 750℃,不能进行热处理强化,只在退火状态下使用。热成形加热温度一般为 550~650℃	可用于制造飞机和航空发动机中的各种板材冲压成形零件与焊接零件等
TC4	α+β 型	具有良好的工艺塑性和超塑性,适合各种压力加工成形。长时间工作温度可达 400℃,主要在退火状态下使用,也可以采用固溶时效处理进行一定的强化。热成形加热温度一般为 650~750℃	可用于制造航空发动机的风扇和压气机盘及叶片,以及飞机结构中的梁、接头和隔框等重要承力构件

2.2.2　热成形钛合金板材形式

热成形钛合金板材形式主要有板材、管材、型材及变厚度坯料。

1）板材，包括等厚度超薄板、薄板、中厚板及厚板等。

2）管材，包括圆管材、方管材等。

3）型材，包括角型材、工字形型材、丁字形型材等。

4）拼焊板材，包括等厚度超薄板、薄板、中厚板及厚板等。

5）变厚度坯料，如数控铣切、化学铣切的毛坯。

6）半成品，如成形、机加及其他半成品件。

工业纯钛、TA7、TA15、TC1、TC2 等不能通过热处理强化的钛合金板材应以退火状态供应；TC3、TC4 等可以进行热处理强化的钛合金板材也允许以退火状态或淬火状态供应，如果供应的板材为硬化状态，需要进行预先的热处理。

2.2.3　热成形钛合金板材技术要求

热成形钛合金板材的室温和高温力学性能应符合 GB/T 3621—2007《钛及钛合金板材》规定的技术要求，如板材供应状态一般为退火状态，厚度公差一般为板材厚度的 10%，见表 5-2-6；表面保持洁净；储存和转运时避免与软金属如铝、铜、锌、锡、镉、铋等接触；不允许擦伤、划痕和腐蚀等表面缺陷，更不允许裂纹、起皮、压折、夹杂物等缺陷以及酸洗痕迹。

钛合金板材氢元素含量应符合国家有关标准规定。氢元素含量使钛合金脆性趋势加大，当 TC1、TC2 氢的质量分数超过 0.012%、其他钛合金氢的质量分数超过 0.015%时，钛合金板材的塑形和冲击韧性明显下降，对钛合金板材成形不利；而且在加工过程中及随后的储存和使用中，钛合金板材或零件易出现裂纹，尤其在应力集中部位和低温环境中使用时开裂倾向更加明显。

钛合金板材表面无高温氧化现象。钛合金在高温氛围中极易氧化，与氧结合形成间隙固溶体和富氧层，使钛合金强度增加、塑性下降，不利于钛合金板材成形。

如有其他特殊要求，订货时务必提出。

表 5-2-6　国内钛合金板材厚度公差

板材厚度/mm	0.3~0.5	0.6~0.8	0.9~1.1	1.2~1.5	1.6~2.0
厚度公差/mm	±0.05	±0.07	±0.09	±0.11	±0.14

2.3　钛合金板材热成形工艺及参数

2.3.1　钛合金板材热成形工艺过程

钛合金板材热成形工艺过程包括下料制坯、预成形、热成形、热校形、切边修边、热处理、表面处理、检测检验等。

1. 下料制坯

制坯包括备料、检查、下料、清洗及预处理。

（1）备料　通常，热成形和热处理钛合金钣金零件表面均存在污染层（见表 5-2-7），须通过酸洗去除掉，由此使钛合金钣金零件壁厚减薄。因此，备料时应依据热成形与热处理工艺，考虑相应温度及时间，根据污染层去除量（见表 5-2-8），选用厚度正公差或稍厚钛合金板材予以补偿。

表 5-2-7　工业纯钛在空气中加热 30min 产生的氧化皮厚度

加热温度/℃	650	700~750	800~850	900~950	1000	1100
氧化皮厚度/mm	0.0025~0.005	0.005~0.0075	0.02~0.025	0.04~0.05	0.10	0.36

表 5-2-8　酸洗去除氧化皮同时除去的钛合金材料每个表面的最小厚度

加热温度/℃	最小厚度/mm				
	加热 10min	加热 11~30min	加热 30~59min	加热 60~120min	加热 120~720min
>500~600	只除氧化皮	0.008	0.013	0.013	0.013
>600~700	0.008	0.013	0.025	0.025	0.051
>700~760	0.013	0.025	0.025	0.051	0.075

(2) 检查　确保钛合金板材表面无氧化层、裂纹、起皮、压折、夹杂物等缺陷，以及酸洗痕迹和其他污染。在以后的下料、成形、装配、运输和存放过程中，都应避免表面划伤。

(3) 下料　普通板材下料的方法均可用于钛合金板材的下料。去除毛刺和锐边使坯料边缘光滑，防止边缘产生裂纹、啃伤和剪痕等缺陷以免成形时边缘开裂和划伤模具。可用锉削、砂带磨或用砂纸等进行去毛刺打光，打磨划痕应平行于板料表面。特别强调，钛合金具有自燃性，在产生灰尘或微粒的加工过程以及引起火花的加工过程中应采取安全防护措施。

(4) 清洗　消除坯料表面的油脂、黏附的金属与非金属外来物及其他所有污染物，有助于坯料表面牢固地涂敷保护涂料和润滑剂，以免加热时对坯料产生污染、降低性能、影响表面质量、增加后续清理难度及影响渗透检验结果；清洗板料并晾干；同样需要清洗工具、模具、夹具、量具及成形装置。此外，所有预成形件或零件，在加热成形、热校形、热处理等热加工工序和渗透检验前，均须清理干净。

(5) 预处理　在洁净干燥的坯料表面先后均匀涂敷保护涂料和润滑剂，待保护涂料晾干之后再涂敷润滑剂并晾干。

这里特别强调，取放清洗干净后的坯料、预成形件或零件，要求佩戴干净的白色棉线手套。

2. 预成形

针对外形比较复杂、变形程度大或者形状特殊的钛合金钣金零件，在热成形前需要预成形，以获得具有过渡外形的半成品，并将其作为热成形的毛坯，以免热成形时产生破裂、皱裂、表面划伤和坯料定位不准等问题。预成形有室温（冷）预成形、加热（热）预成形两种形式。

3. 热成形

外形比较简单、变形程度不太大的钛合金钣金零件，无须预成形，可直接热成形。

4. 热校形

能够一次完成成形的钛合金钣金零件无须预成形，可直接实施热成形兼热校形；对于形状较复杂的钛合金钣金零件在预成形或热成形之后进行热校形；对于外形较平缓的钛合金钣金零件在室温成形后部分零件需要热校形。热校形之后的钛合金钣金零件应满足：

1）贴模良好，基本无须手工修整，外形、尺寸及表面质量符合相关检验要求。

2）材料力学性能基本稳定，室温和使用温度下的主要性能指标符合有关规定。

3）零件内部残余应力基本消除。

4）材料中氢的质量分数不超过 0.015%。

5）氧化皮与渗气层的总厚度不得超过板料允许负偏差的一半。

6）材料金相组织无变化、晶粒无明显长大与过热等现象。

在满足上述六项要求的前提下，热校形的温度要尽量低、时间要尽量短、压力要尽量小。部分钛合金热校形工艺参数见表 5-2-9。

表 5-2-9　部分钛合金热校形工艺参数

材　料	名义化学成分	校形温度/℃	持续时间/min
TA2	99.5Ti	500~600	15~20
TA7	TA7	650~800	10~15
TC1	Ti-2Al-1.5Mn	550~650	20~25
TC3	Ti-5Al-4V	650~750	10~15
TC4	Ti-6Al-4V	650~750	15~25
TC4 细晶板	TC4 细晶板	600~700	10~15
TiCu	Ti-2.5Cu	550~650	10~15
Ti-8Al-1Mo-1V	Ti-8Al-1Mo-1V	700~800	10~15

5. 切边修边

零件边缘倒圆排除裂纹、凸起与凹痕、划伤及粗糙现象，倒圆方向应平行于材料表面。

6. 热处理

热处理分工序间热处理与成品零件热处理两种。工序间热处理次数一般不做规定，但总的加热时间须限制。成品零件无须退火热处理的八种情况见本章第 2.2 节。

7. 表面处理

为了改善钛合金坯料冷热成形、产品焊接和使用性能，经过热成形和热处理的钛合金钣金零件一般需要酸洗等工序去除钛合金钣金零件表面氧化皮等污染层，尤其是经过 2~3 次工序间加热的零件、经过 700℃以上加热的零件、将要交付的零件等。去除氧化皮等污染层的方法主要有酸洗、碱崩+酸洗、喷砂+碱崩+酸洗等。在较低成形温度（比如 600℃以下）条件下，生成的氧化皮厚度较小，采用酸洗方法去除；而在较高成形温度下，氧化皮厚度较厚时，采用碱崩+酸洗方法去除；当氧化皮厚度大时，采用喷砂+碱崩+酸洗方法去除。通常去除氧化皮之后的零件不再成形加工，酸洗导致氢含量超标时需除氢处理。

8. 检测检验

航空钛合金钣金零件质量控制严格，除常规检查外，还必须对钛合金钣金零件进行专门检验和特殊检验。

（1）表面质量　在成形过程中，零件表面原则上不允许出现表面缺陷，如果产生了新的划伤、擦伤或轻微的凹坑、操作工具的刻伤，当深度在板材厚度负偏差以内时，允许用细砂纸打磨并抛光。零件上不得打钢印、冲点或用划针画线，可打胶印，下陷深度不大于 0.3mm。

（2）边缘质量　零件所有边缘，包括冲切的孔口，都要去毛刺和修光，不得有裂纹。不允许（或必须去除）断裂、不平、粗糙、凸起及凹痕等，全部边缘去锐边倒圆角 $R0.2$mm，打磨方向平行于板面方向，边缘表面粗糙度值不高于 $Ra6.3\mu$m。

（3）弯边角度公差　与其他零件配合的成形弯边，弯边角度公差保持在 2°以内；对于无配合要求加强弯边，角度公差保持在 5°以内。

（4）厚度变薄量　零件由成形引起的厚度变薄量一般不应超过名义厚度的 15%；拉深件或带有拉深性质的复杂弯曲件和冲压件，允许局部变薄到坯料厚度的 70%。

（5）其他检验　坯料加热总时间、最高加热温度均不得超过规定时间。使用 5~10 倍放大镜检查零件化铣表面无裂纹，当怀疑有裂纹时，采用荧光渗透检验方法检查零件表面有无裂纹。使用 X 射线应力分析仪测定零件表面的残余应力，检查热校形后的去应力状况。通过金相分析，观察零件组织的变化情况。利用显微硬度计测定显微硬度的变化梯度。必要时，检查零件加热氧化和高温吸氢情况等。

2.3.2　钛合金板材热成形主要工艺参数

钛合金板材热成形工艺主要影响因素有温度、压力、速度、时间、摩擦等，它们与材料塑性密切相关，直接决定着零件的成形质量。

1. 温度

温度是钛合金板材热成形最重要的工艺参数。合理的加热温度可使钛合金板材软化、最大变形程度增加、变形抗力降低、零件成形准确度提高。热成形温度与钛合金种类、工序安排、变形程度及成形精度等密切相关，应结合钛合金板材温度-性能曲线、温度-组织演变（如晶间腐蚀、氢脆、渗氮、脱碳等）规律等合理选择钛合金板材热成形温度。如一些钛合金，在 300~500℃时塑性降低，自 500℃以后随温度升高塑性逐步增加，但 800~850℃时容易产生氧化、吸氢、晶粒长大、组织变化等有害现象。

2. 压力

成形压力大小依照热成形模具完全合模为原则。合模之后骤然大幅升高压力不仅无必要而且往往对板材和模具产生不利影响，应尽量选用成形温度下所需成形压力的最小值，既满足热成形需要又可避免工装模具甚至设备平台变形，同时也节约设备资源。

3. 速度

变形速度对钛合金板材塑性影响较为复杂，如图 5-2-4 所示。随着变形速度增加，钛合金板材塑性呈现先降（Ⅰ区间）后增（Ⅱ区间）的抛物线式变化特点，而且塑性—变形速度曲线及其转折拐点随温度变化。较低温度热成形时，塑性有限是钛合金板材成形主要问题，较低压制速度可以提高材料塑性和零件成形质量。在中、高温热成形时，复杂形状钛合金零件适当控制变形速度有助于其热成形，大变形量热成形必须严格控制钛合金变形速率；通常，中、高温热成形时，表面污染成为钛合金板材成形主要问题，通过提高压制速度、缩短成形时间、减薄零件表面污染层厚度等以便后序清除表面污染。

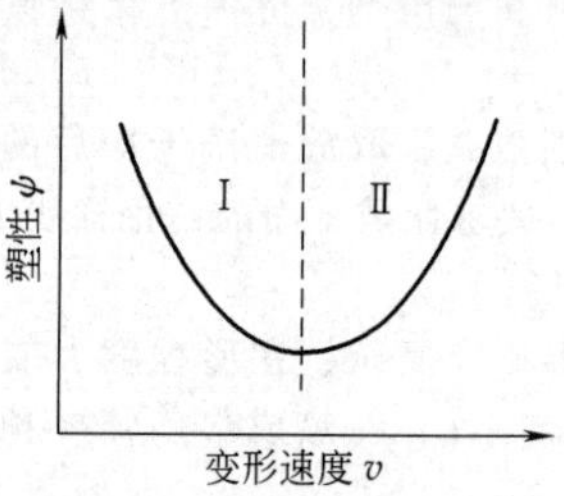

图 5-2-4　TC4 钛合金板材塑性-变形速度曲线示图

4. 时间

热成形时间在热成形温度和压力足够而且已经完全合模的条件下，决定成形零件的精度与质量，足够的时间是钛合金板材热成形零件形状尺寸精度、成形质量和使用性能的保证，如图 5-2-1 所示。与热成形速度的要求一样，在满足钛合金板材热成形需要的前提下，时间越短越好。此外，热成形时间应考虑零件结构形式和变形程度，一般开式（相对闭合式）零件和变形程度小的零件热成形时间要稍长一些。

5. 摩擦

摩擦是影响塑性变形的重要因素之一，对钛合金板材热成形来说弊大于利。摩擦容易导致不均匀变形，从而产生内应力降低材料塑性，易引起工件表面划伤等降低表面质量、增加变形力与功耗而加速模具磨损等。润滑、降低表面粗糙程度、增大凹模圆角半径等有利于减少摩擦。

2.3.3　钛合金板材典型热成形工艺方法

钛合金板材典型热成形工艺方法包括热弯曲、

热胀形、热翻边、热拉深等。

1. 热弯曲

钛合金板材热弯曲是指在一定的温度条件下，利用耐热成形模具，通过控制变形速度，将钛合金坯料压弯、保压一定时间，成形一定角度或进一步成形已弯零件的一种热成形方法，如图 5-2-5 所示。包括热压弯、热卷边、热扭曲等，被广泛应用于钛合金钣金零件成形。

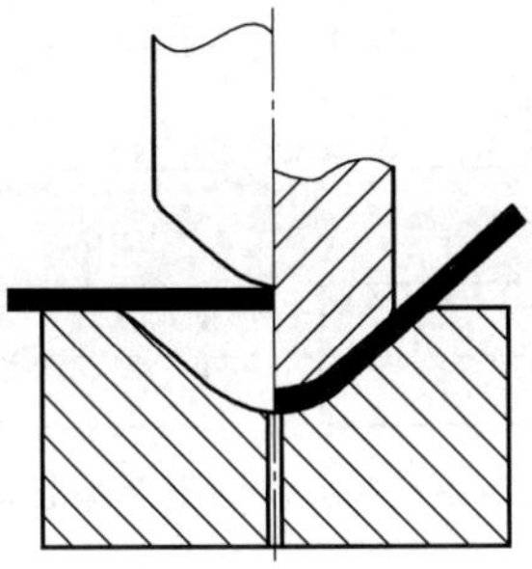

图 5-2-5 钛合金板材热弯曲成形示意图

钛合金板材热弯曲的坯料以板材为主，也可以是型材、结构板和构件等。热弯曲可以成形等截面钛合金钣金零件，也可以成形变截面钛合金钣金零件。等截面弯曲件主要有角形件、槽形件、Z 形件、弧形件等，如图 5-2-6 所示；变截面弯曲件分为变截面槽形件、弧形件和槽-弧形件等，如图 5-2-7 所示。型材热弯曲对象包括角型材、丁字形型材、Z 字形型材、管材等。此外，还有热弯曲异形件（见图 5-2-8）等。在热成形条件下，因为模具结构形式和操作等限制，其中半封闭截面形式的热弯曲件成形并不容易。

钛合金板材加热状态下最小弯曲半径和工作弯曲半径见表 5-2-10。实际生产中通常采用工作弯曲半径，以获得合格钛合金零件。

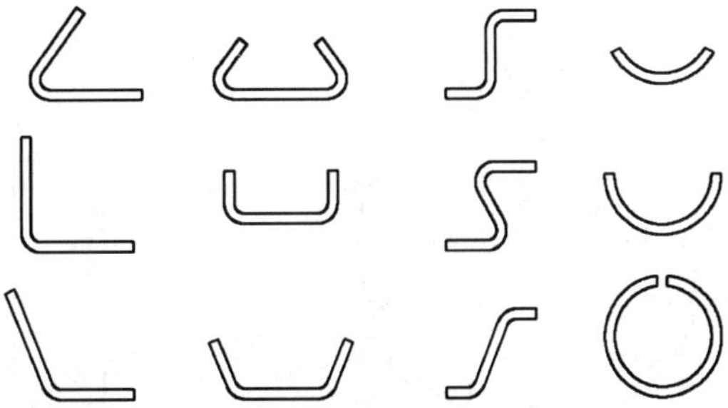

图 5-2-6 钛合金板材热弯曲等截面零件

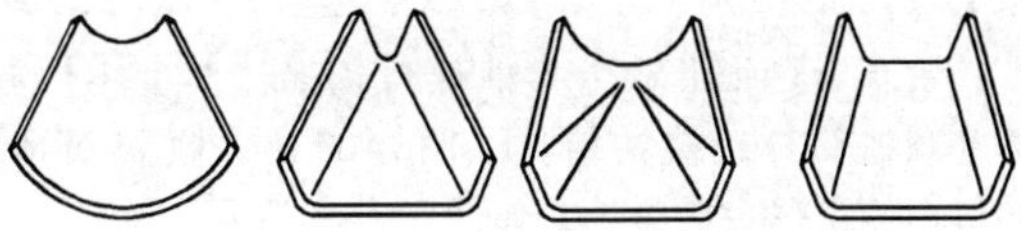

图 5-2-7 钛合金板材热弯曲变截面零件

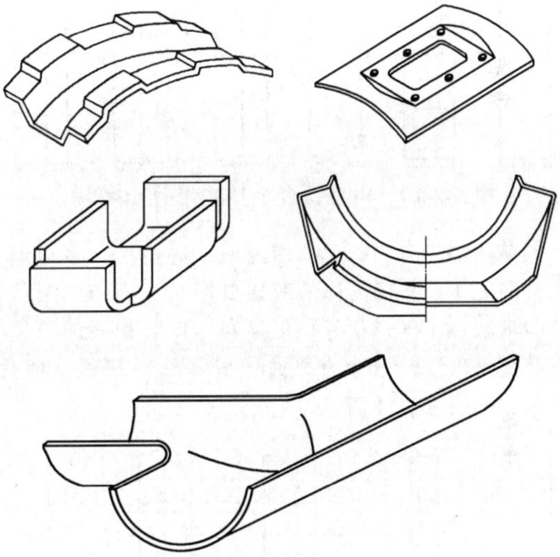

图 5-2-8 钛合金板材热弯曲异形件

表 5-2-10 钛合金板材加热状态下最小弯曲半径和工作弯曲半径

牌号	名义化学成分	加热温度/℃	R_{min}	$R_{工作}$
TA1	工业纯钛	350~400	(1.0~1.2)t	(1.5~1.8)t
TA2	工业纯钛	350~400	(1.0~1.3)t	(1.5~1.9)t
TA3	工业纯钛	350~400	(1.0~1.5)t	(1.5~2.0)t
TC1	Ti-2Al-1.5Mn	500~650	(1.2~2.0)t	(1.8~2.2)t
TC2	Ti-3Al-1.5Mn	500~650	(1.5~2.0)t	(2.0~2.5)t
TA7	Ti-5Al-2.5Sn	600~750	(2.5~3.5)t	(3.5~4.5)t
TA15	Ti-6Al-2Zr-1Mo-1V	700~900	(2.0~3.5)t	(5.0~6.0)t
TC4	Ti-6Al-4V	600~750	(3.5~4.0)t	(5.0~6.0)t

注：t 是板材厚度。

2. 热胀形

钛合金板材热胀形是指借助模具、温度、压力及时间的作用，使封闭钛合金坯料及空心件、管坯等由内向外扩展，表面积增大、壁厚减薄，成形高精度高质量钛合金钣金零件的一种热成形方法，如图 5-2-9 所示。

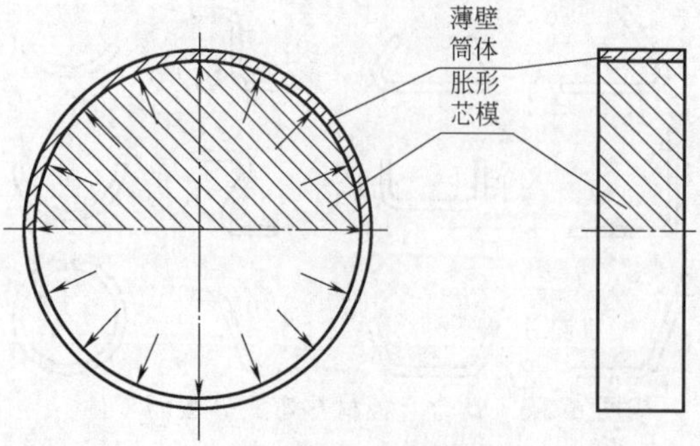

图 5-2-9　钛合金板材热胀形原理示意图

钛合金热胀形钣金零件种类较多，典型零件有薄壁圆柱筒体、棱柱筒体、圆台筒体、收腰筒体、鼓形筒体、球台筒体等，如图 5-2-10 所示。

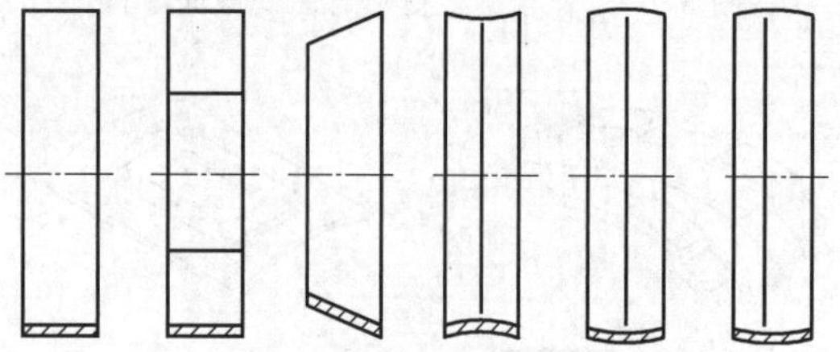

图 5-2-10　典型钛合金热胀形钣金零件

筒体端口分为圆形、椭圆形、等边形、多边形、闭合曲线等。按照筒体的两端口形状分为相同形状、相似形状和不同形状等。仅仅两端形状相同的筒体，按照筒壁母线又分为直母线、折（线）母线、曲母线等，如图 5-2-11 所示。

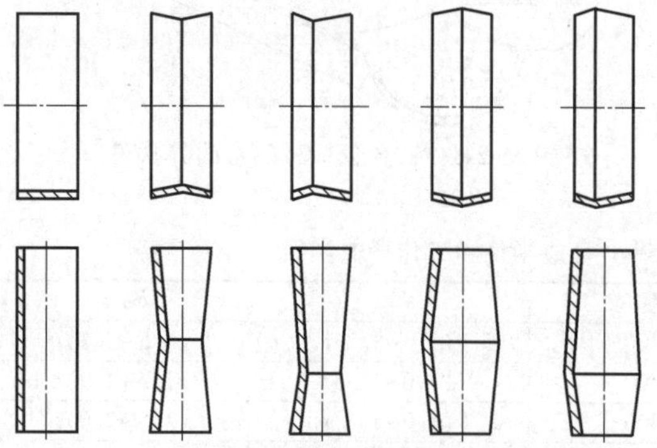

图 5-2-11　钛合金热胀形端口形状相同的筒体

此外，钛合金热胀形方法能够成形台阶壁筒体、斜阶筒体（见图 5-2-12），带筋筒体（见图 5-2-13）。

3. 热翻边

热翻边，即加热翻边，是指将待翻边半成品或半成品待翻边区域加热到热成形温度之后的翻边成形。热翻边的种类和形式与常温（冷）翻边类似，如图 5-2-14 所示。根据成形过程中边部材料长度的变化情况，热翻边分为伸长类翻边和压缩类翻边。根据变形工艺特点，热翻边分为内孔（圆孔或非圆孔）翻边、外缘翻边、变薄翻边等。外缘翻边还可分为外缘内凹翻边和外缘外凸翻边。圆孔翻边、外缘内凹翻边等属伸长类翻边，其变形特点是：变形区材料受拉应力，切向伸长，厚度变薄，易发生破裂。外缘外凸翻边等属压缩类翻边，其变形特点是：变形区受切向压缩应力，产生压缩变形，厚度增加，易起皱。非圆孔翻边通常是伸长类翻边、压缩类翻边和弯曲成形的组合形式。当翻边的变形区边缘为一直线时，翻边成形就转变为弯曲成形。

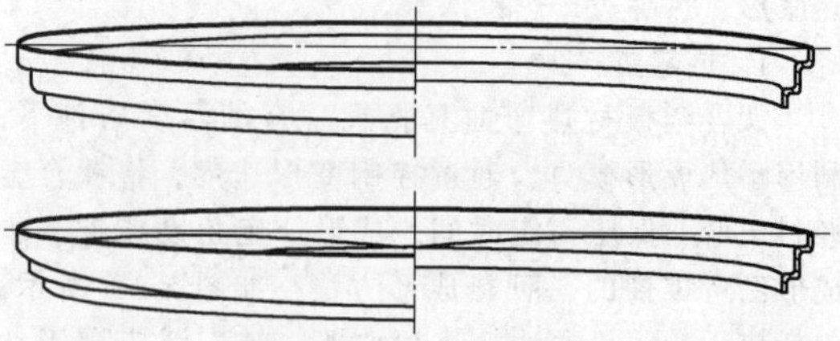

图 5-2-12　钛合金热胀形台阶壁筒体、斜阶筒体

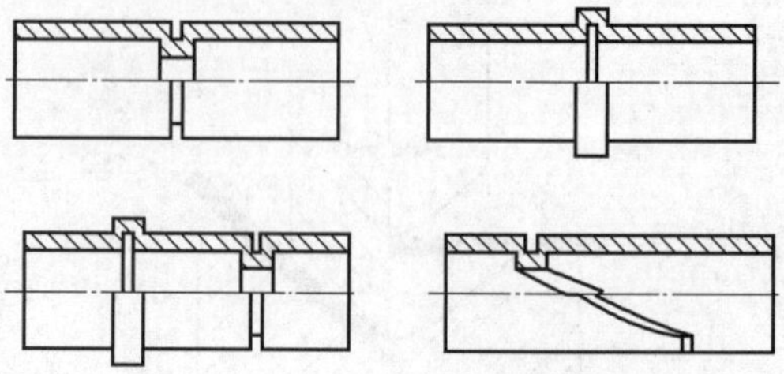

图 5-2-13　钛合金热胀形带筋筒体

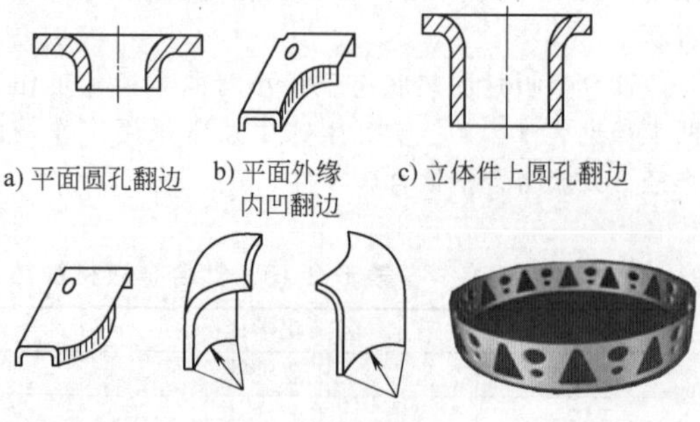

a) 平面圆孔翻边　b) 平面外缘内凹翻边　c) 立体件上圆孔翻边

d) 平面外缘外凸翻边　e) 压缩类曲面翻边　f) 拉伸类曲面翻边　g) 壳体

图 5-2-14　热翻边

4. 热拉深

钛合金板材热拉深，即加热条件下的钛合金板材拉深成形，是指借助模具、温度、压力及时间的作用，使钛合金坯料成形，获得钛合金钣金零件的一种热成形方法，如图 5-2-15 所示，其工艺计算与室温拉深类似。钛合金板材热拉深性能较优良，往往一次拉深便可以获得较好的拉深效果。

按照是否带法兰，钛合金热拉深件可以分为无

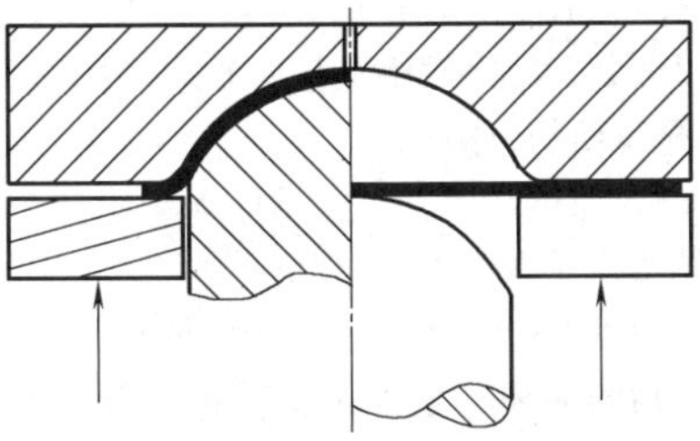

图 5-2-15　钛合金板材热拉深原理示意图

法兰拉深件和带法兰拉深件。无法兰的典型钛合金热拉深件如图 5-2-16 所示，包括筒形件、半球件、回转抛物面件、盒形件等。带法兰拉深件的法兰形式分为平面法兰和曲面法兰，曲面法兰又分为柱面法兰、锥面法兰、球面法兰和复杂双曲面法兰等，带柱面法兰的钛合金热拉深件如图 5-2-17 所示。

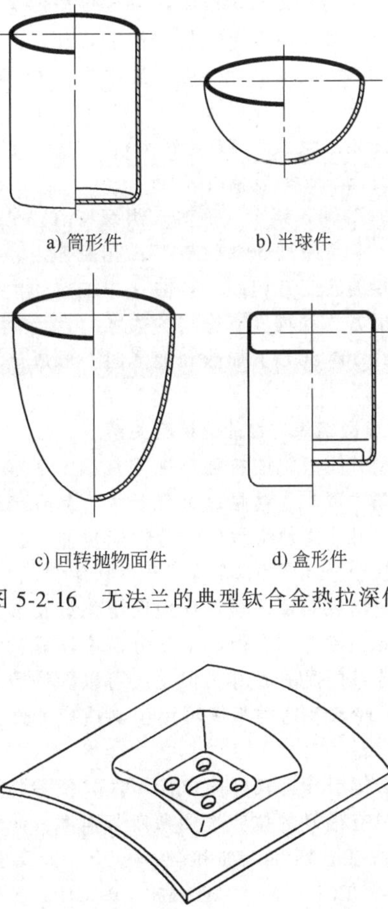

a) 筒形件　　b) 半球件

c) 回转抛物面件　　d) 盒形件

图 5-2-16　无法兰的典型钛合金热拉深件

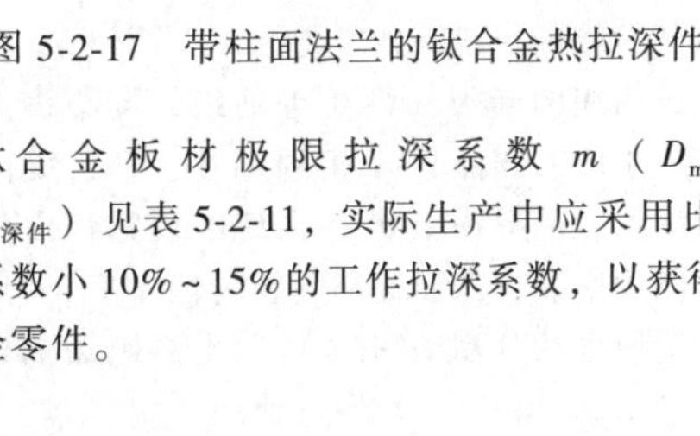

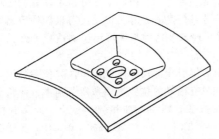

图 5-2-17　带柱面法兰的钛合金热拉深件

钛合金板材极限拉深系数 m ($D_{\text{min坯料}}/d_{\text{平均 拉深件}}$) 见表 5-2-11，实际生产中应采用比极限拉深系数小 10%~15%的工作拉深系数，以获得合格钛合金零件。

表 5-2-11　钛合金板材极限拉深系数

材料牌号	名义化学成分	加热温度/℃	极限拉深系数 m
纯钛	工业纯钛	500	2.6
TC1	Ti-2Al-1.5Mn	600	3.0
TC3	Ti-5Al-4V	650	2.3
TC4	Ti-6Al-4V	500~600	1.8

5. 半模热成形

钛合金板材半模热成形，相对于配对使用的凸凹模、上下模或耦合模等热成形而言，仅仅使用半个模具如凹模或阴模，与之配套使用的另外半个模具被气体、流体或固体等介质替代的一种热成形方法，这里只涉及钛合金板材固体半模热成形。

钛合金板材固体半模热成形分为固体颗粒半模热成形和微晶玻璃半模热成形等。与耦合模热成形相比，钛合金板材半模热成形只需一半模具，节省了模具材料采购与加工、配合面间隙修配研磨、因热成形过程中配合面间隙不均匀导致的磨具返修等方面的成本，减少了热成形周期，提高了加工效率和成形质量。

(1) 固体颗粒半模热成形　固体颗粒半模热成形适用于薄壁钛合金钣金零件的热成形，尤其是航空航天领域多品种、小批量钛合金筒形零件的生产。以均质细沙为介质，填入由扇形坯料弯曲和焊接而成的薄壁锥筒体内，作为胀形凸模，加热到热成形温度，在机床工装挤压力的作用下，均质细沙半模向四周压挤，使坯料外表面与刚性凹模内腔型面完全贴合，保压足够时间，获得表面光顺、尺寸精度和质量满足要求的半模热胀形钛合金零件，如图 5-2-18 所示。

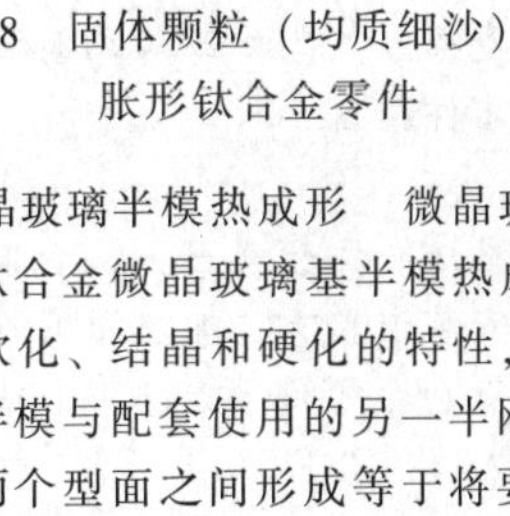

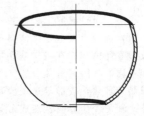

图 5-2-18　固体颗粒（均质细沙）半模热胀形钛合金零件

(2) 微晶玻璃半模热成形　微晶玻璃半模热成形，全称为钛合金微晶玻璃基半模热成形，利用微晶玻璃高温软化、结晶和硬化的特性，制作微晶玻璃半模，该半模与配套使用的另一半刚性模具型面匹配，并且两个型面之间形成等于将要被成形零件坯料厚度的均匀间隙，可以解决因模具型面复杂、配合面多引起的钛合金热成形零件型面啃伤、波纹度大、型面和尺寸精度差等工艺问题。微晶玻璃半模热成形的钛合金钣金零件如图 5-2-19 所示。

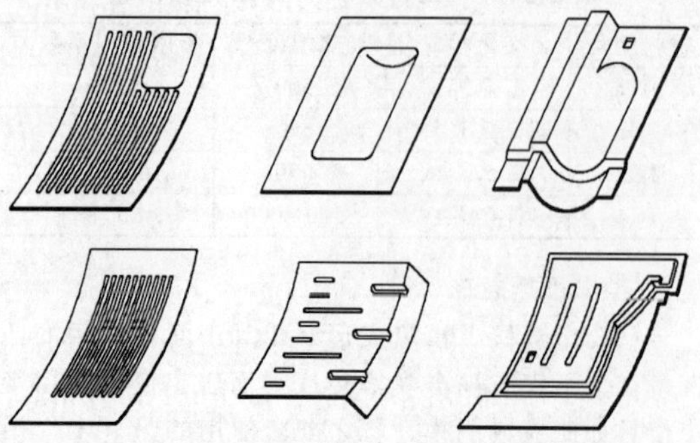

图 5-2-19　微晶玻璃半模热成形的钛合金钣金零件

2.4　钛合金板材热成形缺陷及质量控制

2.4.1　钛合金板材热成形缺陷

1. 褶皱

钛合金板材受压稳定性只有钢或铝的一半左右，极易产生褶皱，如拉深工艺凸缘区域，因热成形温度偏低、变形速度偏大、压边力设置不合理等会引起失稳褶皱。另外，零件变形区域金属流动不均匀也会出现褶皱。

2. 破裂

热成形过程中当变形力或变形量超过相应极限时，钛合金板材会发生破裂。同种材料成形极限与变形温度、应变速率等有关。通常，钛合金板材在热成形温度下的塑性能够满足成形需求，应变速率较大即成形速度较快，可能导致破裂。钛合金板材拉深成形时，也会因压边力过大、润滑不佳、坯料偏大、凹模圆角过小等导致变形力过大而产生破裂。

3. 翘曲

热成形过程中，当热成形工艺参数选取和实际操作不当时，钛合金板材钣金零件便会产生翘曲现象，这与热成形零件内部存在较大残余应力、热态刚度差、冷却不均匀等因素有关。通常可通过预成形后热校形或热处理兼热校形等途径消除热成形零件翘曲；此外，改进钛合金板材热成形操作，如保形取件、合理支撑及均匀冷却等均有利于避免钛合金热成形钣金零件翘曲。

4. 啃伤

热成形过程中，因模具型面配合面多、配合间隙修配不均、安装误差大、加热温度不均匀及操作不当等极易在钛合金零件上产生啃伤、挤伤，往往导致零件报废。

2.4.2　钛合金热成形零件显微组织及性能控制

钛合金的显微组织类型主要决定于热加工工艺过程，在热处理过程中变化不大。α+β 型钛合金作为结构钛合金已获得广泛的应用，这里主要介绍 α+β 型两相钛合金的显微组织与性能的相互关系。

1. 显微组织分类

在 α+β 型钛合金中，常见的显微组织类型一般可以归纳为以下四种：

（1）典型的魏氏组织　魏氏组织特点是原始 β 晶粒边界清晰完整，晶界 α 相非常明显，晶内 α 相呈粗片状规则排列。当合金的加热和变形都在 β 相区进行时形成这种显微组织。

（2）网篮状组织　网篮状组织特点是原始 β 晶粒边界产生不同程度的破碎，晶界 α 相已经不太明显，晶内片状 α 相变短变粗，在原始 β 晶粒的轮廓内呈网篮状编织的片状结构。合金在 β 相区加热或开始变形，在 α+β 相区的变形量不够大时形成这种显微组织。

（3）混合组织　混合组织特点是在转变 β 组织的基体上，分布着一定数量的初生 α 相，但总含量不超过 50%，转变 β 相实际上是次生 α 相和保留 β 相的混合体，在光学显微镜下观察时变暗，初生 α 相则呈发亮的颗粒，当合金在 α+β 相区的上部加热和变形时形成这种显微组织。

（4）等轴 α 组织　等轴 α 组织特点，是在均匀分布的、含量超过 50% 的初生 α 相基体上，存在着一定数量的转变 β 组织。等轴 α 相颗粒的形状和尺寸与变形方式和程度有密切的关系。当合金在低于相变点约 30～50℃ 下加热和变形时，形成这种显微组织。

2. 显微组织与性能的相互关系

典型魏氏组织的拉伸塑性非常低，基本不能满足技术条件要求，这是 β 晶粒长大、晶界出现连续 α 相的结果。这种组织的疲劳性能也非常差，因此在各种钛合金零件中应避免出现魏氏组织。

网篮组织的拉伸塑性比魏氏组织好得多，一般可以满足技术要求，但并不充分，这种显微组织中不存在连续的晶界 α 相，但是还可以隐约看出原始 β 晶粒的轮廓，这类组织可用于制造疲劳性能要求不高的零件。

混合组织具有较好的拉伸塑性和疲劳强度。等轴组织具有最好的拉伸塑性和疲劳强度，伸长率和断面收缩率分别在 15% 和 40% 以上，疲劳强度在 $50kgf/mm^2$ 以上（注：$1kgf/mm^2 = 9.8MPa$），适合加工制造疲劳性能要求高的零件。

魏氏组织的断裂韧性比等轴组织高得多。原始 β 晶粒尺寸长大和晶界 α 相的存在，都会提高合金的断裂韧性，晶界 α 相的存在使断裂特性由晶间断裂改为晶内断裂，从而提高断裂韧性。

一定厚度的片状 α 相也可以提高断裂韧性，因

为裂纹是沿着 α 相和时效 β 相的相界面扩展的。片状 α 相具有高的纵横比，为裂纹扩展提供了更大的 α/β 相界面，这必然会引起裂纹方向的多次改变，从而吸收更大的能量。

关于显微组织对疲劳性能的影响，疲劳寿命会由于 α 相的强化或存在 β 相织构而受到影响。疲劳裂纹起始寿命的总趋势与疲劳总寿命相似，较细小的初生 α 相颗粒使裂纹形成时间延长，转变 β 组织可能会缩短裂纹形成时间，存在织构也会减少形成裂纹需要的循环次数。

3. 钛合金板材热成形显微组织与性能分析

钛合金板材热成形是一种在相变温度以下成形的零件加工工艺，其成形温度一般在 600～750℃之间。而 α+β 型钛合金在相变温度以下加热时，显微组织变化主要表现在初生 α 相和转变 β 相相对含量的变化，组织结构属于上述的混合组织。

加热成形过程中，初生 α 相颗粒会逐渐长大，但是当塑性变形量大于 60%～70%时，仍可以获得较小尺寸的 α 相颗粒，形状近于球状（等轴的）、椭圆形、纤维状或条状，大小可以从几微米变化到几十微米；当塑性变形量小于 60%～70%时，初生 α 相颗粒则会伴随一定程度的长大。

冷却过程中，初生 α 相含量与冷却速度有关，主要表现在初生 α 相颗粒的尺寸在慢速冷却的过程中逐步长大。加热后降低冷却速度，相当于延长加热保温时间，特别是当随炉冷却时，不仅初生 α 相颗粒明显长大，次生 α 相也由空冷时的条状变为粗大的片状。若干片状 α 相与原始 β 晶粒合成混合体，即转变 β 相。

在热成形工艺中，钛合金钣金零件的冷却方式大部分属于空冷，即最终获得的零件组织结构为条状 α 相与高温 β 相，具有良好的疲劳性能。在热胀形工艺中，钛合金钣金零件的冷却方式为随炉冷却，最终获得的组织结构为条状、片状 α 相和转变 β 相，具有良好的断裂韧性，但疲劳性能较差。

2.4.3　钛合金热成形零件外形尺寸精度控制

钛合金板材热成形零件精度依靠板材质量、成形设备、成形模具、工艺参数、操作方式以及后续处理等共同保障，缺一不可。

影响钛合金钣金零件热成形精度的主要因素是变形回弹。为了减小残余应力，最根本的措施是保证合理的变形条件，尽量使变形均匀，将内应力的数值减到最小；其次可用热处理方法使金属组织发生再结晶，或可用机械处理方法（如喷丸加工）使工件表面产生少量附加的塑性变形，使之产生新的内应力及残余压应力，以消除原有外层材料的残余拉应力；还可将整块板料进行拉校，使各部分的变形趋于均匀一致。其中，机械处理方法只能消除变形体内的部分残余应力。

通过预先确定出零件在某个温度区间内成形后的回弹量，并对热成形模具合理设计，采用回弹补偿的方式也可以控制零件成形后的型面精度。目前，回弹补偿主要有解析法、有限元数值模拟法及试验法三种方法。合理的工艺设计与工艺参数（如温度、压力、时间）的有机结合是达到这一目的有效手段。

此外，在同样弯曲状况下，封闭结构的变形回弹量小于非封闭结构的总体变形回弹量。

2.5　钛合金板材加热方法及热成形模具

2.5.1　钛合金板材加热方式

温度是钛合金板材热成形的关键因素之一，加热是钛合金板材坯料获取温度的手段，加热方式决定钛合金板材热成形的精度、质量、功效与成败。加热方式与钛合金零件材料种类、结构形状、尺寸大小、精度与质量要求及加工数量密切相关，也关系到钛合金板材热成形零件的成形效率、效益与成本。加热方式没有绝对的好与坏、先进与落后，只有综合效果合适与否。大批量、高精度钛合金钣金零件适宜采用专用设备成形。单件试制适合采用喷灯加热手工热成形；单件、多批次、高精度钛合金钣金零件通常也采用专用设备成形，但一个完整的热循环（即安装模具、加热、升温、保温、钛合金坯料热成形/热校形/热成形兼热校形、降温、室温、拆卸模具）导致无效占用设备时间长、单件总体成本显著增加以致成品价格极其昂贵。

钛合金板材加热分为直接加热和间接加热。直接加热即直接加热零件，主要有喷灯或焊枪加热、自阻加热、电磁感应加热、辐射加热、电炉加热等方式。间接加热即通过模具加热零件，主要有由模具内部加热模具、专用平台加热模具等加热零件的方式。在上述加热方式中，除专用平台加热模具之外，其他加热方式主要用于热成形，适用于零件数量有限、材料变形较易、结构形状较简单、尺寸不是很大、精度要求不高的钛合金钣金零件成形；专用平台加热模具往往与压力机结合，可以完成热成形、热校形或热成形兼热校形，适用于工业化批量生产。

1. 喷灯或焊枪加热

喷灯或焊枪加热是指利用喷灯或焊枪，局部加热待变形区至设定温度后成形零件。借助模具、机用虎钳等工具，可以一边加热，一边手工敲打成形和修整；亦可利用模具，使用喷灯或焊枪将钛合金板材加热后模压成形。喷灯或焊枪加热方法简单、容易获取、操作便捷，无须专用设备和工装，但是，温度控制和零件成形完全依赖工人经验，温度不均、劳动量大、安全性差且易污染零件。喷灯或焊枪加热适用于外形简单、精度要求不高及产量很小（或新品试制）的钛合金钣金零件成形，原则上应限制使用该加热方式。

2. 自阻加热

自阻加热是指利用钛合金板材自身电阻，采用电压低于36V的多级或无极调压方式，通过数百甚至数千安培电流，在数十秒时间内直接将钛合金坯料加热并稳定在热成形温度进行热成形，是一种十分有效的加热方式；自阻加热时，坯料应避免与金属成形模具接触，以免短路。自阻加热成形较适用于矩形、特别是窄条形坯料加热；应避免用于非矩形坯料的加热，如不规则断面、缺口、通孔或带开口以及曲线外形的坯料。目前，尚无较理想的测温手段，热电偶对温度改变反应比较迟缓，红外线测温比较麻烦且不准确，适宜测量热平衡时的温度。国外采用在加热过程中通过观察涂料熔化状况的方法确定温度，被认为是一种既简便又准确的方法。通常，自阻加热速度较快，降温也快，成形后的零件内应力大、回弹量大、形变严重，需辅以手工敲修或喷灯加热手工校正。

3. 电磁感应加热

电磁感应加热是指通过中频或高频线圈在钛合金坯料中产生感应电流和涡流加热的一种加热方法，适用于尺寸较小的坯料和圆形模具的加热。通常，电磁感应加热时板材坯料温度不易均匀，因此不适合大尺寸的坯料加热。

4. 辐射加热

辐射加热主要是指红外线辐射器加热，通过石英灯（碘钨灯）红外辐射加热钛合金坯料。辐射加热效果与热源至坯料的距离密切相关，比较适合于加热平板坯料，主要用于钛合金板材的落压以及蒙皮拉形等成形。石英灯装置是由一排或多排石英灯管与反射罩组成，通过红外辐射将钛合金板材坯料加热成形。通过变化灯管数量、布局、分区控制与工件表面调节红外辐射范围、温度场和工件温度。辐射加热设备承受震动与撞击的能力差，维护比较困难，价格较贵。

5. 电炉加热

电炉加热是指将坯料加热到一定温度，然后迅速转移到模具内成形。不需要加热模具，对模具材料无特殊要求。通过炉内空气循环提高温度均匀度、防止局部温度过高、避免坯料局部过烧。电炉加热便于组织生产且成本较低。不过，从电炉转移到模具型面过程中，坯料温度下降很快，同时由于模具不加热，成形后零件内应力大、回弹和形变严重，难以保证成形精度。

6. 模具内部加热

通过模具加热是指直接将电热元件插入并加热模具，再通过模具加热钛合金坯料的一种加热方法。通常，经过数分钟模具加热，钛合金坯料便可达到热成形温度。该种加热方式适用于金属模具和非金属模具，加热温度可以设计和调节，可用于钛合金板材热成形和热校形，可以获得较高精度的钛合金钣金零件。但是，由于电热元件占用模具空间，使得模具尺寸高大、结构复杂、制造困难、成本较高，且使用不便。

7. 专用平台加热

专用机床加热是指利用专用热成形机床加热钛合金坯料。通常，专用热成形机床上配备电加热平台，通过其中的电热元件加热平台，热量传递使模具加热到成形温度；然后将坯料放入模具型面，加热坯料到成形温度。由于专用机床加热集电炉、加热平台、隔热保温、温度控制及加压机构于一体，工件温度可调且均匀稳定，故应用广泛，同时也是热成形设备普遍采用的加热方式。在该方式下，可以进行钛合金板材的热成形、热校形，热成形兼热校形，比较适合批量和大批量钛合金板材成形。

此外，所有电加热设备应接地并尽可能采用小于36V的工作电压，喷灯或焊枪加热时应配备消防器材。

2.5.2 热成形模具

1. 模具材料

随着钛合金零件应用领域的日益扩展，钛合金板材热成形模具种类和需求越来越多。钛合金板材热成形模具材料应具有良好的抗高温氧化、抗高温生长、高温机械、急冷急热、常温机械加工等性能，同时具有较高的相变温度，具备来源广泛、成本低廉的特点。热成形模具材料的选择，与钛合金钣金零件特点、要求和批量密切相关。常用钛合金板材热成形模具材料分为金属和陶瓷两大类，见表5-2-12。在750℃以下使用时，中硅钼球墨铸铁比较经济实用。

表5-2-12　常用钛合金板材热成形模具材料

序号	类别	模具材料	最高使用温度/℃	切削加工性能	成本
1	金属材料	碳素钢	<550	好	低
		不锈钢	<700	较差	较高
		锻模钢	<600	可	较高

（续）

序号	类别	模具材料			最高使用温度/℃	切削加工性能	成本
1	金属材料	耐热钢			<750	较差	高
		高速钢			<650	可	较高
		合金工具钢			<550	较好	较低
		耐热球墨铸铁	中硅类	中硅Ⅰ/Ⅱ	<750/800	良好/尚好	较低
				高硅	<900	困难	—
				中硅钼Ⅰ/Ⅱ	<750/800	良好/良好	较低
				中硅钼铬	<820	良好	—
			中硅铝类		<900	很困难	—
2	陶瓷材料	—			~1000	不可加工	—

2. 热成形模具设计

热成形模具设计与一般冲压模具设计的程序基本相同，但设计准则不完全相同，不能直接沿用一般冲压模具设计准则，涉及钛合金性能、工艺参数、缩尺计算、成形设备、模具材料及操作管理等与热影响相关的诸多方面。

（1）主要流程

1）分析图样，确定工艺。分析钛合金钣金零件CAD模型或图样，包括零件形状、结构、壁厚、大小、尺寸及公差、数量以及技术要求等，确定钛合金零件热成形工艺、钛合金板材种类、坯料尺寸、工装模具及热成形装备。

2）确定结构，选择材料。钛合金板材热成形方式决定模具材料、结构及尺寸。与普通冲压模具相比，钛合金板材热成形模具结构相对简单，活动面之间的间隙较大以防高温卡伤、卡死。模具材料既要满足钛合金零件热成形需要，又要满足经济性要求，除其他因素之外，模具材料还与钛合金零件数量密切相关，当小批量、数件尤其单件时，模具材料可适当降低要求，以免单件成本偏高。

3）结构设计，校核计算。模具结构设计首先应满足钛合金板材毛坯加热、受力及变形的结构与尺寸需求，例如模具水平投影形状和大小通常应该包络钛合金毛坯形状与大小，且四周留足余量。其次满足热成形模具吊装转运、机床（加热平台）安装固定和拆卸需要，如必要的、数量足够的吊环螺孔。还应满足热成形上下模具或耦合模具的导向、加热装置布置、热电偶测温孔位置及钛合金板材热成形工艺需要。校核计算模具结构强度与形变、模具型面关键尺寸的缩尺量、电功率耗损及加热时间等。最终确保钛合金热板材热成形模具可靠、工艺稳定、成形精度与质量满足设计技术要求。

4）设计CAD模型，注明要求。在上述工作基础上，利用现代计算机设计工具，建立钛合金板材热成形模具三维CAD模型，设计效率高、传递与加工制造方便。要注明制造依据、协调措施、标准要求和注意事项等。

（2）结构设计　图5-2-20所示为典型钛合金板材热成形模具-薄壁罩热压耦合模具。通常，热压耦

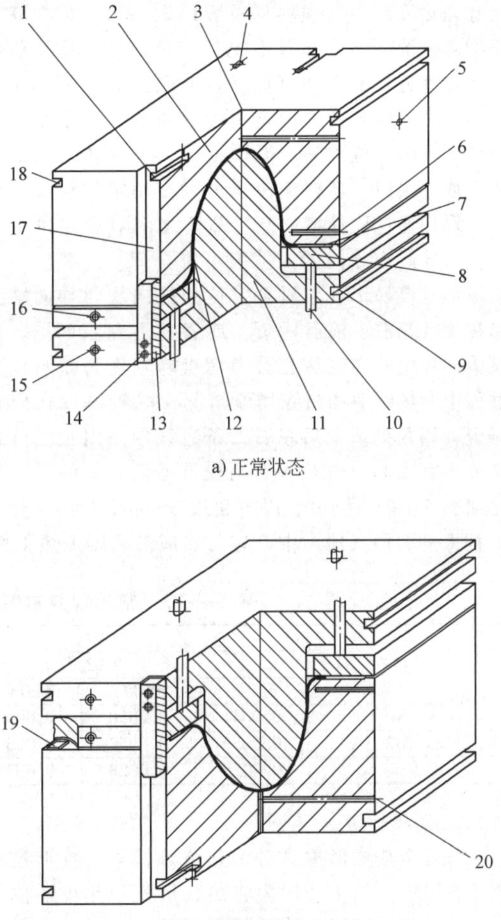

a) 正常状态

b) 倒置状态

图 5-2-20　典型钛合金板材热成形模具-薄壁罩热压耦合模具

1—燕尾槽　2—凹模　3—凹模排气孔　4—凹模吊环螺孔　5—凹模侧壁起吊孔　6、20—热电偶孔　7—毛坯槽　8—压边圈　9—凸模槽口　10—顶料杆　11—凸模　12—工件　13—凸模导向块　14—固定螺栓　15—凸模吊环螺孔　16—压边圈吊环螺孔　17—凹模导向槽　18—凹模槽口　19—凹模缓冲垫块

合模具结构设计务必要考虑模具的安装固定、对合定位、型面位置、间隙调整、坯料定位、卸料取件、温度测量、吊装转运等操作。

燕尾槽、吊环螺孔和侧壁起吊孔用于吊装转运。凸、凹模槽口用于模具与热成形机床加热平台燕尾槽之间的安装固定。凸模导向块与凹模导向槽用于凸、凹模之间对合定位。凹模缓冲垫块用于调整凸、凹模之间的耦合间隙。毛坯槽用于高效率、准确的坯料定位。顶料杆和压边圈既用于拉深压边，也用于卸料取件。热电偶孔用于插置热电偶，以便测量和控制模具温度。

安装固定必须协调凸、凹模长宽尺寸与热成形机床加热平台燕尾槽之间的位置关系。压边圈大小尺寸与热成形机床顶料杆位置协调一致，顶料杆在压边圈上的顶点均布且不少于三个。热电偶孔位置应尽量靠近模具工作型面，热电偶孔通达模具重要型面部位。坯料的准确定位十分重要，尽量避免孔定位，要求定位准确、操作方便、避免坯料变形卡死、取件快捷，坯料定位也可以使用定位块或定位销，取件通过取件槽。凸、凹模之间对合定位的导向块与导向槽之间的间隙大小应合理，间隙太小在热成形时容易卡死，对合定位的导向块与导向槽分布在模具左右、前后两侧，或者前后左右四处。凹模缓冲垫块的高度应充分考虑板料厚度公差与成形过程中的热摩擦和凸缘增厚情况，一般设置在模具对合面四角处或前后左右四条边线中点附近。模具高度不宜太高（加热平台与模具型面之间的温度变化如图 5-2-21 所示），以不超过 300mm 为宜，模具不宜太重。模具压力中心应与热成形机床加热工作平台中心重合，模具型面设计应避免热成形过程中坯料发生滑动偏移。

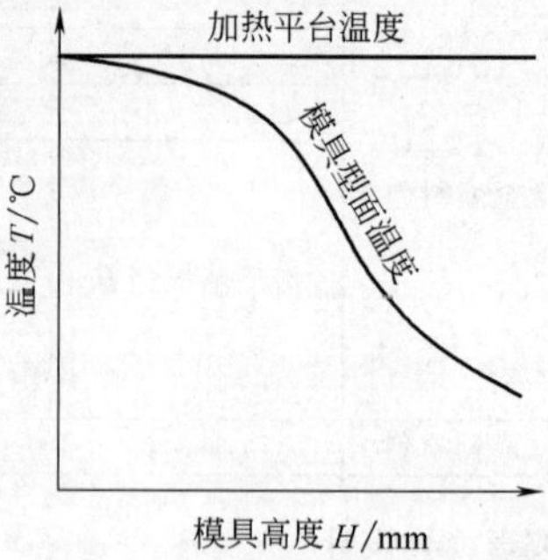

图 5-2-21　加热平台与模具型面之间的温度变化

（3）型面尺寸　钛合金板材热成形时，因为钛板和模具材料热膨胀系数不同，必须考虑模具材料和钛板在工作温度下热膨胀量的差异，对热成形模具型面尺寸进行修正，以保证热成形零件冷却至室温后的尺寸及精度。

模具和零件尺寸热膨胀的差值或修正量 ΔL_s 见式（5-2-1），修正后的模具名义尺寸见式（5-2-2）。常用模具材料和几种钛合金板材的 K_s 值见表 5-2-13，其值通常为负，故称缩尺系数。

$$\Delta L_s = L_{cm} - L_{cj} = K_s L_{cj} \tag{5-2-1}$$

$$L_{cm} = (1 + K_s) L_{cj} \tag{5-2-2}$$

式中　ΔL_s——模具和零件的尺寸热膨胀差值或修正量；

L_{cm}——常温下模具的名义尺寸（mm）；

L_{cj}——常温下零件的名义尺寸（mm）；

K_s——缩尺或放尺系数（正放负缩）。

表 5-2-13　常用模具材料和几种钛合金板材的缩尺系数 K_s

模具材料	零件材料							
	TA2、TC1				TC3			
	500℃	550℃	600℃	650℃	600℃	650℃	700℃	750℃
1Cr18Ni9Ti	0.0044	0.0050	0.0055	0.0060	0.0049	0.0053	0.0057	0.0061
21Cr11Ni2.5W	0.0053	0.0058	0.0064	0.0072	0.0053	0.0065	0.0072	—
中硅钼球铁	0.0025	0.0028	0.0031	0.0033	0.0025	0.0026	0.0028	—

3. 模具类型

钛合金热成形模具分为热成形模、热校形模和热压校形模。热压校形模将热成形模和热校形模合二为一，可以同时完成热成形与热校形，甚至退火处理。按照成形工艺分类，钛合金热成形模具分为弯曲模、拉深模、胀形模、翻边模等。按照有无模具分类，分为耦合模、半模和介质（无模）等。

以钛合金热胀形为例，其模具按照不同方式分类，可分为整体胀形模和分瓣式芯模，也可分为单层分瓣模和双层分瓣模（见图 5-2-22），还可分为刚性模、离散介质（如钢球）、流体和气体介质等。

4. 表面保护

热成形模具使用时，钛合金划伤和粘模现象加剧，使取件困难、零件变形。因此，需要在清洗干净的模具工作表面和钛合金坯料上涂敷润滑剂等。

室温成形时，钛合金坯料表面喷涂过氯乙烯防腐清漆，模具型面涂敷机油润滑，也可使用聚氯乙烯塑料薄膜。

650℃以下热成形时，钛合金坯料表面和模具型面涂敷一层胶体石墨水剂，待干燥后成形。在坯料易擦伤的部位可先涂敷一层 Ti-1#保护涂料，再涂敷一层胶体石墨水剂。

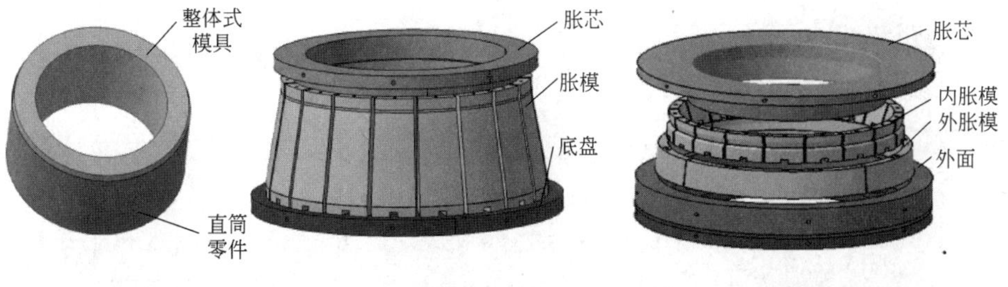

a) 整体胀形模　　b) 单层分瓣模　　c) 双层分瓣模

图 5-2-22　钛合金热胀形模具结构形式

在 750℃左右热成形时，钛合金坯料表面可以先涂敷一层 Ti-2#保护涂料，待干燥后成形，再涂敷一层胶体石墨水剂，模具型面涂敷胶体石墨水剂。

此外，为了避免污染钛合金坯料表面，在拿取涂敷润滑剂或涂料的钛合金坯料时，要戴干净的棉线手套。

2.6　典型钛合金钣金零件热成形

2.6.1　钛合金双曲回转薄壁件

钛合金双曲回转薄壁件外形尺寸如图 5-2-23 所示，该件成形时易失稳起皱和开裂。

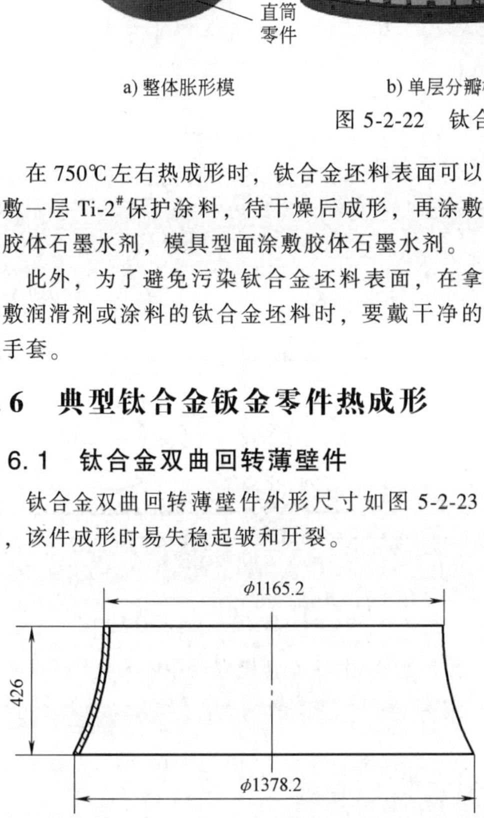

图 5-2-23　钛合金双曲回转薄壁件外形尺寸

1. 工艺方案

钛合金双曲回转薄壁件热成形可以采用整体常温滚弯—沿直端头焊接—锥面热胀形、分块常温滚弯—沿直母线拼焊—锥面热胀形和分块压形—沿曲母线拼焊—回转双曲面热胀形等工艺方法，综合考虑钛合金板材规格、原材料成本、胀形量及其均匀性、开裂与中部起皱风险等因素，选取分块压形—沿曲母线拼焊—回转双曲面热胀校形热成形工艺方法。

首先热压弯分瓣扇形板料，然后焊接为喇叭形双曲回转半成品，最终通过分瓣式胀形模对该半成品进行热胀形兼校形获得双曲回转薄壁件。此方案中双曲回转半成品数条曲母线焊缝增加了焊接难度，不过分瓣热压弯成形显著减小了双曲回转半成品热胀校形量，有利于提高钛合金双曲回转薄壁件热成形精度。工艺流程为：分四瓣压弯→曲边焊接→整体热胀→端面机械加工→检测检验。

2. 分瓣热成形

钛合金双曲回转薄壁件等分为四瓣尺寸，如图 5-2-24 所示，坯料需留足工艺余量，一般在零件净边线基础上留 10~40mm。热压弯成形耦合模具如图 5-2-25 所示，上、下耦合结构形式，左右侧面下模导向板/上模导向槽滑动导向，双曲型面耦合辅助导向，下模后侧挡料销与上模后侧左右两边挡料块准确定位坯料。当热压弯成形温度为 700℃时，设备压力 25t，保温保压 20min。此外，保持模具型面、型腔清洁，坯料表面防氧化涂料和润滑石墨水剂层次分明、涂抹均匀并干燥平整，以免氧化皮脱落。

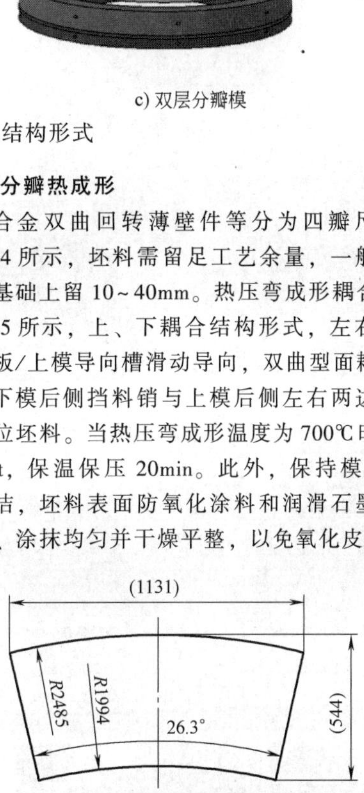

图 5-2-24　分瓣坯料尺寸

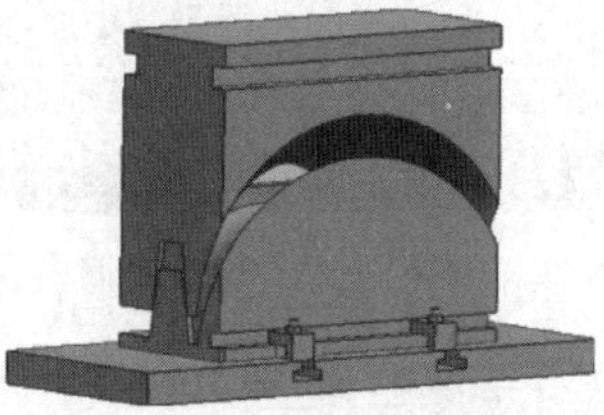

图 5-2-25　分瓣热压弯成形耦合模具

3. 整体热胀形

按照四等分、89.5°圆心角、0.5°预留焊接工艺余量分割钛合金双曲回转薄壁件的形状尺寸要求，对分瓣热压成形件切边、修边。专用焊接夹具固定，拖罩保护，沿回转曲母线将四块分瓣热压成形件激光焊接成喇叭状双曲回转半成品。采用胀形模（见图 5-2-26）热胀形双曲回转半成品，工艺流程如图 5-2-27 所示。工艺参数：温度 750℃时，胀芯压力 40t，时间 60min，机械加工端面。最终获得高精度、高质量钛合金双曲回转薄壁件，如图 5-2-28 所示。

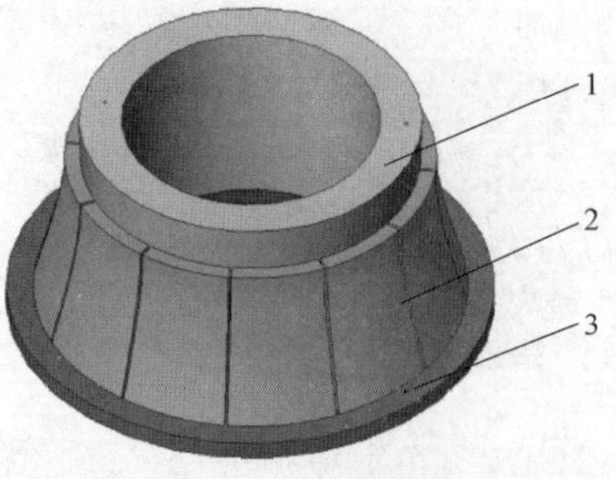

图 5-2-26　胀形模

1—胀芯（斜角 3°，轴进/径增 = 0.052）

2—胀瓣　3—底板

图 5-2-27　钛合金双曲回转薄壁件热胀形

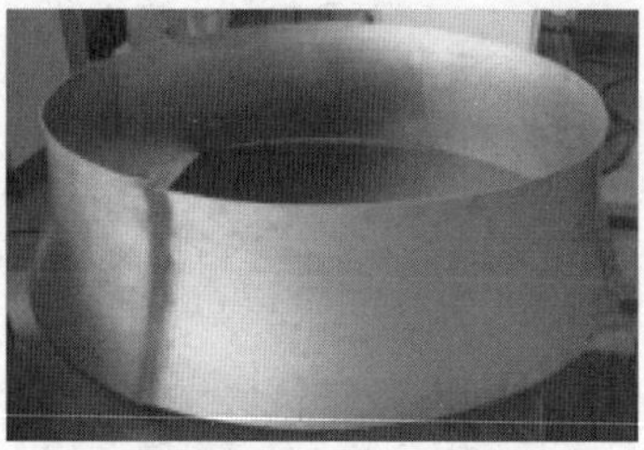

图 5-2-28　热胀形钛合金双曲回转薄壁件

2.6.2　钛合金薄壁内罩

钛合金薄壁内罩件外形尺寸如图 5-2-29 所示，外形为回转抛物面，壁厚 0.8mm，属于薄壁钣金件，TC1 钛合金材料，成形过程中悬空区域易失稳起皱。

1. 工艺方案

钛合金整流内罩热成形采用热拉深、热翻边和热校形三者合一的工艺方法。

2. 热压成形模具

热压成形模具如图 5-2-30 所示，采用耦合形式，自身回转型面，自动导向。

3. 热压校形

钛合金薄壁内罩板材坯料直径 ϕ690mm，热压工艺参数：当热成形温度（630±10）℃时，设备压力为 20t，保温保压 15min。热压校形工艺流程：下料（圆形板材坯料）→打磨毛边→清洗并晾干→表面涂抗氧化涂料并晾干→表面涂润滑剂并晾干→加热至成形温度→热拉深校形→切边并打磨→清洗→吹砂、碱崩、酸洗去氧化皮→检验等。热压成形钛合金薄壁内罩如图 5-2-31 所示。

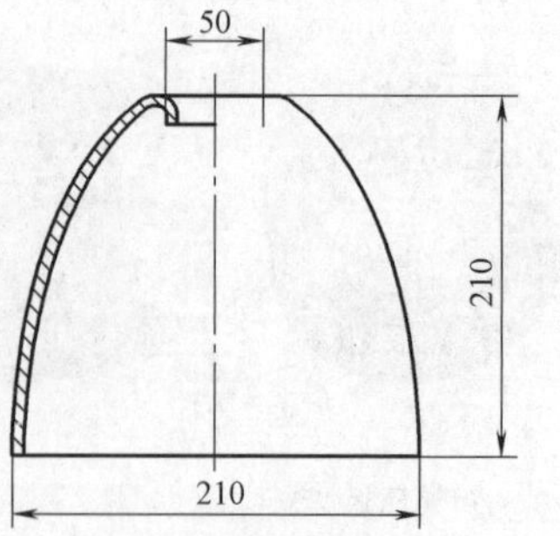

图 5-2-29　钛合金薄壁内罩件外形尺寸

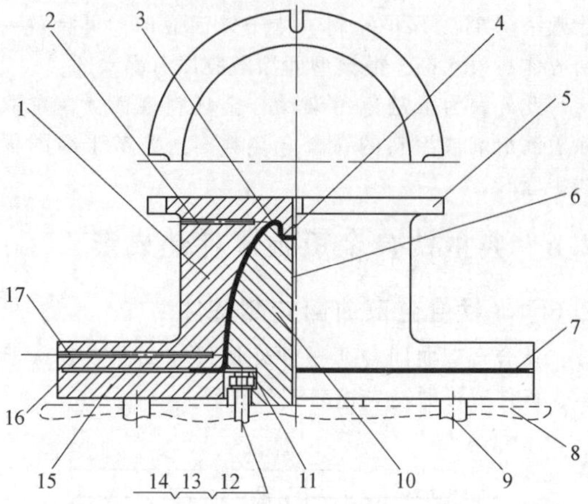

图 5-2-30　钛合金薄壁内罩件热压成形模具

1—凹模　2、17—热电偶孔　3—工件　4—凹模排气孔

5—凹模台　6—凸模排气孔　7—平板毛坯

8—加热平台（下）　9—顶料杆　10—凸模

11—凸模槽口　12—螺栓　13—垫片

14—螺母　15—压边圈　16—坯料槽

图 5-2-31　热压成形钛合金薄壁内罩

参考文献

[1]《中国航空材料手册》编辑委员会. 中国航空材料手册: 第 4 卷, 钛合金、铜合金 [M]. 2 版. 北京: 中国标准出版社, 2002: 568-574.

[2] 曾元松. 航空钣金成形技术 [M]. 北京: 航空工业出版社, 2014: 370-406.

[3] 尚建勤. 钛合金 TC1 隔板热成形工艺研究 [J]. 金属成形工艺, 2000, 18 (2): 37-38.

[4] 中华人民共和国航空工业部. 钛和钛合金的板材热成形 [M]. 北京: 航空工业部第三〇一研究所出版, 1987.

[5] 理有亲, 林兆荣, 陈春奎, 等. 钛板冲压成形技术 [M]. 北京: 国防工业出版社, 1986.

[6] 陈春奎, 尚建勤, 等. 钛合金玻璃基复合材料半模热成形 [C] //中国机械工程学会锻压学会. 第五届全国锻压学会年会论文集. 北京: 航空工业出版社, 1991.

[7] 北京航空制造工程研究所. 航空制造技术 [M]. 北京: 航空工业出版社, 2013.

[8] 张涛, 姜波, 孙宾, 等. TA15 钛合金小圆角梯形截面环热成形技术 [J]. 航空制造技术, 2013, 38 (16): 97-99, 102.

[9] 尚建勤. 航空发动机钛合金钣金零件热成形 [J]. 航空工程与维修, 1999, 6 (2): 28-29.

第3章

铝合金板材热成形

帝国理工学院　王礼良　刘　军　蔡昭恒
哈尔滨工业大学　王克环
武汉理工大学　华　林　胡志力

3.1　铝合金板材热成形原理与特点

3.1.1　成形原理

铝合金板材热成形，或热冲压成形，其成形原理如图 5-3-1 所示，是采用冷模具，在铝合金热处理工艺条件下成形高温铝合金板材的成形工艺。此工艺通常分为四个阶段：

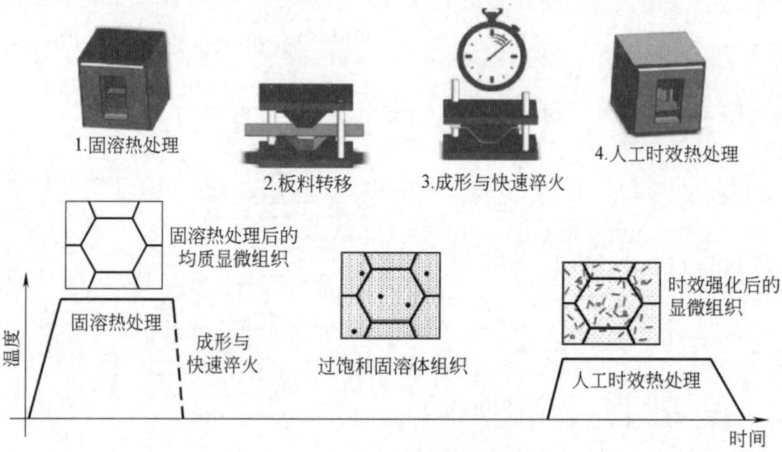

图 5-3-1　铝合金热冲压成形原理

1）固溶热处理：将高强度铝合金坯料加热至固溶热处理温度，并在该温度下保温一段时间，直到所有组分都被固溶为单一相。固溶热处理能完全溶解之前工艺中存在的析出强化相，并通过扩散方式将合金元素等均匀地分布在铝基体中。对于 Al-Mg-Si 合金，这些强化相主要由 Mg_2Si 构成。这类强化相的析出增加了材料的强度，却降低了延展性。

2）板料转移：在固溶处理之后，热板料立即通过送料臂转移至安装在压力机中的冷模具中。坯料的转移通常在短时间内完成，供料器可以提供适当的热保护，从而使坯料的热损失最小化。

3）成形与快速淬火：将坯料冲压成模具形状，并将成形的部件在一定的压力下在冷模中保压一段时间，以将其淬火至足够低的温度。淬火速率必须足够高，防止二次相颗粒从基体中析出，并获得过饱和固溶体显微组织，这也是保证人工时效后零件强度所必需的。例如，铝合金 EN AW-6005A 的最大强度值只有在 375℃/min 的淬火速率下才能达到完全的过饱和固溶体显微组织。通过增加模具保压力和选择先进模具材料可以增强从成形部件到模具的热传递，也可以使用包含冷却通道的模具，特别是在大批量零件生产中，必须避免模具过度升温导致的淬火速率下降问题。

4）人工时效热处理：热冲压淬火成形工艺中一个重要的阶段是对于可热处理铝合金部件的成形后热处理，包括将成形部件加热到人工时效温度，并将其保持在该温度以允许析出强化相的产生。人工时效处理通常在 120～250℃ 的温度范围和 3～48h 的时间内完成。

3.1.2　技术特点、典型工艺路线及行业现状

铝合金板材热成形（或热冲压）是一种将成形和热处理相结合的复合成形工艺。针对高强度时效

强化铝合金，在其成形复杂形状零件过程中可同时实现定形和定性。采用该工艺进行工业生产具有如下技术特点：

1）高形状复杂性：热成形在高温条件下完成，成形速率较高（250~500mm/s），采用较高的成形速度有利用保持板料的温度及高温下的黏塑性特征（应变速率强化和应变强化），促进材料的均匀化流动，提高板材的成形性，并成形出形状复杂的零件。

2）高强度：铝合金板材热成形将成形与热处理两道工序合二为一，成形后零件的强度接近可热处理铝合金的完全人工时效（T6）状态。与传统高温成形工艺（温成形、传统热成形和超塑性成形）相比，经人工时效后，该成形技术可以获得完全人工时效态微观组织，不破坏材料强度。

3）高效率：铝合金板材热成形需要采用较高成形速度，成形过程所需时间较短。另外，由于铝合金的热成形温度较低，一般不高于 540℃，所需冷模具保压冷却时间也较短。因此，整个成形和冷模具保压时间不高于 15s。

4）高精度：铝合金板材热成形在高温下完成，板料内部残余应力较小，可以实现近零回弹，进而提高成形零件精度。

1. 铝合金热冲压（HFQ ®）典型工艺路线及应用

针对 AA6×××铝合金，往往采用单步热冲压成形工艺；当采用 AA7×××或 AA2×××（超）高强度铝合金，且零件形状特别复杂时，需要采用双步热成形来同时保证成形精度和成形后强度，从而得到合格的产品。因此根据工艺路线可将铝合金热冲压成形分为单步热成形和双步热成形。该技术的典型应用主要集中在高强度复杂形状结构件。

（1）单步热成形　该工艺适用于成形性随成形温度线性升高的铝合金，即材料最佳成形温度在固溶处理温度（含以上）。目前已获得验证的铝合金包括 AA6082、AA6111 等 6×××系列高强度铝合金和 AA5182、AA5754 等 5×××系列中强度铝合金。以 AA6082 铝合金为例，在借助有限元仿真技术对工艺参数（温度、时间、摩擦/润滑剂和压边力）的优化基础上，成功成形出汽车舱壁和汽车门内板零件，如图 5-3-2 所示。此铝合金车门内板是目前由热冲压成形工艺成形的最大和最复杂的单一结构件，据莲花汽车测算，与传统钢制零件相比，该零件实现减重 55%，减少了整车零件数量、提高了零件的结构完整性，达到了轻量化制造的目的。

（2）双步热成形　该工艺适用于成形性不随成形温度线性升高的铝合金，即材料的最佳成形温度在固溶处理温度以下，成形温度超过固溶热处理温度以后，成形性严重下降。目前已获得验证的铝合金包括 AA7075、AA7020、AA2024、AA2060 等 7×××和 2×××系列超高强度铝合金和铝锂合金等。部分高强度铝合金在固溶温度成形能力下降问题是低熔点析出相在较低温度积聚到晶界并发生软化或溶解导致的。因此，可通过双步热成形实现对成形件成形性、精度和性能的要求。第一步，先将材料加热到最佳成形温度，该温度低于固溶温度，然后在冷模中对其成形，实现复杂几何形状的成形；第二步，将第一步成形的产品重新加热到固溶温度，然后快速转移到成形模具区，在冷模中进行保压和淬火。通过该工艺成形得到的 AA2060 机翼加强筋和 AA7075 汽车后底板获得了符合工业要求的零件尺寸精度和强度，如图 5-3-3 所示。

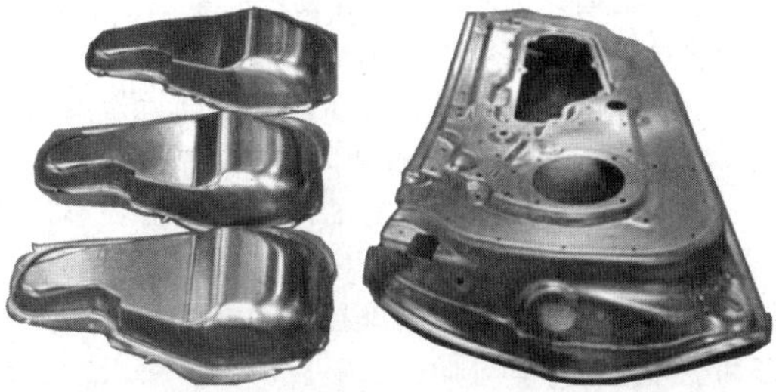

a) 汽车舱壁　　b) 汽车门内板

图 5-3-2　热冲压成形的铝合金 AA6082 零件

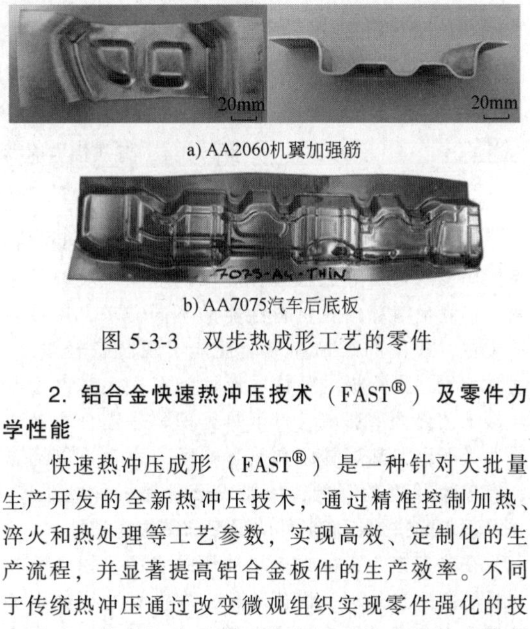

a) AA2060机翼加强筋

b) AA7075汽车后底板

图 5-3-3　双步热成形工艺的零件

2. 铝合金快速热冲压技术（FAST®）及零件力学性能

快速热冲压成形（FAST®）是一种针对大批量生产开发的全新热冲压技术，通过精准控制加热、淬火和热处理等工艺参数，实现高效、定制化的生产流程，并显著提高铝合金板件的生产效率。不同于传统热冲压通过改变微观组织实现零件强化的技术原理，快速热冲压成形技术通过快速和精确控制的（加热—传输—成形—淬火等）工艺操作，减小热成形过程对材料微观组织的影响，并增加材料的成形性。在快速热冲压成形过程中，高强铝合金坯料在超快的加热速率下被加热到一个合适的温度，无须固溶处理并保证板料具有良好的塑性。加热后，从加热设备中快速取出热铝板并转移到带有冷却系统的冷成形模具中成形并保压。成形以后模具要合模保压一段时间，一方面是为了控制零件的形状，另一方面是利用模具中设置的冷却装置对变形后的铝板进行淬火，以此保证良好的尺寸精度和力学性能。通过对工艺参数的精确控制和超快的加热、成形和冷却速率可有效的为成形后的零件引入对后续热处理有益的微观组织和残余位错，既保证了材料的成形性，又可以极大地减少成形后热处理时间。利用此种技术对 AA6082 和 AA7075 等汽车用高强度铝合金板材进行热冲压，从板料加热到获得成形件的总生产时间可以控制在 6 秒以内。图 5-3-4 为采用 AA6082 高强铝合金板料生产的 U 形零件，经过后续的人工时效热处理，其成形后抗拉强度可接近原始坯料的强度。另外，该工艺还可以实现针对马氏体超高强度钢、钛合金、镁合金和热塑性碳纤维复合材料等多种轻量化材料的高效率冲压生产，满足汽车/航空/航天等工业对采用优化的多种轻量化材料实现减重的需求。

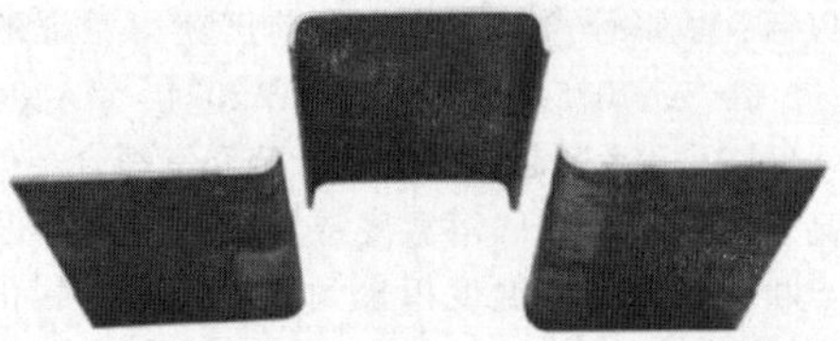

a) 冷冲压零件

b) 快速热冲压成形的AA6082/AA7075铝合金U形零件

	AA7×××	AA6×××
抗拉强度 /MPa	520.81	310.32
成形后抗拉强度/原始拉伸强度(%)	94.54	84.08
屈服强度 /MPa	468.45	290.32
成形后屈服强度 / 原始屈服强度(%)	96.98	97.10
成形后零件伸长率(%)	7.66	7.78

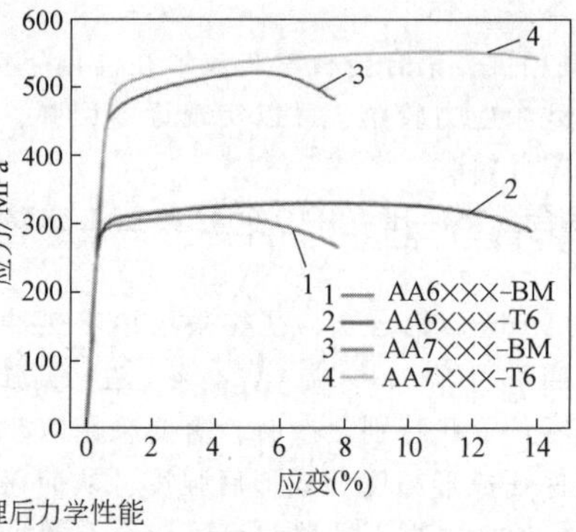

c) 快速热冲压零件成形热处理后力学性能

图 5-3-4　高强铝合金板料生产 U 形零件及相关参数

3. 铝合金拼焊板热冲压技术及应用

拼焊板是采用某种焊接技术，将若干不同材质、不同厚度的板材等进行拼合焊接而形成一块整体坯料，以满足零部件对材料性能的不同需求，用最轻的重量、最优的结构和最佳性能实现装备轻量化。通常来说，拼焊板的整体成形性能在很大程度上受焊接工艺参数的影响，对可热处理牌号铝合金的影响尤其严重，其焊缝区和热影响区的力学性能通常会有较大程度的降低，增加成形拼焊板件的难度，并严重影响拼焊板成形件的强度和结构完整性。

在典型铝合金拼焊板热冲压技术中，铝合金拼焊板经固溶热处理、快速转移、冷模具冲压成形和冷模具内合模保压（淬火）等工序，利用铝合金在高温条件下的高塑性，成形出几何形状复杂的零件，确保焊缝的定向移动，并在成形零件中获得特定的微观组织（如过饱和固溶态组织等）。结合成形后的热处理工艺，如人工时效等，铝合金拼焊零件各区域的强度可通过二次析出相强化机制回复到完全人工时效（T6）状态。

铝合金 AA6082 拼焊板在成形过程中出现了不同的破裂模式，即平行于焊缝破裂与环形破裂。成形结果同时表明在变形过程中，拼焊板厚度差对焊缝移动的程度有重要的影响。随着厚度差的增大，焊缝的相对移动随之增大。AA6082 搅拌摩擦拼焊坯料在热冲压成形工艺下能够保持较好地高温变形能力，且成形前的固溶热处理能较好地消除焊接对板材力学性能的不利影响，使得成形后拼焊件得到与母材相近的高温和室温性能，如图 5-3-5 所示。

4. 铝合金热冲压技术的行业现状

高强度铝合金在汽车行业，特别是电动汽车中有望获得大批量的使用。欧洲车企虽然对车身轻量化有强烈的需求，而且在铝合金热冲压技术的研发中取得了领先的优势，但在该技术的应用中却遇到了瓶颈；据预测，中国和美国可能是该技术未来的

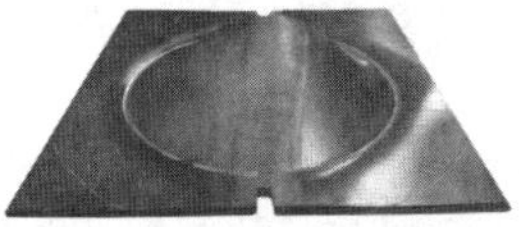

a) 半球形冲头胀形件

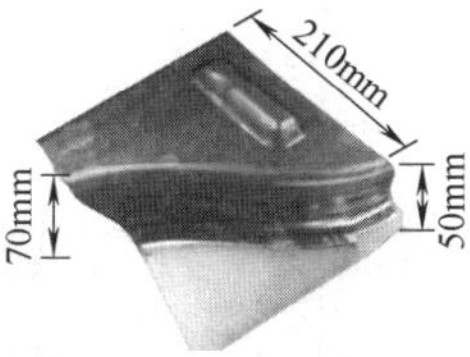

b) 汽车用B柱示范件

c) 汽车发动机前端支架示范件

图 5-3-5　热冲压成形高强铝合金 AA6082 搅拌摩擦拼焊板件

最大用户，主要原因是：1）铝合金产量巨大；2）政府扶持，汽车板具有一定成本优势；3）新车型开发时间周期合适。在欧洲，铝合金热冲压技术已经在小批量生产汽车中（如阿斯顿·马丁等）获得了应用。铝合金热冲压技术尚未实现大批量生产，原材料成本和传统热冲压技术特点是制约其大批量应用的主要原因。以 AA7075 铝合金为例，用传统热冲压技术成形后的零件需要进行 12~48h 的人工时效热处理，这为大批量生产过程中的生产效率、能耗和厂房空间等带来了一系列巨大的挑战。因此，突破以上技术瓶颈是铝合金热冲压技术获得大批量应用的前提。针对传统的铝合金热冲压技术，瑞典 AP&T 开发了专用生产装备，装备的基本构成包括加热炉、热板自动传输装置、（液压）压力机、冲压模具及模具水冷系统等。

3.2　铝合金热成形材料力学性能测试

3.2.1　铝合金板材高温单向拉伸试验

1. 高温拉伸试验试样制备

在变形过程中，高强度铝合金板料的变形抗力和伸长率随着温度和变形速率条件的改变而发生变化。为了选择最佳的变形温度和变形速率，以及得到最佳的变形量和强度，需要对高强度铝合金进行高温拉伸试验。试验中采用 Gleeble 热模拟试验机和引伸计表征铝合金板料试样的高温拉伸力学行为。由于 Gleeble 热模拟试验机的测试空间限制，铝合金板料试样与传统的室温试样有所不同，且其在尺寸大小方面略小于后者。图 5-3-6 中展示了典型铝合金的单轴拉伸试件的形状和尺寸，试件的形状为典型的骨棒设计，试样的厚度一般为 1~4mm。

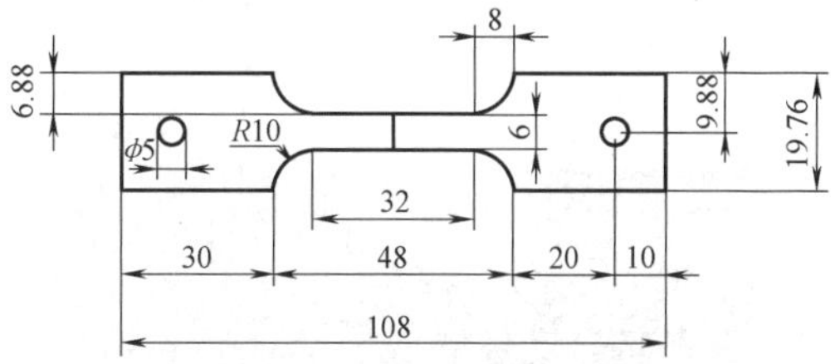

a) 拉伸试件尺寸

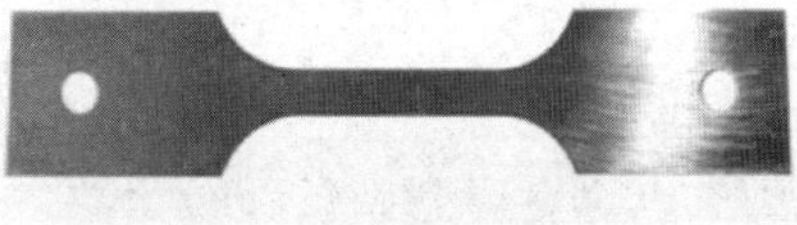

b) 实际拉伸试件

图 5-3-6　典型铝合金单轴拉伸试样的形状与尺寸

2. 高温拉伸试验方法

在不同温度及不同速率条件下，铝合金板料试件的拉伸试验不仅需要符合金属材料高温拉伸试验方法的国家标准（GB/T 228.2—2015），同时也要考虑以下两个方面因素：

1）温度控制。Gleeble 热模拟试验机需要预设温度变化曲线，以图 5-3-7 为例，为避免高速升温引起温度高于预设温度，影响试验的准确性，首先以高速加温的方式加热试样到邻近预设温度，当临近预设温度时（一般低于预设温度 25℃），再以慢速加热的方式加热到预设温度。当加热至预设温度后，保温一段时间以确保试件等温区内的温度平衡。

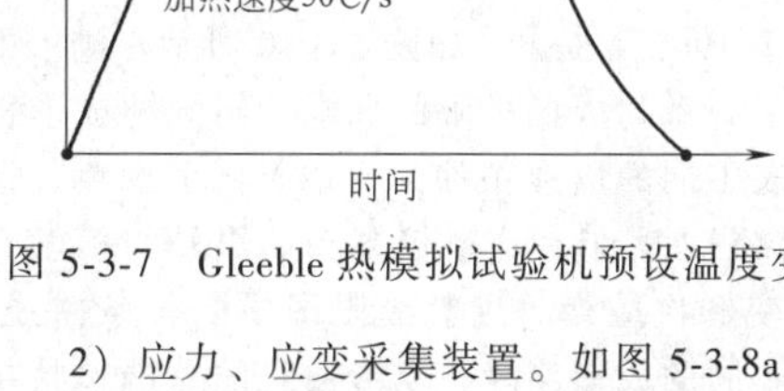

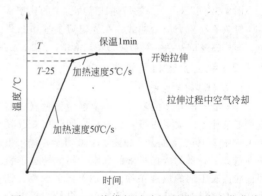

图 5-3-7　Gleeble 热模拟试验机预设温度变化曲线

2）应力、应变采集装置。如图 5-3-8a 所示，铝合金高温拉伸试样的两端固定在通有冷却水的夹具中，此装置能模拟不同的热、力循环状态，进行复杂的拉伸性能测试。根据拉伸测试需求，铝合金拉伸试件的应变可利用接触式的引伸计，如纵向引伸计、横向引伸计等；或采用光学测量，如数字图像相关方法（Digital Image Correlation）进行非接触式的高精度应变场表征。图 5-3-8b 展示了在典型的铝合金 AA2060 单轴拉伸试验过程中，使用横向引伸计测量其高温变形、缩颈的程度。

a) Gleeble热模拟试验机

b) 拉伸试验夹具与引伸计的使用

图 5-3-8　AA2060 单轴拉伸试验

3. 典型铝合金的高温拉伸性能

图 5-3-9 展示了在高温拉伸试验中得到的典型铝合金温热流动应力应变曲线。在固定应变速率条件下，随着温度的升高，流动应力随之降低。

3.2.2　铝合金板材高温成形极限

1. 板材成形极限简介

为了成形出复杂的零件，需要确定该材料在特定成形条件下的成形极限。成形极限图的概念起初由 Keeler 于 1961 年提出。如图 5-3-10 所示，成形极限图包含了一系列成形极限的曲线，不同的成形极限曲线代表不同的成形条件，比如不同的温度、速度和变形路径。另外，成形极限图的纵轴与横轴分别为主应变和次应变。成形极限图中的每条曲线，分别代表不同的成形路径。成形曲线的左端包括单轴拉伸、一般拉伸等；中间包括平面应变；右端包括一般胀形、双向胀形等。在成形曲线的上端和下端分别定义为非安全区（断裂区）和安全区。如果预测的主应变和次应变所得出的点处于成形曲线的上方，那么材料就会产生缩颈和破裂。

2. 成形极限试件形状及尺寸

根据铝合金板材的高温变形特性，成形极限试

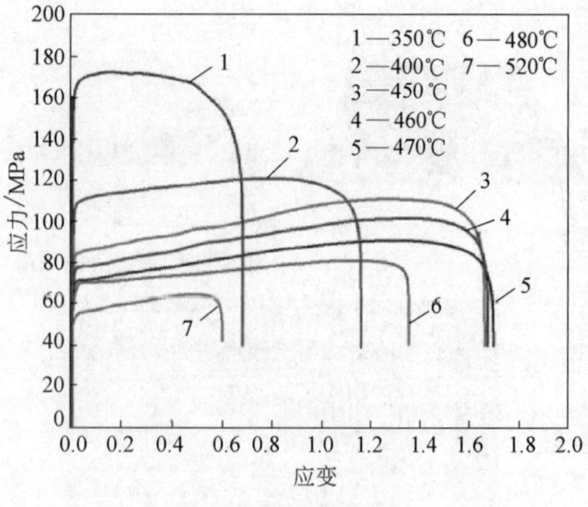

a) AA2060

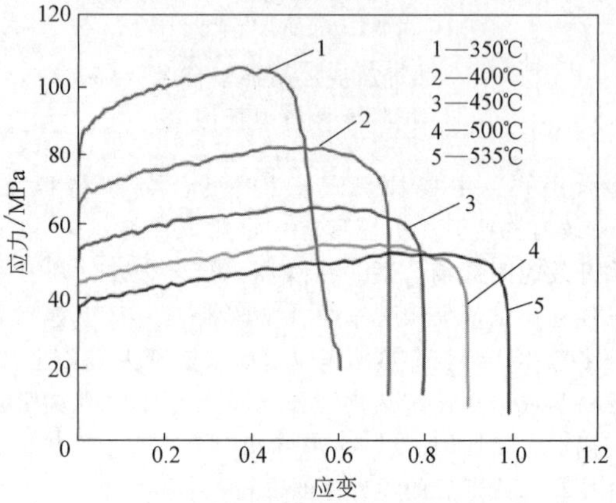

b) AA6082

图 5-3-9　在相同应变速率、不同温度下典型铝合金的高温拉伸应力应变曲线

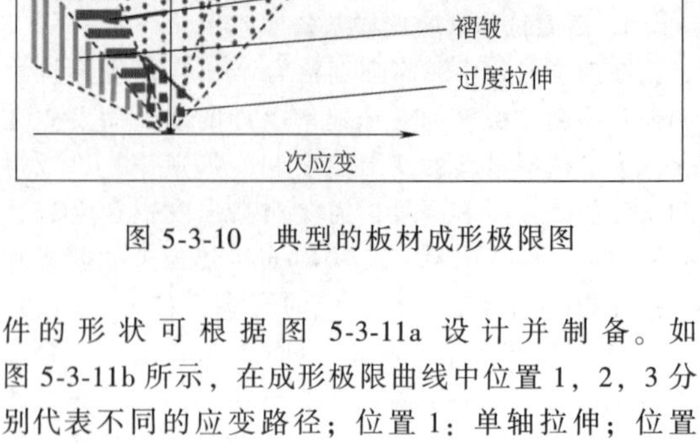

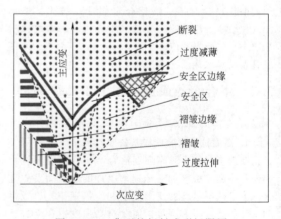

图 5-3-10　典型的板材成形极限图

件的形状可根据图 5-3-11a 设计并制备。如图 5-3-11b 所示，在成形极限曲线中位置 1，2，3 分别代表不同的应变路径；位置 1：单轴拉伸；位置 2：平面应变；位置 3：等双向胀形。在各种应变路径下变形时，试件的平行段宽度、宽度与其外弧半径之比值见表 5-3-1。

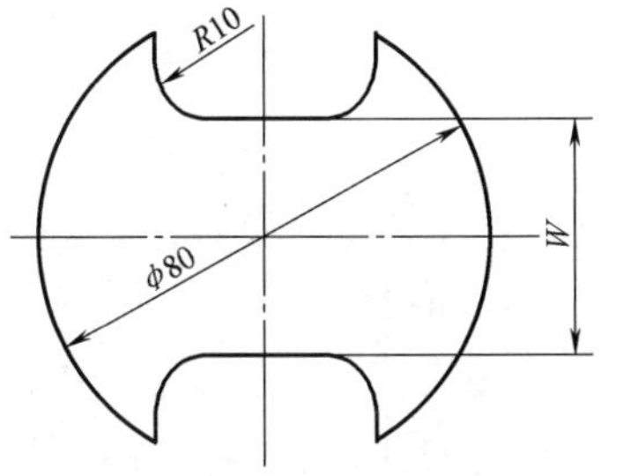

a) 板材形状

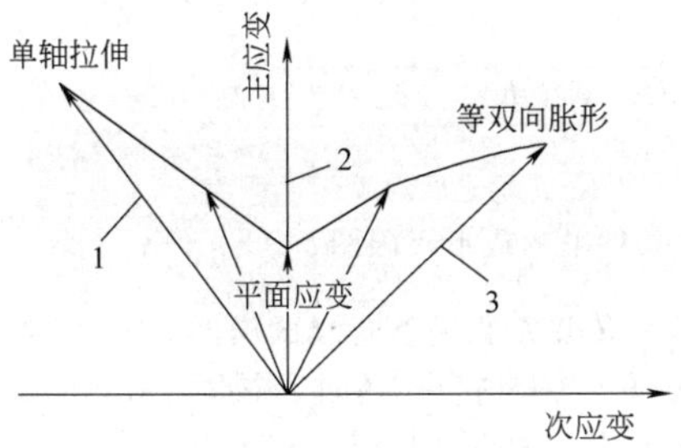

b) 成形曲线

图 5-3-11　成形极限试件形状及成形曲线

表 5-3-1　高温成形极限试件平行段详细参考数据

试样编号	加载类型	宽度/mm	宽度与外弧半径比
1	单轴拉伸	12	0.15
2	平面应变	40	0.5
3	等双向胀形	80	1

3. 典型铝合金高温成形极限

图 5-3-12～图 5-3-14 分别反映了温度与速度对不同铝合金成形极限的影响。从总体来看，主要有两个共同点：第一，随着温度升高，铝合金极限应变数值也随之升高。原因：从能量方面分析，当温度升高时，板材热能增高，位错的活动性增高，在高温下容易滑移。当铝合金材料变形时，变形阻力变小，所以极限应变数值升高。第二，随着速度升高，铝合金极限应变数值随之降低。原因：当在高温状况下，速度升高时，极限应变数值主要受材料硬化的影响。铝合金材料硬化主要来源于应变硬化和应变速率硬化。虽然应变速率硬化对应变数值有积极的影响，但是由于速度升高，应变硬化和应变速率引起的局部分布不均匀可能会导致材料的缩颈。

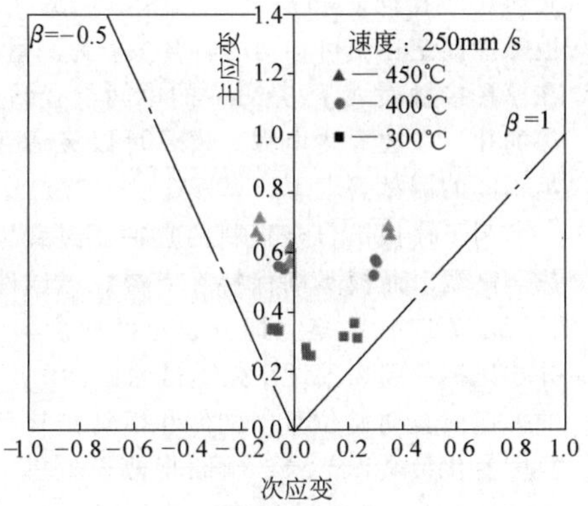

a) 温度影响

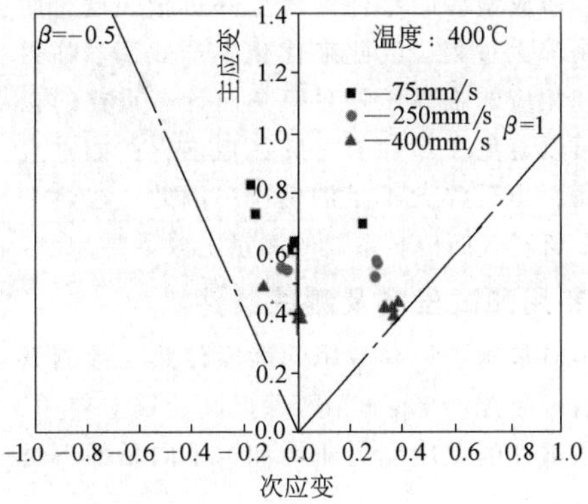

b) 速度影响

图 5-3-12　AA2060 铝合金在不同测试条件下的成形极限图

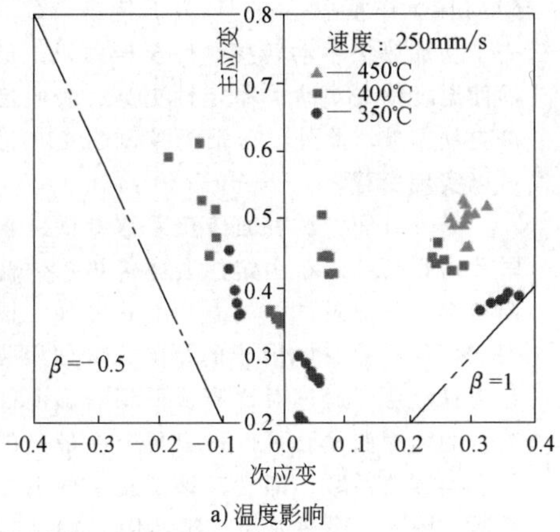

a) 温度影响

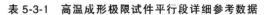

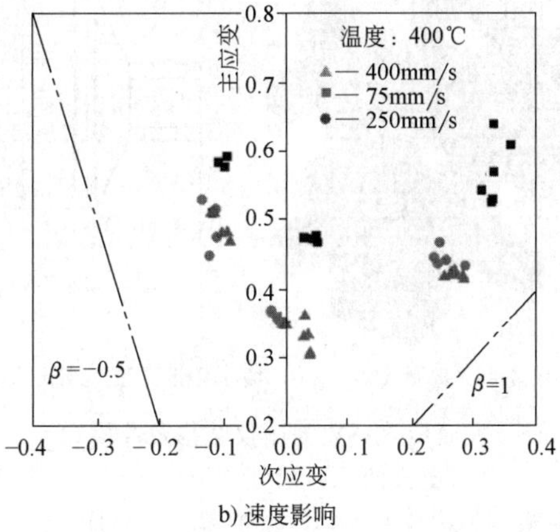

b) 速度影响

图 5-3-13　AA6082 铝合金在不同测试条件下的成形极限图

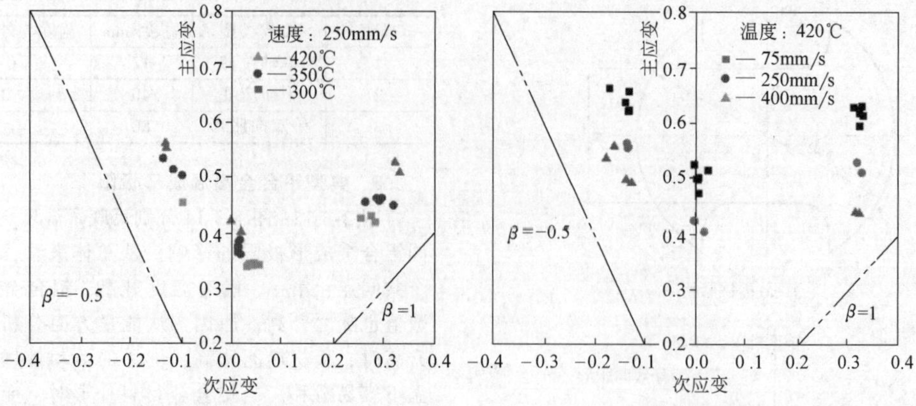

a) 温度影响　　b) 速度影响

图 5-3-14　AA7075 铝合金在不同测试条件下的成形极限图

3.3 铝合金热成形模具关键要素及热传导性能测试

表面传热系数是热冲压过程中非常重要的一项热物理参数。调整表面传热系数不仅可以实现临界降温速率，使成型后的零件保留全部机械强度，而且可以控制淬火过程，以此来优化生产效率。临界降温速率和相应的临界压强对模具设计有重要的指导意义，可以避免在零件的特殊区域内，例如垂直侧壁，尖角，出现淬火不足的情况。因此，在热冲压过程中，材料表面传热系数的测量十分重要。

3.3.1 专用测试设备及测试条件

图 5-3-15 展示了一套专用的表面传热系数测试仪，此仪器可装配在 Gleeble 热模拟试验机上使用，可精准测量试件的温度变化曲线和在不同条件下材

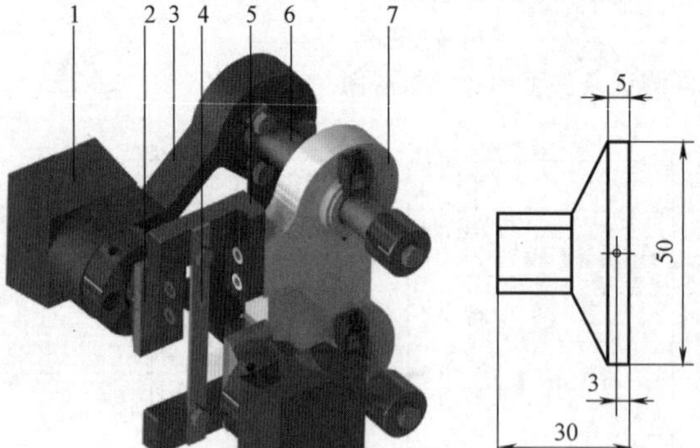

a) 热传导系数测试仪　　b) 冲模和压模的几何尺寸

图 5-3-15　表面传热系数测试仪结构及冲模和压模的几何尺寸

1—基座　2—压模（冲模）　3—框架　4—试件
5—压边圈　6—绝缘滑动体　7—导轨

料的表面传热系数。整套测试仪器通过两端两个基座（见图 5-3-15 中 1 号零件）被固定在 Gleeble 工作箱的夹具上。冲模（见图 5-3-15 中 2 号零件）的接触面积为 1250(50×25)mm^2，被螺栓固定在可移动的左臂上。压模（见图 5-3-15 中 2 号零件，与冲模几何尺寸相同）和框架（见图 5-3-15 中 3 号零件）被螺栓固定在不可移动的右臂上。为测量模具温度，在模具接触表面下方 3mm 的中间位置钻有 12.5mm 深的孔，以放置热电偶。模具可以灵活调换，以满足不同的测试需求。

为了模拟铝合金板料的热冲压过程，将试件加热至高温，而模具则保持在室温。当试件温度达到目标温度时，冲模立即以设定的速度向试件运动，并与压模一起在预设压强下压缩试件。压缩 20s 后，冲模退回至初始位置。试件和模具在整个过程中的温度变化被全程记录。Gleeble 热模拟机可以提供高达 10000℃/s 的加热速率，并可精确控制加热温度和夹具的运动速度，该设备可提供高达 20t 的压力以及 0.1~5000Hz 的反馈频率。由于整个过程都是在 Gleeble 工作箱中完成，该表面传热系数测试仪器省去了从加热炉手动转移试件至压力机上的过程，从而使温度损失更少、稳定性更高、表面传热系数测试更加精准。此外，压强的控制也更加准确，甚至可以实现变载。

另一方面，对表面传热系数测试过程进行了有限元仿真模拟。将固定的表面传热系数输入到仿真模拟中，并记录试件的温度变化曲线。该曲线不受表面传热系数影响因子的影响，例如压强、润滑剂和模具涂层。通过对比模拟得到的温度曲线和试验测得的温度曲线，可以得出重合度最高的一组采用的表面传热系数，即为在该试验条件下的表面传热系数。图 5-3-16 展示了一组实例：AA6082 铝合金和 P20 模具钢之间的试验和模拟降温曲线的对比，证

明了在干燥接触条件下，10MPa 压强下的表面传热系数值为 12.5kW/(m^2 · K)。

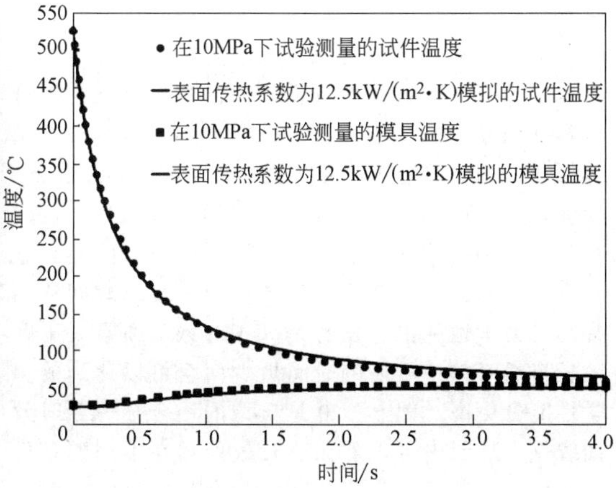

图 5-3-16　AA6082 铝合金和 P20 模具钢之间的试验和模拟降温曲线

在研究压强、润滑剂和模具涂层对表面传热系数的影响时，采用的测试条件如下：对于铝合金的压强测试范围为 0～30MPa，间隔区间为 3～5MPa。在使用润滑剂的情况下，用精度至少为 0.001g 的天平对润滑剂用量称重。随后将润滑剂均匀涂抹在模具上，再用精度至少为±2.5μm 的厚度测量仪器进行测量，以保证均匀涂抹的润滑剂厚度达到预定值。试验后使用特殊试剂将模具清洗干净。在使用模具涂层的情况下，需确保无涂层和有涂层模具的几何尺寸和表面粗糙度一致，因此可以保证模具涂层为单一变量。

3.3.2　压强的影响

在压强较小的情况下，铝合金板料的表面传热系数会随着压强的增加而快速上升。当压强足够大时，表面传热系数的增长逐渐缓慢直至趋于稳定。如图 5-3-17 所示，在不使用润滑剂和模具涂层的情况下，当 AA6082 铝合金板料和 P20 模具钢之间的压强从 0MPa 增大至 15MPa 时，对应的表面传热系数值由 1.4kW/(m^2 · K) 快速上升至 15.3kW/(m^2 · K)。随着压强的继续增加，试件与模具间的表面传热系数呈现缓慢增长的趋势。当压强大于 25MPa 时，表面传热系数趋于稳定，达到 17.5kW/(m^2 · K)。

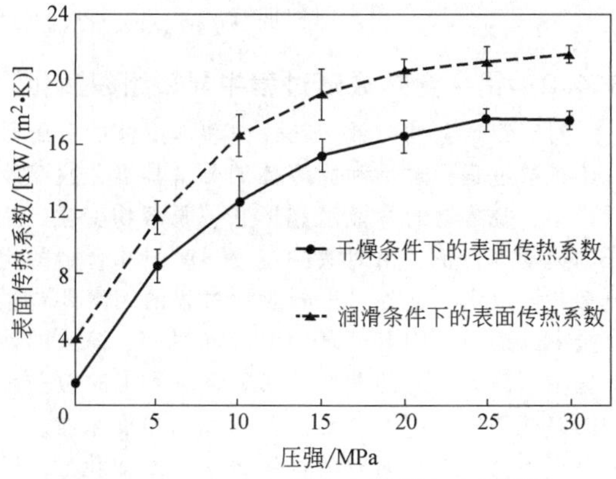

图 5-3-17　AA6082 铝合金压强与表面传热系数的关系曲线

由于试件和模具的接触表面都具有一定的粗糙度，导致在压缩之前的真实接触面积远小于表观接触面积。此外，铝合金试件在高温状态下的硬度远远小于模具在室温状态下的硬度。因此，在压缩过程中，试件表面发生形变使其与模具间的真实接触面积增大，进而导致了表面传热系数的快速升高。然而，当压强达到一定程度，真实接触面积趋近于表观接触面积时，表面传热系数值不再受压强增大的影响，进而趋近于一个稳定值。通过研究压强对表面传热系数的影响，可以实现在铝合金冲压过程中对板料与模具间压强的调节及优化。既能保证成形过程中所需的压强，使成形的零件达到临界降温速率，又可确保压强不过量，进而降低模具磨损。

3.3.3　润滑剂的影响

在使用润滑剂的情况下，由于润滑剂填充到粗糙的接触表面，并取代了空气，因此，热传导介质由空气变为了润滑剂。而润滑剂的性质直接决定了其对表面传热系数的影响。若润滑剂的导热系数大于空气的导热系数，表面传热系数则增长，反之则降低。如图 5-3-18 所示，将厚度为 20μm 的石墨润滑剂均匀涂抹在 P20 模具上进行冲压时，AA6082 铝合金的表面传热系数明显升高。其峰值从干燥接触情况下的 17.5kW/(m^2 · K) 增大到 21kW/(m^2 · K)，增幅达到 20%。这是因为该石墨润滑剂的导热系数远远大于空气的导热系数，从而使热传导速度加快。

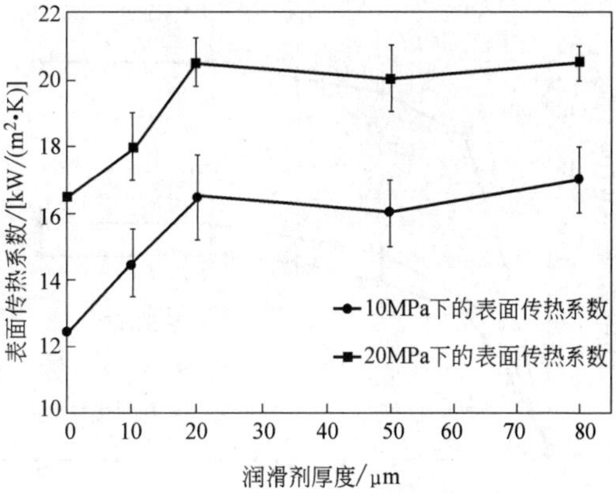

图 5-3-18　AA6082 铝合金石墨润滑剂厚度与表面传热系数的关系曲线

润滑剂厚度对表面传热系数也有重要的影响。如图 5-3-18 所示，铝合金 AA6082 的表面传热系数随着润滑剂厚度的增加而上升。这是因为更多的润滑剂填充在粗糙的接触表面上，加快了热传导的速率。然而当润滑剂厚度大于 20μm 时，过量的润滑剂在压缩过程中被挤出接触面。因此，多余的润滑剂不再产生任何影响，进而使表面传热系数趋于稳定。

3.3.4　模具涂层的影响

当涂层附着在模具上时，涂层也成为一种热传导介质。因此，涂层的导热系数直接决定了其对表面传热系数的影响。当涂层的导热系数大于模具的导热系数时，热量在通过涂层时会被加速，从而使表面传热系数值增大。反之，热传导在涂层内速率降低，使表面传热系数减小。此外，涂层的厚度越大，其对表面传热系数的影响，无论正负，都将被放大。如图 5-3-19 所示，将氮化铝铬（AlCrN）涂层应用在一种热加工工具钢上，AA7075 铝合金的表面传热系数值依然随着压强的增加而快速升高；当压强足够大的时候，其数值趋于稳定。但是其峰值相比无涂层情况降低了 48%。这说明，第一，涂层不会使压强对表面传热系数的影响发生变化。第二，氮化铝铬涂层的导热系数［2.8W/(m^2·K)］远低于该基底材料的导热系数，致使该模具与铝合金板料间的表面传热系数值大幅降低。

将氮化铬（CrN）涂层应用在相同的基底上后，其与铝合金之间的表面传热系数值也大幅降低，最大降幅达到 20%。由于氮化铬涂层的导热系数［31.5W/(m^2·K)］大于氮化铝铬涂层的导热系数，其与铝合金之间的表面传热系数值的降幅也偏小。此结果表明，所用涂层的导热系数直接决定了涂层对表面传热系数的影响。

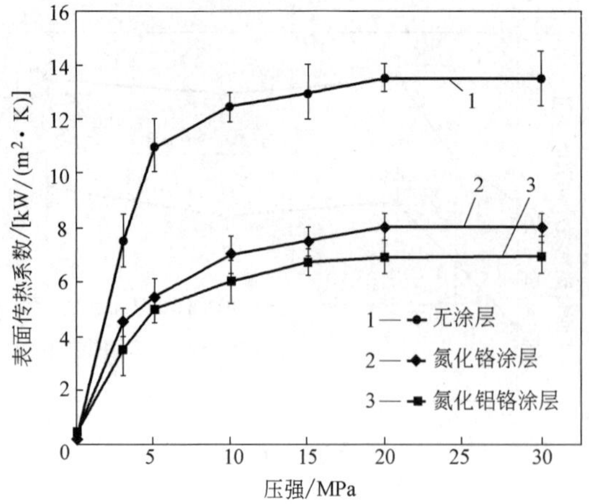

图 5-3-19　不同涂层条件下 AA7075 铝合金压强与表面传热系数的关系曲线

3.4　铝合金热成形的人工时效

3.4.1　概述

大量合金元素例如铜、镁、锌、硅等，在不同温度条件下在铝基体中存在不同的溶解度。在铝合金热冲压成形过程中，这些合金元素就会溶入铝基体形成单相的固溶体，此时的铝合金材料强度较低，而伸长率却很高。待对其进行成形和淬火后，可以得到过饱和固溶体组织。人为将热成形后的铝合金在高于室温的某一特定温度下保温一定的时间从而提高其力学性能的方法称为人工时效。通常人工时效较自然时效，需要的时间更少而且可以达到的力学性能也更高。图 5-3-20 是典型的铝合金等温时效曲线图，从图中可以看出，时效处理在不同的条件下不仅可以使铝合金发生硬化，在某些特定情况下也会使铝合金保持状态不变或者软化。通常，降低时效温度可以阻碍或抑制时效强化，如图中-18℃对应的虚线。时效温度增高则时效强化速度以及强化峰值后的软化速度增大。但当时效温度过高时，金属会发生明显的软化。

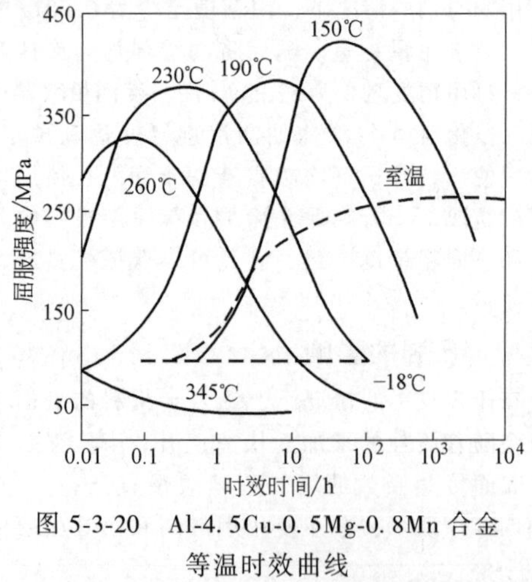

图 5-3-20　Al-4.5Cu-0.5Mg-0.8Mn 合金等温时效曲线

3.4.2　铝合金热成形过程中显微组织演化

对于铝合金的时效，其过饱和固溶体的分解是一个扩散过程，过饱和固溶体的分解程度、脱溶物的类型、脱溶物的弥散度和形状、脱溶物变化、生长的速度等特征，由时效的温度、时间和合金的组分等共同决定。此外，影响时效过程的因素还包括合金中的杂质、固溶处理的温度和时间、淬火的冷却速率、淬火前后的塑性变形程度、人工时效前板件的储存条件等因素。从试验探究的角度来看，人们对于铝合金板材时效的认识也是不断变化的。随着近年来研究手段和测试设备的不断更新，特别是近年来高分辨率透射显微镜、3D 原子探针等技术的发展，人们对于铝合金在时效过程中脱溶物的化学组分、外观特征及其他特性都有了更深的认识。一般的脱溶顺序可以归纳为：GP 区（偏聚区）-过渡相（亚稳相）-平衡相。表 5-3-2 对常见铝合金的脱溶序列进行了总结。但是脱溶过程极为复杂，并非所有铝合金的脱溶均按同一顺序进行。

表 5-3-2　主要铝合金系的脱溶序列

合金系	脱溶序列	平衡脱溶相
Al-Cu	GP 区(盘状)-θ″(盘状)-θ′	θ($CuAl_2$)
Al-Ag	GP 区(球状)-γ′(片状)	γ(Ag_2Al)
Al-Zn-Mg	GP 区(球状)-η′(片状)-T′	η($MgZn_2$)，T($Mg_3Zn_3Al_2$)
Al-Mg-Si	GP 区(棒状)-β″(针状)-β′	β(Mg_2Si)
Al-Cu-Mg	GP 区(棒状或球状)-S′	S(Al_2CuMg)

图 5-3-21 和图 5-3-22 展示了对于不同阶段、不同试验条件下，可时效热处理铝合金板材的典型微观组织图像，具体的时效过程以及发生的组织变化可以参考相应的文献。

3.4.3　铝合金热成形后力学性能

将可热处理铝合金在合适温度下保温一定时间，可以观察到硬度、强度等力学性能显著提高。通常情况下，硬度和强度随着时效处理时间的增加而增强，直到达到峰值，这种现象称为时效硬化。如果继续进行时效处理，力学性能会缓缓下降，这就是过时效现象。

1. 强化机制

对于铝合金时效强化的主要机制，学界广泛应用位错理论来对其解释。时效处理过程中形成的脱溶物，其性能和结构与原先的铝合金基体存在显著差别，并且会在脱溶物附近形成新的应力场。由于这些脱溶物的存在，位错运动会受到影响，从而使得合金呈现出强化的现象。根据位错运动阻力的来源，时效强化的机制通常分为两种，一种是脱溶物被位错切割的强化，另一种是脱溶物周围生成位错环的强化。该理论最早由奥罗万在 1948 年提出。

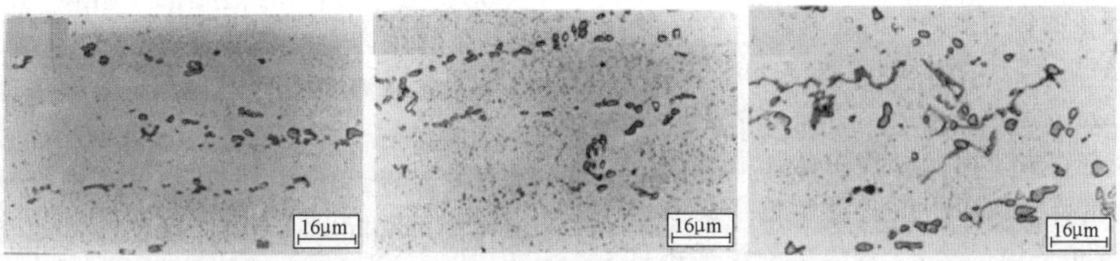

a) 冰水　　b) 空气中　　c) 炉冷

图 5-3-21　AA6082 铝合金经过固溶处理（570℃，6h）在不同淬火条件下的微观组织

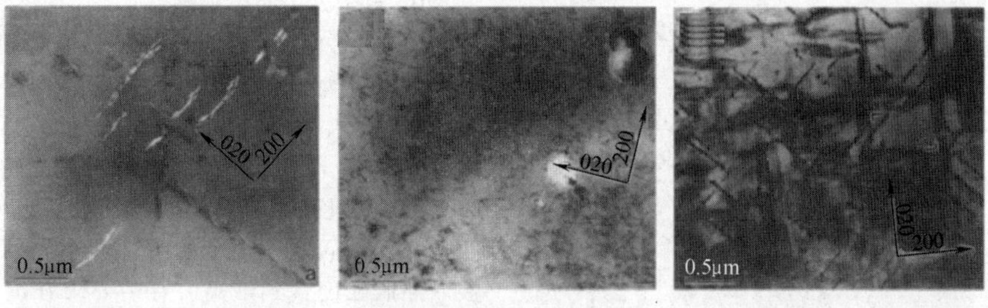

a) 3h(时效不足状态)，未拉伸状态　　b) 3h(时效不足状态)，在时效处理前预加载1.5%应变状态　　c) 12h(时效最强状态)，未拉伸状态

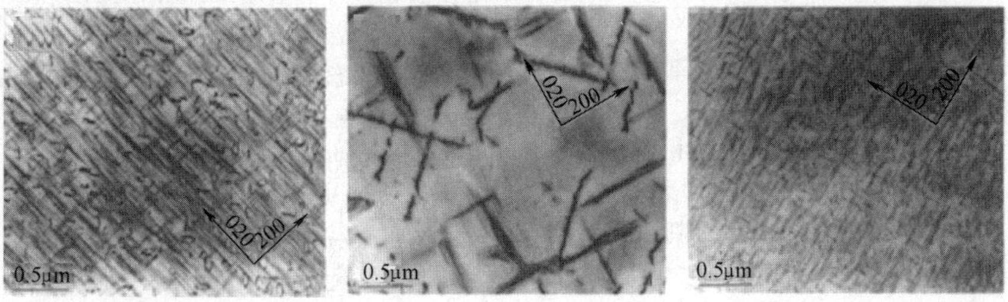

d) 12h(时效最强状态)，在时效处理前预加载1.5%应变状态　　e) 10天(过时效状态)，未拉伸状态　　f) 10天(过时效状态)，在时效处理前预加载1.5%应变状态

图 5-3-22　AA2024 铝合金在 190℃进行人工时效后的微观组织

在时效处理的初期，脱溶物的尺寸较小、硬度较低，与铝合金基体呈半共格状态，可以与基体一并变形。位错在运动过程中遇到这些较软的微小脱溶物时，会将其切割后通过。因此这些脱溶物又被称为可切割脱溶物。随着时效处理时间的延长，脱溶物相应地长大，同时也变得更硬。此时，当一条位错线遇到脱溶物时，无法将其切割又不能直接通过，便会在脱溶质点周围弯曲。随着切应力的增加，弯曲的位错线会在某点相遇并湮灭，在脱溶质点的周围形成一个位错环，过程如图 5-3-23 所示。

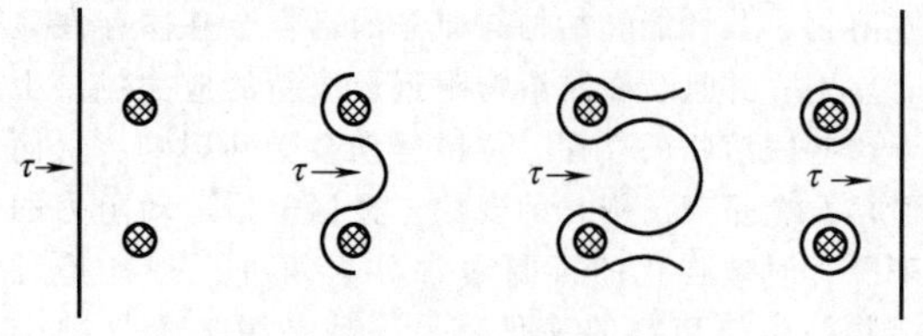

图 5-3-23　位错线与脱溶物形成位错环的过程

2. 位错理论的数学表达

在 20 世纪 90 年代，Shercliff 和 Ashby 以及 Kampmann 和 Wagner 等人分别提出各自的模型来预测可热处理铝合金在人工时效处理中的屈服强度。模型通过将多个重要的微观组织变量（包括脱溶相体积分数 f、脱溶相平均尺寸 r、基体里的溶质浓度 C 以及位错密度 ρ）关联，计算出固溶物强度 σ_{ss}、基体强度 σ_i 和脱溶相强度 σ_{ppt}，从而得出相应的屈服强度 σ_y，见式（5-3-1）。其中脱溶相强度分为可切割脱溶相强度 σ_{sh} 以及位错环强度 σ_{by}，见式（5-3-2）。

$$\sigma_y = f(f_t, r, \rho, C_t) = g(\sigma_{ss}, \sigma_p, \sigma_{ppt}) \quad (5\text{-}3\text{-}1)$$

$$\sigma_y = \sigma_{ss} + \sigma_i + \sigma_{ppt} = \sigma_{ss} + \sigma_i + \frac{\sigma_{by}\sigma_{sh}}{\sigma_{by} + \sigma_{sh}} \quad (5\text{-}3\text{-}2)$$

图 5-3-24 展示了铝合金屈服强度随着时效时间变化的曲线及各个分量（固溶物强度、基体强度、可切割脱溶相强度以及位错环强度）的变化曲线。铝合金强度变化主要有以下几个特点：

1）时效处理的初期，脱溶相尺寸小、强度低，位错线可以直接切割，此时的屈服强度主要取决于可切割脱溶相强度 σ_{sh}。

2）随着时效处理的持续进行，脱溶相体积分数 f、脱溶相平均尺寸 r 都在增加。当尺寸增加到一个临界值之后，脱溶物强化机制逐步从切割强化转变为奥罗万位错环强化。

3）合金的屈服强度一开始增加迅速，之后增速降缓直到峰值。随后，继续进行时效处理会出现过时效现象，强度会逐渐下降。

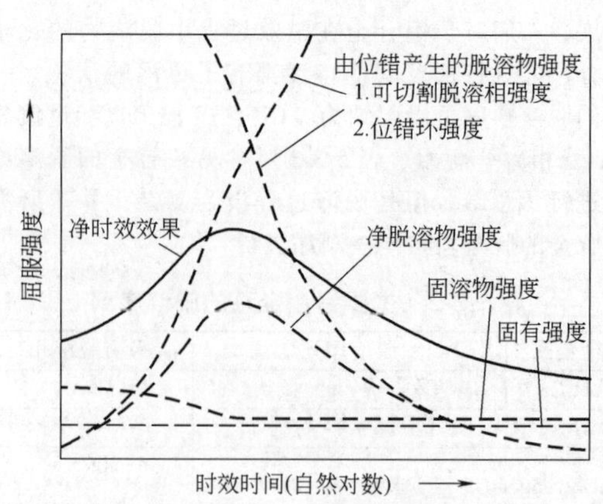

图 5-3-24　铝合金屈服强度随着人工时效处理时间变化的曲线

3.4.4　铝合金热成形中的热处理工艺

1. 固溶热处理

通过将合金加热至高温单相区间并恒温保持一定时间，基体中的微量元素充分溶解到基体中之后快速冷却，从而得到过饱和固溶体。经过固溶处理后，基体中存在大量的过饱和空位，为随后的时效处理提供脱溶驱动力，使得脱溶物快速均匀地分布在基体当中。固溶处理的冷却速率对时效的影响很大，需要高于临界冷却速率才可以抑制第二相（脱溶物）重新析出。不同合金对冷却速率的要求不相同，有些合金的临界冷却速率非常大。通常来说，冷却速率越大，时效处理后屈服强度能够达到的峰值也越高。

2. 单步人工时效处理

单步时效是一种最普遍、最有效的时效工艺，在固溶热处理和淬火之后只进行一次时效。将工件置于合适恒温条件下保存一定时间，通常时效到最大强化状态（T6）。铝合金时效硬化之后的特点是硬度和屈服强度高，但是塑性、韧性和耐蚀性较差。工业界对不同应用场合的工件有不同的要求，有些要求屈服强度达到最高、有些要求强度较高的同时保持一定的塑性、还有些需要综合性能较好，比如耐蚀性好。为了适应工业界的要求，可以通过改变人工时效的温度和时间，使工件达到完全时效或不完全时效状态从而满足不同的要求。图 5-3-25 展示了 AA6082 铝合金的硬度在不同单步时效温度下随着时间变化的曲线图。

3. 多步人工时效处理

单步时效处理，工艺简单、处理时间温度较易控制而且处理后的工件强度也能达到要求。但是所需要的处理时间很长，对资源的消耗较大。多步时效可以较好地弥补这方面的缺点，通过将固溶热处理和淬火后的工件放在不同温度下进行多次加热保

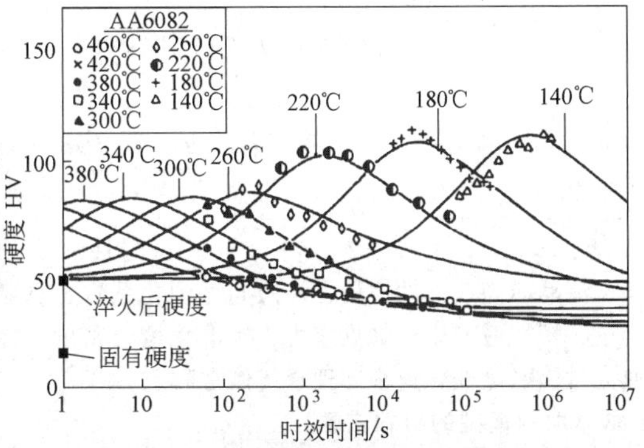

图 5-3-25　AA6082 合金在不同时效温度下的硬度曲线图

温不同时长从而降低总体时效处理时间。对于 7××× 系铝合金，通常先进行低温的时效处理再置于相对高的温度下进行二次处理。在低温时效处理时，在合金内部形成高密度的 GP 区，在随后的高温时效处理中脱溶物可以快速长大并转换为强度最高的脱溶相，使得需要的生产周期大大缩短。对于 6×××系铝合金，常见的多步时效处理是先高温处理再低温处理。先进行高温时效使得大量的脱溶物迅速析出，再进行低温时效使得析出的脱溶物均匀分布在合金基体内，从而获得良好的性能。多步时效处理既避免了单纯高温时效造成的脱溶物粗大的现象，又解决了单步低温时效所需时间较长的缺点。

3.5　铝板热冲压关键工艺参数及 CAE 分析关键计算参数

3.5.1　概述

铝合金热冲压过程中，板材在复杂的热力耦合条件下发生快速塑性变形和微观组织转化，同时实现“定形”和“定性”，成形出形状较复杂、满足力学性能要求的零件。该成形工艺过程中，包含了铝合金高温黏塑性力学、高温板材和冷模具间热传导及摩擦磨损和高温微观组织演变等一系列科学和工程问题。传统有限元软件解决热冲压工程问题时将面临挑战，需要解决的关键问题包括：高温板材在模具淬火（变温）、变加载路径和变应变速率条件下成形极限的预测；高温变载条件下的热传导性能预测及冷模具淬透性能分析；高温塑性变形后铝合金人工时效强度预测及热处理工艺优化。解决这些关键问题，需要使用传统有限元数值模拟软件，如 AutoForm、PamStamp、DynaForm 和 ABAQUS 等，通过子程序二次开发，或调用专用软件平台提供的功能模块，实现铝板热冲压成形的 CAE 分析，进而对铝板热冲压关键工艺参数进行优化。

3.5.2　初始板料几何形状优化

初始板料几何形状是铝板热冲压的关键工艺参数之一。压边圈对热铝料有一定的冷却作用，因此对板材金属流动的影响较大，即初始板料的几何形状在很大程度上是影响铝板热冲压成形成败的关键因素。铝板热冲压前，需要对成形过程进行有限元数值模拟预测热铝板的成形极限，通过优化初始板料的几何形状，实现零件的热冲压生产。实现高温铝合金板成形极限预测需要突破三个技术难点，三者紧密结合，缺一不可。

1）各向异性屈服准则。从高温铝板的流动应力上看，沿不同轧制方向的各向异性往往不明显。但高温铝板在不同轧制方向上的 r 值差异较大，数值通常在 0.5~0.8 之间波动。经过验证，Hosford 屈服准则在高温条件下可以更精确的预测铝合金板的屈服，进而更准确的计算在各向异性条件下的应力和应变。

2）变温条件下流动应力的预测。铝板热冲压在非等温（冷模具淬火）条件下发生较大塑性变形，成形过程中往往还伴随着应变速率的变化。因此，铝板热冲压过程的数值模拟需要采用具有温度、应变和应变速率敏感性的黏塑性本构方程，实现变温条件下的流动应力预测。

3）成形极限的预测。实现铝板热冲压过程中成形极限的预测需要同时考虑温度、应变速率和加载路径的变化。经验证，M-K 模型可以较精确的预测热铝板的成形极限。

典型案例：AA7075 铝合金热冲压初始板材几何形状优化

1. Hosford 屈服准则

现今，各向异性屈服准则不断更新并且取得了长足的进步。1985 年，由 Hosford 提出的各向异性方程进一步提高了验算高温板材的各向异性屈服准则数值的准确性，其表达如下

$$R_2\sigma_{11a,b}^l+R_1\sigma_{22a,b}^l+R_1R_2(\sigma_{11a,b}-\sigma_{22a,b})^l=R_2(R_1+1)\bar{\sigma}_{a,b}^l \tag{5-3-3}$$

式中　l——材料固定参数；

σ_{11}、σ_{22}——分别为主应力、次应力（MPa）；

R_1、R_2——横、纵方向应变比值，R_1 和 R_2 由高温单轴拉伸试验得出，其中，为了融合接下来的 M-K 模型，a 和 b 分别代表 M-K 模型中的 a 区和 b 区。

2. AA7075 材料本构方程

在本章中，采用经典弹塑性力学模型预测典型铝合金 AA7075 在不同温度、不同速率下的本构关系，具体方程表达为

$$\dot{\varepsilon}_{Pa,b}=\left(\frac{\sigma_{a,b}-R_{a,b}-k}{K}\right)^{n_1}$$
$$\sigma_{a,b}=E(\varepsilon_{Ta,b}-\varepsilon_{Pa,b})$$
$$R_{A,B}=B\bar{\rho}_{A,B}^{\ 0.5} \tag{5-3-4}$$
$$\dot{\bar{\rho}}_{A,B}=A(1-\bar{\rho}_{A,B})\dot{\varepsilon}_{PA,B}-C\bar{\rho}_{A,B}^{n_2}$$
$$K=K_0\exp(Q_K/R_gT)$$
$$k=k_0\exp(Q_k/R_gT)$$
$$B=B_0\exp(Q_B/R_gT)$$
$$C=C_0\exp(-Q_C/R_gT)$$
$$E=E_0\exp(Q_E/R_gT)$$
$$A=A_0\exp(Q_A/R_gT)$$
$$n_1=n_{10}\exp(Q_{n_{10}}/R_gT)$$

其中，K_0、k_0、B_0、C_0、E_0、A_0、n_{10} 和 Q_K、Q_k、Q_B、Q_C、Q_E、Q_A、$Q_{n_{10}}$、n_2 为材料常数；$\dot{\varepsilon}_P$、σ、E、R、ε_T、ε_P、k、$\bar{\rho}$、$\dot{\bar{\rho}}$、R_g 分别代表塑性应变速率、流动应力、弹性模量、各向同性硬化系数、总应变量、塑性应变量、临界应力、标准化位错密度、标准化位错密度变化速率和理想气体常数。

表 5-3-3　AA7075 铝合金热冲压成形本构模型的材料常数

K_0	Q_K	k_0	Q_k	B_0	Q_B	C_0	Q_C
0.0563	38268.400	0.716	1091.435	6.917	10287.800	64.780	−16875.948
E_0	Q_E	A_0	Q_A	n_{10}	$Q_{n_{10}}$	n_2	
29584.300	2402.250	125.080	−2501.970	3.408	2382.062	5	

3. M-K 成形极限预测模型

为了预测 AA7075 成形极限，将弹塑性材料模型、Hosford 屈服准则方程和 M-K 成形极限模型相结合。在 M-K 模型中，假设材料中有缺陷，如果集中所有材料的缺陷在一个区域，那么材料可以分为两种不同体积或者不同厚度的区域，可以称作材料非缺陷区（设为 a 区）和缺陷区（设为 b 区），如图 5-3-26 所示。

式（5-3-5）代表 M-K 模型提出的假设，在材料非缺陷区（设为 a 区）和缺陷区（设为 b 区）中应变在第二主应力相等。f 值表示 M-K 模型中在材料不同变形量中对应的损伤值，f_0 为方程固定参数，与材料原始状态有关。

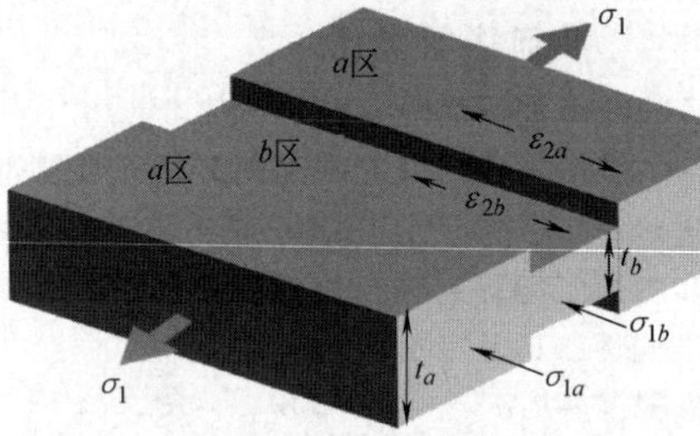

图 5-3-26　M-K 成形极限模型示意图

$$\varepsilon_{2a}=\varepsilon_{2b}$$
$$\sigma_{1a}=f\sigma_{1b}$$
$$f=f_0\exp(\varepsilon_{3b}-\varepsilon_{3a}) \tag{5-3-5}$$

根据 M-K 模型多年的发展，材料的破裂可通过得出固定参数值进行判断。通过 Barata 与 Hosford 的研究，当 M-K 模型中第三方向 b 区与 a 区的比值达到数值 10 以上，见式（5-3-6），可以准确判断材料的成形极限。

$$\frac{d\varepsilon_{3b}}{d\varepsilon_{3a}}\geqslant 10 \tag{5-3-6}$$

4. 初始板材几何形状优化及闭环验证

通过结合弹塑性力学，Hosford 屈服准则方程与 M-K 成形极限模型，对不同初始板料几何形状变化的 AA7075 铝合金 L 形工业零件进行成形性预测。运用 PAM-STAMP 2017.0 软件对 AA7075 材料建立热冲压过程的有限元仿真模型如图 5-3-27 所示。

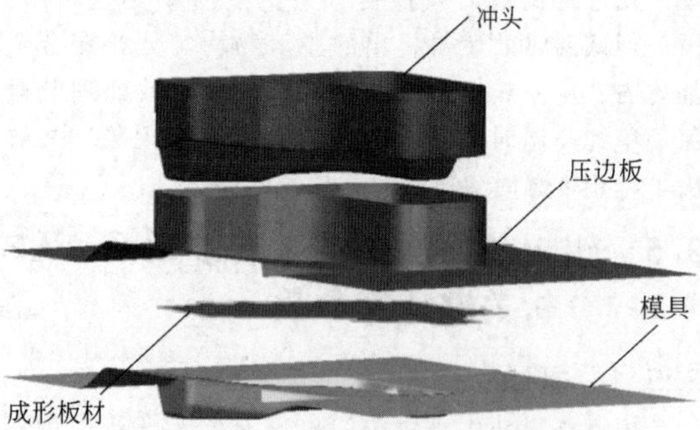

图 5-3-27　AA7075 铝合金 L 形零件热冲压过程的有限元仿真模型

通过运用上述成形极限预测模型，根据热成形 AA7075 铝合金 L 形零件在不同初始板材几何形状设计得出热冲压成形件的不同损伤情况（图 5-3-28、图 5-3-29），进一步优化初始板料几何形状（备注：在预测损伤中，模型已通过多次试验数据矫正，以便确保模型预测的准确性）。

3.5.3　成形关键工艺参数及优化：冷模具淬火

高强度铝合金，例如 6×××和 7×××系列，完成固溶热处理后需要通过淬火获得过饱和态微观组织，开展后续的人工时效，二次相从过饱和态组织中析出，实现强化。不同铝合金对淬火速率有不同的要求，即需要满足临界淬火速率的要求。临界淬火速率往往随溶质元素含量的升高而升高，常用的高强

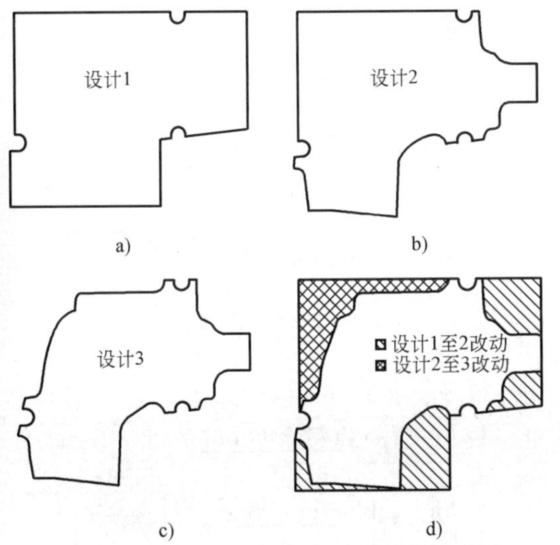

图 5-3-28　AA7075 铝合金 L 形零件热冲压成形初始板材几何形状优化

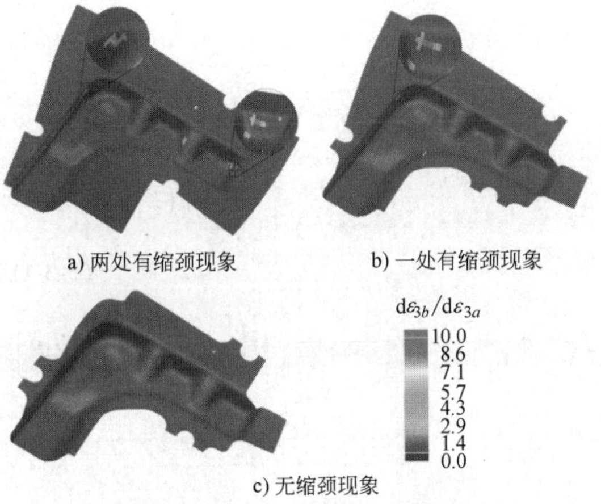

图 5-3-29　AA7075 铝合金热冲压使用不同初始板材几何形状下的板料损伤情况

度铝合金的临界淬火速率通常是 20~100℃/s。铝板热冲压工艺通过采用冷模具成形及保压实现铝板的冷模具内淬火。因此，成形后冷模具的淬火对热铝板的淬透性是铝板热冲压技术的关键工艺参数。通过有限元数值模拟，进行模具材料、结构、冷模具保压压力和保压时间等成形关键工艺参数的优化变得尤为重要。

典型案例：AA6082 铝合金热冲压冷模具淬火分析

1. 表面传热系数预测模型

表面传热系数预测模型可以准确预测在特定压强、模具材料、表面粗糙度、模具涂层和润滑剂下的表面传热系数。该模型由以下方程构成。

$$h=h_a+h_s+h_c+h_1(t) \tag{5-3-7}$$

总体表面传热系数由四部分组成，分别为空气接触表面传热系数 h_a、实体接触表面传热系数 h_s、涂层接触表面传热系数 h_c 和润滑剂接触表面传热系数 $h_1(t)$。

$$\begin{aligned} h_s &= \alpha_1 \frac{K_{st}}{R_{st}} N_P \\ \alpha_1 &= m\ln(l)+n \\ N_P &= 1-\exp\left(-\gamma \frac{P}{\sigma_U}\right) \end{aligned} \tag{5-3-8}$$

其中，α_1 是与板料厚度 l 相关的参数；K_{st} 为板料和模具的表面传热系数的调和平均数；R_{st} 为板料和模具表面粗糙度的均方根；N_P 是与压强 P 相关的参数；σ_U 是板料在高温下的极限强度。

$$h_c=\beta \frac{k_s \ln(k_c/k_t)}{A} \delta_c N_P \tag{5-3-9}$$

式中　k_s——板料的导热系数；

k_t——模具的导热系数；

k_c——涂层的导热系数；

δ_c——涂层厚度；

A——接触面积。

$$\begin{aligned} h_1(t) &= \omega \frac{K_{slt} N_\delta(t)}{R_{st}} \\ N_\delta(t) &= 1-\exp[-\theta\delta_1(t)] \\ \delta_1(t) &= \delta_0 \exp[b(P/\eta)^{\lambda_1} v^{\lambda_2} t] \end{aligned} \tag{5-3-10}$$

其中，K_{slt} 为板料、润滑剂和模具导热系数的调和平均数；$N_\delta(t)$ 是与润滑剂厚度相关的参数；$\delta_1(t)$ 为瞬时润滑剂厚度。该方程可预测在滑动过程中，润滑剂减薄和表面传热系数的相互作用。图 5-3-30 展示了两种厚度的 AA6082 铝合金在干燥和润滑情况下随压强变化的表面传热系数。

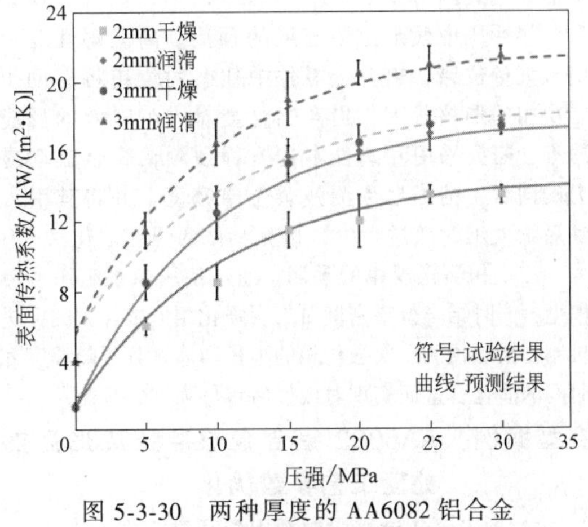

图 5-3-30　两种厚度的 AA6082 铝合金在干燥和润滑下的表面传热系数曲线图

2. 冷模具淬火优化及闭环验证

为验证表面传热系数预测模型的准确性，将预测的 AA6082 铝合金在润滑下的表面传热系数曲线导入仿真软件中，模拟 B 柱在热冲压过程中的降温曲线。在热冲压过程中，先将板料尺寸为 310mm×200mm 的 AA6082 铝合金加热至 535℃，随后将其转移至压力机上。冷模具以 75mm/s 的冲压速度对板料进行冲压并淬火。同时，对 B 柱的热冲压进行了数值仿真模拟，以获得板料的降温曲线。图 5-3-31 展示了 AA6082 铝合金的试验和仿真模拟降温曲线。良好的匹配程度验证了表面传热系数预测模型的准确性。

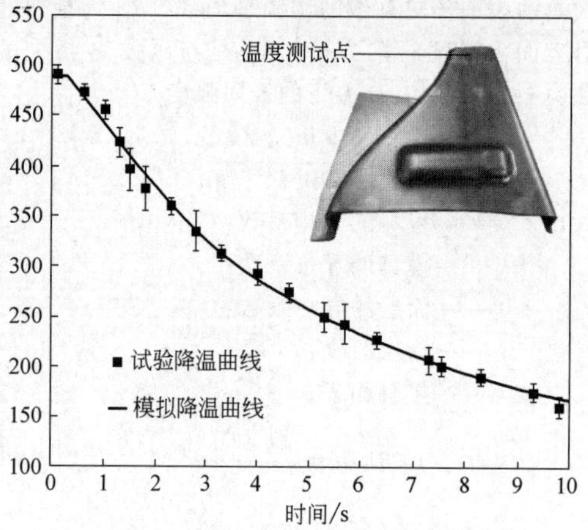

图 5-3-31　热冲压成形 AA6082 铝合金 B 柱的试验和仿真模拟降温曲线

3.5.4　成形后热处理工艺参数优化

高强度铝合金通过冷模具内淬火获得过饱和态微观组织，通过控制后续人工时效的温度和时间，获得稳定的弥散分布二次相析出组织，进而获得高强度铝合金零件。实现铝合金板热成形后的强度预测需要突破两个技术难点：

热冲压中残余位错密度的预测。高温塑性变形引入大量位错，铝合金零件中残余的位错将有助于二次相的形核长大，提高铝合金对人工时效的反应速率。需要采用黏塑性本构方程预测铝合金流动应力的同时，精确地预测残余位错密度，并将其引入到后续人工时效过程中，预测零件的强度演化。

二次相演化规律的预测。通过使用微观组织预测模型，同时结合位错密度对二次强化相形核长大的促进机制，精确预测二次强化相的半径和体积分数随温度和时间的演化，进而实现对成形后零件强度的预测。

典型案例：AA6082 铝合金热冲压成形后热处理工艺参数优化

1. 人工时效过程中微观组织预测模型

人工时效过程中微观组织预测模型见式 (5-3-11)，模型相关材料常数见表 5-3-4，模型相关物理量术语见表 5-3-5。

$$
\begin{gathered}
\sigma_y = f(f_t, r, \rho, C_t) = g(\sigma_{dis}, \sigma_{ss}, \sigma_i, \sigma_{ppt}) \\
\sigma_y = \sigma_{dis} + \sigma_{ss} + \sigma_i + \sigma_{ppt} = \sigma_{dis} + \sigma_{ss} + \sigma_i + \frac{\sigma_{by}\sigma_{sh}}{\sigma_{by} + \sigma_{sh}} \\
C_e = A_0 e^{-Q_s/RT} \\
C_s = A_0 e^{-Q_s/RT_s} \\
C_e = C_s e^{\frac{Q_s}{RT}\cdot\left(\frac{1}{T}-\frac{1}{T_s}\right)} \\
C_t = C_e + (C_i - C_e) e^{-\frac{t}{\tau}} \\
\tau = kt_p \\
C_i = C_0 - C_{pep} \\
\dot{C}_t = \frac{C_e - (C_0 - C_{pep})}{\tau} e^{-\frac{t}{\tau}} \\
\dot{C}_t = A_1\left[\frac{C_e - (C_0 - C_{pep})}{\tau} e^{-\frac{t}{\tau}}\right] + B_1\dot{\bar{\rho}} \\
\frac{f_t}{C_i - C_t} = \frac{f_e}{C_i - C_e} \\
\frac{f_{max}}{f_e} = \frac{C_s}{C_s - C_e} \\
f_t = f_e \frac{C_i - C_t}{C_i - C_e} = \frac{f_e C_i}{C_i - C_e} - \frac{f_e C_t}{C_i - C_e} \\
= f_{max}(1 - e^{-\frac{t}{\tau}})\left[1 - e^{-\frac{Q_s}{R}\left(\frac{1}{T}-\frac{1}{T_s}\right)}\right]
\end{gathered} \tag{5-3-11}
$$

$$
\begin{gathered}
\dot{f}_t = -\frac{f_e \dot{C}_t}{C_i - C_e} = -\frac{f_e}{C_i - C_e}\left[A_1\left(\frac{C_e - C_i}{\tau_1} e^{-\frac{t}{\tau}}\right) + B_1\dot{\bar{\rho}}\right] \\
r^3 - r_0^{\,3} = C_1 \frac{t}{T} e^{-\frac{Q_A}{RT}} \\
\dot{r} = \frac{1}{3}\left(\frac{C_1 e^{-\frac{Q_A}{RT}}}{T}\right)^{\frac{1}{3}} t^{-\frac{2}{3}} \\
\dot{r} = A_2 \frac{1}{3}\left(\frac{C_1 e^{-\frac{Q_A}{RT}}}{T}\right)^{\frac{1}{3}} t^{-\frac{2}{3}} + B_2\bar{\rho} \\
\dot{\bar{\rho}} = -C_{ageing}\bar{\rho}^{n_2} \\
\sigma_{sh} = C_2 f_t^{\frac{1}{2}} r^{\frac{1}{2}} \\
\sigma_{by} = C_3 f_t^{\frac{1}{2}} r^{-1} \\
\sigma_{ppt} = \frac{\sigma_{by}\sigma_{sh}}{\sigma_{by} + \sigma_{sh}} \\
\sigma_{ss} = \sum_j k_j C_j^{\frac{2}{3}} = C_4 C_t^{2/3} \\
\sigma_{dis} = A_d \bar{\rho}^{0.5} \\
C_{t1} = C_{e1} + (C_i - C_{e1}) e^{-\frac{t_1}{\tau_1}} \\
C_{t2} = C_{e2} + (C_i - C_{e2}) e^{-\frac{t_2}{\tau_2}}
\end{gathered}
$$

$$C_{t1}=C_{t2}$$

$$t_{eq,c}=t_2=-\tau_2\ln\left(\frac{C_{e1}-C_{e2}}{C_i-C_{e2}}+\frac{C_i-C_{e1}}{C_i-C_{e2}}e^{-\frac{t_1}{\tau_1}}\right)$$

$$C_t=C_{e2}+(C_i-C_{e2})e^{-\frac{t+t_{eq,c}}{\tau_2}}$$

$$r_1=r_2$$

$$\frac{t_1}{T_1}e^{-\frac{Q_A}{RT_1}}=\frac{t_2}{T_2}e^{-\frac{Q_A}{RT_2}}$$

$$t_{eq,r}=t_2=\frac{T_2}{T_1}e^{\frac{Q_A}{RT_2}-\frac{Q_A}{RT_1}}$$

$$r^3-r_0^3=C_1\frac{t+t_{eq,r}}{T}e^{-\frac{Q_A}{RT_2}}$$

$$\frac{C_i-C_x}{f_x}=\frac{C_x-C_t}{f_t-f_x}$$

$$f_t=\frac{C_i-C_t}{C_i-C_x}f_x$$

表 5-3-4　AA6082 铝合金时效过程中微观组织预测模型的材料常数

常量	值	常量	值
$R/[\mathrm{J/(mol\cdot K)}]$	8.314	f_{max}	0.00695
σ_i(HV)	15	C_s	0.0263
σ_q(HV)	50	C_i	0.025
$Q_A/[\mathrm{kJ/(mol\cdot K)}]$	140	A_d	0.05
T_s/K	553	C_{ageing}	42.5
$Q_s/[\mathrm{kJ/(mol\cdot K)}]$	25	A_1	1
C_1	0.00045	A_2	1
C_2	380	B_1	7.8×10^{-7}
C_3	635632	B_2	1.5×10^{-13}
C_4	0.0450	—	—

表 5-3-5　物理量术语表

变量或者常量	解释
σ_{total}、σ_{dis}、σ_y、σ_{ss}、σ_i、σ_{ppt}、σ_{by}、σ_{sh}	流动应力、位错强度、屈服应力、固溶物强度、基体强度、脱溶物强度、脱溶相位错环强度以及可切割脱溶相强度
E	弹性模量
ε_T、ε_p	总应变量、塑性应变量
n_1、n_2、A_0、A_d、B、C_p、K、α	黏塑性变形模型中的材料常数
ρ、ρ_i、ρ_m、$\bar{\rho}$	位错密度、原始位错密度、最大位错密度、标准位错密度
M	泰勒系数
G	切变模量
b	伯格斯矢量
C_e、C_s、C_t、C_i、C_0、C_{pep}、C_x	平衡溶质浓度、最大溶质浓度、瞬时溶质浓度、起始溶质浓度、过饱和固溶体溶质浓度、第一步人工时效之后的析出溶质浓度
R	理想气体常数
T、T_s	温度、溶线温度
Q_s，Q_A	溶线边界焓、原子扩散活化能
τ、k、A_1、B_1、A_2、B_2、C_{ageing}、C_1、C_2、C_3、C_4	人工时效模型的材料常量
t、t_p、$t_{eq,c}$、$t_{eq,r}$	人工时效时间、达到峰值强度的人工时效时间
f_t、f_e、f_{max}、f_x	瞬时体积分数、平衡体积分数、最大体积分数以及第一步时效之后的体积分数
r、r_0	脱溶物平均半径、脱溶物起始平均半径

2. AA6082 铝合金热冲压成形后热处理工艺参数优化及闭环验证

图 5-3-32 展示了使用上述本构方程和人工时效微观组织预测模型模拟的 U 型零件经过快速热冲压成形，在人工时效过程中的硬度分布图。

U 型零件分别经过 2 小时和 4 小时 180℃ 人工时效后的模拟硬度值和试验测得硬度值展示在图 5-3-33 的左侧。图中右上部展示的是实际成形件的照片，其间标注了三个点，分别是 U 型底部中心点 1、U 型底部角点 2 和侧壁中心点 3，用来验证模型的准确性。如图 5-3-33 所示，模拟值和试验值的拟合程度非常高，误差值都在 5%以内。

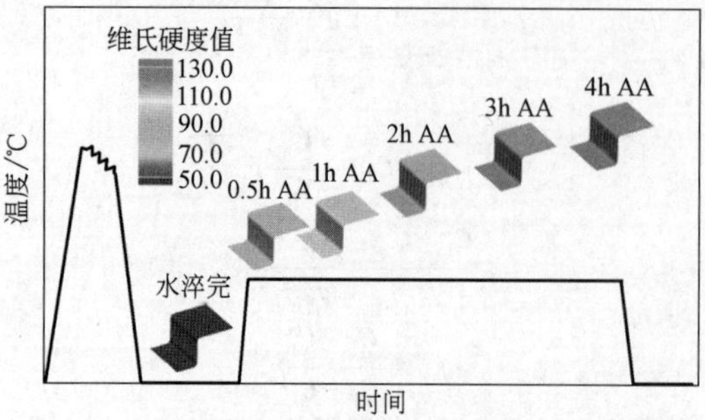

图 5-3-32　模型预测的快速热冲压成形（FAST）以及人工时效（AA）之后的 U 型零件硬度分布图

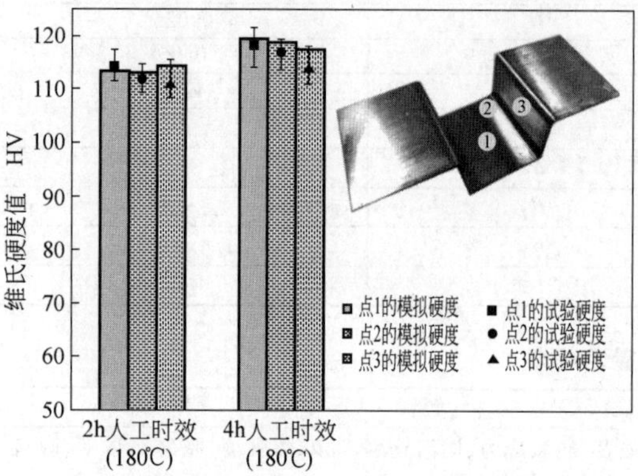

图 5-3-33　快速热冲压的 U 型零件硬度分布对比图（点代表试验值，柱状图代表模拟值）

参考文献

[1] LIN J, BALINT D, WANG L, et al. A method of forming a component of complex shape from aluminium alloy sheet: GB2743298 (B) [P]. 2011-07-13.

[2] MILKEREIT B, WANDERKA N, SCHICK C, et al. Continuous cooling precipitation diagrams of Al-Mg-Si alloys [J]. Materials Science and Engineering: A, 2012, 550 (30): 87-96.

[3] LUAN X, ZHANG Q L, FAKIR O E, et al. Uni-Form: a pilot production line for hot/warm sheet metal forming integrated in a cloud based SMARTFORMING platform [C]//张宜生, 马鸣图. 第三届高强钢暨热冲压成形国际会议（ICHSU 2016）论文集. Singapore: World Science Publishing Co Pte-Ltd, 2016.

[4] LIU J, WANG A, GAO H, et al. Transition of failure mode in hot stamping of AA6082 tailor welded blanks [J]. Journal of Materials Processing Technology, 2018, 257: 33-44.

[5] WANG L, STRANGWOOD M, BALINT D, et al. Formability and failure mechanisms of AA2024 under hot forming conditions [J]. Materials Science and Engineering: A, 2010, 528 (6): 2648-2656.

[6] PAUL S K. Theoretical analysis of strain- and stress-based forming limit diagrams [J]. The Journal of Strain Analysis for Engineering Design, 2013, 48 (3): 177-188.

[7] ALTAN T, TEKKAYA A E. Sheet Metal Forming: Fundamentals [M]. Geauga: ASM International, 2012.

[8] TOTTEN G E, MACKENZIE D S. Handbook of Aluminum. Vol. 1. Physical Metallurgy and Processes [M]. New York: Marcel Dekker, 2003.

[9] LIU X, JI K, FAKIR O E, et al. Determination of the interfacial heat transfer coefficient for a hot aluminium stamping process [J]. Journal of Materials Processing Technology, 2017, 247: 158-170.

[10] LIU X, FAKIR O E, MENG L, et al. Effects of lubricant on the IHTC during the hot stamping of AA6082 aluminium alloy: Experimental and modelling studies [J]. Journal of Materials Processing Technology, 2017, 255: 175-183.

[11] BUCHNER B, BUCHNER M, BUCHMAYR B. Determination of the real contact area for numerical simulation [J]. Tribology International, 2009, 42 (6): 897-901.

[12] LI Y Z, MADHUSUDANA C V, LEONARDI E. Enhancement of thermal contact conductance: effect of metallic coating [J]. Journal of Thermophysics and Heat Transfer, 2000, 14 (4): 540-547.

[13] MRÓWKA-NOWOTNIK G, SIENIAWSKI J. Influence of heat treatment on the microstructure and mechanical properties of 6005 and 6082 aluminium alloys [J]. Journal of Materials Processing Technology, 2005, 162: 367-372.

[14] MIAO W F, LAUGHLIN D E. Precipitation hardening in aluminum alloy 6022 [J]. Scripta Materialia, 1999, 40 (7): 873-878.

[15] WANG X, EMBURY J D, POOLE W J, et al. Precipitation strengthening of the aluminum alloy AA6111 [J]. Metallurgical and Materials Transactions A, 2003, 34 (12): 2913-2924.

[16] TEICHMANN K, MARIOARA C D, ANDERSEN S J, et al. The effect of preageing deformation on the precipitation behaviour of an Al-Mg-Si alloy [J]. Metallurgical and Materials Transactions A, 2012, 43 (11): 4006-4014.

[17] GUO W, GUO J, WANG J, et al. Evolution of precipitate microstructure during stress aging of an Al-Zn-Mg-Cu alloy [J]. Materials Science and Engineering: A, 2015, 634: 167-175.

[18] SHIH H C, HO N J, HUANG J C. Precipitation behaviors in Al-Cu-Mg and 2024 aluminum alloys [J]. Metallurgical and Materials Transactions A, 1996, 27 (9): 2479-2494.

[19] HOSFORD W F. A Generalized Isotropic Yield Criterion [J]. Journal of Applied Mechanics, 1972, 39 (2): 607-609.

第4章

超塑成形及超塑成形/扩散连接

哈尔滨工业大学 王国峰 蒋少松 张凯锋
中国航空制造技术研究院 李志强 邵 杰 侯红亮 赵 冰
沈阳飞机工业（集团）有限公司 迟彩楼 王月林 张晓巍
北京航星机器制造有限公司 李保永 秦中环

4.1 概述

4.1.1 超塑成形技术原理

超塑成形是一种利用材料的超塑性大变形制造薄壁复杂构件的先进成形技术，其原理是在高温、低应变速率条件下，通过气体压力使具有微细晶粒的变形材料逐渐贴模，从而获得所需形状。由于超塑成形时材料屈服强度较低，因此所需成形压力较小，通常为1~3MPa。超塑成形中成形对象通常要求具有微细晶粒，从而提供足够多的晶界以满足高温、低应变速率条件下的大变形。超塑成形技术的本质主要是通过晶界滑动获得大变形的成形过程，材料的大变形在微观上表现为局部缩颈的不断转移，在宏观上表现为均匀的无缩颈整体变形。超塑成形技术原理如图5-4-1所示。

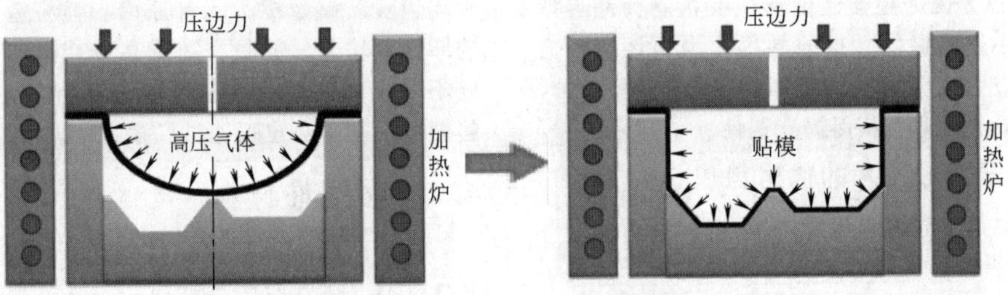

图5-4-1 超塑成形技术原理图

4.1.2 超塑成形/扩散连接技术原理

超塑成形/扩散连接（SPF/DB）技术是利用材料的超塑成形与扩散连接可在近似的温度与压力条件下完成的特点，在单个工艺流程中一次完成多层板料的连接与成形，从而制造外形复杂、内部加强筋支撑的中空多层结构的先进成形技术。超塑成形/扩散连接技术的主要原理是通过隔离剂控制扩散连接与非扩散连接区域，并通过气体介质作用下非扩散连接区域的合理超塑变形及扩散连接，从而制造出中空多层结构。

与传统的铆接和螺接结构相比较，SPF/DB结构可大大减少零件和紧固件的数量，可以有效地消除因紧固孔产生的裂纹源，使得结构件的耐久性和损伤容限有了很大的提高和改善。不仅降低了制造成本，提高了材料利用率，还可实现最佳的刚度重量比，获得质量轻、整体性好、刚度大的封闭夹层结构。其原理图如图5-4-2所示。目前，在钛合金超塑成形/扩散连接技术的基础上，还衍生出了超塑成形/电子束连接技术、超塑成形/搅拌摩擦焊技术、超塑成形/激光连接技术等成形-连接一体化成形技术等。

4.1.3 超塑性的条件

超塑性是指多晶体材料在特定条件下呈现出极高伸长率的能力。当伸长率$A\geqslant200\%$时，即可称为超塑性。也可用应变速率敏感性指数m来定义超塑性，当材料的m值大于0.3（一般在0.3~0.8）时，材料即具有超塑性。超塑性的实现条件主要包括三点：

1）变形温度T处于$0.5T_m$~$0.65T_m$之间，T_m为材料的熔点。这是因为超塑性变形的主要机制是晶间变形，即晶界滑移。随着温度升高，晶界间的结合力逐渐降低，有利于晶界滑移的进行。但变形温度也不可过高，否则晶界过于软化，难以保证变形的顺利进行。

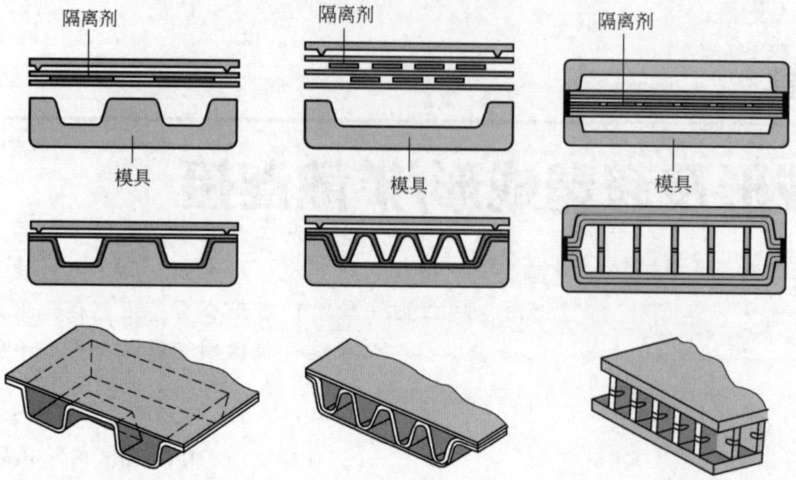

图 5-4-2　SPF/DB 两层、三层及四层中空结构成形示意图

2) 低应变速率，通常 $\varepsilon=10^{-4}\sim10^{-3}s^{-1}$。这是因为超塑性变形可以看作缩颈不断转移和扩散的过程，低应变速率有利于缩颈的扩散和转移，而过高的应变速率使材料内部的缩颈扩散和转移的变形协调过程来不及进行，从而使缩颈进一步发展，最终会导致断裂。

3) 微观组织为等轴细小晶粒，通常平均晶粒尺寸≤10μm。这是因为超塑性变形主要机制为晶界滑移，晶粒越小越能提供大量的晶界作为塑性变形之用，其流动应力也会减小。而等轴晶在受到剪力时才容易产生晶界滑移，从而提高塑性。

4.1.4　超塑成形技术的优劣势

超塑成形技术的优势在于：

1) 由于具有小应力、大变形的成形优势，超塑成形可以一次成形制造出形状复杂的大尺寸整体结构，减少焊缝数量；并且对设备吨位要求较低。

2) 由于超塑成形温度通常高于再结晶温度，还可解决传统成形方法存在回弹导致的零件成形后变形问题，零件尺寸稳定性大大提高。

3) 对于钛合金、金属间化合物、铝合金、镁合金、金属基复合材料、陶瓷等难变形材料更能显示其优势。

由于超塑成形主要在低应变速率下（通常应变速率在 $10^{-3}s^{-1}$ 以下）进行，超塑成形往往具有成形效率低的劣势，同时，由于超塑成形中的应力分布不均匀及贴模摩擦力大等原因，容易造成成形零件的厚度不均匀。但是，随着高应变速率超塑性的研究不断取得进展及控制厚度分布方法的不断改进，超塑成形的劣势也可通过许多方法进行控制。

4.2　超塑性材料

目前已知的超塑性金属及合金已有数百种，按基体区分，研究范围包括锌铝合金、铝合金、钛合金、铜合金、镁合金、镍基合金以及黑色金属材料，现又扩展到陶瓷材料、复合材料、金属间化合物、纳米材料、非晶材料等。部分材料的室温性能和超塑性能对照见表 5-4-1。

表 5-4-1　部分材料的室温性能和超塑性能对照

材料名称	材料牌号	室温拉伸性能		超塑拉伸性能		
		屈服强度 R_{eL}/MPa	伸长率 A(%)	流动应力 σ/MPa	伸长率 A_{max}(%)	超塑温度 /℃
钛合金	TC4	800~1100	13~16	5~10	600~2000	870~930
镍合金	GH4169	612	47	40~80	>500	950
轴承钢	GCr15	660	15~25	30	>540	680
模具钢	3Cr2W8V	<1400	<7.5	80	>267	830
黄铜	H62	300~600	<40	—	>1174	750
青铜	QAl10-3-1.5	600~650	<12	10~20	>1100	800
硬铝	2A11	200	<12	1~10	>300	480~490
铝合金	Al6Cu0.5Zr	265	20	15	>1600	430

（续）

材料名称	材料牌号	室温拉伸性能		超塑拉伸性能		
		屈服强度 R_{eL}/MPa	伸长率 A(%)	流动应力 σ/MPa	伸长率 A_{max}(%)	超塑温度 /℃
锌合金	Zn22Al	170～280	40	3	>3000	250
金属间化合物	γ-TiAl	350～600	1～4	180	437	1000
	Ti-22Al-25Nb	600～1000	5～11	50～80	>200	970～980
镁合金	AZ31	212	18.9	12	>362	400
陶瓷	40%ZrO_2-30%spinel-30%Al_2O_3	—	—	24	2510	1650
非晶	La55Al25Ni20	>880	50	40	15000	450～500

4.2.1　钛合金

钛及钛合金具有优良的抗疲劳、抗腐蚀性能及低比强度，能在 500℃以下长时间使用，其密度是 4.5g/cm^3，仅为钢和镍基高温合金的一半左右，这些性能是钛及钛合金早期能够成功应用于航空航天等领域的原因。钛合金在低于 882℃时呈密排六方晶格结构，称为 α 钛，在 882℃以上呈体心立方晶格结构，称为 β 钛。在室温时，钛合金屈强比高，即只有当应力接近于断裂应力时才开始屈服变形，在冷变形过程中又有产生裂纹的倾向，而且回弹高，因此冷成形困难。然而，钛合金却具有良好的超塑性能，在 925℃左右以 $10^{-3}s^{-1}$ 的应变速率拉伸，都能在低的流动应力（4～10MPa）下获得很大的伸长率，被称为“天然”超塑性材料。很多钛合金在合适的条件下都具有超塑性，其牌号及参数见表 5-4-2。

钛合金在航空航天工业上应用较多，英国 Aeromet 公司采用超塑成形代替原钣金冲压工艺，制备的 TC4 钛合金飞机防火壁板和尾锥零件（见图 5-4-3）实现了重量减半，由 20 个零件、600 个铆钉，优化为一个仅需 100 个铆钉的整体零件，其使用寿命和可靠性大大提高。目前，美国 Boeing，英国 TKR、IEP、Rolls-Royce、Superform、BAE，法国 Snecma、Dassaut、ACB，德国 MBB 公司等在超塑成形方面处于相对领先地位，许多超塑成形关键零部件进入规模化生产阶段。

表 5-4-2　一些具有超塑性能的钛合金牌号及参数

材料牌号	类型	温度/℃	应变速率/ $\times10^{-4}s^{-1}$	m 值	伸长率(%)
CP-Ti	α	850	1.7	0.5	115
IMI 834 (Ti5.8Al4Sn3.5Zr0.5Mo0.3Si0.05C)	α	950～990	1.3	0.35～0.65	>400
IMI 679	α	850	3.3	0.43	734
Ti55	α	920	3.3	—	510
Ti5Al2.5Sn	α	1000	2.0	0.49	420
Ti8Al1Mo1V	α	940	1.3	—	200
TC4(Ti6Al4V)	α+β	800～950	1.3～13	0.6～0.8	600～2000
Ti6Al5V	α+β	850	8	0.7	700～1100
Ti6Al4V2Co	α+β	815	2	0.53	670
Ti6Al4V2Fe	α+β	815	2	0.54	650
Ti6Al4V2Ni	α+β	815	2	0.85	720
Ti5Al2.5Sn	α+β	1000	2	0.49	420
Ti6Al2Sn4Zr2Mo	α+β	900	2	0.67	538
Ti4.5Al5Mo1.5Cr	α+β	871	2	0.63～0.81	>510
IMI 550(Ti4Al4Mo2Sn0.5Si)	α+β	810～930	—	0.48～0.65	1600
SP 700(Ti4.5Al3V2Fe2Mo)	α+β	750～830	—	0.5～0.55	700
Ti11Mo5.5Sn4.2Zr	β	725	3.3	0.3	180
Ti15Mo	β	580	3.3	0.45	450

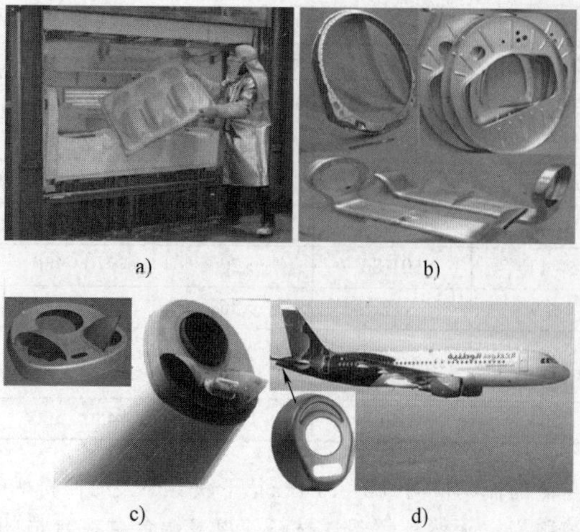

图 5-4-3　超塑成形的 TC4 钛合金零件

4.2.2　铝合金

铝合金作为目前使用最广泛的轻质合金，其超塑成形的应用也已进入多个工业领域，目前常用的超塑成形铝合金主要有铝锂合金，7475 铝合金，2024 铝合金和 5083 铝合金。强度最高的是 7475 铝合金，经过特殊处理后具有超塑性，经过 T76 热处理和时效后具有最大强度。2024 铝合金是英国专门开发的超塑性铝合金，经过 T62 热处理和时效后具有较高强度。5083 铝合金也需要特殊处理才能具有超塑性，它的强度最低，因为它在成形后不能热处理强化。

铝合金超塑性属于细晶超塑性，主要通过晶界滑移和晶粒转动，伴随着扩散蠕变和位错滑移，是这些机理综合作用的结果，而且在超塑性流动的不同阶段中起主要作用的机理是不同的。部分具有超塑性能的铝合金牌号及参数见表 5-4-3。

铝合金超塑成形最早应用于航空领域，波音 777 采用 5083 铝合金来制造翼尖，Raytheon Horizon 采用 2004 铝合金超塑成形制造了尾翼零件，如图 5-4-4 所示。

表 5-4-3　部分具有超塑性能的铝合金牌号及参数

合金	m	伸长率(%)	温度/℃	应变速率/s^{-1}	流动应力/MPa
5A06	0.37	500	420~450	1.6×10^{-4}	13
2A12	0.38	350	430~450	$(1.67\sim3.8)\times10^{-4}$	20
7A04	0.50	500	500~520	8.3×10^{-4}	—
7A09	0.40	220	420	1.67×10^{-3}	30
Al-6Cu-0.5Zr	0.52	1000	430	1.67×10^{-4}	10~15
Al-10Zn-1Mg-0.4Zr	0.65	1120	650	$(0.5\sim1.0)\times10^{-3}$	2~6
Al-5.5Ca	0.45	515	550	3.5×10^{-3}	2.0
Al-5Ca-5Zn	0.38	950~1130	550	$(2.8\sim3.2)\times10^{-3}$	—
Al-6Cu-0.35Mg-0.5Zr	0.47	1200	430~450	1.67×10^{-3}	—
Al-33Cu	0.90	1150	380~410	—	—
Al-Si(共晶)	0.28	450~550	480	—	—
Al-5Mg	0.50	710	—	—	—
2A14	0.48	448.5	460	8.33×10^{-3}	11
Al-Li1420	0.39	—	500	4.16×10^{-4}	2.4
5083	0.30	230	500	1×10^{-3}	12
7475	0.80	1200	516	—	—

图 5-4-4　铝合金超塑成形翼尖和尾翼零件

4.2.3　镁合金

作为目前最轻的金属结构材料，镁合金的超塑成形一直得到重视，目前，镁合金的超塑成形虽然已经获得了应用，但受一系列因素的制约，用量相对较少，主要包括 AZ31B、ZK10 和 ZE10 等。典型镁合金的超塑性能参数见表 5-4-4。

镁合金超塑成形已经在航空工业中的直升机领域获得了应用。同时，汽车轻量化为镁合金零件超塑成形提供了机遇，图 5-4-5 所示为镁合金超塑成形轿车行李舱盖零件。

表 5-4-4　典型镁合金超塑性能参数

材料牌号	$d/\mu m$	T/K	$\dot{\varepsilon}/s^{-1}$	σ/MPa	$A(\%)$	m
Mg-5Al-5Zn-5Nd	—	473	1.0×10^{-4}	—	270	—
Mg-9Al-1Zn-0.2Mn	0.5	473	6.2×10^{-4}	25	661	0.5
Mg-9Al-0.7Zn-0.15Mn	1.2	523	3.3×10^{-4}	—	500	0.52
Mg-6Zn-0.5Zr	3.4	423	1.0×10^{-5}	66	340	0.3
Mg-0.58Zn-0.65Zr	3.7	523	1.1×10^{-4}	8.4	680	0.55
Mg-6Zn-0.5Zr	6.5	498	1.0×10^{-4}	15	449	0.5
ZK60/SiC/17P	1.7	462	1.0×10^{-4}	29.1	337	0.38

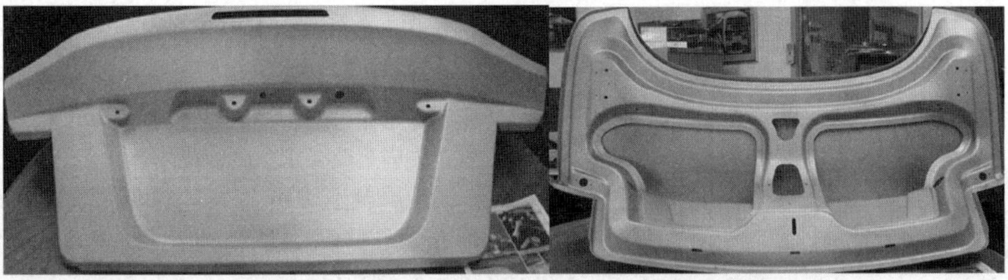

图 5-4-5　镁合金超塑成形轿车行李舱盖零件

4.3　超塑成形过程仿真分析

4.3.1　零件超塑成形性能仿真分析

有限元数值仿真在超塑成形中应用广泛，与工艺试验相比，它不仅节约费用，而且能提供直接的信息和引导，从而减少试验的次数，有时甚至能越过试探性的试验。有限元数值仿真已经成为超塑成形工艺设计减少工艺开发时间、改善工件成形质量的一种非常必要的方法。主要包括以下优势：

1）优化工艺设计，使工艺参数达到最佳，提高产品的质量。

2）可在较短的时间内，对多种工艺方案进行检测，缩短产品开发周期。

3）在计算机上进行工艺模拟试验，降低产品开发费用和对资源的消耗。

1. 材料本构模型

在超塑成形中，由于成形温度较高，因此通常忽略弹性而采用刚塑性模型来模拟零件的超塑成形，刚塑性模型本构方程一般采用 Backofen 方程，由于成形温度在再结晶温度以上，一般不考虑应变硬化作用，模型方程可表示为：

$$\sigma=K\dot{\varepsilon}^{m} \tag{5-4-1}$$

式中　σ——超塑成形流动应力；

$\dot{\varepsilon}$——应变速率；

m——应变速率敏感性指数；

K——材料常数。

m 值通常用来表示材料的超塑性能，其大小由材料特性、成形温度以及应变速率等因素决定。m 值的物理意义是阻止缩颈的发展，维持变形的均匀性。对于普通材料，在进行单向拉伸试验时，很容易在局部产生缩颈，引起缩颈处的周部变形速度增加。由于 m 值较小，流动应力对应变速率不是十分敏感，当变形超过一定限度，就会在缩颈处发生断裂。而超塑性材料由于 m 值较大，使得流动应力对应变速率非常敏感，缩颈处的局部变形速度的增加，会使该区流动应力得到明显提高，使缩颈处发生显著硬化，变形就会转移到其他部位，从而可获得较大的伸长率。因此，通常可以用 m 值来表示材料的超塑性特性。K 值为材料常数，其大小同样受成形温度以及应变速率等因素影响。

同时，超塑性板料成形过程极其复杂，为便于有限元数值模拟的数学过程处理，必须将成形过程中某些因素理想化，并对成形材料做出必要的近似假设以建立有限元模型。其基本假设如下：

1）不计材料的弹性变形。

2）不考虑体积力和惯性力的影响。

3）材料含有细微空洞且基体材料体积不可

压缩。

4) 成形板料只有厚向异性，而在板平面内各向同性。

5) 材料的变形流动服从耦合空洞损伤和厚向异性的超塑性板料屈服方程及其相关联的流动法则。

6) 加载条件（加载面）给出刚性区与塑性区的界限。

2. 摩擦特性

超塑成形中，板料与模具的摩擦特性是影响材料成形性能的一个重要因素，超塑成形主要通过材料减薄获得形状，通常首先与模具接触的区域，由于高温状态下模具与材料的表面摩擦力较大，变形相对较小，导致大部分变形发生在未贴模区域。在超塑成形过程中，板料与模具接触并在其表面变形时，板料和模具之间便会发生相对运动或部分相对运动。虽然在超塑成形的高温作用下，模具材料的一些元素可能扩散到板料中，增大摩擦系数，甚至出现黏着区域，但由于板料和模具材料的物理性能和化学性能的不同，扩散的程度很小。在板料和模具接触表面使用防护润滑剂，可在一定程度内减小氧化作用，板料和模具金属之间存在润滑膜，此时两者处于边界摩擦状态。摩擦状况可得到有效的改善。因此，成形过程中板料和模具之间有着相对滑动，在数值模拟中可采用库伦模型或双线性模型。一般条件下，模具与板材的摩擦系数 μ 可设定为 0.2~0.4。

3. 成形极限判断

超塑成形的成形极限主要指胀形性能极限，材料在两向拉应力状态下减薄至破裂的极限变形量即为其成形极限。超塑成形的成形极限可以通过不同温度下的气体胀形试验获得，但试验量相对较大，因此，一般在掌握材料基础超塑性能的条件下可通过半球胀形有限元仿真获得。

4.3.2　超塑成形模拟典型应用实例

以超塑成形的 TC4 深筒形件零件为例，可以通过有限元数值模拟分析工艺可行性，并指导模具设计，明确工艺参数。深筒形零件形状尺寸如图 5-4-6 所示，材料为 TC4 钛合金，端口直径为 ϕ425mm，高度为 212mm，侧壁厚度要求在 1.6±0.2mm 范围内。由于零件材料和形状的特殊性，制订以下加工工序：通过圆形 TC4 板料的超塑成形，得到带底部和法兰的深筒形零件毛坯，然后割掉毛坯的法兰与底部，得到最终零件，流程示意图如图 5-4-7。根据计算可知，超塑形后零件变形区表面积与原面积之比达到了 3，这意味着用单一的凹模成形法零件侧壁减薄会很严重。若不对壁厚的均匀性加以控制，很难满足零件的使用要求。采用正反向超塑成形法，

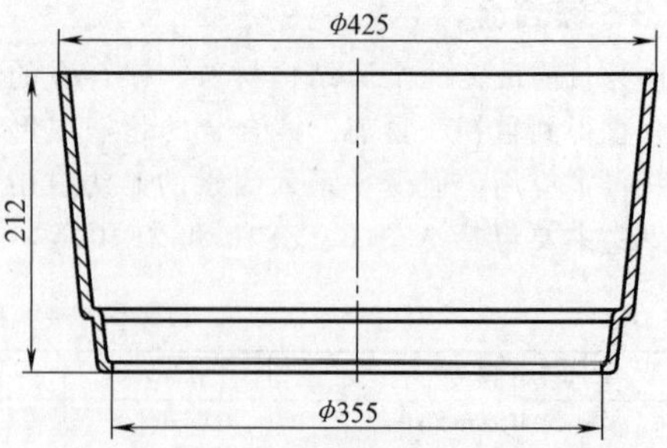

图 5-4-6　TC4 钛合金深筒形零件形状尺寸

图 5-4-7　TC4 钛合金深筒形零件制造流程

并合理的设计预成形模，通过反向预成形后，板料能够在正胀过程中达到侧壁聚料的目的，模具设计应首先满足此要求。

采用 MSC. Marc 有限元模拟软件，可以快速分析出不同预成形模具对厚度分布的直接影响，从而指导模具设计。

五种不同方案的预成形模具与零件厚度分布对比如图 5-4-8 所示。可见，随着模具形状的改变，厚度分布明显产生变化，方案 5 的预成形模具形状成形出的厚度分布相对较好。由此根据方案 5 的预成形模具形状进行设计，设计出的整体模具结构图如图 5-4-9 所示。

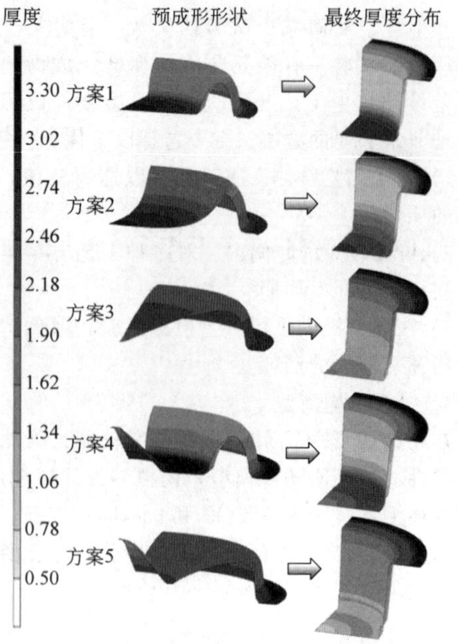

图 5-4-8　五种不同方案模拟结果

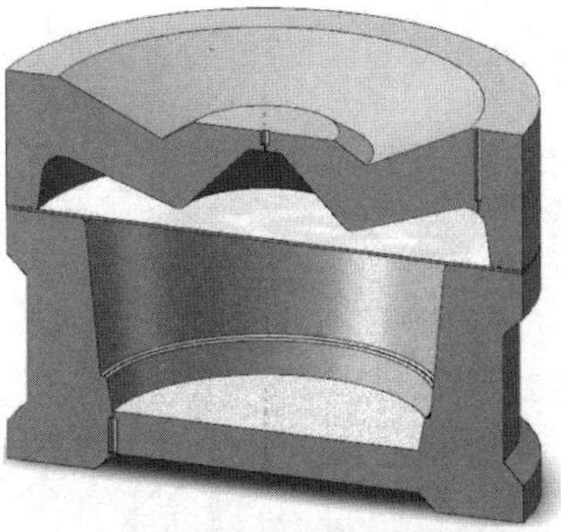

图 5-4-9　根据模拟结果设计的模具结构

为分析工件侧壁厚度分布情况，将其侧壁切开后进行测量，并与普通正反向超塑成形的工件截面厚度分布进行比较，如图 5-4-10 所示。可知，优化后超塑成形工件的厚度分布均匀，在 1.50～1.78mm 之间，与预成形模的有限元模拟结果接近。成形的 TC4 深筒形零件毛坯侧壁厚度分布较为均匀，从上至下厚度整体呈减薄趋势，侧壁上下两端处的厚度差为 0.28mm，满足零件的壁厚精度要求。对比试验结果与模拟结果，可见数据在侧壁上与模拟结果吻合度较好，可见有限元模拟也很好地反映了真实壁厚分布的变化规律。

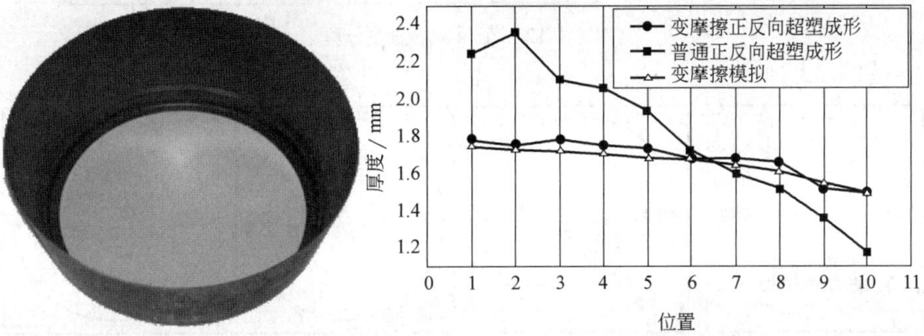

图 5-4-10　超塑成形零件及数值模拟厚度与实际厚度比较

4.4　超塑成形及超塑成形/扩散连接工艺方法和质量控制

4.4.1　超塑成形工艺方法

超塑成形工艺已经在许多方面得到了应用。

在板材成形方面主要包括超塑气胀成形、超塑性拉深等，其中超塑性气胀成形采用高压气体作为成形介质，超塑性拉深采用钢模。在体积成形方面，主要有超塑性锻造和超塑性挤压等。

应用最为广泛的工艺方法是超塑性气胀成形。材料在超塑状态下，塑性变形抗力急剧减小，塑性变形能力大幅度提高，并且几乎无应变硬化产生，近似呈黏性流动状态。

4.4.2　超塑成形零件壁厚控制方法

超塑成形时板料的充填性能极好，因此可以成形出形状精度很高的制件。精细的尖角、沟槽和凸台可作为整体结构一次成形。但是，由于超塑成形中板料的应力应变场分布不均匀，会造成零件壁厚的明显差异，如图 5-4-11 所示，这成为限制了该工艺应用的关键性问题之一。壁厚不均匀性主要体现在两个方面，一方面是工件自由胀形部分材料变形不均匀的影响，其中应变速率敏感性指数 m 是主要影响因素；另一方面是已贴模部分材料由于模具约束及摩擦作用而导致的变形不均匀。

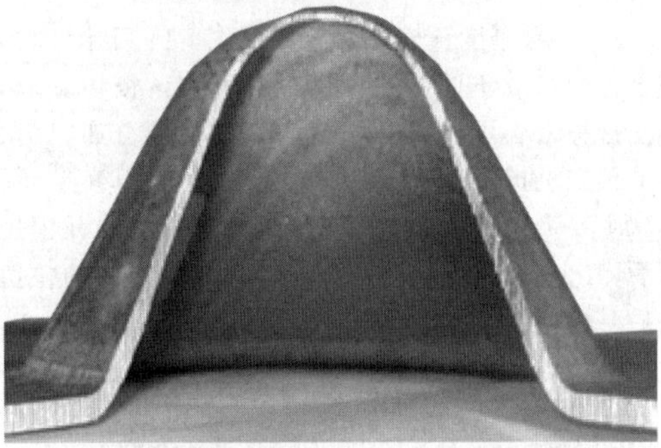

图 5-4-11　超塑成形的零件厚度不均匀性

为了改善超塑成形零件厚度分布，一些行之有效的工艺控制方法有：

1）正反向成形。正反向成形分为两步：反向成形（预成形）和正胀成形（终成形）。首先进行反向成形，即反向加气压，使板材向预成形模具方向变形，将原本厚度大的地方进行预减薄，缓解下模圆角处变薄过于集中，零件壁厚不均匀的问题。合理地设计预成形模具，可以在很大程度上起到分散变形作用。然后进行正向成形，卸掉反向气压，正向加压，使得板材向终成形模方向变形，直至确定完全贴模。需要注意的是，反向成形后板材的表面积必须控制在终成形件表面积之内。图 5-4-12 所示为正反向成形原理图。

2）动凸模反向成形。如图 5-4-13 所示，先将板坯向上方成形到一定高度后，再将与零件尺寸一致的凸模移向胀形弧面内再反向加压，使坯料贴靠于凸模型面上。底部材料预先向两侧流动，并且在反向加压时凸模圆角部分先贴模，之后的变薄很小，使得成形后的壁厚相对均匀。但第一步无模成形的高度要控制适度，过大易使工件起皱，过小又对壁厚分布改善效果不明显。

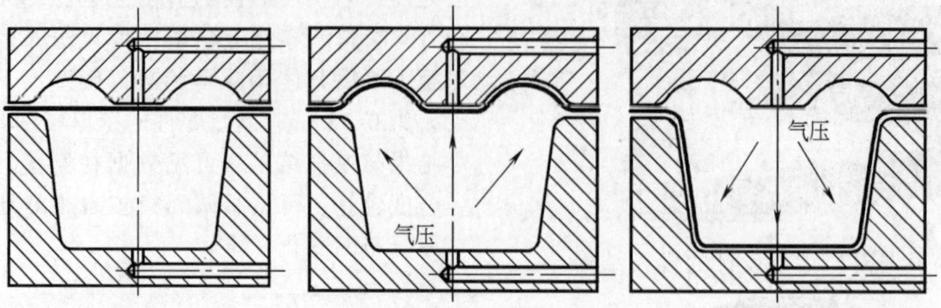

图 5-4-12　正反向成形原理图

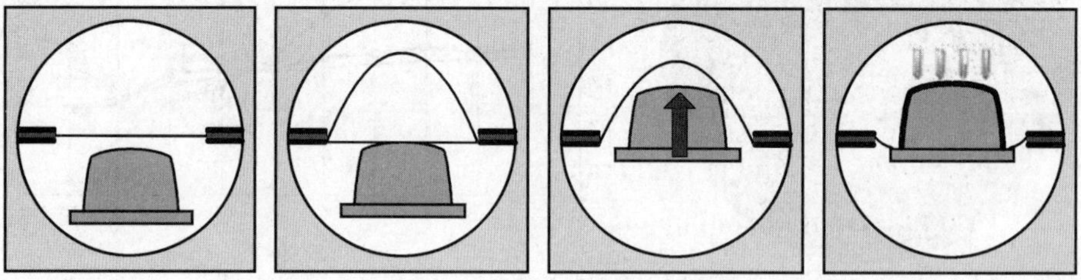

图 5-4-13　动凸模反向成形原理图

3）坯料厚度预成形法。如图 5-4-14 所示，将毛坯预先加工成不同的厚度，然后再将该板坯胀成壳体。这种方法可以取得相当均匀的壁厚分布，但板坯的预先机械加工比较困难。当前确定板坯形状的方法主要为增减法，即用等厚板坯进行有限元模拟，然后测出成形零件的壁厚分布与目标值之间的差值，最后对板坯的尺寸进行修改。

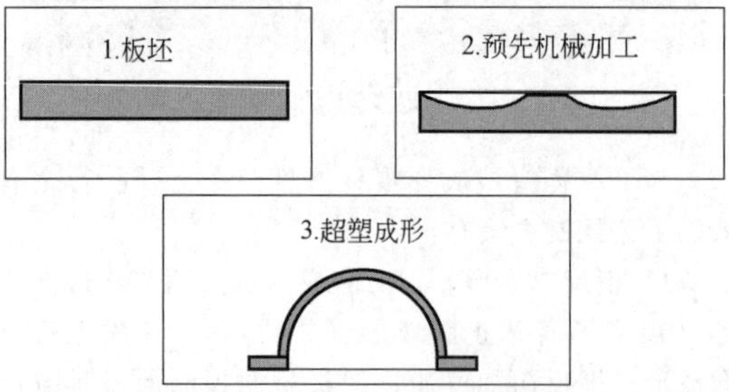

图 5-4-14　坯料厚度预成形法原理图

4）凸模辅助成形法。图 5-4-15 所示的超塑中有一上下可活动的凸模装置。动凸模可使与凹模法兰相邻部分先变形，而与动凸模接触部分由于摩擦而不变形（抑制了减薄），板材变形到一定程度后，将动凸模退回，加气压完成变形。

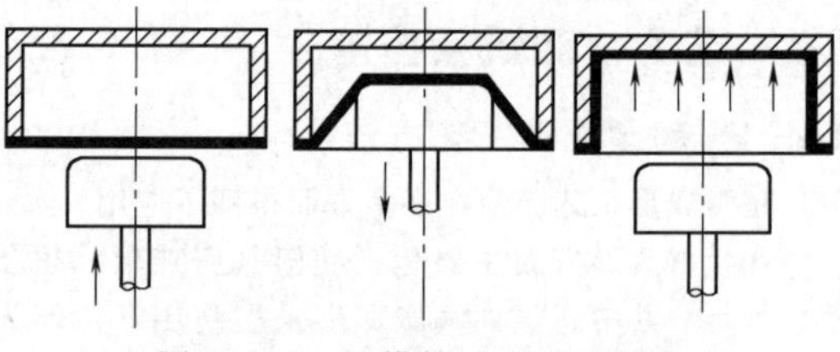

图 5-4-15　凸模辅助成形原理图

5）预成形法。预成形法的成形过程示意图如图 5-4-16 所示，通过适当方式使得初始板坯（见图 5-4-16a）产生预变形获得预制坯（见图 5-4-16b），预制坯中心保留原始板料厚度，侧壁进行预先减薄，可以保证最终超塑成形后零件整体壁厚均匀化如图 5-4-16c 所示。预成形法能够有效控制钛合金单层结构壁厚均匀性，并且该方法相对简单，便于生产和推广。预成形法能够有效控制钛合金超塑成形单层结构壁厚，适用于成形精度要求相对不高或中间过程零件制造，对于成形精度较高的零件，需要优化成形参数，尽量避免模具入口圆角部位形成缺陷。

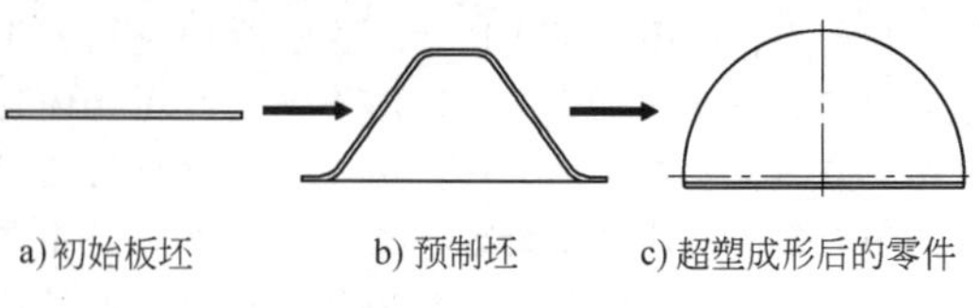

图 5-4-16　预成形法零件成形过程示意图

6）非均匀加热法。采用不均匀加热的方法在坯料上形成变化的温度场，降低变形较为集中区域的温度，减缓其变形量，造成在直接胀形时不易减薄的部位由于温度高先减薄，而极易减薄的部位由于温度低不减薄或减薄很小。

7）覆盖成形。该工艺是采用凸凹模复合形式，用大于零件尺寸许多的坯料进行胀形，然后再切除余料的一种方法。由于处于凸模周围环形区域的材料也参与了变形，凸模的圆角部分相当于简单凹模胀形法中的危险部位，在胀形过程中先行贴模，变薄量较小，因此变薄最严重的部位发生了转移，使零件的厚度分布比简单的凹模成形有了改善，但这种方法以浪费材料为代价。

4.4.3　超塑成形/扩散连接工艺

原始坯料数量为两层、三层、四层及以上板坯通过超塑成形/扩散连接方法制备出带有空腔夹层结构形式的构件称为多层结构。钛合金超塑性及扩散连接性的工艺窗口相同，是应用最广泛的 SPF/DB 工艺材料。

1. 结构设计原则

（1）零件的深宽比设计　对零件超塑成形设计变形量加以控制，以满足零件的使用性能要求，对变形量的控制可以通过控制零件的深宽比来实现。一般允许最大阳模成形的深宽比为 0.6，阴模为 0.4。当要求零件的凸面尺寸严格，外形精确时，采用阴模成形法；当要求零件凹面的尺寸、形状精确时，采用阳模成形法；根据对零件的尺寸和外形的要求，选择合适的成形方法，计算所设计零件深宽比。当所设计零件的深宽比大于上述推荐值时，应修改设计来满足要求。

（2）圆角设计　圆角半径数值的选择及成形方法与圆角在零件上的位置有关，由于 TC4 钛合金在超塑性状态下流动性、充填性好，可以实现圆角半径和厚度相等，但采用小的圆角半径时该处变薄严重，以致成为零件受力的薄弱环节，因此建议对有协调关系的圆角半径取（2~3）t，t 为板材厚度，对无协调关系的圆角半径应合理放大。

（3）原始板材厚度设计　超塑成形后零件的壁厚应满足结构完整性要求，其中包括强度、刚度、损伤容限、耐久性（安全寿命）和功能等要求，当所需壁厚确定以后，则进行原材料的厚度选择。可用下式近似计算。

$$t_{平均}=f_t t_0 A_{投}/A_{总} \tag{5-4-2}$$

式中　$t_{平均}$——成形后零件平均壁厚；

f_t——变薄系数，阳模成形法取 1.2，阴模成形法取 1.0；

t_0——原始板材厚度；

$A_{投}$——零件的投影面积；

$A_{总}$——零件的总面积。

由上式可得

$$t_0=(t_{平均}A_{总})/(f_t A_{投}) \tag{5-4-3}$$

2. 多层结构成形工艺过程

以四层 SPF/DB 结构为例，典型结构成形原理及工艺过程如图 5-4-17 所示。具体工艺过程如下：

（1）毛坯准备　酸洗干净原始板材（包括外层蒙皮和内层芯板），在工艺止焊区涂覆止焊剂，封焊口袋并真空检查合格后装入模具，并装入加热炉内。

（2）外层 SPF　升温至 860~890℃，外层通入氩气，控制加压速率，保证钛合金按最佳变形速率变形，来控制壁厚均匀性，直至外层板料与模具完全贴合。

（3）内层 DB　内层保持抽真空状态，防止扩散连接界面污染，外层保持超塑成形后的最大气压，在该压力下使内层需扩散连接界面实现扩散焊接。

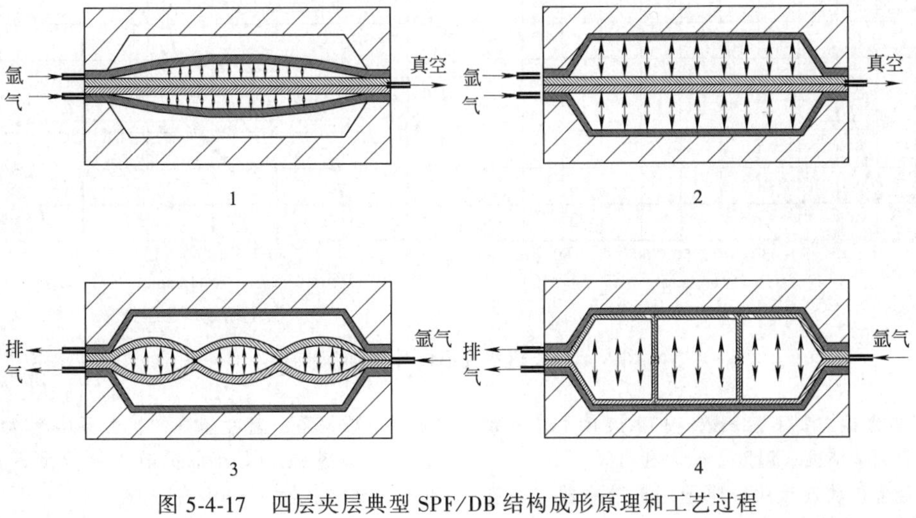

图 5-4-17　四层夹层典型 SPF/DB 结构成形原理和工艺过程

(4) 内层 SPF　卸载外层压力后，内层通入氩气，控制加压速率，保证钛合金按最佳变形速率变形，直至内层板料与外层板料完全贴合。

(5) 内外层 DB　保持内层气压，使内外层板在该压力下实现扩散连接。

3. 关键工序及主要因素控制

(1) 止焊剂图形的设计与制备　止焊剂用于高温、外部加压状态下阻止金属板材界面原子间扩散。SPF/DB 多层结构的零件外形由模具内型面保证，内部筋格结构形式及位置则由内层板止焊剂图形确定。止焊剂图形是根据构件实际结构需要，反求出来的平面图形，通常被预制在钛合金蒙皮内表面。止焊剂图形设计时应考虑涂覆形式、筋条宽度、气道设计等因素。首先，利用 CAE 软件对待涂覆板材进行展开，按照零件筋条位置反向设计止焊剂图形形式，布置工艺气道并进行典型结构件研制，依据试验件研制结果修正止焊剂图形。止焊剂筋条宽度一般设计为 2~4mm。

止焊剂应具备两个特点，一个是高温高压作用下不挥发或者少量挥发，对洁净钛合金表面无污染，另一个是能够对金属板材界面起到有效隔离作用。目前，国际常用止焊剂主要有氧化钇和氮化硼两种，国内通常采用氧化钇制剂作为止焊剂。止焊剂制备方法包括手工涂刷和丝网印刷。采用手工涂刷，工艺简单但止焊剂涂层不均匀，易产生局部脱落，涂刷效率低，另外，图形边线不整齐，导致筋板上扩散焊边缘宽度差异；采用丝网印刷涂覆止焊剂，需要专用设备和工装，工艺相对复杂，但止焊剂涂层厚度均匀，图形精度高。

(2) 组焊封装　止焊剂图形制备完毕后，对多层钛合金板材进行组焊封装，形成一个密封口袋，口袋采用氩弧焊封边。两层及三层结构一般只设计一个进气道，气道口焊接气管与设备气源系统连接；四层口袋根据成形需要，内外层毛坯分别设计独立气道，封焊成两个独立的空腔分别与设备气源系统相连，如图 5-4-17 所示。口袋封焊后，采用机械真空泵进行检漏，零件与真空泵连接，当真空度达到 10^{-1}Pa 后关闭真空泵，观察仪表指针，若 30s 内无变化，表明口袋密封。

(3) 超塑成形/扩散连接工艺参数

1) 超塑成形工艺参数。超塑成形工艺参数包括：成形温度、变形速率、SPF 材料与模具之间的摩擦系数等。典型 TC4 钛合金材料超塑成形温度为 870~940℃。成形温度较低时材料所需成形压力较高。SPF 后组织变化较小，晶粒长大不明显。SPF 变形速率取决于气体压力值随时间的变化情况。超塑成形中应变速率应控制在材料的最佳超塑性范围内，需要实时控制成形气压大小，如气压过大，成形过快，材料变形不均匀，易产生局部变薄，甚至吹破，造成构件报废。超塑成形压力-时间曲线（p-t 曲线）可以根据变形理论和构件尺寸预先计算确定。如图 5-4-18 所示，为利用 MARC 非线性有限元分析软件，模拟计算某构件在恒定应变速率 $\dot{\varepsilon}=1\times10^{-4}$/s（$m=0.73$，$K=2280\text{MPa}\cdot\text{s}^m$）下的内层板变形过程，计算出成形加载曲线。一般而言，为了提高生产效率，应尽可能采用较快的应变速率。SPF 材料和模具之间的摩擦系数可以通过调整润滑剂品种来改变，摩擦系数减小有利于改善超塑成形构件均匀度。

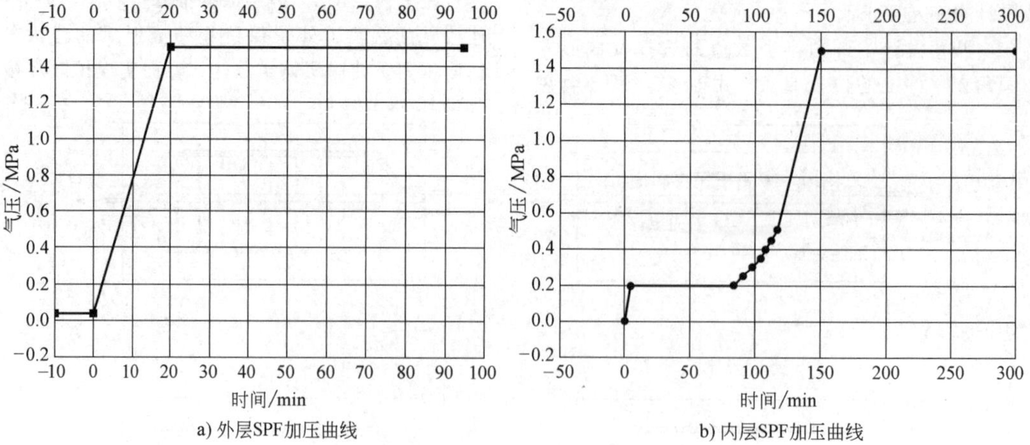

图 5-4-18　超塑成形内外层加压曲线

2) 扩散连接主要工艺参数。扩散连接工艺参数包括板材表面清洁度、温度、压力和时间。

在钛合金扩散连接中，原子的扩散系数与温度成幂指数关系，温度越高，扩散系数越大，原子的扩散能力越强。钛合金扩散连接温度区间通常为 890~920℃。

压力使扩散连接界面相互接触的材料产生塑性变形，是扩散界面的主要影响因素。压力过低，则表层塑性变形不足，表面物理接触不彻底，界面上残留的孔洞过大且较多。提高压力，能够使界面凸起处产生较大的塑性变形，变形过程中金属的流动导致动态再结晶，降低了微凸接触点的应力集中，使界面发生迁移，促进界面间的接合。钛合金薄板常规扩散连接压力范围为 1~3MPa。

扩散层厚度与扩散时间呈抛物线规律，为了保证扩散连接质量，需要选择合适的连接时间。对于 TC4 钛合金的扩散连接时间通常小于 2 小时，若降低温度、压力，可以适当延长扩散连接时间。

4. 超塑成形/扩散连接过程对合金组织和性能的影响

经 SPF 或 SPF/DB 后材料微观组织和力学性能会发生变化，这是设计者和使用者所关心的问题。以钛合金为例，在正常工艺条件下，TC4 板材经 SPF 后，拉伸极限强度和条件屈服强度均有不大于 10%的下降量，而伸长率略有提高。从 SPF/DB 工艺本身看，选择较低的 SPF 温度（900~915℃）有助于抑制晶粒长大；选择合理的应变速率，尽可能缩短钛板在高温下停留的时间，有利于降低性能损失；降低模具表面粗糙度，降低脱模润滑剂颗粒度，可以提高构件表面质量，均有利于疲劳强度的提高；出炉时，尽量选择高温出炉，这样可以减少零件在高温条件下停留的时间。对不得不采用“冷出模”的大型构件，为了减少性能下降，可以采用重新热处理的办法，常用的热处理工艺是 800℃ 退火+空冷，退火时仅需简单夹具即可，空冷也不会带来过分的变形。对小型构件最好是“热出模”，但是“热出模”会加剧氧化，需要酸洗去除氧化层，还可能引起零件变形，应慎重选用。

4.4.4　超塑成形/扩散连接零件质量检测

1. 超塑成形/扩散连接结构件检测项目

（1）材料要求　超塑成形/扩散连接结构零件制造用板材应符合 GJB 2921—1997 的规定。

（2）外形要求　超塑成形/扩散连接结构零件应按数模、图纸和相关技术要求检验外形尺寸、形位公差，外形可采用检验卡板或整体模胎进行检验，一般要求卡板透光或贴胎间隙不大于 0.3mm。

（3）表面质量要求　目视检查表面不允许有裂纹、褶皱、金属夹渣等缺陷，表面不允许有深度超过 0.1mm 的划伤，不允许有超过要求的局部凹陷。

（4）焊合质量要求　由于 SPF/DB 工艺中，扩散焊的缺陷特征与常规焊接不同，主要特点是缺陷间隙小，具有紧贴和微观弥散分布的特征，常规无损检测方法如 X 射线、磁粉、涡流等均不能有效检测和评价这些缺陷。超声 C 扫描方法利用超声波对界面的敏感特性，是扩散焊连接质量检测的主要技术手段。对零件扩散连接部位进行超声波无损检测，按零件受力情况确定扩散连接焊合率的最低值及对焊接缺陷尺寸和分布等的要求。如普通受力构件，扩散连接焊合率大于 85%，焊合处检测出的最小缺陷直径不应大于 ϕ5mm。一般两层结构零件扩散与变形过渡区 5~8mm 范围内不作检测要求。

（5）金相检验要求　从零件边料上切取的金相检查试样，其组织应是等轴 α 相加晶间 β 相组织，α 相晶粒度级别指数 G 应大于 9，每生产批次抽检 1 件。

（6）杂质元素含量检验要求　从零件边料上切取的分析试样，其平均含氢量应不大于 0.015%，平均含氧量应不大于 0.20%，每生产批次抽检 1 件。

（7）常规力学性能检验要求　从零件（或模拟件）扩散连接部位切取试样，进行常规力学性能测试，试样大小及测试方法按 GB/T 228.1—2010《金属材料　拉伸试验 第 1 部分：室温试验方法》。一般要求室温拉伸强度 $R_m \geqslant 830$MPa，屈服强度 $R_{p0.2} \geqslant 780$MPa，伸长率 $A \geqslant 10\%$，每生产批次抽检 1 件。

（8）筋格完整性　零件为三、四层结构时，应采用 X 射线检测设备检查零件内部筋格的完整性，不允许存在缺筋、断筋等现象。

（9）厚度　当设计要求时，需用卡尺、测厚仪检测零件的壁厚，一般应不低于最小减薄厚度。

2. 超塑成形/扩散连接结构主要缺陷形式及质量控制

由于超塑成形/扩散连接工艺过程复杂，涉及影响因素多，在实际生产过程中，经常会出现一些质量缺陷，这些缺陷有些是由于工艺参数选择不当、设计不合理、过程控制不严等人为因素造成的，有些则是工艺本身不可避免的缺陷。针对不同的缺陷形式和形成机理，通过采取合适的控制方法，可以实现工艺优化，消除缺陷或将缺陷控制在设计允许范围内。SPF/DB 结构件的质量和结构完整性是其在航空航天工业获得应用的关键，质量的保证主要取决于零件复杂程度和所承受的工作应力状态；研制和生产 SPF/DB 零件，不仅要在工艺过程方面进行严格控制，更需要在综合质量控制和检验方面做大量的工作和研究，表 5-4-5 列出了常见的缺陷形式和控制方法。

表 5-4-5　钛合金 SPF/DB 主要缺陷形式及控制方法

序号	缺陷形式	说　明	控制方法
1	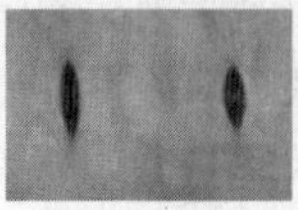 拉伸沟槽	在 SPF/DB 时，构件超塑成形和扩散连接的交界处会出现突变，而产生沟槽，使蒙皮表面不平整。沟槽的产生与涂覆的止焊剂图形位置有关，也与模具局部变形和成形时定位有关	可以通过调整止焊剂图形位置、板料厚度比、板料与模具之间的摩擦系数等方法消除沟槽
2	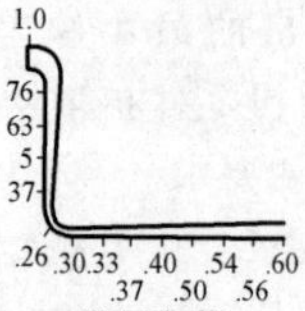 壁厚变薄	SPF/DB 构件壁厚变薄不均，仍是成形工艺中的重要问题，特别是对形状较复杂的构件，即使采用计算机控制，也难以达到完全均匀	在结构件的设计和制造过程中，必须考虑厚度补偿措施，合理选用工艺参数，控制最薄壁厚不低于设计要求
3	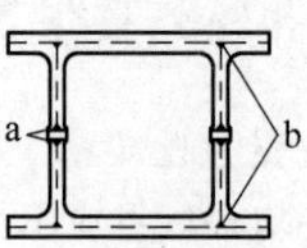 三角区	由于 SPF/DB 工艺方法的特殊性，在四层结构成形时不可避免要产生三角区，三角区过大对整体结构的疲劳性能会有影响	压力和保压时间是影响三角区尺寸的关键参数，可综合设备能力和材质性能的因素，适当增大压力、延长保压时间，以尽量减小三角区尺寸
4	 表面阶差	阶差是指在表面上，从平坦的或连续曲面的外形产生的突然中断，形成错位的几何量。在两层结构件的 SPF/DB 过程中，容易在外蒙皮表面产生阶差，尤其是大尺寸复杂结构件的阶差现象更突出	阶差的产生与所用模具的凸凹模配合精度有关，是多种因素综合作用的结果，可以通过反复研合模具进行试模的方法消除阶差
5	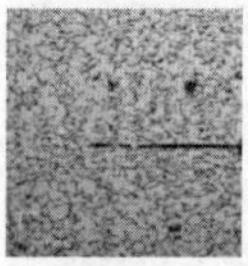 未焊合	由于工艺参数选择不当或不满足扩散连接条件，使应该扩散连接的界面未能扩散连接	适当调整工艺参数，如提高扩散温度和扩散压力、保证扩散时的真空条件等，以提高焊合率
6	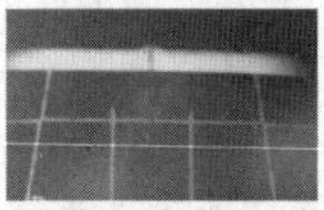 筋格不完整	多层结构 SPF/DB 后，在内部存在缺筋或断筋的现象	通过分析，采用调整止焊剂图形、保护扩散区表面状态、调整扩散工艺参数这三种方法中的任意组合，以消除缺筋或断筋
7	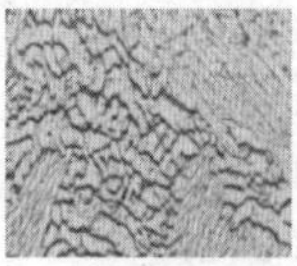 晶粒粗大	SPF/DB 过程中，因成形温度过高使钛合金原始细晶等轴组织转变为粗大的魏氏体组织	一方面合理布局加热区域、合理选择升温参数，保证升温均匀和升温速度，另一方面，采用多点测温的方法，尤其对于大尺寸零件，需增加上下模具芯部的测温点，以实现对零件成形温度的实时监控，避免组织过度长大
8	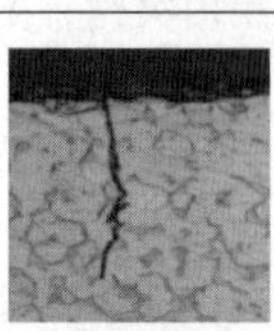 微细裂纹	在 SPF/DB 后，目视或采用 X 光检测、渗透的方法可以观察到零件表面存在微细裂纹，一般在零件的圆角处或在氧化严重区域	在 SPF/DB 前，钛合金零件表面尽量避免污染，在 SPF/DB 过程中应在真空中或高纯氩气环境下进行，降低零件外表面的氧化程度，以消除表面裂纹

4.5　超塑成形模具

4.5.1　超塑成形模具结构设计

图 5-4-19 所示为单层结构超塑成形模具结构原理图。根据所成形制件的形状尺寸和材料的不同，超塑性成形模具结构各有不同，设计时，一般应考虑以下几项主要结构：

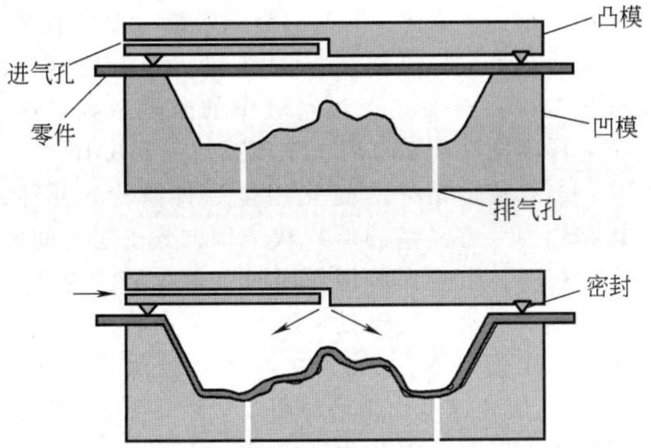

图 5-4-19　单层结构超塑成形模具结构原理图

（1）成形凹模　超塑成形时模具承受平均单位压力较低，且成形速度低，不产生冲击，成形凹模一般采用整体式。

（2）成形凸模　由于超塑成形一般为气体施压使板材成形，凸模形状一般比较简单，常常是简单的平板上添加进气孔、密封槽、导向结构、吊装结构、安装结构即可。

（3）进气排气孔　进气孔一般在上模，通过金属管路连接到气源。排气孔应设在最后充型到达的部位，可设计专门的排气孔，孔径应小于 1mm，以免金属的流出，也可以利用模具的间隙进行排气。

（4）导向结构　因模具在高温下工作，为简化模具结构，提高导向精度，考虑到加热后各部分膨胀不均匀，为防止受热后发生导向卡死现象，超塑成形模具一般不采用导柱导套导向，而采用模口直接导向。

（5）密封槽　为了保证成形时气体不泄露，在板料和有进气孔的模具之间要设置一圈封闭的凸筋或者凹槽，实现密封。

（6）吊装结构　为了便于模具的搬运，一般要设计吊装结构。如果结构较轻，可以在模具上加工螺纹孔，配合吊环使用（例如形状简单，壁厚很薄的凸模）。如果结构较重，可以设置吊装孔，配合使用圆棒吊装，或者直接在模具上铸造好吊装结构。

（7）安装结构　超塑成形模具可以安装在设备的上滑块和下平台上，采用压边槽配合压板安装，或者采用 U 形槽配合螺栓安装。

（8）测温孔　为了便于随时监测模具温度，在模具上设置测温孔，使用时插入热电偶测温。

4.5.2　模具材料选择

超塑成形时，模具在较高温度下工作，尤其是高温合金和钛合金的超塑成形温度范围要在 900℃ 以上，因此超塑成形对模具材料有如下要求：

1）较高的高温强度、硬度和耐磨性以及适当的冲击韧度。

2）较高的耐热疲劳性和抗氧化性能。

3）较好的淬透性和导热性。

4）便于切削加工。

具体选择时应考虑成形的材料品种和生产批量。一般来讲，生产批量越大、成形温度越高，对模具材料性能要求越高。

锌、铝、镁合金超塑成形温度在 250～500℃ 之间，可采用一般模具钢，如 Cr12MoV、GCr15、5CrMnMo、4Cr5MoSiV、LD、65Nb 等，也可以采用中硅钼铸铁；铜合金超塑成形温度在 600～800℃ 之间，可采用 W6Mo5Cr4V2、LD、65Nb 及高温合金；钢及钛合金超塑成形温度在 700℃ 以上，且变形抗力较大，一般选用铸造镍基高温合金，如 IN-100、MAR-M200、KC6-KI-I、Ni7N 等，也可采用钼基 TZM 合金，但工作温度超过 500℃ 时，钼的氧化较严重，需采用氩气保护。几种典型模具材料的力学性能见表 5-4-6。

表 5-4-6　几种典型模具材料的力学性能

材料名称	常温			高温			高温持久
	R_m/MPa	A(%)	Z(%)	R_m/MPa	A(%)	Z(%)	σ/MPa
中硅钼铸铁	660	1.0					
30Cr24Ni7SiNRe (Ni7N)	770～820	20～40	16～40	1000℃；53～88	1000℃；28～67	29～58	1000℃；σ=30；259h
GH1140	630	50		1000℃；90	1000℃；78		
R45	740	13.6	14	1000℃；163			900℃；σ=50；30h
K211	450	5～12	6.0	800℃；300	800℃；6～12		800℃；σ=120；200h
10Cr18Ni9Ti	550	40	60				

镍基高温合金高温强度好，但切削加工性能不好，一般采用精密铸造。当需采用机械加工时，切削速度应控制在 7m/min 以下，进给量不大于 0.05mm/r，可选用 YG 类或 YW 类刀具，加工时应保证良好的冷却和润滑条件。

4.5.3　润滑处理

超塑性成形加工与常规塑性成形加工中的摩擦与润滑相比较，成形温度高、时间长、摩擦系数大、变形程度大、应变速率低、变形抗力小。根据超塑成形的上述特点，超塑成形工艺所用润滑剂应满足下列要求：

1）模具和毛坯表面有较强的黏附能力，在超塑成形的高温、高压条件下，能形成连续的、强度较大的润滑薄膜。

2）有适当的黏度，既保证润滑层有一定的厚度以及较小的摩擦阻力，又能获得较光洁的制品表面。

3）对毛坯表面和模具型腔表面起保护作用，防止加热与成形过程中毛坯的氧化、吸收气体、贫化表面层金属元素及有害杂质渗入表面层。

4）有一定的化学稳定性，不与毛坯或模具发生化学反应，在超塑成形温度不降低润滑效果。

5）无毒、防火、不污染环境，来源广阔，成本低廉。

6）润滑剂应具有悬浮性和可喷射性，加涂和去除工艺简单，便于实现机械化。

目前能用于超塑成形的理想润滑剂比较少，实践中用到的主要有：

（1）硅油/ABS（苯乙烯-丁二烯-丙烯腈共聚物）共混合物　此种润滑剂适用于 280℃以下。硅油具有较好的耐热性，耐氧化稳定性及润滑性，将它加入到 ABS 树脂中可制成硅油/ABS 共混合物，硅油以分散相均匀地、非连续、闭孔微珠形式分散于 ABS 树脂连续相中。超塑成形时，摩擦界面处微珠破裂，硅油渗出并附于摩擦面上形成润滑膜。

（2）石墨　石墨是一种具有层片状结构的高效固体润滑剂，当受到剪切应力作用时，很容易发生层间滑移。石墨种类很多，纯度高、结晶性好且硬度小的石墨，润滑性能好。研究表明，石墨粒度越大，摩擦系数越小，但涂覆性能越差；而粒度越细，涂覆性能越好，为此，石墨润滑剂粒度一般在 0.5~250μm。另外，形状越扁平的石墨，润滑性越好，磨损也越少；石墨在干燥空气中的摩擦系数极高，当相对湿度提高到 80%时，摩擦系数降至 0.16。

（3）二硫化钼　二硫化钼是一种鳞片状晶体，晶体结构为六方晶系的层片状结构，分子层之间的结合力很弱，当受到剪切作用时，很容易沿着分子层产生相对滑动。二硫化钼固体润滑剂有较好的热稳定性。在大气中，400℃左右才开始氧化，高于 500℃时，氧化速度急剧增加而变成摩擦系数较大的三氧化钼，但在全部转化成三氧化钼以前，仍保持较好的润滑性。

（4）氮化硼（BN）　晶体结构与石墨相似，有“白石墨”之称，使用温度可高达 900℃，在一般温度下，不与任何金属起反应，也几乎不受一切化学药品的浸蚀。氮化硼可认定为目前唯一的高温润滑材料。

4.6　先进超塑成形技术的应用实例

目前，超塑成形在工业制造方面获得越来越广泛的应用，尤其在航空航天等高端制造领域已成为推动结构设计概念发展和突破传统钣金成形方法的重要手段。图 5-4-20 所示为国外铝合金、钛合金、

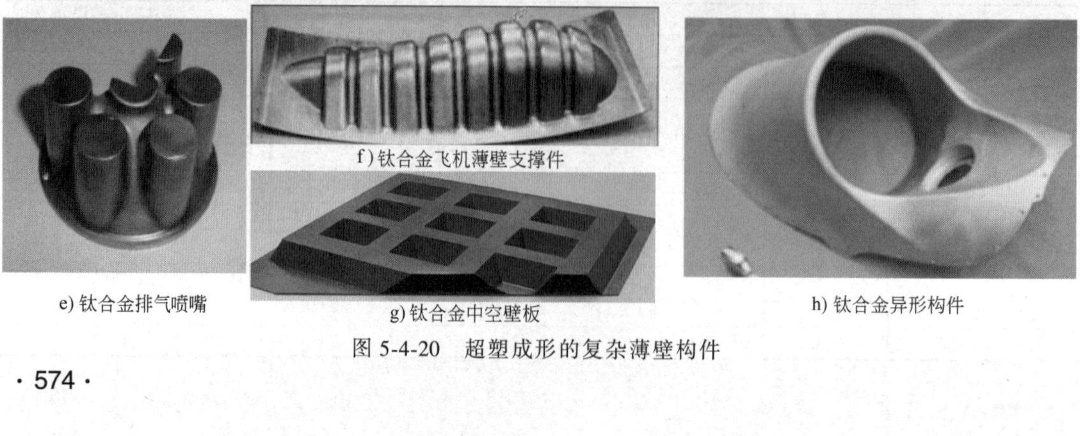

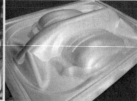

a) 铝合金机翅翼尖　b) 铝合金飞机尾翼零件　c) 铝合金薄壁复杂构件　d) 镁合金复杂整体壳体

e) 钛合金排气喷嘴　f) 钛合金飞机薄壁支撑件　g) 钛合金中空壁板　h) 钛合金异形构件

图 5-4-20　超塑成形的复杂薄壁构件

镁合金超塑成形复杂构件。超塑成形技术的应用方向可归结为：大型结构件、复杂结构件、精密薄壁件的超塑成形。

虽然中国在超塑成形技术方面的研究起步略晚，但是近年来发展较快，并在航空、航天、轨道交通等多个领域获得成功应用。

4.6.1　铝合金超塑成形技术的应用实例

图 5-4-21 所示为典型地铁铝合金异形薄壁侧顶板，材料为 5083 铝合金，用于地铁侧墙与顶板的分界处，型面复杂。铝合金地铁内饰要求尺寸精度控制在±0.8mm 以内，外观质量要求为自然光下目视无裂纹、划伤、褶皱、凸起、凹坑等缺陷。

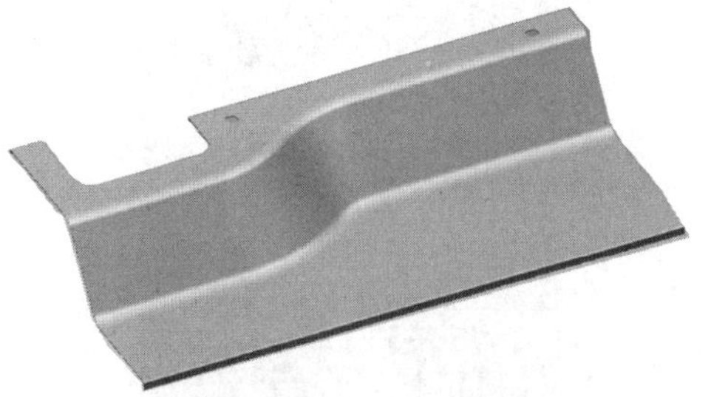

图 5-4-21　典型地铁铝合金异形薄壁侧顶板

针对不同的成形工艺，进行有限元数值模拟分析，以判断工艺可达性及具体风险，见表 5-4-7。经分析，采用超塑成形技术可行且可达到技术要求，拟采用凹模成形法。

依据有限元仿真结果，开展了超塑成形模具材料选材与设计。对于大批量产品，一般选择中硅钼球墨铸铁。小批量试制可以选择低成本的 20 钢、35 钢或 45 钢等。应根据构件特点设计具体模具结构，一般按对称原则，保证模具受力平衡和超塑成形气密性。据此，设计了一模两件的对称结构模具，如图 5-4-22 所示，材料选择中硅钼球墨铸铁，对结构进行了适当减重。

表 5-4-7　不同成形工艺数值模拟分析表

成形工艺	数值结果	结果分析
冷压成形	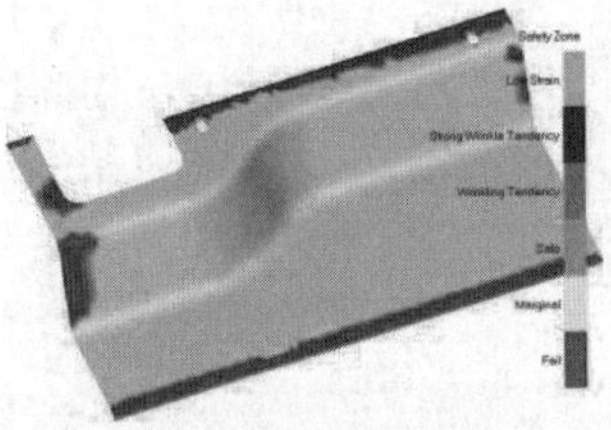	①尺寸精度难达±0.5mm ②零件存在开裂风险
热压成形	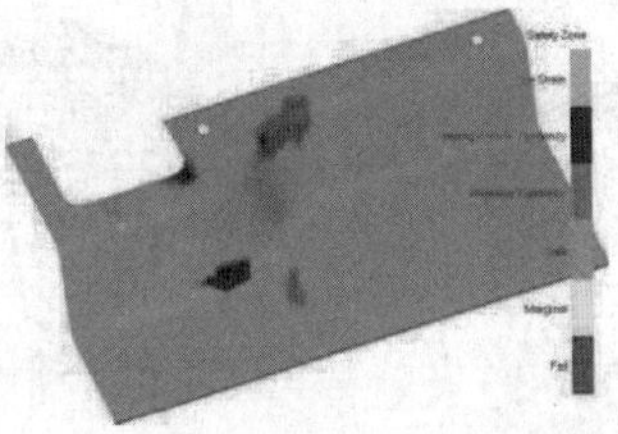	①尺寸精度可达±0.5mm ②零件存在起皱风险
超塑成形	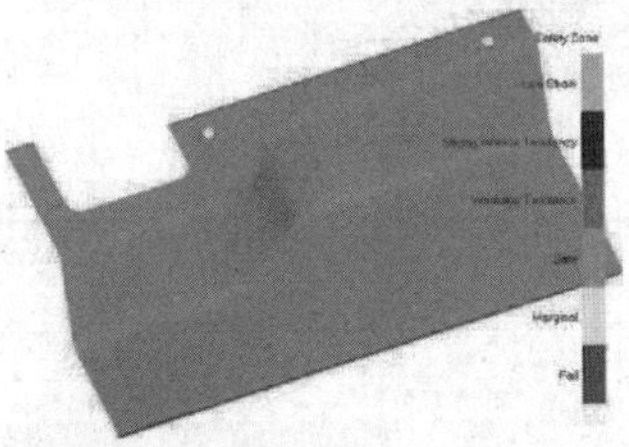	①尺寸精度可达±0.5mm ②零件表面质量完好

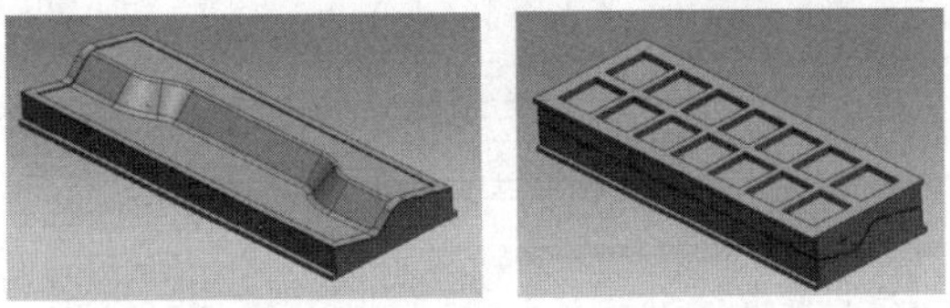

图 5-4-22　侧顶板模具结构设计

侧顶板超塑成形模具实际效果，如图 5-4-23 所示。

侧顶板超塑成形效果如图 5-4-24 所示，通过控制成形参数和成形过程，零件完全贴模，表面质量完好。

图 5-4-23　侧顶板超塑成形模具实际效果图

图 5-4-24　超塑成形后实物图

图 5-4-25 所示为最终的零件实际效果。自然光下目视无裂纹、划伤、褶皱、凸起、凹坑等缺陷。

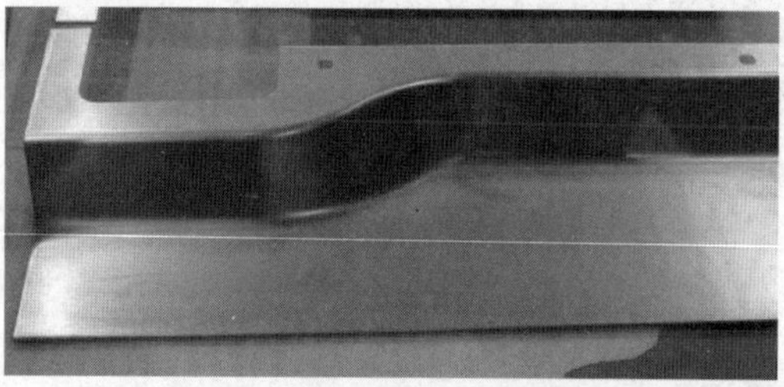

图 5-4-25　超塑成形铝合金侧顶板实际效果

4.6.2　钛合金超塑成形技术的应用实例

1. 零件概述

如图 5-4-26 所示的零件为某型飞机吊舱蒙皮，由两个钛合金超塑成形零件组合而成，零件材料为 TA15 钛合金，坯料厚度为 1.8mm，该零件外形复杂，外廓尺寸大，变形量大，宽深比约为 2 : 1，厚度变薄率达到 60%，采用其他成形方法难以实现零件成形。

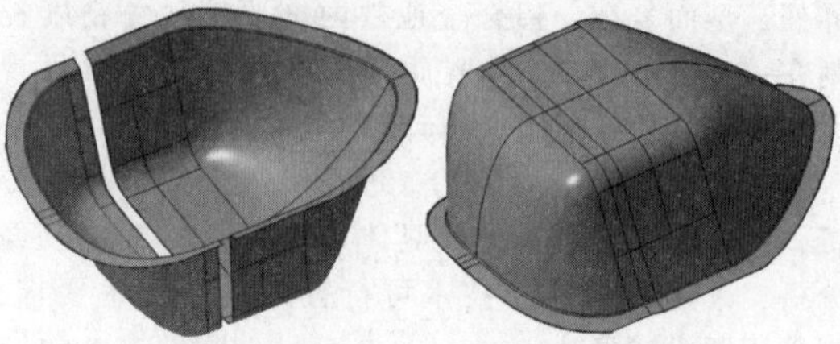

图 5-4-26　吊舱超塑成形零件

2. 成形过程分析

建立有限元分析模型（见图 5-4-27），对吊舱蒙皮钛合金超塑成形零件进行成形过程仿真，分析其成形性能、变薄趋势以及缺陷风险预测。并根据成形过程仿真结果，进行成形工艺参数优化设计。仿真模型材料参数如图 5-4-28 所示，仿真模型成形加载压力曲线如图 5-4-29 所示。

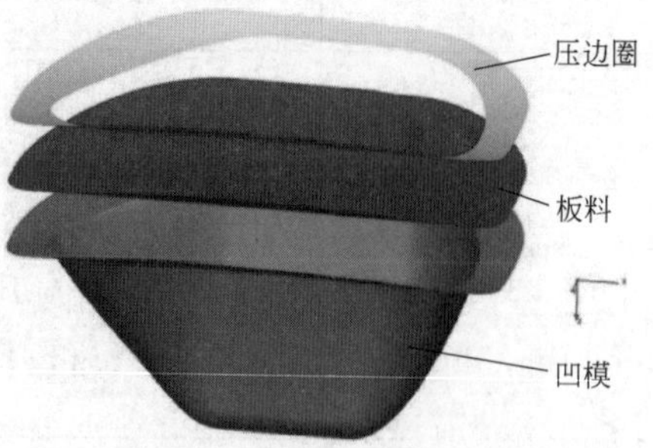

图 5-4-27　有限元分析模型

材料参数					
材料名称	SPF	材料厚度/mm	1.8		
弹性模量E	26000	泊松比	0.41	密度ρ	4.50E−0.9
应变强化系数K	501	应变速率敏感指数/m	0.56	均匀伸长率A_s	0.002
工艺参数					
体积模量	2000	体积流动率	Flow rate	摩擦系数	0.12
初始体积	3.60E+08	最大体积压力	Pressure		
模拟参数					
模面最小圆角半径	5	求解时间	0.093		
板料初始网格尺寸	11.8	结果状态输出数	30	自适应网格级数	3
设计方案是否通过		是	否		

图 5-4-28　仿真模型材料参数

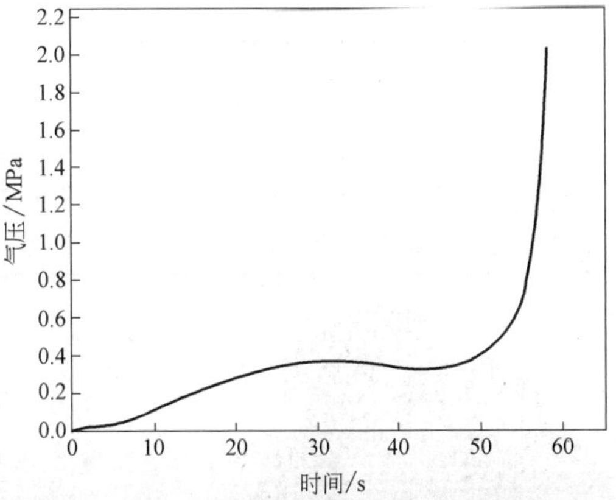

图 5-4-29　仿真模型成形加载压力曲线

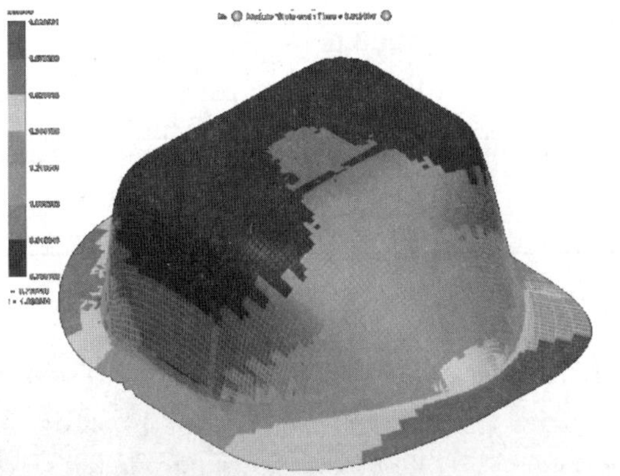

图 5-4-30　仿真模型厚度分布

经成形过程仿真得到的成形仿真结果，如图 5-4-30 所示。

3. 成形模具设计制造

模具材料选取铸钢 ZG3Cr24Ni7SiN，为保证零件外形尺寸的准确性，设计时考虑模具和零件在高温下成形过程中的热效应影响，对模具进行了热膨胀比例计算。选取钛合金的膨胀系数为 $(8\sim10)\times10^{-6}°C^{-1}$，模具材料的膨胀系数为 $(15\sim20)\times10^{-6}°C^{-1}$。

缩放系数计算公式如下

$$D = \alpha_j \cdot \Delta t - \alpha_m \Delta t \approx \alpha_j t - \alpha_m t \qquad (5-4-4)$$

为保证零件尺寸，需保留一定的修模量，故取绝对值较小的缩放系数，因此

$$D = (10-15)\times10^{-6}\times(920-20)\times100\% = -0.45\%$$

所以，按 99.55% 的比例加工模具。超塑成形模具的三维模型如图 5-4-31 所示。

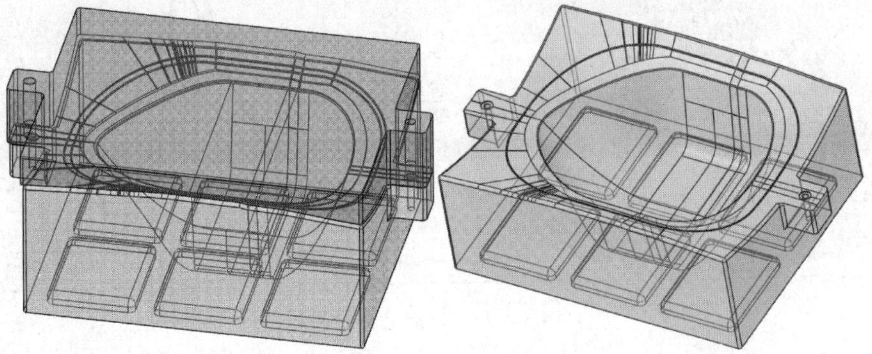

图 5-4-31　超塑成形模具

4. 成形过程

具体成形加工流程及注意事项见表 5-4-8。

5. 测量分析

采用三维光学扫描技术对成形零件进行外形检测，扫描得到三维点云结果如图 5-4-32 所示。

采用逆向工程技术，将得到的三维扫描结果与零件理论外形对比，对比结果显示：成形零件与理论外形偏差均在 0.4mm 之内，满足零件交付要求。

对零件进行厚度检测，如图 5-4-33 所示，零件厚度满足交付要求。

表 5-4-8　成形加工流程及注意事项

序号	加工流程	注意事项
1	下料	毛坯采用激光切割下料，毛坯尺寸公差为 ±0.25mm
2	定位、画线	零件与模具定位画线，如需要焊接则采用自动焊
3	擦洗表面	在酸洗之前用干净的白布蘸丙酮擦拭钛板表面
4	酸洗	酸洗后要注意表面保护免受污染
5	涂隔离剂	均匀，厚度 0.1~0.2mm
6	检验	各气路保持密封状态
7	装模	在毛坯外表面和模具表面涂止焊剂便于起模

（续）

序号	加工流程	注意事项
8	升温	升温至成形所需温度，期间零件要充保护气体
9	成形	按程序成形
10	降温	成形完成后开始降温
11	取件	350℃以上取件
12	去除余量	按技术图纸要求，采用激光切割去除余量

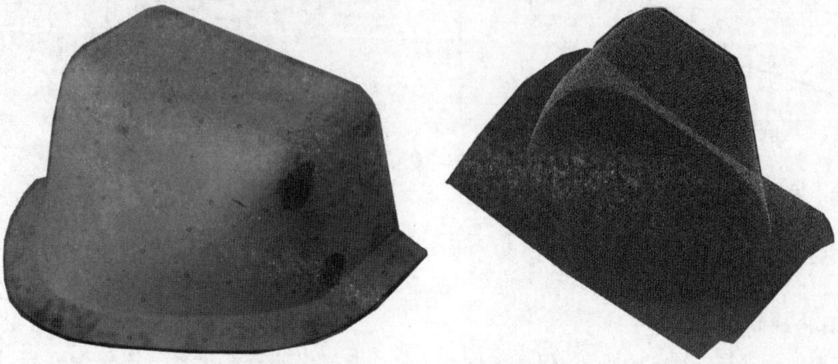

图 5-4-32　成形零件扫描及三维点云

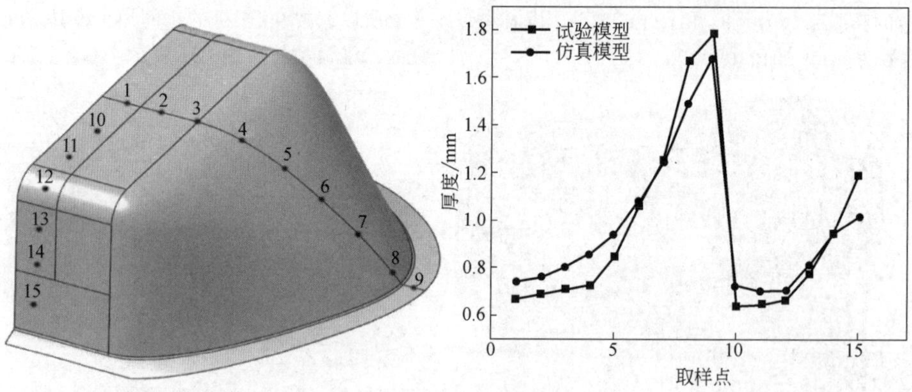

图 5-4-33　厚度检测结果

4.6.3　钛合金超塑成形/扩散连接技术的应用实例

针对钛合金材料的单层、两层、三层、四层薄板组成的 SPF/DB 构件，目前已经进入大规模工程化应用阶段。钛合金超塑成形/扩散连接结构的应用主要集中在航空航天领域，典型应用的结构件见表 5-4-9。

表 5-4-9　钛合金 SPF/DB 构件在国内航空航天领域内的部分应用情况

构件名称	结构特点	主要经济指标
某机框锻件	钛合金 SPF/DB 工艺代替热成形工艺	减重 8.8%，降低成本 47%
某贮箱壳体	钛合金 SPF/DB 件代替模锻机械加工零件	降低成本 60%
某机舱门	钛合金 SPF/DB 件代替铝合金铆接件	减重 15%，降低成本 53%
某机电瓶罩	钛合金 SPF/DB 件代替不锈钢件	减重 47%，降低成本 50%
某机整段框（主承力框）	框分为六段，全部用钛合金 SPF/DB	减重 12%，降低成本 30%
某机空调舱口盖	采用钛合金 SPF/DB 结构	—
某新机大型口盖	钛合金 SPF/DB 结构	—
某新机发动机维护口盖	钛合金 SPF/DB 件代替铝合金铆接件	减重 20.5%，降低成本 50%
某机腹鳍	四层钛合金 SPF/DB 结构代替铝合金铆接结构	—
风扇整流叶片	四层 SPF/DB 结构	—

图 5-4-34 所示是 TC4 钛合金大型整体壁板，为两层 SPF/DB 结构件，外形轮廓尺寸 3000mm×1500mm，重量为 55.3kg，与传统机械连接结构相比，减重达到 10%，制造周期缩短 30%，零件数量减少 70%，标准件减少 80%。在壁板制造过程中，采用了 SPF/DB 与激光焊接的组合技术，降低了 SPF/DB 制造难度，拓展了 SPF/DB 技术应用范围，进一步提高了飞机结构的整体化程度。

图 5-4-34　TC4 钛合金大型整体壁板

图 5-4-35 所示为有限元计算结果，由图可知，四层结构变形区均存在拉应力，其中两内层扩散连接区域（a 处）拉应力最大，两外层（b 处）拉应力最小，近乎为零；从构件等效应变图中可以看出，a 处应变最大；四层板料均有减薄现象，三角区域两内层板料减薄最为明显。通过上述分析，为改善内蒙皮成形过程中的局部减薄问题，可适当降低零件成形速率，采用缓慢梯度加压方式。

导弹、发动机典型 SPF/DB 结构件如图 5-4-36 所示。其中，图 5-4-36a 所示是采用空心-实体混杂结构一体化工艺制备的导弹舵面、翼面类 SPF/DB 构件，采用的是实体加空心混杂结构，其四周边缘为实体部分，中间空腔部位为起加强作用的筋格，是典型的四层 SPF/DB 结构。零件原结构采用的是铸造骨架和点焊蒙皮的形式，采用 SPF/DB 工艺代替原工艺后减重 20%～50%。图 5-4-36b 所示为国内某型发动机上应用的 SPF/DB 整流叶片，是典型的四层超塑成形/扩散连接结构，使单台发动机减重 34%，达到同期国际先进技术水平。

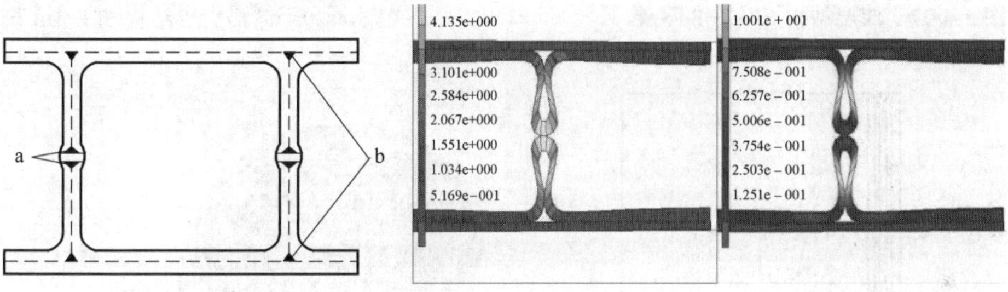

a) 结构示意图　　b) 等效米塞斯应力　　c) 等效塑性应变

图 5-4-35　等效应力及等效应变分布

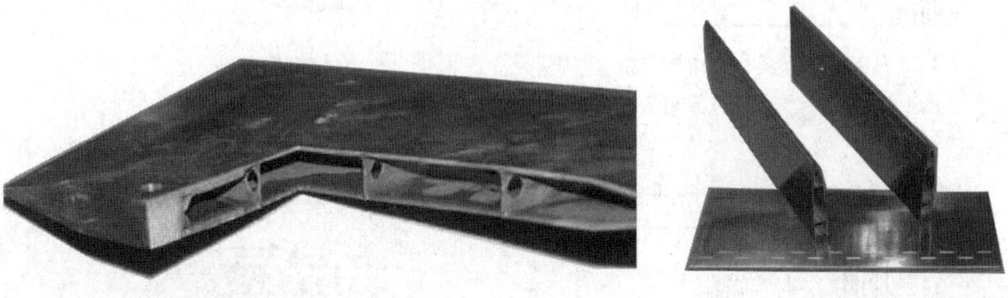

a) 舵面　　b) 整流叶片

图 5-4-36　导弹、发动机典型 SPF/DB 结构件

对四层结构毛坯进行涂覆止焊剂，在零件中部设计进气道，止焊剂筋格宽度为 2mm，按照优化的零件成形过程加压曲线进行加载。图 5-4-37 所示为成形零件，对零件进行目视检查，表面氧化状态良好，均无裂纹、褶皱缺陷产生。使用高频超声检测仪，对零件扩散连接和筋板成形质量进行检测，检测结果如图 5-4-38 所示。

图 5-4-39 所示为典型筒形夹层结构 SPF/DB 模具，主要由胀芯、胀瓣、外模、套环和托盘组成。图 5-4-40 所示是采用 SPF/DB 工艺制备的三层筒体结构件实物，制备三层筒形夹层结构的关键是，将外层板、芯板、内层板由内向外的顺序紧密贴合后，将边缘密封后进行扩散连接，然后向口袋中通入氩气，外层板向外胀形带动芯板变形，与外模具贴模

后，即成形出三层筒形结构件。图 5-4-41 所示是采用 SPF/DB 工艺制备的四层筒体结构件实物，制备四层筒形结构的关键是，要将外层板、芯板、内层板的初始相对位置固定，在成形过程中外层板、内层板都不会再发生变形，只有两层芯板进行扩散连接和超塑成形。采用超塑成形/扩散连接工艺制备的三层、四层筒形结构件，与蒙皮骨架结构模型相比，可实现结构减重约 30%，而且具有更好的整体强度和刚度，非常适用于导弹、飞机上的筒形进气道、排气道结构。

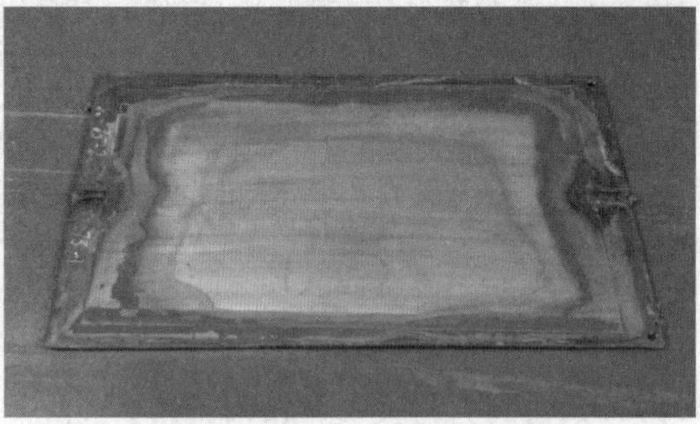
图 5-4-37　四层结构 SPF/DB 零件

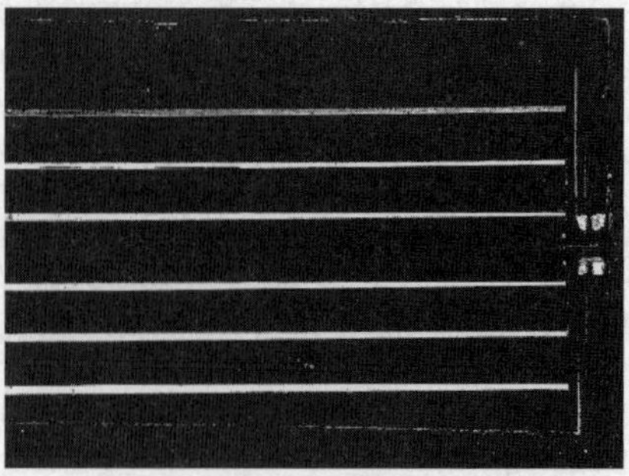
图 5-4-38　四层结构超声检测结果

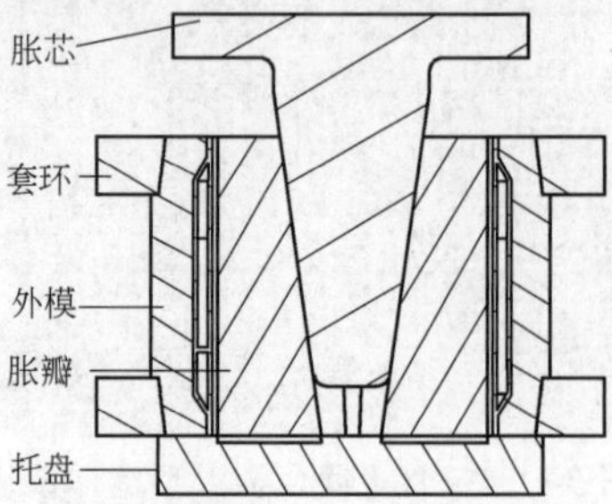

图 5-4-39　筒形夹层结构 SPF/DB 模具

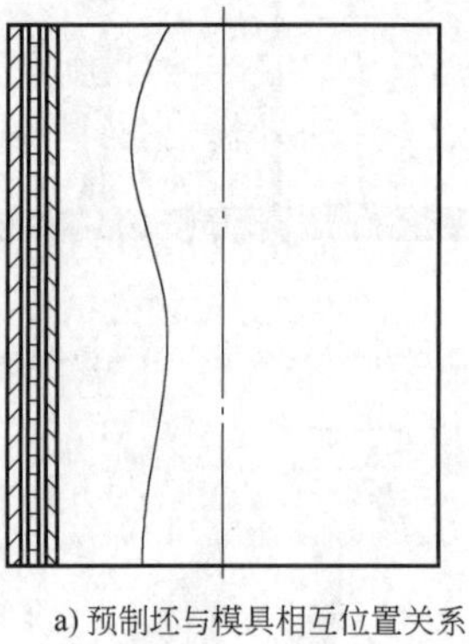
a) 预制坯与模具相互位置关系

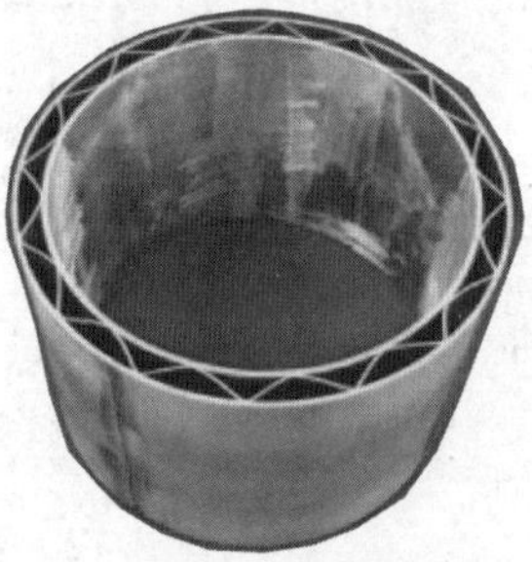
b) 结构件实物

图 5-4-40　三层筒形夹层结构

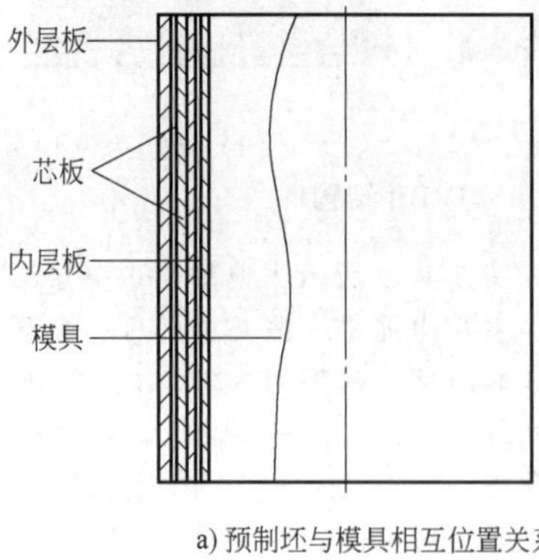

a) 预制坯与模具相互位置关系

b) 结构件实物

图 5-4-41　四层筒形夹层结构

参考文献

[1] NIEH T G, WADSWORTH J, SHERBY O D. Superplasticity in Metals and Ceramics: Commercial examples of superplastic products [M]. Cambridge: Cambridge University Press, 1997: 273.

[2] 张凯锋, 王国峰. 先进材料超塑成形技术 [M]. 北京: 科学出版社, 2012.

[3] HAMILTON C H. Superplasticity in titanium alloys [M]// BAUDELET B, SUERY M. Superplasticity. Paris: Centre National de la Recherche Scientifique, 1985.

[4] DUFFY L B, RIDLEYT N. Superplastic deformation behavior of Ti-4Al-4Mo-2Sn-0.5Si (IMI 550) [M]//FROES F H, CAPLAN IL. Titanium'92: Science and Technology. Warrendale: MRS, 1993: 1527-1534.

[5] KULIKOWSKI Z, WISBEY A, WARD C M. Superplastic deformation in the biomedical Titanium alloy Ti-6Al-7Nb (IM I550) [M]// BLENKINSOP P A, EVANS W J, FLOWER HM. Titanium'95: Science and Technology. Cambridge: Cambridge University Press, 1996: 909-916.

[6] OKADA M, MITSUYA H, KATOH I. Superplastic forming of Ti-6Al-4V denture base [M]//FROES F H, CAPLAN IL. Ti2 tanium'92: Science and Technology. Warrendale: MRS, 1993: 2773-2778.

[7] MABUCHI M, AMEYAMA K, IWASAKI H, et al. Low temperature superplasticity of AZ91 magnesium alloy with non-equilibrium grain boundaries [J]. Acta Materialia, 1999, 47 (7): 2047-2057.

[8] SKLENIČKA V, PAHUTOVÁ M. Creep of reinforced and unreinforced AZ91 magnesium alloy [J]. Key Engineering Materials, 2000, 171-174: 593-600.

[9] SOLBERG J K, TORKLEP J, BAUGER O. Superplasticity in magnesium alloy AZ91 [J]. Materials Science and Engineering: A, 1999, 134: 1201-1203.

[10] NIEH T G, SCHWARTZ A J, WADSWORTH J. Superplasticity in a 17 vol.% SiC particulate-reinforced ZK60A magnesium composite (ZK60/SiC/17p) [J]. Materials Science and Engineering: A, 1996, 208 (1): 30-36.

[11] WATANABE H, MUKAI T, HIGASHI K. Low temperature superplastic-like behavior of ZK60 magnesium alloy [M]//superplasticity and superplastic forming. Warrendale: MMS, 1998: 179.

[12] WATANABE H, MUKAI T, HIGASHI K. Low temperature superplastic behavior in ZK60 magnesium alloy [J]. Material Science Forum, 1999, 304-306: 303-308.

[13] 邵杰, 许慧元, 曾元松, 等. 一种钛合金筒形三层结构的超塑成形/扩散连接成形方法: CN201210545274.X [P]. 2012-12-14.

[14] 许慧元, 邵杰, 韩秀全, 等. 一种钛合金筒形四层结构的超塑成形/扩散连接成形方法: CN201210545262.7 [P]. 2012-12-14.

第5章

蠕变时效成形

中南大学　湛利华　黄明辉　徐永谦

蠕变时效成形，又称为蠕变成形或时效成形，是在20世纪50年代初期为成形整体壁板零件而发展起来的一项新的制造技术。它非常适合成形具有光顺曲面的大型整体壁板类零件，如飞机的机翼蒙皮。不同于其他冷加工成形技术，蠕变时效成形将成形工艺与热处理强化工艺巧妙地结合，在成形的过程中同步实现零件性能的提升。蠕变时效成形技术还具备成形零件损伤小、残余应力低、可重复性高等优点，目前该技术已成功应用于空客A380飞机、“湾流”G5战斗机、“土星”V型火箭和我国重型运载火箭等航空航天产品的大型壁板制造中，具有广泛的应用前景。本章节将从蠕变时效成形原理与特点、成形模具与装备、成形件尺寸精度与性能检测和典型零件应用等几个方面介绍蠕变时效成形技术。

5.1　蠕变时效成形原理与特点

5.1.1　成形原理

蠕变时效成形是指利用金属的蠕变和时效强化特性，将以成形为主的制造环境和以成性为主的热处理环境在时、空集成，使金属在一定的温度（时效温度）和应力（成形载荷）作用下发生缓慢变形和时效析出强化一体化的一种加工方法。典型蠕变时效成形工艺可划分为加载、蠕变时效成形和卸载三个阶段，如图5-5-1所示。

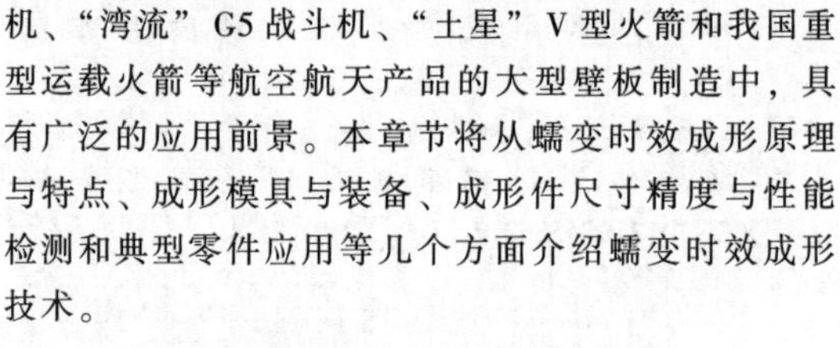

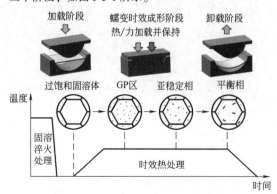

图5-5-1　蠕变时效成形工艺原理图

（1）加载阶段　在室温下，将待成形的金属坯料放置在具有一定成形型面的模具上，采用机械加载或真空加载的方式使其向模具外形型面贴合。

（2）蠕变时效形性一体化制造阶段　将金属坯料和模具一起推入加热炉或热压罐内，按照预先设定的工艺制度升温、升压，并在合适的时效温度和压力下保持一段时间，金属坯料在此过程中发生蠕变、应力松弛成形和时效析出强化。一方面，加载阶段产生的弹性变形会转变为永久的塑性变形，同时材料内部的微观组织及宏观性能也会随着时效强化进程而发生改变。

（3）卸载阶段　蠕变时效结束后，卸载成形零件上的温度和外力载荷，此时，因受到时效热处理制度的制约，成形阶段的蠕变形变并不能使加载阶段产生的弹性变形全部转化为塑性变形，零件会发生一定的回弹。因此，合理的模具型面回弹补偿设计是确保蠕变时效回弹后的零件型面即为目标外形的关键。

图5-5-2所示是蠕变时效成形过程中应力应变的变化趋势。其中加载和卸载阶段为线弹性过程（大曲率零件加载阶段部分区域可能进入塑性变形），在初期加载的过程中，弹性应变逐渐增加；当进入保温保压过程后，随着时间的增加，蠕变变形逐渐增加，而弹性形变因总变形不变而逐渐减少，此为蠕变现象。在恒定应力和温度条件下，材料蠕变行为如图5-5-2b所示。值得注意的是，不同温度和应力条件下的蠕变机制不尽相同，通常蠕变机制有扩散蠕变、位错蠕变和晶界滑移三种。按照弹性关系$\varepsilon=\sigma/E$，由于弹性变形降低引起应力相应地减少，在该过程中零件内的等效应力逐渐减少，即产生应力松弛，图5-5-2c所示，应力由σ_1降低到σ_2，此为应力松弛现象。通常认为蠕变与应力松弛是可以相互转换的两种变形行为。最后，除去外加约束，使零件自由回弹。由于蠕变应变的存在，零件将无法回弹到初始状态，从而保留了一定不可恢复的塑性变形ε_c（见图5-5-2a）。

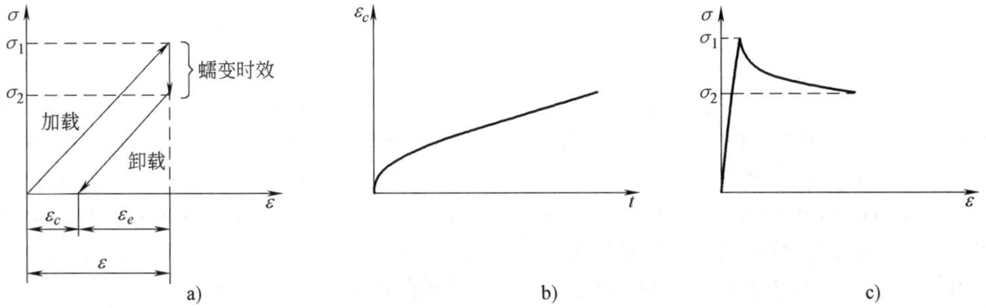

图 5-5-2　蠕变时效成形过程中应力应变的变化趋势

σ_1—初始应力　σ_2—剩余应力　ε_c—蠕变应变　ε_e—弹性应变　ε—总应变

由于蠕变时效成形过程是将蠕变成形与材料时效热处理过程同步进行的一种成形方法，因此在成形过程中不仅产生应力松弛和蠕变现象，而且还会产生时效硬化（第二相析出强化）现象。铝合金的时效硬化是一个相当复杂的过程，它不仅取决于合金的组成、时效工艺，还取决于合金在生产过程中所产生的缺陷，特别是空位、位错的数量和分布等。目前普遍认为时效硬化是溶质原子偏聚形成硬化区的结果，即过饱和固溶体的脱溶过程，通过一系列脱溶结构（偏聚区、有序区、过渡区、平衡相）的出现、消失、形核及长大来实现，如图 5-5-1 所示。蠕变时效成形前铝合金在固溶淬火的过程中形成了大量的空位。淬火时，由于冷却速度快，这些空位来不及湮灭便被“固定”在晶体内，形成过饱和固溶体。在过饱和固溶体中，空位大多与溶质原子结合在一起。由于过饱和固溶体处于不稳定状态，必然向平衡状态转变。在时效初期，溶质原子快速聚集成 GP 区；随着时间的延长或者温度的增加，GP 区优先转变为界面能较小、易生成的亚稳态过渡相；最后逐渐形成稳定平衡相，此为时效硬化机制。与此同时，蠕变形变也会产生一定程度上的加工硬化。此外，蠕变时效温度和应力水平均较低，材料晶粒组织几乎不发生显著变化。所以，蠕变时效成形过程中的强化机制主要包含固溶强化、时效强化和位错强化三种。近年来，随着人们对零件综合性能的要求不断提高，许多研究者开始关注固溶淬火后和蠕变时效成形前板坯的预处理工艺，如预时效、预变形处理等，试图通过调控坯料初始微观组织来实现成形后零件的高综合性能。所以，蠕变时效成形用板坯不一定限定为固溶状态。

5.1.2　优点及局限性

蠕变时效成形工艺主要应用于固溶处理后需要人工时效强化的合金材料，适合大尺寸、型面结构复杂、成形精度和性能要求高的蒙皮及网格壁板类零件的成形。与传统冷加工塑性成形相比，蠕变时效成形的优点主要有：

1）蠕变时效成形时，成形应力通常低于其屈服应力，因此相对于塑性成形而言，减少了零件因进入屈服状态后而引发失稳甚至破裂的危险，大大降低了零件发生加工裂纹的概率。

2）利用材料的蠕变和时效强化特性，可在成形的同时完成对零件材料的人工时效强化，从而改善材料的微观组织，提高材料强度。

3）蠕变时效成形的零件具有很高的成形精度、可重复性和成形效率。在成形复杂外形和结构的零件时，该技术仅需要一次热循环就可使零件的外形达到所需精度，通过工艺优化可一次直接近净成形，对零件厚度的改变较小；此外，采用单模成形，可同时降低模具成本。

4）蠕变时效成形零件的内部残余应力几乎被完全释放，成形后零件的尺寸稳定性好，抗应力腐蚀能力高；此外，对于焊接整体壁板，还可有效降低焊接残余应力。

5）对材料初始状态敏感性小，通过成形工艺优化可实现形性协同制造。

尽管蠕变时效成形技术有诸多优点，该技术也存在一定的局限性。目前，蠕变时效成形技术仅在航空航天及高端武器装备领域得到了应用，进一步向高铁、汽车等需求量大的民用产品领域推广是该技术的重点发展方向之一。零件成形过程涉及热处理，而常规时效热处理制度需要较长时间才能实现第二相的析出强化，尽管这对于航空航天产品而言，其制造效率和成本得到了显著改善，但对高铁、汽车等量大面广的民用产品而言，其制造效率仍然有待大幅提升，因此，如何进一步提高零件蠕变时效成形效率是拓展该技术应用领域的关键。

5.1.3　应用领域

蠕变时效成形技术主要用于金属薄壁、复杂曲率零件的成形制造，尤其适用于航空航天、高铁等具有复杂气动外形的整体蒙皮或网格壁板类零件制造。欧美等先进国家很早就开展了对蠕变时效成形技术的相关研究，主要应用状况见表 5-5-1，包括 B1-B 轰炸机机翼的上下壁板、霍克战斗机的机翼上壁板、“湾流” G4 和 “湾流” G5 飞机机翼的复合曲面上翼壁板和 “土星” V 型火箭正交格栅壁板，以及 MD-82、A330/340 和 A380 等大型民用飞机的整体壁板等。其中所成形的 B1-B 轰炸机机翼带筋整体壁板，当时被认为是飞机工业史上所成形的最大、最复杂的机翼壁板，该零件材料为 2124 铝合金和 2419 铝合金，长度为 15.24m，根部宽 2.74m，翼尖宽 0.9m，变厚度（2.54～63.5mm），且展向有整体加强筋。采用热压罐时效成形后的壁板表面光滑，形状准确度高，装配贴合度可控制在 0.25mm 以下。A380 飞机机翼上壁板（见图 5-5-3a）也采用蠕变时效成形技术制造，该壁板材料为 7055 铝合金，零件长 33mm，宽 2.8mm，变厚度（3～28mm），成形后外形贴膜间隙不大于 1mm。

表 5-5-1　蠕变时效成形技术主要应用状况

序号	机型	应用部位	材料牌号(铝合金)
1	霍克	机翼上壁板	7475
2	“土星”V 型火箭	油箱整体壁板	2219
3	“湾流”G4 和“湾流”G5	机翼上壁板	7075
4	B1-B	机翼上壁板	2124
		机翼下壁板	2419
5	A330/340	机翼上壁板	7150
6	A380	机翼上壁板	7055

2000 年，美国 NASA 的整体机身结构（Integral Airframe Structures，IAS）研究计划也将该技术列为整体机身结构制造技术之一。我国在蠕变时效成形技术方面的研究起步较晚，但发展迅速。近年来，中南大学团队将蠕变时效成形技术应用于航天贮箱壁板、瓜瓣和顶盖的制造，并取得了显著成效。2018 年，中南大学与航天一院联合攻关，实现了世界最大尺寸（直径 10m 级）火箭贮箱瓜瓣的成形制造，贮箱瓜瓣成形后力学性能相比传统成形技术提高了 10%，成形精度达到了毫米级，厚度均匀性也显著提高，如图 5-5-3b 所示。

a) 蠕动时效成形的A380机翼上壁板　　b) 重型运载火箭贮箱瓜瓣

图 5-5-3　蠕变时效成形技术应用实例

5.2　适用材料

蠕变时效成形技术适用于所有可时效强化且具有蠕变特性的金属材料，如铝合金、钛合金和镁合金等。目前，该技术应用对象主要是航空航天用铝合金材料，包括高强度可时效强化的 7××× 系和部分 2××× 系铝合金。值得注意的是，部分 2××× 系合金适用于抗损伤容限的场合，如 2×24 系列铝合金，因为它们的高韧性是在 T3 状态下形成的，而在人工时效条件下（如 T6 状态，达到合适析出温度），它们的韧性降低。因此，这些铝合金不适合应用于目前普遍采用的人工时效制度下的蠕变时效成形，从而限制了蠕变时效成形技术在部分零件上的应用，如机翼下壁板。因此，需要开发适用于蠕变时效成形的材料以进一步拓展该技术的应用范围，如 2002 年欧盟专门启动了时效强化型合金及时效成形工艺技术研究项目 AGEFORM。该计划拟通过开发新时效成形损伤容限铝合金以及具有改进的时效成形性合金板材，将时效成形工艺引进到具备高韧性需求的结构部件制造中，特别是下机翼蒙皮、机身壁板以及复杂形状零件和搅拌摩擦焊连接的更大型、更复杂的整体装配件上。

蠕变时效成形技术首次应用于机身时使用的合金是 7475 铝合金，该技术首先保证了机身上翼部分具有一定的抗拉强度，其次是提高了抗疲劳裂纹扩展和抗应力腐蚀的性能。几种其他的 7×××系合金也应用于蠕变时效成形技术，例如：AA7075、AA7010、AA7055、AA7B04 和 AA7449。AA2024 铝合金也被应用于蠕变时效成形技术，尽管它在 T8 状态的强韧比降低，但还是远超一些 7×××系铝合金，如 AA7475 铝合金。另一方面，高强高韧性的 T8 状态新型 2×××系铝合金也尝试被开发和应用于蠕变时效成形技术。它们中有一些属于新一代的 Al-Cu-Li 合金，如 AA2022 和 AA2139。此外，包含了钪元素的 5×××系列 Al-Mg 合金也被应用于蠕变时效成形技术，该系列铝合金的特点是不具有析出硬化的过程，所以称其成形过程为蠕变成形，而不是蠕变时效成形。虽然 5×××系铝合金强度刚好满足要求，但是它们的蠕变速率明显高于 2×××系和 7×××系铝合金。由于新开发的 5×××系铝合金抗腐蚀、疲劳以及抗裂纹扩展性能较好，它们主要应用于机身的表面。

5.3 加载方式及成形工艺参数

5.3.1 加载方式

在加载阶段，按照获得零件初始弹性变形的加载方式，可分为机械加载和真空气压加载两种方式，见表 5-5-2。

5.3.2 工艺参数的确定

1. 蠕变时效成形工艺流程

以铝合金网格壁板零件热压罐蠕变时效成形为例，其典型工艺流程如图 5-5-4 所示。

1）坯料准备：确定合适的坯料初始组织状态，根据零件展开尺寸下料；然后按照零件网格图样要求，对板坯进行平板网格铣切加工。检验板坯，确保坯料外表面平整，没有不符合有关规定的划痕、擦伤、涂层及附着物；板坯表面和内部没有裂纹。

2）整体封装：清理模具，将坯料放在模具型面上，坯料通过定位块定位，利用耐高温真空袋膜对坯料和模具进行密封。密封完成后，抽真空，固定零件。

表 5-5-2　蠕变时效成形加载方式

序号	类别	实现方式	特点
1	机械加载	通过机械压板或卡板使零件产生弹性变形 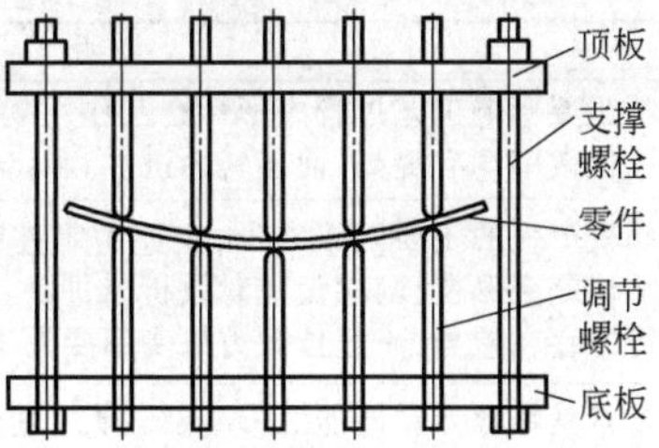	1. 使用普通热处理炉即可进行成形 2. 工装比较容易实现 3. 压紧力不够大 4. 成形厚度较小、厚度均匀和加强筋与成形轴线平行的零件 5. 对于大型零件会使工装变得笨重复杂
2	真空气压加载	1. 需要大尺寸热压罐 2. 先用真空袋和密封装置将零件和模具的表面密封 3. 通过抽真空，零件在空气压差的作用下固定到模具的型面上 4. 利用热压罐的罐内压力系统对零件施加压力，使零件完全贴合模具型面 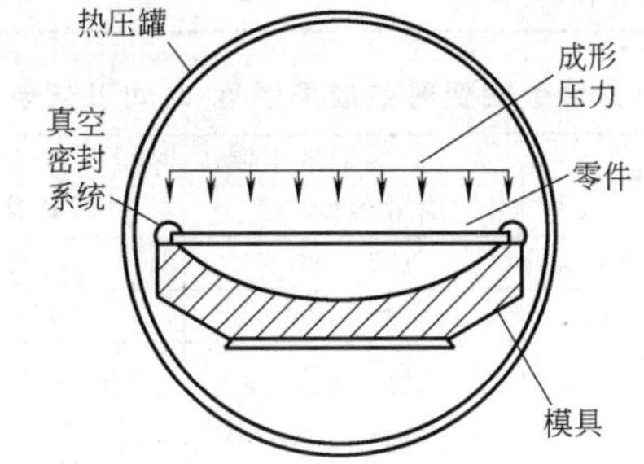	1. 可提供给零件足够的压紧力，利于精确成形 2. 模具型面为凹面外形，与零件的外型面接触能够很好控制零件的外形 3. 适合具有复杂外形和结构的整体壁板的零件成形

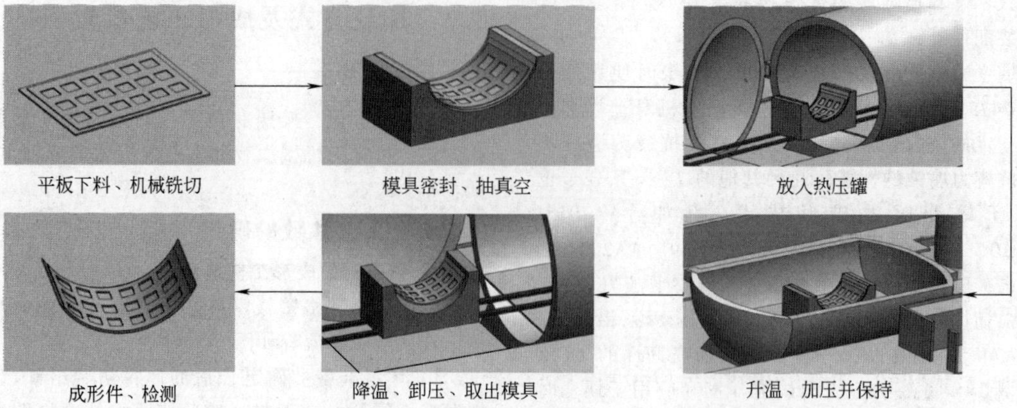

图 5-5-4　典型壁板零件蠕变时效成形工艺流程

3）蠕变时效成形：将模具连同零件放入热压罐，布置好热电偶。继续施加压力使零件与模具表面贴合。开启加热系统，对模具和零件升温。当温度达到设定温度后进入保温状态。

4）冷却卸载：当模具温度降至 50℃ 以下时卸除载荷。打开炉门取出模具，拆除辅料获得成形后的零件，并按要求进行零件型面精度和性能检测。

2. 工艺影响因素及控制

蠕变时效成形包含弹性变形、蠕变和时效强化等复杂过程，其初始坯料状态、零件应力状态以及成形过程温度、时间等多参数均影响工艺过程。目前影响成形工艺过程的主要因素见表 5-5-3。

3. 时效成形工艺参数的选择

蠕变时效成形受时效工艺条件约束，需要确定合适的工艺温度和时间，以获得目标性能。常用铝合金蠕变时效成形温度-时间工艺规范见表 5-5-4。

表 5-5-3　工艺过程的影响因素及说明

序号	影响因素	说明
1	初始坯料状态	零件坯料主要影响工艺过程中形性交互作用规律；坯料内可动位错密度高，蠕变成形和时效强化效率均有提高；而坯料内沉淀相均匀细密，对蠕变成形不利
2	应力状态及水平	应力是蠕变产生的主要因素之一，主要由零件结构和模具型面共同决定。提高应力水平可加快蠕变形变，同时促进时效析出进程；此外，在不同应力状态作用下，材料蠕变时效行为存在差异，一般拉应力蠕变形变大于压应力蠕变形变
3	时效成形温度	时效温度对材料蠕变和性能的影响都较大。提高时效温度，可以增加蠕变量，有利于提高成形效率。温度过低时效析出强化效果不明显，温度过高材料容易发生过时效，导致材料的力学性能降低
4	时效成形时间	随着时间的增加，回弹量的总体变化趋势是逐渐减小。但当保温时间超过一定值时，其对回弹率的影响趋于平稳，也就是说，当其他参数一定时，延长时效时间对回弹的影响是有限的，受制于时效析出强化效应及成形效率
5	几何结构特征	零件的厚度与回弹率呈非线性关系，总体趋势是随着厚度的增加回弹率逐渐减少；此外，复杂的高筋或局部加强筋等结构由于回弹过程变形协调作用也会一定程度地减少零件整体的回弹

表 5-5-4　常用铝合金蠕变时效成形温度-时间工艺规范

铝合金	成形前的状态	产品类型	时效成形温度-时间工艺规范		热处理后状态的代号
			时效温度/℃	时效时间/h	
2024	T3	薄板	185~196	12	T81
	T351	薄板、厚板	185~196	12~14	T851
2014	T451	板材	170~180	10	T651
2124	T4	厚板	185~195	12	T6
	T351				T851

（续）

铝合金	成形前的状态	产品类型	时效成形温度-时间工艺规范		热处理后状态的代号
			时效温度/℃	时效时间/h	
2216	T3	厚板	171~182	18	T81
	T351				T851
6013	T4	薄板	185~195	4	T6
7050	W51	厚板	115~125 155~165	3~6 12~15	T7651
			115~125 155~165	3~6 24~30	T7651
			115~125 155~165	3~8 15~18	T76510
7150	W51	厚板	115~125 150~160	24 12	T751
7075	W51	厚板	100~110 155~165	6~8 24~30	T7351
			115~125 155~165	3~5 15~18	T7651
			115~125	24	T651
7475	W	薄板	115~125 155~165	3 8~10	T761
	W51	厚板	115~125	24	T651
	W	薄板	120~155	3	T61

此外，为了提高零件蠕变时效成形效率和获得较高的综合性能，国内外已开展了多种新工艺和新技术的探索。一方面，试图通过调控坯料的初始组织状态来获得目标性能，提出了预处理（预变形和预时效热处理）+蠕变时效成形新工艺。另一方面，在蠕变时效成形过程中通过外加能场来辅助调控局部组织实现整体性能提升，提出了复合能场（电场、电脉冲、电磁场和振动等）辅助蠕变时效成形新工艺、新技术。

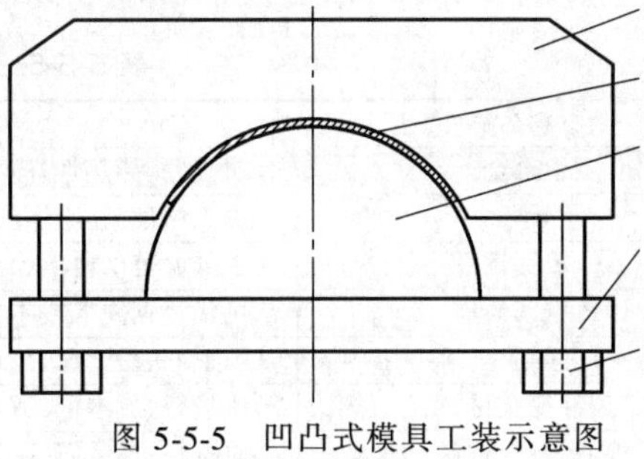

图 5-5-5 凹凸式模具工装示意图

5.4 蠕变时效成形模具

5.4.1 模具结构形式

蠕变时效成形需要依赖大型模具工装进行成形。目前使用较广泛的主要分为三大类，即凹凸式模具工装、点阵式模具工装与卡板式模具工装。下面对这些成形工装进行简单说明。

（1）凹凸式模具工装 此类工装一般通过凹模与凸模的相互挤压实现零件的弯曲变形，主要由底板、固定螺栓以及凹凸模面等组成，如图 5-5-5 所示。此类工装的模面为连续曲面，成形过程中零件完全与模面贴合，但是由于两者热膨胀不一致而影响零件的成形精度，而且工装造价昂贵，模具补偿调整较困难。

（2）点阵式模具工装 此类工装在底板上布置点阵，通过调整螺钉高度来实现复杂曲面零件的成形主要由顶板、底板、紧固螺栓与调节螺栓等组成，如图 5-5-6 所示。此类工装便于操作，模具补偿简单，可以实现不同曲率的复杂成形模面，但是由于点阵数量太多，导致模具操作工作量非常庞大。

（3）卡板式模具工装 20 世纪 80 年代，热压罐时效成形工艺被研发出来实现大型复杂壁板的制备。结合传统成形工装的优点，卡板式模具工装应运而生，工装不仅避免了凹凸式模具工装连续接触造成的热膨胀不一致，而且大大降低了点阵式模具工装的操作工作量。同时，由于使用空气加载来实现零件成形，因此工装只需要设计下模面，大幅降低了模具成本并减少了工装操作量。目前此类工装主要分为焊接卡板式模具工装与可调节卡板式模具工装。焊接卡板式模具工装是早期的热压罐工艺成形工装，如图 5-5-7a 所示，工装中的垫板通过滚弯得到要求

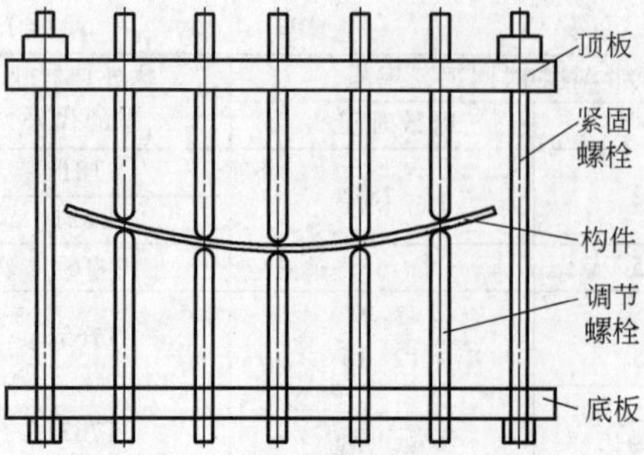

图 5-5-6 点阵式模具工装示意图

的曲率半径，并与肋板点焊在一起组成零件的成形模面，而肋板则与底板焊接在一起，因此整个工装为固定结构，不便于后期模面的补偿调整；可调节卡板式模具工装，在焊接卡板式模具工装的基础上，设计可调定位块来实现卡板位置的不断变化，由于卡板的可拆卸使得模具补偿操作轻松简单，如图 5-5-7b 所示。

5.4.2 模具材料

模具应具有导热快、比热容低、刚度高、质量轻、热膨胀系数小、热稳定性好、使用寿命长、制造成本低、使用和维护简便、便于运输等特点。因此，根据不同情况选择模具材料十分重要。不同模具材料特点见表 5-5-5。

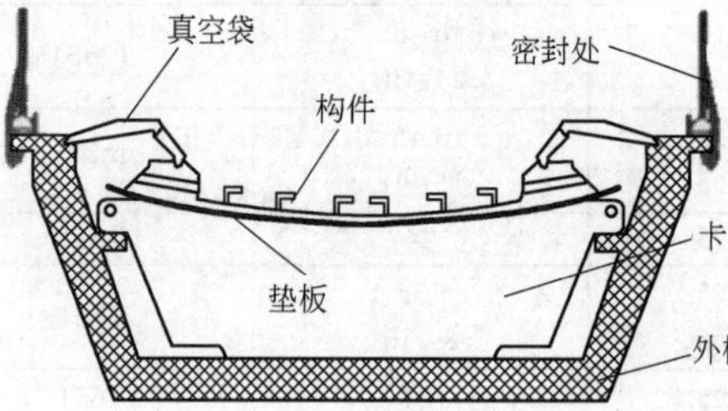

a) 焊接卡板式模具工装示意

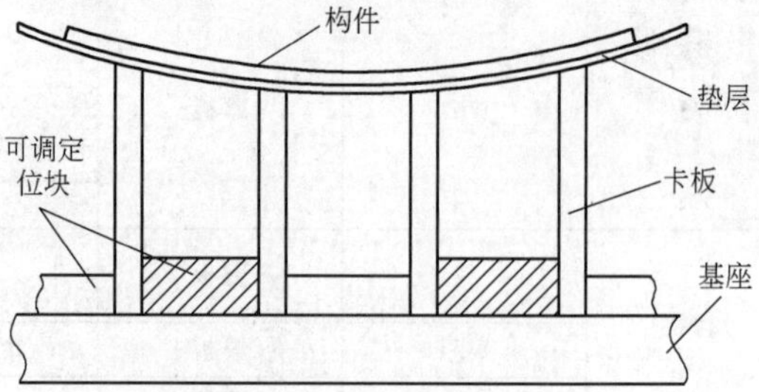

b) 可调节卡板式模具工装示意

图 5-5-7 卡板式模具工装示意图

表 5-5-5 不同模具材料特点

材料名称	特点
铝合金	质量轻、导热性好，与零件的热膨胀系数一致；但热膨胀系数高、表面硬度低，易磨损
钢	加工精度高、刚强度高、使用寿命长，适合大多数产品。缺点是质量大，热容量高
殷瓦钢	中低温范围内热膨胀系数低，模具不易变形；但价格昂贵，升温速率低
铸钢或铸铁	可代替钢降低成本，但各点温差大、表面容易产生砂眼，气密性差
橡胶	随形好、易于配合，适合于制造共固化模。缺点是尺寸稳定性差
玻纤复合材料	质量轻、成本低，适合于简单型面制品。缺点是材料的模量低
碳纤复合材料	质量轻、模量高、刚性好，缺点是成本高
木材	质轻价廉，适合制造一次性使用的模具

一般根据模具工作条件的不同，除了对模具材料进行选择，还应考虑模具制造工艺（如切削加工性、热处理性能、焊接性等）和经济性（如资源条件、市场供应情况、价格等）。另外，蠕变时效模具的材料选择还要考虑到模具的主要用途，若是在时效成形零件的试制阶段，可考虑采用碳素工具钢作为模具材料，如 Q235 等。这种材料虽然热稳定性较差，但是切削性能好，加工方便，且价格便宜，适合时效成形试制阶段模具使用次数不多但需要多次修模的情况。若是时效成形零件的制造甚至大规模生产阶段，则应采用合金工具钢，如 Q345 等。这种合金工具钢价格稍贵，但是其淬透性和淬硬性好，耐磨性、红硬性较高，而且高温稳定性好，热变形极小，符合蠕变时效成形生产用模具的工作条件要求。

5.4.3 模具设计

模具是蠕变时效成形工艺实施的关键。一般成形用模具设计基本原则见表 5-5-6。

由蠕变时效成形工艺可知，零件成形受时效工艺条件限制，回弹无法避免。所以，准确的预测零件回弹行为并对模具型面进行精确的回弹补偿设计是保证零件高成形精度的关键。与此同时，模具在蠕变时效成形制造环境下的刚度和温度分布均匀性也会影响零件成形质量。此外，尽可能地减少模具的重量也是降低能耗的有效手段。因此，模具设计的关键步骤内容包括零件回弹精确预测、模具型面回弹补偿算法、模具轻量化和温度场均匀化设计四个部分。蠕变时效成形模具的设计包括模具型面设计和模具结构设计两个主要方面，流程如图 5-5-8 所示。

表 5-5-6　模具设计基本原则

序号	名称	设计要求	使用要求
1	模具型面	型面精度(偏差≤±0.25mm)、气密性(压力 1.5MPa 和温度 200℃下,真空度保持在 10kPa 以下)和表面粗糙度满足要求;标记定位、刻线	保护表面状态和标记
2	强度刚度	按工艺使用要求设计模具的强度、刚度,除真空和正压力外,还应考虑翘曲热变形等	防止超负荷使用
3	温度场	模具设计应满足温度场均匀性要求,使热气流畅通,热容量小,且耐热性足够	模具放置不得阻碍热气流循环
4	配合与定位	组合模具应设计装配定位机构,并应保证组装精度满足零件精度要求	按设计要求装配、拆卸模具
7	容差分配	模具设计中应根据产品的公差要求和成型收缩率、模具材料热膨胀系数进行容差分配	—
8	维护保养	除功能设计外,应考虑模具维护保养操作性	按规定维护保养

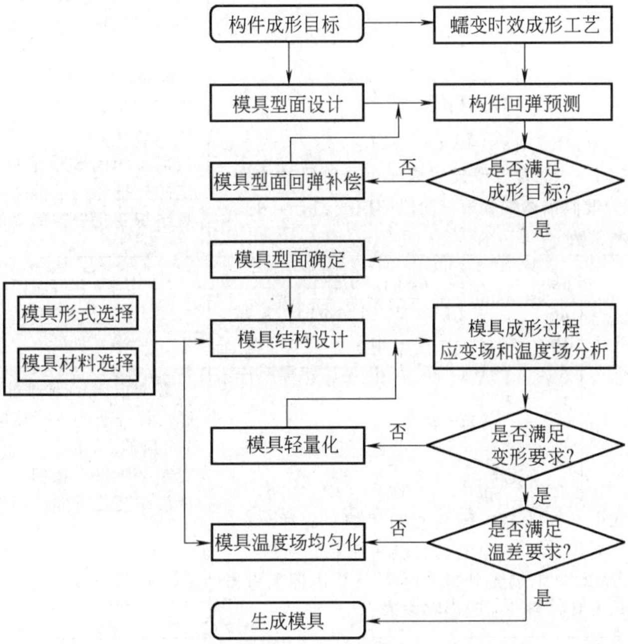

图 5-5-8　模具设计流程图

1. 零件回弹精确预测

由蠕变时效成形工艺可知，零件回弹无法避免。所以，模具型面的设计需要考虑零件的回弹量，以便零件获得准确的目标型面。因此，零件回弹精确预测是模具设计的关键和基础。目前，回弹预测的方法主要有解析法、试验法和有限元法三种。相比于解析法和试验法，有限元法具有效率高、成本低、适用范围广等优势，已经被人们广泛采用。一般来说，常用的商业有限元分析软件 ABAQUS、MARC 和 ANSYS 都能进行一些简单的零件蠕变成形过程仿真预测零件回弹量。然而，面向高强铝合金大型复杂零件的蠕变时效成形全制造过程，回弹预测的精度受两方面制约。一方面，蠕变（成形）和时效析出（成性）共存且交互作用导致材料形性动态演变表征困难；另一方面，流场-温度场-应力应变场多场耦合导致零件热力边界条件复杂。因此，实现零件蠕变时效成形回弹精确预测的关键在于建立能准确描述零件材料形性演变规律的蠕变时效本构模型和符合实际复杂热力制造环境的有限元模型。

（1）本构模型的建立　表 5-5-7 列出了几种常用的蠕变时效本构模型。

表 5-5-7　蠕变时效本构模型类型与特点

蠕变时效本构模型类型		特点
应力-温度-时间律本构	$\varepsilon_c = f(\sigma, T, t) = f(\sigma) f(T) f(t)$ 式中　ε_c 为蠕变应变；σ 为外加蠕变应力；T 为蠕变温度；t 为蠕变时间；$f(\sigma)$、$f(T)$、$f(t)$ 分别称为蠕变的应力、温度和时间律 应力律形式： Norton 公式：$f(\sigma) = A\sigma^n$ Dorton 公式：$f(\sigma) = C\exp(\sigma/\sigma_0)$ Mcvetty 公式：$f(\sigma) = A\sinh(\sigma/\sigma_0)$ 时间律形式：$f(t) = t^m + Ct + Dt^l$	在一定的温度和应力范围内，认为蠕变应变可分离为应力、温度和时间函数之积；据此建立的蠕变理论主要有时间硬化理论、应变硬化理论、恒速理论等。适用于结构简单、成形精度要求不高、材料微观组织变化不大的零件回弹预测
幂律本构	$\dot{\varepsilon}_{ss} = A\sigma^n \exp(-Q/RT)$ 式中　$\dot{\varepsilon}_{ss}$ 为稳态蠕变速率；n 为应力指数；Q 为蠕变表观激活能；R 为气体常数	金属材料的蠕变特性常使用稳态蠕变速率 $\dot{\varepsilon}_{ss}$ 来描述。研究表明，$n = 1$ 代表材料的蠕变机制为晶界扩散蠕变机制；$n = 3$ 为位错蠕变机制；$n = 4 \sim 6$ 为位错攀移机制；当 $n > 6$ 时，认为该本构失效；适用于结构简单、成形精度要求不高、材料微观组织变化不大的零件回弹预测
Theta 模型	$\begin{cases} \varepsilon_c = \varepsilon_1 + \varepsilon_2 \\ \varepsilon_1 = \theta_1(1 - e^{-\theta_2 t}) \\ \varepsilon_2 = \theta_3(e^{\theta_4 t} - 1) \end{cases}$ 式中　ε_1 为近似描述蠕变第一阶段的应变；ε_2 为近似描述蠕变第三阶段的应变；$\theta_1 \sim \theta_4$ 为材料常数	Theta 模型认为沉淀硬化合金的蠕变过程可用应变硬化和空洞的形核、聚集、长大引起材料弱化的物理模型来描述。Theta 模型不但可以用比较简单的函数描述材料的蠕变行为，且具备一定的外推和内插能力；适用于结构简单、材料微观组织变化规律简单的零件回弹预测
蠕变损伤模型	$\begin{cases} \dfrac{d\varepsilon}{dt} = A\sinh\left[\dfrac{B\sigma(1-H)}{(1-\phi)(1-\omega)}\right] \\ \dfrac{dH}{dt} = \dfrac{h}{\sigma}\left(1 - \dfrac{H}{H^*}\right)\dfrac{d\varepsilon}{dt} \\ \dfrac{d\phi}{dt} = \dfrac{K_c}{3}(1-\phi)^4 \\ \dfrac{d\omega}{dt} = C\dfrac{d\varepsilon}{dt} \end{cases}$ 式中　H 为材料硬化对初始蠕变的影响（H 值从 0 开始增加，直到蠕变稳态阶段变为 H^*）；ω 为晶粒间的蠕变空洞的损伤；ϕ 为沉淀相析出和长大对材料性能的影响参数	蠕变损伤模型通过引入材料硬化、空洞损伤和沉淀相析出 3 个影响参数，可描述蠕变应变的 3 个阶段，即初始蠕变阶段、稳态蠕变阶段和蠕变断裂阶段。适用于材料无析出相或析出相微观组织变化不大的零件回弹预测
蠕变时效宏微观统一本构	$\begin{cases} \dot{\varepsilon}_c = A\sinh\left\{B(\sigma - \sigma_A)(1-H)\left(\dfrac{C_{ss}}{\sigma_{ss}}\right)^n\right\} \\ \dot{H} = \dfrac{h}{\sigma^{0.1}}\left(1 - \dfrac{H}{H^*}\right)\dot{\varepsilon}_c \\ \dot{r} = C_0\dot{\varepsilon}_c^{\,0.2}(Q - r)^{1/3} \\ \sigma_A = C_A r^{m_0} \\ \sigma_{ss} = C_{ss}(1+r)^{-m_1} \\ \sigma_y = \sigma_{ss} + \sigma_A \end{cases}$ 式中　A、B、H^*、n、Q、C_0、C_A、C_{ss}、m_0、m_1 为材料常数；r 为球状析出物的平均半径；σ_A、σ_{ss}、σ_y 分别表示析出强化、固溶强化与屈服强度变化	蠕变时效宏微观统一本构模型基于“统一理论”和时效动力学，将传统应力应变行为与微观组织（位错密度、析出相形貌特征）及性能演化相结合，建立了考虑位错-蠕变-时效强化三者的关联关系，可实现对材料蠕变及时效强化行为的准确预测

在上述本构模型中，应力-温度-时间律本构和幂律本构为宏观本构，试验数据量少、材料常数拟合容易，可用于成形精度要求不太高的零件回弹预测；而蠕变时效宏微观统一本构模型虽然材料常数较多、拟合难度大，但回弹预测精度较高，且同时可以预测零件成形过程组织性能的演变规律。本构模型中材料常数的确定需要通过开展材料的蠕变时效特性试验获取。具体步骤如下：

1）蠕变试样的制备。蠕变试样有板材试样和棒材试样两种，可根据材料坯料情况而定。一般来说薄板材料（<6mm）通常选择板材试样。图 5-5-9 所示为蠕变时效标准板材试样的几何尺寸。

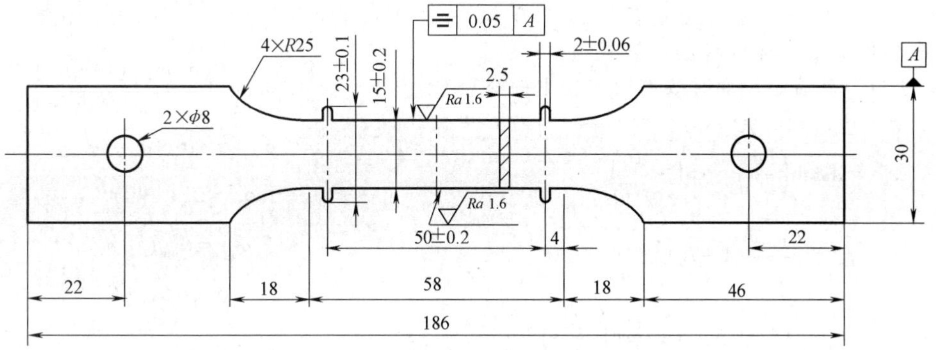

图 5-5-9　蠕变时效标准板材试样的几何尺寸（单位：mm）

2）试验方法及设备。蠕变时效试验通常指的是单轴恒温恒应力拉伸试验，即先将试样温度升高到目标温度，保温一段时间，待试样温度稳定后开始加载应力到目标值。试样保持在恒定温度和应力下直至试验结束，此时温度和应力开始卸载。具体试验方法和要求可参照国标《金属拉伸蠕变及持久试验方法》。蠕变试验一般在蠕变/应力松弛机上进行。蠕变/应力松弛机的温度控制精度普遍为±2℃，应力控制精度为±3N，而应变由引伸杆带动位移传感器进行测量，其测量精度可达 0.001mm。

3）材料本构常数的获取。针对不同的本构方程有不同的常数获取方法，但都离不开系统、完整、正确的试验曲线和数据。表 5-5-7 中的宏观律本构的常数获取，一般采用数据回归的方法逐一获取材料常数。然而对于包含微观组织特征内变量的宏微观统一本构，因本构方程中未知材料常数较多而且数量远多于方程个数，不能用解析法求得精确的解，因此采用优化算法求解最优解是获取该类材料常数的一种高效途径。主要思想是把材料常数视为一组可变向量，则本构方程就是这组向量的非线性函数。这样，事先给定它们的一组初值，本构方程在理论上就可以计算出不同种类的应力或应变值。将计算结果与相应的材料试验数据进行对比，二者最初通常存在较大的差别，这时借助非线性优化算法，通过改变这组可变向量的数值，使计算结果与试验数据之间的残差平方和达到最小，循环往复，即可得到经过优化以后的模型参数。目前，常见的优化算法有遗传算法、Levenberg-Marquardt 非线性优化算法和蚁群算法等。

下面分别给出了 7055 铝合金（Al-Cu-Mg-Zn）、2124 铝合金（Al-Cu-Mg）和 2219 铝合金（Al-Cu）三种不同体系高强铝合金的蠕变时效宏微观统一本构模型，以供参考。

2004 年，Ho 等人针对 7010 铝合金的第一和第二阶段蠕变，以及析出相的形核与长大，在国际上首次提出了蠕变时效宏微观统一本构模型，实现微观组织与宏观形变及力学性能的统一描述，见表 5-5-7。在此基础上，湛利华等人提出了适合于 7055 铝合金的蠕变本构模型，见式（5-5-1）。方程中将时效过程中屈服强度的变化分解，并与代表微观演变的析出相尺寸、位错密度联系起来，虽然模型中对于时效微观机制的考虑不如李超等人的模型充分，但是该模型中的每一个中间变量都有明确的意义，对宏微观机制的表达也非常清晰。表 5-5-8 为 7055 铝合金蠕变时效本构模型的材料常数。

$$
\begin{aligned}
\dot{\varepsilon}_c &= A_1 \sinh\{B[\,|\sigma|(1-\bar{\rho})-k_0\sigma_y]\}\operatorname{sign}\{\sigma\} \\
\dot{\sigma}_A &= C_A \dot{\bar{r}}^{m_1}(1-\bar{r}) \\
\dot{\sigma}_{ss} &= C_{ss}\dot{\bar{r}}^{m_2}(\bar{r}-1) \\
\dot{\sigma}_{dis} &= A_2 n\bar{\rho}^{n-1}\dot{\bar{\rho}} \\
\sigma_y &= \sigma_{ss}+\sqrt{\sigma_A^2+\sigma_{dis}^2} \\
\dot{\bar{r}} &= C_r(Q-r)^{m_3}(1+\gamma_0\bar{\rho}^{m_4}) \\
\dot{\bar{\rho}} &= A_3(1-\bar{\rho})\,|\dot{\varepsilon}_c|-C_\rho\bar{\rho}^{m_5}
\end{aligned}
\qquad (5\text{-}5\text{-}1)
$$

式中　σ_y——材料的屈服强度，包括时效强化 σ_A，固溶强化 σ_{ss} 和位错强化 σ_{dis} 三部分组成；

r——时效析出相的半径；

$\bar{\rho}$——蠕变时效过程中相对位错密度。

表 5-5-8　7055 铝合金蠕变时效本构模型的材料常数

A_1	B_1	k_0	C_A	m_1	C_{ss}	m_2	n	A_2
5.0e-5h^{-1}	0.0279MPa	0.2	94.3MPa	0.44	20.0MPa	0.4	0.8	291.5
C_r	Q	γ_0	m_3	m_4	A_3	C_p	m_5	
0.032h^{-1}	1.69	2.7	1.3	1.98	200.0	0.07	1.3	

针对 2124 铝合金时效强化相包含盘状析出相 θ 和棒状析出相 S，张劲等人建立了 2124 铝合金蠕变时效宏微观统一本构模型，见式（5-5-2）。表 5-5-9 为 2124 铝合金蠕变时效本构方程中的材料常数。

$$\dot{\varepsilon}_c = A\sinh\left(\frac{B\sigma}{\sigma_y}\right)^n \exp\left(-\frac{Q}{RT}\right)$$

$$\dot{\bar{f}}_v = \frac{C_1 l^{n_1} \dot{l}}{q^{n_2}}(1-\bar{f}_v)^{m_1}$$

$$\dot{l} = C_2(Q_1 - l)^{m_2}(1+k_1\bar{\rho}_m^{\ n_3}\dot{\bar{\rho}}_m)\exp\left(\frac{-Q_2}{RT}\right)$$

$$\dot{\bar{\rho}}_m = C_3(Q_3 - \bar{\rho}_m)\dot{\varepsilon}_c \tag{5-5-2}$$

$$q = \frac{C_4}{\exp\left[k_2(T-T^*)^2 + k_3(t-t^*)^2\right]}$$

$$\sigma_{ss} = C_{ss}(1-\bar{f}_v)^{m_3}$$

$$\sigma_{ppt} = C_{ppt}(q\bar{f}_v)^{n_4} l^{n_5}$$

$$\sigma_{dis} = C_{dis}\bar{\rho}_m^{-1/2}$$

$$\sigma_y = \sigma_0 + \sigma_{ss} + \sigma_{ppt} + \sigma_{dis}$$

其中，A、B、n、$C_1 \sim C_4$、C_{ss}、C_{ppt}、C_{dis}、$k_1 \sim k_3$、$m_1 \sim m_3$、$n_1 \sim n_5$、Q、$Q_1 \sim Q_3$、T^*、t^*、σ_0 是材料常数。

表 5-5-9　2124 铝合金蠕变时效本构方程中的材料常数

变量	数值	变量	数值
A/h^{-1}	6.77×10^9	C_3	1.12
B	1.54	Q_3	1.76
n	4.2	C_4	28.3
Q/(kJ/mol)	121.6	k_2/K^{-2}	0.002
C_1	1.8×10^{-9}	k_3/h^{-2}	0.01
n_1	3	T^*/K	193
n_2	1	t^*/h	16
m_1	1.33	C_{ss}/MPa	176
C_2	345.5	m_3	1.2
Q_1/nm	660	C_{ppt}	0.36
m_2	2	n_4	−0.38
k_1	−1	n_5	1.34
n_3	2.4	C_{dis}/MPa	197.2
Q_2/(kJ/mol)	54.4	σ_0/MPa	80

考虑到在初始坯料固溶淬火后引入预变形可以显著提高材料蠕变时效成形成性效率，针对 2219-T37 铝合金，杨有良等人建立了考虑初始预变形影响的蠕变时效统一本构模型见式（5-5-3）。表 5-5-10 为 2219-T37 铝合金本构方程中的材料常数。

$$\dot{\varepsilon}_c = A\sinh\left\{\frac{B(\sigma-\sigma_0)(1+k_1\bar{\rho})}{\sigma_y}\right\}^{m_1}$$

$$\sigma_y = \sigma_i + \sigma_{ss} + \sigma_{ppt} + \sigma_{dis}$$

$$\sigma_{ss} = C_{ss}(1-\bar{f}_v)^{2/3}$$

$$\sigma_{ppt} = C_{ppt}\bar{f}_v^{\ 1/2} q^{n_1}$$

$$\sigma_{dis} = C_{dis}\bar{\rho}^{-n_2} \tag{5-5-3}$$

$$\dot{\bar{f}}_v = \frac{C_1 l^3 \dot{l}}{q}(1-\bar{f}_v)^{m_2}(1+k_2\bar{\rho}^{n_3})$$

$$\dot{l} = C_2(a+b\sigma-l)^{m_3}(1+k_3\bar{\rho}^{-n_4})$$

$$q = C_3(\exp[-k_4(t-t^*)^2] - \sigma^{n_5})t^{n_6} + 1$$

$$\dot{\bar{\rho}} = -C_4\bar{\rho}\,|\dot{\varepsilon}_c|$$

其中，A、B、$C_1 \sim C_4$、C_{ss}、C_{ppt}、C_{dis}、$k_1 \sim k_4$、$m_1 \sim m_3$、$n_1 \sim n_6$、a、b、t^*、σ_0、σ_i 材料常数。

表 5-5-10　2219-T37 铝合金蠕变时效本构模型常数

常数	数值	常数	数值	常数	数值
A/h^{-1}	0.9533	C_3	141.9358	n_4	4.6796
B/MPa^{-1}	0.1420	C_4	271.8296	n_5	0.1744
σ_0/MPa	15.3682	k_1	1.6252	n_6	0.1
σ_i/MPa	111.2442	k_2	0.3753	m_1	3.1997
C_{ss}/MPa	70.3445	k_3	0.5569	m_2	0.5459
C_{ppt}/MPa	79.0815	k_4	0.0102	m_3	0.6015
C_{dis}/MPa	125.0606	n_1	0.2217	a	94.05
C_1	3.7011×10^{-6}	n_2	0.0497	b	−0.115
C_2	1.0000	n_3	4.9997	t^*	11

（2）有限元仿真模型的建立　除了蠕变时效本构模型的改进，针对蠕变时效成形过程多场耦合导致的热力边界条件复杂问题，利用多物理场仿真平台或多物理场耦合接口软件等，建立零件蠕变时效成形全制造过程的流场-温度场-应力应变场多场耦合有限元模型是解决该问题的有效途径。图 5-5-10 所示为利用 MpCCI 通用接口软件实现大型零件蠕变时效成形全过程热压罐-模具-零件系统多场耦合建模与仿真的流程图。如图 5-5-10 所示，基于 MARC 软件及其用户子程序二次开发，可建立零件蠕变时效成形过程热力耦合 FEM 分析模型；基于 Fluent 软件，可建立热压罐-模具系统流固耦合 CFD 分析模型；基

于 MpCCI 接口软件，通过定义耦合面、耦合变量及通信协议，就可实现蠕变时效成形热力耦合有限元模型和热压罐-模具系统流固耦合计算流体动力学模型的多场耦合计算和分析。

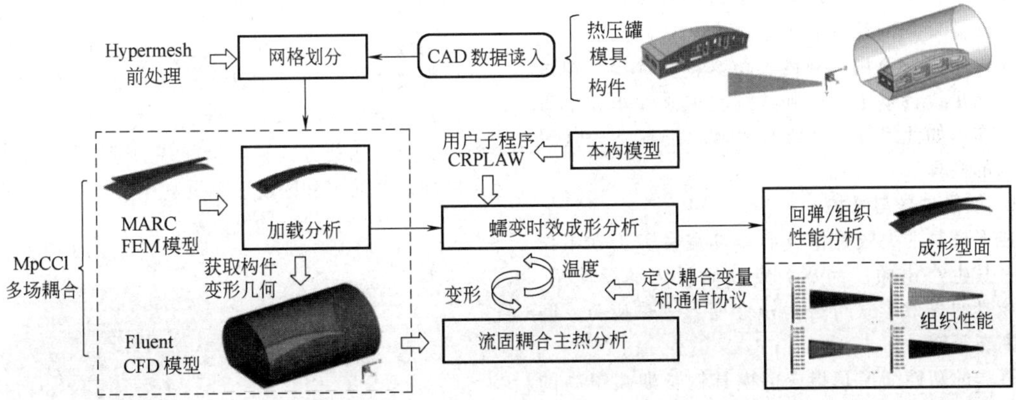

图 5-5-10 蠕变时效成形过程多场耦合建模与仿真流程图

2. 模具型面回弹补偿

目前，主要的回弹补偿算法有：向前回弹法、偏差调节法和响应面法。其中，偏差调节法最为常用，即根据零件成形误差要求进行模具型面补偿，如图 5-5-11 所示。使用经过补偿计算的模具型面，零件只需进行一次蠕变时效成形，即可得到符合要求的成形外貌。具体的模具型面补偿步骤如下：

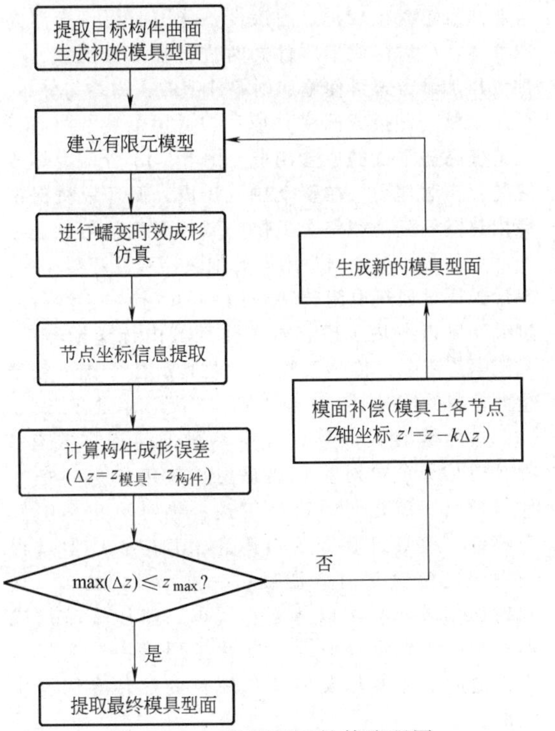

图 5-5-11 模具型面补偿流程图

1）提取目标零件曲面，生成初始模具型面。

2）建立有限元分析模型，利用有限元软件进行零件蠕变时效成形过程的回弹预测。

3）对仿真结果进行分析，计算零件各节点在回弹方向上变化以及各自对应的回弹量，并通过计算零件成形误差进行回弹补偿，计算得到新的模具型面。

4）若回弹后零件最大成形误差在允许范围之内，即得到目标模具型面。

5）若零件最大成形误差未在允许范围之内，则需要把回弹值相应地补偿到模具各节点，形成新模具型面。

6）使用新模具重复以上分析步骤，直到得到满足要求的模具型面。

3. 模具轻量化设计

确定模具刚度（变形）要求，进行结构轻量化设计。对初始模具进行应力应变分析，对比模具型面有效区域变形和模具的变形要求，以各种类卡板为单位进行结构修改。当仿真变形小于变形要求时，优先通过减小结构板厚和删除不受力或受力较小的卡板、加强筋等结构优化卡板实现轻量化。其次，基于模具结构低应力区域进行拓扑结构优化，主要形式包括在卡板相应位置开方形、圆形和三角形等类型孔洞。如此反复修改和重新设计模具结构，直到模具以较小重量实现刚度满足设计的变形要求，即获得轻量化的模具结构。如果模具轻量化过程中，模具型面有效区域仿真变形超出设计变形要求，则需要减小修改量，重新设计模具结构。

4. 模具温度分布均匀化设计

确定模具温度均匀性指标，在轻量化设计的基础上对模具结构进行改进，从而达到模具温度均匀化目标。首先，基于轻量化后的模具进行热压罐-模具系统的流场-温度场仿真分析，查明成形过程中的模具型面低温区；通过模具支架通风口结构优化设计、在模具低温区型面下方添加铜、铝或其他高热导率材料结构单元等，改善局部流场和传热，实现模具型面温度均匀性的目的。同样，对修改后的模具结构再次进行流场和温度场仿真，确认模具温度均匀性满足设计需求，否则继续改进添加单元的形式和分布。如此反复，最终获得满足温度均匀性设计要求的模具。

5. 模具失效与维护

成形模具的失效是指成形模具丧失了正常工作能力，其生产出的产品成为废品而无法继续使用。成形模具的失效形式可分为塑性变形、热疲劳、磨损、断裂等四种。

模具的塑性变形是指成形模具钢长期在很高的温度范围内服役，导致模具表面受到不同程度的过度回火而软化，引起强度降低，当成形模具型腔表面软化到某一硬度值时，就容易产生塑性变形。在模具失效的因素中，材料与热处理是影响使用寿命的主要因素，其比例约占 70%，选择材料不当或热处理工艺不合理皆易引起塑性变形。因此，合理选择模具材料及其热处理工艺对减小蠕变时效成形模具塑性变形十分重要，这也是最直接有效提高模具使用寿命的手段。

热疲劳也是蠕变时效成形模具的主要失效形式之一。在模具服役过程中，其型腔表面存在较大的温度梯度，并承受循环的冷热交替作用，从而使表面在承受机械载荷的同时还产生大且循环变化的热应力，当其总应力超过疲劳极限时，会在表面形成网状或放射状的疲劳裂纹，从而产生热疲劳失效成形模具的磨损主要以表面疲劳磨损为主。成形模具材料的成分、温度和硬度等因素对模具磨损皆具有较大影响。一般情况下，对于一种材料，成形模具的硬度越高或温度越低，其磨损越小。一般来说成形模具硬度远高于零件材料的硬度，且蠕变时效成形模具使用次数远低于热冲压等模具，因此蠕变时效成形模具磨损较小。此外，引起模具断裂的因素很多，如模具安装、操作不当、载荷过大、模具设计、材质以及热处理等。断裂具有突发性，导致使用寿命低，危害大。因此，零件在每次蠕变时效成形试验前后，必须要仔细检查模具型面表面质量。建议大型零件蠕变时效成形每使用 20 次以上或闲置时间超过 3 个月时需要进行一次模具型面检测和整体失效故障排查，对于容易生锈的模具还需定期涂油防护。

5.5　蠕变时效成形装备

蠕变时效成形设备主要有普通加热炉和真空热压罐两种。

5.5.1　普通加热炉

普通箱式加热炉如图 5-5-12 所示。特别适用于对温度均匀性要求较高的工艺流程，如固溶退火、人工时效、回火或软化退火，性能强大的空气循环功能确保了在整个有效范围内可以达到最佳的温度均匀性。因加热炉不能提供高压气体使零件加载贴膜，其成形加载方式往往为机械加载，对于结构复杂的薄壁高筋零件的成形不太适用。

图 5-5-12　普通箱式加热炉

5.5.2　真空热压罐

大型零件蠕变时效成形一般在热压罐中进行，也叫热压罐时效成形。因该设备能同时提供高温高压气体，可对待成形零件同时进行加热和加载，柔性气压加载方式可使施加到零件上的压力均匀分布，可用单模（凹模或凸模）成形，适用于复杂曲面以及薄壁高筋零件的成形制造。图 5-5-13 所示为热压罐的工作原理图。在整个热压罐内，循环风机保证罐内热空气流动和整个工作区域的温度均匀性。工作区域的热风温度通过罐尾的加热器和冷却器实现。热量先通过加热电阻传递到循环的气流中，然后通过循环风道在热压罐有效工作区域内传递给零件，气流紊流越强，传热就越好，尤其是在工作负载繁重而密集的情况下。

热压罐时效成形过程中热量的传递方式有 3 种：热传导、热对流和热辐射。热传导主要是零件与模具工装之间的热量传递；热对流包括空气与零件、模具工装等的热传递；其中，成形过程使用温度是合金时效温度，一般小于 200℃，热辐射作用较小，可以忽略。所以，热压罐时效成形过程中大型零件的温度变化主要是由热空气与零件之间对流换热及零件与模具的热传导综合决定的。

热压罐系统主要包括主罐体系统、加热系统、冷却系统、加压系统、真空系统、控制系统以及架车。其中热压罐主罐体系统则由罐体、罐门、开关

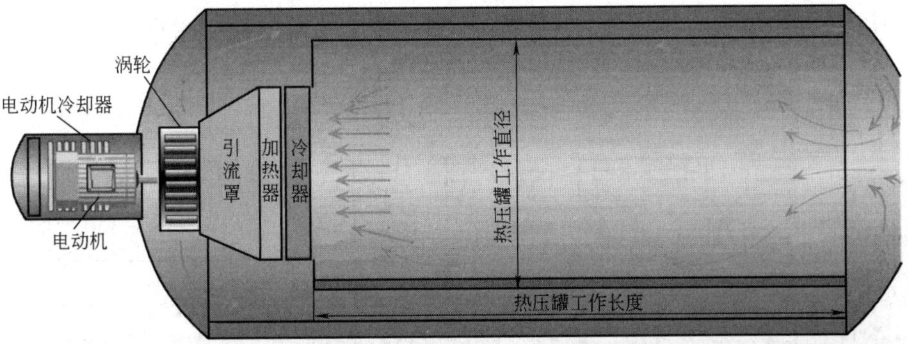

图 5-5-13　热压罐工作原理图

门机构、尾部封头及内部隔热层组成，控制系统主要由控制箱和计算机系统共同构成。加热采用电阻丝加热，热电偶测温，通过罐体尾部的鼓风机将热量快速均匀地扩散至罐内空间。当热压罐内的空气温度降至设定结束温度以下，且罐体内的压力小于 0.02MPa 时，才能开启罐门，图 5-5-14 所示为世界最大尺寸热压罐实物图（直径 9.1m，长度 23.2m），用于波音 B787 机身筒体件制造。

图 5-5-14　用于波音 B787 机身筒体件制造的热压罐实物图

热压罐系统因其具备压力、温度均匀可控等优点备受航空航天及先进装备工业领域青睐。具体热压罐时效成形工艺特点，见表 5-5-11。

表 5-5-11　热压罐时效成形工艺特点

特点		说明
优点	压力均匀	使用气体加压，压力通过真空袋作用到制品表面，各点法向压力相等，使零件各处在相同压力下成形
	温度均匀、可调控	罐内为循环热气流加热工件，各处温度温差小。同时配置冷却系统，使温度可严格控制在工艺设置范围内
	适用范围广	模具较简单，效率高；既适用于大面积复杂型面的板、壳，也适用于简单形状的板、棒、管、块，还可用于胶接装配；小型件可一次多件同时成形
	工艺稳定、可靠性高	压力、温度均匀，可调可控，使成形零件质量一致、可靠
缺点	投资大、成本高	热压罐系统复杂、造价高、投资大；每次使用时不仅消耗水、电、气等能源，还需要真空袋膜、密封胶条、透气毡等辅助材料，使生产成本增加

5.5.3　工艺参数在线监测

大型复杂零件蠕变时效成形过程是复杂热力加载的过程，对其成形过程的主要工艺参数进行在线监测，是零件成形过程安全和成形后质量的有效保障。在线监测系统原理如图 5-5-15 所示，该系统由三个子系统组成：温度、压力与应变监测子系统。“温度”监测子系统所用传感器为热电偶，可以将热电偶固定在零件或是罐内空气中，通过数据记录仪将热电偶的电流信号转化为温度值显示并传至上位机分析处理；“压力”监测子系统是一种通过安装在管道或容器上的压力传感器来感受被测压力，主要用于测量热压罐提供的高压气体的压力；“应变”监测子系统是利用电阻应变计测量应变并通过动态采集仪将其转化为应变数据传至上位机。通过上位机将各物理量处理分析并实时显示。为了实现多参数协同在线监测，该系统通过数据通信的方式将各传感器测得的数据上传到上位机，并根据数据协议将接收到的来自下位机的数据字符串进行解码并实时显示。温度和压力数据由数据记录仪记录，与上位机通过串口 RSS32 实现通信，应变数据由动态采集仪记录，与上位机通过 UDP 实现通信。上位机采集到数据之后，即可通过数据处理模块对原始数据进行实时在线处理，从而得到成形全过程的温度、压力与应变数据。系统通过数据库技术实现对监测数据的管理和存储。一般来说，蠕变时效成形用热压罐选择使用最高温度为 250℃ 即可满足铝合金零件蠕变时效成形需要。大型热压罐升降温速率为 0.1~10℃/min（可调），温度控制精度为±2℃。通常罐内压力由零件贴模状态确定，可通过加入空气和氮气增压，速度为 0~0.025MPa/min（可调），压力控制精度为 0.01MPa。

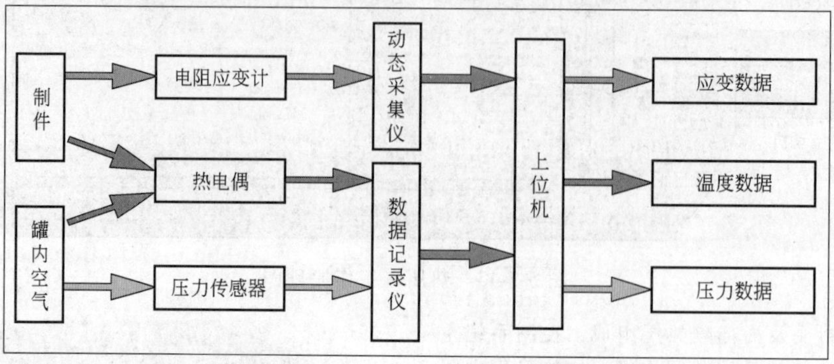

图 5-5-15　关键工艺参数在线监测系统原理

5.6　成形件尺寸精度与性能检测

5.6.1　型面精度检测

型面检测的一般方法有标准卡板检测、三坐标检测、三维光学扫描检测和胎模检测等。通常利用标准卡板检测零件型面，此方法虽然便捷快速，但检测误差大，且随着零件的不同，需要加工相对应的卡板，耗材且耗时。三坐标检测主要利用三坐标检测仪对零件的轮廓进行坐标定位检测，针对零件尺寸的不同（大型/小型），所需工作平台的尺寸也需要相应调整。三维光学扫描检测（见图 5-5-16a）是利用光学扫描仪对零件轮廓进行扫描，结合自带的专业软件，来检测型面精度，比如德国 GOM 公司开发的 ATOS 光学扫描仪。此类设备可应用于产品开发 、逆向工程、快速成型和质量控制的三维扫描测量设备，具有测量范围大、扫描速度快、携带方便、易于操作等优点，可为高效准确地进行型面检测提供有效的技术手段。三维扫描测量设备一般综合精度可达 0.1mm/m。上述方法比较适用于小批量成形件或试验件检测，对于大批量生产的成形件一般采用胎模检测的方法，如图 5-5-16b 所示。胎模检测一般使用塞尺进行测量，精度可达 0.02mm，但受人为因素影响较大。

5.6.2　厚度检测

厚度检测通常是利用超声波测厚仪来完成（见图 5-5-17）。超声波测厚仪是根据超声波脉冲反射原理来进行厚度测量，当探头发射的超声波脉冲通过被测物体到达材料分界面时，脉冲被反射回探头，通过精确测量超声波在材料中传播的时间来确定被测材料的厚度，精度可达 0.001mm。凡能使超声波以一恒定速度在其内部传播的各种材料均可采用此原理测量。试验前先对零件表面进行清理，随后在零件表面均匀的选取部分点，涂抹上硅胶油，然后利用超声波测厚仪测量零件的厚度。蠕变时效结束后，在相应位置测量其厚度，通过对比分析时效前后零件的厚度数据，可以探明蠕变时效过程中厚度的变化。一般来说，由于零件在蠕变时效成形过程中主要受弹性应力，不发生较大的塑性变形。因此，蠕变时效成形后零件厚度变化一般小于±0.2mm。

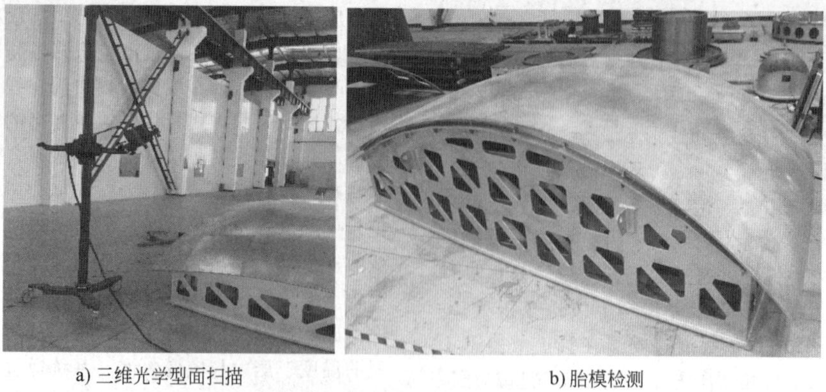

a) 三维光学型面扫描　　b) 胎模检测

图 5-5-16　型面检测常见方法

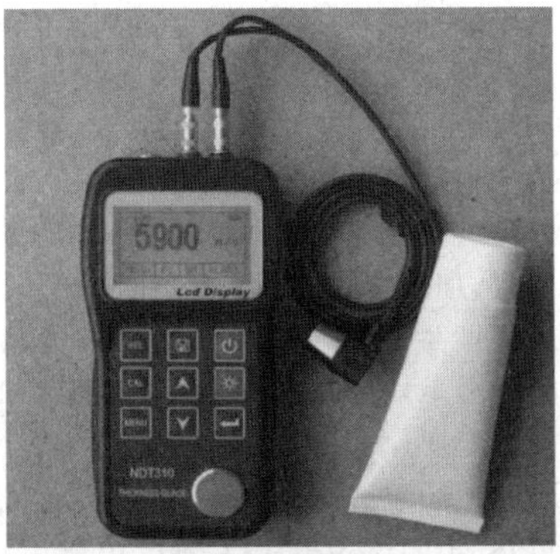

a) 超声波测厚仪

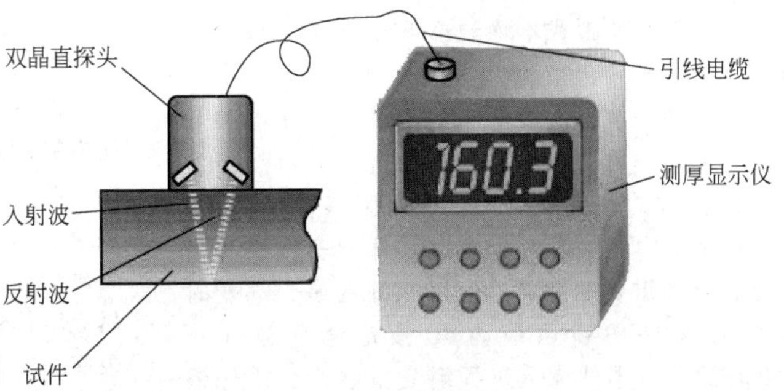

b) 超声波测厚仪测厚原理

图 5-5-17　超声波测厚仪及其原理

5.6.3　电导率检测

电导率为材料的导电能力，与铝合金强度、硬度一样受其内部沉淀相种类、尺寸、数量和分布等因素影响，可以看作铝合金内部沉淀析出行为的宏观表现。表 5-5-12 为不同牌号铝合金的电导率情况。通常铝合金退火状态（O 态）电导率最高，而固溶处理后电导率最低。此外，随时效时间的延长，电导率又不断升高。

为了获得对零件性能分布的整体认识，传统方法是从成形零件中特定位置剖切取样，加工成测试试样再进行测试。但是，随着零件的大型化，这种传统取样测试的方法不再适用，主要原因包括：①随着零件尺寸的增大，取样时就需要用到更大的铣床，水刀机床等切割设备，这种超大型的机加工设备不仅使用难度大，而且采购和保养的费用也大大提高；②若是成形零件的形状比较复杂，机加工时甚至要制造专用的夹具或模具，加工的难度和加工费用也会大幅增加；③传统的测试方法需要破坏零件，造成大量的浪费，一些不允许破坏的零件甚至不能测试。④大型零件在成形过程中，外形尺寸太大会使零件的不同位置实际处于略有区别的工艺环境中，导致其整体性能的不均匀，只对个别点进行取样测试不能全面反映零件的性能情况。为了解决传统取样测试的方法在评估大型铝合金薄壁零件时面临的效率低、浪费严重、不全面的难题，基于电导率与力学性能之间的内在关系，可通过电导率测试结果来间接评估零件的力学性能，如图 5-5-18 所示。

表 5-5-12　各类铝合金电导率

材料牌号	电导率（%IACS）	材料牌号	电导率（%IACS）	材料牌号	电导率（%IACS）	材料牌号	电导率（%IACS）
2024-O	50	2219-O	44	6009-O	54	7050-O	47
2025-T3	28.6~36.1	2219-T3	28	6010-T4	44	7051-T73	40.5
2026-T4	28.8~31.0	2219-T6、T8	30	6011-T6	47	7051-T76	39.5
2027-T6、T8	38						

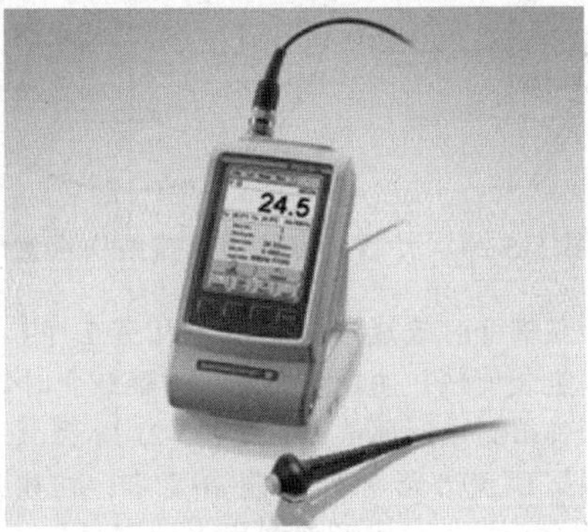

a) 电导率测试仪

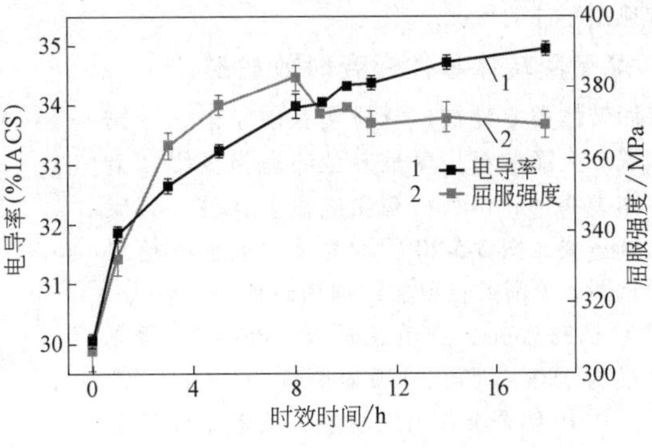

b) 电导率与材料屈服强度的关系

图 5-5-18　电导率测试仪及相关参数曲线

5.6.4　残余应力检测

残余应力是外力或不均匀温度场等作用后仍留在物体内的自平衡内应力。残余应力的存在，一方面会降低零件强度，使零件在制造时产生变形和开裂等工艺缺陷；另一方面又会在制造后的自然释放过程中使材料的疲劳强度、应力腐蚀等性能降低。因此，残余应力的检测对于确保零件的安全性和可靠性有着非常重要的意义。值得一提的是，蠕变时效成形后零件的残余应力几乎完全释放（一般<60MPa)，且零件成形过程蠕变量越大，零件最终残余应力值越低。

残余应力的测量方法可以分为有损和无损两大类。有损测试方法就是应力释放法，也可以称为机械的方法；无损方法就是物理的方法。机械方法目前用得最多的是钻孔法（盲孔法），其次还有针对一定对象的环芯法。物理方法包括 X 射线衍射法、中子衍射法、磁性法、超声法以及压痕应变法。其中，物理方法中用得最多的是 X 射线衍射法。它的基本原理是以测量衍射线位移作为原始数据（当试样中存在残余应力时，晶面间距将发生变化，发生布拉格衍射时，产生的衍射峰也将随之移动)，所测得的结果实际上是残余应变，而残余应力是通过胡克定律由残余应变计算得到的。便携式 X 射线残余应力衍射仪及现场测试如图 5-5-19 所示，该设备的测量精度可达±10MPa。由于 X 射线衍射法只能测量零件局部表面的残余应力，因此，应根据需要在零件不同部位进行测量。零件残余应力越低，表明零件尺寸稳定性越好。

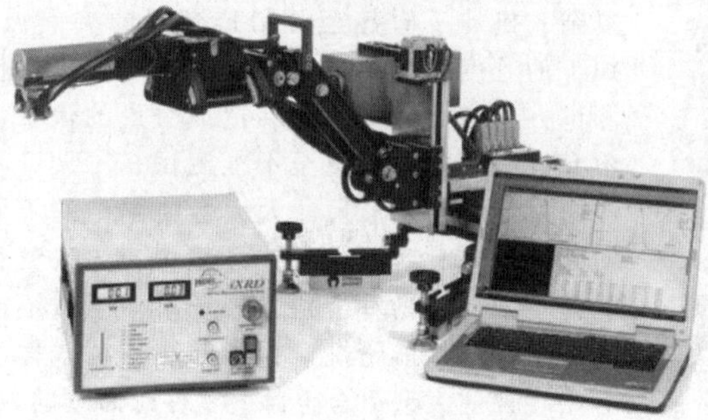

a) 便携式X射线残余应力衍射仪

b) 便携式X射线残余应力衍射仪现场测试

图 5-5-19　残余应力衍射仪及现场测试图

5.7　典型零件蠕变时效成形

大型复杂整体壁板类零件是航空航天运载装备的重要组成部分，其尺寸巨大、形状复杂、成形精度及综合性能要求高，非常适合采用蠕变时效成形技术来制造。下面将简要介绍利用蠕变时效成形制造的几种典型零件的情况。

5.7.1　薄壁回转体零件蠕变时效成形

薄壁回转体类零件被广泛应用在航空航天、轨道交通领域。火箭贮箱顶盖是典型的高强度铝合金薄壁回转体类零件，作为贮箱箱底重要部件，其成形质量极其重要。图 5-5-20 所示为大型火箭贮箱顶盖结构示意图。火箭贮箱顶盖结构为球面的一部分，球面半径为 6128.3mm，顶盖弦长为 3500mm，顶盖内部有直径为 350mm 圆孔，顶盖厚度为 18mm。贮箱顶盖采用 2219 铝合金作为原材料。顶盖型面复杂且精度要求高，成形后允许型面偏差≤2mm，蒙皮壁厚误差≤±0.25mm。同时，要求顶盖本体抗拉强度≥420MPa，屈服强度≥320MPa，伸长率≥8%。

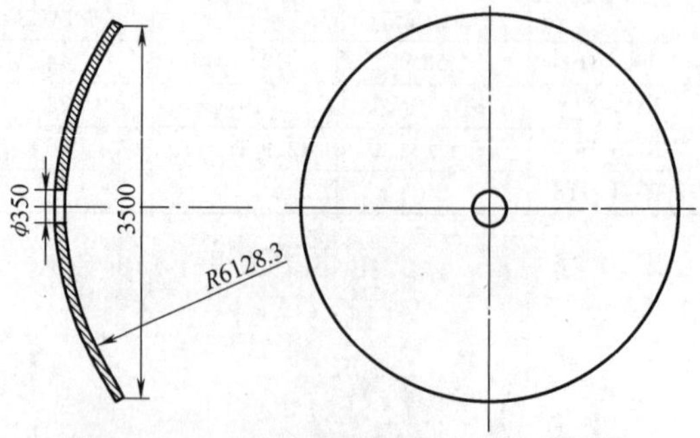

图 5-5-20　大型火箭贮箱顶盖结构示意图

顶盖蠕变时效成形包括以下几道工序：板坯下料、真空袋铺贴并抽真空加载、进罐蠕变时效成形、卸载回弹得到成形顶盖，如图 5-5-21 所示。

根据顶盖外形和性能制造要求，初始坯料为 2219 铝合金平板，成形前利用水切割机加工成圆环状（图 5-5-21a)。为预留出足够的成形后焊接余量，因此圆环的外圆直径为 3666mm。使用的成形装备及模具如图 5-5-21b 和图 5-5-21c 所示。该贮箱顶盖蠕变时效成形后如图 5-5-21d 所示。通过型面精度测得成形顶盖型面与成形目标偏差小于 1.5mm；顶盖成形前后厚度变化<0.2mm；通过室温拉伸力学性能测试，获得顶盖本体三个方向（与轧制方向夹角 0°/45°/90°）抗拉强度 445～466MPa、屈服强度 360～379MPa、伸长率 8.3%～12.3%；蠕变时效成形后顶盖三个方向性能各向异性相较板坯力学性能各向异性显著降低；表面残余应力均低于 80MPa，形状和性能指标均满足设计指标要求。

a) 平板坯料

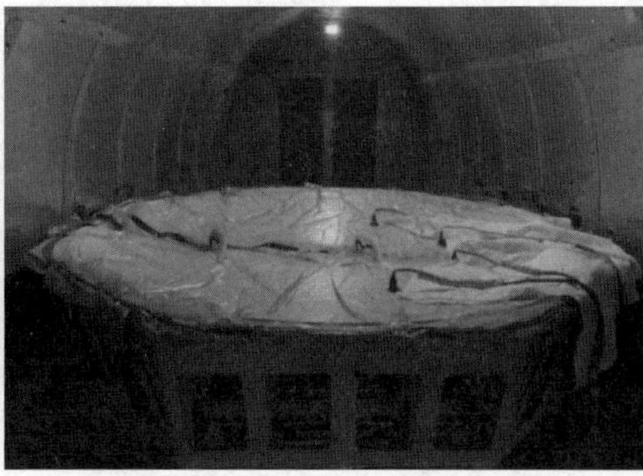

b) 工装密封

c) 热压罐成形

d) 成形顶盖

图 5-5-21　顶盖蠕变时效成形

5.7.2　复杂双曲率薄壁零件蠕变时效成形

图 5-5-22 所示为大型贮箱箱底椭球瓜瓣的尺寸示意图，为典型复杂双曲率薄壁结构。贮箱瓜瓣选用 2219 铝合金作为材料，形状为椭球曲面，长轴 9500mm；瓜瓣结构坯料尺寸：长 5000mm × 上底 1500mm×下底 3000mm×厚 18mm；目标要求：直径 10m 级瓜瓣蠕变时效成形后产品椭球面与理论型面偏差≤±2mm。蠕变时效成形后，瓜瓣件本体抗拉强度≥420MPa，屈服强度≥320MPa，伸长率≥8%；蒙皮壁厚误差≤±0.25mm。

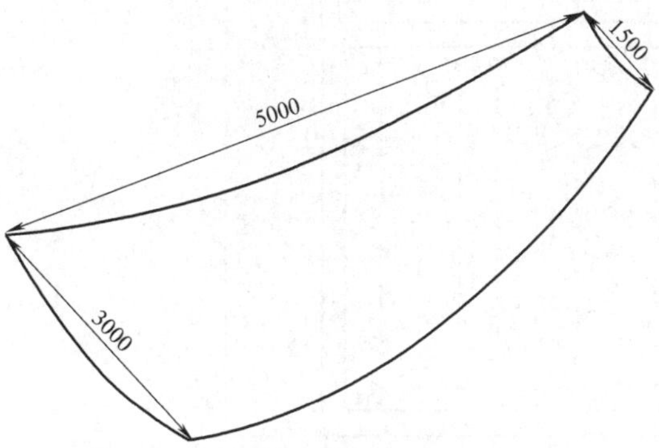

图 5-5-22　大型贮箱箱底瓜瓣尺寸示意图

针对与贮箱瓜瓣类似的超大尺寸零件的蠕变时效成形，难点在于零件平板坯料与模具型面弦高过大，真空加载无法使得零件贴模。因此，该贮箱瓜瓣采用了预滚弯+蠕变时效成形的方式制造，即先将平板坯料通过滚弯进行预成形，然后再进行蠕变时效成形以实现精确成形目标。2219 铝合金坯料热处理态为：535℃/h 固溶-淬火-预拉伸 7%～8%。预滚弯采用渐变曲率滚弯方式，滚弯后如图 5-5-23b 所示。使用的成形装备及模具如图 5-5-23c 所示。该贮箱瓜瓣蠕变时效成形后如图 5-5-23d 所示。通过标准胎模检测得到瓜瓣型面精度小于 4mm，ATOS 光学扫描仪测得型面精度-1.9~2mm；成形瓜瓣抗拉强度453.4~468.7MPa，屈服强度 358.1~374.5MPa，伸长率 8.4%~12.4%；瓜瓣成形前后厚度变化范围-0.11~0.22mm，所有指标均满足目标要求。

a) 坯料平板

b) 预滚弯板工装密封

c) 蠕变时效成形

d) 成形瓜瓣件

图 5-5-23　大型贮箱瓜瓣蠕变时效成形制造

5.7.3　薄壁网格加筋零件蠕变时效成形

薄壁网格加筋零件常用于航空航天装备的承力构件制造，如火箭贮箱壁板，自身含有错综复杂的特定结构，如筋条、肋等，具备轻质高强的特点。在火箭飞行过程中，贮箱壁板不仅要承受来自内部和外界的压力，而且还要起传递力矩的作用。因此，在制造过程中，对贮箱壁板的形状和性能要求非常严格，不仅要求高的性能，而且对壁板的壁厚、加工精度以及尺寸的稳定性也有着相当高的要求。

图 5-5-24 所示为大型格栅加筋 1/4 贮箱壁板结

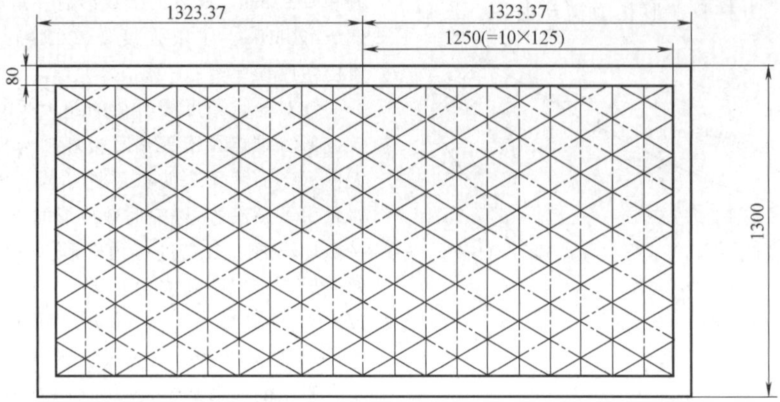

图 5-5-24　大型格栅加筋 1/4 贮箱壁板结构展开图

构的展开图。贮箱壁板为圆柱形，外蒙皮曲率半径为 1677mm，所选用的材料为 2219 铝合金。壁板展开几何尺寸为：2646.74mm×1300mm（长×宽），蒙皮厚为 $t=2.6$mm，筋条高为 $h=14.4$mm，筋条厚为 $a=5$mm；成形后的性能要求为屈服强度≥350MPa，抗拉强度≥440MPa，伸长率≥7%；蒙皮外表面圆弧与样板间隙允许为 1mm，素线直线度和垂直度≤1mm。

针对贮箱壁板这类高筋薄壁零件的蠕变时效成形，难点在于零件加载阶段应力状态和水平差异大导致的蠕变时效成形不均匀。此外，由于贮箱壁板曲率大，在局部筋条位置应力水平往往已经超过了材料屈服强度，极易发生筋条失稳、开裂。因此，贮箱壁板的成形采用了坯料预处理+蠕变时效成形新工艺。采用坯料处理工艺为：535℃/h 固溶-淬火-预拉伸（8%～10%）-铣网格形状。通过预拉伸变形处理后，坯料引入了大量位错，一方面提高了蠕变速率，有利于零件成形，同时加快了内应力松弛，减少了应力水平差异；另一方面，这些位错也为析出相提供了有利的形核位置和溶质原子扩散通道，促进了时效析出进程并使得析出相分布均匀，进一步改善了性能的均匀性。在蠕变时效成形工艺方面，也综合考虑了模具型面半径和蠕变时效工艺参数的匹配。通过采用较高的蠕变时效成形温度，以提高零件的成形性，同时一定程度上减小模具型面曲率半径，从而达到抑制零件加载失稳、开裂的目的。该贮箱壁板的蠕变时效成形试制，如图 5-5-25a 所示。图 5-5-25b 所示为蠕变时效成形后的 2219 铝合金贮箱壁板。通过三维曲面扫描技术测量零件型面精度，成形精度达到设计目标：型面偏差≤1mm；素线直线度≤0.5mm；通过随炉件的性能测试，力学性能达到设计目标：抗拉强度≥440MPa，屈服强度≥350MPa，伸长率≥8%；蒙皮上残余应力为 3～14MPa，筋条处残余应力为 15～70MPa。

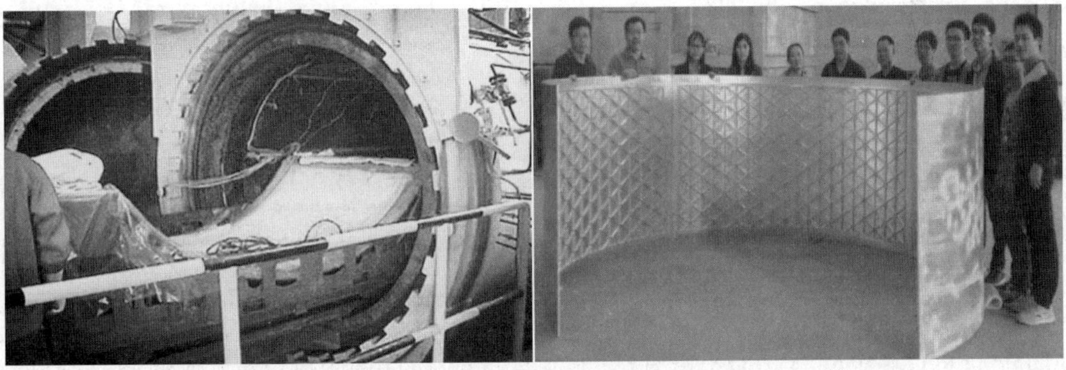

a)　　　　b)

图 5-5-25　大型贮箱壁板蠕变时效成形制造

参考文献

[1]　湛利华，杨有良．大型零件蠕变时效成形技术研究［J］．航空制造技术，2016（13）：16-23.

[2]　韩志仁，戴良景，张凌云．飞机大型蒙皮和壁板制造技术现状综述［J］．航空制造技术，2009（4）：64-66.

[3]　曾元松．航空钣金成形技术［M］．北京：航空工业出版社，2014.

[4]　BATALHA G F，PRADOS E F，RIBEIRO F C，et al. 2.08-Creep Age Forming Modeling and Characterization［M］//HASHMI S，BATALHA G F，YILBAS B，et al. Comprehensive Materials Processing. Oxford：Elsevier，2014：149-159.

[5]　徐自立．高温金属材料的性能、强度设计及工程应用［M］．北京：化学工业出版社，2006：202.

[6]　ZHAN L，LIN J，DEAN T A. A review of the development of creep age forming：Experimentation，modelling and applications［J］. International Journal of Machine Tools & Manufacture，2011，51（1）：1-17.

[7]　KASSNER M E and SMITH K K. Chapter 13-Low-Temperature Creep Plasticity［M］// KASSNER M E. Fundamentals of Creep in Metals and Alloys. 3rd ed. Boston：Butterworth-Heinemann，2015：287-299.

[8]　ASHBY M F，JONES D R H. Chapter 22-Mechanisms of Creep，and Creep-Resistant Materials［M］//ASHBY M F，JONES D R H. Engineering Materials 1. 4th ed. Boston：Butterworth-Heinemann，2012：337-349.

[9]　SHIH H C，HO N J，HUANG J C. Precipitation behaviors in Al-Cu-Mg and 2024 aluminum alloys［J］. Metallurgical and Materials Transactions A，1996，27（9）：2479-2494.

[10]　田秀云，刘艳红，高立柱．2024 铝合金新人工时效制度的探讨［J］．航空材料学报，2000，20（2）：35-39.

[11]　徐洲，赵连城．金属固态相变原理［M］．北京：科

学出版社，2004：160-171.
[12] 靳正国，郭瑞松，师春生，等. 材料科学基础（修订版）[M]. 天津：天津大学出版社，2008：160-171.
[13] ZHAN L, LIN J, DEAN T A, et al. Experimental Studies and Constitutive Modelling of the Hardening of Aluminium Alloy 7055 under Creep Age Forming Conditions [J]. International Journal of Mechanical Sciences, 2011, 53 (8): 595-605.
[14] BAKAVOS D, PRANGNELL P B, BES B, et al. Through Thickness Microstructural Gradients in 7475 and 2022 Creep-Ageformed Bend Coupons [J]. Materials Science Forum , 2006, 519-521: 407-412.
[15] ZHU A W, STARKE E A. Stress Aging of Al-Cu Alloys: Computer Modeling [J]. Acta Materialia, 2001, 49 (15): 3063-3069.
[16] HO K C, LIN J, DEAN T A. Constitutive Modeling of Primary Creep for Age Forming an Aluminum Alloy [J]. Journal of Materials Processing Technology, 2004, 153-154: 122-127.
[17] LI C, WAN M, WU X D, et al. Constitutive Equations in Creep of 7B04 Aluminum Alloys [J]. Materials Science and Engineering: A, 2010, 527 (16-17) : 3623-3629.
[18] PITCHER P D, STYLES C M. Creep Age Forming of 2024A, 8090 and 7449 Alloys [J]. Materials Science Forum, 2000, 331-337 (1): 455-460.
[19] STARINK M J, SINCLAIRE I, GAO N, et al. Development of New Damage Tolerant Alloys for Age-Forming [J]. Materials Science Forum, 2002, 396-402: 601-606.
[20] STARINK M J, GAO N, KAMP N, et al. Relations between Microstructure, Precipitation, Age-Formability and Damage Tolerance of Al-Cu-Mg-Li (Mn, Zr, Sc) Alloys for Age Forming [J]. Materials Science and Engineering: A, 2006, 418 (1-2): 241-249.
[21] EBERL F, GARDINER S, CAMPANILE G , et al. Ageformable Panels for Commercial Aircraft [J]. Proceedings of the Institution of Mechanical Engineers Part G-Journal of Aerospace Engineering, 2008, 222 (6): 873-886.
[22] JAMBU S, LENCZOWSKI B, RAUH R, et al. Creep Forming of Al-Mg-Sc Alloys for Aeronautical and Space Applications [C] //International Council of Aeronautical Sciences; ICAS 2002, 2002.
[23] 北京航空制造工程研究所. 航空制造技术 [M]. 北京：航空工业出版社，2013.
[24] WANG M, ZHAN L, HUANG M, et al. Effect of predeformation on aging creep of Al-Li-S4 alloy and its constitutive mdeling [J]. Transactions of Nonferrous Metals Society of China, 2015, 25 (5): 1383-1390.
[25] XU Y, ZHAN L, LI W. Effect of pre-strain on creep aging behavior of 2524 aluminum alloy [J]. Journal of Alloys and Compounds, 2017, 691: 564-571.
[26] YANG Y, ZHAN L, MA Q, et al. Effect of pre-deformation on creep age forming of AA2219 plate: Springback, microstructures and mechanical properties [J]. Journal of Materials Processing Technology, 2016, 229: 697-702.
[27] XU Y, ZHAN L. Effect of Creep Aging Process on Microstructures and Properties of the Retrogressed Al-Zn-Mg-Cu Alloy [J]. Metals, 2016, 6 (8): 189.
[28] LEI C, YANG H, Li H, et al. Dependence of creep age formability on initial temper of an Al-Zn-Mg-Cu alloy [J]. Chinese Journal of Aeronautics. 2016, 29 (5): 1445-1454.
[29] 黄官伟. 静电场对 7075 铝合金时效成形性能的影响研究 [D]. 南昌：南昌航空大学，2016.
[30] TAN J, ZHAN L, ZHANG J, et al. Effects of Stress Relaxation Aging with Electrical Pulses on Microstructures and Properties of 2219 Aluminum Alloy [J]. Materials, 2016, 9 (7): 538.
[31] ZHAN L, MA Z, ZHANG J, et al. Stress relaxation ageing behaviour and constitutive modelling of a 2219 aluminium alloy under the effect of an electric pulse [J]. Journal of Alloys and Compounds, 2016, 679: 316-323.
[32] XU Y Q, TONG C Y, ZHAN L, et al. A low-density pulse-current-assisted age forming process for high-strength aluminum alloy components [J]. The International Journal of Advanced Manufacturing Technology, 2018, 97 (9-12): 3371-3384.
[33] LIU Y Z, ZHAN L H, MA Q Q, et al. Effects of alternating magnetic field aged on microstructure and mechanical properties of AA2219 aluminum alloy [J]. Journal of Alloys and Compounds, 2015, 647: 644-647.
[34] WANG Y, DENG Y, ZHANG J, et al. Effects of mechanical vibration on double curvature creep aging forming of 2124 aluminum alloy [J]. Materials Science Forum, 2018, 913: 83-89.
[35] 周贤宾，常和生，陈爱雅，等. 带筋壁板的时效应力松弛校形 [J]. 航空制造工程，1998 (5): 19-20, 23.
[36] 洪江波. LY12CZ 铝合金材料的时效成形理论与试验研究 [D]. 西安：西北工业大学，2005.
[37] 许晓龙. 蠕变时效统一本构建模与成形模面回弹补偿 [D]. 长沙：中南大学，2014.
[38] 余同希，章亮炽. 塑性弯曲理论及其应用 [M]. 北京：科学出版社，1992：45-86，181-187.
[39] 甘忠，熊威，张志国. 2124 铝合金时效成形回弹预测 [J]. 塑性工程学报，2009，16 (3): 140-144.
[40] ZHAN L H, XU X L, HUANG M H. Influence of Element Types on Springback Prediction of Creep Age Forming of Aluminum Alloy Integral Panel [J]. Materials Science Forum, 2014, 773-774: 512-517.

[41] YANG Y, ZHAN L, SHEN R, et al. Investigation on the creep-age forming of an integrally-stiffened AA2219 alloy plate: experiment and modeling [J]. The International Journal of Advanced Manufacturing Technology, 2017 (15): 1-11.

[42] GUINES D, GAVRUS A, RAGNEAU E. Numerical modeling of integrally stiffened structures forming from creep age forming technique [J]. International Journal of Material Forming, 2008, 1 (1): 1071-1074.

[43] JACKSON M J, PEDDIESON J, FOROUDASTAN S. Age-forming of beam structures' analysis of springback using a unified viscoplastic model [J]. Proceedings of the Institution of Mechanical Engineers, Part L: Journal of Materials Design and Applications, 2005, 219 (1): 17-24.

[44] XU Y, ZHAN L, MA Z, et al. Effect of heating rate on creep aging behavior of Al-Cu-Mg alloy [J]. Materials Science and Engineering: A, 2017, 688: 488-497.

[45] LI Y, ShI Z, LIN J, et al. FE simulation of asymmetric creep-ageing behaviour of AA2050 and its application to creep age forming [J]. International Journal of Mechanical Sciences, 2018, 140: 228-240.

[46] LI Y, SHI Z, LIN J, YANG Y, et al. Effect of machining-induced residual stress on springback of creep age formed AA2050 plates with asymmetric creep-ageing behaviour [J]. International Journal of Machine Tools and Manufacture, 2018, 132: 113-122.

[47] 李久林，梁新邦. GB/T 2039—1997 金属拉伸蠕变及持久试验方法国家标准编制说明 [J]. 冶金标准化与质量，1998 (3): 4-8.

[48] ZHANG J, DENG Y, ZHANG X. Constitutive modeling for creep age forming of heat-treatable strengthening aluminum alloys containing plate or rod shaped precipitates [J]. Materials Science and Engineering: A, 2013, 563: 8-15.

[49] YANG Y, ZHAN L, SHEN R, et al. Effect of pre-deformation on creep age forming of 2219 aluminum alloy; Experimental and constitutive modelling [J]. Materials Science and Engineering: A, 2017, 683: 227-235.

[50] FOROUDASTAN S, PEDDIESON J, HOLMAN M C. Application of a Unified Viscoplastic Model to Simulation of Autoclave Age Forming [J]. Journal of Engineering Materials and Technology, 1992, 114 (1): 71-76.

[51] FU C, LI Y, LI N, et al. Temperature uniformity optimizing method of the aircraft composite parts in autoclave processing [J]. Journal of Materials Science and Engineering, 2013, 31 (2): 273-276.

[52] 刘欣，王国庆，李曙光，等. 重型运载火箭关键制造技术发展展望 [J]. 航天制造技术，2013 (01): 1-6.

[53] XU Y, ZHAN L, HUANG M, et al. Numerical simulation of temperature field in large integral panel during age forming process: Effect of autoclave characteristics [J]. Procedia Engineering, 2017, 207: 269-274.

[54] 凤凰网科技. 重型火箭再进一步！中国造世界最大火箭贮箱瓜瓣 [EB/OL]. (2018-07-07). http://tech.ifeng.com/a/20180707/45053343_0.shtml.

第6章

特种板材热成形技术

大连理工大学　陈国清
哈尔滨工业大学　王国峰　张凯锋
上海交通大学　李细锋

6.1　陶瓷材料热压成形

6.1.1　概述

先进陶瓷由于其特定的精细结构和高强、高硬、耐磨、耐腐蚀、耐高温以及一系列优良的物理性能，已被广泛应用于国防、航空、航天、化工、冶金、电子、机械、生物医用等国民经济的各个领域。近些年，随着陶瓷材料应用的逐渐推广，实际应用中对陶瓷材料的组织控制、性能优化、产品的形状及尺寸控制等均提出了更为严苛的要求，陶瓷材料的制备及成形等生产工艺将对最终产品的质量产生至关重要的影响。

对于形状复杂的陶瓷零部件来说，直接烧结成形的制备方法难以保证零件边角处或几何形状突变区域的密度、组织结构、力学性能或尺寸精度等重要指标。另外，陶瓷材料与金属材料相比，其滑移系少，位错的产生和运动困难，在室温下几乎无塑性变形能力，因此陶瓷材料难以像金属一样进行传统的塑性加工，这在很大程度上限制了陶瓷材料的应用范围。

直至1986年，日本的著名学者若井史博（F · Wakai）和他的合作者们首次发现并报道了多晶陶瓷材料的超塑性现象。当陶瓷材料满足一定的内在条件（晶粒尺寸、形态等）和外界条件（温度、应变速率等）时具有类似金属一样的超塑性变形能力，这就为陶瓷零件的热压成形提出了一条新的解决途径。至今，Al_2O_3、Al_2O_3-ZrO_2复相陶瓷材料、$MgAl_2O_4$、Si_3N_4、SiC、Si_3N_4、羟基磷灰石等陶瓷材料也被发现具有不同程度的超塑性。

陶瓷超塑性热压成形已发展近三十年，研究重心也已从发现新的超塑性陶瓷和得到超大伸长率逐渐转向陶瓷热压成形的工程应用研发，如高速超塑性、低温超塑性、粗晶超塑性等方面。

6.1.2　典型陶瓷热压成形工艺

陶瓷超塑性热压成形技术的飞速发展，为复杂陶瓷零件的“近净成形”提供了一条简便、有效的途径。利用陶瓷在特定条件下的超塑性，热压成形技术可以实现复杂陶瓷零件的精密制造，使陶瓷材料可以像金属一样采用超塑性热拉深成形、超塑性热挤压成形、超塑性热模锻成形、超塑性扩散连接等加工方式，并已得到了商业应用。

根据载荷方向与材料流动方向，热挤压成形还可分为正热挤压成形和反热挤压成形。当施加载荷方向与材料流动方向一致时，一般称为正热挤压成形；反之，则为反热挤压成形。由于陶瓷材料的成形温度普遍较高，应采用高温性能稳定的材料作为模具材质，例如三高石墨。在热挤压成形过程中，通常在坯体与模具套筒之间采用石墨箔或喷涂氮化硼降低模具与坯体之间的摩擦力，提高材料成形质量。典型陶瓷热挤压成形示意图如图5-6-1所示。

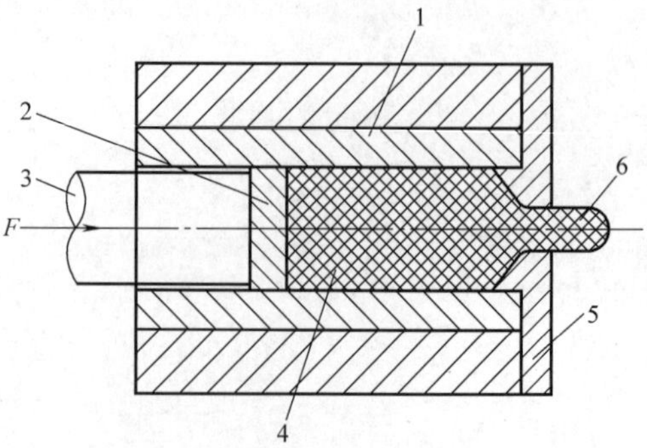

图5-6-1　典型陶瓷热挤压成形示意图
1—模具套筒　2—垫片　3—挤压杆　4—坯体
5—挤压模　6—成形材料

陶瓷热拉深成形是常用的塑性加工工艺之一，通过拉深模将板状陶瓷坯料制成各种形状的开口空心零件。该工艺可广泛应用于仪器仪表、电子、航空航天等各种工业部门和民用日常生活用品的生产。

典型陶瓷材料热拉深成形示意图如图 5-6-2 所示。

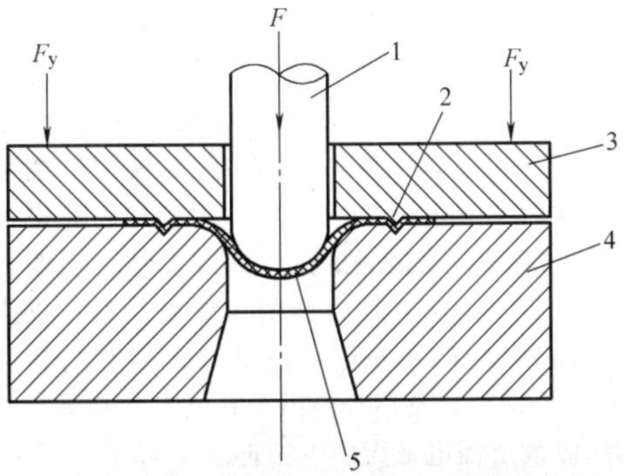

图 5-6-2　典型陶瓷材料热拉深成形示意图

1—凸模　2—拉深筋　3—压边圈　4—凹模　5—陶瓷坯料

6.1.3　陶瓷材料热压成形工艺要点

1. 成形温度

陶瓷材料热压成形主要利用了材料在高温下能够实现大变形而不失稳的超塑性特征。因此，对于陶瓷材料而言，其热压成形温度普遍较高，一般要高于陶瓷材料熔点的一半（$T_D>0.5T_m$，T_m 为材料熔点的绝对温度）。当达到热压成形目标温度后，需根据陶瓷坯体和模具尺寸设定保温时间，以保证陶瓷坯体温度均匀后再开始热压成形。为防止陶瓷毛坯的温度耗散，热压成形时模具和坯料要保持在相同的恒定温度环境之中。

2. 应变速率

由于陶瓷材料自身结构和化学键特征，其热压成形过程中材料在微观组织或化学成分不均匀的地方极易产生应力集中现象。当应变速率较快时，材料（物质）来不及沿着应力方向流动和填充，致使材料在晶界处发生物质不连续的现象，即形成空洞。在陶瓷材料热压成形过程中，空洞的形核实质上是晶界滑移速度超过了调节速度，由晶界滑移或晶粒转动所产生的应力集中得不到扩散或其他协调机制的及时调整，在晶界处造成了几何形状和物质的突变，进而形成空洞。因此，陶瓷材料的热压成形需严格控制成形过程中材料的应变速率。普遍来说，应变速率在 $10^{-6}\sim10^{-2}\ s^{-1}$ 的数量级。因此，陶瓷热压成形对设备的精准度及施压稳定性要求较高，能够实现低速稳定加载是该设备的关键参数。在设计陶瓷材料热压成形应变速率时，应充分考虑各区域由于几何形状及受力差异而导致的应变速率差，以保证各区域内的扩散或其他协调机制均能够及时地缓解材料流变产生的应力集中，避免形成空洞，确保成形材料性能。

3. 流变应力

热压成形过程中，载荷是材料发生塑性流动的重要驱动力之一。实际上，在陶瓷材料满足所需成形温度和应变速率的要求下，其流变应力普遍较低，一般仅为材料室温屈服强度的 5%～25%。因此，陶瓷热压成形对设备吨位需求较低，低于一般材料塑性加工的吨位。

4. 微观组织

陶瓷材料能够达到良好的超塑性状态，除了需满足外界条件（成形温度、应变速率等），还应具备一定的微观组织结构，即满足自身的内在条件。对于陶瓷材料来说，其达到超塑性状态需要细小的晶粒尺寸，往往低于 1μm 为宜。晶粒尺寸越细小，其对外界条件的需求就越低，即可以降低成形温度，或提高应变速率。因此，为了降低热压成形成本和提高成形效率，往往采用超细晶陶瓷材料作为坯体。

6.1.4　陶瓷热压成形工艺实例

纳米 ZrO_2-Al_2O_3 和 ZrO_2-spinel-Al_2O_3 复相陶瓷在压头速度为 0.35～0.6mm/min 的范围内不但可以进行大变形量的挤压、拉深成形等标准塑性加工，也可以进行特殊形状的“近净成形”，如挤压出杯形件或涡轮盘模拟构件，成形后构件表面质量良好、无裂纹，且力学性能没有出现下降趋势，如图 5-6-3a～f 所示。平均晶粒尺寸为 100nm 的 ZrO_2-spinel-Al_2O_3 复相陶瓷在低温（1150℃）即可完成复杂形状的近净成形，如图 5-6-3g～h 所示，其等效应变速率大于 $10^{-2}\ s^{-1}$。低温高速超塑性在塑性成形领域的成功应用使复杂形状陶瓷构件的工程应用变得切实可行。

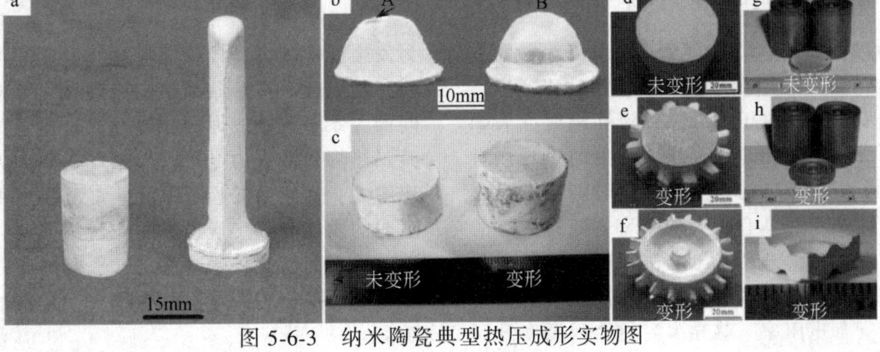

图 5-6-3　纳米陶瓷典型热压成形实物图

6.2　电流辅助板材热成形技术

6.2.1　概述

电流辅助成形技术是将金属及其合金材料通入电流来成形工件的一种新加工方法。根据电流/电场作用不同可分成两种，一种主要利用焦耳热效应，在坯料成形前电加热材料，当材料在短时间内达到成形温度后断电成形；另一种是利用电致塑性效应，在坯料成形过程中通入电流来改善材料的成形性能。根据加热方式的不同，自阻加热方式也可以分为整体加热和局部加热。电致塑性效应是指把电流通入材料成形过程中时，材料流动应力明显降低和塑性显著提高的现象。

6.2.2　典型材料电热性能

对于不同的轻合金材料，其电热物理性能不同，自阻加热参数也会因此有所差异。表 5-6-1 给出几种轻合金材料及纯铜电极的热电物理性能，其中钛合金的电阻率明显高于铝合金及镁合金且电导率很小，可见其有较好的电加热性能，但导热性能偏差。对不同轻合金材料进行电加热试验，试样尺寸为 60mm×120mm，厚度为 1.2mm，两电极间的实际被加热长度为 90mm。图 5-6-4 所示为不同合金电流密度与稳定加热温度之间的关系曲线，钛合金明显表现出其优于镁合金、铝合金的良好电热性，仅需很小的电流密度（$7A/mm^2$）就可以达到较高的温度（900℃）。镁合金及铝合金由于其电阻率相近，加热到相同温度所需电流大小也相近。

金属材料在脉冲电流加热时，随着材料温度的升高，其向外界散失热量的速度也加快。此外，由于材料的热导率、电阻率等热电物理性能参数也随温度的升高而发生变化，因此材料温度与加热时间的关系总体上来说是非线性的。图 5-6-5 所示为几种不同金属材料在有效电流密度为 $22.5A/mm^2$ 时的脉冲电流加热温升曲线。

表 5-6-1　纯铜电极及钛、镁、铝合金的热电物理性能参数（20℃）

材料	电导率/[$\times10^6$/(cm·Ω)]	热导率/[W/(m·K)]	电阻率/(Ω·m)	比热容/[J/(kg·K)]	密度/(g/cm^3)
Cu	0.596	400	1.75×10^{-8}	387	8.90
TA15 钛合金	0.023	8.8	1.63×10^{-6}	545	4.45
5083 铝合金	0.377	156	7.10×10^{-8}	880	2.67
AZ31 镁合金	0.226	100.5	9.30×10^{-8}	1130	1.78

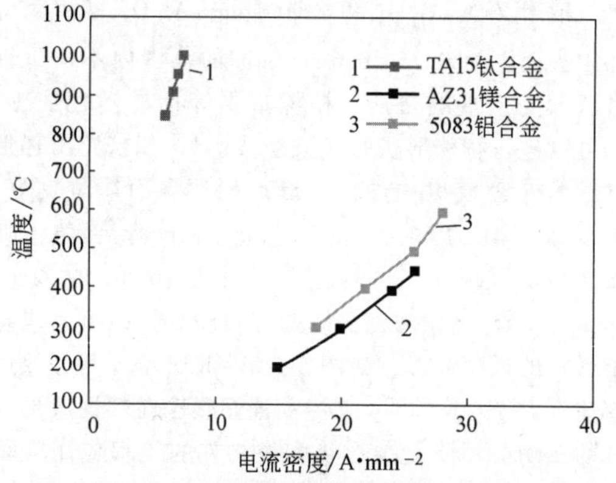

图 5-6-4　三种不同轻合金材料电流密度与稳定加热温度的关系曲线

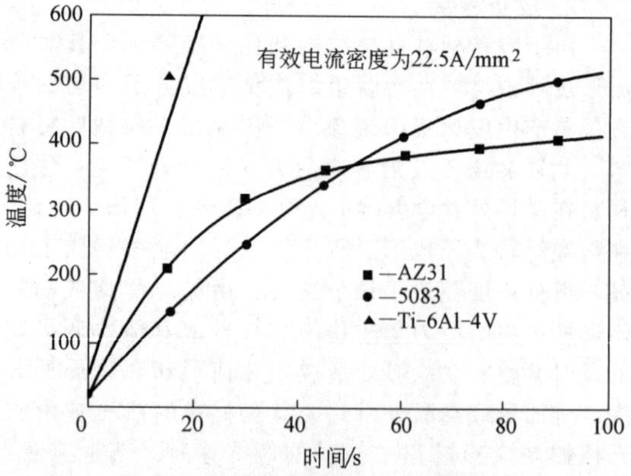

图 5-6-5　不同材料的脉冲电流加热温升曲线

图 5-6-6 所示为 TA15 钛合金在不同电流密度下的加热升温曲线，在加热过程的前几十秒时间内，板料温度稳步上升，由于传导、对流和辐射散失的热量很少，材料的内能增加很快，产生的焦耳热量几乎全部用于提升板料的温度，加热时间与温度之间基本为线性关系并具有较大的斜率；随着加热的继续，板料温度持续升高，与电极和周围环境之间的温差不断增大，热量散失越发严重。此外，材料的电热性能（如电阻率、热导率）也会因温度升高而发生改变，由此导致板料的升温速率下降，曲线斜率随温度升高开始减小，加热时间与板料温度之间的关系不再是线性的；随着板材热量的散失，尤其是热辐射散失的能量以与温度成四次方的关系迅速增大，加热曲线趋于平缓，直至板材由于焦耳热生成的内能与热交换损失的能量相同时，板料处于动态热平衡状态，温度稳定，平衡温度的大小与加热电流密度有关，电流密度越大，板料的稳定温度越高。

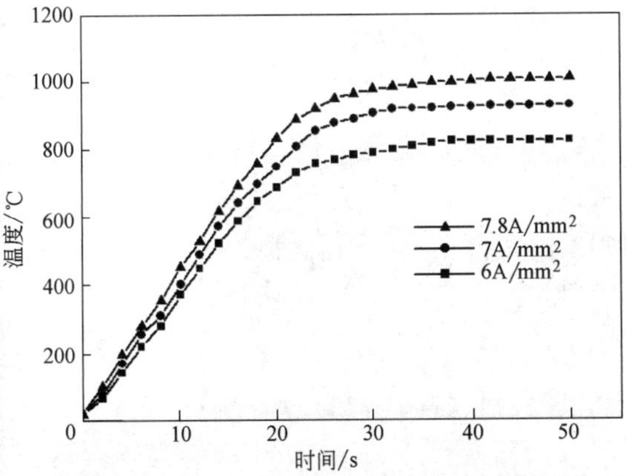

图 5-6-6　TA15 钛合金在不同电流密度下的加热升温曲线

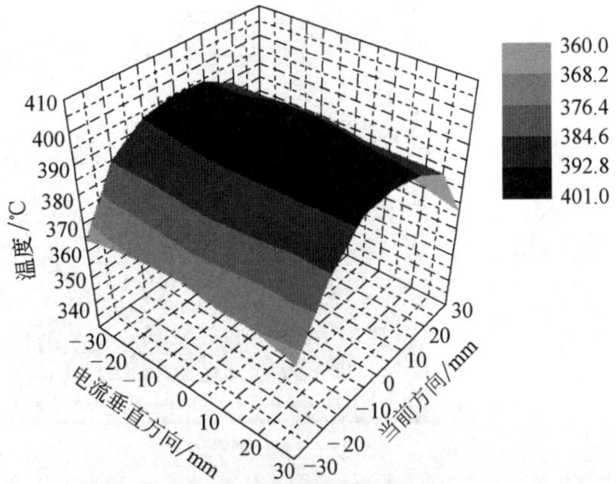

图 5-6-7　SiC_p/Al 板材自阻加热温度场分布（$I=45.8A/mm^2$）

6.2.3　电流辅助拉深成形实例

铝基复合材料电加热到成形温度所需的电流密度最大。图 5-6-7 所示是电流密度为 $45.8A/mm^2$ 时板材自阻加热温度场的分布。板料成形区域温差小于 20℃，满足成形温度均匀性要求。

哈尔滨工业大学进行了 SiC_p/2024Al 板材脉冲电流辅助拉深成形，将上万安培的大电流通入铝基复合材料板坯中，当板料达到成形温度后断电并迅速拉深，工艺示意图如图 5-6-8a 所示，整个工艺过程耗时 60s，得到如图 5-6-8b 所示零件，该零件表面质量良好，厚度分布均匀，无划伤、褶皱及显微裂纹，并具有较高的尺寸精度。目前已经成功应用于星箭分离器。

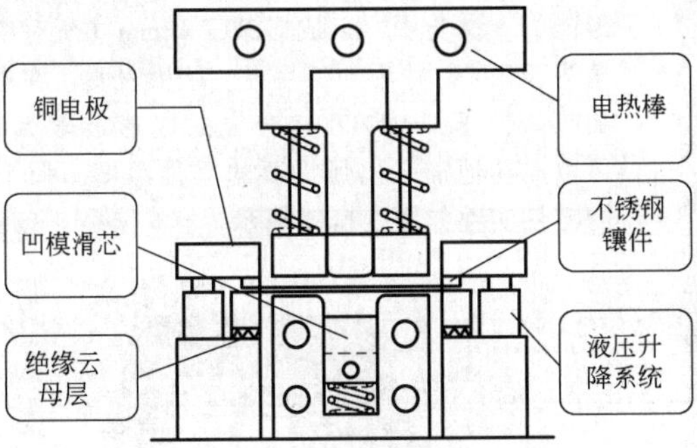

a) 工艺示意图

b) 成形零件

图 5-6-8　SiC_p/2024Al 板材脉冲电流辅助拉深成形

6.2.4　电流辅助胀形成形实例

试验材料选用 Ti31 钛合金。试验装置如图 5-6-9 所示，主要由电源、夹持电极、成形模具、压力机、气瓶等组成。成形模具分为金属模具和陶瓷模具两部分，陶瓷模具起到绝缘作用。大尺寸波纹管成形时需要更大的合模力，气泵无法达到要求，因此采用压力机提供轴向压力。

哈尔滨工业大学采用电流辅助超塑成形工艺制得的大尺寸钛合金波纹管如图 5-6-10 所示，成形质量良好，壁厚分布均匀，氧化小，无回弹。成形过程中，坯料在几十秒时间内加热到成形温度，大大降低了成形周期，能量损耗小。

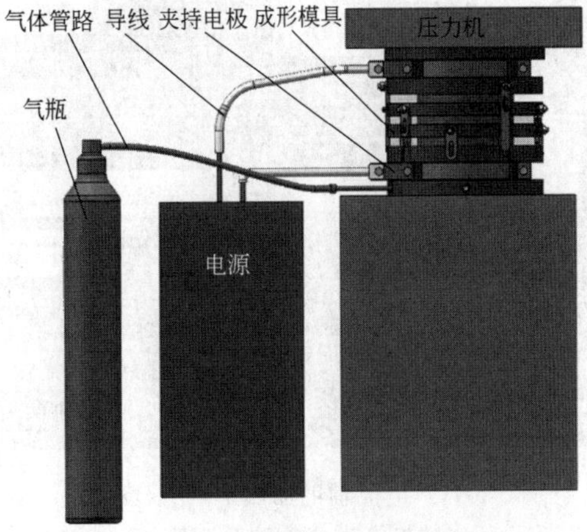

图 5-6-9　大尺寸波纹管的试验装置

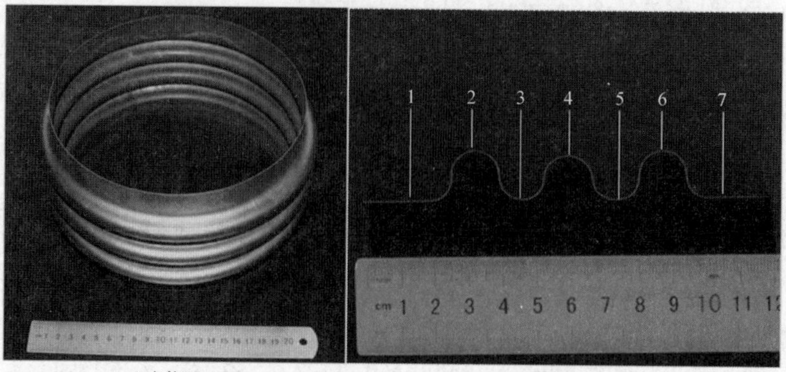

a) 实物图　　b) 截面图

图 5-6-10　大尺寸钛合金波纹管

6.2.5　电流辅助单点渐进成形实例

基于电流辅助加热板料数控渐进成形技术的基本原理及所采用的电流加载方式，上海交通大学研究团队自主开发了适用于单点/双面板料数控渐进成形技术与电流辅助加热技术相结合的试验系统，如图 5-6-11 所示。由于加工过程主要利用的是电流的焦耳热效应，采用的是额定输出电流为 0~800A，额定输出电压为 0~15V 的大电流低电压直流电源。在较高温度、长时间的加工过程中，采用普通高速钢制造的成形工具端部容易发生软化，一方面，使得工具刚度下降，影响成形精度；另一方面，在高压下进一步加剧了工具的磨损。因此，在选择成形工具材料时应考虑选择红硬性好、抗弯强度高、导电导热性能好的材料。所使用的端部半球直径为 10mm 的成形工具都是用高温镍基合金制造。采用红外线热像仪对加工过程中的温度变化进行在线监测。所采用便携式红外线热像仪的型号为 FLIRA615，其温度测量范围和精度分别为 -40~2000℃ 和 0.1℃。普通的润滑油或润滑脂容易被挤出高压局部变形区；

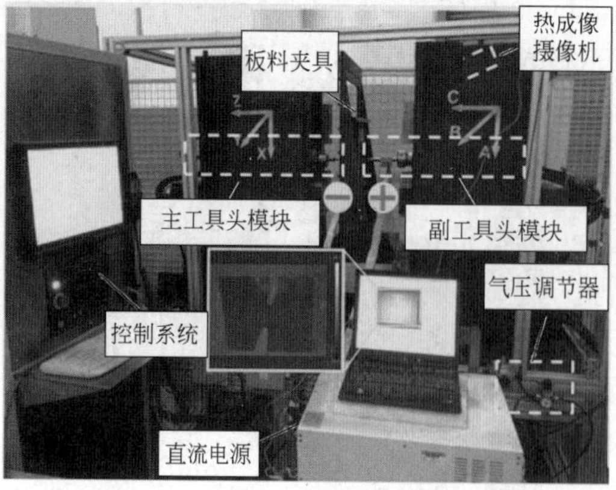

图 5-6-11　电流辅助加热单点/双面板料数控渐进成形试验系统

且在高温下会发生形态的变化，逐渐失去润滑作用。研究中选择了耐高压、耐高温且具有良好导电能力的防紧蚀铜膏作为板料与成形工具间的润滑剂。

由于 AZ31B 镁合金在室温条件下较差的成形表现，尝试采用电流辅助加热的方法对其进行改善。针对变角度圆锥形零件，保持成形工具进给速度为 800mm/min，将输入电流恒定为 500A，测试了 AZ31B 镁合金板料在电流辅助单点渐进成形中的成形能力。试验中，以成形深度 42mm（所对应的成形角为 80°左右）为加工目标。结果表明：在电流辅助加热条件下，AZ31B 镁合金的成形极限大幅提高，可以成功地加工出所需要的零件深度，加工完成后的零件实物如图 5-6-12 所示。

图 5-6-12　电流辅助单点渐进成形成功加工的 AZ31B 镁合金板料零件

参考文献

[1]　WAKAI F, SAGAGUCHI S, MATSUNO Y. Superplasticity of yttria-stabilized tetragonal ZrO2 polycrystals [J]. Adv Ceram Mater, 1986, 1 (3): 259-263.

[2]　CHEN G Q, ZHANG K F, WANG G F, et al. The superplastic deep drawing of a fine-grained alumina-zironia ceramic composite and its cavitation behavior [J]. Ceram Int, 2004, 30 (8): 2157-2162.

[3]　CHEN G Q, ZHANG K F. Superplastic extrusion of Al_2O_3-

YTZ nanocomposite and its deformation mechanism [J]. Mater sci Forum, 2005, 475-479: 2973-2976.

[4] CHEN G Q, SUI S H, WANG X D, et al. Effect of superplastic deformation on the properties of zirconia dispersed alumina nanocomposite [J]. Mater Sci Forum, 2007, 551-552: 527-532.

[5] CHEN G Q, Zu Y F, XIE J, et al. Fabrication and superplastic deformation of Al_2O_3-YSZ-$MgAl_2O_4$ composite ceramic [J]. Adv Mater Res, 2010, 105-106: 188-191.

[6] CHEN G Q, Zu Y F, LUO J T, et al. Superplastic forming of oxide ceramic compostie [J]. Key Engineering Materials, 2012, 512-515: 407-410.

[7] 张凯锋，王非. 3Y-ZrO_2/Al_2O_3 细晶复相陶瓷涡轮盘的超塑挤压 [J]. 航空材料学报, 2008, 28 (4): 36-40.

[8] HULBERT D M, JIANG D T, KUNTZ J D, et al. A low-temperature high-strain-rate formable nanocrystalline superplastic ceramic [J]. Scripta Mater, 2007, 56 (12): 1103-1106.

第6篇　流体介质与弹性介质成形

概　述

利用柔性介质成形板材可以有效地提高板材的成形性、零件尺寸精度和复杂度，零件表面质量好，减少模具的数量和成形的工序，降低零件的回弹量。柔性介质可分为流体介质、弹性介质、固体颗粒介质等，在一定温度和外力条件下具有好的流动性。

流体介质成形是采用牛顿流体（如气、液）或者非牛顿流体（如硅橡胶、石蜡等）来成形板材或者管材的成形方法。根据原始材料形状，可以分为管材内高压成形、板材液压成形等；根据成形温度，可以分为热气胀成形和热油介质成形等；根据流体介质种类，可以分为牛顿流体介质成形、非牛顿流体介质成形（如黏性介质成形等）。弹性介质成形是以弹性体，如天然橡胶或聚氨酯橡胶等具有超弹性的介质，作为柔性凹模或凸模，对金属板材施加压力，使其贴靠刚性模（凸模或凹模）的成形方法。固体颗粒介质成形采用固体颗粒，如陶瓷、金属等具有一定流动特性的颗粒介质，作为传力介质的板材成形方法。

本篇内容面向实际的应用并具有一定的前瞻性，分为5章进行论述。

第1章

管材内高压成形

哈尔滨工业大学　苑世剑　韩　聪　王小松　刘　钢　崔晓磊

1.1　内高压成形原理与特点

1.1.1　成形原理

内高压成形基本原理是以管材为坯料，通过在管材内部所施加的高压液体和轴向补料的联合作用，把管材压入模具型腔使其成形为所需形状的工件。由于使用的成形介质多为水介质或油介质，又称为管材液压成形或水压成形。按零件几何特征，内高压成形分为三类：①变径管内高压成形；②弯曲管件内高压成形；③多通管内高压成形。

变径管是指管件中间一处或几处的管径或周长大于两端管径。其成形工艺过程可以分为成形和整形两个阶段，如图 6-1-1 所示。在成形阶段（见图 6-1-1a)，当模具闭合后，将管的两端用水平冲头密封，使管坯内充满液体，并排出气体，实现管端冲头密封。在对管内液体加压胀形的同时，两端的冲头按照设定的加载曲线向内推进补料，在内压和轴向补料的联合作用下使管坯基本贴靠模具，这时除了过渡区圆角以外的大部分区域已经成形；在整形阶段（见图 6-1-1b)，提高压力使过渡区圆角完全贴靠模具，从而成形为所需的工件。从截面形状看，可以把管材的圆截面变为矩形、梯形、椭圆形或其他异型截面（见图 6-1-1c)。

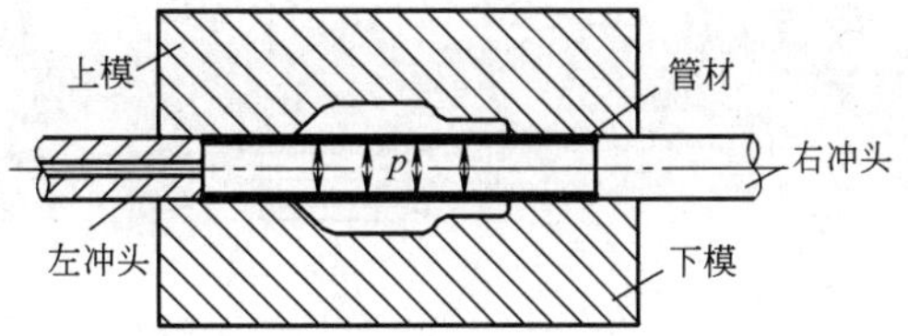

a) 成形阶段

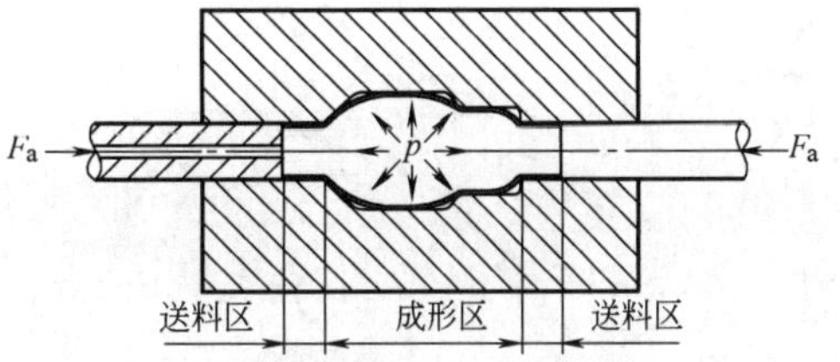

b) 整形阶段

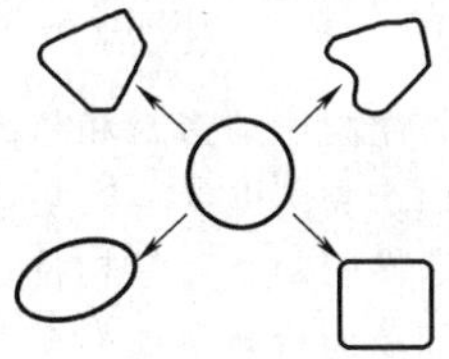
c) 截面形状

图 6-1-1　变径管内高压成形

图 6-1-2 所示为变径管内高压成形的应力应变状态及其在平面应力屈服轨迹上的位置。在充填阶段，认为整个管材都处于单向轴向受压的应力状态，位于屈服轨迹上的 A 点，对应的应变状态为轴向压缩、周向伸长和厚度增加，但变形量都很小。在成形初期，管材保持平直的状态，管材为周向受拉、轴向受压的应力状态，位于屈服轨迹中 A 点和 B 点之间，但应变状态与周向应力和轴向应力的数值大小有关。当位于屈服轨迹上的 A 点和 D 点之间时，有 $\sigma_\theta<|\sigma_z|$，壁厚增加；当位于屈服轨迹上的 B 点和 D 点之间时，$\sigma_\theta>|\sigma_z|$，壁厚减薄；当 $\sigma_\theta=|\sigma_z|$，位于屈服轨迹上的 D 点，此时有 $d\varepsilon_\theta=-d\varepsilon_z$，管材处于平面应变状态，有 $d\varepsilon_t=0$，壁厚不变。在成形后期和整形阶段，位于屈服轨迹中 B 点和 C 点之间，处于双向拉应力状态，这时壁厚始终减薄。

复杂异形管件内高压成形工艺过程如图 6-1-3 所示。对于弯曲管件，内高压成形工艺过程包括弯曲、预成形、内高压成形等主要工序（见图 6-1-3a)。由于构件的轴线为二维或三维曲线，需要先经过弯曲工序，将管材弯曲到与零件轴线相同或相近的形状。为了确保将管材顺利放到模具内，弯曲后一般先要预成形进行分配材料，然后再进行内高压成形。

三通管成形工艺过程分为三个阶段（见图 6-1-3b)。成形初期，管材内施加一定的内压，左右冲头同时进行轴向补料；成形中期，从支管顶部与中间冲头接触开始，按照给定的加载曲线，左右冲头继续进给补料，中间冲头开始后退，后退中要保持着与支管顶部的接触，以防止支管顶部的过度减薄造成开裂；成形后期，冲头停止进给和后退，迅速增加内压进行整形使支管顶部圆角达到设计要求。

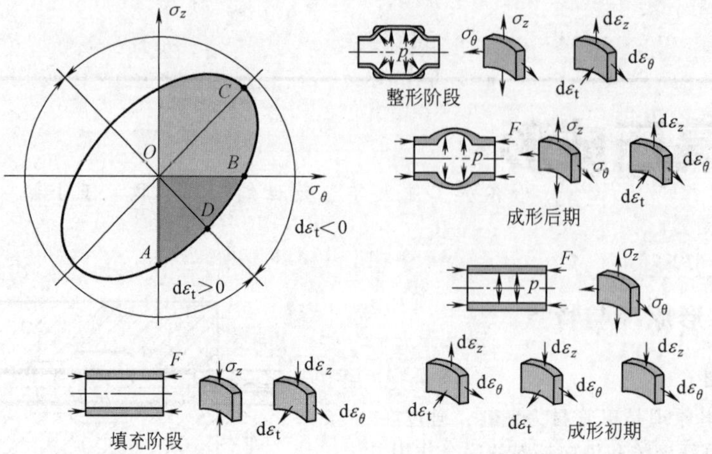

图 6-1-2　变径管内高压成形的应力应变状态及其在平面应力屈服轨迹上的位置

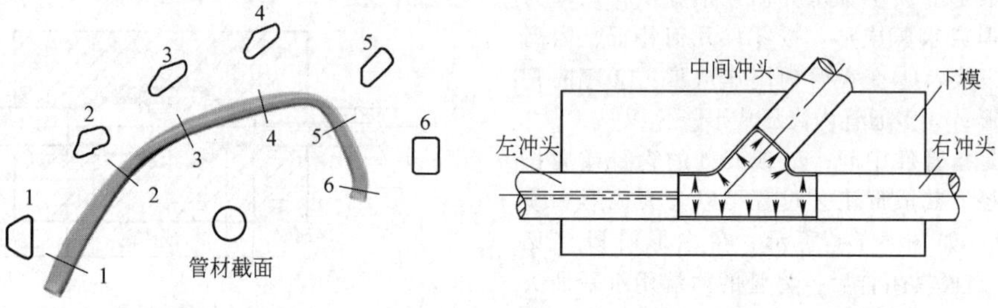

a) 弯曲异形管件　　b) 多通管

图 6-1-3　复杂异形管件内高压成形工艺过程

内高压成形是超高压动密封和超高压计算机实时控制技术突破的产物，可以一次整体成形沿构件轴线截面形状复杂多变的空心结构件。成形过程不但要实现对给定加载曲线高精度的跟踪，而且要实现控制系统快速响应和反馈，以保证在 30s 以内加工一个零件。内高压成形与采用 30MPa 以下压力进行的传统三通管液压胀形有着本质的区别，因此得到广泛关注和研究，并迅速应用于各种轻量化构件的制造，2000 年以来其产值每年递增近 20%。

目前，内高压成形已广泛用于汽车、航空、航天等装备制造领域的实际生产。在飞机、航天器和汽车等领域，减轻重量以节约材料和运行中的能量是人们长期追求的目标，也是现代先进制造技术发展的趋势之一。进入 21 世纪，由于燃料和原材料成本原因及环保法规对废气排放的严格限制，使汽车结构的轻量化显得日益重要。除了采用轻体材料外，减重的另一个主要途径就是在结构上采用“以空代实”，即对于承受以弯曲或扭转载荷为主的构件，采用空心变截面结构既可以减轻重量节约材料，又可以充分发挥材料的强度和刚度。内高压成形正是在这样的背景下发展起来的一种制造空心轻体件的先进制造技术。

1.1.2　内高压成形的优点

与传统的冲压焊接技术相比，内高压成形技术的主要优点有：

（1）减轻重量节约材料　对于空心轴类件（见图 6-1-4）可以减重 40%～50%，有些件可达 75%。汽车上部分冲压件与内高压成形件的质量对比见表 6-1-1。

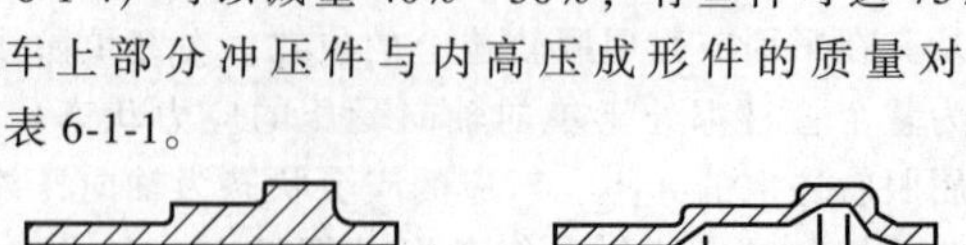

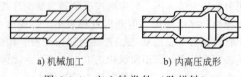

a) 机械加工　　b) 内高压成形

图 6-1-4　空心轴类件（阶梯轴）

（2）减少零件和模具数量，降低模具费用　采用内高压成形可以减少零件，且通常仅需要一套模具，而冲压件大多需要多套模具。如采用内高压成形后，副车架零件由 6 个减少到 1 个，散热器支架零件由 17 个减少到 10 个。

表 6-1-1　汽车上部分冲压件与内高压成形件的质量对比

名称	冲压件/kg	内高压成形件/kg	减重(%)
散热器支架	16.5	11.5	24
副车架	12	7.9	34
仪表盘支梁	2.72	1.36	50

（3）减少后续机械加工和组装焊接量　以散热器支架为例，散热面积增加 43%，焊点由 174 个减少到 20 个，装配工序由 13 道减少到 6 道，生产率提高 66%。

（4）提高强度与刚度，尤其是疲劳强度　仍以散热器支架为例，其疲劳强度在垂直方向提高 39%，水平方向提高 50%。

（5）降低生产成本　根据德国某公司对已应用零件统计分析，内高压成形件成本比冲压件平均降低 15%～20%，模具费用降低 20%～30%。

1.1.3　应用范围

1. 汽车工业

内高压成形适用于汽车、航空和航天等行业的沿构件轴线变化的圆形、矩形或异型截面空心构件以及管件等。图 6-1-5 所示是德国 SPS 公司采用内高压成形技术制造的各种零件。

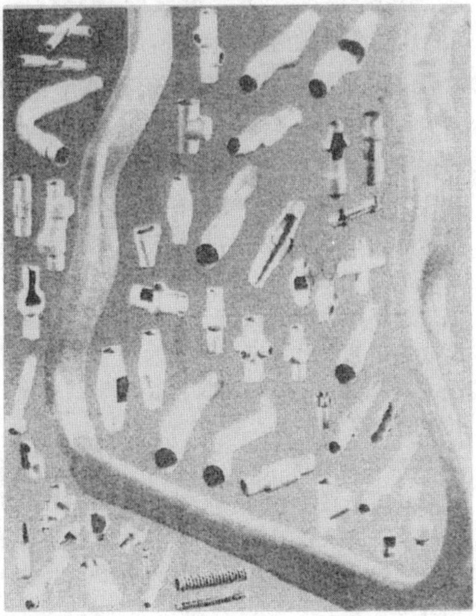

图 6-1-5　内高压成形技术制造的各种零件（来源：德国 SPS 公司）

德国于 20 世纪 70 年代末开始内高压成形基础研究，并于 20 世纪 90 年代初率先开始在工业生产中采用内高压成形技术制造汽车轻体构件。德国奔驰汽车公司于 1993 年建立其内高压成形车间，宝马公司已在其几个车型上应用了内高压成形的零件。目前在汽车上的应用有：①排气系统异型管件；②副车架总成；③底盘构件、车身框架、座椅框架及散热器支架；④前轴、后轴及驱动轴；⑤安全构件等（见图 6-1-6）。

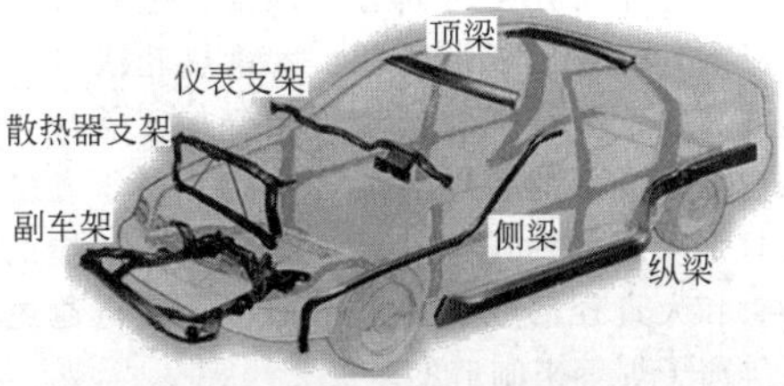

图 6-1-6　内高压件在汽车上的典型应用（来源：美国 Variform 公司）

美国克莱斯勒（Chrysler）汽车公司于 1990 年首先引进内高压成形技术生产了仪表盘支梁。美国最大的汽车公司通用汽车公司（GM）已用液力成形技术制造了发动机托架、散热器支架、下梁、棚顶托梁和内支架等空心轻体件。

2. 航空航天工业

随着航空航天装备向着轻量化、长寿命、高可靠性的方向发展，内高压成形件在运载火箭、飞机等运载工具中也获得越来越广泛的应用。在航空航天领域应用的主要构件包括运载火箭增压输送系统异型管件、多通管，飞机进气道、排气道及各种导管，发动机导流罩、封严环、火焰筒等。材料有：高强铝合金、耐热不锈钢、高温合金等难变形材料。结构形式也由拼焊结构发展到整体结构，焊缝数量大大减少。用内高压成形制造的飞机发动机空心双拐曲轴，与原零件相比减重 48%。

3. 其他应用

内高压成形技术不但用于制造汽车和飞机上使用的各种轻体件外，还用于制造空心阶梯轴。与弯曲工艺结合，可加工轴线为曲线，截面为圆形、矩形或其他形状的空心构件。通过连接和成形的复合，可加工出轻体凸轮轴。用两种材料的管材，通过内高压成形，可以加工双层复合管件，以满足不同的要求，例如具有高或低热传导性能的零件，以及具有较高防腐性能的零件。还可以用于中间带陶瓷材料层的零件制造，陶瓷材料可以作为保温层，还可阻碍声波和振动的传播。

1.2　适用材料和管坯

1.2.1　管坯材料、加工方法及要求

可用于内高压成形的材料包括低碳钢、高强钢、不锈钢、铝合金、铜合金及镍合金等。原则上适用于冷成形的材料均适用于内高压成形工艺。

具体而言，用于内高压成形的管坯需要满足多方面的要求，包括价格、重量、力学性能等。对于批量很大的零件，比如汽车零件，材料成本在总成本中所占比重往往较大。为满足汽车工业的要求，目前已开发出多种内高压成形专用管坯。

管坯的加工方法对其力学性能影响很大，因而也会影响其内高压成形性能。大量热轧或冷轧的低碳钢或高强低合金钢材料均可用于加工管坯，但是用于内高压成形的管坯必须是结构管材。大多数结构管材是采用各种连续轧制、焊接工艺制造的。有些锥管和大直径薄壁管是采用钢带卷圆再通过激光焊、等离子焊等来制造的。

用于内高压成形的管坯要求在制坯过程中尽量减小加工硬化，以便尽量保留材料的塑性，用于后续的内高压成形。同时，为降低成本、提高适用性，内高压成形应该尽量采用标准尺寸的管坯。

1.2.2 管坯种类

目前能用于内高压成形的管坯主要有无缝管、电阻焊（ERW）管、激光焊管。一般来说，ERW管比无缝管和激光焊管成本低，且成形性能好，通常优先选择ERW管。

1. 无缝管

无缝管的制造过程一般能够保证细化的晶粒和均匀的流线，并且可以通过后续的热处理，如退火、回火和酸洗等过程保证管坯的力学性能和表面质量。因为没有焊缝，无缝管的力学性能一致性较好，适合于一定范围的内高压成形件。但是，由于无缝管加工中难免发生一定的偏心，导致管坯周向壁厚分布不均，因此在内高压成形产品的设计和内高压成形工艺设计中要对产品最大壁厚差提出要求。

2. ERW管

ERW管是采用热轧或冷轧板卷制造的，为了满足液压成形件的表面质量要求，要求板卷表面应无氧化皮、经酸洗和涂油处理。ERW管坯的制造过程对其加工硬化有一定的影响，不同工艺参数会导致管坯圆周上不同部位的屈服应力有所不同，因此需要通过严格控制生产工艺减小这种差别，以便满足内高压成形的要求。测试数据表明，焊缝处的屈服强度最高，与焊缝相对部位次之，与焊缝成90°角的部位屈服强度最低。

ERW管在对焊后管坯内壁外壁均会有一定的焊缝隆起，内高压成形管坯一般是在焊后直接采用特制刀具将隆起部分刮除，有时候也可以保留内部的隆起，但要限制在一定的高度范围内。

3. 激光焊管

激光焊管用于复杂零件的内高压成形。一般来说激光焊管的质量优于ERW管材。这是因为激光焊管的热影响区远远小于ERW的热影响区。尤其在大膨胀率的内高压成形件上，激光焊管优势显著。

1.2.3 管坯的技术要求

对内高压成形管坯的主要技术要求有：力学性能、尺寸公差、清洁度和端部质量要求。

1. 力学性能要求

内高压成形使用的管坯不仅要满足结构的力学性能，而且还要满足成形性能及直径和壁厚精度。成形性能方面要求具有较高塑性及较大的n值和r值。管材的加工方法对其力学性能和成形性能影响较大。用于内高压成形的管坯要求在制管过程中尽量减小加工硬化，尽量保留材料的塑性和提高r值，用于后续的内高压成形。

由于管材加工过程的影响，通常管材轴向和周向的力学性能不同，尤其是伸长率、n值和r值，如图6-1-7所示。管坯力学性能测试的难点在于如何测试周向力学性能。目前，主要的测试方法有：试样单向拉伸、周向拉伸和液压胀形。

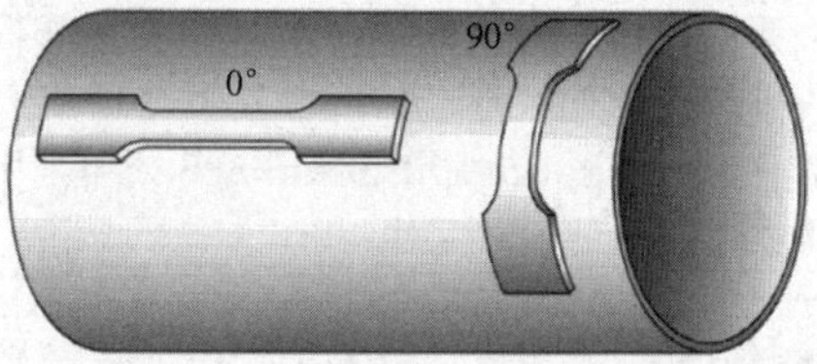

图6-1-7 管坯轴向和周向单向拉伸试验取样

2. 尺寸公差要求

内高压成形管坯外径和壁厚的公差要求要根据成形中所采用的密封方法和零件壁厚控制要求来制定，往往比普通钢管的尺寸公差要求严格。一般来说，精密热轧和冷轧钢管的外径和厚度公差均能满足内高压成形要求，冷轧ERW管公差也易满足要求。如果管坯各批次公差有差别，也可以通过调整内高压成形工艺参数和部分模具尺寸来解决。管坯长度公差一般在±1.5mm范围内，对于某些密封方法，长度公差还可扩大。

3. 管端质量要求

管端必须垂直于管材中心线进行切割，端面与中心线的垂直度误差应该在1.5°以内。管端垂直度误差、端部的变形情况和管端是否需要倒角也与端部密封方法有关。

1.3 缺陷形式和工艺参数的确定

1.3.1 失效形式

内高压成形是在内压和轴向补料联合作用下的复杂成形过程。如果内压过高，会引起过度减薄甚至开裂；如果轴向补料的进给量过大，会引起管材屈曲或起皱，如图 6-1-8 所示。只有给出内压力与轴向进给的合理匹配关系，才能获得合格的构件。

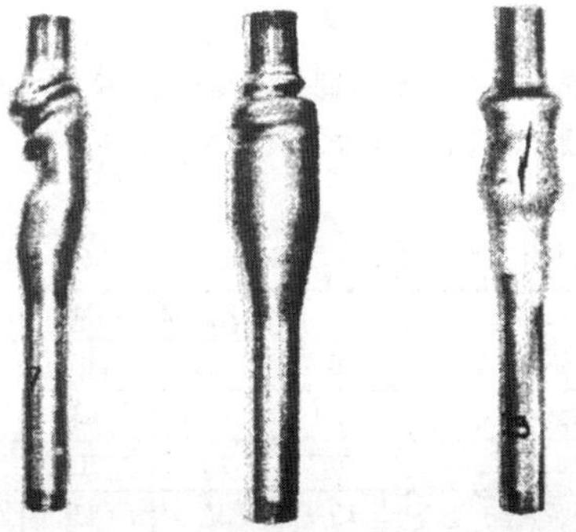

图 6-1-8　内高压成形失效形式

1. 屈曲

在成形的开始阶段，当过高的轴向力作用在直管件上就有屈曲的危险，并且在整个初期阶段都存在这种危险性。可通过减小自由镦粗长度和增加管材截面模量来控制屈曲的发生。

2. 起皱

入口区皱纹的形成是不可避免的，这些沿纵轴对称的皱纹在胀形后期通过增加内压可以消除。当轴向力过大时，在工件中部也可能产生另外的皱纹，可以通过适当工艺控制防止这种皱纹产生。在胀形初期将管材推出皱纹以补充材料是必要的，但前提条件是后续压力能将皱纹全部展开。

起皱产生的条件可以在一定假设基础上通过理论公式估算。估算产生皱纹的临界轴向压应力的公式为

$$\sigma_a = \frac{E_T t}{1.65d} \tag{6-1-1}$$

式中　σ_a——临界轴向压应力（MPa）；

d——管材外径（mm）；

t——管材壁厚（mm）；

E_T——材料塑性区的弹性模量（MPa）。

3. 开裂

当膨胀量到中等水平（$d_1/d>1.4$，其中 d_1 为胀形后管材的最大外径）时，过高的内压容易使管件胀破。胀破由管壁的局部减薄所引起，减薄开始时刻取决于初始管壁厚度和材料性能。这通常导致管壁向外不均匀鼓起。这种情况通过过程控制可以加以调节。为避免胀破，必须保证管壁在最后发生缩颈前紧贴模具。

1.3.2　加载区间和加载曲线

图 6-1-9 所示是轴向力和内压的合理匹配区间。通过该图可以确定临界轴向压力和临界内压，从而确定既不起皱又不破裂的成形区间。图中 A 为轴向力过低而引发的泄漏区域，B 为弹性区域，C 为正常成形区域，D 为破裂区域，E 为发生起皱区域，F 为屈曲区域。但在实际工艺控制过程中，由于摩擦等因素的影响，很难准确控制轴向力，因此在生产中一般控制轴向进给行程和内压的关系如图 6-1-10 所示。这种关系又称为加载曲线，确定加载曲线的关键问题是如何确定内压的上下限，通常办法是通过计算机模拟获得合理的加载曲线。通过计算机模拟还可获得壁厚分布与加载曲线的关系。

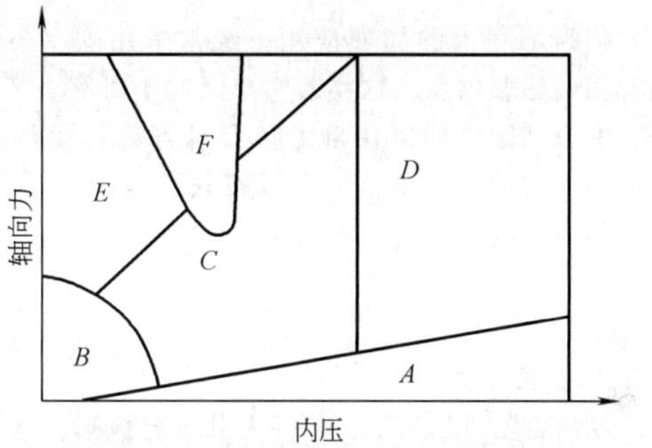

图 6-1-9　轴向力和内压的合理匹配区间

A—泄漏区域　B—弹性区域　C—正常成形区域

D—破裂区域　E—起皱区域　F—屈曲区域

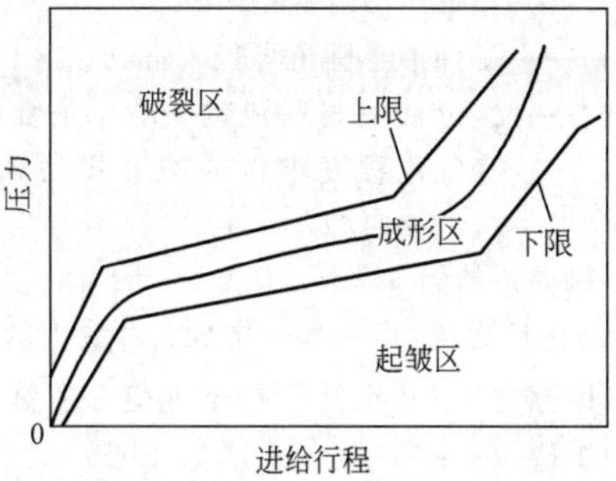

图 6-1-10　轴向进给行程和内压加载曲线

1.3.3　主要参数的计算

内高压成形的主要工艺参数包括胀形压力、轴向进给力、合模力和工件与模具的接触压力等。在一定假设的基础上，可以给出这些参数的简单计算公式，方便工程应用。

1. 初始屈服内压

设轴向应力 σ_z 和周向应力 σ_θ 的比值 $\sigma_z/\sigma_\theta=\beta$，初始屈服内压计算公式为

$$p_s = \frac{1}{1-\beta}\,\frac{2t}{d}\sigma_s \tag{6-1-2}$$

式中　p_s——初始屈服内压（MPa）；

t——管坯壁厚（mm）；

d——管坯外径（mm）；

σ_s——材料屈服强度（MPa）；

β——轴向应力 σ_z 与周向应力 σ_θ 的比值。

内高压成形时施加的轴向力为压力，β 的取值范围是［-1，0］。当 $\beta=-1$ 时，初始屈服内压为

$$p_s=\frac{t}{d}\sigma_s \tag{6-1-3}$$

当无轴向力作用时，$\beta=0$，即自由胀形时的初始屈服内压为

$$p_s=\frac{2t}{d}\sigma_s \tag{6-1-4}$$

作为工程上的简便应用，经常采用式（6-1-4）估算初始屈服内压，这样既简单又趋于可靠。

考虑到圆角部位在自由胀形时直边到圆角过渡区应力分布的不均匀性，可以按式（6-1-5）计算所需初始屈服内压。

$$p_s=\frac{t}{R+t}\sigma_s \tag{6-1-5}$$

2. 整形压力

在内高压成形后期，工件大部分已成形，这时需要更高的压力成形局部圆角，这一阶段称为整形。整形阶段一般轴向无进给，整形所需压力估算公式为

$$p_c=\frac{t}{r}\sigma_s' \tag{6-1-6}$$

式中　p_c——整形压力（MPa）；

r——工件最小圆角半径（mm）；

σ_s'——整形前的材料流动应力，需要考虑应变硬化程度求得或按下式估算：$\sigma'_s=(\sigma_s+R_m)/2$。

3. 轴向进给力

轴向进给力 F_a 由三部分构成，冲头上的液体反力 F_p、摩擦力 F_μ 及维持管材塑性变形所需的塑性变形抗力 F_t。

$$F_a=(F_p+F_\mu+F_t)\times10^{-3} \tag{6-1-7}$$

$$F_p=\pi\frac{d_i^2}{4}p_i$$

$$F_\mu=\pi d l_\mu p_i \mu$$

$$F_t=\frac{1}{2}td\sigma_s$$

式中　F_a——轴向进给力（kN）；

d_i——管材内径（mm）；

p_i——内压（MPa）；

l_μ——管材与模具的有效接触长度（mm）；

t——管材壁厚（mm）；

μ——摩擦系数。

在构成轴向进给力的三部分中，液体反力 F_p 占绝大部分，其次是管材与模具之间的摩擦力 F_μ，最小的是塑性变形抗力 F_t，为了工程应用方便，估算公式为

$$F_a=(1.2\sim1.5)F_p \tag{6-1-8}$$

表 6-1-2 给出了不同直径管坯在不同整形压力情况下需要的轴向进给力，表中数据是按照 $F_a=1.3F_p$ 估算所得。

表 6-1-2　轴向进给力计算表（单位：×10kN）

管坯外径	成形压力/MPa			
/mm	50	100	200	300
25.4	3	7	13	20
38.1	7	15	30	44
50.8	13	26	53	79
63.5	21	41	82	124
76.2	30	59	119	178
88.9	40	81	161	242
101.6	53	105	211	316

4. 合模力

计算合模力主要是为了估算设备吨位和模具承载力，合模力计算公式为

$$F_z=A_p p_i\times10^{-3} \tag{6-1-9}$$

式中　F_z——合模力（kN）；

p_i——工件成形所需的液体压力（MPa）；

A_p——工件在水平面上的投影面积（mm^2）。

为便于实际应用时查阅，表 6-1-3 给出了成形压力为 100MPa 时，不同投影长度和直径零件成形所需的合模力。当成形压力或管坯参数变化时，可根据表中的数值按比例计算需要的合模力。

表 6-1-3　成形压力 100MPa 时的合模力

（单位：×10kN）

管坯外径	投影长度/mm			
/mm	1000	2000	3000	4000
25.4	250	510	760	1020
38.1	380	760	1140	1520
50.8	510	1020	1520	2030
63.5	640	1270	1910	2540
76.2	760	1520	2290	3050
88.9	890	1780	2670	3560
101.6	1020	2030	3050	4060

5. 开裂压力

胀形开裂压力估算公式为

$$p_b=\frac{2t}{d-t}R_m \tag{6-1-10}$$

式中　p_b——开裂压力（MPa）；

R_m——材料的抗拉强度。

图 6-1-11 是不同材料和不同壁厚管坯试验获得的开裂压力与式（6-1-10）计算值的比较。由

图 6-1-11a 可知，用式（6-1-10）计算的开裂压力与试验吻合较好。式（6-1-10）不仅适用于钢管，还适用于铝合金和铜合金管坯。

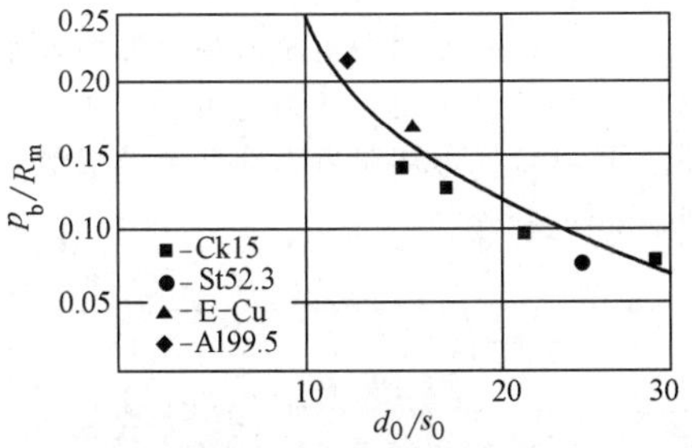

a) 不同材料

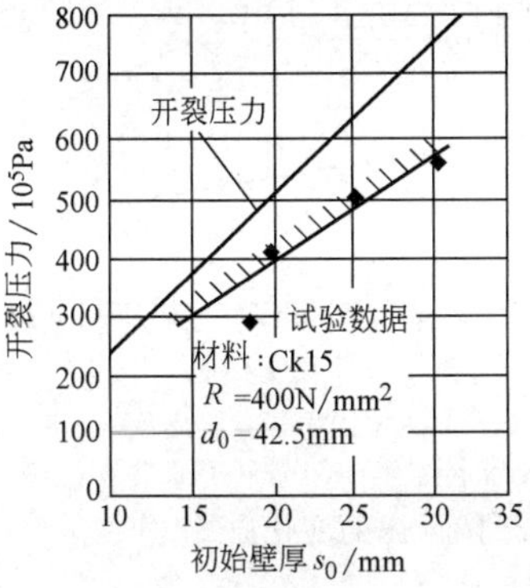

b) 不同壁厚

图 6-1-11 开裂压力试验值与计算值比较

6. 成形极限

可以采用极限胀形系数来反映管材内高压成形极限。极限胀形系数 η_{max} 是内高压成形的一个重要参数，可表示为

$$\eta_{max}=\frac{d_{max}}{d} \tag{6-1-11}$$

式中 d_{max}——零件胀破前允许的最大胀形外径；

d——管坯外径。

对于无轴向进给的自由胀形或最终阶段的整形，其极限胀形系数主要受管坯周向伸长率限制。常用材料自由胀形的极限胀形系数 η_{max} 见表 6-1-4。

表 6-1-4 常用材料自由胀形的极限胀形系数 η_{max}

材料	厚度/mm	η_{max}
1Cr18Ni9Ti	0.5	1.26~1.32
	1.0	1.28~1.34
低碳钢 08F,10,20	0.5	1.20
	1.0	1.24
铝合金 LF21M	0.5	1.25
黄铜 H62,H68	0.5~1.0	1.35
	1.5~2.0	1.40

在内高压成形时，由于轴向补料作用，极限胀形系数 η_{max} 将会大幅提高。试验获得的极限胀形系数 η_{max} 一般为 1.8~2.0。

影响极限胀形系数的主要因素是管坯的伸长率和硬化指数，此外壁厚和最大胀形部位也有一定影响。伸长率越大，破裂前允许的变形程度越大，则极限胀形系数越大。硬化指数越大，应变硬化能力强可促使变形区应变分布趋于均匀，同时还可以提高材料的局部变形能力。不锈钢的极限胀形系数要大于铝合金。最大胀形量的位置对极限胀形系数也有较大影响，当最大胀形处位于工件两端时，容易补料，可以获得较大的极限胀形系数；当最大胀形处位于工件中部时，不容易补料，极限胀形系数相对较小。一般来讲，管壁厚度增大，极限胀形系数有所增大，但幅度较小。实际生产中，主要利用极限胀形系数进行管件结构设计或材料选取，使各个位置的实际胀形系数不能高于对应的极限胀形系数。

1.4 模具结构和加载方式

1.4.1 模具结构

内高压成形模具一般包括模座、模块、垫板、密封冲头和水平推力缸等部分，此外还包括冲孔装置、快速填充和回收装置、顶出装置等部分，如图 6-1-12 所示。

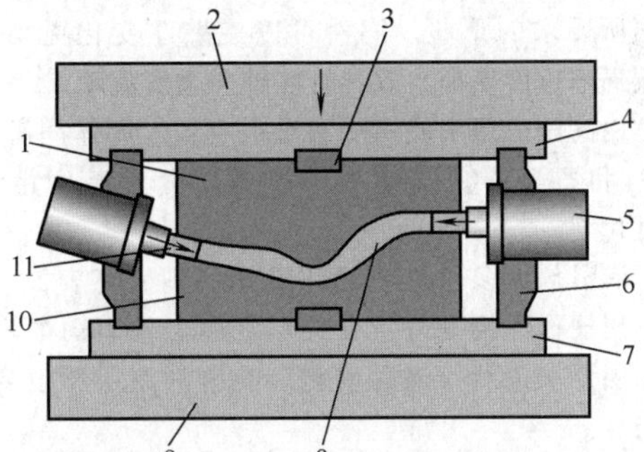

图 6-1-12 模具结构

1—上模 2—滑块 3—键 4—上垫板 5—右冲头 6—水平缸支座 7—下垫板 8—管件 9—台面 10—下模 11—左冲头

密封冲头是内高压成形模具的特殊部分，其作用为密封管端和轴向进给补料。冲头端头的密封结构是非常重要的，关系到整个内高压成形过程能否顺利实施、废品率和生产效率。冲头形状要根据零件的截面形状而确定，一般分为圆形冲头和异形冲头。

1.4.2　合模力加载方式

内高压成形中的合模力有两种加载方式，一是恒定合模力加载，二是可变合模力加载。恒定合模力加载是指在初始阶段就施加最大合模力并保持恒定，直至成形结束；可变合模力加载是指合模力的施加是根据内压的变化逐级增加，仅在整形阶段施加最大合模力。

图 6-1-13 所示为恒定合模力和可变合模力加载条件下模具应力和变形随内压的变化曲线。对于恒定合模力情况，在未施加内压和成形初期，应力和变形均很大，而且随着内压增加，模具的等效应力和变形均增大，并且增大速度逐渐加快；对于可变合模力情况，在成形初期，应力和变形均很小，模具的变形明显小于恒定合模力的情况。通过对比可知，采用可变合模力加载可以降低模具变形，提高零件成形精度。

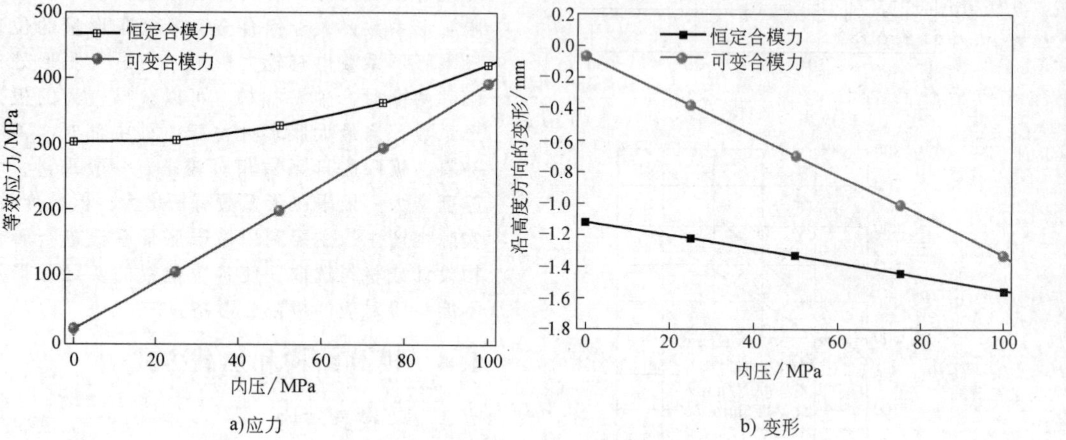

图 6-1-13　不同加载方式下模具应力与变形随内压的变化曲线

1.4.3　润滑剂

与其他成形工艺一样，润滑在内高压成形中起着重要作用。许多工件只有通过适当的润滑才能加工出所要求的形状。润滑可以使壁厚变化更均匀，减少局部过度变形、改善管坯轴向金属流动。

内高压成形中使用的润滑剂有：①固体润滑剂，MoS_2 和石墨；②石蜡和油；③高分子基润滑剂；④乳化剂。

润滑剂大多通过喷洒和浸泡涂到管坯表面。除了采用油作润滑剂外，在成形之前工件表面的润滑剂涂层要求进行干燥和硬化。润滑剂涂层厚度要求均匀。

1.5　成形件尺寸精度与性能

利用内高压成形技术批量生产的产品，受管材几何尺寸、力学性能、模具和设备等因素波动的影响，尤其是壁厚和屈服强度的波动，导致在同一设定工艺参数条件下，批量生产的成形件尺寸存在一定偏差。图 6-1-14 和表 6-1-5 所示是随机抽取的内高压成形件典型截面尺寸精度的数据。典型截面高度偏差在 0.08~0.20mm 的范围内，宽度偏差在 0.18~0.25mm 的范围内。该零件典型截面最大尺寸偏差 0.25mm，最大相对偏差 0.5%，通过概率统计分析，该零件高度和宽度尺寸的均方差均在（-0.25mm，+0.25mm）范围内，表明内高压成形件具有很高的尺寸精度，优于传统冲压件。

在典型截面位置切取了单向拉伸试件，通过单向拉伸试验获得内高压成形件的力学性能见表 6-1-6。内高压成形件的屈服强度在 359.3~374.7MPa 之间，平均值为 368.7MPa，与原始管坯相比，内高压成形件的屈服强度显著提高（提高约 12.0%）；内高压成形件的抗拉强度在 437.5~454.3MPa 的范围内，平均值为 446MPa，提高幅度为 1.8%，抗拉强度比原始管坯略有提高；内高压成形件的伸长率位于 24.7%~27.1%之间，平均值为 26.0%，伸长率比原始管材略有降低。

表 6-1-5　内高压成形件典型截面尺寸精度　（单位：mm）

截面		设计值	平均值	最大偏差	最大相对偏差
截面 *A—A*	高度	83.50	83.70	0.19	0.44%
	宽度	57.50	57.34	0.25	
截面 *B—B*	高度	82.50	82.46	0.20	0.32%
	宽度	57.00	56.86	0.18	

（续）

截面		设计值	平均值	最大偏差	最大相对偏差
截面 $C—C$	高度	92.50	92.67	0.08	0.50%
	宽度	46.50	46.66	0.24	

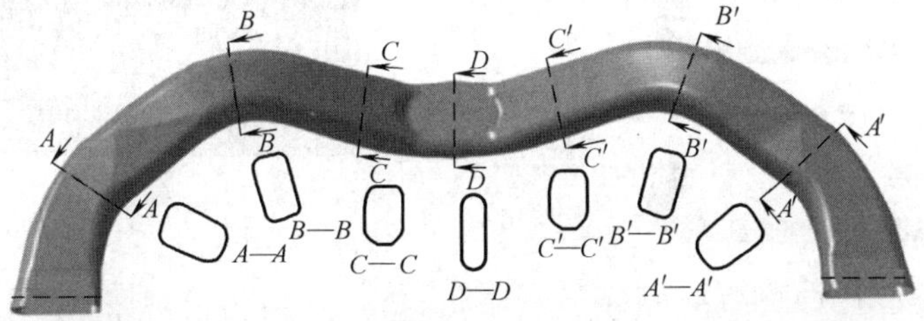

a) 零件形状

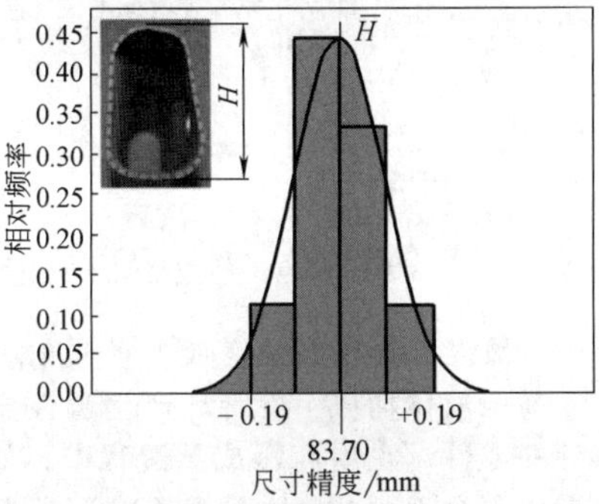

b) 高度尺寸

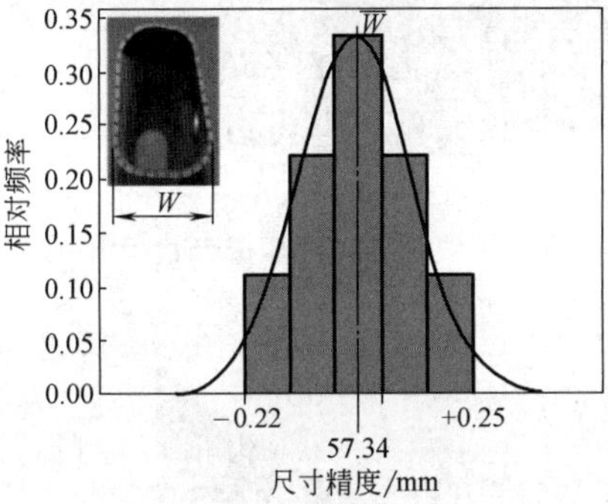

c) 宽度尺寸

图 6-1-14　内高压成形件典型截面尺寸精度

表 6-1-6　内高压成形件力学性能

试件		屈服强度/MPa	抗拉强度/MPa	伸长率（%）
管坯		328.0	438.0	28.7
内高压件	截面 $A—A$	359.3	437.5	27.1
	截面 $B—B$	372.1	454.3	25.1
	截面 $C—C$	374.7	451.4	24.7
平均值		368.7	446.0	25.6

1.6　典型零件内高压成形

1.6.1　轿车底盘件内高压成形

汽车底盘结构件种类繁多，形状复杂，强度、刚度要求高。以往经常采用先冲压成两个或多个半片，再进行焊接制造。采用内高压成形可利用管材制造复杂变截面件，具有零件数量少、模具费用低、零件强度、刚度尤其疲劳强度高等优点。

某自主品牌轿车副车架零件几何形状如图 6-1-15 所示。该零件是典型的封闭空心变截面构件，轴线为三维空间变化的曲线，截面沿轴线变化复杂，具有多个不同形状和尺寸的截面，形状包括矩形截面、梯形截面、多边形截面等，无法采用传统的冲焊工艺整体制造。

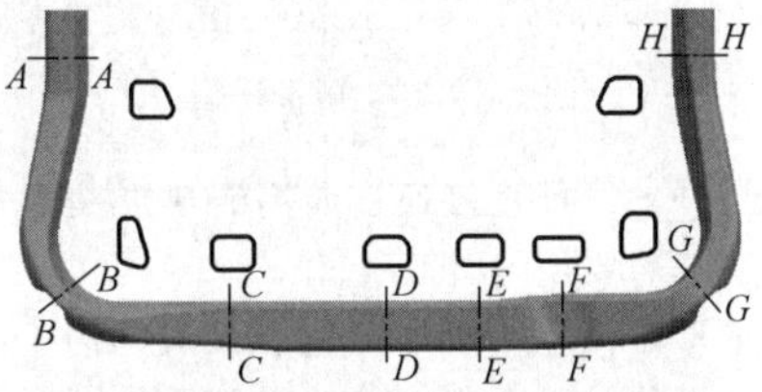

图 6-1-15　副车架零件几何形状

副车架的内高压成形工艺过程一般包括以下主要工序：CNC 弯曲、预成形、内高压成形和复合冲孔，如图 6-1-16 所示。

弯曲工序是将管材弯曲到轴线与零件轴线形状相同或相近。由于副车架零件轴线多为复杂空间曲线，为了保证弯曲件精度，需要采用 CNC 弯曲。弯曲工艺的关键问题是控制外侧减薄和内侧起皱，同时要掌握回弹量控制。在绕弯的同时，通过轴向推力抑制轴向拉伸变形，可以防止外侧过度减薄，如果外侧减薄严重，在较低压力下就会引起角部开裂（见图 6-1-17），导致整个零件无法成形。

如果零件的横截面比较简单，预弯以后可以直接进行内高压成形。对于形状和尺寸相差较大的复

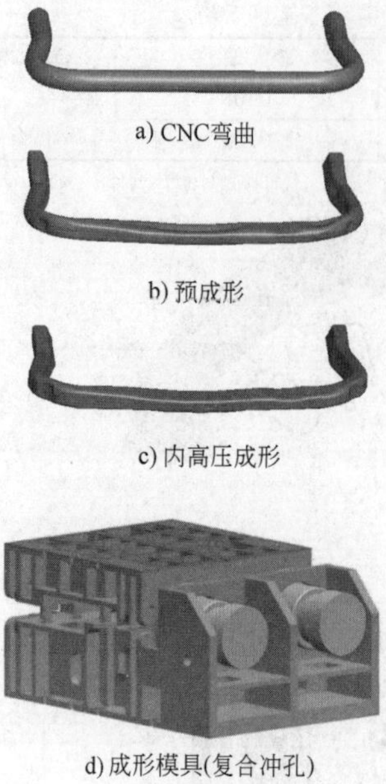

a) CNC弯曲

b) 预成形

c) 内高压成形

d) 成形模具(复合冲孔)

图 6-1-16　弯曲轴线零件内高压成形过程

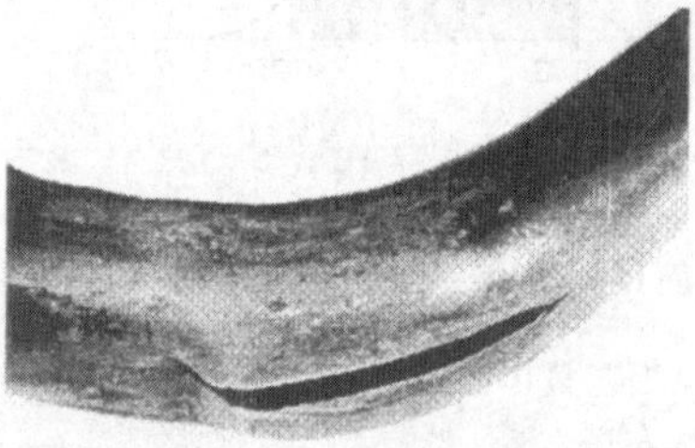

图 6-1-17　角部开裂

杂截面零件，很难直接通过内高压成形获得最终的零件，一般需要预成形工序。

预成形是内高压成形工艺中最关键的工序，预成形管坯形状是否合理直接关系到零件的形状和尺寸精度及壁厚分布。

预成形不仅要解决将管坯顺利放到终成形模中的问题，更重要的是通过合理截面形状预先分配材料，以控制壁厚分布、降低成形压力，并避免终成形合模时在分模面处发生咬边形成飞边（见图 6-1-18）。

由于零件不同部位的截面形状不同，需要预成形的截面形状也不同，因此预成形件设计非常困难，目前还没有一般的设计准则。通常的做法是，首先针对典型截面采用二维数值模拟方法，设计不同截面预制坯形状，根据典型截面结果集合成三维预制坯形状，然后进行三维全尺寸零件内高压成形数值模拟，再通过工艺试验调整预制坯形状。图 6-1-19 所示为典型截面 $B—B$（见图 6-1-15 中的截面 $B—B$）的预成形和合模过程。

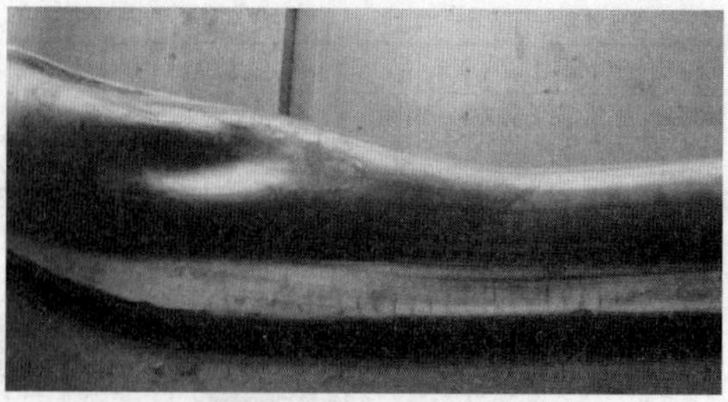

图 6-1-18　飞边缺陷

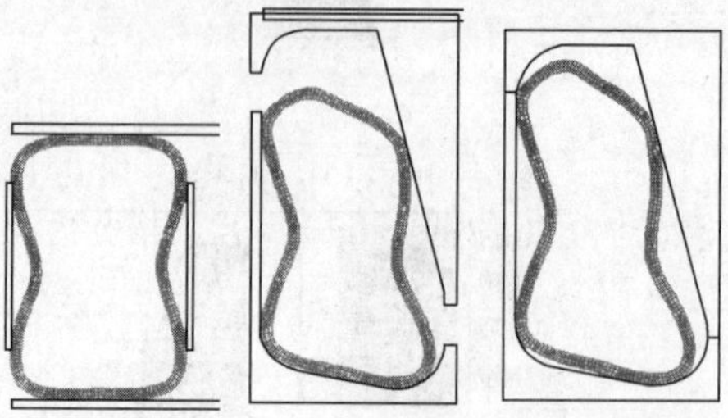

a) 预成形　　b) 合模过程　　c)合模后

图 6-1-19　预成形和合模过程

预成形管坯放到终成形模具内，通过冲头引入高压液体加压，使管坯产生塑性变形成形为设计的零件。在内高压成形过程中，如果预成形坯形状不合理，减薄主要发生在圆角与直边过渡区域，造成最小壁厚不满足设计要求，甚至开裂。图 6-1-20 所示是采用内高压成形技术制造的轿车副车架，从测试结果来看，所有典型截面尺寸均满足设计要求。

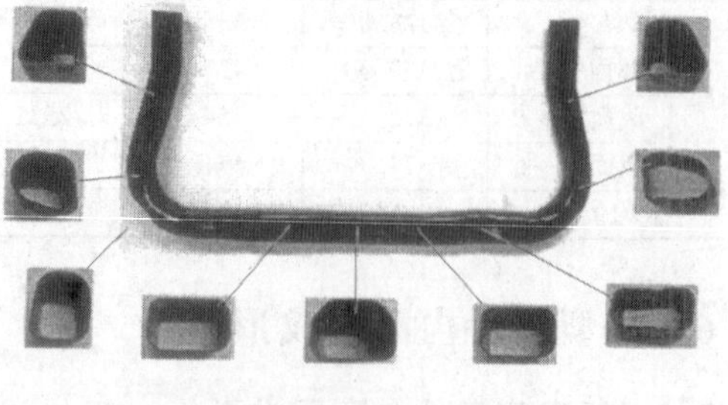

图 6-1-20　副车架内高压成形件

零件壁厚分布是内高压成形件的一个重要指标。零件直段部分的壁厚分布比较均匀，平均减薄率在 5%左右。但在拐角段，由于弯曲导致拐角外侧的壁厚减薄而内侧增厚，内高压成形件最小壁厚位于零件的拐角外侧，减薄率为 15%，最大壁厚位于拐角段内侧，增厚率为 16%，如图 6-1-21 所示。

1.6.2　超高强钢 V 形管件内高压成形

扭力梁是轿车后悬挂装置中的一个重要部件，其耐用性、强度和刚度影响整个后悬挂系统的性能。

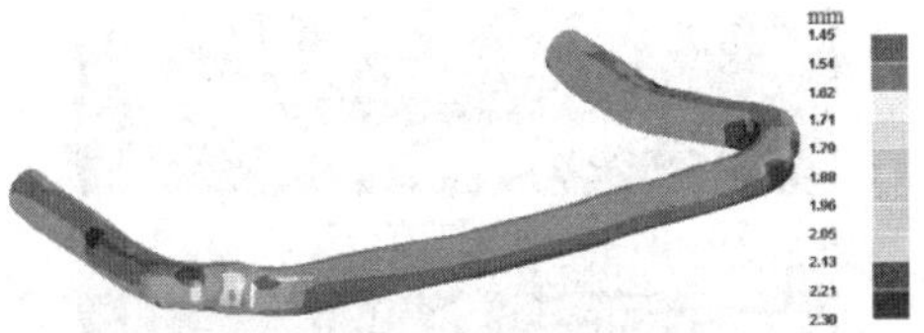

图 6-1-21　副车架壁厚分布

传统扭力梁多采用板材冲压成 V 形或 U 形，中间增加稳定杆的开式结构。而具有封闭截面的管件结构扭力梁，是在内高压成形技术基础上发展起来的一种新型结构形式。不但提高零件整体强度、刚度、抗弯模量以及耐用性，同时有效减重达 39.4%。图 6-1-22 所示为扭力梁零件及典型截面形状，其材料为屈服强度达 780MPa 的超高强钢。管件为 V 形截面结构，沿轴线方向截面变化复杂，截面周长变化大。

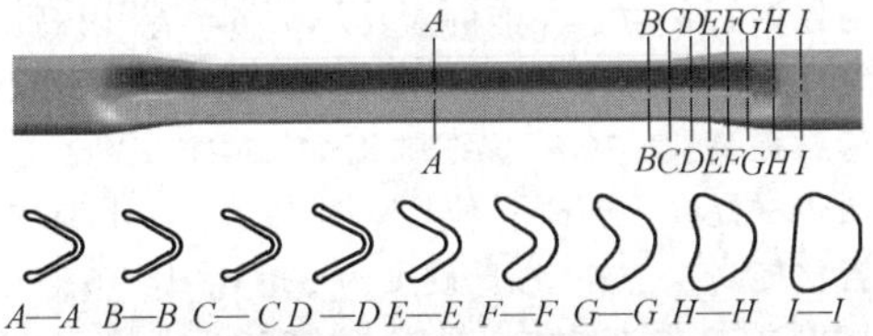

图 6-1-22　扭力梁零件及典型截面形状

图 6-1-23 所示为扭力梁内高压成形过程中的加载路径。采用可变合模力，即内压随合模力变化而变化，在加载初期，设备提供一个较小的合模力，随着内压的增加，合模力按比例逐步增加，始终大于内压产生的反作用力，避免模具承受过大的合模力，引起较大的变形。

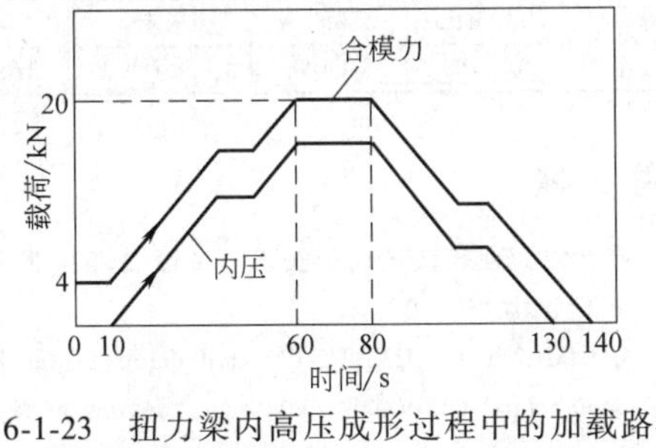

图 6-1-23　扭力梁内高压成形过程中的加载路径

轴向补料量对扭力梁内高压成形件的厚度分布和成形精度有着重要的影响。图 6-1-24 所示分别给出了内高压成形过程中相对补料量（轴向补料量和零件长度的之比）分别为 8%和 12%时扭力梁壁厚分布的数值模拟结果。当相对补料量为 12%时，在管端和中间 V 形截面的过渡区域出现起皱缺陷，而当相对补料量为 8%时，成形效果最佳。

当预制坯形状不合理时，合模过程中在管件中间 V 形截面和端部截面的过渡区域会出现飞边缺陷，如图 6-1-25a 所示。而在内高压成形过程中，当相对

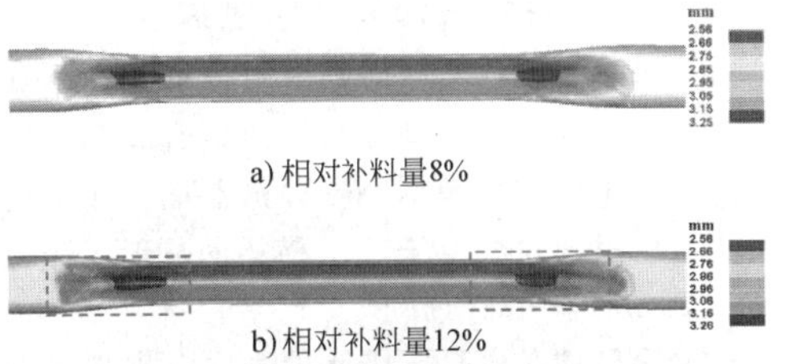

a) 相对补料量8%

b) 相对补料量12%

图 6-1-24　内高压成形过程中补料量对壁厚分布的影响

补料量大于 8%时，则会在端部过渡区域出现起皱缺陷，如图 6-1-25b 所示。即使采用很高的整形压力，皱纹也难以消除。只有当采用合理的预制坯形状和合理的加载路径时，才能成形出合格的扭力梁内高压成形件，如图 6-1-26 所示。

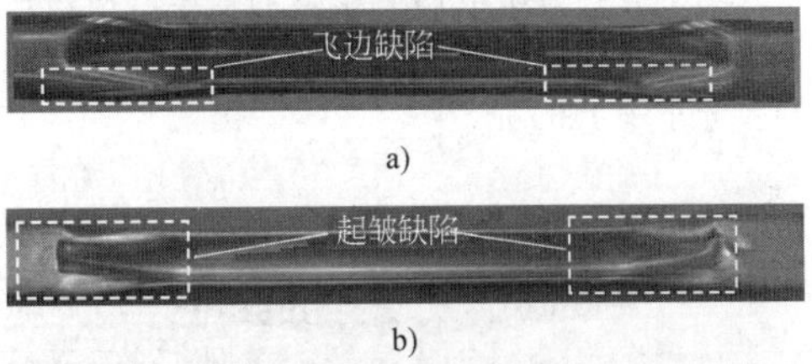

a)

b)

图 6-1-25　扭力梁内高压成形的缺陷形式

图 6-1-26　扭力梁内高压成形件

1.6.3　铝合金变径管内高压成形

铝合金变径管是航空航天常用轻体零件。在内高压成形过程中管材形状的变化如图 6-1-27 所示。该零件膨胀量达 35%，材料为 5A02 铝合金。首先利用低压补料获得有益起皱形状，完成全部补料，再增大内压进行整形获得最终形状。由于补料较为充分，膨胀区壁厚得到了有效控制，最大减薄量不超过 10%，满足零件壁厚的技术要求。

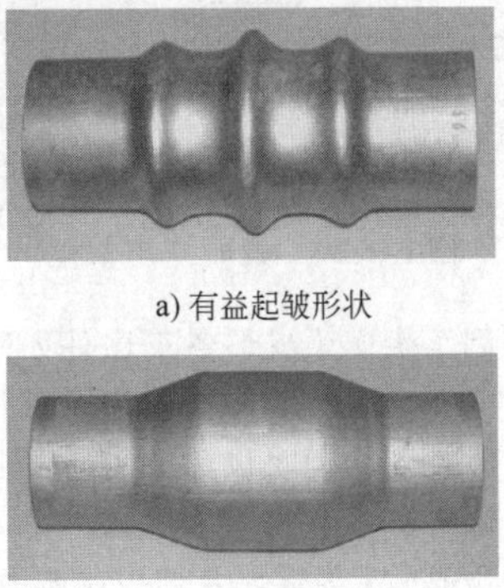

a) 有益起皱形状

b) 变径管件

图 6-1-27　内高压成形过程中管材形状的变化

1.6.4　铝合金底盘件内高压成形

轿车的铝合金副车架横梁三维模型及典型截面尺寸如图 6-1-28 所示。管件为弯曲轴线异形截面管件，中间呈上凹下平的不对称异形截面，端部近似于矩形，管材为 6063 铝合金。横梁的成形工序包括弯曲、预成形和内高压成形。

铝合金管件在内高压成形过程中会出现表面橘皮缺陷，如图 6-1-29 所示。产生橘皮的主要原因是铝合金管坯初始晶粒较大，在发生塑性变形时表面部分晶粒偏离原来的表面，形成凸起或凹坑，在宏观上表现为表面粗化现象，严重的粗化现象形成橘皮缺陷。表面粗化现象的主要影响因素有微观组织和塑性变形量，其中微观组织包括晶粒尺寸、尺寸分布、晶粒织构等，塑性变形包括变形方式、变形量等。为了有效地避免橘皮缺陷的产生，应该严格控制管坯的初始晶粒尺寸和变形量，通常控制初始晶粒尺寸小于 100μm。

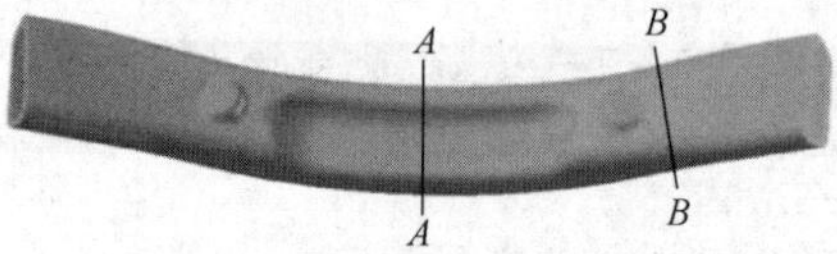

a) 三维模型

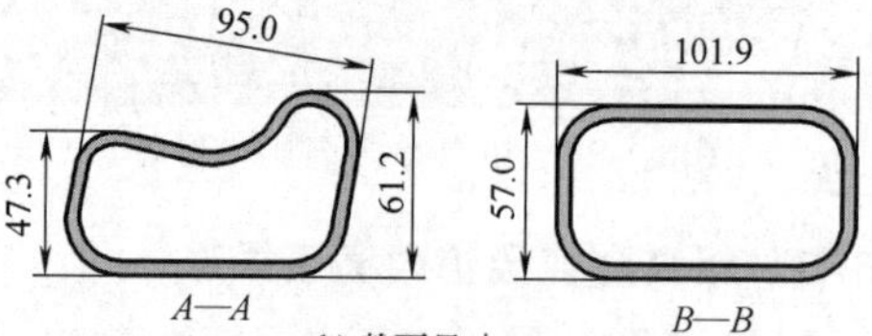

b) 截面尺寸

图 6-1-28　铝合金副车架横梁三维模型及典型截面尺寸

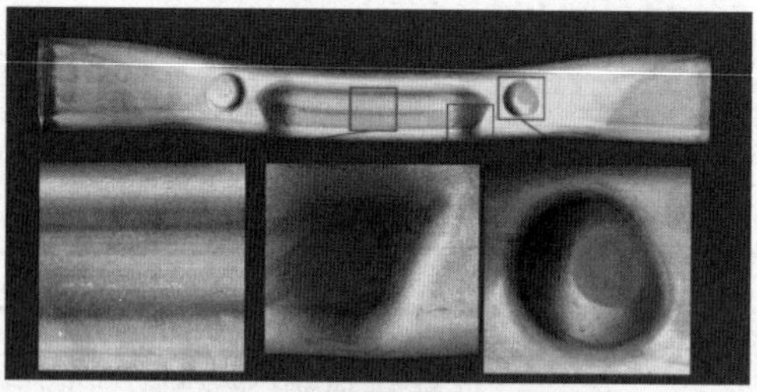

图 6-1-29　表面橘皮缺陷

铝合金副车架横梁成形各工序件如图 6-1-30 所示，包括弯曲件、预成形件和内高压成形件，其几何精度和力学性能均满足设计要求。弯曲件的相对弯曲半径一般要求大于 2，否则容易在弯曲外侧区域产生橘皮。预成形工序需要合理控制截面材料分配，避免在内高压过程中产生局部橘皮或开裂。

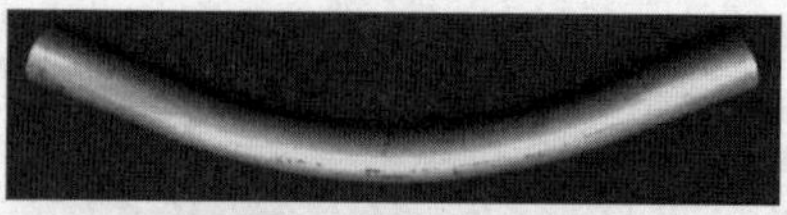

a) 弯曲件

b) 预成形件

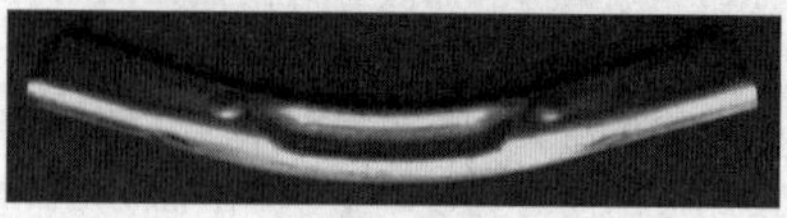

c) 内高压成形件

图 6-1-30　铝合金副车架横梁成形各工序件

在内高压成形件上截取拉伸试样，通过单向拉伸试验获得内高压成形件的力学性能，内高压成形件与原始管材力学性能的对比见表 6-1-7。内高压成形管件（T6 态）的屈服强度为 239MPa，比 T6 态原始管材提高 17.7%；抗拉强度为 274MPa，比 T6 态原始管材提高 10.0%；伸长率为 19.4%，比 T6 态原始管材提高 1.7%；维氏硬度为 90HV，比 T6 态原始管材提高 16.9%。欧洲标准 EN 755-2 中规定 6063-T6 铝合金挤压管材的屈服强度为 190MPa，抗拉强度为 230MPa。可见内高压成形件的屈服强度和抗拉强度均高于欧洲标准，满足力学性能要求。

表 6-1-7　内高压成形件与原始管材力学性能的对比

力学性能	屈服强度	抗拉强度	伸长率	维氏硬度
原始管材	203MPa	249MPa	17.7%	77HV
内高压件	239MPa	274MPa	19.4%	90HV
提高比率	17.7%	10.0%	1.7%	16.9%

参考文献

[1]　苑世剑．现代液压成形技术［M］. 2 版．北京：国防工业出版社，2017.

[2]　DOHMANN F, HARTL C. Hydroforming-a method to manufacture light-weight parts［J］. Journal of Materials Processing Technology, 1996, 60 (1-4): 669-676.

[3]　KOÇ M, ALTAN T. An overall review of the tube hydroforming (THF) technology［J］. Journal of Materials Processing Technology, 2001, 108 (3): 384-393.

[4]　MANABE K I, AMINO M. Effect of process parameters and material properties on deformation process in tube hydroforming［J］. Journal of Materials Processing Technology, 2002, 123 (2): 285-291.

[5]　HARTL C. Research and Advances in Fundamentals and Industrial Applications of Hydroforming［J］. Journal of Materials Processing Technology, 2005, 167 (2-3): 383-392.

[6] VOLERSTERN F, PRANGE T, SANDER M. Hydroforming: Needs, Developments and Perspective [J]. Advanced Technology of Plasticity, Vol. Ⅱ, Proc. of 6th ICTP, Sept, 19-24, 1999: 1197-1210

[7] YUAN S J, HAN C, WANG X S. Hydroforming of automotive structural components with rectangular-sections [J]. International Journal of Machine Tools and Manufacture, 2006, 46 (11): 1201-1206.

[8] YUAN S J, WANG X S, LIU G, et al. Control and use of wrinkles in tube hydroforming [J]. Journal of Materials Processing Technology. 2007, 182 (1-3): 6-11.

[9] 苑世剑，刘钢，何祝斌，等. 内高压成形机理与关键技术 [J]. 数字制造科学，2008，6 (4)：1-34.

[10] 苑世剑，何祝斌，刘钢，等. 内高压成形理论与技术的新进展 [J]. 中国有色金属学报，2011，21 (10)，2523-2533.

[11] 刘钢，苑世剑，滕步刚. 内高压成形矩形截面圆角应力分析 [J]. 机械工程学报，2006，42 (6)：150-155.

[12] 苑世剑，韩聪，王小松. 空心变截面构件内高压成形工艺与装备 [J]. 机械工程学报，2012，48 (18)：21-27.

第2章

板材液压成形

哈尔滨工业大学　徐永超　刘　伟　苑世剑
北京航空航天大学　郎利辉

2.1　板材液压成形原理与特点

2.1.1　成形原理

板材液压成形是以金属板材为坯料，在板材表面施加液体压力作用，在模具和液体压力共同作用下使板材成为所需形状的零件。液体介质可以是油或水。根据液体压力的作用方式不同，板材液压成形可以分为充液拉深成形和液体凸模拉深成形两大类技术。

板材充液拉深成形是在刚性凸模拉深的同时，在板料背面施加液体压力作用使其贴靠凸模的成形技术（见图 6-2-1）。板材充液拉深成形过程可分为两个阶段：首先在充液室内充满液体介质，放置板料，压边圈合模加载压边力；然后通过充液拉深成形系统建立充液室压力，刚性凸模开始拉深，板料背面的液体压力使板材贴靠在凸模上，同时液体介质沿板坯法兰下表面向外流出，形成流体润滑，直至拉深成形结束。

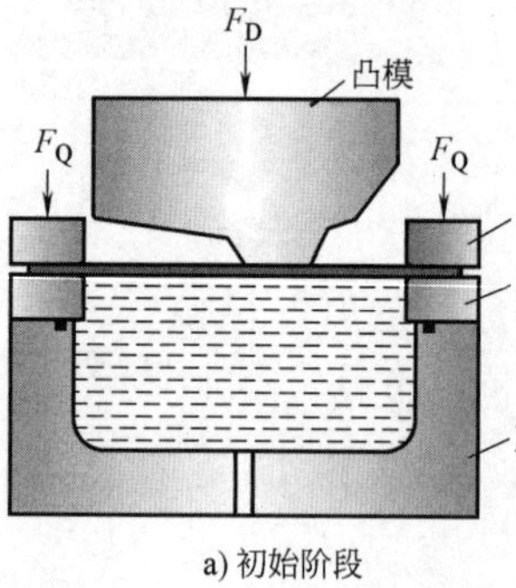

a) 初始阶段

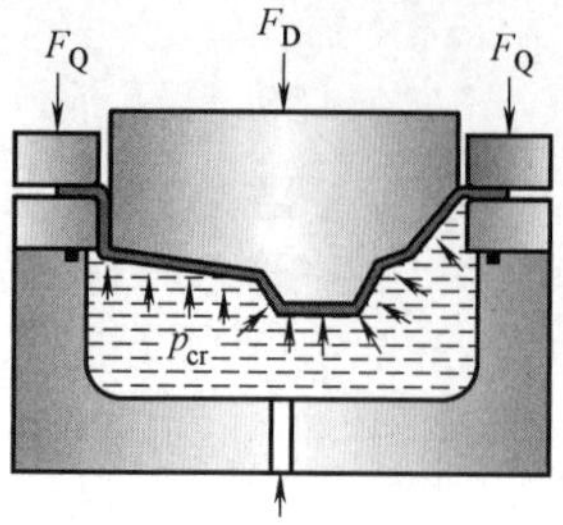

b) 拉深阶段

图 6-2-1　充液拉深成形原理

充液拉深成形与普通拉深工艺的显著不同是板料背面存在液体压力使板材与凸模之间产生摩擦力 F_f，并在法兰区存在润滑油膜，如图 6-2-2 所示。充液室压力越大，摩擦力越大，该摩擦力有利于提高成形极限，又称为有益摩擦。在充液室压力达到临界值 p_{cr} 时，液体压力作用使板料法兰区抬起并脱离凹模，形成一个润滑油膜，消除板料与凹模圆角之间的摩擦。如果采用密封（见图 6-2-2a），液体介质无法从法兰区流出，不能在全部法兰区形成流体润滑，但却可以通过溢流阀精确控制充液室压力。在没有密封的情况下（见图 6-2-2b），充液室内液体介质强行从法兰与凹模之间流出，在整个法兰区形成流体润滑，从而有效降低法兰与凹模间的摩擦，缺点是无法精确控制充液室压力。

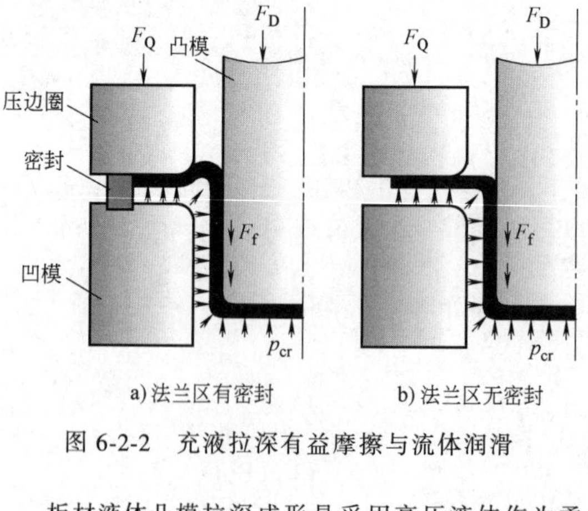

a) 法兰区有密封　　b) 法兰区无密封

图 6-2-2　充液拉深有益摩擦与流体润滑

板材液体凸模拉深成形是采用高压液体作为柔性凸模，使板材贴靠模具型腔，成形为所需形状零件，其成形过程分为拉深和整形两个阶段，如图 6-2-3 所示。在拉深阶段，在合理压边力作用下，高压液体迫使板材流入凹模；在整形阶段，施加足够大的压边力，确保法兰区密封，局部圆角在液体高压下成形，获得很高的形状和尺寸精度。

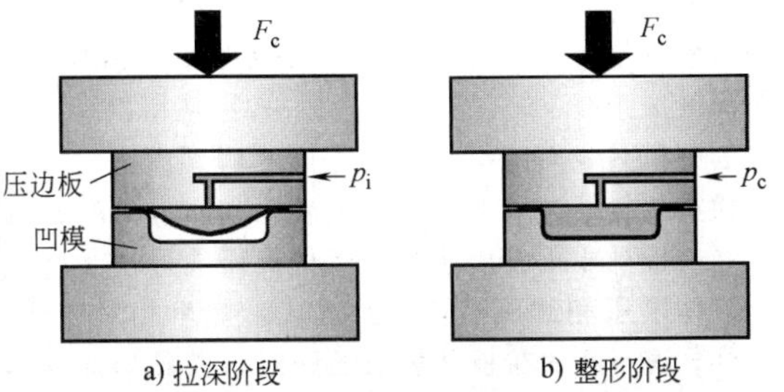

图 6-2-3　板材液体凸模拉深成形原理

2.1.2　特点

与传统刚性模具拉深方法相比，充液拉深方法具有以下特点。

1. 提高成形极限，减少拉深次数

充液拉深成形的特点是，随着凸模的移动，在充液室内产生液压，板料受液压力作用紧紧地贴向凸模，并在板料与凸模之间产生很大的摩擦力，此摩擦力将负担一部分甚至全部成形力，缓和了板料在凸模圆角附近（传统的危险断面）的径向拉应力，提高了传力区的承载能力，此效果称为充液拉深成形的“摩擦保持效果”。

同时，如果法兰上不采取密封，充液室内的高压流体从法兰流出，毛坯在凹模圆角处和法兰部位处于一种流体润滑状态，从而减少法兰及凹模口附近的摩擦，使法兰（变形区）的径向拉应力减小，有利于提高成形极限，称之为“流体润滑效果”。

另外，完全依靠凸模进入凹模的自然增压方式往往造成成形初期液压不足，此时可采用强制增压方法，就是将凸模固定在毛坯上方一定距离后进行压边，起动高压泵向充液室注入液体增压，然后凸模进入凹模开始拉深，如图 6-2-4 所示。初始胀形的部分在径向受到压缩，能够部分增加凸模圆角附近材料的板厚；拉深开始之前凹模与板料之间处于流体润滑状态，凸模圆角处于摩擦保持状态，成形极限得到提高。

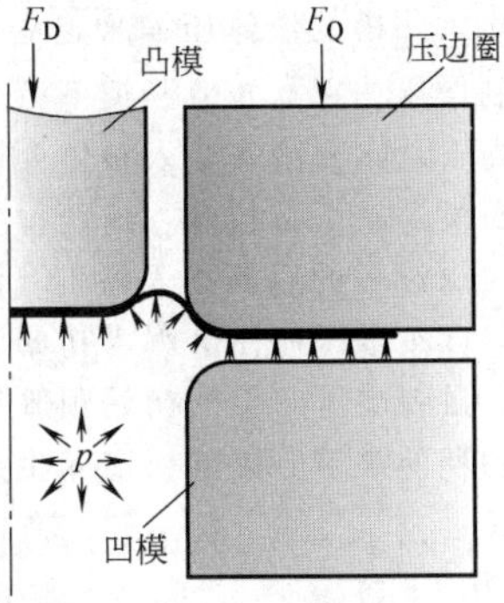

图 6-2-4　初始预胀形效果

由于上述三种效果的综合作用，使得传统拉深成形的危险部位（凸模圆角附近）板料的局部变薄大大缓和，成形极限显著提高，其极限拉深比：圆筒形件提高了 1.3～1.4 倍、盒形件提高了 1.2～1.3 倍。采用充液拉深成形方法可以一次实现普通拉深需要 2～4 道工序的成形。表 6-2-1 给出了主要材料的极限拉深比。

表 6-2-1　部分材料充液拉深的极限拉深比（$LDR=D_{0max}/d_p$①）

材料	极限拉深比
纯铝	2.5
黄铜	2.4
铝合金	2.3
不锈钢	2.9
高温合金	2.3

① D_{0max} 为圆形毛坯直径；d_p 为圆筒形零件直径。

2. 抑制内皱的产生

对于锥形、抛物线形等侧壁有锥度或圆弧形状的曲面零件，由于成形时板料存在悬空部分，普通拉深成形极易产生内皱。而采用充液拉深成形悬空部分，由充液一面贴向凸模，产生与凸模运动方向反向的胀形变形（见图 6-2-5），则起到了拉深筋的作用，于是在周向产生拉应力，使拉深法兰悬空部分的起皱趋势大幅降低。另外，被贴向凸模的部位因“摩擦保持效果”而使凸模圆角处的抗破裂能力得到提高，从而可以通过增加压边力及毛坯直径来消除内皱。

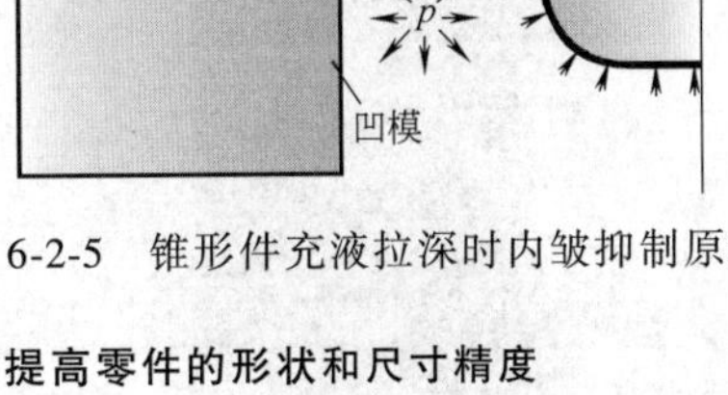

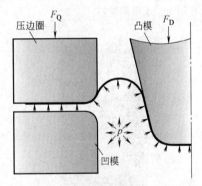

图 6-2-5　锥形件充液拉深时内皱抑制原理

3. 提高零件的形状和尺寸精度

充液拉深时，由于液压的作用，板料紧紧地贴在刚性模具表面，与传统拉深工艺相比，改变了板料内部的应力分布规律。因此，零件的尺寸与形状精度得到提高，并且压力越高，零件的成形精度就越高，如图 6-2-6 和图 6-2-7 所示。

4. 零件表面质量好

由于压力的作用，产生溢流润滑作用，成形零

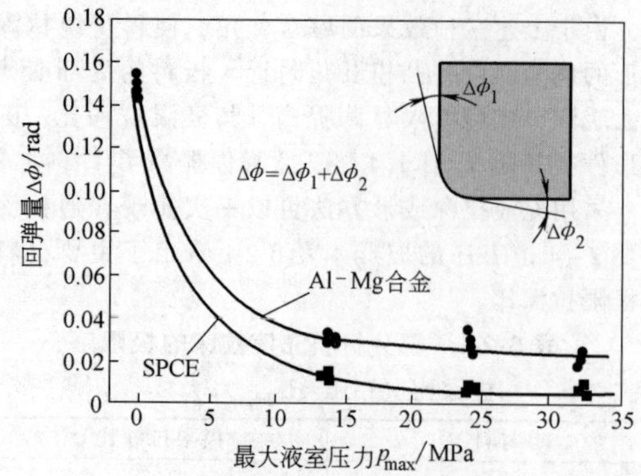

图 6-2-6　压力对凸模圆角处回弹的影响

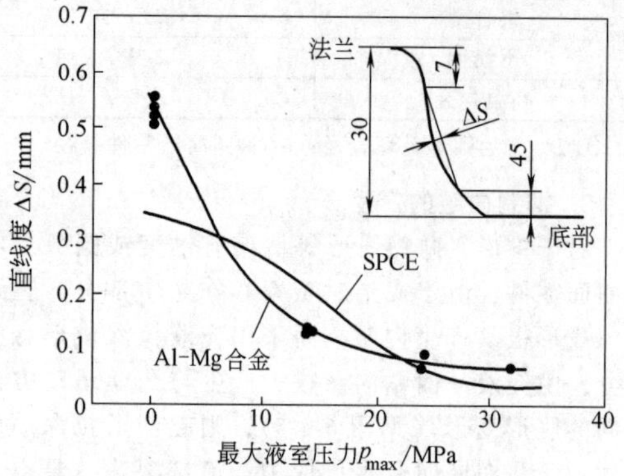

图 6-2-7　压力对圆筒形件侧壁直线度的影响

件外表面在凹模圆角处不与模具接触，避免了划伤、划痕等缺陷，可以获得很好的零件外表面质量。图 6-2-8 所示为表面印有网格的充液拉深成形零件，表面没有划伤，成形质量好。

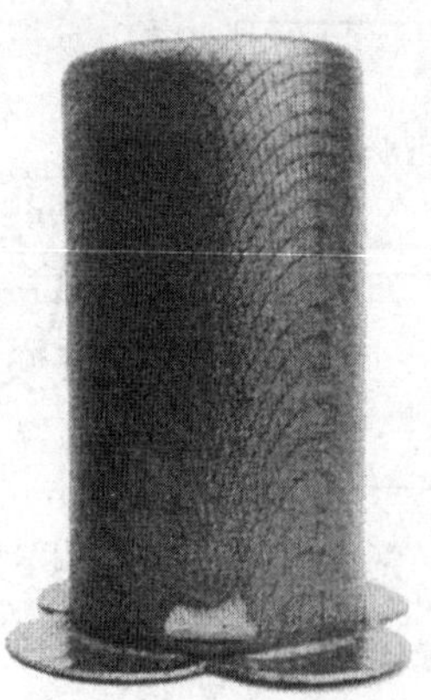

图 6-2-8　充液拉深成形零件外表面

5. 简化模具结构

由于液体代替一半模具（凹模或凸模），即使形状比较复杂的零件也无须采用带底凹模，甚至采用圆形凹模或压边圈也可成形复杂截面形状的零件，模具结构简化。同时，由于成形极限的提高，拉深次数和模具数量减少，模具成本降低 20%～50%。另外，模具与板料之间的“摩擦保持效果”以及充液拉深时法兰部位的“流体润滑效果”，使得板料移动引起的模具表面磨损、润滑等问题得到解决，可降低模具材料等级。

与板材冲压成形相比，板材液压成形由于增加了液体增压和卸压过程，因此成形效率相对较低。此外，液压施加在板料表面的同时对模具形成反作用力，增加了成形设备吨位，增加的成形力通常和零件投影面积、液体压力成正比。

2.2　缺陷形式与工艺参数的确定

2.2.1　缺陷形式

板材充液拉深成形的缺陷形式主要为破裂、起皱、回弹及橘皮。普通拉深产生的破裂，通常发生在拉深成形初期的凸模圆角处。充液拉深产生的破裂和起皱，受充液室压力等因素的影响，破裂会在不同位置、不同阶段产生，如图 6-2-9 所示。

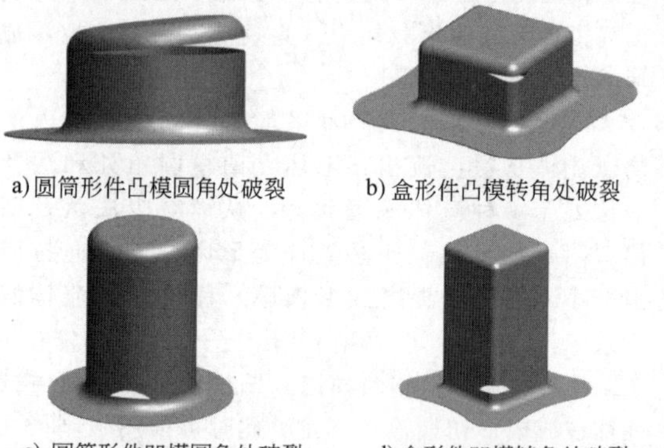

a) 圆筒形件凸模圆角处破裂　b) 盒形件凸模转角处破裂

c) 圆筒形件凹模圆角处破裂　d) 盒形件凹模转角处破裂

图 6-2-9　充液拉深的破裂形式

对于充液拉深来说，影响破裂的主要有加压方式、压边力、压力加载控制方式、凹模圆角半径、凸模圆角半径、毛坯的几何形状等。

1. 加压方式

充液拉深的加压方式有两种：一是自然增压，即只靠凸模压入凹模的液体压缩来建立液压；再一种方式是强制增压，它是先使凸模下行到板料表面附近，起动高压泵向充液室注入液体介质增压到某一设定值，凸模开始下行拉深。这两种方式的液压变化曲线在拉深过程的后期并无差别，但在拉深初期差别较大，自然增压往往会因为初始液压不足引起板料破裂，强制增压产生的初始预胀形效果能有效抑制成形初期的破裂。因此，实际生产中常采用强制增压方式。

2. 压边力（F_Q）

对于充液拉深成形来说，压边力的加载有两种方式，一种是直接加载压边力，另一种是定间隙压边，即刚性压边，这时压边力需要足够大。

在普通拉深中，直接加载压边力合理范围是上限和下限两条曲线所包围的区域，高于上限，会产生断裂失效；低于下限将产生起皱失效。充液拉深压边力对成形的影响比较复杂，这是因为此时的压边力不仅有普通拉深的压边功能，而且还对充液室的压力建立具有举足轻重的影响。例如，充液拉深压边力过小时，除了可能产生起皱失效外，有时也会产生断裂失效形式，其原因正是因压边力太小不能建立起很大的压力，使“摩擦保持效果”不足所致。反之，过高的压边力所引起的压力过大而导致的材料在凹模圆角处的反向胀形破裂也是充液拉深所常见的一种失效形式。因此，压边力也存在一个合理范围（见图 6-2-10）。生产中要根据零件具体形状反复调整压边力。为了减少调整压边力带来的麻烦，常常采用刚性压边的方式。根据已有的经验，一般取刚性压边圈与凹模面之间的间隙为 1.05～1.10 倍的料厚，便可以取得较好的效果。

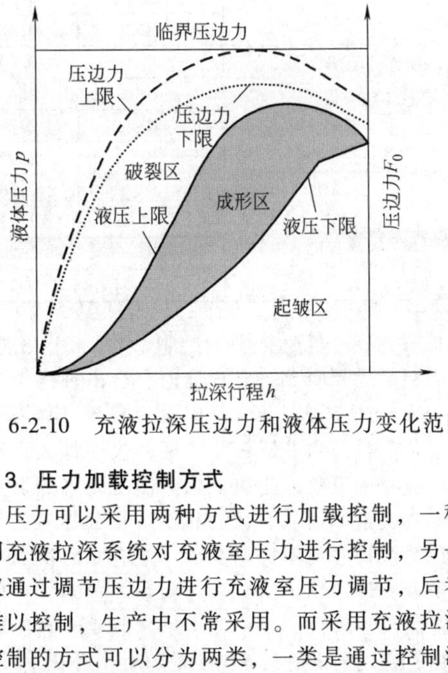

图 6-2-10　充液拉深压边力和液体压力变化范围

3. 压力加载控制方式

压力可以采用两种方式进行加载控制，一种是采用充液拉深系统对充液室压力进行控制，另一种是仅通过调节压边力进行充液室压力调节，后者由于难以控制，生产中不常采用。而采用充液拉深系统控制的方式可以分为两类，一类是通过控制溢流阀设定充液室的最高压力，另一类是采用比例溢流阀对充液室压力进行实时连续控制。

通过采用溢流阀设定的最高液压力对成形有很大的影响。总的来说，当压力调低时，成形极限减小；液压力调高，成形极限增大。但是，压力过低在凸模圆角处易产生破裂，压力过高在凹模圆角处的板料易产生反向胀裂。

对于复杂曲面零件，需要根据拉深行程不断调整充液室压力才能保证成形。因此，必须根据零件的成形特点设定成形过程中的最佳压力变化，采用分段实时控制方式，实际生产中一般采用阶梯形曲线或者不同斜率加载曲线来控制液室的压力。

4. 凹模圆角半径（r_d）

充液拉深成形过程中凹模圆角半径的选取，除了像普通拉深时要考虑它对弯曲应力、凹模入口部摩擦抗力的影响之外，还应考虑到它对充液室压力的影响。图 6-2-11 所示是 SPCE 钢板（厚度 t_0 = 0.6mm）的试验结果，图中 r_d/t_0 是相对凹模圆角半径，D_0/d_p 是拉深比，F_{BH} 是压边力。凹模圆角半径越小，板材越容易与凹模圆角贴近形成密封，使液压升高。在相对凹模圆角半径较小时（$r_d/t_0<5$），液压可以达到溢流阀设定的压力（曲线 1 和 2），并产生溢流；而相对凹模圆角半径较大时（$r_d/t_0>10$），充液室压力并未达到溢流压力（曲线 3 和 4），溢流阀也不溢流。

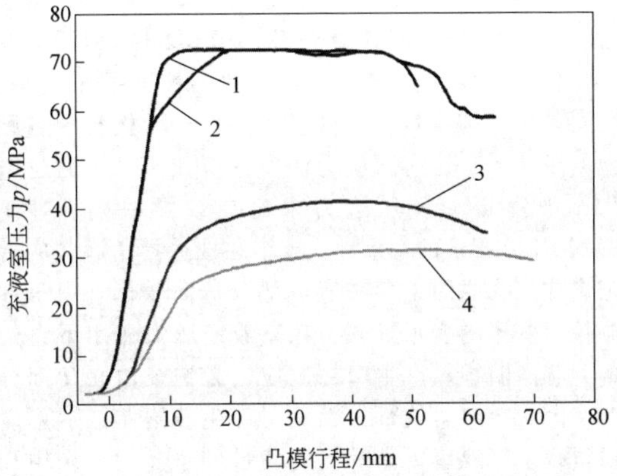

图 6-2-11　相对凹模圆角半径对充液室压力的影响

1—$r_d/t_0=1.7$，$D_0/d_p=2.16$，$F_{BH}=11.8$kN

2—$r_d/t_0=5.0$，$D_0/d_p=2.6$，$F_{BH}=16.5$kN

3—$r_d/t_0=10.0$，$D_0/d_p=2.8$，$F_{BH}=21.6$kN

4—$r_d/t_0=13.3$，$D_0/d_p=2.9$，$F_{BH}=21.1$kN

图 6-2-12 所示是凹模圆角半径对成形极限的影响。图中给出了钢板普通拉深与充液拉深情况的比较。随着凹模圆角半径的增加，两种方法有同样的趋势，即成形极限提高，并逐渐达到最大值。对于普通拉深，凹模圆角半径超过 6 倍板厚以后影响就不大了。而对于充液拉深，凹模圆角半径大于 13 倍板厚以上，成形极限才达到最大值。

5. 凸模圆角半径（r_p）

对于充液拉深成形，当凸模圆角半径小于 3 倍板厚时，随着凸模圆角半径的增加，成形极限提高明显。当凸模圆角半径大于 3 倍板厚时，由于支配成形极限的已不再是凸模圆角处的破裂，而是凹模

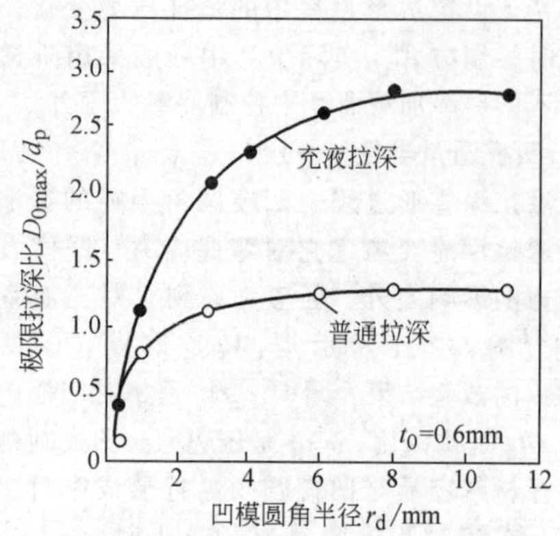

图 6-2-12　凹模圆角半径与成形极限的关系

圆角处的破裂，所以继续加大凸模圆角已不起作用。

板材充液拉深成形的起皱形式如图 6-2-13 所示。图 6-2-13a 所示为法兰区起皱，是拉深成形普遍的一种缺陷形式，主要是由于压边力过低所致，可以通过增大压边力来避免该类缺陷。图 6-2-13b 所示为曲面零件的悬空区起皱。其处于成形曲面的中上部，主要是由于该区域在充液室压力较小、板料没有贴模的条件下，切向压应力的作用所致，可以通过增大充液室压力及压边力来避免该类缺陷。对于图 6-2-13c 所示的盒形件，还存在棱边拐角起皱的缺陷形式。其原因是存在直边部分弯曲变形、拐角部分拉深变形的变形模式，在充液室压力作用下直边部分容易贴模、产生摩擦效应，影响棱边拐角部分的多余材料向直边部分流动，产生棱边起皱，可以通过减小充液室压力及优化坯料尺寸（例如采用切角毛坯）克服该类缺陷。

a) 法兰区起皱

b) 悬空区起皱

c) 棱边拐角起皱

图 6-2-13　板材充液拉深成形的起皱形式

回弹是一种形状精度不良缺陷。对于板材普通拉深成形，零件的回弹主要受凸、凹模精度及其间隙影响，尤其板材越薄，对模具精度要求越高。在板材充液拉深成形中，板材在液体压力作用下贴靠凸模，因此可以通过增加充液室压力减小零件的回弹。回弹可以用成形零件内径与凸模的直径差表征。以直径 100mm 的凸模为例，充液室压力对不同材料回弹的影响见表 6-2-2。对于低碳钢和铝合金这类屈服强度较低的材料，回弹值随着充液室压力提高而迅速下降，当充液室压力达到 30MPa 时，其回弹值降低至 0.5mm 左右；对于高温合金和不锈钢这类屈服强度较高的材料，当充液室压力较低时，回弹值变化较小，当充液室压力为 30MPa 时，其回弹值为 2mm 左右。因而，对于不锈钢和高温合金，需要提高充液室压力才能达到精度要求。

表 6-2-2　充液室压力对不同材料回弹的影响

材料	厚度/mm	充液室压力/MPa	回弹值/mm
2A12 铝合金	1.1	0	1.82
		10	1.48
		20	0.71
		30	0.57
SPCC 低碳钢	0.8	0	2.42
		10	2.00
		20	0.58
		30	0.48
304 不锈钢	0.9	0	2.64
		10	2.43
		20	2.28
		30	2.07
4099 高温合金	1.0	0	2.36
		10	2.27
		20	2.27
		30	2.22

板材在经过塑性变形时会出现表面粗糙化现象，当表面粗糙化严重到一定程度时，会出现橘子皮一样的表面凹凸不平现象，可肉眼观察到，称为橘皮（见图 6-2-14）。橘皮是一种常见的表面缺陷，铝合金变形过程中更易产生该缺陷。橘皮缺陷的发生主要受到铝合金原始晶粒尺寸和变形量的影响，其主要原因是微观晶粒不协调变形，随应变的增加均会使不协调变形加剧，当应变达到临界值时，产生橘皮。晶粒尺寸越大，晶粒尺寸越分散或者晶粒取向越集中，出现橘皮的临界应变量越小。

对于板材液体凸模拉深成形，其主要缺陷是压力作用区域的破裂、起皱、回弹及橘皮，与合模力（压边力）及变形量有关。在成形初期合模力过大，法兰区材料没有充分流入，导致胀形变形区破裂；对于厚径比较小的板材，压力作用的变形区容易起皱，起皱的位置发生在中上部，其切向受压应力作用，厚径比小、抗失稳能力差，导致起皱，可以通过增加合模力（压边力）或者在法兰区增设拉延筋提高径向拉应力，克服起皱。液体凸模拉深成形试

图 6-2-14　橘皮缺陷

件的回弹受最终的整形压力影响，整形压力越大，回弹量越小、成形精度越高。橘皮缺陷主要原因是整形变形量大以及板材晶粒粗大。

表 6-2-3、表 6-2-4 给出了板材充液拉深成形及液体凸模拉深成形缺陷及产生原因，以便试验、生产中进行快速分析，进行模具或者工艺参数调整，消除缺陷。

表 6-2-3　板材充液拉深成形缺陷及产生原因

缺陷名称	产生原因
凸模圆角破裂	1）凸模圆角半径过小 2）凹模圆角半径过小 3）压边力过大，无流体润滑 4）压边力过小，充液室压力建立不起来 5）初始反向胀形变形过大 6）充液室压力过小
凹模圆角破裂	1）压边力过大，无流体润滑 2）凹模圆角半径过小 3）压边圈圆角半径过小 4）反向胀形变形过大 5）充液室压力过大
回弹量大	充液室压力过小
橘皮	1）充液室压力小，有益摩擦小，局部变形大 2）材料初始晶粒过大，不均匀

表 6-2-4　板材液体凸模拉深成形缺陷及产生原因

缺陷名称	产生原因
成形区破裂	1）压边力过大，材料流入少 2）材料达到变形极限
成形区起皱	1）压边力过小，径向拉应力小 2）压边力分布不合理，材料流动不一致
回弹量大	1）压边力过小，应变硬化不足 2）整形压力过小
橘皮	1）局部变形量大 2）材料初始晶粒过大，不均匀

2.2.2　主要工艺参数的确定

1. 充液拉深成形的主要工艺参数

充液拉深成形的主要工艺参数包括临界充液室压力 p_{cr}、拉深力 F_D、压边力 F_Q、液体体积 V_c 和液体流量 Q（见图 6-2-1）。

（1）临界充液室压力　临界充液室压力是指在充液拉深成形过程中使坯料脱离凹模圆角的最小充液室压力。充液室压力在成形过程中不仅能够增强坯料与凸模之间的有益摩擦，而且达到临界充液室压力还能够避免坯料与凹模圆角的接触，消除坯料与凹模圆角之间的不利摩擦，有利于成形极限的提高。对于筒形件的临界充液室压力可以按照式（6-2-1）计算

$$p_{cr}=\frac{2R_p t\sigma_s \ln\left(\frac{0.85R_b}{R_d+r_d}\right)}{r_d(2R_d+r_d)} \tag{6-2-1}$$

对于盒形件的充液拉深成形，抬起直边部分所需的压力比圆角部分的压力小，盒形件拉深的临界充液室压力由抬起直边部分所需的临界充液室压力决定。盒形件的临界充液室压力可以按照式（6-2-2）计算

$$p_{cr}=\frac{\sigma_s t^2}{r_d(4r_d+2t)} \tag{6-2-2}$$

式中　p_{cr}——临界充液室压力（MPa）；

σ_s——板材的流动应力（MPa），考虑应变硬化可按照板材屈服强度和抗拉强度的平均值估算；

R_b——原始坯料半径（mm）；

R_p——凸模半径（mm）；

R_d——凹模半径（mm）；

r_d——凹模圆角半径（mm）；

t——板材厚度（mm）。

实际工艺中，复杂形状零件的临界充液室压力可以根据以上筒形件和盒形件的临界充液室压力估算并做适当调整。

（2）拉深力 F_D　通常，充液拉深成形的拉深力由两部分组成，其中一部分为普通拉深的拉深力，另一部分为液体压力的反向作用力。因此，充液拉深成形的拉深力 F_D 为

$$F_D=F_1+F_2 \tag{6-2-3}$$

对于筒形件充液拉深成形的拉深力 F_D 为

$$F_D=\pi d_p t\sigma_b K_d+\frac{\pi d_p^2}{4}p \tag{6-2-4}$$

式中　F_1——普通拉深力（kN）；

F_2——液体反作用力（kN）；

F_D——充液拉深力（kN）；

d_p——拉深零件直径（mm）；

K_d——与拉深比、相对厚度相关的系数（取值范围在 0.2~1.1 之间）；

p——成形所需的液压（MPa）；

σ_b——板材的抗拉强度（MPa）。

（3）压边力 F_Q　充液拉深成形发生溢流后，在

坯料法兰区下表面形成的流体压力分布为：凹模圆角附近液体压力基本与充液室内的液压 p 相同，法兰区由内到外压力逐渐减小，法兰外缘处压力为零。理想的充液拉深压边力应该随着拉深的进行与法兰区下表面液体作用力平衡，但在成形过程中不断变化，计算复杂。对于设备参数估算，可以按照式(6-2-5) 计算

$$F_Q=\frac{p}{2}S_f \tag{6-2-5}$$

式中 F_Q——压边力（kN）；

p——成形所需的液压（MPa）；

S_f——坯料法兰区面积（mm^2）。

在实际充液拉深成形工艺中，可根据零件具体情况调整压边力。

(4) 液体体积 V_c　充液拉深过程，充液室内的液体体积不断变化，拉深初期液体体积最大，初始体积应大于零件体积；随着拉深的进行，凸模拉动板料进入充液室，一部分液体由法兰区板料下表面溢出，一部分液体通过充液孔回流到充液系统。因此，充液室体积计算应在考虑这两部分排出液体体积的基础上增加一定余量。通常，溢出的液体体积基本可忽略，主要根据零件的体积计算充液室体积。实际工艺中可按照式（6-2-6）估算

$$V_c=\lambda V_p \tag{6-2-6}$$

式中 V_c——充液室体积；

V_p——零件体积；

λ——系数，实际工艺中可取 1.2~3。

(5) 液体流量 Q　充液拉深过程的液体流量是指单位时间内通过模具排出的液体体积。通常，液体流量是随着进入充液室的零件横截面积和拉深速度不断变化的，进入充液室的零件横截面积越大、拉深速度越快，液体流量越大。实际工艺计算中，液体流量可以按照最大横截面积和最大拉深速度下的液体流量估算，该值可以用以判断液压成形设备的充液系统是否满足瞬间流量的需要。液体流量可以用零件横截面积与拉深速度的乘积获得，理论计算公式如下

$$Q=Sv \tag{6-2-7}$$

式中 Q——液体流量（m^3/s）；

S——拉深行程 h 时的零件横截面面积（m^2）；

v——拉深速度（m/s）。

当以恒定速度充液拉深成形时，直壁筒形件的液体流量为恒定值，曲面件的液体流体为变化值。图 6-2-15 所示为直径 1m 的半球形件充液拉深液体体积和液体流量变化曲线，排出液体体积和液体流量随拉深行程呈指数型增加。当处于最大拉深行程时，排出液体体积达到最大，液体流量也同时达到最大。

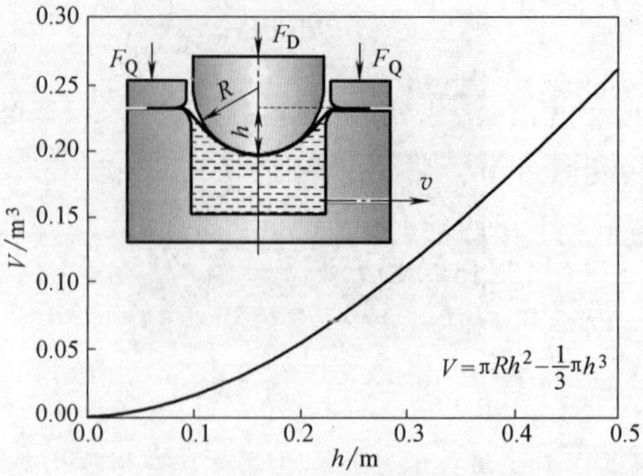

a) 液体体积变化

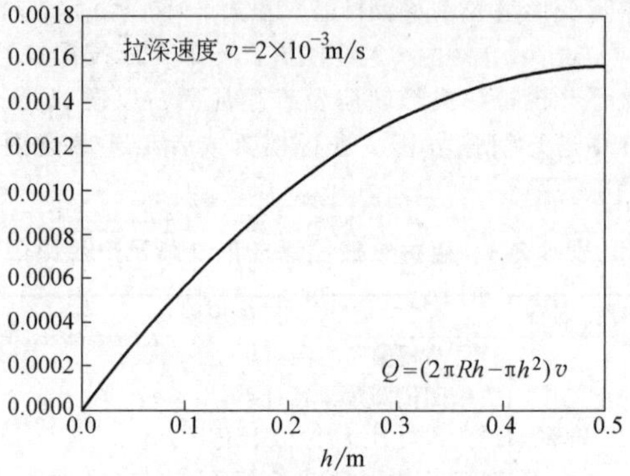

b) 液体流量变化

图 6-2-15　半球形件充液拉深液体体积和液体流量变化曲线

2. 液体凸模拉深成形的主要工艺参数

液体凸模拉深成形的主要工艺参数包括拉深阶段液体压力 p_i、整形压力 p_c 以及合模力 F_c，如图 6-2-3 所示。

(1) 液体压力 p_i　在拉深阶段，液体介质作为凸模传递载荷，成形力等于液体压力和零件投影面积之积，由此可以得到保证板材拉入凹模的拉深阶段液体压力为

$$p_i=\frac{F_1}{A_p} \tag{6-2-8}$$

式中 p_i——拉深阶段液体压力（MPa）；

F_1——普通拉深的成形力（N）；

A_p——零件投影面积（mm^2）。

对于圆形试件液体凸模拉深成形，液体压力计算公式为

$$p_i=\frac{4Kt}{d_p}R_m \tag{6-2-9}$$

式中 t——板材厚度（mm）；

d_p——零件直径（mm）；

R_m——抗拉强度（MPa）；

K——与拉深比和相对厚度有关的系数。

（2）整形压力 p_c　在整形阶段，零件大部分已经贴模，只有局部小圆角没有完全贴模，使圆角完全贴靠模具所需压力称为整形压力，按照下式计算

$$p_c=\frac{t}{r_{min}}\sigma_s \tag{6-2-10}$$

式中　p_c——整形压力（MPa）；

r_{min}——零件最小过渡圆角半径（mm）；

t——板材厚度（mm）；

σ_s——整形阶段材料的流动应力（MPa）。

（3）合模力 F_c　合模力是在板材液体凸模拉深成形的整形阶段保持模具闭合所需要的最大载荷。液体凸模拉深的合模力包括液体作用力和压边力两部分。液体作用力等于整形压力与零件投影面积之积。压边力受法兰区面积等因素的影响，准确计算较为困难。为了便于工程计算，采用适当增加液体作用力来估算合模力。计算公式如下

$$F_c=\lambda p_c A_p \tag{6-2-11}$$

式中　F_c——合模力（N）；

λ——压边力的系数，实际工艺取 $\lambda=1.1\sim1.3$；

p_c——整形压力（MPa）；

A_p——零件投影面积（mm^2）。

2.3　模具结构和加载方式

2.3.1　模具结构

充液拉深模具包括凸模、凹模、压边圈和充液室。由于液体介质作用于板材下表面，起到凹模的作用，凹模型腔得到简化，不必加工成与零件型面一致的型腔。通常，凹模与充液室之间通过螺纹进行紧固连接，并设置密封结构，充液室设有连接螺纹孔，与液压加载系统连接。充液拉深模具结构如图 6-2-16a 所示。对于大型模具，型腔较浅，一般采用充液室筒段与凹模为一体、充液室底板为分体的结构。当承载压力较高（≥25MPa）和尺寸较大时，可采用钢丝缠绕预紧结构的充液室筒段，典型结构如图 6-2-16b 所示，显著节省模具材料及加工费用，承载能力较好。

充液拉深模具参数主要包括凸、凹模圆角、压边圈圆角及模具间隙。凸模圆角完全根据零件尺寸确定。对于拉深比较大的板材零件，凹模圆角半径可选为 6~10 倍的材料厚度。压边圈圆角半径选在材料厚度的 5 倍左右，以防止反胀（即反向胀形）造成局部减薄、拉深破裂；凸、凹模间隙为板材厚度的 1.2 倍左右，零件的精度通过施加充液室压力保证。充液拉深模具材料方面，一般采用高强度、高韧性的锻钢或者铸钢。

液体凸模拉深的模具结构简单，分别为与零件形状尺寸相当的凹模型腔以及起压边、合模作用的加压板，加压板设有螺纹孔，与液压加载系统连接。

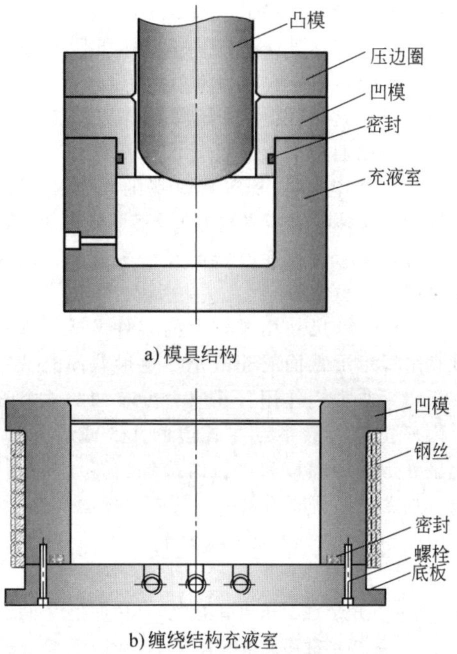

图 6-2-16　充液拉深模具结构示意图

充液拉深或者液体凸模拉深承受液压载荷的零件为充液室或者凹模，其所受压力甚至达到 100MPa，因此充液室或者凹模必须具有足够的刚度、强度，防止高压作用下发生过大的弹性变形导致密封失效，或者发生模具失效断裂。根据拉深零件的横、纵向尺寸，可将充液室设计成圆形截面或者矩形截面的厚壁筒。对于圆形截面充液室，承受径向压应力和切向拉应力，圆形截面充液室应力分布如图 6-2-17 所示。

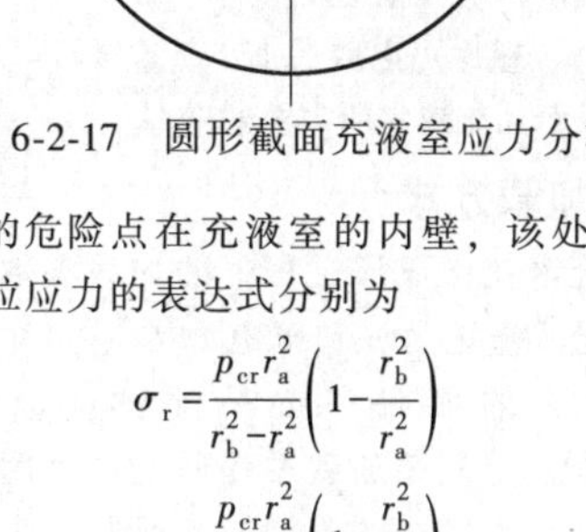

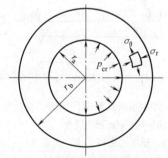

图 6-2-17　圆形截面充液室应力分布

失效的危险点在充液室的内壁，该处径向压应力和切向拉应力的表达式分别为

$$\sigma_r=\frac{p_{cr}r_a^2}{r_b^2-r_a^2}\left(1-\frac{r_b^2}{r_a^2}\right) \tag{6-2-12}$$

$$\sigma_\theta=\frac{p_{cr}r_a^2}{r_b^2-r_a^2}\left(1+\frac{r_b^2}{r_a^2}\right) \tag{6-2-13}$$

根据式（6-2-10）、式（6-2-11），设 m 为外径 r_b 与内径 r_a 的比值。当 r_a 固定、r_b 增大时，m 也随着增大，此时的内壁等效应力降低。但当 $m>4$ 时，应力趋于稳定，不再发生明显降低。可以看出，当 $m<4$ 时，可以通过增大外径（或者壁厚）的方法来降低内壁等效应力，提高充液室的强度；当 $m>4$ 时，继续增大外径（或者壁厚），不可能再使充液室所受应力降低，对强度改善已经失去效果，可考虑采用多层预应力结构。

对于横、纵尺寸相差较大的零件，从节省材料角度宜采用矩形截面的充液室。矩形截面充液室承受内压和弯曲力矩作用，其应力分布如图 6-2-18 所示。内壁拉应力最小点在长边的 1/5 或者 4/5 处，因此该处是固定螺钉和销钉的最佳位置。内壁拉应力最大点在矩形截面的角部，其应力表达式为

$$\sigma=\frac{2(a^2-ab+b^2)}{t^2}p_{cr} \tag{6-2-14}$$

式中　a——矩形截面充液室宽度方向中面距离（mm）；

b——矩形截面充液室长度方向中面距离（mm）；

t——矩形截面充液室壁厚；

p_{cr}——临界充液室压力（MPa）。

根据式（6-2-12），令 $a=nb$（n 为边长比，且 $0<n\leqslant1$），则

$$\sigma=\frac{2b^2(n^2-n+1)}{t^2}p_{cr} \tag{6-2-15}$$

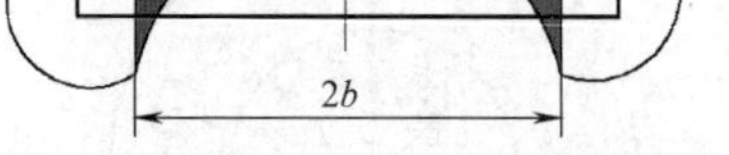

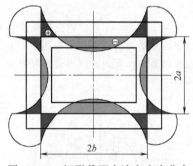

图 6-2-18　矩形截面充液室应力分布

当拉应力达到某材料的许用应力时，矩形截面的边长比 n 直接影响充液室的壁厚。在相同内压作用下，当 $n=0.5$ 时，壁厚可以取最小，节省材料；当 $n=1$ 时，为正方形截面，充液室所需要的壁厚最大。

2.3.2　加载方式

板材充液拉深成形过程中的加载参数包括拉深行程 L、充液室压力 p 和压边力 F_Q，其中充液室压力和压边力的加载和拉深行程直接相关，如图 6-2-19 所示，复杂加载过程通过伺服闭环控制实现。初始压边力较小，满足初始反胀压力的建立即可；随充液室压力的增加，压边力逐渐增大以满足密封及流体润滑效果。闭环控制拉深成形的试件在壁厚、形状精度等方面效果良好。

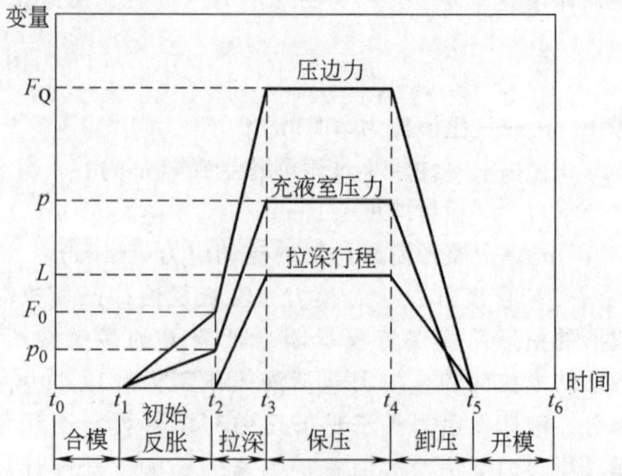

图 6-2-19　工艺加载路径示意图

板材液体凸模拉深成形的液体压力加载方式比较简单，只需控制合模力与压力的匹配关系，保证拉深阶段压力能合理增加、材料能够流入模具型腔；成形后期施加大合模力、高内压，实现整形并提高成形精度。

2.4　液压成形工艺

2.4.1　多向加压充液拉深成形

多向加压充液拉深成形是在板材的不同方向或区域施加液压，配合凸模实现拉深成形。图 6-2-20 所示为其原理，在板材成形过程中，在板材的下表面、上表面和法兰外缘施加复合液压 p_1、p_2 和 p_r，调节板材的变形区域或变形顺序，控制破裂、起皱等缺陷，达到优化壁厚分布，实现变形过程准确控制的目的。主要成形工艺参数包括：压力比、压力差、加载速率等。

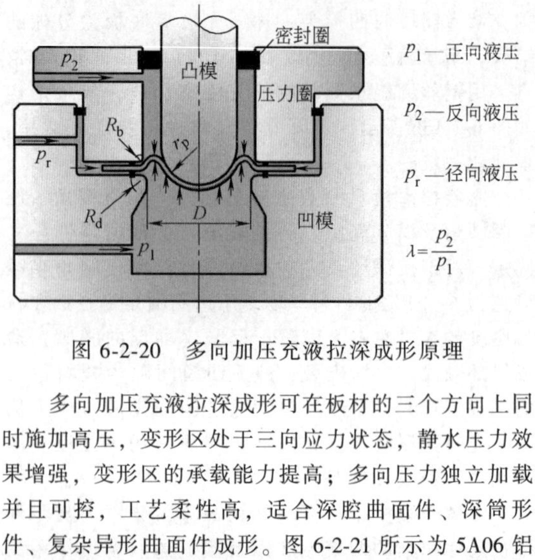

图 6-2-20　多向加压充液拉深成形原理

多向加压充液拉深成形可在板材的三个方向上同时施加高压，变形区处于三向应力状态，静水压力效果增强，变形区的承载能力提高；多向压力独立加载并且可控，工艺柔性高，适合深腔曲面件、深筒形件、复杂异形曲面件成形。图 6-2-21 所示为 5A06 铝

合金筒形件，拉深比达到 2.5，极限拉深比高于常规拉深成形。但是，多向压力使板材变形时的工艺条件和载荷环境较复杂，对液压成形设备的增压单元和控制精度的要求较高，模具结构也较复杂。

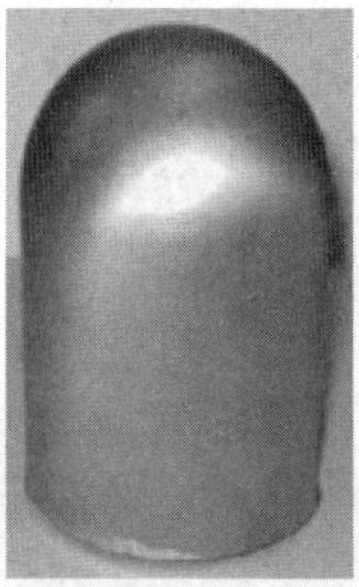

图 6-2-21　5A06 铝合金深筒形件

2.4.2　预胀充液拉深成形

预胀充液拉深成形是通过充液室压力使板坯预先胀形、然后再拉深的成形方法，主要解决普通充液拉深成形存在底部无变形、应变硬化不足、底部和直壁变形差异大等问题。成形过程及加载曲线示意图如图 6-2-22 和图 6-2-23 所示，主要包含反胀、压平和拉深成形 3 个阶段：首先凸模下行到距离板材上表面 h 的位置停止，施加压边力 F_Q，然后向充液室加压到预胀压力 p_b，使得板材发生胀形，之后在此压力下，凸模运动至与压边圈持平，最后调节

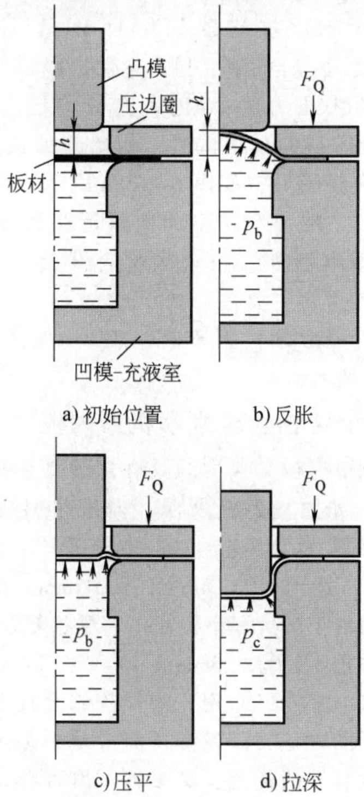

a) 初始位置　b) 反胀

c) 压平　d) 拉深

图 6-2-22　预胀充液拉深成形过程

充液室压力到 p_c，凸模继续下行直至零件拉深完成。

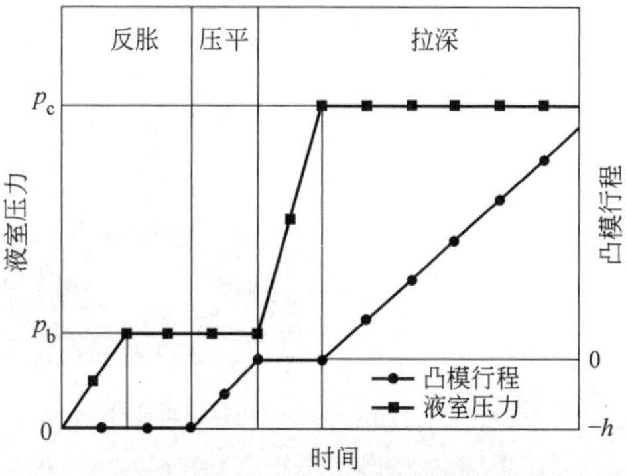

图 6-2-23　预胀充液拉深加载曲线示意图

图 6-2-24 所示为双相高强钢平底筒形件试件中心点减薄率与预胀高度的关系。可以看出，预胀高度越大，中心点减薄率越大，底部变形量越大，应变硬化效果越显著。

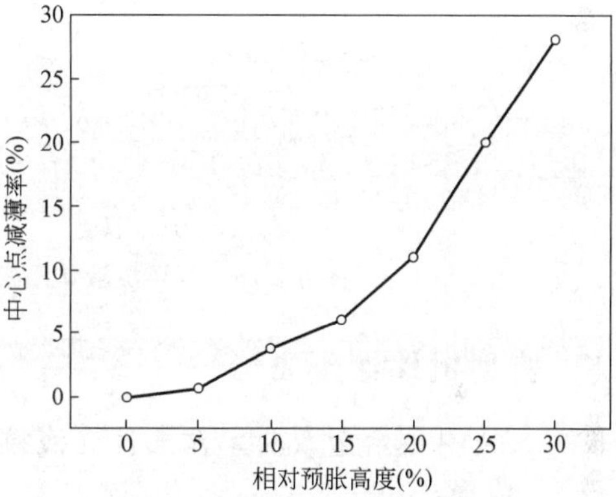

图 6-2-24　双相高强钢平底筒形件试件中心点减薄率与预胀高度的关系

2.4.3　双层板液体凸模拉深成形

双层板液体凸模拉深成形是采用液体作为凸模，驱动两张板料分别拉入对应模具型腔的成形方法，该方法可以一次成形两件或一个空心复杂件。图 6-2-25 所示为其成形过程，分为拉深和整形两个阶段：拉深成形时，将两张板料叠放在模具里，合模后施加较小的合模力，通过板料的充液孔进行压力加载，使两板料法兰区流入对应的模腔；整形时，同时增加合模力和压力，使局部圆角贴模。

双层板成形的坯料形状可以根据零件形状优化设计，可以是不同材料或不同厚度，还可以预先沿板料周边对焊。因而，能实现一模两件成形或一次成形出复杂形状、大截面差、轻量化的空腔曲面件，具有较高的工艺柔性。同时，该方法可将焊接工序和成形工序集成，可避免成形后的焊接变形问题，还可减少制造工序，具有成形精度高，节省模具费用等优势，适合航空、航天、汽车、电器等领域的形状复杂、尺寸多变和中小批量零件成形。

目前，采用该方法成形出汽车底盘悬臂、A/B/C柱、副车架、防撞杆、油箱等零件，材料涉及钢板、铝合金板、高强钢板等，图 6-2-26 所示为双层板液体凸模拉深成形的车身 DP 双向钢 B 柱零件。

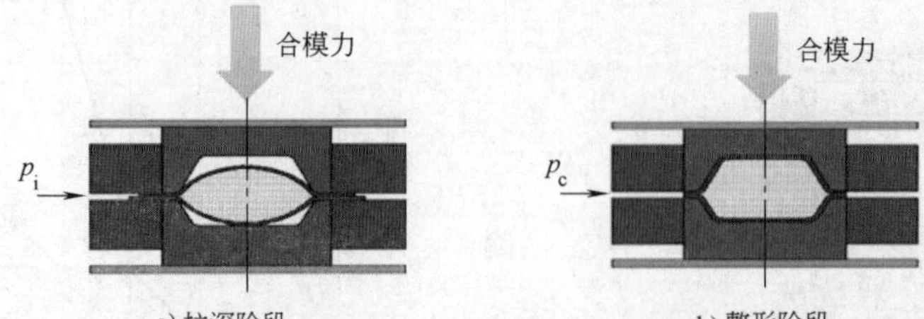

a) 拉深阶段　b) 整形阶段

图 6-2-25　双层板液体凸模拉深成形过程

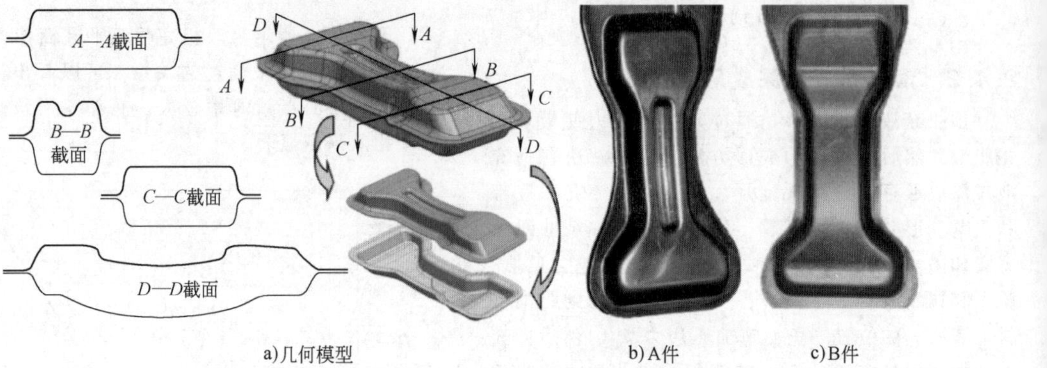

a)几何模型　b) A件　c)B件

图 6-2-26　双层板液体凸模拉深成形的车身 DP 双向钢 B 柱零件

2.5 典型板件液压成形

2.5.1 2A12 铝合金双曲率盒形件充液拉深成形

双曲率盒形件的型面为双曲率曲面，圆周方向受到更大的压应力，极易发生失稳起皱，而且曲面端部材料流入困难。

图 6-2-27 所示为双曲率盒形件形状和尺寸。材料为退火态 2A12 铝合金板材，板厚为 1.5mm，屈服强度为 180MPa，抗拉强度为 340MPa，伸长率为 19%，硬化指数 $n=0.19$，厚向异性指数 $r=0.8$。

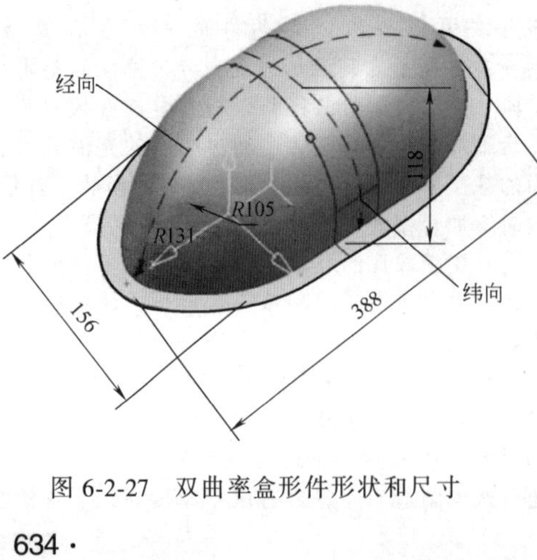

图 6-2-27　双曲率盒形件形状和尺寸

采用预胀压力为 3MPa，充液室压力为 10~20MPa，能够得到合格试件。初始施加预胀压力，使悬空区板料胀形，如图 6-2-28a 所示，随凸模行程继续增加，端部双曲率曲面附近胀形时形成的软拉深筋基本消失，法兰区材料开始流入凹模，曲面端部法兰的主要变形方式为拉深，成形柱面部分的法兰变形方式为弯曲，成形结束的试件如图 6-2-28b 所示。

2.5.2 5182 铝合金发动机罩内板

发动机罩内板是典型的具有多种复杂特征的汽车覆盖件，如图 6-2-29 所示，内板材料为铝合金 5182-O，板厚为 1.0mm。零件外形尺寸为：长 1378.41mm，宽 481.71mm，高 81.05mm。具有整体尺寸大、局部小圆角和小特征多、形状复杂等特点，其中最小圆角半径为 2.0mm。

成形该类零件可采用充液拉深结合局部关键特征刚模整形的方法，既发挥了充液成形坯料变形均匀、成形性能好的优点，又发挥了刚性模成形局部小特征的优势，可实现复杂特征的顺序精准成形。

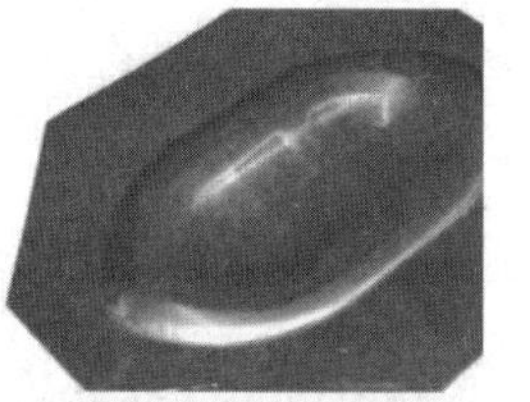

a)成形初期(预胀)

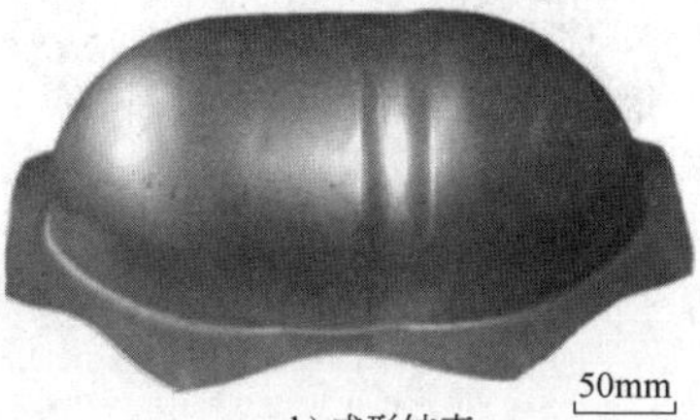

b) 成形结束

图 6-2-28　双曲率盒形件成形过程

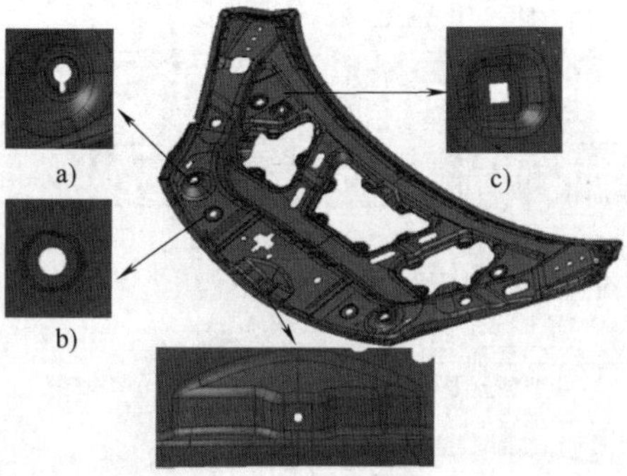

图 6-2-29　铝合金发动机罩内板结构形状

同时，可以降低充液成形该类零件所需的设备吨位，缩短模具研配调试时间，提高生产效率，铝合金发动机罩内板件如图 6-2-30 所示。

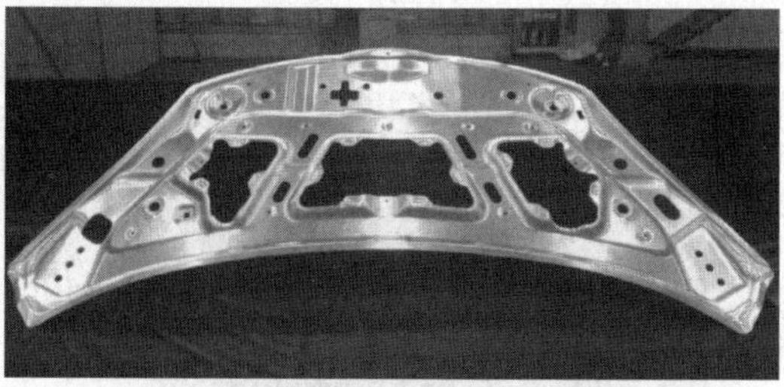

图 6-2-30　铝合金发动机罩内板件

2.5.3　6061 铝合金车门外板

汽车外覆盖件对表面质量要求高。由于铝合金较软，传统冲压工艺很容易在零件表面造成划痕、起皱、滑移线等缺陷，故后续工艺中须增加专门工序用来消除划痕。充液成形采用高压流体介质代替刚性模具，减少了材料表面与刚性模具之间的摩擦效应，使材料流动顺畅，充分发生塑性变形，保证了铝合金汽车外覆盖件的成形质量。如某汽车左前门外板，材料为 6016 铝合金，厚度为 1.0mm。结构尺寸如图 6-2-31 所示，长度约为 839.42mm，宽度约为 1157.66mm，最大深度为 128.11mm，属于多曲率、大尺寸的复杂结构外覆盖件。

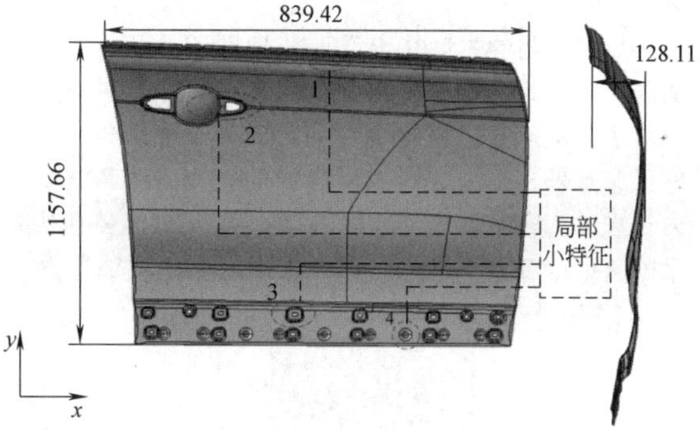

图 6-2-31　车门外板结构尺寸

该件的成形工艺为充液拉深成形结合局部小特征刚模整形，最大充液室压力为 15MPa。预胀充液成形可使外板表面发生足够的塑性变形，易于满足铝合金外板表面减薄率不小于 4.5% 的要求，如图 6-2-32 所示。

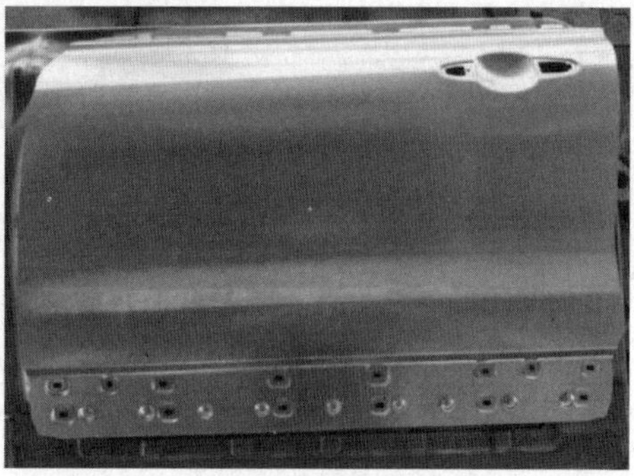

图 6-2-32　铝合金车门外板

对于无明显小特征的大型低刚度汽车外覆盖件(如发动机罩外板等)，可直接采用充液拉深或预胀充液成形方法，无须整形。有效设计并利用充液拉深的反胀效应来增加零件的变形程度，进而增加零件刚度。

2.5.4　铝合金椭球形薄壁封头整体液压成形

铝合金封头是航天航空等领域常见的大型薄壁曲面件。图 6-2-33 所示为典型的铝合金椭球形封头零件，开口直径 3m 以上，板厚小于 10mm，厚径比小于 3%。该件尺寸大，铝合金薄板整体拉深极易起皱和开裂，传统工艺为分块拼焊结构，无法整体成形。图 6-2-34 所示为大尺寸铝合金板整体流体压力成形过程，在合理的流体压力下，悬空区产生特有的反胀效果，使板料贴靠在凸模型面，可以克服整体拉深内皱的问题；同时，流体沿法兰区溢出形成的流体润滑效果，以及流体压力作用在板料与凸模上产生的有益摩擦效果，还可提高成形件的壁厚均匀性。

成形工艺的关键在于设计合理的流体压力加载曲线，图 6-2-35 所示为铝合金椭球形封头零件液压成形工艺窗口。当流体压力不足时，不能获得有效的反胀效果，无法起到抑制起皱的作用；当流体压力过大时，容易导致反胀区开裂。只有在流体压力上限（p_r）与下限（p_w）的合理区间内，才能获得不破裂也不起皱的合格零件。图 6-2-36a 所示为加载曲线不合理导致的零件成形起皱，图 6-2-36b 所示为采用优化的加载曲线成形出的合格零件，壁厚减薄率小于 10%。

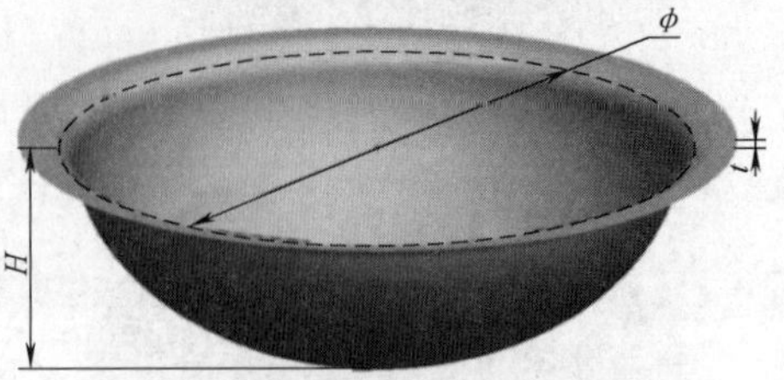

图 6-2-33　典型的铝合金椭球形封头零件

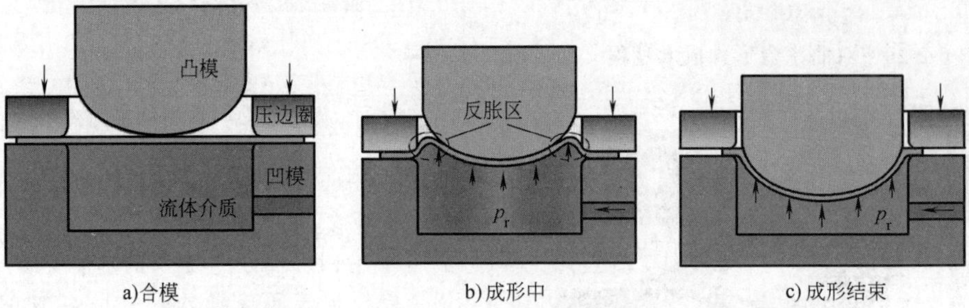

图 6-2-34　大尺寸铝合金板整体流体压力成形过程

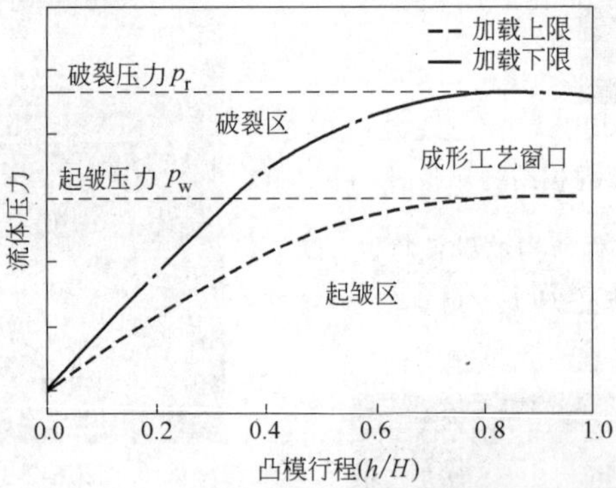

图 6-2-35　铝合金椭球形封头零件液压成形工艺窗口

图 6-2-36　3m 级铝合金整体薄壁封头零件

参考文献

[1] 苑世剑. 现代液压成形技术 [M]. 2 版. 北京：国防工业出版社，2017.

[2] 苑世剑. 轻量化成形技术 [M]. 北京：国防工业出版社，2010.

[3] 郎利辉，刘康宁，张文尚，等. 板材/管材柔性介质成形工艺新进展 [J]. 精密成形工程，2016，8 (5)：15-22.

[4] 徐勇，张士宏，马彦，等. 新型液压成形技术的研究进展 [J]. 精密成形工程，2016，8 (5)：7-14.

[5] 郎利辉，孙志莹，孔德帅，等. 复杂薄壁航空整体钣金件的液压成形技术 [J]. 精密成形工程，2014，39 (10)：25-31，42.

[6] SIEGERT K，HAUSSERMANN M，LOSCH B，et al. Recent developments in hydroforming technology [J]. Journal of Materials Processing Technology，2000，98：251-258.

[7] SCHMOECKEL D，HIELSCHER C，HUBER R. Processes for hydroforming sheet metal [J]. Stamping Journal，2006：40-41.

[8] MAKI T. Sheet Hydroforming of aluminum body panel [C]. International Conference on "Hydroforming of Sheets，Tubes and Profiles"，Stuttgart，Germany，2012.

[9] TOLAZZI M. Hydroforming applications in automotive a review [J]. International Journal of Material Forming，2010，3 (1)：307-310.

[10] 徐永超，刘欣，苑世剑. 曲面板材零件液压成形技术及应用 [J]. 中国机械与金属，2008，11：34-36.

[11] XU Y C，LIU X，LIU X J，et al. Deformation and defects in hydroforming of 5A06 aluminum alloy dome with controllable radial pressure [J]. Journal of Central South University of Technology，2009，16：887-891.

[12] 刘伟，陈一哲，徐永超，等. 复杂曲面件多向加载液压成形技术 [J]. 精密成形工程，2016，8 (5)：1-6.

[13] 陈保国，徐永超. 预胀对筒形件充液拉深变形和硬化的影响 [J]. 材料科学与工艺，2011，19 (1)：17-20.

[14] 马鸣图，杨红亚，吴娥梅，等. 铝合金板材拉伸变形时橘皮成因的研究进展 [J]. 中国工程科学，2014，16 (1)：4-13.

[15] 苑世剑，刘欣，徐永超. 薄壁件液压成形新技术 [J]. 航空制造技术，2008，20：26-28.

[16] LIU W，LIU G，CUI X L，et al. The formability influenced by process loading path of double sheets hydroforming [J]. Transactions of Nonferrous Metals Society of China，2011，21：s465-s469.

[17] 刘伟，徐永超，陈一哲，等. 薄壁曲面整体构件流体压力成形起皱机理与控制 [J]. 机械工程学报，2018，54 (9)：37-44.

[18] 张淳，郎利辉. 先进充液成形数控液压机及生产线 [J]. 精密成形工程，2016，8 (5)：41-46.

[19] 苑世剑，刘伟，徐永超. 板材液压成形技术与装备新进展 [J]. 机械工程学报，2015，51 (8)：20-28.

第3章

轻合金高压气胀成形

哈尔滨工业大学　刘　钢　王克环　苑世剑
大连理工大学　何祝斌　郑凯伦　凡晓波

3.1　高压气胀成形原理与特点

3.1.1　高压气胀成形原理

管材高压气胀成形是将原始管坯加热至设定温度后，通过高压气体在管材内部施加内压，在较高的加压速率下，使管坯发生快速变形，最终贴靠模具型腔，从而获得复杂形状的构件。温度升高可使室温塑性差的轻质合金材料的伸长率显著提高，变形抗力大幅降低，有利于构件成形。

图 6-3-1 所示是高压气胀成形原理图。管坯在模具中被加热至最佳成形温度，利用水平冲头对管材端部进行密封，建立封闭型腔，并按照一定的加载曲线向管材内部充入压力可控的高压气体，并配合水平冲头补料完成构件成形。

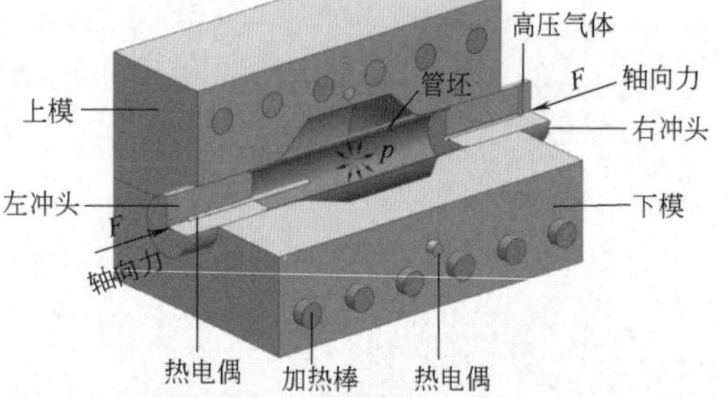

图 6-3-1　高压气胀成形原理图

图 6-3-2 所示是轻合金高压气胀成形的气压加载曲线示意图。根据轻质合金材料的高温流变特性，气压加载曲线主要可以分为四个部分：初始加载区、成形区、整形区和卸载区。首先以一定的加压速率将气体压力加载到初始变形压力，其中初始变形压力指原始管坯在一定温度、一定应变速率条件下发生塑性变形所需要的气体压力。随后根据成形的需要按照设定的曲线加载，进行气胀成形，成形后期将压力进一步提高至整形压力进行保压整形（整形压力是指成形后期用于使变形管材充分贴模的高压力值），整形结束后卸载，完成成形。

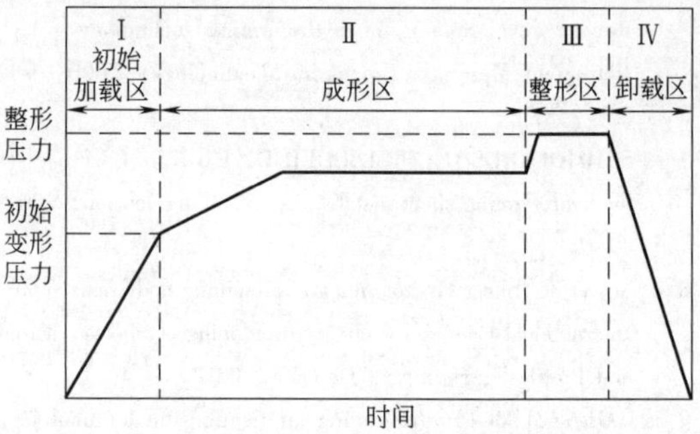

图 6-3-2　轻合金高压气胀成形的气压加载曲线示意图

3.1.2　高压气胀成形工艺特点

管材高压气胀成形是通过提高成形温度改善轻合金材料的塑性变形能力，同时辅以必要的轴向补料改变坯料的应力应变状态，以制造形状复杂、变形量大的空心变截面构件。与传统成形技术相比，其优点在于：

1）复杂整体结构一次成形，消除了传统分块拼焊构件的尺寸精度差、可靠性低的弊端。

2）成形温度低，构件组织性能可控，避免长时间热暴露导致的性能劣化。

3）对材料初始组织状态无特殊要求，可以采用工业态（非细晶）坯料进行成形。

4）成形速度快，生产效率高，能耗低。

3.1.3　高压气胀成形适用材料

针对航空、航天、汽车、高铁等领域对轻量化和高性能的要求，轻质材料（包括钛合金和铝合金）的需求量越来越大。该类合金的共同特点是室温强度高、塑性差、回弹严重、成形困难，随着温度升高，材料变形抗力下降、伸长率上升、回弹减少，因此该类轻质材料空心结构件特别适于采用高压气胀成形。表 6-3-1 给出了适于高压气胀成形的典型钛合金和铝合金牌号及性能。

表 6-3-1　适于高压气胀成形的典型钛合金和铝合金牌号及性能

<table>
<tr><td colspan="7">钛合金</td></tr>
<tr><td rowspan="2">材料牌号</td><td rowspan="2">室温抗拉强度/MPa</td><td rowspan="2">室温伸长率(%)</td><td rowspan="2">应变速率/s^{-1}</td><td colspan="3">高温单向拉伸峰值应力/MPa</td></tr>
<tr><td>700℃</td><td>750℃</td><td>800℃</td></tr>
<tr><td rowspan="2">TA15</td><td rowspan="2">≥930</td><td rowspan="2">≥12</td><td>0.01</td><td>433</td><td>317</td><td>198</td></tr>
<tr><td>0.1</td><td>546</td><td>443</td><td>348</td></tr>
<tr><td rowspan="2">TA18</td><td rowspan="2">≥590</td><td rowspan="2">≥20</td><td>0.01</td><td>181</td><td>151</td><td>110</td></tr>
<tr><td>0.1</td><td>252</td><td>213</td><td>161</td></tr>
<tr><td rowspan="2">TC4</td><td rowspan="2">≥895</td><td rowspan="2">≥12</td><td>0.01</td><td>350</td><td>247</td><td>173</td></tr>
<tr><td>0.1</td><td>451</td><td>343</td><td>253</td></tr>
<tr><td colspan="7">铝合金</td></tr>
<tr><td rowspan="2">材料牌号</td><td rowspan="2">室温抗拉强度/MPa</td><td rowspan="2">室温伸长率(%)</td><td rowspan="2">应变速率/s^{-1}</td><td colspan="3">高温单向拉伸峰值应力/MPa</td></tr>
<tr><td>375℃</td><td>400℃</td><td>425℃</td></tr>
<tr><td rowspan="2">AA2024</td><td rowspan="2">≥180</td><td rowspan="2">≥20</td><td>0.01</td><td>47.4</td><td>42.5</td><td>36.9</td></tr>
<tr><td>0.1</td><td>66.2</td><td>60.9</td><td>54.2</td></tr>
<tr><td rowspan="4">AA6011</td><td rowspan="4">≥170</td><td rowspan="4">≥20</td><td rowspan="2">应变速率/s^{-1}</td><td colspan="3">高温单向拉伸峰值应力/MPa</td></tr>
<tr><td>400℃</td><td>425℃</td><td>450℃</td></tr>
<tr><td>0.01</td><td>34.8</td><td>29.8</td><td>25.9</td></tr>
<tr><td>0.1</td><td>48.1</td><td>41.9</td><td>36.9</td></tr>
</table>

3.2　工艺参数的确定

3.2.1　成形温度

对于给定材料，成形温度的选择须满足：①材料在该温度下的伸长率满足零件最大变形的塑性要求；②成形后零件的微观组织性能满足使用要求。然而不同的工艺条件下，材料塑性与微观组织的演变规律不同，因此，成形温度的选择应综合考虑塑性和组织性能的要求。

从塑性角度来看，成形温度可根据给定应变速率条件下的高温拉伸（单向应力）或热态自由胀形（双向应力）结果进行选取。通常，高压气胀成形的成形温度高于 $0.3T_m$（T_m 为材料的熔点），低于 $0.6T_m$，材料变形具有明显的黏塑性特征。

从组织性能角度来看，过高的成形温度可能导致材料过烧、晶粒粗大与低熔点第二相熔化（铝合金）等不可恢复的组织退化问题。过低的成形的温度易导致塑性不足、所需成形压力过高等问题。表 6-3-2 给出了典型轻质材料高压气胀成形常用成形温度及相应条件下的伸长率。

表 6-3-2　典型轻质材料高压气胀成形常用成形温度及相应条件下的伸长率

<table>
<tr><td rowspan="2">材料</td><td rowspan="2">牌号</td><td rowspan="2">成形温度/℃</td><td colspan="2">伸长率(%)</td></tr>
<tr><td>应变速率为 $0.1s^{-1}$ 时</td><td>应变速率为 $0.01s^{-1}$ 时</td></tr>
<tr><td rowspan="3">钛合金</td><td>TA15</td><td>700~800</td><td>31~65</td><td>51~200</td></tr>
<tr><td>TA18</td><td>650~750</td><td>35~58</td><td>80~130</td></tr>
<tr><td>TC4</td><td>700~800</td><td>32~53</td><td>51~165</td></tr>
<tr><td rowspan="2">铝合金</td><td>AA6011</td><td>400~450</td><td>71~83</td><td>75~95</td></tr>
<tr><td>AA2024</td><td>375~425</td><td>90~173</td><td>105~148</td></tr>
</table>

3.2.2　成形压力

高压气胀成形的气压值主要分为初始变形压力与整形压力。初始变形压力是指原始管坯能够发生塑性变形的初始压力值，可以用式（6-3-1）估算。

$$p_s = \frac{2t}{d}\sigma_s(T,\dot{\varepsilon}) \tag{6-3-1}$$

式中　p_s——初始变形压力（MPa）；

t——管材壁厚（mm）；

d——管材直径（mm）；

$\sigma_s(T,\dot{\varepsilon})$——管坯材料在温度 T，应变速率 $\dot{\varepsilon}$ 条件下变形时的流动应力（MPa），该流动应力可以通过高温单向拉伸试验获得。

以图 6-3-3 所示的管件圆胀方为例，表 6-3-3 给出了典型材料在不同径厚比、变形温度及应变速率下所需的初始变形压力数值。

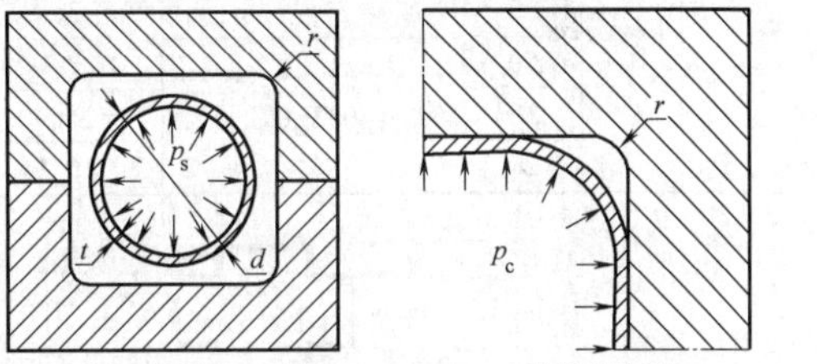

a) 初始屈服　　b) 整形阶段

图 6-3-3　管件圆胀方的成形压力计算

整形压力是指成形后期用于使管件局部特征充分贴模的压力，其值可以用式（6-3-2）估算。

$$p_c = \frac{t}{r_c}\sigma_{max}(T,\dot{\varepsilon}) \tag{6-3-2}$$

式中　p_c——整形压力（MPa）；

t——管材壁厚（mm）；

r_c——构件最小圆角半径（mm）；

$\sigma_{max}(T,\dot{\varepsilon})$——管坯材料在温度 T，应变速率 $\dot{\varepsilon}$ 条件下变形时的峰值流动应力（MPa），该数值可以通过高温单向拉伸试验获得。

表 6-3-3　典型材料在不同径厚比、变形温度及应变速率下所需的初始变形压力

材料	牌号	径厚比 d/t	流动应力 $\sigma_s(T,\dot{\varepsilon})$/MPa	初始变形压力 p_s/MPa
钛合金	TA15	50	152(800℃,0.01s^{-1})	6.1
		30		10.1
		20		15.2
		50	210(800℃,0.1s^{-1})	8.4
		30		14.0
		20		21.0
	TA18	50	130(700℃,0.01s^{-1})	5.2
		30		8.7
		20		13.0
		50	147(700℃,0.1s^{-1})	5.9
		30		9.8
		20		14.7
	TC4	50	105(800℃,0.01s^{-1})	4.2
		30		7.0
		20		10.5
		50	195(800℃,0.1s^{-1})	7.8
		30		13.0
		20		19.5
铝合金	AA6011	50	29.5(400℃,0.01s^{-1})	1.2
		30		2.0
		20		3.0
		50	31.4(400℃,0.1s^{-1})	1.3
		30		2.1
		20		3.1
	AA2024	50	39(400℃,0.01 s^{-1})	1.5
		30		2.6
		20		3.9
		50	50.9(400℃,0.1 s^{-1})	2.0
		30		3.4
		20		5.1

以图 6-3-3 所示的管件圆胀方为例，表 6-3-4 给出了典型材料不同相对圆角半径及变形条件下所需的整形压力数值。对于更小的圆角半径，一般可通过预成形调控或者适当延长保压时间实现圆角贴模成形。

表 6-3-4　典型材料不同相对圆角半径及变形条件下所需的整形压力

材料	牌号	相对圆角半径 r_c/t	峰值应力 $\sigma_{max}(T,\dot{\varepsilon})$/MPa	整形压力 p_c/MPa
钛合金	TA15	5	198 (800℃,0.01s^{-1})	39.6
		4		49.5
		3		66
	TA18	5	181 (700℃,0.01s^{-1})	36.2
		4		45.3
		3		60.3
	TC4	5	173 (800℃,0.01s^{-1})	34.6
		4		43.3
		3		57.7
铝合金	AA6011	5	48.1 (400℃,0.1 s^{-1})	9.6
		2		24.1
	AA2024	5	60.9 (400℃,0.1 s^{-1})	12.2
		2		30.5

3.2.3　气体量

不同于油、水等低温压力介质，气体压缩率比较大。需要根据零件体积及所需整形压力大小，利用非理想气体范德华方程，初步计算获得该压力值所需的气体量。图 6-3-4 所示为高压气胀成形中所需气体量的变化示意图。

高压气胀成形中，气体温度较高，管坯内部压力大，属于非理想气体情况，气体状态可用式（6-3-3）的范德华方程进行描述。

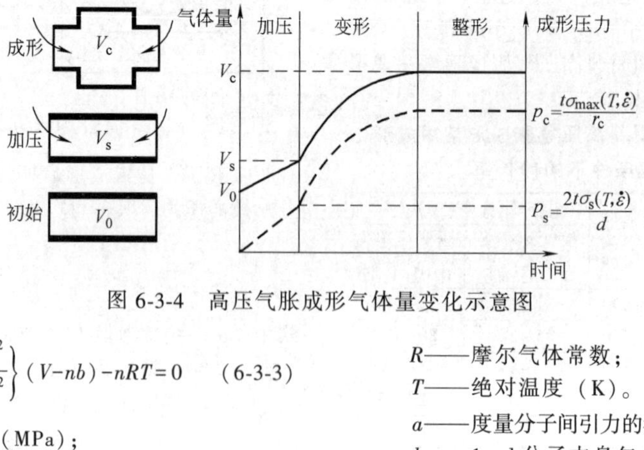

图 6-3-4　高压气胀成形气体量变化示意图

$$f(p,n,V)=\left\{p+a\frac{n^2}{V^2}\right\}(V-nb)-nRT=0 \qquad (6\text{-}3\text{-}3)$$

式中　p——气体压力（MPa）；

n——摩尔数；

V——气体体积（L）；

R——摩尔气体常数；

T——绝对温度（K）。

a——度量分子间引力的参数［kPa/(L^2/mol^2)］；

b——1mol 分子本身包含的体积（L/mol）。

高压气胀成形气体介质的范德华参数见表 6-3-5。

表 6-3-5　高压气胀成形气体介质的范德华参数

气体种类	a/kPa/(L^2/mol^2)	b/(L/mol)
氮气	141.86	0.039
氩气	135.50	0.032
二氧化碳	364.77	0.043

估算过程如下，首先根据管坯初始尺寸确定气体的初始状态，利用式（6-3-3）进行估算，确定初始气体摩尔数；通入一定量高压气体后，管坯发生变形，估算此时管坯内部气体摩尔数，根据两次气体摩尔数之差，得到变形时所需气体量，同理可以估算整形时所需气体体积。典型构件高压气胀成形所需的气体量参考值见表 6-3-6。

表 6-3-6　典型构件高压气胀成形所需气体量参考值

管材直径/mm	长度/mm	成形温度/℃	整形压力/MPa	气体量/L	
				$1.2V_0$	$1.5V_0$
50	500	400(铝合金)	7.0	0.50	0.62
		700(TA18)	36.2	0.43	0.53
		800(TA15)	39.6	0.40	0.51
100	1000	400(铝合金)	6.96	3.97	4.96
		700(TA18)	36.2	3.42	4.28
		800(TA15)	39.6	3.24	4.05
200	2000	400(铝合金)	6.96	31.76	39.70
		700(TA18)	36.2	27.38	34.22
		800(TA15)	39.6	25.90	32.37

注：1. 整形压力出自表 6-3-4，V_0 表示管材的初始体积，$1.2V_0$ 和 $1.5V_0$ 表示整形后构件体积。
2. 气源条件：气压 25MPa；温度 20℃。

3.2.4　加压速率

高压气胀成形需在可控的加压速率下完成，加压速率分为初始加压速率和成形加压速率。初始加压速率的选择可根据成形节拍确定，在设备允许的条件下选择尽可能高的加压速率。高压气胀成形加压速率的选择须考虑两个因素，一是其对应的应变速率，二是生产效率。

一般来说，热态下材料的成形性能受应变速率影响很大，不同温度下的应变速率强化程度存在较大差异。因此，应根据不同温度下材料的应力应变曲线，选择具有最佳成形性能（硬化行为与均匀伸长率相匹配）的应变速率 $\dot{\varepsilon}^*$，在该应变速率基础上计算加压速率。在一定的假设条件下，加压速率 $\dot{p}$ 的估算公式为

$$\dot{p} \approx \frac{\sqrt{3}\dot{\varepsilon}^*(d-r_c)\sigma_{max}(T,\dot{\varepsilon})}{2dr_c(\ln\phi_{max}-\ln\phi_0)} \tag{6-3-4}$$

式中　ϕ_0——沿轴线方向上初始管坯周长；

ϕ_{max}——成形后零件全部横截面中的最大周长。

以外径 40mm，壁厚 2mm 的圆管成形最大膨胀率为 20%，最小圆角半径为 4mm 的方截面件为例，表 6-3-7 给出了应变速率分别为 $0.1s^{-1}$ 和 $0.01s^{-1}$ 时成形典型轻合金的加压速率，成形温度参考表 6-3-2。

表 6-3-7　典型轻合金构件高压气胀成形常用加压速率

轻合金种类		应变速率/s^{-1}	加压速率/(MPa/s)
铝合金	2×××	0.1	5.1
	6×××		6.5
钛合金	TA15	0.01	2.1
	TA18		1.9
	TC4		1.8

当零件形状比较简单、管坯尺寸较小时，可以在开始阶段就快速增压至整形压力，然后保压一段时间完成零件的成形。快速增压阶段的气体加压速率可以达到 5.0MPa/s，甚至 10.0MPa/s，单个零件的生产节拍约 10~30s。当零件形状复杂、管坯尺寸较大时，一般需要按照给定的压力曲线逐渐施加成形压力，在最后阶段再增大气压至整形压力完成整形。

3.3　铝合金管材高压气胀成形

3.3.1　缺陷形式

高压气胀成形主要用于成形形状复杂、具有局部小特征的异形封闭空心构件或具有弯曲轴线的大尺寸薄壁高强铝合金构件。铝合金管材高压气胀成形时，材料变形受到内压、轴向载荷以及温度的综合影响，管材、模具与气体介质之间产生复杂的热

力耦合作用，材料的流动与变形非常复杂。其典型的缺陷形式包括：壁厚不均、开裂、小特征填充不足和组织异常。

1. 壁厚不均

铝合金高压气胀成形的优点在于高温下材料的伸长率一般远远高于均匀伸长率，材料可以经历很大程度的减薄变形而不开裂。但是由于复杂形状铝合金管件的模具型腔也十分复杂，管坯与模具接触后，界面摩擦将阻碍材料流动，后续变形容易集中于未贴模的材料而产生局部减薄，造成壁厚不均，如图 6-3-5 所示。该缺陷可通过采用合理预成形分配材料或轴向补料进行控制。

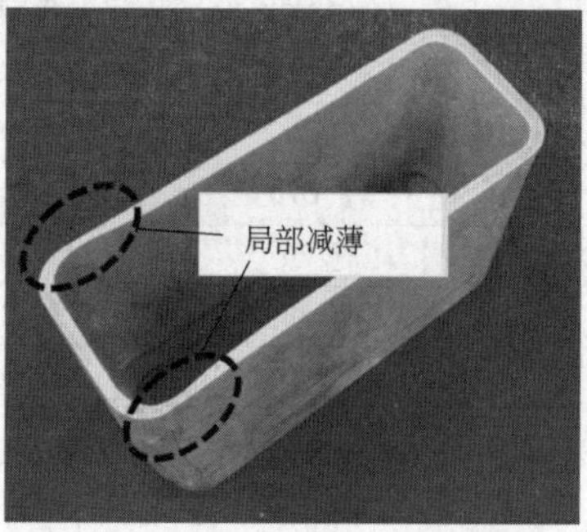

图 6-3-5　矩形截面管壁厚不均缺陷

2. 开裂缺陷

在高压气胀成形过程中，大膨胀率管件成形对工艺控制要求较高，工艺控制不当易出现开裂缺陷。图 6-3-6 所示为 AA6061 铝合金大膨胀率变径管高压气胀开裂缺陷。其成形工艺参数为：450℃ 等温条件，加压速率 0.5MPa/s。由于该管件形状为轴向、周向均非对称，成形时管材变形极不均匀，在变形最剧烈处发生开裂。

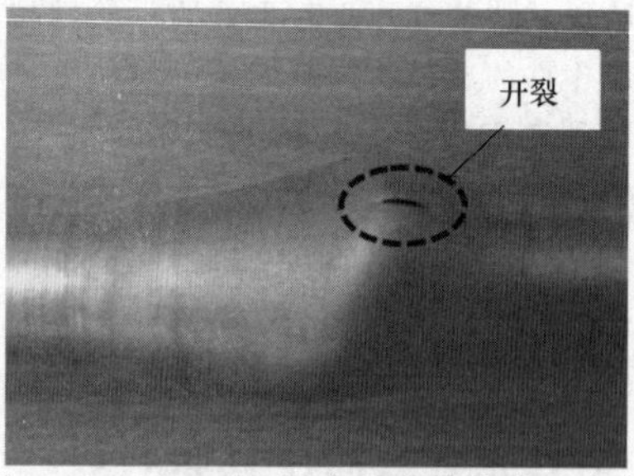

图 6-3-6　AA6061 铝合金大膨胀率变径管高压气胀开裂缺陷

对于具有复杂形状与截面突变特征的管件，也会在三维圆角处发生开裂，如图 6-3-7 所示。由于该处是周向圆角和轴向圆角的交汇处，材料的流动非常复杂，相邻区域的材料难以互相补充，因此很容易因集中变形减薄而出现开裂缺陷。

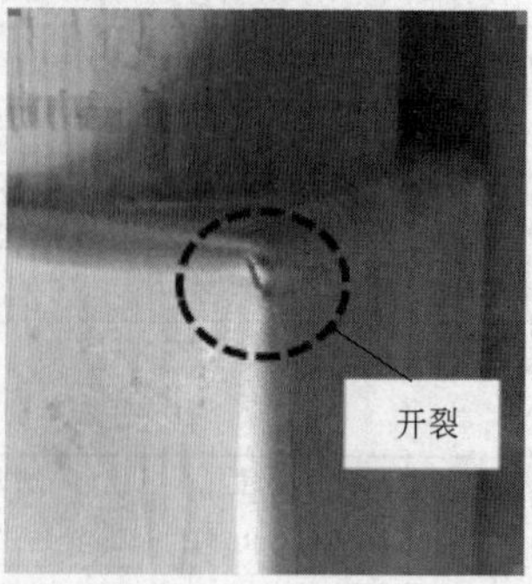

图 6-3-7　三维圆角开裂缺陷

3. 小特征填充不足

局部小特征与小圆角是铝合金高压气胀成形的一个工艺难点。对于具有局部小特征的复杂零件，有时容易出现填充不足缺陷。图 6-3-8 所示棱边圆角填充不足就是一种典型的小特征填充不足缺陷。局部小特征多为复杂凸起结构，在高压气胀成形时，其邻近区域先贴模，受摩擦和温度降低的影响，局部小特征所需成形压力急剧增大，因此容易导致填充不足。

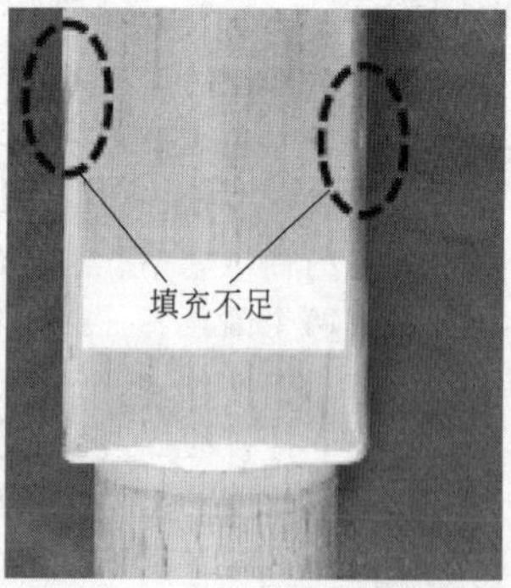

图 6-3-8　棱边圆角填充不足缺陷

4. 组织异常

铝合金管材高压气胀成形过程中，材料经历复杂的升温、变形与冷却等热力加载过程，导致材料的组织性能发生明显变化，特别是对于温度敏感的铝合金材料，如高淬火敏感性的 7×××铝合金、具有低熔点相的 2×××铝合金等，极易发生不可逆的异常组织转变。

典型的组织异常包括：晶粒异常长大、组织过烧等，如图 6-3-9 所示。组织异常易导致两方面问题：①材料的力学性能与变形性能下降，影响高压气胀成形性能；②成形后构件的组织与力学性能不达标。因此，应选择合理的成形温度等工艺参数，避免出现组织异常缺陷。

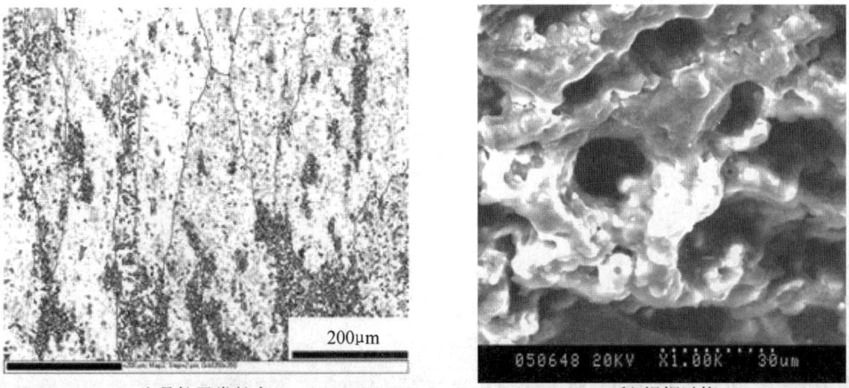

a) 晶粒异常长大　　b) 组织过烧

图 6-3-9　铝合金高压气胀成形的组织异常缺陷

3.3.2　极限膨胀率

铝合金管材的高压气胀成形性能可通过自由胀形的极限膨胀率反映。在自由胀形测试中，所采用的管材应确保胀形区长度为外径的 2 倍，然后在不同温度、不同加压速率下进行自由胀形试验，直至管材发生破裂。

表 6-3-8 给出了典型铝合金管材在不同温度下的极限膨胀率。对于 AA6061 挤压态无缝管，随着温度的升高，其极限膨胀率先升高，并在 425℃时达到最大值（86%），而后开始下降。因此，从极限膨胀率的角度，并非温度越高越好。极限膨胀率可用作具体零件成形时材料胀形性能的工程判据。

表 6-3-8　典型铝合金管材在不同温度下的极限膨胀率

材料牌号	成形温度/℃	极限膨胀率(%)
AA6061	350	49
	400	61
	425	86
	450	74
	500	65
AA5A06	150	10
	200	13
	250	12

3.3.3　壁厚分布规律

对于实际使用的复杂薄壁构件，对壁厚均匀性都有较为严格的要求。因此，须掌握高压气胀成形时的壁厚分布规律。图 6-3-10 所示为采用高压气胀成形的两类典型构件：大膨胀率圆截面变径管与大膨胀率方截面管。

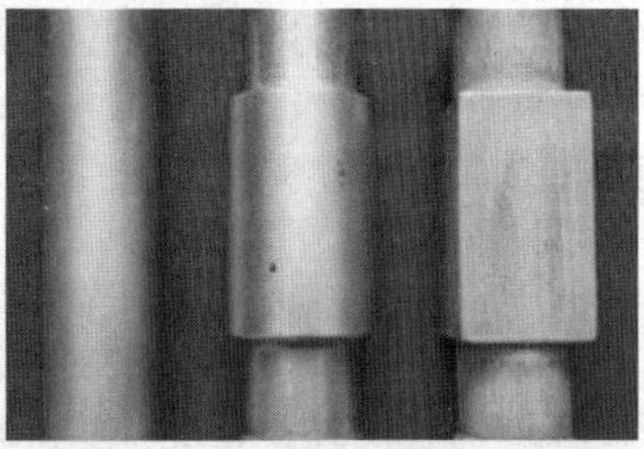

a) 管材　b) 大膨胀率圆截面变径管　c) 大膨胀率方截面管

图 6-3-10　高压气胀成形铝合金管件

图 6-3-11 所示为成形温度 400℃时，不同加压速率下所获得的 AA6061-F 态铝合金圆截面变径管的壁厚分布。可见，不同加压速率下获得的变径管轴向壁厚差异较大。壁厚最大减薄位置出现在胀形段与圆角的过渡区，最小壁厚为 0.96mm，壁厚减薄达到 46.5%。加压速率越高，壁厚不均匀性越大。

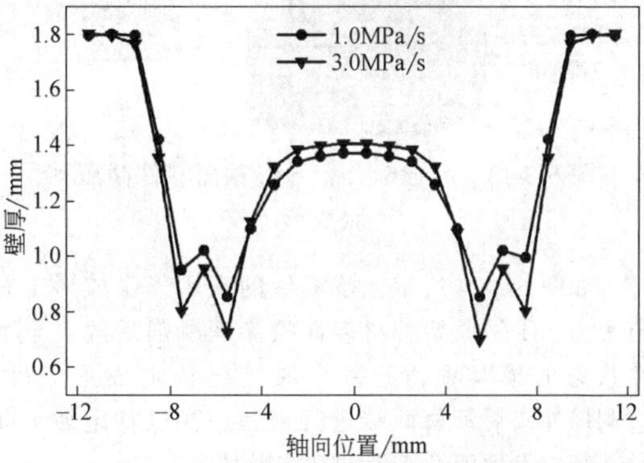

图 6-3-11　成形温度 400℃时不同加压速率下 AA6061-F 态铝合金圆截面变径管的壁厚分布

图 6-3-12 所示为成形温度 450℃时，不同加压速率下所获得的 AA6061-F 态铝合金方截面管的壁厚分布规律。壁厚最大减薄位置为三维圆角顶点处，壁厚为 0.35mm，壁厚减薄达到 80.6%，轴向壁厚分布从三维圆角顶点往两侧递减，周向壁厚分布规律为由直边到圆角逐渐减薄。

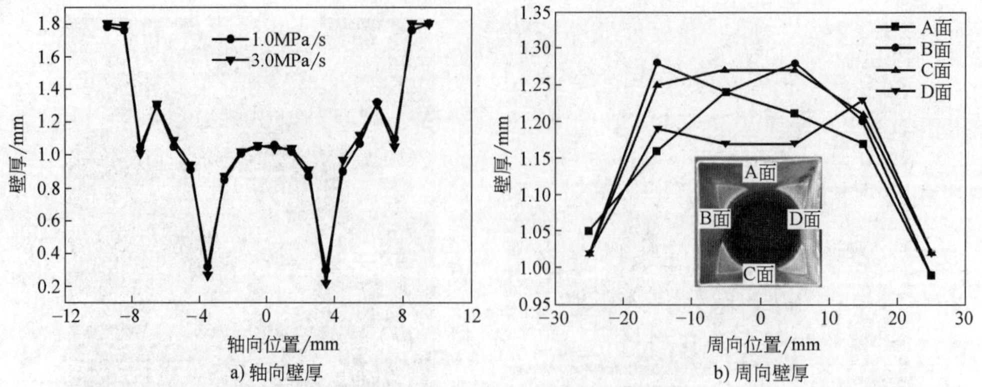

图 6-3-12　成形温度 450℃时不同加压速率下 AA6061-F 态铝合金方截面管的壁厚分布

3.3.4　典型件成形工艺

1. 异形截面零件

铝合金异形截面零件形状复杂，具有局部小特征，对材料变形能力要求极高。高压气胀成形可利用管材制造复杂变截面的整体零件，工艺道次少，零件外形美观。

图 6-3-13 所示为高强铝合金异形截面零件，沿轴线方向存在不同形状与尺寸的变截面特征、局部凸起小特征以及二维和三维小圆角。

图 6-3-13　高强铝合金异形截面零件高压气胀成形

如图 6-3-14 所示，该零件的高压气胀成形工艺流程为：①将原始管材表面喷涂润滑剂后放置于加热状态的模具中，随模具加热至特定成形温度；②利用冲头对管材两端进行密封；③以特定加载曲线使管材发生塑性变形贴靠在模具上。

成形温度、加压速率和整形压力是成形该零件的重要工艺参数。以 AA6061 铝合金管材为例，成形温度应根据管材具有较高膨胀率的温度区间选取；加压速率和整形压力应根据零件局部小特征的需要合理确定。如果工艺参数不合理，将出现图 6-3-15 所示的典型缺陷：a）方形截面与异形截面过渡区破裂；b）异形截面膨胀区破裂；c）圆角填充不足。

除了对工艺参数进行优化，还可同时采取以下

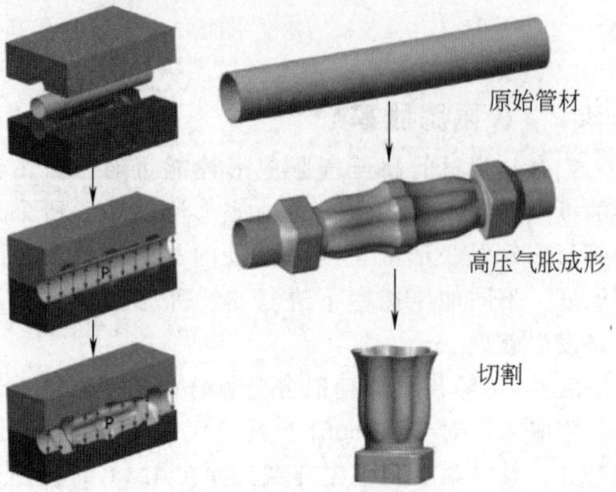

图 6-3-14　高强铝合金异形截面零件高压气胀成形过程

措施以提高成形质量：1）调整过渡区润滑条件，避免材料不合理流动；2）调控管材温度均匀性，避免管材温差过大从而导致集中变形；3）保持圆角温度，避免变形抗力增大从而影响小特征填充。

2. 自行车车架零件

高强铝合金车架管件是运动自行车的车身主体零件，其材料性能、尺寸精度与形状设计影响运动自行车的性能、制造成本与美观度。目前，车架管件逐渐向复杂异形的整体结构发展。

图 6-3-16 所示为采用高压气胀成形制造的典型铝合金异形车架管件。该类零件具有薄壁、轴向截面形状突变以及小圆角和小特征等特点，同时要求成形管件表面质量好、尺寸稳定性高。常用材料为 AA6061 和 AA6011 铝合金，由于材料塑性差，传统冲压焊接工艺制造困难，且性能和美观度差。

该类零件的高压气胀成形工艺流程为：①通过截面预成形调控周向材料分配，获得预制坯；②将预制坯置于热态模具中，轴向密封，根据加载曲线加压成形为复杂异形管件；③切除工艺余量后，进行热处理与烤漆处理。

3. 汽车底盘类零件

汽车底盘类零件形状复杂，刚度与强度要求高。

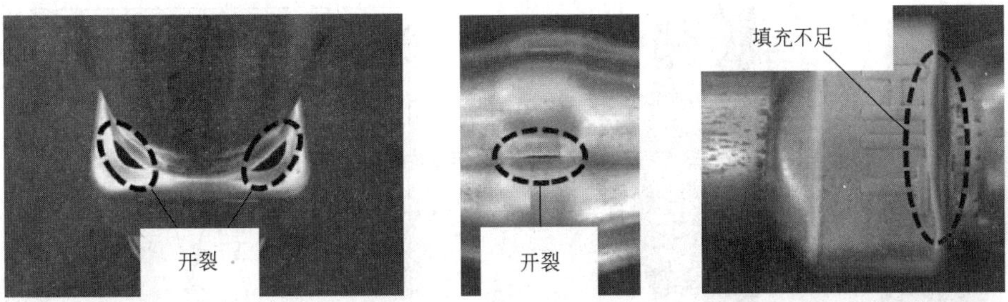

a) 过渡区破裂　　b) 异形截面膨胀区破裂　　c) 圆角填充不足

图 6-3-15　铝合金异形截面零件典型缺陷形式

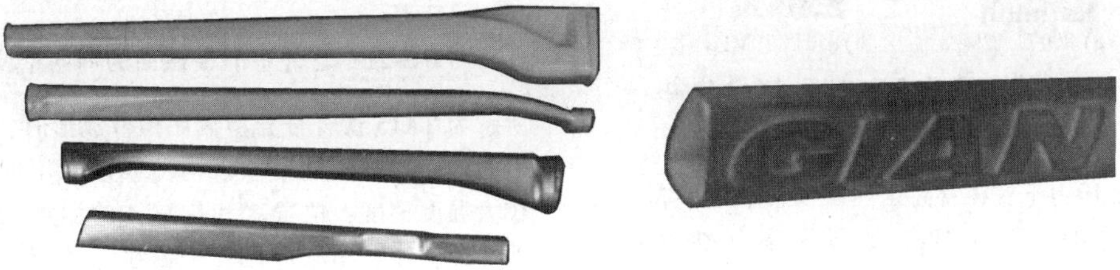

a) 异形截面　　b) 局部 Logo

图 6-3-16　采用高压气胀成形制造的典型铝合金异形车架管件

高压气胀成形已用于新一代节能汽车的低塑性铝合金底盘类零件高压气胀成形制造，具有结构整体化、减重效果显著等优点。

图 6-3-17 所示为某自主品牌汽车的铝合金异形横梁件。该件采用 AA6061 高强铝合金，属于典型的具有弯曲轴线的封闭空心变截面构件，截面沿轴线变化复杂，具有近 20 个不同形状和尺寸的截面。

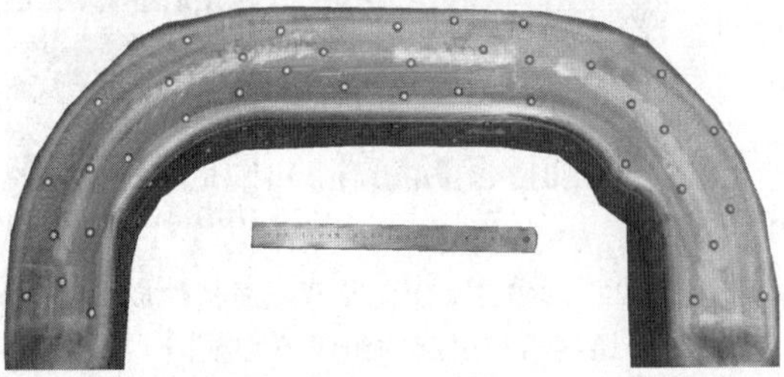

图 6-3-17　某自主品牌汽车的铝合金异形横梁件

3.4　钛合金管材高压气胀成形

3.4.1　缺陷形式

钛合金管材在高压气胀成形过程中，同时受轴向力、内压、摩擦力及温度场的作用，变形十分复杂，应力场、温度场及组织演变交互影响。工艺控制不当时，可能产生如下典型缺陷：开裂、壁厚不均、组织不均。

1. 高压气胀成形开裂缺陷

图 6-3-18 所示为 TA18 钛合金矩形截面构件高压气胀成形典型开裂缺陷。与室温内高压成形不同的是，矩形截面构件的开裂位置在直壁区中部。这是因为加压速率过大时，变形集中在直壁区中部，在变形超过极限应变时发生开裂缺陷。

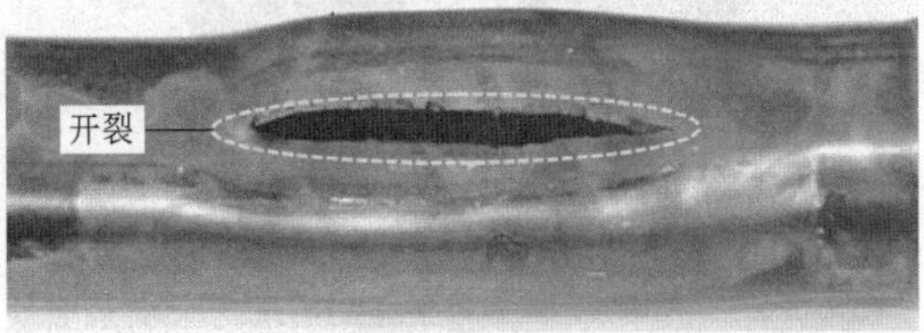

图 6-3-18　TA18 钛合金矩形截面构件高压气胀成形典型开裂缺陷

图 6-3-19 所示为膨胀率为 50% 的 TA18 钛合金变径管在高压气胀成形时出现的开裂缺陷。在成形温度为 800℃时，以 0.3MPa/s 的加压速率进行无轴向补料高压气胀成形，由于加压速率与温度匹配不合理，虽然中心部位已经贴模，但是因为变形不均匀，在过渡区发生开裂。在成形温度为 850℃时，由于材料流动应力显著下降，即使加压速率仅 0.1MPa/s，管材在中心区尚未贴模时也会发生开裂。可见，需要合理选择温度和加压速率，才能满足变径管成形要求。

2. 高压气胀成形壁厚不均缺陷

通过改进高压气胀成形工艺，能够成形出膨胀率为 50% 的变径管，但是不同工艺参数对壁厚分布有较大影响。不合理的工艺参数会造成壁厚不均缺陷。以 TA18 钛合金变径管成形为例，图 6-3-20 所示

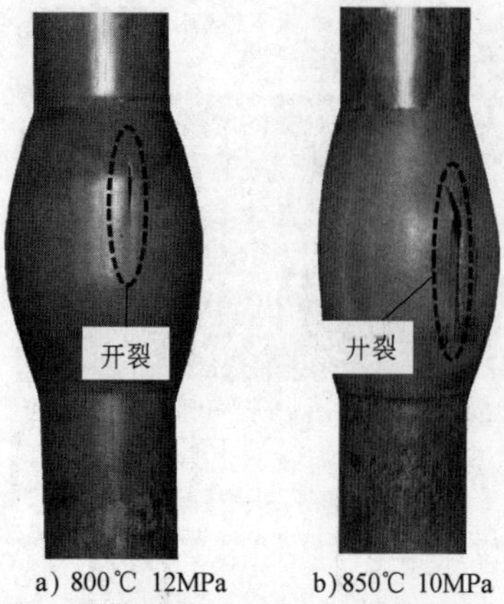

图 6-3-19　膨胀率为 50%的 TA18 钛合金变径管高压气胀开裂缺陷

为两种成形压力下变径管高压气胀成形结果，成形压力分别为 8MPa 和 10MPa，加压速率分别为 0.05MPa/s 和 0.02MPa/s。

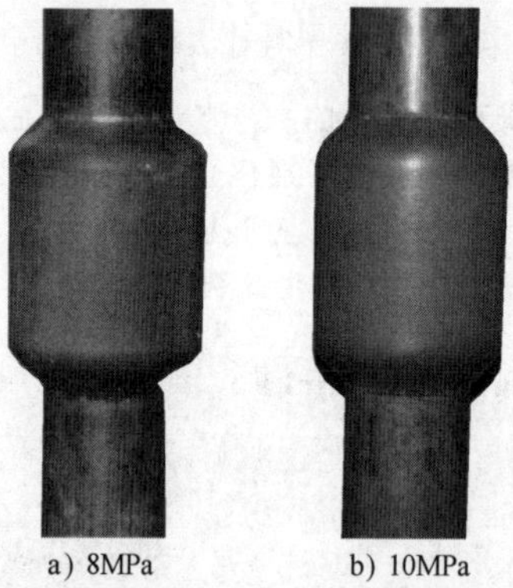

图 6-3-20　两种成形压力下 TA18 钛合金变径管高压气胀成形结果（成形温度 800℃）

虽然在上述两种工艺参数下变径管外形均已贴模，但由于没有轴向补料，成形区显著减薄，并且加压速率不同也形成了不同的壁厚分布。图 6-3-21 所示为管件中间横截面的周向壁厚分布，图中角度表示不同的周向位置。可见，壁厚随周向的角度变化呈现波动变化，其中，加压速率为 0.02MPa/s 下获得的变径管存在多点缩颈，加压速率为 0.05MPa/s 下获得的变径管存在单点缩颈，最大减薄率分别为 57.1%和 59.7%，变径管局部减薄较显著。因此，要控制变径管的壁厚均匀性，在合理选择成形温度和加压速率等工艺参数的同时，有必要采取轴向补料等工艺措施。

3. 高压气胀组织不均缺陷

钛合金高压气胀成形过程，温度和应变对材料组织影响极大，当工艺控制不合适、温度不均或变形不均时，均可能导致成形构件组织不均。图 6-3-22

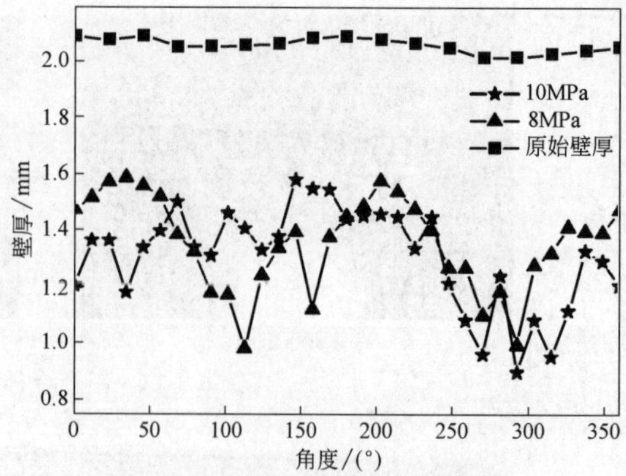

图 6-3-21　管件中间横截面的周向壁厚分布

所示为 TA15 钛合金异型截面构件成形时，温度不均引起的组织不均缺陷。该构件成形时不同部位存在较大温度梯度，位置 3 和位置 4 的温度明显高于其他部分，加热和胀形过程中发生了大量相变，引起成形后构件组织分布不均。因此，钛合金高压气胀成形过程中，构件不同部位温度差应控制在 5℃以内。

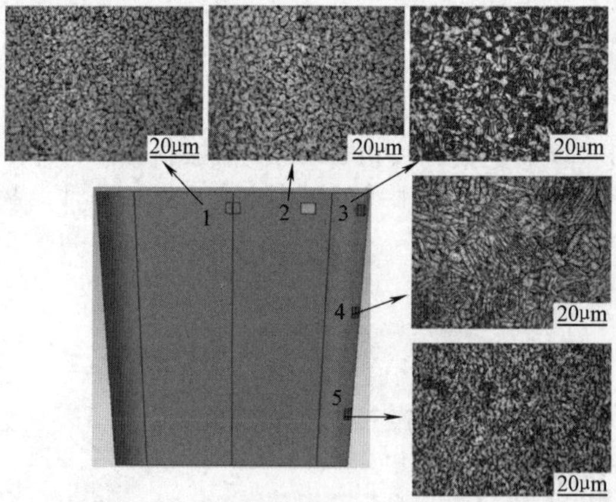

图 6-3-22　TA15 钛合金异型截面构件成形时温度不均引起的组织不均缺陷

3.4.2　极限膨胀率

膨胀率是指零件某一截面周长相对于管材初始周长的变化率，用百分数表示。极限膨胀率是指在没有预成形的情况下，从管材初始圆截面一次胀形能达到的最大膨胀率。膨胀率用式（6-3-5）计算。

$$\eta=\frac{C-\pi d}{\pi d}\times 100\% \qquad (6\text{-}3\text{-}5)$$

式中　η——膨胀率；

C——零件截面周长；

d——管材直径。

影响钛合金管材极限膨胀率的因素有力学性能

(伸长率、硬化指数及各向异性指数)、胀形温度、加载曲线、零件形状及成形区长度等。对于成形区长度为管径 1.2 倍的圆截面 TA15 激光焊接管材，通过自由胀形测试得到的极限膨胀率见表 6-3-9，在胀形过程中没有轴向补料。

表 6-3-9　圆截面 TA15 激光焊接管材极限膨胀率

材料牌号	温度/℃	加压速率/(MPa/s)	胀形压力/MPa	极限膨胀率(%)
TA15	750	1.1	10	75
	800			74
	850			63
	800	1.1	7.5	77
			10	74
			12.5	43

在 TA15 钛合金管材极限膨胀率测试过程中，当温度相同时，随着胀形压力提高，极限膨胀率下降；当胀形压力相同时，在 750~850℃ 范围内，随着温度升高，极限膨胀率下降。因为随着温度的上升，材料变形抗力下降，相同气压作用下，材料的应变速率提高，延伸率下降，所以在判断钛合金高压气胀极限膨胀率时，应综合考虑温度和气压的影响。

3.4.3　壁厚分布规律

高压气胀成形过程中，存在局部大变形和整体大变形两种典型情况。不同情况下材料流动差异很大，壁厚分布不同。局部大变形以圆管成形矩形截面件为例，图 6-3-23 所示为成形温度 800℃时，三种不同膨胀率下圆截面变方截面后成形件壁厚分布。可以看出，当膨胀率为 10% 时，最大减薄率为 15.3%，发生在圆角区附近；当膨胀率为 20% 时，最大减薄率为 23.2%，发生在直壁中心附近；当膨胀率为 25%时，其壁厚变化趋势与膨胀率为 20%时相同，但由于膨胀率增大，各部位壁厚减薄率均有

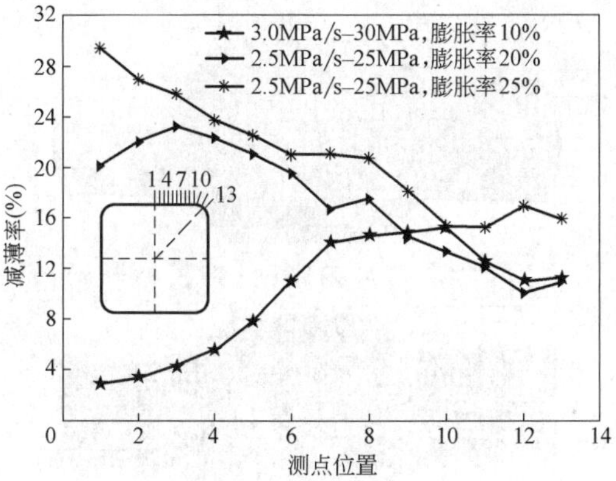

图 6-3-23　800℃不同膨胀率下圆截面变方截面后成形件壁厚分布

所增大，最大减薄率为 29.4%。

变径管为整体大变形的高压气胀成形典型构件，由于局部膨胀率大，一般应通过轴向补料提高壁厚均匀性。补料量可根据变径管几何形状变化情况计算，对于同样的膨胀率，补料量将显著影响变径管壁厚分布。图 6-3-24 所示为 800℃下补料量分别为 0%、55%、77%和 100%时得到的 TA18 变径管件。

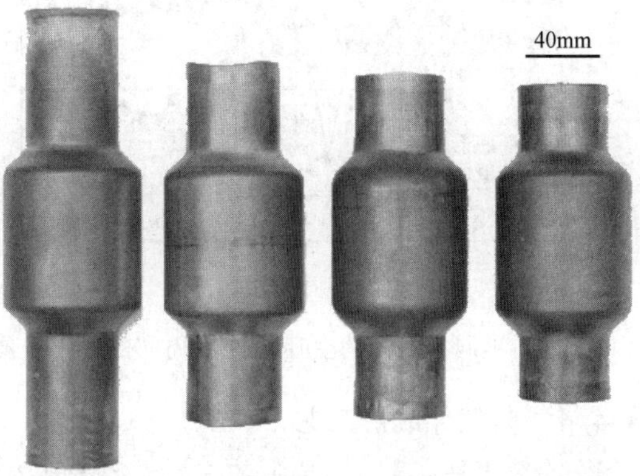

a) 补料量为0%　b) 补料量55%　c) 补料量77%　d) 补料量100%

图 6-3-24　800℃下不同补料量的 TA18 变径管件

不同补料量的变径管沿轴向的壁厚减薄率分布如图 6-3-25 所示，随着补料量的增加，胀形区减薄率显著下降，沿轴向的壁厚均匀性得到有效改善，其中，轴向补料量 100%的变径管平均减薄率为 5%，最大减薄率仅为 10%，见表 6-3-10。

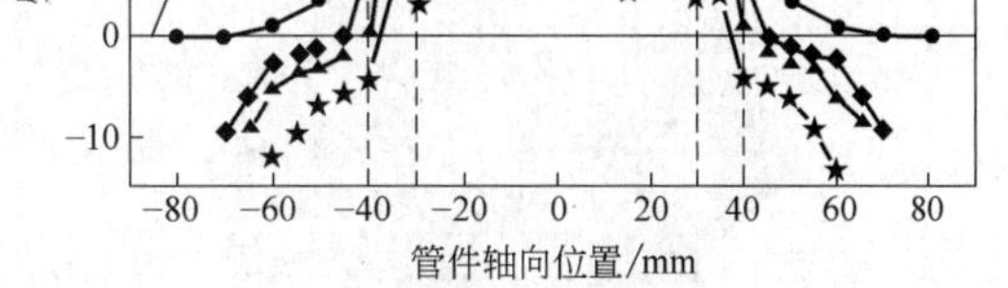

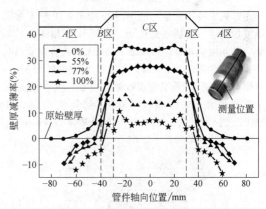

图 6-3-25　不同补料量的变径管沿轴向的壁厚减薄率分布

表 6-3-10　不同轴向补料量下胀形区（C 区）减薄率　　(%)

轴向补料量	最大减薄率	平均减薄率
55	29	20
77	19	16
100	10	5

图 6-3-26 所示为不同补料量的变径管件沿周向的壁厚分布，在轴向补料的作用下，不但轴向壁厚均匀性有效改善，而且周向壁厚均匀性显著提高。

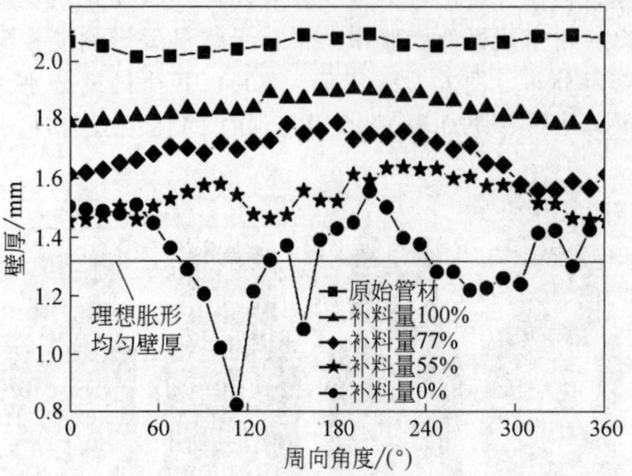

图 6-3-26　不同补料量的变径管件沿周向的壁厚分布

3.4.4　典型件成形工艺

钛合金管件高压气胀成形的主要工艺流程为：采用圆筒状的初始管坯，当模具被加热到设定温度后，将喷涂润滑剂的钛合金管坯放入成形模具，通过左右密封冲头在管坯端部实现密封及胀形过程中的进给补料，通过冲头上的气孔将高压气体输入管坯内，在轴向补料和内部气体压力的耦合作用下使管坯胀形，最终贴模成形，经适当冷却后开模取件，获得需要的整体构件。

1. 变径管高压气胀成形

影响变径管成形与壁厚分布的主要工艺参数包括成形温度、初始变形压力、整形压力和轴向补料量。以外径 40mm，壁厚 2mm 的 TA18 钛合金管材为例，要成形图 6-3-27 所示膨胀率为 70% 的变径管，根据高压气胀成形工艺参数确定方法，可确定成形工艺参数为：成形温度 700℃，初始变形压力为 5MPa，整形压力为 30MPa，轴向补料量为 45mm。

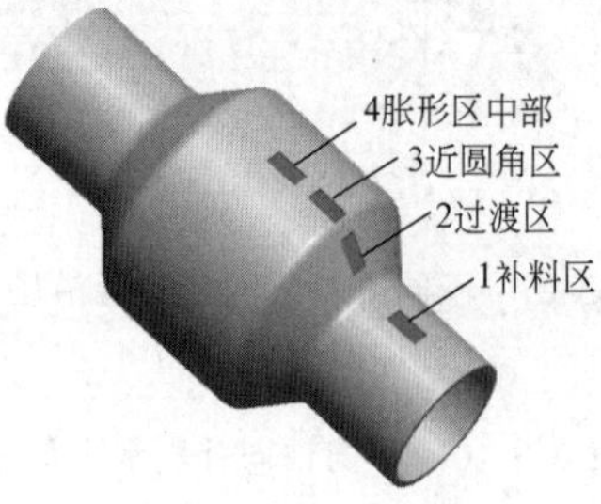

图 6-3-27　膨胀率为 70% 的变径管示意图

轴向补料量需通过轴向进给-成形压力加载曲线实现，该曲线可通过成形工艺仿真分析给出，如图 6-3-28 所示。在管端密封后（轴向进给 5mm），以 1.9MPa/s 的加压速率将气体压力快速增至 5MPa，并在此压力下进行第一阶段补料（轴向进给 20mm），然后以 1.2 MPa/s 的加压速率将气体压力增至 8MPa，在此压力下完成第二阶段补料及成形（轴向进给 20mm），最后以 1.9MPa/s 的加压速率将气体压力增至 30MPa，完成整形。由于该构件膨胀率达 70%，要求减薄率小于 20%，在设计合理轴向进给-成形压力加载曲线的基础上，还采用了差温成形方法，以便降低两端送料区的摩擦力和提高送料区轴向应力，促进材料向成形区流动。图 6-3-29 所示为成形过程轴向温度场的模拟结果。图 6-3-30 所示为最大膨胀率 70% 的 TA18 变径管，其平均减薄率为 15%，最大减薄率仅为 18%。

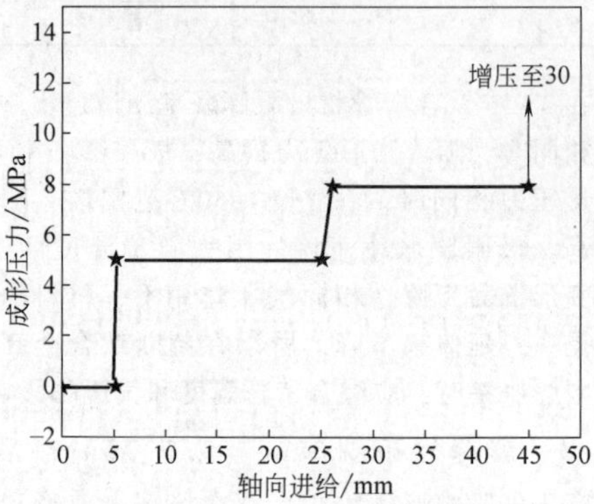

图 6-3-28　大膨胀率变径管轴向进给-成形压力加载曲线

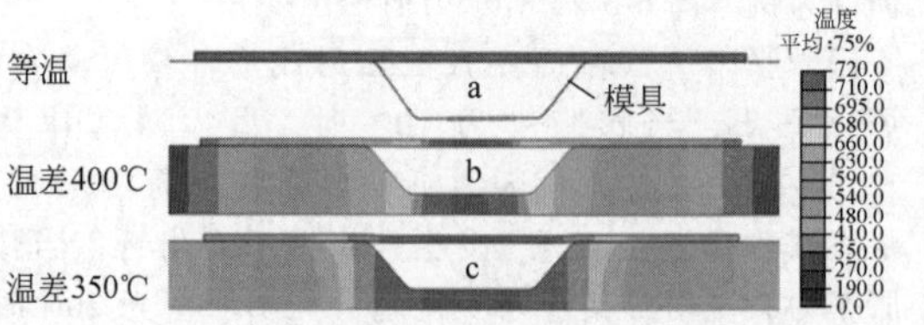

图 6-3-29　变径管差温高压气胀成形过程轴向温度场

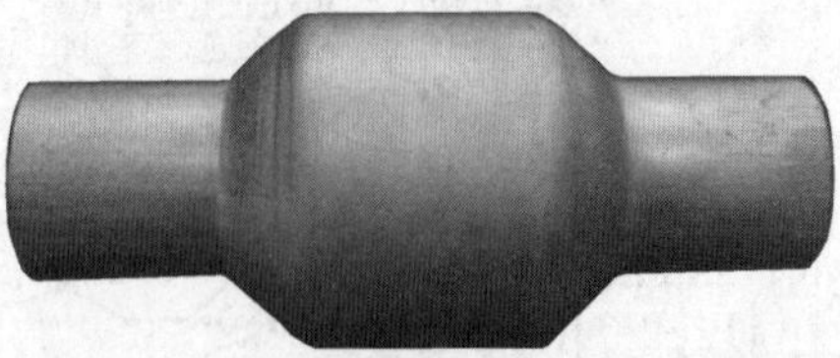

a) 变径管件

b) 截面视图

图 6-3-30　最大膨胀率为 70% 的 TA18 变径管

图 6-3-31 所示为原始管材和高压气胀成形变径管显微组织形貌 EBSD 测试结果。可见，原始管材平均晶粒尺寸约为 10μm，且分布较为均匀；高压气胀成形变径管成形区的晶粒尺寸与原始管材相比变化不大，只有约 18%的晶粒超过 15μm，由于产生了剧烈的塑性变形，发生了一定程度的再结晶，但再结晶不充分，还保留了大量因塑性变形而发生周向伸长的晶粒。

a) 原始管材

b) 变径管成形区

图 6-3-31　原始管材与高压气胀成形变径管显微组织形貌 EBSD 测试结果

图 6-3-32 所示为原始管材与变径管成形件不同区域的抗拉强度对比（位置编号参考图 6-3-27）。可见，差温高压气胀成形的变径管，送料区强度稍有增大，过渡区与成形区因变形较剧烈，发生了一定程度的加工硬化，并且有一定程度的晶粒细化，总体来看，高压气胀成形变径管的强度在原始管材基础上得到提高。

2. 异形截面管件高压气胀成形

钛合金异形截面管件是指截面形状不规则且沿轴线连续变化的零件。其代表性应用为飞机进气道、发动机排气管等构件，如图 6-3-33 所示。该类零件对壁厚均匀性及尺寸精度要求高，整体成形难度极大。由于截面形状变化大，难以一次成形，因此在变径管高压气胀成形基础上，实际成形中还须采用

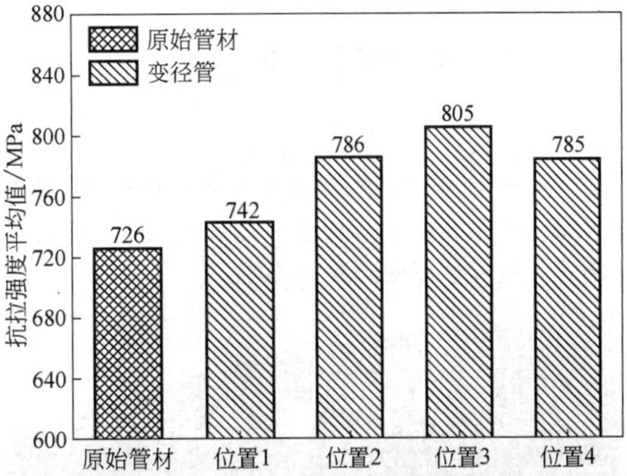

图 6-3-32　原始管材与变径管成形件不同区域的抗拉强度对比

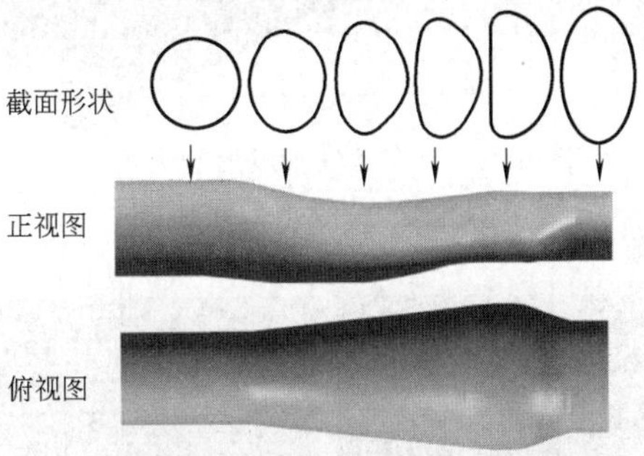

图 6-3-33　钛合金异形截面管件

预成形的方式获得接近最终零件形状的预制坯。预制坯构件截面形状可以通过数值模拟进行设计，以保证预制坯在后续成形过程中不发生咬边、局部严重塌陷及壁厚分布不均等缺陷。然后可通过预成形模具对初始直管进行热压预成形获得预制坯。图 6-3-34 所示为 TA15 钛合金异形截面管件预制坯及

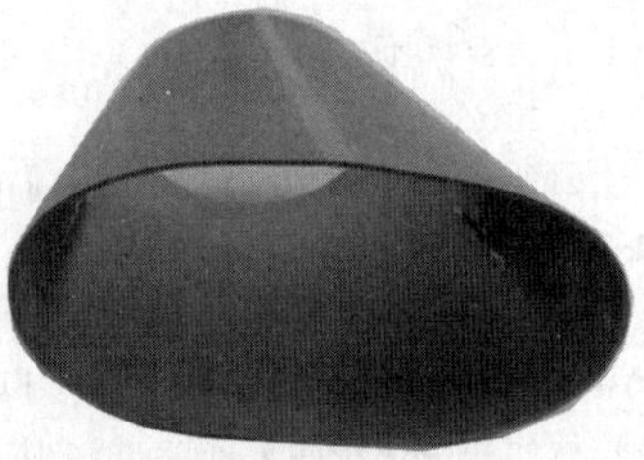
a) 预制坯

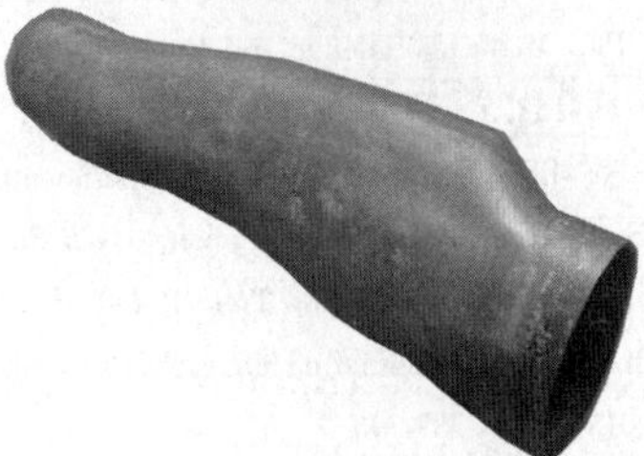
b) 最终成形构件

图 6-3-34　TA15 钛合金异形截面管件预制坯及最终成形构件

最终成形构件。

图 6-3-35 所示为高压气胀成形的大尺寸 TA15 钛合金异形截面构件，壁厚分布和内型面精度均满足设计要求。构件成形前后晶粒分布如图 6-3-36 所示，高压气胀成形过程中原始管材内部相对粗大的初始变形组织发生再结晶，成形后组织均匀性提高、晶粒细化，室温性能提高 5%~10%。

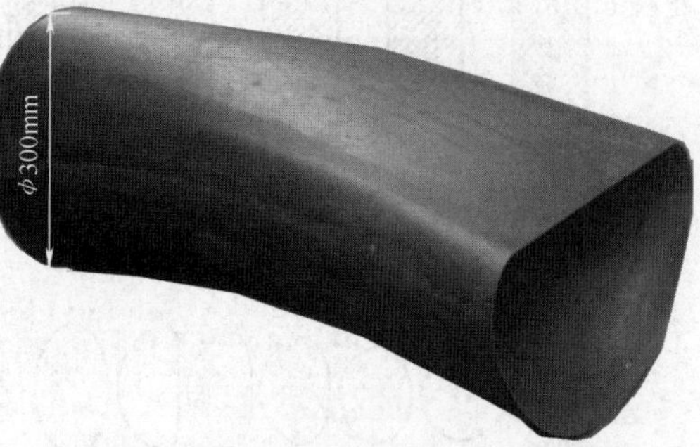

图 6-3-35　高压气胀成形的大尺寸 TA15 钛合金异形截面构件

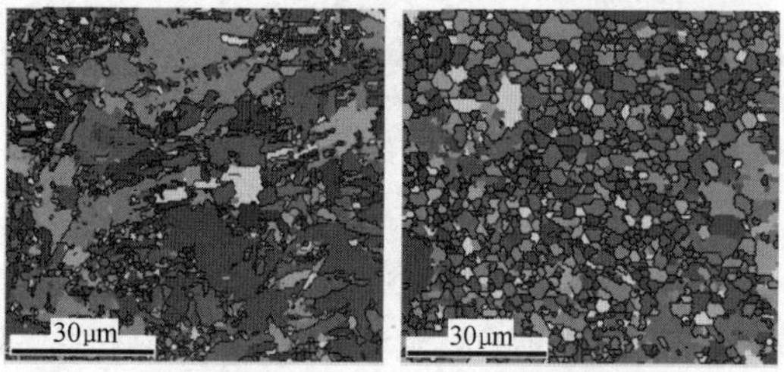

a) 成形前　b) 成形后

图 6-3-36　TA15 钛合金异形截面件成形前后晶粒分布

参考文献

[1] 苑世剑. 精密热加工新技术 [M]. 北京：国防工业出版社，2016.

[2] LIU G, WANG K, HE B, et al. Mechanism of saturated flow stress during hot tensile deformation of a TA15 Ti alloy [J]. Materials & Design, 2015, 86: 146-151.

[3] WANG K, LIU G, HUANG K, et al. Effect of recrystallization on hot deformation mechanism of TA15 titanium alloy under uniaxial tension and biaxial gas bulging conditions [J]. Materials Science and Engineering: A, 2017, 708: 149-158.

[4] WANG K, LIU G, ZHAO J, et al. Experimental and Modelling Study of an Approach to Enhance Gas Bulging Formability of TA15 Titanium Alloy Tube Based on Dynamic Recrystallization [J]. Journal of Materials Processing Technology, 2018, 259: 387-396.

[5] LIU G, WANG J, DANG K, et al. High Pressure Pneumatic Forming of Ti-3Al-2.5V Titanium Tubes in a Square Cross-Sectional Die [J]. Materials, 2014, 7 (8): 5992-6009.

[6] HE Z, WANG Z, LIN Y, et al. Hot Deformation Behavior of a 2024 Aluminum Alloy Sheet and its Modeling by Fields-Backofen Model Considering Strain Rate Evolution [J]. Metals, 2019, 9 (2): 243.

[7] KOPEC M, WANG K, POLITIS D J, et al. Formability and microstructure evolution mechanisms of Ti6Al4V alloy during a novel hot stamping process [J]. Materials Science and Engineering: A, 2018, 719: 72-81.

[8] ZHENG K, DONG Y, ZHENG D, et al. An experimental investigation on the deformation and post-formed strength of heat-treatable aluminium alloys using different elevated temperature forming processes [J]. Journal of Materials Processing Technology, 2018, 268: 87-96.

[9] HE Z B, FAN X B, SHAO F, et al. Formability and microstructure of AA6061 Al alloy tube for hot metal gas forming at elevated temperature [J]. Transactions of Nonferrous Metals Society of China, 2012, 22 (S2): s364-s369.

[10] LIU G, WANG J, DANG K, et al. Effects of flow stress behaviour, pressure loading path and temperature variation on high-pressure pneumatic forming of Ti-3Al-2.5V tubes [J]. The International Journal of Advanced Manufacturing Technology, 2016, 85: 869-879.

[11] ZHENG K, DONG Y, ZHENG J H, et al. The effect of hot form quench (HFQ®) conditions on precipitation and mechanical properties of aluminium alloys [J]. Meaterials Science and Engineering: A, 2019, 761: 138017.1-138017.13.

[12] WANG L, STRANGWOOD M, BALINT D, et al. Formability and failure mechanisms of AA2024 under hot forming conditions [J]. Materials Science and Engineering: A, 2011, 528 (6): 2648-2656.

[13] YUAN S, QI J, HE Z. An experimental investigation into the formability of hydroforming 5A02 Al-tubes at elevated temperature [J]. Journal of Materials Processing Technology, 2006, 177 (1-3): 680-683.

[14] 刘钢，武永，王建珑，等. 钛合金管件高压气胀成形工艺研究进展 [J]. 精密成形工程，2016, 8 (5): 35-40.

[15] WANG K, LIU G, ZHAO J, et al. Formability and Microstructure Evolution for Hot Gas Forming of Laser-welded TA15 Titanium Alloy Tube [J]. Materials & Design, 2016, 91: 269-277.

[16] LIU G, WU Y, WANG D, et al. Effect of feeding length on deforming behavior of Ti-3Al-2.5V tubular components prepared by tube gas forming at elevated temperature [J]. The International Journal of Advanced Manufacturing Technology, 2015, 81 (9-12): 1809-1816.

[17] WU Y, LIU G, WANG K, et al. The deformation and microstructure of Ti-3Al-2.5V tubular component for

non-uniform temperature hot gas forming [J]. The International Journal of Advanced Manufacturing Technology, 2017, 88 (5-8): 2143-2152.

[18] LIU G, WANG K H, XU Y, et al. An Approach to Improve Thickness Uniformity of TA15 Tubular Part Formed by Gas Bulging Process [J]. Advanced Materials Research, 2013 (712-715): 651-657.

[19] ZHENG K, ZHENG J, HE Z, et al. Fundamentals, Processes and Equipment for Hot Medium Pressure Forming of Light Material Tubular Components [J]. International Journal of Lightweight Materials and Manufacture, 2019, 3 (1): 1-19.

第4章 弹性模成形

北京航空航天大学　李小强　杜　颂　周贤宾　郎利辉

弹性模成形是以弹性体，如天然橡胶或聚氨酯橡胶，作为柔性凹模或凸模，对金属板材施加压力，使其贴靠刚性模（凸模或凹模）成形的工艺方法。按照零件成形方式和金属板材的变形特点，弹性模成形分为弯曲、拉深、胀形、局部成形、冲切等工序。弹性模分为通用弹性模和专用弹性模。通用弹性模用于橡皮成形压力机，它具有单位压力高，控制功能强，工作台面大，能适应零件加工尺寸的变化等优点，而专用弹性模具适合于零件品种单一，批量大的生产情况。

4.1　成形原理与设备

橡皮成形设备主要有橡皮囊成形液压机和橡皮垫成形液压机。除此之外，还可在通用液压机上配置橡皮容框压制零件。

4.1.1　橡皮囊成形原理与设备

早期的橡皮囊成形工艺是由瑞典航空航天公司在20世纪50年代提出的，成形过程如图6-4-1所示。该工艺的特点是在通用的压力机上进行改造就可以实现。

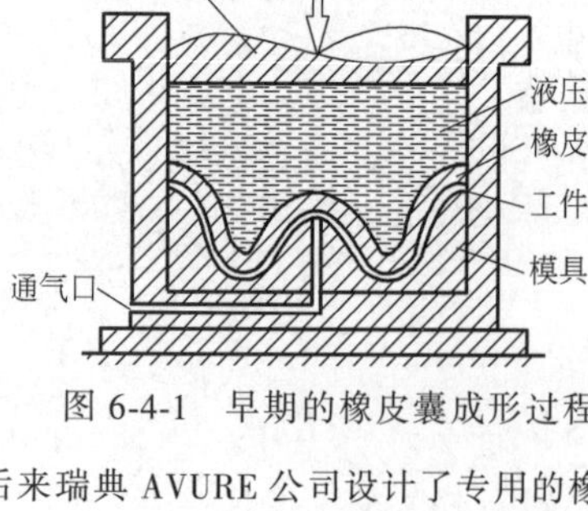

图6-4-1　早期的橡皮囊成形过程

后来瑞典AVURE公司设计了专用的橡皮囊成形液压机，其结构如图6-4-2所示，其机架一般采用预应力钢丝缠绕的金属厚壁圆筒，机床上部的容框内装有可充液的橡皮囊，下部为放置模具的工作台。压制零件时，因充油膨胀的橡皮囊在压力筒、容框及工作台的限制下产生高压，迫使板材按刚性半模成形。橡皮囊成形液压机主要用于弯边成形、局部成形、浅拉深、胀形、冲切等工序。橡皮囊成形的主要优点有：

1）机床结构紧凑、重量轻、单位压力高。

2）工作台的面积大，可一次成形多种零件。

3）利用刚性半模成形零件，模具结构简单，容易加工。

4）成形复杂形状零件时，如非轴对称件、带局部起伏的零件，可同时完成压下陷、切边和冲孔等工序。

5）零件与橡皮接触的表面无划伤，表面质量高。在高压作用下，零件的贴模精度大大提高。

6）材料内部的损伤率降低，零件质量和结构可靠性显著提高。

7）在一套模具上，可以成形不同厚度的零件。

8）可成形低碳钢、高强钢、高强铝合金、不锈钢、钛合金、镍基高温合金等多种板材。

由于上述优点，橡皮囊成形不仅广泛用于飞行器制造业，而且也用于汽车制造业。

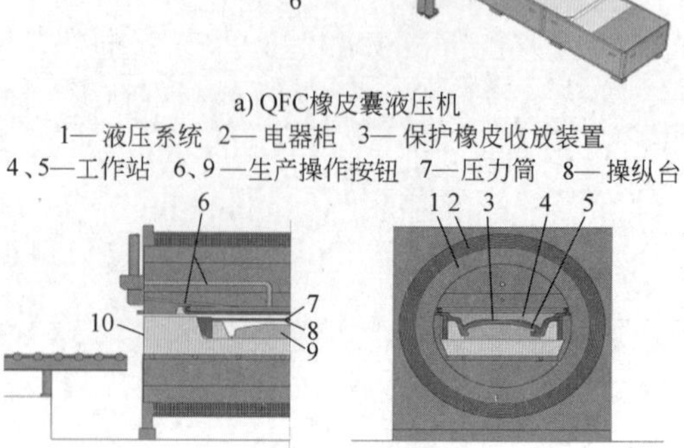

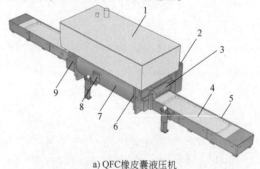

a) QFC橡皮囊液压机
1—液压系统　2—电器柜　3—保护橡皮收放装置
4、5—工作站　6、9—生产操作按钮　7—压力筒　8—操纵台

b) 液压机工作原理图
1—压力筒　2—钢丝层　3—橡皮胎　4—高压油　5—零件
6—进出油管路　7—保护橡皮　8—板材　9—模具
10—工作台

图6-4-2　瑞典AVURE公司设计的橡皮囊成形液压机

在橡皮囊成形液压机上进行的凹模成形、凸模成形、带压边成形、胀形等工艺如图 6-4-3 所示。在橡皮囊成形液压机上进行的切边操作如图 6-4-4 所示。

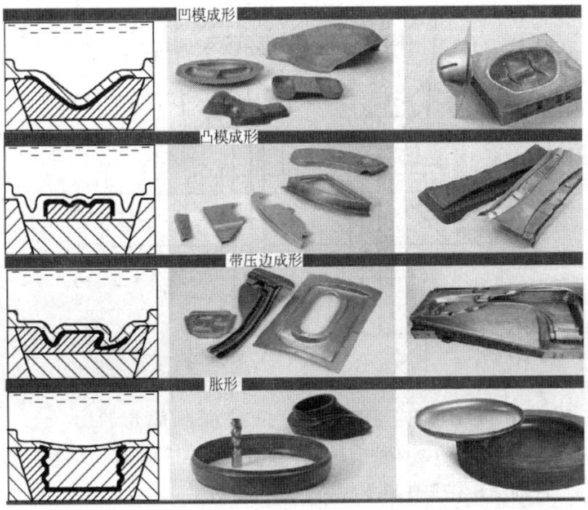

图 6-4-3　橡皮囊成形液压机上可进行的成形操作

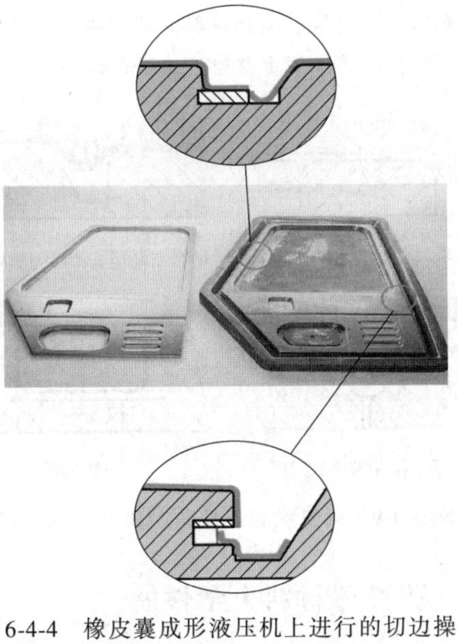
图 6-4-4　橡皮囊成形液压机上进行的切边操作

4.1.2　橡皮垫成形原理与设备

橡皮垫成形液压机大都采用板式组合框架结构，机床上部的容框装有橡皮垫，下部为放置模具的工作台（见图 6-4-5）。成形零件时，液压缸推动工作台向上移动，被压缩的橡皮在容框和工作台的限制下产生高压，按刚性半模将板材压制成形。橡皮垫成形的主要优点与橡皮囊的大致相同，但橡皮垫使用寿命相对较长，便于维护，缺点是单位压力分布不如橡皮囊液压机的均匀。

4.1.3　橡皮囊拉深成形原理与设备

橡皮囊拉深成形液压机通常采用预应力钢丝缠绕的框架式结构，机床上部吊装有橡皮囊的可伸缩式容框，刚性凸模及压边缸位于容框下部。拉深成形时，以充油液的橡皮囊作为柔性凹模，刚性凸模向上移动，板材在压边圈和橡皮囊的约束下，被逐渐顶入液囊开始拉深成形（见图 6-4-6）。在拉深过程中，板材在液囊压力作用下紧紧包覆在凸模上，在它们之间产生的摩擦力有利于成形，并且液囊压力随零件拉深高度相应变化时，又可减小变薄量，提高拉深比。

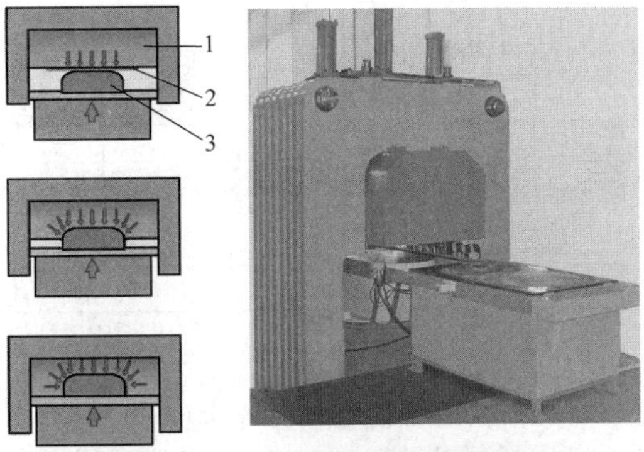

a) 工作原理　　b) 38.5MN橡皮垫液压机

图 6-4-5　橡皮垫液压机

1—橡皮垫　2—板材　3—模具

4.1.4　橡皮容框成形原理

橡皮容框成形如图 6-4-7 所示。橡皮垫装在铸钢或由钢板焊成的护套内，橡皮垫常用多层橡胶板粘贴而成，每层厚度约 25～100mm，每边应比护套尺寸大 5～10mm。对于冲裁工序，橡胶垫总厚度为 75～125mm；对于成形工序，大约需要 250mm。护套安装在压力机的滑块上，压力机工作台上装有能插入护套的模座，模座与护套内壁之间应留有 1.5～3mm 的间隙，模具固定在模座上。成形时平均压力一般为 7～10MPa，承受高压的模具压力可达到 20～30MPa。此种成形方法主要用于冲裁、弯曲、凸缘加工和加强筋的成形等，虽然也可以用于拉深和胀形，但成形效果不好。对于拉深或胀形，应采用附加压边圈和可控制压边力的双动式装置（见图 6-4-8）。

橡皮容框成形一般采用液压机，有时也可采用螺旋压力机或曲柄压力机，但曲柄压力机的行程次数不能太高，以防橡皮过热导致破坏。

4.1.5　成形模具结构形式

用于橡皮成形的模具有凸模、带有坯料支撑板的凸模、凹模和胀形模，其典型结构形式如图 6-4-9 所示。由于橡皮成形模具承受的压力较大，设计时必须充分考虑模具强度，而且模具底面应平整，避免高压下引起模具变形或开裂。采用凹模成形时，模具内腔应设置排气孔，除工装底部外，其他边缘和转角处必须倒圆。

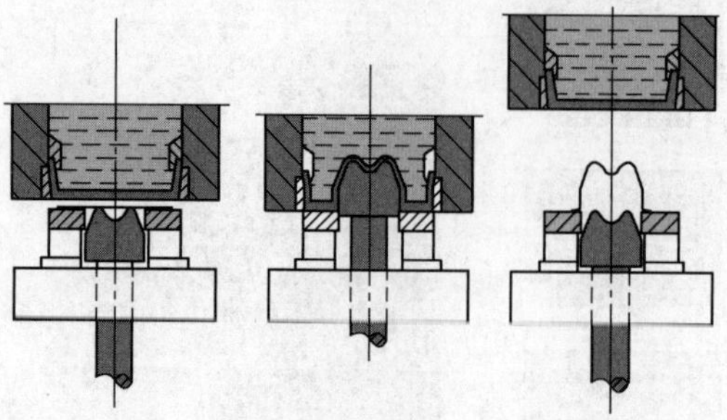

a)拉深液压机工作原理

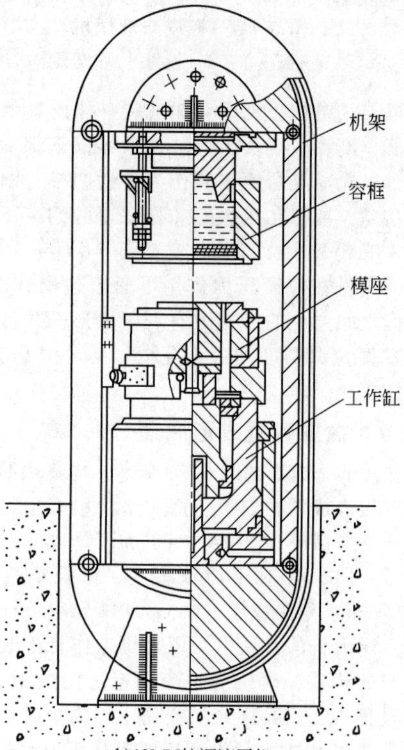

b)12MN拉深液压机

图 6-4-6　橡皮囊拉深液压机

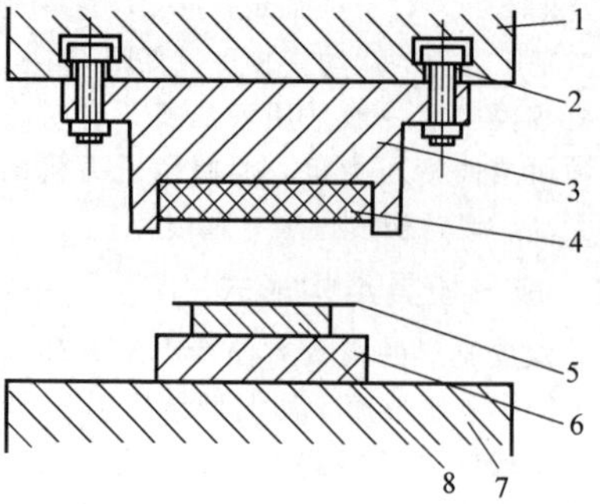

图 6-4-7　橡皮容框成形

1—压力机滑块　2—吊挂螺钉　3—护套　4—橡皮　5—板材　6—模座　7—压力机工作台面　8—模具

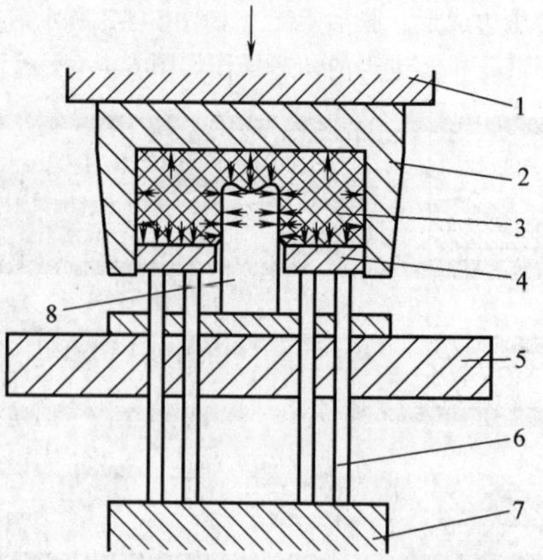

图 6-4-8　用橡皮容框拉深圆筒形件

1—压力机滑块　2—护套　3—橡皮　4—压边圈　5—压力机台面　6—压边圈支撑杆　7—压边缸　8—成形模具

常用的模具材料有钢、铝、铝锌合金、环氧树脂、塑料、木材等。模具材料的选用视零件的材料、厚度、形状、精度要求及零件生产批量而定。

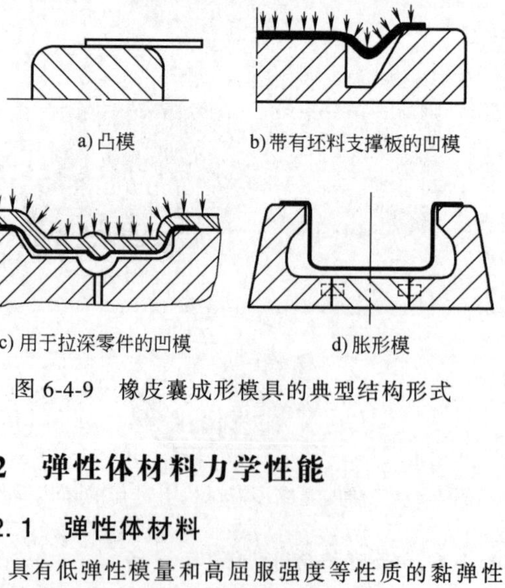

a) 凸模　b) 带有坯料支撑板的凹模　c) 用于拉深零件的凹模　d) 胀形模

图 6-4-9　橡皮囊成形模具的典型结构形式

4.2　弹性体材料力学性能

4.2.1　弹性体材料

具有低弹性模量和高屈服强度等性质的黏弹性聚合物称之为弹性聚合物，这也是弹性体（elastomers）名称的由来。弹性体或类橡胶材料作为工程材料已经被使用了接近 150 年。根据 ASTM D1566 的定义，弹性体是一种不需要外力作用就能迅速从大变形恢复的材料，并且其具有很高的伸长率。在拉伸状态下，弹性体在发生断裂前通常能够像超弹性材料一样，达到 300%~500%的变形量。此外，弹性体一般都具有较低的导热系数，并且在循环加载的情况下存在明显的滞后现象。弹性体与铝合金的力学性能对比见表 6-4-1。

表 6-4-1　弹性体与铝合金的力学性能

材料	弹性模量 /GPa	泊松比	抗拉强度 /MPa	伸长率 (%)	导热系数 /(W/m·K)
弹性体	0.0007~0.0004	0.47~0.5	7~20	100~800(拉断)	0.13~0.16
铝合金	70~79	0.33	100~550	1~45(断后)	177~237

4.2.2　典型弹性体力学性能

用于弹性模成形中的典型弹性体包括天然橡胶（NR）、丁苯橡胶（SBR）、硅橡胶（SR）、聚氨酯橡胶（PU）。

具有相同硬度的 PU、NR、SR 的压缩应力-应变曲线如图 6-4-10 所示。在表征弹性体力学性能时，需要考虑试样形状的影响。形状因子定义为加载表面的面积与未加载可自由变形表面的总面积之比。无论实际尺寸或形状如何，由相同类型弹性体制成并具有相同形状因子的零件在压缩方面力学性能表现相同。

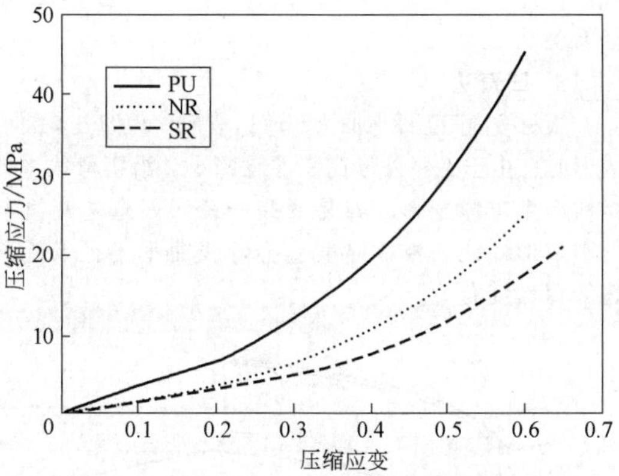

图 6-4-10　不同类型弹性体压缩应力-应变曲线

形状因子 SF 定义为

$$\begin{cases} SF = LW/2t(L+W)（长方体）\\ SF = d/4h（实心圆盘或圆柱体）\end{cases}$$

式中　L——长方体的长（mm）；

W——长方体的宽（mm）；

t——长方体的厚度（高）（mm）；

d——圆盘或圆柱体的直径（mm）；

h——圆盘厚度或圆柱体的高度（mm）。

这些关系仅适用于具有平行加载面的橡胶块，并且它们的厚度不宜超过最小宽度或者直径的两倍，与此同时还应限制橡胶块加载表面的横向移动。图 6-4-11~图 6-4-14 所示为 PU 在压缩状态下形状因子和硬度（A）对应力-应变曲线的影响。

不同压缩应变下 PU 的承载性能随硬度（A）变化的关系曲线如图 6-4-15、图 6-4-16 所示。

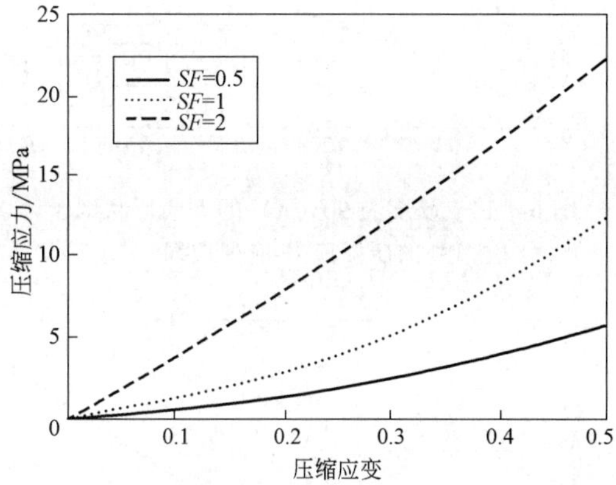

图 6-4-11　硬度为 60（A）的不同形状因子 PU 的压缩应力-应变曲线

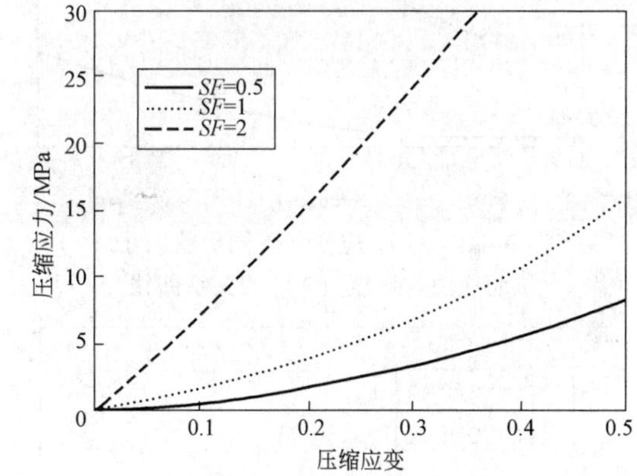

图 6-4-12　硬度为 70（A）的不同形状因子 PU 的压缩应力-应变曲线

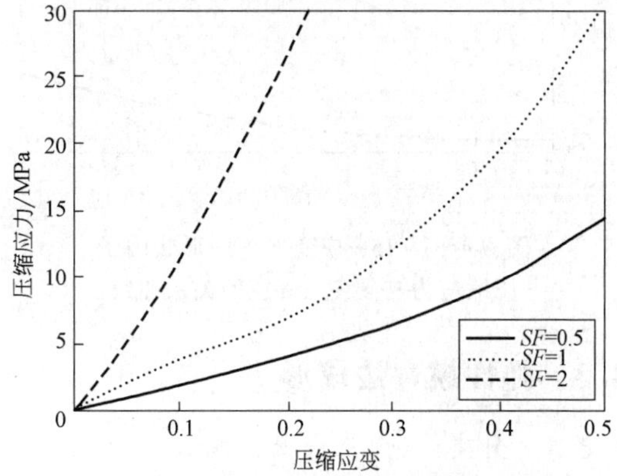

图 6-4-13　硬度为 80（A）的不同形状因子 PU 的压缩应力-应变曲线

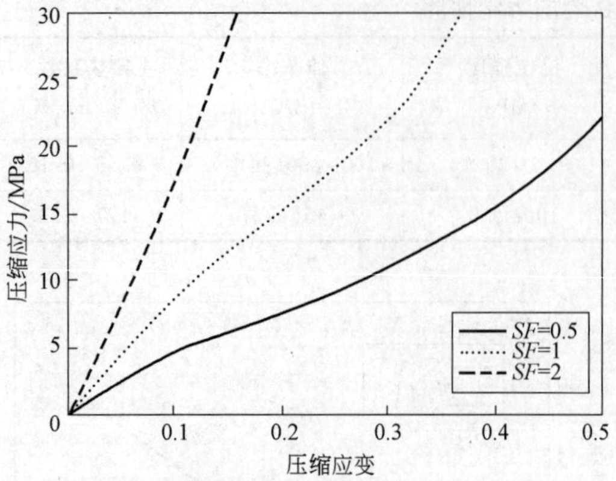

图 6-4-14　硬度为 90（A）的不同形状因子 PU 的压缩应力-应变曲线

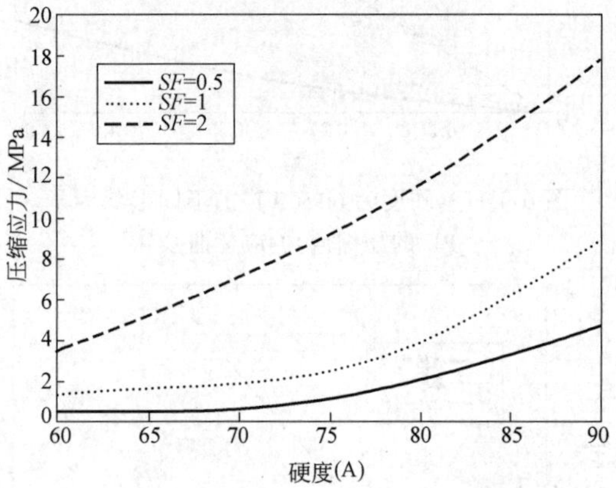

图 6-4-15　10%应变下不同形状因子压缩应力与硬度（A）的关系曲线

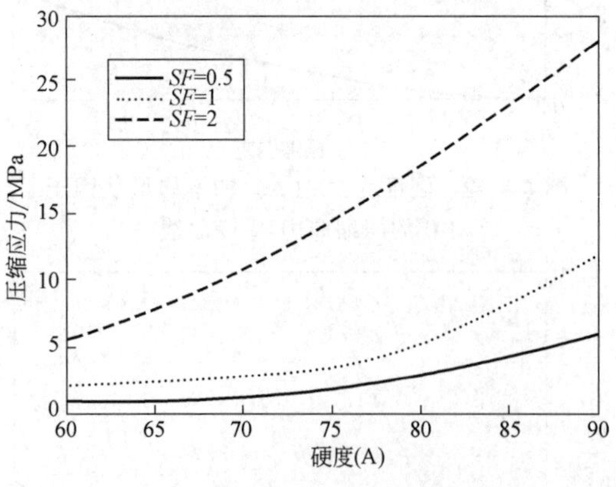

图 6-4-16　15%应变下不同形状因子压缩应力与硬度（A）的关系曲线

4.3　弹性模弯边成形

4.3.1　分类

按折弯线和弯边的形状可分为：直弯边、凸弯边和凹弯边。

1. 直弯边

板材按直线弯曲，其变形特点与普通弯曲成形基本相同。如零件的弯边高度合适，在弯边端部或转角处制出止裂孔或开口（见图 6-4-17），均可采用橡皮成形。

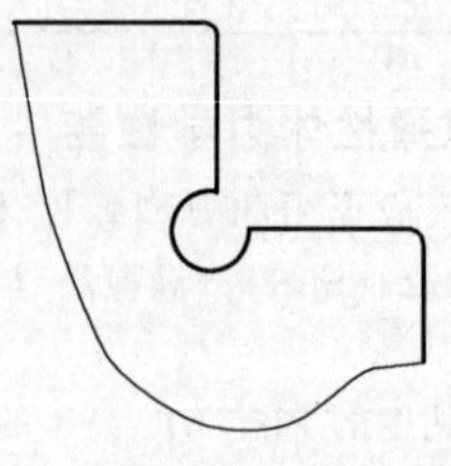

图 6-4-17　直弯边转角处的开口

2. 凸弯边

板材按外凸弧线弯曲为凸弯边成形（见图 6-4-18a）。成形时，因毛料外形比零件轮廓大，沿折弯线方向材料产生压缩变形，容易皱曲。允许的变形程度与材料成形性能、板材厚度、弯边高度和折弯线的曲率半径有关。

3. 凹弯边

板材按内凹弧线弯曲为凹弯边成形（见图 6-4-18b）。成形时，由于毛料外形比零件轮廓小，沿折弯线方向材料产生拉伸变形，容易开裂。最大凹弯边高度与材料成形性能、板材厚度、折弯线曲率半径及毛料边缘粗糙度有关。

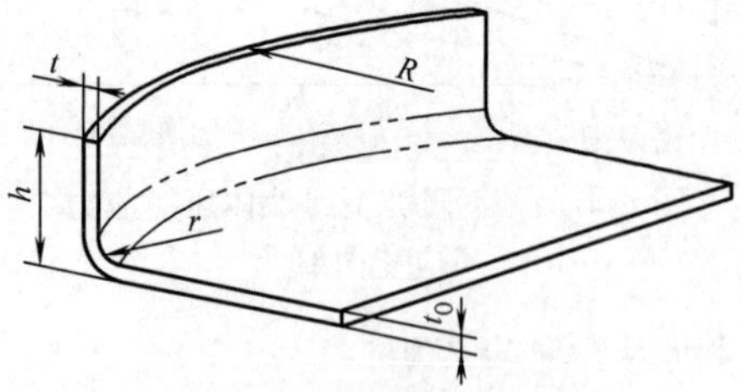

a) 凸弯边

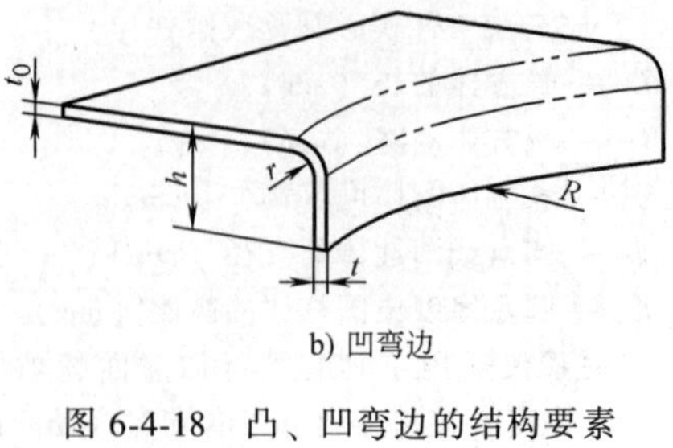

b) 凹弯边

图 6-4-18　凸、凹弯边的结构要素

4.3.2　成形极限

1. 直弯边成形极限

直弯边成形极限是指板材在一次弯曲成形时，圆角处不产生破裂的最大变形程度，以及能成形的最小弯边高度。直弯边成形的主要工艺参数有：

1）最小相对弯曲半径 R。最小相对弯曲半径取决于材料成形性能、表面状态、板材厚度及轧制方向等因素。板材的弯曲半径应大于或等于最小弯曲半径，橡皮成形弯边的最小相对弯曲半径可参照刚性模压弯的工艺参数确定。

2）最小弯边高度 h。弯边高度过小，不易橡皮成形，因此零件的最小弯边高度有一定的限制。最小弯边高度与材料成形性能、板材厚度及单位压力有关。单位压力越小，板材厚度越大，则最小弯边高度越大，表 6-4-2 为几种材料在一定单位压力下的最小弯边高度。可按下式估算最小弯边高度：

表 6-4-2　最小弯边高度

材料牌号	成形压力 q/MPa	最小弯边高度 h/mm	附　注
2A12-O,7A04-O	7.5~10	$r_{min}+5t$	不加热
MB8	7.5~10	$r_{min}+4t$	加热到 300℃
TA2	7.5~10	$(14\sim15)t$	加热到 300℃
TA3	40	$(14\sim15)t$	不加热

$$\frac{h}{t}\geqslant\sqrt{(R_{eL}+0.133D)/q} \qquad (6\text{-}4\text{-}1)$$

式中　h——最小弯边高度（mm）；

t——板材厚度（mm）；

R_{eL}——屈服强度（MPa）；

D——材料强化系数（$\overline{\sigma}=\sigma_c+D\overline{\varepsilon}$）；

q——成形压力（MPa）。

弯边高度过小，或当机床的单位压力偏低时，可在弯边高度上适当增加工艺余量，成形后再将其切除，或选用硬度较高的辅助覆盖橡皮，以增加弯边成形初始阶段的压料力。

2. 凸、凹弯边的成形极限

凸弯边成形极限是指折弯线外凸的零件，在一次成形过程中，弯边不产生皱曲的最大变形程度。

凹弯边成形极限是指折弯线内凹的零件，在一次成形过程中，弯边不产生破裂的最大变形程度。

与直弯边一样，凸、凹弯边的最小相对弯曲半径 R 和最小弯边高度 h 也有一定的限制。

凸弯边的变形程度通常用弯边系数 K_c 表示，$K_c=\dfrac{h}{R+h}\times100\%$。

凹弯边的变形程度通常用弯边系数 K_t 表示，$K_t=\dfrac{h}{R-h}\times100\%$。

硬铝 2A12-O、超硬铝 7A04-O 的凸、凹弯边成形极限曲线如图 6-4-19、图 6-4-20 所示，表 6-4-3～表 6-4-6 列出几种常用材料在不同工艺条件下的凸、凹弯边的弯边系数 K_c、K_t 及成形高度，当弯边系数小于极限值时，可一次成形。

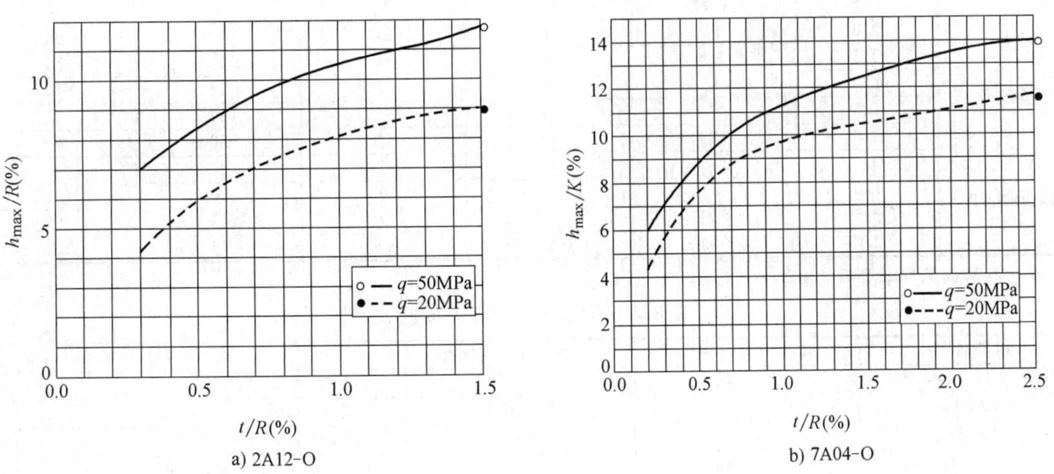

图 6-4-19　凸弯边成形极限曲线

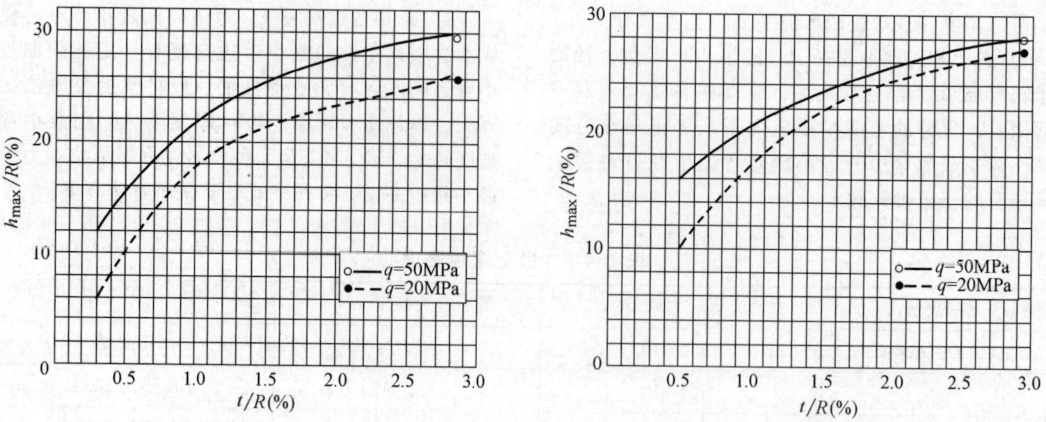

a) 2A12-O　　b) 7A04-O

图 6-4-20　凹弯边成形极限曲线

表 6-4-3　凸弯边的弯边系数 K_c（t=0.3~3.0mm，R≤1000mm）

材料牌号	成形条件		弯边系数 K_c(%)	
	q/MPa	温度/℃	不要修整	要修整
2A12-O	7.5~10	常温	3~4	10~20
	40	常温	3~10	
TA3	40	常温	0.5	4.5~14
TA2	7.5~10	300	1.0~1.5	
7A04-O	7.5~10	300	3~4	10~20
	40	常温	3~10	
MB8	7.5~10	300	4.5~5.5	10~20

注：板料厚度较小或零件凸曲线曲率半径较大时，采用表中较小的数值，反之取较大的数值。

表 6-4-4　q=40MPa 时橡皮压制凸弯边的成形高度　（单位：mm）

材料牌号		弯边高度 h				
牌号	厚度	平面的弯曲半径 R				
		50	100	200	500	1000
2A12-O	0.5	5	7.5	11	20	35
	1.0	4.5	10	14	25	40
	1.5	(9)	(14.5)	18	30	42
	2.0	(10)	(14.5)	20	34	50
3A21-O	0.5	6	9.5	15	27	43
	1.0	9	12	19	34	52
	1.5	(10)	14	22	40	60
	2.0	(11)	(16)	24	45	66
7A04-O	0.5	4.5	7	10	20	36
	1.0	6	9	13	23	40
	1.5	7	11	15	27	43
	2.0	8	(12)	19	30	49
1Cr18Ni9Ti	0.5	2.5	4	5	6	8
	1.0	(4)	5	6	9	12
	1.5	(5)	(7)	9	13	15
	2.0	(6)	(8)	11	15	20

注：括号内的尺寸需手工整理。

表 6-4-5　凹弯边的弯边系数 K_t

材料牌号	成形压力 q/MPa	弯边系数 K_t(%)	附　注
2A12-O,7A04-O	7.5~40	15~20	新淬火状态下成形
MB8	≥7.5	85~104	加热到 300℃
TA2,TA3	30~40	40~50	加热到 300℃
2024-O	7.5~40	≤20	t≤1.8mm,边缘无刀痕和毛刺
7075-O	7.5~40	≤16	同上

注：板料厚度较小或零件凹曲线曲率半径较大时，采用表中较小的数值，反之取较大的数值。

表 6-4-6　q=40MPa 时橡皮压制凹弯边的成形高度　　(单位：mm)

材料		弯边高度 h				
牌号	厚度	平面的弯曲半径 R				
		50	100	200	500	1000
2A12-O	0.5	9	15	24	50	80
	1.0	11	18	30	57	80
	1.5	12	21	34	65	80
	2.0	(13)	(23)	39	75	80
3A21-O	0.5	11	(28)	24	55	80
	1.0	14	22	34	60	80
	1.5	17	27	40	70	80
	2.0	(20)	29	43	80	80
7A04-O	0.5	10	16	22	45	80
	1.0	13	20	30	50	80
	1.5	(16)	24	36	60	80
	2.0	(18)	28	40	70	80
1Cr18Ni9Ti	0.5	17	31	52	80	80
	1.0	(19)	34	60	80	80
	1.5	(20)	(38)	65	80	80
	2.0	(21)	(39)	68	80	80

注：括号内的尺寸需手工整理。

3. 估算凸、凹弯边成形极限弯边高度的经验公式

成形压力 q<50MPa 时，凸弯边成形极限弯边高度的计算公式如下

$$h=0.185K_A^{\frac{2}{3}}R^{\frac{3}{4}}\left(\frac{tq}{R_{eL}}\right)^{\frac{1}{4}} \tag{6-4-2}$$

式中　h——残留波纹高度为 0.2mm 时的极限弯边高度（mm）；

K_A——计算参数，对 2A12-O 取 $K_A=2e^{\gamma}$；7A04-O 取 $K_A=2e^{\gamma/2}$；1Cr18Ni9Ti 取 $K_A=2e^{\gamma/3}$。

其中，$\gamma=(0.016A-0.64)^{1.5}$，A 为橡皮的邵尔 A 硬度；

R——平面的弯曲半径（mm）；

t——材料厚度（mm）；

q——成形压力（MPa）；

R_{eL}——屈服强度（MPa）。

成形压力 $q\geqslant$50MPa 时，硬铝 2A12-O、超硬铝 7A04-O 的凸弯边成形极限弯边高度见表 6-4-7，凹弯边成形极限弯边高度见表 6-4-8。

表 6-4-7　凸弯边成形极限弯边高度　　(单位：mm)

材料牌号	模具圆角半径 r	计算公式
2A12-O	5	$h=1.073(2.9+0.056R-3.368\times10^{-5}R^2)\dfrac{q^{0.108}t^{0.362}}{\theta^{0.094}}$
	8	$h=0.682(4.052+0.05R-2.72\times10^{-5}R^2)\dfrac{q^{0.165}t^{0.414}}{\theta^{0.051}}$
7A04-O	5	$h=0.753(2.618+0.06R-3.4\times10^{-5}R^2)\dfrac{q^{0.168}t^{0.351}}{\theta^{0.095}}$
	8	$h=0.963(3.554+0.046R-2.45\times10^{-5}R^2)\dfrac{q^{0.139}t^{0.409}}{\theta^{0.102}}$

注：1. R=200~800mm。当 R>800mm 时，取 R=800mm 时的 h 值。

2. 残留波纹的高度为 0.4mm。

3. 材料厚度 t=2~3mm。

4. θ 为凸弯边所对应的圆心角。

表 6-4-8　凹弯边成形极限弯边高度　　(单位：mm)

材料牌号	模具圆角半径 r	计算公式
2A12-O	10	$h=13.139R^{0.569}t^{0.022}\theta^{-0.341}$
7A04-O	10	$h=11.233R^{0.52}t^{0.247}\theta^{-0.286}$

注：1. R=100~700mm。当 R>700mm 时，取 R=700mm 时的 h 值。

2. 材料厚度 t=2~3mm。

3. θ 为凹弯边所对应的圆心角。

4. 基于成形极限曲线评估弯边成形极限

通过试验获得的几种材料的成形极限曲线如图 6-4-21 所示。

（1）直弯边　直弯边零件沿着弯曲轴方向的主应变计算公式为

$$e_{sb}=Kt^aBR^b\theta^c \tag{6-4-3}$$

式中　e_{sb}——沿着弯曲轴方向的主应变；

K——参数；

t——材料厚度（mm）；

BR——弯边圆角半径（mm）；

θ——弯边角度（°）；

a、b、c——材料常数。

直弯边零件的圆角区处于平面应变状态，因此测量一个方向上的应变即可。

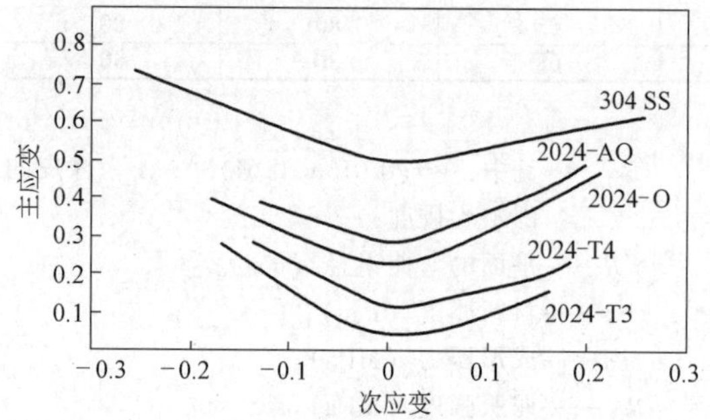

图 6-4-21　几种材料的成形极限曲线

材料常数 a、b、c 均可通过材料的应变测量试验获得。由式（6-4-3）取对数得到变形公式为 $\lg e_{sb}=\lg K+a\lg t+b\lg BR+c\lg\theta$

测量参数 a 时，使所用弯边零件具有相同的弯边圆角半径和弯边角度，改变零件厚度，测量弯边后的应变 e_{sb}，绘制 e_{sb} 与 t 的对数坐标直线，直线斜率即为常数 a 的值。用相同方法也可测得常数 b、c 的值，固定弯边试件的厚度及弯边角度，改变试件弯边圆角半径，绘制 e_{sb} 与 BR 的对数坐标直线，直线斜率即为常数 b 的值；固定厚度及圆角半径，改变弯边角度即可获得常数 c 的值。

图 6-4-22 所示的三条直线即为 2024-O 的材料常数 a、b、c 的测定结果。从图中可以计算出，2024-O 材料的厚度常数 $a=0.8/1.0=0.8$；圆角半径常数 $b=-1.0/1.0=-1$；弯边角度常数 $c=1.0/1.0=1$（弯边角小于 80°时）或者 $c=0$（弯边角大于 80°时）。

获得 a、b、c 后，可以通过式（6-4-3）对 K 进行计算。将厚度 t 和圆角半径 BR 作为常数，改变弯边角度 θ 直到弯边试件发生破裂，测量破裂点的临界应变值，再将该应变值以及 t、BR、θ 代入式（6-4-3）中，即可计算出参数 K 的值。也可通过改变式（6-4-3）中其他参数来计算 K 值，可在一系列试验中选取最合适的方法来计算 K 值。表 6-4-9 中列举了 2024 系列铝合金以及 304 系列不锈钢的 K 值。

表 6-4-9　几种材料的直弯边 K 值

材料牌号	K
304(退火)	2.0
304 1/4H	2.0
304 1/2H	3.0
304 H	6.0
2024-O	2.0
2024-AQ	2.0
2024-T4	4.0
2024-T3	4.0

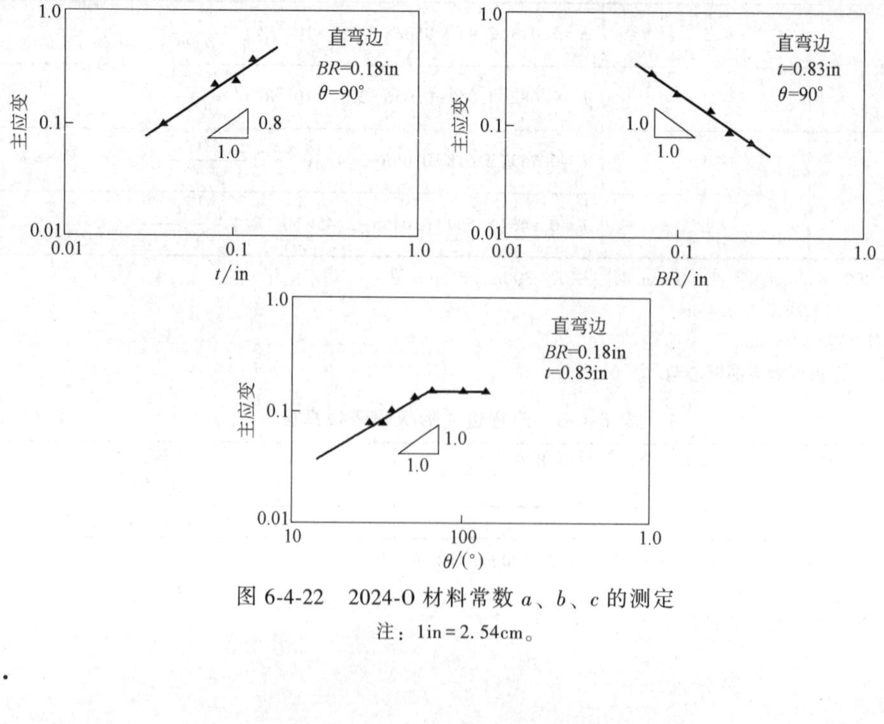

图 6-4-22　2024-O 材料常数 a、b、c 的测定

注：1in = 2.54cm。

最终可获得材料 A2024-O 的应变公式为

$$e_{sb}=0.22t^{0.8}BR^{-1}\theta(\theta<80°)$$

$$e_{sb}=-0.0022t^{0.8}BR(\theta>80°)$$

已知材料的厚度、弯边圆角半径、弯边角度，即可通过式（6-4-3）计算出相应的 e_{sb}，将 e_{sb} 与该材料的成形极限曲线（FLD）上的屈服应变进行对比，处于曲线下方表明该成形参数能够顺利成形出直弯边零件；反之，如果 e_{sb} 处于曲线上方，则表明该成形参数不能够顺利成形零件。

（2）凹弯边　如图 6-4-23 所示，凹弯边的临界应变主要发生在两个地方：一个是沿着 ECD 方向，从两边向中间 BC 处传播；另一个发生在 BC 线上，从 C 点向 B 点传播。因此需要计算出这两个地方的主应变和次应变来评估工件是否会发生破裂。通过下述公式来计算两个地方的主应变和次应变

$$e_{ecd}(e_{bc})=KU^aFW^bCR^cBR^dt^e \qquad (6\text{-}4\text{-}4)$$

式中　e_{ecd}、e_{bc}——分别为 ECD 和 BC 两条线上的应变；

K——参数；

U——凹弯边轮廓线长度（mm）；

FW——弯边高度（mm）；

CR——凹弯边轮廓线曲率半径（mm）；

BR——弯边圆角半径（mm）；

t——材料厚度（mm）（见图 6-4-24）；

a、b、c、d、e——材料常数。

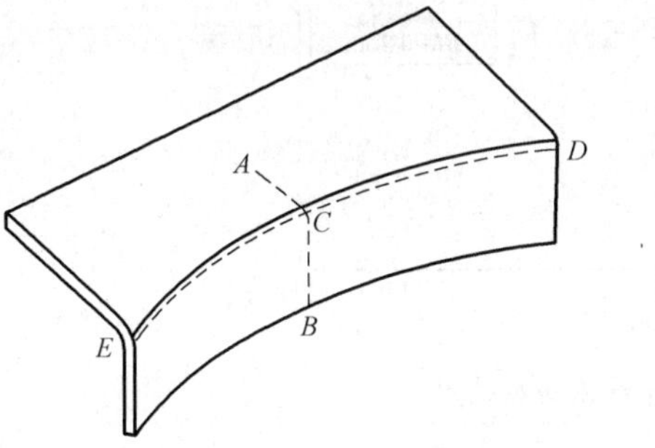

图 6-4-23　凹弯边零件破裂应变示意图

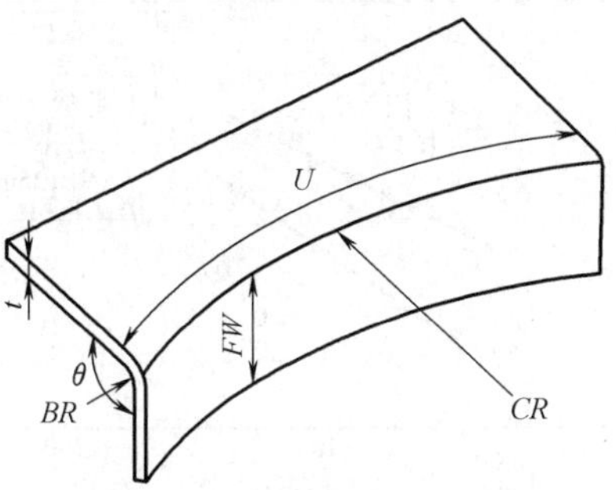

图 6-4-24　凹弯边参数示意图

1）材料常数测定方法。材料常数 a、b、c、d、e 的测定方法与直弯边的测定方法相同。由式（6-4-4）取对数得到

$$\lg e_{ecd}(\lg e_{bc})=\lg K+a\lg U+b\lg FW+c\lg CR+d\lg BR+e\lg t$$

测量常数 a 时，令试验工件的 FW、CR、BR、t 均相同，改变工件的弯边轮廓线长度 U，分别沿 ECD 方向及 BC 方向测量应变值，获得 e_{ecd} 和 e_{bc}，分别在对数坐标下绘制关于 U 的函数曲线，斜率即为常数 a 的数值。相同的方法，使其他参数为定值，仅改变弯边高度，测量相应 e_{ecd} 和 e_{bc}，在对数坐标系下绘制关于 FW 的函数曲线，斜率即为常数 b 的数值；常数 c、d、e 也不例外，分别将 CR、BR、t 作为试验工件的唯一变量，测量得到 e_{ecd} 和 e_{bc} 即可获得相应的 c、d、e 值。

弯边高度 FW 与弯边角度 θ 对于应变的影响可简化为

$$W=FW(1-\cos\theta) \qquad (6\text{-}4\text{-}5)$$

式中　W——弯边有效高度（mm），即当弯边角度大于 90°时，可通过式（6-4-5）将弯边高度等效为 90°时的弯边高度；

θ——弯边角度（°）。

图 6-4-25 所示即为材料 2024-O 的 e_{ecd} 常数测定结果。

对于 e_{ecd} 而言，主应变的弯边轮廓线弧长常数 $a=1.1/1=1.1$，次应变的常数 $a=0.6/1.0=0.6$；主应变的弯边高度常数 $b=1.2/1=1.2$，次应变的常数 $b=0.6/1.0=0.6$；主应变的弯边轮廓线曲率半径常数 $c=-0.8/1=-0.8$，次应变的常数 $c=-0.15/1.0=-0.15$；主应变的圆角半径常数 $d=-0.8/1=-0.8$，次应变的常数 $d=-0.4/1.0=-0.4$；主应变的厚度常数 $e=0.6/1=0.6$，次应变的常数 $e=0$。

同样地，图 6-4-26 所示为 2024-O 的 e_{bc} 常数测定结果。

对于 e_{bc} 而言，主应变的弯边轮廓线弧长常数 $a=0.3/1=0.3$，次应变的常数 $a=0.4/1.0=0.4$；主应变的弯边高度常数 $b=0.5/1=0.5$，次应变的常数 $b=0.6/1.0=0.6$；主应变的弯边轮廓线曲率半径常数 $c=-0.8/1=-0.8$，次应变的常数 $c=-0.9/1.0=-0.9$；主应变的圆角半径常数 $d=0$，次应变的常数 $d=0$；主应变的厚度常数 $e=0$，次应变的常数 $e=0$。

得到 a、b、c、d、e 值后，通过使用确定的凹弯边轮廓线长度 U、弯边高度 FW、凹弯边轮廓线曲率半径 CR、弯边圆角半径 BR 和材料厚度 t，成形出零件，测量 e_{ecd} 与 e_{bc}，即可通过式（6-4-4）计算出常数 K 的值。最终获得了 A2024-O 的应变公式为

$$e_{ecd,major}=0.15U^{1.1}FW^{1.2}CR^{-1.8}BR^{-0.8}t^{0.6}$$

$$e_{ecd,minor}=-0.13U^{0.6}FW^{0.6}CR^{-0.15}BR^{-0.4}$$

$$e_{bc,major}=0.39U^{0.3}FW^{0.5}CR^{-0.8}$$

$$e_{bc,minor}=-0.16U^{0.4}FW^{0.6}CR^{-0.9}$$

（6-4-6）

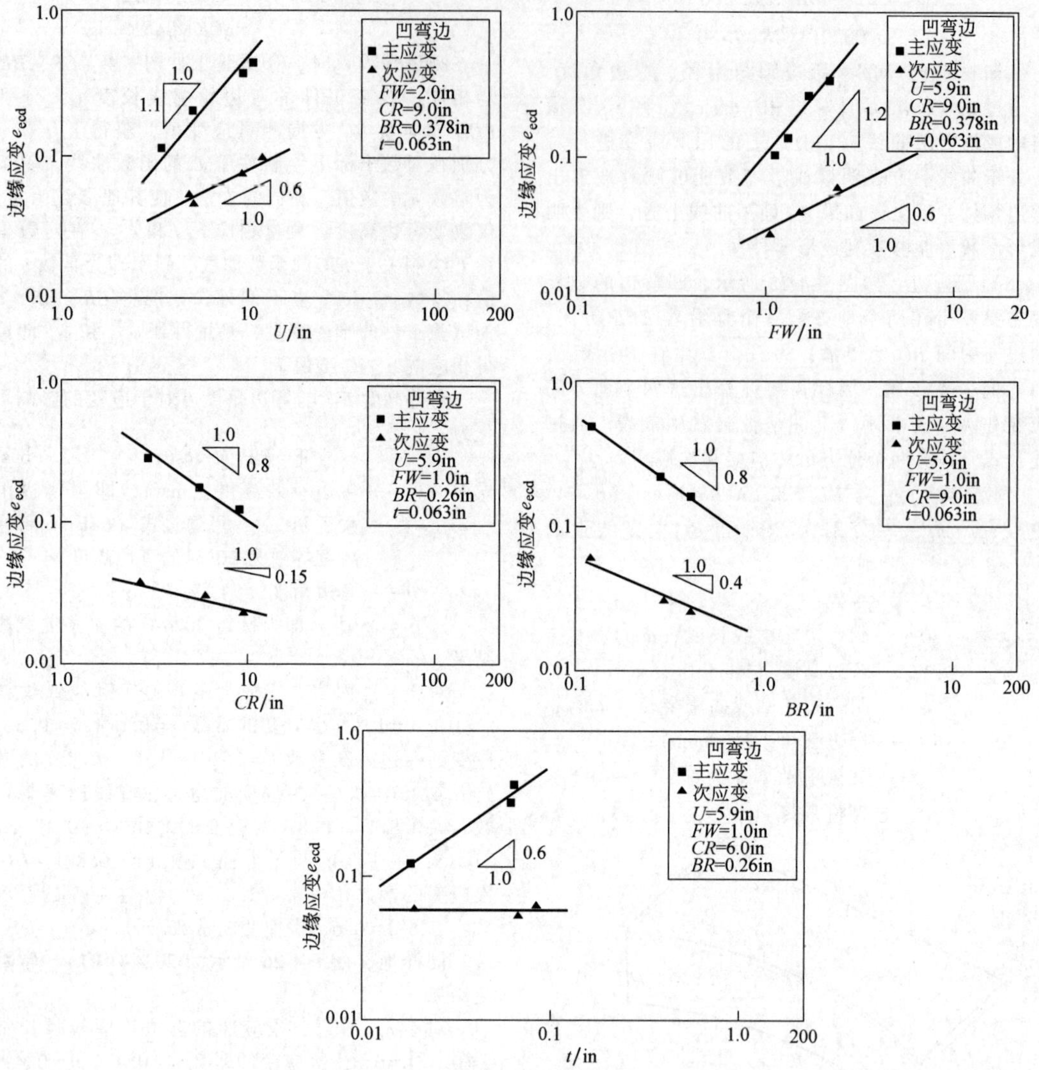

图 6-4-25　2024-O 的 e_{ecd} 常数测定结果

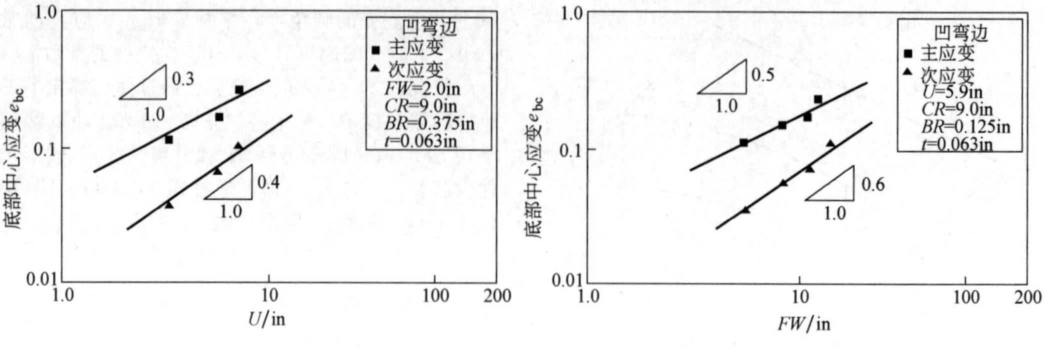

图 6-4-26　2024-O 的 e_{bc} 常数测定结果

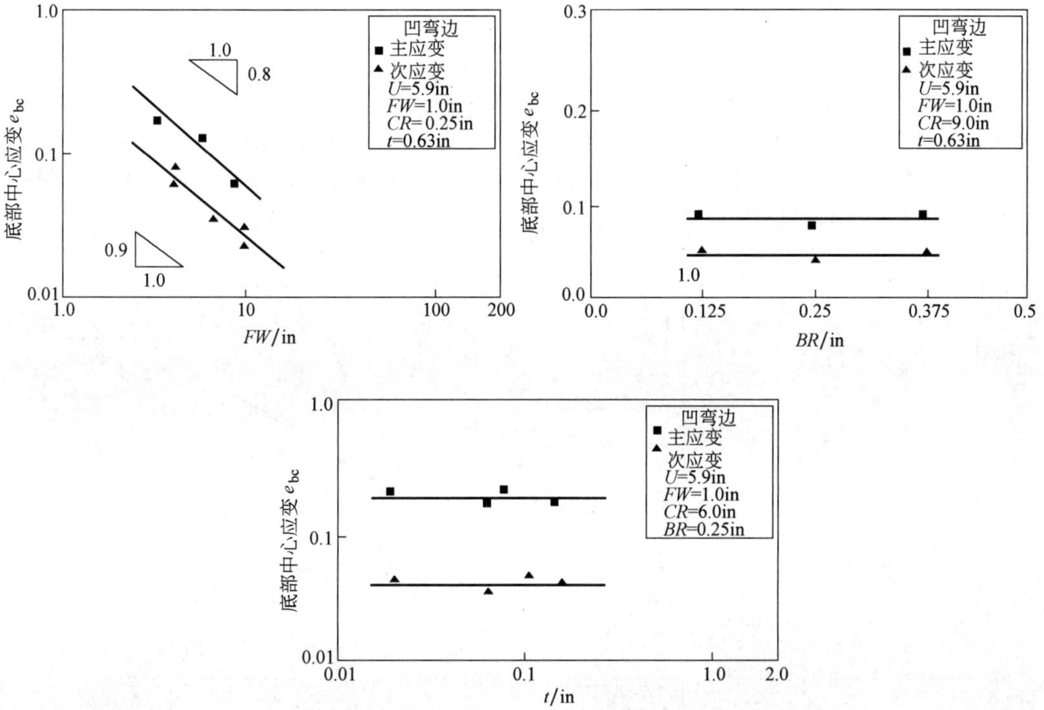

图 6-4-26　2024-O 的 e_{bc} 常数测定结果（续）

2）可成形性判断。获得了工件材料的完整应变公式后，已知工件的 U、FW、CR、BR、t，就可通过式（6-4-6）计算出相对应的主应变和次应变，即可通过该材料的成形极限曲线（FLD）判断所用参数是否能够顺利成形出零件。位于曲线下方即表示能够顺利成形；反之，位于曲线上方则表示不能够顺利成形。

（3）凸弯边　凸弯边主要有两种典型的失效形式：一种是当弯边圆角半径小于直弯边的临界圆角半径时工件沿弯边线的破裂；另一种是在法兰面内沿 X—X 方向发生起皱，如图 6-4-27 所示。

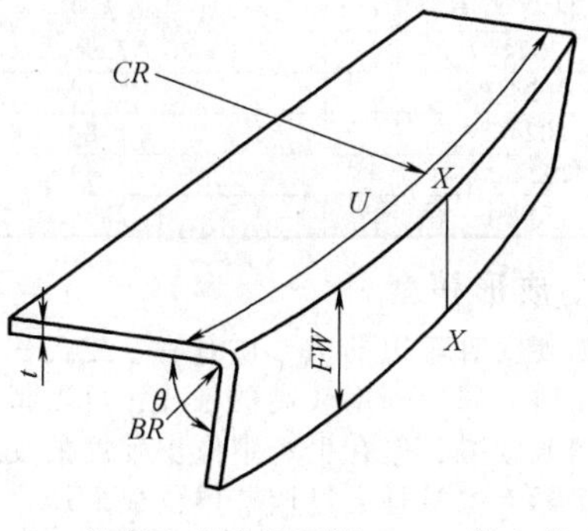

图 6-4-27　凸弯边在法兰面沿 X—X 方向发生起皱

凸弯边成形时起皱通常发生在破裂之前，并且首先发生在弯边底部中心处，因此判断是否会发生起皱的条件为：测量出底部中点处的压应变值（e_{bc}），与发生起皱时的临界压应变值（e_b）比较，小于临界应变则不会发生起皱，反之则会发生起皱。底部中心点处的压应变 e_{bc} 可由下式进行理论计算。

$$e_{bc}=KU^{a}FW^{b}CR^{c}t^{d}P^{f} \tag{6-4-7}$$

$$W=FW(1-\cos\theta) \tag{6-4-8}$$

式中　U——凸弯边轮廓线长度（mm）；

K——参数；

t——材料厚度（mm）；

FW——为弯边高度（mm）；

CR——凸弯边轮廓线曲率半径（mm）；

P——压力机的成形压力（kN）；

a、b、c、d、f——材料常数；

W——有效弯边高度（mm），当弯边角度大于 90°时可使用式（6-4-5）将弯边高度等效为 90°时的弯边高度；

θ——弯边角度（°）。

工件不会发生起皱的条件则可以表示为

$$e_b>KU^{a}FW^{b}CR^{c}t^{d}P^{f}$$

该不等式也可改写为

$$e_b^{1-b}>K^{-b}U^{a-b}FWCR^{c-b}t^{d-b}P^{f-b}$$

将 K 移至不等式左边，令

$$k=K^{b}e_{b}^{1-b};m=b-a;n=b-c;$$

$$s=b-d;v=b-f$$

则不等式变为

$$k>FW/(U^{m}CR^{n}t^{s}P^{v}) \qquad (6\text{-}4\text{-}9)$$

常数 m、n、s、v 的测定方法完全相同，这里以常数 m 为例进行测定方法的说明。首先使工件的凸弯边轮廓线长度 U、凸弯边轮廓线曲率半径 CR、材料厚度 t 和成形压力 P 为常数，逐渐增大有效弯边高度 W 直到成形的工件发生起皱，再将起皱时的 W 值与 U 值在对数坐标系下描绘成点；改变 U 值，重复上述过程，即可在对数坐标系下绘制出 W 关于 U 的函数，该曲线的斜率即为常数 m 的值。其他三个常数的测定方法也是如此，不再赘述。图 6-4-28 所示为 2024-O 材料的起皱判断公式常数测定结果。

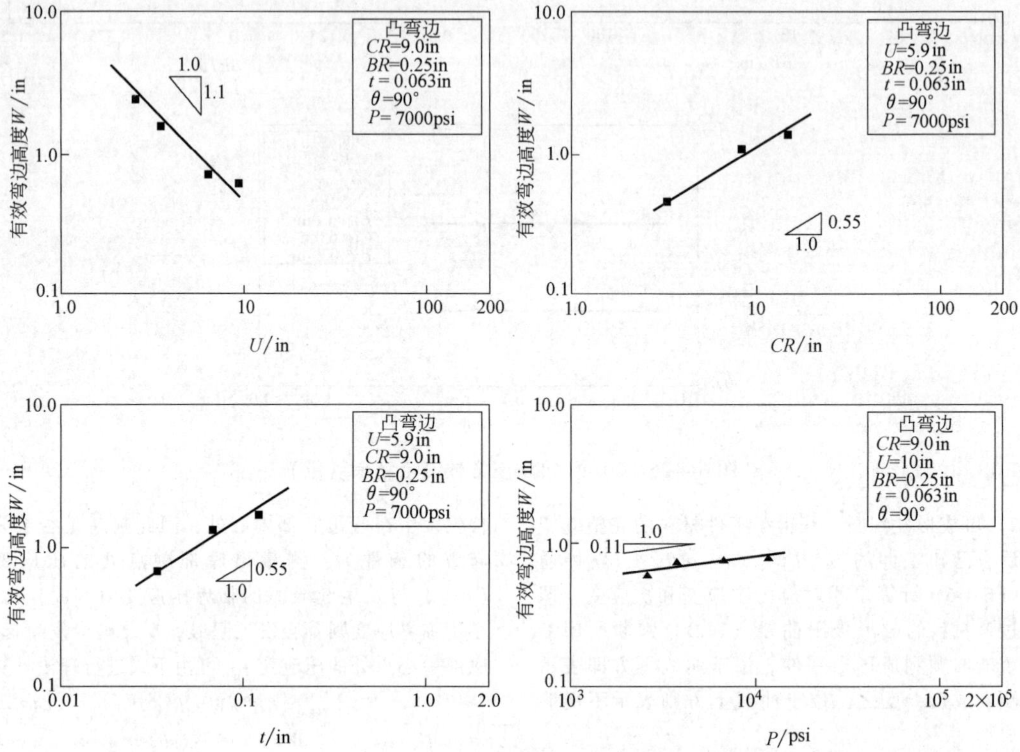

图 6-4-28　2024-O 材料常数 m、n、s、v 的测定

注：1psi = 6. 895kPa。

从图中可获得，弯边轮廓线弧长常数 $m=-1.1/1=-1.1$；弯边轮廓线圆角半径常数 $n=0.55/1=0.55$；厚度常数 $s=0.55/1=0.55$；成形压力常数 $v=0.11/1=0.11$。

在得到了常数 m、n、s、v 后，则可通过工件起皱时的成形参数 W、U、CR、t、P 将式（6-4-9）转化为等式，从而求出 K 的值。但在实际计算过程中 K 值会有微小的差异，因此可通过计算平均值或者采用回归线的方式来确定 K 的值。表 6-4-10 中列举了几种材料的 K 值。

判断破裂的方法与直弯边相同，使用式（6-4-4）计算相应的主应变及次应变值，与相应材料的成形极限曲线（FLD）做比较，进而判断出所选用的参数能否顺利成形零件。

表 6-4-10　几种材料的凸弯边起皱 K 值

材料牌号	K
2024-O	3. 9
2024-T4	2. 1
2024-T3	1. 8
2024-AQ	2. 4
304A	2. 0

4. 3. 3　成形精度

橡皮硬度对弯边的成形质量有一定的影响。当压力较小时，采用硬度较高的橡皮，可获得良好的贴模和消皱效果，但在生产中橡皮硬度的变化范围有限，实际上主要是通过调节单位成形压力来提高成形质量。

橡皮与板材之间的摩擦力有附加拉伸作用，所以提高成形压力可以减小回弹，如图 6-4-29 所示，但通过加大压力减小回弹有一定的限度，因此仍须采取相应的工艺措施，有效地解决特殊零件的回弹问题。

影响弯边回弹的因素很多，为了使成形的零件达到规定的精度要求，可在模具上预制回弹补偿角。成形压力 $q \geqslant 40\text{MPa}$ 时，可按下式估算直弯边回弹角

$$\Delta\alpha = \frac{1}{E}\left(K_1 + K_2 R_{eL} \frac{r}{t}\right) \tag{6-4-10}$$

式中　$\Delta\alpha$——回弹角（°）

R_{eL}——屈服强度（MPa）；

E——弹性模量（GPa）；

r/t——板材相对弯曲半径；

r——弯曲半径（mm）；

t——板材厚度（mm）；

K_1、K_2——计算系数，其值见表 6-4-11。

表 6-4-12 列出弹性模成形直弯边时不同材料、不同厚度和不同弯边高度对应的回弹角，表 6-4-13 列出了弹性模成形凹、凸弯边的平均回弹角。

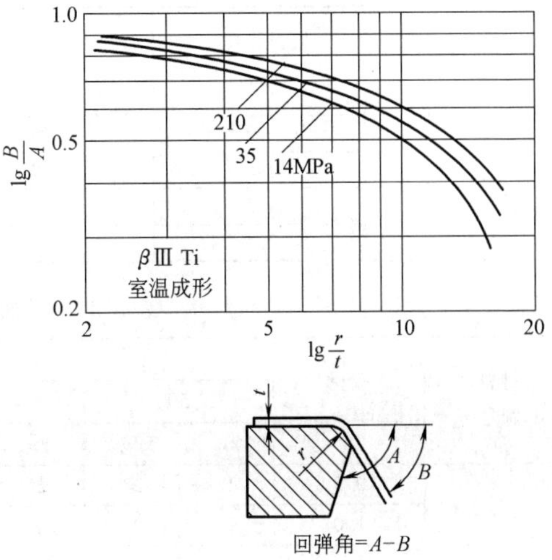

图 6-4-29　回弹角度

表 6-4-11　计算系数 K_1、K_2

橡皮	材料牌号	板材厚度 t /mm	弹性模量 E/MPa	屈服强度 R_{eL}/MPa	K_1	K_2	相关系数 ρ
硬	2024-O	2.0	70075	60.5	34.40	0.46	0.9739
		2.5			32.75	0.48	0.9962
		3.0			29.43	0.49	0.9962
	7075-O	2.0	70774	92.4	16.42	0.46	0.9802
		2.5			15.93	0.51	0.9796
	2A12-O	2.0	70604	77.2	39.61	0.42	0.9908
		2.5			26.26	0.45	0.9819
		3.0			8.19	0.50	0.9782
	7A04-O	2.0	69635	98.0	33.94	0.41	0.9732
		2.5			26.67	0.45	0.9806
		3.0			11.42	0.51	0.9924
软	2A12-O	2.0	70604	77.2	46.17	0.45	0.9792
		2.5			36.50	0.57	0.9759

注：辅助覆盖橡皮的邵尔 A 硬度：软橡皮 78，硬橡皮 92。

表 6-4-12　直弯边不同材料，不同厚度和不同弯边高度对应的回弹角

材料牌号	板材厚度 t /mm	弯边高度 h/mm			
		10	20	30	40
		平均回弹角 γ			
2A12-O 7A04-O	0.5	2°30′	2°45′	2°20′	2°45′
	1.0	1°30′	2°	1°15′	2°
	1.5	1°15′	1°30′	2°15′	2°15′
	2.5	—	1°45′	1°10′	1°20′
5A12-O	0.5	2°35′	1°10′	1°45′	2°
	1.0	30′	1°15′	1°	1°
	1.5	50′	1°10′	1°10′	1°15′
	2.5	—	0°	30′	30′
20	0.5	1°45′	45′	45′	1°10′
	1.0	1°10′	30′	25′	1°45′
	1.5	—	1°15′	1°30′	1°
	2.5	—	45′	1°	1°35′

（续）

材料牌号	板材厚度 t /mm	弯边高度 h/mm			
		10	20	30	40
		平均回弹角 γ			
1Cr18Ni9Ti	0.5	1°45′	1°40′	1°45′	1°45′
	1.0	1°50′	2°	1°50′	2°
	1.5	—	2°	2°30′	2°20′
	2.5	—	2°	1°15′	55′

表 6-4-13　凹、凸弯边的平均回弹角

材料牌号	板材厚度 t/mm	弯边高度 h/mm									
		50		100		200		500		1000	
		$\gamma_{凸}$	$\gamma_{凹}$	$\gamma_{凸}$	$\gamma_{凹}$	$\gamma_{凸}$	$\gamma_{凹}$	$\gamma_{凸}$	$\gamma_{凹}$	$\gamma_{凸}$	$\gamma_{凹}$
2A12-O	0.5	2°	2°	2°	3°	2°	3°	3°	4°	3°	4°
	1.0	—	2°	2°	2°	2°45′	3°	2°45′	2°	2°45′	4°
	1.5	—	—	—	—	3°	1°	2°30′	4°	2°30′	4°
	2.5	—	—	—	—	5°	—	2°	3°	2°	1°
3A21-O	0.5	2°	3°	2°	0°	0°	2°	1°30′	1°	2°	30′
	1.0	—	3°	3°	1°	1°	1°	1°	—	1°45′	—
	1.5	—	5°	—	3°	1°	1°	1°15′	—	1°45′	—
	2.5	—	4°	—	4°	2°	1°	1°	30′	1°	2°
7A04（新淬火）	0.5	3°	4°	2°	4°	4°	2°	3°	3°	3°	2°
	1.0	6°	2°	6°	1°	2°	4°	2°	2°	3°	3°
	1.5	—	4°	—	2°	2°	3°	3°	1°	2°15′	2°
	2.5	—	—	—	5°	4°	2°	2°	2°	2°	2°

注：1. $\gamma_{凸}$为凸弯边的平均回弹角。
　　2. $\gamma_{凹}$为凹弯边的平均回弹角。

回弹分析主要分为两类：直弯边和曲线弯边。两类回弹角均可表示为工件成形参数的函数。

$$s_s = k_1 t^a BR^b \theta^c P^d$$

$$s_{cb} = k_2 t^m BR^n \theta^r CR^s P^v$$

式中　s_s——直弯边回弹角；
s_{cb}——曲线弯边回弹角；
k_1，k_2——参数；
t——工件厚度；
BR——弯边圆角半径；
θ——弯边角度；
P——成形压力；
CR——曲线弯边轮廓线曲率半径；
a、b、c、d、m、n、r、s、v——材料常数。

测定材料常数 a、b、c、d、m、n、r、s、v 同样可采用之前的控制变量法。通过改变其中一个参数，同时令其他参数为固定值，测量成形后工件的回弹角度，利用回弹角度与改变的参数在对数坐标系下绘制曲线，曲线斜率即为所对应的常数值。

获得了材料常数 a、b、c、d、m、n、r、s、v 的值后，即可通过回弹角公式计算出 k_1、k_2 的值，从而获得完整的回弹公式。

将回弹公式中的工件厚度 t 和弯边圆角半径 BR 统一为一个独立变量，可将回弹公式简化为

$$s_s = k_1 \left(\frac{BR}{t}\right)^{b/a} \theta^c P^d$$
$$s_{cb} = k_2 \left(\frac{BR}{t}\right)^{n/m} \theta^r CR^s P^v \tag{6-4-11}$$

参数的测定方法同样采用控制变量法，通过改变其中一个参数，同时令其他参数为固定值，测量成形后工件的回弹角度，利用回弹角度与改变的参数在对数坐标系下绘制曲线，曲线斜率即为所对应的常数值。图 6-4-30 所示为 2024 材料的直弯边回弹常数测定结果（注：1psi = 6.895kPa）。

根据图 6-4-30 可将直弯边回弹公式改写为

$$s_s = k_1 \left(\frac{BR}{t}\right)^{-1} \theta^{0.35} P^{-0.4}$$
$$s_{cb} = k_2 \left(\frac{BR}{t}\right)^{-1} \theta^{0.35} CR^{0.35} P^{-0.4} \tag{6-4-12}$$

再进行一组试验即可通过式（6-4-12）计算出 k_1 和 k_2 的值。表 6-4-14 为几种材料的 k_1 和 k_2 值。

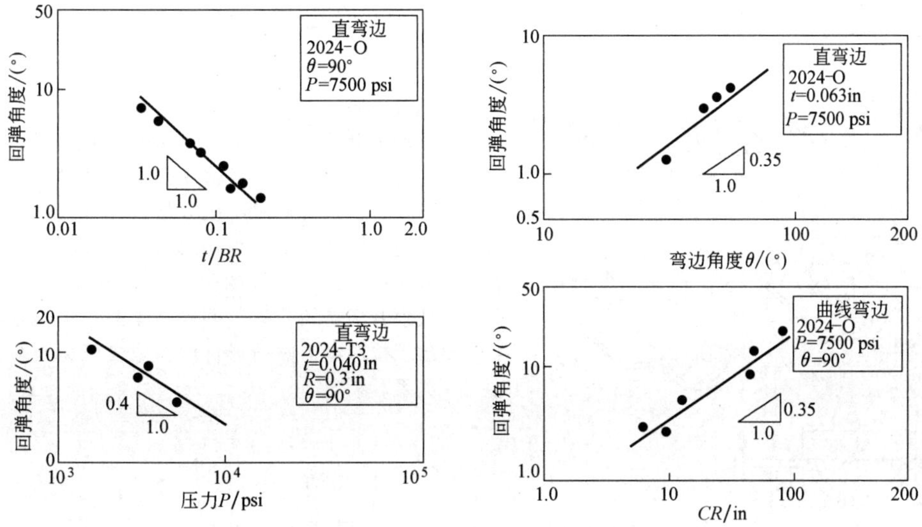

图 6-4-30　2024 材料的直弯边回弹参数的测定

表 6-4-14　几种材料的弯边回弹 k_1 和 k_2 值

材料	k_1	k_2
2024-O	7.4	1.81
2024-T4	13.9	3.4
2024-T3	15.9	3.8
2024-AQ	12.0	2.9
304-A	11.7	2.8

4.4　局部成形

4.4.1　加强窝

加强窝的结构形式如图 6-4-31 所示。

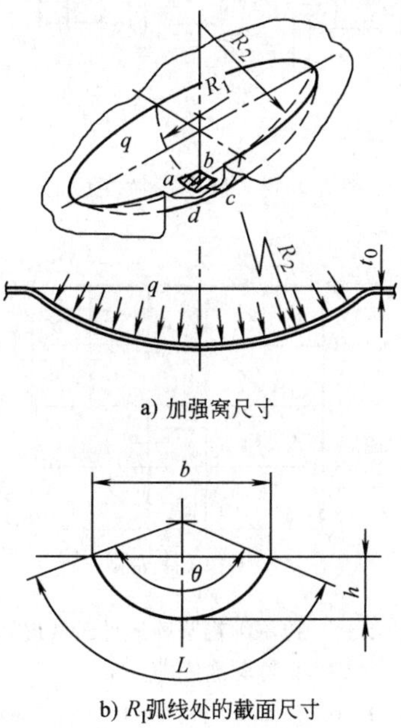

a) 加强窝尺寸

b) R_1弧线处的截面尺寸

图 6-4-31　加强窝的结构形式

一般采用刚性凹模压制加强窝。橡皮成形的成形压力 q 按下式估算

$$q=N\frac{t_0}{R_1} \tag{6-4-13}$$

式中　t_0——板材原始厚度（mm）；

R_1——加强窝小口径处弧线的曲率半径（mm）；

N——计算系数，N 值的计算公式为

$$N=\frac{\beta\overline{\sigma}}{e^{\varepsilon_1(1+k)}\left(1-\frac{F}{LR_2}\right)}$$

$$\varepsilon_1=\ln\left(\frac{\pi\theta R_1}{180b}\right)$$

$$k=\frac{\frac{F}{L}\left(2+\frac{R_1}{R_2}\right)-R_1}{2R_1-\frac{F}{L}\left(2\frac{R_1}{R_2}+1\right)}$$

$$\overline{\sigma}=\sigma_c+\frac{2}{\sqrt{3}}D\varepsilon_1\sqrt{1+k+k^2} \tag{6-4-14}$$

或　$$\overline{\sigma}=A\left(\frac{2}{\sqrt{3}}\varepsilon_1\sqrt{1+k+k^2}\right)^n$$

式中　σ_c、D——材料强化系数，$\overline{\sigma}=\sigma_c+D\overline{\varepsilon}$；

A、n——材料强化系数，$\overline{\sigma}=A\overline{\varepsilon}^n$；

F——加强窝外形在 R_1 弧线所在平面上的投影面积（mm^2）；

L——圆弧 R_1 的长度（mm）；

β——系数（$1\leqslant\beta\leqslant1.155$）。

加强窝的深度应在极限尺寸范围内，当边距较小时应加压板或放大毛料。压制较深或较大的加强窝时，应在模具的适当部位设置排气孔。

4.4.2　加强筋

加强筋的一般结构形式如图 6-4-32a 所示。

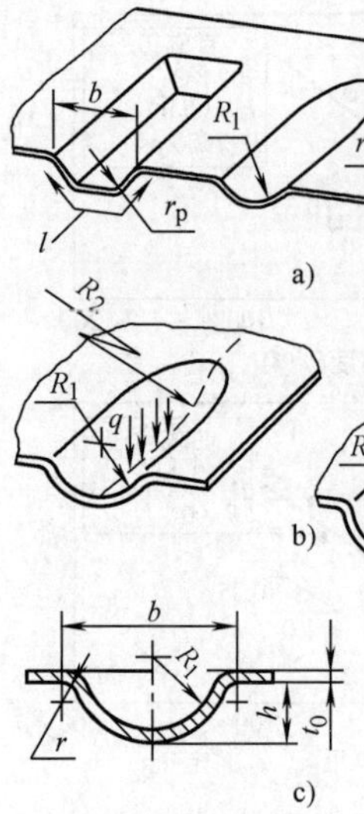

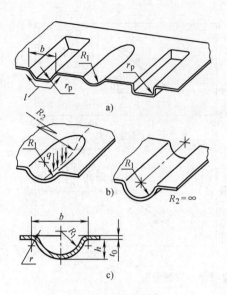

图 6-4-32 加强筋

压制加强筋时，通常采用刚性凹模。可按下式估算成形压力

$$q=N\frac{t_0}{R_1} \tag{6-4-15}$$

式中 N——计算系数。

1）当加强筋有圆弧形端部时（见图 6-4-32b），N 值的计算公式为

$$N=\frac{\beta\overline{\sigma}}{e^{\varepsilon_1(1+k)}\left(1-\frac{F}{lR_2}\right)} \tag{6-4-16}$$

式中 l——圆弧 R_1 的长度（mm）；$\overline{\sigma}$ 的计算同 4.4.1。

$$\varepsilon_1=\ln\left(\frac{0.0175R_1\theta}{2\sqrt{2hR_1-h^2}}\right) \tag{6-4-17}$$

$$k=\frac{\dfrac{0.009R_1\theta-0.5b\cos\dfrac{\theta}{2}}{0.0175\theta}\left(2+\dfrac{R_1}{R_2}\right)-R_1}{2R_1-\dfrac{0.009R_1\theta-0.5b\cos\dfrac{\theta}{2}}{0.0175\theta}\left(2\dfrac{R_1}{R_2}+1\right)} \tag{6-4-18}$$

2）压制直通加强筋时（见图 6-4-32b），N 值的计算公式为

$$N=\frac{\beta\overline{\sigma}}{e^{\varepsilon_1}} \tag{6-4-19}$$

其中，$\overline{\sigma}=\sigma_c+\frac{2}{\sqrt{3}}D\varepsilon_1$ 或 $\overline{\sigma}=A\left(\frac{2}{\sqrt{3}}\varepsilon_1\right)^n$

4.5 橡皮囊拉深成形

橡皮囊拉深成形时，先将压边圈与凸模上表面调节到同一平面上，再摆放毛坯（见图 6-4-33a），然后护套下降，橡皮与压边圈压住板料，此时压边力由与压边圈相连的液压控制装置调节。护套继续下降时，凸模把板料压入橡皮，开始成形，橡皮压力随零件的拉深高度增加（见图 6-4-33b），成形完毕，护套回到原来的位置（见图 6-4-33c），压边圈被顶升到初始位置（见图 6-4-33d）。图 6-4-34 中给出了拉深纯铝圆筒形件时，橡皮压力与拉深高度的关系。

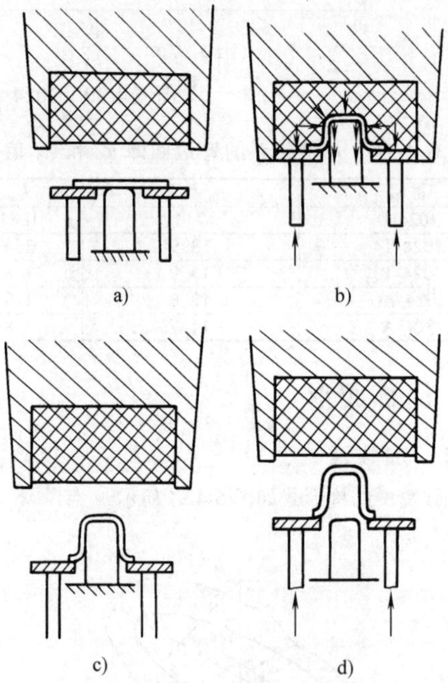

图 6-4-33 橡皮囊拉深成形

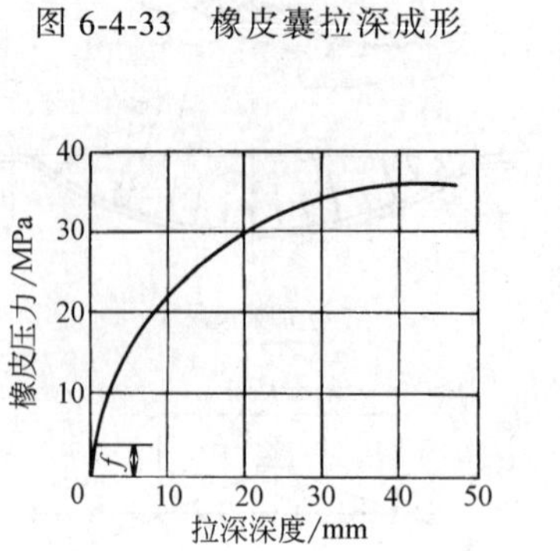

图 6-4-34 拉深纯铝圆筒形件时橡皮压力与拉深高度的关系

材料：纯铝（退火） 筒形件直径 = 48mm

f—成形前压紧板材的压力

橡皮囊拉深成形有以下优点：

1）拉深开始时，成形压力较小，毛料凸缘与筒壁部分的过渡圆角较大，随着拉深的进行，凸缘逐渐变小，压力增加，其圆角随之减小，这使毛料在拉深初期破裂的危险减小。

2）在拉深过程中，橡胶将毛料紧紧压在凸模上，零件与凸模之间的摩擦作用有利于提高成形极限。

3）由于上述原因，一般需要用刚性模多次拉深的零件，采用橡皮模拉深可一次完成，并且成形精度高，零件的表面粗糙度值低。

4）仅用刚性半模，模具制造简单。根据板材成形性能、厚度、零件拉深比可以确定橡皮压力，表6-4-15给出了板厚为1mm时，橡皮压力与拉深比的关系值。拉深筒形零件时，各种材料的拉深比极限值与安全值见表6-4-16。筒形零件第二次及后续各道工序的拉深比可采用1.43（适用于有色金属及合金）。矩形零件的拉深比与直边长度和圆角半径的关系见表6-4-17。

拉深锥形零件时（见图6-4-35），大小端直径比不超过一定比值时可以压制，对于2A12-O该值不大于1.5；对于3A21-O、20钢及1Cr18Ni9Ti该值不大于1.6~1.7。

拉深带有斜底或斜凸缘的零件时（见图6-4-36），斜角α不能太大，当拉深比小于2.0时，对于2A12-Oα不超过30°；对于3A21-Oα不超过35°。

表 6-4-15　板厚为 1mm 的不同材料在不同拉深比下的橡皮压力　（单位：MPa）

材料牌号	拉深比 K				
	1.43	1.66	2.0	2.22	2.28
2A12-O	0~22.5	0~31.5	0~34	0~34.5	0~35
20	0~55	0~50	0~60	0~60	0~70
1Cr18Ni9Ti	0~60	0~60	0~65	0~70	0~75

注：表中所得试验值，适用材料厚度为1mm的杯形零件。

表 6-4-16　拉深筒形零件各种材料的拉深比极限值与安全值

材料	拉深比 $K=D_{毛}/d$	
	极限值	安全值
硬铝	2.36	2.20
钢	2.40	2.25
铝	2.44	2.30
10钢、20钢	2.44	2.30

表 6-4-17　矩形零件的拉深比与直边长度和圆角半径的关系

直边长度 l	$0.5r_y$	r_y	$2r_y$	$4r_y$	$8r_y$
拉深比　$K\leqslant$	2.4	3.0	3.3	3.5	3.6

注：r_y为零件拐角处的圆角半径。

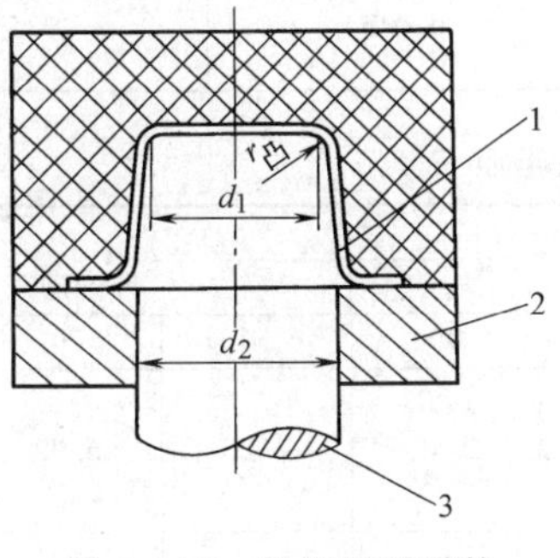

图 6-4-35　拉深锥形零件

1—毛料　2—压板　3—凸模

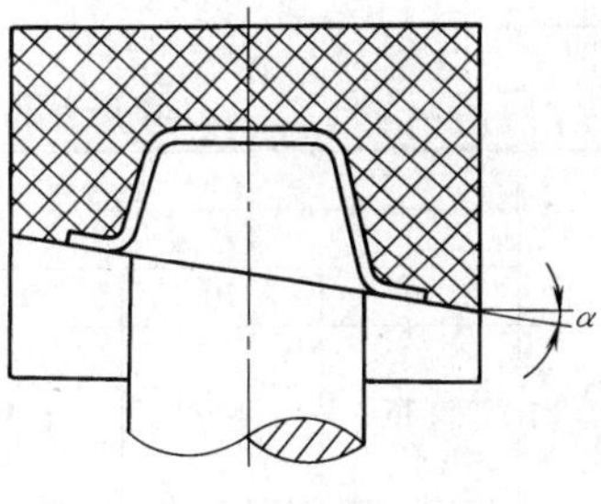

图 6-4-36　拉深带斜凸缘的零件

拉深带凸缘的零件时，在凸缘与直壁连接处的过渡圆角不能太小，过渡圆角的最小值见表 6-4-18。

表 6-4-18　拉深带凸缘零件时过渡圆角半径的最小值

拉深深度/容器直径	拉深用钢板	不锈钢板	纯铝	高强度铝合金
1/4	0.5$t_0$①	2.0t_0	1.0t_0	2.0t_0
1/2	1.0t_0	—	2.0t_0	3.0t_0
3/4	2.0t_0	—	3.0t_0	4.0t_0
1	—	—	4.0t_0	—

① t_0—板厚。

4.6　橡皮囊成形最小圆角半径

4.6.1　自由成形底部圆角半径

在毛料无模具支撑的情况下，利用橡皮囊压制出的底部圆角称为自由成形底部圆角（见图 6-4-37）。橡皮囊可以成形直弯边、凸弯边或凹弯边的自由圆角。影响成形最小圆角半径的主要因素有成形压力、模具形状、材料成形性能、板材厚度及橡皮硬度。

自由成形底部圆角半径的计算公式为

$$R=t(K_1q^2+K_2q+K_3) \qquad (6\text{-}4\text{-}20)$$

式中　R——自由成形底部圆角半径（mm）；

t——板材厚度（mm）；

q——成形压力（MPa）；

K_1、K_2、K_3——计算系数，其值见表 6-4-19。

铝合金板材的自由成形底部相对圆角半径见表 6-4-20。当成形压力 q = 75Mpa 时，其他几种材料的底部相对圆角半径见表 6-4-21。

4.6.2　橡皮拉深盒形件的底部圆角半径

橡皮拉深盒形件的典型尺寸如图 6-4-38 所示。盒形件底部圆角半径计算公式与自由成形底部圆角半径的相同，但应按表 6-4-22 选取 K_1、K_2、K_3 系数值。

用铝合金板材压制盒形件时，底部相对圆角半径 R/t 见表 6-4-23，用拉深钢板成形盒形件时，不同成形压力和成形深度下的底部圆角半径见表 6-4-24。

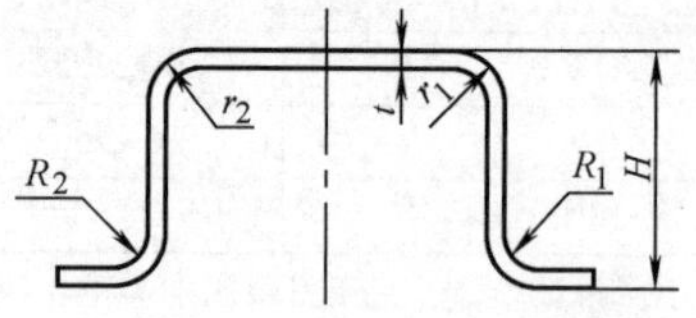

图 6-4-37　自由成形底部圆角

表 6-4-19　铝合金板材的自由成形底部圆角半径的 K_1、K_2、K_3 系数值

弯边类型	材料	K_1	K_2	K_3
直弯边	2024-O 2A12-O	3.750×10^{-5}	−0.027	3.606
	7075-O 7A04-O	-4.625×10^{-4}	0.039	1.891
凸弯边	2024-O 2A12-O	1.875×10^{-4}	−0.044	4.891
	7075-O 7A04-O	2.375×10^{-4}	−0.052	5.241
凹弯边	2024-O 2A12-O	-6.250×10^{-4}	−0.058	5.923
	7075-O 7A04-O	-5.125×10^{-4}	0.045	6.536

表 6-4-20　自由成形底部相对圆角半径 R/t

材料	压力/MPa								
	直弯边			凸弯边			凹弯边		
	50	70	90	50	70	90	50	70	90
2024-O 2A12-O	2.35	1.9	1.48	3.16	2.73	2.45	7.26	6.92	6.08
7075-O 7A04-O	2.66	2.32	1.61	3.26	2.80	2.53	7.48	7.14	6.39

表 6-4-21　q=75MPa 时自由成形底部相对圆角半径 R/t

材料	最小相对弯曲半径 R/t	材料	最小相对弯曲半径 R/t
铝	1.5	镍铬合金	10.0
铝-镁-硅	2.5	黄铜	3.5
深冲钢	4.5	纯铜	2.5
不锈钢(18-8)	7.0	—	—

表 6-4-22　盒形件底部圆角半径的 K_1、K_2、K_3 系数值

材料牌号	凸缘类型	K_1	K_2	K_3
2024-O 2A12-O	窄	7.750×10^{-4}	-0.135	8.490
	宽	1.838×10^{-3}	-0.294	14.760
7075-O 7A04-O	窄	1.360×10^{-3}	-0.211	11.056
	宽	1.781×10^{-3}	-0.307	16.470

注：宽盒形件毛料长×宽=360mm×360mm；窄盒形件毛料长×宽=360mm×240mm。

表 6-4-23　盒形件底部相对圆角半径 R/t

材料牌号	窄盒形件			宽盒形件		
	压力/MPa			压力/MPa		
	40	60	80	40	60	80
2024-O 2A12-O	4.34	3.20	2.67	5.95	3.75	3.02
7075-O 7A04-O	4.80	3.31	2.90	7.03	4.44	3.28

表 6-4-24　盒形件不同成形压力和成形深度下的底部圆角半径

材料厚度 t/mm	成形压力 q/MPa	成形深度 H/mm	底部圆角半径 R/mm
0.8	140	25	2.5
	70	40	10
1	140	25	4
	110	40	6

注：盒形件的拐角半径等于 10mm。

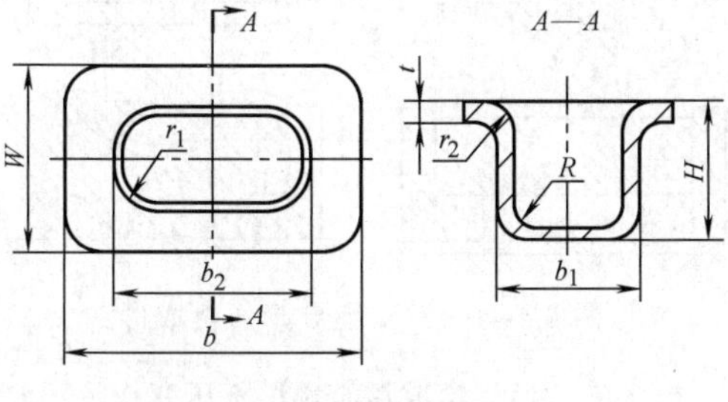

图 6-4-38　盒形件的典型尺寸

4.6.3　圆形宽凸缘橡皮拉深成形底部圆角半径

同种材料的底部相对圆角半径 R/t 随着成形压力的增加而减小，在 100~150MPa 效果最为明显。为获得等同的清晰度，不同材料所需的压力差别较大，用铝板成形时所需的压力最小，而不锈钢板所需压力与拉深钢板相比约高一倍（见图 6-4-39)。用铝合金板拉深带有圆形宽凸缘的零件时，底部圆角半径见表 6-4-25。

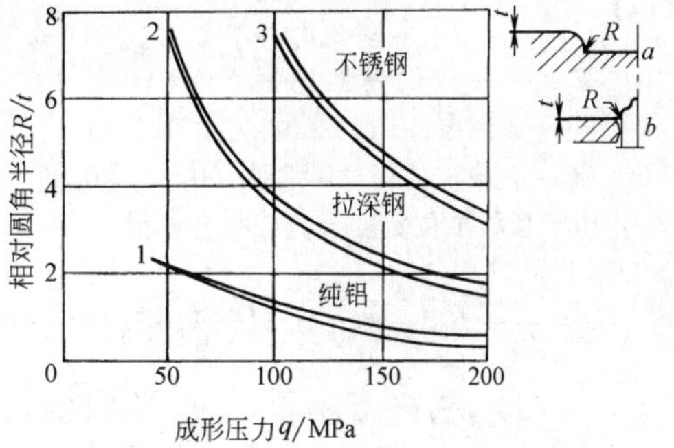

图 6-4-39　相对圆角半径与成形压力的关系

表 6-4-25　用铝合金板拉深带有圆形宽凸缘橡皮拉深成形底部圆角半径

材料牌号	橡皮	厚度 /mm	压力/MPa 40 模具圆角半径 r/mm 6	40 模具圆角半径 r/mm 9	60 模具圆角半径 r/mm 6	60 模具圆角半径 r/mm 9	80 模具圆角半径 r/mm 6	80 模具圆角半径 r/mm 9
2024-O	硬	2.0	11.0	12.0	10.0		7.0	7.0
		2.5				12.0	7.5	7.5
		3.0					9.5	14.5
7075-O	硬	2.0			9.5	9.0	7.0	10.0
		2.5			15.0	17.0	9.5	
		3.0						
2A12-O	硬	2.0			7.0	15.0	6.5	8.5
		2.5			12.5	12.5	8.0	8.0
		3.0					8.5	8.5
	软	2.5			8.5	9.5		
7A04-O	硬	2.0			8.5	11.0	6.0	7.0
		2.5			15.0	16.0	11.0	10.5
		3.0					10.0	12.0

注：硬橡皮邵尔 A 硬度 92，软橡皮邵尔 A 硬度 78。

4.7　板材弹性压弯与滚弯

4.7.1　压弯

弹性凹模压弯成形如图 6-4-40 所示。

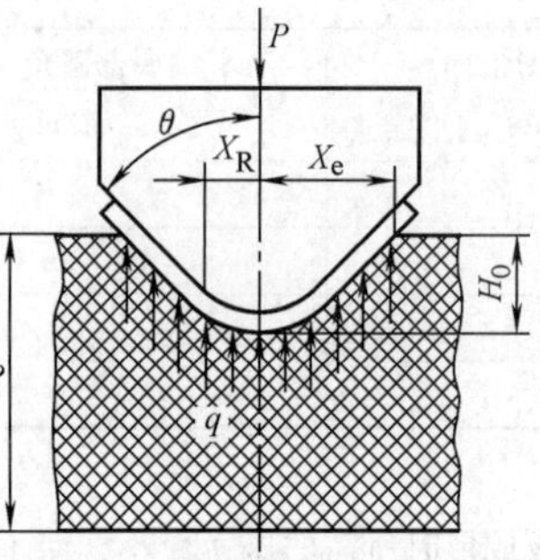

图 6-4-40　弹性凹模压弯成形

近似认为橡皮是线弹性变形体，压弯时沿橡皮厚度方向的成形压力为

$$q=E_e\delta_e \tag{6-4-21}$$

式中　E_e——橡皮的弹性模量（GPa），可由试验测定；

δ_e——橡皮的相对压缩量（$0\leqslant\delta_e\leqslant0.2$）。

作用于板材单位宽度上的弯曲力 P 为

$$P=\frac{2E_e}{H_e}\left\{H_0X_e-\eta(r_n+t_0)^2-(X_e-X_R)\times\left[(r_n+t_0)(1-\sin\theta)+(X_e-X_R)\frac{\cot\theta}{2}\right]\right\} \tag{6-4-22}$$

式中　$\eta=\cos\theta-\dfrac{1}{4}\sin2\theta-\dfrac{1}{2}\arcsin\dfrac{X_R}{r_n+t_0}$；

r_n——弯曲件内圆角半径（mm）；

t_0——板材原始厚度（mm）；

作用于板材单位宽度上的外弯矩 M 为

$$M=\frac{E_e}{6H_e\sin\theta}\left[H_0\sin\theta+(r_n+t_0)(\sin^2\theta-\sin\theta)\right]^3 \tag{6-4-23}$$

由橡皮的弹性模量、材料参数、板材原始厚度及零件弯曲尺寸，估算出内弯矩，按内外弯矩相等条件，可确定橡皮的必要压缩量。

橡皮垫 U 形压弯成形如图 6-4-41 所示。

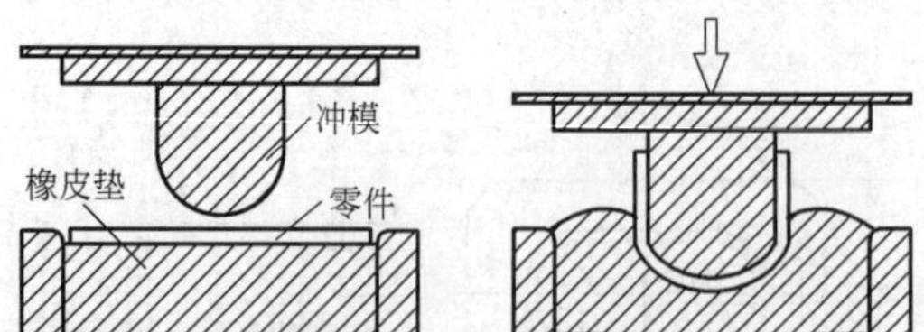

图 6-4-41　橡皮垫 U 形压弯成形

橡皮垫 V 形压弯成形、弧形板压弯成形、波纹板压弯成形及成形的波纹板分别如图 6-4-42～图 6-4-45 所示。

4.7.2　滚弯

如图 6-4-46 所示为采用刚性辊和橡胶辊滚弯板材。近似认为橡胶辊的压缩变形关于 y 轴对称，即 $X_H=X_P$，滚弯工艺参数估算如下

图 6-4-42　橡皮垫 V 形压弯成形

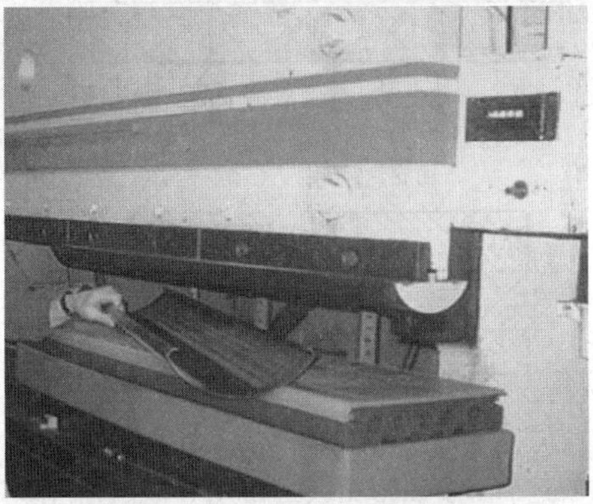

图 6-4-43　弧形板压弯成形

图 6-4-44　波纹板压弯成形

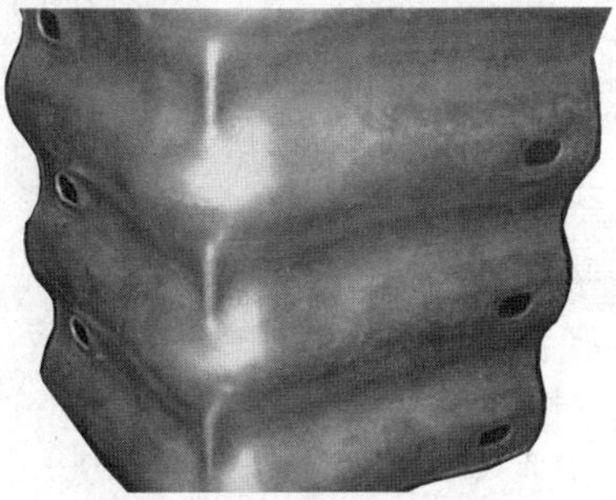

图 6-4-45　压弯成形的波纹板零件

橡胶辊的橡皮压下深度 H_0 为

$$H_0=2\sqrt{30MH_e/E_eR} \tag{6-4-24}$$

式中　R——板材滚弯的曲率半径（mm）；

M——板材单位宽度上的外弯矩（N·m）；

H_e——橡胶辊上的橡皮厚度（mm）；

E_e——橡皮的弹性模量（GPa）。

作用于板材单位宽度上的弯曲力 P 为

$$P=2\frac{H_eX_H}{E_e}\left(H_0-\frac{X_H^2}{8R}\right) \tag{6-4-25}$$

滚弯力矩 M_g 为

$$M_g=P\mu(R_e-H_0) \tag{6-4-26}$$

式中　μ——板材与橡胶辊之间的静摩擦系数；

R_e——橡胶辊外径（mm）。

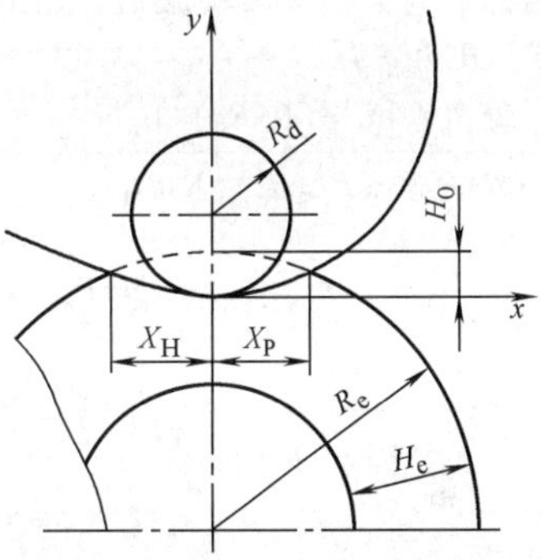

图 6-4-46　采用刚性辊和橡胶辊板材滚弯

4.8　圆管胀形

利用橡胶作为弹性凸模进行圆管胀形，可以大大简化模具（见图 6-4-47）。胀形时，聚氨酯橡胶优于天然橡胶，前者更容易得到所需要的压力，弹性恢复性能也较好。

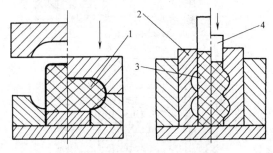

图 6-4-47　用橡胶作为弹性凸模胀形

1、3—橡胶　2—拼分模　4—柱塞

4.8.1　圆管端部无约束胀形

圆管端部无约束，按凹模胀形如图 6-4-48a 所示。可按下式估算成形压力 q 为。

$$q=\frac{\beta R_{eL}t\left(\frac{R_0t_0}{\rho t}+2\frac{\rho}{R_0}-3\right)}{R_\theta\left(2\frac{R_0t_0}{\rho t}+\frac{\rho}{R_0}-3\right)}+\frac{\beta R_{eL}t\left(2\frac{R_0t_0}{\rho t}+\frac{\rho}{R_0}-3\right)}{R'_m\left(2\frac{R_0t_0}{\rho t}+\frac{\rho}{R_0}-3\right)} \tag{6-4-27}$$

式中　R_{eL}——屈服强度（MPa）；

β——计算系数（$1\leqslant\beta\leqslant1.155$）。

胀形件贴模时，最大直径处的材料厚度 t 为

$$t=\frac{\dfrac{t_0R_0^2}{\rho}\left[3-\dfrac{2R_\theta}{R'_m}-\left(\dfrac{2R_\theta}{R'_m}-1\right)\dfrac{R_0^2}{\rho^2}\right]}{2(3R_0-\rho)-\left[1-\left(\dfrac{R_0}{\rho}\right)^2\right]\left[\dfrac{R_\theta}{R'_m}(3R_0-\rho)+2\rho-3R_0\right]} \tag{6-4-28}$$

4.8.2　约束圆管端部胀形

圆管端部有约束，按凹模胀形如图 6-4-48b 所示，所需成形压力 q 为

$$q=\begin{cases}\dfrac{2\beta R_m t_0\left[L^2-(R-R_0)^2\right]}{L^2(R+R_0)-(R^2+R_0^2)(R+R_0)} & (R'_m\geqslant R_\theta)\\[2ex] \dfrac{2R_m t_0}{\sqrt{R^2+R_0^2}} & (R'_m=R_\theta=R)\end{cases} \tag{6-4-29}$$

式中　R_m——抗拉强度（MPa）。

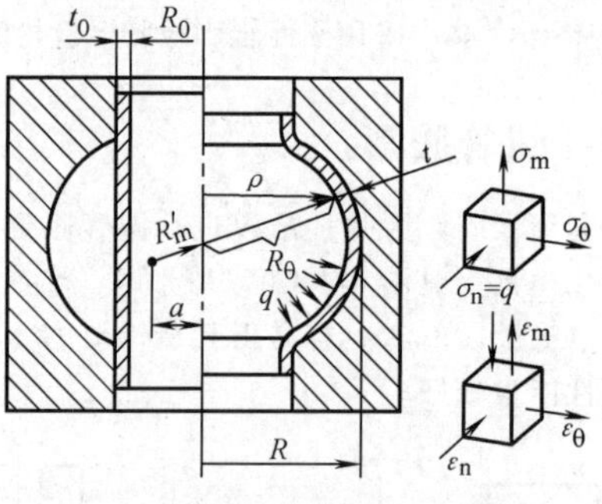

a) 端部无约束

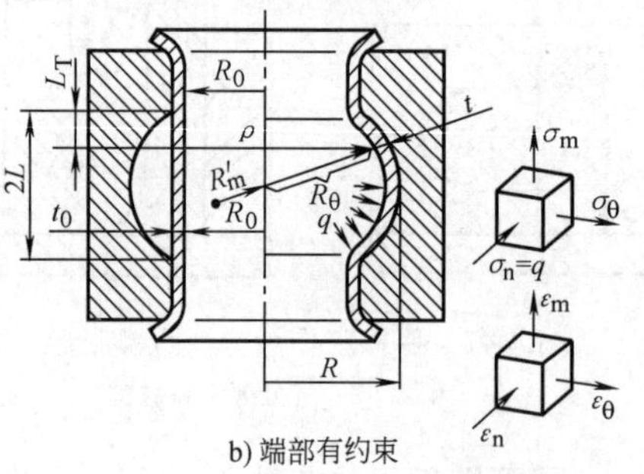

b) 端部有约束

图 6-4-48　圆管凹模胀形

胀形件贴模时，最大直径处的材料厚度为

$$t=\begin{cases}t_0\left(\dfrac{R_0}{R}\right)^X & (R'_m\geqslant R_\theta)\\[2ex] t_0\left(\dfrac{R_0}{R}\right)^2 & (R'_m=R_\theta=R)\end{cases} \tag{6-4-30}$$

式中

$$X=\frac{2L^2R+L^2R_0-2R^3-2R_0R+3R_0R^2+R_0^3}{L^2R+2L^2R_0-R^3-R_0^2R+2R_0^3}$$

该成形方法适用于 T 形分支、X 形分支和角分支等近净成形的管型零件（见图 6-4-49、图 6-4-50），成形的零件具有壁厚均匀、减薄率小以及表面光滑等优点。

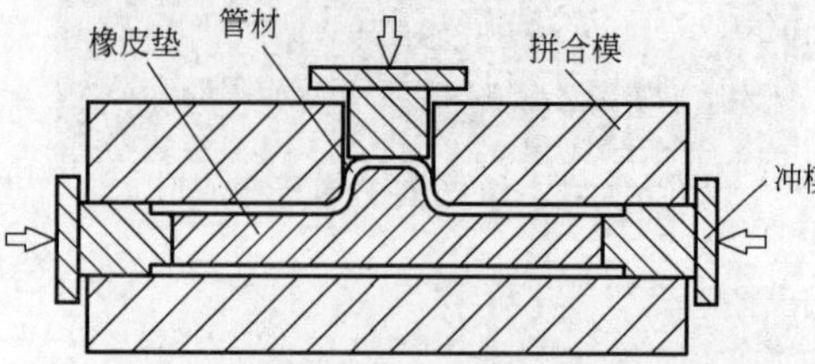

图 6-4-49　应用橡皮垫胀形 T 形管件

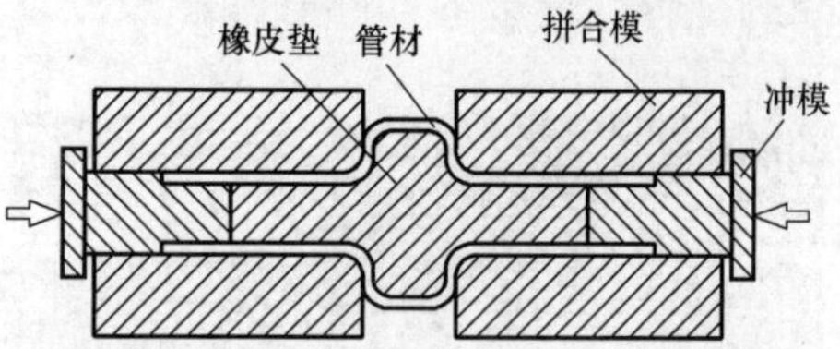

图 6-4-50　应用橡皮垫胀形 X 形管件

改进的橡皮胀形凸模适用于成形圆柱形和圆锥形等轴对称的半成品，由流动单元组成的弹性凸模被放进半成品内，两者一起被放在凹模内，静态压力使流动单元膨胀，凸模受挤扩张，引起金属变形，如图 6-4-51 所示。

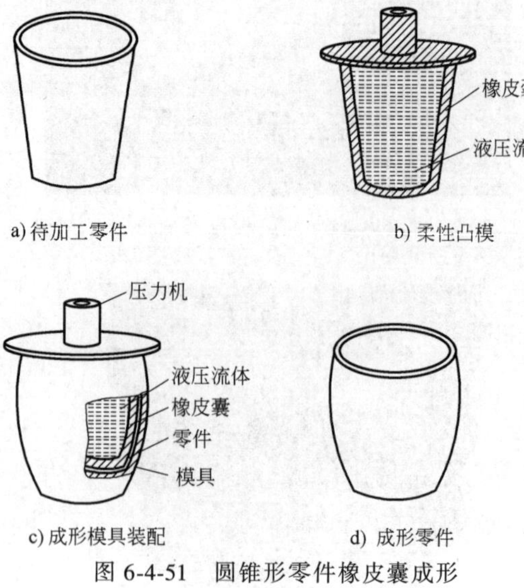

a) 待加工零件　b) 柔性凸模

c) 成形模具装配　d) 成形零件

图 6-4-51　圆锥形零件橡皮囊成形

4.9　模具设计

4.9.1　模具设计的一般步骤

1）分析零件的变形特点，了解零件质量要求，

例如变薄量、回弹、表面质量、残留皱波高度等。

2）进行必要的工艺计算，判定其可成形性，优选成形方案，选择合理的模具结构形式。一般情况，零件生产批量大，并且形状比较复杂，模具结构可复杂些，反之模具结构应尽量简单。

3）综合考虑模具强度、可维修性、便于搬运、加工难度及制造成本，设计成形模具。

4.9.2　模具设计的一般规定

1. 模具的最大外廓尺寸

对于橡皮囊和橡皮垫成形液压机，模具的最大长度及宽度应比机床工作台面的尺寸小 10~20mm，模具的高度至少应比工作台的深度小 15~20mm。对于橡皮容框也要控制最大外廓尺寸。

2. 模具的非工作边

模具的非工作边必须有圆角或倒角，其主要目的是为了保护橡皮，具体尺寸可参考图 6-4-52、表 6-4-26 确定。

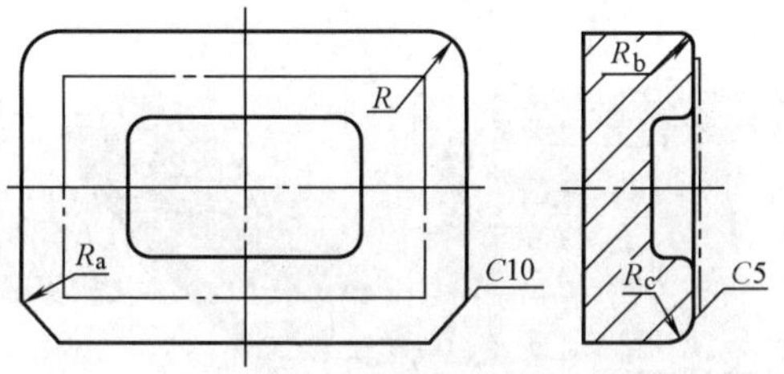

图 6-4-52　模具非工作边尺寸

表 6-4-26　模具非工作边尺寸

（单位：mm）

非工作边的形式	平面最小尺寸	转角处最小尺寸
圆角	$R=10$	$R_b=8$
倒角	$C10$ $R_a=8$	$C5$ $R_c=5$

3. 模具导向销、工件定位销及模具起吊孔

1）模具导向销。模板与压板之间的相对位置一般靠导向销约束。无论采用何种形式，装配后都要保证导向销的上平面与压板上平面平齐。

2）工件定位销。压制件与模体及压板的相对位置靠定位销保证。定位销常用的结构形式有直销、圆锥头销、大半圆头销 3 种。

直销的直径在 5~8mm。直销长度应与模具的总高度一致，装配时应使定位销的下端与模具底面平齐，上端与压板上表面平齐。

圆锥头销的直径一般在 2~2.5mm，当所用销钉直径在 2.6~5mm 时，模具在使用过程中，应在压板上加盖金属片以保护橡皮。

大半圆头销的直径范围为 2.4~10mm。此销钉一般用于大型模具上的零件定位。当不使用压板时，大半圆头销与板材之间加皮革垫、聚乙烯或尼龙垫以保护零件。采用压板成形时，压板上应制出避让孔，尺寸视实际情况确定。

3）模具吊环孔。当模具很重时，需设置吊环孔。吊环孔的位置应尽量对称，以保证起吊平衡。对于配有压板的模具，模体与压板都要有吊环孔，模体上的吊环孔设置在非工作部分，压板上的吊环孔尽量与模体的孔位错开。在压制过程中安装堵头，防止橡皮挤入吊环孔。

当模具上面无法设置吊环孔时，可在模具侧面制出，压制过程中需使用堵塞保护。

4.9.3　模具材料

1. 材料的选用

冷压成形模具对材料的强度、硬度、耐磨性、韧性都有一定的要求。橡皮成形模虽也属于冷压成形模，但由于其主要承受压力，而且加压缓慢，所以对抗压和抗弯强度要求较高。选择模具材料时，应注意以下几个方面。

1）零件的材料性能与厚度。一般对于所使用材料强度高、韧性好、厚度大的零件，为了克服回弹，必须加大成形压力，所以应选用优质材料制造模具，例如预拉伸辗压铝板、碳素结构钢、工模具钢等，对修切类模具的切削刃，应选用工模具钢或合金结构钢。

2）零件批量和质量要求。如果零件的数量多，质量要求高，模具结构可以复杂些，对模具强度和使用寿命应有一定的要求，须选用优质材料。如果零件的数量少，质量要求不高，成形压力不大，模具则采用普通材料，例如锌合金、辗压铝板，或选用非金属材料，例如硬杂木、精制层板等。

3）零件的几何形状及外廓尺寸。当零件的几何形状复杂、外廓尺寸较小时，可选用较好的材料，反之则选用普通材料。此外，还要综合考虑材料的加工性能、价格、运输等因素。在保证模具使用性能的前提下，应优先选用价格低廉、加工性能优良、运输便利的材料。

2. 金属材料

1）黑色金属材料。用于橡皮成形模具的黑色金属材料主要有普通和优质碳素结构钢、合金结构钢及合金工模具钢。一般情况下，选择普通钢材即可满足使用要求。但对拉深成形，或者切削刃口，应根据实际情况选择强度高、耐磨性和热处理性能好的材料。

2）有色金属材料。辗压铝板的常用牌号有 2A12 和 2A16，其中以热处理状态为淬火后自然时效的 2A12 应用较多。

3）低熔点合金与锌合金。低熔点合金的熔点一般低于 200℃，容易熔化，可多次重复使用，断面收缩率很小，因此使用此种材料设计模具时一般不考虑收缩量。材料硬度低，容易修模，模具制造周期短，适合于试制、小批量生产或低压成形模具。表 6-4-27 为铋锌合金的性能与成分。

表 6-4-27　铋锌合金的性能与成分

熔点/℃	密度 /(g/cm³)	硬度 HBW	强度 /MPa	成分(质量分数,%)		断面收缩率 (%)
				铋	锌	
138	8.64	18~22	60	58	42	0.05

锌合金是以锌为基体的材料，其他成分有铝、铜等，熔点较高，可以熔化重复使用。这种材料的流动和填充性能较好，通过缩比模型制出的模具，精度比较高，只需稍微打磨和修光即可。由于锌合金硬度较高，模具可以承受高压，但修模难度加大。并且由于断面收缩率较大，制造模具时要考虑缩比。表 6-4-28 列出 2 种锌合金的成分与性能。

表 6-4-28　锌合金成分与性能

成分①与性能	锌合金	锌基压铸合金
铝	3.5~4.5	3.5~4.5
铜	2.5~3.75	2.4~3.0
镁	0~1.25	0.02~0.05
锌	90~93	余量(纯度 99.99%)
R_m/MPa	270	220~240
熔点/℃	380	390
硬度 HBW	100~200	100

① 成分均为质量分数。

3. 非金属材料

非金属材料有聚乙烯合成树脂和木料。常用木料有桦木和硬杂木，它们只能承受较低的压力。精制层板也属于木料的一种，但可承受较高的压力，能成形厚度 3.5mm 以下的铝合金板料。环氧树脂常用于模具的工作表面，以降低模具加工难度，缩短加工周期。为了提高其强度，可添加铝粉、铁粉等填料，一般可承受 80MPa 的压力。

4. 3D 打印模具

3D 打印机公司 Stratasys 和橡皮成形机床开发商 Pryer Technology Group 合作开展了橡皮成形模具 3D 打印研究。他们利用熔融沉积方法（原理见图 6-4-53）打印出橡皮成形模具，然后在橡皮成形机上压制出合格零件，如图 6-4-54 所示。

据统计，相比于数控加工，3D 打印模具的优点如下：

1）减少制造周期 60%~80%。

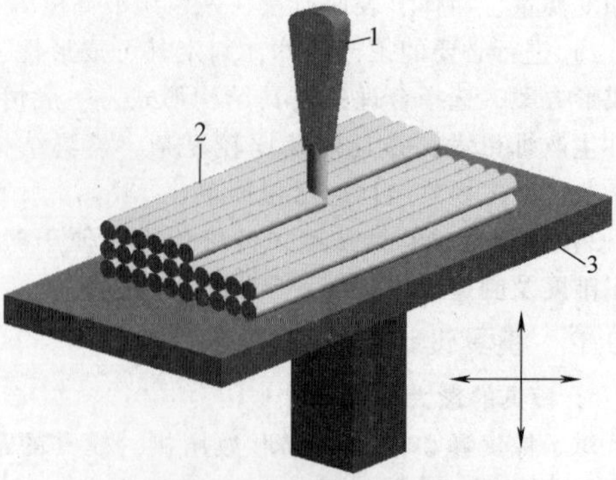

图 6-4-53　熔融沉积方法原理

1—喷丝头　2—热塑性丝　3—工作台

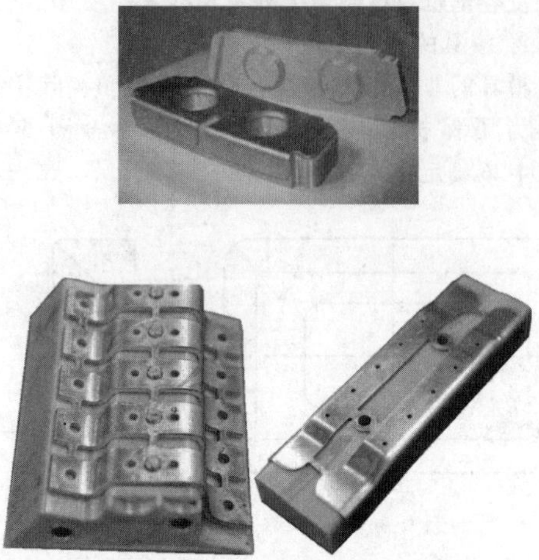

图 6-4-54　3D 打印模具和成形出的零件

2）降低工装成本 50%~70%。

3）减少模具重量达 70%。

4）3D 打印材料的多孔性使得模具上不需要排气孔。

5）不需要成形润滑。

6）3D 打印材料的微量变形使回弹显著减少。

7）模具补偿和修复变得极其容易。

不同 3D 打印材料可承受的压力范围不同，见表 6-4-29。

表 6-4-29　不同 3D 打印材料承受压力范围

材料	可承受压力范围
ABS-M30	≤20.7MPa
PC	20.7~55.2MPa
Ultem 9085	≤69MPa

4.9.4　拉深模设计

大尺寸盒形件、筒形件、盘形件及非规则形状的拉深件均可采用橡皮拉深成形。常用的成形方式有：凸模拉深成形和凹模拉深成形。

1. 凸模拉深成形

（1）简单拉深模　简单拉深模结构如图 6-4-55 所示，模体用普通钢材制造，其上有直径 1~3mm 的排气孔。当拉深高度较小，成形质量要求不高时，直接用模体拉深成形。当拉深高度较大，成形质量有特定要求时，则需使用拉深环，拉深环上的倒角具有导向作用。拉深环与模体的间隙按材料的名义厚度选取。拉深环材料的选用及热处理要求视所成形的零件材料而定。如果拉深力很大，应对拉深环进行强度核算。

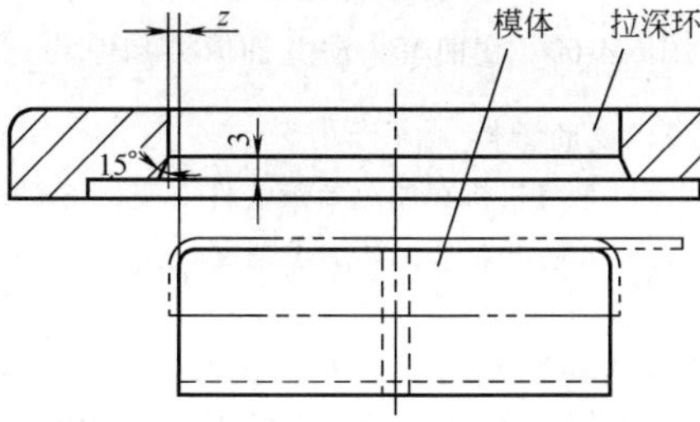

图 6-4-55　简单拉深模结构

（2）有毛料支撑座拉深模　有毛料支撑座的拉深模结构如图 6-4-56 所示。支撑座起到支持毛料、定位和压边的作用。为了提高变形程度，可加大毛料尺寸，或调整毛料形状，以增加压边力，但毛料尺寸过大，拉深系数相应变小，拉深成形难度加大。毛料支撑座的尺寸参数见图 6-4-57、表 6-4-30。支撑座的外形可与零件相似，在条件允许的情况下，矩形轮廓最佳。

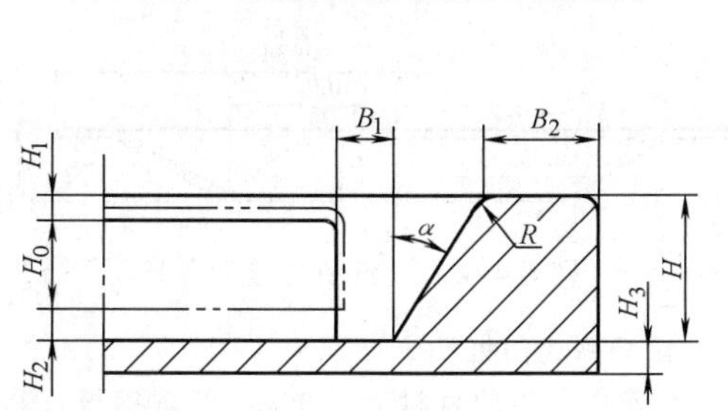

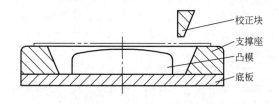

图 6-4-56　带毛料支撑座的拉深模结构

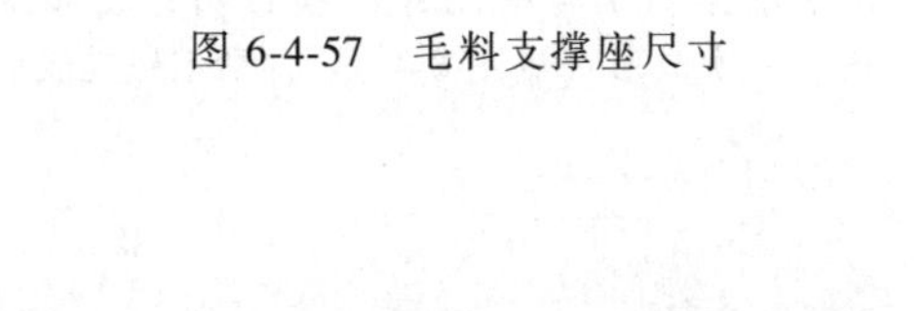

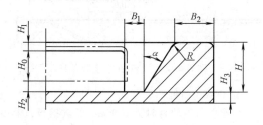

图 6-4-57　毛料支撑座尺寸

表 6-4-30　毛料支撑座尺寸与要求

毛料支撑座尺寸		使用要求
H_0	零件高度	—
H_1	0~5mm	—
H_2	10~20mm	—
H_3	>0.25H	可以根据零件材料及板材厚度适当调整，但不应小于 20mm
H	$H_1+H_2+H_0$	—
B_1	25mm	拉深件的直边部分、直弯边、凸凹弯边
	15mm	拉深件圆角处、筒形拉深件
	凸缘宽度+10mm	有凸缘的拉深件
	≈25mm	如需用支撑座支持毛料，此值可根据实际情况调整
B_2	≈H	一般情况 H=60~100mm
R	15mm	大而深的拉深件 R=25mm
α	15°~25°	筒形拉深件非圆形拉深件圆角处直边处直边到圆角处平滑过渡

2. 凹模拉深成形

（1）带凸缘拉深件的成形模　拉深件的凸缘面放置在凹模上平面，此面可以是平面、单曲面或双曲面。模具结构如图 6-4-58 所示，压板能防止拉深过程中凸缘起皱。压板材料可用普通钢板、铝板或精制层板。

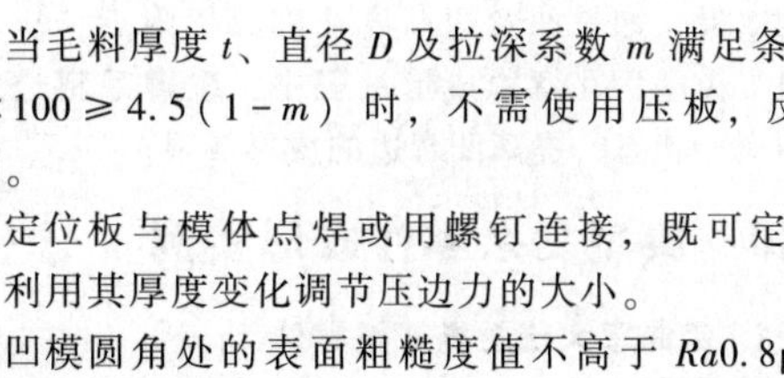

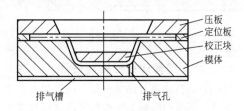

图 6-4-58　带凸缘拉深件的成形模具结构

当毛料厚度 t、直径 D 及拉深系数 m 满足条件：$t/D\times100\geqslant4.5(1-m)$ 时，不需使用压板，反之要用。

定位板与模体点焊或用螺钉连接，既可定位，又可利用其厚度变化调节压边力的大小。

凹模圆角处的表面粗糙度值不高于 $Ra0.8\mu m$，以利于材料顺利流入模腔。

模体底部需开对称排列的排气孔 $\phi1\sim\phi3mm$，以便在成形过程中使模腔内的气体顺利排出，模具底面应有排气槽。

是否使用校正块取决于所成形零件的自由成形圆角半径的大小。其值如果在允许值范围内，不用校正块，如果不在允许值范围内，应选用校正块。校正块的材料可用铝、钢、锌合金或邵尔 A 硬度大于 90 的聚氨酯橡胶。

（2）无凸缘拉深件的成形模　对于无凸缘拉深件，凹模的上表面至压制件边缘的距离等于修切余量 h 与凹模圆角半径 R 之和。修切余量一般取 5～10mm，凹模圆角半径应尽量大些，以便材料流动，通常为 $R15 \sim R25$mm，对于厚板和较深的拉深件取较大值。

3. 多次成形

当零件一次成形很困难时，可以采用多次成形的方法，逐步排除成形障碍。

（1）用过渡模预成形　用凸模或凹模成形时，可以采取过渡凸模或凹模预成形。过渡模可以按原模翻制，将圆角或鼓包以及难成形部位加以修整，再进行预成形，最后用成形模定形。

（2）加过渡模板成形　采用过渡模板的方法多用于凹模成形。过渡模板用聚乙烯板制成，其厚度应依据实际试压时零件的变形情况确定。将聚乙烯板加温到 110℃时，在液压机上用较低的压力按模具压型，使其与模具的形状一致（见图 6-4-59）。这种方法具有减小成形深度和加大模具圆角半径的作用，减少了过渡模具，有明显的成形效果。

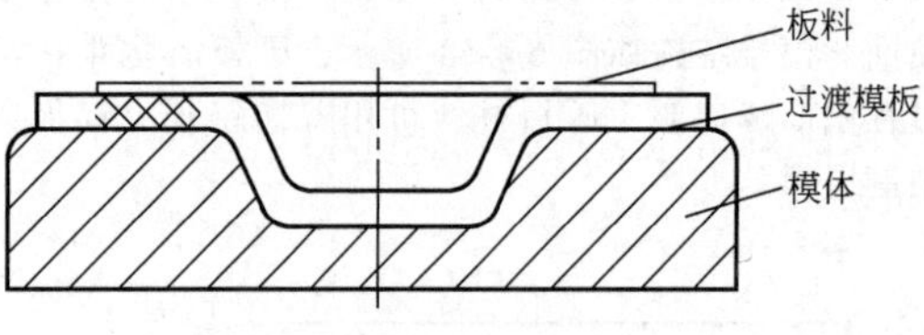

图 6-4-59　有过渡模板的模具

4.9.5　凸、凹弯边成形模具设计

当凸弯边高度超过起皱极限，应采用毛料支撑座。另外，还可在毛料支撑座和模体之间增加校正块。在初成形之后，利用校正块校形，可以取得更好的效果。如果凹弯边高度在临界值附近，应采用毛料支撑座，在弯边成形过程中，缓解毛料边缘的剧烈变形状态，提高凹弯边的成形极限。

4.10　典型复杂零件成形实例

1. 变曲率大法兰椭球类零件

图 6-4-60 所示的变曲率大法兰椭球类零件为机身加强件，外形复杂、结构封闭、形如“礼帽”。零件材料牌号为 2A12-O，材料厚度为 2.5mm，外廓尺寸约为 900mm×500mm，曲面法兰最大宽度达 140mm，直接贴合于机身蒙皮，表面质量高，不允许有皱纹。

首先将初始坯料固定在回弹补偿压型模上，随后完成橡皮液压成形。首次成形压力设定为 5MPa，让模具完成初步排气；二次成形压力设定为 30MPa，让展开毛坯得到足够的拉深；最后在淬火后进行二次橡皮液压校形。

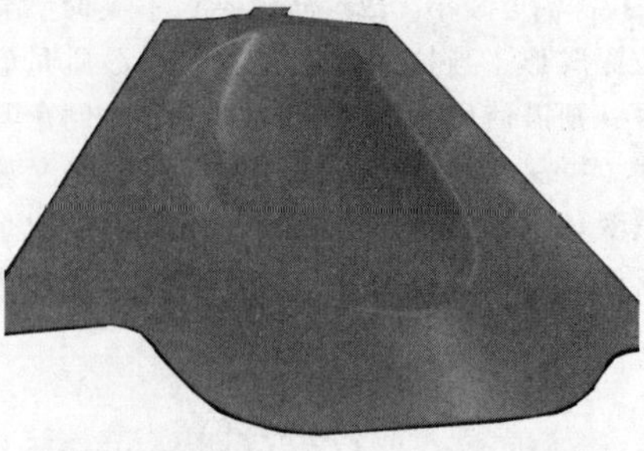

图 6-4-60　变曲率大法兰椭球类零件

2. 飞机翼肋零件

翼肋零件是飞机机翼的重要钣金件（见图 6-4-61），有着较高的成形精度要求，其加工精度直接影响到机翼承重的安全性。

此零件材料为 2024 铝合金，在橡皮成形液压机上采用“一步法”精准成形，成形压力为 40MPa。

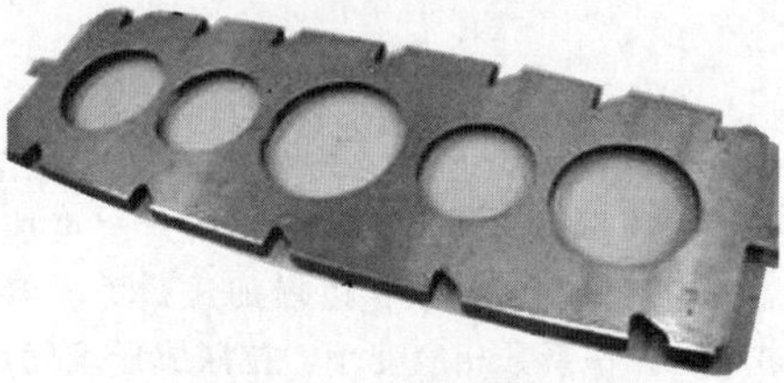

图 6-4-61　翼肋零件图

3. 外笼后盖板

外笼后盖板为干洗机外部零件（见图 6-4-62），材料为 Q235，板厚 6mm，毛料直径 934mm。

模具用钢材制造。为减小回弹，模腔深度加大 0.5mm。采用带压板的凹模，成形压力 90MPa，一次成形。

此零件原来采用强力旋压方法加工，改用橡皮成形后，生产率大大提高，零件质量好，平面度小于 0.3mm。

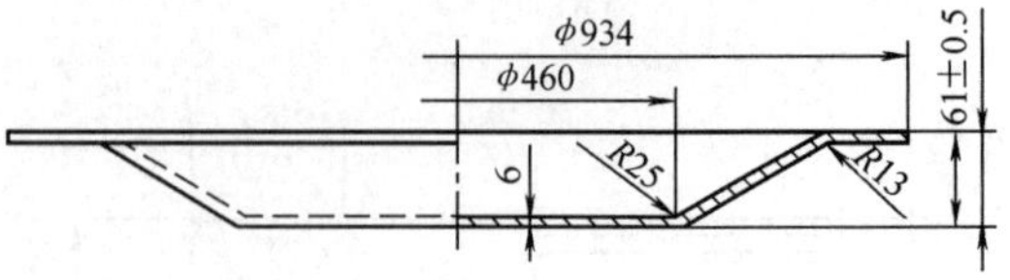

图 6-4-62　干洗机外笼后盖板

4. 汽车内门板

汽车内门板的材料为 0.95mm 低碳钢板，采用铝基粉末增强的聚氨酯制作凹模材料，成形压力 140MPa，一次成形（见图 6-4-63）。采用橡皮成形方

法，明显提高成形质量、简化工序、节约工效、降低成本。

图 6-4-63　汽车内门板

5. 房车后防护板

房车后防护板采用厚度为 0.95mm 的低碳钢板一次橡皮成形，成形压力为 100MPa，数控加工铝模（见图 6-4-64）。

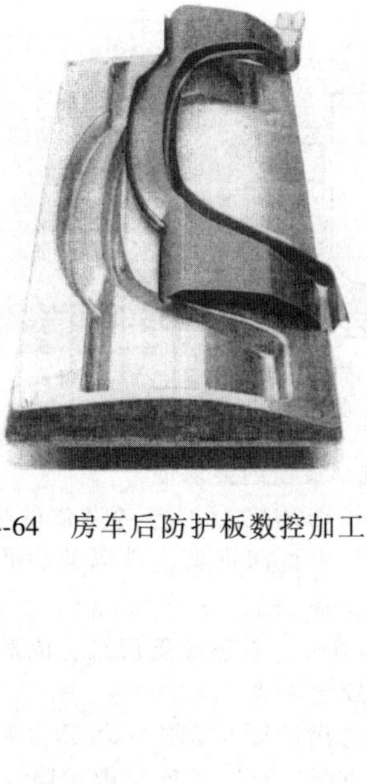

图 6-4-64　房车后防护板数控加工铝模

参考文献

[1] 戴美云，周贤宾．高压橡皮囊成形工艺及应用（上）[J]．航空制造工程，1994（9）：13-15.

[2] 戴美云，周贤宾．高压橡皮囊成形工艺及应用（下）[J]．航空制造工程，1994（10）：16-18.

[3] 航空制造工程手册总编委会．航空制造工程手册[M]．北京：航空工业出版社．1993.

[4] 周贤宾．液压橡皮囊成形手册［M］．北京：北京航空航天大学，成都飞机工业公司．1997.

[5] ИСАЧЕНКОВ Е И. Штамповка Резиной иЖидксотью [M]. Издание Второе . Москва：Издательство Машиностроe-ние ，1967.

[6] Ершов В И，ЧУМАДИН А С. Листовая Шта-мповка Справочник—Расчём Техноло-тических Параметров [M]. Москва：ИздательствоМАИ，1999.

[7] Stratasys3D 打印解决方案公司．Hydroforming with FDM Tooling [Z]．2016.

[8] RYAN，PENDLETON. Digital Manufacturing Impacts Sheet Hydroforming [J]. Metal Forming，2014，48（8）：24-26.

[9] 白颖，李东红，王汝姣，等．变曲率大法兰椭球类钣金件橡皮精确成形技术［J］．机械科学与技术，2017，36（S1）：60-65.

[10] 张凌云，孟伟琪，范作鹏．基于 CATIA 的翼肋零件橡皮成形回弹补偿及试验验证［J］．塑性工程学报，2017，24（04）：183-188.

第5章

固体颗粒介质成形

燕山大学　赵长财　董国疆　曹秒艳
南京林业大学　贾向东

5.1　固体颗粒介质成形原理

固体颗粒介质成形是指采用颗粒介质作为传力介质使板材或管材发生塑性变形成为所需形状构件的工艺过程。根据成形过程中所选用的原始坯料的不同，可以将固体颗粒介质成形工艺分为两大类：一类为以各种类型的薄板为原始坯料的板材固体颗粒介质成形工艺，即采用固体颗粒介质代替刚性凸模（或弹性体、液体）的作用对板材进行软模成形，如图6-5-1a所示；另一类为以各种类型的薄壁管材为原始坯料的管材固体颗粒介质成形工艺，即采用固体颗粒代替弹性体、液体、黏性介质的作用对管坯进行成形，如图6-5-1b所示。

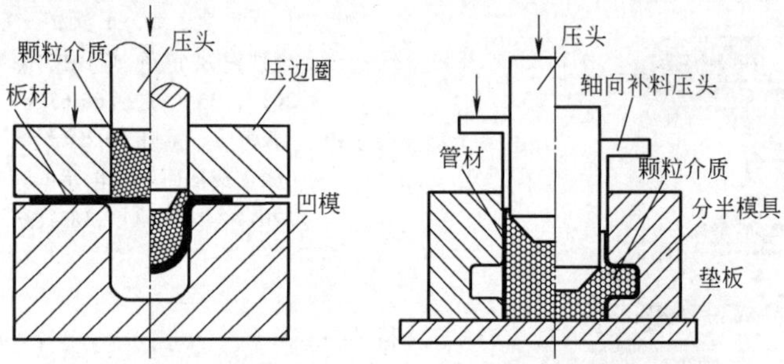

a)板材固体颗粒介质成形　　b) 管材固体颗粒介质成形

图6-5-1　固体颗粒介质成形工艺原理

固体颗粒介质成形工艺中所采用的颗粒介质在压力作用下既具有类似液体的流动性、传压性，又具有粉体压力非均匀分布、易密封的特点，因此，固体颗粒介质成形工艺与其他软模成形工艺相比，具有以下独特优点：

1. 模具结构简单、工艺过程易于实现

固体颗粒介质成形工艺的模具无须专门的密封结构，一般的间隙密封结构即可满足成形需要，使得模具结构简单。在成形过程中，无须专门的增压装置，只需要通过压头的加载就可实现成形内压的建立，工艺过程简单。

2. 工艺的适用性强

在固体颗粒介质成形工艺中，可供选择的颗粒介质种类多，通过选择不同材质、不同粒径的颗粒介质即可适应不同成形工艺的需要。如，不锈钢球颗粒满足普通碳钢在室温条件下的成形；SiO_2颗粒适合铝合金、镁合金的热成形工艺；ZrO_2可以适应高强钢、钛合金的高温成形工艺等。

3. 对成形设备的要求低

固体颗粒介质成形工艺对设备的依赖程度低，普通的成形压力机即可满足成形的需要，无须设计专门的成形设备。

4. 清理方便，对环境无污染，成形失败后无须特殊处理，安全可靠

成形所选用的颗粒介质无污染、无腐蚀、无黏附性，清理方便。即使成形失败，颗粒介质不会快速飞出对人和设备造成损伤，且外泄的颗粒介质不会污染环境，只需简单清理就可继续成形，不会影响生产节奏。

5. 颗粒介质可循环利用，工艺成本低

成形中所选用的颗粒介质通常可以承受很大的压力而不发生明显的破裂、结块，不影响其传压性能和流动性能，并在一定范围内循环使用，不会对后续成形工艺产生影响，可以有效降低生产成本。

6. 成形过程中具有内压非均匀分布的特性

颗粒介质在成形过程中内压非均匀分布，且与坯料之间存在明显的摩擦。而这种非均匀分布的内压和摩擦，与成形过程中颗粒介质的加入量、颗粒与坯料的相对流动方式、加载压头的形状与加载方式等因素有关。通过合理利用颗粒介质传压非均匀分布特性、控制加载方式和优化模具结构，可以在零件表面产生不同的压力区，控制坯料合理分配和流动，从而提高坯料的成形性能。

5.2　固体颗粒介质的选取原则与力学特性

5.2.1　颗粒介质的种类与选取原则

1. 颗粒介质的基本物理特性

（1）颗粒的形状与尺寸　构成颗粒介质的颗粒体形状不仅与颗粒介质的流动、传压、摩擦等特性相关，同时也对板材或管材的成形性能有很大的影响。在固体颗粒介质成形工艺中构成颗粒介质的颗粒体为球形或近似球形颗粒。对于单个颗粒体而言，球形颗粒的尺寸即为球体的直径。对于近似球形颗粒体的尺寸为与其体积相当的球体直径。

在实际的成形工艺中，颗粒介质可能是由不同尺寸粒径的颗粒体组成，对同一类型的颗粒介质而言，将组成颗粒介质的颗粒体尺寸的最大值和最小值区间称为颗粒介质的尺寸分布。将组成颗粒介质的所有颗粒体的平均尺寸或颗粒介质尺寸分布中占比最大的颗粒体的粒径定义为颗粒介质的尺寸。

（2）颗粒的密度和颗粒介质的堆积密度　无论是金属颗粒介质还是非金属颗粒介质，都可以把它看作由大量颗粒及颗粒间的孔隙所构成的集合体。颗粒间彼此不完全接触，仅有小部分颗粒表面相接触，而大部分表面被孔隙所隔开，因此颗粒间不能形成强的键力且在接触处集中有非常大的应力。固体颗粒介质的物理性质介于固体和液体之间。它与固体相比，具有流动性，在一定的范围内能保持其形状，具有对筒壁产生压力的性质。它不能承受或只能承受很小的拉力，但能承受较大的压力。颗粒的密度指构成颗粒体的基体材料本身的密度，是材料本身的固有属性。颗粒介质的堆积密度定义为颗粒介质的质量与颗粒介质的堆积体积之比，简称为颗粒介质的密度。颗粒介质的密度取决于组成颗粒介质的颗粒体密度、形状、尺寸和尺寸分布、堆积方式等。

（3）颗粒介质的可压缩性　颗粒介质在自然状态下堆积时颗粒体与颗粒体之间存在孔隙。通常用固体颗粒介质中孔隙体积和固体颗粒的体积之比来反映介质的密实程度，称为颗粒介质的孔隙率。与颗粒介质的堆积密度相同，孔隙率的大小受组成颗粒介质的颗粒体形状、尺寸和尺寸分布、堆积方式的影响。正是由于颗粒介质中孔隙率的存在，当颗粒介质受到外压的作用时，颗粒介质的孔隙率将逐渐减小，这使得颗粒介质在承受压力作用后宏观体积减小，从而表现为颗粒介质体积具有一定的可压缩性。

颗粒介质的体积压缩模量是指颗粒介质在完全侧限条件下的竖向附加应力与相应的应变增量之比，也就是指颗粒介质在侧向完全不能变形的情况下受到的竖向压应力与竖向总应变的比值。压缩模量可以通过试验得到，是判断颗粒介质压缩性和计算颗粒介质压缩变形量的重要指标之一。压缩模量越小，颗粒介质的可压缩性越大。

（4）颗粒介质的破损与结块　由于成形坯料形状的变化、颗粒介质随成形内压增大体积压缩率的增加等因素影响，颗粒介质在成形过程中除了将成形载荷传递给成形坯料以外，颗粒介质内部还将产生剪切流动，当成形内压增大至一定程度后这种剪切流动将使颗粒体发生破裂。

组成颗粒介质的颗粒体产生破裂后将使颗粒介质的尺寸分布发生变化。这些改变将对颗粒介质的流动性、传压性能产生影响。因此，将在一定压力载荷作用后，发生破裂变化的颗粒体数量占原始颗粒介质中颗粒体数量的比值，称为破损率。颗粒介质的破损率与颗粒介质的加载内压、循环使用次数等因素有关。

当颗粒介质内压进一步增加，相互接触的颗粒体之间的孔隙将逐渐减小。当压力达到一定程度时，颗粒介质将出现明显的结块现象，将这种现象定义为颗粒介质的结块性。颗粒介质在使用过程中的结块将严重影响其流动性能，进而影响其对坯料的成形性能。

（5）颗粒介质的热稳定性　根据所选择的颗粒介质基体材质的不同，颗粒介质在不同工作温度下的传压和流动性能也不相同。在固体颗粒介质热成形工艺中，为了满足成形的需要，所选用的颗粒介质应在成形温度条件下具有良好的流动性和传压性能，且在一定的温度范围内保持不变。将颗粒介质所具有的这种特性称为热稳定性。

（6）颗粒介质压力分布的不均匀性　由于组成颗粒介质的颗粒体之间的相互作用以及颗粒体与坯料之间的摩擦，使得颗粒介质在成形过程中的传压特性与连续介质、液态介质不同。在同一外载荷（压头载荷）作用下，颗粒介质对不同位置处的坯料作用压力不同。沿压头加载方向，随着与压头距离的变化，颗粒介质轴向（沿压头加载）的压力分布不同；在同一位置处（与压头距离相同），颗粒介质沿压头加载方向（轴向）的压力与垂直压头加载方向（侧向或径向）压力不同。

在颗粒介质成形工艺中，将同一位置处颗粒介质侧向（径向）压力沿压头加载方向压力的比值称为侧压系数。测压系数的大小，可以反映出颗粒介质将竖直方向（轴向）压力转化为侧向（径向）压力的能力。

合理利用颗粒介质传压非均匀分布特性，通过加载方式的控制和模具结构的变化，可以在坯料表面产生不同的压力区，控制坯料合理分配和流动；颗粒介质在成形过程中始终与管材、板材接触并产生摩擦作用，合理利用颗粒与管材、板材的摩擦力可促进坯料的成形性能。

2. 颗粒介质的种类

按照成形中所使用的温度范围，颗粒介质可以分为：高温颗粒介质、热态颗粒介质、常温颗粒介质。通常，高温颗粒介质和热态颗粒介质均可作为常温颗粒介质在室温环境下使用，见表 6-5-1。

表 6-5-1　按颗粒介质的使用温度范围分类

颗粒介质	工作温度范围	常用颗粒介质
高温颗粒介质	≥500℃	陶瓷颗粒（Si_3N_4、ZrO_2、SiC）等
热态颗粒介质	室温～500℃	硅酸盐颗粒（SiO_2）、各类材质的钢球等

按照组成颗粒介质的基材种类，颗粒介质可以分为：金属基颗粒介质、非金属基颗粒介质。分类情况见表 6-5-2。

表 6-5-2　按颗粒介质基体材质分类

颗粒介质	常用颗粒介质
金属基颗粒介质（MG）	不锈钢球、碳钢球等
非金属基颗粒介质（NMG）	硅酸盐颗粒（SiO_2）、陶瓷颗粒（Si_3N_4、ZrO_2、SiC）等

按照颗粒介质可承受最大压力，颗粒介质可以分为：高压颗粒介质、常规颗粒介质。分类情况见表 6-5-3。

3. 颗粒介质的选取原则

在颗粒介质成形工艺中，颗粒介质选择的基本原则主要包括：

1）组成颗粒介质的颗粒体直径一般不大于 2mm（通常为 0.08～2mm）的球形或近似球形颗粒，且颗粒介质的尺寸分布范围较小，即颗粒体的最大粒径和最小粒径的差别不大。推荐最大粒径与最小粒径的差值控制在 20% 以内。当成形过程中被成形材料的变形抗力较小、表面硬度较低时，如铝合金、镁合金等有色金属的成形时，应选取直径较小的颗粒介质，以保证成形后的表面质量。

表 6-5-3　按颗粒介质所能承受的最大压力分类

颗粒介质	颗粒特性	常用颗粒介质
高压颗粒介质	承受内压大于 250MPa 不发生结块、单次破损率不大于 15%	陶瓷颗粒（Si_3N_4、ZrO_2、SiC）等
常规颗粒介质	承受内压小于 250MPa 不发生结块、单次破损率不大于 15%	不锈钢球、碳钢球、硅酸盐颗粒（SiO_2）等

2）具有良好的流动性能和压力传递性能，且在单次使用过程中不能产生大面积的结块现象，单次使用后颗粒介质的破损率不大于 15%，在高压状态下仍能保持良好的流动性。

3）在所需的工作温度范围内能够维持稳定的流动性和压力传递，且不会因为成形温度的变化而使得颗粒介质结块、破损率增加，对颗粒介质的流动性和压力传递性能不产生明确的影响。

4）所选用的颗粒介质体积压缩率不宜过大，推荐选用颗粒介质在成形过程中的最大体积压缩率不超过 20%。

5）颗粒介质应该具有无污染、可重复使用等特点。

6）选择颗粒介质时，充分注意在高压条件下的轴向流动特性和轴向传力特性。对于板材成形，选择轴向流动性能好、轴向传力性能好，侧向压力（径向压力）小的颗粒介质。而对于管材内高压成形，要选择径向流动性能好、侧向压力（径向压力）大的颗粒介质。

5.2.2　SiO_2 颗粒的力学特性

1. SiO_2 颗粒的基本参数

SiO_2 球形颗粒是最为常用的非金属基颗粒介质（NMG），具有良好的传压性能和流动性能，能适用于大部分颗粒介质成形工艺的需要。表 6-5-4 为可用于颗粒介质成形工艺的三种不同规格 SiO_2 颗粒介质的基本参数表。

表 6-5-4　SiO_2 颗粒介质基本参数表

粒径号	颗粒尺寸	颗粒硬度	工作温度
3#	$\phi0.08$～$\phi0.10$mm	48～55HRC	≤500℃
5#	$\phi0.12$～$\phi0.14$mm	48～55HRC	≤500℃
8#	$\phi0.22$～$\phi0.32$mm	48～55HRC	≤500℃

2. SiO_2 颗粒介质的单轴压缩特性

颗粒介质在成形过程中受三向压应力的作用，当颗粒介质所受的应力状态为 $\sigma_1=\sigma_2>\sigma_3$ 时，颗粒介质的平均应力 p，等效应力（等效流动剪应力）q、第三应力不变量 r 可表示为

$$p=(\sigma_1+2\sigma_3)/3 \quad (6\text{-}5\text{-}1)$$

$$q=\sigma_1-\sigma_3 \quad (6\text{-}5\text{-}2)$$

$$r=\sigma_3-\sigma_1 \quad (6\text{-}5\text{-}3)$$

如图 6-5-2a 所示的颗粒介质单轴压缩试验装置下，测定的 SiO_2 颗粒介质的平均主应力 p 与等效流动剪应力 q 的关系曲线，如图 6-5-2b 所示。

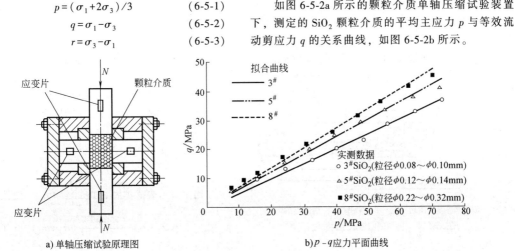

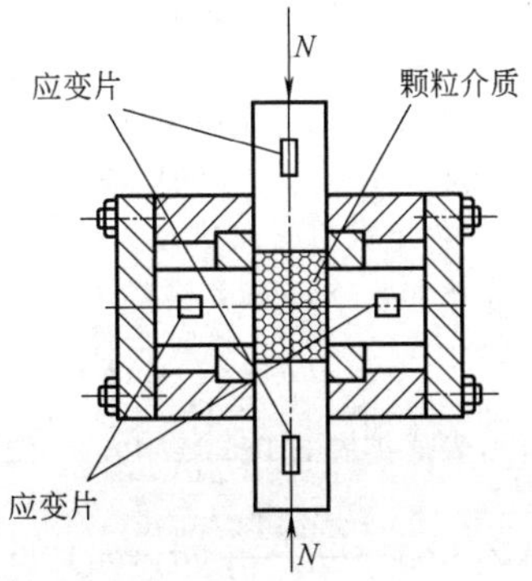

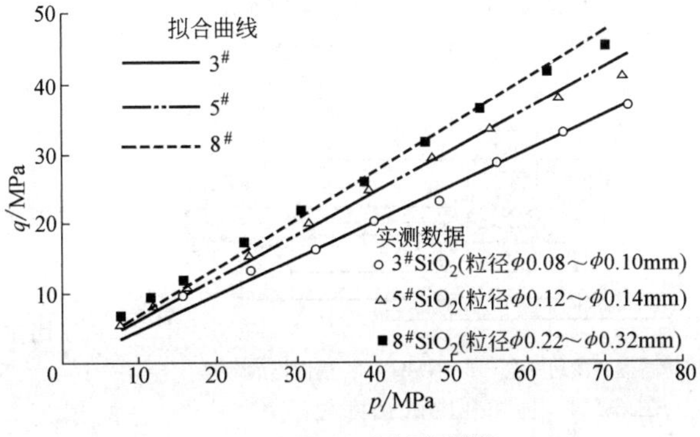

图 6-5-2　SiO_2 颗粒介质单轴压缩试验

SiO_2 颗粒介质在 p-q 应力平面上的流动轨迹符合扩展的 Drucker-Prager 线性模型，其流动函数可表示为

$$F=t-p\tan\beta-d=0 \quad (6\text{-}5\text{-}4)$$

式中　d——材料的黏聚力，对 SiO_2 颗粒介质而言 $d=0$（p-q 线性模型的截距为零）；

β——线性流动屈服轨迹在 p-q 应力平面上的倾角，称为 Drucker-Prager 摩擦角；

t——偏应力的度量参数，表达流动屈服面在 π 平面上的圆度，即

$$t=\frac{q}{2}\left[1+\frac{1}{K}-\left(1-\frac{1}{K}\right)\left(\frac{r}{q}\right)^3\right] \quad (6\text{-}5\text{-}5)$$

式中　K——三轴拉伸屈服应力与三轴压缩流动屈服应力之比，控制流动屈服面对中间主应力值的依赖性，取值范围在 $0.778\leqslant K\leqslant 1$。

对于扩展的 Drucker-Prager 线性模型，可以推导得到

$$K=\frac{3}{3+\tan\beta} \quad (6\text{-}5\text{-}6)$$

根据如图 6-5-2 所示的单轴 SiO_2 颗粒介质单轴压缩试验数据，获得 SiO_2 颗粒介质扩展的 Drucker-Prager 线性模型参数，见表 6-5-5。

表 6-5-5　SiO_2 颗粒介质扩展的 Drucker-Prager 线性模型参数（试验值）

粒径号	线性模型方程	Drucker-Prager 摩擦角 β	流动应力比 K
3#	$q=0.51p, R^2=0.99$	$\beta=26.8°$	$K=0.86$
5#	$q=0.61p, R^2=0.98$	$\beta=31.4°$	$K=0.83$
8#	$q=0.67p, R^2=0.97$	$\beta=33.8°$	$K=0.82$

试验得到 SiO_2 颗粒介质体积应变 ε_v 与平均主应力 p 的关系曲线，如图 6-5-3 所示。

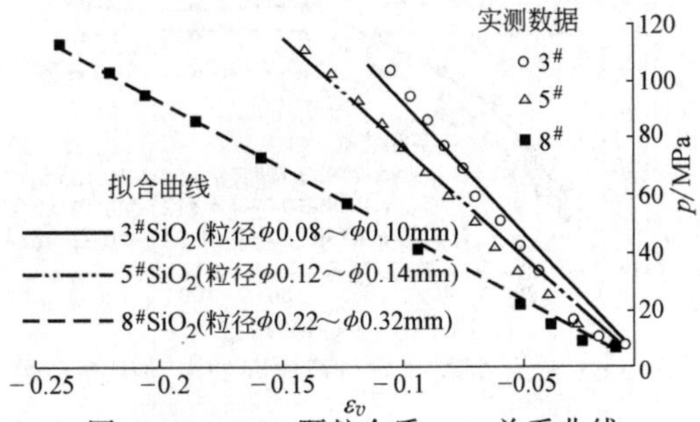

图 6-5-3　SiO_2 颗粒介质 ε_v-p 关系曲线

当 SiO_2 颗粒介质处于三轴压应力状态，即 $\sigma_1=\sigma_2>\sigma_3$ 时，体积应变 ε_v 与平均主应力 p 可表示为

$$p=\lambda\varepsilon_v=q/\tan\beta \quad (6\text{-}5\text{-}7)$$

式中　λ——体积压缩模量（MPa）。

体积压缩曲线反映了 SiO_2 颗粒介质在加载过程中的体积变化过程，SiO_2 颗粒介质在高压状态下体积应变 ε_v 与平均主应力 p 的参数见表 6-5-6。

表 6-5-6　SiO_2 颗粒介质本构方程参数表

粒径号	线性拟合方程	λ/MPa
3#	$p=926.86\varepsilon_v, R^2=0.97$	926.86
5#	$p=770.44\varepsilon_v, R^2=0.98$	770.44
8#	$p=465.62\varepsilon_v, R^2=0.99$	465.62

3. SiO_2 颗粒介质的剪切特性

组成颗粒介质的颗粒体间的相互联系是相对薄弱的，其强度主要取决于颗粒体间的接触应力。颗

粒介质的流动变形主要是颗粒流动剪切作用，即流动抗剪强度主要来自颗粒体之间的摩擦力。通过如图 6-5-4 所示的试验装置得到 SiO_2 颗粒介质法向压力 σ_N 与剪应力 τ 的关系曲线，如图 6-5-5 所示。

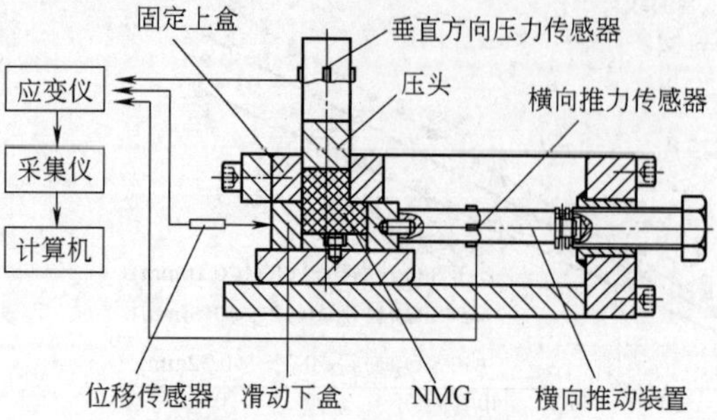

图 6-5-4　剪切强度试验装置

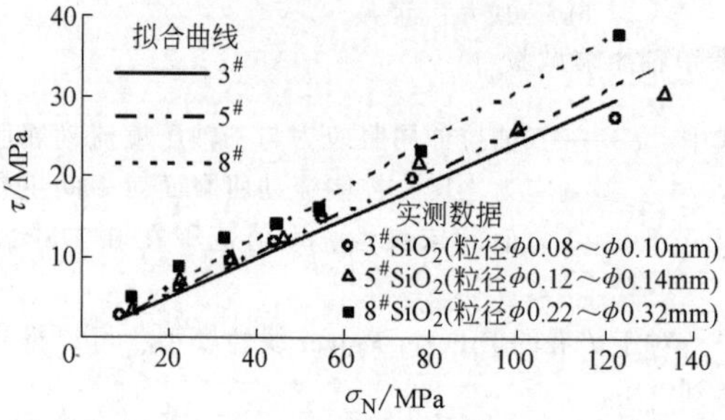

图 6-5-5　SiO_2 颗粒介质法向压力 σ_N 与抗剪应力 τ 的关系曲线

SiO_2 颗粒属于摩擦型材料，其特点是流动抗剪强度随着法向压力的增大而增强，其流动屈服条件与金属材料明显不同，表现为压硬性，流动抗剪强度也随粒径增大而增强，其变化关系与 Mohr-Coulomb 屈服准则吻合：

$$\tau=\sigma\tan\phi-d \tag{6-5-8}$$

式中　τ——流动抗剪强度（MPa）；

σ——正应力（MPa）；

ϕ——颗粒材料的内摩擦角（°）；

d——材料的黏聚力，对 SiO_2 颗粒介质而言 $d=0$。

当 SiO_2 颗粒介质的应力状态为 $\sigma_1>\sigma_2=\sigma_3$ 时，可用主应力表达 Mohr-Coulomb 模型为

$$(\sigma_1-\sigma_3)-(\sigma_1+\sigma_3)\sin\phi=0 \tag{6-5-9}$$

用主应力表达扩展的 Drucker-Prager 线性模型为

$$(\sigma_1-\sigma_3)-\frac{\tan\beta}{2+\frac{1}{3}\tan\beta}(\sigma_1+\sigma_3)=0 \tag{6-5-10}$$

比较式（6-5-9）与式（6-5-10），可以得到通过内摩擦 ϕ 表示的 Drucker-Prager 摩擦角为

$$\tan\beta=\frac{6\sin\phi}{3-\sin\phi} \tag{6-5-11}$$

将式（6-5-11）代入式（6-5-6），可以得到用内摩擦角 ϕ 表示的三轴拉伸屈服应力与三轴压缩流动屈服应力之比 K 为

$$K=\frac{3-\sin\phi}{3+\sin\phi} \tag{6-5-12}$$

SiO_2 颗粒介质 Mohr-Coulomb 模型参数见表 6-5-7。表 6-5-7 中摩擦角 β 为式（6-5-11）求解值。

表 6-5-7　SiO_2 颗粒介质 Mohr-Coulomb 模型参数

粒径号	线性拟合方程	内摩擦角 ϕ（Mohr-Coulomb 模型）	Drucker-Prager 摩擦角 β（计算值）
3#	$\tau=0.24\sigma, R^2=0.97$	$\phi=13.5°$	$\beta=26.9°$
5#	$\tau=0.26\sigma, R^2=0.96$	$\phi=14.4°$	$\beta=28.8°$
8#	$\tau=0.31\sigma, R^2=0.98$	$\phi=17.2°$	$\beta=33.3°$

4. SiO_2 颗粒介质的摩擦特性

在颗粒介质成形工艺中将颗粒介质与板材、管材与模具之间的摩擦称之为外摩擦，将它们之间的摩擦系数定义为外摩擦系数。SiO_2 颗粒介质与成形板材之间的滑动摩擦系数（外摩擦系数）μ_w 与法向压力 σ_N 之间的关系如图 6-5-6、表 6-5-8 所示。当 $\sigma_N<75MPa$ 时，μ_w 均随法向压力的增加而逐渐提高，可用幂指函数精确拟合；当 $\sigma_N\geqslant75MPa$ 时，μ_w 不再随法向压力变化而趋于定值。

将组成颗粒介质的颗粒体与颗粒体在流动传压过程中的摩擦称为内摩擦，与之对应的摩擦系数称为颗粒介质的内摩擦系数。SiO_2 颗粒介质的内摩擦系数 μ_n 与法向压力 σ_N 之间的关系如图 6-5-7 所示。

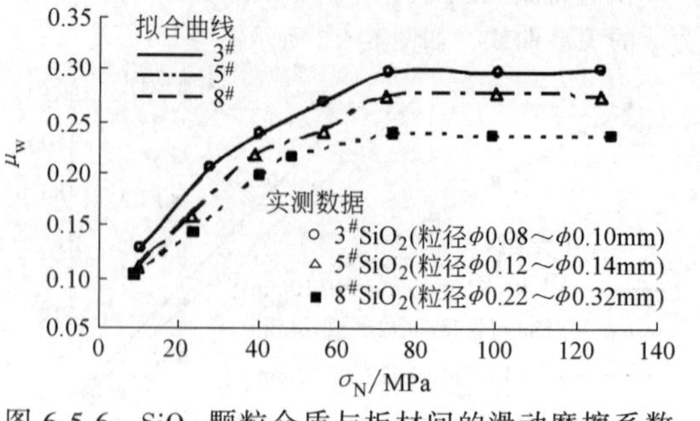

图 6-5-6　SiO_2 颗粒介质与板材间的滑动摩擦系数

5. SiO_2 颗粒介质的传压特性

颗粒介质传压规律对成形工艺有很大的影响。当颗粒介质受压时，一些颗粒间的接触部分受法向

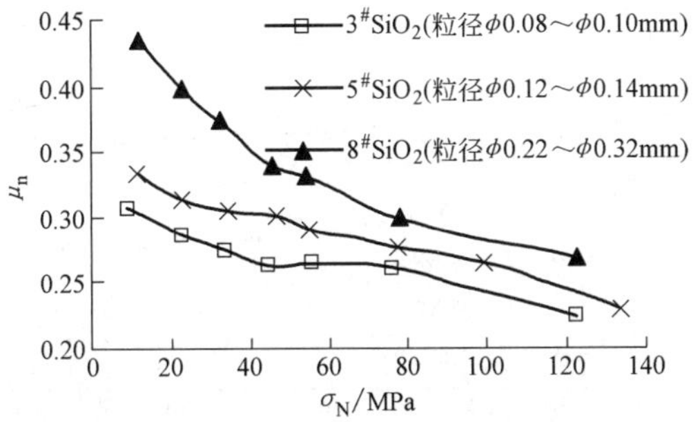

图 6-5-7　SiO_2 颗粒介质的内摩擦系数

压力的作用，而另一些接触部分受切线分力的作用，还有一些接触部分则位于切线分力与垂直压力的共同作用之下，而且由于颗粒间只有极小部分接触，因此颗粒之间的接触应力要超过以连续体计算的平均应力数倍，即使平均应力不太大，但接触点的实际应力却很大，且颗粒之间的接触面随着作用力的增大而增大。采用如图 6-5-8 所示的颗粒介质传压性能试验装置，测得 SiO_2 颗粒介质的极限侧压系数如图 6-5-9 所示。

表 6-5-8　SiO_2 颗粒介质与板材的滑动摩擦系数（外摩擦系数）μ_w 与法向压力 σ_N 的关系

粒径号	$0<\sigma_N<75$MPa	75MPa$\leqslant\sigma_N<140$MPa
3#	$\mu_w=0.047\sigma^{0.43}, R^2=0.996$	$\mu_w=0.30$
5#	$\mu_w=0.038\sigma^{0.47}, R^2=0.993$	$\mu_w=0.28$
8#	$\mu_w=0.037\sigma^{0.44}, R^2=0.984$	$\mu_w=0.24$

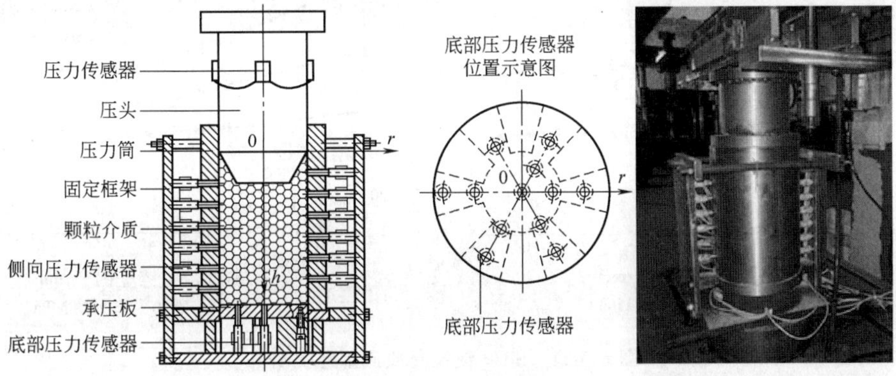

图 6-5-8　颗粒介质传压性能试验原理图

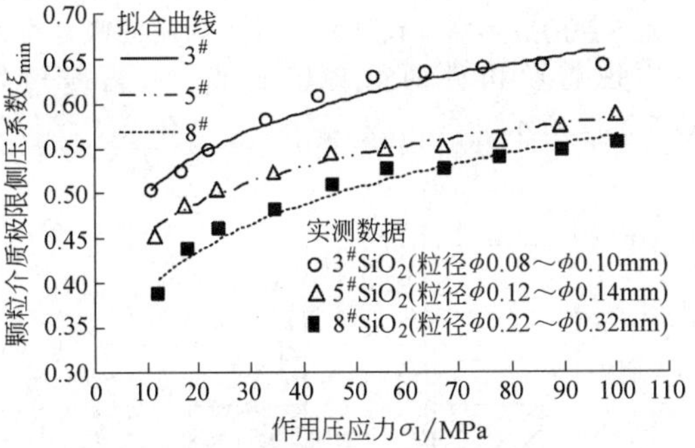

图 6-5-9　SiO_2 颗粒介质的极限侧压系数

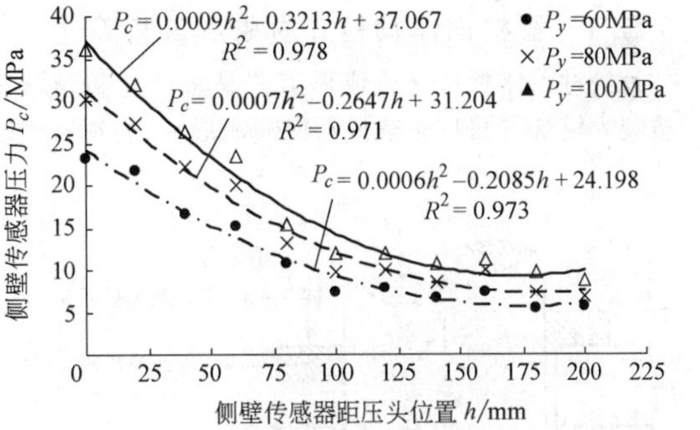

图 6-5-10　SiO_2 颗粒介质侧向压力分布

获得颗粒尺寸分布为 $\phi0.08\sim\phi0.10$mm（5#）的 SiO_2 颗粒介质在不同压力 P_y 条件下侧向压力 P_c 分布曲线如图 6-5-10 所示。在同一压头压力作用下，侧向压力呈非均匀分布，不同压力条件下的侧向压力曲线变化规律非常相近，沿轴向远离压头而逐步递减，侧向压力分布曲线可用二次方程精确拟合。

不同压头压力 P_y 和不同初始装料高度 h 条件下颗粒介质在底部压力传感器压力 P_u 分布曲线如图 6-5-11 所示。从 P_u 分布规律可以看出，底部压力由中心向边缘逐步递减，压力呈现非均匀分布；不同压力状态下底部压力分布呈现相同的变化趋势，随着压头压力增加，底部各点压力均有所增加；在不同装料高度条件下，对压头施加相同的压力，传递至底部的压力不同；较大的装料高度使压力衰减的较大，同时装料高度越大，底部压力分布越趋于平缓。

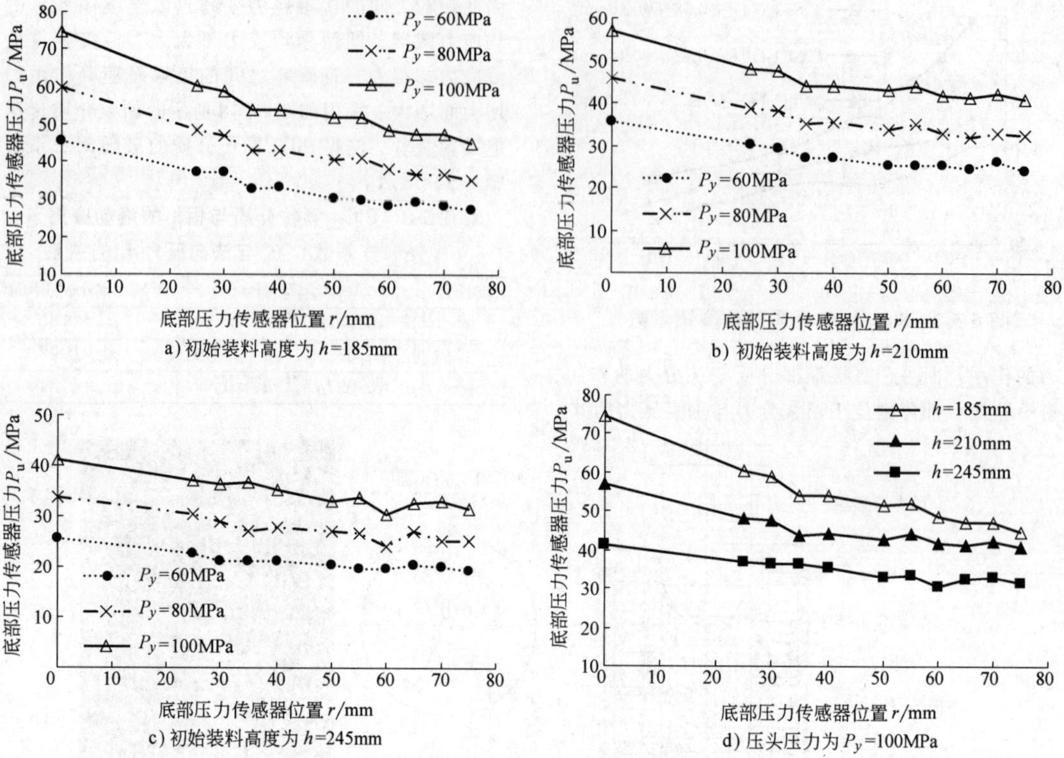

a) 初始装料高度为 h=185mm　b) 初始装料高度为 h=210mm
c) 初始装料高度为 h=245mm　d) 压头压力为 P_y=100MPa

图 6-5-11　SiO_2 颗粒介质底部压力分布

5.3　管材固体颗粒介质成形工艺及模具

5.3.1　管材固体颗粒介质成形工艺简介

管材固体颗粒介质成形工艺是将管坯和颗粒介质装入模具（可以是热成形或冷成形），利用通用或专用压力设备直接对颗粒介质加载，通过颗粒介质将压力传递给管坯，在介质压力、管坯补给（根据目标零件的成形特征设计）和外模限制的联合作用下实现管状构件的内高压成形，工艺原理如图 6-5-12 所示。

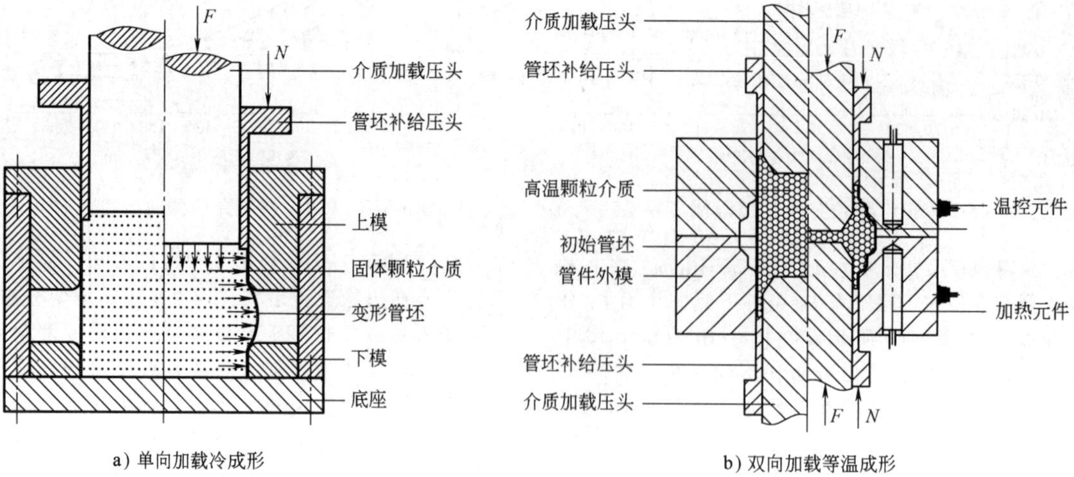

a) 单向加载冷成形　b) 双向加载等温成形

图 6-5-12　管材固体颗粒介质成形工艺原理

管材固体颗粒介质成形工艺中，一般根据管材材料的成形性能可选择室温成形、温热成形（100～500℃）、高温成形（500～1000℃）。室温成形一般针对室温条件下成形性能较好的碳钢、不锈钢管材，以及固溶处理后成形性能改善的铝合金管材。室温成形一般胀形比较大，需要成形压力较高。温热成形一般针对室温条件下成形性能较差的铝合金、镁合金等轻合金管材。轻合金管材的成形性能在中等温度区间较室温有显著的提高，且所需成形压力较低。高温成形一般针对钛合金和高强钢等难变形管材。该类管材高温条件下强度大幅降低、伸长率大幅提高、回弹显著减小。高温颗粒介质要求在500～1000℃范围内的机械和化学性能稳定，形成内压的密封结构简单，介质和密封原件均不受高温条件影响。管材固体颗粒介质成形工艺（按成形温度）的分类和特点见表 6-5-9。

表 6-5-9　管材固体颗粒介质成形工艺的分类和特点

类别名称	温度范围	介质材料	适用管材	成形特点
室温成形	≈25℃	碳钢珠、不锈钢珠、SiO_2 微珠	碳钢、不锈钢	内压较高、胀形比较大
温热成形	100～500℃	SiO_2 微珠、氧化锆陶瓷珠	铝合金、镁合金	内压较低
高温成形	500～1000℃	氮化硅陶瓷珠、碳化硅陶瓷珠	钛合金、高强钢	内压较低、回弹较小

管件胀形过程中，一般先后历经自由胀形和角部贴膜变形两个主要阶段。自由变形区承载内压而胀形扩张。管坯自由变形区轴向截面在胀形过程中近似为圆弧，与外模圆角相切；随着变形的发展圆弧半径逐渐减小。管坯自由胀形主要通过管端补给和管坯厚度减薄而形成，且以管端补给为主。在保证管端直壁段不产生失稳的前提下，给定合理的管坯补给压力可以有效降低自由变形区的径向拉应力作用，抑制管坯壁厚减薄。固体颗粒介质与管坯内壁的摩擦作用与管坯变形方向一致，可促进管坯向变形区流动，同样起到抑制管坯自由变形区壁厚减薄的作用。

角部贴模阶段分为周向圆角胀形和纵向圆角胀形两种特征。变形区截面轮廓均近似为圆弧；圆角胀形过程中管端补给作用较小，伸长变形主要依靠壁厚减薄而实现；固体颗粒介质遵循从高压区向低压区流动填充，因此它与管坯内壁的摩擦作用能够促进圆角贴模，可以起到减小圆角胀形内压和抑制变形区壁厚减薄的作用。

5.3.2　管材固体颗粒介质成形工艺设计

管材固体颗粒介质成形与其他内高压成形技术的区别主要在于其传压介质为散粒体。颗粒介质可根据不同管件的成形需求进行选择。固体颗粒介质具有传压非均匀分布、与管坯存在较强摩擦作用的特性。

1. 成形加载设计

成形加载设计需要根据目标管件的材质、形状、精度要求和现有设备能力进行综合考虑选取。

（1）加载设计　加载可以为单向加载和双向加载（见图 6-5-12）两种方式。单向加载适用于变形区长度较小、管坯高径比较小的大口径薄壁管件胀形；双向加载一般针对管件变形区长度较大、管坯高径比较大的管件。对于现有设备吨位较小，成形压力需求较大的管件，可以采用环形介质加载压头和减力柱结构，同时可提高加载导向精度，减少颗粒介质的填充量，如图 6-5-13 所示。

介质加载力的大小主要取决于管件的材料性能参数和成形几何形状，对于自由胀形管件可采用以下公式计算。管件胀形内压估算计算式为

$$p_n = kR_m \frac{2t}{r_m} \tag{6-5-13}$$

式中　t——管坯壁厚（mm）；

r_m——管坯胀形中间截面最大半径（mm）；

R_m——管坯材料的抗拉强度（MPa）；

k——加载系数，依据变形难易程度一般取值为 3～5。

管件胀形内压是通过压力设备向介质加载压头加载，又经过固体颗粒介质传递而获取的。根据固体颗粒介质的传压性能，加载压头的轴向压力 p_p 与胀形内压 p_n 关系为

$$p_p = \frac{p_n}{\xi} \tag{6-5-14}$$

式中　ξ——固体颗粒介质侧压系数，其数值与固体颗粒介质的粒径、材料，以及围压条件、传递距离等因素相关，具体参见 5.2 节固体颗粒介质力学特性及选取。

因此，介质加载压头所需压力为

$$F = p_p S_p \tag{6-5-15}$$

式中　S_p——为加载压头截面积（mm^2）。

求解的成形压力 F 可作为压力设备主吨位的选取依据。然而，对于周向和纵向圆角较小的管件，或者存在小特征成形的管件，所需成形内压较高，应采用理论解析或有限元法进一步详细计算。

（2）管坯补给压力设计　对于胀形截面形状复杂或变形较难的管状构件，可在模具设计中增加管坯补给压头，推动管端材料向变形区流动，从而缓

解变形区管坯壁厚减薄，提高成形质量和胀形比。管坯补给一般在管件自由胀形阶段效果显著，当自由变形区贴模后管端坯料难以通过外模圆角弯曲变形部分对后续成形给予补充。因此，管坯补给重点考虑自由胀形阶段变形区的坯料流动和补充。管坯补给压力初步估算可参考下式：

$$N=\pi k\{2R_{d}tR_{eL}+p_{n}[(R_{d}-t)^{2}-R_{p}^{2}]\} \tag{6-5-16}$$

式中　R_p——介质加载压头半径（mm）；

R_d——管坯外径（mm）；

R_{eL}——管坯材料的屈服强度（MPa）；

k——介质传压缩减系数，取值为 0.3～0.6。

管坯补给压力初始可给定为 N_0，并随胀形发展逐步提高，当管坯与外模部分贴合后增长至 N 值，随后稳定压力。在管件成形后期，管坯补给压力不可过大，否则会造成管端堆边，甚至出现弯曲等现象。实践表明，在胀形初始阶段，给定较小的固体颗粒介质内压使管坯自由变形区产生初始屈服后保压，然后加载较大的管坯补给压力使变形区产生一定的轴向起皱，再提高固体颗粒介质内压将褶皱胀形伸展直至管件成形，这种加载路径能够有效抑制变形区减薄，从而提高管件的胀形极限。褶皱程度的合理控制是这种成形方式的关键，褶皱不足则聚料不够，褶皱过度则形成“死皱”，都会影响管件成形的质量。加载路径的优化需要综合考虑管坯的几何尺寸参数和材料力学性能，以及目标管件的形状特征和质量要求。加载路径的优化是管件成形工艺设计的关键问题。

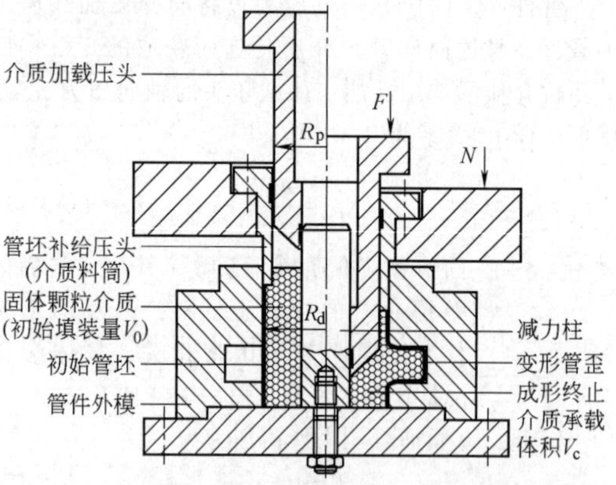

图 6-5-13　管材固体颗粒介质单向加载成形模具简图

2. 介质选取与填装量设计

在管材固体颗粒介质成形工艺中传压介质的选取至关重要，首先根据目标管件的材料和形状尺寸确定成形工艺，而后根据成形工艺制定温度和压力需求进行固体颗粒介质的选取。本章 5.2 节已将固体颗粒介质按照成形温度、成形压力和颗粒材料进行了细致的分类，并给出了不同类型颗粒的基本物理性能、适用范围和选取原则，可参照选取。

固体颗粒介质的填装量需考虑管件成形后的型腔容量、介质加载压头几何形状参数和成形终止的压下深度、固体颗粒介质体积压缩率等因素计算得出。其中，介质加载压头的压下深度设计至关重要，由于固体颗粒介质传压非均匀分布，不同形状介质加载压头形成的固体颗粒介质传压分布状态略有不同，但是一般形成的最大压力区处于压头临近的周向区域，所以在管件最终胀形时刻一般将介质加载压头压下位置设计为管件最大胀形或难胀形区域为宜，如图 6-5-13 所示位置。因此，固体颗粒介质填装量 V_0 可通过目标管件的型腔容量减去介质加载压头压入体积后的介质成形终止的承载体积 V_e 求得

$$V_0=\frac{\lambda}{p}V_e \tag{6-5-17}$$

式中　λ——体积压缩模量（MPa），与固体颗粒介质的选取种类有关；

p——平均主应力（MPa），此处可以使用介质胀形终止的内压 p_n 计算。

介质填装量确定后，根据管坯的内径和长度测算是否需要设计介质料筒。若管坯筒内承装体积小于介质填装量，则需要设计介质料筒，如图 6-5-13 所示，管坯补给压头同时兼备介质料筒的功能。为简化工艺流程中固体颗粒介质的填充和收集，可将模具装置设计为倒置加载方式，如图 6-5-14 所示。

3. 模具结构设计

（1）管件外模设计　管件外模设计主要依据目标管件形状，以及现有压力设备结构和动作能力，一般可采用横向或轴向开模，可配备满足强度要求的合模结构，从而降低对压力设备的要求。外模设计在考虑方便装卸管件的同时，满足其强度和刚度要求。胀形过程中管件型腔作用较大的内压力，若模具强度不足会导致胀裂，对人员和设备造成危害；若模具刚度不够，高内压会引起管件外模弹性膨胀变形，导致成形管件形状尺寸差。因此，外模设计需要根据目标管件成形内压需求和管件精度要求，采用较大的安全系数，同时合模结构的强度和刚度也需基于上述因素设计。

对于某些铝合金、镁合金、钛合金等轻质合金管件，可采用管材成形性能较好的温/热成形工艺方法。一般将管件外模和介质料筒加装加热及温控装置，预热至成形设计温度；同时，采用加热炉直接将管材和颗粒介质加热至成形设计温度，而后迅速转移至模具中进行成形。也可以采用在模具上直接加热的方式，通过管件、外模、介质料筒和加载压头将管坯和颗粒介质共同加热至成形设计温度，而后加载成形，这种方式的管件制备效率较低。管件

温/热成形模具根据成形温度不同可选择采用电阻丝/棒直接加热，或高温环境全封闭加热方式，并配备不同的温控系统。图 6-5-12b 所示为管件外模轴向开模设计，管件外模加装加热棒直接加热管坯和固体颗粒介质达到成形温度。

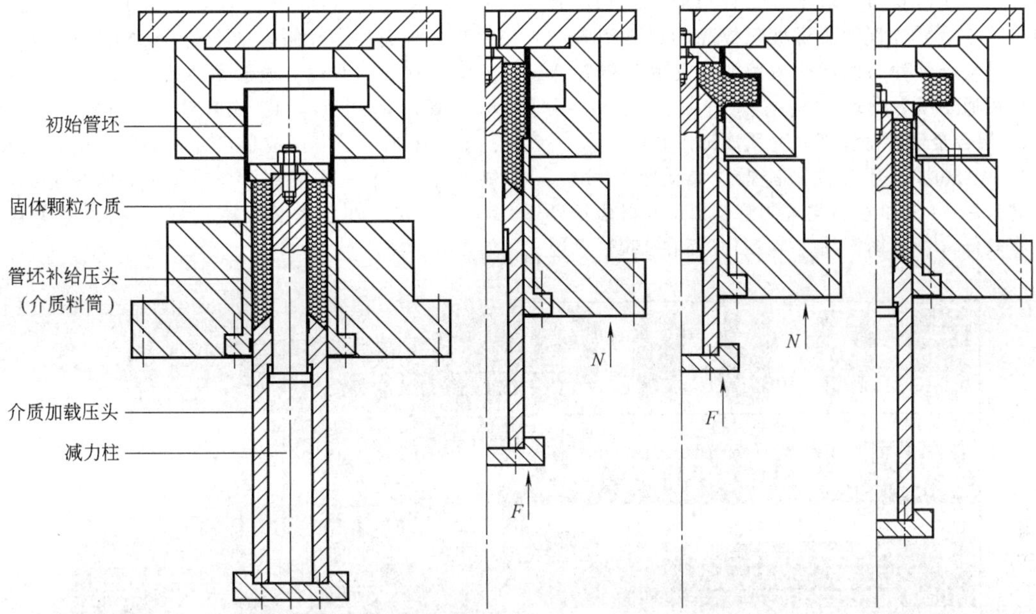

图 6-5-14　管材固体颗粒介质倒置加载工艺步骤简图

（2）密封结构设计　管材固体颗粒介质成形工艺中，密封结构和间隙的设计与介质种类和成形工艺方法密切相关。固体颗粒介质的粒径一般在 ϕ0.08～ϕ2mm 范围内选取，最大粒径与最小粒径的差值可控制在 20%以内。因此，密封结构一般采用接触式填料密封，不仅起到介质压力的密封作用，而且同时起到介质加载压头往复运动的导向作用。对于不同的成形温度条件应选取不同的密封材料，对于室温成形一般选用尼龙环、聚四氟乙烯填料环或芳纶填料环作为填料密封材料，对于温热成形和高温成形模具可选用膨胀石墨填料环、陶瓷纤维盘根等耐高温填料，具体结构形式和间隙配合可参见机械设计手册常用动密封相关内容。

5.3.3　管材固体颗粒成形工艺应用简介

1. 钢制管件固体颗粒介质室温成形

1）选用壁厚为 0.8mm 的 ST12、ST14 和不锈钢板焊接规格为 ϕ90mm×200mm 的管件，在常温条件下，采用金属固体颗粒介质，通过压力机一次胀形成功阶梯轴、波纹管、方形和椭圆形等截面工件，胀形系数 k 达到 1.44，如图 6-5-15 所示。采用壁厚 0.5mm 的 1Cr18Ni9Ti 板材卷焊管坯，规格为 ϕ100mm×90mm，采用 GM 非金属固体颗粒介质成形凸环管件、四方截面管件和六方截面管件，采用压机加载，三种零件的胀形系数分别达到 1.35、1.26 和 1.21（见图 6-5-15b）；四方截面管件和六方截面管件竖边最小圆角半径为 30mm 和 12mm，并未出现破裂现象。以上两个工艺应用均未采用管端补给加载的设计。

2）GH99/GH3044 材质 Ω 截面管件，规格为 ϕ110mm×80mm×1.2mm，由于该零件变形区段长度很小，成形的 Ω 形直径尺寸不超过壁厚的 10 倍，且材质强度及冷作硬化显著，同时有严格的厚度减薄率要求。因此，Ω 截面管件固体颗粒介质胀形工艺设计了减力柱和管端补给压头，减力柱能够降低对设备的吨位需求，同时增加导向精度，且环状压头可以使局部成形压力显著提升，形成成形区域局部高压；管端补给加载可以有效缓解壁厚减薄。为实现在 315t 通用单动液压机上完成管件成形，设计了弹性合模与管端补给加载装置，综合考虑合模力，以及管端补给压头与介质加载压头的加载匹配关系，成功制备的合格管件如图 6-5-15c 所示。

3）钢铝复合管件（材质：Q235 焊接管/AA5052 挤压管、Q235 焊接管/AA6061 挤压管）应用于某石化领域，内衬无缝铝合金管防腐，外敷钢管增加强度和刚度。复合管件的内、外管装配精度较低，内衬铝合金挤压管的成形性能较差（伸长率不超过 10%），同时目标管件的最小胀形率均超过了 25%，且要求复合管件内外层具有较高的结合度。因此，利用固体颗粒介质与内层管坯的强烈摩擦作用，促进内层管坯金属的轴向流动，进而提高内层铝合金管坯的成形性能，由图 6-5-15d 可以看出管件成形后管端自由补给的量不同。同时，由于该工艺对于介质压力密封的要求不严，一般采用间隙密封便可建立很高的内压，因此密封结构对于管端补给流动几乎没有限制，这也是复合管件胀形极限提高的关键因素之一。两种复合管件的成形均采用非金属固体颗粒介质，应用通用压力设备。

2. 铝合金管件固体颗粒介质成形工艺

1) AA5083 凸环管件固体颗粒介质等温成形。该工艺采用 AA5083 板材卷焊制管，由于其材质常温伸长率较低（伸长率不超过 14%），而在 190℃ 附近成形性能明显改善，特别是焊缝塑性性能差且不稳定，因此可采用等温成形技术满足管件胀形需求。采用耐热非金属固体颗粒介质，在 190℃ 的等温环境中（凹模、管坯和介质均加热至 190℃），并配备管端补给压头，通过胀形初期的“过渡”管端补给，形成“有益”皱纹，成形厚径比为 0.015 的凸环管件的胀形率达到 1.4，减薄率不超过 16.6%，如图 6-5-16 所示。等温成形可以有效降低对设备加载能力的需求，并采用倒置介质压头和管端补给压头（介质料筒，用于承装介质），模具结构简单紧凑，如图 6-5-16a 所示。

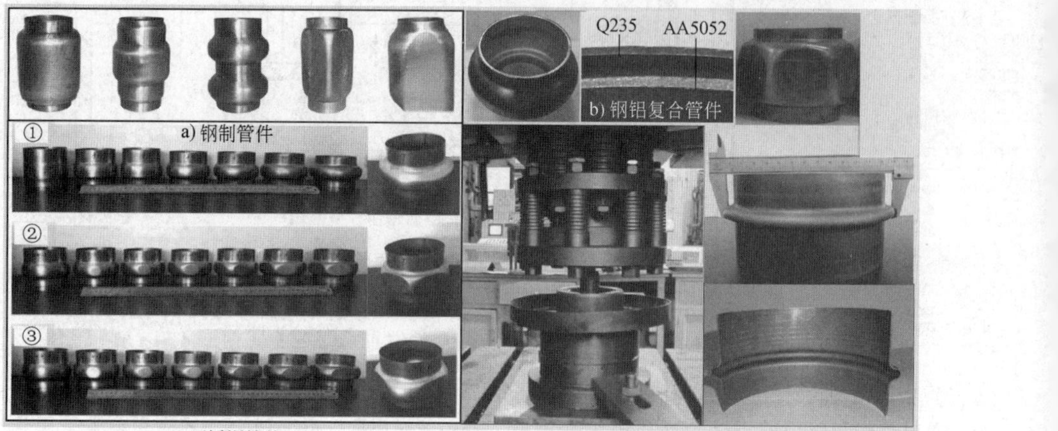

c) 不锈钢管件　　d) 高温合金管件

图 6-5-15　钢制管件常温固体颗粒介质胀形

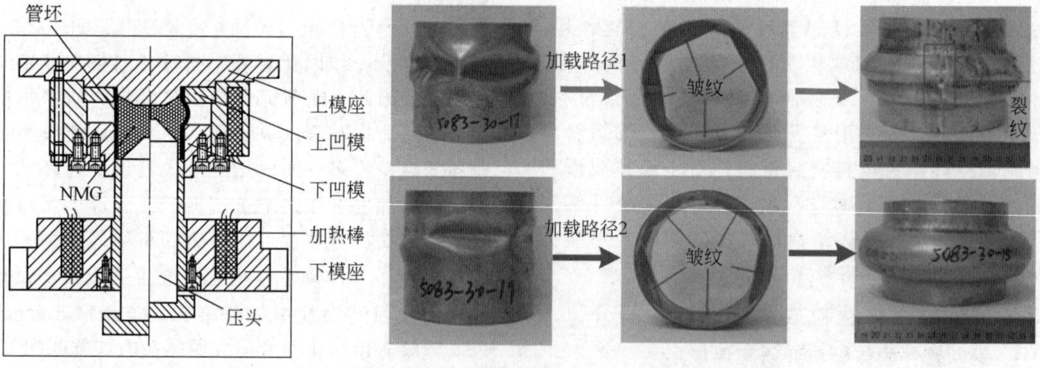

a) AA5083管件等温成形

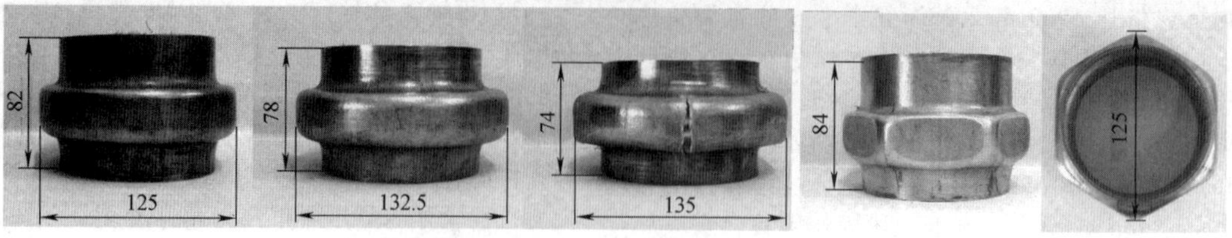

b) AA6061阶梯轴固溶后成形　　c) AA6061六方轴固溶后成形

图 6-5-16　铝合金管件成形示例

2）AA6061 挤压管"固溶水淬+固体颗粒介质胀形+人工时效"成形工艺。常态的 AA6061 挤压管材塑性变形能力较差，属于典型的脆性断裂。然而，6×××系铝合金属于可热处理强化材料，管材固溶水淬后强化相溶解于基体，塑性显著增强而强度和硬度下降，有利于复杂管件成形，同时降低设备吨位需求；胀形后人工时效，管件强度和硬度可回升至初始状态。采用此工艺成形厚径比为 0.015 的 AA6061（挤压管坯）阶梯轴和六方截面管件，最大胀形比达到 1.3，如图 6-5-16b 和图 6-5-16c 所示。通过优化热处理工艺参数和成形工步，达到管件成形性能和硬化性能的最佳匹配。

5.4　板材固体颗粒介质成形工艺及模具

板材固体颗粒介质成形工艺一般按照颗粒介质所替换的凸凹模不同，分为软凸模（颗粒介质替换凸模）和软凹模（介质替换凹模）成形工艺，两种工艺具有各自不同的特点。下面将分别按照软凸模成形和软凹模成形进行介绍。

5.4.1　软凸模颗粒介质成形

板材颗粒介质软凸模拉深过程应力应变状态如图 6-5-17 所示，首先将板料放置在凹模上，压下料筒并加入固体颗粒传压介质，然后安装压头，对料筒施加压力 Q，起到压边、密封的作用。对压头施加压力，板料在非均匀分布的成形压力作用下，中间部分受两向拉应力作用下首先产生变形，其形状由平面变成半球形。当径向拉应力达到足以使凸缘变形区产生弯曲变形时，材料逐渐进入凹模，并形成侧壁，最终完全贴模，完成成形。

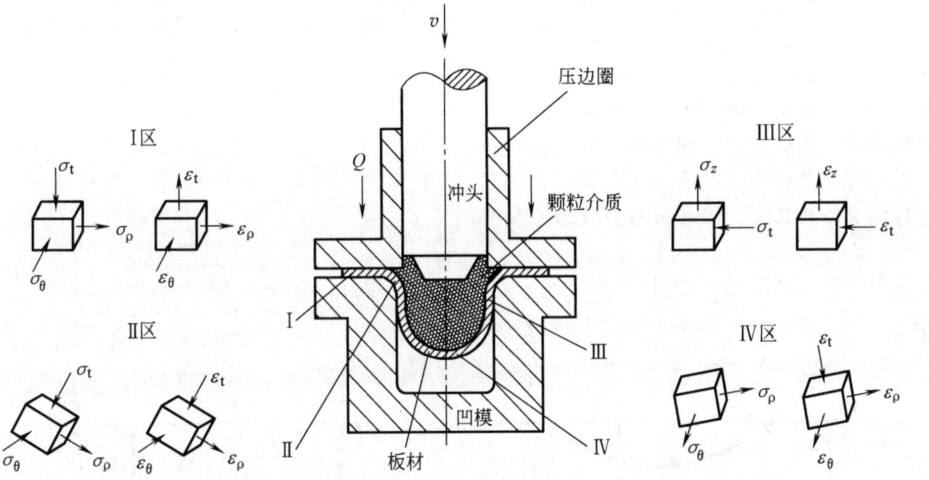

图 6-5-17　板材颗粒介质软凸模拉深过程应力应变状态

σ_ρ、ε_ρ—板材经向（径向）应力与应变　σ_z、ε_z—板材轴向应力与应变　σ_t、ε_t—板材厚向应力与应变

σ_θ、ε_θ——板材纬向（周向）应力与应变　Q、v——压边力与压头压制速度

板材固体颗粒介质拉深成形时，板材内各部分所处的位置随着拉深的进行而不断改变，其对应的应力应变状态也随之变化。法兰区（拉深区）、变形区（法兰圆角区）、传力区（贴模区或筒壁区）以及胀形区（自由变形区）共 4 个区。在软凸模颗粒介质成形时，法兰区的受力情况与传统的使用刚性模具进行拉深成形时接近。图 6-5-17 所示为成形中某一时刻板材所处的状态，根据坯料各点受力状态，可将成形工件划分为法兰区Ⅰ、变形区Ⅱ、传力区Ⅲ以及胀形区Ⅳ（自由变形区）共 4 个区。

Ⅰ区为法兰区（拉深区），该区为拉深主要变形区。该区板材在径向拉应力 σ_ρ 和周向压应力 σ_θ 的作用下产生塑性变形后被拉入凹模，产生径向伸长和周向压缩变形。由于压边圈的作用，使板材在厚度方向上承受压应力 σ_t，该值远小于 σ_ρ 和 σ_θ，因此材料的转移主要是径向的延展，同时也向坯料的厚度方向流动从而使厚度稍有增加，且在法兰外缘厚度增加最大，此时厚度方向应变 ε_t 为正值。当压应力 σ_t 较小，而板材较薄时，法兰部位会在周向压应力 σ_θ 的作用下失稳起皱。

Ⅱ区为凹模圆角过渡区（变形区），该区的材料变形非常复杂，除有与Ⅰ区相同的受力特点外（径向拉应力 σ_ρ 和周向压应力 σ_θ 的作用），还由于承受凹模圆角的压力和弯曲作用而产生压应力 σ_t。当板材经过凹模变形时，受到凹模弯曲和拉直的作用而使之拉长并变薄，周向也有少量的压缩。

Ⅲ区为筒壁贴模区（传力区），该区内材料已经变成筒形，不再发生大的变形。主要承受轴向拉应

力 σ_z 作用，在厚度方向承受介质与凹模内壁之间的压应力 σ_t 的作用，该区的变形为纵向伸长和变薄。

Ⅳ区为自由变形区（胀形区），材料处于自由变形状态。在内压作用下材料承受径向应力 σ_ρ 和周向应力 σ_θ 的双向拉应力作用。该区变形状态具有胀形应力状态和胀形变形机理，板材厚度变薄。

与使用刚性模具进行拉深成形不同的是，软凸模颗粒介质成形时，由于颗粒将冲头压力传递至工件内表面进而实施胀形和拉深，工件的传力区紧贴凹模内壁，由此产生与凹模内壁间的摩擦力，增加板材传力区受力，但由于颗粒介质对工件底部和传力区的主动摩擦力使得分布于工件内表面的压力更为均匀，降低了拉裂的危险程度，有利于板材拉深成形，避免刚性凸模圆角部位由于应力集中而造成破裂；另外颗粒介质与板材之间的摩擦系数比刚性凸模大，且该摩擦效果具有持久性，因此有利于拉深成形进行。由于软凸模颗粒介质成形的特点，该工艺在锥形、抛物线、球底筒形件等异型板材拉深成形中具有成形道次少、模具简单、成本低等特点。

软凸模颗粒介质成形时，固体颗粒介质板材拉深成形工艺与传统的拉深工艺有较大不同。该工艺同时存在拉深和胀形特点，因此板材在变形中具有独特的成形机理。根据拉胀成形过程中板材单元的受力状态不同，可将成形工件划分为法兰变形区、凹模圆角区、筒壁贴模区以及底部自由变形区（简称自由变形区）。其中自由变形区的变形模式最为特殊。固体颗粒介质的非均匀传压特性使工件自由变形区近似球冠形状，并且可用圆函数或者抛物线模型表示。图6-5-18所示为板材拉深过程中的中间状态图，以下为原函数模型。

自由变形区子午面用圆函数模型近似表示，其方程为：

$$f(r)=-\sqrt{R^2-r^2}+z_0 \tag{6-5-18}$$

式中　R——自由变形区球冠半径（mm）；

z_0——自由变形区圆心的纵坐标（mm）。

在不同的拉深时刻，工件成形高度 H 与球冠半径 R 可满足不同的几何关系。

当 $0<H<r_d+r_b$ 时（见图6-5-18a），有

$$R=\frac{1}{2}H+\frac{1}{2}\frac{(r_d+r_b)^2}{H}-r_d \tag{6-5-19}$$

当 $H\geqslant r_d+r_b$ 时（见图6-5-18a），假定自由变形区子午面圆与直壁相切，则

$$R=r_b \tag{6-5-20}$$

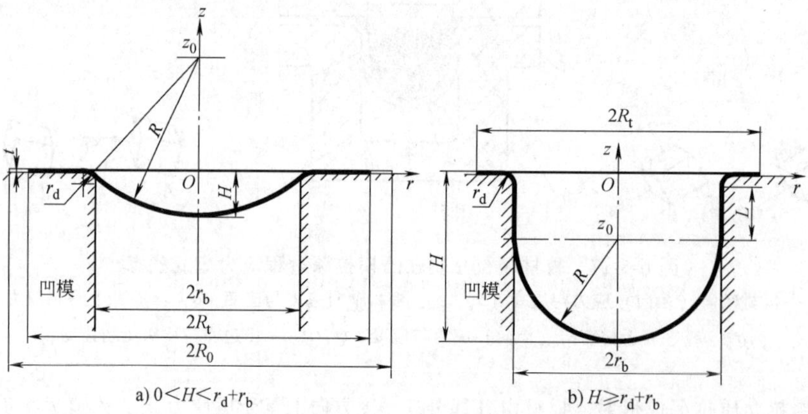

图6-5-18　板材拉深变形模型

H—工件成形高度　L—工件直壁段高度　t—板材厚度　r_d—凹模圆角半径　r_b—凹模圆筒半径
R_t—拉深任意时刻法兰外缘半径　R_0—原始坯料半径　R—自由变形区拟合圆半径
z_0—自由变形区拟合圆圆心　r—工件任意点处位置半径。

5.4.2　软凹模颗粒介质成形

板材颗粒介质软凹模成形原理如图6-5-19所示，板材颗粒介质软凹模拉深成形过程中，背压顶杆对颗粒介质实施一定压力使板材逐步包覆于下行的冲头表面，从而实现板材成形，冲头底部形状即为待成形工件内表面型面。板材颗粒介质软凹模拉深成形中的应力应变状态与充液成形类似，在此不再赘述。

软凹模颗粒介质成形与软凸模颗粒介质成形的一个不同之处在于：在软凹模颗粒介质成形时，板料不但受到冲头的压力作用，而且还会受到由背压顶杆提供给颗粒介质的背压作用。使用刚性模具进行拉深成形、软凸模颗粒介质成形、软凹模颗粒介质成形制造相同形状的零件时，试件的传力区和自

由变形区域的受力状态如图 6-5-20 所示。刚性模具进行拉深成形过程中，试件传力区基本处于悬空状态，与凹模及凸模之间的摩擦力极小，可以忽略不计，因此板材只受到凸模法向拉深力 p_n 作用，如图 6-5-20a 所示。在软凸模颗粒介质成形过程中，试件由于颗粒介质内压作用而紧贴于凹模表面，使得凹模与试件间的摩擦力 f_w 增加，而颗粒介质与板材间的摩擦系数较大且具有保持性，因此该摩擦力 f_n 大于 f_w，有利于板材成形，板材受力如图 6-5-20b 所示。而在软凹模颗粒介质成形时，板料的另一侧还受到颗粒介质的压力作用，必将贴紧凸模，从而增大凸模与板料之间的摩擦力 f_n，如图 6-5-20c 所示。

与传统的刚性模具进行拉深成形工艺以及软凸模颗粒介质成形方式相比，软凹模颗粒介质成形工艺有以下两个特点：第一，提高了板材成形过程中的静水压力，改善了材料塑性成形性能；第二，增大凸模与试件之间的有益摩擦力，作用在试件底部的作用力就会相应减小，从而降低试件危险截面的应力，抑制试件危险截面发生缩颈、破裂等，提高成形性能。

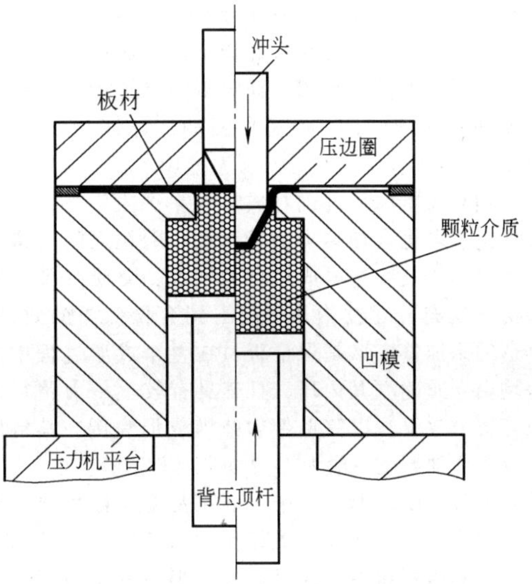

图 6-5-19　板材颗粒介质软凹模成形原理图

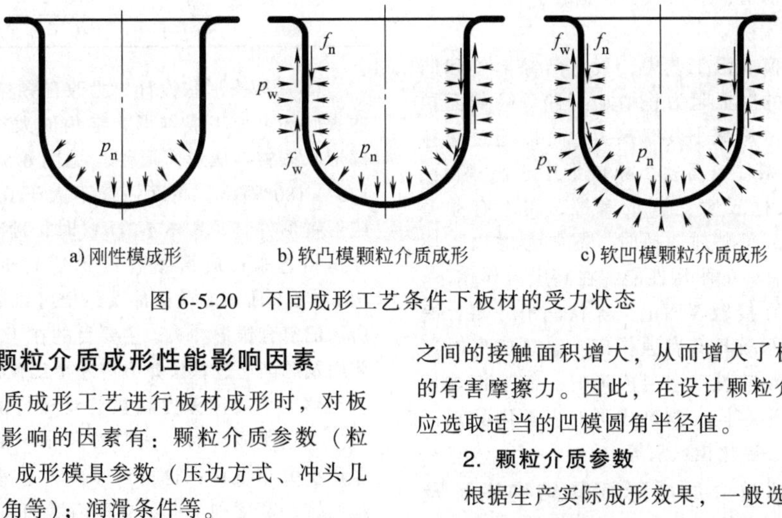

图 6-5-20　不同成形工艺条件下板材的受力状态

5.4.3　板材颗粒介质成形性能影响因素

运用颗粒介质成形工艺进行板材成形时，对板材成形性能产生影响的因素有：颗粒介质参数（粒径、添加量等）；成形模具参数（压边方式、冲头几何形状、凹模圆角等）；润滑条件等。

1. 模具几何参数

在软凹模颗粒介质成形工艺条件下，如果刚性凸模圆角半径太小，就会增大板料绕凸模弯曲的拉应力，因而会降低板料的极限变形程度。而在软凸模颗粒介质成形工艺条件下，凹模圆角半径对筒壁拉应力影响很大。在成形过程中，由于板料绕凹模圆角发生弯曲和校直变形，如果凹模圆角过小就会增大试件变形所需的力，从而增大试件危险截面的拉应力，故要减小试件危险截面的拉应力，降低板料拉深系数，应增大刚性凹模圆角半径。但刚性凹模圆角半径也不宜过大，因为过大的圆角半径会减少板料与压边圈的压边面积，使板料容易产生失稳起皱；而且凹模圆角增大使成形过程中板料与凹模之间的接触面积增大，从而增大了板料与凹模之间的有害摩擦力。因此，在设计颗粒介质成形模具时应选取适当的凹模圆角半径值。

2. 颗粒介质参数

根据生产实际成形效果，一般选择粒径 $\phi0.08 \sim \phi2mm$ 的球形颗粒作为传力介质。粒径过小，颗粒呈粉体状，承压后易凝聚结块，流动性减弱，阻碍其传力性能；粒径过大，流动性和传力效果增强，但成形中由于颗粒-板材接触对过少而使板材接触点压力过大造成压痕，并且粒径过大会造成板材成形局部小特征困难。因此颗粒介质粒径选择时需要综合考虑以下原则：①成形件坯料几何尺寸：坯料几何尺寸越大（包括平面尺寸和厚度），颗粒粒径适当增加，但工件具有局部小特征成形，需选择小粒径介质；②成形内压：由于成形板料材质和工件形状特征不同，所需内压各异，若属于高内压成形，应适当增大颗粒介质粒径避免结块发生；反之则可以减小粒径。对于镁合金、铝合金等轻合金板材温热成形，由于温热条件下金属硬度较小，宜选择硬度较小的颗粒介质，从而避免介质对金属表面造成摩擦划痕。室温条件下的高强合金或者不锈钢板材成形则需要选择高硬度颗粒介质，避免成形内压过大造成介质凝聚结块现象。针对不同加工板材的颗粒介质种类选择与管材基本相同，详细内容可参见表 6-5-9。

颗粒介质添加量也对成形效果产生影响，介质添加量过多将会使传力路径增长，颗粒之间的碰撞内耗加剧，最终造成成形压力增大；介质过少则不能由介质充分建立内压，起不到介质传力的效果。合适的添加量应该是保证板材在整个成形过程中内壁均由介质建立其内压，且其具有较短传力路径及较好传力效果。以筒形件软凸模成形为例，其料筒中介质添加高度一般为 1~2.5 倍工件直径。

颗粒介质成形工艺中，颗粒类型及粒径选择对于工件成形的成败起到关键作用，需要综合考虑颗粒的固有物理特性。针对具体成形目标工件，为获得理想颗粒介质，也可以通过在介质中添加少量辅助介质（如固态润滑剂等）获得所需传力效果。

3. 润滑条件

在板材软凸模成形工艺中，板材凸缘部位和凹模、压边圈之间的摩擦阻力将增加工件危险截面拉应力，因此需要尽量减小其摩擦力。可以通过涂抹润滑剂改善润滑条件。而软凸模成形中板材-颗粒、软凹模成形中板材-凸模之间的摩擦，属于有益摩擦，则需要保持。润滑剂选择时，需要考虑以下原则：润滑剂应有良好的耐压性能，在高压力作用下，润滑膜仍能吸附在接触表面上，保持润滑效果；润滑剂不应对板料和模具有腐蚀作用；温热成形时还需要考虑润滑剂耐热性。室温成形时，润滑剂与传统刚性模拉深成形相同；温热成形时，常用的润滑剂有石墨粉末、二硫化钼粉末等。

5.4.4　板材颗粒介质成形模具结构设计及参数确定

1. 软凸模成形模具结构设计

由于需要通过颗粒作为传力介质实施板材成形，因此软凸模一般用于拉深系数 $m<0.6$，采用压边圈（兼料筒）的情况。软凸模成形原理简图如图 6-5-17 所示，拉深模由冲头、凹模及压边圈（兼料筒）组成。其模具结构与刚性模成形模具基本近似，唯一区别在于在料筒内添加适量颗粒介质。模具结构形状与尺寸不仅对零件成形过程产生影响，而且也影响到拉深件的质量，因此需合理设计模具结构形状与尺寸。

软凸模成形过程中，为抑制起皱，压边力及压边间隙的确定，可以参考刚性模拉深成形工艺，在此不再赘述。下面对本工艺的一些特殊结构设计进行介绍。

（1）拉深模间隙　软凸模拉深时，由于需要通过颗粒介质传递压力。为了保证板材内部均能承压且冲头不会插入零件内腔而因颗粒卡住造成工件内壁划伤，需要保证冲头与凹模之间保持一定间隙，凹模半径 r_b 与压头半径 r_p 之差为单边模具间隙 c，可按下式设计：

$$c=r_b-r_p=t+(10\sim30)d_p \tag{6-5-21}$$

其中 d_p 为颗粒介质平均粒径。

（2）凹模圆角　凹模圆角半径 r_d 由下面经验公式（6-5-22）确定，或者由表 6-5-10 取值。

$$r_d=0.8[(2R_0-r_b)t]^{0.5} \tag{6-5-22}$$

表 6-5-10　拉深凹模圆角半径 r_d 值

材料	厚度 t/mm	r_d
钢	<3	$(10\sim6)t$
	3~6	$(6\sim4)t$
	>6	$(4\sim2)t$
铝合金、黄铜、纯铜	<3	$(8\sim5)t$
	3~6	$(5\sim3)t$
	>6	$(3\sim1.5)t$

（3）冲头形状设计　为改善颗粒介质传力特性，冲头底部可加工成锥形。锥角 θ 大小可根据加工工件形状调整：成形筒形件（见图 6-5-21a）一般采用 120°~180°短锥，高度一般不大于 0.5 倍冲头直径；成形锥形件（见图 6-5-21b）时，冲头锥角可与零件锥角相近似；成形抛物线形零件时，可以采用如图 6-5-21b 所示的单锥冲头，也可以采用如图 6-5-21c 所示的复合锥形冲头。主要目的在于保证压力由锥头侧面及底面通过颗粒介质传递至工件内壁时，能够产生足够的法向拉深力和颗粒对板材的主动有益摩擦力。多道次成形时，按照锥角由大到小的顺序进行多道次分布设计；也可以采用多锥头逐渐过渡的形式，锥头高度则由低到高逐渐增加。

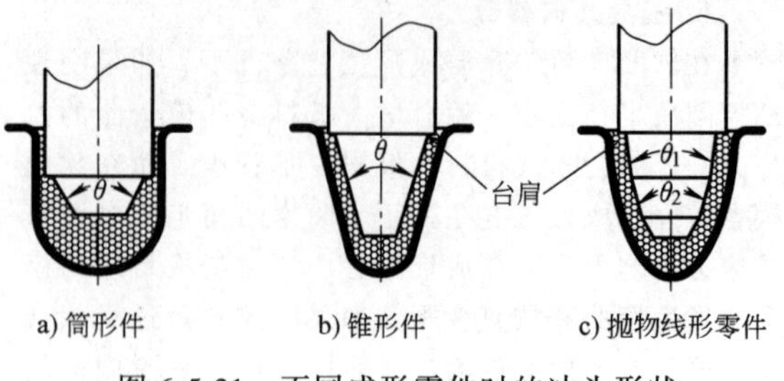

图 6-5-21　不同成形零件时的冲头形状

2. 软凹模成形模具结构设计

（1）拉深模间隙　软凹模拉深时，拉深模间隙 c 可按照表 6-5-11 选取，对于较高精度的工件或者板材厚度公差较小时，间隙值取较小值。

表 6-5-11　软凹模成形拉深模间隙 c 值（单面）

材料	间隙 c
低碳钢	$(1.2\sim1.5)t$
铝、黄铜	$(1.2\sim1.4)t$

(2) 软凹模成形时凸模圆角半径　筒形件软凹模成形时，凸模圆角半径 r_p 过小易造成该弯曲位置减薄严重，过大则造成拉深初期不与模具接触的毛坯部位局部起皱，应按照如下原则取值：一般可取 r_p 值与凹模圆角相同；对于厚度<6mm 的板材，r_p 值应大于 $(2\sim3)t$；厚度≥6mm 的板材，r_p 值应大于 $(1.5\sim2)t$。

目前该工艺在航空航天领域已得到应用，其成形件特点一般具有形状复杂、大拉深比且用普通成形工艺存在道次繁多、成本较高等特点。但该工艺由于自身颗粒介质的离散特征，在零件成形结束后需进行介质清理，并且在下一零件成形时重新填充介质的过程当前尚不能实现自动化。该工艺一般应用于零件单件或者小批量生产；如何使固体颗粒介质成形工艺实现方便快捷的连续、大批量生产是将来的重点研究方向。

5.4.5　板材超声辅助颗粒介质成形技术

板材超声辅助颗粒介质成形（UGMF）技术是在固体颗粒介质成形工艺的基础上进行拓展的一种新技术。板材超声辅助颗粒介质成形工艺原理如图 6-5-22 所示，在颗粒介质成形工艺中引入超声振动，从而达到改善介质传力性能，减小板材与模具间摩擦系数，提高金属板材成形性能的目的。成形设备由凹模、压边圈、颗粒介质、板材、超声振动系统、冲头等组成。其中压边圈兼有料筒作用，固体颗粒介质填充于由压边圈（兼料筒）、冲头、板材构成的封闭腔体内。超声振动系统分为冲头振动（Ⅰ）、压边圈振动（Ⅱ）和凹模振动（Ⅲ）或联合振动。

在振动频率 20kHz，最大输出功率 1.5kW 的板材超声辅助颗粒介质成形模具（见图 6-5-22）下开展了 AZ31B 镁合金筒形件、双锥壳体和阶梯曲面壳体热态拉深试验（见图 6-5-23）。研究表明，超声振动促进了颗粒介质的流动性及其传压性能，使工件自由变形过程中底部形状趋向于长半椭球形；超声振动影响了镁合金板材的极限拉深比，随着振幅增加，其极限拉深比呈现先增后降的规律。超声振动可以降低压边力及成形载荷并抑制法兰区起皱，并且成形载荷随着超声振幅的增加而降低。

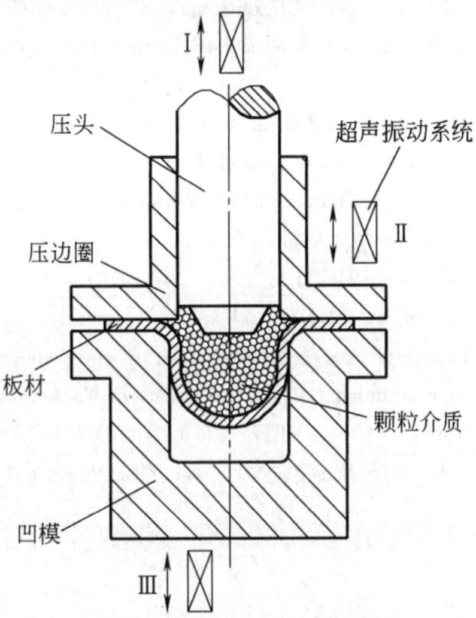

图 6-5-22　板材超声辅助颗粒介质成形工艺原理

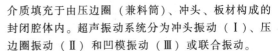

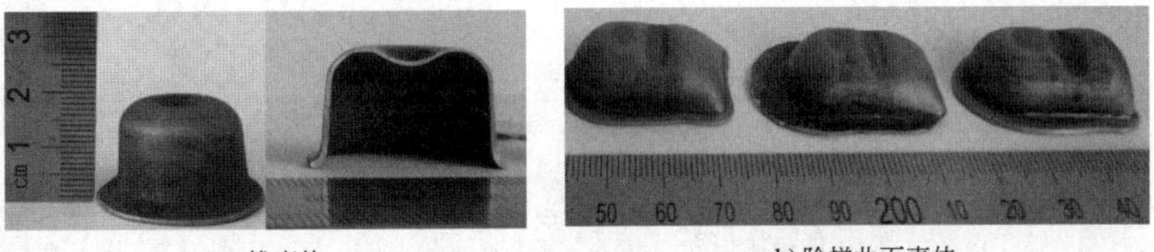

a) 双锥壳体　　b) 阶梯曲面壳体

图 6-5-23　板材超声辅助颗粒介质成形工件

参考文献

[1] 赵长财. 金属板料半模成形工艺：CN200510007167.1 [P]. 2005-07-27.

[2] 赵长财. 固体颗粒介质成形新工艺及其理论研究 [D]. 秦皇岛：燕山大学，2006.

[3] 赵长财，李晓丹，董国疆，等. 板料固体颗粒介质成形新工艺及其数值模拟 [J]. 机械工程学报，2009，45 (6)：211-215.

[4] 赵长财，曹秒艳，肖宏，等. 镁合金板材的固体颗粒介质拉深工艺参数 [J]. 中国有色金属学报，2012，22 (4)：991-999.

[5] 袁荣娟，杨盛福，赵长财，等. AA7075-T6 圆筒形零件热态颗粒介质压力成形过程的力学分析 [J]. 中国机械工程，2015，26 (23)：3240-3248.

[6] DONG G J, ZHAO C C, CAO M Y. Process of back pressure deep drawing with solid granule medium on sheet metal [J]. Journal of Central South University, 2014, 21 (7): 2617-2626.

[7] DONG G, ZHAO C, PENG Y, et al. Hot Granules Medium Pressure Forming Process of AA7075 Conical Parts [J]. Chinese Journal of Mechanical Engineering, 2015, 28 (3): 580-591.

[8] CAO M Y, LI J C, YUAN Y N, et al. Flexible die drawing of magnesium alloy sheet by superimposing ultrasonic vibration [J]. Transactions of Nonferrous Metals Society of China, 2017, 27 (1): 163-171.

[9] CAO M Y, ZHAO C C, DONG G J, et al. Instability analysis of free deformation zone of cylindrical parts based on hot-granule medium-pressure forming technology [J]. Transactions of Nonferrous Metals Society of China, 2016, 26 (8): 2188-2196.

[10] JIA X D, ZHAO C C. Research and application of weight function in flexible male die drawing deformation mechanism [J]. International Journal of Advanced Manufacturing Technology, 2017, 89 (5): 1645-1660.

[11] JIA X D, ZHAO C C, LI J C, et al. Study on the deformation theory of a parabolic part based on solid granules medium forming [J]. Journal of Zhejiang University-Science A (Applied Physics & Engineering), 2017, 18 (3): 194-211.

[12] CAO M Y, LI J C, YUAN Y N, et al. Flexible die drawing of magnesium alloy sheet by superimposing ultrasonic vibration [J]. Transactions of Nonferrous Metals Society of China, 2017, 27 (1): 163-171.

[13] 杜冰，赵长财，刘一江，等. 管材内高压成形变形模式研究 [J]. 机械工程学报，2014，50 (16)：126-134.

[14] 陈晓华，赵长财，董国疆，等. 加载路径对 AA5083 管件热态非金属颗粒介质成形性能的影响 [J]. 中国机械工程，2016，27 (18)：2547-2555.

[15] DONG G J, BI J, DU B, et al. Research on AA6061 tubular components prepared by combined technology of heat treatment and internal high pressure forming [J]. Journal of Materials Processing Technology, 2017, 242: 126-138.

[16] BI J, ZHAO C C, BI M M, et al. Heat treatment and granule medium internal high-pressure forming of AA6061 tube [J]. Journal of Central South University, 2017, 24 (5): 1040-1049.

[17] 赵长财，王银思，李晓丹，等. 固体颗粒介质的传压性能实验研究 [J]. 塑性工程学报，2006，13 (2)：85-88.

[18] 赵长财，王银思，董国疆，等. 高压下固体颗粒介质的压力分布 [J]. 塑性工程学报，2007，14 (2)：43-46.

[19] 赵长财，李晓丹，王银思，等. 板材固体颗粒介质成形新工艺 [J]. 塑性工程学报，2007，14 (4)：11-15.

[20] 曹秒艳，赵长财，董国疆，等. 基于固体颗粒介质成形工艺筒形件拉深力学分析 [J]. 机械工程学报，2013，49 (2)：42-48.

第7篇 旋　　压

概　　述

华南理工大学　夏琴香

金属旋压成形技术具有材料利用率高、成形工具简单、成形载荷小、制件精度和性能高、工艺适应性广，且易实现产品的轻量化和制造的柔性化等特点，广泛应用于航空航天、武器装备、石油化工、工程机械、车辆造船、电子电器、家电五金等领域零件的成形。近年来，随着工业产品朝着几何形体复杂化和成形质量高精度化的方向发展，新的旋压成形技术不断涌现，可成形零件类型不断扩展，已成为先进制造技术的重要组成部分。

旋压属于回转塑性成形技术，旋轮等工具在回转运动中或对回转运动中的毛坯加压，使毛坯产生局部且连续的塑性变形，从而获得所需零件的一种精密塑性成形方法。传统的旋压主要用于成形横截面为轴对称、圆形、等壁厚等结构特征的薄壁空心回转体零件。按照材料的变形特点，旋压可分为普通旋压与强力旋压两大类。在旋压过程中，改变毛坯的形状和尺寸，而毛坯厚度不变或有少许变化的成形方法称为普通旋压；在旋压过程中，不但改变毛坯的形状和尺寸，而且显著地改变其壁厚（减薄）的成形方法称为强力旋压。近年来，面向现代装备制造业对复杂结构零件高性能精确成形的迫切需求，传统旋压仅用于成形轴对称、圆形横截面、等壁厚产品的局限不断被突破。用于旋制三维非轴对称、非圆横截面及非等壁厚横截面等零件的特种旋压技术的出现，拓宽了传统旋压技术的理论范畴和应用领域。

本篇在上一版《锻压手册》中“旋压”章节的基础上，本着传承与创新、理论与实践相结合的原则，融入近年来在旋压成形理论、方法、工艺及生产实例等方面所取得的最新研究成果，对各种旋压方法的基本原理、工艺要素、工艺装备、变形力的计算、缺陷及质量控制进行了系统总结与剖析，并列举了大量的典型实例，力求为从事旋压成形技术研究和生产的科研及工程技术人员提供有力的帮助，进而推动我国旋压制造水平的进一步提升。

本篇共4章。第1、2章分别阐述了普通旋压及强力旋压的工艺要素、工艺装备、变形力的计算和典型旋压产品等；第3章阐述了三维非轴对称零件、非圆横截面零件、带轮、键/齿/筋/肋零件等特种旋压成形技术的基本原理、工艺要素、成形质量控制及成形实例等；第4章阐述了旋压成形缺陷、精度、组织性能及残余应力控制等内容。

第1章

普通旋压

中国航空制造技术研究院　李继贞　刘德贵

1.1　概述

普通旋压是加工薄壁空心回转体零件的无屑成形工艺方法，属板材成形范畴。它是借助旋轮、擀棒等工具对旋转的金属板或管坯施加作用力，使坯料产生连续的局部变形并成为所需制件（见图 7-1-1）。普通旋压主要改变坯料直径尺寸，而壁厚发生随机变化。

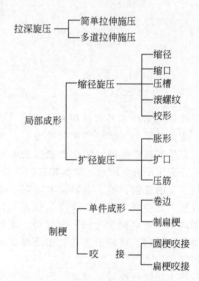

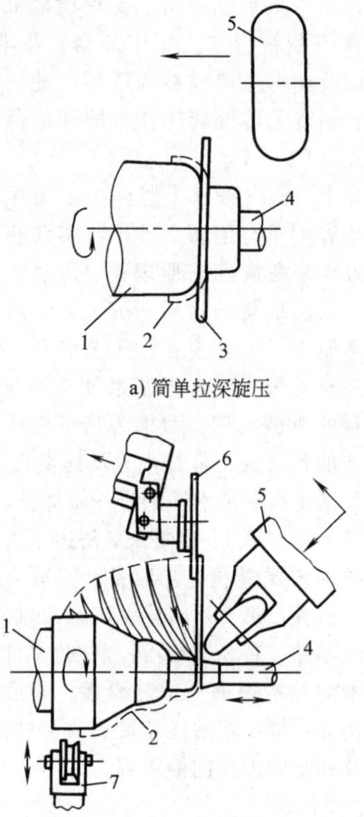

a) 简单拉深旋压

b) 多道次拉深旋压

图 7-1-1　普通旋压过程简图

1—芯模　2—工件　3—板坯　4—尾顶
5—成形旋轮　6—反推器　7—切边轮

普通旋压可完成表 7-1-1 所示成形工序（普通旋压简图见图 7-1-1 和图 7-1-2），还可完成分离、封口等工序。

表 7-1-1　普通旋压分类

- 拉深旋压
  - 简单拉伸旋压
  - 多道拉伸旋压
- 局部成形
  - 缩径旋压
    - 缩径
    - 缩口
    - 压槽
    - 滚螺纹
    - 校形
  - 扩径旋压
    - 胀形
    - 扩口
    - 压筋
- 制梗
  - 单件成形
    - 卷边
    - 制扁梗
  - 咬　接
    - 圆梗咬接
    - 扁梗咬接

按照旋轮进给路径控制方式的不同，普通旋压可分为手工、机械、液压和数控（包括常规编程和录返）。传统手工旋压的最大适宜厚度见表 7-1-2。

表 7-1-2　传统手工旋压最大适宜厚度

（单位：mm）

工序	材料			
	铝	纯铜	软钢	不锈钢
成形	3~4	3	2	1.35
咬接	1	—	0.7	—

按照旋轮进给方向顺敞口端或逆敞口端，普通旋压可分为往程旋压和回程旋压（见图 7-1-3）。在不同条件下的成形区应力特征与成形限制见表 7-1-3。为防止在局部变形中产生皱纹或拉断等疵病，常常分多道旋压并择优组合往程与回程旋压。

按照变形温度的不同，普通旋压可分为冷旋压和热旋压。冷旋压指在室温条件下进行的旋压过程。热旋压指在对坯料加热条件下进行的旋压过程，用于冷态旋压成形性能差的材料或是工件形状复杂、机床能力不足等情况。

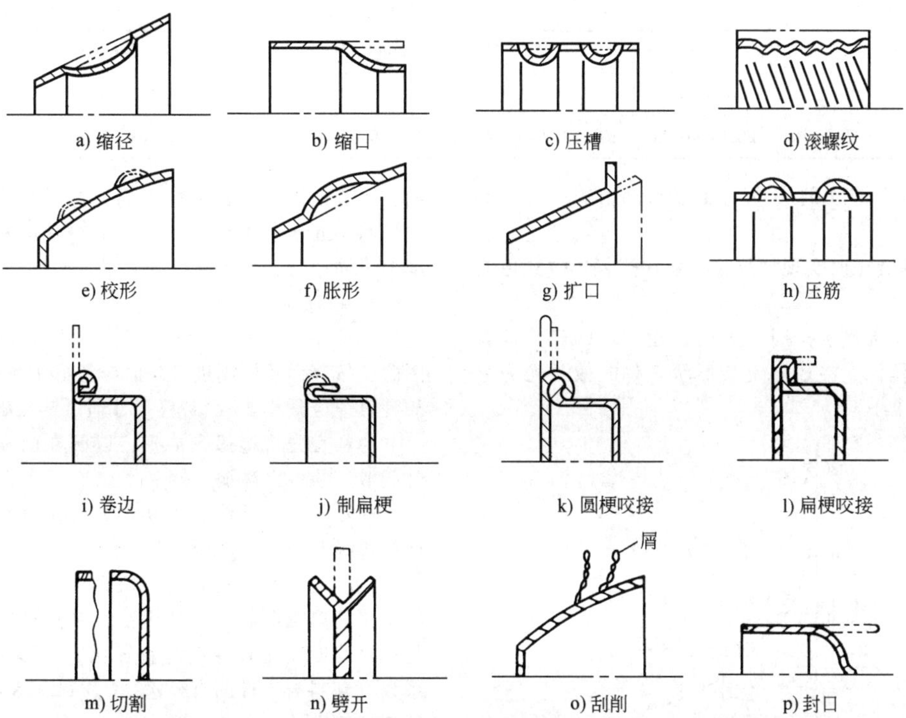

图 7-1-2　普通旋压零件简图

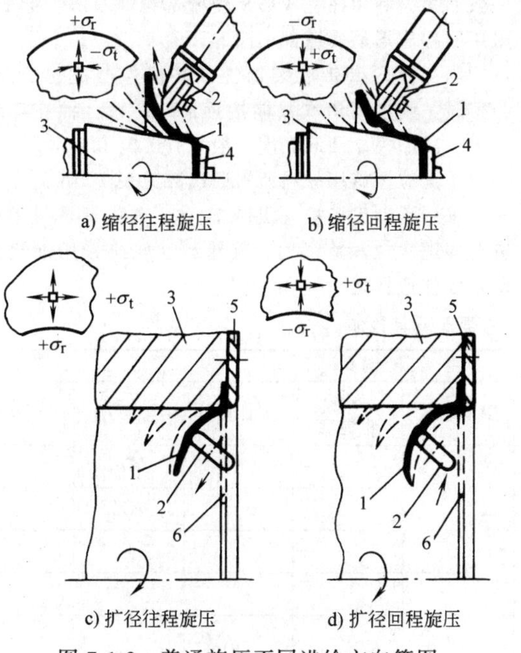

图 7-1-3　普通旋压不同进给方向简图

1—工件　2—旋轮　3—芯模　4—尾顶
5—压板　6—坯料

表 7-1-3　普通旋压成形区应力特征与成形限制

旋压类别		成形区应力		主要成形限制
		径向	切向	
缩径旋压	往程旋压	拉	压	凸缘起皱，侧壁局部过薄
	回程旋压	压	压	非敞口端起棱
扩径旋压	往程旋压	拉	拉	边缘过薄，径向开裂
	回程旋压	压	拉	

普通旋压冷旋压过程用于延性好、加工硬化指数低的材料。常用材料中，纯铝、金、银、铝-锰系铝合金、纯铜的可旋压性优良，铝-镁-锰系铝合金、黄铜、低碳钢较好，而高镁含量的铝-镁系铝合金较差。

难熔金属、钛合金等宜用加热旋压。

普通旋压冷旋压加工的工件直径为 10～8000mm，料厚为 0.5～30mm。热旋压加工的工件料厚可达 200mm。

普通旋压件可达到的直径公差为工件直径的 0.5%，以至 0.1%～0.2%，参见表 7-1-4。厚 10mm、直径 3000mm 的封头普通旋压件壁厚精度可达 ±0.4mm 以内。当直径小于 500mm 时，简单普通旋压件的壁厚公差可达 ±0.1mm 以内。径向圆跳动量、形状准确度的量级与上相同。

普通旋压的优点包括：

1）半模成形，模具研制周期较短且费用可低于成套冲压模 50%～80%。

2）逐点变形，旋压机公称力可比冲压机低 80%～90%。

表 7-1-4　普通旋压件直径精度　（单位：mm）

工件直径		<610	610~1220	1220~2440	2440~5335	5335~6605	6605~7915
直径精度	一般	±0.4~0.8	±0.8~1.6	±1.6~3.2	±3.2~4.8	±4.8~7.9	±7.9~12.7
	特殊	±0.02~0.12	±0.12~0.38	±0.38~0.63	±0.63~1.01	±1.01~1.27	±1.27~1.52

3）可在一次装夹中完成成形、切边、制梗等工序。

4）在旋压时实现加热较其他加热成形方式更为方便。

在中小批量生产时，采用普通旋压的经济效益一般优于拉深，在成形复杂形状工件时效果尤为显著（见图 7-1-4）。

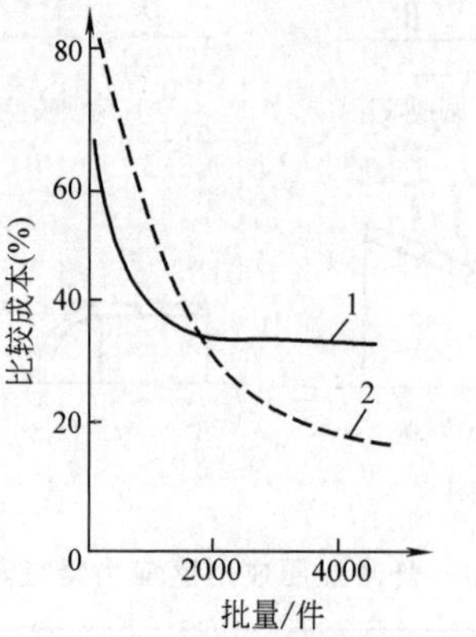

图 7-1-4　不同工艺成本比较
焊接成本 118%机械加工成本 340%（工件：$t=2$mm，$D=110$mm；$h=60$mm）
1—旋压　2—拉深

1.2　工艺要素

普通旋压时，对坯料、工艺及工艺装备诸方面的主要影响因素见表 7-1-5，其选择及搭配应使加工中坯料不起皱、不破裂，所获工件有良好的尺寸精度与表面质量，效率高，效益好。

1. 拉深旋压

（1）坯料　板坯直径计算可参照拉深有关公式图表，按等面积原则进行，但应考虑工件侧壁减薄，故计算值应减小 5%，最终尺寸通过试旋确定。

薄料宜先将边缘预成形，以防在前期旋压道次中起皱，并可提高加工效率。

冲裁的坯料外缘比剪切的整齐，有利于防止旋压中边缘开裂。

（2）道次数与旋轮运动轨迹　铝及低碳钢杯形件采用简单拉深旋压（单道次，单向进给）的条件是相对厚度（工件厚度与直径比）$t/d>0.03$，旋压系数（坯料与工件的直径比）$D_0/d\leqslant 1.8\sim 1.85$ 并采用型面适宜的旋轮。

多道次拉深旋压时旋轮运动轨迹可取多种形式。一般而言，利用往程成形易使壁部拉薄，法兰起皱，采用回程成形易使壁部增厚。

当工件内壁带有装饰性或功能性凸起、凸点、凸字时，则过渡道次只能接近最终芯模，而在末道次中一次贴模。凸起高度一般为 $(0.2\sim 0.4)t$。

手工拉深旋压软料所需道次数见表 7-1-6。

采用活动靠模板（见图 7-1-5）或借计算机编程进行多道次拉深旋压时，旋轮运动轨迹采用渐开线形是较佳选择之一。

表 7-1-5　普通旋压工艺要素及其影响

成形要素			主要影响							
			起皱	破裂	直径精度与贴模度	壁厚精度	表面粗糙度	表面波度	加工力	加工效率
坯料方面	热处理状态		○	○	○				○	
	厚度		○	○					○	
	直径		○	○						
	预制坯径向圆跳动		○	○	○	○				
工艺装备方面	芯模	表面粗糙度					○			
		径向圆跳动量			○	○		○		
	旋轮	直径			○			○	○	
		外形与圆角半径	○	○	○	○	○	○	○	
		径向圆跳动量			○	○		○		
		表面粗糙度					○			

（续）

成形要素		主要影响							
		起皱	破裂	直径精度与贴模度	壁厚精度	表面粗糙度	表面波度	加工力	加工效率
工艺参数和条件	往、回程进给	○			○				
	道次数及轨迹	○	○		○				○
	转速			○					○
	进给比	○	○	○	○	○	○	○	○
	冷却润滑					○			

表 7-1-6　手工拉深旋压道次数

工件相对深度 h/d		<1	1~1.5	1.5~2.5	2.5~3.5	3.5~4.5	4.5~6.0
筒形件旋压系数 $\beta=D_0/d$		<2.23	2.23~2.45	2.45~3.16	3.16~3.87	3.87~4.36	4.36~5
旋压工序数	锥形、抛物线形	1	1	2	3	4	5
	筒形	1	2	3	4	5	6

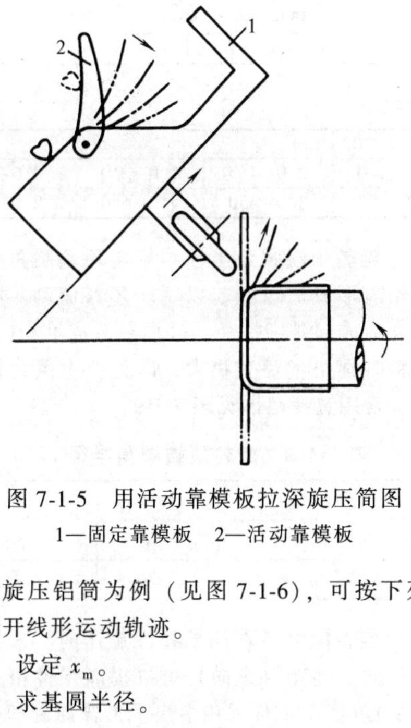

图 7-1-5　用活动靠模板拉深旋压简图
1—固定靠模板　2—活动靠模板

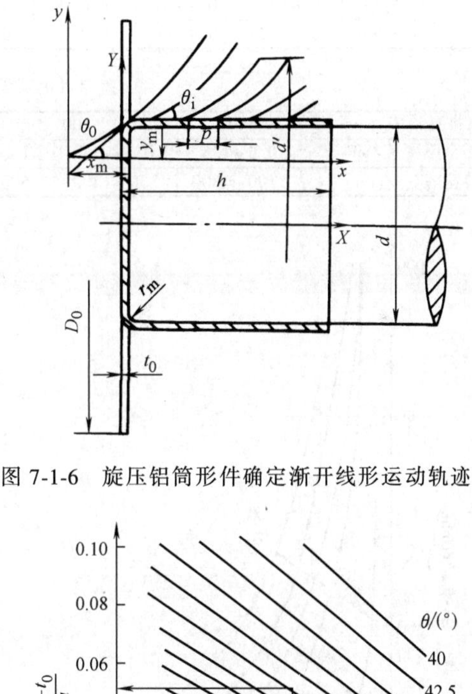

图 7-1-6　旋压铝筒形件确定渐开线形运动轨迹简图

以旋压铝筒为例（见图 7-1-6），可按下列步骤确定渐开线形运动轨迹。

1）设定 x_m。

2）求基圆半径。

$$a=(1.7\sim2.2)(h+x_m-t_0) \tag{7-1-1}$$

a 过大则道次增多，过小则壁部减薄。

3）由图 7-1-7 核定 x_m 与 a 取值是否恰当以保证起旋点仰角 $\theta_0=45°\sim60°$。θ_0 过小易起皱，过大壁部易裂。

4）反复修正 x_m 值，并进行核算，直到合适为止。

5）求 y_m。

$$y_m=0.085a-t_0 \tag{7-1-2}$$

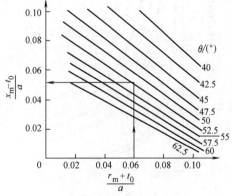

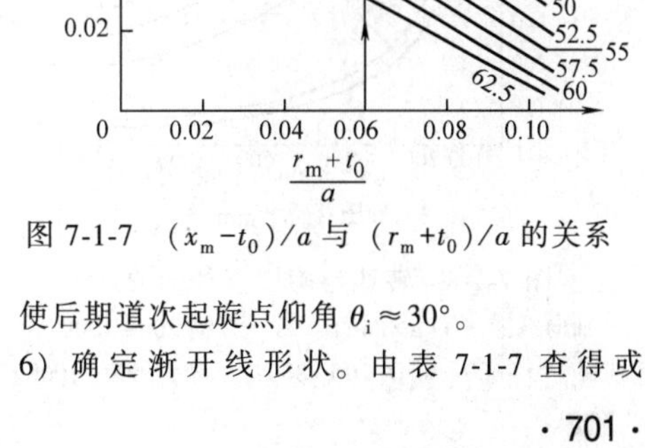

图 7-1-7　$(x_m-t_0)/a$ 与 $(r_m+t_0)/a$ 的关系

使后期道次起旋点仰角 $\theta_i\approx30°$。

6）确定渐开线形状。由表 7-1-7 查得或由

式（7-1-3）算出

$$\left.\begin{aligned}\phi&=0.97\left(\frac{r}{a}\right)^{0.5138}\\ x&=r\cos\phi\\ y&=r\sin\phi\end{aligned}\right\}\qquad(7\text{-}1\text{-}3)$$

式中　r——半径（m），0~a 之间的适当间隔。

各道次旋轮运动的终点位置 d'（见图 7-1-6）可由式（7-1-4）确定

$$d'=D_0\left\{1-\left[1-\left(\frac{d}{D_0}\right)^2\right]\frac{X^2}{h^2}\right\}^{\frac{1}{2}}\qquad(7\text{-}1\text{-}4)$$

铝、铜料在多道次旋压过程中易产生过大凸耳，造成变形不均，可按式（7-1-4）所确定的终点位置曲线设置宽刃刀具予以切除。

（3）旋轮进给方向　平板坯拉深旋压第一道次采用往程旋压。随后的道次采用往程旋压易拉薄，采用回程旋压则旋轮路径受曲面形状限制，道次变形量偏小，因此宜以往程旋压与回程旋压相结合为好。

（4）进给比与转速　提高进给比（主轴每转的旋轮进给量）可提高加工效率，但对初期道次而言需相应减小 θ_0，以防起皱。减小进给比有助于改善表面粗糙度，但过小易造成壁部减薄、不贴模。采用反推辊时应适当加大进给比以防坯料减薄过多。常用选择范围是 $f\approx0.3\sim3$mm/r。

提高转速使工效提高，但要避免机床振动。可在较大范围选择，见表 7-1-8 及图 7-1-8 所示。

表 7-1-7　渐开线曲线坐标

r/a	0.05	0.10	0.15	0.20	0.25	0.30	0.35	0.40	0.45	0.50
x/a	0.0489	0.0956	0.1400	0.1822	0.2222	0.2599	0.2954	0.3288	0.3599	0.3889
y/a	0.0103	0.0292	0.0536	0.0823	0.1145	0.1497	0.1875	0.2277	0.2700	0.3141
r/a	0.55	0.60	0.65	0.70	0.75	0.80	0.85	0.90	0.95	1.00
x/a	0.4158	0.4406	0.4632	0.4838	0.5024	0.5189	0.5334	0.5460	0.5566	0.5653
y/a	0.3599	0.4072	0.4559	0.5058	0.5568	0.6088	0.6617	0.7154	0.7698	0.8248

表 7-1-8　铝板拉深旋压转速

坯料直径 D_0/mm	<100	100~300		300~600		600~900	
坯料厚度 t_0/mm	0.5~1.3	0.5~1.0	1.0~2.0	1.0~2.0	2.0~4.5	1.0~2.0	2.0~4.5
转速 ω/(r/min)	1100~1800	850~1200	600~900	550~750	300~450	450~650	250~550

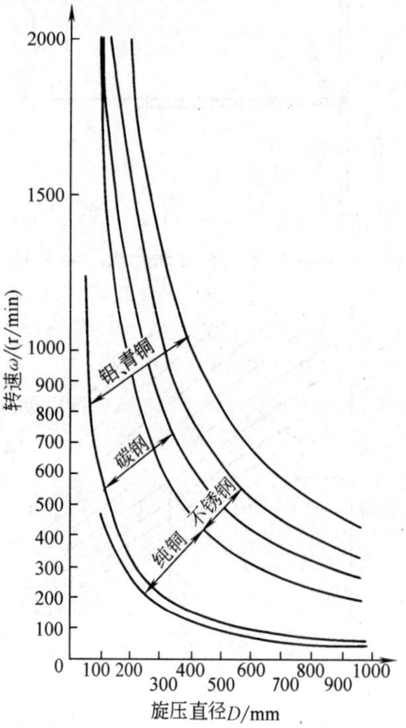

图 7-1-8　转速与旋压直径的关系

轴向线速度 v(m/min)：铝、青铜 200~1300；纯铜 150~600；碳钢 200~800；不锈钢 600~1000。

（5）旋轮顶端圆角半径　旋轮顶端圆角半径应使在旋轮前形成适量隆起以利于坯料流动。圆角半径过大易造成起皱、扩径，过小易造成堆积、断裂。旋压铝料时圆角半径宜稍大，以免产生氧化铝粉末及剥离。常用选择范围见表 7-1-9。

表 7-1-9　旋轮顶端圆角半径 r_r

工序	r_r/mm	备注
简单拉深旋压	$>5t_0$	—
多道次拉深旋压、缩口	6~20	小件取小值

（6）旋轮配置　在简单拉深旋压时，采用双轮分层（径向）错距（纵向）可以提高工件精度和工效。图 7-1-9 所示工件采用多次手工普通旋压，两道次简单拉深旋压和单道次分层错距旋压三种方式的扩径量分别为 5.6mm、6mm 和 2.4mm。

（7）冷却润滑　润滑剂的作用是防止坯料与工具摩擦、黏结，主要施于旋轮工作表面。常用旋压润滑剂见表 7-1-10。

冷却剂的作用是带走旋压热，保持工具、坯料温度平衡，在旋压厚、硬料，尤其是批量生产时采用，当工件精度要求高时应保持恒温。常用的有全损耗系统用油、防锈水溶性油、乳化液等。乳化液冷却效果好，但易使铝合金表面发乌。

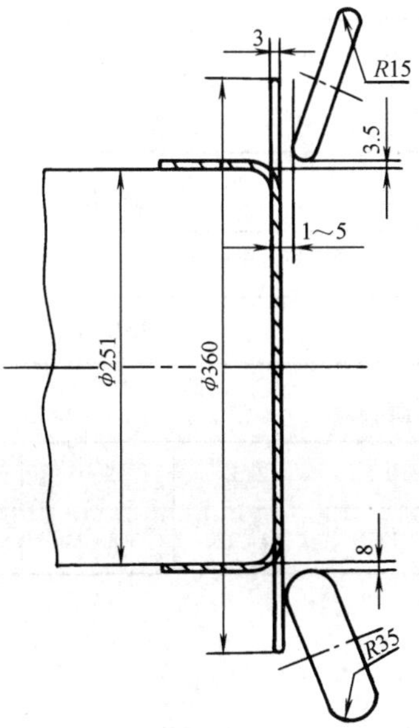

图 7-1-9　双轮分层错距简单拉深旋压图例

表 7-1-10　常用旋压润滑剂

坯　　料		润滑剂
铝、铜、软钢	一般场合	全损耗系统用油、乳化液
	对工件表面要求高	肥皂、凡士林、白蜡、动植物脂等
钢		二硫化钼油剂
不锈钢		氯化石蜡油剂

加热旋压钛及其合金时，表面生成的氧化膜可代替润滑剂。

（8）加热温度　进行加热旋压时，加热旋压温度经验值见表 7-1-11，应按坯料的成分、状态、加工方式及旋压条件具体确定。

对于钛及其合金，为避免在加热过程中坯料吸收氢气等有害物质，加热温度应避免过高，加热时间尽量短。

2. 局部成形——扩径、缩径

缩径时采用回程旋压（见图 7-1-10）有利于克服往程旋压时坯料与芯模在大端接触造成小端已成形部分反旋离模的现象。道次间距 p 常取 3～6mm，软料、厚料取大值。对一些厚、硬料采用多轮成形可以提高合格率和成形精度。

表 7-1-11　加热旋压温度经验值　（单位：℃）

材料	工业纯钛	TB2，TC3	TC4	镁及其合金	钼及其合金	钨及其合金	铌及其合金	锆	纯铜离心铸坯	406 钢	镍铬不锈钢	7A04 铝合金
加热温度	420～536	700～800	800～900	320～350	≈800	≈1000	20～400	≈700	≈450	600～700	600～750	≈300

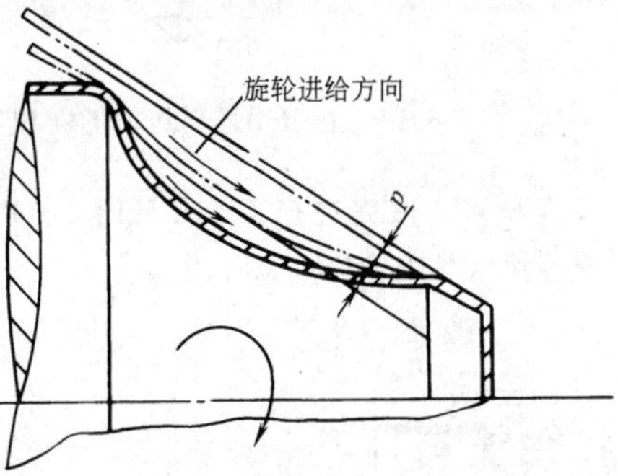

图 7-1-10　缩径-回程旋压

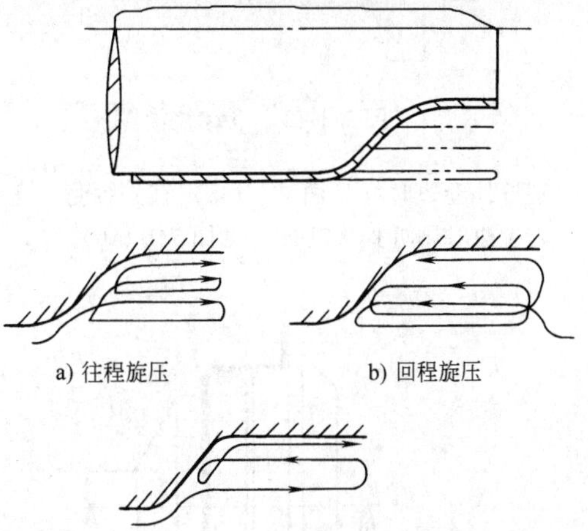

a) 往程旋压　　b) 回程旋压

c) 复合旋压

图 7-1-11　旋压缩口

缩口时采用往程旋压易使坯料减薄，采用回程旋压则相反，二者的复合可减少壁厚差（见图 7-1-11）。缩口时转速与进给速度的选择分别见表 7-1-12 和表 7-1-13。

缩径和压槽时，在坯料端部施以附加压力有助于避免失稳和局部减薄（见图 7-1-18h、图 7-1-30 和图 7-1-31）。

图 7-1-12 所示是以对滚法旋制螺纹的简图，坯料偏心安装。

3. 卷边制梗

卷边时可由表 7-1-14 按坯料厚度选择圆梗直径。卷边过度（直径过小）会产生表面粗糙或剥离。

卷边前最好在法兰上切出斜切口（见图 7-1-13）。

表 7-1-12 旋压缩口转速

坯料直径 D_0/mm	<50	50~100	100~200	200~300	300~400	400~500	500~700
转速 ω/(r/min)	3000~3500	2000~3000	1500~2000	1200~1500	800~1200	600~800	300~600

表 7-1-13 旋压缩口进给速度 （单位：mm/min）

铝	铜	钢
1000~1200	1200~1400	800~1000

表 7-1-14 圆梗直径的取值 （单位：mm）

坯料厚度	0.3	0.5	1.0	1.5	2.0	2.5	3.0	4.0
圆梗直径	1.5~2.5	2.5~3.5	4~8	5~14	8~18	14~22	18~24	20~30

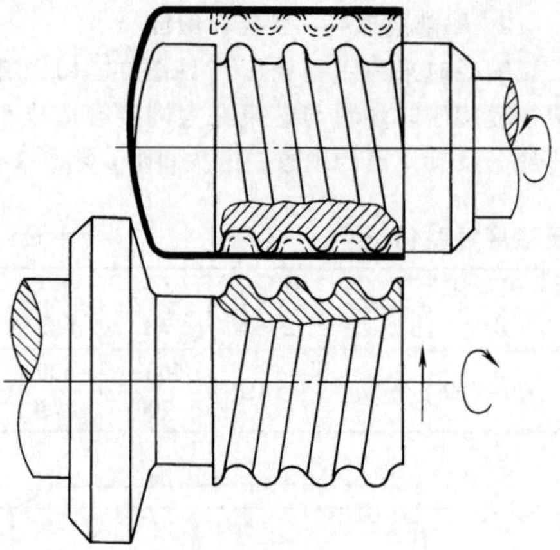

图 7-1-12 滚螺纹简图

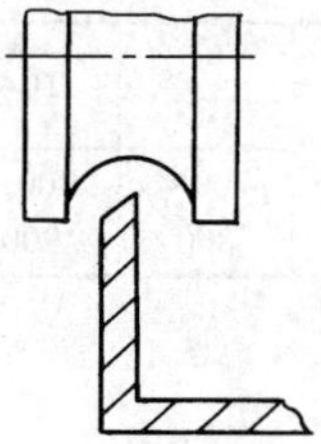

图 7-1-13 卷边用坯料边缘的斜切口

端口外卷边时（见图 7-1-14a）宜先预弯，再卷边。内卷边时则可直接进行（见图 7-1-14b）。

扁梗咬接一般先进行预弯（见图 7-1-15a、b）或预卷圆梗（见图 7-1-15c）。

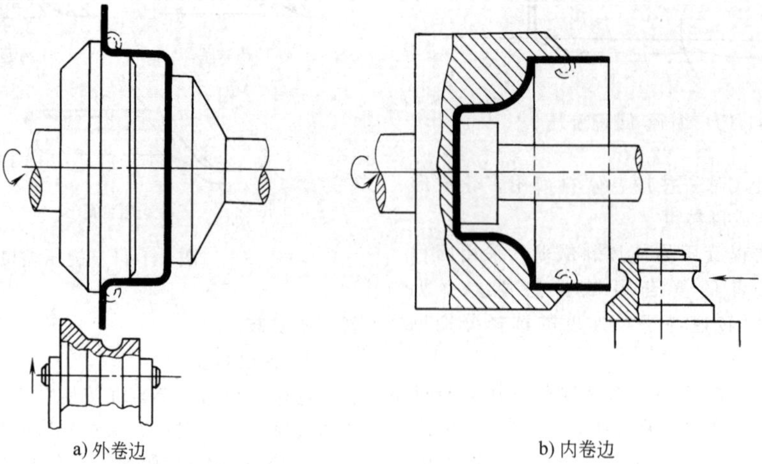

a) 外卷边

b) 内卷边

图 7-1-14 端口卷边简图

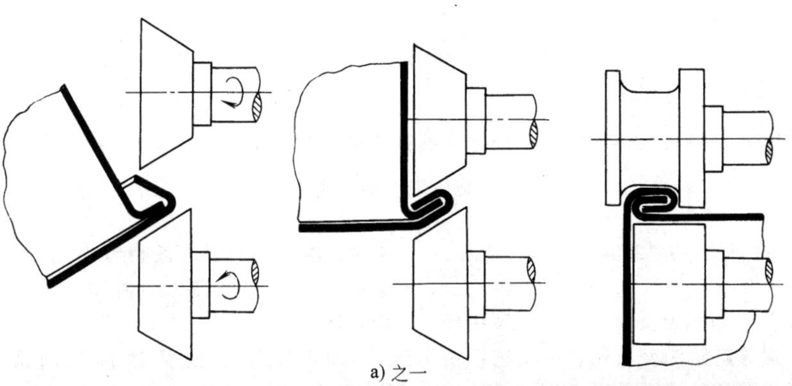

a) 之一

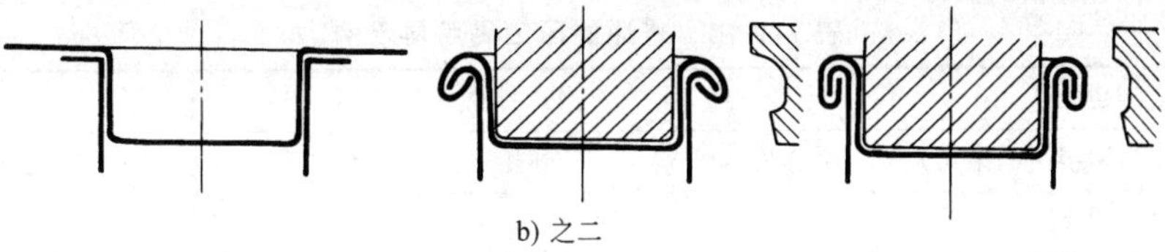

b) 之二

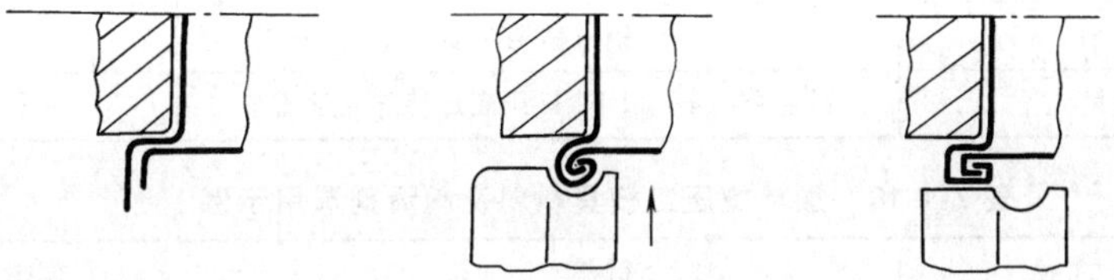

c) 之三

图 7-1-15　扁梗咬接三种典型过程

1.3　旋压工艺装备

1. 旋压工具

擀棒工作接触面小、力臂长、转换着力点方便，为手工旋压常用。采用旋轮则使接触区滑动摩擦减少，便于实现自动化。擀棒与旋轮的工作部分典型外形如图 7-1-16 和图 7-1-17 所示。图 7-1-17a 所示旋轮用于简单拉深旋压，工作时其轴线与机床主轴轴线平行。图 7-1-17b、c 所示的旋轮用于多道次拉深旋压，工作时其轴线与机床主轴轴线呈一定攻角，旋轮大 R 部分可减少板坯起皱倾向。

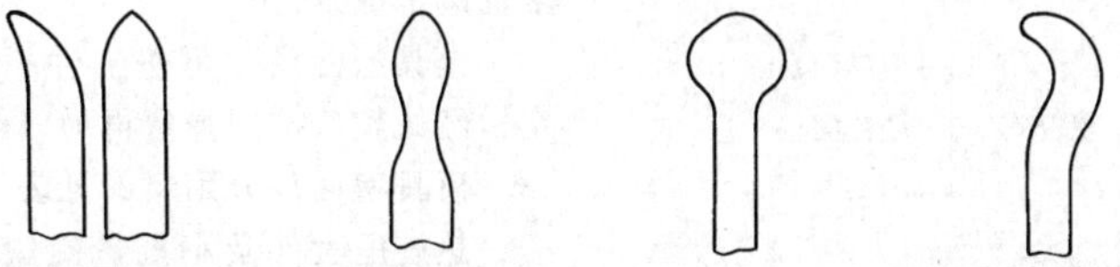

a) 饨头形—拉深旋压用　b) 舌形—旋复杂件用　c) 鱼尾形—旋压扩口用　d) 弯头形—旋压扩径用

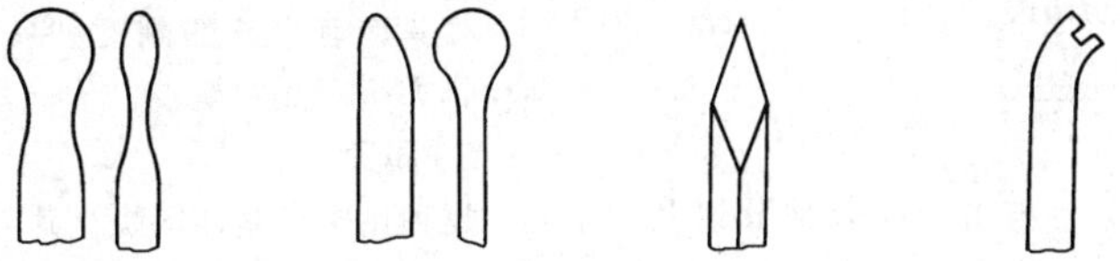

e) 特形—型面成形用　f) 球形—精整用　g) 镖形—切边、刮削用　h) 槽形—卷边用

图 7-1-16　擀棒工作部分典型外形

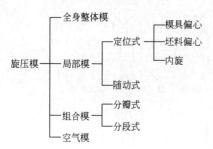

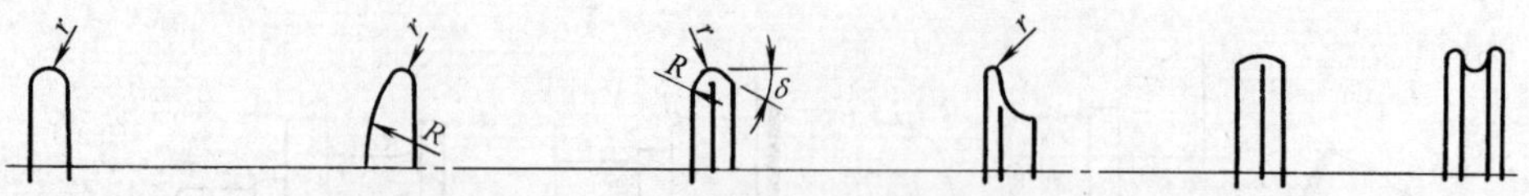

a) 简单拉深旋压用　b) 多道次拉深旋压用　c) 多道次拉深旋压用　d) 旋压缩口用　e) 压光精整用　f) 卷边用

图 7-1-17　旋轮工作部分典型外形

旋轮外径常用范围是 70~250mm。手工旋压，小件取小值。

普通旋压时工具用料示例见表 7-1-15。采用硬质合金压头在铝、铜等旋压件表面轻轻推压进行精整效果好。酚醛树脂基塑料旋轮适用于为满足特殊光学性能需要而要求获得特殊光滑的旋压表面时，但它只适于旋制软料，在加工 1000~5000 件后需重新修整。

加热旋压工模具材料及润滑剂的选用见表 7-1-16。

表 7-1-15　普通旋压工具用料示例

旋压工具用料	用　途	功　能
工具钢、高速工具钢(淬火、抛光)	通用	抗压、耐磨
青铜、磷青铜	钢、不锈钢旋压	减少表面摩擦
硬木、尼龙、竹	软料旋压	减少表面硬化
夹布胶木	铝料精整校形	
酚醛树脂基塑料	铝合金(2mm 以下)旋压满足特殊光学需求	减少表面摩擦

表 7-1-16　加热旋压工模具材料及润滑剂选用示例

工件温度/℃	材料	润滑剂
<200~300	高速工具钢、硬质合金	二硫化钼油剂
<400~500	热作模具钢 5CrNiMo 等	二硫化钼油剂、胶体石墨
<500~600	热作模具钢 3Cr2W8V 等	胶体石墨
<800~1000	耐热合金 GH130 等	胶体石墨、玻璃润滑剂

2. 旋压模

旋压模有外旋压模和内旋压模之分。前者指工件在模具外，后者指工件在模具内。按结构组成的不同，旋压模的类别见表 7-1-17 和图 7-1-18 所示。

表 7-1-17　旋压模类别

- 旋压模
  - 全身整体模
  - 局部模
    - 定位式
      - 模具偏心
      - 坯料偏心
      - 内旋
    - 随动式
  - 组合模
    - 分瓣式
    - 分段式
  - 空气模

模具一般包含工作部分，与机床配合部分以及供坯料定位、压紧部分。

组合模制造周期长，装拆不便，但旋压精度优于局部模。分瓣组合模用于母线中部凸凹的轻型件(一般直径不大于 250~350mm，重量不大于 50kg)。分段组合模用于母线中部凹陷的工件以及供大件脱卸吊装用的特殊场合（见图 7-1-19)。

随动局部模用于封头等大件的整体或局部成形。其他局部模及空气模一般用于对尺寸精度无严格要求的局部成形。

模具型面尺寸可按工件相应尺寸的中、下差确定，经试旋后按回弹量再加以修正。

模具型面部分用料参见表 7-1-16 和表 7-1-18。

热旋压大件及小批量旋压时，模具材料可采用一般铸铁。

模具应有足够的刚度和良好的动平衡性能。大型模具亦可采用拼焊。

3. 尾顶

尾顶用于夹紧坯料防止其与芯模相对转动。尾顶工作部分应与坯料有尽可能大的接触面积，但须避免与旋轮干涉。当工件大小端直径差大而小端直径小时，可先用小尾顶，在成形一部分后再换用大尾顶。

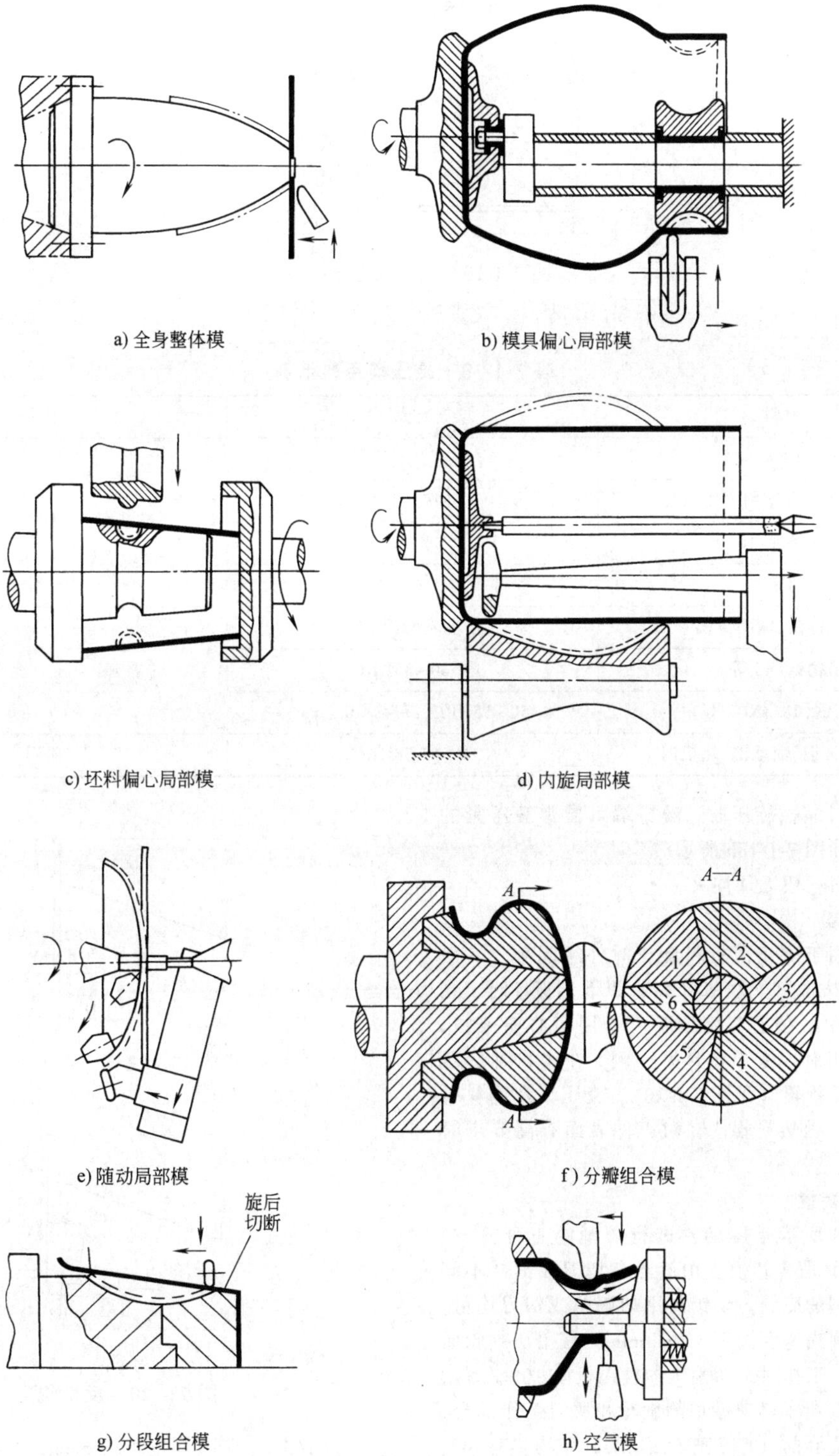
a) 全身整体模
b) 模具偏心局部模
c) 坯料偏心局部模
d) 内旋局部模
A
A—A
1
2
3
4
5
6
A
e) 随动局部模
f) 分瓣组合模
旋后
切断
g) 分段组合模
h) 空气模

图 7-1-18　旋压模类型

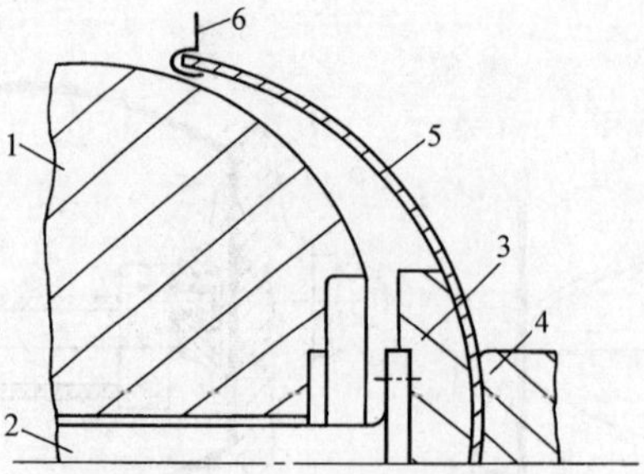

图 7-1-19　大型旋压件卸料

1—芯模后段　2—顶杆　3—芯模前段　4—尾顶　5—工件　6—吊具

表 7-1-18　旋压模用料示例

材料	特点	用途
硬木	—	普通旋压(软料、小批量)
工程塑料	回弹较大	
夹布胶木	价昂	
铸铝	轻、寿命短	
优质铸铁、球墨铸铁	要求表面无砂眼	普通旋压,强力旋压(软料)
结构钢(45 等)	≥30~35HRC	
渗氮钢(18CrNiW 等)	50~55HRC,渗层深 0.3mm	
冷作模具钢、轴承钢、轧辊钢	≥55~58HRC	通用

筒形坯料缩径旋压时，敞口端可借弹簧压紧的锥环支撑，如图 7-1-18h 所示。

尾顶材料一般无须淬火。

4. 反推器

反推器用于防止薄板料旋压时外缘起皱。一般在拉深旋压 2mm 以下软钢和 3mm 以下铝板坯时，在前期道次采用。在手工旋压时可采用实心棒或块，与旋压擀棒相对，施于坯料另一侧。在半自动旋压机上可采用反推辊（见图 7-1-20）。旋压铝及铜料时宜用橡胶或工程塑料辊。在对工件表面有高要求时则不采用。

5. 切割装置

图 7-1-21 所示是用旋轮进行切割的三种方式。图 7-1-22 所示是在芯模上用旋轮和切刀在工件不同部位进行切割的简图。切铝料用切割轮或切刀均可。切钢材，在圆周速度大于 150m/min 时宜用切割轮而不宜用切刀。工作时，切割轮约楔入板厚 10%左右。

图 7-1-23 所示是典型切割旋轮和切刀工作部分。图 7-1-23a 所示的 1#切割轮偏角 δ 宜为 3°～4°。图 7-1-23a 所示的 2#切割轮用于端面，刃宽 l 为 1～3mm。图 7-1-23a 所示的 3#切割轮用于身部和中间部分。图 7-1-23b 所示的 2#切刀为切断刀。图 7-1-23b 所示的 3#切刀为板斧式切刀，用于铝料，其柄部直径可为 16mm，刀具厚度可为 6mm。与此类似的宽刃刀具可用于在多道次拉深旋压有显著各向异性的板坯，主要是用于切除铝料和厚 1mm 以下薄钢板的多余边缘材料，以避免产生过大凸耳，妨碍过程的进行（见图 7-1-24）。

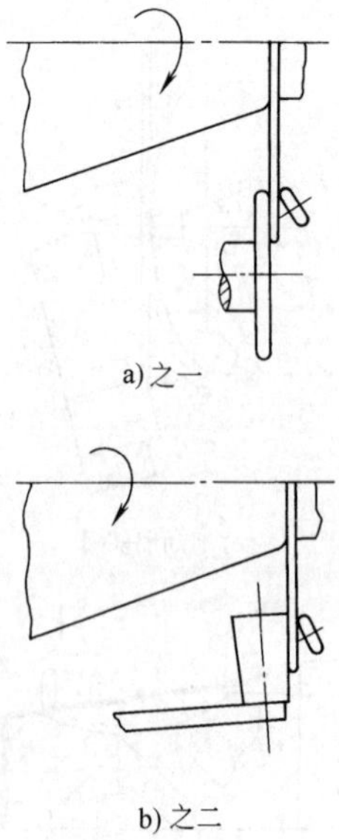

a) 之一

b) 之二

图 7-1-20　反推辊

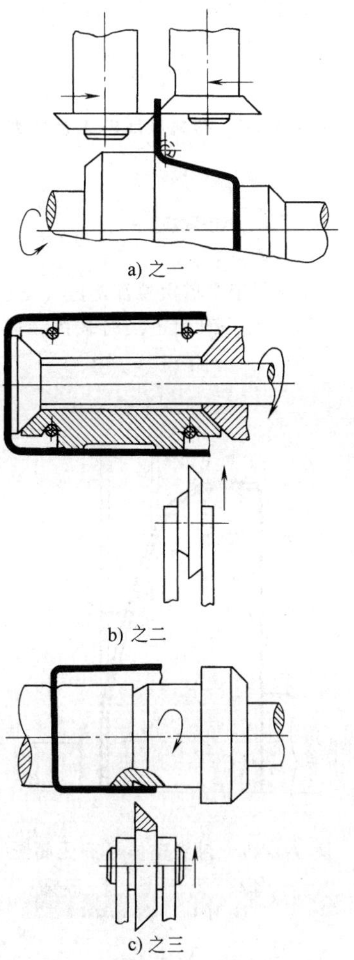

图 7-1-21　用旋轮切割的三种方式

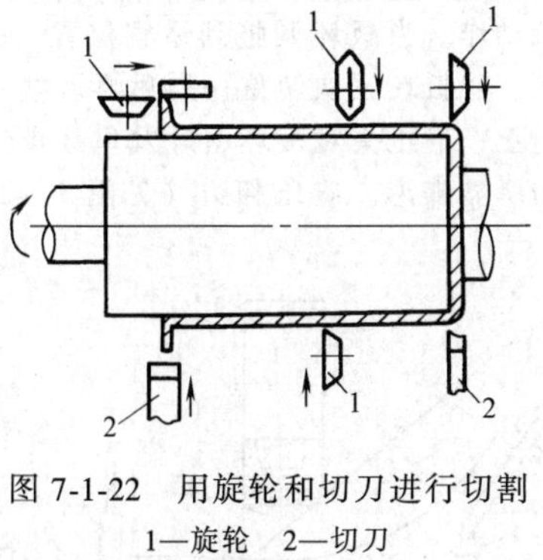

图 7-1-22　用旋轮和切刀进行切割

1—旋轮　2—切刀

对成形完毕的有色金属件可在芯模上用尖头擀棒将工件外层在旋转中刮去 0.05～0.1mm 以获得优质表面。

切割轮和切刀材料选用高速钢或硬质合金。

6. 加热装置

可根据具体条件选用氧乙炔气、氢气、石油天

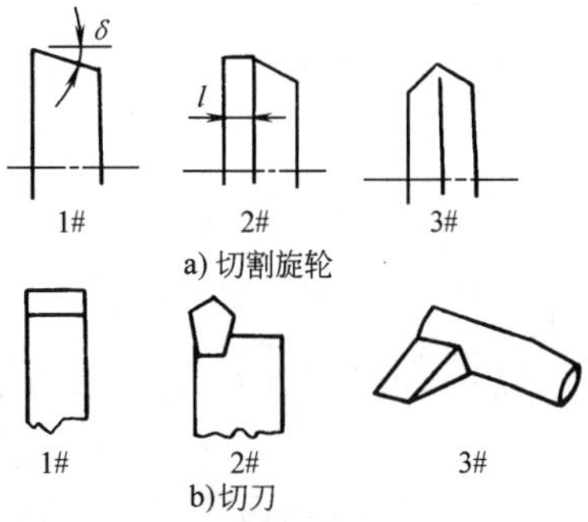

图 7-1-23　典型切割旋轮和切刀工作部分实例

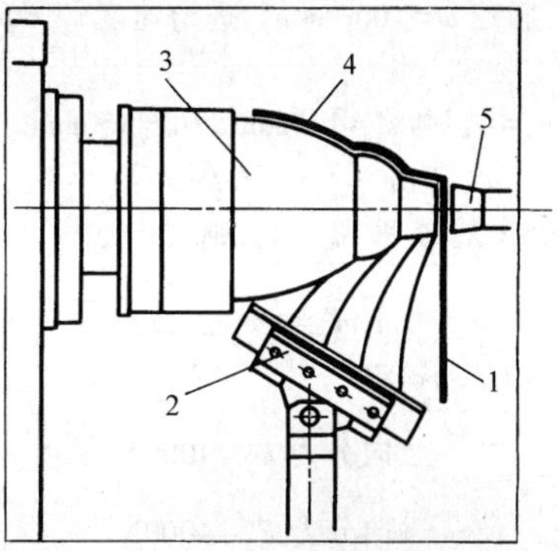

图 7-1-24　切除多余边缘材料

1—板坯　2—宽刃刀具　3—芯模　4—工件　5—尾顶

然气、煤气加热炬或中、工频感应装置进行加热。测温可借红外测温仪等进行。还可设置具有测温、反馈、调节、控温功能的自动温度控制系统。

此外，还可根据设备条件和加工需要设置坯料定位装置、送料装置、卸件装置等。

1.4　旋压力

1. 模拟试验求解

模拟试验的参数按相似原理确定，见表 7-1-19。

表 7-1-19　模拟试验参数

项目	角度	尺寸	进给比	坯料性能
工件	α	l	f	R_{eL}
模拟件	$\alpha'=\alpha$	$l'=\frac{1}{m_r}l$	$f'=\frac{1}{m_r}f$	$R'_{eL}=\frac{1}{m_c}R_{eL}$

注：m_r—几何相似系数。

m_c—力学相似系数。

第一种情况：取模拟件旋压转速 ω' 与工件旋压转速 ω 相等，则

$$m_r=\frac{v}{v'}=\frac{T}{T'}\tag{7-1-5}$$

式中　v、v'——进给速度；

　　T、T'——旋压时间。

第二种情况：取 $v=v'$，$T=T'$，则

$$m_r=\frac{\omega'}{\omega} \tag{7-1-6}$$

一般取 $m_c=1$。

由模拟试验测出旋压力 F'，就可推算出工件旋压时的力为

$$F=F'm_c m_r^2 \tag{7-1-7}$$

例：已知工件坯料厚 $t_0=6\text{mm}$，坯料直径 $D_0=600\text{mm}$，转速 $\omega=100\text{r/min}$，进给速度 $v=60\text{mm/min}$。

解：

取 $m_r=4$，则 $t_0'=1.5\text{mm}$，$D_0'=150\text{mm}$。

取 $\omega=\omega'$，则 $v'=15\text{mm/min}$。

取 $R_{eL}'=R_{eL}$，即 $m_c=1$，则

$$m_c m_r^2=1\times4^2=16$$

由模拟试验测得

径向分力 $F_r'=4000\text{N}$

轴向分力 $F_z'=4000\text{N}$

可推算出工件旋压时的分力为

$$F_r=F_z=4000\times16\text{N}=64000\text{N}$$

2. 估测求解

设旋压力与坯料厚度近似成比例。以某设备最大机床作用力和最大旋压厚度来反推，旋压每毫米厚度所需机床作用力。如某设备旋压 1mm 不锈钢需机床作用力 10kN，旋压 1mm 硬铝需机床作用力 3.5kN。通常，某方向的机床作用力与相应旋压分力之比为 1.1~1.4。

3. 有限元数值模拟求解

采用适当的加载模型，建立弹塑性有限元分析系统，并开发结果处理软件，可对普通旋压变形过程进行数值模拟，确定某一瞬时坯料上某一点的旋压变形和变形力。

1.5　特殊旋压产品与工艺

1. 封头旋压

容器封头用于化工、石油、轻工、纺织、食品、制药等行业，品种多、需求大。所用材料包括软钢、高强度钢、不锈钢等。常用型顶部呈碟形、椭圆形、平顶等款式，由过渡圆弧与浅的直筒边相接。大型封头直径达 10m，也是旋压件中直径最大的。用冷旋压加工厚 30mm 以下的封头代替热冲压，半模成形的效益显著，模具重量和存放占地面积均大大减少，设备重量可减轻 70%，免除了加热炉也有利于环保。

封头旋压的工艺分类见表 7-1-20。

表 7-1-20　封头旋压的工艺分类

封头旋压工艺	整体模成形	
	无模成形	二步法成形
		一步法成形

整体模成形属于多道次拉深旋压（见图 7-1-25），工艺调整时间较长，但加工工时较短，适于较大批量生产。

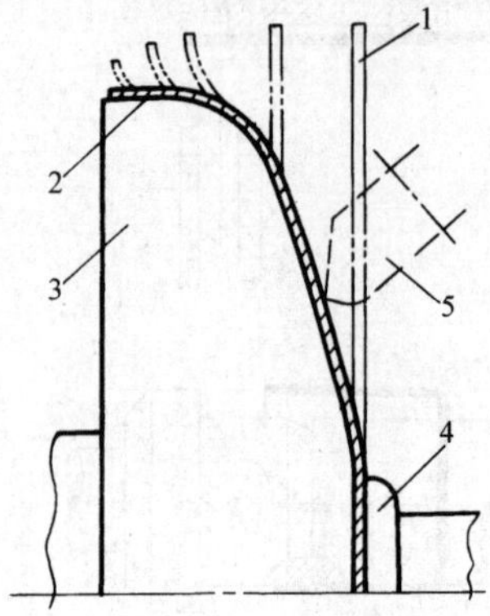

图 7-1-25　封头整体模旋压简图

1—坯料　2—工件　3—芯模　4—尾顶　5—旋轮

二步法成形包括压鼓和旋压翻边。压鼓（见图 7-1-26）是借操作机实现板坯的送进、升降、倾斜和转位动作。当板坯调整到适宜位置，由上、下压头加压，待板坯逐次转位一周后再调整到新的径向位置。上、下压头对板坯由外及里逐点逐圈加压至其成为所需碟形。旋压翻边（见图 7-1-27）是借

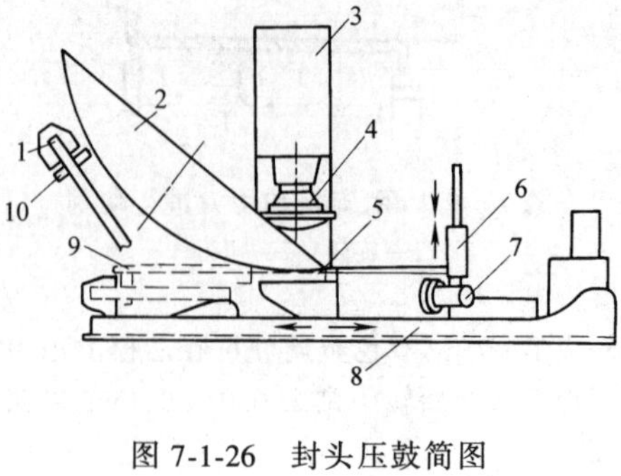

图 7-1-26　封头压鼓简图

1—机械臂　2—工件　3—压力机　4—上压模　5—下压模　6—垂直起动辊　7—起动辊　8—操作机　9—坯料　10—驱动辊

上、下顶块压紧坯料，一对支承辊托住坯料，成形辊主动旋转并带动碟形坯料旋转，旋压辊多道次进给进行翻边。每完成一个道次后须调整坯料（或成形辊）的纵向和横向位置，使其相贴靠。成形辊的型面尺寸应考虑封头过渡圆角半径及材料回弹。二步法成形工艺较成熟，省去了整体模旋压所需大型半模。

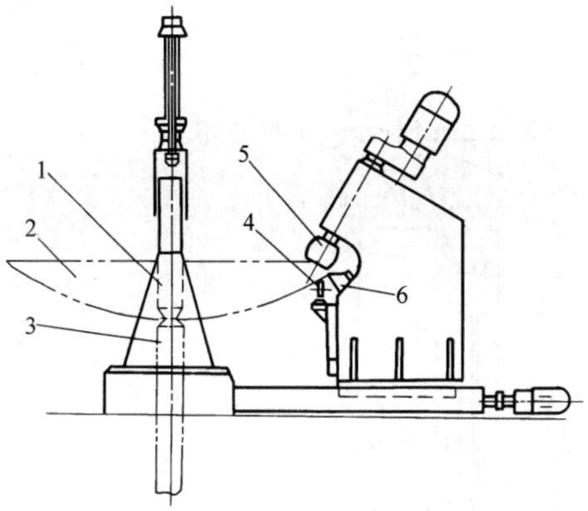

a) 概貌

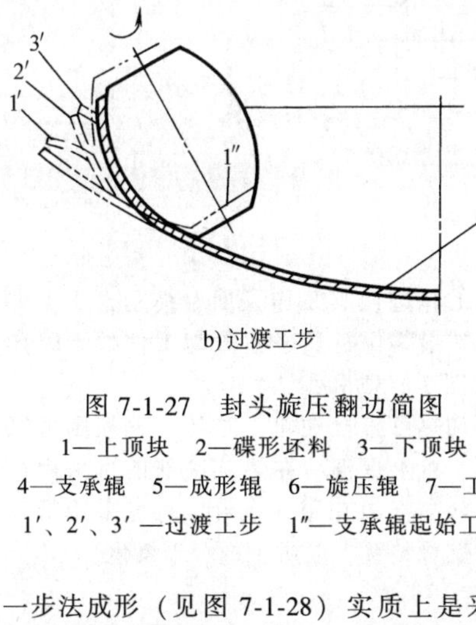

b) 过渡工步

图 7-1-27　封头旋压翻边简图

1—上顶块　2—碟形坯料　3—下顶块

4—支承辊　5—成形辊　6—旋压辊　7—工件

1′、2′、3′—过渡工步　1″—支承辊起始工位

一步法成形（见图 7-1-28）实质上是采用随动局部模，在同一台设备上先后完成多道次旋压压鼓（见图 7-1-28b）和多道次旋压翻边（见图 7-1-28c）。在整个旋压过程中主轴和成形辊均主动旋转，在旋压压鼓过程中成形辊移动，在旋压翻边过程中成形辊位置固定。对主轴和成形辊的驱动采用恒功率控制，以保持二者在旋压过程中转速同步。在进行完每个旋压道次后，使主轴下降至坯料贴靠成形模，以克服旋压回弹，减少起皱倾向。一步法成形日趋成熟。工件减薄不大于 10%，单件加工时间不大于 30~60min，减少了设备占地面积和中间转运场地。

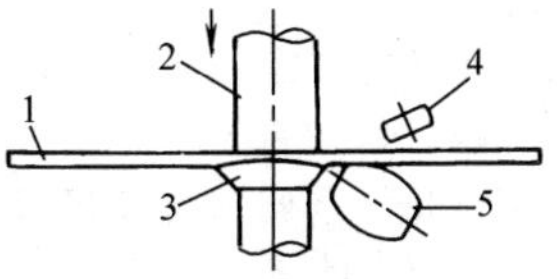

a) 起始

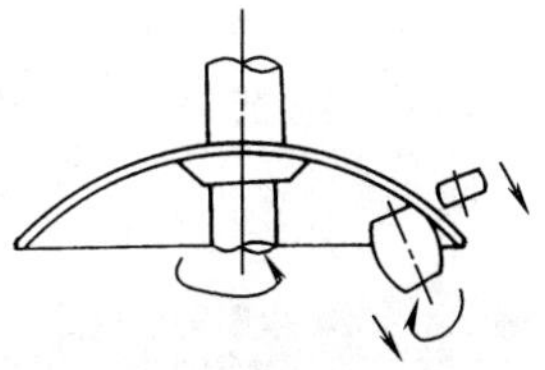

b) 旋压压鼓

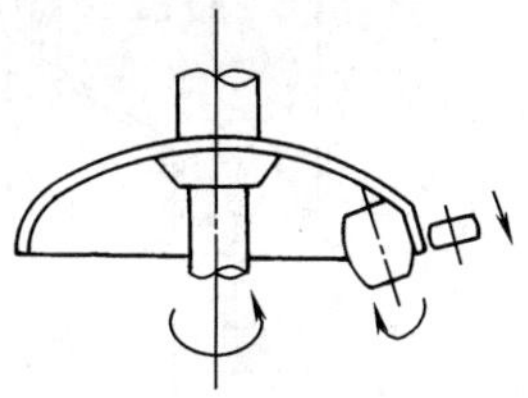

c) 旋压翻边

图 7-1-28　封头一步法旋压简图（正置法）

1—坯料　2—主轴　3—顶紧杆

4—旋压辊　5—成形辊

一步法旋压的若干工艺参数：

（1）进给量 f(mm/r)　指主轴每转，旋压辊和成形辊沿封头母线移动的弧长。f 过大，易起皱；f 过小，表面重复受压，易硬化，出裂纹。宜取

$$f=K_1t_0$$

式中　t_0——板坯实际厚度（mm）；

K_1——系数取 0.3~0.5，板厚和圆弧半弧大时取大值，反之取小值。

（2）错距值 l_r(mm)　指旋压辊及成形辊与板坯接触点错开的距离。过小，回弹大，总道次数增加；过大，易失稳。宜取

$$l_r=(3\sim6)t_0$$

板坯强度高，厚度大，取大值；反之，取小值。

（3）辊缝 δ(mm)　指旋压辊和成形辊在板厚方向的间距。太小，壁厚易变薄超差；太大，过程平稳性差。宜取

$$\delta=t_0-K_2(\Delta L)$$

式中　ΔL——机架、旋压辊、成形辊、主轴等机构的弹性变形量；

K_2——系数，取 1.0~1.25。坯料强度高，取大值。

2. 带轮旋压

旋压带轮以其优越性能和高效益迅速取代铸铁机械加工带轮和板材胀形带轮，已被用于国产汽车主轴、水泵、压气机、空调磁电动机等传动，并实现大批量生产。其优点包括：

比铸铁带轮轻 70% 以上，转动惯量小，起动、制动能耗低。

比胀形带轮槽角精度提高一级，锥面直线段长度增长约 3 倍，与带有效接触面积增加，带磨耗减小。

圆度和同轴度优于胀形带轮，旋转平衡性能优于铸铁带轮和胀形带轮。

以上均使整机性能得以提高。

旋压带轮包括折叠式（见图 7-1-29a）、劈开式（见图 7-1-29b）和多楔式（见图 7-3-34c）。

关于带轮旋压的详细内容见本篇 3.4 节。

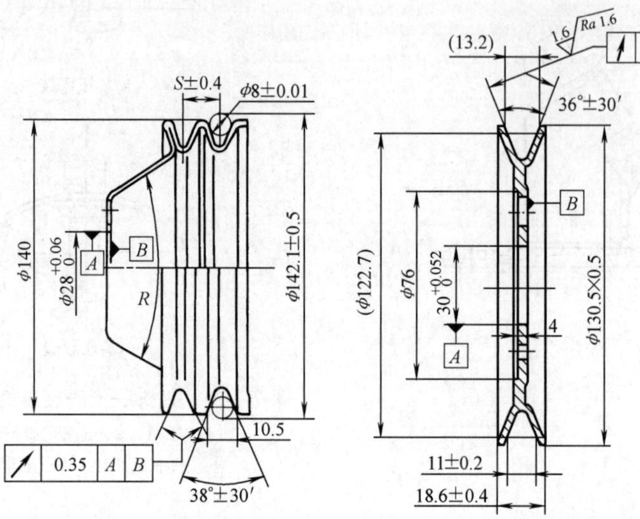

a) 折叠式　　b) 劈开式

图 7-1-29　带轮尺寸简图

3. 热旋缩口、封口

这种工艺方法用于生产由铝合金到合金钢制成的贮气瓶、蓄能罐及各类容器，也应用于许多工业部门，包括城市交通、医疗卫生、体育运动、安全防护等。

一种典型过程是采用特殊型面的旋轮或卡板，在高转速下经多道次进给，借空气模成形。旋轮或卡板运动的轨迹使其工作型面始终垂直于工件表面的法线，并最终保持其平直段与工件处于完全接触之中（见图 7-1-30 和图 7-1-31）。

铝坯加热可直接在机上进行。钢坯则可以采用机外加热，机上保温，在热旋底部前可采用特殊燃烧装置去除高温氧化层，在封口时可采用带环状保护气体的燃烧装置，以防止进一步氧化。

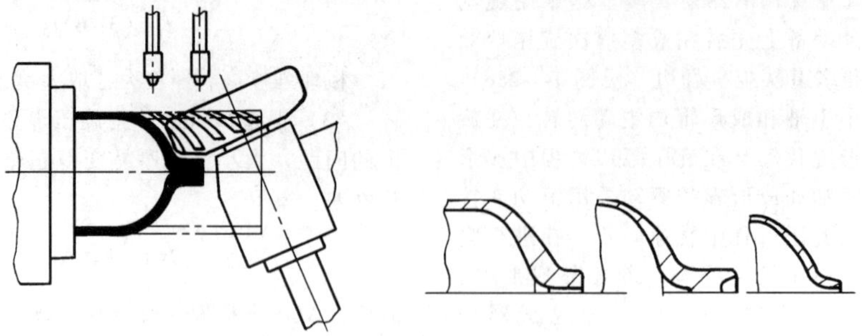

a) 过程简图　　b) 典型件成形部位剖面

图 7-1-30　旋轮热旋缩口、封口

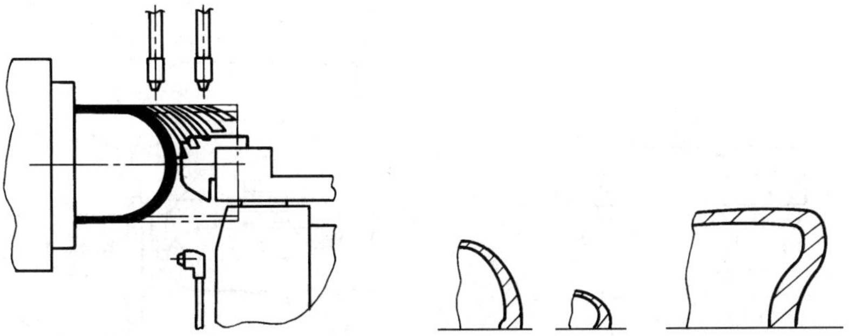

a) 过程简图　　b) 典型件成形部位剖面

图 7-1-31 卡板热旋缩口、封口

采用摩擦工具可以使旋轮扩大增厚效应，减少工具费用，但也使工具有效寿命减少。图 7-1-32 所示是采用板状、块状、环状等摩擦工具进行热旋缩口、封口的简图。如图 7-1-32i、k 所示方式中，当管坯直径与厚度之比 $\frac{d}{t}>16$ 时宜用双轮，$\frac{d}{t}<16$ 时可用单轮。

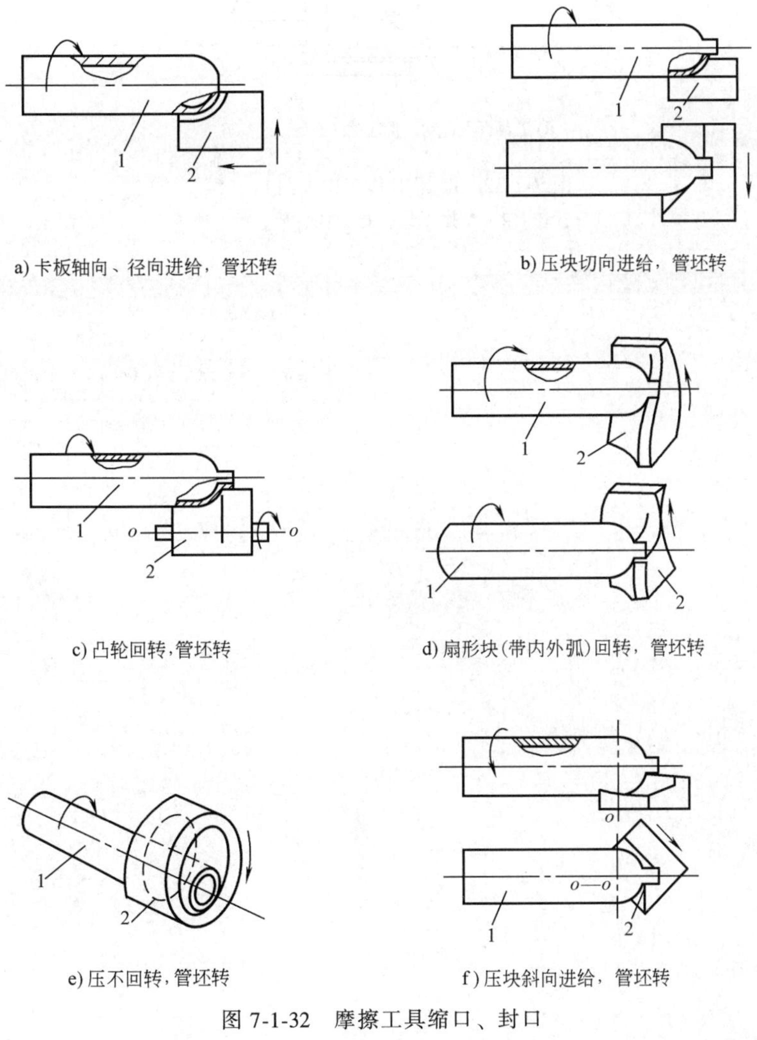

a) 卡板轴向、径向进给，管坯转　　b) 压块切向进给，管坯转

c) 凸轮回转，管坯转　　d) 扇形块 (带内外弧) 回转，管坯转

e) 压不回转，管坯转　　f) 压块斜向进给，管坯转

图 7-1-32 摩擦工具缩口、封口

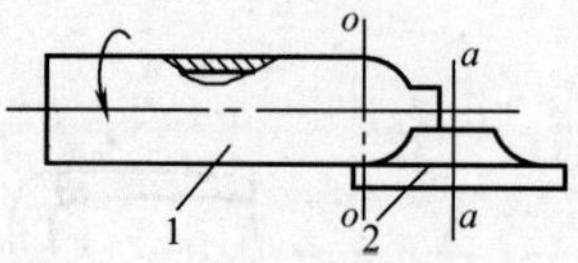

g) 压盘回转，管坯转

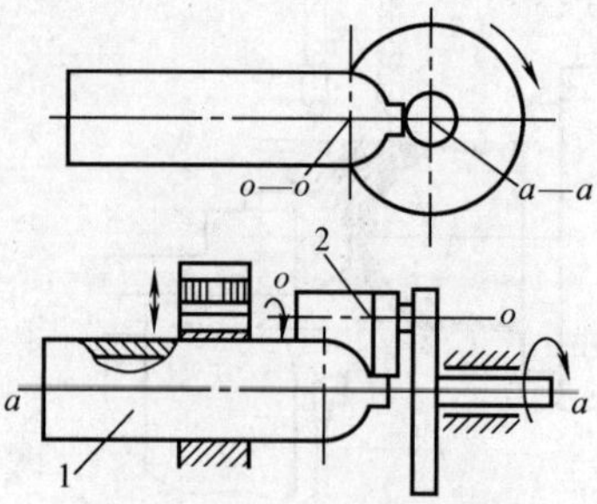

h) 工具行星运动，管坯轴向进给

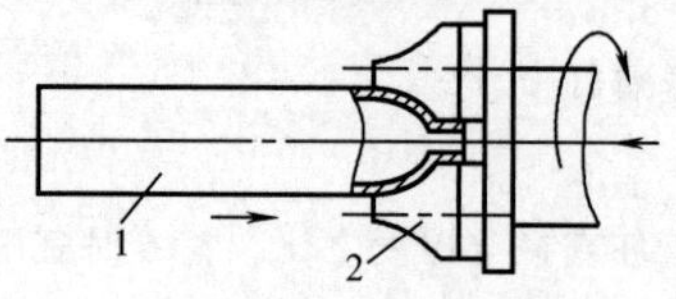

i) 工具行星运动，管坯轴向进给

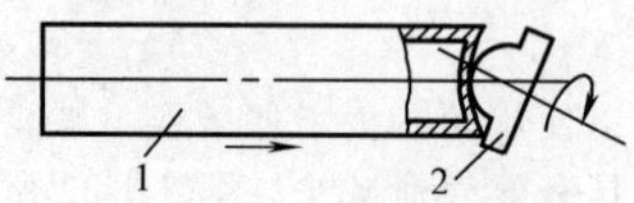

j) 工具行星运动，管坯轴向进给

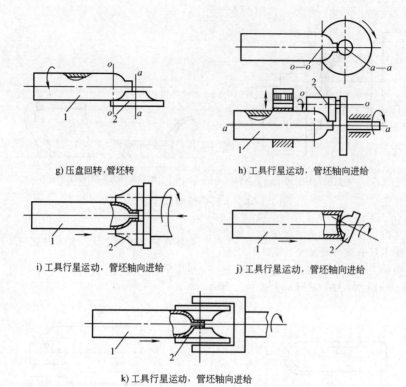

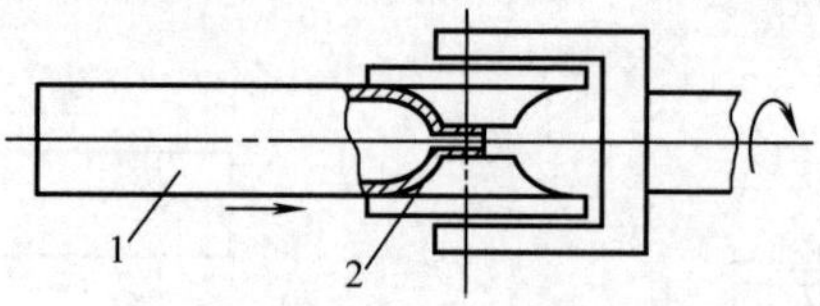

k) 工具行星运动，管坯轴向进给

图 7-1-32　摩擦工具缩口、封口（续）

1—管坯　2—摩擦工具（板、块、环、盘、轮式）

第2章

强力旋压

哈尔滨工业大学　单德彬　徐文臣

2.1　概述

强力旋压（也称变薄旋压）和普通旋压一样，是旋轮绕坯料旋转并进给施压，而加工薄壁空心回转体零件的无屑成形工艺过程。所不同的是强力旋压属体积成形范畴，在过程中主要使壁厚减薄而直径尺寸基本不变。

强力旋压的主要类别见表 7-2-1。典型常用强力旋压过程如图 7-2-1 所示。

表 7-2-1　强力旋压主要分类

	分类方式	类别
强力旋压	按变形性质和工件形状分	锥形件剪切旋压（剪切旋压）
		筒形件流动旋压（流动旋压）
	按旋轮和坯料相对流动方向分	正旋压
		反旋压
	按旋轮和坯料相对位置分	外旋压
		内旋压
	按旋压工具分	旋轮旋压
		滚珠旋压
	按加热与否分	冷旋压
		热旋压

锥形件强力旋压又称剪切旋压，适于锥形、抛物线形、椭球形及各种扩张形件的成形。筒形件强力旋压又称流动旋压。正旋压时变形坯料的流向与旋轮进给方向相同，反旋压时则相反。

强力旋压过程遵循体积不变条件，对于锥形件剪切旋压而言又称为正弦律。在平板旋压时，有

$$t=t_0\sin\alpha \qquad (7\text{-}2\text{-}1)$$

在预制坯旋压（见图 7-2-1b）时，有

$$\frac{t}{\sin\alpha}=\frac{t_0}{\sin\alpha_0} \qquad (7\text{-}2\text{-}2)$$

在筒形件流动旋压时，有

$$(D_m+t_0)t_0l_0=(D_m+t)tl \qquad (7\text{-}2\text{-}3)$$

或简化为

$$t_0l_0\approx tl \qquad (7\text{-}2\text{-}4)$$

在锥形件无模旋压过程（见图 7-2-2）中，可以看到普通旋压和强力旋压的关联。当$\frac{b_c}{\rho}<1.48$时为普通旋压；当$\frac{b_c}{\rho}>1.48$即呈现为锥形件剪切旋压，壁厚变化符合正弦定律。

图 7-2-3 所示为无模件剪切旋压实例。坯料为 3A21-O 板材。用半锥角 30°的局部模代替了整体芯模。当旋轮越过了局部模的承压段后，工件壁厚自动保持正弦律。

在典型锥形件剪切旋压过程中法兰应力小，变形区处于两向受压（正旋）和三向受压（反旋）的有利状态。因此可旋压的材料不但包括所有可锻造的材料，还包括一些通常难成形材料，如难熔金属等。坯料制造可以采用压力加工、特种铸造、电渣熔炼、粉末压制及焊接等方式。坯料状态可为退火、调质、正火等。

剪切旋压锥形件可具有小的壁厚差（0.005～0.05mm）和优于普通旋压及拉深的直径精度。表 7-2-2 是纯铜板锥形件剪切旋压所获精度。

表 7-2-3 所列是筒形件流动旋压可达到的精度。经验数据表明，工件直径每增大 10mm，直径误差约增大 0.01mm。

强力旋压件的微观表面粗糙度可达到较高级别：与旋压模相接触的表面可与模具表面达到同一级别，与旋轮相接触的表面则如图 7-2-4 所示。旋压表面的宏观波度取决于系统刚度和工艺条件，可以有较大差别。

强力旋压可以细化晶粒、提高强度和抗疲劳性能，从而有助于产品性能的提高、延长寿命和减重。强力旋压制件经去应力退火后适于长期存放。坯料中的夹渣、分层等缺陷会在旋压过程中自行暴露。

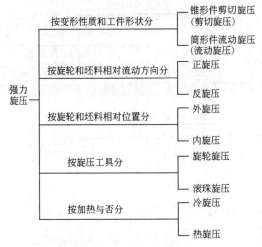

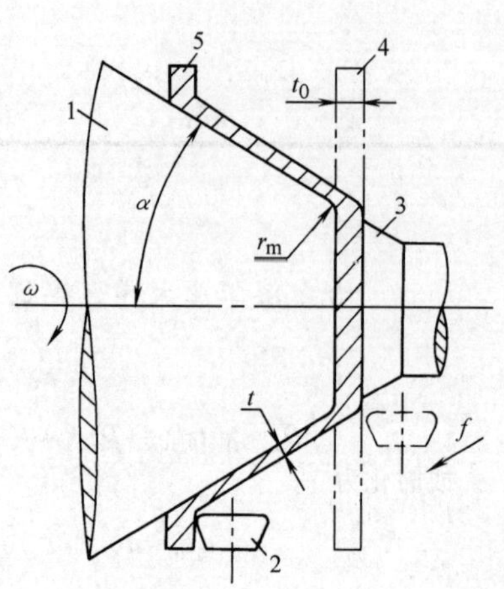

a) 锥形件剪切旋压—正旋压

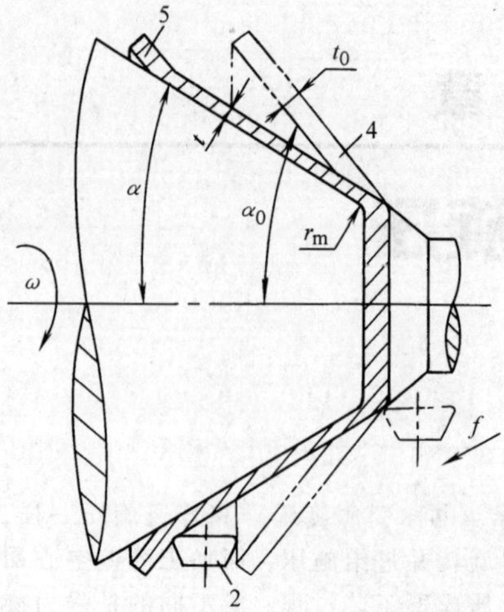

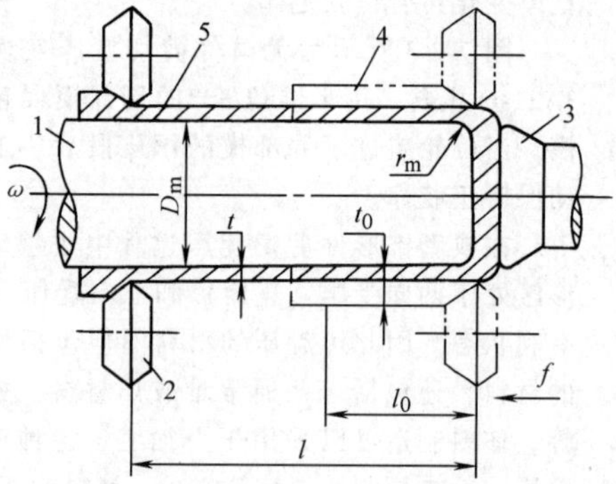

b) 筒形件流动旋压—正旋压

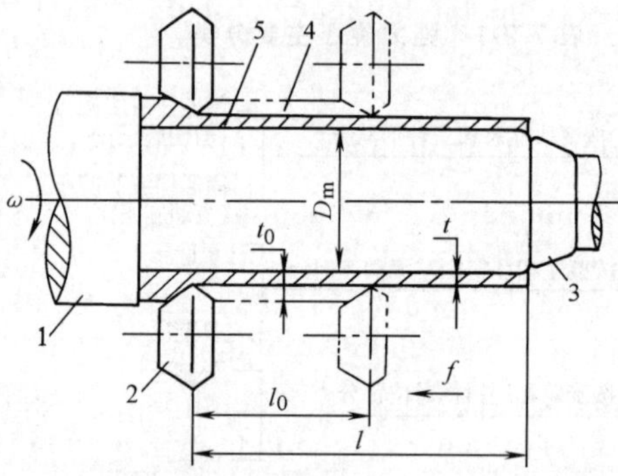

c) 筒形件流动旋压—反旋压

图 7-2-1　典型常用强力旋压过程

1—旋压模　2—旋轮　3—尾顶　4—坯料　5—工件

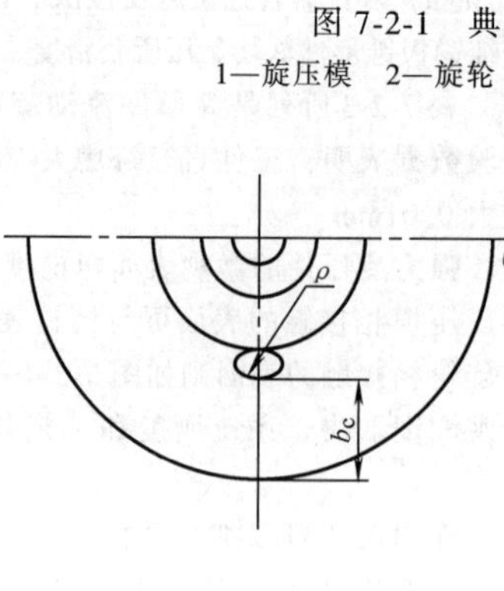

a) 旋轮接触情况

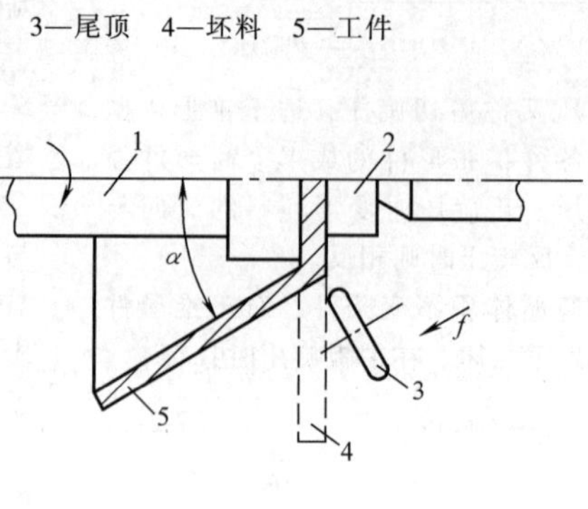

b) 工作过程

图 7-2-2　锥形件无模旋压简图

1—芯杆　2—尾杆　3—旋轮　4—坯料　5—工件

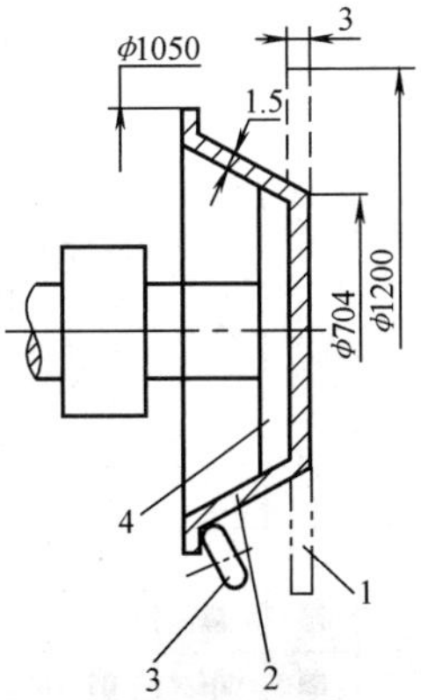

图 7-2-3　无模件剪切旋压实例

1—坯料　2—工件　3—旋轮　4—局部模

表 7-2-2　纯铜板锥形件剪切旋压件精度

壁厚公差/mm	纵向	±0.03
	周向	±0.02
圆度/mm	圆板坯	≤0.04
	方板坯	≤0.06
角度公差/(°)		±0.05
表面粗糙度平均值 Ra/μm		≤0.4

注：工件尺寸：锥高 50～300mm，敞口端直径 40～300mm，半锥角 25°～50°，板坯厚 5～13mm，工件厚 2～10mm。

采用强力旋压形变热处理工艺可以进一步改善材料综合性能，并减少旋后热处理变形。例如，一般钢及合金钢采用调质—强力旋压—回火工艺，马氏钢采用固溶处理—强力旋压—时效等工艺。

表 7-2-3　筒形件流动旋压可达到的精度

工件尺寸	内径/mm	≤100	≤250	≤400
	壁厚/mm	≤2	≤3	≤4
圆度/mm		≤0.1	≤0.2	≤0.3
直线度(每 1000mm)/mm		≤0.1	≤0.15	≤0.2
壁厚公差	周向/mm	±0.02	±0.025	±0.04
	纵向/mm	±0.02	±0.03	±0.04
平均表面粗糙度	外表面/μm	≤0.4	≤0.5	≤0.6
	内表面/μm	≤0.1	≤0.1	≤0.15

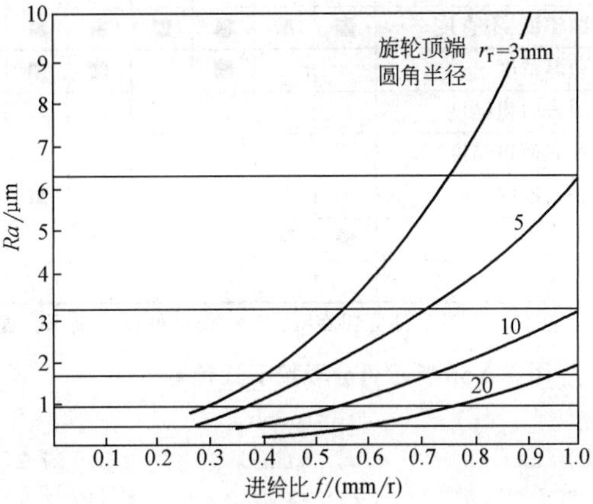

图 7-2-4　表面粗糙度与 f、r_r 的关系

在一定条件下，用强力旋压代替传统方法可获得良好的经济效益，见表 7-2-4。将强力旋压与其他方法联合应用则可进一步获得更理想的结果。

表 7-2-4　采用强力旋压可能取得的技术经济效益

取代的传统方法		机械加工	卷焊	拉深	挤压	轧压(超宽板)	普通旋压
可能的效益	节省材料	▲					
	节省工时	▲	▲				▲
	节省模具及试制周期			▲	▲		
	减少设备吨位			▲	▲	▲	
	减少中间热处理			▲	▲	▲	▲
	提高产品整体性		▲				
	提高产品强度	▲	▲				▲
	减轻产品重量	▲	▲				
	提高产品精度						
	提高产品表面质量	▲	▲	▲			▲

2.2　工艺要素

强力旋压时，坯料、工艺及工艺装备诸方面的主要影响因素见表 7-2-5。其选择及搭配应使加工中不产生旋轮前隆起（堆积），不破裂，不严重扩径，质量好，效益高。

1. 锥形强力旋压

（1）坯料　图 7-2-5 所示为不同情况的坯料形式与厚度变化。

图 7-2-5a、d 所示分别按式（7-2-2）及式（7-2-3）计算壁厚与锥角。其余均将坯料与工件沿径向等分，一一对应进行计算。一般以工件及坯料内径为准，分段数量要足够。先依次计算各段的平均锥角及壁厚，然后叠加。

表 7-2-5　强力旋压工艺要素及影响

主要影响	成形要素																
	坯料方面				工艺装备方面							工艺方面					
	热处理状态	壁厚	壁厚差	预制坯直径	预制坯径跳	芯模径向圆跳动	芯模表面粗糙度	旋轮直径	旋轮顶端圆角半径及型面	旋轮径向圆跳动	旋轮表面粗糙度	旋轮数量	正、反旋压	每道次减薄率	偏离率	进给比	主轴转速
隆起(堆积)	○	○							○					○	△	○	
破裂	■	■							■					■		○	
直径精度	■		■	■	■	■			■	■		■	■	○	△	○	
贴模度,不直度	■	■	■	■	■	■		○	■	■		■	■	■	△	■	○
壁厚精度			■		■	■				■					△		
内表面粗糙度							■							○	△		
外表面粗糙度									■		■		■		△	■	
表面波度						■				■						■	■
旋压力	■	■										■	■	■	△	■	
工效													■	■		■	■

注：△—锥形件剪切旋压；○—筒形件流动旋压；■—强力旋压。

图 7-2-5b 所示可分段按下式计算

$$
\begin{aligned}
t_1 &= t_0 \sin\alpha_1 \\
t_2 &= t_0 \sin\alpha_2 \\
&\vdots \\
t_n &= t_0 \sin\alpha_n
\end{aligned}
\tag{7-2-5}
$$

图 7-2-5c 可分段按下式计算

$$
\begin{aligned}
t &= t_{01} \sin\alpha_1 \\
t &= t_{02} \sin\alpha_2 \\
&\vdots \\
t &= t_{0n} \sin\alpha_n
\end{aligned}
\tag{7-2-6}
$$

图 7-2-5e 可分段按下式计算

$$
\begin{aligned}
\frac{t_1}{\sin\alpha_1} &= \frac{t_0}{\sin\alpha_{01}} \\
\frac{t_2}{\sin\alpha_2} &= \frac{t_0}{\sin\alpha_{02}} \\
&\vdots \\
\frac{t_n}{\sin\alpha_n} &= \frac{t_0}{\sin\alpha_{0n}}
\end{aligned}
\tag{7-2-7}
$$

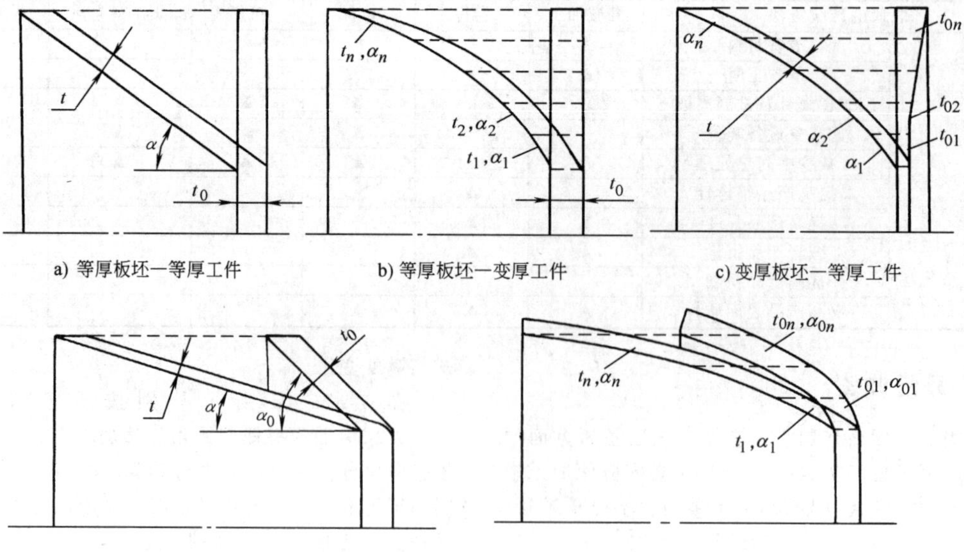

a) 等厚板坯—等厚工件　b) 等厚板坯—变厚工件　c) 变厚板坯—等厚工件

d) 等厚预制坯—等厚工件　e) 等厚预制坯—等厚工件

图 7-2-5　坯料形式与厚度变化

板坯外径（见图 7-2-6a），可计算如下

$$D_0 \geqslant D+6(\sin\alpha+1)+2(r_r+t)\cos\alpha \quad (7\text{-}2\text{-}8)$$

预制坯外径（见图 7-2-6b），可计算如下

$$D_0 \geqslant D+6(\sin\alpha+\sin\alpha_0)+2(r_r+t)(\cos\alpha-\cos\alpha_0) \quad (7\text{-}2\text{-}9)$$

带厚法兰工件的毛坯应带预制段，如图 7-2-7 所示。

预制段长度 l 满足

$$l \geqslant (1-\sin\alpha)r_r+(3\sim5)\text{mm} \quad (7\text{-}2\text{-}10)$$

厚法兰每侧留加工余量 3~8mm。

因法兰应力小，其外缘可按需要设计成非圆形。

（2）减薄率与道次数　锥形强力旋压的减薄率 ψ_t 为

$$\psi_t = \frac{t_0-t}{t_0} \quad (7\text{-}2\text{-}11)$$

在板坯旋压时，为

$$\psi_t = 1-\sin\alpha \quad (7\text{-}2\text{-}12)$$

在预制坯旋压时，为

$$\psi_t = 1-\frac{\sin\alpha}{\sin\alpha_0} \quad (7\text{-}2\text{-}13)$$

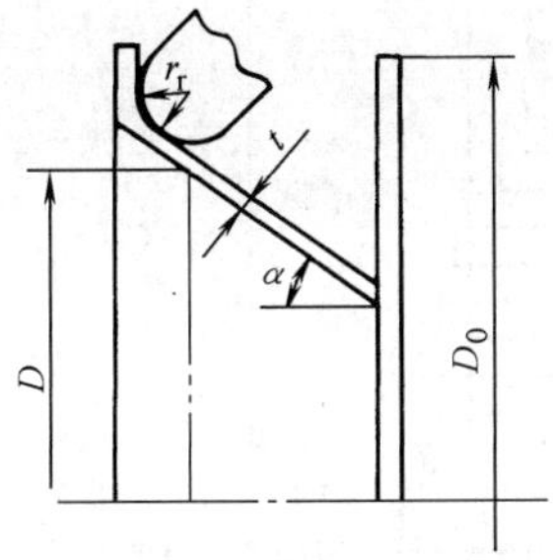

a) 板坯

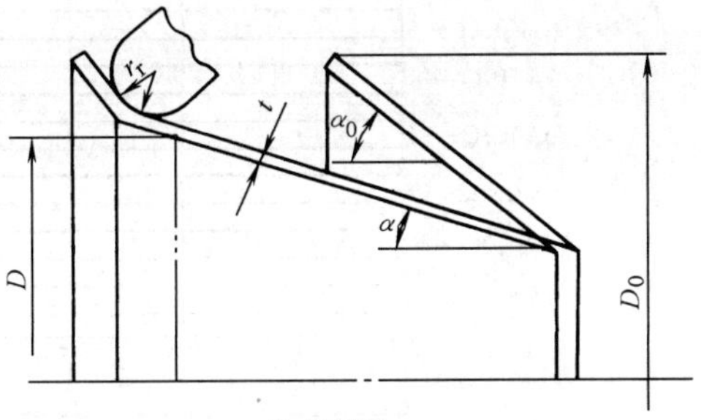

b) 预制坯

图 7-2-6　锥形件剪切旋压坯料直径余量

不同材料一道次旋压的极限减薄率 ψ_{tmax} 见图 7-2-8 及表 7-2-6。ψ_{tmax} 取决于材料的断面收缩率 Z，可按式（7-2-14）近似计算（见图 7-2-9）。

表 7-2-6　ψ_{tmax}

材料名称	材料牌号	锥形件	球形件	筒形件
铝合金	2014	0.50	0.40	0.70
	2024	0.50	—	0.70
	5256	0.50	0.35	0.75
	5086	0.65	0.50	0.60
	6061	0.75	0.50	0.75
	7075	0.65	0.50	0.75
钢	4130	0.75	0.50	0.75
	6434	0.70	0.50	0.75
	4340	0.65	0.50	0.75
	D6AC	0.70	0.50	0.75
	Rene41	0.40	0.35	0.60
	A286	0.70	0.55	0.70
	Waspaloy	0.40	0.35	0.60
	18%Ni	0.65	0.50	0.75
	321	0.75	0.50	0.75
	17-7PH	0.65	0.45	0.65
	347	0.75	0.50	0.75
	410	0.60	0.50	0.65
	H11 工具钢	0.50	0.35	0.60

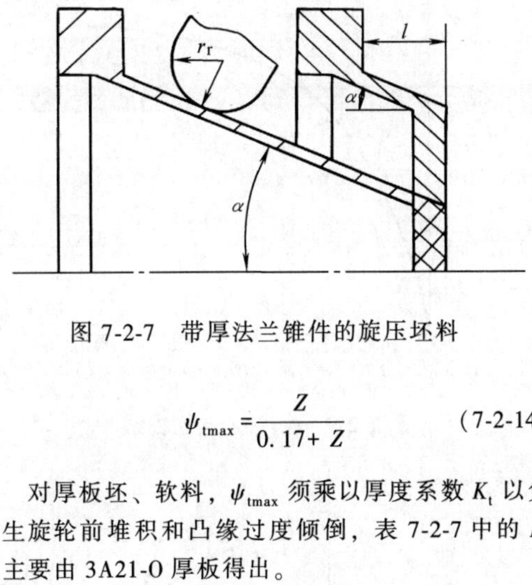

图 7-2-7　带厚法兰锥件的旋压坯料

$$\psi_{tmax} = \frac{Z}{0.17+Z} \quad (7\text{-}2\text{-}14)$$

对厚板坯、软料，ψ_{tmax} 须乘以厚度系数 K_t 以免产生旋轮前堆积和凸缘过度倾倒，表 7-2-7 中的 K_t 值主要由 3A21-O 厚板得出。

表 7-2-7　厚度系数 K_t 值

板坯厚 t_0/mm	<10	10~15	15~25	25~35
K_t	1.0~0.9	0.9~0.8	0.8~0.7	0.7~0.6

小锥角零件剪切旋压后期道次的变形规律接近筒形强力旋压，宜取较小的减薄率。

采用多道旋压可获得小到 2°的半锥角。

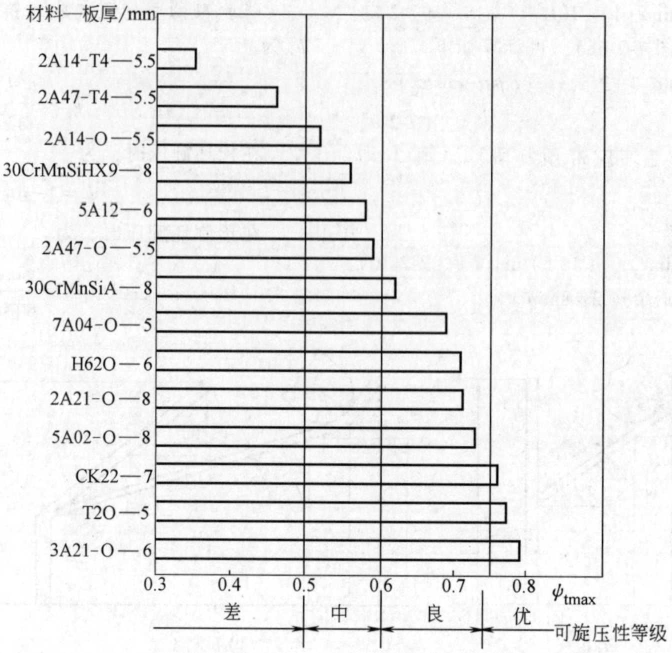

图 7-2-8　板坯椭球试验一道次 ψ_{tmax}

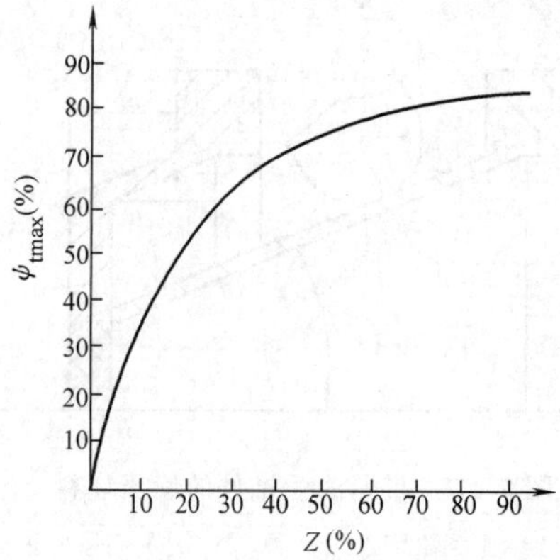

图 7-2-9　ψ_{tmax}-Z 关系曲线

(3) 偏离率 Δ　偏离率为工件实际厚度 t_f 与按正弦律计算值 t_t 的偏差。计算公式为

$$\Delta=\frac{t_f-t_t}{t_f} \tag{7-2-15}$$

$\Delta>0$ 为正偏离，或称欠旋，有附加拉深变形，工件精度及材料可旋性降低，法兰易起皱，$\Delta<0$ 为负偏离，或称过旋，有附加轧压变薄，旋压力急增，材料可旋性改善，旋轮前产生堆积，如图 7-2-10 所示。偏离正弦律伴生法兰倾斜（见图 7-2-11）。负偏离、β 大、f 大、r_r 小时易后倾（见图 7-2-12）。

平板坯剪切旋压常用范围是 $\Delta=-10\%\sim5\%$。延性差，厚料宜取 $\Delta<0$。

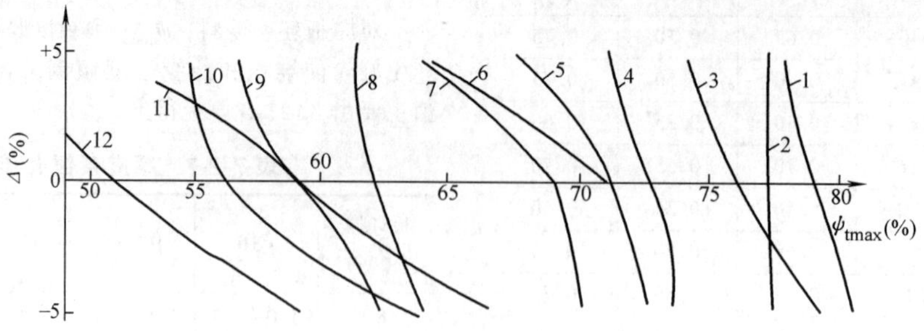

图 7-2-10　板坯剪切旋压极限减薄率 ψ_{tmax} 与偏离率 Δ 的关系

($t_0=5\sim8$mm，$\omega=200$r/min，$s=0.2$mm/r，$r_r=12$mm，椭球模)

1—3A21-O　2—T2O　3—CK22　4—5A02-O　5—2A12-O　6—H62O　7—7A04-O
8—30CrMnSiA　9—2A47-O　10—5A12　11—30CrMnSiHX9　12—6010-0

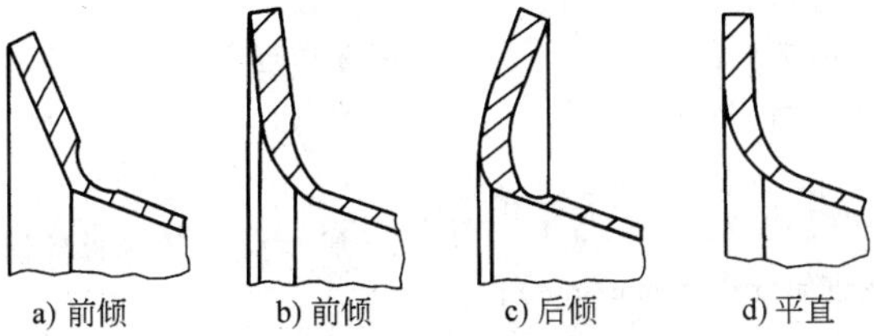

图 7-2-11　偏离率 Δ 不同时法兰典型形态

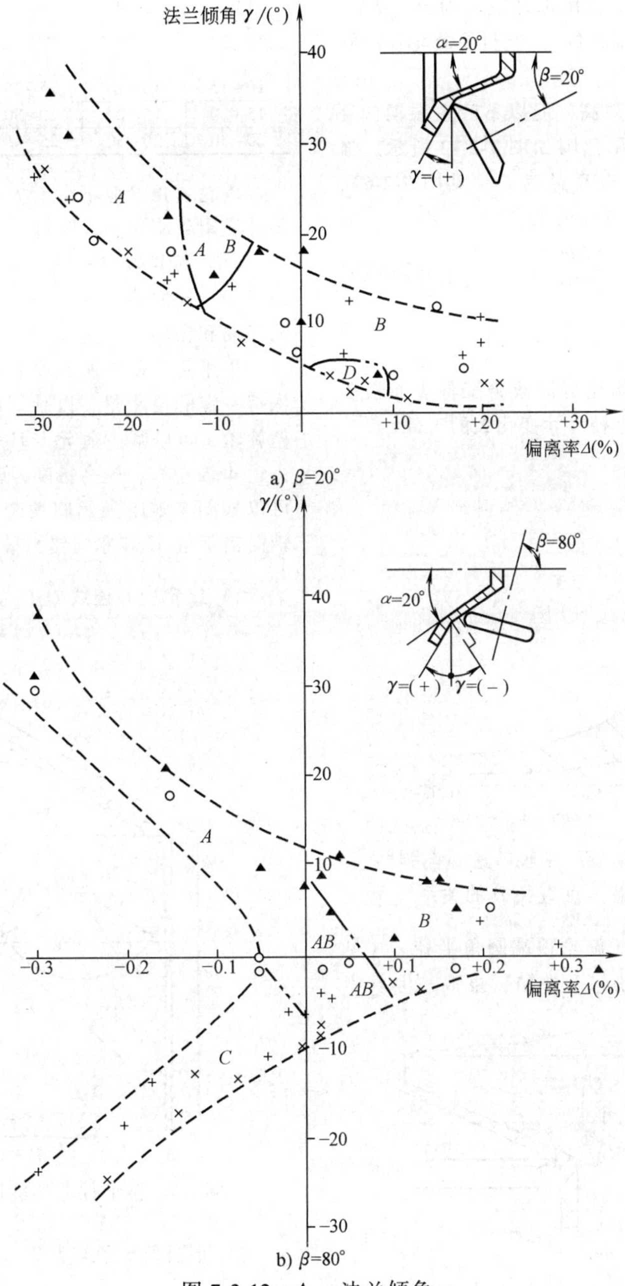

图 7-2-12　Δ_t—法兰倾角 γ

（3A21-O，$t_0=3\text{mm}$，$r_r=10\text{mm}$；$\omega=200$，400r/min）▲—$f=0.2\text{mm/r}$

A、B、C、D—法兰形态　○—$f=0.4\text{mm/r}$　+—$f=0.6\text{mm/r}$　×—$f=0.8\text{mm/r}$

预制坯剪切旋压时，薄料宜取 $\Delta \geqslant 0$；厚料、小锥角工件 Δ 可在 $-30\% \sim +30\%$ 的较大范围变动。

（4）进给比与转速　旋轮进给比 f 为

$$f=\frac{v_s}{\omega} \tag{7-2-16}$$

式中　v_s——旋轮沿工件母线进给速度（mm/min）；

　　ω——主轴转速（r/min）。

f 大则工效高，但以不产生振动，且旋压力、表面粗糙度值不过大为限。常用选择范围为 $f=(0.1 \sim 0.75)n_r$（n_r 为同步工作旋轮数），厚料及旋轮顶端圆角半径大时取大值。

主轴转速 ω 大则工效高，但以不产生振动，且旋压热不过大为限，常用范围如图 7-2-13 所示。强力旋压弯形坯料任意一点直径为 D（见图 7-2-6），则该处的周向线速度 v_θ 与 ω 的关系为

$$v_\theta=\frac{\pi D\omega}{1000} \tag{7-2-17}$$

v_θ 的常用范围为 50～300m/min。厚料、硬料、小直径取小值。

采用恒线速、恒进给比可以改善工件表面粗糙度和尺寸精度，尤其是直径尺寸变化大的工件。

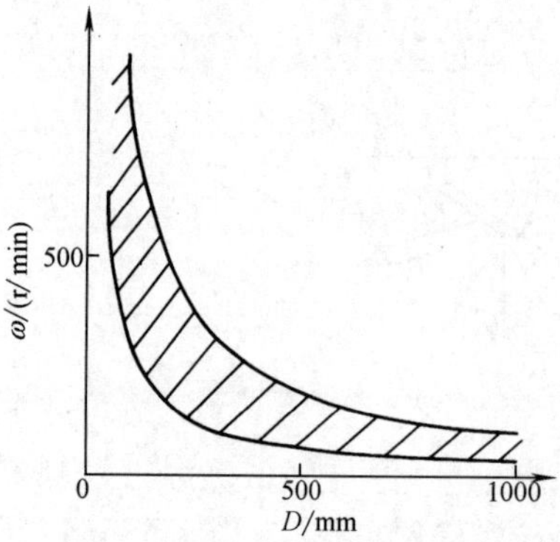

图 7-2-13　锥形件剪切旋压主轴转速 ω 与强力旋压变形坯料任意一点直径 D 的关系

（5）旋轮工作参数　旋轮顶端圆角半径 r_r（见图 7-2-14）小则旋压力小，工件贴模度高，但以不形成黏附以至掉屑、表面粗糙度值不过大为限。常用选择范围是 $r_r=(1 \sim 4)t_0$（t_0 为坯料厚度）。旋压不锈钢、耐热合金等材料取大值；旋压厚料、铝料取小值，见表 7-2-8。

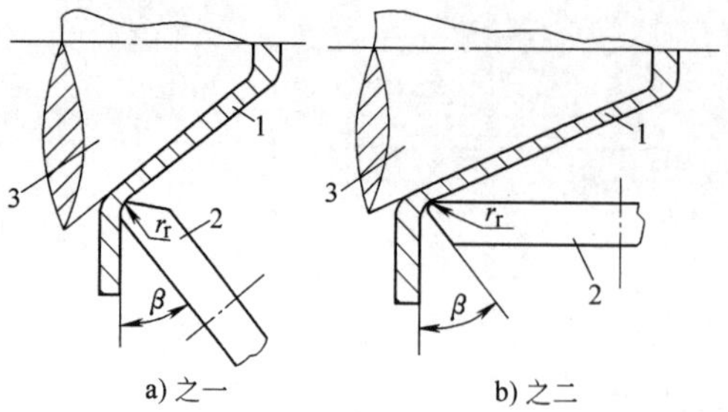

图 7-2-14　旋轮工作简图

1—坯料　2—旋轮　3—芯模

表 7-2-8　锥形件剪切旋压旋轮顶端圆角半径 r_r

（单位：mm）

坯料厚度 t_0	减薄率 ψ_t		
	30%	50%	70%
1～2	2～4	3～5	3～6
2～6	3～8	4～10	4～12
6～10	6～12	8～15	10～18
10～15	10～15	15～25	18～30
15～20	15～20	20～30	25～40
20～30	20～30	25～45	40～60

旋轮攻角 β 应不小于 7°～20°，以防造成坯料擦伤并黏附到旋轮上，厚料、黏性料取大值。

（6）旋轮数与配置　采用 2～3 个直径和顶端圆角半径相同的旋轮在同一截面内工作可以减少芯模的弯曲和振动。

采用两个顶端圆角半径不同的旋轮，二者之间保持一定的错距量，以顶端圆角半径小的旋轮作为精旋轮，可以减少旋轮与坯件接触面积，降低旋压力达 40%左右，提高精度，改善表面粗糙度和减振。可以如图 7-2-15 所示将两个旋轮叠合作放大图确定轴向错距量 a_1 和厚向错距量 a_t。原则是：

1）旋轮中心连线 O_1O_2 的夹角 $\theta=\frac{\alpha}{2}+\frac{\pi}{4}$。

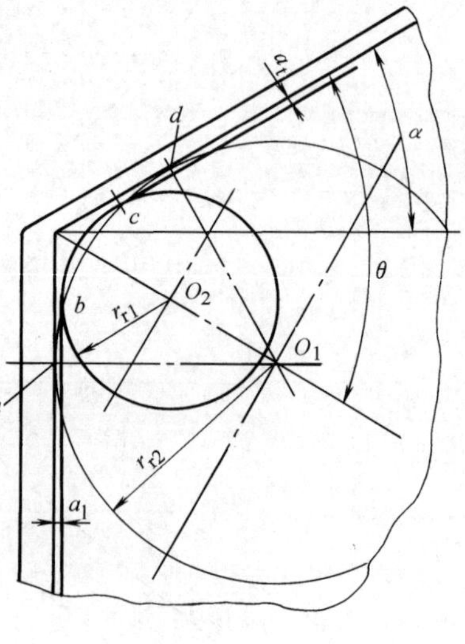

图 7-2-15　锥形件剪切旋压双旋轮错距旋压图

2）小圆角半径与大圆角半径交点的弧长 $\overset{\frown}{cb}$ 约为大圆角半径与工件接触弧长 $\overset{\frown}{ad}$ 之半，即 $\frac{1}{2}\overset{\frown}{ad} \approx \overset{\frown}{cb}$。

（7）冷却润滑　所用润滑剂种类与拉深旋压相

同，但用量大。

2. 筒形件流动旋压

（1）坯料　筒形件流动旋压坯料必为筒形件（见图 7-2-1b、c）。坯料变形部分壁厚 t_0 及长度 l_0 可由式（7-2-4）或式（7-2-5）计算。t_0 大则坯料短，机械加工方便，但以旋压力不过大，旋压及中间热处理道次不过多为限。

厚壁坯料起旋处形状宜与旋轮工作部分形状相吻合。坯料带厚底时，起旋处宜越过底部，如图 7-2-16 所示。

在首道次，终旋点位置宜距坯料尾端（1.5~6）t_0，在随后道次则宜距前一道次终旋点 1~3mm，如图 7-2-17 所示。

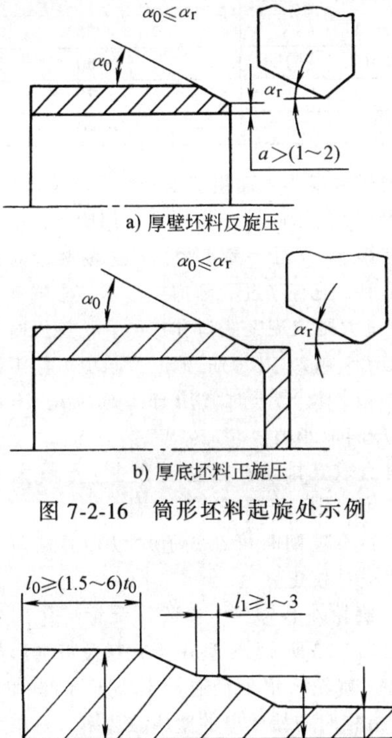

图 7-2-16　筒形坯料起旋处示例

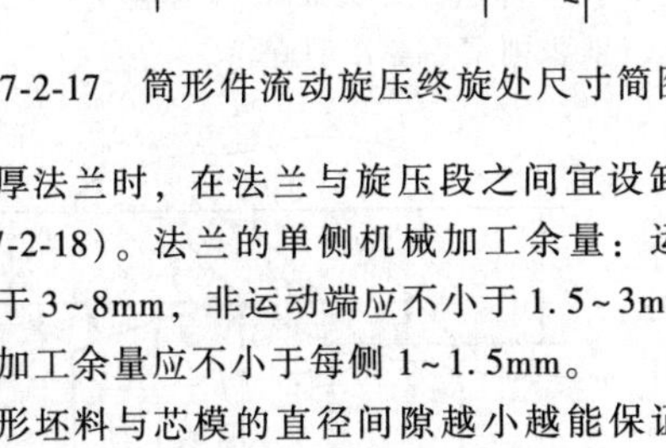

图 7-2-17　筒形件流动旋压终旋处尺寸简图

带厚法兰时，在法兰与旋压段之间宜设卸载段（见图 7-2-18）。法兰的单侧机械加工余量：运动端应不小于 3~8mm，非运动端应不小于 1.5~3mm。径向机械加工余量应不小于每侧 1~1.5mm。

筒形坯料与芯模的直径间隙越小越能保证上料对中，但应以便于装模为限。中小件的直径间隙通常取 0.05~0.20mm，大件则需达 1mm 以上。

先进行锥-筒复合体强力旋压时（见图 7-2-19），筒形段直径间隙需加大到 0.5~8mm，厚料、中大件取大值。

图 7-2-20 所示是不带底坯料正旋压时，用半环定位的两种形式。

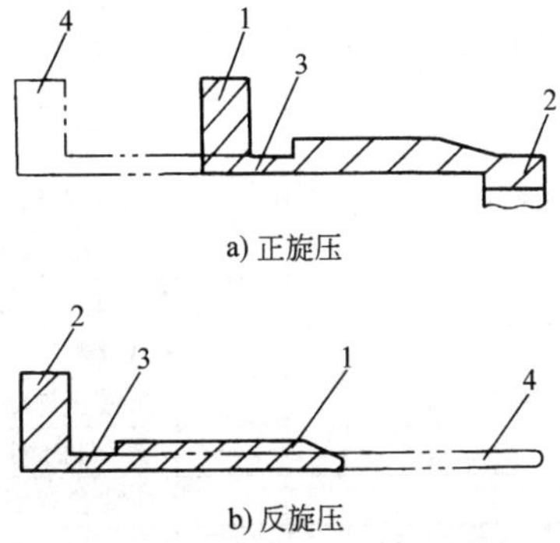

图 7-2-18　带厚法兰工件的筒形件流动旋压

1—坯料运动端　2—坯料非运动端　3—坯料卸荷槽　4—工件

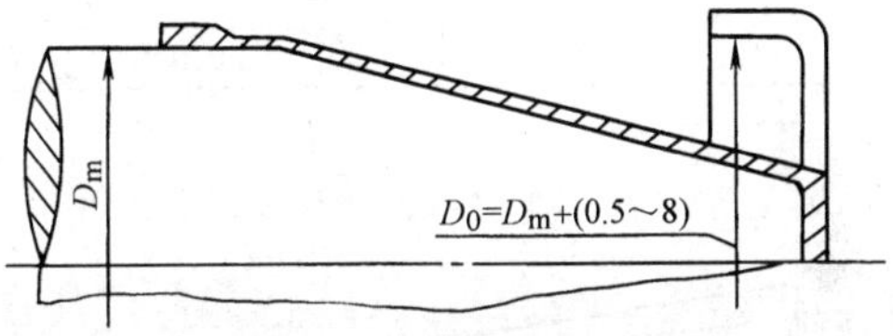

图 7-2-19　锥-筒复合件强力旋压

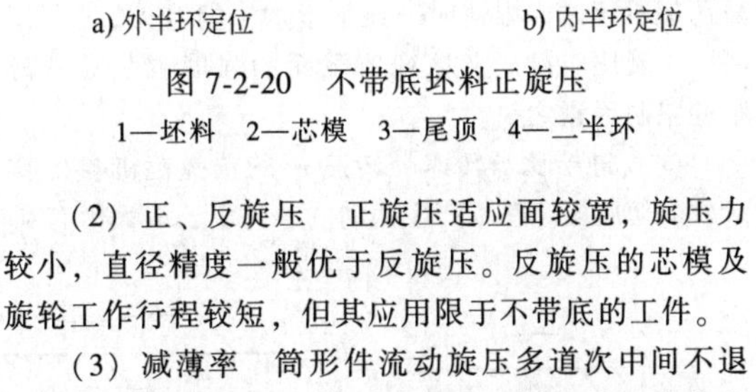

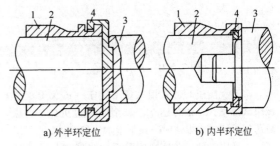

图 7-2-20　不带底坯料正旋压

1—坯料　2—芯模　3—尾顶　4—二半环

（2）正、反旋压　正旋压适应面较宽，旋压力较小，直径精度一般优于反旋压。反旋压的芯模及旋轮工作行程较短，但其应用限于不带底的工件。

（3）减薄率　筒形件流动旋压多道次中间不退火的极限减薄率 ψ_{tmax} 见表 7-2-9。每道次的减薄率受限于工件精度要求、机床能力及系统刚度等因素。常用选择范围为 20%~45%。一道次减薄率的理论适宜值 ψ_{topt} 为

$$\psi_{topt}=\frac{2\sin\alpha_r}{1+2\sin\alpha_r}\left(1-\frac{f}{4t_0\cos\alpha_r}\right) \qquad (7\text{-}2\text{-}18)$$

式中　α_r——旋轮成形角，见下述。

当 ψ_{topt} 太小时，坯料内表面材料不流动，甚至产生分层。按式（7-2-18）绘制的图线如图 7-2-21 所示。

表 7-2-9　筒形件流动旋压 ψ_{tmax} 经验值

材料	种类	牌号	ψ_{tmax}(%)
铝及其合金	Al-Mg-Si	5A02	65~70
	A1-Mg-Si	5A06	60
	Al-Mn 卷焊坯	5A21	65
	Al-Cu-Mg(硬铝)	2A12	40
	Al-Mg-Si-Cu(锻铝)	6A02	75
铜及其合金	纯铜挤压坯		80
	纯铜卷焊坯		65
	黄铜,白铜		90
钛	纯钛卷焊坯	TA2	60
黑色金属	超高强度钢	D6AC	93
		406	70
	合金结构钢	40CrNiMo	75
		14MnNi	85
		40Mn2	80
		30CrMnSi	70
	马氏体钢	18Ni	90

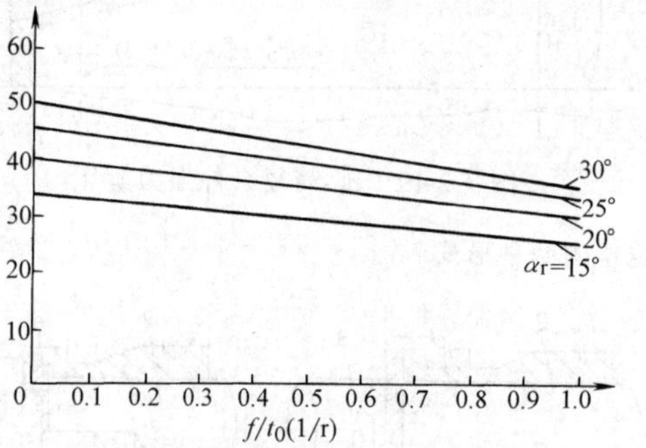

图 7-2-21　f/t_0-α_r-ψ_{topt}

多道次旋压时的极限减薄率大于一道次旋压的极限减薄率，一般可达 75%，个别可达 90%。当总减薄率不超过极限值时，通常不加中间退火。

正旋压时已成形区残留截面的强度也是对减薄率的限制因素之一。

(4) 进给比与转速　转速 ω 的选择范围参照锥形件剪切旋压。在不产生振动的条件下，取大值有利于改善内径精度、表面粗糙度，并提高生产率。

进给比 f 的影响除如锥形件剪切旋压外，还对直径精度有影响。f 过小易扩径，过大易隆起，都对直径精度不利。通常 f 过大则抱模过紧，影响卸件。软料反旋 f 过大则出现喇叭口和扩径。正旋压时常用选择范围是 $f=(0.25\sim1.0)n_r$（n_r 为同步工作旋轮数），薄料取小值；反旋压时常用选择范围是 $f=(0.1\sim0.5)n$，软料取小值。

一种有效安排是在前期道次令 f 足够大使工件抱模，终旋时则使 f 略减小以卸件。

当坯料不规则时可在头道次以小的减薄率、大的进给比进行校正。

(5) 旋轮外形与工作参数　旋轮工作部分常用外形如图 7-2-22 所示。r 型用于软料及带锥形与筒形的复合件。旋轮圆角半径通常不小于 $(15\sim25)\psi_{t0}$，其中 ψ_{t0} 指相对初始壁厚的壁厚减薄率。图中后两种为常用型。当料厚 $t_0\geqslant5$mm 时，为避免在旋轮前形成隆起、堆积则采用 h-α 型旋轮。

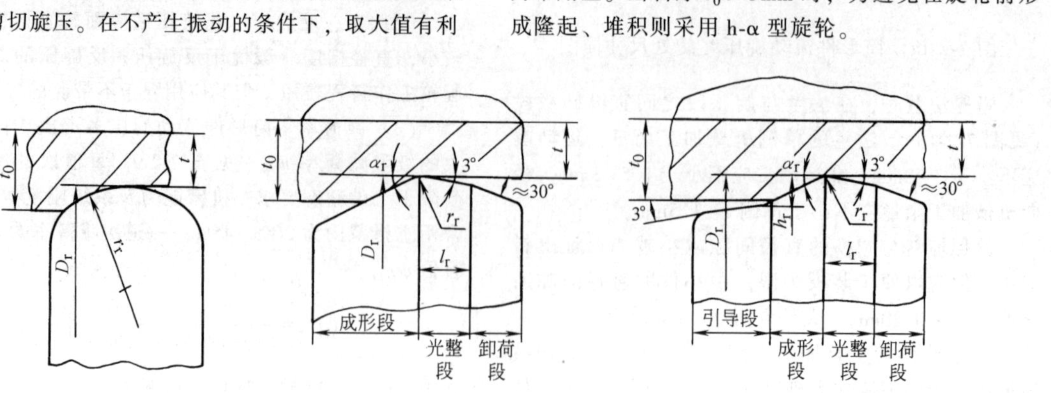

a) r型　　b) α型　　c) h-α型

图 7-2-22　旋轮常用外形

成形角 α_r 过小易扩径，过大易隆起，常用选择范围是 15°～30°，钢取 25°～30°，软料取较小值。圆角半径 r_r 的影响同锥形强力旋压，常用范围为 $l_r=0$ 时，$r_r\approx(0.6\sim1.6)t_0$，硬料取小值；$l_r>0$ 时，$r_r\approx\sqrt{t_0}$（t_0 单位为 mm）。

其他常用值是：引导角 $\gamma=3°$，台阶高 $h\approx(1.05\sim1.3)\psi t_0$，光整段长 $l_r\geqslant(1\sim2)f$，卸荷角 $\beta=30°\sim45°$。

旋长管时将旋轮斜置 $\phi=2°\sim3°$（见图 7-2-23），则产生轴向分速 $v_x=\pi D\omega\tan\phi$ 有助于坯料的纵向流动，提高工件精度并降低旋压力。但 ϕ 过大会造成表面粗糙和振动。

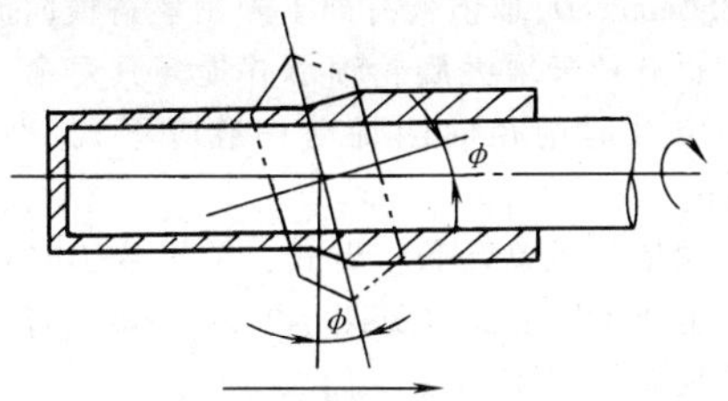

图 7-2-23　旋轮斜置简图

(6) 旋轮数量及配置　根据机床条件，可有图 7-2-24 所示的不同工作方式。单轮工作只适于薄料、粗短件。双轮旋压细长件时也易出现芯模跳动。三轮旋压最为合理，三轮均布又胜于三轮不均布。多旋轮工作可增加坯料夹紧可靠性，减少模具偏心，并增加同一直径上的塑性区，对应力分布有益。

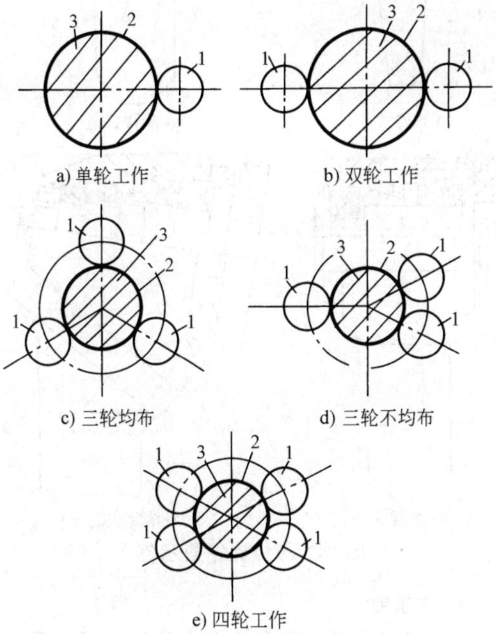

图 7-2-24　旋轮不同安排
1—旋轮　2—工件　3—芯模

错距旋压过程在均布三旋轮旋压机上已获得广泛应用，在双旋轮旋压机上亦可采用，其工作原理如图 7-2-25 所示。各旋轮沿径向和轴向错距可以在一道次中完成通常需几道次完成的工作，使工效成倍地提高，并可提高工件直径精度，减少弯曲度及口部喇叭口长度，但总旋压力及主轴功率则相应增大。

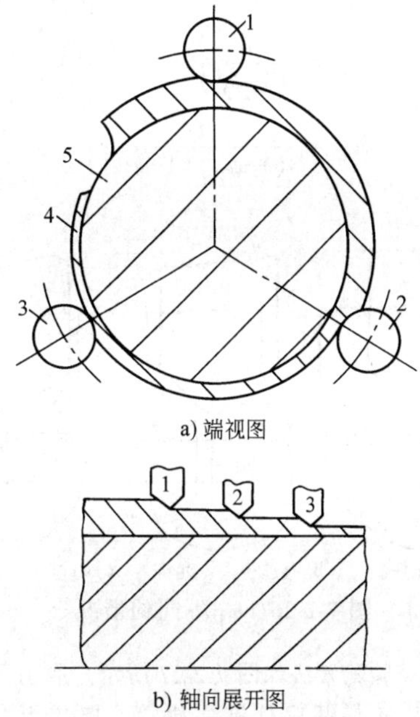

图 7-2-25　错距旋压工作原理
1、2、3—旋轮　4—坯料　5—芯模

坯料起旋处应预制与多旋轮工作相应的台阶。径向压下量的分配应使各旋轮受力大体相同。

旋轮型面参数取

$$\left.\begin{aligned}r_{r1}\geqslant r_{r2}\geqslant r_{r3}\\ \alpha_{r1}\leqslant\alpha_{r2}\leqslant\alpha_{r3}\end{aligned}\right\}\qquad(7\text{-}2\text{-}19)$$

式中　1、2、3——按先后工作顺序排列的旋轮号；
r_{r1}、r_{r2}、r_{r3}——分别为 3 个旋轮的圆角半径；
α_{r1}、α_{r2}、α_{r3}——分别为 3 个旋轮的成形角。

错距量 a 应尽量小，但不使后轮成形面越过前轮，保持关系如下

$$a\geqslant a_{\mathrm{I}}+a_{\mathrm{II}}+a_{\mathrm{III}}\qquad(7\text{-}2\text{-}20)$$

式中　a_{I}——几何位置错距量，可作图确定，图 7-2-26 所示为 a_{I} 不同的情况；
a_{II}——实际进给附加值；
a_{III}——可能的调整误差。

双轮正旋压时

$$a_{\mathrm{I}12}=\frac{f}{2}(1-\psi_{t2})\qquad(7\text{-}2\text{-}21)$$

双轮反旋压时

$$a_{\mathrm{I}12}=\frac{f}{2(1-\psi_{t1})}\qquad(7\text{-}2\text{-}22)$$

三轮正旋压时

$$\left.\begin{aligned}a_{\text{I}12}&=\frac{f}{3}(1-\psi_{t3})(1-\psi_{t2})\\a_{\text{II}12}&=\frac{f}{3}(1-\psi_{t3})\end{aligned}\right\}\tag{7-2-23}$$

三轮反旋压时

$$\left.\begin{aligned}a_{\text{II}12}&=\frac{f}{3(1-\psi_{t1})}\\a_{\text{II}23}&=\frac{f}{3(1-\psi_{t1})(1-\psi_{t2})}\end{aligned}\right\}\tag{7-2-24}$$

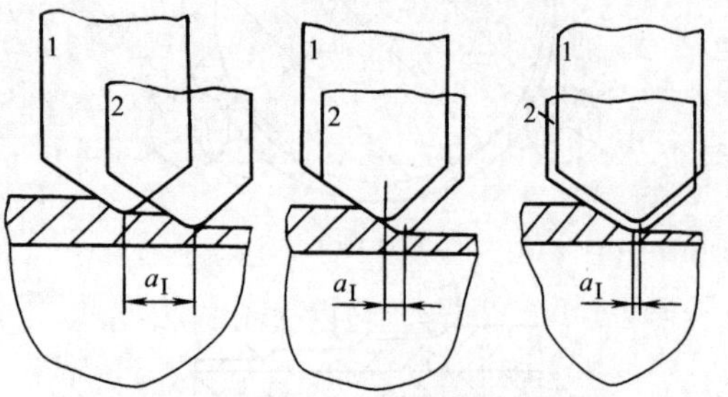

a) 允许　b) a_{I}过小，不允许　c) a_{I}过小，不允许

图 7-2-26　a_{I} 不同的情况

一种经验配置法如图 7-2-27 所示。取引导角 $\gamma=10°\sim15°$ 与坯料起旋处锥面相符。取成形角 $\alpha_{r1}=15°\sim20°$，成形角 $\alpha_{r2}=\alpha_{r3}=30°$。取 $\gamma_r=(1\sim2)t_0$，$\gamma_{r1}>\gamma_{r2}=\gamma_{r3}$ 或 γ_{r1}、$\gamma_{r3}>\gamma_{r2}$。

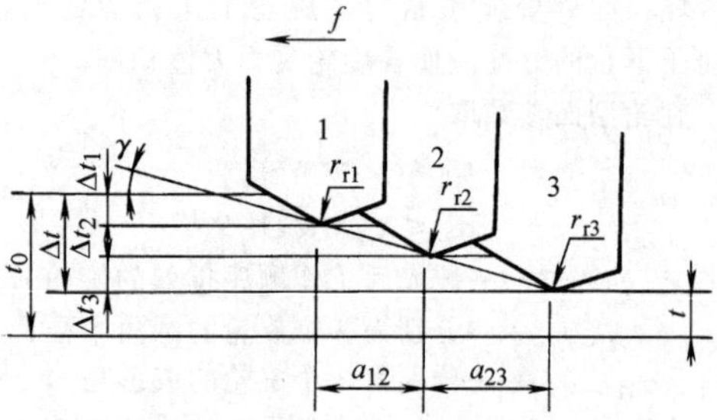

图 7-2-27　错距旋压旋轮配置法之一

另一种轴向零错距配置如图 7-2-28 所示。α_r 值依次减小，如取 $\alpha_{r1}=30°$，$\alpha_{r2}=25°$，$\alpha_{r3}=20°$。

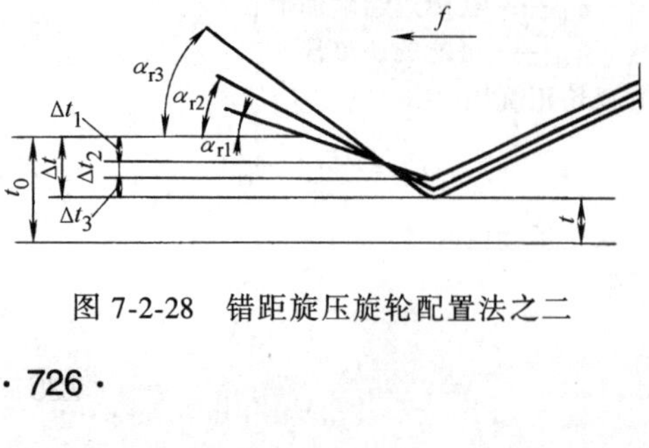

图 7-2-28　错距旋压旋轮配置法之二

（7）冷却润滑　筒形变薄旋压较锥形强力旋压摩擦更为剧烈，故冷却液供量一般应达 300～600L/min 以免影响产品的尺寸精度。

2.3　工艺装备

1. 旋轮

强力旋压时旋轮与坯料间单位接触压力可高达 $(1\sim3.5)\times10^3$MPa，故旋轮一般须整体淬硬。常用 CrWMn、9SiCr、Cr12MoV、6W8Cr4VTi（LM1）等合金工模具钢以及高速工具钢、硬质合金，淬硬到 60～63HRC。热旋压时旋轮常用材料见表 7-1-16。

根据机床的不同，旋轮外径的常用范围是 $D_r=120\sim350$mm。D_r 取值大有助于限制坯料横向流动及扩径，也有利于增大旋轮轴承并提高其寿命。旋轮安装后空载时的径向圆跳动一般应不大于 0.01～0.02mm。

旋轮架包括单臂和双臂式，轴承装于支臂上和装于轮上等不同形式（见图 7-2-29）。单支臂旋轮架便于更换旋轮。

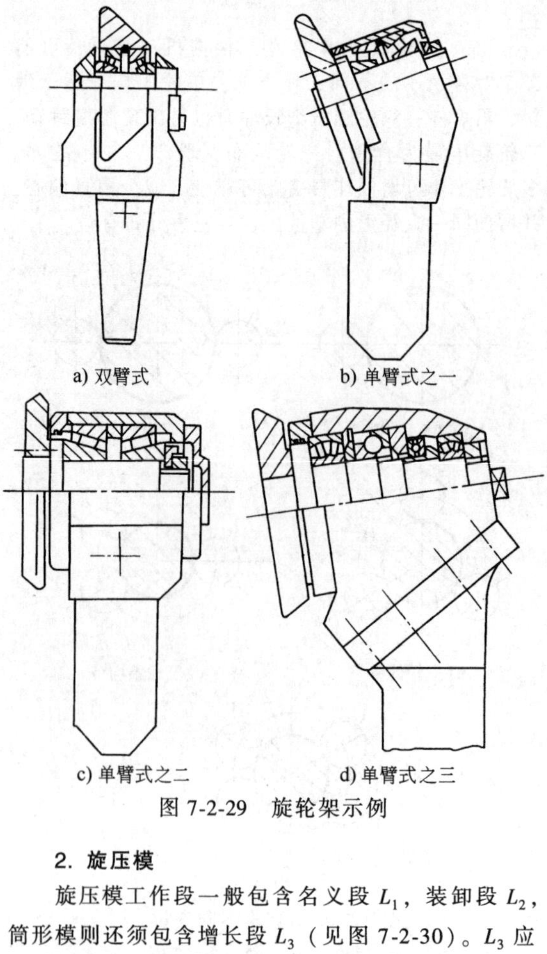

a) 双臂式　b) 单臂式之一　c) 单臂式之二　d) 单臂式之三

图 7-2-29　旋轮架示例

2. 旋压模

旋压模工作段一般包含名义段 L_1，装卸段 L_2，筒形模则还须包含增长段 L_3（见图 7-2-30）。L_3 应

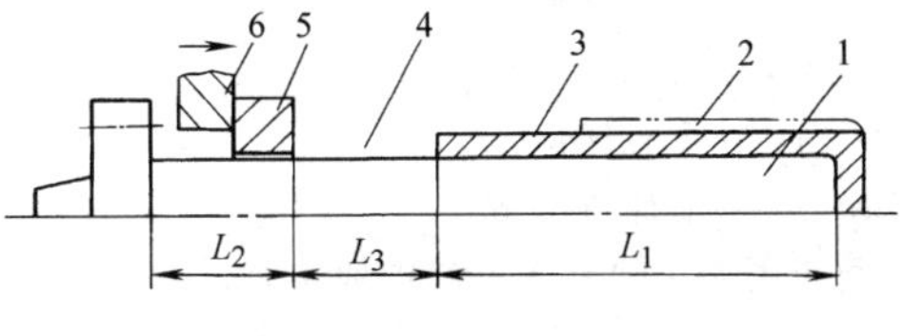

图 7-2-30　筒形模工作部分

1—芯模　2—坯料　3—工件（名义）　4—工件（增长）　5—脱卸环　6—脱卸器

考虑毛坯壁厚误差及调整偏差可能造成的工件伸长。

例： 已知坯料厚度 $t_0=2\text{mm}$，长度 $l_0=1200\text{mm}$，工件厚度 $t=1.2\text{mm}$，长度 $l=2000\text{mm}$。当坯料偏厚 $\Delta t_0=0.2\text{mm}$，则

$$L_2\approx\frac{l_0\Delta t_0}{t}=\frac{1200\times0.2}{1.2}\text{mm}=200\text{mm}$$

当工件偏薄 $\Delta t=0.2\text{mm}$，则

$$L_3\approx\frac{l\Delta t}{t_0}=\frac{2000\times0.2}{2}\text{mm}=200\text{mm}$$

旋压模端部圆角半径取 $r_m\geqslant(0.5\sim1)t_0$。

当多道次旋压时，各道次模具端部应保持协调（见图 7-2-31），取

$$d_{mn}=d_{m0}+2r_m\cos\alpha_{mn}\tag{7-2-25}$$

式中　n——旋压道次数。

旋压模具型面尺寸的确定与普通旋压相同。随工件大小和要求不同，模具安装后空载时径向圆跳动应不大于 0.01~0.1mm。

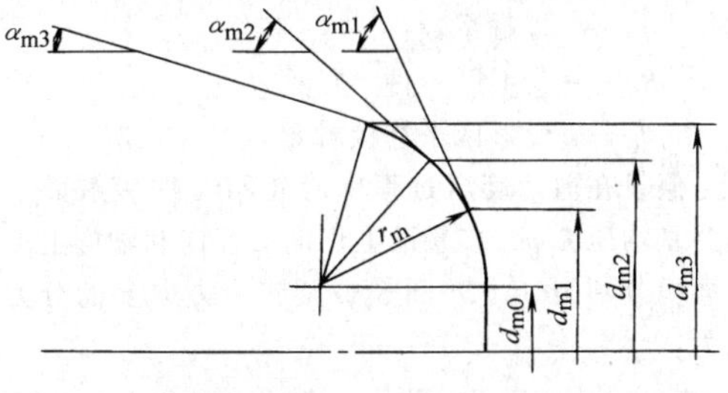

图 7-2-31　多道次锥形件剪切旋压模具端部尺寸

厚壁坯料筒形件流动旋压初期道次扩径较多时，后期道次可采用直径相应增大的旋压模以保持模具与坯料的间隙不过大。

筒形件流动旋压模工作表面宜精磨或超精光整，以减少摩擦。

冷旋压模选材宜取表 7-1-18 末一栏，不宜选用软料或表面淬火料。热旋压模选材见表 7-1-16。

3. 尾顶

尾顶的制备同普通旋压。图 7-2-32 所示是细长件双轮旋压时的尾顶形式。

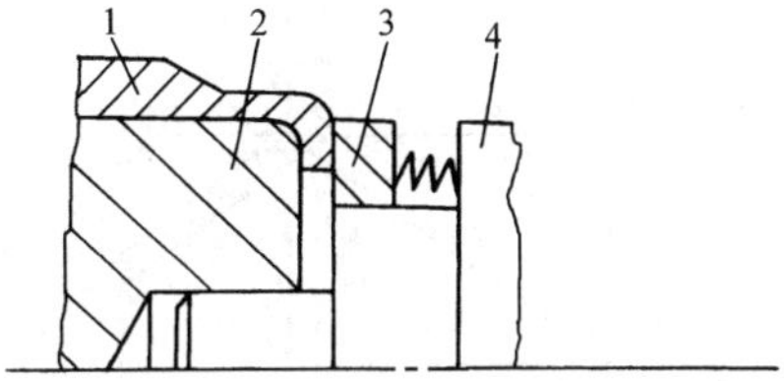

图 7-2-32　细长件双轮旋压时的尾顶形式

1—坯料　2—芯模　3—弹簧块　4—尾顶

当尾顶力不足时可在旋压模端面加止动销以防止毛坯转动。

当工件带尖顶时，难以设置尾顶，可以使用图 7-2-33 所示的装置来支撑坯料。

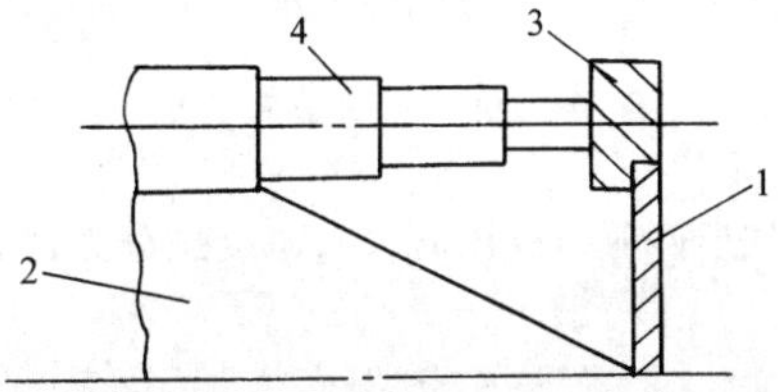

图 7-2-33　带尖顶锥形件进行强力旋压时毛坯定位方式

1—坯料　2—芯模　3—定位盘　4—伸缩轴

4. 脱卸装置

筒形件流动旋压后，有时由于工件直径尺寸缩小，有时由于产生一定的弯曲度和圆度误差而紧紧抱住芯模，所需脱卸力可达旋压力的 30%~50%，因而须设置脱卸环（见图 7-2-30），借旋轮或专门的脱卸器卸件。

此外，还可根据设备条件和加工需要设置切割装置、加热装置、坯料定位装置、送料装置、反旋跟踪装置等。

2.4　变形力的计算

1. 模拟试验求解

步骤同普通旋压。因强力旋压时工件直径对旋压力的影响较小，故在确定模拟试验参数时可仅就壁厚因素做局部模拟。

2. 估测求解

基本要点同普通旋压。如某设备强力旋压 1mm，不锈钢坯料需机床作用力 16kN，旋压 1mm 厚硬铝需机床作用力 5kN。通常某方向的机床作用力与相应旋压分力之比为 1.1~1.4。

3. 解析求解

（1）三向旋压分力及其排序　强力旋压时的三

向旋压分力分别为 F_z、F_r、F_θ，如图 7-2-34 所示。

a) 锥形件剪切旋压

b) 筒形件流动旋压

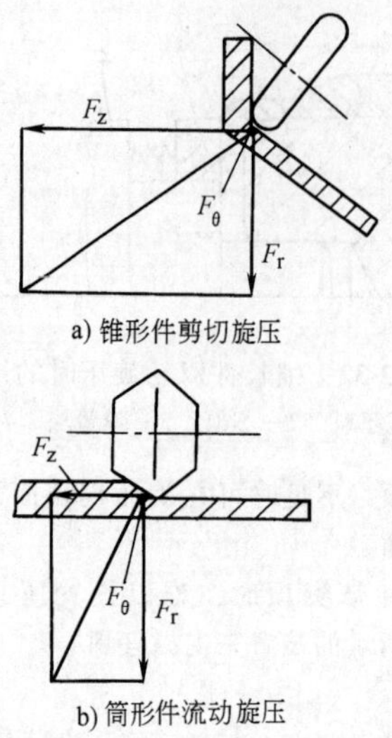

图 7-2-34 三向旋压分力

在锥形件剪切旋压时，三向旋压分力的排序一般为

$$F_z > F_r \gg F_\theta$$

在筒形件流动旋压时，三向旋压分力的排序一般为

$$F_r > F_z \gg F_\theta$$

（2）能量法求锥形件剪切旋压力 三向旋压分力及主轴功率 W 的算式推导过程如下。

按纯剪切变形计算，毛坯中距离旋转轴线为 R，厚度为 dR 的单元体沿轴向滑移距离为 s，工件半锥角为 α，则切应变 γ 为：

$$\gamma = \frac{s}{dR} = \cot\alpha \qquad (7\text{-}2\text{-}26)$$

此式适用于平板毛坯情况，即变形中毛坯凸缘部分是垂直状态（$\theta = 90°$）。如果毛坯为预成形，其半锥角 θ 的值处于 $0° \sim 90°$ 之间，则切应变 γ 为

$$\gamma = \cot\alpha - \cot\theta \qquad (7\text{-}2\text{-}27)$$

单位体积材料的塑性变形功 w 为

$$w = \int_0^\gamma \tau d\gamma = \int_0^\varepsilon \sigma d\varepsilon \qquad (7\text{-}2\text{-}28)$$

式中 ε——应变；

σ——应力（MPa）；

τ——切应力（MPa）；

γ 和 ε 的关系可由"变形能量不变原则"得 $\varepsilon = \frac{1}{\sqrt{3}}\gamma$

单位时间的变形体积 V 为

$$\frac{dV}{dT} = 2\pi t_0 R \frac{dR}{dT} = 2\pi t_0 Rnf\sin\alpha \qquad (7\text{-}2\text{-}29)$$

式中 t_0——坯料初始壁厚；

R——旋压件半径；

n——主轴转速；

f——旋轮进给量。

可求得旋压功率 N 和相应的切向力 P_t：

$$\left. \begin{array}{l} N = w\dfrac{dV}{dT} = 2\pi t_0 Rnf\sin\alpha \displaystyle\int_0^\varepsilon \sigma d\varepsilon \\[3mm] P_t = \dfrac{N}{2\pi nR} = t_0 f\sin\alpha \displaystyle\int_0^\varepsilon \sigma d\varepsilon \end{array} \right\} \qquad (7\text{-}2\text{-}30)$$

采用平均应力 $\bar{\sigma}_0$，$\bar{\sigma}_0 = \int \sigma d\varepsilon / \varepsilon$，可近似为 $\sigma_{0.2}$ 和 σ_n（在拉伸实际应力-应变曲线上与 ε_n 相对应的实际应力）的算术平均值，将 $\bar{\sigma}_0$ 和 $\varepsilon = \frac{1}{\sqrt{3}}\gamma$ 代入切向力 P_t 中得

$$P_t = t_0 \bar{\sigma}_0 f\varepsilon\sin\alpha = \frac{1}{\sqrt{3}} t_0 \bar{\sigma}_0 f\cos\alpha \qquad (7\text{-}2\text{-}31)$$

而预成形坯则有

$$P_t = \frac{1}{\sqrt{3}} t_0 \bar{\sigma}_0 f\sin\alpha(\cot\alpha - \cot\theta) \qquad (7\text{-}2\text{-}32)$$

用图解法求得近似接触面积，它的三向投影可近似地表示为

$$\left. \begin{array}{l} F_t \approx \dfrac{1}{2} r_\rho mf\sin^2\alpha \\[3mm] F_r \approx \dfrac{1}{2} r_\rho R_0 \theta_0 \sqrt{m}\left(1 - \sin\alpha + \dfrac{f\cos\alpha}{2r_\rho}\right) \\[3mm] F_z \approx \dfrac{1}{2} r_\rho \cos\alpha \sqrt{m} R_0 \theta_0 \end{array} \right\} \qquad (7\text{-}2\text{-}33)$$

式中 r_ρ——旋轮的工作圆角半径；

m——接触系数；

R_0——变形区工件半径；

θ_0——变形区平均接触角。

假设在剪切旋压过程中旋轮与工件接触面上作用为平均压力 p，接触面上切向、径向和轴向上的投影面积分别为 S_t、S_r 和 S_z，则三个方向上的分力分别为：

$$\left. \begin{array}{l} P_t = pS_t \\ P_r = pS_r \\ P_z = pS_z \end{array} \right\} \qquad (7\text{-}2\text{-}34)$$

通过上述求得切向力 P_t，则 P_r 和 P_z 可以表示为

$$\left. \begin{array}{l} P_r = P_t \dfrac{S_r}{S_t} = P_t \dfrac{R_0 \theta_0}{f\cos\alpha} \dfrac{1}{\sqrt{m}} \left(\dfrac{1-\sin\alpha}{\cos\alpha} + \dfrac{f}{2r_\rho}\right) \\[4mm] P_z = P_t \dfrac{S_z}{S_t} = P_t \dfrac{R_0 \theta_0}{f\cos\alpha} \dfrac{1}{\sqrt{m}} \end{array} \right\}$$

$$(7\text{-}2\text{-}35)$$

最终三分力 P_t、P_r 和 P_z 以及功率 N 为

$$
\left.\begin{aligned}
P_{\mathrm{t}} &= \frac{1}{\sqrt{3}} t_0 \overline{\sigma_0} f\cos\alpha \\
P_{\mathrm{r}} &= P_{\mathrm{t}} \frac{R_0\theta_0}{f\cos\alpha} \frac{1}{\sqrt{m}} \left(\frac{1-\sin\alpha}{\cos\alpha} + \frac{f}{2r_{\rho}} \right) \\
P_{\mathrm{z}} &= P_{\mathrm{t}} \frac{R_0\theta_0}{f\cos\alpha} \frac{1}{\sqrt{m}} \\
N &= 2\pi t_0 Rnf\sin\alpha \int_0^{\varepsilon} \sigma \mathrm{d}\varepsilon = \frac{2}{\sqrt{3}} \pi t_0 Rn \frac{f}{60} \cos\alpha
\end{aligned}\right\}
\tag{7-2-36}
$$

（3）上限法求筒形件流动旋压力　三向旋压分力的算式为

$$
\left.\begin{aligned}
F_{\theta} &= K_{\mathrm{FF}} t_0 f \sigma_0 \\
F_{\mathrm{z}} &= K_{\mathrm{FF}} t_0 \sigma_0 \sqrt{fD_{\mathrm{i}} \tan\alpha_{\rho}} \\
F_{\mathrm{r}} &= K_{\mathrm{FF}} t_0 \sigma_0 \sqrt{fD_{\mathrm{i}} \cot\alpha_{\rho}}
\end{aligned}\right\}
\tag{7-2-37}
$$

其中

$$
\left.\begin{aligned}
K_{\mathrm{FF}} &= \frac{\left(\frac{v_0}{f}\right)}{\sqrt{3}} \left\{ \left[2\ln\frac{1}{1-\psi_{\mathrm{t}}} \frac{(0.79\alpha_{\rho}+0.11\sin2\alpha_{\rho})}{\sin\alpha_{\rho}} \right] + \right. \\
&\left. \left[\frac{2(1-\cos\alpha_{\rho})}{\sin\alpha_{\rho}} \right] + \left[m\ln\frac{1}{1-\psi_{\mathrm{t}}} \left(\frac{1+\cos\alpha_{\rho}}{\sin\alpha_{\rho}} \right) \right] \right\} \\
&\text{正旋时} \quad v_0 = f(1-\psi_{\mathrm{t}}) \\
&\text{反旋时} \quad v_0 = f
\end{aligned}\right\}
\tag{7-2-38}
$$

式中　t_0——板坯厚（mm）；

σ_0——真实屈服应力（MPa）；

f——进给比（mm/r）；

ψ_{t}——减薄率（%）；

α_{ρ}——旋轮前角（°）；

D_{i}——工件内径（mm）；

K_{FF}——无量纲系数。

注：有限元数值模拟求解步骤与普通旋压略同。

2.5　典型旋压产品与工艺

1. 简单拉深旋压——流动旋压

如图 7-2-35 所示，可采用特殊型面旋轮由平板毛坯在一道次中完成简单拉深旋压和筒形件流动旋压。它适于旋压系数 $\beta = D_0/d \leqslant 1.4$ 时的铝板成形，可用于成形高压锅体等。

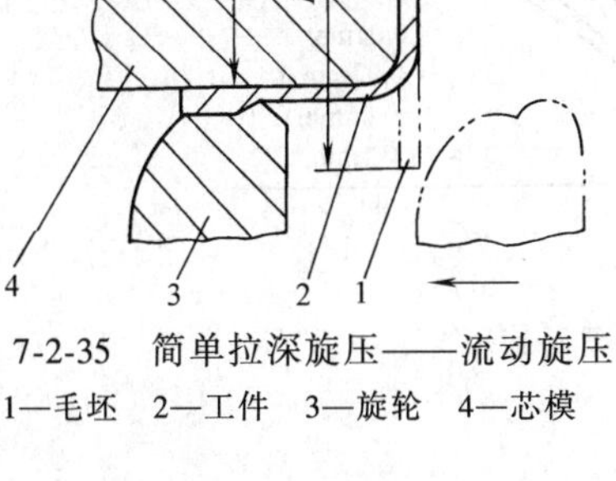

图 7-2-35　简单拉深旋压——流动旋压

1—毛坯　2—工件　3—旋轮　4—芯模

2. 锥形件剪切旋压——内旋压

旋压过程如图 7-2-36 所示。厚度变化符合正弦律。可用于制造抛物线形天线罩等大型件。变形区为两向受拉，一向受压。对纯铝的试验表明：一道次旋压的极限减薄率为 50%左右，低于外旋压。优点是回弹小、尺寸精度好、可无模旋压。

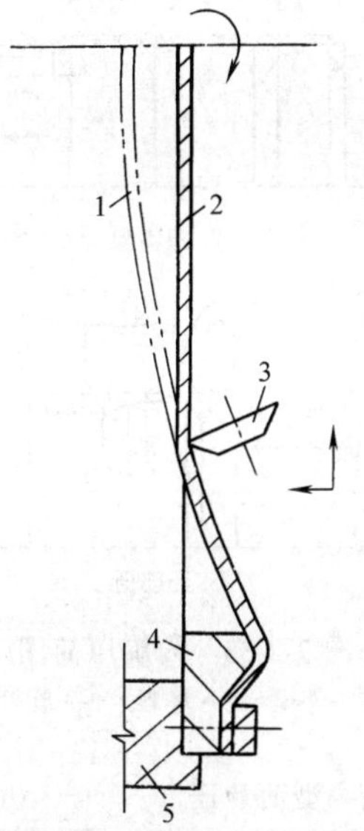

图 7-2-36　锥形件剪切旋压——内旋压旋压过程

1—工件　2—坯料　3—旋轮　4—模具　5—夹头

图 7-2-37 所示是分二道工序旋制飞机发动机唇口蒙皮的简图。第一道工序包括锥形件剪切内旋压（a 段）和多道次胀形旋压（b 段）；第二道工序为多道次拉深旋压（c 段）。

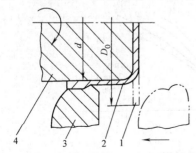

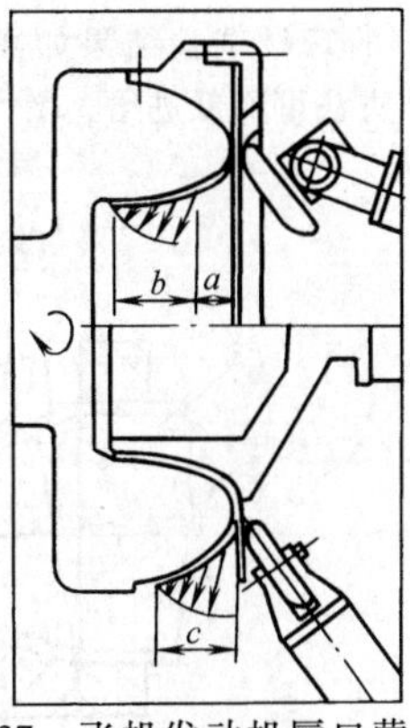

图 7-2-37　飞机发动机唇口蒙皮旋压

（上半部：第一道工序　下半部：第二道工序）

3. 筒形件流动旋压——内旋压

因扩径受到外模环的限制，故工件直径精度较高。图 7-2-38a 所示为常规的整体模内旋压，模环旋转。悬臂式的旋轮头对每道次的减薄量有一定限制。

图 7-2-38b 所示为局部模内旋压，模环旋转，模环与旋轮的纵向位置固定。张力头拉动坯料纵进，经模环与旋轮构成的间隙而变薄成形。此法因坯料受张力而进一步提高了工件精度，也节约了模具费用。

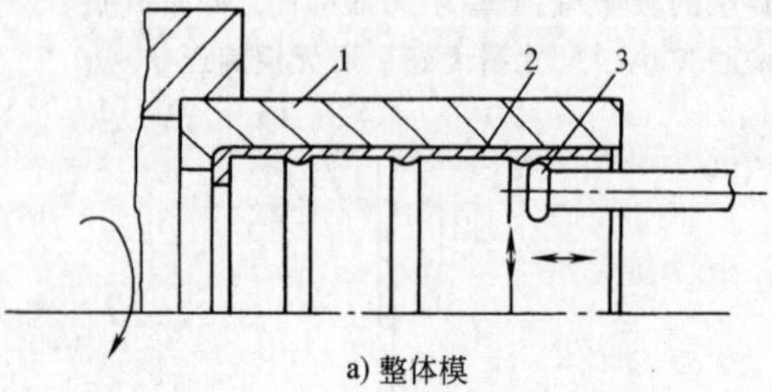

a) 整体模

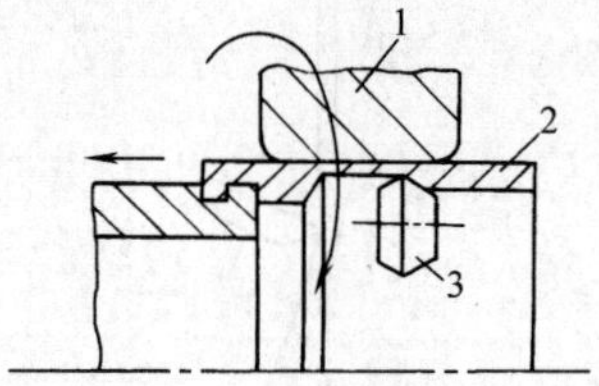

b) 局部模

图 7-2-38　内旋压简图

1—外模　2—坯料　3—旋轮

4. 环形轮内型面旋压

旋压过程包括单轮或双轮，环形轮与芯模轴线平行或相交等不同类别，如图 7-2-39 所示。可用于中小直径、薄壁筒形件流动旋压，尤其是管端成形。该过程的优点是提高功效，减少扩径，在轴线相交时还产生附加轴向力，工件尺寸精度较好。

图 7-2-40a 所示是以单环形轮倾斜 θ 角进行工作。θ 角取值为 3°～10°。对 08、20、35 钢及纯铝管，直径 18.5～120mm 的管材试验结果如图 7-2-40b 所示。由图可见采用本方法可降低进给，增大 θ 角，显著提高成形系数。

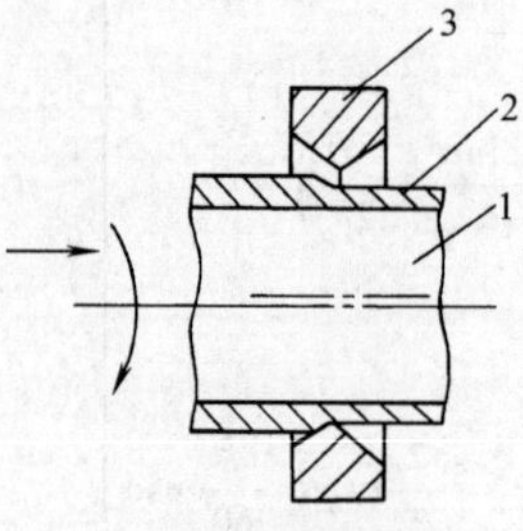

a) 单轮，轴线平行

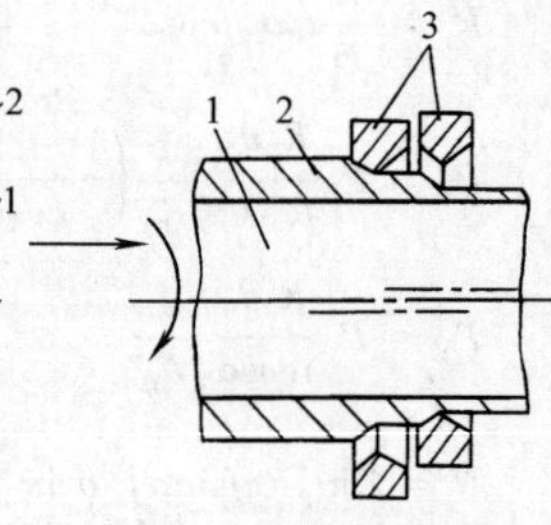

b) 双轮，轴线平行

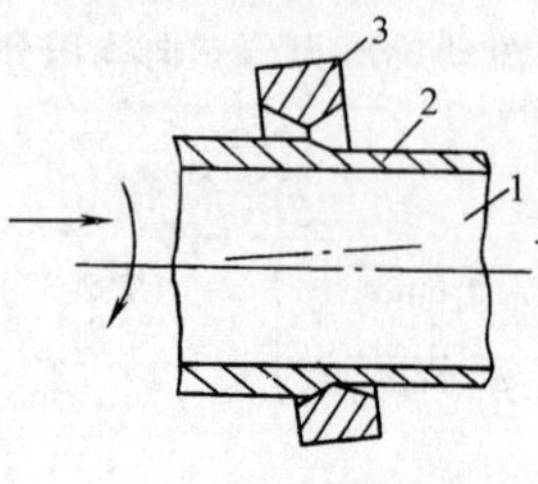

c) 单轮，轴线相交

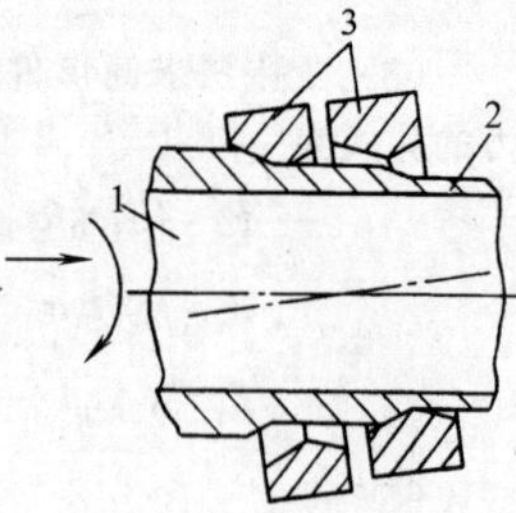

d) 双轮，轴线相交

图 7-2-39　环形轮内型面旋压简图

1—芯模　2—坯料　3—旋轮

5. 张力旋压（见图 7-2-41）

本过程主要用于筒形件流动旋压，包括正旋压或反旋压，加前张力、后张力，用长芯模、短芯模或局部模等不同类型。前张力指加张力方向与坯料运动方向相同，后张力则反之。张力值一般取坯料屈服强度的 20%～50%。加张力可以减少隆起、扩径、弯曲，使工件获得较高尺寸精度并降低旋压力和扭矩（见图 7-2-42）。通常用于长径比大于 20～30 的长管件旋压。

6. 超声波旋压法

超声波技术在金属塑性成形方面的应用已收到良好的技术经济效果。所谓超声波旋压法，就是把具有超声频率的电磁振荡波变换成相应频率的机械振动波，并传导到旋压工具（旋轮、滚珠和芯模）

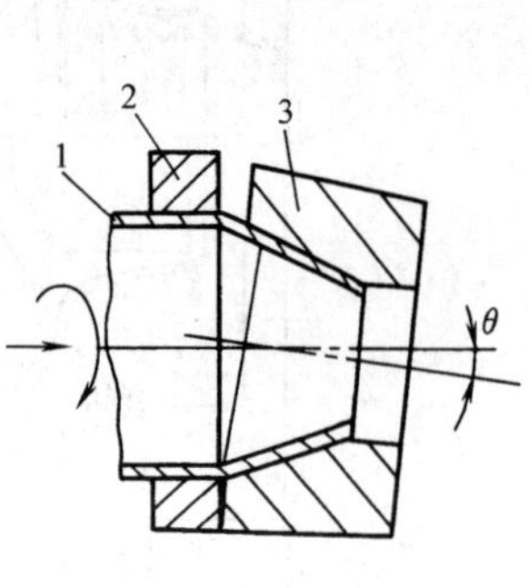

a) 工作简图

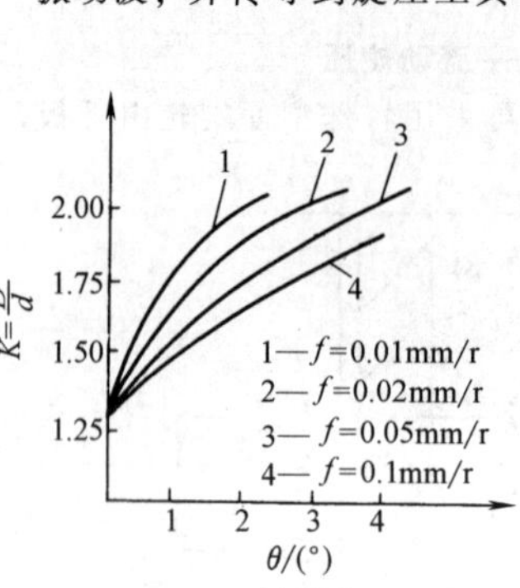

b) K-θ

图 7-2-40　单环形轮倾斜内型面旋压

1—坯件　2—夹头　3—环形轮

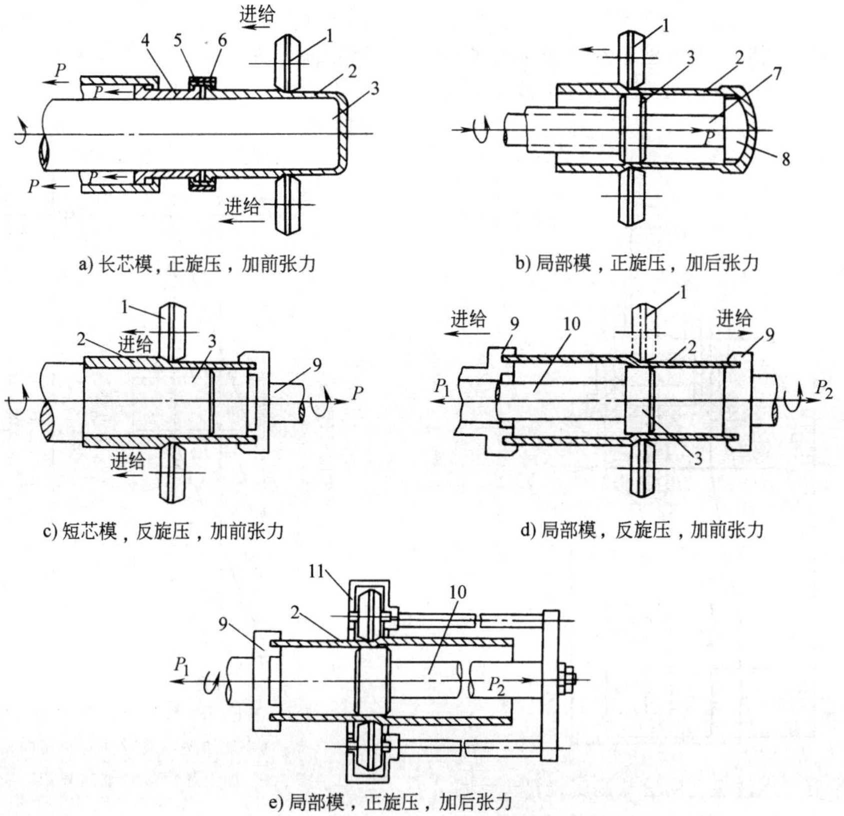

a) 长芯模，正旋压，加前张力　b) 局部模，正旋压，加后张力

c) 短芯模，反旋压，加前张力　d) 局部模，反旋压，加前张力

e) 局部模，正旋压，加后张力

图 7-2-41　张力旋压简图

1—旋轮　2—工件　3—芯模　4—伸缩拉力液压缸　5—半卡环　6—环　7—顶杆　8—顶块　9—夹头　10—芯模杆　11—旋轮架

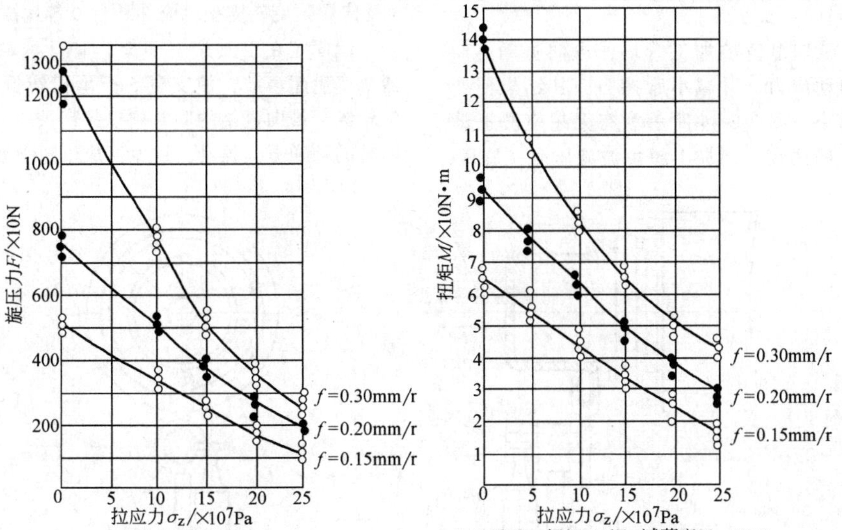

a) 张力-旋压力　b) 张力- 扭矩(15钢，减薄率ψ_t=40%)

图 7-2-42　加张力旋压效应

上，施加于变形区中，以产生某种旋压塑性变形效应的工艺方法。图 7-2-43 所示为带有超声波振动的滚珠旋压装置示意图。它由一个磁致伸缩换能器 1 产生超声波的机械纵向振动，利用振动变换器 2 放大并传输给一个波导集中器 3（两者通过销钉 4 连接）。这样，经过加强了的超声振动波直接传到变形工具滚珠 6 上。当旋压开始时，芯模 9 带着管坯 10 旋转并压下进给，而滚珠 6 通过起滚道作用的两个

带锥面的模环 5、8 将其压入管坯壁部，这样就形成了振动传导通路。此时，超声波系统中激发的纵向波（波位移图 11）使变形区处于纵向超声波振动的波幅中。

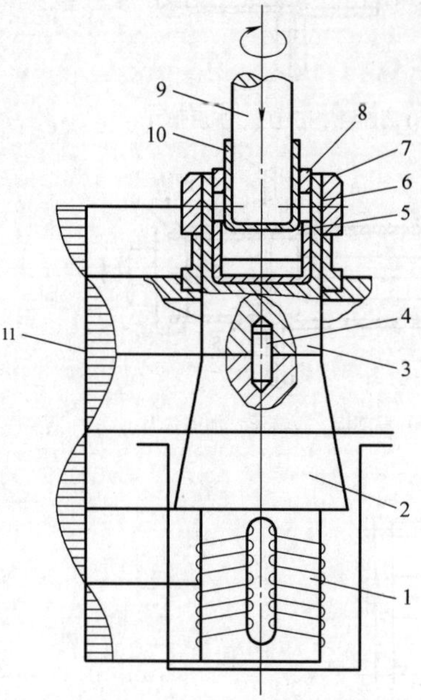

图 7-2-43　带有超声波振动的滚珠旋压装置示意图

1—磁致伸缩换能器　2—振动变换器　3—波导集中器　4—销钉　5、8—模环　6—滚珠　7—螺母　9—芯模　10—管坯　11—波位移图

旋压时，滚珠沿着被加工管坯作纵向振动，产生了静应力和动应力，并减小摩擦力，其结果使变形抗力显著减小。图 7-2-44 所示为有无超声波振动情况下旋压力的比较。当加上超声波旋压时，旋压轴向力 P_z 和切向力 P_t 大大降低。例如在超声波发生器输出电压为 400V 时，旋压铝和钢的 P_z 可降低 55%～78%，P_t 可降低 30%～55%，而且在其他条件相同情况下，可大大增加每道次的壁厚减薄率。

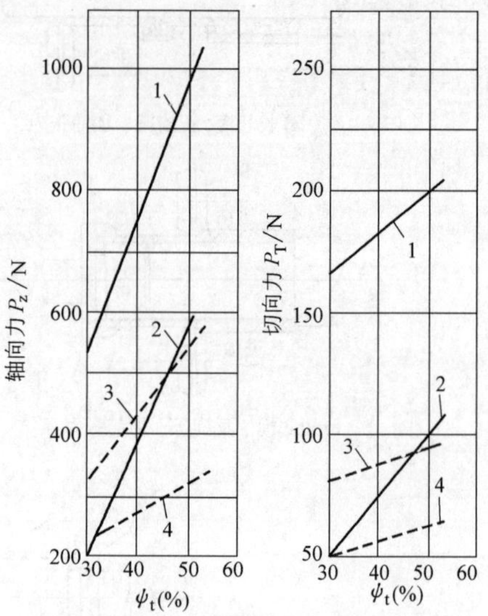

图 7-2-44　有无超声波振动时的旋压力

1、3—未加超声波时轴向和切向旋压力

2、4—加上超声波时轴向和切向旋压力

图 7-2-45 所示为筒形工件超声波流动旋压示意图，将旋轮叉柄 4 和支臂 5 插入托架 6 的孔中。由磁致伸缩换能器 7 和呈喇叭形的振幅扩大器（聚能器）8 及传导到旋轮支架的金属构件 9 等构成振动组合体，并一起固定在工具架（刀架）10 上。磁致伸缩换能器 7 产生超声波，使支臂 5 产生扭转振动，旋压时，旋轮纵、横向进给的同时施以超声波，旋轮对工件作回转的顺逆方向振动，这就形成了超声波旋压。

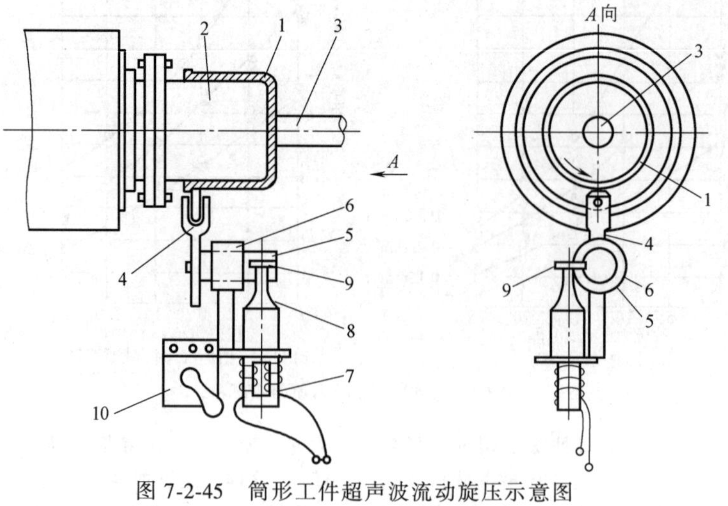

图 7-2-45　筒形工件超声波流动旋压示意图

1—工件　2—芯模　3—顶紧块　4—旋轮叉柄　5—支臂　6—托架　7—磁致伸缩换能器　8—振幅扩大器　9—金属构件　10—工具架

超声波旋压试验表明，它产生了有利于材料塑性变形的物理效应，可获得如下良好效果：

1）使金属变形抗力大幅度降低（其大小取决于超声波的强度和振幅），从而提高材料的变形程度。例如壁厚变薄率可提高 4～5 倍，或者在相同变形条件下，可使设备轻型化，节省设备动力。

2）可使旋压时金属塑性流动均匀，减少或消除工件破裂和粘连等缺陷，同时也改善润滑状况及减少摩擦力等，从而提高工件内外表面质量，其表面粗糙度一般可降低 2～3 级。

3）可消除或减少旋后工件的内应力，并减少旋后工件的回弹，从而提高工件的尺寸精度。

4）可减小工件的加工硬化程度，从而可减少或免去中间热处理工序。

超声波旋压法为一种强化旋压工艺过程，在提高产品质量、降低成本和减少变形能量等方面开辟了一条新途径。但是，这种旋压法需要配合一套超声波发生器和能量变换装置，从而增加设备造价。

7. 特种坯料加热强力旋压

（1）难熔金属　板材或管材坯料可借粉末冶炼成形或借电子轰击或电弧熔炼后挤压成形。

在复合成形时，强力旋压常作为普通旋压成形的前期工序使板坯密度和成形性提高。在强力旋压的前期道次采用较高加热温度和较小的减薄率。

不同材料的每道次最大减薄率见表 7-2-10。

加热温度范围及所用工模具材料均如普通旋压，分别见表 7-1-11 和表 7-1-16。

（2）大型厚壁管坯　大直径厚壁管坯的制造方法见表 7-2-11。就组织性能而言，宜优先选用锻坯。卷焊坯较经济，但限于壁厚 30mm 以下、焊接性良好的材料。当管坯的壁厚和直径尺寸超过上述方法的加工范围时就要选用铸坯。在铸坯中宜优先选用离心铸坯，因其致密度好于半连续铸造。

表 7-2-10　加热强力旋压不同材料的每道次最大减薄率

材料	锥形强力旋压	筒形强力旋压	
		三旋轮	滚珠
钨及其合金	0.50	0.35	0.23
钼及其合金	0.63	0.30～0.34	0.30
Cb-752	0.50		
锆	0.44		

表 7-2-11　大直径厚壁旋压管坯制造方法

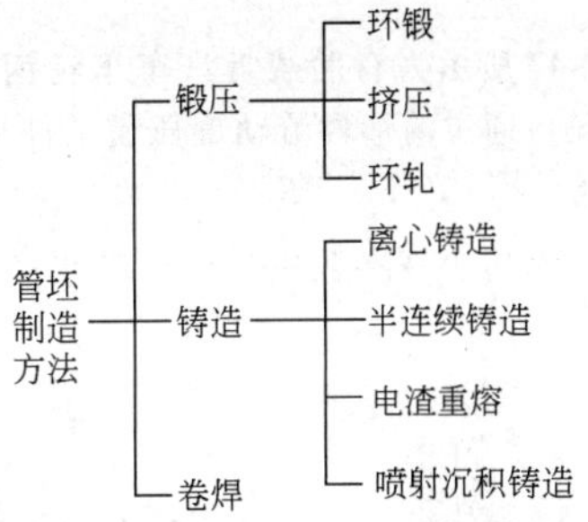

所有铸坯及一些环轧、卷焊坯需采用多道加热强力旋压至累计减薄率大于 50%。多道次强力旋压的加热温度宜先高后低，以保证前期道次材料有必要的塑性和后期道次金相组织不变粗大。在各道次强力旋压之间可加精整旋压，以提高精度。

芯模外径应与坯料内径保持尽可能小的间隙，但要保证加热后芯模外径不至于胀大到超过坯料内径而卡住。

表 7-2-12 所列是旋制用于浓硫酸生产的高压釜反应筒体（高纯铝）的旋压参数。

表 7-2-12　高压釜反应筒体（高纯铝）旋压参数

道次		压下量 Δt/mm	减薄率道次累计(%)	转速 ω /(r/min)	进给比 f/(mm/r)	加热温度 T/℃	(内径×壁厚×长度) /mm×mm×mm
No.	名称						
	离心铸坯						940×125×990
0	旋压坯						990×90×970
1	热旋Ⅰ	3～5	5	18	5	400	
2	热旋Ⅱ	10	11/	16	3	390	
3	整形			20	7	380	
4	热旋Ⅲ	10	13/	16	3	360	
5	整形			20	7	340	
6	热旋Ⅳ	10	15/	18	2～3	340	
7	整形			20	5～7	320	
8	热旋Ⅴ	10	18/50	18	2～3	320	
9	冷旋Ⅰ	5	11.6/	20	0.5～1		
10	冷旋Ⅱ	15	30.2/72	20	0.5～1		
11	整形			22	0.5～1		
	工件						$990^{+1}_{+6}\times25^{\pm2}\times3000^{+20}$ 圆度<5 实际：$990^{+1}_{+3}\times25^{+1}_{-2}\times3000^{+55}_{+10}$ 圆度<2

注：芯模为 φ990mm×1800mm，55 铸钢。

旋轮为 $\alpha25°\times r_r50$mm，h30mm，3Cr2W8V。

8. 车轮旋压

旋压汽车车轮包括主要用于载货汽车、大客车和农用车的钢质轮和主要用于小轿车的铝质轮。根据材质和构造的不同，可选用普通旋压、劈开旋压、锥形件剪切旋压、筒形件流动旋压或其组合工艺进行加工，达到节材、减重（可减重 10%～15%）、延寿、省油和改进车况的目的。

图 7-2-46a 所示为载货汽车车轮钢轮辐旋压。采用双轮错距旋压，通过锥形件剪切旋压实现由小端至大端逐渐减薄的等强度设计，通过普通旋压精整校形。图 7-2-46b 所示为轿车轮辐的旋压，适于钢和铝件。

图 7-2-47 所示为有胎载货汽车车轮钢轮毂的主要旋压过程。通过筒形件流动旋压使工件局部减薄、增强、减重。

图 7-2-48 所示为无胎载货汽车车轮钢轮毂的主要旋压过程。

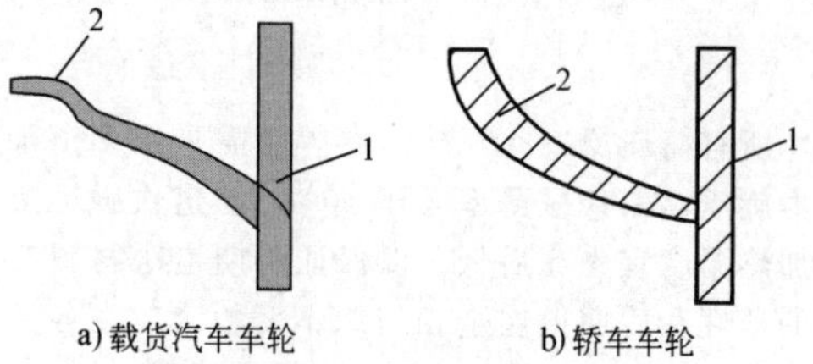

图 7-2-46　钢轮辐旋压

1—板坯　2—工件

图 7-2-49 所示为赛车用铝轮毂多道次普通旋压成形，然后组合。

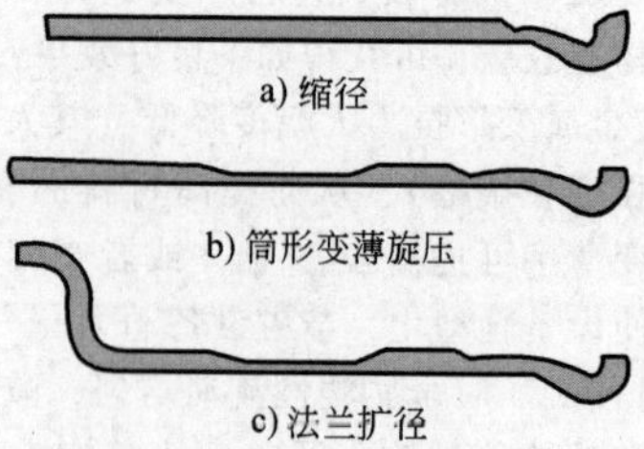

图 7-2-47　有胎载货汽车车轮钢轮毂的主要旋压过程

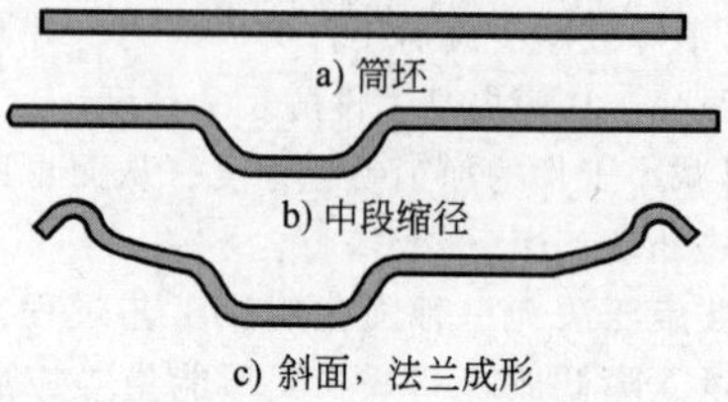

图 7-2-48　无胎载货汽车车轮钢轮毂的主要旋压过程

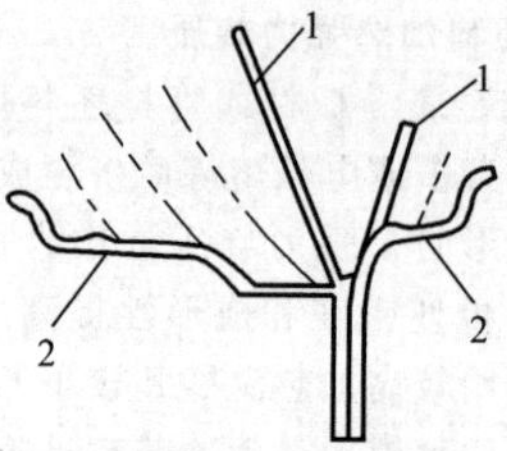

图 7-2-49　赛车用铝轮毂多道次普通旋压成形

1—板坯　2—工件

图 7-2-50 所示为轿车用铝轮毂的旋压成形，采用了锻坯和多种旋压方式。

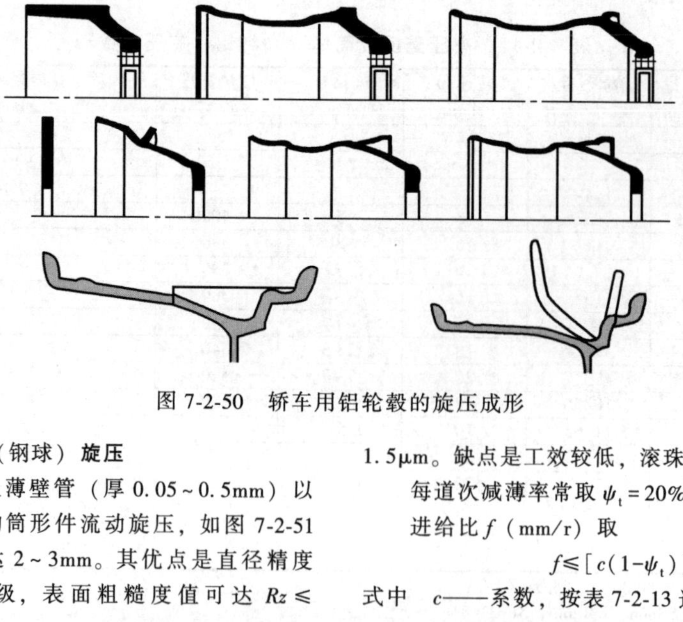

图 7-2-50　轿车用铝轮毂的旋压成形

9. 薄壁管滚珠（钢球）旋压

该工艺常用于极薄壁管（厚 0.05～0.5mm）以及非规格化无缝管的筒形件流动旋压，如图 7-2-51 所示。最小直径可达 2～3mm。其优点是直径精度高，可达 IT6～IT7 级，表面粗糙度值可达 $Rz \leqslant 1.5\mu m$。缺点是工效较低，滚珠消耗较大。

每道次减薄率常取 $\psi_t = 20\% \sim 25\%$。

进给比 f（mm/r）取

$$f \leqslant [c(1-\psi_t)]^4 \quad (7\text{-}2\text{-}39)$$

式中　c——系数，按表 7-2-13 选择。

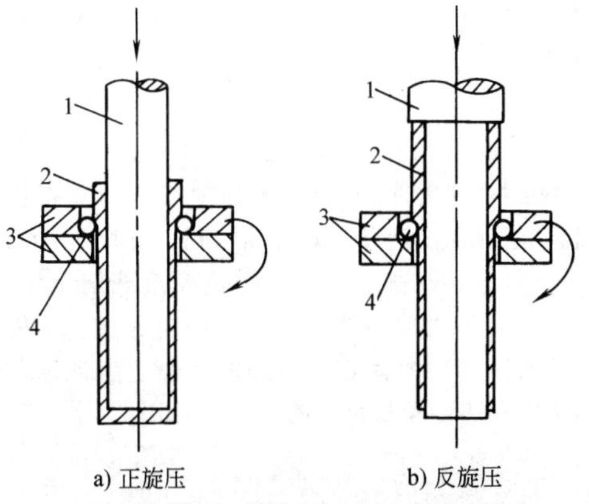

图 7-2-51　薄壁管滚珠旋压简图

1—芯模　2—坯料　3—模环　4—滚珠

f 过小易产生扩径。有的厂采用经验值：转速 $\omega = 700 \sim 1200\text{r/min}$，初旋时 $f = 0.15 \sim 0.3\text{mm/r}$，精旋时 $f = 0.04 \sim 0.15\text{mm/r}$。

表 7-2-13　c 值

材料	3A21	2A12	45	10	1Cr18Ni9Ti
c	0.45	0.47	0.49	0.51	0.55

滚珠直径 D_b 满足

$$D_b = \frac{2(t_0 - t)}{1 - \cos\alpha_{ri}} \tag{7-2-40}$$

$$\alpha_{ri} = \cos^{-1}\left[1 - \frac{2(t_0 - t)}{D_b}\right]$$

式中　α_{ri}——滚珠工作区入口处成形角，见图 7-2-52。常用选择范围是 $\alpha_{ri} = 16° \sim 26°$，铝合金取小值，一般钢取 $20° \sim 22°$，不锈钢取大值；

t——旋压后厚度；

t_0——初始厚度。

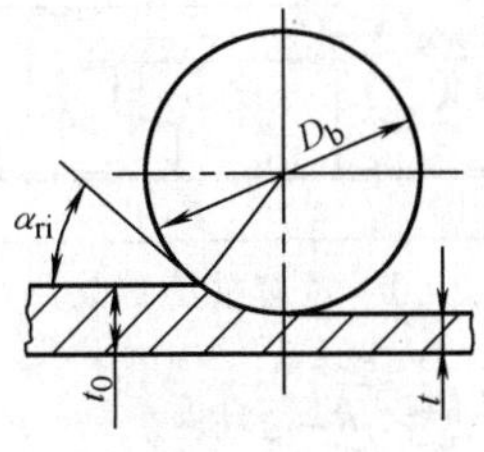

图 7-2-52　滚珠工作区

D_b 过小则表面不光，过大则母线不直。$D_b/(t_0 - t)$ 较小则产生剥皮，增大材料损耗（见图 7-2-53）。但当对工件表面粗糙度有较高要求时，则使旋压过程中有一定的剥皮率。

$$\psi' = \Delta t'/t_0 \tag{7-2-41}$$

式中　$\Delta t'$——剥皮层厚。有剥皮时宜取 $\alpha > 33° \sim 45°$。

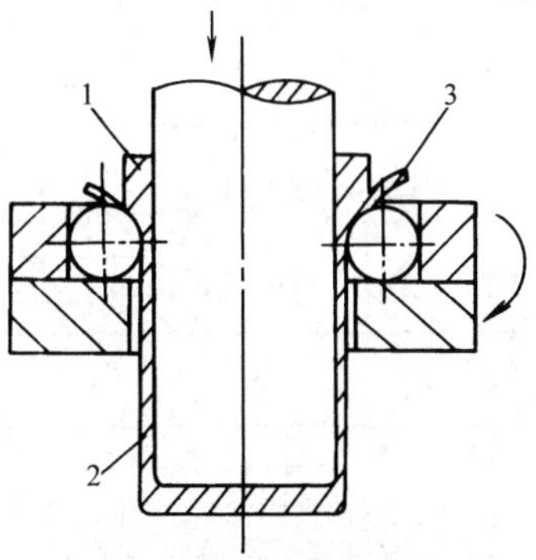

图 7-2-53　剥皮滚珠旋压简图

1—未成形段　2—已成形段　3—剥皮层

旋压高精度管时，同一盘滚珠的直径差应不大于 0.002mm。一盘滚珠的数量 n_b 要保证各滚珠的间隙 $z_b \geqslant 0.0025D_b$。

如图 7-2-54 所示。滚珠数 n_b 按下式计算

$$n_b \leqslant \frac{\pi}{\sin^{-1}\left(\frac{0.5D_b}{d + D_b}\right)} \tag{7-2-42}$$

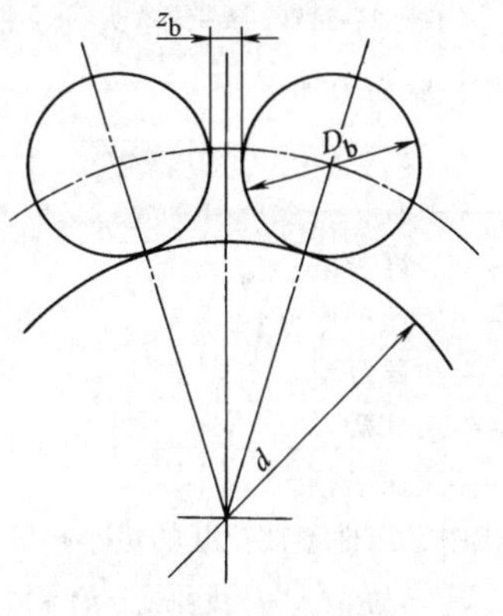

图 7-2-54　滚珠安排

图 7-2-55 所示是可调式滚珠盘的结构。在过程中调节壳体 4 的拧入量可以旋压变壁厚管件。

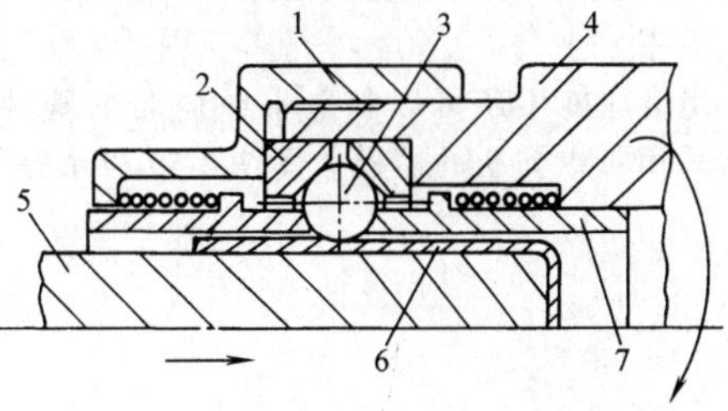

图 7-2-55　可调式滚珠盘的结构

1—外套　2—滚珠环　3—滚珠　4—壳体

5—芯模　6—工件　7—分离环

图 7-2-56 所示是多排滚珠旋压简图。

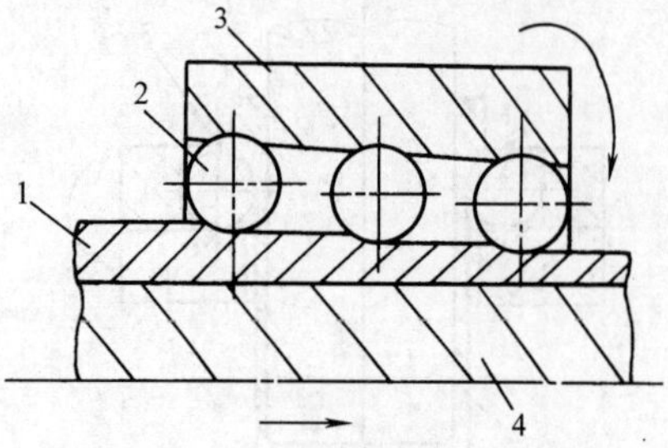

图 7-2-56　多排滚珠旋压简图

1—工件　2—滚珠　3—滚珠环　4—芯模

图 7-2-57 所示是滚珠内旋压简图。

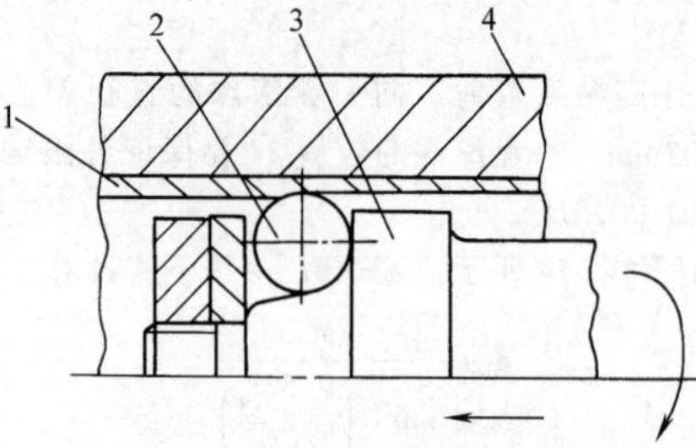

图 7-2-57　滚珠内旋压简图

1—工件　2—滚珠　3—滚珠头　4—模具

滚珠旋压轴向力 F_z

$$F_z \approx KR_m(t_0 - t)\sqrt{2rfn_b} \quad (7\text{-}2\text{-}43)$$

式中　K——系数，一般取值 1.8～2.25。

R_m——强度极限；

t——旋压后厚度；

t_0——初始厚度；

n_b——滚珠数；

r——滚珠半径。

在旋压中，工件不被拉断的最小壁厚为

$$t_{min} > KR_m(t_0 - t)\sqrt{2rfn_b}/R'_m \pi d \quad (7\text{-}2\text{-}44)$$

式中　d——管内径；

R'_m——冷作硬化后的强度。

图 7-2-58 所示的滚珠复合旋压可实现先筒单拉深旋压，后筒形件流动旋压的过程，但仅适用于软料及小件。

用滚珠旋压还可以制造带纵向肋的管件，此时需采用带纵向肋的芯模。图 7-2-59 所示是旋制的超高频电真空器件行波管的管壳断面图。其尺寸范围是：直径 4～20mm，壁厚 0.3～0.8mm，长度 200～400mm，直径公差可达 0.02mm，直线度则超过 0.03mm/100mm，经矫直后可达 0.01～0.02mm/100mm。在芯模上用成形砂轮磨制的圆弧槽表面粗糙度 Ra 需达 0.4μm。常用滚珠直径为 7～10mm。图 7-2-60 所示是采用短芯模滚珠旋压简图。滚珠盘随夹头主动旋转，坯料被纵向送进，芯模与滚珠盘的纵向位置固定。这种方式便于保证细芯模加工精度和表面粗糙度，降低工具费用。

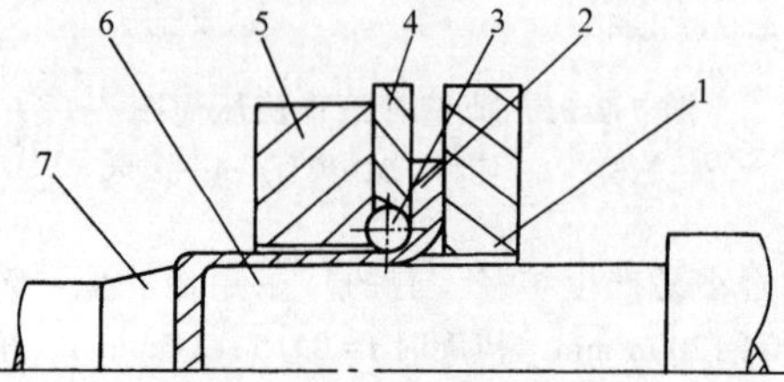

图 7-2-58　滚珠复合旋压

1—压紧环　2—工件　3—滚珠　4—可回转模环

5—支承环　6—芯模　7—尾顶

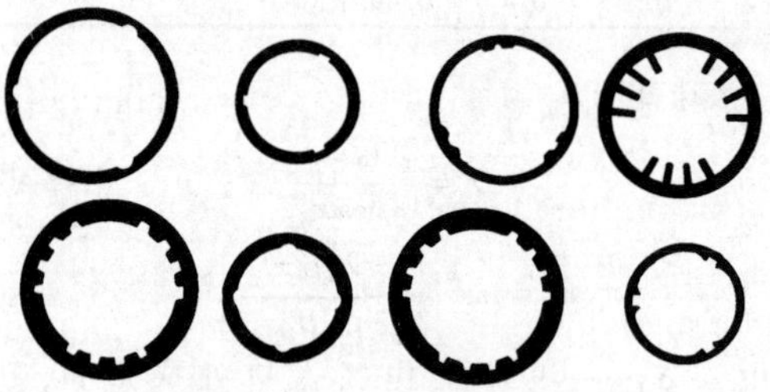

图 7-2-59　行波管的管壳断面图

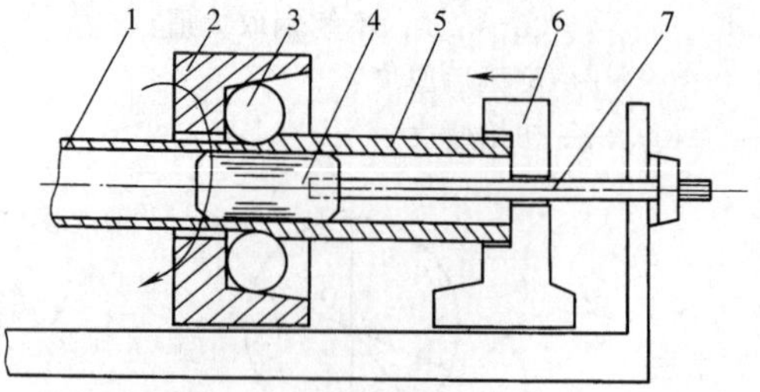

图 7-2-60　短芯模滚珠旋压简图

1—工件　2—滚珠盘　3—滚珠　4—短芯模

5—坯料　6—送料装置　7—芯杆

第3章

特种旋压成形技术

华南理工大学　夏琴香　肖刚锋

3.1　概述

特种旋压成形是在传统旋压成形技术的基础上，通过改变旋轮及坯料的运动方式、旋轮或芯模形状，以成形三维非轴对称件、非圆截面件、带轮、内齿轮件等具有复杂结构零件的新型旋压成形工艺。

传统旋压属于回转塑性成形技术，旋轮在回转运动中对毛坯加压，使毛坯产生局部且连续的塑性变形。近年来，随着旋压理论的不断完善和旋压技术的不断创新，突破了旋压技术传统意义上只能用于生产轴对称、圆形横截面和等壁厚产品的限制，诸如三维非轴对称零件、非圆横截面零件、齿形零件等一些新的特种旋压成形工艺的出现拓宽了旋压技术的理论范畴和应用领域。

特种旋压成形技术的分类方法主要是以旋压零件回转轴的相对位置、旋压零件横截面形状、旋压零件壁厚分布情况等为依据。

按旋压零件回转轴的相对位置可以将其分为轴对称旋压件（见图 7-3-1a）与非轴对称旋压件（见图 7-3-1b）和两大类。非轴对称旋压又可分为偏心类旋压和倾斜类旋压两大类。偏心类零件的各部分轴线相互平行，倾斜类零件的各部分轴线间成一定夹角，而且偏心与倾斜的结构也可以组合在一个零件上（见图 7-3-1b）。

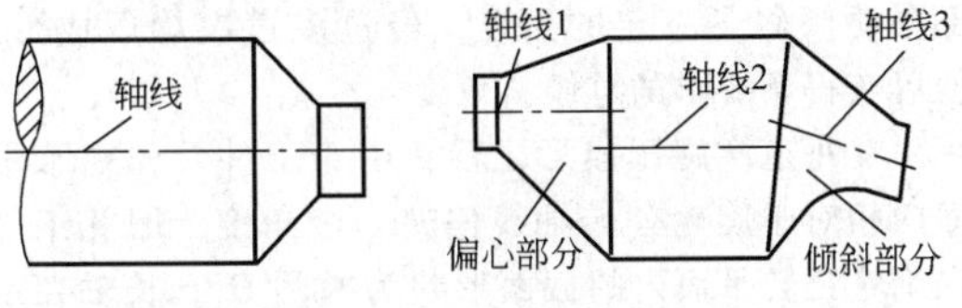

a) 轴对称旋压件　　b) 非轴对称旋压件

图 7-3-1　轴对称与非轴对称旋压成形

按照旋压零件的横截面形状进行分类，可分为圆形横截面旋压（见图 7-3-2a）和非圆横截面旋压（见图 7-3-2b）两大类，其中非圆横截面旋压又可分为椭圆形横截面旋压和多边形横截面旋压。所谓非圆横截面是指零件外轮廓至截面几何中心距离是变化的横截面；而圆形横截面则是指零件外轮廓至截面几何中心距离为恒定值的横截面。

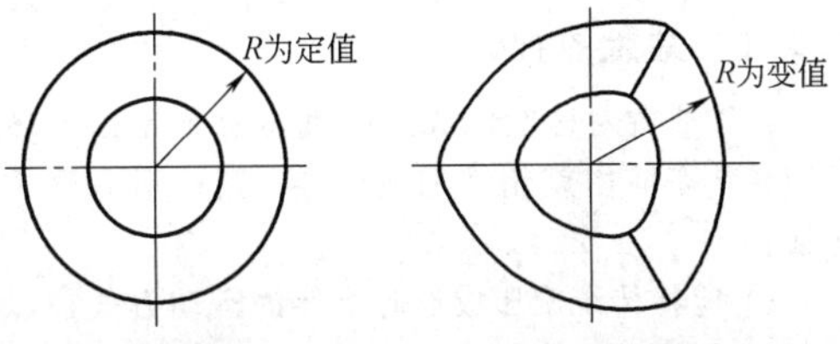

a) 圆形横截面　　b) 非圆横截面

图 7-3-2　圆形横截面与非圆横截面旋压成形

按照零件旋压后壁厚分布情况进行分类，可分为等壁厚件旋压和齿形件旋压，其中齿形旋压按齿形方向又可分为横齿旋压（见图 7-3-3a）与纵齿旋压（见图 7-3-3b）。所谓横齿旋压，即零件壁厚在旋压成形过程中沿轴向呈局部增厚和局部减薄分布（即传统的带轮旋压成形）；纵齿旋压是指零件壁厚在旋压成形过程中沿周向呈局部增厚和局部减薄分布（即新兴的内齿轮旋压成形）。

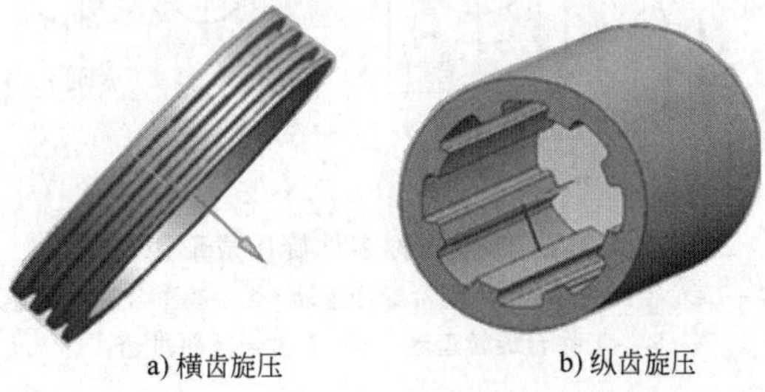

a) 横齿旋压　　b) 纵齿旋压

图 7-3-3　横齿旋压与纵齿旋压成形

综合上述三种分类方法，特种旋压成形技术的分类如图 7-3-4 所示。

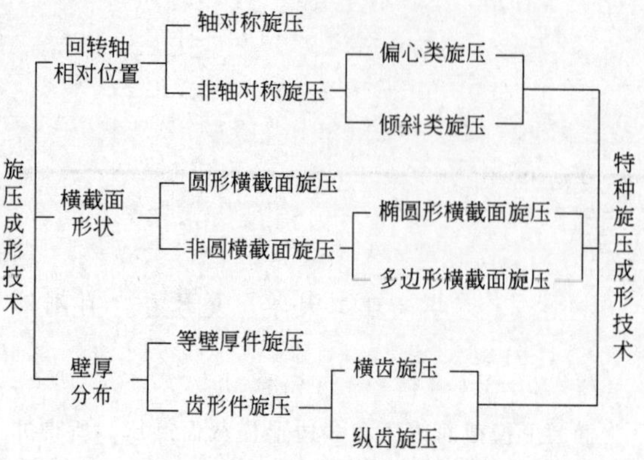

图 7-3-4　特种旋压成形技术分类

3.2　三维非轴对称零件旋压成形技术

3.2.1　基本原理

三维非轴对称旋压成形的基本思想是使毛坯避开回转状态而由旋轮绕毛坯公转，其成形原理主要包括：

1）应将传统旋压成形时毛坯的运动方式加以改变，不是将被加工的毛坯装卡在机床主轴上，而是将旋轮安装在机床主轴上随机床的主轴一起旋转。

2）旋轮除与工件接触而进行自转外，应能与旋轮座一起绕工件公转，同时沿公转半径方向做进给运动。

3）装卡在机床工作台上的毛坯不但可沿机床的纵、横两个轴线方向做直线进给运动，还可以在水平面内进行偏转运动，如图 7-3-5 所示。

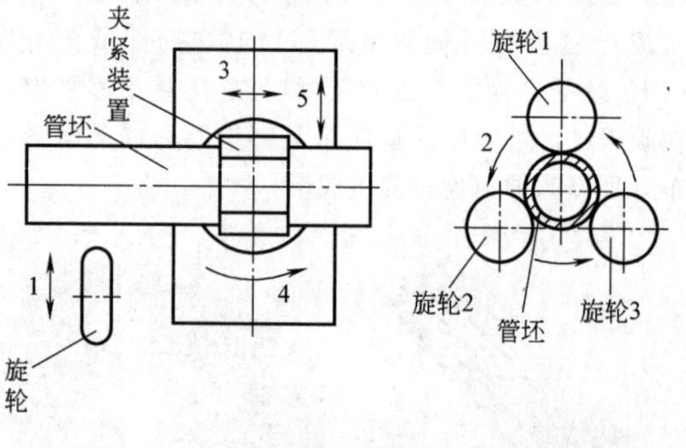

图 7-3-5　非轴对称零件旋压成形原理

1—旋轮径向进给　2—旋轮旋转运动　3—工作台轴向进给　4—工作台旋转运动　5—工作台径向进给

1. 偏心类零件旋压

在成形零件的偏心部分，不同道次旋压成形时的工件轴线保持平行，每道次成形前先将工件沿旋轮公转轴线的垂直方向在水平面内进行平移 δ_i，然后在成形时将工件沿着旋轮公转的轴线方向作进给运动，直至各道次成形后的轴线偏移总量达到所需要的数值 δ 为止，如图 7-3-6a 所示。

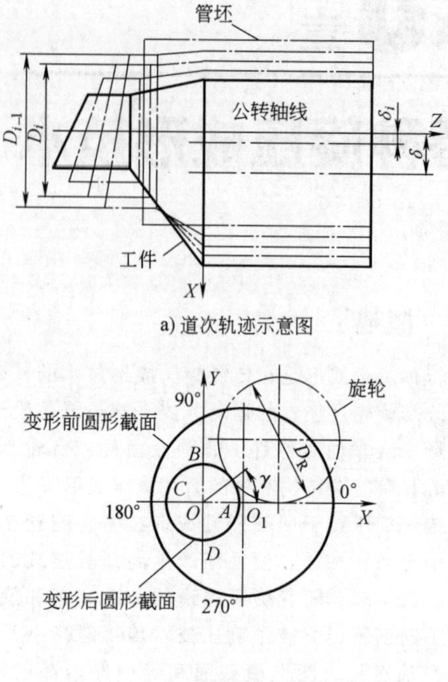

a) 道次轨迹示意图

b) 变形情况示意图

图 7-3-6　偏心件旋压成形过程示意图

由图 7-3-6a 可见，在每道次旋压成形之前，由于工件的平移方向垂直于旋轮的公转轴线，所以工件在旋轮公转平面内的截面形状仍为圆形，但变形前截面圆心 O_1 与旋轮公转轴线 O 存在一定偏移量，在成形时，变形情况是上下对称、左右不对称的，如图 7-3-6b 所示。

2. 倾斜类零件旋压

在成形零件的倾斜部分时，每道次成形前先将工件轴线相对于旋轮公转轴线在水平面内偏转一定角度 α_i，如图 7-3-7a 所示，然后使装卡在机床工作台上的毛坯沿着旋轮公转的轴线方向做进给运动，这样每道次旋压后，毛坯已变形部分相对于未变形部分便倾斜了一定的角度。经过多道次旋压成形，便可获得所要求的总倾斜角度 α。

在每道次旋压成形之前，由于工件首先在水平面内相对于旋轮公转轴线偏转一个角度，因此工件在旋轮公转平面内的截面形状为椭圆 O_1，长轴在水平面内，短轴垂直于水平面，如图 7-3-7b 所示。而每道次旋压成形之后，这一截面形状变为一圆心在旋轮公转轴线 O 上的圆形。虽然成形前椭圆截面的圆心 O_1 与公转轴线 O 处于同一水平面，但不会与旋轮公转轴线 O 重合，因此，成形时工件的变形情况以椭圆长轴上下对称，而在短轴左右两侧变形情况则是不对称的。

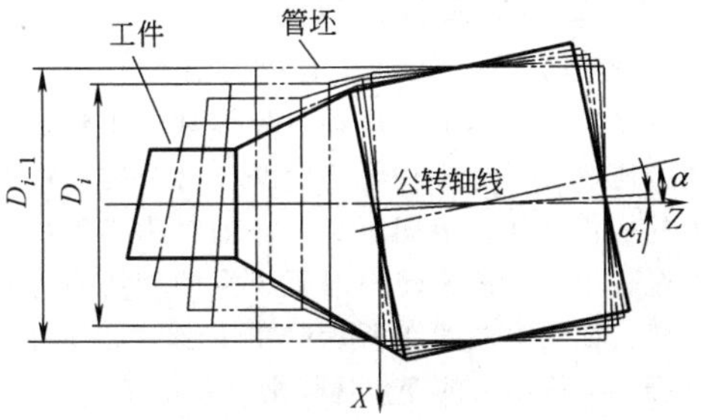

a) 道次轨迹示意图

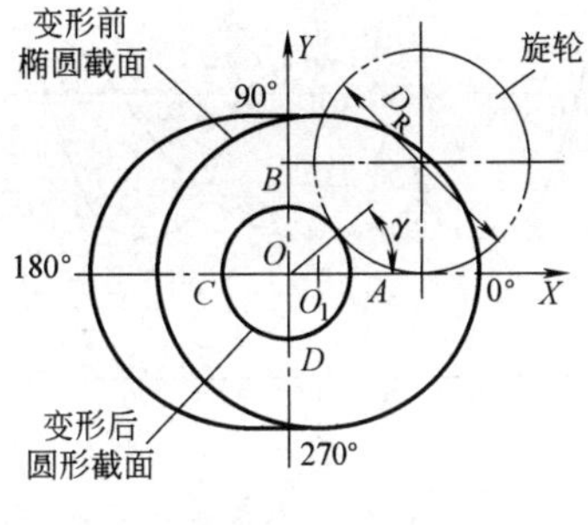

b) 变形情况示意图

图 7-3-7　倾斜件旋压成形过程示意图

3.2.2　工艺要素

三维非轴对称旋压成形除受传统旋压时的进给比、旋压系数及旋轮结构参数等因素影响外，还受偏移量、倾斜角等工艺参数的影响。

1. 偏移量δ及倾斜角α

偏移量 δ 及倾斜角 α 是非轴对称管件缩径旋压成形过程中一个非常重要的参数，直接影响着旋压能否顺利进行和旋压力的大小，需要根据零件尺寸、材料性能等参数来确定。因此，偏移量及倾斜角是与名义压下量紧密相关的一对参数。在旋压中，可以通过以下方法来实行：

（1）旋压系数 m　在普通旋压中，旋压系数是变形的一个主要工艺参数，因为它的大小直接影响旋压力的大小和旋压精度的高低，旋压系数可按下式求出

$$m=D/D_0 \quad (7\text{-}3\text{-}1)$$

式中　D——零件直径；

D_0——管坯直径。

（2）旋压道次数 k　根据旋压系数 m、缩径后的管坯外径 D 和管坯厚度 t_0 确定旋压道次数 k。

（3）道次偏移量 δ_i 和道次倾斜角 α_i　通过求出的旋压道次数 k，就可以得出道次偏移量 δ_i 及道次倾斜角 α_i

$$\delta_i=\delta/k \quad (7\text{-}3\text{-}2)$$

$$\alpha_i=\alpha/k \quad (7\text{-}3\text{-}3)$$

式中　δ——总偏心量；

α——总倾斜角。

（4）偏移量、倾斜角和名义压下量的关系　轴对称件旋压成形时，在稳定旋压成形阶段，瞬时压下量在旋轮围绕工件旋转一周的时间内是稳定不变的，故此，可用名义压下量来表征其变形程度。

而对于非轴对称件，由于旋压成形时在旋轮围绕工件旋转一周的时间内实际压下量随旋轮公转角度 γ 发生周期性变化。

对于偏心件，由图 7-3-8 可知，当 $\gamma=0°$时，瞬时压下量 Δ_s 最大，其计算式为

$$\Delta_{smax}=\Delta_i+\delta_i \quad (7\text{-}3\text{-}4)$$

当 $\gamma=180°$时，瞬时压下量 Δ_s 最小，其计算式为

$$\Delta_{smin}=\Delta_i-\delta_i \quad (7\text{-}3\text{-}5)$$

对于倾斜件，由图 7-3-9 可知，当 $\gamma=0°$时，瞬时压下量 Δ_s 也具有最大值，其计算式为

$$\Delta_{smax}=\Delta_i/\cos\alpha_i+s\tan\alpha_i \quad (7\text{-}3\text{-}6)$$

当 $\gamma=180°$时，瞬时压下量 Δ_s 具有最小值，其计算式为

$$\Delta_{smax}=\Delta_i/\cos\alpha_i-S\tan\alpha_i \quad (7\text{-}3\text{-}7)$$

故此，提出名义压下量 Δ_i 的概念，用其来表征三维非轴对称零件旋压成形时的变形程度。计算式为

$$\Delta_i=(D_{i-1}-D_i)/2 \quad (7\text{-}3\text{-}8)$$

在公转角为 180°时，随着道次偏心量 δ_i 及道次

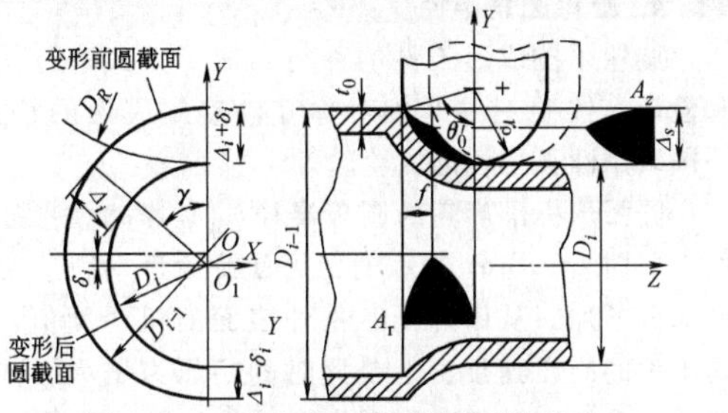

图 7-3-8　偏心件缩径旋压时旋轮与工件接触面投影图

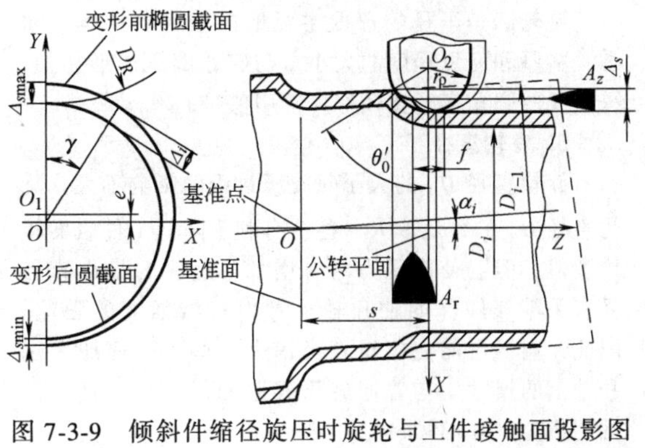

图 7-3-9　倾斜件缩径旋压时旋轮与工件接触面投影图

倾斜角 α_i 的增大，工件与旋轮的瞬时压下量 Δ_s 会减小。故此，须防止在非轴对称零件旋压过程中，由于 δ_i、α_i 的增大而造成在公转角为 180°时旋轮与工件有可能产生的脱离现象。

2. 名义压下量

道次名义压下量 Δ_i 的大小直接关系到旋压过程能否顺利进行以及生产效率。Δ_i 过大则会在旋轮前方产生较大的压应力，使毛坯产生堆积甚至产生局部破裂现象；Δ_i 过小则会增加旋压次数，由于加工硬化的作用使材料塑性降低无法进行塑性变形，这时必须增加中间热处理工艺，即增加了工序和设备投资，并且存在氧化层，给后续表面处理增加了难度，因此道次名义压下量必须在合适的范围内选择。

3. 进给比

进给比是指主轴每转一圈时旋轮沿毛坯轴向移动的距离，其值大小对旋压过程影响比较大，与零件的尺寸精度、表面粗糙度、旋压力的大小都有密切关系。对于大多数体心立方晶体材料，进给比可取 0.1~1.5 mm/r，对于面心立方晶格的金属材料，进给比可以取 0.3~3.0mm/r。

旋压成形时保持合适的进给比是非常重要的，因为大的进给比会产生较大的旋压力，有可能导致工件产生断裂现象。相反，进给比太小，会导致过多的材料向外流动，从而降低生产率并使工件壁部出现过分变薄的情况。

4. 旋轮圆角半径

旋轮须按成形工件的种类和成形方式进行选择和设计。按照三维非轴对称零件旋压成形的特点，一般采用圆弧形标准旋轮。

圆弧形标准旋轮的圆角半径 r_ρ 是影响成形质量的重要因素。当 r_ρ 增大时，可使旋轮运动轨迹的重叠部分增加，从而降低工件外表面的粗糙度值，提高工件的旋压速度，但是此时的旋压力增大，并易造成与毛坯接触部分出现失稳现象；相反，当 r_ρ 减小时，变形区的单位接触压力增大，易造成切削现象，使工件的表面粗糙度变差。

旋轮圆角半径的选取主要取决于材料种类、状态、料厚和变形程度的大小。与普通旋压成形相似，采用大的圆角半径比较好，常用值是 $r_\rho/t_0>5$。

5. 旋轮直径

旋轮直径 D_R 的大小对旋压过程的影响不大。旋轮直径 D_R 的数值取大一些，有利于降低工件表面粗糙度值，但会使旋压力略有增加。旋轮的最小直径受有关零部件（如轴和轴承等）机械强度的限制。因此，应尽可能使旋轮直径稍大一些，以便加大轴和轴承的尺寸。与普通旋压成形相似，旋轮直径的常用值为 120~350mm。

3.2.3　旋压力及应力应变

1. 旋压力

图 7-3-10 所示为旋压轴对称零件时工件旋转一周或旋压非轴对称零件时旋轮绕工件公转一周时旋压力的变化规律。由图可见，在轴对称零件的旋压成形过程中，工件旋转一周所产生的旋压力大致稳定不变，如图中曲线 1 所示；在非轴对称零件的旋压过程中，旋压力的变化规律则复杂得多。

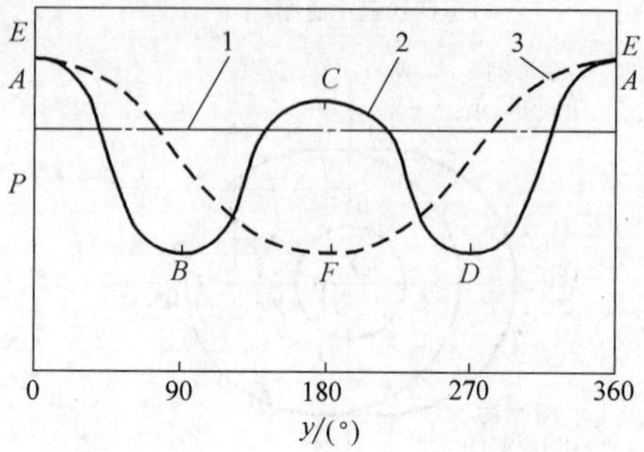

图 7-3-10　旋压力变化规律示意图
1—轴对称件　2—倾斜件　3—偏心件

当成形偏心件时，旋轮绕工件公转一周旋压力的变化规律如图 7-3-10 中曲线 3 所示，其中 E、F 点对应于图 7-3-7b 中 A、C 点对应的旋轮位置。由图可见，偏心类零件旋压成形时，旋压力分别达到一次极大值（E 点）和一次极小值（F 点）。对于偏心件缩径旋压成形而言，在旋轮围绕工件旋转一周的过程中，由于偏移量的存在，使得旋压力的变化规律呈现出一种与轴对称零件旋压成形时完全不同的变化规律，所产生的旋压力不再是稳定不变的，而是呈正弦变化规律，沿工件圆周方向的分布呈现出一侧最大（$\gamma=0°$）、对面最小（$\gamma=180°$）的特点，如图 7-3-11 所示。

当成形倾斜件时，旋轮绕工件公转一周旋压力的变化规律见图 7-3-10 中曲线 2，其中 A、B、C、D 点对应于图 7-3-7b 中相同字母对应的旋轮位置，旋压力分别达到两次极大值（A 点、C 点）和两次极小值（B 点、D 点）。旋压时，变形沿椭圆长轴对称而沿短轴不对称，所以两次极大值的数值不同，而两次极小值的数值是相同的。而若图 7-3-7b 中的圆截面与椭圆截面的左侧非常接近时，旋轮绕工件公转一周旋压力的变化则与曲线 3 相似，即仅出现一次极大值和一次极小值。在倾斜件旋压过程中，旋压力作幅值渐变的周期性变化，一个周期为旋轮绕工件公转一周；在旋轮公转的一个周期内，根据旋轮公转平面相对于基准面的不同位置 s，旋压力可能出现一次极大值和极小值，也可能出现两次极大值和极小值，如图 7-3-12 所示。

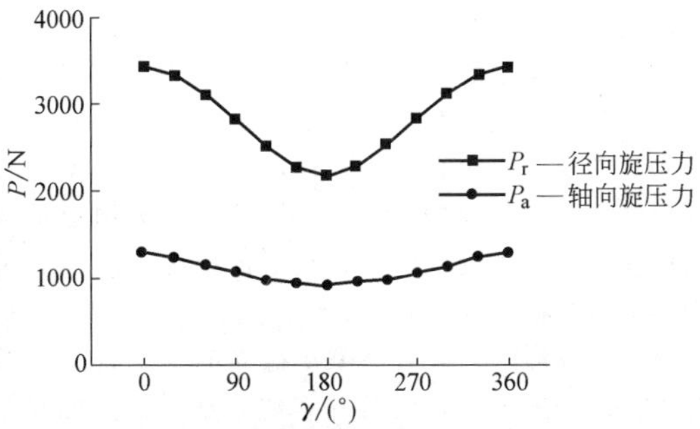

图 7-3-11　偏心件缩径旋压时 γ 对旋压力的影响
（旋轮圆角半径 $r_\rho = 10mm$、进给比 $f = 1mm/r$、道次偏移量 $\delta_i = 2.5mm$、道次名义压下量 $\Delta_i = 5mm$）

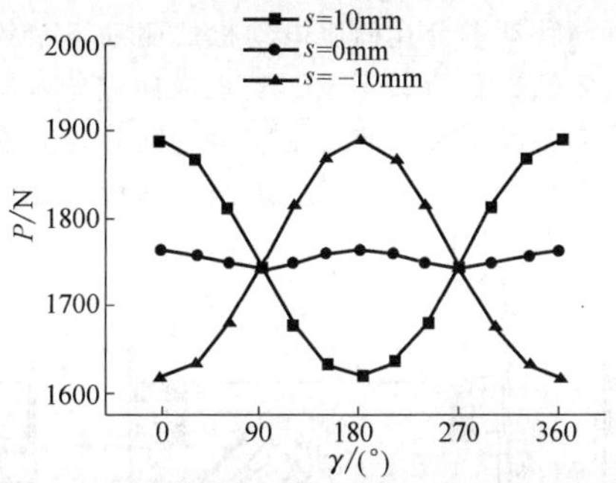

图 7-3-12　倾斜件缩径旋压时 γ 对旋压力的影响
（进给比 $f = 1.0mm/r$、道次倾斜角 $\alpha_i = 3°$、道次名义压下量 $\Delta_i = 3mm$）

2. 应力应变分布

图 7-3-13 所示比较了不同旋压变形情况下旋轮绕工件旋转一周所产生的应力应变沿工件圆周方向的分布情况，图中的箭头仅定性地代表所示部位的应力应变大小和方向。由图可见，在传统的轴对称零件旋压中（见图 7-3-13a），应力应变沿工件圆周方向的分布也是轴对称的；在倾斜件的旋压中（见图 7-3-13b），应力应变沿工件圆周方向的分布较为复杂，随着旋轮绕工件公转角度 γ 的增加，应力应变的变化出现大→小→大→小→大的循环规律；而偏心件旋压时（见图 7-3-13c），应力应变沿工件圆周方向的分布呈现出一侧最大、对面最小的特点。

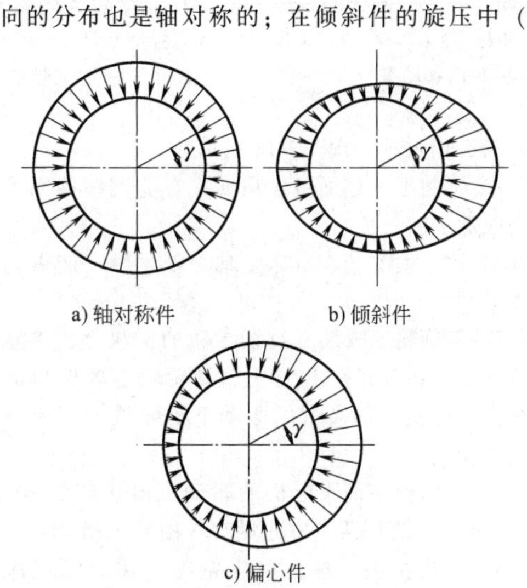

a) 轴对称件　　b) 倾斜件

c) 偏心件

图 7-3-13　不同旋压变形情况下应力应变沿工件圆周方向的分布示意图

非轴对称零件旋压时，工件受到径向、切向压应力及轴向拉应力的作用产生缩径变形。变形结束后起旋部位及口部的应力方向与稳定旋压阶段相反，外层金属产生较大的径向附加拉应力、轴向和切向附加压应力，内层金属产生较大的径向附加压应力、轴向和切向附加拉应力。故起旋部位及口部金属在外层径向附加拉应力作用下，易产生裂纹；另外口部扩径的结果更增加了破裂的危险性。因此，在三维非轴对称偏心及倾斜件旋压成形时，工件口部为第一危险截面所在位置，起旋部位为第二危险截面所在位置。

非轴对称零件旋压时，工件缩径变形，切向收缩、轴向伸长，径向总体表现为负应变，即壁厚减薄，因切向收缩产生的增厚效应小于因轴向伸长产生的减薄效应。

3.2.4　成形装置及应用实例

图 7-3-14 所示为我国学者开发的三维非轴对称零件旋压成形装置（发明专利号：ZL02114937.2）。其中旋轮座是实现三维非轴对称旋压成形最重要的部件之一，其既要能围绕工件公转，又要能驱动旋轮做径向进给运动。

图 7-3-14　三维非轴对称旋压成形装置

图 7-3-15 所示为车用排气歧管零件，材料为 6061 铝合金，其左端为倾斜类、右端为偏心类，其口部缩径率均达到 62%，需采用多道次缩径旋压成形工艺。为避免非轴对称零件缩径旋压成形时所产生的局部增厚或减薄现象，试验时采用三旋轮往、回程交替旋压方式成形。在我国学者研制的 HGPX-WSM 数控旋压机床上，采用壁厚为 1mm 的 6061 铝合金管坯旋制的排气歧管类空心薄壁三维非轴对称类零件，如图 7-3-16 所示。

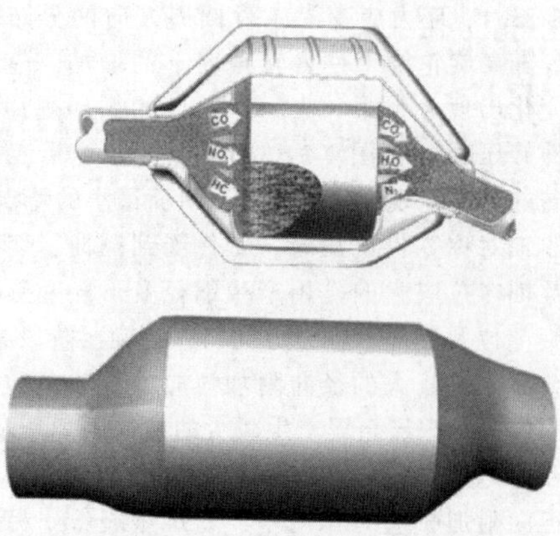

图 7-3-15　车用排气歧管零件

采用旋压技术来生产排气歧管、消声器等，可以提高产品的塑性加工极限，将缩径率由 35%左右提高到 60%以上。与冲焊加工相比，旋压技术可以使零件的加工工序数由 26 个减少到 2 个（两端偏心或倾斜部分分别进行旋压成形），可节约材料约 20%，可以显著降低产品的生产成本，提高产品的生产效率。

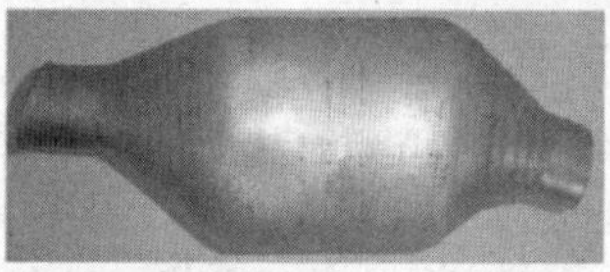

a) 一端偏心、一端倾斜

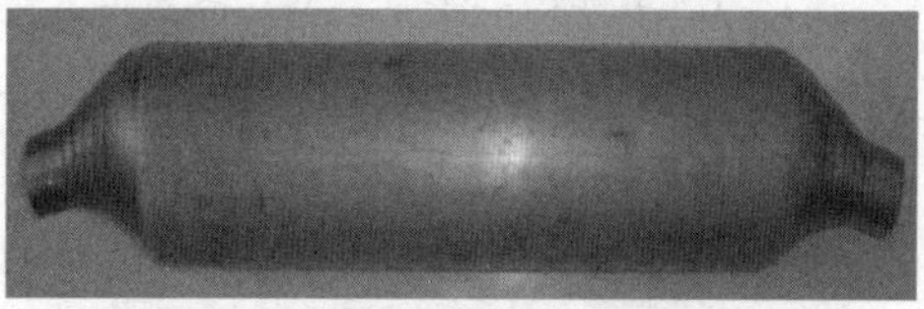

b) 两端倾斜

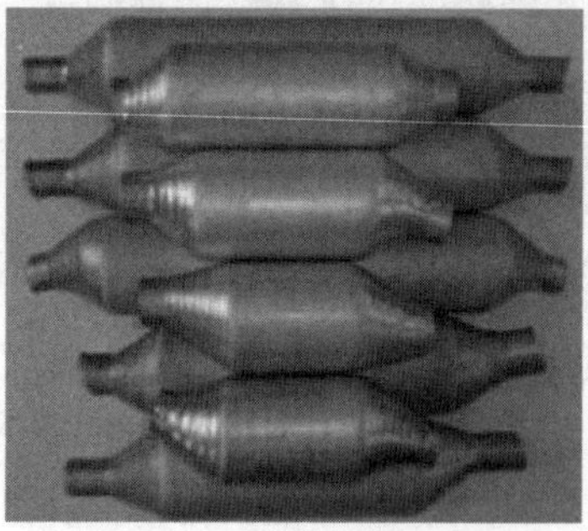

c) 各种组合

图 7-3-16　排气歧管旋压件

3.3　非圆横截面空心零件旋压成形技术

3.3.1　基本原理

非圆截面空心零件旋压成形的基本思想是通过靠模驱动旋轮沿径向高频往复进给，从而改变传统旋压成形中旋轮与芯模回转中心的距离保持不变的状况。在非圆截面零件旋压成形过程中，工件随芯模（主轴）旋转一周时，为了保证旋轮与芯模之间的间隙不变，旋轮必须随零件边缘轮廓到芯模中心距离的增加而沿径向高速后退，反之，则须沿径向高速前进。该种旋压成形有别于传统旋压的准静态变形，属于在动载荷下的变形。

旋压成形时，通过靠模横截面的变化将旋轮相对工件的径向进给运动提升到动态水平，实现旋轮的径向往复运动；通过齿轮传动实现芯模与靠模的同步同角速度旋转，保证了旋轮径向进给与芯模（机床主轴）转角之间的精确协调。旋压成形过程中，轴向移动平台在伺服电动机的驱动下沿机床的纵向（Z 轴）做直线运动，实现纵向进给，安装在机床径向移动平台上的旋轮座（连同旋轮）在靠模的驱动下做往复直线运动，进而实现旋轮往复径向进给，如图 7-3-17 所示。

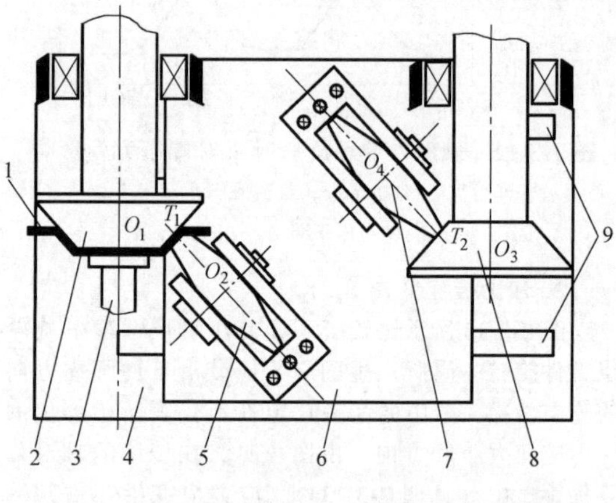

图 7-3-17　基于靠模驱动的旋压成形装置简图
1—坯料　2—芯模　3—尾顶　4—轴向移动平台　5—旋轮　6—径向移动平台　7—靠轮　8—靠模　9—径向导轨

其工作过程如图 7-3-18 所示。

1）将圆形毛坯通过尾顶夹紧在非圆横截面形芯模的端面。

2）将芯模安装在机床主轴上随主轴一起做匀速旋转运动。

3）将旋轮座安装在直线导轨的滑块上，将直线导轨固定于机床的工作台上，旋轮随芯模转角的变化在直线往复驱动装置的驱动下沿导轨做高速往复直线运动。

4）工作台在伺服电机的驱动下沿机床的横（X 轴）、纵（Z 轴）两个方向做直线插补运动。

5）安装在旋轮座上的旋轮随工作台沿机床的纵、横两个轴线方向做直线插补运动的同时，随芯模转角的变化沿导轨做高速往复直线运动，并与毛

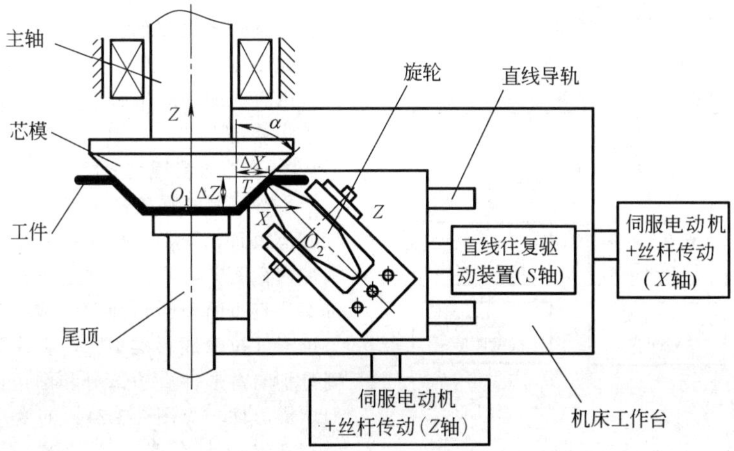

图 7-3-18　非圆横截面件数控旋压工作过程

坯接触，在摩擦力的作用下做自转运动。

将机床的纵、横两个方向分别定义为 Z 轴和 X 轴，将直线往复驱动装置的运动方向定义为 S 轴，则旋轮的运动轨迹可由 X、Z 和 S 三轴联动而获得。

3.3.2　非圆截面件分类及变形难度

1. 非圆截面件分类

非圆横截面形状繁多，常见的有椭圆形、正多边形、长方形等，其中正多边形与圆形横截面有密切关系，边数越多，正多边形越接近圆；边数越少，正多边形非圆特征越明显。

非圆横截面轮廓至成形中心的距离变化对旋压成形中应力应变分布、旋压力大小、壁厚分布及成形缺陷（起皱、破裂等）等有重要影响。因此，需要对正多边形横截面轮廓至成形中心（也是其几何中心，以下统称中心）距离的变化进行分析。如图 7-3-19 所示，正多边形轮廓至中心最长距离等于其半径（外接圆半径），最短距离等于其边心距（内切圆半径），最长距离与最短距离之差等于正多边形直边与其外接圆组成的弓形的矢高。可采用相对矢高 F（矢高/外接圆半径）衡量正多边形与圆之间的近似程度。不同多边形相对矢高见表 7-3-1。

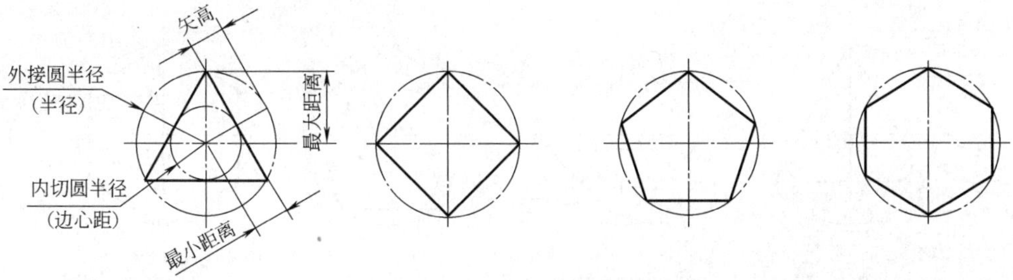

图 7-3-19　正多边形形状参数示意图

表 7-3-1　正多边形相对矢高 F

边数	3	4	5	6	7	8	9	10
相对矢高	0.5	0.293	0.191	0.134	0.099	0.076	0.060	0.049

由表 7-3-1 可见，正三边形相对矢高最大，达 0.5，随着正多边形边数的增加，相对矢高逐渐减小。当正多边形的边数达到 7 之后，相对矢高即小于 0.1，与正三、四、五和六边形相比小了一个数量级，可认为其比较接近于圆形。

根据零件横截面形状，可将非圆横截面旋压成形工艺按图 7-3-20 所示进行分类。典型的多边形横截面可分为以下两种：

1）圆弧形横截面（见图 7-3-21），对多边形进行了光滑过渡处理，直边由大半径圆弧代替，顶点以小圆角过渡。

2）直边形横截面（见图 7-3-22），顶点以小圆角过渡。

圆弧形横截面锥形件，由大小圆锥面组成，如

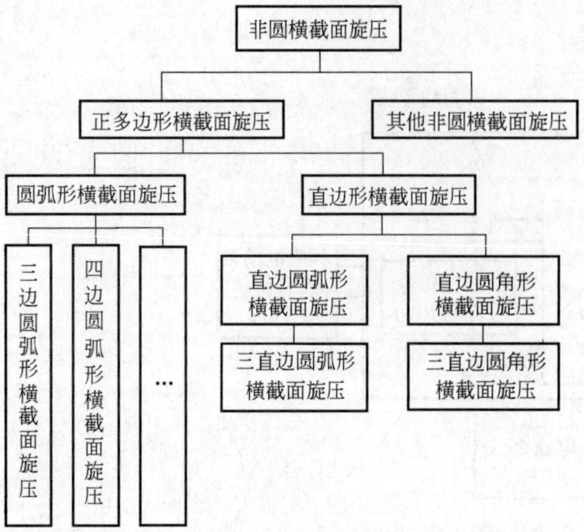

图 7-3-20　非圆横截面旋压成形工艺分类

图 7-3-23a 所示。直边形横截面锥形件包含两种：①直边圆弧形横截面锥形件，由直边面和圆锥面组成，如图 7-3-23b 所示；②直边圆角形横截面锥形件，由直边面和圆角面组成，如图 7-3-23c 所示，类似于正棱台。

2. 变形难易程度分析

平板坯料拉深旋压的变形程度与冲压工艺的拉深成形大致相同，因此可参考后者对前者进行分析。圆形横截面空心零件和多边形横截面空心零件由圆锥面、直边面和圆角面等组成，其中圆锥面的成形与锥形件拉深成形类似，而直边面和圆角面的成形则分别与盒形件直边部分和圆角部分的拉深成形类似。锥形件（见图 7-3-24）的变形程度一般采用相对高度 H/d_2'（高度/大端直径）来衡量。直壁盒形件一般用相对高度 H/r（高度/圆角半径）来衡量其变形程度。

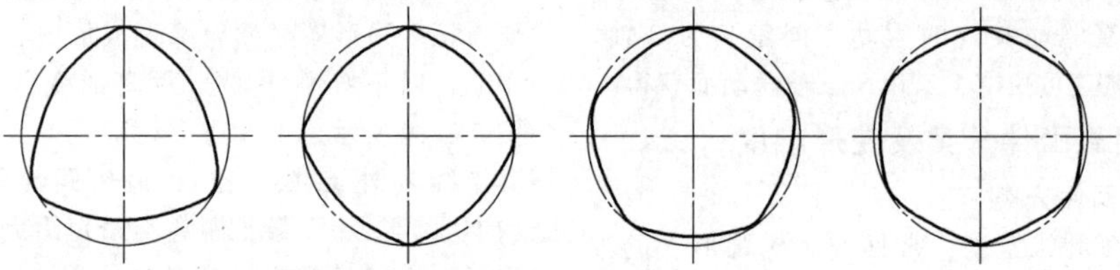

a) 三边形　b) 四边形　c) 五边形　d) 六边形

图 7-3-21　圆弧形横截面

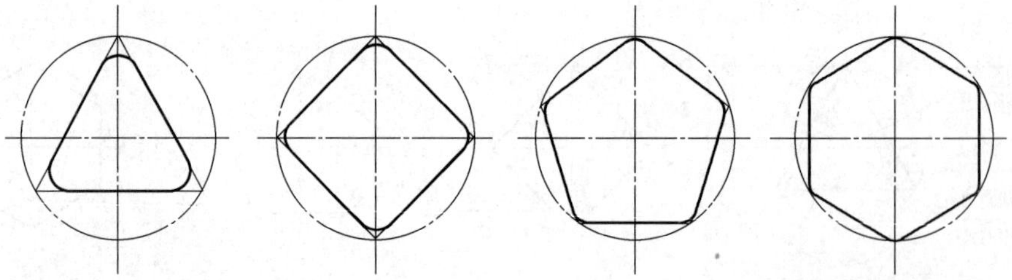

a) 三边形　b) 四边形　c) 五边形　d) 六边形

图 7-3-22　直边形横截面

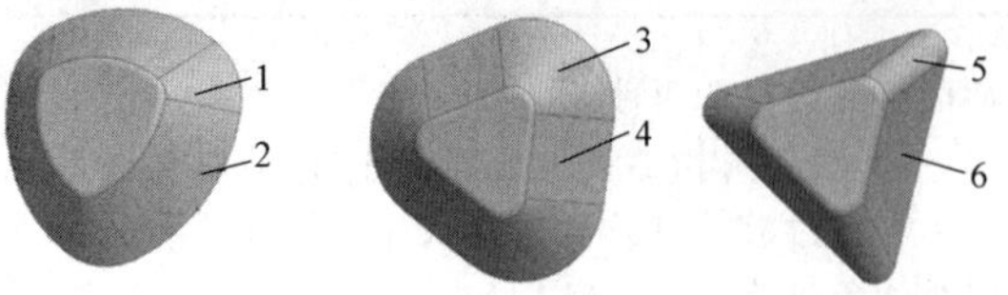

a) 圆弧形　b) 直边圆弧形　c) 直边圆角形

图 7-3-23　三边形横截面锥形件示意图

1—小圆锥面　2—大圆锥面　3—圆锥面
4、6—直边面　5—圆角面

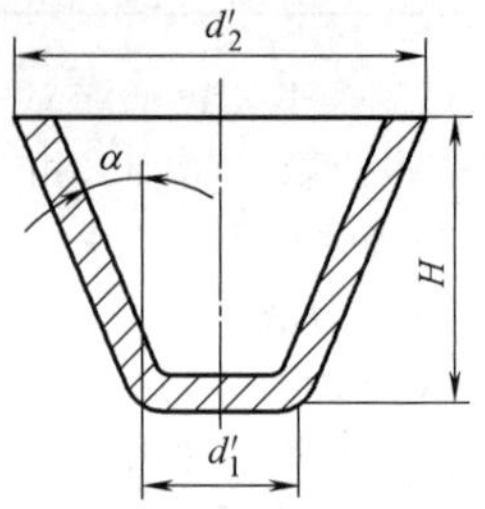

图 7-3-24　锥形件示意图

直壁盒形件（见图 7-3-25）变形时直边部分和圆角部分相互影响，其影响程度随盒形件相对圆角半径 r/B（圆角半径/短直边长度）和各组成面相对高度（直边面的相对高度为 H/B：高度/直边短边长度。圆角面的相对高度为 H/r：高度/圆角半径）的不同而不同，因此需要综合考虑相对圆角半径 r/B、直边相对高度 H/B 和圆角相对高度 H/r。

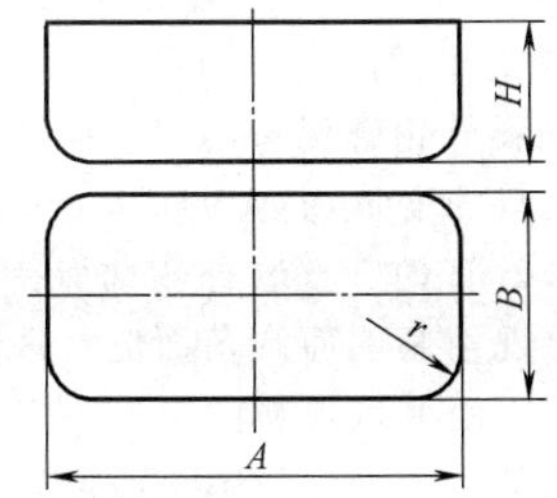

图 7-3-25　直壁盒形件示意图

本节采用相对高度 H' 和相对圆角半径 R' 来衡量非圆横截面锥形件的变形程度，相对高度越大、相对圆角半径越小，旋压成形越困难。

非圆横截面件的相对高度 H' 分为三种，见表 7-3-2。圆锥面的相对高度为 $H/(2r_2)$（高度与大端直径之比，与锥形件相对高度的定义一致）；直边面相对高度为 H/A（高度与大端直边长度之比）；圆角面的相对高度 $H/(2r)$（高度与圆角直径之比）。上述各字母的定义如图 7-3-26 所示。非圆横截面件的相对圆角半径 R' 分为三种（见表 7-3-2）：圆弧形横截面锥形件相对圆角半径为 r_2/L（大端面小圆弧半径与大端面大圆弧长度之比）；直边圆弧形横截面锥形件相对圆角半径为 r_2/A（大端面圆弧半径与直边长度之比）；直边圆角形横截面锥形件相对圆角半径为 r/A（圆角半径与大端面直边长度之比）。

表 7-3-2　相对高度 H' 与相对圆角半径 R'

相对高度 H'	圆锥面	$H'=H/(2r_2)$，高度与大端直径之比
	直边面	$H'=H/A$，高度与大端直边长度之比
	圆角面	$H'=H/(2r)$，高度与圆角直径之比
相对圆角半径 R'	圆弧形横截面	$R'=r_2/L$，大端面小圆弧半径与大端面大圆弧长度之比
	直边圆弧形横截面	$R'=r_2/A$，大端面圆弧半径与直边长度之比
	直边圆角形横截面	$R'=r/A$，圆角半径与大端面直边长度之比

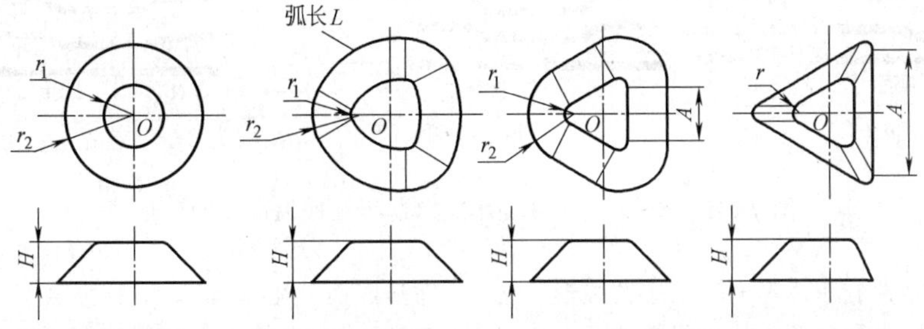

a) 圆形　　b) 圆弧形　　c) 直边圆弧形　　d) 直边圆角形

图 7-3-26　不同类型横截面空心零件示意图

由图 7-3-27 可知，当圆角半径增大时，直边长度减小，相对圆角半径 R' 迅速增大；当圆角增大至相互相切时，直边长度为零，此时相对圆角半径 R' 可以认为是无穷大。当零件高度和外切圆锥高度相同时，三直边圆角形横截面锥形件相对高度最大，相对圆角半径最小，因此其变形难度最大，三直边圆弧形横截面锥形件成形难度次之，三边圆弧形横截面锥形件成形难度再次之，圆形横截面锥形件成形难度最小。

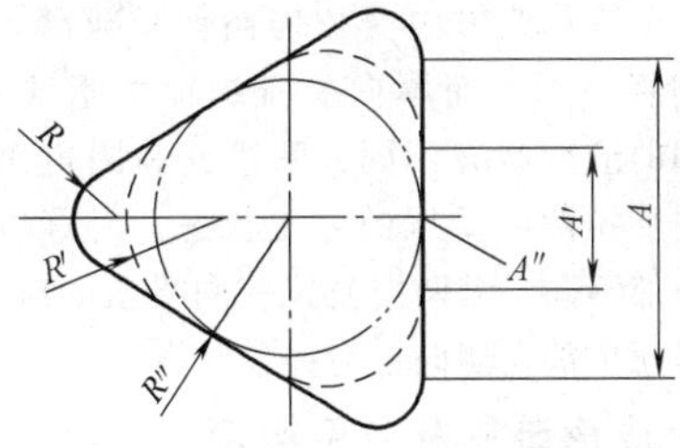

图 7-3-27　相对圆角半径 R' 极限状态图

3.3.3　成形过程与变形方式

图 7-3-28a 所示为三边圆弧形横截面空心零件（以下简称“三边圆弧形零件”）旋压过程中工件纵截面的变化情况。由图可见，成形高度 $H \leqslant 3.5$mm 时，坯料的变形为剪切旋压变形；成形高度 3.5mm<$H \leqslant 5.5$mm 时，大圆弧面区域坯料的变形为兼有剪切旋压和拉深旋压的复合变形，小圆弧区域坯料的变形为剪切旋压变形；成形高度 $H>5.5$mm 时，大圆弧面和小圆弧面区域坯料的变形均为兼有剪切旋压和拉深旋压的复合变形；成形结束时零件高度为 17.4mm，大圆弧面和小圆弧面坯料外轮廓单边缩径量分别为 2.80mm 和 1.80mm，由此可见大圆弧面的拉深旋压变形程度大于小圆弧面。

图 7-3-28b 所示为三直边圆弧形零件旋压过程中工件纵截面的变化情况。由图可见，当成形高度 $H \leqslant 4.3$mm 时，坯料外轮廓保持不变，法兰区域保持直立和平整，坯料的变形为剪切旋压变形；当成形高度 4.3mm<$H \leqslant 5.1$mm 时，直边面坯料外轮廓出现轻微缩减和法兰区域出现前倾斜，而圆锥面坯料外轮廓保持不变和法兰区域呈现直立状态，说明直边面区域坯料的变形为兼有剪切旋压和拉深旋压的复合变形，而圆锥面区域坯料的变形为剪切旋压变形；当成形高度 $H>5.1$mm 时，直边面坯料外轮廓的缩减和法兰区域的前倾斜逐渐明显，圆锥面逐渐出现外轮廓的缩减和法兰区域的前倾，直边面和圆锥面坯料的变形均为兼有剪切旋压和拉深旋压的复合变形。旋压结束时直边面和圆锥面坯料外轮廓单边缩径量分别为 3.49mm 和 1.90mm，可见直边面的拉深旋压变形程度大于圆锥面。

图 7-3-28c 所示为三直边圆角形零件旋压过程中工件纵截面的变化情况。由图可见，成形高度 $H \leqslant 3.2$mm 时，坯料外轮廓保持不变，法兰区域保持直立和平整，坯料的变形为剪切旋压变形；成形高度 3.2mm<$H \leqslant 4.2$mm 时，坯料外轮廓保持不变，直边面法兰区域出现前倾斜而圆角面法兰区域保持直立状态，说明直边面区域坯料的变形为兼有剪切旋压和拉深旋压的复合变形，而圆角面区域坯料的变形为剪切旋压变形；当成形高度 $H>4.2$mm 时，法兰区域前倾程度逐渐明显，直边面坯料外轮廓出现明显缩径量而圆角面坯料外轮廓的缩径不明显。旋压结束时直边面和圆角面坯料外轮廓单边缩径量分别为 7.30mm 和 1.00mm，可见直边面的拉深旋压变形程度明显大于圆角面。

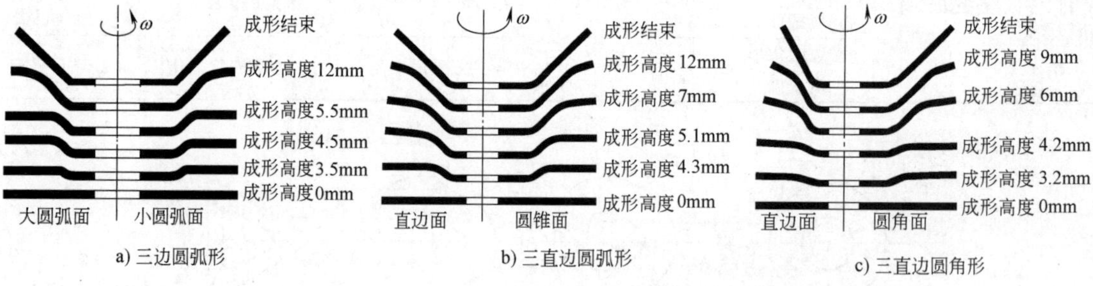

图 7-3-28　三边形零件旋压成形过程工件纵截面的变化

当非圆截面零件旋压成形时，三边圆弧形、三直边圆弧形和三直边圆角形零件底部圆角区应变状态均为两向受拉一向受压，金属母线方向受拉伸而伸长减薄，切向受拉伸而扩径减薄，厚向受压缩而发生壁厚减薄。口部应变状态也相同，一向受拉两向受压，金属母线方向受拉伸而伸长减薄，切向受压缩而缩径增厚，而厚向受压缩而发生壁厚减薄，侧壁中部的应变状态不同，圆锥面和圆角面侧壁中部为一向受拉两向受压的应变状态，而直边面侧壁中部与口部不同，为两向受拉一向受压的应变状态，即侧壁平面中部在切向也为伸长状态。

3.3.4　成形装置及应用实例

图 7-3-29 所示为我国学者开发的基于靠模驱动的非圆截面空心零件旋压成形装置（发明专利号：ZL200810219517.4）。坯料由尾顶夹紧在芯模上随主轴一起旋转，芯模与靠模通过齿轮传动实现同步同角速度旋转。轴向移动平台在伺服电动机的驱动下沿机床的轴向（Z 轴）做直线插补运动，实现轴向进给；安装在有直线导轨的径向移动平台上的旋轮座（连同旋轮）在靠模的驱动下做快速往复径向直线运动，进而实现旋轮径向往复进给。旋轮与芯模之间的间隙在成形过程中保持不变，从而实现工件壁厚的均匀。

在我国学者所研制的 HGPX-WSM 多功能数控旋压机床上，采用壁厚为 2mm 的 SPCC 冷轧碳素钢薄板，旋制成的三直边圆角形、三边圆弧形、四边圆弧形及五边圆弧形的非圆截面薄壁空心旋压件，如图 7-3-30 所示。

图 7-3-29　基于靠模驱动的非圆截面空心零件旋压成形装置

1—旋压芯模　2—尾顶　3—纵向工作台　4—旋轮　5—横向工作台　6—靠轮　7—靠模　8—导轨　9—齿轮

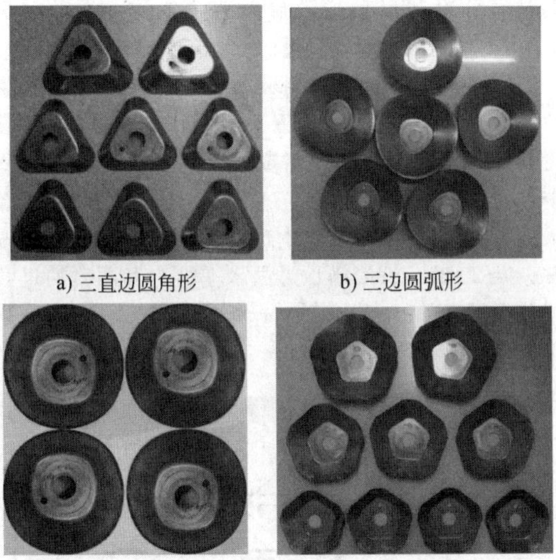

a) 三直边圆角形　b) 三边圆弧形

c) 四边圆弧形　d) 五边圆弧形

图 7-3-30　非圆截面薄壁空心旋压件

日本学者在研制的两轴联动的非圆旋压成形装置上，采用壁厚为 0.55～0.56mm 的 Hastelloy C-276 合金板材，旋制出含直边的非圆横截面空心零件（四边形横截面空心零件），如图 7-3-31 所示。

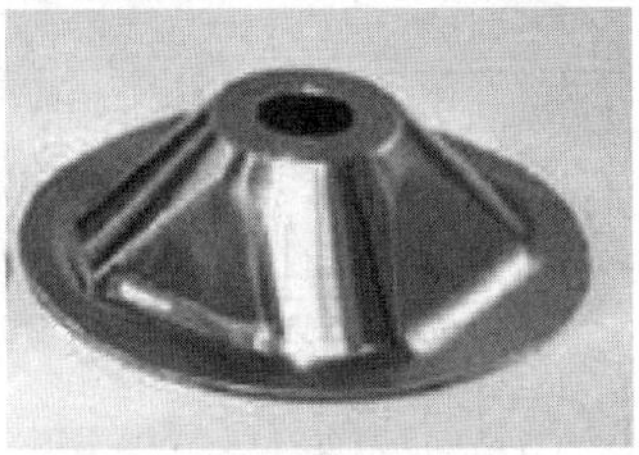

图 7-3-31　四边形横截面空心旋压件

德国学者在研制的借助弹簧张力径向压紧旋轮的简易装置上，采用壁厚为 1.0mm 的纯铝（1100-H24）圆板坯，旋制成的三边形非圆横截面空心零件，如图 7-3-32 所示。

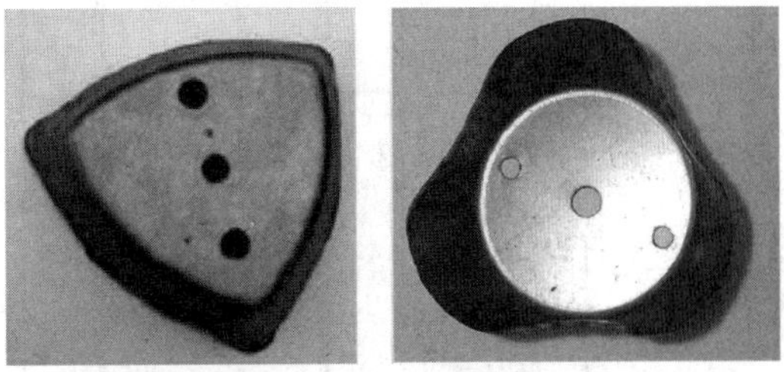

a) 凸三边形横截面　b) 凹三边形横截面

图 7-3-32　三边形横截面旋压件

日本学者在由电动机控制旋轮径向进给和芯模轴向进给的非圆旋压成形装置上，采用壁厚为 2mm 的冷轧纯铝板，旋制成的椭圆形横截面和四边形横截面空心零件如图 7-3-33 所示。

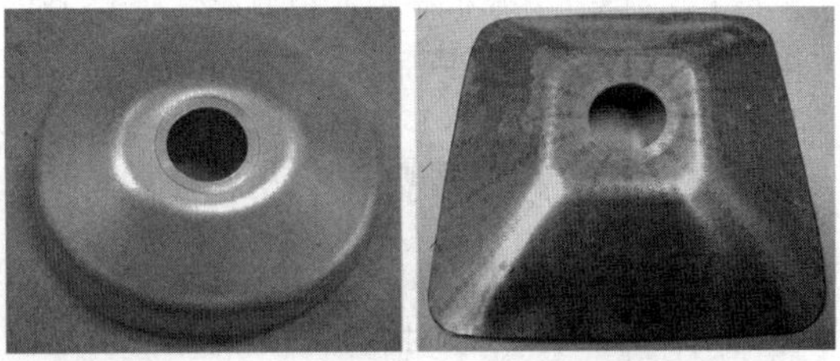

a) 椭圆形横截面　b) 四边形横截面

图 7-3-33　非圆横截面空心旋压件

3.4　带轮旋压成形技术

带传动用于传递动力和运动，是机械传动中重要的传动形式，已得到越来越广泛的应用。带传动具有结构简单，传动平稳，价格低廉，不需润滑及可以缓冲吸振等特点。钣制旋压带轮作为带轮的一种新型结构形式，以其重量轻、精度高、强度高、节能、节材、价格低廉、动平衡好、无环境污染等特点，已被广泛应用于汽车发动机的曲轴带轮、水泵带轮、风扇带轮、转向带轮、发电机带轮等，并逐步淘汰了锻、铸造等其他形式的传统带轮。其优点包括：

1）比铁轮轻 70%以上，转动惯量小，起动、制动能耗低。

2）比胀形带轮槽角精度提高一级，锥面直线线段长度增长约 3 倍，与带有效接触面积增加，带磨耗减小。

3）圆度和同轴度优于胀形轮，旋转平衡性能优于铸铁轮和胀形轮。

以上均使整机性能得以提高。

旋压带轮包括折叠式（见图 7-3-34a）、劈开式（见图 7-3-34b）和多楔式（见图 7-3-34c）。

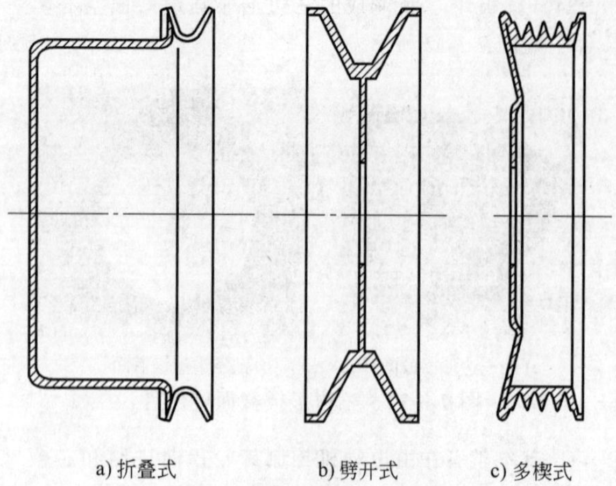

图 7-3-34　带轮尺寸简图

3.4.1　折叠式带轮旋压

折叠式带轮由优质低碳钢薄板制造，有单、双、三槽等款式。一般壁厚减薄不超过 20%，周向壁厚差不超过 10%。

图 7-3-35 所示是单槽折叠式带轮旋制原理图。其变形特点是在成形时，上压模对坯料端部施以一定轴向压力。上压模对坯料施初压后，下主轴带动坯料和上压模旋转。预旋时旋轮横向进给（沿纵向浮动），上压模与旋轮的进给保持协调。经 1~2 次预旋后精旋成形。

拉深坯件敞口端定位段高度宜不小于 4mm，筒形段壁厚差宜不大于 0.2mm，各段高度差宜不大于 0.3~0.5mm。坯件高度和直径的变化会导致加压后工具与坯料接触面的变化，影响带轮槽顶外径尺寸和产品精度。预旋轮顶部圆角半径和压入深度常取 10mm 左右。圆角半径太小和压入太深会导致槽底过度减薄。校形轮顶端应与工件型面保持 0.1~0.5mm 的间隙，以免过度减薄。预旋时上顶压太小易导致坯件定位段脱出，太大则导致坯件顶部压塌，旋后出楞圈。精旋时须适当加大上顶压。旋轮进给一般取 0.1mm/r 左右，软料宜稍大，硬料宜稍小。进给过大也会导致坯件定位段脱出。旋轮抵终点后略事停留，有利于减少工件跳动。停留时间，预旋宜 0.5~2s，精旋宜 2.5~4s。模块硬度须达 50~55HRC，旋轮硬度须达 62~65HRC。旋压时加润滑剂并充分冷却以免导致旋轮表面黏结。一般旋压 1 万~2 万件后须清理旋轮。

图 7-3-36 所示是采用偏心内支承轮旋制双槽带轮的原理图。这种方式适于直径 100mm 以上的带轮。预旋轮由二件单轮组成，其间距可在旋压过程中自行调整。最终间距 y 过大则所获工件中间直径偏大。经验值是当工件中间槽顶圆角半径 $r=2$mm 时，$y=2\sim3$mm；当槽顶是由水平段 l_s 和两侧的过渡圆角半径 $r=2$mm 构成时，$y=l_s+(2\sim3)$mm。内支承轮顶部与工件内型应保持 0.1~3mm 的间隙。

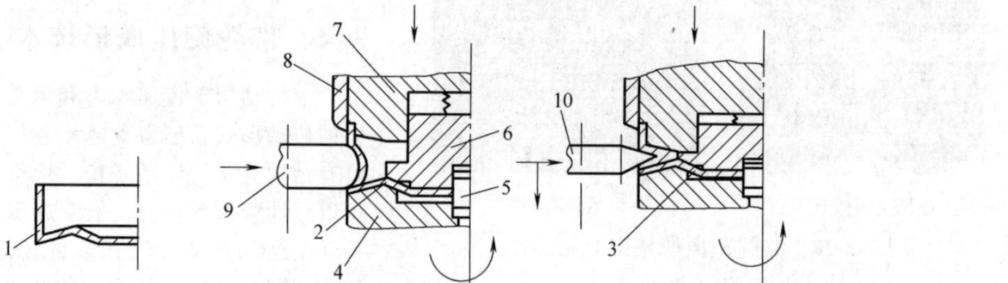

图 7-3-35　单槽折叠式带轮旋制

1—拉深坯　2—预旋坯　3—精旋坯　4—下模　5—定位销　6—上顶块　7—上压模　8—外环　9—预旋轮　10—精旋轮

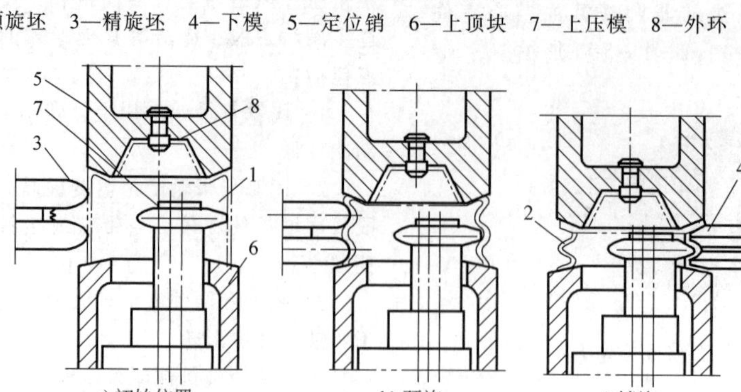

图 7-3-36　采用偏心内支承轮旋制双槽带轮原理图

1—拉深坯　2—工件　3—预旋轮　4—精旋轮　5—上模　6—下模　7—内支承轮　8—定位销

采用分内模旋制双槽带轮，带轮直径可小到 60mm。

上述带轮旋压的坯料尺寸、模具尺寸及旋轮尺寸均须经试旋修正后最终确定。试调时要使槽形型面上各个直线段都均匀受压。多槽轮试调时宜先使各槽顶外径尺寸一致，再调尺寸大小。单槽带轮及双槽分模试调时间为 65~75h，双槽内支承轮试调时间为 120h，三槽带轮试调时间则可达 5 周。

3.4.2　劈开式带轮旋压

劈开式带轮采用铝合金和优质低碳钢板，经劈开和校形二道旋压工步制成（见图 7-3-37）。由于工装简单、旋压工具通用性好、产品腹板刚性好等优点，这种款式的带轮已在汽车电动机、风扇等处大量应用。

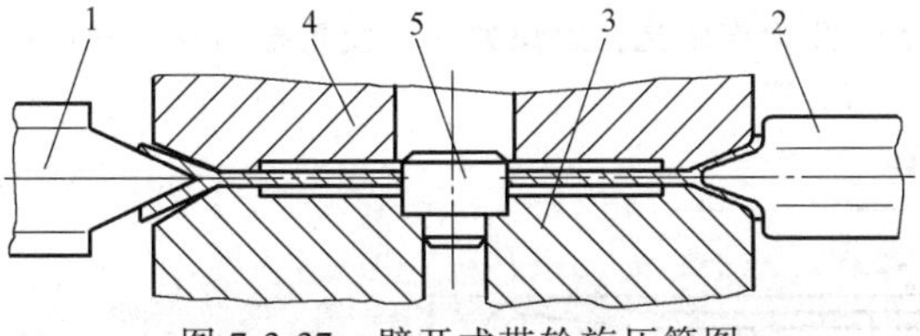

图 7-3-37　劈开式带轮旋压简图

（左：劈开旋压　右：校形旋压）

1—劈开轮　2—校形轮　3—定位模

4—顶压模　5—定位销

劈开旋压是借助带锐角的旋轮将板坯沿厚向剖分为二的分离过程。板坯厚度已达 12mm，其中心定位孔应大于 12~15mm。旋轮夹角可为 20°，顶尖圆角半径取 0.1mm，刃口与板厚中心的偏差应不大于 0.01~0.02mm。旋轮进给可取 0.2mm/r，旋轮硬度为 60HRC，旋压时充分冷却。

以劈开旋压作为前期工步（或工序）还可以制造汽车制动套、轮辋、多楔式带轮、滑轮、航空发动机、压气机盘等。图 7-3-38 所示是采用劈开和校形二道工步旋制制动套的过程，当 T 形断面较小时可直接由板坯进行旋压校形。

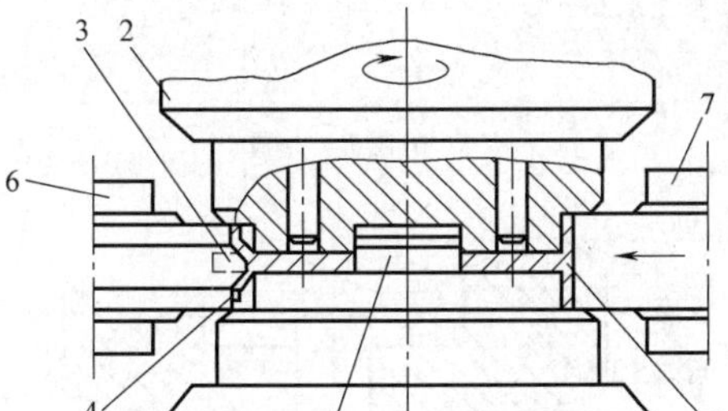

图 7-3-38　制动套旋制过程

（左：劈开　右：校形）

1—芯模　2—顶块　3—板坯　4—劈开旋压件　5—工件

6—劈开旋轮　7—校形旋轮　8—定位销

3.4.3　多楔式带轮旋压

1. 基本原理

多楔式带轮旋压成形的基本思想是采用与多楔式带轮外轮廓相对应的齿形旋轮，来实现多楔式带轮零件的旋压成形。

（1）体积转移原理　多楔式带轮 V 形槽的旋压成形属于回转成形，是采用带有 V 形槽的旋轮在压力作用下相对于旋转的毛坯做径向进给运动，旋轮逐步挤入旋转的毛坯中，产生局部连续的塑性变形，从而旋压出 V 形槽来。根据塑性变形体积不变规律，旋轮轮齿进入毛坯壁部的旋转体积等于流出毛坯壁的旋转体积（见图 7-3-39），体积转移只发生在局部的轴向和径向，也就是带轮 V 形槽的成形是通过毛坯壁厚的增厚和减薄而完成的。因此，在旋压 V 形槽时，要求毛坯壁厚要满足旋压 V 形槽要求的厚度。

（2）金属流动控制　成形旋轮挤入毛坯筒壁，当进给深度较小时，变形区局限在旋轮齿尖附近，金属被挤出形成较浅的凹形。随着进给深度的增大，变形区扩大，深入到毛坯整个壁厚，使旋轮齿尖附近的材料主要沿轴向流动，旋轮两齿尖之间的材料相互挤压，转向以径向流动为主形成零件轮齿。成形角 φ'（见图 7-3-39）越大，材料越容易沿径向流动；φ' 越小，径向流动的趋势越弱。多楔式带轮成形角为 70°，所以有利于材料产生以径向为主的塑性流动进而形成轮齿。但是在多楔式带轮旋压槽型过程中，要求坯料不产生整体的轴向变形，金属只能在一个齿内产生局部转移形成齿槽和齿尖。为达到这一要求，在旋压 V 形槽时要保证有足够的轴向压力以限制材料产生轴向转移。

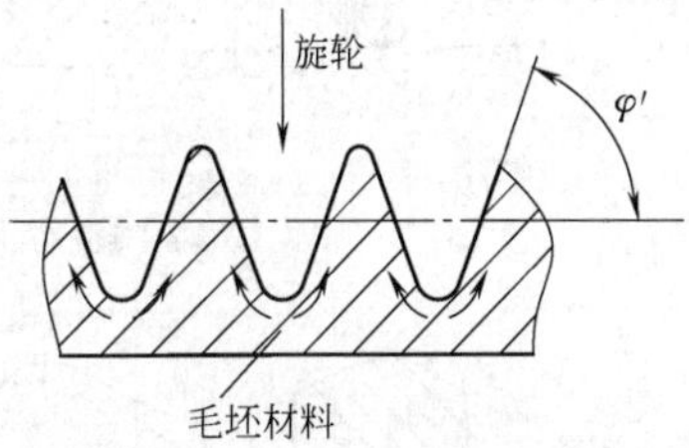

图 7-3-39　多楔式带轮 V 形槽成形时的材料流动

2. 成形工艺过程

（1）拉深预制坯　根据零件尺寸，同时考虑后续加工中的切削余量，计算坯料的尺寸；采用冲压拉深工艺，经过修边、冲孔和切边所获得的预制坯如图 7-3-40 所示。

（2）预成形　如图 7-3-41a 所示，将预制坯放在下模上，通过芯棒和上模定位，并且随着主轴一起旋转。预成形旋轮对预制坯径向加载进给，同时上模适当下压，预成形旋轮达到指定位置后停留一段时间，然后反向退出。成形完成后，预制坯的直段部分被旋压成了鼓形环状，变形后材料厚度基本保持不变，将这时的半成品称为预成形件。

(3) 腰鼓成形　预成形结束，上模下压至预成形件的上壁与下模接触。在轴向压力的作用下，预成形件形成腰鼓形状。如图7-3-41b所示，将这时的半成品称为腰鼓件。

(4) 增厚　如图7-3-41b所示，腰鼓成形后，上下模固定不动，增厚旋轮做径向进给运动，为了防止金属轴向流动，上模施加一定的轴向压力。增厚旋轮进给到指定位置后停留一段时间，然后反向退出，腰鼓形筒壁被压平，从而实现壁部增厚，将这时的半成品称为增厚件。

(5) 预成齿　局部增厚完成后即可进行齿槽的旋压，齿槽旋压可以一步成形，也可以多步成形。一步成形虽然快捷，但是旋轮寿命短；多步成形时材料加工硬化严重，同样不利于旋压成形。考虑到零件尺寸以及工艺难度，采用两步成形法。如图7-3-41c所示，首先使用齿形角度为50°~60°的预成形轮，旋压局部增厚部位。上模施加轴向压力，预成齿旋轮径向进给达到指定位置停留一段时间，预成形旋轮的槽型被填满，成形出轮齿，然后旋轮反向退出，将这时的半成品称为预成齿件。

(6) 整形　预成齿结束后进入最后一步整形工序，使用齿形角度为最终角度的旋轮进行成形。如图7-3-41d所示，上模仍然施加轴向压力，整形旋轮径向进给到指定位置后停留一段时间，旋轮槽型被填满，最终旋出槽型，然后整形旋轮反向退出，将这时的成品称为整形件。

由于采用了旋压成形工艺，材料流线不被切断，并产生冷作硬化，组织致密，使轮槽的强度和硬度均有提高。

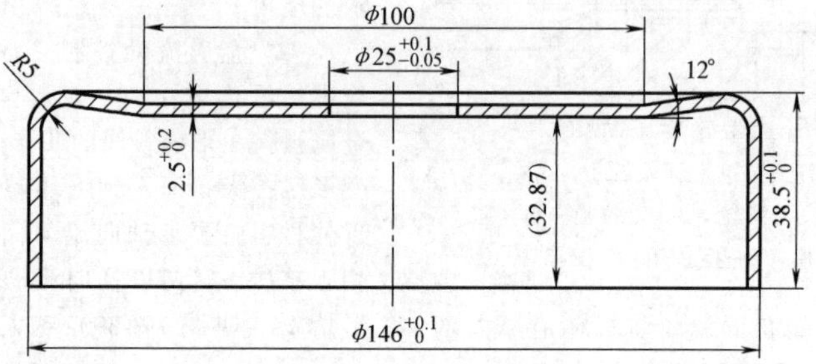

图7-3-40　预制毛坯

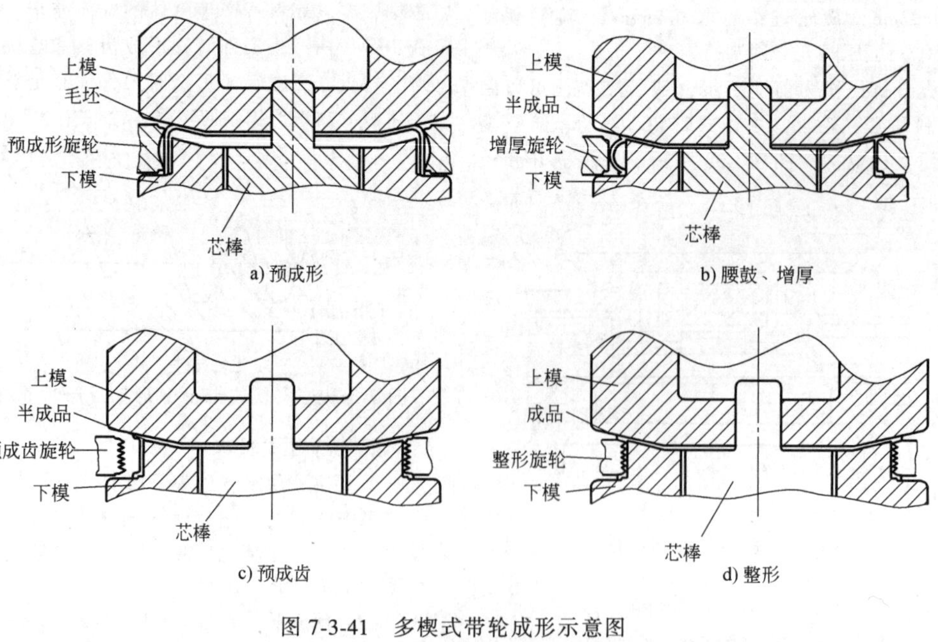

图7-3-41　多楔式带轮成形示意图

3. 成形装置及应用实例

图 7-3-42 所示为我国学者开发的多楔式带轮旋压成形装置（发明专利号：ZL200710031162.1）。四个旋轮座均匀布置，每个旋轮座可实现单独控制，不存在互相干涉。旋轮座由伺服电动机驱动，为了便于操作，前后两个旋轮座采用同一驱动器驱动，中间通过拉杆连接，以便腾出操作空间，如图 7-3-43 所示。成形过程中，预成形、腰鼓成形、增厚、预成齿和整形所需的旋压力大小不一样，预成形所需旋压力较小，而增厚、预成齿和整形需要较大的旋压力，腰鼓成形不需要采用旋轮成形，所以旋轮的装夹位置不能任意决定。前后两个旋轮座由同一个电动机驱动，前旋轮座的受力依靠拉杆，受力载荷小，故预成形旋轮安装在前旋轮座上。考虑到工艺的连续性，增厚旋轮安装在后旋轮座，预成齿旋轮安装在左边旋轮座，整形旋轮安装在右边旋轮座。

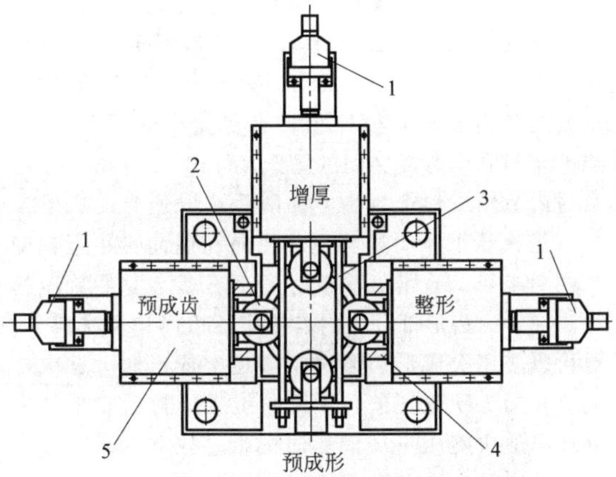

图 7-3-42　多楔式带轮旋压成形装置

1—伺服电动机　2—旋轮　3—水平拉杆　4—导轨　5—旋轮座

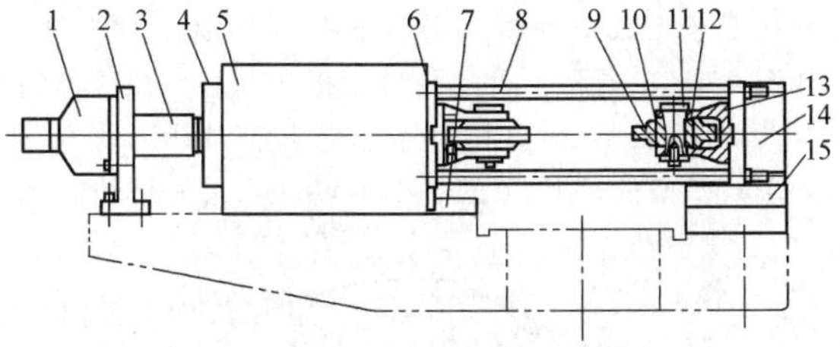

图 7-3-43　双工位旋轮座

1—伺服电动机　2—固定架　3—联轴器　4—轴承座　5—盖板　6—旋轮后座　7—导轨　8—拉杆　9—旋轮　10—轴承挡圈　11—旋轮轴　12—圆柱滚子轴承　13—旋轮叉　14—前旋轮架　15—滑块

图 7-3-44 所示为某汽车发动机用带轮，该带轮属于五齿六槽的整体式钣制多楔式带轮。材料为 StW24，零件中槽角（40° ± 0.5°），槽间距（3.56mm），基准宽度（10° ± 2°），齿槽圆角半径（0.5mm）和齿顶圆角半径（0.3mm）都需要保证。在我国学者研制 HGQX-LS45-CNC 型数控旋压机床上（发明专利号：ZL200710031162.1），采用 StW24 板坯经拉深预制坯后旋制的多楔式带轮零件如图 7-3-45 所示。

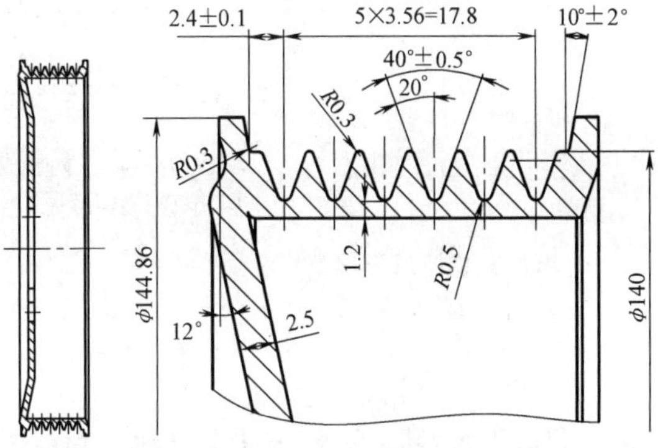

a) 整体结构　　b) 齿形结构

图 7-3-44　五齿六槽多楔式带轮结构示意图

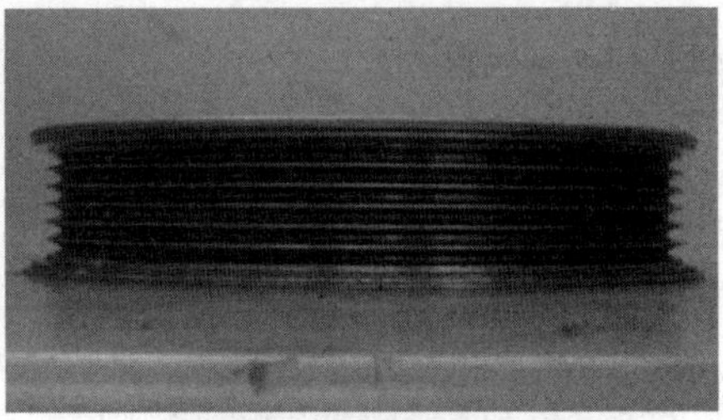

a) 工件整体图

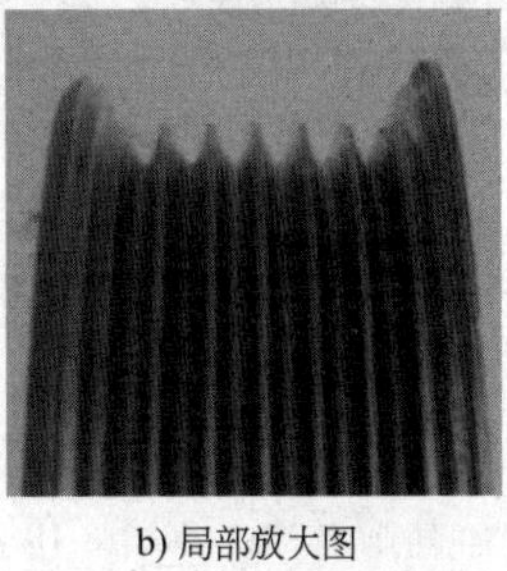

b) 局部放大图

图 7-3-45　采用 StW24 板坯经拉深预制坯后旋制的多楔式带轮零件

3.5　键、齿、筋、肋旋压成形技术

3.5.1　杯形薄壁内齿轮旋压

1. 基本原理

杯形薄壁内齿轮旋压成形的基本思想是采用与零件内轮廓相对应的齿形芯模，来实现齿轮类零件的旋压成形。

杯形薄壁内齿轮旋压成形时将具有外齿廓的芯

模安装在机床主轴上，杯形预制坯夹紧在芯模和尾顶块之间，三者保持轴线重合，并随主轴一起旋转；变形金属在 120°均匀分布的三个旋轮作用下，其内壁材料因受芯模外齿廓的约束产生径向塑性流动而形成齿形，如图 7-3-46 所示。

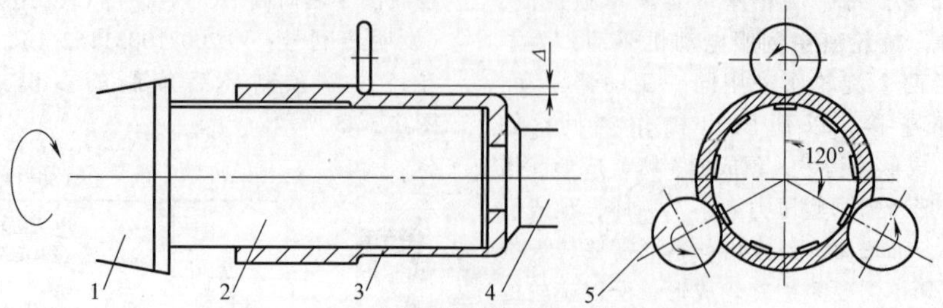

图 7-3-46 内齿轮旋压成形工艺示意图

1—主轴 2—芯模 3—毛坯 4—旋轮 5—尾顶

2. 内齿轮旋压成形优点

与传统的切削成形相比，内齿轮采用旋压成形具有以下优点：

1）采用旋压方法成形的内齿金属流线完整、金属纤维组织分布合理（见图 7-3-47），因此，与切削方式相比，旋压成形的轮齿在齿根弯曲疲劳强度、齿面接触疲劳强度和齿面耐磨性等方面具有明显的优势。

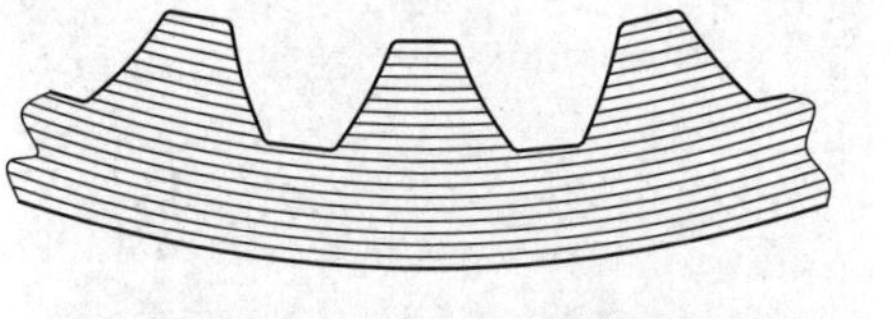

a) 切削加工后的纤维组织

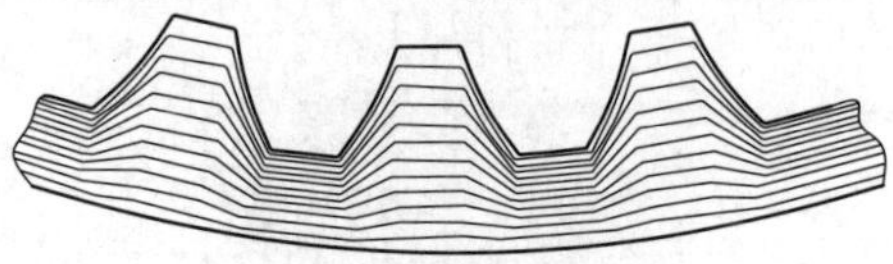

b) 旋压成形后的纤维组织

图 7-3-47 内齿采用切削加工及旋压成形后的纤维组织

2）受自身结构的影响，采用锻造和挤压工艺成形内齿轮时存在着脱模难的问题，在实际生产中很少采用。真正能够形成规模生产的仅有插削、拉削和旋压三种方法。与拉削和插削工艺相比，采用旋压技术成形同材质的齿轮，可将材料利用率由 40%提高到 80%以上，齿轮强度提高 60%以上，制件重量减轻 20%左右。因此，采用内齿轮旋压制件，可提高机械装备、汽车零部件的使用寿命，减少意外事故的发生。

3. 成形工艺过程

杯形薄壁内齿轮旋压所用的杯形预制坯通常采用拉深成形工艺来生产，但是由于拉深成形所采用的工装模具较多、模具加工精度要求较高、生产准备周期较长，提高了产品的生产成本。因此，本案例所用杯形预制坯采用单道次拉深旋压成形工艺来获得。预制坯的生产工艺为：排样-落料、冲孔-单道次旋压拉深。为了保证毛坯底部紧贴制齿芯模，制坯芯模底部圆角取值与制齿芯模底部圆角保持一致。由于内齿轮旋压采用冷成形，为了便于毛坯的安装，应使毛坯内径与芯模外径具有尽量小的配合间隙，当毛坯与制坯芯模之间的间隙小于 0.3mm 时，方不会对内齿轮成形产生影响。随后选取适当的成形参数（道次压下量、进给比、径向和周向错距量、旋轮圆角半径、毛坯壁厚等），采用三旋轮错距旋压的方法成形出齿形部分。内齿轮旋压可以单道次成形，也可以多道次成形。但由于多道次成形时，道次之间存在加工硬化现象，多道次旋压成形后轮齿的齿高比单道次旋压一次成形时的低。故此，在实际生产时，应尽量采用单道次旋压成形。

4. 材料流动及应变分布情况

成形过程中的材料流动与该处的受力情况有关。内齿轮旋压成形如图 7-3-48 所示。

旋轮以逆时针旋转的方式接触毛坯，故旋轮施加在毛坯上载荷的切向分量也按逆时针方向分布，如图 7-3-49a 所示，径向分量则指向圆心。在这样的载荷作用下，毛坯材料整体呈现出逆时针流动充填入芯模凹槽的趋势（见图 7-3-49b），尤其是外侧毛

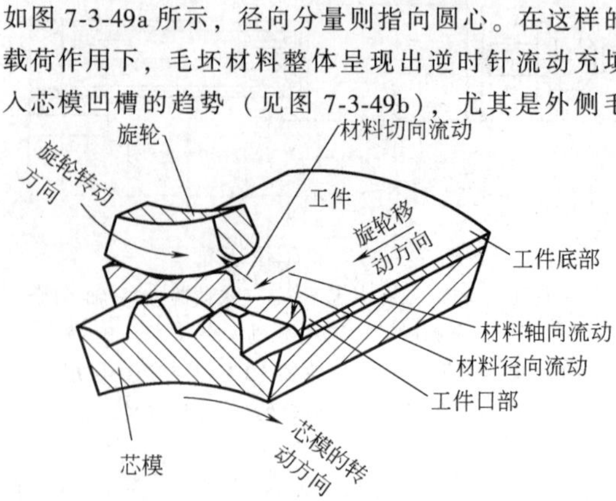

图 7-3-48 内齿轮旋压成形示意图

坯（见图 7-3-49c）中的材料流 1，由于应力的绝对值沿壁厚方向逐渐减小，故此沿壁厚方向，材料的切向流动和径向流动均明显减缓。

同时，轮齿部分和齿槽部分的变形情况对材料的流动也有影响。齿槽部分的切向伸长使得该处材料的切向流动得以增强，而径向收缩使材料的径向流动得以减缓，相反，轮齿部分材料的径向伸长使得该处材料的径向流动有所加强，而轮齿部分材料的切向收缩使得齿面处材料向轮齿中部流动，因而轮齿部分材料呈现出填充芯模凹槽的趋势，如图 7-3-49b 所示。故此，齿槽部分的切向流动明显强于轮齿部分，而轮齿部分的径向流动则强于齿槽部分。

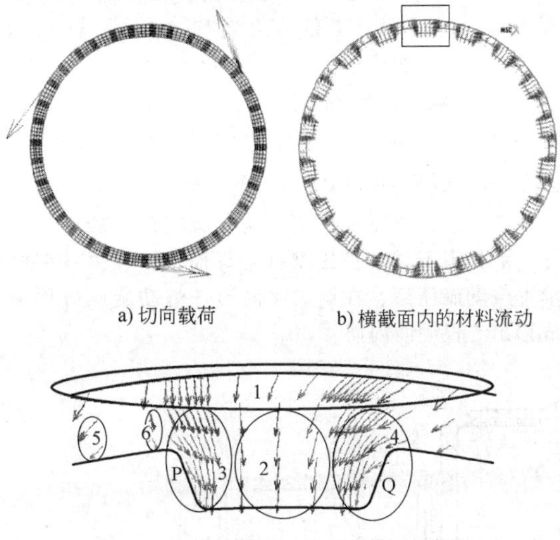

a) 切向载荷　　b) 横截面内的材料流动

c) 局部放大图

图 7-3-49　截面内材料的受力及流动情况

注：c 图中的 1~6 为材料流。

齿槽部分材料沿径向压缩，导致该处材料沿轴向和切向伸长；轮齿部分材料沿径向伸长，导致该处材料沿轴向伸长和切向压缩，齿槽及轮齿部分的应变如图 7-3-50 所示。比较齿槽与轮齿部分的变形

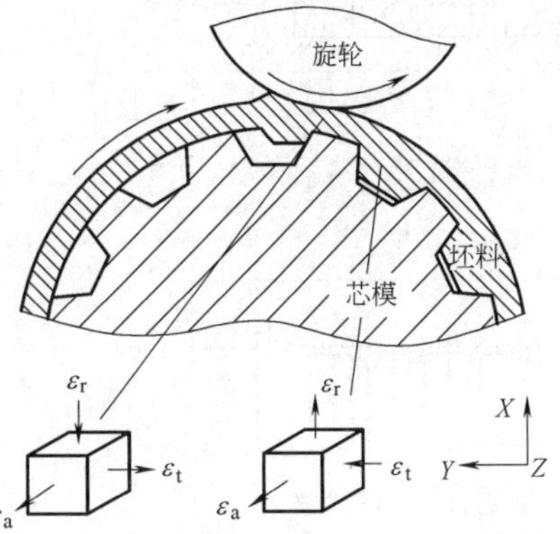

图 7-3-50　齿槽与轮齿部分的应变情况

可以发现，二者在轴向的变形趋于一致，均为伸长变形；而在切向，齿槽部分为伸长变形，轮齿部分则产生压缩变形，材料在切向表现出局部伸长与局部压缩正是轮齿得以成形的关键。

5. 成形装置与应用实例

图 7-3-51 所示为我国学者开发的杯形件内齿轮成形装置（发明专利号：ZL200510036018.8），安装在 HGPX-WSM 多功能数控旋压机床上。成形时首先将圆形毛坯通过尾顶夹紧固定在芯模上，采用单道次拉深旋压成形为杯形预制坯，随后采用三旋轮错距旋压在零件内表面成形出齿形。在我国学者研制的 HGPX-WSM 多功能数控旋压机床上，采用 Q235 板坯旋制的矩形及渐开线内齿轮件如图 7-3-52 所示。

图 7-3-51　杯形件内齿轮成形装置

1—主轴　2—芯模　3—毛坯　4—旋轮　5—尾顶

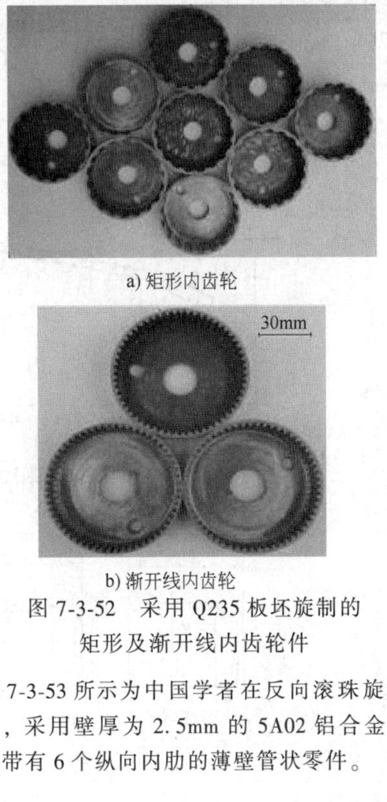

a) 矩形内齿轮

b) 渐开线内齿轮

图 7-3-52　采用 Q235 板坯旋制的矩形及渐开线内齿轮件

图 7-3-53 所示为中国学者在反向滚珠旋压成形装置上，采用壁厚为 2.5mm 的 5A02 铝合金管，旋制成的带有 6 个纵向内肋的薄壁管状零件。

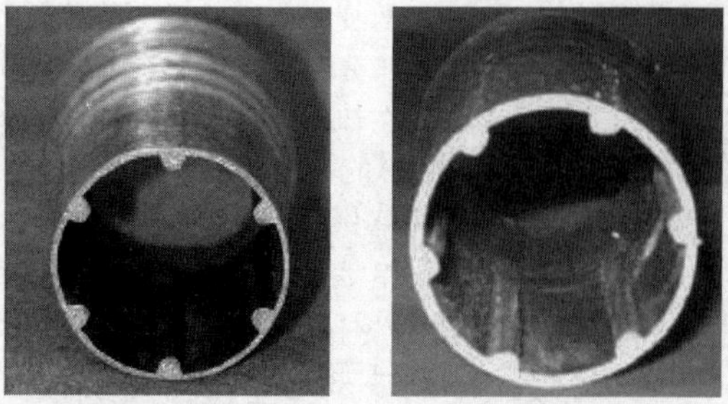

图 7-3-53　带纵向内肋的 5A02 铝合金薄壁管状旋压件

3.5.2　带内齿套环旋压

图 7-3-54 是汽车离合器壳体成形过程简图。拉深预制坯径强力旋压后，壁部减薄伸长并制出内齿。旋后齿尖无毛刺，齿面冷作硬化，疲劳性能和硬度提高。在与内齿相对的外表面存在不同程度的凹陷。

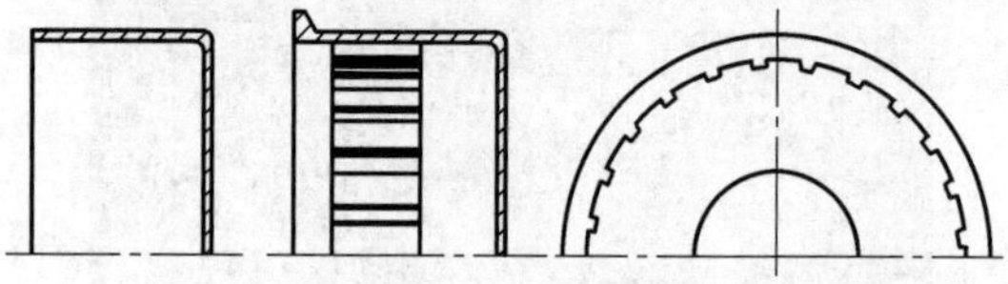

a) 拉深预制坯　　b) 带内齿旋压件

图 7-3-54　汽车离合器壳体成形过程简图

凹陷深度 t'为

$$t'=\frac{1}{2}\left[D_0\left(1-\frac{t}{t_1}\right)+\frac{t^2}{t_1}-t_1+\frac{nh_0b}{\pi t_1}\right] \qquad (7\text{-}3\text{-}9)$$

式中　D_0——坯料外径；

t——坯料壁厚；

t_1——齿间壁厚；

h_0——齿高；

b——齿宽；

n——齿数。

图 7-3-55 所示是渐开线行星齿轮旋压前后简图。

3.5.3　带周向内筋锥形件旋压

图 7-3-56 所示为一大型曲母线形带周向内筋的锥形薄壁铝合金件。工件最终壁厚 1.5mm，筋高约 1.3m。先采用加热强力旋压成形出半锥角分别为 30°和 18°的双锥度过渡坯，然后采用加热普通旋压将过渡坯逐段贴靠分瓣模，再抛光外表面获得所需零件。

3.5.4　带周向内筋筒形件旋压

图 7-3-57 所示是航空发动机压气机匣的旋压简图。坯料由不锈钢挤压型材卷焊而成，经第一次筒形件流动旋压后，在第二次筒形件流动旋压过程中成形出 5 根周向内筋。

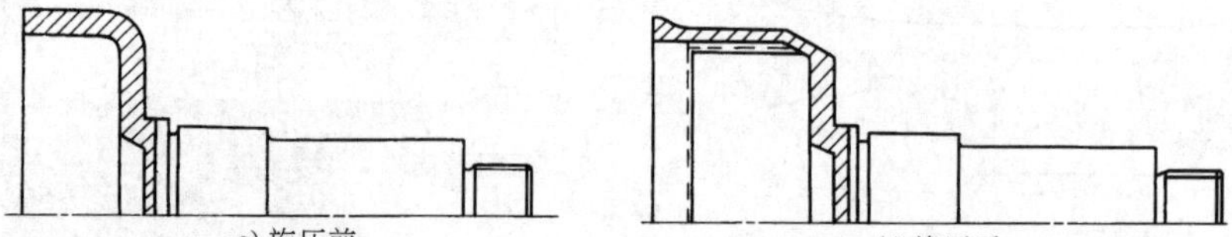

a) 旋压前　　b) 旋压后

图 7-3-55　渐开线行星齿轮旋压前后简图

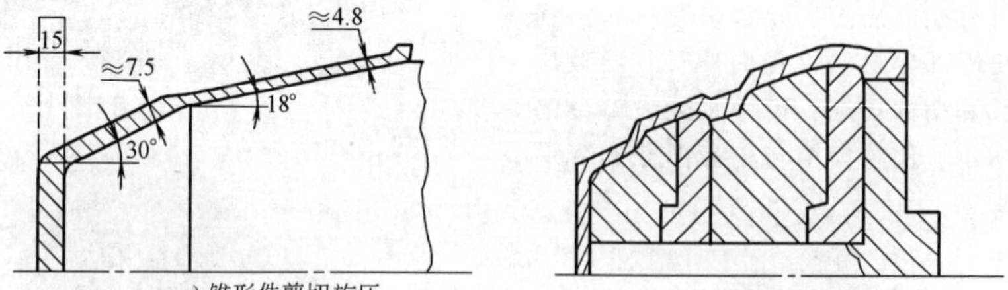

a) 锥形件剪切旋压　　b) 普通旋压

图 7-3-56　带周向内筋的锥形薄壁铝合金件成形示意图

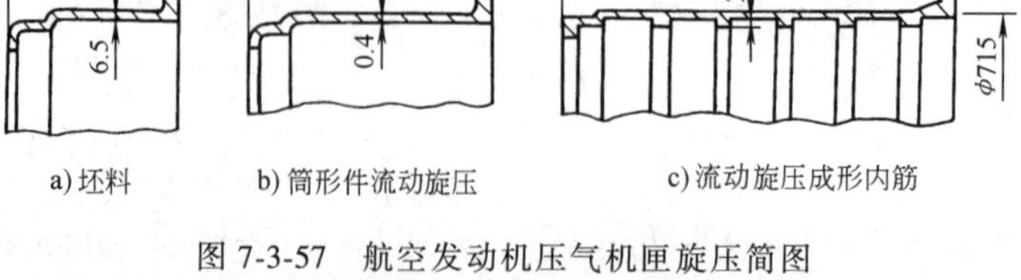

a) 坯料　　b) 筒形件流动旋压　　c) 流动旋压成形内筋

图 7-3-57　航空发动机压气机匣旋压简图

图 7-3-58 所示是导弹壳体口部加强段旋压成形前后简图。

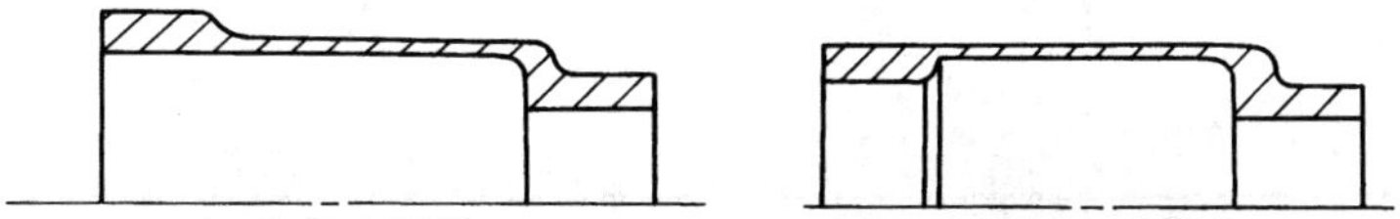

a) 口部旋压成形前　　b) 口部旋压成形后

图 7-3-58　导弹壳体口部加强段旋压成形前后简图

第4章

旋压缺陷与质量控制

西北工业大学　詹　梅　哈尔滨工业大学　徐文臣

旋压缺陷与质量控制是旋压工作者十分关注的基本问题，只有当旋压件的质量能充分满足产品的设计要求时，旋压工艺才能广泛地引起生产者的兴趣。尤其在要求苛刻的航空航天和兵器制造业中，缺陷与质量问题是生产中最优先考虑的问题。在实际旋压生产中，缺陷与质量控制主要涉及表面缺陷、起皱、开裂、不贴模、形状与尺寸精度、表面粗糙度、组织性能与残余应力控制等问题，而影响上述缺陷与成形精度的因素有很多，按成形要素可以分为坯料、成形装备和工艺三方面的因素。为了控制旋压缺陷，提升旋压成形质量，需要深入理解各类缺陷与成形精度的形成原因、主要影响因素及规律，以此为基础合理搭配与设计坯料、装备及工艺参数。表7-1-5与表7-2-5分别总结了普通旋压与强力旋压时主要工艺要素及其对旋压缺陷与质量的影响，本章将分别介绍各类缺陷与成形精度的机理、规律与控制方法。

4.1　旋压缺陷及控制措施

4.1.1　表面缺陷

1. 表面起皮

旋压表面起皮缺陷包括表面起皮及表面鳞皮两类，它们的出现主要有以下三种情况：①旋轮前金属材料堆积隆起（见图7-4-1a），隆起的材料被旋轮压入产生折叠，从而引起表面起皮（见图7-4-1b）。②当减薄率过大、进给比增加以及旋轮工作角较大时，金属出现塑性流动失稳，其外表面会出现鳞皮现象，如图7-4-2所示。③金属材料硬度较低，坯料表面机械加工粗糙也容易造成堆积起皮，如图7-4-3所示。选择力学性能与表面质量合格的材料，合理匹配工艺参数，有效控制金属塑性流动失稳，可减少并消除起皮缺陷。

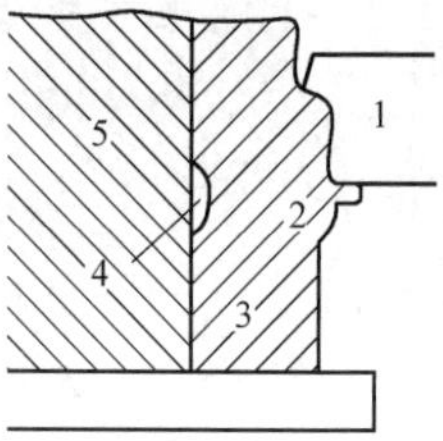

a) 堆积现象

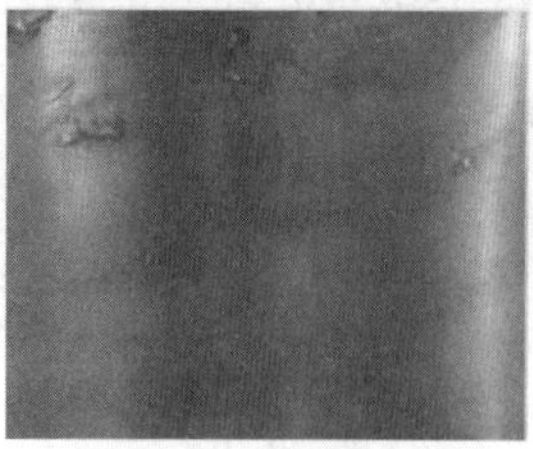

b) 外表面局部起皮

图7-4-1　旋压表面起皮缺陷

1—旋轮　2—堆积　3—坯料　4—扩径　5—芯模

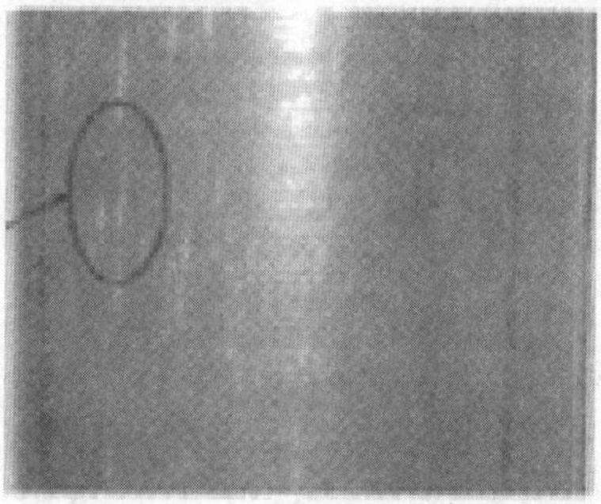

图7-4-2　鳞皮

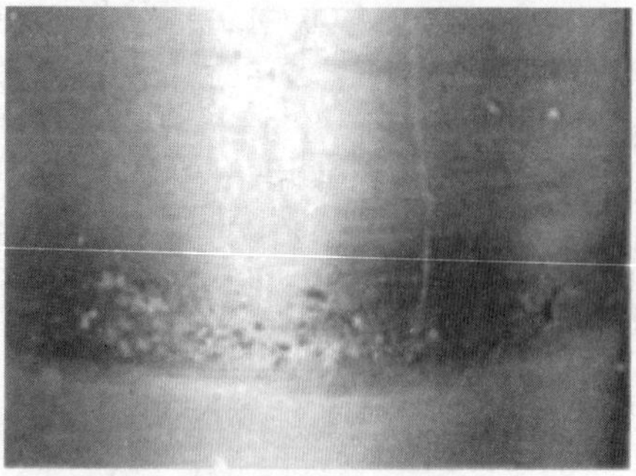

图7-4-3　面起皮

铝合金变形抗力较低，在流动旋压时，变形量或变形速度过大易出现变形区失稳堆积。堆积材料被碾压后，工件表面会出现鳞皮缺陷，见图7-4-2。为避免上述缺陷，铝合金筒形件流动旋压建议工艺参数为：旋轮工作角20°，道次变薄率25%，进给率控制在1~2mm/r。对于合金钢，其变形抗力大于铝合金，常见的旋压起皮现象为堆积起皮，见图7-4-1b。为避免旋轮前方材料堆积与起皮，合金钢筒形件流动旋压建议工艺参数为：工作角25°，道次变薄率 30%，进给率控制在 1~3mm/r。

2. 表面波纹

旋压件的表面波纹不同于旋轮走刀引起的旋压纹，无论是筒形件流动旋压，还是异型件剪切旋压，在工艺参数选择不当时均会有表面波纹出现。筒形件表面波纹深度大于旋压纹，严重时出现很大的沟纹；而异型件表面波纹在小端深而宽，大端浅而窄。常见的表面波纹有不规则波纹（见图 7-4-4a）和局部波纹（见图 7-4-4b）。芯模与旋压材料的间隙过小或不均，芯模转速过高、旋压机刚度不足和旋压设备的系统共振都可能造成工件表面波纹。适量降低芯模转速，调整进给率和减薄率，提高间隙的均匀性，都可以减小或消除变形过程中的表面波纹。

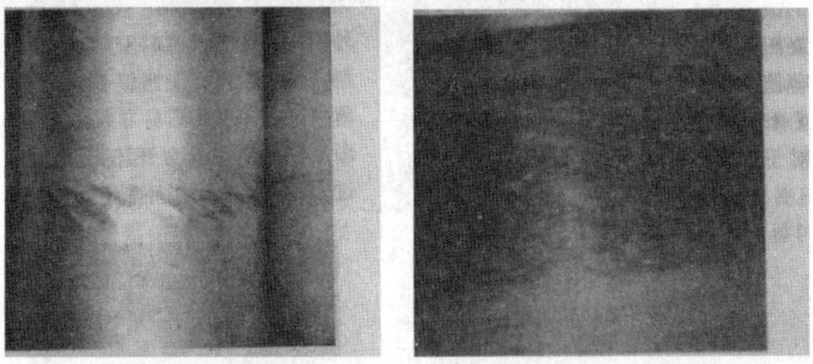

a) 不规则波纹　　b) 局部波纹

图 7-4-4　表面波纹

3. 表面黏结

旋压成形时，旋轮与板坯间存在剧烈的相对滑动，引起接触摩擦升温。在压力和温度的作用下，旋轮与坯料接触的切点会产生热扩散焊接的黏结现象。焊点随后在旋轮的碾压作用下被剪裂撕下，焊点微粒黏结于工件表面，出现表面黏结，图 7-4-5 所示为热旋封头的黏结现象。随着旋压进程的继续，微粒黏结于旋轮工作型面，坚硬的金属微粒在旋压中划伤工件表面，进一步影响旋压件的表面质量，如产生表面麻坑、龟裂状鳞片、刨槽等。

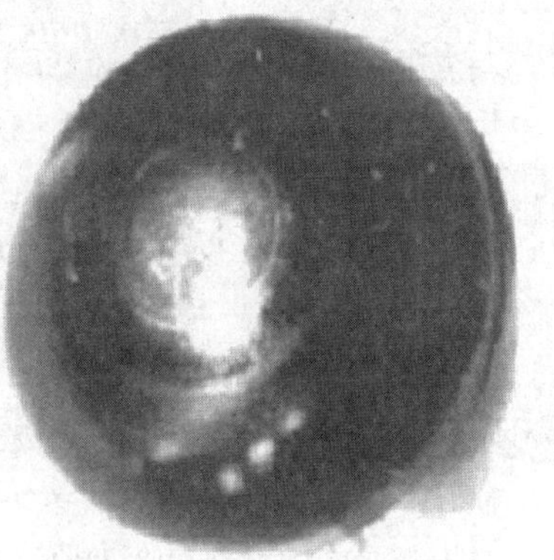

图 7-4-5　热旋封头的表面黏结

在旋压成形时，可将二硫化钼润滑膜用于旋轮和坯料之间，调整旋轮的攻角以减小旋轮与工件间滑动摩擦的面积，从而改善黏结现象，如图 7-4-6 所示。

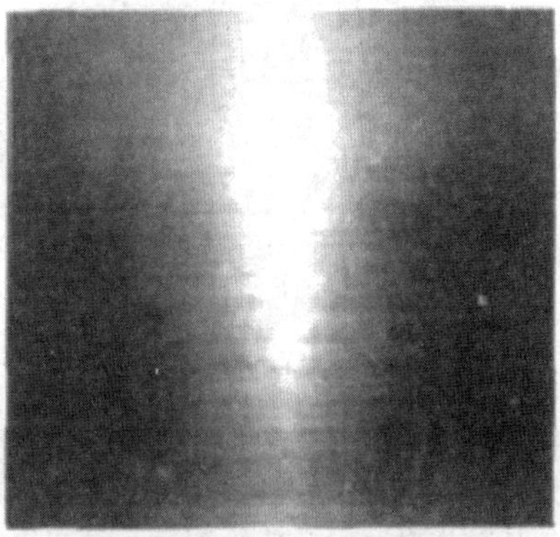

图 7-4-6　光滑旋压表面

4.1.2　起皱缺陷

在旋压成形过程中，工件容易发生失稳起皱现象，影响旋压件的成形质量和性能。研究失稳起皱问题对于保证旋压过程的稳定性和产品质量至关重要。根据旋压工艺分类可将旋压起皱分为普旋起皱和强旋起皱。

1. 普旋起皱

拉深旋压是一种最常见的普旋工艺，成形中坯料由平板状态经旋轮点加载成形为回转体，其直径明显减小而厚度基本不变。在这一过程中，凸缘内部产生周向压应力，若该周向压应力超过某一临界值，则凸缘将发生失稳起皱，如图 7-4-7 所示。基于能量法，板坯拉深旋压时凸缘失稳起皱临界周向压应力 $\sigma_{\theta cr}$ 的解析式可表达为

$$\sigma_{\theta cr}=\frac{E_0 t^2}{9{r_1}^2}\left\{\frac{\left(1-\mu+\frac{1}{8}{N_i}^2\right)(1-m^2)}{-\ln m-\frac{2-2m}{m}+\frac{1-m^2}{2m^2}}+\frac{2\left[\left(1-\frac{1}{4}{N_i}^2\right)(1-m)\right]-\frac{4}{{N_i}^2}\left(1-\frac{1}{4}{N_i}^2\right)^2\ln m}{-\ln m-\frac{2-2m}{m}+\frac{1-m^2}{2m^2}}\right\} \tag{7-4-1}$$

式中　E_0——广义折减模量；

r_1——芯模半径；

t——坯料厚度；

μ——材料泊松比；

m——拉深系数，$m=r_1/r_0$；

r_0——坯料半径；

N_i——皱波个数。

式（7-4-1）可作为板坯凸缘失稳起皱的判据，结合有限元数值仿真，实现薄壁壳体普旋过程中失

稳起皱的仿真分析与预测。

图 7-4-7　普旋构件凸缘起皱

拉深过程中，凸缘起皱与坯料直径、坯料厚度、旋轮圆角半径和进给比等因素有关，见表 7-1-5。选择较小的坯料相对直径、旋轮圆角半径以及较大的坯料相对厚度，有利于抑制凸缘起皱。考虑进给速率和芯模转速，凸缘起皱的成形极限图如图 7-4-8 所示，图中起皱区和安全区大致以直线分开。从图中可以看出，按比例调整进给速度和芯轴转速，使进给比低于其极限值，可以防止凸缘起皱的发生，进给比越小，凸缘起皱的风险越低。图 7-4-9 所示给出了铝合金拉深旋压中进给比对起皱缺陷的影响规律。此外，还可借助于旋轮和挡板对凸缘进行单边或双边约束（见图 7-4-10），以防止成形过程中的凸缘起皱，提高板坯的可成形性。

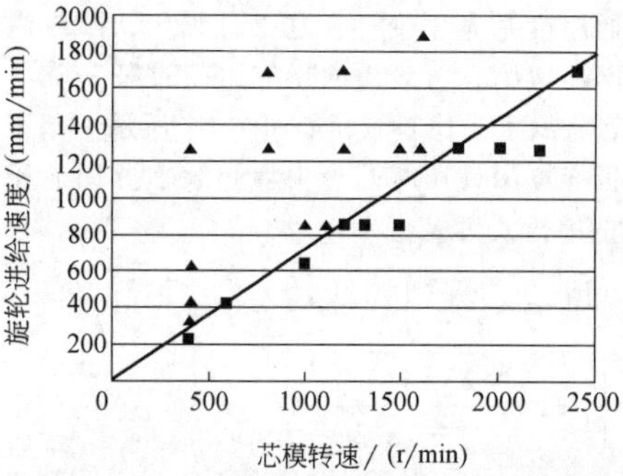

图 7-4-8　考虑凸缘起皱的成形极限图

a) 进给比 f=0.5mm/r

b) 进给比 f=1mm/r

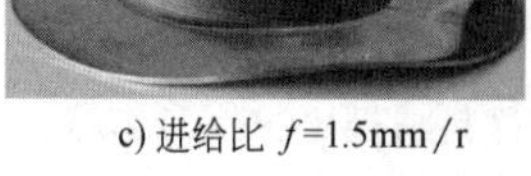

c) 进给比 f=1.5mm/r

图 7-4-9　不同进给比下球形件普旋过程中的凸缘起皱

缩径旋压是另一种普旋工艺，是指将回转体空心件或管状毛坯进行径向的局部旋转压缩，以使其直径缩小的工艺方法。若旋压过程中管壁变形区受

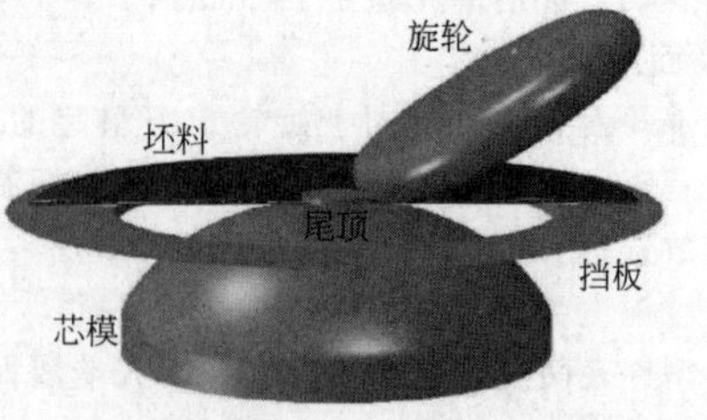

a) 单边凸缘约束工艺

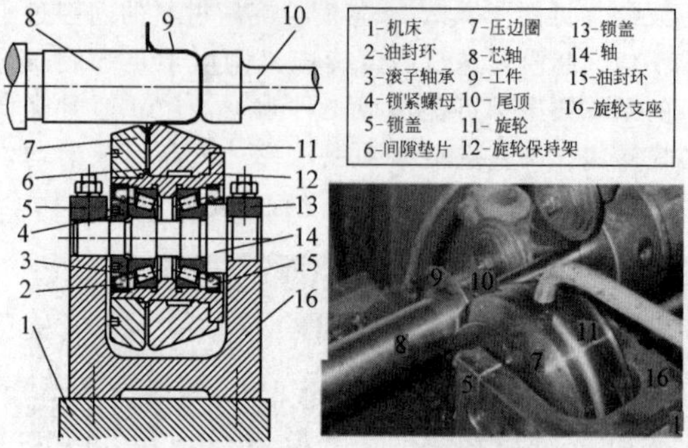

b) 双边凸缘约束工艺

图 7-4-10　旋压工艺中的凸缘约束方法

到的切向压应力过大，则管壁会发生失稳起皱，图 7-4-11 所示为铝合金瓶体热旋收口成形结果。在收口过程中，若瓶壁较薄而温度偏高，则瓶体易发生变形失稳，形成皱波（见图 7-4-11a）；若温度较低而旋轮轨迹控制不当，则口端易失稳卷曲，且随着收口进行，卷曲旋入口心（见图 7-4-11b）。适当增加瓶体壁厚，有效控制变形温度，合理设计旋轮轨迹与道次，均有利于防止瓶体热旋收口失稳起皱（见图 7-4-11 c、d）。

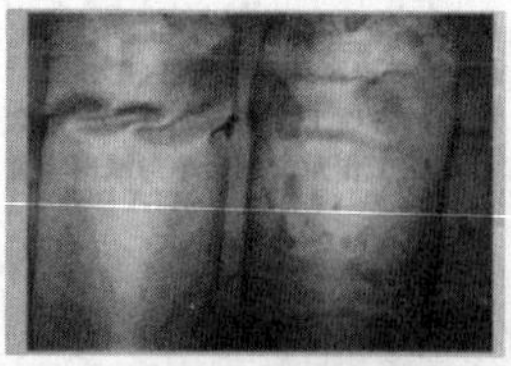

a) 瓶体失稳起皱

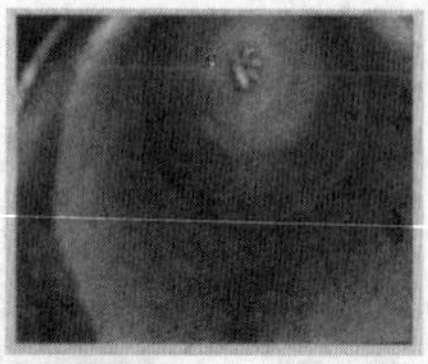

b) 口端失稳卷曲

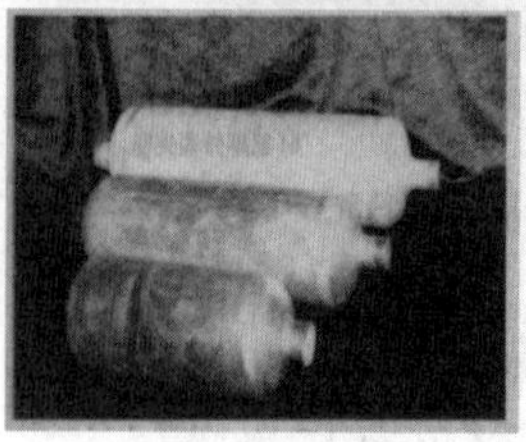

c) 椭球瓶体

d) 半球瓶体

图 7-4-11　铝合金瓶体热旋收口成形结果

2. 强旋起皱

在强旋过程中，坯料形状及其厚度均发生改变

（见图 7-4-12），当进给比较大时，成形过程不稳定，旋压件容易发生失稳起皱。图 7-4-13 给出了不同锥角下进给比对起皱缺陷的影响。图中，*DAB* 以下为旋压成功区，*DAC* 以上为开裂区，*CAB* 以上为起皱区。图 7-4-13 表明，进给比太大会引起凸缘起皱，因此进给比应在 *AB* 线以下选取。

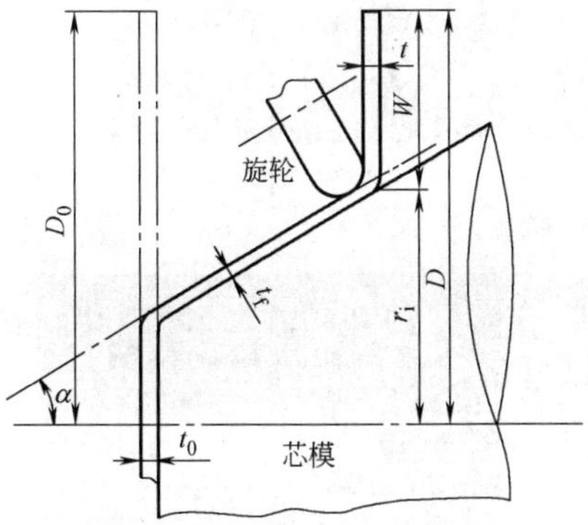

图 7-4-12　锥形件强旋示意图

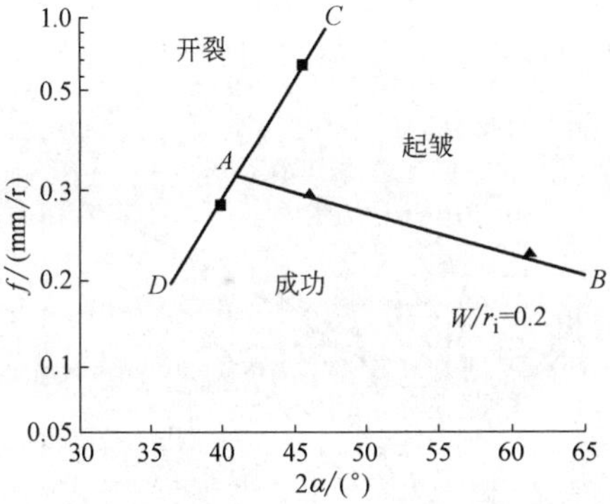

图 7-4-13　不同锥角下进给比对起皱缺陷的影响

已有经验表明，不同金属材料的强旋成形还与坯料厚度有关，采用起皱指数 C 可以大致判别强旋成形是否发生起皱。起皱指数 C 的计算公式为

$$C=\frac{f\cos\alpha}{t_0^2}\ \frac{W}{r_i} \tag{7-4-2}$$

式中　f——进给比（mm/r）；

W——成形中的凸缘宽度（mm）；

r_i——凸缘内边缘的半径（mm）；

t_0——板坯的初始厚度（mm）；

α——锥形件的半锥角（°）。

式（7-4-2）中 C 值越大，材料越不易起皱。图 7-4-14 所示为基于起皱指数 C 确定的不同金属材料强旋起皱的临界条件，图中各直线的斜率即为 C，当成形条件位于斜线上方时，工件发生起皱；而位于下方时，工件不发生起皱。由式（7-4-2）可见，当 $W/r_i\to 0$，采用较大的 t 值，也就是较厚的板坯，有利于避免凸缘起皱。

除了进给比和坯料厚度的影响，已有结果还表明 C 值与材料的加工硬化指数 n 有关，如图 7-4-15 所示。材料的 n 值越小，起皱指数 C 值越大，安全区越大。综上所述，强旋过程中为防止起皱，最好采用小的旋轮进给比、厚的毛坯和 n 值较小的硬质材料。

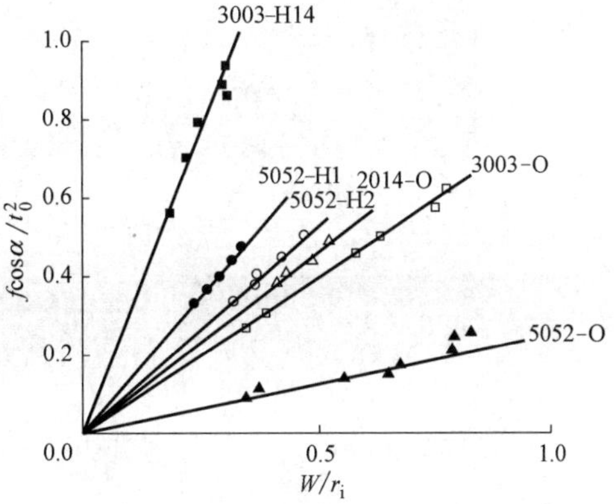

图 7-4-14　不同金属材料强旋起皱临界条件

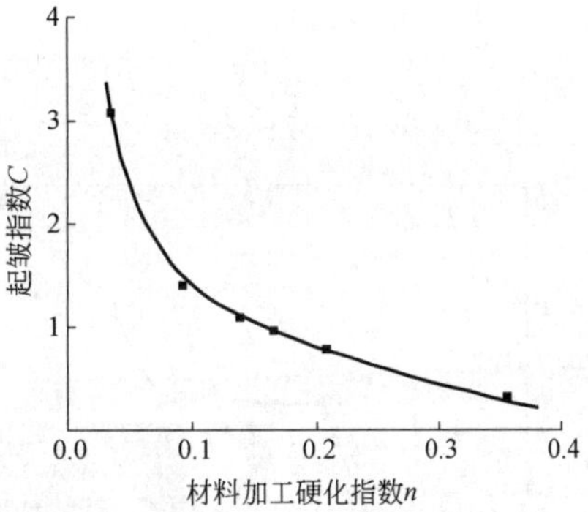

图 7-4-15　起皱系数 C 与材料加工硬化指数 n 的关系

4.1.3　开裂缺陷

1. 主要裂纹形式

旋压件的开裂缺陷主要发生在有明显壁厚减薄的剪切旋压和筒形件流动旋压中。剪切旋压裂纹主要有横向裂纹、纵向裂纹和端部裂口，如图 7-4-16 所示。流动旋压裂纹主要为横向裂纹、纵向裂纹和内表层裂纹，如图 7-4-17 所示。

2. 预测方法

旋压件破裂预测的方法主要有壁厚减薄率法（见图 7-4-18）、成形极限图法（见图 7-4-19）和韧性断裂准则结合有限元仿真的方法（见表 7-4-1）。壁厚减薄率法和成形极限图法是常用的试验方法，有一定的准确性，但二者预测方法基于反复试验，效率较低。随着有限元技术的发展，考虑到其低成本、高效率的特点，韧性断裂准则结合有限元仿真被广泛应用于旋压构件的破裂预测中。针对不同变形特点，选择合适的韧性断裂准则是准确预测的关键，常见韧性断裂准则见表 7-4-1。

a) 横向裂纹　　b) 纵向裂纹　　c) 端部裂口

图 7-4-16　剪切旋压的裂纹形式

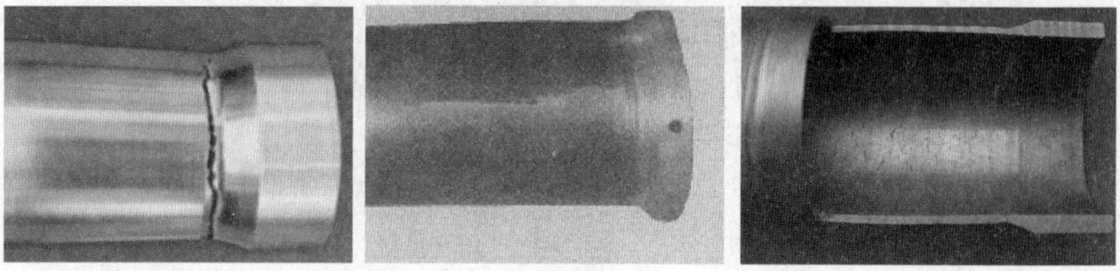

a) 横向裂纹　　b) 纵向裂纹　　c) 内表层裂纹

图 7-4-17　流动旋压的裂纹形式

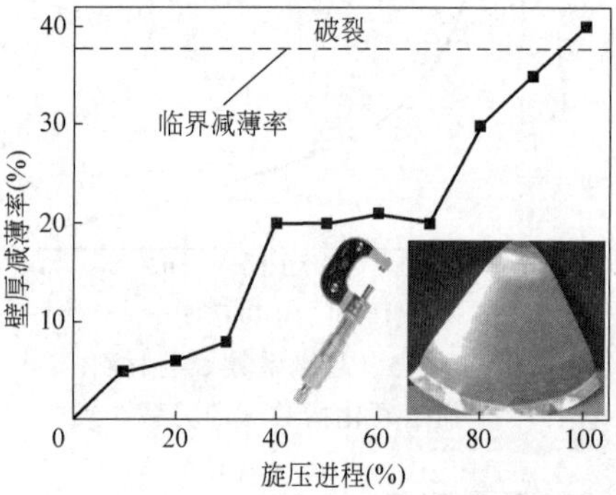

图 7-4-18　壁厚减薄率预测破裂

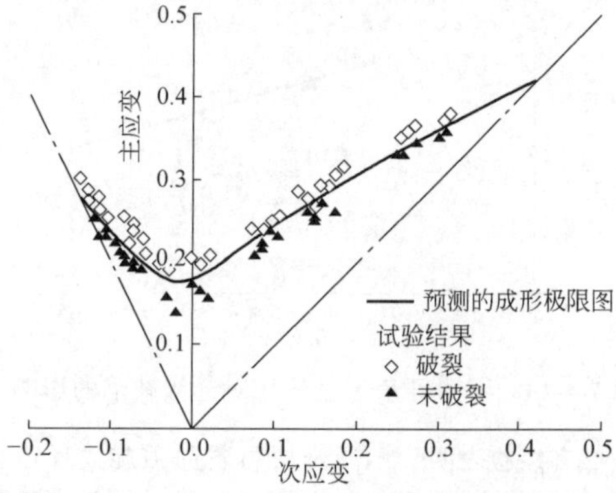

图 7-4-19　成形极限图预测破裂

表 7-4-1　常见韧性断裂准则

Lemaitre 准则	$\Delta D=\dfrac{D_c}{\varepsilon_R-\varepsilon_D}\left[\dfrac{2}{3}(1+\nu)+3(1-2\nu)\left(\dfrac{\sigma_H}{\bar{\sigma}}\right)^2\right](\bar{\varepsilon}^{pl})^{\frac{2}{M}}\Delta\bar{\varepsilon}^{pl}$
GTN 准则	$\phi(\sigma,f^*,\varepsilon_q^m)=\left(\dfrac{q}{R_{eL}}\right)^2+2q_1f^*\cosh\left(-\dfrac{3q_2}{2}\dfrac{p}{R_{eL}}\right)-[1+(q_1f^*)^2]$
C-L 准则	$\int_0^{\bar{\varepsilon}_f}\sigma_1\mathrm{d}\bar{\varepsilon}^p=C_1$
Oh 准则	$\int_0^{\bar{\varepsilon}_f}\dfrac{\sigma_1}{\bar{\sigma}}\mathrm{d}\bar{\varepsilon}^p=C_2$
Clift 准则	$\int_0^{\bar{\varepsilon}_f}\bar{\sigma}\mathrm{d}\bar{\varepsilon}^p=C_3$
Ko-Huh 准则	$\int_0^{\bar{\varepsilon}_f}\dfrac{\sigma_1}{\bar{\sigma}}\left(1+\dfrac{3\sigma_m}{\bar{\sigma}}\right)\mathrm{d}\bar{\varepsilon}=C_4\qquad\langle x\rangle=\begin{cases}x,x\geqslant 0\\0,x<0\end{cases}$
Lou 2012	$\int_0^{\bar{\varepsilon}_f}\left(\dfrac{2\tau_{\max}}{\bar{\sigma}}\right)^{C_{51}}\left(\dfrac{\langle 1+3\eta\rangle}{2}\right)^{C_{52}}\mathrm{d}\bar{\varepsilon}=C_{53}\qquad\langle x\rangle=\begin{cases}x,x\geqslant 0\\0,x<0\end{cases}$

3. 影响因素

影响旋压件损伤破裂的因素众多，主要包括材料初始性能（坯料热处理状态、坯料中的疏松、气孔和夹渣等）、成形设备和模具（芯模和旋轮的表面径向跳动和表面粗糙度）以及工艺参数（旋轮个数、旋压方式、道次减薄率、旋轮偏离率、旋轮进给比、芯模转速等）等，见表 7-2-5。

图 7-4-20 所示为常温下不锈钢 1Cr18Ni9Ti 锥形件强旋工艺参数对壁厚极小值的影响规律。从图中可以看出，在旋压进程结束后，壁厚极小值随旋轮圆角半径 R 的增大而减小；随旋轮安装角 β 的增大变化不大；在摩擦系数较小时（$\mu=0.01\sim0.05$），壁厚极小值随摩擦系数 μ 的增大变化不大，而在摩擦系数较大时（$\mu=0.05\sim0.15$），壁厚极小值随摩擦系数 μ 的增加急剧增加；在进给比较小时，壁厚极小值随进给比 f 的增大而减小，而当进给比较大时，壁厚极小值随进给比 f 的增大变化不大。

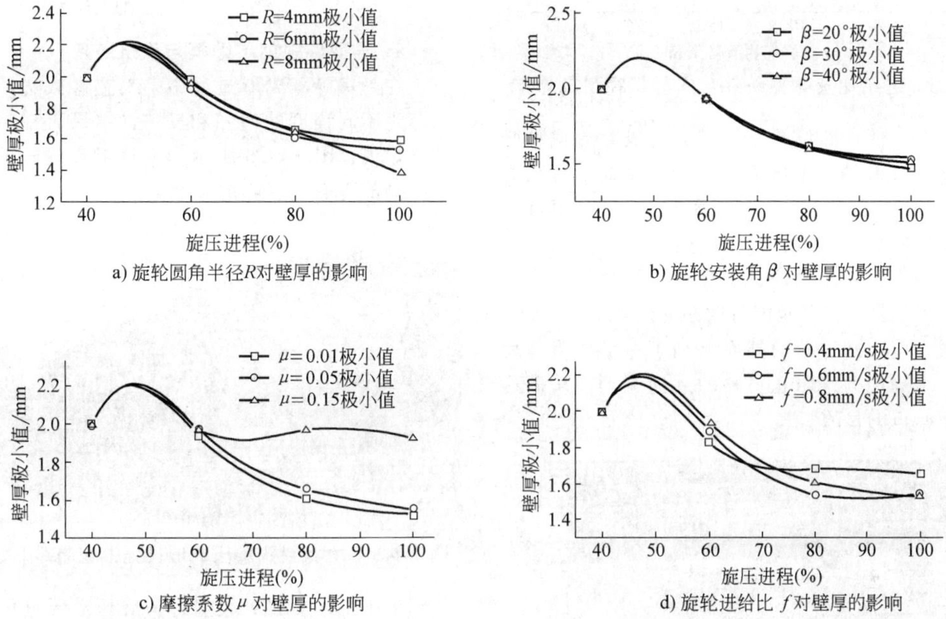

图 7-4-20　旋压工艺参数对壁厚极小值的影响规律

图 7-4-21 所示为高温下（800℃）TA15 钛合金筒形件流动旋压工艺参数对损伤程度的影响规律。由图可知，在相同工艺条件下，板坯加热温度越高，材料越不容易开裂；减薄率越大，越容易开裂；增大旋轮进给比和安装角能有效避免开裂的发生。

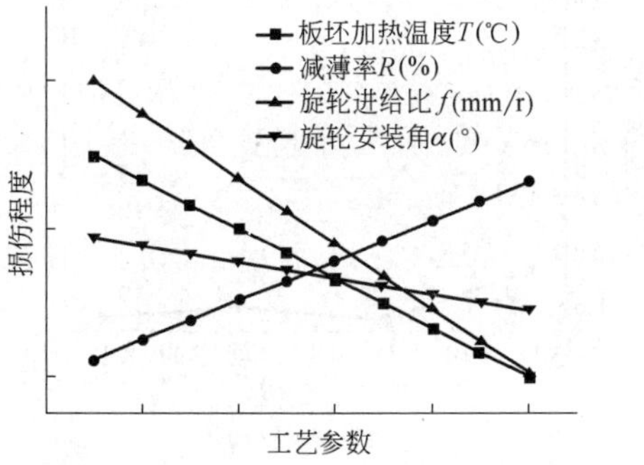

图 7-4-21　高温下（800℃）TA15 钛合金筒形件流动旋压工艺参数对损伤程度的影响规律

4.1.4　不贴模缺陷

1. 筒形件流动旋压中扩径与喇叭口缺陷

筒形件流动旋压依靠贴模控制工件的尺寸精度。扩径是导致变形失稳进而影响产品精度的主要因素，图 7-4-22 所示为钢管旋压成形过程中因工件扩径导致的局部失稳现象。减小进给比及工件与芯模的摩擦有利于减小旋压过程中工件的内径扩径量，如图 7-4-23 所示。

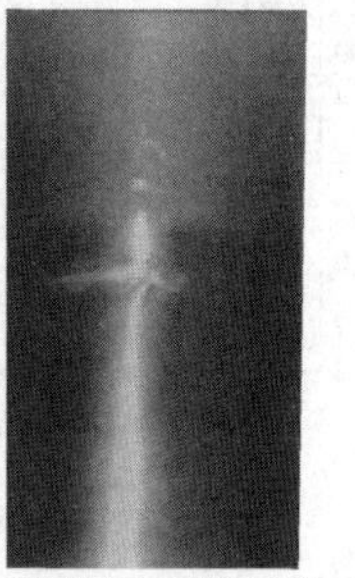

图 7-4-22　钢管旋压成形过程中因工件扩径导致的局部失稳现象

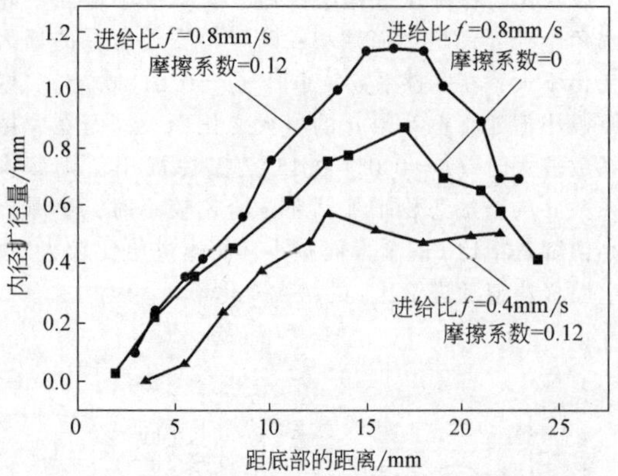

图 7-4-23　进给比及摩擦条件对内径扩径量的影响

扩径在工件口部位置急剧增大，最终形成喇叭口。图 7-4-24 和图 7-4-25 所示为铝合金筒形件强力正、反旋压在口部位置形成的喇叭口。正旋压时，为了防止喇叭口的形成，可在芯模的扩口段加工一个很小的倒锥，除此之外，在旋轮前方增加一个压下环，约束工件的扩径也能有效防止喇叭口的产生。反旋压时，可在卸料套的端面上加工一个角度，使其产生一个周向力来阻止材料的周向流动，从而达到控制喇叭口的目的。

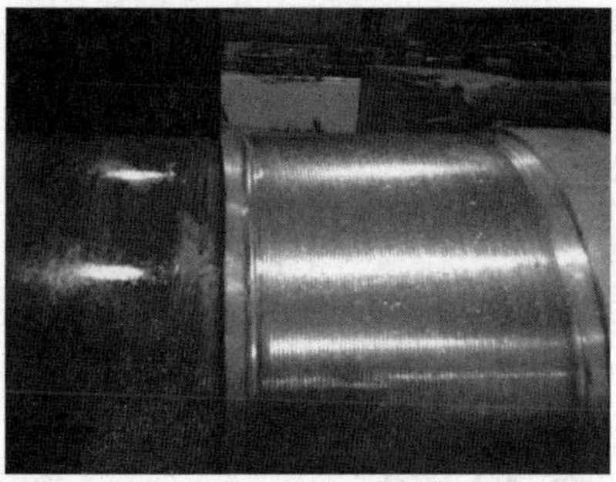

图 7-4-24　铝合金强力正旋压在口部位置形成的喇叭口

图 7-4-25　铝合金强力反旋压在口部位置形成的喇叭口

2. 异型件强旋不贴模与反挤鼓包

在封头旋压成形过程中，工艺参数选择不合理会产生不同程度的回弹和反挤，结果表现为旋压件的不贴模，图 7-4-26 所示为大型封头旋压成形过程中的局部不贴模（隆起）缺陷。

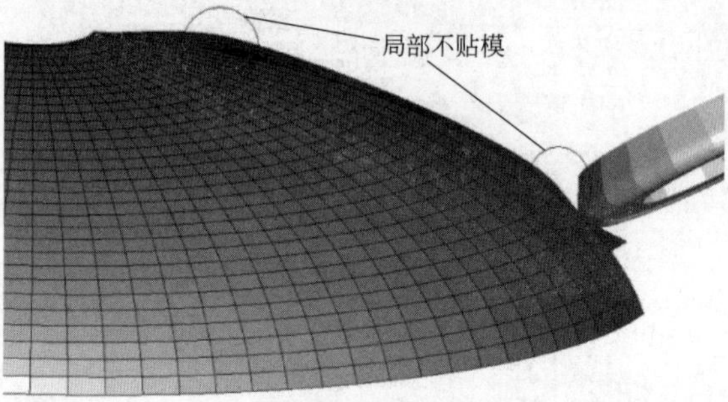

图 7-4-26　大型封头旋压成形过程中的局部不贴模缺陷

旋压工艺参数对大型封头旋压成形过程中的不贴模缺陷有重要影响，以 D406A 大型变壁厚椭圆封头强旋为例，进给比、旋轮安装角、芯模转速、旋轮圆角半径对工件不贴模度的影响规律如图 7-4-27 所示，采用较大的进给比，旋轮安装角，较小的转速，适中的圆角半径有利于减小封头旋压成形过程中的不贴模缺陷。

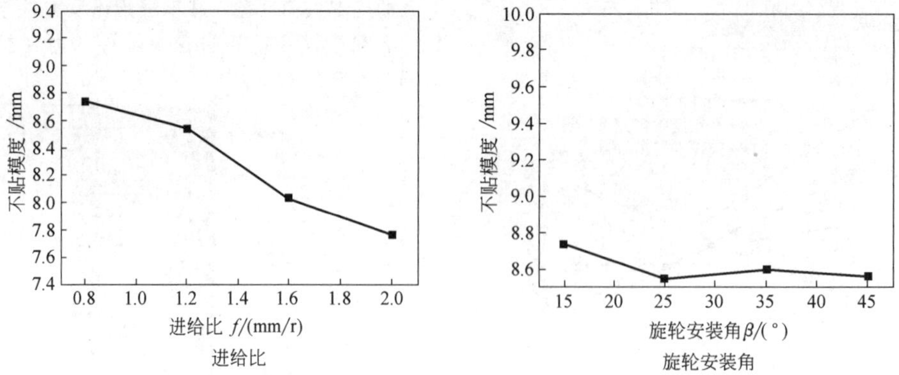

图 7-4-27　旋压工艺参数对封头强旋工件不贴模度的影响规律

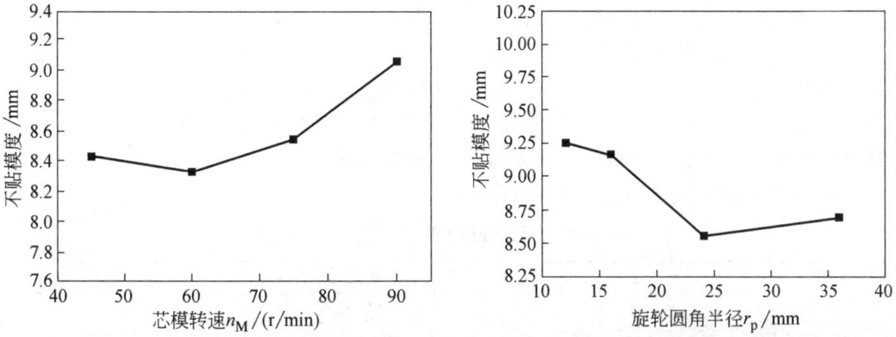

芯模转速　　旋轮圆角半径

图 7-4-27　旋压工艺参数对封头强旋工件不贴模度的影响规律（续）

在异型件旋压成形过程中，当减薄率和进给率过大出现过减薄时，金属向前流动的阻力增加，迫使部分金属向后流动反挤，当反挤力过大时，已成形部位不贴模，出现局部反挤鼓包及整体反挤脱模，如图 7-4-28 所示。

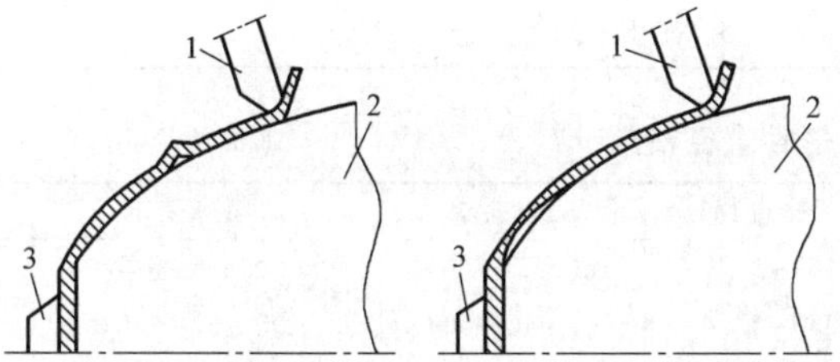

局部反挤鼓包　　整体反挤脱模

图 7-4-28　反挤鼓包与脱模

1—旋轮　2—芯模　3—尾顶

在异型件加热旋压成形过程中，工件变形区温度分布不均匀，容易使工件不同部位变形不均，产生图 7-4-29 所示的鼓包缺陷。合理控制坯料加热方式，给芯模和旋轮一定的预热温度以减小旋压成形过程中模具与工件的热传递，有利于在工件变形区获得较为均匀的温度场，进而避免工件产生鼓包缺陷。

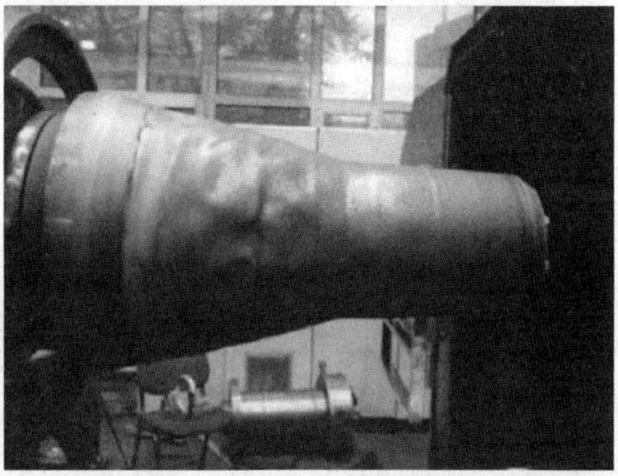

图 7-4-29　钛合金热旋鼓包

4.2　旋压成形精度及控制

4.2.1　形状和尺寸精度

旋压件的形状精度决定着构件后续的加工和装配，主要包括直线度、圆度、圆柱度、面轮廓度、同轴度、垂直度、圆跳动等。普旋和强旋构件对形状精度的要求各有不同，其基本形状精度要求可由表 7-4-2 获得。

表 7-4-2　普旋和强旋构件基本形状精度要求

旋压种类	工件尺寸/mm	圆度/mm	角度公差/(°)	每 1000mm 的直线度误差/mm	径向圆跳动/mm	形状准确度/mm
普旋	直径≥500				±0.4	±0.4
	直径<500				±0.1	±0.1
锥形件强旋	圆板坯	≤0.04	±0.05			
	方板坯	≤0.06				
筒形件强旋	内径≤100;壁厚≤2	≤0.1		≤0.1		
	内径≤250;壁厚≤3	≤0.2		≤0.15		
	内径≤400;壁厚≤0.3	≤0.3		≤0.2		

生产实践和数值模拟表明：毛坯尺寸波动太大和工艺参数选择不当是造成普旋和强旋零件形状精度不符合要求的主要原因。表 7-4-3 列出了普旋和强旋成形过程中优化形状精度的措施。

旋压件的尺寸精度主要包括直径精度和壁厚精度。其中直径精度主要反映筒形件径向尺寸的偏差，常以外径为基准。针对不同直径的筒形件，其直径精度要求可参考表 7-4-4。

壁厚精度则通常包括壁厚偏差和壁厚差两方面。壁厚偏差是壁厚的实际尺寸相对于理论尺寸的差值，其允许的范围用正负偏差的形式表示；壁厚差是指壁厚实际尺寸之间的相对差值，它和理论尺寸无关，其允许的大小用最大差值的形式表示，壁厚差总是小于壁厚公差值的。对于不同材料筒形件的直径和壁厚精度，由于受限于设备与工艺因素的不同，其精度要求差异较大。不同材料筒形件的直径、壁厚精度与形状精度要求见表 7-4-5。

表 7-4-3 旋压过程形状精度优化措施

旋压种类	优化措施
普旋	1. 控制毛坯壁厚差 2. 适中进给比(1mm/r) 3. 较大的旋轮圆角半径(6~10mm)
锥形件强旋	1. 控制毛坯壁厚差 2. 零偏离率 3. 适中的旋轮进给比(0.5mm/r)
筒形件强旋	1. 控制毛坯壁厚差 2. 适当减薄率（25%~35%） 3. 适中进给比(0.6~0.8mm/r) 4. 减小径向错距 5. 采用三旋轮

表 7-4-4 大直径筒形件直径精度 （单位：mm）

产品直径	一般要求	特殊要求	产品直径	一般要求	特殊要求
≤610	±(0.4~0.8)	±(0.025~0.127)	2440~3049	±(3.2~4.0)	±(0.635~0.762)
611~914	±(0.8~1.2)	±(0.127~0.254)	3050~5334	±(4.0~4.8)	±(0.762~1.016)
915~1219	±(1.2~1.6)	±(0.254~0.381)	5335~6604	±(4.8~7.9)	±(1.016~1.270)
1220~1829	±(1.6~2.4)	±(0.381~0.508)	6605~7925	±(7.9~12.7)	±(1.270~1.524)
1830~2439	±(2.4~3.2)	±(0.508~0.635)			

表 7-4-5 旋压筒形件的尺寸精度 （单位：mm）

旋压件	直径		壁厚		长度	圆度	弯曲度	表面粗糙度
	公称	公差	公称	公差				
D6AC 超高强度钢管	560	±0.3	2.3	±0.25	1000	<1.5	1	
30CrMnSi 钢管	356	±0.5	2	±0.15	1000	<1.5	<0.55	
	257	±0.45	4.5	+0.2	1600	<0.3	0.3	
	84.5	+0.53	2.45	-0.2	650		0.12	
14MnNi 钢管	121.3	-0.53	3.5	-0.3	600		0.2	
	120	-0.46	3.2	+0.23	610	0.8	0.8	
	106.6	-0.3	2.5	+0.1	500		0.2	
PCrNiMo 钢管	90.6	+0.25	1.5	-0.25	1250	<0.05	<0.2	
18Ni 弧体超高强度钢管	145	±0.25	0.35	+0.01	1100	0.3		▽6
	100	±0.05	0.52	+0.01	100	0.3		▽6
不锈钢管	120~150	±0.05	0.5	+3	1200			
纯铜筒	800	+2	16	-2	2770	5	2	
LF5 铝筒	524	±0.3	8	+0.2	1490	0.5	0.3	
164 铝合金管	290	±0.25	19	+0.5	1400	0.2	0.3	▽4
LY12 硬铝管	400	+0.38	4	+0.08	1700	0.7	0.5	▽6
	190	±0.1	4		400	<0.15	<0.2	
LC4 超硬铝管	100	±0.05	1	+0.01	400	<0.3		▽5

（续）

旋压件	直径		壁厚		长度	圆度	弯曲度	表面粗糙度
	公称	公差	公称	公差				
LT 铝管	120	±0.15	3	±0.15	1246		<0.5	
	150	±0.15	3	±0.15	1246		<0.5	
	185	±0.15	3	±0.15	1246		<0.5	
	190	±0.15	3	±0.15	1246		<0.5	
	230	±0.15	3	±0.15	1246		<0.5	
H62 黄铜管	200	±0.2	0.7	±0.05	1200	0.3	1	
	190	±0.15	2.5	±0.1	1000	0.8	1	
	180	±0.15	2.5	±0.1	1000	0.8	1	
	128	±0.15	2	±0.1	1000	0.2	0.5	
	104	±0.15	3	±0.05	700	0.2	0.5	
	90	±0.15	2	±0.1	1000	0.8	1	
	70	±0.15	2.5	±0.07	1000	0.5	1	
B30 白铜管	80	±0.05	2.5	±0.1	1000	0.05	1	▽6
钼管	25.4	−0.05	0.18	±0.02	80			
	16	−0.05	0.18	±0.02	80			
钛管	200		0.25		500			
	150		2.5		1000			
	129		2.5		1000			
	95		4		1000			
钨管	12~60		0.3	±0.04				

筒形件旋压直径精度受限于成形中的扩径现象，通过促使工件缩径可提高直径精度。影响筒形件直径精度的因素主要包括芯模偏摆、坯料内径的加工精度与旋压工艺参数，其中主要工艺参数对直径的影响趋势如图 7-4-30 所示。

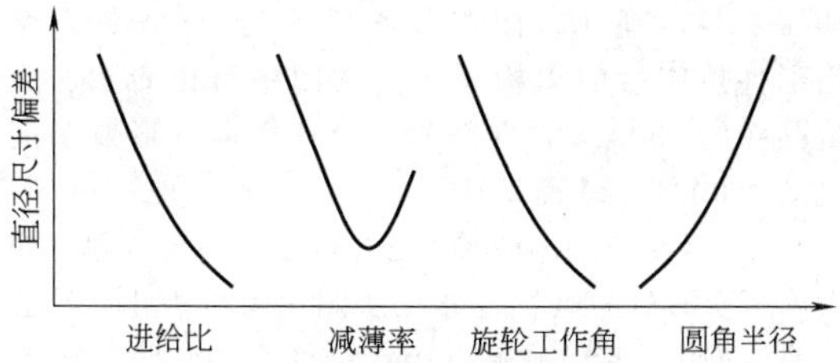

图 7-4-30　主要工艺参数对筒形件旋压直径尺寸偏差的影响趋势

壁厚精度方面，为避免因毛坯壁厚与组织不均匀造成旋压成形不均匀，导致壁厚精度较差的问题，应保证毛坯质量。芯模跳动量的大小同样直接影响旋压件壁厚差的大小。而工艺参数中的减薄率、进给比也对壁厚精度影响较大，其影响规律见图 7-4-31。

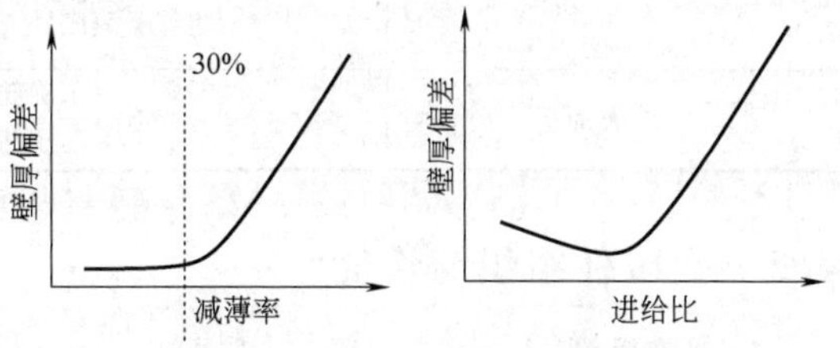

图 7-4-31　减薄率、进给比对壁厚精度的影响规律

4.2.2　表面粗糙度

表面粗糙度用于考察旋压工件表面质量，指加工表面具有的较小间隙和微小峰谷的不平度，常用算数平方偏差（*Ra*）衡量，其以工件选取长度内轮廓偏离基准线绝对值的算数平均值定义。工件表面粗糙度的主要影响因素及所能达到的值见表 7-4-6，其中减薄率与旋压工艺参数对表面粗糙度影响复杂，变化趋势如图 7-4-32 和图 7-4-33 所示。

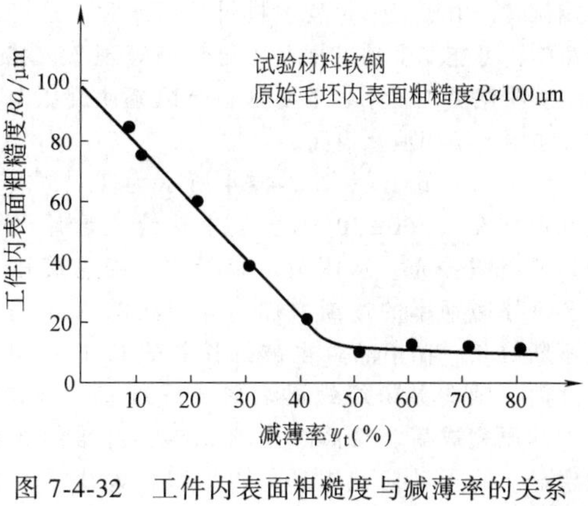

图 7-4-32　工件内表面粗糙度与减薄率的关系

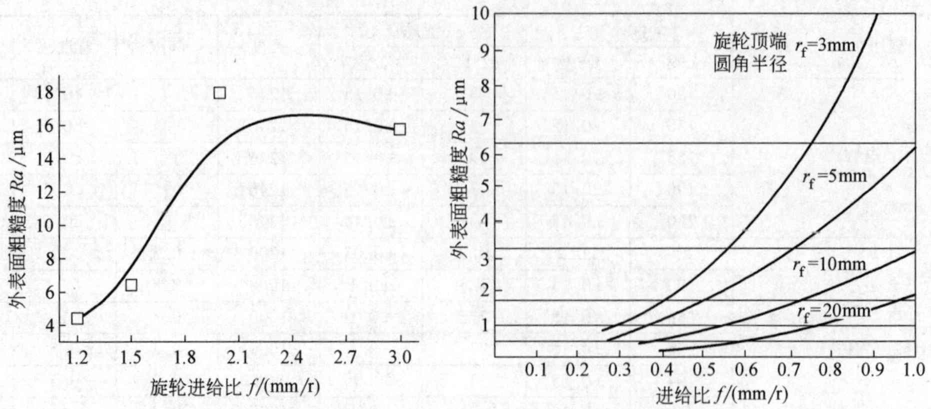

图 7-4-33 外表面粗糙度与进给比 f 和旋轮顶端圆角半径 r 的关系

表 7-4-6 旋压件表面粗糙度影响因素

工件区域	主要影响因素		表面粗糙度 Ra/μm
内表面	毛坯内孔表面状况	光亮冷轧板材	0.8
		热轧无缝钢管	1.6
		冷轧无缝钢管	0.8
		镗孔毛坯	0.8
		磨孔毛坯	0.4
	芯模表面状况		≥芯模表面粗糙度
	减薄率		见图 7-4-32
外表面	旋轮表面状况		≥旋轮表面粗糙度
	旋压工艺参数		见图 7-4-33

4.3 旋压件组织与性能

1. 显微组织

旋压过程中工件的显微组织在旋轮的作用下不断变化，尤其是在强力旋压过程中，材料经历较大的变形，其显微组织演化更加复杂，严重影响工件的使用性能。

在室温强力旋压时，晶粒在旋压力的作用下被压扁拉长，沿旋压方向形成纤维组织。而在加热强力旋压时，由于变形过程中材料受温度和变形的耦合影响，可能发生动态回复、再结晶等现象，其微观组织演化更加复杂。下面分别介绍流动旋压与剪切旋压中的组织演化情况。

（1）流动旋压 图 7-4-34 所示为 TA15 钛合金筒形件在（700±30）℃多道次热旋成形后的轴向显微组织分布。从图中可以看出，随着旋压道次和壁厚减薄率的逐渐增加，等轴状的 α 相晶粒被不断拉长，β 相晶粒也被拉长并分布于 α 相晶粒之间，轴向显微组织逐渐形成纤维状。在第 7 道次旋压完成后，减薄率达到 80%，纤维组织细化明显。除了轴向组织，周向组织也发生了一定的伸长变形，但是相较于轴向组织变化不明显，如图 7-4-35 所示。图 7-4-36 所示为 TA15 钛合金筒形件热旋后的织构分布。从图中可以看出，大量晶粒的<0001>方向转动到 ND 方向，形成了明显的｛0001｝基面织构。

图 7-4-37 所示为 6082 铝合金冷轧筒形件第 5 道次旋压变形后的组织分布。从图中可以看出，冷强旋第五道次之后，减薄率达到 90%，组织明显细化，纤维方向性更强，而且晶粒在旋轮的碾压作用下，不但沿轴向稳定均匀拉长，沿切向也同样均匀拉长。

6082 铝合金原始筒形件中织构组分繁多，主要织构组分的取向密度在取向分布图中均以孤立的取向峰形式存在。在筒形件旋压成形中，旋压各道次试样中的主体织构均为单一板织构。在减薄率为 76%时，筒形件中主体织构仅为一种织构组分｛1 1 4｝<2 2 1>。而当减薄率增加到 90%时，织构组分增多，晶粒发生了新的转动。图 7-4-38 所示为 6082 铝合金筒形件旋压经历最终道次后的三维取向分布图。从图中可以看出，各织构组分分布相对集中，在欧拉空间表现为孤立的点，主体织构类型仍为单一的板织构。

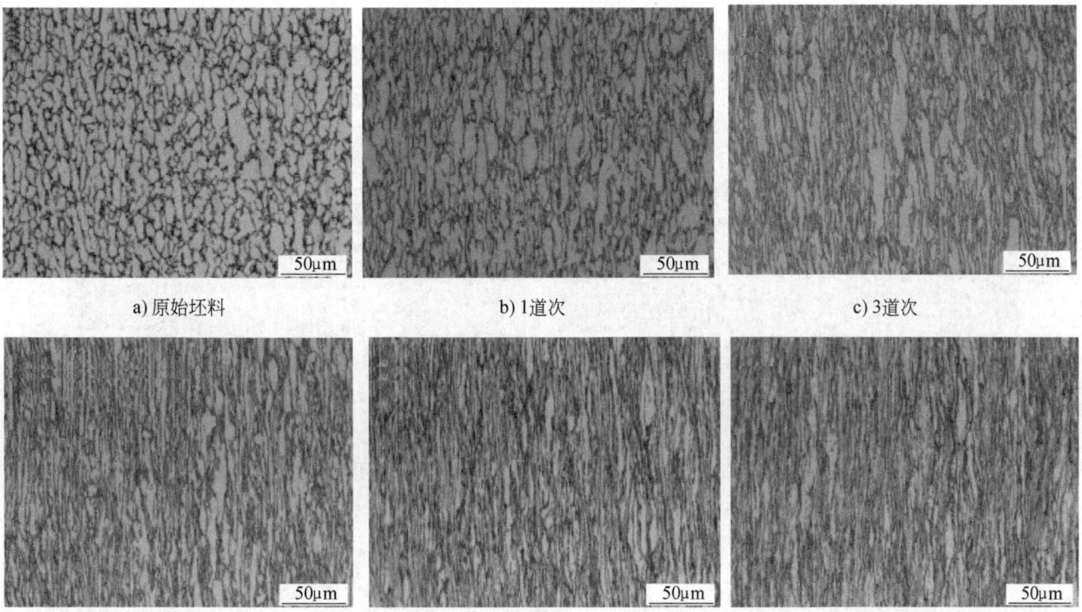

a) 原始坯料　b) 1道次　c) 3道次

d) 5道次　e) 7道次　f) 9道次

图 7-4-34　TA15 钛合金筒形件在（700±30）℃多道次热旋成形后的轴向显微组织分布

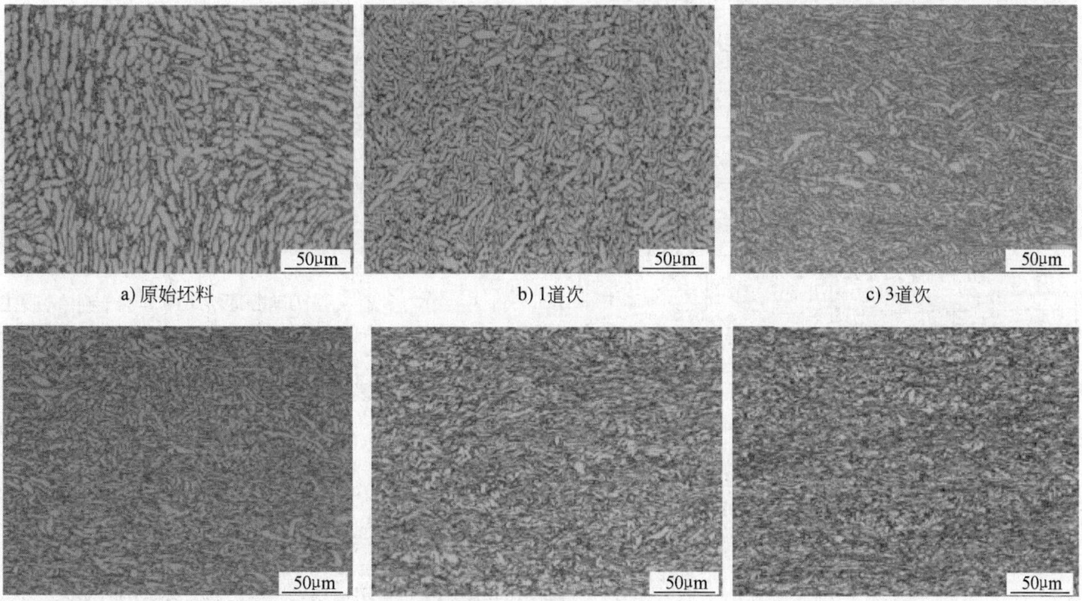

a) 原始坯料　b) 1道次　c) 3道次

d) 5道次　e) 7道次　f) 9道次

图 7-4-35　TA15 钛合金筒形件热旋后的周向显微组织

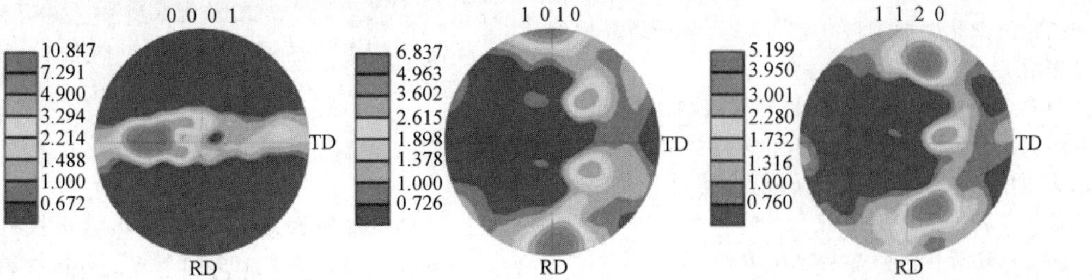

图 7-4-36　TA15 钛合金筒形件热旋压后的织构分布图

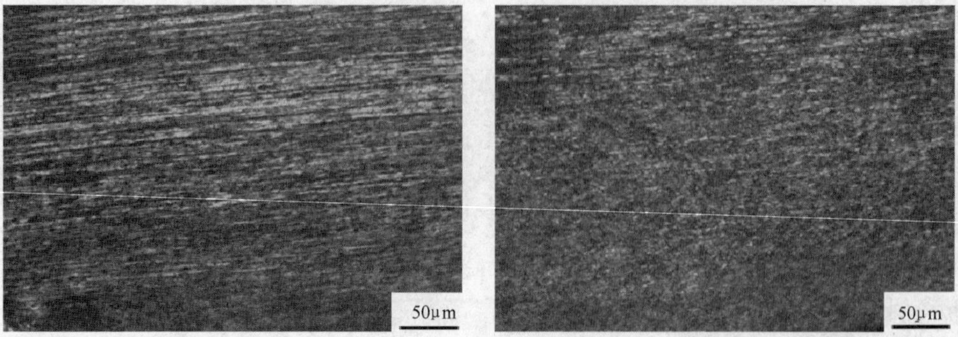

a) 纵截面　　b) 横截面

图 7-4-37　6082 铝合金冷轧筒形件第 5 道次旋压变形后的组织分布

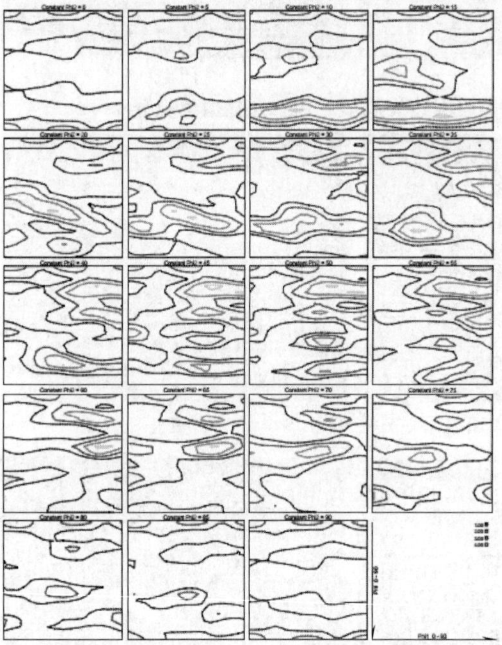

图 7-4-38　6082 铝合金筒形件旋压最终道次三维取向分布图

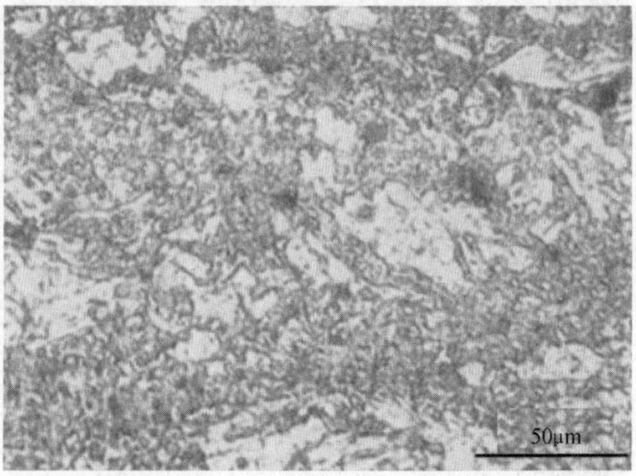

图 7-4-39　多道次强力旋压后 AZ31 镁合金组织形貌

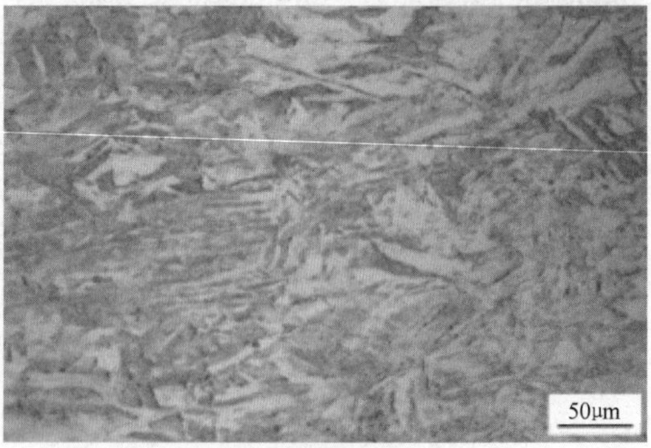

图 7-4-40　T250 马氏体时效钢筒形件旋压后经固溶处理后的组织

图 7-4-39 所示为 AZ31 镁合金筒形件在（350±10)℃温度下强力旋压后的组织形貌。从图中可以看出，镁合金经历筒形件旋压后表现为孪晶数量的增加和晶粒的细化，加工硬化程度和动态再结晶程度均显著增大。

图 7-4-40 所示为 T250 马氏体时效钢筒形件坯料经两道次旋压，再进行 820℃×1h 固溶处理后的组织。从图中可以看出，旋压成形后晶粒明显细化，呈长条状并朝一个方向排列。

（2）剪切旋压　图 7-4-41 所示为 3A21 铝合金板材经历剪切旋压后工件的显微组织，从图中可以看出晶粒在轧制方向上被拉长，而在厚度方向上被压缩。

图 7-4-42 所示为 Ti-22Al-25Nb 合金板材在温度为 1000℃，减薄率为 10%的条件下剪切旋压得到的显微组织。从图中可以看到，大部分的原始晶界在

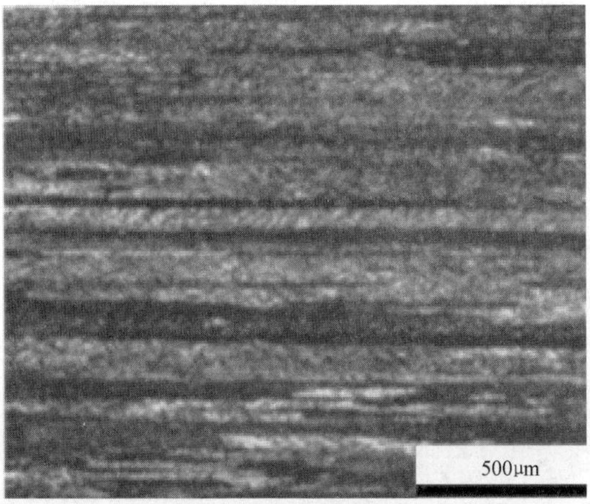

图 7-4-41　3A21 铝合金板材剪切旋压后的显微组织

变形条件下发生了扭曲弯折，在粗大的 B2 晶粒附近生成了等轴状或近等轴状的晶粒，这与旋压过程中的动态再结晶现象有关。

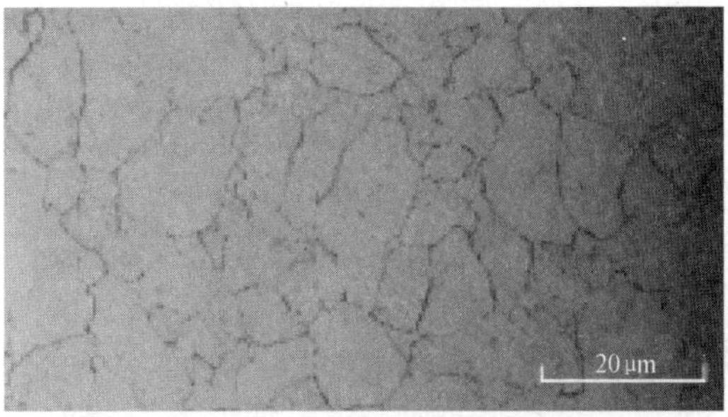

图 7-4-42　Ti-22Al-25Nb 合金板材剪切旋压后的显微组织

图 7-4-43 所示为 TA15 钛合金加热剪切旋压件在偏离率为−29%的显微组织。结果表明，在周向和切向的近外表面纤维组织更加明显，且组织更加细化；从工件的内表面到外表面，显微组织越来越细化，纤维组织从呈扁平状到呈扭曲状。

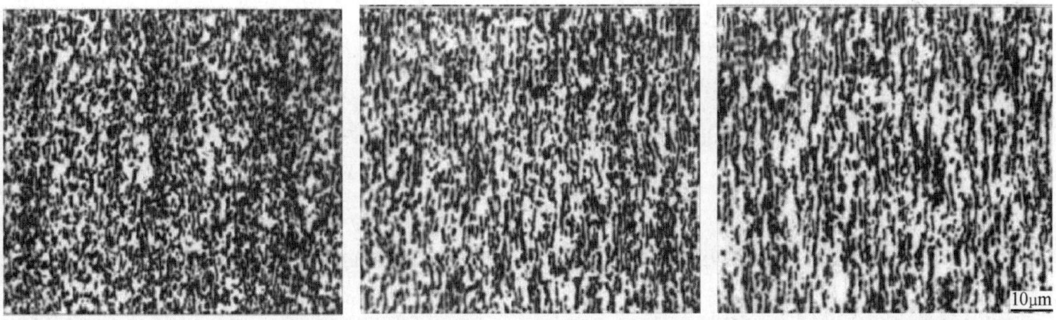

a1) 近外表面　　b1) 中层　　c1) 近内表面和切向组织

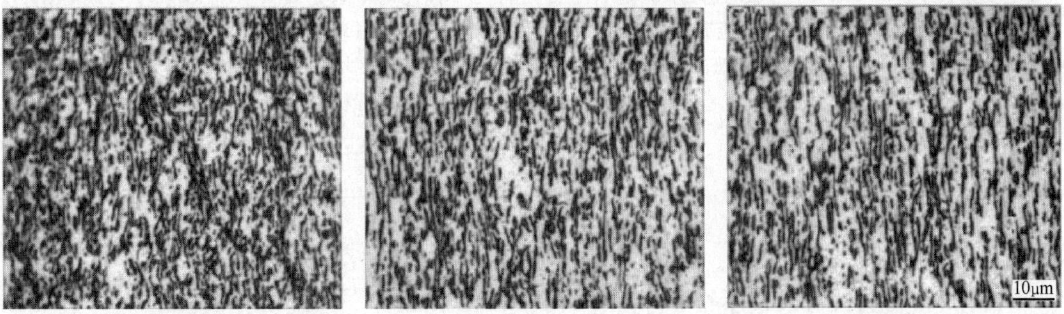

a2) 近外表面　　b2) 中层　　c2) 近内表面

图 7-4-43　TA15 钛合金加热剪切旋压件在偏离率为−29%时的显微组织

2. 力学性能

旋压变形使旋压件内部显微组织和织构发生变化，金属的力学性能也会发生相应的改变。冷旋时由于加工硬化，材料经历旋压变形后的强度、硬度提高，塑性、韧性降低。由于旋压成形时形成较强的组织不均匀性与强烈织构，旋压件的力学性能表现出不均匀性和方向性。而且，旋压件的力学性能对工艺参数具有强烈的依赖性。

（1）流动旋压　图 7-4-44 所示为锡青铜（QSn7-0.2）连杆衬套在流动旋压成形过程中工艺因素对力学性能的影响。从图中可以看出，随着减薄率的增大，筒形件轴向抗拉强度增大，伸长率减小；随着进给比的增大，抗拉强度先增大后减小，伸长率先减小后增大；随着首旋轮减薄量的增大，抗拉强度

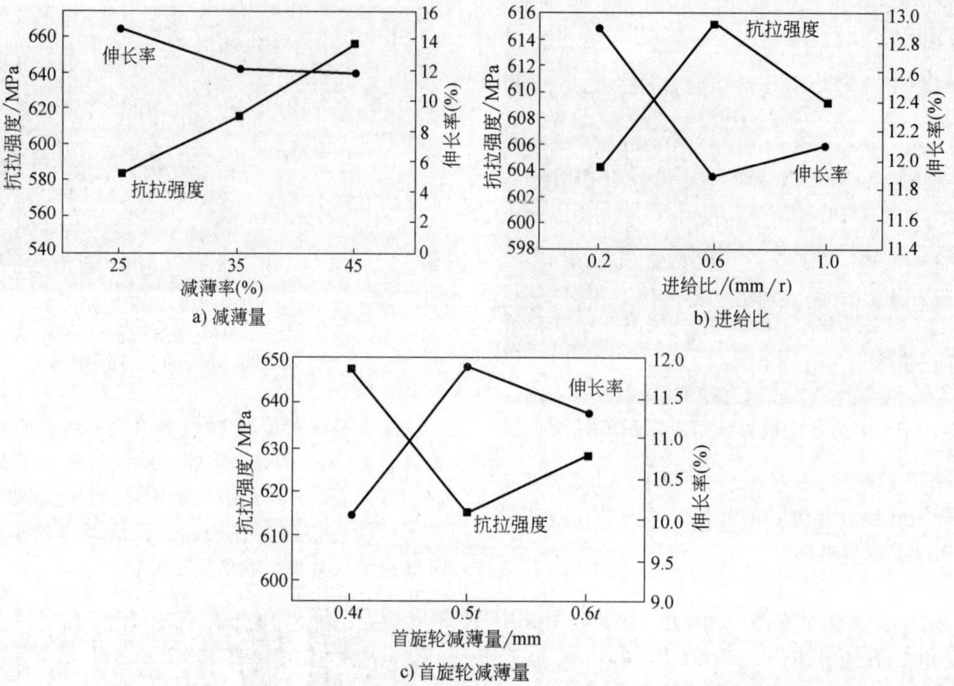

图 7-4-44　流动旋压成形过程中工艺因素对锡青铜连杆衬套力学性能的影响

先减小后增大，伸长率先增大后减小。

图 7-4-45 所示为 Ti-6Al-2Zr-1Mo-1V 筒形件经 5 道次旋压后（旋压温度为 800℃）在不同方向上的力学性能。从图中可以看出，与初始坯料相比，第 5 道次旋压之后的轴向和周向屈服强度分别提升了 19.05%和 12.42%；周向方向的抗压强度和断裂应变明显低于轴向，旋压件的切向和轴向力学性能表现出显著的方向性。

图 7-4-46 所示为多道次流动旋压工艺对 6082 铝合金筒形件抗拉强度和伸长率的影响。从图中可以看出，经过旋压加工后，6082 铝合金筒形件轴向和切向抗拉强度均得到强化，但是伸长率大大降低。

（2）剪切旋压　剪切旋压变形对不同材料旋压件力学性能的影响见表 7-4-7。从表中可以看出，旋压变形对不同材料均有明显的强化效果。材料经剪切旋压后，强度增加了约一倍，但塑性却显著降低。除此之外，材料的疲劳性能也明显提升，见表 7-4-8。

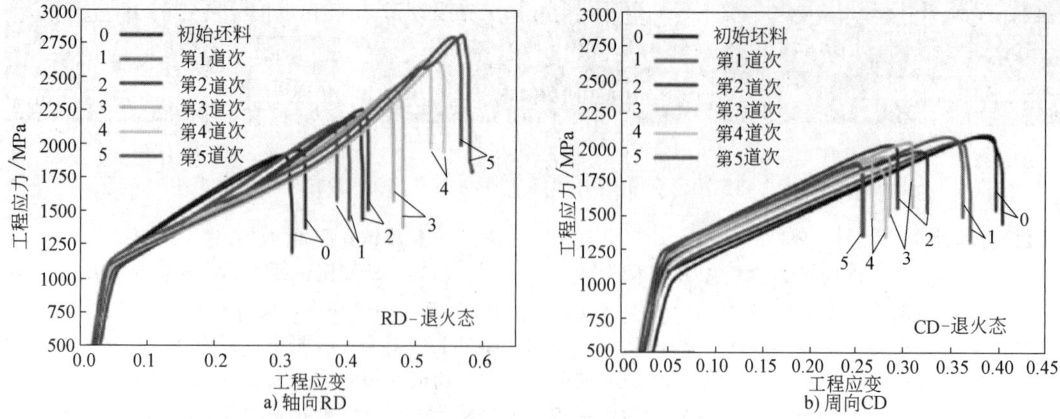

图 7-4-45　Ti-6Al-2Zr-1Mo-1V 筒形件经 5 道次旋压后在不同方向上的力学性能

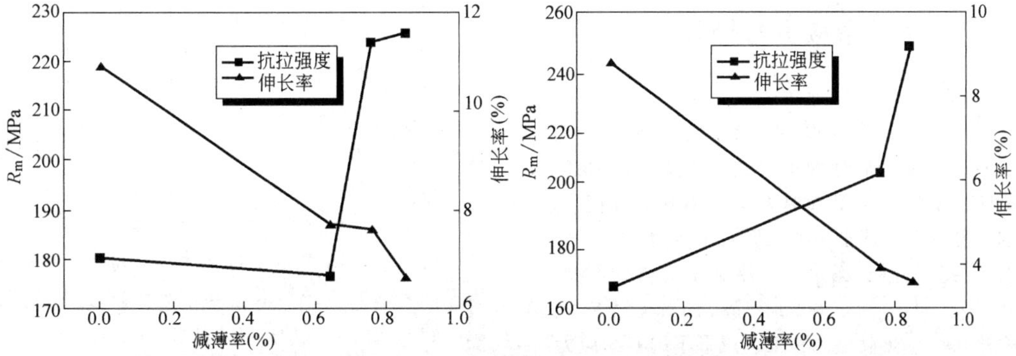

a) 切向　　b) 轴向

图 7-4-46　6082 铝合金筒形件不同方向抗拉强度和伸长率随减薄率的变化规律

表 7-4-7　剪切旋压变形对不同材料旋压件力学性能的影响（$\alpha=21°$，$\psi=64\%$）

材料名称	旋压前		旋压后		R_m 增加	A 降低
	R_m/MPa	A(%)	R_m/MPa	A(%)	(%)	(%)
不锈钢	599.76	65	1185.8	7	97	89
碳钢	327.32	45	656.6	5	≈100	88
铝合金	89.67	45	172.48	9	92	80

表 7-4-8　2A12 旋压前后疲劳性能变化

纤维方向	试件状态	循环次数/次	循环时间/min	应力/MPa
纵向	旋压前	1826~2469	1.75~2.67	23.3
	旋压后	23863~79890	20.42~94.4	27.1
横向	旋压前	305~13579	0.37~12.75	20.0
	旋压后	7550~56908	7.17~61.17	25.6

图 7-4-47 所示为 TA15 钛合金薄壁曲母线构件热旋成形工件和原始坯料不同部位的单向拉伸应力应变曲线对比。从图中可以看出，经剪切旋压之后，工件抗拉强度比旋压前提高了约 100MPa（原始坯料为 616.02MPa，旋压后为 750.51MPa）而伸长率略有下降（原始坯料为 20.14%，旋压后为 19.3%）。

经剪切旋压后，旋压件还会表现出力学性能的不均匀性。在旋压件较厚且减薄率不大时，性能的不均匀性非常明显，见表 7-4-9。从表中可以看出，外层硬度大于内层，毛坯越厚，硬度差值越大；随着减薄率增加，内外层硬度将逐渐变得均匀。

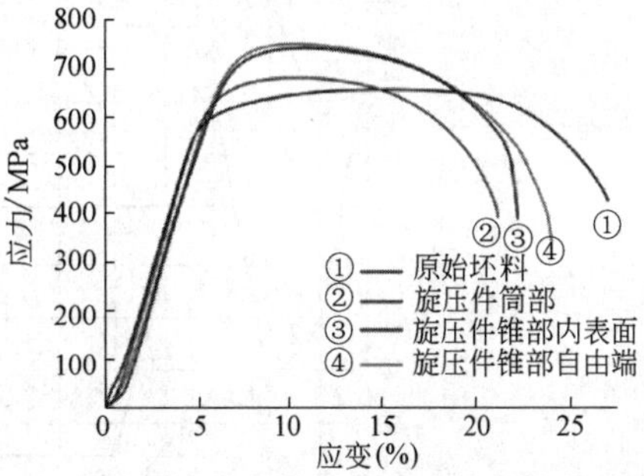

图 7-4-47　TA15 钛合金薄壁曲母线构件热旋成形工件和原始坯料不同部位单向拉伸应力应变曲线

表 7-4-9　2A12 旋压件内外层硬度差

毛坯厚度 t_0/mm	硬度　HB			
	外层	中层	内层	内外层差值
8.0	84.0	82.9	79.3	4.7(5.6%)
20.0	81.0	80.4	70.7	10.3(12.7%)
22.0	75.2	70.2	59.6	15.6(20.7%)
30.0	75.0	68.0	59.0	16.0(21.3%)
平均	78.8	75.3	67.1	11.7(14.8%)

4.4　旋压件残余应力与控制

4.4.1　不同构件残余应力

在强力旋压变形过程中，由于组织性能、旋压温度、各层金属变形量的不一致，以及工件内外摩擦的影响，使旋压件沿壁厚方向产生变形梯度，从而引起工件内外层附加应力，即残余应力。

对于封头构件，无论冷、热旋压均有残余拉应力存在。表 7-4-10 为 ϕ700mm×6mm 的封头经 X 光衍射仪检测在冷、热旋压两种工艺成形下的残余应力。

封头构件在进行旋压成形后，其表层会出现残余压应力，内层出现残余拉应力，构件不同层面和不同方向的残余应力各不相同。采用 16MnR 合金制造的 ϕ1600mm×20mm 旋压封头中心剖面残余应力见表 7-4-11 和图 7-4-48 所示。

而对于筒形构件，在旋压过程中，材料主要是轴向流动，从外表层到内表层存在变形梯度，变形量外大内小，同样存在明显的残余应力。工件外层为径向和切向变形，内层基本为轴向变形，其内外层的残余应力分布如图 7-4-49 所示。

表 7-4-10　X 光衍射仪检测封头残余应力　　（单位：MPa）

测点	1	2	3	4	5	6	7	8
冷旋压表面	-264	-217	-290	-250	-338	-410	-380	-338
剥层 0.5mm	+25	+72	-158	-150	-290	-255	-270	-193
热旋压表面	-338	-250	-338	-245	-231	-313	-264	-328
剥层 0.5mm	-67	-87	-48	+28	+57	-96	-173	-264

表 7-4-11　X 光衍射仪检测封头中心剖面残余应力　　（单位：MPa）

测点	平均值	最大值	最小值
封头内壁切向残余应力	29.0	43.8	9.3
封头内壁周向残余应力	30.0	47.7	14.9
封头外壁切向残余应力	-32.2	-49.3	-13.5
封头外壁周向残余应力	-34.7	-61.0	-13.8

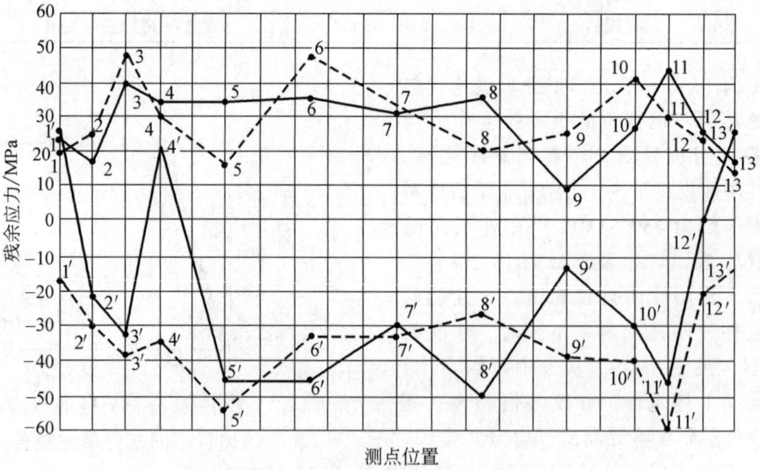

图 7-4-48　各测点封头内壁和外壁残余应力值的分布

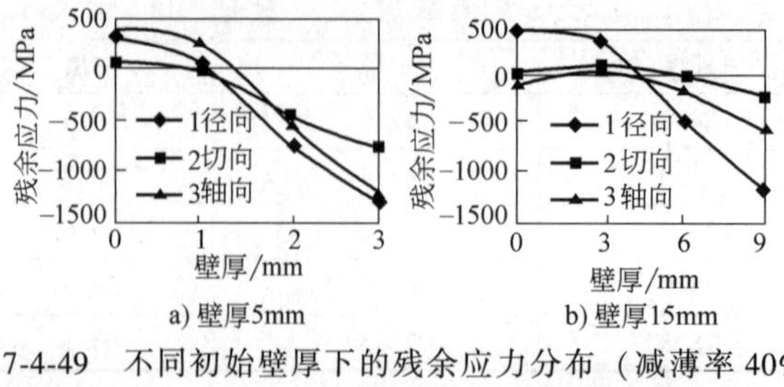

图 7-4-49　不同初始壁厚下的残余应力分布（减薄率 40%）

4.4.2　残余应力控制

影响旋压件残余应力的工艺因素众多，主要包括材料因素（毛坯壁厚）、工艺参数（减薄率、进给比和旋轮工作角）。图 7-4-50 所示为 Hastelloy C276 筒形件成形过程中不同工艺参数对残余应力的影响规律。残余应力随壁厚的增大而增大，随减薄率的增加而减小，随进给比增大而增大，随旋轮工作角的增大而增大。

除了通过调控旋压工艺参数控制残余应力，工件中的残余应力可以在一定温度下经过退火处理而消除。表 7-4-12 所示为部分旋压件消除残余应力的推荐退火温度。

部分旋压构件经过去应力退火后仍存在残余应力，可以通过人工时效继续释放残余应力。表 7-4-13 为 14MnNi 旋压管材人工时效处理后的残余应力。

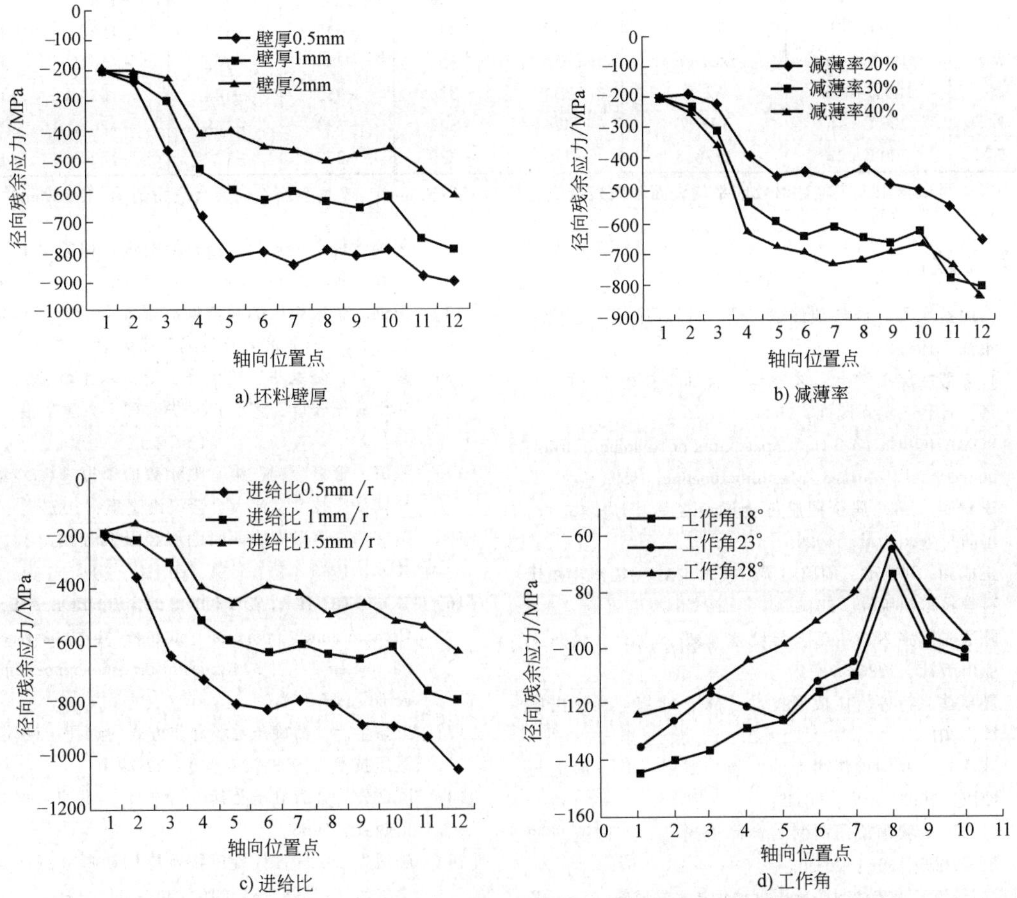

图 7-4-50　Hastelloy C276 筒形件成形过程中不同工艺参数对残余应力的影响规律

表 7-4-12　部分旋压件消除残余应力的推荐退火温度

合金种类	1A85	2219	TC4	40Mn2	HSn70-1AB
退火温度/℃	300/h	360	630/h	390/h	600
工件形状	筒形件	锥形件	筒形件	筒形件	螺旋管

表 7-4-13　14MnNi 旋压管材人工时效处理后的残余应力

试样号	人工控温控时加速应变时效	自然应变时效时间/年（$T_t=20℃$）	表面残余应力值/(N/mm^2)					
			轴向			切向		
			测点 1	测点 2	平均值	测点 1	测点 2	平均值
1	70℃+8h	0.12	-238	-256	-247	-107	-83	-95
1	90℃+8h	0.59	-244	-253	-248.5	-66	-84	-75

（续）

试样号	人工控温控时加速应变时效	自然应变时效时间/年（T_t=20℃）	表面残余应力值/（N/mm^2）					
			轴向			切向		
			测点 1	测点 2	平均值	测点 1	测点 2	平均值
1	110℃+8h	2.4	-252	-256	-254	-81	-84	-82.5
1	130℃+8h	8.5	-310	-310	-310	-125	-107	-116
1	150℃+8h	26.44	-304	-298	-301	-122	-119	-120.5
1	200℃+8h	297.4	-312	-306	-309	-120	-102	-111
2	150℃+2h	6.61	-340	-348	-344	-156	-174	-165
2	150℃+4h	13.2	-348	-342	-345	-132	-156	-144
2	150℃+8h	26.44	-354	-354	-354	-162	-156	-159
2	150℃+16h	52.9	-334	-336	-335	-144	-162	-153
2	200℃+4h	148.7	-324	-342	-333	-168	-186	-177
2	300℃+2h	2578.8	-276	-280	-278	-122	-142	-132

注：1 号试样未人工加速时效前平均表面轴向残余应力值为-281N/mm^2，平均表面切向残余应力值为-158N/mm^2。

参考文献

[1]　桒山益次郎. 迴轉塑性加工學［M］. 东京：近代编集社，1981.

[2]　日本塑性加工学会. ズピニンタ加工技術［M］. 东京：日刊工業新聞社，1984.

[3]　РОМАНОВСКИЙ В П. Справочник по холодной штамповке［M］. Москва：Машиностроение, 1959.

[4]　李继贞. 第八届全国旋压会议论文集［C］. 北京：国防工业出版社，1999.

[5]　王成和，刘克璋，周路. 旋压技术［M］. 福州：福建科学技术出版社，2016.

[6]　陈适先. 强力旋压工艺与设备［M］. 北京：国防工业出版社，1986.

[7]　夏琴香. 特种旋压成形技术［M］. 北京：科学出版社，2017.

[8]　陈适先. 我国旋压事业的发展与展望［J］. 锻造与冲压，2005（10）：20-25.

[9]　赵云豪. 我国旋压材料与产品概述［J］. 锻造与冲压，2005（10）：26-30.

[10]　胡景春. 一步法封头旋压自动化技术的成熟［J］. 锻造与冲压，2005（10）：36-37.

[11]　夏琴香，梁佰祥，杨明辉，等. 成形工艺参数对倾斜类管件正旋时旋压力的影响规律研究［J］. 塑性工程学报，2006，13（1）：47-52.

[12]　王强. 普通旋压的弹塑性有限元分析及变形机理研究［D］. 哈尔滨：哈尔滨工业大学，1990.

[13]　夏琴香，陈家华，梁佰祥，等. 基于数值模拟的无芯模旋压收口工艺［J］. 华南理工大学学报，2006，34（2）：1-7.

[14]　张涛. 管材冷旋三维有限元数值模拟［C］//第 9 届全国旋压技术交流大会会议论文集，2002.

[15]　贾文铎. 筒形件旋薄时的胀径及其控制［J］. 锻压技术，1986（5）：9-14，20.

[16]　КОРЯКИН Н А, ГЛУХОВ В П, КРЫЛОВ А Б, et al. Исследование процесса обжима в обкатывающем инструменте［J］. Кузнечно-штамповочное производство, 1986（3）.

[17]　王振生. 变薄旋压毛坯制作方式的选择与设计［J］. 锻压技术，1999，24（4）：27-29.

[18]　陈适先. 强力旋压及其应用［M］. 北京：国防工业出版社，1966.

[19]　陈适先. 中国古代旋压技术应用初考［J］. 自然科学史研究，1985，4（4）：342-344，391.

[20]　赵云豪，李彦利. 旋压技术与应用［M］. 北京：机械工业出版社，2008.

第8篇　特种冲压工艺

概　　述

特种冲压工艺区别于常规的以及传统的板材成形技术，是一类相对较新且符合绿色制造、可持续发展模式的先进成形技术。特种冲压工艺具有省力、节能、精密、可提高成形可控性、绿色环保等优势。特种冲压工艺最大的优势就是对产品变化有很强的适应性，柔性化程度高，可高效、低耗地满足多种产品的成形需求，主要体现在单模、无模成形技术上，如高能率成形、渐进/增量成形、喷丸成形等。

特种冲压工艺的特点概括为以下三点：①特殊的成形机理，如变形速率、尺度效应等的影响。②特殊的成形方式，如局部增量加载等。③特殊的施力方式，如电磁场、高能场、复合成形等。

综上，实用与创新相结合，本篇主要分为 6 章进行论述。

第1章

高能率成形

哈尔滨工业大学　于海平　李春峰　郭斌

1.1　概述

高能率成形（High Energy Rate Forming）也称高速成形（High Speed Forming），是一种在极短时间内（微秒级）将高能量释放使金属变形的加工方法。

1.1.1　高能率成形分类

高能率成形主要包括电磁成形、电液/电爆成形、爆炸成形和高压气动成形。一般情况下，“高能率成形”主要指前三种形式。电磁成形、电液成形及电爆成形设备原理相同，只是放电介质不同，因此也统称为放电成形。表 8-1-1 为三种高能率成形方法的特性对比。

表 8-1-1　高能率成形方法的特性对比

方法	最高成形速度/(m/s)	成形时间/s	压力/MPa	功率/kW
电磁成形	≥300	10^{-5}~10^{-4}	300~500	10^4~10^5
电液成形	≥300	10^{-6}~(5×10^{-4})	10^3	10^4
爆炸成形	≥300	10^{-6}~(5×10^{-4})	6×10^3	10^5

1.1.2　高能率成形特点

高能率成形的主要特征：

（1）工件变形功率高　在微秒级时间内完成能量释放和塑性变形。

（2）工件变形速度快　主要靠获得的动能在惯性力作用下成形。

与常规成形方法相比，高能率成形具有以下特点：

（1）模具简单　单模或无模成形，节省模具材料，降低生产成本。

（2）零件精度高/表面质量好　零件高速冲击贴模，二者之间产生很大的冲击力，有利于提高零件贴模性且可有效地减小弹复。

（3）材料塑性变形能力提高　适用于低塑性、难变形金属材料的成形。

（4）简化工序　用常规成形方法需多道工序才能加工的零件，采用高能率成形方法可在一道工序中完成，有效缩短生产周期。

1.1.3　高能率成形应用

1. 板材与管材成形

如拉深、胀形、校形、压印、翻边、冲裁等。尤其适用于管类零件的缩口、胀形、翻边及异型管成形等。

2. 连接及装配

常用于管-管、管-杆、管-板等结构连接。可用于金属与金属，金属与玻璃、陶瓷、橡胶等非金属材料的连接。

3. 异种金属复合

高能率成形，尤其是爆炸成形可使两种金属间形成牢固的机械或冶金连接。用以制造多层金属板或金属管，如在碳钢上覆以不锈钢、铝、钛、铜及其合金的表层。

此外，高能率成形还可用于粉末压实、振动剥离、表面强化、铆接等。

1.2　电磁成形

电磁成形也称磁脉冲成形，是利用作用于金属毛坯的脉冲磁场力使其变形的一种成形方法。

1.2.1　电磁成形原理

电磁成形装置原理示意图如图 8-1-1 所示。普通市电通过升压变压器升压，经整流元件整流变为高压脉动直流电，再经限流电阻对脉冲电容器组进行充电，当到达设定电压时停止充电。需要放电时，接通高压开关，脉冲电容器对成形线圈放电，线圈上流过瞬时强脉冲电流。根据电磁感应原理，在与线圈临近的金属导体中将产生感生涡流。涡流的感应磁场与线圈电流磁场相互作用，在线圈与导体间隙内叠加增强。建立高能强脉冲磁场，磁场与导体涡流的相互作用产生作用于金属坯料的脉冲磁场力使其产生塑性变形。工件变形速度可达每秒几十米至上百米。

电磁成形线圈主要有螺线管线圈和平板线圈。根据螺线管线圈与管坯的位置关系，可实现管坯的胀形和缩径。将螺线管线圈置于管坯内部，管坯的

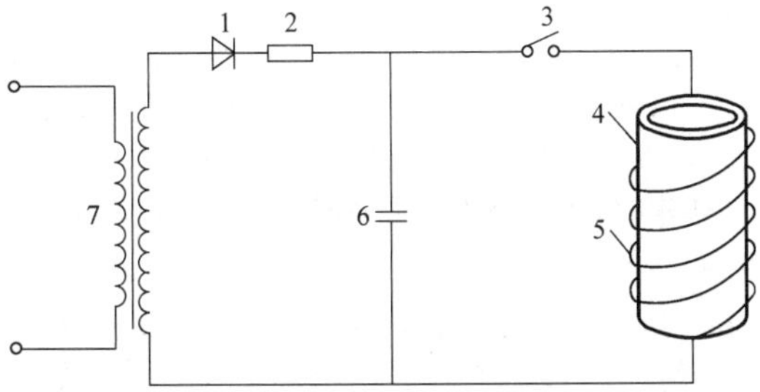

图 8-1-1　电磁成形装置原理示意图

1—整流元件　2—限流电阻　3—高压开关　4—金属坯料　5—成形线圈　6—脉冲电容器组　7—升压变压器

内表面将受到强大的脉冲电磁力，当管坯受力达到材料屈服强度时，将使管坯产生胀形，其原理如图 8-1-2 所示。若将螺线管线圈置于管坯外部，则管坯外表面将受到电磁力，使其产生缩径，其原理如图 8-1-3 所示。电磁成形中板坯的变形一般采取平板线圈，其原理如图 8-1-4 所示。

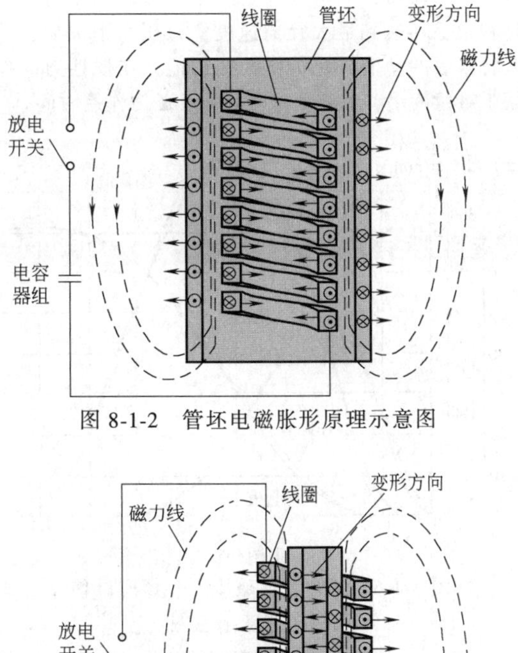

图 8-1-2　管坯电磁胀形原理示意图

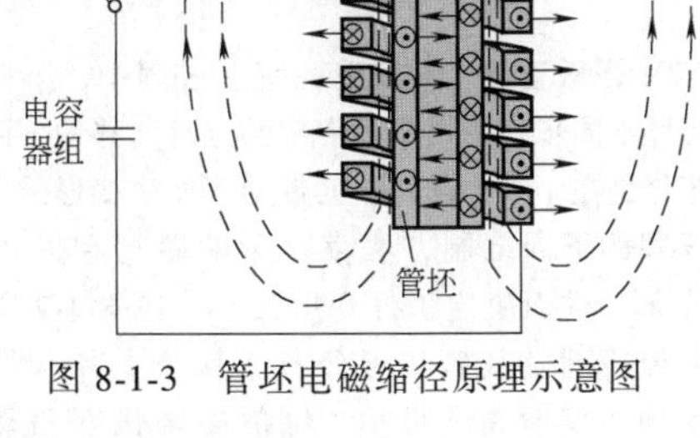

图 8-1-3　管坯电磁缩径原理示意图

上述电磁成形原理都是产生排斥力，使工件朝背离线圈的方向变形。在电磁成形中，通过控制放

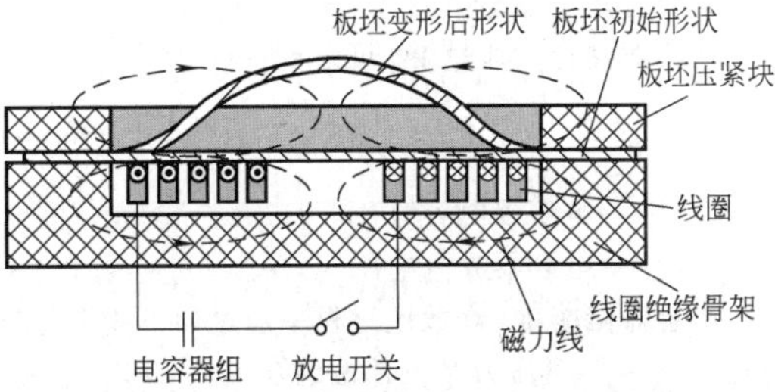

图 8-1-4　板坯电磁成形原理示意图

电电流，也可产生吸引力，使工件产生朝向线圈的变形。

除了兼具高能率成形的通用特点外，电磁成形还具有如下特点：电磁成形装置是一种高压大电流发生器，放电能量可准确控制、加工过程易于实现自动控制；可穿过涂层或非金属壳体进行“隔空”施力加工；受力面无机械接触，无须润滑和密封。

1.2.2　电磁成形工艺基础

1. 磁压力与放电能量

磁压力与放电能量是电磁成形中最重要的参数，直接关系到工艺过程计算及零件质量控制。电磁成形中用于金属毛坯的磁场力是体积力（N/m^3），难以用于理论分析和工艺设计。通常把作用于金属毛坯的体积磁场力转换为等效磁压力（MPa）。

在不考虑工件变形情况下，螺线管线圈对非铁磁性材料胀形时，作用于管坯内表面的等效磁压力 P（Pa）为

$$P=\frac{\mu_0}{2}\left(\frac{r_0}{r}\right)^4\left(\frac{i}{p}\right)^2 \tag{8-1-1}$$

式中　r_0——加工线圈外半径（m）；

r——管坯内半径（m）；

i——放电电流（A）；

p——线圈匝间距（m）；

μ_0——磁导率（$H \cdot m^{-1}$）。

在管坯胀形中，要求的等效磁压力决定于工件的切向力 P_c，可由下式表示为

$$P_c=\frac{R_{eL}}{D}2t \tag{8-1-2}$$

式中　R_{eL}——材料屈服强度（Pa）；

D——零件外径（m）；

t——零件壁厚（m）。

考虑到高能率成形中，材料由高应变速率等因素引起的屈服强度提高，所需的等效磁压力 P 应乘上一个系数，即

$$P=NP_c \tag{8-1-3}$$

式中　N——系数，可取 3~10。

上式可用于估算管坯胀形的等效磁压力，也可

用于估算管坯电磁缩径的等效磁压力。

电容器储存的能量 W_0 可由下式计算

$$W_0=\frac{1}{2}CU^2 \tag{8-1-4}$$

式中　C——电容器电容（F）；

U——电容器放电电压（V）。

电容器储能 W_0 在放电过程中通过如下 4 个部分消耗：W_1——磁压力对工件做的功（J）；W_2——磁场渗入工件所消耗的功（J）；W_3——放电线圈的电阻热损耗（J）；W_4——磁场剩余能量（J），最后也转化为热。

以上 4 项中，仅 W_1 为有用功，成形效率为

$$\eta=\frac{W_1}{W_0}\times100\% \tag{8-1-5}$$

为减小 W_2、W_3、W_4，提高效率，就必须合理选择放电电感 L 及电容 C 的值，选用电阻率小的材料来缠制线圈，同时也可加大导线截面和减小长度。磁脉冲加工过程的效率见表 8-1-2。

表 8-1-2　常见磁脉冲加工过程的效率

编号	工序	效率系数
1	管坯自由胀形	0.16~0.20
2	接头成形	0.10~0.16
3	加强肋成形	0.07~0.10
4	管坯分离工序	0.02~0.04
5	平板毛坯冲孔	0.015~0.04
6	弯边	0.02~0.05
7	平板毛坯成形	0.03~0.06

2. 放电频率

忽略电阻因素，振荡电流的频率 f 为

$$f=\frac{1}{2\pi\sqrt{LC}} \tag{8-1-6}$$

即减小电感 L、电容 C 或二者乘积的值，都将提高放电频率。

对于冲裁、校形及连接工艺，应选用较高的放电频率。而对变形量较大的胀形、缩口及其他成形工艺，宜选用较低的放电频率。根据放电频率不同，电磁成形设备可分为三类，低频设备（$f=5\sim20$kHz）、中频设备（$f=20\sim50$kHz）和高频设备（$f=50\sim200$kHz）。在实际生产中，应根据不同工艺选用不同频率的设备。

放电频率可以通过测量放电电流信号求得。电磁成形放电回路的放电电流属于冲击大电流。目前，主要采用分流器或罗果夫斯基（Rogowski）线圈测量，经高频示波器记录。通过放电电流测量信号分析，可得放电电流周期、幅值等信息。

3. 基本变形规律

（1）圆管毛坯　圆管胀形时，径向磁场力沿毛坯母线分布不均匀，同时切向变形的均匀性与管坯长度有直接关系。加工线圈长度较小时，应变分布不均匀；加工线圈长度较大时，应变分布则比较均匀。图 8-1-5 所示为圆管毛坯自由胀形时的应变分布情况，切向应变 ε_θ（曲线 3）和径向应变 ε_r（曲线 2）在数值上近似相等，而轴向应变 ε_z（曲线 1）相比之下较小。

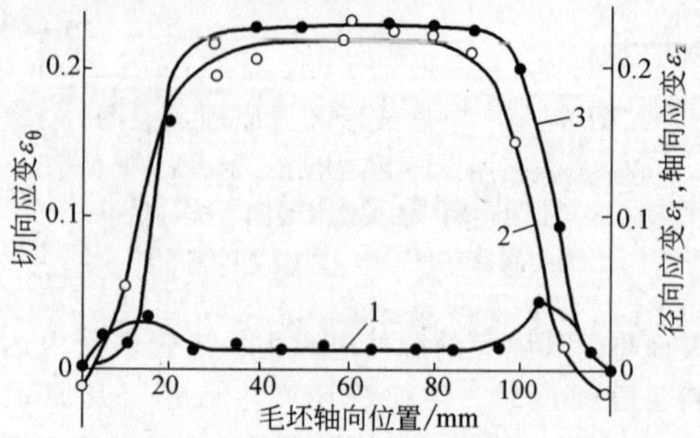

图 8-1-5　圆管毛坯自由胀形应变分布

圆管胀形时，磁压力 p、管坯径向位移 r 及径向速度 v 随时间变化的曲线如图 8-1-6 所示。当磁压力接近最大值时，毛坯才开始发生变形，磁压力下降过程中毛坯达到最大径向速度，磁压力消失后，毛坯将吸收的动能转化为塑性变形能，在惯性力的作用下继续变形，毛坯变形时间长于磁力作用时间。

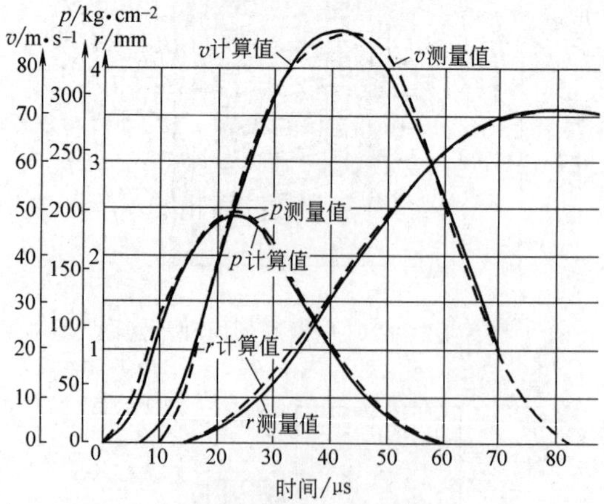

图 8-1-6　圆管胀形磁压力、径向位移和径向速度示意图

（U=5.65 kV　C=180 μF）

（2）平板毛坯　平板毛坯变形过程中，不同点的轴向变形不同步。毛坯半径中部的点首先移动，而毛坯中心部分是在半径中部材料的带动下发生变形的。

线圈的不同绕制方法直接影响磁场和磁压力的空间分布，进而决定工件变形大小，图 8-1-7 所示为四种平板线圈及其磁场力分布。其共同特点是中心部分磁场和变形高度最小，峰值磁场强度和最大变形高度位置有所变化，图 8-1-7d 有两个峰值。图 8-1-8 所示为四种线圈成形零件的最终轮廓，线圈

(d) 更接近于锥形，线圈（a）的成形高度最大，成形效率最高，线圈（c）的成形效率最差，未能成形为锥形。

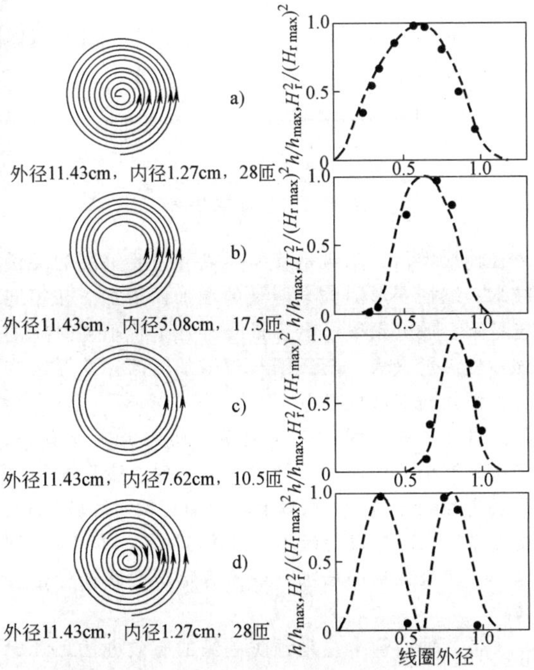

图 8-1-7　四种平板线圈及其磁场力分布

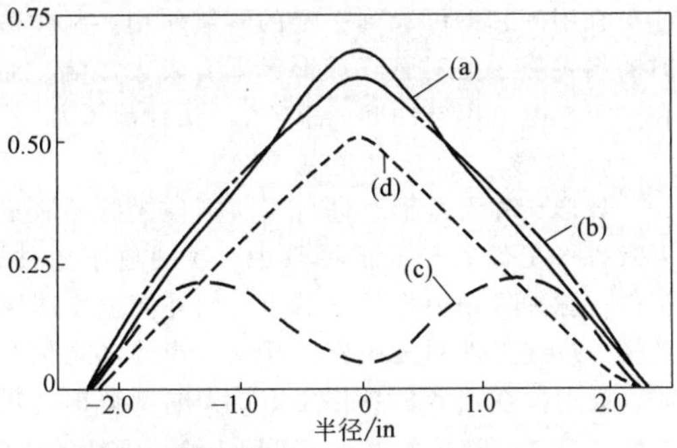

图 8-1-8　四种线圈成形零件最终轮廓

1.2.3　电磁成形典型工艺

1. 连接

磁脉冲连接分为机械连接与冶金连接。机械连接接头强度是由接触面间的摩擦力及筋槽间的机械镶嵌力实现。冶金连接则靠两金属界面原子间的结合力实现连接。两金属间足够的碰撞速度及与碰撞速度匹配的撞击角度是实现冶金连接的必要条件。对于异种金属管连接，如铝合金-钢管、铜-钢管等，当碰撞速度约 300m/s、撞击角度为 3°~15°时，可获得冶金接头。对于异种金属板连接，当碰撞速度大于 200m/s、撞击角度为 5°~25°时，可获得冶金接头。

（1）管-管连接　管-管连接时，有内缩式（见图 8-1-9）及外胀式（见图 8-1-10）两种方式。对较薄内管进行内缩式连接，须内置刚性支撑棒提高结构刚度；优先考虑外胀式连接。在设计支撑时，应充分考虑芯棒的抽出及其对零件连接质量的影响。

当连接管径较小时，因线圈尺寸受到限制而无法使用外胀式，此时只能采用内缩式结构。

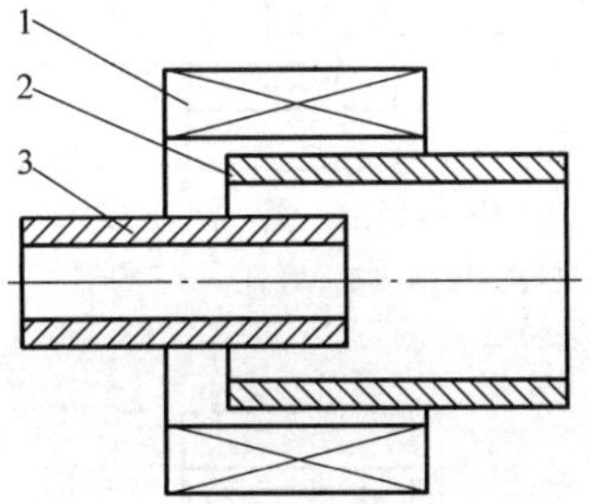

图 8-1-9　内缩式管-管连接
1—线圈　2—外管　3—内管

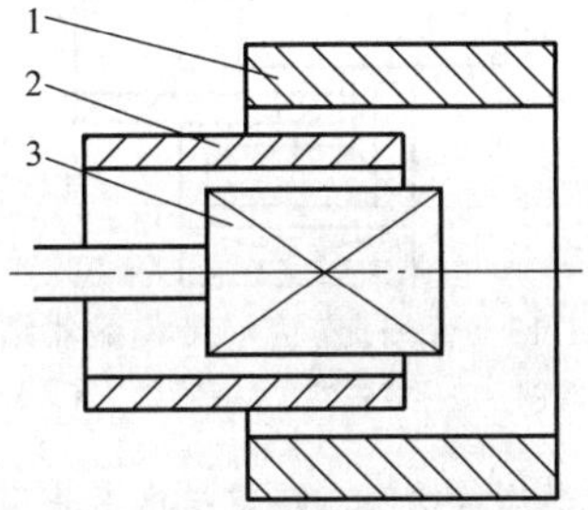

图 8-1-10　外胀式管-管连接
1—外管　2—内管　3—线圈管

（2）管-板连接　管-板连接时，其连接方式取决于连接件结构，当管件与板内孔连接时，只能采用外胀式，如图 8-1-11a 所示。当管件与板外缘连接时，则只能采用如图 8-1-11b 所示的内缩式结构。当连接管内径较小时，采用外胀式进行管板连接无法实现；应考虑带集磁器的内缩式。

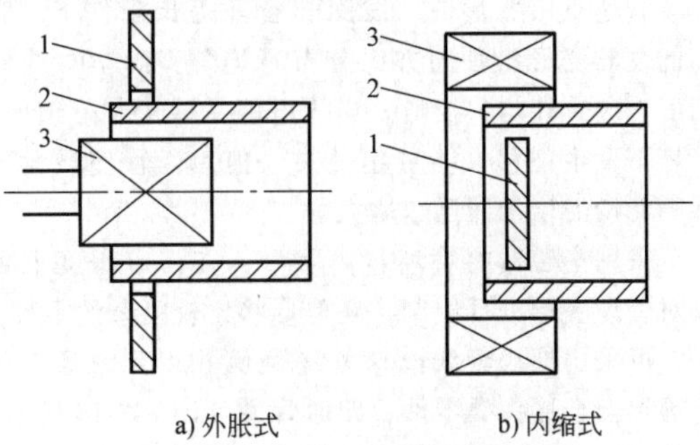

a) 外胀式　　b) 内缩式

图 8-1-11　管-板连接
1—板件　2—管件　3—线圈

（3）管-杆连接　管-杆连接时，线圈只能放于外部（见图 8-1-12）。当连接管件直径较小时，限于结构强度和刚度，无法采用线圈直接加工，可选用集磁器，以集中能量和保护线圈，如图 8-1-13 所示。

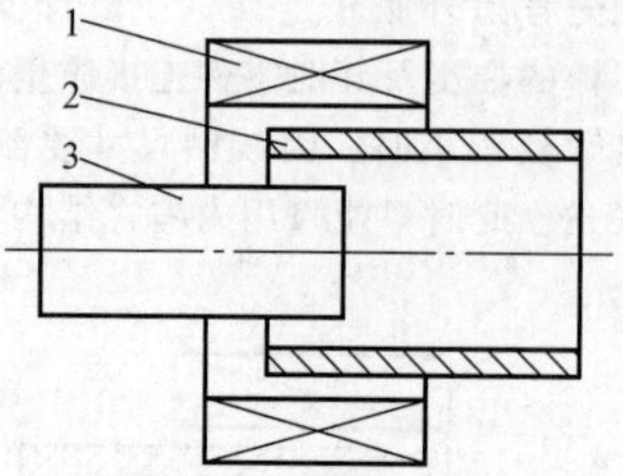

图 8-1-12　管-杆连接

1—线圈　2—管件　3—杆件

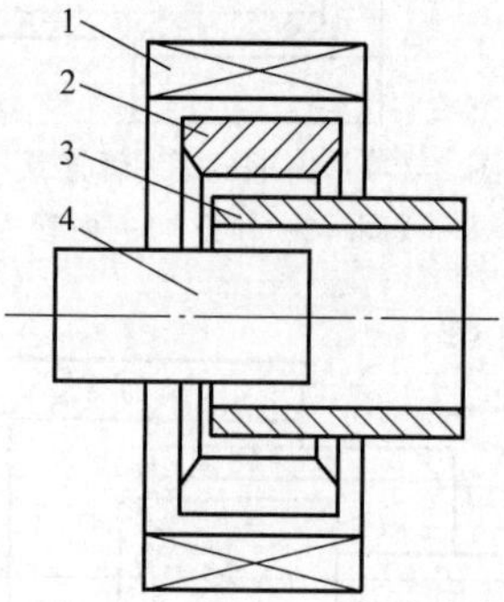

图 8-1-13　管-杆连接（带集磁器结构）

1—线圈　2—集磁器　3—管件　4—杆件

对于机械连接接头，待连接区为直壁圆柱面形状，连接强度随放电能量增加而提高。最佳连接间隙与材料性质、结构尺寸及放电能量等多种因素有关，应在实际工艺中合理选择。

为了得到较高的连接强度，甚至超过较弱母材的抗拉强度，必须考虑在杆或管壁上开设沟槽，在脉冲力作用下，外管被压入沟槽内，管杆间靠嵌入的配合面来抵抗拉伸力。

2. 管胀形

管坯自由胀形时，线圈和管坯等长条件下，管坯的径向变形沿轴向方向分布不均匀，约 70%线圈长度对应管坯均匀变形。当放电能量低于某一值时，管坯不发生位移，能量超过某一值后，管坯最大位移随能量的增加而迅速增大。

采用集磁器的管坯自由胀形，在一定程度上可以对管坯变形进行控制，获得形状比较复杂的零件。

可采用螺线管线圈对管坯翻侧孔得到三通、四通等铝合金接头类零件，四通管件如图 8-1-14 所示，在翻侧孔模具上成形管坯。成形质量主要受到侧翻边圆度、壁厚及翻孔边缘的齐整度限制，放电能量及预冲孔尺寸对其有较大影响。

3. 管缩径

缩径成形极限主要受管坯的失稳起皱限制，与

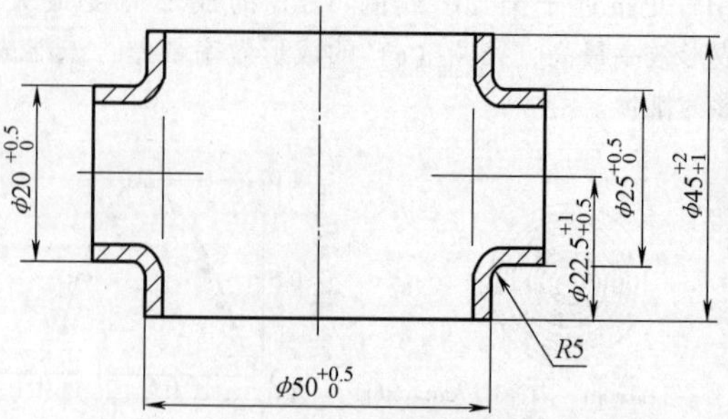

图 8-1-14　四通管件

缩径连接类似，防皱是管缩径成形需要解决的关键技术。缩径变形随放电能量的增加而增加。在相同能量下，放电频率（电容量）存在最优值，对应的缩径变形量最大，随线圈长度增加，缩径变形区变长，而径向变形量减小。

管缩径时，塑性失稳起皱与压力波幅值有关，当压力波幅值较小而持续时间较长时，变形量很小就发生起皱；当压力波幅值较大而持续时间较短时，变形量较大时才发生起皱。另外，随着半径/厚度的增大、起皱数量的增加，最大稳定塑性减径量也会减小。

带芯轴缩管工艺是预防起皱的有效办法。考虑到矫平过程中管坯的轴向流动，同时考虑到脱轴方便，建议使用润滑剂。

采用砂芯也可起到一定的防皱作用。制作砂芯时的捣实静压力对管坯成形极限有较大影响，而且在一定放电电压条件下，都存在一最佳静压力。

4. 校形

校形又称为整形。进行圆筒形件磁脉冲胀形校形时，将工件置于校形模具中，线圈放于工件内。工件在脉冲磁场力作用下沿径向向外高速率胀形并贴模，最终工件圆度由模具保证。当放电能量合适时，筒形件在校形模具作用下，大幅度地提高尺寸精度。磁脉冲校形的方法还可用于波形弹簧的校形。

随放电电压上升，同间隙下管件校形效果提高。线圈长度与作用于工件的峰值磁压力呈反比关系，线圈越短，作用于管件的峰值磁压力值越大，磁压力作用于管件上的区间越小，局部变形量越大且变形区间越小。

由于设备加工能力或线圈耐压极限的限制，提高放电次数可以提高校形效果。一般三次校形效果显著，再增加放电次数对圆度值影响甚微。

5. 平板毛坯成形

（1）自由成形　由于没有模具，零件精度较差，且影响其成形高度的因素较多。随着电压升高，成形高度相应升高，两者呈指数关系。随着电容量增大，成形高度增加，两者大致呈线性关系。随着毛

坯与线圈之间的距离增加，无论毛坯厚度如何，成形高度均显著减小。实际应用时应尽可能减小毛坯与线圈之间的距离，以提高加工效率。

(2) 有模成形　根据使用的模具不同，板材有模成形又分为凹模成形和凸模成形。

进行有模成形时，零件质量主要由其贴模性决定，主要影响因素有：

1) 放电能量。随放电能量增大，工件贴模效果趋好。当放电能量不足时，将难以保证毛坯中心部分的贴模。

2) 排气条件。在模具设计时，应有足够的排气孔以保证空气的顺利排出。为保证零件表面质量，排气孔的直径应尽量小。

3) 放电次数。放电次数增多有利于零件的贴模。实践表明，在短时间间隔内连续放电，效果更好。

另外，毛坯层数对贴模性也有影响。采用单层毛坯很难使毛坯理想贴模，如果筋太深，毛坯中心部分不但不贴模还会产生内凹现象；采用双层坯料时，贴模性得到很大改善，尤其是靠近模具的一层毛坯贴模更理想。

对于长圆形工件成形，椭圆形线圈要优于圆形线圈；但是对中心部位变形要求较高的零件，要选用圆形线圈。

(3) 间接成形　针对平板线圈的磁场分布不均匀现象，平板毛坯的间接成形（见图 8-1-15）得到了更多的应用。加工时，线圈放电，使驱动片向下运动并压迫弹性传压介质（如橡胶），被压迫的弹性传压介质使毛坯在模具内变形。这种方法不仅可以实现平板毛坯的成形，还可以进行冲裁，毛坯在弹性介质（橡胶或聚氨酯）及凹模刃口的压力作用下实现断裂分离。在工艺参数合理时，可实现无毛刺冲裁。随着冲孔尺寸的减小及落料件直径的增大，所需能量相应增大。

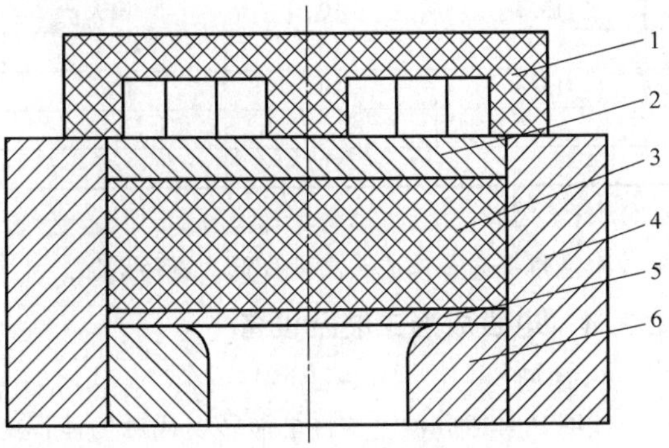

图 8-1-15　平板毛坯的间接成形

1—线圈　2—驱动片　3—弹性介质　4—套筒　5—毛坯　6—模具

磁脉冲冲裁时，弹性介质（橡胶）厚度偏大或偏小都不利成形，在确定条件下，存在一最佳厚度值，此时所需放电能量最低。

利用橡胶冲裁时，应将其置于刚性容框内，使之在工作时尽可能处于三向压应力状态，这既能使橡胶产生较大的单位压力，也有利于提高橡胶的使用寿命。在设计容框时，应在橡胶与容框间留有微小间隙，使橡胶在驱动片作用下产生垂直方向的微小位移，以保证冲击波压力的传递。

6. 辅助成形

通过在传统成形模具上嵌入电磁成形线圈或在传统的多工序成形中插入电磁成形工序，把电磁成形的优点结合到普通板料成形中，改善塑性应变分布、提高难成形板料的成形极限、提高加工柔性和精度，并且减小或消除加工过程中润滑油的使用。板材磁脉冲辅助冲压成形技术原理如图 8-1-16 所示。除此之外，被磁脉冲成形“辅助”或“复合”的塑性加工方法还包括：管材内高压成形、铝合金型材挤压、型材滚压、筒形件或盒形件拉深、曲面件拉弯等。

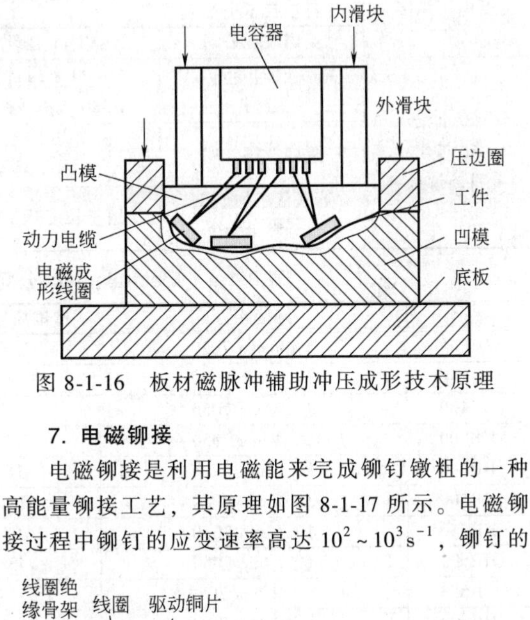

图 8-1-16　板材磁脉冲辅助冲压成形技术原理

7. 电磁铆接

电磁铆接是利用电磁能来完成铆钉镦粗的一种高能量铆接工艺，其原理如图 8-1-17 所示。电磁铆接过程中铆钉的应变速率高达 $10^2 \sim 10^3 s^{-1}$，铆钉的

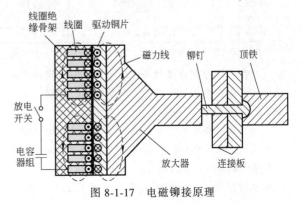

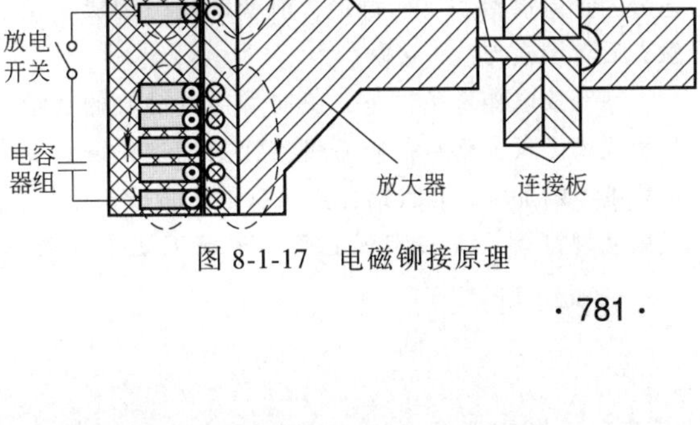

图 8-1-17　电磁铆接原理

变形过程接近于绝热过程。

与传统铆接相比，电磁铆接具有以下特点：

1）电磁铆接属于接触冲击加载，通过一次加载完成镦头成形，避免多次锤击导致材料冷作硬化，可用于屈强比高、应变速率敏感、难成形材料铆钉的铆接。

2）钉杆膨胀和镦头成形几乎同步完成，铆钉变形均匀，在钉杆和钉孔间形成的干涉量比较均匀，是实现复合材料干涉配合铆接的理想工艺方法之一。

3）电磁铆接后坐力小，手提式电磁铆枪可用于大直径铆钉的铆接，能解决普通手锤铆接大直径铆钉时后坐力太大的问题，并且噪音低，可明显改善劳动条件。

4）电磁铆接时，铆接力通过改变铆接电压进行调整，铆接力可精确控制，重复性好，铆接工艺质量稳定。

5）双枪电磁铆接系统，可用于无头铆钉的铆接，这是其他普通铆接方法难以实现的。

国外电磁铆接技术发展概况见表 8-1-3。Electroimpact 公司生产的手提式低电压电磁铆接设备参数见表 8-1-4。

表 8-1-3 国外电磁铆接技术发展概况

时间	研制单位	应用情况
20 世纪 60—70 年代（高电压铆接）	美国波音公司	手提式电磁铆接设备
	美国格鲁门公司	为配合 F-14 的研制而发明了一种单枪电磁铆接装置用于干涉配合紧固连接钛合金结构和厚夹层结构
	苏联伏尔加航空科学技术中心	电磁铆接用于 IL-86、TY-154 飞机大梁装配，运载火箭装配
20 世纪 80 年代（低电压铆接）	美国洛克希德公司	碳纤维复合材料结构干涉配合铆接
	美国 Peter. Z	低压电磁铆接的专利
	苏联伏尔加航空科学技术中心	用于发动机燃烧室筒体 Cr-Ni 钢等铆钉的铆接
	美国波音公司	ASAT_Ⅰ型设备用于 B-727 的四根后梁和 B-767 客机的机翼大梁铆接
20 世纪 90 年代（自动铆接）	美国 Electroimpact 公司	E4000 系列自动电磁铆接系统用于空中客车 A340-600 的制造 A380 飞机采用电磁铆接技术
	美国波音公司	ASAT_Ⅱ用于 B-777 机翼四个大梁的装配，ASAT_Ⅲ用于 B-737-700 机翼大梁装配，E5000-ASAT_Ⅵ自动化翼梁装配系统用于波音公司 C17 的翼梁装配
	苏联伏尔加航空科学技术中心	用于长度达 12m 的飞行器圆筒形壁板铆接装配的自动电磁铆接装配系统

表 8-1-4 Electroimpact 公司手提式低电压电磁铆接设备参数

型号	铆接能力	铆枪质量/kg	最大铆接力/tf	效率/(个/min)	后坐力/kgf
HH50	ϕ4.7 mm 7050	2.3	3.6		
HH54	ϕ4.7 mm 7050	3.6			
HH100	ϕ4.7 mm 7050	3.6	2.5	50	34
HH300	ϕ6.4 mm 7050	7.7			偏大
HH400	ϕ6.4 mm A286	34			
HH500	ϕ9.5 mm 7050	81.6	13.5	10	偏大
HH550	ϕ9.5 mm 7050	108	18	10	
HH503	ϕ9.5 mm 7050	43	13.3	10	很小
HH553	ϕ11.1 mm 7050	54.4			
HH600	ϕ11.1 mm 7050	97.5			

注：1tf = 1000kgf = 9800N。

根据铆模与铆钉接触部位的不同，电磁铆接工艺分为正向铆接和反向铆接，前者铆模与铆成头接触，后者铆模与钉头接触。

在等放电能量条件下，正向铆接时铆钉的变形程度要大于反向铆接。随着铆接次数增加，铆钉变形程度不断加大；并且铝合金晶粒呈不断拉长趋势，这就使铆钉铆成头在宏观上产生了加工硬化现象。随放电能量提高，铆成头高度降低、直径增加。

1.2.4 电磁成形工装及设备

1. 线圈

线圈又叫感应器，是将电能转变成磁场能，使工件变形的重要工具，其电参数及结构形式将直接影响成形效果。

由于电磁成形工艺的种类及成形件形状不同，在使用上有多种形式的线圈（见图 8-1-18~图 8-1-21）。

按照使用寿命分为一次使用线圈和多次使用线圈；按照工艺性质分为缩径（连接）线圈、胀形（连接）线圈、平板（连接）线圈；按照线圈结构分为螺线管线圈、渐开线式平板线圈、螺线管式平板线圈和带集磁器线圈等。

缩径线圈没有严格的尺寸限制，为了提高加工柔性和降低成本，可制成不同尺寸系列的标准线圈，再与不同尺寸的集磁器配合使用。线圈在放电过程中，由于施加于工件上的力的反作用，使线圈受到冲击力的作用，因而线圈必须具有抵抗这种冲击力的强度和重量。线圈承受压力一般可达 340MPa，在线圈结构设计时，要充分考虑其强度要求。

胀形线圈受到导线及芯棒的尺寸和强度限制，其外径最好大于 50mm。

在确定工作线圈结构尺寸时，应使工作线圈尽量靠近成形毛坯，过大的距离将降低成形效率。

线圈在放电过程中的发热是必须考虑的问题。如果发热严重，会大大降低加工线圈绝缘材料的力学性能和电性能，导致加工线圈破坏。

线圈常用带有绝缘层的紫铜、黄铜、青铜等材料矩形截面导线绕制。为了满足电磁成形工艺的要求，线圈应具有如下特点：

1）可高效地把电能转变成毛坯塑性变形功。

2）具有足够的强度、刚度及可靠的绝缘性。

3）对应适宜的放电频率。

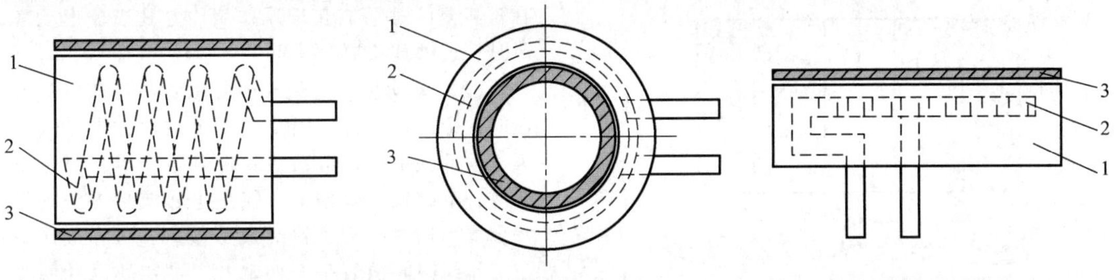

a) 胀形　　b) 缩径　　c) 平面毛坯成形

图 8-1-18　普通加工线圈

1—线圈骨架　2—线圈导线　3—工件

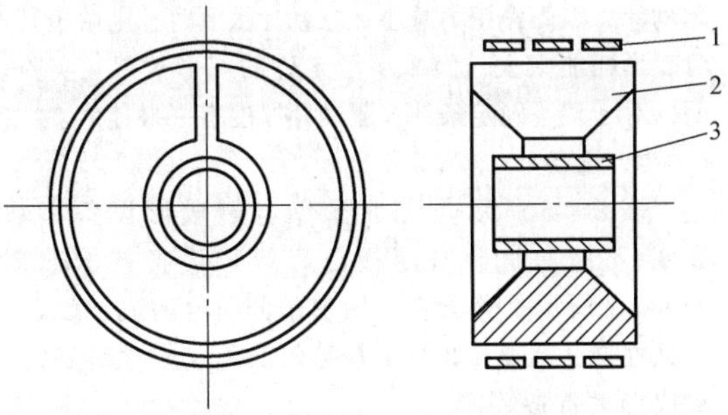

图 8-1-19　带集磁器的加工线圈

1—线圈　2—集磁器　3—工件

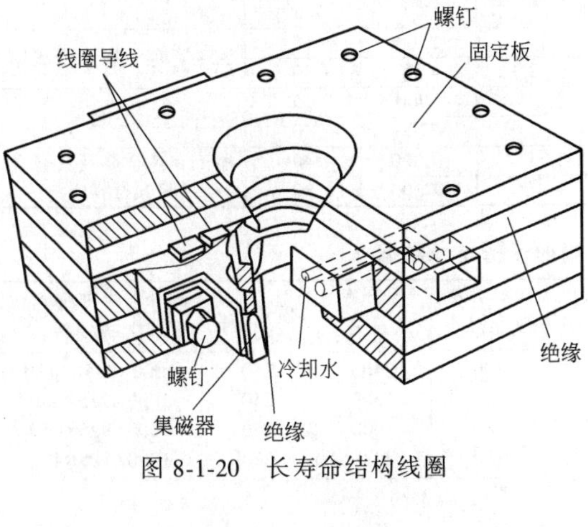

图 8-1-20　长寿命结构线圈

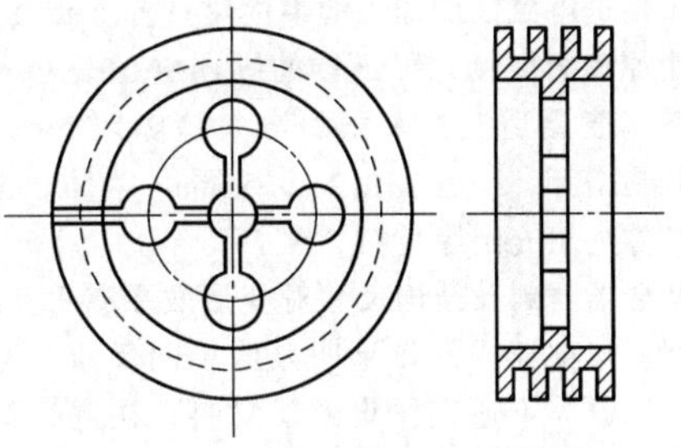

图 8-1-21　四件同时成形用加工线圈

2. 集磁器

集磁器又称磁通集中器，是电磁成形中的主要工装，它具有把磁通移向集磁器和工件之间间隙内的作用。图 8-1-22 所示为缩径用集磁器原理图。

集磁器可以通过改变内壁形状来改变磁通分布，使某些空间磁场加强，另一些空间的磁场减弱，达到成形不同工件的目的（见图 8-1-23）。通过改变集磁器外形尺寸及控制放电能量，对精度要求不高的零件可实现无模成形。

制作集磁器比制作线圈更容易，成本更低。在一个成形线圈上更换不同的集磁器，就可对不同尺寸的管件进行各种形状的加工，这更利于工业上的批量生产。

集磁器对于延长线圈使用寿命、控制工件成形

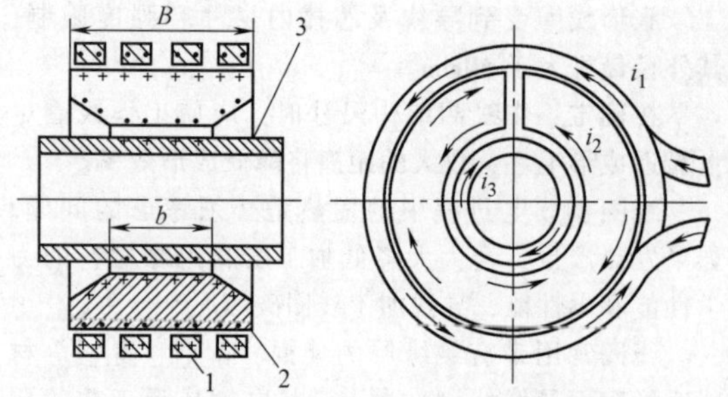

图 8-1-22　缩径用集磁器原理图
1—线圈　2—集磁器　3—坯料

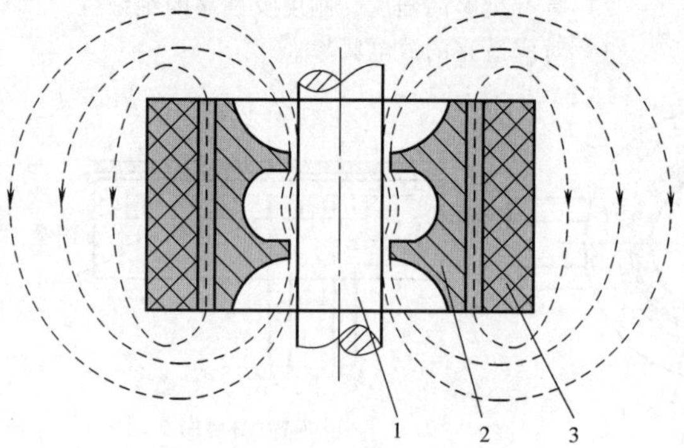

图 8-1-23　集磁器应用示意图
1—坯料　2—集磁器　3—线圈

形状、促进电磁成形加工的柔性化具有重要意义。

由原理图可见，集磁器的纵向缝隙是必不可少的，其宽度要适宜，太宽则增大缝隙间的漏磁通，太窄则易击穿，一般取 0.2~0.5 mm，为防止击穿也可在缝隙内填充绝缘材料。

集磁器材料及结构尺寸对变形效果有重要影响。铁磁材料集磁器成形效果明显低于同尺寸的非铁磁材料集磁器，不适宜作集磁器材料。在进行集磁器设计时，要综合考虑变形效率及强度因素的影响。

3. 模具与驱动片

（1）模具　电磁成形时，毛坯以很高的运动速度向模具表面贴靠，所以模具应设有足够的排气孔，必要时，应设置抽真空系统。

电磁成形模具的材料取决于成形零件的形状、厚度及材料力学性能。当成形零件的生产批量大，所用原材料较硬时，应该使用合金模具钢或工具钢；在小批量生产且成形件原材料较软时，也可选用非金属模具，如玻璃钢、增强树脂等。冲孔模材料，应采用工具钢或冷冲模具钢。

在选用模具材料时，应尽量避免使用导电性能好的材料。否则，工作线圈的脉冲电流也将在模具内产生感应电流，其结果是阻止毛坯向模具贴靠，有时甚至可对毛坯起排斥作用。尤其当成形毛坯较薄时，这种现象更为严重。

（2）驱动片　电磁成形要求材料有较好的导电性能，金、银、铜、铝及其合金最适于电磁成形加工，而低碳钢、不锈钢、钛合金等金属材料导电性能差，电磁成形效率低。在用电磁成形方法加工这些金属毛坯时，为了提高成形效率，可在成形毛坯与工作线圈间放置一个驱动片。利用驱动片的高导电性，使其带动低导电性材料成形。生产中常用退火紫铜做驱动片。

驱动片的厚度应适宜，太薄时，磁场扩散透过了驱动片，因而作用力减小。驱动片太厚时，则由于其本身变形耗能太大，而减小了工件的变形效果。实验表明，对于某一确定条件，驱动片厚度有一最佳值。

4. 设备

表 8-1-5 所示是苏联大型电磁成形设备参数，表 8-1-6 所示是苏联薄板电磁成形设备技术数据。表 8-1-7 所示是美国麦克斯韦尔公司电磁成形设备的产品性能。表 8-1-8 所示是哈尔滨工业大学研制的电磁成形设备参数。

表 8-1-5　苏联大型电磁成形设备参数

型号	最大储能/kJ	额定电压/kV	生产率/(件/h)	电容器型号	整流器数	质量/kg	所需面积/m^2	用途
МИУ-24	24	20	360	ИК25-12	1	2200	12	加工有色金属和低碳钢
МИУ-48	48	20	180	ИК25-12	2	4100	30	
МИУ-72	72	20	120	ИК25-12	3	5900	35	工有色金属
МИУ-96	96	20	90	ИК25-12	4	7700	40	
МИУ-152	144	20	60	ИК25-12	6	10300	40	加工有色金属及其合金的大型零件
МИУ-240	240	20	36	ИК25-12	10	17000	80	

表 8-1-6　苏联薄板电磁成形设备技术数据

类别	设备型号	电容器型号	储能/kJ	电压/kV	固有频率/Hz	生产率/(件/h)	质量/kg	外形尺寸/mm(长×宽×高)
1	МИУ-0.6/20-1	ИК50-3	0.6	20	300	2400	250	1000×925×1130
	МИУ-0.9/20-1	ИК40-5	0.9	20	230	1600	250	1000×925×430
	МИУ-1.5/20-1	ИК30-8	1.5	20	180	1000	250	1000×925×430
	МИУ-2.4/20-1	ИК25-12	2.4	20	150	600	250	1000×925×430

（续）

类别	设备型号	电容器型号	储能/kJ	电压/kV	固有频率/Hz	生产率/(件/h)	质量/kg	外形尺寸/mm (长×宽×高)
2	МИУ-2.4/20-2	ИК50-3	2.4	20	220	600	600	1500×800×950
	МИУ-4/20-2	ИК40-5	4	20	170	360	600	1500×800×950
	МИУ-6/20-2	ИК30-8	6	20	130	240	600	1500×800×950
	МИУ-10/20-2	ИК25-12	9.6	20	110	150	600	1500×800×950
3	МИУ-9.6/20-3	ИК50-3	9.6	20	220	800	2700	2700×1700×1500
	МИУ-15/20-3	ИК40-5	15	20	170	500	2700	2700×1700×1500
	МИУ-26/20-3	ИК30-8	26	20	130	270	2700	2700×1700×1500
	МИУ-40/20-3	ИК25-12	40	20	110	180	2700	2700×1700×1500

表 8-1-7　美国麦克斯韦尔公司电磁成形设备的产品性能

型号	7040	7080	7120	7160
最大储能/kJ	4	8	12	16
在最大储能下生产速率/(件/min)	12	12	10	10
质量/kg	739	894	960	1220

表 8-1-8　哈尔滨工业大学研制的电磁成形设备参数

型号	充电电压/kV	充电电容/μF	最大储能/kJ
EMF_30/10	10	600	30
EMF_50/18	18	304	50
EMF_20/20	20	100	20
EMF_50/20	20	250	50
EMF_20/2	2	10000	20

5. 电磁成形生产注意事项

1）厂房应配备专业级的高压接地及防雷接地。高压接地电阻不高于 0.5Ω。

2）设备应放置在半封闭、通风良好的空间内。设备与加工区周围安全净距 3 米范围内的地面上刷涂网状醒目色油漆或设置安全围栏。

3）操作安全净距不小于 4 米，操作者与负载加工区域除了空间距离的限制外，还必须要有防爆隔离措施。

4）保证设备工作环境清洁，无油污、无可燃气体、无金属粉尘漂浮物等。

1.3　电液与电爆成形

1.3.1　电液成形

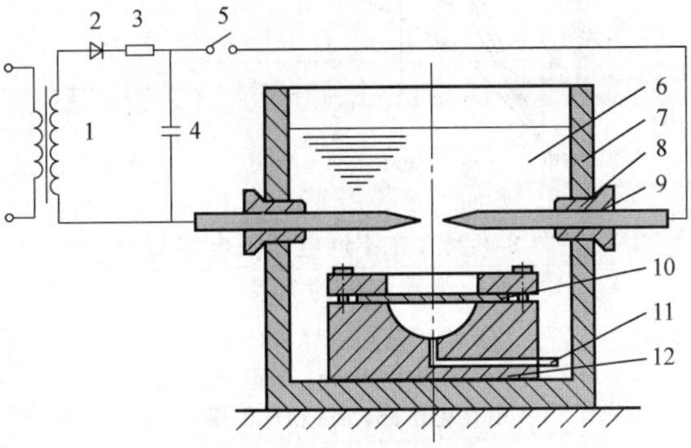

图 8-1-24　电液成形原理

1—升压变压器　2—整流器　3—充电电阻　4—电容器　5—高压开关　6—水　7—水箱　8—绝缘　9—电极　10—毛坯　11—抽气孔　12—凹模

电液成形原理如图 8-1-24 所示，其设备与电磁成形原理相同。当充电电压达到所需值后，点燃辅助间隙（或高压开关），高电压瞬时加到两放电电极所形成的主放电间隙上，并使主放电间隙击穿，于其间产生高压放电，在放电回路中形成非常强大的冲击电流，结果在电极周围介质中形成冲击波及液流冲击而使金属毛坯成形。

电液成形特点是能量的控制与调整简单、成形过程稳定，而且操作方便、容易实现机械化、自动化、生产率高、组织生产也比较容易。但是，电液成形的加工能力受到设备容量限制，应用还仅限于形状较为简单的小型零件（直径 400mm）中小批量生产。

电液成形可对板料及管材进行拉深、胀形、校形、冲孔等冲压加工。

1. 工艺参数

图 8-1-25 与图 8-1-26 分别给出电压、电容与变形深度的关系。由于能量大小可取决于电容和电压，

因此，两图也基本上反映了能量与变形深度的关系。比较两图变化趋势大致相同，变形深度都随着电压或电容的增加而增加。

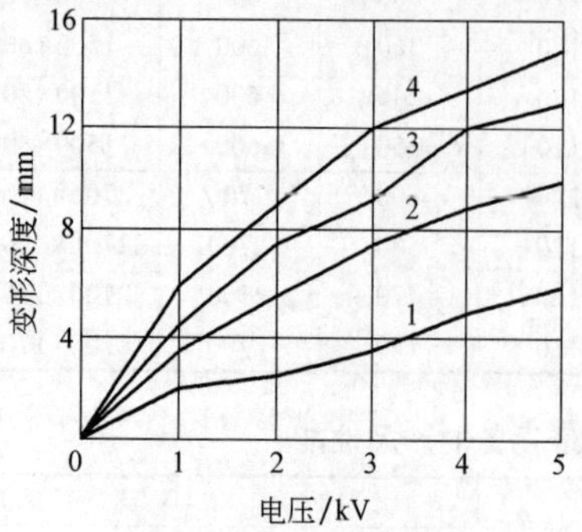

图 8-1-25 在不同电容下电压与变形深度的关系

1—600μF 2—800μF 3—1000μF 4—1200μF

注：间隙距离为 19.0mm，吊高为 38.1mm，用直径 0.254 mm 铁丝引爆。

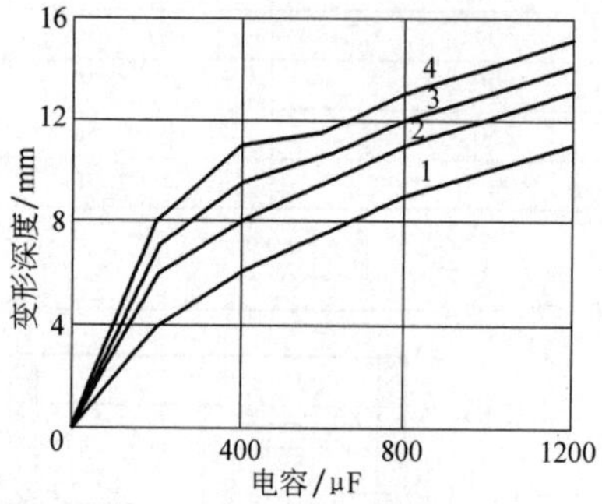

图 8-1-26 在不同电压下电容与变形深度的关系

1—1kV 2—2kV 3—3kV 4—4kV

注：间隙距离为 19.0mm，吊高为 38.1mm，用直径 0.254 mm 铁丝引爆。

2. 放电室

电液成形可分为开式成形（见图 8-1-24）及闭式成形（见图 8-1-27、图 8-1-28）。闭式成形可提高能量利用率。一般情况下，开式成形能量利用率为 10%~20%，而闭式成形可达 30% 。放电室是电液成形装置的重要组成部分。放电室一般由水箱、放电电极和模具组成。水箱外壳和上盖应具有足够的机械强度。为了保证贴模精度，常为模腔设置抽真空系统。介质常用自来水。

电极为电液成形中的放电元件，进行结构设计时，要便于调整间隙大小与吊高，同时应保证绝缘强度。

电液成形所用电极有多种形式，常用的有对向式（见图 8-1-27）、同轴式（见图 8-1-28）、活动式（见图 8-1-29）及平行式等。生产中常用对向式与同轴式电极。

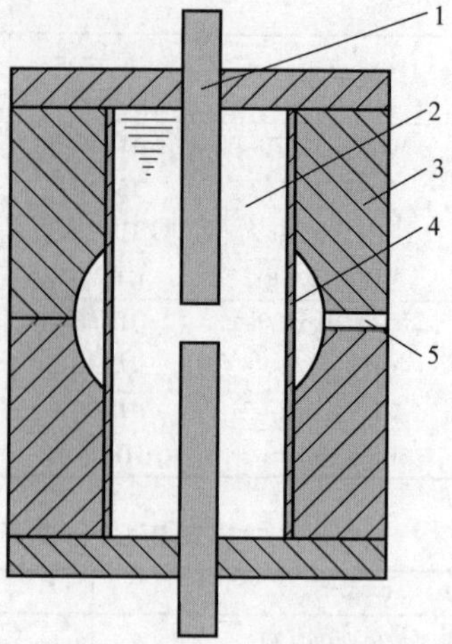

图 8-1-27 对向式电极的闭式电液成形装置

1—电极 2—水 3—凹模 4—毛坯 5—抽气孔

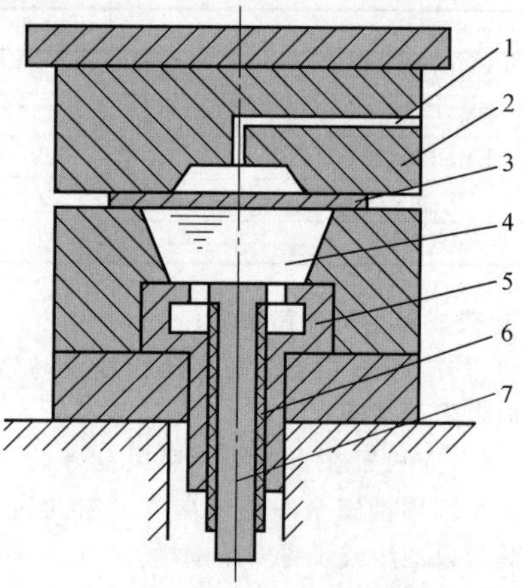

图 8-1-28 同轴式电极的闭式电液成形装置

1—抽气孔 2—凹模 3—毛坯 4—水 5—外电极 6—绝缘 7—内电极

对向式电极结构简单，绝缘材料易于解决，但电极固有电感较大。同轴式电极固有电感小，成形效率高，但电极结构复杂，对绝缘材料有较高要求。

活动式电极的活动电极置于空气介质中，放电时借助于机械动作与固定电极接近，当极间距离减小至一定值时，发生放电现象。因此，可省掉放电回路中的辅助间隙，减少回路能量消耗。固定电极浸没于液体介质中，和放电室外壳同电位，因此不存在绝缘问题。但由于每次放电间隙距离存在差异，这将引起压力及压力分布不稳定，从而影响成形质量。

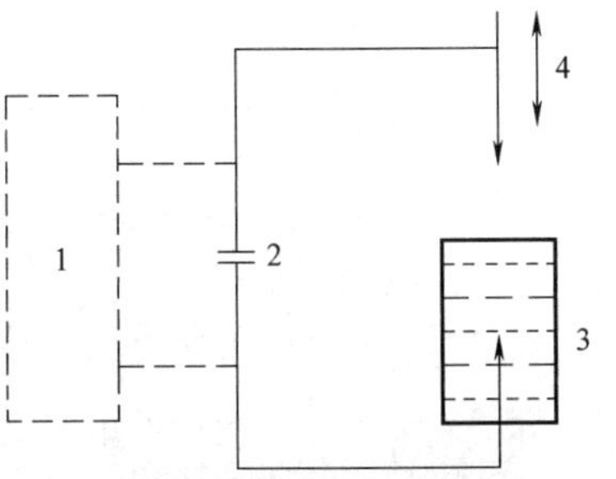

图 8-1-29　活动式电极结构

1—充电装置　2—电容器

3—放电室　4—活动电极

3. 电极设计

改变电极间隙的大小将直接影响冲击电流的波形、压力峰值及成形效果。在确定的条件下，对应于零件最大变形量的电极间距离称为最佳间隙。实验表明，随着电压值或电容值的升高，最佳间隙增大。最佳间隙值可由实验方法确定。用自来水做介质时，最佳间隙可由式（8-1-7）近似确定。

$$\lambda=(4+0.9U) \qquad (8\text{-}1\text{-}7)$$

式中　λ——最佳间隙值（mm）；

U——电压（kV）。

电极在液体介质中的位置，可由水深和吊高确定。水深是电极至液面距离，吊高是电极至工件表面距离。

从变形效率考虑，电液成形必须保证足够的水深。水深与变形深度或相对静压（对应于同一变形深度所需的静压力）的关系具有饱和特性，即水深大于一定数值后，变形深度或相对静压的变化是不显著的。

吊高的大小直接影响变形深度和成形效率。相对静压与吊高的平方成反比。

$$P_0=\frac{3600}{H^2} \qquad (8\text{-}1\text{-}8)$$

式中　P_0——相对静压；

H——吊高。

可见，为了得到较大的压力，获得较高的成形效率，应尽量减小吊高。但吊高过小，作用在工件上的压力分布将不均匀。

可以通过试验方法寻找适当的吊高值。一般，为了避免电极对工件放电，吊高不能小于正负电极间隙的二分之一，但必要时，可以在工件表面上加绝缘膜。

电极材料可用铜、黄铜、钢、不锈钢等。

1.3.2　电爆成形

电爆成形是在电液成形的电极间连接金属丝的高能率成形方法。脉冲大电流通过细金属丝时将产生高温，并使之汽化、爆炸，与此同时它的体积急剧增大，从而发出强大的冲击压力波。

与电液成形相比，电爆成形具有下列特点：

1）放电过程稳定，放电能量可精确地控制。同时还可以大大地缩短甚至消除放电时延，降低泄漏损耗，即提高效率。

2）在电极间接上各种形状的爆炸丝，可改变电弧通道，控制冲击波的形状和压力分布，使之适应工件的要求。

3）当电极间隙接以爆炸丝后，由于间隙电阻的平均值相应提高，在间隙中释放的能量或随之而产生的冲击压力亦提高，所以电爆成形的效率是较高的。

4）电爆成形时，放电的起始阶段相当于短路放电。在一定条件下，电流的幅值可提高，电流达到峰值的时间可缩短，即电流波幅提高，成形的效率亦将相应提高。

5）用电爆成形的方法可以加工大型的工件或细小的管件，比如加工内径仅为 1.2mm 的细管。

电爆成形时，爆炸丝对成形效果有重要影响，应慎重选取爆炸丝材料及尺寸。

爆炸丝材料，按其导电性和熔点不同分为两类：第一类是低熔点、高电导率的材料；第二类是高熔点、低电导率的材料，具体材料性能见表 8-1-9。试验表明，第一类材料的电爆成形效果比较好。由于熔点低，易于汽化，可迅速爆炸，有利于提高压力。常用的材料有铜、铝等。

表 8-1-9　材料性能

类别	材料	熔点/℃	电导率/($\Omega^{-1}\cdot m^{-1}$)
Ⅰ	Ag	960	63.3×10^6
	Cu	900	60×10^6
	Au	1063	45.4×10^6
	Al	658	37×10^6
	Zn	419.4	17×10^6
	Sn	931.8	8.8×10^6
Ⅱ	W	3370	—
	Ni	1155	13.7×10^6
	Pt	1774	9.5×10^6
	Fe	1200	10×10^6

图 8-1-30 所示是变形深度与间隙的关系曲线，曲线说明电爆成形没有明显的最佳间隙，爆炸丝的长度超过某一数值后，在较大范围内变形深度趋于常数。图 8-1-31 所示是爆炸丝直径与变形能的关系曲线，可见，当爆炸丝直径为某一数值时，具有最佳的成形效果。

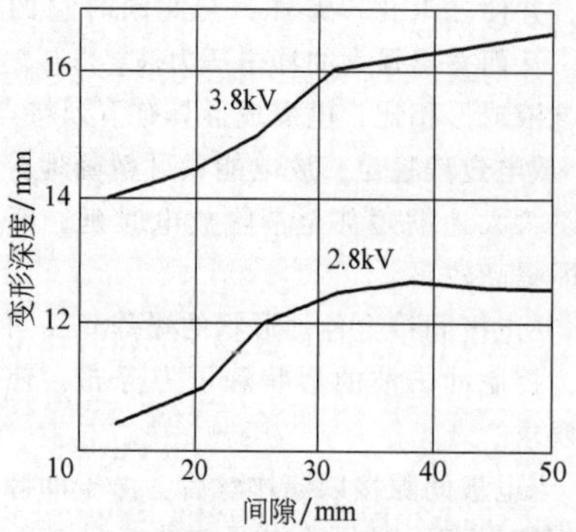

图 8-1-30　变形深度与间隙的关系曲线

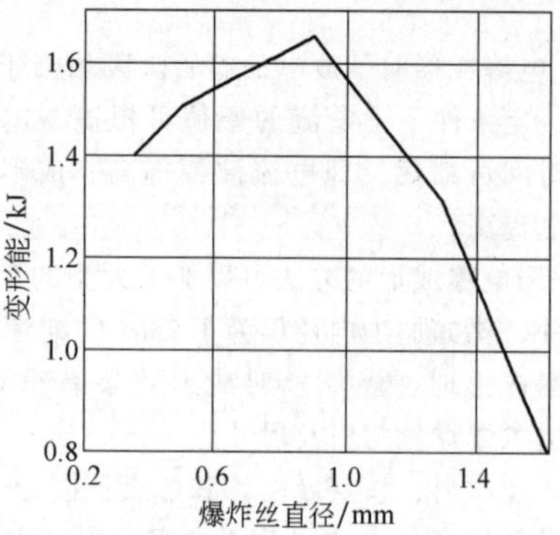

图 8-1-31　爆炸丝直径与变形能的关系曲线

1.4　爆炸成形

爆炸成形是利用炸药爆炸时产生的高能冲击波，通过不同介质使坯料产生塑性变形的一种加工方法。

1.4.1　爆炸成形原理

在水井中爆炸成形球形件的原理及所用装置如图 8-1-32 所示。爆炸时，炸药的化学能在极短的时间里转化为周围介质（水、空气等）中的冲击波和高压气团，并以脉冲形式作用于毛料，使其产生塑性变形。

冲击波对毛坯的作用时间一般为 10～100 μs，而毛坯变形时间仅为 1 ms 左右。爆炸成形具有很多与普通冲压成形不同的特殊规律，并对模具设计和成形工艺提出了不同的要求。

爆炸成形所用模具简单，而且可不用冲压设备。可加工的零件尺寸不受现有冲压设备能力限制。在小批量或试制特大型冲压件时，这是一个突出的特点。

用爆炸成形方法可以对板料进行剪切、拉深、冲孔、翻边、胀形、校形、弯曲、扩口、压印等加工。此外，还可进行爆炸焊接、表面强化、管件结构装配、板材复合、粉末压制等。

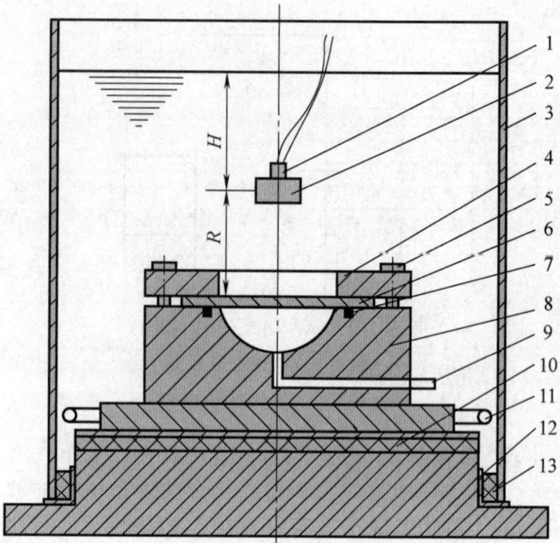

图 8-1-32　球形件爆炸成形原理及所用装置
1—电雷管　2—炸药　3—水筒　4—压边圈　5—螺栓　6—毛坯　7—密封　8—凹模　9—真空管道　10—缓冲装置　11—压缩空气管路　12—垫环　13—密封圈

1.4.2　爆炸成形系统

爆炸成形系统由 3 个基本部分组成：药包及起爆用品、传压介质及模具。

1. 药包及起爆用品

最常用的炸药是 TNT。其他如黑索金（RDX）、特屈儿、泰安（PETN）、硝铵炸药、塑性炸药也用于爆炸成形。爆炸成形常用高爆炸药，典型的高爆炸药是 TNT、泰安（PETN）；在封闭爆炸模中则用低爆炸药，低爆炸药的一般例子是无烟火药和黑火药。高、低爆炸药特性的比较见表 8-1-10，高爆炸药的效力和密度值分别见表 8-1-11 和表 8-1-12。

表 8-1-10　高爆炸药和低爆炸药特性的比较

性质	高爆炸药	低爆炸药
起爆方法	雷管	点火
转变时间	几微秒	几毫秒
转变速度	1800～8500m/s	0.15～1.5m/s
压力	280000kgf/cm^2	2800kgf/cm^2

表 8-1-11　高爆炸药的效力

炸药种类	爆破试验			弹道摆试验测定的相对功率(%TNT)
	碎砂试验(%TNT)	钢板凹痕试验(%TNT)	碎片试验(%TNT)	
TNT	100	100	100	100
C-3 混合炸药	112	114	133	126
泰安(PETN)	129	127	—	145
黑索金(RDX)	124	131	—	150
特屈儿	114	—	121	128

表 8-1-12　炸药的密度值

炸药	结晶密度/(g/cm^3)	注装密度/(g/cm^3)	压装压力/(kgf/cm^2)						
			210	350	700	1050	1400	2100	2800
TNT	1.654	1.56	1.34	1.40	1.47	1.515	1.55	1.59	1.59
PETN	1.765	—	1.37	1.575	1.638	—	1.71	1.725	1.74
特屈儿	1.73	1.62	1.40	1.47	1.57	1.63	1.67	1.71	1.71
RDX	1.816	—	1.46	1.52	1.60	1.65	1.68	1.70	1.71

药包可分为压装的、注装的和粉装的。同种炸药，不同的装药状态和装药密度，其发挥的效力也不同。

根据成形的需要，为了得到球面波、平面波或其他特定的冲击波，可以设计出不同的药包形状 。塑性炸药则可以直接捏出各种形状的药包。

最常用的起爆用品是电雷管。在采用多药包成形时，可用导爆索连接各个药包。小药量成形可将一段导爆索当作药包使用。

2. 传压介质

爆炸成形一般在有限水域中进行。水的可压缩性小，传压效率高，因此用药量可相应减少。水的阻尼作用可减小爆炸声响及震动，还能保护毛坯表面。

以空气作介质的爆炸成形，声响大，消耗的炸药量多，工件表面易烧伤或受损，因此，尽管操作简单方便，也很少采用。

对于非铝质零件，在特殊情况下，也可用砂作介质成形。

介质水盛放于模具上的水帽或护筒内。批量生产一般建有专用的水井，模具与药包全放在水井内。

3. 模具

爆炸拉深用的模具分为无底模和有底模两类(见图 8-1-33)。无底模由控制成形的工艺参数来获得工件外形，易受偶然因素影响，只适用于要求不高、形状简单的零件。有底模一般需要抽真空然后爆炸成形，否则，要设计有足够的自然排气孔。

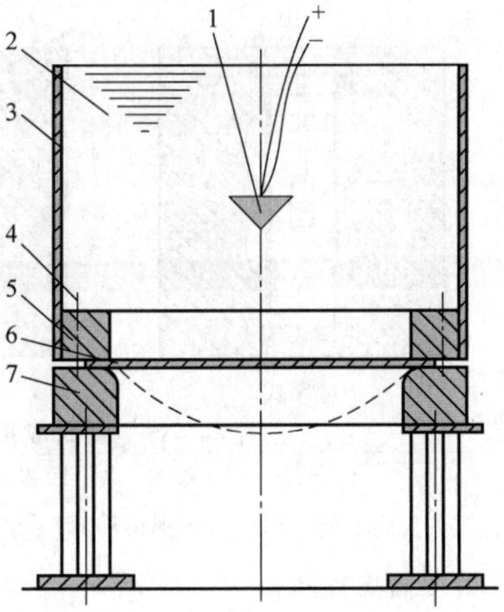

a) 无底模

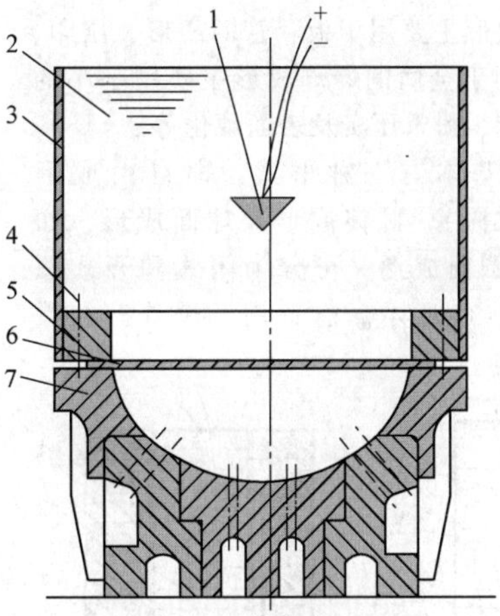

b) 有底模(自然排气)

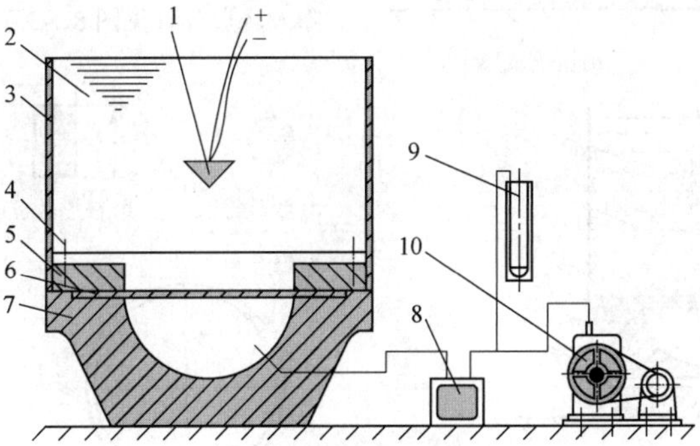

c) 有底模(抽真空)

图 8-1-33　爆炸拉深用模具类型

1—药包　2—水　3—水筒　4—螺钉　5—压边圈　6—毛坯　7—凹模　8—过滤器　9—真空计　10—真空泵

自然排气孔的大小及数量应根据模腔容积、毛坯种类与厚度、模具强度等确定，孔的直径一般小于毛坯的厚度，排气孔大小，数量与毛坯的关系见表 8-1-13。

表 8-1-13 排气孔大小、数量与毛坯的关系

零件尺寸/mm（直径×厚度）	毛坯材料	排气孔直径/mm	排气孔数/个	在同一圆周上两孔间的距离/mm	两排间的径向距离/mm
ϕ1210×5	1Cr18Ni9Ti	10	223	60~80	60~80
ϕ1210×8	L4-M				
ϕ1410×5	1Cr18Ni9Ti	10	309	70~100	70~80
ϕ1828×10	L2-M	10	315	100~150	80~100
ϕ1828×14	L2-R				

1.4.3 爆炸成形工艺参数选择

爆炸成形的工艺参数有：传压介质、药形、药位、药量、水深和模腔内的真空度等。

1. 传压介质

爆炸成形时，能量传播有两种方式，即通过介质传递及直接作用于金属，常用传压介质及特点见表 8-1-14。

表 8-1-14 常用传压介质及特点

介质	特点
空气	成形工艺简单、不需要特殊装置，成本也低。但噪声和振动大，爆炸物飞散对周围环境有不良影响，而且易损伤毛坯表面
水、砂	因压缩性比空气小，传压效率高，炸药需要量可大幅减少。而且水的阻尼作用可减小振动和噪声，又能保护毛坯表面不受损伤，因而生产中应用较多。但用水作为传压介质时，装置比较复杂，而且在爆炸时水的飞溅给生产带来一定麻烦。在用水有困难时，也可用砂作为传压介质

介质中爆炸成形主要用于板、管的成形、压印、翻边等。直接作用于金属的爆炸成形主要用于小的胀形、挤压、焊接、粉末压实及表面硬化等。

介质中成形基本有三种形式，即自由成形（杯、翻边、深拉深）、圆筒成形及球面成形，如图 8-1-34 所示。圆筒成形又可分为闭式和开式两种形式，如图 8-1-35 所示。前者用低爆炸药，后

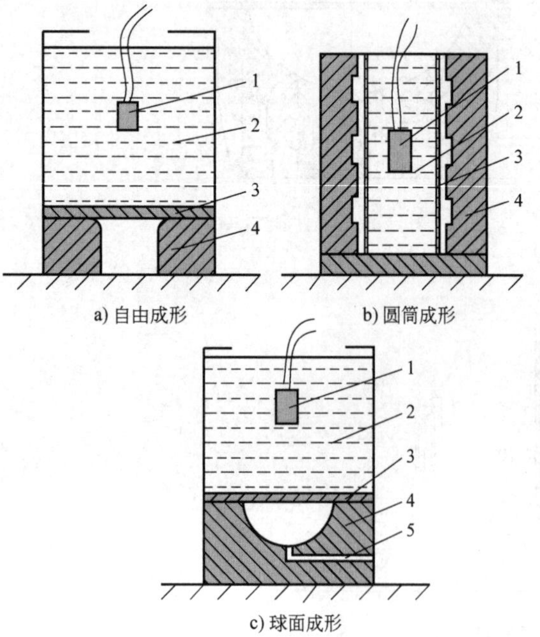

a) 自由成形　b) 圆筒成形

c) 球面成形

图 8-1-34 介质中成形的三种形式

1—炸药 2—水 3—毛坯 4—模具 5—抽真空孔

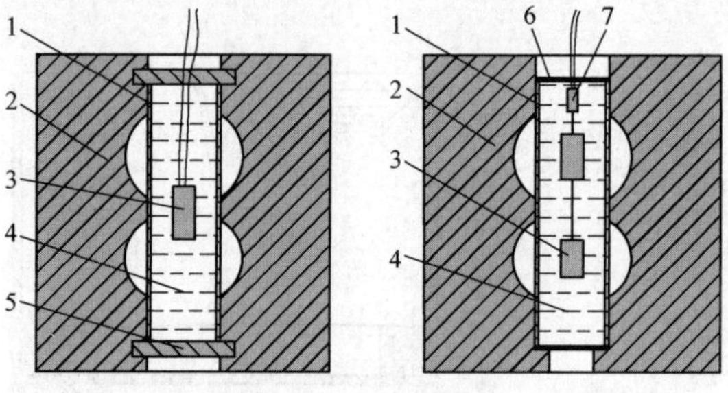

a) 闭式　b) 开式

图 8-1-35 圆筒成形

1—管坯 2—模具 3—炸药 4—介质 5—盖板 6—聚乙烯袋 7—引爆管

者用高爆炸药。

2. 炸药形状

目前生产中常用的药包形状主要有球形、柱形、锥形及环形等（见图 8-1-36），其特点及用途见表 8-1-15。

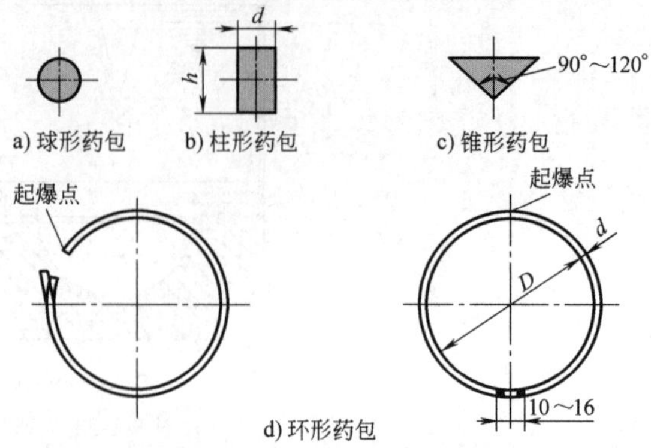

a) 球形药包　b) 柱形药包　c) 锥形药包

d) 环形药包

图 8-1-36 几种常用的药包形状

表 8-1-15　常用药形特点及用途

药形	特点	用途
球形药包	在低药位情况下，对毛坯作用载荷不均匀，中央部分载荷大，边缘部分载荷小。因此零件顶部变薄严重	成形深度不大或厚度均匀性要求较低的球形零件
柱形药包	一般可分为长柱药包和短柱药包两种。由于长柱药包端面冲击波和侧面冲击波相差太大，故不宜在爆炸拉深中使用，而多用于爆炸胀形。短柱药包($h/d \approx 1$)常用来代替球形药包	长度大的圆柱体零件或管类零件的胀形或校形
锥形药包	爆炸后顶部冲击波较弱，而两侧较强，因而利于拉深时法兰部分毛坯的流入	常用于变薄量要求较严的椭球底封头零件成形
环形药包	使用环形药包时，应在引爆端的对侧空出 10~16mm 不装药。空隙内可填纸或木塞，并在该处毛坯上垫一层砂或铺以橡胶，以防止该处因冲击波的汇合、局部载荷过大而引起毛坯过度变薄甚至破裂	用于大型封头零件成形、大型拉深件或大尺寸球面零件的校形及大中型平面零件的校形或成形

药包形状决定其产生的冲击波波形，是保证爆炸成形顺利进行的重要因素之一，应根据成形零件变形过程所需的冲击波阵面形状来决定。图 8-1-37 所示为几种类型胀形零件采用的药包形状。

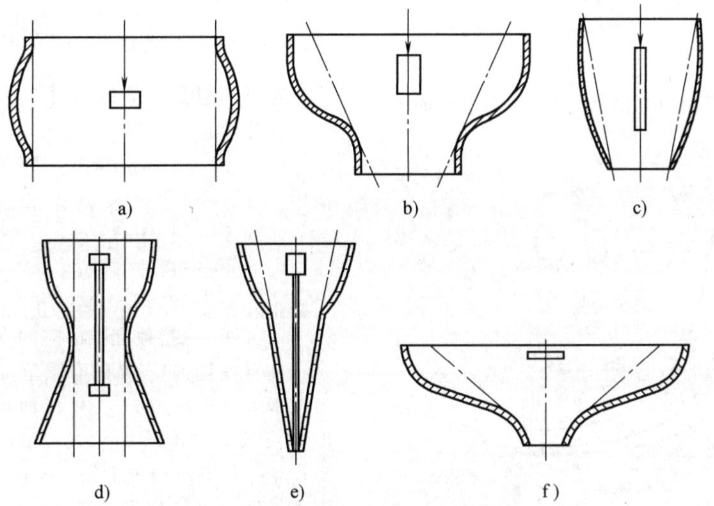

图 8-1-37　几种类型胀形零件采用的药包形状

对同一零件，当选择不同药包形状时，对模具寿命也将产生不同的影响。如图 8-1-38 所示，当采用图 8-1-38a 所示的装药形式时，为保证球面部分的成形，模具的直段部分将承受较大的应力；而采用图 8-1-38b 所示的装药形式时，将使直段部分承受的应力减小，从而延长模具寿命。

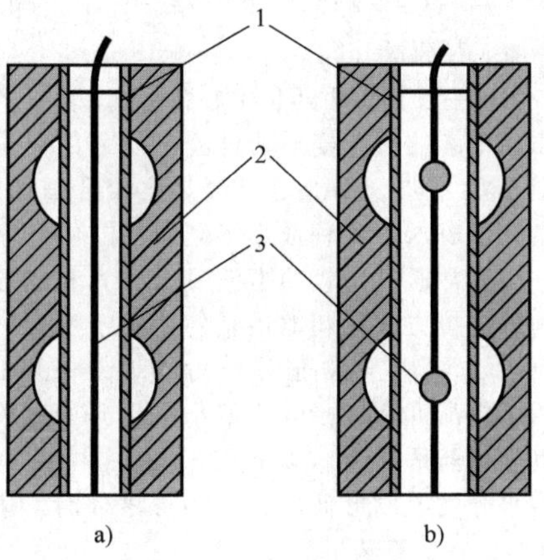

图 8-1-38　管件胀形
1—管坯　2—模具　3—炸药

3. 药位

药位是指炸药与毛坯之间的相对位置，其距离称为吊高。它与药形的正确配合，是获得所需冲击阵面形状的保证。

对于轴对称零件，药包的形状也是轴对称的，其中心应与零件的对称轴线重合。对于球面零件，过低的药位将引起中心部分的局部变形和厚度变薄。而药位过高，必然导致药量的增加，对模具和装置均有不利影响。对于筒状旋转体胀形件，药包总是挂在旋转轴线上，并位于毛坯变形量最大处，但应保证药包距水面有一定的距离。

药位的选择除与零件形状有关外，还与零件的材料性能和相对厚度有关。对于强度高而厚度大的零件，药位可低些，反之应高些。

图 8-1-39 及图 8-1-40 所示为高爆炸药压力与吊高的关系；压力与时间的关系如图 8-1-41（高爆炸药在介质中）、图 8-1-42（高爆炸药直接作用）、图 8-1-43（低爆炸药直接作用）所示（注：1in = 25.4mm，1ft = 12in，1lb = 453.59g）。

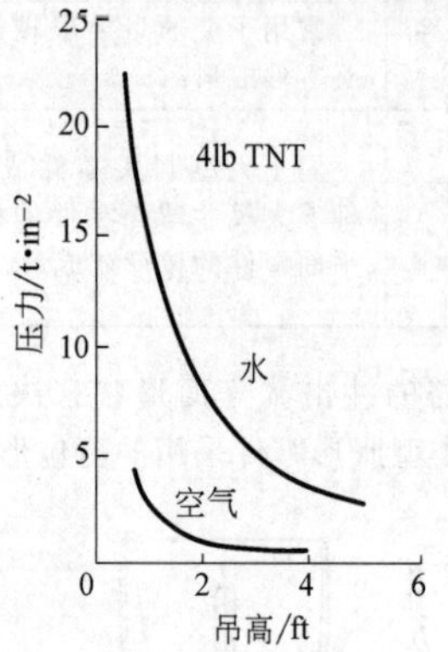

图 8-1-39　高爆炸药压力与吊高关系（不同介质中）

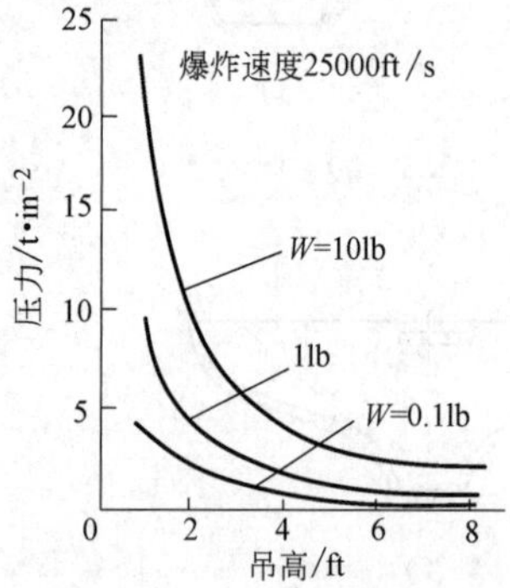

图 8-1-40　高爆炸药压力与吊高关系（不同药量时）

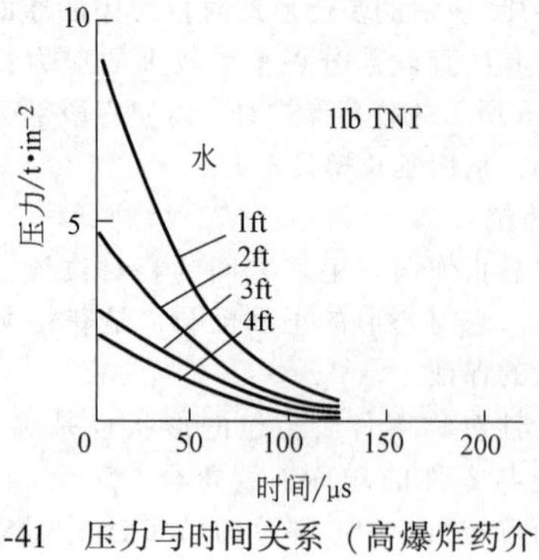

图 8-1-41　压力与时间关系（高爆炸药介质中）

4. 药量

在药形、药位一定的情况下，药量对作用在毛坯上的载荷大小起着决定性作用。

(1) 估算法　目前，尚无准确计算药量的方法，只能估算。

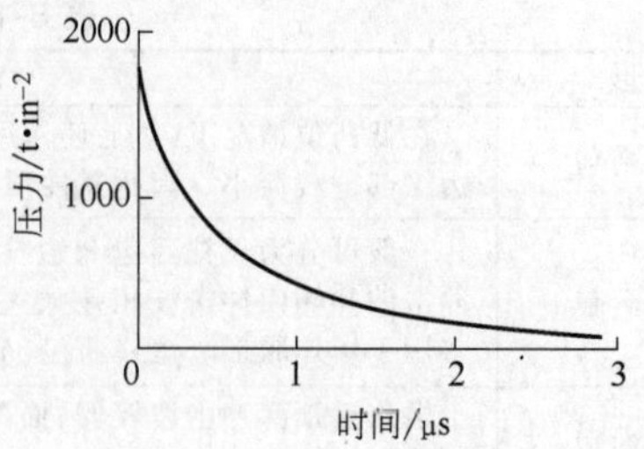

图 8-1-42　压力与时间关系（高爆炸药直接作用）

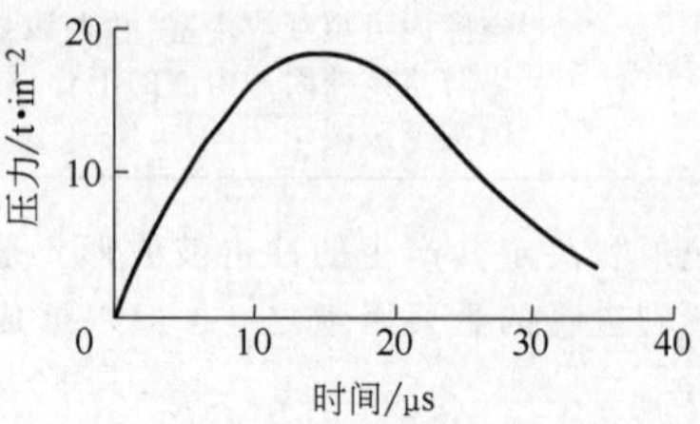

图 8-1-43　压力与时间关系（低爆炸药直接作用）

球形药包在水下爆炸时，水中某点的压力随时间的变化可近似地用一指数式来表示，即

$$P = P_m e^{-t/\theta} \tag{8-1-9}$$

式中　P_m——冲击波波头的最大（峰值）压力（MPa）；

e——自然常数；

t——时间（s）；

θ——指数衰减的时间常数。

在自变量 $W^{1/3}/R$ 的有限范围内，爆炸产生的冲击波最大峰值压力 P_m，单位面积上冲量 I 和能量密度 E 可按式（8-1-10）~式（8-1-12）近似计算。在 R/r_0（r_0 是球形药包半径）= 10 ~ 100 之间（这个范围正是适合爆炸成形的范围）时，这个公式计算结果与理论结果符合。

$$P_m = 5350(W^{1/3}/R)^{1.13} \tag{8-1-10}$$

$$I = 58.7 \times 10^{-2} W^{1/3}(W^{1/3}/R)^{0.89} \tag{8-1-11}$$

$$E = 8.43 W^{1/3}(W^{1/3}/R)^{2.05} \tag{8-1-12}$$

式中　W——药量（kg）；

R——计算点距药包中心距离（m）。

根据毛坯的塑性变形功计算出所需的单位冲量或能量密度，进一步确定药量是比较合理的方法。但目前还没有求解各种成形工艺所需功的可靠计算方法。因此常通过比较冲击波最大压力和成形所需静压力的间接方法来粗略的估算。对于变形量较大的压延件，取 P_m = 10 倍静压力或 $P_m \approx 100$MPa 均可。为了提高可靠性，可从偏小药量开始试验，逐步达到合适药量。

在水介质中成形低碳钢封头形零件时，建议用式（8-1-13）估算药量。

$$\frac{y}{D} = 120(W/D^2 t)^{0.78}(D/R)^{0.74} \tag{8-1-13}$$

式中 y——顶点挠度（mm）；

D——模口直径（mm）；

W——药量（g）；

t——毛料厚度（mm）；

R——药位（mm）。

若采用砂介质时，则式（8-1-13）变为

$$\frac{y}{D}=44.2(W/D^2t)^{0.78}(D/R)^{0.74} \quad (8\text{-}1\text{-}14)$$

当用锥形药包时，$D/D_0=0.76 \sim 0.82$，$R_d=(4 \sim 8)t$，其中 D_0 是毛料直径，R_d 是凹模圆角半径，以水作介质时，其误差不超过 10%～20%。

（2）试凑法　它是根据已爆炸成形的同类零件所用药量，按材料强度、厚度及零件尺寸大小用能量准则进行估算，然后通过试验修正。

对于大体上几何形状相似、尺寸不绝对成比例的零件，在爆炸成形中，只要边界条件大体一样，薄料零件成形的炸药能量利用率是相差很少的，可以认为是一个常数。对于有底模成形，有如下关系

$$\frac{W}{\sigma t L^2}=\text{常数} \quad (8\text{-}1\text{-}15)$$

式中 W——放电能量（J）；

σ——材料强度（Pa）；

t——零件厚度（m）；

L——零件尺寸（m）。

能量准则可简称为 2、4、8 准则。即如果零件尺寸不变，厚度需放大 1 倍，就需要 2 倍的药量；如果零件厚度不变，尺寸需放大 1 倍，则需要 4 倍的药量；如果零件尺寸和厚度都需放大 1 倍，则需要 8 倍的药量。

对于大型零件，可通过模拟试验来解决产品生产时的药量问题。模拟件的用药量可通过前述方法求得。

5. 水深

药包中心与水面的距离称为水深。当其他参数不变时，水深 H 值增大，零件成形平滑度和质量将有所改善。但 H 值超过某一临界值之后，则其影响不大。薄板零件成形时，临界水深凭经验一般取为 1/3～1/2 模口直径。

6. 真空度

用有底模爆炸拉深薄板时，如果模腔内真空度不够高，在毛坯即将高速率贴模时，模腔内剩余空气被压缩。由于压力-温度效应，空气会瞬时升至很高温度，对模具和零件表面都会产生烧蚀作用。在毛坯上载荷消失后，压缩的气体膨胀，又会使零件反凸，最终无法得到要求的形状。试验表明，模腔具有小于 5mmHg 的真空度即可获得外形良好的零件。

1.4.4 典型实例

表 8-1-16 中列出了封头类零件爆炸成形的工艺参数。零件材料是低碳钢或低合金钢，其他材料应做适当修正。表 8-1-17 中列举了几个典型零件的爆炸成形实例，均以水为传压介质，可供类似零件成形参考。

表 8-1-16　封头类零件爆炸成形工艺参数

零件直径/mm	ϕ200	ϕ416	ϕ624	ϕ822	ϕ1000	ϕ1680
毛坯直径/mm	ϕ250	ϕ537	ϕ815	ϕ1050	ϕ1285	ϕ2340
厚度/mm	3	8	12	14	14	14
药量/g	20	225	750	1410	2000	16000
药位/mm	40	83	120	165	206	320
水深/mm	140	210	320	420	720	960

表 8-1-17　典型零件的爆炸成形实例

零件	模具	装药
图 8-1-44 所示零件	用带底凹模成形，模腔内真空度为 6mmHg	炸药为 TNT，药量 20g，药形为短圆柱形集中装药，药位 200mm
图 8-1-45 所示零件	球面带底凹模，水筒一次性使用，其直径为 ϕ1800mm，高度为 350mm。模腔内真空度为 6mmHg	炸药为 TNT，药量 1600g，药位 206mm
图 8-1-46 所示零件	在爆炸井中成形。模腔内真空度为 3mmHg	炸药为 TNT，药量 200g，药形为圆柱形，药位 420mm
图 8-1-47 所示零件	在爆炸井中成形。为减小变薄量，在毛坯上表面附加厚度为 5mm 的铝板	炸药为 TNT，药量 150g，药位 75mm
图 8-1-48、图 8-1-49 及图 8-1-50 所示零件	采用自然排气	炸药为梯恩梯，药形为圆柱形，药量分别为 10～15g，2～2.5g 及 25～35g

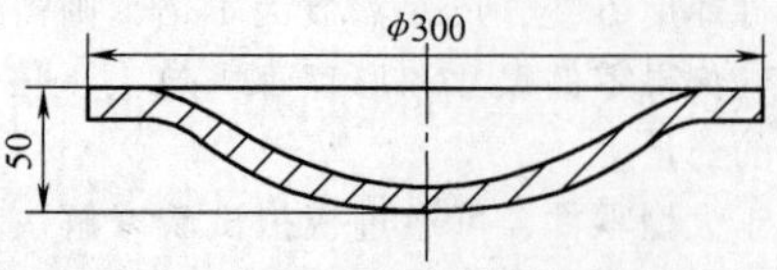

图 8-1-44　爆炸成形零件实例之一
（材料：LF2M　厚度：1.5mm）

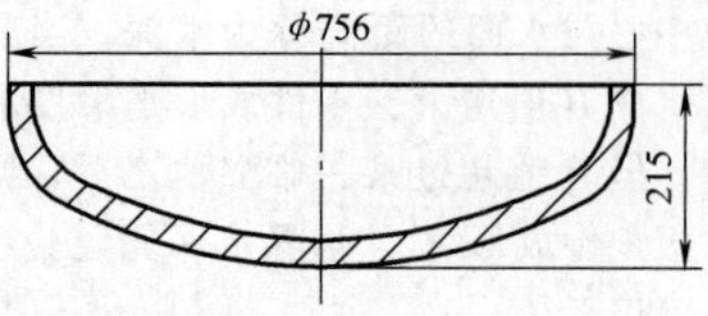

图 8-1-45　爆炸成形零件实例之二
（材料：25CrMnSiA　厚度：8mm）

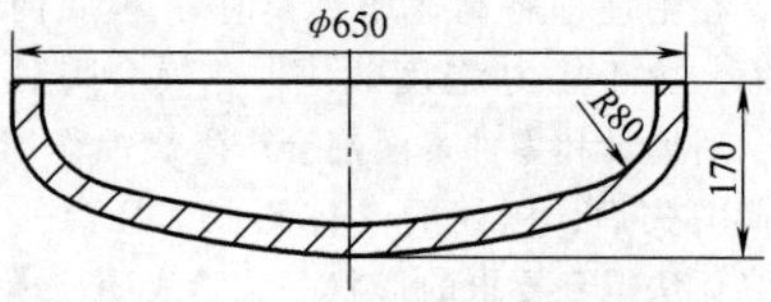

图 8-1-46　爆炸成形零件实例之三
（材料：LF2　厚度：3mm）

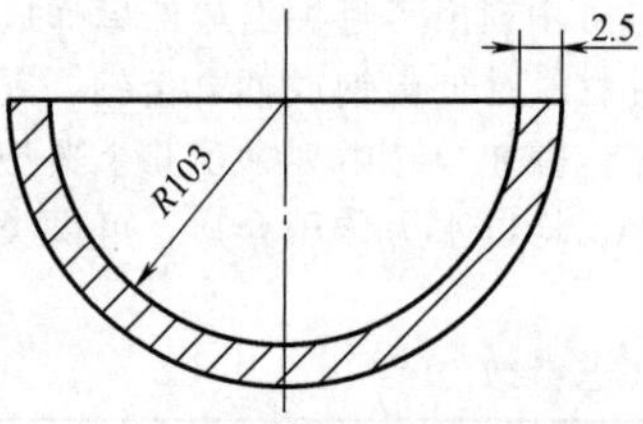

图 8-1-47　爆炸成形零件实例之四
（材料：30CrMnSiA　厚度：2.5mm）

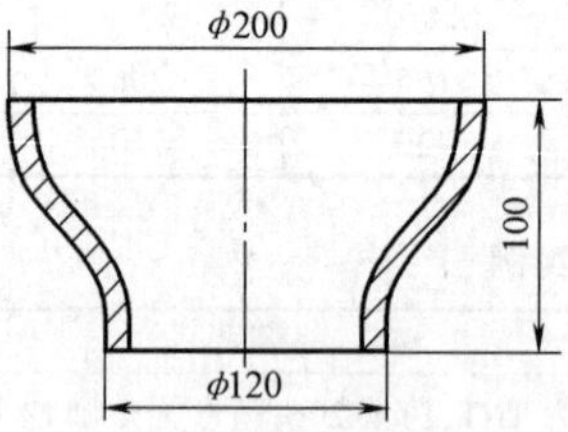

图 8-1-48　爆炸成形零件实例之五
（材料：1Cr18Ni9Ti　厚度：1mm）

1.4.5　生产安全

炸药、雷管等都属危险物品，其保存、使用和管理应该分别按照有关规定的细则严格执行。

直接从事爆炸成形的操作人员及器材保管人员，应该具有相关爆炸用品的基本知识。只有受过严格的专业训练，经考核合格者才能从事爆炸成形的有关工作。

爆炸成形的设施，包括室内爆炸设备、爆炸成形场地和炸药、雷管库等，一般都设在常规的生产车间之外，并按照要求彼此保持一定距离。

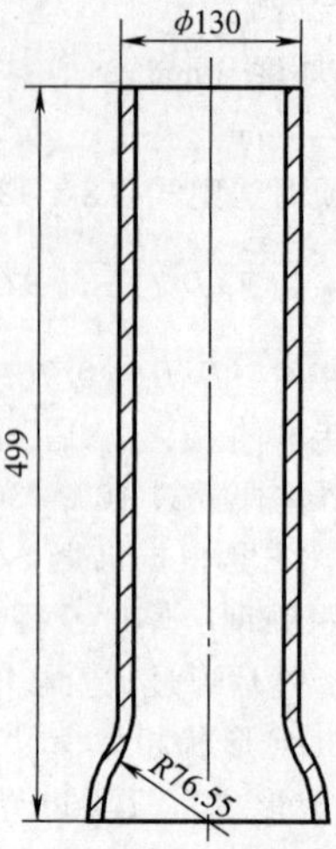

图 8-1-49　爆炸成形零件实例之六
（材料：1Cr18Ni9Ti　厚度：1mm）

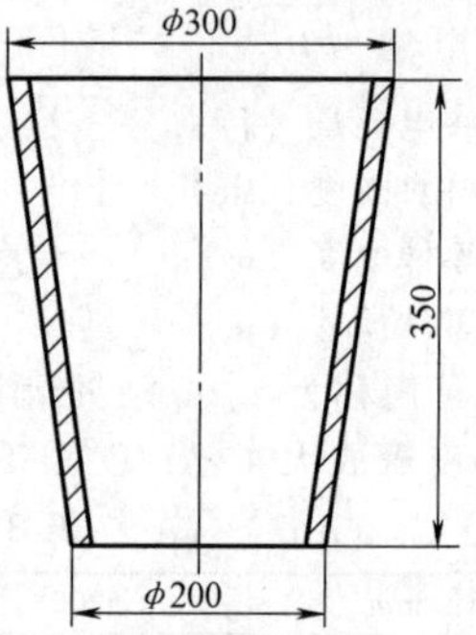

图 8-1-50　爆炸成形零件实例之七
（材料：低碳钢　厚度：1.5 mm）

参考文献

[1]　KURT L. Handbook of Metal Forming [M]. New York: McGraw-Hill Book Company, 1985.

[2]　日本塑性加工学会. プレス加工便览 [M]. 东京：丸善株式会社，1975.

[3]　李春峰. 高能率成形技术 [M]. 北京：机械工业出版社，2001.

[4]　AMERICAN SOCIETY FOR METALS. Metals Handbook, Volume 14, Forming and Forging-Electromagnetic Forming [M]. 9th ed. 1988: 644-653.

[5]　美国金属学会. 金属手册，第十四卷，成形和锻造 [M]. 北京：机械工业出版社，1994.

[6]　《高能成形》编写小组. 高能成形 [M]. 北京：国防工业出版社，1969.

[7]　陈浩. 磁脉冲加工的物理基础及计算方法 [J]. 航天制造技术，2004 (4): 1-7.

[8]　李大明. 磁场的测量 [M]. 北京：机械工业出版社，1993.

[9] 佐野利男，等．电磁力超高速率塑性加工法［J］．国外金属加工，1988（2）：20-25.

[10] 张守彬．电磁成形胀管过程的研究及工程计算方法［D］．哈尔滨：哈尔滨工业大学，1990.

[11] DAVIES R，AUSTIN E R．Developments in High Speed Metal Forming［M］．New York：The Machinery Publishing Co．Ltd，1970.

[12] 铃木秀雄，根岸秀明．電磁成形法と管の2次加工［J］．塑性と加工，1979，20（224）：789-795.

[13] ЗЛОБИН С И．Импульсные методы обработки материалов［M］．Изд Наука и техника，1979：53-60.

[14] 根岸秀明，铃木秀雄，前田祯三．電磁成形に關する研究-2-ソレノイド形コイルにとる平板成形［J］．塑性と加工，1977，18（192），16-21.

[15] S．T．S．Al-Hassani，Duncan J L，Johnson W．Techniques for Designing Electromagnetic Forming Coils［C］//Second International Conference on High Energy Forming．1969：5．1．2-5．1．16.

[16] KISTERSKY L．Welding process turns out tubular joints fast［J］．American Machenist，1996，4：41-42.

[17] SUZUKI H，MURATA M，NEGISHI H．The effect of a field shaper in electromagnetic tube bulging［J］．Journal of Mechanical Working Technology，1987，15（2）：229-240.

[18] 张亚明．电磁成形缩径的研究及硬木线圈骨架的研制［D］．哈尔滨：哈尔滨工业大学，1990.

[19] 于海平．管件电磁缩径压缩失稳判据及变形分析［D］．哈尔滨：哈尔滨工业大学，2006.

[20] MIN D K，等．电磁缩管工艺的有限元分析［J］．国外金属加工，1994（1）：11-17.

[21] 江洪伟．管件电磁校形数值模拟与试验研究［D］．哈尔滨：哈尔滨工业大学，2006.

[22] 于云程，李春峰，江洪伟，等．管件端口电磁校形的实验研究［J］．锻压技术，2005，30（4）：9-12.

[23] 张文忠，董占国，陈浩，等．铍青铜波形弹簧磁脉冲精密校形工艺研究［J］．航天制造技术，2006（6）：19-22.

[24] 张守彬，等．电磁成形几个影响因素的研究［J］．锻压技术，1988（1）：26-29.

[25] 赵林，周锦进．板材电磁成形实验研究［J］．金属成形工艺，1995（2）：7-10.

[26] 张守彬．电磁成形设备研制及工艺参数的实验研究［D］．哈尔滨：哈尔滨工业大学，1986.

[27] 初红艳，费仁元，陆辛．圆形和椭圆形线圈在电磁成形中的应用比较［J］．北京工业大学学报，2002，28（9）：281-285.

[28] CHELLURI B，BARBER J P．Full-Density Net-shape Powder Consolidation Using Dynamic Magnetic Pulse Presume［J］．JOM，1997（7）：36-37.

[29] MICHIEL J G J，FRANS G B O，ERIK M K，et al．Dynamically compacted all-ceramic lithium-ion batteries［J］．Journal of power sources，1999（80）：83-89.

[30] 薛强．磁脉冲粉末致密工艺试验研究［D］．哈尔滨：哈尔滨工业大学，2005.

[31] DAEHN G S，SHANG J H，VOHNOUT V．Eelectromagnetically assisted sheet forming：enabling difficult shapes and materials by controlled energy distribution［J］．TMS Annual Meeting，2003：117-128.

[32] VOHNOUT V J，SHANG J，DAEHN G S．Improved formability by control of strain distribution in sheet stamping using electromagnetic impulses［C］//KLEINER M．Proceedings of 1st international conference on high speed forming．Dortmund：High speed forming，2004：211-220.

[33] DAEHN G S，VOHNOUT V J，DATTA S．Hyperplastic forming：process potential and factors affecting formability［J］．Mat．Rew．Soc．Symp．Proceeding，2000（601）：247-252.

[34] VOHNOUT V J．A hybrid quasi-static/dynamic process for forming large metal parts from aluminum［D］．Columbus：The Ohio State University，1998.

[35] SHANG J M．Electromagnetically assisted sheet metal forming［D］．Columbus：The Ohio State University，2006.

[36] 李志尧，佘公藩，陶华．应力波铆接［J］．航空制造工程，1988（2）：10-12.

[37] 佘公藩．应力波铆接技术［J］．航空标准化与质量，1993（6）：13-15.

[38] 李远清，奉孝中．铆接工艺中的新军-应力波铆接技术［J］．力学与实践，1986（4）：27-29.

[39] 曹增强，彭雅明，梁鸿森．高模量碳纤维复合材料的电磁铆接工艺研究［J］．西北工业大学学报，2002（5）：198-202.

[40] ZIEVE P B．Low voltage electromagnetic riveter［D］．Washington：University of Washington，1986：1-140.

[41] HARTMANN J．Development of the handheld low voltage electromagnetic riveter［J］．SAE transactions，1990（1）：2371-2385.

[42] СКРИПНИЧЕСКО А Л，ЯСКОВИЧ А Г．Импульсные методы обработки материалов［M］，Изд．Наука и Техника，1979.

[43]《板金冲压工艺手册》编委会．板金冲压工艺手册［M］．北京：国防工业出版社，1996.

[44] RINEHART J S，PEARSON J．Explosive Working of Metals［M］．Oxford：Pergamon Press，1963.

[45] COOK M A．The Science of High explosives［M］．New York：Reinhold Publishing Company，1958.

[46] BLAGYNSKI T Z，MECH E A M I．Experimental and Theoretical Development of the High-Energy Rate Forming Processes［J］．The Engineer，1964，217（5657）：1117-1124.

[47] ROTH J．The Forming of Metals by Explosives［J］．The Explosive Engineer，1959（37）：52-55.

[48] HARDWICK R，DOHERTY A．High energy rate form-

ing—considerations and production meathods [J]. Sheet Metal Industries, 1998 (4): 191-193.
[49] ZHANG R, IYAMA H, FUJITA M, et al. Optimum Structure design method for non-die explosive forming of spherical vessel technology [J]. Journal of Materials Processing Technology, 1999, 85 (1-3): 217-219.
[50] MILLER P C. High energy rate forming joins the productivity race [J]. Tool & Production, 1981, 47 (7): 90-97.
[51] BUCHAR J, ROLC S, HRUBY V. On the explosive welding of a ring to the axisymmetric body [J]. Journal of Materials Processing Technology, 1999, 85 (1-3): 171-174.
[52] KUMAR K S, BHAT T B, RAMAKRISHNAN P. Shock synthesis of 2124Al-SiCp composites [J]. Journal of Materials Processing Technology, 1999, 85 (1-3): 125-130.
[53] TOMOSHIGE R, GOTO T, MATSUSHITA T, et al. High-temperature-shock compaction of ceramics/silicide composites produced by combustion synthesis [J]. Journal of Materials Processing Technology, 1999, 85 (1-3): 100-104.
[54] 陆辛. 电液成形技术研究及成形过程数值模拟 [D]. 哈尔滨：哈尔滨工业大学，1997.
[55] 高能成形编写组. 电液成形 [M]. 北京：国防工业出版社，1975：135-196.

第2章

板材拉形

北京航空航天大学　万　敏

2.1　概述

拉形，为拉伸成形的简称，是板料成形的典型工艺之一，板料两端在拉形机夹钳的夹紧下，依靠工作台的顶升或夹钳下拉的空间加载运动，对板料施加拉力和弯矩，使板料与拉形模接触，产生不均匀的平面拉应变，而使板料与拉形模贴合的成形方法。

拉形的实质是通过对板料协同施加一定的拉应力和弯曲力矩，使板材尽可能进入全塑性状态，从而减小板材弯曲内力，并最终达到减小卸载回弹，提高零件成形精度的目的。

拉形适于制造材料具有一定塑性、表面积大、曲度变化缓和而光滑、质量要求高（外形准确、光滑流线、质量稳定）的单、双曲度蒙皮。拉形所使用的工装模具较简单，成本低、生产周期较短。拉形所使用设备一般具有数控示教功能，自动化程度较高、机动灵活性大。但拉形的材料利用率低、生产效率较低，对于外形复杂的零件，仍需辅助以修整工序。拉形是制造双曲度板料零件（如飞机蒙皮、火箭蒙皮等）的有效方法。

2.2　拉形方式与基本原理

2.2.1　拉形方式

根据成形零件的外形，有横向拉形（简称横拉）和纵向拉形（简称纵拉）两种成形方式，如图 8-2-1 所示。

横拉是指板料沿横向两端头夹紧，在被工作台顶升的拉形模顶力或拉伸夹钳横向拉力的作用下，使板料与拉形模贴合的成形方法，一般用于横向曲度大的蒙皮零件成形。

纵拉是指板料沿纵向两端头夹紧，在被工作台顶升的拉形模顶力或拉伸夹钳纵向拉力的作用下，使板料与拉形模贴合的成形方法，一般用于纵向曲度大的狭长蒙皮零件成形。

拉形的零件具有以下特点：表面质量好、外形准确度高（协调准确度高）、形状复杂、尺寸大。适于成形单、双曲度蒙皮，如凸双曲度、凹双曲度和马鞍形双曲度蒙皮等，如图 8-2-2 所示。

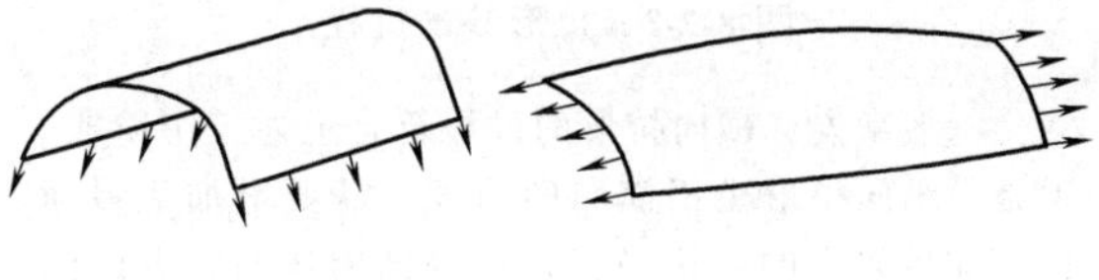

a) 横向拉形　　b) 纵向拉形

图 8-2-1　拉形方式

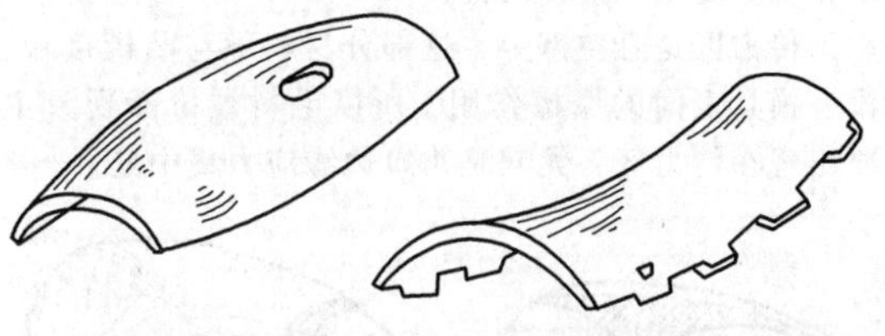

a) 凸双曲度零件　　b) 凹双曲度零件

图 8-2-2　双曲度零件

2.2.2　拉形基本原理

1. 拉形基本过程

板材拉形与型材拉弯相似，都是以增加拉力减少回弹来提高成形准确度。但在拉形情况下，材料的变形状态却要复杂得多。拉形过程大致可分为三个阶段，如图 8-2-3 所示。

（1）开始阶段　将长方形毛料按凸模弯曲，并将毛料两端夹入机床钳口中，然后钳口作拉包运动或凸模向上移动，凸模脊背最高处与毛料接触，毛料被弯曲并张紧，这时主要是弯曲变形。

（2）中间阶段　设想将毛料沿模具横切面划分为许多条带，随着钳口作拉包运动或凸模上升，中间条带的附近条带相继与凸模脊背贴合，循次渐进，直到最边缘的条带也与凸模贴合为止，于是这时毛料的内表面都与凸模贴合，取得了凸模表面的形状。

（3）终了阶段　毛料与模具表面完全贴合后，再作少量补充拉伸，例如约 1%的延伸率，使边缘材料（即最后与凸模接触的条带）所受的拉应力超过屈服点，以达到减少回弹、提高成形准确度的目的。

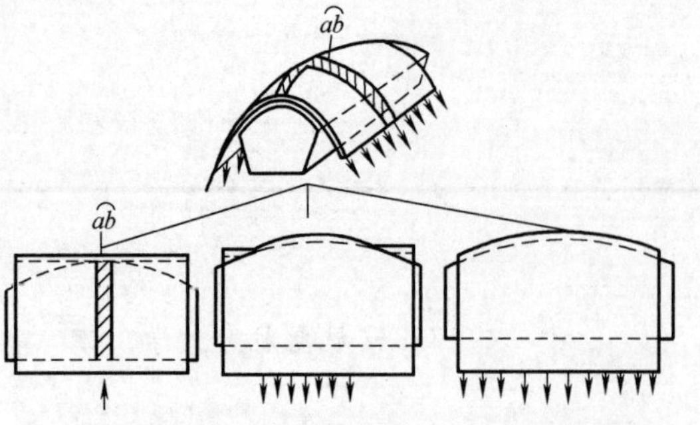

a) 开始阶段　b) 中间阶段　c) 终了阶段

图 8-2-3　拉形基本过程

一般来说，横向拉形的过程符合上述三个阶段。但是，纵向拉形由于横向的曲度，需要增加毛料横向弯曲后装入曲夹钳中；材料有横向弯曲，纵向的曲度是随着拉形进行而形成的。

2. 应力应变分析

拉形过程中整个毛料基本上可划分为两个区域，如图 8-2-4 所示：与模具贴合的成形区Ⅰ，以及与凸模相切处至夹头部分的传力区Ⅱ。

传力区是悬空部分，这部分材料不与凸模接触，没有模具表面的摩擦作用，所以毛料被拉断现象主要出现在传力区，尤其是钳口边缘应力集中处。

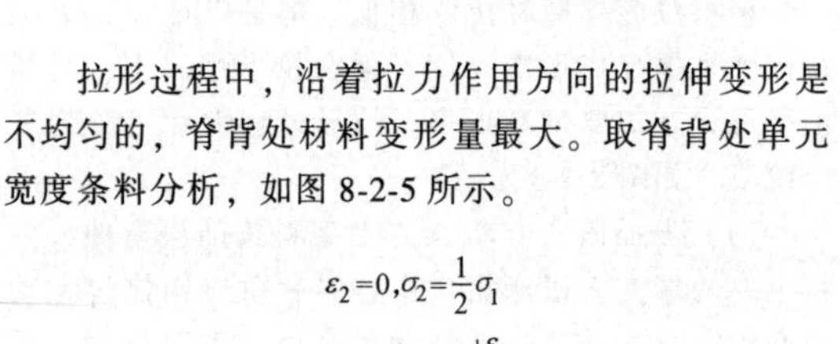

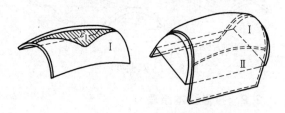

图 8-2-4　拉形变形区域与状态

拉形过程中，沿着拉力作用方向的拉伸变形是不均匀的，脊背处材料变形量最大。取脊背处单元宽度条料分析，如图 8-2-5 所示。

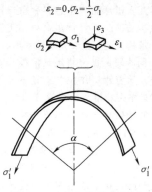

图 8-2-5　脊背处受力分析

由图可见，沿着钳口受拉时，会引起条料的横向收缩。但由于受到两侧材料的牵制与摩擦力的作用，横向收缩困难，应变基本为零。这时，应力状态为双向受拉，应变状态为一拉一压。

当纵向曲度相当大时，应变状态为双向受拉，厚度减薄，沿拉力方向应变最大。

如果脊背处切向拉应力为 σ_1，则因模具表面的摩擦力作用，钳口处的拉应力 σ_1' 为

$$\sigma_1'=\sigma_1 e^{\mu\frac{\alpha}{2}} \tag{8-2-1}$$

式中　α——毛料在模具上的包角；

μ——摩擦系数（一般取 0.15）；

e——自然对数的底，e≈2.718。

如果脊背处切向应变为 ε_1，钳口处为 ε_1'，厚向应力近似为零，对于平面应变状态，有

$$\sigma_1=(1.155)^{n+1}K\varepsilon_1^{\ n} \tag{8-2-2}$$

$$\sigma_1'=(1.155)^{n+1}K\varepsilon_1'^{\ n} \tag{8-2-3}$$

式中　K——材料强度系数；

n——加工硬化指数。

脊背顶部的拉应变 ε_1 与钳口处拉应变 ε_1' 的关系为

$$\varepsilon_1'=\varepsilon_1 e^{\frac{\mu\alpha}{2n}} \tag{8-2-4}$$

采用工程应变有

$$\delta_1'=\delta_1 e^{\frac{\mu\alpha}{2n}} \tag{8-2-5}$$

由于 $e^{\frac{\mu\alpha}{2n}}>1$，为了使脊背处产生 δ 的变形量，钳口处的拉伸变形量大于脊背处的变形量，当钳口处的变形量大于材料延伸率时，会发生材料断裂。

2.3　拉形工艺参数及影响因素

2.3.1　拉形系数及极限拉形系数

1. 拉形系数

拉形系数是指板料拉形后，变形最大的剖面处长度与其原长度之比，它是代表变形程度的工艺参数，用 K_1 表示：

$$K_1=\frac{L_{max}}{L_0}=\frac{L_0+\Delta L}{L_0}=1+\delta \tag{8-2-6}$$

式中　L_{max}——拉形后零件延伸最大处剖面的长度（m）；

L_0——拉形前板料该剖面的原始长度（m）；

δ——该剖面长度上的平均伸长率。

材料在拉形过程中，沿着拉力的作用方向拉伸变形是不均匀的，脊背最高点处拉伸变形量最大。如果零件变形部位的最小长度为 L_{min}，拉形时为了使此处的材料超过屈服点，只要使此处产生 1% 的拉应变，拉形后 $L_{min}=1.01L_0$，则拉形系数可近似表示零件变形部位的最大长度 L_{max} 与最小长度 L_{min} 之比：

$$K_1=\frac{L_{max}}{L_0}=1.01\frac{L_{max}}{L_{min}}\approx\frac{L_{max}}{L_{min}} \tag{8-2-7}$$

其中，L_{max} 与 L_{min} 决定于零件的形状，如图 8-2-6 所示。

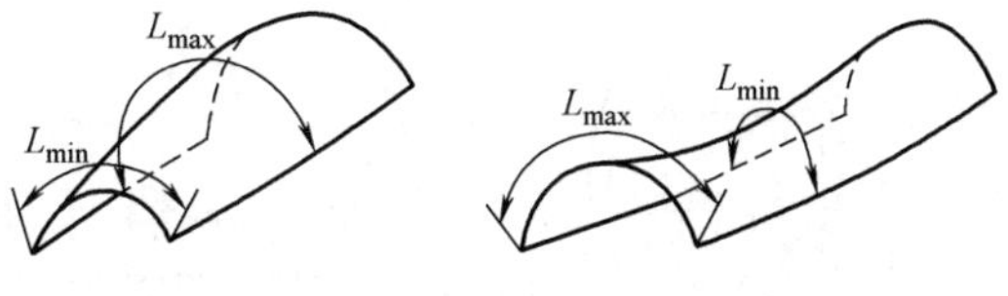

a) 凸双曲零件　　b) 凹双曲零件

图 8-2-6　拉形件 L_{max} 与 L_{min}

2. 极限拉形系数

考虑到拉形时材料应变不均和钳口应力集中的影响，对于一般常用材料可将拉形时材料拉应变的极限值定为 $0.8\delta_p$（δ_p 为单向拉伸试验的延伸率），则拉形顺利进行的条件：

$$\delta'\leqslant 0.8\delta_p \tag{8-2-8}$$

或

$$\delta\leqslant\frac{0.8\delta_p}{e^{\frac{\mu\alpha}{2n}}} \tag{8-2-9}$$

当 $\delta=\frac{0.8\delta_p}{e^{\frac{\mu\alpha}{2n}}}$时，材料濒临拉断。

极限拉形系数是在拉形时，当板料濒于出现不允许的缺陷（滑移线、粗晶或橘皮、破裂等）时的拉形系数，用 K_{lmax} 表示为

$$K_{lmax}=1+\delta=1+\frac{0.8\delta_p}{e^{\frac{\mu\alpha}{2n}}} \tag{8-2-10}$$

式中　δ_p——单向拉伸时的材料延伸率；

μ——摩擦系数，一般取 0.1 ~ 0.15；

n——材料的应变强化指数；

e——自然对数底，e≈2.718；

α——毛料在模具上的包角。

退火状态和新淬火状态的 2A12 铝合金与 7A04 铝合金拉形时的极限拉形系数见表 8-2-1，其中退火状态取上限，新淬火状态取下限。

表 8-2-1　2A12 铝合金与 7A04 铝合金的极限拉形系数

材料厚度/mm	1	2	3	4
K_{lmax}	1.04 ~ 1.05	1.045 ~ 1.06	1.05 ~ 1.07	1.06 ~ 1.08

当拉形系数 $K_1<K_{lmax}$ 时，可以一次拉形；而当 $K_1>K_{lmax}$ 时，则需要多次拉形，一般是退火状态初拉，新淬火状态后拉校。可以使用一套模具多次拉形或中间增加过渡模。

两次拉形过渡模具的几何参数可以参考表 8-2-2。

表 8-2-2　过渡模具的几何参数

材料	零件横向弯曲度 α/(°)	凸模角度		凸模半径（零件半径为 R）	
		第一套	第二套	第一套	第二套
2A12-O	<90	0.8α	α	0.8R	R
7A04-O	<90	0.7α	0.9α	0.8R	R

拉形系数是制定拉形工艺规程的主要依据。拉形后的零件，厚度会减薄。由于拉形时材料的拉伸变形分布不均，变薄量各处不同。根据脊背附近所取条带的应力应变分析，变薄率与零件的拉形系数有关。整个零件上的变薄率将在$\frac{1}{2}\delta$与 δ'之间变化，即

$$\frac{1}{2}(K_1-1)\leqslant t\leqslant e^{\frac{\mu\alpha}{2n}}(K_1-1) \tag{8-2-11}$$

2.3.2　其他参数及影响因素

1. 其他工艺参数

（1）拉形力　由于拉形时应力分布不均，拉形力的准确计算比较困难。一般按拉伸方向毛料最大剖面面积内产生 $0.9R_m$（R_m 材料的抗拉强度）的应力计算。

拉形夹钳的拉力：

$$F=0.9R_mS \tag{8-2-12}$$

对于工作台面上顶的设备，上顶力：

$$F_d=1.8R_mS\sin\frac{\alpha}{2} \tag{8-2-13}$$

式中　S——板料的原始剖面面积（m^2）；

α——毛料在模具上的包角（°）。

（2）毛料尺寸形状的确定

毛料长度方向：

$$L=L_0+2(l_1+l_2+l_3) \tag{8-2-14}$$

毛料宽度方向：

$$B=B_0+2b \tag{8-2-15}$$

式中　L_0——零件最大剖面处展开长度加切余量；

l_1——拉形模外形至零件切割线的距离，一般是 50 ~ 70mm；

l_2——模具边缘与钳口间的过渡长度，横拉时是 100 ~ 200mm，纵拉时是 100 ~ 300mm；

l_3——毛料夹紧余量，通常取 30 ~ 60mm；

B_0——零件最大剖面处展开宽度加切余量；

b——切割余量，通常取 30 ~ 50mm。

计算毛料尺寸时要注意以下几点：

1）在纵向拉形时，要考虑到横向收缩、热处理和表面处理时的夹持工艺余量等。

2）锥形蒙皮拉形时，毛料可为梯形，但两端宽

度差不能太大，避免小端断裂。梯形毛料设计时应使悬空段等宽。

3）马鞍形蒙皮在横向拉形时，为防止侧滑，须加大毛料两侧余量以包容拉形模圆角。

4）拉形时的施力方向要和材料轧制的纤维方向一致。

（3）拉形速度　拉形过程要做到速度均匀、不间断，这样有利于提高零件质量。

（4）热处理状态选择　为了使退火料拉形后达到使用状态，需要进行淬火处理，在孕育期内进行拉形。为了解决复杂蒙皮零件拉形的问题，需要进行多次消除应力的退火处理，但退火次数不宜过多，以免降低合金自然时效强化作用。

2. 影响因素

1）板料塑性指数 n、r 值：对于以应变为主的拉形，应变强化指数 n 值越大，对拉形越有利。厚向异性指数 r 值大，板料不易在厚度方向变薄，对拉形也有利。

2）摩擦力直接影响板料的应力应变分布。一般来说，板料与拉形模完全贴合时，板料各点的变形量主要取决于零件的形状，而型面区和过渡区的变形量大小则取决于摩擦力大小。摩擦还影响极限拉形系数、拉形模的结构和寿命等。

3）拉形中应该使得板料传力区摩擦尽量小，而变形集中的部分和马鞍形零件拉形时两端的摩擦力则要大一点，拉形模表面需涂润滑油以减小摩擦力。

4）毛料形状。矩形和梯形毛料的过渡区要选择合理。

5）夹钳形式。夹钳曲度应尽量与拉形模边缘曲度相近，夹紧力要大而均匀。

6）拉形模表面要光滑，拉形模应选择硬度高、刚度大的材料。

2.4　拉形缺陷与质量控制

2.4.1　主要缺陷与工艺措施

蒙皮拉形中常见的缺陷有：破裂、起皱、滑移线、粗晶和回弹等。

（1）破裂

原因：主要是由于板料的拉伸失稳造成的。当拉形过程中毛料某个区域变形过大、减薄严重时，就会在这个位置出现破裂。如，钳口处易产生应力集中破裂、过小圆角处破裂等。

措施：控制极限拉形系数，采用多次拉形；或在小圆角处垫橡皮等。

（2）起皱（见图 8-2-7）

原因：主要是毛料板面内压应力达到一定条件引起的压缩失稳起皱以及材料流动不顺畅引起的堆积起皱。如，凹曲面、马鞍形会侧滑而起皱。

措施：采用增大毛料尺寸，包覆模具侧壁。

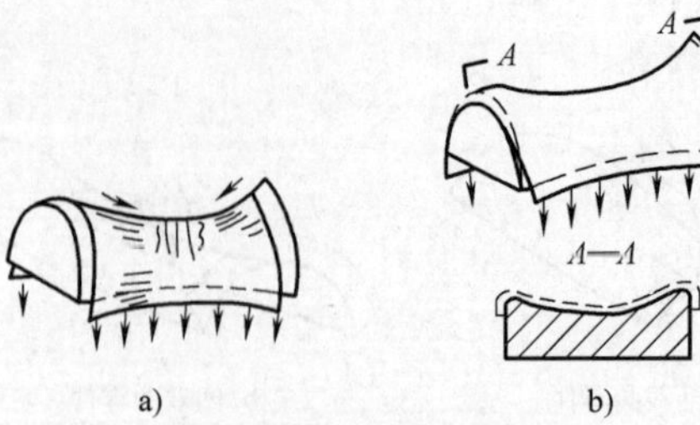

图 8-2-7　拉形起皱及预防

（3）滑移线

原因：主要是由于材料晶体在剪应力作用下，大量位错在滑移面上运动到材料晶体的表面时形成了一条条可见的纹路。对于铝合金而言，滑移线的产生由动态应变时效效应引起。滑移线不仅有碍零件表面质量，严重时还会降低零件的疲劳强度，在镜面蒙皮拉形中尤为突出，是零件报废的主要原因。

措施：保持加载均匀缓慢、不间断，并将拉形应变量控制在临界应变量以下。

（4）粗晶

原因：经过塑性变形的金属材料，在热处理的加热过程中，通过再结晶生成了特别粗大的晶粒，在零件表面表现为橘皮状。

措施：变形量小于临界值的 80%；成形后尽量不再热处理，如需处理，控制退火温度于再结晶温度以下，保温时间尽可能缩短；使用细晶粒度的板材，拉形后不易产生粗晶。

（5）回弹

原因：毛料在拉形结束卸载后发生的弹性回复。

措施：可采用初拉+淬火后补拉工艺，或采用修模（目前仅应用于单曲件）。

2.4.2　零件外形检验

零件外形的准确度一般用零件曲面与拉形模贴合间隙表示。一般都在拉形模上进行，零件覆盖在拉形模上用手按压试探蒙皮是否局部浮离模具表面。对于厚度为 1 mm 的蒙皮加压 0.5MPa，2mm 的蒙皮加压 0.7MPa，能够使蒙皮贴合的，则符合要求。刚度较大的零件，可用切面样板或检验夹具检验测量。歼击机蒙皮允许间隙≤0.5mm，局部非配合区间隙≤1mm；大型客机和轰炸机间隙≤0.8mm。

2.5　拉形方法与工艺流程

2.5.1　拉形方法

板料拉形主要方法见表 8-2-3。

表 8-2-3　板料拉形主要方法

方法	示意图	说明
单模 一次拉形	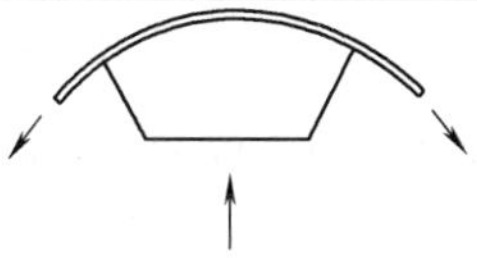	$K_1<K_{lmax}$ 新淬火状态
单模或多模 多次拉形	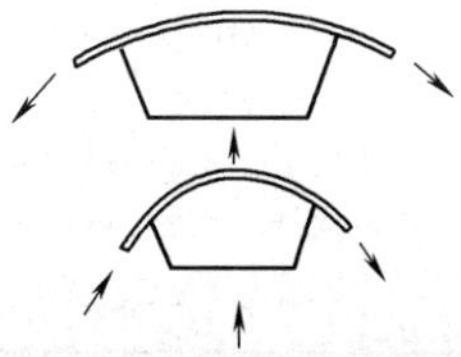	$K_1>0.8K_{lmax}$ 可增加过渡模多次拉形,中间退火
成组拉形	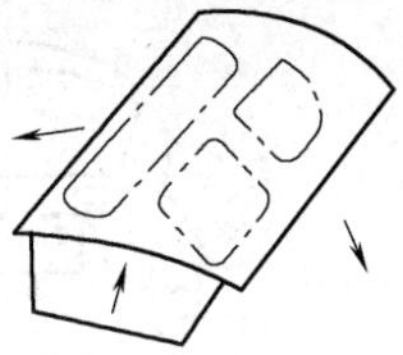	若干个形状近似的零件组合为一个曲面,用一个模具拉形,省工、节料
重叠拉形	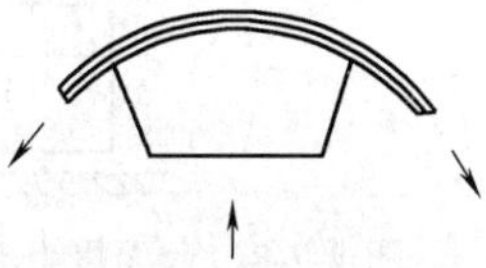	料厚<1mm,多次拉形的零件,首次拉形时,将若干件毛料重叠在一起拉形,可防止材料失稳、起皱
预成形拉形	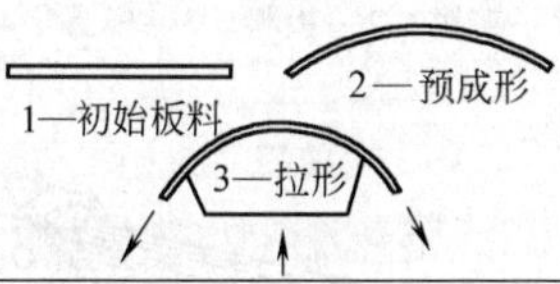	复杂曲面零件,先用其他方法预成形,再拉形
紧箍成形	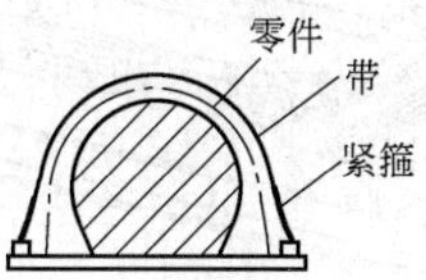	马鞍形零件,先将毛料和拉形模紧箍在一起,然后拉形,可增加摩擦力,提高贴模程度
加上压拉形	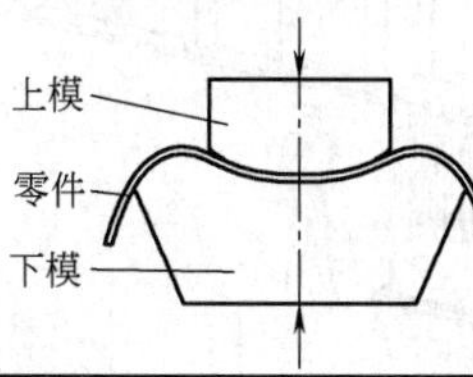	在拉形过程中,与模具顶力方向相反,用局部上模加压,可成形零件曲面上的凹陷部位

2.5.2　拉形工艺流程

典型零件拉形工艺流程见表 8-2-4。

表 8-2-4　拉形工艺流程

零件形状	材料	工艺流程
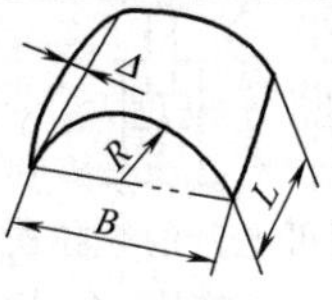 L—长度　B—宽度　R—半径　Δ—纵曲高度	2A12-O	下料→预拉形→淬火→补拉形→切割外形→修整→检验

（续）

零件形状	材料	工艺流程
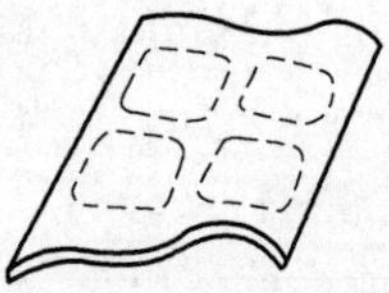	2A12-O	下料→滚弯→淬火→拉形→切割外形→校正→检验
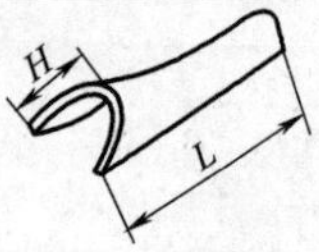 *L*—长度　*H*—大段高度	2A12-O	下料→滚弯→预拉形→退火→拉形→淬火→预切割→时效应力松弛校形→精密化铣→切割→外形→校正→检验

2.6　拉形设备

在横向拉形机中，根据设备的不同，安放拉形模的台面和夹钳的运动方式不同：

1）对于如图 8-2-8 所示的设备，如 Cyril-Bath VTL 型拉形机，可以由液压作动缸推动台面做上下垂直运动，也可做倾斜运动；两侧的夹钳可以调整位置，但工作时固定不动。

2）对于如图 8-2-9 所示的设备，如 ACB FET 型拉形机，台面不动，夹钳运动。拉形时，根据蒙皮的顶部形状，使夹钳的拉力作用线与拉形模边缘相切。

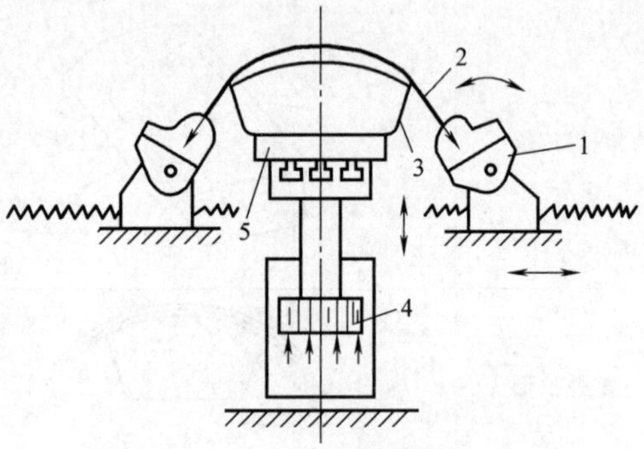

图 8-2-8　台面可上升的横拉机示意图

1—夹钳　2—板料　3—模具　4—液压作动缸　5—台面

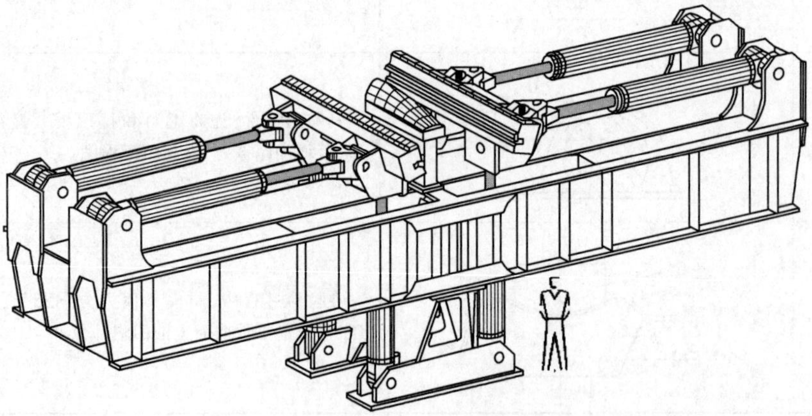

图 8-2-9　台面不动夹钳运动的横拉机示意图

在纵向拉形机中，根据设备的不同，安放拉形模的台面和夹钳的运动方式不同：

1）对于图 8-2-10 所示的设备，如 Cyril-Bath VTL 型，可以由液压作动缸推动台面做上下垂直运动，也可做倾斜运动；两侧的夹钳可以调整位置，但工作时固定不动。

2）对于图 8-2-11 所示的设备，如 ACB FEL 型，台面不动，夹钳运动。

纵向拉形机的夹钳由一组子夹钳组成，子夹钳

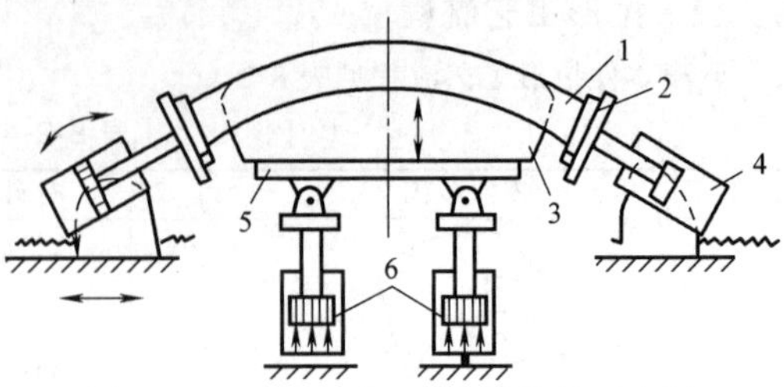

图 8-2-10　台面可上升的纵拉机示意图

1—板料　2—夹钳　3—模具　4—拉伸作动缸

5—台面　6—台面作动缸

钳口角度用丝杠调节，各个子夹钳转动可以形成一定曲率的形状，即构成曲夹钳，以形成零件横向的曲度，纵向的曲度在拉伸作动缸的作用下随着拉形过程而形成。

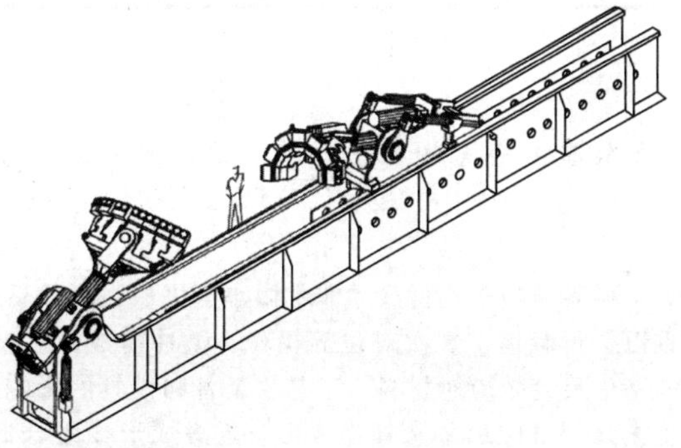

图 8-2-11　台面不动夹钳运动的纵拉机示意图

目前的拉形机一般都有上压装置，可成形蒙皮上有凹陷和鼓包的部分。图 8-2-12 是目前国际上主流的拉形机。

a) ACB FEL型纵拉机

b) ACB FEL型横拉机

c) Cyril-Bath VTL型纵横拉形机

d) L&F转臂式拉形机

图 8-2-12　板材拉形机

参考文献

[1]　《航空制造工程手册》总编委会. 航空制造工程手册：飞机钣金工艺［M］. 北京：航空工业出版社，1992.

[2]　《板金冲压工艺手册》编委会. 板金冲压工艺手册［M］. 北京：国防工业出版社，1989.

[3]　常荣福，等. 飞机钣金零件制造技术［M］. 北京：国防工业出版社，1992.

[4]　胡世光，陈鹤峥，李东升，等. 钣料冷压成形的工程解析［M］. 2 版. 北京：北京航空航天大学出版社，2009.

[5]　李卫东. 飞机蒙皮数字化拉形系统开发与应用研究［D］. 北京：北京航空航天大学，2006.

[6]　韩金全. 飞机蒙皮拉形工艺参数与模具型面的设计与优化技术研究［D］. 北京：北京航空航天大学，2009.

[7]　彭静文. 大型飞机机身蒙皮精确制造关键技术研究［D］. 北京：北京航空航天大学，2017.

第3章

微冲压成形

哈尔滨工业大学　王春举　徐　杰　郭　斌

3.1　微冲压成形特点

塑性微成形技术是采用塑性变形方式制造至少在二维方向上小于1mm微型构件的工艺方法。根据成形微型构件结构的不同，塑性微成形技术分为体积微成形和薄板微成形。其中，薄板微成形是利用冲压成形方法制造微型薄板类构件的制造技术，也称为微冲压成形，微冲压成形示意图如图8-3-1所示。该工艺方法主要包括微冲裁、微拉深、微胀形以及微弯曲等。微冲压成形技术继承了传统宏观冲压成形工艺的诸多优点，具有成形效率高、成本低、工艺简单等特点，非常适合微型薄板类构件的低成本、大批量制造。

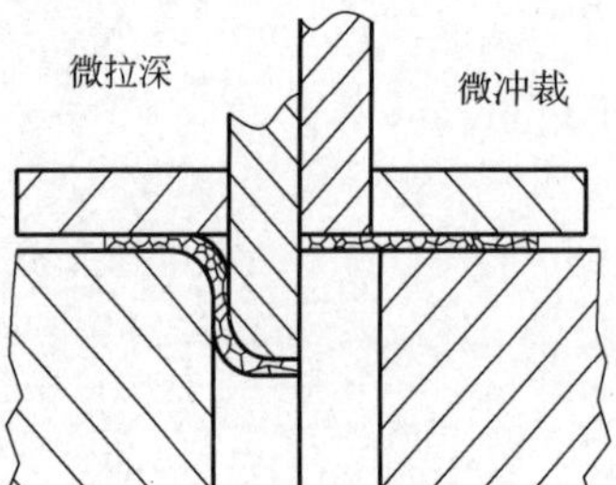

图8-3-1　微冲压成形示意图

由于微型薄板构件尺寸或特征尺寸非常微小，存在显著的尺度效应，在成形设备、模具、工艺、理论以及成形件表征等方面，均与传统塑性成形不同。当微型薄板构件的几何尺寸按等比例缩小时，板料的某些参数保持不变，如晶粒尺寸和表面粗糙度等，而材料的塑性变形行为、成形能力以及界面摩擦行为等发生了显著改变，尤其是微型构件的特征尺寸接近甚至达到材料的晶粒尺寸时，单个晶粒的性能主导了材料的塑性变形行为，微冲压成形产生明显的非均匀性、分散性等特点。微冲压成形的上述特点与微型构件的几何尺寸密切相关，称为尺度效应。基于连续介质力学的传统塑性成形理论和工艺方法，不能通过简单的等比例缩小应用到微冲压成形工艺中。

微型薄板类构件尺寸非常微小、机械强度较低，难以进行搬运、二次对位等操作，微冲压成形工艺须考虑尺度效应对材料、工艺、装备和模具的影响。工艺设计时应尽量选择净成形、近净成形或复合成形等方法；对于形状复杂的微型薄板构件，宜采用多工步成形，并借助非接触测量等方式进行定位。微冲压成形工艺设计时，必须考虑板料塑性变形性能（如流动应力、成形极限、断裂行为等）的尺寸效应，并评价微冲压非均匀变形对薄板构件性能、尺寸精度等一致性的影响。同时，微冲压成形对设备和模具提出了更高要求，微冲压成形的行程、载荷均非常微小，需要微成形设备具备较高的位移、力等检测与控制精度，应采用新型驱动器和控制策略自动化程度很高的新型微冲压设备；微型模具的加工精度、配合精度要求极高，达到了微米甚至亚微米量级，制造和装配难度均达到了新的高度，必要时需考虑多种制造技术的复合制造，如微孔模具在线电火花加工-微冲裁复合制造等。

微冲压成形适用于微电子、燃料电池、数码微喷墨印染设备等系统中带有微孔、沟槽、凸起等微特征结构的薄板微结构件。比如，微电子工业中应用的引线框架等薄板微结构件；燃料电池中的微流道双极板；数码微喷墨印染设备中的不锈钢阵列微孔喷嘴等。

3.2　微冲压成形工艺

3.2.1　微冲裁成形

1. 微冲裁成形特点

微冲裁是利用带有锐利刃口和轮廓形状的微型凸模、凹模使板料发生剪切变形直至分离的一种分离工序。微冲裁模具组成与传统冲裁一致，示意图如图8-3-2所示，主要包括微型冲头、微型凹模以及压边圈等零件。

微冲裁质量评价与传统冲裁类似。以微孔冲裁为例，图8-3-3所示为微孔尺寸和形状精度评价示意图，主要包括微孔尺寸精度、断面质量等。

与传统冲裁相比，微冲裁具有以下特点：

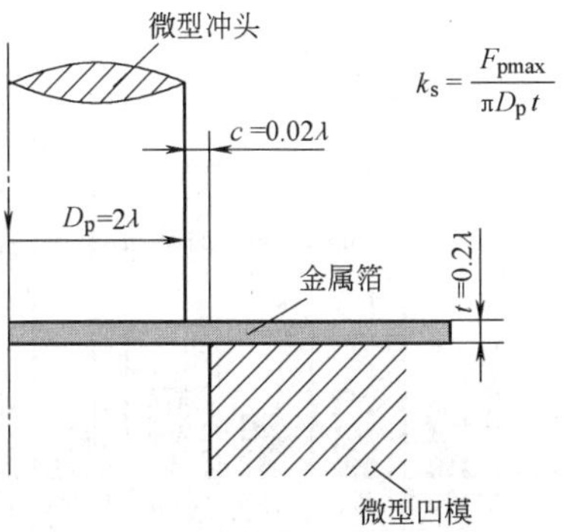

图 8-3-2 微冲裁模具示意图

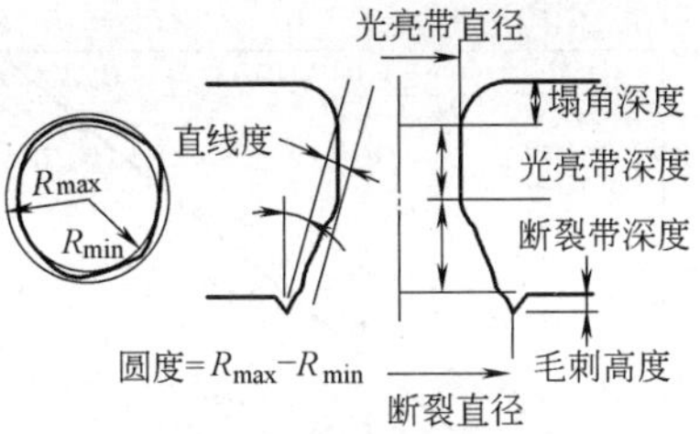

图 8-3-3 微孔尺寸和形状精度评价示意图

1）板料厚度较小，通常小于 0.2mm。

2）微冲裁的微型构件或结构尺寸较小，一般小于 1.0mm。

3）板厚与微结构尺寸之比相对较大。

微冲裁的上述特点，决定了其变形行为和工作环境具有以下特点或要求：

1）微冲裁剪切变形区较小，一般在亚毫米至微米量级，与板料的晶粒尺寸接近甚至相当，晶粒位置、形状的随机性以及晶粒各向异性显著降低了微冲裁件断面、尺寸精度、冲裁力等的一致性或再现性。

2）板厚越来越小，根据凸凹模间隙计算方法，凸凹模间隙绝对值极小，一般为微米量级，对模具加工及装配提出更高要求，并且，凸凹模间隙的微小误差，对微冲裁件质量、微冲裁力等影响显著。

3）微冲裁模具导向精度要求极高，导向性能不佳时，每次冲裁的位置不同（见图 8-3-4a～c），使得凸凹模间隙分布不均，导致微冲裁件一致性变差，而且，微冲头受偏载作用时非常容易折断（见图 8-3-4d），造成模具损坏。

4）微孔类冲裁中，孔的直径越来越小，接近甚至小于板厚，实际形成了大高径比结构冲裁，对模具材料的强度、刚度提出了更高要求。受此制约，微型模具尤其是微冲头各部分尺寸均较小，微冲孔模具主要尺寸示意图如图 8-3-5 所示，设计要求较高，对模具材料也有更高要求。

5）冲裁环境及微冲裁中脱落的颗粒物、毛刺等，会黏附于冲头或分布于剪切变形区域附近，导

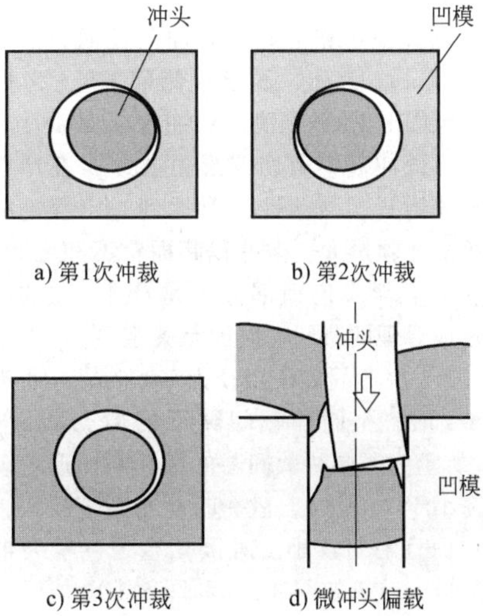

图 8-3-4 微冲裁模具导向影响

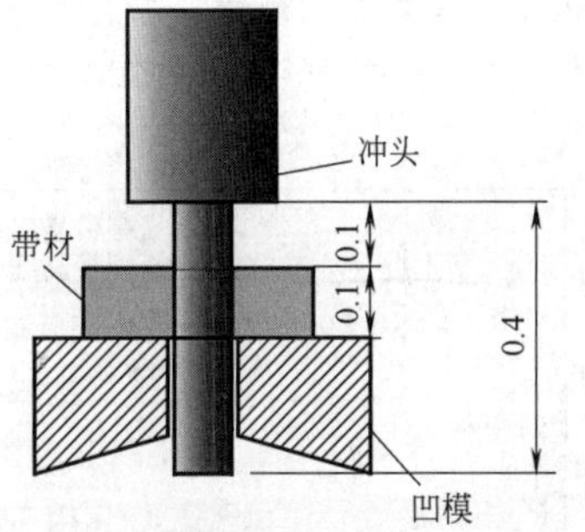

图 8-3-5 微冲孔模具主要尺寸示意图

致微冲头受力不均，加速微冲头的磨损，甚至折断。

6）薄板厚度很小，贴模性变差，合理的压边设计采用有效保证微冲裁精度的装置，如 Mori 等人针对厚度很小的薄板设计了真空吸附装置，如图 8-3-6 所示；并且，传统冲裁成形中，提高冲头速度可以获得更高的成形精度，然而，在微冲裁中，模具高速运动产生的振动对压边产生影响，反而降低了微冲裁精度，因而对冲裁速度要进行适当的限制。

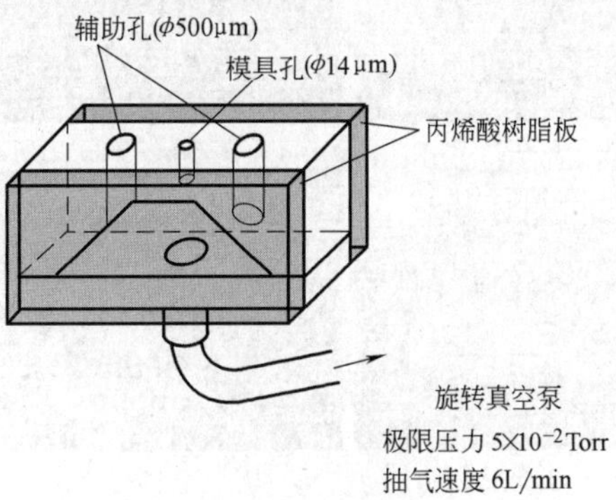

图 8-3-6 真空吸附装置示意图

注：1 Torr = 133.322Pa。

2. 微冲裁工艺参数

（1）凸凹模间隙　与宏观冲裁类似，凸凹模间隙（c/t，其中 c 为凸、凹模单侧间隙，t 为板材厚度，可参考图 8-3-2）是决定微冲裁断面质量的主要因素之一。微冲裁中剪切变形主要分布在凸模、凹模刃口连线附近，当塑性变形达到一定程度时，产生微裂纹。间隙过大，微冲裁断面锥度和毛刺变大；若过小，上下裂纹包围部分容易产生二次剪切面。因此，选择合理的凸凹模间隙至关重要。

图 8-3-7 给出了微孔直径为 ϕ0.6mm、冲头速度为 10mm/s 时，不同冲裁间隙下的微孔断面分布，图 8-3-8 所示为不同冲裁间隙的微孔断面形貌。当凸凹模间隙小于 7.5%时，微孔断面光亮带较大，超过了 80%，而且毛刺较小。对微孔直径、断裂带锥角等进行测量，结果如图 8-3-9 和图 8-3-10 所示。凸凹模间隙对光亮带直径影响较小，而对断裂带一侧直径影响较大，几乎呈线性关系。并且，凸凹模间隙对于微孔锥度也有类似的规律。综合考虑，微冲裁凸凹模间隙选择 5%~7.5%比较合适。

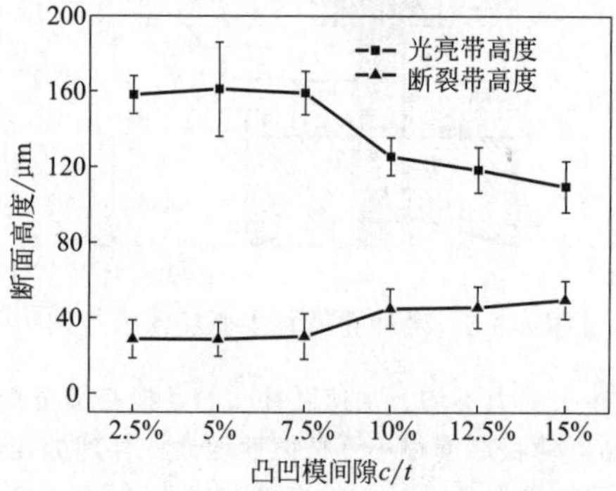

图 8-3-7　不同冲裁间隙的微孔断面分布

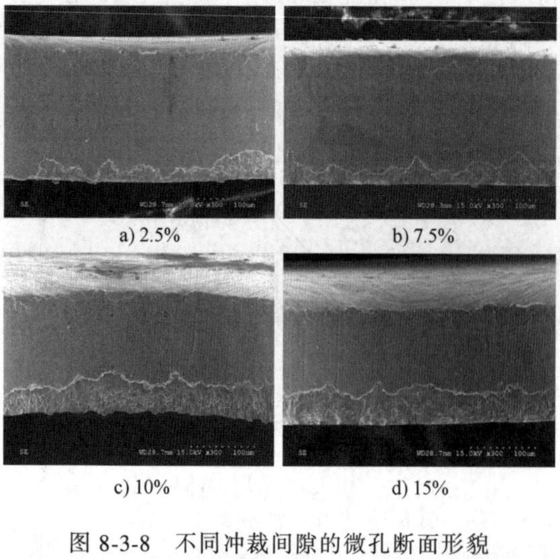

a) 2.5%　b) 7.5%　c) 10%　d) 15%

图 8-3-8　不同冲裁间隙的微孔断面形貌

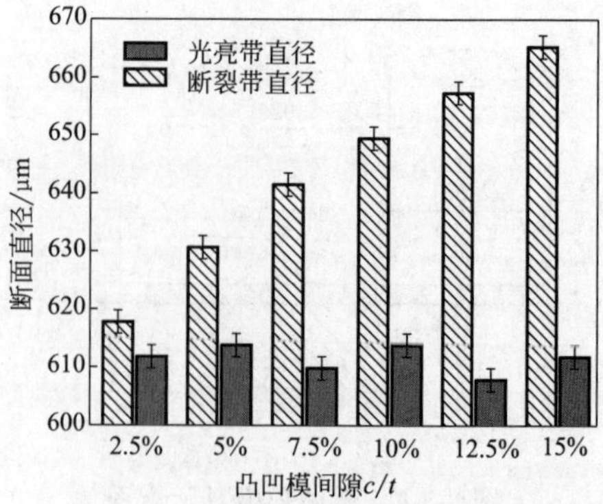

图 8-3-9　不同冲裁间隙的微孔直径

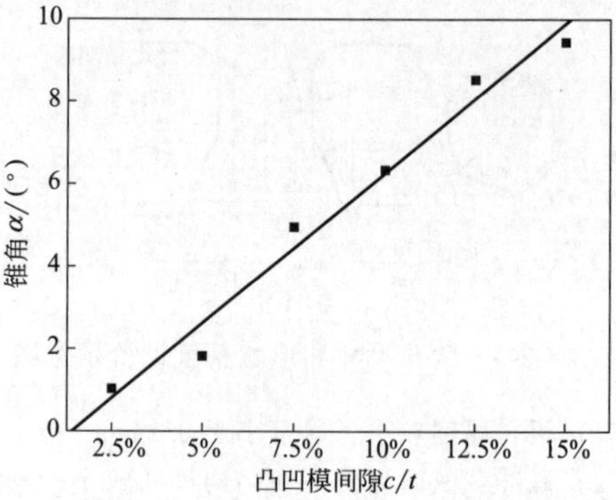

图 8-3-10　不同冲裁间隙的微孔锥度

（2）微结构尺寸与薄板材料微观结构尺寸　采用等比例缩小的微冲裁试验，如图 8-3-11 a 所示，

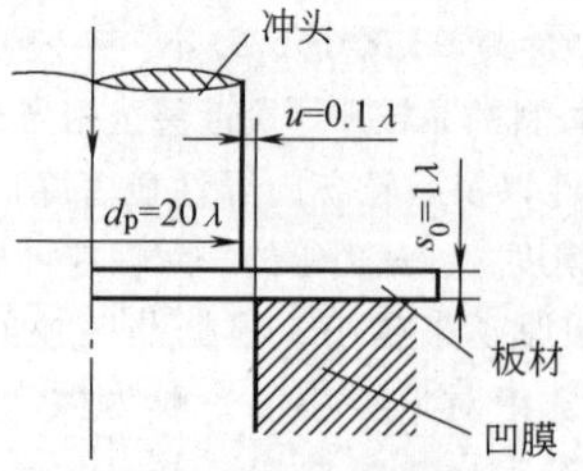

a) 微冲裁模具参数

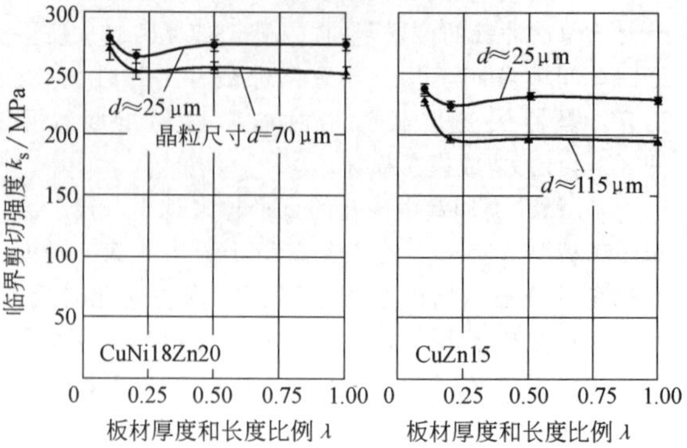

b) CuNi18Zn20　c) CuZn15

图 8-3-11　不同薄板厚度下的微冲裁试验

板厚从 1.0mm 减小到 0.25mm，微结构尺寸从直径 ϕ20mm 减小至 ϕ0.5mm。微冲裁中板材的临界剪切强度随着构件尺寸的减小并未减小，而是有增大趋势，如图 8-3-11 b、c 所示。后续研究发现，临界剪切强度与凸凹模间隙、晶粒尺寸比相关。

为了分析微冲裁剪切变形区晶粒各向异性的影响，分别开展了宏观多晶体板材和不同晶体取向单晶体板材微冲裁试验。在宏观多晶体板材冲裁中，剪切变形区是沿冲头-凹模圆角连线对称分布的，然而，在单晶体板材冲裁时，受晶体取向的影响，剪切变形区不再是对称分布（见图 8-3-12a）。由于单晶体的各向异性，不同单晶体板材的微冲裁力-位移曲线明显不同（见图 8-3-12b）。而微冲裁件断面的光亮带、断裂带等比例不同，影响了微冲裁件的一致性和工艺重复性（见图 8-3-12c）。

（3）冲裁速度　冲裁速度也是影响微孔断面质量的一个重要工艺参数。采用 0.2mm 厚黄铜板材、凸凹模间隙为 5%，直径为 ϕ0.6mm 的微孔进行微冲裁时，冲裁速度对微孔质量的影响曲线如图 8-3-13 所示。冲裁速度对微孔断面光亮带和断裂带高度的影响规律如图 8-3-13a 所示，随着冲裁速度的增加，微孔断面的光亮带高度逐步增加，断裂带相应减小。冲裁速度对微孔光亮带和断裂带处微孔直径影响较小，如图 8-3-13b 所示。由此说明，在保证模具尺寸精度的前提下，微冲裁尺寸精度主要由凸凹模间隙决定，而与冲裁速度关系不大。

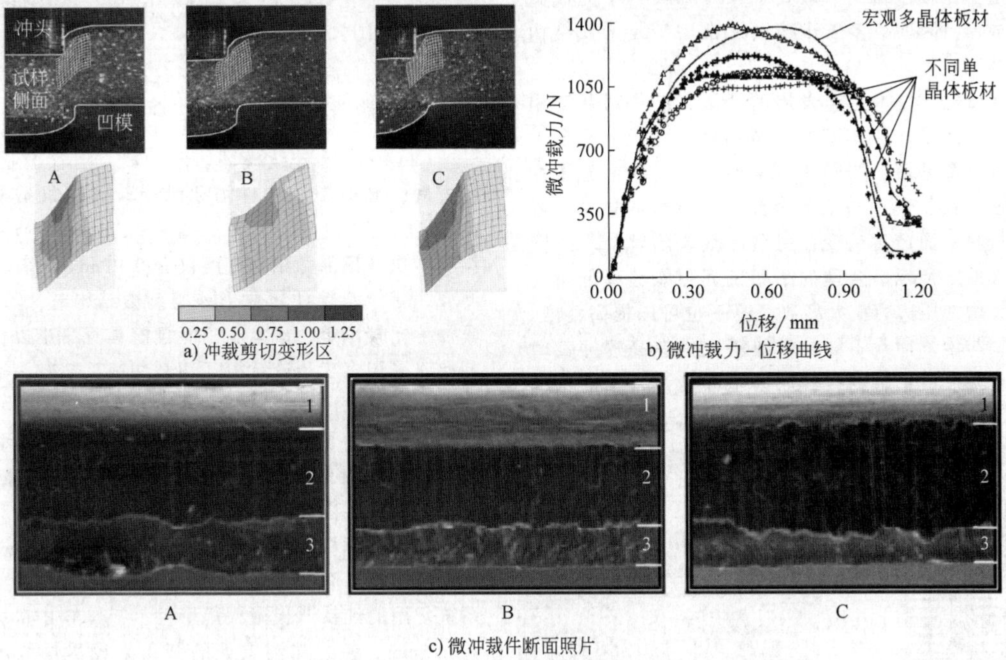

图 8-3-12　多晶体与不同取向单晶体板材微冲裁对比

A—多晶体板材　B、C—不同取向单晶体板材

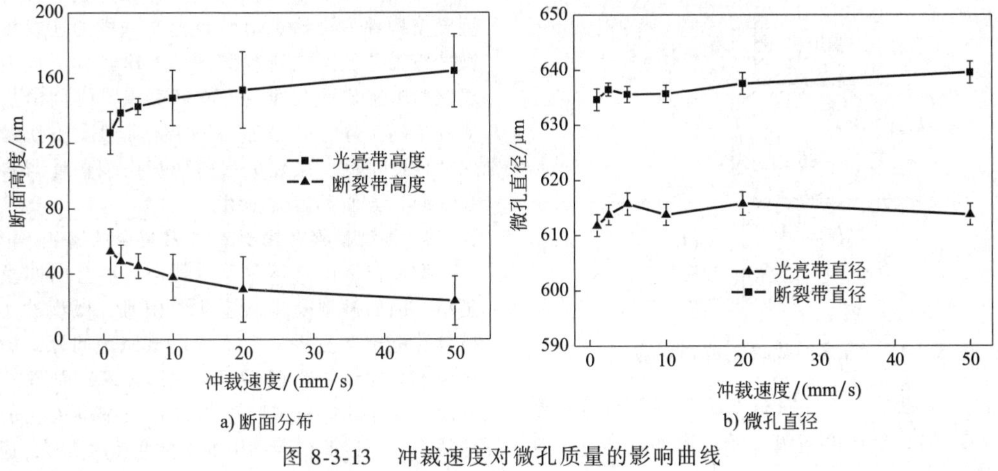

图 8-3-13　冲裁速度对微孔质量的影响曲线

提高冲裁速度，能够改善断面质量，光亮带高度增大，表面粗糙度值降低。然而，速度较高时，也出现了断裂带不均匀等现象。因此，微冲裁工艺中，为了获得断面质量较好的成形件，一般采用较高的冲裁速度。由于微冲裁过程平均应变速率与板材厚度有关，最佳冲裁速度采用剪切速度（冲裁速度与板材厚度之比）表示，一般情况下微冲裁工艺的剪切速度不低于 $100s^{-1}$。

3. 微结构件多工步连续模微冲裁

（1）多工步连续模微冲裁　对于结构较为复杂的薄板构件，传统冲裁成形通常采用级进模制造，并且使用几套模具来完成。对于微结构件，由于搬迁和定位比较困难，一般要求在一套模具中完成微冲压成形，因而，多工步连续模常用于复杂微结构件微冲裁成形。

在微电子技术迅速发展的今天，芯片封装常用的引线框架是比较典型的微结构件，一般采用多工步连续模微冲裁，如图 8-3-14 所示。引线框架微冲裁精度依赖于模具和工艺参数。由于引线很窄，容易在板料平面产生畸变，引线冲裁缺陷解释示意图如图 8-3-15 所示。合理的凸凹模间隙能够降低畸变程度。增加压边力在大多数情况下也可以提高精度。然而，与传统冲裁不同，增加压边力在高速冲裁时反而会降低成形件精度，原因是冲裁过程中的振动影响了压边力。

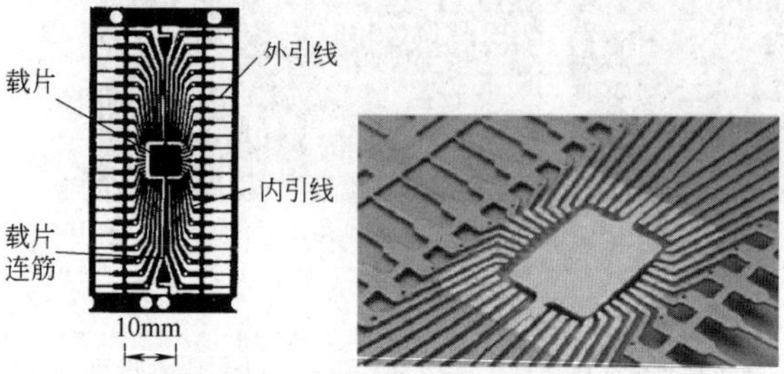

图 8-3-14　0.25mm 厚 42%Ni 钢板 40 针引线框架

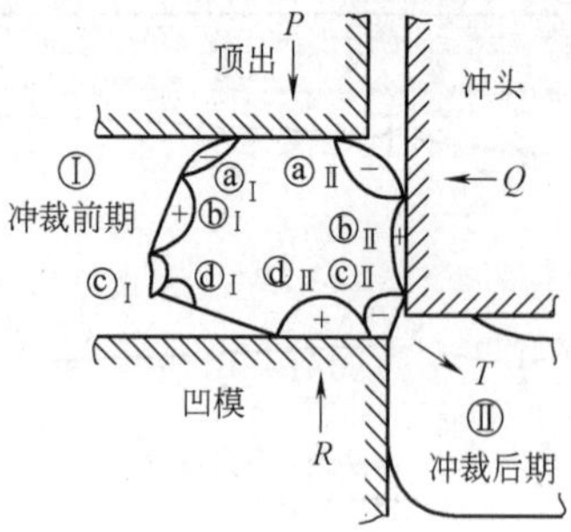

图 8-3-15　引线冲裁缺陷解释示意图

在芯片封装后，需要将引线框架连接桥带冲断（见图 8-3-16），是一个切边工艺。例如，连接桥带部分板厚 150μm、横截面积 $0.1mm^2$，受引线框架母材轧制方向的影响，通常切边工艺方向为 0°或 90°。可采用带有倾斜端面的冲头进行冲裁，倾斜角度越大，冲裁力越小，但会引起毛刺高度增加。当采用较小的凸凹模间隙和较硬的板材时，加速了模具磨损，增加了冲裁力。

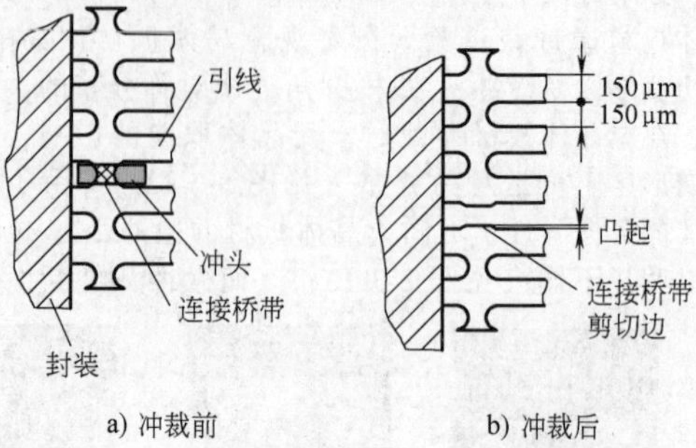

图 8-3-16　连接桥带冲断示意图

（2）多工步连续模环切微冲裁　随着工业技术的发展，薄板微结构件需要承受较大的机械载荷，出现了大厚宽比微结构，如图 8-3-17a 所示的厚板微结构滑块，顶部微结构宽度仅有 0.29mm，略小于板厚 0.3mm。直接冲裁成形该类型微结构时，不仅模具加工比较困难、成本高，而且模具寿命难以保证。因此，采用多工步连续模环切微冲裁工艺较为适合，如图 8-3-17b 所示。该构件冲裁成形分成了 5 个工步，其中，为了成形顶部大厚宽比微结构，采用了 3 个环切工步，有效保证了冲裁成形件质量，微结构滑块实物图如图 8-3-17c 所示。

另一类薄板构件为三维尺寸均小于 1.0mm，而且对微型构件各边交汇点处的圆角要求较高。如某系统使用的纯钛薄板微型矩形件，板厚 0.04mm、边长 0.5mm，各边交汇点处的圆角半径尽量取小值，而且对平面度等形状公差也有较高要求。该类薄板微型构件成形后的收集和操作也比较困难。为此，建议采用多工步连续模环切微冲裁工艺。针对该类型微型构件，设计了由两套模具完成的连续模环切微冲裁工艺，工艺流程如图 8-3-18 所示。同时，考虑该微型构件收集难题，在两套模具之间增加贴纸质胶带的工序，既增加了薄板的刚度，方便送料和保证定位精度，又使成形的薄板微型构件与料带连在一起，方便了后续使用。

4. 微型模具在线制造-冲裁复合成形

微冲裁用模具不仅尺寸微小，而且凸凹模间隙更小，因而微型模具制造非常困难，微型冲头、凹模等装配难度更大。为了解决该瓶颈问题，提出了微型模具在线制造-冲裁复合成形技术，如图 8-3-19a 所示。使用线电极或块电极进行微细电火花加工微细冲头，并以此作为电极加工微冲裁用凹模，通过合

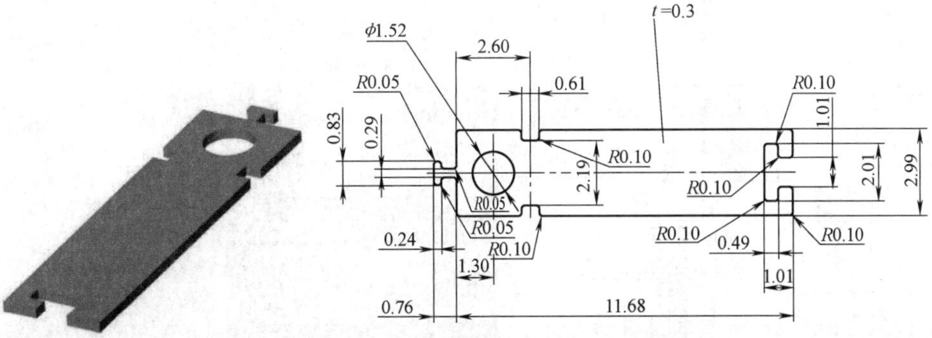

a) 微结构滑块造型图

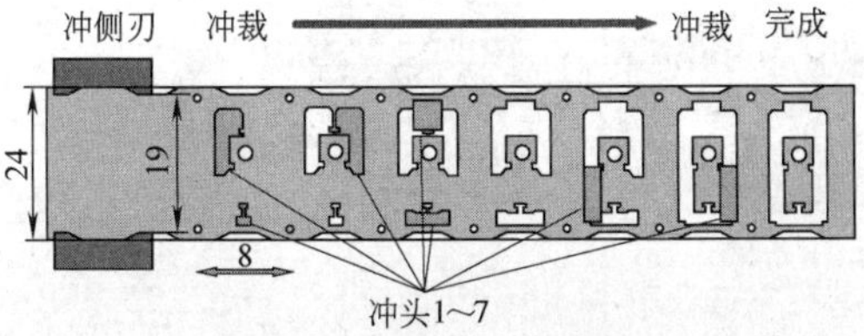

b) 多工步连续模环切微冲裁示意图

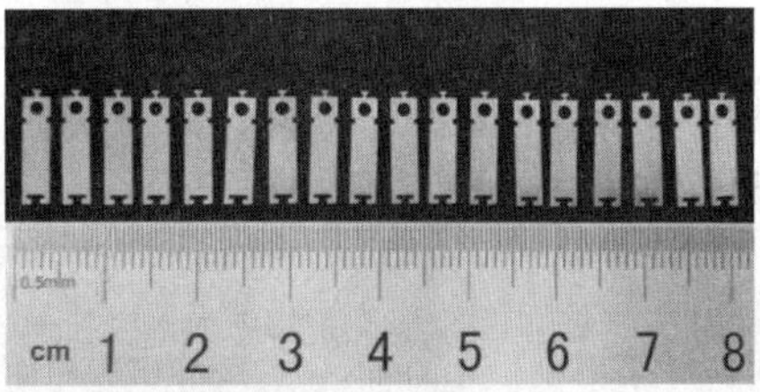

c) 微结构滑块实物图

图 8-3-17　微结构滑块多工步连续模环切微冲裁

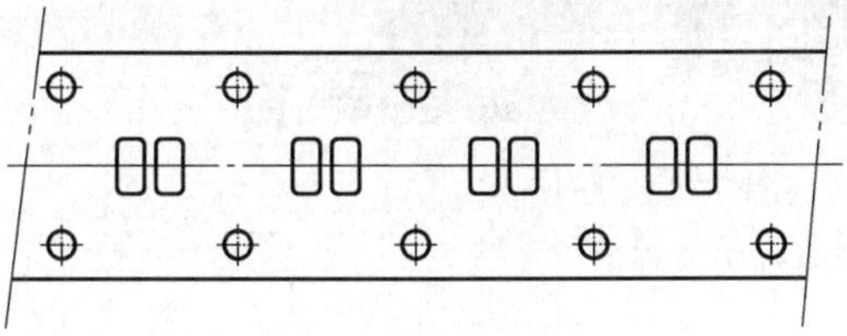

a) 模具1连续模微冲裁

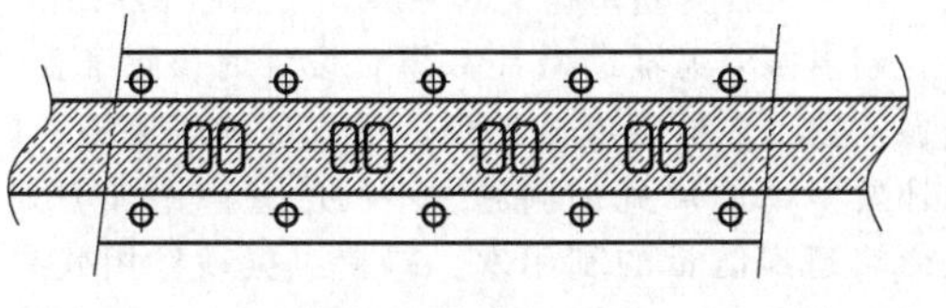

b) 粘贴胶带

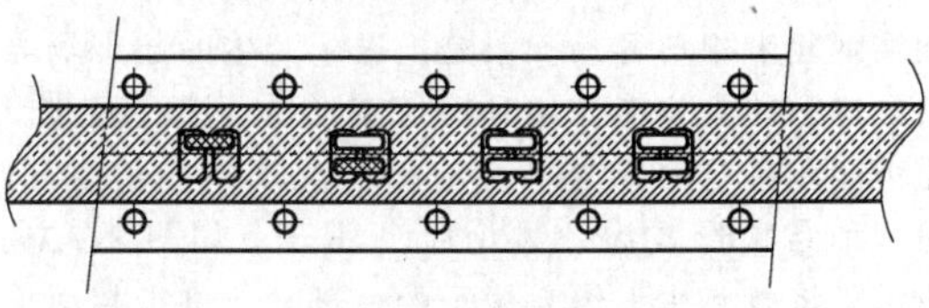

c) 模具2连续模微冲裁

图 8-3-18　纯钛薄板微型矩形件连续模环切微冲裁工艺流程

理地设计微细电火花加工工艺参数，获得所需的凸凹模间隙。微冲头作为电极加工凹模后，会产生损耗，因而采用电火花加工将该部分微冲头去掉，对微冲头进行修整后即可作为微冲裁用微冲头，省去了微型模具装配等环节，能够有效保证装配精度。微型模具在线制造-冲裁复合成形系统如图 8-3-19b 所示，制备的微冲头和凹模如图 8-3-19c 所示。采用该微型模具在线制造技术，可以实现尺寸非常微小的冲头制造，如 Joo 等人制备了直径仅有 $\phi15\mu m$ 的微型模具。

在实际生产中，阵列微孔类构件有着很大需求，仅使用单个冲头进行微冲裁的效率太低，不能很好地满足实际需要。在该背景下，提出了使用阵列微型模具进行阵列微孔冲裁工艺。然而，阵列微型模具加工和装配均非常困难，装配精度难以保证。为此，Mori 等学者提出了阵列微型模具制造技术，加工流程图如图 8-3-20 所示。该工艺采用电火花粗加工、微细电火花精密加工相结合，实现了阵列微冲裁模具加工。

此外，为了解决微冲头模具加工难题，Mori 等学者直接使用直径为 $\phi14\mu m$ 的 SiC 纤维作为微冲头，进行微孔微冲裁成形。

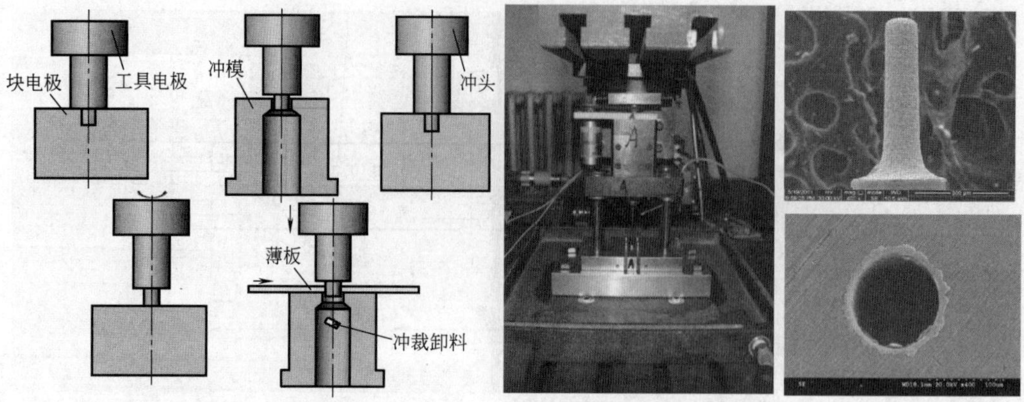

a) 微型模具在线制造流程示意图　　b) 在线制造装置　　c) 微冲头和凹模

图 8-3-19　微型模具在线制造-冲裁复合成形

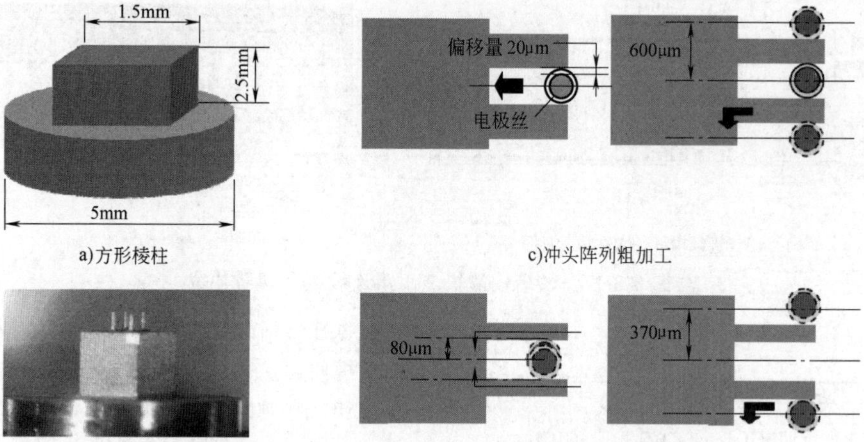

a)方形棱柱　　b)四点冲头　　c)冲头阵列粗加工　　d)冲头阵列精加工

图 8-3-20　阵列微型模具加工流程图

5. 特种能场辅助微冲裁

随着微电子产品对薄板微结构件质量要求（尤其是对断面质量要求）不断提高，如光亮带比例、毛刺高度、微冲裁件平整度等，常规的微冲裁工艺受尺度效应等制约，无法满足实际需求。为此，国内外学者提出了特种能场辅助微冲裁工艺，其中，具有代表性的是超声振动场、电流场等。

通常将频率高于人类听觉极限（20kHz）的振动称为超声振动，而实际研究和工业应用中，受到诸多因素的制约，实际应用的频率有时达不到这么高，但同样也能获得类似超声振动的效果。超声振动具有降低流动应力和界面摩擦力、抑制裂纹萌生与扩展、提升薄板塑性变形性能等优点，能够显著提高薄板微冲裁成形质量。在微冲裁中，超声振动的施加可以有多种形式，如振子作用到微冲头或微型凹模上，即分体式超声振子和模具（见图 8-3-21a）；或者采用一体化结构设计，将微型冲头或凹模设计为超声振子的一部分（见图 8-3-21b）。

超声振动场辅助微冲裁模具设计时，除了要考虑微冲裁工艺所需的凸凹模间隙、导向等因素，同时还要考虑超声施加问题。不同的超声施加方式，会影响超声能量的利用率，即超声振动作用效果。采用如图 8-3-21a 所示的分体式振子和微冲头，超声振子和微冲头可以单独设计和制造，互不干涉，因而实现起来相对容易。但是，振子产生的超声场需要经过微冲头才能作用到剪切变形区，该过程涉及超声能量传递和传播，会有一定程度的能量损耗。另一种结构形式为一体化冲头-振子，如图 8-3-21b 所示。将微型冲头作为振子的一部分，进行超声振子设计，微冲头末端即为振子的末端，振幅最大，因而能够将超声振动能量最大限度地施加到剪切变形区。图 8-3-22 和图 8-3-23 是采用频率为 361kHz、

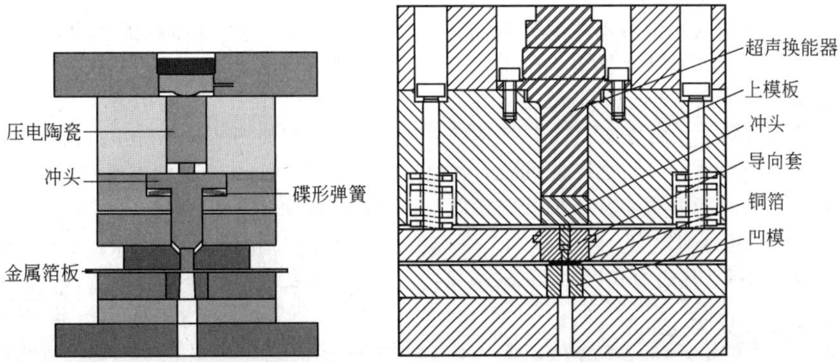

a) 分体式振子、微冲头结构　　b) 一体化冲头-振子

图 8-3-21　超声振动场辅助微冲裁模具结构示意图

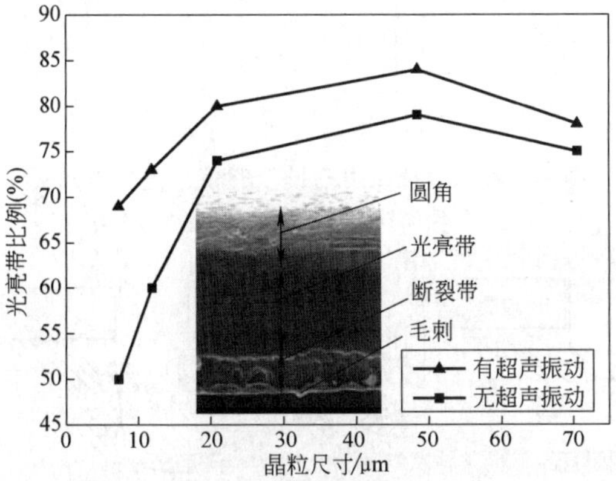

图 8-3-22　光亮带比例

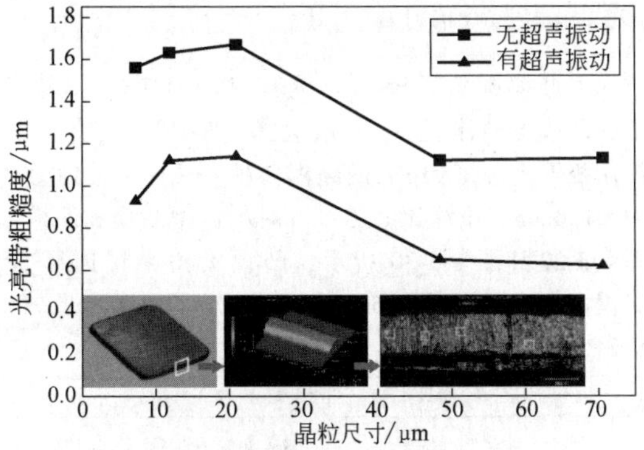

图 8-3-23　光亮带粗糙度

振幅为 1.66μm 的一体化振子，在厚度为 0.2mm 的板材上冲裁 2.0mm×2.0mm 微孔时光亮带比例以及光亮带粗糙度对比，可以发现，超声振动作用下，光亮带比例及光亮度粗糙度可以明显提高。通过进一步的分析，超声振动作用下，剪切变形区变小，因而圆角变小，微冲裁件的平整度得到改善。超声振动场辅助微冲裁件能够满足精密微电子器件需求，省略后续二次加工或处理，缩短了工艺流程、降低了制造成本提高了制造效率。

一些难变形材料如镁合金、钛合金以及高强钢等微冲裁成形非常困难，模具寿命短，冲裁质量得不到保证。为此，国内外学者提出了电流场辅助微冲裁技术，其成形示意图如图 8-3-24 所示。电流场辅助成形中，主要有两种效应，首先是利用电致塑性效应，即电流辅助冲裁（见图 8-3-25a)，其次是焦耳热效应，即自阻加热（见图 8-3-25b)。试验结果发现，利用电致塑性效应，冲裁断面质量得到提高，冲裁力更低，而且对板材的性能影响很小。

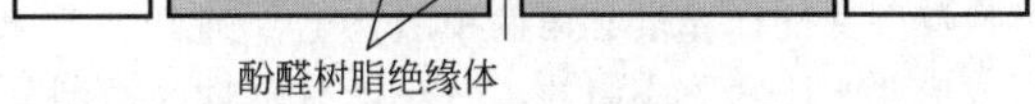

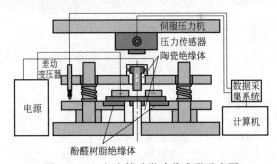

图 8-3-24　电流辅助微冲裁成形示意图

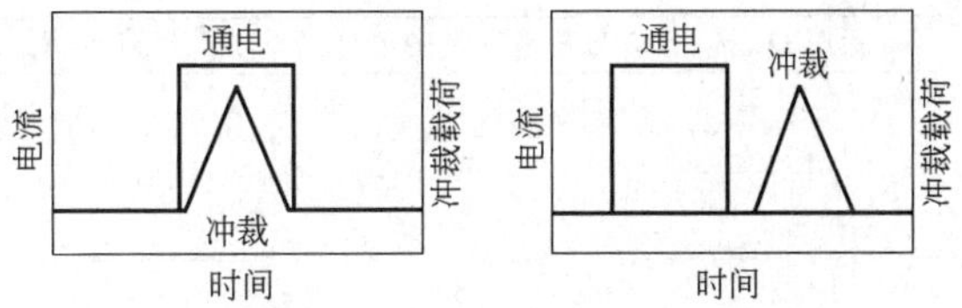

a) 电流辅助冲裁　　b) 自阻加热冲裁

图 8-3-25　电流作用示意图

3.2.2　微拉深成形

1. 微拉深变形特点

微拉深是一种利用模具拉深方法成形微杯形件、

微盒形件或者其他断面形状微型壳体件的工艺方法，如图 8-3-26 所示为微拉深成形示意图。微拉深模具主要包括凸模、凹模、压边圈以及导向机构等。微拉深的板厚非常薄，厚度通常小于 0.1mm，对导向机构、凸凹模间隙、模具加工精度以及工作环境等均要求非常高，与微冲裁类似。与之不同的是，由于成形件尺寸如杯形件直径非常小，凸模、凹模圆角对微拉深成形有一些特殊的影响。

微拉深中凸模、凹模、压边力和板之间的关系如图 8-3-27 所示。可以发现，微拉深中板料与模具的接触面积和所受的有效压边力均非常小，尤其是 R_d/t 较大时，更加明显。根据薄板拉深几何相似性原理，SPCE（日本钢材牌号）板材传统拉深与微拉深变形过程如图 8-3-28 所示。相对于传统拉深成形（见图 8-3-28a)，微拉深成形中，压边力只在微拉深的初始阶段（见图 8-3-28b）起到一定的作用，而在后续成形中则无法起到作用。从变形机理角度，主导微拉深变形的已经不再是弯曲变形机理，而是与厚板拉深机理更接近（各物理量符号参考图 8-3-26)。

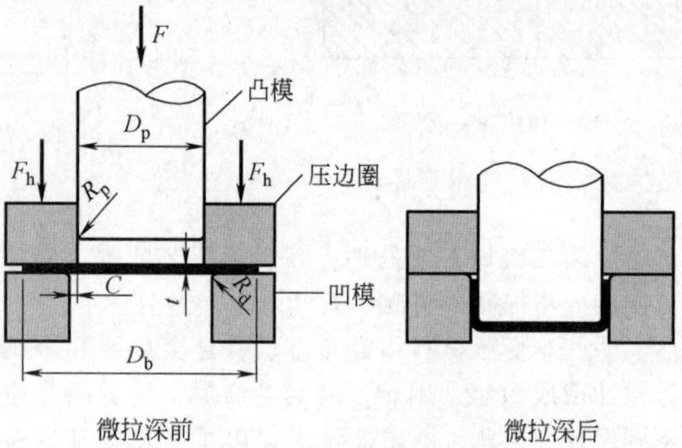

图 8-3-26 微拉深成形示意图

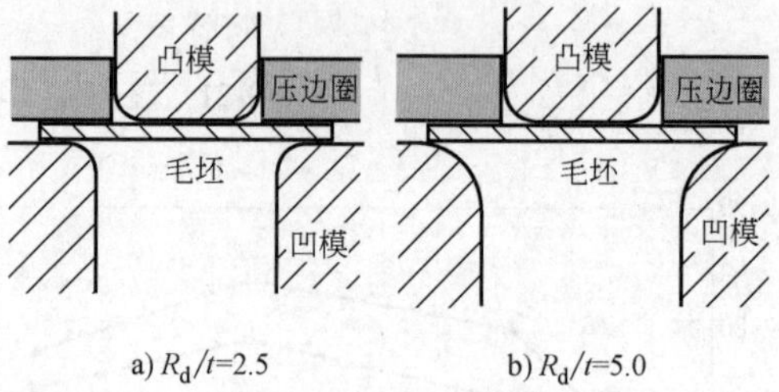

图 8-3-27 微拉深中凸模、凹模、压边力和板间的关系（$D_p/t=10$，拉深比 $\beta=2.0$）

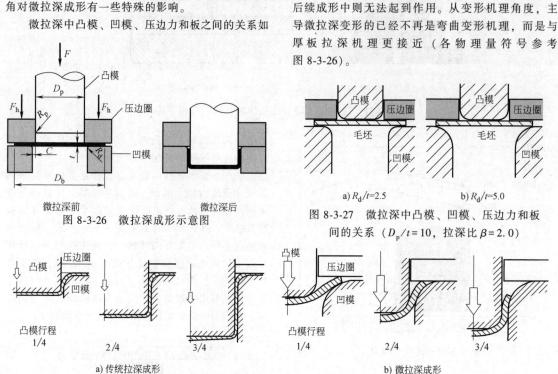

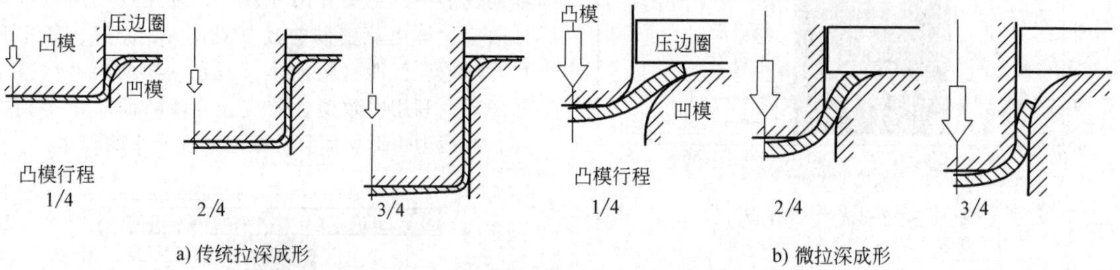

图 8-3-28 SPCE 板材传统拉深与微拉深变形过程

考虑到表 8-3-1 的低碳钢 SPCE 板力学性能，表 8-3-2 给出了不同直径、拉深比等的模具参数，表 8-3-3 对微拉深试验结果进行了总结，为微型杯形件拉深模具设计提供必要的模具参数。通常，受薄板成形性能尺度效应制约，为获得高质量的微型杯形件，微拉深模具中的凸模、凹模圆角等均需适当放大，凸模圆角半径 R_p 一般选择 $(4\sim6)t$ 比较合适，凹模圆角半径 R_d 一般选择 $(6\sim8)t$ 比较合适。使用板厚 t 为 0.04mm 的纯铜薄板，成形杯形件直径为 ϕ1.0mm、拉深比 β 为 2.0 时的微型凸模和凹模如图 8-3-29 和图 8-3-30 所示，凸模圆角半径选择 $5t$，凹模圆角半径选择 $7.5t$。

表 8-3-1 不同板厚低碳钢 SPCE 板力学性能

板厚 t/mm	与轧制方向夹角/(°)	下屈服强度 R_{eL}/MPa	抗拉强度 R_m/MPa	伸长率 A(%)	r
1.0	0	142	298	44.8	1.90
	45		308	38.9	1.30
	90		297	44.7	2.24
0.2	0	213	336	38.6	1.26
	45		328	40.2	1.50
	90		339	38.0	1.83
0.1	0	195	377	30.4	1.26
	45		362	31.4	2.13
	90		381	28.4	1.87

（续）

板厚 t/mm	与轧制方向夹角/(°)	下屈服强度 R_{eL}/MPa	抗拉强度 R_m/MPa	伸长率 A(%)	r
0.05	0	206	241	30.2	1.65
	45	182	229	39.6	1.69
	90	195	241	30.6	0.5

表 8-3-2　不同板厚微拉深模具参数

t/mm	尺寸/mm	相对凸模直径 D_p/t							
		10	15	20	30	40	50	75	100
0.05	D_p	0.50	0.75	1.00	1.50	2.00	2.50	—	—
	R_p	0.125	—	—	—	—	—		
	D_d	0.625	0.875	1.125	1.625	2.125	2.625		
	R_d	0.250	—	—	—	—	—		
0.1	D_p	1.0	1.5	2.5	3.0	4.0	5.0	7.5	10.0
	R_p	0.25	—	—	—	—	—	—	—
	D_d	1.25	1.75	2.25	3.25	4.25	5.25	7.75	10.25
	R_d	0.25,0.50	—	—	—	—	—	—	—
0.2	D_p	2.0	3.0	4.0	6.0	8.0	10.0	—	—
	R_p	0.50	—	—	—	—	—		
	D_d	2.5	3.5	4.5	6.5	8.5	10.5		
	R_d	0.50,1.00	—	—	—	—	—		
1.0	D_p	10.0	15.0	20.0	30.0	40.0	—	—	—
	R_p	2.5	—	—	—	—			
	D_d	12.5	17.5	22.5	32.5	42.5			
	R_d	2.5,5.0	—	—	—	—			

注：t—板料厚度；D_p—凸模直径；R_p—凹模圆角半径；R_d—凹模圆角半径；D_d—凹模直径。

表 8-3-3　微拉深试验结果（SPCE，t=0.1mm，$\beta=D_s/D_p$，D_s 为板料直径，D_p 为凸模直径）

D_p/t		10		15		20		30		40		50		100	
D_p/mm		1.0		1.5		2.0		3.0		4.0		5.0		10.0	
β	p/MPa	R_d/mm													
		2.5t	5.0t	2.5t	5.0t	2.5t	5.0t	2.5t	5.0t	2.5t	5.0t	2.5t	5.0t	2.5t	5.0t
2.4	1.0	×	×												
	1.0~2.0	×	×												
2.2	<1.0	○	◎	×̲	○	×̲		×̲	×̲	×̲×	×̲×	×̲	×̲	×̲	×̲
	1.0~2.0			×			×̲△	×	×			×	×		×
	2.0~3.0	◎			◎	×	○×							×	
2.0	<1.0	◎	◎	△	◎			◎	◎	○	△		△	△	△
	1.0~2.0									◎	◎			○	○
	2.0~3.0			◎		◎	◎					◎	◎	◎	◎
1.8	<1.0	◎	◎		◎			◎	△	○	◎			○	○
	1.0~2.0									◎					
	2.0~3.0			◎		◎	◎	◎	◎			◎	◎	◎	◎

注：◎—；○—；△—；×̲—；×—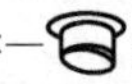。

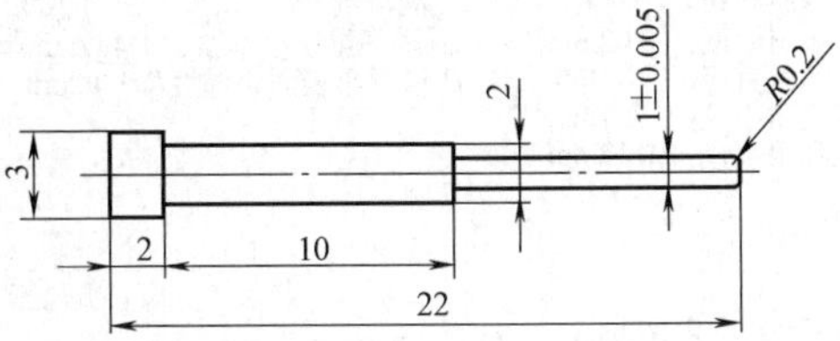

图 8-3-29　微拉深凸模

微拉深中使用的板坯不仅厚度很薄而且直径很小，给定位和操作带来很大困难，而且定位精度会直接影响拉深成形质量甚至拉深成败。比如，拉深成形直径为 ϕ1.0mm、拉深比为 2.0 的杯形件时，板坯直径仅有 ϕ2.0mm。因而，需要在微拉深模具中设计板坯定位结构，如图 8-3-31 所示。但在实际应用中，该板坯定位结构会影响压边圈设计，因而常采用微冲裁-拉深复合成形工艺，将在第 3.2.3 节进行详细介绍。

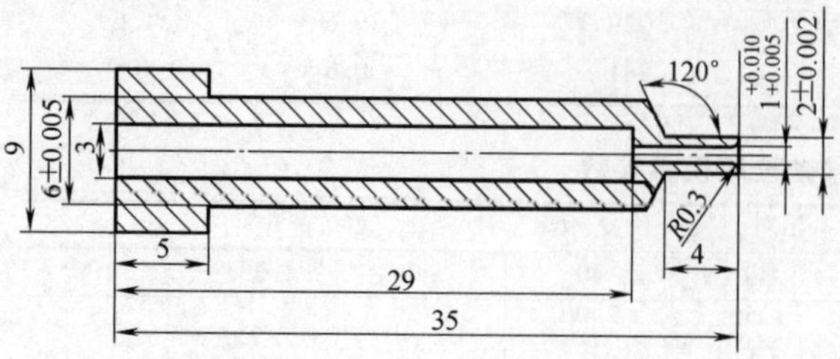

图 8-3-30　微拉深凹模

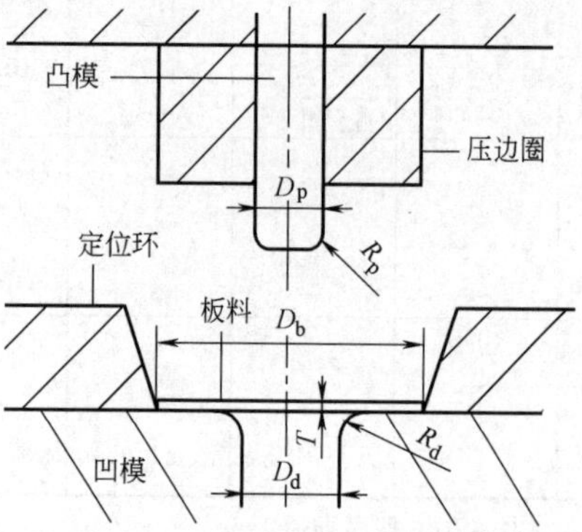

图 8-3-31　微拉深板坯定位结构示意图

2. 微拉深工艺窗口

微拉深成形不仅对模具参数非常敏感，而且对工艺参数同样敏感，工艺参数甚至决定了微拉深是否能够成功。因此，制定不同工艺参数下的工艺窗口，对微拉深工艺参数选择至关重要。图 8-3-32 给出了板厚仅有 25μm 的冷轧钢板，凸模直径为 ϕ1.0mm 时，不同压边力条件下的工艺窗口。可以看出微拉深成形的工艺窗口相对较小，极限拉深比为 1.7。而且，压边力最大为 10N 左右，也印证了微拉深工艺对工艺参数是非常敏感的。

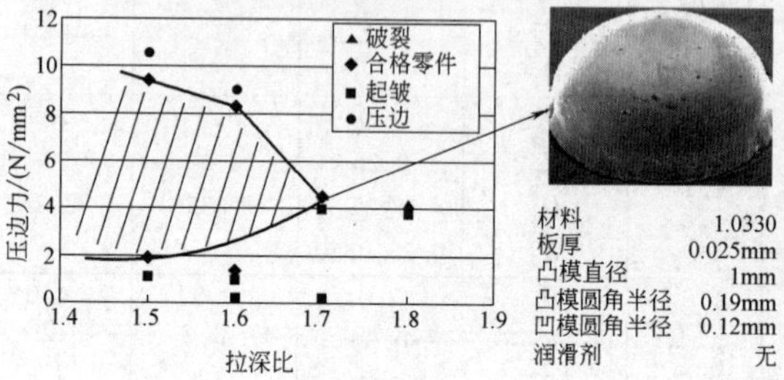

图 8-3-32　不同压边力下的工艺窗口

图 8-3-33 给出了板厚为 20μm 的纯铝板材，凸模直径为 ϕ1.0mm 时，不同凸模速度下的工艺窗口。可以发现极限拉深比为 1.8，增大凸模速度可以适当放宽压边力，即凸模速度大时，可选择稍大一些的压边力，但是对极限拉深比没有影响。

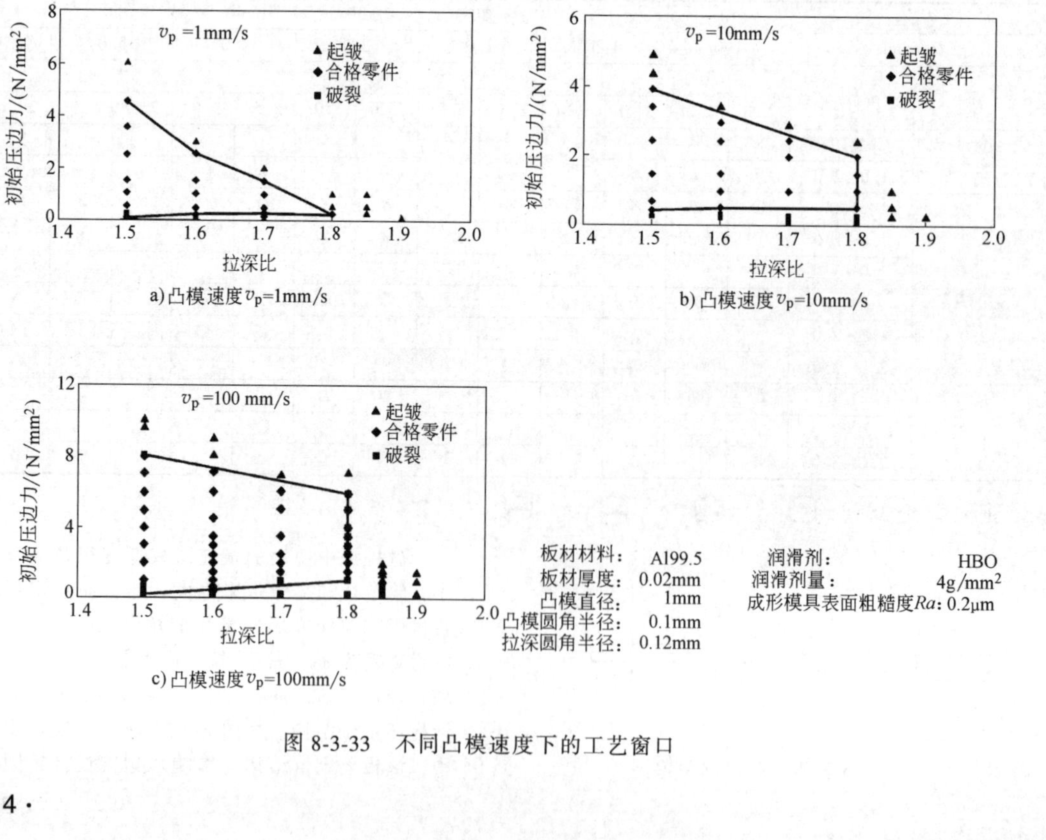

图 8-3-33　不同凸模速度下的工艺窗口

将不同板厚、不同拉深直径的微拉深进行对比，图 8-3-34 为板厚 0.1mm（size100）、凸模直径 ϕ5mm 时的拉深工艺窗口。可以发现，极限拉深比从板厚（s_0）20μm（size20）时的 1.8 增加到了 2.0，成形能力得到了显著提高，即产生了微拉深成形极限尺寸效应。该结果可以用成形极限图来解释。图 8-3-35 给出了微拉深中板坯代表性位置处的应变路径和成形极限图。处于凸模与凹模间的 A 点发生拉伸变形，超出了该板坯的成形能力，因而发生破裂。这也说明，微拉深成形极限是由板坯的成形极限决定的。

板材材料：Al99.5　　拉深圆角半径：0.6mm
板材厚度：0.1mm　　凸模圆角半径：0.5mm
凸模速度：1mm/s　　润滑剂：HBO
凸模直径：5mm

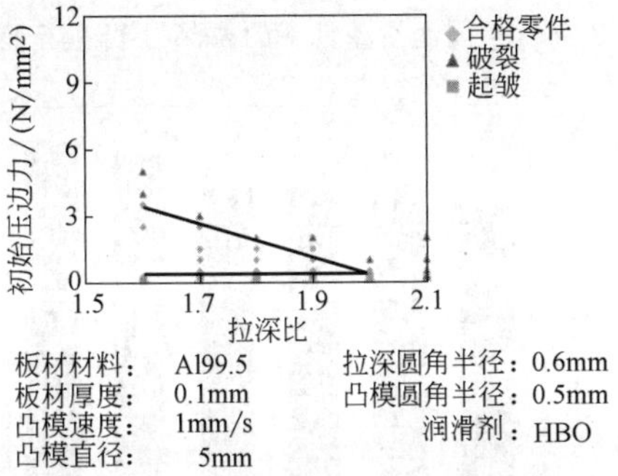

图 8-3-34　0.1mm 板厚时的微拉深工艺窗口

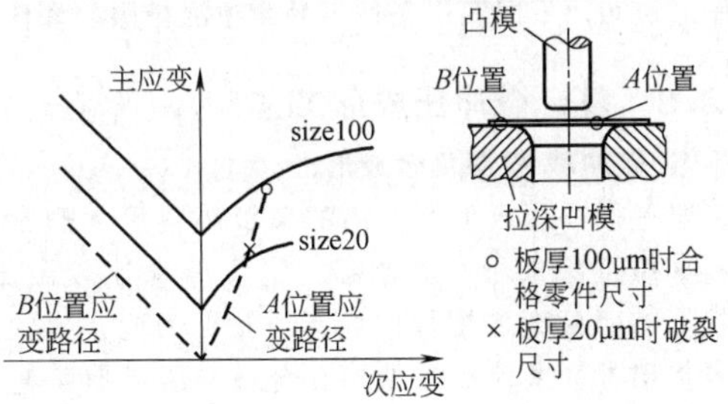

图 8-3-35　微拉深中不同点的应变路径

板坯材料不同时，受其成形性能的影响，微拉深工艺窗口也会随之改变。图 8-3-36 为纯铝、无氧铜、不锈钢三种材料在相同条件下的微拉深工艺窗口。其中，1.4301 不锈钢的极限拉深比最大，达到了 1.9。

凸模直径：1.0mm
凸模圆角半径：0.1mm
凹模直径：1.06mm
凹模圆角半径：0.12mm
凹模间隙：30μm
凸模速度：10mm/s
润滑剂：HBO

■ Al 99.5　　● E-Cu58　　◆ 1.4301
（s_0=20μm）　（s_0=20μm）　（s_0=25μm）

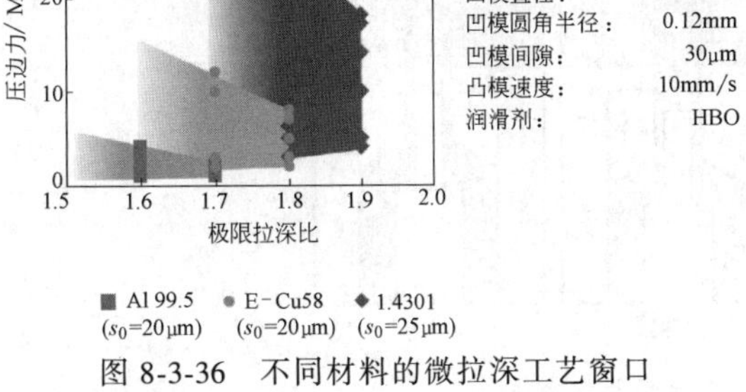

图 8-3-36　不同材料的微拉深工艺窗口

3. 微拉深润滑方法

受薄板自身塑性变形性能的制约，微拉深成形中薄板极易减薄甚至破裂，对微拉深成形中的受力非常敏感。其中，微拉深成形中的摩擦是影响成形极限的重要因素之一。微拉深中的摩擦力如图 8-3-37 所示。然而，当采用液体润滑剂时，在接触压力的作用下，处于板坯边缘表面粗糙凹坑内的液体润滑剂极易被挤出，难以起到润滑效果，并且，在微型化过程中，液体润滑剂溢出的区域所在面积比不断增大，摩擦系数持续增加，产生明显的摩擦尺寸效应。因此，传统的液体润滑方法不能很好地适用于微拉深成形工艺。在该背景下，具有较低摩擦系数、耐磨性能好的表面涂层，如类金刚石（DLC）等，受到国内外学者的关注，并成为微拉深成形润滑的最有效方法之一。

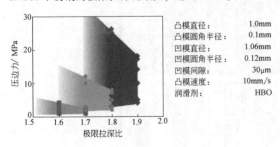

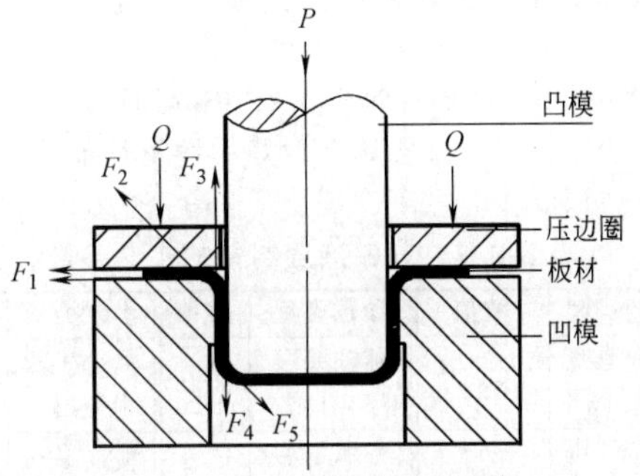

图 8-3-37　微拉深中的摩擦力

常用的表面涂层有 DLC、TiN 和 MoS_2 等。在模具表面沉积涂层之前，需要对模具表面进行彻底清洗，以去除表面吸附的气体和氧化物等杂质。清洗的流程是，首先进行化学清洗，依次放入石油醚和无水乙醇中，采用超声波清洗 10min。然后进行 Ar^+ 溅射清洗。Ar^+ 溅射效果主要取决于溅射电压的大小、脉宽、频率、等离子体密度和溅射总时间，具体参数见表 8-3-4。

表 8-3-4　Ar^+ 溅射清洗参数

参数类型	数值	参数类型	数值	参数类型	数值
本底真空度/Pa	9×10^{-3}	溅射电压/kV	6	RF 功率/W	200
溅射电流/A	0.5	溅射时间/min	30	反射功率/W	<5
工作气压/Pa	6.0×10^{-1}	溅射频率/Hz	100		
（标况）气体流量/(mL/min)	50	溅射脉宽/μs	60		

DLC 涂层的制备需在真空下进行，以免混入过多的空气对试验效果产生较大的影响，需要采用机

械泵和分子泵依次对主真空室抽气，直到本底真空度达到 9.0×10^{-3}Pa。以石墨棒作为阴极，通入氩气作为辅助气体，以维持真空环境和燃弧稳定，通过高压脉冲触发产生强流碳阴极弧以获得碳等离子体。在阴极弧主弧脉宽、注入脉宽和脉冲频率一定的情况下，通过控制注入电压和注入时间来合成 DLC 涂层，主要参数见表 8-3-5。

以板厚 t 为 0.04mm 的纯铜薄板微拉深成形为例，成形杯形件直径为 $\phi1.0$mm、拉深比 β 为 1.8～2.2，凸模圆角半径选择 $5t$，凹模圆角半径选择 $7.5t$，凸凹模间隙选择 $1.0t$。润滑条件分别为凡士林（A）、豆油（B）、蓖麻油（C）、DLC 以及 PE 膜等，在拉深比为 1.8 时的拉深力-凸模行程曲线如图 8-3-38 所示。最大拉深力分别较无润滑时降低了 3%、5%、7%、15%和 18%。可见，DLC 涂层能够有效降低拉深力。在微拉深极限拉深比方面，如图 8-3-39 所示，干摩擦时为 1.8，三种液体润滑剂时均为 1.9，而 DLC 时为 2.1，PE 膜时为 2.2。以上结果表明，DLC 涂层具有良好的润滑性能，非常适合微拉深成形工艺。

表 8-3-5　DLC 涂层制备的工艺参数

参数类型	数值	参数类型	数值	参数类型	数值
本底真空度/Pa	9×10^{-3}	脉冲频率/Hz	100	靶台注入电压/kV	25
工作气压/Pa	4×10^{-2}	主弧平均电流/A	3.5	靶台注入电流/A	1.5
（标况）气体流量/(mL/min)	5	注入脉宽/μs	60		
主弧脉宽/ms	1	主弧电压/V	70		

同时也注意到，采用 PE 膜时，也在较低的拉深力下，获得了较大的极限拉深比。但 PE 薄膜后续清理十分困难，而且在拉深成形时容易破裂，堆积于凹模圆角等位置，降低了薄板的拉深成形质量。

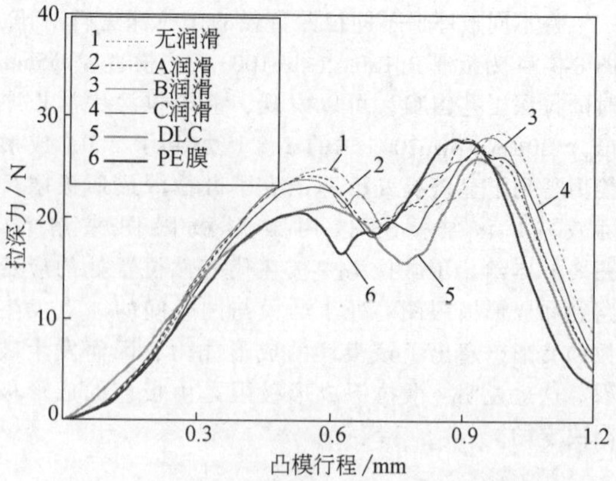

图 8-3-38　不同润滑条件下的拉深力-凸模行程曲线

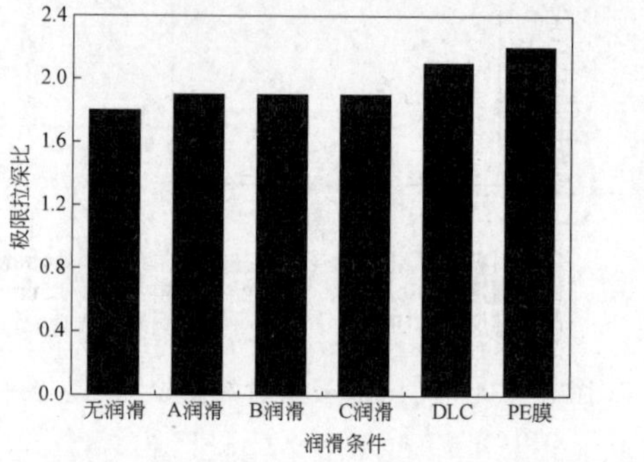

图 8-3-39　不同润滑条件下的微拉深极限拉深比

3.2.3　复合微冲压成形工艺

1. 微冲裁-拉深复合成形

某些微冲压成形所使用的薄板坯料尺寸非常微小，如微拉深成形，其制备、定位等均比较困难，直接影响薄板微型构件的成形质量。为此，国内外学者提出了复杂薄板微结构复合微冲压成形工艺方法。图 8-3-40 所示为针对微拉深工艺中微小板坯制备与定位难题提出的微冲裁-拉深复合成形工艺方法，采用微冲裁工艺方法制备微拉深工艺所需的微小板坯，不需要额外进行坯料搬运和定位，很好地保证了微拉深成形的质量。

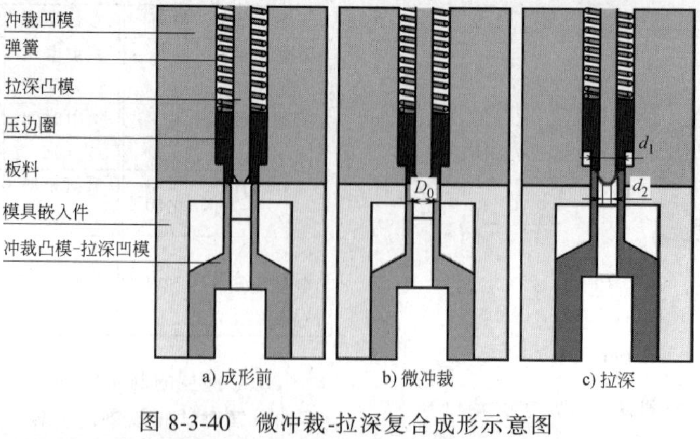

图 8-3-40　微冲裁-拉深复合成形示意图

基于相似性理论，使用微冲裁-拉深复合成形工艺方法，设计了等比例缩小的微冲裁-拉深复合成形模具，在板坯厚度、尺寸、模具参数等所有方面均进行了等比例缩小，如图 8-3-41 所示。该等比例缩小模具中，还对比分析了不同凸模圆角的影响，详细的模具参数见表 8-3-6。使用该等比例缩小模具，成功实现了薄板杯形件的成形，并发现尺寸越小，杯形件壁厚减薄越严重，如图 8-3-42 所示。从板坯微观结构尺寸与杯形件特征尺寸角度分析，存在交互作用关系，当板厚与晶粒尺寸相当时，晶粒的取向分布及其各向异性等显著影响微拉深成形件质量（见图 8-3-43），出现非均匀塑性变形、成形件几何不规则、表面粗糙等缺陷。

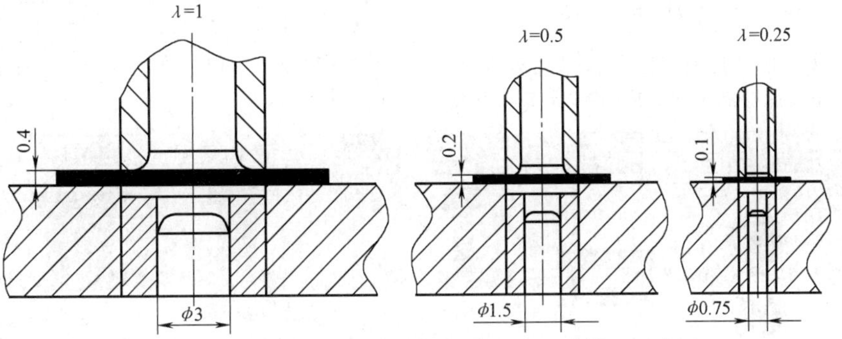

图 8-3-41　等比例缩小微冲裁-拉深复合成形模具示意图

注：λ 为等比例缩小的比例系数。

表 8-3-6　等比例缩小冲裁-拉深模具参数　（单位：mm）

参数	大凸模圆角半径(3.75t)			小凸模圆角半径(2t)		
	Set 1 λ = 0.25	Set 2 λ = 0.5	Set 3 λ = 1.0	Set 4 λ = 0.25	Set 5 λ = 0.5	Set 6 λ = 1.0
D_1	1.05	2.1	4.2	1.05	2.1	4.2
D_2	0.75	1.5	3	0.75	1.5	3
D_3	1.65	3.3	6.6	1.65	3.3	6.6
R_1	0.2	0.4	0.8	0.2	0.4	0.8
R_2	0.375	0.75	1.5	0.2	0.4	0.8
c	0.15	0.3	0.6	0.15	0.3	0.6
t	0.1	0.2	0.4	0.1	0.2	0.4

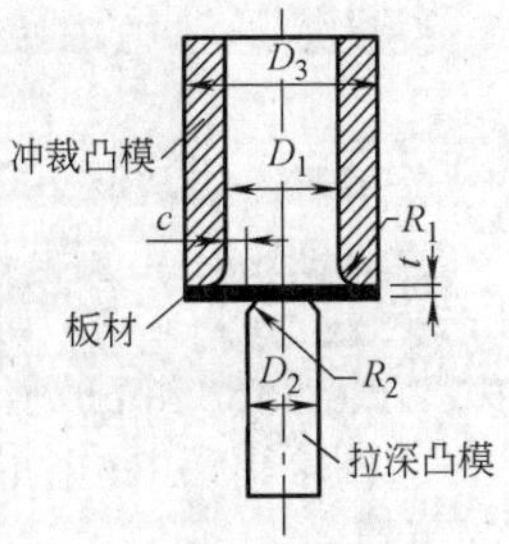

注：D_1—拉深凹模直径；D_2—拉深凸模直径；D_3—落料凸模直径；R_1—拉深凹模圆角半径；R_2—拉深凸模圆角半径；c—拉深间隙。

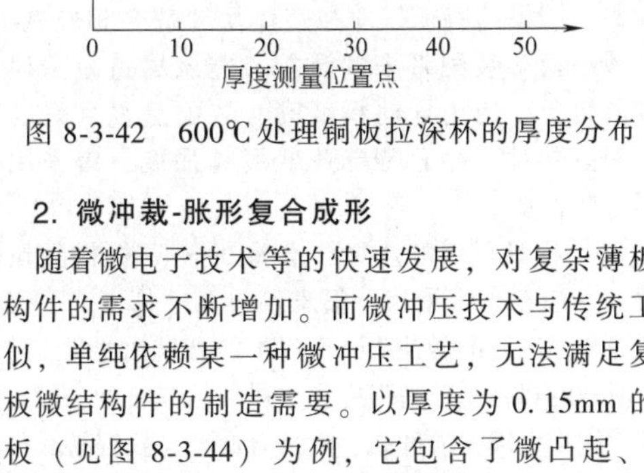

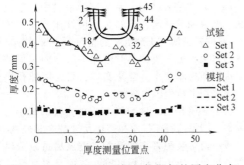

图 8-3-42　600℃处理铜板拉深杯的厚度分布

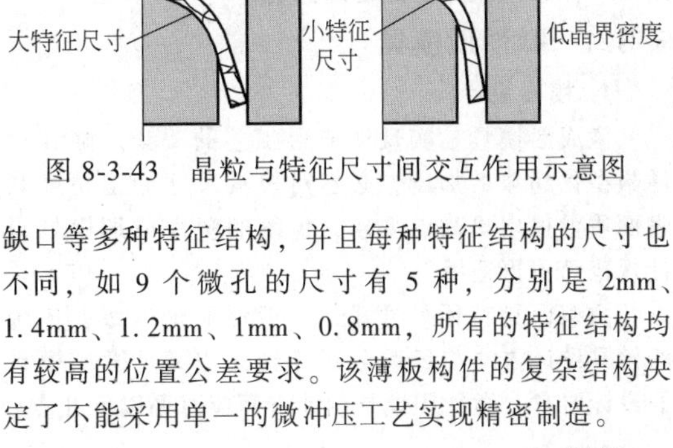

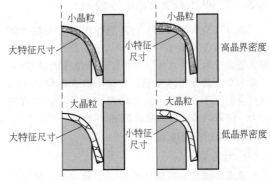

图 8-3-43　晶粒与特征尺寸间交互作用示意图

2. 微冲裁-胀形复合成形

随着微电子技术等的快速发展，对复杂薄板微结构件的需求不断增加。而微冲压技术与传统工艺类似，单纯依赖某一种微冲压工艺，无法满足复杂薄板微结构件的制造需要。以厚度为 0.15mm 的封盖板（见图 8-3-44）为例，它包含了微凸起、孔、缺口等多种特征结构，并且每种特征结构的尺寸也不同，如 9 个微孔的尺寸有 5 种，分别是 2mm、1.4mm、1.2mm、1mm、0.8mm，所有的特征结构均有较高的位置公差要求。该薄板构件的复杂结构决定了不能采用单一的微冲压工艺实现精密制造。

图 8-3-44　封盖板结构示意图

在当今，薄板精密送料与定位技术比较发达，其送料与定位精度能够满足微冲裁-胀形等多工步微冲压成形技术需要。为此，提出多工步冲裁-胀形复合成形工艺，如图 8-3-45 所示。在一套模具内，借助精密的薄板送料与定位装置，实现薄板送料、板料展平、辅助定位、微冲孔、微胀形以及落料等多个复杂工步。所有的工步在一套模具内完成，各工步成形模具精度易于保证，提高了微型构件的成形精度。同时，该工艺方法非常适合连续生产，提高了微型构件的加工效率。经过检测与分析，成形的复杂薄板微结构件（见图 8-3-46）各项指标均满足了设计要求。

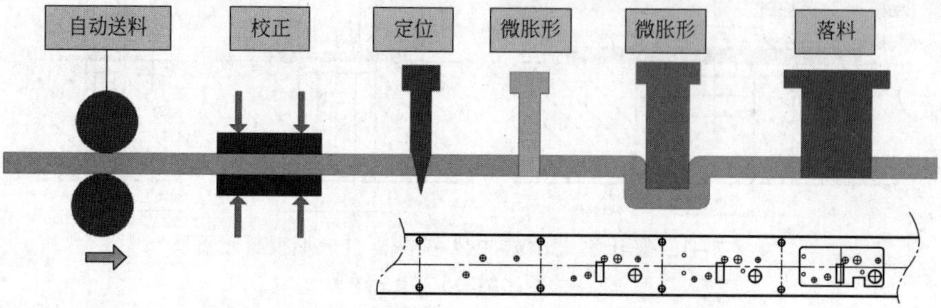

图 8-3-45　多工步冲裁-胀形复合成形工艺示意图

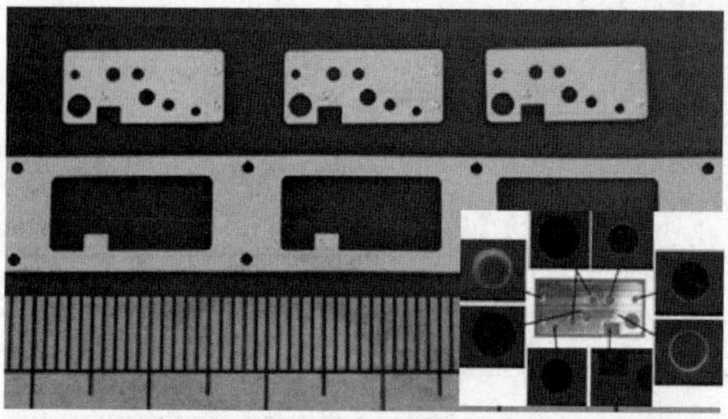

图 8-3-46　封装板件

3.3　微冲压成形设备与模具

微冲压成形是利用专用的微冲压设备和微冲压模具实现微型薄板零件低成本批量制造的方法。与传统塑性成形工艺相比，微冲压成形过程的位移小，一般为毫米甚至微米量级，这要求微成形设备不仅具有高的位置分辨率和定位精度，而且能够实现输出力、位置以及速度的精确控制。

3.3.1　微冲压模具

1. 模具设计

微成形模具是实现微成形工艺的关键。随着构件微型化趋势的加剧，必然对模具尺寸加工精度和表面质量提出更高的要求，传统的塑性成形模具设计规范已不再适用。

微型模具特征尺寸小，一般在亚毫米级，传统的模具设计方法与经验公式已经无法满足微型模具的设计要求，微冲压模具设计方面应遵循以下几点：

（1）凸凹模间隙的确定　凸凹模间隙是否均匀，大小是否合适，是决定微孔质量好坏的关键因素。以厚度为 100μm、直径为 200μm 的箔材微冲裁为例，精密冲裁工艺中，相对冲裁间隙 c/t（凸凹模单边间隙 c 与板材厚度 t 之比）一般在 0.5%左右，经计算单边间隙 c 仅有 0.5μm，在微型模具凸凹模装配过程中，很难满足冲裁间隙的均匀性要求。标准冲裁工艺的相对冲裁间隙一般在 5%左右，相同情况下模具单边间隙为 5μm，采用超精密微细加工方法便可以实现。因此，微冲孔冲裁间隙采用标准冲裁间隙推荐值，c/t 取值范围为 5%～10%。

（2）压边装置结构　常规精冲模具中一般包括冲头、凹模和带凸起的压料板。微冲压模具中，压边/压料同样扮演着十分重要的角色，不仅对板材起到压边作用，更重要的是对微冲头起导向和保护作用。由于箔材厚度小，容易变形，因此微冲孔模具中一般采用平板型压边装置。

（3）模具结构　随着微型零件直径的减小，微型冲头、凹模的特征尺寸和整体尺寸都会相应减小，为了减小模具装配带来的误差，应该尽量减少模具零件的数量，选用导向精度高、装配重复性好的精密模架。同时，为了提高微型模具强度，应采用阶梯形的微冲头。

（4）模具材料的选择　普通的模具材料晶粒度较大，一般在微米量级，很难获得尺寸精度高、表面质量好和强度高的微冲头，已经不能满足微冲孔工艺要求。新型的超细晶粒高强度硬质材料的晶粒度一般在亚微米或纳米量级，强度高、模具寿命长，且容易获得高的表面质量，是微孔模具材料的理想选择。

（5）工作环境要求　由于微冲孔过程中，外界条件（包括温度、灰尘等）对模具性能影响较大，热变形对微模具的精度影响十分明显，因此为了保证微模具工作稳定性，微型模具工作环境要求恒温、无尘、洁净。

比如，微冲头是微冲孔模具中最关键的部件，其尺寸精度、表面质量和力学性能是决定能否实现微孔类零件高质量加工的主要因素。为了改善冲头强度和导向精度，微冲头采用阶梯式结构，并采用具有超细晶粒的硬质合金作为模具材料。然而，传统模具设计的经验公式已经不能满足微型模具的设计要求。为了保证微冲孔过程微型冲头不会产生失稳和损坏，必须通过理论计算确定微型冲头的端部尺寸。微冲孔过程中冲头所受的冲裁力 F_p 满足：

$$F_p \leqslant \pi D t R_m S_f \tag{8-3-1}$$

式中　F_p——冲裁力；

D——微孔直径；

t——箔材厚度；

S_f——剪切系数，一般为 0.7~0.8；

R_m——箔材抗拉强度。

对冲头尖端部分考虑失稳与弯曲破坏情况，得

$$P_b = \pi^2 EI/4{L_b}^2 \tag{8-3-2}$$

式中　P_b——临界压弯载荷；

E——冲头材料弹性模量；

I——冲头尖端界面最小惯性矩；

L_b——临界压弯长度。

由式（8-3-1）和式（8-3-2）可得，冲头尖端的最大长度为

$$L_b = \frac{\pi D^2}{16}\sqrt{\frac{\pi E}{P_b}} \tag{8-3-3}$$

以箔材厚度为 100μm 黄铜箔微冲孔模具设计为例，材料抗拉强度 R_m 为 380 MPa，微冲头材料采用具有超细晶粒的 WC-Co 型超硬质合金，其弹性模量为 580GPa。取 S_f 等于 1，根据式（8-3-1）可得，微孔直径为 200μm 的板材在微冲孔过程中的最大冲裁力 $F_p = 23.8\text{N}$。由式（8-3-3）得，冲头尖端最大长度 $L_b = 2.2\text{mm}$。根据计算结果，微冲头尖端长度确定为 1.0mm，能够保证在微冲孔过程中不会产生破坏，结构尺寸如图 8-3-47 所示。同理，可以确定其他直径的微型冲头的结构尺寸。

在微冲头设计的基础上，结合微冲压模具设计原则以及传统冲压模具设计基础，进行微冲压模具设计。如图 8-3-48 和图 8-3-49 所示为微冲孔和微拉深常用的模具结构。

2. 材料选择

微冲压模具材料需要满足高硬度、高耐磨性和优异的韧性要求，具有超细晶粒的 WC 硬质合金、

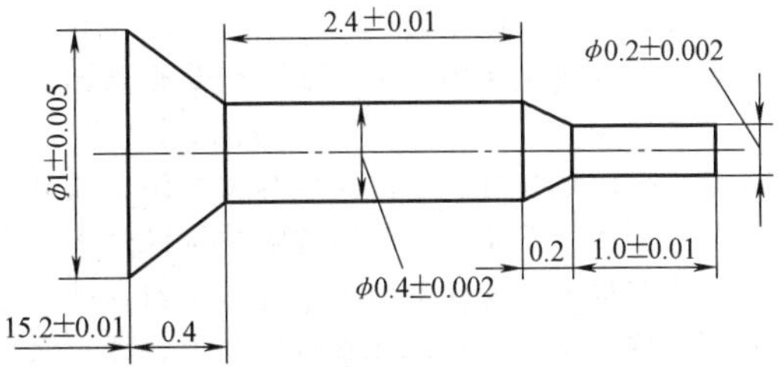

图 8-3-47　微冲头结构尺寸图

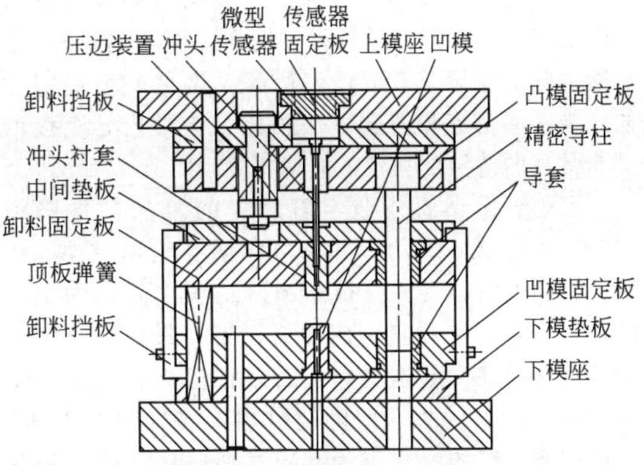

图 8-3-48　微冲孔模具

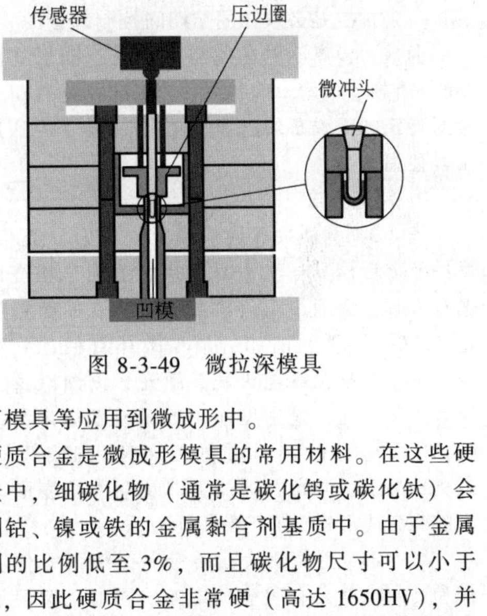

图 8-3-49　微拉深模具

金刚石模具等应用到微成形中。

硬质合金是微成形模具的常用材料。在这些硬质合金中，细碳化物（通常是碳化钨或碳化钛）会嵌入到钴、镍或铁的金属黏合剂基质中。由于金属黏合剂的比例低至 3%，而且碳化物尺寸可以小于 0.5μm，因此硬质合金非常硬（高达 1650HV），并且有高耐蚀性和高韧性的优点（例如 YG6 的抗弯强度为 1700 MPa）。钻石、陶瓷和硬质合金的高刚度是这些材料的另外一个优点。钻石的弹性模量约为 1200 GPa，细晶粒硬质合金可达到 650 GPa 以上，是钢材弹性模量的 3 倍以上。然而，硬质合金的制造成本高昂，特别是超细碳化物粉末的合成非常复杂。此外，热等静压固结制备方法也使硬质合金微型模具局限于简单的几何形状。

金属合金也常用作制造微成形模具的材料，其中广泛使用铁基、镍基和钴基合金。对于工具钢来

说，其硬度和耐磨性很大程度上取决于凝固和热处理过程中沉淀的碳化物类型。制备金属合金的主要挑战是熔体浇注的凝固期间偏析和存在较大夹杂物。如果所要求的模具特征几何尺寸与偏析距离或者夹杂物尺寸相当，在加工或使用过程中可能会出现问题。所以如果将这种合金用于微成形工具，则合金的微观结构需要进一步细化精炼。另外，特别是对于铁基合金，材料的性能可以通过特定的热处理来改变，根据成本效率及各种设计和制造解决方案为软硬加工提供了极好的选择。例如工模具钢 Cr8，它是通过电渣重熔（ESR）生产的，这是一种炼钢工艺，与其他熔炼和铸造方法相比，该工艺已经提供了非常高的清洁度和较低的偏析度。

另外，像钻石或蓝宝石这样的单晶非常坚硬（10000HV，2300HV），并且可以承受化学侵蚀。然而，它们价格昂贵并且很难制造结构很复杂的微型模具。另外陶瓷材料，例如氧化铝、氧化锆、氮化硅等也是潜在的候选材料，因为它们具有很高的硬度和优良的耐蚀性。用陶瓷材料制备微型模具时，需要用非常细的粉末作为基础材料以保证微结构具有较高的精度。另外，使用陶瓷材料制备微型模具的另一个挑战是必须在固结期间控制陶瓷的收缩。

通常，模具不同区域需要承受不同形式的载荷（例如磨损、压力、腐蚀等）。在选择材料时，必须针对特定的工作环境选择适当的材料以达到最优的工具使用寿命。

3. 制造方法

表 8-3-7 为微冲压成形模具加工的分类与特点。微冲压成形模具加工主要包括切削加工和烧蚀加工两种方式，切削加工包括微研磨，表面粗糙度值可达 Ra20nm，微钻削加工最小微孔直径达到 60μm。烧蚀加工包括微细电火花、激光、刻蚀以及飞秒激光等工艺方法，最小尺寸在微米或亚微米量级，最高精度可达纳米级，但是加工效率相对较低。总之，微机械加工、激光微纳加工以及离子束表面改性方法成为微成形模具加工的主要方法。

微冲压成形模具表面质量对微成形零件表面质量和几何精度具有明显的影响。同时，摩擦尺寸效应对微型构件的成形质量、模具寿命以及成形稳定性的影响显著。通过微型模具表面改性，可以降低成形过程摩擦力和改善润滑条件，而且能够提高微成形模具表面质量和使用寿命，引起各国学者的广泛关注。比如，日本大阪大学的 Osakada 采用 DLC 膜对微型模具进行表面处理，结果表明，DLC 膜能够明显降低成形过程的摩擦力。等离子束表面抛光技术已经成功应用到微成形模具表面改性技术中，使微型模具表面粗糙度 Ra 值从 0.5m 减低到 20nm，且抗磨损性能和使用寿命得到明显改善，应用到微冲孔工艺中发现可以明显提高微孔断面表面质量。

表 8-3-7　微冲压成形模具加工的分类与特点

机理	工艺	尺寸	精度	加工速率
切削	微研磨	—	$Ra\geqslant 20$nm	—
	微钻削	孔径 ≥60μm	—	—
烧蚀	微电化学加工	型腔尺寸 ≥80μm	$\delta\geqslant 1$μm	10^{-1} mm³/min
	准分子激光烧蚀	尺寸≥2μm	$\delta\geqslant 0.5$μm $Ra\geqslant 0.1$μm	600μm/min
	微激光喷射刻蚀	尺寸≥2μm	$\delta\geqslant 1$μm $Ra\geqslant 0.3$μm	10^{-2} mm³/min
	光刻技术	尺寸 ≥0.5μm	$\delta\geqslant 0.1$μm $Ra\geqslant 50$nm	<10μm/min
	飞秒激光烧蚀	尺寸 ≥10μm	$\delta\geqslant 5$μm $Ra\geqslant 3$μm	10^{-2} mm³/min

注：δ 为几何尺寸精度；Ra 为表面粗糙度。

3.3.2　微冲压设备

从国内外十几年的微成形研究历程来看，微成形设备驱动方式主要经历了三个阶段：传统设备驱动机构的精密化、微型化和新型化，主要驱动方式包括精密的曲柄滑块机构、微型化伺服驱动系统、高精度压电陶瓷驱动以及先进的直线电动机驱动等。

精密曲柄滑块驱动的冲压设备主要集中在欧洲和日本，在精密冲压技术领域得到广泛应用，目前仍为主流的微冲压设备。日本 Yamada 公司针对微电子器件低成本批量生产要求，研制了基于曲柄滑块机构的高速精密压力机，最大行程频率可达 4000SPM（Stroke Per Minute），成为世界上速度最快的微型压力机之一。瑞士 Bruderer 公司也开发了类似的精密压力机，如图 8-3-50 所示。尽管传统塑性加工设备通过结构优化与升级能够提高其输出精度，达到微型零件批量生产的基本要求，但是由于设备尺寸太大，仅能适合毫米级微型零件的制造，难以满足亚毫米以及微米级微型零件的成形要求。

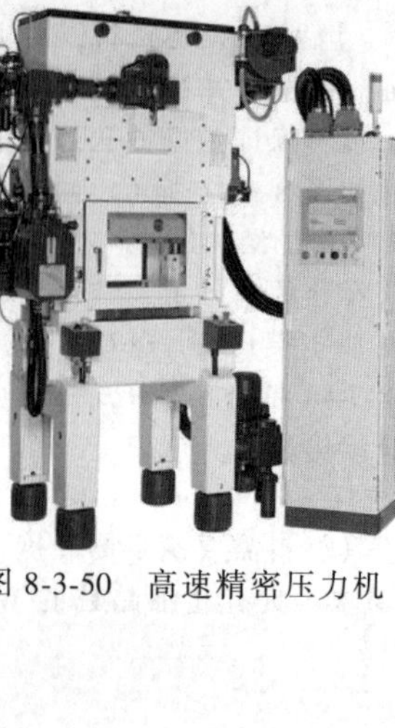

图 8-3-50　高速精密压力机

传统的曲柄机构和滚珠丝杠经微型化后逐步应用到微成形设备中。日本 SEKI 公司和日本东京独立大学研发了桌面式微冲压设备，如图 8-3-51 所示。该设备驱动机构采用微型伺服电动机+滚珠丝杠，利用精密模架导向，输出力可达 30kN，精度较高，能够实现复杂微型零件成形与装配的一体化制造。日本机械工程研究所研制了一台基于交流伺服电动机驱动的微成形装置，空间尺寸（长×宽×高）仅为 111mm×66mm×170mm，最大输出力为 3kN，最大工作频率可达 60SPM。尽管传统驱动方式的微型化能够满足微成形工艺的基本要求，但是驱动机构各连接部件之间存在间隙，很难实现输出力和位移的精确控制，导致设备精度不高，限制了在微成形领域中的应用。

图 8-3-51　微冲压设备

压电陶瓷驱动是利用压电材料与输入电压之间具有的线性膨胀效应（称为压电效应）实现微成形机的滑块往复运动，它具有体积小、重量轻、精度和分辨率高、频响高、输出力大和易于控制等优点，已经成功应用到微成形工艺中。压电陶瓷驱动微成形机的优点是：高加速度和高位移精度。压电陶瓷驱动微成形机的缺点是：由于压电陶瓷输出位移量小，仅为压电驱动器高度的 1/1000，导致微成形机的行程很小。目前，压电陶瓷驱动微成形机的行程范围在 0.1~2.85mm 之间。20 世纪 90 年代末，日本 Mori 等人便开始进行新型微冲孔设备的研制，开发了基于压电陶瓷驱动的微冲压装置，日本群马大学、德国 ZFS 研究中心也分别研制了基于压电陶瓷驱动的微成形设备。其中，日本群马大学 Saotome 教授研制的微成形设备仅有手掌大小，可以与模具一起放入真空加热系统中进行微成形试验，如图 8-3-52 所示。尽管压电陶瓷驱动能够实现亚微米级甚至更高的定位精度，但是由于压电陶瓷自身的不足，该类设备很难满足微型零件的低成本批量制造要求。

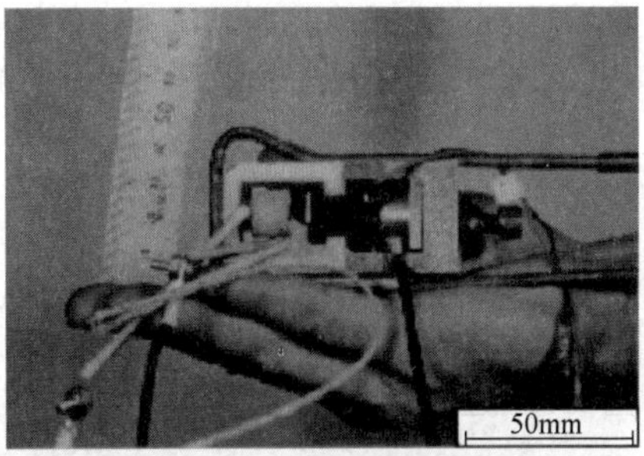

图 8-3-52　压电陶瓷驱动的微成形设备

随着微型零件需求量的增加，微型零件低成本批量制造技术成为急需解决的关键技术，高速高精度的微成形设备成为当今的研究热点。直线电动机驱动方式能够将电能直接转换为直线运动，不需要任何中间转换机构，实现了“零传动”，已经成功应用到机床进给、传送以及磁悬浮列车等设备中，是一种应用前景广阔的驱动方式。该类型的微成形机一般采用对称双直线电动机驱动机构，采用超精密直线导轨或者气浮轴承进行导向，如图 8-3-53 所示。直线电动机驱动微成形机构的特点是：最大速度超过 1m/s，定位精度达到微米级，行程次数超过 1000SPM，能够满足薄板微成形高速高精度工艺要求。

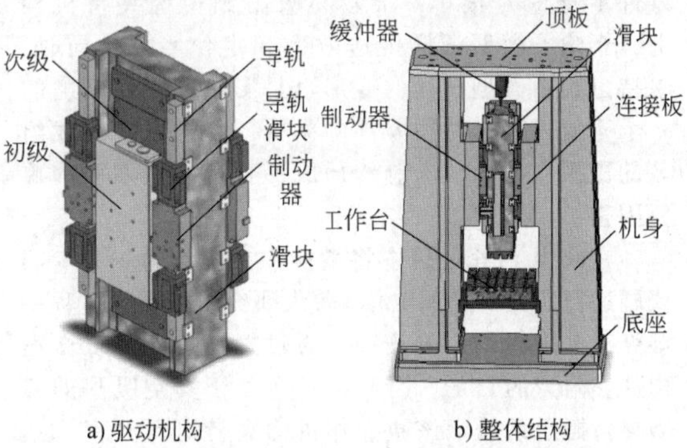

图 8-3-53　直线电动机驱动的微成形机构

为了充分发挥直线电动机高速高精度的特点，日本、德国等发达国家在直线电动机驱动的微冲压设备方面开展了大量研究。其中，日本 AIDA 工程技术公司开发了基于直线电动机驱动的 L-SF 新型成形压力机，最大规格为 10kN，最大速度可达 2m/s，工作频率可达 200SPM。德国 Scheppy 等人研制了一台基于双直线电动机驱动的微冲压设备，采用滚珠直线导轨进行导向，最大速度可达 2m/s，最大加速度 11g，在行程频率为 1200SPM 条件下位移精度达到 5.6μm，最大行程为 80mm，最大输出力可达到 40kN，目前在德国 Schuler 公司进行销售，如图 8-3-54a 所示。德国的 BIAS 研究所最新研制了一台基于直线电机驱动的多功能微冲压设备。该设备采用气浮导轨进行导向，可以实现无摩擦高速运动，最大行程频率可达 1250SPM，最大加速度可达 17g，最大速度为 3m/s，位移精度误差为 3μm，并能够实现竖直方向双轴工作，满足了微型零件的柔性化制造要求，是目前世界上最先进的高速高精度微成形设备之一，如图 8-3-54b 所示。

a) 德国Schuler公司

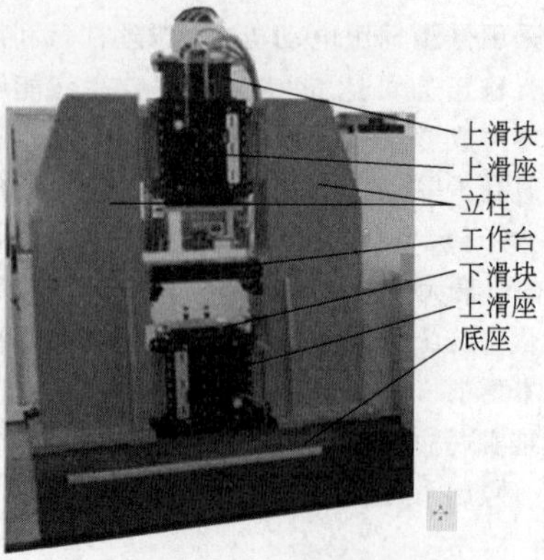

b) 德国BIAS研究所

图 8-3-54　直线电动机驱动的微冲压设备

3.3.3　夹持送料

微型零件在批量制造过程中一般需要多个工步，这就需要微型坯料在每个工步之间实现快速传送与高精度定位。随着零件微型化程度的增加，微型零件的比表面积增加，使本身黏附力增大，由于零件本身重力很小，很容易吸附到传统夹持机构上，影响了微型试样传送效率和定位精度。同时，夹持过程中微型试样的变形也是影响微操作精度的一个重要因素。微型零件的夹持、传送以及在线组装的微操作技术成为制约微成形批量制造发展的重要因素。

在欧盟 FP6 项目中将微操作系统作为一个专门议题进行研究。德国 Engel 等人研究了微操作过程中湿度对黏附力的影响规律，通过振动达到降低微型构件黏附力的目的，研制了一台基于真空吸附的微型夹持搬运系统。该微操作机构夹持送料频率可达 300 次/min，最大传送距离为 25mm，定位精度可达 5μm，已经成功应用到微型零件生产之中。英国 Y. Qin 针对薄板微冲压成形工艺，研制了基于微型伺服滚轮的自动送料装置，采用无接触光学直线编码器实现位置的精确定位，结构示意图如图 8-3-55 所示。结果显示，该装置定位精度为 10μm，送料速度快，能够满足薄板微成形批量制造要求。

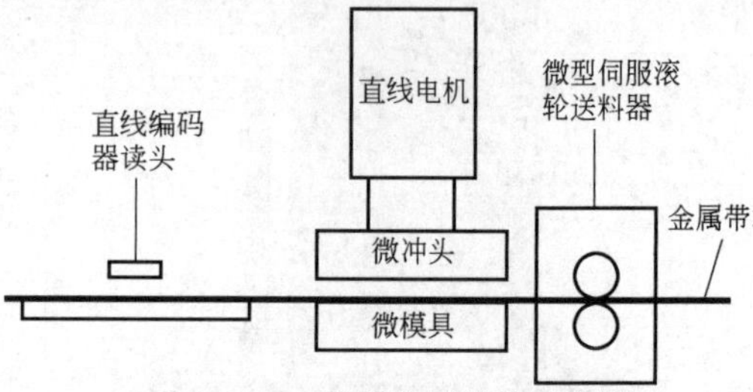

图 8-3-55　薄板送料结构示意图

为了实现复杂微型构件的高效率、低成本、批量化制造，日本 SONY 公司开发的自动送料机构实现了 3 个方向同时送料，利用多方向送料、多冲压工艺以及连接装配集成模具及装置，实现了微泵、连接器等多种复杂薄板零件成形，有效提高了微型构件的生产效率和装配精度，如图 8-3-56 所示。哈尔滨工业大学利用集自动送料、辅助定位、落料、微冲孔以及微拉深于一体的高效、复杂、高精度封装板级进模具装置，实现了复杂结构不锈钢封装板件的高精度批量制造，成形效率超过 1100 件/h。

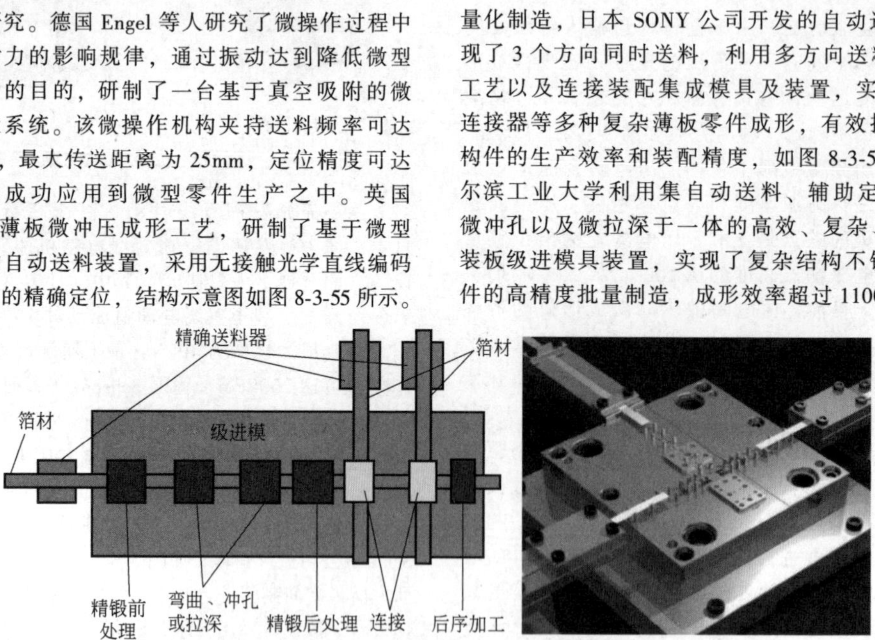

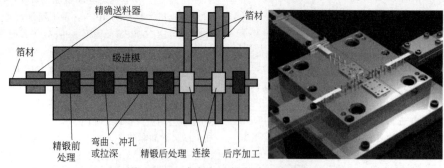

图 8-3-56　多方向送料微冲压模具装置

3.4　微冲压成形应用及技术展望

薄板微成形一直是国内外研究热点。其中，微冲裁、微弯曲和微拉深成形工艺在电子产业应用广泛，部分成果已经进入实用化。比如，在 20 世纪 90 年代末，微冲裁和微弯曲工艺在引线框接插件成形中得到应用，微拉深工艺在电视机电子枪的微杯形件制造中得到应用。同时，随着微纳米制造技术的快速发展，微冲压设备、模具制造以及微冲压成形工艺得到了快速发展。比如，西德克精密拉深技术有限公司（Hubert Stueken GmbH & Co. KG）利用多步微拉深工艺制造了厚度为 100μm，长径比达到 4.5，直径为 1.5mm 的镍箔微杯形件（见图 8-3-57a），应用到 LCD 显示器的产品制造中。另外，还制造了最大高径比为 9.0，内径为 1.0mm 的 FeNiCr 合金筒形件（见图 8-3-57b），应用到乘用车等的制造中。目前，微冲压成形技术已经在微电子、新能源以及生物医疗等领域得到了广泛引用。

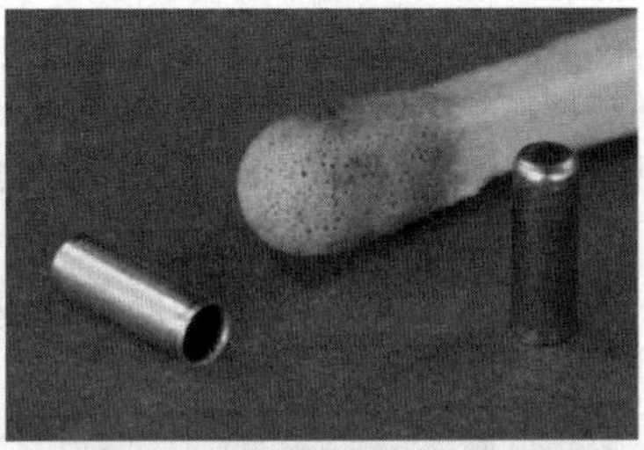

a) 镍箔微杯形件

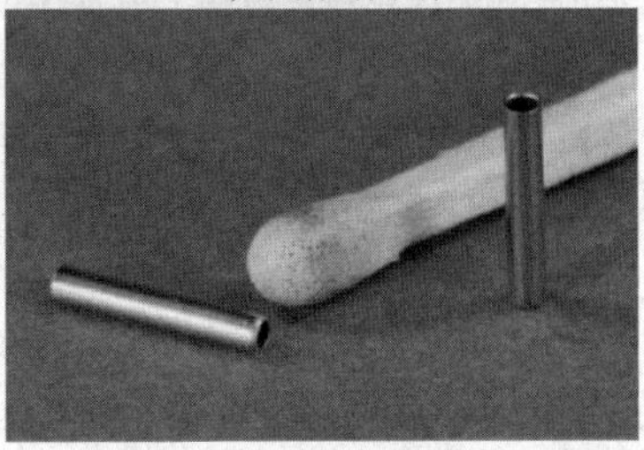

b) FeNiCr合金筒形件

图 8-3-57　微拉深杯形件

随着世界各国学者研究的不断深入，塑性微成形技术在设备、工艺以及基础理论方面得到快速发展。然而，微成形技术的加工尺度范围不断延伸，特别是随着尺度更小的新型微/纳机电系统的不断涌现，微结构和微零件的尺寸从微米尺度延伸到纳米尺度，使得建立在介观尺度范围的塑性微成形技术受到严峻的挑战。在微成形过程中对坯料施加电场、磁场以及超声波等特种能场作用，利用特种能场和材料相互作用产生的“电致塑性”“声波软化”和“应力叠加”等物理效应，能够改善材料微成形性能，进一步提高塑性微成形的尺度极限，实现微型构件的跨尺度、多材料可控制造。

参考文献

[1] 王春举，郭斌，单德彬，等. 高频/超声振动辅助微成形技术研究进展与展望［J］. 精密成形工程，2015，7（3）：7-16.

[2] 单德彬，徐杰，王春举，等. 塑性微成形技术研究进展［J］. 中国材料进展，2016，35（4）：251-261.

[3] 单德彬，郭斌，王春举，等. 微塑性成形技术的研究进展［J］. 材料科学与工艺，2004，12（5）：449-453.

[4] 彭林法，李成锋，来新民，等. 介观尺度下的微冲压工艺特点分析［J］. 塑性工程学报，2007，14（4）：54-59.

[5] 徐杰. 高速高精度微冲压系统与金属箔微冲裁机理研究［D］. 哈尔滨：哈尔滨工业大学，2010.

[6] 龚峰. T2 紫铜薄板微成形摩擦尺寸效应与润滑研究［D］. 哈尔滨：哈尔滨工业大学，2010.

[7] 张博. 超声振动辅助紫铜箔板塑性变形行为与微冲裁机理研究［D］. 哈尔滨：哈尔滨工业大学，2014.

[8] 郝智聪，徐杰，单德彬，等. SUS304 不锈钢封装板微冲压工艺研究［J］. 材料科学与工艺，2015，23（3）：12-17.

[9] 张凯峰. 微成形制造技术［M］. 北京：化学工业出版社，2008.

[10] MUAMMER K，TUGRULÖ. 微制造-微型产品的设计与制造［M］. 于华东，译. 北京：国防工业出版社，2016.

[11] FU M W，CHAN W L. Micro-scaled products development via microforming［M］. London：Springer，2014.

[12] VOLLERTSEN F. Micro metal forming［M］. London：Springer，2013.

[13] LIN J C，LIN W S，LEE K S，et al. The optimal clearance design of micro-punching die［J］. Journal of Achievements in Materials and Manufacturing Engineering，2008，29（1）：79-82.

[14] LEE W B，CHEUNG C F，CHAN L K，et al. An investigation of process parameters in the dam-bar cutting of integrated circuit packages［J］. Journal of Materials Processing Technology，1997，66（1）：63-72.

[15] LIU Y，WANG C J，HAN H B，et al. Investigation on effect of ultrasonic vibration on micro-blanking process of copper foil［J］. The International Journal of Advanced Manufacturing Technology，2017，93：2243-2249.

[16] SHIMIZU T，MURASHIGE Y，IWAOKA S，et al. Scale dependence of adhension behavior under dry friction in progressive micro-deep drawing［J］. Journal of Solid Mechanics & Materials Engineering，2013，7（2）：251-263.

[17] QIN Y. Micro-manufacturing Engineering and Technology［M］. 2nd ed. Amsterdam：Elsevier Inc，2015.

第4章

冲锻

华中科技大学　金俊松　王新云
上海交通大学　庄新村　赵　震

4.1　板冲锻分类与应用

金属板冲锻成形工艺结合了冲压与锻造技术的特点，是近年来发展起来的金属近净成形工艺。其主要特点在于采用冲压工艺成形零件的整体外观和形状，通过局部体积成形达到零件局部厚度或者形状的改变。

根据板料冲锻过程中工艺的复合程度，冲锻成形工艺可大致分为复合冲锻成形工艺与板锻造成形工艺，具体见表 8-4-1。

表 8-4-1　板冲锻成形工艺分类与应用范围

工艺		应用范围
复合冲锻成形工艺	拉深/翻孔+镦粗	有厚壁的桶形件或者带外齿的零件
	拉深+反压增厚	拼焊板,带厚底或加厚圆角的杯桶件
	弯曲+压缩	拼焊板或加厚圆角的杯桶件
	拉深+正挤压	薄壁或者具有阶梯壁厚的杯桶形件
	拉深+反挤压	具有凸台或薄壁的桶形件
板锻造成形工艺	挤压	具有凸台的板型件
	连接	管连接,板与板连接或板与管连接

4.2　复合成形工艺

4.2.1　拉深/翻孔-镦粗成形

传统的板料冲压成形是金属板坯在常温下通过外力作用发生平面应变成形为所需形状零件的一种加工方法，比如：拉深和翻孔。镦粗是使坯料高度减小而横截面增大的锻造工序，一般可达到增厚零件的效果。将拉深/翻孔和镦粗两种成形工艺结合成一种新的金属复合塑性加工方法，首先使用拉深来形成部件的空间形状，然后进行镦粗实现局部增厚，适用于加工具有局部加厚特性的钣金零件，如单面或双面内壁或外壁加厚的杯形部件，带有加厚边缘的圆盘状部件等。

拉深/翻孔-镦粗的复合工艺可以一步成形或多步工序成形。在一步成形中，需要使用多动压力机，拉深工艺和局部增厚成形在一套模具中进行，模具结构比较复杂，且工件直壁容易失稳，甚至折叠。因此，在单步成形中，增厚比受限，为了获得更大的增厚比，需采用多步增厚工艺。在多步成形中，可使用传统液压机或机械压力机，在不同的模具中进行拉深和局部有序增厚。由于摩擦阻力，材料流动的困难性随着壁高的增加而增大，导致允许的壁高较小。此外，由于载荷不能直接施加到板上，拉深/翻孔与镦粗的复合工艺不能用于非壁部分增厚的部件，例如拼焊板和具有底部增厚的部件。

1. 拉深/翻孔-镦粗一步成形

图 8-4-1 所示为在双动压力机上通过增厚盘形件外壁的工艺所制造的车用飞轮盘。其成形过程为：首先拉深凸模对板料进行拉深，然后镦粗冲头轴向压缩外壁完成增厚。最终，壁厚从 10mm 增加到 11mm。

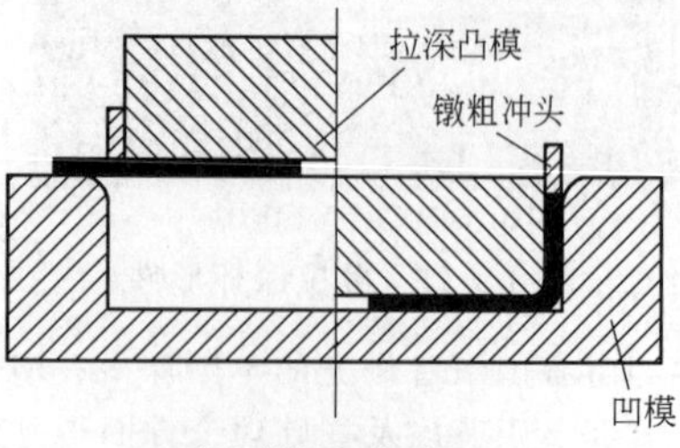

a) 拉深镦粗工艺原理

b) 拉深镦粗零件

图 8-4-1　车用飞轮盘

图 8-4-2 所示为带有增厚法兰的阶梯杯的拉深-镦粗复合工艺成形。通过内冲头拉深成形出阶梯杯底。同时，通过外冲头和外模下行镦粗阶梯杯的边缘，使其增厚。由于外模对杯壁和法兰的约束，消除了杯壁和法兰的折叠。

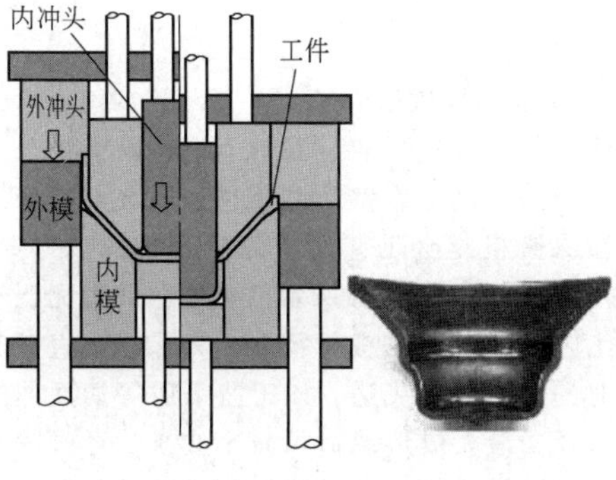

a) 拉深－镦粗复合成形原理　　b) 成形件

图 8-4-2　带有增厚法兰的阶梯杯的成形

2. 拉深/翻孔-镦粗多步工序成形

翻孔-镦粗复合工艺可用于带孔零件或开口空心零件的孔内壁增厚成形。带有中心孔的圆板孔内壁增厚成形如图 8-4-3 所示。首先通过翻孔形成垂直内壁，内模芯和外面的凹模保持直壁，然后反复镦粗三次，每次最佳镦粗比为 1.25。考虑到每次镦粗后零件孔径会缩小，且镦粗过程中底部圆角处容易发生折叠，因此，每次镦粗都应更换相应直径的镦粗芯棒和镦粗冲头。

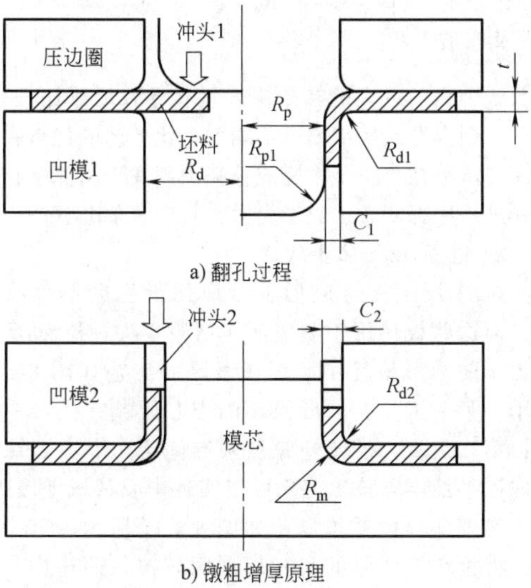

a) 翻孔过程

b) 镦粗增厚原理

图 8-4-3　翻孔-镦粗成形

拉深/翻孔-镦粗复合工艺也常被用于成形内壁增厚双杯零件。如图 8-4-4a 所示，用于制造具有加厚内壁的双杯形部件的传统金属成形方法是由多个隔板分别成形并通过焊接组装成整个部件。该制造方法会降低零部件的力学性能和生产效率。在拉深/翻孔-镦粗复合工艺中（见图 8-4-4b），首先通过正向拉深形成初始坯料，然后通过强力反拉深将成形杯的底部向后拉深形成双层杯。在反拉深时，外壁的材料被推到内壁，使内壁减薄量尽可能小。随后，通过图 8-4-3b 所示的方法将内壁镦粗增厚。

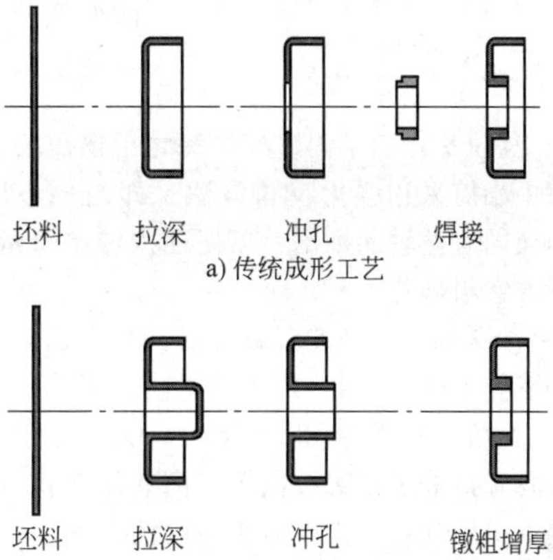

a) 传统成形工艺

b) 冲锻成形工艺

图 8-4-4　成形工序

典型的内壁增厚双筒形零件如图 8-4-5 所示。该零件内壁厚度比其他部分大，为了提高零件的力学性能、材料利用率，使用冲锻工艺成形，具体成形工艺如图 8-4-6 所示，其成形工序如图 8-4-7 所示。

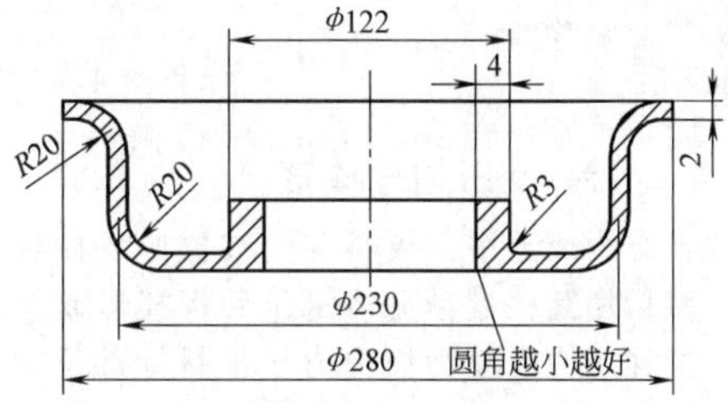

图 8-4-5　双筒形零件

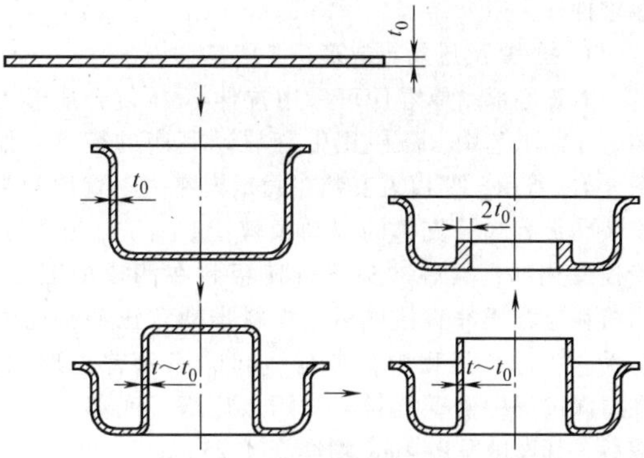

图 8-4-6　双筒件内部增厚成形工艺

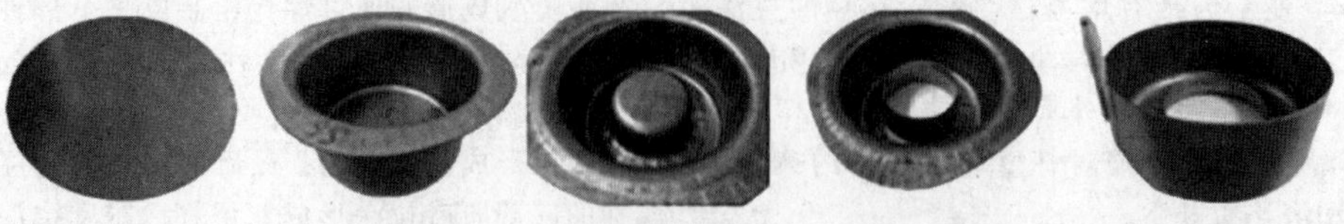

图 8-4-7　双筒零件的成形工序

1）正拉深：圆板通过一次拉深形成杯状件，拉深系数 $m=\frac{d}{D}=\frac{230}{450}=0.511$。

2）反拉深：由于内壁反拉深之后还需要镦粗增厚，故中心筒采用强力反拉深法，即当中心筒拉深时，凸缘同时被轴向推出，以便使内壁减薄量减小，为后续的镦粗储料。

3）冲孔翻边：刺破套筒底部，利用翻边工序将底部翻成内直壁。

4）镦粗：粗算镦粗比为 2，大于经验镦粗比 1.25，故需要采用多次镦粗实现侧壁从 2mm 到 4mm 的增厚，中心孔置入支撑棒作为刚性支撑。

3. 功能结构镦粗成形

除了制造厚壁零件，拉深/翻孔-镦粗复合工艺同样可以用于制造直壁功能零件。图 8-4-8a 所示为通过拉深镦粗复合工艺制造齿轮零件的成形原理，其成形工步如图 8-4-8b 所示。首先，采用无压边深拉深工艺成形半成品板材零件。为了减小直壁充填齿腔时的成形力和飞边，该工艺采用等切面曲线的拉深半径，最大成形载荷可减小 22%。经过深拉深后，通过镦粗迫使直壁材料流入模具的齿腔，最终形成 38 齿的外齿轮。拉深-镦粗复合工艺成形齿轮的困难在于控制材料的流动，以便克服在直壁和腹板之间拐角处的折叠。

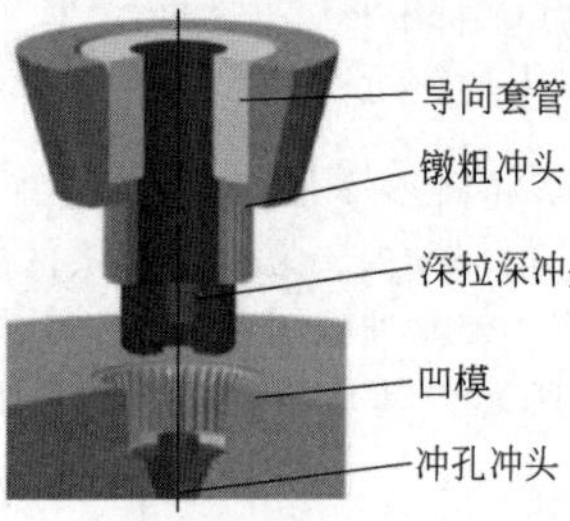

a) 成形原理

b) 成形工步

图 8-4-8　齿轮成形原理及成形工步

4.2.2　拉深-反压增厚成形

在此复合成形中，板料首先被拉伸成杯状或凹槽状，然后用其他模具夹持定位后将杯形或者凹槽压平。当冲压力转变为面内力压平目标部位时，冲模将板料垂直压成平面。目标部位通过压缩增厚。这种复合成形可以用于制造不等厚部件或者底部增厚零件。

1. 拉深-反压复合成形

对于底部增厚零件可采用拉伸-反压复合成形工艺。在此工艺中，需使用带有浮动底座的模具。如图 8-4-9 所示，凹模被安装在固定模座中，背压冲头安装在带有弹簧支撑的浮动模座上。首先，板料置于模具顶部，然后冲头下行使板料在凹模中变形，当板料与背压冲头接触后，板料推动背压冲头向下运动。在这个过程中，带有凸起的底部首先形成，在拉深过程中侧壁的材料被压入底部。底部经过压缩后，其厚度可由 4mm 增厚至 4.25mm。

此工艺中，背压冲头初始深入凹模的位置是增厚的关键因素。过大的初始深入量会导致增厚比很小；相反，则会导致底部增厚不均匀。此工艺的优点在于拉深和压平在单工步中完成；缺点则在于从侧壁挤压材料进入底部困难、成形力大，而且增厚比小。

2. 拉深-反压多步成形

拉深-反压复合成形也可应用于生产不等厚板料，而这些板料用于制造区域增厚零件。拉深-反压两工步使圆形板坯中心区域增厚的工艺如图 8-4-10 所示。第一工步，圆形板坯的中心区域在模具中拉深；第二工步，板坯外缘被限制固定，中心区域被反向压平增厚。该工艺除可以实现中心区域增厚外，还可实现环形区域增厚，如图 8-4-11 所示。第一工步，将板坯需增厚的目标环形区域拉入凹模中；第二工步，夹紧法兰与中心区部位，然后用平底模具压平被拉伸的区域使其增厚。

由于拉深零件拐角处的厚度减薄使其力学性能很差，采用环形区域增厚的不等厚板作为预成形件，从而增加拉伸拐角处的厚度可有效解决该问题。

图 8-4-12 所示为采用该方法成形带法兰杯形件的三工步冲锻工艺。在第一、第二工步中，通过锥形凸模拉伸获得带锥形底部的杯形件，锥形底部的体积大于平面底部的体积。在第三工步中，板坯法兰区域被压边圈和下模压紧，锥形底部被平底内冲头和反冲头压平，使底部和拐角凸起处增厚。最终零件拐角凸起和底部壁厚获得 10%的增厚。

在这些工艺中，拉深深度是增厚的关键因素。拉深深度过大，中心区域的增厚不均匀，或者坯料在反向压缩过程中产生折叠；相反，拉深深度不够，增厚比则达不到要求。在增厚比较大的情况下，需要多工步来确保增厚比。

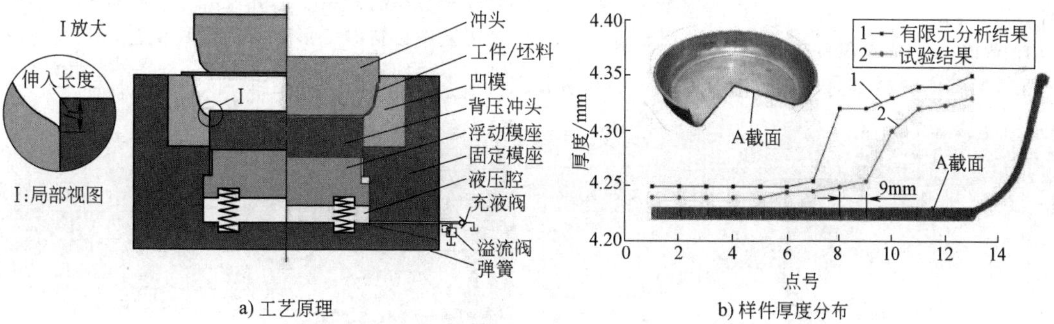

图 8-4-9　底部增厚侧壁薄盘状零件成形工艺

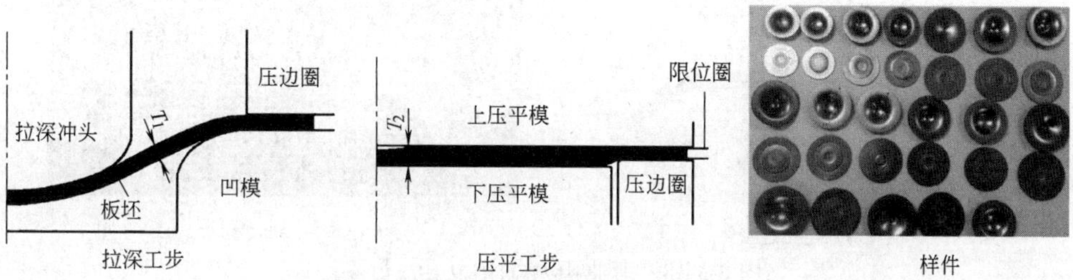

图 8-4-10　中心增厚圆形板坯成形工艺

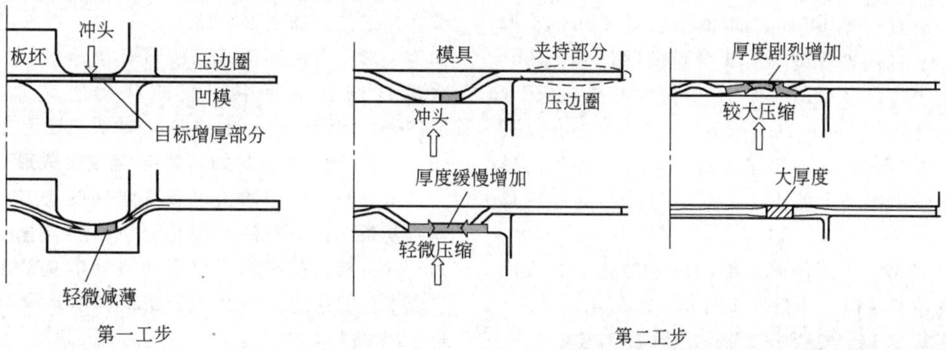

图 8-4-11　局部区域增厚的不等厚板两工步成形工艺

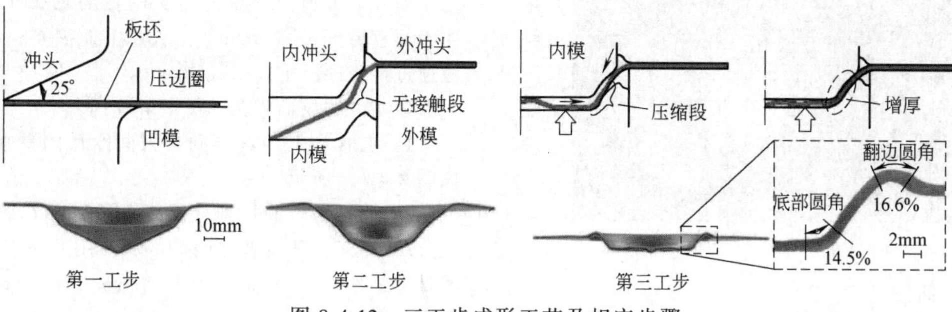

图 8-4-12　三工步成形工艺及相应步骤

4.2.3　弯曲-压缩

板料弯曲成形是将板料弯成所需的具有一定曲率和角度的形状，常用弯曲工艺包括压弯、折弯、拉弯、辊弯和辊压等。板料弯曲与压缩的结合，主要可分为三类：弯曲-压缩简单复合成形、以聚料为目的的弯曲-压缩复合成形以及压缩减小弯曲回弹的复合成形工艺。

1. 弯曲-压缩简单复合成形

某些特殊的板料弯曲件在局部对厚度有特殊要求。图 8-4-13a 所示为某航空用连接件，该零件的圆环部位有 3 个弯曲状凸耳，每个凸耳上有两个小凸台；图 8-4-13b 所示为某攻螺纹连接件，在攻螺纹的位置设有凸台以保证攻螺纹的长度；图 8-4-13c 为汽车发动机内的零件，在孔的位置要求厚度减薄。这类零件的成形方式是先弯曲再镦粗或先镦粗再弯曲，特点是弯曲和镦粗工艺相互独立，彼此不影响另一个工艺中材料的变形方式，两种工艺只是简单地叠加在零件的整个成形工艺流程中。

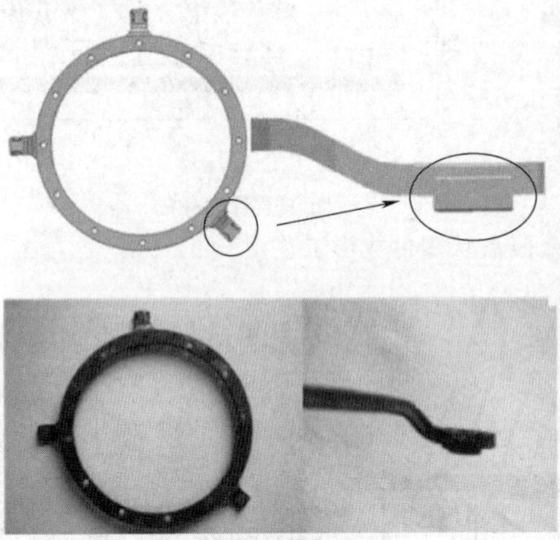

a) 航空用连接件

b) 攻螺纹连接件

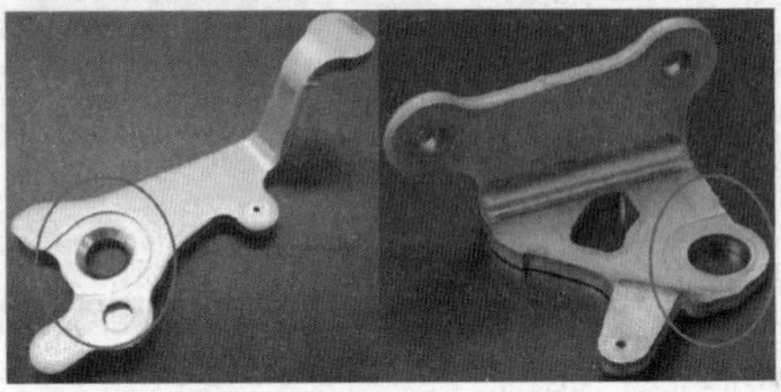

c) 汽车发动机零件

图 8-4-13　弯曲-压缩简单复合成形零件

以图 8-4-13a 所示的连接件为例，该连接件呈圆环形，外圈直径为 140mm，内圈直径为 120mm，厚度为 2mm，圆环外缘分布有 3 个弯曲状凸耳，凸耳上有两个小凸台（见图 8-4-13a 中放大部分），尺寸（长×宽×高）为 5mm×2mm×1mm，圆环上小孔直径为 2mm。该零件的成形思路为首先冲裁出零件的外形，然后钻出圆环上的小孔，最后弯曲凸耳和成形凸台。

(1) 冲裁　采用倒装结构的落料冲孔复合模完成零件的落料工序，冲裁件如图 8-4-14 所示。

图 8-4-14　冲裁件

(2) 钻孔

(3) 弯曲凸耳和成形凸台　采用两个冲头，一个用于压住圆环，另一个用于凸耳弯曲和凸台成形圆环冲裁件，如图 8-4-15 所示。由于零件上凸台截面为矩形，因此冲头截面也设计成矩形，其尺寸是在零件凸台截面长、宽的基础上均向外偏置 0.15mm，即 5.3mm×2.15mm。冲头速度为 20mm/s。

2. 以聚料为目的的弯曲-压缩复合成形

压缩类成形如镦粗可实现局部的增厚，根据体积不变条件，增厚的前提是完成聚料。弯曲工艺作为一种将板材从平面形状变为空间形状的工艺，有实现聚料的潜力。下文将介绍两种实现聚料目的的弯曲-压缩复合成形工艺。

(1) 高直臂小间距等厚板材零件步进式冲锻工艺　图 8-4-16 所示零件两直臂的高度之和（16mm）大于两直臂间距（10mm），从而不能展平，因而无法通过传统冲压工艺来成形。

该零件的成形思路如图 8-4-17 所示：

1) 在板坯上冲裁得到扩大间距后的平板坯料，如图 8-4-17a 所示。

2) 将两臂弯曲得到直臂，如图 8-4-17b 所示。

3) 对工件两直臂之间的区域使用弯曲工艺，使两直臂间距减小至 d_1，其中 $10\text{mm} < d_1 < 18\text{mm}$，如图 8-4-17c 所示。

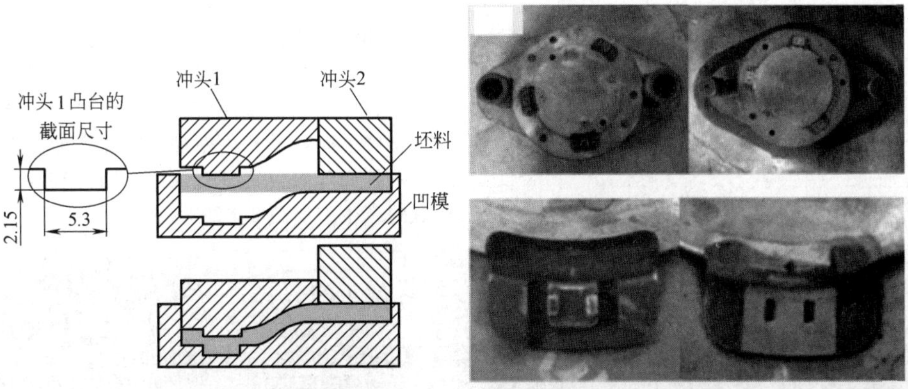

a) 凸耳弯曲和凸台成形示意图　　b) 成形模具

图 8-4-15　工艺原理与模具

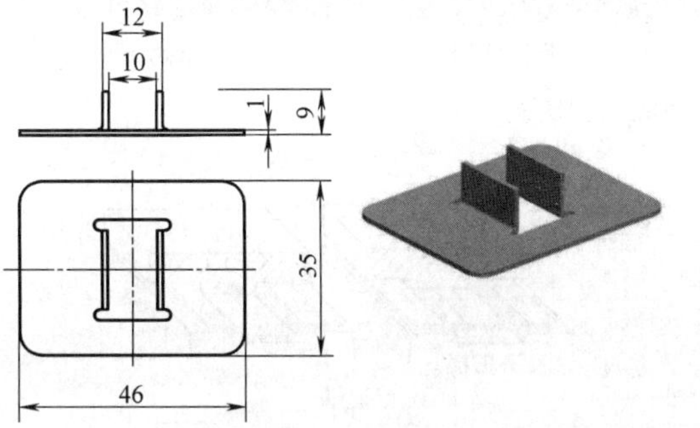

图 8-4-16　常见高直臂小间距等厚板材零件示意图

4）保持两直臂间距 d_1 不变，将工件的弯曲变形部分通过冷锻方式进行平整，得到如图 8-4-17d 所示的工件。

5）重复第 3）步和第 4）步若干次，直至工件的两直臂间距达到目标间距 10mm。通过设置限位柱来保证最终零件冷锻成形部位的厚度。

上述思路的实质是先增大两直臂间距以便于冲压成形，然后通过若干次弯曲工艺逐步缩小两直臂间距至目标值，每次弯曲后利用冷锻工艺对工件进行平整处理，故将此工艺命名为步进式冲锻工艺。

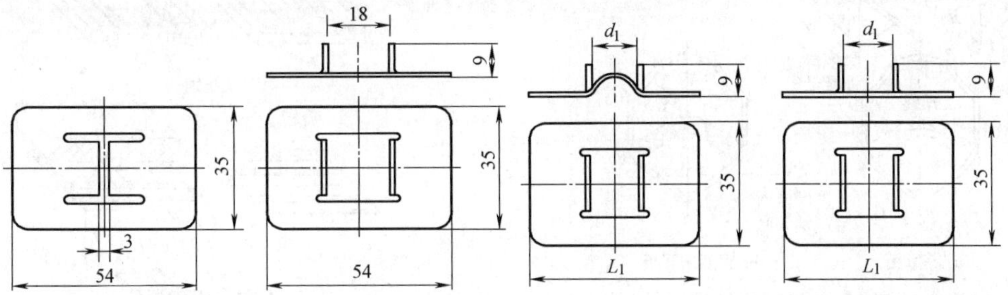

a) 扩大间距展开图　　b) 扩大间距后成形图　　c) 第一次弯曲示意图　　d) 第一次冷锻示意图

图 8-4-17　步进式冲锻工艺的成形思路

在设计实际步进式冲锻工艺时，需要注意合理确定弯曲次数，过多的弯曲次数会增加模具制造成本，同时意味着后续的冷锻平整次数也越多，且多次冷锻成形会使材料发生严重加工硬化，甚至会使零件的冷锻部位因反复变形而发生开裂。因此，在保证无工艺缺陷的前提下应使每次弯曲后两直臂间距尽可能小，从而减少后续弯曲和冷锻次数。步进式弯曲应采用流线型弯曲模，其中弯曲部分采用相切圆弧过渡，如图 8-4-18 所示。每道弯曲极限可根据下式确定：

$$r_1+r_2=\frac{180}{\alpha}\frac{L-2l}{2\pi}-x_1t-x_2t \tag{8-4-1}$$

式中　r_1、r_2——模具弯曲部分两个过渡圆弧的内径；

x_1、x_2——弯曲半径对应的弯曲中性层位移系数；

α——圆心 O_1 和 O_2 连线与中心轴线的夹角；

l——不发生弯曲变形部分的长度；

L——板材初始长度；

t——板厚。

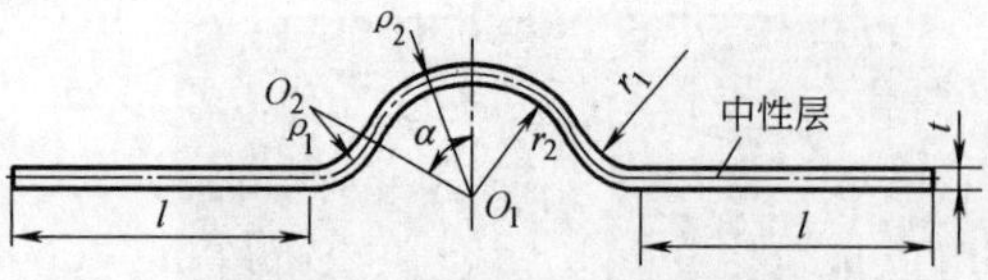

图 8-4-18　流线型弯曲模

当 $\alpha=90°$时，r_1+r_2 有最小值，查表得到 x_1 和 x_2，则可确定弯曲极限。图 8-4-19 为某冷轧板的步进式冲锻工艺实例。

（2）弯曲-压缩复合成形局部增厚的方形件拉深用坯料　方形件拉深时，底部因材料减薄且承受较大拉应力而容易产生断裂，因此若能在坯料上对应方形件底部的位置进行增厚，则可有效防止该处断裂的产生，如图 8-4-20 所示。

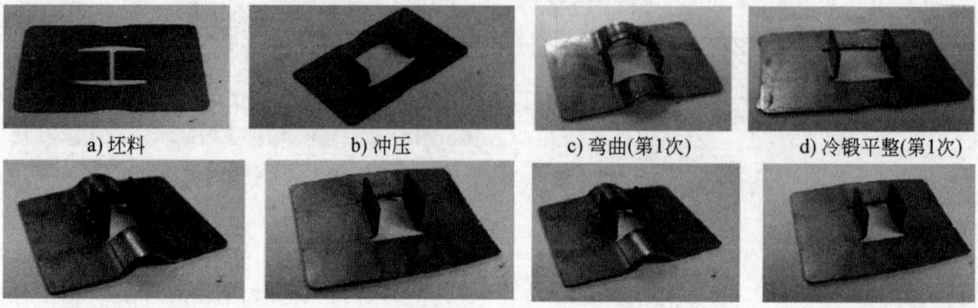

a) 坯料　b) 冲压　c) 弯曲(第1次)　d) 冷锻平整(第1次)

e) 弯曲(第2次)　f) 冷锻平整(第2次)　g) 弯曲(第3次)　h) 冷锻平整(第3次)

图 8-4-19　步进式冲锻工艺实例

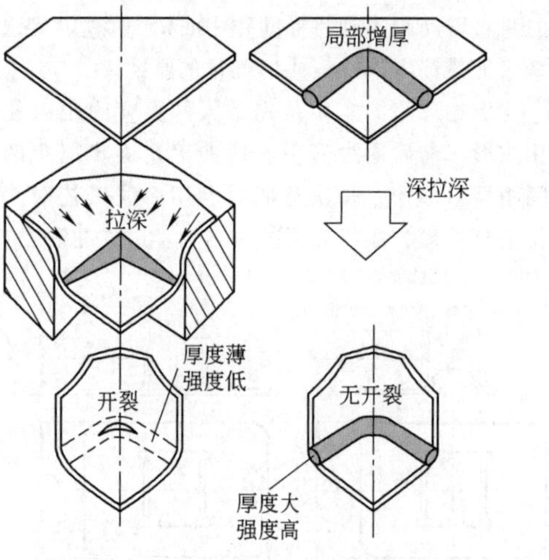

a) 等厚板　b) 局部增厚板

图 8-4-20　具有局部增厚特征的订制坯料方形件拉深

采用图 8-4-21 所示的弯曲-压缩复合工艺来实现坯料的局部增厚。首先，将均匀厚度的板坯进行弯曲，形成两边对称的倾斜部分；然后在坯料两侧限制的情况下利用平凹模向上压缩这两个倾斜的部分，得到两块增厚的区域；然后将坯料旋转 90°再执行上述的弯曲、压缩步骤。最终在板坯上对应方形件的底部位置得到四块增厚的区域。图 8-4-22 的实例结果说明该方法提高了方形件拉深的成形极限。

3. 压缩减小弯曲回弹的复合成形工艺

由于内部存在弹性变形区，板料 V 形弯曲成形时，卸载后不可避免地会出现回弹现象。采用 V 形弯曲后再压缩的方法，可以使得弯曲中的弹性变形区发生变形，有效降低回弹的大小。压缩方向可沿板料的板厚方向（见图 8-4-23a），也可沿板面方向（见图 8-4-23b）。在图 8-4-23a 中，凸模圆角半径小于凹模圆角半径，当板材的外表面与凹模的上表面接触后，继续使凸模下降一定量，对板料施加强压，使凸凹模之间的板材弯曲部分在板材厚度方向产生压缩变形。在图 8-4-23b 中，首先凸模下行至与凹模间距离为板厚时停止，板料此刻发生弯曲变形。随

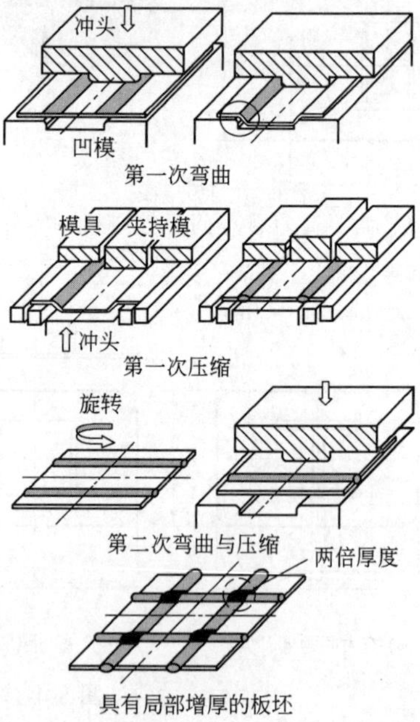

图 8-4-21　弯曲-压缩局部增厚示意图

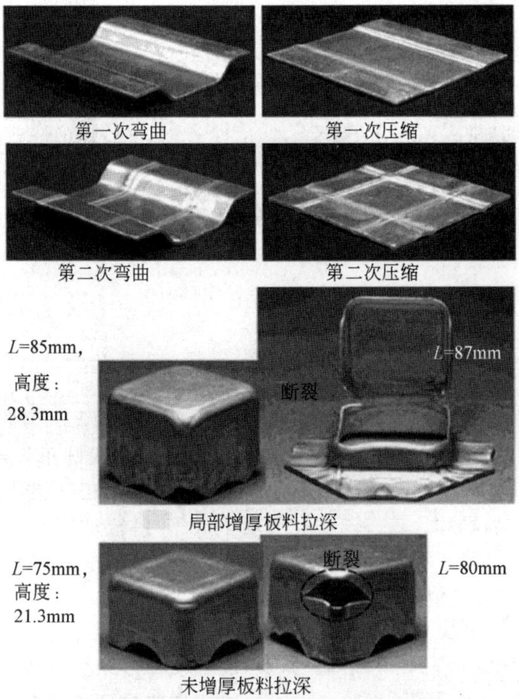

图 8-4-22　局部增厚坯料及拉深结果

后凸模上移一定距离后固定不动，两侧压块沿着凹模斜壁一起下行，板料在镦锻力的作用下发生了增厚，最终与凸模贴合。两种方法中板料的圆角段均产生额外的塑性变形，特别对于外侧受拉的圆角部位，原来的拉应力状态转变成压应力状态，消除弯曲后板料中的弹性变形区。

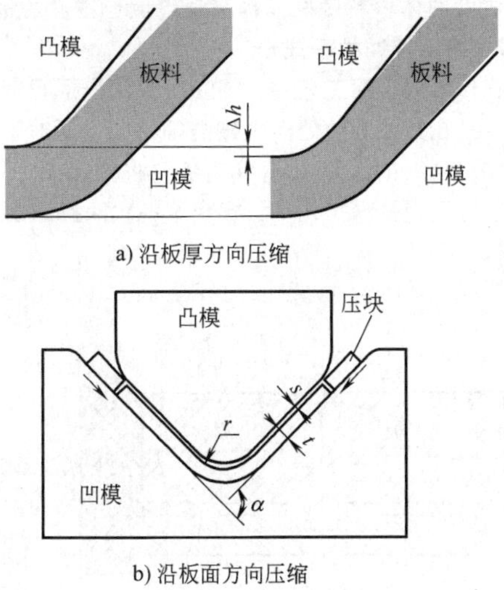

图 8-4-23　压缩减小弯曲回弹的复合成形工艺

4.2.4　拉深-正挤压成形

拉深-正挤压成形工艺是一种将拉深冲压工艺与挤压锻造工艺相结合的复合工艺过程。对于带有局部特征的筒形件成形通常是通过拉深后再进行机械加工来实现的，但是机械加工过程不可避免地带来加工成本高、效率低、材料利用率低、力学性能差等问题。拉深-正挤压成形工艺将锻造工艺引入到板料拉深过程中，实现材料的重新分配，可以实现局部特征的成形，并减少机械加工过程，提高了材料利用率和零件的力学性能。同时，拉深-正挤压成形工艺可以实现批量化生产，提高生产效率、降低生产成本。

拉深-正挤压成形工艺多用于非等壁厚阶梯筒形件成形（见图 8-4-24）、中空凸台筒形件（见图 8-4-25）底部凸起特征成形、带凸缘深拉深件成形（见图 8-4-26）等。

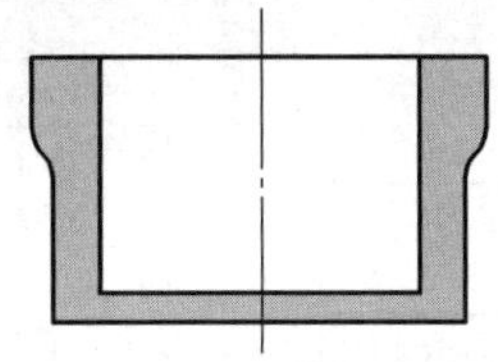

图 8-4-24　非等壁厚阶梯筒形件

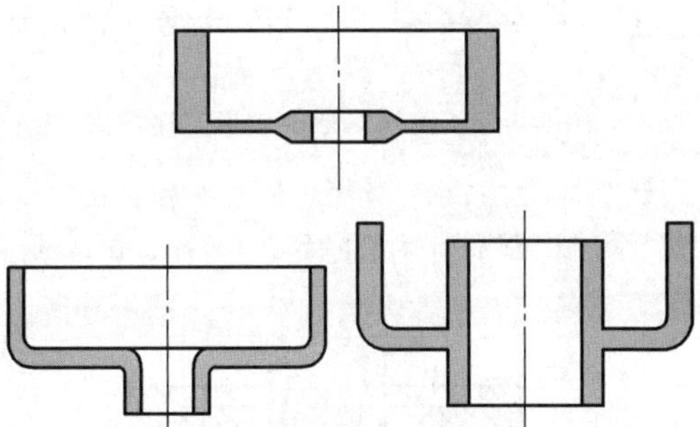

图 8-4-25　中空凸台筒形件

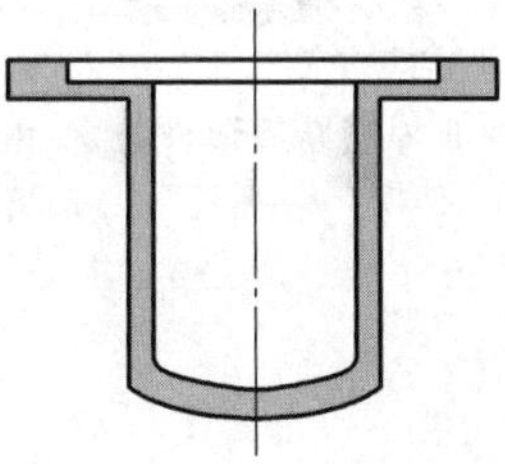

图 8-4-26　带凸缘深拉深件

1. 非等壁厚筒形件成形

利用拉深-正挤压成形工艺成形非等壁厚筒形件，是通过减薄部分筒壁重新分配多余材料来实现非等厚筒壁的成形。图 8-4-27 所示为利用环形坯料通过拉深-正挤压成形工艺非等壁厚管状零件。图 8-4-28 所示为采用厚度 4.5mm 的 A3 钢拉深-正挤压成形工艺一次成形非等壁厚筒形件的成形工序图，基本工序是拉深和挤压，经计算满足一次拉深的拉深许用系数和挤压变形系数，所以可以实现一次拉深-正挤压成形。

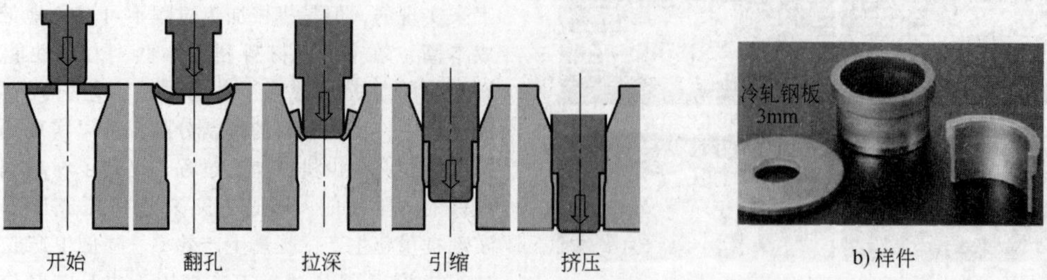

a) 成形过程　　b) 样件

图 8-4-27　非等壁厚管状零件成形

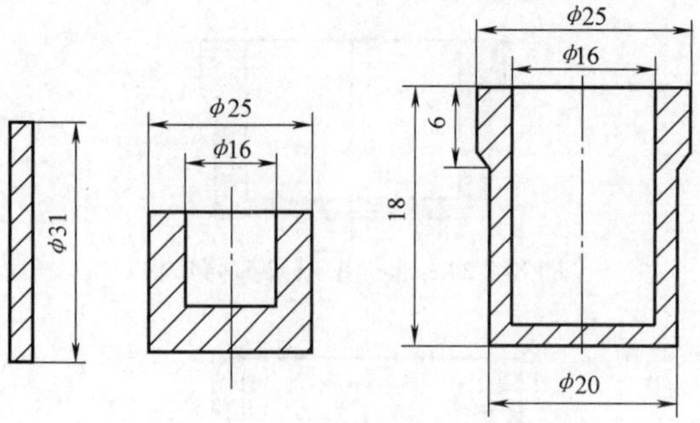

图 8-4-28　阶梯筒形件成形工序图

如图 8-4-29 所示，首先将坯料 2 放置在凹模 1 上进行定位，然后凸模 3 下行进行拉深，拉深基本

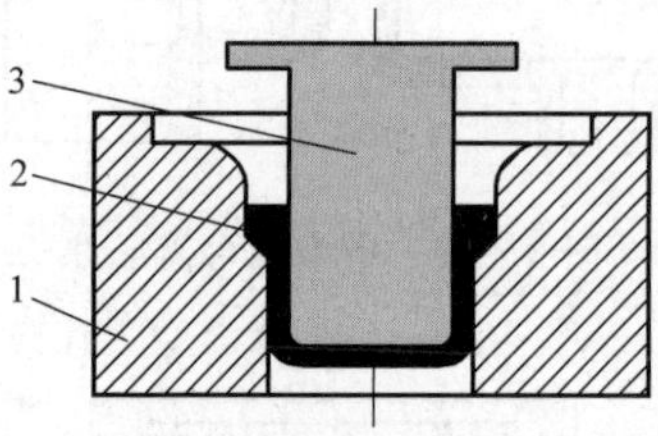

图 8-4-29　非等壁厚筒形件拉深-正挤压成形

1—凹模　2—坯料　3—凸模

完成后凸模继续下行进行挤压实现筒壁增厚。为防止阶梯筒形件肩部裂纹等缺陷，加大凹模圆角 $R=6t$，挤压锥角口 $\alpha=120°$。与传统的机械加工成形局部特征相比较，该过程实现了拉深与局部增厚的一次成形，提高材料利用率，减少了加工工序。

2. 带中空凸台的筒形件成形

常见筒形件底部凸起的拉深-正挤压成形有两种成形方式，一种是通过挤压底部使得多余金属成形凸台（见图 8-4-30a），另一种则是通过挤压侧壁使得多余金属流向底部并成形凸台（见图 8-4-30b）。

与传统工艺的对比如图 8-4-31 所示，拉深-正挤压成形的板料锻造工艺在成形带内部凸台的筒形件时具有明显的优势：①通过控制金属流动可以形成具有最佳横断面形状的部件。②由于压缩应力的存在而增加了复杂结构可成形性。③比传统冲压件工序少。④可实现阶梯形与齿形部件的成形。⑤由于半完成件的体积精度好而提高最终成形零件的精度。

3. 挤压辅助拉深成形

在传统的拉深工艺中，当一次拉深变形程度较大时很容易在凸模圆角处产生破裂等缺陷。而对于多道次拉深，复杂的工序就不可避免。将拉深-正挤压成形工艺应用到拉深工艺中，实现了一次深拉深成形。

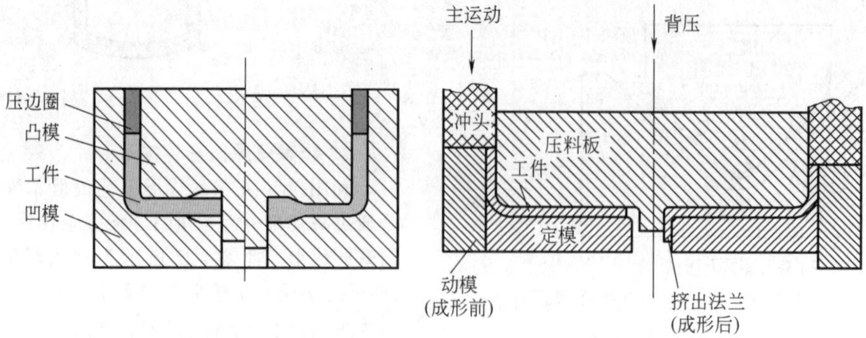

a) 挤压底部成形凸台　　b) 挤压侧壁成形凸台

图 8-4-30　拉深-正挤压成形凸台原理

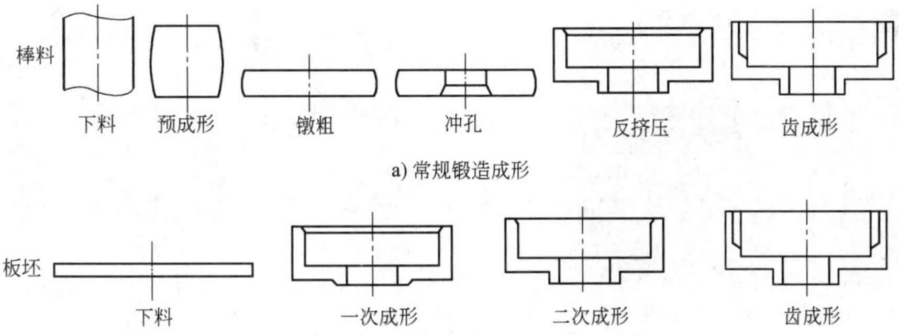

图 8-4-31　带凸台的筒形件成形工艺对比

如图 8-4-32 所示，成形过程中首先将拉深凸模压入坯料，使得坯料产生接近屈服强度的拉应力。然后，挤压凸模下行挤压材料使得凸缘部分产生屈服，在拉应力作用下，挤压凸模下部分材料流入到凹模中，拉深凸模不断下行，完成拉深过程。该成形过程中，在合理的挤压凸模半径、一定的拉深凸模预加载作用下，可以实现厚板材的深拉深。同时，在挤压凸模的强力挤压作用下，凸缘部分不会产生起皱缺陷。

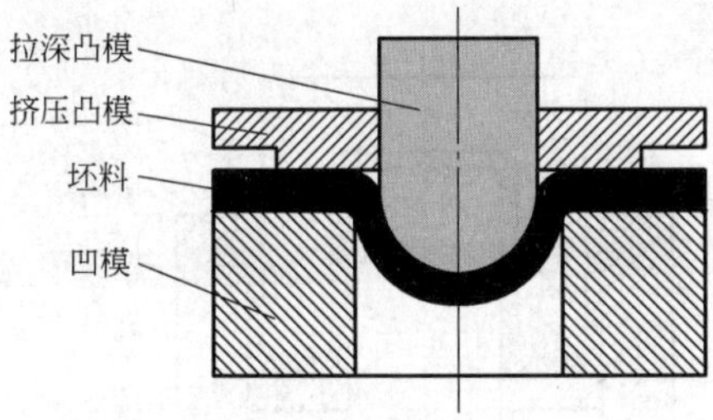

图 8-4-32　带凸缘拉深件拉深-正挤压成形

4.2.5　拉深-反挤压成形

1. 底部凸台拉深-反挤压成形

凸台特征的局部结构在轻量化产品中扮演着定位、固定、铆接、加强结构等角色，在现代汽车、仪器仪表、电子电器等产品生产领域得到了广泛应用。

（1）工艺方法　图 8-4-33 所示为板料凸起成形的拉深-反挤压成形工艺变形过程，成形后的零件形状为底部中心带凸台结构的筒形件。在凹模运动之前，法兰处的板料在压边力 F 的作用下夹紧在拉深凹模与压边圈之间，防止拉深过程中板料发生起皱；在凹模上行拉深板料时，法兰以外的中心接触部分材料在背压力 P 的作用下夹紧在凸模与背压块之间，随着凹模的上行，模具同时完成法兰处板料拉深成形及底部板料局部凸起的复合塑性变形。整个塑性变形过程中，底部板料始终夹紧在凸模与背压块之间，凸起高度随着凹模的行程不断发生变化。

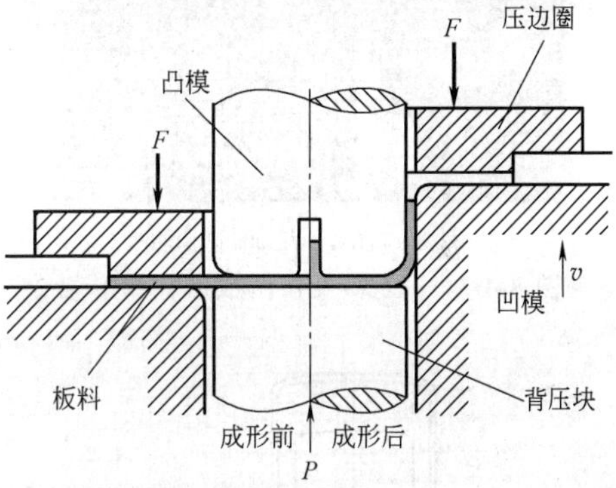

图 8-4-33　板料凸起成形的拉深-反挤压成形工艺变形过程

（2）成形常见缺陷　缩孔是拉深-反挤压成形凸台的主要缺陷之一。其形成的主要原因为凸起部分周围材料流动速率不一致，中心部分材料流动速率快，周围材料流动速率相对较慢，经过一定应变累积时，形成如图 8-4-34a 所示的锥形缩孔特征。同时形成由拉深-反挤压成形过程中凸起部分周围材料不均匀流动所引起的粗糙形貌。因此，在进行拉深-反挤压成形时，除了进行工艺参数调整之外，还应该在拉深-反挤压成形之前对凸台结构进行合理设计，如板料初始厚度与成形后的极限板料厚度等参数。

同时，对底部无缩孔缺陷的样品进行放大观察时，底部中心同样还可以观察到微观粗糙不平的小区域缩孔及周围材料出现塑性流动的痕迹，如图 8-4-34b 所示。因此，当带有凸台结构的高精密仪器成形时，不能仅仅以宏观缩孔为参考表征，还应该考虑凸台底部的微观缩孔缺陷。

（3）成形工艺实例　铝合金手机壳传统制造方法为，拉深成形外壳后再粘接含有螺柱、筋等结构的支架或压铸成形。冲锻复合成形技术能够一次成形带有螺柱、侧边等结构的手机壳。

图 8-4-35 为手机壳尺寸示意图。6 个螺柱的高度为 2.5mm，侧边高度为 6mm。

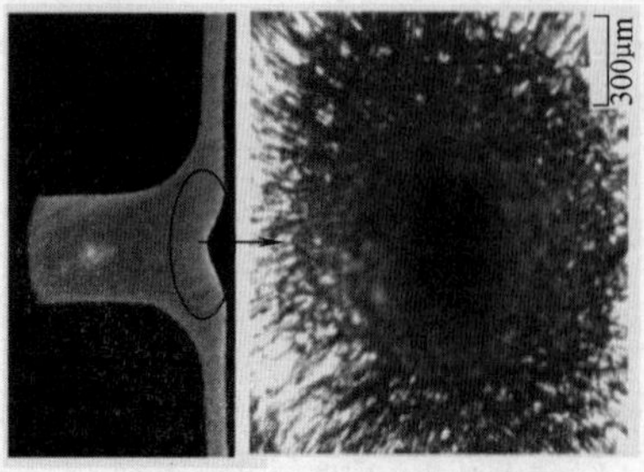

a) 有缩孔凸起剖切面局部图

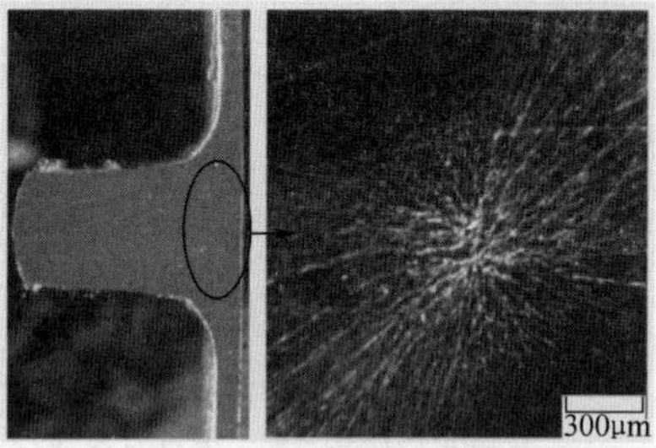

b) 无缩孔凸起剖切面局部图

图 8-4-34　拉深-反挤压成形底部形貌

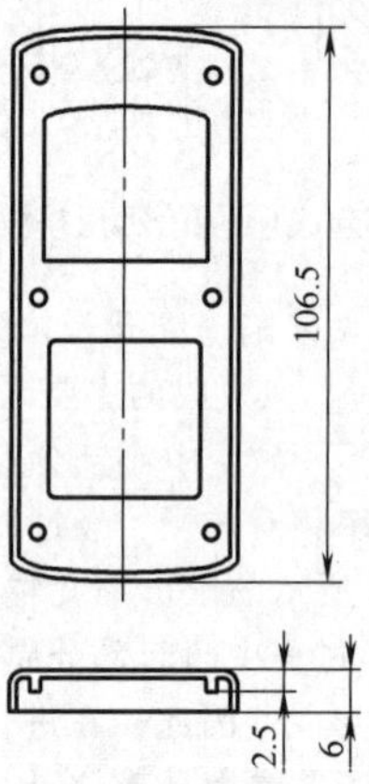

图 8-4-35　手机壳尺寸示意图

在成形初期，凸模挤压坯料流向凹模型腔，金属以平面流动为主，当材料充满凹模型腔时，拉深成形侧边，如图 8-4-36a 所示。随后在挤压力作用下材料流向 4 个侧边，如图 8-4-36b 所示，手机壳两长边的中间侧边材料由于受到约束台的限制，所以其流动速度骤减，而短边的中间侧边成形高度未达到约束台的高度，此处材料的流动速度仍然大于其他位置。当 4 个侧边成形高度全部受到凸模约束台的限制时，材料才加速流向成形困难的 4 个侧边的边角处，直到手机壳四周侧边全部成形，包括难以成形的 4 个边角，如图 8-4-36c 所示。

2. 反挤压辅助拉深增厚

反挤压与反拉深复合，可以达到增加拉深件壁厚的目的。

a) 成形初期　　b) 成形中期　　c) 成形结束

图 8-4-36　手机壳成形过程模拟图

(1) 工艺方法　图 8-4-37 所示为反拉深增厚装置示意图，拉深时凸凹模固定，压环、凸模成形时分别向下和向上运动。凹模浮动，在压环的作用下被动运动。

在凸模向上进行反拉深的同时，压环对外侧壁施加向下的推力，以促进外侧壁金属流向内侧壁。根据体积相等原则，当压环速度达到一定临界值时，通过压环作用流入内部的金属等于凸模反拉深所需的金属，此时可以保证金属进行反拉深而不会减薄。当压环速度大于这一临界值时，就可以起到增厚的作用。

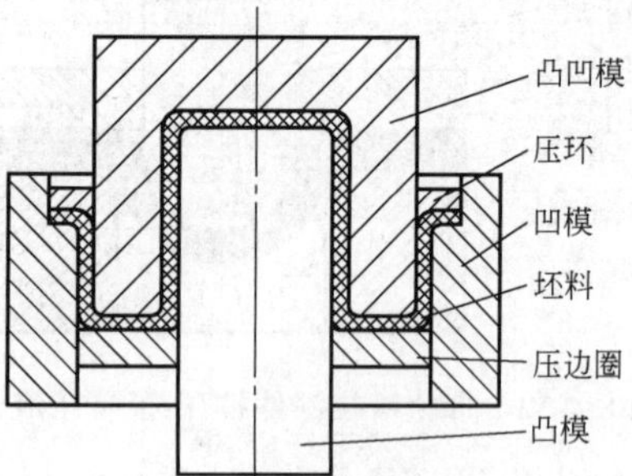

图 8-4-37　反拉深增厚装置示意图

(2) 工艺参数对成形效果的影响　以如图 8-4-38 所示的零件为例，分析工艺参数对成形结果的影响。

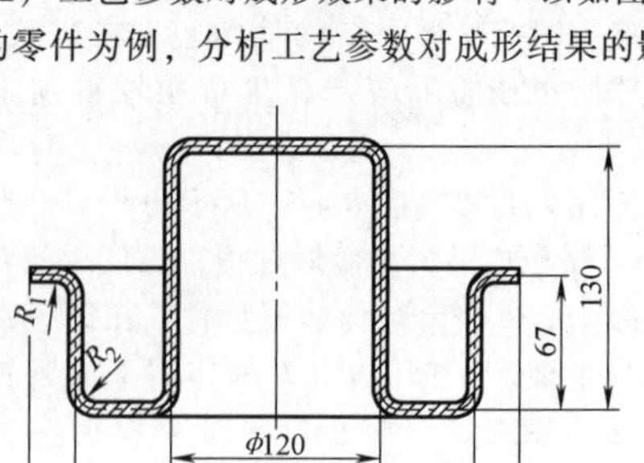

图 8-4-38　零件尺寸示意图

1) 压环速度对壁厚的影响。压环速度与工件外壁最小厚度关系如图 8-4-39 所示（图中 a、b、c 分别对应不同的工艺参数设定，见表 8-4-2，下同）。

工件最小厚度在凸模圆角与顶面相切处。随着压环速度的增加，单位时间金属流入内壁的体积增多，最小厚度也单调增加，但厚度的增加存在极限。因为随着压环速度的增加，为了防止起皱现象，所需要的压边力需相应增加，这也增大了材料流动的阻力，不利于最小厚度的增加。当过于增大压环速度时，流动阻力大于材料抗拉强度时，便会发生拉裂现象。

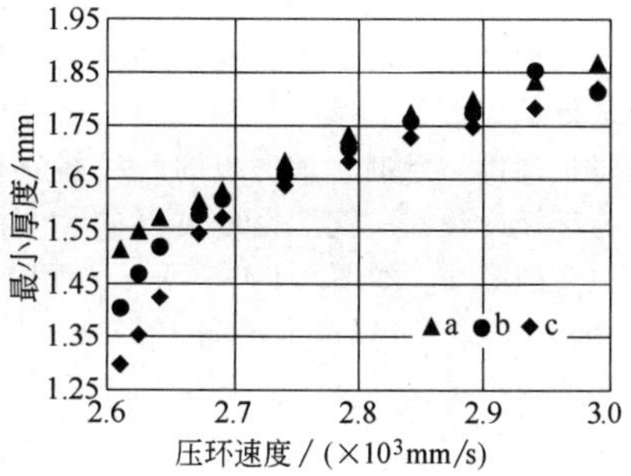

图 8-4-39　压环速度与工件外壁最小厚度关系

表 8-4-2　各组工艺参数设定

组别	a	b	c
间隙值/mm	2.4	2.6	3.0
压边力/kN	300	300	300

压环速度与工件内壁圆筒的最大厚度关系如图 8-4-40 所示。工件内壁圆筒的最大厚度在内壁下部靠近凸凹模的内圆角处，随着压环速度的增加，工件内壁圆筒的最大厚度同样单调递增。压环的速度越大，单位时间内流向内壁圆筒的材料越多，而凸模的运动速度一定，故工件内壁圆筒的最大厚度越大。受工件成形性的限制，压环速度存在一个极值，故工件内壁圆筒的最大厚度也存在一个极大值。

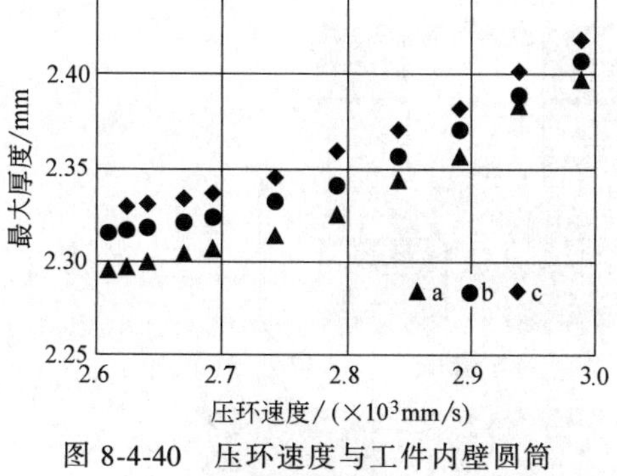

图 8-4-40　压环速度与工件内壁圆筒最大厚度关系

2）凸模与凸凹模间隙对壁厚分布均匀性的影响。间隙越大，壁厚分布越不均匀。从图 8-4-39 和图 8-4-40 中可见，间隙为 2.4mm 所对应的最小厚度曲线和最大厚度曲线分别位于最上方与最下方，而间隙为 3.0mm 所对应的最小厚度曲线和最大厚度曲线位置相反，间隙 2.6mm 所对应的曲线则居中。当凸模与凸凹模间隙较大时，拉深表现为锥形拉深。而锥形件变形主要集中在零件底部向锥面过渡的圆角附近（即凸模圆角处），变形不均匀性严重。凸模与凸凹模间隙越大，则锥形件的小端直径与大端直径比值越小，拉深时坯料中间部分（即凸模作用区域）的承载能力越小，变形不均匀加剧，最后导致零件壁厚分布越不均匀。

4.3　板锻造成形工艺

4.3.1　挤压

1. 板料挤压工艺分析

在板料上采用挤压可成形一些功能特征或者变厚度特征。板料挤压也可以按照方向分为正挤压和反挤压，使用的板料可以分为料带和下料后的板坯，如图 8-4-41 所示。

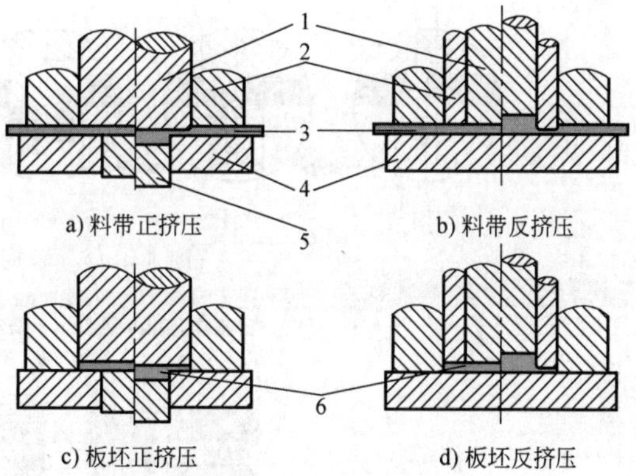

图 8-4-41　板料挤压示意图
1—凸模　2—压边　3—料带　4—凹模
5—反顶　6—板坯

挤压工艺的变形程度可以按照变形程度 φ 或者挤压比 γ 来表征。

变形程度：

$$\varphi=\frac{A_0-A}{A}\times 100\%$$

挤压比：

$$\gamma=\frac{A_0}{A}\times 100\%$$

式中　A_0——挤压凸模端面积（m^2）；

A——挤压凹模端面积（m^2）。

挤压时，金属在三向压应力状态下，板料成形一般处于拉应力状态，因此挤压时可以获得相比板料成形更大的变形量，而不受拉应力下缩颈的制约。

在板料挤压工艺设计时要注意的是金属流速差异等引起的缩孔和局部韧性断裂缺陷（见图 8-4-42）。

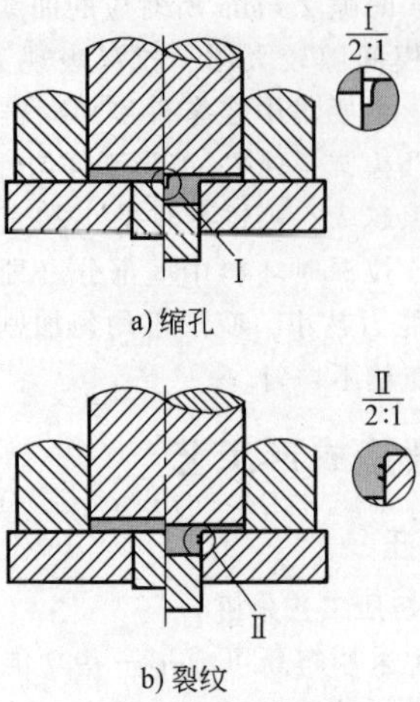

图 8-4-42　板料挤压缺陷示意图

2. 板料挤压实例

（1）正挤压实例　图 8-4-43 所示为三工序级进模在 0.1mm 的板料上利用挤压-剪切的微成形工艺制造微形法兰件的示意图，其中第二步就是采用板料上正挤压的方式成形小凸柱，第三步剪切将微法兰件与带料分离。增大凸模直径，提高挤压比，可以实现更高凸柱的成形，如图 8-4-44 所示。

将正挤压应用到了叠合板上，也可提高挤压凸柱的高度。采用辅助板和母板一起，当挤压辅助板时，母板和辅助板一起成形，并且在母板上产生一个自由成形的过渡区，减小了挤压力，成形到凸模行程和母板高度一致时，辅助板的凸柱部分和板材分离，与母板冷焊在一起。由此可以成形出相比基板厚度更高的凸柱。如图 8-4-45 所示，应用 2mm 辅助板和 3mm 基板，可以成形出高 12.53mm 的凸柱，凸柱高和基板厚度比达 4.12，而使用单板成形仅能达到 2.48。

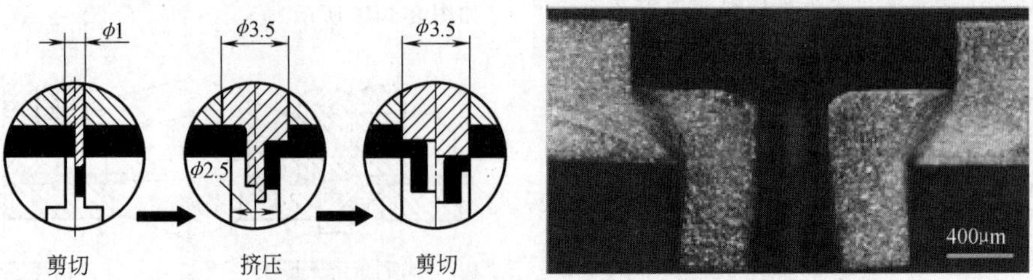

图 8-4-43　微形法兰件的微成形工艺

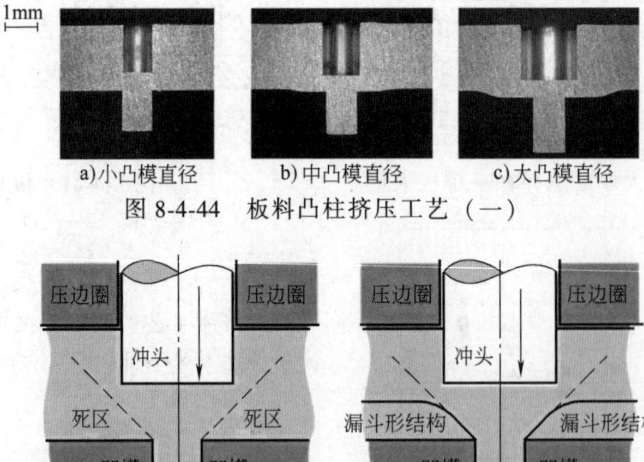

图 8-4-44　板料凸柱挤压工艺（一）

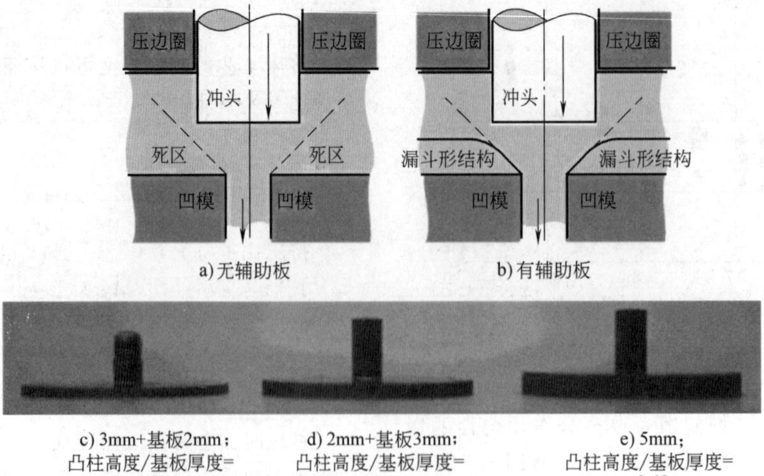

图 8-4-45　板料凸柱挤压工艺（二）

（2）反挤压实例　目前板料反挤压的挑战主要是模具寿命和过高的载荷以及材料填充性的问题，采用预成形以及调整摩擦和模具结构优化从而控制金属流动被认为是改善这类功能齿形板料挤压工艺，增加工艺适用性的有效途径。图 8-4-46 所示即为采用这种方法在板料上反挤压成形同步环等零件上的齿形特征。

图 8-4-47 所示为应用反挤压工艺在加热条件下在镁合金板上成形出的凸柱特征，应用于 3C 类产品的外壳，改变了以往只能采用压铸方式成形镁合金复杂零件的状况。

图 8-4-48 所示为用于安装压电陶瓷纤维的微凹槽零件反挤压工艺。成形方式是利用反挤压成形出一列微凹槽，为了使材料向凹槽内流动，在凹槽的边部设计较大的预压，从而使材料向模具的翅片槽中流动。

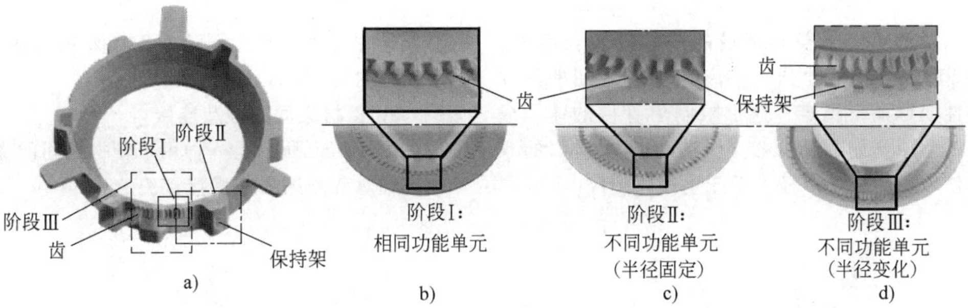

图 8-4-46　板料上反挤压成形的齿形特征

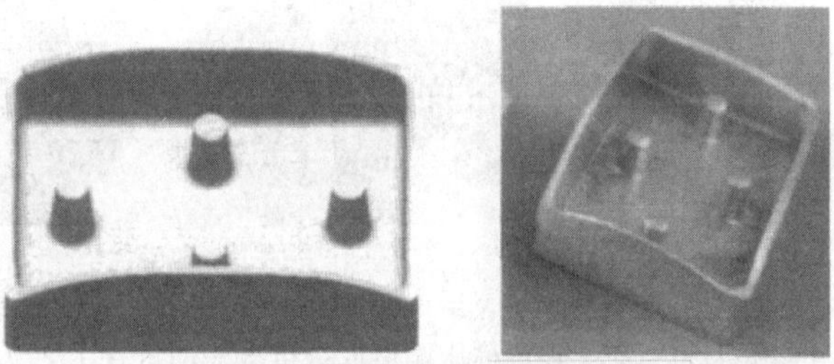

图 8-4-47　镁合金外壳零件热挤压成形

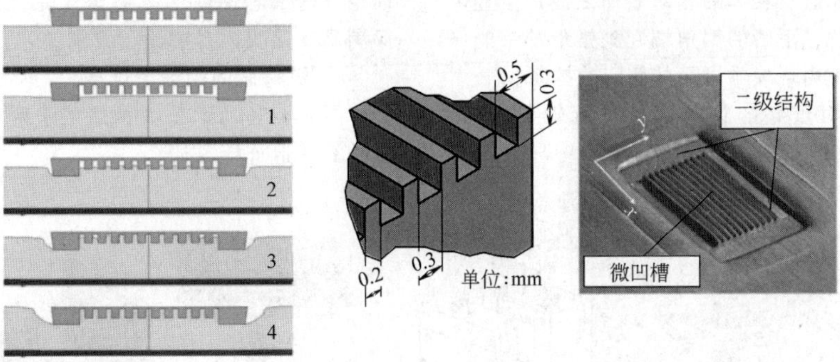

图 8-4-48　微凹槽零件反挤压工艺

4.3.2　板管锻造连接成形

板管锻造连接成形是一种常用的连接方法，它通过使材料发生塑性变形形成锁定结构，从而实现两种或多种材料的连接。板管锻造连接成形可以分为以下三类：板材和管材的锻造连接、管材之间的锻造连接以及板材之间的锻造连接。

1. 板材和管材的锻造连接

如图 8-4-49 所示是一种将薄板连接到管材上的新工艺，用于在室温下通过机械锁定与扩口模具将管材固定到由相似或不同材料制成的板材上。

第一步，将芯轴放在管材中心，通过沿纵向压缩管材上端壁厚使得材料堆积产生局部增厚，如图 8-4-49a 所示。

第二步，将管材上端稳定插入薄板中心孔，再通过弯曲管材壁厚减薄区域将薄板锁定在管材上，如图 8-4-49b 所示。

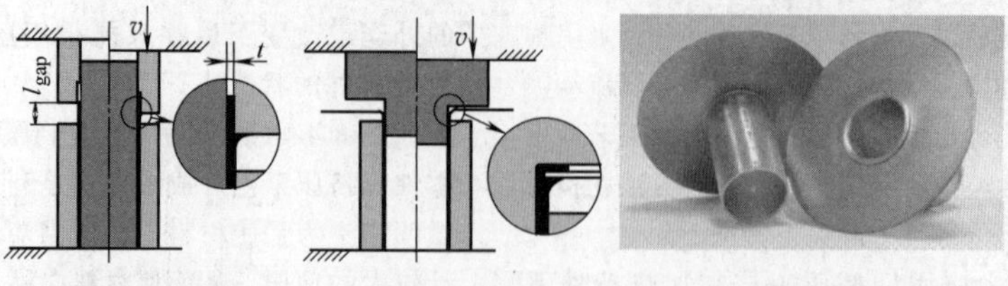

a) 材料堆积与局部增厚　　b) 扩口与锁定　　c) 样件

图 8-4-49　薄壁管和板料的锻造连接成形应用

成形过程中，上模与下模的初始间隙长度 l_{gap} 和最终壁厚 t 之间的比值 $l_{gap}/t>10$ 会导致屈曲的发生和塑性变形的不稳定，这也限制了管板的体积成形。而过大的初始间隙长度 l_{gap} 带来堆积损伤的累积也会使堆积材料外半径附近产生径向裂纹。

这种连接方式特别适用于需要确保接头内径与连接管内径相同的场合。

2. 管材之间的锻造连接

图 8-4-50 所示是一种用于管材之间的搭接工艺，基于轴对称压缩形成搭接接头。

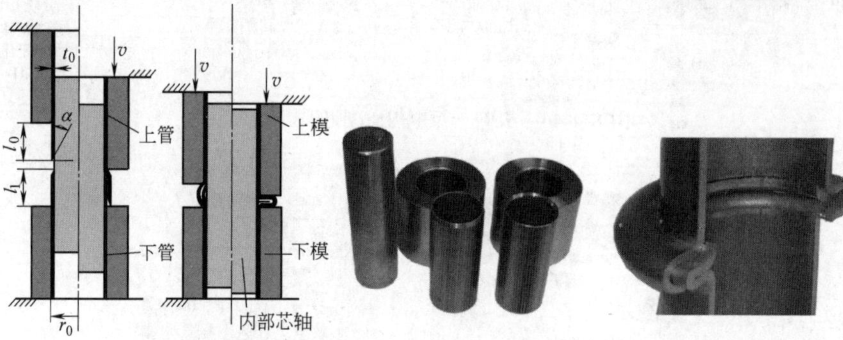

a) 工艺原理　　b) 模具与坯料　　c) 连接后剖面

图 8-4-50　基于轴对称压缩形成搭接接头的搭接工艺

第一阶段，上管被迫靠在下管的倒角端，以便膨胀并在待连接的两管材相邻的相对表面之间产生显著的重叠。在该阶段，下管的倒角端起到锥形冲头的作用，并且插入深度由下模中可用的侧间隙控制。

第二阶段，对重叠的管端部位进行轴向压缩，由于两个管的塑性不稳定性（局部屈曲）导致轴对称压缩成珠，并在配合管的相邻对接表面之间产生锁定。内部芯轴确保压缩珠仅完全向外形成，并确保满足管接头内径的设计要求。

3. 板材之间的锻造连接

图 8-4-51 所示是一种适用于两个相互垂直板材之间的锻造连接方法。

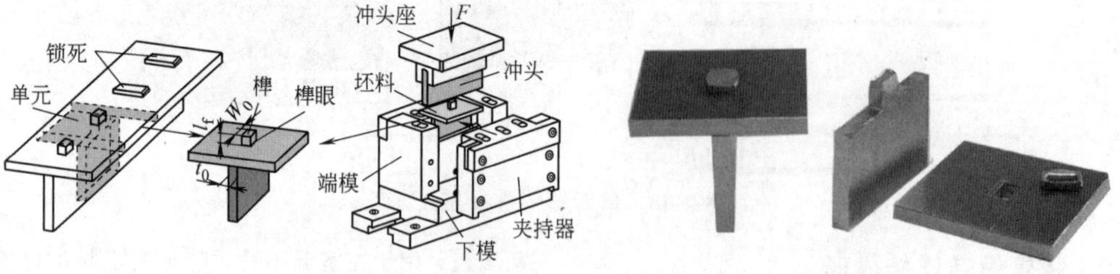

a) 工艺原理　　b) 模具装置　　c) 连接件

图 8-4-51　垂直板材锻造连接方法

在这个过程中，一块板上有一个矩形腔（榫眼）切口，在另一块板的边缘有一个榫头切口。榫头比榫眼长，可以完全穿过榫眼。榫头比较宽并且垂直于厚度方向压缩，以使其自由长度塑性变形并确保待连接的两个板材之间的机械锁定。

整个过程中，榫头就像铆钉一样。铆钉的光滑头端由榫头与板材周围材料的连接代替，榫头的相对自由端（称为“尾部”）通过压缩而镦粗，以产生平面形状的表面头。榫眼和榫头都是通过冲裁制备，或者通过激光切割等方法加工。

目前，紧固、卷曲、焊接、钎焊或黏合等方法都被用于板材或管的连接，每种连接方法都有优点和缺点。与这些工艺相比，锻造连接更环保。在锻造连接方法中，关键问题是控制变形区以确保接合强度，特别是变形前的接头形状对变形过程起决定性作用。

参考文献

[1] 赵衍璋，金俊松，王新云，等. 盘形件中心区域冲锻增厚工艺 [J]. 锻压技术，2016，41（10）：57-63.

[2] TAN C J，MORI K，ABE Y. Forming of tailor blanks having local thickening for control of wall thickness of stamped products [J]. Journal of Materials Processing Technology，2008，202（1-3）：443-449.

[3] ABE Y，MORI K，ITO T. Multi-stage Stamping Including Thickening of Corners of Drawn Cup [J]. Procedia Engineering，2014，81：825-830.

[4] JIN J，WANG X，DENG L，et al. A single-step hot stamping-forging process for aluminum alloy shell parts with nonuniform thickness [J]. Journal of Materials Processing Technology，2016，228：170-178.

[5] 惠文，薛克敏，李萍，等. 航空连接件冲锻成形数值模拟及优化 [J]. 精密成形工程，2011，3（1）：83-86.

[6] 王可胜，韩豫. 高直臂小间距等厚板材零件步进式冲锻工艺 [J]. 中国机械工程，2016，27（22）：3098-3102.

[7] MORI K，ABE Y，OSAKADA K，et al. Plate forging of tailored blanks having local thickening for deep drawing of square cups [J]. Journal of Materials Processing Tech，2011，211（10）：1569-1574.

[8] 陆宏，黄文. 高强度钢板 V 形弯曲板厚方向压缩对回弹的影响 [J]. 锻压技术，2011，36（4）：56-59.

[9] MORI K，NAKANO T. State-of-the-art of plate forging in Japan [J]. Production Engineering，2016，10（1）：81-91.

[10] LIN H S，LEE C Y，WU C H. Hole flanging with cold extrusion on sheet metals by FE simulation [J]. International Journal of Machine Tools & Manufacture，2007，47（1）：168-174.

[11] WANG Z，YOSHIKAWA Y. A New Forming Method of Triple Cup by Plate Forging [J]. Procedia Engineering，2014，81：389-394.

[12] Dransfield J S，Thompson W，邵建华. 挤压扩张拉深一种新的加工工艺 [J]. 模具技术，1988（3）：52-55.

[13] 张春侠，郭红利. 阶梯件拉伸挤压复合模设计 [J]. 精密成形工程，2001，19（5）：37-38.

[14] 王新云，欧阳坤，夏巨谌，等. 冲锻成形过程拉深增厚工艺的有限元分析 [J]. 锻压技术，2009，34（4）：73-78.

[15] 王可胜. 铝合金手机壳冷挤压拉深复合成形工艺及优化 [J]. 塑性工程学报，2015，33（4）：30-34.

[16] 王新云，欧阳坤，夏巨谌，等. 冲锻成形过程强力拉深增厚工艺的有限元分析 [J]. 锻压技术，2009，34（4）：73-78.

[17] WANG X，JIN J，DENG L. Review：State-of-the-Art of Stamping-Forging Process with Sheet Metal Blank [J]. Journal of Harbin Institute of Technology（New Series），2017，24（3）：1-16.

[18] ALVES L M，GAMEIRO J，SILVA C M A，et al. Sheet-bulk forming of tubes for joining applications [J]. Journal of Materials Processing Technology，2017，240：154-161.

[19] SILVA C M A，NIELSEN C V，ALVES L M，et al. Environmentally friendly joining of tubes by their ends [J]. Journal of Cleaner Production，2015，87：777-786.

[20] BRAGANÇA I M F，SILVA C M A，ALVES L M，et al. Joining sheets perpendicular to one other by sheet-bulk metal forming [J]. The International Journal of Advanced Manufacturing Technology，2017，89（1-4）：77-86.

第5章

渐进成形与多点成形

吉林大学　李明哲　蔡中义

5.1　渐近成形

5.1.1　基本原理

1. 渐进成形机理

板料的渐近成形（Progressive Forming）基本原理是采用预先编制好的控制程序驱动工具头逐层成形，获得二维或三维曲面形状零件。因为靠单点工具逐次变形累积产生整体的变形，因此渐进成形又被称为单点渐进成形（Single Point Incremental Forming，SPIF），早期的文章中也有将之称为增量成形（Incremental Forming）。图 8-5-1 所示是单点渐进成形示意图。

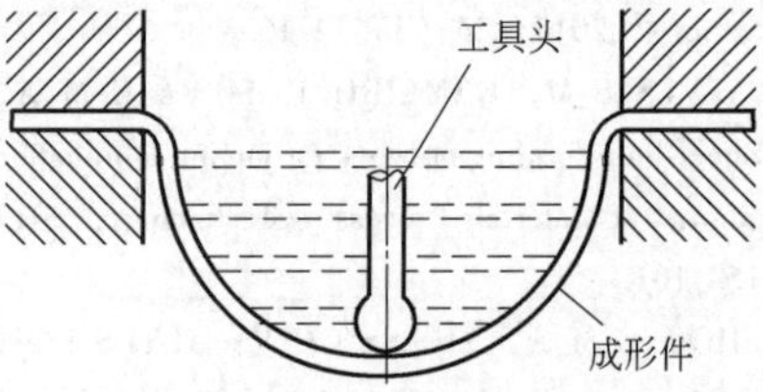

图 8-5-1　单点渐进成形示意图

板料成形时，成形工具头先移动到指定位置，对板料压下设定的进给量，使工具头下的板料产生局部塑性变形；然后工具头按一定的运动轨迹，以等高线为基准进行移动的方式对板料进行连续塑性成形；形成第一层截面轮廓后，成形工具头再进给设定的进给量并按第二层截面轮廓要求对板料进行连续成形，形成第二层轮廓；如此逐层成形，最后形成完整的零件。运动轨迹可以由成形工具头运动形成，也可以由板料运动形成。

渐近成形的特点：

1）无须专用的模具就可以成形复杂的零件，同一台设备上，通过控制成形工具的轨迹，可以实现多种不同形状薄板零件的加工。

2）每一点、每一步的变形量都很小，具有成形力小、柔性高的特点，适合多品种小批量产品的生产。

3）容易实现 CAD/CAE/CAM 一体化。另外，由于成形设备采用计算机进行控制，因而容易实现成形过程的自动化。

2. 渐进成形方式

渐近成形从成形方式上可分为正成形与负成形两种方式。

图 8-5-2 所示是正成形示意图。该方式主要由成形工具头、导向装置（导柱、导套）、支撑模、托板、压边圈等组成。支撑模的轮廓形状与所成形的零件形状一致，在加工中起到支撑的作用。将被加工板料放在支撑模上，板料四周用浮动压边圈压紧，工具头每走完一层路径，浮动压边圈都要带动板料与成形工具头共同向下移动相同距离。

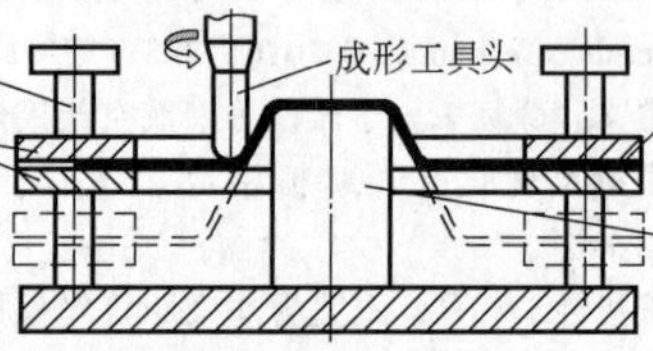

图 8-5-2　正成形示意图

图 8-5-3 所示是负成形示意图。该方式可以成形一些形状比较简单的零件，无须支撑模，只要简单的压边圈即可。板料由压边圈夹紧，然后成形工具头按设定好的程序实现逐层加工，如此直至结束，在加工过程中压边圈夹紧板料始终不动。

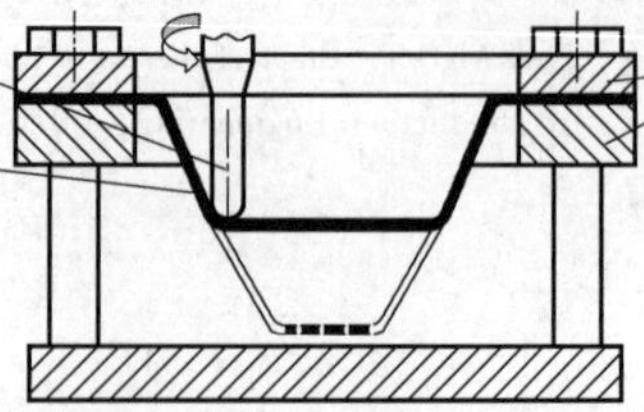

图 8-5-3　负成形示意图

5.1.2　渐近成形设备

渐进成形设备的驱动力可以借助数控铣床或数控车床的驱动机构，也可以采用机械手或专用的数控驱动机构。

轴对称件的渐进成形借助数控车床就可以实现。将切削刀具换成成形工具头，板料固定在卡盘上随车床主轴旋转，工具头按预定程序沿着轴向和径向做进给运动，工具头的球头部分作用于板料表面实现成形，如图 8-5-4a 所示。

非轴对称件的渐进成形可以使用数控铣床或加工中心等设备，如图 8-5-4b 所示，将切削刀具换成成形工具头，板料用压板在工作台上压紧并随工作台沿 x、y 方向做平移运动，成形工具头沿垂直方向进给（还可以做旋转运动），板料沿工具头轨迹包络面变形，形成三维非轴对称零件。

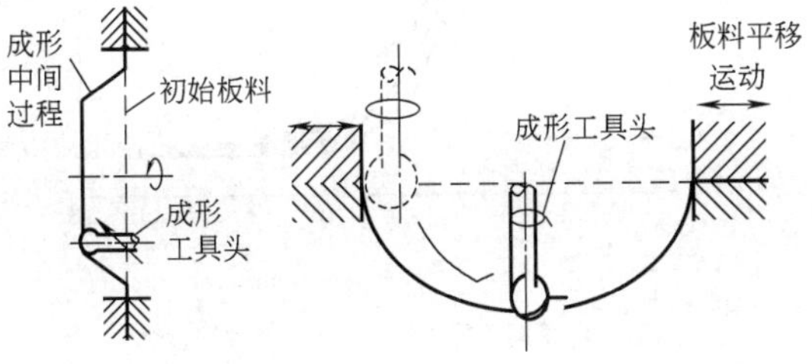

a)　　b)

图 8-5-4　轴对称及非轴对称件渐近成形示意图

三维曲面渐进成形设备的基本结构如图 8-5-5 所示。成形工具头在数控系统的控制下进行三轴联动，支撑座用于支撑板料，对于复杂形状的零件，支撑座可制成简单的模芯。

图 8-5-6a 所示是简易渐近成形装置照片，驱动机构采用数控铣床，辅助机构由底座、板料夹持机构、导柱导套及气动系统组成。图 8-5-6b 所示是使用该装置制作的比较有代表性的火炬和酒壶样品。

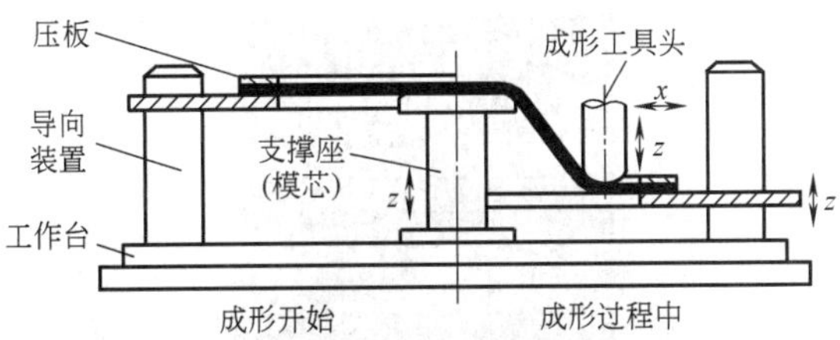

图 8-5-5　三维曲面渐进成形设备基本结构

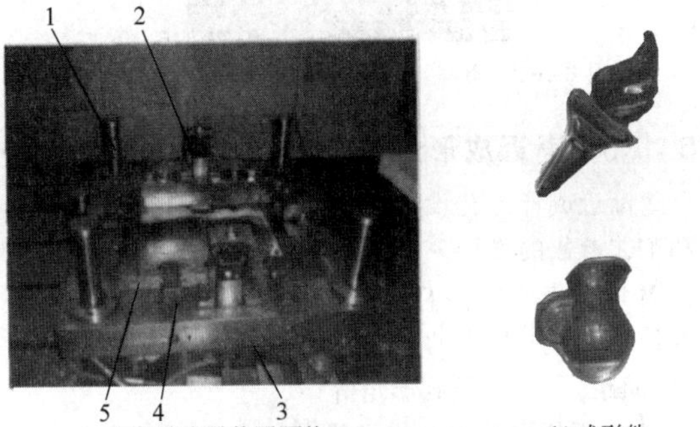

a) 渐进成形装置照片　　b) 成形件

图 8-5-6　渐近成形装置及成形件

1—导柱导套　2—气动系统　3—数控铣床工作台

4—底座　5—板料夹持机构

渐近成形设备已经逐渐实用化和系列化。国外某企业的专用渐进成形设备主要参数见表 8-5-1 。设备图片如图 8-5-7 所示。

表 8-5-1　专用渐进成形设备主要参数

型号	DLNC-RA	DLNC-RB	DLNC-PA	DLNC-PB	DLNC-PC
最大板料尺寸/mm(长×宽)	400×400	600×600	1100×900	1600×1300	2100×1450
最大成形尺寸/mm(长×宽)	300×300	500×500	1000×800	1500×1200	2000×1350
最大成形深度/mm	150	250	300	400	500
x 方向行程/mm	330	550	1100	1600	2100
y 方向行程/mm	330	550	900	1300	1450
z 方向行程/mm	200	300	350	450	550
最大压边尺寸/mm(长×宽)	500×500	750×950	1300×1100	1800×1500	2300×1650

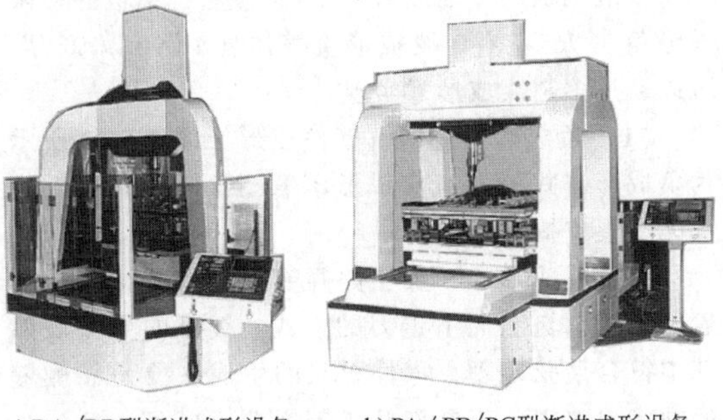

a) RA/RB型渐进成形设备　　b) PA/PB/PC型渐进成形设备

图 8-5-7　国外渐近成形设备

图 8-5-8 所示是国内的金属板料数字化渐进成形设备。该设备的最大加工范围（长×宽×高）为 800mm×500mm×300mm，可用于成形汽车覆盖件、座椅等汽车零部件。也有利用机器人来驱动渐近成形设备的案例，如图 8-5-9 所示。

图 8-5-8　国内的金属板料数字化渐进成形设备

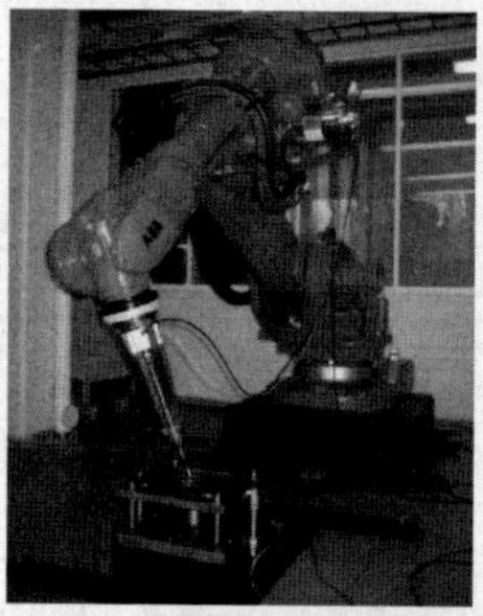

图 8-5-9　机器人驱动渐进成形设备照片

5.1.3　渐近成形工艺及设计

渐近成形工艺设计的关键在于成形路径的设计和工艺参数的设计。成形路径的设计主要通过 CAD/CAM 软件来完成；工艺参数设计主要有成形工具头直径、成形工具头的转速、进给速度、轴向进给量（层间距）、板厚及成形角等。

1. 板料厚度的变化规律

渐近成形以板料的厚度减薄、表面积增大为主要变形特征。根据体积不变条件，可以得到成形件壁厚与倾角的关系，$t=t_0\cos\theta$，如图 8-5-10 所示。

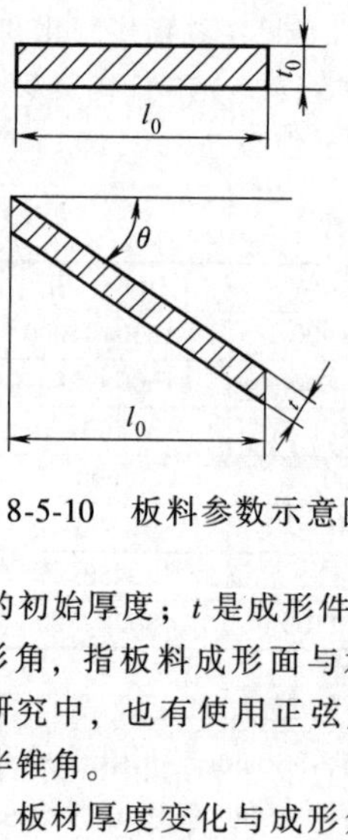

图 8-5-10　板料参数示意图

t_0 是板料的初始厚度；t 是成形件变形区的板料厚度；θ 是成形角，指板料成形面与水平方向的夹角。在以往的研究中，也有使用正弦定理的，此时角度是指成形半锥角。

一般来说，板材厚度变化与成形角符合余弦定理，成形角度越大，板厚越小，成形角过大时，容易产生拉裂、起皱等缺陷。但如果要精确预测成形区厚度，还应综合考虑工具头直径、轴向进给量、成形轨迹等工艺参数对变形区厚度的影响。

如图 8-5-11a 所示，无论工具头尺寸如何变化，最终的板厚趋于一致，接近余弦定理的计算值。但工具头直径越大，板厚趋于均匀化的区域越大、速度越快，材料变形更加平滑光顺；工具头直径过小，接触面积变小，应力集中现象严重，严重时可能导致拉裂。

轴向进给量越小，板厚均匀分布区域扩大；轴向进给量增加，板材呈变薄趋势，与余弦定理预测值的偏差增大。如图 8-5-11b 所示，当轴向进给量设定为 2mm 时，壁厚持续减薄，有拉裂的风险。

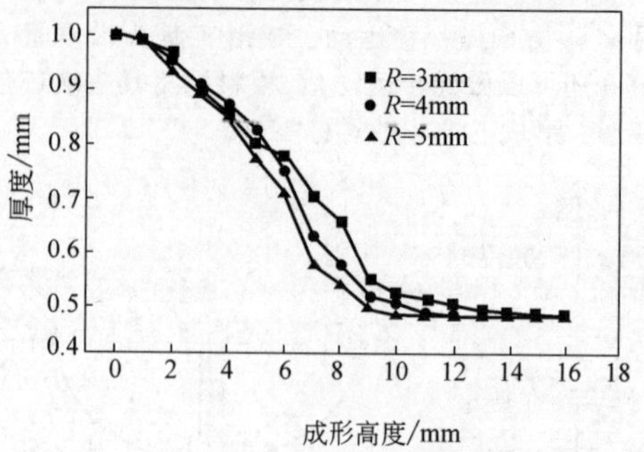

a) 不同工具头尺寸对零件厚度的影响

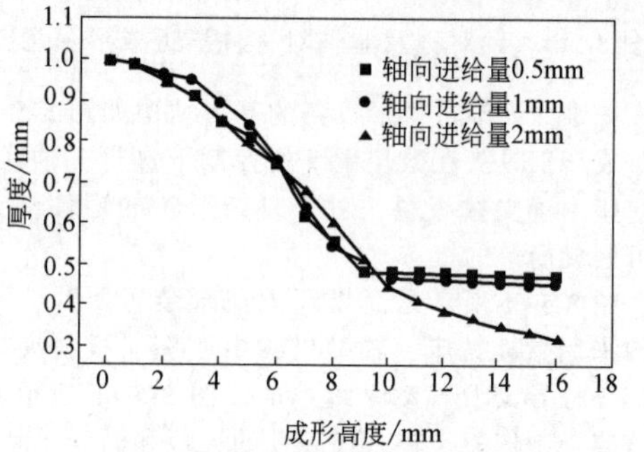

b) 轴向进给量对成形厚度的影响

图 8-5-11　工具头半径及轴向进给量对厚度的影响

试验条件：方锥形件，成形角 60°、板材材质为 B340/590DPE+ZN 镀锌钢板，尺寸（长×宽）为 400mm×400mm。图 8-5-11a 所示是成形工具头尺寸分别为 R3mm、R4mm、R5mm 时的厚度变化结果。图 8-5-11b 所示是采用不同的轴向进给量（层间距）时得到的厚度变化结果。

2. 直壁件的渐近成形方法

一般钢板的极限成形角在 68°左右，铝板的极限成形角在 76°左右。要成形直壁件（θ=90°）产品，可以通过多道次成形来实现。

（1）负成形方式的直壁件成形　图 8-5-12 所示为负成形方式的多道次成形示意图，成形时工件底部无下模支撑。

直壁件成形中，加工路径有两种方式，一是沿着加工轮廓自上而下走刀的方式，板厚的变化规律基本符合余弦定理，零件形状的生成主要是靠侧壁的减薄来实现，而底部几乎不变薄。另外一种加工路径是先在板料的中心下刀，而后在同一平面内由内而外做螺旋运动，这种方式在调整工件底部材料流动方面具有明显的优势。以下是加工案例。

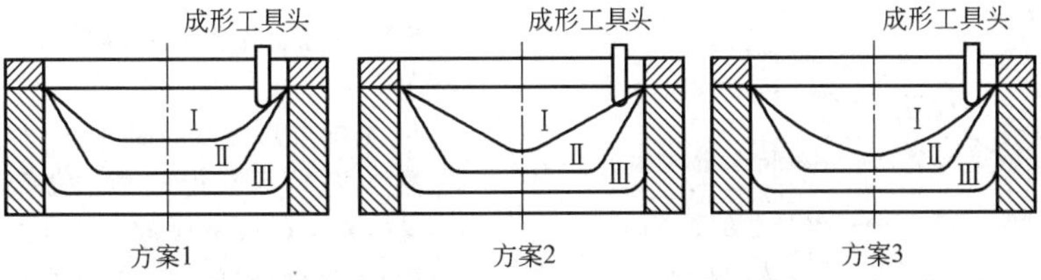

图 8-5-12　负成形方式多道次成形示意图

试验条件：轴向进给量为 0.5mm，主轴转速为 2000r/min。成形工具头的半球头直径为 15mm。加工板料为 1060 铝板，厚度为 1mm。成形工具头和板料之间用润滑油润滑。成形的直壁筒形件深度为 25mm，直径为 68mm。三个方案的成形角度依次为 30°、60°、90°。第 1 道次的形状分别为锥台式、小半径圆顶圆锥式和大半径圆顶圆锥式，如图 8-5-12 所示。路径规划为：第 1 道次使加工区域板料整体变形；第 2 道次从底部开始加工，控制底部厚度；第 3 道次自上而下加工减薄侧壁。

图 8-5-13 所示是成形件照片。方案 1 和方案 2 都在第 2 道次出现了裂纹，而且底部有凸台产生。方案 3 可以成形出直壁筒形件。而且在方案 3 中，当第 2~3 道次均采用由内而外的加工方式时，可以获得效果更好、成形深度更大的成形件。

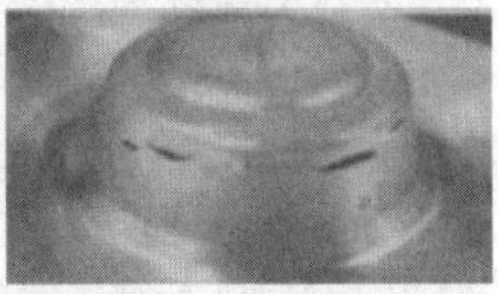

a) 方案1

b) 方案2

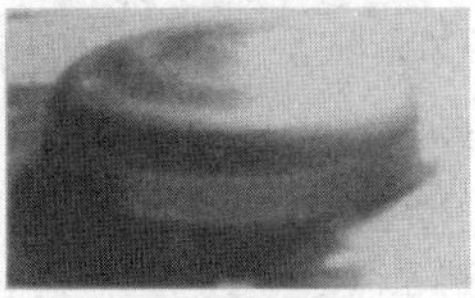

c) 方案3

图 8-5-13　成形路径对成形效果的影响

（2）正成形方式的直壁件成形　图 8-5-14 所示是有支撑模的正成形直壁件渐进成形工艺。首先成形一个 45°的锥台形状，然后工具头下降距离 Δh，沿着中间道次路径的轨迹重复成形，得到一个高度为 Δh 的直壁。同理，每次工具头压下一个 Δh 值，并重复成形过程，直到得到所需高度的直筒件。对于矩形直筒件，也可以参照类似的路径设定。

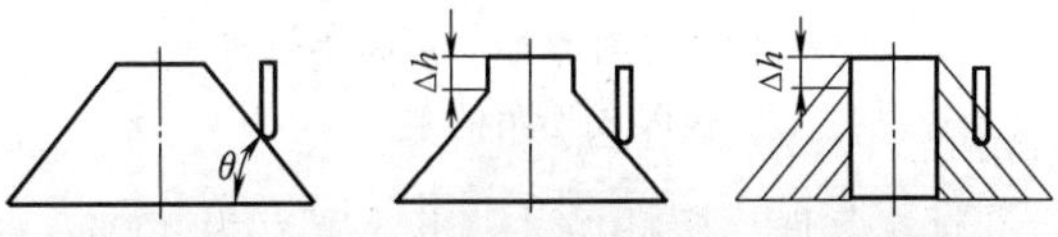

图 8-5-14　正成形直壁件渐进成形工艺

3. 影响成形极限的因素

一般以成形极限角 θ_{max} 作为衡量成形能力的标准，该值越大说明成形能力越强。对成形能力影响最大的因素是板材厚度及轴向进给量，其次是进给速度、主轴转速和工具头直径，而破裂出现的主要原因是由于零件成形角过大以及板厚偏小。

（1）板厚及材质的影响　在同一材质的情况下，板厚越大，成形极限角度越大，成形能力越强；在厚度一定的情况下，材质不同极限角度略有不同。表 8-5-2 和表 8-5-3 是钢板圆锥台正成形方式的渐近成形试验结果。钢材板料的极限成形角在 68°左右。

表 8-5-2　不同厚度的 08Al 板料成形圆锥台极限成形角

序号	初始厚度 t_0/mm	极限成形角 θ_{max}/(°)	极限厚度 t_{min}/mm
1	0.5	65	0.21
2	0.8	67	0.31
3	1.0	68	0.375
4	1.2	71	0.39
5	1.5	73	0.44

表 8-5-3　不同材料成形圆锥台极限成形角

材料	初始厚度 t_0/mm	极限成形角 θ_{max}/(°)	极限厚度 t_{min}/mm
2A12	1.0	69	0.358
08Al	1.0	68	0.375
08 钢	1.0	67	0.39

（2）轴向进给量的影响　轴向进给量也被称为层间距、加工步长或者是压下量。当轴向进给量小于 0.7mm 时，随着该值的增大，θ_{max} 变大，成形能力提升；当轴向进给量大于 0.7mm 时，随着该值的加大反而出现成形能力降低的趋势。轴向进给量过小或者过大都不利于成形。图 8-5-15 所示是铝材负成形方式的渐近成形试验结果，极限成形角在 76°左右。

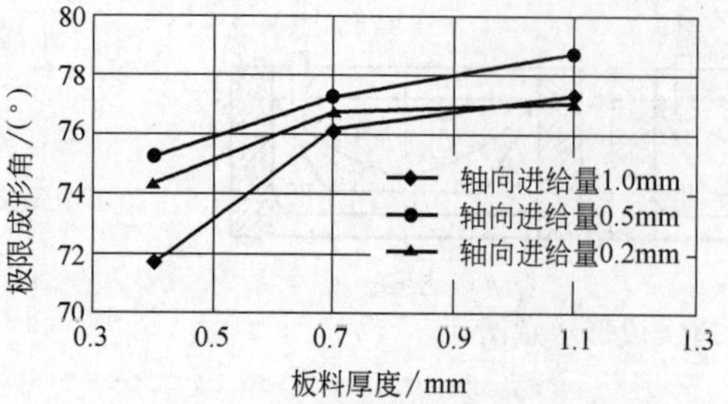

图 8-5-15　板料厚度、轴向进给量与极限成形角的关系

试验条件：板料尺寸（长×宽）为 150mm×150mm，材质为 1060 铝板，工具头直径为 10mm，试验用润滑油为 L-HM46 抗磨液压油，润滑脂为 G4030 极压复合锂基润滑脂，固体润滑剂为石墨。工具头剪切速度为 1600mm/min。

（3）进给速度的影响　在 600～1000mm/min 范围内，成形极限角随进给速度的增大而增大；在 1000～2000mm/min 范围内，成形极限角随进给速度的增大而减小。

（4）主轴转速的影响　成形能力随着主轴转速的增大而增大。工具头转速较低（0～1000r/min）时，摩擦力是影响成形极限的重要因素；当转速较高（2000～7000r/min）时，摩擦引起的热效应可以提升成形性，特别是转速为 3000r/min 以上时，可以使材料产生动态再结晶现象。

（5）工具头直径的影响　工具头直径太大或者太小都不利于成形。直径过大将导致变形区域增大，所需的成形力也增大，从而使材料发生拉裂的可能性增加；直径过小又会导致应力集中，变形不均匀，同样会导致材料失效破裂。另外工具头的前端形状也对成形性有影响，在成形加强筋类、浮雕字等工件时，带有圆角的平头形状工具头的成形效果更好。

当然，渐近成形的成形极限不仅仅包含成形极限角度一个指标，比如在加工盒型件时，失稳就是容易产生的一大缺陷。采用正成形方法加工方形件时，可以考虑制作形状相同的支撑模以有效缓解失稳现象。

4. 影响成形精度的因素

通常情况下渐近成形的加工误差往往大于±1mm。误差主要来自成形工具头参数不当导致的误差、弯曲变形引起的误差、成形结束后回弹引起的误差以及成形底部翘起引起的误差等。回弹量和轴向进给量是影响表面精度的最大因素，此外，成形角、润滑方式以及加工路径等也对成形效果有较大的影响。

（1）回弹的影响　降低回弹影响的主要方法有：通过调整压下量、工具头直径来使得板料发生充分的塑性变形以减少回弹；通过对特定形状回弹的预测或测试，在程序中或者在模型上预设一反向偏移，以补偿回弹量；使用背压板以及增大成形角度的方法来改变板料的应力应变状态，使工件发生充分的塑性变形，减少成形时的弯曲变形等。

（2）轴向进给量的影响　轴向进给量（层间距）过大和过小都不利于保持精度，建议在 0.2～0.5mm 的范围内选取，根据产品形状与尺寸的不同，轴向进给量可以达到 1mm。进给量越小，板厚均匀分布区域越大，成形精度越高；进给量增加，板材呈变薄趋势，与余弦定理预测值的偏差增大，零件表面粗糙度增大。

（3）成形角的影响　以矩形棱锥台曲面件的渐进成形为例：

1）当侧壁倾角为 47°以下时，即使采用简易的模芯也能成形出与目标形状吻合的棱锥台面成形件，如图 8-5-16 所示。

2）当侧壁倾角为 65°时，应变接近于低碳钢的可成形极限，棱锥台面成形件的侧表面出现鼓起。对于加工路径都是同方向的成形方式，所产生的鼓起是不规则、不对称的，但加工路径方向交替变化的成形方式，所产生的鼓起则是对称的，如图 8-5-17 所示。

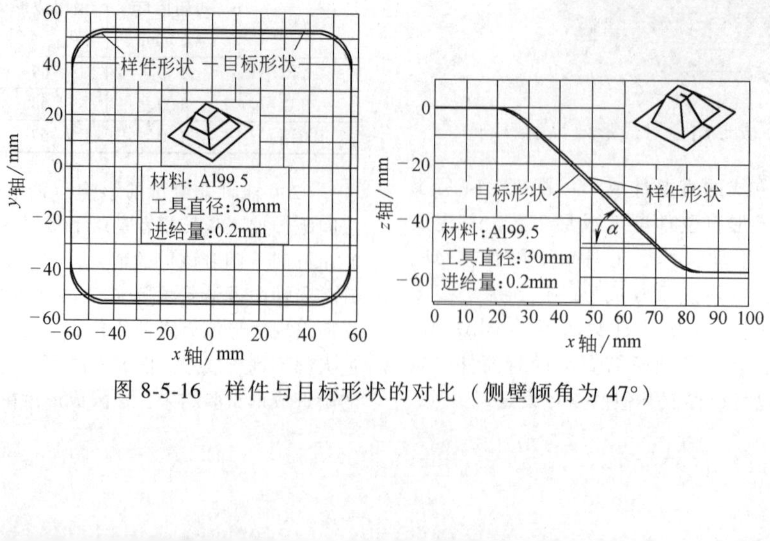

图 8-5-16　样件与目标形状的对比（侧壁倾角为 47°）

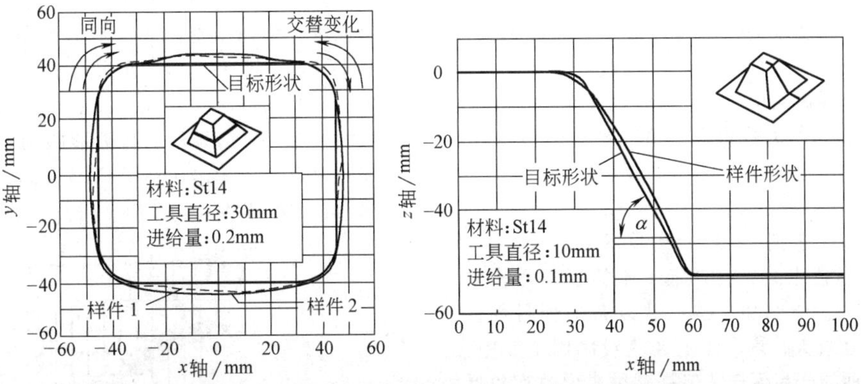

图 8-5-17　样件与目标形状的对比（侧壁倾角为 65°）

（4）润滑的影响　有效的润滑方式可以提高板料的渐进成形性能，并且可以降低加工零件回弹，提高成形精度。渐进成形加工中常用的润滑剂主要有：矿物油、二硫化钼、石墨等。

此外，通过对成形工具头及板料的表面进行化学处理，可改善板料表面膜层的状态，从而提升成形效果。2A12 板料在经过阳极氧化后生成耐磨性高的氧化膜，防止加工过程中的磨粒磨损；高速钢（HSS）工具头经过物理气相沉积（PVD）处理后，可以生成硬度高、耐磨性好的 TiAlN 膜层，从而防止渐进成形过程中，工具头和板料之间的黏着，减少磨损。

（5）加工路径及其他　采用正反交替的加工运行路径，可以避免材料的单方向堆积，提升成形精度。也可以通过错开进刀点的方法改善这种情况，螺旋进给方法成形效果良好，应力状态及板厚分布都比较均匀。

此外，比如采用支撑板、设计动态支撑工具头和修正工具头结束轨迹、改变工具头形状（球头或者平头带有圆角）、使用两个工具头同时在对角实施加工等手段都对成形精度的提升有帮助。此外，采用多点与单点渐近成形复合技术、增加预成形工序也可以显著提升成形质量与效率。

5.1.4　应用实例及展望

1. 金属制品渐进成形应用实例

渐进成形工艺在金属板料成形中的应用实例很多，可以直接应用于汽车、航空航天器、医疗器具、厨房用具及工艺美术品的制造上。

在汽车制造领域，应用案例包括汽车车门、翼子板及汽车座椅等。在医疗领域的颅骨修补术中，用渐近成形方法制作与患者缺损部位相吻合的修复体等。图 8-5-18 所示是用渐近成形方法加工的产品实例照片。

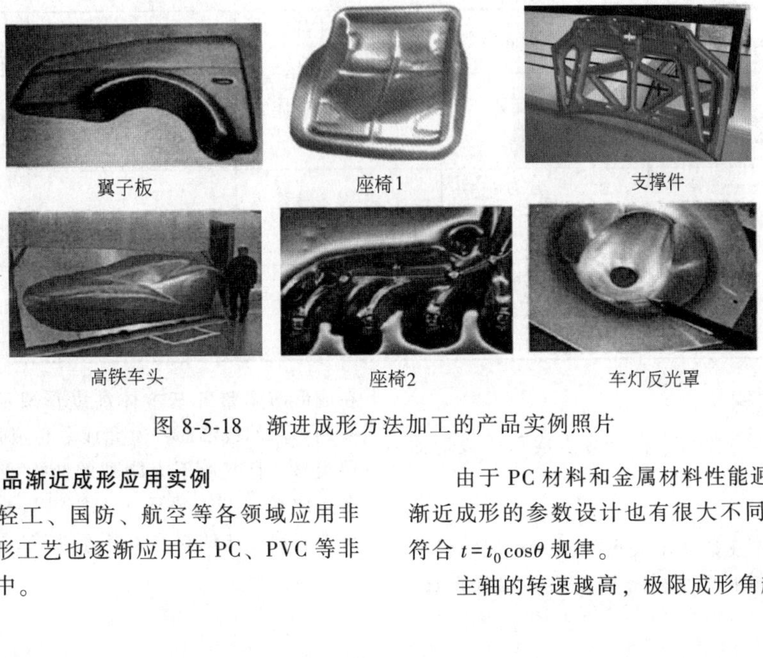

图 8-5-18　渐进成形方法加工的产品实例照片

2. 非金属制品渐近成形应用实例

塑料制品在轻工、国防、航空等各领域应用非常广泛，渐近成形工艺也逐渐应用在 PC、PVC 等非金属板料的成形中。

由于 PC 材料和金属材料性能迥异，非金属材料渐近成形的参数设计也有很大不同。壁厚变化并不符合 $t=t_0\cos\theta$ 规律。

主轴的转速越高，极限成形角越小，PC 板料的渐近成形能力越低；转速过高时（比如超过 1500 r/min），零件温度较高，表面将会产生明显的波纹状褶皱，严重影响表面质量；当转速一定时，进给速度越小，成形极限角越大，渐近成形性能越好。

PC、PVC 材料的成形极限角一般在 75°~80°之间；润滑剂采用皂液或 40 号机油更为理想。

3. 展望

渐近成形工艺把 CAD/CAM 技术、数控技术和金属塑性成形技术结合在一起，不需要专用模具，成形极限较大，能够加工出形状复杂的板材零件，因此特别适合航天、汽车工业及一般民用工业中小批量、多品种的产品生产。但是渐进成形效率较低，对于形状复杂、精度要求较高的三维曲面零件的成形，还需要制造支撑模具，在成形极限、几何精度、表面质量控制等方面也还不够成熟。

近些年学者们提出并探讨了很多新型渐进成形技术，比较有潜力的有激光辅助渐进成形、双面渐进成形、电磁或电热辅助渐进成形、水射流渐进成形、超声辅助渐进成形以及渐进成形与多点成形复合工艺等。

5.2　多点成形

5.2.1　基本原理

多点成形（Multi-Point Forming，简称 MPF）是一种全新的板料柔性成形技术。多点成形的基本思想是用规则排列的基本体（或称冲头）点阵代替整体模具，通过改变基本体高度方向的位置坐标，由基本体球头的包络面构成所需的成形面进行板料的快速成形，如图 8-5-19 所示。在传统冲压成形中，板料由模具型面来成形，在多点成形中则由基本体点阵构成的成形面来完成。各基本体的高度由计算机实时控制，根据零件的目标形状调整基本体的行程能够快速地构造出所需的成形面，从而实现零件的快速、柔性成形。

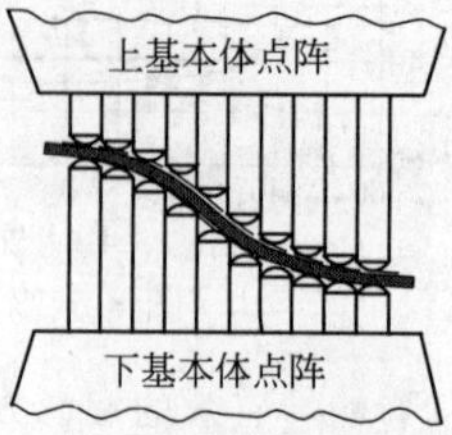

图 8-5-19　多点成形示意图

按基本体的不同控制状态，多点成形可分为多点模具成形、半多点模具成形、多点压力机成形和半多点压力机成形四种典型的成形方式。

基本体按控制方式可分为三种类型：固定型、被动型及主动型。固定型基本体的高度在成形过程中固定不变；被动型基本体在成形过程中受到推动作用后，其高度位置将随之改变以保持与板料的接触状态，这种被动结构通常采用液压力或弹性材料实现；主动型基本体的高度可实时控制，即使在成形过程中也可以任意调整。表 8-5-4 是多点成形法的分类。

表 8-5-4　多点成形法的分类

种　类		成形原理	基本体的高度调整	成形中基本体间的相对移动	成形中板料和工具接触状态
1	多点模具成形	上、下均为固定型	上、下基本体在成形前调整	上、下均无	上、下接触点逐渐增加
2	半多点模具成形	一方为固定形，另一方为被动型	固定型基本体在成形前调整	固定方无，被动方有	固定方接触点逐渐增加，被动方始终全部接触
3	多点压力机成形	上、下均为主动型，可实现任意变形路径	上、下基本体在成形中调整	上、下均有	上、下都始终全部接触
4	半多点压力机成形	主动方可实现任意变形路径，另一方为被动型	主动型基本体成形中调整	上、下均有	上、下都始终全部接触

5.2.2　成形工艺

多点成形技术主要特点在于多点成形的成形面柔性可重构。概括起来有以下几种：

1. 一次成形

与传统的整体模具冲压成形类似。根据零件的几何形状并考虑材料的回弹等因素设计出成形面，在成形前调整各基本体高度形成所需要的成形面，按调整后的成形面一次完成零件成形。对于使用中、厚板料，且变形不太剧烈的曲面零件，可直接进行多点成形，不需要压边。如果板材坯料计算准确，这种成形方法的材料利用率最高，且可节省后续的切边工序。

2. 分段成形

分段成形通过改变基本体点阵成形面的形状，在不分离板材的前提下，逐段、分区域对板材进行连续成形，从而实现小设备成形大尺寸、大变形量的零件。分段成形可分为单向分段成形与双向分段成形，图 8-5-20 所示是一个分为六个区域的双向分段多点成形示意图。

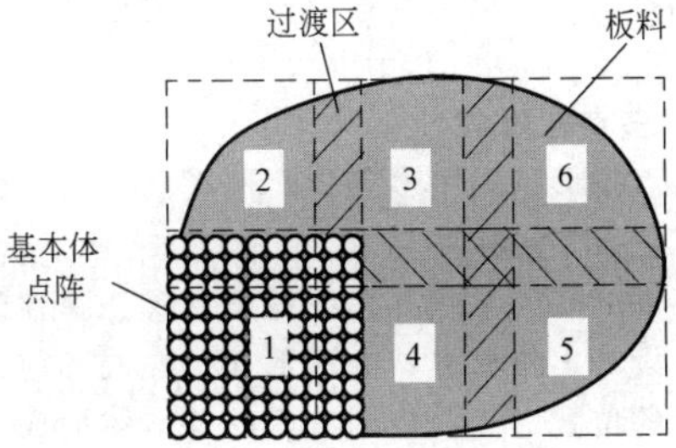

图 8-5-20　双向分段多点成形示意图

分段成形时，基本体成形面一般分为两种区域（见图 8-5-21），即有效成形区与过渡区。有效成形区与目标形状基本吻合，经有效成形区压制后，板料达到成形件的目标形状。过渡区并不是目标形状，在下一步成形时还要进一步变形。过渡区是衔接有效成形区与未变形区的重要环节；过渡区的几何形状对分段成形结果影响最大。

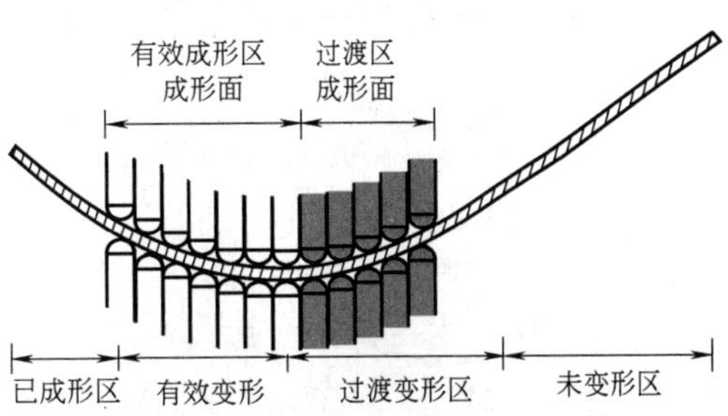

图 8-5-21　分段成形时基本体成形面两种区域示意图

3. 多道成形

对于变形量较大的零件，可逐次改变成形面形状，进行多道成形（见图 8-5-22）。通过设计每一道次成形面形状，可以改变板料的变形路径，使各部分变形均匀，从而消除起皱等成形缺陷，提高板材的成形能力。

有关成形路径设计，以球形面成形为例，可以采用等高线台路径（平台分层压下）、等高曲面路径（曲面分层压下）或者是等曲率半径路径等（见图 8-5-23）。

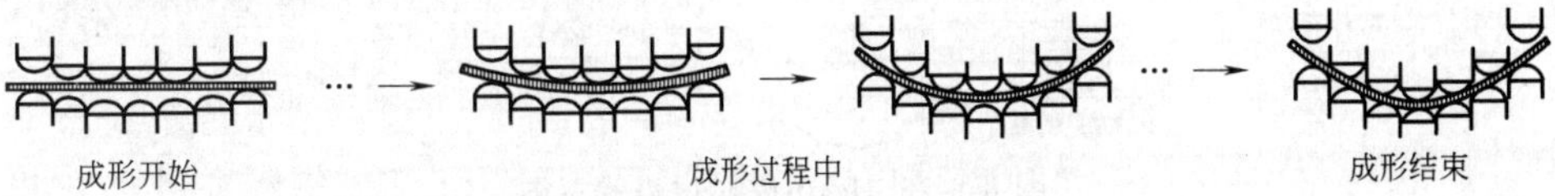

图 8-5-22　多道多点成形示意图

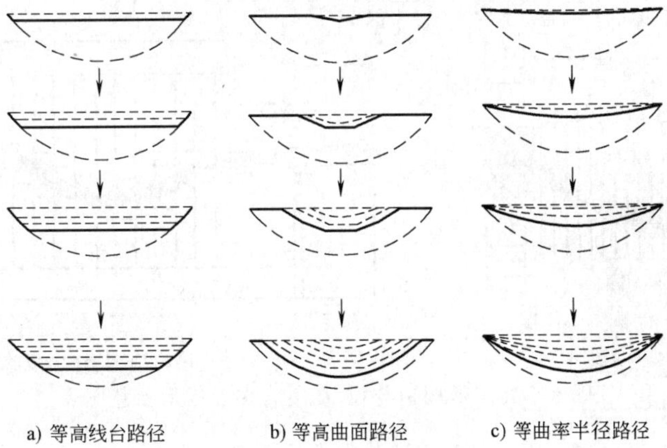

图 8-5-23　不同的成形路径

4. 反复成形

反复成形的方法可以降低板料内部的残余应力，消除回弹。反复成形时，首先使变形超过目标形状，然后再反向变形并越过目标形状，再正向变形，如此以目标形状为中心循环反复成形，直至收敛于目标形状，图 8-5-24 所示为反复成形过程示意图。随着反复成形次数的增加，回弹量逐渐减小，且最终稳定于目标尺寸。

5. 闭环成形

图 8-5-25 所示是闭环成形过程示意图。利用多点成形中成形面形状可以任意调整的特点，可采用闭环成形技术实现智能化的精确成形。

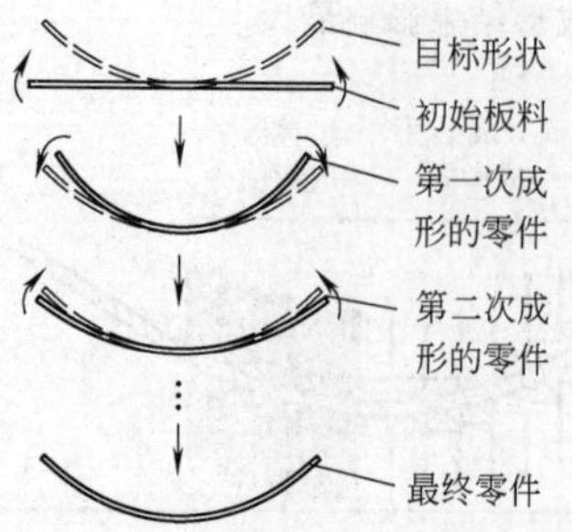

图 8-5-24　反复成形过程示意图

零件第一次成形后，测量出曲面几何参数，与目标形状进行比较，根据二者的几何误差，通过反馈控制的方法进行运算，计算出补偿误差的成形面，并重新调整基本体点阵进行再次成形。这一过程反复多次，直到得到所需形状的零件。采用闭环多点成形技术，一般经过 4~5 次即可收敛得到所需要的目标形状。

6. 薄板多点成形

同传统板料成形一样，在多点成形中也需采用压边技术抑制起皱的产生，实现薄板的拉深成形。图 8-5-26a 所示是带有柔性压边的多点成形示意图，其压边由液压缸进行控制；图 8-5-26b 所示是拉/压复合的多点成形示意图。

拉/压复合多点成形通过多点数字化模具及柔性拉/压边装置，代替传统冲压成形中的整体模具与压边装置。通过柔性拉/压边装置各夹料机构的平动和摆动，可以抑制板料成形时的起皱、拉裂等缺陷。

7. 多点拉形

多点拉形是采用多点式柔性模具的钣金件拉深成形工艺，多点拉形过程如图 8-5-27 所示。首先，根据零件的几何形状并考虑材料回弹、弹性垫变形等因素设计出拉形模具的成形面，在成形前调整各基本体的位置，然后按调整后的基本体群成形面完成零件拉形。对于简单形状如球面形、马鞍形零件，可以直接采用拉深工艺完成成形，对于复杂形状的产品零件，可以与门型多点成形压力机组合使用。

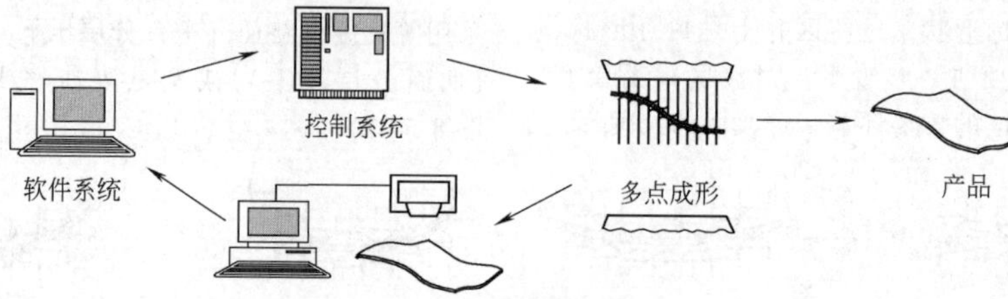

图 8-5-25　闭环成形过程示意图

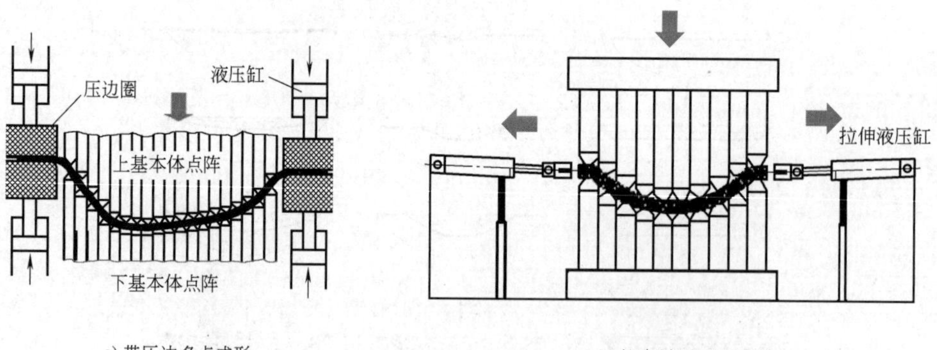

a) 带压边多点成形　　b) 拉/压复合多点成形

图 8-5-26　带压边与拉/压复合多点成形示意图

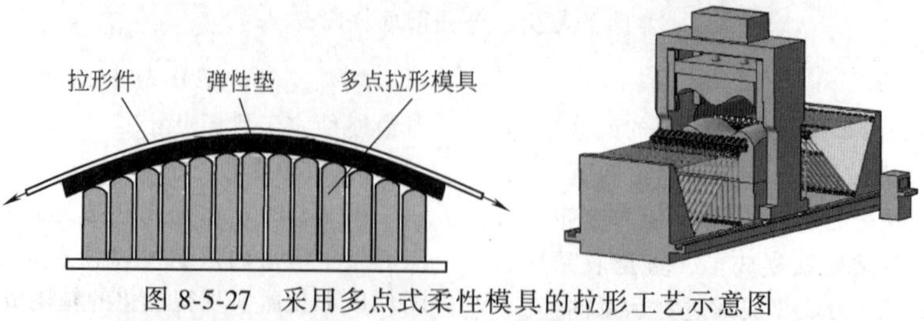

图 8-5-27　采用多点式柔性模具的拉形工艺示意图

5.2.3 多点成形装备及系统

多点成形系统由三大部分组成：多点成形主机、控制系统及 CAD/CAM 软件系统。辅助系统还包括接送料装置、测量装置等。多点成形主机由基本体群组成的柔性模具及液压机构成；计算机控制系统根据设计数据控制多点数字化模具的调整机构，使基本体单元高度变化构造成形面，并控制液压机加载压力，从而成形出所需的曲面零件；多点成形软件根据要求的成形件目标形状，进行几何造型、成形工艺计算，并将数据文件传给计算机控制系统。成形后的工件形状可以通过测量装置进行测量，将测量结果反馈到多点成形软件进行形状修正，从而解决回弹处理难题，保证成形精度。图 8-5-28 所示是多点成形系统的总体构成。

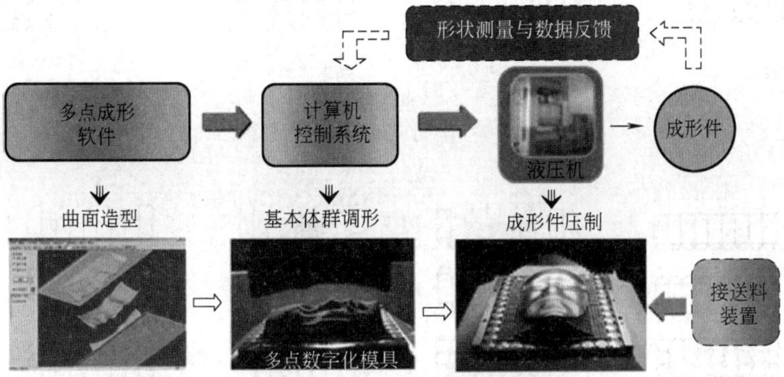

图 8-5-28 多点成形系统的总体构成

1. 多点成形主机

多点成形压力机的主机通常采用液压机，其核心是上、下基本体群及基本体调形系统。多点成形压力机机架主要有三梁四柱式、框架式（闭式）与 C 型（开式）等结构。利用多点成形的柔性特点，可进行板料的分段成形，实现小设备成形大尺寸零件。三梁四柱式压力机结构简单、重量轻、刚度与强度好；与闭式机架压力机相比，C 型压力机加工的工件在宽度方向可分段数更多，加工范围更大。因此，C 型机架结构对于分段成形更为有利。图 8-5-29 所示是两种多点成形压力机结构示意图。

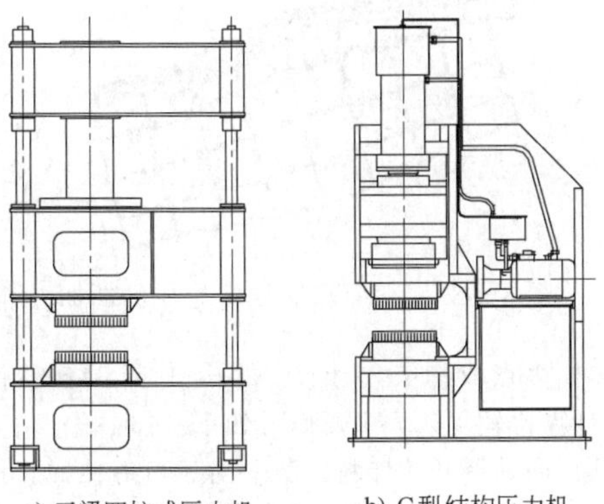

a) 三梁四柱式压力机　b) C型结构压力机

图 8-5-29 两种多点成形压力机结构示意图

目前，多点成形设备已经应用于航空、造船、车辆、医疗以及建筑幕墙等领域。已经市场化的 YM 和 YAM 系列多点成形设备的主要性能参数，涵盖了从薄板到厚板的多点成形。

2. 控制与调形系统

基本体单元是多点成形压力机的核心部件，在一台压力机上使用的数量很多。通常使用的有机械式和液压式两种基本体结构。

多点成形区别于传统冲压成形的主要特征是：成形面的几何形状是根据零件成形的需要通过调整基本体的高度来构造的，构造成形面的过程就叫调形。这一工作要在零件成形前或在成形过程中完成。按基本体调整机构的工作原理及调形方式的不同，多点成形设备一般采用串行或并行调形方式。

（1）串行式调形　串行式调形是一种以机械手为主体的调形方式，即机械手依次调整每个基本体单元（或同时调整若干个基本体单元），使其达到目标高度，最后得到所需的成形面。调形过程如图 8-5-30 所示。机械手沿 x、y 方向的移动和基本体高度调整可通过电磁离合器由同一台伺服电动机驱动。

（2）并行式调形　并行式调形是一种以控制单元为主体的调形方式。每个基本体都有独立的调整装置和数控单元，调形时各基本体同时进行高度调整。调形时间由基本体最大调整行程决定，与基本体数量无关。调形过程如图 8-5-31 所示。与串行调形方式相比，这种调形方式的效率比较高，所需调形时间明显缩短，因此，并行调形方式亦称为快速调形。

并行式调形中每个基本体都具有独立的调整装置和控制单元，其结构非常紧凑。控制单元主要包括单片机（CPU）、集成控制电路、调形电机以及转角检测装置等。每个控制单元接收上位计算机的控制指令和数据后，同时对各自的基本体进行高度调整。

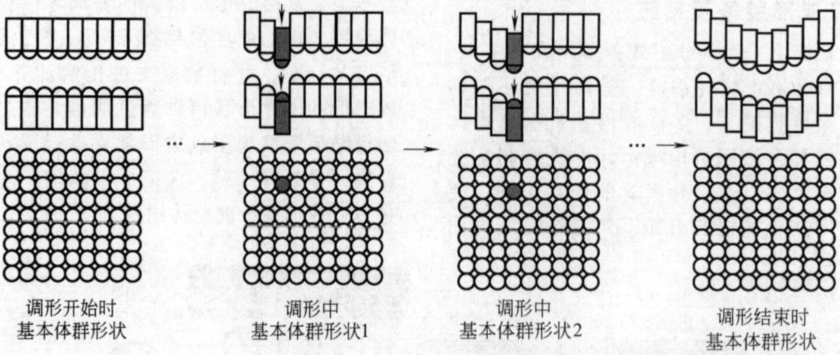

图 8-5-30　串行式调形过程示意图

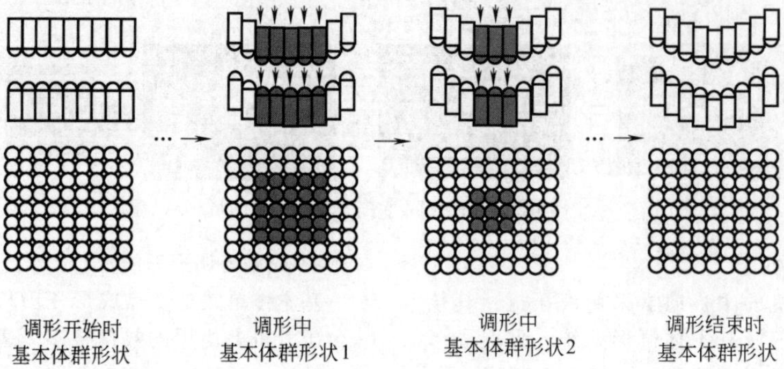

图 8-5-31　并行式调形过程示意图

3. CAD/CAM 软件系统

多点成形作为一种板料数字化成形技术，其成形过程通过 CAD/CAM 一体化软件完成。CAD 软件的主要功能包括：曲面造型、多点成形工艺计算、基本体群成形面设计以及工艺仿真、工艺检验等；CAM 软件主要根据 CAD 软件传送来的数据调整基本体高度，构造基本体群成形面，并通过控制系统来控制压力机进行压制。

（1）CAD 软件

1）曲面造型。多点成形涉及的三维曲面可分为规则曲面与自由曲面两种类型，规则曲面可由解析方程表达，比较容易处理；自由曲面则通过非均匀有理 B 样条（NURBS）来进行曲面造型。针对不同的原始数据，可以采用如下几种输入方法：

a）四条边界法——利用四条边界曲线来生成曲面。

b）网点坐标法——利用给定的网格数据点来生成插值曲面。

c）截面轮廓线法——根据给定曲面上的若干截面线来生成曲面。

d）规则几何形状法。

前三种方法是利用 NURBS 进行曲面造型，能够处理各种复杂形状；第四种方法利用普通解析方法进行曲面造型，能够快速准确地处理球面形、马鞍形、柱面形、扭曲形等工程中常见的规则形状。图 8-5-32 所示是截面轮廓线法生成的曲面。

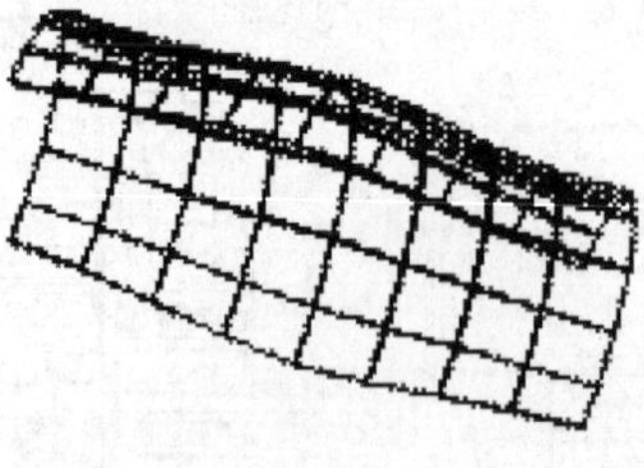

图 8-5-32　截面轮廓线法生成的曲面

2）多点成形工艺计算。多点成形 CAD 软件中工艺计算比较复杂，主要内容如下：

a）曲面展开与坯料计算。对于可展曲面，坯料可通过曲面展开来计算，但工程上实际应用的三维曲面零件多为不可展曲面，这种曲面的坯料计算通常采用两种方法：一种是几何映射法，另一种是基于三角形网格的坯料计算方法。

几何映射法是一种不可展曲面的近似展开方法。三维曲面由网格分成有限个小片，将每一小片映射到平面上，映射过程中要遵循以下原则：①体积保持不变。若成形过程中板料厚度不变，则应保持面积不变；②整个坯料表面连续，不出现裂缝或重叠。

b）成形位置确定。首先通过旋转和平移把工件调整到最佳成形位置，然后再进行下一步处理。最佳成形位置确定的基本原则是：①减少基本体总调整量；②优化工件受力状态，避免压力机偏载。

一种简单的确定成形位置的方法按以下步骤进行：首先连接工件曲面的两组对角点（见图 8-5-33），得到两条直线；然后对工件曲面进行旋转变换，使得这两条直线与基本体群的基准平面平行，可以得到整个曲面中心点的空间位置坐标；再对曲面进行平移变换，使曲面中心点与压力机的压力中心重合，这样就确定了工件的成形位置。实际应用表明，按上述方法确定成形位置各基本体的调整量比较均匀，进行多点成形时基本体受力也比较合理。

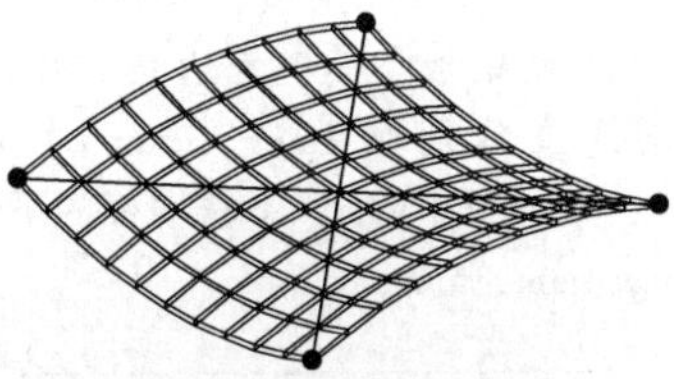

图 8-5-33　成形位置确定

c）可成形性分析与工艺方案确定。根据多点成形设备的主要性能参数，对目标零件的可成形性进行分析，并确定工艺方案。主要考虑的内容包括：①压力机的最大可成形能力，如额定成形力，可成形板料的最大长、宽尺寸，最大可成形板厚以及可成形曲面的高度差等。②压力机的最佳加工范围，如一次成形最佳面积、最佳板料厚度等。

必要时需进行数值模拟，预测可能产生的成形缺陷及回弹。经综合分析来确定采用一次成形、分段成形、闭环成形还是采用压边多点成形等工艺。

d）回弹与弹性垫补偿计算。工艺设计时需要预测回弹量并进行补偿。采用弹性垫多点成形时，由于弹性垫对成形精度有影响，也需要在基本体群成形面造型时进行补偿。补偿量的计算主要依据经验数据或数值模拟结果。

e）曲面拓展与压边面设计。为实现压边，首先需要对零件的三维曲面进行拓展。曲面拓展需遵循两个原则：①外拓曲面必须与原始目标曲面及压边面连续。②拓展部分的曲面与原始目标曲面之间过渡光滑。

图 8-5-34 所示为人脑颅骨修复体曲面成形中曲面拓展与压边面设计的应用实例。图中给出的是拓展后带压边面的曲面线框图。

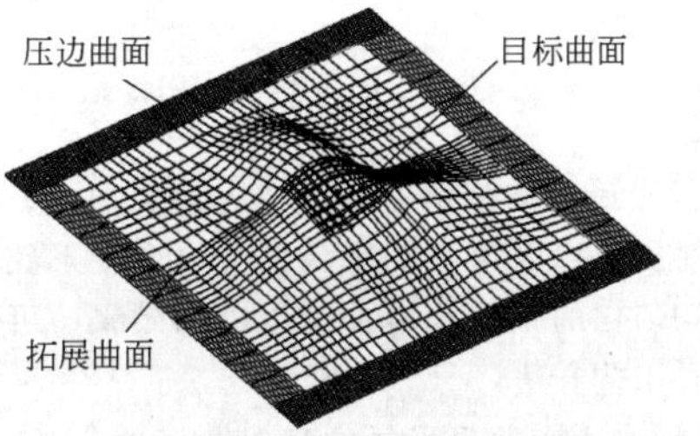

图 8-5-34　人脑颅骨修复体曲面成形应用实例

3）基本体群成形面设计。设计基本体群成形面是 CAD 软件的核心工作与最终目的。成形面设计的基本内容是根据确定的工艺方案及各种工艺参数，进行成形面曲面造型并计算出各基本体的高度方向位置坐标。表 8-5-5 给出了几种典型的多点成形工艺成形面设计包含的内容及需要考虑的问题。

表 8-5-5　典型多点成形工艺的成形面设计

多点成形工艺	成形面设计的方法	成形面几何补偿包含的内容	成形面设计的内容
一次成形	基于目标形状	回弹、弹性垫	只进行一次成形面设计
分段成形	基于过渡区曲面设计结果	回弹、弹性垫	每段成形都需设计有效成形区 成形面与过渡区成形面
多道成形	基于成形路径优化设计结果	回弹、弹性垫	每道成形都需设计成形面
反复成形	基于每次反复成形的变形量设计结果	回弹、弹性垫	每次反复成形都需设计成形面
闭环成形	基于成形面修正量的计算结果	回弹、弹性垫	每次反复成形都需修正成形面
薄板压边成形	基于曲面延拓与压边面设计结果	回弹、弹性垫	只进行一次成形面设计

（2）CAM 软件的结构

CAM 软件的主要功能是根据 CAD 软件设计的工艺方案及成形面的有关数据，驱动控制系统调整基本体高度，为零件成形构造出所需基本体群成形面。根据基本调形方式的不同有串行与并行两种 CAM 软件结构。

5.2.4　多点成形缺陷及控制

多点成形同传统板料成形一样，主要容易产生起皱缺陷以及回弹现象，此外压痕是多点、不连续接触成形方式中特有的成形缺陷。利用多点成形中成形曲面的可重构性，通过工艺补偿或新的多点成形工艺，可以减小甚至完全消除起皱、压痕以及回弹缺陷。

1. 压痕的产生与控制

（1）压痕的产生　在多点成形中，基本体（冲头）头部一般都是球形，二者的接触区域是一不大的球面。由于接触压强较大，当变形条件不理想时，在接触点附近小区域内，板料将产生局部塑性变形形成压痕。这种缺陷通常表现为表面压痕和包络式压痕两种情况，如图 8-5-35 所示。

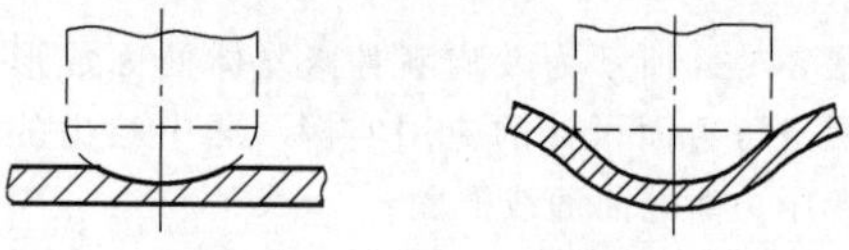
a) 表面压痕　　b) 包络式压痕

图 8-5-35　多点成形中的压痕

（2）压痕的控制方法　增大接触面积，均匀分散接触压力以及改变约束条件；改变变形路径，使变形均匀化的措施都有抑制压痕的效果。可采取以下几种工艺方法：

1）采用大曲率半径的基本体（冲头）。这种方法增大接触面积，降低接触压强，对减轻压痕比较有效。但有时受所成形零件形状的限制，如对于大曲率零件，用大半径的冲头是无法成形的。

2）在冲头与板料之间使用弹性垫。分散接触压力，避免冲头的集中力直接作用于板料，对于抑制表面压痕特别有效。弹性垫可以用普通橡胶、聚氨酯橡胶或弹性钢条等。

3）利用多点成形时成形面可变的特点，采用多点压力机成形或多道成形等变路径成形方式，使更多基本体接触板料，从而分散接触压力，也是抑制压痕的有效办法。

4）采用可以自由摆动的冲头前端结构设计，可以显著抑制压痕的产生。

（3）弹性垫技术　最简单的弹性垫方法就是使用和板料相同大小的两块板，把板料夹于其中进行成形。弹性垫的材质、厚度对其抑制成形缺陷的效果有很大影响。如果材质较软，并且厚度比较小，则对控制压痕没有太大的效果；但当其厚度比较大时，由于其自身压缩变形不均，则对加工精度的影响比较大。硬质材质的弹性垫通常使用条状的弹簧钢，如图 8-5-36 所示为钢条式弹性垫，这种弹性垫的结构如图 8-5-36b 所示，上下两层采用钢条直交重叠，在交点处黑圆圈部位用铆钉或点焊固定，弹性垫可以自由地产生弯曲、扭曲等变形，两层板带间还可以相对滑移。在成形过程中，弹性垫产生目标形状的变形，并且将基本体集中载荷分散地传递给板料，所以能显著地抑制压痕的产生。另外，由于弹性垫与板料总是保持接触，对起皱也有抑制作用。成形后弹性垫可以完全恢复到原来的形状，成为平整状态。

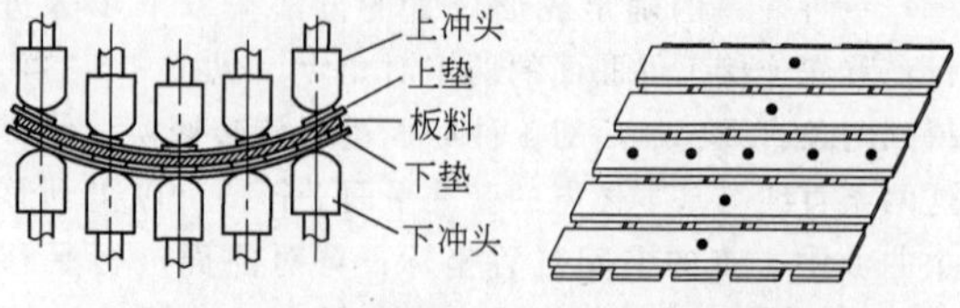

a) 使用弹性垫时成形情况　　b) 钢条式弹性垫的结构

图 8-5-36　钢条式弹性垫技术

图 8-5-37、图 8-5-38 给出了扭曲形状多点成形件的试验研究结果。试验用板料的材质为 1050A 铝板和 SUS304 不锈钢板，板料为边长 300mm 的正方形，铝板的厚度分别取 1mm、2mm、3mm、4mm、5mm、6mm、8mm 及 10mm，不锈钢板的厚度分别取 2mm、3mm、4mm、5mm 及 6mm。

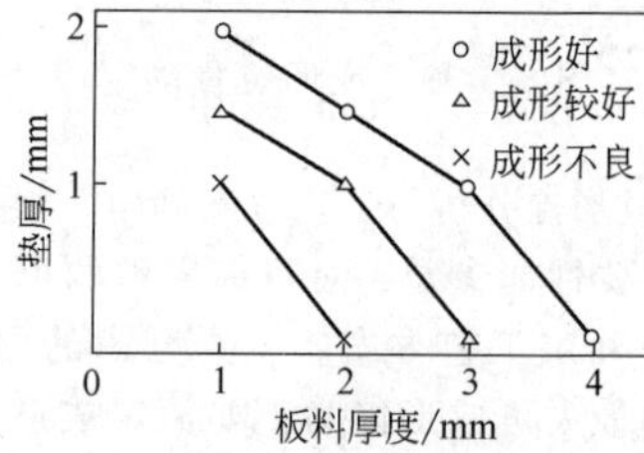

图 8-5-37　板料厚度的影响

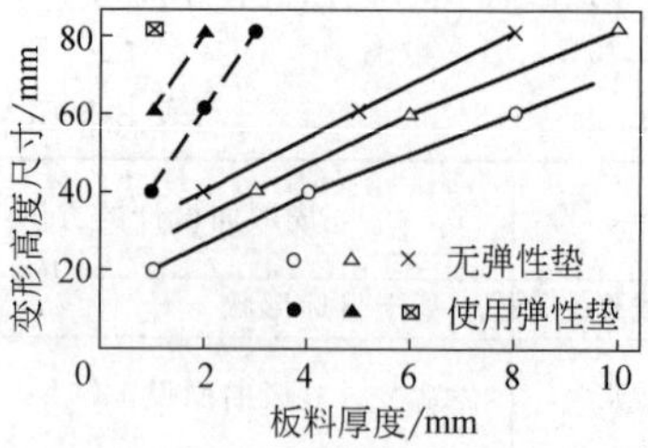

图 8-5-38　1050A 材质的多点成形试验结果

压痕产生程度评价标准为：无压痕——成形好；压痕深度<0.5mm 且压痕数量少——成形较好；压痕深度>0.5mm 且压痕数量较多——成形不良。

用 1050A 铝板成形扭曲件时，使用弹性垫后成形极限明显改善。当变形程度比较小、板料比较厚时缺陷少，即使不使用弹性垫也能得到好的成形效果。变形程度增大，板料变薄时，皱纹、压痕都容易产生，这时使用弹性垫的效果显著。

（4）材质对压痕的影响　图 8-5-39 给出了 1050A 铝板和 SUS304 不锈钢板的成形性比较，图中给出的是均未使用弹性垫的结果。可以看出，由于不锈钢材质刚性高，难以产生压痕。因此，与铝材相比，不锈钢材质能得到比较好的成形结果。

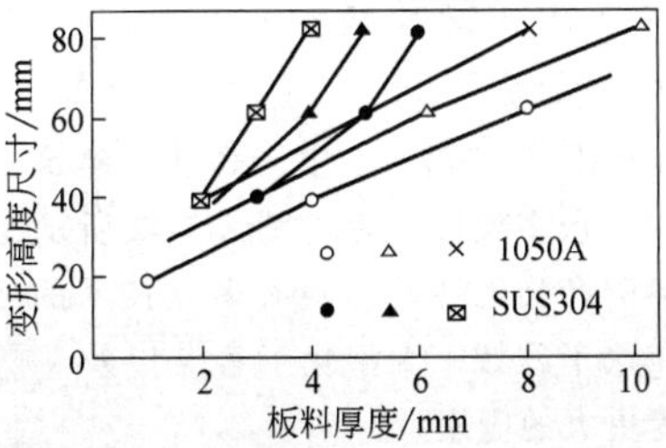

图 8-5-39　1050A 铝板和 SUS304 不锈钢板成形性比较

2. 起皱的产生与控制

（1）起皱现象与起皱过程　起皱产生于板料塑性失稳，当局部切向压应力较大，而板面又没有足够约束时，由于面外变形所需能量小，板料的变形路径向面外分叉，板料由面内变形转为面外变形，出现皱曲。

通过对球面与马鞍面起皱过程的数值分析可以说明这一点。图 8-5-40 给出了皱纹的最大深度随行程的变化曲线。图 8-5-40a 所示为厚度 0.5mm、目标曲率半径为 1200mm 的球面计算结果；图 8-5-40b 所示为厚度 0.5mm、双向目标曲率半径均为 650mm 的马鞍面计算结果。

起皱的过程具有明显的阶段性：①随着基本体行程的增大，开始出现局部起皱；②皱纹随着行程的增加而增大；③最后阶段基本体逐渐闭合，部分皱纹被压平，皱纹深度变小。

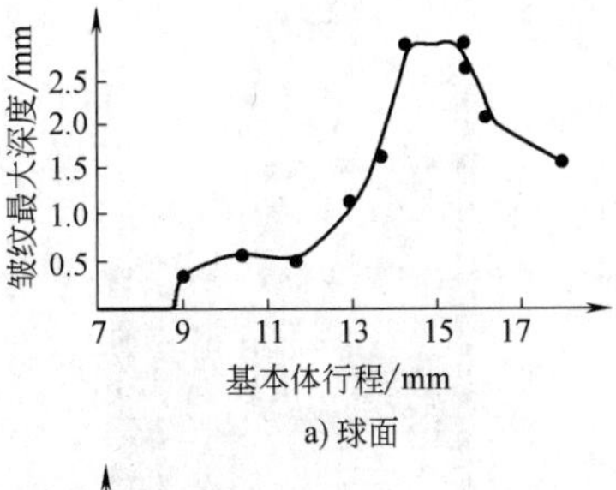

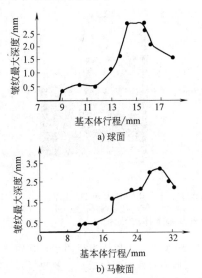

图 8-5-40　皱纹最大深度随基本体行程的变化

（2）起皱的控制方法

1）采用多点压力机成形。这种成形方式通过在成形过程中控制基本体的高度，调整板料的约束状态，改变板料的变形路径，使各部分在成形过程中保持变形均匀或者最大限度地减小不均匀程度，从而避免产生起皱缺陷。

2）采用分段或多道多点成形技术。利用多点成形的基本体群成形面可变的特点，将零件逐段、分区域或分道次连续成形。这种成形方式在每一区域的每次成形中将板料的变形量控制在比较小的范围内，使板料与基本体充分接触，提供足够的变形约束，使变形均匀化，从而避免起皱产生。

3）使用弹性垫特别是钢条式弹性垫，也有明显的消除起皱的效果。

4）对于薄板多点成形，压边技术仍是消除起皱缺陷的最有效方法。通过在多点成形压力机周边设置柔性压边装置，可以有效抑制起皱的发生。

（3）材料的不起皱成形极限　图 8-5-41 所示为通过数值模拟手段得到的 08Al 材料和 L2Y2 纯铝两种材料球面与马鞍面成形件的不起皱成形极限图，其中，R 为球面或马鞍面的目标曲率半径，L 为正方形板料的边长，基本体为 30×30 排列。L2Y2 纯铝的成形极限位于 08Al 材料的上方，同样厚度、同样变形程度的条件下，L2Y2 纯铝的起皱更加明显，也就是说 08Al 材料与 L2Y2 纯铝相比不容易起皱。

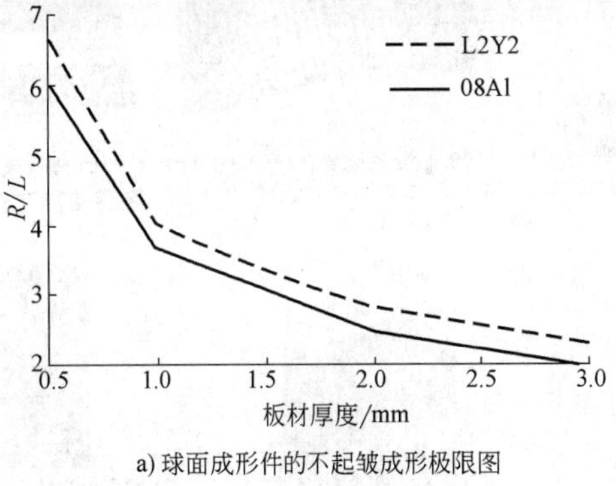

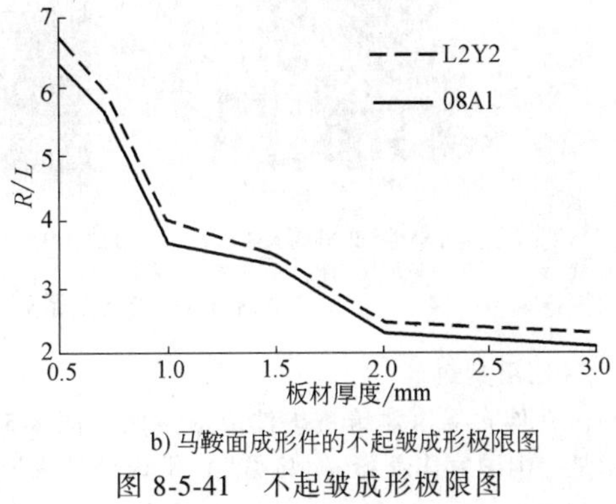

图 8-5-41　不起皱成形极限图

3. 回弹的产生与控制

（1）回弹的产生　回弹是板料成形时不可避免的现象。

在中厚板无压边多点成形中，成形件的变形量一般都不大。由于没有压边圈，板料面内变形力较小，主要以弯曲变形为主，因而回弹对成形件最终形状的影响比较大。利用多点成形中成形面的可变性，可根据预测的回弹大小及分布情况，通过对基本体群成形面进行补偿，来减小甚至完全消除回弹。

（2）回弹的控制方法　在多点成形中，利用成形面可变的特点，可以控制回弹。具体方法主要有以下几种：

1）通过对基本体群成形面进行工艺补偿，可以减小甚至完全消除回弹的影响。回弹量通常可以采用数值模拟来计算，也可通过试验来确定。

2）采用闭环成形方法，零件成形后，测量出曲面几何参数，与目标形状进行比较，根据二者的几何误差重新调整基本体群成形面，进行再次成形。这样反复几次即可消除回弹的影响，获得精确的零件。

3）采用反复成形技术，以目标形状为中心反复成形，逐渐收敛于目标形状。

5.2.5　应用实例及展望

1. 应用领域

多点成形在船舶、航空、高铁、建筑、医学工程中实现了众多实际应用，图 8-5-42 所示是一些实际应用案例产品的照片。随着多点技术的成熟，多点成形在汽车领域、大型化工容器以及雕塑等领域也将获得更大的应用。

多点成形设备已经形成系列化。图 8-5-43 所示为 YAM-5 型 2000kN 多点成形压力机、YAM-3 型 630kN 多点成形压力机及基本体群照片。

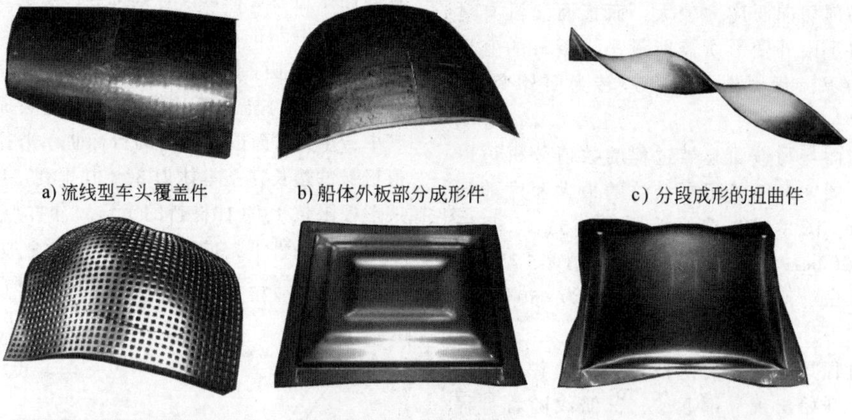

a) 流线型车头覆盖件　b) 船体外板部分成形件　c) 分段成形的扭曲件

d) 人脑颅骨修复体(厚度0.3mm)　e) 薄板成形件(厚度0.5mm)　f) 马鞍面成形件(厚度0.5mm)

图 8-5-42　几种多点成形件照片

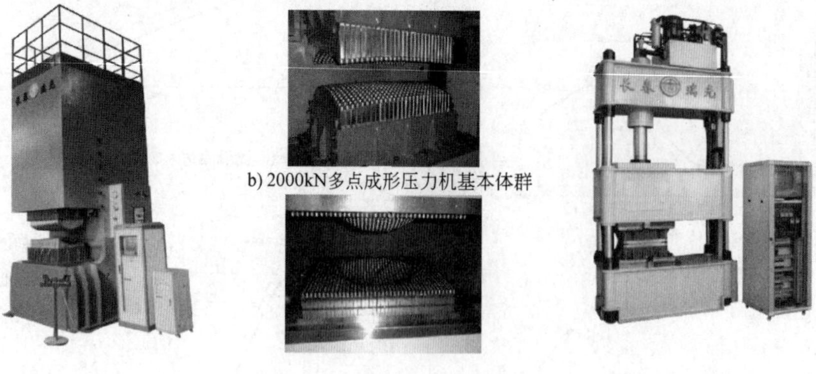

a) YAM－5型2000kN多点成形压力机　b) 2000kN多点成形压力机基本体群　c) 630kN多点成形压力机基本体群　d) YAM-3型630kN柔性压边多点成形压力机

图 8-5-43　YAM 系列多点成形压力机及基本体群照片

2. 应用案例

（1）体育场馆建筑钢构件成形案例　图 8-5-44 所示是中国国家体育场（“鸟巢”）钢构件的成形案例。SM150 型多点成形压力机用于体育馆主场馆建筑工程箱形钢构件的弯扭成形，解决了建筑用大型钢板结构件柔性成形的世界性技术难题，产生了显著的经济与社会效益。随着建筑行业设计水平和对新奇造型追求的提升，多点成形技术在钢构建筑领域将会获得更多的应用机会。

a) 成形过程

b) 成形后的钢构件

c) 焊接的箱形单元

d) 体育馆工程施工现场

图 8-5-44　钢构件成形案例

（2）标志性建筑幕墙中的应用案例　图 8-5-45 所示是应用于国外某城市标志性建筑曲面幕墙的应用案例，该设备集多点数字化成形、柔性拉深成形、拉压复合成形功能于一体，应用于该项目曲面幕墙件制造中，极大地降低了成本，提高了生产效率。

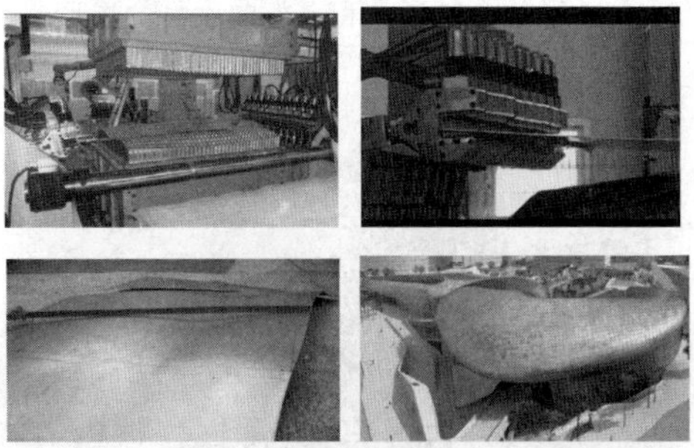

图 8-5-45　城市标志性建筑幕墙曲面生产案例

（3）多点拉压复合成形机在动车组车头外板的应用　图 8-5-46 所示是 SM25-1200 型多点成形设备应用于动车组车头铝合金板料拉形的案例，设备基本参数如图 8-5-46 所示。

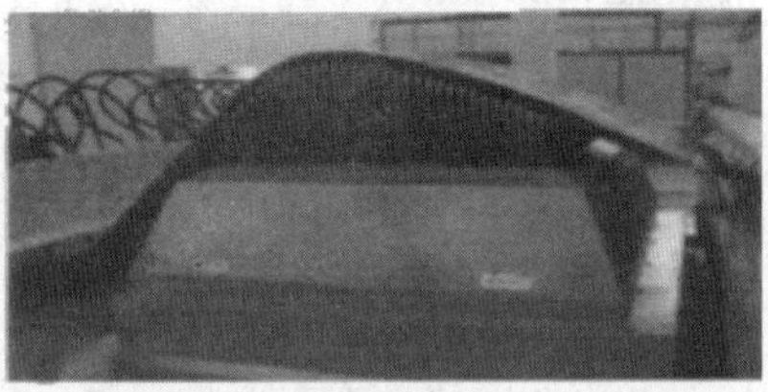

成形尺寸/mm	1200×800
材料厚度/mm	0.5～6
调形高度/mm	300
基本体排列	48×32
基本体尺寸/mm	25×25

图 8-5-46　SM25-1200 型多点拉形装置参数

3. 应用拓展

（1）带有柔性压边装置的多点成形机用于薄板成形　YAM3-63 型多点成形压力机专门用于薄板的多点成形试验研究，该多点成形系统上下基本体群各由 40×32 个基本体组成，成形尺寸（长×宽）为 400mm×320mm。上下基本体群周围各由 40 个液压缸组成柔性压边圈，压边圈的高度及形状根据成形工件的形状而改变，压边力可以实现无级调控，有效抑制汽车覆盖件、飞机蒙皮件成形过程中的起皱现象。

图 8-5-47 所示是该工艺的成形过程示意图，该设备为多点成形工艺在薄板类件中的应用奠定了基础。

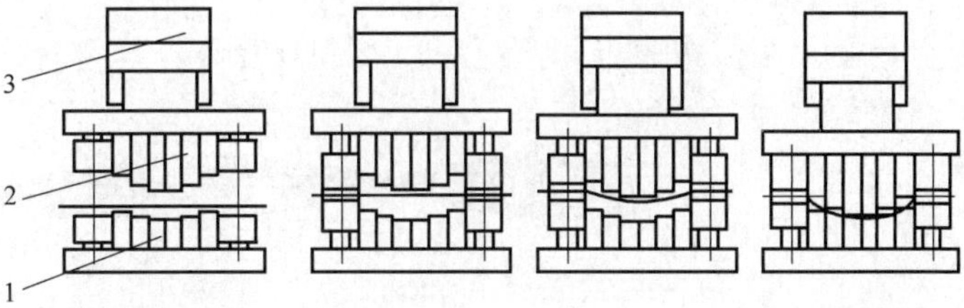

a) 放置板料　b) 压边缸夹料　c) 成形中　d) 成形结束

图 8-5-47　YAM3 型多点成形压力机及柔性压边工艺成形过程

1—下基本体群　2—上基本体群　3—压边缸

（2）多点成形工艺应用于曲面滚压成形　多点滚压成形采用可弯曲的辊状工具作为成形工具，并结合多点调形技术来实现三维曲面板类件的连续成形，兼备多点成形和滚压成形的优点，可以实现三维曲面件的无模、高效、柔性和低成本生产。图 8-5-48 所示是该工艺装置的示意图。可以采用三辊式，也可以根据需要选择两辊或多辊。成形辊可采用柔性软轴，也可以采用离散的刚性短辊组合而成。

图 8-5-48 所示的柔性辊形态可以成形球形件，改变加工球形件时柔性辊的凸凹方向就可以实现鞍形件的成形。除了球形件、鞍形件和盘形件外，通过改变柔性辊的形态以及上柔性辊的压下量，还可以实现扭曲形件、筒形件和自由曲面件的成形。

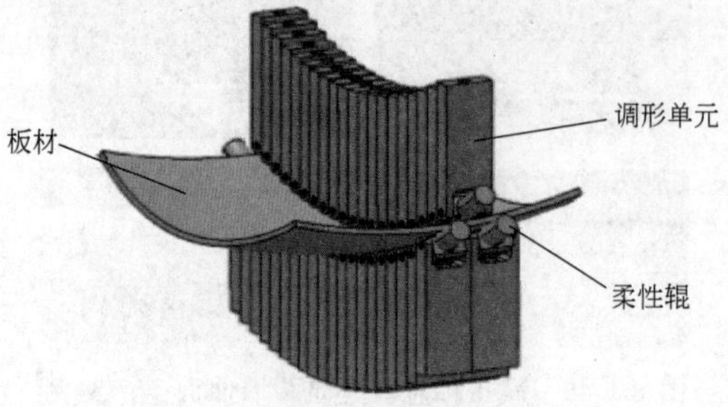

图 8-5-48　柔性辊成形球形件

图 8-5-49 所示是在试验样机上试制的三维曲面件的样件。

(3) 非金属材料的多点成形应用　非金属聚合物在建筑、装饰、家居甚至汽车、轮船、航空航天领域的应用越来越多。

多点成形技术在非金属材料的多点成形领域也有广泛应用，图 8-5-50 所示是高聚物板材三维曲面多点热成形装置及热成形件照片。

4. 展望

板料柔性成形技术省去了新产品开发过程中因模具设计、制造、调试等复杂过程所耗费的时间和资金，能够快速、低成本和高质量地开发出新产品，这种技术符合现代制造业的发展趋势，满足市场多样化、个性化的产品需求。

多点成形技术正在向大型化、精密化及连续化方向发展。

大型化：多点成形作为一种柔性制造新技术，特别适用于三维板件的多品种小批量生产及新产品的试制，所加工的零件尺寸越大，其优越性越突出。已开发的造船用多点成形装备的一次成形尺寸（长×宽）为 3150mm×2700mm，成形面积达 8.5m^2，而分段成形件的长度达 10m。随着多点成形技术的推广与普及，设备的一次成形尺寸和分段成形件尺寸也在逐渐变大，甚至可达到数十平方米。

精密化：多点成形技术在薄板成形与复杂工件成形方面取得了明显进展，已经能够用厚度为 0.5mm 甚至 0.3mm 的板料成形曲面类工件，而且能够成形像人脸那样形状复杂的曲面。随着多点成形技术的逐渐成熟，目前正在向精密化方面发展，其成形精度也将得到更大提高。

连续化：多点调形技术与连续辊压成形技术的结合可以实现连续柔性成形。在可随意弯曲的成形辊上设置多个控制点构成多点调整式柔性辊，通过调整控制点形成所需要的成形辊形状，再结合柔性辊的旋转实现工件的连续进给与塑性变形，进行工件的无模、高效、连续、柔性成形。

多点成形技术在船舶的外板、高速列车流线型车头覆盖件及建筑幕墙曲面等成形中得到广泛应用。期待该技术可有效解决板类件数字化成形这一难题，并在板类件数字化制造领域发挥重要作用。

a) 球形件　b) 鞍形件　c) 自由曲面件

d) 扭曲形件

e) 盘形件　f) 鼓腰形筒形件　g) S形筒形件

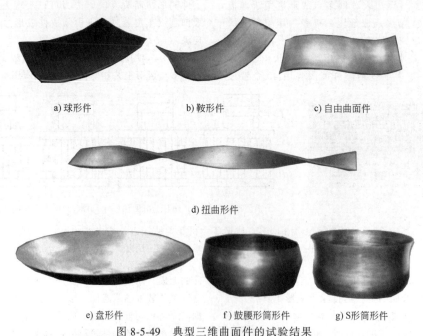

图 8-5-49　典型三维曲面件的试验结果

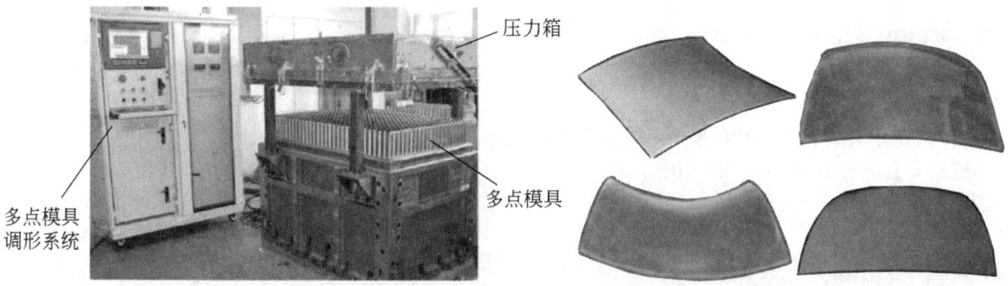

图 8-5-50　高聚物板材三维曲面多点热成形装置及热成形件照片

参考文献

[1]　松原茂夫. 板材の逐次逆张出し・绞り成形 [C] //日本塑性加工学会. 平成 7 年度塑性加工春季讲演会论文集. 东京: 日本塑性加工学会, 1995: 209-210.

[2]　戴昆, 苑世剑, 王仲仁, 等. 轴对称件多道次数控点成形过程的理论分析 [J]. 塑性工程学报, 1998, 5 (2): 26-32.

[3]　邓玉山, 曹鋆汇, 李明哲. 单点渐近成形装置研制 [J]. 锻压装备与制造技术, 2011 (2): 44-47.

[4]　AMBROGIO G, NAPOLI L D, FILICE L, et al. Application of Incremental Forming process for high customised medical product manufacturing [J]. Journal of Materials Processing Technology, 2005, 162 (10): 156-162.

[5]　毛锋, 莫健华, 黄树槐. 金属板材数控无模成形机及其应用程序开发 [J]. 锻压机械, 2002, 37 (2): 38 -41.

[6]　LAMMINEN L. Incremental Sheet Forming with an Industrial Robot - Forming Limits and Their Effect on Component Design [J]. Advanced Materials Research, 2005 (6-8): 457-464.

[7]　李燕乐, 陈晓晓, 李方义, 等. 金属板材数控渐近成形工艺的研究进展 [J]. 精密成形工程, 2017, 9 (1): 1-9.

[8]　姚梓萌, 李言, 杨明顺, 等. 金属板材单点增量成形过程变形区厚度研究 [J]. 机械强度, 2016, 38 (4): 777-781.

[9]　李军超, 张旭, 彭守桃. 金属板材无模渐进成形板厚变化仿真与实验研究 [J]. 热加工工艺, 2011, 40 (7): 1-4.

[10]　王莉. 金属薄板直壁件数字化渐进成形机理及工艺的研究 [D]. 武汉: 华中科技大学, 2004.

[11]　贾俐俐, 高锦张, 郑勇, 等. 金属直壁筒形件数控增量成形工艺研究 [J]. 锻压技术, 2006, 31 (5): 133-135.

[12]　贾俐俐, 王书鹏, 高锦张, 等. 基于挖槽方式的直壁件增量成形方法 [J]. 锻压技术, 2008, 33 (4): 31-33.

[13]　周六如, 周银美. 板料直壁零件数控渐近成形 [J]. 塑性工程学报, 2009, 16 (3): 45-47.

[14]　周六如. 板料数控渐近成形变形区厚度变化规律的研究 [J]. 机械工程学报, 2011, 47 (9): 50-54.

[15]　王华毕, 桑文刚, 魏目青. 金属板料单点渐近成形性能的研究 [J]. 机械设计与制造, 2017 (1): 108-111.

[16]　陶龙, 王进, 姜虎森. 单点渐近成形时工艺参数对成形能力的影响 [J]. 锻压技术, 2012, 37 (3): 25-28.

[17]　许自然, 高霖, 崔震, 等. 不同压头形状下板料渐进成形性能研究 [J]. 机械科学与技术, 2009, 28 (5): 614-617.

[18]　谢忠全. 板材渐进成形失稳及回弹的有限元分析 [D]. 武汉: 华中科技大学, 2009.

[19]　曹鋆汇. 单点渐进成形过程中成形缺陷的数值模拟研究 [D]. 长春: 吉林大学, 2010.

[20]　赵彬. 单点渐进成形的机理分析及数值模拟研究 [D]. 长春: 吉林大学, 2007.

[21]　林曦. 单点渐进成形过程数值模拟与分析 [D]. 长春: 吉林大学, 2009.

[22]　刘杰. 金属板材分层渐进成形机理的研究 [J]. 湖南工业大学学报, 2007, 21 (3): 52-55.

[23]　王进, 姜虎森, 陶龙, 等. 板材渐进成形极限图测试方法研究 [J]. 锻压技术, 2013, 38 (2): 34-36, 39.

[24]　HIRT G, JUNK S, WITULSKI N. Incremental sheet forming: Quality evaluation and process simulation [C]//Advanced Technology of Plasticity, Proceeding of the 7th ICTP. Yokohama: Japan Society for Technology of Plasticity, 2002: 925-930.

[25]　卢仁伟. 数控渐进成形润滑技术研究 [D]. 南京: 南京航空航天大学, 2012 年.

[26]　卢仁伟, 高霖, 史晓帆. 0Cr18Ni9 板料数控渐进成形润滑技术研究 [J]. 机械科学与技术, 2012, 31 (4): 597-599.

[27]　李湘吉, 李明哲, 蔡中义, 等. 材料多点与渐近成形复合成形方法及数值模拟 [J]. 吉林大学学报 (工学版), 2009, 39 (1): 178-182.

[28]　李湘吉, 闫雪萍, 李明哲. 板料多点与渐进复合成形技术研究 [J]. 锻压装备与制造技术, 2008, 43 (4): 56-58.

[29]　莫健华, 刘杰, 黄树槐. 汽车大型覆盖件的数字化成形技术 [J]. 塑性工程学报, 2001, 8 (2):

14-16.
[30] 赵忠，莫健华，阮澎．基于金属板材数控渐进技术的汽车座椅成形工艺［J］．锻压技术，2006，31（5）：25-28.
[31] 张晓博，王进，陈博，等．PVC 板料渐近成形润滑方式研究［J］．工程塑料应用，2015，43（10）：36-39.
[32] 陆传凯，查光成，周循，等．PC 板材渐近成形性能实验研究［J］．塑性工程学报，2017，24（5）：200-204.
[33] 李明哲，中村敬一．基本的な成形原理の检讨（板材多点成形法の研究 第 1 报）［C］//第 43 回塑性加工连合講演会论文集．1992：519-522.
[34] 李明哲，中村敬一．多点成形における不良现象の产生及びその抑制（板材多点成形法の研究 第 3 报）［C］//第 43 回塑性加工连合講演会论文集．1992：425-428.
[35] 中村敬一，李明哲．ねじれ形状の多点成形に关する实验的检讨（板材多点成形法の研究 第 4 报）［C］//第 43 回塑性加工连合講演会论文集．1992：429-432.
[36] 中村敬一，李明哲．油压式多点プレス实验装置の试作（板材多点成形法の研究 第 2 报）［C］//第 43 回塑性加工连合講演会论文集．1992：523-526.
[37] LI M，LIU Y，SU S，et al. Multi-point forming：a flexible manufacturing method for a 3-d surface sheet［J］. Journal of Materials Processing Technology，1999，87（1-3）：277-280.
[38] 李明哲，赵晓江，苏世忠，等．多点分段成形中的几种成形方法［J］．中国机械工程，1997，8（1）：87-90.
[39] 姚建国．几种典型的多点成形工艺方法的研究［D］．长春：吉林工业大学，1999.
[40] 李明哲，蔡中义，崔相吉．多点成形—金属板料柔性成形的新技术［J］．金属成形工艺，2002，20（6）：5-9.
[41] 李明哲，姚建国，蔡中义，等．利用多点反复成形法减小回弹的研究［J］．塑性工程学报，2000，7（1）：22-25.
[42] 李明哲，蔡中义，刘纯国．板料反复多点成形中残余应力的研究［J］．机械工程学报，2000，36（1）：52-56.
[43] 刘纯国．板料多点成形控制系统及曲面闭环成形的研究［D］．长春：吉林工业大学，1999.
[44] 刘纯国，李明哲，蔡中义，等．大型三维板类件多点闭环成形的研究［J］．中国机械工程，2000，11（12）：1326-1329.
[45] 周朝晖，蔡中义，李明哲．多点模具的拉形工艺及其数值模拟［J］．吉林大学学报（工学版）．2005，35（3）：287-291.
[46] LI M，FU W，PEI Y，et al. 2000kN multi-point forming press and its application to the manufacture of high-speed trains［C］//Advanced Technology of Plasticity 2002，Proceedings of the 7th ICTP. 2002：979-984.
[47] 李明哲，刘纯国，付文智．无模多点成形实验机及微机控制系统的研制［J］．农业机械学报，1998，29（4）：122-125.
[48] 隋振，李明哲，刘纯国．快速调形板料多点成形设备控制系统的研制［J］．塑性工程学报，2003，10（5）：53-56.
[49] 裴永生，彭加耕，李明哲．多点成形过程中基本体群调形技术［J］．机械工程学报，2008，44（1）：150-154.
[50] 施法中．计算机辅助几何设计与非均匀有理 B 样条［M］．北京：北京航空航天大学出版社，1994.
[51] 陈建军．多点成形 CAD 与分段多点成形工艺的研究［D］．长春：吉林大学，2001.
[52] 蔡中义，李明哲，郭伟．基于三角形网格的板壳类成形件坯料计算方法［J］．吉林大学学报（工学版），2002，32（2）：1-6.
[53] 彭林法，李明哲，蔡中义．板料成形中曲面拓展方法［J］．塑性工程学报，2003，10（4）：30-33，37.
[54] 蔡中义，李明哲，付文智．板料多点成形中压痕缺陷的分析与控制［J］．锻压技术，2003，28（1）：16-19.
[55] 蔡中义，李明哲，宋雪松．无压边多点成形中起皱的分析与控制［J］．塑性工程学报，2003，10（5）：14-19.
[56] 李明哲，李淑慧，柳泽，等．板材多点成形过程起皱现象数值模拟研究［J］．中国机械工程，1998，9（10）：34-38.
[57] 郝瑞霞，付文智，李明哲．多道次多点成形过程的数值模拟研究［J］．塑性工程学报，2006，13（1）：18-21.
[58] 刘志卫，李明哲，韩奇钢．防皱多点成形及其误差分析［J］．机械工程学报，2012，48（12）：56-62.
[59] 陈建军，李明哲，隋振，等．基于遗传算法的板料分段成形过渡区优化设计［J］．吉林工业大学自然科学学报，2001，31（2）：12-16.
[60] 孙刚，李明哲，邓玉山，等．柔性压边和刚性压边技术在薄板类件多点成形中的对比分析［J］．机械工程学报，2008，44（5）：147-151.
[61] 刘亚洁，李明哲，李锐，等．柔性压边多点成形技术［J］．锻造与冲压，2017（14）：23-26.
[62] 张全发，李明哲，孙刚，等．板材多点成形时柔性压边与刚性压边方式的比较［J］．吉林大学学报（工学版），2007，37（1）：25-30.
[63] 陈喜娣，蔡中义，李明哲，等．板材无压边多点成形中起皱的数值模拟［J］．农业机械学报，2005，36（4）：132-135.
[64] 陈喜娣，蔡中义，李明哲．板材无压边多点成形中回弹的数值模拟［J］．塑性工程学报，2003，10（5）：9-13.

[65] 付双林，陈僱，王海峰，等. 钛网数字化多点成形技术在颅骨缺损修补中的应用［J］. 吉林大学学报（医学版），2006，32（1）：119-121，159.

[66] 谭富星，李明哲，钱直睿. 基于数值模拟的钛合金颅骨修复多点成形工艺设计［J］. 塑性工程学报，2007，14（3）：28-31.

[67] 夏怀成，裴永生，李明哲，等. 轿车顶盖多点成形时非连续性边界条件的处理［J］. 汽车工程，2007，29（9）：819-822.

[68] 刘纯国，蔡中义，李明哲. 三维曲面钢板多点数字化成形技术［J］. 造船技术，2009（4）：17-19，33.

[69] 韩奇钢，李明哲，付文智，等. 柔性拉伸对压复合成形系统的开发［C］//第十二届全国塑性工程学术年会暨第四届全球华人塑性加工技术研讨会论文集. 2011.

[70] 崔相吉，许旭东，李光俊，等，飞机蒙皮多点拉形装置的开发及应用［J］. 锻压装备与制造技术，2008，43（3）：35-37.

[71] 刘纯国，李明哲. 多点技术在飞机板类部件制造中的应用［J］. 塑性工程学报，2008，15（2）：109-114.

[72] 龚学鹏，李明哲，胡志清. 使用可弯曲辊的三维曲面卷板成形过程数值模拟［J］. 吉林大学学报（工学版），2008，38（6）：1310-1314.

[73] 龚学鹏，李明哲，胡志清. 三维曲面柔性卷板成形技术及其数值模拟［J］. 北京科技大学学报，2008，30（11）：1296-1230.

[74] 龚学鹏，李明哲，胡志清. 连续多点成形过程中应力应变场数值分析［J］. 北京理工大学学报，2008，28（12）：1043-1047.

[75] 龚学鹏，李明哲，胡志清. 连续多点成形设备的研究［J］. 锻压装备与制造技术，2008（1）：23-25.

[76] 曹鋆汇. 高聚物板材三维曲面多点热成形方法［D］. 长春：吉林大学，2014.

[77] 付文智，刘晓东，王洪波，等. 关于 1561 铝合金曲面件的多点成形工艺［J］. 吉林大学学报（工学版），2017，47（6）：1822-1828.

第6章

喷丸技术

中国航空制造技术研究院　曾元松　黄　遐

6.1　喷丸成形原理与特点

6.1.1　喷丸成形原理及工艺参数

喷丸成形是从表面喷丸强化工艺衍生出来的一种塑性成形方法，其基本原理是利用高速弹丸流撞击金属板材的表面，使受撞击的表面及其下层金属材料产生塑性变形而延伸，从而逐步使板材发生向受喷面凸起的双向弯曲变形，最终达到所需外形的一种成形方法，如图 8-6-1 所示。

喷丸过程的实质是把弹丸部分动能转化为板材的塑性变形能，从而形成永久变形的过程。喷丸成形后，由于内外层材料之间的相互制约和平衡，沿板材厚度方向形成如图 8-6-2 所示的残余应力分布。

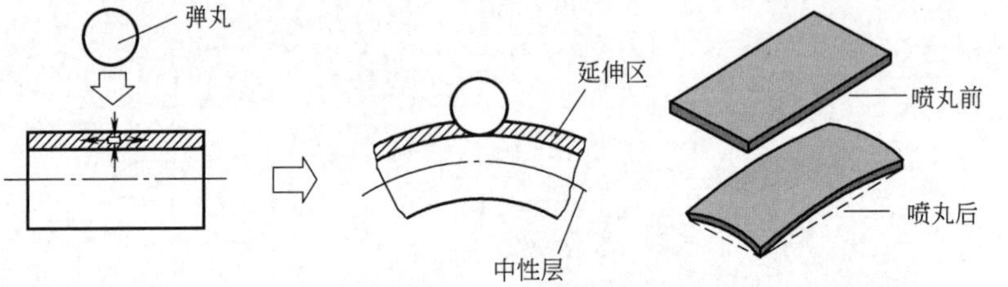

图 8-6-1　喷丸成形原理图

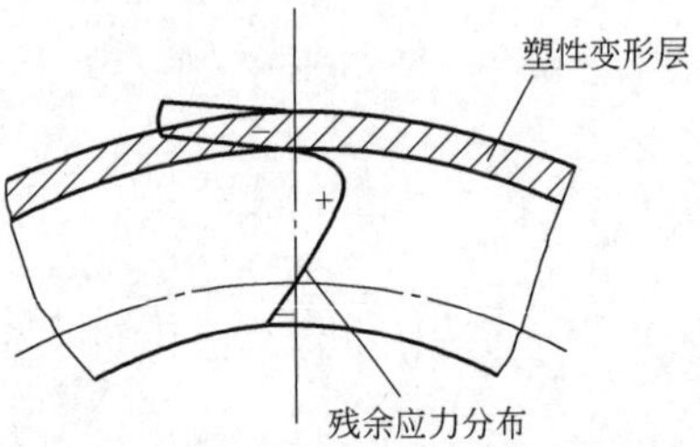

图 8-6-2　喷丸成形引起的残余应力分布

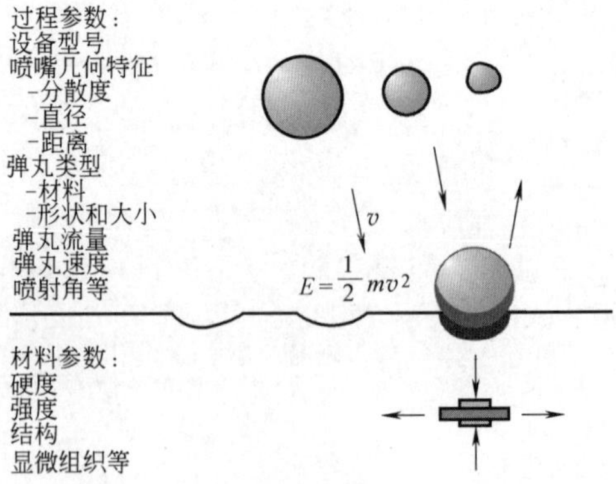

图 8-6-3　影响喷丸成形的工艺参数

决定喷丸成形变形量大小的参数主要分为三类，即弹丸特性参数（材料、尺寸、硬度等）、过程控制参数（弹丸速度、弹丸流量、喷射角、喷射距离、喷丸时间）以及受喷零件参数（材料、厚度和受力状态，如图 8-6-3 所示。当弹丸和受喷零件确定时，喷丸成形变形量大小主要取决于过程控制参数，即弹丸速度、弹丸流量、喷射角、喷射距离和喷丸时间。

喷丸成形所用弹丸一般为铸钢丸或钢珠，其直径范围一般在 0.99～6.35mm 之间，见表 8-6-1。对于铸钢丸，根据硬度范围，分为两种弹丸：AMS 2431/1，常规硬度（45～52HRC），标志为 ASR；以及 AMS 2431/2，高硬度（55～62HRC），标志为 ASH。喷丸加工时，弹丸硬度值不应比受喷零件材料的硬度值低。如果弹丸比受喷零件硬度低，大量的动能损耗在弹丸的变形上，从而使喷丸强度降低。如果硬度太高，弹丸容易破碎，则会使零件表面质量降低。

表 8-6-1　喷丸成形用钢丸

弹丸规格	390	460	550	660	780	930	1/8in	3/16in	1/4in
弹丸直径/mm	0.99	1.17	1.40	1.68	1.98	2.36	3.18	4.76	6.35

注：1in=25.4mm。

6.1.2　喷丸成形种类

喷丸成形有多种分类方法，主要有：

1）按照喷丸区域不同，分为单面喷丸成形和双面喷丸成形。

单面喷丸成形，仅喷打零件内、外两个表面中的一个，主要用于球面或双凸外形面零件的成形（见图 8-6-4）。双面喷丸成形，同时喷打零件内、外两个表面，主要用于单曲率和马鞍外形零件的成形（见图 8-6-5）。一般情况下，二者需配合使用才能获得所需零件外形。

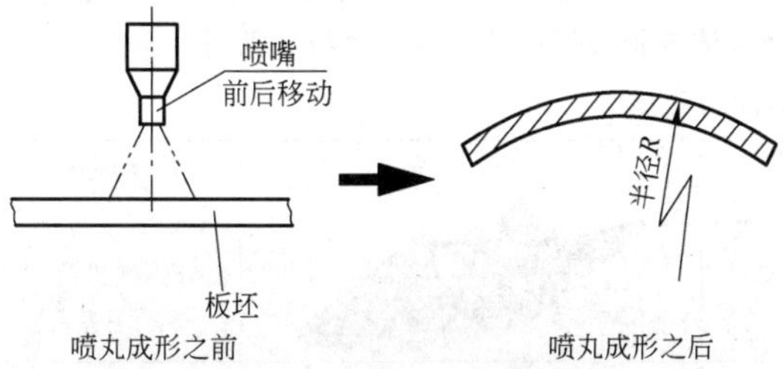

图 8-6-4　单面喷丸成形示意图

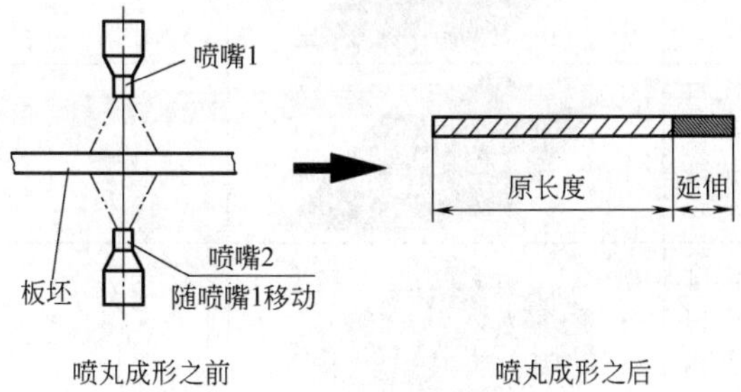

图 8-6-5　双面喷丸成形示意图

2）按照弹丸获得速度的驱动方式，喷丸成形分为离心式喷丸成形、气动式喷丸成形和超声喷丸成形三种（见表 8-6-2）。

3）根据喷丸成形时是否在零件上预先施加外载荷，喷丸成形分为自由状态喷丸成形和预应力喷丸成形。

① 自由状态喷丸成形。自由状态喷丸成形是指不在零件板坯上施加附加载荷的情况下进行的喷丸成形（见图 8-6-6），主要用于外形比较简单平缓的零件，如以直纹外形面为主的厚蒙皮、无筋整体壁板和带筋整体壁板的喷丸成形。

② 预应力喷丸成形。预应力喷丸成形是指在喷丸成形前，借助预应力夹具预先在零件板坯上施加载荷，形成弹性应变，然后再对其进行成形的一种

表 8-6-2　离心式喷丸成形、气动式喷丸成形和超声喷丸成形

序号	喷丸成形种类	示意图	弹丸散射形状
1	离心式喷丸成形	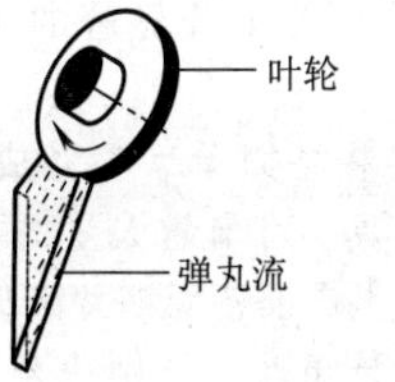	扁椭圆形
2	气动式喷丸成形	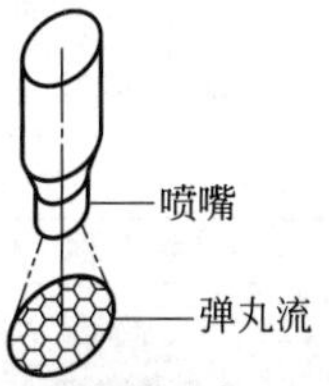	圆形
3	超声喷丸成形	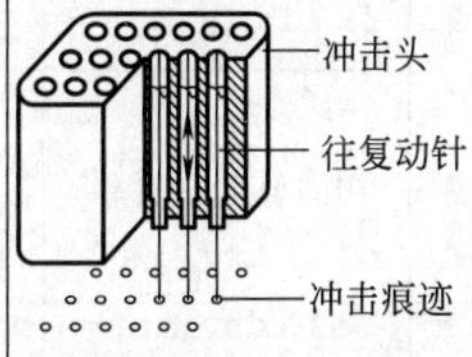	与冲击头针孔排列图形基本相同

喷丸成形方法（见图 8-6-7），主要用于外形和结构比较复杂、曲率半径较小零件的喷丸成形。

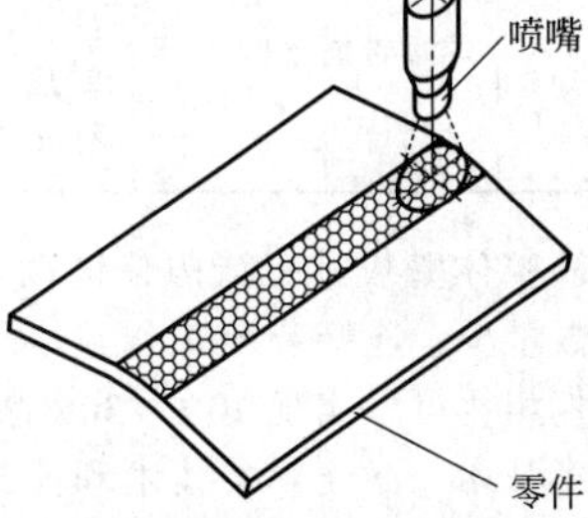

图 8-6-6　自由状态喷丸成形示意图

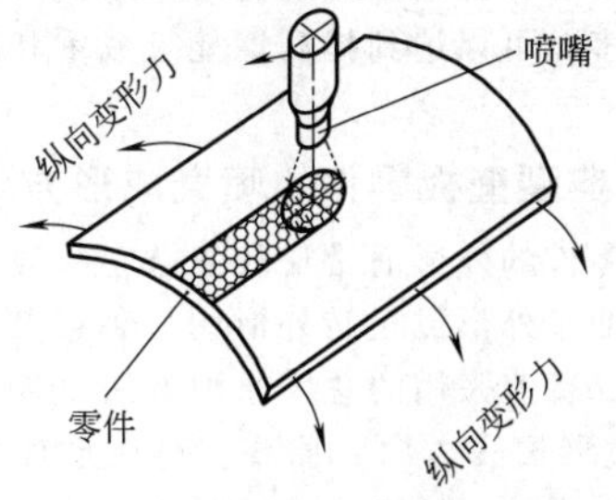

图 8-6-7　预应力喷丸成形示意图

预应力喷丸成形具有三个显著特点：可以控制材料塑性变形方向，在一定程度上改变喷丸球面变形趋势；提高喷丸成形极限；提高零件喷丸工艺性，扩大喷丸成形应用范围。随着复杂双曲外形面的厚蒙皮、无筋或带筋整体壁板的应用逐渐增多，预应力喷丸成形逐渐成为复杂外形整体壁板最主要的成形技术。

6.1.3　喷丸成形特点

喷丸成形有着十分显著的工艺优点，主要表现为：

(1) 工艺装备简单　喷丸成形工艺装备简单，由于不需要模具，可节省大量的模具设计与制造时间，大大缩短生产准备周期并降低成本，能够快速、灵活的应对设计更改，特别适合于尺寸大、外形相对平缓的零件。

(2) 零件长度不限　喷丸成形零件长度不受设备大小的限制（零件长度可达 35m 以上）。只要厂房空间允许，可以任意加长机床导轨，适应任意长度的大型零件。

(3) 提高零件疲劳强度和耐蚀性　喷丸成形之后的材料内、外表层均处于压应力状态（见图 8-6-2），利于抑制疲劳裂纹的产生与增长，有助于延长材料疲劳寿命和提高耐蚀性。

正是喷丸成形所具有的这些优点，使它成为大型飞机机翼壁板零件最主要的成形方法。

6.2　壁板零件的种类及其喷丸成形方法

6.2.1　壁板零件的种类

飞机壁板类零件主要分为组合式壁板和带筋整体壁板两类，其中组合式壁板又分为变厚度蒙皮和组合式整体壁板，带筋整体壁板又分为机械加工带筋整体壁板和焊接带筋整体壁板，见表 8-6-3。

表 8-6-3　壁板零件的分类

壁板类型	壁板名称	特点	典型结构	使用部位
组合式壁板	变厚度蒙皮	变厚度蒙皮结构简单，蒙皮与长桁和肋通过铆接方式连接起来		机翼、机身
	组合式整体壁板	整体加强凸台、口框、下限、变厚度蒙皮等结构要素，与长桁和肋通过铆接方式连接起来		机翼、机身
带筋整体壁板	机械加工带筋整体壁板	带整体筋条、加强凸台、口框、下限、变厚度蒙皮等结构要素，壁板毛坯由厚板整体机械加工而成	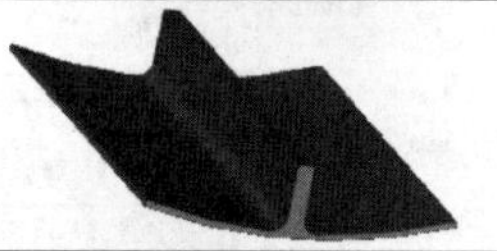	机翼
	焊接带筋整体壁板	带整体筋条、加强凸台、口框、下限、变厚度蒙皮等结构要素，壁板毛坯采用焊接方式将筋条和蒙皮连接在一起		机身

由于带筋整体壁板具有结构整体性好、密封性能好、零件数量少、连接装配工作量小等优点，且与组合式壁板相比可以实现 10%～30%减重；同时，随着壁板成形技术、激光焊接技术和搅拌摩擦焊接技术的发展，长寿命带筋整体壁板的制造成为可能，因此，带筋整体壁板结构在新一代大型飞机上的应用越来越多，可以达到提高性能、减重和降低成本的目的。

6.2.2　典型壁板零件的喷丸成形方法

壁板零件的外形通常比较复杂，一般是单曲率外形、双曲率外形或扭转外形的一种或其组合。喷丸成形时，普遍采用的总体原则方法是先成形弦向（垂直于机翼展长方向）曲率，再成形展向（机翼展长方向）曲率。针对不同的壁板类型（是否带筋；是否需要施加预应力）又有不同的喷丸成形方法。

1. 完全自由喷丸成形

完全自由喷丸成形是指零件在完全自由的状态下进行弦向和展向喷丸成形，先弦向单面自由喷丸成形，获得双凸的球面外形，然后在零件边缘区域进行双面对喷以使边缘的材料沿展向发生延伸，通过控制边缘延伸量的大小来获得单曲率或马鞍形双曲率外形。这种方法的优点是不需任何工装，但是存在的不足之处在于：

1) 自由喷丸所产生的变形力不大，仅能成形曲率和厚度较小的零件。

2) 自由喷丸所产生的零件变形是各向同性，不能很好地控制材料变形方向，对于具有扭转等的复杂零件外形成形困难。

2. 弦向自由/展向预应力喷丸成形

其喷丸过程如下：

1）弦向自由喷丸成形，获得双凸的球面外形。

2）将弦向成形后的零件放到预应力夹具上，沿零件展向施加弹性预弯，使零件展向边缘受喷面材料产生弹性预拉伸变形。

3）在处于弹性预拉的零件边缘表面沿展向进行喷丸成形。

4）卸掉预应力夹具，零件即可获得所需的单曲率外形或马鞍形和扭转等复杂双曲率外形。

此种方法适合于弦向所需变形量不大，而展向需要较大变形量或带扭转外形的复杂曲面。

3. 弦/展向均预应力喷丸成形

其喷丸过程如下：

1）将零件放到预应力夹具上，沿零件弦向施加弹性预弯，使零件受喷面材料产生弹性预拉伸变形。

2）在零件处于弹性预拉的表面进行弦向预应力喷丸成形，可以获得近似单曲率的外形。

3）将弦向成形后的零件放到预应力夹具上，沿零件展向施加弹性预弯，使零件展向边缘受喷面材料产生弹性预拉伸变形。

4）在处于弹性预拉的零件边缘表面沿展向进行喷丸成形。

5）卸掉预应力夹具，零件即可获得所需的单曲率外形或马鞍形和扭转等复杂双曲率外形。

此种方法适合于弦向和展向均需要较大变形量或带扭转外形的复杂曲面。

6.3　壁板喷丸成形工艺流程及工艺参数的确定

要根据零件的外形和结构特征确定喷丸成形工艺参数，首先要知道各个喷丸成形工艺参数对喷丸变形的影响规律。如 6.1.1 所述，决定喷丸成形变形量大小的参数主要分为弹丸特性参数、过程控制参数和受喷零件参数三类，在实际工程应用中，主要考虑弹丸尺寸、弹丸速度、弹丸流量、喷丸时间（用喷丸次数或喷嘴移动速度来表征）、板材厚度和预应力（应变）几个参数。当弹丸材料一定时，弹丸尺寸和喷打速度决定单个喷丸输入的能量大小。弹丸流量和喷丸时间决定了弹丸喷射到板材表面所产生的总体弹坑数量（即覆盖率）。

6.3.1　喷丸成形工艺过程

如图 8-6-8 所示为飞机外翼壁板预应力喷丸成形典型工艺流程图。

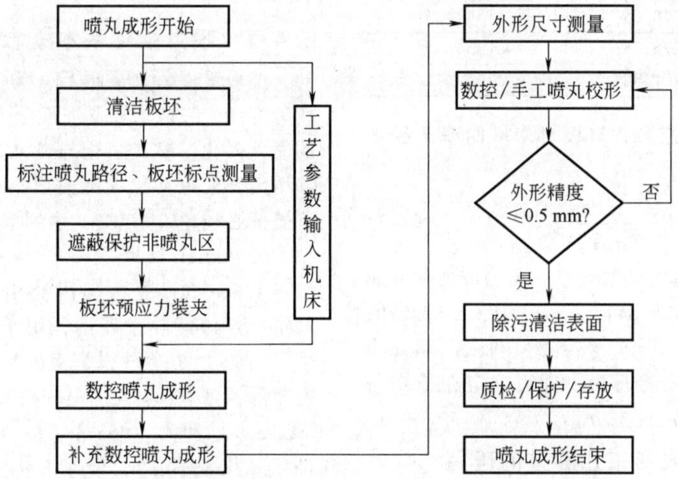

图 8-6-8　飞机外翼壁板预应力喷丸成形典型工艺流程图

通常，喷丸成形主要工序依次为：工艺准备、板坯检查、喷前检查、喷丸加工、外形修整、喷后处理、检查。

6.3.2　自由喷丸成形工艺参数的确定

采用正交试验方法可以建立喷丸成形工艺参数与变形量之间的对应关系，依据该对应关系，根据几何分析获得的喷丸路径上某一点的厚度和曲率关系即可得出所需的喷丸工艺参数。

$$R=k\frac{t^a v^b}{p^c} \tag{8-6-1}$$

式中　R——曲率半径（mm）；

t——试验件厚度（mm）；

p——气压（MPa）；

v——移动速度（mm/min）；

k、a、b、c——常数，对于不同的铝合金壁板材料，其常数见表 8-6-4。

表 8-6-4　常见材料参数

材料	k	a	b	c
7055-T7751	12.2	2.1	0.7	1.0
2324-T39	14.9	2.0	0.63	0.9

6.3.3　预应力喷丸成形工艺参数的确定

对于弦向预应力喷丸成形来说，与自由喷丸相比，实质上是增加了一个因子——预应力，可施加预应力的大小与具体材料的力学性能密切相关。根据纯弯曲理论，板材外层（或内层）材料的应变 ε_w（或 ε_n）为自变量——相对预弯曲半径（R_0/t）的函数，可通过式（8-6-2）计算预应力对应的预弯半径 R_0，不同厚度零件预应力与预弯半径的对应关系见表 8-6-5。

$$\varepsilon_{w/n}=\frac{1}{2\frac{R_0}{t}+1} \tag{8-6-2}$$

表 8-6-5　不同厚度零件预应力与预弯半径的对应关系

厚度 t/mm	预应力 σ_0/MPa	预弯半径 R_0/mm
5	348.65	513.77
5	275.25	651.45
5	201.85	889.25
10	348.65	1027.55
10	275.25	1302.90
10	201.85	1778.50
15	348.65	1541.33
15	275.25	1954.35
15	201.85	2667.75

预应力下喷丸工艺参数与板材变形曲率半径之间的关系为

$$R=k\frac{v^a t^b}{p^c(\sigma_0+1)^d} \tag{8-6-3}$$

对于 2024-T351 铝合金材料，弦向预应力喷丸成形工艺参数为：$k=1278.344$，$a=0.391$，$b=0.738$，$c=1.31$，$d=1.681$。根据式（8-6-3）和弦向喷丸路径上某一点的曲率半径和厚度，即可确定在特定条件下的喷丸工艺参数 p、v 和 σ_0。

6.3.4　展向喷丸成形工艺参数的确定

在弦向喷丸成形后，需要通过展向喷丸成形来获得整体壁板的双曲率外形。对于组合式壁板，展向成形是通过喷丸的方式使壁板边缘（对于马鞍形外形）或中部区域（对于双凸形外形）的材料发生延伸而获得展向曲率；对于带筋整体壁板，展向成形则是通过喷丸的方式使壁板筋条顶部区域（对于马鞍形外形）或根部区域（对于双凸形外形）的材料发生延伸而获得展向曲率。无论哪种壁板结构，展向喷丸成形都是通过双面对喷的方式使材料发生延伸变形来实现的。因此，需要建立双面对喷时喷丸工艺参数和材料厚度及延伸量之间的关系，为展向喷丸成形工艺参数的选择和确定提供依据。

7055-T7751 铝合金试件在特定喷丸条件下获得的伸长率（A）为绝对伸长量与初始试件长度之比，可以采用如下公式来表示

$$A=kt^a \tag{8-6-4}$$

常数 k 和 a 的数值见表 8-6-6。

表 8-6-6　不同喷丸次数下常数 k 和 a 值

喷丸次数	k	a
1	58.584	−1.0376
2	119.03	−1.2841
3	176.17	−1.389

6.4　壁板零件喷丸强化及变形校正

6.4.1　喷丸强化基本概念

壁板零件喷丸成形后，为了进一步提高零件的疲劳寿命，一般均需要进行全表面（特殊部位除外）的喷丸强化。喷丸强化与喷丸成形最大的不同在于其所用弹丸尺寸比喷丸成形小得多，且弹坑的表面覆盖率必须超过 100%，达到饱和状态。

1. Almen 试片

Almen 试片是由美国通用公司（GM）的 John Almen 于 1944 年发明的，用于确定弹丸流的强度。采用 SAE 1070 冷轧弹簧钢板制造，根据要测量的强度范围，可以选择三种 Almen 试片，即 N（thin）、A（Average）和 C（thick）型，它们都有相同长、宽尺寸（3in×3/4in），但厚度不一样。其基本尺寸和适用范围见表 8-6-7。

表 8-6-7　三种 Almen 试片基本尺寸和适用范围　　（单位：in）

型号	长×宽	厚度	硬度	平面度公差	适用范围	对应关系
N	$3\times\frac{3}{4}$	0.031	72.5～76HRA	0.001	<0.004A	N～3×A
A	$3\times\frac{3}{4}$	0.051	44～50HRC	0.001	0.004A～0.024A	—
C	$3\times\frac{3}{4}$	0.0938	44～50HRC	0.0015	>0.024A	3.5×C～A

注：1in=25.4mm。N～3×A 指使用 N 型试片强化时获得的强化值与使用 A 型试片时存在 3 倍的对应关系，3.5×C～A 同理。

2. 喷丸强度-饱和曲线

喷丸强度是在饱和曲线上（见图 8-6-9）对应于饱和点 T1 的 Almen 试片弧高值。饱和点 T1 的确定方法是当喷丸时间增加一倍时（T2），弧高值的增加不超过 10%。确定一条饱和曲线至少需要 4 个数据点（零点除外），通常至少有一个数据点在饱和点之前，一个数据点在 T2 之后。喷丸强度的大小反映了弹丸流传递到材料表层的能量大小。

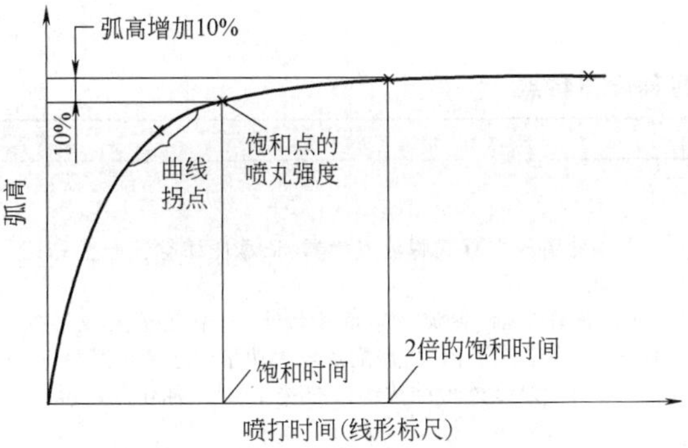

图 8-6-9　喷丸饱和曲线

3. 喷丸强化介质

喷丸强化介质常用铸钢丸和陶瓷丸，也可以采用玻璃丸、切割钢丝丸和硬质合金丸等。表 8-6-8 为喷丸强化常用铸钢丸的规格尺寸。表 8-6-9 为喷丸强化常用玻璃丸的规格尺寸。

表 8-6-8　喷丸强化常用铸钢丸的规格尺寸

弹丸规格	SH70	SH110	SH130	SH170	SH190	SH230
弹丸直径/mm	0.18	0.28	0.33	0.43	0.48	0.58

表 8-6-9　喷丸强化常用玻璃丸的规格尺寸

弹丸规格	18	25	30	35	50	70
弹丸直径/mm	0.150~0.211	0.211~0.297	0.249~0.353	0.297~0.419	0.419~0.594	0.594~0.841

6.4.2　壁板零件的喷丸强化技术

喷丸强化过程中，喷丸强度和表面覆盖率是控制工艺过程和检验零件质量的两个主要指标。如上所述，喷丸强度值的大小只与弹丸特性参数有关，即弹丸材料、弹丸速度和弹丸尺寸，其确定方法通过喷丸标准 Almen 试片来获得。对于铝合金壁板零件来说，其喷丸强度和所采用的弹丸尺寸一般根据其壁厚来确定，表 8-6-10 为不同壁厚对应的推荐喷丸强度。

表 8-6-10　铝合金材料推荐喷丸强度及弹丸尺寸

材料	弹丸类型	材料厚度 t/mm	弹丸名义直径/mm(弹丸编号)	喷丸强度
铝合金	铸钢丸	$t \leq 2.3$	0.18~0.58(70~230)	0.10mmA~0.15mmA
		$2.3<t \leq 9.5$	0.43~0.84(170~330)	0.15mmA~0.25mmA
		$t>9.5$	0.58~1.40(230~550)	0.25mmA~0.35mmA
	玻璃丸	$t \leq 1.27$	0.1~0.3	0.10mmN~0.20mmN
		$1.27<t \leq 2.3$	0.2~0.4	0.10mmN~0.20mmN
		$2.3<t \leq 9.5$		0.20mmN~0.30mmN
		$t>9.5$		0.30mmN~0.40mmN

表面覆盖率是反映弹坑面积在受喷零件表面所占的比率，与具体的受喷材料特性有关。100%覆盖率是指用 10 倍放大镜检查未喷的原始表面应小于 2%。200%覆盖率则是用达到 100%覆盖率所需喷丸时间的两倍时间进行喷丸所获得的表面覆盖率。测定覆盖率的方法有两种：

1）目视检测法：使用 10 倍放大镜用目视方法估计覆盖率。

2）实验方法测定：金相显微镜照相法。

生产中，比较实用的是目视检测法，通过用标准样块对比的方式来确定，图 8-6-10 所示为检查喷丸强化覆盖率的标准样块，标准样块的材料必须和受喷材料一致。零件受喷表面的覆盖率一般应不低于 100%。

图 8-6-10　检查喷丸强化覆盖率的标准样块

6.5　喷丸成形设备及工装

6.5.1　喷丸成形设备

1. 喷丸机种类

按照驱动弹丸的方式，喷丸机分为气动式、离心式及超声等三种类型，其种类与特点见表 8-6-11。

2. 喷丸机结构

喷丸机结构示意图如图 8-6-11 所示，喷丸机由喷丸室（左右通道、内壁防弹保护）、运动机构（左右立柱、横梁导轨、安装喷嘴/抛头的左右悬臂、吊挂升降系统）、弹丸回路（弹流发生器、弹丸喷射-回收-风选-筛分-储存-循环系统）、空压系统（抽风除尘、空压机、储气罐空气干燥机）、电气控制系统等组成。气动式喷丸机和离心式喷丸机悬臂端部分别安装喷嘴和叶轮机构。各类喷丸机的结构大同小异，相互之间的喷丸功能没有本质区别。

表 8-6-11　喷丸机种类与特点

种类	图例	特点
气动式喷丸机		(1)采用压力罐式弹流发生器,依靠压缩空气产生和控制弹丸流 (2)操作灵活、弹流散射面积较小、有利于喷丸成形控制;但压缩空气消耗大,需配备较大功率的空压机系统 (3)适于复杂外形结构零件的喷丸成形、强化及校形
离心式喷丸机	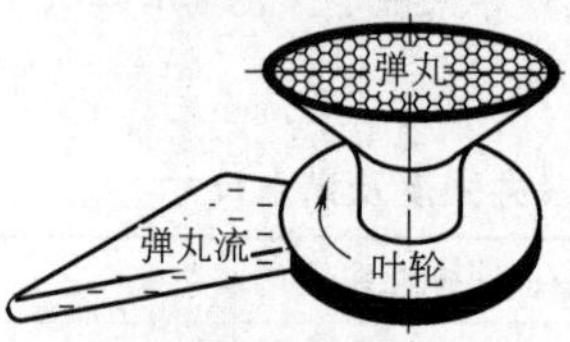	(1)使用离心式弹流发生器,借助离心力产生和控制弹丸流 (2)弹丸流量大、弹流速度高而稳定、打击力大、能耗低;但弹流散射面积较大 (3)适合外形结构不是十分复杂的零件喷丸成形和强化 该类喷丸机需要配备数控离心抛头系统
超声喷丸机		(1)超声波驱动金属针往复或弹丸弹射运动,产生冲击力 (2)体积小、打击力较大、无须专用气源;但喷丸表面粗糙度较差,接触不到的区域无法使用 (3)主要用于喷丸校形

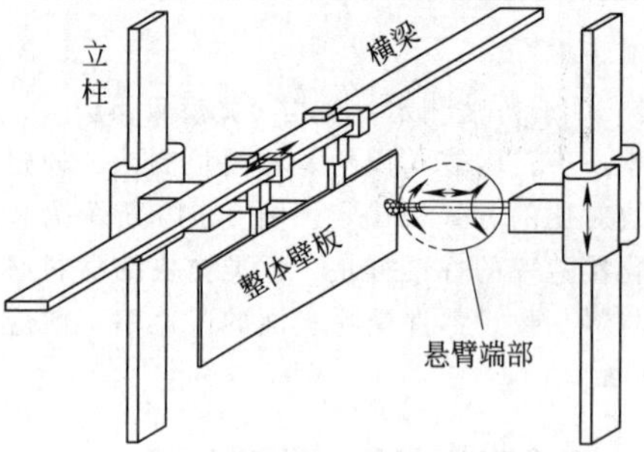

图 8-6-11　喷丸机结构示意图

喷丸成形机有许多技术指标要求，其中压缩空气压力/叶轮转速的高低、能够喷丸零件的长短、进出喷丸室通道的宽窄、喷丸零件送进机构的承载方式与承载能力大小、可使用弹丸规格的大小等五项指标通常决定喷丸成形设备的能力大小。

在喷丸室内部，喷嘴/叶轮布置在前后两侧，既可以单侧单面喷丸成形，也可以双侧双面喷丸成形与强化。

喷丸工艺过程的稳定性和重现性是喷丸加工产品质量的根本保证，因此喷丸成形强化设备数控化已经成为一种不可逆转的趋势，数控喷丸成形强化机也已经成为喷丸成形强化设备的主体。

6.5.2　喷丸成形工装

1. 预应力夹具

预应力夹具是预应力喷丸成形时对零件施加单项弹性弯曲的一种工艺装备。它不起成形模的作用，只是在零件的受喷表面上预先产生一定的拉应力（不能超过零件材料的屈服强度），用来加大预弯方向的成形曲率，克服喷丸成形的球面变形倾向，使零件按所需方向弯曲变形，从而符合外形要求。

预应力夹具主要有卡板式预应力夹具和柔性预应力夹具两种。

（1）卡板式预应力夹具　图 8-6-12 所示为卡板式预应力夹具实施示意图，在施加预应力的位置有用于固定零件的内外两个卡板，卡板外形分别与零件内外表面外形一致。图 8-6-13 所示为卡板式预应力夹具实物图。

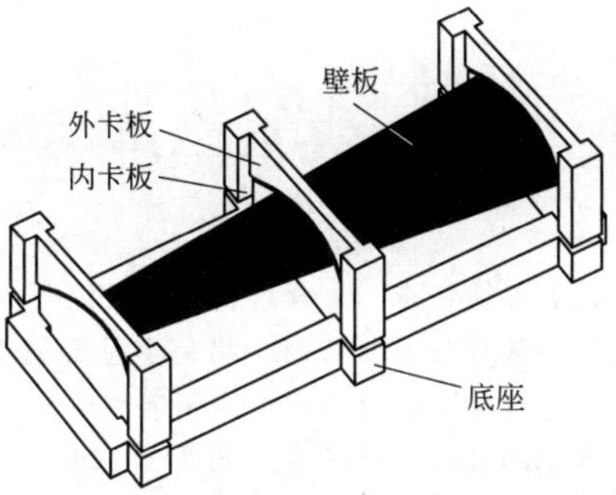

图 8-6-12　卡板式预应力夹具实施示意图

图 8-6-13　卡板式预应力夹具实物图

卡板式预应力夹具存在如下问题：

1）通用性差，一个壁板必须对应一套夹具。

2）灵活性差，由于卡板型面是固定的，因此，预变形量的调节不方便。

3）制造成本高，每个卡板均要数控加工出与零件外形对应的型面。

4）夹具笨重，装卸费时费力，还占用了大量空间存放。

（2）柔性预应力夹具　图 8-6-14 所示为柔性预应力夹具实施示意图。整个夹具由横梁、立柱、导柱和弦向支点组成。立柱固定在导柱上，一方面可以在导柱上沿垂直壁板平面的方向移动，另一方面可以随导柱在横梁上沿壁板展向移动。横梁与立柱、导柱一起构成一个封闭的整体刚性框架，承受使零件发生变形的载荷。弦向支点固定在立柱上，并可以在立柱上上下移动，同时支点本身还可沿垂直壁板平面的方向移动，支点端头直接作用在壁板零件的内外表面上，支点数量可以根据零件尺寸、外形和工艺要求随意增减，但是在壁板凸面至少有两个支点，在壁板凹面至少有一个支点，以确保能实现三点弯曲。导柱将横梁与立柱连在一起，并可以在横梁上移动。

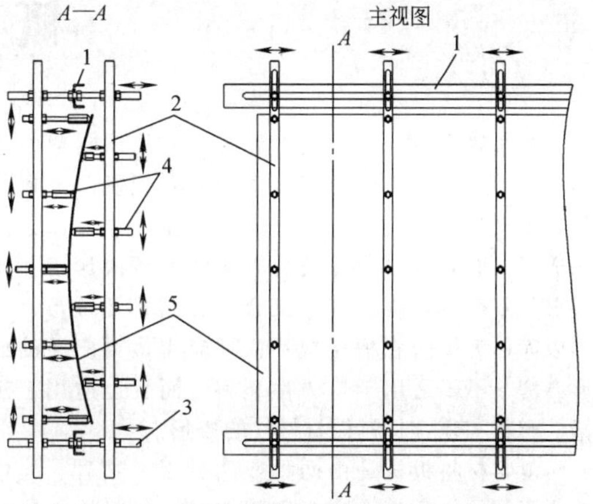

图 8-6-14　柔性预应力夹具实施示意图

1—横梁　2—立柱　3—弦向支点

4—导柱　5—壁板零件

2. 外形检验型架

外形检验工装是一种检验零件外形是否满足设计要求的工艺装备。由于喷丸成形的壁板零件外廓尺寸大，一般采用卡板式检验型架作为零件的外形检验工装，如图 8-6-15 所示。型架上对应壁板零件每个肋位线的位置装有检验卡板，每个卡板外形与零件对应肋位线外形一致。通过塞尺测得零件与检验卡板之间的间隙，以达到检验外形的目的。

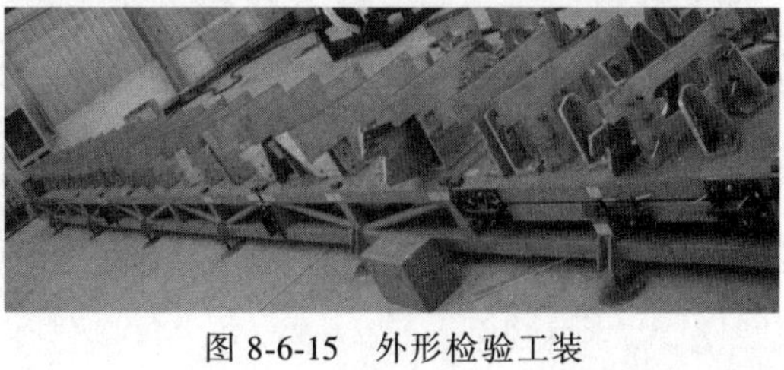

图 8-6-15　外形检验工装

第9篇　非金属与复合材料成形

概　　述

非金属板材，为金属以外的具有均质材料特性的板材，如塑料、橡胶等聚合物以及无机非金属材料如玻璃等，其成形可以是流态成形，也可以是固态成形，而且可以通过较为简便的冲压成形工艺制成形状复杂的零件，其中聚合物板材模压成形，也可以简称为聚合物模压成形，是应用最为广泛的成形方法，不仅适用于热固性塑料，而且也适用于热塑性塑料和复合材料板材构件的成形。

复合材料板材是由两种或两种以上物理、化学性质不同的物质组合在一起构成的、材料性能比其组成的材料性能优异的一类新型板材，具有优越的综合性能、比强度高和比模量高、疲劳强度高、减震性能好等性能特点。复合材料板材可以分为两类，一类是树脂基复合材料板材，另一类是金属-纤维复合层板。复合材料板材的成形属于典型的材料制备、成形一体化的技术，一般在成形前（或后）需要进行材料固化，以获得所需要的性能。

非金属板材和复合材料板材的成形也体现出了塑性成形的特点，需要分析其中的应力应变分布，建立材料的流动本构模型，控制材料的流动，但是其变形机理有一定的独特性，学科交叉特点明显。

本篇在内容上创新与应用紧密结合，分为3章进行论述。

第1章

聚合物模压成形

北京航空航天大学　苏　光　郎利辉
哈尔滨工业大学　崔晓磊

聚合物（高分子或高聚物）材料属于有机化合物，主要是由碳原子和氢原子组成。随着高分子材料科学和技术的发展，聚合物材料以其在强度、成纤性、绝缘性、加工稳定性等诸多方面的优良性能，在航空航天、汽车、机械、建材、电子轻工等许多工业部门应用日益广泛，使机械产品从传统的安全笨重、高消耗向安全轻便、耐用和经济转变。根据聚合物本身性质的不同，采用的成形技术也不同，其中模压成形是应用最为广泛的聚合物成形方法，不仅适用于热固性塑料，而且也适用于热塑性塑料和复合材料板材构件的成形。

1.1 模压成形原理与特点

1.1.1 成形原理

模压成形工艺是将一定量的模压原料（粉状、粒状或纤维状等塑料）放入金属对模中，在一定的温度和压力作用下成形制品的一种方法，如图 9-1-1 所示。在模压成形过程中需对模压料加热和加压，使其熔化（或塑化），进而流动充满模腔，并使树脂发生固化反应。其原理是依靠被加热模具的闭合而实现加压、赋形、加热等过程。

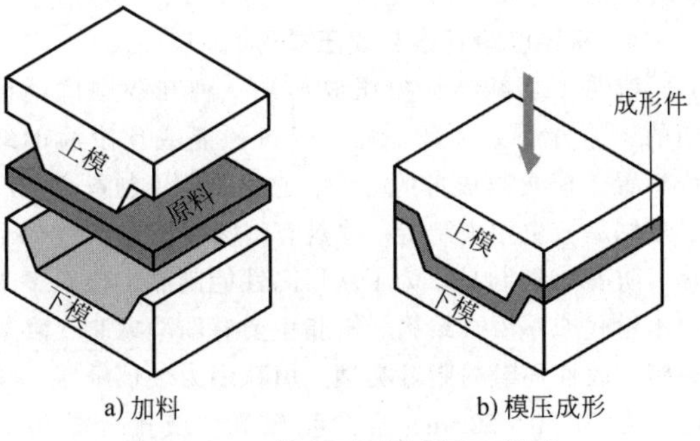

图 9-1-1　模压成形原理示意图

热塑性塑料的模压成形只经历物理变化，而不发生化学反应。即在一定温度和压力作用下，热塑性塑料在模具型腔内熔融塑化，并充满模腔；经过一定时间的冷却定型，即可得到最终的成形件。而对于热固性塑料，其模压成形过程比较复杂，不仅发生物理变化，而且伴随着复杂的化学反应。以热固性塑料为例，其模压成形过程的基本工作原理为：①流动阶段，树脂分子呈无定形的线形或带有支链的分子结构，树脂的流动单元是整个大分子链的移动，流动性的难易与分子链的长短和分子间作用力有关，通过控制分子量和分子结构能够调整树脂的流动性。②凝胶阶段，树脂分子呈支链密度较大的线形结构或部分交联的网状结构，其流动性大幅度降低，黏度增加，流动困难，但仍保持一定的流动性。③固化阶段，树脂分子之间发生了完全的交联反应，变成不溶不熔的网状体型结构，完全失去流动性。

当对基体为热固性塑料，增强相为纤维的复合材料进行模压成形时，置于模具型腔内的塑料被加热到一定温度后，其中的树脂熔融成为黏流态，并在压力作用下黏裹着纤维一起流动，直至充满整个模腔而取得模腔所赋予的形状，此即充模阶段。热量与压力的作用加速了热固性树脂的聚合（或称交联）。随着树脂交联反应程度的加深，塑料熔体逐渐失去流动性，变成不熔的体型结构而成为致密的固体，此即固化阶段。聚合过程所需的时间一般与温度有关，适当提高温度可缩短固化时间，最后打开模具取出成形件（此时制品的温度仍很高）。可见，采用热固性塑料模压成形制品的过程中，不但塑料的外观发生了变化，而且结构和性能也发生了质的变化，但发生变化的主要是树脂，所含增强材料基本保持不变。

实际生产中模压成形工艺的基本过程是：将一定量经预处理的模压原料放人预热的模具内，施加较高的压力使模压原料填充模腔。在一定的压力和温度下模压原料逐渐固化，然后将模制品从压模内取出，再进行必要的辅助加工即得产品，其工艺流程如图 9-1-2 所示。

1.1.2 特点

聚合物的模压成形具有如下一些特点：

1）工艺与模具简单、成本低。主要用压力机和模具成形，且模具制造费用通常比注塑模具低，同时，由于模压成形时材料的流动距离短、流速低，模具型腔的磨损小，模具的维护费用低，适用于多品种、小批量成形件的生产。

2）成形件性能易控制。压力直接作用在模腔内的原料上，使得成形件致密度高，塑料在模腔内所受的压力较均匀，在压力作用下产生的流动距离短、变形量较小，且流动是多方向的，分子取向程度小。成形件的内应力低、翘曲变形小、收缩率低、性能均匀。

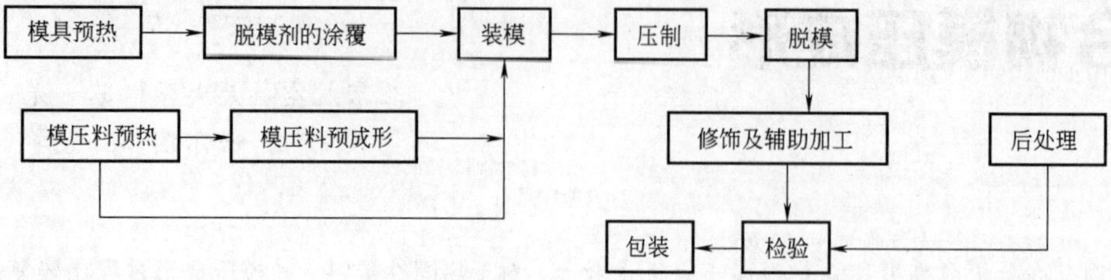

图 9-1-2　模压成形工艺流程

3）适合于较大平面零件的成形。模压成形零件的尺寸仅有压力机的合模力与模板尺寸决定，因此，可生产零件的尺寸范围较宽，适于压制薄壁、大面积和壁厚相差大的成形件。

4）成形范围广。适用于各种材料，可用于热固性塑料，也可用于热塑性塑料，或用于各种填料，如石棉、纤维素、玻璃纤维、矿物填料等填充复合材料的成形。

5）适于生产高强轻质的结构件。由于模压成形中不存在注塑模具浇口或流道处的高剪切应力区，含增强纤维的模压塑料不会出现纤维被剪碎的现象，可使用较长的纤维。充模的过程中不仅树脂流动，而且增强材料和填料也随树脂流动，充满模腔的各个部位。但若模压料中玻璃纤维含量较高、所用纤维又较长，玻璃纤维的流动将很困难。只有当树脂黏度足够大，并且与纤维紧密黏结在一起的条件下，才能产生树脂与纤维的同时流动。这一特点决定了模压成形工艺所用的压力比其他工艺方法要高。

1.2　模压成形的分类

模压成形工艺的种类很多，主要可分为下面几类。

1. 吸附预成形坯模压法

吸附预成形法是指在成形模压制品之前，预先将玻璃纤维纺制成与模压制品结构、形状与尺寸相一致的坯料，然后将其放入金属对模内与液体树脂混合，最后加热、加压成形为纤维增强塑料的一种工艺过程。另外，在压制前使短切原纱成形毡在一预制实体模型上进行预切割和层间结合制成坯料，最后再进行压制的工艺，也可属预成形法。

2. 团状模塑料和散状模塑料模压法

团状模塑料（Dough Molding Compound，简称 DMC）又称预混料，是一种纤维增强热固性模塑料，在 1949 年玻璃纤维无捻粗纱问世以后才开始得以应用，并在 20 世纪 50 年代获得迅速的发展。通常 DMC 是由不饱和聚酯树脂、短切纤维、填料、颜料、固化剂等混合而成的一种油灰状成形材料。它在仅足以产生流动和压紧材料的压力下就可进行模压成形，且没有副产物产生。由于这类预混料所用的树脂主要是采用聚酯树脂，因此，它又被称为“聚酯料团”或“流动混合物”。

3. 片状模塑料模压成形法

片状模塑料（Sheet Molding Compound，简称 SMC）是在 60 年代初发展起来的一种“干法”制造玻璃纤维增强聚酯制品的新型模压用材料。其物理形态是一种类似“橡皮”的夹芯材料，“芯子”由经树脂糊充分浸渍的短切玻璃纤维（或毡）组成，上下两面被聚乙烯薄膜所覆盖，以防止空气、灰尘、水汽及杂质等对材料的污染和聚酯树脂交联剂苯乙烯的挥发损失。树脂糊中含有聚酯树脂、引发剂、化学增稠剂、低收缩率添加剂、填料、脱模剂、颜料等组分。

4. 高强度短纤维料模压成形

高强度短纤维料模压成形是一种在我国广泛使用的工艺方法，这是一种将经过预混或预浸后的纤维料置于模具内成形的方法，它主要用于制备高强度异形制品，也用来制造一些具有特殊性能要求（如耐热、防腐）的制品。为了获得高性能制品，模具多采用半溢式或不溢式结构。树脂主要有酚醛树脂、环氧树脂、改性环氧树脂等类型。填料多为玻璃纤维，长度一般为 30 ~ 50mm，且含量较高，质量分数可达 50% ~ 60%。混料操作中，为了更好地实现浸渍，常需加入各种非活性稀释剂（溶剂），以调节树脂的浸渍黏度，大部分溶剂在浸渍后期需除去。

5. 定向铺设模压成形

所谓定向铺设是指模压制品成形前使玻璃纤维

沿制品主应力方向取向的铺设过程。如果完成定向铺设后对预定形坯进行模压，最后成形制品，则这种成形工艺称之为定向铺设模压成形。此方法能充分发挥增强纤维的力学特性，通过纤维的准确排列，可预测制品的各向强度，制品性能的重复性好，尤其适用于成形单向或双向承载应力大的大型制品。

6. 层压模压法

层压模压法是介于层压与模压之间的一种边缘工艺，是将浸过树脂的玻璃布（或其他织物）裁成所需形状，在金属对模中层叠铺设，加热加压成形模压制品的一种方法。此法常用于大型薄壁制品或一些形状简单及特殊要求的三向制品。

7. 缠绕模压法

缠绕模压法是用浸过树脂的纤维或布（带），通过专用缠绕机在一定张力、温度下缠绕在芯模（模型）上，再在金属对模中进行加热加压成形的一种方法。此法是在缠绕与模压工艺的基础上发展起来的，适用于特殊要求的三向制品或管材等。

8. 织物模压法

织物模压法是将预先织成与制品形状相同的织物浸渍树脂后，在金属模具中加热加压成形模压制品的一种方法。常见的是三向织物模压法，由于能根据受力情况安排纤维的配置，因此，这种方法所生产的模压制品的层间剪切强度明显提高，质量比较稳定。但是此种方法工艺比较复杂、成本较高，仅适用于特殊要求的模压制品。

1.3　工艺参数及常见缺陷类型

1.3.1　工艺参数

模压成形过程中需要控制的工艺参数主要有：装料量、模压压力、模压温度与模压时间。

1. 装料量

在模压成形工艺中，对于不同尺寸的模压制品要进行装料量的估算，以保证制品几何尺寸的精确，防止物料不足或物料损失过多而造成废品和材料的浪费。应根据该模压制品的体积乘以密度，再附加3%～5%的挥发物、毛刺等损耗，经过几次试压后，最终确定出理想的装料量。然而，由于模压制品的结构和形状往往相当复杂，体积的计算既繁复又不精确，因此，在实际生产中往往采用估算的方法。常用估算方法有：

（1）形状、尺寸简单估算法　此种方法是将复杂形状的制品简化成一系列简单的标准形状，同时将尺寸也做相应变更后再进行计算。

（2）密度比较法　当该模压制品有相同形状及尺寸的金属或其他材料制品时，可采用密度比较法。即对比模压制品及相应制品的密度，已知相应制品的重量，即可估算出模压制品的用料量。

（3）注型比较法　若该模压制品形状复杂，难以按体积估算其用料量，又无其他材料的相同制品可供比较，可采用注型比较法。该法是在模压制品模具中，用树脂、石蜡等注型材料注成产品，再根据注型材料的密度、产品重量及制品的密度求出制品的用料量。

2. 模压压力

模压应力是指压力机对模腔内塑料所施加的压力，其作用是使熔融的塑料在模腔中加速流动以充满模腔，排除水蒸气及挥发物，提高塑料的密实度，防止出现气泡、表面鼓包和裂纹等缺陷。模压压力可以用下式表示：

$$P_d = \frac{P}{A_d} = \frac{\pi R^2 P_c}{A_d} \tag{9-1-1}$$

式中　P_d——模压压力；

A_d——模具型腔在受压方向上的投影面积；

R——主液压缸活塞半径；

P_c——主液压缸的内部压力。

影响模压压力的因素有很多，主要取决于所成形聚合物的种类和流动性。此外，原料预热温度、模具温度、制品形状的复杂程度、制品的性能等也是决定模压压力高低的重要因素。一般来说，聚合物的硬化速度越快、压缩率越大、流动性越小，模压时所需的模压压力越大；反之则需要的模压压力越小。原料预热温度对模压压力的影响如图 9-1-3 所示。模具温度高时，模压压力可适当减小。对于形状复杂、深度较大、密度和强度性能要求高的制品，应相应提高模压压力。

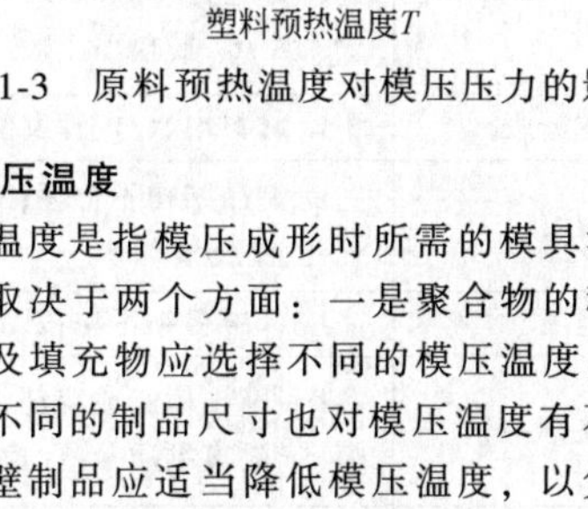

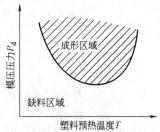

图 9-1-3　原料预热温度对模压压力的影响

3. 模压温度

模压温度是指模压成形时所需的模具温度，其高低主要取决于两个方面：一是聚合物的种类，不同的原料及填充物应选择不同的模压温度；二是制品尺寸，不同的制品尺寸也对模压温度有不同的要求，如厚壁制品应适当降低模压温度，以免外层过热而内部固化程度不够高。

表 9-1-1 列出了常见热固性塑料的模压温度。对于热固性塑料，加热的目的是使物料在模具中进行快速流动以充满模腔，同时发生固化成形为最终制

品。如果模压温度太低，则聚合物的流动性差，难以充满模腔，难以使其完全固化；提高模压温度时可提高聚合物的流动性，从而使其易于充满模腔，有利于其发生化学交联固化成形，从而可缩短模压时间；然而，如果模压温度太高，则可能引起烧焦、起泡及裂缝等缺陷。

表 9-1-1　常见热固性塑料的模压温度、模压压力与模压时间

塑料类型	模压温度/℃	模压压力/MPa	模压时间/($s \cdot mm^{-1}$)
酚醛树脂(PF)	145~180	7~42	60
三聚氰胺甲醛树脂(MF)	140~180	14~56	40~100
脲甲醛树脂(UF)	135~155	14~56	30~90
不饱和聚酯(UP)	130~150	10~20	40~60
邻苯二甲酸二丙烯酯(PDAP)	120~160	3.5~14	30~120
环氧树脂(EP)	145~200	0.7~14	60
有机硅(SI)	150~190	7~56	80
PF+木粉	140~195	9.8~39.2	60
MF+玻璃纤维	138~177	13.8~55.1	40~100
聚苯酯	360~400	40~98	180~300

4. 模压时间

模压时间（见表 9-1-1）指的是模具闭合、加热加压到开启模具整个成形周期所需要的时间，包括加料、合模、排气、加压、固化和脱模等，其中模压时间指的是从热固性塑料熔融体充满模具型腔到固化定型所需的时间，在模压周期中占有较大比例，直接影响模压周期的长短。模压时间与聚合物种类、模压温度、制品壁厚及预热条件等有关。

模压时间太短，会因固化程度不够而造成起泡，表面光泽度差，并使制品电学性能和力学性能下降，制品脱模后易产生翘曲变形。增加模压时间一般可使制品收缩率和变形减小，但过分延长模压时间不仅会使生产周期加长、生产效率降低、过多消耗热能和机械功，而且会使制品收缩率增加、树脂与填料之间产生内应力、制品表面发暗起泡，严重时制品会发生破裂。因此，模压成形时必须选择合适的模压时间。

1.3.2　常见缺陷类型及产生原因

在聚合物模压成形过程中，装料量、模压压力、模压温度与模压时间等工艺参数的变化均可能引起最终成形产品出现一些缺陷。表 9-1-2 给出了聚合物模压制品成形过程中常见的一些缺陷及其产生的原因。

表 9-1-2　聚合物模压制品成形过程的常见缺陷及产生原因

缺陷种类	产生原因
表面无光泽	1. 脱模机涂刷不当，脱模布不平或漏洞造成黏模；2. 模温太高或太低；3. 模具型腔表面粗糙；4. 未经预吸胶
外形尺寸不合格	1. 模具尺寸超误差要求；2. 填料量不准；3. 材料收缩率不合格；4. 压力机加热板不平行
翘曲变形	1. 结构薄厚悬殊；2. 固化不完全；3. 成形温度不均；4. 选材不当；5. 成形材料中水分、挥发物含量太大；6. 脱模不正确
起泡膨胀	1. 材料中水分、挥发物含量大；2. 成形温度太高或太低；3. 模压压力小；4. 加压时间短
裂纹	1. 制品结构不合理；2. 脱模不正确；3. 材料中水分、挥发物成分含量大；4. 模具结构不合理（如排气孔、流胶槽等）
空隙	1. 纤维粗细不均；2. 水分、挥发物含量高；3. 加压时机不当
夹杂	1. 纤维、树脂或溶剂中含杂质；2. 排布机不清洁；3. 铺层环境不清洁；4. 预浸料晾置时未加保护膜；5. 隔离纸质量差、掉毛；6. 操作时不慎带进杂质或忘记去掉预浸料保护膜
分层	1. 铺层时未压实；2. 铺层时预浸料上粘有脱模剂或油污；3. 脱模不当；4. 模压压力不够；5. 胶铆接应力集中
富树脂	1. 树脂含量太高；2. 模具不平，加热板不平行；3. 未经预吸胶；4. 加压时机不当

1.4　模压成形制品的设计

产品设计是模压制品生产的组成部分，模压制品设计视塑料成形方法和塑料品种性能不同而有所差异。模压制品设计的目的，是在诸多的影响因素中，确定既能满足使用要求，又符合工艺要求的制品结构。理想的模压制品结构，应能很方便地设计和制造成形压模，并顺利地制造出优质的模压制品。模压制品设计的主要内容包括壁厚、脱模斜度、尺寸精度加强筋、凸台、螺纹、嵌件、孔等。

1. 脱模斜度

当制品成形后塑料因收缩而包紧型芯，若制品外形较复杂，制品的多个面就会与型芯紧贴，从而脱模阻力较大。为防止脱模时制品的表面被擦伤和推顶变形，需设脱模斜度。制品脱模斜度如图 9-1-4 所示。

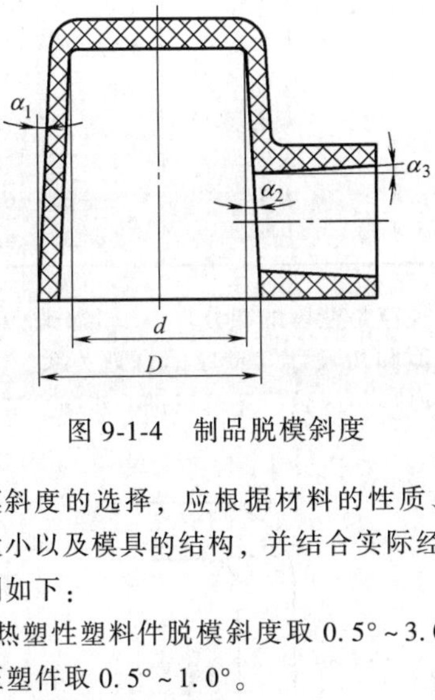

图 9-1-4　制品脱模斜度

脱模斜度的选择，应根据材料的性质、制品的形状与大小以及模具的结构，并结合实际经验而定。一般原则如下：

1）热塑性塑料件脱模斜度取 0.5°~3.0°，热固性酚醛压塑件取 0.5°~1.0°。

2）塑件内孔的脱模斜度以小端为准，符合图样要求，斜度由扩大方向得到；外形以大端为准，符合图样要求，斜度由缩小方向得到。

3）塑料收缩率大，制品壁厚大则脱模斜度取大些。

4）制品高度或深度尺寸较大时，应取较小的脱模斜度。

2. 壁厚

模压制品的壁厚应满足强度、结构、重量、刚度及装配等各项要求，确定合适的壁厚是设计模压制品的主要内容之一。模压制品局部壁厚过大，则制品很难完全达到均匀的硬化，内部会无法压实，易产生气泡、缩孔、凹痕等缺陷，而且模塑周期较长；若模压制品壁厚太小，则易造成模腔通道狭窄，流动阻力过大，尤其是流动性差的塑料成形大而薄的复杂制品时，会造成填充不满，成形困难。同时，壁厚过小的模压制品刚性差、不耐压，在脱模、装配、使用中易发生损伤及变形，影响制品的使用和装配的准确性。

设计模压制品时，在满足使用要求的前提下，要尽量使各部分壁厚均匀一致，这是一条基本设计原则，壁厚均匀一致有利于制品内应力的减小或消除，防止模压制品的变形和裂纹。若模压制品的壁厚不均匀，厚壁部分冷却速度远低于薄壁部分，而厚壁部分收缩的比薄壁部分多，从而导致制品各部分固化收缩不均匀，易在制品上产生气孔、凹痕、裂纹，引起内应力及翘曲变形等缺陷，如图 9-1-5 所示。

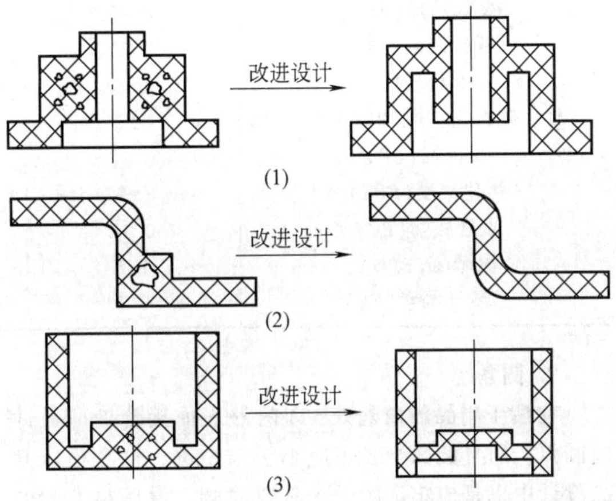

图 9-1-5　制品壁厚设计

对于塑料制品来说，其流动过程中产生的黏性熔体，要求有一个能填充的最小壁厚，其计算公式如下。

1）热固性塑料制品的最小壁厚公式：

$$\delta=\frac{2H}{L-20}+\frac{1}{\lg A} \qquad (9\text{-}1\text{-}2)$$

式中　δ——最小壁厚（mm）；

H——制品壁高（mm）；

L——塑料流动长度（mm）；

A——塑料比冲击韧性（kJ/m）。

2）热塑性塑料制品的最小壁厚公式：

$$\delta=0.3H \qquad (9\text{-}1\text{-}3)$$

式中　δ——最小壁厚（mm）；

H——制品壁高（mm）。

表 9-1-3 和表 9-1-4 分别给出了热固性塑料和热塑性塑料制品的壁厚推荐值，可供设计塑料制品壁厚时参考。

表 9-1-3　某些热固性塑料制品壁厚推荐值　　（单位：mm）

塑料制品材料		最小塑料制品壁厚	小塑料制品壁厚	中等塑料制品壁厚	大塑料制品壁厚
酚醛塑料	一般填料及棉纤维填料	1.25	1.6	3.2	4.8~25
	碎布填料	1.6	3.2	4.8	4.8~10
	无机物填料	3.2	3.2	4.8	5.0~25
聚酯塑料	玻璃纤维填料	1.0	2.4	3.2	4.8~12.5
	无机物填料	1.0	3.2	4.8	4.8~10
氨基塑料	纤维素填料	0.9	1.6	2.5	3.2~4.8
	碎布填料	1.25	3.2	3.2	3.2~4.8
	无机物填料	1.0	2.4	4.8	4.8~10

表 9-1-4　某些热塑性塑料制品壁厚推荐值　　（单位：mm）

塑料制品材料	最小壁厚	小制品壁厚	中等制品壁厚	大制品壁厚
尼龙(PA)	0.45	0.76	1.5	2.4~3.2
聚乙烯(PE)	0.6	1.25	1.6	2.4~3.2
聚苯乙烯(PS)	0.75	1.25	1.6	3.2~5.4
改性聚苯乙烯	0.75	1.25	1.6	3.2~5.4
有机玻璃	0.8	1.50	2.2	4~6.5
硬聚氯乙烯(PVC)	1.2	1.60	1.8	3.2~5.8
聚丙烯(PP)	0.85	1.45	1.75	2.4~3.2
氯化聚醚(CPT)	0.9	1.35	1.8	2.5~3.4
聚碳酸酯(PC)	0.95	1.80	2.3	3~4.5
聚苯醚(PPO)	1.2	1.75	2.5	3.5~6.4
乙酸纤维素(EC)	0.7	1.25	1.9	3.2~4.8

3. 圆角

在模压制品的角隅处，即内外表面接合处应设计成圆弧，而且圆弧半径不应小于 0.5mm，这在模压制品设计中也是应牢记的一个重要原则。模压料引起的应力集中使制品的强度增大、造型更有流线型，同时与制品对应的模具在热处理时不易开裂。图 9-1-6 给出了塑料制品中圆角半径与应力集中的关系。

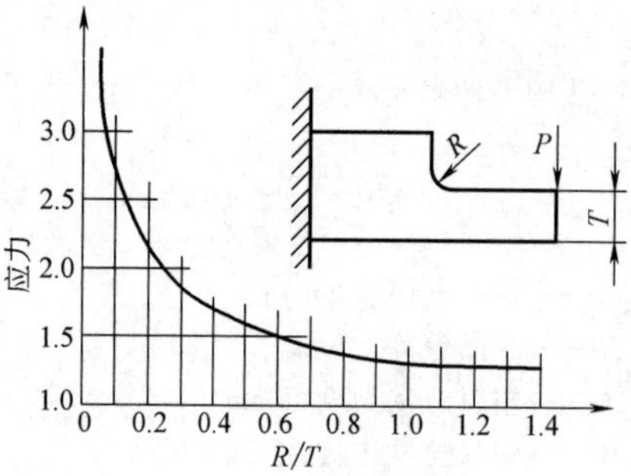

图 9-1-6　应力集中与壁厚和圆角半径的关系
P—载荷　R—圆角半径　T—厚度

由图 9-1-6 可知，当圆角半径与壁厚之比小于 0.25 时，应力集中系数急剧增大，即转角处应力急剧增加；当圆角半径与壁厚之比大于 0.75 时，应力集中系数变化趋于平缓，并逐渐成为常量，理想的内圆角半径应是壁厚的四分之一以上。图 9-1-7 给出了内外表面圆角尺寸与壁厚的合理关系，既能够保证制品壁厚均匀一致，还可以进一步减少应力集中。

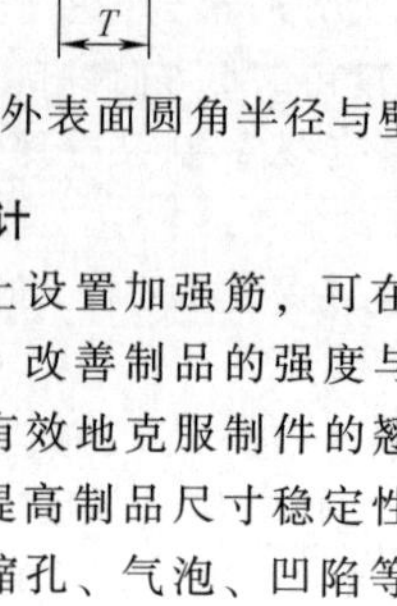

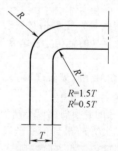

图 9-1-7　内外表面圆角半径与壁厚的关系

4. 加强筋设计

在塑料制品上设置加强筋，可在不增加整个制品厚度的条件下，改善制品的强度与刚度。加强筋的合理设计能够有效地克服制件的翘曲变形，阻止制品收缩变形，提高制品尺寸稳定性，避免因壁厚不均匀而产生的缩孔、气泡、凹陷等现象。加强筋典型结构如图 9-1-8 所示。

加强筋设计时应注意以下问题。

1）加强筋应设计得低一些、多一些。高加强筋受力易变形；若加强筋根部圆角太小，则会由于应

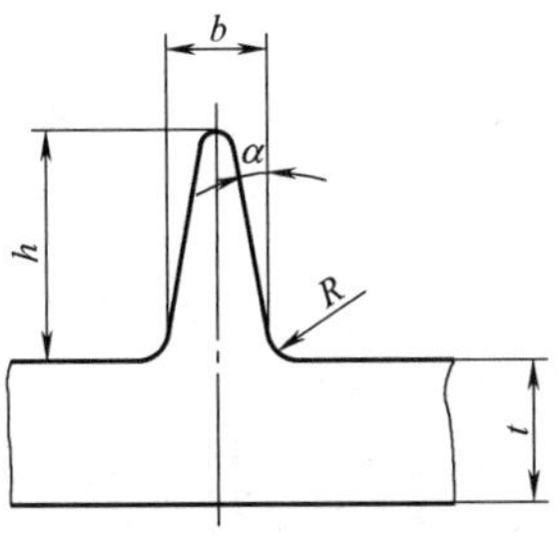

图 9-1-8　塑料模压制品加强筋典型结构
($b\leqslant t$，$h\leqslant 3t$，$\alpha=2°\sim5°$，$R\geqslant 0.25t$)

力集中在根部产生裂纹；加强筋太厚，在制品表面易形成缩孔及表面凹陷，为避免或减少缩痕缺陷，可将加强筋设计成一条或多条窄而高的加强筋，这样可改善制品的模塑工艺性。

2）加强筋的方向应与制品的脱模方向一致，以利脱模；加强筋应与料流方向一致，否则会使料流受到扰乱，降低制品的韧性；加强筋还应与制品的收缩方向一致，以免加强筋阻碍制品收缩而形成内应力。

3）为了保证塑料制品基面平整，加强筋的端面应低于塑料制品支承面 0.5~1mm，如图 9-1-9 所示。

5. 嵌件

在塑料模压制品成形过程中，直接将金属件或其他材料的零件置入其中成为一个整体，嵌入制件中的零件就称为嵌件。加入嵌件，既可增加制品的强度与刚度，同时还可满足特殊的功能要求，如导电性、导磁性、耐磨性等。

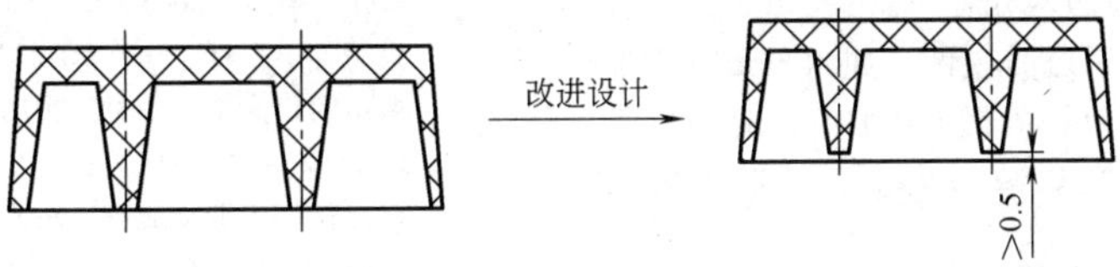

图 9-1-9　塑料制品加强筋设计

嵌件设计应注意以下几点。

1）选用的金属嵌件的热膨胀系数应与塑料的热膨胀系数尽可能接近，常见材料的线膨胀系数见表 9-1-5。

2）嵌件在制品中应尽量沿压制方向配置，以免嵌件在成形中被压弯或冲走；其次应将嵌件对称安置于塑料制品中，以免造成制品变形。

3）嵌件周围塑料层不宜太薄，否则会因冷却收缩而破裂。表 9-1-6 列出常用塑料品种模压制品中金属嵌件周围的最小壁厚尺寸。

表 9-1-5　常见材料的线膨胀系数

材料名称	线膨胀系数 ×10/K	温度范围 /℃	材料名称	线膨胀系数 ×10/K	温度范围 /℃
酚醛塑料	3.0~4.5		HDPE	11~13	0~100
氨基塑料	2.5~5.5	—	LDPE	16~18	0~100
聚碳酸酯	6.6	—	钢	1.13~1.18	20~200
聚乙烯	6.0~8.0	—	铜	1.71~1.75	20~200
尼龙 6	8.1	—	铝	2.4	20~200
尼龙 66	8.0	—			

表 9-1-6　不同直径金属嵌件周围最小壁厚设计推荐值　　（单位：mm）

嵌件直径	4	6	10	12	20	25
ABS	4	6	10	12	20	25
聚甲醛	1.6	4	5	6	10	12
丙烯酸塑料	2.4	4	5	6	10	12
纤维素塑料	4	6	10	12	20	25
EVA	1	2	不推荐	不推荐	不推荐	不推荐
FEP(四氟乙烯-六氟乙烯共聚物)	0.6	1.5	不推荐	不推荐	不推荐	不推荐
尼龙	4	6	10	12	20	25
聚苯醚(改性)	1.6	4	5	6	10	12

（续）

嵌件直径	4	6	10	12	20	25
PC	1.6	4	5	6	10	12
HDPE	4	6	10	12	20	25
PS	不推荐	不推荐	不推荐	不推荐	不推荐	不推荐
PP	4	6	10	12	20	25
酚醛(通用)	2.4	4	5	5.5	8	9
聚酯(热固性)	2.4	4	4.5	5	6	7
聚酯(热塑性)	1.6	4	5	6	10	10

4）设计模压制品时，还应考虑嵌件底部距制品壁面的最小厚度，若嵌件紧邻制品壁面，将使壁面产生波纹形缩痕，影响制品外观质量。一般的，最小厚度应大于嵌件外径的六分之一。

5）尽量不使用带锐边的嵌件，如六角形、方形嵌件等，此类嵌件易导致局部应力集中，此外嵌件各夹角部位应设计圆角以减少内应力，避免制品破裂。

6. 孔与侧凹

塑料制品上的孔有连接装配用孔、功能性孔、装饰性孔等。其形状有圆形、矩形、椭圆形等。

确定合理的孔边距与孔间距有利于提高模压制品质量，表 9-1-7 列出了热固性塑料模压制品的孔径、孔边距、孔间距设计推荐值。热塑性塑料模压制品成型孔的孔径、孔边距、孔间距的设计如图 9-1-10 所示。

表 9-1-7　热固性塑料模压制品成型孔设计推荐值

孔径/mm	孔边距/mm	孔间距/mm
<1.5	2.5	3.5
2.5	3.0	5.0
4.5	4.0	6.0
5.0	5.5	8.0
6.0	6.0	10.0
8.0	8.0	14.0
10.0	8.0	22.0
12.0	10.0	22.0

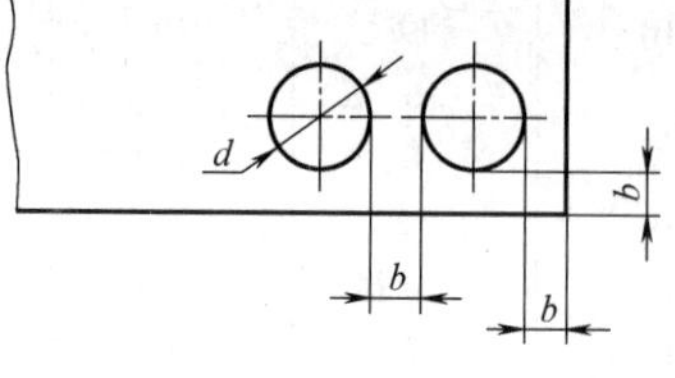

图 9-1-10　热塑性塑料模压制品孔边距、孔间距与孔径的关系（$d \geq b$）

参考文献

［1］　CHARLES A H. 现代塑料手册［M］. 北京：中国石化出版社，2003.

［2］　吴智华，杨其. 高分子材料成型工艺学［M］. 成都：四川大学出版社，2010.

［3］　何震海，常红梅. 压延及其它特殊成型［M］. 北京：化学工业出版社，2007.

［4］　梁淑君. 塑料压制成型速查手册［M］. 北京：机械工业出版社，2010.

［5］　杨鸣波. 聚合物成型加工基础［M］. 北京：化学工业出版社，2009.

［6］　贾宏葛，胡玉洁，徐双平. 塑料加工成型工艺学［M］. 哈尔滨：哈尔滨工业大学出版社，2013.

［7］　李德群，唐志玉. 中国模具工程大典：塑料与橡胶模具设计［M］. 北京：电子工业出版社，2007.

［8］　何海平. 现代塑料成型加工新技术新工艺及质量控制全书［M］. 合肥：安徽文化出版社，2011.

第2章

树脂基复合材料成形

西安交通大学　张　琦
北京航空航天大学　郎利辉

2.1　纤维增强树脂基复合材料

树脂基复合材料是指由树脂和纤维增强材料构成的一类复合材料，具有比强度和比刚度高、疲劳强度以及耐蚀性较好、便于大面积整体成形和电磁性能特殊等独特的优点。与传统的钢、铝合金结构材料相比（见表 9-2-1），树脂基复合材料的密度约为钢的 1/5、铝合金的 1/2，其比强度、比模量高于钢和铝合金。因此在对强度和刚度具有同等要求的情况下，树脂基复合材料可以明显减轻结构的质量。树脂基复合材料的基体是有机聚合物（主要为热固性树脂，热塑性树脂及橡胶），常用增强纤维有玻璃纤维、碳纤维、芳纶纤维及其织物等。

表 9-2-1　不同材料的比强度、比模量

材料	纤维体积含量(%)	密度/(g/cm³)	比模量/(MN/kg)	比强度/(MN/kg)
芳纶纤维/环氧树脂	60	1.4	29	0.46
碳纤维/环氧树脂	58	1.54	54	0.25
低碳钢	—	7.8	27	<0.11
铝合金	—	2.7	27	0.15

根据单层纤维排布形式，常用的层合型纤维增强复合材料主要分为两种：单向预浸片和平面织物。单向预浸片中纤维仅按照一个方向铺放，纤维与纤维之间靠基体进行连接和传递载荷，如图 9-2-1a 所示。平面织物是通过纺织工艺使两条以上的纱线在斜向或纵向互相交织，形成整体结构的预成形体，如图 9-2-1b 所示。碳纤维编织复合材料是由编织碳纤维增强体和基体树脂复合而成。作为增强体，编织碳纤维材料的力学性能对碳纤维复合材料成形有很大影响。

按树脂类型的不同，树脂基复合材料分为热固性树脂基复合材料和热塑性树脂基复合材料。与热固性树脂基复合材料相比，热塑性树脂基复合材料具有以下特点：①优异的抗冲击韧性，耐疲劳损伤性能；②成形周期短、生产效率高；③纤维预浸料不必在低温下存放；④制品可重复加工、废旧制品可再生利用；⑤产品设计自由度大，可制成复杂形状，成形适应性广。在热塑性树脂基复合材料中，热塑性树脂起到固定纤维的作用，同时赋予材料特殊热性能、耐蚀性及加工性能等。连续纤维主要承载外载荷，决定复合材料的力学性能。新型芳香族热塑性树脂基体的不断发展，提高了复合材料的刚性、耐热性及耐介质性，使得热塑性树脂基复合材

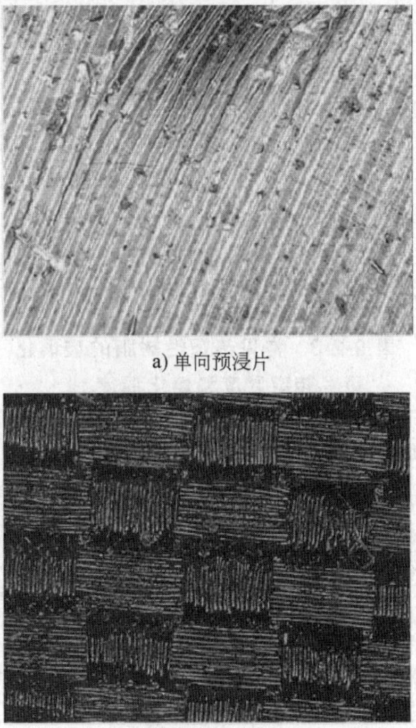

a) 单向预浸片

b) 平面织物

图 9-2-1　层合型纤维排布形式

料在航空航天、医疗、电子、机械等领域得到了越来越广泛的发展和应用，成为复合材料领域异常活跃的研究开发热点。作为先进树脂基复合材料树脂基体的热塑性树脂主要有：聚醚砜（PES）、聚醚醚酮（PEEK）、聚醚酰亚胺（PEI）、聚苯硫醚（PPS）等。其力学性能对比见表 9-2-2。

热固性树脂的固化反应是不可逆的，树脂一经固化，再加热将保持固态，不可再度软化或流动，加热温度过高，达到分解温度（T_d）后则分解或碳化。与之相反，对于热塑性树脂材料，当加热至熔点（T_m）以上时，树脂将转变为黏性流体，冷却至玻璃化转变温度（T_g）以下后又会硬化，呈现刚性固体。如图 9-2-2 所示为典型热塑性树脂、热固性树脂的刚度特性。表 9-2-3 为一些常见热塑性树脂的玻璃化转变温度和熔化温度。

表 9-2-2　热塑性树脂与典型热固性树脂的力学性能对比

树脂类型		拉伸强度/MPa	拉伸模量/GPa	伸长率(%)	弯曲强度/MPa	弯曲模量/GPa	冲击强度/kJ·m^{-2}
热塑性树脂	聚醚砜(PES)	84	2.6	40~80	129	2.6	1.9
	聚醚醚酮(PEEK)	103	3.8	40	110	3.8	2.0
	聚醚酮酮(PEKK)	102	4.5	—	—	4.5	1.0
	聚醚酰亚胺(PEI)	104	3.0	30~60	145	3.0~3.3	2.5
	聚酰胺酰亚胺(PAI)	136	3.3	25	—	—	3.4
	聚苯硫醚(PPS)	82	4.3	3.5	96	3.8	0.2
	聚苯并咪唑(PBI)	160	5.8	3	145	3.4	—
典型热固性树脂	氰酸酯(Arocy B)	88.2	3.17	3.2	173.6	3.1	0.14
	改性双马树脂(5245C)	83	3.3	2.9	145	3.4	0.2
	环氧树脂(TGDDM/DDS)	59	3.7	1.8	90	3.5	—

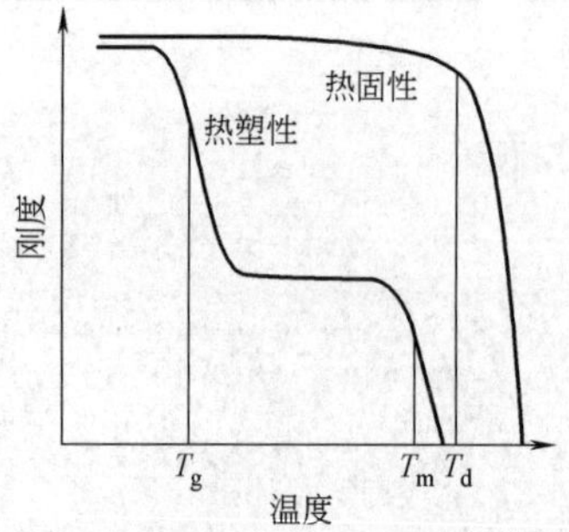

图 9-2-2　典型热塑性树脂、热固性树脂的刚度特性

表 9-2-3　常见热塑性树脂的玻璃化转变温度和熔化温度

热塑性树脂	玻璃化转变温度/℃	熔化温度/℃
聚醚砜(PES)	225	—
聚醚醚酮(PEEK)	143	334
聚醚酮酮(PEKK)	153~163	338
聚醚酰亚胺(PEI)	215	—
聚酰胺酰亚胺(PAI)	250~300	—
聚苯硫醚(PPS)	85~100	285
聚苯并咪唑(PBI)	280~310	—
聚丙烯(PP)	5	170~172
聚酰胺 6(PA6)	50	215~225
聚酰胺 66(PA66)	60	250~260

目前，应用到航空领域的热塑性树脂主要是耐高温、高性能的树脂基体：聚醚醚酮（PEEK）、聚苯硫醚（PPS）、聚醚酰亚胺（PEI）。其中，无定形的 PEI 由于具有更低的加工温度及加工成本，比半结晶的 PPS 及高成形温度的 PEEK 在飞机结构件上的应用更多。表 9-2-4 列出了部分已经商品化的热塑性复合材料以及在现有机型结构件上的使用情况。表 9-2-5 列出了热塑性复合材料在汽车上的应用。

热塑性树脂在受热软化、冷却固化的过程中不发生化学变化。当温度低于玻璃化转变温度 T_g 时，热塑性树脂材料的状态与玻璃相似，此状态称为玻璃态；当温度高于熔点 T_m 时，树脂呈现黏性流体特性，此状态称为黏流态；通常将 T_g 至 T_m 温度区间内的树脂力学状态称为高弹态，此范围内材料可产生大的变形且相对稳定。除少数几种热塑性树脂外，绝大多数热塑性树脂材料的流动规律属于非牛顿流体，其特点是流体的黏度随着剪切变形速率产生变化，剪切力的变化和剪切速率的变化也不遵循比例关系。非牛顿流体的剪切变形速率与黏度间关系如下

$$\eta_a = k\gamma^{n-1} \tag{9-2-1}$$

式中　η_a——非牛顿流体表观黏度；

k，n——非牛顿参数；

γ——剪切速率。

利用热塑性树脂的流变特性，可以实现热塑性树脂基纤维增强复合材料的热成形。热塑性树脂经

加热加压可以发生软化和流动，对排布在其间的纤维增强体约束减小。纤维在外力作用下适应模具的形状，与热塑性树脂一起在模具内成形，经冷却定型即可获得所需形状的零件。

表 9-2-4　热塑性复合材料在现有机型上的应用

树脂材料	商品名	材料供应商	使用部位
聚醚醚酮（PEEK）	APC-2	美国 Cytec	(1)F-22 主起落架舱门 (2)波音 787 吊顶部件 (3)空客 A400M 油箱口盖
聚苯硫醚（PPS）	Cetex PPS	荷兰 Royal Ten Cate	(1)空客 A330 副翼肋、方向舵前缘部件 (2)空客 A330-200 方向舵前缘肋 (3)空客 A340 副翼肋、龙骨梁肋、机翼前缘 (4)空客 A340-500/600 及 A380：副翼肋、方向舵前缘部件、翼肋检修盖板、龙骨梁连接角片、龙骨梁肋、发动机吊架面板、机翼固定前缘组件及前缘盖板 (5)空客 A400M 副翼翼肋、除冰面板、油箱口盖 (6)湾流 G650 方向舵及升降舵 (7)福克 Fokker50 方向舵前缘翼肋、主起落架翼肋和桁条
聚醚酰亚胺(PEI)	Cetex PEI	荷兰 Royal Ten Cate	(1)湾流 G650 方向舵及升降舵机翼后缘、肋 (2)湾流 G450、G650、G550 方向舵肋、后缘、压力舱壁板 (3)多尼尔 Domier 328 襟翼肋、防冰面板 (4)湾流 Gulfstream V 地板、压力面板、方向舵肋及机翼后缘 (5)湾流 Gulfstream Ⅳ方向舵肋及机翼后缘 (6)福克 Fokker50 及 100 地板 (7)空客 A320 货舱地板夹层结构面板 (8)空客 A330-340 机翼整流罩

表 9-2-5　热塑性复合材料在汽车上的应用

树脂材料	使用部位
聚丙烯（PP）	(1)奔驰汽车蓄电池壳 (2)Smart 汽车行李架与缓冲器 (3)福特汽车公司、马自达汽车公司的门板集成模块 (4)曼 TGA/TGX 重卡轻质仪表板骨架和中控台骨架 (5)戴姆勒福莱纳车型的挡泥板和保险杠 (6)解放 J6 的保险杠支架和上车踏板 (7)江淮 N211/N721 的上车踏板
聚酰胺 6（PA6）	(1)Roding Roadster R1 跑车的车顶外壳框架 (2)现代汽车防撞梁 (3)通用 Opel Astra OPC 座椅底板
聚酰胺 66（PA66）	(1)保时捷横向支撑梁 (2)奥迪三角形接头 (3)雪铁龙 C3 车门的侧撞梁

图 9-2-3 所示为一个典型的热塑性复合材料热成形温度和压力循环过程。一个完整的热成形过程由加热、成形和冷却三个步骤组成：首先将热塑性树脂基纤维增强复合材料加热至设定温度（高于玻璃化转变温度 T_g 或熔点 T_m），然后在外力作用下将受热软化的复合材料压入模具型腔，成形结束后进行保压冷却，直至尺寸稳定后脱模取件。

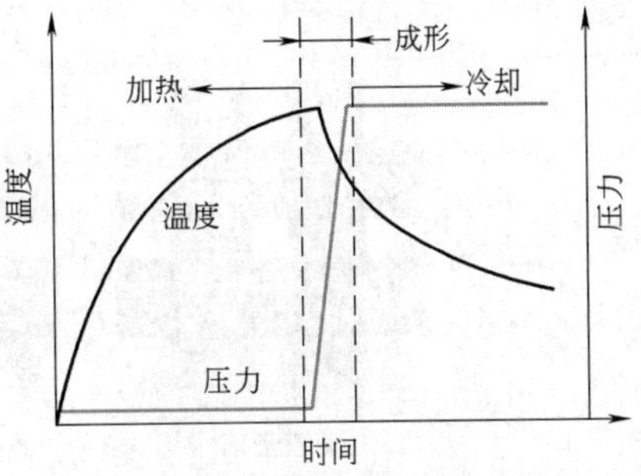

图 9-2-3　热塑性树脂基纤维增强复合材料热成形过程的典型温度和压力循环过程

2.2　编织复合材料变形特点

由于内部连续纤维织物增强相的存在，使得碳纤维复合材料可以成形诸多形状复杂的壳体零件。碳纤维编织材料呈现高度的各向异性，沿纤维编织经纬方向的刚度很大，而沿 45°方向的刚度要小得多。因此，在复合材料热成形中板料沿各个方向的成形抗力差异较大。纤维织物适应特定模具形状的难易程度决定着复合材料在成形过程中的变形情况和制品质量。目前衡量碳纤维布成形性能的方式主要有悬垂系数（Drape Coefficient）和锁止角（Locking Angle）。

悬垂系数是指自由悬垂的纤维布垂直投影面积与原始平面状态的纤维布垂直投影面积的比值，如图 9-2-4 所示。悬垂系数是一个无量纲量，可以由式（9-2-2）得出。悬垂系数越高，反映出在自重作用下纤维布的变形量越少，则需要更大的外力予以成形。

$$DC=\frac{W_2}{W_1} \tag{9-2-2}$$

式中　DC——悬垂系数；

W_1——原始平面状态纤维布垂直投影面积；

W_2——自由悬垂后纤维布的垂直投影面积。

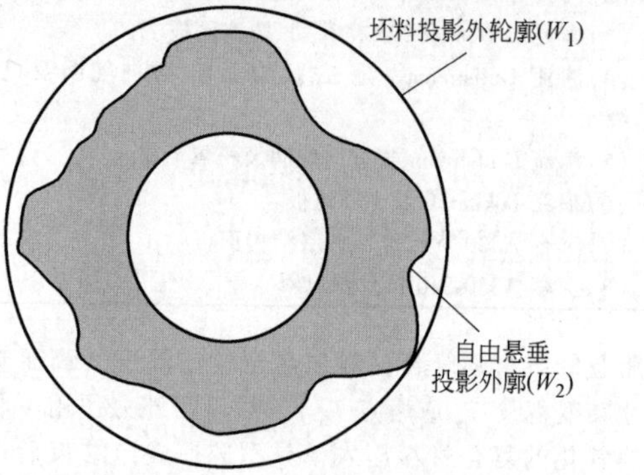

图 9-2-4　悬垂系数

悬垂系数可以反映纤维织物的成形难易程度，但是只能反应较小变形程度的纤维性能。通常纤维布的成形性能主要通过锁止角来表达。锁止角是指纤维在层内发生剪切变形的极限角度，反映成形过程中织物在发生皱曲前可以承受的最大变形程度。

层内剪切变形是指同一层纤维布内原本位于经纬方向的纱线束相对滑动并绕交错点发生转动而使纤维夹角发生改变，其变形程度由剪切角 γ 来描述。剪切角的定义为编织布经纬方向纤维间发生转动的相对角度，即发生剪切变形后纤维间夹角 α 的余角（见图 9-2-5）。

剪切角可以由式（9-2-3）进行定义：

$$\gamma=90-\alpha \tag{9-2-3}$$

目前应用较广泛的干纤维布剪切性能测试方法有镜框试验（Picture-frame Test）和斜向拉伸试验（Bias-extension Test），二者都可以较好地测试纤维的纯剪切变形。图 9-2-6 所示为典型的斜向拉伸试验载荷曲线图。总体来看，按照剪切刚度值的变化可以将纤维的纯剪切过程分为三个阶段。在第一阶段中纱线之间并没有发生相互的剪切，纤维间的剪切变形阻力较小，变形抗力仅来自于经纬纱线间的摩擦，纤维的宏观夹角变化是由纱线沿经/纬方向的平行移动引起的。随着纤维变形进入剪切角较大的第二变形阶段，纱线间逐渐相互贴实并发生侧向挤压。当纱线间完全压紧后，剪切力将迅速上升，说明剪切刚度急剧增大，通常把这一现象发生时的剪切角定义为锁止角，剪切角超出该值后，纯剪切过程进入第三阶段，纤维纱线间将严重扭结，布面将发生皱曲变形而失去平整性，从而无法获得高质量的复合材料件。

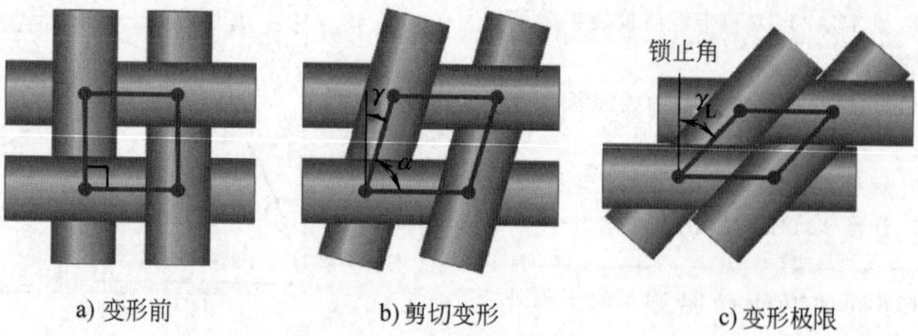

图 9-2-5　层内纤维剪切变形

在复合材料的热拉深成形过程中，主要是编织纤维布发生较大变形来适应模具的复杂形状，与此同时受热软化的树脂基体随纤维布一同流动并及时补充纤维变形带来的材料空隙。如图 9-2-7 所示为复合材料板变形过程中纤维织物发生的不同形式的宏观变形。

由于碳纤维织物沿纱线方向的拉伸延展性有限，只能发生微小的拉伸变形，因此在适应复杂曲面过程中会不可避免地发生层内纤维剪切变形。除此之外，纤维编织复合材料的板料中一般由多层碳纤维布增强，拉深成形中板料变形过程也会伴随着相邻纤维层间的相对滑动和转动。纤维层间的相对滑动和转动可以帮助释放层间压力从而防止坯料起皱。复合材料板材拉深成形立体空心零件过程中，层内剪切是最主要的变形机制，层内剪切变形的锁止角决定了复合材料的成形极限。

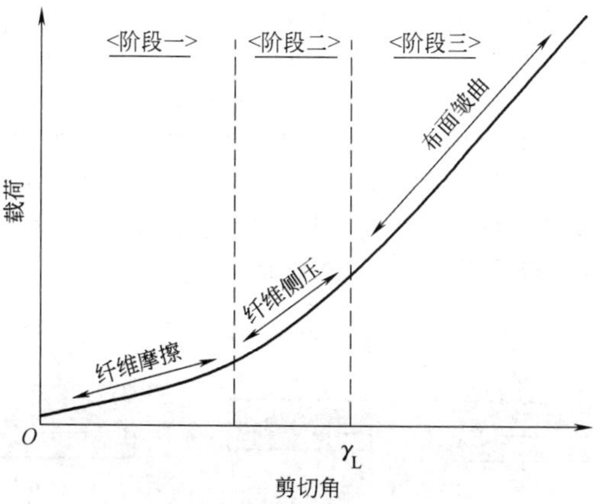

图 9-2-6　斜拉伸试验下纤维织物的剪切角-载荷曲线

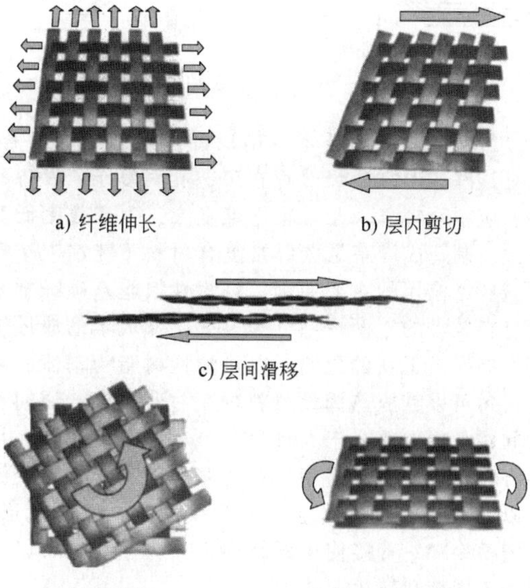

a) 纤维伸长　b) 层内剪切

c) 层间滑移

d) 层间转动　e) 布面弯曲

图 9-2-7　纤维织物变形过程

此外，在复合材料的热拉深成形中应注意保证层间滑移变形情况良好，当树脂软化程度不够而层间滑移变形不利时，将使纤维的层间移动变形受到限制发生起皱失效；树脂流动性过强时，将发生较大的层间移动变形，树脂基体无法及时补充而使材料失去连续性，进而引发制件内部的分层缺陷。此外，在层间滑移受限的情况下，相邻的纤维层间将存在压应力，压应力超过一定值后会引起多层纤维复合材料板料的皱曲，如图 9-2-8 所示。在模具形状较复杂的拉深成形中，纤维层间发生滑移的同时还会伴随有层间转动变形。

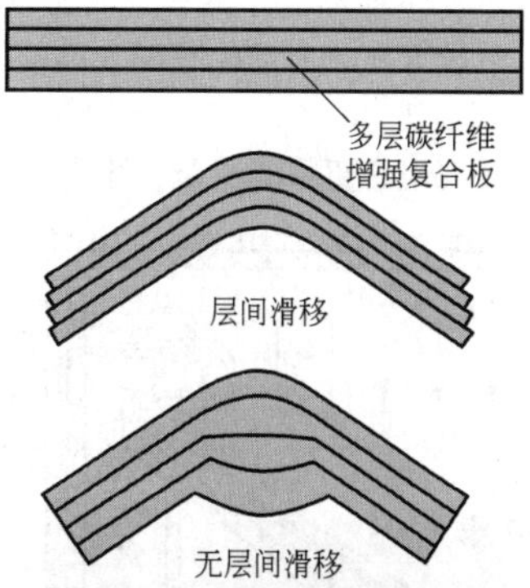

图 9-2-8　层间滑移变形示意图

2.3　树脂基复合材料成形工艺

常用的复合材料成形工艺包括手糊铺层、长丝缠绕、真空成形、树脂传递模塑成形（RTM）、拉挤成形、模压成形、热压罐成形、模塑成形等。不同的生产工艺，适应不同的制品性能与生产规模，图 9-2-9 所示为原材料形态、成形工艺及制品类型。

手糊铺层是复合材料工业中最早应用的成形方法，首先在模具型腔表面手工涂刷树脂和铺放纤维编织物，然后用轧辊碾压，使树脂浸渍纤维，排除气泡，压实基层后固化取件，制造大型复合材料件时需要进行局部加强。利用该方法的优点是无尺寸限制，模具可采用木模、树脂模、石膏模，成本较低，但制品只有单面光洁，而且对铺层人员的操作技术和经验要求很高，且手工铺层过程费时，难以进行产业化、批量化生产。由于在生产大型制品方面的优势，该方法至今仍占有一定地位，产品的应用行业范围非常广泛。

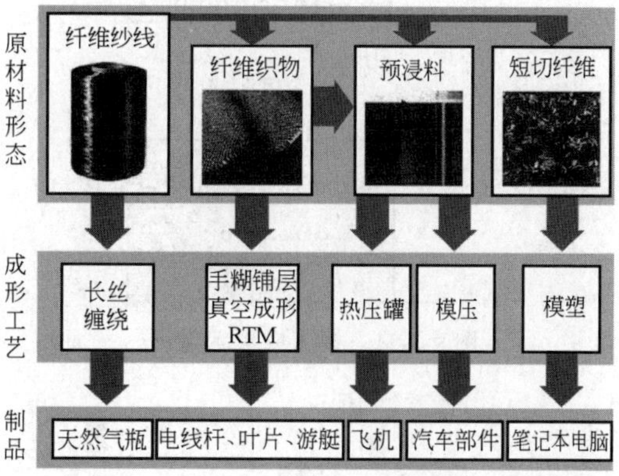

图 9-2-9　原材料形态、成形工艺及制品类型

袋压成形的原理如图 9-2-10 所示，成形过程在加热炉中完成，首先将纤维布预浸料铺于模具中，然后用较厚的真空袋覆盖，一同放置炉内加热，使

树脂在真空负压下能够完全贴合模具形状且排除气泡，成形后继续保压，成形件随同真空袋进行冷却。真空成形件单面光洁、气泡少，但是铺层需要手工进行，而且需要经常更换真空袋，生产效率较低。

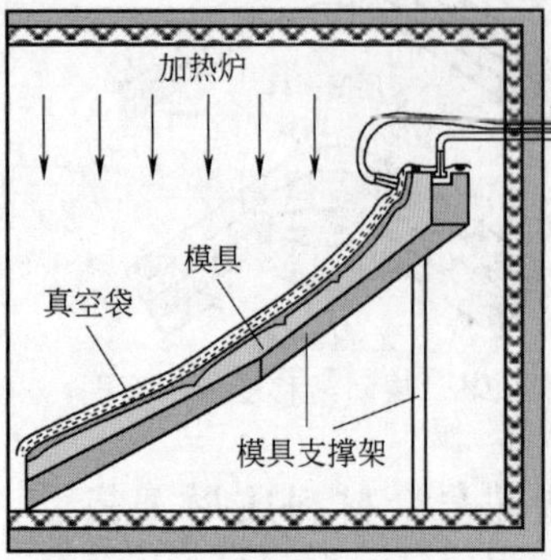

图 9-2-10　袋压成形的原理

模压成形工艺是目前使用最广泛的连续纤维复合材料成形方式。模压是将一定量的模压料（纤维预浸料）放入金属对模中，在一定温度和压力作用下固化成形的一种方法，如图 9-2-11 所示。成形过程中需要反复加热和加压，使模压料熔化流动充满模腔并使树脂发生固化反应。模压成形工艺可成形复杂零件，质量均一性好、试件两面光洁。目前模压工艺已经被成功用于汽车行业，制品包括车身覆盖件、油箱、齿轮箱等。模压成形属于高压力成形，需要高强度、高精度、耐高温的金属模具，因此设备较昂贵。

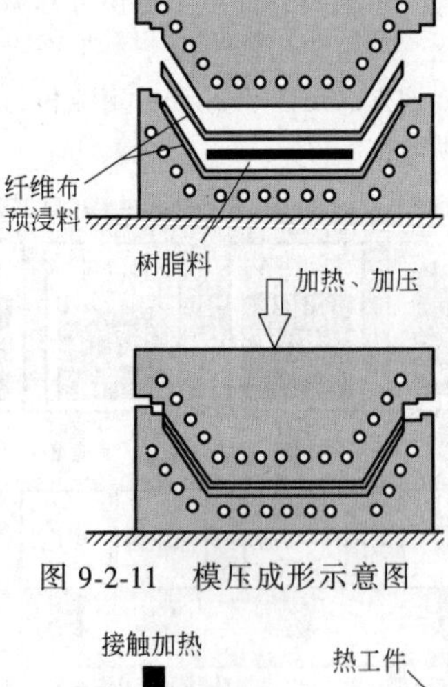

图 9-2-11　模压成形示意图

树脂传递模塑成形（RTM）是借鉴塑料注射成形的方法，其原理如图 9-2-12 所示。先对纤维织物进行预成形加工，然后将树脂注入闭合模腔加以浸渍，高温下固化，再进行二次加工等后续处理工序。这种工艺的特点是对树脂黏度和固化反应过程以及相应的固化体系都提出了比较高的要求，成形过程的纤维铺放需要手工操作，且注塑设备和模具的制造及修理费用昂贵，比模压成形的生产性差。

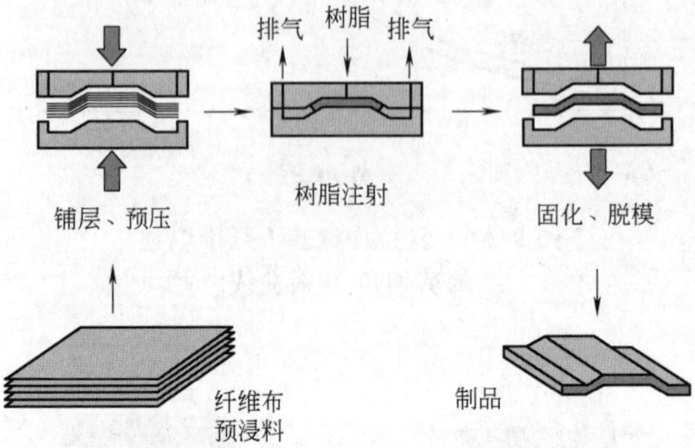

图 9-2-12　树脂传递模塑成形原理

虽然上述成形技术目前已经应用于工业生产，但是这些成形方法仍然存在工艺相对复杂、设备昂贵、应用面较窄、人为操作难度大、生产效率低等缺点。制造成本高是碳纤维复合材料不能在汽车等领域广泛应用的主要原因。热塑性树脂基碳纤维复合材料技术的逐渐成熟，为高效、低成本的成形工艺发展提供了新的思路。以热塑性树脂为基体的复合材料可以克服热固性材料加工过程复杂、周期长的问题，更加适合于大批量的汽车零部件生产。将复合材料板加热至热塑性树脂基体的玻璃化转变温度以上，然后通过真空或者合模的方式贴模赋形，并随模冷却。直接使用碳纤维板作为原材料可以缩短加工周期和简化设备。

图 9-2-13 所示为一种以热塑性树脂碳纤维板为原料，基于袋压成形方法改进的真空袋压成形方法。在原有的真空袋及模具基础上，增加了气压进行辅助赋形，相比传统袋压工艺省去了预浸料手工铺层的操作，只需在装入模具前预先对板料进行加热，而后迅速转移至成形设备中成形。

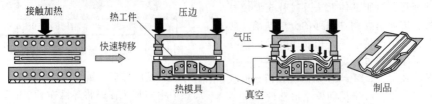

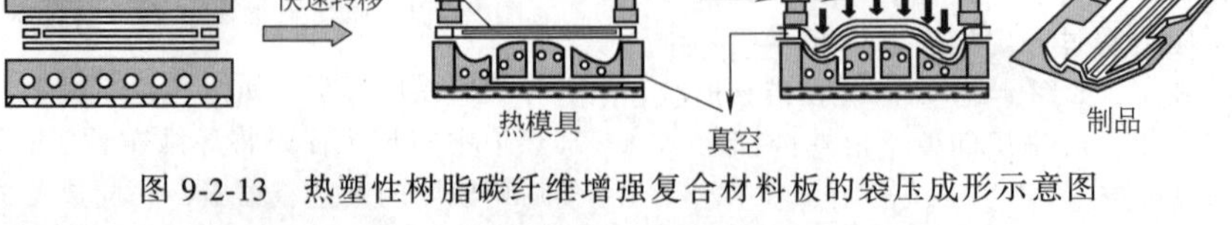

图 9-2-13　热塑性树脂碳纤维增强复合材料板的袋压成形示意图

2.4　编织纤维增强热塑性复合材料热冲压成形

2.4.1　成形工艺介绍

为了提高制造效率，聚合物成形参考金属板材冲压成形的思路并加以改进，产生了热塑性复合材料板冲压成形方法，可应用于长纤维、连续纤维增强复合材料的成形。碳纤维复合材料板热成形工艺的基本过程是：将裁剪好的坯料放置于模具上，根据待成形件的形状调整试件使纤维经纬方向处在合理方向，同时对坯料进行精确定位。随后固定压边圈并施加压边力，开启模具加热系统，将模具加热到设定温度后移动冲头靠近并接触坯料进行加热。坯料加热充分后移动冲头施加压力将坯料压入模具型腔，成形后在一定压力和温度下使成形件逐渐冷却固化，待能够脱模后从模具中取出，再进行必要的辅助加工即得到产品。其成形过程示意图及简要的工艺流程如图 9-2-14 和图 9-2-15 所示。

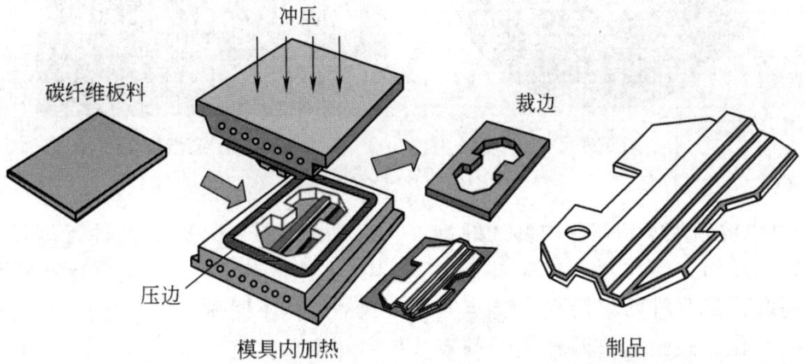

图 9-2-14　碳纤维复合材料板的热冲压成形过程示意图

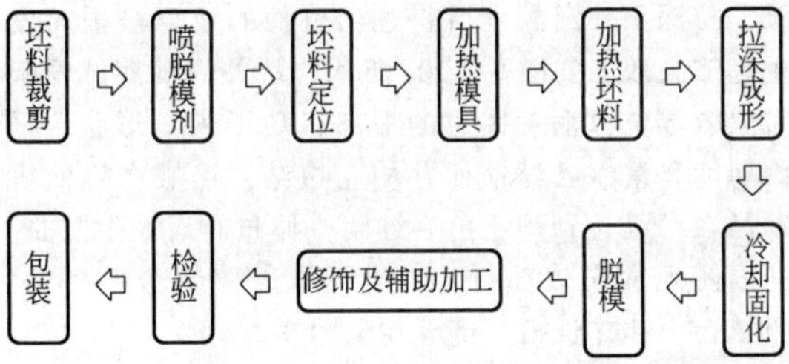

图 9-2-15　碳纤维复合材料热拉深成形工艺流程图

图 9-2-16 所示为一种以碳纤维板为原材料的冲压成形设备，该方法先将热塑性板材按所需尺寸和形状放入红外线加热设备进行加热，然后转移至模具中按先前设计的样式和区域铺设好后合模加压成形。该方法制造成本较低、可重复压制、成品率高。

热塑性基体纤维增强复合材料板热冲压成形方法的主要工艺参数有：

（1）坯料加热温度　热冲压坯料加热温度一般高于基体树脂玻璃化温度 10~20℃。

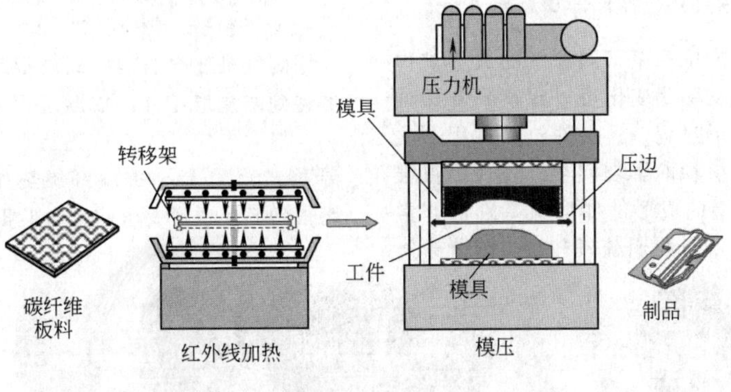

图 9-2-16　碳纤维板冲压成形示意图

（2）模具温度　聚丙烯树脂模具温度比较广泛，从室温至 120℃，聚酯树脂模具温度可选用 150~170℃。

（3）成形压力　成形压力取决于材料的形态（增强纤维的含量、长度等）和制品的复杂程度等，一般为 10~25MPa。

（4）加压保持时间　加压保持时间依赖于坯料加热温度、模具温度、制品厚度和基体树脂的结晶速度等。通常聚丙烯的加压保持时间为 10s/mm（mm 为制品厚度单位，设制品厚度为 t，则加压保持时间为（10t）s）。

2.4.2　主要成形缺陷及原因分析

以方盒类零件的热拉深成形为例进行变形缺陷分析，试验材料为双层 3K 平纹编织碳纤维布增强的 PC/ABS 树脂基复合材料板，板厚为 0.55mm。采用圆形试件进行盒形件的热拉深，将复合材料坯料裁成尺寸为 ϕ170mm 的试件（见图 9-2-17）。

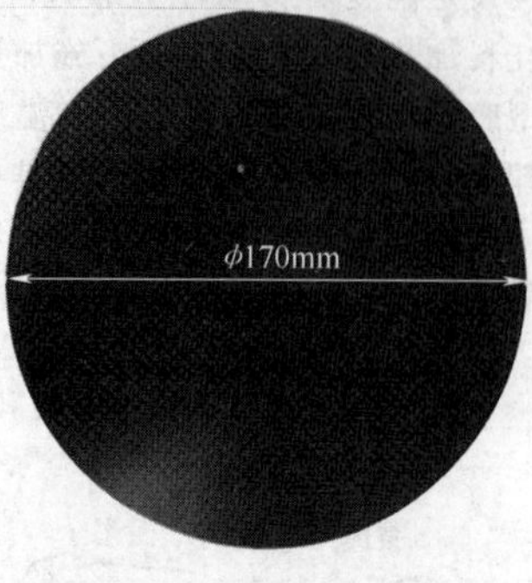

a) 试件尺寸

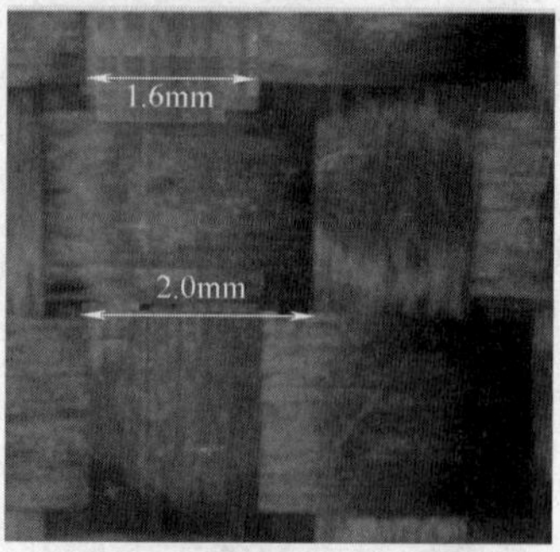

b) 纤维结构

图 9-2-17　试验试件

从图 9-2-17b 中可以清晰观察到试件内部的纤维平纹编织结构，织物的经纬方向与盒形件模具直边的布置角度关系不同时，复合材料板的变形特点及成形件质量也将发生变化。试验选取两种典型的布置方式进行盒形件热拉深成形，分别称为 0°试件与 45°试件，如图 9-2-18a、图 9-2-18b 所示。

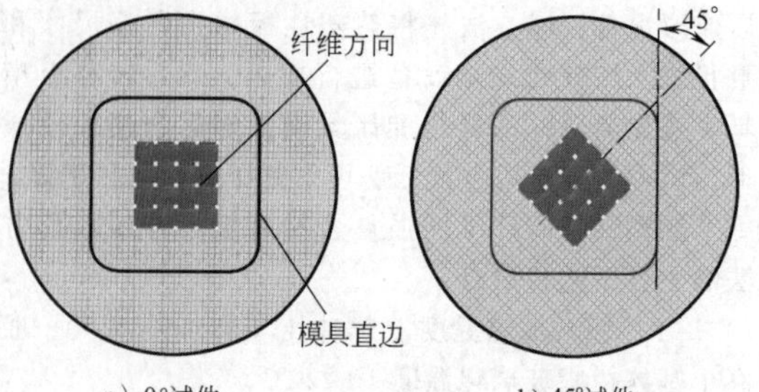

a) 0°试件　　b) 45°试件

图 9-2-18　两种热拉深试件示意图

如图 9-2-19 所示为拉深至不同深度的成形试件照片，从试件的形状及尺寸变化可以观察到盒形件拉深过程中坯料的变形过程。盒形件拉深过程中材料的流动受增强纤维织物的影响明显，表现出很强的各向异性。两种类型的成形试件形状差别也非常明显，0°试件的直边部分材料流动较快，圆角部分流动相对缓慢，圆形试件逐渐被拉至类似方形件；45°试件材料流入凹模速度比 0°试件缓慢，坯料外廓尺寸缩减不明显（尤其是直边部分），试件拉深至一定深度后也趋于变成方形件，直边部分的中间位置由于材料流速最慢而成为方形轮廓。

盒形件热拉深试件的失效形式为圆角部分的起皱，拉深至一定深度后将达到试件的成形极限而发生起皱失效。如图 9-2-20a 所示，从外侧观察试件起皱失效部位，垂直棱边的根部出现了尖角形状，纤维剪切严重，已经锁死并相互扭结，褶皱产生的机制是在纤维达到锁止角后继续拉伸布面而发生皱曲。从内侧观察失效部位，内层纤维因剪切变形严重，扭结在一起并且相互挤压（见图 9-2-20b）。

2.4.3　成形典型零件分析

飞机内部方盒形零件一般采用传统铝合金材料进行加工制造。图 9-2-21 和图 9-2-22 分别展示的是采用碳纤维复合材料、碳玻混编纤维进行热冲压成形得到的盒形零件。成形过程是先将纤维预浸料预热，然后再放入模具内进行加压成形（碳纤维热压温度 170℃，碳玻混编纤维热压温度为 120℃），最终得到满足生产要求的方盒形零件。

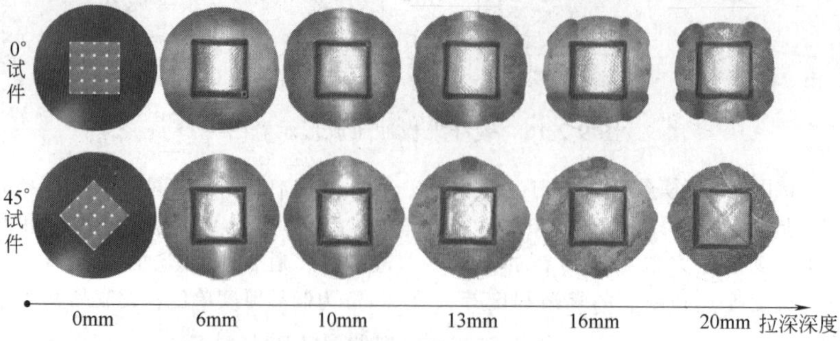

图 9-2-19　盒形件热拉深试件变形过程

a) 试件外侧　　b) 试件内侧

图 9-2-20　盒形件圆角部分起皱

图 9-2-21　碳纤维复合材料热冲压成形零件

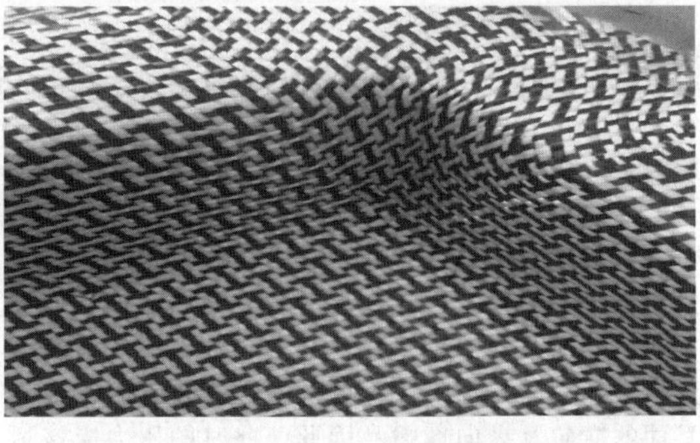

图 9-2-22　碳玻混编纤维热冲压成形零件

采用热冲压成形工艺制造的复合材料汽车发动机罩如图 9-2-23 所示，双层 3K 平纹编织碳纤维布增强的 PC/ABS 树脂基复合材料板成形温度是 130℃，成形件表面光滑且有光泽，表面质量较好。成形过程是首先将裁剪好的板料放入远红外加热炉内进行预加热，待板料充分加热均匀后，使用真空机械手的吸盘将板料快速转移至已经预加热好的冲压模具中，进行冲压和保压冷却。

图 9-2-23　采用热冲压成形工艺制造的复合材料汽车发动机罩

2.5　长纤维增强热塑性复合材料模压成形

2.5.1　成形工艺介绍

长纤维增强热塑性复合材料（纤维长度>5mm）模压成形是指将已经保温的纤维增强热塑性料坯放入模具型腔中，逐渐加热加压，使之转化成黏流态，充满整个型腔，然后降低模具温度，使制件固化、冷却成所需的产品。由于纤维不连续，因此该长纤维复合材料无法进行伸长类变形，比如拉深成形。该成形方法的优点有：生产效率高，可实现自动化生产；成品表面质量好，不需要二次加工；零件尺寸稳定性好，力学性能稳定；能够成形复杂形状零件；可以进行批量生产，降低生产成本。缺点是对于小批量生产，模具生产成本较高。其成形工艺流程如图 9-2-24 所示。

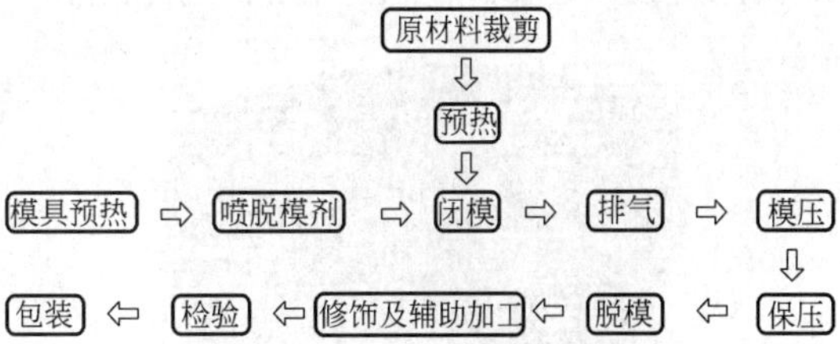

图 9-2-24　长纤维增强热塑性复合材料模压成形工艺流程

2.5.2　主要成形缺陷及原因分析（见表 9-2-6）

表 9-2-6　长玻璃纤维增强聚丙烯成形产品的主要成形缺陷及原因分析

缺陷	现象、后果	可能原因(材料、工艺、模具的影响)
橘皮纹	产品表面出现局部波纹,依稀可见凸起的表面玻璃纤维,严重影响产品外观	(1)成形压力太低,熔融树脂不能充分流动 (2)模具温度太低,坯料迅速冷却固结,树脂不能充分流动 (3)纤维分布不均匀,树脂过少不能完全包覆玻璃纤维 (4)成形时坯料铺设不合理
熔接痕	一般是在坯料相互搭接处产生。熔接痕的存在影响产品美观,沿熔接痕存在薄弱点,降低产品强度,产品由此容易失效	(1)铺料方式不合理 (2)材料流动性差 (3)转运到模具上的坯料已经部分冷却 (4)模具温度偏低
拼接缝	产生于两块坯料之间,由于坯料开始搭接太少,而且坯料冷却后流动行为滞后,熔融和固结的树脂在一定的压力下,不能聚集在一起,从而在两块之间形成缺口缝隙	(1)摆料方式不合理 (2)成形压力小 (3)坯料转运时间过长,坯料已经冷却 (4)材料流动性差 (5)坯料摆放设计不合理,产品局部不受力,片材没有流动
褶皱	产品表面出现连续性不平的现象,明显可见波浪状凹陷,严重影响产品外观	(1)摆料方式不合理,存在局部的位置差,使得片材受压不均匀 (2)成形压力小,片材不能流动成形 (3)坯料冷却,流动性降低 (4)材料流动性差
流痕	流痕的存在对于产品外观造成不良的影响。造成这种现象的原因主要是流动差异	(1)模具温度低,使得片材与模具接触表面流动性降低 (2)成形压力小,片材不易流动 (3)坯料已经冷却 (4)材料流动性差

2.5.3　成形零件介绍

长玻璃纤维增强聚丙烯预浸料片材模压制成的轿车底护板如图 9-2-25 所示，坯料预热温度为 215℃，预热时间为 18min，使坯料能够充分塑化膨胀，预热温度不得超过 215~225℃，否则树脂会降解。模压成形时通过克服材料的内摩擦以及材料与模具的外摩擦，从而使坯料充满型腔，因此成形压力与合模速度的选取非常关键。经过分析，当长纤维增强热塑性复合材料成形为板材时，最佳压力为 3.8MPa，而底护板曲面结构较多，坯料除了需克服材料内部横向摩擦之外，更多的是需要克服与模具型面的横向及纵向摩擦，因此，此时的压力应该适当加大至 5MPa。由于在长纤维增强热塑性复合材料模压成形中纤维不连续，因此该工艺适合进行局部压缩类变形。

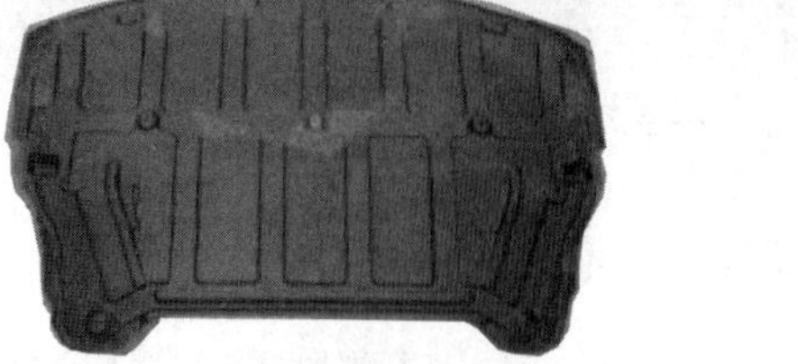

图 9-2-25　长玻璃纤维增强聚丙烯的轿车底护板

2.6　复合材料热辊弯成形

2.6.1　成形工艺介绍

该工艺采用的是一种新型碳纤维复合材料板成形方法：直接将热塑性碳纤维复合材料板材作为原材料，通过红外线对复合材料板局部区域进行非接触式加热，然后利用板材局部区域树脂受热软化、冷却硬化的特点进行多道次辊弯成形，适合于具有截面特征的复合材料型材的高效成形。图 9-2-26 所示为热辊弯成形过程简图。

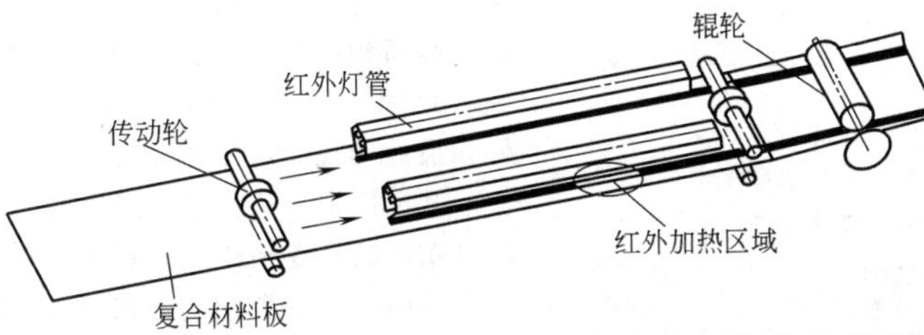

图 9-2-26　碳纤维复合材料板红外局部加热辊弯成形过程简图

碳纤维复合材料板红外局部加热辊弯成形工艺流程如图 9-2-27 所示。将裁剪后的坯料放置于设备入口端，并对坯料进行精确定位。随后传动辊将复合材料板压紧并向前传动进入红外加热区，在进给运动过程中对碳纤维板局部区域进行非接触式加热，同时各成形辊对经过局部加热后的板材坯料进行辊弯，经过多道次的辊弯后得到复杂截面辊弯成形件。

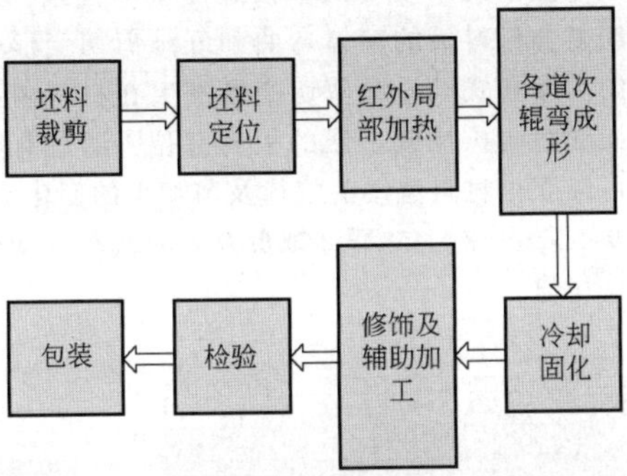

图 9-2-27　碳纤维复合材料板红外局部加热辊弯成形工艺流程

2.6.2　成形设备及零件

碳纤维复合材料板红外局部加热辊弯成形设备结构如图 9-2-28 所示，该设备可实现对辊轧速度的实时控制、加热过程闭环控制、温度数据和板形位移数据的监控和采集等功能。通过辊弯成形试验研究，确定了不同纤维铺向时的合理工艺参数，制备出的成形试件如图 9-2-29 所示。

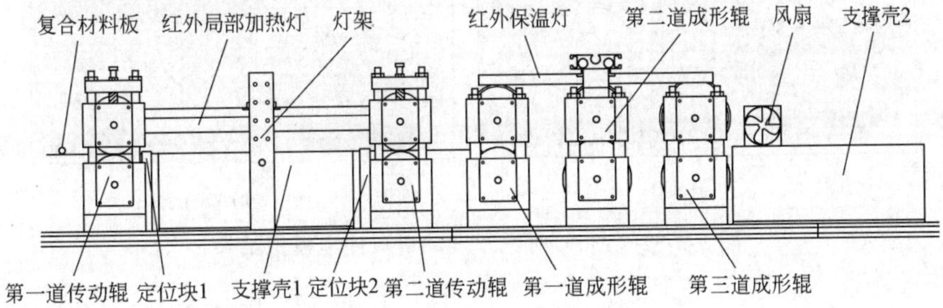

图 9-2-28　红外局部加热辊弯成形设备结构

a) 整体

b) 截面

图 9-2-29　成形试件照片

2.7　纤维增强复合材料有限元模拟技术

2.7.1　有限元单元类型选择

平纹编织碳纤维是由连续纤维纱线沿经纬向编织而成，纱线束由若干根纤维原丝结成。从宏观角度对编织复合材料的冲压成形进行数值模拟，可将纱线束看成整体，从而分析编织复合材料板的剪切角以及成形过程变形情况。可以采用桁架单元（Truss elements）来模拟纤维，薄膜单元（Membrane elements）来模拟树脂。如图 9-2-30 和图 9-2-31 所示，为采用 ABAQUS 软件建立的编织复合材料单元模型。二节点线性桁架单元（T3D2）模拟纤维纱线弹性特性，四节点薄膜单元（M3D4）耦合在桁架单元中来模拟树脂黏弹性流变性质。

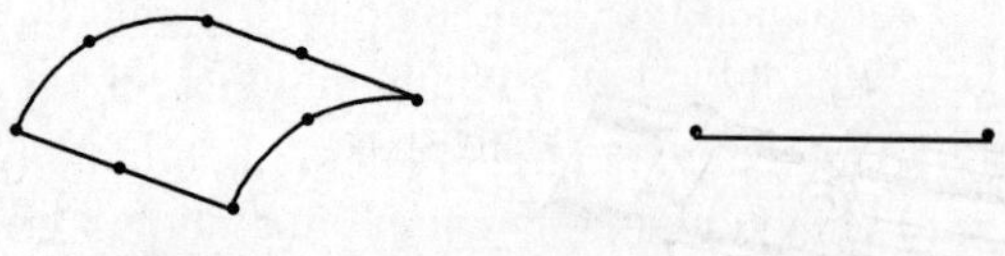

图 9-2-30　薄膜单元与桁架单元

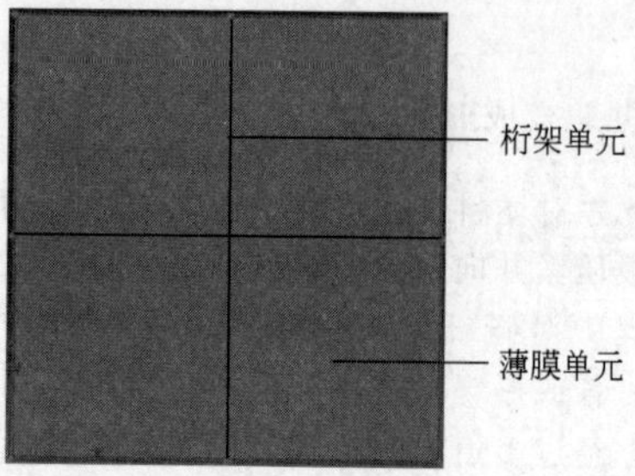

图 9-2-31　编织复合材料单元模型

2.7.2　热冲压成形数值模拟

由于在 ABAQUS 可视化界面内无法实现薄膜单元与桁架单元的耦合填充。因此，需要编写程序。首先编写程序获取结点与单元的编号信息，并导入到 ABAQUS 软件的 INP 文件中，进一步编写 INP 文件，最终实现碳纤维编织复合材料有限元模型的建立。基于以上方法，建立纤维铺向分别为 0°、45°方向排布的碳纤维编织复合材料模型。

如图 9-2-32 所示为成形温度 130℃下，0°试件与 45°试件汽车发动机罩的冲压模拟结果。由于汽车发动机罩壳体整体较浅，拉深量较小，两种轮廓变化量接近。在汽车发动机罩热冲压过程中，材料流动剧烈区域位于汽车发动机罩接近侧壁的位置，碳纤维编织复合材料板的整体弯曲和纤维剪切变形是最主要的变形方式。纤维剪切变形发生在材料内部纤维单元受斜向拉伸或挤压的板料部位，通过有限元模拟可以获得材料流动的规律及剪切角的变化情况，由图 9-2-32 可知，45°纤维排布方向的汽车发动机罩变形更均匀。

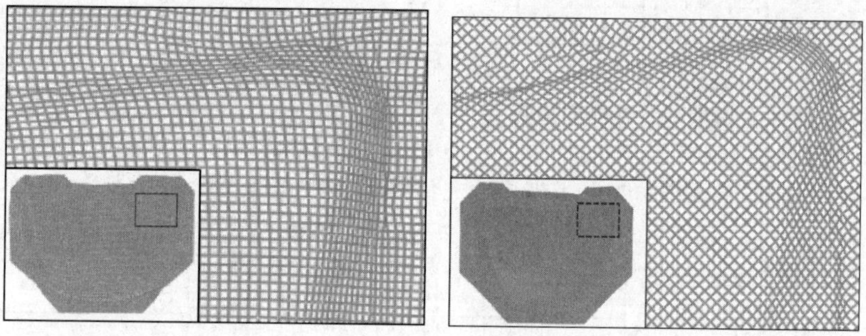

a) 0° 试件　　b) 45° 试件

图 9-2-32　130℃时汽车发动机罩冲压模拟结果

参考文献

[1]　黄家康. 复合材料成形技术及应用 [M]. 北京：化学工业出版社，2011.

[2]　张靠民，李敏，顾轶卓，等. 先进复合材料从飞机转向汽车应用的关键技术 [J]. 中国材料进展，2013 (11)：685-695.

[3]　DANIEL I M，ISHAI O. Engineering Mechanies of Composite Materials [M]. Oxford：Oxford University Press，1994.

[4]　徐竹. 复合材料成形工艺及应用 [M]. 北京：国防工业出版社，2017.

[5]　YANAGIMOTO J，IKEUCHI K. Sheet forming process of carbon fiber reinforced plastics for lightweight parts [J]. CIRP Annals-Manufacturing Technology，2012，61 (1)：249-250.

[6]　LONG A C. Design and manufacture of textile composites [M]. Cambridge：Woodhead Publishing Limited in association with the Textile Institute，2005.

[7]　ZHANG Q，CAI J，GAO Q. Simulation and experimental study on thermal deep drawing of carbon fiber woven composites [J]. Journal of Materials Processing Technology，2014，214 (4)：802-810.

[8]　张琦，高强，赵升吨. 碳纤维复合材料板热冲压成形工艺试验研究 [J]. 机械工程学报，2012，48 (18)：72-77.

[9]　于杨惠文. 碳纤维增强 PC/ABS 树脂基复合材料板热拉深成形工艺研究 [D]. 西安：西安交通大学，2016.

[10]　王宏. 碳纤维增强复合材料板汽车发动机罩热冲压成形工艺研究 [D]. 西安：西安交通大学，2018.

第3章

金属-纤维复合层板成形

北京航空航天大学　郎利辉　关世伟
大连理工大学　亓　昌　杨　姝　何祝斌

3.1　金属-纤维复合层板概述

3.1.1　简介

金属-纤维复合层板是由金属薄板和纤维树脂预浸料交替铺叠，经加热加压固化而成的，同时具有金属材料和纤维树脂基复合材料特点的层压材料。纤维增强金属层板的概念最早是由荷兰代尔夫特理工大学科学家在20世纪80年代提出，并与荷兰Fokker飞机公司、美国3M树脂公司、ENKA芳纶公司和Alcoa铝公司等研究机构合作研制成功的。第一代金属-纤维复合层板是以铝合金薄板作为金属层，以芳纶纤维增强的热固性环氧树脂为复合材料层，由两者交替铺层而得到，又称ARALL层板（Aramid Aluminium Laminates）。虽然ARALL层板相对于其中任一组分材料的性能都有显著提升，但固化后的层板存在较大的残余应力，且其剥离强度和缺口强度较低，压缩和疲劳性能也较差，这些均限制了ARALL层板的进一步发展和应用。

GLARE（Glass Reinforced Aluminum Laminate）层板又称玻璃纤维-铝合金层板，是第二代金属-纤维层板，它由厚度为0.3~0.5mm的铝合金薄板和厚度为0.2~0.3mm的高强度玻璃纤维预浸料交替铺叠，并通过热压固化而成，如图9-3-1所示。它具有轻质高强、疲劳性能优异、损伤容限高、耐燃烧和抗腐蚀等特点，非常适于制造对疲劳及损伤容限要求很高的航空航天结构部件。

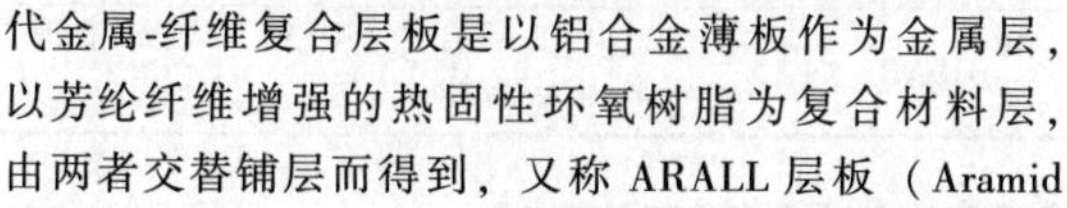

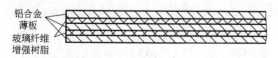

图9-3-1　GLARE层板

与铝合金材料相比，GLARE层板结构减重达25%~30%，疲劳寿命提高了10~20倍。表9-3-1列出了GLARE层板相对于铝合金主要力学性能的比值。相比碳纤维复合材料（CFRP），GLARE层板的结构性能在很多情况下更像铝合金，通过工艺优化设计，GLARE层板零件还可以采用铝合金的传统加工方法进行切割、修边、制孔与铆接，这使其制造成本只有碳纤维复合材料的1/2。GLARE层板既有碳纤维复合材料自身的先进性，又有铝合金材料优良的加工性，用其制造航空产品成本低、效率高，所以一经问世就引起世界各地先进航空制造业的关注。

第三代金属-纤维复合层板也称为CARE层板（Carbon reinforced aluminium laminates），由铝合金薄板和碳纤维增强树脂基复合材料构成。因铝合金和碳纤维之间较大的电偶序差引起两者间的电位差，导致该型层板存在严重的电化学腐蚀现象。因此，CARE层板目前还无法被商业化应用。

第四代金属-纤维复合层板由美国伊利诺伊大学于2003年研制，也称为TiGr层板（Titanium/Graphite hybrid laminates）。它由钛合金和碳纤维增强树脂基复合材料构成，除了具有金属-纤维复合层板的基本性能优点外，最为出色的是其耐高温性能。但TiGr层板的制备工艺不成熟、成本高且断裂韧性差，无法代替现有的GLARE层板。

总之，GLARE层板因其可设计性、稳定的制备工艺和显著的成本优势，在航空航天上已经得到广泛应用，并已经成为大型客机机身、机翼蒙皮和钣金零件的主要选材。因此，GLARE层板是目前最具实用价值和研究意义的金属-纤维复合层板，本章将对其展开详细介绍。

3.1.2　GLARE形式与分类

GLARE层板的结构及命名如图9-3-2所示，其名称通常由4个参数组成，即GLARE A B/C D，其中，A代表层板的型号，B/C代表铝合金薄板和预浸料的层数，D代表铝合金薄板的厚度。以GLARE 2A 3/2 0.3为例，其表明层板的型号为200，铝合金薄板和预浸料的层数分别为3层和2层，铝合金薄板的厚度为0.3mm。GLARE层板中纤维铺层方向以铝合金薄板的轧制方向为基准来定义，当纤维排布方向与铝合金板轧制方向一致时，铺层方向被定义为 0°；当纤维排布方向与铝合金的轧制方向垂直时，铺层方向被定义为 90°。

表 9-3-1　GLARE 层板与铝合金主要力学性能的比值

密度	强度	疲劳寿命	损伤容限	抗冲击性	阻燃性	热绝缘	耐蚀性	可替换/保养性
0.70~0.85	1.0~2.0	10.0~100.0	1.0~2.0	1.0~2.0	5.0~50.0	100.0~150.0	1.2~3.0	佳

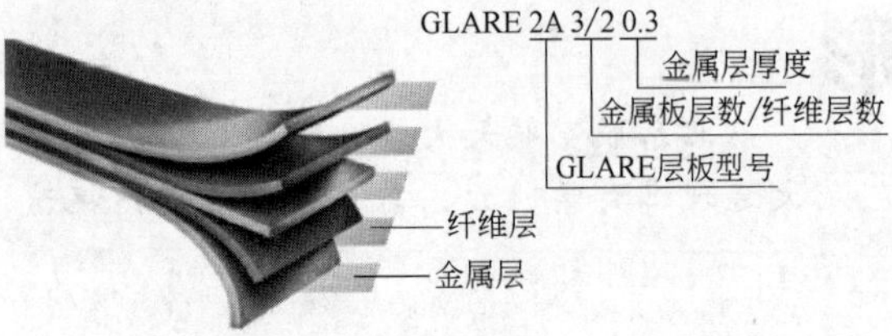

图 9-3-2　GLARE 层板结构及命名

按照使用树脂的性质不同，GLARE 层板可分为热固性树脂 GLARE 层板和热塑性树脂 GLARE 层板两大类。热固性树脂 GLARE 层板主要使用环氧树脂、酚醛树脂、双马来酰亚胺树脂、聚酰亚胺等作为胶黏剂，而热塑性树脂 GLARE 层板主要使用聚醚醚酮（PEEK）、聚苯硫醚和聚酰胺等作为胶黏剂。相比于热固性树脂 GLARE 层板，热塑性树脂 GLARE 层板具有如下优点：良好的抗冲击和损伤容限性能；预浸料不必低温存放；成形周期短、生产效率高；可焊接；制品可重复加工，废品可回收再利用。相比于其组分中的金属材料，热塑性树脂 GLARE 层板具有比强度高和减重效果明显的特点。

3.1.3　材料及性能

改变其基材参数，如铝合金种类、金属板厚度、铺层数量、纤维种类和方向、有无后拉伸等，可以构成各种组合的 GLARE 层板。目前研究较多的 GLARE 层板有 4 种，其组成见表 9-3-2。这 4 种 GLARE 层板的预浸玻璃带中采用单向/交织，强度为 4600MPa 的 R-玻璃纤维，并占其体积含量的 60%；树脂采用 Ciba-Geigy 公司生产的优质金属胶黏剂。表 9-3-3 列出了 GLARE 层板与传统铝合金的力学性能对比，以进行更直观的比较。

表 9-3-2　GLARE 层板的组成

名称	组成(3/2 铺层)
GLARE 1	7075-T6 铝合金，单向玻璃纤维预浸料，0.5%的后拉伸
GLARE 2	2024-T3 铝合金，单向玻璃纤维预浸料，无后拉伸
GLARE 3	2024-T3 铝合金，50/50 玻璃纤维预浸料，无后拉伸
GLARE 4	2024-T3 铝合金，70/30 玻璃纤维预浸料，无后拉伸

表 9-3-3　GLARE 层板与传统铝合金的力学性能对比

性能	方向	GLARE 1	GLARE 2	GLARE 3	GLARE 4	2024-T3	7075-T6
拉伸强度/MPa	L	1300	1230	755	1040	440	538
	LT	360	320	755	618	435	538
屈服强度/MPa	L	550	400	320	360	324	483
	LT	340	230	320	260	290	469
弹性模量/MPa	L	64.7	65.6	57.5	56.4	72.4	71.1
	LT	49.2	50.2	57.5	50.3	72.4	71.1
极限应变(%)	L	4.6	5.1	5.1	5.1	13.6	8
	LT	7.7	13.6	5.1	5.1	13.6	8
挤压强度/MPa	L	770	704	690	700	890	1076
钝缺口强度/MPa	L	805	775	501	605	420	550
	LT	360	290	501	420	420	550
锐缺口强度/MPa	L	710	650	409	530	320	350
	LT	230	230	409	320	320	350
密度/(g/cm^3)	—	2.52	2.52	2.52	2.45	2.78	2.78

3.2　GLARE 层板成形

GLARE 层板是采用热固成形技术加工，其间通过树脂将金属层和纤维层黏接起来，实现金属层与纤维层之间力的传递。树脂的状态不同则传力能力也不同，固化后的树脂呈固体状态，剪切强度和弹性模量都较大，能够传递较大剪力；而固化前的树脂呈胶体状态或半固态，无法传递剪力或只能传递很小的剪力。因此，GLARE 层板固化前后的力学性能不同，成形性能和成形方法也不同。GLARE 层板的热固成形技术也由此分为两类：一类为固化后成形，另一类为固化前成形。无论采用哪类成形方法，首先都需要对基材进行表面处理和铺层，下面是具体介绍。

3.2.1 GLARE 层板预处理

1. 铝合金板表面处理

铝合金表面处理方法主要是碱洗和磷酸阳极化，可以根据 GLARE 层板零件的使用要求进行选择。对于耐久性要求较高的航空产品，通常采用磷酸阳极化进行表面处理。表 9-3-4 是碱洗处理流程，表 9-3-5 是磷酸阳极化处理流程。对铝合金薄板进行磷酸阳极化处理应参照中华人民共和国航空工业标准 HB/Z 197—1991 进行。经磷酸阳极化处理后的铝合金薄板，须在 24 小时内涂刷抗腐蚀的底胶。底胶与 GLARE 层板中将用到的树脂成分相同，不仅能够保护阳极氧化后铝合金板的致密孔洞结构，延长其保存期限；同时还增加了金属与纤维之间的胶层厚度，提高了界面黏接力。

表 9-3-4 碱洗处理流程

序号	工序内容	配方	工艺参数	
			温度/℃	时间/min
1	脱脂	丙酮	常温	2
2	碱洗	NaOH，25~30g/L Na_2CO_3，25~30g/L	50~60	0.5~1
3	漂洗	自来水	常温	2~5
4	脱氧	HNO_3，300~500g/L	常温	2~5
5	漂洗	自来水	常温	2~5
6	烘干	—	50~60	5~10

表 9-3-5 磷酸阳极化处理流程

序号	工序内容	配方	工艺参数		
			电压/V	温度/℃	时间/min
1	脱脂	丙酮	—	常温	2
2	碱洗	NaOH，25~30g/L Na_2CO_3，25~30g/L	—	50~60	0.5~1
3	漂洗	自来水	—	常温	2~5
4	脱氧	HNO_3，300~500g/L	—	常温	2~5
5	漂洗	自来水	—	常温	2~5
6	阳极化	H_3PO_4 120~140g/L	10±1	25±5	20±1
7	漂洗	自来水	—	常温	5~10
8	烘干	—	—	50~60	5~10

2. GLARE 层板铺层

预浸料的质量决定着复合材料的力学性能，所以在制作预浸料时纤维一定要排列整齐，不能有缝隙或者重丝的现象，树脂含量必须均一。纤维体积分数可以通过控制胶液的浓度、圆辊的转速和纤维的张力等来调节。

GLARE 层板采用的铺贴成形方法借鉴了碳纤维复合材料铺层工艺，是在类似复合材料制件的铺层模具上进行独立层间的铺层，如图 9-3-3 所示（该图取自荷兰 Fokker 公司）。由于制作预浸料以及铝合金薄板上涂刷的底漆中都含有未挥发的 1,2-二氯乙烷溶剂等，若不除去剩余的 1,2-二氯乙烷溶剂，在树脂的固化过程中 GLARE 层板中会产生大量的气泡，严重影响层板黏结质量。为防止层间气泡的产生，铺层应采取胶辊滚压方式进行，如图 9-3-4 所示。通过滚压方式叠层得到半固化层板后，还需要对半固化层板平面加压 1 小时以上。加压方式可以是真空袋加压也可以是平板压力机加压，所施加的压力通常为 0.1MPa。

图 9-3-3 GLARE 层板零件的铺层

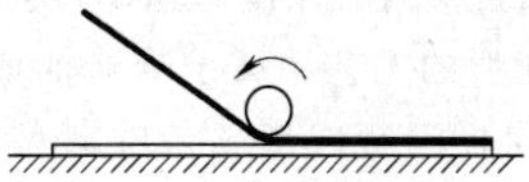

图 9-3-4 滚压方式叠层

目前，GLARE 层板主要用于制作飞机的机身壁板蒙皮、尾翼前缘、扰流板和整流罩等。若制作大尺寸 GLARE 构件，还需对铺贴成形的结构进行拼接。GLARE 层板拼接是铺贴时在同层间留有窄缝，但各层铝板的接缝在不同位置；然后通过纤维层和其他层铝板将这些窄缝连接起来。为确保 GLARE 层板曲面件的安全性，通常在拼接处增铺一层金属板或一层预浸料，即外部或内部补强层，从而提高拼接区域的强度与耐久性，其原理如图 9-3-5 所示。GLARE 层板拼接技术可以制造大尺寸的 GLARE 层板曲面件，同时解决了曲面尺寸与成形质量之间的关系，在保证成形质量的前提下，使曲面尺寸只受热压罐的尺寸限制。

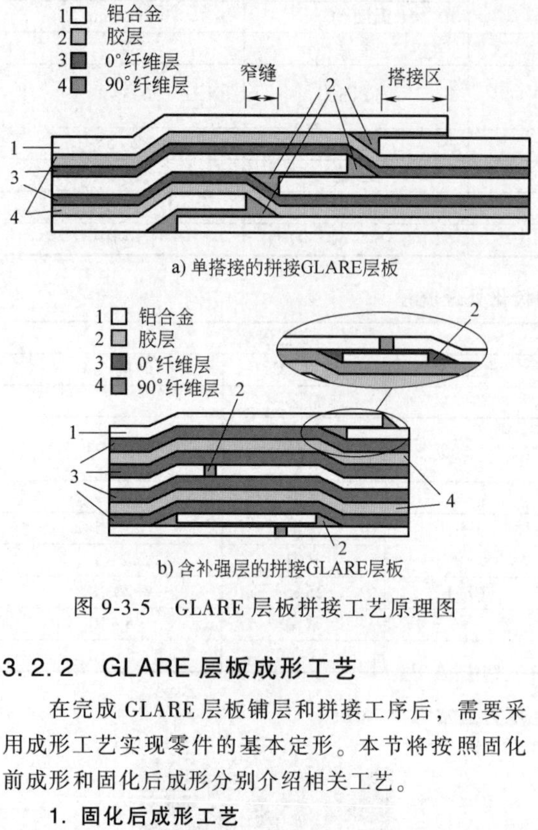

图 9-3-5　GLARE 层板拼接工艺原理图

3.2.2　GLARE 层板成形工艺

在完成 GLARE 层板铺层和拼接工序后，需要采用成形工艺实现零件的基本定形。本节将按照固化前成形和固化后成形分别介绍相关工艺。

1. 固化后成形工艺

固化后成形主要包括滚弯成形、喷丸成形、激光成形，是对热固化后的 GLARE 层板进行塑性变形加工以得到所需特定形状零件的工艺方法。

（1）GLARE 层板滚弯成形工艺　滚弯成形工艺，是一种通过滚弯机床使 GLARE 层板件发生大位移、小应变变形的工艺，属于冷弯曲成形工艺的一种。GLARE 层板滚弯成形工艺的典型工艺流程是：层板制备、固化、滚弯成形。常用的滚弯机床是对称式三轴滚弯机，加工时将固化后的 GLARE 层板以如图 9-3-6 所示的进给方向送入滚弯机床，板件上方的上辊轮在旋转的同时向下压，使 GLARE 层板发生弯曲变形；板件下方旋转的下辊轮在向前推送板件的同时，依靠辊轮与板件之间的摩擦力使板件发生轴向弯曲变形，从而形成带有曲率的 GLARE 层板。GLARE 层板滚弯成形最后的曲率大小主要由成形曲率和成形后的回弹量决定。成形曲率可以通过上辊下压量来控制，回弹量可以采用补偿法控制，同时应考虑各种摩擦力因素，进一步优化工艺参数。

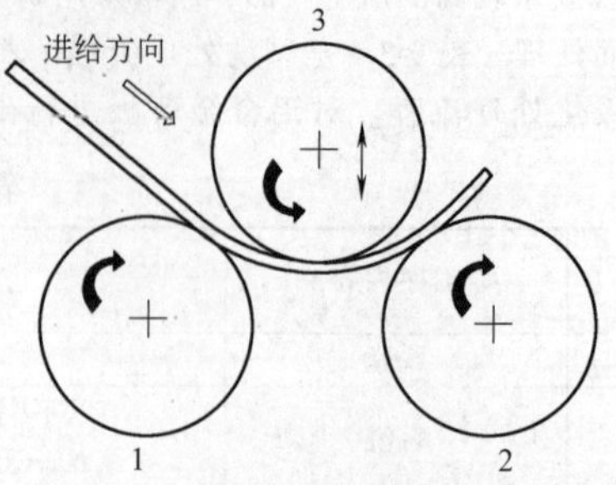

图 9-3-6　GLARE 层板滚弯成形

（2）GLARE 层板喷丸成形工艺　喷丸成形工艺主要应用于飞机蒙皮以及机翼壁板的成形，是一种无模成形工艺。成形过程中利用大量高速弹丸撞击 GLARE 层板表面，在受喷表面形成残余应力，并逐步使 GLARE 层板达到目标曲率的塑性变形，工艺原理如图 9-3-7 所示。该工艺方法具有准备周期短、成本低、加工长度不受限制、工艺过程稳定及再现性好、加工件疲劳寿命长和抗应力腐蚀性能好等优点。但喷丸强度过高或弹丸尺寸过大会导致喷丸面附近的纤维层断裂及金属层/纤维层界面的分层失效。喷丸成形的工艺过程复杂，其影响因素包括弹丸材质及尺寸、喷丸压力、喷丸流量、喷嘴形式及角度、喷丸距离、喷丸时间及机床速度等；这些因素单独或相互作用都会对材料的成形效果有显著影响。

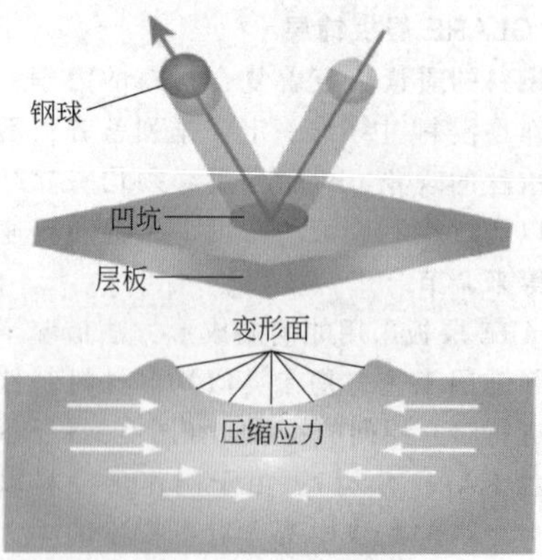

图 9-3-7　喷丸成形工艺原理示意图

（3）GLARE 层板激光成形工艺　激光成形工艺是以高能激光束为热源扫描铝合金层板表面形成的不均匀热应力，使 GLARE 层板发生塑性变形的加工方法，原理如图 9-3-8 所示。激光功率、扫描速度和次数等参数对于 GLARE 层板的弯曲角度和整体质量有着重要影响，通过对这些参数的设置可以获得最理想的构件。该工艺具有生产周期短、柔性大、对构件无伤害等特点。但因受温度梯度的影响，加工中存在最小弯曲半径的限制；采用激光成形工艺也可能导致铝合金层过热，使金属熔化和纤维层燃烧；此外，该工艺也可能会导致 GLARE 层板的层间分层和树脂基体开裂。

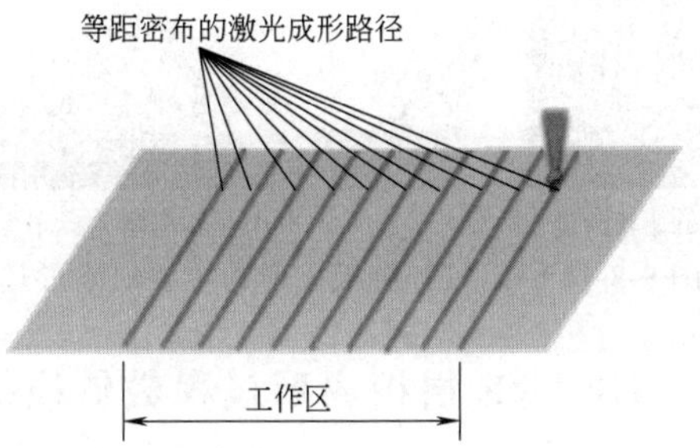

图 9-3-8　激光成形工艺制备 GLARE 层板原理图

综上，固化后成形的 GLARE 层板零件的制造工艺过程依次是：材料表面处理、铺层、热压固化、成形、修边打孔。目前固化后的 GLARE 层板成形工艺都仅限于针对大曲率、几何形状简单的零件。由于铝合金薄板材料的极限拉伸强度远小于玻璃纤维材料，而铝合金薄板材料的极限拉伸应变却远大于玻璃纤维。因此，根据变形协调条件可知，固化后 GLARE 层板的拉伸变形能力主要取决于玻璃纤维的极限拉伸应变，这是单向拉伸试验时 GLARE 层板试件首先发生玻璃纤维断裂的成因。因为纤维断裂之前发生的都是弹性变形，所以层板在纤维轴向变形后将产生相当大的回弹。固化后 GLARE 层板的成形性能较差，不能完全套用传统的铝合金材料成形工艺制造 GLARE 层板零件。

2. 固化前成形工艺

固化前成形的代表方法为充液成形、橡皮垫成形，即在制得 GLARE 层板后利用充液成形、橡皮垫成形得到特殊形状的板材再进行固化处理。

（1）GLARE 层板充液成形工艺　GLARE 层板零件与普通金属板零件的充液成形过程基本一致，主要区别是 GLARE 层板坯料边缘需要进行密封保护，以防止充液成形过程中液体污染层板界面，可以采用粘贴压敏胶带的方法进行密封保护。充液成形的主要工艺参数包括液室压力加载路径、成形液室压力、压边力和压边间隙等，这些工艺参数可以通过成形过程的数值模拟来确定，也可以通过物理试验来确定。正确的成形过程数值模拟可以大大减少物理试验的次数，降低充液成形的成本。压边可以通过控制压边力的方式实现，也可以通过控制压边间隙的方式实现。对于 GLARE 层板的充液成形，压边间隙通常等于 1.1 倍板料厚度。GLARE 层板充液成形的工艺流程如图 9-3-9 所示。

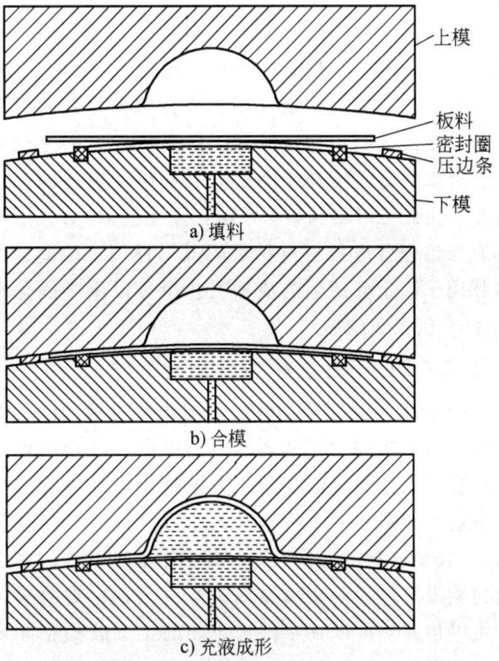

图 9-3-9　GLARE 层板充液成形的工艺流程

（2）GLARE 层板橡皮垫成形工艺　橡皮垫成形工艺属于半固化 GLARE 层板的成形工艺中传统的冲压成形方法。该方法是利用橡皮垫或液压橡皮囊作为凹模（或凸模），以液体的压强为传压介质，将金属板材按刚性凸模（或凹模）加压成形的方法，其优点是效率高、成本低、成形质量好，适合于多品种、小批量生产。橡皮垫成形减少并简化了模具，缩短了零件的生产周期，提高了成形件的贴模精度，大大改善了零件的表面质量。其成形工艺如图 9-3-10 所示。

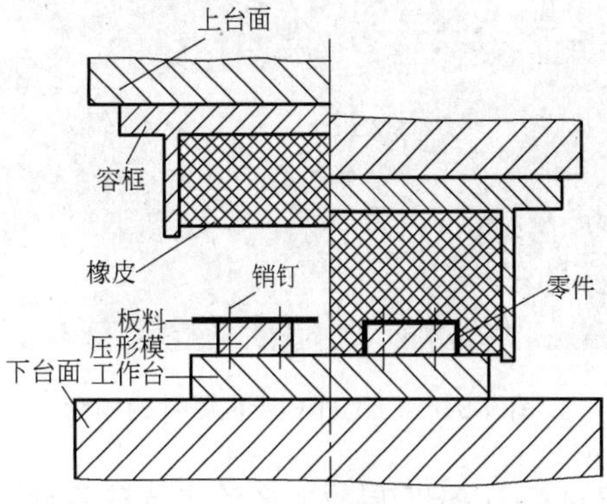

图 9-3-10　半固化 GLARE 层板橡皮垫成形工艺

综上，固化前成形的GLARE层板零件的制造工艺过程依次是：材料表面处理、铺层、成形、热压固化、修边打孔。对于固化前的GLARE层板，也称作半固化GLARE层板，其树脂呈胶体状态或半固态，其金属层与纤维层之间不再满足变形协调条件，且纤维层不限制金属层的变形。此时，GLARE层板的拉伸变形能力主要取决于铝合金薄板材料的极限拉伸应变。单向拉伸试验时，主要的承力层是金属层，金属层传递给纤维层的力的大小由树脂的黏度决定。由此可以得到如下结论：固化前GLARE层板具有与铝合金薄板材料相近的成形性能，因此，大多数用于铝合金薄板的成形工艺也可以用于固化前GLARE层板的成形。

3.2.3　GLARE层板零件固化

GLARE层板需要加热加压固化才能得到满足要求的几何形状和力学性能。固化可以在烘箱内使用真空袋实现，固化温度和压力根据热固性树脂的要求确定，如图9-3-11所示（该图取自荷兰Fokker公司）。需要注意的是固化时GLARE层板零件边缘会有树脂溢出，为防止树脂污染零件表面，需要采取一定的措施，可以在零件边缘处的上下表面粘贴耐高温压敏胶条实现零件表面保护。

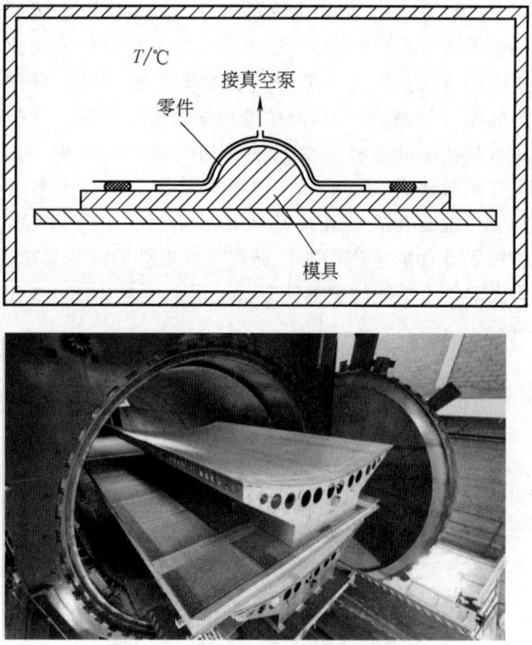

图9-3-11　GLARE层板零件的固化

3.2.4　GLARE层板成形的主要缺陷形式

GLARE层板成形的主要缺陷形式如图9-3-12所示。

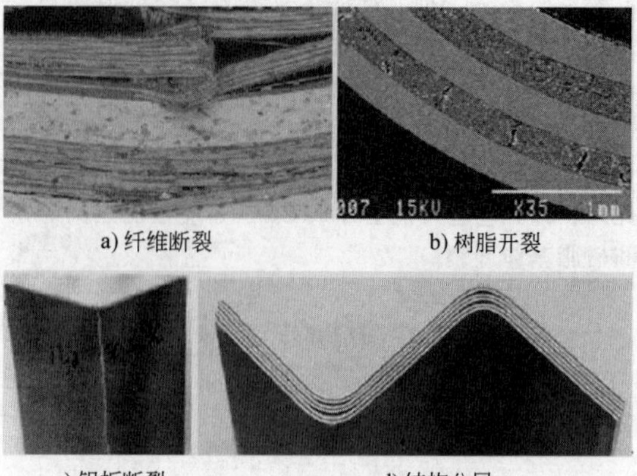

a) 纤维断裂　　b) 树脂开裂

c) 铝板断裂　　d) 结构分层

图9-3-12　GLARE层板成形的主要缺陷形式

3.3　GLARE层板成形过程数值模拟

3.3.1　GLARE层板有限元建模

DYNAFORM，ABAQUS，LS-DYNA是目前适用于GLARE层板成形过程模拟和模具设计的主流CAE软件。采用上述任一CAE软件模拟GLARE板成形，均需进行以下三部分的建模定义：

（1）金属层板　对于铝合金层板，通常采用壳单元建模，有时也采用实体单元建模，单元类型根据具体软件来选择，需要能够很好地进行屈曲和后屈曲分析，单元尺寸则根据具体仿真模型以及要求进行定义。铝合金本构模型一般选用JOHNSON-COOK材料模型，该模型是一种基于经验的黏塑性材料本构模型，形式相对简单，能很好地反映金属材料的力学特性。模型中所需输入的铝合金属性参数通常包括密度、泊松比、弹性模量、静态屈服强度、应变硬化模量、应变硬化因子、温度软化因子、参考变化率、铝合金失效模型参数等。

（2）纤维层　纤维层通常采用实体单元和壳单元进行建模，例如在ABAQUS中就采用8节点壳单元SC8R，该单元尺寸具有较高的纵横比，可以精确模拟GLARE层板厚度方向的响应。纤维层的总厚度、铺层数目以及铺层角度则根据具体研究的GLARE层板进行定义，材料类型选用软件中的“层板”类型。失效模型选用Hashin失效准则，该准则基于应力描述，主要考虑了复合材料纤维方向拉伸损伤、压缩损伤、基体拉伸损伤、基体压缩损伤四种失效模式，它包含了对纤维断裂、纤维-基体剪切破坏、分层破坏等三种损伤方式的判断，是目前对纤维增强材料进行损伤判定比较先进的、完备的准则。纤维损伤起始准则相关参数包括：纵向拉伸强度、纵向压缩强度、切向拉伸强度、切向压缩强度、纵向剪切强度、切向剪切强度。纤维损伤扩展准则相关参数包括：纵向拉伸断裂能、纵向压缩断裂能、切向拉伸断裂能、切向压缩断裂能。

（3）纤维层-金属层间的胶层单元　对于粘接界面的模拟可以分别采用以下三种单元模型：弹簧单元、约束关系、内聚力单元。使用弹簧单元模拟的纤维层-金属层的关系只能完全为弹性关系，而且模拟粘接面脱粘时法向力与切向力是非耦合的，因此该单元对粘接面的行为描述不准确，进而影响结果精度。使用约束关系模拟的方法是定义两个粘接面的约束关系，即模拟粘接时就完全约束；模拟脱胶时，则断开约束。该方法需要基于大量试验数据才可以描述胶层行为，建模过程复杂烦琐，同时也影响结果精度。使用内聚力单元进行模拟，即使用CAE 软件中自带的界面单元模拟粘接面的粘接行为。它对弹簧单元模型有所改进，界面单元上的应力应变是通过将单元变形等效而得出，改进了粘接面法向和切向应力应变的关系，因此使用内聚力单元建模更接近真实胶层的行为，且损伤与扩展准则也容易施加，但是建模中要注意考虑内聚力单元的方向性。

3.3.2　GLARE 层板的充液成形仿真实例

本算例是基于 ABAQUS 数值模拟软件，对飞机的部分腹板结构进行成形工艺过程的数值模拟，因为对称性取其一半结构进行建模分析，长度为600mm，宽度为260mm，深度为36.5mm，结构形状如图 9-3-13 所示。金属层板选用 2024-T3 铝合金，厚度分别为 0.3mm 和 0.5mm 两种，纤维层选用 WP9011/6508 玻璃纤维/环氧树脂预浸料，厚度为0.2mm。具体的材料性能参数见表 9-3-6 和表 9-3-7。本例通过选用不同厚度铝合金板以及不同层数组合，形成五种组合形式，具体组合形式如表 9-3-8 和图 9-3-14 所示。

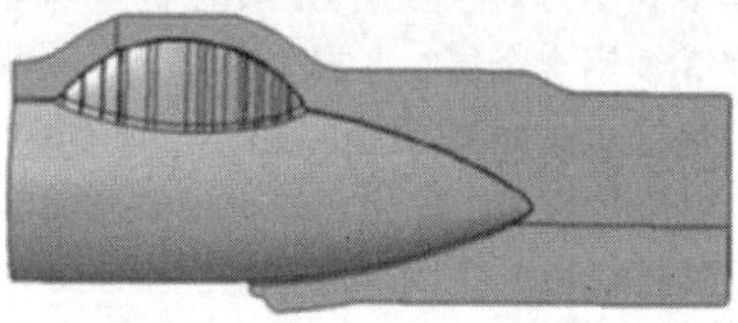

图 9-3-13　部分腹板结构 CAD 图

表 9-3-6　2024-T3 铝合金材料性能参数

弹性模量/GPa	断裂应变	泊松比	屈服强度/MPa	抗拉强度/MPa	密度/(kg/m^3)
72	0.19	0.33	305	405	2700

表 9-3-7　WP9011/6508 玻璃纤维/环氧树脂性能参数

参数	属性	单位
编织形式	平面编织	—
纤维单位质量	204	g/m^2
预浸料质量	340	g/m^2
经线	80	支/100mm
纬线	70	支/100mm
含胶量	40	(%)
厚度	0.2	mm

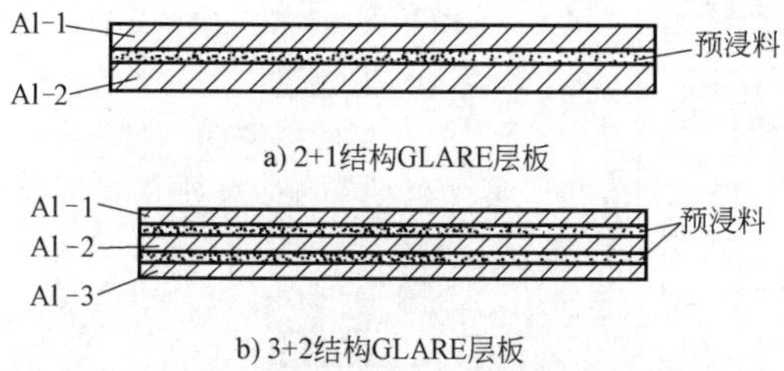

图 9-3-14　GLARE 层板组合图

表 9-3-8　GLARE 层板组合形式

名称	属性	单位
板 1	Al(1.2)	单层
板 2	Al(0.5)+预浸料(0.2)	g/m^2
板 3	Al(0.3)+预浸料(0.2)	g/m^2
板 4	Al(0.5)	2 层
板 5	Al(0.3)	3 层

上模采用壳单元创建网格并赋予其刚体属性，如图 9-3-15 所示。根据充液成形液压机的特点，上模只做垂直方向的直线运动，因此，应施加 3 个转动约束和水平面内的 2 个平动约束。垂直方向的直线运动可以通过施加强迫运动的方式实现，一般情况下可以定义速度-时间历程（见图 9-3-16）来模拟上模的运动。

图 9-3-15　上模网格

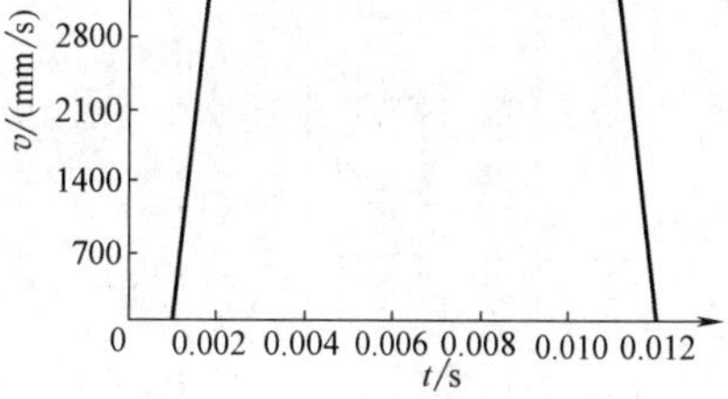

图 9-3-16　速度-时间历程

下模也采用壳单元创建网格并赋予其刚体属性，如图 9-3-17 所示。由于下模是静止不动的，因此下模的 6 个自由度均需要施加约束。

图 9-3-17　下模网格

未固化 GLARE 板料也采用壳单元创建网格（见图 9-3-18），但每层需要单独创建，这样做的原因是金属层与纤维层不满足变形协调条件，而且相邻层的材料是不同的。对于 5 层 GLARE 板需要创建 2 个纤维层和 3 个铝合金层，各层之间留出一个很小的距离即可。铝合金的本构模型采用 JOHNSON-COOK 材料模型，由于树脂尚未固化，纤维层基本没有抗弯能力，采用薄膜材料线弹性本构模型。由于充液成形过程中液室压力直接作用在 GLARE 板料上，因此需要在最下面的铝合金层下表面施加压力。需要定义压力-时间历程（见图 9-3-19）来模拟加载路径，加载路径起始点应在上模运动结束点（0.012s）之后。

图 9-3-18　GLARE 板料网格

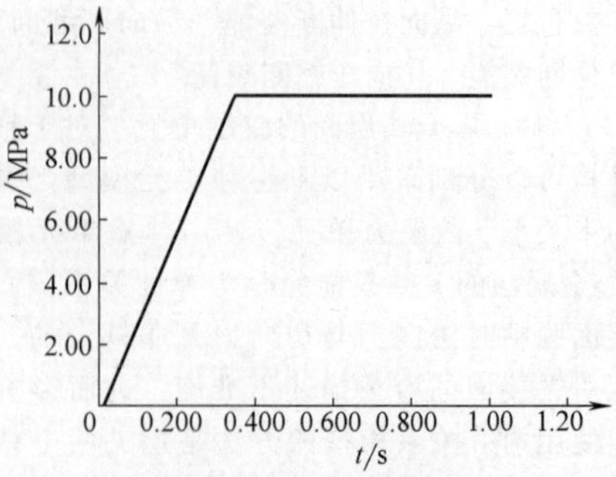

图 9-3-19　加载路径

未固化 GLARE 层板成形过程数值模拟需要定义接触关系，包括上模与上层铝合金层的接触关系、下模与下层铝合金层的接触关系以及铝合金层与纤维层的接触关系。这些接触关系均可采用主从面接触，而摩擦系数可以根据两种材料之间的摩擦试验确定。GLARE 腹板结构充液成形过程中的部分结果和变形如图 9-3-20、图 9-3-21 所示。

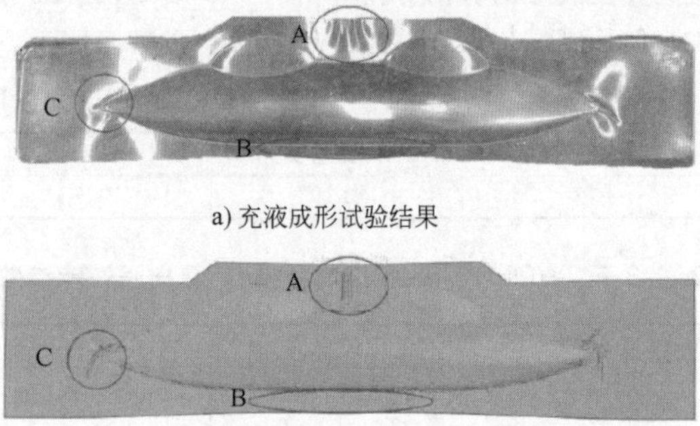

a) 充液成形试验结果

b) 充液成形仿真结果

图 9-3-20　充液成形的 GLARE 腹板部分结果对比

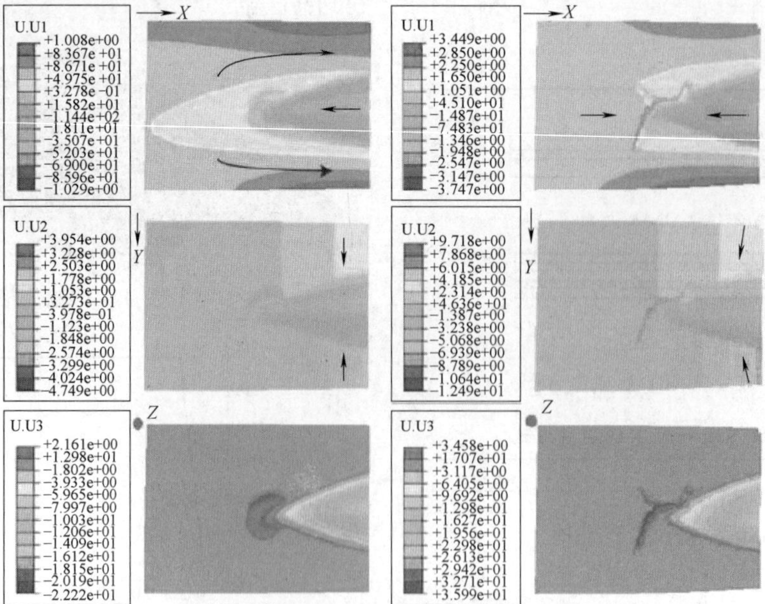

a) 成形深度为23mm　　b) 成形深度为36.5mm

图 9-3-21　成形过程中 GLARE 腹板结构的变形图

3.4　GLARE 层板典型件成形工艺

3.4.1　双曲度飞机腹板结构

该飞机腹板结构试验件采用 GLARE 层板结构，金属层板为 2024-T3 铝合金，预浸料为 WP9011/6508 玻璃纤维/环氧树脂，相关性能参数参见 3.3.2 节。成形试验压力分别为 6MPa、8MPa、10MPa、12MPa、14MPa、16MPa，板的夹持力在 2000～8000kN 区间内变化，成形后的腹板试验结构在 120℃下固化 3 小时。通过比较研究 2+1 型 GLARE 零件和 3+2 型 GLARE 零件的成形后结果，发现翘曲变形（见图 9-3-22）和尖端褶皱变形（见图 9-3-23）的成因，经过工艺参数的调整，得到了符合要求的腹板成形试验件，如图 9-3-24 所示。

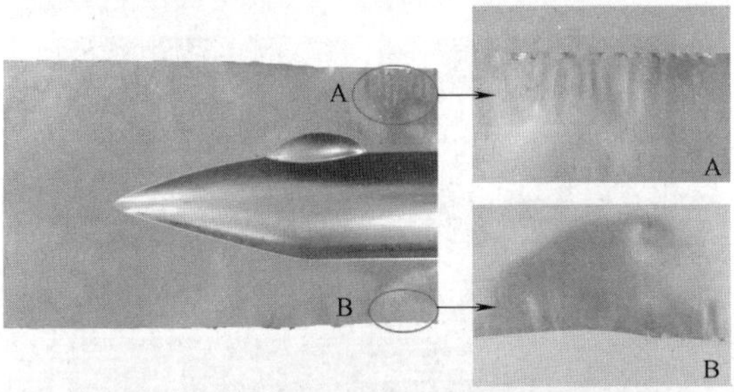

图 9-3-22　腹板试验件的翘曲变形

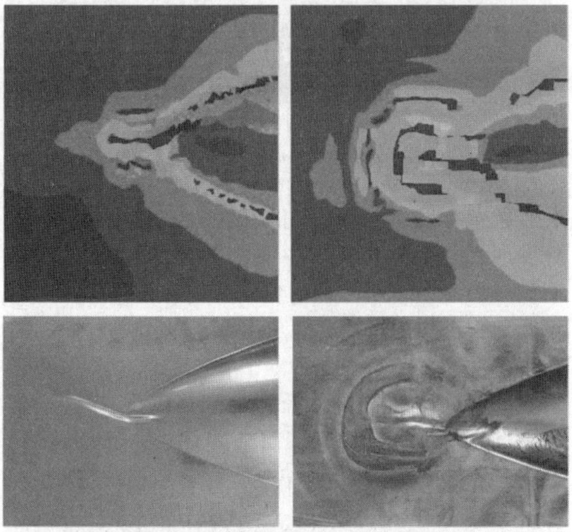

a) 2+1型GLARE结构　　b) 3+2型GLARE结构

图 9-3-23　腹板试验件的尖端褶皱变形

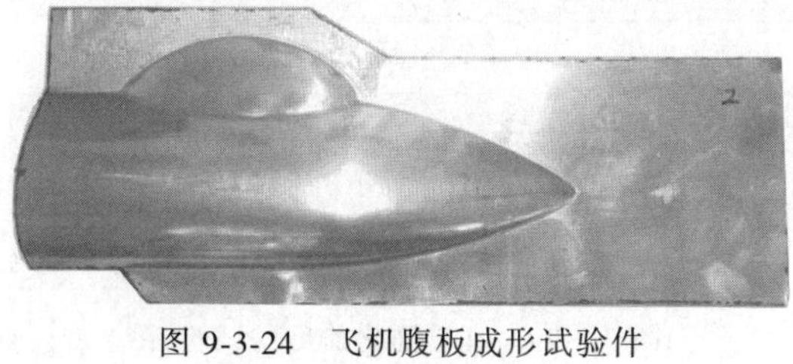

图 9-3-24　飞机腹板成形试验件

3.4.2　大拉深比薄筒形件

对某大型飞机上大拉深比 GLARE 材质的薄筒形件进行成形，金属层板为 2024-T3 铝合金，预浸料为 WP9011/6508 玻璃纤维/环氧树脂，材料性能参数详见 3.3.2 节。采用基于非线性动态显式算法的 DYNAFORM 软件分析成形过程。通过试验并结合模拟分析研究发现，深腔类盒形 GLARE 件的充液拉深成形过程中，主要失稳形式是法兰区起皱、凹模圆角附近侧壁破裂，影响起皱、破裂的主要因素有最大液室压力、初始反胀压力、初始反胀高度及压边间隙等。适当的压边间隙除了能抑制法兰起皱，也能防止由于压边间隙太小而造成的侧壁区减薄破裂。通过对薄筒形件充液成形模拟分析，可以得到最优液室压力、最优初始反胀压力以及初始反胀高度，在此工艺参数下坯料能够顺利成形且壁厚均匀，得到成形质量高的零件，如图 9-3-25 所示。

图 9-3-25　薄筒形件

3.4.3　飞机蒙皮小盒形件

该零件为轴对称方盒形零件，零件长为 350mm，宽为 170mm，最小成形圆角半径为 5mm，成形区半径为 70mm，法兰边长为 15mm，成形深度为 13mm，零件厚度为 0.8mm，如图 9-3-26 所示。成形零件选用“2+1”形式的 GLARE 层板材料，铝合金层采用厚度为 0.3mm 的 2024-T3 材料，纤维层采用厚度为 0.2mm 的 EWR200-100 玻璃纤维预浸料，两种材料的力学性能参数分别见表 9-3-6 和表 9-3-9。

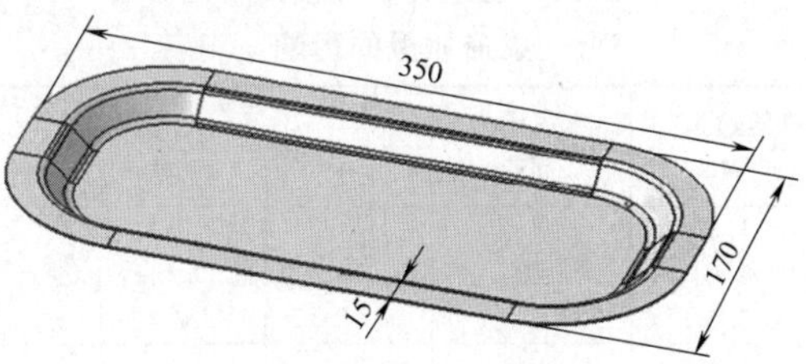

图 9-3-26　零件示意图

表 9-3-9　EWR200-100 材料力学性能参数

抗拉强度/MPa	拉伸模量/GPa	压缩强度/MPa
400	18	450
弯曲强度/MPa	弯曲模量/GPa	剪切强度/MPa
500	19	55

此前一般采用传统成形工艺先拉深成形后机械加工，或采用充液成形技术先拉深成形后机械加工的方法成形铝合金板材，但拉深成形后零件表面容易产生难以消除的压痕，铝合金板材表面质量较差；利用充液成形工艺制造的零件虽然成形质量得到了很大改善，但零件力学性能仍有所欠缺，且轻量效果不显著。因此，采用半固化纤维增强金属层板充液成形工艺和真空固化工艺，再运用机械加工的方式成形该零件，不仅能有效提高零件的强度、刚度，而且能更好地满足轻量化的要求。

首先将玻璃纤维金属层板材料按预定坯料尺寸进行制备，加工相应方盒形零件的充液成形模具，调整优化压边压力和液室压力等工艺参数，达到零件成形质量要求。在试验过程中，不同工艺参数对成形零件质量的影响见表 9-3-10。

从表 9-3-10 可以看出：当成形加载压边力为 2.0MN，液室压力为 30MPa 时，可以成形质量良好的零件，等效应力分布及模拟效果如图 9-3-27 所示；过小的压边力加载会使得纤维金属层板零件出现分层现象，而过大的液室压力加载会使得层板发生破裂，从而导致零件失效。纤维金属层板成形过程中的两种失效形式及成形质量较良好的 GLARE 零件如图 9-3-28 所示。由图 9-3-28a、b 可知：纤维金属层板方盒形零件的破裂发生在盒形底部圆角区域，与传统单层铝合金板材成形并无明显差异；而层合板特有的分层缺陷则一般产生于零件的法兰边缘位置。尽管在优化成形工艺参数后能得到质量较良好的零件，但图 9-3-28c 所示零件还是可以看出发生了翘曲等现象，零件形状还远远无法满足最终的产品质量要求。其主要原因在于，层合板中铝合金材料厚度较小（0.3mm），玻璃纤维材料几乎没有刚度，过大的成形压力会造成零件出现集中性失稳，从而导致零件出现翘曲。

表 9-3-10　压边力和液室压力对零件成形质量的影响

压边力/MN	液室压力/MPa	成形质量		
		分层	破裂	良好
1.5	20	√		
2.0		√		
2.5			√	
1.5	30	√		
2.0				√
2.5			√	
1.5	40	√		
2.0			√	
2.5			√	

为了减少零件的翘曲，增强零件性能，采用真空固化处理对成形后的零件进行二次加工。真空固化工艺试验设备由高温固化炉和真空处理装置组成。试验的真空度为 0.1MPa，固化温度为 120℃，固化时间一般为 3h。图 9-3-29 所示为层合板材料在真空固化前后得到的试验件。从图 9-3-29 可以看出：固化后零件的翘曲等现象得到了有效消除，零件的强度、刚度得到明显提高。最后，利用超声 CT 扫描技术对试验得到的纤维金属层板零件进行无损检测，证实其能够制造满足生产需求、质量合格的零件。

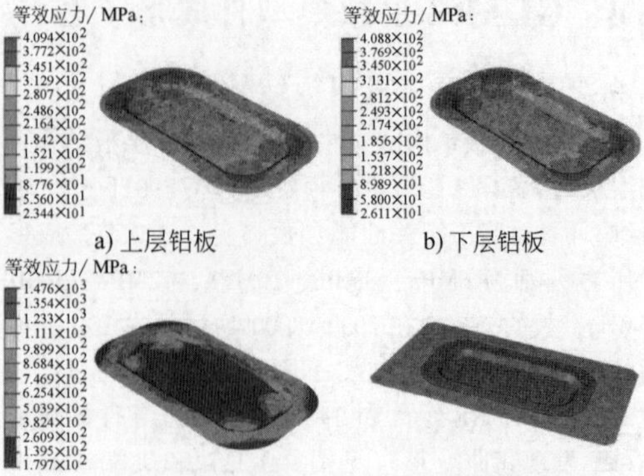

a) 上层铝板　b) 下层铝板

c) 中间层玻璃纤维　d) 模拟效果图

图 9-3-27　各层板等效应力分布及模拟效果

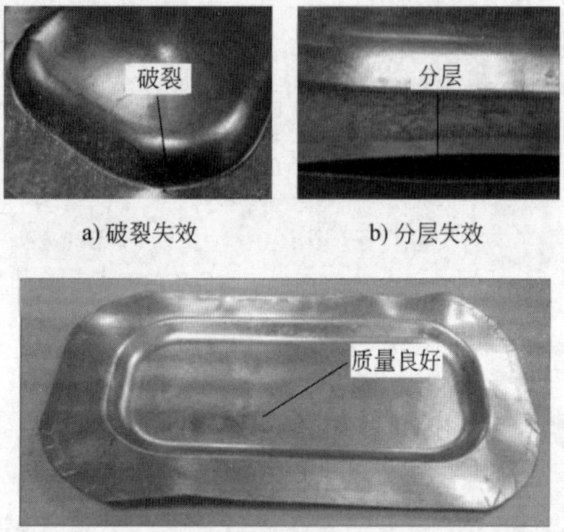

a) 破裂失效　b) 分层失效

c) 质量良好

图 9-3-28　不同工艺参数下的 GLARE 零件

a) 真空固化前试验件

b) 真空固化后试验件

图 9-3-29　真空固化前后的试验件

参考文献

[1] 白江波，熊峻江，李雪芹，等. 复合材料机翼整体成型技术研究 [J]. 复合材料学报，2011，28 (3)：185-191.

[2] 蒋陵平. Glare 层板疲劳性能研究综述 [J]. 材料导报，2012 (5)：113-118.

[3] VOGELESANG L B，GUNNINK J W. ARALL：A materials challenge for the next generation of aircraft [J]. Materials & Design，1986，7 (6)：287-300.

[4] VLOT A D，GUNNINK W J. Fiber Metal Laminates an introduction [M]. Amsterdam：Kluwer Academic Publishers，2001：532.

[5] 熊晓枫，张庆茂. 国内外关于 GLARE 的研究和应用 [J]. 航空制造技术，2013 (23)：141-143.

[6] ABOUHAMZEH M，SINKE J，JANSEN K M B，et al. Kinetic and thermo-viscoelastic characterisation of the epoxy adhesive in GLARE [J]. Composite Structures，2015，124：19-28.

[7] ASAEE Z，SHADLOU S，TAHERI F. Low-velocity impact response of fiberglass/magnesium FMLs with a new 3D fiberglass fabric [J]. Composite Structures，2015，122：155-165.

[8] WU G，YANG J M. The mechanical behavior of GLARE laminates for aircraft structures [J]. Jom the Journal of the Minerals Metals & Materials Society，2005，57 (1)：72-79.

[9] YAGHOUBI A S，LIAW B. Effect of lay-up orientation on ballistic impact behaviors of GLARE 5 FML beams [J]. International Journal of Impact Engineering，2013，54 (4)：138-148.

[10] 李恒德，冯庆玲，崔福斋，等. 贝壳珍珠层及仿生制备研究 [J]. 清华大学学报：自然科学版，2001，41 (4-5)：41-47.

[11] 杨文珂. Glare 纤维金属层合板的机械性能仿真分析及其实验验证 [D]. 长春：吉林大学，2016.

[12] 韩奇钢，孙延标，杨文珂，等. 纤维/金属层状复合材料的研究及应用进展 [J]，精密成形工程，2019，11 (1)：17-23.

[13] VRIES T J. Blunt and Sharp Notch Behaviour of Glare Laminates [D]. Delft：Technische Universiteit Delft，2001.

[14] Gariépy A，Larose S，Perron C，et al. On the effect of the peening trajectory in shot peen forming [J]. Finite Elements in Analysis and Design，2013，69：48-61.

[15] 李华冠. 玻璃纤维-铝锂合金超混杂复合层板的制备及性能研究 [D]. 南京：南京航空航天大学，2016.

第10篇　冲　模

概　述

冲模是金属板材成形的重要工艺装备，需要安装在压力机上，与自动上下料系统协调配合使用。冲模设计的合理性、制造与装配精度，直接影响下料和冲压件的质量与生产效率，以及冲模的使用寿命。冲模结构由工作零件、导向部件、定位和卸料部件、支撑和紧固零件等装配而成。冲模按功能可分为冲裁模、成形模、组合冲模、多工位级进模。冲裁模又可细分为冲孔模、落料模、复合模、切边模、剖切模、冲裁级进模等；成形模又细分为弯曲模、拉深模、翻边模、校形模、卷边模、缩口模和胀形模。组合冲模是由若干个冲模单元组合而成，完成冲孔、切口、切角等工序的通用模具。多工位级进模还包括冲裁级进模、弯曲级进模、拉深级进模，即通过多道次的连续塑性变形，获得所需要的零件形状。

冲模设计的关键环节包括模具的压力中心计算、设备选用和模具的闭合高度确定。冲模结构中除了一定数量的标准化零件，还有非标零件和半非标零件。凸凹模属于非标零件，是冲模零部件设计的关键。冲压模具结构中的零件之间（如导柱导套）、模具零件与板料之间存在相对运动，有些模具零件之间保持相对固定，对模具材料、热处理硬度和表面耐磨性的要求也不尽相同。不同的模具零部件要求不同的制造精度，常采用电火花加工、线切割加工、数控铣削和数控磨削，实现模具零部件的半精加工和精加工。快速原型增材制造技术用于模具的表面修复、具有复杂随形冷却水道的热冲压模具零件的制造，具有显著的技术优势。

结合实例，本篇第1章将介绍典型的冲模结构，第2章将介绍冲模设计的基本方法，第3章将介绍冲模的先进制造技术。

第 1 章

冲模结构

上海交通大学　陈　军　赵　震　吴公明
上海机电工业职工大学　荣　焯
昆山登云科技职业学院　胡伟丽

1.1　冲模分类与基本结构组成

1. 冲模分类

冲模按工艺性质分有：冲裁模、弯曲模、拉深模、成形模、翻边模、缩口模、胀形模等。

按工序组合分有：单工序模（又称简单模）、复合模、级进模等。

按导向方式分有：无导向模、导柱模、导板模、导筒模等。

按机械化程度分有：手工操作模、半自动化模、自动化模等。

按生产适应性分有：通用模、专用模。

按冲模尺寸大小分有：大型冲模、中型冲模、小型冲模。

2. 冲模基本结构组成

冲模基本结构零件可分为工艺类零件和辅助类零件。

工艺类零件有：工作零件、定位零件、卸料和顶出零件。

- 工作零件
  - 凸模
  - 凹模
  - 凸凹模
  - 刃口镶块

- 定位零件
  - 定位销
  - 挡料销
  - 导正销
  - 导料板
  - 定距侧刃
  - 侧压器

- 卸料、顶出零件
  - 压料板
  - 卸料板
  - 顶出器
  - 顶销
  - 推板
  - 废料刀

辅助类零件有：导向零件、支承及夹持零件、紧固零件等。

- 导向零件
  - 导柱
  - 导套
  - 导板
  - 导筒

- 支承及夹持零件
  - 上、下模板
  - 模柄
  - 凸、凹模固定板
  - 垫板
  - 限位器

- 紧固零件及其他
  - 螺钉
  - 销钉
  - 弹簧
  - 起重柄
  - 托料架
  - 其他

1.2　冲裁模

1. 冲裁模基本类型

按工艺性质分类为：

（1）落料模　沿封闭的轮廓将工件与材料分离的模具。

（2）冲孔模　沿封闭的轮廓将废料与材料分离的模具。

（3）切断模　沿敞开的轮廓将材料分离的模具。

（4）切口模　沿敞开的轮廓将零件局部切开但不完全分离的模具。

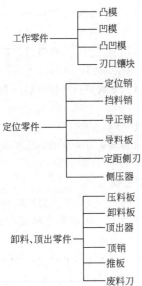

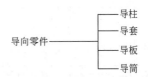

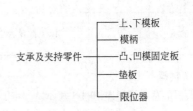

（5）剖切模　将工件切成两个或两个以上工件的模具。

（6）整修模　切除冲裁件上粗糙的边缘，获得光洁垂直断面的模具。

（7）精冲模　从板料上分离出尺寸精确、断面光洁垂直的冲裁件的模具。

按工序组合程度分类为单工序模、复合模和级进模，它们的比较见表 10-1-1，可供确定模具结构方案时参考。

表 10-1-1　三种模具的简单比较

项目	单工序模	级进模	复合模
外形尺寸	小	大	中
复杂程度	简单	较复杂	复杂
工作条件	不太好	好	较好
生产效率	低	最高	高
工件精度	低	高	最高
模具成本	低	高	高
模具加工	易	难	难
设备能力	小	大	中
生产批量	中小批量为主	以大批量为主	

2. 落料模

较典型的落料模如图 10-1-1 所示。

图 10-1-2 所示是依靠导板和凸模导向的落料模。

3. 冲孔模

图 10-1-3 所示为生产转子片的多孔冲孔模，为了制造方便，凸模与固定板，导套与上模板用黏结剂固定。

图 10-1-4 和图 10-1-5 所示为在厚板上冲小孔的模具。前者凸模 1 由扇形块 2 和凸模活动护套 3 全长导向，后者为了缩短凸模采用打击柱。

图 10-1-6 和图 10-1-7 所示为两种侧孔冲模典型结构。

图 10-1-8 为多向冲孔模。

4. 复合模

图 10-1-9 所示为典型的落料冲孔复合模。

图 10-1-10 所示为倒装结构冲小孔复合模。

5. 切边模

有法兰拉深件切边模如图 10-1-11 所示。

图 10-1-12 所示为拉深后挤切修边模正、反两种形式，工件拉深到所需高度后剩余法兰部分即被切断。

图 10-1-13 所示是矩形拉深件竖壁浮动切边模。凸模推动浮动块向下运动，同时由于四块斜楔导轨使浮动块在水平面内摆动而使凸、凹模有相对剪切运动完成切边。该模适用于薄料，否则水平力太大。

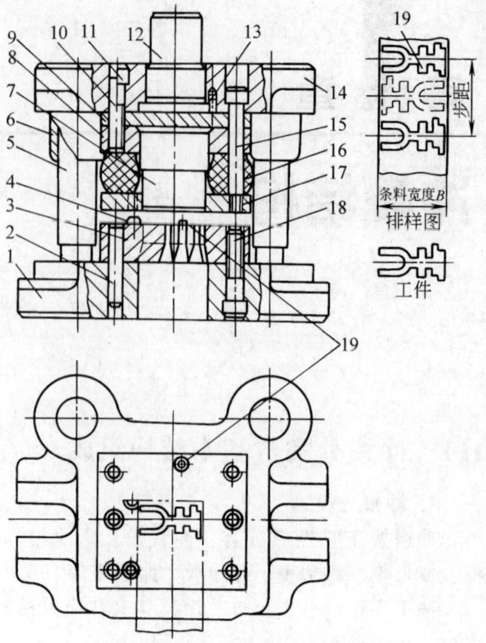

图 10-1-1　落料模

1—下模板　2、10—销钉　3—凹模　4—导料钉　5—导柱　6—导套　7—凸模　8—固定板　9—垫板　11、18—螺钉　12—模柄　13—防转销　14—上模板　15—卸料螺钉　16—橡皮　17—卸料板　19—挡料销

图 10-1-14 所示为悬臂式修边模，需经多次修边才能切除工件的全部边缘。

图 10-1-15 所示为斜楔式切边模，适用于大型件切边。

6. 剖切模

图 10-1-16 所示是百叶窗剖切成形模，采用拼块结构，便于加工。

7. 冲裁级进模

图 10-1-17 所示为采用侧刃定距的冲裁级进模。

图 10-1-18 所示为采用导正销定距的冲裁级进模，无废料排样，一次冲两件。

图 10-1-19 所示为铜质电触头冲裁级进模，采用侧刃定距，一次冲五件。

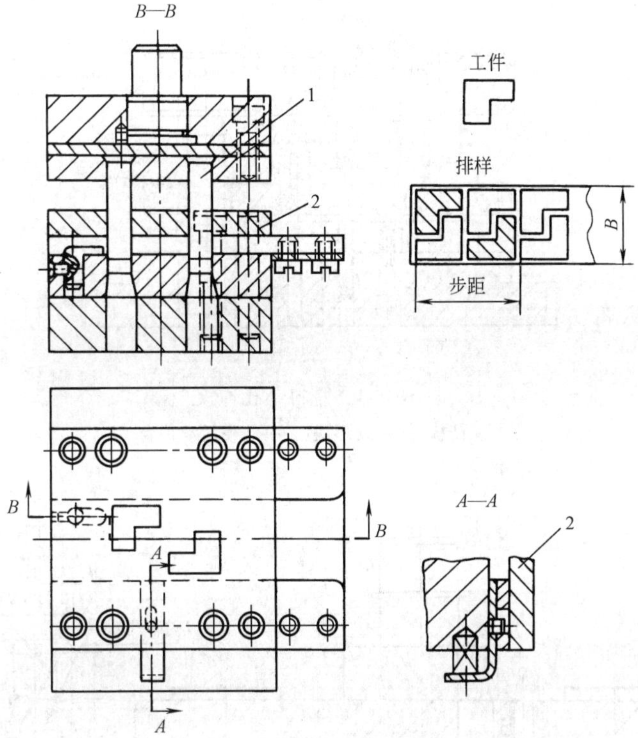

图 10-1-2　导板和导向落料模
1—凸模　2—导板

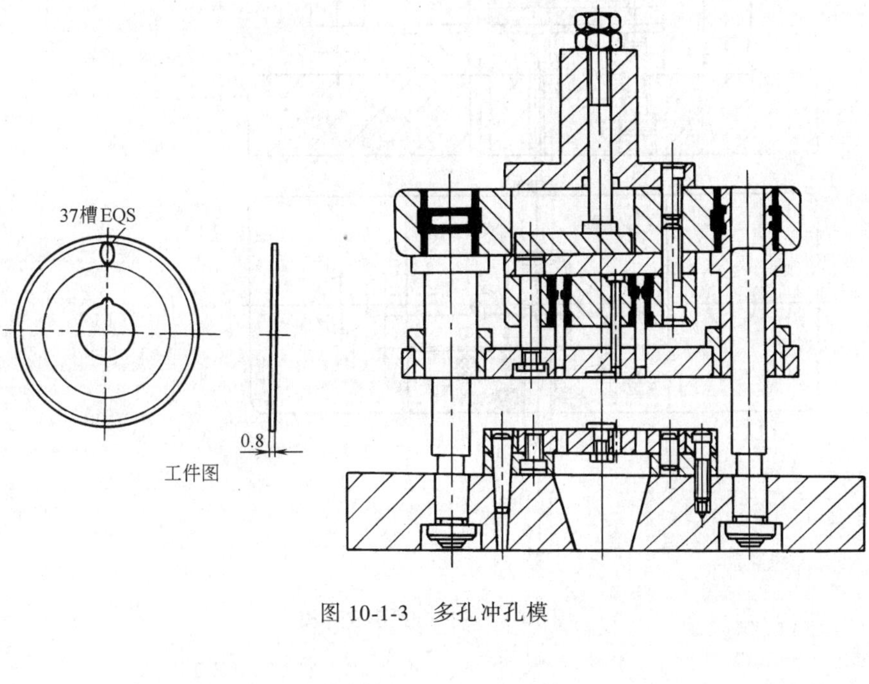

图 10-1-3　多孔冲孔模

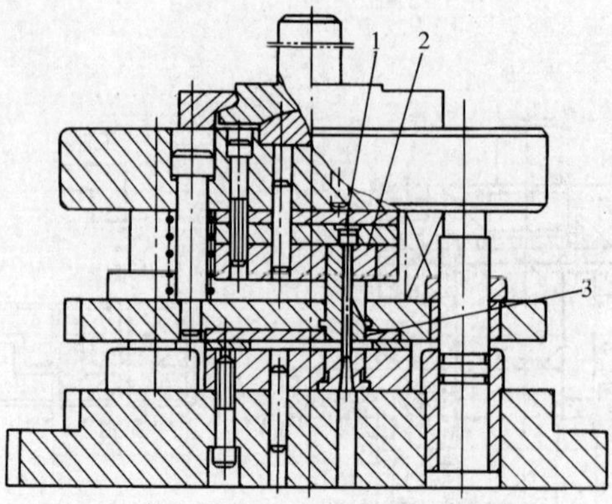

图 10-1-4　厚料小孔冲模
1—凸模　2—扇形块　3—凸模活动护套

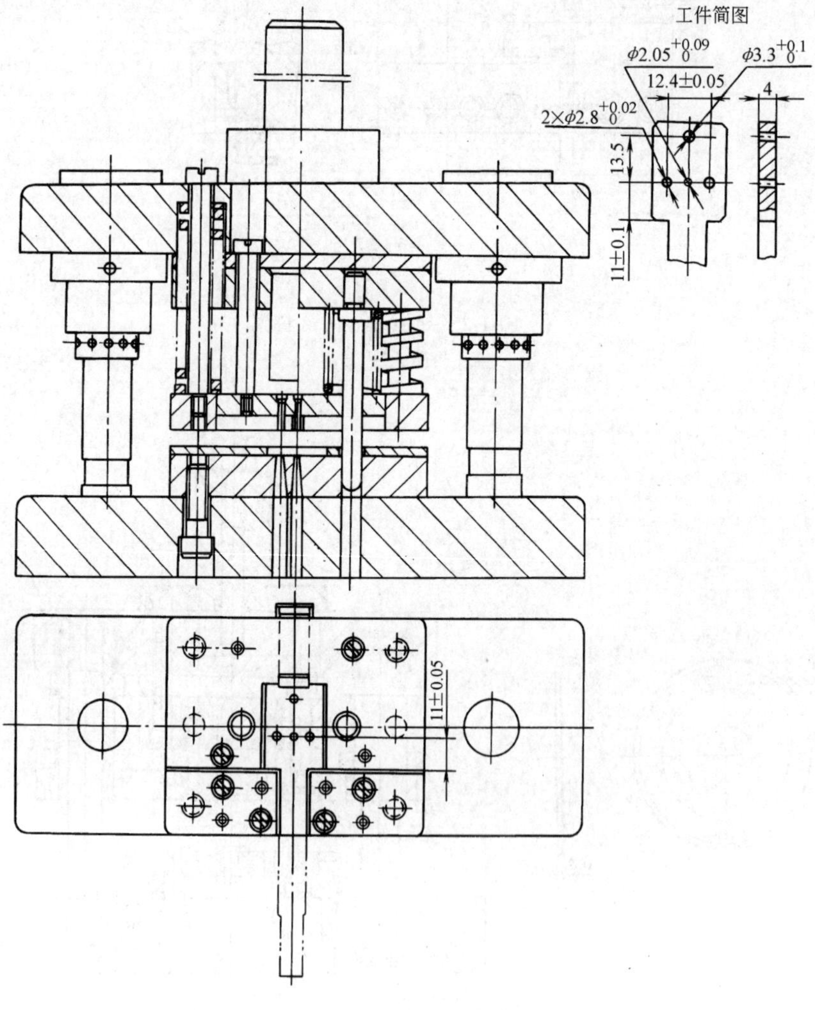

图 10-1-5　打击式小孔冲模

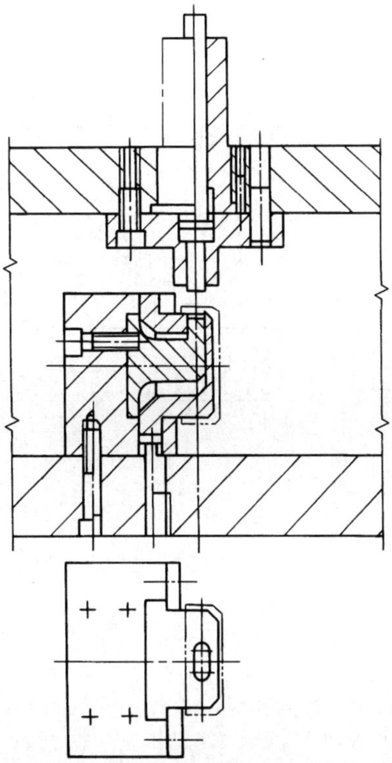

图 10-1-6　侧孔冲模一

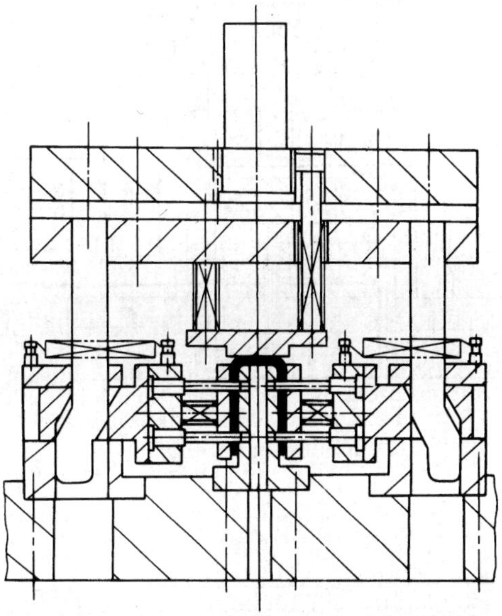

图 10-1-7　侧孔冲模二

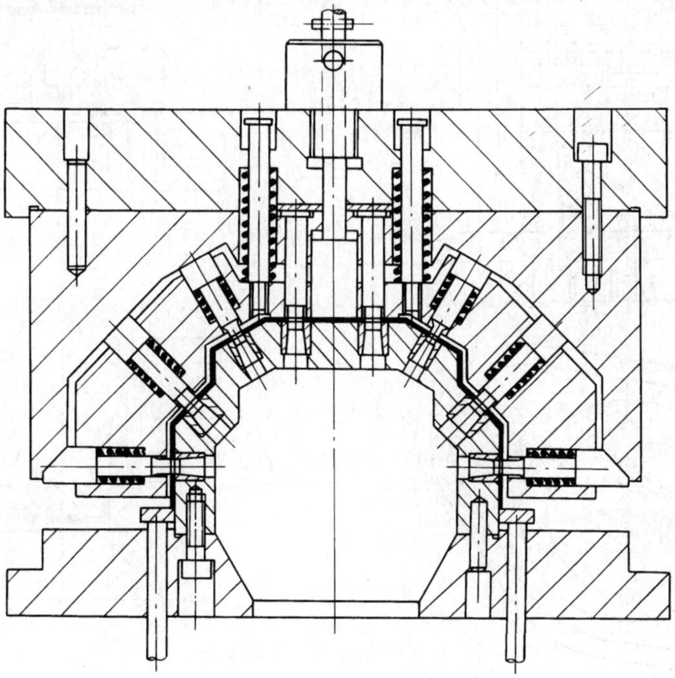

图 10-1-8　多向冲孔模

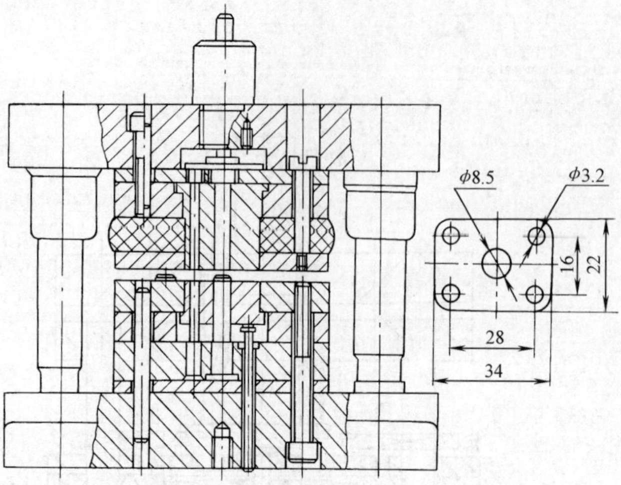

图 10-1-9　典型落料冲孔复合模

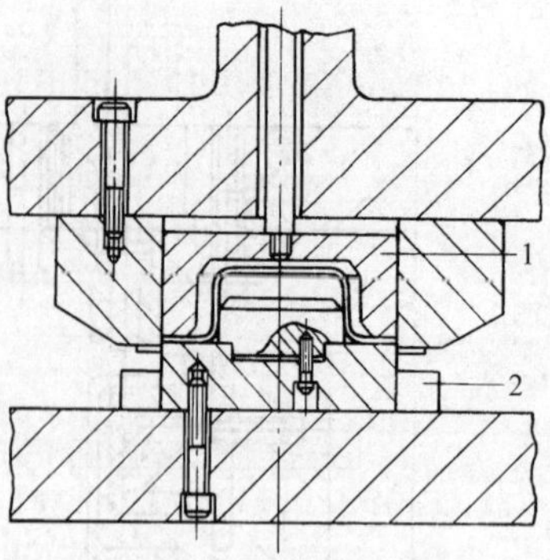

图 10-1-11　法兰拉深件切边模
1—推板　2—废料刀

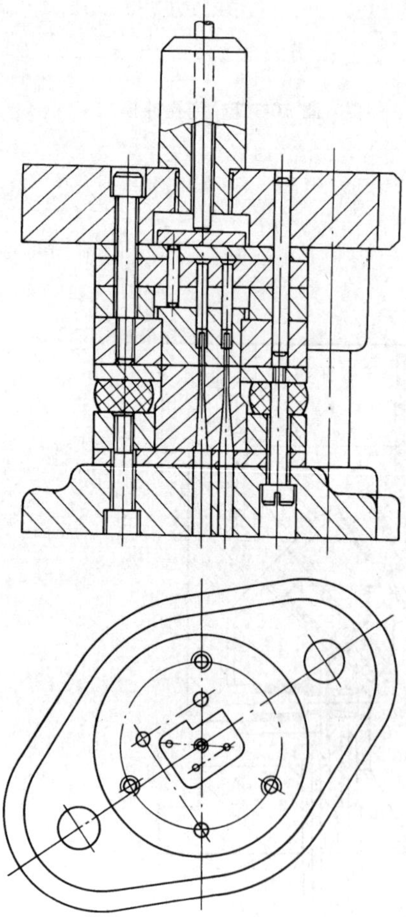

图 10-1-10　倒装结构冲小孔复合模

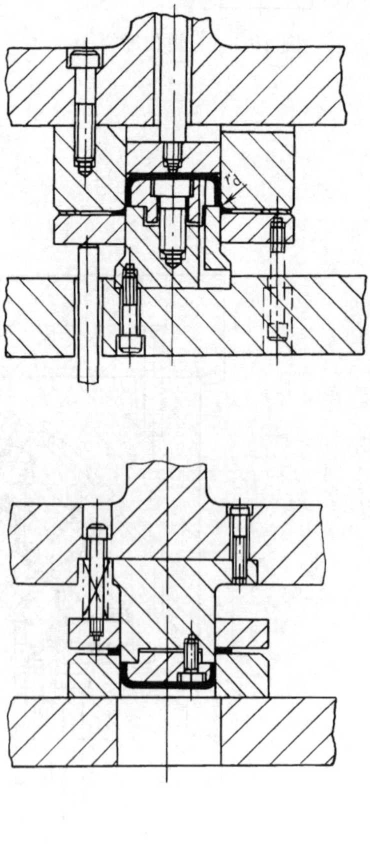

图 10-1-12　拉深后挤切修边模

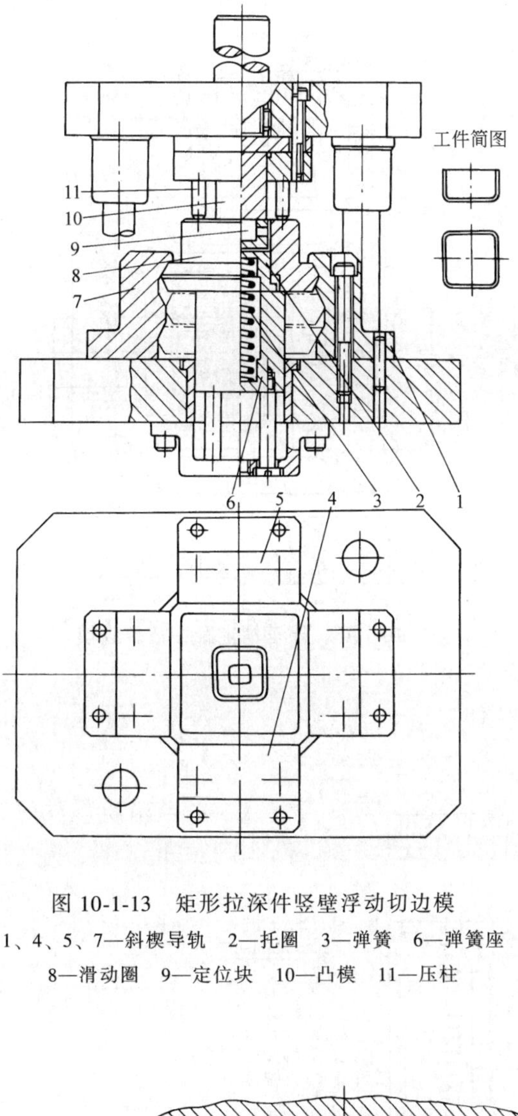

图 10-1-13　矩形拉深件竖壁浮动切边模

1、4、5、7—斜楔导轨　2—托圈　3—弹簧　6—弹簧座　8—滑动圈　9—定位块　10—凸模　11—压柱

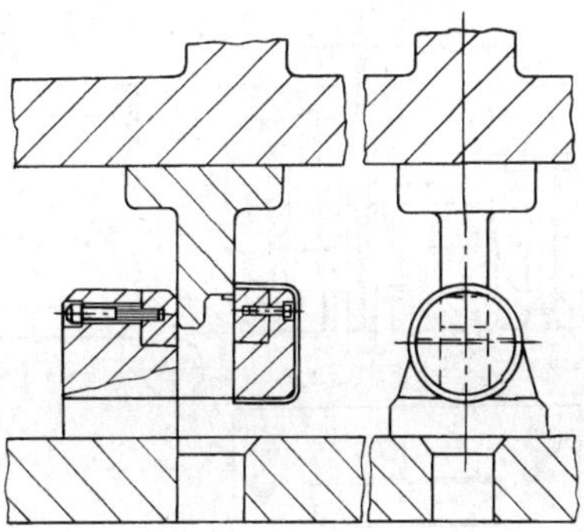

图 10-1-14　悬臂式修边模

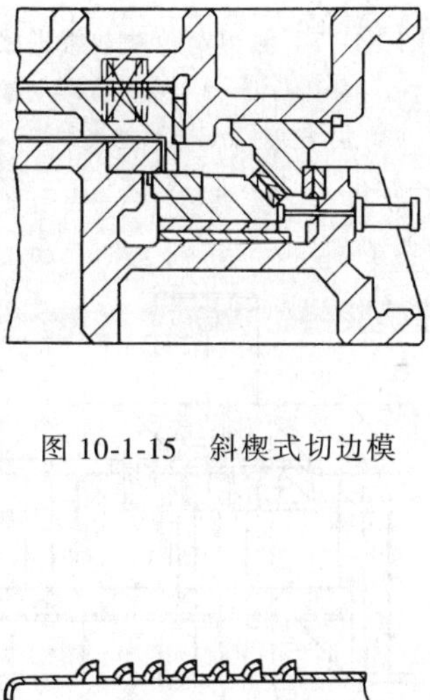

图 10-1-15　斜楔式切边模

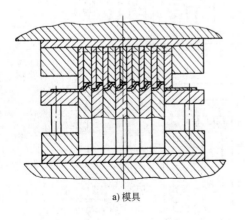

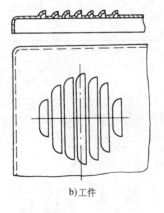

图 10-1-16　剖切模

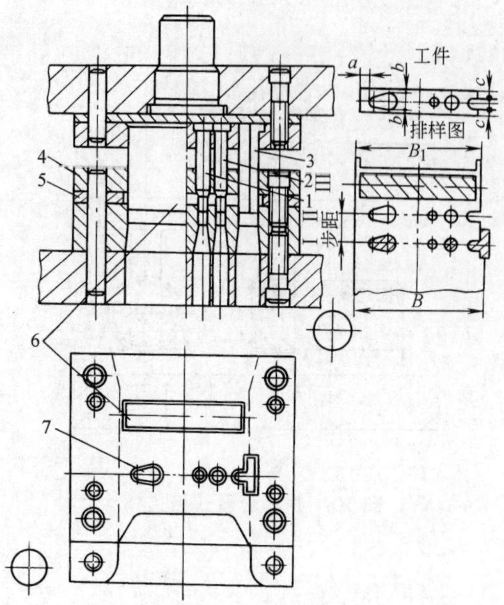

图 10-1-17　侧刃定距冲裁级进模

1、2、7—冲孔凸模　3—侧刃　4—卸料板

5—导尺　6—落料凸模

Ⅰ—冲孔、切边　Ⅱ—空位　Ⅲ—落料

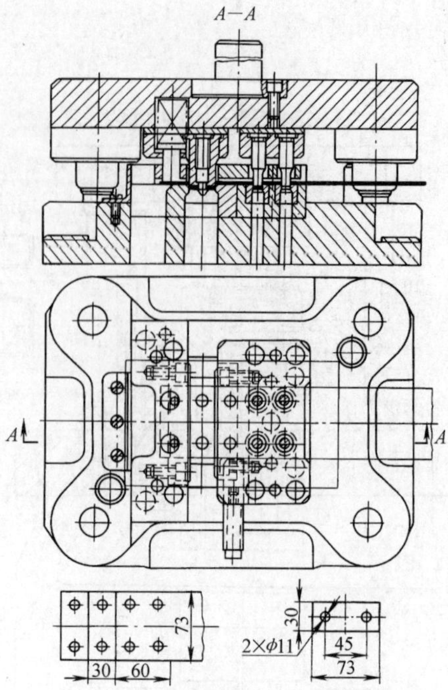

图 10-1-18　导正销定距冲裁级进模

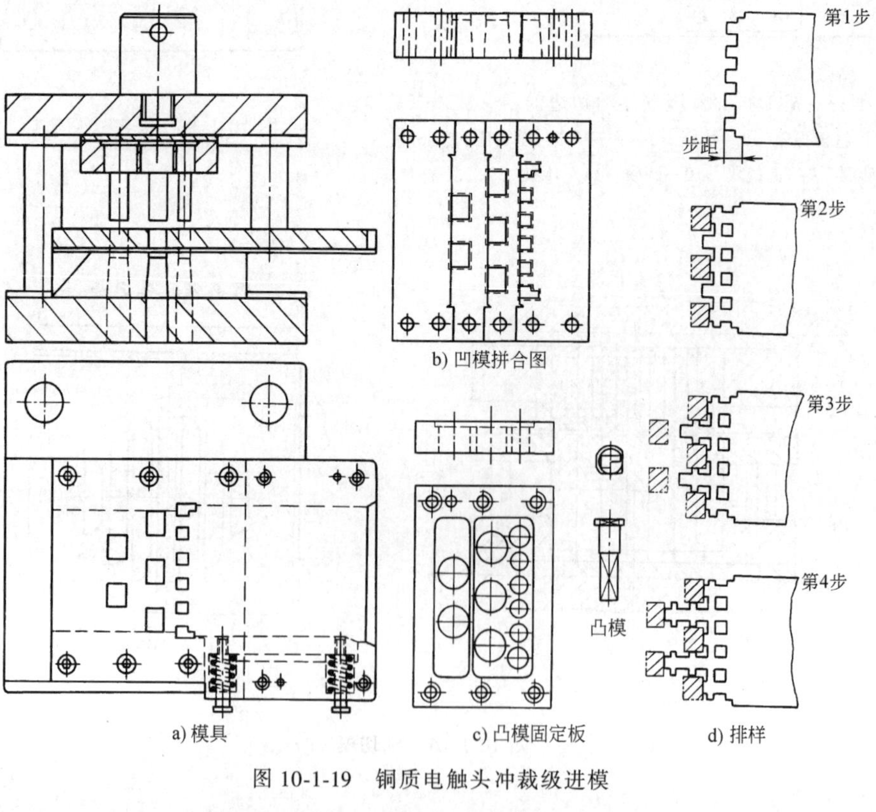

图 10-1-19　铜质电触头冲裁级进模

1.3　成形模

1. 弯曲模

（1）单角弯曲模　图 10-1-20 所示为三种较常见的单角弯曲模。图 10-1-21 所示为带翻板的精密单角弯曲模，弯曲时工件不滑移，表面无压痕。图 10-1-22 所示为通用单角弯曲模，调换凸模和翻转凹模可弯不同角度的工件。

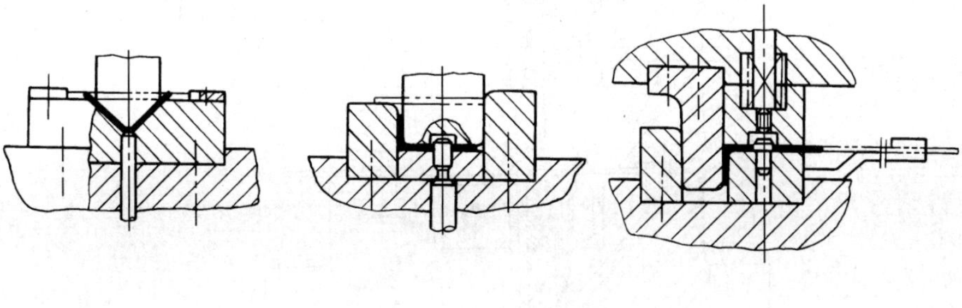

图 10-1-20　单角弯曲模

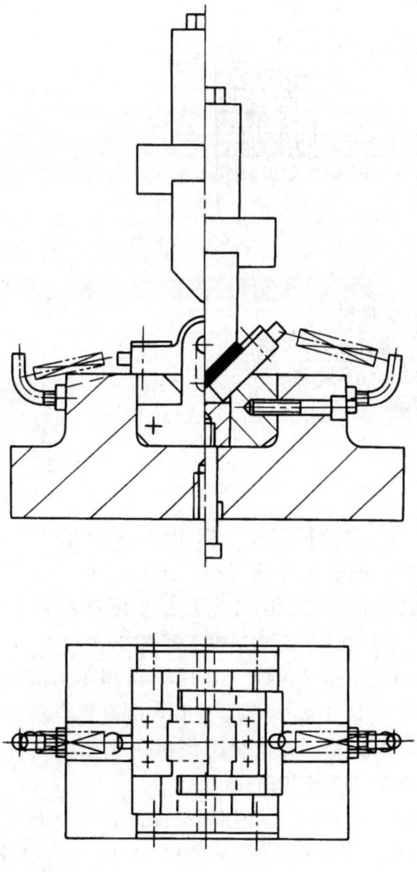

图 10-1-21　翻板精密单角弯曲模

（2）U 形弯曲模　图 10-1-23 所示为常见 U 形弯曲模。图 10-1-24 所示为双向 U 形弯曲模，两个弯曲方向相反，先弯 *A—A* 所示方向，在下死点工件得到校正。图 10-1-25 所示为活动凹模整形弯曲模。接近下死点时，推杆压下活动下模，向里压紧校正工件，靠弹簧复位。

（3）∪形弯曲模　图 10-1-26 和图 10-1-27 所示为∪形弯曲模，前者工件经过两道工序弯曲而成，用两副模具，后者一道工序完成，坯料先弯成∪形，然后反向折弯成∩形，最后具有校正作用。

（4）Z 形弯曲模　图 10-1-28 和图 10-1-29 所示为 Z 形弯曲模，后者使用转动凸模。

（5）卷圆模　图 10-1-30 和图 10-1-31 所示为卷圆模，前者分两次进行，适合于卷大圆，后者一次卷成。图 10-1-32 所示为铰链卷圆模，其中图 a 所示为预成形，图 b 所示为卧式卷圆模，图 c 所示为立式卷圆模。

（6）连续弯曲模　图 10-1-33 所示为模具完成二次弯曲和一个冲孔工序，第一次弯曲凹模兼作切断凹模。冲孔凸模在下模上，废料由软管引出。图 10-1-34 所示为完成冲孔、切断和弯 U 形工序的模具。

（7）管材弯曲模　图 10-1-35a 所示为 V 形管件压弯模，图 10-1-35b 所示为 U 形管件压弯模。图 10-1-36 所示是管子挤压弯曲模。压柱迫使管子通过料腔成形。

2. 拉深模

（1）普通拉深模　图 10-1-37 所示为无压边首次拉深模。图 10-1-38 和图 10-1-39 所示为有压边首次拉深模。图 10-1-40 所示为无压边后续拉深模，凹模采用锥形，斜角为 30°～45°，具有一定抗失稳起皱的作用。图 10-1-41 所示为有压边后续拉深模。

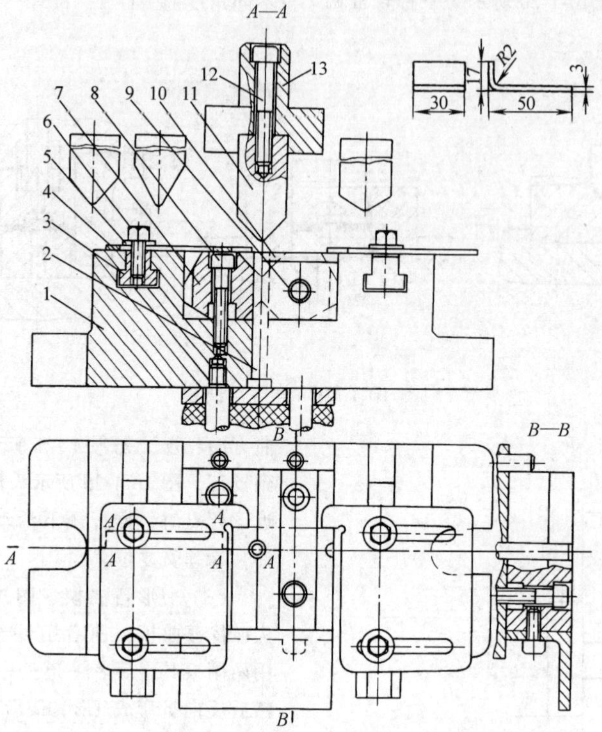

图 10-1-22　通用单角弯曲模

1—模座　2—顶杆　3—T 形块　4—定位板　5—垫圈
6、8、9、12—螺钉　7—凹模　10—托板
11—凸模　13—模柄

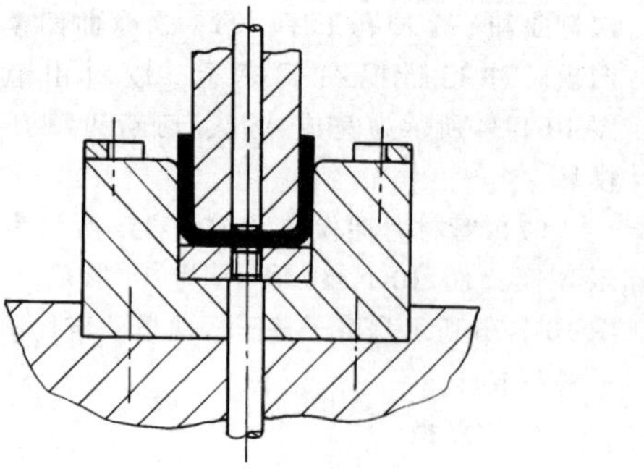

图 10-1-23　U 形弯曲模

（2）反拉深模　图 10-1-42 所示是反拉深模，其中图 a 所示为无压边正装反拉深模，图 b 所示为有压边正装反拉深模，图 c 所示为有压边反装反拉深模。

（3）双动拉深模　图 10-1-43 所示为双动拉深模，凸、凹模靠导板对中，用拉深筋防皱，适用于大型拉深件。表 10-1-2 所示是拉深筋的种类与使用实例。表 10-1-3 所示是拉深筋各部分尺寸。

（4）复合拉深模　图 10-1-44 所示为落料拉深复合模。图 10-1-45 所示为正反向拉深复合模，适用于双动压力机用，外滑块充当第一次拉深凹模，内滑块充当第二次拉深凸模。

图 10-1-46 所示为落料拉深冲孔复合模。

（5）锥形拉深模　图 10-1-47 所示为锥形拉深模。

（6）变薄拉深模　图 10-1-48 所示为变薄拉深模。

（7）拉深级进模　示例见本章 1.5 节。

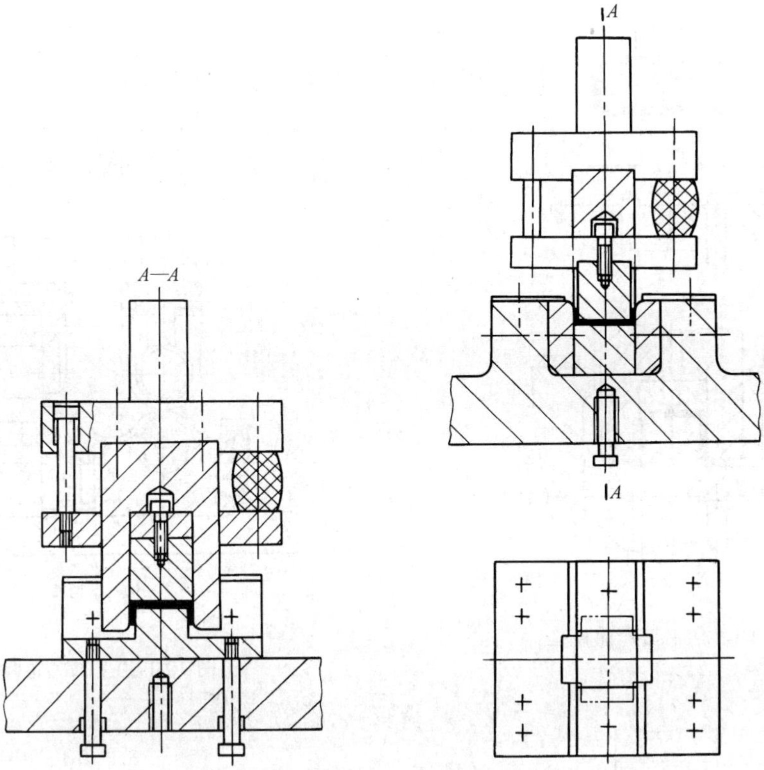

图 10-1-24　双向 U 形弯曲模

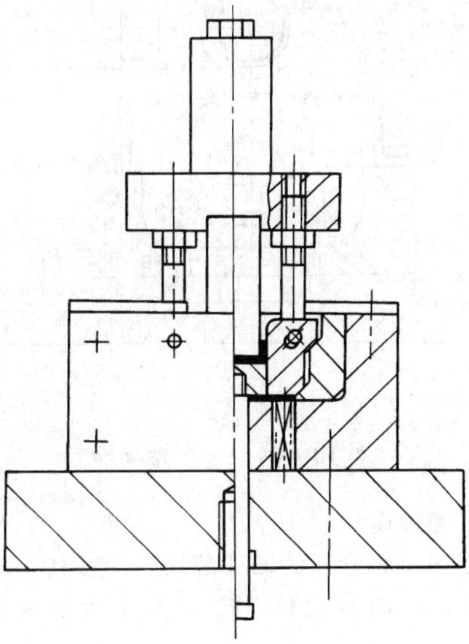

图 10-1-25　活动凹模整形弯曲模

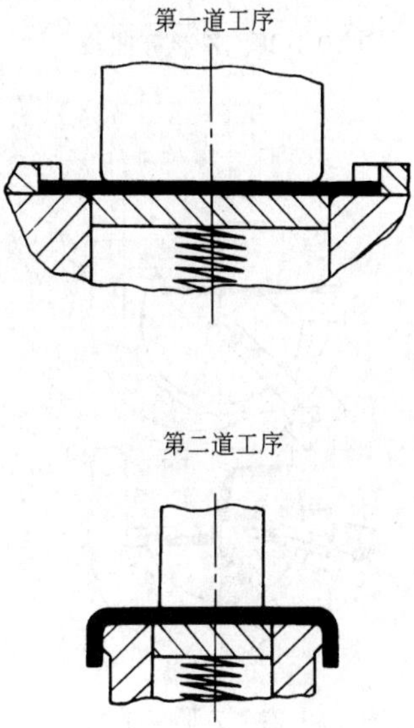

图 10-1-26　U形弯曲模一

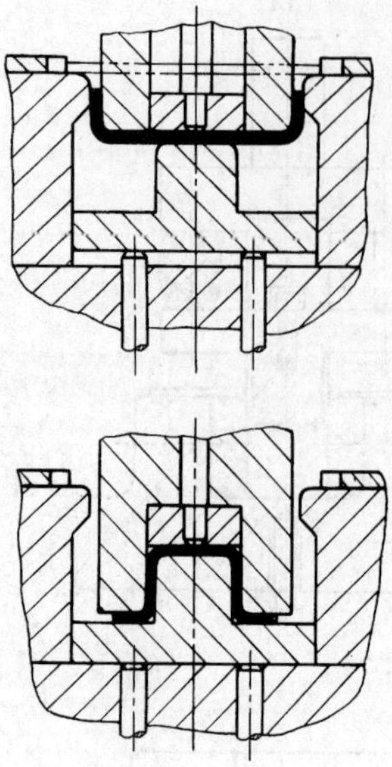

图 10-1-27　∪形弯曲模二

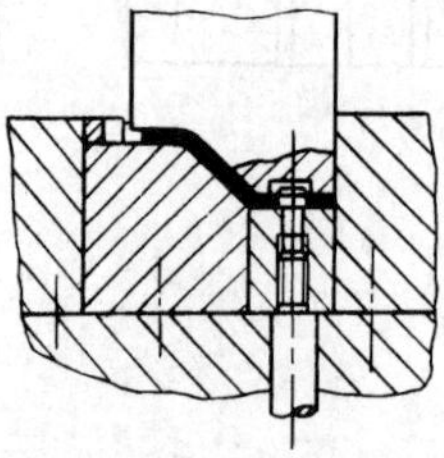

图 10-1-28　Z 形弯曲模一

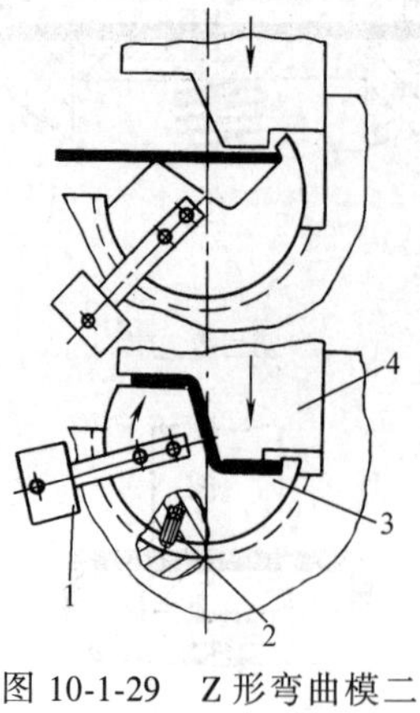

图 10-1-29　Z 形弯曲模二

1—重锤　2—导销

3—凹模　4—凸模

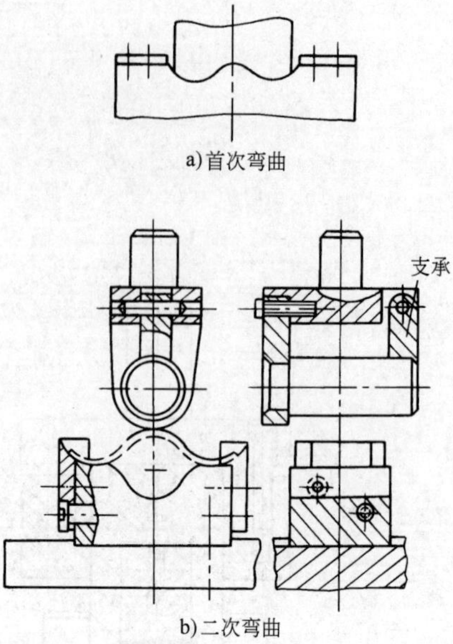

图 10-1-30　二次卷圆模

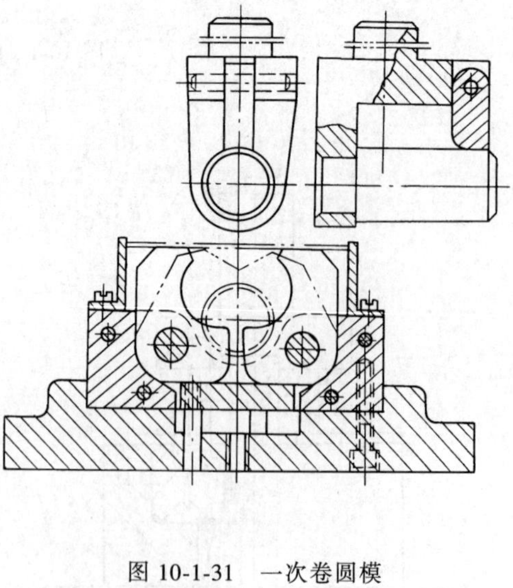

图 10-1-31　一次卷圆模

3. 翻边模

图 10-1-49 所示为圆孔翻边模。图 10-1-50 所示为内外形同时翻边模。图 10-1-51 所示为变薄翻边模。

4. 校平模

图 10-1-52 所示为齿形校平模。

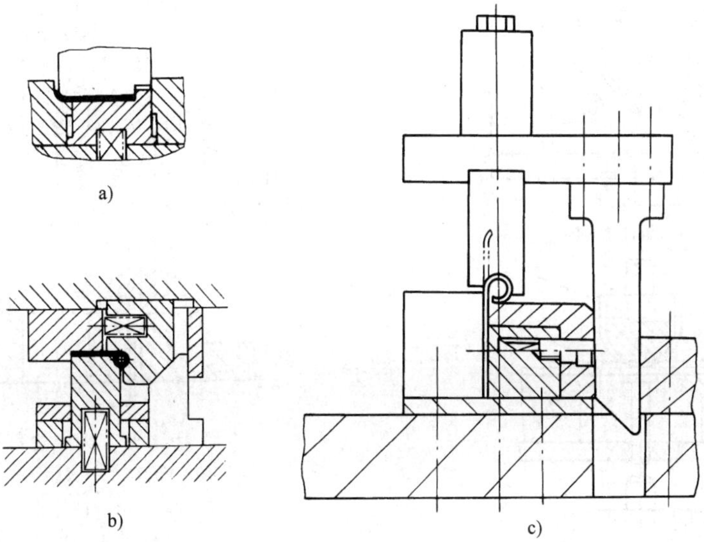

图 10-1-32 铰链卷圆模

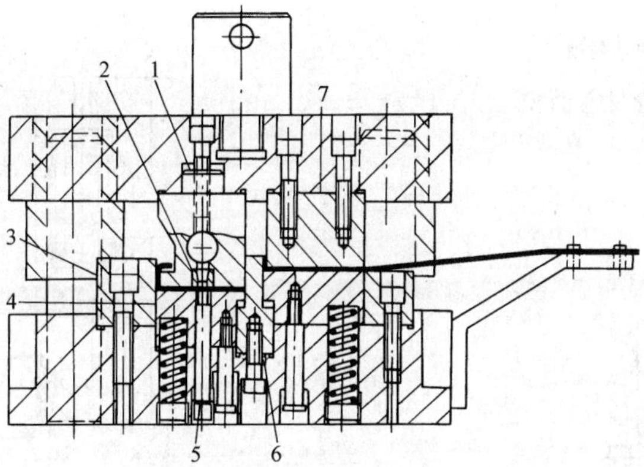

图 10-1-33 连续弯曲模一

1—切断、弯曲凸模 2—凹模镶块

3、6—凹模 4—顶件器 5、7—凸模

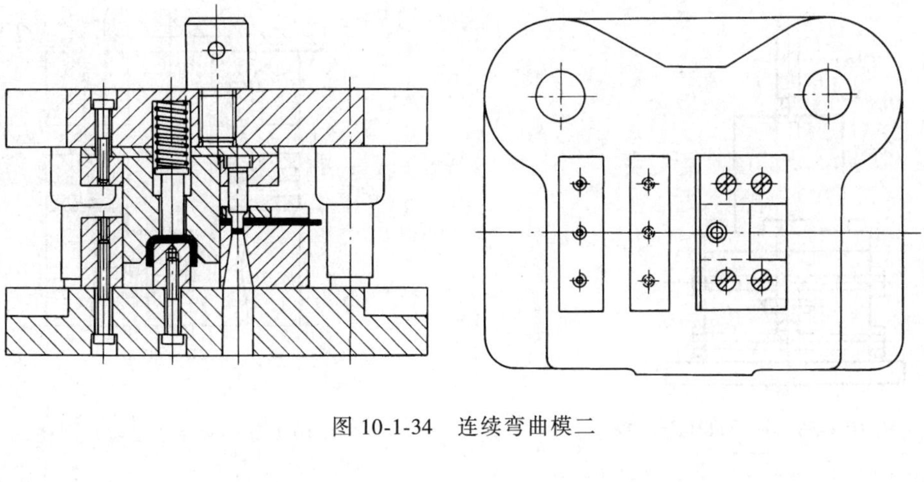

图 10-1-34 连续弯曲模二

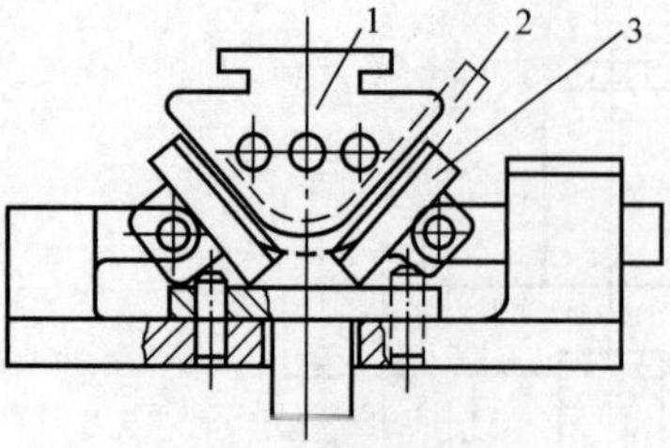

a) V形管件压弯模

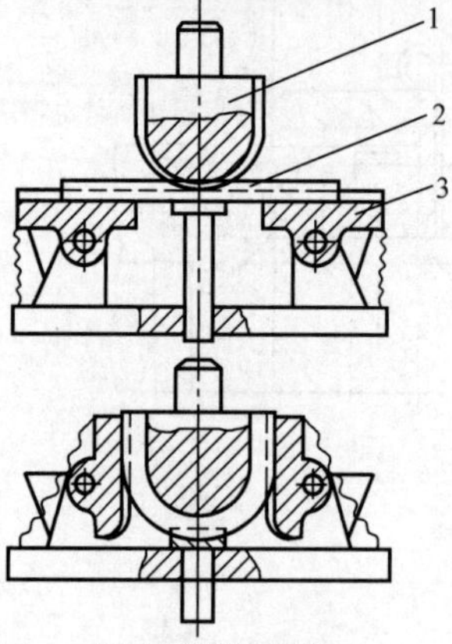

b) U形管件压弯模

图 10-1-35　管材弯曲模

1—凸模　2—管坯　3—摆动凹模

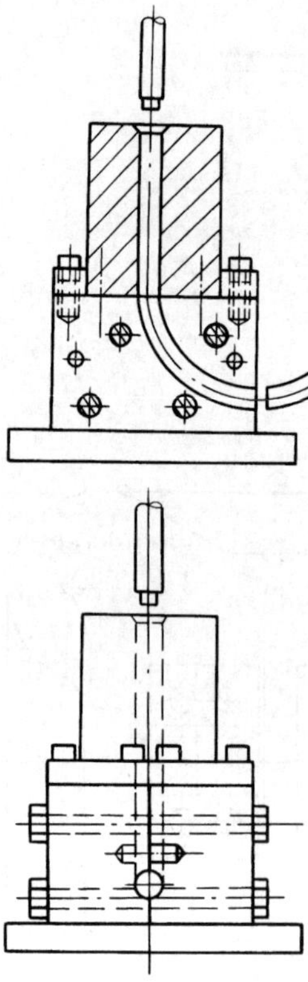

图 10-1-36　管子挤压弯曲模

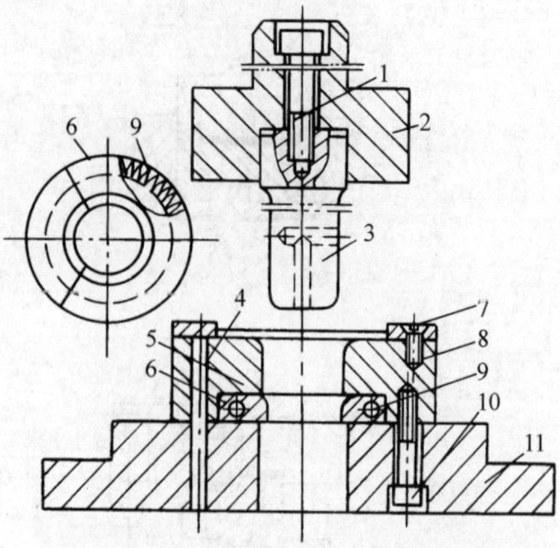

图 10-1-37　无压边首次拉深模

1、8、10—螺钉　2—模柄　3—凸模　4—销钉
5—凹模　6—刮件环　7—定位板
9—拉簧　11—下模板

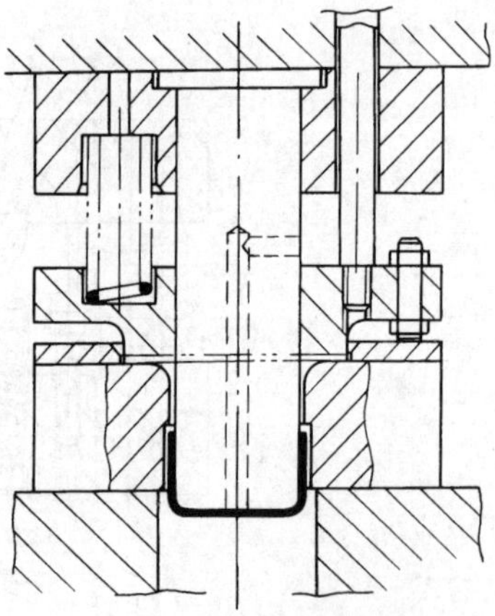

图 10-1-38　有压边首次拉深模一

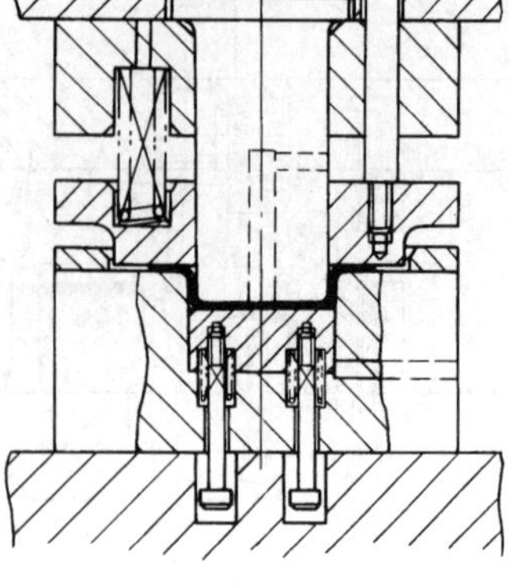

图 10-1-39　有压边首次拉深模二

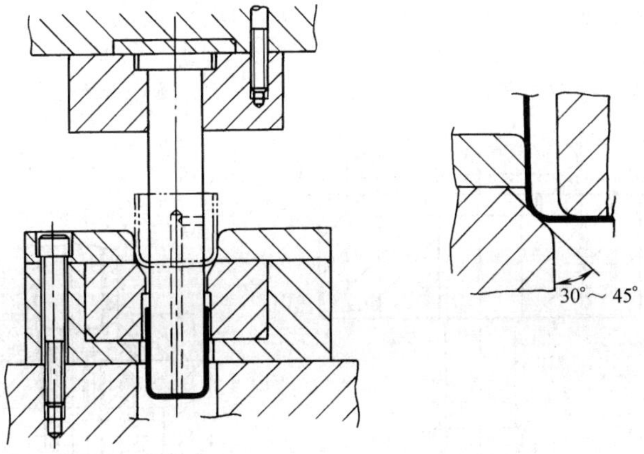

图 10-1-40　无压边后续拉深模

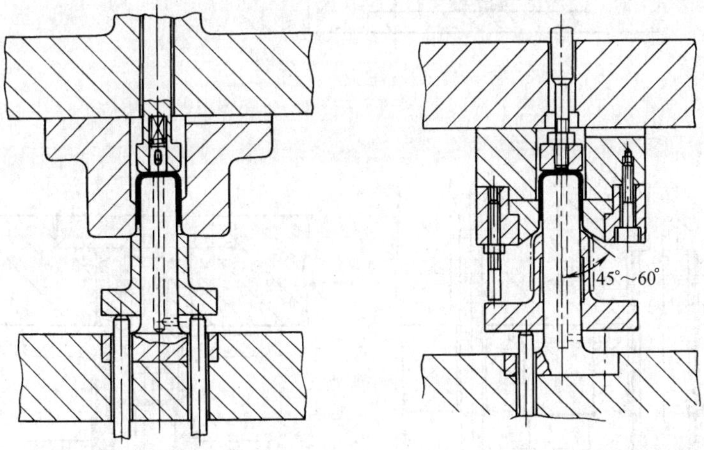

图 10-1-41　有压边后续拉深模

5. 卷边模

图 10-1-53 所示为采用靠模下压实现卷边的卷边模。

6. 缩口模

图 10-1-54 和图 10-1-55 所示为缩口模。

7. 胀形模

图 10-1-56 所示是分块式胀形模。图 10-1-57 所示是橡皮胀形模。图 10-1-58 所示是波纹管液压成形模具简图。

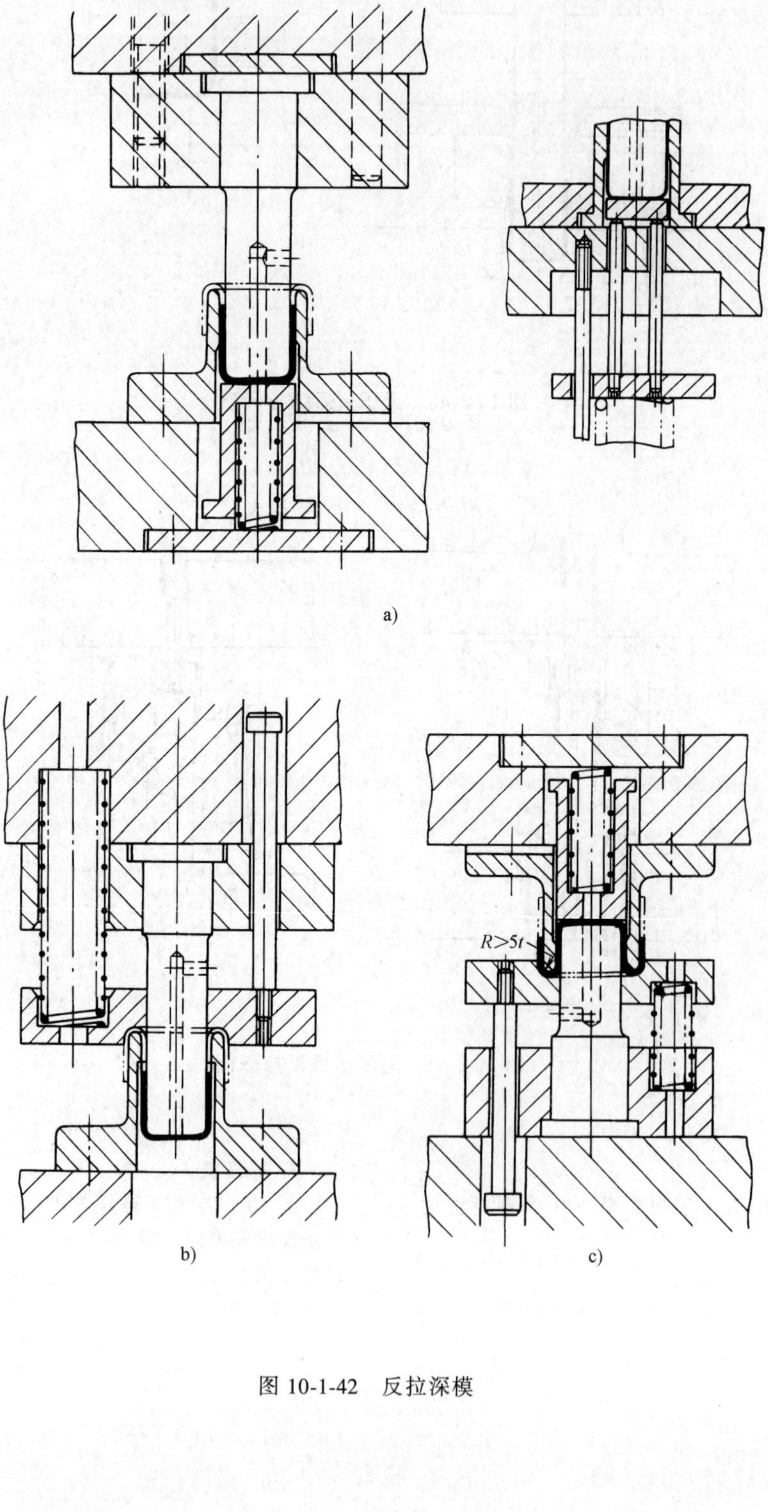

图 10-1-42　反拉深模

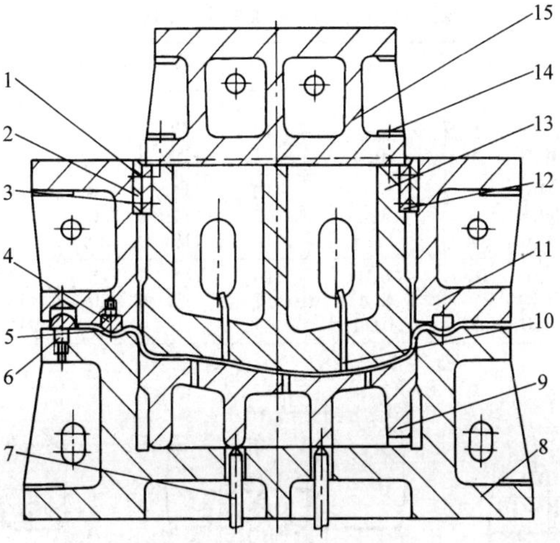

图 10-1-43　双动拉深模

1、3、14—螺钉　2、12—导板　4—拉深筋螺钉　5—拉深筋　6—挡料销　7—顶杆　8—凹模　9—托料板　10—出气管　11—压边圈　13—凸模　15—凸模固定座

表 10-1-2　拉深筋的种类与使用实例

拉深筋形状		使用基准	实例
圆形 （切削成形嵌入）	单筋	在拉深中使用最多 （整体或局部）	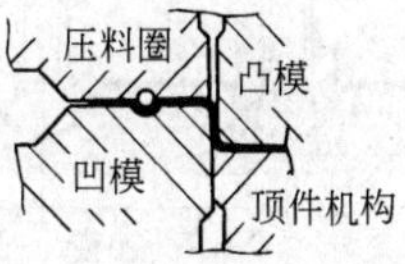
	双筋	在单筋的抗张力不足时使用 （整体或局部）	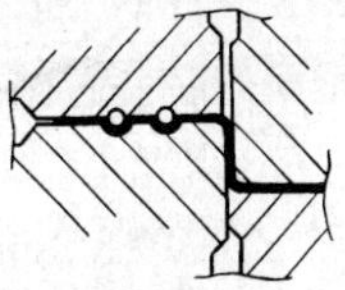
方形 （切削成形嵌入）	单筋	1. 比单个圆筋抗张力强 2. 比圆筋省料	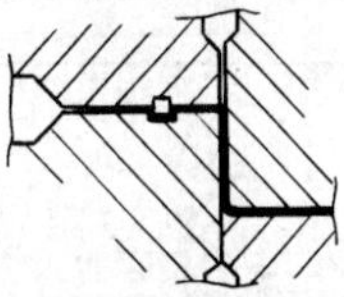
	双筋	想完全控制胀形成形，整形的材料流入时使用	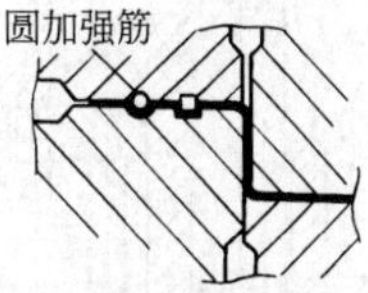
阶梯形 （台阶形状）	单筋 （拉深槛）	1. 由于拉深槛是在模具的工作阶段上设置的，所以只有在了解形状、尺寸和抗张力效果后方能使用 2. 比嵌入筋节省材料	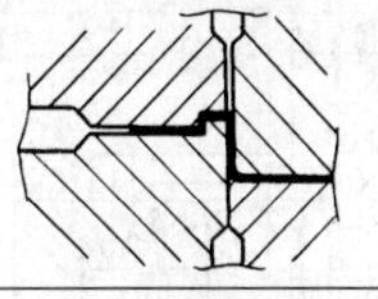
	双筋 （方形筋）		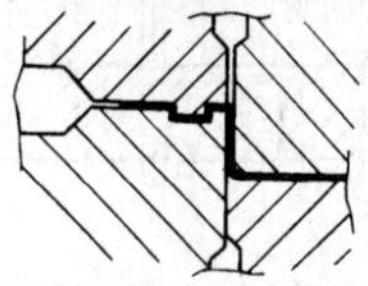

注：其他还有三角形筋和半圆筋。

表 10-1-3　拉深筋各部分尺寸　　　　　　　　　　　　　　　（单位：mm）

名　称	W	φd×P	φd₁	l₁	l₂	l₃	h	K	R	l₄	l₅
圆形嵌入筋	12	M6×1.0	6.4	10	15	18	12	6	6	15	25
	16	M8×1.25	8.4	12	17	20	16	8	8	17	30
	20	M10×1.5	10.4	14	19	22	20	10	10	19	35
半圆形嵌入筋	12	M6×1.0	6.4	10	15	18	11	5	6	15	25
	16	M8×1.25	8.4	12	17	20	13	6.5	8	17	30
	20	M10×1.5	10.4	14	19	22	15	8	10	19	35
方形嵌入筋	12	M6×1.0	6.4	10	15	18	11	5	3	15	25
	16	M8×1.25	8.4	12	17	20	13	6.5	4	17	30
	20	M10×1.5	10.4	14	19	22	15	8	5	19	35

圆形嵌入筋　　　　　半圆形嵌入筋　　　　　方形嵌入筋

双筋

W	L
12	100
16	150
20	200

纵剖面

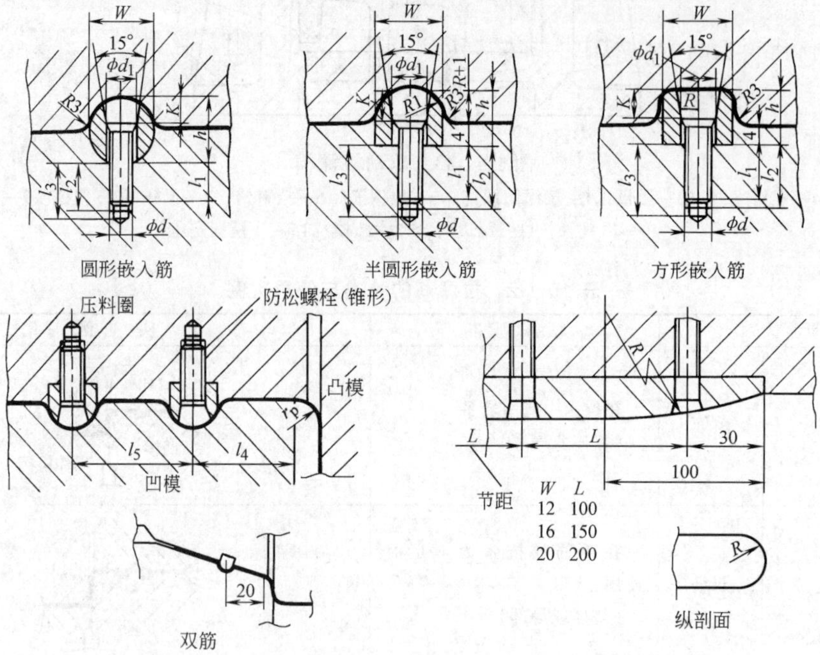

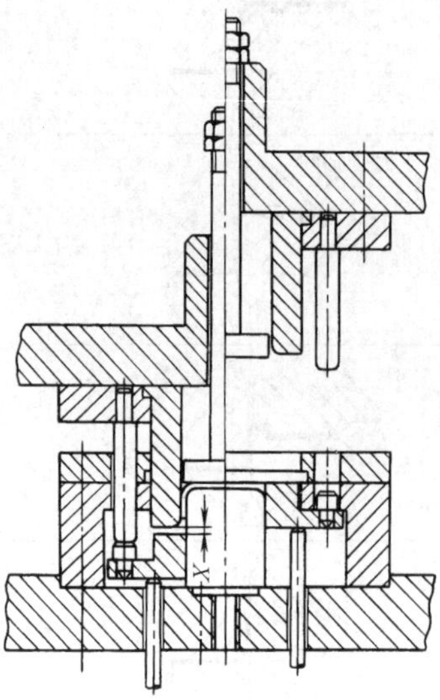

图 10-1-44　落料拉深复合模

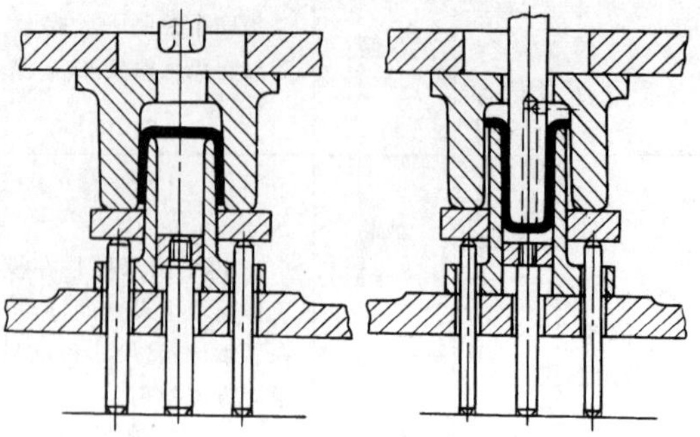

a) 第一次拉深　　　b) 第二次拉深

图 10-1-45　正反向拉深复合模

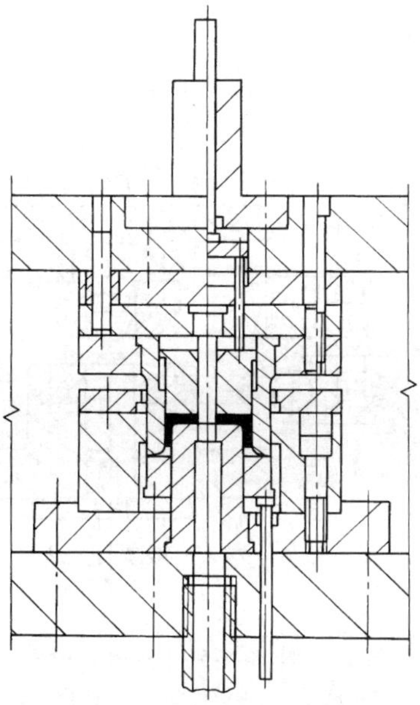

图 10-1-46　落料拉深冲孔复合模

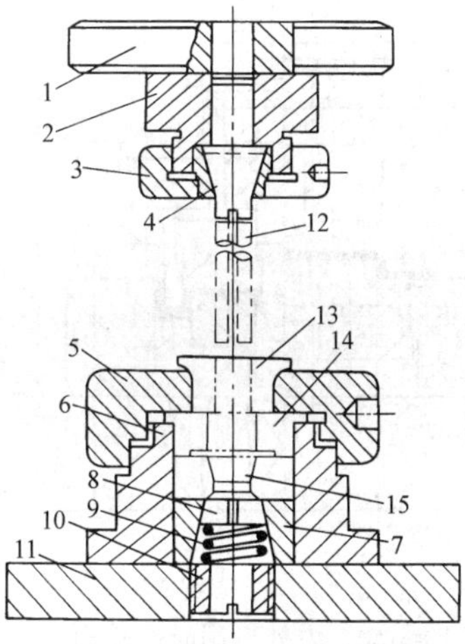

图 10-1-48　变薄拉深模

1—上模座　2—凸模固定板　3—紧固环　4、7—锥面套　5—紧固圈　6、11—下模座　8—刮件环　9—弹簧　10—螺塞　12—凸模　13—校模圈　14—定位圈　15—凹模

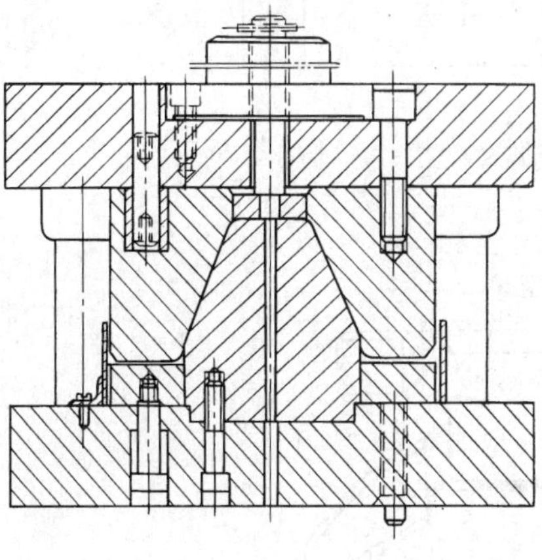

图 10-1-47　锥形拉深模

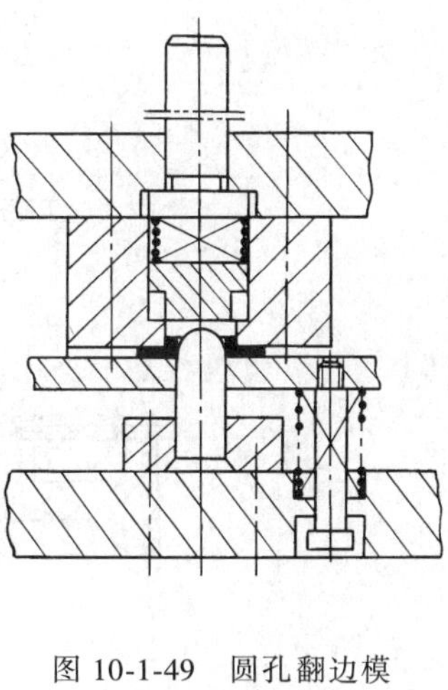

图 10-1-49　圆孔翻边模

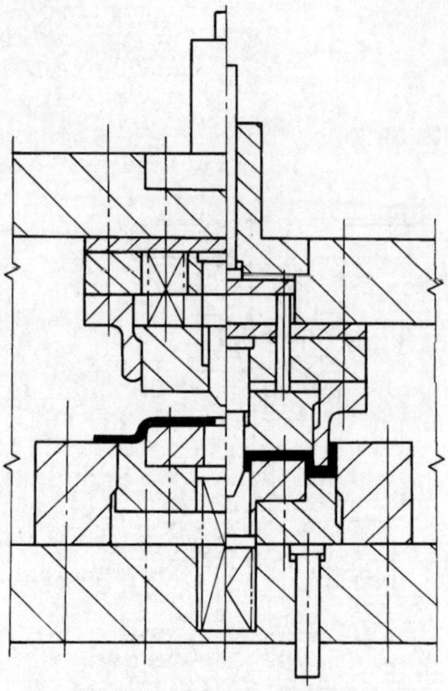

图 10-1-50　内外形同时翻边模

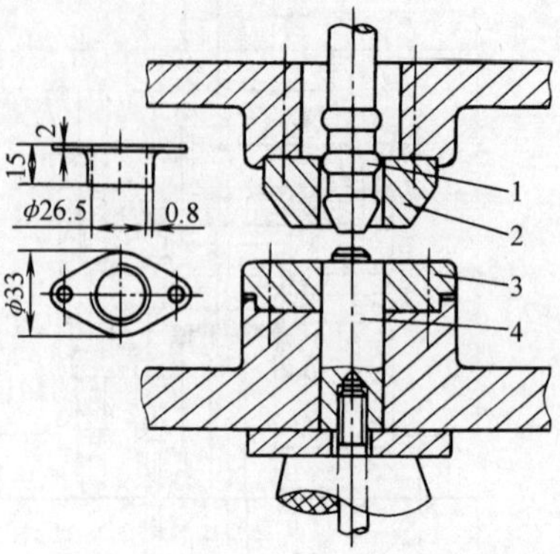

图 10-1-51　变薄翻边模

1—凸模　2—压边圈　3—凹模　4—顶杆

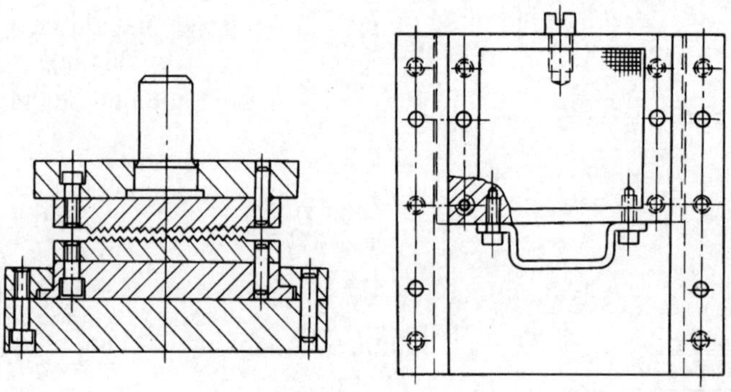

图 10-1-52　齿形校平模

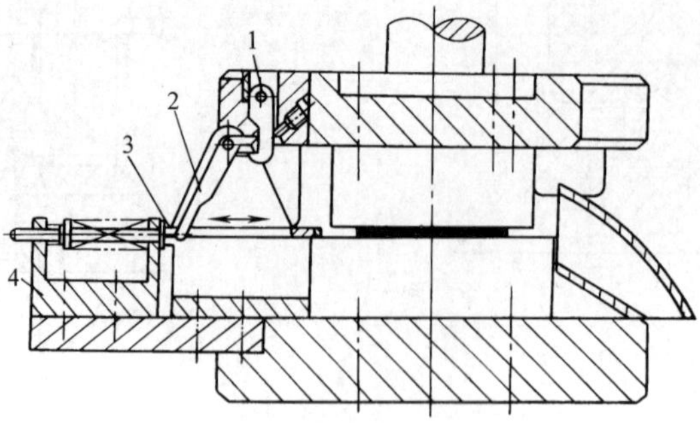

图 10-1-53　卷边模

1—靠模　2—凸模　3—凹模　4—下模板

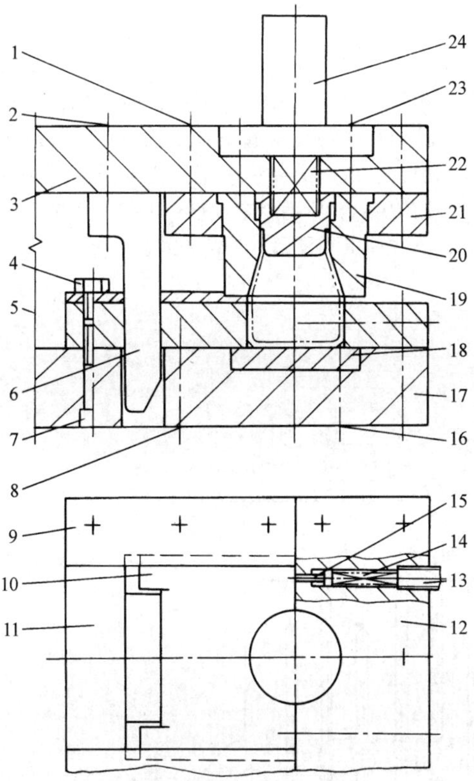

图 10-1-54　缩口模一

1、2、8—圆柱销　3—上模座　4、7、16、23—螺钉　5—导柱、导套　6—斜楔　9—盖板　10—活动凹模　11—挡块　12—固定下模　13—螺塞　14、22—弹簧　15—活动顶杆　17—下模座　18—垫板　19—凹模　20—模芯　21—固定板　24—模柄

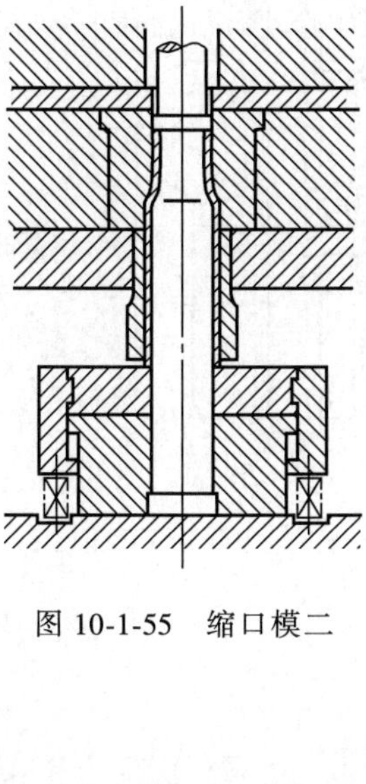

图 10-1-55　缩口模二

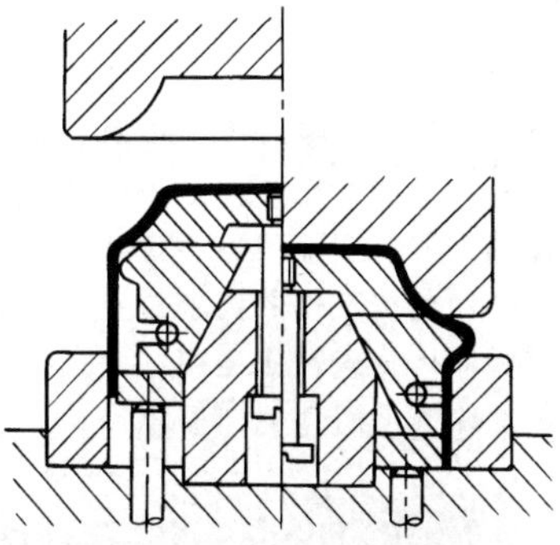

图 10-1-56　分块式胀形模

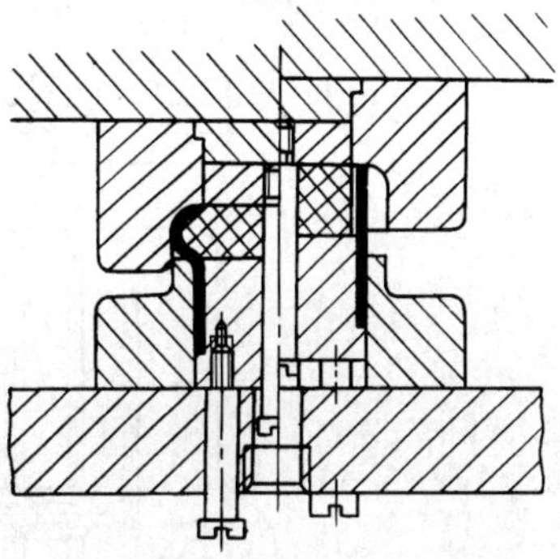

图 10-1-57　橡皮胀形模

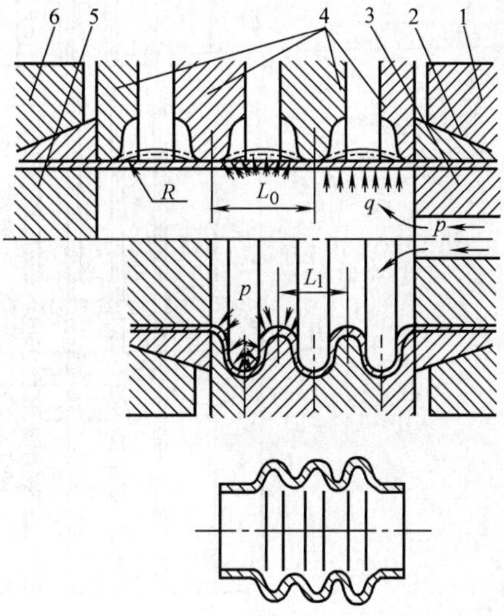

图 10-1-58　波纹管液压成形模具简图

1—固定端　2—弹性夹头　3、5—型芯　4—梳形片　6—可移动端

1.4　组合冲模

组合冲模是指由若干个单元冲模组合而成完成冲孔、切口、切角等工序的通用模具。单元冲模包括冲孔单元模、切口单元模、切角单元模以及侧向冲孔单元模等，根据工件的需要选用。使用时通过样板将各单元冲模按工件的要求进行组合，在模架上安装固定后即可投入冲压生产。使用后从模架上卸下的诸单元冲模可用其他样板重新组合生产另一种零件，十分方便，适于多品种、小批量、大型件的冲压生产，技术经济效果显著。

组合冲模用样板组合有各种方案，图 10-1-59 所示方案是通过样板将冲孔单元模、定位块安装固定在带 T 形槽的上、下模板上。样板的内外轮廓和工件一致，用样板的外形确定定位块的位置，用样板上孔、切口、切角的部位确定相应各个单元冲模的位置。图 10-1-59 所示组合冲模，工件由 3 个定位块定位，一次冲出工件要求的 7 个孔。

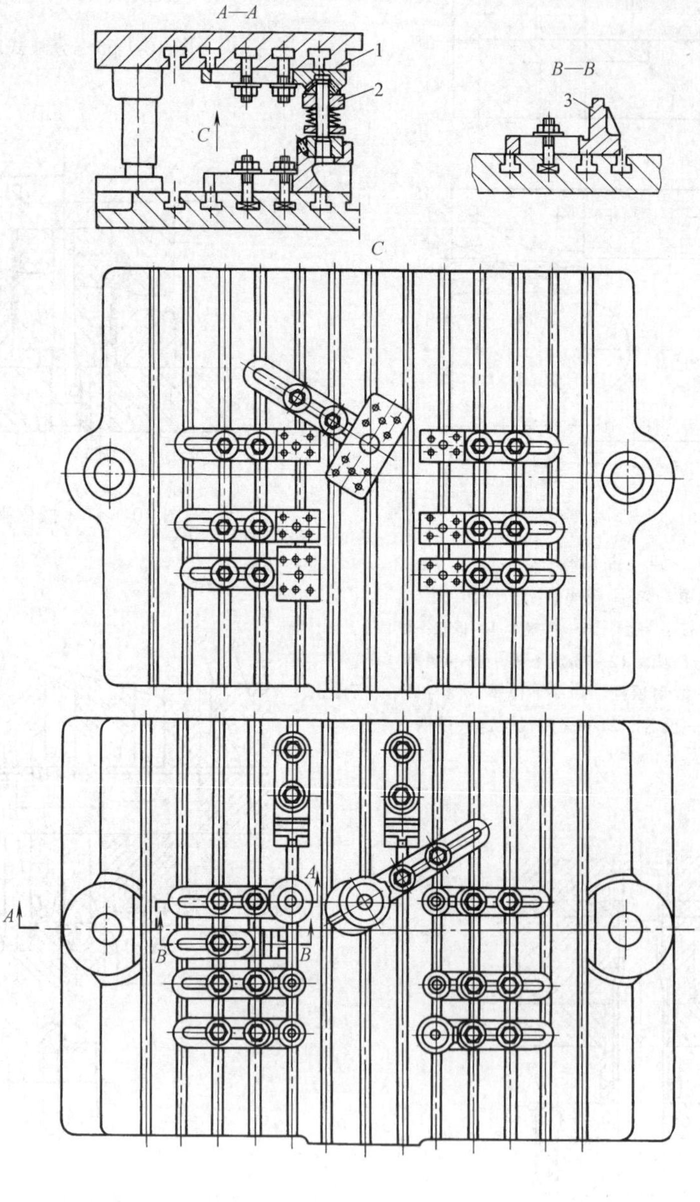

图 10-1-59　组合冲模
1—模架　2—冲孔单元模　3—定位块

组合冲模用样板组合的另一方案如图 10-1-60 所示。其主要特点是定位装置固定在样板上，冲裁时样板安装在模架上，用它来确定工件及各单元冲模的位置。如图 10-1-60 所示，用固定在样板上的 3 个定位销确定工件的位置，工件需要冲孔的位置在样板对应的部位加工直径等于冲孔单元模凹模外径的孔，组装时用此孔确定冲孔单元模的位置，冲非圆孔时还需在冲孔凸模上钻制定位销孔或铣制防止转动的定位销槽孔，用以确定异形孔的方位。在需要切角的部位，加工样板的边缘使之与切角单元模的刃口外缘相靠，如图 10-1-60 所示。

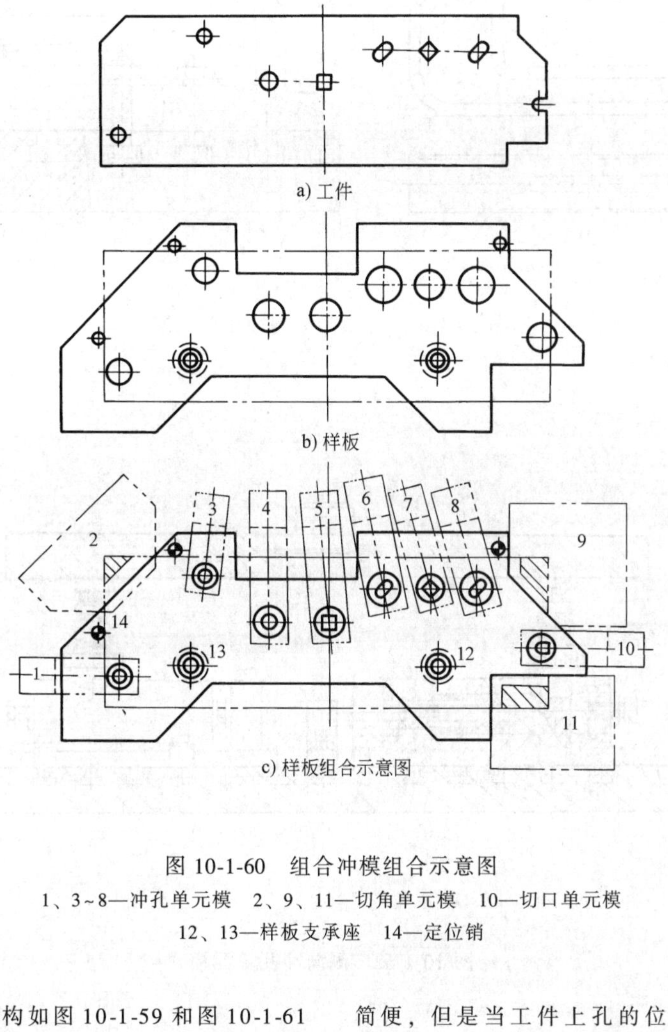

图 10-1-60 组合冲模组合示意图
1、3~8—冲孔单元模 2、9、11—切角单元模 10—切口单元模
12、13—样板支承座 14—定位销

冲孔单元模的结构如图 10-1-59 和图 10-1-61 所示。后者为弓形架结构冲孔单元模，弓形架将凸模和凹模连接在一起，自成一个封闭的整体，凸模不需要固定在上模板上。凸模复位的弹性元件采用聚氨酯橡胶（见图 10-1-61a）或弹簧结构（见图 10-1-61b）均可，按卸料力的大小设计和选用。

弓形架结构冲孔单元模用样板组合安装在带有 T 形槽的下模板上，用简单的平板上模板加压即可进行冲孔，这种结构的特点是组装迅速简便，但是当工件上孔的位置远离边缘超过弓形架虎口的尺寸时，需采用图 10-1-59 所示的冲孔单元模结构。这种结构的特点是孔的位置不受限制，但上模板也需有 T 形槽，用来安装包括凸模在内的上模部分，安装组合不如弓形架结构冲孔单元模简便。

图 10-1-62 所示为在工件侧壁上冲孔的侧向冲孔单元模，可以在工件的两个侧面上同时冲若干个孔，可同时在工件的单侧、双侧或多侧面上冲孔。

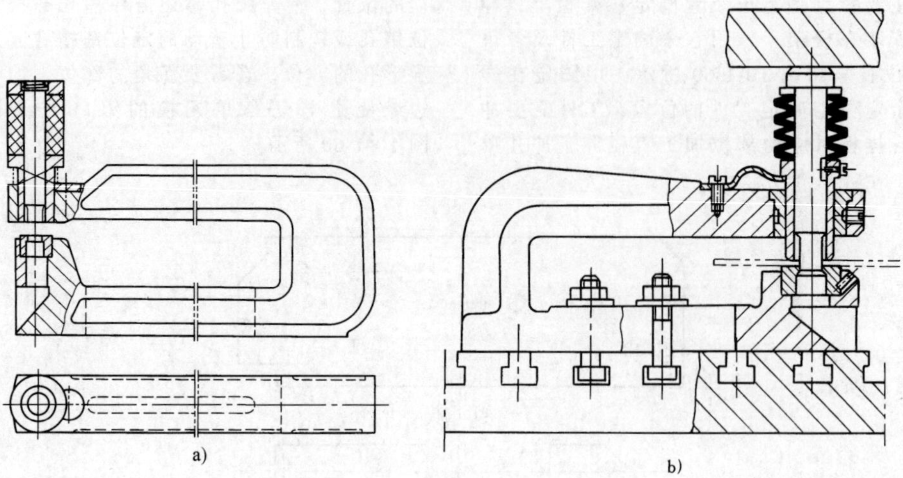

图 10-1-61　弓形架结构冲孔单元模

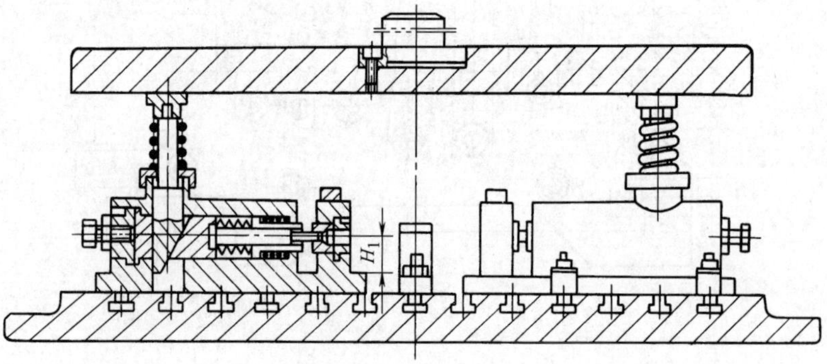

图 10-1-62　侧向冲孔单元模

1.5　多工位级进模

1. 冲裁级进模

冲裁级进模详见图 10-1-17～图 10-1-19。

2. 弯曲级进模

图 10-1-63 所示为切口、卷圆、切断级进模。卷圆分两步完成。

图 10-1-64 所示为冲孔、落料、弯曲级进模。首次冲裁按钮 3，推动活动挡销 4 定位，第二次冲裁时直接利用挡料板 1 定位，最后利用挡销 2 定位切断、弯曲成形。

3. 拉深级进模

图 10-1-65 所示为倒装式拉深级进模。先冲工艺切口，经两道拉深、第四道工序底部冲孔、第五道工序翻边，第六道工序落料，最后工件由上面抛出。

图 10-1-66 所示为正装式拉深级进模，没有工艺切口，每个凹模洞内有一弹顶装置。第一次拉深用压边，以后不用。凹模均用镶套。

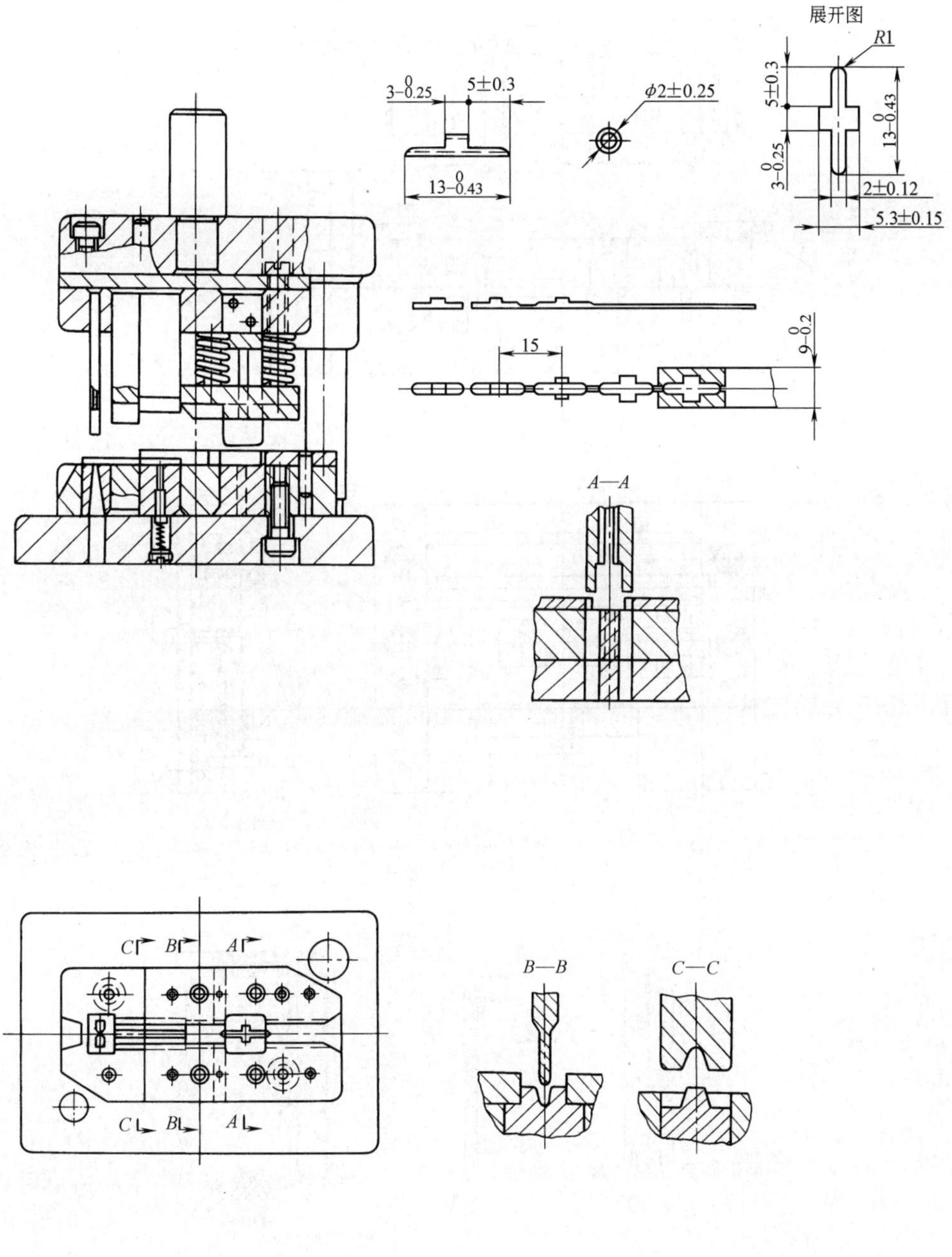

图 10-1-63　切口、卷圆、切断级进模

材料：黄铜 H62

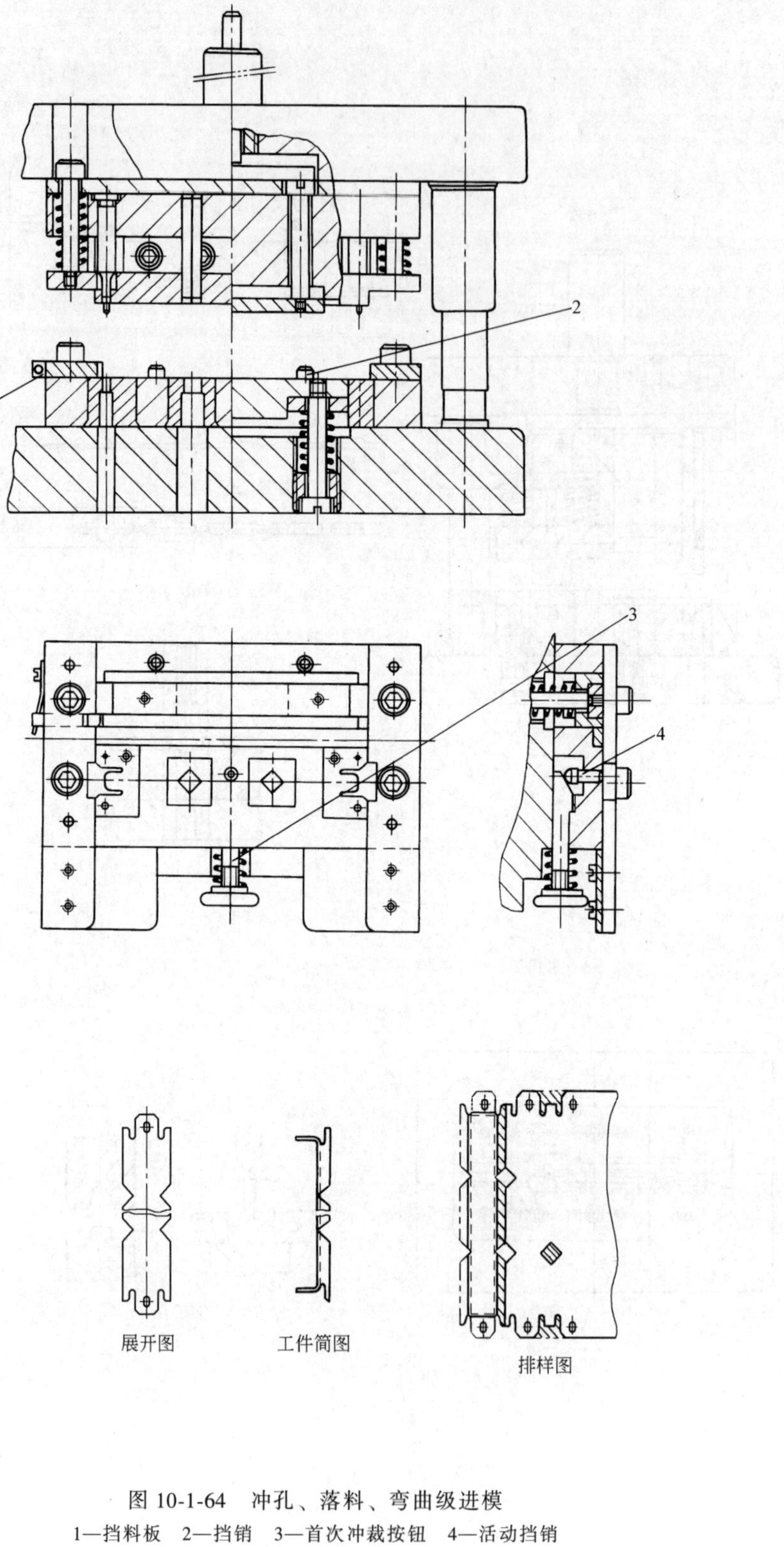

图 10-1-64　冲孔、落料、弯曲级进模
1—挡料板　2—挡销　3—首次冲裁按钮　4—活动挡销

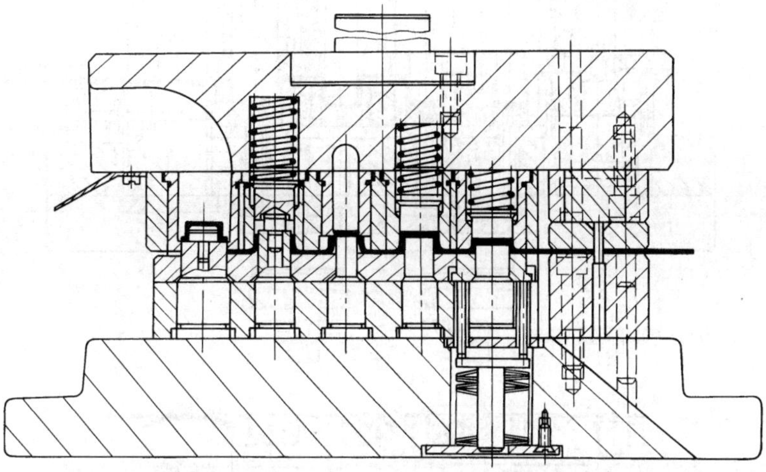

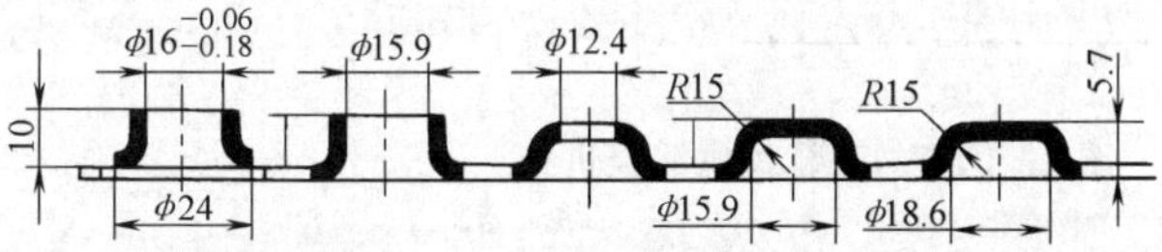

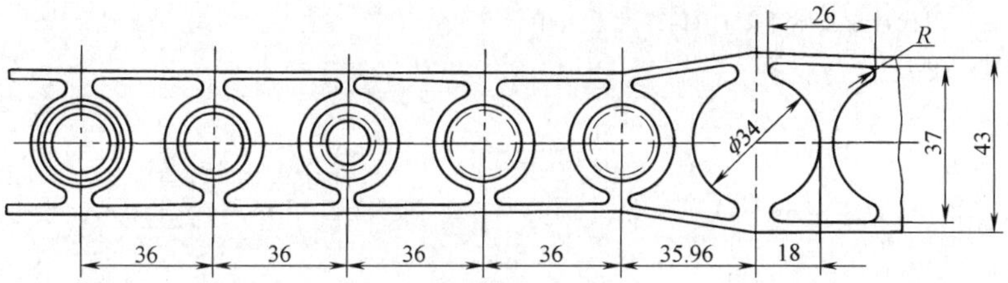

图 10-1-65　倒装式拉深级进模

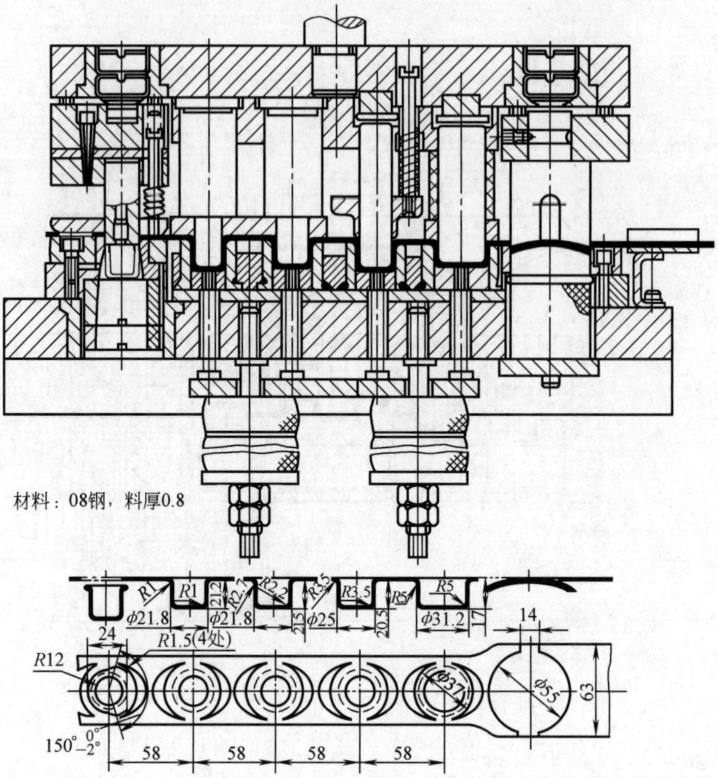

图 10-1-66　正装式拉深级进模

参考文献

[1]　郭成，储家佑. 现代冲压技术手册［M］. 北京：中国标准出版社，2005.

第 2 章

冲模设计

上海交通大学　赵　震　吴公明
上海机电工业职工大学　荣　焯

2.1　冲模设计总体要求及内容

1. 冲模设计应具备的技术资料

冲模设计应具备下列技术资料。

1）冲压件的产品图及生产批量计划。产品图上标有零件形状、尺寸、形位公差及表面粗糙度等要求；生产批量是选择模具结构（简单或复杂）的依据。

2）产品工艺文件，如工艺规程卡等。

3）冲压设备资料，如工作台及孔的尺寸等。

4）冲模标准化资料，如有关冲模典型组合、零部件和模架的最新版本国家标准和机械行业标准等。

2. 冲模设计一般程序

1）根据冲压件产品图进行冲压工艺性分析。

2）进行有关工艺计算，如冲压力能计算、坯料展开计算、排样及工序尺寸计算与设计。

3）工艺方案比较，每一种冲压件均可有不同的工艺方案，应综合考虑各种条件及因素的影响，选定模具的结构形式。

4）模具零部件结构、组成、固定方法的选择及强度计算校核。如凸模、凹模、凸凹模结构选择、刃口尺寸计算、定位装置选择、卸料及顶出装置选择、模架形式选择、弹簧、橡皮的选用及校核、模具固定方式的选择等。

5）压力中心计算。

6）设备选用。

7）绘制冲模总图及零件图。

3. 确定模具的压力中心

冲压力合力的作用点称为模具压力中心。设计时，模具压力中心应与压力机滑块中心尽量保持一致或在压力机允许的偏心载荷范围内。若超出压力机抗偏载范围，冲压时会产生偏斜，导致模具以及压力机滑块与导轨的急剧磨损。这时，如无法调整模具的压力中心位置，则应考虑在模具上施加平衡力矩。所以设计冲模特别是多工位级进模时，必须确定模具的压力中心。

（1）形状简单的冲压件　冲裁零件的轮廓线大多由直线和圆弧组成，对于直线段的重心，即线段的中心。

对于圆弧的长度和重心按下式求得（见图 10-2-1）

$$l = 2r\alpha/57.29$$

$$\bar{y} = 57.29r\sin\alpha/\alpha$$

式中　l——圆弧展开长度（mm）；

r——圆弧半径（mm）；

α——中心半角（°）；

$\bar{y}$——圆弧重心与圆心距离（mm）。

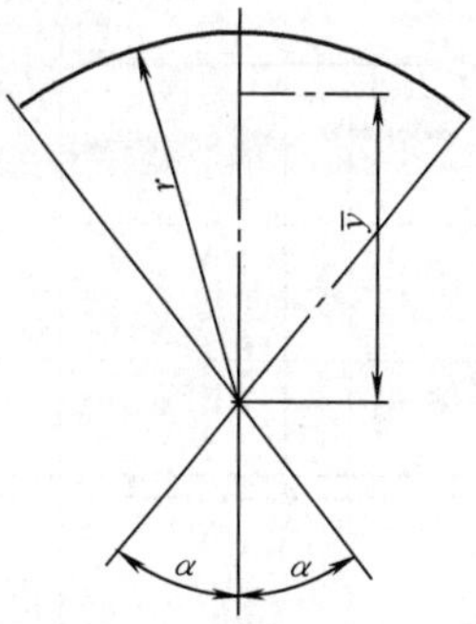

图 10-2-1　圆弧长度和重心计算

对于冲裁圆、等边三角形、正方形等零件，其压力中心即零件的几何中心。

（2）多孔冲压件（见图 10-2-2）　压力中心求法：选择基准坐标，确定各孔中心的坐标位置（x_1y_1，x_2y_2，…，x_ny_n）；压力中心的坐标位置为 x_0y_0。计算各孔的冲压力（P_1，P_2，…，P_n），然后按下式计算压力中心的坐标（根据平均力矩各分力对某轴力矩之和等于合力对同轴的力矩的原理）

$$x_0 = (P_1x_1 + P_2x_2 + \cdots + P_nx_n)/(P_1 + P_2 + \cdots + P_n)$$

$$y_0 = (P_1y_1 + P_2y_2 + \cdots + P_ny_n)/(P_1 + P_2 + \cdots + P_n)$$

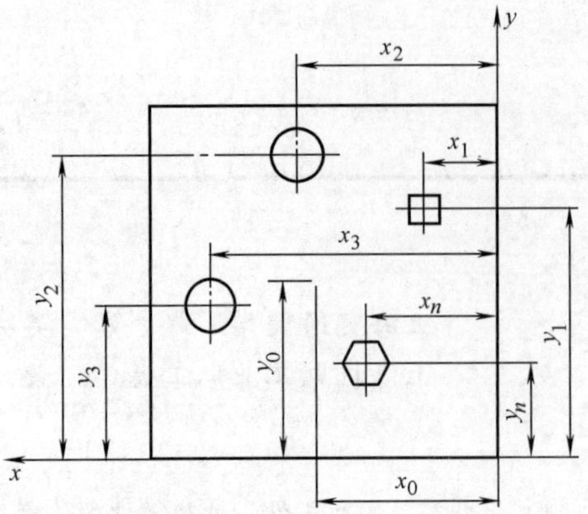

图 10-2-2　多孔冲压件形状示例

(3) 冲裁不规则形状的冲压件（见图 10-2-3）压力中心的求法：选择基准坐标；将不规则的冲裁边分解为若干线段，长度 l_1，l_2，…，l_n；确定各线段中心的坐标（x_1y_1，x_2y_2，…，x_ny_n）；然后按下式计算压力中心的坐标

$$x_0=(l_1x_1+l_2x_2+\cdots+l_nx_n)/(l_1+l_2+\cdots+l_n)$$

$$y_0=(l_1y_1+l_2y_2+\cdots+l_ny_n)/(l_1+l_2+\cdots+l_n)$$

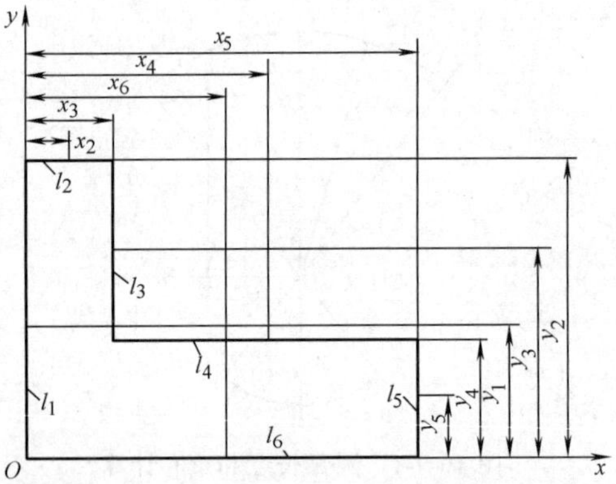

图 10-2-3　用分段法求不规则形状的压力中心

(4) 各种冲压力的压力中心　对于有冲裁、弯曲、拉深、成形等各种冲压工序的模具，其压力中心求法如下。

1）求各个冲裁凸模的冲压力。

2）选坐标系统，用解析法分别求各个冲裁凸模的压力中心。

3）求冲裁以外其他各个凸模的冲压力和压力中心。

4）设整副冲模各个凸模的冲压力分别为 P_1，P_2，…，P_n、其相应的压力中心坐标分别为（x_1，y_1），（x_2，y_2），…，（x_n，y_n），则整副冲模的压力中心坐标（x_0，y_0）可按下式求得

$$x_0=(P_1x_1+P_2x_2+\cdots+P_nx_n)/(P_1+P_2+\cdots+P_n)$$

$$y_0=(P_1y_1+P_2y_2+\cdots+P_ny_n)/(P_1+P_2+\cdots+P_n)$$

5）举例：拉深成形级进模的压力中心求法（见图 10-2-4）。

图 10-2-4a 所示为工步图，图 10-2-4b 所示为刃口图。从图中可见 P_1、P_2 为冲导正孔力，P_3、P_4、P_5、P_6 为切槽力，P_7 为拉深力，P_8 为整形力，P_9 为冲中心大圆和周围四小圆的合力，P_{10}、P_{11} 分别为冲 11 个小孔的合力，P_{12} 为修边力。分别计算出各力对应的压力中心（x_1，y_1）~（x_{12}，y_{12}），利用公式即可求得整副模具的压力中心。

4. 设备的选用与模具的闭合高度

压力机的公称压力是设计冲模时选择压力机的重要参数，冲压件所需的冲压力一定要小于或等于压力机的公称压力。

压力机的闭合高度是指滑块在下死点时，滑块底平面到工作台（不包括压力机垫板厚度）的距离。当压力机的连杆调至最短时，滑块在下死点，滑块下表面至工作台上表面的距离称为最大闭合高度；当压力机连杆调至最长时，滑块在下死点，滑块下表面至工作台上表面的距离称为最小闭合高度。冲模的闭合高度是指冲模的最低工作位置时，下模座下平面与上模座上平面之间的距离（见图 10-2-5）。

所设计的冲模，必须使冲模的闭合高度与压力机的闭合高度相适应，应满足下列关系式

$$H_{max}-H_1-5\geqslant H_{模}\geqslant H_{min}-H_1+10$$

式中　H_{max}——压力机的最大闭合高度；
H_{min}——压力机的最小闭合高度；
H_1——压力机垫板厚度；
$H_{模}$——冲模的闭合高度。

压力机的滑块行程必须满足冲压工艺要求，对于冲裁模，其行程一般要求较小，对于拉深模和弯曲模以及落料拉深复合模，其行程必须要大，且能进行调节，否则给坯料的送进和冲压后工件的取出均带来困难。

选择压力机台面尺寸必须考虑到固定冲模的位置。此外压力机滑块孔尺寸、滑块孔中心线到机身后侧的距离、顶件横梁槽的尺寸、机身侧柱间及导轨间的距离及压力机的倾斜范围等，都应与模具的各部位尺寸相适应。

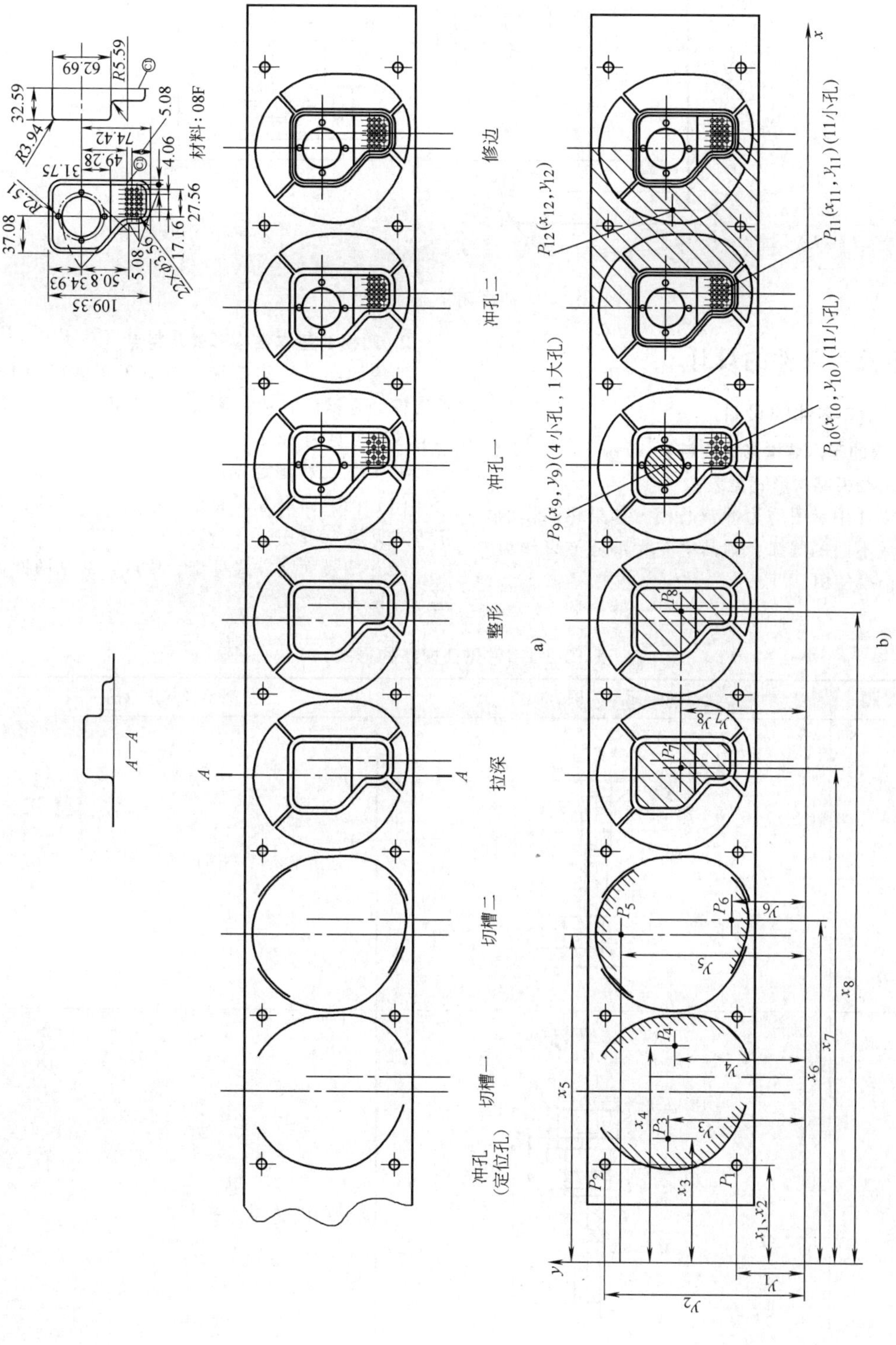

图 10-2-4　拉深成形级进模压力中心计算例图

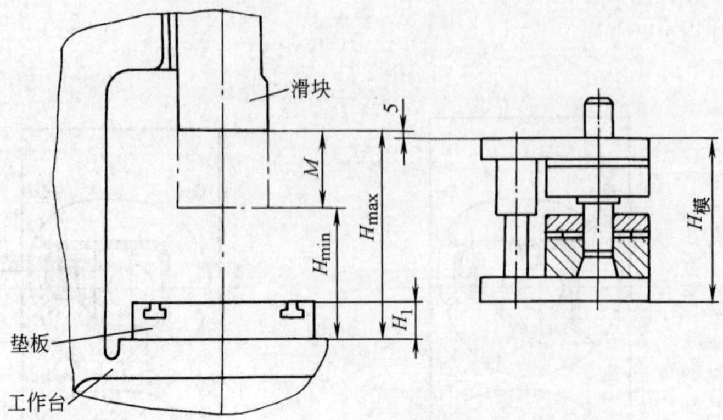

图 10-2-5　冲模闭合高度示意图

2.2　冲模零部件的设计

2.2.1　工作零件的设计

1. 凸模的基本结构形式及特点

常见的凸模结构形式见表 10-2-1。

表 10-2-1 中示图均为冲裁凸模，如果将凸模的尖刃加工成不同的圆弧，则其中有大部分亦可作为某些成形凸模使用。

2. 凹模的基本结构形式及特点

凹模的类型按刃口形状分有平刃和斜刃两种；按结构分有整体式和镶拼式；按凹模工作孔口形式分有 5 种，见表 10-2-2。

3. 凸、凹模固定方式

（1）凸模固定方式类型、特点　常见的凸模固定方式见表 10-2-3。

（2）凹模固定方式类型、特点　常见的凹模固定方式见表 10-2-4。

表 10-2-1　常见凸模结构形式

凸模类型	示　图	特点及应用范围
圆形凸模 A	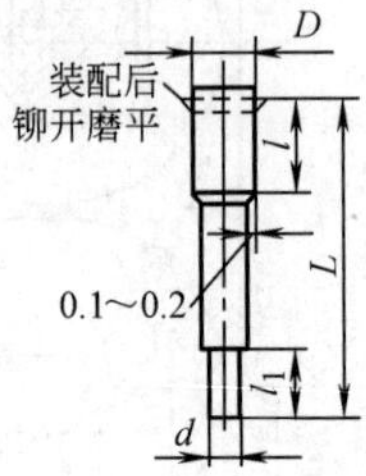	适用于 $d=1\sim8$mm
圆形凸模 B	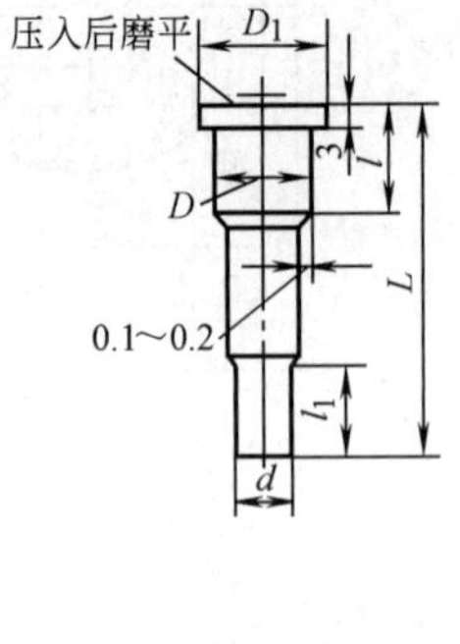	适用于 $d=1\sim15$mm

（续）

凸模类型	示　　图	特点及应用范围
圆形凸模 C	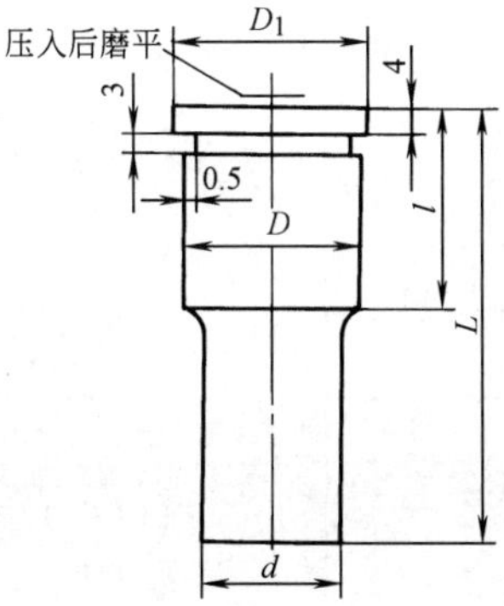	适用于 d = 8 ~ 30mm
圆形凸模 D	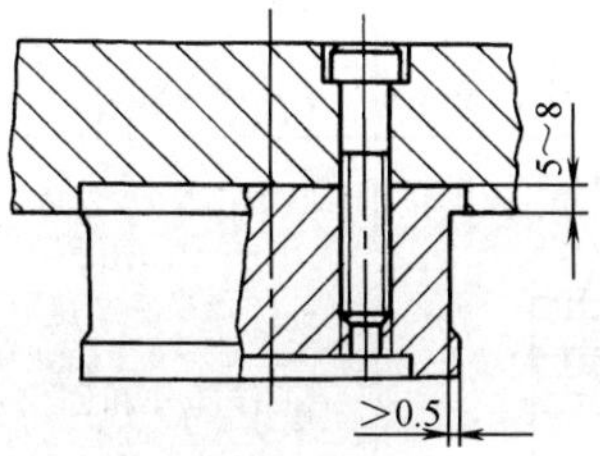	冲压大尺寸零件用槽口定位，螺钉紧固为减少磨削加工面积，其工作刃口只需一定长度，端面也可呈凹坑形式
圆形凸模 E	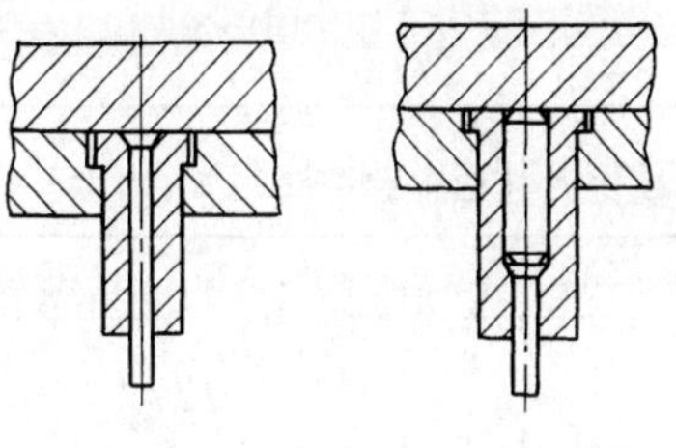	适用于在厚板料上冲小孔
剪裁用凸模 A（整体式）	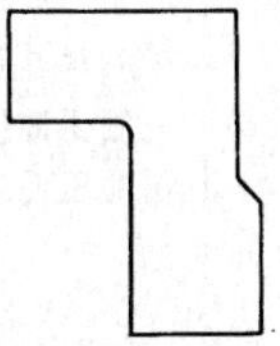	剪裁一般材料
剪裁用凸模 B（镶配式）	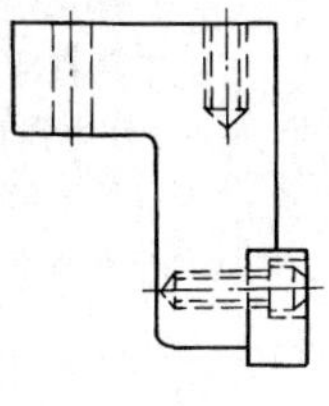	剪裁较硬材料

（续）

凸模类型	示　图	特点及应用范围
复杂外形凸模 A	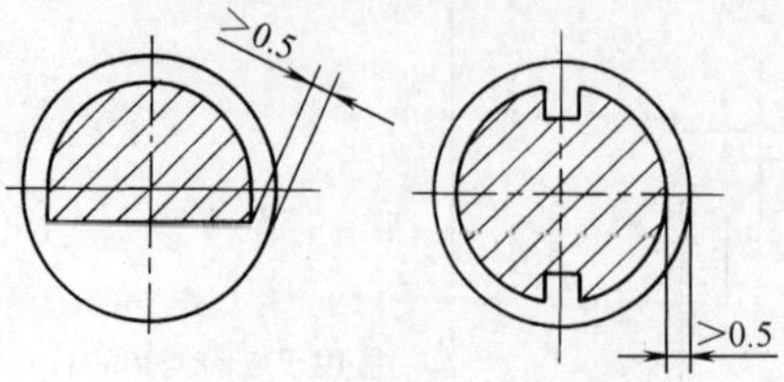	固定端加工成圆形，便于加工和装配
复杂外形凸模 B	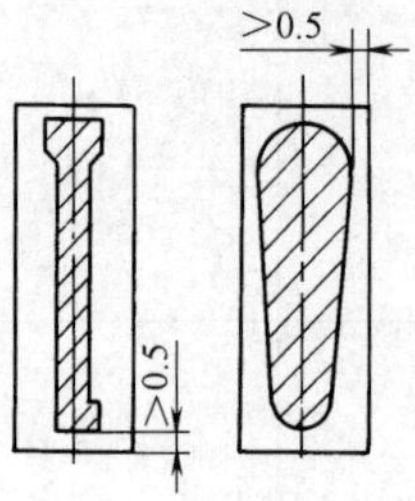	固定端加工成长方形，以减少加工、方便装配
复杂外形凸模 C	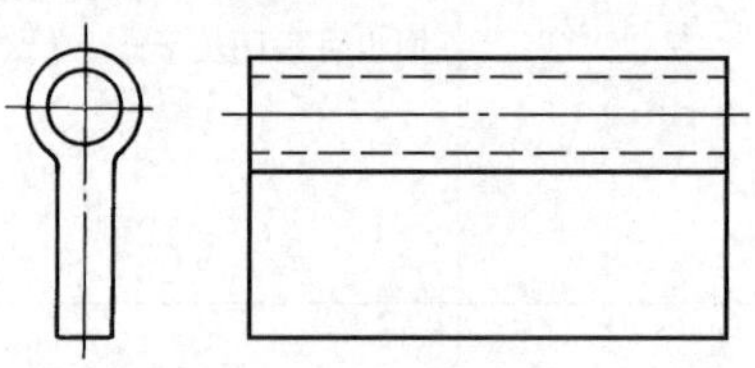	工作部分和固定部分尺寸相同，采用成形磨削或线切割加工

表 10-2-2　凹模工作孔口形式分类

序　号	示　图	特点及应用
1	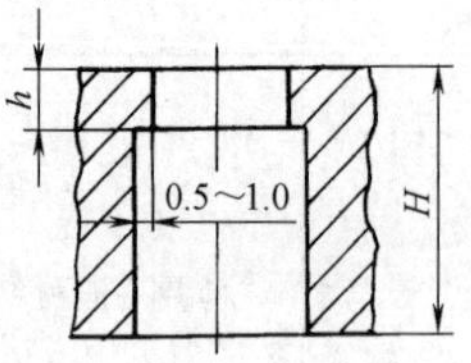	刃边强度好，孔口尺寸不随刃磨而改变；易积冲压件或废料；推件力大且磨损快；刃磨时，磨去的尺寸较多 用于冲压形状复杂或精度高的零件及向上顶出冲压件或废料的模具
2	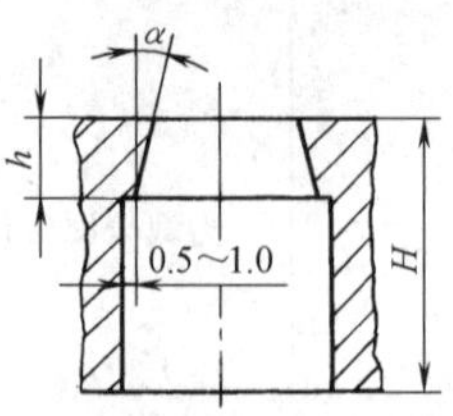	不易积冲压件或废料，故孔口磨损及压力较小；刃边强度较差；孔口尺寸随刃磨而略有增大。用于形状简单或精度较低的冲压件，且用于冲压件或废料向下落的模具

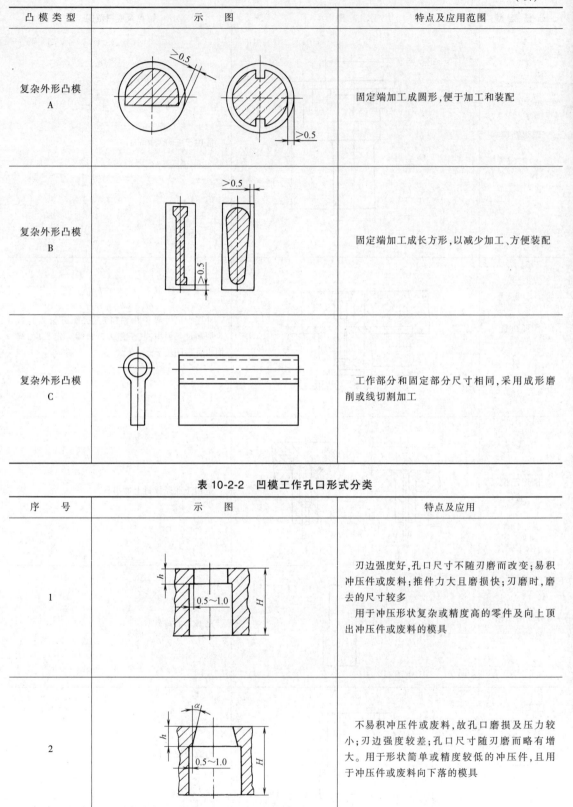

（续）

序　号	示　图	特点及应用
3	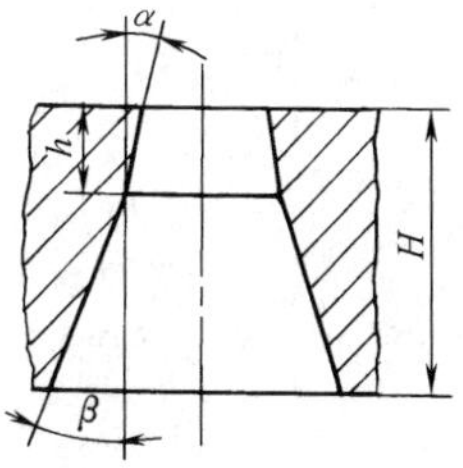	同序号 2，但适用于冲压形状较复杂的零件
4	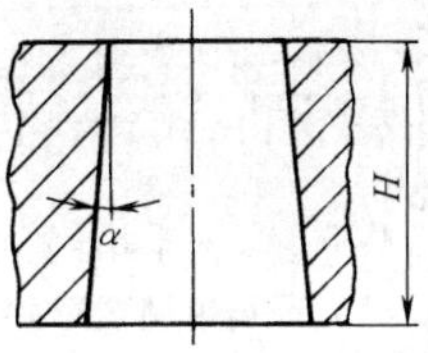	同序号 2，但适用于被冲材料和凹模厚度较薄的情况
5	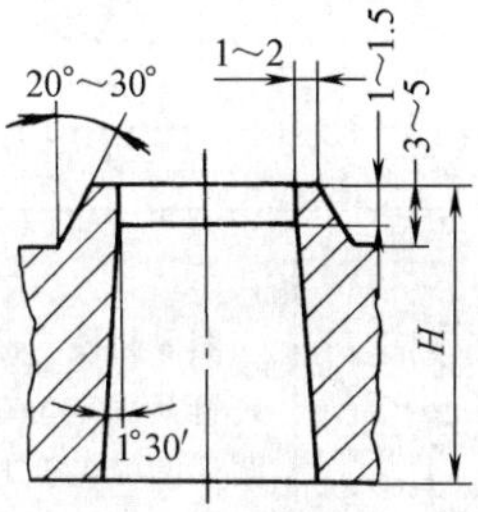	淬火硬度 35~40HRC，可用手锤打斜面以调整间隙，直到试出满意的冲件为止 适用于冲裁材料厚度在 0.2mm 以下的小批量生产情况

材料厚度 t/mm	主要参数			备　注
	α	β	h/mm	
<0.5	15′~30′	2°~3°	≥4	α 值仅适用于钳工加工；电加工制造凹模时，一般 $\alpha=4°\sim20°$（复合模取小值）
0.5~1			≥5	
1.0~2.5			≥6	
2.5~6.0			≥8	
>6.0			—	

表 10-2-3　凸模固定方式类型

序　号	示　图	特点及应用
1	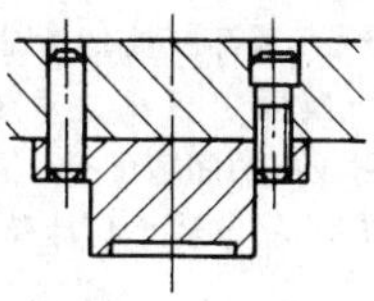 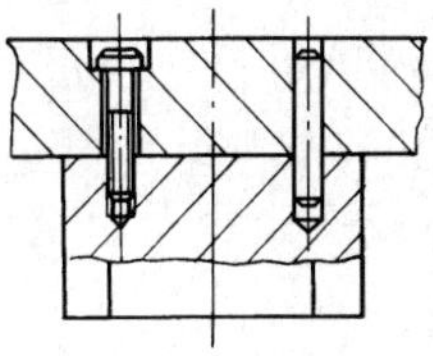	1. 装配时便于调整凸模在模座上的位置，适用于横截面较大的凸模 2. 螺钉和销钉位置受到凸模形状的限制，凸模不能承受较大的侧向力 3. 螺钉孔和销钉孔的热处理变形会影响模具装配

（续）

序　号	示　图	特点及应用
2	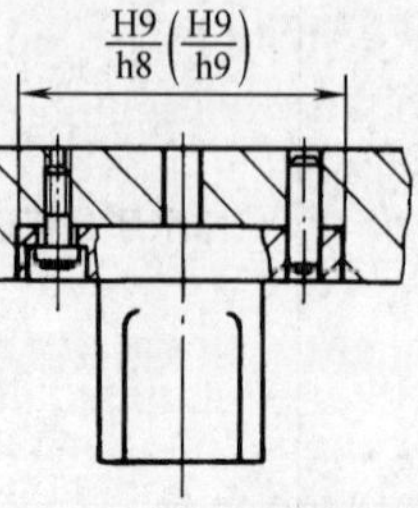	1. 凸模在上模座的位置不易调整，凸模加宽凸缘后加工困难 2. 借助螺钉、销钉和止口紧固定位，定位可靠，承载能力较强
3	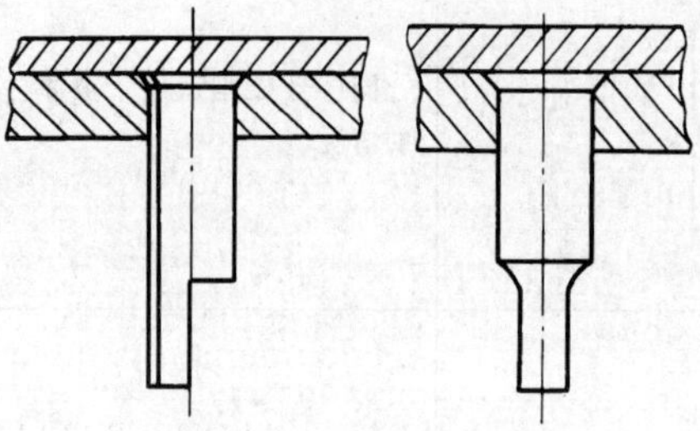 a)　　b)	图 a 为非圆形固定部分压配合，图 b 中圆形上端用铆接形式，适用于较小型凸模，目前较少使用
4	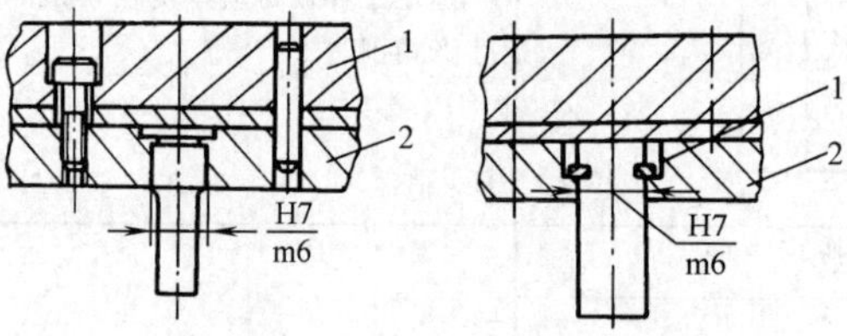 a)　　b)	图 a 凸模与凸模固定板 2 压配，并借助螺钉、销钉紧固定位在上模座 1 上，适用于中、小尺寸圆形凸模（刃口形状不对称时，凸模和固定板之间应有防转止动销） 图 b 用横键 1 防止卸料时凸模脱落于凸模固定板 2，适用于线切割直通式凸模
5	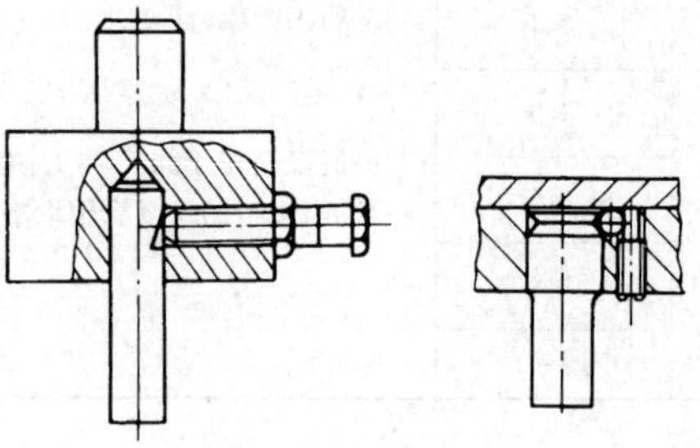	凸模和凸模固定板滑配，适用于需经常更换凸模的场合，是快换凸模的一种形式
6	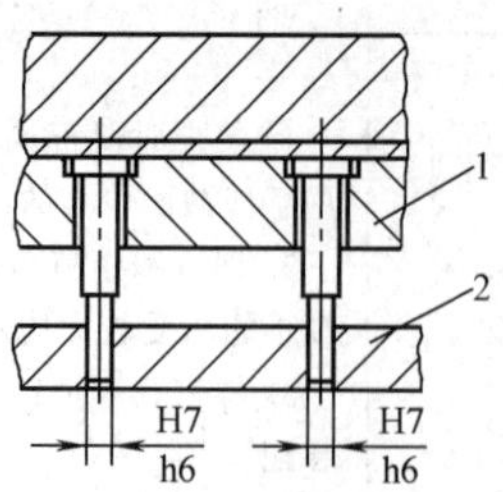	凸模和导板（或卸料板）2 精密滑配 凸模和凸模固定板 1 之间有间隙（浮动连接），或采用较松的间隙配合 适用于导板模、厚料小孔冲模及精冲模

（续）

序　　号	示　　图	特点及应用
7	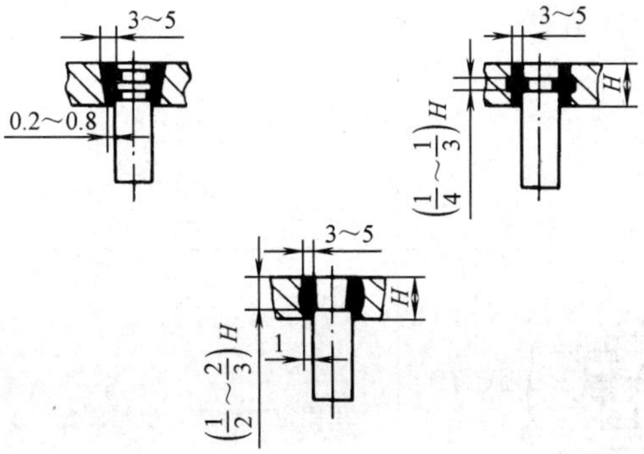	凸模浇注低熔点合金固定，低熔点合金一般能重复使用 不能承受较大的卸料力，冲压板厚 $t\leqslant2$mm 的冲压件 目前较少使用
8	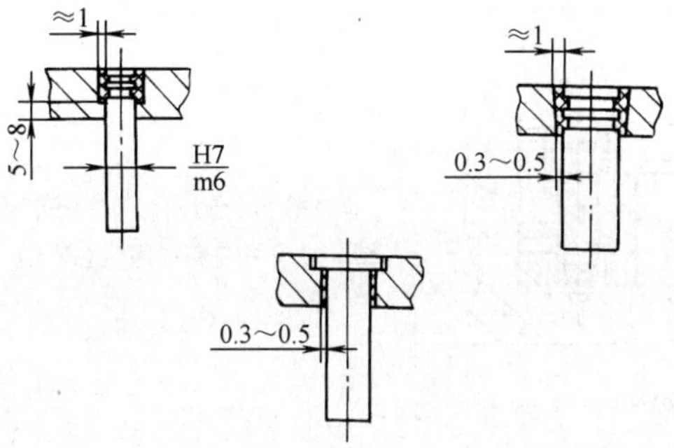	凸模浇注环氧树脂固定，浇注工艺流程较复杂 不能承受较大的卸料力，冲压板厚 $t\leqslant2$mm 的冲压件 目前较少使用

表 10-2-4　凹模固定方式类型

序　　号	示　　图	特点及应用范围
1	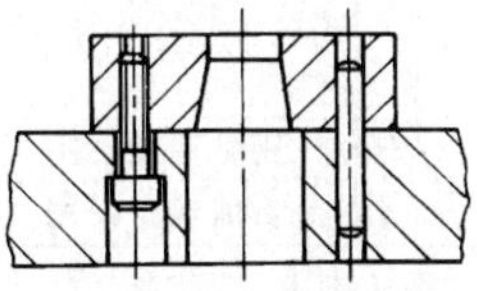	为直接连接形式 1. 用螺钉、销钉直接紧固凹模，紧固可靠、应用广泛 2. 凹模淬火后螺钉孔、销钉孔易变形
2	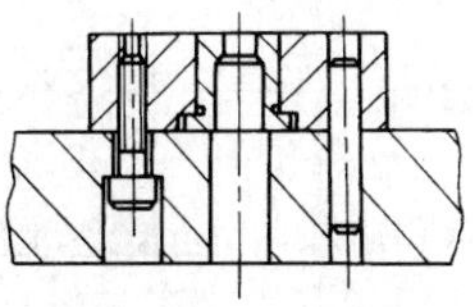	为压配连接形式 1. 圆凹模压入固定板后用螺钉、销钉紧固（非圆形刃口应有防转止动销） 2. 适用于大型件冲孔、级进模或凹模易损的场合
3	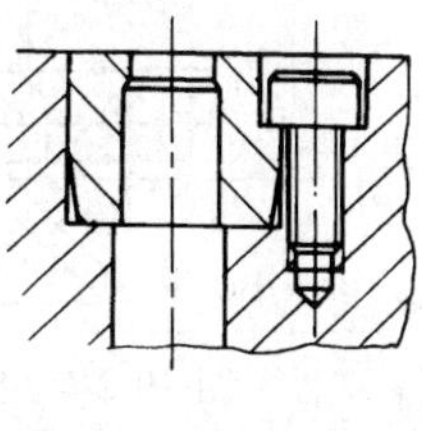	用内六角螺钉固定

（续）

序　　号	示　　图	特点及应用范围
4	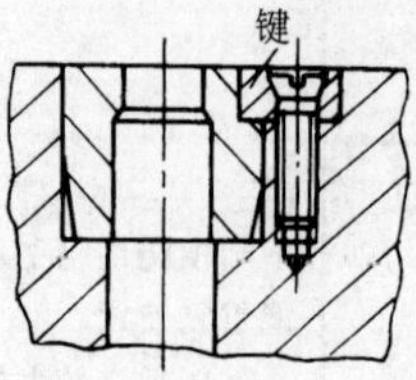	用矩形键固定
5	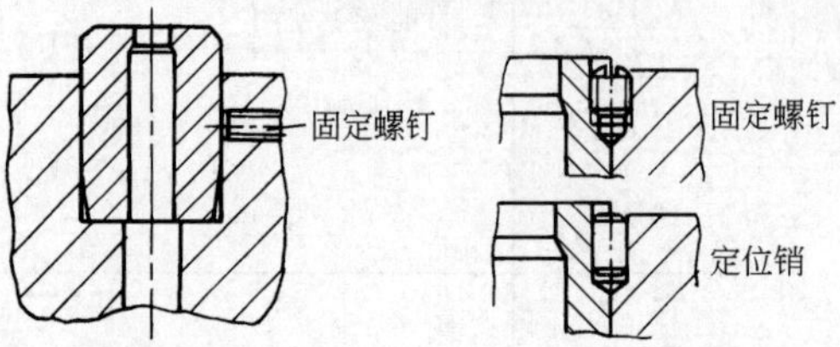	用固定螺钉或定位销固定
6	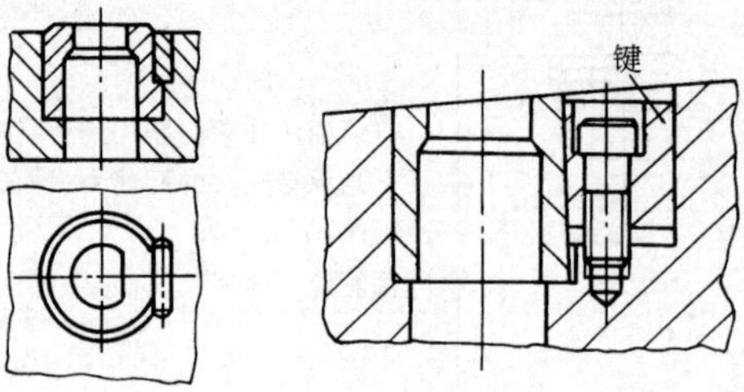 a)　　　　b)	冲异形孔的圆凸模，可用平键固定以防转动（图 a），或用带套键固定（图 b）
7	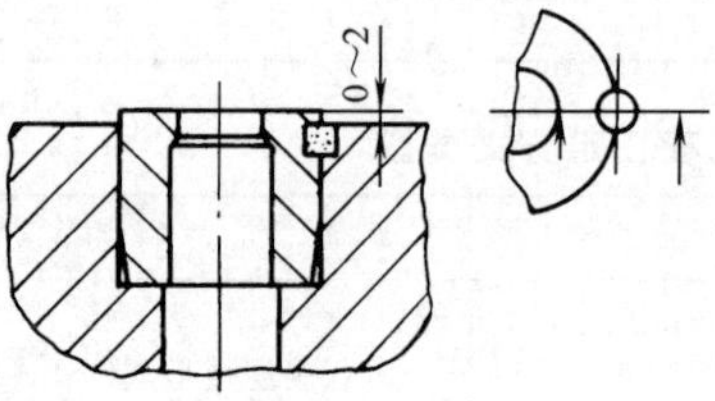	用低熔点合金固定 （也可参见凸模相应固定方式 7） 目前较少使用
8		用黏结剂固定，参见凸模相应固定方式 8 目前较少使用

4. 凸、凹模尺寸及强度计算

（1）凸模长度尺寸计算　凸模长度已有标准可查，一般不需要计算。但选用非标准尺寸时，凸模长度可由模具结构确定，如图 10-2-6 所示。要考虑凸模固定板厚度 h_1，卸料板厚度 h_2，导板厚度 h_3，另外还要考虑凸模进入凹模的深度，凸模刃磨量和凸模固定板与卸料板之间的安全距离等因素，需要增加的长度 h（一般 h 取 15~20mm）。

$$L=h_1+h_2+h_3+h$$

（2）凹模外形尺寸确定　凹模外形和尺寸也有标准，一般可根据冲压件形状和尺寸选用。但在非标准尺寸凹模的设计时，应确定凹模外形尺寸、凹模厚度和壁厚。凹模厚度 H 计算常用经验公式

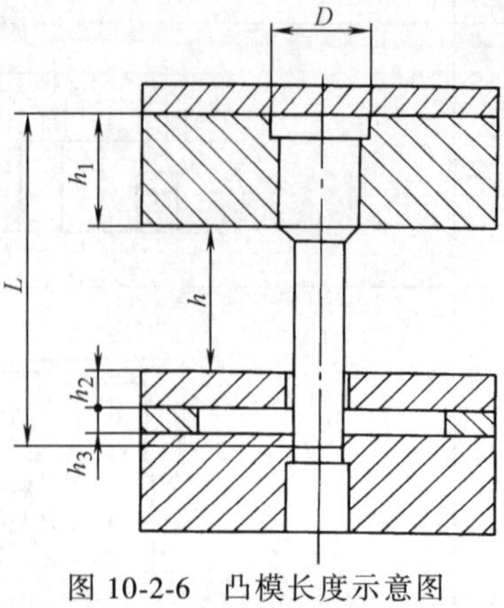

图 10-2-6　凸模长度示意图

$$H = KB\,(H \geqslant 15\text{mm})$$

$$C = (1.5 \sim 2)H\ \ (C \geqslant 30 \sim 40\text{mm})$$

式中　B——凹模孔的最大宽度（mm）；

C——凹模壁厚（mm），指刃口至外形边缘的距离；

K——系数（见表 10-2-5）。

表 10-2-5　系数 K 值

B/mm	料厚 t/mm				
	0.5	1	2	3	>3
<50	0.30	0.35	0.42	0.50	0.60
50~100	0.20	0.22	0.28	0.35	0.42
100~200	0.15	0.18	0.20	0.24	0.30
>200	0.10	0.12	0.15	0.18	0.22

凹模厚度 H 和壁厚 C 亦可查表 10-2-6 确定。按上式计算的凹模外形尺寸，可以保证有足够的强度和刚度，故一般凹模外形尺寸确定后，不再作强度校核。

（3）凸凹模最小壁厚　复合模用凸凹模的最小壁厚 a 数值见表 10-2-7。

（4）凸模强度计算　凸模长度选定后，一般也不作强度计算，但对细长或冲厚料的凸模，为防止纵向失稳和折断，应进行凸模承压能力和抗弯能力的校核。

1）承压能力校核。

圆形凸模：冲裁时凸模所受的应力，有平均应力 σ 和刃口的接触应力 σ_k 两种。孔径大于冲压件材料厚度时，接触应力 σ_k 大于平均压应力 σ，因而强度核算的条件是接触应力 σ_k 小于或等于凸模材料的许用应力 $[\sigma]$。孔径小于或等于冲压件材料厚度时，强度核算条件可以是平均应力小于或等于凸模材料的许用应力 $[\sigma]$。

表 10-2-6　凹模厚度 H 和壁厚 C　　（单位：mm）

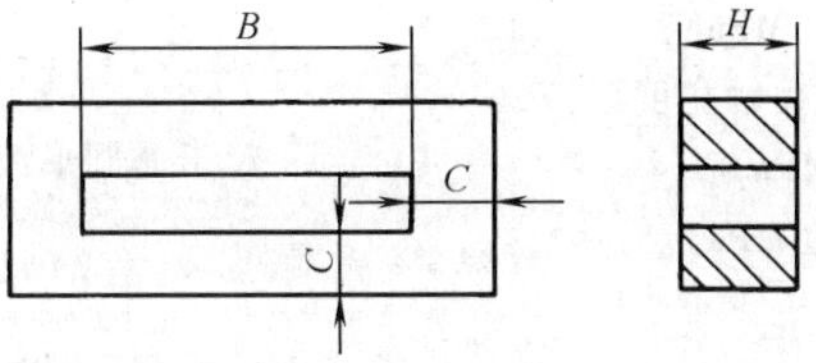

料厚 t	≤0.8		0.8~1.5		1.5~3		3~5		5~8		8~12	
B	C	H	C	H	C	H	C	H	C	H	C	H
<50 50~75	26	20	30	22	34	25	40	28	47	30	55	35
75~100 100~150	32	22	36	25	40	28	46	32	55	35	65	40
150~175 175~200	38	25	42	28	46	32	52	36	60	40	75	45
>200	44	28	48	30	52	35	60	40	68	45	85	50

表 10-2-7　凸凹模最小壁厚 a 数值　　（单位：mm）

料厚 t	0.4	0.5	0.6	0.7	0.8	0.9	1.0	1.2	1.5	1.75
最小壁厚 a	1.4	1.6	1.8	2.0	2.3	2.5	2.7	3.2	3.8	4.0
最小值径 D	15					18			21	

料厚 t	2.0	2.1	2.5	2.75	3.0	3.5	4.0	4.5	5.0	5.5
最小壁厚 a	4.9	5.0	5.8	6.3	6.7	7.8	8.5	9.3	10.0	12.0
最小直径 D	21	25		28		32		35	40	45

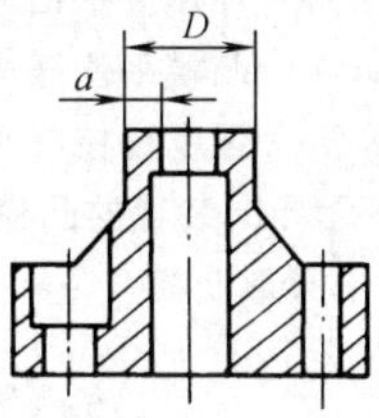

当 $d>t$ 时，凸模强度按下式核算

$$\sigma_k = 2\tau(1-0.5t/d) \leqslant [\sigma]$$

当 $d \leqslant t$ 时，凸模强度按下式核算

$$\sigma = 4(t/d)\tau \leqslant [\sigma]$$

式中　t——冲压件材料厚度（mm）；

d——凸模或冲孔直径（mm）；

τ——冲件材料抗剪强度（MPa）；

σ_k——凸模刃口接触应力（MPa）；

σ——凸模平均压应力（MPa）；

$[\sigma]$——凸模材料许用压应力，对于常用合金模具钢，可取 1800~2200MPa。

非圆形凸模：当凸模端面宽度 B 大于冲压件材料厚度 t 时（见图 10-2-7a），可按下式核算刃口接触应力 σ_k

$$\sigma_k = Lt\tau/F_k \leqslant [\sigma]$$

式中　L——冲压件轮廓长度（mm）；

t——冲压件材料厚度（mm）；

τ——冲压件材料抗剪强度（MPa）；

F_k——接触面积（mm^2），取接触宽度为 $t/2$；

σ_k——凸模刃口接触应力（MPa）；

$[\sigma]$——凸模材料许用压应力（MPa）。

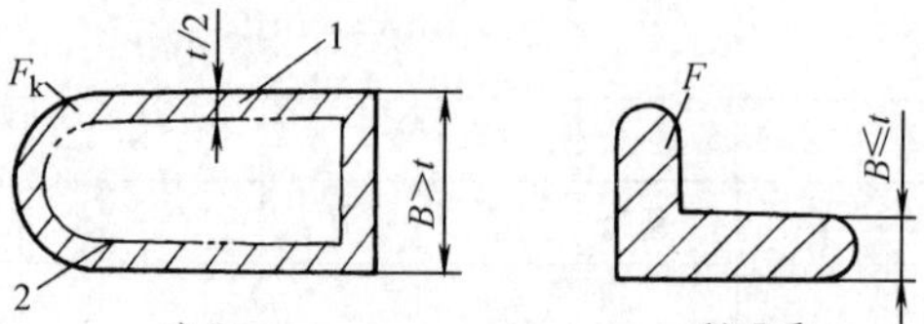

a) $B>t$　　b) $B \leqslant t$

图 10-2-7　计算凸模强度时面积的取法

1—冲件轮廓线，即接触面的外界线

2—接触面的内界线

当凸模端面宽度 B 小于或等于冲压件材料厚度 t 时（见图 10-2-7b），按接触宽度 $t/2$ 作出的内界线将互相交叉，接触面互相重叠，故可按平均压应力 σ 核算凸模强度

$$\sigma = Lt\tau/F \leqslant [\sigma]$$

式中　F——冲压件平面面积（mm^2）；

σ——凸模平均压应力（MPa）。

2）抗弯强度校核（见图 10-2-8）。

① 无导向装置的凸模。

对于圆形凸模

$$L_{max} \leqslant 95\frac{d^2}{\sqrt{P}}$$

对于非圆形凸模

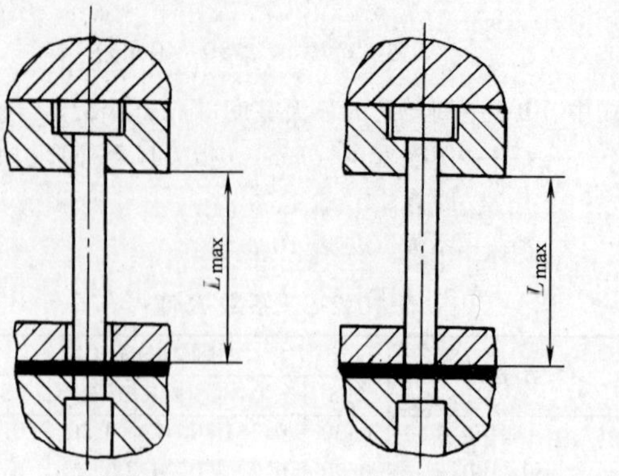

a) 无导向　　b) 有导向

图 10-2-8　抗弯强度校核

$$L_{max} \leqslant 425\sqrt{\frac{J}{P}}$$

② 有导向装置的凸模。

对于圆形凸模

$$L_{max} \leqslant 270\frac{d^2}{\sqrt{P}}$$

对于非圆形凸模

$$L_{max} \leqslant 1200\sqrt{\frac{J}{P}}$$

式中　L_{max}——许可凸模的最大自由长度（mm）；

d——凸模的最小直径（mm）；

P——冲裁力（N）；

J——凸模最小横断面的轴惯矩（mm^4）。

以上关于凸模强度的校核中取安全系数 $n=3$，既适于冲裁冲头，又适于成形冲头。

5. 凹模与凸模的镶拼结构

（1）结构形式　镶拼结构主要用于冲大型零件或薄而形状复杂、尺寸窄小零件的冲模。主要形式见表 10-2-8。

（2）镶拼结构设计的一般原则

1）便于加工制造，减少钳工工作量，提高模具加工精度，具体办法是：

① 尽量将形状复杂的内形分割后变为外形加工，以便制造，同时拼块断面可以做得较均匀，以减小热处理变形。

② 沿对称线分割形状尺寸相同的分块，以便一起加工磨削（见图 10-2-9a、c、d、f）。

③ 沿转角、尖角分割，拼块角度应≥90°（见图 10-2-9a、b、c）。

④ 圆弧单独做成一块，拼接线应在离切点 4~7mm 的直线处；大弧线长直线可分成几块，拼接线要与刃口垂直，结合面接触不宜过长（见图 10-2-9e）。

⑤ 拼接线尽可能不开在直线和圆弧处（见

图 10-2-9b～d)。

2）便于维修更换与调整

① 比较薄弱或易磨损的局部凸出或凹进部分单独做成一块（见图 10-2-9e)。

② 拼块之间可以通过增减垫片或交接面的方法，以调整间隙或中心距（见图 10-2-9f、g)。

③ 满足冲裁工艺要求。

凸模与凹模的拼接线错开 3～5mm，以免产生冲裁毛刺。

6. 硬质合金凸模和凹模

（1）性能及应用　硬质合金具有高硬度（87～91HRA)、良好的耐磨性和耐蚀性，表面粗糙度可达 $Ra=0.01\mu m$，但有质脆、抗弯强度较低和不便加工等缺点。用硬质合金做凸模和凹模，可生产批量很大的冲件，可配备自动送料装置。常用的硬质合金性能见表 10-2-9。

表 10-2-8　镶拼结构形式

名　称	示　图	说　明
平面拼接	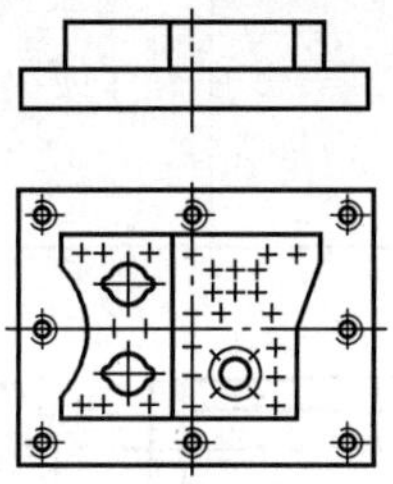	1. 拼块用螺钉、销钉固定在固定板上，加工及调整方便 2. 主要适用于大型件
嵌入拼接	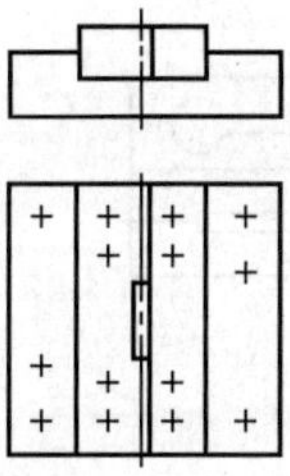	1. 用螺钉、销钉紧固，并将拼块嵌入固定板内，加工及调整较困难 2. 侧向承载能力较强 3. 适用于冲薄料且冲裁力不大的模具和凹模内形狭小时
压入拼接	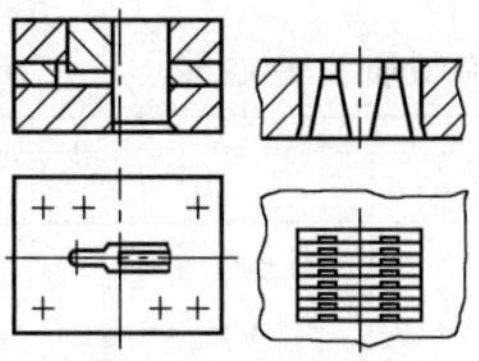	1. 拼块较小，依靠压配来固定各拼块的相对位置 2. 适用于形状复杂的小型件
斜面压板拼接	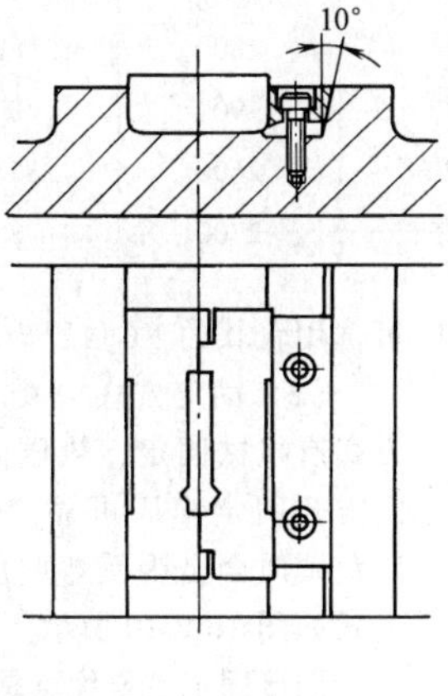	适用于快换模具

（续）

名　称	示　图	说　明
低熔点合金浇注拼接	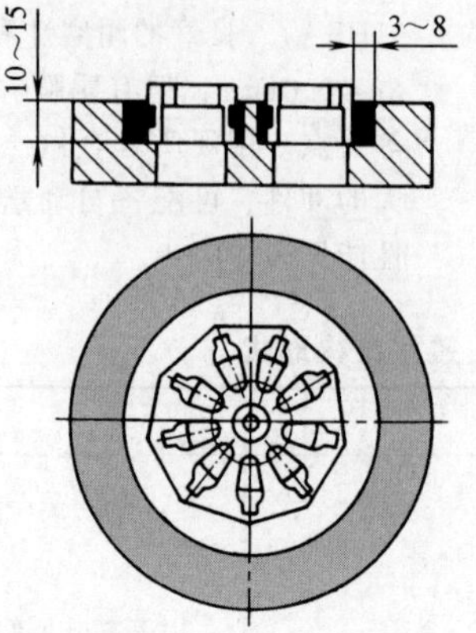	适用于厚度不超过 1.5mm 的冲裁，目前较少使用

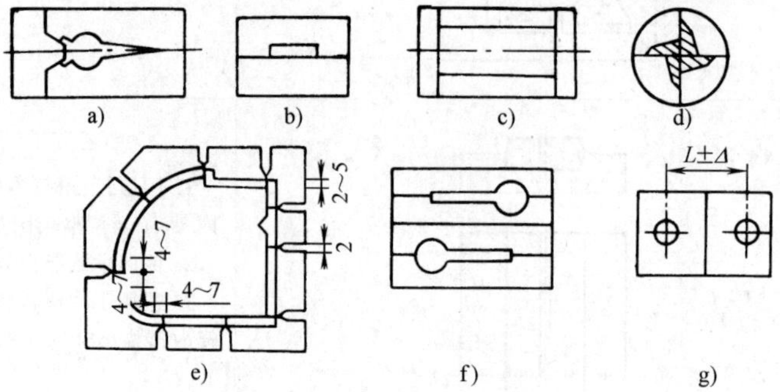

图 10-2-9　凸凹模的镶拼结构

表 10-2-9　常用的硬质合金性能

合金牌号	用途	化学成分(质量分数)		力学性能		
		碳化钨(%)	钴(%)	抗弯强度/MPa	硬度 HRA	抗压强度/MPa
YG6	简单成形	94	6	1400	89.5	4600
YG8	简单成形、拉深	92	8	1500	89	4470
YG11	简单成形、拉深	89	11	1800	88	—
YG15	拉深、冲裁	85	15	1900	87	3660
YG20	冲裁	80	20	2600	85.5	3500
YG25	冲裁	75	25	2700	85	3300

冲裁模用凸模和凹模一般选用硬质合金 YG15 和 YG20，对于冲裁凸、凹模制造工艺复杂、周期长、维修困难的，应选用较软的 YG20；对于刚性差、易崩裂的刀刃，也宜选用 YG20；对易磨损、且需具有足够刚性的，也可选用耐磨性较好的 YG15。

弯曲和拉深模中的凸、凹模，当工作压力较小时，可选用较硬的 YG6 和 YG8；当工作压力较大时，可选用较软的 YG11、YG15 和 YG20。

（2）固定方式　硬质合金模中凸、凹模的固定方式有机械固定、热压固定和黏接固定等。机械固定方式固定牢固可靠，但配合面的精度要求较高，以免硬质合金因受弯曲应力而产生断裂。这种固定方式如图 10-2-10 所示。

黏接固定主要优点是操作温度低，不会使硬质合

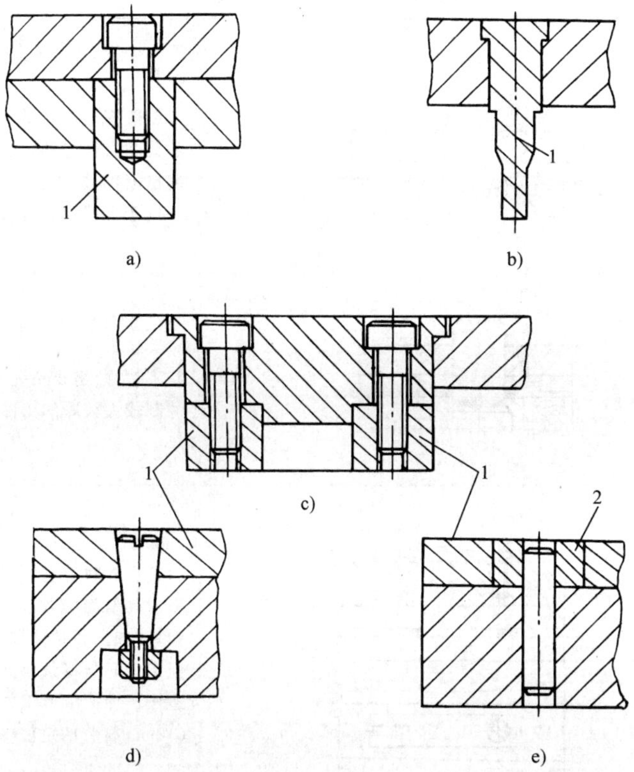

图 10-2-10　硬质合金模的机械固定方式
1—硬质合金　2—冷压套

金产生严重的内应力，可保证定位精度和间隙的均匀性，目前常用的是环氧树脂黏结剂。

对整体圆形的硬质合金常采用热压固定，过盈量一般取直径的 0.2%~0.3%，直径小的过盈量比值可大一些，直径大的比值可小些。

7. 粉末高速钢凸模和凹模

粉末高速钢具有碳化物颗粒细小均匀、无偏析、各向同性、性能均一、磨削性好、硬度高、抗弯强度和韧性较高等特点，适用于制造承受冲击载荷的凸模和凹模。目前已在冲模，特别是精密冲裁模中开始应用。

2.2.2　定位零件设计

1. 设计原则

1）定位至少应有三个支承点，两个导向点，一个定程点。定位的支承点（面）及导向点（面）之间应有足够的距离，保证坯料定位稳定。

2）定位的方向和位置必须与人们的生活习惯相适应。如右手操作比左手操作可靠有力，右转比左转灵活等。

3）多道工序联合冲压时，为保证送料进距正确，应设有初始定位和最终定位。

4）某些非对称外形的坯料定位时，定位方式应有防反措施。

5）为保证坯料在送进初期和冲压过程中定位的稳定性，有时必须考虑坯料的夹紧措施。

2. 定位零件的基本形式

定位零件常用的有挡料销、定位板（销）、导正销、定距侧刃和侧压装置五类。

（1）挡料销　挡料销的作用是保证条料有准确的送料进距（见表 10-2-10）。

（2）定位板（销）　对于使用块料毛坯的冲裁、成形件的冲孔或修边时，一般采用定位板（销）结构（见表 10-2-11）。

（3）导正销　导正销主要用于级进模中，以保证冲压件内孔与外形相对位置的精度。它装在第二工位以后的凸模上，冲裁时它先插进已冲好的孔中，使孔与外形的相对位置对准，然后落料（见表 10-2-12）。

导正销的直径 D_1 和高度 h 的确定

$$D_1=d-2a$$

式中　d——冲孔凸模直径；

$2a$——导正销与孔径两边的间隙，其值见表 10-2-13。

表 10-2-10　挡料销的类型

形　　式	示　　图	特点和应用
圆柱头式挡料销	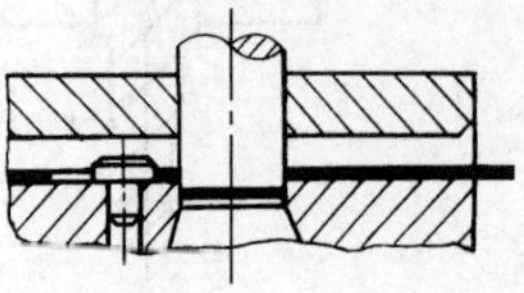	一般固定在凹模上，由于固定部分和工作部分的直径差别，不至于削弱凹模强度，并且制造简单、操作方便 用于带固定卸料板和弹性卸料板的冲模
钩形挡料销	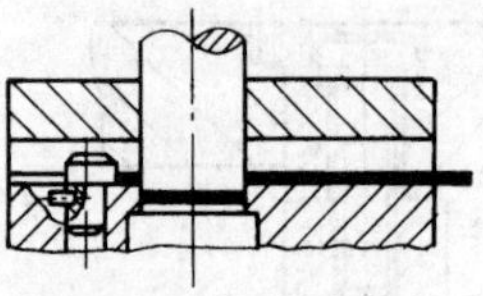	其位置可离凹模刃口更远一些，但由于形状不对称，需要钻孔并另加防转装置，适用于冲制较大较厚的工件
回伸挡料销	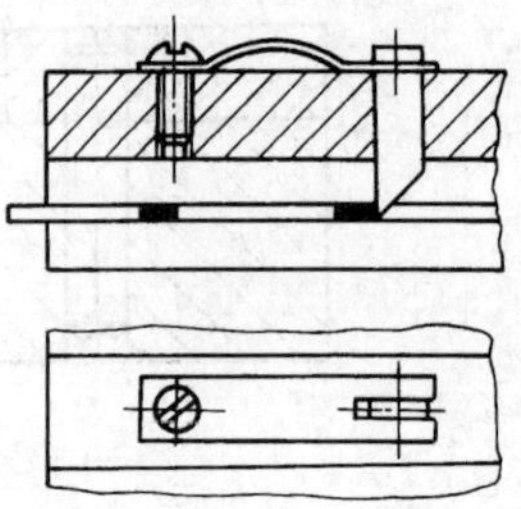	装在卸料板上，当被加工条料向前推进时，就对其斜面施加压力，而将挡料销抬高并将弹簧抬起，不必将带料在挡料销上套进套出，但定位时需将条料前后移动，因此生产率低。适用于冲裁窄形工件（6～20mm）和厚度大于0.8mm材料的定位
活动挡料销	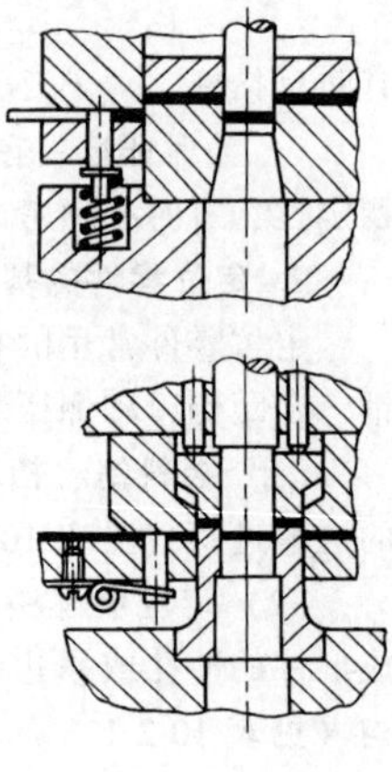	最常用在带有活动下卸料板的敞开式冲模上，因它在冲压时随凹模下行而压入孔内，工作方便
初始挡料销	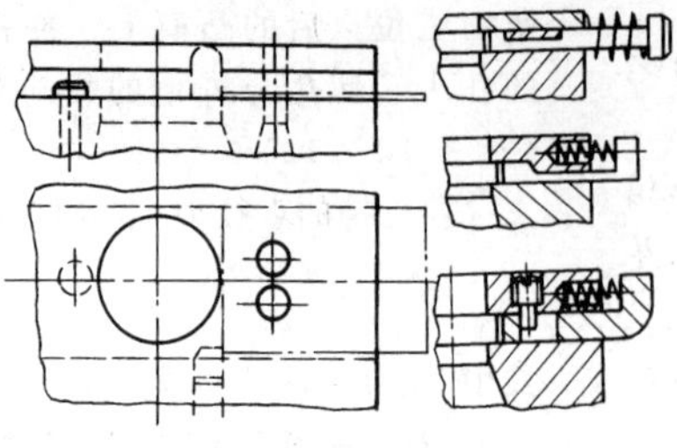	用于级进模中，仅在每一条料开始冲第一步时，作为确定条料正确位置的部件，用时向里压紧

表 10-2-11　定位板类型

形　　式	示　　图	特点和应用
定位板	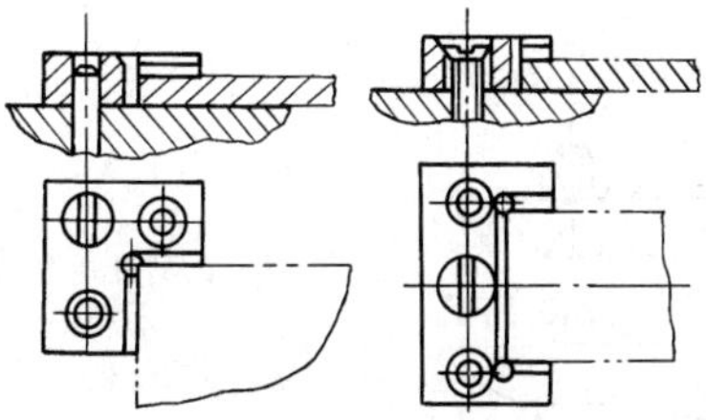	用于大型冲压件或毛坯外轮廓的定位
定位板	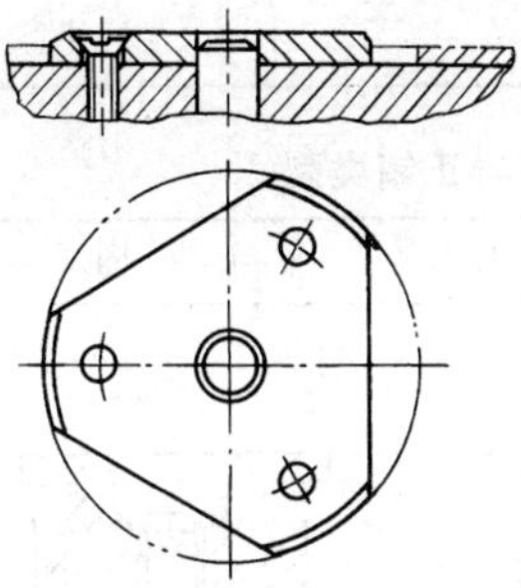	大型圆孔用削边定位板，适用于孔径 $D>30$mm 的孔定位
孔定位板	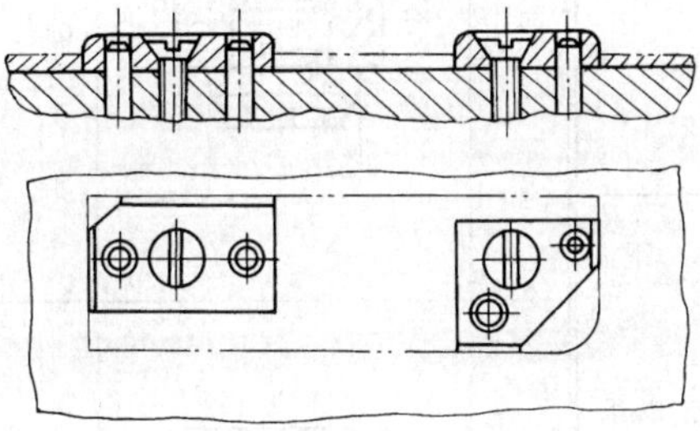	大型非圆孔用定位板
定位销	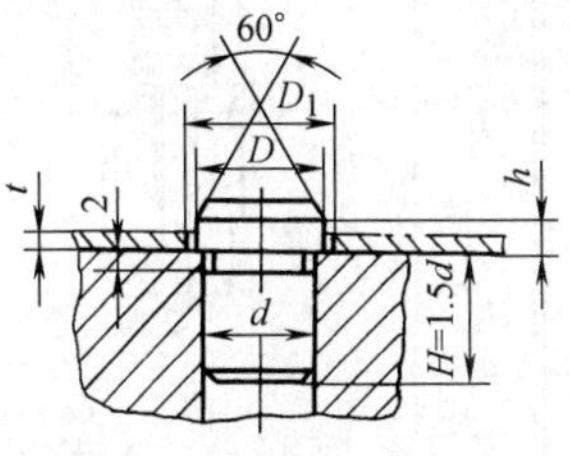 t/mm　<1　1～2　2～3　>3～5 h/mm　t+2　t+1　t+1　t (D_1-D)/mm　0.1　0.15　0.2　0.25	小型孔用定位钉，适用于孔径在 15mm 以下的圆孔定位
定位销	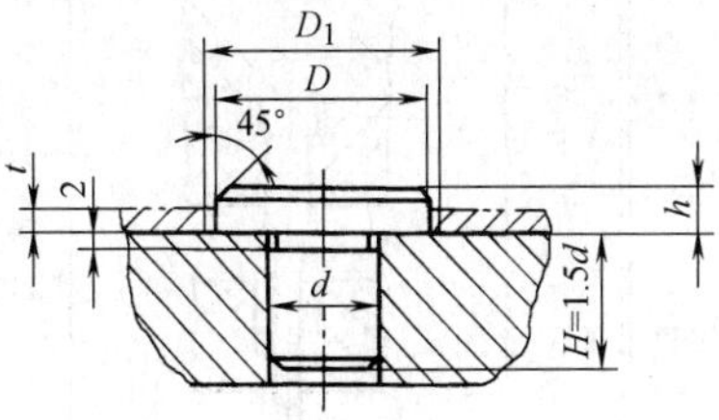 t/mm　<1　1～2　2～3　>3～5 h/mm　t+2　t+1　t+1　t (D_1-D)/mm　0.1　0.15　0.2　0.25	中型孔用定位钉，适用于孔径 D=15～30mm 的孔定位

（续）

形　式	示　图	特点和应用
定位销	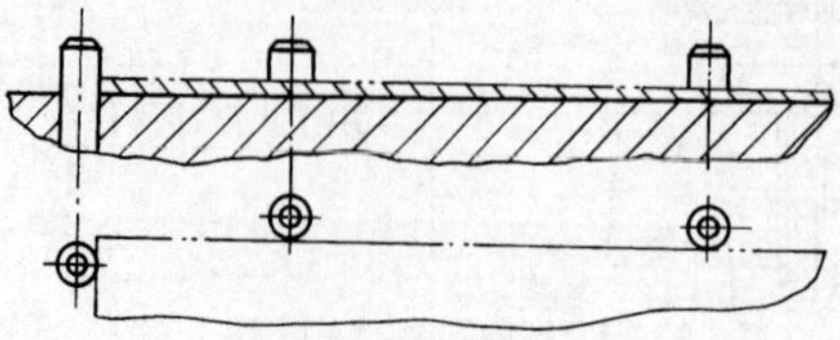	用于大型冲压件或毛坯外轮廓的定位

表 10-2-12　导正销类型

序号	示　图	应　用
1	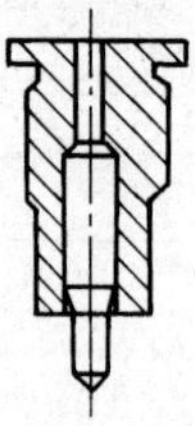	用于直径在 6mm 以下的孔
2	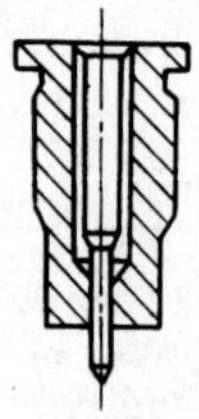	用于直径在 10mm 以下的孔
3	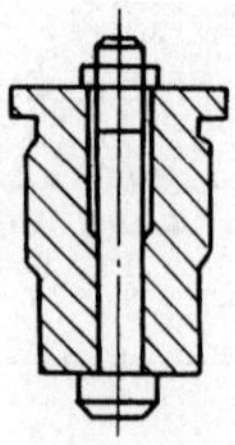	用于直径在 3～10mm 的孔
4	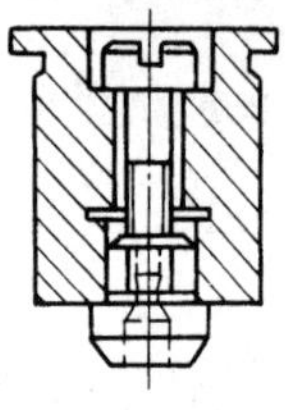	用于直径在 10～30mm 的孔
5	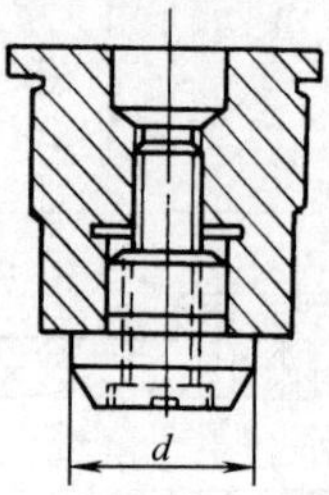	用于板厚为 20～50mm 的孔
6	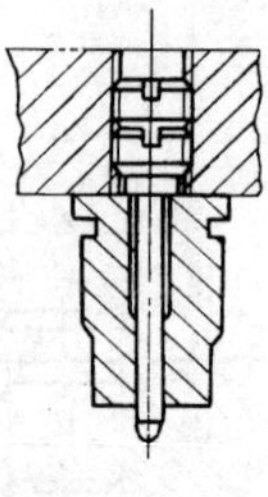	应用小的导正销更换方便
7	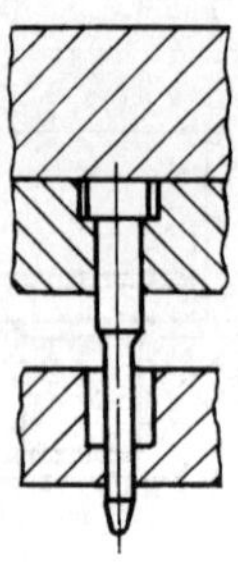	用于薄料，导正销装在上模固定板中，一般在条料两侧空孔处设工艺孔时用

（续）

序号	示　　图	应　　用	序号	示　　图	应　　用
8	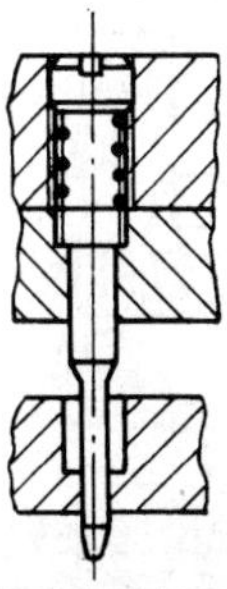	活动式导正销，可避免送料错位而引起导正销损坏	9	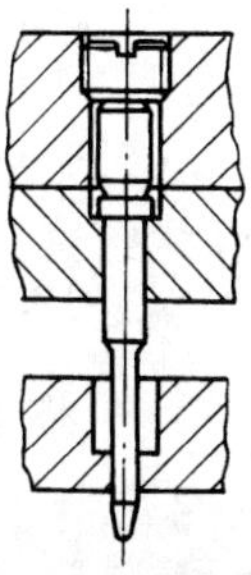	快换导正销

表 10-2-13　2*a* 数值

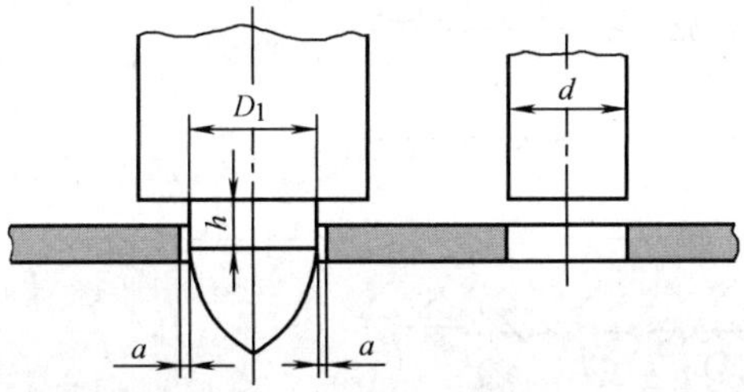

条料厚度 t/mm	冲孔凸模直径 d/mm						
	1.5~6	6~10	10~16	16~24	24~32	32~42	42~60
<1.5	0.04	0.06	0.06	0.08	0.09	0.10	0.12
1.5~3	0.05	0.07	0.08	0.10	0.12	0.14	0.16
3~5	0.06	0.08	0.10	0.12	0.16	0.18	0.20

导正销的高度 h 值见表 10-2-14。图参阅表 10-2-13 插图。

表 10-2-14　导正销高度 *h* 值

条料厚度 t/mm	冲压件尺寸/mm		
	1.5~10	10~25	25~50
<1.5	$1.0t$	$1.2t$	$1.5t$
1.5~3	$0.6t$	$0.8t$	$1.0t$
3~5	$0.5t$	$0.6t$	$0.8t$

（4）定距侧刃　侧刃用于级进模中限制条料的送进步距。定位准确可靠，且生产率高，但增加了材料消耗。因此一般用于以下情况：不可能采用上述挡料形式时，如冲裁窄长工件，送料步距小，不能安装使用固定挡料销时；冲裁薄料（t<0.5mm），采用导正销会压弯孔边而达不到精确定位目的时；或工件侧边需冲出一定形状，由侧刃定距同时完成时；要求生产率高，材料价廉时，被冲材料容易破裂时等。

1）侧刃形式：定距侧刃的类型见表 10-2-15。

2）侧刃的尺寸（见表 10-2-15）。

侧刃断面长度

$$B=A+(0.05\sim0.10)$$

式中　A——送料步距的公称尺寸。

系数 0.05~0.10 的选取：工步次数多的取大值，冲薄料取小值。

侧刃制造公差取步距公差的 1/4。

侧刃断面宽度

$$m=6\sim10\text{mm}$$

侧刃孔按侧刃配做留单边间隙。

侧刃切下料边宽度近似等于材料厚度。

3）侧刃的固定。侧刃一般用如图 10-2-11 所示几种方法固定。

4）侧刃的数量。侧刃的数量可以是一个，也可以是两个。两个侧刃可以是并列布置，也可以按对角布置，对角布置可以保证料尾的充分利用。

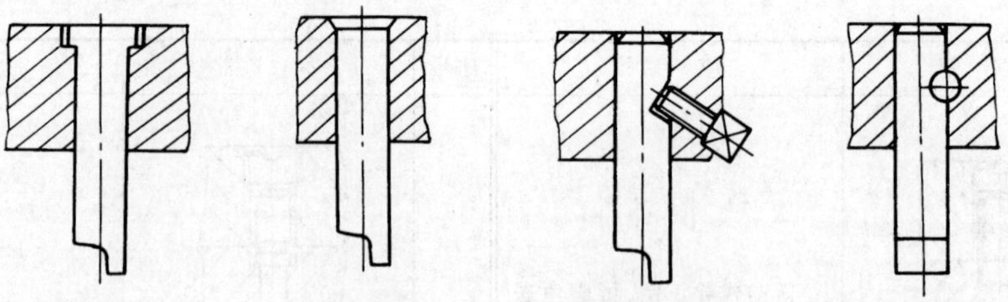

a) 压配合固定　　b) 铆接固定　　c) 螺钉固定　　d) 销钉固定

图 10-2-11　侧刃的固定方法

表 10-2-15　定距侧刃类型

形　式	示　图	特点和应用
长方形侧刃	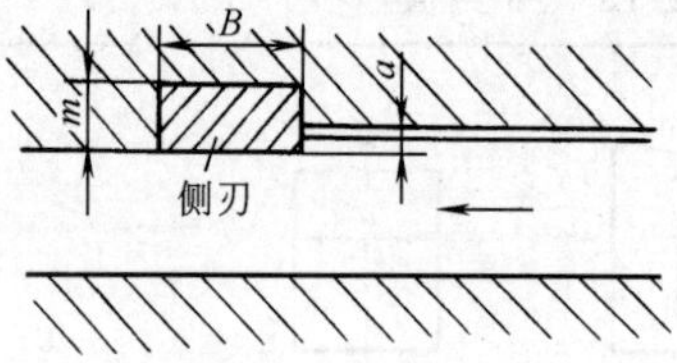	制造简单，使用方便，但因角部易磨损变钝而产生毛刺，影响条料准确定位和送进，常用于精度不高，料厚 $t<1.5$mm 的连续模中
特殊形侧刃	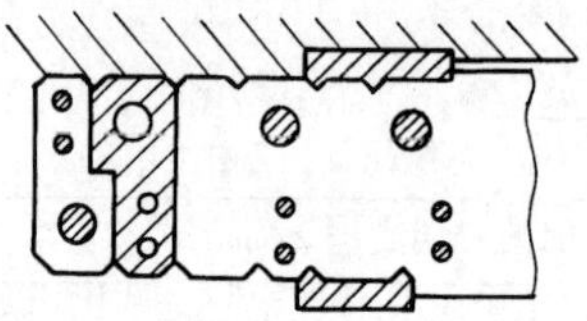	当需要冲切条料一侧或两侧的成形边缘时，需要设计出相应的特殊形侧刃
成形侧刃	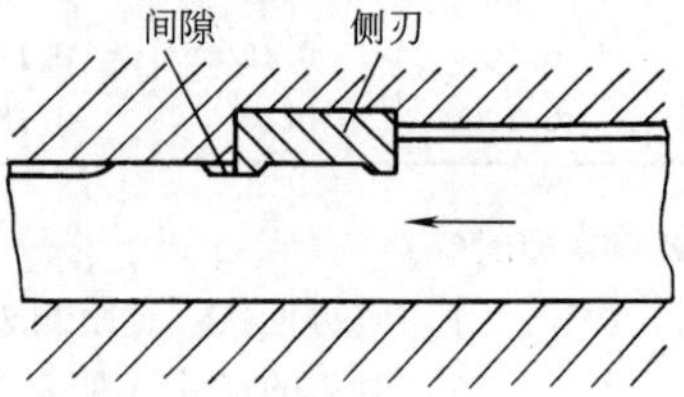	用成形侧刃切出条料的横肩定位时，是靠直线部分与侧刃挡板接触，条料横肩角部毛刺位于侧边凹进部，不影响定位，因此定位精度高，但形状复杂，制造困难并增加了废料，用于精确度较高，料厚 $t<3$mm 的连续模中
尖角侧刃	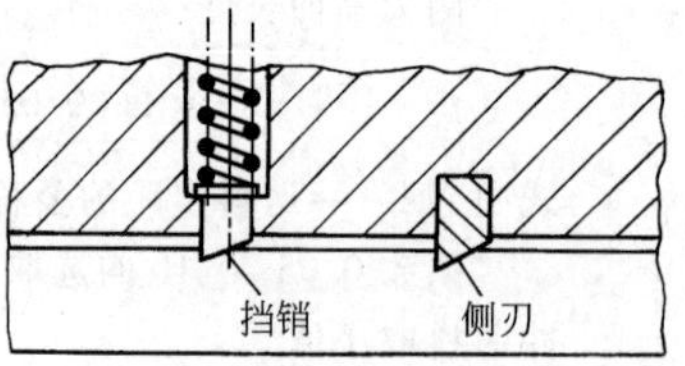	在条料的边缘上冲裁一个切口，在下一步时，挡料销即伸入这个缺口定位，耗料少，但操作不便（需要将条料前后移动）生产率低，用在料厚 1~2mm 的条料定距，一般比较少用

单侧刃一般用于跳步次数较少的级进模中，反之用双侧刃，如图 10-2-12 所示。

（5）导尺（或导料销）和侧压

1）导尺或导料销。使用条料或带料冲裁时，一般采用导尺或导料销来导正材料的送进方向。

导尺常用于刚性卸料板时，导料销是导尺的简化形式，多用于有弹性卸料板时，如图 10-2-13 所示。

2）侧压装置。在级进模中，为了消除条料宽度

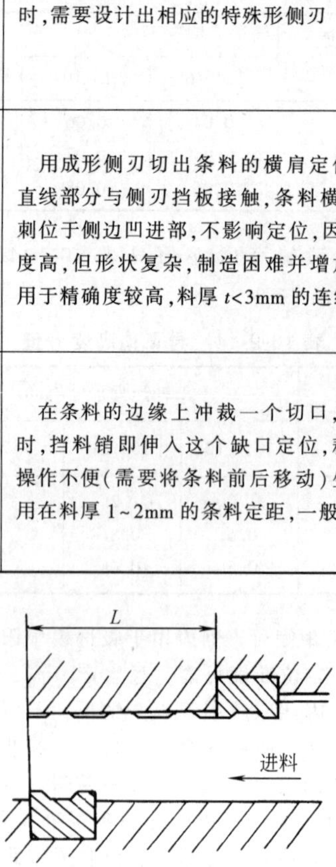

图 10-2-12　成形定距双侧刃

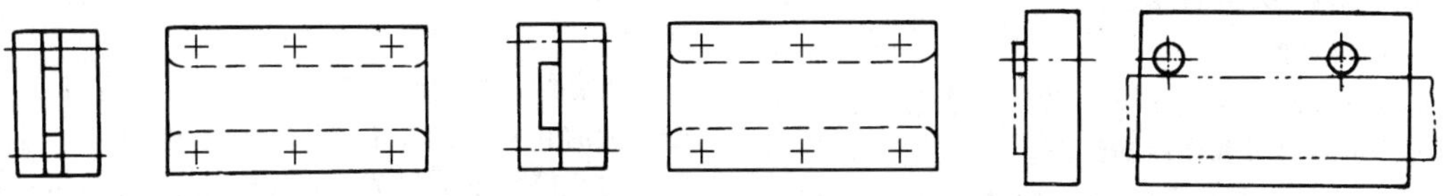

图 10-2-13　导料装置

误差，保证条料紧靠一侧导尺正确送进，常采用侧压装置。常用侧压装置形式见表 10-2-16。

采用侧压装置，应注意：

① 在条料厚度小于 0.3mm 时，不能采用侧压。

② 当用滚轴自动送料时，不采用侧压，否则由于侧壁摩擦会影响送料精度。

表 10-2-16　侧压装置形式与应用

形　式	示　图	特点及应用
簧片式	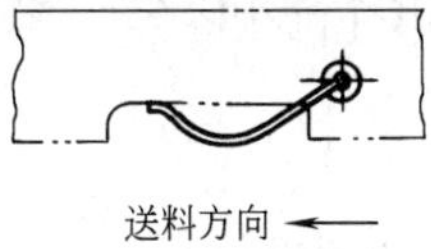	结构简单，但侧压力较小，适用于冲裁工件尺寸小，材料厚度为 1mm 以下的薄料，侧压块厚度一般为侧面导尺厚度的 1/3~2/3，压块数量视具体情况而定
簧片压块式	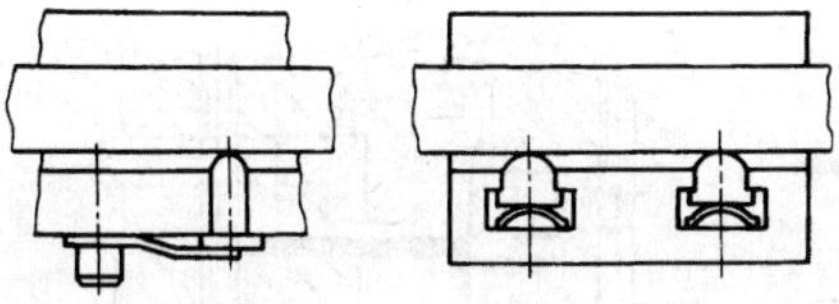	
弹簧压块式	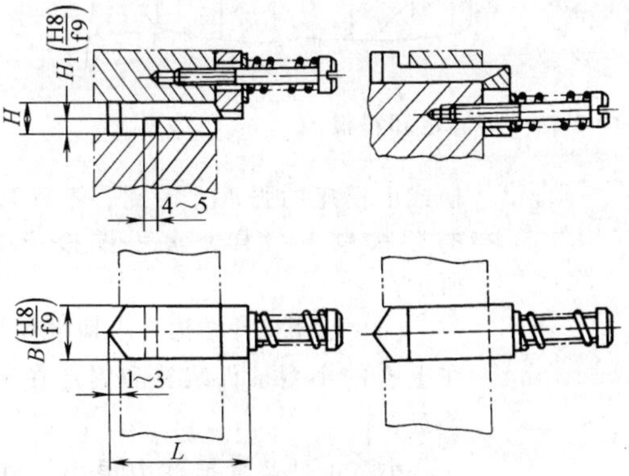	由于利用弹簧，所以侧压力较大，适用于冲裁厚料，一般设置 2~3 个
压板式	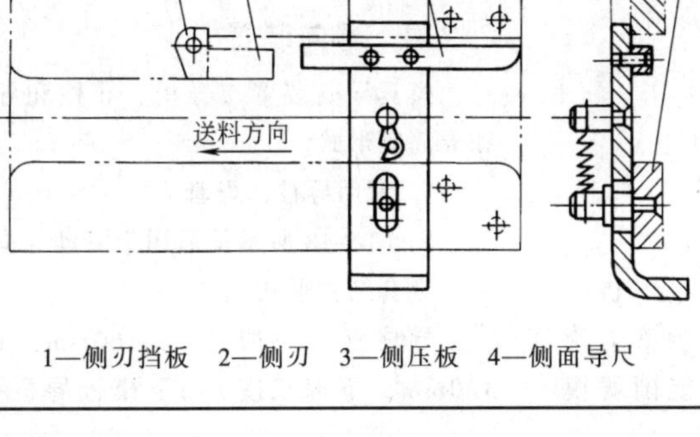 1—侧刃挡板　2—侧刃　3—侧压板　4—侧面导尺	侧压力大而均匀，使用可靠，一般装在送料端，在单侧刃的级进模中使用

2.2.3　卸料及推件装置

1. 卸料装置

从模具上卸下废料的零件称为卸料板。卸料板可分为固定卸料板和弹性卸料板。

1）固定卸料板常用的形式。悬臂式固定卸料板（见图 10-2-14a）用于窄长冲压件卸料；封闭式卸料板（见图 10-2-14b、c）用于中小件卸料；钩形卸料板（见图 10-2-14d），用于底部冲孔时卸空心工件。半固定卸料板（见图 10-2-15）用于凹模与卸料板之间需要有一定距离如弯曲件、拉深件上冲孔等。

固定卸料板用螺钉和销钉固定于下模上，能承受较大的卸料力，常用于厚板冲压件卸料，固定卸料板与凸模的单边间隙，一般取 0.1～0.5mm，但不少于 0.05mm，固定卸料板厚度一般取 5～10mm。

2）弹性卸料板有装在上模的形式和装在下模的形式。图 10-2-16 所示为装在下模的弹性卸料板的常用结构。

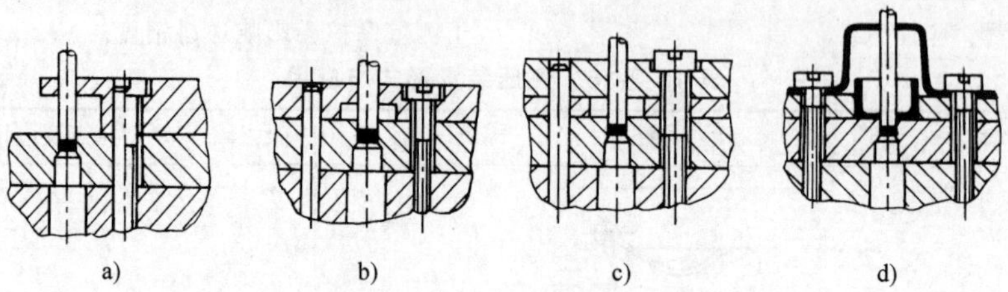

图 10-2-14　固定卸料板

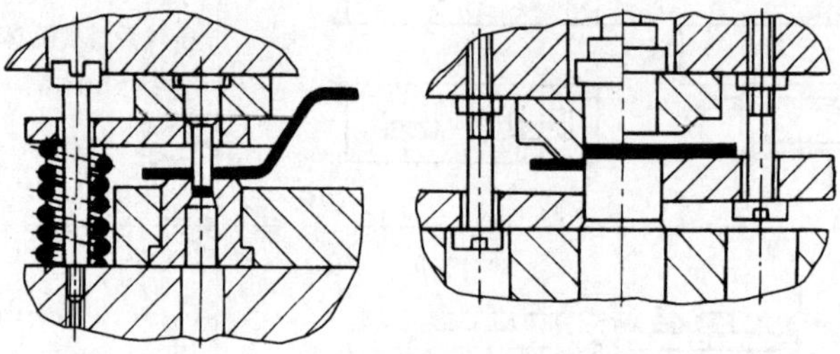

图 10-2-15　半固定卸料板

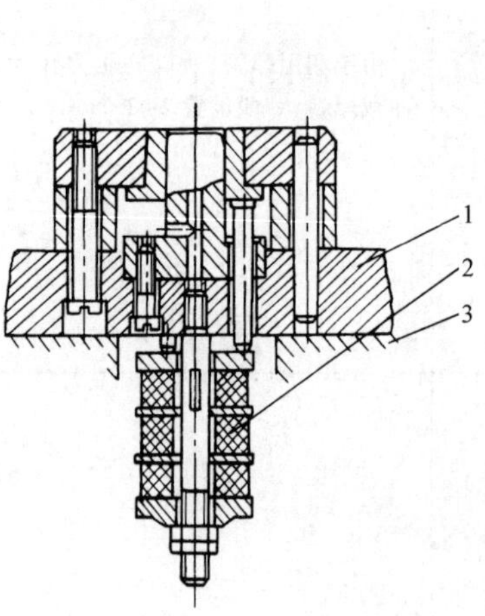

图 10-2-16　弹性卸料板常用结构

1—模具　2—橡皮弹顶器　3—压力机

2. 推件装置

（1）推件装置的结构形式及特点　见表 10-2-17。

（2）推板形式　推板的设计要考虑到推力均衡分布，能平稳地将工件推出，同时不能削弱模柄或上模座的强度。因此，零件形状不同，推板的形状也不一样，常用推板形式如图 10-2-17 所示。

（3）小型推件结构　小型推件结构也分为固定在上模的小型推件装置和固定在下模的小型推件装置。

小型推件装置推件力很小，适用于将工件从凹模或从凸模上推下或顶出，根据冲压件大小和形状在凹模或凸模上可以安排多个小型推件装置卸料。

2.2.4　导向装置

模具导向装置有导板、导柱和导套、滚动导柱和导筒等形式。

1. 常用导柱、导套

图 10-2-18 所示是适用于滑动导向模架的常用导柱、导套结构形式。

导柱直径一般在 16～60mm，长度 L 在 90～320mm，下部长度 l 与下模板导柱孔采用过盈配

表 10-2-17　推件装置结构形式及特点

序　　号	示　　图	特　　点
1	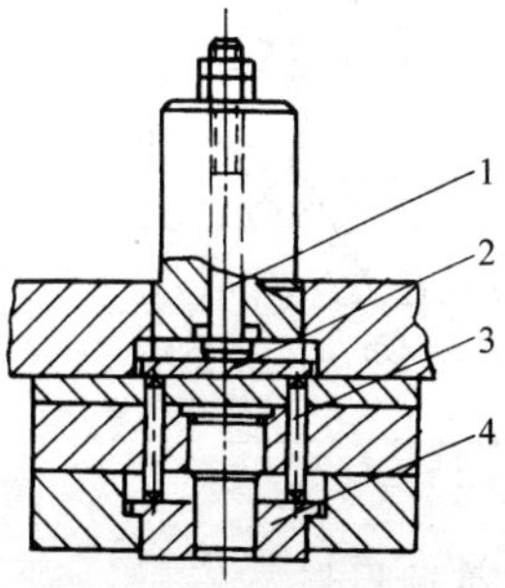	1. 推杆 1 通过推板 2、顶杆 3、顶件块 4 推下工件 2. 推板设置在上模座的凹槽内，结构紧凑，但易削弱上模座的强度 3. 适用于推杆投影范围内有凸模，模具闭合高度受到限制的场合
2	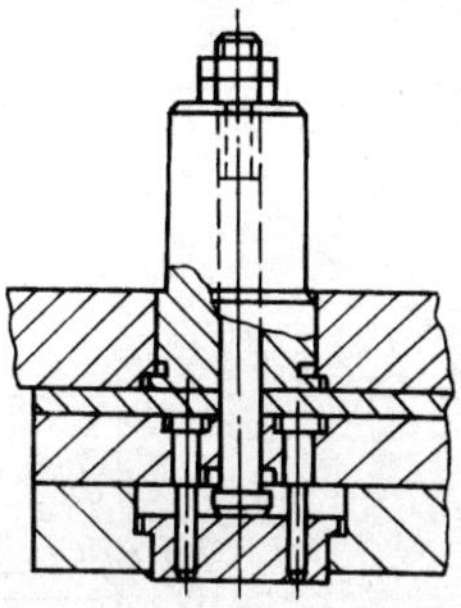	1. 推杆直接推动顶件块，将工件推下 2. 适用于推杆投影范围内无凸模的场合
3	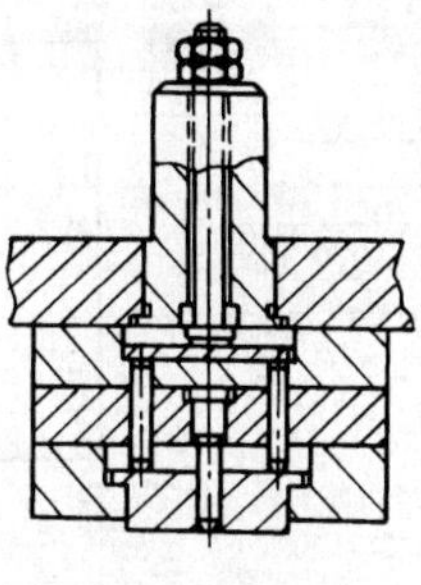	推板设置在厚垫板内，可以不削弱上模座的强度
4	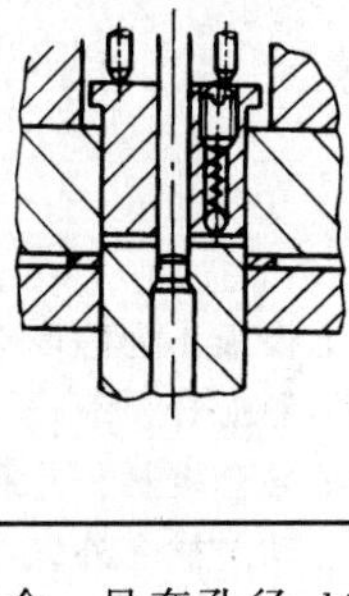	1. 顶件块上附设弹顶器 2. 可避免薄料或涂油冲裁件黏附在顶件块上

合，上部长度与导套孔 d 间隙配合，导套孔径 d 有油槽，用以加油润滑，外径 D 与上模板导柱孔采用过盈配合，配合时孔径会收缩，所以导套过盈配合部分的孔径应比导套和导柱间隙配合的孔径 d 大 1mm。

导柱、导套安装尺寸如图 10-2-19 所示。

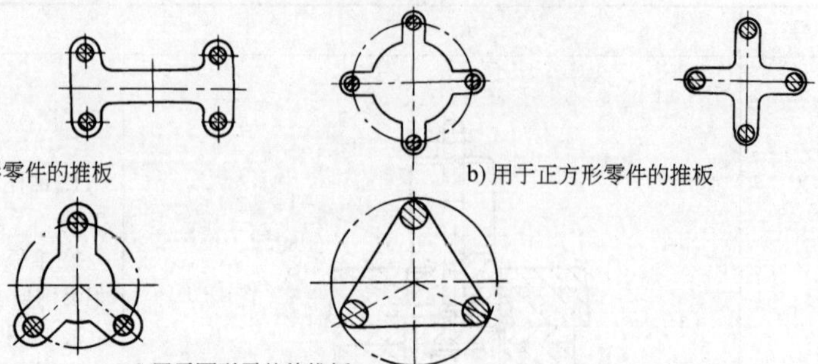

图 10-2-17　推板形式

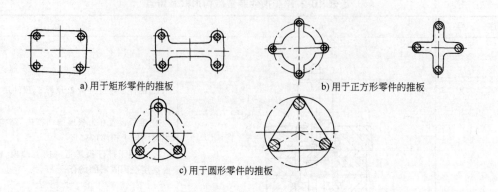

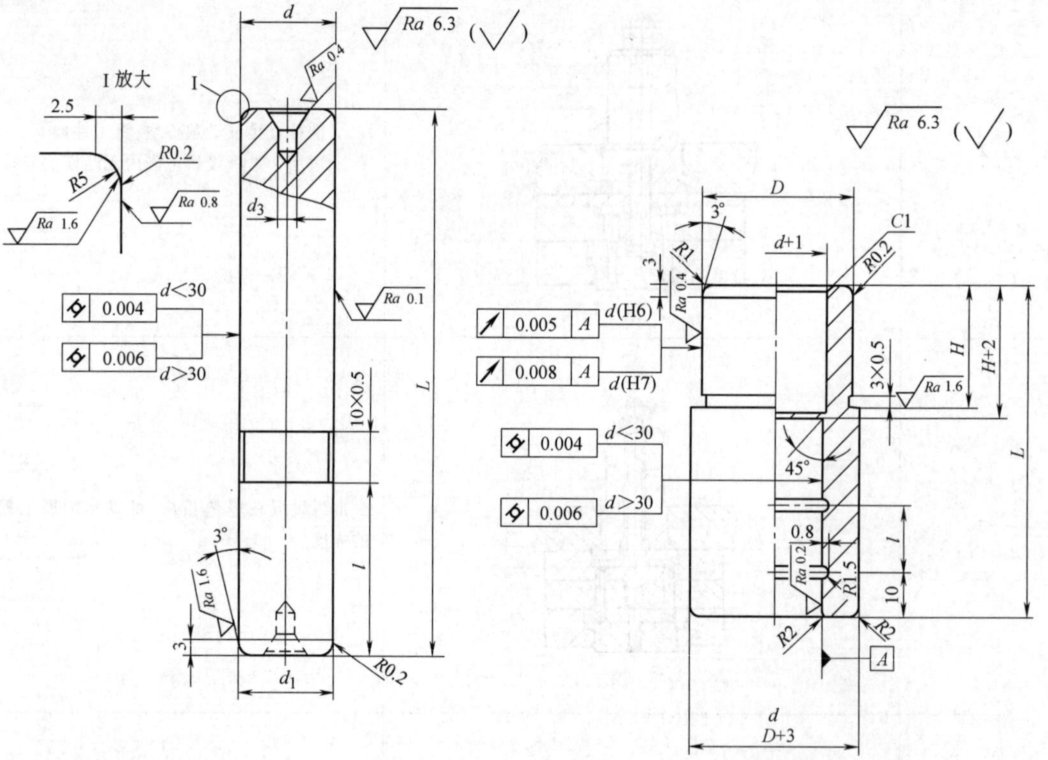

图 10-2-18　导柱、导套结构形式

考虑到模具闭合高度，导柱端面和上模板上平面的距离不小于 10~15mm，导柱和下模板下平面的距离不小于 2~3mm，导套与上模板上平面的距离应小于 3mm，用以排气和出油。

2. 滚珠导柱导套导向

滚珠导柱导套结构形式如图 10-2-20 所示。

由导套 2、导柱 5 和滚珠 3 等零件组成，导套 2 与上模板 1 为静配合，导柱 5 与下模板 6 上的导柱孔为静配合，滚珠 3 置于钢球保持器 4 的孔内，与导柱导套接触，并有微量过盈，滚珠和衬套可以上、下运动。衬套外壁与导套、衬套内壁与导柱的间隙均取 0.3~0.5mm，滚珠以等间距平行倾斜排列，倾斜角为 8°，使钢珠运动的轨迹互不重合，与导柱、导套的接触线增多，以减少磨损。

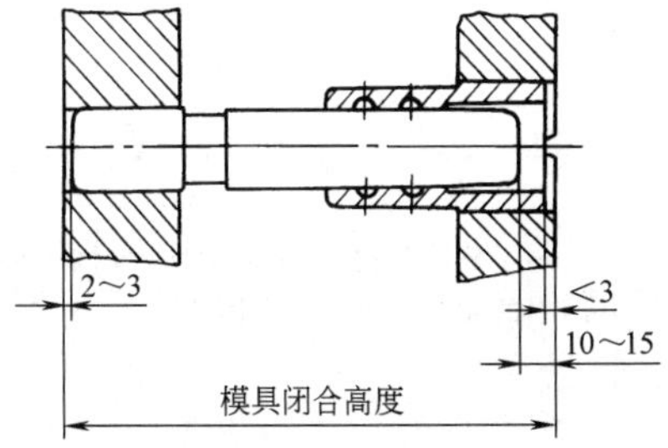

图 10-2-19　导柱、导套的安装尺寸

滚珠导柱导套是一种无间隙导向结构，精度高，寿命长，适用于高速冲模、精密冲裁模、硬质合金模。

3. 导板导向

导板是对凸模起导向作用的卸料板，导板结构形式见表 10-2-18。

导板开孔结构见表 10-2-19。

2.2.5　支承和夹持零件

1. 模架

支承和夹持零件包括上、下模座、模柄、凸、凹模固定板及垫板等。

上、下模座分别与导套、导柱配合紧固后便组成模架。因而，模架的分类方法有：

1）按导柱、导套在模座上的位置分有对角导柱、中间导柱、后导柱、四导柱模架等。

2）按导柱、导套相配合的结构形式分有滑动导向、滚动导向模架等。表 10-2-20 是模架类型的举例。

3）按上、下模座的材料分有铸铁模架、钢板模架等。

2. 模柄

模柄的类型及应用见表 10-2-21。

3. 凸、凹模固定板和垫板

凸、凹模固定板主要用于凸模、凹模和凸凹模等工作零件的固定。凸、凹模固定板有圆形和矩形两种，其平面尺寸除保证安装凸模外，还应能安装定位销钉和紧固螺钉，其厚度一般等于凹模厚度的60%~80%。

垫板的作用主要是承受凸模压力或凹模压力，防止过大的冲压力在上、下模板上压出凹坑影响模具正常工作。垫板厚度一般取 3~10mm，外形尺寸与凸、凹模固定板相同。

2.2.6　紧固件与弹簧

1. 螺钉和销钉

冲模上所用的螺钉和销钉为一般标准紧固件。

1）销钉孔形式通常见表 10-2-22。

2）螺钉安装孔的尺寸见表 10-2-23。

3）螺纹孔与凹模或模板边缘的距离见表 10-2-24。

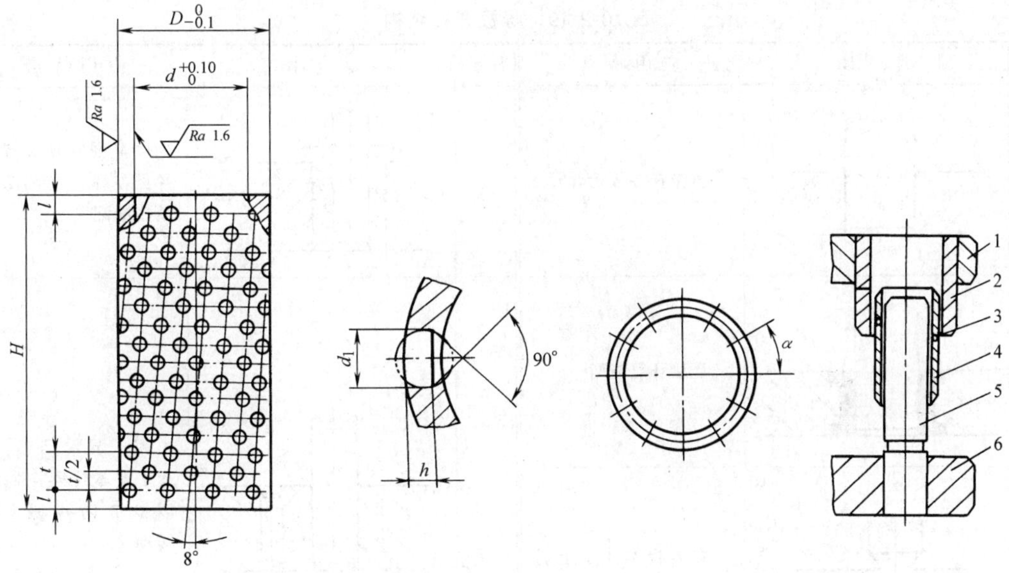

图 10-2-20　滚珠导柱导套结构形式

1—上模板　2—导套　3—滚珠　4—钢球保持器　5—导柱　6—下模板

表 10-2-18 导板结构形式

形 式	示 图	应用特点
固定式	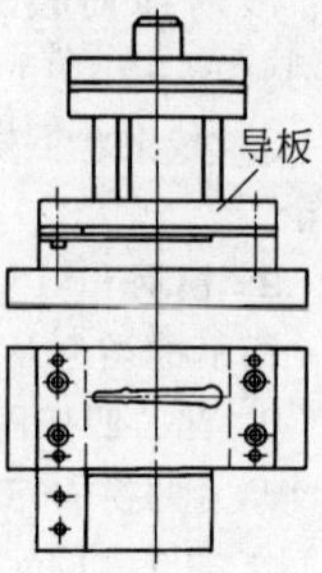	用于板厚超过 0.5mm 的冲件材料，导板与凹模的相对位置由圆销固定
弹压式(一)	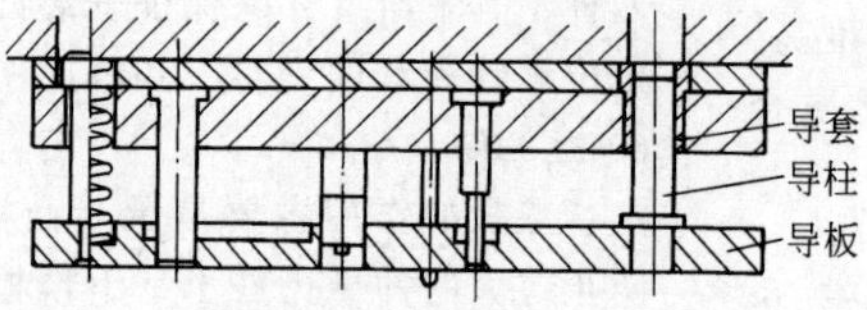	用于薄料冲压，导板由独立的导柱导向多用于多工位精密级进模
弹压式(二)	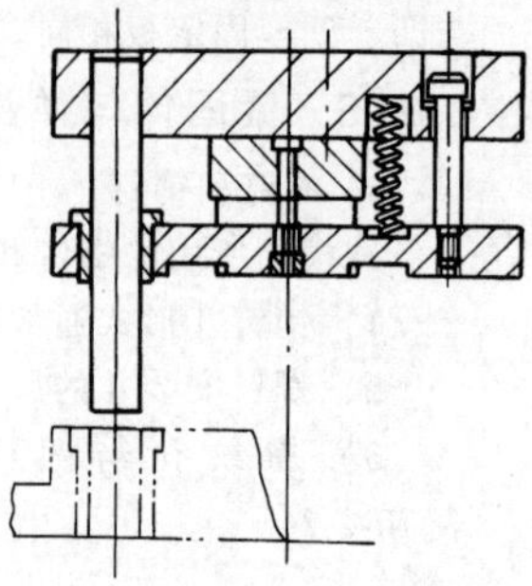	用于薄料冲压，导板共用模架的导柱导向多用于多工位精密级进模

表 10-2-19 导板开孔结构

序号	示 图	应用特点	序号	示 图	应用特点
1	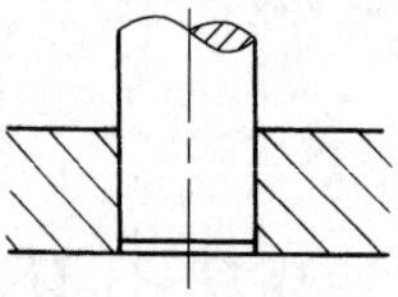	直接在导板上开孔	4	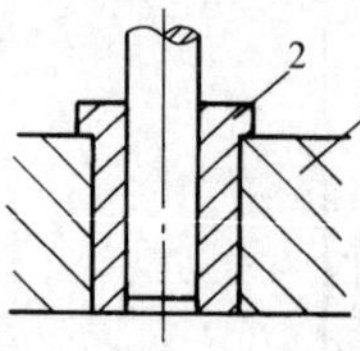	以淬硬镶套 2 嵌入导板本体 1 与圆凸模精密滑配
2	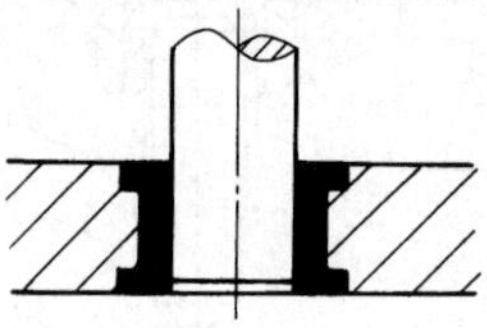	浇注环氧树脂	5	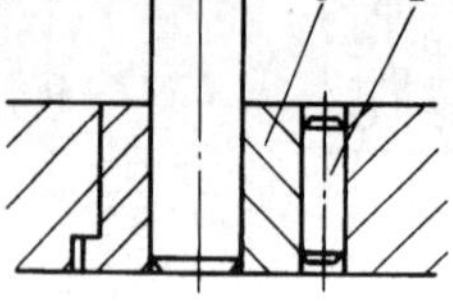	用于异形凸模，镶套 1 整体或两半对拼，以销 2 防止镶套 1 转动
3	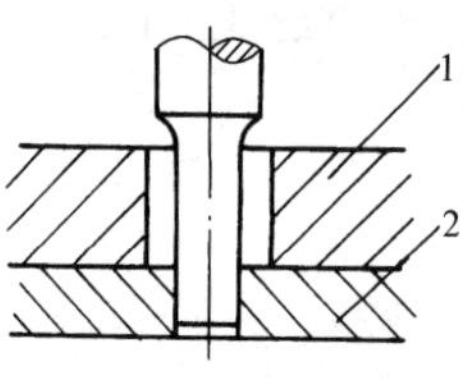	在导板本体 1 上另加淬硬拼块 2 与凸模精密配合			

表 10-2-20　模架类型举例

类　型	示　图	应用特点
滑动导向模架	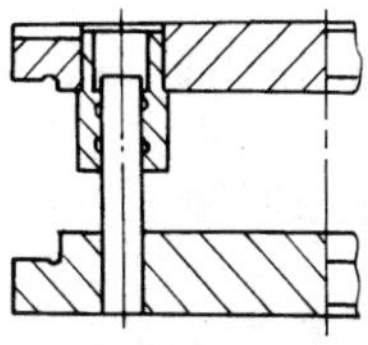	1. 导柱、导套易磨损 2. 压力机回程时，导柱、导套可以脱开
滚动导向模架	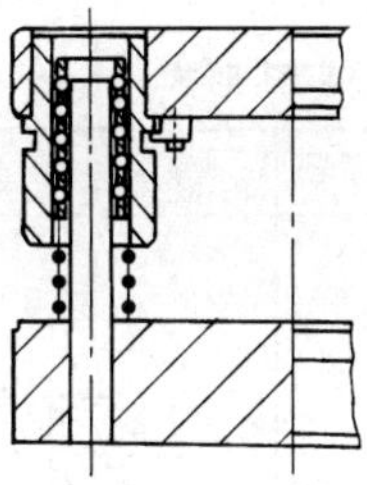	1. 导柱、导套不易磨损 2. 在整个冲压过程中，导柱、导套保持圈不能脱开
可调式导套模架	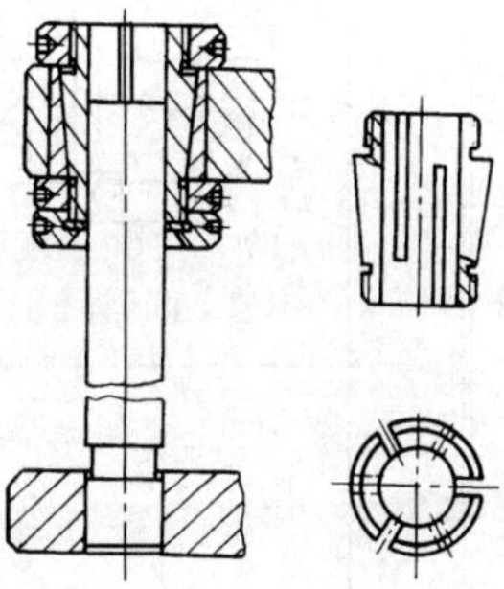	1. 导套可沿径向微量收缩，调整导柱与导套的间隙 2. 适用于薄料小间隙模具

表 10-2-21　模柄的类型及应用

类型	示　图	特点及应用	类型	示　图	特点及应用
整体式	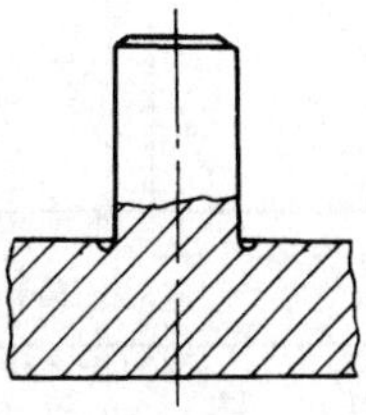	—	旋入式	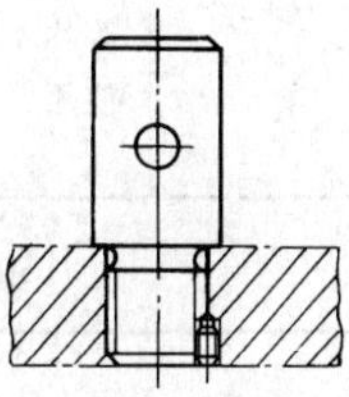	用于中、小型模具
压入式	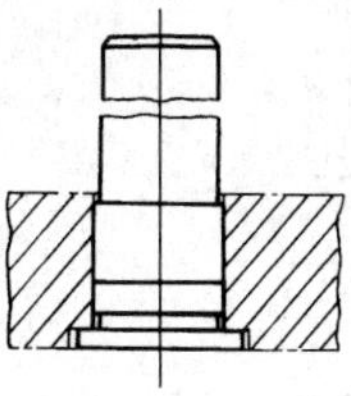	应用较广泛，主要用于上模板较厚时	螺钉固定凸缘式	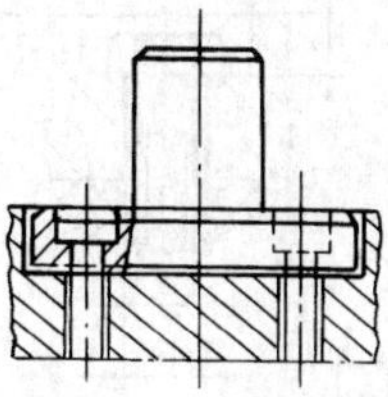	用于大型模具

（续）

类型	示图	特点及应用
浮动式	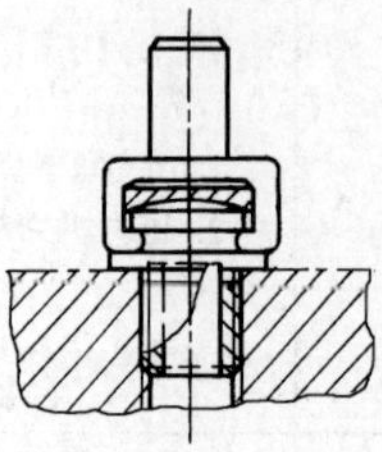	可消除压力机导向误差对模具的影响，用于精密导柱模

表 10-2-22 销钉孔形式

序号	示图	说明
1	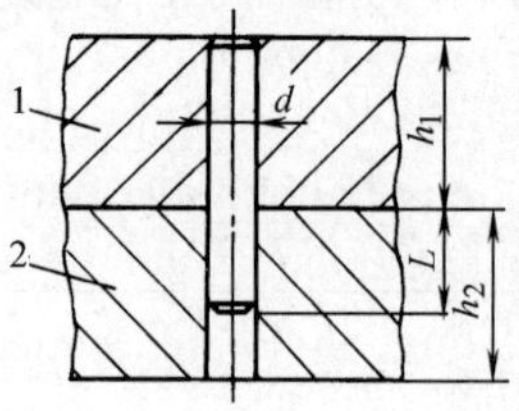	直通孔用于板厚 h_1 和 h_2 均不超过 50mm，销在板 1 中全长配合，在板 2 中的长度 $L=(1.5\sim2)d$
2	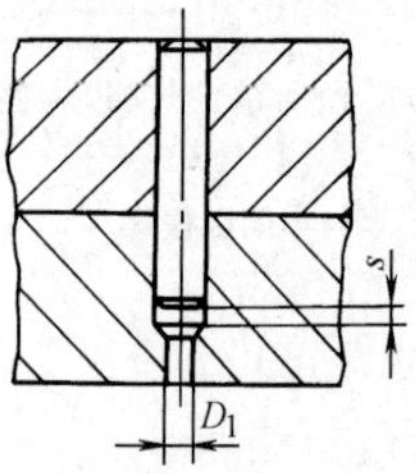	半通孔 $D_1=0.5d+(0.4\sim1)$ 空隙 $s=3\sim5$
3	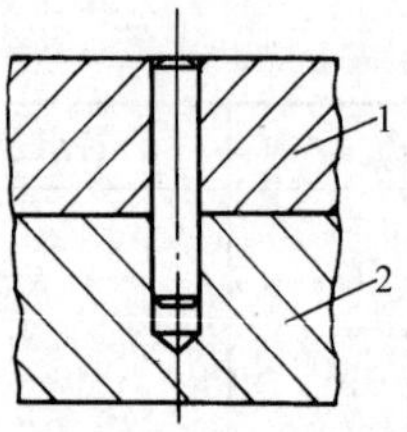	销在板 1 通孔内静配合，在板 2 盲孔内滑配合，因孔的加工、排气及销的取出等均不方便，已很少使用
4	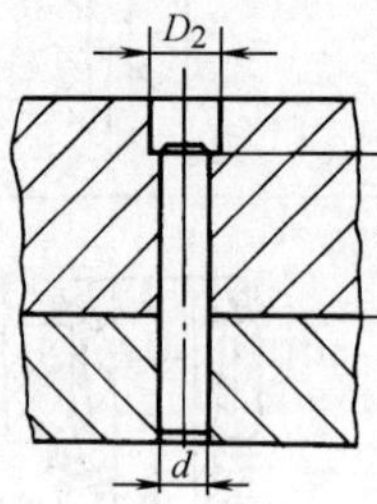	板厚超过 50mm 时将孔上端扩大成 $D_2=d+(0.5\sim1)$ $L\geqslant(1.5\sim2)d$
5	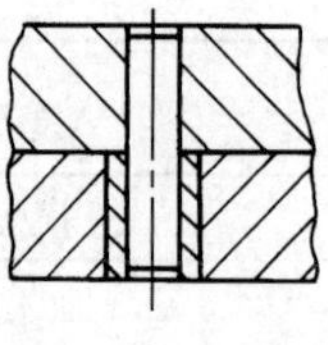	在淬硬模板上压入软钢套，便于加工，按板钻铰

表 10-2-23 螺钉安装孔尺寸

（单位：mm）

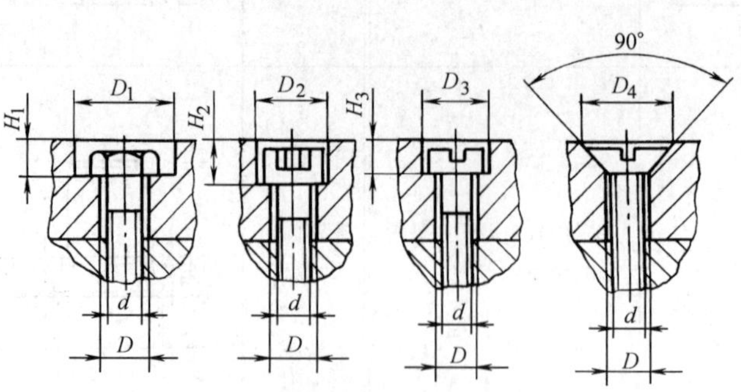

（续）

d	D		D_1	H_1	D_2	H_2	D_3	H_3	D_4
	精密	一般							
M3	3.2	3.6	—	—	—	—	6	3	7
M4	4.3	4.8	—	—	—	—	8	3.5	9.5
M5	5.6	6	—	—	10	5.5	9.5	4	11
M6	6.5	7	24	5	12	6.5	11	4.5	13
M8	8.5	9	28	6.5	13.5	8.5	13.5	6.5	17
M10	10.5	11	30	8	16	10.5	16	8	21
M12	12.5	13	31	9	20	13	20	10	25
M14	14.5	15	37	10	23	15	—	—	—
M16	16.5	17	41	12	26	17	—	—	—

表 10-2-24　螺纹孔与凹模或模板边缘的距离　（单位：mm）

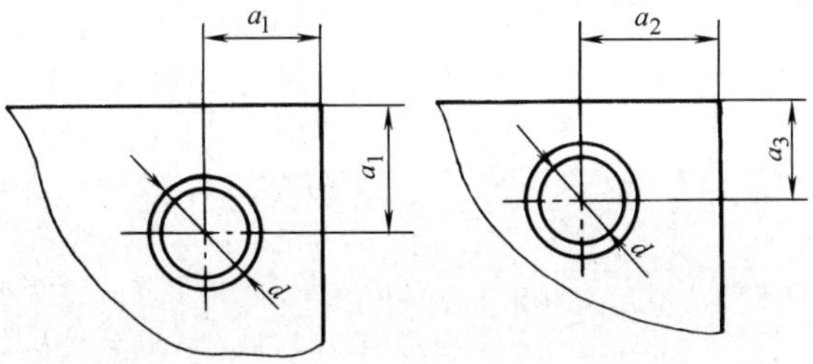

常　用　值	最　小　值			
$(1.5\sim2)d$	模板热处理状态	a_1	a_2	a_3
	淬硬	$1.25d$	$1.5d$	$1.13d$
	不淬硬	$1.13d$	$1.5d$	$1.0d$

刃口分段拼块的螺钉通孔与刃口边缘的距离见表 10-2-25。

表 10-2-25　螺钉通孔与刃口边缘的距离
（单位：mm）

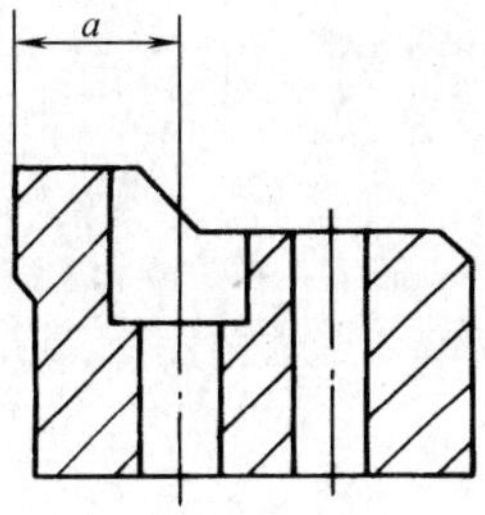

螺钉直径	M6	M8	M10	M12	M16	M20	M24
a 不小于	12	14	17	20	24	28	35

螺纹孔与销钉孔或刃口的间距见表 10-2-26。

表 10-2-26　螺纹孔与销钉孔或刃口的间距
（单位：mm）

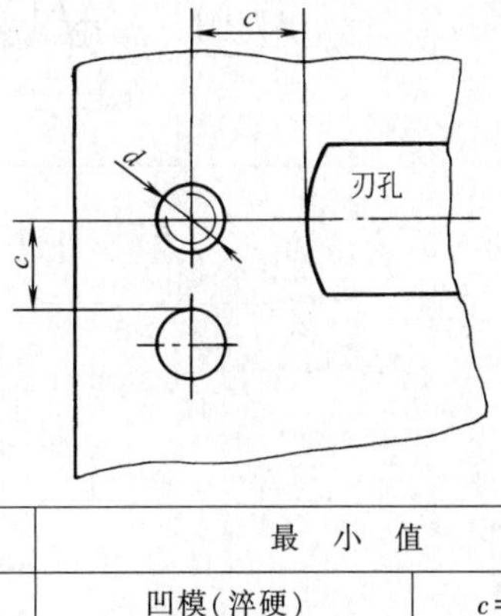

常用值	最　小　值	
$c\geqslant2d$	凹模(淬硬)	$c=1.13d$
	模板(不淬硬)	$c\leqslant d$

注：螺纹孔设置在刃口圆滑部分附近。

沉孔间距见表 10-2-27。

表 10-2-27　沉孔间距

（单位：mm）

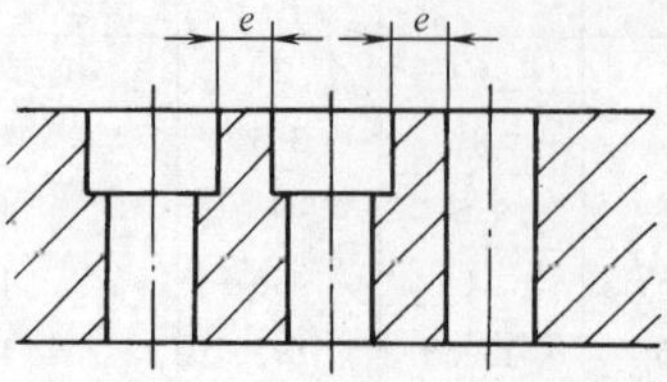

e(不小于)	
模板淬硬	5
模板未淬硬	3

2. 弹簧与橡皮零件

（1）弹簧选用原则　模具设计时弹簧只需按标准选用。一般选用原则，是在满足模具结构要求的前提下，应该保证所选用的弹簧能够提供所要求的作用力和行程。

为保证冲模正常工作所必需的弹簧最大允许压紧量［F］为

$$[F] \geqslant F_0+F+F'$$

式中　F_0——弹簧预压紧量（mm）；

F——工艺行程（卸料板，顶件板行程），一般取 $F=t+1$mm；

F'——余量，主要考虑模具的刃磨量及调整量，一般取 5~10mm。

钢质螺旋压缩弹簧弹压力较大、工作可靠性高，其截面形状有圆形、矩形、扁圆形等（见图 10-2-21）。目前模具弹簧大多选用异形截面弹簧，因其与圆形截面弹簧相比具有以下特点。

1）在相同的安装空间内，比圆钢丝弹簧承载能力提高约 45%，变形量大 13%~14%。

2）在相同体积与载荷条件下，比圆钢丝弹簧切应力降低 13%~18%，使用寿命更长。

3）其线性度即刚度趋于常数。

（2）圆柱形螺旋弹簧的选用　应以弹簧的特性线（见图 10-2-22）为依据，按下列步骤进行。

1）根据模具结构和工艺力（卸料力、推件力）初步定弹簧根数 n，并求出分配在每根弹簧上的工艺力 P/n。

2）根据所需的预紧力 P_0 和必需的弹簧总压紧量 $F+F'$，预选弹簧直径 D，弹簧丝的直径 d 及弹簧的圈数（即自由高度），然后利用图 10-2-22 所示弹簧的特性线，校验所选弹簧的性能，使之满足预紧力和最大压缩量的要求。

（3）碟形弹簧　当冲压所需工作行程较小，而作用力很大时可以考虑选用碟形弹簧。

碟形弹簧组装方式有单片组装和多片组装，如图 10-2-23 所示。

碟形弹簧的压力和压缩量也呈线性关系，选用方法与螺旋弹簧相同。

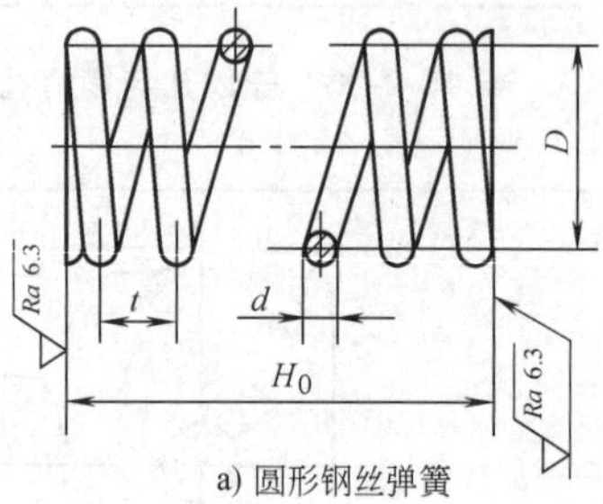

a) 圆形钢丝弹簧

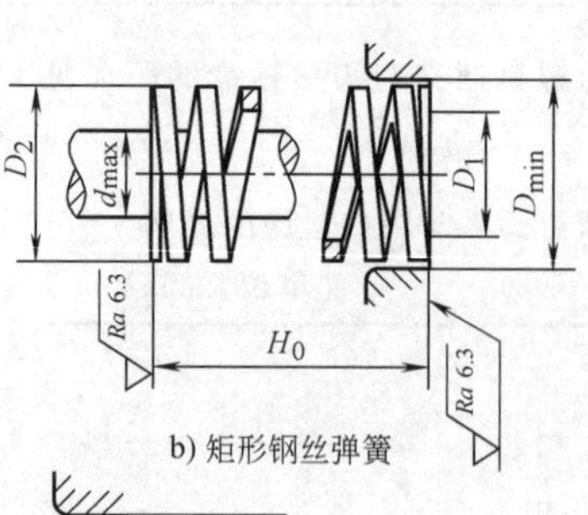

b) 矩形钢丝弹簧

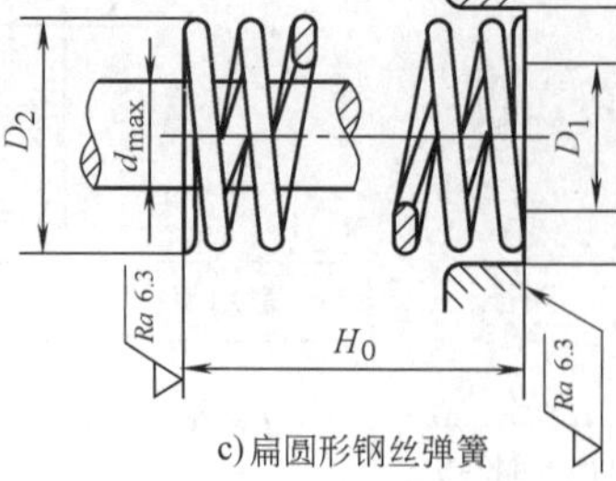

c) 扁圆形钢丝弹簧

图 10-2-21　螺旋压缩弹簧

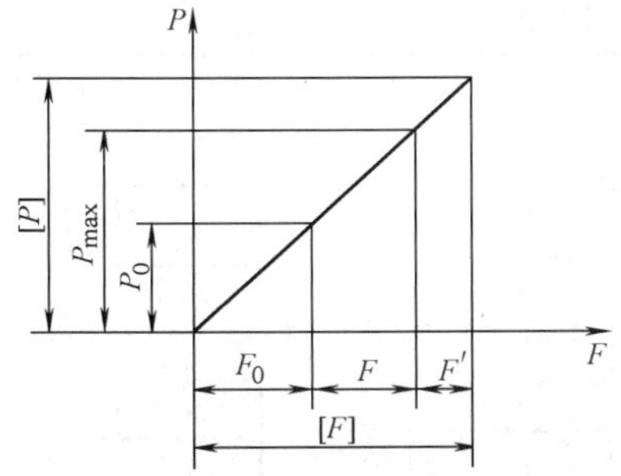

图 10-2-22　弹簧的特性线

(4) 橡胶板的选用与计算　橡胶板用作卸料和顶件也较普遍。

1) 橡胶板的工作压力

$$P = Fq$$

式中　P——橡胶板工作压力（N）；

F——橡胶板横截面积（mm^2）；

q——单位压力（MPa）（图 10-2-24），一般取 2~3MPa。

2) 橡胶板压缩量和厚度。橡胶板的最大压缩量一般应不超过厚度 H 的 45%，橡胶板的预压缩量为（10~15）%，所以

$$H = h/(0.25 \sim 0.3)$$

式中　H——橡胶板厚度；

h——许可压缩量。

3) 校核。P 应大于卸料力 P_0，H/D 应在 0.5~1.5 之间，若 H/D 超过 1.5，则橡胶板应分成若干块，每块橡胶板的 H/D 仍应在 0.5~1.5 之间，D 可按 $P=Fq$ 计算。橡胶板截面尺寸见表 10-2-28。

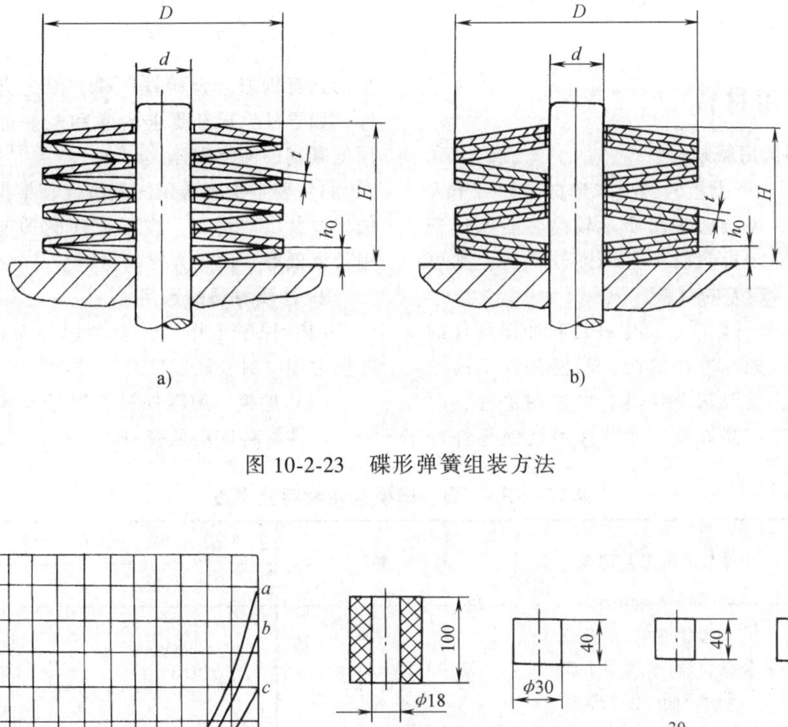

图 10-2-23　碟形弹簧组装方法

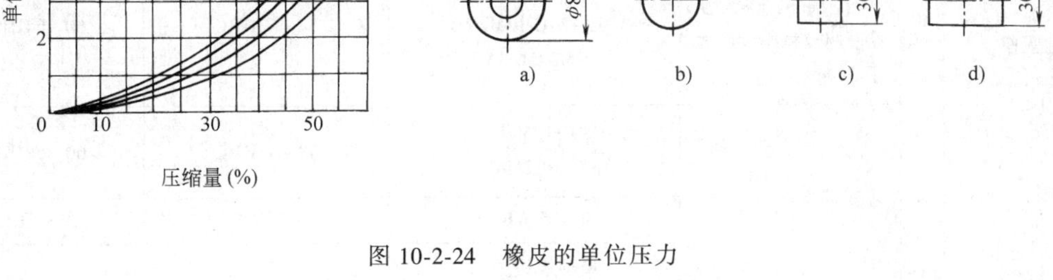

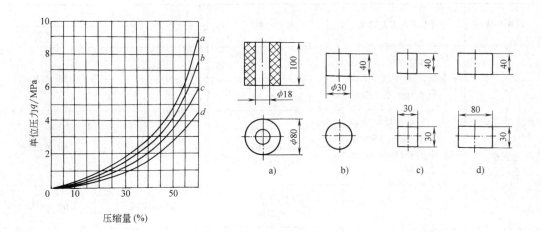

图 10-2-24　橡皮的单位压力

表 10-2-28 橡胶板截面尺寸计算

橡胶板形式	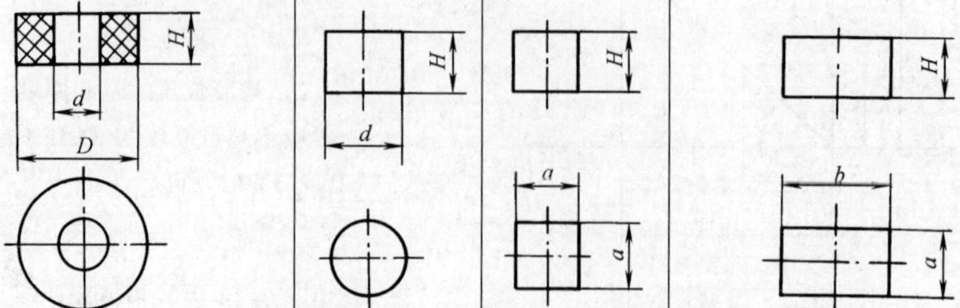					
计算项目/mm	d	D	d	a	a	b
计算公式	按结构选用	$\sqrt{d^2+1.27\frac{P}{q}}$	$\sqrt{1.27\frac{P}{q}}$	$\sqrt{\frac{P}{q}}$	$\frac{P}{bq}$	$\frac{P}{aq}$

注：q—橡胶板单位压力，一般取 2～3MPa；
　　P—所需工作压力。

2.3 冲模常用材料

1. 冲模材料选用原则

1）根据冲压生产批量的大小来选材，如对于大批量生产冲压件，模具应采用质量较高、能保证寿命的材料，反之对于批量较少且精度较低的，则可采用较便宜、寿命较差的材料。

2）根据冲压材料性质、工序种类和冲模零件的工作条件来选材，如因冲模的凸、凹模在强压冲击条件下连续工作，就要求选材具有好的耐磨性、耐冲击性以及高强度、高硬度。如拉深不锈钢零件可采用铝青铜或合金铸铁凹模，因为有较好的抗黏着性；如导柱、导套要求耐磨和较好的韧性，故多采用低碳钢表面渗碳淬火。

3）要考虑到选用的经济性，根据我国模具材料的生产及供应情况，在保证性能的前提下，尽量选用价格低廉、供应方便的材料。

2. 冲模材料的选用

（1）冲模工作零件材料牌号及硬度要求　凸、凹模常用材料及硬度见表 10-2-29。

（2）冲模一般零件材料牌号及硬度要求　冲模一般零件材料选用见表 10-2-30。

表 10-2-29 凸、凹模常用材料及硬度

模具类型	冲件与冲压工艺情况		材　料	硬度	
				凸模	凹模
冲裁模	Ⅰ	形状简单，精度较低，材料厚度小于或等于 3mm，中小批量	T10A、9Mn2V	56～60HRC	58～62HRC
	Ⅱ	材料厚度小于或等于 3mm，形状复杂；材料厚度大于 3mm	9SiCr、CrWMn Cr12、Cr12MoV W6Mo5Cr4V2	58～62HRC	60～64HRC
	Ⅲ	大批量	Cr12MoV Cr4W2MoV	58～62HRC	60～64HRC
			YG15、YG20	≥86HRA	≥84HRA
			超细硬质合金	—	

（续）

模具类型	冲件与冲压工艺情况		材　料	硬　度	
				凸模	凹模
弯曲模	Ⅰ	形状简单，中小批量	T10A	56～62HRC	
	Ⅱ	形状复杂	CrWMn、Cr12 Cr12MoV	60～64HRC	
	Ⅲ	大批量	YG15、YG20	≥86HRA	≥84HRA
	Ⅳ	加热弯曲	5CrNiMo、5CrNiTi 5CrMnMo	52～56HRC	
			4Cr5MoSiV1	40C～45HRC，表面渗碳≥900HV	
拉深模	Ⅰ	一般拉深	T10A	56～60HRC	58～62HRC
	Ⅱ	形状复杂	Cr12、Cr12MoV	58～62HRC	60～64HRC
	Ⅲ	大批量	Cr12MoV Cr4W2MoV	58～62HRC	60～64HRC
			YG10、YG15	≥86HRA	≥84HRA
			超细硬质合金	—	
	Ⅳ	变薄拉深	Cr12MoV	58～62HRC	—
			W18Cr4V W6Mo5Cr4V2 Cr12MoV	—	60～64HRC
			YG10、YG15	≥86HRA	≥84HRA
	Ⅴ	加热拉深	5CrNiTi、5CrNiMo	52～56HRC	
			4Cr5MoSiV1	40～45HRC，表面渗碳≥900HV	
大型拉深模	Ⅰ	中小批量	HT250、HT300	170～260HBW	
			QT600-20	197～269HBW	
	Ⅱ	大批量	镍铬铸铁	火焰淬硬 40～45HRC	
			钼铬铸铁、钼钒铸铁	火焰淬硬 50～55HRC	

表 10-2-30　冲模一般零件的材料及硬度

零件名称	材　料	硬　度
上、下模座	HT200 45	170～220HBW 24～28HRC
导柱	20Cr GCr15	60～64HRC（渗碳） 60～64HRC
导套	20Cr GCr15	58～62HRC（渗碳） 58～62HRC
凸模固定板、凹模固定板、螺母、热圈、螺塞	45	28～32HRC
模柄、承料板	Q235A	—

（续）

零件名称	材　料	硬　度
卸料板、导料板	45 Q235A	28~32HRC —
导正销	T10A 9Mn2V	50~54HRC 56~60HRC
垫板	45 T10A	43~48HRC 50~54HRC
螺钉	45	头部 43~48HRC
销钉	T10A、GCr15	56~60HRC
挡料销、抬料销、推杆、顶杆	65Mn、GCr15	52~56HRC
推板	45	43~48HRC
压边圈	T10A 45	54~58HRC 43~48HRC
定距侧刃、废料切断刀	T10A	58~62HRC
侧刃挡块	T10A	56~60HRC
斜楔与滑块	T10A	54~58HRC
弹簧	50CrV、55SiCr、65Mn	44~48HRC

参考文献

[1]　王孝培. 冲压手册 [M]. 北京：机械工业出版社，1990.

[2]　冲模设计手册编写组. 冲模设计手册 [M]. 北京：机械工业出版社，2001.

[3]　郭成，储家佑. 现代冲压技术手册 [M]. 北京：中国标准出版社，2005.

[4]　杨玉英，崔令江. 实用冲压工艺及模具设计手册 [M]. 北京：机械工业出版社，2005.

[5]　刘晶波，舒荣福，安文宝，等. 高度重视模具弹簧的选用 [J]. MC 现代零部件，2004 (11-12)：104-106.

[6]　全国模具标准化技术委员会. 冲模技术条件：GB/T 14662—2006 [S]. 北京：中国标准出版社，2006.

[7]　戴原德，卢险峰. 关于冲裁凸模抗压弯强度校核公式 [J]. 锻压技术，2005 (6)：49-52.

第3章

冲模先进制造技术

北京机电研究所　涂光祺
上海模具技术研究所　李　铭
华中科技大学　魏青松
中国第一汽车集团有限公司　邱　枫

高精度数控电火花、高精度数控线切割、数控点位坐标镗、数控点位坐标磨、连续轨迹坐标磨、多轴联动加工中心以及快速成形（RPM）等冲模零件先进制造技术的推广和应用，从根本上改变了模具行业的面貌。由于冲模先进制造技术的加工精度达到了微米级，可以直接制造出已淬硬的异形凸模、凹模、压边圈和反压板等零件，实现了冲模工作零件的互换，取代了上述冲模零件传统的配作工艺，还可以直接制造出各种整体的形廓复杂的冲裁凸、凹模，而无须采用各种镶拼式结构的模具，后者是受加工条件限制而采取的措施，加工周期长、质量不稳定、成本高。冲模先进制造技术不仅产品精度高，质量稳定，而且更大的优势是冲模制造周期短，这对于当前我国制造业正逐步进入分散网络制造新阶段，强调市场响应速度高是尤其重要的。

3.1　高精度数控电火花加工

3.1.1　电火花加工原理

电火花加工是电极间脉冲放电时电火花腐蚀的结果。电火花腐蚀的主要原因是在带电两极之间的绝缘介质被瞬时击穿，形成火花通道，火花通道中瞬时产生大量的热，使电极表面的金属局部熔化甚至汽化蒸发而被蚀除下来。要使电火花腐蚀原理用于金属材料的尺寸加工，满足被加工工件的精度、表面粗糙度、生产率等要求，还必须创造以下几个条件。

1）放电形式应该是间歇性（脉冲式）的，且放电时间必须极短。因为只有在很短的瞬时内产生大量的热能，才能使火花放电时的热源来不及由极小的局部加工区大量失散到其他的非加工区。

2）输送到工件加工表面处的能量要足够大。因此要求必须有足够的火花放电强度，也就是说放电通道中要有足够的电流密度，否则金属只是发热而不能熔化或者汽化。

3）两电极之间应有适当的间隙，并在加工过程中保持这一间隙。间隙过大则不能产生介质击穿放电，过小则易产生电弧放电或短路，破坏瞬时火花放电。

4）每次火花放电后，电极间的介质必须来得及消电离，以保证脉冲放电不致形成稳定电弧。

5）电火花加工过程中必须及时把工件上电蚀下来的金属微粒及介质分解的产物从电极间隙中排出去，否则加工将无法正常地持续下去。

电极间隙中的电火花腐蚀过程是极其复杂的，人们对它的认识至今尚未完成。根据大量的实验资料分析来看，金属电火花腐蚀的微观过程是热（主要是表面热源）和力（电场力、磁场力、热力、流体动力）等综合作用的过程。这一过程大致可分为以下相互独立又相互搭接的几个阶段，即电离击穿、脉冲放电、金属熔化和汽化、气泡扩展、金属抛出及消电离恢复绝缘强度。

3.1.2　高精度数控电火花加工机床

图 10-3-1 所示为 FORM2 型高精度数控电火花机床。机床包括机床主体、脉冲电源、工作液循环系统、间隙自动调整装置和控制系统。机床主轴及工作台采用精密滚珠丝杠伺服电动机传动，闭环控制，使其具有良好的随动性能。

高精度数控电火花机床的加工精度、定位精度为 3μm，表面粗糙度 Ra 可达 0.1μm。

3.1.3　电火花加工的工艺特性

利用电火花机床加工工件的宗旨是要使电火花加工具有较高的加工速度、较高的尺寸精度、较高的表面加工质量以及较低的电极损耗。电火花加工中影响这些工艺指标的参数主要包括电参数（脉冲宽度、间隔时间、间隙电压、峰值电流等）和非电参数（如“抬刀”时间和频率、主轴伺服速度、工作液循环方式、位置和大小等）。

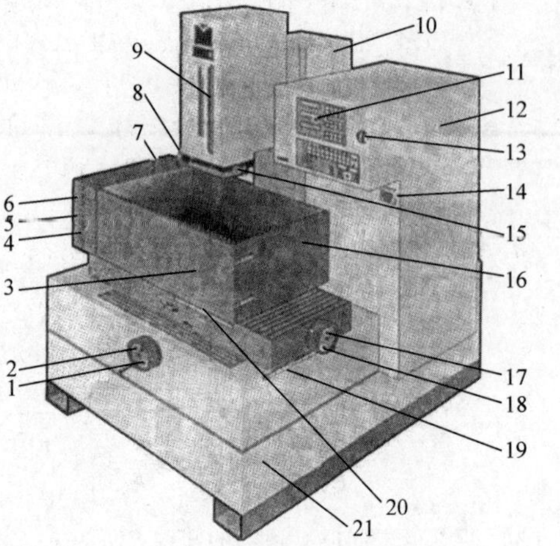

图 10-3-1　FORM2 型高精度数控电火花机床
1—y 轴手轮　2—y 轴锁紧钮　3—前门　4—工作液槽　5—冲油压力表　6—抽油真空表　7—液面调节闸门　8—放油闸门　9—z 轴刻度尺　10—立柱　11—操作面板　12—脉冲电源　13—安全开关　14—紧急停按钮　15—z 轴绝缘电极装夹板　16—侧门　17—x 轴手轮　18—x 轴锁紧钮　19—y 轴刻度尺　20—x 轴刻度尺　21—油箱

1. 电火花加工的工艺现象

（1）极性效应　电火花加工时，两电极被蚀除的量是不同的，其中一个电极比另一个电极的蚀除量大，这种现象就叫作极性效应。在电场力的作用下通道中的电子奔向阳极，正离子奔向阴极，由于电子质量轻、惯性小，在短时间内容易获得较高的运动速度，而正离子质量大、不易加速，故在窄脉冲时，电子动能大，电子传递给阳极的能量大于正离子传递给阴极的能量，使阳极的蚀除量大于阴极的蚀除量，即为正极性，其加工过程成为正极性加工。在宽脉冲时，正离子有足够的时间加速，可获得较高的速度，而且正离子的质量又大得多，轰击阴极的动能较大，正离子传递给阴极的能量超过了电子传递给阳极的能量，使阴极的蚀除量大于阳极的蚀除量，即为负极性，其加工过程成为负极性加工。

（2）覆盖效应　在电火花加工过程中，一个电极的电蚀产物转移到另一个电极的表面上，形成一定厚度的覆盖层，这种现象叫覆盖效应。在油类介质中加工时，其覆盖层主要是石墨化的碳素层和黏附在电极表面的金属微粒结层。合理利用覆盖效应，有利于降低工具电极的损耗，甚至可做到“无损耗”加工。

2. 加工速度

加工速度是指在单位时间内工件材料被蚀除的体积或重量。由于电火花加工存在工效低的缺点，因此尽可能提高加工速度是我们制订加工工艺的主要指标。

影响加工速度的主要参数有以下几个。

（1）平均电流　在电火花加工中的平均电流也直接反映加工速度的大小，平均电流越大，加工速度就越快。在稳定加工的情况下，它们基本上是线性关系。

（2）峰值电流　峰值电流是构成脉冲能量的基本要素，脉冲能量与峰值电流成正比，峰值电流越高，脉冲能量就越大，加工速度也就越大。但峰值电流也不可无限加大，当峰值电流超过某一极限值后，电火花加工的稳定性被破坏，工具电极与工件之间会产生拉弧烧伤。因此，峰值电流的选择要适当，一般应根据加工面积的大小来确定。

（3）脉冲宽度　当峰值电流一定时，脉冲能量与脉冲宽度成正比，脉冲宽度越大，脉冲能量也越大，加工速度也随之增加。但当脉宽增加到一定数值后，加工速度出现极值，此后再继续增加脉宽，加工速度反而下降。这是因为当脉冲时间过长，其转化的热能有较大部分散失在工具电极与工件之间，不能起到蚀除作用。同时，过长的脉冲宽度会使蚀除物增多，造成排屑排气条件恶化，引起拉弧，使加工稳定性遭到破坏。

（4）脉冲间隔　在单位时间内，脉冲间隔越短，脉冲占空比就越大，加工速度就越快。但是过短的间隔会使放电间隙来不及消电离，引起拉弧烧伤和加工稳定性的破坏，反而使加工速度降低。所以，间隔与脉宽的匹配是保证加工稳定性、提高加工速度的主要因素。

（5）放电间隙电压　降低放电间隙电压可有效地提高平均加工电流，但同时也缩小了两极间的放电间隙，造成排屑困难而引起加工的不稳定，尤其在精加工过程中。因此，放电间隙电压要根据加工的过程合理地调节，以获得更快的加工速度。

（6）加工稳定性　在电火花加工中，加工稳定性是影响加工速度的重要因素。除了设计合理的脉宽、间歇和峰值电流等电参数以外，对非电参数的控制也非常重要。

（7）“抬刀”高度和频率的设定　在加工过程中，定时抬刀有利于加工屑的排出，因此在加工不稳定时，提高“抬刀”高度和频率是消除加工不稳定的主要手段。

（8）工具电极伺服进给速度　高的伺服进给速度可以提高加工速度，但过高则会引起工具电极的超进给，从而引起加工的不稳定。所以工具电极的伺服进给速度要根据加工状况以及加工型腔的形状等因素综合考虑，合理设置。

此外，加工液的状况，加工工件材料的状况以及加工型腔的形状、深度，加工液排出的难易程度等，都会影响加工的稳定性，从而影响加工速度。

3. 加工精度

电火花加工的加工精度包括尺寸精度和仿形精度两项主要指标，其主要影响因素是放电间隙、电极损耗以及平动方式等。

（1）放电间隙　在电火花加工中，工具电极和工件在侧壁间的二次放电，造成型腔侧壁尺寸的扩大，以及侧壁加工间隙的不均匀。对于加工直壁型腔，容易形成入口放电间隙大于出口放电间隙的加工斜度。由二次放电造成的放电间隙可以用减少二次放电的机会来减少，对于二次放电造成的加工斜度及仿形失真可以用增加加工修正量来修正。在实际加工中，可以通过提高工作介质的纯净度、改善电极间的排屑状况以及提高加工的稳定性等手段来减少二次放电的机会。

此外，在电火花加工中要尽量避免其他因素造成的放电间隙的改变，如工具电极强度不够引起的应力变形及热变形等。

（2）电极损耗　工具电极的损耗是影响加工精度的直接因素。在电火花成形加工中，工具电极棱角的损耗速度一般比较快，从而影响了电火花成形加工的仿形精度。因此，要设计合理的加工工艺，尤其是手动方式，要确保工具电极的最小损耗。对高精度要求的工件，可采用粗、中、精多电极加工，以确保加工精度。

4. 表面粗糙度

表面粗糙度是电火花加工后加工表面的微观平面度。由于电火花加工大多为最终加工，因此加工表面的粗糙度直接影响其使用性能。

电火花加工的表面粗糙度主要取决于电火花加工时单个脉冲的能量。单个脉冲的能量越大，放电蚀除的坑穴越大、越深，加工速度就越快，表面就越粗糙。由此可见，表面粗糙度和加工速度是一对矛盾，我们既要高的加工速度，又要好的表面加工质量，因此选择合理的加工设计方案就变得非常重要。

5. 工具电极的损耗

在单位时间内工具电极被蚀除的体积、质量或长度被称为电极的绝对损耗；工具电极的绝对损耗与工件加工速度的百分比被称为工具电极的相对损耗。在电火花成形加工中，工具电极的损耗直接影响仿形精度，特别是对型腔加工，电极损耗是较加工速度更为重要的工艺指标。

影响工具电极损耗的主要参数有以下几种。

（1）加工极性　由于电火花加工的极性效应，当采用比较长的脉冲宽度加工（粗、中加工）时，工件接负极、工具电极接正极——也就是负极加工，此时电极损耗比较小。而当采用比较窄的脉冲宽度加工（精、微加工）时，工件接正极、工具电极接负极——也就是正极性加工，这样电极损耗比较小。

（2）脉冲宽度　当加工中的峰值电流不变时，脉冲宽度越大，电极损耗就越小。所以，只有在宽脉冲加工时，才容易实现工具电极的低损耗。随着脉宽的增加，工具电极相对损耗降低的原因主要是：随着脉宽的增加，单位时间内脉冲放电次数减少，使放电击穿所引起的电极损耗减少，而且随脉宽加大后，电极表面的局部温度升高，使覆盖效应加强，在工具电极的表面更易生成覆盖层，保护工具电极的表面，使工具电极的损耗降低。因此，精加工时工具电极的相对损耗比粗加工时工具电极的相对损耗大。

（3）脉冲间隔　在脉宽不变的情况下，加大间隔，会使工具电极表面的局部温度降低，使覆盖效应减小。因此，随着间隔的加长工具电极的损耗也会加大，特别是在小脉宽加工时较为明显。

（4）峰值电流　峰值电流与电极损耗关系很大。在一般情况下，随着峰值电流的增加工具电极的损耗会加大，但加工电流的大小又直接决定了加工速度。因此，既要提高加工速度，又要实现工具电极的低损耗，就要根据加工面积来合理地设计峰值电流。

（5）间隙电压　一般情况下，放电间隙随间隙电压的升高而加大，随间隙电压的降低而减小。在精、微加工时，电加工条件选取较弱，此时放电间隙很小，蚀除物在爆炸力与工作液的作用下，对工具电极的表面不断撞击，极大地加大了工具电极的损耗，因此在精、微加工时，适当加大间隙电压、增加放电间隙、改善排屑状况，即可有效地排出工具电极的损耗。

工作液的位置及流量的大小和排气孔位置的设置等要根据加工型腔的形状、深度及加工精度的要求来设计。合理的设计可以加快加工速度，减少电极损耗，提高加工精度，并能保证加工的稳定性。

3.1.4　电火花加工工具电极

1. 电极材料的选择

工具电极材料的选择主要依据加工零件的材料，型腔的形状、大小以及型腔的精度要求，最常用的电极材料有以下几种。

1）石墨是最常用的电极材料。由于石墨电极在高能量的加工条件下损耗相对比较低，而且石墨材料加工容易，一般被用作粗加工电极，也常用于大型模具电极及型腔复杂但尺寸精度要求不高的电极。

2）纯铜也是最常用的电极材料。由于纯铜在加工钢时覆盖效应比较明显，因此只要工艺参数设计合理，纯铜电极加工钢零件时可以做到无损耗加工。另外，纯铜材料的组织结构比较好，由纯铜电极加工出的工件表面比较容易获得良好的表面粗糙度。因此，纯铜材料常用来制作中小型高精度型腔的电极。

3）黄铜电极由于其加工稳定性较好，但损耗比较大，因此常用于小孔及深孔的加工。

4）铜钨合金、铁钨合金的电加工性能非常好，常用来加工一些加工性能不好的材料，如硬质合金以及制作高精密模具电极。

2. 工具电极的尺寸

在电火花成形加工中，存在着放电间隙。另外，为保证加工零件的尺寸及表面质量一般也要求预留有加工余量。因此，在电极形状尺寸的设计时要缩放出一定的尺寸量，以保证加工零件的尺寸精度。

当加工由粗加工条件向最终加工条件逐渐过渡时，放电间隙逐渐变小，为了能够完成型腔侧壁的加工，工具电极要有一个侧向进给。在电火花成形加工中，这个侧向进给是由工具电极的摇动来实现的。也就是说通过工具电极摇动量的逐级增加来逐渐放大或缩小工具电极的尺寸，以实现在最终加工时，在极小的放电间隙下，工具电极的形状尺寸与最终零件的形状尺寸相吻合。

对于精加工电极，工具电极单边的缩放量应等于工具电极在加工过程中总的侧向进给量加上最终加工的放电间隙。这个总的侧向进给量可以根据型腔的形状、大小以及最终表面粗糙度的要求，按工具电极进给量的计算公式计算得出。对于粗加工电极，还应预留出由于多次定位等因素造成的误差。

3.1.5 电火花成形加工

CNC 高精度电火花成形加工是一种重要的精密成形的加工方法。但是，精密成形加工时工件形状、加工条件和加工环境的复杂多变性，使得加工过程与加工操作者的素质有非常密切的关系。尽管如此，由于计算机数控技术的应用，还是使 CNC 高精度电火花成形加工机在以下几方面展现了它的优越性。

1. 数控系统对电火花质量的提高

计算机数控系统的高速、高精度控制使电火花带电源的脉冲质量有了很好的保障。它可以随时监测每一个放电脉冲的放电状态，利用数控系统的模糊控制技术，控制一些加工参数的变化。加之一些特殊技术的采用，确保了脉冲能量的稳定释放，有效地提高了电火花成形加工的稳定性，并且，随着对电火花脉冲的不断研究开发和高新技术的应用，使加工表面的质量也有了很大的提高，实现了镜面加工。

2. 计算机程序控制下的加工

由于计算机的应用，我们可以把加工的全过程编制成计算机程序，用计算机程序控制加工过程，使加工过程（由粗加工到精加工及精加工的各个工艺阶段）程序化，使各个工艺阶段的连续加工自动化。

另外，在加工时用计算机程序控制各轴的位移，即可实现计算机程序控制的轮廓加工。轮廓加工的最大特点就是可以用简单形状的电极进行复杂形状的轮廓或型腔的加工。

3. 高精度的定位系统

加工定位精度是影响加工精度的重要因素。因此，高精度的定位系统是高精度加工的保证。高精度的定位系统应用于电火花成形加工，它不仅保证了工具电极和加工工件之间的定位精度，还保证了在加工过程中工具电极伺服进给的精度和工具电极摇动加工时侧向进给的精度。另外，把高精度定位系统应用于 C 轴，还使数控电火花成形机实现了许多普通电火花成形机无法实现的加工。再加上工具电极库及自动更换电极系统的应用，使高精度、多工位自动加工成为高精度数控电火花成形加工机的一大特色。

3.1.6 电火花穿孔加工

电火花穿孔加工在制造冲模中一般用来加工凹模、凸模、卸料板及固定板。电火花穿孔加工工艺不同于一般的金属切削加工，它具有下列特点。

1）用一般机械加工方法难以加工的高硬度、高韧性金属材料，用电火花穿孔加工却并不困难。同时电火花穿孔加工可在工件热处理后进行，从而避免因热处理产生的废品。

2）复杂型孔用电火花穿孔加工比机械加工的周期短，形状越复杂，所需周期差异越大，它能有效地解决一般机械加工难以完成的复杂型孔加工问题。

3）电火花穿孔加工时，工具电极与工件不接触，并且不存在切削力，因此没有因切削力而产生的一系列工艺和设备方面的问题。

4）冲模使用电火花穿孔加工，得到均匀的间隙，刃口平直、耐磨，从而增加了模具寿命，提高了冲压件质量。

5）采用电火花穿孔加工，可使冲模设计结构简化。由于是在热处理后加工，因此可以不再考虑用加厚凹模的办法来减少热处理变形。又如，可采用整体凹模结构（放弃因考虑机械加工方便而采用的拼块结构）。

电火花穿孔加工也存在一些缺点，如达到最低的表面粗糙度较困难。型孔的尖角不容易达到，工具电极有损耗等。

3.2 高精度电火花线切割加工

电火花线切割加工技术经过了几十年的发展，现在在冲模加工中已经迅速地得到了推广与应用。尤其是在精密模、复合模以及连续模的制造中，模具的工作零件（凸模、凹模、固定板、卸料板及顶板等）大部分都是采用这种工艺加工完成的。在传统的冲模加工中，模具装配一般都是在钳工的修配下完成。这就要求钳工具有丰富的经验，而且零件精度、表面粗糙度很难满足要求，互换性也较差。模具的工作零件一旦损坏，其修配也比较困难。CNC高精度电火花线切割机的应用，不但提高了模具的制造精度，缩短了模具的制造周期，更重要的是实现了模具工作零件的互换。

3.2.1 电火花线切割加工原理

电火花线切割加工与成形加工的主要不同点是：线切割加工是利用电极丝放电对工件进行切割的轮廓加工，因此不需要制作成形电极；线切割加工一般为纵向小面积加工，而成形加工则是横向或纵向大面积加工。电火花线切割加工原理如图10-3-2所示。

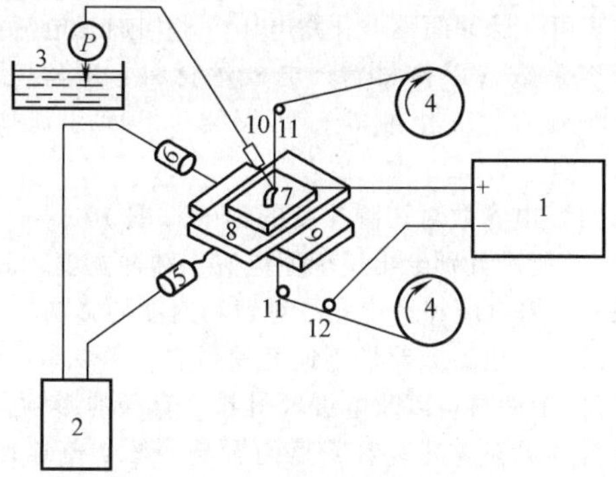

图10-3-2　电火花线切割加工原理

1—脉冲电源　2—控制装置　3—工作液箱　4—走丝机构　5、6—伺服电动机　7—加工工件　8、9—纵、横向拖板　10—喷嘴　11—电极丝导向器　12—电源进电柱

线切割加工用的电极丝是一根很细的金属丝，直径通常在0.03~0.30mm之间。加工时把工件固定在工作台上并浸泡在介质液（通常为蒸馏水）中，工作台按着预定的轨迹横向或纵向进行运动。利用不断运动的电极丝与工件之间产生的火花放电来蚀除金属而切割出所需形状的模具零件。

3.2.2 高精度数控电火花线切割机床

图10-3-3所示为ROBOFIL型高精度数控线切割机床。该机床采用闭环数字交（直）流伺服控制系统，能够确保优良的动态性能和高定位精度，其最高切割速度可达300mm²/min以上，尺寸精度可达到2~5μm，表面粗糙度 Ra 可达到0.1~0.2μm。线切割机床主要由机床（包括走丝机构和工作台等）、介质机构和电脉冲发生器控制柜三大部分组成，三者是形成电火花线切割加工过程的基础。

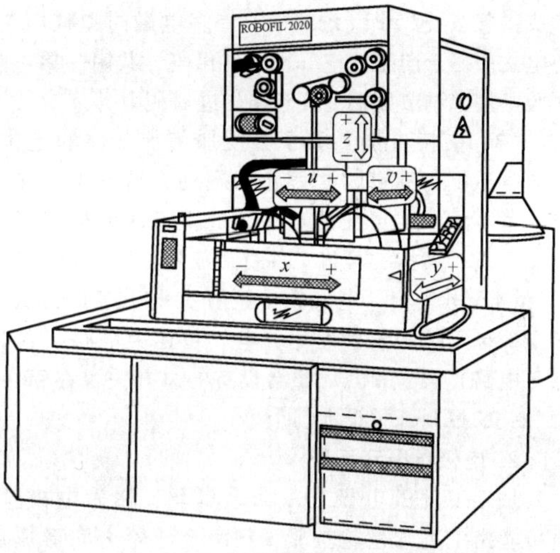

图10-3-3　ROBOFIL型高精度数控线切割机床及坐标轴示意图

机床装有供固定工件用的活动式加工工作台，通过各轴的移动使工件逼近拉紧的电极丝，完成持续进给。介质机构的介质箱存储电火花加工必不可少的介电液，电极丝和工件则双双浸入介电液中。电脉冲发生器和控制柜中配置电子电路，从而能够选择机床的各种使用方式和输入工件程序或指令，以完成给定工件的加工。同时控制柜中还装有另一种电子电路，用以产生作用于电极（工件和电极丝）的电脉冲；控制柜中还配置有电火花加工过程的控制电路。

1. 机床主机

机床主机主要包括构架和固定在其上的立柱。构架上装有中间导轨和工作台，工作台上可以固定被加工工件。机床主机上还装有新丝进给机构，用于保证新丝的持续稳定进给。在新丝进给机构的下面装有上导轮，下导轮装在横穿介质罐和立柱的卧臂上。手握式遥控器用于各轴电动机起动和电极丝的驱动。废丝（穿过加工区后）传动和退出系统用于导出用过的电极丝。为各压缩空气操纵件供气的装置和向各润滑管路供油的润滑装置同处构架背面。

介质箱旁为树脂容器（桶），用以进行水的消电离。

(1) 遥控器　遥控器属于活动部件，可以手持进行遥控操作。遥控器可以直接使用某些不属于任何程序的命令，也可以在机床停车的状态下直接使用某些命令，例如在进行测量之前为切割丝定位等。

(2) 润滑装置和压缩空气　润滑装置为机床主要活动件的润滑管路提供润滑油，形成润滑系统。润滑系统主要包括油箱和回收容器，油箱内部装有驱动液压泵，提供供油循环动力。压缩空气由气泵提供，形成供气系统。供气系统中有许多电磁阀和减压阀，各电磁阀用于向压缩空气操纵件供气，共用一罩；减压阀则用来调节压缩空气管路的进口压力。

(3) 夹持支架　为了方便加工前工件的定位，机床一般配备能够解决固定问题的夹持支架。夹持方式各不相同，可任意选用。重型工件无须使用夹持支架进行夹持，可将工件直接放置在两个边块上。

(4) 电气箱　电气箱中配置有电子接口，供机床全部电气控制装置使用，电气箱还为电路（包括加工电路）设置接点。整台设备的总开关也在箱中，总开关的控制开关设在门上。

2. 电极丝循环系统

加工工件的电极之一为金属丝，称为电极丝。电极丝由上下导丝轮拉紧，在两个导轮之间形成加工区。电极丝和零件电极均和脉冲发生器相连通，一旦具备发生火花的条件，电极丝和工件之间就产生电流——称为加工电流。

为了保证工件的高精度切割加工，电极丝的直径在全长上必须恒等。正是基于这个原因，CNC 数控高精度线切割机床所使用的电极丝为一次性电极丝，并且整个加工期间丝的进给速度保持一定；也是基于这个原因，处于加工区中的电极丝必须绝对拉直。电极丝的拉直是通过对电极丝施加机械张力（拉力）解决的。机械张力的数值取决于所用电极丝的特性及其在上下导轮之间的斜度。机械张力值的选定可以手动也可以通过程序。丝的进给速度也可调，其调整方式同机械张力的选定相同。

电极丝的循环是依靠新丝进给装置以及废丝传动和退出装置进行的。这是两个截然不同的装置，分别执行着不同的功能。

3. 机床各轴

数控线切割机床有五个坐标轴（见图 10-3-3），分别以字母 x、y、u、v、z 表示。五个坐标轴全部装有高精度的滚珠丝杠和光测读数器，供测量位移用，这是保证机床精度的基础。x 轴和 y 轴为支承工作台坐标轴；u 轴和 v 轴为支承上导轮的十字台坐标轴，用于倾斜切割进给；z 轴控制主轴头的垂直运动。机床的坐标系统主要由绝对坐标系统、机床坐标系统和工件坐标系统组成，三者之间是相互关联的。

4. 介质机构

介质机构包括介质箱、介质罐和分配监控系统。

5. 控制柜

控制柜配制全部电气电路和电子电路，统管运转机构、脉冲发生器，介质管路和电极丝进给装置等，包括控制板、显示器和键盘等。

3.2.3　电火花线切割加工工艺特性

电火花线切割工艺是以线切割方法为主要手段，将毛坯加工成满足一定形状、表面粗糙度和尺寸精度要求的方法及技巧。线切割加工工艺指标的高低，一般都是用切割速度、加工精度、加工面粗糙度、表面完整性及电极丝损耗来衡量的。在一定的设备条件下，合理地选择加工工艺方法和制定加工工艺路线是完成工件加工的重要环节。

1. 切割速度

线切割加工就是对工件进行切缝的加工。切割速度（或称加工速度）的定义为：单位时间内电极丝中心所切割过的有效面积，通常以 mm^2/min 表示。有时也采用进给速度（mm/min）附记切割厚度的表示法。

影响切割速度的因素主要有电参数（峰值电流、脉冲宽度、脉冲间隔、开路电压、平均加工电流等）和非电参数（工件材料、电极丝材料、走丝速度、电极丝张力、工作液等）两大类，下面分别加以分析。

(1) 电参数对切割速度的影响　图 10-3-4a、b、c、d、e 所示分别给出了峰值电流、脉冲宽度、脉冲间隔、开路电压和平均电流对切割速度的影响。

(2) 非电参数对切割速度的影响

1) 工件材料以及电极丝材料、直径的影响。工件材料对切割速度有着明显的影响，按切割速度大小的顺序排列是：铝、铜、钢、铜钨合金、硬质合金。CNC 高精度慢走丝线切割机床一般用铜丝或镀锌铜丝。铜丝有黄铜丝与纯铜丝两种，其中黄铜丝的切割速度比纯铜丝高一些，三者中镀锌铜丝切割速度最高。

线切割加工的蚀除量为切缝宽度和被加工工件厚度的乘积，而切缝宽度是由电极丝直径与侧面放电间隙所决定的，因此电极丝越细，加工的蚀除就会越少。但电极丝直径过小，则承受电流小，切缝也窄，不利于排屑和稳定加工，显然不可能获得理想的切割速度。因此，在一定范围内，电极丝的直径加大是对切割速度有利的。但是，电极丝直径超过一定程度时，造成切缝过大，反而又影响了切割

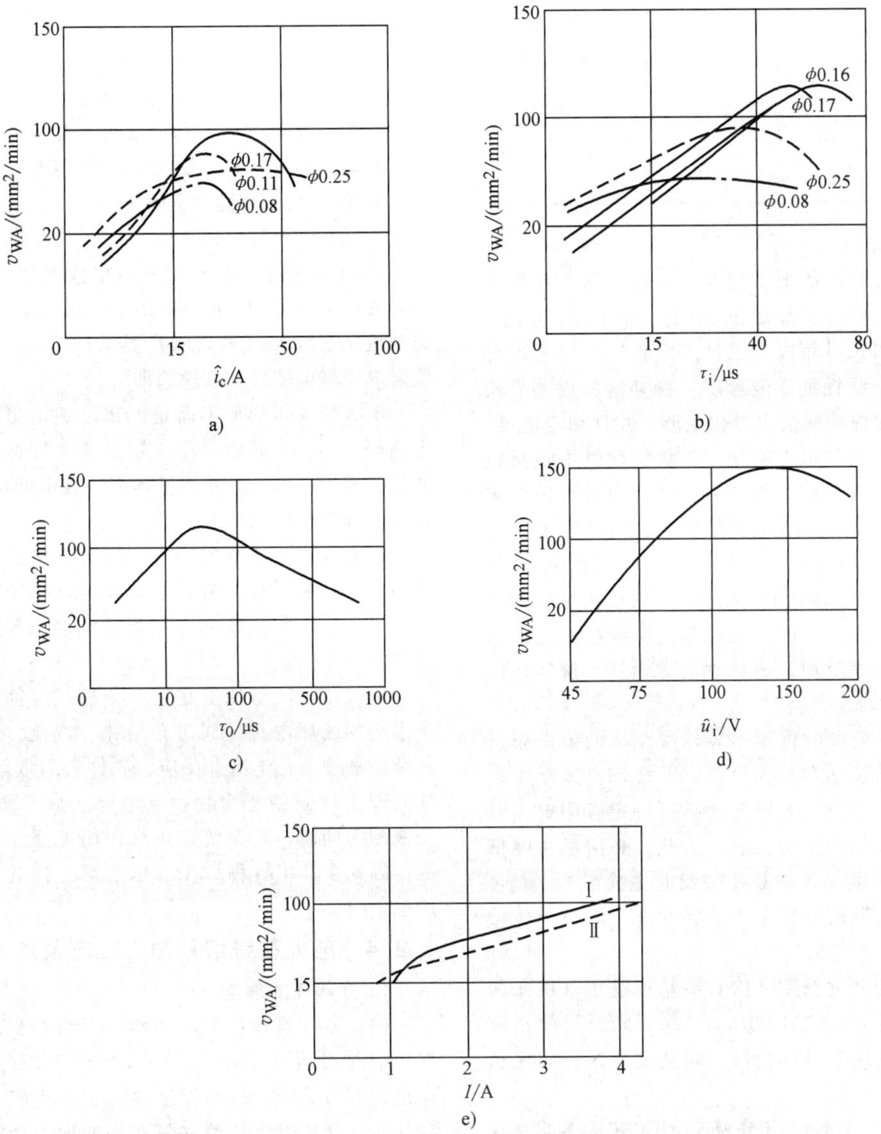

图 10-3-4　电参数对切割速度 v_{WA} 的影响

速度的提高，因此电极丝的直径又不宜过大。同时，电极丝直径对切割速度的影响也受到脉冲参数等综合因素的制约。

2）电极丝走丝速度的影响。走丝速度对切割速度的影响主要是通过改变排屑条件来体现的。一般来说，走丝速度适当地提高一些，切割速度将会增加。但如果走丝速度过高，切割速度不仅不上升反而会下降。这是因为走丝速度的继续增加对排屑条件的改善作用已不甚明显，反而引起了电极丝振幅的增大，结果使切缝变宽，进给速度下降。因此，在不同工艺条件下，应有不同的最佳走丝速度。

3）电极丝张力的影响。一般情况下，电极丝的张力越大，切割速度越快。这是由于张力大时，电极丝的振幅变小，切缝宽度变窄，进给速度加快。但如果过分将张力增大时，切割速度不仅不继续上升，反而下降且容易断丝。

4）工作液的影响。CNC 高精度慢速走丝线切割加工的工作液多用去离子水。一般情况下，去离子水的电阻率越大，其切割速度会越低。但它的电阻率应视被加工材料及加工目的而定，有最佳值。高速加工钢材时电阻率宜低（接近自来水），加工硬质合金、铝时电阻率宜高。表 10-3-1 列出了水的电阻率，CNC 慢走丝线切割加工所用电阻率一般为 10~100kΩ · cm。

表 10-3-1　水的电阻率和电导率

类型	理论纯水	超纯水	高纯水	纯水	自来水	质量分数为 0.5%的食盐水
电阻率 /Ω · cm	10^8	10^7	10^6	10^5	10^4	10^3
电导率 /(μS/cm)	0.01	0.1	1	10	100	1000

2. 加工精度

电火花线切割的加工精度，一般包括工件尺寸精度、工件定位精度和尖角、窄缝、拐角形状精度。

（1）工件尺寸精度　工件尺寸精度可以考虑分成形状精度（线性度或鼓形度）和切缝精度等。假设工件材料无内部残余应力和变形，并且加工温度、工作液和加工条件也无变化，形状精度就由包括机械精度在内的数控控制精度来决定，同时也由偏置量（电极丝的半径加放电间隙值，也叫补偿量）来决定。CNC 高精度线切割机床进给精度可达到 0.002mm，加工精度达到±2μm。影响形状尺寸的主要因素之一是加工中的切缝误差。切缝在一定的条件下与切割速度及加工的脉冲电源电压、脉宽、间隔有密切的关系。

另外，电极丝的位置由导轮决定。如果电极丝导轮有径向圆跳动和轴向窜动，电极丝在运动中就会发生振动。当导轮磨损深度超过一定极限时，就不能保持电极丝的精确位置。为此，必须尽量降低导轮的磨损程度，并在必要时及时更换导轮。CNC 高精度线切割机床一般采用耐磨性高的陶瓷导轮或蓝宝石导轮等。

（2）间距尺寸精度　CNC 高精度线切割机床的间距尺寸精度可达到 0.001mm，保证间距尺寸精度主要取决于机床本身的精度。除此之外，还应注意以下几点。

1）工作环境温度和工作液温度。CNC 高精度线切割机床不仅室内保持恒温，而且机床还应与地面隔热。

2）由于工件切割释放其残余应力将引起切割变形，应注意预加工和采用多次切割法。

3）CNC 高精度线切割机床工作液——去离子水的电阻率应保持在一定范围内不变。

（3）定位精度　定位方法有以孔为基准和以工件的端面为基准的两种方式。通过电极丝和工件发生电接触，自动找中。CNC 高精度线切割机床定位精度可达到 0.001mm。

（4）尖角、窄缝、拐角形状精度　电火花线切割加工时，由于电极丝半径和放电间隙的缘故，产生与成形加工中类似的尖角倒圆现象，又由于电极丝中心滞后于其理想中心，造成线切割特有的拐角缺陷等现象。这些现象的产生，使工件精度下降。因此，在加工钟表零件、簧片等微细形状的零件时必须注意这些问题。

目前，CNC 高精度线切割机床中，利用计算机自适应控制拐角部位的变化，已发展了切割速度和加工参数（峰值电流、脉冲宽度、脉冲间隔）的自适应控制或最佳控制，使拐角误差情况得到改善。

3. 加工表面粗糙度及质量

在模具工作零件加工时，凸模、凹模、压边圈、反压板、卸料板等配合面表面粗糙度值要求较低，一般 $Ra=0.4\sim1.6\mu m$，用 ROBOFIL 2020 电火花线切割机床切割 3~4 遍可满足要求，其他表面粗糙度值要求较高的零件切割两遍即可。

电火花线切割加工面是由重复放电形成的凹坑重叠而成的，表面粗糙度决定于单个脉冲能量和放电分散程度。单个脉冲能量越大，放电凹坑就越大，表面也就越粗糙。

在电火花线切割加工中，除脉冲电源参数会影响切割表面粗糙度之外，电极丝运动平稳性（如有振动等）和切割速度调节不当等也会引起加工表面粗糙度的变化。

电火花线切割加工是在一个极短时间内，在一个微小的区域内对金属进行熔化、汽化，发生极其复杂的物理、化学冶金反应，工件表面重新元素化，并立即生成新的化合物。放电停止后又急骤冷却，变液相为固相，表面层在热冷作用下便会形成变质层，因此会产生各种应力，也会对工件的表面硬度产生影响。

3.2.4　电火花线切割加工工艺及应用

1. 穿丝孔的确定

（1）加工穿丝孔的必要性　凹形类封闭形工件在切割前必须具有穿丝孔，以保证工件的完整性，这是显而易见的。凸形类工件的切割也有必要加工穿丝孔，这是因为坯件材料在切断时，会在很大程度上破坏材料内部应力的平衡状态，造成材料的变形，影响加工精度，严重时甚至造成夹丝、断丝、工件发生断裂，使线切割无法进行。当采用穿丝孔时，可以使工件坯料保持完整，从而减小变形所造成的误差。

（2）穿丝孔的位置和直径　在切割凹形类工件时，穿丝孔位于凹形的中心位置，操作最为方便。因为这既便于穿丝孔加工位置准确，又便于控制坐标轨迹的计算。但是这种方法切割的无用行程较长，因此不适合大孔形凹形工件的加工。在切割凸形工件或大孔形凹形工件时，穿丝孔加工在起切点附近为好，这样可以大大缩短无用切割行程。穿丝孔的位置，最好选在已知坐标点或便于计算的坐标点上，以简化有关轨迹控制的运算。

穿丝孔的直径不宜太小或太大，以钻或镗孔工艺简便为宜，一般选在 3～10mm 范围内。孔径最好选取整数值或较完整数值。

2. 切割路线的选择

（1）起切点的确定　电火花线切割路线大部分为封闭图形，所以起始切割点也是切割的终点。由于加工过程中存在各种工艺因素的影响，电极丝返回到起切点时必然存在重复位置误差，造成加工痕迹，导致加工精度和外观都受到影响。为了避免或减少这一影响，起切点按下述原则选定：

1）被切割工件各面的表面粗糙度要求不同时，应在表面粗糙度值要求较低的面上选择起切点。

2）起切点尽量选择在便于钳工修复的位置上，例如，外轮廓的平面、半径较大的弧面。要避免选择在凹入部分的平面或圆弧上。

（2）切割路线的确定　根据对工件加工时产生变形的分析确定切割路线。例如在整块坯料上切割工件时，由于坯料的边角变形较大（尤其是淬火钢和硬质合金），因此确定切割路线时宜避开坯料的边角处或距各边角处尺寸大致相同。又如在加工某些凸形工件时，切割路线不当会使工件产生变形，从而引起加工误差。在一般情况下，合理的切割路线应是工件与其夹持尺寸分离的切割段安排在总切割程序的末端。

注意，在切割路线确定后，不要忘了在切割过程中边切割边夹持的问题，否则将严重影响线切割加工精度。

3. 线切割程序的编制

CNC 电火花线切割加工是利用存储在软盘或其他载体上的程序来控制机床的开机、停机、进给、加工参数变动、工作液介质的注排等各种动作。零件的加工内容、尺寸和操作步骤等用数字代码表示，通过软盘输入到机床的数控系统中，加以运算处理后，转化成各种信号，控制机床动作，自动加工出零件。

因此，无论是高速走丝电火花线切割加工还是低速走丝电火花线切割加工，一般均需在加工之前编制出加工程序。有些 CNC 高精度电火花线切割机床可以直接在机床上编制程序，直接加工，有些却必须利用外部设备（例如微型计算机等）编制程序，然后利用软盘输入后方可进行加工。

编程是经编程工艺人员完成的。经过图样分析，综合考虑线切割加工工艺，定好穿丝孔位置、走丝路线及方向，选定电极丝、脉冲电源参数等，即可利用线切割机床本身或其他软件进行编制程序。编好程序后应填写线切割加工工艺卡，最后由线切割机床操作人员进行电火花线切割加工。

3.2.5　线切割加工实例

图 10-3-5a 所示是低压开关零件精冲模凹模型腔图，凹模材料为 Cr12MoV，厚度为 50mm。要求的加工精度为±0.003μm，表面粗糙度为 $Ra \leqslant 0.4\mu m$。该凹模与凸模间的间隙为 0.02mm，因此需用高精度数控线切割机进行加工，以保证模具的装配精度。

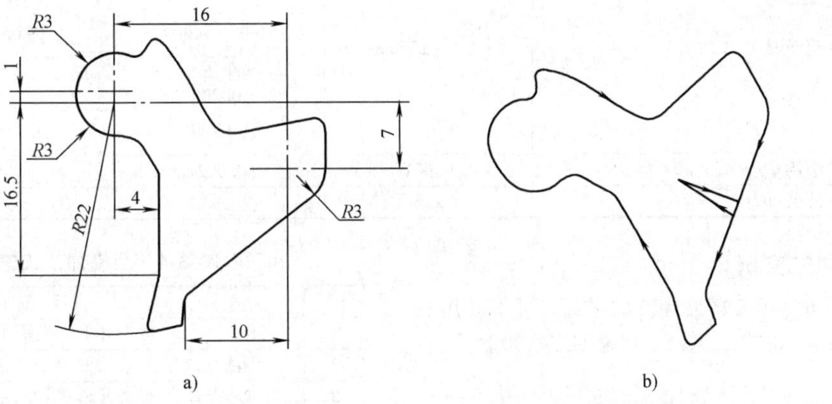

图 10-3-5　线切割加工实例

应用数控线切割加工需要正确无误的编制程序，编程的方法是根据工件的图样尺寸、电极丝直径、放电间隙以及凸、凹模间的间隙，在保证一定精度下求得各条线段（或圆弧）的插补加工相应坐标值。具体编程也可以利用高级语言转化成为机床可以执行的国标代码。该零件的起切点选在直线段较长的一侧，切割路线如图 10-3-5b 所示。

工艺参数选用时要兼顾加工速度、表面粗糙度及稳定性，在机床操作手册中提供了参考值。加工时选用 0.25mm 的黄铜丝，根据零件材料及表面粗糙度要求拟定切割 4 遍，具体工艺参数见表 10-3-2。

表 10-3-2　线切割选用工艺参数表

遍数	$A/\mu s$	$B/\mu s$	$Tac/\mu s$	S/(mm/min)	AJ/0.1V	F/N	偏置值(OFFSET)/mm
1	0.9	5.5	0.4	10.000	45.0	14	0.178
2	0.2	3.8	0.2	1.497	59.8	0	0.137
3	0.4	3.6	0.4	1.886	10.0	0	0.130
4	0.2	3.8	0.2	0.862	0	0	0.131

注：A、B、Tac、S、AJ、F、OFFSET 分别表示脉冲宽度、脉冲间隔、短脉冲时间、最大进给率、伺服基准平均电压、冲水压力、偏置值。

3.3　连续轨迹数控坐标磨

3.3.1　概述

连续轨迹数控坐标磨有三坐标和四坐标两种类型。三坐标连续轨迹数控坐标磨床除 X、Y 方向的控制外，还对新的坐标轴 C 进行控制。C 坐标轴的功能是随着被磨削轮廓的变化，不断调整磨轮的磨削点，使其始终垂直于磨削轮廓的切线方向。四坐标连续轨迹数控坐标磨床除了控制 X、Y 和 C 轴外，还对旋转工作台（A 轴）进行控制，可磨削复杂的立体表面。连续轨迹数控坐标磨的加工效率比手工操作磨削高 2~10 倍，且连续数控轮廓精度高，在全行程面积内误差不超过 7.5μm。它可以利用同一指令按不同尺寸精度加工凸模、凹模、卸料板，所以容易保证凸、凹模之间的间隙均匀（凸、凹模间可达到 2μm 左右的均匀配合间隙）和凸模与压边圈、凸模与反压板之间的高精度导向要求，实现冲模工作零件的互换。

表 10-3-3 是几种连续轨迹数控坐标磨床的主要技术参数。

表 10-3-3　连续轨迹数控坐标磨床的主要技术参数

型号	G-18CNC	MK2932B	MK2945
工作台尺寸/mm(长×宽)	600×280	600×320	800×450
工作台行程/mm(纵×横)	450×280	400×250	600×400
磨头端面至工作台距离/mm	50~462	30~420	60~570
行星主轴转速/(r/min)(无级)	25~225	10~300	10~300
主轴垂直进给速度/(mm/min)	2~120	50~1800	50~3000
砂轮转速/(r/min)	6000~175000	电动 9000~45000 51000~80000 风动 100000 180000	电动 9000~45000 51000~80000 风动 100000 180000
纵向坐标最小读数/mm	0.001	0.002	0.003
全行程定位精度/μm	2.3	—	—

3.3.2　加工实例

图 10-3-6 所示为精冲零件的平面尺寸图。用连续轨迹数控坐标磨加工其凸、凹模的方法如下。

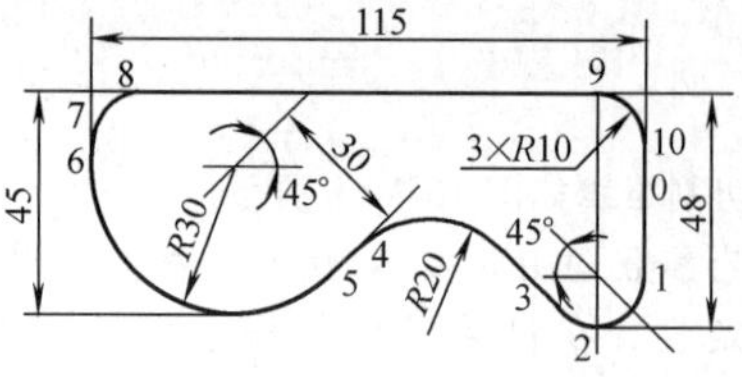

图 10-3-6　精冲零件平面尺寸图

1. 模具制造工艺过程

模具制造工艺过程见表 10-3-4、表 10-3-5。

表 10-3-4　凸模加工工艺过程

序号	工序	工艺内容
1	刨	加工外形六面
2	平磨	外形六面
3	铣	粗铣外形
4	坐标镗	钻螺孔，划凸模形状线，钻定位销孔，留余量 0.3mm
5	铣	凸模外形，留单边余量 0.2mm
6	热处理	62~65HRC
7	平磨	外形六面
8	CNC 坐标磨	磨定位销孔，编程磨凸模型面，在机床上检验和记录下型面尺寸与定位销孔相对位置

表 10-3-5　凹模加工工艺过程

序号	工序	工 艺 内 容
1	刨、铣	加工外形六面，铣内腔粗形
2	平磨	外形六面
3	坐标镗	钻各螺孔，钻镗定位销孔，留余量 0.3mm
4	热处理	62～65HRC
5	平磨	外形六面
6	NC 线切割	以定位销孔为基准，编程切割内腔，留单边余量 0.05～0.1mm
7	CNC 坐标磨	按凸模程序，改变入口圆位置和刀补方向磨内型面，单边间隙 0.003mm，磨好定位销孔

2. 程序编制

编程过程如下：

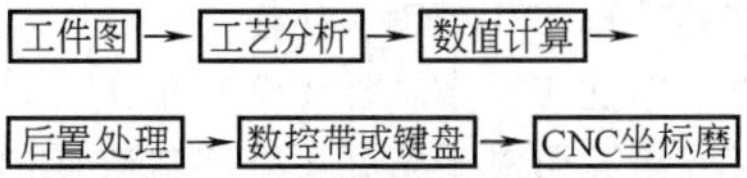

（1）工艺分析　确定加工方式、路线及工艺参数。图 10-3-7 所示是凸、凹模加工示意图。为保证多次循环进给在切入处不留痕迹，一般应编一个砂轮切入的入口圆。磨凸模时，砂轮由 A 逆时针运动 270°，在 B 点切向切入轮廓表面。编程时，不计算砂轮中心运动轨迹插补参数，只计算工件轮廓轨迹插补参数。

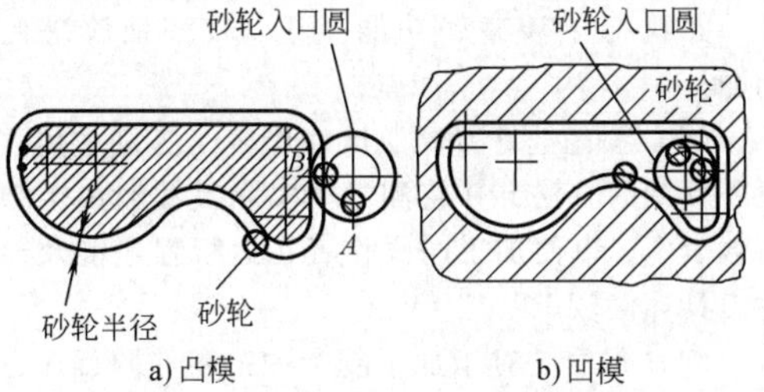

图 10-3-7　凸、凹模加工示意图

工具参数如下：

T1	K10.13	V0.04	E3%
T2	K10.01	V0.003	E3%
T3	K10.001	V0.001	E1%
T4	K10	V0.000	E1%

即砂轮半径 10mm，加工余量单边为 0.13mm，用 T1 砂轮磨 3 次，每次进给 0.04mm；T2 砂轮磨 3 次，每次进给 0.003mm；T3 砂轮磨 1 次，进给 0.001mm；T4 砂轮不进给，磨 1 次。

（2）数值计算　目的是向机床输入待加工零件的几何信息，以适应机床插补功能。内容包括：直线和圆弧起始点坐标、圆弧半径及其他有关插补参数。

（3）后置处理　任务是将工艺处理信息和数值计算结果的数据编写成程序单，穿成纸带或从键盘输入到机床数控装置中。

3. 磨削模具的加工程序（略）

3.4　加工中心

3.4.1　概述

加工中心是一种集铣床、钻床和镗床三种机床的功能于一体，由计算机控制的高效、高度自动化的现代机床，是一种典型的机电一体化加工设备。加工中心设置有刀库，刀库中可存放不同数量的各种刀具，在加工过程中由程序控制自动换刀，这是它与数控铣床、数控镗床的主要区别。加工中心一般具有三个及以上的轴自由度，工件一次装夹后，可自动完成铣、钻、铰、攻螺纹等多种工序的加工。更先进的加工中心可实现五轴联动甚至十几轴联动，从而保证机床的加工精度和复杂型面加工的能力。加工中心强大的加工功能，非常适用于日益复杂的冲模加工及制造。因此，加工中心已经成为复杂冲模加工中不可或缺的设备。

3.4.2　加工中心的基本形式与功能

1. 立式加工中心

立式加工中心的主轴为垂直安装，可以完成铣、钻、镗、铰、攻螺纹及切削螺纹等多种工序。立式加工中心最少是三轴二联动，有的还可实现五轴、六轴控制，完成复杂零件的加工。立式加工中心最适宜加工高度方向尺寸相对较小的工件，一般情况下，除底部不能加工外，其余五个面都可以用不同的刀具实现轮廓和表面加工，因此，立式加工中心很适合加工具有复杂工作型面的冲模。图 10-3-8 所示为立式加工中心的外观图。

2. 卧式加工中心

卧式加工中心的主轴为水平安装。一般的卧式加工中心有 3～5 个坐标轴，常配有一个回转轴。卧式加工中心刀库的容量一般比较大，有的刀库甚至可以存放几百把刀具。卧式加工中心的结构比立式加工中心复杂，体积和占地面积较大，价格较高。卧式加工中心适于加工箱体类零件，只要一次装夹在回转台上，即可对箱体的四个面实现铣、钻、镗、铰和攻螺纹等工序，同时也比较适合凹腔类模具的加工，便于排屑。图 10-3-9 为某卧式加工中心的外观图。

3.4.3　加工中心的基本结构

加工中心主要由以下几个部分组成：

图 10-3-8　立式加工中心外观图
1—床身　2—滑座　3—工作台　4—立柱
5—刀库　6—主轴箱　7—主轴
8—操纵面板

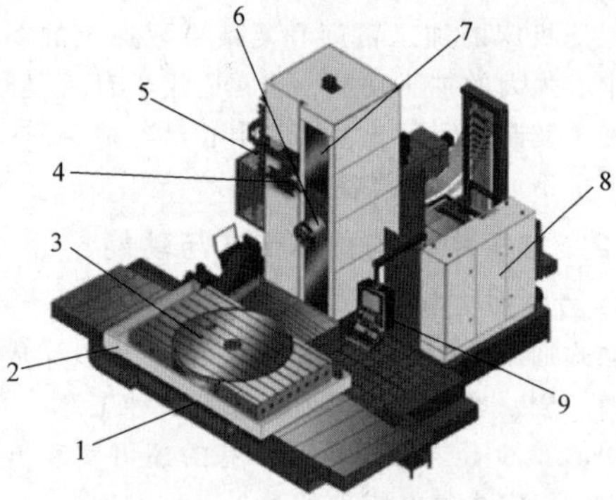

图 10-3-9　卧式加工中心外观图
1—床身　2—滑座　3—回转工作台
4—机械手　5—刀库　6—主轴
7—立柱　8—电气柜　9—操纵面板

(1) 基础部件　加工中心的基础结构，由床身、立柱和工作台等部件组成，主要是承受加工中心的静载荷和在加工时产生的切削负载。这是加工中心体积和自重最大的部分。

(2) 主轴部件　切削加工功率的输出部件，由主轴箱、主轴电动机和主传动系统等组成，主要保证主轴具有足够的功率与转矩。

(3) 进给机构　加工中心的运动部件，由伺服电动机、机械传动装置和位移测量装置等组成，驱动工作台等可移动部件形成进给运动。

(4) 数控系统　加工中心的核心部分，由数控装置、可编程控制器、伺服驱动系统和操作面板等组成，用于控制加工中心的运行动作。

(5) 自动换刀装置　加工中心的特有装置，主要由刀具库、传动链和机械手等组成。刀具按照一定的规则存储在刀库中，机械手可按照数控系统的指令，执行迅速准确的换刀动作。

(6) 辅助装置　该装置为加工中心提供润滑、冷却、排屑和防护等辅助功能，由液压、气动和检测等系统组成。这些装置虽然不直接参与切削运动，但对加工中心的加工效率、精度和可靠性，以及加工中心的寿命等具有重要的影响。

3.4.4　加工中心编程的特点

加工中心集铣床、钻床和镗床三种机床的功能于一体，并装有自动换刀装置，所以加工中心数控程序的编制比普通数控机床复杂。在冲模加工过程中，加工中心的人工编程应考虑以下问题：

(1) 合理的工艺分析　由于冲模零件的种类很多，不同类型的零件要求不同的加工方法。对于精度要求高的冲模工作型面，往往需要在一次装夹下完成零件的粗加工、半精加工和精加工，以达到最好的加工效果；而对于精度要求相对较低的垫板等冲模半标准零件，则主要考虑其加工的效率问题，以最大程度降低加工成本。所以对零件进行工艺分析，确定合适的加工工艺，对加工中心在冲模零件加工中的高效应用至关重要。

(2) 预留换刀空间　对于需要自动换刀的加工过程，应留出足够的换刀空间。刀库中刀具的直径和长度不同，因此自动换刀时，应该注意避免与冲模零件产生几何干涉。通过导入虚拟机床和冲模部件，并执行干涉碰触功能，可以较好地解决此类问题。

(3) 预先选好刀具的尺寸规格　尽量采用刀具机外预调的方法，并将测量的实际尺寸输出至刀具参数表中，以便加工时操作者在运行程序前及时修改刀具补偿值。

(4) 程序　对于加工复杂冲模零件的程序，应该使程序便于检查和调试。尽量将不同工序内容安排在不同的子程序中，而主程序则主要完成换刀和子程序调用的功能，这样便于按每一工序独立地调试程序，也便于重新调整零件的加工次序。

在实际的模具加工中，利用加工中心制造的模具零件常常具有复杂的工作型面，如汽车覆盖件模具的加工；或者一些模具零部件，虽然形状不太复杂但加工程序很长的情况。这些加工程序的编制和校验非常复杂烦琐，工作量很大，手工编程往往难以胜任。因此，人们开发了计算机辅助编程软件，用于完成这些零件的编程工作。

在计算机辅助编程时，程序员要做的是根据图样和工艺要求，采用预定的编程软件，选择图形特征，如零件坐标系、刀具类型、毛坯体、加工面和检查面等，并设定各类参数，如横向步距、纵向步距、层间转移方式、进退刀方式、主轴速度和进给速度等，编程软件即可自动计算工具中心的运动轨迹，自动生成零件加工的源程序等。而且可以通过计算机绘制零件图形和刀具运动轨迹，程序员可由此来检验程序正确与否，是否会产生干涉、漏切或过切。采用计算机辅助编程的方法，可极大地减少编程者的工作量，大大提高编程效率和正确率，而且可以解决许多用手工编程无法解决的编程难题，因此计算机辅助编程现在已经成为加工中心编程的主要手段。

早期计算机辅助编程系统软件的核心是自动编程语言，普遍使用的是 APT（Automatic Programming Tools）语言。现在专门用于制造工程设计的 CAD/CAM 软件已经非常成熟，利用这些软件编制数控加工程序，无须用编程语言对零件几何形状进行描述，而是完全利用 CAM 软件的强大图形功能，在计算机屏幕上构造图形。然后由软件进行处理，使其转化为通用刀具轨迹源文件 CLSF（Cut Location Source File），再通过专用的后处理程序，使得刀具轨迹源文件转换成特定加工中心可识别的程序。CAD/CAM 集成的软件很多，其中比较知名的有：UG/NX、Pro/E、CATIA 和 SolidWorks 等。也有侧重于 CAM 功能的，其中比较知名的有：Tebis、PowerMill、Mastercam 和 WorkNC 等，可以有选择地组合这些软件，达到理想的数控加工编程使用效果。

目前的 CAM 软件可以产生 2~6 轴不同加工策略的刀具路径，一般具有以下功能：

1）友好的操作界面，提供便捷的动态旋转手柄、丰富多样的移动方式及快捷的比例缩放等。

2）可以对曲面进行融合、修整、补正等，以生成最理想的曲面。

3）完全的绘图及编辑能力，并可生成 3D 结构的图形资料库。

4）可读取三坐标测量机的数据资料并自动转换为点、曲线和面，且可以执行误差量纠偏的最佳化操作。

5）具有常用刀具库、材料库以及加工参数库等，供使用人员选择。

6）可自由定义刀具形状、编辑刀具路径并进行动态的刀具路径模拟等。

7）可提供通用的后处理程序标准文档，并提供二次开发接口，方便用户进行定制后处理的开发工作。

3.4.5　加工中心的加工示例

汽车钣金件冲压模具在数控加工技术的应用方面具有一定的代表性。采用数控加工中心，实现某冲压模具加工的基本方法如下：

1. 加工前的准备

（1）数据导入　由于模具结构设计所使用的软件和数控编程软件可能不一致，需要中间数据格式转换。但可能出现原始数据模型的片体丢失和特征突变等问题，需要认真对比和查找，在数控编程前必须对所有的数据模型进行修剪或补面工作，防止出现意外的刀具轨迹。另外，出于刀具轨迹的连续性要求，需要对销孔、螺孔以及小尺寸槽等进行封面处理，以防止落刀。处理后的数据模型如图 10-3-10 所示。

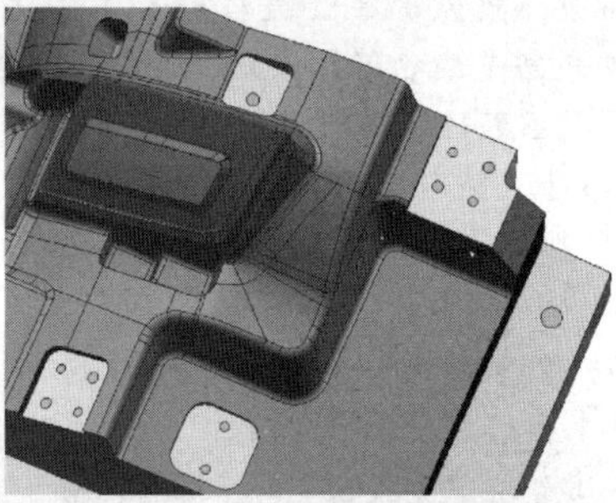

图 10-3-10　处理后的数据模型

（2）分析数模的特征　在数控程序编制前，需要对数据模型的最小圆角、负角（拔模斜度）、各类型孔以及深槽等特征加以识别，为数控编程做准备。

（3）坐标点的设置　在完成对数据模型的全面分析后，进行坐标设置工作，应遵循如下原则：既能满足全局观察，又适宜多工位坐标变换。一般可以将坐标原点布置在冲模的左下角。

2. 数控工艺过程

数控加工工艺主要分为粗加工、半精加工、精加工和清根等过程。精加工和清根没有严格的工序要求，只要有利于数控加工的策略都可以采用。

（1）粗加工　粗加工工序的主要任务是力求加工中心以最大的能力去除毛坯的余量。一般推荐使用层切方式的走刀路径，即 2.5D 数控路径，安全可靠，适用于淬火前的铸锻毛坯。同时，可以采用大直径刀具切削、大步距横向进给和大切深纵向进给等策略，提高加工的效率。

（2）半精加工　半精加工工序的主要任务是使被加工件达到一定的精度要求，并保证留有一定的加工余量，为主要表面的精加工做准备，同时完成一些次要表面的加工。有必要时，可进行多次半精加工。

（3）精加工　精加工工序的主要任务是保证被加工件的各主要表面达到图样规定的技术要求。为了保证精加工面的表面质量和提高加工效率，不一定选择满足最小圆角的刀具完成所有面的精加工任务，可留作后续清根工序处理。

(4) 清根　清根工序的主要任务是保证加工件的最小圆角达到图样规定的技术要求。有时为了保证精加工工序的质量，可以先进行此工序。

(5) 孔槽类加工　孔槽类加工工序的主要任务是在精加工工序完成的基础上，进行各类孔槽的加工，如销孔、螺孔、U 形槽或异形槽等特征，使之达到图样规定的技术要求。在多工位加工时，有时为了保证工序传递的精度，可以先进行圆孔特征的加工，方便加工坐标之间的转换。

3. 程序编制

现阶段，数控程序的编写需要编程人员掌握 CAM 软件的各项命令单元，灵活运用。根据既定的数控加工工艺进行刀具轨迹的编制，并生成数控加工工艺文件，供加工中心的操作人员使用。如图 10-3-11 所示为精加工的刀具轨迹，如图 10-3-12 所示为清根加工的刀具轨迹。

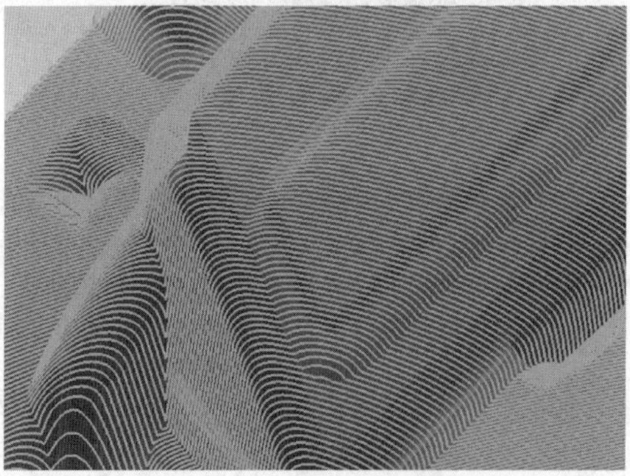

图 10-3-11　精加工刀具轨迹

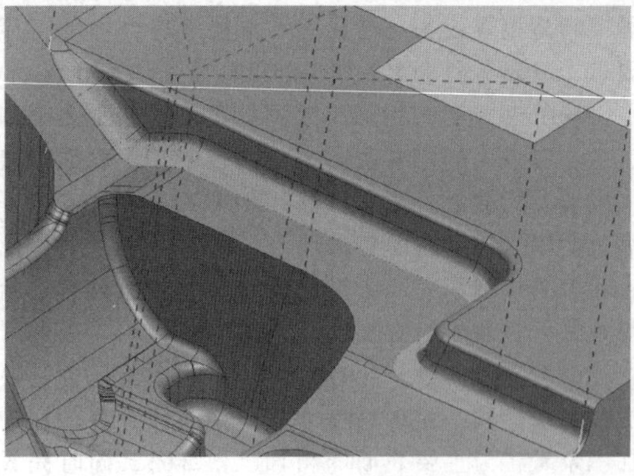

图 10-3-12　清根加工刀具轨迹

4. 数控加工程序仿真

数控程序编制完成后，一般利用 CAM 软件提供的仿真功能，对程序的正确性进行仿真操作，避免出现过切、漏切或干涉。如图 10-3-13 所示为粗加工轨迹的仿真，如图 10-3-14 所示为精加工轨迹的仿真。

图 10-3-13　粗加工轨迹的仿真

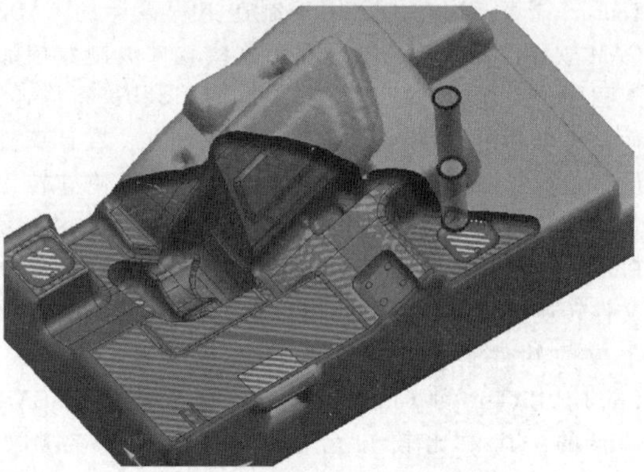

图 10-3-14　精加工轨迹的仿真

5. 数控加工文档示例

1) 数控加工工艺单示例，如图 10-3-15 所示。

2) 数控刀具清单示例，如图 10-3-16 所示。

3) 数控加工代码示例（海德汉格式），如图 10-3-17 所示。

3.4.6　加工中心的新技术应用

目前，加工中心的新技术应用正在发生根本性的变革，主要有如下表现：

(1) 数控系统智能化监控　解决加工中心在高速切削时的动态运动控制问题。数控加工技术虽然已进入高速、高精度领域，但在自适应控制、模糊控制和前馈控制等方面还未达到预期效果。通过在数控系统中引入预测算功能、动态前馈功能、主轴扭矩变化监测、床身温度监控和运行速度控制等模糊控制的机制，数控系统的控制性能大大提高，从而达到最佳控制的目的。

(2) 运动轨迹实时优化　由专用型封闭式开环控制模式向通用型开放式实时动态全闭环控制模式的发展。数控系统在加工过程中，根据对各模拟量的监测，使主轴转速、进给速率、刀具轨迹、切削深度和切削步长等加工参数都可以实现自动修正、

数控加工工艺单			编制日期	2017.5.8
工装及加工基准信息	产品名称	J-17244-XG	加工机床	F
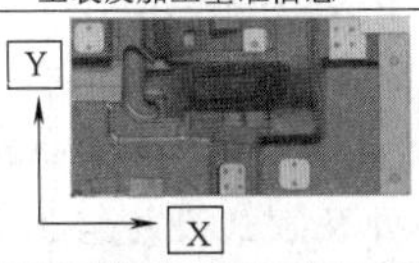	零件号	J-17244-XG	编程人员	
	工件数量 (镜像说明)	1	审核人员	
	工件材料	6061-T651	签收人员	
	FTP路径	FTP:\项目\2017\J-17244\制造部输入\加工程序输入\J-17244		

程序名		刀具类型	加工方式	加工余量/mm	横向步距/mm	切削深度/mm	刀具夹长/mm	加工内容/要求	进给量/(mm/min)	转速/(r/min)	加工时间	操作者
序号	第一工位											
1	K4401	D20	层切	2.0	6.0	2.0	45.0	整体粗加工	3000	3500	0:35:00	
2	K4402	D10R2	层切	0.5	1.0	1.0	40.0	整体半精加工	3500	6000	0:47:15	
3	K4403	D10R2	层切	0.2	0.5	1.0	40.0	局部半精加工	3500	6000	1:03:47	
5	K4404	R5	层切	0.1	2.0	0.3	30.0	整体精加工	2000	8000	1:26:07	
4	K4405	R3	区域	0.1	0.2	0.5	30.0	局部精加工	3000	8000	1:56:15	
6	K4406	T4.8	点孔	0.0	0.0	2.0	30.0	螺纹底孔加工	500	1200	0:40:41	
	第二工位											
7	A1	D10	层切	0.0	3.0	1.0	25.0	侧面槽加工	2500	6000	0:46:48	
8	A2	D10	层切	0.0	2.0	1.0	25.0	侧面槽加工	2500	6000	0:53:49	
										合计	8:09:42	

图 10-3-15　数控加工工艺单示例

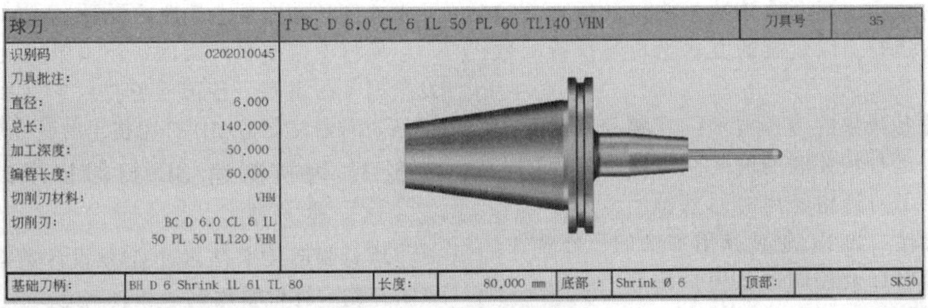

球刀
T BC D 6.0 CL 6 IL 50 PL 60 TL140 VHM
刀具号
35
识别码　0202010045
刀具批注:
直径:　6.000
总长:　140.000
加工深度:　50.000
编程长度:　60.000
切削刃材料:　VHM
切削刃:　BC D 6.0 CL 6 IL 50 PL 50 TL120 VHM
基础刀柄:　BH D 6 Shrink IL 61 TL 80
长度:　80.000 mm
底部 :　Shrink Ø 6
顶部:　SK50

图 10-3-16　数控刀具清单示例

```
N10 (PROGRAM OPERATION:    ROUGHING 3D SURFACE)
N11 (FILE:                 D:\LIMING\ROUGHING 3D SURFACE.NC)
N12 (SYSTEM DATE:          21.03.2018)
N13 (SYSTEM TIME:          12:41)
N14 (CUSTOMER:             TEBIS AG)
N15 (PART DESCRIPTION:     DIE MANUFACTURING)
N16 (PART NO.:             PART1)
N17 (CHANGE STATUS:        V 4.0 R5)
N18 (MODIFICATION DATE:    10/12/17)
N19 G55 00
N20 G96
N21 (LOAD HEAD: FK62)
N22 G00 W0.
N23 G00 Z1500.
N24 G00 Y4500.
N25 (T0001 T IM D 66 R 8   CL  8 IL153 PL 53 TL172 VHM: D=66.00
L=53.00,WINKEL=0.00)
N26 T001 M06
N27 F4341 S868
N28 M03
N31 G00 X1689.742 Y1614.808
N33 (SPINDLE_ON)
N34 (RESET_ALL)
N37 G00 X116.743 Y-130.191 Z500.
N38 (COOLING_ON)
N39 (JOB NAME      : RPLAN ROUGHING)
N40 (LAYER NAME    : NC PROGRAM)
N41 (WALL THICKNESS=0.00 OFFSET=2.00 STEP=43.56 EILRUECKLAUF SPITZE)
N42 G00 X116.743 Y-130.191 Z403.179
N43 G01 X116.743 Y-130.191 Z398.179 F1302
N44 X116.743 Y-130.191 Z395.205
N45 X116.837 Y-130.224 Z395.205 F4341
N46 X117.515 Y-130.515 Z395.205
。。。
```

图 10-3-17　数控加工代码示例（海德汉格式）

调节与补偿。

(3) 中央群控技术　主要用于适应工业自动化生产的需求。现代工厂以智能化管理为基础，在网络化基础上将 CAD/CAM 与数控系统集成为一体，发展机群联网，实现中央集中控制的群控加工，提高加工效率和设备稼动率。

(4) 插补运算技术革新　解决空间多维曲面的运算效率问题。在传统的插补方式上增加了如螺纹插补、NANO（高速高精度）插补、NURBS 插补（非均匀有理 B 样条曲线插补）和多项式插补等，实现数控轨迹运算精度和速度的提升。

(5) 自动编程技术　实现专家知识的集成和特征规律的归纳，消除了数控编程员的概念，不需要专人专岗即可进行操作。自动编程技术和计算机辅助编程技术有着本质区别，目前的自动化编程水平集中体现在具有较规则形状零件的领域，如电极加工、小刀块加工以及参数化特征显著的零件加工方面。原先需要数控编程人员在 CAM 软件中进行的各项加工参数的设定、运动轨迹的生成以及后处理过程等都在后台运行，以直接的方式给出可执行的数控程序。

(6) 带虚拟机床的编程技术　在编程的过程中关注了与机床运行相关联的时间。与传统编程技术相比，在计算了刀具路径用时的基础上，还考虑了机床的特定属性，如 NC 轴或其附加轴的启停特性、机械手换刀用时以及控制器驱动参数等。运用此技术在计算机床运行时间的精确度方面至少能达到真实机床运行时间的 95%，有助于编制可靠的生产计划及其控制。

(7) CNC 在线检测　用于过程控制中的数据采集。其重要意义在于模具中的上/下模、模芯等关键零部件，在加工过程中，无须下机转运到专门的检测设备上进行测量，而是可以直接依据关注的测点位置进行测量，给出偏差报告，实现在线检测。这样可以方便技术人员根据初始的加工精度，对模具加工的过程数据进行分析验证、寻找问题根源，为后续的结构设计改进、板料回弹控制以及加工工艺调整等工作提供可靠的技术参考信息。

3.5　增材制造/3D 打印技术

3.5.1　增材制造/3D 打印技术产生的背景

随着科学技术的飞速发展，全球市场一体化的形成，制造业的竞争日益激烈，产品的开发速度日益成为市场竞争的主要影响因素。在这种情况下，对于冲压企业，能够自主快速地实现冲压产品开发（快速的设计和制造冲模）的能力，成为冲压企业在全球竞争中的制胜法宝。同时，冲压企业为了满足日益变化的用户需求，又要求冲模制造技术有较强的灵活性，能够以小批量甚至单件生产，但不增加或较少增加产品的成本。因此，冲压产品开发的速度和制造技术的柔性就变得十分关键，该问题在汽车工业中显得尤为突出。汽车制造商为了满足广大用户对汽车品种及款式日益增长的要求，必须不断地开发新车型，这在很大程度上依赖于重新开发新的汽车覆盖件。因此，快速及低成本的汽车覆盖件开发是汽车企业成功的关键。以快速反应能力为特点的增材制造（Additive Manufacturing，AM）（俗称 3D 打印，Three Dimensional Printing）技术在这种市场快速响应需求的背景下，于 20 世纪 80 年代后期产生于美国。

增材制造技术是涉及计算机软件、数据处理、数控技术、测试传感、激光技术和新材料等高科技领域有机综合和交叉应用的新技术。因此，增材制造技术是制造领域的一项重大突破，成为先进制造技术的一个重要组成部分，可以满足市场冲压产品开发速度和制造技术柔性的要求。

增材制造技术广阔的应用前景受到世界上工业发达国家的重视，各国纷纷投巨资开展研究，形成了强劲的增材制造/3D 打印技术的研究热潮。

3.5.2　增材制造/3D 打印技术的原理及主要方法

增材制造技术是通过 CAD 设计数据，全程由计算机控制，将材料逐层累积、制造实体零件的技术。相对于传统的材料去除（切削加工）技术，增材制造是一种“自下而上”的材料累加的制造方法。自 20 世纪 80 年代末，增材制造技术逐步发展，期间也被称为“材料累加制造”（Material Increase Manufacturing）、“快速原型”（Rapid Prototyping）、“分层制造”（Layered Manufacturing）、“实体自由制造”（Solid Free-form Fabrication）和“3D 打印技术”等。不同的名称分别从不同侧面显示了该技术的不同特点。

美国材料与试验协会（ASTM）F42 国际委员会对增材制造和 3D 打印有明确的概念定义：增材制造是依据三维 CAD 数据，将材料连接制作物体的过程，相对于减法制造，它通常是逐层累加过程。3D 打印是指采用打印头、喷嘴或其他打印技术沉积材料以制造构件的技术，3D 打印也常用来表示增材制造技术，在特指设备时，3D 打印是指相对价格或总体功能低端的增材制造设备。

增材制造技术不需要传统的刀具、夹具和多道加工工序，而是利用三维设计数据，在一台设备上快速而精确地制造出任意复杂形状的零件，从而实现“自由制造”，解决许多过去难以制造的复杂结构零件的成形问题，并大大减少了加工工序，缩短了加工周期。而且越是复杂结构的产品，其制造的速度效应越显著。近二十年来，增材制造技术取得了快速的发展，增材制造原理与不同的材料和工艺结合形成了许多增材制造设备。目前已有的设备种类达到数十种。这一技术一出现就取得了快速的发展，在各个领域都得到广泛应用，如消费电子产品、汽车、航空航天、医疗、军工、地理信息、艺术设计等领域。综上所述，增材制造/3D 打印技术特别适合复杂模具（包括冲压模具）的快速制造，该技术在模具制造领域已经得到了实际应用。美国材料与试验协会（ASTM）F42 国际委员会按照材料堆积的方式，将增材制造技术分为七大类，每种工艺技术都有特定的应用范围，见表 10-3-6。大多数工艺普遍应用于模型制造，部分工艺可用于高性能塑料、金属零件的直接制造以及受损部位的修复增材制造，可用于金属模具（包括冲压模具）直接制造且最为成熟的有激光选区熔化、激光工程近成形和电子束选区熔化三种。

表 10-3-6　增材制造工艺类型及特点

工艺方法/原理	代表性公司	材料	用途
光固化 SLA（Stereo Lithography Apparatus）/光固化液态树脂	3D Systems(美国)	光敏聚合物	模型制造、零件直接制造
三维喷印 3DP,俗称 3D 打印（Three Dimensional Printing)/微滴喷射固化或粘接粉末	Objet(以色列)	聚合物	模型制造、零件直接制造
	3D Systems(美国)	聚合物、砂、陶瓷、金属	模型制造
熔融沉积制造 FDM（Fused Deposition Modeling)/聚合物热熔堆积	Stratasys（美国）	聚合物	模型制造、零件直接制造
激光选区烧结 SLS（Selective Laser Sintering),激光选区熔化 SLM（Selective Laser Melting),电子束选区熔化 EBSM（Electron Beam Selective Melting)/粉末床高能束选区熔化	EOS(德国)、3D Systems(美国)、Arcam(瑞典)	聚合物、砂、陶瓷、金属	模型制造、零件直接制造
叠层实体制造 LOM（Laminated Object Manufacturing)/片材叠层堆积	Fabrisonic(美国)	纸、金属、陶瓷	模型制造、零件直接制造
激光工程近成形 LENS（Laser Engineered Net Shaping)/激光同轴送粉熔化	Optomec(美国)	金属	修复、零件直接制造

（1）激光选区熔化（SLM）　工艺原理如图 10-3-18 所示。首先，将三维 CAD 模型进行切片离散及扫描路径规划，得到可控制激光束扫描的切片轮廓信息；其次，计算机逐层调入切片轮廓信息，通过扫描振镜，控制激光束选择性地熔化金属粉末，未被激光照射区域的粉末仍呈松散状。采用 SLM 制造的零件，不需要或者只需要简单的喷砂、抛光等后处理。由于激光聚焦后具有极细小的光斑，成形后的零件尺寸精度≤0.1mm，零件的相对密度大于 99%，适合冲压模具的快速制造。

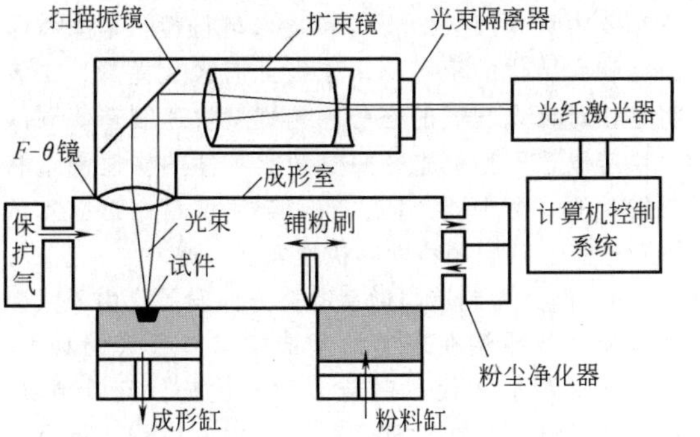

图 10-3-18　SLM 工艺原理

（2）激光工程近成形（LENS）　将信息化增材成形的原理与激光熔覆技术相结合，通过激光熔化/快速凝固逐层沉积“生长/增材制造”，由零件的 CAD 模型一步完成全致密、高性能整体金属零件的“近净成形”，其工艺过程如图 10-3-19 所示。在计算机控制下，用同步送粉激光熔覆的方法，将金属粉末材料按照一定的填充路径，在基材上逐层堆积形成三维零件，也可以采用同步送丝激光熔覆。该方法的精度比 SLM 低，一般还需要进行少量的后续机械加工。对于冲压模具，既可以利用 LENS 技术直接快速制造，也可以完成部分受损模具的快速修复与再制造。

（3）电子束选区熔化（EBSM）　利用电子束为能量源，在真空保护下高速扫描加热预置的粉末，通过逐层熔化叠加，直接自由成形多孔、致密或多孔-致密复合的三维金属零件，其工作原理如图 10-3-20 所示。该技术由于具有高真空保护、电子束能量高和成形残余应力小等特点，尤其适用于成形稀有、难熔金属及脆性材料。瑞典 Arcam 公司的设

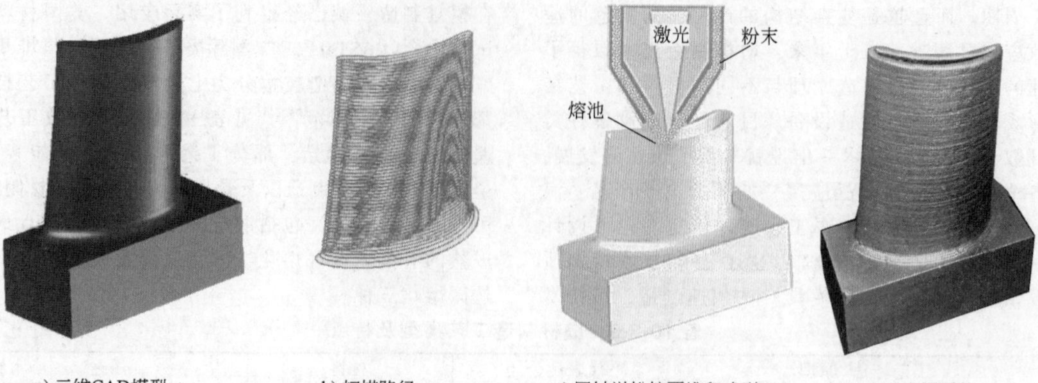

a) 三维CAD模型　b) 扫描路径　c) 同轴送粉熔覆堆积成形　d) 金属零件

图 10-3-19　LENS 工艺过程示意图

备精度可达±0.3mm。利用 EBSM 可以直接制造冲压模具，但精度比 SLM 低，后续需要进行少量的机械加工。

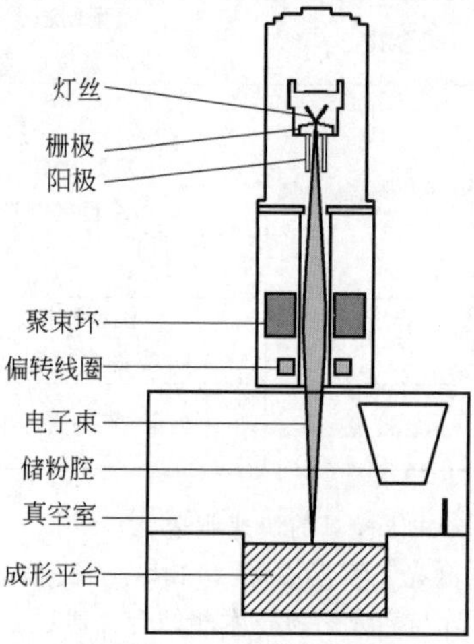

图 10-3-20　EBSM 工艺原理

3.5.3　增材制造/3D 打印技术的特点

增材制造/3D 打印技术应用于冲模制造，具有以下特点：

1）自动、快速并精确地将冲模设计转变成实物，可缩短冲模开发周期、减少开发费用及提高企业市场竞争力。

2）集成了机械、计算机、数控、激光和材料等学科知识，在冲模领域是一门高新技术，已经在冲模制造中获得实际应用。

3）增材制造改变了传统冲模制造所采用的“去除”原理，采用材料离散/堆积成形，是冲模制造原理上的突破。

4）制造任意复杂零件，可以轻易地将复杂的冲模制造出来，而不必一味追求先进的传统制造设备，具有极大的“万能性”。

5）省去了传统数控加工所必需的编程工作，也不需要模型转化等中间环节。

6）利用该技术制造冲模，不必在基本成形设备的基础上另外增加专用工具，从而可以极大降低冲模的加工复杂性及难度。

7）无人干预或较少干预，大大降低了对冲模制造人员的专业与技能要求。

3.5.4　增材制造/3D 打印技术发展趋势

增材制造/3D 打印技术在冲模制造中的应用，具有以下重要发展趋势：

1）采用金属材料和高强度材料直接成形，是增材制造最为重要的发展方向，对于冲模制造而言则更具意义。SLM、EBSM 和 LENS 三种工艺可制造近全致密的金属零件，性能与锻件相当，可用于高性能冲模的直接制造。

2）不同制造目标的相对独立发展。增材制造用于冲模主要有以下几个方面：

① 快速冲压产品的概念设计原型制造；

② 快速模具原型制造；

③ 快速冲模功能测试原型制造；

④ 快速冲模功能零件制造；

⑤ 冲模零件修复与再制造。

鉴于快速冲压产品概念制造和快速冲模制造在汽车业中具有巨大的市场和技术可行性，未来将是研究和商品化的重点。由于彼此有较大差异，二者将呈相对独立发展的态势。测试型快速制造将附属于快速概念原型制造。冲模功能零件的快速制造将是发展的一个重要方向，随着金属增材制造技术的不断进步，其应用将面临快速发展机遇。

3）向大型制造与微型制造方向发展。由于大型冲模和微型冲模在现实的制造中具有很大的难度，基于增材制造在模具制造方面的优势，可以预测，将来的增材制造在冲模制造领域中的应用，将有一定比例为大型和微型冲模制造。

4）追求更快的制造速度、更高的制造精度和可靠性。在冲模加工中，尤其是汽车复杂覆盖件冲模，需要很高的制造精度，因此要使增材制造技术在复杂冲模制造中得到广泛的应用，就必须提高其制造精度。SLM、LENS 与切削加工有机结合，形成增/减材复合加工工艺已经实现。利用增材制造快速获得复杂结构，同时获得数控加工相近的精度。

5）增材制造设备的模块化、外设化和过程智能化。增材制造设备的安装和使用日趋简单，不需要专门的、具有丰富操作经验的技术人员，对于复杂冲模制造而言，其意义重大。

6）行业标准化。增材制造技术的行业标准化，并且与整个冲模制造体系相融合。

增材制造的外部直接竞争技术是高速数控铣削技术。事实上，高速数控铣削技术和增材制造都是数控支持的加工技术，但前者是数字化的模拟加工，即数字化只支持到对工具的控制阶段，而被加工的材料与数字化技术无关，因而它不可能切削出具有功能梯度和材料梯度的模具；增材制造则是基于材料离散/堆积成形原理的数字化制造技术，能控制材料微滴的种类、形成、形态、运动轨迹和微滴间的相互连接。因此，增材制造是真正意义上的数字化制造，实现了材料制备与结构加工一体化。这一本质的区别，决定了增材制造的长期生命力和根本竞争优势。但也必须意识到，正是这一特点限制了增材制造的精度及表面粗糙度，使其与高速数控铣削的竞争处于不利地位。随着增材制造技术的加速发展，必然会在许多方面取代去除加工，在未来的冲模加工领域占有更重要的地位。

参考文献

[1]　涂光祺. 冲模技术［M］. 北京：机械工业出版社，2002.

[2]　明兴祖. 数控加工技术［M］. 3 版. 北京：化学工业出版社，2015.

[3]　金涤尘，宋放之. 现代模具制造技术［M］. 北京：机械工业出版社，2001.

[4]　魏青松. 增材制造技术原理及应用［M］. 北京：科学出版社，2017.

第11篇　汽车覆盖件成形

概　述

汽车覆盖件大多都是具有复杂形状、空间曲面结构的大尺寸零件，从而决定其在冲压成形中的变形复杂性，变形规律不易被掌握，出现的质量问题也比较多。因此在设计拉深件、冲压工艺和冲压模具的过程中，无法像轴对称零件那样可以轻易地计算出主要工艺参数及模具参数等，在工程实践中还要大量应用经验并运用冲压变形趋向性分析来进行冲压工艺设计和模具设计。

汽车车身主要由覆盖件、车身附件、内饰件等组成。其中汽车覆盖件又分为外覆盖件和内覆盖件。

外覆盖件是指汽车车身外部的裸露件，这类零件涂漆后不再覆盖其他的装饰层而直接被人们观察到。因而，对外覆盖件的表面质量要求很高，不仅不能有破裂、较大的皱纹、折叠，就连很小的面畸变、冲击线、划痕、滑移线等都要避免。

内覆盖件是汽车车身内部的覆盖件，它与外覆盖件焊装在一起形成白车身（涂漆前的车身）。由于内覆盖件在涂漆后要覆盖上内饰件，故形成完整的车身后，内覆盖件一般不被人们所直接观察到。因此，相对于外覆盖件而言，内覆盖件的表面质量要求可以稍低一些，允许有很小的面畸变、冲击线、轻微的划痕等。

综上，本篇主要分为6章进行论述。

第1章

汽车覆盖件冲压成形工艺

哈尔滨工业大学　崔令江
一汽解放汽车有限公司 技术发展部　刘　强
中国第一汽车集团有限公司　邱　枫

汽车覆盖件的冲压成形工艺较复杂，所需要考虑的问题也更多，一般需要多道冲压工序才能完成。常用主要工序有：落料、拉深、整形、修边、冲孔、翻边等。

汽车覆盖件冲压成形中最关键的工序是拉深工序。在拉深工序中，毛坯的变形复杂，其成形性质已不是简单的拉深成形，而是拉深与胀形同时存在的复合成形。因而，拉深成形工艺受到多方面因素的影响，仅按覆盖件零件本身的形状尺寸设计工艺不能实现拉深成形，必须在覆盖件的基础上进行工艺补充，形成合理的压料面形状，然后要选择合理的拉深方向、合理的毛坯形状和尺寸、冲压工艺参数等。其中尤以拉深工序中冲压方向的选择、工艺补充的设计、压料面和拉深筋的确定等直接关系到拉深件的质量如何，甚至关系到冲压拉深成形的成败，可以称为是汽车覆盖件冲压成形的核心技术。如果拉深设计得不好或冲压工艺设计不合理，就会在拉深过程中出现冲压件的破裂、起皱、折叠、面畸变等质量问题。

由于汽车覆盖件的表面是空间曲面，其修边、翻边等工序的设计也与一般的冲压件不完全相同。需要合理确定工序件的形状与尺寸、合理选择工序的冲压方向、冲压参数等，才能保证冲压件质量。

在制定冲压工艺流程时，要根据具体冲压零件的各项质量要求考虑工序的安排，以最合理的工序分工保证零件质量。如把最优先保证的质量项的相关工序安排到最后一道工序，同时必须考虑到复合工序在模具设计时实现的可能性与难易程度。

在进行汽车覆盖件冲压工艺设计时不仅要考虑工艺合理，而且要考虑各道工序的冲压方向在模具设计时容易确定、结合实际确定所需的冲压设备、工序件定位方便可靠、模具结构容易实现工艺要求的各种动作等，以便于模具设计容易实现工艺要求。

1.1　汽车覆盖件的拉深工艺设计

为了保证覆盖件在冲压成形中能够顺利地成形，首先要进行拉深件的设计，即根据冲压件零件图设计出拉深件图。它包括选择冲压方向、工艺补充、压料面和拉深筋设计等。

1.1.1　拉深冲压方向的选择

1. 拉深冲压方向对拉深成形的影响

汽车覆盖件拉深成形时，拉深冲压方向（以下简称拉深方向）直接影响到：凸模是否能进入凹模、毛坯的最大变形程度、是否能最大限度地减小拉深件各部分的深度差、是否能使各部分毛坯之间的流动方向和流动速度差比较小、变形是否均匀、是否能充分发挥材料的塑性变形能力、是否有利于防止破裂和起皱等质量问题的产生等。也就是说，只有选择了合理的拉深方向，才能使拉深成形过程顺利实现。

2. 选择拉深方向的原则

选择合理的拉深方向应考虑以下原则：

（1）确保拉深成形过程无冲压负角　确定拉深方向，首先要保证凸模能够顺利进入凹模，使拉深件的全部空间形状一次拉深出来，不应有凸模接触不到的“死区”，即要保证凸模能全部进入凹模。如图 11-1-1a 所示，若选择冲压方向 A，则凸模不能全部进入凹模，造成零件右下部的 a 区成为“死区”，

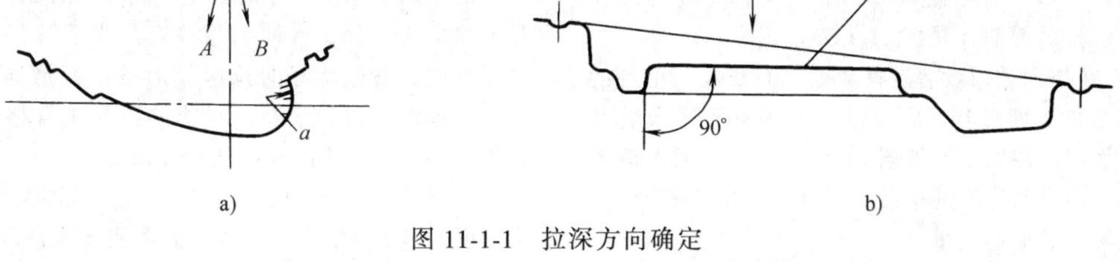

图 11-1-1　拉深方向确定

不能成形出所要求的形状。选择冲压方向 B 后，则可以使凸模全部进入凹模，成形出零件的全部形状。图 11-1-1b 表示按拉深件底部的反成形部分最有利于成形而确定的拉深方向，若改变拉深方向则不能保证 90°角。

（2）尽可能减小拉深成形深度　减小拉深成形深度使拉深深度差最小，以减小材料流动和变形分布的不均匀性。图 11-1-2a 所示深度差大，材料流动性差；通过调整拉深方向，使两侧深度相差较小，材料流动和变形差减小，有利于成形，如图 11-1-2b 所示。对一些左右件可利用对称拉深，一次成形两件，便于确定合理的拉深方向，使进料阻力均匀，如图 11-1-2c 所示。

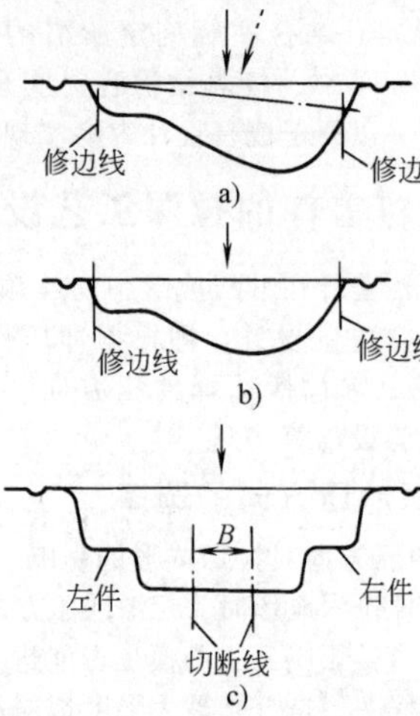

图 11-1-2　拉深深度与拉深方向

（3）保证凸模与毛坯具有良好的初始接触状态　凸模与毛坯接触状态不同，拉深成形后零件表面质量也不相同。通过减少毛坯与凸模的相对滑动，有利于毛坯的变形，提高冲压件的表面质量。

1）凸模与毛坯的接触面积应尽量大，保证较大的面接触，避免因点接触或线接触造成局部材料胀形变形太大而发生破裂（见图 11-1-3a）。

2）凸模两侧的包容角尽可能保持一致（$\alpha=\beta$），即凸模的接触点处在冲模的中心附近，而不偏离一侧，这样有利于拉深过程中法兰上各部位材料较均匀地向凹模内流入（见图 11-1-3b）。

3）凸模表面与毛坯的接触点要多而分散，且尽可能均匀分布，以防止局部变形过大，毛坯与凸模表面产生相对滑动（见图 11-1-3c）。

4）在拉深方向没有选择余地，而凸模与毛坯的接触状态又不理想时，应通过改变压料面来改善凸模与毛坯的接触状态。如图 11-1-3d 所示，通过改变压料面，凸模与毛坯的接触点增加，接触面积增大，能保证零件的成形质量。

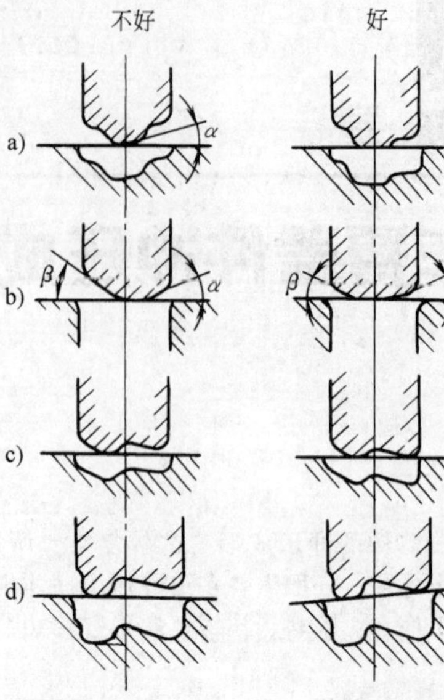

图 11-1-3　凸模与毛坯的接触状态

5）确保压料面各部位进料阻力均匀。拉深深度均匀是保证压料面各部位进料阻力均匀的主要条件，进料阻力不一样，毛坯在拉深过程中就有可能经凸模顶部时窜动，严重时会产生破裂和起皱。

（4）有利于防止表面缺陷产生　对一些外覆盖件，为了保证其表面质量，在选择拉深方向时，对重要部位要保证在拉深过程中避免出现冲击线等表面缺陷。

（5）有利于后工序内容顺利完成　利于基准孔、基准面及修边线角度分析（尽量保证冲压方向与基准孔成 90°角）。

1.1.2　工艺补充部分的设计

1. 工艺补充的作用与对拉深成形的影响

汽车覆盖件要经过添加工艺补充部分之后设计出拉深件才能进行冲压成形。工艺补充部分是指为改善材料流动状态而添加的型面延伸部分。工艺补充部分有两大类：一类是零件内部的工艺补充，即填补内部孔洞，创造适合于拉深成形的良好条件（即使是开工艺切口或工艺孔也是在内部工艺补充部分进行），这部分工艺补充不增加材料消耗，而且在冲内孔后，这部分材料仍可适当利用；另一类工艺补充是在零件沿轮廓边缘（包括翻边的展开部分）展开的基础上添加上去的，它包括拉深部分的补充和压料面两部分，这种工艺补充是为了选择合理的冲压方向、创造良好的拉深成形条件而增加的，它增加了零件的材料消耗。在能够拉深出合格零件的条件下，应尽可能减少工艺补充部分。

工艺补充部分不仅决定了零件能否成形，还在更大程度上影响着零件质量以及制造成本。它可以改善拉深件成形时的工艺条件，使材料各处的变形均匀一致，并且还可以方便成形时的定位及后续的修边、翻边等工序。因此，它对于拉深成形的工艺过程具有重要意义。工艺补充设计的案例如图 11-1-4 所示。

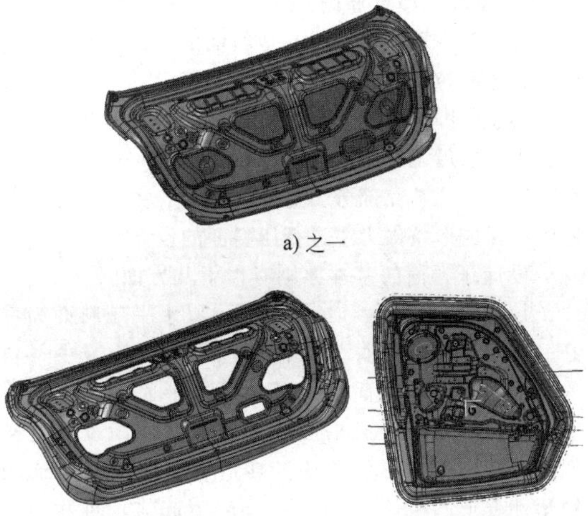

图 11-1-4　工艺补充设计案例

2. 工艺补充设计原则

(1) 内孔封闭补充原则　对零件内部的孔首先进行封闭补充，使零件成为无内孔的制件。内孔包括规则孔和不规则孔两种，对于规则孔，选取孔边界，与孔面相切进行填充；对于不规则孔，选取孔边界，进行边界延伸并重新构造成完整特征，与孔周面相切进行填充。

但对内部的局部成形部分，要进行变形分析，一般这部分成形属于胀形变形，若胀形变形超过材料的极限变形，需要在工艺补充部分预冲孔或切口，以减小胀形变形量。内部工艺补充部分不开工艺孔时的胀形变形量较大，产生破裂。经试验，确定预先冲制出工艺孔的形状、尺寸，改为拉深成形时的变形分布和变形量，使拉深工序顺利成形。

(2) 简化拉深件结构形状原则　拉深件的结构形状越复杂，拉深成形过程中的材料流动和塑性变形就越难控制。所以，零件外部的工艺补充要有利于使拉深件的结构、形状简单化。简化拉深件结构的案例如图 11-1-5 所示，工艺补充简化了轮廓形状；工艺补充增加了局部侧壁高度，使拉深件深度变化比较小；工艺补充简化压料面形状，有利于毛坯的均匀流动和均匀变形。

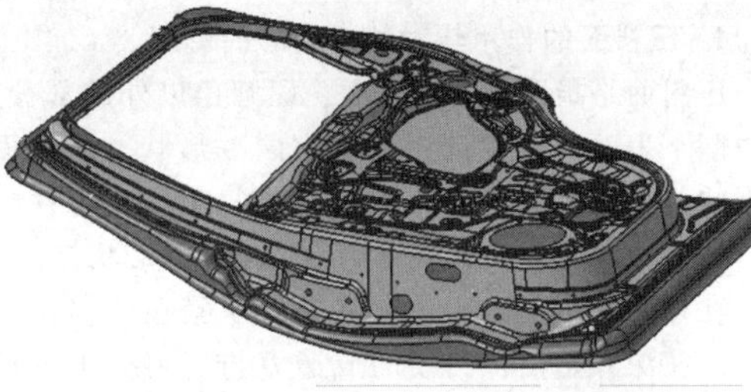

图 11-1-5　简化拉深件结构案例

(3) 对后工序有利原则　设计工艺补充时要考虑对后工序的影响，要有利于后工序的定位稳定性，尽量能够垂直修边等。

常用的几种工艺补充类型如图 11-1-6 所示。

图 11-1-6a 所示的修边线在拉深件的压料面上，垂直修边。压料面的一部分就是零件的法兰面，一般取修边线到拉深筋的距离 A 为 25mm。

图 11-1-6b 所示的修边线在拉深件的底面上，垂直修边。修边线至凸模圆角的距离 B 一般取 3~5mm。

图 11-1-6c 所示为修边线在拉深件翻边展开斜面上，垂直修边，修边方向和修边表面的夹角 α 一般不应小于 50°。

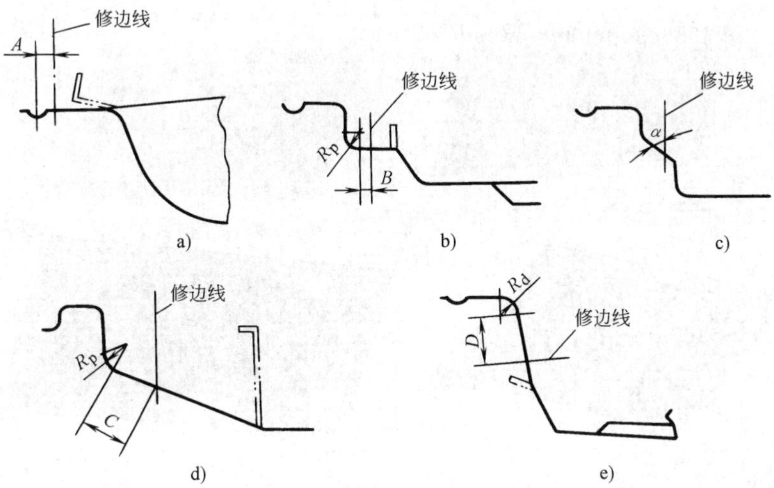

图 11-1-6　工艺补充部分的几种类型

图 11-1-6d 所示为修边线在拉深件的斜面上，垂直修边。修边线按零件翻边轮廓展开。但若翻边轮廓外形复杂，使拉深件轮廓平行于修边线，会不利于拉深成形。这种情况下，一般尽量将拉深件轮廓外形补充成规则形状，修边线与拉深件轮廓不平行，但要控制 C 的最小尺寸，一般不小于 15mm。

图 11-1-6e 所示为修边线在侧壁上，水平或倾斜修边。由于增添了工艺补充，修边线一般不会与压料面内轮廓平行，一般也要控制 D 的最小尺寸不小于 20mm。

1.1.3　压料面的设计

1. 压料面的作用与对拉深成形的影响

压料面是指凹模的上表面，即圆角以外的部分，压边圈下表面与凹模的上表面为同一形状。压料面的形状与拉深件法兰的形状相对应，所以拉深件设计时所确定的法兰形状就决定了压料面的形状。

在拉深开始前，压边圈将毛坯压紧在凹模压料面上。拉深开始后，凸模的成形力与压料面上的阻力共同形成毛坯的变形力，使毛坯产生塑性变形，实现拉深成形过程。合理的压料面，可以使拉深件的深度均匀，拉深成形时毛坯变形的分布合理，毛坯流动阻力的分布能满足拉深成形的需要。否则，毛坯在拉深成形时就会产生破裂、起皱等问题，甚至还会在压边圈压料时就形成皱折、余料、松弛等。

2. 压料面设计原则

压料面有两种，一种是压料面的一部分是零件的法兰，这种拉深件的压料面形状是已定的，一般不改变其形状，即使是为了改善拉深成形条件而作局部修改，也要在后工序中进行整形校正；另一种是压料面全部属于工艺补充部分，这种情况下，主要以保证良好的拉深成形条件为主进行压料面的设计。

设计压料面的基本原则有以下几方面：

1）压料面形状尽量简单化，以水平压料面为最好。在保证良好的拉深条件的前提下，为减少材料消耗，也可设计斜面、平滑曲面或平面曲面组合等形状。但不要设计成平面大角度交叉、高度变化剧烈的形状，这些形状的法兰会造成拉深时材料流动和塑性变形的极不均匀分布，产生起皱、堆积、破裂等现象。图 11-1-7 所示是相应的几种常用的压料面形式。

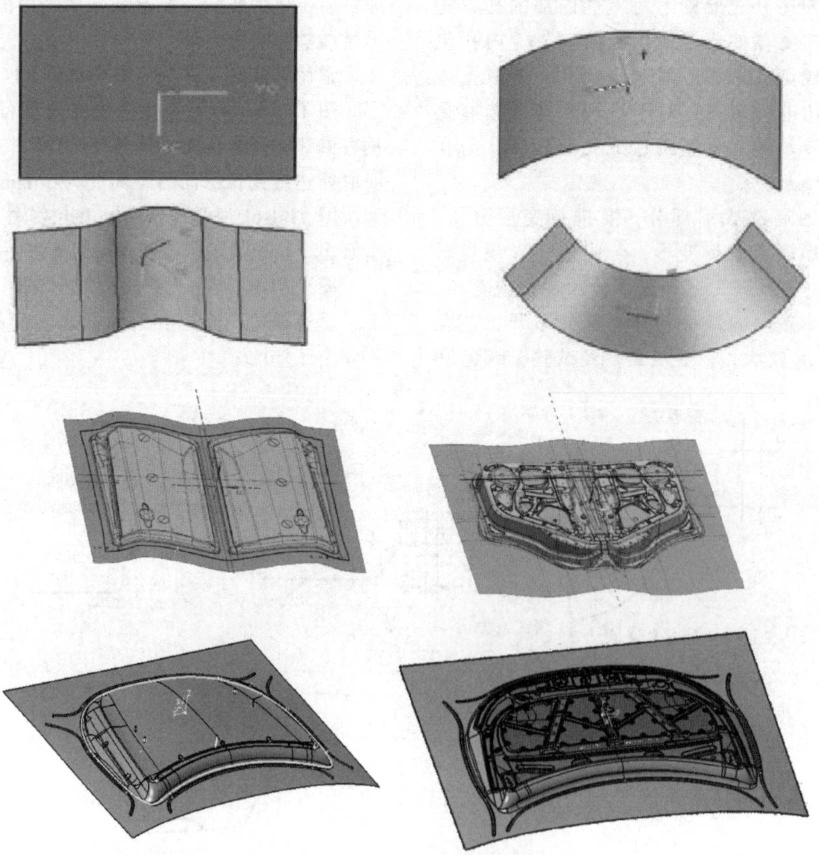

图 11-1-7　几种压料面形式

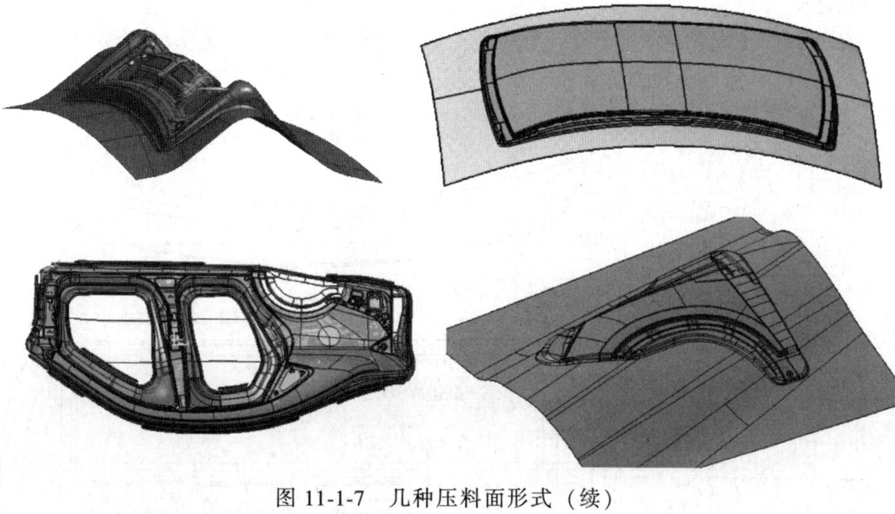

图 11-1-7　几种压料面形式（续）

2）水平压料面（见图 11-1-8a）应用最多，拉深成形时其阻力变化相对容易控制，有利于调模时调整到最利于拉深成形所需要的最佳压料面阻力状态。向内倾斜的压料面（见图 11-1-8b），拉深成形时压料面对材料流动阻力较小，可在塑性变形较大的深拉深件的拉深时采用。但为保证压边圈强度，一般控制压料面倾斜角 $\alpha=40°\sim50°$。向外倾斜的压料面（见图 11-1-8c），拉深成形时压料面的流动阻力最大，对浅拉深件拉深时可增大毛坯的塑性变形。但倾斜角 φ 太大，会使材料流动条件变差，易产生破裂，而且凹模表面磨损严重，影响模具寿命。

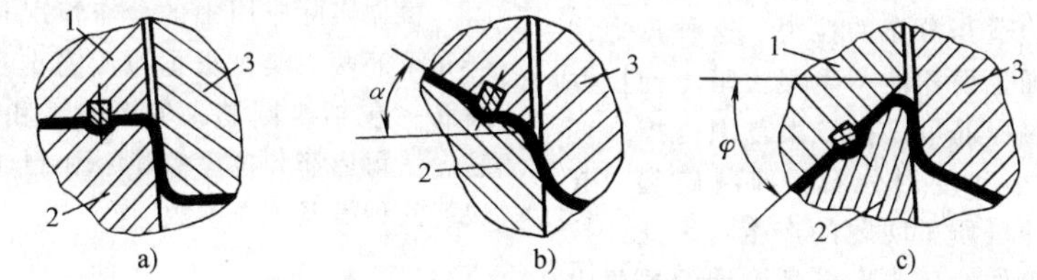

图 11-1-8　压料面与冲压方向的关系

1—压边圈　2—凹模　3—凸模

3）压料面任一断面的曲线长度要小于拉深件内部相应断面的曲线长度。一般认为，汽车覆盖件冲压成形时各断面上的伸长变形量达到 3%~5%时，才能有较好的形状冻结性，最小伸长变形量不应小于 2%。因此，合理的压料面要保证拉深件各断面上的伸长变形量达到 3%以上。如果压料面的断面曲线长度 l_0 大于拉深件内部断面曲线长度 l_1，拉深件上就会出现余料、松弛、皱折等。如图 11-1-9 所示，要保证 $l_0<0.97l_1$。图 11-1-10 中要保证模具压料面的仰角 α 大于凸模仰角 β。若不能满足这一条件，要考虑改变压料面，或在拉深件底部设置筋类或反成形形状吸收余料（见图 11-1-11）。

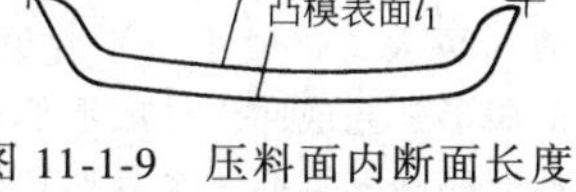

图 11-1-9　压料面内断面长度

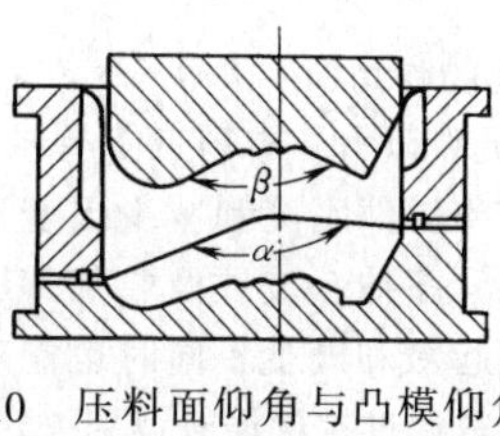

图 11-1-10　压料面仰角与凸模仰角的关系

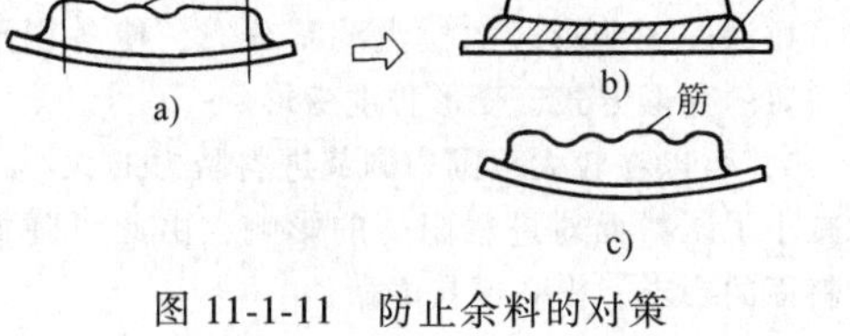

图 11-1-11　防止余料的对策

4）压料面应使成形深度小且各部分深度接近一致，以便使拉深成形时材料流动和塑性变形趋于均匀，减小成形难度。

5）压料面应使毛坯在拉深成形和修边工序中都有可靠的定位，并考虑送料和取件的方便。

在实际工作中，若上述各项原则不能同时达到，应根据具体情况决定取舍。

图 11-1-12 所示是某汽车零件的拉深件图。图中不仅给了拉深件的形状和尺寸，而且标出了修边线位置和翻边位置。

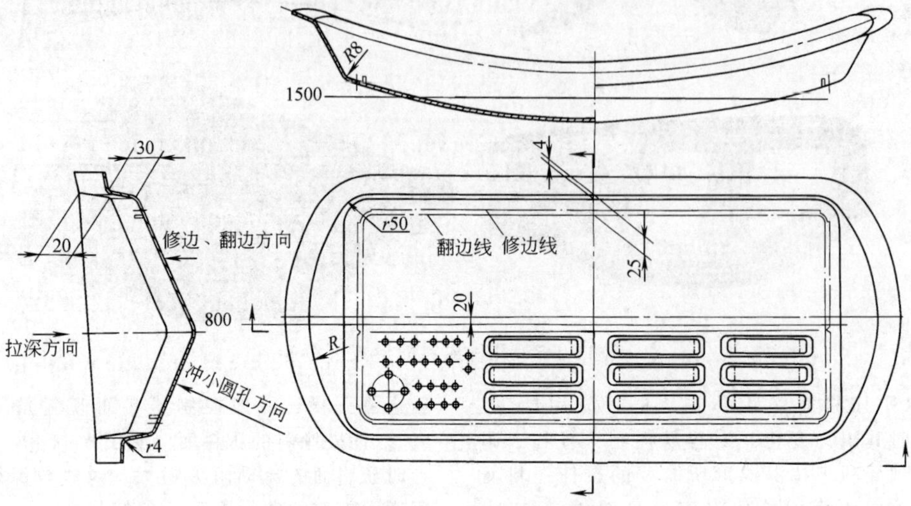

图 11-1-12　某汽车零件拉深件图

1.1.4　拉深筋的设计

在汽车覆盖件拉深成形过程中，毛坯的成形需要一定大小且沿周边适当分布的拉力。这种拉力往往需要通过在压料面上设置能产生很大阻力的拉深筋来实现。同时，拉深筋可以在较大范围内控制变形区毛坯的变形大小和变形分布，抑制破裂、起皱、面畸变等多种冲压质量问题的产生。因此，拉深筋设计是汽车覆盖件冲压成形模具设计的重要内容，而且在冲压工艺设计时就必须考虑是否需要布置拉深筋、怎样布置、采用哪种形式的拉深筋等问题。

1. 拉深筋的作用

1）增大进料阻力，有利于使毛坯产生较大的塑性变形，提高冲压件刚度和减少因变形不足而产生的回弹、松弛、扭曲、波纹及收缩等，防止拉深成形时悬空部位起皱和畸变，同时也能对拉深筋外侧已经起皱的板料通过拉深筋时得到一定程度的矫平。

2）通过改变拉深筋阻力的大小与分布，控制压料面上各部位材料向凹模内流动的速度和进料量，调节拉深件各变形区的拉力及其分布，使各变形区按需要的变形方式、变形程度变形。

3）可以在较大范围内调节进料阻力的大小，相对减小了压料面对进料阻力的影响，由此可降低对压料面的要求，提高模具寿命。

4）由于拉深筋能够产生相当大的阻力，可相对减少对压边力的要求，容易调节到冲压成形所需的进料阻力分布，同时也降低了对模具刚度、设备吨位等的要求。

2. 拉深筋的种类及其用途

根据实际应用中的分布情况可将拉深筋分为单筋和重筋两大类。根据拉深筋本身的形式又可分为圆筋（包括半圆筋、劣半圆筋和优半圆筋）、矩形筋、三角形筋和拉深槛等。图 11-1-13 所示为常用拉深筋的种类及主要参数。

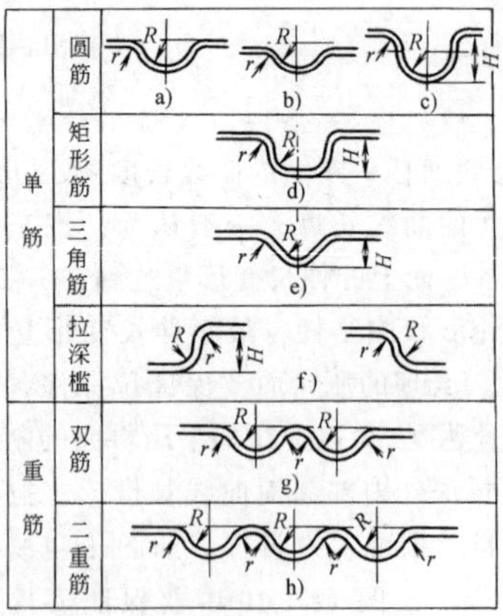

图 11-1-13　拉深筋的种类及主要参数

单筋中，一般情况下，圆筋产生的阻力最小，拉深槛产生的阻力较大，常用于允许有较大进料量的冲压成形工艺或冲压件成形部位。而矩形筋、三角筋产生的阻力更大，一般用于不允许进料或只允许少量进料的胀形工艺或冲压件成形部位。

重筋包括双筋和三重筋，本身形式多为圆筋。

在相同几何参数前提下，重筋产生的阻力要大于单筋，三重筋阻力要大于双筋。因此，重筋多用于需要拉深筋阻力较大的成形工艺或冲压件中不允许进料或少量进料的部位。但有时设置重筋的目的并不是单纯为了增大阻力，在需要零件表面要求有较高平面度的部位也可采用重筋，但重筋的高度要减小，以降低进料阻力。

3. 拉深筋的常用几何参数

表 11-1-1 附图给出了两种拉深筋的装配方式，A 型为拉深筋螺钉与压边圈固定方式，B 型为拉深筋螺钉与拉深筋固定方式，还给出了两种固定形式时拉深筋至凹模圆角、两个拉深筋之间的距离。

表 11-1-2 列出了不同形状的拉深筋的尺寸参数。表 11-1-3 列出拉深筋螺钉的尺寸参数。

表 11-1-1　拉深筋的装配方式

拉深筋断面形状	$H(d)$/mm	l_1/mm	l_2/mm	l_3/mm	l_4/mm
圆形 ○	10	25	20		
长圆形	12	25			
方形 □	(16)	(30)			

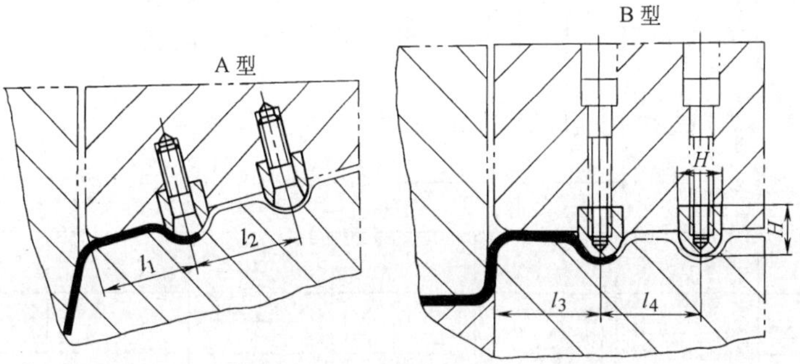

表 11-1-2　拉深筋的尺寸参数　　（单位：mm）

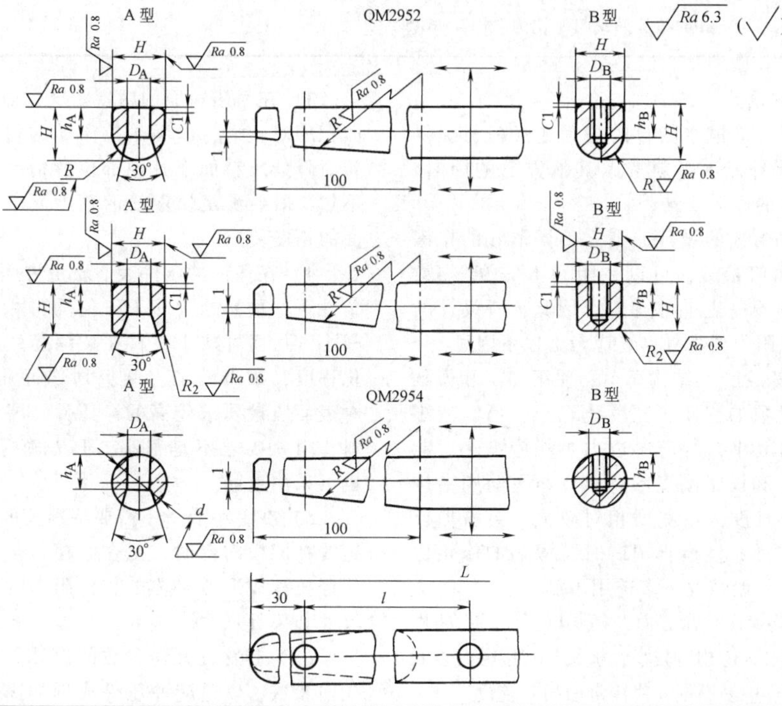

（续）

$H=d$	D_A	D_B	h_A	h_B	l	L
10	6.2	M6	6	6	100	模具设计时确定
12			7	8	120	
(16)	8.2	M8	10	12	150	

材料：T10A　热处理：(53±2) HRC

标记示例：$H=12$mm，$L=500$mm 的 A 型长圆形拉深筋标注为：拉深筋 A12×500　QM2952

表 11-1-3　拉深筋螺钉的尺寸参数　（单位：mm）

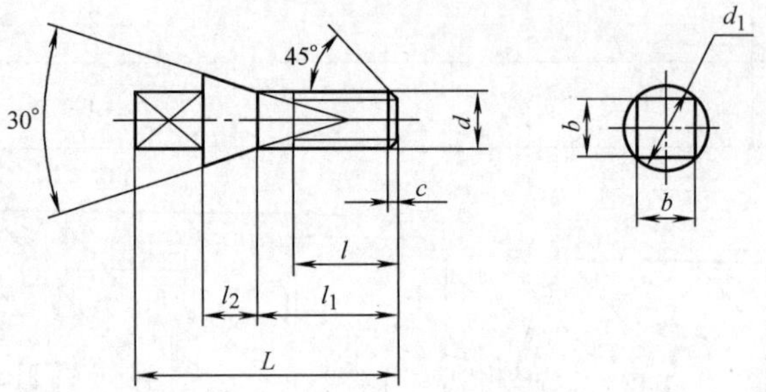

d	d_1	b	l	l_1	l_2	c	L
M6	8.7	6	12	16	5		
	9.3			22	6	1	30
M8	12.3	8	16		8	1.25	40

材料：45　热处理：32±2HRC

标记示例：$d=$M6，$l_2=5$mm 的拉深筋螺钉标记为：螺钉 M6×5

4. 拉深筋的设计

设置拉深筋，最根本的目的是为成形板材提供足够的拉力。此外，也必须考虑其他方面的因素，才能确保冲压件的成形质量。

(1) 拉深筋形式的设计原则　不同形式的拉深筋，通过调整几何参数，可以在阻力上完全等效，但在其他方面却不一定能够等效。因此，所设计的拉深筋，除满足阻力要求外，还应考虑以下因素：

1）对单筋来说，其结构简单，便于加工和模具调试时拉深筋参数的修正；宽度比较小，可以减小模具尺寸；反力较小，所需压边力可相应减小，能降低对模具刚度和设备刚度的要求。而重筋则结构比较复杂，加工难度大，宽度相对较大，会增加模具尺寸和毛坯尺寸，且模具调试时拉深筋的修正比较困难。因此，一般情况下多选用单筋。

2）在拉深筋使用寿命方面，相同拉深筋阻力条件下，单筋的 R 值和 r 值相对较小，板材与其接触的表面压力大，成形过程中易磨损，使用寿命相对较短。

3）在对压料面的精度要求方面，重筋由于所占面积相对较大，以满足拉深筋的精度要求为主，可相对降低压料面上其他部位的精度要求；而单筋则不然，既要满足拉深筋的精度要求，也要满足压料面的精度要求。

4）在保证冲压件表面质量方面，相同筋阻力的条件下，重筋的 R 值和 r 值均可相应增加，高度 H 减小，从而可减小板材在拉深筋处的变形程度和硬化程度，减小畸形，避免划伤冲压件表面。因此，对表面质量要求较高的冲压件，即使需要较多的进料，阻力要求不是很高，但为确保零件表面质量，也可采用重筋。

5）在毛坯变形不需要特别大的拉深阻力，且修边线在凹模内部时，可在凹模口部设拉深槛，既能保证拉深成形所必需的拉深阻力，又可以减小毛坯尺寸和模具尺寸。

(2) 拉深筋几何参数的设计原则　改变拉深筋几何参数，以适应冲压件成形的需要，是模具设计和调试过程中最常用的办法。拉深筋几何参数的设计应从以下几个方面考虑。

1）确保冲压件成形所需的拉深筋阻力。设计时应将 H 值取得大一些，R 值和 r 值应取得小一些。实际模具调试时，修正这些参数对改变筋阻力是最有效的。

2）保证冲压成形质量和表面质量。从成形质量方面考虑，希望有较大的拉深筋阻力来提高冲压件的形状精度和刚度，应将 H 值取得大一些，R 值和 r 值取得小一些。但 R 值和 r 值过小，冲压件表面会产生压痕或划伤，影响表面质量。综合考虑，可将 R 值和 r 值放大，但 H 值也适当加大，以补偿因 R 和 r 增大引起的拉深筋阻力损失。

3）提高拉深筋的使用寿命。在拉深筋设计时应考虑拉深筋的磨损，R 和 r 过小，成形中筋的磨损就会很严重。因此，应适当加大 R 值和 r 值，同时也相应增大 H 值。

4）有利于拉深筋的加工和修整。在实际模具调试时，R 值和 r 值会越修越大，H 会越修越小。因此设计时应留出余量，而且应着重考虑 H 值。

（3）拉深筋的布置　根据所要达到的目的不同，拉深筋的布置也不同。

1）凹模内轮廓的曲率变化不大时，冲压成形中压料面上各部位的变形差别也不很大，但为了补偿变形力的不足，提高材料变形程度，可沿凹模口周边设置封闭的拉深筋（见图 11-1-14a）。

2）凹模内轮廓的曲率变化较大时，冲压成形中压料面上各部位的变形差别也会比较大，为了调节压料面上各部位毛坯变形的差异，使之向凹模内流动的速度比较均匀，可沿凹模口周边设置间断式的拉深筋。如图 11-1-14b 所示，拉深筋的布置随凹模轮廓的变化而变化，在较长的直线段 1 部分，毛坯产生弯曲变形，变形阻力最小，布置里长外短的三重筋或二重筋，较短的直线段可设置单筋或二重筋；在外凸轮廓 2 部分，毛坯变形为拉深变形，有切向压应力存在，变形阻力较大，可沿轮廓形状设置单筋；在内凹轮廓 3 部分毛坯在切向有拉应力存在，可设单筋或不设拉深筋。

3）若为了增加径向力，减小切向压应力，防止毛坯起皱，可只在容易起皱的部位设置局部的短拉深筋。

4）若为了改善压料面上材料塑性流动的不均匀性，可在拉深深度大的部位适当设置拉深筋。

5）对于拉深深度相差较大的冲压件，可在深的部位不设拉深筋，浅的部位设拉深筋（见图 11-1-14c）。

6）对于拉深深度大的圆弧部位可以不设拉深筋。

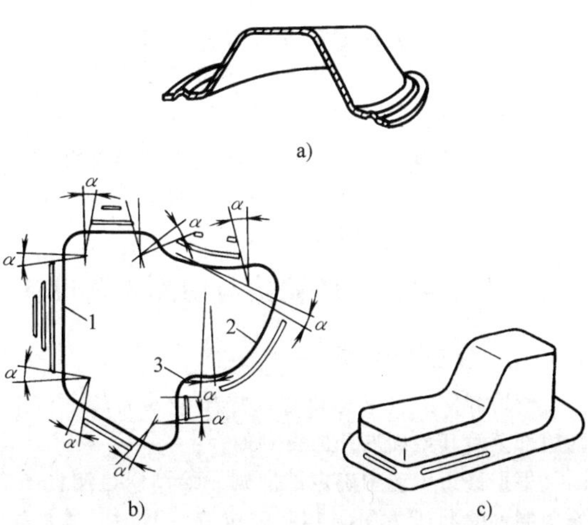

图 11-1-14　拉深筋的几种布置方式

1.1.5　工艺切口的设计

覆盖件上有局部反成形是为了创造良好的反拉深条件，往往加大该部分的圆角和使侧壁成斜度，避免在反拉深中圆角处破裂，在以后适当的工序中将圆角和侧壁修整回来。更深的反拉深用加大圆角和使侧壁成斜度的方法，若还产生破裂，则必须采取预冲工艺孔或工艺切口的方法。

工艺孔在拉深前预先冲出，一般和落料工序合并，采取落料冲孔复合模具。工艺孔的数量、尺寸大小和位置需要前期计算和后期调模来确定（见图 11-1-15a）。

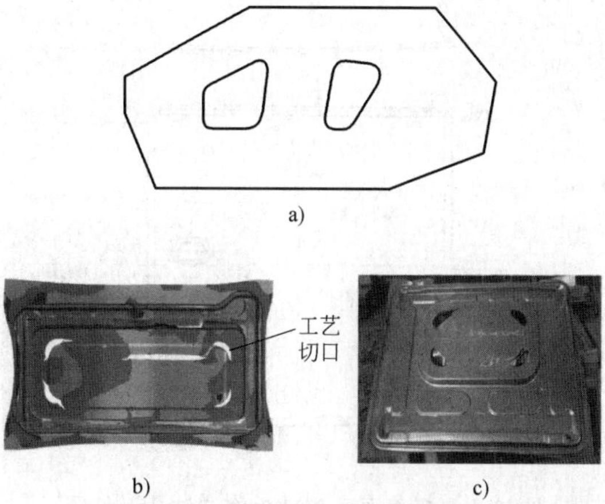

图 11-1-15　工艺孔和工艺切口

工艺切口一般在拉深过程中切出，废料不分离，和拉深工序件一起退出模具。图 11-1-15b 所示拉深仿真成形性能云图，由于在四个角部拉深深度较深，最深处可达 90mm，从外向内进料阻力较大，切出工艺切口后，使角部所需材料一部分由里向外流动，工艺切口的最佳冲制时间是在反成形即将产生破裂的时候，这样既可以使材料得到充分的塑性变形，同时也可以使反成形最需要材料补充的时候获得所需要的材料。由于拉深模具的导向精度不高，切工艺切口的刃口之间的间隙不稳定，而使刃口容易啃坏，并有切出的碎渣落到模具表面而影响零件表面质量，因此在可能的条件下尽量不用工艺切口，而用工艺孔（见图 11-1-15b、c）。

1.2　汽车覆盖件的修边与切断工艺设计

1.2.1　修边制件图

修边制件图（又称修边工序图）是将覆盖件的翻边部分沿其型面展开而得到的。

根据修边工艺中确定的原则，绘制修边制件图。修边制件的冲压方向与其装配位置一致时，其修边直接按覆盖件图绘制，如汽车车门左、右内板，其修边线即是制件本身的凸缘线；修边制作的冲压方向与其装配位置不一致时，其修边线以制件图按冲压方向的投影绘制，投影图的外形即修边线的外形。修边制件图必须严格地按比例仔细绘制，以便设计修边模时，有些难以确定的尺寸可以直接从图上量取。量取的尺寸可以适当地加大，并在图样上加注“毛坯”字样。

图 11-1-16 所示为汽车车门外板修边冲孔制件图。修边线按覆盖件图冲压方向的投影绘制，其修边是在斜面上作垂直修边。图中的双点画线为覆盖件翻边轮廓的投影，将翻边展开后即为修边线，同时在图中绘出废料刀位置示意图。

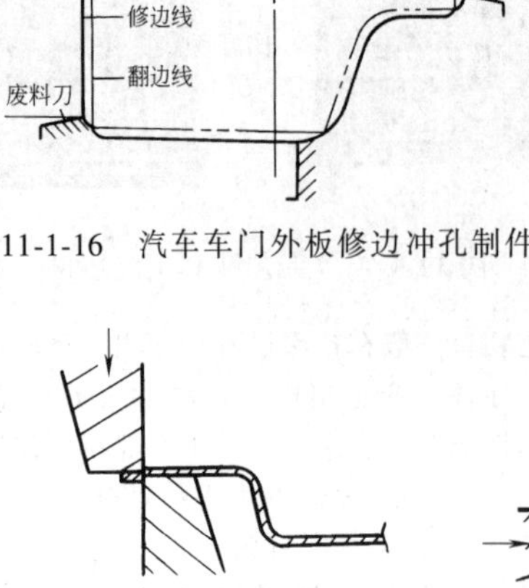

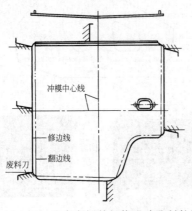

图 11-1-16　汽车车门外板修边冲孔制件图

1.2.2　拉深件修边

修边工序是指将为保证拉深成形而在冲压零件的周围增加的工艺补充部分冲裁剪切掉的冲压工序。该工序是保证汽车覆盖件零件尺寸的一道重要工序，修边线的确定是该工序的关键。按修边线形状分，修边工序可以分为封闭曲线修边、非封闭曲线修边、直线修边等；按修边方向可分为垂直修边、水平修边和倾斜修边等。

封闭曲线修边主要适用于翻边曲率较小，翻边高度较小的情况。这种修边件所用的模具相应较简单。

非封闭曲线修边主要适用于翻边曲率较大、翻边高度较大的情况。这种修边件所用模具需要多加横向切刀，有时要切出缺口（见图 11-1-17），其模具结构相应较复杂。

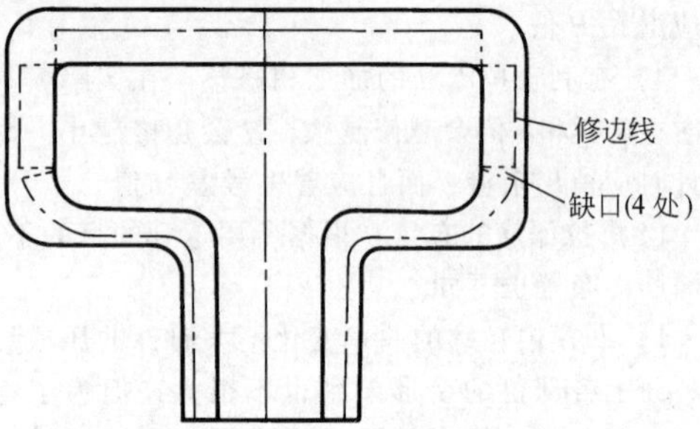

图 11-1-17　非封闭曲线修边示意图

直线修边是最简单的修边，模具结构也简单。

垂直修边是指修边凸（凹）模沿垂直方向作上下运动的修边工序。垂直修边所用模具结构简单，废料处理也比较方便。

水平修边是指修边凸（凹）模沿水平方向运动的修边工序。凸（凹）模的水平方向运动可以通过斜楔机构或通过在模具上加装水平方向运动的液压缸来实现。

倾斜修边是指修边凸（凹）模沿与垂直方向成一定角度的方向运动的修边工序。凸（凹）模的倾斜方向运动可以通过斜楔机构或通过在模具上加装倾斜方向运动的液压缸来实现。

图 11-1-18 所示是不同修边方向的修边类型，图中箭头方向为凹模运动方向，即修边方向。

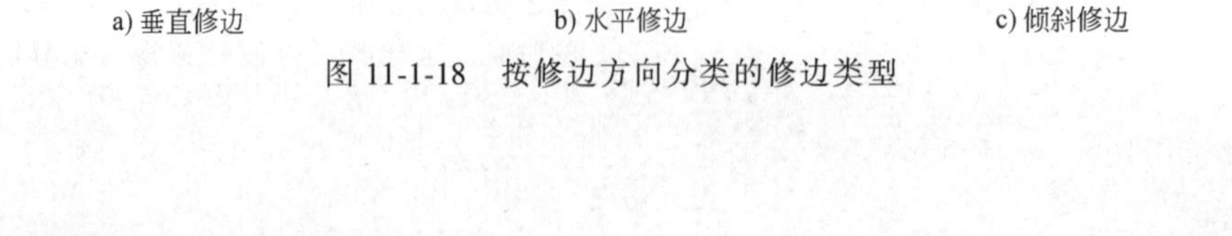

a) 垂直修边　　b) 水平修边　　c) 倾斜修边

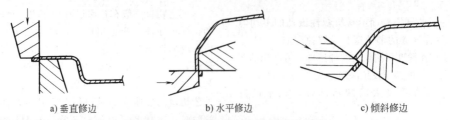

图 11-1-18　按修边方向分类的修边类型

1.2.3　拉深件的切断

切断工序（亦可称为剖切）主要用于将在一副拉深模中进行双件或多件拉深出的拉深件分离成两件或多件。图 11-1-19 所示的拉深件为一件，按图中

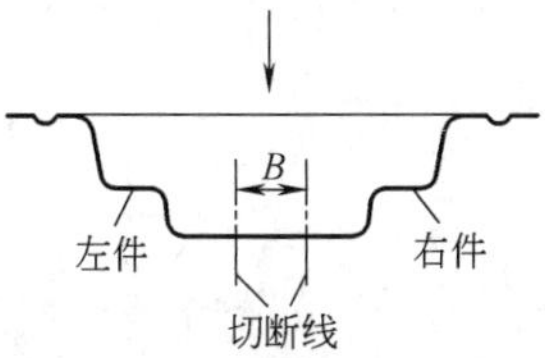

图 11-1-19　双件拉深切断示意图

的切断线切断后，分别成为左件和右件。在设计这种拉深件时，要考虑到切断部分的宽度 B 的大小，B 值太小会造成切断凸模的强度太低，加工时易折断。

1.2.4　修边与切断工序的几个主要问题

1. 选择修边方向

所谓修边方向是指修边凸（凹）模的运动方向，它与压力机上滑块的运动方向不一定是一致的。

如前所述，垂直修边（修边方向与压力机上滑块的运动方向一致）所用模具结构简单、废料处理也较方便，故在选择修边方向时应尽量选择垂直修边。

由于拉深制件的结构和修边位置的限制，许多部位的修边不能进行垂直修边，而与压力机上滑块的运动方向成某一角度，这时所选择的修边方向应力求与拉深件型面垂直，如图 11-1-20a 所示。

修边方向选择得是否合理，直接影响到修边质量。若修边方向与制件型面方向的夹角过大，会在修边过程中产生撕裂现象（见图 11-1-20b）。同时，由于凸凹模刃口部位呈锐角，模具易损坏，寿命低。

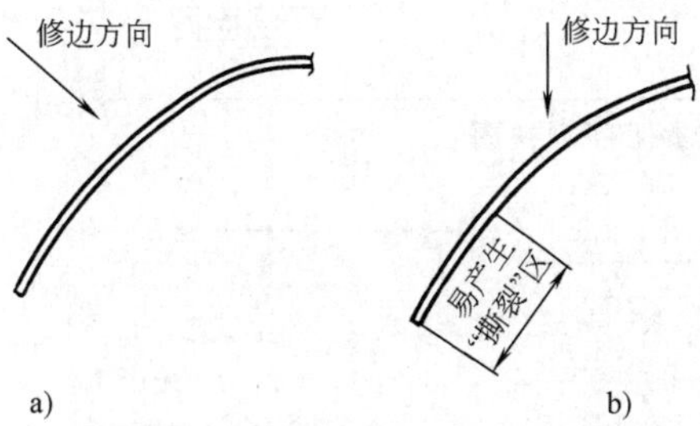

图 11-1-20　修边方向与撕裂现象

修边方向的改变可以通过模具结构的合理改变（如采用斜楔模）或增加该方向的动力装置（如在模具上增加动力缸等）来实现。

2. 修边件的尺寸标注

在进行修边制件尺寸标注时要掌握两点原则：一是关键尺寸和后工序不再进行变形的尺寸一定要按零件要求在工序件图上标注清楚；二是对不能确定的尺寸不要标注具体尺寸。因为曲面翻边工序变形复杂，仅从图样上进行分析不能准确地确定所需修边件的具体尺寸，故立体曲面修边时的修边线尺寸此时不能准确确定，这时一般在工艺文件上的工序图中注明“试验确定”字样，通过试验确定准确的修边尺寸。

3. 冲压设备选择

修边冲压设备采用单动压力机。选择压力机参数时，首先选择设备的台面尺寸。因为修边时所需的冲裁力相对不大，一般只要设备的台面尺寸能够安装修边模具，设备的冲裁力就能满足修边要求，可以不进行冲裁力的计算。在水平或倾斜修边时，要把修边方向的行程换算成压力机滑块运动方向的行程，作为选择设备行程的依据。同时，设备的最大闭合高度要大于模具高度 10mm。

1.3　汽车覆盖件的翻边工艺设计

一般来说，翻边工序是冲压件的轮廓形状或立体形状成形的最后一道加工工序。翻边部分主要用于冲压件之间的连接（焊接、铆接、粘接等），有的翻边是产品流线或美观方面的要求。按翻边工序的毛坯变形性质分，翻边可分为伸长类平面曲线翻边、伸长类曲面翻边、压缩类平面曲线翻边和压缩类曲面翻边等；按翻边方向可分为垂直翻边［翻边凸（凹）模沿垂直方向作上下运动］、水平翻边［翻边凸（凹）模沿水平方向运动］、倾斜翻边［翻边凸（凹）模沿与垂直方向成一定角度的方向运动］等；按翻边面的多少可分为单面翻边、多面翻边、封闭曲线翻边等。

1.3.1　翻边件图

一般情况下，翻边件图的轮廓形状尺寸和立体形状与冲压零件的轮廓形状尺寸是一致的，但有的翻边件还要进行冲裁工序，所以翻边件图一般可以用零件图来代替。

1.3.2　选择翻边方向

翻边冲压方向（与设备上滑块的运动方向不一定一致）的选择，也就是修边件在翻边模内位置的确定。正确的翻边方向，应对翻边变形提供尽可能的有利条件，使凸（凹）模运动方向与翻边轮廓表面垂直，以减小侧向压力，并使翻边件在翻边模中的位置稳定。

覆盖件的翻边状态已决定了覆盖件的翻边方向。

图 11-1-21 所示为覆盖件的翻边示意图。箭头表示翻边方向，即凸（凹）模运动方向。图 11-1-21a 所示为凸模作竖直运动完成翻边。对于竖直向上的

翻边，修边件开口向上放比较稳定和便于定位。另外，在条件允许的情况下，应尽量采用气压垫压料。图 11-1-21b 和图 11-1-21c 所示为凹模作水平或倾斜运动完成翻边，修边件必须开口向下放在翻边凹模上。

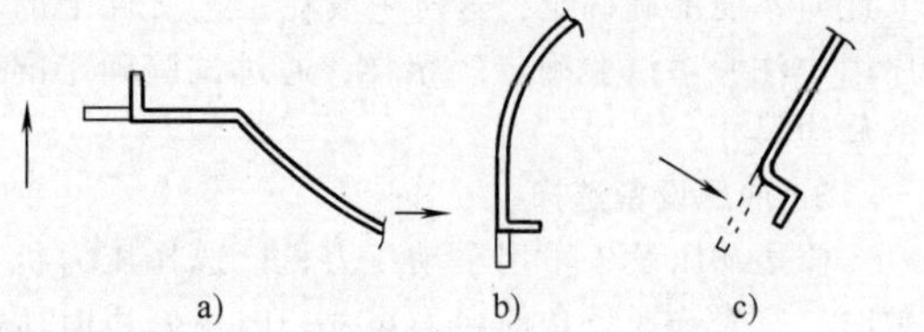

图 11-1-21　覆盖件的翻边示意图

1.3.3　冲压设备选择

选择翻边冲压设备时，首先选择设备的台面尺寸。因为修边时所需的翻边力相对不大，一般只要设备的台面尺寸能够安装翻边模具，设备的能力就能满足翻边要求，可以不进行翻边力的计算。但在水平或倾斜翻边时，要把翻边方向的行程换算成压力机滑块运动方向的行程，作为选择设备行程的依据。同时，设备的最大闭合高度要大于模具高度 10mm。

1.4　汽车覆盖件成形工艺发展趋势

随着汽车行业竞争不断加剧，制造成本已越来越受到各大主机厂的重视。为了降低白车身覆盖件制造成本，提高材料利用率，传统冲压工艺已经不能满足要求，创新性的制造工艺，如浅拉深工艺、套裁工艺等逐渐应用到汽车覆盖件生产制造中。

1.4.1　浅拉深工艺

顾名思义，拉深深度浅，压料面尽量浅，降低拉深深度，减少工艺补充，是提高材料利用率的一种重要手段。在日本 MAZDA 公司应用非常普遍。浅拉深与深拉深工艺对比如图 11-1-22 所示。

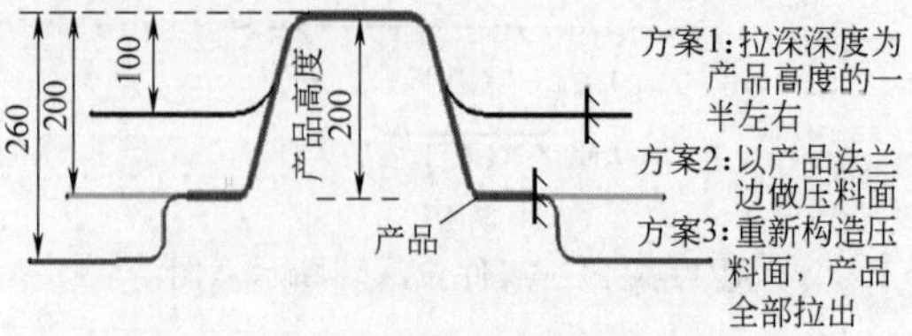

图 11-1-22　浅拉深与深拉深工艺对比

浅拉深工艺设计要点：

1）压料面随产品形状，拉深深度尽量浅，减少工艺补充，降低材料浪费。

2）经常对产品形状进行改造，在压料面上修边。

3）一般拉深出较浅的产品形状，后序通过整形最终获得产品形状。

4）材料不向内流动或少量流动，充分依靠胀形来完成产品形状。

1. 典型应用——翼子板

某车型翼子板零件材料牌号为 H180DB，料厚为 0.7mm，零件重量为 1.88kg。其特点为：①局部狭长，深度达到 185mm。②材料利用率较低。③拉深成形存在冲击线、滑移线等问题。

翼子板成形工艺为：拉深、修边、翻边、侧整形，传统深拉深工艺和浅拉深工艺的工序剖视图分别如图 11-1-23、图 11-1-24 所示。

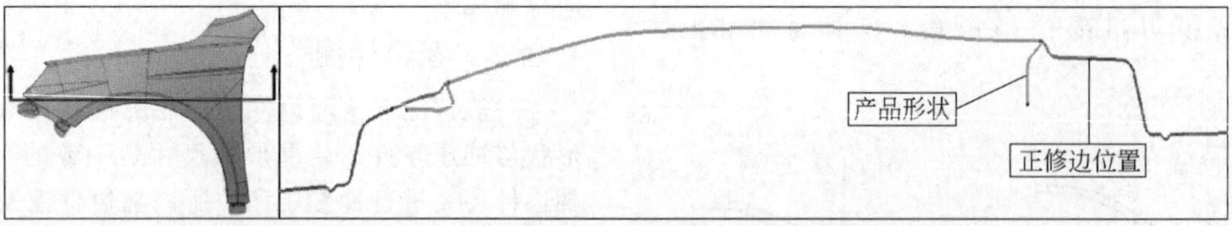

图 11-1-23　翼子板深拉深工艺的工序剖视图

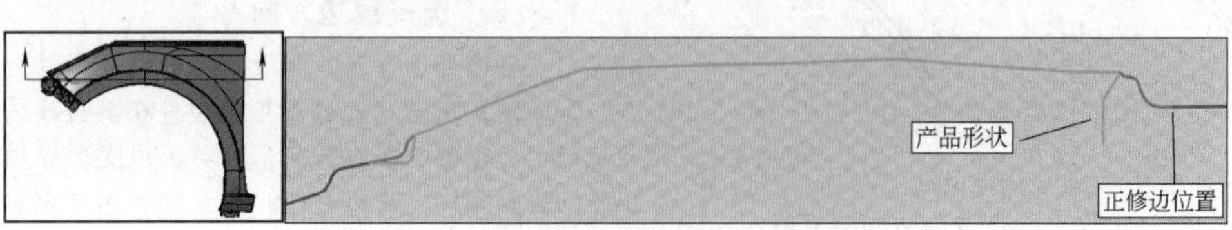

图 11-1-24　翼子板浅拉深工艺的工序剖视图

传统深拉深和浅拉深的工艺图分别如图 11-1-25、图 11-1-26 所示。

采用传统深拉深工艺，压料面普遍较低，拉深深度较深，造成材料的大量浪费，导致制件的材料利用率较低。浅拉深工艺是通过降低拉深深度，有效地缩小工艺补充、减小废料尺寸，来达到提高材料利用率的目的。通过对比，采用浅拉深工艺后，翼子板材料利用率由深拉深的 36.9%提升至浅拉深的 54.3%。

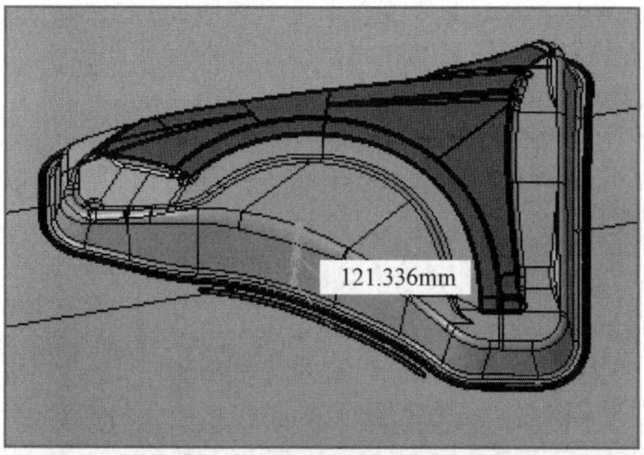

图 11-1-25　深拉深工艺图

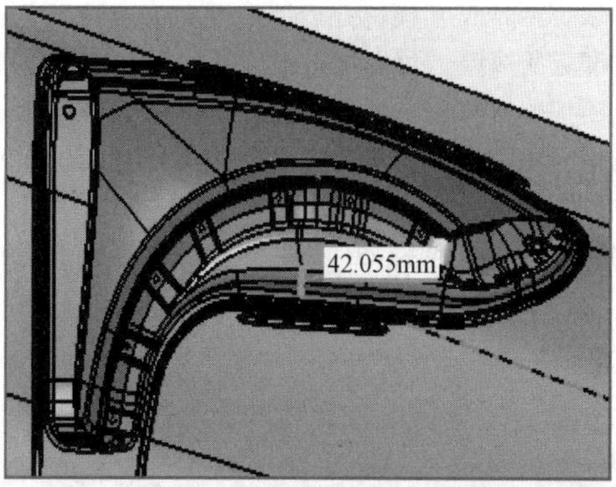

图 11-1-26　浅拉深工艺图

2. 典型应用——中地板

某车型中地板零件材料牌号为 ST03Z，料厚为 0.6mm。其特点为：①方正平直，高低变化较大。②材料利用率相对较高。

中地板成形工艺为：拉深、修边冲孔、修边冲孔侧冲孔，传统深拉深工艺和浅拉深工艺的工序剖视图分别如图 11-1-27、图 11-1-28 所示。传统深拉深工艺和浅拉深工艺的分析结果分别如图 11-1-29、图 11-1-30 所示。

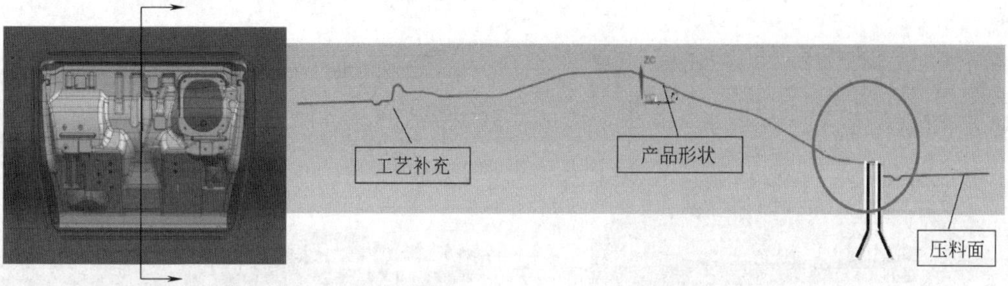

图 11-1-27　中地板深拉深工艺的工序剖视图

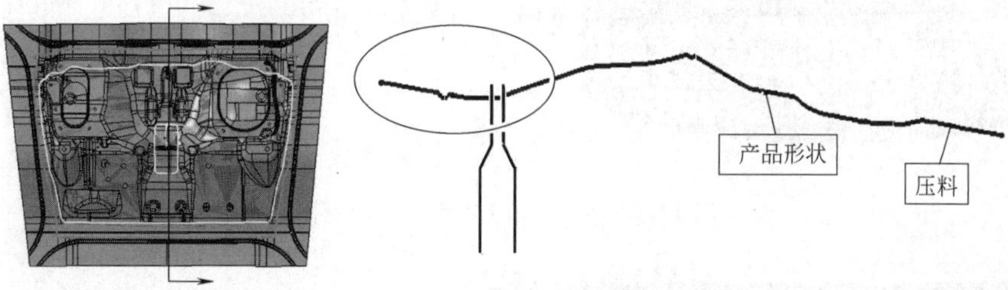

图 11-1-28　中地板浅拉深工艺的工序剖视图

图 11-1-29　深拉深工艺分析结果

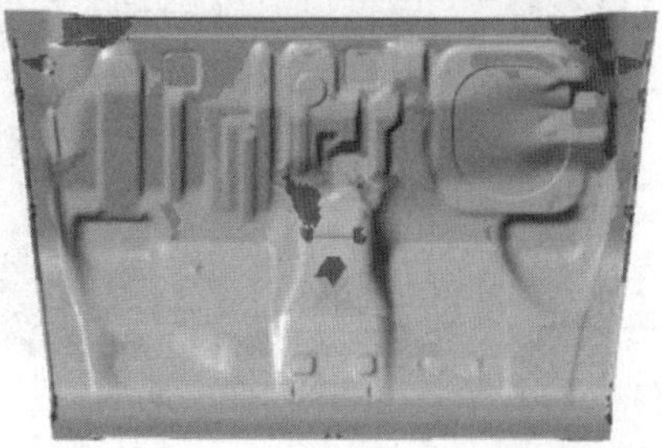

图 11-1-30　浅拉深工艺分析结果

根据两种工艺模拟分析结果可知，两种工艺都存在中部起皱风险，可以通过在中部设置压料块进行优化，模拟分析完成，产品大部分型面都充分成形，只有极小局部存在延展不足，浅拉深两处法兰位置存在起皱风险。通过对比，采用浅拉深工艺后，中地板材料利用率由深拉深的 72.7%提升至浅拉深的 87.1%。

1.4.2　套裁工艺

1. 工艺介绍及特点

套裁工艺是利用零件内部大孔套冲较小零件，实现一套模具成形不同零件，从而实现制造成本的降低。目前，该工艺已在白车身零件生产制造中得到应用。套裁工艺示例如图 11-1-31 所示。

套裁工艺设计要点：

1）实现套裁工艺的零件内部要有足够大的孔，如后背门、带天窗的顶盖等。

2）零件材料牌号及厚度要相同。

3）如采用自动化生产，需要考虑零件的抓取及后续的堆垛及装箱。

2. 典型应用——后背门套裁

后背门外板和顶盖后横梁套裁工艺，材料牌号为 St04Z-O5-60/604，料厚为 0.7mm。采用套裁工艺后，后背门材料利用率提高了 8.7%。后背门套裁工艺示意图如图 11-1-32 所示。

3. 典型应用——天窗固定板套裁

天窗固定板和天窗支架套裁工艺，材料牌号为 ST13，料厚为 1.4mm。采用套裁工艺后，材料利用率由 21%提高到 33%。天窗固定板套裁工艺示意图如图 11-1-33 所示。

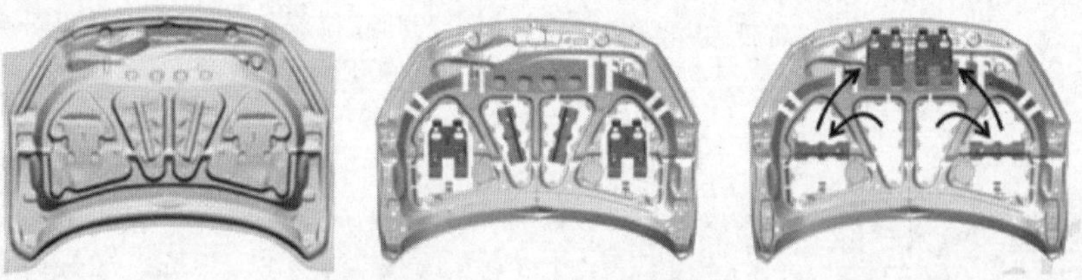

图 11-1-31　套裁工艺示例

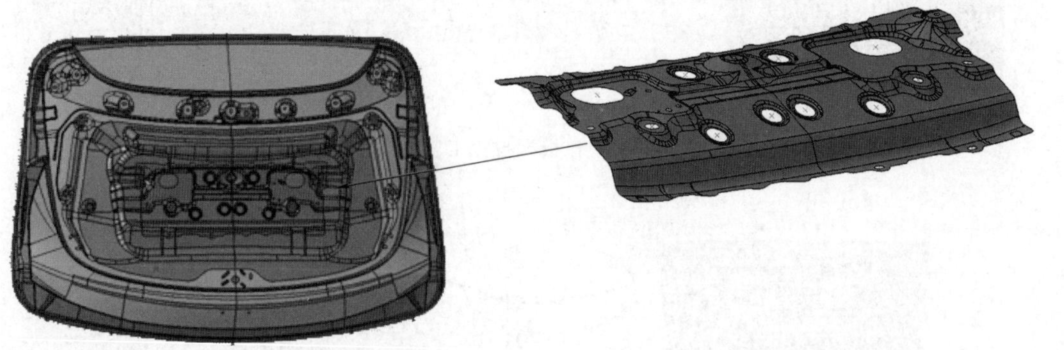

图 11-1-32　后背门套裁工艺示意图

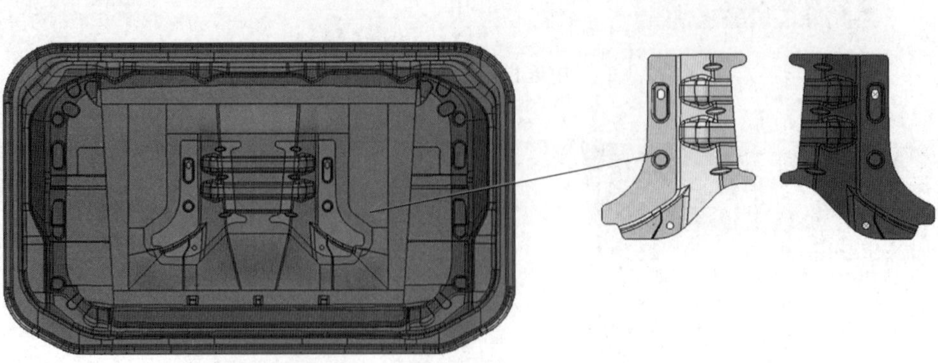

图 11-1-33　天窗固定板套裁工艺示意图

第2章

汽车覆盖件冲压模具

中国第一汽车集团有限公司 工程与生产物流部 陈长青 金 锋 张晓胜

与一般冲压件相比，汽车覆盖件具有材料薄、形状复杂、结构尺寸大和表面质量要求高、具有一定的强度和刚度并具有良好的冲压工艺性等特点。所以汽车覆盖件的工艺设计、模具结构设计和模具制造工艺与一般冲压件模具相比具有一定的特殊性。

汽车覆盖件冲压模具在设计过程中除了满足产品要求外，还要考虑模具所能适应的生产条件，即采用的设备、操作方式、模具的安装与吊装、废料的排放、动能的供应等因素。要求模具的铸造毛坯、各主要工作部件的材质及热处理、模具的导向、斜楔机构、制件的定位、托起与取出等，具有良好的安全性、操作性、可维修性等。要能够在一定生产规模下经济、安全、稳定地制造出高质量的产品。

冲压覆盖件一般需要经过落料、拉深、修边冲孔、翻边、整形等多道工序才能完成。汽车覆盖件冲压模具按功能主要分为落料模、拉深模、修边冲孔模、翻边整形模等。

2.1 汽车覆盖件冲压模具制造一般流程

图 11-2-1 所示为汽车覆盖件冲压模具制造一般流程。

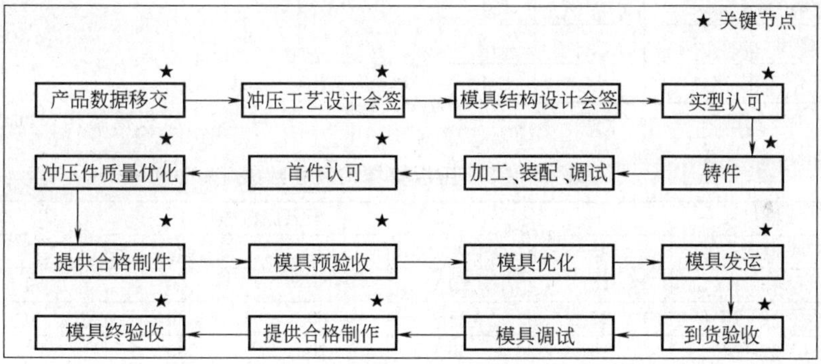

图 11-2-1 汽车覆盖件冲压模具制造一般流程

冲压工艺设计：根据产品数模进行冲压工艺设计，为模具结构设计提供设计依据，为数控加工程序提供编程依据。

模具结构设计：依据冲压模具设计标准、冲压设备参数、冲压工艺方案进行模具结构详细设计。

泡沫实型制作：实型车间依据模具结构图制作泡沫模型，并对其进行检验合格后发往铸造厂铸造铸件。

机械加工：铸件、锻件进入机械加工车间，依据加工程序和模具结构图对模具的型面、零部件安装面、安装孔等部位进行机械加工。

钳工装配：将机械加工完成的铸件、锻件及所有采购的零部件依据图样进行装配。

模具调试：依据各自企业标准，针对模具功能状态、冲压件质量等对模具进行多轮调试，最终使模具满足生产功能要求和生产稳定性要求，生产出的冲压件满足表面质量及尺寸精度等要求。

2.2 汽车覆盖冲压件模具结构设计基本原则及要求

2.2.1 装模高度确定原则

装模高度确定原则见表 11-2-1。

表 11-2-1 装模高度确定原则

（单位：mm）

冲模轮廓尺寸		闭合高度最大允许差值		
型号	长+宽	按压力机最小闭合高度	按压力机最大闭合高度	制造偏差（参考）
小	≤1200	+5	−3	$^{+1}_{-4}$
中	>1200~3500	+7	−5	$^{+2}_{-5}$
大	>3500	+10	−8	$^{+5}_{-7}$

2.2.2　操作线（送料线）高度确定原则

操作线高度指模具在开模状态下，下模型面最高点至下模底面高度（见图 11-2-2）。一般手工操作要在 450～600mm 之间；自动线模具依据设备要求确定，同时考虑放件、取件时操作方便。

2.2.3　模具的安装结构设计原则

1. 压板槽：用于模具与压力机的固定

压板槽数量的设置原则见表 11-2-2。

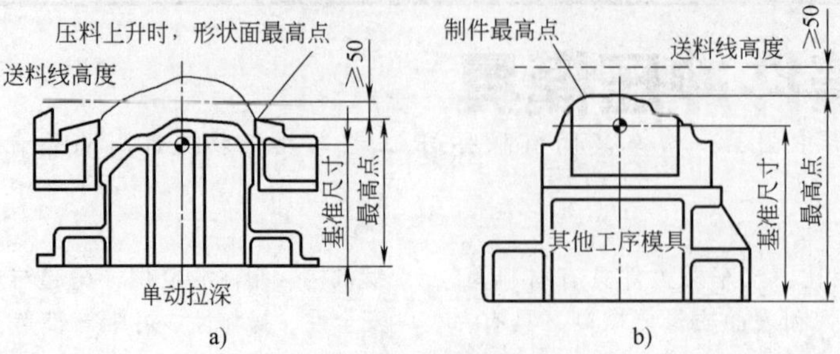

图 11-2-2　操作线高度

表 11-2-2　压板槽数量设置原则

模具长方向的尺寸/mm	安装槽设置数量/个			
	下模(最少)(槽、孔)		上模及压边圈(最少)(槽、孔)	
	前面	后面	前面	后面
<1000	2	2	2	2
1000～1600	2	2	3	3
1600～3600	3	3	4	4
>3600	4	4	4	4

压板槽结构尺寸设计要素如图 11-2-3 所示，相关结构尺寸数据见表 11-2-3。

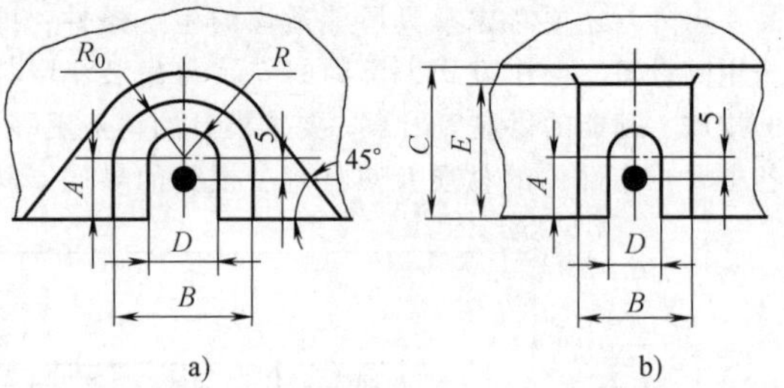

图 11-2-3　压板槽结构尺寸设计要素

表 11-2-3　压板槽结构尺寸数据　（单位：mm）

压力机螺孔、孔或槽尺寸		模具底板槽尺寸					
螺孔	槽或孔	D	A	B	C	E	R_0
M12	13～16	16	20	50	60	50	35
M16	18～20	22	25	60	70	60	40
M20	22～24	26	30	70	80	70	45
M24	26～30	32(38)	35(40)	80(90)	90(100)	80(90)	50(60)
M30	32～36	40(45)	40(45)	90(100)	100(110)	90(100)	60(70)

注：（　）内为不加工铸造形式安装槽尺寸。

2. 模具的定位

模具快速定位用于模具在压力机上的定位，与压力机匹配，实现快速安装，通常情况下有以下两种结构形式（见图 11-2-4，其中圆孔直径 a 依据压力机不同而不同，x_1～x_3 和 y_1～y_3 分别为各圆心与模具水平/竖直中心轴线的直线距离）。

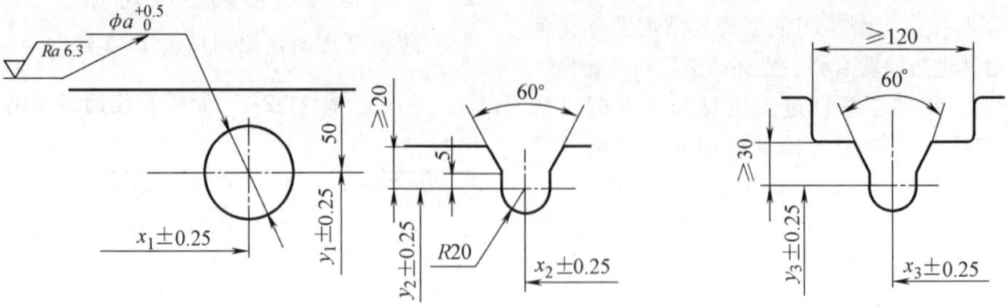

a) 插销式(两个以上)　　b) 挡料锚式(两个以上)

图 11-2-4　压板槽结构尺寸设计要素

3. 工序件（或板料）在模具中的定位

工件必须定位可靠，才能获得稳定合格的批量零件。常用的定位类型如图 11-2-5 所示。

4. 导向方式的选取

导向结构保证上模与下模相对运动时有精确的导向，使凸模、凹模间有均匀的间隙，提高冲压件的质量。

根据模具宽度尺寸和模具种类，选取导向方式所遵循的原则见表 11-2-4。

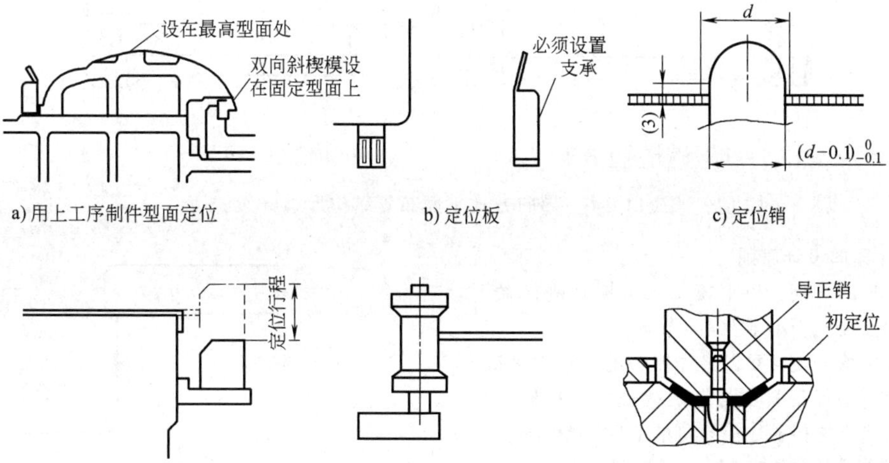

a) 用上工序制件型面定位　b) 定位板　c) 定位销

d) 定位块　e) 滚柱导轨定位(用于板料落料)　f) 导正销(结合初定位)

图 11-2-5　常用定位类型

表 11-2-4　选取导向方式所遵循的原则

模具宽度尺寸/mm	600 以下	600～800	800～1200	1200 以上
拉深 翻边成形整形压弯	导向腿、板式导向、导柱	导向腿、板式导向	导向腿(+导柱)	导向腿(+导柱)
修边冲孔	导柱	导柱	导柱、导向腿和导柱	导向腿和导柱
落料切断	导柱	导柱	导柱	导柱

导向腿导向与导向腿+导柱导向的适用场合及经济性对比见表 11-2-5。

导向方式平面布置结构形式一般有四种（见图 11-2-6）。

表 11-2-5　不同导向形式的特点对比

导向形式	适用场合及模具类型	经济性
导向腿	侧向力大的冲压模具，适用于大型拉深模、双向斜楔模以及成形模	高
导向腿(板式导向)+导柱	侧向力大，导向精度要求高的大型拉深模、修边冲孔模、斜楔模和成形模(导向板+导柱用在产量低的模具)	最高

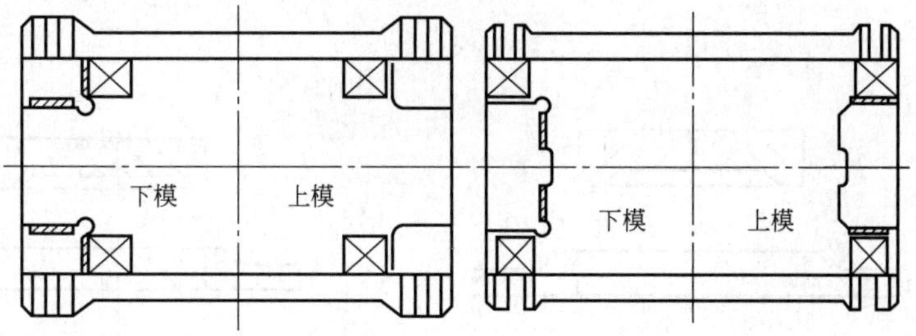

a) 角部导向腿导向　b) 中部导向腿导向

图 11-2-6　导向方式平面布置结构形式

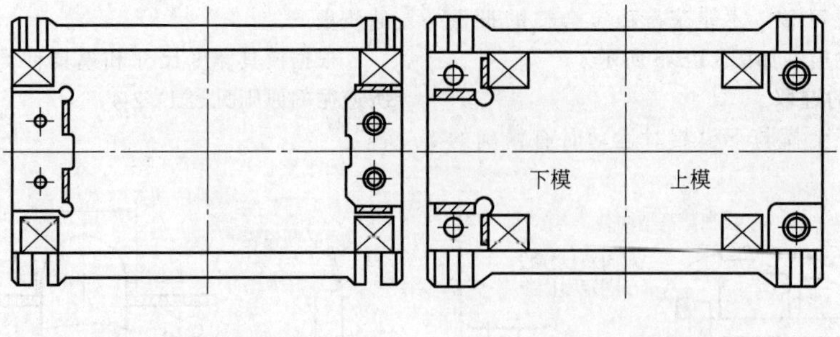

c)中部导向腿+导柱导向　　d)角部导向腿+导柱导向

图 11-2-6　导向方式平面布置结构形式（续）

5. 导板导向设计原则

上、下模的导向，以上模（压料板）刚接触下模时，导向面接触不小于 50mm 导向量。

有斜楔结构的模具要以最先接触的零部件为准，确定导向量，要保证斜楔与滑块接触，压料板和制件接触，反侧机构接触之前导向量不少于 50mm。

模具闭合保管时要有 50mm 导向量。

选用导柱导向时，注意模具闭合时导柱最高点要低于上底板上平面 10mm 以上，导柱的下端距下底板下平面 5mm 以上；导柱与导套预导向量最少不得小于一个导柱直径。

导向长度一般为未发生工作时预导 50mm 以上，导向腿+导柱导向时，导向腿行程大于导柱 40mm。

采用导向板导向时必须设置导板支承台（见图 11-2-7），导板与导滑面满足滑过的原则。

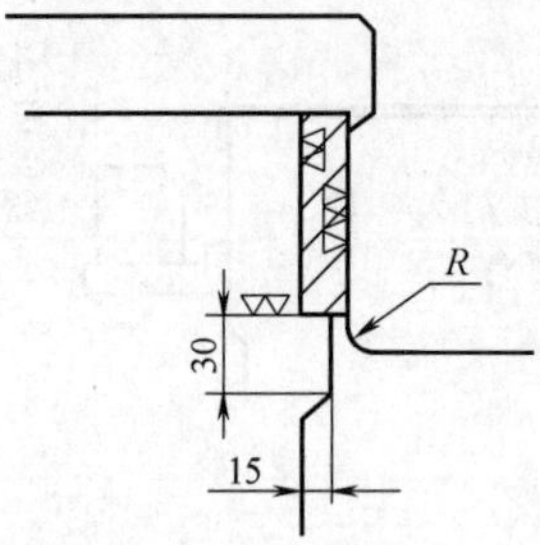

图 11-2-7　导板支承台

6. 镶块分块原则

接合面长度一般是 10～15mm，对于钢材锻态镶块其后部要有 2mm 空开面；铸态镶块后有 5mm 空开面（可以直接铸出，不用机械加工），如图 11-2-8a 所示。

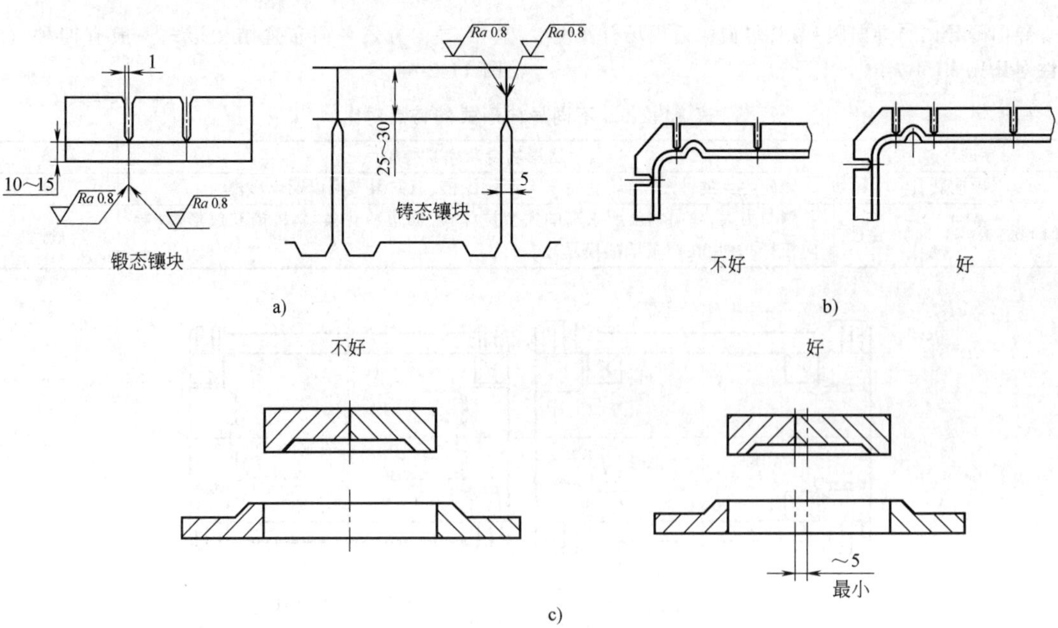

图 11-2-8　镶块分块原则

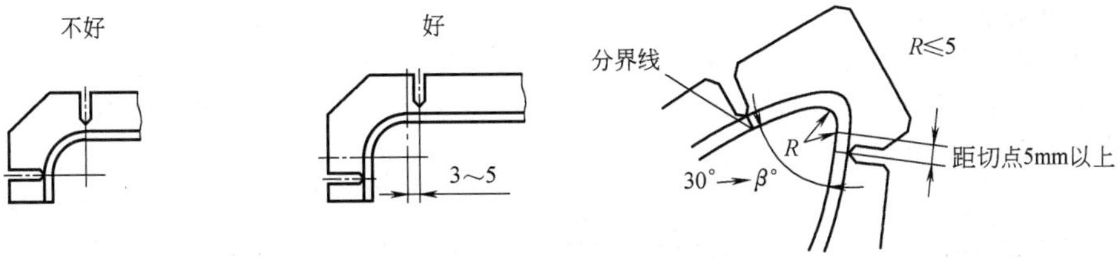

d)

图 11-2-8　镶块分块原则（续）

冲裁模刃口形状为直线部分的镶块，长度可适当长些，复杂部分或易磨损部位应单独分开并且尺寸尽量小些，如图 11-2-8b 所示。

凸模镶块和凹模镶块的分块线不应重合，最少错开 5mm，避免过快磨损出现毛刺，如图 11-2-8c 所示。

镶块的分界线尽量沿刃口形状的法向，一块镶块上的接合面应尽量互相平行或垂直，便于加工，圆弧和直线部分连接处，镶块分界线应在距切点 3~5mm 直线部分上，如图 11-2-8d 所示。

7. 顶出器设计注意事项

（1）顶出器与底板导向的设置　不同底板导向方式与顶出器的对应关系见表 11-2-6。

表 11-2-6　不同底板导向方式与顶出器的对应关系

导向方式	适用范围
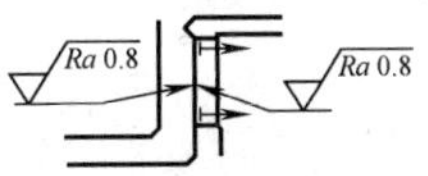	用于 20mm 厚导板作为导向面的基本形式，一切模具均可使用。顶出器强度不足的情况下，垫 10mm 厚的导板也可以
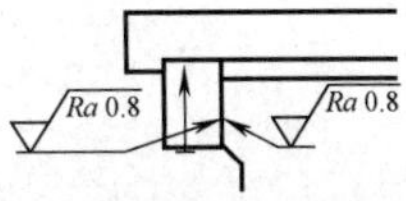	用于小制件的小型模具 考虑顶出器的强度不使用导板的场合
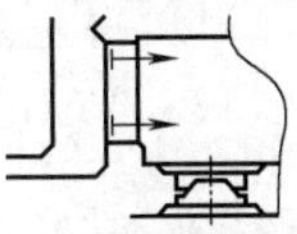	导板加锥形平衡块，有浮动吊楔
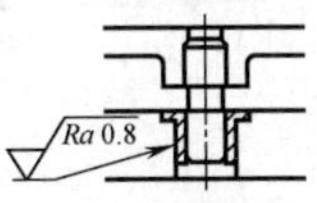	用于顶出器不受侧向力的场合，有浮动吊楔，中大型模具配平衡块（主要使用在落料模）
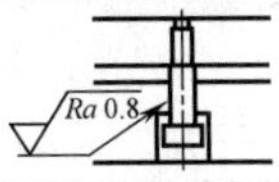	用于顶出器没有侧向力的场合，如在斜楔冲孔结构的斜楔压料板使用（主要使用在落料模）
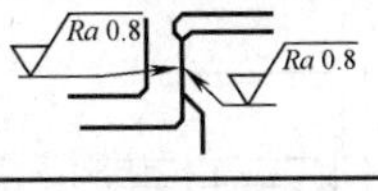	用于简易模顶出器的导向（在顶出器侧面加油沟）

（2）顶出器压力源设计　压力源通常是打杆、氮气缸、弹簧，要尽量均匀布置，并优先放置在压料区域，使压力由通筋直接传到型面。

（3）顶出器的限位　一般为安全限位+工作限位，安全限位行程大于工作限位行程 15mm，具体选用原则见表 11-2-7。

表 11-2-7　限位的具体选用原则

限位的种类	使用场合	应用种类及选择顺序
侧销（安全销）	上模顶出器	防止顶出器脱落及控制其行程，它是模具优先选择的限位形式
限位板	上模顶出器 斜楔顶出器	防止顶出器的脱落及控制其行程，用于小型模具或斜楔压料板，适用于空间小无法使用侧销的场合
套筒限位螺钉	上模顶出器 斜楔顶出器	防止脱落和限位，用于落料模具的顶出器和平整的顶出装置，并可兼用导向；用于顶出器受结构限制不能采用侧销的场合，以及斜楔退料板用
退料板螺钉	上模顶出器 斜楔顶出器	

8. 模具的存放与限位

（1）工作限制器 主要作用是限制凸凹模的吃入深度，安装工作限制器的模具需要设计通筋，用来传递载荷（见图 11-2-9）。

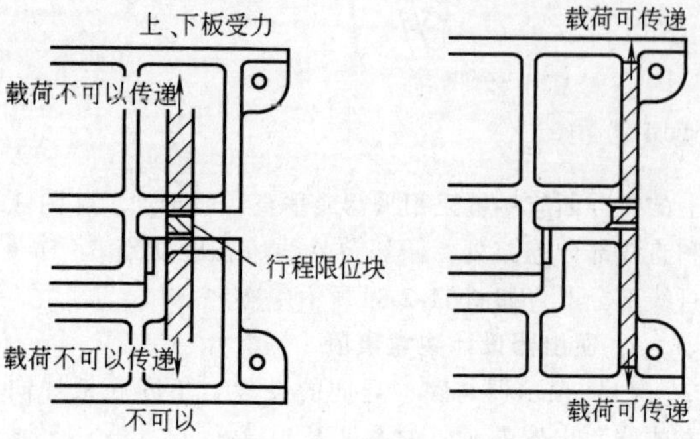

图 11-2-9 工作限制器

（2）存放限制器 存放限制器主要为确保模具存放时，模具内的弹性元件处于释放状态，确保使用寿命，主要类型图如图 11-2-10 所示。

存放限制器高度设置要素：

1）注意顶出器（上压料板）与下模（凸模）不得接触，也就是凸模刃口不得进入凹模刃口。

2）带斜楔的模具，弹簧返程不承受载荷，即斜楔与滑块间不得接触（但横向压力的行程导板可以接触）。

3）模具存放时上、下模板必须保持 50mm 以上的导向量。

4）存放时闭合高度+50mm≤压力机的最大装模高度。

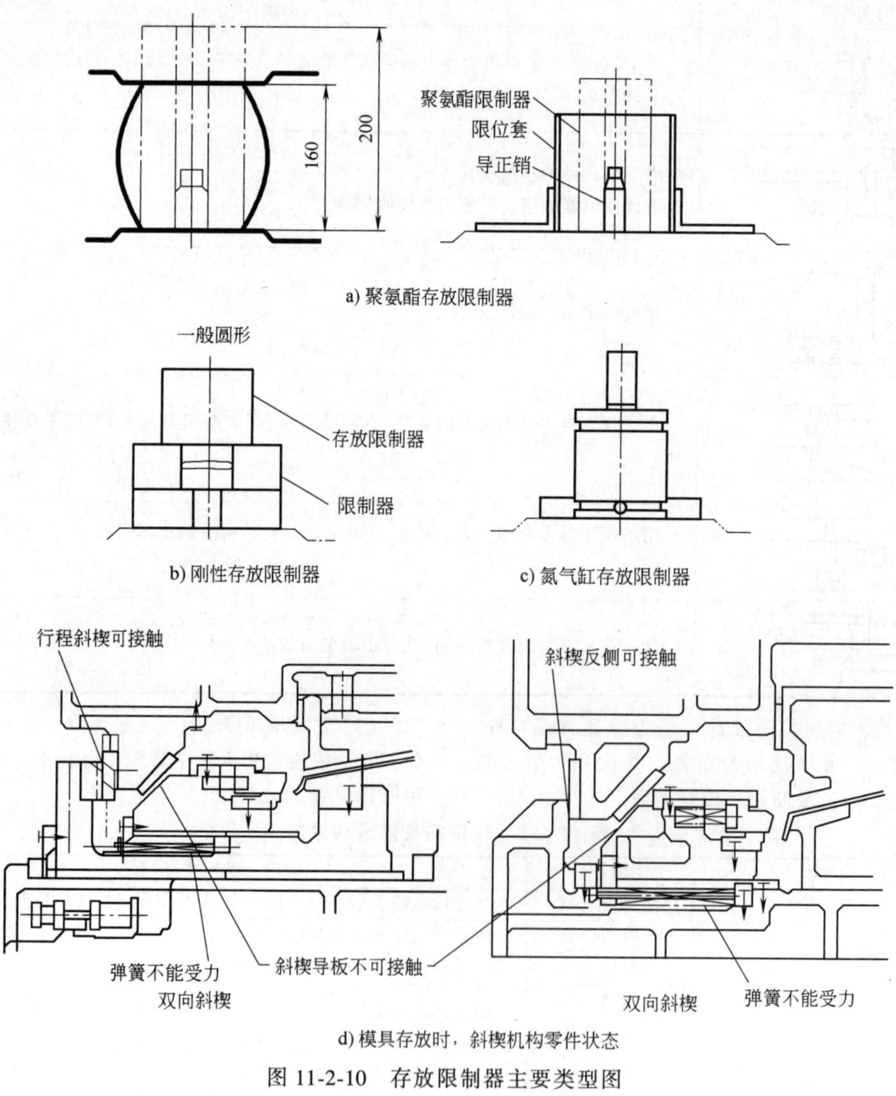

图 11-2-10 存放限制器主要类型图

2.3　拉深模

拉深模是保证制成合格冲压件最主要的工艺装备。其作用是将平板毛坯料经过拉深工序使之充分塑性变形，成形为所需的立体空间工件。拉深模有单动拉深和双动拉深两种拉深形式，一般由凸模（下模）、凹模（上模）、压边圈三部分组成（见图 11-2-11）。

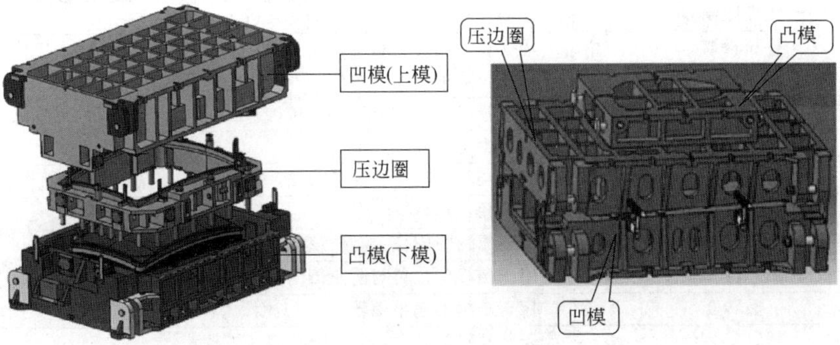

a) 单动拉深　　b) 双动拉深

图 11-2-11　拉深模

由于目前拉深模大多采用单动拉深结构，因此，这里主要介绍单动拉深的结构。

覆盖件拉深模的各部分因功能、材料及热处理等要求不同，其结构可分为以下两种形式：

整体式：常用于小型模具，将凸模与下模座做成一体，便于模具加工制造。

分体式：分体式常用于大中型模具，将凸模与下模座分开，降低模具材料成本，便于模具加工制造。

2.3.1　主要基本结构、组件名称及功能

拉深模的主要基本结构如图 11-2-12 所示。图中序号所代表的组件名称及功能见表 11-2-8。

2.3.2　铸件壁厚要求

铸件示意图如图 11-2-13 所示，铸件主要结构位置的壁厚数据见表 11-2-9。

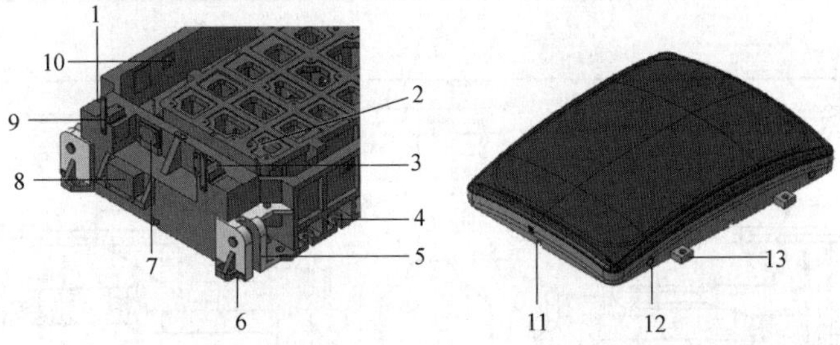

a) 下模

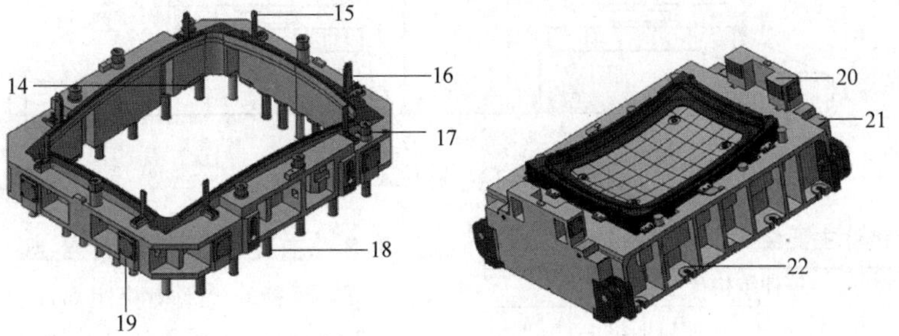

b) 压边圈　　c) 上模

图 11-2-12　拉深模主要基本结构

表 11-2-8　组件名称及功能

序号	名称	功能说明
1	安全平台	与上模对应,用于模具调试时放置安全螺栓,起安全作用,同时,当上下模难以分开时,用于放置起模器
2	定位销	用于凸模在底板上的定位与安装
3	工作限制器	主要作用是限制凸凹模的吃入深度
4	压板槽	用于模具与压力机的固定
5	吊耳	用于模具的起吊与翻转
6	模具快速定位	用于模具在压力机上的定位,与压力机匹配,实现快速安装
7	下模导板	用于上下模具的导向
8	电器盒	模具与压力机电器连接装置
9	上下模连接板	用于模具运输
10	工作侧销	用于压料板限位,控制行程
11	键	用于凸模的定位与防止侧向力
12	翻转套	用于凸模的起吊翻转
13	螺钉安装台	安装螺钉的位置,固定凸模
14	防磕碰聚氨酯	防止压边圈落入下模本体时,凸凹模磕碰
15	定位板	用于板料定位。保证送料是有良好的导向,主要包括挡料板、定位销等
16	传感器定位板	用于检测板料是否放置到位。当板料放置到位时,检测感应器会给压力机发送一个使用信号,压力机接到信号后完成一个冲次的冲压工作(自动生产线上设有此装置)
17	调整垫块	用于平衡模具和压力机,调整压边圈压力,避免上下模工作型面产生偏斜
18	气顶接杆	与压力机气顶杆接触传递压力
19	导板	用于压边圈与下模基体导向
20	导向腿	用于上下模导向和防止侧向力
21	安全平台	与上模对应,用于模具调试时放置安全螺栓,起安全作用,同时,当上下模难以分开时,用于放置起模器
22	上模压板槽	用于上模与压力机的紧固(在自动线压力机有快速夹紧功能,台面尺寸有公差要求)

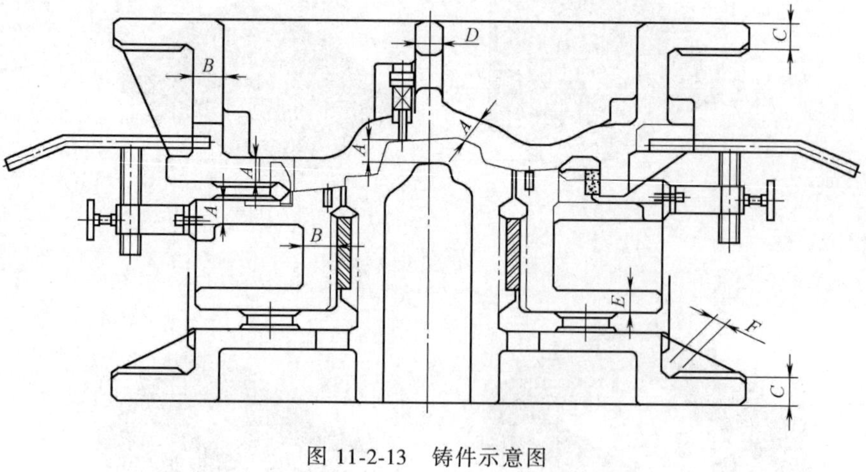

图 11-2-13　铸件示意图

表 11-2-9　铸件主要结构位置壁厚数据

年产量/万件	铸件结构尺寸/mm					
	A	*B*	*C*	*D*	*E*	*F*
>15	60	60	50	40	50	40
<15	60	50	50	40	40	30

2.3.3　主要零部件设计要点

（1）平衡块　平衡块距离压边圈加工面最外端至少 30mm；安装平衡块的底座下面必须设置加强筋；安装座的最高面不得高于模具压料面；平衡块基本固定在下模上。

（2）墩死块　为了保持压边圈受力平衡，在托杆附近平衡块的下部设置墩死块。

（3）导向方式　拉深模具的导向方式根据不同的分模线形状、模具功能、拉深行程、模具大小等，可分为内导向和外导向。内导向适用于分模形状规则、拉深行程适中的中小型模具，内导向模具比较小，但是平稳性不是很好；外导向适用于分模线形状不规则、拉深行程大的中大型拉深模具，外导向模具的平稳性比较好，但是模具尺寸比较大。

当拉深模具需要设计刺破刀工艺内容，且刺破刀形式为剪切结构；或拉深模具需要设计有切角工艺内容时，需要使用导柱导向+导向腿导向。

（4）气顶接杆位置的布置　保证气顶接杆均匀分布在分模线外侧并尽量接近分模线；尽量保证受力平衡，以模具中心划分 4 个象限，保证每个象限的气顶接杆个数尽量相同；同时，需要关注主要设备的要求，是否需要多开等。

（5）送料定位装置　多采用定位板定位；当制件起伏比较大时，要采用配重式定位板；自动线时要布置传感器定位板，注意传感器定位板要保证放料时能有感应，同时还要保证取件不干涉；另外要保证定位板的安装位置不能与拉深筋干涉。

（6）筋的布置注意事项　受力处必须布置支撑筋，如调整垫块，上下模底面筋要与压力机的 T 形槽错开，导板后面要有支撑筋；受力筋原则上不允许设有减重孔。

排气孔：在凸模、凹模的凹形处，设有 ϕ6mm 的排气孔。

（7）拉深筋设置　拉深筋一般设置在下模，冲压件板料是高强度板时一般不采用拉深筋，而以拉深槛为主。拉深筋的结构形式如图 11-2-14 所示。

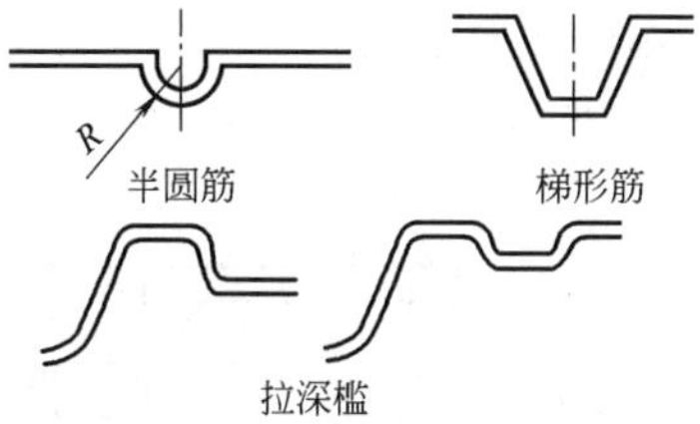

图 11-2-14　拉深筋的结构形式

2.4　修边冲孔模

2.4.1　基本结构及组件名称

修边冲孔模用于将拉深件的工艺补充部分和压料边缘的多余料去除（修边），将产品内或工艺所需的孔冲出（冲孔），为翻边和整形准备条件。

落料模具属于修边模具的一种，对于某些成形困难的产品（如车门内板等），需要在拉深之前利用落料模具提前将方形板料边缘或内部的部分板料去除，使板料在拉深过程中充分达到所需的拉深效果。

修边冲孔模一般由上模组件、压料板、下模组件三大部分组成，如图 11-2-15 所示。

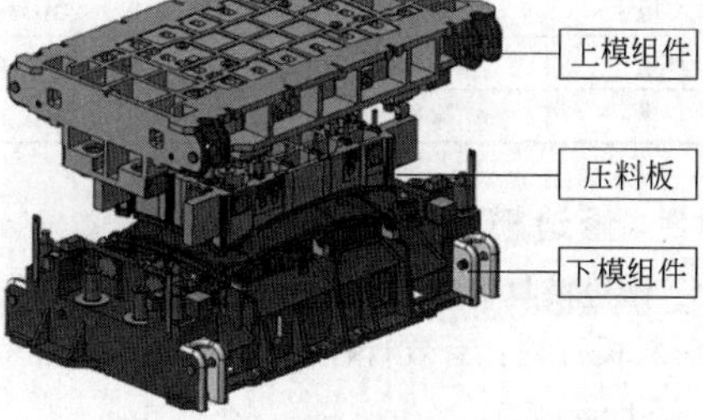

图 11-2-15　修边冲孔模三大部分

修边冲孔模主要基本结构、组件名称如图 11-2-16 所示。

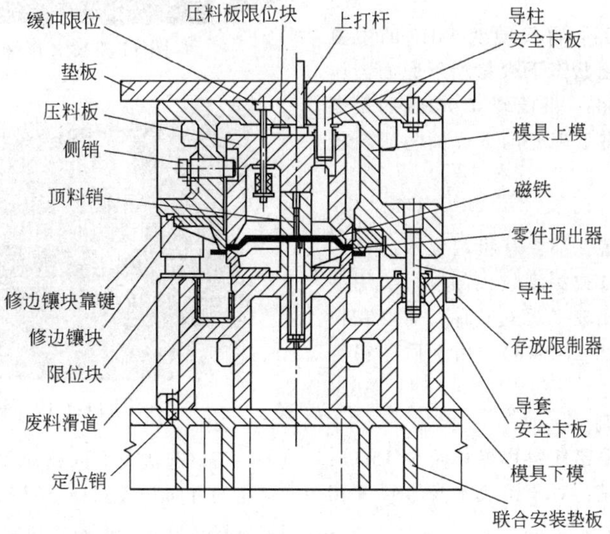

图 11-2-16　修边冲孔模主要基本结构、组件名称

2.4.2　铸件壁厚要求

修边冲孔模铸件壁厚示意图如图 11-2-17 所示。

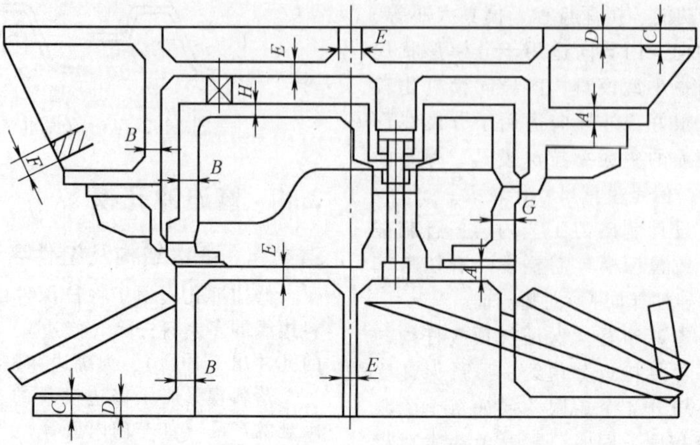

图 11-2-17　铸件壁厚示意图

修边冲孔模铸件结构尺寸数据见表 11-2-10。

表 11-2-10　修边冲孔模铸件结构尺寸数据

年产量/万件		铸件结构尺寸/mm							
		A	*B*	*C*	*D*	*E*	*F*	*G*	*H*
大量	>15	60	60	50	45	50	40	—	60
中量	8~15	60	50	50	45	40	40	—	50
小量	<8	50	40	50	45	30	30	30	40

2.4.3　修边模设计要点

1. 修边模具行程

压料板行程：有效行程+预加速与压力建立所需行程（30mm）。

有效行程：对于垂直修边冲孔的模具，有效行程=修边刃入+安全量（10~15mm）；对于斜楔修边冲孔的模具，有效行程=斜楔能退出压料板的 *z* 轴向距离。

聚氨酯与行程的关系：肖氏硬度 68HS 的聚氨酯，需要压缩 5mm，自由状态下聚氨酯下底面与压料板间的距离=行程-5mm；肖氏硬度 90HS 的聚氨酯，完全释放，自由状态下聚氨酯下底面与压料板间的距离=行程。

2. 制件定位

制件定位板按需布置，都要有粗定位板起导入作用。对于形状比较复杂或深度较大的制件，用型面做精定位；对于形状比较平缓的制件，需要在拉深工序增加半月孔（见图 11-2-18），用于后序精定位（见图 11-2-19）。

3. 修边镶块设计原则

修边镶块刃口长度要比坯料边界长至少 15mm；所有镶块都需要加弹顶销；对于镶块本身及尺寸相同的镶块间需要考虑防反措施。

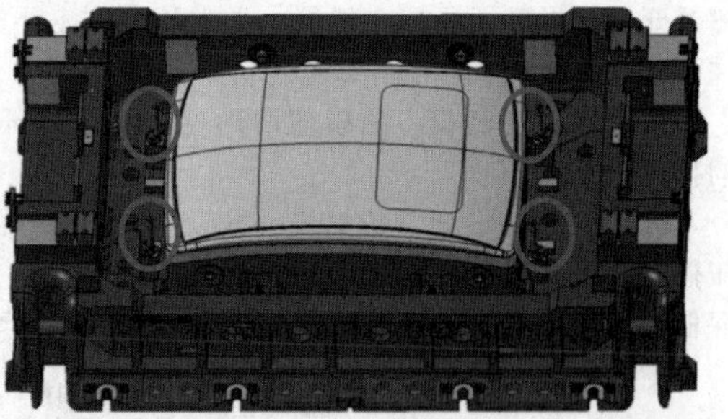

图 11-2-18　拉深时增加半月孔

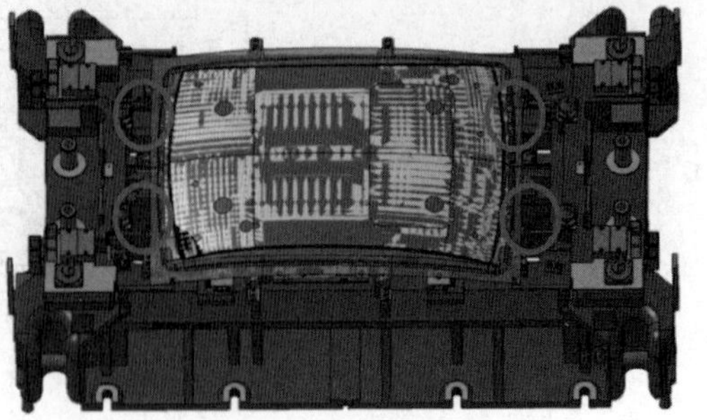

图 11-2-19　后序精定位

刃口起伏较大的镶块要防止侧向力，一般在刃口高的方向布置挡墙。对于刃口中间低两侧高的单独镶块，要求一面布置挡墙，另一面布置键。

4. 废料刀

废料刀的类型：分为普通废料刀（见图 11-2-20）和旋转废料刀（见图 11-2-21）。

旋转废料刀一般用在外板件模具上，目的是减少料屑。

废料刀的布置原则：方便废料滑出；切削刃尽量朝同一个方向（见图 11-2-22）。

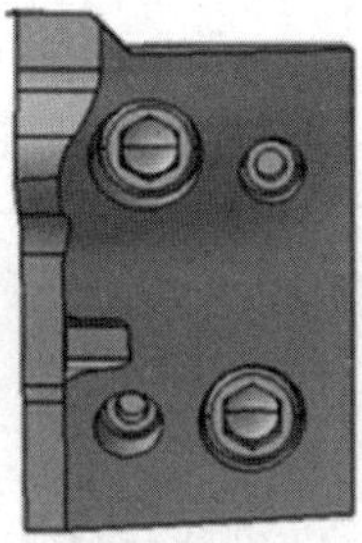

图 11-2-20　普通废料刀

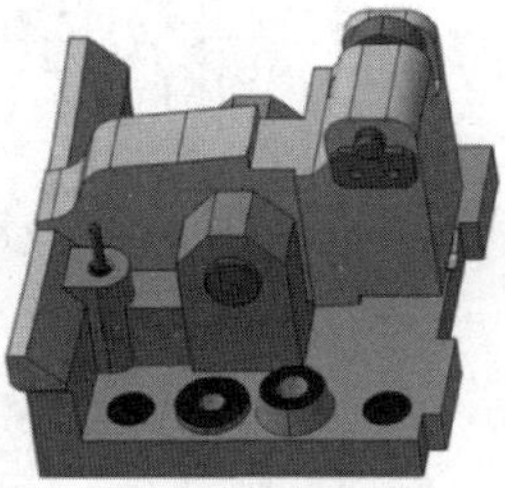

图 11-2-21　旋转废料刀

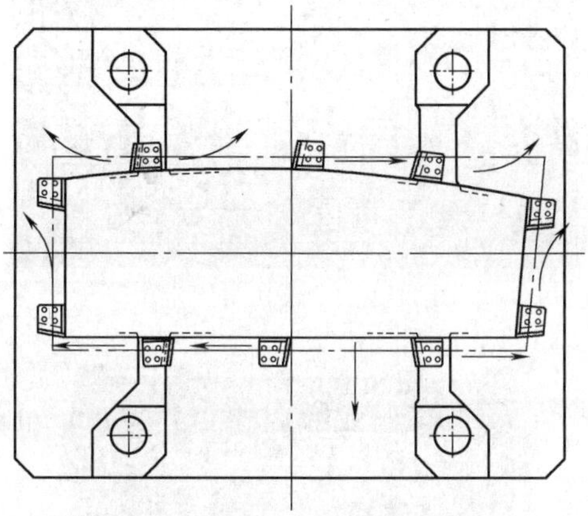

图 11-2-22　废料刀布置

5. 修边镶块的刃入及刃口高度

修边刃入 7mm，冲孔类可适当减小。对于敞开镶块刃口高度为 15～20mm，封闭类冲孔的刃口高度应适当减小，增大滑料空间。

6. 冲头设计原则

如果都是球锁冲头，用于正冲孔的模具都要求压料板设计天窗盖板，方便球锁冲头的拆装（要求空间足够，至少露出整个冲头固定座）。凹模套都要采取防转措施。如果拆天窗会影响整个压料板的强度，则不用拆。

7. 滑料设计原则

滑料角度要求：小废料（对角尺寸小于 30mm）的滑料角度≥30°；普通废料的滑料角度≥25°；其他的根据具体情况确定。

2.5　翻边整形模

2.5.1　基本结构及组件名称

翻边整形模是将上工序半成品工件的一部分材料相对另一部分材料进行翻转（翻边），使拉深没有成形的部分成形（整形），有些情况翻边或整形无法沿冲压方向冲制，同样也需要借助于斜楔机构（侧翻边整形）。

翻边整形模一般由上模组件、压料板、下模组件三大部分组成，如图 11-2-23 所示。

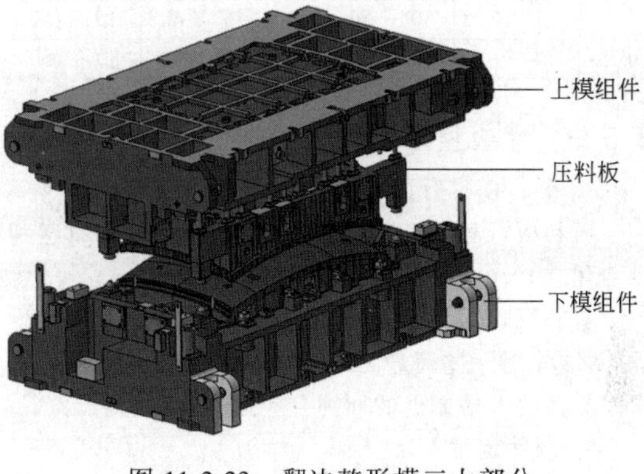

图 11-2-23　翻边整形模三大部分

翻边整形模的主要基本结构、组件名称如图 11-2-24 所示。

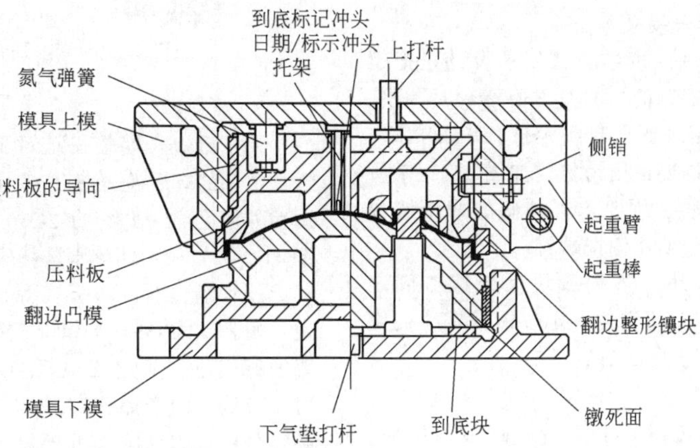

图 11-2-24　翻边整形模主要基本结构、组件名称

2.5.2　铸件壁厚要求

翻边整形模铸件壁厚示意图如图 11-2-25 所示。

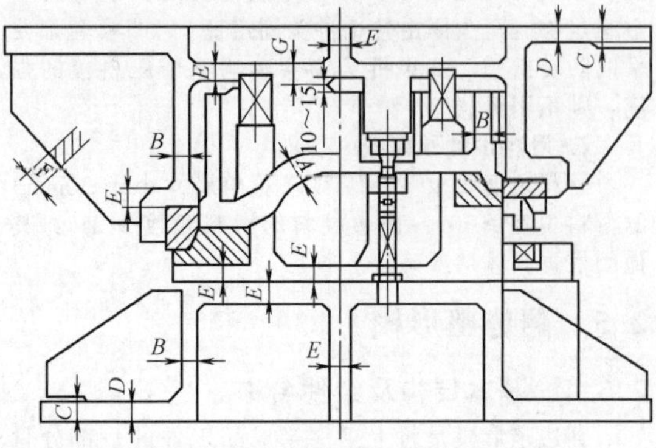

图 11-2-25　翻边整形模铸件壁厚示意图

翻边整形模铸件结构尺寸见表 11-2-11。

表 11-2-11　翻边整形模铸件结构尺寸

年产量/万件		铸件结构尺寸/mm						
		A	*B*	*C*	*D*	*E*	*F*	*G*
大量	>15	60	60	50	45	50	40	60
中量	8~15	50	50	50	45	40	30	50
小量	<8	50	40	50	45	40	30	50

2.5.3　翻边整形模设计要点

1. 翻边模具行程

压料板行程：有效行程+30mm（机床预加速和压力建立）。

有效行程：对于垂直翻边冲孔的模具，有效行程=翻边长度+过翻量+20mm（安全量）；如果是整形模具需要考虑制件的回弹，应适当加大行程。

2. 制件定位

制件定位要稳定，周圈翻边的模具要在翻边顶出器上增加辅助定位。

对于型面比较平缓的零件，需要在拉深工序增加翻孔，用于后续的精定位。

3. 整形镶块设计安装原则

（1）上模整形镶块　安装方式要求设计正把螺钉和侧把螺钉，侧把螺钉的目的是方便整改时调整，如图 11-2-26 所示；镶块要求封闭定位，一面挡墙，另一面加调整键，不需要使用销钉，如图 11-2-27 所示；如果不能封闭定位，则要求最外侧的两个镶块加销钉定位，中间尽量使用侧把螺钉。

（2）下模整形镶块　下模镶块采用螺钉固定（见图 11-2-28）；大销钉粗定位，定位销精定位；镶块四面封闭定位（见图 11-2-29）。

4. 翻边顶出器

在封闭的垂直翻边模具中要增加翻边顶出器，位置均匀分布，尽量靠近角部。行程=压料板行程+翻边长度+安全量（5~10mm）。

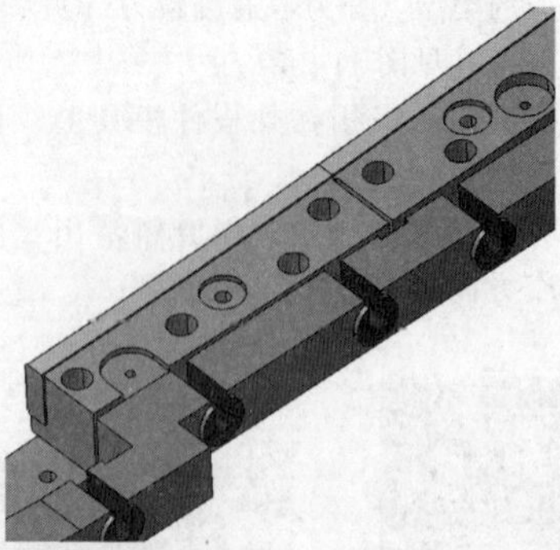

图 11-2-26　侧把螺钉

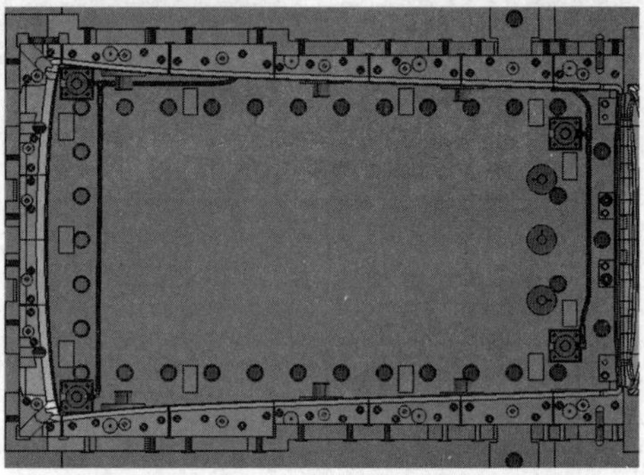

图 11-2-27　镶块封闭定位

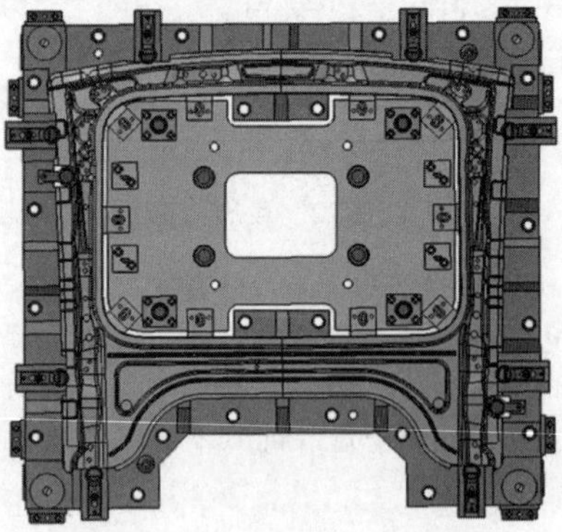

图 11-2-28　镶块固定及定位

5. 压料翻边

用于翻边长度较长且对平面质量要求较高的地方，常见的有后盖外板下部翻边（见图 11-2-30）及后盖外板上部（见图 11-2-31）、顶盖的天窗区域（见图 11-2-32）及后侧流水槽部位翻边。

压料翻边下压料板气源选择：对于单纯垂直翻边（见图 11-2-33）的情况，如果压料翻边，可采用普通氮气缸，通过压料板与凸模的间隙进行控制；对于带法兰的产品压料翻边（见图 11-2-34），要求必须是可控的气源（可控氮气缸或油气混合系统），保证制件取出后下压料板才能被顶出。

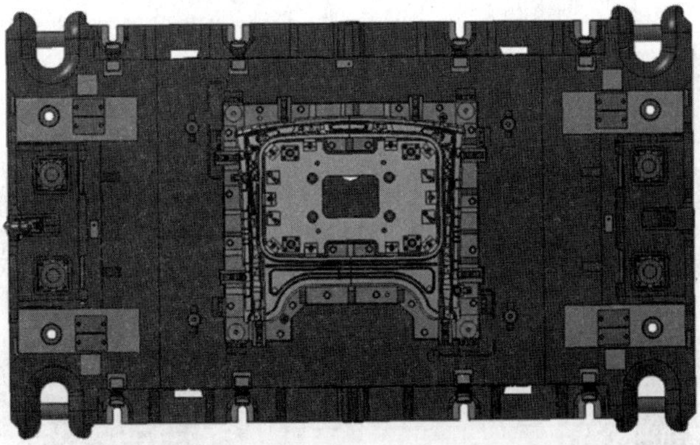

图 11-2-29　镶块四面封闭定位

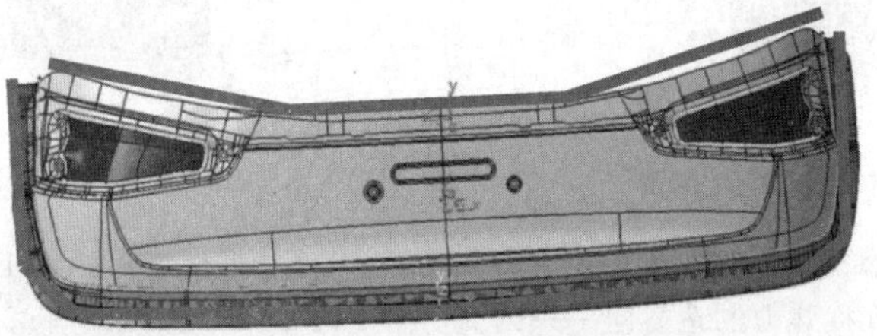

图 11-2-30　后盖外板下部翻边位置

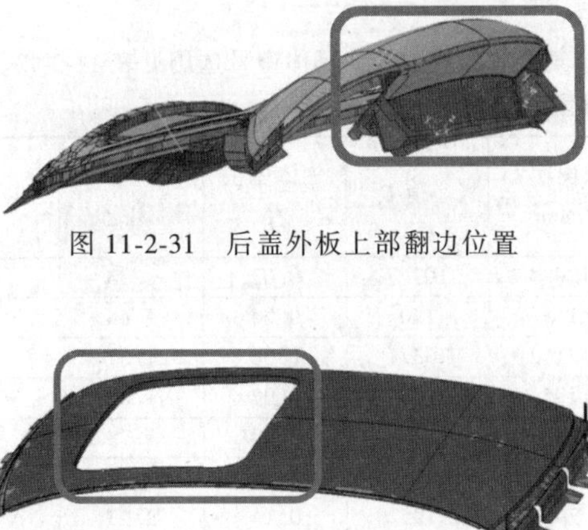

图 11-2-31　后盖外板上部翻边位置

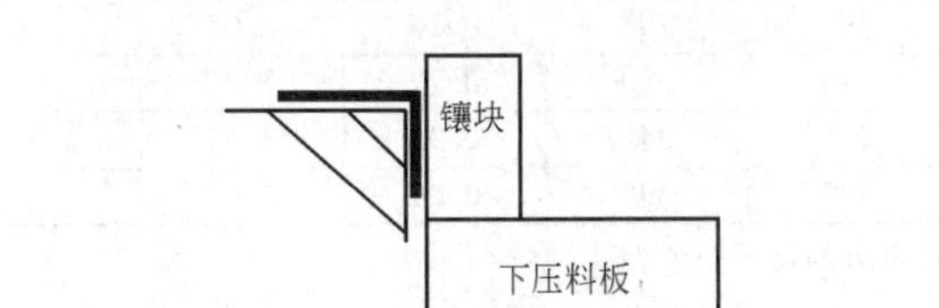

图 11-2-32　顶盖天窗区域翻边位置

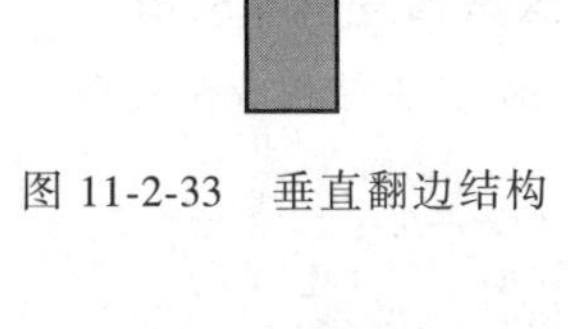

图 11-2-33　垂直翻边结构

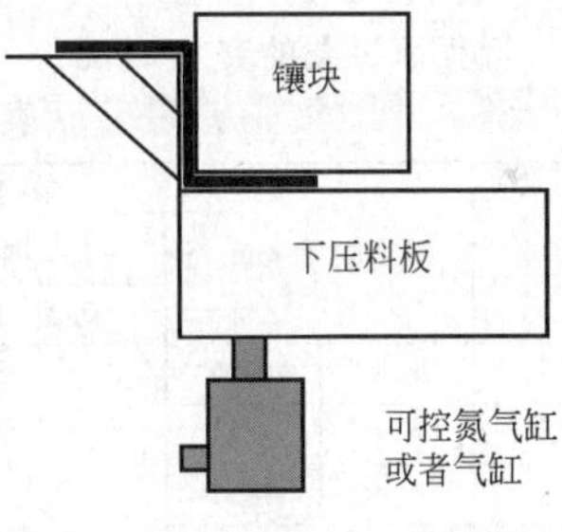

图 11-2-34　压料翻边结构

6. 氮气弹簧

冲压模具用氮气弹簧（氮气缸）是一种以高压氮气为工作介质的新型弹性元件，它体积小、弹力大、行程长、工作平稳、制造精密、使用寿命长、弹力曲线平缓，它具有金属弹簧、橡胶和气垫等常规弹性元件所不具备的性能。氮气弹簧可以简化模具设计和制造、方便模具的安装和调试、延长模具的使用寿命、确保产品质量的稳定、是一种具有柔性性能的新一代理想弹性元件。

（1）基本结构　氮气弹簧一般分为两大系列：柱塞式密封系列（见图 11-2-35）和活塞式密封系列（见图 11-2-36）。

（2）氮气弹簧的基本术语及技术参数

1）公称弹力 F：指氮气弹簧在 20℃时，充气

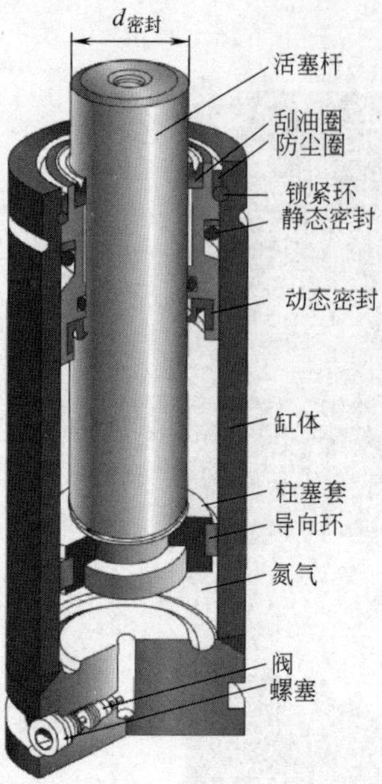

图 11-2-35　柱塞式氮气弹簧

压强为 15MPa 后初始状态的弹力；在用户没有特别要求时，初始弹力均按公称弹力制造。同一系列氮气弹簧的公称弹力是一致的。

2）行程 S：指氮气弹簧的工作行程，这些行程可以充分被利用，但是为了防止在模具更改或是调试中出现超出行程而过载的突发情况，一般不建议使用标称行程的最后 5mm 或是标称行程最后 10%的部分。

3）总长度 L：指氮气弹簧的制造长度，即自然状态时的最大长度。

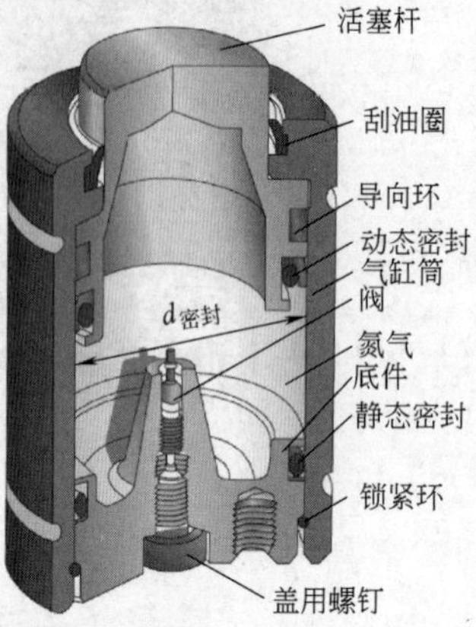

图 11-2-36　活塞式氮气弹簧

4）工作寿命：在正确安装和正常使用的情况下，氮气弹簧的工作寿命为 100 万次以上（$S\leqslant$ 50mm），如果 $S>50$mm 时，将以氮气弹簧实际累计行程（约 10 万 m）计算其寿命，即工作寿命 = 10 万 m÷2S。

某品牌氮气弹簧的具体型号选用见表 11-2-12。

表 11-2-12　氮气弹簧型号选用

型号	行程 S/mm		在 15MPa,20℃时的弹力/N		总长度 L /mm	总长度极小值 L_{min} /mm	气体体积 /L	重量 /kg	ISO
			初始力	终端力 *					
TU 750-013	* *	12.7	7400	12000	120.4	107.7	0.03	1.33	
TU 750-025	* *	25		12000	145	120	0.04	1.44	√
TU 750-038	* *	38.1		12000	171.2	133.1	0.06	1.57	
TU 750-050	* *	50		12000	195	145	0.07	1.68	√
TU 750-064	* *	63.5		12000	222	158.5	0.09	1.78	
TU 750-080	* *	80		12000	255	175	0.11	1.94	√
TU 750-100	* *	100		12000	295	195	0.14	2.13	√
TU 750-125	* *	125		12100	345	220	0.17	2.37	√
TU 750-160	* *	160		12100	415	255	0.21	2.70	√
TU 750-175		175		12100	445	270	0.23	2.84	
TU 750-200		200		12100	495	295	0.26	3.08	
TU 750-225	* *	225		12100	545	320	0.29	3.32	
TU 750-250	* *	250		12100	595	345	0.33	3.55	
TU 750-300	* *	300		12100	695	395	0.39	4.03	

注：*—在全行程时；* *—建议的理想交付行程长度。总长度 L 的尺寸公差为±0.25。

2.6　斜楔机构在冲压模具中的应用

斜楔机构在模具结构中运用非常广泛，借助于斜楔机构可完成非冲压方向上的修边、冲孔、翻边、整形等。

2.6.1　基本结构及组件名称

斜楔机构的基本结构及组件名称如图 11-2-37 所示。

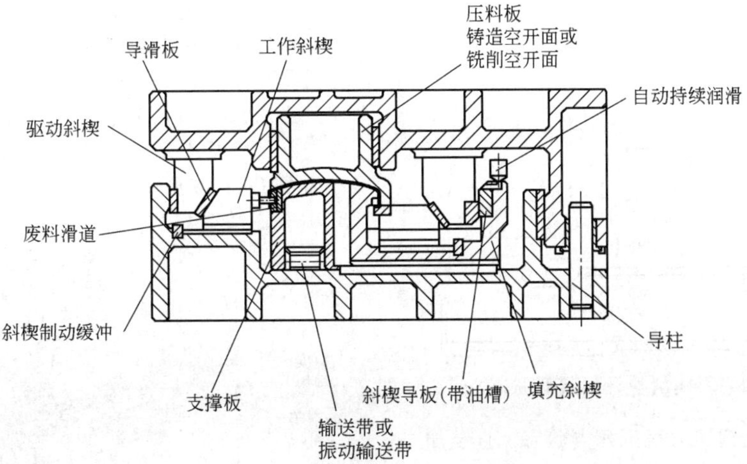

图 11-2-37　斜楔机构基本结构及组件名称

2.6.2　斜楔结构的种类

1. 水平斜楔机构

水平斜楔机构属于一般斜楔机构，与冲压方向垂直冲制制件，制件定位比较稳定，模具制造比较简单，但水平翻边时要考虑取件问题，如图 11-2-38 所示。

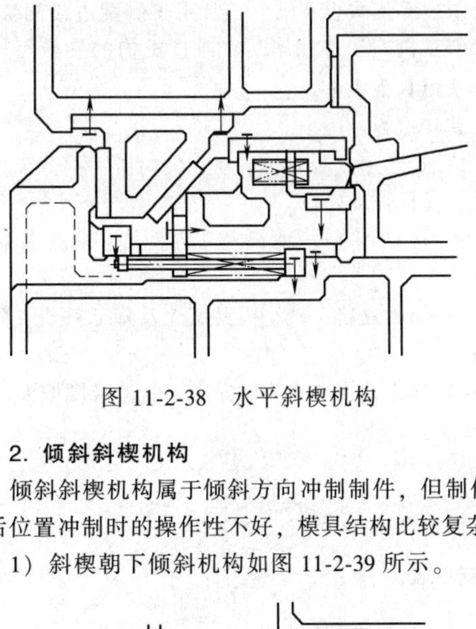

图 11-2-38　水平斜楔机构

2. 倾斜斜楔机构

倾斜斜楔机构属于倾斜方向冲制制件，但制件在前后位置冲制时的操作性不好，模具结构比较复杂。

1）斜楔朝下倾斜机构如图 11-2-39 所示。

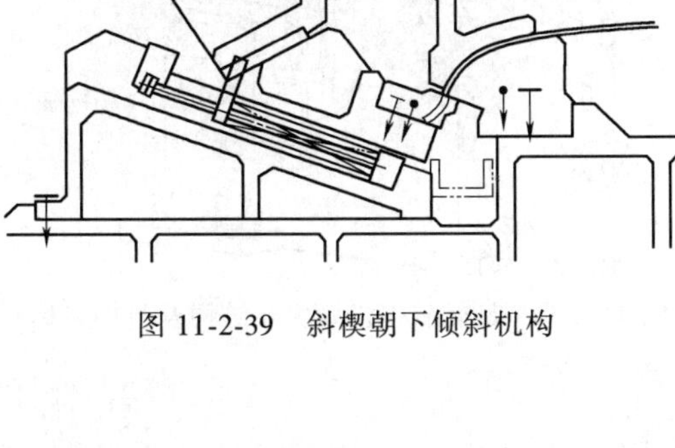

图 11-2-39　斜楔朝下倾斜机构

2）斜楔逆向倾斜机构如图 11-2-40 所示，由于会造成滑块表面压力增大，该结构只用于特殊情况，一般尽量不采用。

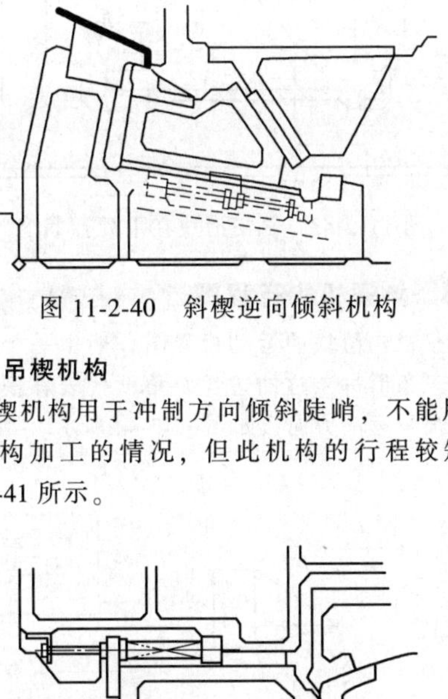

图 11-2-40　斜楔逆向倾斜机构

3. 吊楔机构

吊楔机构用于冲制方向倾斜陡峭，不能用倾斜斜楔机构加工的情况，但此机构的行程较短，如图 11-2-41 所示。

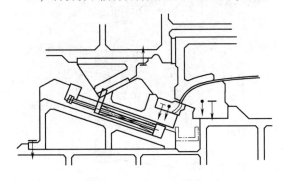

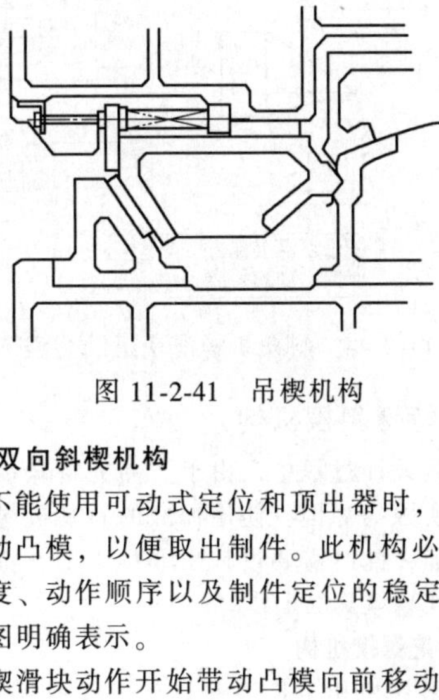

图 11-2-41　吊楔机构

4. 双向斜楔机构

在不能使用可动式定位和顶出器时，要取出制件需移动凸模，以便取出制件。此机构必须考虑凸模的强度、动作顺序以及制件定位的稳定性，要用动作线图明确表示。

斜楔滑块动作开始带动凸模向前移动至加工前

状态如图 11-2-42 所示。

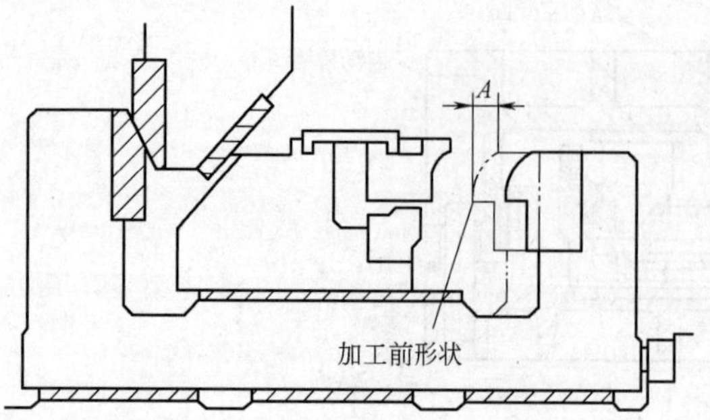

图 11-2-42　斜楔滑块开始接触状态

斜楔滑块移动到压力机下死点状态，直至加工结束如图 11-2-43 所示。

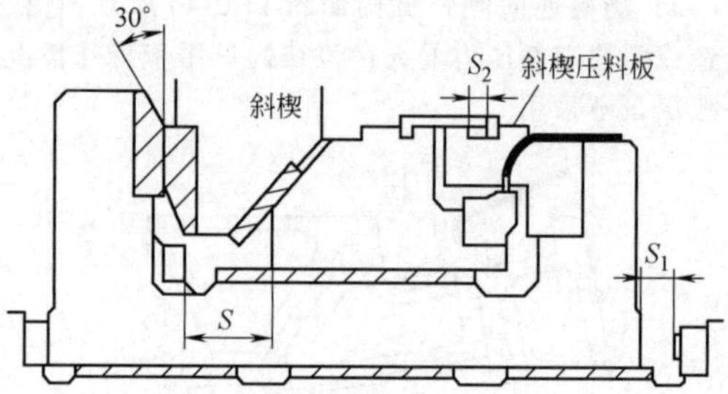

图 11-2-43　斜楔滑块在下死点状态

2.6.3　斜楔机构行程图

斜楔机构滑块的运动行程图一般由一个三角形表示，三角形每条边的边长及角度代表斜楔机构的运动距离及运动方向，如图 11-2-44 所示。

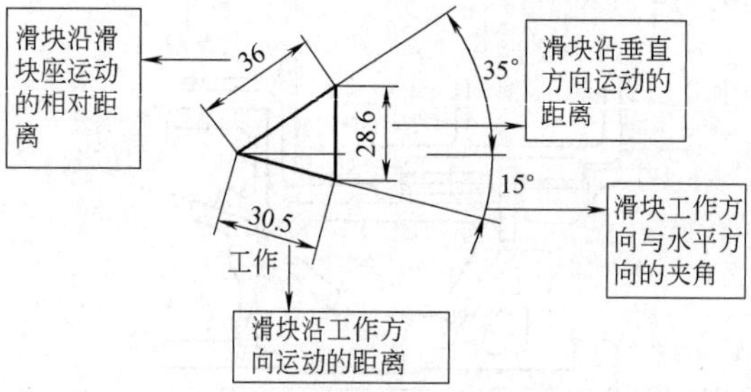

图 11-2-44　斜楔机构滑块运动行程图

2.6.4　特殊斜楔机构

在模具设计过程中，由于产品的特殊性或模具结构空间所限等原因，使用标准的斜楔机构无法实现模具功能，此时需要设计出非标准的、特殊的斜楔机构来实现模具的工作。

1. 开花斜楔机构

开花斜楔机构工作原理与普通斜楔机构一样，通过各种非标机构间的运动，达到模具所需的角度和位置，常用于侧翻边或侧整形，确保斜楔机构工作完毕后，通过机构间的运动可以将产品从模具中取出。开花斜楔机构的形式不唯一，视具体产品、模具空间大小而定，主要结构及组件名称如图 11-2-45 所示。

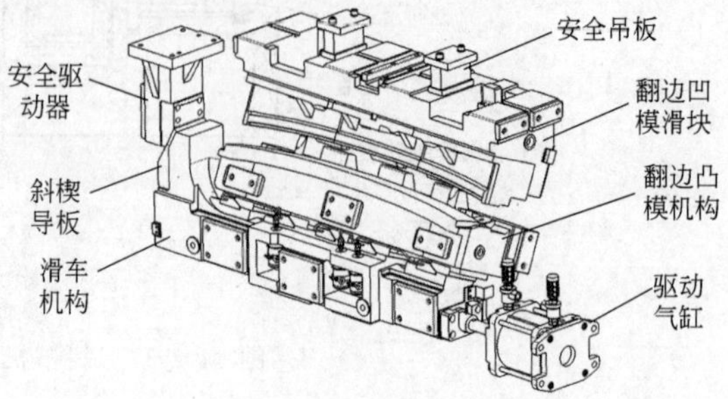

图 11-2-45　开花斜楔机构主要结构及组件名称

2. 旋转斜楔机构

旋转斜楔机构（见图 11-2-46）一般由旋转座（见图 11-2-47）、旋转轴（见图 11-2-48）组成，通过驱动旋转轴的旋转达到所需的角度和位置，其驱动及限位等形式也不唯一，常用于侧翻边或侧整形，确保斜楔机构工作完毕后，通过机构的旋转可以将产品从模具中取出。

其特点为：

1）运动形式为旋转运动，结构所需空开面大大减少，模具强度好。

2）运动平稳、精确性提高，能够提高制件质量。

3）结构紧凑，减小模具尺寸及降低重量，降低费用。

4）加工精度要求相对提高，制造难度增大。

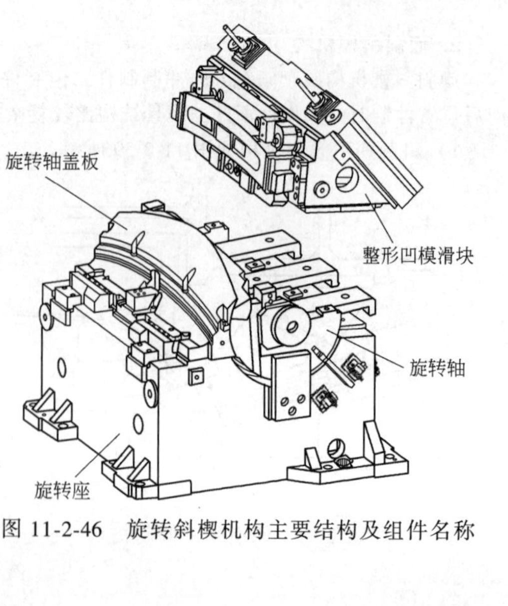

图 11-2-46　旋转斜楔机构主要结构及组件名称

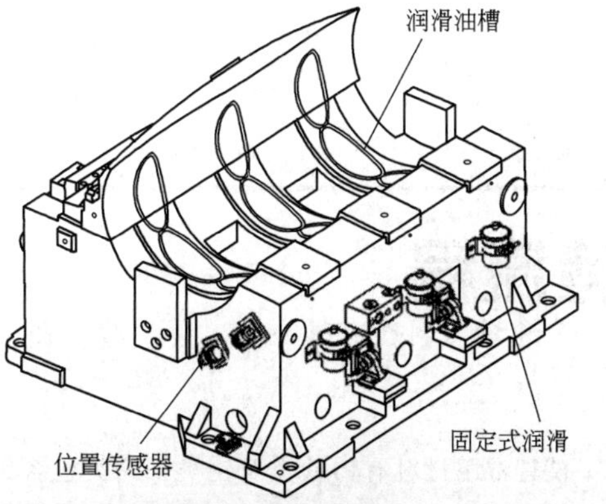

图 11-2-47　旋转座

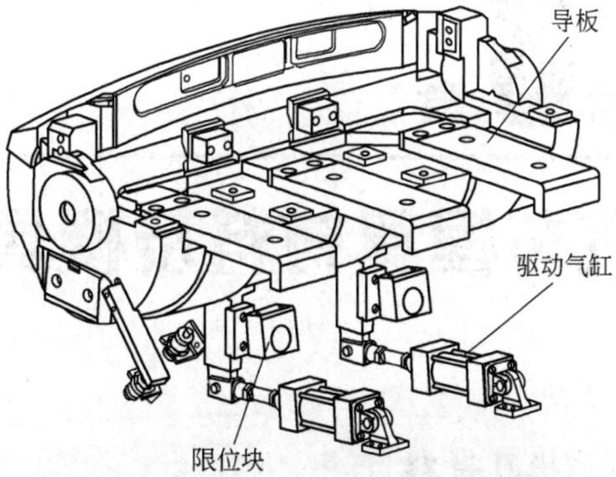

图 11-2-48　旋转轴

第3章

汽车模具材料及模具制造流程

一汽模具制造有限公司 薛 耀 邓 燕

3.1 模具材料

3.1.1 前言

合理选择模具材料，合理实施热处理和表面强化工艺可以满足模具的高性能、高精度要求，对模具成本、周期、寿命、后期维护等具有重要的意义。

模具常用材料有铸铁类及钢类，钢类包含结构钢（如 20Cr、40 Cr、45、Q235A 等）、碳素工模具钢（如 T8A、T10A 等）、合金工模具钢（如 Cr12MoV、Cr12Mo1V1 等），其中碳素工模具钢逐渐被性能更佳的合金工模具钢替代。常用结构钢分类及其在冷冲压模具中的用途见表 11-3-1。

表 11-3-1 常用结构钢分类及其在冷冲压模具中的用途

类别	淬火方式及硬度	用途
20Cr	渗碳淬火 HRC58~62 渗碳层深 0.8~1.2	导柱、导正销、定位销等
45	调质 HRC30~35	冲头固定板等
	淬火 HRC40~45	垫片等
	—	小压料板,安装板、调整垫片等
40 Cr	调质 HRC30~35	大梁模冲头固定板等
Q235A	—	焊接合件等

模具用合金工模具钢常称为模具钢，又分为铸造及锻造材料。铸造材料具有可铸大尺寸、可铸复杂形状以及只需在加工表面预留必要的加工余量等优势，应用极为广泛。

3.1.2 模具铸铁材料的分类及应用

常用铸铁材料分类及其在冷冲压模具中的用途见表 11-3-2。

表 11-3-2 常用铸铁材料分类及其在冷冲压模具中的用途

类别	牌号	等价牌号	用途	淬火要求	抗拉强度/MPa
灰口铸铁	HT250	FC250、EN-JL1040、G2500(GM-238)	底板、压料板、安装座、驱动块等结构件	—	≥250
	HT300	FC300			≥300
合金灰铸铁	MoCr 铸铁	G3500(GM-241)	翻边整形凸模;(内板类零件)拉深凸模、凹模、压边圈;(整形用)压料板	表面淬火	≥300
			大型连续模底板等	—	
球墨铸铁	QT500-7	EN-JS1050	滑块、转轴座、(高结构强度要求的)压料板	—	≥500
	QT600-3	EN-JS1060			≥600
	QT700-2	EN-JS1070			≥700
	EN-JS1060	QT600-3	滑块、(高结构强度要求的)压料板	—	≥600
		—	整形压料板	表面淬火	
	EN-JS1070	QT700-2	滑块、转轴座、(高结构强度要求的)压料板	—	≥700
		—	(中小批量)拉深凸模、凹模、压料圈	表面淬火	

（续）

类别	牌号	等价牌号	用途	淬火要求	抗拉强度/MPa
球墨铸铁	FCD540	—	拉深凸模、翻边凸模、压料板	—	≥539
			拉深凹模、压料圈（拉深筋和凹模口由 TM2000 焊条堆焊）		
	D4512	GM-245/QT500	压料板、底板		≥415
合金球墨铸铁	TGC600	—	落料、修边刀口镶块、拉深模凸模、凹模、压料圈、翻边凸模等	表面淬火	≥600
	D6510（GM-338）	GM-338/EN-JS2070（GGG70L）	拉深模凸模、凹模、压料圈、翻边凸模等		≥585
	EN-JS2070（GGG70L）	D6510（GM-338）	拉深模凸模、凹模、压料圈、翻边凸模、转轴等		≥700

注：1. 表中 EN-JL1040、EN-JS1050、EN-JS1060、EN-JS1070、EN-JS2070（GGG70L）为德国牌号，FCD540、TGC600 为日本牌号。G2500（GM-238）、D4512（GM-245）、G3500（GM-241）、D6510（GM-338）为美国牌号。

2. 表中抗拉强度为单铸试样数值，由于铸件壁厚不同，铸件本体或附铸试样抗拉强度可能会略低于表中数值。

3. 国内 EN-JS1060、EN-JS1070 铸件订货时需明确是否需要有淬火功能，不同要求的价格不同。

4. MoCr 铸铁由于其片状石墨的特点，铸件质量无法满足拉深模具的要求，应用越来越少。

铸铁材料在典型结构中的应用如图 11-3-1、图 11-3-2、图 11-3-3 所示。

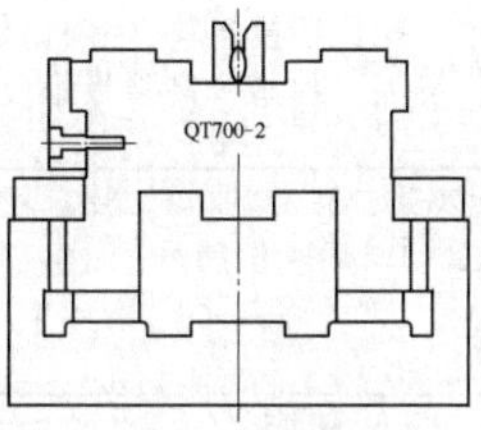

图 11-3-1　滑块结构

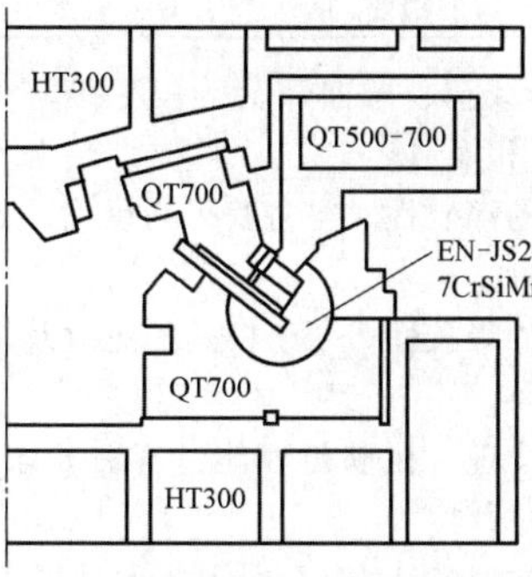

图 11-3-2　转轴机构各零件材料

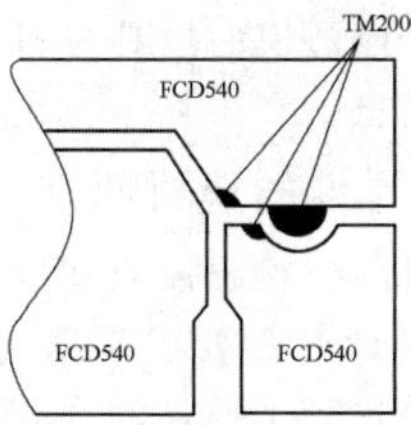

图 11-3-3　丰田拉深模具各零件材料

图 11-3-3 所示的凸模、凹模、压料圈均采用不淬火的 FCD540，只在磨损较严重的凹模口凸缘圆角处、压料筋等处采用硬度较高的 TM2000 焊条焊接以提高其耐磨性，待模具在生产线稳定生产后，对凸模、凹模、压料圈的型面采用镀铬的表面处理工艺，保证模具的大批量生产。

3.1.3　模具钢的分类及应用

根据模具钢的材料特性进行合理选材，兼顾模具的焊接性能及淬硬性能，焊接性能保证模具的修改及维护，淬硬性能保证模具耐磨。

模具钢按合金元素的含量划分为低合金模具钢（合金元素质量分数小于 5%）、中合金模具钢（合金元素质量分数为 5%～10%）、高合金模具钢（合金元素质量分数大于 10%）。低合金模具钢具有良好的韧性及焊接性能，但耐磨性差，一般采用表面热处理方式；高合金模具钢耐磨性较好，但韧性及焊接性能差，一般采用整体热处理方式；中合金模具钢具有较好的综合性能，兼顾韧性、焊接性能、耐磨性能等，可降低模具制造及维护成本，国际上应用日益广泛，辅以表面处理技术，以提高模具的使用寿命。常用铸钢材料分类及其在冷冲压模具中的用途见表 11-3-3。

其他常用的模具钢锻材见表 11-3-4。

3.1.4　模具工作件及结构件的材料要求

1. 模具选材划分

根据模具零件的功能将模具选材划分为工作件选材及结构件选材。

工作件是指模具上直接完成冲压件成形、冲切等工作内容的零件，如凸模、凹模等。结构件是指模具上起支撑、固定、定位、运动等工作内容的零件，如底板、垫板、滑块、盖板、固定板、连接板等。压料板如果直接参与工作属于工作件，如拉深

表 11-3-3　常用铸钢材料分类及其在冷冲压模具中的用途

	牌号	等价牌号		淬火方式及硬度		用途
		铸	锻	整体淬火（HRC）	表面淬火（HRC）	
铸钢	ZG310-570	1.0446	—	—	—	压料板等结构薄弱零件、料厚≥6mm 的底板等
低合金模具铸钢	7CrSiMnMoV	1.7140、CH-1、S0050A（GM-190）、ICD-5	7CrSiMnMoV、SX105V、HMD5	—	55~62	（薄板）修边凸、凹模、翻边凹模；翻边整形用旋转凸轮轴、盖板等
	45CrMo4	1.2769S	—	—	52~56	翻边线法平面圆角半径小于 1mm 的翻边凸模、CAM 填充凸模、具备整形功能的压料板等
				—	无	需要良好焊接性的薄壁压料板、CAM 填充凸模等
中合金模具铸钢	60 CrMoV10-7	1.2320	—	—	52~56	薄板修边凸模、转轴、CAM 滑块等
	59 CrMoV18-5	1.2333	1.2358	56~58	56~60	修边镶块、整形镶块、薄板翻边凹模镶块
	Cr5Mo1V	1.2370	A2、1.2363	57~62	—	整形凹模、薄板翻边凹模镶块
高合金模具铸钢	Cr12Mo1V1	1.2382	1.2379、D2、SKD11	58~62	—	拉深凹模镶块、（多料）翻边镶块、厚板及高强板修边镶块

注：表中 1.0446、1.7140、1.2769S、1.2320、1.2358、1.2333、1.2363、1.2370、1.2379、1.2382 为德国牌号；ICD-5、SX105V、HMD5、SKD11 为日本牌号；CH-1、S0050A（GM-190）、A2、D2 为美国牌号。

表 11-3-4　其他常用的模具钢锻材

类别	淬火方式及硬度	用途
Cr12MoV	整体淬火 HRC58~62	落料镶块、拉深镶块、修边镶块、翻整镶块、结构薄弱镶块、冲头、垫片等

压料圈、起整形作用的压料板；若只压料、顶料，则属于结构件。

模具工作件及结构件材料不同，模具工作件采用合金铸造材料，其中拉深类模具及翻边凸模、起整形作用的压料板等大多采用合金铸铁，其余工作件材料采用合金铸钢。

模具结构件中的底板、垫板、滑块、盖板等主要采用铸铁材料，只有结构薄弱或铸铁板料过厚无法满足要求时，采用铸钢材料。

2. 模具工作件材料的性能要求

冷冲压模具在工艺过程中要承受很大的压力、弯曲力、冲击力及摩擦力，模具也要求具有较高的尺寸精度。在汽车冷冲压模具的成形和冲切工艺中，主要失效机理为磨损、塑性变形、开裂及崩刃等。根据模具的工作条件，模具工作件材料应具有以下性能。

1）高硬度。模具的硬度必须高于板料的硬度才能避免冲压过程中模具的变形。

2）高耐磨性。可保持模具的尺寸精度，提高模具使用寿命，减少维护引起的停机。

3）足够的强度和韧性。可保证模具在工作过程中不会因冲击载荷、弯曲载荷等发生破坏，防止材料的早期开裂和崩刃。

4）良好的淬硬性。容易获得高硬度，提高耐磨性能。

5）良好的焊接性。便于模具的更改及维护。

6）变形小。

7）经济合理。在满足性能、寿命要求前提下，选用价格低的材料。

8）不同类型模具的工作件要求的材料性能不同。

拉深模和整形模的模具材料必须具备优异的耐磨和抗黏着性能，修边模的模具材料必须具备优异的耐磨和抗崩刃性能。

3.1.5　模具工作件的选材原则

根据冲压板料的抗拉强度或屈服强度、板料厚度、生产节拍、模具寿命要求、模具的使用工况、冲压件形状特点等进行工作件的合理选材。拉深模和整形模材料必须具备优异的耐磨和抗黏着性能。预判磨损区域，局部采用高硬度镶块，满足耐磨要求。修边模材料必须具备优异的耐磨、抗崩刃性能以及良好的烧焊性能，便于模具的维修。翻边凹模镶块选材时，除考虑抗拉强度、料厚等因素之外，还需考虑翻边线是否为曲线，曲线比直线更易发生聚料而加剧磨损，因而须采用更为耐磨的材料。翻边模具结构示意如图 11-3-4 所示。

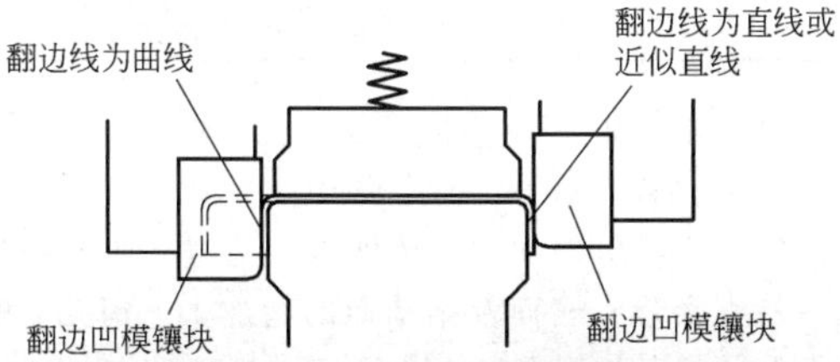

图 11-3-4　翻边模具结构示意

3.2　模具常见的表面热处理

为了获得预期的组织及性能，需对模具的工作件进行必要的热处理。常见的热处理形式有表面淬火、调质、渗碳、渗氮、整体淬火等。表面淬火既能保持零件基体的韧性又可以实现局部区域强化，提高表面硬度、疲劳强度、耐磨性能，操作简单、变形小、易维护，因此广泛用于覆盖件模具。

常见的表面热处理有火焰淬火、感应淬火、激光淬火等三种形式，如图 11-3-5 所示。上述三种常见的表面淬火形式及特点见表 11-3-5。日本车企采用火焰淬火，欧美车企只允许采用感应淬火或激光淬火。

a) 火焰淬火

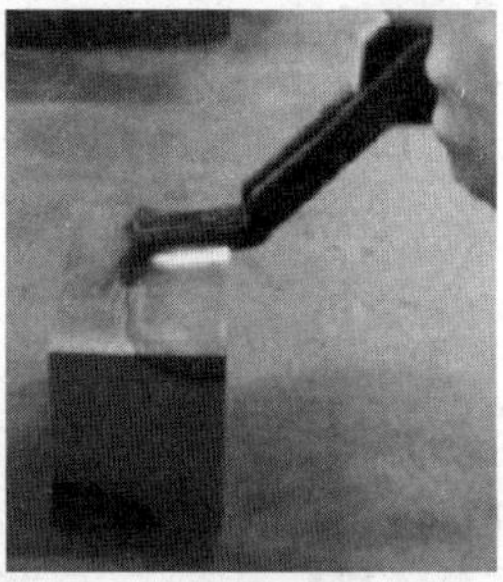
b) 感应淬火

c) 激光淬火

图 11-3-5　常见的表面热处理

表 11-3-5　常见的表面淬火形式及特点

表面淬火类型	优点	缺点
火焰淬火	成本低，操作方便	淬火层浅、硬度不均。热影响区大，易变形开裂等
感应淬火	淬火层深，硬度较均匀	热影响区大，易变形开裂等，一般需火后加工
激光淬火	清洁环保、热影响区小，程序控制硬化区域及深度，表面组织致密、硬度均匀，变形小，一般不需火后加工	设备价格较高

3.3　模具常见的表面处理

模具稳定量产后，若持续出现拉毛磨损的情况，需采用适当的表面处理手段以降低表面粗糙度、减少摩擦、提高表面硬度。常见的表面处理形式及特点见表 11-3-6。

表 11-3-6　常见的表面处理形式及特点

表面处理类型	TD（热扩散法碳化物覆层处理）	CVD（化学气相沉积）	PVD（物理气相沉积）	电镀（Cr）	PPD（脉冲等离子扩散）
表膜种类	VC	TiC	TiN	Cr	离子渗氮
表膜硬度　HV	2800~3800	2300~3500	2000~2300	750~1000	750~1200
表膜厚度/μm	5~15	6~9	3~7	5~15	10~15
处理方法	高温炉中盐浴	高温炉中气体加热	氮气炉中放电	水溶液中电解	真空下氮、氢气分子电离，与模具基体离子反应
处理温度/℃	900~1030	900~1030	480	50~70	520
处理前的热处理	整体淬火	整体淬火	整体淬火/表面淬火	无/表面淬火	无/表面淬火
基材变形	TD 处理后典型工件变形量≤±0.15mm/300mm，一般总体上≤±0.05%	变形	轻微	轻微	轻微

（续）

表面处理类型	TD（热扩散法碳化物覆层处理）	CVD（化学气相沉积）	PVD（物理气相沉积）	电镀（Cr）	PPD（脉冲等离子扩散）
表膜密着性	优良	优良	一般	一般	优良
耐磨性	优良	优良	一般	一般	良好
耐热性	良好	良好	一般	一般	一般
常用基材材质	钢材	钢材	钢材	铸铁、铸钢	铸铁、铸钢

拉深模具常采用型面镀铬或 PPD 工艺以减轻磨损，PPD 工艺虽价格高，但使用寿命长且更为环保，而镀铬工艺中的六价铬为重金属，对人体有损害，在欧美地区禁止使用。

拉深或翻边镶块常采用 TD 或 PVD 工艺，使镶块更加耐磨。TD 适用于碳的质量分数为 0.9% 以上的合金钢镶块，如 Cr12MoV、Cr12Mo1V1 等，处理温度高，为控制变形保证质量，前期的热处理必须采用高温淬火+高温回火工艺。

PVD 处理温度较低、变形小，但寿命较短，一般用于薄板或铝板模具镶块。

3.4　模具制造加工基本流程、方法、规范

覆盖件模具需要保证型面连续光顺，加工时以下模为基准，将型面定位的零件组装到工作位置加工型面、轮廓、凹模孔等。

覆盖件模具制造流程依次为：单件加工、淬火、组装、组件加工、装配、调试。

3.4.1　单动拉深模具加工流程

1. 普通拉深模具

普通拉深模具示意图如图 11-3-6 所示。

（1）模架（上、下底板）（件 4、1）加工步骤

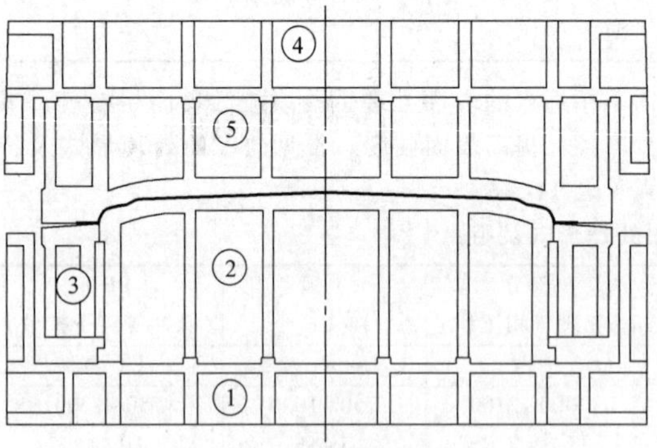

图 11-3-6　普通拉深模具示意图

第 1 步：单件加工，铸件入厂检查、底面初加工、检查余量、底面及结构面的精加工、螺纹孔、外导向粗加工等。

第 2 步：将凸模（件 2）组装到底板（件 1）上。

第 3 步：精加工组件如模架外导向、工作件的型面、轮廓等。

第 4 步：装配其他件。

（2）凸模（件 2）加工步骤

第 1 步：单件加工，铸件入厂检查、底面初加工、检查余量、底面及结构面的精加工，销孔、螺纹孔等的加工，型面初加工等。

第 2 步：工作部分表面淬火。

第 3 步：组装到模架上，加工型面、轮廓到设计尺寸。

（3）压边圈（件 3）加工步骤

第 1 步：单件加工，铸件入厂检查、底面粗加工、检查余量、底面及结构面的精加工，销孔、螺纹孔等的加工，型面初加工、轮廓加工到设计尺寸。

第 2 步：表面淬火。

第 3 步：加工型面到设计尺寸。

（4）凹模（件 5）加工步骤

第 1 步：单件加工，铸件入厂检查、底面粗加工、检查余量、底面及结构面的精加工，销孔、螺纹孔等的加工，型面初加工。

第 2 步：表面淬火。

第 3 步：组装到模架上，加工型面到设计尺寸。

2. 镶块式拉深模具（凹模及压边圈采用镶块形式）

镶块加工步骤如下：

第 1 步：单件加工，光坯入厂、型面、轮廓、结合面的初加工，销孔、螺纹孔等的加工。

第 2 步：整体淬火。

第 3 步：精加工或研磨底面、靠面、结合面等。

第 4 步：组装到凹模或压边圈本体上。

第 5 步：加工型面到设计尺寸。

3. 修边、翻边模具

修边、翻边模具示意图如图 11-3-7 所示。

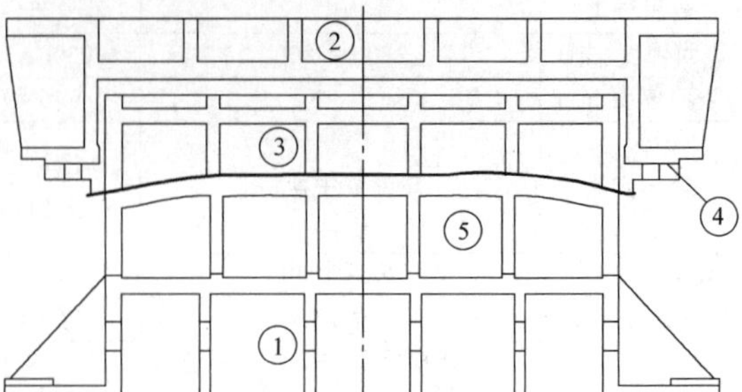

图 11-3-7　修边、翻边模具示意图

（1）模架加工（上、下底板）（件 2、1）步骤

第 1 步：单件加工，铸件入厂检查、底面初加工、检查余量、底面及结构面的精加工，螺纹孔等的加工，外导向粗加工。

第 2 步：将工作件或填充楔等组装到底板上的工作位置。

第 3 步：精加工组件如模架外导向、工作件的型面、轮廓等。

第 4 步：装配其他件。

（2）模芯加工大凸模（件 5）步骤

第 1 步：单件加工，铸件入厂检查、底面粗加工、检查余量、底面及结构面的精加工，销孔、螺纹孔等的加工，型面粗加工及半精加工。

第 2 步：工作部分表面淬火。

第 3 步：组装到模架上，加工型面、轮廓到设计尺寸。

（3）上模镶块（件 4）加工步骤

第 1 步：单件加工，光坯入厂，型面、结合面的初加工，销孔、螺纹孔等的加工。

第 2 步：表面淬火或整体淬火。

第 3 步：加工安装面、靠面、接合面。

第 4 步：组装到模架上，加工型面、刀口到设计尺寸。

4. 开卷落料模

开卷落料模示意图如图 11-3-8 所示。

（1）模架加工（上、下底板）（件 2、1）步骤

第 1 步：单件加工，铸件入厂检查-底面初加工-检查余量-底面及结构面的精加工、螺纹孔等、外导向粗加工。

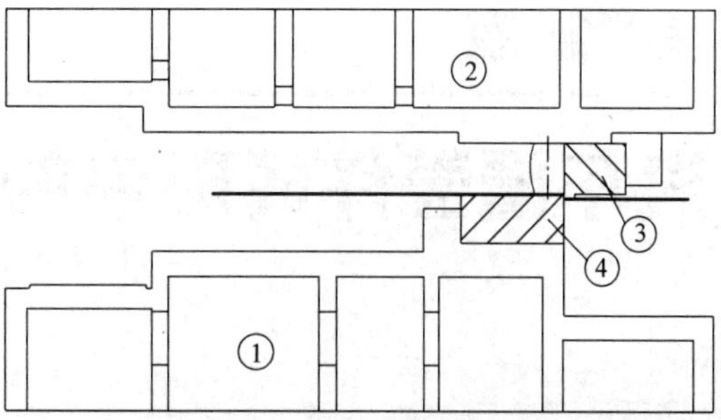

图 11-3-8　开卷落料模示意

第 2 步：将刀块组装到底板上。

第 3 步：精加工组件如模架外导向、工作件的刀口等。

第 4 步：装配其他件。

（2）刀块（件 3、4）加工步骤

第 1 步：单件加工，光坯入厂，顶面、结合面、刀口的初加工，销孔、螺纹孔等的加工。

第 2 步：整体淬火或表面淬火。

第 3 步：加工或研磨安装面、靠面、接合面。

第 4 步：组装到模架上，加工刀口到设计尺寸。

参考文献

[1]　王悦祥，任汉恩. 金属材料及热处理［M］. 北京：冶金工业出版社，2010：196.

第4章

汽车覆盖件成形中的质量问题

中国第一汽车集团有限公司 蔚山工厂制造技术部　闫　石
一汽大众汽车有限公司　李　烨

4.1　裂纹

4.1.1　拉深裂纹

1. 凸模圆角产生的裂纹

该类裂纹一般产生于凸模圆角的中部或下切点位置，长度不大，与凸模圆角形状平行分布，多发生于成形的最末期，缺陷较轻的常以缩颈形式存在。多数具有小圆角的拉深零件均易发生此类缺陷。因此类裂纹一般较小，不易发现，所以也是零件质量缺陷的重点检查项目，凸模圆角裂纹如图 11-4-1 所示。

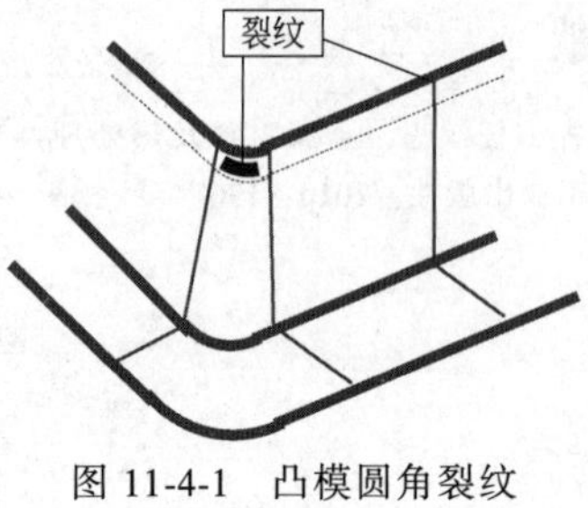

图 11-4-1　凸模圆角裂纹

该缺陷可能的产生原因有拉深深度大、拉深系数过小、凸模圆角小、裂纹部位拐角小、毛坯过大、压料力过大、压料力过小（由此造成的褶皱成为新的进料阻力）、模具表面粗糙度大、润滑不足等。解决此类缺陷首选措施为减小进料阻力，其次是在产品允许的情况下，适当放大凸模圆角及缺陷部位的拐角，毛坯切角如图 11-4-2 所示。

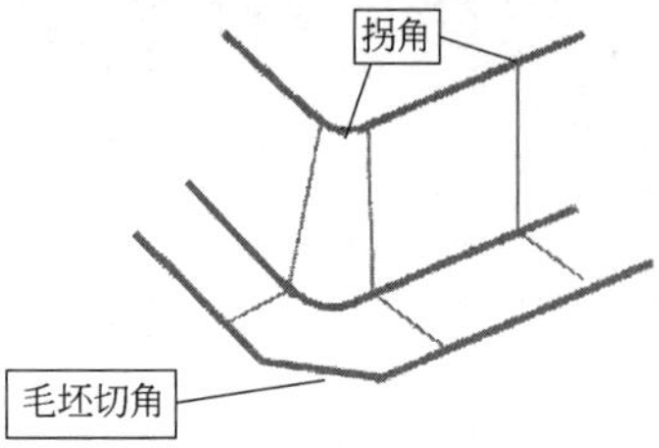

图 11-4-2　毛坯切角

2. 圆角区侧壁裂纹

该类裂纹不十分常见，多见于圆角侧壁区的中部，一般初始裂开区域与圆角方向平行，之后向上或向下 45°方向延伸。圆角区侧壁裂纹如图 11-4-3 所示。

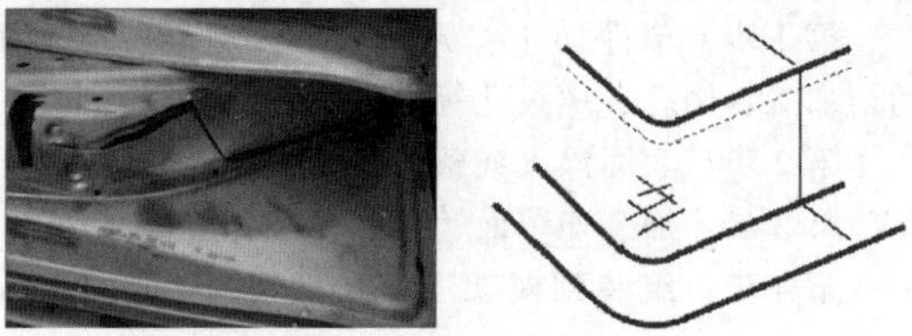

图 11-4-3　圆角区侧壁裂纹

产生此类裂纹除毛坯过大、压料力过大、压料力过小（由此造成的褶皱成为新的进料阻力）、模具表面粗糙度大、润滑不足等常见原因外，还与凸缘（法兰）区拐角半径小有直接关系，在产品允许的范围内可适当放大此拐角或放大圆角。

3. 直边区侧壁裂纹

此类裂纹是拉深裂纹中最常见的一种，裂纹多平行于直边，且可产生于侧壁的任何区域。裂纹在多数情况下受双向拉应力，且径向（相对于毛坯形状）拉应力远大于切向拉应力，材料在此径向应力作用下被拉伸到极限时即产生裂纹，如图 11-4-4 所示。

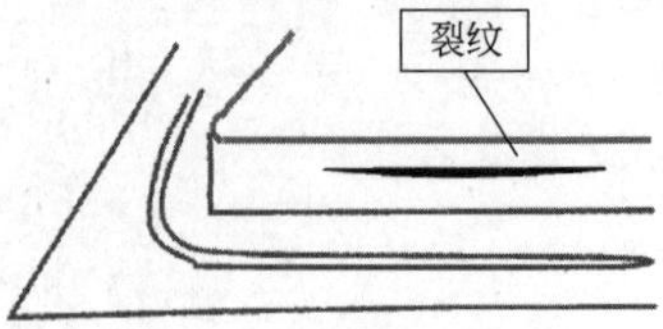

图 11-4-4　直边区侧壁裂纹

此类零件整个侧壁的成形除了依靠材料本身的拉伸变薄伸长外，来源于两个方向的材料补充。

侧壁成形第一个材料补充来源是法兰区材料向内流动的补充。材料补充的多少取决于材料流动阻力的大小。根据第 2 章的相关知识，材料的流动阻力主要来源于两个方面，一是法兰区及凹模圆角区与模具接触范围的摩擦阻力，二是材料向内流动的变形抗力，包括材料流过拉深筋、凹模圆角的弯曲变形抗力以及法兰区切向压缩的变形抗力。如果法兰区产生褶皱，那么当褶皱通过拉深筋间隙和凹模圆角的过程中，也会产生强大的变形抗力，如图 11-4-5 所示。所以在分析材料流动阻力的过程中，要从这几方面综合分析，而对这几方面有影响的区域及工艺参数是非常多的，要根据缺陷的实际状态及现场情况进行排查。

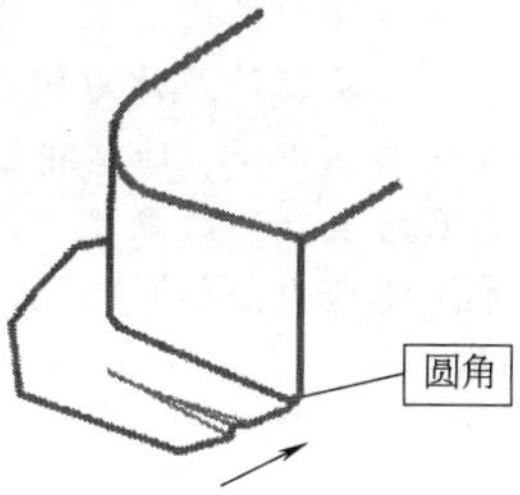

图 11-4-5　法兰区材料流动的变形抗力

侧壁成形第二个材料补充来源便是凸模底部（顶部）材料的伸长变形，如图 11-4-6 所示。这部分材料要想补充至侧壁，必须流过凸模圆角，所以此圆角的大小对材料的补充起到了决定性的作用。除了保证凸模圆角必要的表面粗糙度外，在产品允许的情况下，应选取较大的圆角。

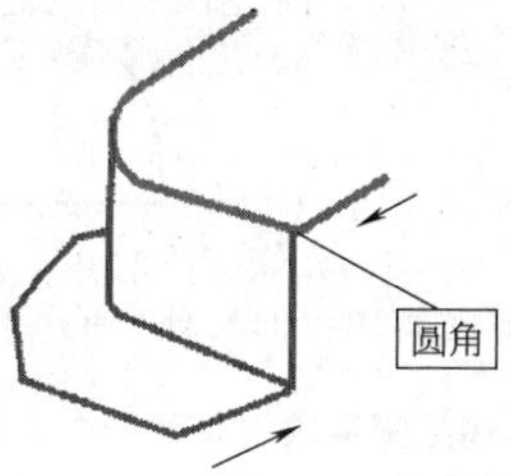

图 11-4-6　材料补充来源示意

4. 侧壁端部裂纹

此类裂纹主要产生于一些开放式拉深的梁类件、几字形件。裂纹区域接近于受单向拉应力，裂纹的形成机理虽然与直边侧壁裂纹类似，但由于端面开放材料相对处于自由状态，且很容易受到端面毛坯冲裁断面质量的影响，所以在同样条件下，此类拉深更易产生裂纹。侧壁端部裂纹如图 11-4-7 所示。

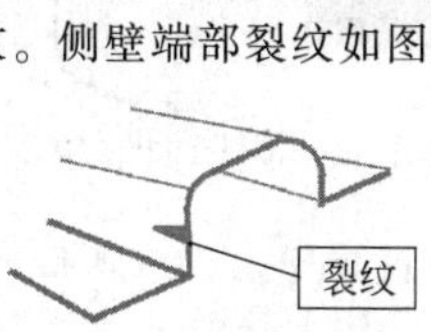

图 11-4-7　侧壁端部裂纹

处理此类裂纹除常规的增加凸模顶面区及法兰区的材料补充外，也可考虑将开放的端面增加立面，这样会显著提升零件的成形极限，但缺点是会增加材料消耗；另外一定要保证端面冲裁断面的质量，避免应力集中造成的开裂。

4.1.2　胀形裂纹

多数的胀形裂纹均产生于凸模圆角区或圆角偏下的侧壁区。由于胀形过程没有外部材料流入的补充，整个形变完全依靠材料自身的拉伸变薄，所以成形的极限很大程度上取决于胀形的形状及材料的性能。裂纹可采取加大凹模圆角 R_1、加大凸模圆角 R_2、减小胀形深度 h、加大拔模角等手段。在可能的情况下，材料应优先选择 n 值（拉伸应变硬化指数）大的材料。胀形裂纹种类如图 11-4-8 所示，胀形裂纹示意图如图 11-4-9 所示。

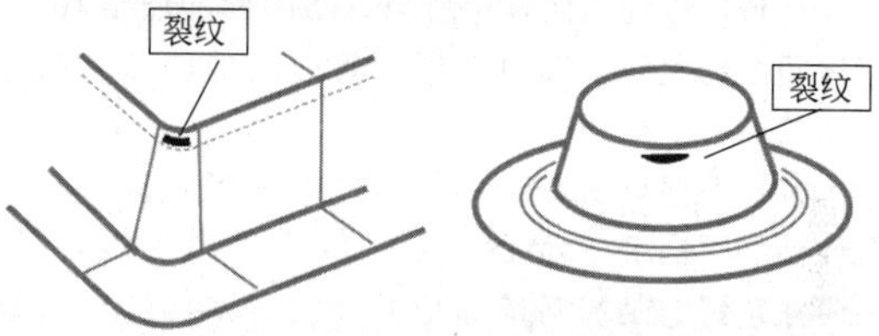

图 11-4-8　胀形裂纹种类

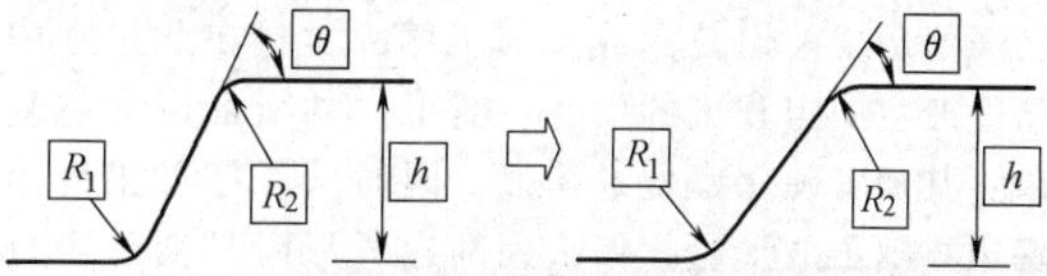

图 11-4-9　胀形裂纹示意图

4.1.3　翻边裂纹

1. 内凹曲线及内凹曲面翻边、翻孔裂纹

内凹曲线及内凹曲面的伸长类翻边变形区为翻边区域，其主应力为切向拉应力，当在此应力状态下的伸长变形达到材料能够承受的极限时，即产生裂纹。翻边裂纹示意图如图 11-4-10 所示。

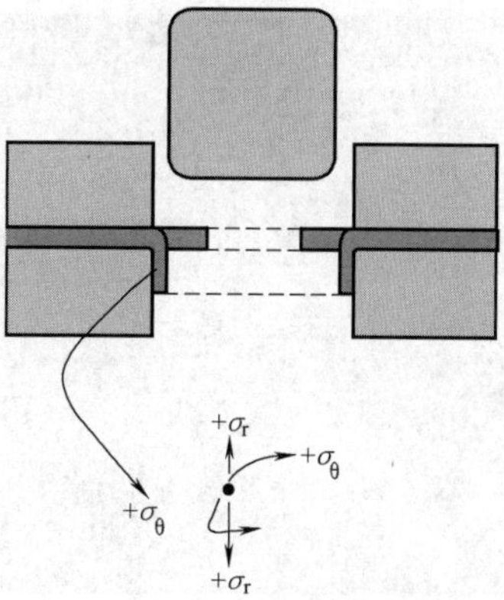

图 11-4-10　翻边裂纹示意图

以翻孔为例，在变形过程中，毛坯直径为 a 的孔翻边后直径将变为 b，变形最严重的区域为内圆周边缘。翻孔裂纹如图 11-4-11 所示。

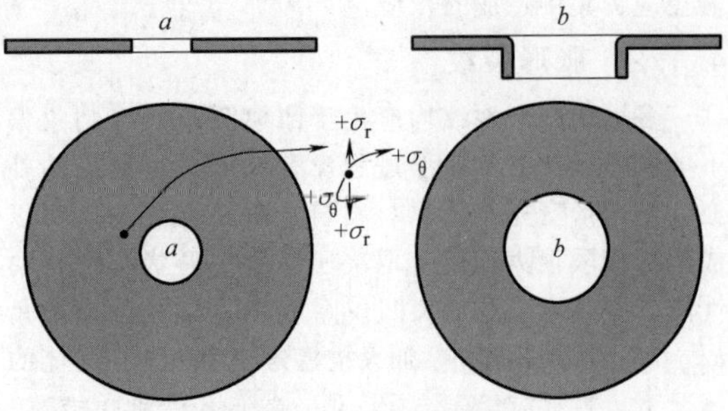

图 11-4-11　翻孔裂纹

影响零件成形极限的因素主要有材料的成形性能、材料边缘的断面质量、翻边凸凹模的质量状态、翻边间隙的大小、翻边高度、翻边线的曲率、翻边曲面的曲率及形状等。

针对毛坯材料或工序件材料的成形性能，在材料性能满足标准的情况下，一般不考虑更换材料，但应注意到的是材料的 n 值及 r 值对零件的成形极限有很大的影响。所以在应急生产的情况下，应优先选择 n/r 值较大的材料。但通常零件在翻边时，已经经历了前道拉深或成形工序，材料在此过程中已经产生一定程度的硬化，前工序的变形越大越复杂，其加工硬化程度越明显。同时前工序如果已为翻边贡献了成形量，那么到翻边成形时其变形量也会相应减小。所以前工序的形状（或工艺补充）设计要与其产生的加工硬化找到一个平衡点，使最终的翻边成形极限最大化。

下图为某车型侧围尾灯翻边区域，其在拉深工序做出一个凸起的工艺补充，为后续伸长翻边时预留了足够的变形量，这样到翻边工序时，材料只需较小的切向伸长变形（甚至没有伸长变形）便可达到产品的形状要求而不产生裂纹，如图 11-4-12 所示。

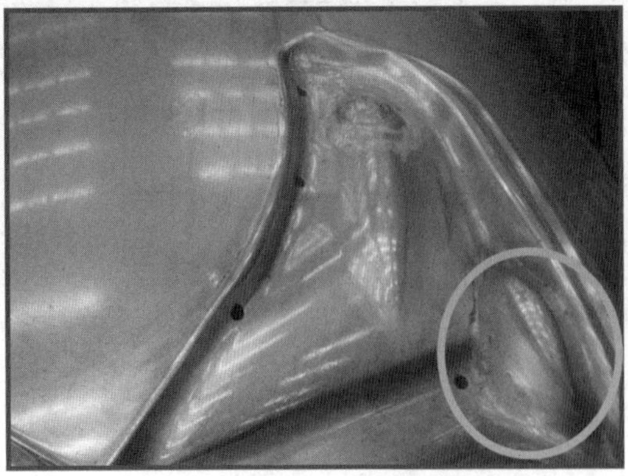

图 11-4-12　伸长翻边工艺补充示意图

翻边边缘的断面质量也对成形极限有较大的影响。如前所述，翻边变形量最大的区域就是边缘，如果边缘存在应力集中点，那么在未达到材料成形极限时，该位置会提前开裂。所以保证边缘断面质量是必要的。通过改善冲裁间隙、冲裁凸凹模的刃口质量、压料状态等，可以得到一个状态良好的冲裁断面。断面较大的塌角和毛刺意味着边缘产生了一定的塑性变形，这将使材料产生加工硬化，进而影响其塑性成形能力。所以冲裁间隙应取中等偏小间隙，且保证间隙均匀。

翻边高度、内凹型面的曲率、翻边线曲率、翻边边缘长度及形状对伸长翻边的成形极限也有着非常重要的影响。在产品设计及评审阶段，在满足产品外观及功能需求的前提下，应尽量选取较小的翻边高度、较小的型面及翻边线曲率、较大的翻边边缘长度，这样才能使翻边变形区单位区域的变形量最小，提高成形极限。

如图 11-4-13 所示，显然图 11-4-13d 的成形极限更大，这也提示我们在伸长翻边变形最集中的区域应选择尽可能小的翻边高度，并使翻边边缘线变长，这样将能够显著减少翻边裂纹的产生。

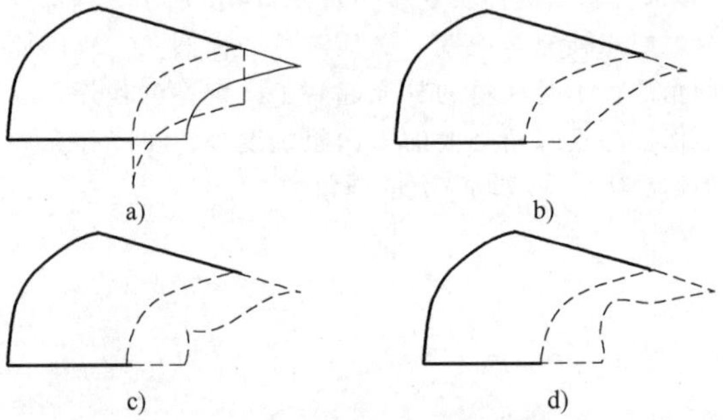

图 11-4-13　伸长翻边示意图

2. 内凹曲线拉深裂纹（等同于内凹曲线压料翻边）

内凹曲线拉深裂纹如图 11-4-14 所示，此缺陷是侧围外板、侧围加强板门洞内侧的常发缺陷。

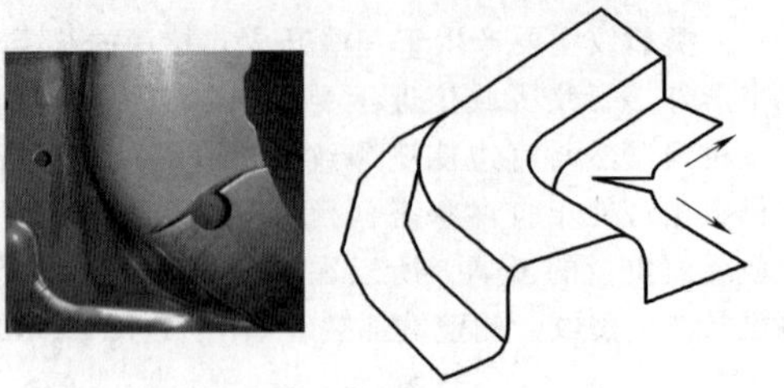

图 11-4-14　内凹曲线拉深裂纹

零件在成形过程中，法兰区材料不断向侧壁流入，在此过程中，法兰区为主变形区，受双向拉应力，随着材料的流入，切向被不断拉伸，一旦超过材料成形极限便产生裂纹。此缺陷与其他伸长类翻边造成裂纹的形成机理类似，但主要不同的是在此类零件的成形过程中，法兰区（变形区）的材料流动是非自由的，是可控的。所以除了其他常规的处理伸长类裂纹的方法外，最主要的是控制材料向侧壁流入的程度。基于此，可以通过增加压料力、减轻压料区润滑、增加拉深筋来提升材料控制能力。

如图 11-4-15 所示，以侧围门洞内侧的成形为例，成形过程中门洞法兰区材料向外流动成形为侧围侧壁，此过程中变形区的切向和径向的应力和应变都较大，当切向拉应力占绝对优势时，将产生裂纹，且裂纹多数开始于毛坯边缘，并沿径向向内侧发展。有时裂纹也会先产生于凹模圆角（成形最剧烈）区。

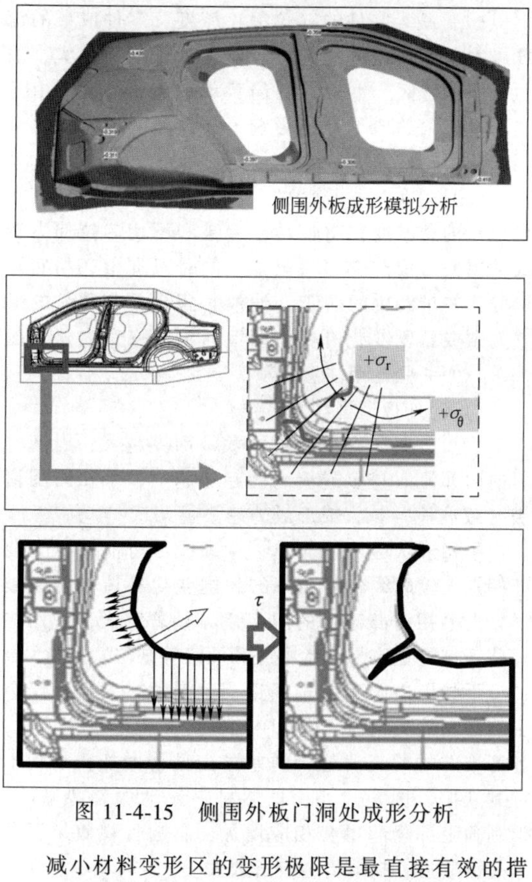

图 11-4-15　侧围外板门洞处成形分析

减小材料变形区的变形极限是最直接有效的措施，即如上文所述，控制材料向内流入的程度，或减小凹模圆角、工艺补充等变形最剧烈区域的变形量。除此之外，还有两个较常见的影响此类成形极限的因素，一是毛坯边缘是否存在应力集中点；二是法兰区材料向内流动的阻力大小和一致性。如果相邻两个区域向内流动阻力的差异较大，那么将在这两个区域的交界位置产生剪力，这也会促使裂纹的发生。如果由此产生裂纹，那么在裂纹的开始区两侧的毛坯边缘将有较大（几毫米甚至十几毫米）的断差，所以我们可以通过裂纹的形态来判断开裂区域是否有较大剪力的存在。针对由此产生的裂纹，势必要使法兰区材料向内流动的阻力均匀化。由于平衡块及拉深垫压力影响的范围较大，所以一般采用调整拉深筋的方法来实现进料阻力的均匀化。

4.2　拉深褶皱（波浪）

4.2.1　形成原理

冲压成形是通过模具对板料施加复杂的外力，使板料产生流动及变形，在此过程中，板料内部会产生复杂的应力状态。板厚方向的尺寸相比于平面尺寸非常小，尤其对于薄板成形，在板厚方向易失稳起皱是必然的。从受力来说，拉深褶皱形成原理如图 11-4-16 所示。

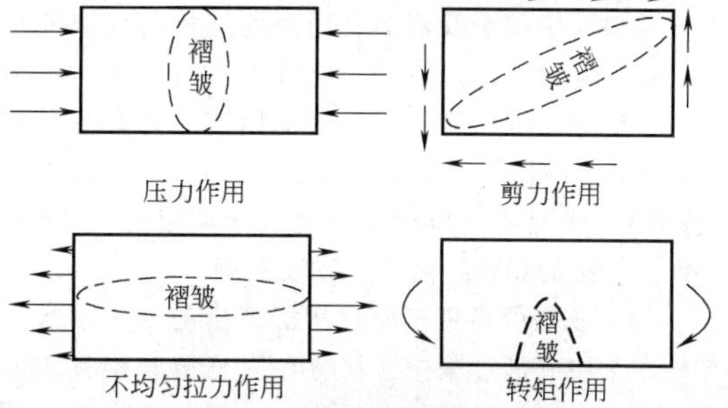

图 11-4-16　拉深褶皱形成原理

理论上来讲，所有的失稳起皱均来源于板厚内的负应力，即压应力，而引起压应力的外力可能是多样的和复杂的。但在以上的几种形式中，最常见的有两种，一种是压缩力，一种是不均匀的拉伸力。

在实际工作中，通常把起伏较大且集中的缺陷称为褶皱，而把平缓的连续起伏称为波浪。如果褶皱过大且在成形后期在凸凹模的作用下，材料被堆叠压在一起，则称为叠料。本章节中，与褶皱受力及形成原理相同的波浪、叠料一并讨论。叠料形成原理图如图 11-4-17 所示。

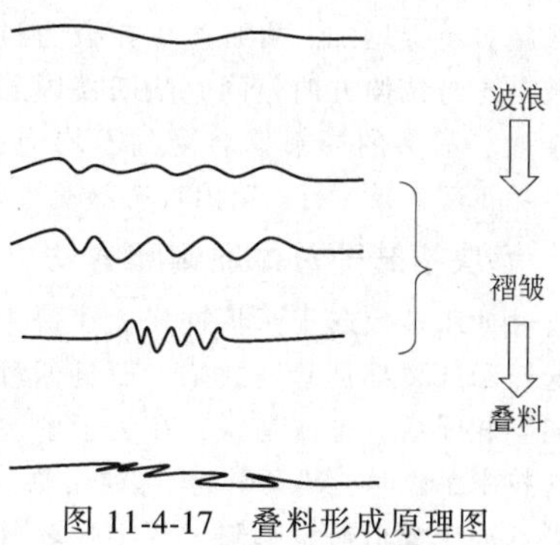

图 11-4-17　叠料形成原理图

4.2.2　褶皱的分类及常见形式

1. 压缩力产生的褶皱

（1）拉深侧壁褶皱　以圆锥拉深成形为例，在成形过程中，由于材料从法兰区收缩并流入凹模侧壁，在圆周方向（切向）便产生了压应力，这个压应力在法兰最外侧最大，并向中心区域逐渐减小。最容易产生褶皱的区域一是法兰区，二是凹模圆角以内到凸模圆角之间的区域。在整个成形过程中，如果材料悬空（即材料不与凸模或凹模表面接触），材料失去支撑，将有更大可能产生褶皱，尤其在拉深侧壁区。此类褶皱在实际生产中很常见，如侧围 A 柱下部外侧的拐角区侧壁、行李箱内外板四周的侧壁等。

（2）拉深凸模顶（底）部褶皱　还有一部分褶皱是材料从凸模表面流入局部凹曲线凹下部位的侧壁而形成的，而且随着凹曲线曲率的增加及凹形深度的增加，褶皱的形成趋势也会增加。这种褶皱的形成原理与拉深侧壁褶皱相同，均是材料在流动过程中受到压缩力而造成的。但这类褶皱由于材料流动不易受控，所以解决起来更加困难。如车门外扳手扣周边的褶皱（波浪）、侧围 B 柱上部的褶皱（波浪）、侧围后三角窗周边褶皱（波浪）、翼子板与发罩搭接的拐弯处褶皱（波浪）等。

（3）复杂的模具表面形状所产生的堆积褶皱　有些冲压件成形过程中，材料在完全接触模具表面前，其表面积大于模具表面积，当材料与模具表面完全靠紧时，材料表面积过剩而且周围又没有其他形状吸收多余的材料，因此材料就会在模具外力的作用下强行堆积在凸凹模间隙中而产生褶皱。由于实际生产中，各种零件的形状千差万别，所以堆积褶皱也多种多样。常见的有侧围三角窗前下部与后门洞侧壁相接处褶皱、中地板中部褶皱（鞍形件凸模端面褶皱）等。

2. 不均匀拉力造成的褶皱

当材料受不均匀的拉力时，在与拉力垂直的方向上会产生压应力，在此压应力的作用下，会产生失稳褶皱。并且，随着拉力不均匀程度的加大，褶皱的形成趋势也会增加。褶皱产生在拉力最大的区域，褶皱走向与拉伸方向相同。凸凹模纵断面或横断面复杂时，材料的局部就会受到不均匀的拉力，如车门内板下部褶皱、行李箱内板肩部褶皱等。

4.2.3 解决褶皱的总体原则和方法

车身件冲压多数属于薄板冲压。在薄板冲压过程中，起皱和开裂都是常发缺陷，而且两种缺陷的解决方向互相矛盾，也就是说，在为了解决起皱而采取一些技术手段时，却又引起了裂纹，反之亦然。这也是处理冲压成形质量缺陷过程中比较棘手的问题。所以在解决此类问题所采取的措施必须与相反的缺陷要相适应，具体措施如下。

1）控制毛坯内的压应力或材料的流动。

2）当控制压应力或材料流动困难时，对褶皱采取抑制措施，包括施加防止失稳的力、增加吸收多余材料的能力、增加零件刚性等。

3）允许在成形初期或过程中出现褶皱，然后利用成形过程中所产生的拉伸力来抵抗引起褶皱的压应力，以在成形结束时消除褶皱，保证产品质量。

4）转移褶皱，使其产生在非产品区域或产品区域的非外露表面。

4.2.4 解决褶皱的一些通用方法

1. 产品方面

在能够满足产品的功能和外形的前提下，尽可能规避可能引起褶皱的产品形状。

（1）减小零件的（拉深）深度　零件成形的深度越大，意味着法兰区流入侧壁的压应力越大，法兰区、侧壁区产生褶皱的趋势就越大，同时，由于受材料有限的成形性能影响，零件深度的增加也会同步减小零件的成形极限。

（2）避免零件形状的急剧变化　如上所述，零件形状的急剧变化将使堆积褶皱和不均匀拉伸力造成的褶皱形成趋势显著增加，同时根据生产的实际经验，较难解决的褶皱（波浪）很多都与零件的形状复杂或急剧变化有关。以下列出了汽车内外表面件常见的一些造型注意事项。

1）门外板造型注意事项：

手扣造型深度应尽可能浅。深度越大，周围材料向内部流入越多或流入的趋势越大，手扣周围褶皱（或波浪）越大或形成的趋势越大。

手扣形状尽可能简单，轮廓线尽可能减少大曲率拐点。轮廓线各处曲率的急剧变化将造成各区域材料向手扣内部流入的阻力差异显著变大，进而在这些区域将更容易产生褶皱和波浪等缺陷。

手扣周边圆角应选择适当。圆角过大，不仅会影响造型的美观性，同时，当其与其他形状相连时，各区域的材料流动趋势的差异会显著增加，不利于控制缺陷。圆角过小，虽然材料流动的趋势减小，但圆角上部隆起也会相应增加，影响目视效果，尤其是涂装后，缺陷将会有所放大。

手扣尽可能不与其他形状相贯，如外凸腰线、内凹腰线等。如果一旦与这些形状交错，就意味着手扣圆角大小及弧长被改变，这也将极大影响各处材料的流动及流动趋势，尤其与凹型相贯时，缺陷将更加难以控制。

手扣所处位置的型面尽量饱满。

水切安装面台阶高度差尽可能小且圆角尽可能大。

2）侧围外板造型注意事项：

尾灯凹陷区深度尽可能浅、圆角应选择适当、尽可能不与其他形状相贯。

后三角窗深度尽可能浅、圆角应选择适当、轮廓线曲率避免急剧变化、侧壁角度选择适当、尽可能不与其他形状相贯。

中立柱（B 柱）上部的前后门区造型深度应尽可能小。

3）行李箱外板造型注意事项：

尾标安装区深度应尽可能小、圆角选择适当、所在区域应形状饱满。

牌照安装凹陷区深度应尽可能小、轮廓线拐角处避免曲率过大。

（3）减少平直或平坦部位　平直或平坦部位，本身零件刚性低，同时此类区域往往拉伸变薄的程度低，即加工硬化的程度低，所以更进一步降低了其刚性，这样当其受周围力的影响时，也更容易产生波浪、褶皱等缺陷。所以，应尽量使这类部位的曲率增大一些，必要时要设计局部的凸凹形状以增加其刚性，或通过这些形状所产生的拉伸力消除褶皱缺陷。最易产生刚性差问题的零件为发动机罩外板及顶盖外板，另外，行李箱外板上部区域、门外板腰线以下区域、侧围后翼子板区域也应注意此类问题。

（4）适当选择拐角部位的圆角（横断面）　成形过程中，拐角部位所受的拉伸力与其他区域相比差异很大，这种不均匀的拉伸力很容易造成型面的褶皱和波浪，所以这种区域一定要在产品和工艺之间做出平衡，一旦锁定产品造型，就要靠工艺及模具努力实现。

（5）增加一些形状吸收多余的材料　应在设计时增加吸收多余材料的产品形状，如图 11-4-18 所示。

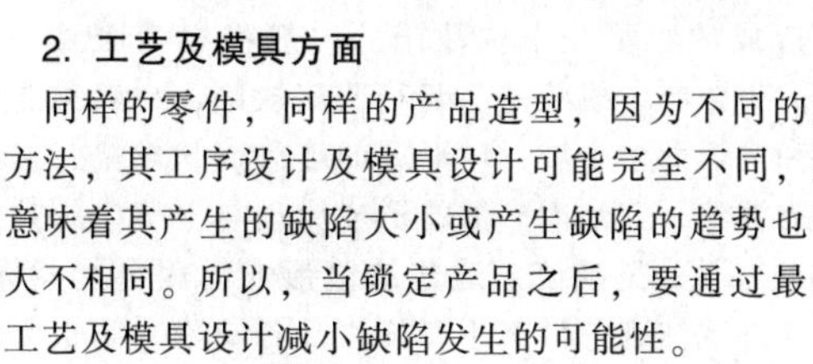

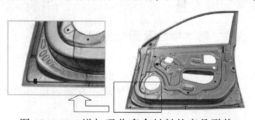

图 11-4-18　增加吸收多余材料的产品形状

2. 工艺及模具方面

同样的零件，同样的产品造型，因为不同的成形方法，其工序设计及模具设计可能完全不同，这也意味着其产生的缺陷大小或产生缺陷的趋势也可能大不相同。所以，当锁定产品之后，要通过最优的工艺及模具设计减小缺陷发生的可能性。

（1）选择合适的毛坯大小、形状　毛坯的大小、形状不仅对法兰区的压紧力有较大的影响，同时在拉深过程中，对其内部的应力大小也有很大的影响，这将直接影响材料向内流动的阻力。较大或较小的毛坯将造成零件周边拉伸应力的增加、减小及不均匀分布，裂纹及褶皱也将随之发生。尤其在不断追求材料利用率的今天，毛坯大小及形状的选择，一定要在材料利用率和成形稳定性中做出平衡、正确的选择。

（2）选择合适的拉深筋位置及形状　同样，拉深筋的位置及形状对控制材料流动有着核心的作用，其直接影响着零件周边拉伸应力的大小及分布，进而影响着缺陷产生的趋势和大小。

（3）选择合适的拉深方向　拉深方向将影响压料面进而影响拉深深度的均匀性，同时也影响着侧壁的倾斜度。拉深深度均匀、侧壁倾斜较小时更不易发生褶皱。

（4）工序数的选择　一般拉深深度过大或阶梯差大的零件需要分两道或多道工序进行加工成形，以减少裂纹及褶皱的发生。汽车外覆盖件的许多圆角或拐角，均是通过拉深成形后，同时进行整形而达到最终的产品形状。工序的增加虽然会增加模具的投资，但在某些必要情况下，必须通过多道工序成形来保证零件成形的稳定性。

（5）选取适当的凹模圆角　前面已经提及，法兰区材料收缩向内流动，在凹模圆角处会产生褶皱并有继续向内流动的趋势，显然大的凹模圆角更易使褶皱流入侧壁，这是我们不愿意发生的。但同时，较小的凹模圆角将直接增加材料向内流动的阻力，进而造成侧壁的裂纹。所以，凹模圆角的大小，要根据实际情况做出平衡的选择，既不能产生裂纹，又不能使褶皱流入侧壁。

（6）在毛坯上增加工艺切口或工艺孔　在毛坯外边缘增加工艺切口，可有效减小法兰区在向侧壁流动过程中所受的压应力，进而减小起皱趋势，同时也可减小法兰区褶皱向侧壁流动的趋势。在此过程中，材料向内流动的阻力也明显减小，所在这个方法也可解决拉深侧壁裂纹，增大成形极限。另外，对于内凹曲线拉深，即压料伸长翻边，在毛坯边缘增加工艺切口也可增大成形极限，但要注意控制切口的大小和曲率，避免应力集中或使切口区域成为绝对弱区，造成变形的不均匀进而提前产生裂纹。

在毛坯中部的适当位置增加工艺孔或工艺切口（拉深过程中切开），是增大深拉深零件成形极限的常用有效方法。工艺孔在成形的初期直到成形完成，可始终从零件中部贡献材料流动，这样可有效减小依靠法兰区走料的依赖，同时也可减轻侧壁区及周围褶皱和裂纹的矛盾。工艺切口一般在成形的后期被切开，这样可以避免初期毛坯内部拉力不足而产生褶皱，同时可解决成形后期零件局部的缩颈和裂纹。工艺孔和切口的大小、形状和走向对成形都有着非常重要的影响，所以在工序设计初期，就需要借助 CAE 进行分析以做出正确的选择，同时在模具调试期间，应根据实际情况再行确定毛坯的准确尺寸、形状及工艺切口（孔）的大小、形状及走向。为了避免切口的一部分遗留在产品上，在选择其位置时，要在其成形后的位置边缘与产品边缘留有一定的安全距离。

在生产实践中，经常出现如下一些情形，如由于工艺孔选择过小，当材料的屈服点高、性能处于标准下限时，或生产中其他未知条件发生一些波动时，零件出现裂纹，即零件的成形裕度不在安全范围内；又如工艺孔或切口选择过大时，孔或切口过度拉伸，并产生纵向（径向）裂纹，且裂纹一直延伸到产品上，致使产品缺边；或由于过度拉伸，致使零件内部拉应力不足，部分区域板料失稳而产生褶皱；再如由于中部拉应力不足，致使材料与已经成形的凸模棱线产生相对滑移，形成滑移线等。为了避免这些问题的发生，一定要在确认工艺孔尺寸、形状、位置时，充分考虑未来生产中可能发生变化的一切生产条件，做出最优方案。

（7）调节和均衡压料力　理论上来讲，零件周边的压料力应是较为均衡的。但由于零件的法兰区各区域在成形过程中所受压应力差异极大，起皱趋势也相差明显，所以在这些更易起皱的区域应通过调整设备拉深垫压力、调整平衡块等方法增加压料力。

（8）模具表面粗糙度及润滑的选择　模具表面粗糙度及润滑将直接影响材料流动时的摩擦阻力。阻力越小，材料越易向内流动，法兰区起皱趋势越大，且褶皱越容易流入侧壁。但如果没有润滑，摩擦阻力增加，不但易产生裂纹，而且材料与模具之间易产生黏结和拉毛，进而造成新的缺陷。所以实际生产中一般通过保证模具表面粗糙度较小、有一定的润滑来保证生产的长期稳定性。

3. 材料方面

选择 r 值大的材料，r 值大的材料意味着材料在宽度方向上（切向）更易变形而在厚度方向上更不易变形。这无论对于拉深法兰区的压缩变形，还是对侧壁传力区的伸长变形都是极为有利的。所以 r 值大的材料可明显提升零件的成形极限。

4.3　冲击线

4.3.1　基本概念

冲击线是指凸模圆角、凹模圆角、拉深筋圆角等形成的弯曲变形移动到其他位置或流过这些位置而残留到零件上的一种线状凸凹缺陷。有时也称由凸模圆角造成的此类缺陷为滑移线或错位线。

4.3.2　消除冲击线的方法

冲击线的成因非常清晰和容易理解，但某些冲击线解决起来却有一定困难。原因是材料在受到弯曲变形后，很难在拉应力作用下再度变得平直而没有任何缺陷，尤其是材料的屈服点较高以及缺陷位置出现材料变薄的情形。

但同时，仍可以采取一些措施减轻甚至消除这些缺陷。

1. 通用措施

1）尽可能加大造成冲击线的圆角。

2）对圆角进行精加工（也可以电镀铬）。

3）采用屈服点较低的材料。

4）增加成形时的径向拉伸力。

2. 针对性措施

（1）对于由拉深筋形成的冲击线

1）通过加强拉深筋或其他措施使材料不流动或少流动，内部成形所需的材料从其他方向和渠道流入。

2）向外移拉深筋，使冲击线不至于留存到产品上。

3）取消拉深筋，通过其他手段控制材料流动；如减小压料间隙、增加压料力、增大毛坯、修改零件或工艺补充的形状等。

（2）针对由凹模圆角形成的冲击线

通过调整拉深筋、压料面等手段，减少材料流动，使冲击线不发生或不留存到产品上。

（3）针对由凸模圆角形成的冲击线

均衡四周材料流动的阻力，使材料与凸模圆角之间无相对移动。

4.4　坑、包

4.4.1　基本概念及形成原理

可以说，零件局部的凸、凹缺陷都可以称之为包、坑，但在实际工作中，根据其缺陷的大小、形状、形态、发生的位置及工序、产生的原理不同，又产生了许多不同的叫法。

零件在成形过程中由其下、上部的脏物、异物所造成的小型包、坑缺陷，一般称之为脏点、压痕。长条状、线状的凸起和凹陷缺陷，一般称之为棱和沟。而多个坑、包形成的连续起伏缺陷，又称之为波浪，其绝大多数的形成原理与上节中的拉深波浪为同一类缺陷。这些缺陷形成原因可能相同，只是外观体现的形态不一样，且各缺陷之间也无明确的区分界限。坑、包、波浪示意图如图 11-4-19 所示。

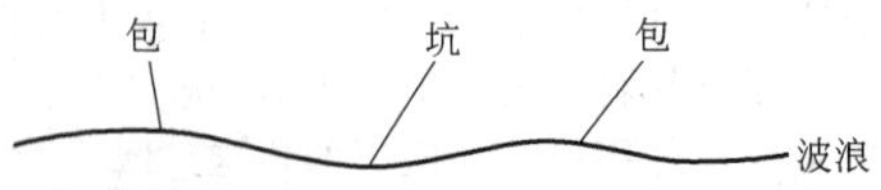

图 11-4-19　坑、包、波浪示意图

坑、包缺陷的成因可分为两大类，一是零件直接在外力作用下产生的，二是零件因承受外力而产生的内力作用下产生的。

1. 外力作用下产生的坑、包

零件在外力直接作用下产生的坑、包极为常见。如图 11-4-20 所示，当有外力作用在零件上时，如果零件的另外一侧没有贴紧模具，则零件就有可能在力的作用下形成缺陷。但如果零件贴紧模具，尽管外部有较大的作用力，也不易形成缺陷。所以无论在哪道工序，保持零件与模具的贴合程度都很重要。

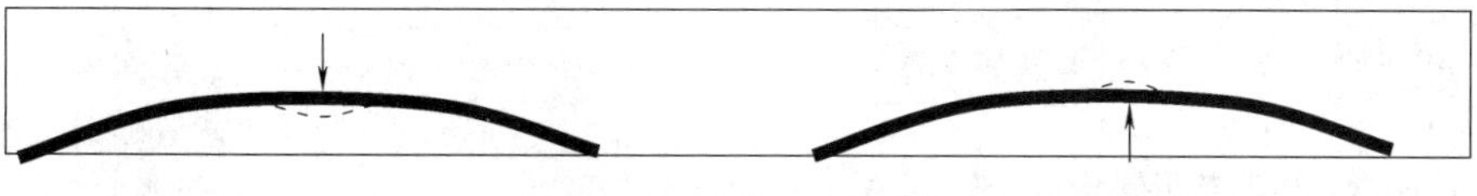

图 11-4-20　坑、包示意图

在外力作用下产生的坑、包主要有以下几种常见表现形式。

1）零件在整个生产过程中的任何一个环节由外力直接作用的结果。如果零件的一侧失去支撑，一旦对零件另一侧施加力的作用足以使其发生塑性变形，则零件就会产生坑、包缺陷。如端拾器在抓件时压紧力过大造成的坑、成形过程中由压料板高点造成的坑、退件机构顶出力过大或速度过快造成的包等，都属于这种类型。

2）零件在成形过程中，由于凸型面存在缺陷、异物或固有形状，零件在平面方向拉力作用下贴紧凸型面而产生的缺陷，坑、包产生原理如图 11-4-21 所示。

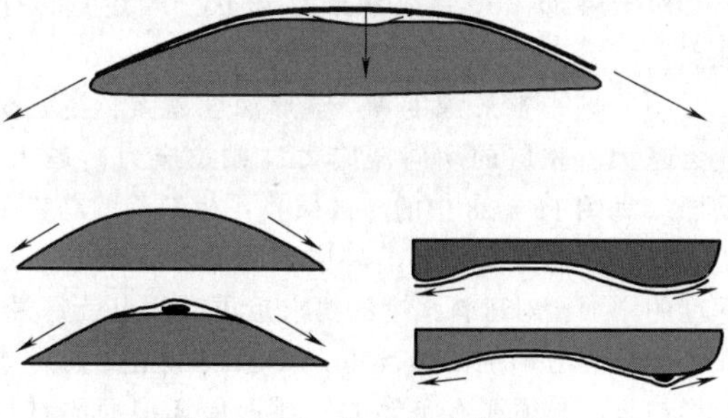

图 11-4-21　坑、包产生原理

凸模成形时，毛坯在平面方向拉力作用下产生法向贴紧凸模的力，促使毛坯在凸模凹陷位置（如低洼的缺陷、排气孔等）形成凹坑。坑的大小、深浅与零件成形的平面方向应力大小、型面的曲率、凹陷区域的大小及深浅等因素有关。

3）由外部法向力作用在凸模空开（或坑）边缘所产生的缺陷。如果上模有压紧零件的力，而凹陷部位下部没有反作用力的支撑，那么即使在平面成形情况下（或平面方向上无拉力作用），在下模凹陷部位的边缘也会在不均匀外力的作用下产生力矩，进而产生坑的缺陷。这也是压料面要小于凸模型面的原因。凸模空开产生缺陷如图 11-4-22 所示。

4）圆角处成形零件在“杠杆力”的作用下形成的隆起。以翻边成形为例，零件一端在压料板的压力作用下被固定在凸模上，翻边区域在翻边凹模的作用下向下翻转，而未被压料的部分以凸模圆角为支点向上隆起直到成形结束，如图 11-4-23 所示。

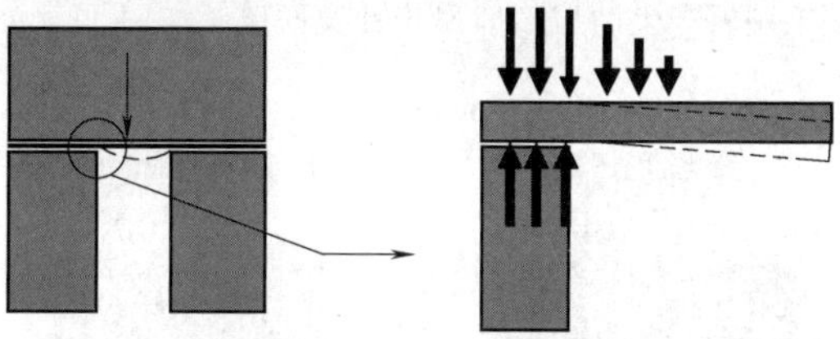

图 11-4-22　凸模空开产生缺陷

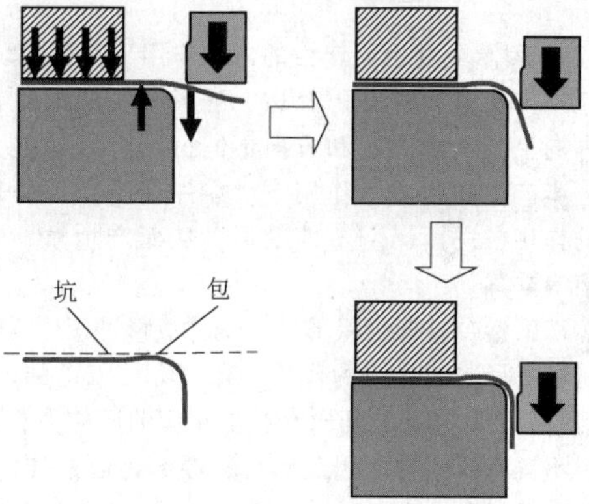

图 11-4-23　产品端头处产生缺陷

这类缺陷在拉深成形的局部胀形圆角周边及翻边、整形区域都很常见，较轻的缺陷在冲压件上肉眼不可见，但经油石打磨可见，且经涂装后在灯光下可见，目视效果尚可，一般不需处理。较严重的缺陷涂装后在灯光下非常清晰，甚至在自然光下也清晰可见，尤其当缺陷分布不均时，严重影响整车外观质量。

侧围后翼子板与保险杠搭接区域、前翼子板与前门搭接区域及四门两盖的翻边区域为该缺陷的常发区域，尤其是内凹曲面、内凹曲线的翻边整形区域，同样条件下缺陷将表现得更加明显，如图 11-4-24 所示。

相比整形区域，翻边区域形成此缺陷的可能性更大或缺陷更明显。因为在同等条件下，整形时在径向存在较大的拉应力，此力将使隆起的区域尽可能地贴紧凸模成形，或减小隆起的趋势。

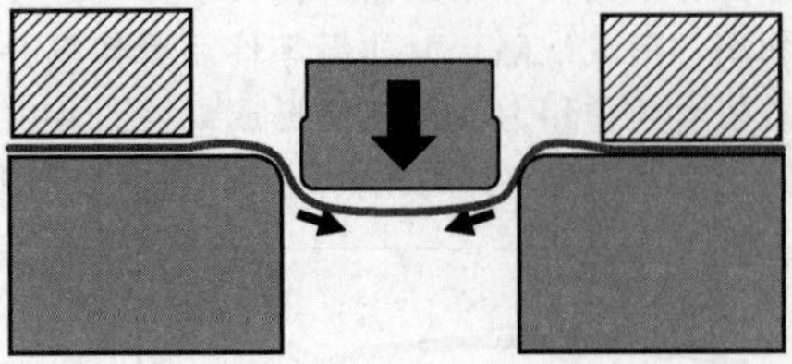

图 11-4-24　内凹整形缺陷示意图

5）零件表面压伤——坑的一种特殊表现形式。零件表面压伤一般指零件在异物、硬物的影响下形成的表面伤痕，而零件另一侧并不一定产生突起。多数因毛刺屑产生的压痕即属于此类缺陷，如图 11-4-25 所示。

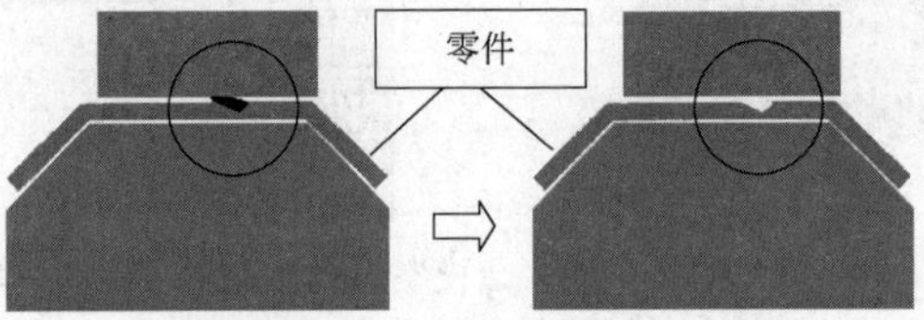

图 11-4-25　异物造成缺陷示意图

2. 因承受外力而产生的内力作用下产生的坑包

零件在进行冲裁、翻边、整形等工序时，在平面方向上会产生大小和方向不同的力，在这些力所进一步产生的内应力作用下，零件会受到拉伸或压缩的作用，进而产生塑性变形，从而产生坑、包及波浪等缺陷。

以圆锥台整形（胀形）为例，成形过程中，法兰区材料受径向拉应力的作用，有向锥台流动的趋势，在此拉应力作用下，切向会产生相应的压应力，如果压料不良或压应力所引起的材料隆起力超过压料力，那么零件就会发生变形（波浪），如图 11-4-26 所示。

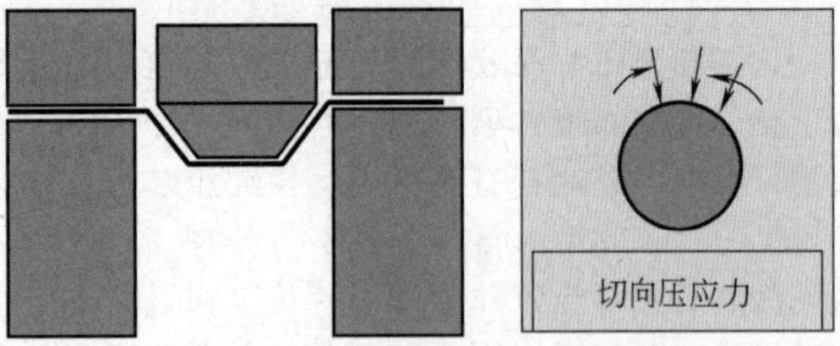

图 11-4-26　圆锥台胀形示意图

以图 11-4-27 所示的不规则形状整形为例，在外凸曲线外的区域，径向受拉应力，切向受压应力，又由于各区外凸曲线曲率不一致，且整形的深浅也存在差异（如门手扣区域），所以径向拉应力的大小和方向均不同，这也造成了由其产生的切向压应力的差异，进而造成复杂的零件缺陷。

同时，内凹曲线区域在径向拉应力的作用下，其切向也产生拉应力，而内凹曲线的曲率越大，整形深度越大；切向拉应力越大且越靠近整形区，力越大，这些不均匀的拉应力作用在零件上，进而产生波浪等缺陷。

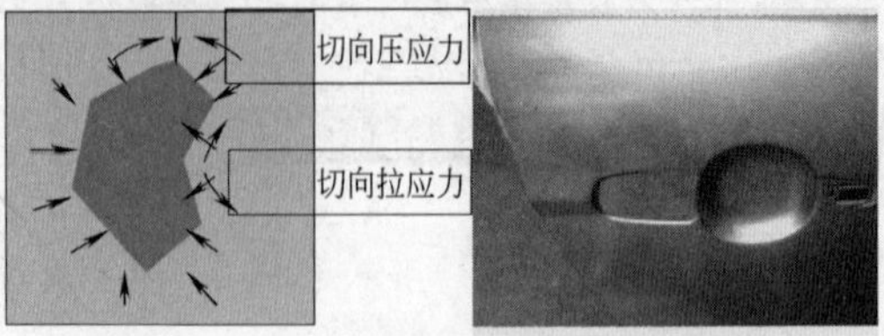

图 11-4-27　不规则整形缺陷示意图

此类成形由于力的大小、方向均受各种不同因素影响，且各个力互相交错，所以缺陷形成的过程非常复杂，这也是此类问题解决起来有一定困难的原因之一。

4.4.2　主要影响因素及措施

1. 产品方面

由零件成形过程中内应力作用而产生的坑、包与产品的关系很大。由于此类型的坑、包缺陷与褶皱的形成原理相同或类似，所以在拉深工序的产品形状可以参考本章第 4.2.4 节的部分内容。

对于整形工序完成的产品形状，应注意以下几点：

（1）减小整形深度 h　整形深度越大，径向拉应力越大，相应的切向压应力（或拉应力）越大，型面（见图 11-4-28 中的 A 区域）产生缺陷的趋势越大。所以，整形深度越小对成形越有利。随着整形深度的增加，对压料强度的要求也更高，也就是说，在径向拉应力增加的情况下，要想减小型面变形或变形趋势，必须要有足够的压料力保证型面的材料紧贴凸模而不产生塑性变形，直到整形结束。

经验表明，侧围的后三角窗区域、尾灯区域，在其他条件类似的情况下，整形深度对成形质量的影响很大，这一点应在产品的工艺性评审过程中重点关注。

（2）适当减小整形区侧壁的角度 θ　角度 θ 越大，A 及 B 区的材料越不容易向主变形区的侧壁区补充，从这一点看似乎对 A 区的稳定是有利的，但实际情况是，由于 B 区材料也难以补充侧壁的成形，而完全依靠侧壁自身的减薄而成形，这不仅大大增加了侧壁破裂的可能性，降低了成形极限，而且也会增加径向拉应力，此力一样会传导到 A 区，反而会对成形更加不利。不仅如此，较大的角度 θ，还会使圆角边缘隆起的趋势加大。所以，应选择相对较小的 θ 角，即选择更倾斜的侧壁角度。坑、包缺陷产生示意图如图 11-4-28 所示。

（3）加大整形凸模圆角 R_1　较大的凸模圆角 R_1，将使凸模端面 B 区的材料更易补充至侧壁，这样会相对减小 A 区的径向拉应力，进而减小 A 区产生坑、包缺陷的趋势。

（4）选择合适的整形凹模圆角 R_2　较大的凹模圆角 R_2 会增大型面 A 区材料向侧壁补充流动的趋势，这对成形是极其不利的，而较小的圆角又将增加圆角边缘隆起的趋势，同时此圆角的大小对产品外观的目视效果有很大的影响，所以此圆角大小的选择，应根据以上几个产品参数的选择及造型需求综合考虑。

对于翻边工序完成的产品形状，应注意以下几点：

1）尽量减少曲线翻边和曲面翻边。

2）尽量减小曲线翻边线的曲率。

3）尽量减小曲面翻边的曲率。

4）对于曲面、曲线翻边，尤其是拐角处及其他曲率较大处的翻边，应选择尽可能小的翻边高度。

5）对于门、盖类产品，拐角处翻边采用非压合形式。

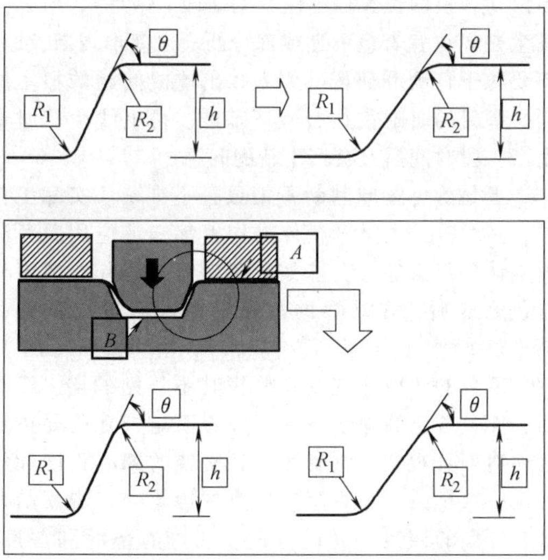

图 11-4-28　坑、包缺陷产生示意图

2. 工艺及模具方面

（1）翻边的产品区域采用翻边工艺而非整形工艺　翻边时，翻边区域在翻边凹模（上模）的压力的作用下及摩擦力作用下，径向上受拉力作用，方向与翻边方向一致。而如果是整形成形，即冲压方向与翻边方向不一致而成一定的角度，则在成形过程中，整形镶块将施加给零件一个水平方向的分力（见图 11-4-29），这个分力将进一步促使零件的翻边边缘隆起，加大缺陷产生的可能性。

（2）保证模具型面不存在缺陷　模具型面良好是生产出好零件的基础。在成形类工序，多数情况下，零件随凸模而成形，所以凸模应保证为与产品完全相符的完好型面。也有一些情况，零件是依靠凸模和凹模共同作用的结果，所以参与零件成形的型面均不能有缺陷，否则都有可能造成零件缺陷。对于分离工序，模具型面虽然不直接参与成形，但由于与零件接触的型面难免会产生力的作用，所以一样可能对零件造成影响。所以与零件接触的型面部分，无论是否直接参与成形，均应该保证没有缺陷。其表面质量应达到的程度，因零件的不同、工序的不同、工况的不同而不尽相同，应依据实际情况而定。

型面的缺陷可以通过目视法、油石（砂纸）打磨法、研板研磨法、着色法等方法进行检查和确认。

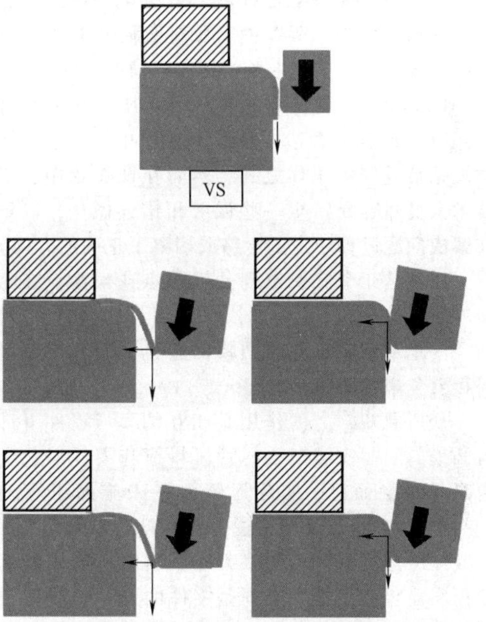

图 11-4-29　翻边缺陷产生解析图

（3）零件与凸模及压料板的贴合程度（即压料状态）　上节提到，模具型面良好是生产出好零件的基础，但同时，零件也必须与无缺陷的凸模各压料板完全贴合，这样才能使零件在成形或受力过程中，可在压料力的束缚下不产生塑性变形。换句话说，保证成形稳定的是足够大且稳定的压料力，而零件与凸模及压料板贴合是获得足够大且稳定压料力的前提。压料力在辅助成形过程中，一是直接克服由内应力引起的材料失稳隆起，二是用其产生的摩擦力来克服平面方向上拉应力可能引起的材料变薄和流动。

良好的压料是冲裁、翻边、整形类工序中避免零件产生衍生缺陷的最重要保证，所以零件与凸模及压料板的贴合程度就显得尤为重要。

一些书籍及模具设计（技术）标准中，对不同工序的压料区域做出了量化的要求，如在某工序的压料宽度不得小于多少、着色率不得低于多少等等，这些要求虽然对模具设计、制造和调试进行了通用性的要求和指导，但在多数情况下，却不能准确的指导工作。原因一是实际所需要的压料力是用来克服成形过程中产生的不良内应力的，而这个力的大小与工序、产口形状等众多因素相关，且力的大小差异巨大；如薄板软钢的冲裁工序，只需很小的压料力即能保证冲裁不产生衍生缺陷，而同样区域的高强板内凹曲面（曲线）翻边整形，其在型面区域产生的内应力需要极大的压料力来克服。原因二是实际作用在零件需要集中压料区域的压料力也受众多因素的影响，如压料力源的大小、压料面积的大小、零件与模具的贴合程度、平衡块的调整、着色研配的均匀性等。所以关于压料区域及着色率的相关技术要求，在工作中要根据实际情况灵活运用。

如上所述，确认零件与凸模及压料板的贴合程度是解决冲裁、翻边、整形类工序中坑、包、波浪类缺陷最重要的工作之一，然而在此过程中，工程技术人员却容易产生一些误区和错误做法，以至于在解决问题过程中走了弯路或偏离了正确的方向。

以下是几个容易出现的问题点或误区，在工作中应予以注意。

一是不确认零件与凸模的着色，而直接通过压料板着色来判断压料状态。

众所周知，力的作用是相互的。当零件下部没有凸模的刚性支撑时，尽管压料板与零件着色良好也只是接触而已，实际压料力并未施加于零件上（见图 11-4-30）。换句话说，着色只是假象，并不能代表压料是良好的。所以判断压料着色与判断拉深模压料面着色一样，必须是零件的同一位置正反两面均着实色才能代表压料状态的良好。这样简单的道理虽然非常易懂，但在实际工作中却总是因种种原因而忽略。这一点非常重要。

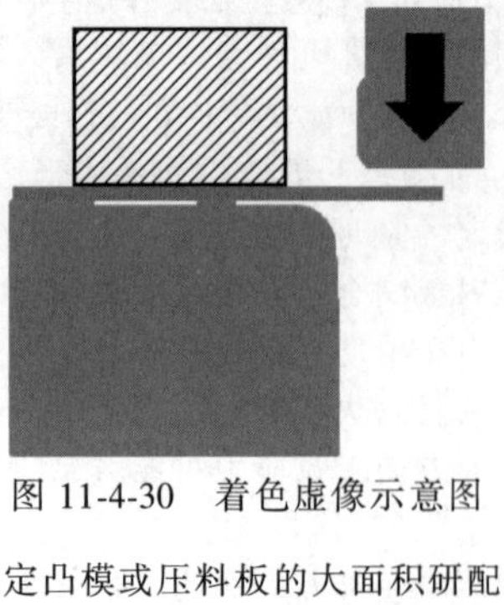

图 11-4-30　着色虚像示意图

二是固定凸模或压料板的大面积研配不到位。

三是活动凸模的工作位置不正确或不稳定。对于负角度翻边整形，这一点往往是重要的影响因素。影响活动凸模位置稳定性的因素很多，常见的因素如图 11-4-31 所示，在实际工作中可根据现场实际情况进行有针对性的原因查找。

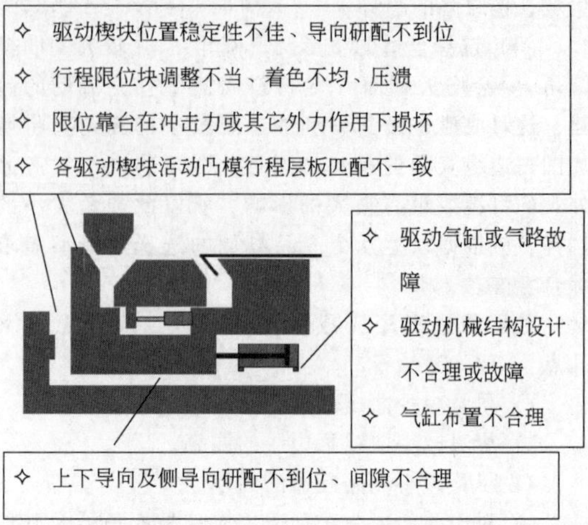

✧ 驱动楔块位置稳定性不佳、导向研配不到位
✧ 行程限位块调整不当、着色不均、压溃
✧ 限位靠台在冲击力或其它外力作用下损坏
✧ 各驱动楔块活动凸模行程层板匹配不一致
✧ 驱动气缸或气路故障
✧ 驱动机械结构设计不合理或故障
✧ 气缸布置不合理
✧ 上下导向及侧导向研配不到位、间隙不合理

图 11-4-31　负角整形产生缺陷分析图

四是固定凸模与活动凸模或活动凸模与活动凸模交界位置研配不到位；交界位置研配不到位往往与活动凸模的位置稳定性有关（即上一点），所以当发生交界位置着色不良或部分凸模之间出现断差时，不要急于打磨和研配，要先找出造成问题的根本原因。盲目的研配往往会破坏基准，再上线生产时或生产一段时间后又会产生新的问题。

五是着色区域判断不细致且不准确。实际工作中，多数技术人员及模修操作者都知道应用着色法来确认压料状态，且能按正确的方法操作，但零件着色完成后，在观察的过程中却未能得出正确的结论。

着色的区域往往是一些极其不规则的点、线和面，而且着色的深浅不一、位置不定，且还要正反两面对照着观察，这确实对观察者的细心程度和经验是一个挑战。除观察者本身的因素外，观察的角度、环境的照度、光的方向、红丹的薄厚和湿度、红丹刷涂的均匀性等都会影响观察的结果。所以在这一环节，一定要有足够的耐心，仔细确认每一个环节、每一个影响因素以及着色的每一个区域，有时问题往往就出在不易被观察到的极小区域。

六是通过调整平衡块来改变压料力。模具在制造终调试完成后，一般平衡块都被配成平衡状态，即能够保证压料板与凸模间有均匀的压料间隙。在实际工作中，如发现压料不良，可进一步验证平衡块是否依然配平或是否有变化点，但如果其没有异常，一般不要改变平衡块（如增加或减少垫片），否则会造成压料失去基准或造成新问题的发生。

（4）压料力不足　模具设计阶段，压料力的选择即已完成，一般根据成形力的其他因素综合考虑，将采用足够的弹性元件来提供压料力，所以对于已经制造完成的模具来说，理论上的压料力是足够的。但实际生产中，却确实有压料力不足的情况，究其原因，除极少数的设计缺陷外，一般有两种情况，其一是弹性元件失效，如氮气缸漏气等，这种情况可通过模具的检查来识别；其二是由于压料研配不良，压料力过多的施加在了压料区域的一些高点上（包括平衡块配平不当），而真正需要较大压料力的区域却没有足够的力。这一点可通过测量压料间隙及着色来进行调查。

（5）翻边整形过程　整个翻边整形的过程中，翻边整形凸凹模的状态、间隙等（包括成形的速度），都会在一定程度上影响成形时型面的受力，进而对缺陷的产生造成影响。

（6）其他部件的影响　另外，在翻边整形过程中，还可能有一些辅助压料装置，活动凸模的辅助驱动装置等，也可能对零件质量造成影响，在实际工作中要一一识别。

4.5　其他缺陷

除上述提到的质量缺陷外，还有很多与实际生产相关联的缺陷，如油棱、毛刺等。下面进行简单介绍。

4.5.1　油棱

油棱（包）是一种较为常见的冲压件质量缺陷，多数情况下，它将严重影响冲压件的外观质量而不被允许出现，如图 11-4-32 所示。通常说的油棱，实质上就是坑包（波浪）的一种，只不过其成因与油有关。

图 11-4-32　油棱缺陷图片

油棱形成的原理：毛坯背面的局部大量残油在成形的瞬间无法向周围快速均匀扩散，而由于油在高压下体积基本不变，故形成零件表面的隆起，如图 11-4-33 所示。油棱的大小与残油量、聚集程度、扩散程度、毛坯强度等多种因素直接相关，而油的扩散程度又与油的黏度、所处位置的形状等因素直接相关。根据其形成的原理，油棱更易发于外表面件的凸模成形、有较大法向力（贴紧凸模的力）且形状较平缓区域，如车门外板、顶盖外板、侧围外板的后翼子板区域等。而其他的零件如行李箱外板、翼子板等，油棱缺陷相对较为少见。

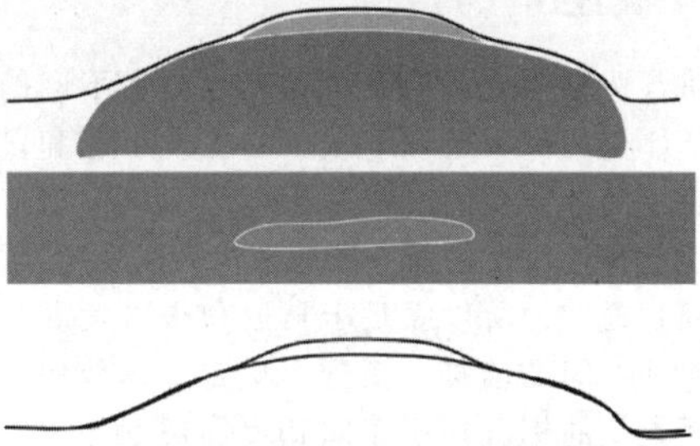

图 11-4-33　油棱缺陷产生示意图

4.5.2　毛刺

在模具间隙正常时，金属材料的冲裁过程可分 3 个阶段。弹性变形阶段：板料产生弹性压缩、弯曲和拉伸等变形；塑性变形阶段：板料的应力达到屈服极限，板料开始产生塑性剪切变形；断裂分离阶段：已成形的裂纹沿最大剪应变速度方向向材料内延伸，呈楔形状发展。

从冲裁的原理也可知，冲裁后的断面分成 4 个部分，分别为塌角、光亮带、断裂带和毛刺。由于毛刺部分是最易被目视或手触摸到的部分，而被用来当作衡量冲裁断面质量的常用要素。冲裁间隙是最直接影响冲裁质量的因素，也是决定毛刺大小最重要的一个因素。当间隙偏大时，上下剪裂纹不重合，材料在断裂阶段受拉应力的作用而形成毛刺。

毛刺缺陷为冲压件常见的缺陷，其产生原理和影响因素已有非常详细的介绍，本篇不再做详细讲解。

第5章

大型覆盖件冲压车间工艺规划

中国第一汽车集团有限公司 工程与生产物流部 张正杰 白昱璟

5.1 概述

冲压为整车生产的第一道工序，在不同的生产纲领、不同的投资条件下采用的生产工艺和设备是不同的，其冲压线的一次性投资较大，但适应产品发展变化的通用性较强，产品换代只需要更换模具，设备可以通用，所以立足于长远和未来发展是我们规划冲压车间的前提，实现高质量、高效率、低成本和可复制的标准冲压车间是我们规划冲压车间的目标。

本文结合公司投资实际情况，论述了工艺设计中如何根据生产纲领等基础资料，确定冲压生产工艺流程、工艺设备及车间工艺布局，同时在此基础上提出土建和公共设施的要求。

在冲压车间规划中主要包括以下几方面内容：冲压产能规划、工作纲领规划、生产工艺流程规划、工艺设备规划、辅助设备规划、冲压车间功能区及位置规划、车间内部物流规划、厂房设计、车间人员需求规划等。

5.2 规划资料输入

5.2.1 规划产能及核心加工范围

1. 概述

设计冲压车间首先需要确定产品和产量，这是冲压车间设计的前提，产品的多少、产量的大小直接决定了工艺流程和设备，决定了冲压车间的规模和投资。

2. 规划产能

根据公司纲领规划需求或缺口合理规划建设产能，总体把握以下几点原则：

（1）一个工厂的整车生产能力原则上取决于这个生产地的冲压车间产能。

（2）满足后续工程（焊装/涂装）的产能需求。

（3）大覆盖外表面件必须自制，视剩余产能调整大型内表面件自制数量。

在这里要说明的是冲压生产纲领与其他工艺有所不同，其生产产品单位为“冲程”，即压力机往复工作的次数，与整车纲领“万辆/年”没有固化的关系，冲压可以通过预留件的数量应对不同纲领的需求，但一般大型冲压线规划纲领都以10万辆为基础，如果少于10万辆，要保证冲压线生产符合，势必要生产一部分尺寸小的零件，这样就会造成压力机能力过剩，出现生产成本高和模具制造成本高的现象，所以我们在预留自制件时，一定要考虑产品的尺寸和质量是否与冲压线匹配。同时，在最终计算实际生产件数时，要考虑一模双件、一模三件、一模四件的比例。

示例：

200万次/年（车型10万辆/年），一模一件比例30%、一模双件比例56%、一模三件比例0%、一模四件比例14%。

实际生产件数 = 200×30%×1+200×56%×2+200×0%×3+200×14%×4=396（万件）

3. 核心加工范围

在冲压车间设计之初必须考虑其生产方式，并结合公司实际情况，按其模具制造方式和生产路线形式将其分为：自制件、控制件和一般控制件等冲压件类型，其具体分类视各个厂家不同略有出入，一般情况如下：

自制件主要包括车身大型外覆盖件和大型复杂内表面件，这一类冲压件的精度要求高，冲压质量直接影响车身质量，表面质量要求高，不易频繁运输，工艺上需大吨位压力机生产，外协难度大、零件所占空间大、运输成本高，所以其模具和产品完全自制。整车厂一般自制大中型内外覆盖件数为20~30件左右，其明细及工艺情况见表11-5-1。

控制件主要包括车身中小型外覆盖件、中小型复杂内表面件和梁类件，这一类冲压件的精度要求高，冲压质量直接影响车身质量，表面质量要求易控制、易运输，零件所占空间小、运输成本低，所以其模具公司自制，通过控制模具质量控制产品质量，最后产品就近外委，当然对于一些有相应生产设备的公司也可以选择自制。

表 11-5-1　内外覆盖件明细及工艺情况

序号	零件名称	件/车	件/冲程	工序数 冲模套数	模具组数	备注
1	左侧围外板	1	1	4~6	1	
2	右侧围外板	1	1	4~6	1	
3	左/右前车门外板	1/1	2	4	1	也可以一模四件
4	左/右前车门内板	1/1	2	4	1	
5	左/右后车门外板	1/1	2	4	1	也可以一模四件
6	左/右后车门内板	1/1	2	4	1	
7	左/右翼子板	1/1	2	5~6	1	
8	发动机罩内板	1	1	3~4	1	也可以一模双件
9	发动机罩外板	1	1	3~4	1	
10	行李箱盖外板	1	1	3~4	1	也可以一模双件
11	行李箱盖内板	1	1	3~6	1	
12	顶盖	1	1	3~5	1	
13	前地板	1	1	4~5	1	
14	后地板	1	1	4~5	1	
15	前挡板	1	1	4~5	1	
16	左/右后轮罩内板	1/1	2	4~5	1	
合　计		22	22	—	16	

注：模具组数：生产一种零件所需要的全序模具构成一组模具，如左/右车门外板成双生产需要四道工序，共计四套模具，构成一组模具。生产线承担的所有模具组之和，构成生产线的模具组数，如表中所承担的自制件模具组数为16 组 22 种零件（包括一模双件或一模四件），意味着生产一辆份白车身需要冲压生产线 16 冲程/辆。

一般控制件为上述两种之外的其他件，这一类冲压件的精度要求不高（除铰链等强制认证类件），冲压质量容易控制、零件所占空间小、运输成本低，所以其模具和产品完全外委，通过监制模具质量或直接控制产品质量即可，对于强制认证类件直接外委到专业生产厂家。

5.2.2　工作制度规划

冲压生产作为一个规模效益递增型的产业，其规模与投资成正比例增长，其一次性投资数额较大，设备折旧费和设备维护费用也非常高，对此冲压生产企业通过提高设备的开动率，以降低设备的使用费用，冲压生产一般所采用的三种工作制如图 11-5-1 所示。

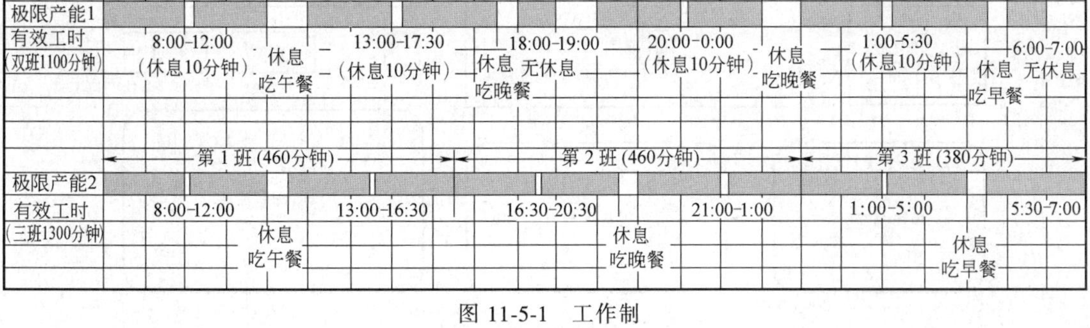

图 11-5-1　工作制

5.3　冲压车间总图规划

冲压车间总图规划以物流流向为主线，遵循“一个流”的设计原则，冲压车间位置一般与焊装车间相邻，与焊装车间组成联合厂房，冲压与焊装车间之间一般设置冲压件库。冲压、焊装、涂装、总装四大工艺车间的位置关系如图 11-5-2、图 11-5-3 所示。

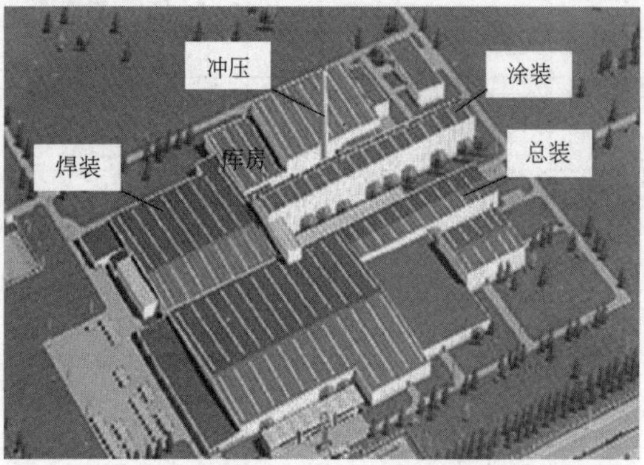

图 11-5-2　冲压车间位置一

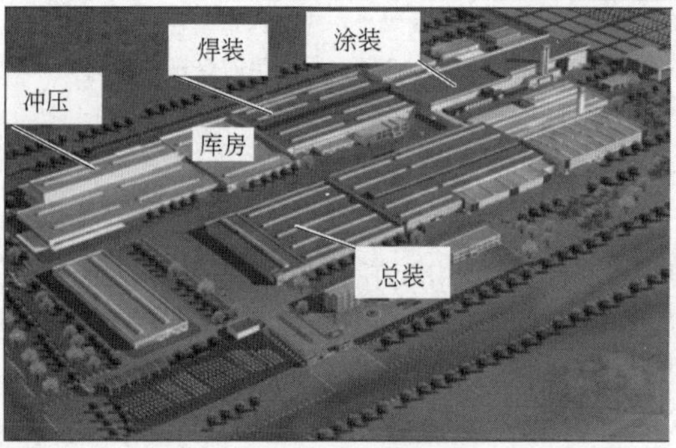

图 11-5-3　冲压车间位置二

5.4　车间工艺规划

5.4.1　车间任务规划

冲压车间主要承担冲压件的生产任务。包括毛坯存放、冲压件成形、模检具和自动化辅具的存放、模具及设备的日常维护工作。

5.4.2　车间功能规划

车间功能决定了车间用途，决定设备配置。一般完整的冲压车间必备以下几种功能：

1）冲压件生产：产能大小、生产线形式、生产线布局、区域面积。

2）冲压件存放：物流转运、位置布局、区域面积。

3）毛坯存放：存放面积、物流转运。

4）模具/检具/自动化辅具的存放：存放面积、物流转运。

5）冲压件转运：物流通道、转运设备。

6）模具、钣金维修和维护区：具体位置和相关设备。

7）废料处理间：废料出口、废料通道布局等。

8）人员办公生活及辅助：位置、面积大小，内部功能。

5.4.3　生产工艺流程规划

生产工艺流程是车间整体规划布局的一条主线，其功能区和物流将围绕这条主线合理布置规划，所以在车间规划前一定要完成生产工艺流程的规划。常见的生产工艺流程，如图 11-5-4 所示。

5.4.4　工艺设备规划

1. 设备类型选择

我们常用的覆盖件成形设备有双动机械压力机、单动机械压力机、伺服机械压力机、液压机等。

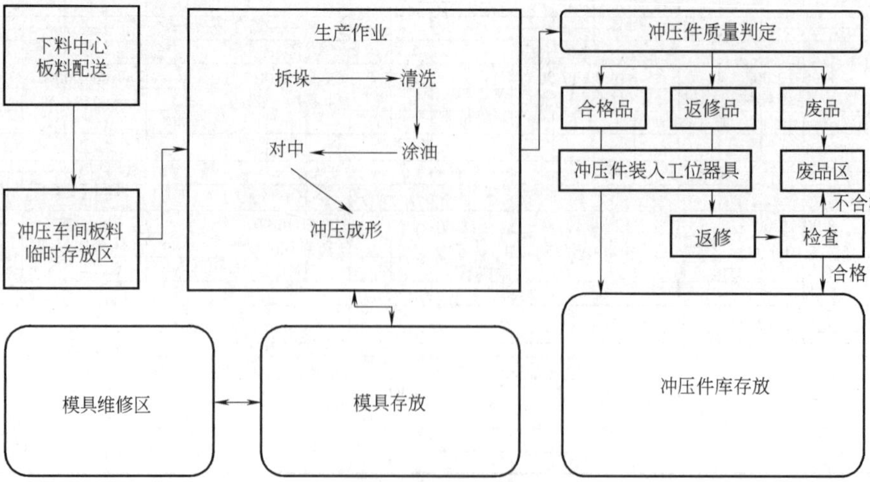

图 11-5-4　生产工艺流程

(1) 双动机械压力机　双动机械压力机用于大型汽车覆盖件的拉深成形，一般为冲压线的首台压力机，其结构特点是有两个滑块，即内滑块和外滑块（见图 11-5-5），内滑块安装固定双动拉深模的凸模，产生拉深力，实现拉深成形过程。外滑块安装固定模具的压边圈，产生压边力，实现压料过程。外滑块一般为多连杆传动结构，内滑块一般为多连杆传动或偏心传动结构。由于双动机械压力机拉深完成后，制件需要翻转 180°后才能进入下道工序，生产效率低，实现自动化困难。因此，正逐步被单动压力机所替代。

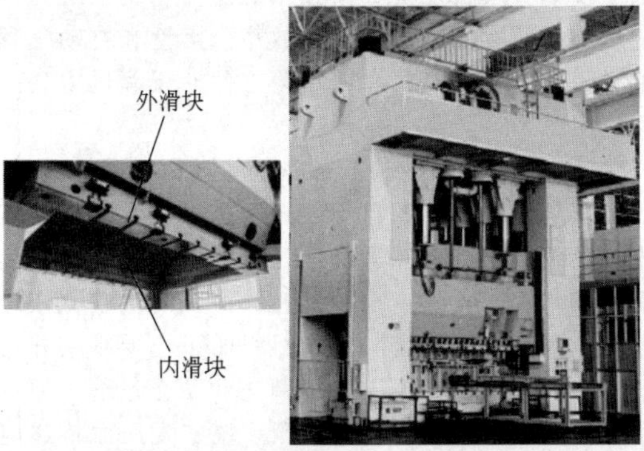

图 11-5-5　四点双动拉深机械压力机

(2) 单动机械压力机　用于大型汽车覆盖件生产的单动机械压力机按驱动形式又可分为单动偏心传动压力机和单动多连杆传动压力机。

1) 单动偏心传动压力机是以偏心轮传动机构作为主传动系统单元，在压力机上横梁主传动系统中，偏心齿轮与连杆、导柱和滑块构成了曲柄滑块机构，通过曲柄滑块机构将偏心齿轮的回转运动转化为滑块的直线往复运动，从而实现冲压功能，滑块做正弦曲线运动（见图 11-5-6）。其优点是压力机结构简单、投资适宜、适用于简单成形的冲压件生产。偏心传动方式有两个缺点，一是滑块下行至模具闭合时，接触速度相对较高，二是滑块速度递减很快，从而对模具冲击较大，对模具寿命和冲压件成形有较大影响，不适合较深、较复杂零件的生产。

图 11-5-6　四点单动偏心传动机械压力机

2) 单动多连杆传动压力机一般采用六连杆传动机构和八连杆传动机构（见图 11-5-7）。采用多连杆传动，可使拉深过程中的拉深速度降低到偏心传动的一半到三分之一，这种运动特性使滑块上的模具能够柔和地接触板料，拉深过程一开始就具有较高的冲压力并以基本保持恒定的速度完成成形过程，为深拉深提供了便利条件，可以满足薄板零件深拉深的工艺要求，也提高了冲压件的质量。多连杆传动压力机的优点是滑块在运行中具有较高的空程速度和低而平稳的工作行程速度，拉深成形时上模接触下模的速度低而且均匀，空程时速度快，行程次数得到提高，拉深深度较深。较低的滑块冲击速度

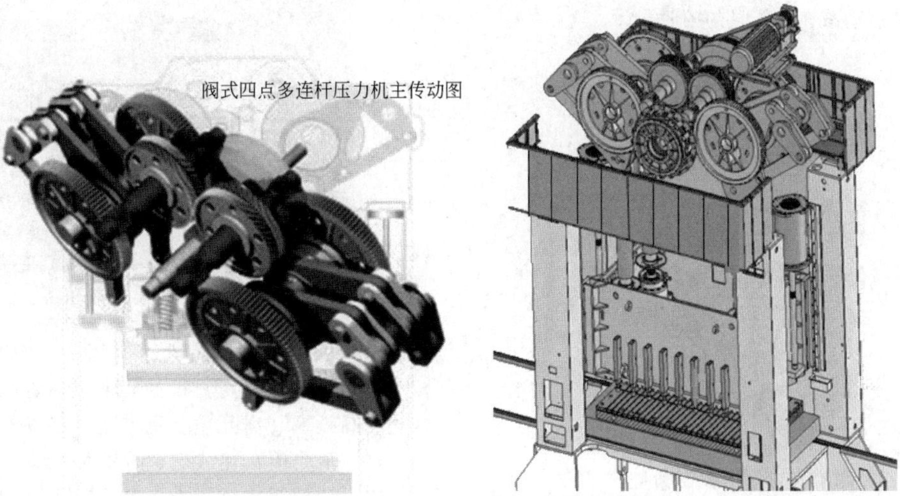

图 11-5-7　四点单动多连杆传动机械压力机

减少了对模具的冲击和噪音、延长了模具寿命、提高了冲压件质量。采用六连杆传动还是八连杆传动取决于成形过程和冲压件的输送运动过程，八连杆传动机构可实现更佳的滑块行程运行曲线和拉深曲线，提高覆盖件的拉深质量，用于复杂冲压件的拉深成形，但成本要高于六连杆传动压力机。

（3）伺服机械压力机　传统的机械压力机是利用曲柄滑块机构将电动机的旋转运动转变为滑块的直线往复运动，实现冲压加工，这种传动系统不易变速，工艺适应能力差，另外，机械压力机带有飞轮，启动时需要消耗较大能量，且电机不能频繁启动。生产过程中，由于冲压生产的特殊性，压力机空转待机时间较长、效率低、能耗高。

随着电力电子技术、集成电路和计算机控制技术的发展，大功率交流伺服电机及其驱动控制装置作为交流伺服驱动系统在压力机上应用。伺服压力机是将伺服直接驱动技术与偏心轮驱动或多连杆驱动技术相结合，由高性能伺服电机直接驱动，将电机的旋转运动转换为滑块的直线运动，省去了离合器、制动器和飞轮，如图 11-5-8 所示。伺服压力机的工作方式与传统压力机不同，具有以下特点：①它是在需要动力时启动，不需要动力时停止。②伺服压力机的滑块速度和运动曲线可单独编程，可在一定的范围内任意控制滑块的速度和运动曲线，以满足变速冲压成形的工艺要求，滑块到下死点时可实现保压，有利于高强钢板等难变形材料的冲压成形。③滑块行程可编程控制，速度在一定的范围内可任意调节、实时控制，具有良好的低速成形、保压、空程快速急回的特性，即空行程快，工作行程慢且速度均匀，提高了生产效率和冲压件质量。④压力机可以频繁启停，正反转运转。⑤可减少或消除空转待机，工作时电机运转，待机时停止，可节省能源和制动减速时能量的回收。

图 11-5-8　伺服压力机

（4）液压机　机械压力机是由曲柄将力传送到滑块上，与机械压力机的驱动方式不同，液压机则是由液压缸的活塞杆将力传送到滑块上。液压机一般由电气控制系统、液压动力系统和机械构件三大部分组成。用于汽车覆盖件成形的液压机一般为组合框架预紧结构机身，如图 11-5-9 所示，由上横梁、左右立柱、底座、四根拉紧螺栓联结成一个封闭框架。滑块导向采用四角八面导轨，移动工作台，配置液压拉深垫、模具快速夹紧装置等，可实现覆盖件的拉深、修边冲孔、翻边、整形等工艺。

用于覆盖件成形的液压机主要有单动薄板冲压液压机、双动薄板拉深液压机。近年来，由于电子液压技术、控制系统等新技术的应用，用于覆盖件成形的大型液压机的速度、效率、柔性和自动化程度有了大幅度提高，在汽车覆盖件冲压领域得到广泛应用。

液压机具有投入少、成本低、有利于零件成形、零件质量稳定性好的特点。液压机容易实现最大压力和最大工作行程，适合深拉深，压力与速度可实现无级调节，液压控制系统能够保证滑块空程快速下降、慢速冲压、空程快速回程的工艺要求，并可按工艺要求实现保压，便于调速和防止过载。但液压机目前还存在易泄漏、液压系统实现压力传递时有阻力损失、生产效率低等缺点，比较适合中小批量冲压生产。覆盖件成形液压机的发展趋势是依托电液比例技术、电子技术、计算机技术等提高液压机性能，发展节能、环保的快速、高速液压机和自动化液压机生产线，提高生产效率。

图 11-5-9　框架式液压机

随着汽车覆盖件呈现大型化、一体化的特征，汽车覆盖件生产对压力机的要求也向着大型化、高速化、高效率、高品质、更安全、更节能环保的方向发展。从当前在建或已建成的冲压线看，单动机械压力机和伺服机械压力机是目前主流方向，而伺服压力机技术是目前国际上最先进的压力机技术之一，但其价格要求高于机械压力机。

所以在设备类型选择上要结合公司的产品需求和投资等因素，选择适合自己需求的设备。

2. 冲压生产线设备组合

表 11-5-2 是大型压力机生产线设备组合比较，大型压力机生产线设备的组合一般有 7 种方式：

1）首台多连杆双动压力机，后面配 3～5 台单动偏心传动机械压力机，拉深后的零件需要翻转 180°再送到下序，影响整线生产节拍，生产效率低，已逐渐被取代。

2）首台多连杆传动单动机械压力机，带数控拉深垫/气垫，后面配 3～5 台单动偏心传动机械压力机，投资适中，较为实用。

3）首台单动多连杆传动机械压力机，带数控拉深垫/气垫，后面配 3～5 台单动多连杆传动机械压力机，带数控拉深垫，投资较大，部分功能过剩。

4）首台液压机，带数控拉深垫/气垫，后面配 3～5 台单动偏心传动机械压力机，混合压力机生产线，投资少，但生产效率较低。

5）4～6 台液压机生产线，带数控拉深垫/气垫。投资少，但效率低，适合中小批量生产。

6）4～6 台伺服压力机生产线，效率高、冲压件质量好、节能环保，但投资较大，是冲压生产线的未来发展方向。

7）大型多工位压力机生产线，效率高、投资大、对模具要求高，国内较少采用，是冲压生产线的未来发展方向。

表 11-5-2　超大型和大型压力机生产线设备组合比较

组合形式	首台多连杆双动压力机，后面配 3～5 台偏心传动单动机械压力机	首台单动多连杆传动机械压力机，带数控拉深垫/气垫，后面配 3～5 台单动偏心传动机械压力机	首台单动多连杆传动机械压力机，后面配 3～5 台单动多连杆传动机械压力机，都带数控拉深垫/气垫	首台液压机，带数控拉深垫/气垫，后面配 3～5 台单动偏心传动机械压力机，混合压力机生产线	4～6 台液压机生产线，带数控拉深垫/气垫	4～6 台伺服压力机生产线	大型多工位压力机生产线
生产效率	拉深后的零件需要翻转 180°，生产效率低	高	高	较低	较低	高	很高
生产线投资	增加翻转机构，投资大	投资适中，性价比较好	投资大，部分功能过剩	较低	低	很大	很大
零件质量	一般	较好	较好	较好	较好	好	较好
自动化联线	拉深后的零件需要翻转 180°，联线形式受限	适合多种自动化联线形式	适合多种自动化联线形式	适合机器人、机械手等自动化联线形式	适合机器人等联线形式	适合高速机械手等联线形式	三轴式、横杆式
对模具要求	双动模具	单动模具	单动模具	单动模具	单动模具	单动模具	较高
应用情况	已逐渐被取代	多	较多	较少	少，适合中小批量生产	合资企业较多，是发展趋势	国外较多，国内较少，是国内发展趋势

3. 压力机数量选择

冲压生产的压力机连线布置和压力机的数量需根据冲压件成形工艺及冲压模具形式来定，四序、五序、六序皆有，一般日系趋于少工序多任务的建设方式，欧美系趋于多工序少任务的建设方式，压力机数与工序数一一对应，即工序越少则相应的压力机数量越少，车间固定投资就越低，生产运行费用越低，模具单件投资费用越低，但同时需要考虑是否能满足产品设计的需求、模具设计的可行性及模具复杂后所引起的单套模具成本和故障率的提升，而且在后期产品发生设计变更时，可改性较低。所以具体情况可根据该公司的生产纲领和生产规模，结合所要生产品种的特点、工艺要求、质量要求、投资、成本等因素，选择经济、合理、实用，与生产纲领和生产批量相适应的冲压工艺设备和生产线形式。

4. 压力机吨位及工作台面选择

压力机吨位及工作台面选择，根据所生产的零件大小而不同，特别是以整体侧围、顶盖和门内外板为代表，综合考虑一模两件或一模四件的工艺，大型压力机线一般首台为 1600～2500t，后续压力机吨位一般为首台压力机的 1/2 左右，个别厂家的

OP20 和 OP30 压力机考虑到二次拉深和整形需要，其吨位会选择得略大一点，具体吨位根据生产工艺特点而定。压力机工作台面可根据整体侧围和顶盖模具大小，以及一模两件或一模四件的模具大小选定，一般为 4500mm×2400mm 或 5000mm×2500mm 左右，差别不是很大。

举例 1：通过 CAE 软件对新车型的冲压件进行分析（见图 11-5-10），并结合整体侧围（见图 11-5-11）及以往车型的工艺需求，确定首台压力机吨位为 2000t，台面为 4600mm×2400mm，其能够满足大型冲压件及未来同级别车型的工艺需求，并且不会存在较多的吨位过剩现象。

后续压力机吨位一般多为 1000t 或 800t，大型冲压件工艺一般第二、第三序需要二次拉深或胀形，需要的力会大些，故考虑 1000t 的压力机以适应工艺需求。

1）左右中门里板成对拉深（一模双件），单件坯料尺寸 1305mm×1650mm×0. 65mm，单件最低成型力为 800t，即成对拉深最低成形力为 1600t。

2）整体侧围，坯料尺寸 3150mm×1750mm×0. 65mm，目前生产需要成形力为 1300t。

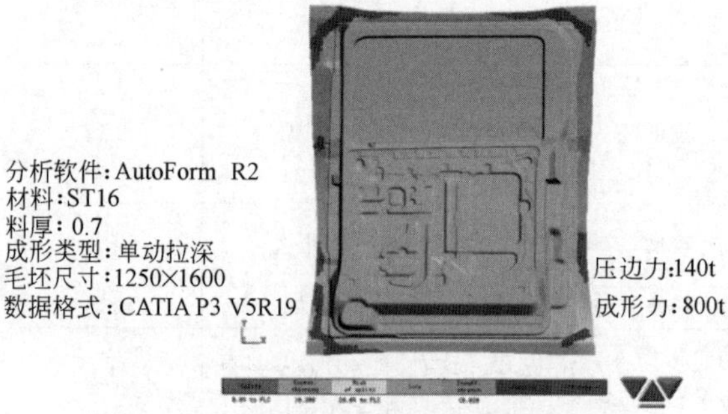

图 11-5-10　左右中门里板 CAE 分析报告

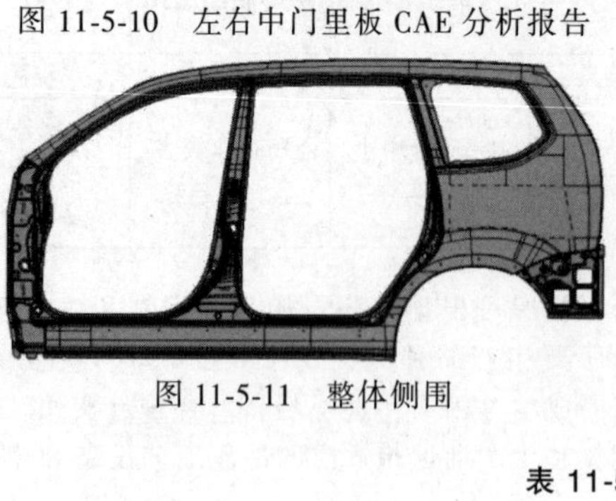

图 11-5-11　整体侧围

注意：机械压力机一般要求工作载荷不超过公称压力的 80%，即通常使用最好控制在 1600t 以下，对设备使用寿命和精度保证最好。

5. 自动化选择

冲压件传输按照其传输媒介分为两种形式，一种为手工上下料，另一种为自动上下料系统。其中自动上下料系统又细分为机器人、单臂机械手、双臂机械手三种系统。

从目前使用情况看，机器人和单臂机械手适合于对传统压力机生产线的改造，机器人由于柔性好，适用于一般生产规模的生产线选用，而单臂机械手与双臂机械手是专为冲压生产而研制的自动化传输系统，其承载大、稳定性较好，适用于大型冲压线选用，尤其在连续高速线和伺服高速线 SPM15 次以上时，机器人的节拍是很难满足其要求的，所以在高速线上配机械手是常见的技术方案，但其投资也远远高于机器人系统，尤其双臂机械手对压力机的特殊要求，其造价会更高。但随着科技日新月异的发展及各个新技术在自动化传输系统上的应用，其适用情况会发生很大变化，机器人系统在冲压领域可能将会是未来主要的发展方向。

6. 其他

对于钢铝混合生产线，线首拆垛部分需考虑增加气刀或真空吸盘与磁力分张器配合使用，磁性传送带需更换为高摩擦传送带或真空传送带。

5.4.5　辅助设备规划

冲压车间最主要的工艺设备是冲压生产线，即压力机和自动化传输系统，此外，还包括生产辅助设备、机模修设备及生产辅助工具等，其明细见表 11-5-3，各生产企业根据自己情况可略有增减，但大体基本相同。

1. 带料开卷线

（1）毛坯加工配送方式　开卷线主要用于汽车覆盖件冲压生产的毛坯准备，目前有两种加工配送方式，一种是整车厂自制毛坯，作为整车厂覆盖件冲压生产的重要组成部分。二是毛坯外协加工，由专业配套供应商提供毛坯，可由钢厂独资或整车厂与钢厂建立合资公司生产，负责毛坯的加工配送。两种方式的比较见表 11-5-4。

表 11-5-3　辅助设备明细

设备分类	设备名称	用途
生产辅助设备	带料开卷线	包括开卷剪切线和开卷落料线，主要用于汽车覆盖件冲压生产的毛坯准备
	板料清洗涂油装置	冲压成形前的毛坯板料的表面清洗及涂油处理
	废料输送系统	冲压生产中会产生冲裁下了的废料，在压力机下方基础内可设废料输送线，将其废料收集并排除
	料垛翻转装置	料垛翻转装置用于对称件毛坯料的翻转

（续）

设备分类	设备名称	用途
生产辅助设备	转运台车	用于模具及板料跨间转运
	吊钩桥式起重机	用于模具安装或维修及生产坯料装卸
	叉车	用于成品件转运和坯料装卸
机模修设备	试模压力机/研配压力机 模具清洗机 摇臂钻床 交流电焊机 除尘砂轮机 可控硅整流弧焊机 加热炉	用于车间内设备及模具的简单维修保养，其调试压力机参数要求与生产线上最大设备的参数相同
生产辅助工具	立体货架	用于毛坯、端拾器存放
	钣金返修台（铝板打磨间）	用于整修冲压件毛刺及表面质量
	检验台	用于制件离线检测
	样件存放架	存放样件
	钳工维修台	钳工维修工作平台
	磨模机	模具剖光和制件打磨

表 11-5-4　毛坯加工配送方式比较

方式	整车厂自制毛坯	毛坯外协生产	
		区域性配套	靠近整车厂冲压车间
毛坯加工配送方案	毛坯加工是整车厂覆盖件冲压生产的重要组成部分，开卷线布置在冲压车间内，卷料经过开卷线剪切或落料后，形成的毛坯码放在专用托盘上，通过叉车或过跨转运车运送到每条冲压线	由专业毛坯供应商配套加工，可由钢厂独资或整车厂与钢厂建立合资公司生产，负责毛坯的加工配送。厂址可选择在整车厂周边区域，形成区域性配套，毛坯需要经过包装后，通过汽车运到整车厂冲压车间内	由毛坯供应商投资设备，租赁整车厂的厂房，将开卷线建在整车厂靠近冲压车间的独立一跨内，毛坯通过叉车或过跨转运车运送到每条冲压线。由毛坯供应商专业化生产，就近加工配送
毛坯成本	毛坯成本低，毛坯转运距离较短	毛坯成本较高，需要包装和长距离转运	毛坯成本低，毛坯转运距离较短
毛坯质量	毛坯质量容易控制和保证	长距离转运和倒运，质量较难控制和保证	毛坯质量容易控制和保证
投资和效率	整车厂投资较大，开卷线节拍较快，生产效率较高，容易出现利用率较低和负荷不满现象。如果为了合理利用毛坯，提高材料利用率，还需再投资建立激光拼焊板生产线。投资较大	由专业毛坯供应商投资，与整车厂形成战略合作伙伴关系，专业化集中生产。区域性配套，开卷线利用率和效率较高	由专业毛坯供应商投资，与整车厂形成战略合作伙伴关系，整车厂可节省投资
适用情况	较大规模生产，多于三条以上超大型和大型冲压生产线	与钢厂建立长期的战略合作伙伴关系，能够形成区域性、较大规模的毛坯配套。一般都会建立激光拼焊生产线，以便合理利用毛坯，降低材料消耗，提高材料利用率	能够与钢厂建立长期的战略合作伙伴关系，节省整车厂投资。最好能够允许对外配套，以提高开卷线的利用率

（2）开卷线形式　开卷线包括开卷剪切线和开卷落料线两种形式，矩形毛坯可以使用简单的横剪设备剪切，梯形、平行四边形和不规则四边形要用摆动式剪切机或装有摆动式剪切模的压力机剪切，异形带复杂封闭式轮廓的毛坯只能在装有落料模的压力机上落料，如图 11-5-12 所示。

用于覆盖件毛坯的开卷剪切线主要为横向剪切，装有固定的、同步的或摆动式剪切机。开卷落料线适合于带复杂封闭式轮廓的毛坯落料，压力机一般为高速偏心传动或多连杆传动机械压力机，也可以使用摆动式模具实现直线或梯形毛坯件落料。开卷落料线可自动完成开卷、料首剪切、清洗、校平、落料、自动堆垛等功能，主要由开卷送料系统、落料压力机和板料自动堆垛装置等组成，如图 11-5-13 和图 11-5-14 所示。

开卷落料线中校平机组的型号选择主要根据材

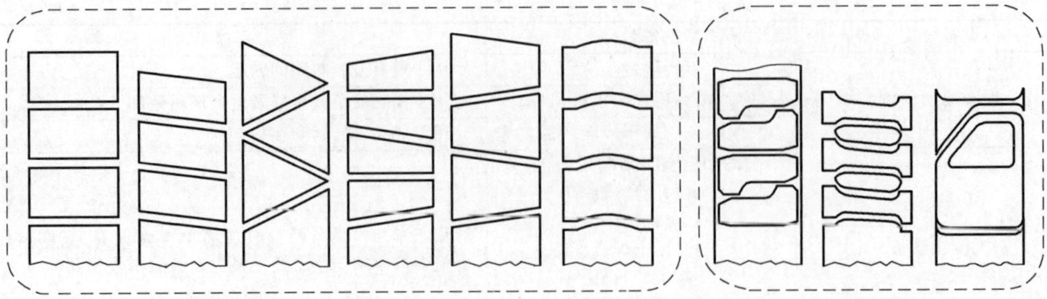

图 11-5-12　开卷剪切和开卷落料

料的厚度、宽度，卷料的内径、外径、最大质量、开卷校平速度等参数确定。

落料压力机的型号选择要根据工程压力、工作台台面尺寸、行程次数、装模高度等参数确定。

堆垛机的主要技术参数有升降机承载质量、板垛高度、输送速度等。

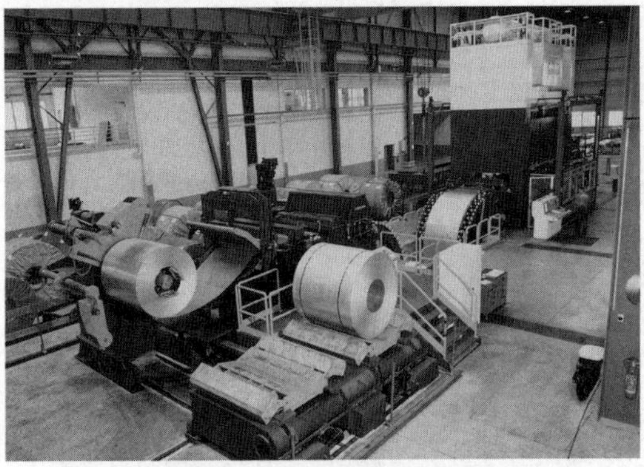

图 11-5-13　开卷落料线

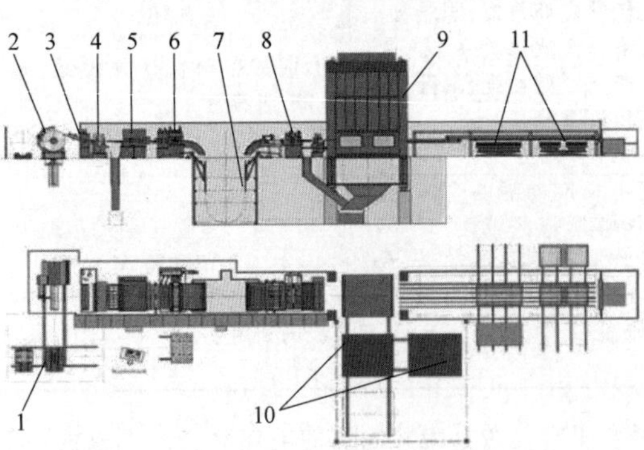

图 11-5-14　开卷落料线平面布置

1—卷料台车　2—开卷机　3—穿带装置　4—料首剪　5—清洗机　6—校平机　7—荡料装置　8—送料机　9—压力机　10—压力机移动工作台　11—自动堆垛装置

2. 板料清洗涂油机

（1）板料清洗涂油机的主要用途　板料清洗涂油机主要用于冲压成形前毛坯板料的表面清洗涂油处理。对覆盖件冲压成形来说，要求板料表面具有良好的清洁度、合适的油膜厚度和良好的润滑性。清洗涂油的目的就是为了使板料表面符合这些要求，生产出高质量的冲压件和保证模具表面的清洁度。特别是对于高质量要求的外表面覆盖件必须经过清洗涂油处理。清洗过程一般采用具有高润滑性能的清洗液、清洗油以及清洗刷对毛坯钢板表面进行清洗，以清除其表面的脏物、灰尘、铁屑、油污等。清洗后，对需要涂油的板料，由涂油机按照工件涂油要求进行自动喷油，涂油位置和涂油量可编程控制，可按工艺要求实现板料的局部喷油。使板料冲压成形时具有更好的加工性和润滑性，对于简单的冲压成形件，如果毛坯表面剩余的清洗液能够满足成形要求且性能合适时，可以省去后面的喷油过程。

（2）板料清洗涂油方式　板料清洗涂油分为在线式清洗涂油和离线式清洗涂油两种方式。不与每条冲压生产线布置在一起，而是独立布置在冲压车间某一跨内，几条冲压线共用，集中对板料清洗涂油，这种形式为离线式。布置在每条冲压生产线前面的为在线式，对不需要清洗涂油的板料，清洗涂油装置可以沿轨道向侧面开出，如图 11-5-15、图 11-5-16 所示。板料清洗涂油方式比较见表 11-5-5。

3. 废料输送系统

废料输送系统主要是将冲压过程中产生的废料从压力机前后的废料入口落到地下废料输送带上，由地下废料输送带运至废料处理间内的废料收集卸料装置。

地下废料输送系统主要由废料滑槽、废料板式带和废料收集装置构成。废料滑槽用于将压力机上冲压产生的废料滑向地下的废料板式带，废料板式带一般为鳞板式，宽度 1000~2000mm，位于冲压线下方的冲压设备贯通式带状基础内，通过地下废料输送系统，将废料输送到废料处理间内的废料收集装置。

对于有两条以上且具备钢铝混合生产能力的冲压线，需配备钢铝混合废料线，即增加一条废料干线和一套废料收集卸料装置。

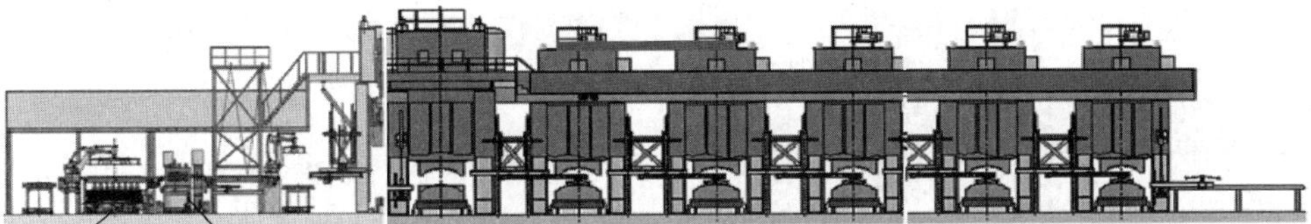

图 11-5-15　在线式清洗涂油装置的位置

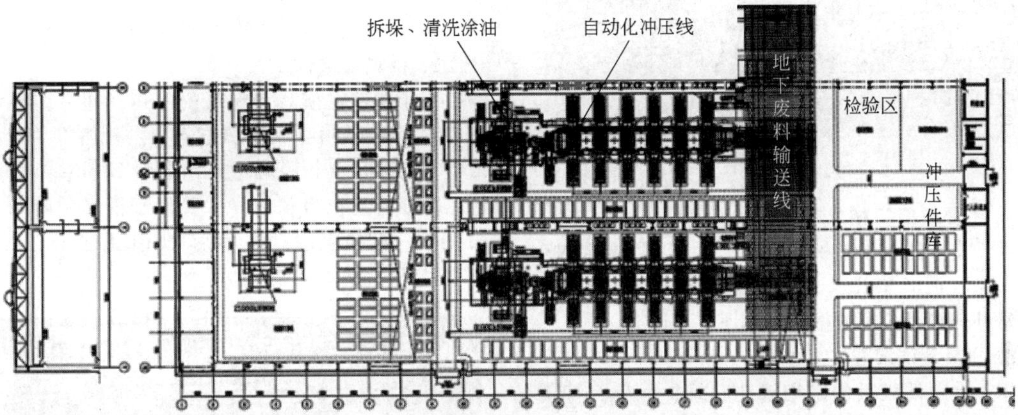

图 11-5-16　在线式清洗涂油平面布置

表 11-5-5　板料清洗涂油方式比较

项目	在线式清洗涂油	离线式清洗涂油
工艺流程	拆垛-输送-清洗-涂油-输送-对中-上料	拆垛-输送-清洗-涂油-输送-堆垛-转运-压力机线拆垛-输送-对中-上料
投资	每条线都要配置，投资大	板料集中清洗涂油，每条线共用，投资少
利用率	仅外表面件和复杂成形件使用，利用率低	对每条线的外表面件和复杂成形件集中使用，利用率高
质量	清洗涂油后直接上线，质量好	清洗涂油后需存放和运输再上线，易造成二次污染
成本	每条线都要配置，运行成本高	板料集中清洗涂油，每条线共用，成本低
物流	清洗涂油后直接上线，物流短	清洗涂油后需存放和运输再上线，需要过跨转运配送，物流较长
面积	每条线前面都要配置，占地面积大，冲压线较长	板料集中清洗涂油，每条线共用，占地面积小

4. 试模压力机

试模压力机用于生产前和模具修理后对模具的调试和检查，在试模压力机上对生产前的模具进行调试，可以减少在冲压线生产设备上的试模时间。提高冲压线的有效生产时间。试模压力机的参数应和生产线第一台压力机的参数规格一致，同时兼顾生产线后续液压机的部分功能，如上气垫等。对于投资压力较大的公司可以选择试模液压机，其投资较少，具有较高的性价比，但试模液压机只能近似模拟机械压力机的运动特性，与实际生产线还是有差距，试模液压机的行程和工作能力较为灵活，具有任意的运动曲线，试模液压机一般装有可翻转的滑块垫板、数控液压拉深垫/气垫和移动工作台。

5. 模具研配压力机

用于覆盖件模具的研配，压力机一般为液压机，吨位一般为 200~300t，用于研配和检查模具在生产过程中的状态。模具研配压力机可以对模具进行有压力合模和无压力合模，可以带制件进行研模，研配压力机一般装有移动工作台和可翻转 180°的滑块垫板，用于外模翻转，便于研模。

也可以选用同时具有模具研配功能和模具试冲功能的液压机或伺服压力机进行研模和试模。

6. 料垛翻转装置

料垛翻转装置用于对称件毛坯料的翻转，如左车门、左翼子板的毛坯经翻转后可以成为右车门、右翼子板的毛坯料。料垛翻转装置一般有力夹紧式料垛翻转装置和形状夹紧式料垛翻转装置，如图 11-5-17 所示。

图 11-5-17　料垛翻转装置

7. 主要模修机械加工设备

用于模具的日常维护和修理，主要有摇臂钻床、普通车床、平面磨床、外圆磨床、万能工具铣床、模具修补焊机等，可根据模具修理需要选择。

8. 模具清洗装置

用于覆盖件模具的定期清洗和维护保养，特别是外表面件模具有较高的清洁度要求，一般在每次生产后都要进行清洗，以避免模具清洁度差而造成的模具损伤，从而影响表面件质量，特别是覆盖件拉深模的清洗显得尤为重要，可以有效保证覆盖件的成形质量，大大延长模具的使用寿命。常用的模具清洗方法一般为模具清洗装置和模具人工擦洗两种，两种方法的比较见表 11-5-6。

模具清洗装置是采用模具高压水清洗系统，利用高温、高压水射流作用，将模具表面的铁屑、污物等清除。清洗剂要求具有清洗和防锈功能，清洗后要对模具吹干。模具清洗装置一般安装在模具清洗间内，过跨模具通过过跨电动转运车转运，如图 11-5-18 所示。

随着模具电气化程度的提高，用模具清洗装置清洗时需要拆装防护的东西也随之增多，造成模具清洗工作越来越复杂，同时受模具清洗废液的无害化处理及操作人员职业防护等因素影响，致使模具清洗装置的使用越来越少，目前一般采用压缩空气吹洗与人工擦洗相结合的方式来保证模具的清洁度。

9. 桥式起重机

用于覆盖件模具和材料的吊运，超大型线和大型线一般配置 50～65t 桥式起重机，配备有单双吊钩或模具专用吊具，一般生产吊运模具的起重机为单勾，模修起重机为双钩（主要用于模具翻转和小件吊运），起重机一般采用地面遥控形式，如图 11-5-19、图 11-5-20 所示。

图 11-5-18　模具清洗装置和模具清洗间

表 11-5-6　模具清洗装置和模具人工擦洗比较

项目	模具清洗装置	模具人工擦洗
投资	投资较大	投资较少
效率	效率高	效率低
质量	质量较好，但要求清洗液必须保证质量，清洗液质量不好将对模具表面镀层产生负面影响，清洗后模具表面易生锈	质量一般
成本	成本较高	成本较低
环境	需要进行污水处理循环使用	环境较差

图 11-5-19　桥式起重机

图 11-5-20　模具专用吊具

随着高速冲压线的发展，线外换模时间已是制约最小生产批量的关键因素，为解决一些以多品种、小批量冲压产品生产为主的冲压车间成本问题，建议一条冲压自动线配备两台桥式起重机，即称为双起重机方案，该布置形式至少可减少 50% 的线外换模时间。双起重机布置方案如下。

方案 1：一跨+两台起重机，如图 11-5-21 所示。

1）模具存放在同一跨内。

2）两台起重机同步运行更换。

方案 2：两跨+两台起重机，如图 11-5-22 所示。

1）模具按工序分跨存放。

2）两台起重机同时更换。

3）两台起重机互不干扰。

4）冲压车间短，减少起重机行走距离。

5）适合生产品种多的主机厂。

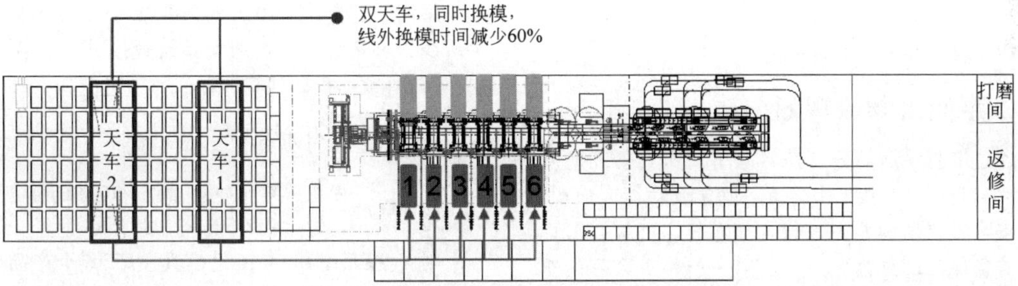

图 11-5-21　一跨方案

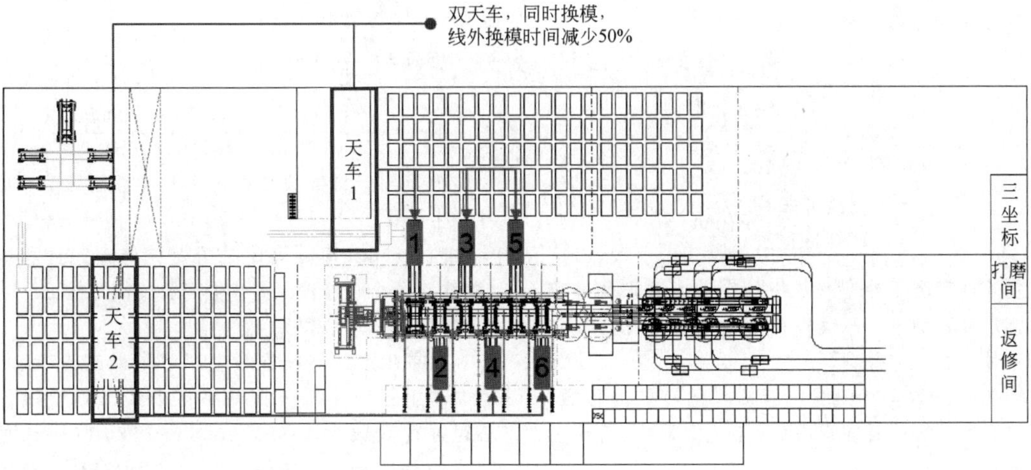

图 11-5-22　两跨方案

10. 电动平板转运车

用于模具和材料的跨车间转运。如图 11-5-23 所示。

图 11-5-23　电动平板转运车

11. 电动叉车

用于材料和零件的转运。

5.5　车间及物流规划

通过工艺规划部分已经明确车间所具备功能及相应的工艺流程，接下来将逐一确定其功能区面积，最后按物流顺畅的原则进行合理布置，再综合考虑车间的各种辅助办公区域，这样一个相对合理的车间规划就基本成形了。

5.5.1　生产线需求数量核算

与负荷计算相关的几个冲压效率指标如下。

1）每小时冲程次数（GSPH，Gross Strokes Per Hour）：生产线年冲程总数与年运行时间的比值，即年平均每小时冲程次数。

$$每小时冲程次数=\frac{年冲程数}{年运行时间}$$

2）生产线负荷计算公式

$$负荷=\frac{需求冲程数}{产能冲程数}\times100\%$$

需求冲程数：冲压线承担的车型所需求的冲程数，需求冲程数=生产线模具组数（冲程/辆）×年生产纲领（包括备品数）；

产能冲程数：冲压线所能提供的有效冲程数，产能冲程数=每小时冲程次数×年工作天数×每天工作时间；

上述冲压生产线负荷计算公式可用于已建工厂实际生产线的负荷和生产能力计算，也可以用于新建冲压车间时计算所需要冲压生产线数量及一条冲压线所承担的品种数或模具组数。由于 GSPH 的设定是实际的小时冲程次数，是基于实际生产过程的统计结果，考虑了各种合理的时间损失和能力损失，一般为整线连续小时冲程次数（额定生产能力）的 50%~70%，因此，在计算所需要的生产线数量时，可设定生产线负荷为 100%。

对于多车型、多品种混流生产的多条冲压生产线，由于各种车型纲领不同，为了便于计算，可以利用 Excel 表的强大计算功能，建立 GSPH、ADCT（换模时间）、每种车型的年纲领等数据表，与生产线负荷计算表建立计算关联关系，生产线负荷计算表可自动计算出每种件的年冲程需求和生产线所承担所有品种（模具组数）的年总冲程需求。通过设定，生产线负荷计算表可自动计算出生产线一年所能提供的最大年冲程次数（产能），从而计算出每条生产线的负荷，通过对负荷的分析，可以采取平衡各线生产品种等措施，均衡各线负荷。

举例 2：年纲领 10 万辆，一条 400GSPH 的冲压生产线，求其所能承担的模具组数或冲压件品种数（一模双件或一模四件算一种，即一组模具）？

$$负荷=\frac{需求}{产能}\times100\%;$$

$$即\ 100\%=\frac{X\,组模具（冲程/辆）\times100000\,辆}{400GSPH\times250d\times16h}\times100\%$$

则 X(模具组数)= 16 组模具，即 16 个产品品种（包括一模多件）。

举例 3：如果年纲领为 20 万辆的多品种混流生产工厂，所确定的冲压生产线的小时冲程次数为 400，其准备承担的模具组数为 16 组或冲压件品种数为 16 种（一模双件或一模四件算一种，即一组模具），求需要几条生产线？

$$负荷=\frac{需求}{产能}\times100\%;$$

$$即\ X=\frac{16\,组模具（冲程/辆）\times200000\,辆}{400GSPH\times250d\times16h}\times100\%$$

则 $X=2$，即需要 2 条每小时冲程次数为 400 的冲压生产线。

因此，GSPH 的确定是关键，与理论冲程次数（整线连续小时冲程次数，生产线的额定能力）和换模时间（ADCT）相关。

如果生产线整线连续生产节拍最高为 13SPM，例如单臂式快速横杆机械手自动线，则整线连续小时冲程次数为 13SPM×60min = 780GSPH，是生产线的最高能力。如果实际为 400GSPH（包括合理的设备停歇和换模时间），则实际每分钟冲程次数 = 400 GSPH/60min = 6.7SPM。则该线节拍利用率为：

$$节拍利用率=\frac{有效冲程次数}{额定冲程次数}\times 100\%$$
$$=\frac{400}{780}\times 100\%$$
$$=\frac{6.7}{13}\times 100\%$$
$$=51\%$$

因此，提高小时冲程次数（GSPH）、缩短换模时间（ADCT），对提高冲压线的生产能力具有重要意义。

影响 GSPH 主要因素：平均换模时间（ADCT）、品种数（模具组数）、管理方面停台时间、模具和设备故障时间、工序数多少以及冲压线固有属性（设计能力、额定能力）。

影响换模时间的主要因素：压力机快速换模系统（模具自动夹紧或手动夹紧）、首台压力机形式（单动、双动）、模具闭合高度、移动工作台形式（一字形、T 字形、单工作台、双工作台）、设备和模具状态、联线调试及首件确认时间以及工序数多少等。

5.5.2　冲压车间功能区及位置规划

1. 开卷落料（剪切）区规划

（1）开卷落料（剪切）线工艺平面布置　开卷落料（剪切）车间功能区域一般划分为卷料存放区、开卷线生产作业区、毛坯周转存放区、模具存放区等。根据需要可布置一条开卷剪切线、一条开卷落料线等工艺设备，布置天车、转运车、毛坯翻转机等辅助设备，开卷落料（剪切）车间如图 11-5-24 所示。

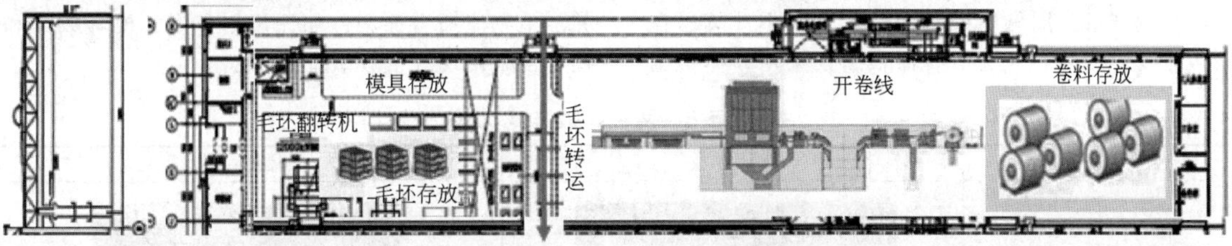

图 11-5-24　开卷落料（剪切）车间工艺平面布置及功能区域

（2）开卷落料（剪切）线与冲压车间平面布置方式　如果整车厂冲压件毛坯自制，开卷落料（剪切）线在冲压厂房内的布置主要有两种方式，一种是开卷落料（剪切）线厂房与冲压线厂房平行布置，均为横跨，如图 11-5-25 所示。另一种是与冲压线厂房垂直布置，如图 11-5-26 所示，即冲压线厂房为横跨，开卷落料（剪切）线厂房为纵跨。

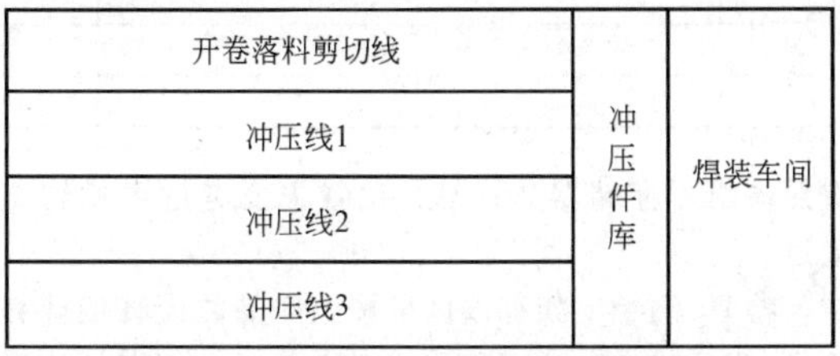

图 11-5-25　开卷落料（剪切）线厂房与冲压线厂房平行布置

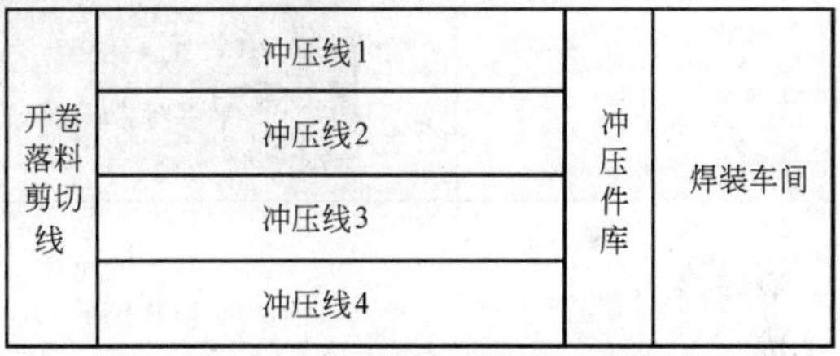

图 11-5-26　开卷落料（剪切）线厂房与冲压线厂房垂直布置

两种布置方式的对比见表 11-5-7。

通过对比，冲压车间开卷线与冲压线平行布置，开卷落料（剪切）线厂房与冲压线厂房平行布置，均为横跨的布置方式较为合理。

另外，覆盖件毛坯准备也可以通过组建合资或独资的毛坯加工配送公司，与钢厂形成战略合作伙伴关系，在整车厂附近建设，或与整车厂冲压车间

表 11-5-7　两种布置方式比较

方式	开卷线与冲压线平行布置	开卷线与冲压线垂直布置
厂房	开卷线厂房与冲压线厂房需要平行排列，厂房结构比较简单	开卷线厂房与冲压线厂房需要垂直布置，厂房结构较为复杂
投资	投资较低	投资较高
物流	物流比较合理，毛坯过跨可通过叉车、牵引平板车或一台转运车转运	物流较为复杂，需要天车频繁配合，毛坯过跨需要每条冲压线布置一台转运车
适用条件	不受冲压线数量限制，可随冲压线厂房长度布置。不影响模具调试区和模具存放区的布置。不受生产纲领限制	需多条冲压线，冲压线少则受到厂房长度限制，无法布置开卷线。受生产纲领限制，且影响模具调试区和模具存放区的布置
应用情况	对毛坯自制整车厂，应用较普遍	传统冲压生产有应用

建设联合厂房，规划开卷剪切线和开卷落料线，形成规模化生产和专业化生产，形成毛坯的区域性供应。国内很多汽车和钢铁企业已广泛采用这种方式。

2. 冲压生产作业区规划

根据生产线条数和压力机台数、自动化线首线尾形式、压力机间距、每条线生产前后缓冲面积、物流通道大小、叉车转弯半径等综合考虑生产区域面积大小。

整个冲压车间都是在围绕生产线转动，其位置决定整个车间物流及其他辅助区的位置布局。主要考虑有：生产走向、整个车间物流走向、模具存放区、冲压件库等（见图 11-5-27）。

3. 毛坯存放区规划

根据产量、周转时间、板料平均大小计算出存放数量及存放面积。为节省面积建议采用立体货架集中存放毛坯。位置选择主要考虑转运到每条生产线方便，转运物流最短、配送卸料方便，参见图 11-5-27。

规划区域内考虑具备钢板存放、铝板存放、调试板料存放、空托盘存放、问题板料存放和板料拆包等功能。

举例 4：一条 540 GSPH 的冲压生产线，每天工作时间为 16h，每垛板料数量为 400 张，单个垛料存储面积为 5000mm×2200mm，库存深度为 2d，叉车面积系数为 2.5，天车面积系数为 1.5，毛坯存放单元量为 540×16/400×2 = 43.2（垛），两种存放方式对比见表 11-5-8。

4. 模具存放区规划

根据规划模具数量和尺寸，直接计算模具面积，并加上物流通道面积；如无规划车型，模具数量和尺寸，采用现有相似车型类比法。

表 11-5-8　两种存放方式比较

存放方式	立体存放	立体库存放
效果图		
特点	3~4 层存放 面积小	4~5 层存放 面积小、整洁、 稳固、防尘
上线方式	叉车/天车	叉车
面积（仅板块存放）	$403m^2/242m^2$	$302m^2$
操作人员	2	2

考虑生产线压力机工作台位置、模具吊运路线最短、方便天车吊运、每条线模具尽量放在该线附近等原则（见图 11-5-27）。

周圈通道宽度不得小于 0.8m。

包括通道的冲压模具存放面积（m^2）：（模具长度+通道宽度×2）×（模具宽度+通道宽度×2）

示例：（4.5m+0.4m ×2）×（2.4m+0.4m×2）= $16.96m^2$（1 个存放位置）

5. 模具维修区规划

模修设备所占面积，同时维修多少套模具所占面积，两者累加得到模具维修区整体面积。

位置规划主要考虑各线模具转运方便，物流最短、模修粉尘远离生产线等（见图 11-5-27）。

6. 端拾器/检具/测量支架存放区规划

端拾器可在柱间地面存储或立体库存储，面积按照端拾器存储器具计算，位置主要考虑更换物流最近。

检具/测量支架存放区可按照产品数模直接计算检具/测量支架存放面积，位置主要考虑生产件检测方便，距离测量间物流最近，车间内部转运方便、集中存放原则，可考虑冲压线尾集中存放、冲压车间柱缝间存放、二层平台存放（见图 11-5-27）。

如生产车型、产品尺寸不清楚，采用现有相似车型类比法。

7. 废料处理间规划

结合厂区物流及冲压车间内部生产线排列，确定废料处理间位置及废料输送链的布置位置，重点考虑噪音及季风影响，选择背风侧可在一定程度上保证车间内部的清洁度及温度变化。

多条冲压线的情况下，废料主线需考虑钢铝混合。

废料运输需考虑称重设施及是否需要打包设施。

8. 人员办公生活及辅助区规划

主要应包括内容：现场办公室、会议室、资料室、培训室、备件材料库、更衣室、卫生间、控制室和门厅等。

冲压车间生活区一般紧临车间建设，要求其具有良好的通风和光照，同时能方便地观察到车间内部生产情况，对于不具备条件的可借助视频辅助监控（见图 11-5-27）。

9. 冲压件库规划

根据规划零件工位器具尺寸、装箱定额、生产批量、周转频率，直接计算库房面积；

如无规划车型工位器具尺寸，根据现有相似车型的工位器具大小、装箱定额进行计算。

考虑冲压件入库物流、焊装车间取件物流最短为原则，一般布置在冲压生产线尾，并靠近焊装车间。

各车型零件在库房摆放的位置根据焊装车间工艺布局来安排，以取件物流最短、先入先出为原则。

10. 钣金返修区规划

统计钣金返修数量，确定面积大小。规划时主要考虑防尘、转运物流。铝板打磨考虑防爆要求。

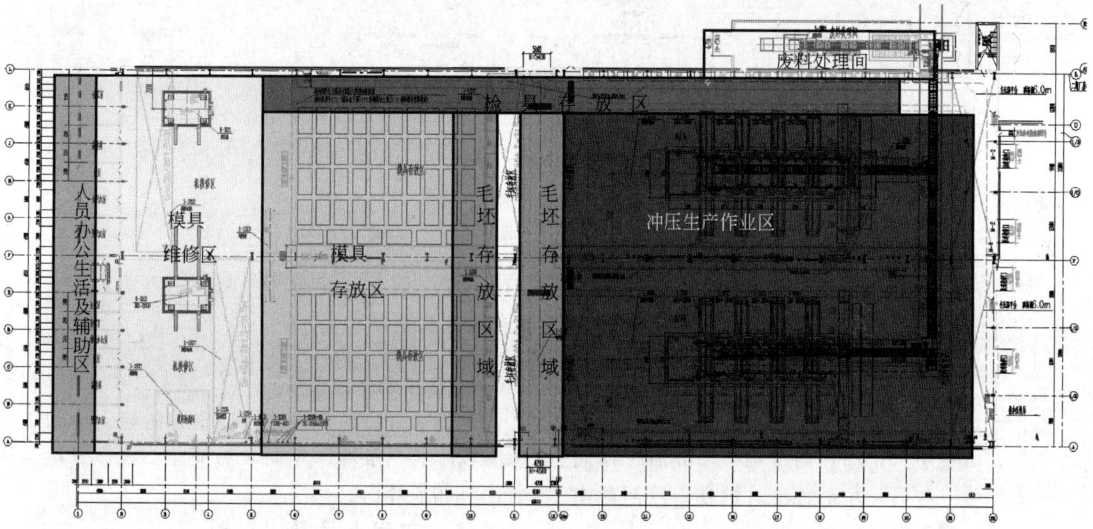

图 11-5-27 冲压车间功能区规划图

5.5.3 车间内部物流规划

冲压车间内部物流比较明了，主要包括以下几条路线，参见图 11-5-28。

1. 冲压生产

坯料 —[转运台车]→ 毛坯存放区 —[叉车天车]→ 冲压生产线

—[人工]→ 冲压件库 —[叉车]→ 焊装车间

2. 模具转运及安装

模具维修区 —[天车台车]→ 模具存放地 —[天车]→ 冲压生产线

3. 生产废料

各生产线 —[废料输送带]→ 废料间 —[卡车]→ 出厂

4. 人员

员工上下班进入车间路线；生产线员工走动路线，车间内部人员走动路线；人员参观路线。

5.5.4 厂房设计

通过对公司产能的核算、车间内部功能区面积及位置的计算确认和物流的优化布置，完成了车间内部的工艺布置，接下来就要根据工艺布置提出厂房建设的工艺参数。

1. 跨距和柱距

冲压车间的跨距由生产线设备总宽度和工艺布局决定，而设备的总宽又与压力机的移动工作台形式有关，通常压力机有 3 种移动工作台形式，即前面开出移动工作台、单侧开出移动工作台（T 形布置）和左右开出移动工作台。其中前面开出移动工作台所占面积最小，适合单台调试等功用，不适合连线，厂房跨度 15m 左右即可；其次是单侧开出移动工作台，适合手工线，厂房跨度一般在 21 ~ 24m 左右；左右开出移动工作台所占面积最大，适合自动化生产线，厂房跨度一般为 27m、30m、33m、36m 几种规格（一般都为 3 的整数倍），同时选择其跨度还要考虑天车的跨度，如果由于车间跨度的选择，导致天车选择了一个非标系列，其天车的造价

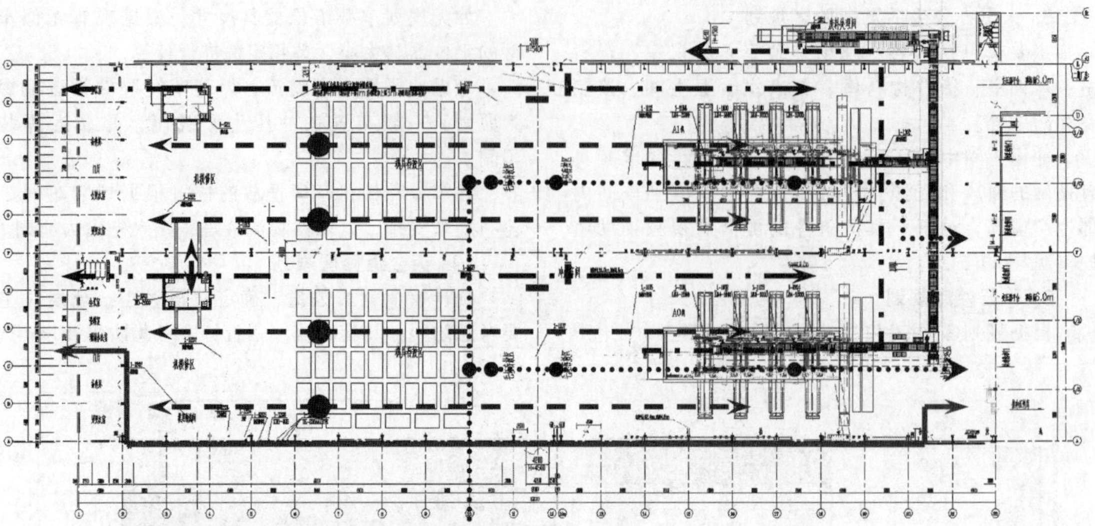

冲压生产物流 ………… 模具转运物流 — — — 废料输送物流 —·—

员工上下班路线 ━━━ 生产线员工走动路线及外来人员参观路线 —··—

注：经优化处理，其物流分为地下、地上、空中三部分，无不合理的交叉干涉，并体现了物流最短的设计原则。

图 11-5-28　车间内部物流规划

将会很高。

柱距一般是 6～12m 不等，8m 是一个常用的柱距，当然柱距越大厂房使用越方便，但同时厂房的造价也会提升，所以柱距的选择可根据自己的使用情况而定，以符合生产为准。

2. 轨顶标高

主要考虑天车的最大起吊高度，以能维修压力机顶冠部件为准。一般天车的最低点比压力机的最高点高出 2 米左右，以目前 2000t 级压力机为例，其厂房轨顶标高一般为 13～16m 左右，最大起吊高度为 11～14m 左右。

3. 电控箱平台高度和长宽

高度根据工艺布局、电控箱平台底用途来决定。长宽以满足设备电柜摆放数量即可。

4. 厂房大门及物流门

主要考虑其高度、宽度以及物流顺畅性。高度和宽度受进厂房的设备和物流车运输的影响。在这里主要强调的是厂房大门，其必须考虑冲压设备的进入和后期新车型模具的进入，否则只能在厂房的墙体上预留豁口，用于设备进入，设备进入后再封闭。

5. 车间内部地面载荷

根据工艺平面布置，各区域的载荷不一样。根据单位面积存放重量提要求。按照惯例冲压车间模具存放区、板料存放区、模具维修区按照 $10t/m^2$ 进行承载设计；其他区域按照 $5t/m^2$ 进行承载设计。

6. 公用动力配套

根据所选设备基本可以确定其能耗大小和工艺参数需求，一般冲压车间较为简单，仅涉及电、压缩空气和循环水。

5.5.5　车间人员需求规划

冲压车间人员功能和规划依据：

1）冲压工：负责冲压件生产、检验。

2）起重工：每条生产线 2 人左右，兼职换模。

3）叉车工：负责冲压件转运、板料转运的工作。

4）模修工：负责跟线维修和模具下线维修保养工作。

5）机修工：负责设备维修保养工作。

6）电工：负责车间和设备的电气故障维修和维护等工作。

7）钣金工：负责冲压件返修。

8）库管工：负责库房入库和出库的统计。

9）机械、电气工程师：负责设备的机械和电气故障的维修和指导。

10）模具工程师：负责模具维修和保养的指导。

11）工艺员：负责冲压件成形质量、模具问题点跟踪等工作。

12）管理人员：负责车间人员和生产管理工作。

5.5.6　智能制造规划

由于冲压车间生产的特殊性，其实际生产计划很难与工厂的大计划一一映射，导致其在产品制造环节的信息化严重脱节，在业内冲压车间的智能化普遍滞后于其他三大专业的发展，处于最原始的作业状态。

近几年，随着工业 4.0 概念的引入，冲压车间的智能化也有了进一步的发展，以前因技术或成本等因素未被重视的技术方案也重新得到了业内的审视，冲压车间智能化主要体现在以下几个方面。

1. 智能起重机

智能起重机在港口、造纸和核工业等领域使用的较为超前，其他领域由于工况等因素的限制使用较少，近几年在汽车行业的冲压领域也有应用案例，随着冲压生产线的节拍提升、产品小批量定制化需求、人工成本增加及工业 4.0 等因素影响，智能起重机将是未来冲压车间的一个发展方向。

模具智能起重机由起重机、模具吊具和全自动仓储管理系统构成，如图 11-5-29 所示。

图 11-5-29　模具智能起重机

通过模具智能起重机可实现起重机自动在仓储区寻找模具、调整吊具尺寸、吊具自动抓取起吊模具，起重机自动按照预设轨迹将模具运送到压力机工作台上方，起重机自动将模具放置在压力机工作台预定位置、吊具自动打开等全套自动化动作，全部过程起重机接受仓储管理系统控制，全自动完成，无人为干预，换模效率提升 20%～30%。

智能起重机的使用需从以下几个方面考虑：

(1) 安全　智能起重机运行区域必须保证无人，通过安全围栏隔离。

(2) 精度　智能起重机重复定位精度必须保证 ±10mm，否则将无法实现模具安装到压力机工作台上的精度需求。智能起重机轨道必须保精度，同时考虑后期地基沉降带来的轨道精度变化。模具存放地面高低差必须保证每 1m 范围内不超过 3mm。压力机工作台必须保证重复定位精度。起重机通过激光测距仪实现其在车间内部的实时定位。

(3) 模具吊具　模具吊具可在长度、宽度方向自由调整以适应不同模具尺寸的需求。模具吊具具备旋转功能（旋转防摇摆功能需求）。

考虑起重机具备设备维修功能，建议吊具可快速拆卸。

(4) 防摇摆功能　考虑到起重机的快速运行及模具安装的精度需求，智能起重机必须具备防摇摆功能。起重机在小车行走方向、大车行走方向及水平旋转方向应配备防摇系统。

(5) 模具要求　模具吊耳尺寸必须按照模具吊具需求设计。同一工厂内的模具吊耳规格尽可能统一或归纳为几个档。

(6) 控制方式　主控制为地面全自动仓库管理系统，遥控器（带显示屏）仅作为调试和故障应急使用。

仓储管理系统可以创建生产线装模、生产线卸模、生产线换模、生产线单个模具调取、模具维修转运台车装模、模具转运台车卸模的工作指令。

起重机应具备全自动、半自动和手工三种模式，三种模式仅能在控制台由设备管理级人员切换。

(7) 优势　换模效率高，人工起重机行走速度一般为 60m/min，智能起重机行走速度可达到 80～120m/min；智能起重机自动快速寻找模具存储位置。安全性高，智能起重机为全自动运行，无人员操作，可有效保证人员安全；智能起重机可设置禁入区，可有效保证有人区和地面设备的安全。

2. 线尾自动装箱（框）系统

除冲压自动线上下料系统和压力机间自动化传输系统外，线尾自动装箱系统是冲压车间自动化方面的另一个典型代表，但由于其调试周期长、工位器具制造成本高及在经营成本核算上的劣势，导致其应用非常少，目前国内仅有 2～3 条大型冲压线配备了线尾自动装箱系统，但随着高速线的发展、国内用工成本的增加及互联网造车新势力的推崇，大型冲压线自动装箱系统会有更多的应用案例。

线尾自动装箱（框）系统的应用需从以下几个方面考虑：

(1) 安全　线尾自动装箱系统通过机器人来代替人工码垛装箱，降低了人工劳动强度，保障了人员安全。机器人装箱区域必须保证无人，外围通过围栏隔离保护。

(2) 成本　线尾自动装箱（框）系统的一次性投资较大，根据业主配置、压力机线节拍及一模多件的需求，一条大型冲压线的线尾自动装箱（框）系统投资在 2500 万～8000 万不等。

用于线尾自动装箱（框）系统的工位器具需精定位器具，其造价是普通器具的 2～3 倍，后期器具的维护成本也是普通器具的数倍。

(3) 质量　制件质量保障是线尾自动装箱（框）系统的最大优势，由于是机器人装箱，通过预先设计合理的轨迹和抓取点，可以有效避免制件在搬运过程中的变形及磕碰划伤。

(4) 其他　考虑到设备故障和新产品导入，线尾装箱系统应预留人工装箱功能。成品入库运输可考虑 AGV 运输。装箱机器人的端拾器可以考虑存储在二层平台或线侧端拾器立体库中。

3. 模具/工位器具 RFID（射频识别）管理

RFID 技术在当前的物流领域是一个热名词，利用 RFID 技术可实现货物的追踪识别、管理等工作，通过与 MES（制造执行系统）等系统的结合应用，可大大减少浪费，节约时间和费用。在物流领域的基础上，冲压车间在生产管理中也引入了 RFID 技术，通过其技术的应用，现生产中的模具、工位器具和生产板料的管理实现了自动化、信息化和智能化的转变，实现了数据的实时对接。

(1) 模具管理

1) 模具识别：配合智能起重机和生产线使用，用于判断吊运的模具是否正确。

2) 模具维修保养记录：记录模具进站时间、生产产品数量、维修保养次数。

(2) 工位器具管理

1) 出入库管理：记录冲压件出入库数量、品种、批次。

2) 产品追溯：跟踪工位器具各个物流环节及所在位置。

3) 器具维护：器具状态、维修保养次数。

(3) 生产板料管理

1) 出入库管理：记录冲压件出入库数量、品种、批次。

2) 产品追溯：跟踪板料各个物流环节及所在位置。

4. MES（制造执行系统）

MES 是实现智能车间的基础，在上游 ERP、PLM 等信息化系统和设备层之间起到承上启下的作用，通过对即时生产数据的采集，达到对生产现场的实时控制，所以说冲压车间的 MES 建设必不可少。

5.5.7　冲压车间管理

1. 主要运行指标、计算方法及影响因素

(1) 效率指标

1) 每小时冲程次数（GSPH，Gross Strokes Per Hour），即年平均每小时冲程次数。计算公式如下：

$$每小时冲程次数=\frac{年冲程数}{年运行时间}$$

其中，年冲程数=生产线模具组数（冲程/辆）×年实际生产辆份数。

年运行时间=每天运行时间×年工作天数；每天运行时间包括生产时间和可用时间损失。可用时间损失包括管理方面的停台时间（如停线首件检验时间）、换模时间、模具或设备故障时间；生产时间包括纯生产时间和速度损失（未达到额定冲程次数），纯生产时间包括创造价值时间和质量损失（废品和返修）。每天运行时间不包括一天工作时间中的计划停产时间（如按计划维修、午休、计划上午和下午的中间休息和工作便餐）。

影响 GSPH 的主要因素有：平均换模时间；品种数（模具组数）；管理方面停台时间；模具和设备故障时间；工序数；冲压线固有属性（额定生产能力）。

2) 每分钟冲程次数（SPM，Strokes Per Minute）（生产节拍），包括额定每分钟冲程次数和有效每分钟冲程次数。

3) 小时零件数，计算式如下：

小时件数=小时冲程次数×每次冲程零件总数

4) 整线连续小时冲程数，即生产线最高的额定小时冲程次数。

5) 连续生产节拍，即生产线额定每分钟冲程次数。

6) 节拍利用率，计算公式如下：

$$节拍利用率=\frac{有效每小时冲程次数}{额定每小时冲程次数}\times 100\%$$

$$=\frac{有效每分钟冲程次数}{额定每分钟冲程次数}\times 100\%$$

7) 换模时间（ADCT，Average Die Change Time），是指从上一个生产任务的最后一个零件开始，到目前生产任务的第一个合格零件结束。计算公式如下：

$$平均换模时间=\frac{全部换模时间}{年换模次数}$$

影响换模时间的主要因素：快速换模系统（模具自动夹紧或手动夹紧）；首台压力机形式（单动、双动）；模具闭合高度；移动工作台形式（一字型、T 字型、单工作台）；设备、模具状态、联线调试及首件确认时间；工序数等。

8) 每天换模次数，计算公式如下：

$$每天换模次数=\frac{年换模次数}{实际生产天数}$$

9) 全面设备效率（OEE，Overall Equipment Effectiveness），计算公式如下：

$$OEE=L\times Q\times N$$

式中　L——能力指数；

　　　Q——质量合格率；

N——时间利用率，时间利用率 = $\frac{\text{有效时间}}{\text{实际占用时间}} \times 100\%$。

10）生产线负荷，计算公式如下：

$$\text{负荷} = \frac{\text{需求冲程数}}{\text{产能冲程数}} \times 100\%$$

需求冲程数：冲压线承担的车型所需求的冲程数，需求冲程数=生产线模具组数（冲程/辆）×年生产纲领（包括备品数）。

产能冲程数：冲压线所能提供的有效冲程数，产能冲程数=每小时冲程次数×年工作天数×每天工作时间。

如果计算实际生产线负荷，可将需求冲程数换成实际冲程数，实际冲程数=生产线模具组数（冲程/辆）×实际生产辆份数，可以计算出实际的生产线负荷。

（2）成本指标

1）材料消耗定额，是指在一定的生产和技术条件下，生产单位产品或完成单位工作量所必须消耗材料的技术标准和数量标准。

一定的生产和技术条件是指本企业现有的设备工装条件、生产技术状况、所选用原材料的技术条件和企业管理水平。

消耗材料的数量标准是指完成单位产品或完成单位工作量所允许消耗材料的最高限额，是所需消耗材料的限量。

消耗材料的技术标准是指所选择的材料的型号、品种、规格和技术要求。

材料工艺消耗定额由零件净重（成品实体的有效消耗即材料加工对象成品实体的重量）和零件制造过程中（按照工艺要求）必需的工艺性损耗两部分构成。工艺消耗定额就是通常所说的材料消耗定额。

材料工艺性损耗是指产品（或零件）制造过程中，按照工艺要求所必需的材料损耗，由机械加工损耗和下料加工损耗组成。

材料非工艺性损耗是指产品（或零件）制造过程中，工艺性损耗规定以外的其他必需损耗。包括由于废品产生的材料损耗；材料代用而造成的材料损耗；材料化验、调整设备、试车用料等所消耗的材料，属于非工艺性损耗，不能成为材料工艺消耗定额的组成部分。

按材料的消耗特征，材料定额可分为主要材料工艺消耗定额和辅助材料工艺消耗定额。

主要材料工艺消耗定额指构成产品实体和附属于产品出厂的材料消耗定额（如金属材料、涂料、粘接密封材料、车用油品、塑料及橡胶产品等）。

辅助材料工艺消耗定额是指产品在加工过程中按工艺要求进行加工所必须消耗的辅助材料消耗定额，这些材料不体现到汽车产品上（如加工介质中的润滑油、冷却液、清洗剂等）。这些辅助材料也叫作工艺性辅助材料，从而与设备维修、工装模具维修等用的辅助材料相区别。

对于冲压工艺来说，主要有金属材料工艺消耗定额，如冲压用板料。辅助材料工艺消耗定额，如钢板清洗液、拉深用润滑油等。

余料和废料：下料或加工过程中产生的料首或料边，能够利用的叫余料，不能利用的叫废料。

2）材料利用率，是指产品（或零件）净重占材料工艺消耗定额的百分数。材料利用率是一种显示进货的原材料中有效利用部分所占百分比的指标。

冲压材料利用率的计算方法：

单件材料利用率=零件的净重/零件的消耗定额×100%

白车身材料利用率=Σ 各零件的净重/Σ 各零件的消耗定额×100%

下料车间材料利用率=集中下料时的毛坯（下料后的材料）总重量/所用材料总重量×100%

3）废品率，计算公式如下：

废品率=生产的废品件数量/生产的冲压件数量×100%

生产的废品件数量是指在实际占用时间内产生的无法通过返修措施装车的废品件数量。

4）返修率，计算公式如下：

返修率=生产的返修件数量/生产的冲压件数量×100%

（3）质量指标

1）冲压件 AUDIT：冲压件表面质量评审。

2）尺寸合格率。

2. 冲压车间自动化冲压线主要运行指标举例

某公司冲压车间自动化冲压线主要运行指标见表 11-5-9。

5.5.8　结语

冲压车间工艺规划的基本思路是在确定生产纲领、产品范围、工作纲领的基础上，按产品性质进行生产工艺流程的规划，进而确定所涉及的各部分规划内容，最后按物流通畅的原则进行合理布置，再综合考虑车间的各种辅助办公区域，这样一个相对合理的车间规划就基本成形了。最重要的是借鉴这样一种思维方式，使规划思路更清晰，问题分析更透彻，得出的结论经得起推敲和验证。

表 11-5-9　某公司冲压车间自动化冲压线主要运行指标（仅供参考）

项目	效率指标					成本指标		质量指标
	GSPH	小时零件数	整线连续小时冲程数	节拍利用率	全面设备效率	材料利用率	综合废品率	尺寸合格率
超大型线 工作台长度>4260mm	≥400	≥400	≥800	≥50%	≥55%	≥50%	≤0.3%	100%
大型线 3270mm<工作台长度≤4260mm	≥400	≥400	≥800	≥50%	≥55%	≥50%	≤0.3%	100%
中小型多工位线 最大相邻工位中心间距≤1800mm	≥700	≥700	≥1200	≥60%	≥55%	≥60%	≤0.3%	100%

参考文献

[1]　中国机械工业联合会. 机械工业厂房建筑设计规范：GB 50681—2011 [S]. 北京：中国计划出版社，2012.

[2]　中国冶金建设协会. 工业企业总平面设计规范：GB 50187—2012 [S]. 北京：中国计划出版社，2012.

[3]　顾赞. 汽车工厂冲压车间工程设计 [J]. 工程建设与设计，2010 (6)：51-55.

第6章

覆盖件小批量生产技术

一汽解放汽车有限公司 商用车开发院　谢文才

中国第一汽车集团有限公司 工程与生产物流部　闫　彦

依据车型生产纲领整体规划，结合车型质量规划、车型生产周期、生产成本等因素，提出小批量生产技术对冲压工艺、工装形式进行技术层面分类，此技术既可应对车型产量变化，又能为工装改造提供可升级空间。

6.1　小批量车型规划

经过技术分析，找到激光切边与模具修边的平衡点为5000台。总生产纲领在5000台以上，建议采用全工装批量模具的开发方式。当总纲领低于5000台时，根据项目的实际规划纲领，进一步进行分解，对于总纲领低于300台的，建议采用纯试制工艺及试制工装的形式进行模具设计制造。总纲领在300~5000台之间，建议按照量产工艺进行模具设计制造，工装形式根据零件的复杂程度和重要程度进行差异化区分，采用半工装与全工装相结合的方式，而且模具结构在批量模具的基础上进行技术优化，删除模具局部部件，实现成本最优。小批量模具与批量模具结构对比如图11-6-1所示。

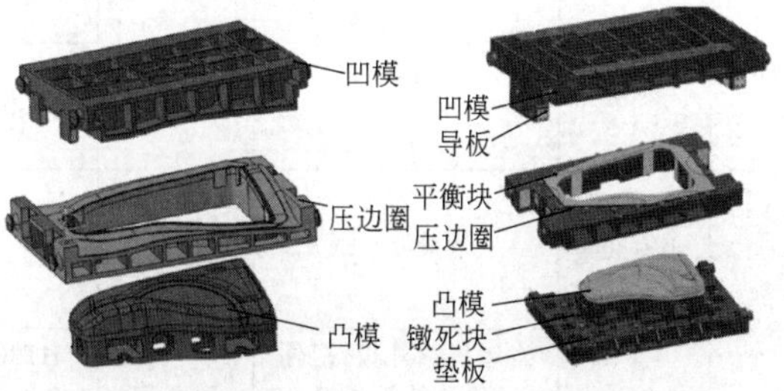

图 11-6-1　小批量模具与批量模具结构对比

根据车型生产的总纲领及年纲领，对冲压工装形式进行整理分类，见表11-6-1。

表 11-6-1　冲压工装形式分类

总纲领 M/台	年纲领 N/台	冲压工艺	工装形式	备注
$M\leq300$	$N\leq300$	试制工艺	试制工装+手工打造	可升级 $N\leq1500$
$300<M\leq5000$	$300<N\leq1500$	量产工艺	半工装+手工打造	可升级 $N\leq5000$
	$1500<N\leq5000$	量产工艺	全工装+手工打造	可升级 $N>5000$
$5000<M$	$5000<N$	量产工艺	全工装	

6.2　模具材质及模具技术标准

按照零件在整车的重要度和其本身结构的难易度，把零件分为三大类，外覆盖件、高强钢零件和其他零件。外覆盖零件表面质量要求较高，工艺设计和模具结构尽可能分析充分，从而保证零件表面质量，将返修工时控制在合理范围之内。高强钢零件因其屈服强度较高，材料流动会导致模具严重磨损，所以大批量生产时要适当提高模具工作部位材质的力学性能，必要时进行淬火。其他零件可依据标准进行设计开发。

6.2.1　模具材质

钢板模具是在采购块型料的基础上进行加工的，模座选择45#钢。铸造模具是铁水浇铸而成的，模座选用HT300。对于模具工作部位的材质，若生产纲领小，一般直接采用45钢和HT300，若生产纲领大，需要提升模具工作部位材质的力学性能，一般选用MoCr铸铁或Cr12MoV。

6.2.2　导向机构

当生产纲领小时，模具可以直接利用本体的加工面进行导向，不需要单独安装导板、导柱等导向机构。当生产纲领加大时，可根据实际生产情况增加导板或导柱等导向机构，通常会依据零件的产品结构和产品功能去判断是否需要增加导向机构，原则是要保证零件尺寸的稳定性和一致性。

6.2.3　侧翻机构

零件的产品结构存在负角度翻边时，模具一般采用侧翻机构或斜楔机构来实现负角度翻边。侧翻机构与传统模具的斜楔机构不同，侧翻机构的运动方向一般与冲压工艺方向平行或垂直，采用侧翻机构进行零件生产时，通常需要将工序件旋转到合理的角度后才能生产。斜楔机构的运动方向可根据冲压工艺的需要而调整，所以零件生产时不需要大幅调整工序件冲压方向。某车型侧围外板侧翻机构如图 11-6-2 所示。

6.2.4　加强筋

生产纲领大的车型对大批量模具的使用寿命和结构强度都有较高要求，所以型面筋、主筋、副筋有严格的技术规范。生产纲领小的车型，因生产批次少，对小批量模具的使用寿命和结构强度要求与大批量模具有较大差异。理论上可通过加强筋的技术参数调整来实现两类模具的不同技术要求。

图 11-6-2　某车型侧围外板侧翻机构

综合以上因素，经过多车型实际生产经验，总结归类具体参数，详见表 11-6-2。

表 11-6-2　模具材质及相关参数总结表

序号	总生产纲领	分类	模具类型	模具材料		模具部件		结构要求			
				上下模座	工作部位材质	导向类	CAM 类	型面	主筋	辅筋	筋间距
1	$M \leqslant 300$	—	铸造模	—	HT300	无标准件	活动式通用侧翻机构	40	30	25	350
			钢板模	—	45						
2	$300 < M \leqslant 1000$	发动机罩外板/门外板/顶盖外板或 $R_{eL} <$ 440MPa 或 $t < 1.8$mm 的内板件	铸造模	HT300（仅外表面及匹配内板）	HT300	导滑面导滑	固定式专用侧翻机构	50	40	30	300
			钢板模	45	45						
		其他外板或 $R_{eL} \geqslant$ 440MPa 或 $t \geqslant 1.8$mm 的内板件或拉深较深的内板	铸造模	HT300（仅外表面及匹配内板）	MoCr			50	40	30	300
			钢板模	45	Cr12MoV						
3	$1000 < M \leqslant 5000$	$R_{eL} \leqslant$ 280MPa 或 $t \leqslant 1.0$mm 内板件	铸造模	HT300	HT300	导板	固定式专用侧翻机构	50	40	30	300
			钢板模	45	45	导柱					
		外表面件或 280MPa $< R_{eL} <$ 440MPa 或 $1.0 < t < 1.8$mm 的内板件或拉深较深的内板	铸造模	HT300	MoCr	导板		50	40	30	300
			钢板模	45	45	导柱					
		$R_{eL} \geqslant$ 440MPa 或 $t \geqslant 1.8$mm	铸造模	HT300	MoCr/镶 Cr12MoV	导板		50	40	30	300
			钢板模	45	Cr12MoV	导柱					
4	$5000 < M \leqslant 20000$	外表面件或 $R_{eL} <$ 440MPa 或 $t <$ 1.8mm 的内板件	铸造模（成型类）	HT300	MoCr	导板	斜模	50	40	30	300
			铸造模（修冲类）	HT300	7CrSiMnMoV	导板/导柱		50	40	30	300
			钢板模	45	Cr12MoV	导柱					
		$R_{eL} \geqslant$ 440MPa 或 $t \geqslant 1.8$mm	铸造模（成型类）	HT300	MoCr/镶 Cr12MoV	导板		50	40	30	300
			铸造模（修冲类）	HT300	Cr12MoV	导板/导柱		50	40	30	300
			钢板模	45	Cr12MoV	导柱					

6.3　小批量生产新技术

6.3.1　超塑成形

超塑性现象是某些材料在一定条件下具有超常的均匀变形能力，其伸长率可以达到百分之几百、甚至百分之几千。

超塑成形是利用金属材料的超塑性原理，其过程为首先采用热成型冲压工艺，在凸、凹模闭合过程中板材先产生预成形，当凸、凹模合模，锁死筋使凸、凹模之间形成封闭空间之后，再通过气管向封闭空间填充气体，板材进行超塑气胀成形全部贴合凹模，最终成形为所需的零件。此技术是将高速热成形冲压工艺和低速超塑成形工艺有机地整合到一起的新成形技术。其中，热成形冲压工艺可以使板材在凸模的作用下快速进入封闭型腔，实现冲压成型过程中的补料，超塑成形工艺对热成形工序件进行气胀低速成形，完成所有产品结构要求的最终成形。超塑成形原理如图 11-6-3 所示。

该技术特点及优势：

1）可满足产品造型，实现复杂外观，如锐棱实现、局部负角等产品结构。

2）成形力小、变形均匀、无回弹现象，产品表面无缺陷，制件尺寸稳定。

3）产品研发时间短、工艺开发周期短、模具投资少、人工投入少。

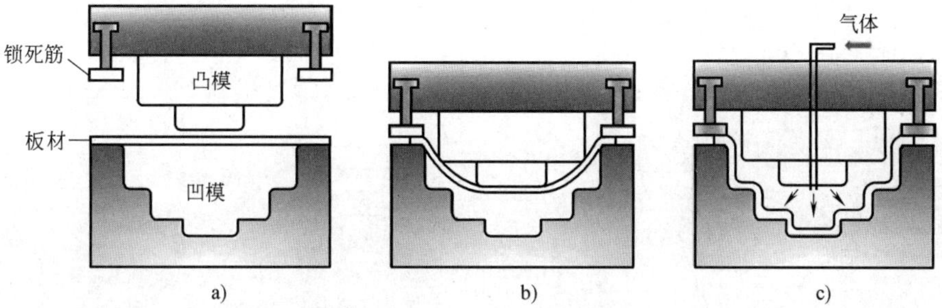

图 11-6-3　超塑成形原理

6.3.2　增量成形

增量成形技术进行汽车覆盖件制造，可以省去模具设计、制造以及调试等复杂过程，大幅缩短开发周期，降低成本，满足消费者个性化、经济型需求的特点，此技术非常适合小批量生产。基本原理是基于快速原型分层制造的思想，沿着轴向方向将复杂的制件形状离散成一层一层的二维平面，通过利用简单形状的工具，按照设定好的轨迹在平面上逐步成形出需要的制件（见图 11-6-4）。

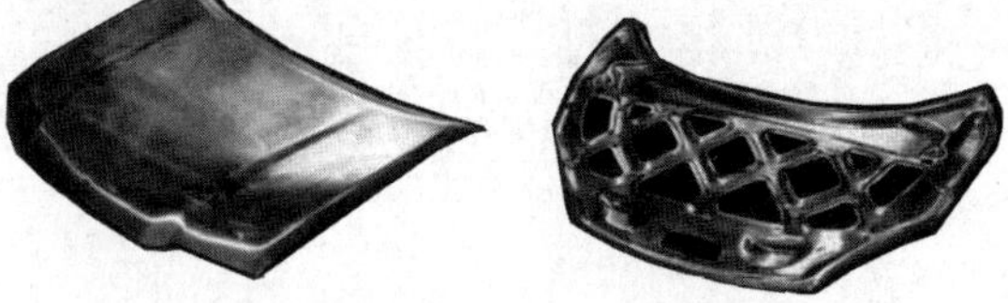

图 11-6-4　单点渐进成形实例

6.4　典型件示例

某车型，按车型生产纲领及项目目标等输入，制定此车型冲压规划：覆盖件的冲压工艺为试制工艺，工装形式为小批量工装。

侧围外板零件的工艺示例：此工艺包含八道工序内容（见图 11-6-5），第一道工序是板料处理，对板材进行激光切割，使板料形状利于冲压成形。第二道工序是冲压加工-拉深成形，板料在模具作用下制出拉深工序件。第三道工序是激光加工，对拉深工序件进行激光切割，去除多余的工艺补充，并增加适当位置处的工艺豁口。第四道工序是手工处理-折弯，高级技师通用特制工具对上道工序的工序件指定区域进行折弯。第五道工序是冲压加工-整形，上道工序的工序件在模具作用下进行翻边整形。第六道工序是冲压加工-翻边，通过侧翻机构将上序工序件摆放特定角度进行翻边。第七道工序是激光加工，利用激光切割对上道工序的工序件进行精修。第八道工序是手工处理-焊接，高级技师对翻边工艺豁口处进行焊接处理。

工序	10	板料处理	20	冲压加工-拉深	30	激光加工	40	手工处理-折弯
内容	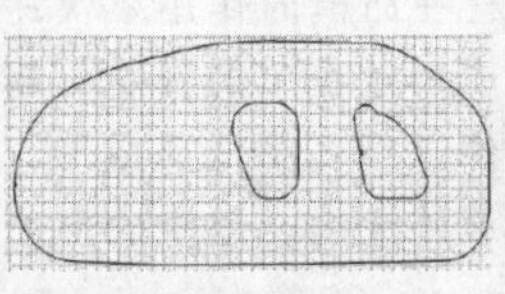							
工序	50	冲压加工-整形	60	冲压加工-翻边	70	激光加工	80	手工处理-焊接
内容			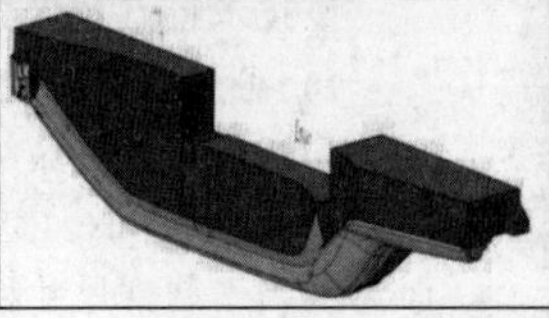				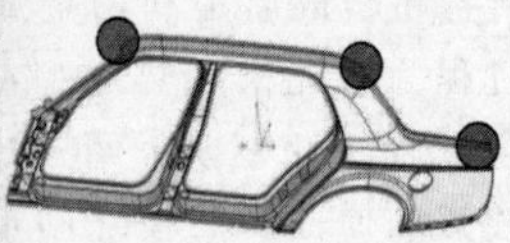	

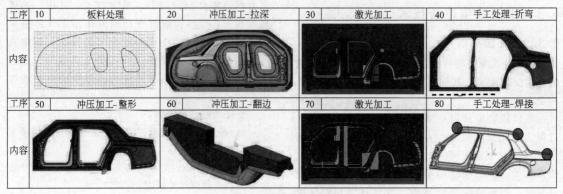

图 11-6-5　侧围外板成形工艺

第12篇 冲压过程数字化与智能化

概 述

数字化与智能化是提升制造业竞争力、促进其创新发展的关键技术。板材的冲压成形作为航空航天、汽车、电子、家电等制造业领域的重要生产技术，实现其数字化与智能化，对相关制造业的创新发展将具有重要的意义。

由于板材的冲压成形包括冲压模具的设计制造与冲压生产两大部分，因此，本篇主要从模具设计制造和冲压生产两个方面介绍其数字化与智能化技术。第1章重点介绍冲压成形数字化模拟的基本理论、实现方法及应用技术，从而为冲压工艺及模具结构的优化设计奠定基础；第2章主要介绍冲压成形工艺及模具结构的数字化与智能化设计技术，为如何实现冲压工艺及模具结构的快速优化设计提供指导；第3章围绕冲压模具的数字化制造技术，重点介绍模具零件加工CAPP、智能化数控加工编程、自动化加工技术及模具制造执行系统等相关技术；第4章针对冲压生产的数字化与智能化技术，重点介绍自动化冲压生产线的组成及其数字化与智能化技术以及冲压生产的MES技术。

通过上述四章内容的介绍，以期帮助相关工程技术人员和科研人员了解和掌握冲压过程的数字化与智能化技术，并在工作中获得应用。

第1章

冲压成形过程数字化模拟技术

华中科技大学　柳玉起
湖南大学　李光耀

1.1　冲压成形过程的数字化模拟理论与方法

1.1.1　有限元方法

板料成形数值模拟是一个非常复杂的问题，它涉及变分原理和单元模型；板材的面内各向异性、应变强化、随动强化等材料物理模型；摩擦与润滑、拉深筋、压边力分布、坯料形状等工艺条件的模型化及其约束处理；坯料与模具间的界面接触判断与约束处理；模型的正确与有效实施。所有这些因素都直接影响有限元模拟的精度，而且还与使用者所掌握的基本概念和实际经验有很大的关系。

板料成形模拟的有限元方法主要有：

1）基于 Green 应变和第二类 Kirchhoff 应力能量共轭的虚功原理，以初始时刻为参考构形的全量拉格朗日（TL）有限元方法。

2）基于 Green 应变和第二类 Kirchhoff 应力能量共轭的虚功原理，以当前时刻为参考构形的修正拉格朗日（UL）有限元方法。

3）基于 Lagrange（第一类 Kirchhoff）应力与速度对物质坐标偏导数能量共轭的虚功原理，以当前时刻为参考构形的虚功率增量型有限元方法。

4）基于动力学原理和中心差分方法建立的动力显式有限元方法。

5）基于虚功原理和全量形变理论的有限元逆算法。

1. 全量拉格朗日虚功方法

TL 法是取初始时刻构形作为参考构形，在所有的时间步长内的计算都参照时刻 $t_0=0$ 构形来定义。则 $t+\Delta t$ 时刻的虚功方程为

$$\int_{V_0}\delta\overline{\boldsymbol{E}}^{\mathrm{T}}\overline{\boldsymbol{S}}\mathrm{d}V_0=\int_{V_0}\delta\overline{\boldsymbol{u}}^{\mathrm{T}}\overline{\boldsymbol{p}}_0\mathrm{d}V_0+\int_{A_0}\delta\overline{\boldsymbol{u}}^{\mathrm{T}}\overline{\boldsymbol{q}}_0\mathrm{d}A_0 \tag{12-1-1}$$

式中　$\overline{\boldsymbol{E}}$——$t+\Delta t$ 时刻的 Green 应变；

$\overline{\boldsymbol{S}}$——$t+\Delta t$ 时刻的第二类 Kirchhoff 应力；

$\overline{\boldsymbol{u}}$——$t+\Delta t$ 时刻的可容位移；

$\overline{\boldsymbol{p}}_0$、$\overline{\boldsymbol{q}}_0$——$t+\Delta t$ 时刻的体力和面力载荷向量，它们都是定义在初始构形上的已知边界条件；

V_0、A_0——构形初始时刻的体积和表面积。

2. 修正拉格朗日虚功方法

UL 法是取当前时刻构形作为参考构形，在所有的时间步长内的计算都参照当前时刻 t 构形来定义。则 $t+\Delta t$ 时刻的虚功方程可以表示为

$$\int_V\delta\overline{\boldsymbol{E}}^{\mathrm{T}}\overline{\boldsymbol{S}}\mathrm{d}V=\int_V\delta\overline{\boldsymbol{u}}^{\mathrm{T}}\overline{\boldsymbol{p}}\mathrm{d}V+\int_A\delta\overline{\boldsymbol{u}}^{\mathrm{T}}\overline{\boldsymbol{q}}\mathrm{d}A \tag{12-1-2}$$

式中　$\overline{\boldsymbol{E}}$——$t+\Delta t$ 时刻的 Green 应变；

$\overline{\boldsymbol{S}}$——$t+\Delta t$ 时刻的第二类 Kirchhoff 应力；

$\overline{\boldsymbol{u}}$——$t+\Delta t$ 时刻的可容位移；

$\overline{\boldsymbol{p}}$、$\overline{\boldsymbol{q}}$——$t+\Delta t$ 时刻的体力和面力载荷向量，它们都是定义在 t 时刻构形上的已知边界条件；

V、A——t 时刻构形的体积和表面积。

3. 虚功率增量型有限元方法

由于 Lagrange（第一类 Kirchhoff）应力与速度对物质坐标偏导数是能量共轭的，弹塑性大变形虚功率方程为

$$\int_{v_e}\dot{t}_{ij}\delta\left(\frac{\partial v_j}{\partial x_i}\right)\mathrm{d}v_e=\int_{v_e}\dot{p}_i\delta v_i\mathrm{d}v_e+\int_{a_e}\dot{\overline{p}}_i\delta v_i\mathrm{d}a_e \tag{12-1-3}$$

式中　v_e、a_e——t 时刻单元 e 的体积和表面积；

t_{ij}——t 时刻构形的第一类 Kirchhoff 应力率。

4. 动力显式有限元方法

动力显式算法的有限元模型利用时间的中心差分，显式向前计算技术，回避了由于高度非线性引起的计算收敛性问题。动力显式算法的运动学微分方程为

$$\frac{\delta\sigma_{ij}}{\delta x_j}+p_i-\rho\ddot{u}_i-c\dot{u}_i=0 \tag{12-1-4}$$

式中　ρ——材料的质量密度；

c——阻尼系数；

$\dot{u}_i$ 和 $\ddot{u}_i$——材料内任一点的速度和加速度；

p_i——作用在该点上的外力；

σ_{ij}——该点处的 Cauchy 应力。

根据散度定理以及边界条件，由式（12-1-4）可以得到系统的虚功方程为

$$\int_V \rho \ddot{u}_i \delta \dot{u}_i \mathrm{d}V + \int_V c\dot{u}_i \delta \dot{u}_i \mathrm{d}V = \int_V p_i \delta \dot{u}_i \mathrm{d}V + \int_\Gamma q_i \delta \dot{u}_i \mathrm{d}\Gamma - \int_V \sigma_{ij} \delta \dot{\varepsilon}_{ij} \mathrm{d}V \tag{12-1-5}$$

式中　$\delta \dot{u}_i$——虚速度；

$\delta \dot{\varepsilon}_{ij}$——对应于 Cauchy 应力 σ_{ij} 的虚应变速率。

设 t 时刻的状态为 n，t 时刻及 t 时刻之前的力学量已知，且定义 $t-\Delta t$ 为 $n-1$ 状态，$t-\frac{1}{2}\Delta t$ 为 $n-\frac{1}{2}$ 状态，$t+\Delta t$ 为 $n+1$ 状态，$t+\frac{1}{2}\Delta t$ 为 $n+\frac{1}{2}$ 状态。设 t 时刻前后两时间增量步长不同，即 $\Delta t_n \neq \Delta t_{n-1}$，令 $\beta=\frac{\Delta t_n}{\Delta t_{n-1}}$。节点速度的差分格式为

$$\dot{\boldsymbol{u}}_{n+1/2}=\frac{(2-\alpha)\Delta t_{n-1}}{(2+\alpha\beta\Delta t_{n-1})}\dot{\boldsymbol{u}}_{n-1/2}+\frac{(1+\beta)\Delta t_{n-1}}{(2+\alpha\beta\Delta t_{n-1})}(\mathbf{P}_n-\mathbf{F}_n) \tag{12-1-6}$$

转换变量 $A_i=\frac{2m_i+\alpha\beta m_i\Delta t_{n-1}}{(1+\beta)\ \Delta t_{n-1}}$，$B_i=\frac{2m_i-\alpha m_i\Delta t_{n-1}}{(1+\beta)\ \Delta t_{n-1}}$。

由于中心差分算法是条件稳定的，为了保证系统计算的稳定性，对时间增量步长 Δt 的大小必须加以限制。稳定性条件通常由系统的最高频率 $\omega_{\max}$ 决定，满足稳定性条件的时间增量步长为

$$\Delta t \leqslant \frac{2}{\omega_{\max}}(\sqrt{1+\xi^2}-\xi) \tag{12-1-7}$$

其中，ξ 是最高模态中的临界阻尼。与工程直觉相反，阻尼的引入实际上降低了系统的临界稳定性条件。系统的最高频率由网格中最大的单元膨胀模式决定。

满足稳定性条件的时间增量步长可以由膨胀波沿网格中任意单元的最小穿越时间近似得到

$$\Delta t_n \leqslant \gamma \frac{L_n^e}{c} \tag{12-1-8}$$

其中，$\gamma=0.5\sim0.8$，c 为膨胀波在材料中的传播速度，L_n^e 为第 n 状态单元 e 的名义长度。

稳定性条件可以保证在一个时间增量步内，扰动只传播网格中的一个单元。如果系统只包括一种材料，则满足稳定性条件的时间增量步长与网格中最小的单元尺寸成正比；如果系统划分的单元网格尺寸比较均匀，但包括多种不同材料，则具有最高膨胀波速的材料中网格尺寸最小的单元决定系统的稳定时间步长。

对于一个简单的桁架单元，在团聚质量矩阵的情况下，稳定性准则给出一个临界时间步长：$\Delta t \leqslant \frac{l}{c}$，其中，$c$ 为材料声速，l 为单元长度，Δt 表示膨胀波穿越长度为 l 的单元所需要的时间。这就是所谓的 Courant-Friedrichs-Lewy（CFL）稳定性条件。

对于三角形单元和四边形板单元来说，临界时间步长的选取依赖于单元名义长度的确定，一般按照图 12-1-1 的原则来确定单元的名义长度 l_{crit}。

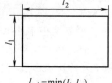

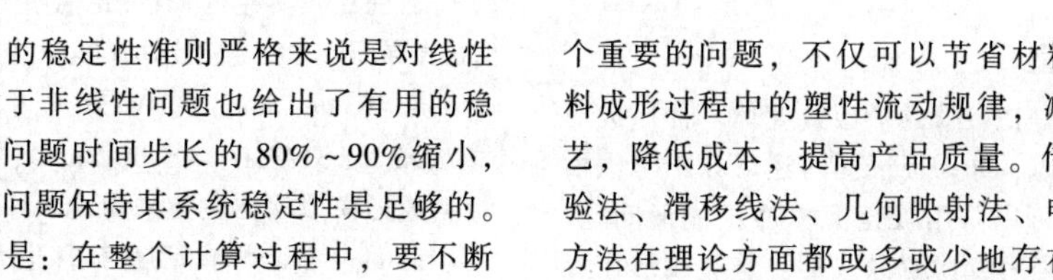

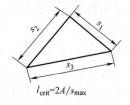

图 12-1-1　单元名义长度

虽然上面给出的稳定性准则严格来说是对线性系统而言的，但对于非线性问题也给出了有用的稳定性估计。对线性问题时间步长的 80%～90%缩小，对于大多数非线性问题保持其系统稳定性是足够的。然而，十分重要的是：在整个计算过程中，要不断检查能量的平衡问题。任何总能量的增加或损失（5%或更多）都将导致失稳。Belytschko 指出：常增量时间步不能保持解的稳定性，即使系统的最高频率 $\omega_{\max}$ 不断减小。

5. 有限元逆算法

坯料形状反算与优化是模具工艺设计过程中一个重要的问题，不仅可以节省材料，也可以改善板料成形过程中的塑性流动规律，减小或避免修边工艺，降低成本，提高产品质量。传统方法主要有经验法、滑移线法、几何映射法、电模拟法等。这些方法在理论方面都或多或少地存在一定的缺陷，应用范围受到限制，计算精度也不高，尤其对于复杂冲压件来说它们都很难预测坯料形状。

有限元逆算法已应用于板料冲压成形坯料形状和应变分布的预测。这种方法也叫一步成形有限元法，根据产品零件或已经工艺补充的冲压件几何形状来预测它的坯料形状和可成形性。由于这种算法

模拟速度非常快，数据准备量少，因此它在产品设计阶段和模具工艺补充设计阶段就可以进行快速成形性分析，优化工艺参数和工艺设计方案。

板料在冲压成形过程中假设是比例加载的变形过程，并且材料不可压缩，模拟过程中采用塑性全量形变本构模型。有限元逆算法的基本思想是在成形后的冲压件上建立有限元方程进行迭代求解，坯料与冲压件的几何尺寸和物理量情况见表 12-1-1。

表 12-1-1　坯料与冲压件的几何尺寸和物理量比较

尺寸和物理量	坯料	冲压件
几何尺寸	未知	已知
板厚	已知	未知
应力、应变	已知	未知
工艺条件、边界条件	已知	已知

从表 12-1-1 中可以发现，推导有限元逆算法所需要的基本条件和物理量在坯料或冲压件中是已知的，其中 3 个未知量是有限元逆算法要求解的。

在 C 状态上建立虚功方程为

$$W = W_{\text{int}} - W_{\text{ext}} = \int_v \boldsymbol{\varepsilon}^{\mathrm{T}} \boldsymbol{\sigma} \mathrm{d}v - \int_v \boldsymbol{u}^{\mathrm{T}} \boldsymbol{f} \mathrm{d}v = 0 \tag{12-1-9}$$

式中　$\boldsymbol{f}$——外力向量；

$\boldsymbol{u}^{\mathrm{T}}$——虚位移向量；

ε——应变；

σ——应力；

v——体积。

冲压件（C 状态）经过单元离散化，可获得如下的方程组：

$$W = \sum_e (\boldsymbol{u}^e)^{\mathrm{T}} (\boldsymbol{F}^e_{\text{int}} - \boldsymbol{F}^e_{\text{ext}}) = - \sum_e (\boldsymbol{u}^e)^{\mathrm{T}} \boldsymbol{R}^e = 0 \tag{12-1-10}$$

采用 Newton-Raphson 方法求解式（12-1-10）。对于第 i 个迭代步其求解过程如下

$$\boldsymbol{R}(\boldsymbol{U}^i) = \boldsymbol{F}_{\text{ext}}(\boldsymbol{U}^i) - \boldsymbol{F}_{\text{int}}(\boldsymbol{U}^i) \neq 0 \tag{12-1-11}$$

$$\boldsymbol{K}^i_{\mathrm{T}} \boldsymbol{\Delta U} = \boldsymbol{R}(\boldsymbol{U}^i) \tag{12-1-12}$$

$$\boldsymbol{U}^{i+1} = \boldsymbol{U}^i + \boldsymbol{\Delta U} \tag{12-1-13}$$

1.1.2　单元模型

由于板料一般是比较薄的平板或壳体，冲压成形时属于平面应力状态，如果板很薄时还可以不考虑横向剪切变形，此时可以采用板壳模拟冲压成形问题。但是在冲压过程中还有变薄拉深成形，这类成形在五金家电中比较多。模拟变薄拉深成形问题不能使用一般的板壳单元，要采用三维实体单元才能反映变薄拉深成形的实际变形情况。因此，单元模型要根据板料变形的特点和实际工程计算的需要选择。

1. 薄膜单元

薄膜单元是由二维三角形单元或四边形单元构造的空间板壳单元。这种单元忽略板料成形过程中的弯曲效应，只考虑板料面内的拉伸、压缩与面内的剪切变形，不考虑板料的面外弯曲变形。

对于液压胀形、半球冲头胀形等一类问题来说，板料在变形过程中主要以拉伸和压缩变形为主，局部弯曲变形对整个成形问题不产生大的影响，这时可以采用薄膜单元。采用这种单元模拟冲压成形的优点是计算速度快，但计算精度很差。随着计算机速度和实际工程分析要求的不断提高，已经很少采用薄膜单元模拟实际冲压成形问题，也没有商品化的板料成形模拟软件采用这种单元。

2. 薄壳单元

薄壳单元主要以 Kirchhoff 直法线假设为理论基础，忽略横向剪切变形的影响，假设板料变形前垂直于中性层的各直线，变形后仍然保持直线并垂直于中性层。

Kirchhoff 理论单元在应用于实际分析中，通常采用协调单元和非协调单元两种列式方法。后者往往计算精度较高，会得到较好的计算结果，但它的收敛性是以通过分片试验为条件的，这就使其应用范围受到一定的限制。因此，协调板壳单元在塑性大变形研究领域仍然受到相当的重视。

薄壳单元的应用虽然比较多，但是成功应用到板料冲压成形数值模拟领域的并不多，目前冲压成形模拟商业软件中很少采用薄壳单元。薄壳单元比较适合板厚小于 1.0mm 的汽车覆盖件的成形模拟，由于覆盖件的尺寸比较大，板料的横向剪切变形相对较小，可以忽略不计。但是当板料比较厚时，就应该使用中厚壳单元。

3. 中厚壳单元

Mindlin 板壳单元考虑了横向剪切变形的影响，可用于分析较厚的壳体。这种单元可以比较好地模拟横向弯曲效应对冲压成形过程中板料起皱的影响，以及更精确地预测回弹问题，充分体现剪切应力对板材成形力学行为的影响。

目前比较实用的 Mindlin 板壳单元主要有 Hughes-Liu 壳单元，Belytschko-Lin-Tsay（BT）壳单元和 Belytschko-Wong-Chiang（BWC）壳单元。基于动力显式算法的 FASTAMP、LS-DYNA3D、PAM-STAMP2G 等板料成形模拟软件主要采用这 3 种壳单元。

Hughes-Liu 壳单元属于退化壳单元，是由 8 节点六面体单元退化而来的，每个单元节点具有自己的局部坐标系。BT 壳单元是最简单的一种组合壳单元，膜变形、弯曲变形和横向剪切变形都是由双线性插值构成的 4 节点四边形壳单元。BT 壳单元是双线性插值，当单元挠曲比较明显时，单元的性态变得比较差。为了解决这个问题，又提出了 Belytschko-

Wong-Chiang（BWC）壳单元，在单元几何关系中增加一个修正项，耦合了曲率项，并在剪切计算中附加了一个节点映射项，改善单元性态的映射因子。当单元挠曲比较明显时，这些修正能有效改善有限元模拟精度。

Hughes-Liu 壳单元、BT 壳单元、BWC 壳单元在动力显式算法中都有应用。从应用效果来看，Hughes-Liu 壳单元精度最高，BWC 壳单元次之，BT 壳单元的精度相对较差，但是成形模拟的时间正好相反，BT 壳单元速度最快。因此在实际应用时考虑到求解效率的重要性，BT 壳单元应用得最为广泛。

4. 等效弯曲单元

等效弯曲单元是在薄膜三角形单元基础上，考虑三角形单元相邻边界的单元在其相邻边界垂直方向上曲率保持连续的假设，提出的一种改进的以面外位移来考虑弯曲效应的三角形单元组模型。这种单元相对于薄膜单元来说，改善了板料成形模拟过程中的弯曲效应和计算精度，但是有时不能准确模拟成形过程中板料的起皱现象。

等效弯曲单元与薄膜单元一样，每个节点只有 3 个自由度，对于静力隐式算法来说，求解方程组的阶数大幅度降低，成形过程的模拟速度很快。AUTOFORM 是采用这种单元的板料成形模拟软件。

5. 实体单元

由于变薄拉深成形属于三维变形应力状态，不满足板壳的平面应力假设，因此变薄拉深成形模拟时必须采用三维实体单元。常用的实体单元有六面体单元和四面体单元，这两类单元中六面体单元实际应用比较多一些。在变薄拉深成形模拟时，主要采用低阶的实体单元，例如 8 节点六面体单元和 4 节点四面体单元。

1.1.3　本构模型

在金属塑性大变形有限元分析时经常采用流动理论本构方程，其他本构方程很少采用。例如，基于形变理论或非经典的角点理论本构方程虽然可以比较准确模拟板料失稳后的局部化变形过程，但是板料成形属于强约束过程，对角点本构方程不敏感，而且板料成形也并不十分关心板料失稳后的局部化变形过程。

1. J_2 流动理论

金属材料的弹性问题本构关系为

$$\overset{\nabla}{S}_{ij}=D^e_{ijkl}\varepsilon^e_{kl}$$

$$D^e_{ijkl}=2G\left[\frac{1}{2}(\delta_{ik}\delta_{jl}+\delta_{il}\delta_{jk})-\frac{\nu}{1-2\nu}\delta_{ij}\delta_{kl}\right] \tag{12-1-14}$$

式中　G——弹性剪切模量；

ν——泊松比。

Mises 屈服函数为

$$f=\frac{1}{2}\sigma'_{ij}\sigma'_{ij}-\frac{1}{3}\overline{\sigma}^2 \tag{12-1-15}$$

式中　σ'_{ij}——应力 σ_{ij} 的偏量。

材料的 J_2 流动本构关系为

$$\overset{\nabla}{S}_{ij}=(D^e_{ijkl}-\frac{2G\alpha}{g}\sigma'_{ij}\sigma'_{kl})\dot{\varepsilon}_{kl}=D^{ep}_{ijkl}\dot{\varepsilon}_{kl} \tag{12-1-16}$$

式中

$$g=\frac{2}{3}\overline{\sigma}^2\left(1+\frac{h}{2G}\right)$$

$$\overline{\sigma}^2=\frac{3}{2}\sigma'_{ij}\sigma'_{ij} \tag{12-1-17}$$

h 可以由单向拉伸试验确定

$$\frac{1}{h}=\frac{3}{2}\left[\left(1-\frac{1-2\nu}{E}\sigma\right)\frac{1}{E_t}-\frac{1}{E}\right] \tag{12-1-18}$$

式中　E——弹性模量；

E_t——单向拉伸真应力-对数应变曲线的切线模量。

$$E_t=\frac{d\sigma}{d\varepsilon} \tag{12-1-19}$$

对于不可压缩材料，式（12-1-18）可以简化为

$$\frac{1}{h}=\frac{3}{2}\left(\frac{1}{E_t}-\frac{1}{E}\right) \tag{12-1-20}$$

2. J_2 随动强化理论

金属材料的初始屈服面可以表示为

$$f=\frac{1}{2}\sigma'_{ij}\sigma'_{ij}-\frac{1}{3}\overline{\sigma}_0^2 \tag{12-1-21}$$

在随动强化理论中假设材料在塑性变形时，式（12-1-21）所描述的屈服面保持形状和大小不变，只是在应力空间中伴随刚体回转而移动。因此，若以 α_{ij} 表示当前变形的屈服面中心位置的话，当前状态的屈服面为

$$f=\frac{1}{2}\overline{\sigma}'_{ij}\overline{\sigma}'_{ij}-\frac{1}{3}\overline{\sigma}_0^2$$

$$\overline{\sigma}'_{ij}=\sigma'_{ij}-\alpha'_{ij} \tag{12-1-22}$$

式中　α'_{ij}——α_{ij} 的偏量。

J_2 随动强化本构关系为

$$\overset{\nabla}{S}_{ij}=(D^e_{ijkl}+\frac{2G\alpha}{\overline{g}}\overline{\sigma}'_{ij}\overline{\sigma}'_{kl})\dot{\varepsilon}_{kl} \tag{12-1-23}$$

式中

$$\overline{g}=\frac{2}{3}\overline{\sigma}_0^2\left(1+\frac{\overline{h}}{2G}\right) \tag{12-1-24}$$

$\overline{h}$ 可以由单向拉伸试验确定

$$\frac{1}{\overline{h}}=\frac{3}{2}\left[\left(1-\frac{1-2\nu}{E}\sigma\right)\frac{1}{E_t}-\frac{1}{E}\right] \tag{12-1-25}$$

如果材料不可压缩，则

$$\frac{1}{\overline{h}}=\frac{3}{2}\left(\frac{1}{E_t}-\frac{1}{E}\right) \tag{12-1-26}$$

塑性变形过程中屈服面的移动速度 $\overset{\nabla}{\alpha}_{ij}$ 与应力点所在屈服面中心的相对位置平行，并指向 $\sigma_{ij}-\alpha_{ij}$。因此

$$\overset{\nabla}{\alpha}_{ij}=\dot{\mu}(\sigma_{ij}-\alpha_{ij}) \tag{12-1-27}$$

式中

$$\dot{\mu}=\frac{3\bar{\sigma}'_{ij}\overset{\nabla}{S}_{ij}}{2\bar{\sigma}_0^2} \tag{12-1-28}$$

1.1.4　屈服准则

金属薄板在预加工和轧制过程中会产生明显的各向异性，这种结构上的各向异性对其成形规律有显著的影响。在拉深成形过程中，突缘出现制耳、冲压件断裂位置和极限成形高度的改变等现象，都是由于板材的各向异性使其在成形过程中塑性流动发生改变所造成的。

在度量板材的各向异性性质强弱的时候，各向异性参数 r 值是非常重要的一个参数，是评价板材成形性能的重要指标。r 值愈大，材料愈不容易在厚向减薄或增厚；反之，r 值愈小，材料愈容易减薄或增厚。当沿与 x 成 φ 角的方向对板料施加单向拉伸时，r 的定义为

$$r=\frac{\dot{\varepsilon}_t}{\dot{\varepsilon}_z} \tag{12-1-29}$$

式中　$\dot{\varepsilon}_t$——垂直于拉伸方向的应变率；

$\dot{\varepsilon}_z$——板厚方向的应变率。

r 值是随方向的变化而变化的，不同的方向 r 值是不一样的。

面内各向异性系数 Δr 也是一个重要指标

$$\Delta r=(r_0+r_{90}-2r_{45})/2 \tag{12-1-30}$$

Δr 值表示厚向各向异性参数 r_h 值在面内随方向的变化，它的大小决定了圆筒拉深突缘制耳形成的程度，影响材料在面内的塑性流动规律，与板材的成形性能无关。一般来说，Δr 值过大，对冲压成形是不利的。

常用的各向异性屈服函数主要有：Hill 正交各向异性函数，Barlat-Lian 屈服函数，Gotoh 四次方屈服函数，Barlat 六参量正交各向异性屈服函数等。

1. Hill 正交各向异性函数

一般的，若把各向异性主轴作为随体坐标系的 x、y、z 轴，则 Hill 屈服函数可以表示成

$$f=\frac{1}{2(F+G+H)}[F(\sigma_{yy}-\sigma_{zz})^2+G(\sigma_{zz}-\sigma_{xx})^2+H(\sigma_{xx}-\sigma_{yy})^2+2L\sigma_{yz}^2+2M\sigma_{zx}^2+2N\sigma_{xy}^2]-\frac{1}{3}\bar{\sigma}^2 \tag{12-1-31}$$

式中　F、G、H、L、M、N——各向异性参数，由实验确定。

在平面应力状态下，应力 $\sigma_{zz}=\sigma_{zx}=\sigma_{yz}=0$，因此式（12-1-31）可简化为

$$f=\frac{1}{2(F+G+H)}[(G+H)\sigma_{xx}^2+(F+H)\sigma_{yy}^2-2H\sigma_{xx}\sigma_{yy}+2N\sigma_{xy}^2]-\frac{1}{3}\bar{\sigma}^2 \tag{12-1-32}$$

由于板材一般只标有 0°、45°、90°三个方向的 r 值，而式（12-1-32）中却有 F、G、H、N 四个参数。因此，通常令 $H=1$，则任意角度的 r 值为

$$r_\phi=\frac{1+(2N-F-G-4)\sin^2\varphi\cos^2\varphi}{F\sin^2\varphi+G\cos^2\varphi} \tag{12-1-33}$$

将 0°、45°、90°方向的 r 值分别记为 r_0、r_{45}、r_{90}，代入式（12-1-33），得到各向异性参数 F、G、N 与 r_0、r_{45}、r_{90} 的关系为

$$G=\frac{1}{r_0},F=\frac{1}{r_{90}},N=\left(r_{45}+\frac{1}{2}\right)\left(\frac{1}{r_0}+\frac{1}{r_{90}}\right) \tag{12-1-34}$$

因此，只要知道了 r_0、r_{45}、r_{90}，就能求出 F、G、N。

2. Barlat-Lian 屈服函数

若把各向异性主轴作为随体坐标系的 x、y、z 轴，则 Barlat-Lian 屈服函数的表达式为

$$f=a|K_1+K_2|^M+a|K_1-K_2|^M+c|2K_2|^M-2\bar{\sigma}^M=0 \tag{12-1-35}$$

式中

$$K_1=\frac{1}{2}(\sigma_x+h\sigma_y),K_2=\sqrt{\left(\frac{\sigma_x-h\sigma_y}{2}\right)^2+p^2\sigma_{xy}^2}$$

$$h=\sqrt{r_0(1+r_{90})/[(1+r_0)r_{90}]}$$

$$a=2-c=2-\sqrt{r_0r_{90}/[(1+r_0)(1+r_{90})]}$$

$$p=\frac{\sigma_p}{\sigma_b}=\left(\frac{\bar{\sigma}}{\tau_{sl}}\right)[2/(2a+2^Mc)]^{\frac{1}{M}} \tag{12-1-36}$$

式中　σ_p——等双拉状态的 Cauchy 主应力；

σ_b——单项拉伸状态的 Cauchy 主应力；

τ_{sl}——纯剪切状态时的屈服剪应力；

M——非二次屈服函数指数；

r_0、r_{90}——板料轧制方向和面内垂直于轧制方向的各向异性参数。

p 值可以通过单拉试验的 r_0、r_{45}、r_{90} 求出。

Barlat-Lian 屈服函数适用于表现为面内各向异性的各向异性材料，它对适于用 Taylor/Bishop 及 Hill 理论计算塑性势的多晶材料能进行很好的模拟，因此，这个公式可以用来研究多晶结构对金属板材冲压成形的影响。由于公式中只包含有 xy 平面内的三个应力分量，因此上述屈服函数只能应用于平面应力状态，但它能描述各种平面应力状态。

与板料的轧制方向的夹角为 φ 的方向 r 值为

$$r_{\varphi}=\frac{2M\overline{\sigma}^{M}}{\left(\frac{\partial f}{\partial\sigma_{x}}+\frac{\partial f}{\partial\sigma_{y}}\right)\sigma}-1 \tag{12-1-37}$$

利用 r_{φ} 和屈服函数及相关的流动法则，计算任意方向的 r_{φ} 是可能的。特别的，这一组方程可用来利用 r_0、r_{90} 确定 a、c 和 h 值，计算方法如下

$$a=2-c=2-2\sqrt{\frac{r_0}{1+r_0}\frac{r_{90}}{1+r_{90}}} \tag{12-1-38}$$

$$h=\sqrt{\frac{r_0}{1+r_0}\frac{1+r_{90}}{r_{90}}} \tag{12-1-39}$$

3. Barlat 六参量正交各向异性屈服函数

由于以前提出的各种描述多晶体材料的各向异性本构方程大多只能描述材料的平面应力状态，给应用带来了很大的局限性。因此，Barlat 等人后来又提出了一个可以说明任何应力状态的通用描述。这一描述包含了应力张量中的 6 个应力分量，反映屈服模型的指数 m 和 6 个材料系数 a、b、c、f、g、h。结果表明，Barlat 的屈服函数可以很好地描述正交各向异性材料的各向异性塑性行为，尤其适用于铝及其合金材料。

若把各向异性主轴作为随体坐标系的 x、y、z 轴，则六参量正交各向异性屈服函数的一般表达式为

$$f=f(\sigma_{ij})-\overline{\sigma}^{m}=0 \tag{12-1-40}$$

六参量正交各向异性屈服函数的标准表达式为

$$f=f(\sigma_{ij})-\overline{\sigma}=0 \tag{12-1-41}$$

定义

$$A=\sigma_{yy}-\sigma_{zz},\quad B=\sigma_{zz}-\sigma_{xx},\quad C=\sigma_{xx}-\sigma_{yy}$$
$$F=\sigma_{yz},\quad G=\sigma_{zx},\quad H=\sigma_{xy} \tag{12-1-42}$$

由于板壳单元理论的假设

$$\sigma_{zz}=0 \tag{12-1-43}$$

所以上面的几个定义式可以化简为

$$A=\sigma_{yy}\ ,\quad B=-\sigma_{xx}\ ,\quad C=\sigma_{xx}-\sigma_{yy}$$
$$F=\sigma_{yz}\ ,\quad G=\sigma_{zx}\ ,\quad H=\sigma_{xy} \tag{12-1-44}$$

再定义

$$I_2=\frac{(fF)^2+(gG)^2+(hH)^2}{3}+\frac{(aA-cC)^2+(cC-bB)^2+(bB-aA)^2}{54} \tag{12-1-45}$$

$$I_3=\frac{(cC-bB)(aA-cC)(bB-aA)}{54}+fghFGH-\frac{(cC-bB)(fF)^2+(aA-cC)(gG)^2+(bB-aA)(hH)^2}{6} \tag{12-1-46}$$

$$\theta=\arccos\left(\frac{I_3}{I_2^{3/2}}\right) \tag{12-1-47}$$

则可以写出 Barlat 六参量各向异性屈服函数的具体表达式

$$\Phi=(3I_2)^{m/2}\left\{\left[2\cos\left(\frac{2\theta+\pi}{6}\right)\right]^{m}+\left[2\cos\left(\frac{2\theta-3\pi}{6}\right)\right]^{m}+\left[-2\cos\left(\frac{2\theta+5\pi}{6}\right)\right]^{m}\right\}=2\overline{\sigma}^{m} \tag{12-1-48}$$

$$r_{\varphi}=\frac{2\sin^2\phi\cos^2\phi(9h^2-a^2-b^2-4c^2-2bc-2ac+ab)+(2c^2+ac+bc-ab)}{2(b^2+bc)\cos^2\phi+2(a^2+ac)\sin^2\phi+(ab-ac-bc)} \tag{12-1-49}$$

一般而言，轧钢厂提供轧制板材时，厂家只是标定三个方向的 r 值，即 r_0、r_{45}、r_{90}。因此，将 0°、45°、90°分别代入 r_{φ} 得到如下联立方程：

$$r_0=\frac{2c^2+ac+bc-ab}{2b^2+bc+ab-ac}$$
$$r_{45}=\frac{9h^2-a^2-b^2-ab}{2a^2+2b^2+2ab}$$
$$r_{90}=\frac{2c^2+ac+bc-ab}{2a^2+ab+ac-bc} \tag{12-1-50}$$

解上述 3 个方程，即可由 r_0、r_{45}、r_{90} 求出 a、b、c、h 四个参数，但 3 个方程是无法求出 4 个未知量的。一般来讲，f、g、h 分别代表着各向异性对 σ_{yz}、σ_{zx}、σ_{xy} 这三个应力项的影响，在各向同性的情况下，这 6 个系数都等于 1。可以近似地认为在描述轧制板材的各向异性特性时，也令 f、g、h 等于 1。于是 3 个方程中只有 3 个未知量，可确定参数 a、b、c。

1.2　冲压成形过程的数字化模拟系统组成

1.2.1　前置处理

1. 模板化

冲压成形模拟软件都有很专业的前、后置处理模块，主要的专业软件前处理都进行了模板化，将工序、压力机和模具运动集成于前处理模板中，如图 12-1-2a 所示，重力效应、拉深、修边、翻边和回弹等工序都是模板化的，这些成形工序可以自由组

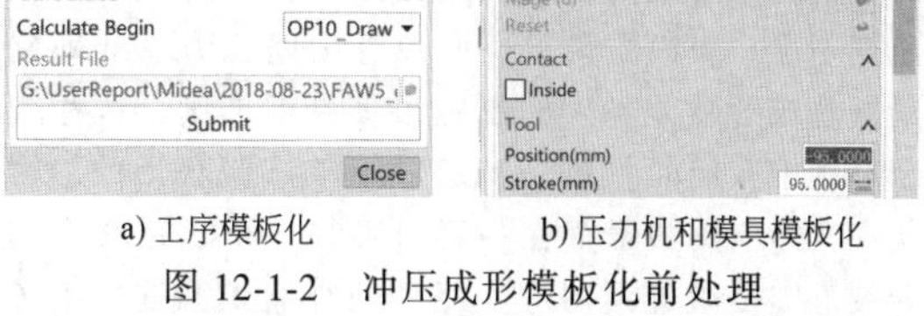

a) 工序模板化　　b) 压力机和模具模板化

图 12-1-2　冲压成形模板化前处理

合。图 12-1-2b 所示为压力机和模具模板化，针对不同的压力机类型，都可以非常方便地设置不同的模具动作，使冲压成形前处理应用方便、简单。

2. 模具网格自动剖分

冲压成形前处理的关键技术之一是模具网格自动剖分，现有主流成形模拟软件都可以进行模具网格自动剖分。一个好的前处理能够完成全自动网格剖分，如图 12-1-3 所示，不需要任何人工干预和手工修复，因此降低了工程技术人员的工作强度，提高了工作效率。

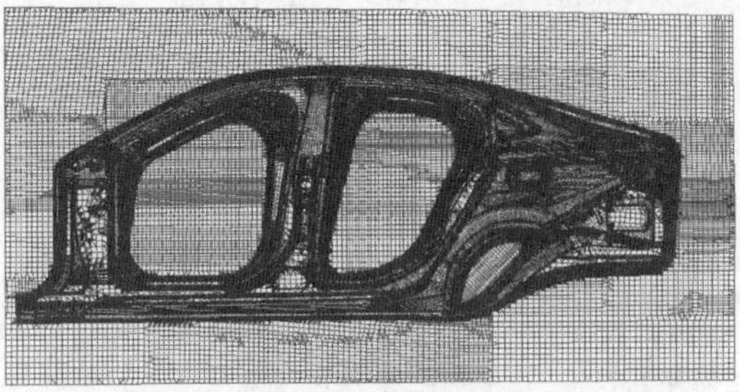

图 12-1-3　全自动模具网格剖分

关于网格划分的详细介绍见本章 1.4 节所述。

3. 模型数据转换

汽车钣金件都是由非常复杂的曲面组成，尤其是汽车外板的曲面精度要求非常高，因此从 CAD 软件到 CAE 软件之间的数据转换是个很大的难题，目前这个问题仍未能很好地解决，数据转换过程中经常会出现曲面破损、丢失等现象。由于常用的 CAD 设计软件（如 CATIA 和 NX 等）对一些特殊曲面的数学表达存在差异，在数据转换过程中无法避免数据精度损失，甚至数据丢失。为了避免数据转换造成的精度损失和数据丢失问题，将成形模拟软件无缝集成于 CAD 软件平台是一种有效的途径。

1.2.2　后置处理

后置处理是冲压成形模拟软件的关键组成部分，它可以把冲压成形模拟结果以图形化的方式呈现给工程技术人员，方便检查和分析成形模拟缺陷。后置处理主要包括：应力、应变等物理量的图形化显示；板厚信息显示；滑移线、冲击线、收缩线、回弹、成形过程等位移量以及成形极限图（FLD）等物理量组合判断信息的显示等。冲压成形软件后置处理示例如图 12-1-4 所示。

后置处理可以判断成形过程中的开裂、起皱、成形不足、表面质量差、回弹等缺陷。为了准确判断这些成形缺陷，人们制定很多判断准则，这些判断准则中有经验性的，有通过简单试验获得的，因此在实际应用中都存在一定的误差。例如 FLD 中的开裂准则是通过不同应变路径的杯突试验建立 FLC

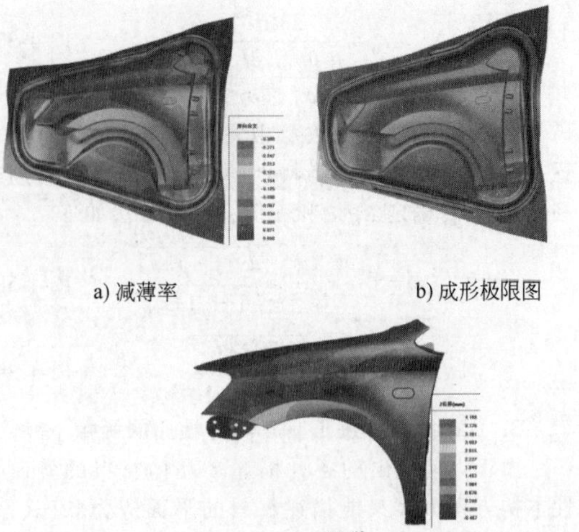

a) 减薄率　b) 成形极限图

c) 回弹

图 12-1-4　冲压成形软件后置处理示例

曲线获得的，起皱准则是根据单元面积不变原理得到的，在实际应用中发现很多情况下 FLD 都存在或多或少的误差。当采用减薄率来判断开裂时误差更离散，因此很多汽车公司都根据自己的经验和产品性能要求制定了减薄率规范要求，但是这也限制了工艺方案的优化。

1.2.3　CAD/CAE 无缝集成

为了避免数据转换造成的精度损失和数据丢失问题，可以将成形模拟软件无缝集成于 CAD 软件平台。这是未来发展的一种趋势，现有主流的 CAD 软件都已经集成了结构分析软件和一些专业软件。冲压成形模拟软件也开始集成于 CAD 平台，如图 12-1-5 所示为集成于 CATIA 平台的冲压成形模拟

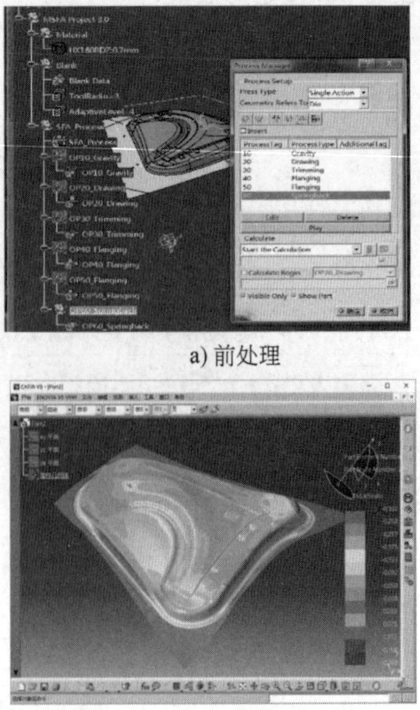

a) 前处理

b) 后处理

图 12-1-5　集成于 CATIA 平台的冲压成形模拟软件

软件，前后处理都无缝集成于 CATIA 平台，充分利用 CAD 参数化更新的优点，可以实现设计-模拟一体化、模拟自动驱动设计更新、设计更新再自动模拟的闭环优化过程。

1.2.4　模面设计

汽车覆盖件工艺设计过程是比较复杂的，其中工艺补充面设计是关键环节。现有主流冲压成形模拟软件都开发了汽车模面设计模块，如图 12-1-6 所示为汽车覆盖件模面设计软件，可以从产品开始设计，实现模面快速设计和调整，包括冲压方向、压料面、工艺补充面以及后工序翻边等。这种快速设计思想与一般 CAD 软件的理念完全不同，后者设计的模面质量相对较差，只是为了方便前期工艺方案 CAE 验证和优化，工艺方案确定后，往往还需要用 CAD 软件重新设计模面。

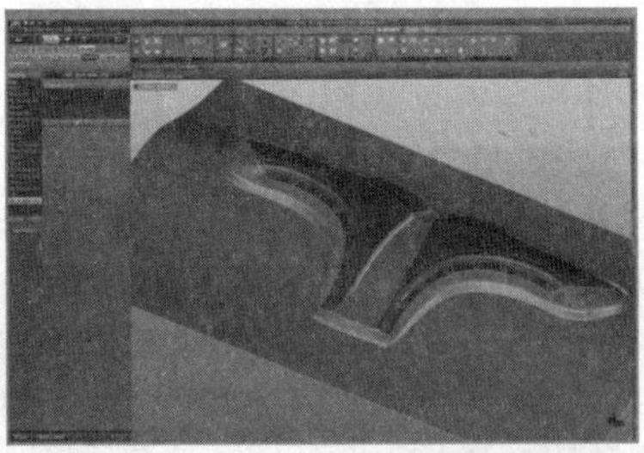

图 12-1-6　汽车覆盖件模面设计软件

1.2.5　成形模拟功能

冲压成形模拟主要由求解器完成，求解器基于本章 1.1 节介绍的模拟理论与方法，是冲压成形模拟软件的核心部分。增量法求解器可以完成重力效应、拉深、修边、翻边整形、回弹等全工序成形过程模拟，如图 12-1-7 所示。

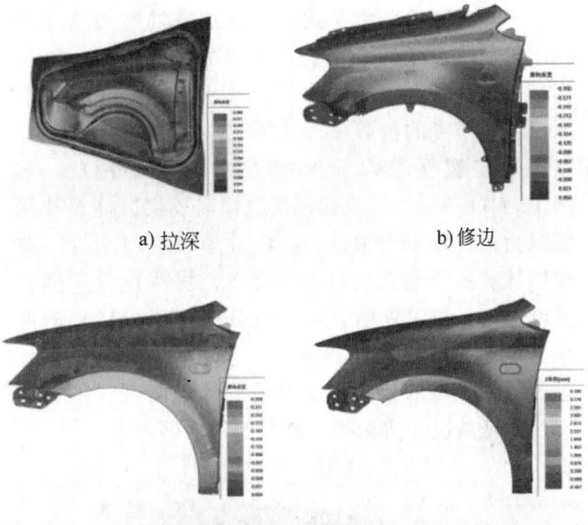

a) 拉深　b) 修边

c) 翻边整形　d) 回弹

图 12-1-7　全工序成形过程模拟

逆算法求解器可以完成毛坯展开和产品可制造性分析，如图 12-1-8 所示；还可以完成修边线展开和翻边成形性分析，如图 12-1-9 所示。

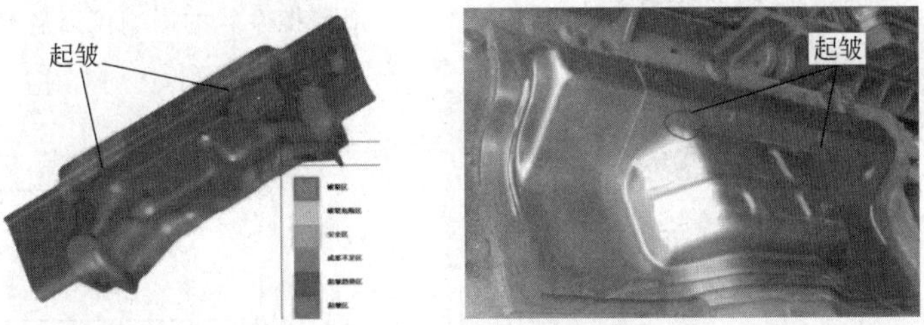

图 12-1-8　毛坯展开和产品可制造性分析

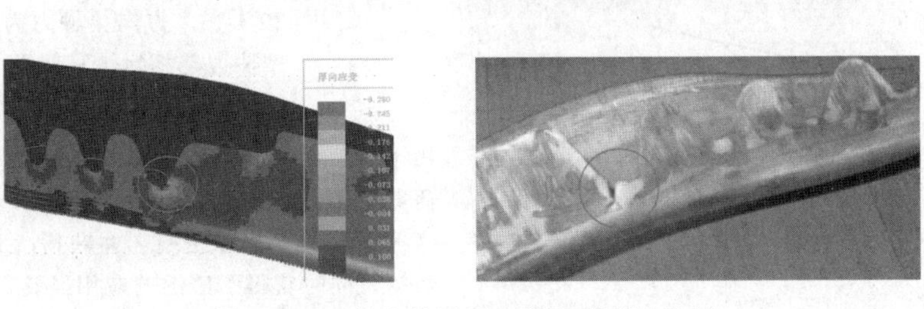

图 12-1-9　修边线展开和翻边成形性分析

1.3　冲压成形模拟中的主要工艺参数的表征

冲压工艺中主要的工艺参数包括拉深筋、摩擦和压边力等。这些工艺参数在数值模拟过程中都考虑到了，但是由于成形工艺的复杂性和计算量限制，在保证一定计算精度的基础上，这些工艺参数在模型化和计算过程中都进行了适当的简化。

1. 拉深筋

拉深筋的形状和布置是非常重要的，因此计算过程必须较好地模拟拉深筋的作用效果。如果用真实的拉深筋参与成形模拟，拉深筋区域需要足够多的网格才能保证计算精度和拉深筋的模拟效果，计算量非常大，如图 12-1-10 所示。因此实际成形模拟时一般都采用等效拉深筋模型。

等效拉深筋模型是通过等效拉深筋阻力来考虑不同形状拉深筋对板料流动约束的作用效果，将拉深筋区域的板料受力状态简化成平面应变情况，计算出单位宽度的位移-拉深筋阻力曲线关系 $F_{dp}(U)$，以及单位宽度拉深筋所产生的举力大小 F_s，如图 12-1-11 所示。等效拉深筋模型需要实验测量拉深筋阻力曲线和举力曲线。实际成形模拟时通过一些线段代表拉深筋在模具上的位置，将线段投影到板料网格上，拉深筋阻力值等效分配到所投影到的网格节点上，如图 12-1-12 所示。采用等效拉深筋模型进行成形模拟的最大优点是节约计算时间，模拟精度的高低取决于等效拉深筋模型的准确程度。

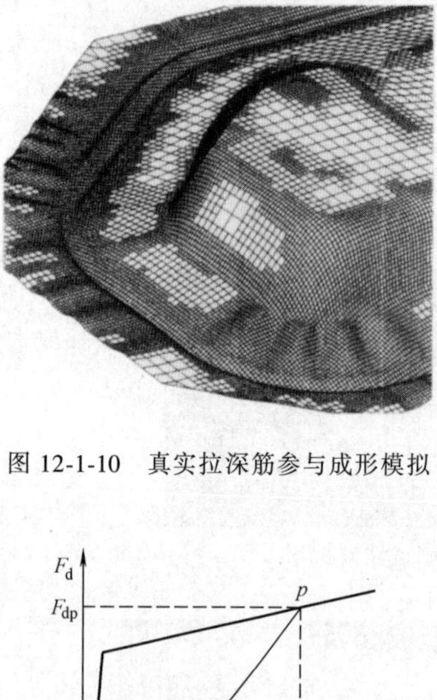

图 12-1-10　真实拉深筋参与成形模拟

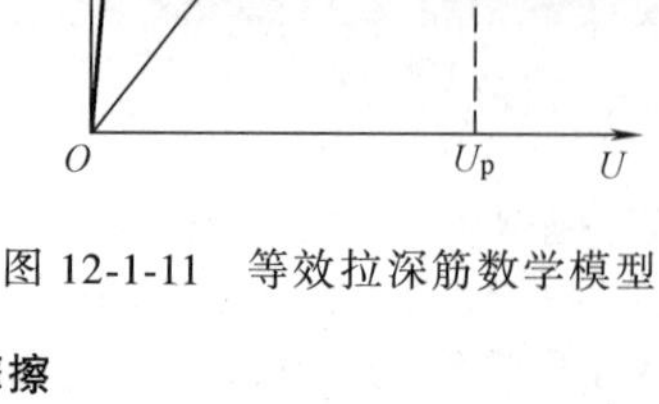

图 12-1-11　等效拉深筋数学模型

2. 摩擦

摩擦也是实际工艺中的一个重点参数。对于某些深度较大的拉深成形问题来说，润滑的好坏直接决定工件的拉深成形成功与否。

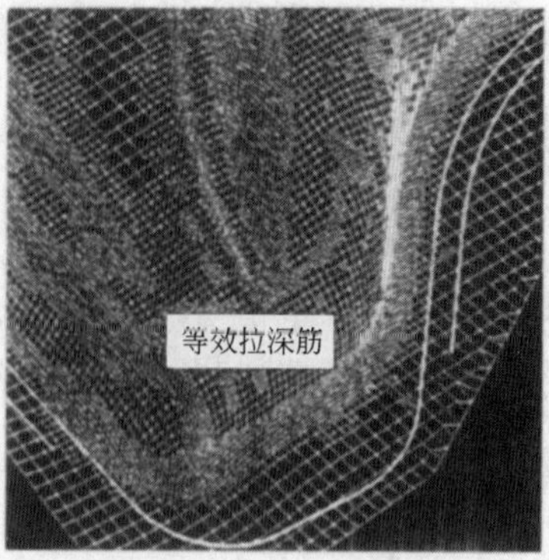

图 12-1-12　等效拉深筋参与成形模拟

在成形数值模拟过程中，对摩擦条件进行较大的简化，一般采用简单的经典摩擦定律，摩擦力和相对滑移量的关系可用图 12-1-13 所示的曲线来表示。经典摩擦定律中的这种摩擦力与相对滑移的关系假设有两个不足，首先是不符合微观摩擦现象，因为事实上任何小于 F_c 的摩擦力都可产生一定的微小相对滑移。另一个不足是把摩擦系数看成与相对滑移速度和接触面积无关，而实验表明摩擦系数既与相对滑移速度有关，也与接触面积有关，而且相对滑移速度越大对摩擦系数的影响也越大。对于薄板冲压成形过程来说，相对滑移的速度通常较小，故它对摩擦系数的影响可以忽略不计。

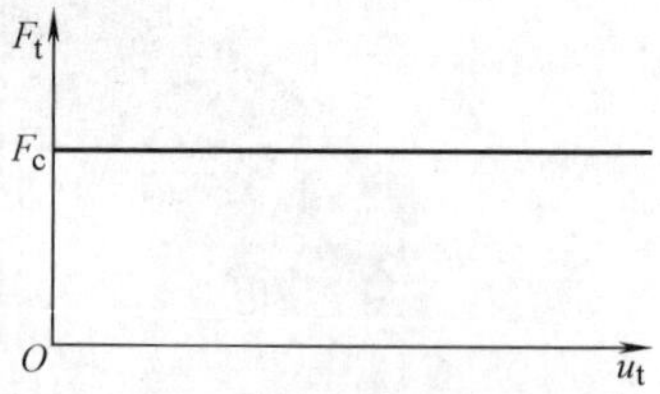

图 12-1-13　方向接触力为常数时
摩擦力与相对滑移量的关系

尽管经典摩擦定律有它的不足之处，但它在工程中仍有广泛的应用。因为人们围绕它做了大量的研究工作，对各种材料的接触表面在不同状态下的摩擦系数做了很多实验，并获得大量有工程意义的数据，同时获得了广泛的应用经验。

3. 压边力

实际成形过程中，压边力通过一定数量的弹簧或气缸作用于压边圈，压边圈再将压力分配到压边圈内的板料上。由于压边圈不是刚性的，在压边过程中或多或少会产生一定的变形，再加上模具加工精度方面也存在一定的误差，有时试模时用加垫块等方法调整压边力的分配，因此压边圈将压力分配到板料上时，不是均匀分布的，分布规律也不确定。

在现有板料成形商业软件中，对压边力的分配做了较大程度的简化。通常在压边力分配时只考虑板料变形过程中厚度的变化对压边力分配的影响，很少考虑垫块、弹簧或气缸分布以及模具加工误差的影响。

1.4　冲压成形模拟网格

1. 零件网格和板料网格

有限元逆算法模拟时，计算的对象是零件；增量法模拟时，计算的对象是板料（初始毛坯），两者都需要对零件或板料进行网格剖分。由于零件网格和板料网格要参与有限元计算，因此对网格质量有较高的要求。三角形和四边形单元的位移插值函数有比较大的区别，这也直接决定了单元模型的计算精度。从理论角度和应用经验来说，四边形单元的计算精度都比三角形单元高，因此在实际应用时零件尽量采用四边形单元剖分网格。零件网格剖分如图 12-1-14 所示，尽量采用四边形单元，局部用三角形单元过渡。板料网格剖分如图 12-1-15 所示，不规则板料在边界处用三角形单元过渡，这样对成形模拟的精度不会有太大的影响。

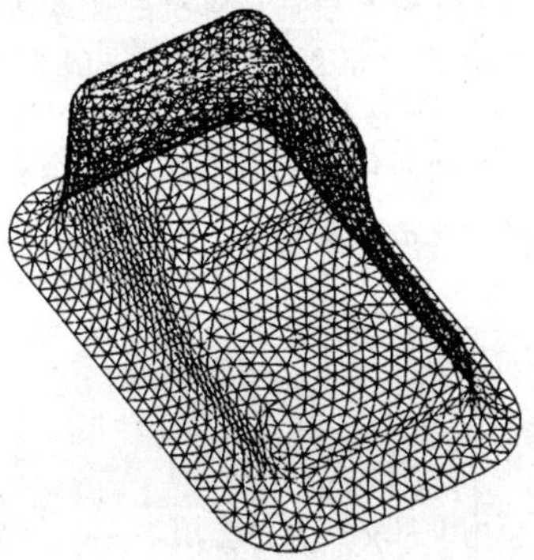

a) 三角形单元

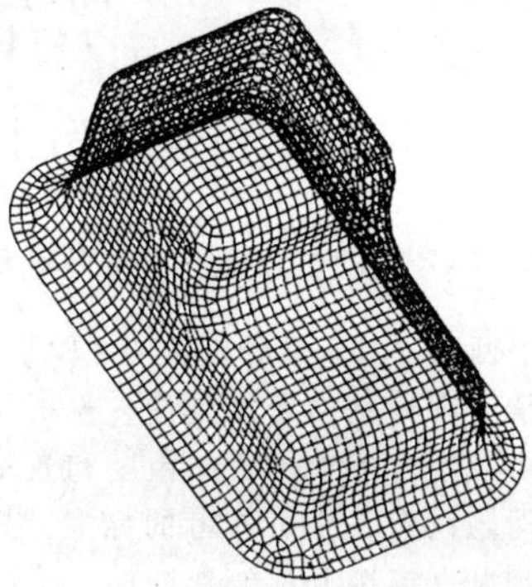

b) 四边形单元

图 12-1-14　零件网格剖分

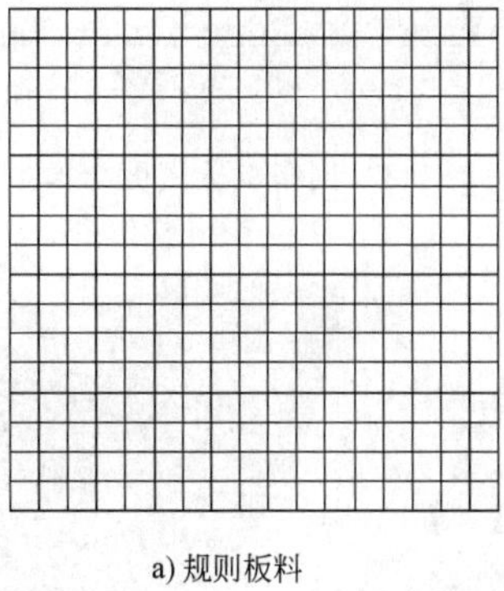

a) 规则板料

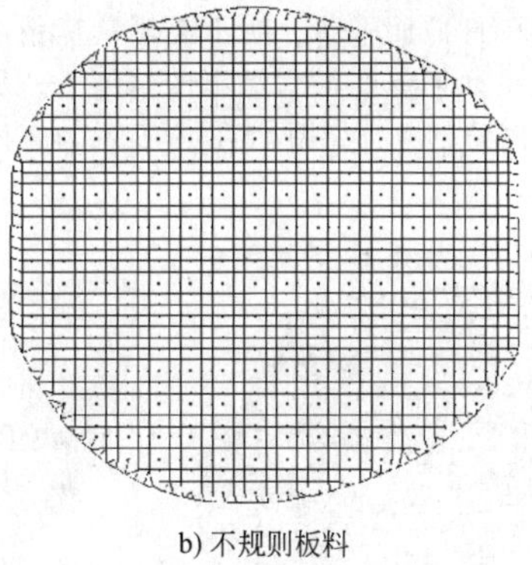

b) 不规则板料

图 12-1-15　板料网格剖分

2. 网格质量与模拟精度

计算精度还与网格质量有很大关系，如果网格质量不好，无论三角形还是四边形单元都不会得到较好的计算结果。四边形单元必须是外凸的，4 个节点尽量位于一个平面内，单元不能过分畸形，如图 12-1-16 所示都是不合格的四边形单元。三角形单元一定满足外凸，3 个节点也一定位于一个平面内，因此对于三角形单元来说仅要求它不过分畸形即可，如图 12-1-17 所示为不合格的过分畸形三角形单元。

对于复杂冲压件或复杂曲面来说，一般不可能全部剖分成理想质量的网格，这样对计算精度必然产生或多或少的影响，但过分强调网格质量又会大幅度增加手工修复网格的时间，因此实际计算过程中要在网格质量和计算精度之间找到一个平衡点，

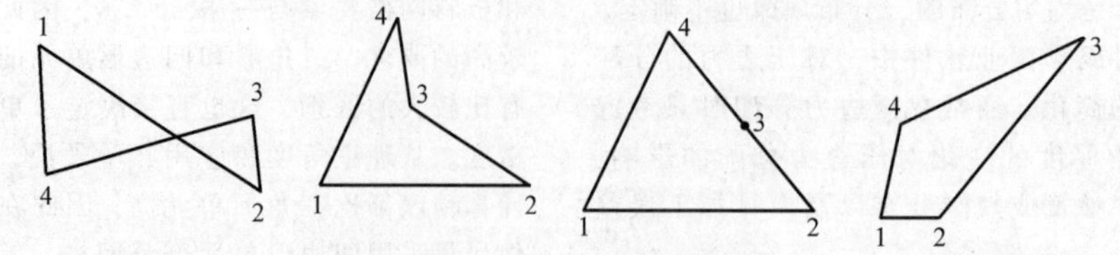

a) 扭曲单元　b) 内凹单元　c) 退化单元　d) 过分畸形单元

图 12-1-16　不合格的四边形单元

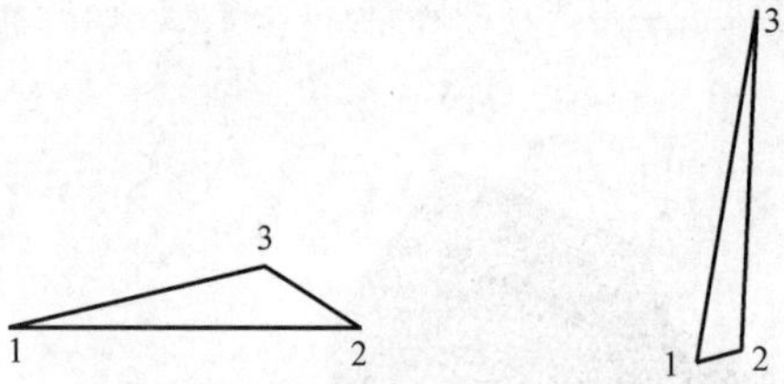

图 12-1-17　不合格的过分畸形三角形单元

如何找到这个平衡点主要依靠分析者的经验了。

从理论上说，零件网格密度越高，模拟精度也越高。但在实际应用过程中要考虑精度和效率的关系，关于这个问题没有一个可参考的标准，只能根据实际经验来判断。当单元比较稀疏时，提高单元密度可以显著提高计算精度，当单元密度达到一定程度时，再提高单元密度，计算精度提高的就很有限了，如图 12-1-18 所示。单元剖分的密度还与冲压件形状和曲面复杂程度有直接关系，如果单元能比较好地拟合冲压件曲面形状，就不会对计算精度有较大的影响，在计算精度得到保证的情况下，尽量采用低密度的网格剖分，如图 12-1-19 所示为 3 种不同的网格剖分密度，其中图 a 不能较好地拟合曲面形状，计算精度很差，图 c 网格剖分密度过大、计算时间过长，图 b 是比较好的网格剖分密度。因此在实际计算时要根据计算机的计算速度和分析精度的需要决定网格剖分密度。一般大型复杂冲压件（例如汽车的地板）剖分 50000 个单元以内就足够了，普通的冲压件剖分 20000 个单元以内就完全可以满足计算精度需要。

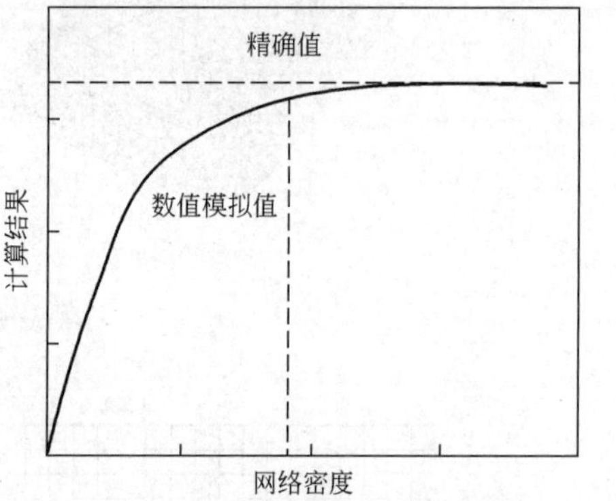

图 12-1-18　网格剖分密度与模拟精度的关系

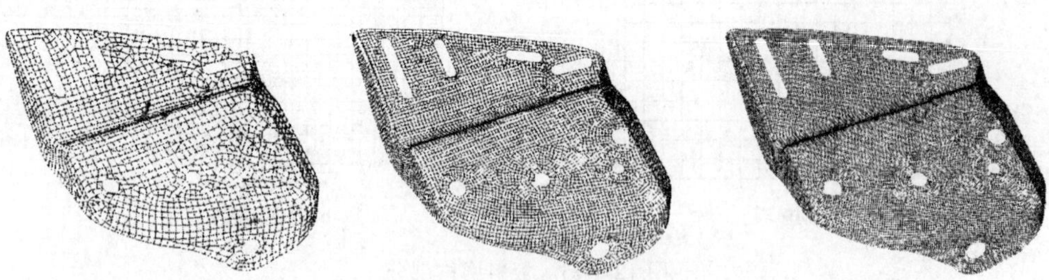

a) 单元密度过低　b) 单元密度适合　c) 单元密度过高

图 12-1-19　网格剖分密度

3. 工具网格

工具网格与零件网格剖分的标准完全不同，零件网格是参与有限元求解的，对网格的质量有较高的要求，而工具网格只是在成形模拟过程中作为板料节点是否接触或穿透工具的判断依据。因此工具网格剖分的标准是网格模型要拟合曲面模型，特别是圆角过渡的区域必须通过一定数量的网格过渡，保证网格过渡比较光滑，如图 12-1-20 所示。

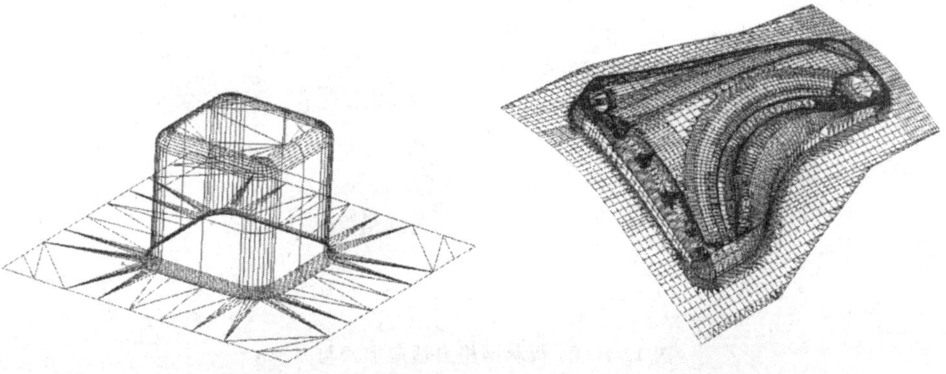

图 12-1-20　工具网格

工具网格数量不是越多越好，如果网格数量过多，就会造成冲压成形求解过程的接触判断计算量过大，因此在保证工具网格模型符合曲面模型基础上，网格的数量越少越好。由于工具网格不参与有限元求解计算，因此对网格质量要求很低，只要单元面积大于零即可。另外，工具网格可以是不连接网格，只要网格的法向量保证一致，如图 12-1-21 所示。

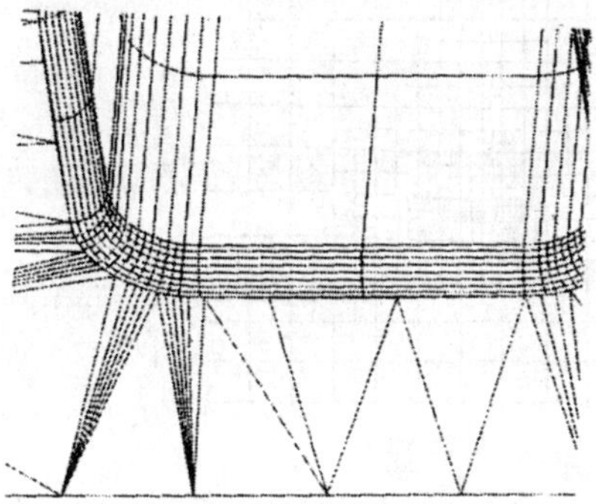

图 12-1-21　不连接工具网格

4. 自适应网格加密与减密

为了提高板料成形模拟速度，所有商业软件已经采用板料网格自适应加密技术。如图 12-1-22a 所示，板料初始网格密度都比较低，成形模拟过程中根据零件的形状和复杂程度自动地进行网格加密，如图 12-1-22b 所示。这种加密技术可以减小成形模拟过程中的网格数量，提高成形模拟速度。

在 FASTAMP 和 AUTOFORM 软件中还采用了网格自适应减密技术，配合自适应加密技术一起，可以保证成形模拟过程中板料单元数始终保持在一个最低数量，最大限度地提高成形模拟速度，尤其对于基于隐式算法的 AUTOFORM 来说更为重要。

网格自适应减密的标准与加密标准比较类似，当 4 个加密的单元重新变形到一个平面时就减密为 1 个单元，当然减密时还要考虑 4 个单元厚度和应力的差别。如图 12-1-23 所示为某油底壳的自适应加密和自适应加密与减密的成形模拟结果，初始毛坯网格相同（单元数为 3529），采用 2 级加密，计算完成后只进行自适应加密的板料单元数为 34447，采用自

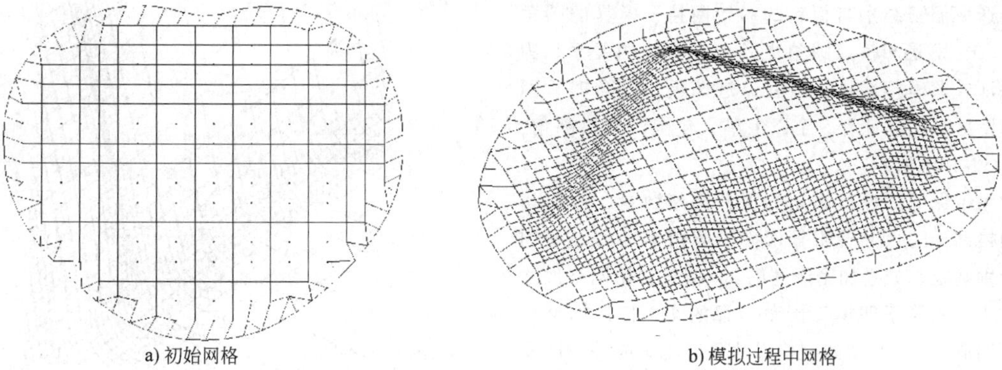

a) 初始网格

b) 模拟过程中网格

图 12-1-22　板料网格自适应加密技术

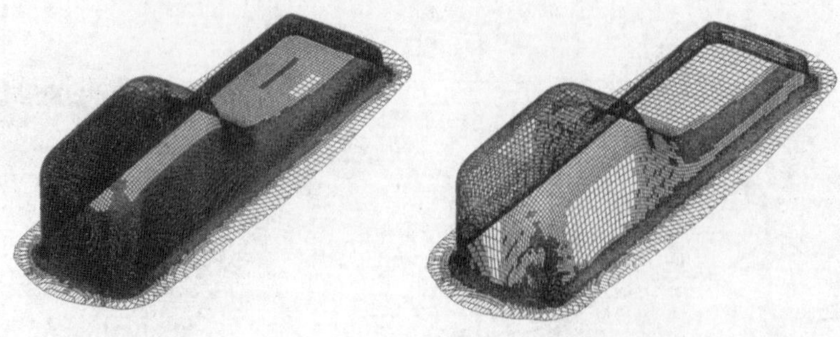

a) 自适应加密　　b) 自适应加密与减密

图 12-1-23　板料网格自适应加密与减密

适应加密与减密的板料单元数为 20506，单元数减少了 13941 个。

一般网格自适应加密的级别为 2 或 3，如图 12-1-24 所示，如果零件尺寸较大，加密级别可以取 3。除了个别特殊情况，加密级别没有必要太高，因为加密级别过高对提高成形模拟速度不明显，同时也会在一定程度上降低计算精度。由式（12-1-8）可知，动力显式算法中时间步长与单元的名义尺寸成正比关系，如果板料网格中有 1 个单元的名义尺寸过小，都会影响整个成形过程的模拟速度，因此采用动力显式算法模拟时一定要注意选择合适的加密级别和初始网格尺寸。

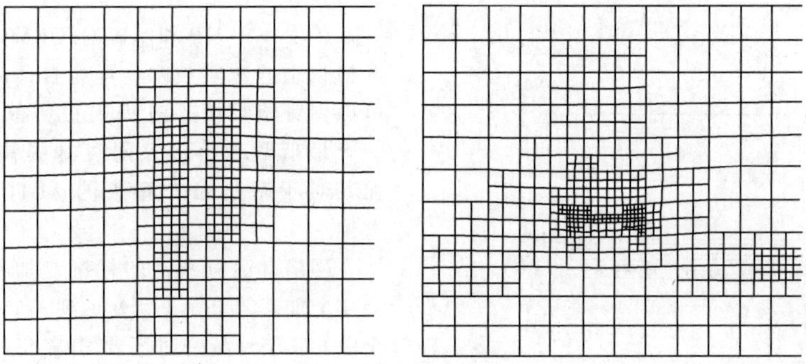

a) 2级加密　　b) 3级加密

图 12-1-24　板料网格自适应加密级别

选取加密级别与板料的初始网格、模具的圆角半径（特别是凹模口圆角半径）有直接的关系。为了保证成形模拟精度，板料流进凹模口圆角时，网格加密后必须保证有 5 个以上单元包围凹模口圆角，如图 12-1-25 所示。

为了保证凹模口圆角的板料网格数量，板料初始网格剖分的尺寸要根据凹模口圆角半径大小和加密级别确定。如果加密级别取 2，板料初始网格尺寸可以小于或等于凹模口圆角半径的 1.2 倍；如果加密级别取 3，板料初始网格尺寸可以小于或等于凹模口圆角半径的 2.4 倍，如图 12-1-26 所示。

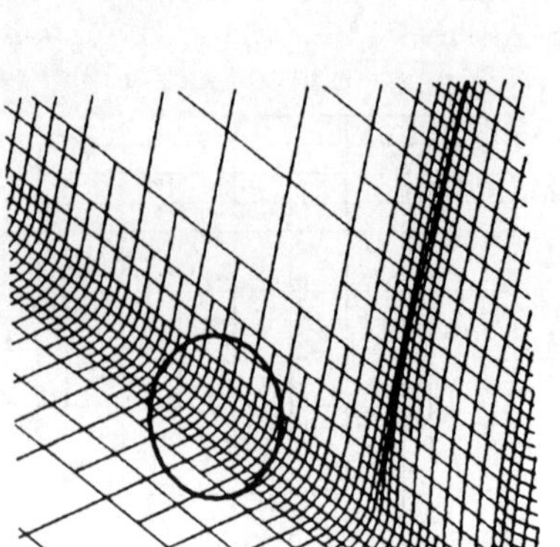

图 12-1-25　凹模口圆角处的网格数量

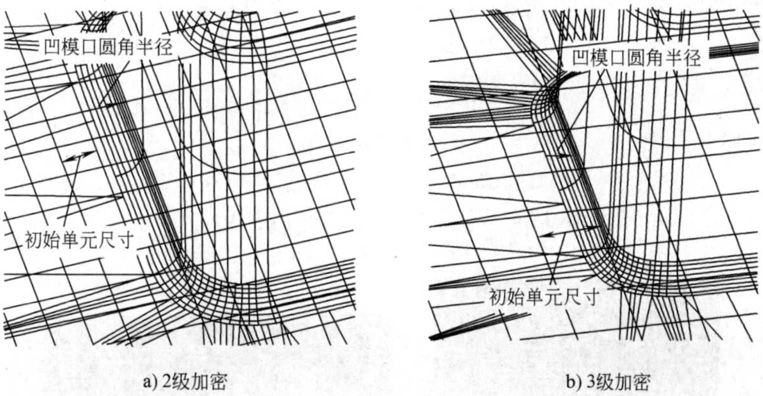

图 12-1-26 板料初始网格尺寸与凹模口圆角半径关系

1.5 冲压成形模拟软件

如前所述，冲压成形模拟方法主要分为逆算法（或称一步法）和增量法。其中，逆算法计算速度快，使用方便，但模拟精度较低，主要用于毛坯展开、翻边线设计以及冲压产品设计的可成形性分析（如成形时的表面质量预测、成形工艺性等）；而增量法计算精度高，但计算时间长，主要用于冲压成形的全工序模拟分析，以分析评价冲压工艺设计的优劣。目前，专业的冲压成形模拟软件主要有 FASTAMP、AUTOFORM、DYNAFORM、PAM-STAMP2G 等，这些软件都支撑逆算法和增量法，在实际工程中获得广泛应用。下面主要介绍常用的 FASTAMP、AUTOFORM、DYNAFORM 软件。

1.5.1 FASTAMP

FASTAMP 软件是由华中科技大学材料成形及模具技术国家重点实验室自主开发研制的，具有完全自主版权。FASTAMP 软件包括有限元逆算法和动力显式增量法两种求解器。

FASTAMP 软件逆算法相对于国外同类软件具有非常突出的特点，可以精确计算冲压件或零件的毛坯尺寸；可以模拟两步成形和多步成形过程，可以近似地模拟单动压力机、双动压力机、三动压力机等类型压力机成形过程；可以快速预测覆盖件三维翻边的可成形性，精确确定三维修边线，彻底改变传统修边模和翻边模设计过程中依靠简单的解析理论和经验公式的做法，大幅度提高修边模和翻边模的设计效率；可以进行毛坯分步展开，展开过程中可以考虑中性层偏移对展开尺寸的影响，可以得到零件的中间构形形状。

FASTAMP 软件增量法采用动力显式算法，相对于国外的 DYNAFORM 和 PAM-STAMP2G 增加了板料网格自适应减密技术和二分式网格自适应加密技术，如图 12-1-27 所示，充分利用冲压件存在的大量直线圆弧和大曲率圆弧特征，只需要在一个方向加密网格（网格一分为二），与传统的一分为四方法相比，有限元网格数量几乎减少 1 倍，而且这些圆角特征处的网格都需要加密到最高级别，如果再应用自适应减密技术，加密级别为 2 时，网格数量最多可以减少 8~16 倍，综合所有网格加密情况，冲压成形模拟速度可提高 3~6 倍。

FASTAMP 软件完全集成于 CAD 平台，包括 CATIA、NX、SolidWorks 和 PTC Pro/E 四个主流 CAD 软件，如图 12-1-28 所示，可实现参数化模拟，大幅度缩短了 CAE 反复建模时间。其中，逆算法主要用于零件毛坯展开和工艺性分析，如图 12-1-29、图 12-1-30 所示；而动力显式算法则主要用于冲压成形的全工序分析，如图 12-1-31 所示。

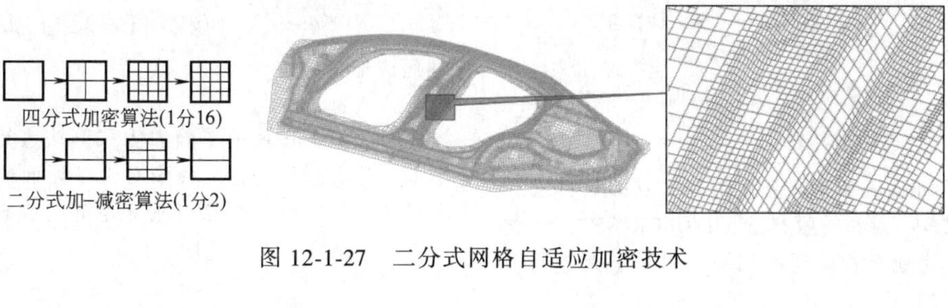

图 12-1-27 二分式网格自适应加密技术

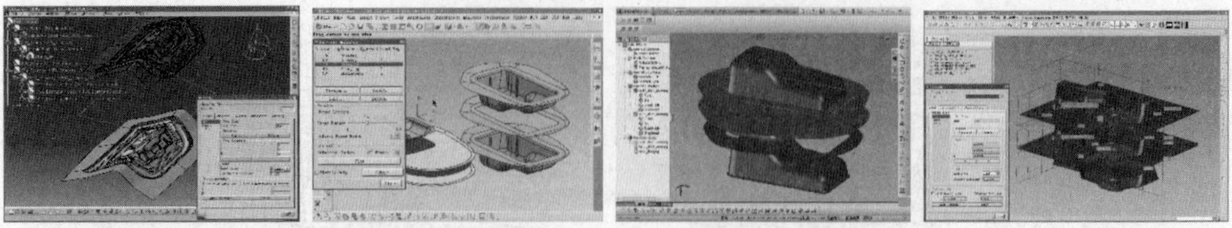

a) 基于CATIA平台　b) 基于NX平台　c) 基于SolidWorks平台　d) 基于PTC Pro/E平台

图 12-1-28　集成于 CAD 平台的成形模拟系统

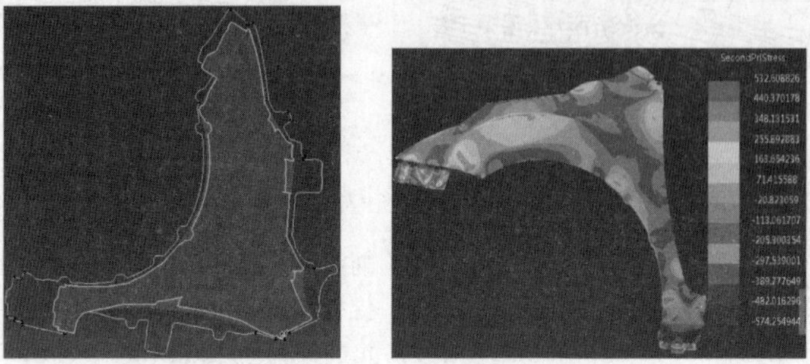

图 12-1-29　产品毛坯展开与工艺性分析

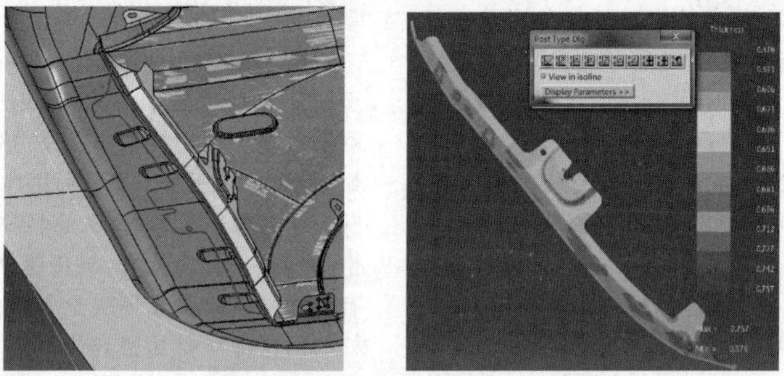

图 12-1-30　修边线展开与翻边工艺性分析

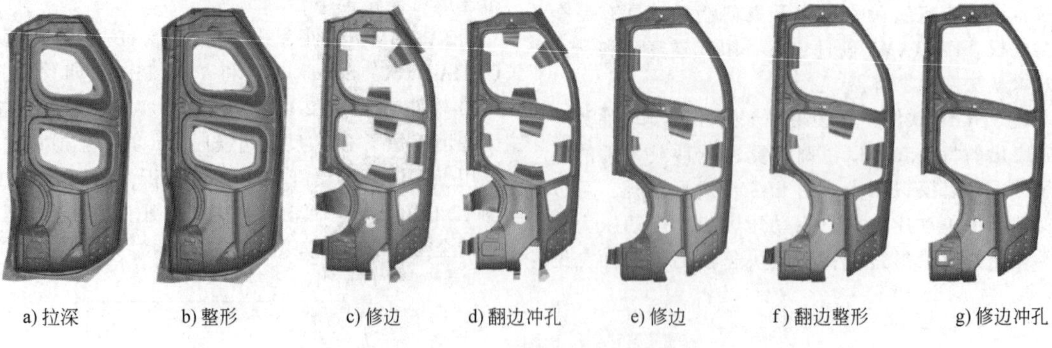

a) 拉深　b) 整形　c) 修边　d) 翻边冲孔　e) 修边　f) 翻边整形　g) 修边冲孔

图 12-1-31　全工序冲压成形模拟

1.5.2　AUTOFORM

AUTOFORM 是瑞士联邦工学院开发的板材成形模拟专用软件，最新的版本是 AUTOFORM R7，在欧洲各大汽车企业有着广泛的应用，积累了大量的工程应用经验。它采用了静力隐式算法进行求解，采用了全拉格朗日理论，由于对壳单元面内和横向刚度都进行了解耦，消除了刚度矩阵的病态，保证了计算的收敛性，求解速度很快。

该软件的设计思想突出了易用性和针对性，作为冲压成形模拟的专业软件，它尽可能地简化用户的操作，使软件的功能尽可能自动执行。AUTOFORM 可自动进行网格剖分，自动生成和交互修改压料面、工艺补充部分、拉深筋、凸模入口线、板坯材料等，可以自由选择调整冲压方向，产生工艺切口，定义重力作用、压边、成形、修边、回弹等工序或工艺过程。

AUTOFORM 提供了众多贯穿于整个产品开发周期的金属板料零件和冲压模具设计的功能模块。AUTOFORM 同样内置了一步法（Onestep）求解器，用户仅需要输入零件几何模型就可以进行坯料展开，快速地得到冲压成形模拟结果，并可用于后续成性形分析（见图 12-1-32）。增量法模块（Increment）则可以精确地模拟冲压成形过程，评估模具设计工艺方案（见图 12-1-33）。模具设计模块（DieDesigner）则可以帮助设计人员快速地生成模具型面（见图 12-1-34）。此外，AUTOFORM 还提供了对工艺参数和几何参数进行优化计算的模块（Optimizer）和应用于液压成形模拟的模块（Hydro&HydroDesigner）。

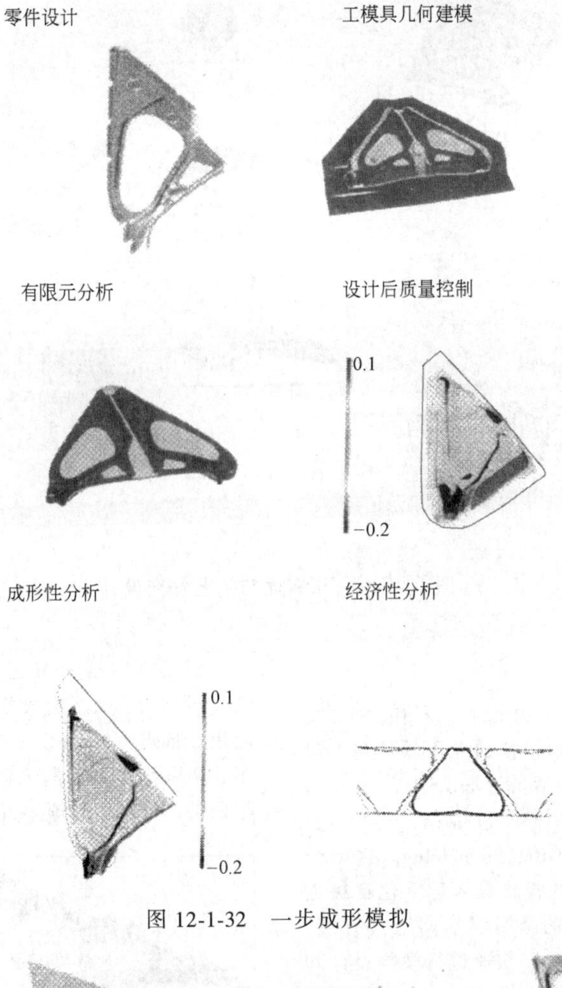

图 12-1-32　一步成形模拟

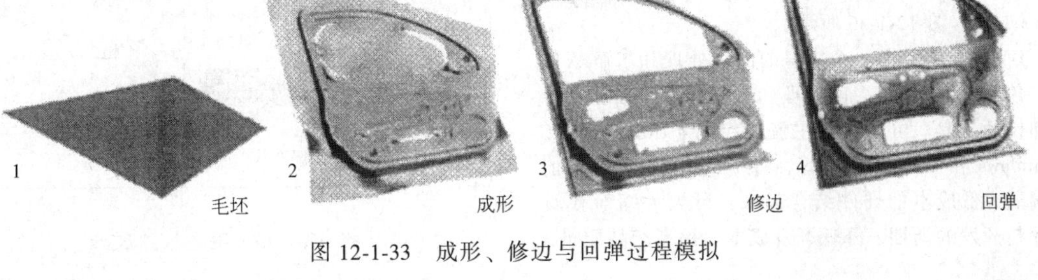

图 12-1-33　成形、修边与回弹过程模拟

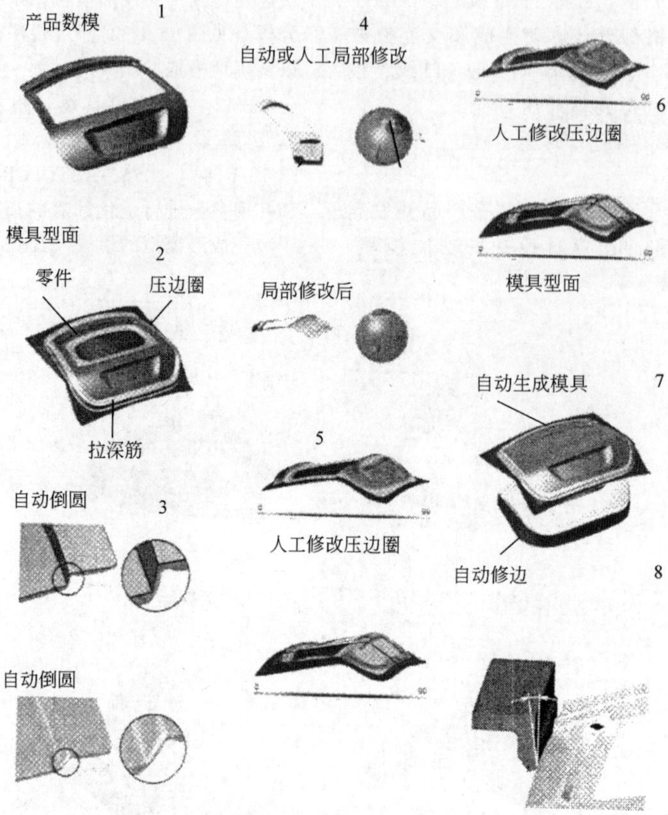

图 12-1-34　压料面与工艺补充设计

1.5.3　DYNAFORM

ETA/DYNAFORM 是由美国 ETA 公司和 LSTC 公司共同开发的用于板料成形模拟的专用软件包，最新版本为 5.9，其求解器包括增量法 LS-DYNA3D 和逆算法 MSTEP。DYNAFORM 包括两个模块：DYNAFORM/BSE、DYNAFORM/Formability。这两个模块提供了一套完整可行的板料成形数字化解决方案，精确预测冲压过程中的金属成形问题（开裂、起皱、减薄、划痕和回弹等）；快速进行模具设计和材料成本估算，快速分析产品的成形性等，如图 12-1-35、图 12-1-36 所示。

DYNAFORM 是一个完整的前后处理和求解软件包，包括 CAD 接口、前处理、求解器及后处理等分析和设计工具，可以在各主流工作站（Unix）和 PC（Windows 和 Linux）上运行，将 DYNAFORM 和目前高端的、低成本的硬件结合起来，可大大缩短模具设计与开发的周期、降低开发成本、提高产品质量。

ETA/DYNAFORM 已在世界各大汽车、航空、钢铁公司，以及众多的大学和科研单位得到了广泛的应用。自进入中国以来，DYNAFORM 已在长安汽车、南京汽车、上海宝钢、中国一汽、上海汇众汽车公司、洛阳一拖等知名企业得到成功应用。

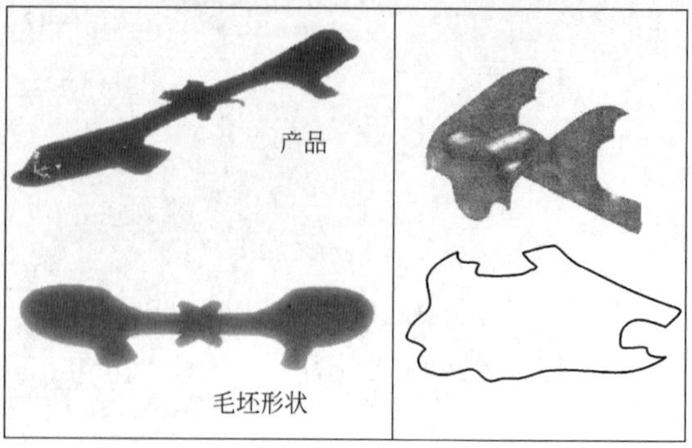

图 12-1-35　毛坯尺寸展开

a) 一次拉深

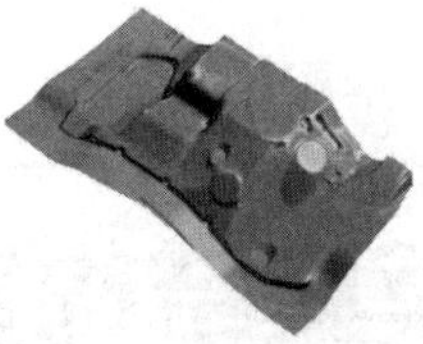

b) 二次拉深

c) 切边

d) 翻边成形

图 12-1-36　多工序成形

第2章

冲压工艺与模具结构数字化设计技术

华中科技大学　王义林　章志兵

2.1　模具计算机辅助设计方法

模具的设计水平和设计质量是决定模具水平和质量的关键，它除了依赖于模具的设计理论和设计经验外，还依赖于采用何种设计技术和方法。随着CAD技术不断进步与发展，数字化设计技术已成为提高模具设计水平和质量的最有效技术手段。

模具CAD技术是利用现代计算机技术、CAD技术解决模具设计问题的一项高新技术，为模具设计人员提供一种有效的辅助工具，使他们能够针对待加工产品零件的制造要求，借助于计算机完成成形工艺、模具结构、数控加工及成本分析的设计和优化。目前，模具CAD技术主要包括两类，一类是采用通用的CAD系统进行模具设计，如CATIA、NX、Pro/E、SolidWorks、AutoCAD等，这类技术主要解决了模具设计过程中的形状表达问题。设计人员需要根据模具设计特点，利用这些系统提供的建模命令，如特征建模、装配建模等进行模具设计。从某种程度而言，它仅是应用了这些系统的造型功能，至于模具设计过程中的计算、分析、优化等仍依赖于设计人员的经验，对模具设计人员要求很高。另一类则是在通用CAD系统基础之上，通过二次开发，为模具设计人员提供专业的设计软件，辅助设计人员完成分析、计算、优化等工作，从而极大地简化了成形工艺及模具结构的设计过程，与通用型CAD系统相比，可大幅度提高模具设计效率和设计质量，减少甚至避免出错。

目前，一些通用CAD系统都提供了专业的模具设计软件。由于不同类型模具的结构形式、设计内容及设计要求也不尽相同，因此，针对不同类型的模具通常都需要提供不同的模具设计软件。例如，NX针对注塑模提供了NX/MW设计软件，针对级进模提供了NX/PDW设计软件；Pro/E针对注塑模提供了PTC EMX设计软件，针对级进模提供了PTC PDX设计软件；SolidWorks针对注塑模提供了Solid-mold设计软件，针对级进模提供了Solid-press设计软件。实际上，如何根据模具的设计特点和要求，开发高性能的专用模具CAD系统，已成为模具CAD技术研究与发展的一个重要内容。

冲压模具设计的难度主要表现在设计理论的不完备性，以及只能意会而难以言传的专家经验的表达和利用上。同手工设计一样，在利用通用CAD软件进行模具设计时，很大程度上依然依赖于模具专家的干预。即使是上述的商品化模具设计软件，虽然局部功能已实现自动化，但大量的操作仍需人机交互完成。为了实现模具设计的自动化，减少对模具专家的依赖，必须开发专用的模具设计智能化软件，把设计、制造中长期积累的成功经验应用到模具设计中去，从而使CAD系统能够胜任模具设计专家的工作。

进入21世纪，国内外的研究主要是围绕优化设计、智能化设计等方面开展。国内研究工作者在基于知识的冲模设计系统开发方面也做了大量研究工作，并在某些方面取得了长足的进展。Siemens PLM Software公司和华中科技大学材料成形与模具技术国家重点实验室合作，开发出具有一定智能特征的级进模设计系统PDW。该系统采用基于知识的设计方法，将设计实例、设计手册、设计规则及参数等集成在系统中，实现了钣金冲压知识的高效获取、共享和应用，从而辅助模具设计师快速完成模具设计任务。

2.1.1　优化设计

优化设计是一种从多种候选方案中选择最佳方案的设计方法。它以数学中的最优化理论为基础，以计算机为手段，根据设计所追求的性能目标，建立目标函数，在满足给定的各种约束条件下，寻求最优的设计方案。但是，由于材料成形过程的复杂性，优化问题往往难以用一个简单的数学模型概括，优化方法往往是多种手段的综合运用。目前，优化设计的研究热点集中在基于仿真的优化设计方面。

人们对复杂事物和复杂系统建立数学模型并进行求解的能力是有限的，目标函数和约束条件往往不能以明确的函数关系表达，或因函数带有随机参变量，导致基于数学模型的优化方法在应用于实际生产时有其局限性，甚至不能实用。基于仿真的优化（Simulation Based Optimization，SBO）方法正是在这样的背景下发展起来的。随着优化问题越来越复杂，对优化对象的评价只能通过仿真获得的统计指标来实现。这时，SBO 是复杂优化问题的唯一选择。近年来，SBO 已成为国际上最热门的研究方向之一。基于仿真的优化是仿真方法和优化方法的结合，是借助仿真手段实现系统优化的一种优化方法。这种方法突出了仿真与优化的相互融合，体现了优化是目的、仿真是手段的思想。目前，基于仿真的优化技术已在成形工艺参数优化方面取得一些成果。通过人工神经网络技术、遗传算法、响应面法等与 CAE 技术的结合，可以明显缩短优化工艺参数的时间，提高工艺设计效率，能获得比单纯使用正交实验和有限元分析更好的结果。

仿真技术在模具行业的应用包括两个部分：一是材料成形过程的仿真；二是模具结构的动态仿真。比较而言，材料成形过程的数值模拟技术的开发与应用已较为成熟。冲压成形 CAE 主要是对复杂形状的冲压件进行成形过程模拟，即应用有限元法分析金属板料成形过程中应力、应变及预测成形缺陷（包括起皱、破裂等)，由此分析出工艺方案及相应参数、模具结构对制品质量的影响，为改进成形工艺参数和模具结构提供帮助。模具结构仿真的研究重点是模具的运动仿真，如冲模的冲压过程仿真。因为复杂冲模的机构复杂，在设计时若考虑不周，易出现干涉现象（如级进模中条料运动与模具运动的干涉)，而采用仿真技术模拟模具及冲压件的运动状态，可辅助设计人员及时发现并改正设计错误，从而避免模具的干涉问题。

2.1.2　智能设计

所谓智能化设计就是利用人工智能技术，实现设计过程的决策自动化，是人工智能技术在设计领域的应用。研究智能设计不能片面地追求自动化，而是要解决好人机的高度有机结合，充分利用人机的各自优势和特点，将传统 CAD 技术和人工智能技术结合起来，实现智能化设计，以辅助设计人员有效地解决设计过程中的各类问题，快速地设计出高水平的产品。

模具作为一类特殊的单件生产的产品，每副模具实际上都是一种新产品，其合理的设计方案需要综合考虑制件的成形性能、成形工艺以及模具制造等各方面的因素，通常需要经过多次反复才能最终完成。在这个过程中，模具设计人员就会用到诸如材料成形原理方面的知识、模具结构方面的知识、模具制造方面的知识等，而且这些知识的结构和形式多种多样，包括规则、数据、公式、标准、事例等。因此，解决多种知识的表示、获取和应用，并将它们集成在一起，使其不仅能处理设计过程各个环节的经验性知识，还能处理设计过程的数学模型、图形信息、实验数据等所包含的知识，并能很好地协调设计过程的所有环节，构建完整的体系结构，实现设计决策过程的自动化，就成为智能设计的关键技术。

近年来开发的模具 CAD 系统中已出现了一些冲压工艺（如冲裁与拉深工序设计）专家系统，但由于成形工艺与模具结构设计均是以专家经验为主的设计过程，且又要以产品几何形状与技术条件为依据，加上受到人工智能技术本身发展水平的限制，即专家系统仅能进行符号推理，不能进行图形知识推理，导致至今在冲模 CAD 系统中仍以交互设计为主，智能化、自动化程度不高。

为了解决专家系统在实际应用中存在的问题，人们提出了 KBE（Knowledge-Based Engineering）的概念与方法。KBE 实际上是一种实现设计过程智能化的使能技术，它通过对设计对象的形状、行为和约束的知识化描述，以知识驱动的方式实现设计过程的智能化。因而设计对象的知识化描述和知识驱动是基于 KBE 设计系统的核心。所谓对象模型的知识化，就是采用规则、方法、特征和实例等，来描述对象的形状、行为及约束，建立设计对象的产品模型，为实现该设计过程的知识化驱动提供信息基础。知识驱动就是通过对对象模型的驱动，使设计对象由一个模型状态转换到另一个模型状态。

基于 KBE 实现优化设计，其根本目的就是要将知识表达、知识获取、知识应用等技术与 CAD 技术无缝集成，以解决面向多学科、多领域、多结构的知识处理问题，实现复杂设计过程的智能化。

2.1.3　并行设计

目前已开发的模具 CAD 系统是基于串行设计的思想开发的，其设计模式的标准设计流程依次是：产品构型、成形工艺设计、模具结构设计、模具制造，即上一模块完成设计后再完成下一模块的设计，模块间只有设计结果的输出与输入。前面的模块不能有效地响应后续模块的反馈，特别是在不同模块间发生设计冲突时很难消除，唯一的办法是重新进行上一模块的设计。

并行设计是由并行工程发展而来的，其思想是要求在产品设计的早期阶段就要考虑到其生命周期中的所有因素，包括质量、成本、进度和用户要求。因此，在模具制造企业实现并行工程时，其首要条件是必须具有基于并行设计的模具 CAD/CAM 系统，保证产品构型、工艺设计、模具结构设计、模具加工制造能在同一时间内并行进行。开发面向并行设计的模具 CAD/CAM 系统，必须解决如下问题：

1）研究包括产品构型、工艺设计、模具结构设计在内的产品全生命周期信息的集成建模，在各功能模块间实现有效的信息传递和产品数据交换。

2）实现基于网络的协同设计环境，以便于支持企业组织多学科队伍（如产品设计、工艺设计、模具设计与制造等）的协同工作。

3）解决产品设计、工艺设计、模具结构设计三者之间相互约束与关联设计的问题，以便保证各模块间能快速接收其他模块的反馈信息，并及时有效地解决各模块间的设计冲突。

4）采用复杂模具结构的再设计（Re-design）方法，以便模具在试生产出现问题后能快速进行模具结构的局部修改。其关键技术是参数化设计与变量化装配技术的全面深入应用。

2.1.4　模块化设计

所谓的模块化设计，就是在标准化理论的基础上运用系统工程的原理，将一复杂的工程产品分解成层次合理的简化、系列化、标准化单元模块，并运用这些标准化模块组合成各种不同产品的过程。它是以功能、用途不同的各模块的互联组合实现基型产品和变型产品，主要包括模块的划分和模块的组合两个过程，模块划分是功能模块的结构设计过程，模块组合则是根据具体功能的要求，选择合适模块组合产品。根据模块化设计的思想，产品的构成层次发生了重大的变化，模块成了设计制造单元，要设计并建立标准模块库、专用模块库与相似零件库。

要使模块化产品方案设计顺利进行，需注意以下几个关键技术。

（1）模块的标准化和通用化　它指的是模块结构标准化，尤其是模块接口的标准化。模块化设计所依赖的是模块的组合，又称为接口。显然为了保证不同功能模块的组合和相同功能模块的互换，模块应具备可组合性和可互换性。

（2）模块的划分　模块的划分原则是力求以少数模块尽可能组合得到多产品，并且在满足设计要求的基础上使产品精度高、性能稳定、结构简单、成本低廉，模块结构应尽量简单、规范，模块间的联系应尽可能简单。因此，如何科学、有节制地划分模块是模块设计过程中具有决定性作用的一项工作，划分的好坏直接影响到模块系列设计的成功与否。

（3）模块的组合　组合是根据产品的特定技术性能和使用条件，选择特定的模块以合适的连接方式进行连接，使各个功能小系统融合为符合要求的适用产品。简单地说，就是在基型产品的基础上通过更换或者增减一些模块的方法形成很多变种产品。

借鉴现代设计方法发展的思路，可以在模具设计上引入模块化的设计理念。模具模块化设计的原则和目的就是力求以最少量模具模块组成尽可能多类型的模具产品，缩短模具设计周期，并在满足各方面需求的基础上，使模具产品具备高精度、稳定的性能、简单的结构、低廉的成本，也即是将模具的设计要素和工序进行优化和提取，改变模具单件设计的思路，将一类零件分解为几个通用性很高的模块来设计模具。

2.1.5　基于“云”的模具设计制造技术

“云制造”是近期提出来的一种利用网络，按用户需求组织网上制造资源，为用户提供各类按需制造服务的一种网络化制造新模式，意在支持虚拟组织的资源共享与协同工作。它将现有的网络化制造和服务技术同云计算、物联网等融合，实现各类制造资源（制造设备、软件、知识、数据等）统一的、集中的智能化管理和经营，为制造全生命周期提供随时按需使用的、安全可靠的、优质廉价的各类制造活动服务。目前，我国模具企业的专业化程度越来越高，企业间的相互合作日益重要，由于模具制造一般是单件小批生产，因而模具企业间的合作是松散的、间歇的，只是由于某一套特定的模具使其相互联系在一起。针对模具工业现状，利用“云计算”思想将模具设计、制造全生命周期中所需要用到的各种资源打包封装在一起，形成模具设计制造资源池，构建“模具云制造服务平台”，把分布在不同地区的模具企业连接到该平台上，利用这种平台效应使企业无论身处何地、规模大小，均可通过该平台优势互补，共享资源和技术，分担投入和风险，以最快的速度形成具有优势的敏捷生产体系，从而快速地响应市场机遇，达到快速、优质、高效、低成本地产出模具产品的目的。

模具云制造模式由模具云制造服务提供者、模具云客户端和模具云制造服务平台组成。服务提供者通过模具云制造服务平台提供辖区内相应的制造资源和设计服务能力；而客户通过模具云制造服务平台发布客户端服务请求，模具云制造服务平台根据客户提交的请求，通过智能调度在服务端为客户端寻找符合请求的匹配资源，为客户提供及时响应的按需服务。它具有以下特点。

（1）全局服务的思想　它不仅仅强调“分散资源集中使用”，更体现“集中资源分散服务”的思想，其服务模式不仅有“多对一”的形式，同时更强调“多对多”，即汇聚全局的分布式制造资源服务进行集中管理，为多个用户同时提供服务。

（2）全局服务的平台　它不同于云计算的以计算资源的服务为中心，它主要面向模具制造商，把企业生产产品所需软、硬件资源整合为模具云制造服务中心。所有连接到中心的客户均可向模具云制造服务平台发出产品设计、制造、试验、管理等制造全生命周期过程各类活动的业务请求，该平台将为客户端提供高效、智能化的匹配、查询、推荐和执行服务，借助于物联网技术并透明地将各类制造资源以服务的方式提供给客户。

2.2　计算机辅助冲压工艺设计

2.2.1　冲压零件毛坯展开与修边线设计

1. 毛坯展开与可成形性分析

采用有限元逆算法可以进行毛坯展开与修边线展开，相对于传统的几何展开方法，有限元逆算法非常适合复杂冲压产品形状，而且展开精度也很高。如图 12-2-1 所示的方形盒和 L 形盒，其毛坯展开的精度可达 0.5mm 左右，完全满足工程应用要求，同时，根据计算所获的应力、应变分布等还可用于产品可成形性的评价。

对于需多次拉深成形的复杂零件，逆算法亦可获得较为精确的毛坯形状。如图 12-2-2 所示为汽车油底壳零件，采用传统试模方法，需要大量试模修正毛坯尺寸。采用有限元逆算法计算获得展开毛坯，仅需 2~3 次试模就可以得到优化的毛坯尺寸。

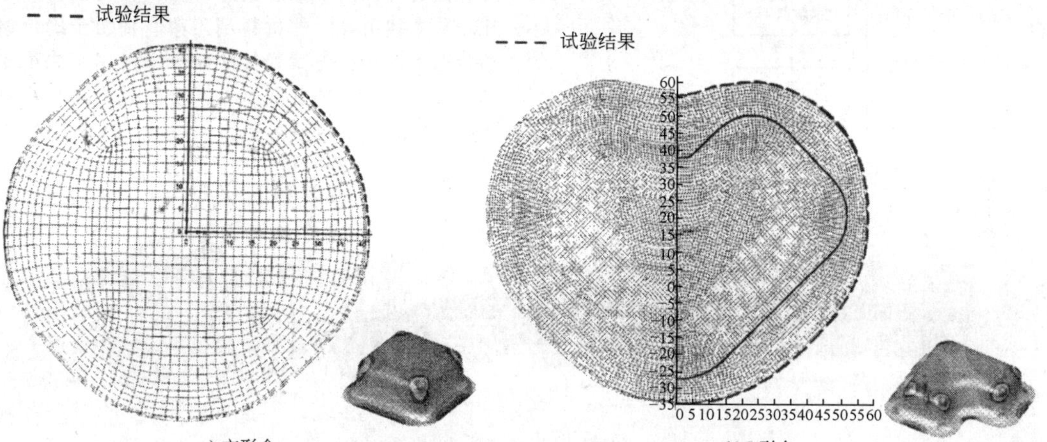

a) 方形盒　　b) L形盒

图 12-2-1　毛坯展开与成形性分析

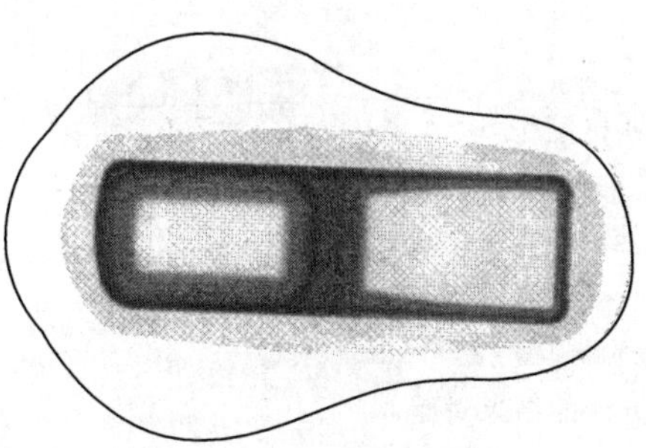

图 12-2-2　油底壳毛坯展开

另外，对采用连续模冲压成形零件，其中间毛坯形状、局部成形区域的展开形状等亦可采用有限元逆算法计算获得。

2. 修边线展开与翻边成形性分析

翻边成形工序是汽车覆盖件成形过程中的一个重要工序，在进行翻边成形前需要确定准确的修边线尺寸，以避免翻边过程中出现起皱、破裂和回弹等成形缺陷。实际生产过程中一般采用几何展开和反复试模的方法调整修边线，没有考虑翻边成形时的塑性变形，不仅大大延长了模具的调试周期，还消耗大量的人力、物力和财力。采用有限元逆算法，可辅助设计人员快速获得准确的修边线尺寸，并根据所获得的应力应变分布预测翻边的成形性。

该方法的基本思想就是将翻边成形区域抽取出来，然后通过有限元逆算法，计算该区域的毛坯外形，并根据该外形获得修边线的形状。图 12-2-3 所示为在 CATIA 上开发的基于有限元逆算法的翻边线展开 CATIA-TUW 系统的工作流程图。该系统将修边线展开与翻边成形模拟功能集成于 CATIA 软件平台上，并采用与 CATIA 一致的向导式风格，将系统功能集成于一个界面中，用户操作简单。同时，通过充分利用 CATIA 平台参数化建模特征，将分析结果与产品数模相关联，实现产品数模与修边线展开轮廓以及翻边结果的同步更新，可大幅提高设计效率。

图 12-2-4 所示为一翻边成形零件的两种修边线展开结果的对比，从中可看出，逆算法获得的修边线更准确。

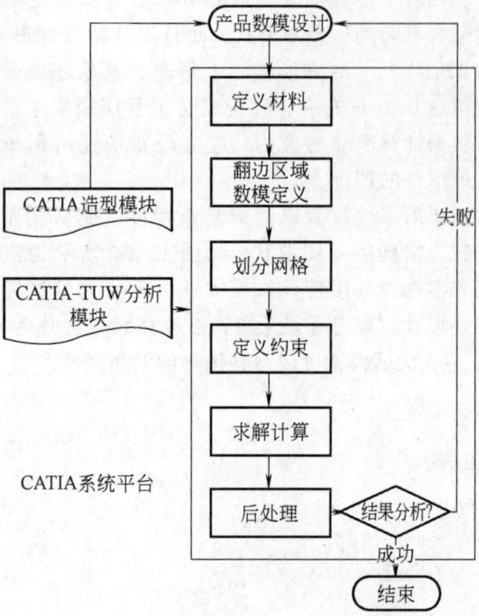

图 12-2-3　CATIA-TUW 系统的工作流程图

2.2.2　毛坯优化排样

1. 毛坯优化排样方法简介

在冲压件生产过程中，板料成本所占比重通常会达到 60%以上，所以提高材料利用率是节省成本的关键。坯料排样是板料冲压成形工艺中的重要环节。传统手工排样依赖工程师的经验，效率低、误差大。结合计算机技术实现自动优化排样是一个有效途径，自动排样系统不但能够缩短工期、降低成本，还能提高生产效率，降低工人劳动强度。

与手工设计相同，计算机优化排样通常是将毛坯沿条料的送进方向作各种倾角的排布，然后分别计算出各种倾角下毛坯实际占用面积与条料面积之比，从中找出最大的材料利用率，则初步确定该倾角状态下的排样方案最优。冲压排样属于二维不规则形状排样，比较复杂。为了寻找最大的材料利用率，一般有如下两条途径：

1）采用常规的优化理论与方法，确定目标函数和约束条件。

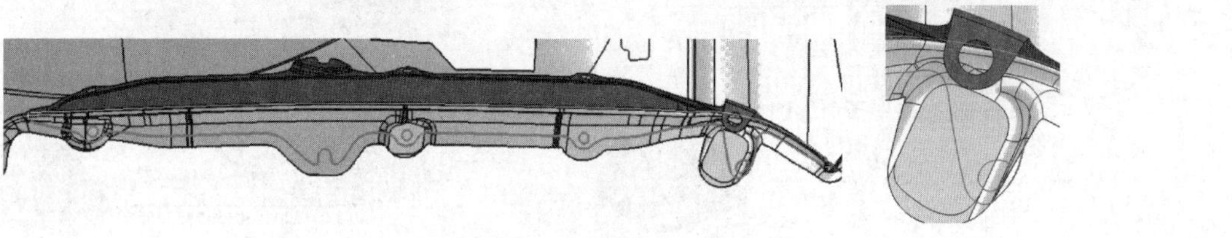

a) 传统几何展开方法获得的修边线

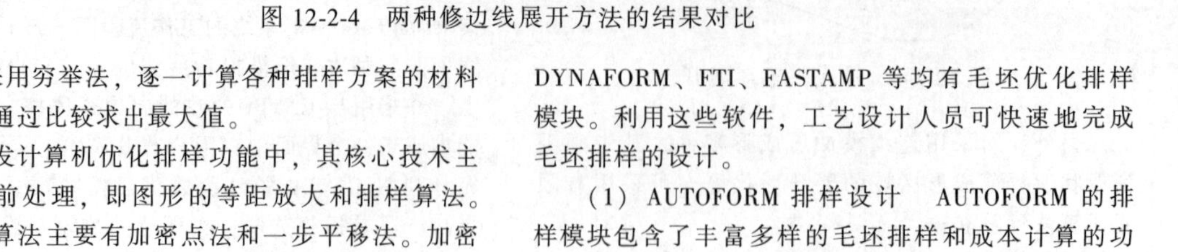

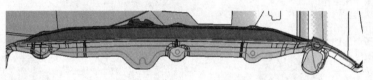

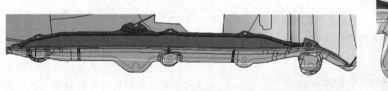

b) 有限元逆算法展开的修边线

图 12-2-4　两种修边线展开方法的结果对比

2）采用穷举法，逐一计算各种排样方案的材料利用率，通过比较求出最大值。

在开发计算机优化排样功能中，其核心技术主要是排样前处理，即图形的等距放大和排样算法。目前排样算法主要有加密点法和一步平移法。加密点法实现简单，但计算精度受加密点的影响大；而平行线分割一步平移法由于其计算量的减少和精度的提高而应用最广。除此之外，函数优化法和人机交互动画寻优法应用也较广泛。

2. 毛坯优化排样软件及应用

目前，一些商业化 CAE 软件，如 AUTOFORM、DYNAFORM、FTI、FASTAMP 等均有毛坯优化排样模块。利用这些软件，工艺设计人员可快速地完成毛坯排样的设计。

（1）AUTOFORM 排样设计　AUTOFORM 的排样模块包含了丰富多样的毛坯排样和成本计算的功能，主要有毛坯外形 CAD 数据的导入、毛坯基础信息的定义、自动和人工毛坯排样、毛坯排样结果的计算及输出。

（2）DYNAFORM-BSE 坯料工程　DYNAFORM 软件中坯料设计工程（Blank Size Engineering，BSE）模块，除了具有毛坯展开计算功能外，还提供了完整的毛坯优化排样功能，支持单排、双排、混排、对排，还可以进行成本分析估算及模具报价，并且能够将这些结果以超文本网页的形式输出。

（3）FTI BLANKNEST 模块　FTI 软件是加拿大成形技术公司的软件，它主要应用于钣金设计、可行性分析和钣金零部件成本计算。通过应用 FTI 软件，在几分钟内就可以完成金属冲压成形分析、坯料形状展开、坯料排样以及成本计算。坯料排样软件 BLANKNEST 是其中的模块之一，可完成单排、双排、镜像排的优化计算，并自动计算材料最大利用率和坯料总成本。

（4）FASTAMP-BNW 模块　该模块分为坯料选择、排样参数设置、材料定义、排样类型设置、求解计算、排样结果显示 6 个部分，可实现矩形包络、平行四边形包络、普通梯形包络、犄角形、普通单排、对头双排等多种排样方式，并自动计算材料利用率和成本。

2.2.3　条料排样

当冲压零件采用连续模冲压成形时，其冲压工艺设计的关键是条料排样。它是在毛坯排样的基础上，确定冲裁废料的形状，并根据冲压零件的形状特点，确定逐步冲压成形的加工工艺及顺序。在这一过程中，首先需根据冲压加工特点，将冲裁废料分割成一组更小的废料，将冲压零件分解成一组需逐步成形的形状；然后针对每一部分的形状确定其加工方法、加工参数及加工后的形状；最后，按照冲压成形的规则及模具结构的要求，将上述所确定的废料和待成形的形状，排布在不同的工位上成形，获得条料排样图。

上述条料排样设计过程，可在三维 CAD 系统上实现数字化设计，并结合有限元逆算法确定其成形工序的中间形状及成形性，从而获得较优的设计结果，如图 12-2-5 所示。

a) 冲压零件3D模型

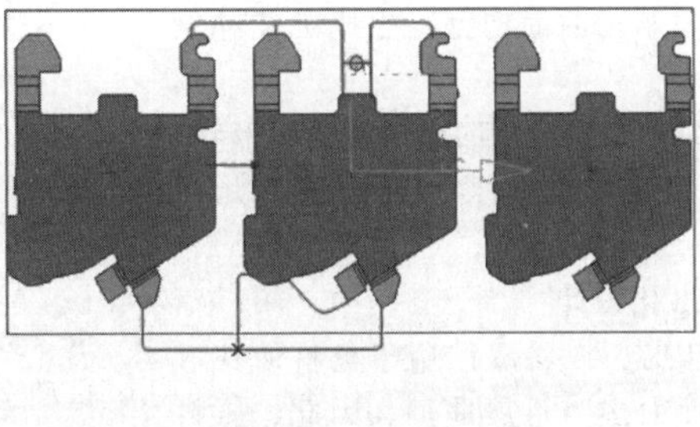

b) 毛坯展开、排样及废料分割

c) 成形工序设计及中间成形形状

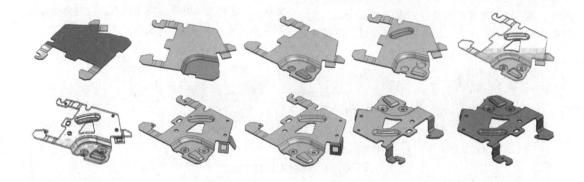

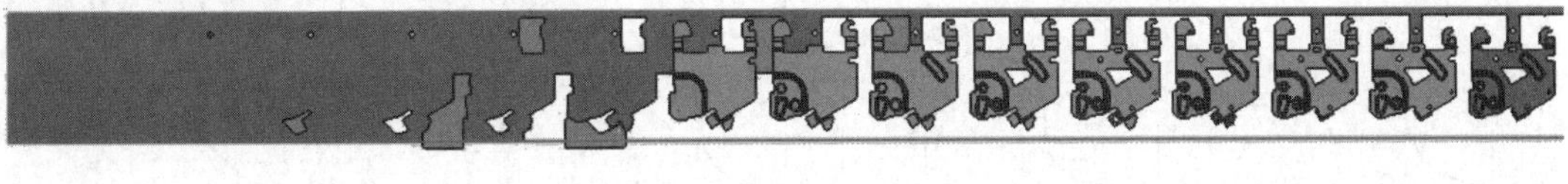

d) 最终设计的三维条料排样图(模型)

图 12-2-5　基于三维 CAD 系统的条料排样设计过程

2.2.4　模具型面设计

1. 模具型面设计流程

冲压模具的型面设计需综合运用板料塑性成形理论、几何处理方法等各类知识，以下是其数字化设计的一般流程。

(1) 工件预处理　为了便于工艺补充面设计，对初始模型中的孔洞、边界缺口、缺角等部位进行曲面填补操作，使之与拉深件主体模型光滑过渡，形成连续的曲面。

(2) 确定冲压方向　采用自动化或交互式方法确定冲压方向，方便后续压料面及工艺补充面的设计。

(3) 设计压料面　依据冲压方向和冲压件模型本身的边界和轮廓信息，将复杂的零件形状转化成能够代表零件走向的截面线，用截面线创建满足压料面设计准则的曲面，即压料面。

(4) 创建工艺补充面　由截面线信息匹配相应的曲面构造方法，采用参数化、变量化技术，由相应知识和截面线对象驱动曲面构型，生成工艺补充面型面。

(5) 布置拉深筋　根据拉深凹模口线轮廓形状、拉深件结构特点，确定拉深筋类型、位置和几何参数。

2. 压料面的参数化设计

在冲压成形过程时，压料圈作用于板料使其弯曲成形，得到的曲面大多为可展曲面，因此，压料面对应的模具形状也应为可展曲面。压料面作为一个必须能够被可靠压紧的面，应当是无起皱和折叠的面，满足这样要求的面是按一次元变化的面，其基本元素有 3 种：平面、圆柱面、圆锥面，压料面应由这 3 种基本面组合而成。考虑到金属材料的塑性，压料面亦可有大曲率球面和局部形状等。由于冲压件形状各异，因此压料面的设计也各不相同。图 12-2-6 所示为常见的 4 种构建压料面的方法，包括一线法、二线法和四线法。

(1) 一线法　由一根压料面截面线，沿固定方向用拉伸功能生成压料面曲面，此法适合具有对称性或零件沿某一方向变化缓慢的零件。

(2) 二线法　有两种情况，一种情况是两根线走向大体一致，两根压料面截面线分别代表零件两个截面处的走向，这时用生成直纹面的方法生成曲面；另外一种情况是两根走向相交的截面线，一条代表 U 方向的走向，另一条代表 V 方向的走向，这时用扫描的方法生成曲面。

(3) 四线法　由四根压料面截面线创建曲面，分别由两根走向大体一致的压料面截面线描述制件 U 方向和 V 方向的走向，用网格曲面方法可以生成压料面曲面。

3. 基于截面线的工艺补充面设计

工艺补充面是拉深工序件设计的主要内容，不仅对拉深成形起着重要的作用，而且对后续的修边、整形、翻边等工序有影响。基于截面线的工艺补充面设计方法是目前许多系统普遍采用的方法。

(1) 工艺补充面截面线设计　模板法可以创建全参数化的截面曲线特征，在模具型面设计中应用这种全参数化的截面曲线，大大提高设计与修改的效率。在设计修改时，只要修改截面线参数，截面线就会自动更新，更新后的截面线进而驱动引导线更新，工艺补充面特征会随之更新，实现型面修改。如图 12-2-7 所示为截面线模板库。

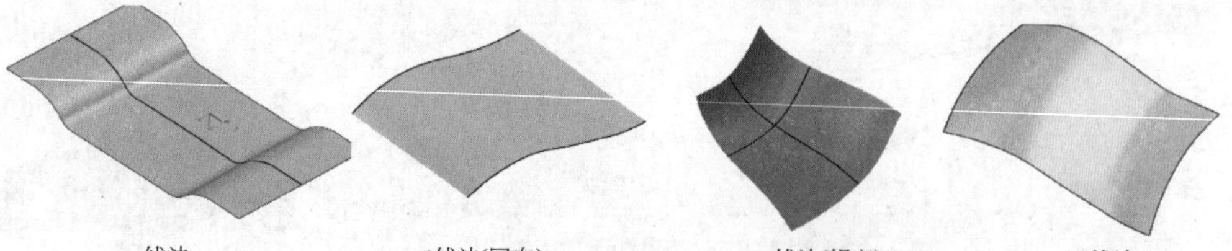

一线法　二线法(同向)　二线法(相交)　四线法

图 12-2-6　压料面构建方法

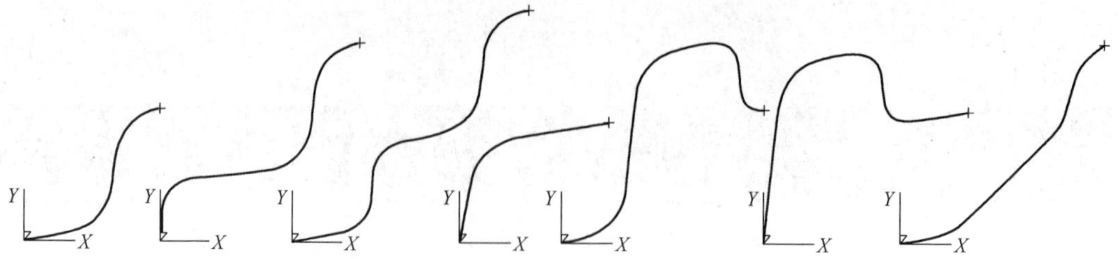

图 12-2-7　截面线模板库

（2）工艺补充面设计　适当控制截面线沿着零件周圈分布的密度，以保证曲面质量。选择过网格曲面的方法生成工艺补充面，可以保证曲面精度，而且可以控制工艺补充面和压料面、工艺补充面和工件边界曲面、不同的工艺补充面之间的连续性。图 12-2-8 所示是生成的工艺补充面网络。图 12-2-9 所示是最终完整的压料面和工艺补充面型面。

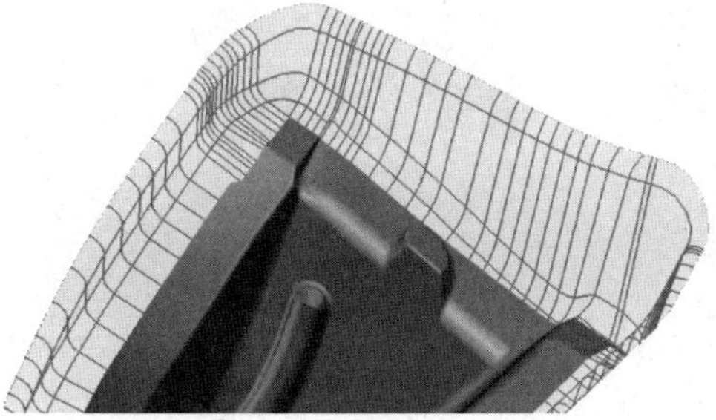

图 12-2-8　工艺补充面截面线网络

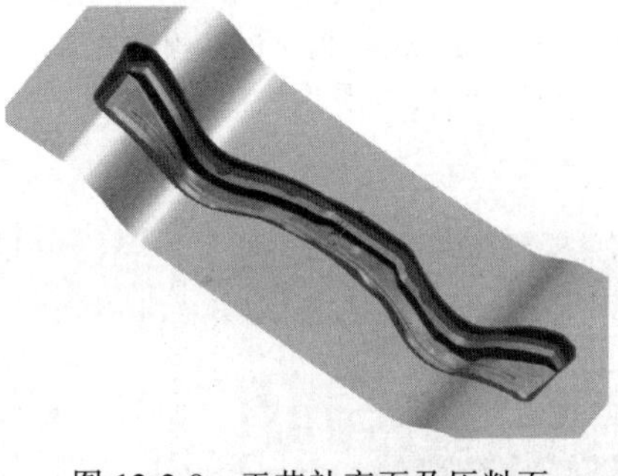

图 12-2-9　工艺补充面及压料面

2.2.5　基于 CAE 模拟的拉深筋设计

拉深筋是控制板料成形质量的主要工艺方法。在评价拉深筋的设计优劣时，为了减少计算量，一般采用等效拉深筋模拟拉深成形过程。但是，由于等效筋模拟结果在过拉深筋区存在很大的误差，不能模拟过拉深筋单元的减薄情况，导致通过等效拉深筋优化出的工艺方案在现场试模时很可能出现表面质量问题。因此，在进行拉深筋优化设计时，需采用实体筋模型进行模拟分析。如图 12-2-10 所示为分别采用实体拉深筋和等效拉深筋模拟汽车翼子板拉深成形的结果，并与现场试验结果进行对比。对比的前提条件是保证实体拉深筋和等效拉深筋模拟结果的收缩线与现场结果一致，如图 12-2-10a 所示。从 FLD 结果可以发现实体拉深筋和等效拉深筋模拟的过拉深筋区域差别最大；而从两者减薄率来看（见图 12-2-10d、e），实体筋模拟过拉深筋区域减薄率达到近 30%，而等效筋只有 10%。实际现场测量结果为 29%，与实体拉深筋模拟结果一致。但实体筋的计算量大，因此，需根据实际设计分析时的需要确定选择相应的拉深筋模型。

2.2.6　基于 CAE 的覆盖件冲压工序设计

汽车覆盖件的成形通常包括拉深、修边、整形、翻边等工序，如图 12-2-11 所示。每个工序的成形缺陷不仅与本工序的工艺有关，前工序的成形质量也会影响后工序，因此需要进行全工序成形模拟以发现成形过程中的缺陷，优化成形工艺。

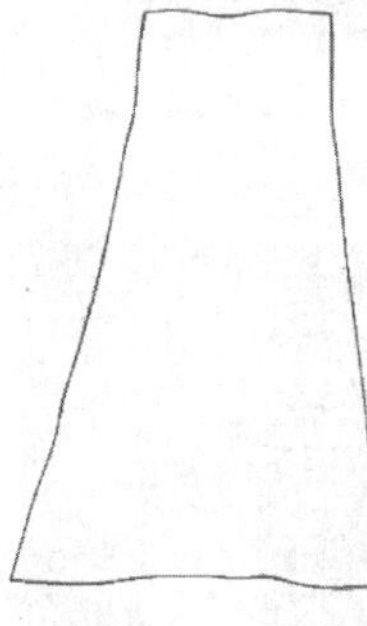

a) 实验实体筋、等效筋收缩线

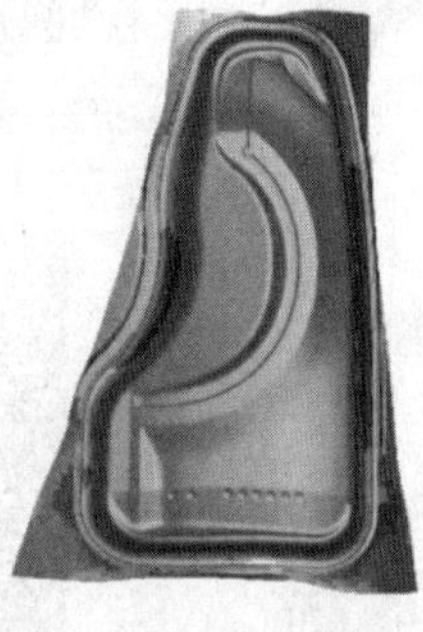

b) 实体筋模拟FLD结果

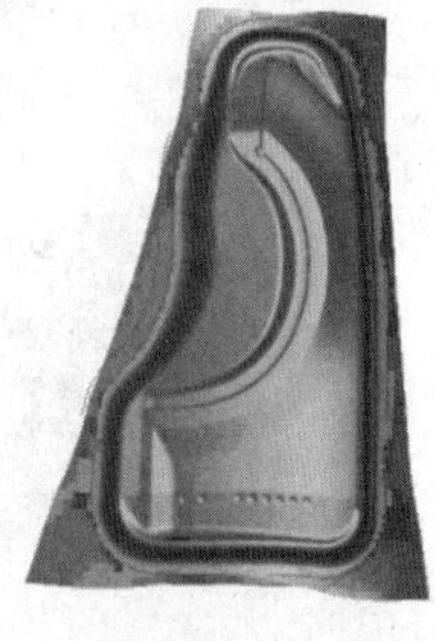

c) 等效筋模拟FLD结果

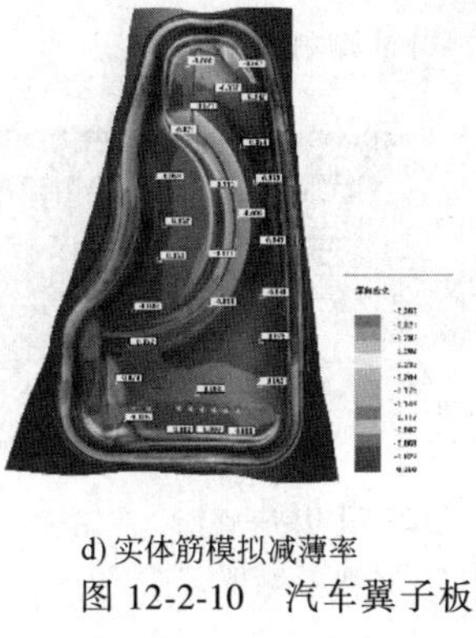

d) 实体筋模拟减薄率

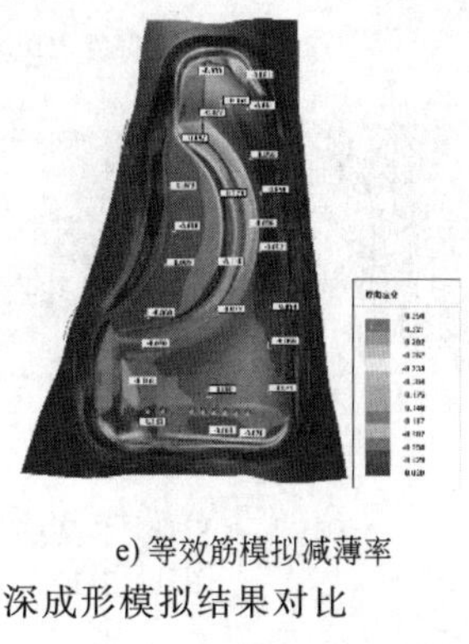

e) 等效筋模拟减薄率

图 12-2-10　汽车翼子板拉深成形模拟结果对比

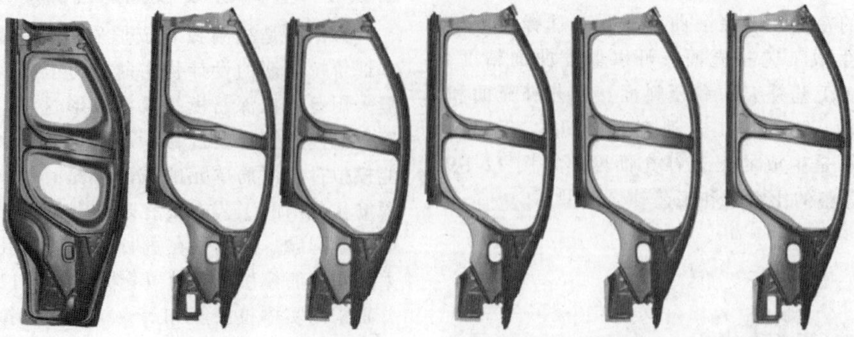

a) 拉深　b) 修边　c) 整形　d) 翻边　e) 修边　f) 翻边

图 12-2-11　汽车侧围的成形工序

如果产品设计或工艺设计不合理，冲压成形过程中可能会出现各种成形缺陷，如破裂、起皱、回弹、表面缺陷等。采用冲压成形增量法模拟软件，可以实现冲压成形的全工序模拟，可较准确地发现这些缺陷，并为克服这些缺陷提供一定的指导。因此，覆盖件冲压成形的全工序优化设计需采用增量法的 CAE 软件来实现。

如图 12-2-12a 所示车门内板成形过程中在 A、B、C 三个区域都出现了明显的起皱现象，特别是 B 区的起皱缺陷出现在门框上，对车门功能产生一定影响。通过模拟可以发现这个缺陷是由压料面曲率半径太小造成的，仅优化拉深筋很难克服该缺陷，属于工艺设计问题，需修改压料面的形状。

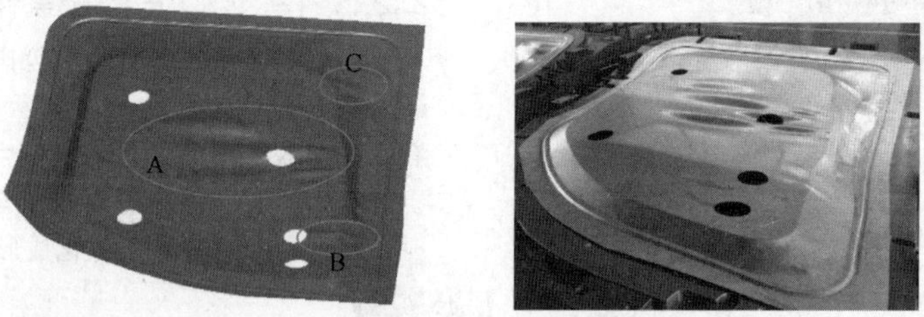

a) 车门内板拉深成形起皱模拟结果比较

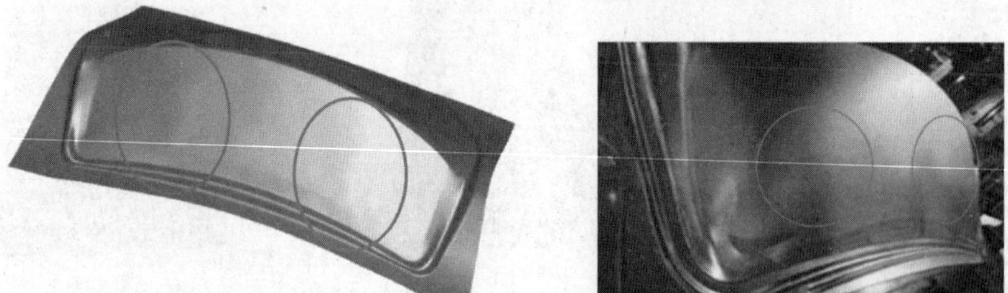

b) 行李舱外板拉深成形中的波纹模拟结果比较

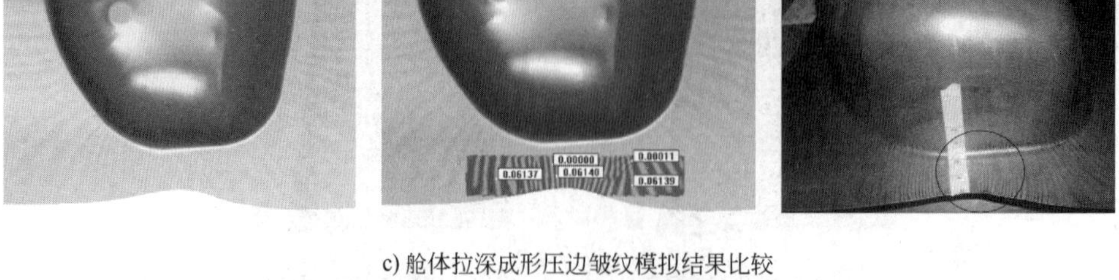

c) 舱体拉深成形压边皱纹模拟结果比较

图 12-2-12　冲压成形缺陷模拟

如图 12-2-12b 所示为行李舱外板拉深成形中的波纹模拟结果比较。这种波纹会造成外板件表面质量问题，它是由于工艺补充面设计不合理造成的，成形过程中反成形的力度不足，要克服这个缺陷需要对工艺补充面做较大的变更。

如图 12-2-12c 所示为舱体拉深成形压边皱纹模拟结果比较。由于拉深深度比较大，造成压边圈内材料收缩过程中产生皱纹，这种皱纹的高度很小，只有 0.06mm，但同样清晰可见，采用增量法可以准确地模拟这种缺陷。

目前，大多数增量法冲压成形模拟软件在回弹缺陷的预测时，还存在精度不高的问题。因此，在针对回弹缺陷进行冲压成形工艺设计优化时，还需将模拟结果、系统分析评测方法、规范设计修改流程、试模等有机结合在一起，才能较好地解决回弹问题。国内已有部分汽车覆盖件模具企业（如一汽模具公司、天津汽车模具公司等），利用 AUTOFORM 提供的回弹模拟模块及应用规则，结合自身的经验，形成了较为有效的汽车覆盖件回弹缺陷控制的冲压工艺设计优化方法，取得了一定的效果。

2.2.7 基于 CAE 的冲压工艺智能优化设计

由于冲压成形过程中材料的变形过程复杂、影响因素多，很难采用目前常用的优化方法或人工智能方法实现自动的优化设计，因此，目前主要还是依赖设计人员的经验，结合 CAE 分析工具来实现冲压工艺的优化。

基于 CAE 的冲压工艺智能优化设计是将有限元方法与优化方法相结合的一种优化设计方法，如图 12-2-13 所示。该方法首先利用有限元数值模拟预测特定工艺方案下的板料成形质量，并对成形质量进行评价；然后，针对不满足成形要求的零件区域，基于特定的优化方法提出工艺的改进方案并重新模拟。如此反复，从而可自动化地逐步获得满足成形要求的工艺方案。该方法要求 CAD 和 CAE 系统集成在统一的 CAD 平台上，并可实现产品零件模型、工艺模型、有限元模型的共享和自动关联变更。

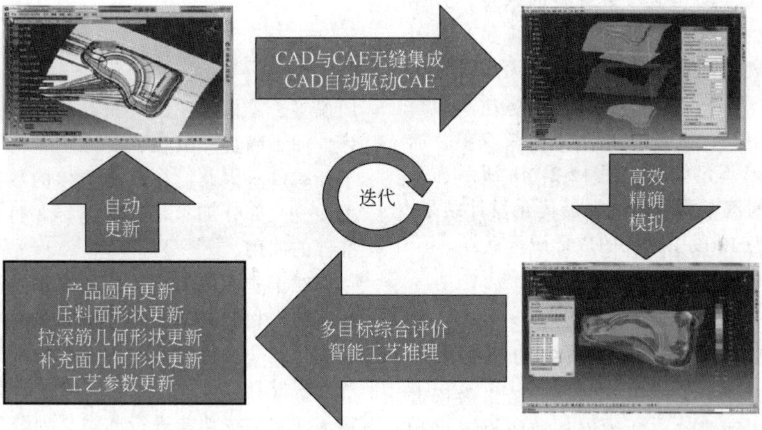

图 12-2-13　基于 CAE 的冲压工艺智能优化设计方法

如前所述，冲压成形模拟有限元方法主要包括逆算法和增量法。有限元逆算法采用比例加载的假设，只考虑初始毛坯和最终变形两种状态，计算速度很快。但与增量法相比，模拟精度较低，一般用于冲压产品前期工艺评估中，主要用于板料选材、压边力优化、拉深筋优化及工艺补充形状优化，侧重于前期工艺设计的评估。有限元增量法充分考虑了毛坯形状、模具形状、材料模型、工艺参数（拉深筋、压边力、成形速度、润滑条件等）等因素，并考虑材料的弹塑性行为与加载和变形历史的关系，模拟精度较高，能够较真实地反应实际成形情况，但模拟计算时间较长，一般用于工艺详细设计阶段的工艺参数优化。

由于板料冲压成形涉及几何、材料、接触等多重非线性约束，且成形缺陷与材料参数、工艺参数、产品形状、工艺补充形状等因素相关，目前常用的优化方法，如灵敏度分析法、单纯形法、遗传算法、模拟退火算法等，仅是从数学上考虑相关问题，都难以获得有效的应用。而事实上，无论板料成形有多复杂，材料的变形都遵循一定的塑性变形规律。换言之，塑性变形规律是指导板料成形工艺优化的方向。如果我们能够基于塑性变形规律，在工艺参数与成形缺陷之间建立相应的关系，然后将其作为优化规则，并根据有限元数值模拟结果，进行工艺参数的自动迭代优化，则可以有效地解决板料成形工艺优化的难题。下面以拉深筋的智能优化为例，说明其实现方法。

根据拉深筋在板料冲压成形中的作用及其对板料塑性变形的影响规律，可以建立以下拉深筋优化规则。

(1) 作用域规则　通常而言，每段拉深筋的影响区域主要是以其宽度为界沿垂直方向所扫过的矩形区域。在该区域内，零件变形区与拉深筋的距离越大，则拉深筋的影响就越小。因此，可通过成形缺陷与拉深筋中垂线之间的距离，判断所需调整的拉深筋以及如何调整其尺寸。

(2) 变形影响规则　由塑性力学理论可知，在拉深筋作用域上，若零件的变形路径越复杂，则表明该区域的材料流动阻力越大，通过调整其对应的拉深筋来改善成形质量，其效果将越不明显。

(3) 破裂影响规则　当覆盖件成形过程中某个局部区域达到塑性失稳点时，应变会迅速局部化并沿一个方向扩展，从而导致板料的破裂具有明显的方向性。如果破裂是发生在拉深筋的作用域内，且破裂方向与拉深筋的延伸方向具有较小的夹角时，则该拉深筋对破裂影响较大，需重点调整其形状参数，以减小进料阻力。

根据以上规则，就可根据模拟结果，判断出需调整的拉深筋，确定其几何参数调整的权重，并据此进行调整，然后再进行模拟分析和再调整。经过 3~5 次的迭代处理，即可获得拉深筋的优化设计结果，如图 12-2-14 所示。其中，图 12-2-14a 所示为拉深筋未优化前的结果，区域 A 出现了破裂缺陷，而区域 B 则存在成形不足问题。图 12-2-14b 所示为采用上述方法实现的汽车翼子板拉深筋优化设计结果，拉深筋被自动分为 12 段，零件的成形质量良好。

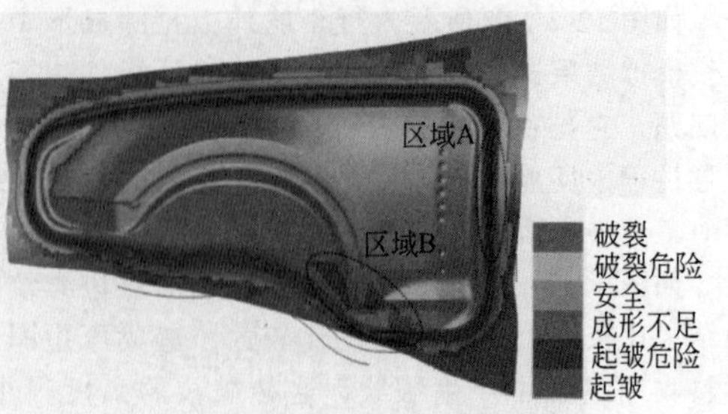

a) 拉深筋优化前的结果(FLD)

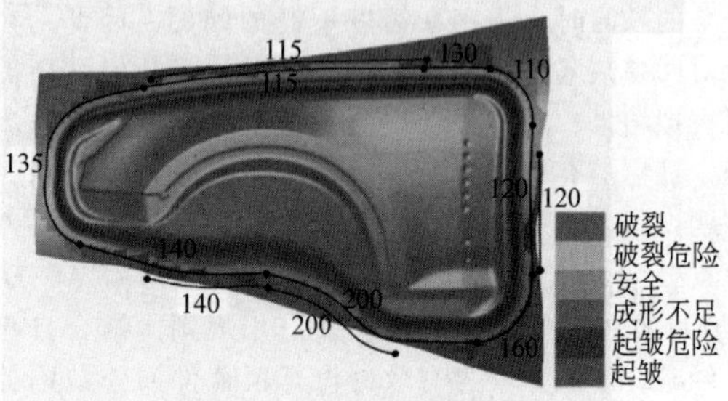

b) 拉深筋优化后的结果(FLD)

图 12-2-14　拉深筋智能优化设计前后的结果

2.3　计算机辅助冲模结构设计

2.3.1　冲模结构数字化设计系统功能组成

冲压模具的设计是以冲压工艺设计结果为依据的。根据用户的不同需求，冲压模具功能也不尽相同，一般而言，冲压模具的功能由基本功能、辅助功能、基准、安装与连接、起重与运输、限位功能和附加功能等组成，每一类又可以分成若干小类。其基本功能又可以分为：拉深、翻边、成形、冲孔、翻孔、弯曲等。图 12-2-15 所示为冲压模具的功能图。对于冲压模具，通过功能分解的方式逐层划分产品的功能，直到该功能可以由子装配体或零件实现。

冲压模具是一个多层次结构，这种层次结构表现在功能和结构两个方面。通过功能分解使模具设计思路在功能层次上得到抽象描述，在结构层次上实现功能要求。模具的总体功能是由部件所完成的子功能、零件的基本功能以及零件结构特征的功能组合而成的。

按照模具的制造流程，模具零件可分为非标零件和标准件。非标零件主要是工作部件，如凸模、凹模等，需根据冲压件及其冲压工艺进行个性化设计，加工制造一般也在企业内部完成。标准件则属于外购件。因此，在模具结构的数字化设计系统开发中，大部分工作是针对非标零件设计，并辅以标准件的调用。

对于非标件的设计，可以根据这类零部件具有拓扑结构相似或结构尺寸成系列的特点，采用基于模块化的冲压模具设计方法，按照功能相似性原则对冲压模具零件进行规划。功能模块规划是将产品、零部件实例按功能进行归类、划分，再基于功能-结构映射，将满足同一功能的产品、零部件实例进行规划。

根据模具材料、制造流程和模具结构特点，冲压模具主要分为两类：铸造冲压模和钢板冲压模。铸造冲压模是本体结构采用铸造而成的模具，适用于大型零件，典型代表是汽车覆盖件模具。钢板冲压模是由多块钢板零件拼接、组装而成的模具，适用于外形尺寸较小的零件，在尺寸较小的精密冲压中也被广泛应用，典型代表是多工位级进模。

1. 级进模结构设计系统组成

多工位级进模（简称级进模）具有结构复杂、制造难度大、精度高、寿命长和生产效率高等特点，是冲压自动化生产线中的重要装备。模具的特点是零部件采用镶拼式结构且具有互换性，级进模结构设计系统通常包括以下设计内容。

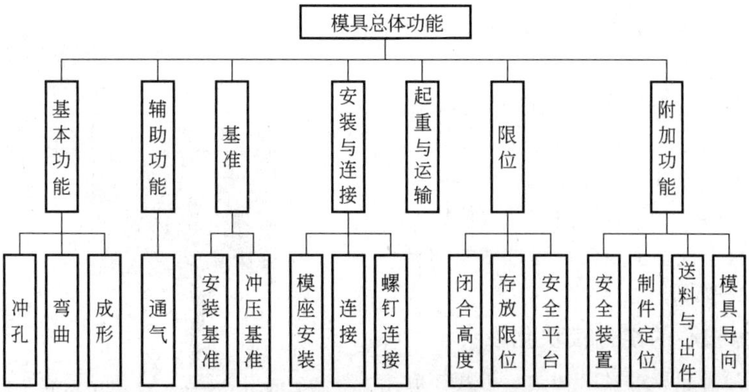

图 12-2-15 冲压模具的功能分解

(1) 模架设计 典型的级进模模架采用多层钢板标准结构，一般由上模板、上垫板、上夹板、压料板、抬料板、下垫板、下模板等零件组成，起到安装与连接的作用。还可以增加导向、限位、起吊等标准件，构成多功能的通用模架。采用参数化设计建立模架模型，并预先存放在模架库中。设计时，根据条料的相关尺寸从模架库中选择合适的模架类型，确定合适的模架尺寸及相应的位置。

(2) 模具零件设计 模具零件包括标准件和非标件，工作零件指完成冲孔、折弯、成形等操作的凸模、凹模。标准件的设计可从标准件库中选择相应的零件，经参数化后插入相应位置即可。而非标工作件的设计和具体钣金零件形状及工艺形状相关，按照企业设计标准进行设计。

(3) 辅助装置设计 在级进模中，存在大量的辅助装置，如顶料装置、检测装置、导正装置、小导柱导套等。这些装置通常采用标准件或标准组件。

(4) 干涉检查 干涉检查包括静态干涉检查和动态干涉检查。静态干涉检查可以利用 CAD 的现有功能完成，而动态干涉检查多采用运动仿真分析模块实现。

2. 汽车覆盖件模具结构设计系统组成

根据覆盖件模具的类型，其结构设计系统由拉深模设计、翻边整形模设计、修边冲孔模设计、斜楔机构设计和标准件设计组成。由于覆盖件模具本体采用整体铸造，零件结构往往是多个功能的结合体，可以采用基于功能组合特征的设计方法，实现分类设计，从而简化设计过程。图 12-2-16 所示为覆盖件模具结构功能组合特征的分类描述。基于这一分类描述，汽车覆盖件模具结构设计系统通常包括以下设计内容。

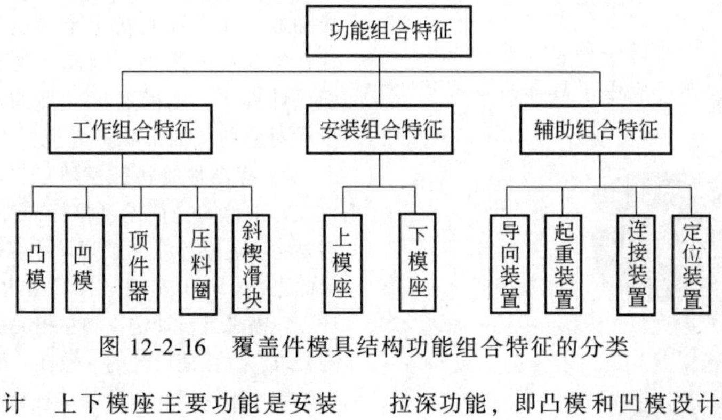

图 12-2-16 覆盖件模具结构功能组合特征的分类

(1) 上下模座设计 上下模座主要功能是安装定位，同时复合了起重、导向、限位等功能。为了减轻零件重量，还需设计加强筋和减轻孔。采用模块化设计方法，系统需要完成以下设计内容：导向部分存放部分（放置氮气弹簧）、起吊部分、安全平台部分和运输连接部分。

(2) 拉深模设计 覆盖件拉深模的功能划分为：拉深功能，即凸模和凹模设计；压边功能，即压料圈设计；导向功能，即导板、导柱、导套等的设计；起重功能、定位功能、限位功能等结构设计。

(3) 修边、翻边刀块设计 修边刀和翻边刀是工作部件，多采用镶块结构。在设计时除了刃口设计需要满足设计标准外，还需要定义波浪刀形式、刀块固定座、固定方式等设计要素。

（4）修边、翻边凸模、压料块设计　修边、翻边模中的凸模、压料块均为复杂的铸件结构，与刀块配合完成修边、翻边任务。

（5）斜楔机构设计　对于侧向冲裁和成形，需要采用斜楔机构带动修边、翻边刀块完成。斜楔机构包括多种类型，可采用基于模板的设计方法，建立每种类型的覆盖件斜楔机构配置模板。设计中，通过参数驱动斜楔模具配置模板实现局部结构和尺寸上的变化，实现变型设计。

2.3.2　以工艺为核心的组件模块化设计

多工位级进模通常包括冲孔、切边、折弯、成形等多道工位。每一道工位上均由凸模、凹模、标准件、板件镶块等零件组成工作组件完成对应工序。为了实现工作组件的快速设计，并使其与工艺设计和总体模具结构保持关联，可从不同的工艺分类中抽取一系列的组件模型，构建典型结构类。在具体设计时，通过类与具体工艺相结合，从实例化的角度创建和编辑工作组件。由于每一类工艺对应的模具组件结构相似，因此，可开发以工艺为核心的模块化组件，对每一类工艺的结构进行参数化建模，通过知识驱动实现模块化设计。

例如，图 12-2-17 所示为异形孔冲裁工作组件结构。其中，凸、凹模的形状与实际冲孔工艺形状密切相关，其余零件均为镶块式，有着统一的外形结构，符合参数化和模块化设计原则。在实际设计时，只需按照特定的规则，选择相应的冲裁工作组件类进行实例化，然后根据具体的冲裁形状要求和模具总体结构，对相应的凸凹模零件进行变形设计，对其他零件进行参数化修改，即可完成具体工作组件的快速设计。同样地，如图 12-2-18 所示典型的折弯成形类工序组件结构，亦可应用于具体折弯成形工序组件的快速设计。

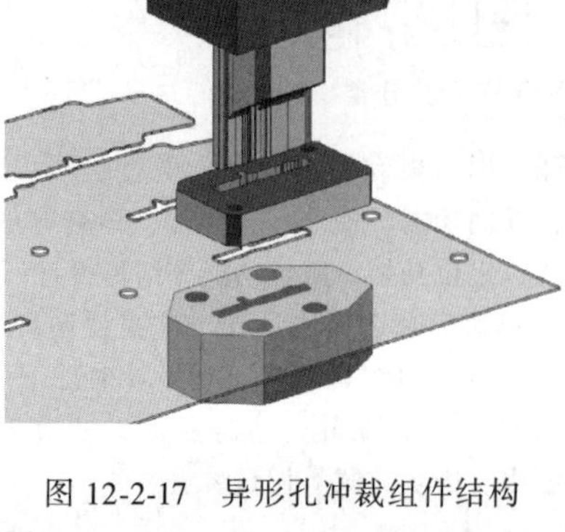

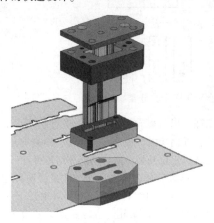

图 12-2-17　异形孔冲裁组件结构

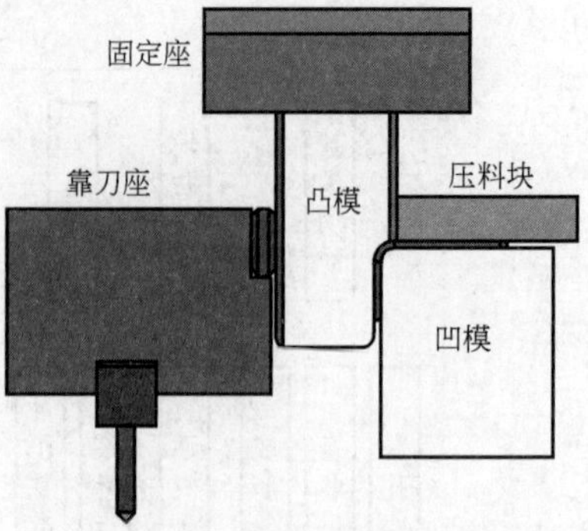

图 12-2-18　折弯成形类工序组件结构

2.3.3　标准件与典型结构库

模具设计中经常会用到标准件，同时，模具中也存在大量的典型结构。若每次设计时都要将这些标准件和典型结构重新建模，则需要做大量的重复性工作。因此，在模具 CAD 系统中有必要开发标准件库以及典型结构库，以提高模具的设计效率，缩短设计周期。

为了满足模具设计要求，需要标准件库里标准件种类齐全、参数可调，同时资源统一、准确，维护及时、方便。要建立三维参数化标准件库，首先需确定标准件的描述方式和描述内容。标准件的描述应包括标准件的三维模型、规格参数和属性信息。几何形状可由零件的特征模型来表示，而属性信息则可通过一组关键字和系列参数来表示。

其次是考虑标准件的安装定位问题。在装配标准件时，常常以模板表面作为装配定位基础，有时还需要挖出避空位或者增加座台结构。标准件的位置和数量在设计之初很难确定下来，在设计过程中往往需要不断调整。因此，需要采用自上而下的装配设计模式，先确定标准件的规格尺寸和位置，再生成对应的装配形状，如模板上对应的螺孔。

1. 标准件的特征模型

标准件的特征模型是标准件设计的最终体现，它需要构建成以标准件系列尺寸驱动的参数化特征模型。除此之外，为了实现与模具结构上其他零件的关联设计，还需满足自动定位和在相关板件上自动产生安装孔的要求，以保证设计的一致性，简化设计操作，提高设计效率。因此，标准件的特征建模，必须从变量规划、定位设计和实体设计三个方面综合考虑，以便实现基于变量关联的模板孔的自动设计。

（1）变量规划　在创建标准件特征模型时，有必要引入一些具有工程含义的变量，以使用户和造型系统在对特征模型的理解上能保持一致，并使所建特征模型的描述参数可与标准件的规格参数直接对应。图 12-2-19 所示为螺钉标准件采用 NX 软件定义的结构参数及其装配位置参数，其对应的变量规划见表 12-2-1。

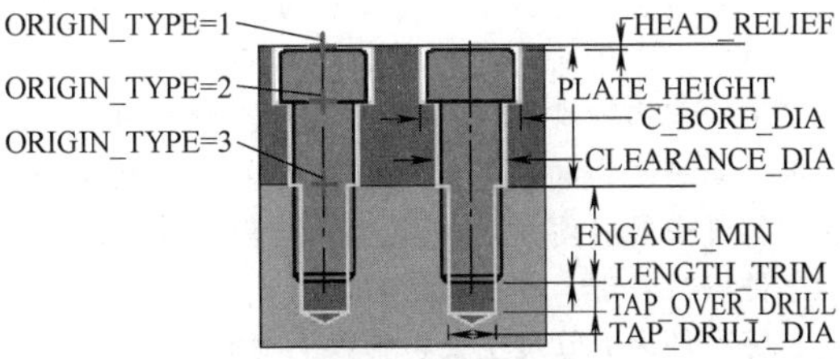

图 12-2-19　螺钉

（2）定位设计　模具标准件通常有较固定的位置，往往与模板的表面平行或垂直。针对这种情况，采用变量关联设计方法。首先，在设计标准件特征模型时，选择一个通过坐标原点的参考面作为固定基准面。然后，选取一个与固定基准面平行的辅助参考面，作为标准件构型的基准面，使得当该平面相对固定基准面作径向移动时，标准件实体也会随之运动。如图 12-2-19 所示，螺钉的固定基准面放在 ORIGIN_ TYPE＝1 位置，在其他两个位置处创建两个辅助基准面，使得螺钉装配时，可以满足不同的安装要求。

表 12-2-1　螺钉的变量规划

SIZE = 4	C_BORE_DIA = <PDW_VAR>::SCREW_C_BORE_DIA_4
PLATE_HEIGHT＝20	CLEARANCE_DIA＝<PDW_VAR>::SCREW_CLEARANC_DIA_4
ORIGIN_TYPE = 1	LENGTH_TRIM = 0
SCREW_DIA = 4	TAP_OVER_DRILL = SCREW_DIA
ENGAGE_MIN = SCREW_DIA&1.5	TAP_DRILL_DIA = <PDW_VAR>::SCREW_TAP_DRILL_DIA_4
HEAD_RELIEF = 1	

（3）安装孔设计　由于标准件要实现系列化，就必须保证拥有足够的参数驱动能力。标准件安装到模板上时，要在模板上产生相应的安装孔。为实现该孔的自动生成并与标准件关联，在建立标准件特征模型时，除了要生成标准件实体本身外，还需生成另一个与安装要求相一致的关联实体，用以表达模板上的安装孔形状，并在模板上开出相应的孔。图 12-2-19 所示螺钉中白色区域部分是开孔实体，在变量规划时还需定义其尺寸。

2. 标准件（典型结构）的尺寸参数和属性

采用变量名关联方式实现标准件特征模型与尺寸参数之间的信息沟通。要实现标准件的系列化、自动定位和灵活修改，就需要一个数据文件，对标准件的各种属性信息进行细致描述，以便通过读取数据文件，获得标准系列值，用相同变量名的参数驱动标准件特征模型中的设计变量，实现变量的关联设计。

标准件的属性信息应包含标准件厂家信息、零件类型、定位方式、属性摘要、精度信息和标准件的驱动参数等信息，表 12-2-2 列出了采用 Excel 表定义的标准件参数和属性。

表 12-2-2　螺钉的标准件参数和属性

##MISUMI (Socket Head Cap Screw - mm)										
PARENT	**NULL**									
POSITION	**PLANE**									
ATTRIBUTES										
SECTION-COMPONENT=NO										
PDW_COMPONENT_NAME=SCREW										
MATERIAL=STD										
SUPPLIER=MISUMI										
CATALOG=<TYPE>-<SIZE>										
DESCRIPTION=SHCS										
BITMAP	\standard\metric\misumi_pdw\screw\bitmap\shcs.bmp									
PARAMETERS										
TYPE	**SIZE**	**PLATE_HEIGHT**	**ORIGIN_TYPE**	**#LENGTH_LIST**	**SCREW_DIA**	**ENGAGE_MIN**	**LENGTH_TRIM**	**HEAD_RELIEF**	**TAP_HOLE_OVER_DRILL**	**TAP_DRILL_DIA**
Z30	4	20	1,2,3	8,10,12,15,20,25,30	4	SCREW_DIA*1.5	0	1	SCREW_DIA	<PDW_VAR>::SCRE
	5			10,12,15,20,25,30,3	5					<PDW_VAR>::SCRE
	6			10,15,20,25,30,35,4	6					<PDW_VAR>::SCRE
	8			15,20,25,30,35,40,4	8					<PDW_VAR>::SCRE
	10			20,25,30,35,40,45,5	10					<PDW_VAR>::SCRE
	12			25,30,35,40,45,50,5	12					<PDW_VAR>::SCRE

对典型结构而言，采用了统一的方式管理标准结构。如图 12-2-20 所示的定位销结构，其几何模型为子装配件。该结构包含的 3 个标准件的尺寸参数及相互位置关系在一个数据文件（Excel 表）中定义，见表 12-2-3。典型结构的调用与更新机制与单一标准件的方式一致。

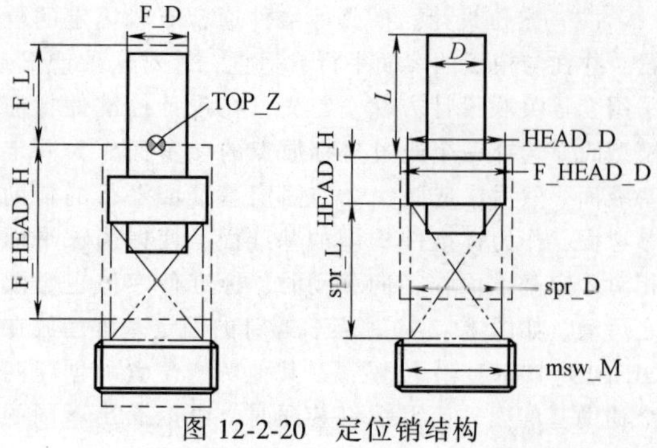

图 12-2-20　定位销结构

3. 标准件库的管理

由于标准不同，而且同一标准的标准件数目也很多，如果把数目庞大的标准件不加分类地堆积在一起，查找和使用起来十分不方便。为此，需将标准件进行分类管理。通常标准件库采用四层分类结构，第一层为标准件库，第二层为各类不同公司的标准，第三层为同一标准中的零件种类，第四层为同种零件中的各零件。按照这一结构，可方便地对标准件进行管理，并在设计时调用。

标准件库的管理主要包括以下功能：

表 12-2-3　定位销的系列参数

msw_M	L	spr_L	LIFT_H	TOP_Z	CLOSE	HEAD_D	HEAD_H	F_L	F_D	F_HEAD_D	F_HEAD_H
5	0,45,50,55,60,	5,40,45,50,55,(	3	0	1,0	3	3	0,35,40,4	D	HEAD_D+1	5,8,10,12
6						4					
8						6					
10						8					
12						10					
14						12	5				
16						14					
18						18					
22						22					

（1）标准件（典型结构）的定义与描述　可分类定义与描述不同企业生产的标准件（典型结构），以便模具设计人员根据需要选择。

（2）标准件（典型结构）的选用　设计人员通过选择合适的标准件（典型结构）尺寸参数以及定位方式，可将其直接插入到模具装配结构中，并对与其关联的零件进行关联修改（如自动生成安装孔）。

（3）标准件修改与删除　可根据需要，对标准件库中的标准件进行修改或删除。

2.3.4　汽车拉深模结构的模板化设计

模板化设计方法是实现模具结构快速设计的重要设计方法。模板化设计是将模具结构按照其内在的规律予以标准化和程式化的结果，也是模具结构标准化的具体体现。采用三维参数化建模方法，建立各个参数化模板组件，将组成模板组件以及尺寸进行参数关联，通过替换型面相关的工艺信息，编辑结构输入参数，更新模板结构，获得新的模具结构。设计好的模板仍可以再利用，分类汇总的所有模板就可以组成一个模板库。这里，以拉深模为例说明模板化设计的流程与方法，其模板化设计流程如图 12-2-21 所示。拉深模模板化设计主要包括两部分工作，一是参数化拉深模模板的建立，二是拉深模设计时的模板重用。

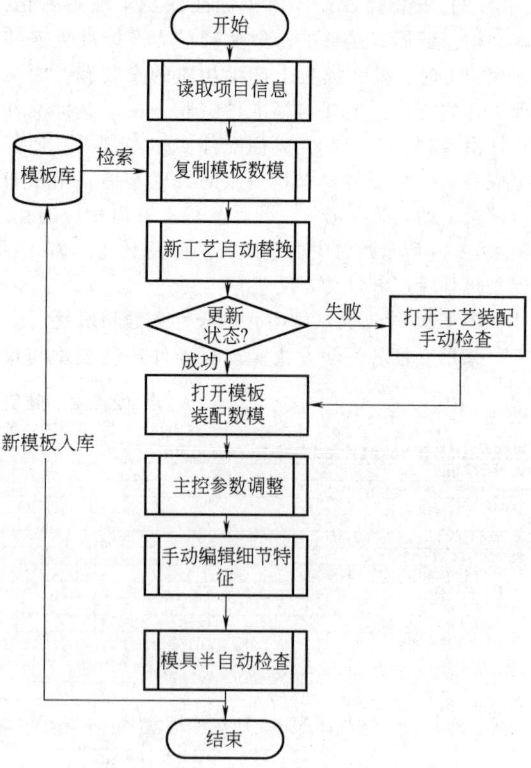

图 12-2-21　拉深模模板化设计流程

1. 参数化拉深模模板

拉深模结构一般可分为与型面相关的工作部分结构和其他辅助模具结构。相比修边、冲孔等类型模具，拉深模整体结构相对简单，可以将其整体模具结构定义为模板。其中，工作部分结构主要包括凸模、凹模、压边圈等三维结构。由于建立三维参数化模型有多种设计方法，因此，如何构建拉深模的参数化模板，使其能够根据所设计零件的模具型面稳健更新获得所需的模具结构，是设计参数化模板的关键。为了避免更新失败，可将导致模板更新不稳定的设计参数提取到输入参数列表中，由定制的开发程序来自动计算和校核所需的输入参数。另外，由于不同零件的拉深模具结构差别较大，为了适应多种零件的需要，降低更新失败的风险，一般还需根据零件类型、压力机类型、是否左右对称成形，分类建立多种类型的拉深模模板，形成模板库。这样就可根据不同拉深零件模具设计的需要，选择相应的模板进行设计，以保证设计的可靠性和效率。以汽车覆盖件模具为例，可对侧围、翼子板、顶盖、发动机罩外板、发动机罩内板、车门内板、车门外板等进行分类，构建相应的模板库。图 12-2-22 所示为汽车覆盖件拉深模参数化模板库结构。

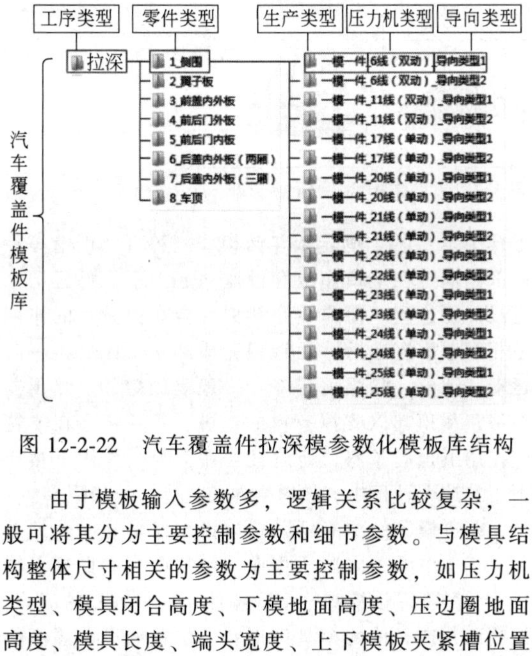

图 12-2-22　汽车覆盖件拉深模参数化模板库结构

由于模板输入参数多，逻辑关系比较复杂，一般可将其分为主要控制参数和细节参数。与模具结构整体尺寸相关的参数为主要控制参数，如压力机类型、模具闭合高度、下模地面高度、压边圈地面高度、模具长度、端头宽度、上下模板夹紧槽位置和个数、快速定位方式、闭合高度、压边圈行程等。其他与形状细节特征相关的参数则为细节参数。

为了进一步减少后期更新设计时的工作量，也可将标准件集成到模板中。由于拉深模中标准件的使用数量较多，除了调整标准件几何参数外，往往需要花费较长时间进行标准件重定位。因此，在构建模板模型时，应将标准件定位方式进行分类，并将其设置为设计输入参数，以便编制批量处理的程序，实现标准件的快速定位设计。除此之外，在构建参数模板时还可进一步考虑将模具加工、模具明细表、模具图样、模具审核与校对等信息集成到模板中，使后续的相关工作可实现自动化，从而进一步提高设计效率。

2. 参数化模板重用

模具结构设计工程师如何能够方便、快捷地基于上述参数化模板完成新模具的设计，也是应用模板化设计方法的一个关键问题。主要体现在以下几方面：

1）模具结构复杂，模板中输入参数多、逻辑关系复杂，手动调整容易出现数模更新失败的问题。

2）标准件数量多、定位复杂，设计调整工作量大，易出错。

为此，需采用自动化方法解决上述问题，否则模板化设计方法将难以实用。在模板输入参数中，与新零件工艺信息对应的曲线和曲面在替换模板对应的几何元素时，曲线或曲面是否光顺，曲线或曲面方向与模板中对应元素是否一致等，是导致更新失败的主要影响因素，如图 12-2-23 所示。人工检查这些影响因素不仅费时费力，同时也难以保证输入的正确性。为此，应开发自动化处理程序，根据模板中的型面特征，首先自动对新零件工艺数模中的型面和曲线等几何元素进行光顺和方向调整处理，然后再自动替换模具结构模板中的对应元素，以保证模板的稳健更新，提高设计效率和质量。而对标准件的更新设计，则可根据模板中定义的参数更新规则以及分类定位要求，编制处理程序，实现标准件的批量定位更新处理，从而大幅提高设计效率。

2.3.5　模具工作过程中的动态干涉检查

由于模具组成零件较多，且模具零件与所成形的板料间存在相对运动，如果设计时考虑不周，就可能产生干涉现象，从而影响模具的正常工作。因此，模具工作过程中的动态干涉检查是保证模具设计质量的重要手段。通过运动仿真方法，可较好地解决这一问题。目前比较常用的运动仿真软件是 ADAMS，在 NX、Pro/E 等 CAD 系统中，都提供了嵌入 ADMAS 的运动仿真分析模块。

1. 运动仿真的基本原理

机械运动仿真技术是一种建立在机械系统运动学、动力学理论和计算机技术基础上的新技术，涉及建模、运动控制、机构学、运动学和动力学等方面的内容，主要是利用计算机来模拟机械系统在真实环境下的运动和动力特性，并根据机械设计要求和仿真结果，修改设计参数直至满足力学性能指标要求或对整个机械系统进行优化。

运动学是理论力学的一个分支学科，它是运用几何学的方法来研究物体的运动，通常不考虑力和质量等因素的影响。动力学同样是理论力学的分支学科，研究作用于物体的力与物体运动的关系。运动仿真可以提供运动机构所有零部件的运动学性能（包括位置、速度和加速度）和动力学性能（包括驱动力、反馈力、惯性力和功率要求）的完整量化信息。目前，机械运动仿真已经成为机械系统运动学和动力学等方面研究的一种重要手段和方法，在许多领域得到广泛应用。

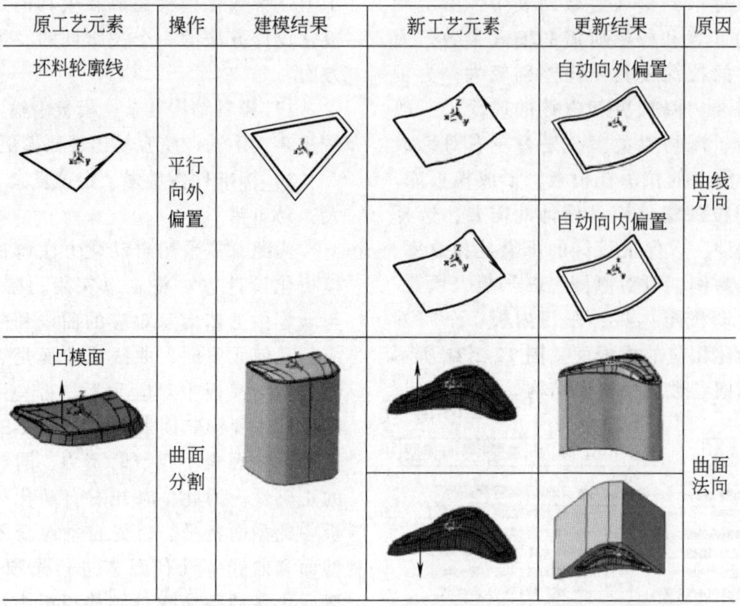
原工艺元素
操作
建模结果
新工艺元素
更新结果
原因
坯料轮廓线
平行向外偏置
自动向外偏置
自动向内偏置
曲线方向
凸模面
曲面分割
曲面法向

图 12-2-23　曲线、曲面方向对工作部分模具实体模型更新的影响

2. 实现运动仿真的一般步骤

（1）建立运动仿真分析场景　运动分析场景是运动模型的载体，运动模型的全部数据都存储在运动场景之中。它首先会将前面建立的模型装配到场景中来，同时对原始模型进行标准化处理，忽略模型中一些对运动仿真不重要的细节部分，简化模型，以提高运动仿真的效率。

（2）建立运动仿真分析机构　运动仿真分析机构（mechanism）包括建立连杆（link）、运动驱动函数（driver function）和运动副（joint）。所谓连杆是指运动分析过程中所操作的实体对象，连杆里面的零件之间是没有相对运动的，机构可以认为是连在一起运动的连杆的集合；运动驱动函数是以时间为变量的数学函数；运动副约束连杆并准许它做特定的运动，运动副有很多种，包括固定副、滑动副、旋转副、球面副、柱面副等。运动驱动函数和运动副共同决定连杆的运动规律。

（3）求解运动分析场景　调用通用求解器对建立好的机构进行求解。求解结果会存放在一个单独的文件里面，以供后置处理程序使用。

（4）后置处理　读取前面生成的求解文件，根据读取到的数据生成动画、曲线和图表，以形象地呈现仿真的结果。

3. 模具结构运动仿真及干涉检查

这里以级进模为例，介绍运动仿真模型建立与实现的过程。级进模可分为上模和下模两大部分。上模中的垫板、固定板、凸模、侧刃、导正销等一般都是固定在上模座上和模座一起上下往返运动来完成冲压过程。而弹性卸料板则会在弹簧力的作用下相对上模座运动一段行程完成卸料工作后再一起运动；下模（除浮顶器外）一般是固定的。浮顶器是将条料顶起以支撑条料的送进，其顶杆会在弹簧的作用下顶起条料，而后又会在上模的作用下被压下。在这个过程中，条料会向前送进一个步距。

级进模零件功能可以划分为工作单元和辅助单元。工作单元完成冲压作业，包括凸模和凹模；辅助单元是指保证模具精度、零件连接关系等的部分。这些单元在具体的模具中形状、位置和尺寸等可能不同，但是它们之间的相互配合关系、相对运动规律则是相似的。

级进模的主要特点是模型结构及零件的运动关系复杂，对用户而言，使用运动仿真工具对模具进行运动仿真时，主要的工作都是将装配模型转换为运动仿真模型，交互定义运动机构及运动参数，工作量大，对用户要求高，而且非常容易出错。为此需要开发自动转换及检查功能，降低应用运动仿真的难度。

（1）建立模型　建立三维零件模型，同时根据零件在模具中的作用，分别赋予各零件若干属性名、属性值，并建立表达式。通过属性名和属性值来记录该零件在模具中的位置和作用，而表达式则记录了该模具相关数据，为后面建立运动机构做准备；

用装配模块完成模具组装，以建立整套模具的模型。通过属性与表达式的运用，就可以完整地记录整套模具的相关信息，读取并分析这些信息就可以实现模具结构的自动识别和运动规律的自动定义，为后面运动仿真打下基础。

（2）建立运动分析机构　根据上面的定义，同一个连杆所包含的各零件之间没有相对运动。据此把没有相对运动的零件通过属性找出来，然后把它们定义为一个连杆。级进模的运动特点就是上下往返运动，因此可以选择使用 IF（条件判断）函数来描述它的速度变化规律。IF 函数可以嵌套使用，利用它可以模拟模具的开合运动规律。利用 IF 函数可以准确地定义模具各机构在相应时刻的速度，IF 函数中使用到的参数可通过获取相关属性值和表达式，并通过分析具体的模具结构来自动得到。

在级进模运动仿真系统中，使用滑动副基本就可以满足要求。滑动副的两个杆件互相接触，并保持着相对的滑动。使用上述步骤创建的连杆和对应的运动驱动函数，就可以创建运动副。利用所有连杆和对应驱动函数所建立的运动副，即可完整地描述模具的运动。条料的运动包括跟随顶杆向上抬料和向前送料两种运动，因此，可以把条料运动设置为相对于顶杆运动副向送料方向的运动。这样条料副就可以先跟随顶杆向上运动，再向前做送料运动。

（3）机构仿真验证　用户输入模具一个周期的运动时间和求解步数并进行求解，再调用后置处理模块就可以显示动画。在此过程中，可以发现模具零件之间是否存在干涉现象。

2.4　系统介绍

2.4.1　基于 NX 的级进模设计系统 PDW

NX/PDW（Progressive Die Wizard）是一个基于 NX 的三维级进模 CAD 系统，由华中科技大学材料成形与模具技术国家重点实验室和 Siemens PLM Software 共同开发。NX/PDW 覆盖了级进模设计中的工艺分析和设计、毛坯排样、条料排样、模具结构设计、标准件设计、明细表、二维工程图生成等内容，并提供了毛坯展开、成形性分析、视图管理、模具干涉检查等一系列的设计工具，以提高级进模的设计效率和设计质量。

1. 毛坯展开

冲压零件通常也叫钣金零件，对于不同的钣金零件，其折弯形状特点不同，所应用的工具也不相同。当折弯线为直线时，此种折弯特征可归类为直弯特征，在电子产品中较为常见；当折弯线为空间曲线时，此种折弯属于自由形状弯曲特征，在汽车配件中比较常见。实际上，大多数的钣金零件两种特征兼而有之，称为混合折弯特征。PDW 模块提供了一组用于钣金零件展开的工具，利用这些工具可以迅速展开钣金零件并得到中间工步形状。

（1）直弯展开　当钣金零件不是采用 NX 的钣金模块造型生成时，需要识别零件上的直弯特征，并将识别的零件转换为 NX 的钣金零件，然后才能进行展开工作。

（2）自由形状展开　利用一步法有限元变形分析工具，可以快速展开钣金零件获得平面轮廓；也可以展开钣金零件的部分面获得中间工步形状；还可以通过有限元分析，预测成形的可行性。

2. 毛坯排样

利用毛坯排样工具，通过调整毛坯在条料中的方位和角度，可以实现直排、斜排的布局；通过控制条料的步距和宽度，系统将会实时更新材料利用率；通过复制毛坯，可以实现多排的布局。

3. 工序形状设计

级进模中的工序形状设计包括两部分内容：

（1）冲裁废料设计　大多数情况下，级进模生产的零件外轮廓不是一次落料形成的，而是分成多块逐步冲压而成。废料设计的目的是设计零件冲裁的废料形状，包括外形和内孔。废料设计的功能可分为：创建废料、编辑废料、附属结构设计。附属结构主要有：搭接设计、过切设计、修整工艺设计、自定义附属结构等。

（2）中间成形工序设计　用户根据级进模的设计经验，定义展开钣金零件所需的中间工步，主要包括折弯、成形和翻孔等工序形状。PDW 模块中系统采用以装配形式保存原始设计零件及中间工序部件，以备后用。

4. 条料排样

条料排样是 PDW 中重要的功能之一。条料排样的任务是将废料设计中创建的废料以及创建的中间工序形状排在指定工位。条料排样可以按照冲压力的分布进行，但要避免镶件之间干涉，也要避免在分割凹模板的地方排布初始特征。条料排样完成后，可以通过条料仿真功能检查排样是否正确，排样的结果如图 12-2-24 所示。

5. 冲压力计算

在冲压生产中，模具与压力机压力中心不一致，将会引起凸、凹模间隙不均和导向零件的加速磨损，造成刃口等零件损坏。因此，模具的压力中心必须与压力机的滑块中心基本一致。PDW 冲压力计算工具既可计算单块废料或成组废料的冲压力大小及压力中心位置，也可以通过定义工艺特征来计算折弯、成形等各种工艺的成形力及压力中心，并可以形成网页格式的报告。

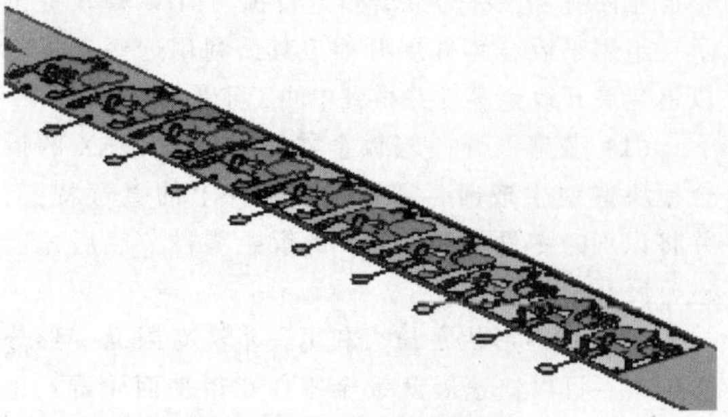

图 12-2-24 条料排样结果

6. 模架设计

PDW 提供了大量的装配模架、凹模组件及管理和操作工具，并且模架库是开放的，可以定制和扩展。用户可以从模架库调用模架、设置模架参数、添加组件（例如导柱和导套等）。当所需的模架长度超过标准组件尺寸时，可分割模架、调整模架和模板长度。

7. 镶件设计

镶件设计是级进模设计中费时最多、设计工作量最大的部分。当前 PDW 中提供的镶件自动设计的种类有冲裁、弯曲、成形、翻孔四种。其他种类的镶件则由用户调入，自行设置其参数。另外，还提供了抬料钉、导正钉的设计。

PDW 冲裁镶件设计功能可以加载多个国际供应商提供的标准凸、凹模，还可以创建用户自定义轮廓的凸、凹模，可以指定凸、凹模与模板的间隙。在凹模的设计中，提供了多种形式的废料孔，并可以改变间隙。

PDW 模块提供了折弯镶块设计工具，可以创建不同类型的标准折弯凸、凹模，还可以创建用户定义的折弯凸、凹模。

冲压零件上的局部成形，如加强筋、凸包、凹坑、花纹图案及标记等，可以用 PDW 模块提供的成形镶件设计工具来设计。

PDW 镶块辅助设计工具可以为凸、凹模的固定提供多种方式，例如最常见的方式是螺钉固定、挂台固定和压块固定，同时也可以设计加强凸模强度的结构。

8. 标准件设计

PDW 的标准件库里收集了大部分国际上通行的冲压标准件供应商的产品，其中包括了我们常用的 STRACK、MISUMI、UNIVERSAL 和 FUTABA 公司产品。标准件库涵盖了级进模设计中需要用到的各种标准件，例如导正销、导柱、导套、销钉、螺钉等。PDW 标准件库是一个开放的系统，用户可以定做符合本公司设计习惯的标准件，扩充现有的标准件库。

9. 让位槽及腔体设计

包含了折弯和成形等工序的条料，其形状高度超过了条料本身的厚度，因此在级进模的后续工位上，应有足够的空间来避让这些凸出部分。让位槽设计就是在模板中创建让位槽空间，用于避开已成形条料的凸出部分，防止条料与模板产生干涉。

在 PDW 中，插入标准件、凸凹模镶件、让位槽设计完成后，必须在模具的相应位置上生成和这些零件相配合的安装孔或槽，通过腔体设计可以完成这个任务，如图 12-2-25 所示。

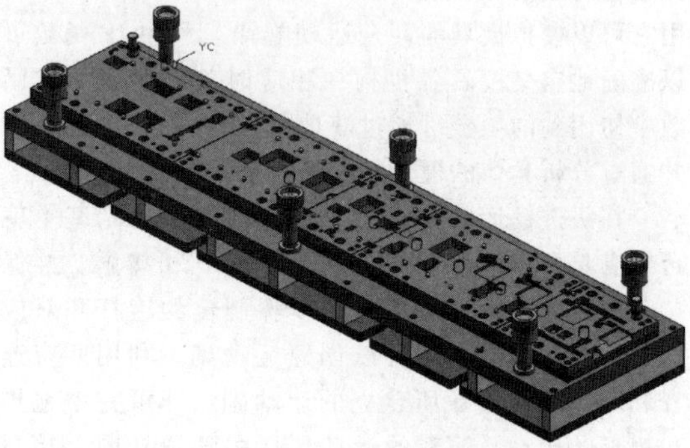

图 12-2-25 级进模的腔体设计

10. 级进模的模具设计检查

PDW 从 8.0 版本后增加了模具结构验证的功能。模具设计检查分为静态干涉检查和动态干涉检查。静态干涉检查是模具在闭合状态下检查模具装配中的干涉状态；动态干涉检查是模拟模具在工作状态下各个零件的实际运动情况，分析检查可能出现的问题。

PDW 的功能非常强大，结合使用 NX 的基本功能，可以完成大部分级进模的设计工作，可大幅提高模具设计效率和质量。

2.4.2 SINOVATION

SINOVATION 是结合日本工业界实践、体现国际先进制造水平的具有自主版权的国产三维 CAD/CAM 软件，是华天软件公司与国外优势企业合作的研发成果。该软件具有混合建模、参数化设计、丰富的特征造型功能以及知识融接技术，适合汽车、汽车零部件、机床、通用机械、模具及工艺装备等行业的设计及加工应用。

基于 SINOVATION 开发的冲压模具设计制造模块，结合丰田、日产、荻原、富士等汽车模具厂家多年的模具设计制造经验，形成了专业的冲压模具设计制造解决方案，可提供冲压工艺、模具结构、模面精细化设计、NC 编程等设计制造功能，在提高模具设计效率和质量的同时，可降低设计的错误率、节约成本、增强企业的市场优势。

1. 冲压工艺设计

目前，具备的功能包括：①提供拉深件预处理功能。②创建冲压中心、调整冲压方向和实时进行冲压可行性评估。③实现工艺补充断面线形状的创建和编辑。④快速创建工艺补充面，如图 12-2-26 所示。⑤快速创建拉深筋特征。⑥提供修边线展开及检查评估等功能。

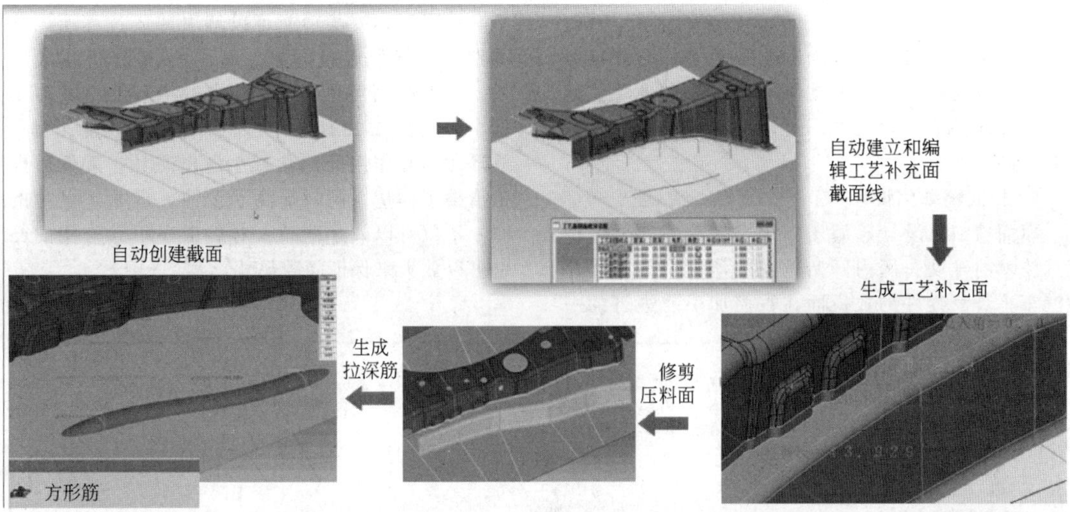

图 12-2-26　工艺补充面设计功能

2. 冲压模具结构设计

该功能模块包括以下功能：

1）铸件和锻件镶块创建，冲孔标准件、防尘盖板安装座生成等大量专业模具零件的设计功能，如图 12-2-27 所示。

2）提供常用标准件库，附加了和差实体（用于安装标准件的座台或开孔形状）及各种属性，装配时可进行集合运算。

3）整体模板设计，如拉深模等结构固定的模具设计。

4）可建立模板库，已实现复杂模具的参数化设计。

5）通过设定零件属性，自动输出明细表。

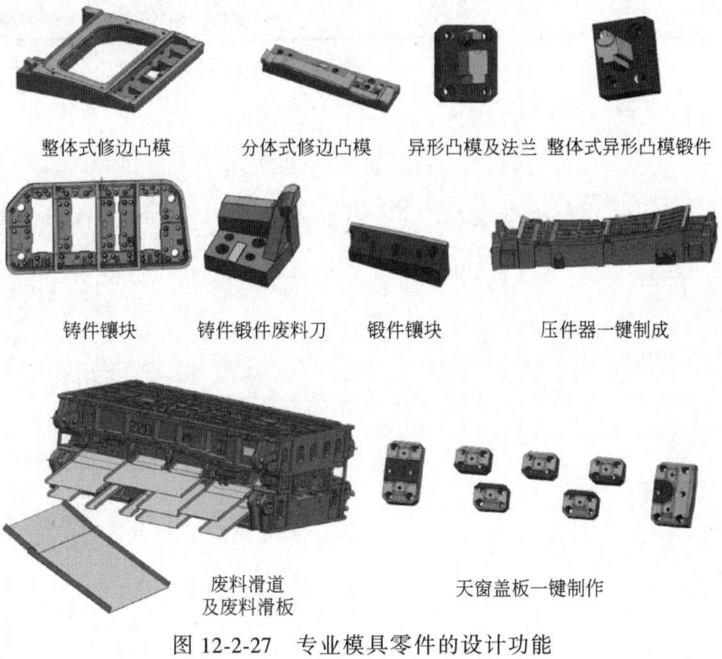

图 12-2-27　专业模具零件的设计功能

3. 结构验证

结构验证功能可快速检查模具结构强度、静态干涉等，还可以模拟模具运动状态、检查动态干涉，包括以下功能：①提供了静态干涉检查功能，能够提前发现干涉问题，避免后期整套模具报废。②为了检查模具结构是否安全，提供了应力分析功能。③运动模拟和动态干涉检查功能采用模板的设定方式，可以较大程度地提高动态干涉检查的效率，解决了其他软件需要动力学、运动副设定等对使用人员要求高的问题。

4. 模面精细化设计

模面精细化设计起源于丰田，随着国内覆盖件模具技术的发展，国内开始重视并研究。其内涵是对汽车车身钣金件的数模面在数控加工前进行的一系列处理，目标是使其在不影响模具性能的前提下，减少模具加工和研合时间、提高生产效率、降低生产成本。

模面精细化设计专业解决方案包括：回弹补偿、圆角避让、间隙设计等功能。

冲压回弹补偿功能可以解决冲压过程所出现的零件回弹变形补偿问题，利用 CAE 分析或成形结果，获得高精度的补偿变形，为 CAM 提供加工依据，如图 12-2-28 所示。自动圆角避让功能，可以把成形时不起作用的凹角减小做出避让，降低后期钳工清根工作量，同时提高了设计人员手工倒角的效率。不仅可以减小凹角，对后工序不起作用的凸角也可以放大来保证间隙尺寸。

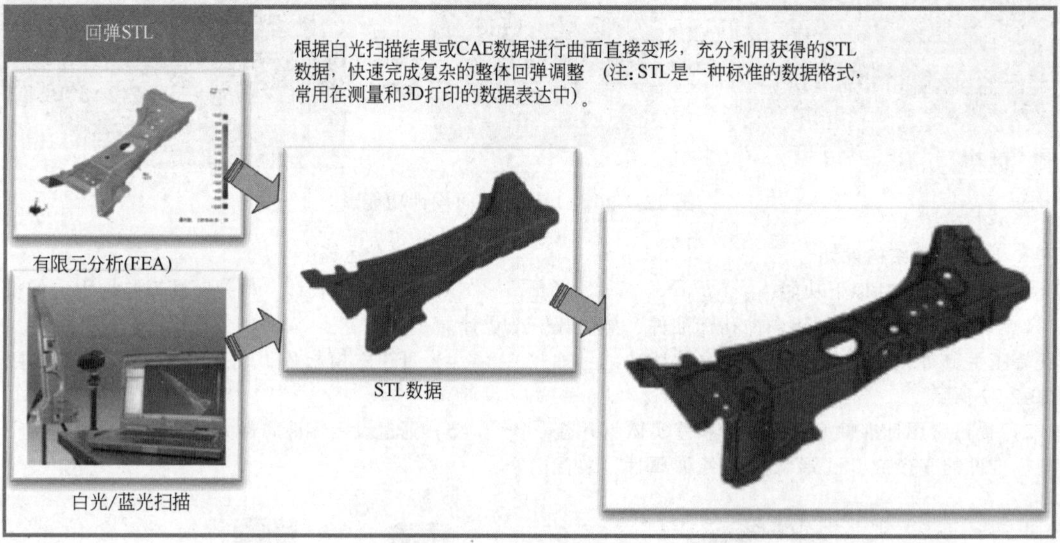

图 12-2-28　模面冲压回弹补偿功能

第3章

数字化冲压模具制造技术

华中科技大学 郑志镇 王华昌
益模科技股份公司 胡建平

3.1 概述

3.1.1 冲压模具制造流程

一般而言，冲模制造流程主要包括生产技术准备、零件加工、模具装配和试模四个阶段。

（1）生产技术准备 生产技术准备的主要任务是分析模具图样、制定工艺规程；编制数控加工程序；设计和制造工装夹具；制定生产计划，制定并实施工具、材料、标准件等外购和零件外协加工计划等。

（2）零件加工 模具零件加工可分为非成形零件和成形零件加工两类。其中，非成形零件主要包括模板、结构件等零件，大多属于标准件，可根据实际要求和具体情况选择外购毛坯、成品或自行生产；成形零件通常包括凸、凹模等工作零件，大都形状各异，结构比较复杂、精度要求高、加工环节多，一般由企业自行加工。

（3）模具装配 根据模具装配图的要求，将模具零件组合在一起，构成一副完整的模具。装配阶段的任务还包括清洗、修配等。

（4）试模 将装配好的模具安装到压力机上进行试冲压，以确定是否可获得合格的冲压产品。若不合格则需分析原因，确定修改内容，进行修模后再试冲，直到获得合格冲压产品为止。

模具零件的典型制造过程如图12-3-1所示。

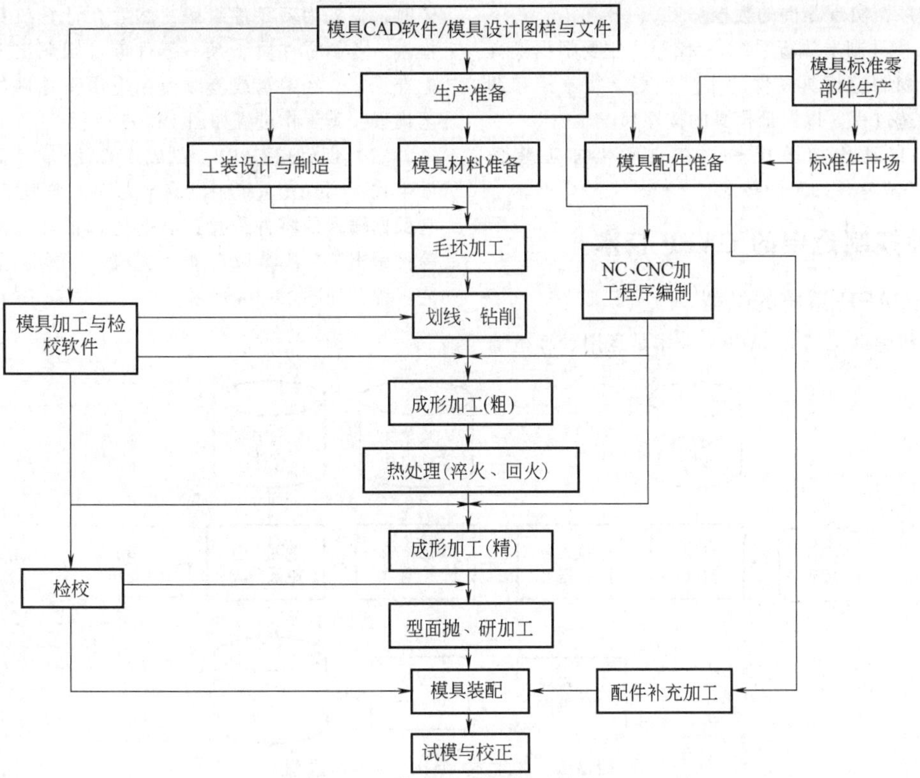

图12-3-1 模具零件的典型制造过程

3.1.2　冲压模具制造中的数字化技术

随着数字化技术的发展，冲压模具制造流程中的大部分环节已实现数字化，冲压模具整体制造流程及对应的数字化技术如图 12-3-2 所示。

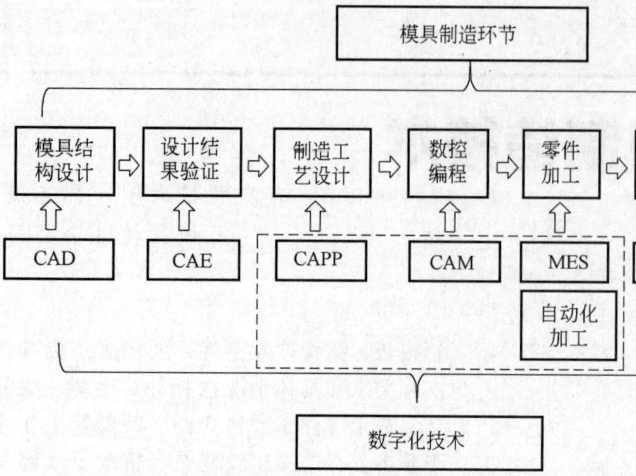

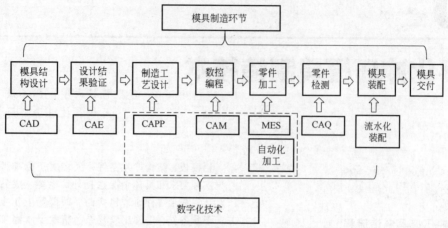

图 12-3-2　冲模制造主要环节及其数字化技术

其中与制造过程相关的数字化技术主要有 CAPP、CAM、MES、自动化加工技术等。

（1）计算机辅助制定模具零件加工的工艺规程（CAPP）　主要根据企业设备能力和零件加工要求，确定零件的加工工序、采用的设备及所需的加工工时等。

（2）计算机辅助编制数控加工程序（CAM）　主要根据零件形状及工序和设备的要求，编制相应的数控程序，实现零件的数控加工。

（3）模具制造执行系统（MES）　主要根据模具的加工计划制定模具零件的生产计划，并监控和调度整个制造过程，以保证模具的按序加工。

（4）自动化加工技术　在自动化加工装备（线）上完成零件加工的技术。

3.2　冲模制造中的 CAPP 技术

3.2.1　CAPP 系统的类型

计算机辅助工艺（CAPP）技术是运用计算机辅助工艺设计人员进行制造工艺规划设计的一种技术。根据实现原理的不同，主要分为以下两类。

（1）派生式 CAPP　派生式 CAPP 是利用零件在结构或工艺的相似性来设计工艺规程。它以成组技术为基础，利用编码系统对加工零件进行编码，根据所制定的相似性特征对编码零件进行分类，形成零件族。对零件族进行工艺路线优化，编制出标准工艺规程，储存于工艺数据库中。当设计新零件工艺时，首先为新零件编码，然后在计算机数据库中检索。若新零件属于某一零件族，则调出该零件的标准工艺，经编辑或修改而派生出新零件的制造工艺规程，其工作过程如图 12-3-3 所示。

（2）创成式 CAPP　创成式 CAPP 的工作原理与派生式不同，在系统中没有预先存入典型工艺过程，它根据输入的零件信息，通过逻辑推理和决策算法等，做出工艺决策以自动“创成”一个新的优化工艺规程，如图 12-3-4 所示。

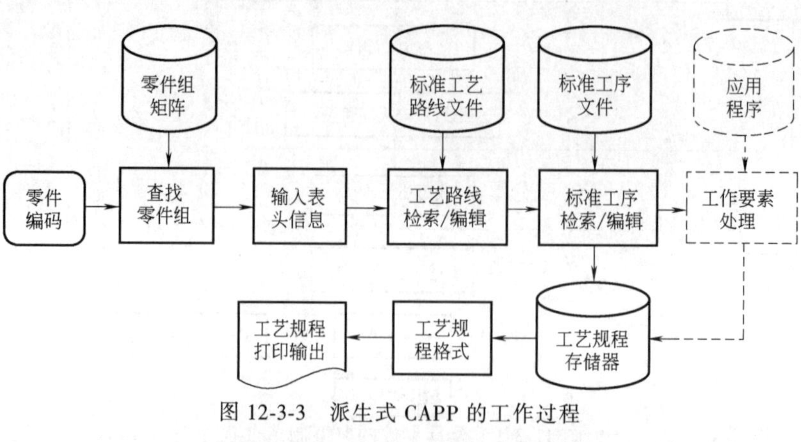

图 12-3-3　派生式 CAPP 的工作过程

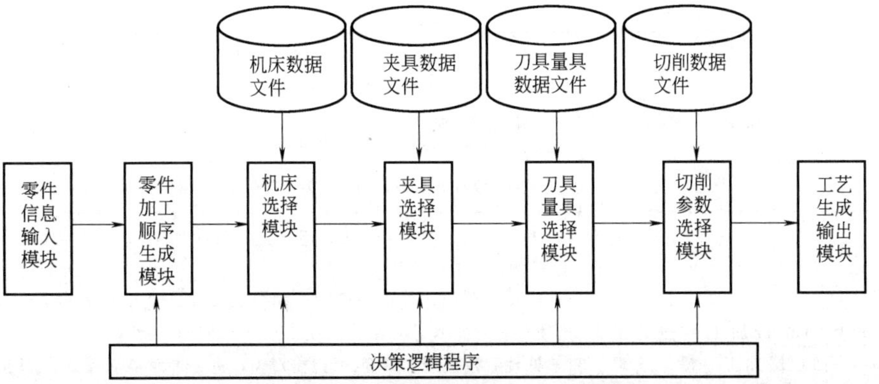

图 12-3-4　创成式 CAPP 的工作过程

一个较复杂的零件由许多几何要素组成，每一几何要素又可用多种加工工艺方法去完成，而且它们之间的顺序又有着许多组合方案，还需综合考虑材料和热处理等影响因素，所以至今仍未能开发出通用的创成式 CAPP 系统。目前的 CAPP 系统仍以派生式、工具型为主，针对工艺规划中工作量大的环节，通过一系列数字化工具，实现一定程度的 CAPP 功能，提高工艺规划的效率和可靠性。

3.2.2　多工位级进（连续）模模板加工工艺 CAPP

工作零件、镶块件和模板是多工位级进模加工中的难点和重点控制零件，其加工难点体现在工作零件型面尺寸和精度、三大板的型孔尺寸和位置精度。多工位级进模中的模板（一般包括上下模座、凹模板、凹模垫板、卸料板、卸料垫板、冲模板、冲模垫板）孔位精度高、各零件之间的位置公差要求高，是制造难度最大、耗费工时最多、周期最长的关键零件。各模板的典型加工工艺流程见表 12-3-1。

1. 模板加工孔表

模板加工工艺中工作量最大的是制定孔加工工艺。多工位级进（连续）模上孔数量多，孔的类型、位置、加工精度等各有不同，如图 12-3-5 所示。如果采用常用的尺寸标注方法标注孔的位置、尺寸、精度信息，图面上很难布置这么多尺寸线，加工时很容易看错。因此，对于标准的圆柱孔，采用孔表记录孔的信息。

表 12-3-1　多工位级进模模板的典型加工工艺流程

模板	加工工艺流程	加工工艺技术要求
毛坯		先加工基准面，然后以其为基准对其他平面进行铣削、磨削加工，确保其加工平面度及平行度公差在 0.02mm 以内
上模座	开坯→机械加工→平面研磨精加工	1）根据模具的加工要求对毛坯进行机械加工作业，包括钻削、攻螺纹、铰孔（线切割基准孔、定位销孔）、镗孔，模柄孔需与模柄直径大小配作，导套孔需与下模座导柱孔实配制作完成 2）按模具图的技术要求作平面精加工研磨
冲模垫板	开坯→机械加工→热处理→平面研磨加工	1）根据模具图的加工要求对毛坯进行机械加工作业，包括钻销、攻螺纹、铰孔（线切割基准孔、定位销孔），线切割基准孔、定位销孔需与其他模板的线切割基准孔、定位销孔配钻加工后作铰孔处理 2）根据模板图的热处理要求进行热处理加工。考虑热处理后的材料变形问题，热处理前模板厚度需留 0.4~0.6mm 的磨削加工余量 3）将已加工及热处理好之模板按模具图的要求作平面精磨加工
冲模板	开坯→机械加工→慢走丝线切割加工→平面精磨加工	1）根据模具图的加工要求对毛坯进行机械加工作业，包括钻削、攻螺纹、铰孔（线切割基准孔）、铣削、CNC 加工 2）根据模板线切割要求进行线切割加工作业。在线切割加工时，以模板内的线切割基准孔为基准进行线切割加工 3）完成线切割加工的模板按图面技术要求作平面精磨加工

（续）

模板	加工工艺流程	加工工艺技术要求
卸料垫板	开坯→机械加工→快走丝线切割加工→平面精磨加工	1）根据模具图加工要求进行机械加工作业，包括钻削、攻螺纹、铰孔（线切割基准孔）、铣削、CNC 加工 2）根据模板线切割要求进行线切割加工作业 3）完成线切割加工的模板按模板图要求作平面精磨加工
卸料板	开坯→机械加工→热处理→平面粗磨加工→慢走丝线切割加工→平面精磨加工	1）根据模具图面的加工要求对毛坯进行机械加工作业，包括钻削、攻螺纹、铰孔（线切割基准孔）、铣削、CNC 加工 2）根据模板图的热处理要求进行热处理加工。考虑热处理后之材料变形问题，热处理前模板厚度需留 0.4~0.6mm 的精磨加工余量 3）热处理后模板产生形变，所以需对模板进行平面半精磨加工，并留 0.1mm 的精磨加工余量 4）根据模板的线切割要求进行线切割加工作业 5）将完成线切割加工的模板按技术要求作平面精磨加工至规定的尺寸公差范围内
凹模板	开坯→机械加工→热处理→平面研磨粗加工→慢走丝线切割加工→平面精磨加工	1）根据模具图的加工要求进行机械加工作业，包括钻削、攻螺纹、铰孔（线切割基准孔）、铣削、CNC 加工 2）根据模板图的热处理要求进行热处理加工。考虑热处理后之材料变形问题，热处理前模板厚度需留 0.4~0.6mm 的精磨加工余量 3）由于热处理后模板产生形变，所以需对模板进行平面半精磨加工，并留 0.1mm 的精磨加工余量 4）根据模板的线切割要求进行线切割加工作业 5）将完成线切割加工的模板按技术要求作平面精磨加工至规定的尺寸公差范围内
凹模垫板	开坯→机械加工→热处理→平面半精磨加工→快走丝线切割加工→平面精磨加工	1）根据模具图面的加工要求进行机械加工作业，包括钻削、攻螺纹、铰孔（线切割基准孔）、铣削、CNC 加工 2）根据模板图面的热处理要求进行热处理加工。考虑热处理后的材料变形问题，热处理前模板厚度需留 0.4~0.6mm 的半精磨加工余量 3）由于热处理后模板产生形变，所以需对模板进行平面半精磨加工，加工时需留 0.1mm 的精磨加工余量 4）根据模板的线切割要求进行线切割加工作业 5）将完成线切割加工的模板按技术要求作平面精磨加工至尺寸公差规定的范围内
下模座	开坯→机械加工→快走丝线切割加工→平面研磨精加工	1）根据模具图面的加工要求进行机械加工作业，包括钻削、攻螺纹、铰孔（线切割基准孔）、铣削，导柱孔需与上模座导套孔实配制作 2）根据模板的线切割要求进行线切割加工作业 3）将完成线切割加工的模板按技术要求作平面精磨加工

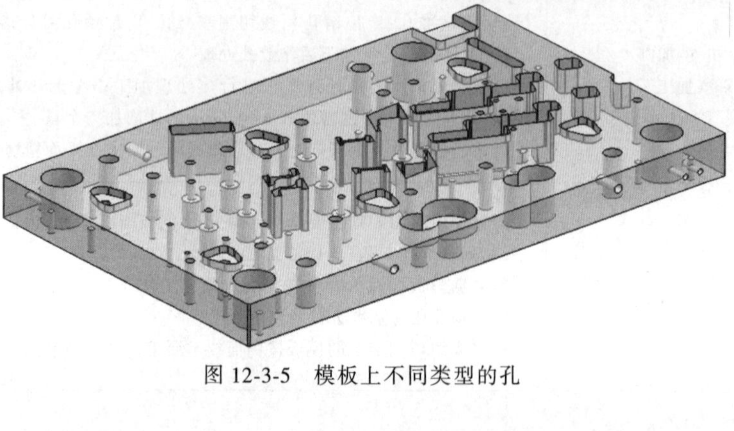

图 12-3-5　模板上不同类型的孔

图 12-3-6 所示是生成的孔表实例，孔表记录的信息有：①孔的类型。②x、y 坐标。③直径、深度、钻削方向。④直径精度等级、深度精度等级、钻削类型。⑤螺纹孔、线切割起始孔。⑥不完全圆柱孔、合并孔。

图 12-3-7 所示是部分孔表的详细信息，模板上的孔按照类型进行了归类，并按照 x、y 坐标进行了排序。

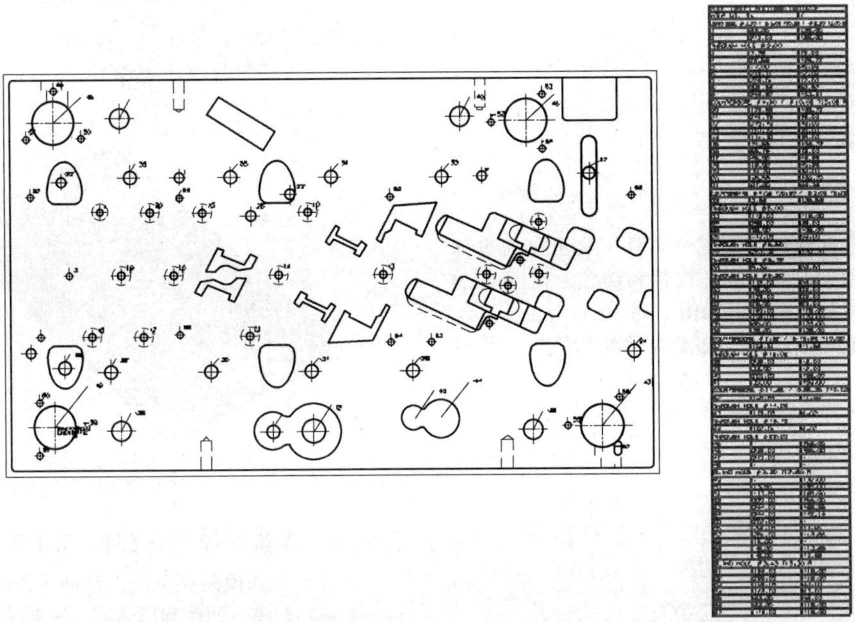

图 12-3-6　带有孔表的视图

HOLE TABLE: BOTTOM@2 ORDINATE									
HOLE NO.	X	Y	Z	DIAMETER	DIAMETER FIT	DEPTH	DEPTH FIT	DRILLING TYPE	DRILLING DIRECTION
THROUGH HOLE Ø11.33									
1	68.30	71.57		11.33					
COUNTERBORE Ø11.91 H7 / Ø18.16 H5 T26.00 H6 R									
2	30.55	22.64		11.91	H7				
				18.16	H5	26.00	H6		R
THROUGH HOLE Ø23.30									
3	147.86	22.64		23.30					
BLIND HOLE Ø16.63 H7 T26.00 H6 PLAN R									
4	93.44	22.64		16.63	H7	26.00	H6	PLAN	R

图 12-3-7　孔表中的信息

2. 圆柱孔加工工艺 CAPP

圆柱孔 CAPP 的基本原理是：采用颜色和属性对孔的圆柱面进行标记，CAM 系统根据颜色和属性自动生成加工工艺。

模板上的圆柱孔大多是标准冲头、销钉、螺钉等标准件的安装孔。当前的冲模 CAD 系统中，冲头、销钉、螺钉等标准件都至少定义两个实体：一个用于表示标准件本身的形状，称为真体，另一个实体用于表示安装孔的形状，称为假体。例如，标准冲头的三维模型如图 12-3-8 所示。

冲头假体的外圆柱面上定义了一个属性［PDW_HOLE_PUNCH_FIT］，代表这个面的尺寸精度等级，如 H6 等，如图 12-3-9 所示。

冲模设计过程中，调入标准件以后，用标准件的假体对冲模的模板毛坯进行布尔减运算。在这个过程中，冲头安装孔圆柱面上的属性和颜色被复制到模板对应的圆柱面上，CAM 系统根据这些圆柱面的颜色和属性自动定义加工工艺。

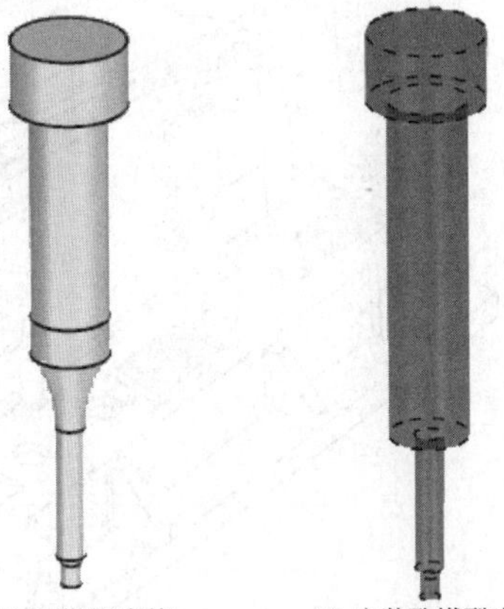

a) 冲头模型(真体)　　b) 安装孔模型(假体)

图 12-3-8　标准冲头的三维模型

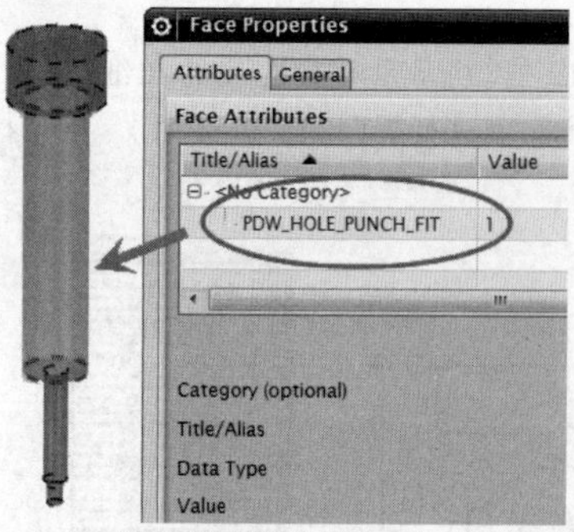

图 12-3-9　冲头安装孔圆柱面上定义的属性

如果标准件假体没有定义属性，也可以通过外部工具定义模板上安装孔的属性和颜色，便于 CAM 系统自动生成加工工艺，如图 12-3-10 所示。

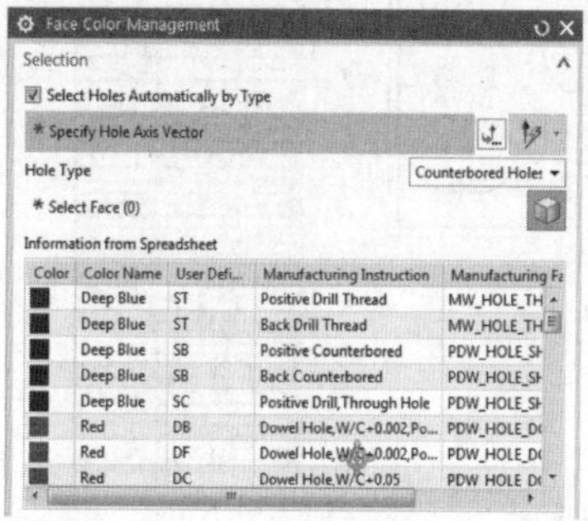

图 12-3-10　加工面属性和颜色定义工具

3. 线切割加工孔工艺的生成

可以使用图 12-3-10 的工具指定线切割面的属性和颜色，便于 CAM 系统自动生成线切割加工工艺，如图 12-3-11 所示。

a) 定义线切割面的颜色和属性

b) 生成线切割路径

图 12-3-11　线切割加工工艺自动生成

3.2.3　覆盖件模工作部件 CAPP

覆盖件拉深模是典型的汽车冲压模具，其工作部件主要包括凸模、凹模和压边圈，一般采用铸铁毛坯，对不同的加工特征采用不同的加工工序，图 12-3-12 所示是凸模、凹模和压边圈加工方法的实例。

在覆盖件模具的设计阶段，采用不同的颜色来标示不同的加工特征面，便于 CAPP 系统自动生成加工工艺，CAM 系统自动生成相应的数控程序，如图 12-3-13 所示。

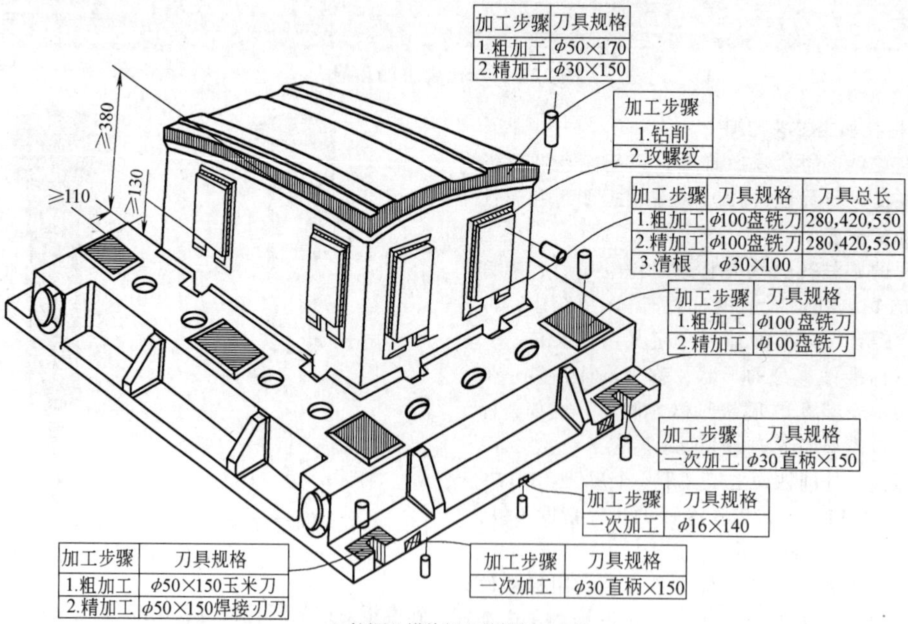

a) 拉深凸模的部分结构加工方法

图 12-3-12　拉深模三大工作部件部分结构加工工艺实例

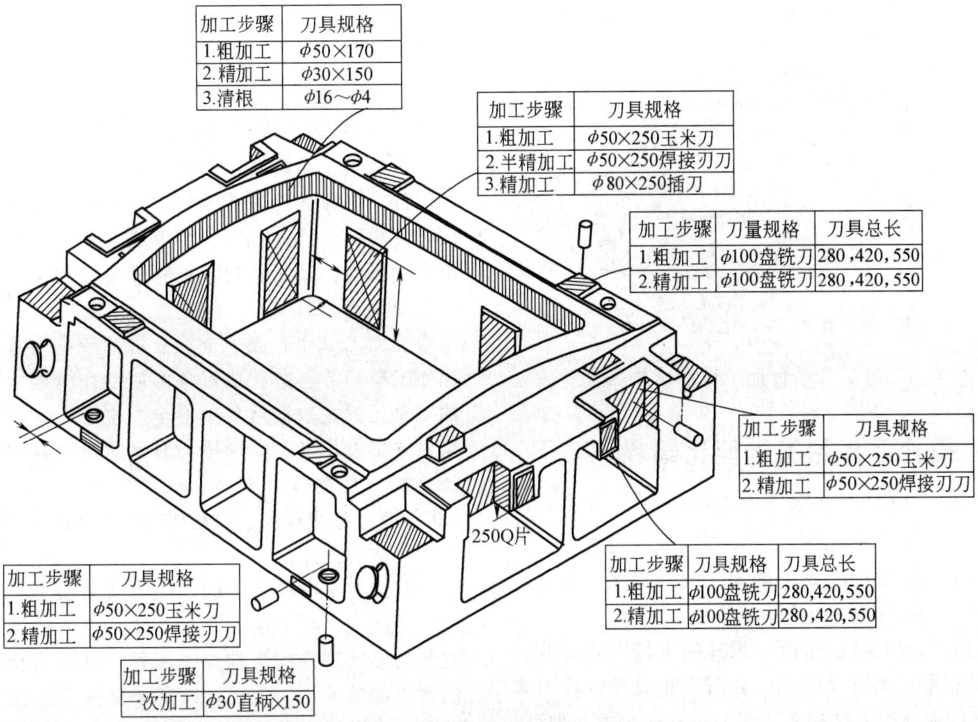

加工步骤	刀具规格
1.粗加工	φ50×170
2.精加工	φ30×150
3.清根	φ16～φ4

加工步骤	刀具规格
1.粗加工	φ50×250玉米刀
2.半精加工	φ50×250焊接刃刀
3.精加工	φ80×250插刀

加工步骤	刀量规格	刀具总长
1.粗加工	φ100盘铣刀	280 ,420, 550
2.精加工	φ100盘铣刀	280 ,420, 550

加工步骤	刀具规格
1.粗加工	φ50×250玉米刀
2.精加工	φ50×250焊接刃刀

加工步骤	刀具规格	刀具总长
1.粗加工	φ100盘铣刀	280,420,550
2.精加工	φ100盘铣刀	280 ,420,550

加工步骤	刀具规格
1.粗加工	φ50×250玉米刀
2.精加工	φ50×250焊接刃刀

加工步骤	刀具规格
一次加工	φ30直柄×150

b) 拉深模压边圈部分结构加工方法

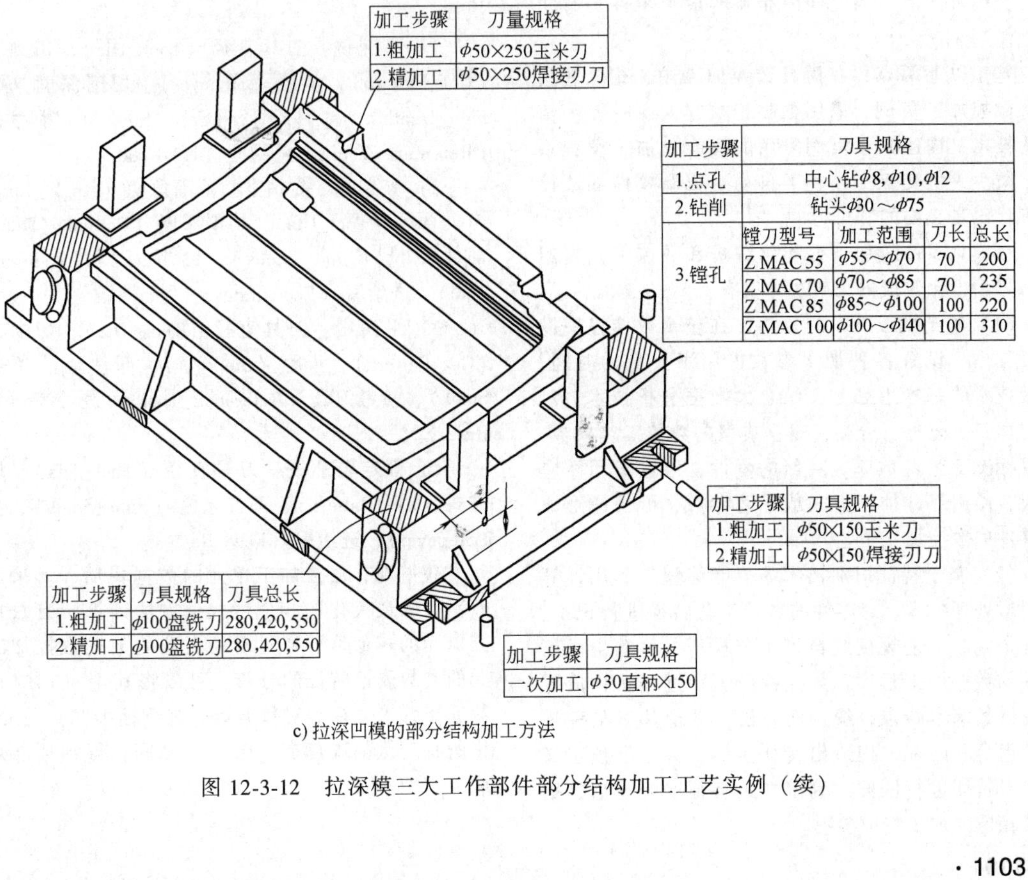

加工步骤	刀量规格
1.粗加工	φ50×250玉米刀
2.精加工	φ50×250焊接刃刀

加工步骤	刀具规格			
1.点孔	中心钻φ8,φ10,φ12			
2.钻削	钻头φ30～φ75			
	镗刀型号	加工范围	刀长	总长
3.镗孔	Z MAC 55	φ55～φ70	70	200
	Z MAC 70	φ70～φ85	70	235
	Z MAC 85	φ85～φ100	100	220
	Z MAC 100	φ100～φ140	100	310

加工步骤	刀具规格
1.粗加工	φ50×150玉米刀
2.精加工	φ50×150 焊接刃刀

加工步骤	刀具规格	刀具总长
1.粗加工	φ100盘铣刀	280,420,550
2.精加工	φ100盘铣刀	280 ,420,550

加工步骤	刀具规格
一次加工	φ30直柄×150

c) 拉深凹模的部分结构加工方法

图 12-3-12 拉深模三大工作部件部分结构加工工艺实例（续）

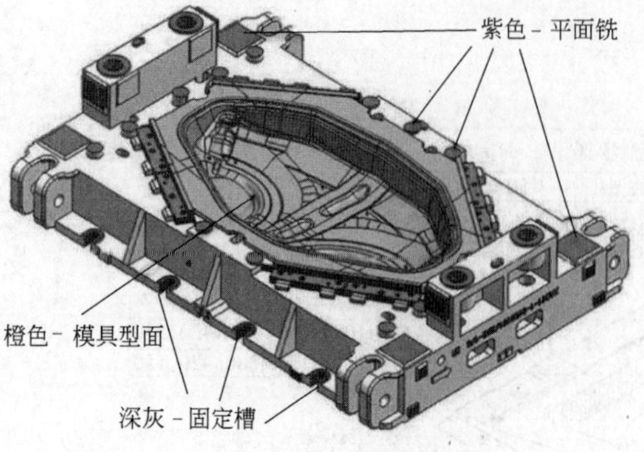

图 12-3-13　覆盖件模具加工特征颜色标示实例

3.3　模具零件加工智能化编程

模具零件的加工有两个显著的特点：

(1) 经验依赖性突出　在数控编程过程中，有大量的工艺参数需要人工确定，编程效率不高，且数控加工代码质量难以得到保证。

(2) 结构与功能相似　模具的零件主要可分为成形零件和非成形零件。一方面，非成形零件大多数都已标准化，其结构和功能上具有很大的相似性。另一方面，模具企业具有专一性，一般只生产固定的几类模具产品，因此同一企业的成形零件具有相似性。

基于以上两点，在模具数控加工中，充分利用现有数控加工实例，采用数据挖掘、人工智能等信息化技术，构建基于实例复用的智能化加工编程系统，减少人机交互工作，半自动生成新零件的数控加工代码是必要的和可行的。

在模具零件的加工智能化编程和数控工艺复用技术方面，比较成熟的解决方案有：

(1) 基于模板技术的复用　在整个数控程序设计过程中，设置各种加工参数占用了大量的时间。模板技术的基本思想是：结合大数据分析技术，对数控加工工艺进行分类，建立典型的数控工艺模板，形成标准工艺参数库。对新的零件，通过套用相应模板，微调部分加工方式或工艺参数，可快速形成新零件的数控加工工艺。

(2) 基于特征识别技术的智能编程　利用计算机图形处理技术，对零件的数控工艺特征进行识别，结合企业的工艺规则或典型工艺模板，自动生成新零件的数控加工程序。数控特征识别过程从构成零件实体最基本的点、线、面开始，进行基于某种规则的组合和匹配，构造出特征实体，再与已预定义的加工特征进行匹配，判定加工特征的类型后，提取其相应的加工特征参数。

在上述解决方案中，关键的技术难点有：典型工艺模板的提取、模板的匹配技术、数控工艺特征的识别和加工对象的提取。下面针对这 3 个技术难点，逐一介绍可行的解决方案和应用案例。

3.3.1　典型工艺模板的提取技术

典型工艺的模板提取就是通过分析以前加工过的零件，将最具代表性的数控加工单元放在一起制成各种模板。通过将每个数控加工单元的参数作为单元的属性，以此来判断出哪些数控加工单元最类似、使用最频繁、最具代表性。把以往案例的每一个数控加工单元看成一个待分析的数据对象集，数控加工单元的参数看成对象的属性，模板中的数控加工单元就是数据对象中各个类别中心对象，从数据对象集中找出各类别中心对象的过程就称之为聚类分析。聚类分析有两个关键问题：一是相似度（相异度）计算模型；二是如何对数据进行划分，即聚类算法的设计。

数控加工中最常用的加工方式有型腔铣、等高铣、平面铣、固定轮廓铣。通过这四种加工方式实现复杂形状零件的数控加工编程，可涵盖 90% 以上的数控加工工艺。为此，以这 4 种加工方式为研究对象，来进行聚类分析。通过对具体参数设定的作用和含义分析，4 种加工方式主要包含如下参数属性。

1) 型腔铣：刀具直径（Tool_Dia）、切削方式（Cut_Pattern）、步距（Stepover）、切削深度（Common_Depth）、部件余量（Side_Stock）、参考刀具（Reference_Tool）、进给率（Feed Rates）。

2) 等高铣：陡峭空间范围角度（Angle_range）、刀具直径（Tool_Dia）、切削深度（Common_Depth）、部件余量（Side_Stock）、参考刀具（Reference_Tool）、进给率（Feed Rates）。

3) 平面铣：刀具直径（Tool_Dia）、切削方式（Cut_Pattern）、步距（Stepover）、部件余量（Side_Stock）、参考刀具（Reference_Tool）、进给率（Feed Rates）。

4) 固定轮廓铣：刀具直径（Tool_Dia）、切削方式（Cut_Pattern）、部件余量（Side_Stock）、步距（Stepover）、进给率（Feed Rates）。

获得现有数控加工单元的数据集后，可采用离差平方和最大化的相似度权值方法计算所有数控加工单元的相似度。通过对所提取的上述数控加工单元的参数属性特征的分析，可以将其用一 $n\times7$ 型的数据矩阵来表征。对数据矩阵进行标准归一化处理，将所有变量都规范在 [0, 1] 之间，得到标准矩阵如下

$$\begin{pmatrix} x_{11} & \cdots & x_{17} \\ \vdots & & \vdots \\ X_{n1} & \cdots & x_{n7} \end{pmatrix}$$

对于第 j 个属性，如果实例的数值变化差异很大，则该属性对相似度的测量贡献大，应赋予较大的权值；反之，如果实例的数值变化差异很小，应赋予较小权值，尤其当该属性的数值均无差异时，很明显它对相似度的测量是没有贡献的，所以其权值应赋予为 0。据此，可以构造优化问题来求解权值。

目标函数：

$$\max f(W)=\sum_{j=1}^{7}\sum_{i=1}^{n}\sum_{k=i+1}^{n} w_j^{\frac{1}{2}}(x_{ij}-x_{kj})^2$$

约束条件：

$$\sum_{j=1}^{7}=w_j=1, w_j\geqslant 0$$

其中，$\sum_{i=1}^{n}\sum_{k=i+1}^{n}(x_{ij}-x_{kj})^2$ 表示各实例第 j 个属性的离差平方和。为了求解这个优化问题，可以利用 Lagrange 乘数法，构造 Lagrange 函数如下

$$L(w_j,\lambda) = \sum_{j-1}^{7}\sum_{i=1}^{n}\sum_{k=i+1}^{n} w_j^{\frac{1}{2}}(x_{ij}-x_{kj})^2 + \lambda\left(\sum_{j=1}^{7} w_j - 1\right)$$

对其求偏导数，并令

$$\begin{cases} \dfrac{\partial L}{\partial w_j} = \dfrac{1}{2}(x_{ij}-x_{kj})^2 w_j^{-\frac{1}{2}} + \lambda = 0 \\ \dfrac{\partial L}{\partial \lambda} = \sum_{j=1}^{7} w_j - 1 = 0 \end{cases}$$

求得最优解的计算公式如下

$$w_j=\frac{\sum_{i=1}^{n}\sum_{k=i+1}^{n}(x_{ij}-x_{kj})^2}{\sum_{j=1}^{7}\left[\sum_{i=1}^{n}\sum_{k=i+1}^{n}(x_{ij}-x_{kj})^2\right]^2}$$

所以基于权值相似度的计算公式如下

$$s(p,q) = \frac{1}{7}\left[\sum_{j=1}^{2} w_j(x_{pj}x_{qj}) + \sum_{j=3}^{7} w_j\left(1-\frac{|x_{pj}-x_{qj}|}{x_{\max}-x_{\min}}\right)\right]$$

基于上述相似度计算方法，就可以对现有数控加工单元进行聚类分析，得到典型的数控工艺模板。图 12-3-14 所示为数控工艺模板自动提取系统的总体框架结构。

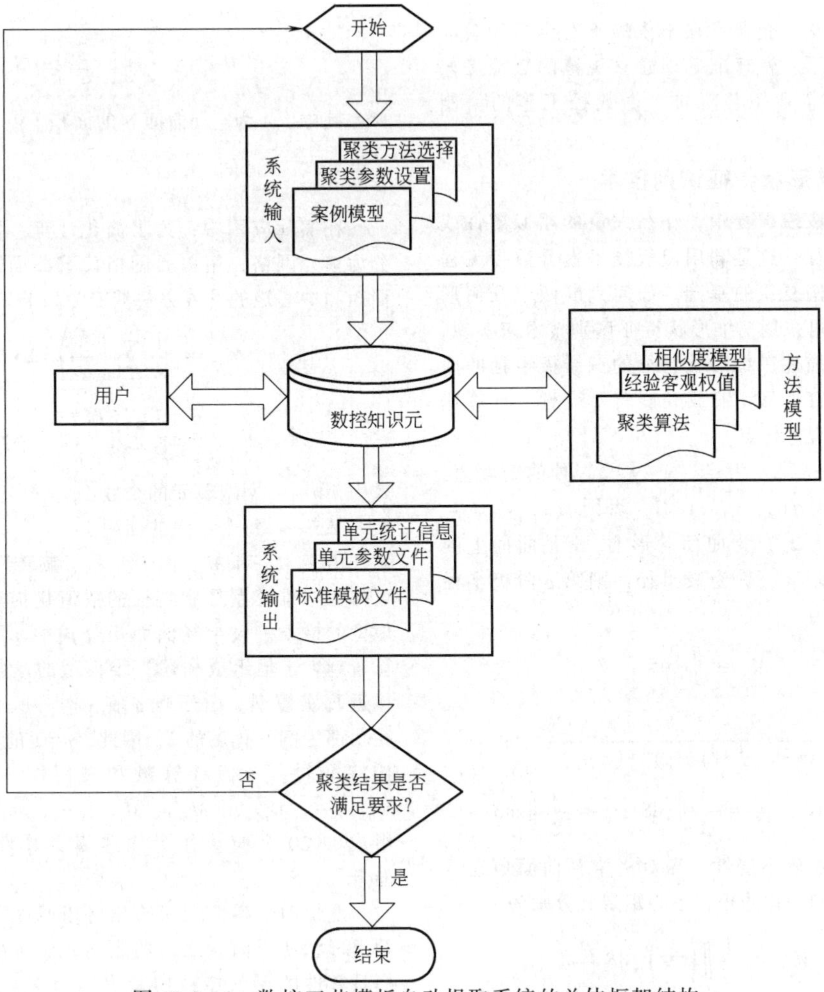

图 12-3-14 数控工艺模板自动提取系统的总体框架结构

案例：根据某模具企业的 366 个已完成数控编程的零件，提取了 1137 条型腔铣、1582 条等高铣、2487 条平面铣和 834 条固定轮廓铣的数控刀路。通过数控工艺模板自动提取系统，利用 K-Modes 聚类算法计算得到的数控工艺模板（部分摘要）见表 12-3-2。

表 12-3-2　K-Modes 聚类算法提取的数控工艺模板（部分摘要）

属性	Index	部件余量/mm	切削方式	刀具直径/mm	步距/mm	每刀深度/mm	进给率/(mm/min)	参考刀具
型腔铣	1	0.05	4	8.00	4.80	0.50	4000	0
	2	0.05	4	6.00	3.60	0.50	4000	0
	3	0.05	4	10.00	8.00	0.80	4000	0
	4	0.05	7	4.00	2.40	0.15	2000	0
	5	0.05	7	3.00	2.10	0.07	2000	0
	6	0.03	7	1.00	0.50	0.02	1200	0
平面铣	1	0.00	1	8.00	4.80	0.00	3500	
	2	0.20	1	6.00	3.60	0.00	800	
	3	0.00	1	10.00	6.00	0.00	3500	
	4	-0.10	4	10.00	6.00	0.00	800	
	5	-0.10	4	6.00	3.00	0.00	800	
	6	0.00	4	4.00	2.40	0.00	800	
	7	0.20	4	4.00	2.40	0.00	800	

利用此方法，企业可在不依赖于有丰富经验的工程师的情况下，快速准确地建立规范的数控工艺数据库，形成企业工艺标准，供数控工艺的编制复用。

3.3.2　三维形状特征识别技术

在模具的数控编程中，存在大量的相似零件或相似的加工特征，这是利用模板技术提升数控编程效率、实现实例复用的基础。如何判断两个几何形状是否相似，可采用三维形状特征识别技术来实现。这里介绍一种描述三维形状特征的三维极半径曲面矩算法，它具有平移、缩放和旋转不变性，计算速度快、容易实现等优点。

假定 $f(x, y, z)$ 为点 (x, y, z) 处的密度值，且点在曲面上时 $f(x, y, z)=1$，否则 $f(x, y, z)=0$，点 (x_c, y_c, z_c) 为曲面的形心，r 是曲面上的点到形心点的距离，称为极半径，则第 p 阶极半径曲面矩可定义为

$$M_p = \iint_S r^p \mathrm{d}S$$

其中

$$r=\sqrt{(x-x_c)^2+(y-y_c)^2+(z-z_c)^2}$$

$$x_c = \frac{1}{A}\iint_S x\mathrm{d}S, y_c = \frac{1}{A}\iint_S y\mathrm{d}S, z_c = \frac{1}{A}\iint_S z\mathrm{d}S$$

为了满足缩放不变性，需对极半径曲面矩进行归一化处理。归一化的矩、中心矩定义分别为

$$M_{np} = \frac{1}{A}\iint_S \left(\frac{r}{\bar{r}}\right)^p \mathrm{d}S$$

$$M_{ncp} = \frac{1}{A}\iint_S \left(\frac{r-\bar{r}}{\bar{r}}\right)^p \mathrm{d}S$$

其中，A 为空间曲面 S 的面积，极半径均值 $\bar{r} = \frac{1}{A}\iint_S r\mathrm{d}S$。

在实际应用中，为了简化计算，将三维模型划分为单元网格，用单元网格代替曲面，则极半径曲面矩和中心矩的计算方法演变为如下二式：

$$M_{np} = \frac{1}{A}\sum_{i=1}^{n}\left(\frac{r_i}{\bar{r}}\right)^p \Delta S$$

$$M_{ncp} = \frac{1}{A}\sum_{i=1}^{N}\left(\frac{r_i-\bar{r}}{\bar{r}}\right)^p \Delta S$$

式中　n——网格单元的个数；

ΔS——每个单元的面积。

由于 M_{np} 和 M_{ncp} 具有平移、旋转和缩放不变性，可作为三维模型形状特征的数值化描述，用于三维模型的检索。极半径曲面矩公式中 p 阶层越大，计算量越大，但组成描述三维模型的形状特征向量越接近真实模型。由于当 p 取 1 时，所有模型的极半径功都为归一化后的 1，因此，$p=1$ 的极半径功不选作特征量。考虑计算量和实用性，可选取 M_{n2}，M_{n3}，…，M_{n11} 和 M_{nc2}，M_{nc3}，…，M_{nc11} 各 10 个值组成的 20 个向量作为描述模具零件形状的特征向量。

度量两个零件之间的几何相似性可转化为计算两组形状特征向量之间的距离。如将待比较的两个模具零件的形状特征向量表达为 $\boldsymbol{X}=(x_1, x_2, \cdots,$

x_n)，$\boldsymbol{Y}=(y_1, y_2, \cdots, y_n)$，则采用一阶闵可夫斯基范数相对度量方法测量两模型间的相对距离可表示为：

$$d_{i,j}=\sum_{k=1}^{n}\frac{|x_{i,k}-x_{j,k}|}{\min(|x_{i,k}|,|x_{j,k}|)}$$

两个零件三维模型之间的 $d_{i,j}$ 值越小，说明它们的相似度越高、差异性越小，可以归为相似零件或同一类零件。

利用上述三维极半径曲面矩算法，可将模具零件的三维形状转换为一个向量，便于采用人工智能里的各种大数据处理算法对企业历史数控工艺数据进行细致的聚类分析（建立模板）、案例检索（匹配实例）等工作，从而充分挖掘蕴藏在企业大规模历史数据里的模具加工经验和知识，达到归纳总结和重用的目的。

3.3.3　基于特征识别的数控智能编程技术

基于上述工艺模板技术和特征识别技术，可实现基于实例复用的数控智能编程，如图 12-3-15 所示。按照这一方法，则可建立基于特征识别技术的数控智能编程系统，如图 12-3-16 所示。它主要由数据准备、CAD 子系统、CAM 子系统、典型工艺知识库（模板+工艺参数）等构成。其基本工作过程为：从 CAD 模型抽取几何信息，识别出数控加工特征，然后根据工艺策略，调用特定的工艺模板，通过加载加工几何和调整加工参数，完成数控刀路的自动生成。

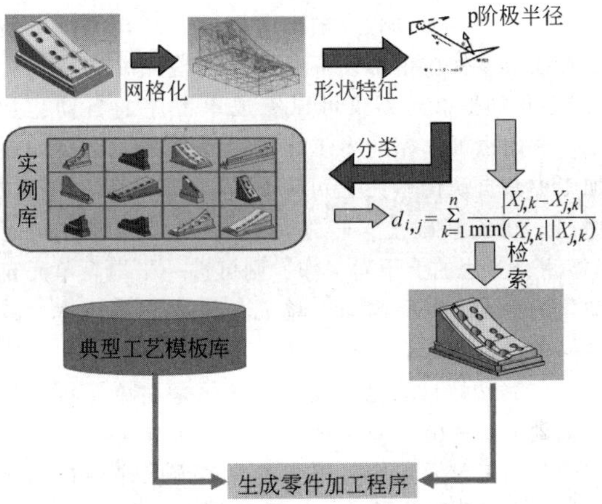

图 12-3-15　基于实例复用的数控智能编程方法

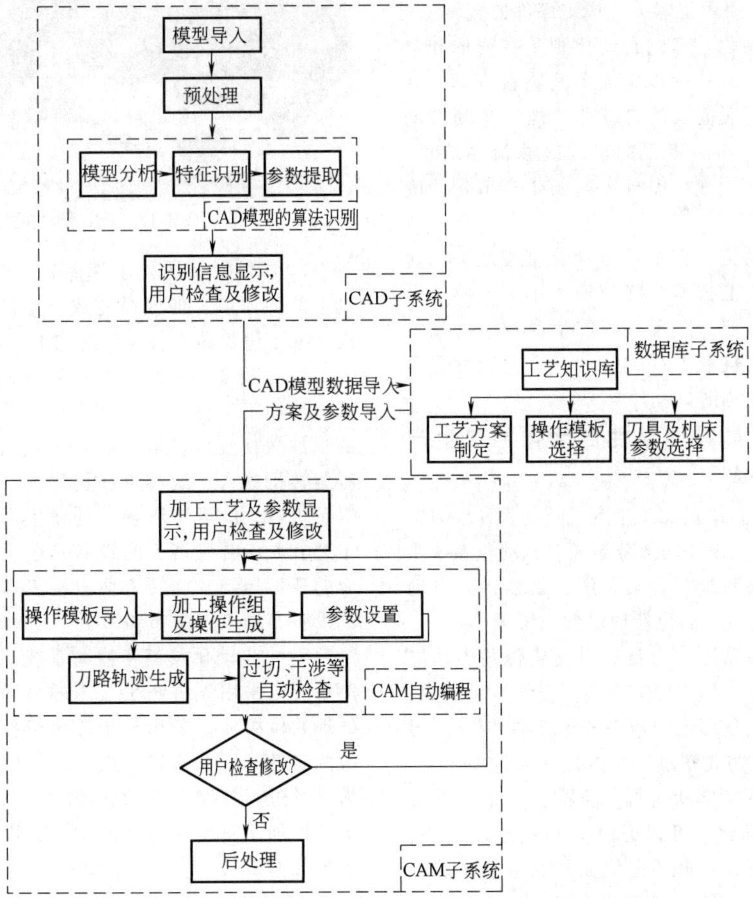

图 12-3-16　基于特征识别技术的数控智能编程系统结构

3.4 模具制造中的自动化、智能化技术

3.4.1 自动化加工的级别

根据自动化程度和范围的不同，自动化加工可分为：单元自动化、线体自动化、车间自动化和工厂自动化等。

（1）单元自动化　采用数控加工（检测）设备进行模具零件在单个设备上加工（检测）的自动化（自动化加工单元不仅可以完成单工序的自动化加工，有的也可以完成多工序的自动化加工，例如在加工中心自动化单元上可完成车、铣、钻、攻丝工序。）。在此基础上，若采用机器人完成零件加工（检测）过程的上下料工作，则可进一步提高单元自动化的程度，以提高加工单元的效率和利用率，减少操作员对加工单元的影响。

（2）线体自动化　线体自动化是在单元自动化的基础上，采用自动化物流系统，将加工线的全部或部分加工单元连接起来，实现多道工序的自动化加工。自动化物流系统一般使用自动导向车（AGV）实现零件在不同加工单元之间的流转；如果加工线长度较短，也可以采用机器人完成工序件的流转。

（3）车间自动化　车间自动化则是在线体和单元自动化的基础上，进一步集成车间物料管理、装配等环节，实现更大范围的自动化。加工车间自动化除了范围更大、功能更强的车间级物流系统外，还需要更高水平的管理，保持车间的生产节拍，确保生产的同步性。

（4）工厂自动化　在上述自动化基础之上，通过物联网和人工智能技术，将工厂中的人、物、设备等全部集成在一起，实现工厂的信息流、物流的自动传输，从而使整个工厂的设计制造、经营管理等过程全面实现自动化。

3.4.2 典型模具零件柔性自动化加工生产线的组成

模具零件柔性自动化加工生产线（见图 12-3-17）由自动化系统和加工设备两部分组成。自动化系统主要包括：工件装夹系统、货架系统、机器人、自动化校正和检测系统、自动化管理软件系统等。

（1）工件装夹系统　由具有自动定位装夹功能的夹具及标识标签（如 RFID 芯片、条码等）组成。工件通过标签与夹具绑定以唯一标识其身份，用于实现工件在机床上的高精度、高柔性、高效率装夹，并可通过机器人系统自动定位。目前，该系统的夹具已基本实现标准化，可以通过夹具制造商购买，国际市场占主导地位的自动定位夹具制造商是瑞士 EROWA 和瑞典 3R。图 12-3-18 为瑞典的 3R 自动定位夹具，重复定位精度可达 0.002mm，装夹时间仅需 15s，且可以通过机器人系统实现自动装夹。

图 12-3-17　模具零件柔性自动化加工生产线

图 12-3-18　3R 自动定位夹具

（2）货架系统（工件库）　用于存放装夹在夹具上的待加工工件或已完成加工的工件，从而可实现 24h 不停机地进行工件的加工。

（3）机器人系统　其作用是快速将存放在货架上的待加工工件转运到相应机床，或将已完成加工的工件从相应机床取出转运到货架上。机器人主要有旋转机器人、旋转直线机器人、六自由度机器人等。机器人的类型影响自动化生产线的布局和加工工艺，如旋转机器人的设备一般采用以机器人为中心的环形布局，旋转直线机器人和六自由度机器人的设备布局以直线布局为主。

（4）自动化校正和检测系统　自动化校正和检测系统由采用先进测量技术的自动检测设备和数据处理软件组成。采用三坐标测量技术，结合自动化检测软件的二次开发功能，可将质量结果检测转换为质量过程控制。自动化校正是指工件装夹后，测出工件加工基准及坐标的偏移，由自动化管理软件系统传输给机床。

（5）自动化管理软件系统　自动化管理软件系统用于管理自动化加工生产线的信息流和物流。系

统通过夹具标签对加工工件实时跟踪，通过零件信息识别系统进行数据交换、信息共享。通过软件接口与其他信息化系统（如生产管理系统、程序管理系统等）实现互连互通。同时，自动化管理软件系统负责发送自动化设备运行指令，控制自动化加工线的整个运行过程，如加工程序传输、机器人上下件、工件加工等。

图 12-3-19 所示为某企业典型模具零件自动化加工生产线的组成示意图。

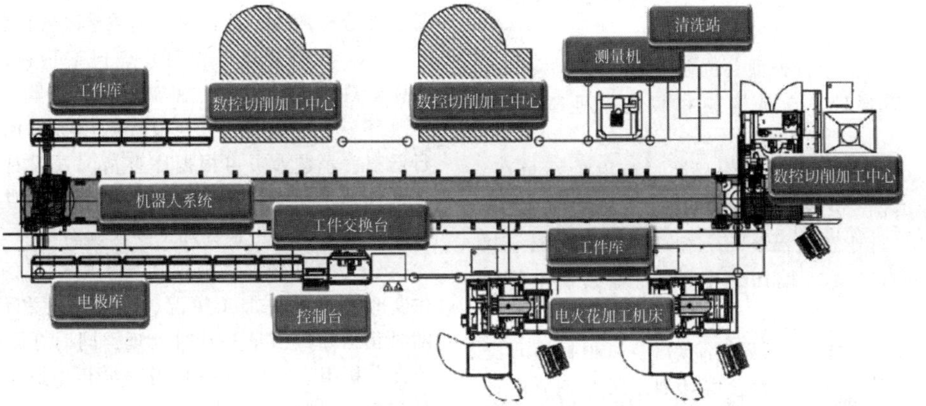

图 12-3-19　模具零件自动化加工生产线组成示意图

3.5　模具制造执行系统（MES）

3.5.1　模具 MES 结构与功能组成

模具 MES（Manufacturing Execution System）是以模具制造过程为对象，对其进行监控管理的信息系统。它主要通过对制造过程的设备及物流信息的采集分析，优化作业计划，从而调度管控制造过程。但是，由于模具企业规模一般较小，很多企业的信息化建设工作不完善，PDM、ERP 等信息系统技术并未获得应用。因此，模具 MES 通常除具有 MES 所必需的功能外，还会向上延伸涵盖部分的 ERP、PDM 的功能，以便模具 MES 可在模具企业中获得应用，如图 12-3-20 所示，主要包括模具售前报价和订单管理、项目管理、设计与工艺管理、物料管理等。

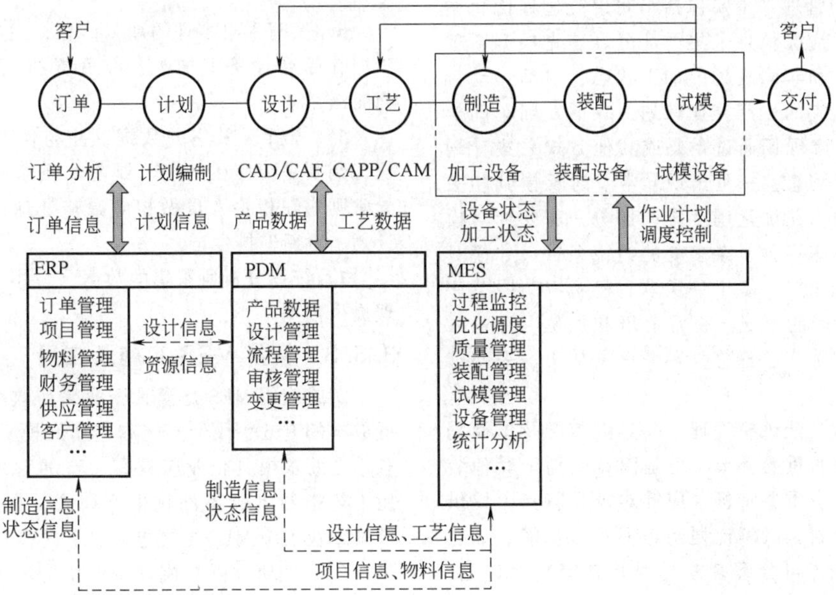

图 12-3-20　模具 MES 组成及与其他系统的关系

3.5.2　模具 MES 工作流程及主要功能介绍

1. 模具 MES 的主要功能介绍

针对模具设计制造过程的特点，以及模具行业信息技术应用现状，模具 MES 通常应具有以下主要功能。

(1) 企业基础信息管理　主要包括编码标准定义以及基于此标准的企业人力资源、设备、物料、供应商、客户、产品类型、行业类型、模具分类等基础信息的管理，它是构建和实施企业 MES 的基础。

(2) 订单管理　接受客户的订单咨询和报价，形成企业项目，并维护订单基本信息，如项目名称、项目编号、行业及产品类型、客户、制品名称、制品编号、模具名称、模具编号、交付期以及相关技术要求等。

(3) 主计划管理　订单承接后，可根据模具交付期要求，制定项目任务分解计划，跟踪各分解计划的实际进度状态，并能够实时响应客户的进度查询，提高客户服务体验。同时为后续各项任务执行计划的制定提供指导。

(4) 设计/编程管理　设计部门根据项目主计划要求，将设计任务分解到相关设计工程师。设计工程师按任务计划完成各项设计工作，并将设计结果（BOM 数据等）进行提交审核。审核通过后，可及时下发数据到采购及生产部门；采购及生产部门可根据设计结果制定相应的采购计划，并按要求安排相关人员完成编制相应的模具零件加工工艺和加工程序等。

(5) 车间管理　主要包括车间生产过程优化调度和生产执行情况信息采集两部分。首先根据新项目的加工任务和车间现场的加工状态，启动自动排程功能生成相应的生产作业计划，并下发到车间执行；然后在生产现场通过条码或其他方式采集计划实际执行情况信息，一旦出现异常及时反馈到相关人员进行处理。在优化调度排产部分，需要针对模具加工特点考虑多种复杂多变的约束条件，如模具交期、任务优先级、多工序关联、模具/工件/工序的投放日期、产能情况、正常上班和加班、设备故障停机、外协加工、返修、多件批量加工、采购计划等。

(6) 模具装配试模管理　模具的装配及试模是模具制造过程的重要环节，也是模具区别于其他装备制造业的一个重要特征。应针对模具特点，提供相应的装配计划、试模计划制定和跟踪功能。如在装配管理部分，可分解装配过程并制定装配计划，可实时跟踪待装配模具的零件准备状态，以及监控装配进度及状态等；而在试模管理部分，可制定试模要求（试模机、试模时间、试模材料等）和试模计划，并记录试模过程中的工艺参数，试模完毕后形成试模报告等。

(7) 质量管理　围绕模具制造过程，提供工序检验、采购来料检验、外协件检验以及异常处理等全方位的模具制造品质管理功能，并具有相应的质量统计分析功能，为企业持续质量改善提供依据。

(8) 物料管理　物料管理包括物料需求管理、采购管理和仓库管理，涵盖设计、采购、仓库、加工等环节。设计人员可在设计阶段根据库存情况进行选料；采购人员可根据库存情况及设计要求制定采购计划；仓库管理人员可根据物料库存情况进行补料；加工人员可根据加工要求领料。

(9) 统计分析　根据现场实时采集的数据，提供实时查询零件加工情况、模具进度和订单进度，随时获悉异常信息并及时处理；同时还可提供各类统计分析报表，如设备利用率分析、成本核算、质量分析、制造工时分析等。

2. 模具 MES 的工作流程

模具 MES 的工作流程主要包括以下 7 部分内容。

1) 接受客户订单，形成项目任务和计划，并传输到设计部门，由其完成相应设计。

2) 接收设计部门输出的 BOM 清单，编制相应的物料需求计划、模具零件加工工艺和数控加工指令，生成模具加工任务（项目任务）。

3) 根据新加入项目的加工任务，并结合车间当前加工状态生成新的作业计划。

4) 将作业计划发送到车间，车间据此安排生产。

5) 实时采集零件的加工信息，主要包括：哪道工序在哪台设备上加工、谁负责加工、何时开始、何时结束等。

6) 分析所采集的数据，并与作业计划进行对比，判断是否存在延期、提前或质量问题，若存在异常则通知相关人员做相应调整处理，生成新作业计划，重新安排生产。

7) 统计分析所采集的数据，为相关部门完善管理提供依据。

3.5.3　模具 MES 实施及应用

实施应用 MES 是模具企业提高效率和质量、降低成本的有效手段。实施和应用好模具 MES 的基本条件是要求模具企业应具有一定的管理基础，应采用工艺指导下的零件化生产模式。在这一前提下，模具企业实施 MES 主要包括以下内容。

(1) 调研分析　梳理企业生产中的问题，以解决问题的需求为导向，调研模具 MES 的功能特点和服务商的技术力量，选定模具 MES 的实施服务商，确定企业实施 MES 的项目组。由于实施 MES 需要企业全员参与，为保证实施效果和效率，必须采取“一把手工程”方式组成项目组。

（2）流程再造　项目组与 MES 服务商一起分析企业现有模具设计制造流程中存在的问题，并结合实施 MES 的要求，对企业的业务流程进行完善或重组，并制定相应的实施和应用 MES 的管理规范。

（3）定制需求 项目组结合企业的生产和管理特点，按照模具的设计制造过程，与 MES 服务商一起明确实施内容，并确定需定制开发的相关内容，以确保企业实施 MES 的可行性。

（4）实施计划　项目组配合 MES 服务商，根据定制需求制定出实施和应用计划，明确双方的任务分工，以保证 MES 的实施工作可高效有序推进。

（5）员工培训　MES 服务商根据企业特点，与项目组一起制定员工培训内容和计划，开设相应的培训课程，使企业员工能够掌握 MES 的应用方法，保证 MES 能够顺利实施。

（6）系统部署　MES 服务商与项目组一起确定企业编码规范，部署系统服务器架构和网络结构，建立企业实施 MES 的基础数据库，并按企业定制需求部署相应的功能模块。

（7）双轨运行　项目组在服务商的指导下，采用线上线下双轨模式，同时使用 MES 和现有管理方式，对企业的生产过程进行管理，从中发现问题，以进一步完善 MES 的实施内容和管理规范。这一阶段会增加企业的管理难度和员工的工作量，但必须经历这一过程才能保证 MES 的实施效果。

（8）上线切换　在双轨运行一段时间消除了 MES 实施应用中所发现的问题后，即可转入在企业全面上线使用 MES，实现模具生产过程的高效管理。

（9）应用完善　企业全面上线使用 MES 后，在应用过程中可能会出现新的问题，项目组应根据问题类型，确定是功能问题还是管理问题，以进行相应的完善与改进。另外，随着企业的发展，企业 MES 的应用需求会发生相应的变化，此时项目组应及时与服务商沟通，协助服务商进一步完善 MES 的功能。

第4章 冲压生产数字化与智能化

华中科技大学　李建军
东风设计研究院　彭必占

4.1 概述

冲压生产数字化与智能化的基本特征就是以自动化的设备为基础，在生产环境中应用物联网和数字化、智能化技术，实现设计、工艺、生产管理等信息的无缝对接，从而提高冲压生产过程的效率和质量，增强冲压生产组织形式的适应性和灵活性，及时组织多品种冲压件的生产，以满足市场需求多样化的要求，提升企业的竞争能力。

为了实现冲压生产的数字化与智能化，首先需根据所生产冲压件的特点，确立自动化的冲压生产线组成方式；然后在此基础上，根据生产批量大小及品种多少，确定自动化冲压车间组成及物流自动化的实现方式，并构建冲压生产的制造执行系统，从而高效地组织冲压生产过程。图12-4-1所示为冲压生产数字化系统组成及各部分之间的关系。其中，CAX表示计算机辅助设计/制造/分析等系统，ERP为企业资源规划管理系统、SCM表示企业供应链管理系统、CRM为企业客户关系管理系统。冲压生产制造执行系统从这些系统中获取相应的产品信息、工艺信息、坯料信息、客户需求信息、设备资源信息等，以组织和管控冲压生产过程。

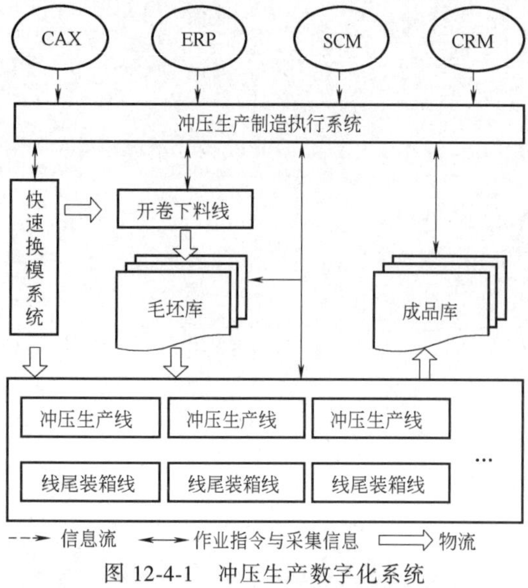

图 12-4-1　冲压生产数字化系统

4.2 自动化冲压生产线

按照所生产冲压件大小、批量、材料类型及工艺方式的不同，自动化冲压生产线可分为单机自动化冲压生产线、多机自动化冲压生产线及高强钢热冲压自动化生产线等。

4.2.1 单机多工位自动化冲压生产线

单机多工位自动化冲压生产线一般适用于中小型冲压件的大批量生产，其生产效率可达25件/min以上，甚至高达每分钟数百件，主要包括以下两种方式。

（1）多工位级进模生产线　该类生产线主要由压力机、多工位级进模，以及卷料（带料）或条料自动供料机构组成，如图12-4-2所示。带料或条料在压力机的每一次行程按固定步距向前送进，并在模具的最后一个工位上获得最终制件。其生产效率由压力机的工作速度决定，通常可达100件/min。若采用高速压力机，其生产效率可达500件/min以上。这类生产线的模具结构较复杂、设计制造要求高，一般适于尺寸小、批量大的产品制造，如引线框架、接插件、小型结构件等。

（2）多工位压力机生产线　该类生产线是在多工位压力机上，通过组合多工位模具完成冲压件的生产。一般由线首单元、送料机构、压力机、组合模具和线尾部分组成，如图12-4-3所示。在冲压生产过程中，不存在料带，各工序件间相互独立，相邻工步间距离也不一定相等，适合于中型冲压件。工序件靠横向往复杆输送，最快生产节拍可达25件/min以上，可满足高速自动化生产的要求。

4.2.2 多机自动化冲压生产线

对于大型冲压件如汽车覆盖件等，通常需采用多机连线组成自动化生产线。它一般由自动拆垛上料系统、清洗机、涂油机、磁性带式输送机、坯料对中台、多台（一般 2~5 台）压力机、抓取料机器人、线尾输送带等部分组成，如图 12-4-4 所示。其自动化生产过程一般包括：由叉车/行车将垛料（含托盘）输送到拆垛小车上；拆垛小车定位后，由机器人拆成单张板料，双料检测后放到输送带上，经过清洗机、涂油机运送到自动对中台；经过对中和再次双料检测后，机器人取料并将板料送入第一台压力机的模具中；冲压后的工件通过机器人从压力机上取出后放入下一台压力机，直至最后一台成形压力机；然后机器人从最后一台压力机上取走工件并放到传送带上，经过检测区检测后装箱。

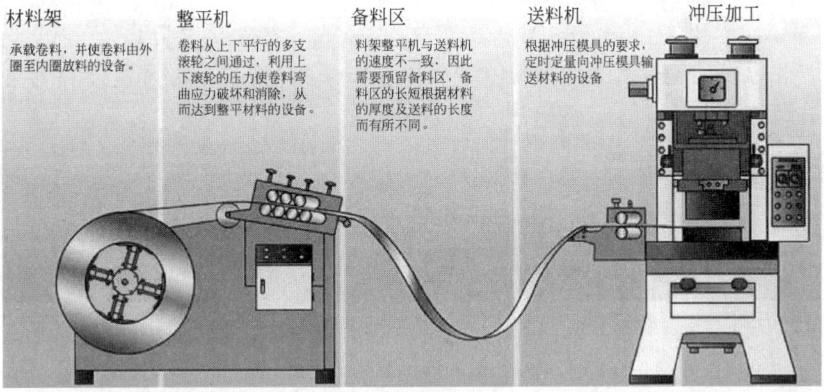

材料架
承载卷料，并使卷料由外圈至内圈放料的设备。
整平机
卷料从上下平行的多支滚轮之间通过，利用上下滚轮的压力使卷料弯曲应力破坏和消除，从而达到整平材料的设备。
备料区
料架整平机与送料机的速度不一致，因此需要预留备料区，备料区的长短根据材料的厚度及送料的长度而有所不同。
送料机
根据冲压模具的要求，定时定量向冲压模具输送材料的设备
冲压加工

a) 多工位级进模生产线组成

b) 多工位级进模

图 12-4-2　多工位级进模生产线

a) 多工位压力机生产线组成

图 12-4-3　多工位压力机生产线

b) 组合多工位模具

图 12-4-3　多工位压力机生产线（续）

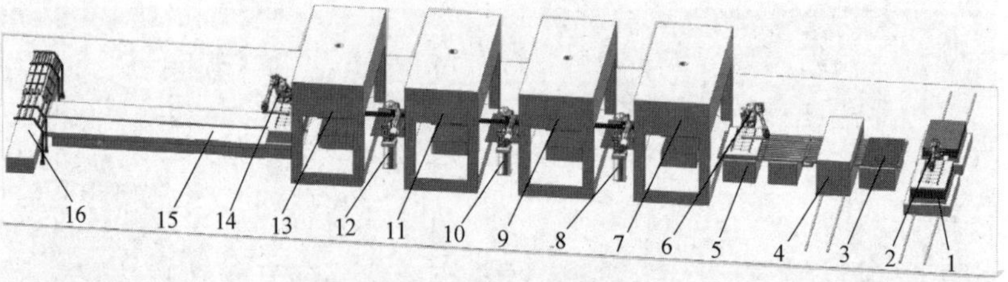

a)多机冲压自动化生产线示意图

b)某企业多机冲压生产线

图 12-4-4　多机自动化冲压生产线

1—上料台车（双车交替）　2—拆垛机器人　3—磁性带式输送机　4—可离线干式清洗机　5—视觉对中台　6—上料机器人　7—20000kN 复合驱动机械压力机　8、10、12—上下料机器人　9—100000kN 复合驱动机械压力机　11、13—80000kN 复合驱动机械压力机　14—下料机器人　15—线尾带式输送机　16—检验台

4.2.3　高强钢热冲压自动化生产线

高强钢热冲压自动化生产线主要由加热炉、上料机器人、压力机和下料机器人和线尾输送及分拣装置组成。按其加热炉形式及其与压力机的连线方式不同，可分为两大类。

(1) 辊底加热炉与压力机组成的生产线　该生产线的辊底炉与压力机连线方式有进料端直通连接（见图 12-4-5a）和转折连接（见图 12-4-5b）两种方式。直通连接时，压力机上料机器人做简单的平面运动，上料动作简洁、效率高，但是生产线总长度较长；而转折连接生产线布置更加紧凑，有更充足的定位举升空间。

(2) 多层箱式炉与压力机组成生产线　该类生产线由于其炉内无运动机构，坯料与炉底无接触摩擦，避免了板料镀层与高温支撑物材料的热化学反应粘连。叠层结构有利于减少层间热损失，因而热效率更高，并且减少占地面积 50% 以上。但多层箱式炉生产线的输送系统较辊底炉复杂，因此生产节拍低于辊底炉生产线。多层箱式炉生产线根据产能需要可配置 1～3 个箱式炉模块，如图 12-4-6 所示。

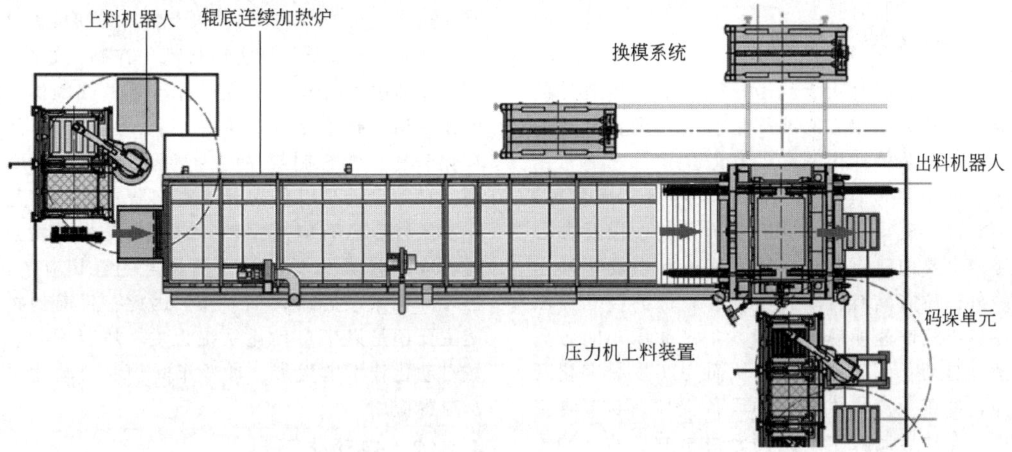

a) 直通式生产线

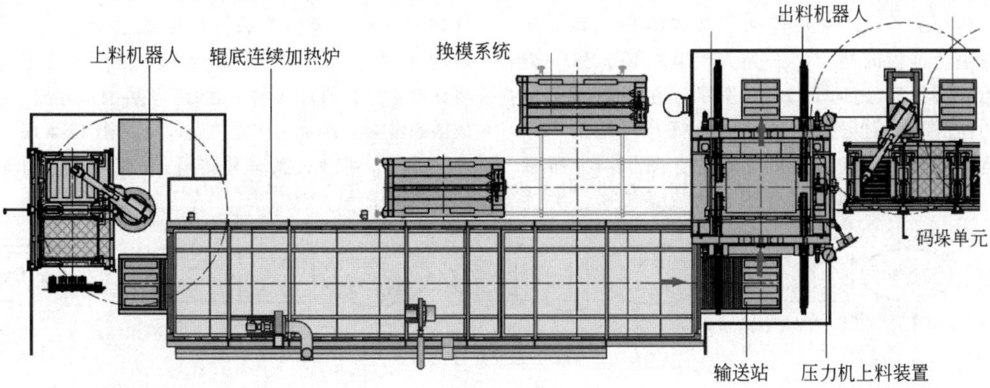

b) 转折式生产线

图 12-4-5　辊底炉热冲压自动化生产线

a) 单模块箱式炉生产线

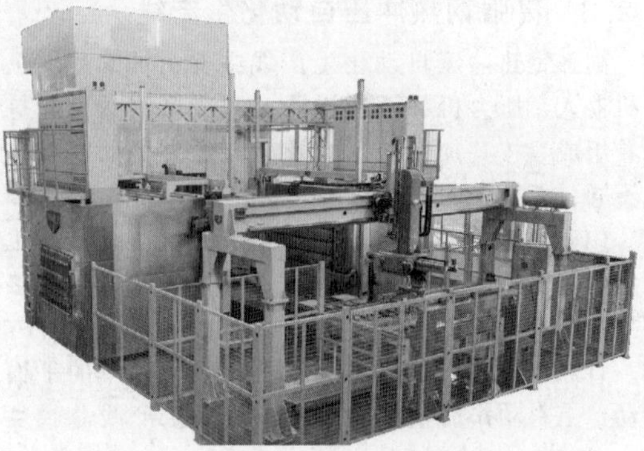

b) 双模块箱式炉生产线

图 12-4-6　多层箱式炉热冲压自动化生产线

4.3　自动化冲压车间

冲压车间的主要功能就是根据不同冲压制件的生产需求，及时在相应的冲压生产线上配置相应的模具，完成多品种冲压制件的高效生产。它通常由下料区、冲压生产区、制件检测装箱区、成品库、模具存放区、模具维修区、工辅具存放区以及办公区等组成。要构建自动化冲压车间，除自动化冲压生产线外，还需具有自动化下料、制件的自动检测与装箱、以及快速换模等功能，并在冲压车间各分区间建立自动化的物流系统，从而为实现数字化乃至智能化冲压生产提供必要的设备支撑。本节将主要以中大型冲压制件生产为例介绍相关自动化冲压车间的实现方法。

4.3.1　自动化冲压车间物流系统

自动化物流系统是自动化冲压车间的重要组成部分。在冲压车间，主要包括三类物流，一类是冲压制件生产过程的物流，一类为模具物流，另一类为冲压废料物流，如图 12-4-7 所示。在规划冲压车间各功能区时，需根据上述物流特征，遵循集中存放、运转方便、物流距离短等原则，图 12-4-8 所示为某汽车冲压车间规划示意图。物流系统中，关键是转运车或天车（行车），以及物料装卸机械（如叉车）。转运车和天车可实现自动化控制，如图 12-4-9 所示。其中，轨道电动台车可承受重载物体，但需铺设轨道；磁条导引车布置灵活，适于旧车间的自动化改造；GPS 制导 AGV 车可灵活运用，成本较高。自动化天车以前主要在港口等行业中应用，现在冲压行业已有应用案例，它需针对模具特点，配置相应的模具吊具，并在模具上配置相应的吊耳。但装卸机械还需靠人工操作。因此，目前的物流系统主要还是以半自动化系统为主。随着重载装卸机械自动化技术的发展，冲压车间物流自动化也必将会获得应用。

4.3.2　自动化下料

不同的冲压制件，其所需的坯料形状也不同，为冲压生产及时提供相应的坯料是实现高效冲压生产的前提。因此，自动化冲压车间通常需要配置自动化的下料系统。该系统将根据生产计划，预先由自动开卷下料线（见图 12-4-10）加工出所需的坯料，将其堆垛后，通过叉车转运到毛坯存放区存放。毛坯存放区通常为立体货架或立体仓库（见图 12-4-11）。在生产需要时，可通过叉车和转运车，将毛坯取出转送至相应的冲压生产线。

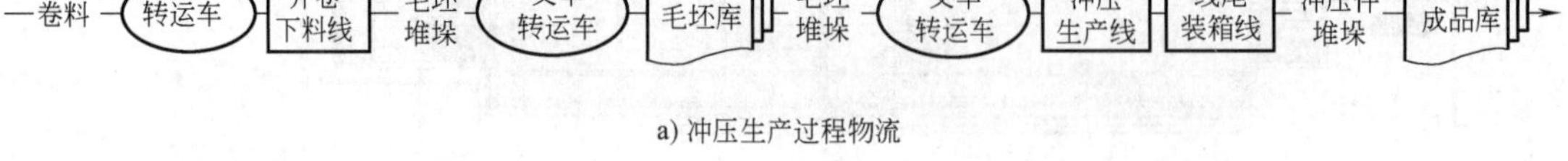

a) 冲压生产过程物流

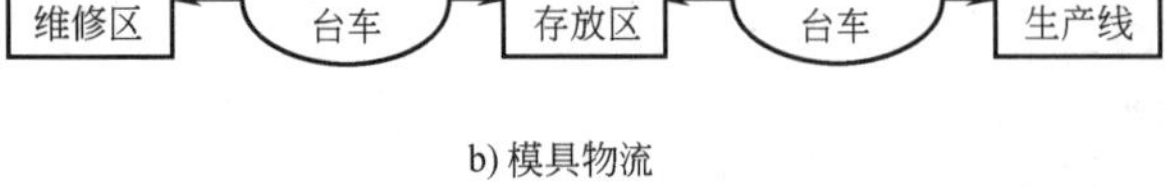

b) 模具物流

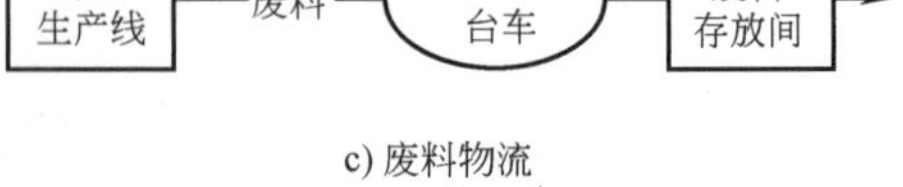

c) 废料物流

图 12-4-7　冲压车间物流分类

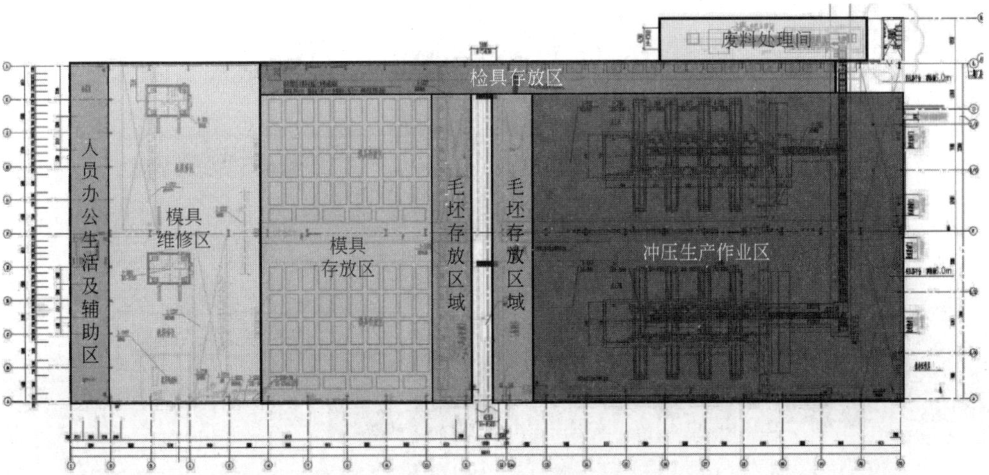

图 12-4-8　冲压车间功能区规划示例

a) 轨道电动台车

b) 磁条导引车

c) GPS制导AGV车

d) 自动天车

图 12-4-9　自动化转运车和天车

4.3.3　制件自动检测与装箱

除冲压自动化生产线外，线尾制件自动检测与装箱系统是冲压车间自动化的另一重要组成部分。线尾装箱后的成品可通过 AGV 转运至成品库。由于配置该系统成本较高，大多数冲压车间的线尾处理系统还是以手工作业为主，依赖人工目视检测和检具检测判断制件质量，然后人工分装到成品箱或框中。但是，随着冲压生产数字化与智能化技术的发展，线尾自动化处理系统已受到行业的广泛重视，已有相应的自动检测和自动装箱系统在实际生产中获得应用。图 12-4-12 所示为德国 GOM 公司提供的线尾制件自动检测系统，它是通过布置多个视觉测试系统，对制件进行分区检测与评估，从而判断制件是否存在尺寸超差、表面质量问题。线尾自动装箱系统，通常由穿梭装置、摆件机器人、传送带、视觉系统、成品输送系统组成，根据生产需求不同，可具有不同组合形式。图 12-4-13a 所示为 FORD 公司线尾自动装箱系统，图 12-4-13b 所示为广本汽车公司的自动线尾装箱系统。目前，这两个自动装箱系统仍采用人工抽检制件质量。如果在装箱之前配合前述的自动检测系统，则可实现线尾自动检测与装箱。

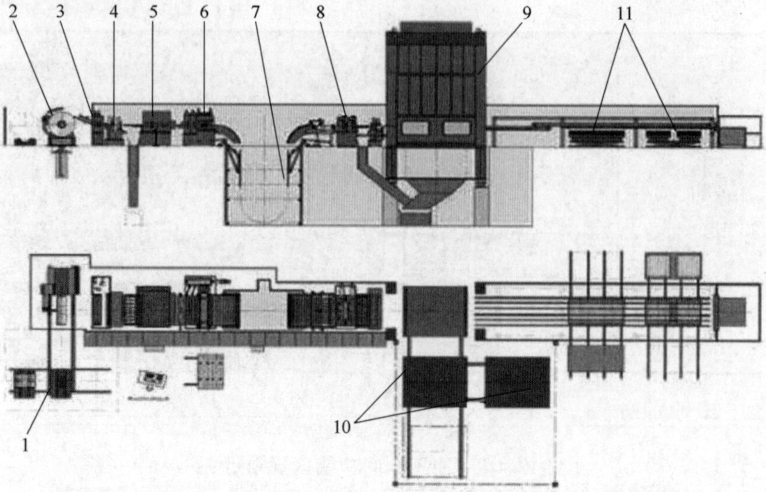

图 12-4-10　毛坯开卷下料线

1—卷料台车　2—开卷机　3—穿带装置　4—剪料机　5—清洗机　6—校平机　7—荡料装置　8—送料机　9—压力机　10—压力机移动工作台　11—自动堆垛装置

a) 立体货架　　b) 立体仓库

图 12-4-11　毛坯存放区

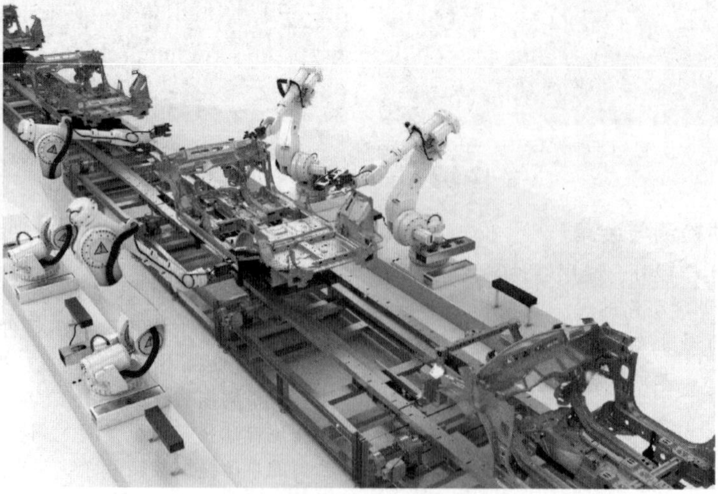

a) 线尾自动检测系统组成

图 12-4-12　冲压制件线尾自动化检测

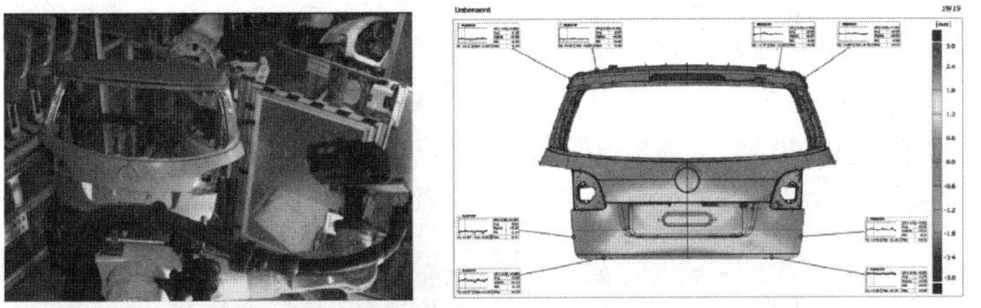

b) 制件自动分析示例

图 12-4-12　冲压制件线尾自动化检测（续）

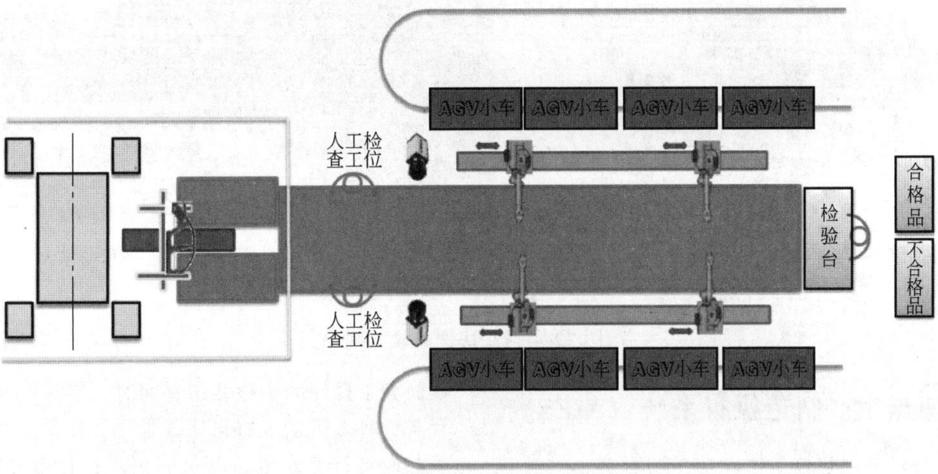

a) FORD 公司的线尾自动装箱系统方案

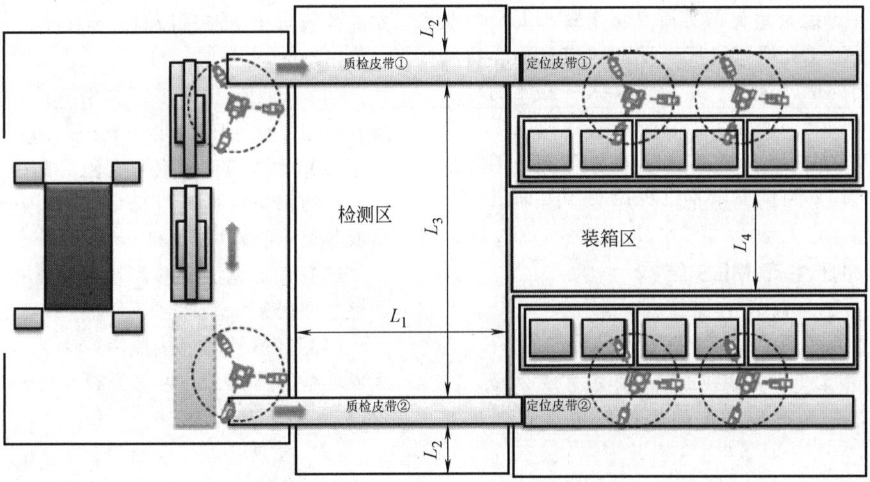

b) 广本公司的线尾自动装箱系统方案

图 12-4-13　线尾自动装箱系统组成形式示例

4.3.4　快速换模系统

快速换模系统也是冲压车间自动化的重要组成部分，对提高冲压生产线效率、减小库存、快速响应客户需求、实现精益生产具有重要意义。采用快速换模系统就是将换模作业分为机内作业和机外作业，并将可在机外执行的机内作业转换成机外作业，尽量减少机内的安装调整时间；然后对机内、机外作业流程进行优化，建立并行作业和协同作业流程，形成一套完整的方法体系。在此基础上，通过配置相应的快速换模装备和工具以及模具管理系统，即可组成快速换模系统。换模装备和工具主要包括快速模具压紧装置、送进移出装置、换模台车等，如图 12-4-14 所示。对于大型压力机，通常配置 2 个可移动工作台，无须配置模具送进移出装置和换模台车。模具管理系统则主要包括模具存放库、模具标识码、模具状态管理以及模具转运车（天车）等，它可根据生产计划及时找到相应模具，并将其转运到换模台车或移动工作台上。

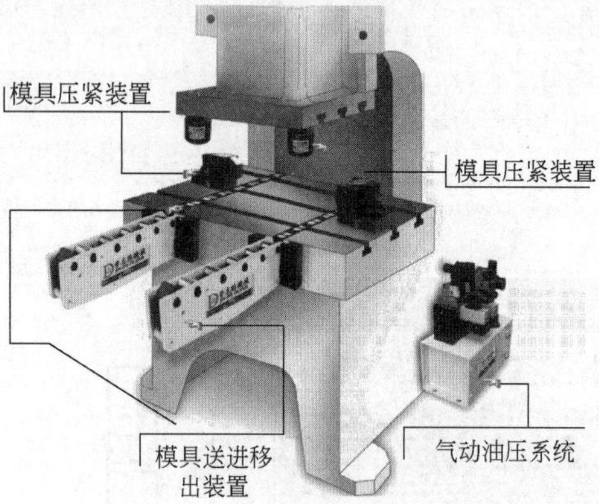

a) 模具压紧及送进移出装置

b) 换模台车

图 12-4-14　快速换模装置

4.4　冲压生产制造执行系统（MES）

冲压生产制造执行系统是在车间层面上管理和控制冲压生产过程的数字化系统，是实现冲压生产数字化、自动化与智能化的关键使能技术。其主要任务就是根据企业的生产计划，优化制定出车间生产任务，并通过采集设备、模具、物料、人员等状态信息，监测任务执行情况、设备和模具的运行状态以及物料的运转情况，并实时根据所监测的信息判断存在的问题，调整生产任务，确保冲压车间有序化、自动化运行。下面将对冲压生产 MES 的系统结构、生产计划与调度以及过程控制等方面进行简要介绍。

4.4.1　冲压生产 MES 结构

1. 冲压生产 MES 功能需求分析

冲压车间的冲压生产流程主要包括：

1）根据主生产计划获取制件生产工艺清单，并根据在线生产情况制定车间生产任务计划和作业指令。

2）按照作业指令，在规定的时间完成坯料和模具的准备工作。

3）按照作业指令，在规定时间快速换装冲压生产线上的模具，并将坯料转运到冲压生产线；然后按照冲压生产规范和工艺清单完成冲压件批量生产，并包装转运入库。

为使上述工作流程顺利执行，冲压车间需对设备和模具进行定期维护和保养，以保证设备和模具随时处于良好的工作状态；同时，还需记录生产过程各种状态信息，如制件数量、制件质量、设备和模具的运行状态等，以监控生产执行与完成情况，保证一旦出现异常事件能够及时进行处理，降低其对整个冲压生产的影响。

从以上冲压车间工作任务可看出，要实现冲压车间的数字化管理与控制，冲压生产 MES 至少应具备以下功能：

（1）计划制定　根据主生产计划及在线生产情况，自动生成冲压车间生产任务计划和作业指令。

（2）生产信息采集与管理　能够及时采集到生产过程的相关信息进行统计分析，并传输给相关人员或其他功能模块。

（3）动态调度　一旦出现异常情况，能够及时调整生产任务和作业指令，减少其对生产的影响。

（4）坯料管理　按照生产工艺清单及作业指令完成坯料的准备，并可对原料及坯料的出入库进行管理。

（5）模具管理　按照生产工艺清单及作业指令实现模具快速换装，并可对模具存放库及模具维护保养进行管理。

（6）制件管理　对冲压生产的制件质量、数量、批次及库存等进行管理。

（7）设备管理　对设备的运行状态及维护保养等进行管理。

（8）物流管理　按生产工艺清单和作业指令，通过转运车或天车等装备，按时将坯料、模具、制件等转运到相应的位置，并管理转运装备的工作状态。

（9）人员管理　对人员的工作状态、技能等进行管理，以便根据作业指令安排合适的人员完成相关任务。

2. 冲压生产 MES 的体系结构

根据上述冲压生产管理的功能需求以及软件系统开发基本要求，可构建如图 12-4-15 所示的冲压生产 MES 四层体系结构。

（1）设备与物料层　包括冲压车间的冲压生产线组成及布置、模具及其存放区、坯料及其存放区、物料转运车运行状态等。

（2）物联网层　采用条形码/RFID 识别器、传感器/计数器等信息采集装置，获取设备状态信息，并通过局域网/互联网传输到信息采集与管理模块处理分发给其他内部应用模块。

（3）内部应用层　主要包括 MES 系统核心功能应用，对冲压生产过程进行监控与管理，保证冲压生产的有序进行。

（4）外接应用层　通过数据传输接口与其他应用系统集成，获取冲压生产所需的相关数据与信息，如主计划、生产工艺信息等。

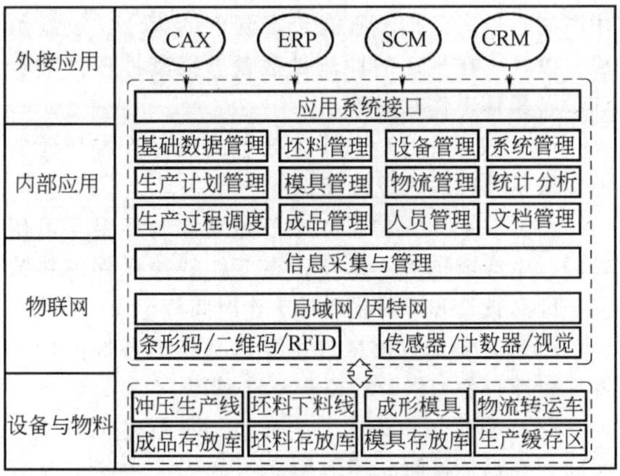

图 12-4-15　冲压生产 MES 体系结构

4.4.2　冲压生产计划与调度

生产计划的编制与生产过程的调度控制是 MES 实施生产过程管理与控制的关键。它通过生产作业计划产生相应的作业任务和指令，安排相应的设备、人员在规定的时间完成相关工作任务；通过监控计划的执行情况发现异常事件及其对生产计划的影响，从而对生产过程进行动态调度，调整生产计划，以降低交货延期、成本提升、质量下降的风险。

1. 冲压车间的生产特点

冲压生产属于成批轮番生产组织方式，对两种以上的多品种零件，按其需求量分为若干批次或者汇集成批，根据换产安排（更换工模夹具和操作工艺程序）进行生产。

实际冲压生产具有以下特点：

（1）工件品种与工艺的多样性　冲压生产的产品多样，不同种类的冲压件具有不同的工艺和工序数目，且坯料形状亦不相同。因此，在排产计划时，除考虑冲压作业任务安排外，还需提前安排开卷下料任务。

（2）换模时间长　换一种产品就需更换模具工装，且时间较长。为此，通常需采用快速换模的方法以降低停机作业时间，提高设备利用率，保证产品交期。这就要求在作业计划安排时，考虑机外模具工装的预调。

（3）分批轮番生产方式　冲压生产一般采用分批轮番方式，对每一种工件的加工都是按批量进行。为了获得更高的生产效率，一般情况下，每一种工件的批次加工时间要大于换模时间。

（4）设备能力约束　冲压生产线的冲压设备加工能力是不同的，并且冲压工件的工艺过程所包括的工序也不同，要考虑工件的工序在合适的设备上加工。

2. 冲压车间的生产计划及其任务调度的主要内容

冲压件生产是冲压车间的核心生产任务，其他各种任务都是围绕冲压件的生产要求展开的。对每一个冲压件产品而言，其冲压车间生产计划主要内容如下：

1）根据冲压件主生产计划，确定分解批次（1~n 个）、每个批次的数量及最迟完成时间。

2）确定每一批次的开卷下料数量及最迟完成时间。

而任务调度的主要内容则是在一个指定的周期内，综合考虑所有冲压件的生产计划以及冲压生产线、开卷下料线和模具的运行状态，制定出优化的冲压生产任务指令。主要包括：何时在何种冲压生产线上开始何种冲压件的生产；何时开始相应模具工装的机外预调准备与完成时间；何时开始相应的开卷下料、以及何时将其转运到冲压生产线。

3. 冲压车间调度模型

建立冲压车间调度模型的目的就是实现冲压车间生产计划和任务指令的优化编制，并在出现异常事件时，可及时优化调整生产计划和任务指令。因此，建立车间调度模型就是要建立能够表征冲压生产过程的优化目标函数。

由于冲压生产是一种离散和流水生产相结合的生产模式，约束条件较为复杂，而且其优化目标包括交货期、生产成本、设备利用率等多个指标，导致建立其调度模型难度较大，需进行相应的简化处理。目前没有统一的调度模型，为此，此处仅介绍建立调度模型的一般思路与方法，主要包括问题的描述、目标函数建立、约束条件定义等。

(1) 问题描述　冲压生产调度问题可描述为：在规定的生产周期内，有 N 种产品（P_1，P_2，…，P_N）（其中 P_i 表示第 i 种产品的生产批量），通过将每种产品 P_i 分解成若干子批次（P_{i1}，P_{i2}，…，P_{ik}），并安排在 M 条冲压生产线（F_1，F_2，…，F_M）上生产，实现所有产品生产任务的准时完成、生产成本及设备利用率等指标达到综合最优。

(2) 目标函数　冲压生产的优化目标主要包括准时交期、生产成本和设备利用率等。所谓准时交期，也就是希望达到准时制生产（JIT），尽量在规定的时间段内交货，从而避免或减少提前和延期所带来的占据库存增加成本、承担罚金影响信誉等问题。生产成本则主要以每条生产线单位时间使用成本和闲置损耗成本为基本要素，使生产安排所产生的设备使用成本最低。而提高设备利用率则主要是为了减少设备闲置所带来的成本增加。上述优化目标皆可建立相应的函数模型来表征。此处仅以准时交期为例，介绍其建模方法。

假定：$[a_{ij},\ b_{ij}]$ 为第 i 种产品第 j 批次规定的交货时间段，C_{bi} 为第 i 种产品单件单位时间库存成本，C_{di} 为第 i 种产品单件单位时间延期惩罚金，t_{ij} 为第 i 种产品第 j 批次的完工时间。则可将准时交期的目标函数 T 表达成如下所示。

$$T_i=\begin{cases}\sum_{j=1}^{k}(a_{ij}-t_{ij})P_{ij}C_{bi} & t_{ij}<a_{ij}(\text{提前})\\ 0 & a_{ij}<t_{ij}<b_{ij}(\text{准时})\\ \sum_{j=1}^{k}(t_{ij}-b_{ij})P_{ij}C_{di} & t_{ij}>b_{ij}(\text{延期})\end{cases}$$

$T=\min\ (\sum_{j=1}^{N}T_i)$

如上类似方法，亦可建立生产成本目标函数、设备利用率目标函数，通过将这些目标函数进行归一化处理后，采用加权因子将三个函数集成为统一的表达式，即可建立综合最优的冲压生产调度模型。

(3) 约束定义　在安排冲压生产任务时，为了达到上述目标函数优化的目的，还需满足一定的约束条件。主要包括：生产线约束（生产产品的大小、设备吨位大小、生产节拍、设备状态）、开卷下料约束（一般冲压车间只配置一条线、生产节拍、库存大小等）、工装模具约束（换装时间、模具状态）、问题约束（质量问题、临时故障、生产变更等）。一般而言，这些约束条件可统一表示成冲压生产安排的时间约束函数。例如，生产线约束表明了某冲压件（P_i）只能在某些生产线上 $\{F_j,\ j<1,\ 2,\ \cdots,\ m>\}$ 生产，而这些生产线最早可用于该冲压件生产的时间以及在所选生产线上完成批次生产任务的时间，即可构成生产线约束的两个时间约束函数。

在进行冲压生产任务调度时，若要同时满足上述所有约束条件，则导致目标函数的求解成为 NP 难的问题，通常只能采用遗传算法、基于规则的调度算法求解，因而有时只能获得次优解。

4.4.3　冲压生产 MES 的工作流程及其实施应用方法

冲压生产 MES 的工作流程可通过其工作过程中的信息流和控制流进行表征。充分理解并掌握冲压生产 MES 的信息流和控制流，也是实施并应用好冲压生产 MES 的关键。

1. 冲压生产 MES 的信息流及控制流

MES 以生产计划制定和任务的调度为各类信息处理的基准，通过对生产过程各种信息的实时采集和分析，及时将相关信息传输给相应的功能模块进行处理，并控制和管理相关设备、人员完成相应的生产任务和物料配送任务。图 12-4-16 为冲压生产 MES 的信息流和控制流示意图。图中，各种信息及控制指令的含义简述如下。

(1) 冲压生产信息　主要包括生产线最早可使用时间、生产节拍、所能生产制件的大小、设备组成，以及正在生产的冲压件数量、报废冲压件数量和设备累计工作时间等。

(2) 成品库存信息　主要包括已生产冲压件的库存数量及存放位置及标识。

(3) 坯料下料信息　主要包括坯料线最早可用时间、生产节拍等，以及正在下料的冲压件坯料数量、废品数量和下料线累计工作时间等。

(4) 坯料库存信息　主要包括已准备好的冲压件坯料库存数量、存放位置及标识等。

(5) 模具工作信息　主要包括模具最早可使用时间、模具更换时间等。

(6) 模具状态信息　主要包括模具累计工作时间、工作状态（良好、存在质量问题）、存放位置、标识等。

(7) 转运车状态信息　主要包括转运车最早可用时间、位置、装载能力及维护保养状态等。

(8) 缓存状态信息　主要包括缓存区已存放哪些制件及数量、剩余位置区域等。

(9) 冲压生产指令　某冲压件在某冲压生产线上生产多少件、何时开始生产、何时完成等。

(10) 设备维护指令　生产线设备何时开始维护、维护保养内容及维护完成时间等。

(11) 坯料下料指令　下料线何时开始开卷下料某冲压件的坯料、下料数量、完成时间等。

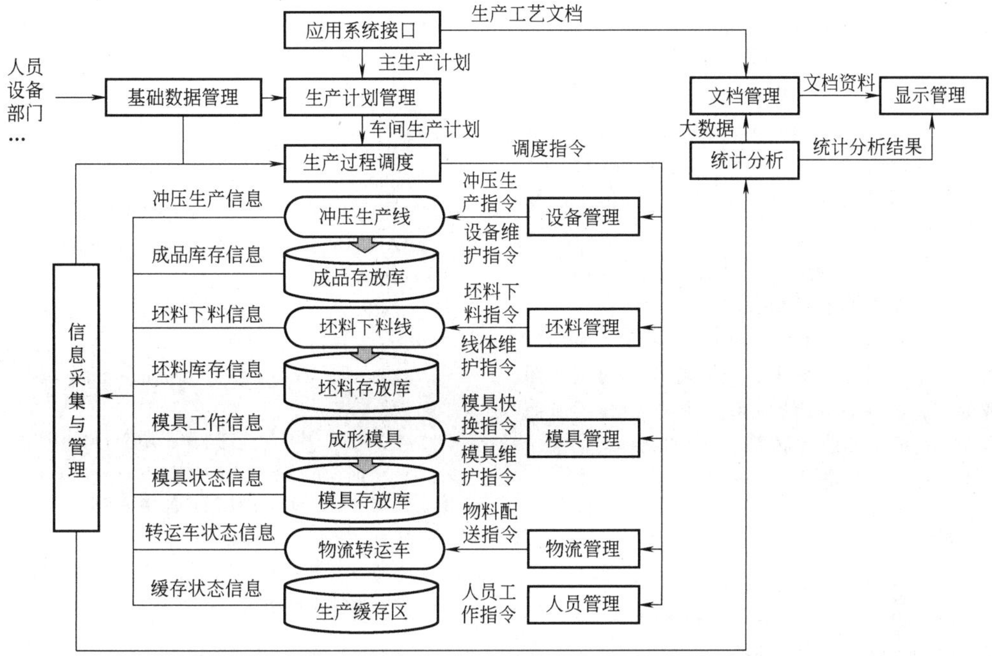

图 12-4-16　冲压 MES 信息流及控制流

(12) 线体维护指令　何时开始下料线体的维护保养、维护保养内容及维护完成时间等。

(13) 模具快换指令　何时将模具转运到生产线边完成机外预调及安装。

(14) 模具维护指令　何时开始模具的维护保养、维护内容及完成时间。

(15) 物料配送指令　何时由何转运车将何物（坯料、制件、模具、辅助工装等）转运到何处（生产线、下料线、库存区、缓存区等）。

(16) 人员工作指令　某组或个人何时开始何种工作、工作内容及完成时间等。

(17) 生产工艺文档　主要包括冲压件生产工序、模具、技术要求等文件。

(18) 主生产计划　在某周期内所需完成的冲压件及其数量等。

(19) 车间生产计划　按照主计划所确定的冲压件批次计划、周计划、月计划等。

(20) 统计分析结果　基于所采集的大量生产数据，通过统计分析处理所获得的质量、绩效、成本、当前生产完成情况等信息。

2. 冲压生产 MES 的实施及应用方法

冲压生产 MES 的实施及应用是一项系统性的集成化大工程，对现有企业运行模式及各部门的职责或利益都会产生冲突，需要企业高层高度重视和支持。同时，它也很难一蹴而就，需要在应用过程中不断完善取得效果，而且还会随着企业的发展不断更新，以适应新的要求。因此，企业必须具有坚持的精神对待 MES 技术的实施及应用。冲压生产 MES 的实施与应用一般包括需求分析与流程完善、MES 定制开发、MES 部署与实施、MES 试运行与切换、MES 的应用及完善等过程。

(1) 需求分析与流程完善　在这一阶段，企业需要组织专门的实施应用队伍，与 MES 供应商一起对企业的各种工作流程进行合理改善，优化部门组织管理结构和业务管理流程；完善生产流程和生产方式，根据实际条件建立自动化的冲压生产线、下料线、快速换模系统、自动物流配送系统等；制定 MES 项目实施的时间计划及功能要求、软硬件配置、数据准备要求；明确生产数据采集方法以及与其他应用系统的集成方式。

(2) MES 的定制开发　这一阶段工作主要由系统供应商完成，但仍需企业积极参与，帮助供应商确定企业特殊需求的功能模块、各功能模块的功能组成、界面风格；而供应商同时要严格按照项目实施计划执行，准备基础数据，搭建系统网络环境、数据库环境、硬件环境，以便定制开发工作完成后，即可进行现场调试。

(3) MES 的部署与实施　这阶段的主要工作是完成数据迁移和系统验证，制定和发布应用系统的制度和规范，开展 MES 系统的应用培训；充分测试系统的功能和运行质量，发现并消除软件开发中存在的错误，解决系统使用过程中的各种问题。

（4）MES 的试运行与切换　通常为了使企业的生产管理模式顺利切换到 MES 系统上，需首先进行系统试运行，实行双轨制管理。在试运行阶段可适当减少业务数据，降低工作量，一旦试运行可完全取代人工管理后，完成切换工作。在系统切换过程中，需制定周密的计划来模拟切换过程，尽量从使用者的角度考虑和解决切换中的问题，以便平滑切换，避免影响企业的正常生产。

（5）MES 的应用与完善　随着企业的发展，企业的业务功能需求和业务流程也会不断地变化；先进技术的应用，也会导致生产方式和 MES 的应用模式等发生变化。因此，企业应当设置相应的工作团队（或部门）维护 MES 的应用，并与 MES 供应商密切合作，根据企业的发展需求，不断完善 MES 功能、工作流程和应用模式。

参考文献

[1] ZHU J Z, TAYLOR ZRL, ZIENKIEWICZ O C. The finite element method: its basis and fundamentals [M]. Amsterdam: Elsevier Ltd, 2013.

[2] Barlat F, Yoon J W, Cazacu O. On linear transformations of stress tensors for the description of plastic anisotropy [J]. International Journal of Plasticity, 2007, 23 (5): 876-896.

[3] DU T, LIU Y, ZHANG Z, et al. Fast FE analysis system for sheet metal stamping-FASTAMP [J]. Journal of Materials Processing Technology, 2007, 187: 402-406.

[4] 涂小文. AutoForm 原理技巧与战例实用手册（上）[M]. 武汉：湖北科学技术出版社，2013.

[5] 王勖成. 有限单元法 [M]. 北京：清华大学出版社，2003.

[6] 王义林. 模具 CAD 基础 [M]. 北京：机械工业出版社，2011.

[7] 王树勋. UGNX8. 5 多工位级进模设计 [M]. 北京：电子工业出版社，2014.

[8] 刘帅. 基于 CATIA 平台的覆盖件模具模板化设计关键技术研究 [D]. 武汉：华中科技大学，2016.

[9] 李少玲. 基于规则引擎的汽车结构件级进模结构设计系统的研究与开发 [D]. 武汉：华中科技大学，2018.

[10] 李强，秦波，包柏峰. 基于云制造的模具协同制造模式探讨 [J]. 锻压技术，2011，36（3）：140-143.

[11] WANG Z, ZHANG Q, LIU Y, et al. A robust and accurate geometric model for automated design of drawbeads in sheet metal forming [J]. Computer-Aided Design, 2017, 92: 42-57.

[12] 华天软件. 冲压模具行业解决方案 [EB/OL]. http://www.hoteamsoft.com/index.php/plan/showPlan/id/119.

[13] 曾薇子. 模具数字化制造技术分析 [J]. 中国设备工程，2017（2）：98-99.

[14] 张传忠，栾春伟，唐贵荣. 汽车模具数控加工自动化发展进程分析 [J]. 模具工业，2018，44（5）：1-3.

[15] 张平，李建海. 柔性自动化加工技术在模具零件加工中的研究与应用 [J]. 模具工业，2014，40（7）：1-6.

[16] 鄂阳. 汽车钣金小件冲压车间集成化生产作业管理系统研究与应用 [D]. 重庆：重庆大学，2015.

[17] 田志鹏. 面向汽车混流生产的冲压车间调度和装配线排序方法研究与应用 [D]. 武汉：华中科技大学，2016.

[18] 张义文，尚校. 自动化冲压线板料智能视觉对中系统的控制研究 [J]. 汽车工业研究，2016（4）：49-54.

[19] 周娟. 冲压车间制造执行系统的设计与研究 [J]. 机械研究与应用，2015（2）：189-191.